Hamburg von Altona bis Zollenspieker

Das Haspa-Handbuch für alle Stadtteile der Hansestadt

Herausgegeben anlässlich des 175-jährigen Bestehens
der Hamburger Sparkasse

HOFFMANN UND CAMPE

Haspa
Hamburger Sparkasse

HAMBURG

VON ALTONA BIS ZOLLENSPIEKER

Das Haspa-Handbuch für alle Stadtteile der Hansestadt

Haspa
Hamburger Sparkasse

HOFFMANN UND CAMPE

Inhalt

blaue Schrift = Quartierskapitel

Ein Geschenk für Hamburg

„In Hamburg fängt Alles, wie die Erfahrung mit so glücklichem Erfolge zeigt, bei Privatpersonen an."

Amandus Augustus Abendroth (1767–1842), 1831

Dr. Karl-Joachim Dreyer, Sprecher des Vorstandes der Haspa

Der Hamburger Senator und Bürgermeister Abendroth hat diese für seine Zeit typisch hamburgische Tugend zutreffend formuliert – eine auch heute noch gültige Tugend. Als engagierte Privatperson und Präses des damaligen „Armenkollegiums" hat er selbst danach gehandelt und im Jahr 1827 mit sozialpolitisch engagierten Gleichgesinnten die Hamburger Sparkasse in privater Rechtsform gegründet. Diese private Initiative hat sich seitdem gut entwickelt: zu einer führenden Bank am Finanzplatz Hamburg, zu einer hanseatischen Institution. Jetzt, im Jahr 2002, freut sich die Haspa, am 16. Juni ihren 175. Geburtstag feiern zu dürfen. Ein großes Jubiläum und ein Grund, nicht nur mit Stolz auf eine erfolgreiche Unternehmensgeschichte zu blicken, sondern auch den Hamburgerinnen und Hamburgern ein besonderes Geschenk zu machen.

Ein Geschenk, das sowohl das private Engagement Hamburger Bürger bei der historischen Haspa-Gründung aufgreift als auch die über all die Jahre gelebte enge Verbundenheit der Hamburger mit ihrer Haspa dokumentiert. So entstand die Idee, ein Buch mit den Porträts aller 104 Hamburger Stadtteile zum Jubiläum der Haspa herauszubringen.

Mit diesem Buch möchte die Haspa den Hamburger Stadtteilen ein einzigartiges Jubiläumsgeschenk machen, eine Hommage an die Hansestadt und ihre Bewohner – ein praktiziertes Stück Bürgernähe und konkreter Beitrag der Haspa zur Hamburger Stadt(teil)kultur.

Mit dem Hamburger Hoffmann und Campe Verlag haben wir einen idealen Partner gewonnen. Nur ein kompetenter und in der Hansestadt verwurzelter Buchverlag konnte ein solch außergewöhnliches Projekt begleiten und realisieren.

Außergewöhnlich ist das Buch nicht nur deshalb, weil hier erstmals alle Stadtteile in einem Band zusammengefasst sind, sondern besonders auch durch die hohe Bürgerbeteiligung. Aus Sicht der Haspa ist dies der entscheidende Punkt: Alle Bürgerinnen und Bürger und alle Vereine und Institutionen konnten sich an der redaktionellen Erstellung des Haspa-Stadtteilbuches beteiligen. Wir wollten das Buch nicht allein an den Schreibtischen der Redaktion und aus Bibliotheks- und Archivwissen entstehen lassen. Im Gegenteil. Unser Hauptaugenmerk lag auf dem Mitmachen der Hamburgerinnen und Hamburger. So hat die Haspa eine für alle Bewohner der Stadt persönlich erlebbare Initiative ins Leben gerufen: eine interaktive Bucherstellung, ein Buch von Hamburgern für Hamburg. All dies im Sinne von privater Initiative und Bürgerbewegung, denen die Haspa ihre Existenz verdankt.

In der Tat ein ehrgeiziges wie einzigartiges Projekt. Wir haben uns viel vorgenommen und sind mit dem Ergebnis zufrieden. Die Hamburger haben sich an unseren Aktivitäten beteiligt: zahlreich, kreativ, kompetent, authentisch. Dafür haben wir fast drei Jahre lang Talkrunden, Diskussionsabende, Ausstellungen, Stadtteilrundgänge und insgesamt sieben öffentliche Redaktionssitzungen veranstaltet, den Kontakt zu den Hamburgern gezielt gesucht und gefunden. Sie haben mit uns die Inhalte des Buches diskutiert, Erinnerungen und Anekdoten eingebracht, Fotos und Dokumente zur Verfügung gestellt, persönliche Erinnerungen und Schätze zu uns getragen. Vieles davon ist in das Buch eingeflossen. „Die Bürger mit ihren Kenntnissen und ihrer Begeisterung für den eigenen Stadtteil tragen besonders zum Gelingen des Buches bei. Ihre authentischen Stimmen machen es erst lebendig", berichtete uns Dr. Daniel Tilgner aus der Redaktion des Verlags schon nach den ersten Monaten.

Der offizielle Startschuss war im Herbst 1999 in einer Talkrunde mit Hamburger Bürgervereinen und vielen anderen Kulturschaffenden gefallen. Eine bunte Reihe weiterer Veranstaltungen folgte, beispielsweise Wettbewerbe und Gewinnspiele für Schüler und Erwachsene. Hervorzuheben ist vor allem das 24-Stunden-Orgelwunschkonzert in der St. Michaelis-Kirche im Oktober 2001 – ein unvergessliches Erlebnis für mehrere Tausend Besucher. Begleitet wurden diese Mitmachaktionen durch eine Medien- und Pressearbeit, die das Buchprojekt immer wieder neu ins Gespräch gebracht hat, sowie einen eigenen Internet-Auftritt. So ist die Haspa mit „interaktiven Public Relations" erfolgreich neue Wege in ihrer Öffentlichkeitsarbeit gegangen.

Anspruch und Wirklichkeit bei diesem ehrgeizigen Jubiläumsprojekt in Übereinstimmung zu bringen war selbstverständlich nur mithilfe zahlreicher Partner möglich. Ihnen allen gilt der herzliche Dank der Haspa. An erster Stelle möchten wir die Hamburger Bürger mit ihrem begeisternden Engagement zum Haspa-Stadtteilbuch nennen. Für vielfältige, tatkräftige Unterstützung danken wir insbesondere dem Zentralausschuss der Hamburgischen Bürgervereine mit 55 selbstständigen Mitgliedsvereinen, aber auch den anderen Bürgervereinen, den Hamburger Geschichtswerkstätten und Heimatvereinen. Ohne die ehrenamtliche, engagierte Mitarbeit wäre das interaktive Buchprojekt nicht zu realisieren gewesen. Dank gilt aber auch der St. Michaelis-Kirche, dem Hamburger Michel als langjährigem, eng verbundenem Partner der Haspa, sowie dem Amt für Schule und den zahlreichen anderen behördlichen Stellen, die die Arbeit der Redakteure tatkräftig unterstützt haben, und besonders auch den Mitgliedern des wissenschaftlichen Beirats.

Als feste Medienpartner haben die NDR Hamburg-Welle 90,3 und das Hamburger Journal mitgewirkt; die Haspa sagt Dank für kompetente redaktionelle Begleitung und intensive Berichterstattung.

Schließlich dankt die Haspa dem Hoffmann und Campe Verlag, in erster Linie der gesamten Redaktion des Haspa-Stadtteilbuches, namentlich Dr. Daniel Tilgner als Leiter dieser Redaktion. Sie alle haben eine große Herausforderung angenommen und mit unermüdlichem Einsatz zum Erfolg gebracht. Das Ergebnis kann sich wirklich sehen lassen. Sie halten das fertig gedruckte Haspa-Stadtteilbuch in den Händen. Ein wunderschönes Buch, das in jedem Hamburger Haushalt seinen Platz finden sollte.

„Mit diesem Buch möchte die Haspa den Hamburger Stadtteilen ein einzigartiges Jubiläumsgeschenk machen, eine Hommage an die Hansestadt und ihre Bewohner."

Ein Geschenk der Haspa zu ihrem 175-jährigen Jubiläum an alle Hamburger; eine Privatinitiative, die zum „glücklichen Erfolge" geführt hat, um es nochmals mit den Worten des Haspa-Gründers Senator Abendroth zu sagen.

Ihnen, liebe Leserinnen und Leser, wünscht die Haspa viel Spaß, eine spannende und unterhaltsame Lektüre des Haspa-Stadtteilbuches. Gehen Sie auf Entdeckungsreise durch Hamburg, seine 104 Stadtteile und zahlreichen Quartiere.

Ihr

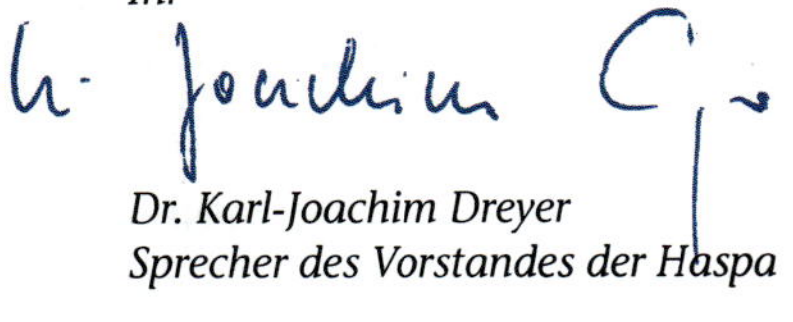

Dr. Karl-Joachim Dreyer
Sprecher des Vorstandes der Haspa

Ein Handbuch für die ganze Stadt

Grußwort des wissenschaftlichen Beirats von Professor Dr. Franklin Kopitzsch

Der Stadt verbunden, traditionsbewusst und innovativ – so kennen die Hamburger ihre Sparkasse, die Haspa. Diese Eigenschaften prägen auch das Buch, das die Haspa und der Hoffmann und Campe Verlag zum 175-jährigen Bestehen der Sparkasse herausgeben. Es widmet sich der Stadt, ihrer Geschichte und Gegenwart, ihren Bürgern wie deren Initiativen und Vereinen, und es ist im Dialog mit ihnen entwickelt und geschrieben worden.

In der Art des Entstehens, in Form und Umfang, in der Opulenz der Bebilderung, in der Verbindung von umfangreicher wissenschaftlicher Recherche und sehr anschaulicher Darstellung erweist sich das Haspa-Stadtteilbuch als wirkliche Innovation. Keine andere deutsche Stadt verfügt über eine so ausführliche Dokumentation aller ihrer Stadtteile in historischer und aktueller Perspektive.

Den Beirat bildeten
Peter Becker, Dr. Wolfgang Bick, Dr. Hans-Wilhelm Eckardt, Dr. Elke Först, Joachim W. Frank, Hagen Graeff, Kurt Grobecker, Prof. Dr. Eckart Hannmann, Prof. Dr. Gisela Jaacks, Prof. Dr. Franklin Kopitzsch, Prof. Dr. Hans-Dieter Loose, Senator a.D. Dr. Willfried Maier, Dr. Ilse Möller, Prof. Dr. Volker Plagemann, Senator a.D. Alexander Porschke und Prof. Dr. Ulrich Troitzsch

Für die Hamburgerinnen und Hamburger wie für ihre Gäste ist das Haspa-Stadtteilbuch ein großartiges Nachschlagewerk und ein verlässlicher, anregender Wegweiser. Mit ihm lässt sich die Vielfalt der Stadt und ihrer Quartiere in Augenschein nehmen, werden die kommunalen Aufgaben der weiteren Stadt- und Stadtteilentwicklung deutlich. Der Beirat hat gern zum Gelingen des Haspa-Stadtteilbuches „Hamburg von Altona bis Zollenspieker" beigetragen.

Für den wissenschaftlichen Beirat

Ihr

Franklin Kopitzsch

Prof. Dr. Franklin Kopitzsch

„Für die Hamburgerinnen und Hamburger wie für ihre Gäste ist das Haspa-Stadtteilbuch ein großartiges Nachschlagewerk und ein verlässlicher, anregender Wegweiser."

Weltgewandt und lebenswert

Grußwort der Bürgerschaftspräsidentin Dr. Dorothee Stapelfeldt

Es sind nicht die Fläche und nicht die Einwohnerzahl, die eine Großstadt zur lebendigen Metropole machen. Es ist auch nicht das Bruttosozialprodukt oder das Verkehrsaufkommen. Weltgewandt, einzigartig und lebenswert wird eine Stadt erst durch ihre Vielfalt: die Vielfalt der Lebensvorstellungen und Sprachen ebenso wie der städtischen Räume und ihrer Architektur.

Die Freie und Hansestadt Hamburg ist eine Metropole, weil hier eine solche Vielfalt Platz findet und sich entwickeln kann. Und weil Institutionen wie der Internationale Seegerichtshof oder Kulturbotschafter wie John Neumeiers Ballett dafür sorgen, dass der Name unserer Stadt auf allen Kontinenten bekannt ist.

Das Haspa-Stadtteilbuch zeigt uns Hamburg aus neuen Perspektiven und präsentiert uns einen Ort mit vielen Gesichtern. Zwischen Wohldorf-Ohlstedt im Norden und Sinstorf im Süden, zwischen Rissen im Westen und Altengamme im Osten wohnen rund 1,7 Millionen Menschen auf 755 km² in 104 Stadtteilen, die Insel Neuwerk natürlich eingerechnet. Welche Geschichten, welche Stadtansichten sich hinter diesen Zahlen verbergen, das ist in diesem Buch umfassend dargestellt und unterhaltsam nachzulesen.

Immer wieder werden dabei zwei Eigenschaften spürbar, mit denen die Hamburgerinnen und Hamburger auf die Vielfalt in ihrer Stadt, auf Neues und Ungewohntes reagiert haben: Neugier und Toleranz. Und diese Bürgertugenden sind es nicht zuletzt, die eine Stadt zur Metropole machen.

Ihre

Dorothee Stapelfeldt

Dr. Dorothee Stapelfeldt
Präsidentin der Bürgerschaft der Freien und Hansestadt Hamburg

Dr. Dorothee Stapelfeldt, Präsidentin der Bürgerschaft der Freien und Hansestadt Hamburg

„Das Haspa-Stadtteilbuch zeigt uns Hamburg aus neuen Perspektiven und präsentiert uns einen Ort mit vielen Gesichtern.“

Hamburg und sein Stadtteilbuch

„Wie viele Stadtteile gibt es? 104?“ – „So um die 30“, tippten bisher die meisten Hamburger. Nun haben sie ein Gesamtbild des großen Reigens aller Stadtteile und Quartiere mit vielen Fotos, Geschichten und Informationen aus allen Ecken und Winkeln der Elbmetropole

Für Hamburg ist es ein Glücksfall, dass die Haspa ihr 175-jähriges Jubiläum im Juni 2002 nicht nur intern und im Kreis der engen Geschäftskunden feiert, sondern ganz Hamburg daran teilhaben lässt. Denn was sie vor Jahren als Jubiläumsprojekt und mit dem Gedanken an ein Geschenk für alle Hamburgerinnen und Hamburger ins Leben rief, liegt als Haspa-Stadtteilbuch nun fertig auf dem Tisch.

Der Hoffmann und Campe Verlag bedankt sich bei der Hamburger Sparkasse, dass er sie von der Idee bis zum fertigen Werk begleiten durfte, und freut sich zugleich, auf diese Weise auch die eigene lange Verbundenheit mit der Stadt zu pflegen.

> „Das völlig Neue am Haspa-Stadtteilbuch ist die Einheitlichkeit seiner breiten Sicht auf ganz Hamburg.“

Mit dem Haspa-Stadtteilbuch erscheint nun erstmalig ein vollständiges und aktuelles Hamburg-Porträt in einem Band. Alle Bürger werden darin die Teile von Hamburg, in denen sie zu Hause sind, arbeiten oder mit denen sie sich auf andere Art verbunden fühlen, in einer Mischung aus Bekanntem und Unbekanntem wiederfinden. Drei Grundsätze prägen das Buch, über die sich Bank und Verlag von Beginn an einig waren: Stadtteile von A–Z, Einbindung der Bürger in die redaktionelle Arbeit, die ganze Stadt im Buch.

Die ganze Stadt (und ihre Teile)

Die ganze Stadt, das meint genau genommen das Land Hamburg der Bundesrepublik Deutschland, in dem zwischen Stadt und Land nicht unterschieden wird: Hamburg ist eine „Einheitsgemeinde“. Sie besteht aus 180 Ortsteilen. Die Verwaltung der Ortsteile erfolgt durch die sieben Hamburger Bezirke (Hamburg-Mitte, Altona, Eimsbüttel, Hamburg-Nord, Wandsbek, Bergedorf und Harburg), in denen die Ortsteile in der Regel zu mehreren die Stadtteile bilden. Diese werden zumeist entweder als Ortsamtsgebiete durch Ortsämter oder als Kerngebiete von den Bezirksämtern aus verwaltet (s. Karte S. 58/59). Nur ein „Ortsteil“ unterscheidet sich erheblich von den anderen, denn die in ihm Gemeldeten verteilen sich unter der Bezeichnung „Bezirk Hamburg-Mitte, Ortsteil 150, Schiffsbevölkerung“ über die ganze Welt. Gegenüber früheren Zeiten ist allerdings die Zahl derer mit der schönen Wohnsitzangabe „An Bord“ heute gering und betrug Anfang 2000 genau 2196 Personen, davon 29 Frauen.

Die Hamburger Stadtteile bestehen je aus mindestens einem Ortsteil und bilden mit diesen die Ortsamtsgebiete und Kernbereiche der Bezirke. Inklusive der Insel Neuwerk (mit ihrer Nebeninsel Scharhörn und dem aufgespülten Eiland Nigehörn) in der Elbmündung sind es 104 Stadtteile. Viele von ihnen können auf lange Vorgeschichten als Städte, Vororte und Dörfer des näheren und weiteren Hamburger Umlands zurückblicken.

Das heutige Stadtteilgefüge ist im Wesentlichen das Ergebnis zweier Rechtsakte, nämlich des hamburgischen „Gesetzes, betreffend die Vereinigung der Vorstadt St. Pauli, der Vororte und was das angeht mit der Stadt“ aus dem Jahr 1894, und des Reichsgesetzes über „Groß-Hamburg und andere Gebietsbereinigungen“ von 1937. Mit seiner Umsetzung wurden bis 1938 auch die preußischen Städte Altona, Wandsbek und Harburg-Wilhelmsburg Teile der Hansestadt. Bis nach dem Zweiten Weltkrieg erfolgten noch einige Gebietsumbildungen, von denen die Einrichtung der Ortsamtsbereiche als Dezentralisierungsmaßnahme nach den verheerenden Bombenangriffen 1943 (s. S. 33 f., Hammerbrook und Hamm-Mitte) hervorzuheben ist. Nach dem Aufbau der Bezirksverwaltung 1949/51 brachte das Jahr 1970 mit dem Aufgehen des Billwerder Ausschlags in Rothenburgsort die letzte Änderung in Hamburgs räumlicher Gliederung, und seither blieb der offizielle Reigen der 104 Stadtteile konstant. Er wurde zum „roten Faden" des Haspa-Stadtteilbuchs, weil von den 50 Steinwerderanern bis zu den bald 90 000 Rahlstedtern jede Hamburgerin und jeder Hamburger darin verwoben ist. Allerdings wissen viele gar nicht so genau, in welchem Stadtteil sie eigentlich leben. Denn neben den „echten" Stadtteilen gibt es mit diversen Gegenden, Vierteln und Siedlungsgebieten auch „Stadt-Teile", die jeder kennt, die aber offiziell gar keine sind. Sie sind oft auch das, was die Berliner ihren „Kiez" nennen, der aber bekanntermaßen in Hamburg als Begriff bereits für einen bestimmten Teil St. Paulis fest vergeben ist. 16 dieser „gefühlten Stadtteile" werden im Buch als „Quartiere" in den zugehörigen Stadtteilkapiteln vorgestellt. Dazu gehören ehemalige Dörfer wie Klein Borstel (in Ohlsdorf) oder Zollenspieker (in Kirchwerder), junge Wohnsiedlungen (z.B. Burgwedel in Schnelsen) oder das Schanzenviertel (berührt St. Pauli, Altona-Nord, Rotherbaum sowie Eimsbüttel, in welchem es behandelt wird). Die genaue Unterscheidung zwischen diesen „Kiezen" und den offiziellen Stadtteilgrenzen spielt im Alltag in der Regel nur selten eine Rolle. Vielmehr war bei den Redaktionsterminen vor Ort vor allem eine Formulierung immer wieder zu hören: „unser Dorf".

Die Hamburger und ihre „Dörfer"

Urbane „Dörfer" sind natürlich nichts besonderes, und je größer eine Stadt ist, desto mehr davon werden sich in ihren Grenzen finden. Ländlich geprägte Orte sind kleinteilig, man kennt sich, und es gibt einen Gemeinschaftssinn. Lebendige „Wir-Gefühle" kommen immer dann auch in der Großstadt auf, wenn ein überschaubares Nebeneinander von Wohnen, Arbeiten und Einkaufen samt der Möglichkeit, sich tagtäglich über den Weg zu laufen, gegeben ist. Und gibt es noch einen mitgliederstarken Verein oder ein Heimatgefühl, mit welchen Ausrichtungen auch immer, wird die Begriffsübertragung „Dorf" nicht lange auf sich warten lassen. Das gilt für die linksalternativ Lebenden im „Karolinenviertel" (s. St. Pauli) genauso wie in den „Ringen" der Großwohnsiedlung in Steilshoop. Hier gibt es soziale Beziehungsgeflechte, die manches mit den gewachsenen Strukturen in den wirklichen Dörfern der ländlichen Stadtteile Hamburgs gemein haben, manches aber auch so gar nicht: Um ein richtiger Altengammer zu sein, reicht dort nach Ansicht vieler ein Menschenleben kaum aus – Ottenser ist man per Einzugstag, und wenn man es will. Doch wer es will, lernt sein Stückchen Hamburg lieben, und das eint dann wieder die Altengammer und die Ottenser.

Ob Dorf, Quartier oder offizieller Stadtteil – die Redakteure des Haspa-Stadtteilbuchs haben alle Hamburger Gegenden mehrfach und in Begleitung der Fotografen Urs Kluyver und Michael Pasdzior durchstreift. Es galt, ein aktuelles Porträt zu zeichnen, für das die vorhandene Literatur immer nur die ersten Anhaltspunkte liefern konnte. Die großen und bekannten Stadtteile haben schon oft Beschreibungen erfahren – viele kleine sind stets nur am Rande oder nur zu bestimmten Themen behandelt worden oder gar nicht. Hermann Hipps Klassiker, sein „Kunstreiseführer Hamburg" (3. Aufl. 1996), hat zwar alle Stadtteile berücksichtigt, aber eben mit dem Blick auf die kunsthistorisch relevanten Zeugnisse, und auch das „Hamburg-Lexikon" (2. Aufl. 2000) kann trotz seines Umfangs den 104 Stadtteilabschnitten nicht mehr Platz widmen als den anderen seiner über 1200 Artikel. Das Haspa-Werk nimmt nun neben historischen, kultu-

Ganz Hamburg in der Hand. Zwei Jahre dauerte die Arbeit am Haspa-Stadtteilbuch, und Hunderte Hamburgerinnen und Hamburger halfen mit

Zum Stammteam der Redaktion gehörten: ***Juliane Bremer, Dr. Jan Zimmermann, Simone Walper, Christoph Schumann, Anja Sibylla Weddig und Dr. Daniel Tilgner; nacheinander halfen Dr. Ariane Knuth und fünf Praktikanten. Frank Wohlers und Moritz Widmann betreuten den Internet-Auftritt und verfassten je einen Stadtteil. Als freie Redakteure steuerten Udo Pini, Ernst Christian Schütt, Susanne Falkenhof, Andreas Reth und Hans Wille Texte bei.***

rellen und wirtschaftlichen Aspekten besonders die Menschen in den Blick: Was passiert in den „Dörfern", was macht das Leben dort aus? In Gänze ist dies natürlich nicht zu beschreiben, Zahlen verbieten jeden Gedanken daran: 11 000 Vereine sind beim Amtsgericht eingetragen, es gibt über 50 000 Hamburger Firmen, insgesamt hat die Handelskammer doppelt so viele Mitglieder. Allein die Handwerkskammer zählt mit rund 150 000 in Meisterbetrieben Beschäftigten mehr Menschen als die Stadt Heidelberg samt Randgemeinden Einwohner. Hamburg hat Hunderte von Kirchengemeinden, Schulen, Kindergärten usw. Die Redaktion musste also Schwerpunkte setzen, genau auswählen und zusammenfassen. Bei der Auswahl unterstützten uns vor allem die Bürgerinnen und Bürger selbst. Ob Pastoren, Stadtplaner, Ortsamtsleiter, private oder in Bürgervereinen und Geschichtswerkstätten organisierte Heimatforscher, Verantwortliche von Stadtteilinitiativen und Sportvereinen, einzelne Bürgernahe Beamte, Kioskbesitzer – sie alle halfen bei der Suche nach zentralen Stadtteilmerkmalen.

Es verwundert wenig, dass die Redaktion auf diverse wiederkehrende Strukturen und Merkmale traf. Das Spektrum reichte von sehr ähnlichen Vereinswelten über identische Verkehrssorgen bis hin zu austauschbaren wirtschaftlichen Probleme, z.B. im Einzelhandel. Wir erfuhren von allen Freuden und Sorgen in den Stadtteilen. Doch waren bei den negativen Entwicklungen ebenso Menschen zu finden, die sich um Abhilfe mühen. Besonders die Großsiedlungen leiden darunter, dass die Öffentlichkeit eher selten mit Sympathiebekundungen aufwartet, dafür aber schnell mit einer drastisch formulierten Pressezeile. Manches Mal wurden wir vor Ort fast misstrauisch empfangen und hörten bei unseren Fragen nach den Schwierigkeiten im Stadtteil die inständige Bitte, nicht nur über diese zu berichten, sondern genauso über die positiven Seiten. Auch konnte es nicht ausbleiben, dass die Redaktion auf stark unterschiedliche Meinungen stieß und zur Richterin wurde, sei es zwischen Nachbarstadtteilen („Wir sind älter, schöner, besser als die!") oder zwischen Stadtteilen und Bezirksamt oder Fachbehörde („Schlimm, was die mit uns machen!" bzw. „Nein, in den Stadtteilen wird nur an das eigene Wohl, nicht an das von Gesamt-Hamburg gedacht").

Wir trafen bei unseren Recherchetouren sympathische, hilfsbereite Menschen, die sich freuten, mit uns zusammenzuarbeiten. Hunderten von Helferinnen und Helfern haben wir zu danken, und stellvertretend sind an dieser Stelle mit Wolfgang Retzlaff (Bürgerverein Ottensen), Georg-Wilhelm Röpke (Wandsbeker Heimatforscher) und Günter Wolkenhauer (Heimatverein Francop) drei Herren genannt, die sich sehr ins Buch einbrachten, aber sein Erscheinen nicht mehr erleben.

Ein Nachschlagewerk

Das völlig Neue am Haspa-Stadtteilbuch ist die breite Einheitlichkeit seiner Sicht auf ganz Hamburg. Jedes Kapitel zeigt denselben Fokus, das heißt, in jedem Stadtteil werden mit Geschichte, Kultur, Stadtteilleben, Wirtschaft, Freizeit usw. dieselben Themen beleuchtet. Damit ist gewährleistet, dass alle Stadtteile gleichmäßig repräsentiert sind.

Das Alphabet befiehlt die Stadtteile in eine ungewohnte Ordnung. Bekannte Hamburger Gegenden wie das Alstertal, die Walddörfer, der Süderelberaum, die Elbvororte und die Vier- und Marschlande, sie alle werden zwischen „Allermöhe" und „Wohldorf-Ohlstedt" aufgelöst. Nun steht das berühmte Blankenese neben dem wenig bekannten Borgfelde, und das wohlhabend-idyllische Volksdorf findet sich zwischen der sozial schwachen Veddel und dem Hafen- und Industriestadtteil Waltershof wieder. Die Redaktion hat dem reichen wie dem ärmeren Hamburg die gleiche Aufmerksamkeit geschenkt: Herausgekommen ist ein schönes und freundliches Porträt von Hamburg, verfasst von insgesamt 14 Autoren.

Den Stadtteilblock rahmen drei Zusatzkapitel. Besonderer Dank gebührt Frau Dr. Ilse Möller, Oberkustodin (i.R.) des Instituts für Geographie der Universität Hamburg, die eine kleine Geschichte der hamburgischen Stadtentwicklung verfasste und darüber hinaus ihre jahrzehntelangen Erfahrungen aus Forschung und Lehre zu Hamburg in das gesamte Buch als kritische Lektorin einbrachte. Den weiteren Rahmen bilden ein Um-

Das Kapitel zur Stadtentwicklung verfasste Dr. Ilse Möller; das Umlandkapitel schrieben Dr. Norbert Fischer, Klaus Gille, Dr. Manfred von Essen sowie Dr. William Boehart. Dr. Klaus Schipull erklärt Hamburgs Naturlandschaft. In enger Zusammenarbeit mit der Redaktion steuerten Urs Kluyver und Michael Pasdzior je rund 1000 Fotos bei. Dafür, dass alles seine schöne Gestalt erhielt, sorgte Ralf Schneiders Grafikteam mit Peter Dwertmann und Anja Winteroll. Peter Küttner und Sandra Wulff prüften die Rechtschreibung. Roland Kraft und Heidrun Kneer koordinierten die Herstellung und Lithografie und Claudia Olewinski die Termine im Hause. Dem gesamten Team assistierte Susanne Narjes. Dr. Kai Laakmann und Dr. Andreas Siefke betreuten das Projekt für den Verlag und Dr. Wolfgang Blümel, Rainer Illmann und Christian Horend seitens der Haspa.

landkapitel sowie in Text und Karte die Erklärung dessen, worauf die Stadtteile gründen, nämlich Hamburgs naturräumliche Gegebenheit und die Entstehung seiner geologischen Formationen.

Den hier genannten und allen anderen Autoren und Mitarbeitern, den Beiratsmitgliedern sowie nochmals allen Bürgerinnen und Bürgern, die privat oder dienstlich am Buch mitwirkten, sowie dem Engagement der Haspa für die Stadt ist es zu danken, dass eine große Lücke in der langen Reihe der Hamburg-Bücher nun geschlossen ist.

Im Namen der gesamten Redaktion und des Hoffmann und Campe Verlags wünscht Ihnen viel Spaß auf der Reise durch Hamburgs Stadtteile

Ihr

Daniel Tilgner

Dr. Daniel Tilgner
Redaktionsleiter

Der Weg zur

Kleine Geschichte der

Ansicht der Stadt von Süden im Jahre 1572. Der Turm ganz links ist der von St. Nikolai, die Neustadt mit dem Michel kam erst im 17. Jahrhundert dazu

Die Anfänge

Es war einmal …" – so kann auch diese Geschichte beginnen. Was da war und sogar heute noch existiert, ist ein kleiner, von Osten in die Alsterniederung vorgreifender Höhensporn, ein Ausläufer der Geest in die tief gelegene und wasserreiche Marsch hinein. Süddeutsche Besucher mögen freilich nur ein Lächeln übrig haben für diese kleine Erhebung, zu der die *Bergstraße* vom *Jungfernstieg* bis zur Petrikirche hinaufführt (von 5,70 m auf immerhin 9,70 m!). Und dieser erhöhte Platz lag günstig für eine Siedlung, weil er von drei Seiten durch unzugängliches Marschgelände gegenüber möglichen Angreifern abgeschirmt war. Zugleich ermöglichte seine Flussnähe die notwendige Wasserversorgung eines Wohnplatzes. Und außerdem querte seit alter Zeit ein Elbufer-Höhenweg, von Lauenburg kommend und nach Wedel weiterführend, unterhalb dieses

Weltstadt

hamburgischen Stadtentwicklung

Höhensporns die Alster, sodass eine besondere Verkehrsgunst hinzukam.

Wie Fundstücke aus der mittleren Steinzeit beweisen, war der Höhensporn schon in vorgeschichtlicher Zeit zeitweilig als Siedlungsplatz genutzt worden. Und im 7./8. Jahrhundert n. Chr. muss hier, was ebenfalls Funde belegen, eine kleine sächsische Wohnanlage existiert haben. Sie war offenbar durch ein einfaches Grabensystem geschützt, was einige Forscher dazu veranlasst hat, schon in dieser frühen sächsischen Siedlung die „Hammaburg" zu sehen.

Der Name Hammaburg wird zurückgeführt auf altsächsisch „hamme/ham", das bedeutet Ufer, Gelände am Fluss oder Sumpf, womit die Hammaburg eine von feuchtem Gelände umgebene Befestigungsanlage benennt. Vielleicht war die erwähnte sächsische Anlage ein Vorläufer der großen fränkischen aus dem beginnenden 9. Jahrhundert, die als „Hammaburg" historisch nachgewiesen ist.

Blick von Steinwerder auf das nördliche Elbufer heute. Rechts die Altstadt mit dem Turm (Mahnmal) der kriegszerstörten Kirche St. Nikolai, in der Mitte die Neustadt mit dem Turm des Michels

Beim Bau des Gemeindehauses für St. Petri kam 1962 Ecke Kreuslerstraße/Speersort ein großes mittelalterliches Findlingsfundament zum Vorschein. Als Überrest des „Bischofsturms" ist es heute im Keller des Hauses zu besichtigen

1949 begannen umfangreiche Ausgrabungen auf dem ehemaligen Domgelände südlich der Petrikirche. Sieben Jahre dauerten die Arbeiten, und allmählich vervollständigte sich das Bild von der Hammaburg. Anfang des 9. Jahrhunderts hatte sie hier als Ringwall-Anlage bestanden, und zwar in Form eines abgerundeten Quadrats mit einem Innenmaß von 100 mal 100 Meter. Der Wall war ein Erd-Palisaden-Werk von sechs bis sieben Metern Höhe, das nach außen durch einen Graben geschützt wurde. An der leichter zugänglichen und damit gefährdeten Nordseite erreichte der Graben eine Breite bis zu sieben Metern. Mit dieser „Burg" hatte sich das Karolingerreich in seinem nördlichen Grenzgebiet einen wehrhaften Stützpunkt geschaffen. Ob er bereits um 811 entstand oder erst um 830, ist nicht nachzuweisen, denn schriftliche Zeugnisse fehlen. Überliefert aber ist, dass Ansgar, von Ludwig dem Frommen 831 mit der Missionierung des Nordens beauftragt, 834 im Schutze des Ringwalls einen kleinen hölzernen „Dom" errichten ließ.

Obwohl Hammaburg und Ansgar-Kirche schon 845 bei einem Wikingerüberfall zerstört wurden (was Ansgar, der als Bischof in Hamburg gewirkt hatte, zur Flucht nach Bremen zwang und in der Folgezeit zu einem Erzbistum Hamburg-Bremen mit Sitz in Bremen führte), ist doch seit dieser Zeit eine Siedlungskontinuität gegeben. Westlich war außerhalb der Schutzanlage des Ringwalls eine kleine Siedlung von Kaufleuten und Fischern entstanden, die den südlich vorbeiführenden Bille-Arm (das spätere Reichenstraßenfleet) nach Anlage einer Schiffslände als Hafen nutzten. Wenn sich auch dieses kleine zweiteilige Ur-Hamburg, der Kern des heutigen Stadtteils Hamburg-Altstadt, in den nächsten Jahrhunderten in einem politischen und damit kriegerischen Spannungsfeld zwischen dem fränkischen Reich und den noch heidnischen (dänischen) Wikingern und Slawen befand und so immer wieder Überfällen mit Brandschatzungen ausgesetzt war, besaß der Ort doch Überlebenskraft. Er überdauerte hauptsächlich wohl, weil er bereits als bekannter Handelsstützpunkt im Geflecht des überregionalen Handelsnetzes eine Rolle spielte.

In ebendieser Zeit vom 10. bis zum 13. Jahrhundert, die als eine Art Übergangszeit von der Ursiedlung bis zur spätmittelalterlichen, wehrhaften Stadt anzusehen ist, versuchten sowohl die weltlichen Herren der Stadt, die Billunger Herzöge, als auch die Bremer Erzbischöfe als geistliche Herren an der Alstermündung festen Fuß zu fassen. So entstanden um 1035 etwa zeitgleich eine herzogliche Burg (die „Alsterburg"; nicht erhalten) und die „Bischofsburg" in Form eines kreisrunden Wohnturms. Von Letzterem, den der Erzbischof Bezelin Alebrand erbauen ließ, ist noch heute in einem Keller an der *Kreuslerstraße* das Fundament zu besichtigen.

Hatte bereits der Billunger Herzog Bernhard II. mit seiner Alsterburg den eigentlichen Geestsporn in nördlicher Richtung verlassen, so signalisierte 1061 die Anlage einer „Neuen Burg" durch den Billunger Herzog Ordulf, dass Hamburg eine „Alsterstadt“ zu werden begann. Denn diese Burg, ein Ringwall wie die ehemalige Hammaburg, lag in der Alsterschleife westlich des Flusslaufes. Bis heute erinnert der Straßenname „Neue Burg“ bei der Nikolaikirche an die alte Anlage.

1111 wurde Adolf I. von Schauenburg mit der Grafschaft Holstein-Stormarn und damit auch den herzoglichen Teilen Hamburgs belehnt. Unter Adolf III. von Schauenburg legte dann 1188/89 auf dem inzwischen wüst gefallenen Gelände der „Neuen Burg“ Wirad von Boizenburg eine Neustadt für ca. 50 Kaufleute an. Um deren Handelsaktivitäten auch für die Zukunft zu sichern, gelang es Adolf III. noch im Jahre 1189, als er mit Kaiser Friedrich Barbarossa zu einem Kreuzzug nach Palästina aufbrach, in Neuburg an der Donau den berühmten Freibrief für Hamburger Kaufleute zu erwirken. Wenn die urkundliche Fixierung der damit verbundenen Vorrechte Hamburgs wohl auch erst gut ein halbes Jahrhundert später vorgenommen wurde und die darin notierte Jahreszahl „1189“ das Schriftstück zur Fälschung macht, waren die genannten Privilegien, u.a. des freien Handels und der Zollfreiheit auf der Niederelbe, doch vermutlich von Beginn an wirksam. So oder so feiert Hamburg den Tag der Ausstellung des Freibriefes, den 7. Mai 1189, noch heute offiziell als seinen „Hafengeburtstag“.

Kurz vor Beginn des 13. Jahrhunderts waren also wichtige Schritte vollzogen worden für die Erweiterung der frühstädtischen Siedlung, und es war damit der Übergang eingeleitet zur großen und zugleich typischen Stadt des Spätmittelalters. Nördlich der ehemaligen Hammaburg hatte sich als ältestes Kirchspiel St. Petri gebildet. Die genannte Neustadt im Bereich der Alsterschleife war streifenförmig parzelliert worden, um damit allen Grundstücken der Neusiedler den so vorteilhaften Wasseranschluss zu verschaffen. Als kirchliche Einheit wurde dieses Gebiet zum Kirchspiel St. Nikolai. Aber nicht nur nach Westen dehnte sich Hamburg aus, sondern auch nach Süden, indem zu Beginn des 13. Jahrhunderts die Grimm und Cremon genannten Marscheninseln aufgesiedelt und zum Katharinen-Kirchspiel vereint wurden.

1265 ließ der Hamburger Rat diese auf 1189 rückdatierte Urkunde, den „Freibrief“, anfertigen

Auch dieses Gebiet wurde so aufgeteilt, dass jedes der dicht auf dicht folgenden Häuser sowohl über einen Straßenanschluss als auch über einen Zugang vom Wasser aus verfügte. Nur nordöstlich der alten Hammaburg, wo sich allmählich das Kirchspiel St. Jacobi herausbildete, entwickelte sich auf dem nicht so begehrten Geestgelände eine offene, ländliche Bebauung, die für einen längeren Zeitraum Bestand hatte.

Der um 1890 gezeichnete Grundriss zeigt das Schema der Parzellierung des Cremon zu Beginn des 13. Jahrhunderts

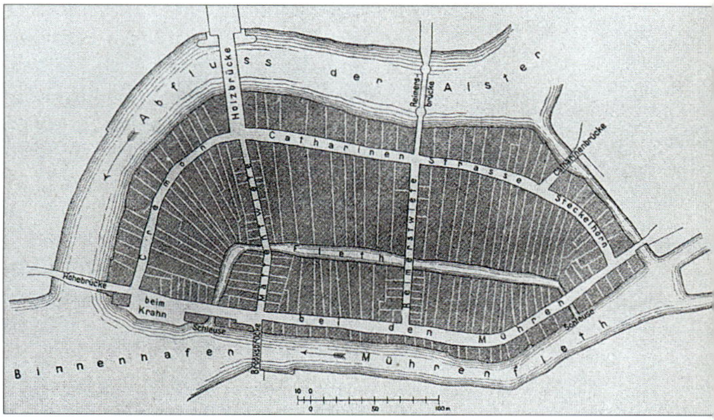

Hamburgs Verwaltungszentrum war 1290–1842 das Alte Rathaus am Neß mit dem benachbarten Niederngericht. Die Kaiserstatuen an der Fassade sind zum Teil erhalten und an der Nordfront des Museums für Hamburgische Geschichte ausgestellt. Kupferstich nach einer um 1840 entstandenen Zeichnung

Die Freie Stadt

Im Laufe des 13. Jahrhunderts schlossen sich Altstadt und Neustadt durch gemeinsames Stadtrecht und gemeinsame Verwaltung zu einer Stadt zusammen.

Einem ersten Rathaus für beide „Stadtteile" am *Dornbusch* folgte 1290 das gemeinsame Rathaus am *Neß*, das dort jahrhundertelang zusammen mit der später errichteten Hamburger Bank und der 1558 gegründeten Börse das Verwaltungszentrum der Stadt bildete.

Der Hamburger Rat fungierte als das höchste Verwaltungsorgan der Stadt. Schon im 13. Jahrhundert machte sein Handeln deutlich, dass die Stadt bemüht war, die Kompetenzen der Schauenburger einzugrenzen. Formal waren sie als Grafen von Holstein jedoch nach wie vor die offiziellen Hamburger Stadtherren, und das wollten sie auch bleiben. Als die Autonomiebestrebungen Hamburgs immer deutlicher wurden, erhoben sie Klage bei Kaiser und Reichshofgericht gegen die Stadt. Es begann der erste von vier Jahrzehnte währenden Prozessen um Hamburgs „Reichsunmittelbarkeit", also um die Frage, ob Hamburg allein Kaiser und Reich untertan sei oder zuerst dem Territorialherrn. Der vierte Prozess begann im Jahre 1548 und dauerte 70 Jahre. Er endete 1618 mit dem entscheidenden Reichskammergerichtsurteil, das Hamburg zur Freien Reichsstadt erklärte. Nun war die Stadt endgültig autonom und konnte sich „Kayserliche Freye Reichsstadt" nennen. Schon in den voraufgegangenen drei Jahrhunderten hatte Hamburg allerdings die jeweilige Situation geschickt zu seinen Gunsten zu nutzen gewusst: Bei Forderungen des Landesherrn – nach Aussterben der Schauenburger Hauptlinie war dies ab 1460 der dänische König, der zum Grafen von Holstein und Herzog von Schleswig gewählt worden war – berief sich Hamburg auf die von ihm beanspruchte Reichsunmittelbarkeit. Wenn aber der Kaiser Steuern und Waffenhilfe verlangte, verwies die Stadt auf das Untertanenverhältnis zu dem schleswig-holsteinischen Landesherrn.

Mit dem Reichsdeputationshauptschluss von 1803 verlor die Mehrzahl der bis dahin noch 51 Freien Reichsstädte ihre Reichsunmittelbarkeit, und schließlich verblieb nur den Hansestädten Lübeck, Hamburg und Bremen der alte Status. Als Mitglied des Deutschen Bundes nannte sich Hamburg ab 1815 „Freie Hansestadt Hamburg", was 1819 umformuliert wurde in „Freie und Hansestadt Hamburg", wohl um beide Eigenschaften noch stärker hervorzuheben.

War diese Bezeichnung in der Zeit des Nationalsozialismus abgelöst worden durch die Benennungen „Land Hamburg" (1934) und „Hansestadt Hamburg" (1938), nennt sich die Stadt heute als eines der Länder der Bundesrepublik Deutschland wieder „Freie und Hansestadt".

Im Schutze der Befestigungen

Wohlstand und Wachstum einer Stadt hingen in früheren Zeiten stets von ihrer Fähigkeit ab, sich gegen kriegerische Angriffe wirksam zu verteidigen. Hamburgs erste Befestigung war die „Hammaburg“ im beginnenden 9. Jahrhundert. Zusammen mit der kleinen Kaufmanns- und Fischersiedlung lag sie gut geschützt auf dem Geestsporn in der unzugänglichen Alstermarsch. Im 10. Jahrhundert suchte sich die kleine Siedlung, die sich nach den Zerstörungen von 845 wieder gebildet hatte, durch eine einfache Abschnittsbefestigung, den Heidenwall, gegen Angreifer aus östlicher Richtung zu sichern. Der Name zeigt an, dass der Feind in den Slawen gesehen wurde. Die Befestigung war aber zu schwach, und in den Jahren 1066 und 1072 fielen Wenden ein und brannten die wenigen Häuser nieder.

Erst die aufblühende Stadt des 13. Jahrhunderts schaffte es, einen wirksamen Schutz durch eine Stadtmauer zu errichten. Es handelte sich um ein sechs bis acht Meter hohes Mauerwerk aus Ziegeln, die ältere, hölzerne Befestigungsteile ablösten. Die neue Stadtmauer wies zahlreiche Türme und viele Stadttore auf. Im 15. Jahrhundert verstärkte man diesen Schutz durch Aufschüttung außen liegender Wälle. Die Kriegstechnik aber änderte sich mit Erfindung des Schießpulvers grundlegend. Es wurden Kanonen entwickelt, gegen deren Kugeln man sich – mangels Plattformen zur Aufstellung von Abwehrgeschützen – nicht zu schützen vermochte. So investierte Hamburg in eine neue Befestigungsanlage. Ab 1531 versah sich die Stadt mit einem Wallsystem mit einzelnen „Rondellen“ zum Auffahren von Geschützen, und in diese neue Wehranlage bezog man den südlich des Katharinen-Kirchspiels gelegenen „Brook“ mit ein, sodass zugleich eine Stadterweiterung erfolgte.

Aber diese stand in keinem Verhältnis zu dem, was 1616–28 geschaffen wurde. In diesen Jahren entstand ein ganz neues Befestigungswerk, das sowohl hinsichtlich des Flächen- als auch des Kostenbedarfs alles bisher Dagewesene in den Schatten stellte. Der geniale Festungsbaumeister Johan van Valckenburgh (gest. 1625) hatte mit seinem Zirkelschlag um die Nikolaikirche einen großen, noch unbebauten Raum westlich der Alster mit in sein „Bastionäres System“ einbezogen. Die Stadt investierte über Jahre große Teile ihrer Einkünfte in die Anlage, dazu hatten die Bürger erhöhte Steuern zu zahlen und einmal wöchentlich Schanzdienst zu leisten. Die neue Fortifikation zählte mehr als 20 Bastionen und viele kleine zwischengelagerte Verteidigungspunkte (die Ravelins). Die ganze Anlage war zusätzlich durch einen umlaufenden, bis zu 69 m breiten Graben geschützt und nur noch mit sechs Toren versehen: Nun galt Hamburg als uneinnehmbar.

Die Befestigungsanlagen in ihrer zeitlichen Folge seit dem 9. Jahrhundert. Nicht zu sehen sind Sternschanze und Neues Werk

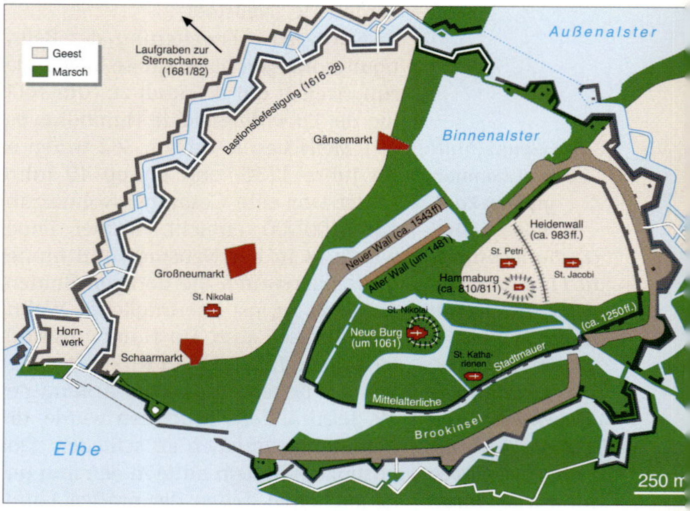

Einwohnertabelle

Jahr	Einwohnerzahl[1]	Stadtfläche (in ha)[2]	Einwohnerdichte (Einw./ha)[3]
1300	5000	82,9	60
1450	16 000	82,9	193
1600	40 000	137,5	291
1700	70 000	248,6[4]	282
1750	90 000	248,6[4]	362
1787	100 000	248,6[4]	402

[1] nach Reinke 1951; Jochmann/Loose 1982 [2] Messungen Ilse Möller [3] Da es sich bei den Angaben für die Einwohner nicht um abgesicherte Zahlen handelt, stellen auch die Dichteangaben nur Annäherungswerte dar [4] Altstadt und Neustadt = Stadtgebiet ohne Wehranlagen und größere Wasserflächen

Trotz des beträchtlichen Wachstums der Stadtfläche nahm die Einwohnerdichte Hamburgs bis Ende des 18. Jahrhunderts unverhältnismäßig zu

Diese große Anstrengung zahlte sich aus, denn die Stadt blieb von den Wirren des 30-jährigen Kriegs (1618–48) verschont. Nicht zu unterschätzen war aber auch ein weiterer Gewinn durch die neue Befestigungsanlage: Hamburg besaß jetzt innerhalb seiner Mauern und Wälle ein ausgedehntes freies Terrain zur Bebauung. Aus diesem Gebiet wurde die in ihren Grenzen bis heute nahezu unveränderte „Neustadt“.

Nach jeder Erweiterung der Befestigungsanlagen liefen große Einwanderungswellen auf die Stadt zu. Um 1600 lag die Einwohnerdichte Hamburgs bei 291 Menschen je Hektar. 362 waren es im Jahre 1750, und knapp 40 Jahre später war eine Gesamteinwohnerzahl von 100 000 erreicht. Immer enger wurde es in der Neustadt und immer armseliger waren die dortigen Bauten, sodass es zu fast unerträglichen Wohnverhältnissen kam. Für Hamburgs städtebauliche Entwicklung wirkte es daher wie ein Befreiungsakt, als Anfang des 19. Jahrhunderts begonnen wurde, die Befestigungsanlagen zu schleifen. Das bastionäre System hatte in den nun angebrochenen Zeiten der großen Landheere mit stark verbesserter Geschütztechnik seinen militärischen Nutzen weitgehend eingebüßt. Hamburg begann nach Schleifung der Befestigungsanlagen allmählich über seine bisherigen Grenzen hinauszuwachsen, und als 1860 auch noch mit der „Torsperre“ die nächtlichen Zugangsbeschränkungen zur Stadt aufgehoben worden waren, konnte eine große Wohnstadt außerhalb des alten Wallrings entstehen (s. Harvestehude).

Eine barocke Kaufmannsstadt entsteht

Hamburgs Stadtbild hatte sich seit dem Spätmittelalter zunächst kaum verändert: Entlang der unregelmäßigen Straßen und der Wasserläufe drängten sich niedrige Wohn- und Speichergebäude, und aus dem weiten Häusermeer ragten stolz die Türme der großen Kirchen hervor. Im 17. und 18. Jahrhundert aber vollzog sich ein Wandel: Einerseits entwickelte sich im Westen die Neustadt mit ihren Wohngebäuden für die ärmere Bevölkerung, und andererseits wurde die Altstadt stark umgestaltet, indem die reichere Bevölkerung ihre Häuser jetzt umbaute oder auch ganz neu auf den ererbten Grundstücken errichtete. Prächtige Fassaden und geschwungene Giebel bestimmten das Bild dieser barocken Kaufmannsstadt.

An Haustypen waren seither in Hamburg im Wesentlichen drei Gebäudetypen vorhanden, nämlich das Kaufmannshaus, das Wohnhaus mit oder ohne Einliegerwohnung(en) und die Bude.

Das Kaufmannshaus repräsentierte Ansehen und Reichtum seines Besitzers, nach außen mittels kunstvoller Fassadengestaltung, nach innen durch großzügige Raumfolgen.

Das einzelne Kaufmannshaus diente sowohl dem Wohnen als auch der gewerblichen Nutzung, indem es nicht nur Privat-, sondern auch Kontor- und Speicherräume umfasste. Es kam in zwei verschiedenen Ausbildungen vor: zum einen als Außendeichhaus (nur Dielen-

Der Längsschnitt eines althamburgischen Kaufmannshauses (Katharinenstraße 10/11, nicht erhalten), gezeichnet von Julius Faulwasser im Jahr 1912. Er verdeutlicht die Dimensionen und die Funktionsgliederung dieses hoch entwickelten Haustyps: Links das an der Straße liegende Vorderhaus mit hoher Diele, Kontor, Wohnräumen und Speicherböden; im Mittelteil Gesellschafts- und Wohnräume längs des Gartens; rechts der hohe Warenspeicher am Fleet

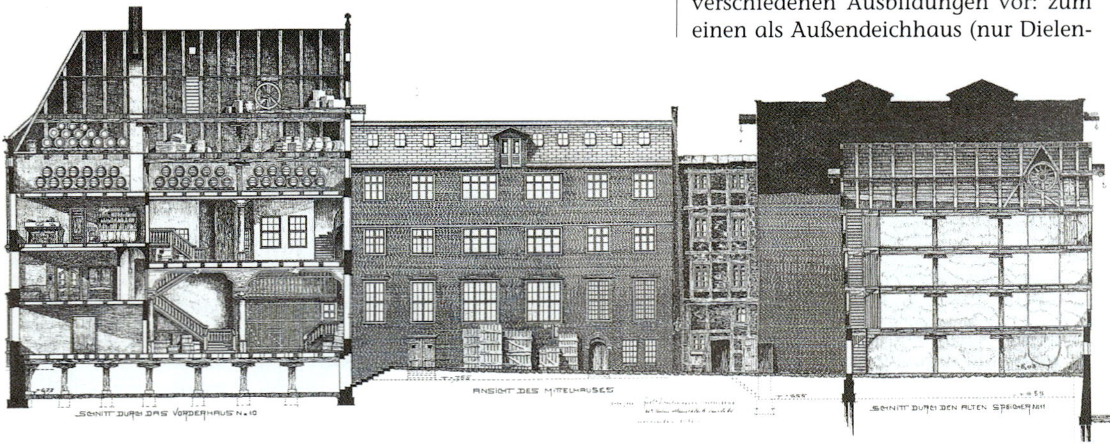

Barocke Fassade, Katharinenstraße 37, aufgenommen 1904

haus, kein Hofflügel oder Speicheranbau), zum andern als großes Binnendeichhaus, das mit bis zu zwei rückwärtigen Trakten von der Straße am Deich bis ans Fleet reichte. Das Binnendeichhaus besaß ein bis zu 20 m hohes, an der Straße gelegenes Vorderhaus. Dies umfasste im Erdgeschoss neben der (bis ins 1. Obergeschoss reichenden) Diele auch das Kontor sowie – in den darüber liegenden Geschossen – die zahlreichen Wohnräume der Familie. Im Hofflügel waren die meist repräsentativ ausgestatteten Gesellschaftsräume untergebracht, während der anschließende rückwärtige Flügel zum Wasser ein Warenspeicher war für den Umschlag der Handelsgüter. Vorderhaus und Speicher nahmen die volle Grundstücksbreite ein, während der niedrigere Hofflügel mit den Gesellschaftsräumen schmaler war und Platz ließ für einen meist gärtnerisch gestalteten Innenhof.

Von den ursprünglich Hunderten dieser stattlichen althamburgischen Kaufmannshäuser sind heute nach dem Großen Brand von 1842, nach Stadtumbauten und den verheerenden Luftangriffen des Zweiten Weltkriegs nur noch einige wenige erhalten, und diese auch nur in Teilen.

Das Wohnhaus ist der historische Haustyp von Hamburgs sozialer Mittelschicht. Es war anfangs ein- oder zweigeschossig, zeigte sich im 18. Jahrhundert aber bereits oft drei- bis viergeschossig, und auch fünfgeschossige Bauten kamen vor. Unter dem Druck der ständigen Zuwanderung war es üblich geworden, „Gelasse“ zur Vermietung anzubieten. Es wurden Einliegerwohnungen vermietet, die, von der Wohnung des Hausbesitzers deutlich getrennt, einen eigenen, schlicht gehaltenen Eingang aufwiesen. Der Hausherr dagegen betrat seine ebenerdig und im ersten Geschoss gelegene Wohnung durch die repräsentative Haupttür. Die einzelnen „Gelasse“ auf den Etagen wurden „Sähle“ genannt

In der ersten Hälfte des 18. Jahrhunderts entstand dieses Haus am Rademachergang (abgerissen 1933/34). Die Haustür zeigt repräsentative Gestaltung, rechts der Aufgang zu den Einliegerwohnungen im oberen Hausteil ist deutlich schlichter

und bestanden zumeist nur aus einer Stube, einer (Schlaf-)Kammer und der zugleich als Dielenersatz dienenden kleinen Küche.

Als Buden bezeichnete man äußerst bescheidene eingeschossige Wohnhäuser, die meist als Hinterhäuser, also in Hoflage, vorkamen. Es handelte sich um Gebäude mit primitiven, überwiegend einräumigen Unterkünften für die Ärmsten der Armen. Als im 18. Jahrhundert der Bedarf an Wohnraum immer mehr stieg, kam es auch zum Bau von zweigeschossigen Buden.

Die verschiedenen Gebäudetypen waren in bestimmten Konzentrationen über das Stadtgebiet verteilt. Lagen die großen Kaufmannshäuser in der Altstadt, und zwar vorzugsweise auf den Marscheninseln Cremon und Grimm (St. Katharinen-Kirchspiel) sowie auch noch im südlichen Nikolai-Kirchspiel und in Teilen des Kirchspiels St. Petri, so war ihr sozialer Gegenpol, die armselige Bude, in besonders großer Zahl in den Hinterhöfen des St. Michaelis-Kirchspiels vertreten. In diese seit dem ersten Drittel des 17. Jahrhunderts existierende Neustadt waren zwischenzeitlich viele Tausende von Zuwanderern geströmt und hatten zu einer Überverdichtung geführt. Dass diese starken sozialen Unterschiede zwischen den Kirchspielen der Bevölkerung bewusst waren, belegt ein alter plattdeutscher Vers:

Petri de Riken,
Nicolai desgliken,
Katharinen de Sturen,
Jacobi de Buren,
Michaelis de Armen,
Daröver mag sik Gott erbarmen!

Das Schmuckblatt zeigt die Turmansichten des Doms und der fünf Hamburger Hauptkirchen, Zustand 1670

Die Kirchen prägten von jeher das Stadtbild, und Kirchtürme bestimmen bis heute die Silhouette der Innenstadt. Allerdings war früher die Turm-Folge dichter, denn bis zum 19. Jahrhundert hatten neben den fünf Hauptkirchen noch weitere Gotteshäuser existiert. Zu nennen sind die großen Bettelordenskirchen St. Johannis und St. Maria Magdalena sowie auch die Kirche des Heiligen-Geist-Hospitals; sie alle wurden zwischen 1806 und 1829 abgerissen; die Kapelle St. Gertrud fiel 1842 dem Großen Brand zum Opfer. Zu bedauern ist darüber hinaus besonders, dass der altehrwürdige Marien-Dom nicht mehr existiert.

Der Dom war die älteste Kirche der Stadt, zunächst nur ein kleiner Holzbau, der dem Bischof Ansgar als Taufkirche diente. Nach seiner Zerstörung im Jahre 845 entstanden auf demselben Terrain nacheinander zwei hölzerne Nachfolgekirchen, dann im 11. Jahrhundert ein erster Steinbau. Ab 1248 wurde die lang gestreckte gotische Emporen-Basilika geschaffen, ein Backsteinbau, an den früh Kapellen angefügt wurden und der im Jahre seines beginnenden Abbruchs (1804) trotz zahlreicher inzwischen vorgenommener Umbauten noch deutlich den gotischen Aufriss erkennen ließ. Ursprünglich mit dem ihn umgebenden Areal als Domfreiheit dem Erzbistum Hamburg-Bremen, dann den Schweden und schließlich dem Kurfürstentum Hannover gehörend, war der Dom stets ein politischer Fremdkörper in der Stadt. Als er aufgrund des Reichsdeputationshauptschlusses 1803 schließlich an Hamburg fiel, wurde kurzerhand sein Abbruch beschlossen. Mehrere Gründe sprachen dafür: Der gesamte Domkomplex war seit Mitte des 18. Jahrhunderts in sehr schlechtem baulichem Zustand, sodass eine Sanierung große Summen verschlungen hätte, und überdies war für ein neu zu schaffendes Domkirchspiel kein Bedarf. Vor allem aber konnte man mit dem Abriss das politische Ende der ungeliebten Exterritorialität auf hamburgischem Boden für jeden sichtbar dokumentieren. Dass aber nicht nur das Gebäude des Doms der Spitzhacke zum Opfer fiel, sondern auch seine kostbaren Kunstschätze größtenteils mutwillig zerstört wurden, ist kein Ruhmesblatt in der Geschichte der Hansestadt.

Wenn, ja wenn… der Dom nicht abgerissen worden wäre, hätte Hamburg heute vielleicht eine eindrucksvolle hochmittelalterliche Kathedralanlage statt eines Parkplatzes in der Nachbarschaft von St. Petri. Fotomontage aus dem Jahr 1957

Blick in die für die Gartenausstellung im September 1869 neu gestalteten Wallanlagen. Kolorierter Doppeltondruck von Wilhelm Heuer, 1869

Hamburgs Stadtsilhouette wird gegenwärtig von den fünf Hauptkirchen und dem Turm des Rathauses bestimmt. Vier der Hauptkirchen stammen aus dem Mittelalter, aber keine von ihnen hat die Jahrhunderte unverändert überdauert. Vorwiegend waren es Brandkatastrophen, die Neugestaltungen oder Rekonstruktionen erzwangen. So fielen dem Großen Brand von 1842 St. Petri und St. Nikolai zum Opfer (St. Petri 1844 im alten Stil wieder errichtet, St. Nikolai als neugotische Kirche 1866 in Sandstein neu erbaut, 1943 stark zerstört). St. Jacobi hat nach den Schäden durch Bombardierungen des Zweiten Weltkriegs einen neuen Turmhelm bekommen, und St. Katharinen musste nach 1945 ebenfalls rundum erneuert werden. Die größte und auch bedeutendste Kirche Hamburgs ist St. Michaelis in der Neustadt. 1786 vom Architekten Ernst Georg Sonnin vollendet, stellt der heutige Bau eine Rekonstruktion der 1906 durch Feuer zerstörten Kirche dar (s. Neustadt).

In Hamburg wie in jeder anderen Stadt gehörten stets auch Plätze und städtisches Grün zum Stadtbild. Die Plätze waren mittelgroß, nicht sehr repräsentativ und dienten zumeist als Märkte. Das Grün war im Spätmittelalter noch verbreitet vorhanden, und zwar in Form von Hausgärten, die für den Eigenbedarf Gemüse, Obst und Küchenkräuter lieferten. Infolge der fortschreitenden baulichen Verdichtung nahm allerdings die Zahl der innerstädtischen Gärten bis zum 18. Jahrhundert stetig ab. Zunächst war noch viel Gartenland im Gebiet der Neustadt vorhanden, als aber auch hier immer mehr Flächen zu Baugrundstücken parzelliert wurden, verlagerte sich das Grünland zunehmend in die Umgebung, einerseits unmittelbar vor die Tore der Stadt, anderseits aber auch bevorzugt in die landschaftlich schön gelegenen stadtnahen Dörfer. Hierbei setzte ein sozialer Selektionsprozess ein, denn die ärmeren Bevölkerungsschichten konnten sich einen Gartenbesitz außerhalb der Stadt immer weniger leisten, und dieser wurde daher mehr und mehr ein Privileg der Oberschicht. Deren Angehörige ließen sich die Gestaltung und Pflege ihrer Landsitze immer größere Summen kosten. So entwickelte sich im 17. und 18. Jahrhundert eine vielerorts bewunderte Garten- und Landhauskultur im Hamburger Umland, wobei die reichen Kaufleute, soweit sie aus den Niederlanden zugewandert waren, die ihrer Heimat ähnelnden Marschgebiete für ihre Landsitze bevorzugten (s. Billwerder, Tatenberg), die alteingesessenen Hamburger dagegen sich lieber auf den Geesthöhen in Hamm oder Horn einen Sommersitz schufen, der ihnen einen freien Blick über das Elbtal gewährte.

Was blieb unter diesen Umständen an Freizeit- und Erholungsmöglichkeiten für die breiten Bevölkerungsschichten, die ohne Gartenland waren? Das Bedürfnis, in der gering bemessenen Zeit, die nicht von schwerer Arbeit eingenommen wurde, der Stadt und ihren üblen Gerüchen zu entfliehen, war groß. Vor den Toren waren einige Freiflächen vorhanden, die z.B. für Umzüge und Schützenfeste genutzt wurden, und außerdem stellte das weitläufige Befestigungssystem, das die Stadt umgab, eine Art von Erholungsfläche dar: Die Wallanlagen waren von Fuß- und Fahrwegen durchzogen und hatten schon früh eine schöne Bepflanzung mit Ulmen und Linden erhalten, sodass man oberhalb der Stadt „lustwandeln" konnte. Diese Möglichkeit wurde offenbar von vielen Hamburgern auch immer wieder wahrgenommen, doch dürfte sie für die Ärmeren nur ein schwacher Ersatz gewesen sein für ein Werkeln in einem sei es auch noch so kleinen eigenen Hausgärtchen.

Blick über das Nikolaifleet bei der Holzbrücke auf die brennende Stadt und flüchtende Menschen. Kolorierter Stich von Peter Suhr

Der Große Brand von 1842 und seine Folgen

Am 5. Mai 1842 brach in der *Deichstraße* um ein Uhr morgens ein Feuer aus. Der nicht einmal ungewöhnliche Speicherbrand entwickelte sich zu einem mächtigen Flächenbrand, der drei Tage wütete. Begünstigt durch Trockenheit und anhaltende Winde, legte er etwa ein Drittel der damaligen Stadt in Schutt und Asche. Nachdem die Feuerwalze am dritten Tag nahe dem nordöstlichen Ufer der Binnenalster zwischen sieben und acht Uhr erloschen war, konnte traurige Bilanz gezogen werden: 71 Straßen waren vom Feuer erfasst und dabei insgesamt 1749 Häuser, 102 Speicher, sieben Kirchen, zahlreiche öffentliche Gebäude und die Alstermühlen vernichtet worden. 51 Tote, 130 Verletzte und 20 000 Obdachlose wurden gezählt. So schnell wie sich eben noch die Flammen in Hamburgs Straßen ausgebreitet hatten, liefen nun die Nachrichten von dem Unglück und dem Elend an der Elbe durch ganz Europa. Sie lösten eine Welle von Hilfsbereitschaft aus, die sich in Sach- und großzügigen Geldspenden äußerte. Am Ort des Geschehens bewiesen zur gleichen Zeit Rat und Bürgerschaft besondere Tatkraft und auch Weitsicht. Es galt, in absehbarer Zeit eine für damalige Verhältnisse riesige Trümmerfläche von etwa 42 ha wieder zu bebauen, und dies wurde als eine echte Chance zur Erneuerung gesehen. Schon am 17. Mai, also neun Tage nach Ende des Brandes, war eine „Technische Kommission für den Wiederaufbau“ gebildet, in welche die leitenden Beamten der Baudeputation und der Strom- und Hafenbauverwaltung berufen wurden (u.a. Baudirektor Carl Ludwig Wimmel) und in der als Beigeordnete mit Alexis de Chateauneuf, anfangs auch Gottfried Semper, namhafte Architekten tätig wurden sowie der englische Ingenieur William Lindley. Letzterer hatte bereits am Bau der gerade fertig gestellten Hamburg-Bergedorfer Eisenbahn mitgewirkt und außerdem während des Brandgeschehens mit seinem Vorschlag, durch Sprengungen ganzer Straßenzüge dem Feuer Nahrung zu entziehen, Menschenleben und Sachwerte gerettet. Vorsitzender der Technischen Kommission wurde Chateauneuf.

Die von einzelnen Kommissionsmitgliedern nach kurzer Zeit vorgelegten Pläne für den Wiederaufbau gingen übereinstimmend davon aus, dass es östlich der Binnenalster zu einer neuen Straßenführung mit breiten Parallelstraßen kommen müsse, durch welche die gesamte Fläche von dem Wallgebiet in der Nähe St. Georgs bis hin zum Börsenplatz klar und großzügig zu gliedern sei. Im Raum zwischen Kleiner Alster und Börse (einem Neubau von 1839–41, der aufgrund glücklicher Umstände und vor allem durch die Tatkraft einiger Kaufleute nicht dem Brand zum Opfer gefallen war) sollte eine besondere Platzanlage entstehen für ein neues repräsentatives Rathaus. Das gesamte Wiederaufbaugebiet betreffend, hatte man bis zur Genehmigung des endgültigen Aufbauplanes (genehmigt im September 1842) in der Kommission 13 unterschiedliche Entwürfe ausführlich behandelt und diskutiert.

Besonders intensiv wurde um die Gestaltung des künftigen Rathausplatzes gerungen. Nach einem frühen Entwurf Gottfried Sempers, welcher unverkennbar venezianische Assoziationen zeigte, kam nach vielen Diskussionen schließlich ein Plan von Chateauneuf zur Ausführung: Es ist dies der Rathausmarkt, wie wir ihn heute kennen, mit der über die Kleine Alster vollzogenen rechtwinkligen Anbindung an die Binnenalster. Auf die Gestaltung des neuen Rathauses hatte der 1853 verstorbene Chateauneuf keinen Einfluss mehr nehmen können. Es wurde nach langen Jahrzehnten mit unterschiedlichen Planungen erst 1886–97 durch Martin Haller und den von ihm ins Leben gerufenen Rathausmeisterbund erbaut.

Neben der Erneuerung des Stadtbildes kam es in der Nachbrandzeit auch zu erheblichen Verbesserungen der städtischen Infrastruktur. Unter der Leitung von William Lindley wurde ein modernes Wasserleitungs- und Sielnetz geschaffen (s. Rothenburgsort) und außerdem eine Gasanstalt auf dem Grasbrook erbaut als Energiequelle für die Straßenbeleuchtung und auch für private Haushalte. Somit erlebte Hamburg Mitte des 19. Jahrhunderts einen Entwicklungsschub, als dessen Auslöser der verheerende Stadtbrand von 1842 gelten kann.

Hamburg wird zur Weltstadt

Die große barocke Befestigungsanlage war in einer ersten Phase ab 1804, dann endgültig zwischen 1820 und 1833 geschleift und zum Grünzug der „Wallanlagen" umgestaltet worden. Dennoch wirkte sie noch in der Mitte des 19. Jahrhunderts als Barriere zwischen der Stadt und ihrem Umland, denn es existierte die „Torsperre". Diese war als Einrichtung aus dem „Torschluss" hervorgegangen, der bis 1798 die Stadt abgeriegelt hatte, indem vom Einbruch der Dunkelheit bis Sonnenaufgang die Tore geschlossen, das heißt unpassierbar waren. Die Torsperre hingegen, seit 1798 und zunächst nur am Steintor eingeführt, erlaubte nach Dunkelwerden für bestimmte Stunden das Passieren eines Tores gegen Entgelt. Da hierin eine willkommene Einnahmequelle für die Stadt lag, versuchte der Hamburger Rat, die Torsperre so lange als möglich zu erhalten, obgleich Mitte des Jahrhunderts der Widerstand der Bevölkerung gegen die längst unzeitgemäße Einrichtung ständig gewachsen war. 1860 endlich verweigerte die Bürgerschaft dem routinemäßigen Antrag des Rats (jetzt „Senat") auf Weitererhebung des Sperrgeldes ihre Zustimmung, und die Torsperre wurde mit Wirkung zum 31. Dezember 1860 aufgehoben. Die aus der Stadt ins Umland führenden Straßen waren nun also allzeit ungehindert passierbar, und dem Zusammenwachsen der Stadt mit ihrer Umgebung stand nichts mehr im Wege. Für Hamburgs Umland bedeutete das

Hamburgische Thor- und Baumsperre-Tabelle.

Wer kein Passiergeld zahlen wollte, musste die Tabelle der Torschlusszeiten gut im Kopf haben. Links: das Steintor ca. zwei Jahrzehnte vor der Aufhebung der Torsperre, nach einer Zeichnung von Peter Suhr

einen kräftigen Entwicklungsschub, denn die stadtnahen Dörfer wurden in kurzer Zeit zum Wohngebiet von Hamburgs ersten Pendlern, die von hier aus zu ihrem Arbeitsplatz in die Innenstadt oder auch im Hafen gingen. In der Stadt innerhalb des Wallringes herrschte akute Wohnungsnot, die nun mit dem Ausweichen der Bevölkerung ins Landgebiet abflaute.

Einige Zahlen mögen dies belegen: 1838 lebten in den nachmaligen 15 Vororten insgesamt 10 409 Einwohner, was eine durchschnittliche Bevölkerung von 694 pro Siedlung bedeutet und damit dörfliche Verhältnisse ausdrückt. Nur sieben Jahre nach Aufhebung der Torsperre wurden für die 15 Vororte jedoch bereits 44 607 Einwohner gezählt, was einer Durchschnittszahl von 2974 Menschen je Vorort entspricht; und 1880 hatte sich diese Zahl noch einmal fast verdreifacht. Der Grund für dieses enorme Bevölkerungswachstum waren nun auch verstärkt Zuwanderer aus dem übrigen Deutschland, vorwiegend aus Mecklenburg, die in der prosperierenden Hafenstadt Lohn und Brot suchten.

In Vorzugslage mit Alsterblick: Drei der zahlreichen Landhäuser am Harvestehuder Weg Mitte der 1850er Jahre, nach Steinzeichnungen von Valentin Ruths. Die einmalige Lage der Grundstücke führte dazu, dass die relativ schlichten Landhäuser bis etwa 1900 großdimensionierten, z.T. schlossähnlichen Villen Platz machten

Von Anfang der 1860er Jahre bis zum Ausbruch des Ersten Weltkriegs 1914, also innerhalb von nur 50 Jahren, verschwanden Felder, Wiesen und Weiden in Hamburgs unmittelbarer Umgebung. Das Bild der Agrarlandschaft wandelte sich in eine Stadtlandschaft mit vielen Straßenzügen und zumeist dichter Wohnhausbebauung.

Wohnlandschaften

Im Zuge dieser Entwicklung verschwand allmählich auch das direkte Nebeneinander von Wohnstätte und Arbeitsplatz. Der wohlhabende Kaufmann arbeitete zwar in der Innenstadt, bevorzugte nun aber für sich und seine Familie eine Villa oder ein Stadthaus im Außengebiet als Dauerwohnsitz, z.B. um die Außenalster herum in Harvestehude oder auf der Uhlenhorst. An diese Viertel schlossen sich gutbürgerliche mit ansehnlichen Geschosswohnungsbauten an. Die Masse der kleinen Angestellten und Arbeiter mussten in die primitiven Kleinstwohnungsviertel nach Barmbek oder Eimsbüttel ziehen.

Die Verstädterung verlief bis in das 20. Jahrhundert hinein fast ohne staatliche Regulierung; sie vollzog sich vielmehr aufgrund privater Initiative. Grundstückshändler traten an die Bauern mit Kaufwünschen heran und erwarben Teile von deren Grundbesitz. Solche großen Flächen gingen durch weitere Separationen schließlich an Bauunternehmer über, die dann ganze Straßenzüge gleichmäßig bebauten, meist mit Mietshäusern. Auch die Straßen wurden von den Unternehmern angelegt und erst später vom Staat übernommen. Es seien als Beispiel der allmählichen Auflösung die Verkaufsvorgänge bei einem Eppendorfer Bauernhof aufgeführt. Bis zum Jahr 1900 wurden von der Vollhufe des Albert Timmermann, die 1860 insgesamt 38,9 ha umfasste, 26,4 ha verkauft, wobei es nach acht ersten Aufteilungen noch durch den Bauern selbst zu 74 zweiten, 24 dritten und schließlich noch zu sechs weiteren Aufteilungen kam. Diese Zahlen sind beredte Zeugen von Spekulationsgeschäften mit außerordentlichen Gewinnen für die beteiligten Unternehmer.

1892 erließ Hamburg ein Bebauungsplangesetz, auf dessen Grundlage Anfang des neuen Jahrhunderts großmaßstäbige Bebauungspläne folgten. In Bezug auf die stadtnächsten Viertel, die zu dieser Zeit durch privates Handeln bereits weitgehend überbaut worden waren, kamen sie also viel zu spät, um

regulierend wirken zu können, denn sie schrieben letztlich nur das Vorhandene, wie Straßenfluchten, Anzahl der Stockwerke u.a., als Regel fest.

Die bereits um das Jahr 1880 angelegten, zunächst aber noch wenig bebauten Straßensysteme erfuhren bis 1900 eine geschlossene Randbebauung oder wurden unter Ausnutzung noch freier Gebiete um neue Straßenzüge mit ebenfalls dichter Bebauung erweitert. Da es sich in der Mehrzahl um geschlossene Zeilen von Etagenhäusern mit Mietwohnungen handelte und z.T. auch Hofflächen mit Hinterhäusern, den Terrassen (s. Hoheluft-Ost), bebaut wurden, hatte diese Bautätigkeit einen sprunghafen Anstieg der Wohnungszahl zur Folge.

In den Stadtteilen westlich der Alster erreichte die Bebauung bis 1914 die Hamburger Landesgrenze, im Osten blieben noch Freiräume, weil die Grenze etwas stadtferner lag. Ein Übergreifen der städtischen Bebauung auf das Gebiet jenseits der Grenze verbot sich, weil die kleinen preußischen Gemeinden, von denen Hamburg umgeben war, andere Bauordnungen besaßen und vor allem auch finanziell zumeist nicht in der Lage waren, mit den benötigten umfangreichen Baumaßnahmen zur Schaffung städtischer Infrastruktur (mit Straßen, Sielsystem, Wasserversorgung, Schulen und weiteren Einrichtungen) die erforderlichen Erschließungen vorzuleisten.

Die City entsteht

Während sich das bisher grüne Umland Hamburgs im ausgehenden 19. und beginnenden 20. Jahrhundert in eine Stadtlandschaft verwandelte, machte parallel dazu auch die von den Wallanlagen umgebene Innenstadt eine grundlegende Veränderung durch. Die alten Wohnhäuser wurden allmählich von Geschäfts- und Kontorhäusern verdrängt, es entstand in der Nähe des Rathauses ein Bankenviertel, und zur Versorgung der Millionenstadt etablierten sich Einzel-

Viel hamburgische Geschichte auf einem Bild. Zu sehen sind die Sanierungsarbeiten in der südlichen Neustadt (am Hasenmoor, hinter Vorsetzen 49) im September 1901. Die abgebrochene Straßenfront gibt den Blick auf eine Hofzeile frei; rechts daneben ist zu sehen, was kommen wird: vier- bis fünfgeschossige Etagenhausbebauung mit rückwärtigen Hof- und Terrassenanlagen. Links: Blick auf die Ecke Schanzenstraße/Schulterblatt um die Wende vom 19. zum 20. Jahrhundert

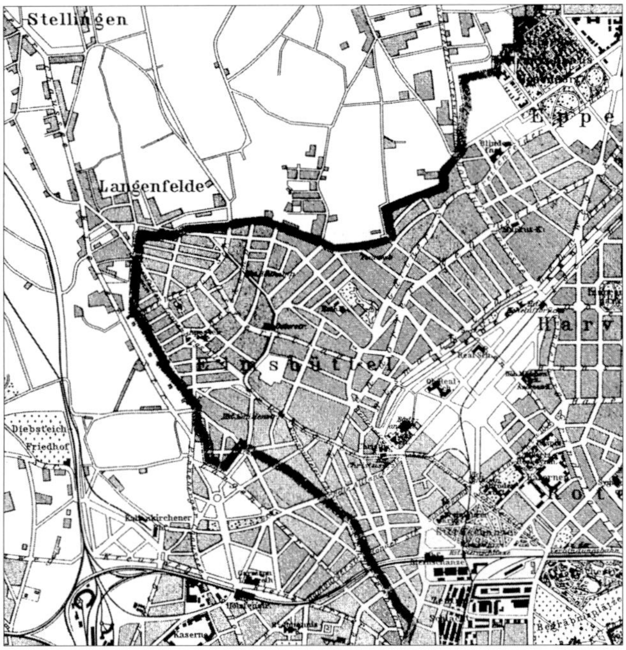

Die Stadtkontur: Der Plan zeigt, wie Hamburg um 1913 bereits bis an seine Grenze zu Preußen verstädtert ist, während jenseits noch Landwirtschaft dominiert

handelsgeschäfte für den spezialisierten Bedarf sowie Warenhäuser mit breitem Angebot. Auf diese Weise wandelte sich die Innenstadt zur City.

Da sich das alte Straßennetz für die Erneuerung als zu engmaschig und unübersichtlich erwies – nur im Wiederaufbaugebiet der Nachbrandzeit war es östlich der Binnenalster schon zu einigen zukunftsfähigen Lösungen gekommen –, schuf man Durchbruchstraßen, die den Verkehrsfluss erleichtern und auch eine großzügige Randbebauung zulassen sollten. Als solche Schneisen durch das vorhandene Straßengefüge entstanden nacheinander in der Neustadt die *Wexstraße* (1867), die *Colonnaden* (1876/77), die *Gerhofstraße* (1881–83) und schließlich die *Kaiser-Wilhelm-Straße* (1891/92). In der Altstadt war die bedeutendste die von 1908 bis 1913 angelegte *Mönckebergstraße*, die den Rathausmarkt mit dem Hauptbahnhof verband.

Der Prozess der Umstrukturierung wurde durch ein katastrophales Ereignis beschleunigt, das ebenso wie zuvor der Große Brand von 1842 alle Initiativen verstärkte: die Choleraepidemie von 1892. Von August bis Oktober 1892 erkrankten in Hamburg mehr als 16 000 Menschen an der Cholera, und 8605 Todesfälle wurden gezählt. Dass eine Seuche in derartigem Umfang in einer modernen Großstadt grassieren konnte, stellte den Stadtvätern hinsichtlich der hygienischen Verhältnisse ihrer Stadt ein sehr schlechtes Zeugnis aus. In der Tat lagen große Versäumnisse vor, denn viel zu spät, nämlich erst 1891, war der Bau eines zentralen Filtrierwerks zur Wasseraufbereitung beschlossen worden (s. Rothenburgsort). Dieses war somit noch nicht in Betrieb, als sich die in den Hafen eingeschleppte Seuche, wahrscheinlich von Le Havre kommend, auszubreiten begann. Das aus der Elbe entnommene Trinkwasser, nur geklärt, aber nicht filtriert, förderte die Übertragung

Bau der Mönckebergstraße, ab 1908

des Krankheitserregers; im Übrigen aber waren für die Anfälligkeit der minderbemittelten Bevölkerungsschichten in starkem Maße die z.T. menschenunwürdigen Wohnverhältnisse in den „Gängevierteln" verantwortlich zu machen. Die Vorgänge in der Hansestadt erregten im ganzen damaligen Reich negatives Aufsehen. Als Hamburger Reaktion erfolgte zunächst die Bildung einer „Kommission zur Überprüfung der Gesundheitsverhältnisse in der Stadt", zu deren Verdiensten der Erlass eines „Wohnungspflegegesetzes" (1898) zählt. Ende der 1890er Jahre begann ferner eine weitere Kommission in Zusammenarbeit mit der Medizinalbehörde, der Baupolizei und dem Statistischen Bureau mit Erhebungen für die Erfassung und Abgrenzung zu sanierender Gebiete.

Als Sanierungsgebiete wurden nun drei „Bezirke mit ungesunden Wohnungen" benannt: die „Südliche" sowie die „Nördliche Neustadt" und die „Östliche Altstadt". Es war ein großes Vorhaben, in diesen Gebieten, die zusammengenommen etwa die Fläche ausmachten, die 1842 während des Stadtbrandes zerstört worden war, Flächensanierungen durchzuführen, also nach Abriss und Neuanlage des Straßennetzes zeitgemäße Neubauten zu errichten.

Begonnen wurde mit der „Südlichen Neustadt", weil hier das tief liegende Gelände besonders hochwassergefährdet war und auch bei mittleren Elbwasserständen oft durch den Rückstau von Abwässern beeinträchtigt wurde. Die Neugestaltung erfolgte von 1900 bis 1912 in zwei Bauabschnitten, wobei das Gelände um 2,5 m aufgehöht wurde. Das Sanierungsergebnis war aber nicht voll befriedigend. Zum einen hatte man nicht die gesamte Bausubstanz ersetzt, zum andern zog sich das Vorhaben zu lange hin, sodass die ursprüngliche Wohnbevölkerung nach Abschluss der Sanierungen inzwischen neue Unterkünfte gefunden hatte. Damit blieb das Ziel, für die Hafenarbeiter des ehemaligen Gängeviertels an gleicher Stelle gesünderen Wohnraum zu schaffen, unerreicht – in das neue Quartier zogen einfache und mittlere Angestellte und Beamte.

Viel hamburgische Stadtentwicklung auf einen Blick (von oben nach unten): Die breite Front des Karstadt-Gebäudes (heute Finanzamt Hansa) an der Steinstraße und der markante Kubus des Sprinkenhofs haben den letzten Rest des Gängeviertels der Altstadt in die Zange genommen. Links der Meßberghof, das Chilehaus und der Mohlenhof. Luftaufnahme um 1930

Im Sanierungsgebiet „Östliche Altstadt" musste das Vorhaben gekoppelt werden mit den baulichen Maßnahmen für die neue, unterirdisch verlaufende Hochbahn-Strecke Hauptbahnhof–Rathausmarkt und die geplante größte Durchbruchstraße, die *Mönckebergstraße*. Man begann 1905 und wollte das Gesamtvorhaben bis 1917 vollenden. Durch den Ausbruch des Ersten Weltkrieges 1914 kamen die Bauarbeiten jedoch zum Stillstand und fanden erst zu Beginn der 1920er Jahre ihre Fortführung.

Statt der ursprünglich geplanten Wohnbebauung entstanden in der Zwischenkriegszeit in der „Östlichen Altstadt" überwiegend Kontorhäuser, also

Bürogebäude. Bis heute steht das damals geschaffene Kontorhausviertel architektonisch für den Expressionismus der 1920er Jahre und ist weit über Hamburgs Grenzen hinaus bekannt. Schon die Gesamtanlage war neu: Man ging von der einfachen Straßenrandbebauung ab zugunsten von monumentalen, an mehrere Straßen angrenzenden Baublocks mit durchgestalteten Innenhöfen. Der bekannteste dieser Kontorhausblocks ist das Chilehaus des Architekten Fritz Höger; es wurde mit seinem „Schiffsbug", der spitz auslaufenden Ostfront, und der sehr ornamentalen Fassadengestaltung zu einem Wahrzeichen Hamburgs.

Die Kaiser-Wilhelm-Straße kurz nach ihrer Fertigstellung. Der Blick aus Richtung Stadthausbrücke zeigt die Kreuzung Wexstraße, Fuhlentwiete, Große Bleichen; d.h., wo rechts das kuppelbekrönte Haus zu sehen ist, steht heute das Axel-Springer-Hochhaus

Das dritte Sanierungsgebiet, in der „Nördlichen Neustadt" gelegen, wurde aus finanziellen Gründen erst sehr viel später in Angriff genommen. 1933/34 kaufte der Staat das gesamte Gängeviertel nördlich der *Wexstraße* auf, und nach Abriss aller Gebäude erfolgte schon 1934–36 die Neubebauung mit Wohnhäusern. Als Bauträger fungierten mehrere Baugenossenschaften, wobei durch eine gut abgestimmte Gesamtplanung raumbildende Akzente, wie z.B. eine Freitreppe und Platzgestaltungen, gesetzt wurden, sodass das entstandene Ensemble als gelungen bezeichnet werden kann. In dem südlich der *Wexstraße* gelegenen Teil war ebenfalls eine neue Wohnhausbebauung vorgesehen. Der 1939 beginnende Zweite Weltkrieg verhinderte aber entsprechende Maßnahmen; die vorhandene minderwertige Bausubstanz wurde Opfer der Bombennächte, und in der Nachkriegszeit entschied man sich gegen eine Wohnhausbebauung, sodass hier bis zur Gegenwart große Verwaltungsgebäude ihren Platz fanden.

Die einschneidendste Veränderung in der Innenstadt erfolgte durch die Anlage der *Mönckebergstraße* (1908–13). Nachdem 1897 das neue Rathaus am Rathausmarkt vollendet und 1906 der Hauptbahnhof am *Glockengießerwall* eröffnet worden war, bestand fast zwangsläufig die Notwendigkeit, zwischen diesen beiden für das städtische Leben so wichtigen Punkten eine Verbindung herzustellen. Der Entwurf zeigte eine große Magistrale mit repräsentativer Randbebauung, für deren Bau viele Häuser und Gänge des „Östlichen Sanierungsgebietes" abgerissen werden mussten. Da der 1908 verstorbene Bürgermeister Mönckeberg sich als Vorsitzender der Sanierungskommission um die Erneuerung der Stadt große Verdienste erworben hatte, wurde die Straße nach ihm benannt.

Der 1909 als neuer Baudirektor nach Hamburg berufene Fritz Schumacher hatte einen wesentlichen Anteil am Gelingen des Projektes dieser damals größten Durchbruchstraße der Stadt. Durch Zusammenarbeit einer staatlichen Kommission mit den privaten Bauherren konnten die derzeit neuen Aufgaben, wie durchgehende Schaufensterfronten oder aufeinander abgestimmte Dachübergänge zwischen den Häusern zu schaffen, erfolgreich bewältigt werden. Gelungen ist auch die Einfädelung der *Knochenhauertwiete* im südlichen Abschnitt der *Mönckebergstraße*: Man führte sie durch ein Tor auf die breite Hauptstraße, womit deren Häuserfront unbeeinträchtigt blieb.

Bis heute ist die *Mönckebergstraße* immer noch die bedeutendste Geschäftsstraße Hamburgs. Es wuchs jedoch bei der „MÖ" in den letzten Jahrzehnten der Interessenkonflikt zwischen dem ständig zunehmenden Straßenverkehr und dem Bedürfnis der Passanten nach ungestörtem Einkaufen und Flanieren. So wurde schließlich die Fahrbahn verengt, und seit 1993 ist die *Mönckebergstraße* sogar auf voller Länge für den privaten Pkw-Verkehr gesperrt.

Hatte Fritz Schumacher mit seiner Einflussnahme auf die Gestaltung der *Mönckebergstraße* ein erstes Zeichen gesetzt, so wurde er in den Jahren nach dem Ersten Weltkrieg in nahezu beispiellosem Umfang für den gesamten

Die Finanzbehörde auf dem Eckgrundstück Valentinskamp/Gänsemarkt (1926 fertig gestellt) ist einer der großen Staatsbauten Fritz Schumachers, die der konservativen Moderne zuzurechnen sind. Rechts das Deutschlandhaus der Architekten Block und Hochfeld (1929 fertig gestellt), das stärker einer progressiven Moderne verpflichtet ist, Foto von 1950

Hamburger Städtebau maßgebend: Seine Handschrift bestimmte die moderne Weltstadt Hamburg. Während seiner 1933 durch die Nationalsozialisten beendeten Amtszeit gab es nur wenige staatliche Hochbauten, die nicht von ihm selbst entworfen wurden; dies gilt sowohl für Schulbauten, Behörden, Brücken als auch für Denkmäler. Sie zeigen bis auf wenige Ausnahmen das von ihm bevorzugte Material, den roten Backstein. Allerdings ist zu beobachten, dass sich Schumachers Ausdrucksweise im Laufe seiner Amtszeit von einer mehr dem Heimatstil verpflichteten Architektur zu strengerem Bauen wandelte, Letzteres dem „Bauhaus" nicht nur durch die Verwendung des Flachdachs verpflichtet. Dabei war ihm neben der Gestalt des einzelnen Gebäudes die Stadtgestalt als Ganzes wichtig. Seit 1923 als Oberbaudirektor für den gesamten hamburgischen Hoch- und Städtebau verantwortlich, engagierte sich Schumacher besonders für die Schaffung von qualitätvollen Klein- und Kleinstwohnungen. Es war Reformarbeit zu leisten, was mit einem „Kleinwohnungsgesetz" von 1918 begonnen hatte (das hauptsächlich positiv wirksam wurde durch Bestimmungen über die von Reich und Stadt zur Verfügung zu stellenden Baukostenzuschüsse) und in neue Bebauungspläne für ganze Stadtviertel einmündete. So entstanden u.a. die Großwohnanlagen „Jarrestadt" (s. Winterhude), „Dulsberg" und „Barmbek-Nord" und nicht zuletzt die Siedlung in Langenhorn, die seit 1949 den Namen „Fritz-Schumacher-Siedlung" trägt. Es sollte Wohnkapazität für weniger bemittelte Bevölkerungsschichten geschaffen werden, wobei aber eine akzeptable Belichtung und hygienische Ausstattung der Wohnungen Grundanforderung blieb. Da gerade auch diese neuen, sich über große Areale erstreckenden Wohnanlagen als Ganzes konzipiert waren und mit vor- und zurückspringenden Straßenfluchten, mit geschickten Ecklösungen und lichten Hofanlagen architektonische Reize bildeten, entstand in den 1920er

Die Mönckebergstraße ist Hamburgs Haupteinkaufsstraße, links die Fassade des Levantehauses

Jahren in den Randgebieten eine städtebaulich erfreuliche Ergänzung der bisherigen Wohnstadt Hamburg, von Schumacher selbst als eine Art „Gürtel um Hamburgs alten Leib" bezeichnet. Allerdings stimmten die Vorstellungen der Planer meist in einem zentralen Punkt nicht mit der Wirklichkeit überein: Die neuen Wohnblocks ließen sich häufig doch nicht so kostengünstig wie gedacht errichten, sodass höhere als die erwarteten Mietpreise zustande kamen und diese der Industrie- und Hafenarbeiterschaft den Einzug verwehrten.

Der Verkehr entwickelt sich

Die Ausweitung Hamburgs über seine alten Grenzen hinaus war verbunden mit einem Ausbau des Verkehrsnetzes. Die schon früh, nämlich seit 1839, zunächst in Form von „Pferdeomnibussen", dann ab 1866 z.T. als Pferde-Eisenbahnen angelegten, radial nach außen führenden Verbindungen zwischen Stadt und nahem Umland wurden 1883/84 durch eine neuartige Linienführung ergänzt: Eine vollständig schienengebundene Pferdebahn beschrieb jetzt vom Zentrum her über Rotherbaum, Harvestehude, Eppendorf, Winterhude und Uhlenhorst einen Ring um Außen- und Binnenalster und verband damit Stadtteile von hohem Lagewert. Sie wurde 1894 durch Elektrifizierung zur Straßenbahn und hat bis 1943 – als beliebte „Linie 18" – existiert.

Viel Verkehr in Hamburgs Innenstadt im Jahre 1912. Blick vom Graskeller in den Alten Wall. Das Hochbahnviadukt ist gerade fertig gestellt, die Gleise sind noch nicht verlegt. Rechts die Station Rödingsmarkt

1904 beschloss die Hamburger Bürgerschaft die Anlage einer Hoch- und Untergrund-Bahn, deren erste wichtige Strecke, die Ringlinie, 1912 eröffnet wurde. Vergleichbar dem vorhandenen Straßenbahnring, allerdings mit erweitertem Radius, beschrieb sie einen großen Kreis um den Alstersee. Seit den 1940er Jahren fahren die „Hochbahnzüge" offiziell als „U-Bahn".

Seit 1906 existierte eine Vorortbahn, die von der preußischen Staatsbahn betrieben wurde und preußisches mit hamburgischem Gebiet verband. Bis in die 1930er Jahre war so nach und nach ein immer dichteres Nahverkehrsnetz entstanden, das übrigens ein sehr engstirniges Vorgehen hamburgischerseits verdeutlicht: Die Stadt hatte ihre Hochbahn-Linien ausschließlich auf eigenem Territorium angelegt und war sogar so weit gegangen, 1913 ihr Netz durch eine „Walddörferbahn", die bis Wohldorf und Großhansdorf führte, zu ergänzen, um damit ihre im preußischen Gebiet gelegenen Exklaven stärker an sich zu binden – diese Linie war aber von Beginn an defizitär. Preußen dagegen hatte nicht nur eine Stadtbahnverbindung nach Blankenese geschaffen, sondern einen Vorortverkehr auf den teils durch sein eigenes, teils durch hamburgisches Territorium führenden Fernbahnstrecken eingerichtet und hierdurch ein beträchtliches Siedlungswachstum der an diesen Strecken gelegenen Gemeinden ausgelöst.

Im Zusammenhang mit der Erschließung der Außengebiete war verdienstvoll, dass die „Straßen-Eisenbahn-Gesellschaft", die erst 1918 in der „Hamburger Hochbahn Aktiengesellschaft" aufging, bis zu diesem Zeitpunkt gegen den Widerstand des Hamburger Staates auch Streckenführungen über die Landesgrenze hinweg durchsetzte. So hat sie zwischen 1901 und 1914 Linien mit folgenden, in Preußen gelegenen Endpunkten eröffnet: Harburg, Altona, Stellingen, Langenfelde, Niendorf-Schnelsen, Wandsbek-Ost, Wandsbek-Gartenstadt.

Insgesamt war Hamburg bis zum Zweiten Weltkrieg, da der Pkw-Verkehr bis dahin nur eine untergeordnete Rolle spielte, eine „Straßenbahnstadt": Die

Straßenbahn verfügte über ein Streckennetz von 232,6 km und war gegenüber der U- und Hochbahn, die ein Netz von nur 61,3 km aufwies, das eigentliche flächendeckende Verkehrsmittel.

Alles blieben aufwändige Entwürfe, und der Zweite Weltkrieg schuf eine andere, grausame Realität.

Schon bald nach Beginn des Krieges hatten Luftangriffe eingesetzt, die, an Zahl und Wirkung zunehmend, bis zum Sommer 1943 zum Verlust von insgesamt rund 5000 Wohnungen geführt hatten. Dann aber erst kam es zur wirklichen Katastrophe: Vom 25. Juli bis zum 3. August 1943 flogen die Royal Air Force und die 8. US-Luftflotte sieben schwere Angriffe auf Hamburg, die als „Operation Gomorrha" in die Geschichte eingegangen sind. Es wurde bei diesen Angriffen eine neue Taktik angewandt, indem zunächst Sprengbomben eingesetzt und anschließend in die aufgerissene Dachlandschaft Brandbomben geworfen wurden, die Auslöser verheerender Flächenbrände wurden. Die Operation galt hauptsächlich den Massenwohngebieten östlich der Alster. Etwa 32 000 Menschen verloren in jenen Tagen ihr Leben, und ca. 263 000 Wohnungen wurden zerstört. Weitere Luftangriffe bis zum Ende des Krieges galten vorwiegend

Gigantomanie für den geplanten Ausbau Hamburgs zur Führerstadt: Das Modell in der Baubehörde zeigt die Dominanz des 250 m hohen „Gauhochhauses" oberhalb des Elbstroms in Altona am Ende einer Nord-Süd-Achse, die auch einen riesigen Aufmarschplatz umfassen sollte

Die Weltstadt in der Nachkriegszeit

Seit der zweiten Hälfte des 19. Jahrhunderts hatte sich nicht nur außerhalb des Wallrings eine Wohnstadt entwickelt, die durch Industrieanlagen und den weit ausgreifenden Hafenbereich eindrucksvoll ergänzt wurde, sondern auch die alte Stadt im Kernbereich hatte sich gewandelt, indem sie durch Stadtumbau zur City geworden war. Bis in die 1920er Jahre hatten diese Wachstums- und Erneuerungsprozesse angedauert. Während der NS-Zeit in den 1930er Jahren aber stagnierte die Entwicklung, indem nur noch wenig gebaut, dafür allerdings umso mehr geplant wurde.

Hitler war oft in Hamburg gewesen und wollte die Stadt wie München, Nürnberg, Linz und Berlin zu einer „Führerstadt" mit gigantischen Hochbauten umgestalten. Das Nordufer der Elbe sollte zu einem repräsentativen Eingangsbereich für den Hafen umgewandelt werden, auf den im Altonaer Raum im rechten Winkel eine Architektur-Achse riesigen Ausmaßes mit Volkshalle, Gauhochhaus und Aufmarschplatz zuführen sollte. Außerdem war mit einer Elbhochbrücke ein Monumentalbau von besonderer Symbolkraft geplant, und zusätzlich sollten in der übrigen Stadt zahlreiche weitere Großbauten und -anlagen entstehen, z.B. Partei-Kreishäuser und auch eine neue „Hansische Universität".

Blick vom Graskeller Richtung Stadthausbrücke im Sommer 1943. Rechts die Ruine des Stadthauses an der Ecke zum Neuen Wall

der Innenstadt, dem Hafen und den Industriegebieten in Harburg, Wilhelmsburg und den anderen Stadtteilen zwischen Norder- und Süderelbe.

Der Verlust an Wohnungen durch Kriegseinwirkungen betrug bis Mai 1945 insgesamt 295 654 Einheiten, hinzu kam ein Verlust an Arbeitsstätten, der auf 50 Prozent der zu Kriegsanfang vorhandenen geschätzt wird. Die Vernichtung der Hafenanlagen, die auf etwa 70 Prozent angesetzt wird, traf Hamburgs Lebensnerv, aber auch die Industrieanlagen in der Stadt und alle Infrastruktureinrichtungen wie Krankenhäuser, Museen, Kirchen, Anlagen von Post und Bahn, die Versorgungsbetriebe für Elektrizität, Gas und Wasser waren zu großen Teilen zerstört.

„Die letzten der Süderstraße" nannte der Fotograf Erich Andres sein Bild, das er am 1. 8. 1943 morgens gegen sechs Uhr aufgenommen hat

Es ist heute kaum mehr vorstellbar, welchen Anblick Hamburg in der ersten Nachkriegszeit bot. Nachdem durch den Bombenkrieg dicht bevölkerte Stadtteile zu menschenleeren Trümmerlandschaften mit gespenstisch aufragenden Ruinen geworden waren, hatte man viele Quartiere zu „toten Zonen" erklärt und mit quer über die Straßen verlaufenden Mauern verbarrikadiert. Noch Jahre nach dem Kriegsende von 1945 prägten solche Bilder den Stadtraum, vor allem in den ehemaligen Arbeiterstadtteilen im Hamburger Osten (Borgfelde, Hamm, Hammerbrook, Rothenburgsort).

Nach dem Kriege wurde der materielle Verlust allein für den Sektor der Hochbauten auf acht Milliarden Mark geschätzt und für den Wiederaufbau eine Zeit von 25 Jahren veranschlagt. Doch entgegen dieser Prognose vollzog sich nach der Währungsreform von 1948 die Stadtreparatur in erstaunlich kurzer Zeit. Bereits Mitte der 1950er Jahre waren die ausgebrannten Ruinen verschwunden, und schon um 1960 verlagerte sich das Übergewicht der Bautätigkeit vom Wiederaufbau der inneren Stadtteile auf eine Neuerschließung der Außengebiete.

Wenn man die Jahrzehnte seit Kriegsende insgesamt in ihrer Abfolge betrachtet, entstand das neue Hamburg in drei Phasen mit unterschiedlichen Zielsetzungen: Der Wiederaufbauphase in den zerstörten inneren Stadtteilen folgte eine Phase des Flächenwachstums weit in die äußeren Stadtteile hinein, die schließlich abgelöst wurde von einer letzten, bis in die Gegenwart andauernden Phase mit neuen Konzeptionen für die Gesamtstadt.

Beim Städtebau in der Wiederaufbauphase bis ca. 1960 war der Wiederaufbauplan des Jahres 1950 Grundlage. Wie auch die auf ihn bezogenen Durchführungspläne akzeptierte er das alte Grundrissgefüge, weil umfangreiche Teile des Verkehrsnetzes und auch der unterirdischen Leitungssysteme erhalten geblieben waren und sich eine völlige Neuordnung aus finanziellen Gründen verbot. Man verfolgte jedoch das Ziel, die Wohndichte in den alten gründerzeitlichen Stadtvierteln zu verringern, und erhob deshalb beim Wiederaufbau das viergeschossige Mietshaus zum Standard. Ab fünf Geschossen waren Fahrstühle Vorschrift, sodass das viergeschossige Haus auch aus Kostengründen bevorzugt wurde. Neu war außerdem, dass sich jetzt die Zeilenbauweise durchsetzte, die in der Vorkriegszeit nur in Ausnahmefällen bereits Anwendung gefunden hatte (z.B. Dulsberg): Rechtwinklig zur Straße angeordnete Häuserzeilen sollten das Entstehen von „Vorderzimmern" und „Hinterzimmern" verhindern und damit für mehr Belichtung der ganzen Wohnung sorgen, als dies bei der früheren Blockrandbebauung möglich gewesen war. Aufgrund dieser Vorgaben entstand eine neue, zumeist viergeschossige und im Ganzen recht anspruchslose Bebauung, die aus heutiger Sicht nicht unbedingt den zentrumsnahen Gebieten einer Weltstadt angemessen ist. Eine Ausnahme bilden die 1949–56 erbauten Grindelhochhäuser mit ihrer ganz eigenen, noch unter der Regie der englischen

Besatzungsbehörden begonnenen Planungsgeschichte (s. Harvestehude).

1960 bis 1975 waren die Intentionen deutlich darauf gerichtet, mehr Wohnraum durch Großprojekte in den Außengebieten zu schaffen. Freie Areale oder lediglich mit Kleingärten belegte Flächen waren vorhanden, und ein Aufbauplan von 1960 schuf die planungsrechtlichen Voraussetzungen für das Ausgreifen der Bebauung auf Neuland. Nach ersten Siedlungen, die bis zu 3000 Wohnungen umfassten und gestreut sowohl am östlichen Stadtrand (s. Rahlstedt, Farmsen-Berne) als auch im westlichen und südwestlichen Hamburg (s. Lurup, Neugraben-Fischbek) lagen, und der nachfolgenden mittelgroßen Siedlungen „Lohbrügge-Nord“ und „Bergedorf-West“ entstanden dann die drei Anlagen, die sich noch heute mit dem Programm Großwohnsiedlungen verbinden: „Osdorfer Born“, „Neu-Steilshoop“ und in Billstedt „Mümmelmannsberg“. Sie waren entworfen für eine Zahl von Bewohnern, die, zwischen 16 000 und 24 000 liegend, mindestens der einer deutschen Kleinstadt entspricht, und sie wurden zunächst gefeiert als vorbildliches „Wohnen der Zukunft“. Alle drei nehmen weite Flächen in Anspruch, werden von Hochhäusern dominiert und bilden, indem sie sich mit ihrer Bebauung von der weiteren Umgebung absetzen, je eine „Stadt in der Stadt“.

Die Euphorie der ersten Stunde hielt nicht lange, denn sehr bald wurden die Nachteile der Konzeption deutlich. Da sich die Großprojekte allein in bisher unerschlossenen Randlagen der Stadt realisieren ließen, gab es keine Anbindung an das Hamburger Schnellbahnnetz, was von vornherein zu einer nicht unwesentlichen Isolierung dieser Wohngebiete führte. Nur Mümmelmannsberg erhielt 1987 U-Bahn-Anschluss. Hinzu kommt, dass sich in den Großsiedlungen keine ausgewogene, sondern eine eher schwache Sozialstruktur herausgebildet hat. Die Wohnungen waren bis zu 90 Prozent mit öffentlichen Mitteln gefördert worden und unterlagen bei Fertigstellung einer Belegungsbindung. Nachfolgend wurde dieses Ungleichgewicht durch den Fortzug der etwas einkommensstärkeren Bewohner weiter gefördert, und das bereits entstandene Negativ-Image der Großwohnsiedlungen kulminierte. Als Folge dieser sozialen Erosion sank die Vermietbarkeit der Wohnungen, und Leerstände nahmen zu. Ferner hat sich trotz relativ guter Infrastrukturen urbanes Leben nicht einstellen wollen. Es gibt keine belebten Einkaufsstraßen, gemütliche Eckkneipen fehlen, und die Jugend entbehrte eine adäquate „Szene“.

Ein Blickwinkel, drei Motive. Ruinenabriss und Neubebauung der Hamburger Hochstraße (Hexenberg) 1969/70 und 1973. Rechts im Bild die Altonaer Trinitatiskirche

Der Fotograf Erich Klebe war der Letzte, der dem alten Bauernkarren Aufmerksamkeit schenkte. Sein Stimmungsbild ist zugleich ein Zeitdokument der Erschließung von Hamburgs ländlichen Randgebieten für den Wohnungsbau seit Ende der 1960er Jahre. Foto von 1969, aufgenommen beim Bau der Wohnsiedlung Bergedorf-West

Da diese Nachteile unübersehbar waren, setzte sich mit Beginn der 1990er Jahre die Hamburger Stadtentwicklungsbehörde für umfangreiche Nachbesserungen ein. Um gegensteuern zu können, wurden 1991 große Teile von Steilshoop und die gesamte Siedlung Mümmelmannsberg zu Sanierungsgebieten (nach § 142 des BauGB) erklärt sowie der Osdorfer Born 1992 größtenteils zum Revitalisierungsgebiet bestimmt. Seither kommt es nicht nur zu architektonischen Umgestaltungen – bei Eingangsbereichen, Innenhöfen oder Spielflächen –, sondern auch zur Gründung neuer Sozialeinrichtungen wie der Schaffung einer Kindertagesstätte und eines Hauses für den Sportverein in Mümmelmannsberg. Durchaus spürbare Verbesserungen der Lebensqualität, vor allem in Steilshoop, waren das Ergebnis.

Nachdem man sich gedanklich vom Konzept der Großwohnsiedlungen verabschiedet hatte, verfolgt die Stadtplanung seit Mitte der 1970er Jahre ein dreiteiliges Strategiekonzept. Es gilt, Stadterneuerung durch Sanierung und Modernisierung des vorhandenen Gebäudebestandes voranzutreiben, eine innere Verdichtung maßvoll umzusetzen und schließlich die Flächenerschließung in der äußeren Stadt behutsam weiterzuführen.

Die Stadterneuerung betrifft in erster Linie den erhalten gebliebenen Altbaubestand der Vorkriegszeit. 1971 war das Städtebauförderungsgesetz erlassen worden, das den Kommunen die Möglichkeit eröffnete, nach „vorbereitenden Untersuchungen" Sanierungsgebiete förmlich festzulegen und für die Durchführung der Sanierungen Bundes- und Landesfinanzhilfen in Anspruch nehmen zu können. Hamburg hatte zunächst groß dimensionierte Flächensanierungen geplant (z.B. in St. Georg Abriss und Neubebauung mit bis zu 200 m hohen Gebäuden), konzentrierte sich dann aber auf eine Bestandsverbesserung durch Objektsanierung. Es wurden zunächst 19 Sanierungsgebiete ausgewiesen und überdies große Teile der inneren Stadt zu Modernisierungsgebieten erklärt, in deren Bereich man den Hauseigentümern für Modernisierungsvorhaben öffentliche Gelder als Zuschüsse anbot. Die eigentlichen Sanierungsgebiete lagen vorwiegend in St. Georg, in der Neustadt, in St. Pauli, in Altona-Altstadt sowie im südlichen Eimsbüttel und in Ottensen, also in ehemaligen Arbeiterwohnvierteln der Jahrhundertwende. Das Sanierungsprogramm wurde flankiert durch ein Programm „Stadterneuerung in kleinen Schritten" (SikS, finanziell unabhängig vom Städtebauförderungsgesetz), beide haben zu einer wesentlichen Verbesserung der Wohnsituation in den genannten Gebieten geführt. So wurden Heizungen, Bäder und, da etwa ein Viertel der betreffenden Wohnungen nicht über ein eigenes WC verfügten, auch Toiletten eingebaut; außerdem verbesserte man das Wohnumfeld durch Anlage von Spielplätzen, Verkehrsberuhigungen und weitere Maßnahmen. Nachdem seit 1990 im Bund-Länder-Programm der Sanierung (Städtebauförderung) die finanzielle Beteiligung des Bundes drastisch reduziert worden war, schuf sich Hamburg mit einem Revitalisierungsprogramm ein zweites Steuerungsinstrument, das allein aus hamburgischen Haushaltsmitteln finanziert wird. Als Beauftragte für die Revitalisierung ist neben anderen Gesellschaften in großem Umfang die 1989 gegründete STEG (Stadtentwicklungsgesellschaft Hamburg mbH) in treuhänderischer Funktion als Sanierungsträgerin für die Stadt tätig.

Um eine noch stärkere Wirksamkeit auf Stadtteilebene zu erreichen, beschloss der Senat 1998 ein Programm zur „Sozialen Stadtteilentwicklung“, welches seither das Revitalisierungsprogramm mit verschiedenen gebiets- und projektbezogenen Programmen zusammenfasst.

Die Sanierungsvorhaben der ersten Stunde widmeten sich hauptsächlich der Bestandsverbesserung und sind inzwischen erfolgreich abgeschlossen. Die Maßnahmen der jetzigen Sanierungs- und Revitalisierungsvorhaben zielen u.a. auf eine Verbesserung der Lebenssituation der Wohnbevölkerung, um so der sozialen Erosion entgegenzuwirken. Daher werden die verfügbaren finanziellen Mittel auch für kulturelle, bildungs- und freizeitbezogene Angebote eingesetzt wie auch für Maßnahmen zur Verbesserung der beruflichen Qualifikation der Bewohner.

Im Rahmen der inneren Verdichtung wird versucht, die im bereits verstädterten Raum noch vorhandenen Freiflächen zu bebauen oder Grundstücke mit Gebäuden überholter Funktion neuer Nutzung zuzuführen. Von solchen Flächen existieren mehr, als man gemeinhin vermutet: Die großen Grundstücke von Industriebrachen, wie es sie mit dem ehemaligen Gaswerk in Bahrenfeld gab, oder die Flächen nicht mehr benötigter Kasernenanlagen (s. Rahlstedt) sind beste Beispiele. Aber Umnutzungen und Abrisse für anschließenden Neubau betreffen auch anderen Besitz. So erfuhr das alte Gelände des HSV-Sportplatzes in Rotherbaum in den letzten Jahren eine Bebauung mit exklusiven Geschosswohnungen, und in dem bevorzugten Villenkranz rund um die Außenalster weichen immer häufiger alte Prachtdomizile modernen exklusiven Wohnanlagen. Diese Reihe ließe sich beliebig ergänzen, besonders mit Blick auf die Elbvororte oder die Walddörfer. Und die Stadtplanung muss schon deshalb ein Schwergewicht auf diese innere Verdichtung setzen, weil die Flächenerschließung in der äußeren Stadt nicht Regel, sondern Ausnahme sein soll. Ein jeder der für die Randgebiete erarbeiteten Bebauungspläne zeigt, dass Hamburg sich vorgenommen hat, landschaftserhaltend vorzugehen und landschaftskonform zu bauen. Das größte Projekt, das diesem Planungsziel entsprechend seit den 1980er Jahren realisiert wurde, ist „Neuallermöhe-Ost“ und „Neuallermöhe-West“.

Wo einst der HSV am Rothenbaum seine viel besuchten Heimspiele austrug, bestimmen heute exklusive Neubauwohnungen das Bild. Blick durch den Turmweg auf St. Johannis

In der zweiten Hälfte des 20. Jahrhunderts war auch die Innenstadt verschiedenen Wandlungsprozessen ausgesetzt. Zunächst fand ein einfaches Beheben der Kriegsschäden statt. Vielleicht mit Ausnahme des monumentalen Mahnmals der alten Hauptkirche St. Nikolai am *Hopfenmarkt* ist diese „Stadtreparatur“ in der Altstadt heute nur noch für den aufmerksamen Beobachter bemerkbar. Ein Beispiel ist die *Mönckebergstraße*, die bei Kriegsende zahlreiche ausgebrannte Geschäftshäu-

In das Luftbild vom Trümmergebiet der Hamburger Neustadt wurde der Verlauf der geplanten Ost-West-Straße eingezeichnet

ser aufwies, danach weitgehend im alten Stil wiederhergestellt wurde und nur an einzelnen Bauelementen eine Erneuerung erkennen lässt, z.B. an der Einfügung von Staffelgeschossen anstelle der ursprünglichen hohen Mansarddächer. In der Neustadt allerdings, wo es im Krieg zu mehreren großen Flächenzerstörungen gekommen war, sind diese noch heute an einer z.T. sehr ungleichförmigen Wiederbebauung bemerkbar.

Es war schon in der Vorkriegszeit deutlich geworden, dass die Innenstadt mehr Durchgängigkeit erhalten müsste. Diesem Ziel dienten nach Kriegsende drei Maßnahmen: 1952/53 wurde die „Zweite Lombardsbrücke" gebaut (seit 1963 „Kennedybrücke" genannt), 1959–66 erfolgte der Ausbau der alten Wallringstraßen zum „Ring 1", und in zehnjähriger Bauzeit wurde 1953–63 quer durch die südliche Innenstadt der Durchbruch der „Ost-West-Straße" vollzogen. Diese neuen Verkehrsführungen sollten dazu dienen, den von den Elbbrücken massiv auf Hamburg zuströmenden Fernverkehr flüssig durch die Innenstadt hindurch- bzw. an ihr vorbeizuleiten. Wie die bis zur Gegenwart sehr hohe tägliche Frequentierung dieser Leitsysteme zeigt, erfüllen sie ihren Zweck.

Allerdings verbindet sich die einschneidendste der drei Maßnahmen, die Anlage der *Ost-West-Straße*, bis heute mit erheblichen Nachteilen für die Innenstadt, indem sie den hafennahen Bereich von der übrigen Innenstadt scharf abtrennt. Städtebaulich ist bedauernswert, dass es zu keiner überzeugenden Randbebauung gekommen ist, sondern nach ersten Neubauten, welche die Straße als Solitäre flankierten, jedes weitere Jahrzehnt sich an der *Ost-West-Straße* mit Bauten seines Zeitstils dokumentiert hat, wodurch die Abfolge uneinheitlich ist und willkürlich wirkt.

Die bauliche Erneuerung in der Innenstadt ging im Allgemeinen fast unmerklich vor sich, indem hier und da Lücken geschlossen wurden oder auch Neubau nach Abriss erfolgte. Eine Ausnahme hiervon bilden das „Passagenviertel" und die „Fleetachse", die beide ganze Areale betreffen.

Viele Passagen und die Fleetachse

Das heutige Passagenviertel verdankt seine Existenz zwar der Stadterneuerung zwischen 1970 und 1990, hat aber im gleichen Raum zwei eindrucksvolle Vorläufer: den einstmals beliebten „Sillem's Bazar" von 1843, der als Ladenpassage vom *Jungfernstieg* zur *Poststraße* führte, und die 1842–46 durch den Architekten Chateauneuf geschaffenen Alsterarkaden, die bis heute in klassizistischer Schönheit die Kleine Alster seitlich begrenzen. Mit dem Umbau eines weiteren Bauwerks von Chateauneuf, der „Alten Post" von 1845–47, in die 1970/71 eine Ladenzeile eingezogen wurde, begann dann die Ära der modernen Passagen. Sie entstanden im Raum zwischen *Gänsemarkt*, *Bleichenbrücke* und *Jungfernstieg*, wurden zumeist in vorhandene Bauten eingefügt und bilden jetzt ein lockeres Netz witterungsgeschützter Ladenfolgen. Jede Passage ist architektonisch individuell gestaltet, alle aber bieten mit hochrangigem Angebot eine Atmosphäre von weltstädtischem Luxus und sind daher sowohl zum Einkaufen als auch nur zum Flanieren sehr beliebt.

Das lang gestreckte, als Fleetachse bezeichnete Gebiet, das von der Stadthausbrücke, dem Herrengrabenfleet folgend, bis zum Hafenrand reicht, verdankt die Modernität seiner Bebauung der nüchternen Tatsache, dass hier jahrzehntelang eine Planungsbrache jegliche Bautätigkeit verhinderte. Hintergrund war die vorsorgliche Flächenreservierung für eine eventuelle breite Straßenführung zu einem projektierten weiteren Elbtunnel am *Baumwall*. Nachdem der Tunnelplan schließlich verworfen worden war, entstand nach zahlreichen Architekten-Wettbewerben mit Beginn der 1990er Jahre die heutige Bebauung. Den nördlichen Teil nimmt bis zur *Ost-West-Straße* die Fleetinsel ein, deren zentralen Platz, den Fleetmarkt, anspruchsvolle Hochbauten säumen („Hotel Steigenberger", „Fleethof"). Weiter in südlicher Richtung wird das Herrengrabenfleet von Neubauten begleitet, die, niedriger und z.T. für Wohnnutzung geplant, sehr geschickt mit Vor- und Rücksprüngen zur Wasserfront hin ge-

staltet sind. Es dominiert in der gesamten Fleetachse als Fassadenmaterial der Backstein, womit eine Tradition der Schumacher-Ära aufgenommen und, unter Berücksichtigung der Hafennähe, bewusst an alte hanseatische Ziegelbauweise angeknüpft wurde. Allerdings heben sich die Bauten der Gegenwart von denen der 1920er Jahre durch eine klarere Linienführung und den Verzicht auf expressionistische Details ab. Zudem sind sie nicht ideologisch fixiert, denn ein Überblick über das derzeitige Bauen in Hamburg beweist, dass die jetzige Backstein-Moderne andere Richtungen der Architektur nicht ausschließt. So sind sowohl in der Innenstadt als auch in den Außengebieten Hamburgs zahlreiche Bürohochbauten in einer futuristischen Glas-Stahl-Bauweise zu finden, und die großen Architekturbüros haben sich nicht auf die Verwendung bestimmter Materialien und damit Stilrichtungen festgelegt.

Passagen haben in Hamburg Tradition. Blick durch „Sillem's Bazar" 1852 und durch die „Galleria" in unseren Tagen

Das Territorium und seine Verwaltung

Das alte Hamburg grenzte sich nach außen durch Befestigungsanlagen ab. Doch war es von jeher das Bestreben des Hamburger Rats, zusätzlich stadtnahes Landgebiet zu erwerben, einerseits um im unmittelbaren Umfeld über ein freies Vorland vor der Fortifikation zu verfügen, andererseits um durch Dörfer im Umland die Versorgung der Stadt mit Grundnahrungsmitteln gesichert zu wissen und Einfluss zu haben auf die zu damaliger Zeit wichtigsten Verarbeitungsbetriebe, die Mühlen.

Nördlich der Stadt waren bis zum Ende des Mittelalters geistliche Territorien entstanden, und besonders die zahlreichen

Dörfer, die zum Kloster Harvestehude gehörten, bildeten einen großen Besitz. Hier gelang es dem Rat, während der Reformation die Machtverhältnisse zu seinen Gunsten zu ändern: Das Kloster wurde 1530 säkularisiert und sein Landbesitz unter die Aufsicht der beiden ältesten Hamburger Bürgermeister gestellt (s. Harvestehude). Gleichzeitig wurden die Ländereien des Heiligen-Geist-Spitals, zu denen Barmbek als das größte Dorf im Hamburger Umland gehörte, den zwölf „Oberalten" der Stadt unterstellt (den zwölf ältesten Verwaltern des Hamburger „Armenkastens", in den das von der Kirche für die Armen gesammelte Geld einging). Das St. Georg-Spital, das die Dörfer Langenhorn, Klein Borstel und Berne besaß, war schon im 13. Jahrhundert kommunalisiert worden und unterstand spätestens seit dem 15. Jahrhundert dem Hamburger Rat als oberster Aufsichtsbehörde.

Östlich der Stadt hatte sich Hamburg das Gebiet bis Horn schon im 13./14. Jahrhundert aneignen können und zusätzlich im 14./15. Jahrhundert mit Ausnahme Reitbrooks auch den gesamten südöstlichen Raum zwischen Bille und Elbe, also die heutigen Vier- und Marschlande. Dabei wurden die Vierlande zusammen mit Bergedorf „beiderstädtisch" verwaltet, da sie sich seit 1420 im gemeinsamen Besitz der beiden Hansestädte Hamburg und Lübeck befanden (s. Bergedorf).

Auch das Südufer des nördlichen Elbarms brachte Hamburg in seinen Besitz, indem es früh alle Elbinseln, die „Werder", im nördlichen Stromspaltungsgebiet erwarb, von der östlich gelegenen Kaltehofe über die Peute und die Veddel bis zum westlich gelegenen Finkenwerder. Teile davon gab die Stadt am Ende des 15. Jahrhunderts auf, bevor mit dem Gottorper Vergleich von 1768 das gesamte Gebiet wieder hamburgisch wurde.

Waren somit durch eine jahrhundertelange geschickte Politik des Hamburger Rats die Schutz- und Wirtschaftsinteressen im Umland der Stadt abgesichert, so hatte man früh daneben auch die Sicherung der Fernhandelsrouten ins Auge gefasst.

Hierbei ging es hauptsächlich darum, die Routen entlang der Wasserstraßen Elbe und Alster abzusichern: Schon im 14. Jahrhundert wurden umfangreiche Gebiete südlich der Elbmündung erworben (Ritzebüttel und das Land Hadeln, Letzteres als Pfandschaft), von denen Hadeln zwar in der ausgehenden Hansezeit wieder aufgegeben werden musste, Ritzebüttel aber bis 1937/38 zu Hamburg gehörte. Am nördlichen Elbufer kamen für kurze Zeit die Wilster und die Kremper Marsch als Pfandschaften in Hamburger Besitz.

Zur Absicherung des besonders umfangreichen Warenverkehrs zwischen Hamburg und Lübeck wurden vom Hamburger Rat im Gebiet der Oberalster im 15. Jahrhundert mehrere Dörfer aufgekauft, die seit dem 17. Jahrhundert „Walddörfer" genannt wurden und von denen die meisten bis heute zu Hamburg gehören. Dem Warentransport zwischen Hamburg und Lübeck sollte auch eine Kanalverbindung zwischen Alster und Trave dienen, ein Projekt des ausgehenden 15. und beginnenden 16. Jahrhunderts, das jedoch wegen technischer Schwierigkeiten scheiterte: Dieser „Alster-Trave-Kanal" war nur rund 20 Jahre lang (bis 1550) in Betrieb, weil es nicht möglich war, in dem sehr moorigen

Melchior Lorichs' Elbkarte diente 1568 als Hamburger Beweisstück in einem Prozess vor dem Reichskammergericht zur Geltendmachung der Elbhoheit gegenüber Braunschweig-Lüneburg, dem südlichen Flussanrainer

Gelände dem Grabenprofil die nötige Festigkeit zu geben. Mit Beginn der Neuzeit wurde die Absicherung der Fernrouten durch Landerwerb als politisch nicht mehr sinnvoll erachtet.

So erfolgreich Hamburg sein Territorium in Mittelalter und beginnender Neuzeit im Allgemeinen hatte sichern und ausbauen können, so wenig änderte sich jedoch an dem Bestehen einer starken Beeinträchtigung seiner Interessen durch das fast unmittelbar vor seiner westlichen Umwallung beginnende Nachbarterritorium: Mit der Vogtei Ottensen, die auch den Flecken Altona umfasste, begann seit 1640 der Herrschaftsbereich Dänemarks, das nach dem Aussterben der Schauenburger die Grafschaft Pinneberg erworben hatte. Nachdem der dänische König 1664 Altona das Stadtrecht verliehen hatte, wuchs hier eine starke Konkurrenz für Hamburg heran. Ein Hauptgrund für ihren Erfolg war, dass Altona seinen Bewohnern Gewerbe- und Religionsfreiheit gewährte. Auch durch den Gottorper Vergleich von 1768, geschlossen zwischen Hamburg und dem Hause Holstein (und damit der dänischen Krone), konnte sich diese grundsätzliche Situation nicht ändern, obgleich der Vertrag ansonsten günstig für Hamburg war: Die Stadt Hamburg verzichtete auf Rückzahlung gewährter Anleihen in Höhe von vier Millionen Bankomark, erhielt dafür aber die Elbinseln zurück, die sie im 14. und 15. Jahrhundert bereits einmal besessen hatte, und vor allem erlangte sie endlich auch die Anerkennung als Freie Reichsstadt, die Dänemark nach dem Reichskammergerichtsurteil von 1618 genau 150 Jahre lang verweigert hatte.

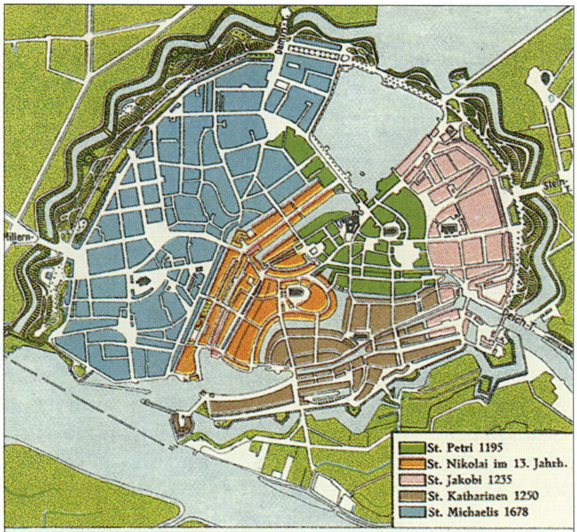

57. Die fünf Kirchspiele. (auf Grund des Planes von 1834).
Diese Einteilung ist auch für die Verwaltung sowie für die Rekrutierung maßgebend geworden.

Die zunächst vier und später fünf Kirchspiele waren die Gemeindesprengel der Hauptkirchen und zugleich die Einheiten für alle den innerstädtischen Grund betreffenden Fragen der Gebietsverwaltung. Auf dem Schema aus einem Heimatkundeatlas von 1926 sind zugleich sehr gut die drei Hauptplätze der Neustadt zu erkennen: Gänsemarkt, Großneumarkt und Schaarmarkt

Im 19. Jahrhundert führte die Territorialpolitik Preußens dazu, dass die Kleinstaaten, von denen Hamburg bis dahin umgeben gewesen war, in einem größeren Staatsgebilde aufgingen und Hamburg ab 1866/67 mit seiner relativ kleinen Fläche von 415 km² von dem großen, 348 000 km² umfassenden Flächenstaat Preußen umgeben war. Diese Situation musste Annexionserwägungen auf Seiten Preußens wecken. Dementgegen festigte sich in Hamburg die Absicht, für den über die Landesgrenze hinaus gewachsenen Verdichtungsraum und besonders auch für den ständig steigenden Flächenbedarf des Hafens langfristig ein Mehr an stadteigener Fläche zu erreichen. Der Konflikt führte zunächst zu zwei vorläufigen Lösungen: Am 5. Dezember 1928 wurde der „Hamburgisch-Preußische Landesplanungsausschuß" gegründet, der eine Koordination der bis

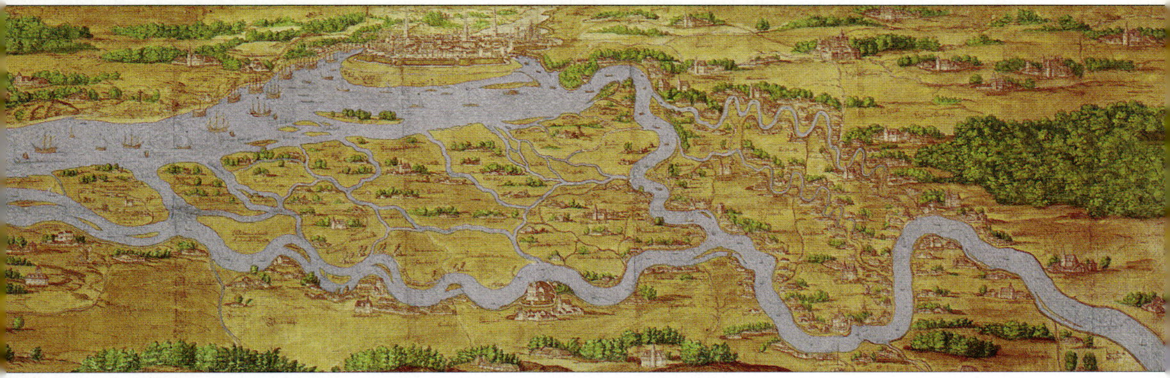

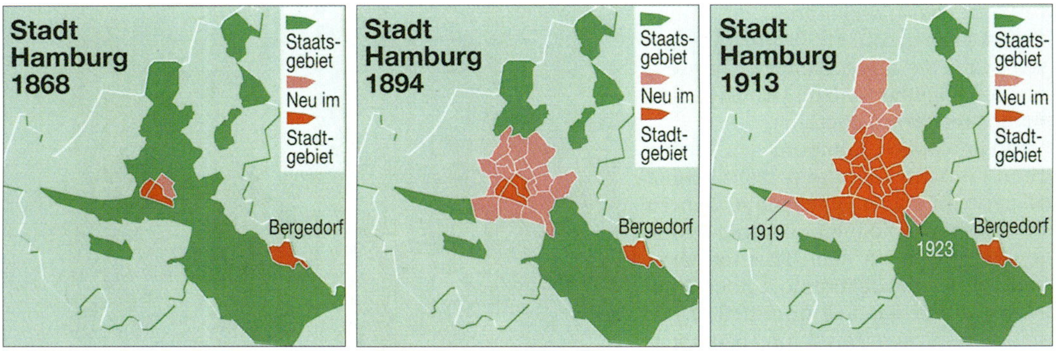

Hamburgs Entwicklung von 1868 bis 1939, Grafiken der Landeszentrale für politische Bildung

dahin ungelenkten Entwicklung in Stadt und Umland ermöglichen sollte, und am 3. Juni 1929 schlossen Hamburg und Preußen einen Vertrag über eine Hafengemeinschaft, die u.a. neben den verbleibenden Einzelverwaltungen für die Häfen Hamburg, Altona und Harburg zu einer vierten Verwaltung für neu zu erschließende Hafengebiete führte.

Mit der Machtübernahme der NSDAP im März 1933 begann auch in Hamburg die Diktatur der NS-Zeit. Bezogen auf das Stadtbild wirkte sie sich letztendlich dahin gehend aus, dass als Folge ihrer Kriegspolitik weite Teile der Stadt in eine Trümmerlandschaft verwandelt wurden, wobei viele Zehntausend Hamburgerinnen und Hamburger den Tod fanden. Das mit dem Stadtteil Rotherbaum fest verbundene jüdische Leben im Grindelviertel wurde brutal ausgelöscht, und in der Neuengammer Feldmark entstand ein großes Konzentrationslager mit rund 80 Außenlagern in Hamburg und ganz Norddeutschland.

Bevor diese grausame Entwicklung 1945 ihr Ende fand, hatte der Hamburger Raum im deutschen Rüstungsprogramm der 1930er Jahre mit seinen Werften und Industrien eine wichtige Rolle gespielt. Dass er aufgeteilt war in die verschiedenen Verwaltungszuständigkeiten einer kleinen Zahl von inzwischen weitgehend zusammengewachsenen Städten, war lange als Hindernis einer einheitlichen Planung erkannt worden. Schon 1916 hatte der Wandsbeker Oberbürgermeister Rodig die Eingemeindung Wandsbeks und Altonas nach Hamburg angeregt. Im gleichgeschalteten Deutschland stand nun einer großzügigen Gebietsreform à la Groß-Berlin (1920) auch an der Elbe nichts mehr im Wege. Sie wurde Wirklichkeit mit dem Groß-Hamburg-Gesetz von 1937. Nach einem Besuch des preußischen Ministerpräsidenten Hermann Göring im November 1936 in der Hansestadt, bei dem von Hamburger Seite auf die Problematik der bestehenden einengenden Grenzen hingewiesen worden war, kam es zu Verhandlungen zwischen Hamburg und Preußen, die in relativ kurzer Zeit zur Gebietsreform führten. Diese wurde bis 1938 vollständig umgesetzt, und die bisher preußischen Stadtkreise Altona, Wandsbek und Harburg-Wilhelmsburg sowie 27 preußische Landgemeinden und zwei Gemeindeteile wurden mit Hamburg vereinigt. Die Hansestadt trat dafür ihre Städte Geesthacht und Cuxhaven samt weiteren sechs Gemeinden ab. Durch diese Umgliederungen vergrößerte sich das Hamburger Staatsgebiet von bislang ca. 415 km^2 auf ca. 747 km^2 (Flächenzuwachs: 80 %), und seine Bevölkerung nahm von 1,19 Mio. auf 1,67 Mio. Einwohner zu (Bevölkerungszuwachs: 40 %). Es wurde eine Einheitsgemeinde Hansestadt Hamburg geschaffen, deren Verwaltungsspitze direkt der Reichsregierung unterstellt war. So blieb Hamburg mit der Gebietsreform weiterhin reichsunmittelbar, wenngleich seine politische Eigenverantwortlichkeit im gleichgeschalteten Deutschland verloren ging und erst als Land der Bundesrepublik 1949 wiederhergestellt wurde.

Die Verwaltungsaufgaben der Stadt bezogen sich entsprechend dem Wachstum des Territoriums im Laufe der Jahrhunderte auf zunehmend größere Gebiete. Die anfänglich einfache innerstädtische Gliederung in bischöfliche Altstadt und gräfliche Neustadt war früh überlagert worden von der Einteilung in Kirchspiele (anfangs vier, ab dem

17. Jahrhundert fünf Kirchspiele), in deren Zentren die vier bzw. fünf Hauptkirchen lagen. Die von den Bewohnern der einzelnen Kirchspiele gewählten Kirchgeschworenen („Juraten") verwalteten den jeweiligen Kirchenbesitz, wurden im Laufe der Zeit aber in ihrer Gesamtheit auch zu Vertretern der Bürger gegenüber dem Rat. Zusätzlich entwickelten sich die Kirchspiele für weitere Aufgaben zu Verwaltungseinheiten: In ihren Abgrenzungen wurden Bürgerwehr-, Wach- und Feuerwehrbezirke geschaffen, ebenso Steuer-, Schul- und Baudistrikte. Für die Bürgerwehr galt nach 1814 eine neue Einteilung; die Wehr selbst wurde jetzt als „Bürgermilitär" bezeichnet.

Im Landgebiet waren seit Jahrhunderten für die Durchführung von Verwaltungsmaßnahmen – diese betrafen hauptsächlich den Wegebau – auf unterer Ebene in den einzelnen Dörfern Bauernvögte zuständig. Größere Einheiten der Verwaltung waren die verschiedenen Landherrenschaften, denen Ratsmitglieder als „Landherren" vorstanden, außerdem das Amt Ritzebüttel und dann die Kloster- bzw. Spitalverwaltungen.

Als im beginnenden 19. Jahrhundert Landreformen und kommunale Neuordnungen in ganz Mitteleuropa, auch aufgrund des starken Bevölkerungswachstums, zur notwendigen Zeiterscheinung wurden, bemühten sich ebenfalls die Hamburger Stadtväter darum, den eingetretenen Veränderungen wirksam zu begegnen. Der immer stärker gewordenen Beanspruchung des stadtnahen Raumes, besonders durch den steigenden Güteraustausch zwischen Stadt und Umgebung, aber auch durch zunehmenden Ausflugsverkehr und den vermehrten Flächenverbrauch für Sommerwohnsitze, sollte nun mit einer vollen Übernahme der landesobrigkeitlichen Rechte und Funktionen Rechnung getragen werden. Die Stadt Hamburg übernahm so am 22. Oktober 1830 das Landgebiet sowie die Vorstädte (St. Georg mit der Vorstadt Stadtdeich und einem Teil des Hammerbrooks und dem Bullerdeich sowie die Vorstadt Hamburgerberg, die 1833 umbenannt wurde in St. Pauli) in ihre städtische Verwaltung. Es wur-

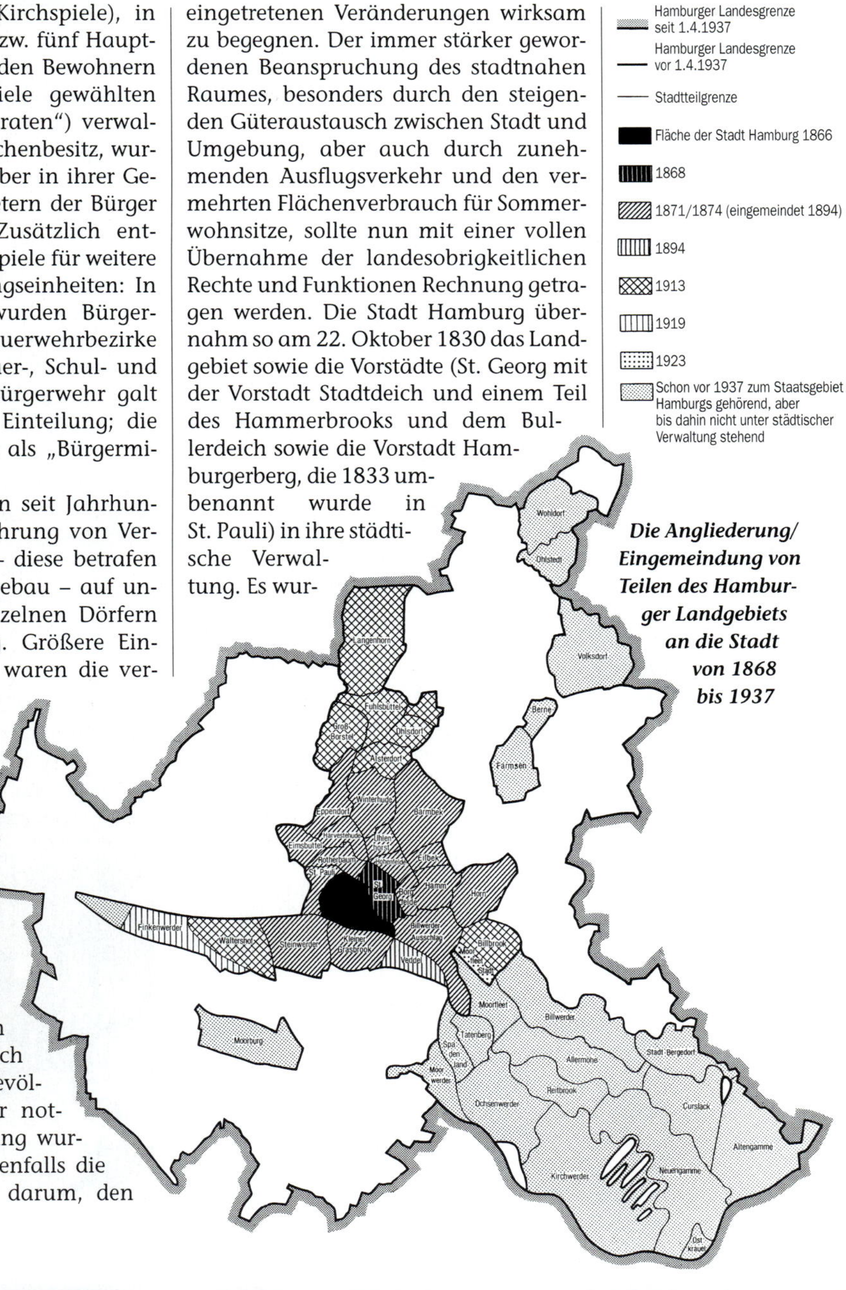

Die Angliederung/ Eingemeindung von Teilen des Hamburger Landgebiets an die Stadt von 1868 bis 1937

den drei Landherrenschaften neu geschaffen: die Landherrenschaft der Vorstädte, die Landherrenschaft der Geestlande und die Landherrenschaft der Marschlande.

Da sich besonders die Vorstädte, aber auch stadtnahe Teile der Landherrenschaft der Geestlande in den nachfolgenden Jahrzehnten zu Wohnstadtteilen entwickelten, wurde dies als Veränderung bei einer weiteren Gesetzgebung berücksichtigt: Zunächst erfuhren bei der Einführung einer Landgemeindeordnung im Jahre 1871 stadtnahe Gebiete als „Vororte" eine Sonderbehandlung, und anschließend erbrachte ein Gesetz vom 15. Juli 1874 die Präzisierung: St. Pauli wurde (wie St. Georg bereits 1868) offiziell zur „Vorstadt", und 15 stadtnahe Dörfer gliederte man als Vororte aus, dazu wurden vier neue Landherrenschaften abgegrenzt: die Landherrenschaften der Geestlande und der Marschlande sowie die Landherrenschaften Bergedorf und Ritzebüttel. Die Vororte wurden durch Gesetz vom 22. Juni 1894 zu Stadtteilen. Da mit dem Groß-Hamburg-Gesetz von 1937 eine Vielzahl von Gemeinden mit unterschiedlicher Verwaltungsorganisation und teilweise sogar unterschiedlichem Recht zu einer Einheitsgemeinde zusammengefasst wurde, war die logische Folge eine neue Gebietseinteilung. Sie trat am 1. April 1939 in Kraft und zeigte eine Gliederung in 10 Kreise, denen 110 Bezirke und 178 Ortsteile nachgeordnet waren. Die der Ideologie der Nationalsozialisten entsprechende stark zentralistische Verwaltung wurde allerdings während des Krieges zugunsten einer Dezentralisation aufgelockert, vor allem weil wegen der umfangreichen Zerstörungen durch die Bombenangriffe schnelle Entscheidungen auf unterer Ebene notwendig geworden waren.

Nach dem Krieg wurde durch ein Bezirksverwaltungsgesetz vom 21. September 1949, das am 11. Mai 1951 in Kraft trat, die heute noch bestehende Gebietseinteilung für die kommunale Verwaltung geschaffen. Seitdem ist Hamburg in sieben große Verwaltungsbezirke gegliedert, die jeweils eine größere Anzahl von Stadtteilen und Ortsteilen umfassen. Der Gliederung liegt ein sektorales Prinzip zugrunde: Durch die zentral-periphere Ausrichtung hat fast jeder der Bezirke einen Anteil am verdichteten inneren Stadtbereich, schließt aber gleichzeitig weniger verdichtete Außengebiete mit ein. Dennoch sind die sieben Bezirke unterschiedlich strukturiert, was schon in so einfachen Werten wie Bevölkerungszahl und Einwohnerdichte zum Ausdruck kommt: Wandsbek als der Bezirk mit der höchsten Zahl an Einwohnern (405 173, 2001) hat infolge seiner großen Flächenausdehnung nur eine Dichte von 2742 Einwohner je Quadratkilometer, während der kleinere Bezirk Hamburg-Nord mit 275 802 Einwohnern eine fast doppelt so hohe Dichte aufweist (4799 Einw./km², Zahlenwerte aus 2001). Bei einem Vergleich aller Bezirke lässt sich feststellen, dass die drei Bezirke Altona, Wandsbek und Harburg, die auf die alten Nachbarstädte zurückgehen, untereinander Ähnlichkeiten aufweisen (so haben alle drei ein Zentrum und ein eigenes Rathaus), dass sich von diesen die Bezirke Eimsbüttel und Hamburg-Nord, die die ursprüngliche Hamburger Wohnstadt umfassen, abheben (u.a. durch eine höhere Einwohnerdichte) und dass der Bezirk Bergedorf, der mit den Vier- und Marschlanden ländliche Züge aufweist, ebenso eine Singularität darstellt wie der

Ein solcher Blick ist gemeint, wenn in der Hamburger Stadthymne, dem „Hammonia-Lied" von 1828, „der Schiffe Mastenwald" besungen wird. Das Foto vom Niederhafen entstand um 1878

Bezirk Hamburg-Mitte, welcher die City, alte Wohnstandorte und dazu große Teile des Hafenwirtschaftsraumes einschließt.

Die Verwaltung der Bezirke obliegt den Bezirksämtern, deren Kompetenzen relativ groß sind, wenngleich der Hamburger Senat das unbeschränkte Aufsichtsrecht besitzt und auch Fachbehörden Weisungsbefugnisse haben.

Der Hafen

Der Hamburger Hafen ist, wie die meisten der Welthäfen, ein „Wanderhafen". Das heißt, er hat sich von seinem ursprünglichen Standort in mehreren Ausbauphasen entfernt und dabei immer wieder seinen Schwerpunkt verlagert. In den letzten Jahrzehnten kam außerdem mehrfach der Gedanke auf, den Hamburger Hafen durch einen Vorhafen in der Elbmündung zu ergänzen; damit war also nicht nur der reale Hafen stets in Bewegung, sondern es fehlte auch nicht an Visionen noch größerer Veränderungen. Auf einen Vorhafen in der Elbmündung bei Cuxhaven hat man allerdings im März 2001 verzichtet

Das Diorama im Museum für Hamburgische Geschichte zeigt das mittelalterliche Stadtzentrum mit Kaianlage an der Trostbrücke

zugunsten des Projektes eines Tiefwasserhafens bei Wilhelmshaven, das zusammen mit Bremen und Niedersachsen entwickelt werden soll.

Begonnen hatte alles mit der kleinen „Schiffslände" unterhalb der Hammaburg, einem Platz, an dem Schiffer und Fischer ihre Boote festmachen konnten.

Dann hatte man, als die Marschen-Kirchspiele St. Nikolai und St. Katharinen angelegt wurden, für die Kaufmannshäuser mit ihren Speichern schmale Grundstücke mit Wasseranschluss zu den „Fleeten" geschaffen, wodurch sehr viele Umschlagmöglichkeiten mitten in der Stadt entstanden. Von da an bildeten Jahrhunderte hindurch Hafen und Stadt eine Siedlungseinheit.

Mit dem Ausbau der Befestigungsanlagen im 16. und 17. Jahrhundert bildete sich an der Alstermündung der heute noch existierende „Binnenhafen" als geschützter Liege- und Umschlagplatz. Sein Pendant, der Oberhafen, lag am östlichen Rand der Stadtbefestigung am Ende des heutigen Zollkanals. Vor dem Niederbaum, einer aus aneinander geketteten Baumstämmen bestehenden schwimmenden Sperre, welche die Hafeneinfahrt zum Binnenhafen abschloss, entwickelte sich im Zuge des ständig wachsenden Schiffsverkehrs der „Niederhafen". Dieser war zur Zeit der Hochkonjunktur im letzten Jahrzehnt des 18. Jahrhunderts bereits so stark erweitert worden, dass mit ihm 400 Liegeplätze auf der Reede im Elbstrom zur Verfügung standen.

Zur Sicherung eines seeschifftiefen Fahrwassers auf der Elbe mussten immer wieder Flussregulierungen und Ausbaggerungen vorgenommen werden und teilweise auch Korrekturen an den vorhandenen Elbinseln, den „Werdern". So war der zweite Durchstich des Brooks, des großen Werders südlich der Stadt, im Jahre 1604 eine Wasserbaumaßnahme von besonderer Bedeutung gewesen, da

Der Kran von 1858 steht heute nur wenige Meter von Hamburgs 1352 an den Kajen aufgestelltem Kran. Bis 1974 belud und löschte er noch die Schuten und Ewer im Zollkanal

„Flaggenkarte Hamburgischer Rheder (Comptoir-Flaggen)“ zu Kaisers Zeiten

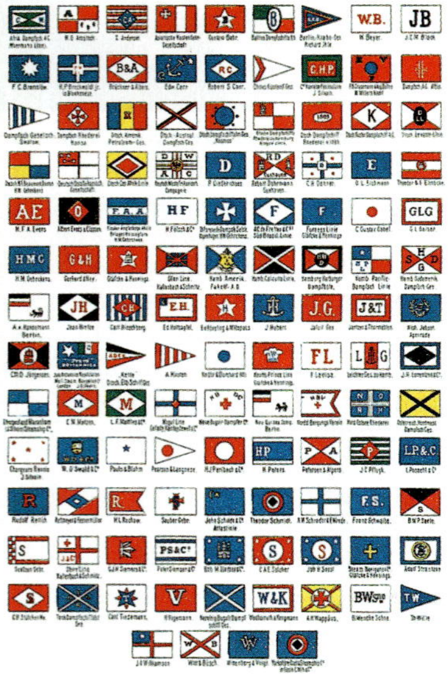

mit ihr die Norderelbe zu einem auf Hamburg gerichteten Strom wurde.

Hatte also zur Zeit der großen Handelssegler „der Schiffe Mastenwald“ (wie es im „Hammonia-Lied“, der Hamburger Stadthymne, so schön heißt) das Bild von Binnenhafen, Niederhafen und dem anschließenden Teil des Elbstroms bestimmt, so erwies sich im 19. Jahrhundert mit der fortschreitenden technischen Entwicklung die mit dem Ankern der großen Handelsschiffe im Strom verbundene bisherige Form des Warenumschlags als unzureichend. Es hatte bis dahin einen doppelten Umschlag gegeben, denn von den großen Ozeanschiffen war die Ware im Strom auf Schuten umgeladen worden, die dann den Transport in die Stadt vor die an den Fleeten gelegenen Speicher der großen Handelshäuser übernommen hatten. Nun wurde unter dem Druck des gewaltig ansteigenden Umschlagvolumens die Notwendigkeit erkannt, große künstliche Hafenbecken zu schaffen mit Schuppen und Speichern an flankierenden Kaianlagen. Auf diese Weise ließen sich sowohl der Umschlag vereinfachen als auch eine große räumliche Erweiterung erzielen.

Während der Planungsphase wurden alternativ die Anlage eines Dockhafens und eines offenen Tidehafens diskutiert. Detailliert ausgearbeitete Pläne (Walker-Lindley-Lübbe-Plan von 1845) und Denkschriften (Denkschrift der Commerzdeputation von 1858) unterstützten die Überlegungen. Ende der 1850er Jahre entschied man sich für einen offenen Tidehafen, und 1862–66 wurde das erste künstliche Hafenbecken geschaffen. Es entstand durch Ausbau des lang gestreckten Festungsgrabens auf dem Brook und erhielt dann von einem der ehemals hier gelegenen Stadttore den Namen „Sandtorhafen“.

Die Entscheidung für den offenen Tidehafen, die möglich war, weil im Hafengebiet Hamburgs ein vergleichsweise geringer Tidenhub vorliegt, ist bis zur Gegenwart von günstiger Auswirkung. Während Schleusen Wartezeiten entstehen lassen, erlaubt der offene Hafen die ständige Aus- und Einfahrt, und außerdem ist insgesamt eine bessere Manövrierfähigkeit der Schiffe gegeben.

Die Anlage weiterer künstlicher Hafenbecken, die zügig folgte, wurde begleitet von einer auch den Hafen betreffenden politischen Entwicklung: der Eingliederung Hamburgs in das Zollinland des Deutschen Reiches. Hamburg und Bremen waren nach der Reichsgründung von 1871 zunächst außerhalb des deutschen Zollgebietes verblieben, und diese Tatsache hatte schon bald zu Verhandlungen auf höchster Ebene geführt. Schließlich erklärte sich Hamburg 1881 bereit, sein Territorium in das Zollinland des Deutschen Reiches einbeziehen zu lassen, jedoch nur unter der Bedingung, dass ein umfangreiches Hafengebiet wie bisher Zollausland blieb. Am 15. Oktober

Südansicht der Stadt im Jahr 1909. Links vorne und im Mittelgrund der Grasbrook- und der Sandtorhafen, dahinter die Speicherstadt und die sich im Dunst verlierende Silhouette der Stadt

1888 wurde so nicht nur der Anschluss Hamburgs an das deutsche Zollgebiet vollzogen, sondern gleichzeitig auch der Hamburger Freihafen in Betrieb genommen als ein Gebiet, in welches Waren ohne Entrichtung eines Einfuhrzolls importiert und auch, selbst nach zwischenzeitlich vorgenommener Verarbeitung, ohne Ausfuhrzoll wieder exportiert werden können. (Das Freihafengebiet umfasst gegenwärtig noch 1500 ha, wird aber bald im Zuge der Entwicklung der HafenCity grundlegend verändert werden.) Vor Inbetriebnahme des Freihafens war auf der alten Brook-Halbinsel für die notwendige Warenlagerung im Freihafengebiet die ausgedehnte Speicherstadt geschaffen worden.

Waren die Speicherstadt und die ersten künstlichen Hafenbecken (nach dem Sandtorhafen der Grasbrookhafen 1871 und der Baakenhafen 1887) noch nördlich der Norderelbe angelegt worden, so griff die weitere Entwicklung auf den Raum südlich der Norderelbe über. Schon bis zur Jahrhundertwende wurde hier die erste, östliche Gruppe mit Moldau-, Segelschiff-, Hansa-, India- und Südwesthafen (damals „Petroleumhafen") fertig gestellt. Weiter westlich begann der Hafenausbau um die Jahrhundertwende, und fast gleichzeitig nahm man hier 1902/03 Kuhwerder-, Vulkan-, Kaiser-Wilhelm- und Oderhafen in Betrieb. Der Vulkanhafen war für einen Zweigbetrieb der Stettiner Vulkan-Werft angelegt worden, für den 1908 auch der Roßhafen entstand. Der Bau der insgesamt sechs seeschifftiefen Häfen auf dem ehemaligen Kuhwerder stand im Zusammenhang mit dem Ausbau der Schiffsflotte der Hamburg-Amerika-Linie und ebenfalls mit der Flottenpolitik des Deutschen Reiches, das heißt mit den Großaufträgen der Kriegsmarine an Hamburger Werften.

Eine Hieve mit Rohkakaosäcken schwebt aus der Luke der „Nordland". Der Stückgutumschlag war harte und nicht ungefährliche Handarbeit. Foto von Karl Heinrich Altstaedt, um 1965

Alle südlich der Norderelbe vom Strom fächerförmig ausgehenden Hafenbecken waren besonders breit angelegt, damit auch ein Umschlag vom Seeschiff auf ein längsseits ankerndes Binnenschiff möglich war. Um die dem Seeschiffverkehr dienenden Hafengruppen herum wurden Binnenschiffhäfen angelegt, die ihrerseits über das Kanalsystem von Müggenburger Zollhafen – Veddelkanal – Reiherstieg eine Verbindung erhielten. Fast alle Seeschiffhäfen besaßen an ihrer Rückseite Zufahrtsmöglichkeiten für Binnenschiffe, wodurch vermieden werden sollte, dass vom Strom her einfahrende Seeschiffe durch den Binnenschiffsverkehr behindert wurden.

So war bis zum Ersten Weltkrieg in der relativ kurzen Zeitspanne von viereinhalb Jahrzehnten in der Naturlandschaft südlich der Norderelbe der Welthafen Hamburg entstanden, in seiner Ost-West-Erstreckung von den Elbbrücken bis zum Köhlbrand reichend. Damit war das Hamburg zur Verfügung stehende Territorium aber nahezu erschöpft, denn südlich der genannten Hafengruppen wie auch westlich von Waltershof/Finkenwerder begann zu dieser Zeit noch der preußische Staat.

Der Massengutfrachter hat seine Ladung bei Hansaport gelöscht

1929 wurde zwischen Preußen und Hamburg ein Vertrag über die Gründung einer Hafengemeinschaft geschlossen. Er sah neben den verbleibenden Einzelverwaltungen für die Häfen Hamburg, Altona und Harburg eine vierte Verwaltung für neu zu erschließende Hafengebiete vor. Durch die Angliederung Altonas und Harburgs im Zuge des Groß-Hamburg-Gesetzes wurde dann 1937/38 der Weg frei für eine zentrale Verwaltung des gesamten Hafenraumes. Diese neuen, günstigen Voraussetzungen blieben zwar infolge des 1939 ausbrechenden Krieges zunächst ungenutzt, kamen aber in den anschließenden Auf- und Ausbauphasen der Nachkriegszeit voll zum Tragen.

Bis in die 1960er Jahre hinein vollzog sich das Hafenwachstum vorwiegend in südlicher Richtung. Das große Gelände der Hohen Schaar, das sich vom Kattwyk-Hafen 3,6 km weit nach Süden bis zur Abzweigung des Reiherstiegs von der Süderelbe erstreckt, wurde seit Mitte der 1950er Jahre in mehreren Ausbauphasen zur Lagerfläche (Tanks) und zur Produktionsstätte (Raffinerien) der Mineralölindustrie, hauptsächlich der Deutschen Shell. Westlich des 4. Harburger Seehafens erweiterte dazu die Esso AG ihr Betriebsgelände.

Die Ausweitung nach Westen erfolgte, nachdem sich Hamburg 1967 entschlossen hatte, seinen Hafen auf Containerumschlag einzustellen. Westlich des Köhlbrands waren in der Zwischenkriegszeit Hafenbecken „auf Vorrat" angelegt worden (Maakenwerder Hafen, Waltershofer Hafen, Griesenwerder Hafen), und dieses Gebiet erwies sich als ideal zur Anlage von Containerterminals, weil es von Großschiffen angelaufen werden kann, ohne dass diese durch das verkehrsreiche Gewirr der vielen östlich folgenden Hafenbecken gelotst werden müssen. Für Großschiffe mit einem Tiefgang von mehr als 10 m verbietet sich ohnehin die Einfahrt in den Hafen östlich des alten Elbtunnels, weil in dessen Bereich die Elbsohle bei -11 m liegt. So kam es auf Waltershof zur Anlage des Containerterminals Burchardkai, welcher der HHLA gehört, und des Containerterminals Eurokai KG (heute auch Eurogate), der privaten Konkurrenz. Eine südliche Fortsetzung fand diese Hafenerweiterung auf der Dradenau, wo sich Hafenindustrie ansiedelte. Darüber hinaus erfuhr auf Finkenwerder die dort bereits 1933 durch Blohm + Voss ins Leben gerufene Luftfahrzeugindustrie eine ständige Ausweitung. Für den Massengutumschlag wurde in unmittelbarer Köhlbrand-Nähe,

Containerriese bei der Abfertigung am Burchardkai. Bis zu 2800 Container können in 34 Stunden umgeschlagen werden

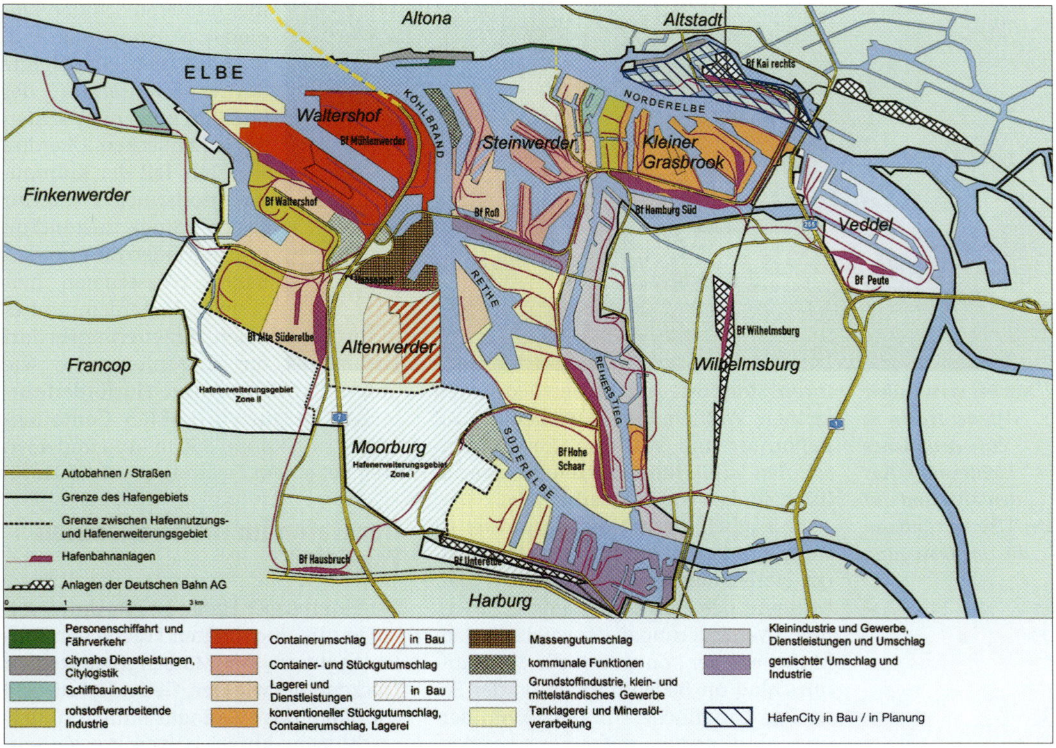

Nutzungsstruktur Hafen Hamburg (Plan von Strom- und Hafenbau)

nämlich am Sandauhafen, 1977 der Hansaport als bedeutende Spezialanlage mit hoher Umschlagleistung eröffnet.

Die Hamburgisch-Preußische Hafengemeinschaft von 1929 hatte als Hafenerweiterungsgebiet den ganzen Raum westlich des Köhlbrands bis zur Mündung der Alten Süderelbe bezeichnet und damit eine Fläche von ca. 5100 ha umgrenzt. Auch wenn diese Fläche durch ein Hafenerweiterungsgesetz von 1961 und das Hafenentwicklungsgesetz von 1982 um große Flächen reduziert wurde, zeigt sie doch an, dass die Hafenerweiterung Hamburgs in westlicher Richtung vorprogrammiert ist.

Das große Areal, das der Hamburger Hafen bis zur Gegenwart in seinem Gesamtumriss erreicht hat, wird gegliedert durch sehr verschiedene Nutzungen. Grob gesehen liegt eine Abfolge von Nutzungsverbänden in Ost-West-Richtung einerseits und in Nord-Süd-Richtung andererseits vor: Im Osten findet im Gebiet des alten Freihafens noch heute konventioneller Stückgutumschlag statt, und außerdem ist hier der Schiffbau vertreten mit dem großen Werksgelände von Blohm + Voss und einigen kleineren Werften (s. Steinwerder). Westlich vom Köhlbrand dagegen dienen im neuen Freihafengebiet die großen Containerterminals dem Hightech-Stückgutumschlag in normierten Einheiten, und außerhalb des Freihafens sind dort die Mineralölindustrie sowie bedeutende Werke der Metall verarbeitenden Industrie angesiedelt. Während in diesem Raum die Hafennutzung erst in einzelnen Flächen nach Süden vorgedrungen ist, hat sie östlich des Köhlbrands bereits den ganzen Bezirk zwischen dem alten Freihafen im Norden und den Harburger Seehäfen im Süden erfasst, abgesehen von den Gebieten, die in Wilhelmsburg schon vor dem Prozess der Hafenerweiterung durch früh angelegte Wohnviertel der ehemals landwirtschaftlichen Nutzung entzogen worden waren. Dieses südliche Hafengebiet zwischen Köhlbrand und Reiherstieg ist von Massengutumschlag und -verarbeitung bestimmt. Dabei dominiert die Mineralöl verarbeitende Industrie mit ihren Tanklagern und Raffinerien; aber auch Ölmühlen, Getreidespeicher und -mühlen, Holzlager und Sägewerke, mittelgroße Metall verarbeitende und Textil-Betriebe sowie Chemiewerke haben hier

Nachts verwandelt sich der Hafen in ein unendliches Lichtermeer. Auf den Kais und auf der Elbe ist rund um die Uhr Bewegung

ihren Standort. Am Reiherstieg liegen kleinere Werften, die hauptsächlich auf Reparatur und Wartung von Binnenschiffen und Hafenfahrzeugen spezialisiert sind, sowie Zulieferbetriebe.

Das geschilderte Nutzungsmuster ist während der Entwicklung des Hamburger Hafens entstanden, unterliegt aber während der letzten Jahrzehnte zunehmend Veränderungen. So wuchs in dem Maße, wie der konventionelle Stückgutumschlag an Bedeutung verlor, der Bedarf an Landflächen für den Containerumschlag, sodass mit einer „Landgewinnung" im Raum der alten Hafenbecken begonnen wurde. Die erste große Umgestaltung fand im östlichen Freihafen statt, wo bereits 1976 bis 1980 das 34,6 ha große Becken des alten Segelschiffhafens bis auf eine kleine Bucht im vorderen Bereich aufgespült wurde. Die gewonnene Fläche wird seither durch den Mehrzweck-Terminal O'Swaldkai genutzt, der u.a. ein Fruchtzentrum mit einer klimatisierten Hallenfläche von rund 70 000 m² und 22 Kühlräumen umfasst. Die Umstrukturierung setzt sich seither in westlicher Richtung fort. Die Zuschüttung des Indiahafens und des Südwesthafens ist bereits erfolgt, und nach dem Vulkanhafen soll auch der Kohlenschiffhafen zugeschüttet werden, wodurch dort neben Erweiterungsflächen für den Tollerortterminal eine Ausbaufläche für das Klärwerk Köhlbrandhöft gewonnen wird. Die Neugestaltung macht aber auch vor den Umschlageinrichtungen im Raum westlich des Köhlbrands nicht Halt. Obgleich erst Ende der 1960er Jahre angelegt, müssen auch die großen Terminals auf die inzwischen in der Containerschifffahrt stattgehabte Entwicklung zu immer größeren Schiffen reagieren. So sorgen sie u.a. für noch mehr Stapelplatz durch Erweiterung der Landflächen auf Kosten der Hafenbecken. Überdies wird ein Teil der Kaimauern modernisiert (hierfür ist der Staat zuständig), und es werden die erforderlichen Wassertiefen hergestellt. Außerdem gibt es einen Erneuerungsbedarf für Umschlaggeräte wie Containerbrücken und Flurförderfahrzeuge. Die zurzeit größten Containerschiffe sind knapp 350 m lang und 43 m breit bei einem Tiefgang von 14,50 m.

Der Hafen im internationalen Vergleich

Der Hamburger Hafen ist ein Universalhafen mit einer breiten Palette von Umschlaggütern. Als Massengüter werden Trockengüter wie Erze, Getreide, Kali und vor allem das Flüssiggut Mineralöl umgeschlagen. Aber schon in der Vergangenheit bezeichnete man den Hamburger Hafen als Stückguthafen, obgleich das Stückgut in seinem Anteil damals durchschnittlich nur 30 Prozent des in Tonnen gezählten Gesamtumschlags ausmachte. Diese Bezeichnung war jedoch insofern schon in der Vergangenheit berechtigt, als der Verdienst als Maßstab galt und die Wertschöpfung beim Stückgut immer weit über derjenigen des Massengutes lag: Vor der Containerisierung verhielt sich das Verhältnis der tonnenbezogenen Wertschöpfung des Umschlags von Stückgut zu dem von trockenem Massengut und dem von Flüssiggut wie 12 : 4 : 1, nach der Containerisierung geht man von einem Verhältnis von 8 : 4 : 1 aus. Seit den 1970er Jahren nahm der Stückgutanteil ständig zu und überstieg 1994 mit einem Anteil von 51,2 Prozent des in Tonnen gezählten Gesamtumschlags schließlich das Massengut. Der Grund hierfür lag in der Containerisierung des Stückguts und dem auch von Fachleuten in dieser Höhe nicht erwarteten Anstieg des Containerisierungsgrades, das heißt des prozentualen Anteils des containerisierten Stückguts am Stückgut insgesamt.

Im weltweiten Vergleich erweist sich als wesentlich, dass sich eine Konzentration der wichtigsten Verkehrsströme auf wenige Haupthäfen ergeben hat. Führend im Containerumschlag (gemessen nach der Zahl der 20-Fuß-Standardcontainer = TEU) sind die großen asiatischen Häfen Singapur, Hongkong und Kaohsiung, danach folgte noch 1998 Rotterdam auf Platz vier und schließlich Hamburg auf Platz sieben. Nachdem Shanghai stark aufgerückt ist, stellte sich für das Jahr 2000 die Rangfolge so dar, dass Hamburg auf Platz neun zurückgefallen ist. Immerhin aber liegt der Hamburger Hafen damit hinsichtlich des Containerumschlags an zweiter Stelle im europäischen Raum. Da Rotterdam aufgrund seiner geografischen Lage im Rheinmündungsgebiet und der damit gegebenen Anbindung an die „Rheinschiene" (also den Schifffahrts- und Schienenweg rheinaufwärts) einen großen Standortvorteil besitzt, muss die Hansestadt in diesem Konkurrenzverhältnis besonderen Wert auf die Optimierung ihrer Hinterlandverkehrswege legen.

Die Anbindung an das Hinterland

Die Containerisierung hat insgesamt eine Beschleunigung des Warenverkehrs erbracht. Während der Umschlag von 7000 t Stückgut an einem konventionellen Frachter früher eine Woche dauerte, werden heute an einem Großcontainerschiff ca. 2800 Container, was einem Gewicht von etwa 50 000 t entspricht, in 34 Stunden umgeschlagen. Neben diesen Vorgängen auf dem Kai ist dann aber die Anbindung an das Hinterland ausschlaggebend für die Konkurrenzfähigkeit eines Hafens. Hier hat sich für Hamburg während des 20. Jahrhunderts ein großer Wandel hinsichtlich der Verkehrsträger vollzogen: In der Zeit vor dem Ersten Weltkrieg war das Binnenschiff der Hauptverkehrspartner des Seeschiffs und daher am Hamburger Hinterlandverkehr mit 80 Prozent beteiligt; die übrigen 20 Prozent entfielen, da ein Lkw-Verkehr noch nicht existierte, auf den Bahnverkehr. 1938 hatte sich das Verhältnis auf 40 Prozent Binnenschiff, 40 Prozent Bahn und 20 Prozent Lkw verändert, und gegenwärtig dominieren als Verkehrsträger die Bahn und der Lkw. In ihrer Fähigkeit, umfangreiche Volumina über besonders weite Entfernungen umweltfreundlich zu befördern, ist dabei die Bahn dem Lkw überlegen. Man rechnet, dass beim Containertransport über mehr als 150 km die Bahn mit einem Anteil von mehr als 70 Prozent führend ist.

Das Netz der Hafenbahn ist 370 km lang. Täglich verkehren 160 Züge. Im Jahr 2000 wurden 24,2 Mio. t Güter und 780 000 Container von der Hafenbahn befördert

Im Hamburger Hafen existiert mit der Hafenbahn eine Spezialeinrichtung, die als erstes Bindeglied zwischen See- und Landverkehr fungiert. Sie beruht auf einer vertraglichen Vereinbarung zwischen der Deutschen Bahn AG (Geschäftsbereich DB Cargo) und der Hansestadt Hamburg und beinhaltet eine Trennung bestimmter Zuständigkeiten im Hafenbereich. Die DB Cargo ist wie üblich der Betreiber der Fahr- und Rangierabläufe, der Hansestadt als dem Grundeigentümer hat man sowohl Planung und Bau als auch Instandhaltung und Modernisierung der ihr gehörenden Bahnanlagen überantwortet. Der Vorteil für Hamburg liegt dabei in der Möglichkeit, durch eigene Investitionen gezielt Einfluss zu nehmen auf die Schnelligkeit des Güterumschlags, deren Steigerung ständiges Ziel ist, um im harten Wettbewerb der Seehäfen zu bestehen. Immer mehr Güter und immer schnellerer Transport: Unter dieser Direktive steht der gesamte Hinterlandverkehr. Der Schnelligkeit dient nicht zuletzt ein Netz von Direktzügen, die, meist im Nachtsprung, den Hamburger Hafen mit anderen Wirtschaftszentren verbinden und im festen Rhythmus nach Fahrplänen verkehren. Der Vorteil dieser Punkt-zu-Punkt-Beziehungen liegt in der Reduzierung der zeitraubenden und Logistik erfordernden Rangiervorgänge. Vom Containerverkehr, so schätzt man, laufen um die 30 Prozent über Direktzugverbindungen; für den Rest und ebenfalls für den konventionellen Wagenladungsverkehr ist nach wie vor der Rangierbahnhof Maschen von Bedeutung (s. Landkreis Harburg, S. 1157).

Die Organisationsform des Hafens

Der Bezeichnung „Hamburger Hafen“ entspricht keine Institution mit eigener Rechtsfähigkeit. Zwar ist der größte Teil des Hafengeländes Eigentum der Stadt, die wirtschaftlichen Abläufe erfolgen aber weitgehend unter der Regie privater Unternehmen. Eine Stellung zwischen dem Hamburger Staat und den einzelnen privatwirtschaftlichen Unternehmen nimmt die Hamburger Hafen- und Lagerhaus-Aktiengesellschaft (HHLA) ein, die gegenwärtig das größte Umschlagunternehmen des Hafens darstellt. Sie wird privatwirtschaftlich betrieben, ihr Aktienkapital befindet sich jedoch zu 100 Prozent im Besitz des hamburgischen Staates.

Eine zentrale Hafenverwaltung existiert nicht. Die Verwaltungsaufgaben, die der Staat wahrzunehmen hat, werden nicht durch eine spezielle, übergeordnete Hafenbehörde ausgeübt, sondern durch die einzelnen Fachbehörden (Finanzbehörde, Behörde für Bau und Verkehr, Behörde für Inneres, Behörde für Umwelt und Gesundheit, insbesondere aber durch die Behörde für Wirtschaft und Arbeit, der u.a. das Amt für Strom- und Hafenbau untersteht). Die Vielzahl von Zuständigkeiten hat so zu komplizierten Verflechtungen und Verwaltungsabläufen geführt. Für alle umstrukturierenden Maßnahmen ist die Zustimmung der Bürgerschaft erforderlich, und entsprechende, von den Hafenämtern erarbeitete Vorlagen sind zuvor mit den jeweiligen Fachbehörden abzustimmen.

1970 wurde eine neue Hafenordnung erlassen, durch die u.a. zwecks größerer Wirtschaftlichkeit der privaten Unternehmen die HHLA, die bislang den übrigen Unternehmen mit quasihoheitlichen und quasibehördlichen Funktionen übergeordnet gewesen war, diesen nun gleichgestellt wurde. Außerdem kam es mit jener Hafenordnung zu einer klaren Regelung hinsichtlich der finanziellen Leistungen von Staat und Privatwirtschaft beim Hafenausbau und bei der Verwaltung der Anlagen: Der Staat übernahm die Verpflichtung, weiterhin die so genannte Infrastruktur zu finanzieren, das heißt, nicht nur für die Ausbaggerung der Hafenbecken und die Anlage und Instandhaltung der Kaimauern zu sorgen, sondern auch für die Verkehrserschließung über Schiene und Straße bis hin zu den privaten Terminals. Den Unternehmen der Hafenwirtschaft wurde dagegen die Finanzierung der so genannten Suprastruktur überantwortet, das heißt aller Schuppen und Lager, Krane und Flurfördergeräte sowie der Ver- und Entsorgungsleitungen und auch der Straßen- und Gleisanschlüsse auf den Betriebsflächen. Diese neue Lastenverteilung hat sich bis heute bewährt, nicht zuletzt weil die Risikoabwägung der Unternehmen die Schaffung von kostenintensiven Überkapazitäten des Hafens verhindert.

Der Hochwasserschutz

Hamburg liegt rund 110 km von der offenen Nordsee entfernt und ist damit den Gezeiten ausgesetzt, die zu Hoch- und Niedrigwasser im Elbstrom führen und bei extremen Wetterlagen Überflutungen im Gebiet der Uferanrainer zur Folge haben. Sich gegen solche Überschwemmungen zu schützen, ist früh versucht worden. Deiche sind seit dem 12. Jahrhundert bezeugt, haben aber großen Sturmfluten nicht immer standhalten können. Als sich Hamburg 1866

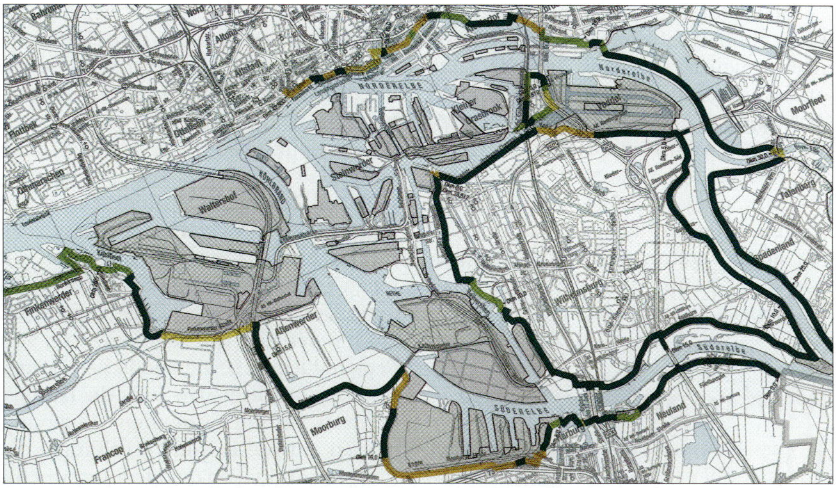

Ausschnitt aus der Karte zum „Bauprogramm Hochwasserschutz" der Behörde für Bau und Verkehr, Stand Februar 2002

fertig gestellt
Im Bau bzw. in Bauvorbereitung
Planungsarbeiten eingeleitet
Planung noch aufzunehmen
Polder

Kartografie: Amt für Geoinformation und Vermessung

für einen offenen Tidehafen entschied, ergab sich als notwendige Konsequenz, die im Stromspaltungsgebiet neu entstehenden Wirtschaftsflächen einzupoldern. Man setzte die Deichhöhe damals auf NN +5,70 Meter fest, was zunächst fast ein Jahrhundert lang ausreichend Schutz bot. Erst 1962 erwies sich diese Höhe als unzureichend, denn in der Nacht vom 16. zum 17. Februar lief bei einem orkanartigen Nordweststurm das Flutwasser der Elbe zu Höhen von NN +5,70 Meter auf (Pegel Hamburg-St.Pauli), wodurch es zur folgenreichsten Überflutung in der Geschichte Hamburgs kam: Es wurde nicht nur der niedrig gelegene Hafenrand am nördlichen Elbufer überschwemmt, sondern durch Deichbrüche im Stromspaltungsgebiet, besonders elbabwärts an der damals noch nicht abgedämmten „Alten Süderelbe", kam es auch dort zu Überflutungen so großen Ausmaßes, dass schließlich mit 12 500 ha Fläche etwa ein Sechstel des Hamburger Staatsgebietes unter Wasser stand und 315 Tote zu beklagen waren (s. Wilhelmsburg). Bei der Katastrophenanalyse erkannte man, dass das Unheil nicht zuletzt durch vorausgegangene Eingriffe des Menschen in den Naturhaushalt verursacht worden war, denn Fahrwasservertiefungen, Verkürzungen der Deichlinien und als deren Folge fehlende Überflutungsflächen und außerdem die Abdämmung der Tideelbe durch das Sperrwerk Geesthacht hatten das hydraulische System verändert und das extrem hohe Auflaufen der Flutwelle begünstigt.

Es wurden bald umfassende Maßnahmen zur Verbesserung des Hochwasserschutzes getroffen. Der Stadtrand am nördlichen Elbufer erhielt als Sicherung eine kilometerlange Hochwasserschutzwand, die Alstermündung wie auch die Mündungen der anderen Nebenflüsse der Unterelbe wurden durch Sperrwerke geschützt, und schließlich wurden alle Erddeiche verstärkt und erhöht. Infolge dieser Maßnahmen konnten die nachfolgenden Sturmfluten keine nennenswerten Schäden anrichten, obgleich sie z.T. höhere Pegelstände bewirkten als die im Februar 1962 gemessenen (die Sturmflut von 1976 erbrachte mit NN +6,45 Meter am Pegel Hamburg-St.Pauli den höchsten je in Hamburg verzeichneten Elbwasserstand).

Von der Erkenntnis geleitet, dass die Sturmfluten seit 1962 schneller und höher auflaufen, setzte der Hamburger Senat 1985 eine „Unabhängige Kommission Sturmfluten" ein, um sich gutachterlich beraten zu lassen. Wichtigstes Ergebnis war eine Neufestsetzung der Bemessungssturmflut, die als höchste mögliche Sturmflut errechnet wird, und zwar unter Berücksichtigung aller Wirkfaktoren: Dauer und Richtung des Windes, Springtide, Fernwellen, Oberflächenabfluss. Mit berücksichtigt werden dazu auch mögliche geografisch-klimatische Veränderungen. Die neu angesetzte Bemessungssturmflut liegt im Hamburger Gebiet bei NN + 7,00 m an der westlichen Landesgrenze bei Tinsdal (im Stadtteil Rissen), bei NN + 7,30 m am Pegel Hamburg-St. Pauli und bei NN + 7,80 m bei Altengamme.

Diese Werte zwingen zu einer Erhöhung sämtlicher Hamburger Hochwasserschutzanlagen, und zwar je nach Lage an der Elbe (Stromkilometer) und je nach Ausrichtung zum Wind auf Höhen zwischen NN +8,00 und NN +8,50 m, in Einzelfällen sogar bis NN +9,00 m. Für die notwendigen Maßnahmen ist, unter Abstimmung mit den Nachbarländern, ein Bauprogramm entwickelt worden, das man bis zum Jahre 2007 zu realisieren hofft (s. Spadenland).

Metropolregion

Dass Hamburg als Wirtschaftsraum weit über seine Landesgrenzen hinausreicht, war schon in früheren Zeiten bekannt und im 20. Jahrhundert mit ein Grund für das erweiterte Staatsgebiet „Groß-Hamburg" von 1937/38. In der Nachkriegszeit aber führten das starke wirtschaftliche Wachstum und die Möglichkeit für viele, mit dem eigenen Pkw nach Hamburg einzupendeln, zu weiterer Bevölkerungsverdichtung im Umland jenseits der Landesgrenzen.

Was also tun? Da sich eine abermalige Gebietsreform verbot, war die Planung zur Regulierung aufgerufen, und nach vielen Vorarbeiten veröffentlichte Hamburg 1969 das „Entwicklungsmodell für Hamburg und sein Umland" (EM). Dieses ist bis heute richtungsweisend, obgleich eine durchgehende Rechtsverbindlichkeit nicht zu erreichen war, weil der Planungsraum eben nicht nur Hamburg, sondern mit den umliegenden Kreisen der Nachbarländer auch fremdes Hoheitsgebiet umfasste. Mit dem EM wurden drei übergeordnete Konzeptionen vorgestellt: das Achsenkonzept, das System der Zentralen Standorte und das Konzept des Hauptverkehrsnetzes.

Das Achsenkonzept geht zurück auf einen Entwurf von Fritz Schumacher in einer Denkschrift von 1919. Es wird im EM differenziert durch Ausweisung von Regionalachsen sowie städtischen Haupt- und Nebenachsen. Die über die Landesgrenzen hinausführenden Regionalachsen entsprechen alten Leitlinien des Verkehrs und sollen das Siedlungswachstum bandartig konzentrieren. Zwischen ihnen, in den so genannten „Achsenzwischenräumen", ist eine möglichst unzersiedelte Landschaft das Planungsziel. Vergleichbares gilt für den Ausbau der radial verlaufenden städtischen Haupt- und Nebenachsen, auf denen eine Konzentration von Dienstleistung und eingeschränkt auch Gewerbe gefördert werden soll, um in den sektoralen Zwischengebieten die Wohnfunktion möglichst unbeeinträchtigt erhalten zu können.

Beim Vergleich dieser Planungsziele mit der bis heute gebauten Realität wird deutlich, dass die Planung sich nicht voll hat durchsetzen können, besonders nicht hinsichtlich der ins Umland führenden Regionalachsen. Hier ist zwar das gewünschte Wachstum auf den Achsen selbst eingetreten, aber zugleich sind in den letzten Jahrzehnten auch die Achsenzwischenräume stark zersiedelt worden.

Einen Erfolg hat dagegen das Konzept der Zentralen Standorte in Hamburg und der Zentralen Orte im Umland zu verzeichnen. Nach der Hierarchie des Modells, das eine Abfolge von einem A 1-Zentrum (City) bis hin zu kleinen „sonstigen Zentren" zeigt (die alle auf Einzugsbereiche verschiedener Größenordnung ausgelegt sind) hat sich im Stadtgebiet wie auch im Umland deutlich

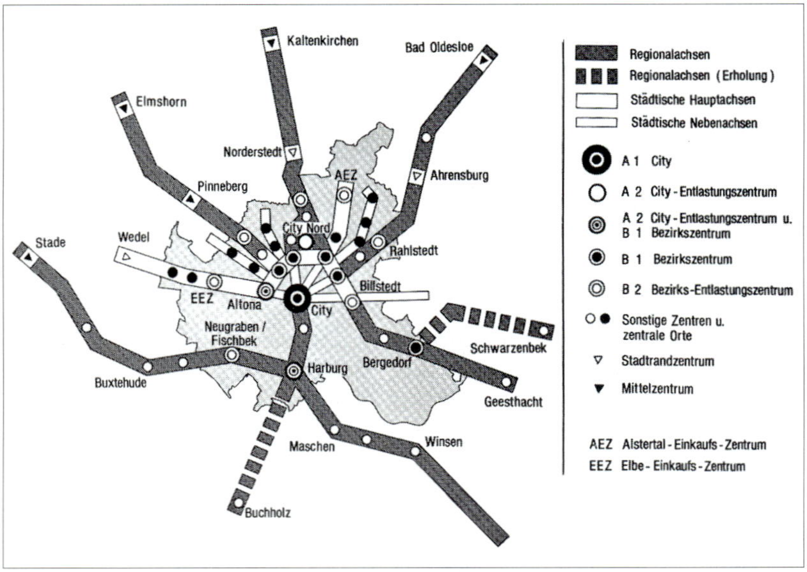

„Das Entwicklungsmodell für Hamburg und sein Umland" von 1969: Es zeigt Entwicklungsachsen, Zentrale Standorte in Hamburg und Zentrale Orte im Umland

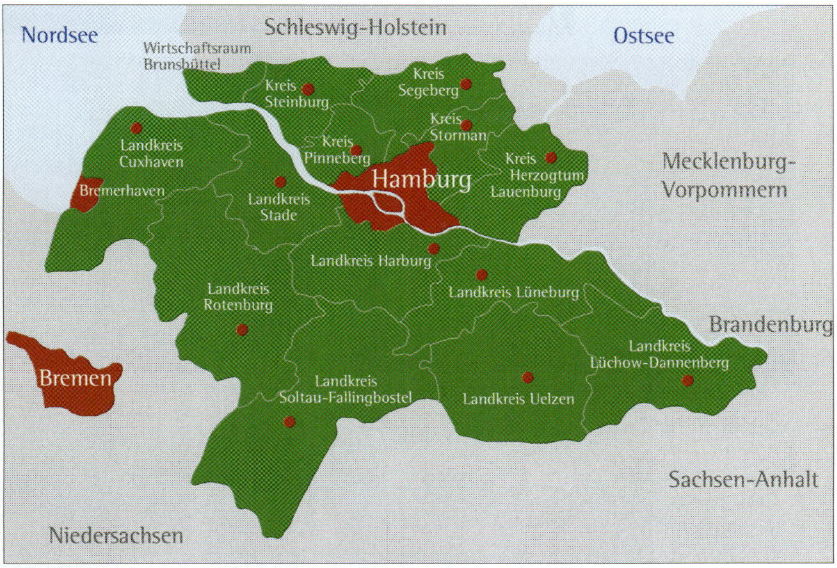

Die Metropolregion Hamburg

eine entsprechende Entwicklung vollzogen. Besonders positiv ist die Förderung der so genannten Entlastungszentren zu sehen, und hier in erster Linie der Bezirksentlastungszentren: Mit diesen wurden früh entstandene Bezirkszentren in alten Wohnstadtteilen „entlastet“ durch Einkaufszentren und Dienstleistungseinrichtungen in sieben bis acht Kilometer Entfernung stadtauswärts.

Die Zentralen Standorte/Orte sind auf den Achsen angeordnet und werden verbunden durch das Hauptverkehrsnetz: Die Regionalachsen zeichnen im Wesentlichen den Verlauf der aus Hamburg herausführenden Fernstraßen und -bahnen nach, auf deren Strecken schon früh ein Nahverkehr eingerichtet wurde; die städtischen Hauptachsen verlaufen entlang von S-Bahn-, die Nebenachsen in der Regel entlang von U-Bahn-Strecken.

Die drei Konzeptionen, das Achsenkonzept, das System der Zentralen Standorte/Orte und das Konzept des Hauptverkehrsnetzes, ergeben zusammen eine aufeinander abgestimmte Siedlungs- und Verkehrsplanung mit dem Hauptziel eines „schnellbahnbezogenen Achsensystems“.

Da das geschilderte Modell aber im nichthamburgischen Umland keine Rechtsverbindlichkeit besitzt, bemühte man sich in den 1990er Jahren um eine neue Planungsgrundlage. Man schuf mit der „Metropolregion“ eine Planungseinheit von beträchtlichem Ausmaß. Sie umfasst folgende Verwaltungseinheiten: die Freie und Hansestadt Hamburg, die schleswig-holsteinischen Kreise Steinburg, Pinneberg, Segeberg, Stormarn, Herzogtum Lauenburg sowie den Wirtschaftsraum Brunsbüttel und ferner die niedersächsischen Landkreise Cuxhaven, Stade, Rotenburg (Wümme), Harburg, Soltau-Fallingbostel, Lüneburg, Uelzen und Lüchow-Dannenberg.

In dieser sehr weit greifenden Abgrenzung entstand die Metropolregion durch einen Beschluss der Länder Hamburg, Schleswig-Holstein und Niedersachsen am 9. Dezember 1996, nachdem bereits seit 1991 mit der gleichen Benennung von einem Gebiet gesprochen worden war, das lediglich Hamburg und vier nördliche sowie vier südliche Randkreise umfasste.

War das Entwicklungsmodell als ein Ordnungsinstrumentarium für Hamburg und den unmittelbar anschließenden Verdichtungsraum gedacht, so entspricht diesem im Großraum der Metropolregion das Regionale Entwicklungskonzept (REK). Es kann im Unterschied zum EM verständlicherweise kein detailliertes grafisches Modell vorstellen, sondern geht lediglich von bestimmten Handlungsmaximen aus. Ein am 6. Dezember 1996 beschlossener Handlungsrahmen vermittelt Zielsetzungen in den Bereichen Siedlungsentwicklung, gemeinsame Wohnungsversorgung, Naturhaushalt, Wirtschaft, Landwirtschaft, Verkehr, Naherholung, Wasserversorgung, Abfallwirtschaft, Baggergutunterbringung und Organisation der gemeinsamen Landesplanung. Inzwischen existieren mehr als dreißig regionale Leitprojekte, das heißt konkrete Vorschläge zur Lösung grenzübergreifender Probleme. In einer „Regionalkonferenz“, die sich Ende 1997 konstituiert hat, sind neben Mitgliedern aus allen Ebenen der Verwaltung auch Vertreter aus Kammern, Gewerkschaften und Verbänden sowie Parlamentarier der drei norddeutschen Landesparlamente im Sinne der Zusammenarbeit tätig.

Zeitleiste

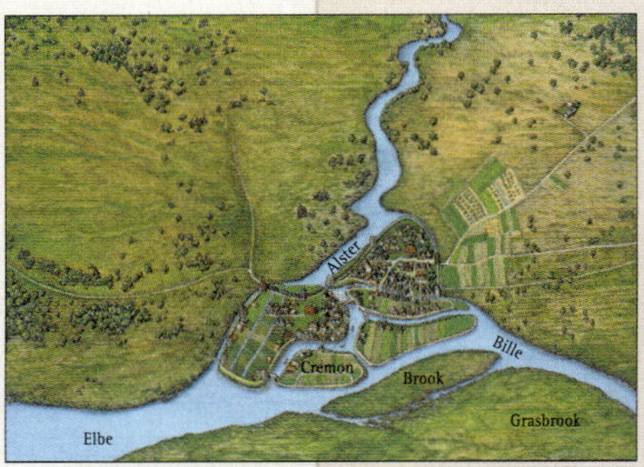

Ganz links: Hamburg im 12./13. Jahrhundert, die Alster ist noch nicht aufgestaut. Hamburg im 15./16. Jahrhundert, mit Befestigungserweiterungen

Rechts: Der Bastionsring entstand ab 1616. Ganz rechts: Hamburg im 19. Jahrhundert, noch mit altem Grundriss ohne Durchbruchstraßen

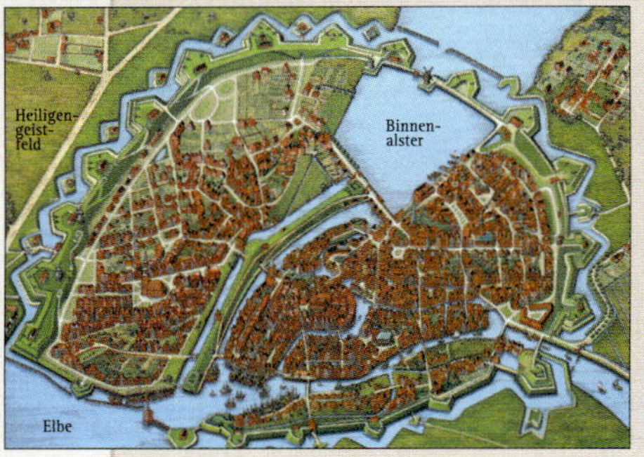

mittlere Steinzeit Geestsporn oberhalb der Alster zeitweise als Siedlungsplatz genutzt

7.–8. Jh. n. Chr. kleine sächsische Befestigung

810/811 oder um 830 Wehranlage, genannt „Hammaburg"

831 Ansgar wird Bischof, Hamburg ist Missionszentrum

834 hölzerner Dom in der Hammaburg, westlich bildet sich eine Kaufleute- und Fischersiedlung

845 Zerstörung Hamburgs durch die Wikinger, Ansgar flieht nach Bremen

848 Bremen und Hamburg werden auf der Synode von Mainz zum Erzbistum Hamburg-Bremen mit Hauptsitz in Bremen

nach 983 Anlage des Heidenwalls

1061 Anlage der Neuen Burg in der Alsterschleife durch den Billunger Ordulf

1066/1072 Slawen überfallen Hamburg

1111 Belehnung der Schauenburger mit der Grafschaft Holstein-Stormarn

1188/89 Adolf III. von Schauenburg lässt auf dem Gelände der „Neuen Burg" eine Neustadt anlegen

7.5.1189 Freibrief von Kaiser Friedrich Barbarossa für die gräfliche Neustadt (Hafengeburtstag)

12./13. Jh. vier Kirchspiele (Petri, Nikolai, Katharinen, Jacobi)

ab 13. Jh. Bestrebungen der Stadt, vom holsteinischen Landesherrn unabhängig zu werden

nach 1250 Bau der mittelalterlichen Stadtmauer mit Türmen und zehn Stadttoren

14. Jh. Holsteiner Grafen versuchen bei Kaiser und Reichshofgericht, ihr Stadtrecht einzuklagen

ab 1481 Bau der ersten Wallanlage („Alter Wall")

bis 16. Jh. Hamburg dehnt sein Landgebiet stark aus

1531 ff. neue Wallanlagen, nun mit Rondellen („Neuer Wall")

1616–28 Mit der halbkreisförmigen Befestigung (21, später 23 Bastionen) entsteht die Hamburger Neustadt

1618 Reichskammergericht erklärt Hamburg zur Freien Reichsstadt

1648–61 Bau der ersten St. Michaeliskirche

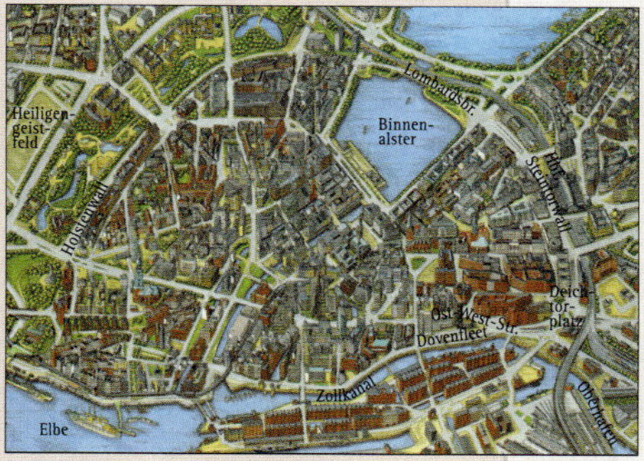

Ganz links: In den 1930er Jahren ist die Citybildung abgeschlossen. Links: Die Ergebnisse der Stadterneuerung in den 1970er und 80er Jahren

17./18. Jh. Gärten verschwinden allmählich aus der Neustadt

1768 Gottorper Vergleich

1787 Hamburg zählt 100 000 Einwohner

1804 Beschluss zur Entfestigung

1804–07 Abbruch des Doms

ab 1819 Hamburg nennt sich Freie und Hansestadt Hamburg

1842 Der Große Brand vernichtet der weite Teile des alten Hamburg

5. 5. 1842

1:00 Speicherbrand Deichstraße

5:00 Rödingsmarkt und Steintwiete brennen

16:25 Nikolaiturm stürzt brennend ein

6. 5. 1842

3–4:00 Sprengung des Rathauses am Neß

6:00 Alter Wall in Flammen

14–15:00 Häusersprengungen am Jungfernstieg

7. 5. 1842

9:00 Petriturm stürzt ein

13:00 Pferdemarkt in Flammen

8. 5. 1842

7–8:00 letztes Haus an den Kurzen Mühren gelöscht

17. 5. 1842 Technische Kommission plant Wiederaufbau

ab 1867 Hamburg vom preuß. Staat eingekreist

1871/74 Ausgliederung von 15 Vororten aus dem Landgebiet

1881/88 Anschluss an das deutsche Zollgebiet

1894 Gesetz vom 22. 4. schafft 20 Stadtteile

Mitte 1930er Jahre Sanierung der Gängeviertel abgeschlossen

1937 Groß-Hamburg-Gesetz verabschiedet, Vollzug bis **1. 4. 1938**. Hamburg wächst um 80 %, seine Bevölkerung um 40 %

1949 Hamburg wird Land der Bundesrepublik Deutschland

1949/51 Bezirksverwaltungsgesetz schafft heutige Gebietseinteilung

1961 Hafenerweiterungsgesetz, **1982** korrigiert durch das Hafenentwicklungsgesetz

1960/70er Jahre In Hamburgs Randgebieten entstehen Großwohnsiedlungen

1969 „Das Entwicklungsmodell für Hamburg und sein Umland"

1996 Umgrenzung einer Metropolregion, zu der Hamburg und 13 schleswig-holsteinische Kreise und niedersächsische Landkreise gehören sowie der „Wirtschaftsraum Brunsbüttel". Das „Regionale Entwicklungskonzept" (REK) stellt Zielsetzungen für die Metropolregion vor

2001 Baubeginn HafenCity (Hamburg-Altstadt/Klostertor)

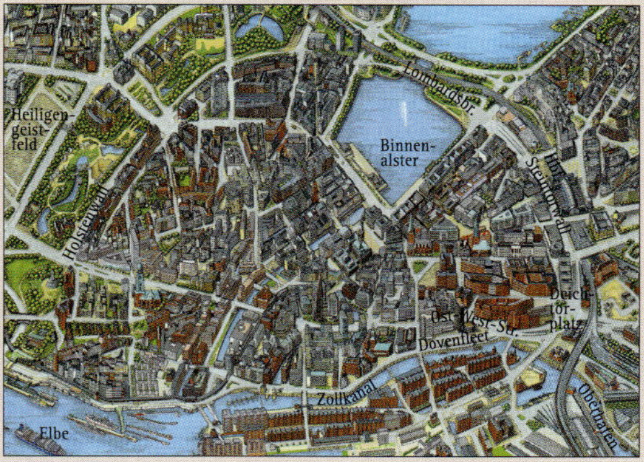

Hamburg im Jahre 2000/01, die Fleetachse ist bebaut, die HafenCity schon zum Teil im Bau

Karten: © GDS Hamburg

Hamburgs Verwaltungsgrenzen

Hamburgs Gebietsverwaltung zählt 7 Bezirke und 104 Stadtteile, in denen die 180 Ortsteile (OT) liegen. In den Bezirken gehören sie zum Kern- oder zu einem Ortsamtsgebiet (OA), ferner gibt es Ortsdienststellen (OD) und Außenstellen der Bezirksämter

Bezirk Hamburg-Mitte:
10 708 ha, 228 060 Einw. = 21 Einw./ha; 20 Stadtteile, 40 Ortsteile (101–140), Kerngebiet (15 OT), Außenstelle Hamm (9 OT), Ortsdienststelle St. Pauli (5 OT), OA Billstedt mit Außenstelle Mümmelmannsberg (4 OT), OA Finkenwerder (2 OT), OA Veddel-Rothenburgsort (5 OT); Bezirksamt: Klosterwall 8, City-Hof/Block D (Hamburg-Altstadt)

Bezirk Altona:
7753,3 ha, 240 102 Einw. = 31 Einw./ha; 13 Stadtteile, 26 Ortsteile (201–226), Kerngebiet (18 OT), OD Lurup (1 OT), OD Osdorf (1 OT), OA Blankenese (6 OT); Bezirksamt: Platz der Republik 1 (Altona-Altstadt)

- Bezirksgrenze
- Stadtteilgrenze
- Ortsamtsgebietsgrenze
- Bezirksamt
- Ortsamt
- Ortsdienststelle

Bezirk Eimsbüttel:
5007,2 ha, 244 893 Einw. = 49 Einw./ha; 9 Stadtteile, 21 OT (301–321), Kerngebiet (16 OT), OA Lokstedt (3 OT), OD Eidelstedt (1 OT), OA Stellingen (1 OT); Bezirksamt: Grindelberg 66 (Harvestehude)

Bezirk Hamburg-Nord:
5776,7 ha, 275 802 Einw. = 48 Einw./ha; 32 Ortsteile (401–432), Kerngebiet (13 OT), OA Barmbek-Uhlenhorst (16 OT), OA Fuhlsbüttel (3 OT); Bezirksamt: Kümmellstraße 7 (Eppendorf)

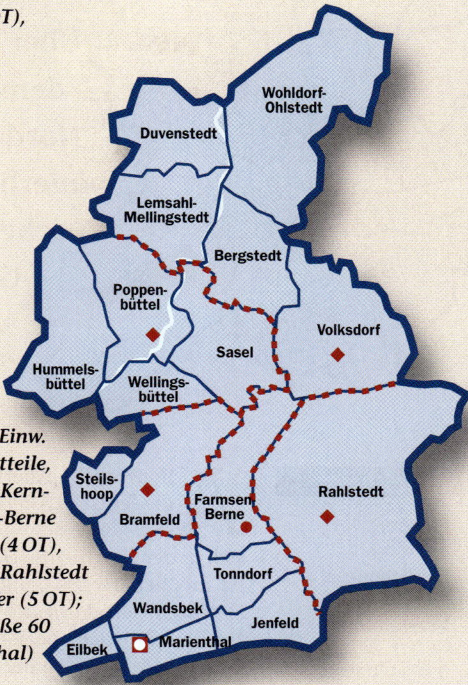

Bezirk Wandbek:
14 754,5 ha, 405 173 Einw. = 27 Einw./ha; 18 Stadtteile, 26 Ortsteile (501–526), Kerngebiet (13 OT), OD Farmsen-Berne (1 OT), OA Alstertal (4 OT), OA Bramfeld (2 OT), OA Rahlstedt (1 OT), OA Walddörfer (5 OT); Bezirksamt: Schloßstraße 60 (Marienthal)

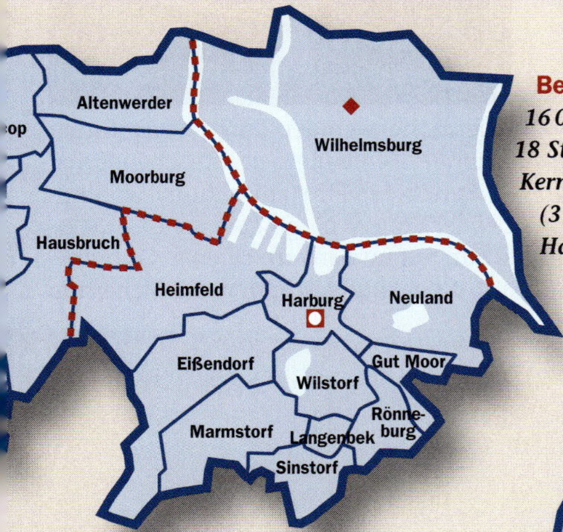

Bezirk Harburg:
16 056 ha, 196 263 Einw. = 12 Einw./ha; 18 Stadtteile, 21 Ortsteile (701–721), Kerngebiet (11 OT), OA Wilhelmsburg (3 OT), OA Süderelbe (7 OT); Bezirksamt: Harburger Rathausplatz 1 (Harburg)

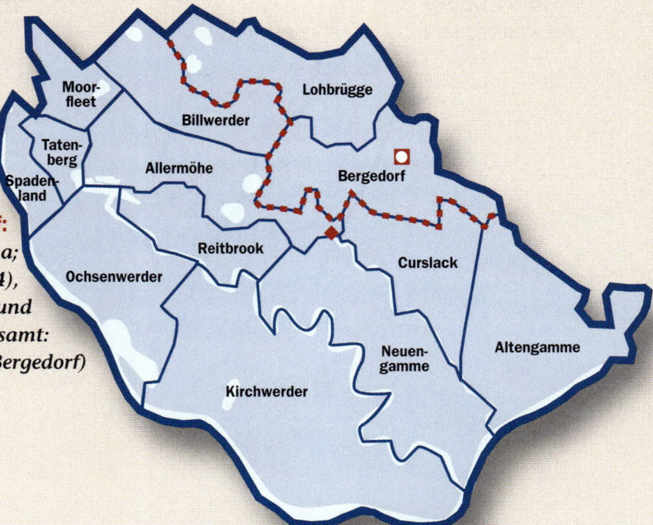

Bezirk Bergedorf:
15 476,3 ha, 114 613 Einw. = 7 Einw./ha; 13 Stadtteile, 14 OT (601–614), Kerngebiet (3 OT), OA Vier- und Marschlande (11 OT); Bezirksamt: Wentorfer Straße 38 (Bergedorf)

Allermöhe

Über Jahrhunderte verlief das Leben in dem lang gestreckten Marschendorf am Nordufer der Dove-Elbe in gleichmäßigen bäuerlichen Bahnen. Mit dem Bau der „Marschen-Autobahn" (A 25) und den beiden Großsiedlungen „Neuallermöhe-Ost" und „Neuallermöhe-West" bekam der Stadtteil ein erweitertes Profil

Steckbrief

Fläche: 11,878 km²
Einwohner: 12 536
Verwaltung: Bezirk Bergedorf, Ortsamt Vier- und Marschlande
Ortsteil: 610

Allermude", „Allermüge" oder niederdeutsch „Allermoy" – viele verschiedene Schreibweisen finden sich in der Geschichte. Der Name bedeutet möglicherweise „andere Mündung". Er würde sich dann auf einen früheren zweiten Billearm beziehen, der in der Gegend des heutigen Bergedorfer Schleusengrabens in die Dove-Elbe mündete.

Aus der Geschichte

1162 wird der Ort „Anremuthe" erstmals urkundlich erwähnt. Nachdem diese erste Siedlung in einer Sturmflut untergegangen war, wurde die Nachfolgerin an höherer Stelle angelegt. Fortan war Allermöhe weniger durch Sturmfluten bedroht als die übrigen Marschendörfer.

Bereits 1263 trat eine Gruppe wohlhabender Bauern als geschlossene Gemeinschaft auf und erwarb eigenen Grundbesitz. 1395 kaufte Hamburg zur Sicherung

Blick vom Turm der Dreieinigkeitskirche auf „Adolf Oelrich's Gasthof" mit Salon und Kegelbahn. Das Foto entstand Anfang der 1940er Jahre

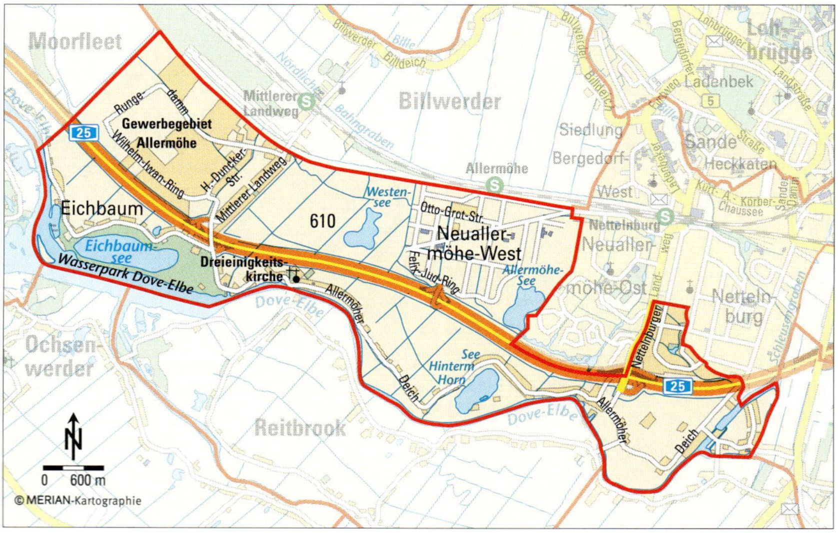

1611–14 entstand die Dreieinigkeitskirche unter Leitung des Reitbrooker Zimmermanns Simon Lange

von Elbschifffahrt und Handel Bill-, Ochsen- und Moorwerder sowie Allermöhe. Für die Verwaltung richtete die Stadt um 1410 die Landherrenschaft Bill- und Ochsenwerder ein: Ein Ratsherr vertrat als Landherr die Rechte der Stadt und wurde vor Ort von Landvögten mit polizeiähnlichen Befugnissen unterstützt. 1830 erfolgte die Neustrukturierung als **Landherrenschaft der Marschlande**.

Ein strenges Deichrecht regelte die Aufgabenverteilung zum Erhalt und zur **Sicherung der Elbdeiche**. Wegen zunehmender Flutgefahr wurden diese 1331 erhöht. Die Mittel dazu erhielt man durch den Verkauf der drei Glocken aus Billwerder, Moorfleet und aus der damaligen, dem Apostel Petrus geweihten Allermöher Kirche.

Außer den Deichstraßen existierten bis ins 16. Jahrhundert nur schmale Sandwege und die etwas breiteren, mit Steinen belegten Querverbindungen *Unterer, Mittlerer* und *Oberer Landweg*. Der Mittlere führte am Eichbaumsee vorbei zur **Dove-Elbfähre**, die bis 1873 zwischen Allermöhe und Reitbrook verkehrte. Eine zweite Fährverbindung befand sich auf Höhe der heutigen Dreieinigkeitskirche. 1892 wurde sie durch eine Brücke ersetzt. Die Fährgerechtigkeit hatte viele Generationen lang die **Familie Odemann** inne, deren Mitglieder sich in zahlreichen Gemeindeämtern engagierten.

Als nicht landwirtschaftlicher Betrieb konnte sich am Ende des 18. Jahrhunderts eine **Kattundruckerei** in Allermöhe etablieren, blieb aber exotisches Randgewerbe. Wie die übrigen Marschländer spezialisierten sich auch die Allermöher Bauern seit dem 18. Jahrhundert zunehmend auf **Gemüseanbau** für den Hamburger Markt.

Die großen Veränderungen auf der Allermöher Feldmark brachte erst das 20. Jahrhundert mit dem Bau der A 25 und der beiden **Großsiedlungen** (s.u. Neuallermöhe-Ost und -West).

Unter Verwendung von Lüsterfarben wurde 1952/53 die Bemalung des Altars nach historischen Befunden erneuert

Kunst und Kultur

Das heutige Bild Allermöhes wird durch kleinere, zwischen 1880 und dem Ersten Weltkrieg errichtete Bauten bestimmt.

Nur noch einige historische Bauten erinnern an das bäuerliche Straßendorf früherer Zeiten, wie z.B. der

Landhausarchitektur am Allermöher Deich. Hier wohnte der Werkmeister des Krapphofs. Rechts: die Marschlande vom Wasser aus erleben: Rund um die Dove-Elbe sind viele Motorboote zu Hause

Harderhof aus dem 17. Jahrhundert (s. Köpfe) oder der 1775 als Kattundruckerei gegründete **Krapphof**. „Krapp" heißt eine alte, im Färberhandwerk benötigte Wirtschaftspflanze. Sie gab der Anlage ihren Namen, von der heute nur noch das klassizistische, mit Bohlen verkleidete Gartenhaus am *Allermöher Deich 484* zu sehen ist. Das auf quadratischem Grundriss errichtete Gebäude mit Anbau ähnelt den Sommersitzen reicher Hamburger Bürger, die z.B. schon Ende des 17. Jahrhunderts in Billwerder entstanden.

Ein **Fährstein** bei der *Reitbrooker Mühlenbrücke* erinnert an die Odemannsche Fährverbindung. Von der Hofanlage eines Mitglieds dieser weit verzweigten Familie stammt auch der auf dem Gelände des Rieck-Hauses (s. Curslack) ausgestellte sechsständige Heuberg. Bis in die 1940er Jahre hielt er bei Bendix Odemann in Allermöhe das Tierfutter trocken.

Erzählt Allermöhe-Reitbrooker Geschichte: der alte Fährstein

Die ev.-luth. **Dreieinigkeitskirche** wurde 1611–14 errichtet, nachdem ihre Vorgängerin wegen Baufälligkeit und zu geringer Größe abgerissen werden musste. Von ihr stammt noch der **hölzerne Glockenturm**: Er gilt als das älteste erhaltene Bauwerk der Vier- und Marschlande und wurde wahrscheinlich erbaut, um die 1483 gegossene Glocke „Osanna" aufzunehmen, die zu besonderen Anlässen noch heute erklingt.

1900/01 waren Restaurierungsarbeiten an der Kirche notwendig geworden. Im Zuge dieser Arbeiten wurde die Ausstattung des Gotteshauses ins gegenüberliegende Pastorat ausgelagert und hier – Ironie des Schicksals – durch ein Feuer fast vollständig vernichtet. Einzig der prächtige **Baxmann-Altar** verblieb in der Kirche und entging so den Flammen. Hein Baxmann war ein Ältermann des Hamburger Tischleramtes. Sein 1613/14 entstandener Altar ist ein Flügelretabel mit figurenreicher Kreuzigungsszene. Die Seitenteile zeigen Reliefszenen aus dem Alten und Neuen Testament. Das Werk ist bekrönt von einer Darstellung des Jüngsten Gerichts und dem auferstandenen Christus.

Aktives Gemeindeleben

Das Leben im alten Allermöhe wird noch heute maßgeblich durch seinen **dörflichen Charakter** bestimmt. Obwohl in den letzten Jahrzehnten diese Strukturen durch den Zuzug von „Städtern", wie die anderen, westlich der Billemündung lebenden Hamburger genannt werden, z.T. aufgeweicht wurden, besteht hier nach wie vor eine **intakte Dorfgemeinschaft**. Man kennt sich seit Kindertagen, hilft einander und hält zusammen, um unliebsame Veränderungen zu verhindern oder auch wünschenswerte Neuerungen zu beschleunigen, so z.B. den Bau von Lärmschutzwänden an der A 25. Besonders aktiv ist die **Kirchengemeinde**

Hier rockt das Schwein – umsonst und draußen. Maskottchen des Wutz-Rock-Festivals

Allermöhe-Reitbrook, deren Arbeit das Zusammengehörigkeitsgefühl der Dorfbewohner entscheidend stärkt. Das seit 1964 von ihr genutzte Gemeindehaus direkt neben der Dreieinigkeitskirche und dem Pastorat bietet Platz für zahlreiche Aktivitäten. Es gibt Kinder- und Spielgruppen, einen Treffpunkt für ältere Menschen und einen Frauenkreis. Abgerundet wird das Angebot durch Ausflüge und die jährlich organisierte Studienfahrt ins Ausland.

Schon vor über 125 Jahren wurde die **Liedertafel Frohsinn** gegründet. Sie leistet mit ihren vier Chören und einer Theatergruppe einen wichtigen Beitrag zum kulturellen Leben von Allermöhe und Reitbrook. Ein weit über die Marschländer Grenzen hinaus bekanntes Musikerlebnis ganz anderer Art ist **Wutz-Rock**. Als Freiluft-Rockfestival ist es eines der ältesten deutschen seiner Art und findet mit zahlreichen Bands und einem bunten Rahmenprogramm jedes Jahr am **Eichbaumsee** statt. Veranstalter ist der Verein **Unser Haus e.V.** (s. Bergedorf). Wie 1979 ist auch heute der Eintritt frei, gemäß dem traditionellen Motto „umsonst und draußen“.

Familie Wippermann inmitten ihrer Blütenpracht am Allermöher Deich 25

Zeitleiste

Um 1150 Beginn der Besiedlung

1162 erste urkundliche Erwähnung

1395 Hamburg kauft Allermöhe

1614 Einweihung der Dreieinigkeitskirche

1891 letzte Allermöher Fährfahrt

1950 Ortsamt zieht ins Schleusenhörn

1972 Planung „Ballermöhe“

1979 erstes Wutz-Rock-Festival am Eichbaumsee

1985 Baubeginn von Neuallermöhe-Ost

2000/01 Fertigstellung von Neuallermöhe-West

Weihrauchprobe bei der Firma „G. Lipman & Geffcken“ im Gewerbegebiet Allermöhe

Vom Acker ins Büro

Noch bis vor wenigen Jahrzehnten lebten und arbeiteten die Menschen in den Marschlanden vor allem für den **Gemüseanbau**; doch in den letzten Jahren hat sich vieles grundlegend geändert. Beim Bau der Autobahn A 25 wurden zunächst die Allermöher Felder durchschnitten und z.T. vollständig von den alten Bauernhäusern getrennt. Durch die Errichtung der beiden Großsiedlungen Neuallermöhe-Ost und -West gingen die meisten der landwirtschaftlich nutzbaren Böden verloren. Die Betriebe erhielten zwar Ausgleichsflächen in Kirchwerder, die aber allein durch die größere, mit Trecker und Mähdrescher nur sehr langsam zu überbrückende Entfernung wenig einträglich sind. Heute gibt es daher **keine Vollerwerbsbetriebe** mehr, und die Bauern und ihre Familien haben sich im Laufe der letzten Jahrzehnte unterschiedliche Nebenerwerbsquellen gesucht. Diese haben bei vielen den landwirtschaftlichen Beruf schließlich ganz verdrängt. Die Bandbreite reicht dabei vom teilzeitbeschäftigten Hausmeister in Neuallermöhe-West über den Verwaltungsangestellten in der Bergedorfer Bezirksverwaltung bis zum Sachbearbeiter z.B. einer Firma im **Gewerbegebiet Allermöhe** auf der anderen Autobahnseite. Das 165 ha große Gebiet wurde 1981 ausgewiesen. 70 Firmen haben sich mittlerweile hier angesiedelt, darunter mit „G. Lipman & Geffcken“ in der *Hans-Duncker-Str. 13* auch ein besonders traditionsreiches Hamburger Unternehmen. Seit 1746 handelt es mit Gewürzen, Dickungsmitteln, Quellstoffen, Naturchemikalien und ähnlichen Waren. Ein späterer Geschäftsinhaber und Nachkomme des

Eine Dorfschule wie aus dem Bilderbuch: die ehemalige „Distrikt-Schule" am Moorfleeter Deich 408

ersten Geffcken war Senator Heinrich Geffcken (1792–1861), an den auch eine Eppendorfer Straße erinnert.

Allermöher Wohngesichter

Allermöhe ist ein Stadtteil mit mehreren Wohngesichtern. Entlang des *Moorfleeter* und *Allermöher Deichs* leben die angestammten, die „alten" Allermöher, von denen viele ihre familiären Wurzeln im Dorf über Jahrhunderte zurückverfolgen können. Auch heute noch wohnen sie z.T. mit drei und sogar vier Generationen unter einem Dach.

In ganz Allermöhe endet der Blick vom Deich über die Feldschläge Richtung Norden stets an der A 25. Früher setzten sich die Grundstücke auf der anderen Seite noch lang fort, doch wer jetzt eine der Brücken über den **Allermöher Sammelgraben** und die Autobahn überquert, schaut auf das große **Neubaugebiet Neuallermöhe** und somit in das zweite Wohngesicht des Stadtteils.

Ganz im Osten liegt mit **Nettelnburg-Süd** eine weitere Siedlung. 1978–82 entstanden hier 490 Einzelhäuser im Rahmen eines Eigenheimprogramms des Senats. Es gab keine architektonischen Gestaltungsauflagen, und lediglich das Fährbuern- und das Landscheidefleet sind prägende Elemente.

Allermöhe asiatisch: Bei ihrer jährlichen Meisterschaft erobern Drachenboote die Dove-Elbe. Unten: Vor ihrem „Gasthaus Oberer Landweg" (seit 1963 „Hotel am Deich") posieren Familie Albers und der Postbote, Foto um 1906

Warten auf Schütze

Im Dorf Allermöhe gibt es bis auf wenige Ausnahmen weder Einzelhandel noch Kleingewerbe. Wer für Brot und Brötchen nicht ganz zur Bäckerei „Heinz" im *Schleusenhörn* oder weiter in die kleinen Einkaufszentren in Neuallermöhe-West fahren möchte, kann auf das **rollende Bäckereigeschäft** von Peter Schütze warten.

Zum Eichbaum und **Hotel am Deich** sind die beiden alteingesessenen Allermöher Gasthäuser, die noch bestehen. Sie hießen früher „Körs" und „Gasthaus Oberer Landweg" und haben in ihrer langen Geschichte unzählige Hochzeiten und andere Familiengroßereignisse erlebt. Wegen der guten Autobahnanbindung steigen neuerdings immer häufiger auch nach Hamburg reisende Geschäftsleute ab. Den Bewohnern der beiden Neubaugebiete stehen neben dem **Café Seegarten** und dem **Grachten-Imbiss** ein Restaurant mit internationaler Küche, eine Kneipe und ein Eiscafé zur Auswahl.

Bewegung in drei Strängen

Straße, Schiene und Wasser durchziehen Allermöhe in drei parallelen, von Ost nach West verlaufenden Strängen. Ende 1981 wurde die „Marschenlinie" oder „Marschenautobahn", wie die A 25 zwischen Moorfleet und Geesthacht meist genannt wird, fertig gestellt. In Aller-

möhe liegen die drei Anschlussstellen „HH-Allermöhe“, „HH-Neuallermöhe-West“ und „HH-Nettelnburg“. Für den Bau der Nettelnburger Abfahrt musste der ehemalige Allermöher *Obere Landweg* (heute *Nettelnburger Landweg*) im unteren Teil verlegt werden; das Stück zwischen Autobahn und *Allermöher Deich* heißt seit 1978 *Allermöher Werftstegel.*

Im Nordosten wird der Stadtteil durch die S-Bahn-Strecke (S2/21) Hamburg-Bergedorf begrenzt. 1970 ging auf Bergedorfer Gebiet der Bahnhof Nettelnburg in Betrieb. Im Mai 1999 erhielt auch Allermöhe seine **eigene Station**. Sie heißt wie der Stadtteil „Allermöhe“, obwohl sie im Grunde ausschließlich den Menschen der westlichen Großsiedlung dient. Dem alten Allermöhe ist mit den S-Bahn-Stationen wenig geholfen, denn der HVV schickt seine Busse (221, 321) nach wie vor nur sehr spärlich über den Norddeich der Dove-Elbe. Die Allermöher müssen sich den z.T. **stundenlangen Intervallen** anpassen, wenn sie nicht gleich mit dem Auto fahren oder sich aufs Fahrrad schwingen. Die Dove-Elbe dient kaum noch als Verkehrsweg, sondern lediglich touristischen und sportlichen Zwecken. Beim Eichbaumsee wurde sie zum „Wasserpark Dove-Elbe“ ausgebaut (Länge ca. 2 km).

Blech und Badeseen

Den alten Allermöher Bauern war Freizeit im modernen Sinn unbekannt. Kontinuierliche Arbeit bestimmte das Leben, und ausgeruht wurde eigentlich nur sonntagnachmittags. Seit jeher ist bei ihnen aber Schlittschuhlaufen ein beliebtes Wintervergnügen.

In den letzten Jahrzehnten hat sich das Dorf Allermöhe selbst zum Hamburger Freizeitziel entwickelt. So wurden z.B. am *Moorfleeter Deich* mehrere ausgediente Bauernanwesen in **Reiterhöfe** umgewandelt. Im Frühjahr ziehen die Kurven

Früher der wichtigste Verkehrsweg für die Vier- und Marschländer Bauern auf dem Weg zum Hamburger Markt: die Dove-Elbe

Die „Marschenlinie“ A 25 zerschneidet Allermöhe in zwei Teile

Hamburger Seenlandschaft. Außer dem See Hinterm Horn gibt es drei weitere im Stadtteil

der Deichlinie zahllose Motorradfahrer von nah und fern an die Dove-Elbe, und ihnen folgen Fahrradfahrer, Skater und Jogger. So kommen im Sommer Zehntausende „aus der Stadt" zum Baden, und sie drohen, das Dorf mit einer Blechlawine und wildem Parken fast zu ersticken.

Im Stadtteil Allermöhe liegen vier Seen: Der Eichbaumsee und der See Hinterm Horn sowie der Allermöher See zwischen den beiden Großsiedlungen und der Westensee Richtung *Mittlerer Landweg*. Am Eichbaumsee und am Allermöher See sorgen zwei DLRG-Stationen für die Sicherheit der Badegäste.

Ein Tipp für alle Hamburger: Die Kreuzfahrten der Alster-Touristik (ATG) führen vom Jungfernstieg nach Bergedorf auch über die sich durch die Marschlande schlängelnde Dove-Elbe

Schwimmwesten und Rettungsleinen sollten ebenfalls bei den Mitgliedern des **Tatenberger Yachtclubs** am *Moorfleeter Deich* immer dabei sein. In dem Club haben sich insgesamt fünf Motorbootvereine zusammengeschlossen. Viele Freizeitkapitäne steuern regelmäßig zur „Allermöher Werft" am *Allermöher Deich 412* (früher „Jastram-Werft", gegründet am *Billwerder Billdeich*).

Allermöhe olympisch

Am *Allermöher Deich 36* hat Olympia einen Stützpunkt, nämlich das seit 1986 bestehende **Leistungszentrum für Ruder- und Kanusportler**. Ihre beiden Hamburger Verbände nutzen die Anlagen und die große Bootshalle gemeinsam. Täglich wassern sie ihre Boote und trainieren für nationale und internationale Wettkämpfe, die schon häufig im „Wasserpark Dove-Elbe" ausgetragen worden sind.

Köpfe

Karl Schwietert praktizierte 43 Jahre lang als Landarzt am *Allermöher Deich*. Der gebürtige Emdener ließ sich 1937 in den Marschlanden nieder. **Doktor Kuddel**, wie ihn seine Patienten liebevoll nannten, lebte gern in Allermöhe: „Das Land mit den Deichen gefällt mir." Er arbeitete im Kirchenvorstand und verfasste u.a. die Festschrift zur 350-Jahr-Feier der Dreieinigkeitskirche „Streiflichter über Allermöhe und Reitbrook". In seiner Freizeit dichtete der Mediziner und engagierte sich im „Bundesverband Deutscher Schriftsteller-Ärzte", dessen langjähriger Vizepräsident er war. Schwietert, der auch über 200 Hausgeburten betreute, starb 1980.

Der beliebte Dr. Karl Schwietert mit seiner zweiten Frau Hilde

Pastor Hans-Jürgen Preuß kam 1974 als 35-Jähriger von St. Pauli nach Allermöhe und plante, auf seiner zweiten Pfarrstelle eigentlich nur kurz zu bleiben. Inzwischen sind mehr als drei Jahrzehnte vergangen, und er gehört fast so zum Dorf wie die Dreieinigkeitskirche selbst; von ihr kennt er jeden Stein und viele Geschichten. Die langjährige Arbeit in der Kirchengemeinde Allermöhe-Reitbrook hat ihn weit über die Stadtteilgrenzen hinaus in den Marschlanden bekannt gemacht, besonders wegen seines Gemeindeengagements in ganz weltlichen

Engagiert sich für seine Gemeinde: Pastor Hans-Jürgen Preuß

Stadtteil-Profil

	Allermöhe	Bezirk	Hamburg
Bevölkerung gesamt (2000)	12 536	114 631	1 704 929
Unter 18-Jährige in %	29,7	20,3	16,1
65 Jahre und älter in %	4,6	15,5	17,0
Deutsche	10817	103 658	1 432 325
Ausländer in %	13,7	9,6	16,0
Einwohner je km²	1055	741	2258
Sozialstruktur			
Sozialhilfeempfänger (2000)	1323	7659	120 461
Arbeitslose (2001)	458	3691	71 963
Eink. je Steuerpfl. in DM (1995)	61 996	60 397	65 579
Wohnen (2001)			
Wohngebäude	1651	18 755	226 061
Ein- und Zweifamilienhäuser in %	36,4	33,4	20,5
Ø Wohnungsgröße in m²	86,1	77,9	71,0
Wohnfläche je Einwohner in m²	27,0	34,7	35,7
Verkehr			
Private Pkw (2001)	4488	45 863	628 119
Straßenverkehrsunfälle (2000)	51	633	12 430
Kriminalität			
Straftaten insgesamt (2000)	929	11 451	284 272

Wahlverhalten

... zur Bürgerschaft 2001 (gesamt)

Wahlbeteiligung	71,0%
SPD	36,5%
CDU	26,2%
Schill-Partei	19,4%
Grüne/GAL	8,6%
FDP	5,1%
Übrige	4,2%

... zur Bürgerschaft 2001 (Stadtteil)

Wahlbeteiligung	62,0%
SPD	37,3%
CDU	30,1%
Schill-Partei	19,9%
Grüne/GAL	4,9%
FDP	3,1%
Übrige	4,8%

Frau Harder mit ihrem Star: Cuttina, einer mehrfach ausgezeichneten Trakehner-Stute

Angelegenheiten, wie in der BISGUB, der „Bürgerinitiative gegen die südliche Güterumgehungsbahn". Manchmal ging er dabei ungewöhnliche, aber sehr erfolgreiche Wege. Weil sich z.B. Lkw-Fahrer häufig auf ihrem Weg ins Gewerbegebiet bis ins Dorf verirrten und nachts die Bewohner wachklingelten, stellte die Bürgerinitiative solange selbst gemalte Hinweistafeln an der A 25 auf, bis die Stadt offizielle Wegweiser zum Gewerbegebiet Allermöhe montieren ließ.

Die gebürtige Ostpreußin **Gisela Harder** ist eine Pferdeliebhaberin aus Leidenschaft und Tradition. In vierter Generation züchtet ihre Familie elegante Trakehner, ohne deren Hilfe auch ihre Flucht während des Zweiten Weltkrieges kaum möglich gewesen wäre. Zurzeit stehen zwölf Pferde auf dem 17 ha großen „Harderhof" am *Moorfleeter Deich 395*. Ihre Vierbeiner waren jedoch stets nur Nebenerwerb und eigentlich mehr Hobby, denn hauptberuflich führte Frau Harder 18 Jahre lang das Stutenbuch des Trakehnerverbandes in Neumünster. Seit 1979 lebt sie in Allermöhe, wo die Familie ihres Mannes seit dem 17. Jahrhundert ansässig ist. Die Verantwortung für Zucht und Pflege der Pferde hat heute Tochter Regina übernommen.

„Da fragen Sie mal **Uwe Jensen**!" Diesen Satz hört man in Neuallermöhe-Ost häufig. Ob man die Öffnungszeiten des Cafés im Bürgerhaus herausfinden möchte oder sich für ökologisches Bauen interessiert, an Herrn Jensen kommt kaum einer vorbei. Als Mitinitiator der Öko-Siedlung und Gründungsvorsitzender des Vereins „Ökologisches Leben Allermöhe e.V." hat er seit 1985 viel Zeit mit engagierter Überzeugungsarbeit in der hamburgischen Behördenlandschaft verbracht. Jensen ist seit 1992 Vorsitzender des 1987 gegründeten Vereins „Bürgerinnen und Bürger für Allermöhe e.V.", der die Kulturarbeit auf verschiedenen Ebenen des Stadtteillebens vorantreibt.

Uwe Jensen verliest die Grundsteinurkunde seines Hauses im Juni 1986. Bausenator Eugen Wagner hört geduldig zu

Neuallermöhe

Zwei Großsiedlungen machen sich breit

Das „Wasserschloss" genannte Wohnhaus in Neuallermöhe-Ost steht für die Architekturleitlinien der ganzen Siedlung: Wohnen inmitten von Wasser und Grün

Von der S-Bahn aus oder mit dem Auto von der A 25 über die Abfahrt „Allermöhe" kommend, lässt sich mit den beiden „Neuallermöhes" – West in Allermöhe selbst, Ost im Stadtteil Bergedorf – das größte Hamburger Stadtentwicklungsprojekt der letzten Jahrzehnte überblicken. Vor allem im Westteil leben viele Familien: Allermöhe ist einer der kinderreichsten Hamburger Stadtteile (24,0 % unter 14 Jahren, Stand 2001).

Wohnungen für Hamburg

Auf Anregung von Baudirektor Fritz Schumacher kaufte die Hansestadt 1908–11 große Flächen als Industrie- und Wohnungsbaureserve in der Billwerder und der Allermöher Marsch. Doch erst sechs Jahrzehnte später schien sich etwas zu regen: Ab 1972 wurden mit Voruntersuchungen, Gutachten und Entwürfen Millionensummen in der Allermöher Marsch verplant. Im „Neubaugebiet Billwerder-Allermöhe", bald nur noch **Ballermöhe** genannt, sollten auf 1320 ha 73 000 Menschen wohnen. Umgesetzt wurde indes nichts und stattdessen das Projekt 1976 endgültig aufgegeben. Drei Jahre später begann eine neue Planungsphase mit sehr viel kleineren Vorgaben. 1984 war Baubeginn für „Allermöhe I", heute „Neuallermöhe-Ost" genannt, östlich der Allermöher Stadtteilgrenze auf Bergedorfer Gebiet. Nach zehn Jahren Bauzeit besaß Hamburg ein städtebaulich **topmodernes Neubaugebiet**. Aus den Niederlanden wurde die optimale Grundstücksaufteilung und raumsparende Architektur übernommen. Dadurch wurde kleinteiliges und kostengünstiges Bauen möglich. Neu war die für Großsiedlungen bisher ungewohnt aufgelockerte Bebauung mit über 30 Prozent Einzelhäusern und maximal viergeschossigen Etagenhäusern. Von Beginn an waren die Entwürfe durch

Die Bauherrn der Ökohäuser mussten lange für ihre Bauideen kämpfen

viele neu angelegte Wasserläufe geprägt („Grachten"). Die Uferzonen wurden durchgehend begrünt und an einigen Stellen mit Ziegelmauerwerk eingefasst.

Ein kleiner Bauabschnitt der Siedlung entstand als **ökologisches Modellvorhaben** mit eigenem Wettbewerbsverfahren und Förderung durch das Bundesbauministerium. Dennoch gab es viele behördliche Hindernisse, bis die Bauherren am *Fanny-Lewald-Ring* ihre grasdachbegrünten Holzhäuser mit Komposttoiletten, eigener Pflanzenkläranlage und anderen energiesparenden Konstruktionsdetails beziehen konnten.

Das auffallend **flache Erscheinungsbild** von Neuallermöhe-Ost ist für eine Großsiedlung eher untypisch. Ein augenscheinlicher Vorteil, der aber auch Kritik hervorrief: Mit 2500 meist öffentlich geförderten Geschosswohnungen und 1250 Einfamilienhäusern bot die Siedlung nicht genügend Wohnfläche. Schon vor ihrer Fertigstellung Ende der 1980er Jahre machte in Hamburg wieder das Wort „Wohnungsnot" die Runde, und neue Siedlungsprojekte wurden erforderlich. 1990 beschloss die Stadt in einem ehrgeizigen Programm den Bau von 5100 öffentlich geförderten Wohnungen im Zeitraum 1992–95. Auf der Allermöher Feldmark wurde mit Hochdruck „Allermöhe II" geplant, das heutige „Neuallermöhe-West". 1993 war Baubeginn. Im Gegensatz zu Neuallermöhe-Ost wurde dem Straßennetz zur besseren Raumausnutzung eine **rechtwinklige Struktur** zugrunde gelegt. Übernommen wurde die Abführung des Oberflächenwassers durch offene Fleete. Nach verschiedenen städte- und hochbaulichen Wettbewerben wurden bis zum Jahr 2001 insgesamt 3100 Wohnungen, 850 Eigentumseinheiten (vorwiegend verdichteter Einfamilienhausbau), vier Kindertagesheime, diverse Schulen (alle Schularten sind vertreten), ein Stadtteilkulturzentrum („KulturA") und ein Gemeindezentrum eingeweiht. Der Großteil der Wohnungen entstand in Blockrandbebauung. Einfamilienhausreihen finden sich im Bereich der **Fleetinsel** südlich des *Adolf-Köster-Damms* und zwischen *Fährbuernfleet* und Autobahn.

Ein Eigenheim zu erschwinglichen Preisen. Reihenhäuser am Felix-Jud-Ring (Neuallermöhe-West). Kanus und Kajaks gehören zum alltäglichen Bild auf den Fleeten und Grachten beider Siedlungen

Neuallermöher Kulturarbeit

In beiden Neuallermöhes hat die ev-luth. **Kirchengemeinde Franz-von-Assisi** eine zentrale Funktion. Der Kirchenbau steht in Neuallermöhe-Ost, das Gemeindezentrum St. Christopherus, das gemeinsam mit der katholischen Gemeinde genutzt wird, am Rande der „Grünen Mitte" in Neuallermöhe-West. Hier wird das kulturelle Angebot durch das **Stadtteilkulturzentrum KulturA** koordiniert. Zahlreiche Aktivitäten stehen Kindern und Erwachsenen offen: Kreativkurse wie Malen und Zeichnen, Musikunterricht für verschiedene Instrumente, mehrere Theatergruppen, Seniorentreffs oder ein Kurs für Bühnen- und Kulissenbau. Man spielt zusammen Skat und Schach oder besucht mit der ganzen Familie am Sonntag den Brunch mit Live-Musik. In Neuallermöhe-Ost ist die Stadtteilkultur selbst verwaltet. Das bedeutet, dass die finanziellen Mittel beschränkter sind als im Westteil der Großsiedlung und somit das inhaltlich ähnliche Veranstaltungsangebot nur in kleinerem Rahmen stattfinden kann. Das **Bürgerhaus** bietet Familienfeiern Raum, ist Treffpunkt für Stadtteilkultur und fungiert als Informationsbörse und

Der Protest der Bürger für „ihren Fischer" hatte Erfolg, die Skulptur von Gerhard Brandes präsentiert weiterhin „den guten Fang"

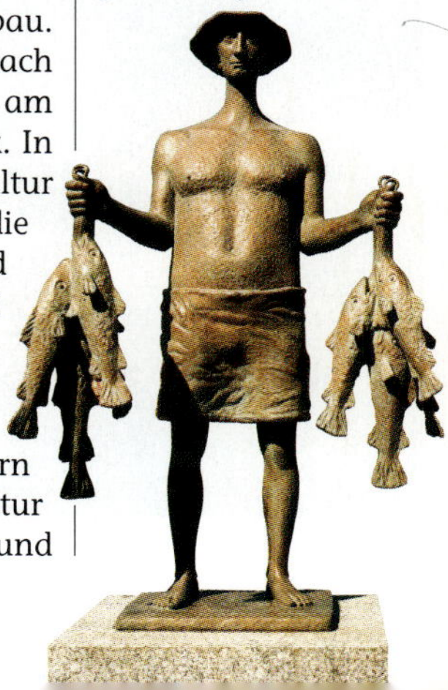

Bürgergeschichten

„Gemeindeaufbau im Bauwagen"

***Andreas Kalkowski* berichtet von den Anfängen der Kirchengemeinde Franz-von-Assisi im Neubaugebiet Allermöhe**

Als ich nach Neuallermöhe-West kam, war dieser neue Teil Hamburgs eine einzige Baustelle. Im Juli 1995 wohnten hier gerade 100 Menschen. Die Zahl der Baumaschinen, Kräne und Bagger betrug mehr als das Zehnfache. Wenn es regnete, entstand binnen kurzem eine weite Schlammwüste, in der bei Trockenheit durch nichts gehinderte Sandstürme bliesen.

Nach dem Studium in Bielefeld und Hamburg und absolviertem Vikariat sollte mit meiner ersten Berufung hier meine Arbeit als Gemeindepastor beginnen. Baustellen schreckten mich nicht ab, war doch mein Vater Maurer von Beruf.

Dennoch war eine Frage im gesamten Studium der Theologie niemals erörtert worden: Wie schafft man eine Gemeinde in einer Baulandschaft? Die Antwort lautete, der Pastor besorgt sich erst einmal einen Bauwagen. Der war gebraucht, wurde repariert, weiß gestrichen, und der Händler montierte an den Wagen aus Rohren einen improvisierten Turm mit Glocke. Er tat es mit Begeisterung – und kostenlos.

Nach erfolgreichen Anfängen und Gottesdiensten auf mitgebrachten Stühlen stellte sich bald ein unerwarteter Nebeneffekt der Gemeindearbeit ein: Schwärme von Fernsehteams und Rundfunkreportern berichteten in sämtlichen deutschen Sendern von dem „Bauwagenpastor" aus Neuallermöhe.

Im Dezember 1995 lautete dann die Frage: Wo feiern wir Weihnachten? Die Kirche im Bauwagen selbst kam dafür natürlich nicht in Betracht, und es gab nur einen Raum, der groß genug für die inzwischen rund 500 „Baustellenbewohner" war: die Tiefgarage eines bereits fertig gestellten Hauses. Die Leute fuhren ihre Autos in den Schnee, die Garage wurde mit Tannenzweigen vollständig dekoriert, Bänke wurden hineingestellt, und abends wurden elektronische Weihnachtslieder gespielt. Noch heute schwärmen alle vom ersten Weihnachtsfest in der Tiefgarage.

Jetzt wohnen in Neuallermöhe-West schon 10 000 Menschen. Die Häuser und Fleete sind fertig, die Kräne weitergezogen. Aus den fünf Konfirmanden des ersten Jahres sind heute über 100 geworden. Zu dem Bauwagen war bald ein zweiter hinzugekommen, aber beide haben mittlerweile als Kirche ausgedient und sind nicht mehr, denn inzwischen ist das neue Gemeindezentrum keine Baustelle mehr und bereits feierlich eingeweiht. Wie es zu der unorthodoxen Entstehung unseres Kirchenlebens passt, ist es eines der ersten Gemeindezentren Hamburgs, das sich Katholiken und Lutherische des Stadtteils teilen. Eine Gemeinde eben.

Pastor Kalkowski und seine Gemeinde beim Gottesdienst zur Einweihung des zweiten Gemeindewagens 1997

Städtebauliches Herz von Neuallermöhe-West ist die zentrale Parkanlage „Grüne Mitte". Quer durch das rechtwinklige Straßennetz verläuft mit der „Diagonalen" eine von Hainbuchen gesäumte Fußgängerallee

Heimstatt des „Bürgervereins Neuallermöhe-Ost". „Wir wollen unseren Fischer behalten", forderte im Jahr 1995 der „Verein Bürgerinnen und Bürger für Allermöhe". Gemeint war die Bronze-Skulptur **Der gute Fang** von Gerhard Brandes, die 1988 von zwei Wohnungsbaugesellschaften den Allermöher Bürgern für den Grachtenplatz gespendet worden war. Sieben Jahre später sollte das Kunstwerk einer kulturbehördlich verordneten Großplastik aus dem Programm „Kunst im öffentlichen Raum" weichen. Der Bürgerprotest hatte jedoch Erfolg: Der „Fischer" steht noch heute.

Zweitsprache Russisch

Viele Planungsideen für die beiden Großsiedlungen haben sich als fruchtbar erwiesen. Sowohl die „Grachten" als auch

die in gleicher Weise uferbegrünten Fleete sind ein großes Plus für die Wohnqualität. In Neuallermöhe-West gibt es 21 Straßen- und 24 Fußgängerbrücken, sodass es niemals weiter als 200 m bis zum nächsten Fleetübergang ist. Städtebauliches Herz der Siedlung ist die **Grüne Mitte** mit der **Diagonalen** als Querverbindung für Fußgänger. Das Schachbrettprinzip erlaubt zwar nicht die Abwechslung kurvenreicher Straßenführung wie in Neuallermöhe-Ost, aber durch geschickte Gliederung der Straßenfronten kennt die flächensparende Geschossbauweise keine Monotonie. Doch trotz vieler Erfolge bleibt gerade in Neuallermöhe-West noch einiges für die Stadtentwicklung zu tun. Zwei Probleme stehen im Vordergrund: Erstens klappt es mit der Ansiedlung von Kleingewerbe noch nicht zufriedenstellend

Moderne Architektur und ein breites Angebot für Jugendliche prägen das Stadtteilleben in Neuallermöhe-West

(Flächen dafür sind am Südlichen Bahngraben vorgesehen), und zweitens muss die Integration der Spätaussiedler aus Russland weiter verbessert werden. Sprachkurse stehen ganz oben auf der Liste der Aktivitäten der organisierten Stadtteilarbeit, z.B. im „KulturA", und zwar nicht nur Deutsch, sondern ebenso Russisch für Sozialarbeiter. Auch die **Bücherhalle** zwischen den Geschäften und Arztpraxen im „Fleethaus" *(Fleetplatz 2–4)* verleiht russische und polnische Bücher. Daneben besteht ein großes Medienangebot für Kinder und Jugendliche.

Alsterdorf

ist unter den vielen Uferstadtteilen der einzige, der den Fluss gleich einem Adelsprädikat im Namen führt. Passend dazu ist der Wasserlauf hier aufwändig gestaltet. An Land bietet Alsterdorf attraktive Wohnviertel mit jeder Menge kleiner und großer „Klinkerkästen". Dazwischen arbeiten Hightech-Firmen

Steckbrief

Fläche:
3,061 km²
Einwohner:
12 180
Verwaltung:
Bezirk Hamburg-Nord, Kerngebiet
Ortsteil:
407

Wie entlang dem ganzen Alsterlauf hat es auch auf dem Gebiet des heutigen Alsterdorfs schon seit der Steinzeit eine Besiedlung gegeben. Davon zeugen noch die großen Findlinge eines Hügelgrabes auf dem Gelände der Evangelischen Stiftung. Die Stelle ist zugleich die höchste Erhebung des Stadtteils (21,2 m).

Aus der Geschichte

Als Holzstapelplatz fand das spätere Alsterdorf 1219 seine erste Erwähnung. Das kleine Dorf mit vier Hufnerhöfen gehörte zum holsteinischen Amt Trittau und stand damit unter dänischer Herrschaft. **Ärger mit Hamburg** hatten die Alsterdorfer immer dann, wenn sie den Alsterlauf durch den Bau von Dämmen beeinträchtigen. Da Hamburg alle Rechte an der Alster hatte, konnte es auch gegen die dänischen Untertanen vorgehen und sich das Wasserabgraben verbitten.

1803 kam Alsterdorf im Tausch an das hamburgische Kloster St. Johannis (s. Harvestehude). Das Damenstift gab dafür das bei Quickborn liegende Dorf Bilsen, an das *Bilser Straße* und *Bilser Stieg* erinnern. Neben die Landwirtschaft traten um 1900 Bleichereien und Wäschereien als Wirtschaftszweig. Das Adressbuch von 1912 zählte für Alsterdorf 26 Betriebe. Den Höhepunkt erlebten diese Gewerbe vor dem Ersten Weltkrieg.

Noch ganz außergewöhnlich musste den Alsterdorfern ein Gewerbe erscheinen, das in den 1920er Jahren seinen Standort an der *Alsterkrugchaussee* hatte: Hier lag 1919–30 Hamburgs Hollywood. Die **Vera-Filmwerke** produzierten insgesamt 152 Spiel-, Kultur- und Zeichentrickfilme. Auf der *Alsterkrugchaussee* inszenierte man ein Autorennen, andere Szenen entstanden bei Hagenbeck. Neben Schauspielern Hamburger Bühnen standen UFA-Stars wie Emil Jannings vor der Stummfilmkamera. Und wurde es einmal zu freizügig, wie beim Streifen „Strandgut der Liebe", war die strenge Zensur immer zur Stelle.

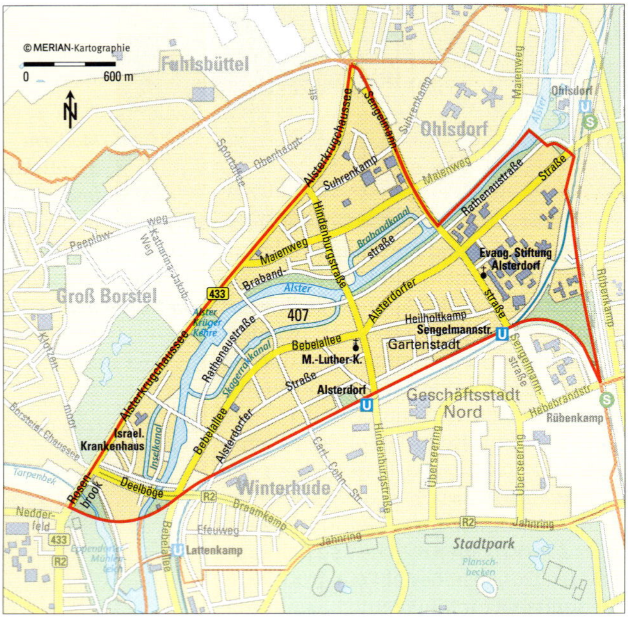

An der Hindenburgstraße passiert der Verkehr den Rand der Gartenstadt Alsterdorf. Hinter der ersten Häuserreihe geht es weitaus ruhiger zu

Vom Fachwerk zum Klinker

Ein prächtiges Baudenkmal des bäuerlichen Alsterdorf ist der **Hinschenhof** an der Ecke *Rathenaustraße/Alsterdorfer Damm*. Im Sommer ist das reetgedeckte Gebäude hinter hohen Bäumen kaum

Hamburgs erstes Filmstudio stand an der Alsterkrugchaussee

zu sehen. Noch immer laufen hier Hühner frei herum, aber auch Hunde und Pferde gehören zum Hof.

An der *Alsterdorfer Straße 523* steht das älteste erhaltene Krematorium Deutschlands. Der achteckige, 1890 errichtete Zentralbau zitiert die romanische Architektur Oberitaliens. Schon bald nach seiner Entstehung wurde er mit den bis zur Alster reichenden Gartenanlagen als Sehenswürdigkeit gepriesen. Bis 1933 blieb es in Betrieb. Nach Jahrzehnten wechselnder Nutzung erhielt das heruntergekommene Gebäude 1980 den Denkmalschutz, und mit Sanierung und neuer Nutzung als Bar und Restaurant gewann Hamburg eine architektonische Perle zurück. Früher lag das Krematorium noch in Ohlsdorf: Zur Bauzeit gehörte die *Alsterdorfer Straße* ab der Sengelmannstraße noch zum Nachbardorf.

Bürgerliche Villen und die Bauten der **Alsterdorfer Anstalten** wandelten um 1900 das Antlitz des Dorfes. Aber erst mit der großen Zahl an Einzel- und Geschossbauten in Klinkerrot, in den 1920er und 1930er Jahren errichtet und bis heute typisch für den Stadtteil, war die Stadt so richtig in Alsterdorf angekommen. Besonders prächtige Klinkervillen residieren an der *Bebelallee*, der *Insel-*, *Rathenau-* und *Brabandstraße*. Ein eindrucksvolles Exemplar für die vielfältigen Gestaltungsmöglichkeiten mit dem Klinker liegt in der *Brabandstraße 1/2*. 304 Einzelhäuser entstanden Mitte der 1930er Jahre in der **Gartenstadt Alsterdorf**. Im Unterschied zu anderen Gartenstädten war sie nicht das Werk einer Genossenschaft, die Grundstücke waren privates Eigentum und bürgerlich bewohnt. Das Gegenstück zu diesen Häusern betuchterer Bauherren waren die Geschoss-

Der Hinschenhof – Denkmal für das bäuerliche Alsterdorf

Symphonie in Backstein: expressionistische Klinkervilla in der Brabandstraße

bauten der späten 1920er Jahre in der *Alsterdorfer Straße* und im nördlichen Zipfel Alsterdorfs zwischen *Alsterkrugchaussee* und *Sengelmannstraße*.

Fußball für alle

Alsterdorf hat nur einen großen Sportverein: den traditionsreichen **Sport-Club Sperber von 1898**. Seine Geschichte begann mit dem damals noch jungen Radfahren, das einige Herren am Ende des vorletzten Jahrhunderts vereinsmäßig betreiben wollten. Allerdings mangelte es noch an genügend Fahrrädern, sodass man sich angesichts der nahen Alster auf das Rudern verlegte. Aber erst die Hinwendung zu Ballspielen gab dem Verein den entscheidenden Auftrieb. Bis heute spielt der Fußball eine besondere Rolle im Vereinsleben. Tradition hat bei Sperber mittlerweile auch der Frauenfußball: Nach dem ersten Anlauf von 1970–79 gibt es ihn seit 1993. Für die Tennisfans stehen am *Heubergredder* zwei Hallen zur Verfügung, Gymnastik, Turnen und Volleyball finden in umliegenden Schulsporthallen statt.

Von Alsterdorf aus agiert auch die **Aktion Kinderparadies**. Der seit 1952 bestehende Verein betreut mit ehrenamtlichen Mitarbeiterinnen 34 öffentliche Spielplätze in der ganzen Stadt. Gegen einen geringen Betrag können die Kinder hier vormittags unter erfahrener Aufsicht spielen. Elisabeth Wierich führt die Geschäftsstelle in der *Bilser Straße*. Ihr ist es wichtig, dass in einer regulierten Welt der Kinderbetreuung „Alternativen angeboten werden, um den nonkonformen Erziehungsbedürfnissen gerecht zu werden“. Für Kinder wird weit über die Stadtteilgrenzen hinaus noch mehr getan: Innerhalb von zehn Jahren hat die von der Schauspielerin Witta Pohl 1991 gegründete **Kinderluftbrücke** Geld- und Sachspenden in Höhe von 15 Mio. Euro gesammelt. Mit den Spenden werden kranke und obdachlose Kinder, Kinderkrankenhäuser und Kinderheime vor allem in Osteuropa unterstützt.

Hightech an der Alster

An der **Evangelischen Stiftung Alsterdorf** kommt im Stadtteil keiner vorbei, zumindest mit der Zahl der Arbeitsplätze: Die Stiftung hat insgesamt 3500

Der Bürgerverein Alsterdorf lädt ein zum Open-Air-Frühschoppen am Heubergredder

Im Stadion am Heubergredder spielt der SC Sperber in Grün. In der Halle daneben spielt man Tennis

Die Alsterkanalisierung

Alster ist nicht gleich Alster: Im Norden ist ihr Lauf schmal und kurvenreich, im Süden ist sie ein See – dazwischen aber ein majestätischer Kanal

Die Alster war oberhalb der Hudtwalckerbrücke bis nach 1900 ein gewundener Wasserlauf. Mit dem Wachsen der Vororte Harvestehude und Winterhude gerieten die noch weiter nördlich gelegenen, oft überschwemmten Alsterwiesen bis nach Fuhlsbüttel und Ohlsdorf ins Blickfeld der Stadtentwicklung. Mitte der 1870er Jahre gaben der Bau des Zentralgefängnisses in Fuhlsbüttel und des Friedhofes in Ohlsdorf den Anstoß für Pläne, die Alster als Frachtweg zu kanalisieren. Nach 1900 kam es zum Planwechsel: Um die Kosten der Kanalisierung auszugleichen, forderte die Finanzdeputation die Schaffung weiterer Villengrundstücke. Zugleich sollte ihr Verkauf den Fortzug vermögender Hamburger ins preußische Umland vermeiden. Es galt, viele neue Wassergrundstücke zu schaffen, „da dieselben in den wohlhabenden Kreisen der Bevölkerung besonders beliebt seien“. So hieß es 1908, und daran hat sich nichts geändert.

Die Ufer wurden als Wohngebiete festgeschrieben, ein Uferweg bis nach Fuhlsbüttel geplant. Die Schaffung eines „landschaftlichen Musterflusses“ war das Ziel. 1909 genehmigte der Senat den endgültigen Entwurf von Ferdinand Sperber, dem Leiter des Ingenieurwesens. Enthalten war die Schaffung von drei Inseln durch den Bau von Seitenkanälen: Die auf ihnen liegenden Grundstücke an *Alster-*, *Rathenau-* und *Brabandstraße* sind bis heute begehrte Adressen.

Die Ausgestaltung des Entwurfs wurde aufgrund der energischen Einmischung Alfred Lichtwarks zum öffentlich diskutierten Thema. Sie sollte nicht allein den Tiefbauingenieuren vorbehalten bleiben. 1911 erhielt der neue Baudirektor Fritz Schumacher den Auftrag, die Entwürfe der Ingenieure zu überarbeiten. Er gestaltete vom Hayns Park in Eppendorf bis zur Fuhlsbütteler Schleuse (heute Ohlsdorf) die Ufermauern, Brücken und Wassertreppen. Geschmückt mit liebevoll gestalteten Baudetails, trägt die Uferarchitektur seine meisterliche Handschrift. Ein städtebaulicher Mittelpunkt sollte die „Alsterkrüger Kehre“ werden, das große quadratische Becken in Höhe der mittleren Alsterinsel; dieses Ziel wurde nicht erreicht. Im Ganzen aber war das Zusammenwirken von Ingenieuren, Baudirektor und Gartendirektor erfolgreich: In den Jahren 1914–28 wurde aus dem mäandernden Flusslauf ein städtebauliches Meisterwerk, ein Hamburg-typisches Wechselspiel von Wasser, Grün und Architektur.

Jede Menge Wasserfahrzeuge: Die Ewer (im Hintergrund links das Alte Krematorium) sieht man heute nicht mehr. Dafür aber Ruderboote auf der Alsterkrüger Kehre oder Tretboote an der Wilhelm-Metzger-Straße. Unten: Detail an der Alsterdammbrücke

Bürgergeschichten

„Draußen vor Borcherts Tür"

Christel Kivelip hat ihre ersten Lebensjahre in der Bilser Straße erlebt. Sie erzählt von Kindervergnügen und -pflichten in der Nachkriegszeit und der Begegnung mit einem bald sehr berühmten Einwohner von Alsterdorf

Christel Kivelip heute und früher: Sie ist das Mädchen mit der Kapuze und steht hier 1942 mit ihren Spielfreunden in der Bilser Straße

Die Bilser Straße ist der Ort meiner frühen Kindheit. In der Nachkriegszeit gab es hier wie anderswo kaum Autos; dafür hatten wir Kinder unseren Spielplatz auf der Straße. Gesperrt war die Straße nur einmal für uns Kinder (und die Erwachsenen), als nach Kriegsende britische Panzer über das Pflaster rasselten. Sie waren auf dem Weg zu ihrem neuen Quartier in den Kasernen an der Carl-Cohn-Straße (damals noch Mackensenstraße). Die Vorhänge mussten zugezogen sein, niemand durfte sich blicken lassen. Natürlich spähten manche doch hinaus und brüsteten sich hinterher, die Panzer gesehen zu haben.

Nicht alle Kinder spielten zusammen. Es gab eine strenge Abgrenzung nach Wohnblocks, wir spielten „blockweise": Kibbelkabbel, mit Murmeln, machten Klingelstreiche. Kibbelkabbel, das Spiel, bei dem ein kurzer Stock mit einem langen hochgeschleudert wird, war zeitweise verboten; zu oft hatten wir Erwachsene mit dem Stock getroffen. Unerlaubt war auch der Weg, den wir nahmen, um auf das Gelände des SC Sperber zu kommen: Über den Bilser Stieg und die Kleingärten hatten wir kostenlosen Zugang zu den Fußballspielen. Unser abenteuerlichster Spielplatz war ein ausgebombtes Haus mit herrlichen Höhlen. Natürlich war das Spielen hier eigentlich nicht erlaubt.

Aber die Kindheit bestand nicht nur aus Spielen. Zu unserer Kinderpflichten gehörte z.B. der Kohlenklau, wenn die Züge mit ihrer schwarzen Fracht auf der Brücke über der Carl-Cohn-Straße hielten: Die Jungs warfen die Kohlen hinunter, die Mädchen klaubten sie auf. Kinderaufgabe war auch das Milchholen bei Familie Timm an der Ecke Carl-Cohn-Straße/Bebelallee. Auch auf diesem Weg waren wir sehr erfindungsreich, was das Vergnügen anging: Wer schaffte es am häufigsten, die Milchkanne herumzuschleudern, ohne Milch zu verschütten? Bei Timm war wie überall das Schlangestehen üblich. Wir Kinder überbrückten die Wartezeit meistens sehr lautstark. Das Geschäft lag im ersten Stock, die Treppe führte an einer Wohnungstür vorbei. Eines Tages öffnete sich die Tür, als ich gerade vor ihr stand, und eine Stimme sagte: „Es liegt hier ein schwer kranker Mann, seid leiser!" Im Hintergrund konnte ich den Mann sehen, dick eingemummelt in einem Stuhl sitzend. Seit diesem Tage gab es regelmäßige Ermahnungen zur Ruhe und das Getuschel: „Der Mann dort ist bekannt…" Heute weiß ich, es war der Schriftsteller Wolfgang Borchert, der hier bei seinen Eltern wohnte und von ihnen gepflegt wurde. Es war die Zeit, in der er sein berühmtes Theaterstück „Draußen vor der Tür" schrieb, während wir Kinder draußen vor seiner Tür standen, um Milch zu holen.

Mitarbeiter in der Pflege und der Verwaltung, von denen rund 1000 in Alsterdorf selbst arbeiten; die anderen sind in den vielen Außenstellen tätig. Ebenfalls auf dem Feld der Gesundheit arbeitet das **Israelitische Krankenhaus**. Einst von Heinrich Heines Onkel Salomon in St. Pauli gegründet, fand das Hospital nach dem Zweiten Weltkrieg einen neuen Standort in Alsterdorf. Mit dem 2001 begonnenen Umbau hat die Wandlung des Krankenhauses mit seinen 400 Beschäftigten zum modernen Gesundheitszentrum begonnen. Beibehalten wird das Motto Salomon Heines: „Menschenliebe ist die Krone aller Tugenden."

Zweimal gläserne Architektur: oben Büros am Deelbögenkamp, links an der Alsterkrugchaussee der Sitz des Medienunternehmens „repro 68"

Wohl das älteste Unternehmen Alsterdorfs ist die auf die Entwicklung und Produktion von optischen Hochleistungsgeräten spezialisierte Firma **A. Krüss Optronic** in der *Alsterdorfer Straße 220*. Die Geschichte reicht zurück bis 1796. Andres Krüss, der Namengeber der Firma, baute Objektive und war einer der ersten Fotografen Hamburgs. Von Winterhude führte der Weg der Firma nach Alsterdorf, von wo die Präzisionsarbeit an wissenschaftliche und industrielle Kunden in alle Welt geht.

Mit moderner Technik wird auch unter anderen Hausnummern in derselben Straße sowie in der *Bilser Straße* gearbeitet. Neben traditionellen Handwerksbetrieben ist hier mittlerweile eine ganze Reihe von kleinen Unternehmen ansässig, die mit der Produktion von Soft- und Hardware oder der Erstellung von Internet-Seiten befasst sind. Örtlich konzentriert arbeiten Unternehmen dieser Bereiche auch im *Deelbögenkamp* im südlichen Zipfel Alsterdorfs.

Mit moderner Printtechnik, bei der auch nichts mehr ohne Computer geht, arbeitet die **Druckerei Weidmann**, deren Produkte viele Hamburger lesen. Denn von hier kommen viele der Zeitschriften, die Hamburger Bürgervereine für ihre Mitglieder herausgeben.

Gut versorgt

Ein zentraler Stadtteil mit Wasser, mit viel Grün und einem U-Bahn-Anschluss – was kann man sich in Hamburg mehr wünschen? Zumal für die Einwohner des östlichen Alsterdorf am Bahnhof Ohlsdorf auch noch die S-Bahn hält. Und die Buslinie 109 fährt durch schönste Hamburger Quartiere bis zur „Mö". Ein großer Teil des Durchgangsverkehrs, den auch Alsterdorf zu verkraften hat, ist durch den Flughafen und die City Nord bedingt. 2001 minderte der Ausbau der *Sengelmannstraße* und ihrer Alsterquerung eines der Verkehrsprobleme: Zuvor hatten sich an diesem Nadelöhr Autos und Busse zwei Spuren teilen müssen, jetzt geht es vierspurig übers Wasser.

Vielfältiges Wohnen

Wohnen in Alsterdorf: Nur wenige Stadtteile bieten eine städtebaulich so gelungene Mischung aus alter und neuer Architektur, aus Einzelhäusern und Geschosswohnungsbau. Und man sieht so gut wie keine Bausünden der 1950–70er

Vor dem Israelitischen Krankenhaus steht der Gedenkstein für den Stifter Salomon Heine

Jahre. Verteilt über ganz Alsterdorf finden sich noch Villen aus der vorletzten Jahrhundertwende, zwischen die sich dann die kleinen oder stattlichen Klinkervillen geschoben haben.

Die **Gartenstadt Alsterdorf** hat ihren eigenen Reiz durch die Lage an und auf einem leichten Höhenzug und den Wechsel von baumbestandenen Achsen und schmalen Sackgassen. Durch den roten Backstein macht die ganze Anlage einen geschlossenen Eindruck, da die Häuser aber nach individuellen Entwürfen gebaut wurden, wirkt sie nicht eintönig. Der U-Bahn-Anschluss in unmittelbarer Nähe sorgt mit dafür, dass die Gartenstadt ein besonders beliebtes Wohnquartier ist.

In der ersten Hälfte der 1980er Jahre entstand die **Wolfgang-Borchert-Siedlung**. Die variationsreichen Reihenhäuser mit den Spielstraßen bedeuteten eine Abkehr von der städtebaulichen Eintönigkeit, die zu dieser Zeit noch viele Bauvorhaben auszeichnete. Zwischen den Häuserbestand schieben sich beständig weitere Neubauten, meist mit Eigentumswohnungen. Aber auch die Wohnungsbaugenossenschaften sind aktiv: An der *Bilser Straße* wurden in den letzten Jahren Bauten der frühen 1950er Jahre abgerissen und durch neue Gebäude mit Sonnenkollektoren auf den Dächern ersetzt. Der „Bauverein der Elbgemeinden" vermehrte mit Projekten am *Maienweg* und am *Suhrenkamp* die Wohnungszahl gleich um mehrere Hundert.

Ausnahmsweise einmal nicht in Rot: neue Wohnbauten mit Spielstraße an der Ecke Hindenburgstraße/ Brabandstraße

Zeitleiste

1219 erste Erwähnung
16. Jh. erste Bauernhöfe erwähnt
1803 Alsterdorf kommt an Hamburg
1804 Übertragung an das Kloster St. Johannis
1860 Einrichtung des Nicolaistifts
1913 Vorort
1914 Hochbahn
1935 Gartenstadt Alsterdorf
1937/38 Stadtteil
1963 Einweihung der Martin-Luther-Kirche
1982–85 Wolfgang-Borchert-Siedlung
ab 2000 Neustruktur des Geländes der Ev. Stiftung
Juli 2001 Planfeststellungsverfahren Stadtbahnbau; im **Sept.** Einstellung aller Planungen

Große Pläne

Das Gelände der Evangelischen Stiftung Alsterdorf war bisher ein Stadtteil im Stadtteil. Durch neue Wohnkonzepte wurde eine Reihe alter Gebäude überflüssig. Im Sommer 2001 stellte die Stiftung ihren Entwurf für den **Alsterdorfer Markt** vor: Im Herzen der 26 ha großen Anlage werden Geschäfte und ein Supermarkt eröffnen. Auch Läden der Stiftung für die in den eigenen Manufakturen hergestellten Produkte werden Standorte finden und neue Arbeitsplätze bringen. Angedacht ist auch ein Wochenmarkt, denn der fehlt im nördlichen Alsterdorf. Schranken und Tore, die bisher zum „Anstaltscharakter" beigetragen haben, sollen verschwinden, um das Gelände mit dem Stadtteil, in dem es liegt, zusammenwachsen zu lassen.

Nicht weit entfernt von der Stiftung war seit den 1990er Jahren die Errichtung des **Stadtbahn-Betriebshofs** geplant. Das Gleisdreieck im Südwestzipfel des Stadtteils böte Platz genug für Werkstätten und Abstellgleise. Zurzeit ist die Realisierung dieses Dauerthemas der Hamburger Verkehrspolitik jedoch wieder in weite Ferne gerückt.

In der Mitte die Alster

Alsterdorf ist ein sehr grüner Stadtteil mit vielen Gärten, Innenhöfen und Straßenbäumen. Die große öffentliche Parkanlage ist der **Alsterwanderweg**, die grü-

Stadtteil-Profil

	Alsterdorf	Bezirk	Hamburg
Bevölkerung gesamt (2000)	12 180	275 802	1 704 929
Unter 18-Jährige in %	13,5	12,3	16,1
65 Jahre und älter in %	20,2	17,8	17,0
Deutsche	10 682	237 560	1 432 325
Ausländer in %	12,3	13,9	16,0
Einwohner je km²	3979	4799	2258
Sozialstruktur			
Sozialhilfeempfänger (2000)	464	14 042	120 461
Arbeitslose (2001)	330	10 893	71 963
Eink. je Steuerpfl. in DM (1995)	82 449	65 475	65 579
Wohnen (2001)			
Wohngebäude	1770	29 345	226 061
Ein- und Zweifamilienhäuser in %	20,6	9,9	20,5
Ø Wohnungsgröße in m²	74,2	64,6	71,0
Wohnfläche je Einwohner in m²	38,0	38,2	35,7
Verkehr			
Private Pkw (2001)	4440	100 186	628 119
Straßenverkehrsunfälle (2000)	136	2159	12 430
Kriminalität			
Straftaten insgesamt (2000)	984	37 814	284 272

Wahlverhalten

... zur Bürgerschaft 2001 (gesamt)

Wahlbeteiligung	71,0%
SPD	36,5%
CDU	26,2%
Schill-Partei	19,4%
Grüne/GAL	8,6%
FDP	5,1%
Übrige	4,2%

... zur Bürgerschaft 2001 (Stadtteil)

Wahlbeteiligung	73,2%
SPD	36,7%
CDU	28,8%
Schill-Partei	16,0%
Grüne/GAL	9,3%
FDP	6,3%
Übrige	2,9%

Da werden viele sicher neidisch, denn dieser Kleingarten grünt unmittelbar an der Alster

ne Achse von Alsterdorf. An einigen Stellen ist er vom Wasser getrennt durch heiß begehrte, faktisch nur ererbbare Kleingärten mit Alstergrundstück. Anders als in den anderen Alsterstadtteilen gibt es hier an der *Rathenaustraße* zusätzlich zum Alsterwanderweg noch den parallel verlaufenden **Alsterradwanderweg**.

Am *Deelbögenkamp* bietet sich der Bootsverleih Wüstenberg an, um den Alsterlauf aufwärts durch Alsterdorf oder abwärts nach Winterhude zu erkunden. Zur Variation der Fahrtroute kann man den Weg durch die teils verwunschen wirkenden Seitenkanäle wählen, durch den **Insel-**, **Skagerak-** und **Brabandkanal**. Vielleicht sieht man beim Bootsverleih auch, wie das hier lagernde **Drachenboot** oder am anderen Ufer die Boote des Akademischen Ruder-Vereins „Alania“ zu Wasser gelassen werden.

Ein ganz kleiner Markt

Auch an Alsterdorf ist das „Ladensterben“, das viele Hamburger Stadtteile betrifft, nicht spurlos vorübergegangen. An der *Alsterdorfer Straße* hat eine ganze Reihe alteingesessener Geschäfte geschlossen. Dafür ist das Angebot internationaler geworden. Allerdings beschränken sich die Einkaufsgelegenheiten fast nur auf den Abschnitt zwischen der *Carl-Cohn-* und der *Hindenburgstraße* und das südliche Stück des *Heubergredders*. Hier schlägt dienstags auch ein kleiner Markt seine nicht einmal zehn Stände auf. Für seine Einrichtung hatte sich der **Alsterdorfer Bürgerverein** erfolgreich eingesetzt. In der Gartenstadt schloss 2000 mit dem Laden von Heinz Beckmann das letzte Geschäft und damit zugleich die Nachrichtenbörse des Quar-

Sollte die Stadtbahn jemals durch Hamburg fahren – ihr Betriebshof läge in Alsterdorf

Evangelische Stiftung Alsterdorf

Assistenz für Menschen mit Behinderungen bieten ihre vielen, über Hamburg und das Umland verstreuten Einrichtungen. Das Zentrum aber bleibt Alsterdorf

Oben: Pastor Heinrich M. Sengelmann. Rechts oben: das St. Nikolai-Stift, die Keimzelle der Stiftung, um 1865. Rechts: Die zur Stiftung gehörende „Alsterspeiche" schafft Arbeit

Mit der Gründung einer christlichen Arbeitsschule in Moorfleet durch den Pastor Heinrich M. Sengelmann (1821–99, s. Moorfleet) begann 1850 die Geschichte der Evangelischen Stiftung Alsterdorf. Im täglichen Sprachgebrauch wird sie oft noch „Alsterdorfer Anstalten" genannt, obwohl die Umbenennung bereits 1988 erfolgt ist. 1853 wurde Sengelmann als Pastor an den „Michel"

berufen; die Schule in Moorfleet wandelte er in das St. Nikolai-Stift um. 1860 kaufte er den Alten Brauhof in Alsterdorf als Sitz für das Stift. Dieses Haus war die Keimzelle des großen Anstaltsgeländes mit Wohn- und Wirtschaftsgebäuden sowie einer eigenen Kirche. 1863 zogen die ersten vier behinderten Kinder ein, und die Betreuung von Menschen mit Behinderungen entwickelte sich schnell zum Schwerpunkt der Arbeit. Die Zahl der geistig, körperlich und seelisch behinderten Bewohner stieg stetig.

Bei Sengelmanns Tod waren es bereits 600, die hier pädagogische und medizinische Betreuung fanden.

Heute versteht sich diese Stiftung mit ihren 3200 Angestellten als diakonisches Dienstleistungsunternehmen mit einem

breit gefächerten und differenzierten Angebot für Menschen mit und ohne Behinderungen, das sich über ganz Hamburg und das Umland erstreckt. Integrationskindergärten und -schulen, viele Arbeitsplätze in eigenen Einrichtungen, die Förderung kreativer Fähigkeiten, das möglichst selbst bestimmte Leben in den Wohngemeinschaften sind Kernpunkte des Stiftungsprofils. Allein 1300 Menschen leben in den Einrichtungen der Stiftung. Eng verknüpft mit dem Alltag der Einrichtung sind auch Forschung und Lehre: Auf dem Alsterdorfer Gelände arbeitet u.a. eine Fachschule für Heilerziehung, und das Werner Otto Institut ist das weit über die Grenzen Hamburgs hinaus bekannte Zentrum für die Früherkennung und Behandlung von Behinderungen und Entwicklungsstörungen bei Kindern und Jugendlichen. Mit dem im Jahr 2000 begonnenen Umbau sowie einer grundlegenden Neustrukturierung des Stiftungsgeländes und der Schaffung einer Einkaufspassage mit Marktplatz wächst die Stiftung nun noch enger mit dem Stadtteil zusammen.

Die Musiktherapie ist ein wichtiges Element der Betreuung. Sie verschafft einen Zugang, der über Sprache nicht möglich ist

Hinter dem „Alsterpalais", dem ersten Krematorium des Ohlsdorfer Friedhofes, lädt die Terrasse zum Verweilen ein

tiers. Auch im nördlich der Alster gelegenen Teil von Alsterdorf fehlen die Möglichkeiten fürs tägliche „Einholen". Angesichts dieser Situation wird das Einkaufsquarree auf dem Gelände der Evangelischen Stiftung sicher seine Kunden finden.

Feiern unter der Kuppel

Entlang der *Alsterdorfer Straße* und dem *Heubergredder* findet sich auch die gastronomische Versorgung Alsterdorfs, von der Kneipe über die Stehbistros bis zu den Restaurants. Kunstgeschmückt ist das **Kandinsky's**, griechische Küche serviert man im **Symposion**, chinesische im **Bao-Yen**. Schon wegen der Lokalität ragt aber das **Alsterpalais** im Alten Krematorium im nördlichen Abschnitt der *Alsterdorfer Straße* heraus. Jochen Warnecke holte 1997 den denkmalgeschützten Bau mit dem ganz eigenen Flair aus dem Dornröschenschlaf. Seit der umfassenden Sanierung und Neugestaltung hat sich das Alsterpalais zur gastronomischen Attraktion entwickelt. Die futuristische Bar unter dem hohen Kuppeldach und das Zigarrenzimmer tragen ein Weiteres dazu bei, dass das einstige Krematorium gern für Feste und Bankette genutzt wird.

Köpfe

Eines der vielen schmucken Klinkerhäuser in der Alsterdorfer Gartenstadt bewohnt **Doris Witt**. Sie ist die Vorsitzende der „Alsterdorfschreiber": Der Verein hat rund 20 Mitglieder, die sich mit der Geschichte ihres Stadtteils beschäftigen. Ergebnisse ihrer Arbeit waren z.B. die Ausstellungen „60 Jahre Gartenstadt Alsterdorf" und „Alsterdorf gestern und heute". Neben den regelmäßigen Treffen, bei denen auch Wissenschaftler zu Aspekten der Alsterdorfer Geschichte referieren, machen die Hobbyhistoriker Ausflüge oder stehen dem Nachwuchs beiseite, wenn sich z.B. die Schüler des Alsterdorfer Heilwig-Gymnasiums mit der Geschichte ihres Stadtteils beschäftigen.

Seit 1964 hat **Friedrich J. Hildebrandt**, kurz „Danny" genannt, seine Kfz-Werkstatt in einem Hof in der *Alsterdorfer Straße* geführt; vor kurzem erst übergab er sie an seinen langjährigen Mitarbeiter Peter Rindelaub. Autos reparieren war für den naturverbundenen Kfz-Meister nie genug. Bei Flügen mit Ultraleichtflugzeugen oder bei Kajaktouren im menschenleeren Norden Kanadas suchte er immer nach neuen, manchmal risikoreichen Erlebnissen. Inzwischen gibt er seine Abenteuererfahrung an Enkelin Maxine weiter, die ebenso naturbegeistert wie ihr Großvater ist.

Schon ein halbes Jahrhundert mit dem SC Sperber verbunden ist **Edwin Brauer**, viele Jahre als aktiver Fußballer, seit 15 Jahren aber als Platzwart. „Eddl" sorgt dafür, dass zu jeder neuen Saison das Stadion am *Heubergredder* wieder mit englischem Rasen aufwarten kann. Leider hält der dann nie lange vor. Aber Hauptsache, Sperber gewinnt!

Alsterdorfer Köpfe: Doris Witt erforscht Alsterdorf; „Danny" Hildebrandt ist Experte für Autos und Abenteuerreisen; „Eddl" Brauer pflegt den Rasen des SC Sperber

Altengamme

liegt als östlichster Stadtteil der Hansestadt Hamburg in den Vierlanden. Es ist bis heute von bäuerlichem Leben und noch intakten dörflichen Strukturen geprägt. Die romantische Bauernkirche im kleinsten Vierländer Dorfkern ist reich ausgestattet und eine der schönsten ihrer Art in ganz Norddeutschland

Steckbrief

Fläche: 15,613 km²
Einwohner: 2107
Verwaltung: Bezirk Bergedorf, Ortsamt Vier- und Marschlande
Ortsteil: 605

Der Landschaftsname „Gamma" leitet sich möglicherweise von der im 12. Jahrhundert ansässigen Adelsfamilie „von Gamma" ab, hat seine Wurzeln aber wohl auch im indogermanischen „Gham", d.h. „Erde".

Aus der Geschichte

Die Besiedlung der „Gamma"-Marsch setzte um die Mitte des 12. Jahrhunderts ein. Erstmals urkundlich erwähnt wurde Altengamme, als es sich 1188 mit Curslack zu einem Deichverband zusammenschloss. Nach Eroberung Bergedorfs durch Hamburg und Lübeck im Jahr 1420 geriet das Dorf unter **beiderstädtische Verwaltung**. 1556 wurden Altengamme, Curslack, Kirchwerder und Neuengamme als „de veer Keerspell" bezeichnet und gelten seither als **die Vierlande**. Schon früh etablierte sich ein intensiver **Hopfen- und Getreideanbau**, der den Bauern besonders in der Blütezeit der Hamburger Bierbrauerei (14.–16. Jahrhundert) großen Wohlstand brachte.

Von den Plünderungen und Truppendurchzügen zur Zeit des 30-jährigen Krieges (1618–48) hatte sich die Landwirtschaft erst wieder um 1700 erholt. Fortan kamen **Gemüse**, später hauptsächlich **Blumen** und **Obst** auf die Felder. Auf den Hamburger Märkten fielen die Vierländerinnen durch ihre **kunstvolle Tracht** auf, die als Werbemittel und zugleich als Gütezeichen für die hohe Qualität ihrer Produkte diente.

Die Intensivierung der Landwirtschaft konnte seit den 1780er Jahren durch die vom Reitbrooker Landvogt Hermann Odemann eingeführten archimedischen Schrauben zur Feldentwässerung erreicht werden (s. Ochsenwerder). Im 20. Jahrhundert wurden diese durch ein modernes Schleusen- und Pumpensystem abgelöst.

1868 ging Altengamme ins Hamburger Landgebiet über und kam mit diesem 1937/38 unter städtische Verwaltung.

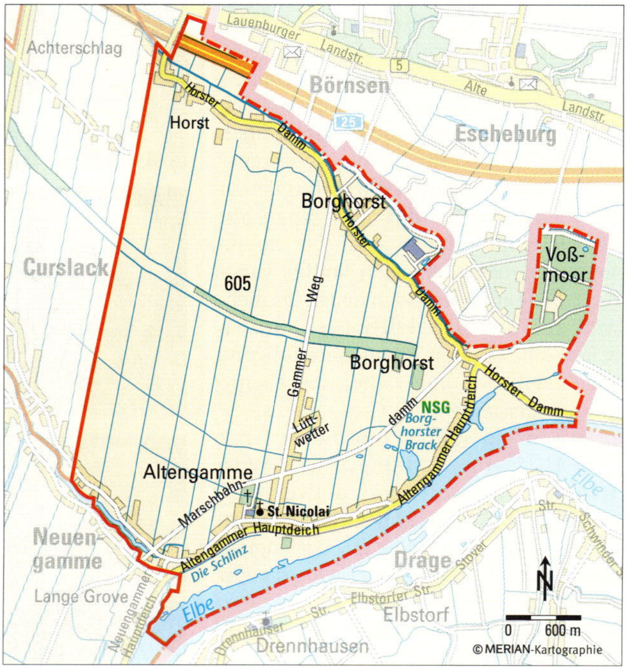

Die schönste Bauernkirche

Mit ihrer prächtigen Ausstattung gilt die St. Nicolaikirche als eine der schönsten Bauernkirchen in Norddeutschland

Die ev.-luth. **St. Nicolaikirche** zeigt noch Reste des Urbaus aus dem 13. Jahrhundert und gilt als eine der schönsten Bauernkirchen in Norddeutschland. Mitte des 18. Jahrhunderts fielen umfangreiche Erneuerungs- und Renovierungsarbeiten an, deren Ergebnis bis heute das Erscheinungsbild dieser Kirche bestimmt. Der Turm datiert im Kern von 1605 und beheimatet mit **Celsa** eine 1487 gegossene Glocke aus dem Hamburger Dom. Die farben-

frohe Kirchenausstattung erstrahlt frisch restauriert in neuem Glanz. Zusammen mit der verschwenderisch anmutenden Fülle von Intarsienarbeiten und den wunderschönen schmiedeeisernen Hutständern entsteht eine malerische Kulisse. Kein Wunder also, dass sich immer mehr **Brautpaare** aus anderen Hamburger Stadtteilen in St. Nicolai das Ja-Wort geben.

Das älteste erhaltene Gebäude in Altengamme ist der 1562 aus Eichenholz-Bohlen errichtete **Turmspeicher** am westlichen Ende des *Horster Damms.* Eine große Zahl denkmalgeschützter Bauernhäuser aus den folgenden Jahrhunderten findet sich entlang der Deiche und im Umkreis des Ortskerns. Er ist der kleinste aller Vierländer Dörfer und fällt durch seine geringe Baudichte auf. Über die alte Pflasterung des *Kirchenstegels* erreicht man die Kirche und den Friedhof sowie das Pastorat. In der Nachbarschaft finden sich die beiden Gebäude der alten und neuen Schule.

Der heutige Dorfkern wurde ab 1902 neu gestaltet. Ein Jahr zuvor war der **Verein für Vierländer Kunst und Heimatschutz** gegründet worden. Seine Mitglieder machten die St. Nicolaikirche zum baulichen Zentrum ihrer Bewegung und ließen durch den Architekten Hugo Groothoff das neue Pastorat erbauen. Die typischen Elemente traditioneller Vierländer Bauernhäuser wie Fachwerk und Schmuckverbände wurden konsequent „nachgebaut" und kennzeichnen auch das 1908 errichtete Wohnhaus des Kirchendieners *(Kirchenstegel 9)* und die Kirchenschule (1913, *Kirchenstegel 12*).

Vereine: Alle machen mit

Drei Gesangvereine und ein Kirchenchor, Landfrauen, die Freiwillige Feuerwehr, die Theaterspielgruppe „Speeldeel Fründschaft" und natürlich – mit über tausend Mitgliedern – der „Sportverein Altengamme von 1928 e.V.": Knapp **zwanzig Vereine** gibt es hier, und um jemanden zu finden, der keinem von ihnen angehört, müsste man wohl lange suchen. Die Dorfbewohner tragen auf vielfältige Weise zu Erhalt und Verbreitung

Auf den Hamburger Märkten fielen die Vierländer Bäuerinnen durch ihre kunstvolle Tracht auf. Unten: Überreste eines Holsteiner Gürtels (500 – 50 v. Chr.), gefunden 1931 in Altengamme

Bürgergeschichten

„Altengammer Gewohnheitsrecht“

Von seinem Großonkel Willi berichtet Hermann Struß aus Altengamme

Willi Struß mit Pferd und Wagen, wie ihn jeder kannte. Im Hintergrund die Altengammer Mühle. Nach einem Unwetter Ende der 1920er Jahre mussten ihre Flügel abgenommen werden. Foto aus den 1950er Jahren

Ein jeder in Altengamme kannte Willi Struß. Fast 50 Jahre stand er bei der Altengammer Mühle in Lohn und Brot. Dass alle wussten, wer er war, lag an seiner Aufgabe: Willi fuhr die meiste Zeit durch die Vierlande und verkaufte den Bauern und Gärtnern Mehl und Futter für ihre Schweine und Hühner. Mit seinem Pferdegespann und einem typischen Planwagen war er immer unterwegs. Kurz vor Ende seines Berufslebens im Jahre 1958 musste er mit seinem Vehikel nach langer Zeit einmal wieder nach Bergedorf. Mitten im belebten Zentrum parkte er dann – im Halteverbot. Ein junger Polizist schrieb ihn auf und erklärte anschließend wortreich, dass Willi hier ja wohl nicht stehen dürfe. Daraufhin musste er sich die ebenso kurze wie einleuchtende Argumentation anhören, dass dies Verbot in seinem Falle gar nicht greifen könne: „Hier heff ick 1909 ok all stohn!“ Von einer Anzeige gegen Struß ist nichts bekannt geworden.

„Hallo, ist da jemand?“

Die Anekdote über spärlichen Gottesdienstbesuch in Altengamme fand der Bergedorfer Heimatforscher Harald Richert in der Zeitschrift „Gartenlaube“

Die Altengammer Kirche, aufgenommen von Carl Griese zu Anfang des 20. Jahrhunderts

Früher mussten die Vierländer Pastoren oft mit Kummer vermerken, dass der sonntägliche Gottesdienstbesuch nur äußerst spärlich ausfiel – besonders im Vergleich mit den meist völlig überfüllten Trauergottesdiensten. Aber sonntags pflegten die Vierländer Bauern nach arbeitsreicher Woche lieber auszuruhen als zum Gottesdienst zu kommen. 1838 hatte dieses Desinteresse so weit geführt, dass der Neuengammer Pastor sein Amt vorzeitig niederlegte und sich in einem „Abschiedsbrief“ an die Gemeinde bitter darüber beklagte, dass schließlich kein Mensch mehr zu ihm in die Kirche kam. Diese Begebenheit verarbeitete der Schriftsteller Heinrich Sohnrey in seiner vergnüglichen Schilderung des Altengammer Lebens, 1934 abgedruckt in der populären Zeitschrift „Gartenlaube“ (Nr. 23):

In Altengamme wirkte ein urwüchsiger Pastor, der so kurzsichtig war, dass er fast niemand in der Kirche sehen konnte – selbst nicht, wenn wer drin war; der Kirchenbesuch war nämlich äußerst schwach. Er pflegte darum zu sagen: Er könne mit einem Wagen voll Holzscheite in die Kirche fahren, nach rechts und links werfen und träfe doch keinen. Aber was er nicht sah, das deutete ihm doch sein Gehör an. Als er nun eines Sonntags bei der Liturgie merkte, dass wieder niemand in der Kirche war, fragte er den Organisten, ob denn gar keiner da sei. „Doch, Hein Eggers wäre da.“ „Dann fragen Sie ihn“, so darauf der Pastor, „ob Kirche sein soll oder nicht.“ Hein Eggers ging es mit den Ohren so wie dem Pastor mit den Augen; er war sehr schwerhörig und antwortete, als er die Frage nach längerem Bemühen in sich aufgenommen hatte: „Is mi ganz egol, ick hör da doch nix von.“ Trotz alledem war der geistliche Herr in Altengamme sehr beliebt.

Der festlich geschmückte Wagen des „Häkelbüdelclubs" bei der Altengammer 800-Jahr-Feier 1988

der Vierländer Kultur bei, z.B. im **Vierländer Kultur- und Heimatverein De Latücht von 1987 e.V.** mit seiner vierteljährlich alle Vierländer Aktivitäten dokumentierenden Zeitschrift.

Intakte Dorfstrukturen und ein starkes Zusammengehörigkeitsgefühl kennzeichnen das Leben in Altengamme. Die **Kirchengemeinde St. Nicolai** ist dabei ein weiterer Aktivposten. Neben Gottesdiensten, Konfirmandenunterricht und Passionsandachten unterhält die Kirchengemeinde u.a. einen Kindergarten mit Spielgruppen, veranstaltet wöchentlich Teestuben, ist Treffpunkt des „Häkelbüdelclubs" und bietet im Frühjahr Skireisen an.

Ein Jahrhundert-Ereignis, von dem man noch heute in Altengamme spricht, fand 1988 statt: Das ganze Dorf war auf den Beinen, um seine **800-Jahr-Feier** gebührend zu begehen. Höhepunkt der über drei Monate lang andauernden Jubiläumsveranstaltungen war die viertägige Feier mit Umzug, Heimatabend und Zeltfest.

Felder, Traber, Windkraft

Noch heute bestimmen **Landwirtschaft und Gartenbau** das Bild, auch wenn diese traditionellen Wirtschaftszweige rückläufig sind und sich auf immer weniger Betriebe konzentrieren. Daneben gibt es noch eine Reihe mittelständischer Betriebe des Bau-, Zimmer- und Tischlerhandwerks. Aber auch in Altengamme sind die Zeichen wirtschaftlichen Wandels zu erkennen, vor allem durch vermehrten Lkw-Verkehr im Dorf. Die gute Anbindung an die „Marschenlinie" A 25 lässt den Fuhrpark von **Speditionen** wie „Heitmann und Eggers" am *Horster Damm* anwachsen.

Altengammes flache Marschlage am Rand des Geesthangs nutzt der kleine **Windpark Horst** mit fünf Rotoren. Er liegt direkt neben der gleichnamigen Bushaltestelle.

Vom *Altengammer Elbdeich* in seiner Weitläufigkeit kaum zu überblicken ist „Renner Heitmann", so der volksmundliche Name für das Gestüt von **Hinrich Heitmann** (s. Köpfe). Die zugehörige 700 m lange Trainingsbahn liegt hinter der Trasse der Altengammer Marschbahn.

Wohnen im Grünen

Wer in Altengamme wohnt, lebt auf dem Land, in 80 von 100 Fällen in Ein- oder Zweifamilienhäusern. Am schönsten ist es entlang der **Nebendeiche** in den Sackgassen, z.B. im *Lüttwetter*. Der weite

Moderne Windkraftanlagen am „Windpark Horst". Links: Ewers Transporte bringen eigene und andere Ernte mit 10 Lkw über Horster Damm und Autobahn bis nach Berlin und ins Ruhrgebiet

„Renner Heitmann" ist der liebevolle Name der Altengammer für das große Gestüt

Viel Grün und viel Platz: Wohnhäuser am Altengammer Elbdeich. Rechts: Blick über die Brookwetterung Richtung Altengammer Sommerbad

Blick über die Stromelbe ist das große Plus der Grundstücke an den Hauptdeichen. An sommerlichen Sonn- und Feiertagen gilt es hier jedoch, die lauten Motorräder zu ertragen.

Viele Bewohner am *Horster Damm* sind wenig erfreut über die fortschreitende Umwandlung ihrer Gegend in ein „Mischgebiet". Ihrer Meinung nach sollten die sich ausweitenden und neu ansiedelnden Firmen samt dem zunehmenden **Lkw-Verkehr** von der schmalen Straße in eines der Gewerbegebiete des Bezirks umziehen. Etwas mehr Verkehr würde man sich in Altengamme eher seitens des HVV wünschen. Doch wie allgemein in ländlichen Gebieten erweist sich auch hier das Netz des Öffentlichen Personennahverkehrs als sehr weitmaschig. Kein Wunder also, dass statistisch jeder zweite Stadtteilbewohner einen Pkw hat.

Zeitleiste

um 1150 Beginn der Besiedlung

1188 erste urkundliche Erwähnung

1247 Bau der St. Nicolaikirche

1420 Altengamme unter Verwaltung von Hamburg und Lübeck

1556 vier Kirchspiele bilden „die Vierlande"

um 1700 Beginn des Vierländer Obst- und Gemüseanbaus

1780 Entwässerung durch archimedische Schrauben

1868 Ende der beiderstädtischen Verwaltung

1937/38 Eingemeindung nach Hamburg

1984 Einweihung der Sozialtherapeutischen Anstalt Altengamme

Weitgehend unbemerkt, aber zumindest zeitweise Bewohner von Altengamme sind die Insassen der seit 1984 bestehenden offenen **Sozialtherapeutischen Anstalt Altengamme** am *Horster Damm 80* (Strafvollzugsanstalt XIV, 60 Plätze).

Radeln und Baden in der Natur

Die **Borghorster Elblandschaft** beheimatet noch Reste unberührter Natur des Elb-Urstromtals. In den Süßwasserprielen der eingeschlossenen Vorlandflächen tummeln sich rar gewordene Fischarten, wie auch im **Borghorster Brack**, das seit 2000 unter Naturschutz steht. Seltene Pflanzen wachsen weitgehend ungestört auch im Heidberg, der Fläche zwischen *Heidbergredder* am *Horster Damm* und schleswig-holsteinischer Landesgrenze. Beim Voßmoor enden Altengamme und das Hamburger Staatsgebiet in einem kleinen Waldzipfel.

Das **Sommerbad Altengamme im Horster Moor** ist eine Besonderheit in Hamburgs Bäderlandschaft. Es kostet nämlich keinen Eintritt – jedoch einige Überwindung muss man wohl mitbringen, um in das eiskalt aus der Tiefe kommende Wasser zu springen. Wer nach einer Vierlandentour einkehren möchte, findet im Stadtteil Altengamme vier Gelegenheiten: das „Norddeutsche Haus" (früher mit Schiffsanleger), die „Pension Harden" (zugleich „Café Harden" und Bäckerei) sowie das „Fährhaus Altengamme" *(Altengammer Hauptdeich)* und die „Gaststätte Schween" (Borghorst).

Den beiden ist es noch zu kalt: Das Sommerbad Altengamme ist zwar kostenlos, aber dafür auch nicht beheizt

Stadtteil-Profil

	Altengamme	Bezirk	Hamburg
Bevölkerung gesamt (2000)	2107	114 631	1 704 929
Unter 18-Jährige in %	20,6	20,3	16,1
65 Jahre und älter in %	17,2	15,5	17,0
Deutsche	2086	103 658	1 432 325
Ausländer in %	1,0	9,6	16,0
Einwohner je km²	135	741	2258
Sozialstruktur			
Sozialhilfeempfänger (2000)	23	7659	120 461
Arbeitslose (2001)	33	3691	71 963
Eink. je Steuerpfl. in DM (1995)	63 331	60 397	65 579
Wohnen (2001)			
Wohngebäude	563	18 755	226 061
Ein- und Zweifamilienhäuser in %	79,6	33,4	20,5
Ø Wohnungsgröße in m²	98,9	77,9	71,0
Wohnfläche je Einwohner in m²	39,2	34,7	35,7
Verkehr			
Private Pkw (2001)	1077	45 863	628 119
Straßenverkehrsunfälle (2000)	9	633	12 430
Kriminalität			
Straftaten insgesamt (2000)	63	11 451	284 272

Wahlverhalten

... zur Bürgerschaft 2001 (gesamt)

Wahlbeteiligung	71,0%
SPD	36,5%
CDU	26,2%
Schill-Partei	19,4%
Grüne/GAL	8,6%
FDP	5,1%
Übrige	4,2%

... zur Bürgerschaft 2001 (Stadtteil)

Wahlbeteiligung	80,5%
SPD	35,0%
CDU	35,8%
Schill-Partei	14,8%
Grüne/GAL	7,1%
FDP	4,6%
Übrige	2,6%

Ilse und Hermann Struß in ihren Trachten. Den Großteil ihrer Ausstattung hat Frau Struß ererbt

Köpfe

Nach Beendigung seiner beruflichen Tätigkeit bei der Hamburger Beiersdorf AG kann sich **Hermann Struß** zusammen mit seiner Frau **Ilse** nun ganz dem Garten, dem Musizieren und zahlreichen Vereinsaktivitäten widmen. Er spielt leidenschaftlich Akkordeon und singt u.a. in der Altengammer Liedertafel „Loreley“, seine Frau im Damensingkreis. Mit viel Engagement arbeiten beide am Erhalt der heimatlichen Tradition. Ilse Struß pflegt in liebevoller Kleinarbeit die prächtig bestickten Trachten und hilft ihrem Mann bei seiner Arbeit als 1. Vorsitzender des Vierländer Kultur- und Heimatvereins „De Latücht von 1987 e.V.“ („De Latücht“ ist plattdeutsch und steht für: „Die Laterne“).

Am *Altengammer Elbdeich 48* liegt das Gestüt von **Hinrich Heitmann**. Auf seinem 34 ha großen Gelände züchtet er hochklassige Traber und trainiert sie auf der hauseigenen Bahn hinter dem *Altengammer Marschbahndamm*. Etwa 30 Pferde stehen in den Stallungen, die z.T. noch der Großvater errichten ließ, der das Gestüt im Jahre 1888 gründete. Es ist damit das älteste seiner Art in Deutschland. Heitmanns edle Pferde sind so viel versprechend, dass sie aus ihrer Altengammer Heimat zunehmend in die ganze Welt verkauft werden. Doch das internationale Geschäft mit Trabern ist nicht immer einfach, denn vor allem der Wettbewerb mit den vielen skandinavischen Züchtern ist hart.

Hinrich Heitmann und zwei seiner Zöglinge

Altenwerder

ist ein entvölkerter Stadtteil. Das alte Dorf gibt es nicht mehr. Stattdessen hat hier 2002 Europas größter Containerterminal samt vielen Nebenanlagen seinen Betrieb aufgenommen. Einziges Relikt des ehemaligen Ortes ist die Kirche St. Gertrud mit ihren Gottesdiensten, Konzerten und Festen sowie dem alten Friedhof

Steckbrief

Fläche:
6,795 km²
Verwaltung:
Bezirk Harburg, Ortsamt Süderelbe
Ortsteil:
715

Oldenwerdere", der mittelalterliche Name der Elbinsel, hat sich im Laufe der Zeit zu Altenwerder entwickelt (plattdeutsch = „Oolwarder").

Aus der Geschichte

Vermutlich war Altenwerder bereits Mitte des 9. Jahrhunderts besiedelt, und schon um 1100 sollen Fischer auf der Elbinsel **Oldenwerdere** gelebt haben. Altenwerder gehörte wie Finkenwerder und vermutlich alle übrigen zwischen Norder- und Süderelbe gelegenen Inseln zur großen Insel **Gorieswerder**. Durch schwere Sturmfluten im 14. Jahrhundert wurde der Gorieswerder jedoch in mehrere kleinere Inseln geteilt (s. Veddel).

Erstmals erwähnt wird Altenwerder um das Jahr 1250. Zu dieser Zeit wurde auf den Weiden der Insel Vieh gehalten. Der Westteil Altenwerders gehörte zum Erzbistum Bremen, der Ostteil zum Herzogtum Braunschweig-Lüneburg. Vermutlich hat es schon um 1300 Deiche gegeben, die jedoch um 1400 bei Sturmfluten samt der ersten Siedlung zerstört wurden. Ab 1418 regelte ein Vertrag zwischen den Bremer Erzbischöfen und den Herzögen von Braunschweig-Lüneburg die Verwaltung der Insel. Sie wurde neu besiedelt und eingedeicht.

Im 30-jährigen Krieg (1618–48) fiel der Westteil Altenwerders an Schweden, 1714 kam die Insel ganz zum Herzogtum Braunschweig-Lüneburg. Nach wechselnden Zugehörigkeiten wurde Altenwerder mit dem **Groß-Hamburg-Gesetz** von 1937/38 nach Hamburg eingemeindet. Einige Jahre zuvor war die Hafenbahn von Harburg über Altenwerder nach Finkenwerder zur Güterbeförderung zwischen dem westlichen Teil des Hamburger Hafens und dem Harburger Industriegebiet gebaut worden. Heute ist der **Bahnhof Alte Süderelbe** westlich der A 7 einer der modernsten Güterbahnhöfe der Welt.

Bis ins 20. Jahrhundert hinein gehörten sie zum alltäglichen Bild auf dem Hamburger Hopfenmarkt: die Altenwerder Gemüsefrauen

Landwirtschaft und Fischfang

Wie in den angrenzenden Dörfern auch waren **Landwirtschaft** (Obst- und Gemüsebau), **Vieh-**

So wird der Containerterminal Altenwerder nach der Fertigstellung aller Anlagen 2004 aussehen

zucht und **Milchhandel** lange Zeit die größten Erwerbszweige. Bis ins letzte Jahrhundert hinein fuhren die Milchhändler mit Ewern nach Hamburg und Altona und verkauften die Milch dort an der Haustür. Die Frauen der Bauern und Fischer verkauften ihre Ware zu einem großen Teil auf dem Hopfenmarkt. Bereits ab Mitte des 17. Jahrhunderts hatte sich der **Fischfang** in Altenwerder zum zentralen Wirtschaftsfaktor entwickelt. Auch das renommierte Hotel „Vierjahreszeiten" an der Binnenalster bezog später seinen Fisch von einer Altenwerder Fischfrau.

Im Laufe der Zeit entstanden hier auch verschiedene **Gewerbebetriebe**. So gab es Bäckereien, Bauunternehmen, Schmieden, kleinere Schiffswerften und so bekannte Seilereien wie die 1850 gegründete Seilerei Lippmann (s. Hausbruch).

Erinnert noch an das alte Dorf: St. Gertrud mit Friedhof

Eine Besonderheit war übrigens das System der Altenwerder Hausnummern. Da es keine Straßenschilder gab, bekamen die Häuser nach ihrer Erstellung die jeweils nächste Nummer – das Haus Nr. 1 war demnach das älteste der Insel.

Die Hafenerweiterung

Mit dem **Hafenerweiterungsgesetz** von 1961 kamen auf Altenwerder und seine rund 2000 Bewohner tief greifende Veränderungen zu. Seit diesem Zeitpunkt durfte im Stadtteil nicht mehr gebaut werden. Durch die **Flutkatastrophe** 1962, die in Altenwerder keine Menschenleben forderte, wurden die Ländereien und Obstplantagen stark in Mitleidenschaft gezogen. Nicht wenige Landwirte standen kurz vor dem Ruin, und ihr Widerstand gegen das Hafenerweiterungsgesetz ließ allmählich nach.

Nachdem der Umschlag im Hamburger Hafen Anfang der 1970er Jahre immer höhere Zuwächse zu verzeichnen hatte und zugleich die Container den traditionellen Stückgutumschlag mehr und mehr verdrängten, begann der Hamburger Senat 1974, die Altenwerder Grundstücke nach und nach aufzukaufen. Schon 1977 rückte der Hafen mit der Inbetriebnahme der Massengutanlage der **Hansaport Hafenbetriebsgesell-**

Zeitleiste

um 1250 erste Erwähnung
ab Mitte 17. Jh. Fischfang entwickelt sich
1930er Jahre Bau der Hafenbahn
1937/38 Eingemeindung nach Hamburg
1961 Hafenerweiterungsgesetz
1962 Flutkatastrophe
1999 Inbetriebnahme der Müllverwertungsanlage
2002 Inbetriebnahme des CTA

Bürgergeschichten

„Opa Schulz“

Dr. Eberhard Postel, lange Jahre Landarzt in Altenwerder, erinnert sich an seinen eigenwilligen Patienten Johannes Schulz

Hat viele Geschichten in Altenwerder erlebt: der Landarzt Dr. Postel. Rechts: In diesem Haus hat Opa Schulz gelebt

Am Köhlfleet auf dem Korbmachersand befand sich die Bootswerft von Jonny Wegener mit Slippanlage, Reparaturbetrieb und Lagerschuppen. Dort hatte Opa Schulz eines Tages etwas zu erledigen, setzte sich in sein weißes Beiboot – kaum größer als eine Badewanne – und ruderte auf dem Köhlbrand zum Köhlfleet. Die Werftleute hatten das kleine Fahrzeug in der Einmündung längst entdeckt. Es war ruhiges, sonniges Herbstwetter. Als sie wieder von der Arbeit aufblickten, trieb das Boot kieloben. Offenbar hatten die Wellen eines auf dem Köhlbrand vorbeifahrenden Schiffes es umgeworfen. Da musste schnell gehandelt werden. Die Männer sprangen in ein werfteigenes Boot und ruderten mit äußerster Kraft zur Unglücksstelle. Dort trieb nur das Boot, von Opa Schulz war nichts zu sehen. Man befürchtete das Schlimmste. Da ertönte ein lauter Ruf: „Wenn ji mi söökt, ik bün hier ünner!“

Der Gekenterte hatte sich an die Bank des umgekippten Bootes geklammert. Mit dem Kopf in der Luftblase wartete er gelassen auf seine Bergung. Die hielt er für selbstverständlich. Die Retter befreiten ihn aus seiner Zwangslage. Unversehrt, aber total durchnässt kam er ans Ufer. Da besondere Ereignisse sich in Altenwerder sehr schnell herumsprechen, waren bei seiner Anlandung schon Familienmitglieder zur Stelle, die den alten Herrn sofort nach Haus transportierten.

Eingehüllt in Wolldecken, mit Wärmflaschen vorsorglich ins Bett gebracht, flößte man ihm zunächst einen Fliedergrog – das Altenwerder Allheilmittel – ein und telefonierte nach dem Arzt aus Sorge, der fast 90-Jährige könnte sich bei dem unfreiwilligen kühlen Bad ernsten Schaden zugezogen haben. Der Arzt kam sofort.

Zum ersten Mal betrat ich in beruflicher Eigenschaft sein Haus. Persönlich kannten wir uns natürlich seit Jahren. Ich öffnete die Tür, hatte noch keinen Fuß im Zimmer, als der Verunglückte mich sah. Zornig blickte er seine versammelte Familie an und rief: „Wokeen hett den Dokter Bescheed seggt?“ Und zu mir gewandt fuhr er fort: „Ruut! Mok, dat du ruutkummst. Ik bün nich krank!“ – Ich kannte seine Wesensart, freute mich innerlich über diesen Zornesausbruch und betrachtete meine Mission damit als erledigt.

Den Altenwerder Fischereihafen gibt es schon lange nicht mehr

Blick vom Altenwerder Elbdeich auf den Kirchweg in den 1950er Jahren. Links ist der in den 1960ern abgerissene Wasserturm zu sehen, hinten rechts die St. Gertrud-Kirche

schaft mbH als Umschlagplatz für Massengüter wie Erze und Kohle immer näher ans Dorf heran.

Die Altenwerder haben ihre Heimat nur widerstrebend aufgegeben. Einer, der bis zum Schluss kämpfte, war der Fischer Heinz Oestmann, der die Familientradition des Fischens bereits in achter Generation fortsetzt. Erst 1998 siedelte er nach Finkenwerder über. Ebenso bekannt wie Oestmann ist der 1880 am Altenwerder Elbdeich geborene Marinemaler und Geigenbauer Johannes Holst, der sowohl das Malen als auch den Geigenbau als Autodidakt erlernte.

Kirche ohne Dorf

Nicht wenige Autofahrer, die auf der A 7 an Altenwerder vorbeikommen, wundern sich über die ev.-luth. **St. Gertrud-Kirche**. Die Kirche steht nämlich nicht wie gewöhnlich mitten im Dorf, sondern einsam in der Landschaft, in einem Grünstreifen nahe beim Containerterminal. 1831 wurde sie auf einer Wurt etwa in der Mitte der Elbinsel Altenwerder an Stelle einer älteren Kirche errichtet, der neugotische Backsteinturm über dem Westeingang im Jahr 1895 hinzugefügt. Diese Kirche mit dem sie umgebenden Friedhof ist das letzte Relikt des ehemaligen Fischerdorfs und Eigentum der Kirchengemeinde Altenwerder. Im klassizistisch ausgestatteten Innenraum mit hohen Rundbogenfenstern dominieren die von Säulen getragene Empore und das hölzerne Tonnengewölbe. Eine permanente Foto-Ausstellung zeigt Altenwerder, wie es einmal war.

Heute wird die Kirche von der Thomasgemeinde in Hausbruch betreut. Am zweiten und vierten Sonntag im Monat und an Feiertagen finden Gottesdienste statt, und jedes Frühjahr strömen Besucher aus allen Himmelsrichtungen zu den beliebten **Baumblütenkonzerten** in die Kirche. Und mehrmals im Jahr organisiert Küsterin Elisabeth Schwartau den „Tag der offenen Tür“.

Altenwerder Sport

Der **Freie Turn- und Sportverein Altenwerder von 1918** hat den Wegzug aus dem ehemaligen Fischerdorf überlebt. Ende der 1970er Jahre fand er in Neugraben-Fischbek ein neues Zuhause.

Ein Höhepunkt im Kirchenjahr ist das Adventskonzert in der St. Gertrud-Kirche

Der rund 1000 Mitglieder große Verein ist mit seinen 20 Jugendmannschaften – darunter sieben Mädchenmannschaften –, einer Damen-, drei Herren- und einer Seniorenmannschaft ganz stark im Fußball. „Unsere 1. Herrenmannschaft hat im Jahr 2001 den begehrten ‚Harburg-Pokal‘ gewonnen“, freut sich der 1. Vorsitzende Ingo Brussolo. Aber auch die Turnabteilung braucht sich nicht zu verstecken. Sie bietet z.B. Kinderturnen, Jazzgymnastik und Volleyball an.

Industrie, Gewerbe und Abfall

Durch die A 7 vom neuen Containerterminal getrennt, liegen im **Gewerbegebiet** am *Dradenauer Hauptdeich* und *Finkenwerder Weg* zahlreiche mittlere und größere Industrie- und Logistikunternehmen, darunter Reynolds Aluminium Deutschland, die Hamburger Aluminium-Werk GmbH und die HTG Hanseatische Transport-Logistik.

Direkt am Fuß der Köhlbrandbrücke wurde im Juni 1999 die moderne **Müllverwertungsanlage Rugenberger Damm** (MVR) in Betrieb genommen. Täglich wird sie von ca. 150 mit Müll beladenen Lkw angefahren. Zwei Drittel der Abfälle stammen aus Hamburg, der Rest kommt aus Niedersachsen. „Eine

Einst ein alltägliches Bild in Altenwerder: eine Scholle hängt zum Trocknen in der Sonne

Daten

Terminalfläche (ohne Leerlager): *ca. 79 ha*

Kaimauer: *ca. 1400 m*

Liegeplätze: *4*

Containerbrücken: *14*

automatische Transportfahrzeuge: *60*

Lager: *225 000 m²*

Kapazität: *30 000 Standardcontainer*

Umschlagkapazität: *ca. 2 Mio. Standardcontainer pro Jahr*

Kosten: *ca. 660 Mio. Euro*

komplette Inbetriebnahme: *Mitte 2004*

Erste Eindrücke vom Containerterminal Altenwerder: Im Hintergrund stehen die ersten zwei von insgesamt 14 Containerbrücken

Mit dem CTA in die Zukunft

Der Hamburger Hafen stellt sich mit der Hafenerweiterung in Altenwerder den Anforderungen an einen modernen Containerhafen im 21. Jahrhundert

Heute, im Zeitalter der großen Containerschiffe, ist es wichtiger denn je, dass der Hamburger Hafen wettbewerbsfähig bleibt. Der erste Containerterminal entstand ab Mitte 1966 mit dem Umbau des **Burchardkais**. Weitere Containerterminals wurden im Zuge des weltweiten Strukturwandels und der technologischen Veränderungen auf Waltershof errichtet.

Altenwerder im Sommer 2001: Der Containerterminal ist noch im Bau

Ein Großprojekt, das seinesgleichen sucht, ist die **Hafenerweiterung Altenwerder**. Hier entsteht auf dem Gebiet zwischen Süderelbe und A 7 ein neuer, ca. 200 ha großer eigenständiger Hafenteil, der die Verknüpfung von Verkehrs-, Umschlag- und Dienstleistungsflächen zu einer funktionalen Einheit ermöglicht. Durch die Herrichtung hochwassergeschützter Hafenflächen, den seeschiffstiefen Ausbau der Süderelbe, den Bau einer neuen Kaianlage sowie entsprechender Straßen- und Schienenanbindungen schafft Hamburg die Infrastruktur für die künftigen Betreiber der neuen Anlagen. Zu diesem Zweck investiert das **Amt Strom- und Hafenbau** der Behörde für Wirtschaft und Arbeit (s. Kleiner Grasbrook) für die Stadt insgesamt ca. 300 Mio. Euro.

Als erstes und wichtigstes Hafenunternehmen in diesem neuen Hafenteil realisiert der größte Umschlagbetrieb im Hamburger Hafen, die stadteigene **Hamburger Hafen- und Lagerhaus-Aktiengesellschaft** (HHLA) mit ihrer Tochterfirma **CTA**, den neuen, an der Süderelbe gelegenen Containerterminal und wendet hierfür zusätzlich rund 360 Mio. Euro auf. Hapag-Lloyd, Deutschlands bekannteste Reederei, beteiligt sich an diesem Terminal: Sie hält 25,1 Prozent an dem HHLA-Tochterunternehmen HHLA Container-Terminal Altenwerder GmbH.

Im Laufe des Jahres 2001 wurden in mehreren Schritten sieben der insgesamt 14 „Super-Postpanmax-Containerbrücken" aus China angeliefert. Es war jedes Mal Maßarbeit, wenn der Frachter mit den nach der Endmontage je 80 m hohen und rund 2000 t schweren Brücken knapp unter der Köhlbrandbrücke hindurchfuhr. Im Juli 2001 wurde der erste, 800 m lange Abschnitt der insgesamt rund 1,4 km langen Kaianlage eingeweiht. Der nach Albert Ballin, dem ehemaligen Generaldirektor der Hamburg-Amerikanischen Packetfahrt-Actien-Gesellschaft (Hapag), benannte Kai ist derzeit die **modernste Anlage Europas** und mit ca. 24 m von der Oberkante bis zur Hafensohle fast so hoch wie ein achtstöckiges Wohnhaus. Darin integriert ist eine 35 m breite Kranspur für die insgesamt 14 Containerbrücken, die eine schnelle Be- und Entladung auch der größten Schiffe garantieren. Die Brücken sind die derzeit weltweit größten und schnellsten. Zwei getrennte Laufkatzen mit bis zu 50 t Tragkraft teilen sich die Arbeit: Die erste hebt den Container vom Schiff auf eine Plattform unter der Brücke. Die zweite stellt ihn auf eines der 60 automatisch gesteuerten fahrerlosen Transportfahrzeuge (AGVs), die die „Blechkiste" computergesteuert zu einem Übergabepunkt im Lagerbereich bringen. Von hier aus übernehmen 44 automatische, schienengebundene Portalkrane die Stapelung in das nach Fertigstellung insgesamt 225 000 m² große Lager für 30 000 Standardcontainer (**TEU** = Twenty-Feet-Equivalent-Units).

Neben dem CTA-Terminal entstehen ca. 75 ha hafengebundener Gewerbeflächen für logistische Dienstleister, die in ein modernes Güterverkehrszentrum integriert werden sollen. Zusätzlich zum terminaleigenen Bahnhof, auf dem mit ausgefeilter Technik der schnelle Umschlag zwischen Schiff, Bahn und Lkw ermöglicht wird, liegt zwischen St. Gertrud-Kirche und A 7 ein Vorbahnhof mit sechs parallelen Gleisen, der die fahrplangerechte Bereitstellung von bis zu 700 m langen Zügen sicherstellt.

Der erste Teil des neuen Containerterminals ist seit März 2002 in Betrieb. Schon im ersten Jahr sollen hier mehr als 1 Mio. TEU umgeschlagen werden und nach Fertigstellung des zweiten Bauabschnitts bis 2004 mit weiteren sieben Containerbrücken jährlich fast 2 Mio. TEU. Hier können dann vier Großcontainerschiffe gleichzeitig abgefertigt werden.

Die große Bahnverladestation der Hansaport Hafenbetriebsgesellschaft am Sandauhafen. Vor allem Erze finden hier ihren Weg über den Bahnhof Süderelbe nach Salzgitter und Eisenhüttenstadt

unserer wichtigsten Aufgaben ist die Sicherstellung der Dampfversorgung der Raffinerien in Neuhof", erläutert Geschäftsführer Dr. Heiner Zwahr. Der bei der Müllverbrennung freigesetzte Dampf wird über eine Dampfreduzierstation beim ehemaligen Heizkraftwerk Neuhof an die Raffinerien weitergegeben. Die übrigen anfallenden Nebenprodukte wie Strom, Metallschrotte, Salzsäure und Gips werden ebenfalls verkauft und wieder in den Materialkreislauf zurückgeführt.

Köpfe

1956 zog **Elisabeth Schwartau** nach Altenwerder. Auch wenn sie mittlerweile schon mehr als 20 Jahre nicht mehr dort lebt, so übt sie immer noch gern ihr Amt als Küsterin der St. Gertrud-Kirche aus. Bei Taufen, Trauungen und Festgottesdiensten schmückt sie die Kirche festlich. Sie führt aber auch Besichtigungsgruppen durch die Kirche und organisiert den „Tag der offenen Tür".

Einen für eine Frau außergewöhnlichen Beruf hat **Anneliese Seifert**. Die Industriemechanikerin arbeitet als Kranführerin in der Müllverwertungsanlage Rugenberger Damm. Ihr Arbeitsplatz ist die Krankanzel. Die passionierte Motorrad- und Skifahrerin sorgt dafür, dass der Müll zur reibungslosen Verbrennung richtig gemischt wird. Natürlich muss sie auch manchmal rein in den Bunker, z.B. zur Wartung der Müllgreifer.

Der Hobbyhistoriker **René Neubert** ist 1988 nach Finkenwerder gezogen. Seitdem interessiert er sich für das Altenwerder Schicksal. So hat er auf vielen Spaziergängen die Veränderungen im Foto festgehalten. Seit Jahren sammelt der Bürokaufmann auch alte Aufnahmen des intakten Dorfes. Seine Bilder hat er schon mehrfach ausgestellt.

Haben gern in Altenwerder zu tun: Elisabeth Schwartau, Anneliese Seifert und René Neubert

Altona-Altstadt

Aus der kleinen Fischer- und Handwerkersiedlung im 16. Jahrhundert wurde bald die zweitgrößte Stadt im dänischen Staat, die dank religiöser Toleranz und Gewerbefreiheit zur prosperierenden Handelsstadt aufstieg. Das Gesicht des Stadtteils hat sich durch die Zerstörungen des Zweiten Weltkriegs stark verändert

Steckbrief

Fläche: 2,797 km²
Einwohner: 28 978
Verwaltung: Bezirk Altona, Kerngebiet
Ortsteile: 201–206

Angeblich stammt der Name „Altona" von Joachim von Lohes 1536 erbautem Wirtshaus in der Nähe der heutigen *Pepermölenbek*, wo damals der Grenzbach zu Hamburg verlief. Der Hamburger Rat, darauf bedacht, dass sich in Hamburgs Nähe keine Konkurrenzansiedlung breit machte, war darüber nicht erfreut und fand, das Wirtshaus stünde „all to nah" bei Hamburg. Joachim von Lohe nannte daraufhin sein Wirtshaus „Altona". Doch könnte sich der Stadtteilname auch von „all ten au" (bei dem Bach) abgeleitet haben.

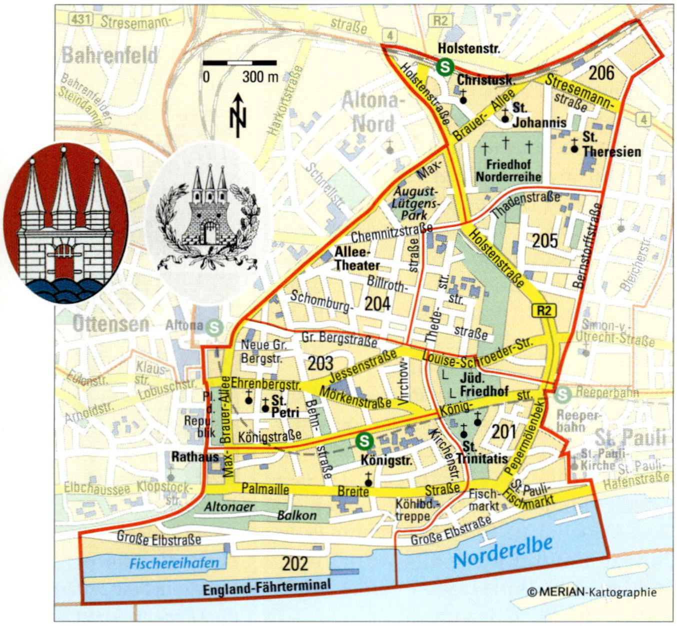

Aus der Geschichte

Die beiden Stadtteile Altona-Altstadt und Altona-Nord nehmen heute in etwa das Gebiet der früheren Stadt Altona ein, deren Ursprung in einer kleinen Fischer- und Handwerkersiedlung liegt. 1535 erstmalig urkundlich erwähnt, kam das zu Holstein-Pinneberg gehörende Dorf 1640 mit der Herrschaft Pinneberg zum

Das alte Altonaer Rathaus am Ostende der Königstraße

dänischen Gesamtstaat. 1664 verlieh Friedrich III. von Dänemark Altona das Stadtprivilegium. Allmählich entwickelte sich der Ort nach Kopenhagen zur zweitgrößten Stadt im dänischen Königreich. Altona zeichnete sich, schon bevor es dänisch wurde, durch eine sehr **liberale Politik** bezüglich der Ausübung von Gewerbe und der Aufnahme von Glaubensflüchtlingen aus, die die dänischen Herrscher weiter ausbauten. Die Stadt gewährte **religiöse und wirtschaftliche Freiheit** – daran erinnern die 1611/12 angelegten Straßen *Kleine* und *Große Freiheit* – und durfte Waren zollfrei in den dänischen Gesamtstaat ausführen.

Altona besaß damit den ersten Freihafen Nordeuropas.

Als Mitte des 17. Jahrhunderts die Juden aus Hamburg vertrieben wurden, fanden sie Zuflucht in Altona. Bereits 1671 wurde in der Stadt ein Oberrabbinat eingerichtet. Den noch heute existierenden **Jüdischen Friedhof** zwischen *König-* und *Louise-Schroeder-Straße* legten wohlhabende portugiesische Juden schon 1611 an. Seit 1960 unter Denkmalschutz, gilt er als einer der bedeutendsten jüdischen Friedhöfe der Welt. Er soll bis 2006 restauriert und dann im Rahmen von Führungen der Öffentlichkeit zugänglich gemacht werden. Aber auch andere verfolgte religiöse Gruppen wie Reformierte, Katholiken und Mennoniten konnten in Altona unbehelligt leben.

Die Toleranz Altonas war nicht ganz uneigennützig, denn die zugewanderten Glaubensflüchtlinge waren häufig erfolgreiche Geschäftsleute und trugen dazu bei, dass sich Altona zu einer **prosperierenden Handelsstadt** entwickelte, die mit der Nachbarstadt Hamburg konkurrieren konnte. So gehörte die mennonitische Familie Van der Smissen, nach der die Straße des England-Fährterminals benannt ist, mit ihrer Großbäckerei und der 1685 gegründeten Grönland-Reederei zu den wichtigsten Unternehmern Altonas. Ebenso prägten zahlreiche **Textilmanufakturen, Gerbereien und Tabakfabriken** die Wirtschaft der Stadt. Altona besaß auch ein hohes Bildungsniveau. So erhob der dänische König Christian VI. 1738 die „Altonaische Stadt Schule" in der *Hoheschulstraße* zum Gymnasium Christianeum (s. Othmarschen). 1799 gründeten 27 sozial eingestellte Bürgerschaftsmitglieder das **Altonaische Unterstützungsinstitut**, das u.a. Bedürftigen, Handwerkern und Studenten finanziell unter die Arme griff. Zwei Jahre später gründete das Institut eine der ältesten deutschen Sparkassen. 1939 ging die-

Ein Gebäude, das nicht nur jeder Altonaer kennt: das Rathaus. Unten: Einzigartig ist der Blick vom Altonaer Balkon über den Hafen

Die Spardose des Altonaischen Unterstützungsinstituts stammt wohl aus den 1930er Jahren

Der Altonaer Hafen und die dahinter liegende Häusersilhouette haben sich seit 1975 stark verändert

se in der Hamburger Sparcasse von 1827 und der Neuen Sparcasse von 1864 auf, die sich wiederum 1972 in der **Hamburger Sparkasse** vereinten.

1889/90 wurden u.a. Ottensen, Bahrenfeld und Neumühlen nach dem seit 1866/67 preußischen Altona eingemeindet. So war es möglich, die Stadt weiter auszudehnen und ihr zu wirtschaftlichem Aufschwung zu verhelfen. Damals erhielt Altona für den Ausbau des Elbufers zu einem der größten deutschen **Fischereihäfen** von Preußen hohe Zuschüsse. Die *Große Elbstraße*, wirtschaftliche Hauptschlagader, veränderte ihr Aussehen mit den neuen Fischhallen, Speichern, Fabriken und Wohnhäusern radikal.

1927 entstand ein **Groß-Altona** durch die Eingemeindung von Groß- und Klein-Flottbek, Nienstedten, Blankenese, Sülldorf, Rissen, Osdorf, Lurup, Stellingen, Langenfelde und Eidelstedt. 1933 übernahmen die Nationalsozialisten die Altonaer Stadtverwaltung, und 1937/38 erfolgte die **Eingemeindung** der Stadt Altona nach Hamburg. Damit war die fast 300-jährige Geschichte Altonas als selbstständige Stadt zu Ende gegangen.

Die bunt gestrichenen Altbauten in der Nähe des Lornsenplatzes sind einige der wenigen Relikte aus vergangenen Tagen in Altona

Altonaer Blutsonntag

Ein wichtiges Datum in der Geschichte Altonas ist der 17. Juli 1932. Am so genannten **Altonaer Blutsonntag** führte die SA einen **Provokationsmarsch** durch das Zentrum der Altonaer Altstadt durch, in der überwiegend SPD- und KPD-Anhänger wohnten. Bei den anschließenden Straßenschlachten fanden 18 Menschen den Tod. Später wurden vier Angehörige der KPD hingerichtet. Daraufhin entwickelten fünf Altonaer Pastoren das **Altonaer Bekenntnis**, in dem sie von der kirchlichen Seite aus Stellung zur politischen Situation in Deutschland nahmen und den Totalitätsanspruch der Nationalsozialisten grundlegend kritisierten.

Von der Handelsstadt zur Arbeiterwohnstadt

Im 19. Jahrhundert wandelte sich Altona allmählich von der Handelsstadt zur **Arbeiterwohnstadt**. Die preisgünstigen Mietwohnungen, günstiger Lebensunterhalt, die Nähe zu den Arbeitsstätten im Hamburger Hafen und der Ottenser Industrie zogen vermehrt Arbeiter und ihre Familien in die Stadt. Zusätzlich mussten sich mit dem Ausbau der Hamburger Speicherstadt und des Freihafens Ende des 19. Jahrhunderts Tausende Hamburger eine neue Bleibe suchen (s. Hamburg-Altstadt). Viele kamen nach Altona. Durch die drückende Wohnungsnot weitete sich das Stadtgebiet nordwestlich der Altstadt, die sich vom *Nobistor* über die heutige *Pepermölenbek* bis zur *Großen Elbstraße* zog, weiter aus. So entstand zwischen 1860 und Mitte der 1880er Jahre im Zuge der Bauspekulation das **Stadterweiterungsgebiet** der Gründerzeit zwischen *Großer Bergstraße*, *Max-Brauer-Allee* und *Holstenstraße* mit Etagen- und Terrassenhäusern sowie Gewerbebauten

Eines der letzten Altonaer „Sahlhäuser" – Kleinetagenwohnungen mit eigenem Eingang – steht an der Bernstorffstraße

in den Innenhöfen. Reste dieser historischen Etagenhausbebauung aus der Zeit zwischen 1870–94 existieren noch in der Straße *Pinnasberg*.

Der Altonaer Bausenator Gustav Oelsner und der Altonaer Oberbürgermeister Max Brauer – beide hatten ihr Amt 1924–33 inne – waren sich einig, dass die Wohnkultur einer Reform bedürfe und auch für Arbeiterfamilien erschwinglicher und menschenwürdiger Wohnraum zu schaffen sei. So ließ Oelsner z.B. einen einfach gehaltenen, fünfgeschossigen Backstein-Wohnblock mit großem Innenhof in der *Otzenstraße 42–46*, an der Grenze zu St. Pauli, hochziehen. Die Errichtung eines solchen Neubaus in den 1920er Jahren in der Altstadt war aufgrund fehlender Freiflächen eher ungewöhnlich (s. Altona-Nord).

Mit der Eingemeindung Altonas nach Hamburg sollte die alte Hansestadt als eine der fünf **Führerstädte** des Dritten Reichs mit Altona als Zentrum radikal neu gestaltet werden. Wären die Pläne für ein „Gauhochhaus" an der Stelle des Altonaer Rathauses, eine „Volkshalle", einen „Aufmarschplatz" und verschiedene Verwaltungs- und Bürohochhäuser am Elbhang gebaute Realität geworden, dann gäbe es heute zwischen *Elbchaussee* und Fischmarkt weder Rathaus noch *Palmaille*.

Lebensmittelkarte, die im Juni 1923 in Altona im Umlauf war

Neu-Altona

Während des Zweiten Weltkriegs wurden im südlichen Teil von Altona-Altstadt etwa 60 Prozent der Wohnungen zerstört. So umfasst das **Planungsgebiet Neu-Altona** auch hauptsächlich den Süden und Osten des Stadtteils. Mit dem Bau der Wohnblocks in der *Paul-Roosen-Straße*, *Gerrit-* und *Lammstraße* begann 1956 die zweite Phase der Wiederaufbauarbeiten in Altona. Ziel der Planungen, die von Ernst May, dem damaligen Chefarchitekten des Wohnungsbaukonzerns „Neue Heimat", und dem Oberbaudirektor Werner Hebebrand stammten, war die **Neugestaltung** des ganzen Stadtteils:

Moderne Wohnformen aus den 1960er Jahren: Neu-Altona

Wohn- und Gewerbegebiete sollten getrennt, öffentliche Grünanlagen eingerichtet werden, das Verkehrsnetz sollte ausgebaut und die Bevölkerungsdichte verringert werden. Diesem Projekt sind u.a. auch der Bau der Wohnhochhäuser an der *Königstraße*, die beiden Hochhäuser an der *Palmaille*, das ehemalige Verwaltungsgebäude der SAGA und der große Nord-Süd-Grünzug vom Bahnhof Holstenstraße bis zum Fischmarkt zu verdanken. Um den *Hexenberg* mit den alten Etagenwohnhäusern, die den Krieg überstanden hatten, errichtete die SAGA 1971–74 eine Geschosswohnungsbau-Anlage aus gelbem Backstein.

Die Köhlbrandtreppe ist noch heute eine viel genutzte Verbindung zwischen der Großen Elbstraße und der Stadt

Architektonische Schmuckstücke

Die **Fischauktionshalle** ist eines der wenigen erhaltenen historischen Gebäude am Hafenrand. Die 1895/96 als Eisenkonstruktion mit einer Backsteinausfachung und Glaskuppel sowie Arbeitsgalerien im Innenraum errichtete 103 m lange und 22 m breite Halle wurde 1982–84 restauriert und dient heute als Veranstaltungszentrum.

In der Nachbarschaft führt die **Köhlbrandtreppe** von 1887 vom Hafen zur Oberstadt. Sie wurde während der Neuordnung der Hafenanlagen Ende des 19. Jahrhunderts gebaut und war früher ein wichtiger Teil des Arbeitswegs der Hafenarbeiter. Von der Aussichtsplattform blickt man über den ehemaligen Holzhafen – Altona hatte keinen natürlichen Hafen und ließ daher 1722–24 den **Holzhafen** anlegen, das älteste Hafenbecken am nördlichen Ufer der Elbe im Raum Hamburg. Einst war er das Herzstück eines gut florierenden Fernhandelszentrums. Ein Stück weiter am *Sandberg* findet man noch zwei der raren Zeugnisse von industriegeschichtlicher Bedeutung: das **spätbarocke Backsteingiebelhaus** *Große Elbstraße 146*, in dem früher der Maschinenbau- und Schiffsreparaturbetrieb Groth & Degenhardt seinen Sitz hatte. Das Haus ist heute für Veranstaltungen zu mieten. Der Neubau des ehemaligen Terminals der England-Fähre schräg gegenüber bildet einen spannungsreichen Kontrast.

Seit 1984 erstrahlt die alte Altonaer Fischauktionshalle wieder in neuem Glanz. Rechts: Das ehemalige Allgemeine Krankenhaus dient heute der Staatlichen Fachschule für Sozialpädagogik

Zwischen Fischereihafen und Neumühlen wundert sich der eine oder andere vielleicht über bemalte Hauswände oder Treppenaufgänge – alles Kunstwerke der **FrauenFreiluftGalerie** zum Thema „verschiedene Arbeitsbereiche von Frauen im Hafen“.

Das Rathaus und Umgebung

Das **Altonaer Rathaus** gegenüber dem Altonaer Balkon ist das Prunkstück des Stadtteils. Seine Geschichte ist einzigartig: Es wurde 1844 als Bahnhof für die gleichzeitig eröffnete **Christian-VIII.-Ostseebahn** eingeweiht; die Bahn verband Altona mit Kiel. Nachdem der Bahnhof 1895 an seinen heutigen Platz umgezogen war, sollte am Platz des alten Bahnhofs ein neues Rathaus für Altona errichtet werden. Man entschied sich kurzerhand dafür, den Bahnhof zum Rathaus umzubauen. Seine spätklassizistische Südfassade blieb erhalten. Die restlichen Fassaden des Monumentalbaus zeigen Neorenaissancestil. Jeder der vier Flügel ist mit einem reich verzierten Schaugiebel geschmückt. Dieses blendend weiß gestrichene, zum 100-jährigen Jubiläum 1998 renovierte dritte Rathaus Altonas wird heute vom Bezirksamt und von der Bezirksversammlung genutzt. Das Bahngelände im Norden wurde Ende des vorletzten Jahrhunderts zum *Kaiserplatz* mit Park und Reiterdenkmal Wilhelms I. umgestaltet. Viele Jahre lang hatte der fürstliche Reiter rechts das berühmte „Hotel Kaiserhof“ im Blick.

An der *Museumstraße*, westlich des heutigen *Platzes der Republik*, sind das **Altonaer Theater** sowie das **Altonaer Museum** beheimatet und liegen damit genau genommen schon in Ottensen.

Das ehemalige Krankenhaus Altona in der *Max-Brauer-Allee 134–136*, ein hellgelber neogotischer Backsteinbau, wurde 1859–61 nach den Plänen des Stadtbaumeisters Heinrich Oswald Winkler am damaligen Stadtrand errichtet und später mehrfach erweitert, u.a. durch das 1926/27 von Gustav Oelsner entworfene

Die Palmaille

***Altonas Prachtstraße** hat im Laufe ihrer fast 400-jährigen Geschichte viel erlebt. Der großbürgerliche Charme ist bis heute zu bewundern*

Prachtvoll ist die um 1638 vom Schauenburger Grafen Otto V. angelegte *Palmaille*. Der Name stammt von dem im 17. Jahrhundert sehr beliebten italienischen Spiel „Palla a maglio", bei dem man mit einem Schläger Holzkugeln so weit wie möglich schlug. Nur dafür legte man die rund 650 m lange, von 400 Bäumen gesäumte Allee an. Nach dem großen Brand in Altona 1711 kaufte die Stadt die Straße und bezog sie in ihre städtebauliche Planung mit ein. Der erste Bau in der heute noch klassizistisch geprägten *Palmaille* war das dort 1783–1869 existierende **Altonaer Schauspielhaus** mit Plätzen für über 1200 Zuschauer. 1786 wurden die ersten Wohnhäuser in der Straße gebaut, darunter das erhaltene Haus Nr. 106 als einziger unverputzter Backsteinbau. Auch Nr. 100 stammt etwa aus dieser Zeit. Hier waren u.a. die beiden Schriftsteller Richard Dehmel und Detlev von Liliencron eine Zeit lang zu Hause.

Ein exklusiver Blick: die Palmaille mit ihren klassizistischen Bauten und der schönen Allee vom Hochhaus Palmaille 35 aus gesehen

Christian Frederik Hansen (s. Nienstedten) erhielt den Auftrag, die *Palmaille* zu einer Prachtstraße zu gestalten. 1785 trat er sein Amt als Landbaumeister von Holstein an. Heute noch zu bewundern sind die vier von ihm entworfenen Stadtpalais *Palmaille 112, 116, 118* und *120*. Auch das dreigeschossige Wohnhaus gegenüber *(Palmaille 49)* stammt von Hansen. Anfang des 19. Jahrhunderts für den Kaufmann Georg Friedrich Baur entworfen, hat es an jeder Seite einen flachen Flügelbau, der das Grundstück zur Straße abschirmt. Die Straßenseite ist eher schmucklos, die Rückseite mit Säulenloggia dagegen einladend. Heute sitzt hier u.a. die Schifffahrtsgesellschaft „Deutsche Afrika-Linien". Die Mietshäuser Nr. 53–65 entwarf Hansens Neffe Johann Matthias Hansen Anfang der 1820er Jahre. Die *Palmaille* wurde zum großbürgerlichen Wohngebiet wohlhabender Kaufleute. An der Südseite der *Palmaille 27* befand sich bis 1874 die **Altonaer Sternwarte**. Das barocke Gebäude wurde 1941 von einer Luftmine zerstört.

Schwesternheim. Das **Allgemeine Krankenhaus Altona** zog 1970 nach Othmarschen. So können heute die Gebäude in der *Max-Brauer-Allee* der **Staatlichen Fachschule für Sozialpädagogik** dienen. Eingebettet in den August-Lütgens-Park, ist das Ensemble ein geschütztes Kulturdenkmal.

Kirchenarchitektur

Neben der kath. Kirche **St. Theresien** in der *Wohlers Allee* findet man in Altona-Altstadt u.a. die ev.-luth. **Hauptkirche St. Trinitatis** in der *Kirchenstraße* sowie die ev.-luth. Kirchen **St. Johannis** *(Bei der Johanniskirche)* – das Erstlingswerk des bekannten Kirchenbaumeisters Johannes Otzen –, **St. Petri** in der *Schmarjestraße* und **St. Pauli**. Letztere steht auf dem *Pinnasberg* und befindet sich somit

Beliebt ist der einmal jährlich in der St. Johanniskirche stattfindende Tiergottesdienst

Wahlverhalten

... zur Bürgerschaft 2001 (gesamt)

Wahlbeteiligung	71,0%
SPD	36,5%
CDU	26,2%
Schill-Partei	19,4%
Grüne/GAL	8,6%
FDP	5,1%
Übrige	4,2%

... zur Bürgerschaft 2001 (Stadtteil)

Wahlbeteiligung	65,5%
SPD	39,8%
CDU	15,2%
Schill-Partei	14,5%
Grüne/GAL	17,9%
FDP	2,6%
Übrige	10,0%

Stadtteil-Profil

	Altona-Altstadt	Bezirk	Hamburg
Bevölkerung gesamt (2000)	28 978	240 102	1 704 929
Unter 18-Jährige in %	15,9	16,5	16,1
65 Jahre und älter in %	13,1	17,0	17,0
Deutsche	19 735	197 923	1 432 325
Ausländer in %	31,9	17,6	16,0
Einwohner je km²	10 360	3066	2258
Sozialstruktur			
Sozialhilfeempfänger (2000)	3285	15 896	120 461
Arbeitslose (2001)	2077	10 739	71 963
Eink. je Steuerpfl. in DM (1995)	46 155	75 345	65 579
Wohnen (2001)			
Wohngebäude	1527	33 737	226 061
Ein- und Zweifamilienhäuser in %	2,1	23,6	20,5
Ø Wohnungsgröße in m²	60,8	75,0	71,0
Wohnfläche je Einwohner in m²	29,5	36,6	35,7
Verkehr			
Private Pkw (2001)	7255	84 981	628 119
Straßenverkehrsunfälle (2000)	209	1590	12 430
Kriminalität			
Straftaten insgesamt (2000)	8133	31 664	284 272

Die Hauptkirche St. Trinitatis – eines der Altonaer Wahrzeichen

gerade noch auf Altonaer Gebiet, gehört aber zur Gemeinde St. Pauli. Die Vorgängerkirche war bereits 1682 im Fachwerkstil errichtet und 1814 von der französischen Armee zerstört worden.

Die erste Hauptkirche St. Trinitatis war bereits Mitte des 17. Jahrhunderts im ehemaligen Zentrum Altonas errichtet worden. Nachdem sie für die wachsende Gemeinde zu klein geworden war und den Altonaern auch nicht mehr repräsentativ genug schien, errichtete Cai Dose nach ihrem Abriss 1742/43 an derselben Stelle die neue Kirche St. Trinitatis, die im Zweiten Weltkrieg bis auf die Außenmauern zerstört und später nach dem Original wieder aufgebaut wurde.

Theater für alle

Dass Altona früher eine eigenständige Großstadt mit viel Kultur war, kann man sich noch heute gut vorstellen, betrachtet man z.B. die Theaterlandschaft. Neben dem **Türkischen Theater Hamburg** in der *Hospitalstraße*, dem jüdischen **Theater Schachar** nebenan und dem **Studio Kino** in der *Bernstorffstraße* findet man in der *Max-Brauer-Allee* das **Allee Theater**. 1996 von Uwe Deeken und seiner Frau Barbara Hass gegründet, ist es die einzige private Kammeroper Europas. In dem gemütlichen, barock gestalteten Theater gleicht kein Stuhl dem anderen, und auch die aufgeführten Stücke – überwiegend Musiktheater des 18. und 19. Jahrhunderts – sind Raritäten. Während der Pausen kann man sich im angeschlossenen Foyer-Bistro auch kulinarisch verwöhnen lassen. Bereits seit 1968 betreibt Deeken

in denselben Räumen das beliebte **Theater für Kinder**. Es ist das älteste Privattheater Deutschlands, das ganzjährig für die kleinen Besucher Programm macht.

Vom Fischmarkt zum Hafen-Verein

Der Altonaer Fischmarkt hat eine fast 300-jährige Tradition. Ab 1703 entwickelte sich nach und nach der Marktbetrieb. Ganz im Gegensatz zum Namen hat es hier aber niemals nur Fisch gegeben. Mit der Einführung der Fischauktionen Ende des 19. Jahrhunderts gewann der **Fischmarkt** immens an Bedeutung. Noch heute treffen sich viele Einheimische und Touristen am Sonntagmorgen (5–9.30 Uhr) in der *Großen Elbstraße* zum Bummel, bei dem man günstig Fisch, Obst, Blumen und noch vieles mehr erwerben kann oder nach durchgemachter Nacht das Katerfrühstück zu sich nimmt. Seit 1989 ziert den Fischmarkt wieder der **Minerva-Brunnen**. Das Original wurde 1742 hier aufgestellt. Die heutige Minerva stammt von Hans Kock. Auch die Statuen der Obstverkäuferin und des Fischhändlers neben der „Havanna Bar" erinnern an alte Zeiten. Kurz vorm Fischmarkt steht auf dem **Platz der Seefahrt** zum Gedenken an die Seeleute, die nicht zurückkehrten, ein Denkmal mit einer wartenden Seemannsfrau. Am anderen Ende der *Großen Elbstraße*, kurz vor Neumühlen, leben auf den Wohnschiffen „Bibby Altona" und „Bibby Challenger" Hunderte Asylbewerber dicht gedrängt. Bei so vielen Schicksalen und Nationalitäten kommt es immer wieder zu Problemen.

Ihr Leben ist das Theater: Barbara Hass und Uwe Deeken

Der 1848 gegründete **Altonaer Bürgerverein** ist nicht nur auf kommunalpolitischer Ebene sehr aktiv und stellt sein umfangreiches Stadtteilarchiv Interessierten gern zur Verfügung. Er richtete auch maßgeblich die **altonale** aus. Das beliebte Stadtteilfest findet jeden Sommer in Altona und Ottensen statt. „An drei Tagen haben kleine und große Leute jede Menge Spaß bei dem bunten Programm, das vom Antik- und Flohmarkt über Musikaufführungen und Kleinkunstdarbietungen von insgesamt mehr als 1000 Künstlern bis zur großen ‚Spaßparade' reicht", freut sich der 1. Vorsitzende Wolfgang Vacano.

Noch 1912 war die Fischauktionshalle ein wichtiger Arbeitsplatz

Nachdem Altona 1866/67 preußisch geworden war, war es auch vorbei mit den wirtschaftlichen Vorteilen, die sich durch die Herrschaft Dänemarks ergeben hatten. Die Konkurrenzstadt Hamburg erhielt durch die Gründung des Deutschen Reichs zusätzlich Auftrieb. Der **Altonaer Hafen** verlor mehr und mehr an Bedeutung, da er aufgrund der räumlichen Begrenzungen durch den Elbhang nicht ausgebaut werden konnte. So gründeten die von der Hafenwirtschaft abhängigen Bürger 1875 die Interessengemeinschaft „Verein für Handel, Schifffahrt und Gewerbe", aus welcher 1890 der **Altonaer Hafen-Verein** wurde. Sinn war es, Handel und Schifffahrt der Stadt sowie gemeinnützige Einrichtungen, besonders in Hafennähe, zu fördern. Auch Geselliges kam später hinzu. So wurden um 1930 z.B. in dem legendären

Buntes Treiben auf dem Altonaer Fischmarkt. Eine Tradition waren die jährlichen Maskenbälle des Hafen-Vereins im Hotel Kaiserhof

Ein festliches Highlight ist die jährlich in Altona und Ottensen stattfindende „altonale“

Hotel Kaiserhof Maskenfeste gefeiert oder die alljährliche Himmelfahrtstour per Barkasse nach Buxtehude eingeführt. Seit 1984 engagiert sich der ehemalige Kaufmann Heinz Augustin als 1. Vorsitzender für die Geschicke des Vereins, dessen 130 ausschließlich männliche Mitglieder sich heute besonders für kommunale Belange in der Hafengegend Altonas und in den uferbegleitenden Elbvororten einsetzen.

Buntes Volk, buntes Programm

Einem Fremden, der die Straßen Altonas durchstreift, fällt eines sofort auf: Hier geht es lebhaft und multikulturell zu. Über 30 Prozent der Altonaer Bevölkerung kommen aus dem Ausland. Dass die Menschen, die hier leben, aus fast aller Herren Länder kommen, macht das tägliche Zusammenleben nicht immer einfach. Jedoch gewinnt man schnell den Eindruck, dass Altona ein toleranter Stadtteil ist, der offensichtlich seine historische Weltoffenheit bewahrt hat.

Aber Altona ist nicht nur ein **bunter Stadtteil mit Großstadtflair** bezüglich der vielen verschiedenen Kulturen, die hier zusammenleben, sondern auch aufgrund der zahlreichen Gruppen, Vereine und Organisationen, die für ein aktives Stadtteilleben sorgen. Neben so alteingesessenen Vereinen wie dem „Altonaer Turn- und Sportverein von 1899“, dem „Altonaer Schachclub von 1873“, der „Altonaer Spielvereinigung von 1895“ und dem bereits 1845 als „Altonaer Turnverein“ gegründeten **Altonaer Turnverbund**, der seit 1985 sein eigenes Vereinshaus mit Gemeinschafts-, Gymnastik-, Kraft- und Jugendraum in der *Kirchenstraße 21* hat, findet man in Altona auch jede Menge Kultur- und Bildungs-, Jugend- und Senioreneinrichtungen. Zu ihnen gehören die „Heinrich-Böll-Stiftung“ mit ihrem Verein „umdenken e.V.“, die Bücherhalle, das „Haus der Jugend“ an der *Struenseestraße*, das Mädchenzentrum „Wilde Göre“ an der *Breiten Straße* und das „Interkulturelle Seniorenzentrum Altona“ von der Arbeiterwohlfahrt an der *Karl-Wolff-Straße 19*.

1988 wurde der **Initiativkreis Altona-Altstadt** gegründet – ein Zusammenschluss von sozialen Einrichtungen, überwiegend aus dem Kinder- und Jugendbereich. „Der Arbeitskreis hat es sich zur Aufgabe gemacht, die Situation der Kinder, Jugendlichen und Familien im Stadtteil im Blick zu behalten, sie zu verbessern und auf Probleme an entsprechender Stelle hinzuweisen, um somit zu einer höheren Lebensqualität beizutragen. Daraus ergibt sich eine Vernetzung

Mitte: Der Nord-Süd-Grünzug hat beim Govertsweg in der jüngsten Vergangenheit viele neue Spielmöglichkeiten bekommen. Unten: Ganz in der Nähe geht es auch auf dem Pausenhof der Bruno-Tesch-Schule lustig zu

der Angebote der verschiedenen Einrichtungen", erläutert Veronika Stüble von der **Elternschule Altona**, die übrigens die älteste Elternschule in Hamburg ist. In den letzten Jahren engagiert sich der Initiativkreis maßgeblich für die Neugestaltung des **Grünzugs Neu-Altona**.

Das alte Thedebad vor seiner Renovierung

Das **Juca** am *Govertsweg* ist seit 1991 mit verschiedenen Angeboten für die Kinder und Jugendlichen des Stadtteils da. Mauricio Wertheim, Leiter des Jugendcafés: „Mit unserem Angebot, das von Kindergruppen über den Mädchen- und den Juca Boys-Treff bis zur Internetgruppe und Hausaufgabenhilfe, in Zusammenarbeit mit der Bruno-Tesch-Gesamtschule, reicht, wollen wir den Jugendlichen in der Woche und am Wochenende sinnvolle Möglichkeiten für ihre Freizeitgestaltung bieten." Um die Ecke steht das heute komplett restaurierte ehemalige **Thedebad**, in dem verschiedene Firmen ihre Büros haben. Eine Besonderheit ist das große Atelier des künstlerischen Tausendsassas Bruno Bruni, der hier in den oberen Räumen wohnt und arbeitet.

Wer Spaß am Theaterspiel hat, ist beim **Verein Kaleidoskop** in der *Billrothstraße 79*, neben der Stadtmission, an der richtigen Adresse. Neben Theaterkursen und -aufführungen z.B. bei Jubiläumsfeiern bietet die Spiel- und Theaterpädagogin Cornelia Koch auch Fortbildungen im Bereich Konflikttraining an. Speziell für Kinder und Jugendliche gibt es die Schauspielschule und Agentur **TASK** in der *Schomburgstraße 50*. Amateurmusiker oder -bands, die einen Probenraum suchen, mal ein Tonstudio ausprobieren wollen oder Interesse an Musikworkshops haben, werden mit Sicherheit beim Verein **rockbüro Hamburg e.V.** in der *Kleinen Freiheit* fündig. U.a. vermietet das Rockbüro Musikübungsräume im **Hochbunker** im August-Lütgens-Park.

Im **Haus Drei** in der *Hospitalstraße 107* ist immer was los. „Wir haben hier nicht nur verschiedene regelmäßige Gruppen aller Altersstufen wie die Frauengruppe oder den Seniorentreff, sondern auch Kurse, offene Angebote wie die Kinder-, die Holz- und Tonwerkstatt sowie das Fotolabor oder das Kinderkino und -theater", umreißt Maria Jancke, für Veranstaltungsplanung und -durchführung zuständig, das umfassende Programm des seit 20 Jahren bestehenden Stadtteilkulturzentrums.

Im Haus Drei ist für große und kleine Leute immer was los

In der ehemals eigenständigen Großstadt Altona fehlen natürlich auch Wohneinrichtungen für ältere Mitbürger nicht. Neben dem **Reventlowstift** und dem **Theresienheim** gibt es das **Adolph-Woermann-Haus** in der *Palmaille 29*. Es entstand 1953 als Wohnstift für pensionierte Kapitäne oder deren Witwen. Das Haus der 1949 von Reedern und Kapitänen gegründeten **Stiftung See-**

Der Altonaer Boule Club spielt traditionell auf dem Platz der Republik

Zeitleiste

1535 erste urkundliche Erwähnung

1640 Altona wird dänisch

1664 Altona erhält Stadtprivilegien

1711/13 Zwei Großbrände zerstören Altona

1799 Gründung des Altonaischen Unterstützungsinstituts

1889/90 Eingemeindung der umliegenden Dörfer

1927 Entstehung Groß-Altonas

1932 Altonaer Blutsonntag

1937/38 Eingemeindung Altonas nach Hamburg

1956 Baubeginn Neu-Altona

ab 1995 Umgestaltung der Großen Elbstraße

Bürgergeschichten

„Kampf um die streitenden Kentauren“

Die Altonaerin Margot Schröder beschreibt, wie sie für den Erhalt und die Restaurierung des Altonaer Wahrzeichens, den Stuhlmannbrunnen, kämpfte

Margot Schröder macht sich für ihren Stadtteil stark.

Im Jahr 1900 wurde der Brunnen vor dem Bahnhof aufgestellt. Er symbolisiert die Konkurrenz zwischen den Hamburger und den Altonaer Fischhändlern

Schon lange hatte ich mich darüber geärgert, dass der Stuhlmannbrunnen am Paul-Nevermann-Platz in der Versenkung verschwunden war. Als ich eines Tages mal wieder an dem Brunnen – das ist übrigens der größte Brunnen Hamburgs – vorbeikam, sah ich, dass einer Nymphe der Arm fehlte. Es war wirklich ein trauriges Bild und sah so aus, als ob man ihr den Arm amputiert hätte. Das machte mich richtig wütend.

So habe ich mich an das Bezirksamt und die SPD gewandt und natürlich auch an den Ottensener und den Altonaer Bürgerverein, die beide auf einmal hellwach waren. Auch die Bürgerversammlung zeigte plötzlich Interesse und hat sich den Brunnen einmal angesehen. Als Erstes fiel ihr auf, dass der Standort ja nun nicht gerade gut gewählt sei. Und schnell kam man auf die Idee, den Brunnen auf den Platz der Republik zu stellen.

Die Bürgerversammlung kümmerte sich auch um den verlorenen Arm der Nymphe. Den hatte jemand gefunden und zur Polizei gebracht. Er wurde wieder angesetzt. Aber der Brunnen war ja auch sonst ziemlich marode, und das Wasser stand schmutzig im Becken. Die Wasserspiele hatte man abgestellt, weil die vorbeigehenden Menschen nass gespritzt worden waren. Schließlich habe ich die Hamburger Wasserwerke angesprochen, ob sie die Sanierung des Brunnens unterstützen würden – Günther Ludwig Stuhlmann, der vor seinem Tod Geld für die Herstellung des Brunnens zur Verfügung gestellt hatte, hatte ja 1854 die Altonaer Gas- und Wassergesellschaft gegründet. Leider wurde mein Ansinnen abgelehnt. Auch das Denkmalschutzamt konnte sich nur bedingt kümmern.

Aber ich habe nicht lockergelassen und mich auch an unseren damaligen Bürgermeister Henning Voscherau und an viele andere, darunter den Bezirksamtsleiter Hans-Peter Strenge und später dann auch an seinen Nachfolger Uwe Hornauer, gewandt. Im Rücken hatte ich ja die SPD, die Bezirksversammlung und die Bürgervereine. Dr. Hornauer hat es dann geschafft, dass sich die Wasserwerke und die HEW an der Sanierung beteiligt haben. Einen großen Beitrag hat auch die Norddeutsche Affinerie in Zusammenarbeit mit dem Verein Ökologische Technik geleistet. Das Arbeitsamt hat Arbeitskräfte zur Verfügung gestellt, und es gab einen großen Spendenaufruf an die Bevölkerung. Die einzelnen Tiere auf dem Brunnen haben Paten bekommen, die die Wiederherrichtung sponserten.

Der Brunnen wurde am 31. Mai 2000 auf dem Platz der Republik wieder eingeweiht und das Jahr 2000 zum Stuhlmannbrunnen-Jahr erklärt. So hatte sich meine Mühe gelohnt. Sonst hätte ich mich irgendwann, um Aufmerksamkeit zu bekommen, wohl auf den Brunnen gesetzt und wäre so lange dort geblieben, bis endlich etwas passiert wäre.

fahrtsdank wurde 1994–97 renoviert und erweitert. Heute steht es zwar vorrangig Senioren offen, die etwas mit der Seefahrt zu tun hatten, aber auch andere ältere Mitbürger können dort einziehen. „Darüber hinaus wohnen hier einige Studierende des Instituts für Schiffsbetrieb, Seeverkehr und Simulation in Ottensen", erläutert der Geschäftsführer Kapitän Jürgen Stolle.

Auch sozial ganz groß

In Altona leben viele allein erziehende Elternteile, sozial schwächere und ausländische Mitbürger. Dass es hier zahlreiche Anlaufstellen für fast alle Probleme gibt, ist daher nicht verwunderlich. Zwei von ihnen haben eine besondere Bedeutung: Mütter, die ihr neugeborenes Baby nicht behalten können oder wollen, haben die Möglichkeit, es bei der **Babyklappe** im Kinderhaus in der *Goethestraße 27* anonym abzugeben. Nachdem das Baby in der Klappe liegt, wird ein elektronischer Alarm aktiviert, der den Wachdienst herbeiruft. Der in Eimsbüttel ansässige Verein **SterniPark e.V.** kümmert sich dann um das Kind und gibt es nach einiger Zeit zur Adoption frei. Das Projekt Findelbaby besteht seit Dezember 1999 und ist unter der kostenlosen Notrufnummer 0800-456 07 89 rund um die Uhr erreichbar.

Eine ebenfalls wichtige Einrichtung ist der 1901 gegründete Verein **Deutsche Seemannsmission** mit dem deutschen evangelischen Seemannsheim in der *Großen Elbstraße 132*. Seeleute, deren Schiffe eine Zeit lang im Hafen liegen, können hier in preisgünstigen Zimmern übernachten und im Seemannsclub essen, trinken, plaudern oder Billard, Tischtennis und Kicker spielen.

Wirtschaft an der Elbe

Altonas Wirtschaftsgeschichte ist eng mit Fischfang und -verarbeitung verbunden. Die *Große Elbstraße* wurde früher daher auch **Straße der Heringe** genannt. Im 18. Jahrhundert, während der wirtschaftlichen Blütezeit der Stadt, war sie die wichtigste Geschäfts- und Industriestraße Altonas. Noch heute gibt es viele Fisch verarbeitende oder mit Fisch handelnde Betriebe im und um den **Fischgroßmarkt** in der *Großen Elbstraße* – und in der *Palmaille 9* ist die „Bundesforschungsanstalt für Fischerei" (BFAFi) beheimatet.

Mit der **Revitalisierung des nördlichen Elbufers** zwischen Fischmarkt und Neumühlen soll die *Große Elbstraße* in den kommenden Jahren wieder an ihre ehemalige Lebendigkeit mit Wohn- und Geschäftshäusern anknüpfen. Nachdem die alte Altonaer Fischauktionshalle seit Mitte der 1980er Jahre als Veranstaltungszentrum genutzt wird, das „stilwerk" 1996 eröffnete (s.u.), der große Elbspeicher schräg gegenüber modernisiert und das Stadtlagerhaus links daneben bis 2001 restauriert wurde, wird die Hafenmeile gegenwärtig zu einem belebten Zentrum mit Wohnungen, Arbeitsplätzen, Geschäften und Gewerbebetrieben umfunktioniert. Im Elbspeicher sitzt übrigens seit 1996 die Deutschlandzentrale der Umweltorganisation

Noch immer treffen sich Seeleute aus aller Herren Länder im Altonaer Seemannsheim, wo sie für wenig Geld übernachten können. Für Unterhaltung ist im Seemannsclub gesorgt

Wer Probleme mit seinen Gelenken hat, ist in der ENDO-Klinik richtig

Aus der ehemaligen Fischmarkt-Lagerhalle wurde 1999 das Elbkaihaus (links im Bild). Gegenüber steht das Lofthaus am Elbberg

Greenpeace und im Erdgeschoss das Restaurant „Warsteiner Elbspeicher". Mit einer 500 kW starken Fotovoltaikanlage auf dem Dach und der Nutzung von Regenwasser für die WC ist das Gebäude umweltfreundlich ausgerüstet.

Seit über 25 Jahren in Altona zu Hause ist die auf Knochen- und Gelenkerkrankungen sowie -operationen spezialisierte **ENDO-Klinik** am Anfang der *Holstenstraße*. Mit über 4800 Gelenkersatz- und -wechseloperationen pro Jahr ist die Klinik die weltweit größte Spezialklinik für Gelenkendoprothetik. Knapp 500 Mitarbeiter sorgen für den reibungslosen Betrieb. Neben dem Krankenhausalltag spielt auch die Forschung eine wichtige Rolle.

Nach wie vor gibt es an der Großen Elbstraße Fischgroßhändler und -räuchereien

Städtebaulicher Umbruch

„Seit vielen Jahren schon wartet Altona darauf, aus dem Dornröschenschlaf wachgeküsst zu werden", beschreibt Wolfgang Vacano die Situation um den Bahnhof und die *Neue Große Bergstraße*. Nicht nur er ist der Meinung, dass etwas passieren muss, um Altonas Einkaufsmeile wieder attraktiv zu machen. So ist denn auch geplant, nicht nur den Altonaer Bahnhof komplett neu zu gestalten (s. Altona-Nord), sondern auch die **Neue Große Bergstraße**, die dringend einer Generalüberholung bedarf. Die Einkaufsmeile soll durch einen fünf- bis achtgeschossigen Vorbau vom *Goetheplatz* bis zur *Max-Brauer-Allee* verschmälert werden. Unten wird es Läden geben und in den oberen Stockwerken Wohnungen. Außerdem soll die bisherige **Fußgängerzone** östlich des *Goetheplatzes* als verkehrsberuhigter Bereich wieder für den Autoverkehr zugänglich gemacht werden. Auch in dem Gebiet nördlich der *Neuen Großen Bergstraße/Großen Bergstraße*, begrenzt vom *Lornsenplatz*, von der *Max-Brauer-Allee* und der *Thedestraße*, wird sich in den nächsten Jahren viel tun. Da es als Sanierungsgebiet ausgewiesen ist, werden die Altbauten, die noch nicht mit modernem Komfort ausgestattet sind und bauliche Mängel haben, restauriert. Dadurch wird die gesamte Gegend nach Jahren der Tristesse zu einer schönen Altonaer Ecke.

„Kap Kiekut" und Konsorten

Dem ehemaligen Altonaer und späteren Hamburger Bürgermeister Max Brauer (s. Ottensen) ist es zu danken, dass man heute auf dem **Elbwanderweg** vom Altonaer Balkon über Övelgönne bis über die Stadtgrenze hinaus an der Elbe entlang wandern kann. Er setzte sich dafür ein, viele ehemals private Parks öffentlich zugänglich zu machen.

Der **Altonaer Balkon**, vom Schriftsteller Hans Leip (s. Hohenfelde) **Kap Kiekut** genannt, wurde nach dem Zweiten Weltkrieg als Grünanlage mit Aussichtsplattform südlich des Rathauses geschaffen. Er liegt oberhalb des Altonaer Fischereihafens und bietet eine schöne Aussicht auf die Köhlbrandbrücke und den Hafen. Seit 1965 schmückt die

So sah es um 1910 in der Großen Elbstraße aus. Links im Bild ist die Fischauktionshalle zu erkennen

Bronzeplastik „Maritim" (Fischer mit aufgestellten Rudern) von Gerhard Brandes den Rasenplatz.

Erholung findet man in dem lebendigen Stadtteil auch auf dem *Platz der Republik*, im **August-Lütgens-Park**, im **Schleepark** sowie in der öffentlichen Grünanlage des **Friedhofs Norderreihe** und im **Walter-Möller-Park** mit schönem Abenteuerspielplatz – beide gehören zum **Nord-Süd-Grünzug**. Der Friedhof Norderreihe wurde 1831 angelegt und war Altonas zentraler Bestattungsort. Heute ist der bedeutende historische Friedhof, auf dem auch das Grab des ehemaligen Altonaer Oberpräsidenten Graf von Blücher zu finden ist, ein öffentlicher Park.

Von einfach bis edel

Die eigentliche Einkaufsmeile Altonas ist die **Neue Große Bergstraße**. Sie wurde nach dem Zweiten Weltkrieg als Verbindung zum Bahnhof angelegt und 1966 zur ersten Fußgängerzone Hamburgs. Das damals eröffnete moderne „Einkaufszentrum" mit seinen zahlreichen Geschäften nicht nur für den täglichen Bedarf hat mittlerweile viel von seiner Attraktivität eingebüßt, und mit Hochdruck wird die Umgestaltung geplant.

Aber auch ihre Verlängerung, *Große Bergstraße* und *Louise-Schroeder-Straße*, ist mit Geschäften aller Art gut bestückt. Eine Besonderheit ist das Traditionsunternehmen **Wille Sohn** in der *Louise-Schroeder-Straße 33*. Hier werden auch „stärkere Männer" bis Größe 89 modisch und passgenau eingekleidet.

Ebenso finden sich allerlei Geschäfte in der *Max-Brauer-Allee* und in der *Holstenstraße*. So sitzt z.B. dort, wo die beiden Straßen aufeinander treffen, der alteingesessene **Zweirad Winter**, einer der größten Händler der Marke Piaggio in ganz Deutschland.

An der *Großen Elbstraße* hat sich im Zuge der Hafenrandrevitalisierung in den letzten Jahren schon einiges getan (s.o.). So wurde u.a. auch die ehemalige Malzfabrik Naefeke in der *Großen Elbstraße 68* umgebaut. Seit 1996 bietet hier das **stilwerk** auf einer Fläche von 10 000 m², auf sieben Stockwerke verteilt, alles rund ums moderne Wohndesign. Hier kann man aber nicht nur einkaufen oder bummeln, sondern sich auch kulinarisch verwöhnen lassen, z.B. in der „Brasseria" oder der „Cantina". Schräg gegenüber in der *Großen Elbstraße 39* steht der alte Getreidespeicher. Ebenfalls bis 1996 komplett restauriert, fand man

Geschäfte aller Art findet man nicht nur in der Neuen Großen Bergstraße, sondern auch in der Großen Bergstraße

Stilvoll geht es in den Geschäften und Restaurants im „stilwerk" zu

hier bis Februar 2001 den originellen **Speicher am Fischmarkt**, seit 28 Jahren eine Hamburger Institution und weit über die Grenzen der Hansestadt hinaus bekannt. Der beliebte „Speicher" von Dieter Lübke (Schaumstoff Lübke) ist jetzt mit seinem kompletten Warenangebot **Schönes aus aller Welt** sowie Wohndesign 1000 Meter weiter Richtung Övelgönne in der *Großen Elbstraße 268* zu finden. Hier kann man stundenlang stöbern und entdeckt dabei die unglaublichsten Dinge, vom Hausherrn quasi handverlesen aus über 50 Ländern direkt importiert: außergewöhnliche Möbel, skurrile Kerzenhalter, altenglische Wirtshausschilder, Küchenutensilien, Grußkarten, Geschirr, Lampen, Zimmerbrunnen, Musikinstrumente, Lebensmittel und Gewürze aus den exotischsten Ländern.

Essen, Trinken, Treffen

Neben zahlreichen Gewerbebetrieben in den Innenhöfen der noch aus wilhelminischen Zeiten stammenden Wohnhäuser z.B. in der *Bernstorffstraße*, um den *Lornsenplatz* oder im südlichen Teil der *Virchowstraße* stößt man fast überall noch auf kleine **Schankwirtschaften** in den Wohnstraßen, die die Zeiten überdauert haben, so z.B. der „Pauli-Keller" am *Pinnasberg* oder das „Zunfthaus" in der *Unzerstraße*, welches der Hauptsitz der **Vereinigung der rechtschaffenen fremden Zimmer- und Schieferdeckergesellen Deutschlands** ist. Wer kennt sie nicht, die wandernden Gesellen mit ihrer schwarzen Arbeitskluft und ihrem großen Hut? Sie sind traditionsgemäß drei Jahre und einen Tag „auf der Walz".

Aber auch an Szenekneipen, Restaurants und Cocktailbars mangelt es nicht. Die „Frauenkneipe", das Café und Restaurant „Lotte", das alteingesessene „Fischerhaus", das Restaurant „Zum Elbblick", die traditionelle „Haifisch-Bar", die „Havanna-Bar", das „Markt Café" und „Christiansen's – Fine Drinks & Cocktails" stellen nur einen Bruchteil des reichhaltigen Angebots dar.

Nicht nur eine sündige Meile mit Straßenstrich, sondern auch eine kulinarische Meile zwischen Fischgroßmarkt, Agenturen und Büros ist die **Große Elbstraße**. Neben Fisch z.B. im edlen „Fischereihafen Restaurant", im „Rive" oder im „Lobsterhouse" kann man aber u.a. auch italienisch essen im „Lust auf Italien" oder im „Il Porto". Danach geht es zum Cocktailschlürfen ins „Esplendidos", und wer immer noch nicht genug hat, tanzt sich später im ehemaligen Terminal der England-Fähre wunde Füße.

Der „Warsteiner Elbspeicher" an der Großen Elbstraße lädt wie das Restaurant und Café „Lotte" neben dem Haus Drei im August-Lütgens-Park bei schönem Wetter zum gemütlichen Sitzen im Freien ein

Köpfe

Seit 1987 engagiert sich **Wolfgang Vacano** als 1. Vorsitzender des Altonaer Bürgervereins für seinen Stadtteil. Dem ehemaligen Polizeibeamten, der auch Kunstmaler und Schriftsteller ist, wurde die ehrenamtliche Arbeit mittlerweile zur Lebensaufgabe. Im Laufe der Jahre hat er zusätzlich zu seinen vielfältigen Aufgaben im Bürgerverein, welcher auf kommunalpolitischem Sektor sehr aktiv ist, das Stadtteilarchiv des Vereins gegründet und bis heute immer wieder durch eigene Forschungsbeiträge ergänzt. Darüber hinaus ist er als leitender Redakteur für die Vereinszeitschrift „Unser Altona" zuständig. Glücklicherweise wird Wolfgang Vacano in seiner Arbeit nicht nur von den anderen Mitgliedern, sondern auch von seiner Frau Gisela, der Schriftführerin des Bürgervereins, tatkräftig unterstützt.

Fast 18 Jahre lang war er Wirt des „Old Hamburg" in Bahrenfeld und übernahm 1989 das Restaurant „Zum Elbblick" – seitdem ist hier jeden Abend was los. **Knut „Kuno" Balsam**, der singende Wirt vom Hafen, verwöhnt seine Gäste nicht nur mit seiner ausgezeichneten Küche, sondern unterhält sie auch aufs Köstlichste mit selbst geschriebenen Liedern. Jeden Montag, Donnerstag und Freitag gibt es Live-Musik. Montags auch Jazz, und am Freitag singt Kuno mit Hermann am Schifferklavier seine eigenen Lieder, aber auch Shantys und Oldies. Jeden zweiten Freitag im Monat spielt zusätzlich eine Jazzband. Mittlerweile ein Hamburger Original – das bescheinigte ihm u.a. schon der Bürgerverein –, tritt Kuno auch ab und an im „Golden Pudels Club" auf.

Einst war Altona eine Hochburg der Zigarrenmacher, jetzt ist nur noch einer übrig: **Stefan Appel**. Seit 1991 im Geschäft von Otto Hatje in der *Alten Königstraße 5* tätig, hat sich der gelernte Kfz-Mechaniker seinen jetzigen Beruf in westfälischen Betrieben angeeignet, die seit vielen Jahren einen großen Teil des Angebots von Otto Hatje fertigen. Stefan Appel hat das Geschäft 1996 übernommen und stellt einen kleinen Teil seines 250 Sorten von Cigarillos und Zigarren umfassenden Sortiments noch selbst her.

Eine gute Nachbarschaft mit den in Altona lebenden ausländischen Mitbürgern – das ist eines der Hauptanliegen des aus Moskau stammenden ehemaligen Fernsehjournalisten **Leonid Rossine** und seiner Frau **Zinaida**. Seit 1994 leben die beiden in Altona und interessieren sich sehr für die Geschichte ihres Viertels. Im Rahmen ihrer Recherchen sind sie auf die historischen Straßen *Papagoyen-* sowie *Fischerstraße* gestoßen, die vor den Zerstörungen im Zweiten Weltkrieg zwischen der Hauptkirche St. Trinitatis und dem Fischmarkt lagen. Von jeher leben hier viele Menschen verschiedener Herkunft zusammen. An die multikulturelle Tradition anknüpfend, gründeten Leonid und Zinaida Rossine 1997 das „Papageienfischland" mit dem „Park der guten Nachbarn". Das „Freilichtmuseum" mit der rollenden Galerie, einem Bauwagen, in dem gelegentlich auch Ausstellungen wie „Vom Fremden zum Freund" stattfinden, soll mit Unterstützung des Bezirksamtsleiters und Schirmherrn Uwe Hornauer, der SAGA und der Nachbarschaft noch durch eine Skulpturenallee und interessante Stadtrundgänge ergänzt werden.

Wolfgang Vacano liegen Altonas Probleme sehr am Herzen. Kuno, der singende Wirt vom Hafen, unterhält seine Gäste immer aufs Beste. Stefan Appel ist als letzter Zigarrenmacher in Altona aktiv

Leonid und Zinaida Rossine vor dem „Papageienfischland", dem Land der Freiwilligen und der Gastfreundschaft. Das Logo oben am Park ist ein Geschenk des Tischlers Heiner Sibbert

Altona-Nord

hat sich erst ab Ende des 19. Jahrhunderts entwickelt. Der südliche Teil, zu dem u.a. auch der Altonaer Bahnhof und das Amtsgericht gehören, ist untrennbar mit Altona-Altstadt verbunden. Der nördliche Teil wurde erst nach dem Ersten Weltkrieg erschlossen und präsentiert sich daher mit ganz eigenem Charakter

Steckbrief

Fläche:
2,177 km²
Einwohner:
20 701
Verwaltung:
Bezirk Altona, Kerngebiet
Ortsteile:
207–209

Die Geschichte des Stadtteils Altona-Nord ist eng mit der Altona-Altstadts verknüpft. Erst mit der Bezirksverwaltungsreform 1949–51 wurden aus einem zwei Altonaer Stadtteile.

Altona erweitert sich

Ab Ende des 19. Jahrhunderts entwickelte sich das heutige Altona-Nord zum **Stadterweiterungsgebiet**. Der südliche Teil vom Bahnhof bis zur *Stresemannstraße* ist bis heute mit Altona-Altstadt verwachsen. Der Bereich um die *Kieler Straße* – bereits 1832 vom Dänenkönig Friedrich VI. von Altona nach Kiel angelegt – wurde erst nach dem Ersten Weltkrieg erschlossen und hat einen eigenständigen Charakter entwickelt. Davor fand man hier nichts als Bauernhöfe, Felder und Weiden.

Bereits 1892 entstand der **Altonaer Spar- und Bauverein** (ASBV), der um die Wende vom 19. zum 20. Jahrhundert das bahnhofsnahe Stadterweiterungsgebiet nordwestlich der *Max-Brauer-Allee* mit großen Wohnblocks bebaute und somit die „Urzelle" des genossenschaftlichen Wohnungsbaus war. Beispiele dafür sind der Backsteinwohnblock zwischen *Zeiseweg* und *Helenenstraße* von 1893 sowie die Großwohnblocks *Gerichtstraße* (1900–05) und *Haubachstraße* (1910–12). Darüber hinaus entstanden um die Jahrhundertwende Häuser mit Jugendstilelementen, so z.B. die **Lessingburg** in der *Julius-Leber-Straße 23*, früher „Lessingstraße". Das Gebiet nördlich des damals neuen Altonaer Hauptbahnhofs vermittelt noch heute einen Eindruck des einst zum Teil großbürgerlichen Wohnviertels. Auch dem nördlichen Zipfel Altona-Nords um *Hoherade* und *Stenvort* mit der reich verzierten Etagenhausbebauung sieht man noch an, dass es sich hier um eine „bessere" Wohngegend handelte.

Der moderne Wohnungsbau der 1920er Jahre unter Bausenator **Gustav**

Der Wohnblock Stresemannstraße 242–262 musste seine Mitte für den Bau der S-Bahn-Brücke opfern

Das wohl bekannteste Gebäude in Altona-Nord ist das Musicaltheater „Neue Flora" gegenüber dem Bahnhof Holstenstraße

Oelsner hinterließ auch in Altona-Nord seine Spuren. So entstanden im **Diebsteichviertel** zwischen *Augustenburger* und *Kieler Straße, Kolding-* und *Gefionstraße* ab 1926 in drei Abschnitten Backsteinwohnblocks nach seinen Entwürfen. Im Zweiten Weltkrieg größtenteils zerstört, wurden einige originalgetreu wieder aufgebaut. Beispiele sind der Wohnblock an der Ecke *Düppel-/Gefionstraße* und das Gebäude des ehemaligen Montessori-Kindergartens in der *Koldingstraße 19*.

Ein Kuriosum sind der 1927–29 vom Architekten Hans Meyer entworfene Wohnblock *Stresemannstraße 242–262*. Als die S-Bahn-Strecke für die S 21 gebaut wurde, riss man die mittleren Häuser einfach ab, um die Brücke über die *Stresemannstraße* führen zu können. Wer es nicht glaubt, der soll mal die Hausnummern *246–252* suchen.

1929/30 wurde der Block Ecke *Lunapark/Memellandallee* nach Plänen Gustav Oelsners gebaut. Noch heute, nach der Wiedererrichtung nach dem Zweiten Weltkrieg, springt einem das Gebäude wegen der ockergelben Klinker, mit dunklen Backsteinen gemischt, sofort ins Auge.

Eine architektonische Besonderheit ist die Bebauung der eigens dafür angelegten *Eckernförder Straße*. Die 1970 von der SAGA in Montagebauweise errichteten Wohnhäuser wirken im Backstein-Umfeld ein bisschen künstlich. Den Auftakt bildet ein 17-geschossiges Hochhaus. Daran schließen sich mehrere durch Treppenhäuser miteinander verbundene achtgeschossige Wohngebäude an. Südlich der Häuser zwischen *Eckernförder* und *Augustenburger Straße* wurde der **Alsenpark** angelegt.

Architektonisch wertvoll

Während der Zeit, als Altona preußisch war, entstand u.a. 1873–78 das Gebäude des ehemaligen Land- und Amtsgerichts, heute **Amtsgericht Hamburg-Altona**, an der *Max-Brauer-Allee 89–91*. Der Backsteinbau im Rundbogenstil wurde Anfang des 20. Jahrhunderts durch einen großen verputzten Neubau erweitert. Nach dem „Altonaer Blutsonntag" von 1932 (s. Altona-Altstadt) wurden hier die

Wohnen in der Koldingstraße mit schönem grünem Innenhof

Beeindruckender geht es kaum: der „Neubau" des Amtsgerichts Hamburg-Altona

Todesurteile für die vier unschuldigen KPD-Anhänger August Lütgens, Walter Möller, Bruno Tesch und Karl Wolff gefällt und 1933 im Hof des nicht mehr existierenden Gerichtsgefängnisses vollstreckt.

Auf dem noch freien Gelände nördlich der *Max-Brauer-Allee* war es 1878–83 nach den Gründungen des Norddeutschen Bundes und später des Deutschen Reiches im Rahmen einer Neuorganisation des Militärwesens zur Errichtung einer groß angelegten Randbebauung des Exerzierhofes gekommen. Heute erinnern nur noch Reste in der *Bodenstedtstraße* an die **Viktoria-Kaserne** – hier sind das Institut für Hydrobiologie und Fischereiwissenschaft sowie das Institut für Meereskunde der Universität Hamburg beheimatet.

Gegenüber dem ehemaligen Altonaer Krankenhaus an der *Max-Brauer-Allee* wurde um 1880 das **Helenenstift** des „Vaterländischen Frauenvereins", gestiftet von der Kaufmannsfrau Helene Donner, errichtet. In dem neugotischen Backsteinbau von Albert Winkler wurden Krankenpflegerinnen ausgebildet. Das Gebäude erinnert an mittelalterliche Ordens- und Spitalbauten. 1892 wurde das Stift durch eine eigene Kapelle ergänzt – die **Christophoruskirche**. Das ehemalige Stift beherbergt heute die Kindertagesstätte „Helenenstift" vom Deutschen Roten Kreuz und das dritte Hamburger Hospiz (s.u.).

Beinahe mittelalterlich mutet das Helenenstift an. Gestiftet von der Kaufmannsfrau Helene Donner (unten), trägt es ihren Namen

Gleich daneben wurde 1899–1901 das **v. Nyegaardstift** errichtet. Den zweigeschossigen Bau mit Putzfassade, Krüppelwalmdach, Erkern und Türmchen hatte Hedwig Magdalene Henriette von Nyegaard 1898 für allein stehende Damen gestiftet. Der schlossähnliche Bau ist noch heute ein Wohnstift für rund 25 ältere Frauen und bietet zusätzlich etwa 30 Studenten eine Unterkunft.

Altonaer Kultur

Das bekannteste Theater in Altona-Nord ist die **Neue Flora**. 1989/90 eigens für das Musical „Phantom der Oper" gebaut, hatte das 2000 Personen fassende Theater gegenüber dem Bahnhof Holstenstraße einen schwierigen Start aufgrund der Proteste aus dem Schanzenviertel (s. Eimsbüttel). Das Musical lief dann jedoch ab 1990 elf Jahre lang erfolgreich und kann die stolze Bilanz von über sieben Mio. Zuschauern vorweisen. Das Nachfolge-Musical „Mozart", das seit September 2001 in der „Neuen Flora" aufgeführt wird, erzählt die Lebensgeschichte des österreichischen Musikgenies.

Am Eingang zum alten Güterbahnhof in der *Harkortstraße* – daraus sollte einmal ein „Kulturbahnhof" werden – trifft man auf die **Privatakademie Leonardo** – Privatakademie für freie und angewandte Kunst und Berufsfachschule für Illustrationsdesign. Und

gegenüber in der **Shehata Kunstakademie** ist jeder, der gern malt oder zeichnet, willkommen. Neben Mal- und Zeichenkursen für Kinder und Erwachsene werden auch Kunstreisen und verschiedene Workshops angeboten. Ebenfalls im Kunstbereich tätig ist Peter O. Märker mit seiner **POM Bildhauerwerkstatt** mit Atelier und Ausstellung in der *Goldbachstraße 9*.

Stadtteilleben

Mit knapp 30 Prozent Ausländeranteil ist Altona-Nord fast genauso multikulturell wie Altona-Altstadt. Bunt geht es aber nicht nur auf dem Wochenmarkt bei der Christuskirche hinter dem S-Bahnhof Holstenstraße zu, wo man sich mit allem, was man zum Leben braucht, eindecken kann. Seit 1989 gibt es den Bürgertreff Altona-Nord in der *Gefionstraße 3*, der seit 2000 den Namen **AGMA-Kulturhaus** trägt. In dem Kultur- und Freizeitzentrum ist immer was los. Neben offenen Angeboten wie der Nähwerkstatt bietet das Kulturhaus z.B. Deutschkurse, Flamencotanz, Hausaufgabenhilfe, Theaterworkshops für Kinder und Jugendliche sowie Improvisationstheater. Beliebt sind auch die Flohmärkte mit Kulturprogramm. Die **AGMA-Zeitbühne** ist nicht nur Bühne für ausgefallene Theaterstücke, sondern auch für Musikaufführungen. Darüber hinaus findet hier einmal im Monat der Singletreff „Meeting People" statt. Das Theater kann übrigens für private Feiern gemietet werden. Im Kulturhaus sitzt auch der **AWO Senioren-Treff** Altona-Nord, dessen Programm von Spielen und Basteln über Gymnastik bis Tanz reicht. Und um die Ecke im **Café Breitengrad** kann man sich von Familie Silva kulinarisch verwöhnen lassen (s. Köpfe). Wer nach einem guten Essen Lust zum Tanzen hat, muss nicht unbedingt nach St. Pauli. Im **kir** in der *Max-Brauer-Allee 241*, dem Kult-Laden der alternativen Musik-Szene, kann man tanzen, bis die Schuhsohlen qualmen.

Im **Fundbureau** – „Verein für Kunst und Kultur" in der *Stresemannstraße 114* sind Kulturinteressierte und Künstler richtig. Die gewölbeartigen Hallen unter den Bahngleisen bei der Sternbrücke verleihen jeder Performance das außergewöhnliche Ambiente.

Seit 2001 gibt es in der *Stresemannstraße 144* den **Stadtteilladen** mit „Tauschring", wo hauptsächlich Dienstleistungen aller Art kostenlos getauscht werden können. Aktiv im Stadtteil ist auch das **Zentrum für Frauen FLAKS** nebenan. Auf dem Programm stehen Sozialberatung, berufliche Orientierung, Wohlfühlangebote und das Frauen-

Zeitleiste

1832 Anlage der Kieler Straße
1878–83 Bau der Viktoria-Kaserne
1879 Gründung der Holsten-Brauerei
1892 Gründung des Altonaer Spar- und Bauvereins
1894–98 Bau des zweiten Altonaer Bahnhofs
um 1900 Altona-Nord wird Stadterweiterungsgebiet
1943 Zerstörungen durch die Bombenangriffe
1989 Bau des Musicaltheaters „Neue Flora"
2001 Hospiz im Helenenstift

Das AGMA-Kulturhaus mit der AGMA-Zeitbühne bietet ein umfangreiches Kurs- und Veranstaltungsprogramm für alle Altersstufen. Oben: Im Café Breitengrad gleich nebenan kann man gemütlich Kaffee trinken und die gute Küche genießen

Alles Theater auf der AGMA-Zeitbühne

Bürgergeschichten

„Und nebenan der Kutscherkeller"

***Fritz Schleede**, geboren 1927, erinnert sich an seine Altonaer Kinderzeit, als es in der heutigen Harkortstraße noch viel zu entdecken gab*

Wir wohnten im Rainweg (jetzt Harkortstraße) gegenüber dem Altonaer Güterbahnhof. Da war immer viel Betrieb. Und daher auch in der Gastwirtschaft in unserem Nachbarhaus, die ein paar Stufen tiefer lag. Hier machten viele Kutscher ihre Frühstückspause und tranken oft ihr Bier dazu. Da gab es auch Suppe und Frikadellen.

Die meisten Pferdegespanne gehörten zur Spedition Alex Grund. Sie holten Kisten und Maschinen vom Güterschuppen und brachten sie zu den Firmen in Altona und Ottensen. Während die Kutscher frühstückten, bekamen die Pferde ihr Futter. Vor der Kneipe standen zwei große Krippen, die die Kutscher ihren Pferden vor die Nase stellten. Dann kam aus einem Futtersack der Hafer hinein. Und dann gab es noch Wassereimer für die Pferde. Die Kutscher stellten einen Eimer unter das Rohr an der Wand, klopften an die Scheibe, und der Wirt drehte drinnen den Hahn auf.

Was heute die Autos sind, das waren früher die Kutschen. Und da die „PS" auch damals schon ihren „Kraftstoff" brauchten, gab es im Kutscherkeller nicht nur „Futter" für die Kutscher, sondern auch für die Pferde. Blick in die Kleine Fischerstraße, heute Buttstraße, um 1925

Wo Pferde sind, da sind auch Pferdeäpfel und Spatzen. Aber meistens blieben die Äpfel nicht lange liegen, denn Leute kamen mit Handwagen und sammelten den begehrten Dünger für ihre Gärten. Uns Kindern machte es Spaß, die Pferde zu streicheln. Manchmal hatten wir auch ein Stück Brot, ein Stück Apfel oder eine Wurzel, die wir ihnen hinhielten. Wir wollten so gern mal bei den Pferdefuhrwerken mitfahren, aber die Kutscher haben es nicht erlaubt. Wir schlichen dann von hinten an den Wagen und hielten uns an der großen Plane am Wagen fest. So ließen wir uns ein Stück mitnehmen.

Auch einige Lastwagenfahrer hielten vor der Gastwirtschaft, um dort zu frühstücken. Das war für uns noch interessanter, mal dort mitzufahren. Schließlich durfte ich, weil ein Fahrer mich kannte. Von Zeit zu Zeit kam auch ein Bierwagen von der Holsten-Brauerei und brachte die Fässer für die Gastwirtschaft. Das waren auch große Pferdegespanne mit kräftigen Pferden, die mit ungefähr 60 Fässern durch Altona fuhren. Ein paar Gäste blieben auch noch am Abend zum Klönen in der Kneipe. An einen Kutscher erinnere ich mich noch gut. Sie nannten ihn „Lui". Er hatte ein Gespann mit einem Pferd, „Liese", und fuhr auf eigene Rechnung. Lui war gut zwei Zentner schwer. Wenn er dann den ganzen Abend im Kutscherkeller saß und zu viel Bier getrunken hatte, konnte er sich kaum noch bewegen. Die anderen Gäste hoben ihn dann auf seinen Kutschbock und machten das Pferdegeschirr fest. Dann rief einer der Gäste: „Hü, Liese!", und das Pferd lief los samt Wagen und dem schlafenden Lui auf dem Bock ganz allein durch die Straßen bis vor den Stall bei der Lornsenstraße. Manchmal wurde Lui erst am anderen Morgen auf seinem Kutschbock wieder wach.

In dem kinderreichen Stadtteil werden die Kleinen in den Kindertagesstätten gut betreut, wie hier in der Kita Zeiseweg

frühstück. Die Sozialpädagogin Jacinda Sroka vom FLAKS freut sich über den Zuspruch: „Der Treffpunkt wird sehr gut angenommen.“ In Kürze werden das FLAKS und das Kinderspielhaus im Alsenpark einen schönen Neubau beziehen.

Noch neu im Stadtteil ist das **Hospiz**. Das dritte Hospiz in Hamburg befindet sich in dem für zwei Mio. Euro bis 2001 umgebauten Helenenstift an der *Max-Brauer-Allee*. Hier bekommen unrettbar Kranke und ihre Angehörigen Sterbebegleitung. Träger ist der Verein „Hamburger Hospiz“, dem die Psychotherapeutin Gunda Brüning als Vorstandsmitglied angehört. Sie und ihre Kollegen möchten den Schwerstkranken selbst und auch den Angehörigen im Angesicht des Todes beistehen.

Kunterbunt geht's rund

Altona-Nord ist ein kinderreicher Stadtteil. So ist es auch nicht verwunderlich, dass es hier viele Angebote für Kinder und Jugendliche gibt. Gleich neben der **Pauluskirche** mit dem Jugendclub und der Paulus-Spielstube „Die kleinen Raben“ sitzt die Pestalozzi-Stiftung mit dem **Jugendhilfezentrum**. Sehr engagiert sind auch die Kindertagesstätten Zeiseweg und

Die einzige größere Erholungsfläche im Stadtteil ist der Alsenpark zwischen Eckernförder und Augustenburger Straße

Mennonitenstraße. Gemeinsam mit dem Ottenser Verein „Bunte Kuh“ haben sie im Frühjahr 2001 ein einmaliges Lehmbau-Projekt gestartet. „Dabei haben mehr als 300 Kinder aus dem Stadtteil unter Anleitung eine kleine Stadt aus Lehm gebaut“, berichtet Dietmar Zinkhöfer, Leiter der Kita Mennonitenstraße, stolz. „Sinn des Ganzen war, Stadtkindern die sinnliche Erfahrung mit dem Baustoff zu ermöglichen und ihrer Fantasie und Kreativität einfach mal freien Lauf zu lassen.“

In der *Eckernförder Straße* treffen sich nicht nur die anwohnenden Kinder und Jugendlichen auf dem Abenteuer- und Bau-Spielplatz des Vereins **Aktiv Spielplatz Altona-Nord e.V.** Seit 2000 gibt es hier eine Mini-Rampe für Inline-Skater, an der sie akrobatische Sprünge und Drehungen üben können. Darüber hinaus findet man um die Ecke im Alsenpark noch ein Spielhaus. Und für Jugendliche hat das Jugendcafé **Juca Nord** in der *Kieler Straße 58* jede Menge Angebote von Sport bis hin zu verschiedenen Workshops.

Im Stadtteil sehr engagiert sind auch die Schulen. Sowohl die **Schule Arnkielstraße** als auch die **Theodor-Haubach-Schule** (seit 1995 eine Ganztagsschule) realisieren im Rahmen der Sozialen Stadtteilentwicklung verschiedene Projekte zusammen mit anderen Einrichtungen und Initiativen im Stadtteil. Eine weitere aktive Schule ist das bereits 1875 gegründete

Zusätzlich zum regulären Schulbetrieb werden in der Theodor-Haubach-Schule in enger Zusammenarbeit mit der Jungen Volkshochschule Nachmittagsangebote entwickelt

Bahnhof mit wechselvoller Historie

Der Altonaer Bahnhof kann nicht auf ruhige Zeiten zurückblicken, zu unstet waren seine verschiedenen Stationen

Über ein Vierteljahrhundert ist es jetzt her, dass der alte Altonaer Bahnhof abgerissen wurde

Der erste Bahnhof wurde 1843/44 mit dem Bau der **König-Christian-VIII.-Ostseebahn** an der *Palmaille* errichtet. Nach der Verlegung an seinen heutigen Standort entstand 1894–1898 der neue Bahnhof nördlich des *Platzes der Republik*. Der an eine Festung erinnernde neugotische Backsteinbau mit vielschiffigen gusseisernen Bahnsteighallen musste 1974 dem „Kaufhaus mit Gleisanschluss" weichen. **Das wilhelminische Gebäude** war eines der wenigen nach dem Zweiten Weltkrieg noch erhaltenen historischen Bauwerke in Altona. Grund für den Abriss war die Einrichtung der City-S-Bahn in Altona. Um einen unterirdischen Durchgangsbahnhof für die S-Bahn einzurichten, musste der alte Kopfbahnhof umgestaltet werden. Und so entschied man sich für den Abriss und die Errichtung eines neuen Gebäudes über dem **S-Bahn-Tunnel**.

Derzeit laufen Verkaufsverhandlungen mit der B&L Immobilien AG, die u.a. das Einkaufszentrum „Mercado" (s. Ottensen) errichtet hat. Der Altonaer Bahnhof wäre der erste noch in Betrieb befindliche deutsche Bahnhof, der verkauft würde. Seitdem der Kaufhof Ende des Jahres 2000 seine Pforten im Bahnhof geschlossen hat, steht ein großer Teil des Gebäudes leer.

Übrigens befand sich neben dem Bahnhof früher der **Betriebshof der Straßenbahn**. Heute deckt man sich hier bei „toom" mit Lebensmitteln ein. Dort, wo jetzt Autos parken, wurden einst die Straßenbahnen gewartet. Das Einzige, was geblieben ist, ist die Architektur der Hallen.

Den nördlich des Altonaer Bahnhofs gelegenen **Güterbahnhof** hat die Deutsche Bahn AG bereits stillgelegt. Ein großer Teil der Flächen wurde von der Holsten-Brauerei für eine Werkserweiterung gekauft.

1866 wurde die **Verbindungsbahn** zwischen Altona und Hamburg eingeweiht. Sie verlief allerdings etwas anders als heute: vom alten Altonaer Bahnhof entlang der heutigen *Haubachstraße* zum *Holstenplatz* und von dort über den Grenzbahnhof „Schulterblatt" bis zum Hamburger Bahnhof „Klosterthor". Ab 1890 baute man im Zuge der Erweiterung des Altonaer und Hamburger Eisenbahnnetzes die Verbindungsbahn viergleisig aus und verlegte sie auf einen Damm über die Straßen. Dabei wurde auch der mittlerweile abgerissene Hallenbahnhof Holstenstraße 1893 errichtet und kurz darauf der zweite Altonaer Bahnhof. Die Verbindungsbahn ist mit durchschnittlich 640 Fern-, Regional- und S-Bahn-Zügen täglich eine der meistbefahrenen Strecken Deutschlands.

Den Nachfolger aus Beton kann man mit dem alten Bahnhof nicht vergleichen

Stadtteil-Profil

	Altona-Nord	Bezirk	Hamburg
Bevölkerung gesamt (2000)	20 701	112 011	1 704 929
Unter 18-Jährige in %	15,7	20,1	16,1
65 Jahre und älter in %	10,0	14,8	17,0
Deutsche	15 095	101 929	1 432 325
Ausländer in %	27,1	9,0	16,0
Einwohner je km²	9509	724	2258
Sozialstruktur			
Sozialhilfeempfänger (2000)	1941	8 860	120 461
Arbeitslose (2001)	1392	4 196	71 963
Eink. je Steuerpfl. in DM (1995)	47 270	60 397	65 579
Wohnen (2001)			
Wohngebäude	1083	33 737	226 061
Ein- und Zweifamilienhäuser in %	1,3	23,6	20,5
Ø Wohnungsgröße in m²	61,6	75,0	71,0
Wohnfläche je Einwohner in m²	32,8	36,6	35,7
Verkehr			
Private Pkw (2001)	5859	43 517	628 119
Straßenverkehrsunfälle (2000)	189	685	12 430
Kriminalität			
Straftaten insgesamt (2000)	3939	10 987	284 272

Wahlverhalten

... zur Bürgerschaft 2001 (gesamt)

Wahlbeteiligung	71,0%
SPD	36,5%
CDU	26,2%
Schill-Partei	19,4%
Grüne/GAL	8,6%
FDP	5,1%
Übrige	4,2%

... zur Bürgerschaft 2001 (Stadtteil)

Wahlbeteiligung	68,3%
SPD	41,6%
CDU	13,3%
Schill-Partei	12,1%
Grüne/GAL	20,7%
FDP	2,4%
Übrige	9,8%

Gymnasium Allee an der *Max-Brauer-Allee*. Neben dem ökologischen Schwerpunkt – das Schulgebäude ist mit einer Photovoltaik- und Brauchwasseranlage ausgestattet – nimmt das Gymnasium gemeinsam mit anderen Schulen an dem Projekt „Freundschaft macht Schule" teil. Jeweils im Herbst findet eine von den Schülern vorbereitete Aktionswoche zum Thema Toleranz, Freundschaft und Verständnis statt. Das ehemalige Gymnasium Bahrenfeld ist seit 1984 in der *Eckernförder Straße* beheimatet und trägt seit Januar 2001 den Namen **Kurt-Tucholsky-Gymnasium**. Neben dem siebenstufigen und Aufbau-Gymnasium befindet sich die **Staatliche Handelsschule Kieler Straße**, eine Berufsschule für Rechtsanwalts-, Notar- und Justizfachangestellte.

Sport für alle

Altona-Nord ist ein Stadtteil mit sportlicher Tradition. Die beiden Sportvereine **SC Teutonia von 1910** in der *Max-Brauer-Allee 121* und **S.C. Union 1903 Altona** in der *Waidmannstraße 17* und *33* sind schon fast 100 Jahre alt. Beim „SC Teutonia" spielt man traditionell auf dem Karl-Möller-Sportplatz Fußball und beim „S.C. Union" auf dem großen Sportplatz zwischen *Waidmannstraße* und *Memellandallee*. Adolf Jäger, einer der bekanntesten deutschen Fußballer, begann seine Karriere als 14-Jähriger in der Jugendabteilung des damaligen Erstligisten „S.C. Union 03". Heute knüpft der Verein wieder an seine besten Zeiten an: 11 Jugendmannschaften trainieren Fußball und vier Tennis. Des Weiteren

Zwei der in Altona-Nord aktiven Sportvereine sind der „Rollstuhl-Sportclub Hamburg" und der „SC Teutonia"

Gleich pfeift die Schiedsrichterin zum Spielbeginn, Teutonia hat Anstoß

Tonnenweise Schrauben in allen Größen bekommt man beim alteingesessenen Schraubenzentrum Reyher

gibt es noch 17 Handball- und mehrere Hockeymannschaften. Auch beim „SC Teutonia" hat Fußball Tradition. Das Angebot reicht aber darüber hinaus von Handball über Schwimmen, Tischtennis und Karate bis zum brasilianischen Kampfsport Capoeira.

Neben dem **Hamburger Versehrtensport e.V.** und dem **Behinderten-Sportverband Hamburg e.V.** gibt es den **Rollstuhl-Sportclub Hamburg v. 1975 e.V.**, der in der Halle des Kurt-Tucholsky-Gymnasiums eine Kindergruppe sowie die Sportarten Tischtennis und Basketball für Rollstuhlfahrer anbietet. Der 1. Vorsitzende, Rudolf Kaiser: „Unser Ziel ist es, ein möglichst flächendeckendes Sportangebot für Menschen zu schaffen, die auf Rollstühle angewiesen sind." Auch die **Sportvereinigung Polizei Hamburg** trainiert in Altona-Nord. Ihre Sporthalle liegt in der *Haubachstraße*, gegenüber der Holsten-Brauerei.

Holsten braut am dollsten

HOLSTEN

Seit über 120 Jahren wird in Altona-Nord Bier gebraut. Heute sieht das Areal der Holsten-Brauerei allerdings ein bisschen anders aus

Neben verschiedenen kleineren Handwerksbetrieben, die man häufig noch in Hinterhöfen findet, wie den Heizungsbauer Kurt Moser in der *Isebekstraße*, gibt es auch große Betriebe wie das traditionsreiche **Schraubenzentrum Reyher** im *Haferweg*. Es will seinen Betrieb in Kürze um ein 35 m hohes Hochregallager erweitern. Ein besonderes Projekt ist **Max1** – ein Gewerbehof an der Ecke *Max-Brauer-Allee/Lippmannstraße*, der im Rahmen der Sozialen Stadtteilentwicklung entstand und in dem überwiegend Gewerbetreibende und Existenzgründer aus der Nachbarschaft angesiedelt sind.

Seit 1996/97 sitzt am *Kaltenkirchener Platz* das **Briefzentrum** der Deutschen Post AG, der größte Arbeitgeber im Stadtteil. 4700 Mitarbeiter sind hier damit beschäftigt, täglich bis zu sechs Millionen Briefe abzufertigen.

Des Deutschen liebstes Getränk wird seit 1879 in Altona-Nord gebraut; das riecht man auch gleich, wenn man sich dem Nordteil der *Holstenstraße* nähert. 900 Mitarbeiter sind in der Braustätte und Konzernzentrale der **Holsten-Brauerei** damit beschäftigt, dass der „Gerstensaft" fließt. Hier entstehen täglich durchschnittlich rund 900 000 Liter Holsten-Bier für das Inland und viele Exportmärkte. Mit zurzeit sechs Brauereien im Inland, darunter die Bavaria-St. Pauli- und die König-Brauerei, ist Holsten die größte Brauerei-Gruppe Deutschlands.

Auto an Auto …

… das haben die nördlichen Altonaer leider des Öfteren vor ihrer Haustür. Durch die drei stark befahrenen Straßen *Kieler Straße*, *Alsenstraße* (Ring 2) und *Stresemannstraße* hat der Stadtteil nicht nur unter hohem Verkehrsaufkommen zu leiden, sondern ist auch regelrecht zerschnitten. Einziger Ausgleich zum Autoverkehr ist der **Alsenpark** zwischen *Augustenburger* und *Eckernförder Straße*.

Bezüglich ihrer Nahverkehrssituation sind die nördlichen Altonaer sehr zufrieden: Die drei Bahnhöfe Altona, Diebsteich und Holstenstraße sowie verschiedene Buslinien decken den Stadtteil gut ab. Für diejenigen, die im Nordwesten des Stadtteils wohnen oder arbeiten, ist außerdem die Eimsbütteler U-Bahn-Haltestelle Emilienstraße bequem zu Fuß zu erreichen.

Buy British

Eine richtige Einkaufsstraße fehlt Altona-Nord. So orientieren sich die Bürger des nördlichen Teils, oberhalb der *Stresemannstraße*, diesbezüglich schon Richtung Eimsbüttel. Dafür gibt es aber das eine oder andere kuriose Geschäft im Stadtteil. Eine Enklave für die englischen Mitbürger Hamburgs ist der mittlerweile auf vier Läden angewachsene **English Book Shop** in der *Stresemannstraße*, schräg gegenüber dem Bahnhof Holstenstraße. Bei Robert Berridge bekommt man neben englischen und amerikanischen Büchern aller Kategorien auch typisch englische Süßigkeiten, ausgewählte britische Konserven und den beliebten Typhoo-Tee. Man braucht sich also nicht zu wundern, wenn der Laden, der außer samstags nur nachmittags geöffnet ist, von allen England-Fans, auch außerhalb des Stadtteils, geliebt wird.

Gut sortiert, nicht nur bezüglich englischer und amerikanischer Literatur, ist Robert Berridge's English Book Shop

Köpfe

Im Jahr 2001 konnte die Hamburger Mennonitengemeinde ihr 400-jähriges Jubiläum feiern. Dagegen erscheint die Amtszeit von **Pastor Peter J. Foth**, der seit 1969 hauptamtlich für die Gemeinde sorgt, fast kurz. Der Vater von drei erwachsenen Kindern ist neben der Vorbereitung von Gottesdiensten, Gemeindebesuchen sowie der Planung und Durchführung von Veranstaltungen wie Gemeindenachmittagen, -freizeiten oder Seminarem u.a. auch mit der Verwaltung und Pressearbeit beschäftigt. Darüber hinaus ist er Vorstandsvorsitzender der „Arbeitsgemeinschaft Mennonitischer Gemeinden in Deutschland". „Wichtig in unserer Gemeinde ist das soziale Engagement. So gibt es viele Mitglieder, die für das mennonitische Hilfswerk im ehemaligen Jugoslawien aktiv sind", freut sich Pastor Foth.

Als **Angela Silva** 1981 bei einer Fährfahrt von England nach Hamburg den Schiffssteward **Ananda Silva** kennen lernte, wusste sie noch nicht, wie bedeutsam diese Begegnung für ihr weiteres Leben sein würde. 1982 heirateten die gebürtige Engländerin und der aus Sri Lanka stammende Hamburger in England und zogen bald nach Altona-Nord. Mittlerweile sind sie seit über fünf Jahren Besitzer des „Cafés Breitengrad" neben dem AGMA-Kulturhaus in der *Gefionstraße*. „Angefangen hat alles mit dem ‚Elbe Wochenblatt', dessen Titelzeile im August 1995 ‚Kreativer Pächter für Stadtteilcafé gesucht' lautete", erklärt Angela Silva. Die Hotelmanagerin und ihr Mann erarbeiteten daraufhin ein Konzept für das Café und bekamen nach mehreren Auswahlverfahren von der Sozialen Stadtteilentwicklung den Zuschlag. „Unser Café ist ein Treffpunkt für alle Altonaer. Die Beziehung zur Nachbarschaft ist uns sehr wichtig. Neben Gerichten aus Sri Lanka und vegetarischen Speisen bieten wir auch ein großes Mittagsbuffet an", so Angela Silva.

Seit 1993 gibt es in Altona-Nord das im Rahmen der Sozialen Stadtteilentwicklung gegründete „Stadtteilforum". Lange dabei sind **Maria Stumpfögger** und **Adrian Winnefeld**. „Das Stadtteilforum arbeitet eng mit verschiedenen Einrichtungen und Initiativen im Stadtteil zusammen und fördert Projekte. Für die Bürger ist es eine Art Informations- und Austauschbörse", skizziert Sprecherin Maria Stumpfögger die Arbeit. Die Lehrerin für Deutsch und Geschichte freut sich darüber, dass dem Stadtteilforum ein Fonds für die Unterstützung von kleineren Projekten zur Verfügung steht. „Außerdem versucht das Stadtteilforum, zwischen Bürgeranliegen und der zuständigen Behörde zu vermitteln", erklärt Adrian Winnefeld. Vor einigen Jahren rief er die erfolgreiche Mieterinitiative *Kieler Straße/Waidmannstraße* zur Verbesserung der dortigen Wohnsituation ins Leben.

Fünf, denen ihr Stadtteil und seine Bewohner am Herzen liegen, sind Pastor Peter J. Foth, Ananda und Angela Silva sowie Maria Stumpfögger und Adrian Winnefeld

Bahrenfeld

Der Altonaer Volkspark, kleinere Parks und viele Friedhöfe machen Bahrenfeld zu einem der grünsten Stadtteile Hamburgs. Sie sind Ausgleich für die Gewerbe- und Verkehrsflächen, besonders die A 7, deren Bau Anfang der 1970er Jahre das alte Dorf zum Opfer fiel. Jung und modern ist das neu gestaltete Gaswerkgelände

Steckbrief

Fläche:
10,857 km²
Einwohner:
25 589
Verwaltung:
Bezirk Altona, Kerngebiet
Ortsteile:
214–216

So ganz sicher ist der Ursprung des Stadtteilnamens nicht. Vielleicht ist er auf den Ritter Otto von Bahren zurückzuführen, der in Ottensen gelebt und in der nördlichen Feldmark Felder besessen haben soll, oder ist Bahrenfeld von Bornfeld (= Quellenfeld) abzuleiten? In dem Gebiet mit Weiden und Mooren soll es viele Quellen und Bäche gegeben haben. Aber auch die Deutung „bares" (= unbebautes, freies) Feld ist möglich.

Aus der Geschichte

1256 wurde das kleine Bauerndorf mit fünf Hufen und fünf Halbhufen zwischen *Von-Sauer-Straße* und *Bahrenfelder Chaussee* zum ersten Mal urkundlich erwähnt (für Hufen s. Spadenland). Viele Funde aus vorgeschichtlicher Zeit lassen aber darauf schließen, dass es hier schon sehr lange eine Siedlung gegeben hat. Bahrenfeld gehörte ebenso wie Altona und Ottensen zur **Herrschaft Holstein-Pinneberg** und war zwischen dem 14. und 16. Jahrhundert mehrfach an Hamburg, Hamburger Bürger oder das Kloster Harvestehude verpfändet. Ab 1640 stand das Dorf unter der Herrschaft der dänischen Könige. 1867 kam es mit der **Stadt Altona** zur preußischen Provinz Schleswig-Holstein. Seitdem erhielt Bahrenfeld verschiedene militärische Einrichtungen auf dem Gebiet zwischen *Bahrenfelder Chaussee* und *Theodorstraße*, darunter das Bekleidungsamt, Pferdeställe und die Remisen der Feldartillerie *(Theodorstraße 41)*, eine Kaserne *(Luruper Chaussee 45)* sowie das Proviantamt *(Bahrenfelder Chaussee 49)*.

Im selben Jahr 1867 fand die Eröffnung der

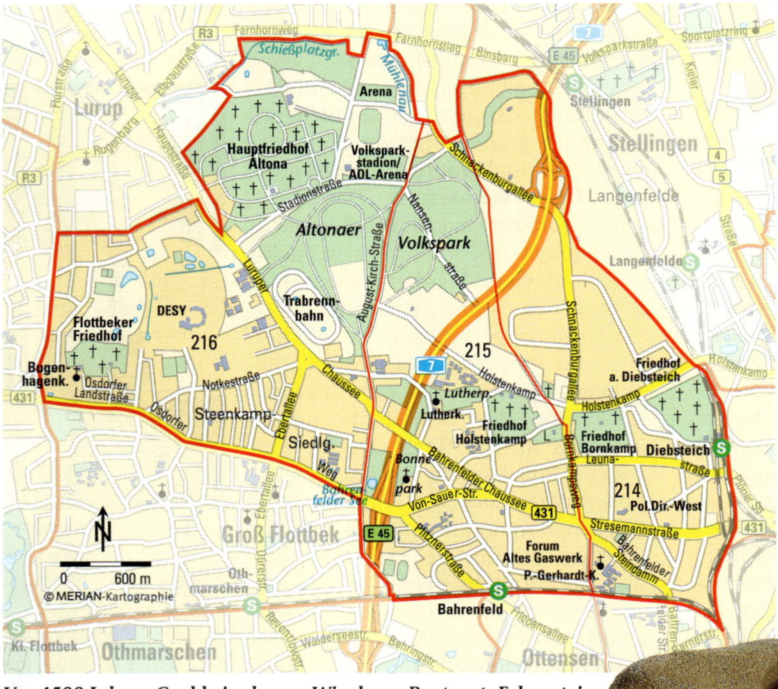

Vor 4500 Jahren Grabbeigabe am Winsberg: Bootsaxt, Felsgestein

Eisenbahnlinie Altona–Blankenese statt. Der Bahnhof wurde zum Ausgangspunkt für die städtische Erschließung des Geländes. Südlich der Bahnlinie ließen sich nach der Ausweisung dieses Gebiets für **Industrieansiedlungen** die ersten Betriebe nieder. Es handelte sich hauptsächlich um Maschinenfabriken und Metall verarbeitende Unternehmen. Damit einher ging der Bau der vorstädtischen Wohnhäuser nördlich des Bahnhofs sowie der Arbeiterwohnblocks am *Bahrenfelder Steindamm* und an der *Stresemannstraße*. 1890 erfolgte die Eingemeindung Bahrenfelds nach Altona, und Anfang des 20. Jahrhunderts bekam die ganze Gegend mehr und mehr die Funktion eines **Stadterweiterungsgebiets**. Mit der zunehmenden Ansiedlung von Arbeitsstätten wurde eine gezielte Bebauung mit Wohnhäusern notwendig. So begannen genossenschaftliche Bauvereine die Errichtung vorstädtischer Arbeitersiedlungen im Süden und Osten des Stadtteils. Im Westen entwickelten sich bürgerliche Wohnquartiere. Ebenso wie die anderen zu Altona gehörenden Stadtteile und Altona selbst kam Bahrenfeld mit dem Groß-Hamburg-Gesetz 1937/38 zu Hamburg. Das heutige Bahrenfeld besteht zu je etwa 40 Prozent aus Grünflächen und Gewerbe-, Industrie- und Verkehrsgebiet, die übrigen 20 Prozent sind Wohnviertel.

Heute schon Geschichte ist der **Tanzpalast Elite**, der bis Anfang der 1970er Jahre am Beginn des *Bahrenfelder Kirchenwegs* stand. 1952 als Lichtspielhaus „Pinguin“ mit 546 Plätzen errichtet, hieß das Kino später „Elite Kino“; Anfang der 1960er Jahre wurde es dann zum legendären Tanzpalast „Elite“ umgebaut. „Der Tanzpalast hatte für Bahrenfeld die gleiche Bedeutung, die der ‚Star Club‘ für St. Pauli hatte“, betont Uwe Reiser, der um die Ecke vom Tanzpalast aufgewachsen ist. Hier spielten ihrerzeit so bekannte Beat-Gruppen wie „The Hound Dogs“, „The Fountains“, „The Sharks“, „The Rattles“ oder „The Nightshadows“. Eine Zeit lang gab es sogar einen Schießstand im Vorraum, an dem die jungen

Das Gelände des ehemaligen Gaswerks ist Bahrenfelds neuer Mittelpunkt – Wohnen, Arbeiten und Freizeitmöglichkeiten ganz dicht beieinander

Vergangener Glanz – der Tanzpalast Elite war in den 1960er Jahren Bahrenfelds Ausgehhochburg

Zeitleiste

1256 erste urkundliche Erwähnung

1640 Bahrenfeld wird dänisch (Herrschaft Pinneberg)

1867 Bahrenfeld wird preußisch (Provinz Schleswig-Holstein)

1867 Eröffnung der Eisenbahnlinie Altona–Blankenese

1890 Eingemeindung in die Stadt Altona

1892 Gründung des Altonaer Spar- und Bauvereins

1898 Anschluss an das Straßenbahnnetz

ab 1914 Anlage des Altonaer Volksparks

1922 Gründung der SAGA

1937 Hamburger Stadtteil

1970er Jahre Teilung des Stadtteils durch Bau der A 7

1990er Jahre Beginn der Umgestaltung ehemaliger Industriehöfe

2000/2001 Umgestaltung des Gaswerkgeländes

Männer der Dame ihres Herzens eine Rose schießen konnten. Ende der 1960er Jahre wurde die Tanzbar in „Hit-Center" umbenannt, konnte aber an alte Erfolge nicht anknüpfen und wurde nach wenigen Jahren abgerissen.

Zeugen der Architekturgeschichte

An das ursprüngliche Dorf und die Landhäuser, die Altonaer und Hamburger Bürger im 18. Jahrhundert in Bahrenfeld errichten ließen, erinnert heute nichts mehr im Stadtbild. Ein Zeugnis aus dem frühen 19. Jahrhundert ist der ehemalige **Gasthof Waidmannsruh** am *Bahrenfelder Kirchenweg 84*, der jedoch im Laufe der Zeit mehrfach umgebaut wurde. Das biedermeierliche Gartenlokal war ein beliebtes Ausflugsziel.

Besondere Bedeutung erlangte Anfang des 20. Jahrhunderts der Wohnungsbau in Bahrenfeld. U.a. errichtete der 1892 gegründete **Altonaer Spar- und Bauverein** von 1905–12 die Großsiedlung *Bahrenfelder Kirchenweg/Woyrschweg/Mendelssohnstraße* – heute auch **Bahrenfelder Dreieck** genannt. Statt des bis dato häufig betriebenen lukrativen Spekulationsbaus mit hohen Wohnhäusern entstanden hier maximal dreigeschossige Miets- und Reihenhäuser mit Backstein- oder heller Putzfassade. Außerdem hatten die Häuser Vorgärten, und die rückwärtigen Teile der Grundstücke wurden zu großen Nutzgärten zusammengelegt. Heute stehen die großzügigen Innenhöfe den Bewohnern als gemeinschaftlich nutzbare Grünbereiche offen. Die gartenstadtähnliche Siedlung ist das Vorzeigeprojekt des Altonaer Spar- und Bauvereins und wird als eine der bedeutendsten Leistungen des genossenschaftlichen Wohnungsbaus in Hamburg und Umgebung angesehen. Allerdings waren die Wohnungen für den gemeinen Arbeiter kaum erschwinglich, sondern wurden überwiegend von Angestellten, Beamten oder Facharbeitern mit höherem Einkommen bewohnt.

In den 1920er Jahren sorgte der Altonaer Bausenator **Gustav Oelsner** im Rahmen der Altonaer Stadtplanung mit seinen Wohnblocks für einen vorbildlichen sozialen Wohnungsbau. Ein Beispiel ist der an beiden Enden abgewinkelte Zeilenbau *Schützenstraße 53–69* aus den Jahren 1925/26. Dieses Haus ist als Ergänzung der beeindruckenden Reformwohnanlagen des Altonaer Spar- und Bauvereins in der *Schützen-* und der *Leverkusenstraße* sowie dem *Bessemerweg*

Die SAGA-Hochhäuser an der Sibeliusstraße sind schon von der S-Bahn aus zu sehen. Rechts: Eindrucksvoll präsentieren sich die Wohnbauten an der Ecke Stresemannstraße/Schützenstraße

zu sehen, die ab 1913 errichtet wurden. Das Gebiet zwischen *Leverkusen-* und *Stresemannstraße* besteht aus vier- und fünfgeschossigen Backstein-Wohnblocks, entlang der *Schützenstraße* auch in barockisierenden Formen mit mächtigen Satteldächern, großen Giebeln und Erkern. Da das Viertel von Gewerbeflächen, der viel befahrenen *Stresemannstraße* und den Gleisanlagen von S-Bahn

und AKN umgeben ist, müssen die Bewohner viel Lärm hinnehmen.

Am Beginn der *Lyserstraße* errichtete der Architekt **Karl Schneider** Ende der 1920er Jahre mehrere dreigeschossige Zeilenbauten und Reihenhäuser. Die Dachterrassen, Fensterbänder und Flachdächer sind typisch für die Vorkriegsmoderne. Die Siedlung war für Bewohner mit mittlerem Einkommen gedacht. Heute sind die Häuser durch verschiedene Modernisierungsmaßnahmen stark verändert. Sein eigenes Wohnhaus baute Schneider übrigens ganz in der Nähe, in der *Grünewaldstraße 11*. Durch den Bau der Autobahn ist dieses bereits im Villenquartier befindliche Haus von dem Wohngebiet in der *Lyserstraße* abgeschnitten worden.

Die Steenkamp-Siedlung

Idylle mitten in der Stadt – das findet man in Bahrenfeld, und zwar in der beliebten **Steenkamp-Siedlung**. Zwischen *Notkestraße* und *Osdorfer Weg*, geteilt durch die *Ebertallee*, entstanden 1914–26 in drei Bauabschnitten überwiegend zweigeschossige Reihenhäuser mit in Pastellfarben gehaltenen, meist beigefarbenen Putzfassaden, Vorgärten und Nutzgärten hinter den Häusern, verbunden durch einen Düngerweg. 1919–22 war die „Gemeinnützige Aktiengesellschaft für Angestellten-Heimstätten GAGFAH" Bauträger der Siedlung. 1922 gründete die Stadt Altona die „Gemeinnützige Siedlungs-Aktiengesellschaft Altona SAGA", die den Rest der Siedlung fertig stellte. Aus der damaligen SAGA wurde 1972 die „SAGA Siedlungs-Aktiengesellschaft Hamburg", der die Häuser heute noch gehören. Die **Gartenstadt-Siedlung** mit rund 750 Wohneinheiten war eine Alternative zum städtischen Geschoss-

In der Mendelssohnstraße findet man ein schönes Beispiel für eine „Hamburger Burg".
Rechts: Eine Siedlung ganz besonderer Art ist die Steenkamp-Siedlung: Hier lebt man nicht nur zusammen, sondern organisiert auch gemeinsame Veranstaltungen

Am Riemenschneiderstieg stehen die ersten Häuser der Siedlung

wohnungsbau. Eigentlich als Wohnquartier für Soldatenfamilien gedacht, wurde sie jedoch von Anfang an vom Mittelstand bewohnt. Die ursprüngliche Idee war, dass die Häuser den Bewohnern, die eine Kaufmiete zahlten, irgendwann gehören sollten. Dies konnte nicht in die Tat umgesetzt werden, aber die Mietverträge sind vererbbar.

Für die meisten Bewohner ist es eine Selbstverständlichkeit, dass sie z.B. Reparaturen oder Verschönerungen an ihren Häusern selbst vornehmen. Sie sind auch sehr rege, wenn es um gemeinsame Aktionen geht. So feiern sie Kinderfasching und Tanz in den Mai, veranstalten den **Steenkamplauf**, ihren Laternenumzug

Rund um den Altonaer Volkspark

Was der Stadtpark für Winterhude ist, das haben die Altonaer mit ihrem Volkspark in Bahrenfeld – ein großzügig angelegtes Areal, das nicht nur von den Bahrenfeldern gern zur Erholung genutzt wird

Von jeher gehört der Sport zum Volkspark. Oben: Das neue Volksparkstadion heißt zurzeit „AOL-Arena". Rechts: Pferderennen auf der Trabrennbahn ziehen viele Schau- und Wettlustige an

Bereits 1895 war die Entscheidung für die Einrichtung eines großen Volksparks in der Stadt Altona gefallen. Der steigende Zuzug von Arbeitern hatte zum Bau von Großsiedlungen geführt. Als Ausgleich sollte eine große Grünfläche bereitgestellt werden. Heute ist der Park nicht nur der größte Park Hamburgs, sondern auch der **größte Waldpark Deutschlands**.

Der hügelige und mit Lichtungen und kleinen Schluchten z.T. sehr urwüchsige Park wurde ab 1914 von Altonas erstem Gartenbaudirektor **Johannes Ferdinand Tutenberg** auf dem Gelände „Gayens Tannen" angelegt, das der Familie des Altonaer Reeders Theodor Gayen gehörte. Tutenbergs Anliegen war es, einen Naturpark zu gestalten. In seiner Konzeption spielten die Bedürfnisse der Bevölkerung die größte Rolle – ein Nutzpark für die Menschen mit großen Wiesen sowie Sport- und Spielflächen sollte entstehen. Der Haupteingang zum Park befindet sich in der *August-Kirch-Straße*.

Dahinter findet man ein großes Beet, das die Besucher im Frühjahr mit Tausenden von blühenden Narzissen begrüßt. Auf den vielen Waldwegen und Pfaden kann man den Park stundenlang durchstreifen. Im Ostteil entstand nach dem Ende des Ersten Weltkriegs der **Schulgarten** mit einer großen gepflanzten Landkarte von Schleswig-Holstein – heute ist sie gepflastert. Im *Schulgartenweg* findet man auch die alteingesessene **Wildstaudengärtnerei Flathmann**. Auf ihrem etwa 1 ha großen Gelände und in dem 1200 m² großen Gewächshaus werden Gärtnereiführungen und Picknicks angeboten.

Unbestrittene Hauptattraktion des Volksparks und weit über Hamburgs Grenzen hinaus bekannt ist **Europas größter Dahliengarten** an der Ecke *Luruper Chaussee/Stadionstraße*. Hier blühen im Spätsommer über 13 000 Dahlien, die alle im Herbst zum Überwintern aus den Beeten genommen werden. Im nordöstlichen Waldteil findet man zwischen Laubhecken und Terrassen eine Anhöhe mit Aussichtsplattform, die nach dem Schöpfer des Parks Tutenberg genannt wird. Es handelt sich um eine Gedenkstätte für die im Ersten Weltkrieg gefallenen Altonaer. Einen weiteren Aussichtspunkt bildet die südlich davon gelegene **Birkenhöhe**. Den schönen Blick auf die Stadt kann man allerdings nur genießen, wenn die Bäume keine Blätter haben. Unterhalb der Birkenhöhe, an der *Schnackenburgallee* am Parkplatz Braun, kann man sich seit 1985 auf dem Sechs-Loch-Golfplatz des Golf Teams Hamburg beim Golfspiel üben.

Im Norden des Parks wurde in den 1920er Jahren der Vorläuferbau des heutigen **Volksparkstadions** (zurzeit „AOL-Arena“) fertig gestellt. Er fasste bereits 40 000 Besucher und erhielt nebenan eine Freifläche für Sport und Spiel sowie das große Planschbecken und das Stadionbad, die beide dem Stadionumbau von 1998–2001 weichen mussten. Seit 1963 ist die AOL-Arena Heimstatt des **HSV**, und auch der **FC St. Pauli** kommt zum „Derby“ – wenn beide in derselben Liga vereint sind. Seit einigen Jahren spielen die **Hamburg Blue Devils** hier American Football. Heute haben auf den komplett überdachten Tribünen bis zu 55 000 Zuschauer Platz.

Der wunderschöne Dahliengarten im Altonaer Volkspark ist weit über Hamburgs Grenzen hinaus bekannt

Grabpflege auf dem Altonaer Hauptfriedhof im Volkspark

Das neueste Bauprojekt im Volkspark, gegenüber dem Stadion auf der nördlichen Seite der *Sylvesterallee*, ist die Errichtung der 42 000 m² großen **Color Line Arena** mit 15 000 Plätzen. In der Mehrzweckhalle sollen ab Ende 2002 Spitzen-Eishockey und Konzerte stattfinden.

Der ebenfalls von Tutenberg geplante **Hauptfriedhof Altona** mit Haupteingang in der *Stadionstraße* wurde Anfang der 1920er Jahre angelegt und ist wie der Ohlsdorfer ein kommunaler, an keine Konfession gebundener Friedhof.

Im Süden steht seit 1880 die traditionsreiche **Bahrenfelder Trabrennbahn**. Hier finden donnerstags und sonntags Pferderennen statt und des Öfteren auch Freilichtkonzerte. Übrigens wohnt auch Kurt Hörmann, einer der berühmtesten Trabrennfahrer Deutschlands, in Bahrenfeld.

Wahlverhalten

... zur Bürgerschaft 2001 (gesamt)

Wahlbeteiligung	71,0%
SPD	36,5%
CDU	26,2%
Schill-Partei	19,4%
Grüne/GAL	8,6%
FDP	5,1%
Übrige	4,2%

... zur Bürgerschaft 2001 (Stadtteil)

Wahlbeteiligung	70,3%
SPD	42,0%
CDU	20,3%
Schill-Partei	16,6%
Grüne/GAL	11,4%
FDP	4,0%
Übrige	5,6%

Stadtteil-Profil

	Bahrenfeld	Bezirk	Hamburg
Bevölkerung gesamt (2000)	25 589	240 102	1 704 929
Unter 18-Jährige in %	14,5	16,5	16,1
65 Jahre und älter in %	15,8	17,0	17,0
Deutsche	20 855	197 923	1 432 325
Ausländer in %	18,5	17,6	16,0
Einwohner je km²	2375	3066	2258
Sozialstruktur			
Sozialhilfeempfänger (2000)	1723	15 896	120 461
Arbeitslose (2001)	1238	10 739	71 963
Eink. je Steuerpfl. in DM (1995)	54 597	75 345	65 579
Wohnen (2001)			
Wohngebäude	3292	33 737	226 061
Ein- und Zweifamilienhäuser in %	18,6	23,6	20,5
Ø Wohnungsgröße in m²	65,3	75,0	71,0
Wohnfläche je Einwohner in m²	31,9	36,6	35,7
Verkehr			
Private Pkw (2001)	8619	84 981	628 119
Straßenverkehrsunfälle (2000)	299	1590	12 430
Kriminalität			
Straftaten insgesamt (2000)	3977	31 664	284 272

im Herbst und vieles mehr. Darüber hinaus finden im **Steenkampsaal** regelmäßige Veranstaltungen statt wie z.B. Gymnastik oder Squaredance mit den „Elbe Beach Hoppers“. Im Jahr 2000 feierten die „Steenkamper“, wie sich die

Mittelpunkt der Steenkamp-Siedlung ist der idyllisch gelegene Platz am Steenkamp

Bewohner auch nennen, das 80-jährige Jubiläum ihrer Siedlung mit einem großen Fest.

In der *Ebertallee* befindet sich seit 1919 das im neoklassizistischen Stil erbaute Ledigenheim des Hamburger Architekten **Friedrich Ostermeyer**. Das Haus diente früher als Wohnhaus für erwerbstätige Frauen. Heute haben einige Bewohner mehrere der sehr kleinen Wohnungen gemietet und sie zum Teil per Durchbruch verbunden.

Das Zentrum der Siedlung bildet der *Platz am Steenkamp*, von jeher Vogelweide genannt. Hier gibt es noch heute den Versammlungssaal und die Gaststätte „Lindenkrug“. Früher konnte man noch beim Schlachter, beim Bäcker und im Kaufhaus der Konsumgenossenschaft „Produktion“ einkaufen. Seit 1923 sind die Steenkamper in der **Heimstättervereinigung Steenkamp e.V.** organisiert, die ihre gemeinsamen Interessen gegenüber der SAGA vertritt. Heute steht die Siedlung unter Milieuschutz. Es ist also gewährleistet, dass sie auch in Zukunft so ursprünglich wie möglich erhalten bleibt.

Stadtteilleben für alle

Jeden Dienstagnachmittag dringt aus dem Gemeindesaal der Bugenhagenkirche ganz im Westen Bahrenfelds der Gesang des **Hamburger Lotsenchors**. Die Sänger des 1996 gegründeten Chors sind alle früher einmal als Kapitäne auf großer Fahrt auf den Weltmeeren unterwegs gewesen und zum großen Teil heute noch als Lotsen im Hamburger Hafen und auf der Elbe tätig. Wenn sie ihre

Shantys singen, dann haben sie eine Ahnung davon, worüber sie singen – von der harten Zeit auf den Segelschiffen im 19. Jahrhundert. Mittlerweile haben sie ihre zweite CD veröffentlicht und treten nicht nur in Deutschland, sondern auch im Ausland auf.

Die ev.-luth. **Luthergemeinde** mit der 1910 von Julius Faulwasser, dem Wiedererbauer des 1906 abgebrannten Michels, errichteten Lutherkirche engagiert sich im Stadtteil nicht nur mit dem Kindertagesheim und verschiedenen Veranstaltungen für Senioren. Sie ist auch sehr aktiv in der Jugendarbeit. Die Jugendlichen haben mit dem **Gemeindehaus Luther King** in der *Lyserstraße* einen Ort, an dem sie sich einfach nur so treffen, aber z.B. auch an der Fotogruppe oder den Jugendreisen im Sommer teilnehmen können. „Die Arbeit in dem Gebiet um die *Lyser-* und die *Sibeliusstraße* ist uns besonders wichtig, weil hier die sozial Schwächeren und viele Aussiedler leben“, betont Pastor Klaus Peter Wehde. Am *Holstenkamp* betreibt die Luthergemeinde in Kooperation mit dem Arbeitsamt seit rund zehn Jahren einen Gartenbaulehrgang zur Förderung von lernschwachen Schülern, die hier eine Lehre machen können. „Die Erfolgsquote ist sehr hoch. Nach der Ausbildung erhalten rund 90 Prozent der Schüler eine Arbeitsstelle“, freut sich Pastor Wehde. Außerdem wird jedes Jahr auf der *Lutherhöhe* das traditionelle Sommerfest der Gemeinde, das mittlerweile zum Fest für die ganze Gegend geworden ist, gefeiert. Und an einem Sonntag im Spätsommer gibt es einen **Waldgottesdienst** im *Luthergrund* mit anschließendem Kaffeetrinken und Kuchenessen.

Die Lutherkirche von 1910 zeigt gelungenen Neubarock.
Links: Nebenan trifft man sich im Lutherhaus zum offenen Kaffeetreff für Eltern und Kinder – bei gutem Wetter findet das Ganze draußen statt.
Unten: Die Kindertagesstätte „Im Volkspark“ liegt mitten in der Natur

Weitere umfangreiche Jugendangebote im Stadtteil bieten das **Jugend- und Freizeitzentrum Bahrenfeld** in der *Bahrenfelder Chaussee*, das Jugendzentrum **Wühlmaus** in der *Notkestraße* und das neue Jugendzentrum vom Jugendcafé Altona beim S-Bahnhof Bahrenfeld. Aber auch die kleineren Kinder kommen nicht zu kurz. Neben den vielen Kindergärten, u.a. von der Paul-Gerhardt-Kirche, dem Bewegungskindergarten vom Verein aktive Freizeit e.V. oder dem Bewegungsintegrationskindergarten des SC Ottensen in der Schule Mendelssohnstraße (s.u.) und der Kindertagesstätte der Rudolf-Ballin-Stiftung „Im Volkspark“, findet man in Bahrenfeld zahlreiche Spielplätze wie den **Abenteuerspielplatz** des Vereins Spielgelände Bonnepark e.V. in der *Baurstraße*.

Jede Menge guten Lesestoff für Groß und Klein, aber auch mal eine Märchenvorlesestunde oder andere Aktionen organisiert die **Büba** (Bücher-

Der Hamburger Lotsenchor übt wöchentlich in der Bugenhagenkirche

ausgabestelle Bahrenfeld) an der Ecke *Pfitznerstraße/Mendelssohnstraße*. Die Büba ist zwar klein, hat sich aber als Nachfolger für die aufgrund von Sparmaßnahmen 1997 geschlossene Bücherhalle etabliert.

Das ehemalige Gymnasium Bahrenfeld ist aus dem Stadtteil weggezogen und befindet sich heute in der *Eckernförder Straße* (s. Altona-Nord). Dennoch gibt es in Bahrenfeld gute und aktive Schulen. Die Schule in der *Regerstraße* veranstaltet jährlich auf dem Schulhof das **Osterfeuer**, das mittlerweile auch zu einem Stadtteilfest geworden ist, bei dem sich Vereine und Luthergemeinde engagieren. Der Erlös wird für die Jugendarbeit im Stadtteil verwendet. Daneben gibt es u.a. noch die Max-Brauer-Schule, in deren Nachbarschaft in Ottensen der ehemalige Altonaer und spätere Hamburger Bürgermeister geboren wurde, die über 40 Jahre alte Schule für Schwerstbehinderte am *Kielkamp*, die August-Hermann-Franke-Schule in der *Händelstraße* und die Grundschule in der *Mendelssohnstraße*, die seit einigen Jahren eine Integrationsschule ist. In dieser Schule hat auch die Jugendmusikschule ihren Sitz.

Beim Sommerfest in der Schule Regerstraße haben alle Beteiligten viel Spaß

Seit über 80 Jahren ist die **Großstadt-Mission Hamburg-Altona e.V.** in der Jugend- und Behindertenhilfe aktiv. In verschiedenen Wohngruppen werden vor allem Menschen mit unterschiedlichen Behinderungen betreut. Die sozialpädagogische Familienhilfe unterstützt nicht nur in Krisensituationen, sondern auch bei Erziehungsfragen, und die verschiedenen Jugendhilfezentren bieten z.B. Elterntreffs oder Mutter-Kind-Betreuung. Bereits 1934 hatte die Großstadt-Mission im *Bahrenfelder Kirchenweg 51* ein Kinderheim eingerichtet. Heute befindet sich hier u.a. die Verwaltung der Großstadt-Mission sowie eine betreute Wohngruppe und eine Kinder-Tagesbetreuung.

Zum Stadtteil gehören auch der Ortsverband Hamburg-Altona des Technischen Hilfswerks in der *Notkestraße* und der Kreisverband Hamburg-Altona des Deutschen Roten Kreuzes in der *Langbehnstraße*. Nebenan hat der Altonaer Spar- und Bauverein seinen Service-Hof mit Handwerkern, die Geschäftsstelle befindet sich in der *Bahrenfelder Chaussee*.

Übrigens werden in der *Mendelssohnstraße 13* in einem alten Fabrikgebäude die Innenaufnahmen für die beliebte Sendung **Großstadtrevier** gedreht. Aber es gibt auch die „echte" Polizei im Stadtteil. In der *Silcherstraße* liegt das Polizeikommissariat 25 und in der *Stresemannstraße* die Polizeidirektion West.

Auch wenn Bahrenfeld ein gut funktionierendes Stadtteilleben hat, gibt es dennoch unerfüllte Wünsche: ein richtiges Ortszentrum mit guten Einkaufsmöglichkeiten, am besten einem Versammlungsraum sowie Platz für einen Wochenmarkt – und natürlich der so sehr herbeigesehnte Deckel für die A 7 (s. Othmarschen). Dafür, dass alle über den Stand der Dinge informiert sind, sorgen die **Bahrenfelder Nachrichten**.

Sportliches Bahrenfeld

Einer der ältesten Vereine Hamburgs ist die **Altonaer Schützengilde**. Sie wurde 1639 während des 30-jährigen Krieges (1618–48) gegründet, um die Altonaer Bevölkerung vor den nun vermehrt umherziehenden Bettlern und Dieben zu schützen. Das heißt aber nicht, dass diese einfach erschossen worden wären. Heute findet im Schützenhaus am Sportplatz

Logo der Fußball-Damenmannschaft des Bahrenfelder Sportvereins

Wichmannstraße jeden Mittwochabend das Übungsschießen statt, jeweils im Oktober veranstaltet die Gilde unter Vorsitz von Lothar Bernhardt das „Königsschießen" und zwei Wochen später den „Königsball". Zum Scharfschießen nutzen die Schützen die Polizeischießstände im Volkspark. Ein prominentes Mitglied der Gilde ist Harry Koop, der Inhaber von „Harry's Fliesenmarkt" in der *Schützenstraße*.

Der **Verein aktive Freizeit e.V.** bietet heute im ehemaligen „Reemtsma Freizeitenzentrum" in der *Bertrand-Russell-Straße* nicht nur für Erwachsene, sondern auch für Jugendliche und Kinder eine ganze Reihe von Sport- und Gesundheitskursen, auch im Schwimmbad, an. Man kann aber auch einfach nur zum Freizeitspaß schwimmen gehen oder das moderne Fitness-Studio nutzen.

Der **Bahrenfelder Sportverein von 1919** nutzt die Sportanlage an der *Baurstraße*. Stark im Frauenfußball, gibt es aber auch jede Menge weitere Angebote wie Rücken- und allgemeine Gymnastik, Volleyball, Tischtennis sowie Fußball aller Altersklassen. Das Besondere beim BSV 19 ist, dass, wie in der Satzung verankert, alle Abteilungen eigenverantwortlich sind und sich finanziell selbst tragen. Auch beim **Bahrenfelder Turnverein von 1898** kann man sich bewegen, z.B. beim Herzsport, Kinderturnen, Rhönradfahren, Badminton, Volkstanz oder bei der Wasser-Gymnastik. Und beim über 90-jährigen **Tennis- und Hockeyclub Altona/Bahrenfeld** am *Blomkamp* ist jeder, der gern Tennis oder Hockey spielt, gut aufgehoben.

Vom Nutzmüll zur frauenbühne

Im **Forum Altes Gaswerk** findet man den mittlerweile knapp 20 Jahre alten **Verein Nutzmüll e.V.**, der sich für die Verwertung von „Müll" stark macht und z.B. ausgediente EDV-Anlagen annimmt, sie, sofern möglich, aufrüstet und dann an Schulen sowie gemeinnützige Einrichtungen kostenlos abgibt. Die Initiative für das Recyceln von Computern **MÄC** (Mehrweg für ältere Computer), die u.a. vom Verein Mook Wat e.V. und den Elbe Werkstätten (s. Marmstorf) unterstützt wird, wurde 2000 mit dem Hanse Umweltpreis und 2001 von Greenpeace mit einem Öko-Label ausgezeichnet. Für den Verein arbeiten über 100 Langzeitarbeitslose, darunter einige Schwerbehinderte, deren Chancen, im Anschluss an ihre Mitarbeit einen regulären Arbeitsplatz in der Wirtschaft zu ergattern, durch die „MÄC"-Tätigkeit steigen sollen. Die angeschlossene Bar, die 1997 eröffnet wurde, ist das erste **Recyclingkaufhaus** Hamburgs mit Cafébetrieb. Hier kann man nicht nur aufgearbeitete alte Möbelstücke oder Fahrräder kaufen, Kaffee trinken und den Mittagstisch nutzen, sondern einmal im Monat sich mit Kabarett oder Comedy auch kulturell unterhalten lassen. Eine enge Zusammenarbeit besteht mit dem **Job Club Altona**, der ebenfalls auf dem alten Gaswerkgelände sitzt und Arbeitsuchenden konkrete Hilfe anbietet.

Schauspielbegeisterte sind im *Beerenweg 1* bei der **frauenbühne e.V.** – „ama-

Die Schützengilde ist nicht nur zum Schießen da. Jeden Sommer wird beim Vereinshaus das Sommerfest gefeiert

Die Recycel Bar im Gaswerk hat sich zu einem beliebten Bahrenfelder Treffpunkt entwickelt

Bürgergeschichten

„Vom Bahrenfelder See nach Afrika“

Anlässlich der Feiern zum 700-jährigen Bestehen des alten Dorfes erschien 1956 das Bahrenfelder Heimatbuch. Der Journalist W. O. Krüger beschreibt darin seine Erinnerungen an die Legenden, die hier nacherzählt sind

Trotz der Geräuschkulisse von der Autobahn ist der Bahrenfelder See immer noch ein idyllisches Fleckchen

Vor dem Bau der Autobahn noch doppelt so groß wie heute, lud der See im Sommer zum Schwimmen ein. 1914 wurde die tiefste Stelle des Sees ermittelt – 8,54 m

Die Bahrenfelder hatten schon seit frühen Zeiten immer allerlei gruselige Sachen mit sich herumzuschleppen. Die meisten Geschichten sind dann allerdings in den großen Sack der Volksmärchen geworfen worden. Nur die Sache mit dem angeblich grundlosen Bahrenfelder See, die hat sich gehalten:

Als Jungens machten wir uns natürlich auch so unsere Gedanken über dies geheimnisvolle Phänomen, und ich war so eingehend dem Thema nachgegangen, dass ich den Evers, Hans Beuth und anderen Mitschülern ganz ernsthaft erzählte, dass der Bahrenfelder See natürlich grundlos sei, stünde er doch unmittelbar mit dem Victoria-See in unserem damaligen Deutsch-Ostafrika in Verbindung! Und diese Erklärung fanden wir alle einleuchtend.

Schuld an der ganzen Rederei um den Bahrenfelder See war eigentlich der „Altonaische Mercurius“, der in der Nr. 18 von Freitag, dem 31. Januar 1834, Folgendes abgedruckt hatte: „In der stürmischen Nacht vom 24. auf den 25., derselben, welche dem Stördeich bei Grönhude verderblich wurde, sind bei Bahrenfeld (3/4 Stunde von Altona) vier Krüppeleichen, denen später noch eine fünfte nachgefolgt ist, mit Gekrach versunken. Zu bemerken ist, dass diese Bäume an dem Abhang einer ehemaligen Sandgrube standen, deren mooriger Grund, etwa 12 Fuß tief, obgleich mit Gras und Gestrüpp bewachsen, einen unsicheren und schwankenden Boden gewährt. Die durch diesen Erdsturz entstandene bedeutende Vertiefung, in welche die etwa 30 Fuß hohen Eichen versunken sind, ist mit Wasser angefüllt. Einzelne Risse in dem Boden auf der Höhe lassen vermuten, dass noch mehr Erdreich nachsinken werde.“ Das muss dann für Geistergeschichten an langen Winterabenden ausgereicht haben.

Vor uns liegt heute der Bahrenfelder See, der eigentlich ein Teich ist, mit einem durch das Gartenamt gestalteten Ufer und schönen Ruheplätzen. Alles strömt hier eine friedliche Stimmung aus, nichts kann hier neuen Stoff für grausige Geschichten liefern.

teure spielen theater“ richtig. Hier kann jeder – ob Frau, ob Mann – unter Anleitung von Ingeborg Jehle bei Theaterprojekten mitmachen. Die Gruppen entwickeln selbstständig Theaterstücke und führen sie anschließend auf. Auch in der Theaterwerkstatt **Lichthof** – „Theater am Alten Gaswerk“ gibt es nicht nur Vorstellungen, sondern ebenso Workshops, z.B. zum Thema Improvisationstheater, sowie Schauspielunterricht für Laien.

Wirtschaft im Wandel

Bahrenfeld hat sich in den vergangenen Jahren rasant entwickelt. Die alten Industriestandorte sind nach und nach in **Wohn- und Arbeitsparks** verwandelt worden. Mit den neuen Arbeitsplätzen ziehen auch vermehrt junge Menschen in den Stadtteil.

Das ehemalige Kasernengelände mit Bekleidungsamt und später BAT-Zigarettenfabrik und -Forschungsstätte an der Ecke *Bahrenfelder Chaussee/Theodorstraße* heißt heute **Westend-Village** und wurde unter Erhaltung der Industriearchitektur zu Loftwohnungen und Büroflächen umgebaut. Auch das einstige „Königliche Proviantamt“ ein Stück weiter stadteinwärts bekommt nun Lofts und Büros.

Büro- und Gewerbeflächen, wo man hinsieht: Am Albert-Einstein-Ring sind in den letzten Jahren hochmoderne Bürogebäude entstanden. Das Gelände wird auch Innovation Park genannt

Auch auf dem 1892 fertig bebauten Gelände der **Altonaer Gasanstalt** zwischen *Gasstraße*, *Woyrschweg*, *Bahrenfelder Chaussee* und *Daimlerstraße* hat sich nach 100 Jahren viel getan. Seit 1994 stehen die vier schönen alten Hallen und der ehemalige Kohlesilo-Turm unter Denkmalschutz. In den alten Industriehallen sitzen heute u.a. das Fitnesszentrum „Elixia“, das Hotel „Gastwerk“ und verschiedene Firmen, u.a. aus den Bereichen Multimedia und Werbung. Im Nordteil des Forums Altes Gaswerk sind rund 250 Wohnungen entstanden. Hier wurde im Dezember 2000 die *Paul-Dessau-Straße* eingeweiht. 2001 hat der vorerst letzte Bauabschnitt im Westteil begonnen: Die vier Gebäude sind für Einzelhandel und Büros bestimmt. Der schön angelegte Park mit Teich im Zentrum des Forums ist eine Erholungsoase für Anwohner und Beschäftigte.

Komplett modernisiert und umgestaltet: Im Westend-Village kann man heute in einem Loft wohnen oder in schicken Büros arbeiten

Der **Phoenix-Hof** zwischen *Schützen-* und *Ruhrstraße* befindet sich auf dem Gebiet der ehemaligen Ottenser Eisenwerke. Neben verschiedenen Firmen aus dem Medien- und Dienstleistungssektor gibt es hier Einrichtungs-, Möbel- und Antiquitätengeschäfte, z.T. mit Restaurierungswerkstätten, sodass auch mit neuer Nutzung im Phoenix-Hof noch Hämmern und Sägen zu hören ist. Ganz in der Nähe auf dem Gelände des **alten Bahnkraftwerks** in der *Leverkusenstraße 54* ist der historischen Industriearchitektur ebenfalls ein Denkmal gesetzt worden. Aufwändig instand gesetzt, dienen die alten Gebäude heute verschiedenen Firmen aus der Medienbranche.

Auch der **Gewerbehof Bahrenfeld** zwischen *Wichmannstraße* und *Luruper Chaussee*, auf dessen Gelände früher ein Exerzierplatz und ein Pferdelazarett lagen, ist in den vergangenen Jahren umgebaut und erweitert worden. Multimedia- und Werbefirmen, Vertriebs- und Filmproduktionsgesellschaften sorgen zusammen mit Handwerksbetrieben für modernes Gewerbeflair.

Zwischen *Notkestraße* und *Luruper Chaussee* ist

Ein schönes Beispiel für die Umnutzung alter Industriegebäude ist der Phoenix-Hof zwischen Schützen- und Ruhrstraße

Die alte Ottenser Industriebahn in der Ruhrstraße ist längst Vergangenheit

mit zahlreichen Büroflächen der Innovation Park auf dem ehemaligen Gelände der **Reemtsma Cigarettenfabriken** (s. Othmarschen) entstanden. Nur die Bereiche Marketing, Vertrieb sowie Forschung und Entwicklung des Zigarettenherstellers sind in der *Notkestraße* und am *Albert-Einstein-Ring* verblieben.

Futuristisches Hightech mitten in Bahrenfeld: Das DESY ist seit 40 Jahren aktiv

Bahrenfelder Hightech: DESY

Das **Deutsche Elektronen-Synchrotron (DESY)** wurde 1959 als selbstständige Stiftung bürgerlichen Rechts gegründet, der Bau der ersten Anlage erfolgte 1960–64 auf einem ehemaligen Flugplatzgelände. Das Forschungszentrum für Teilchenphysik und Untersuchungen mit Synchrotronstrahlung befindet sich auf dem 47 ha großen Gebiet zwischen *Luruper Chaussee* und *Notkestraße*. Die Stiftung betreibt naturwissenschaftliche Grundlagenforschung mithilfe von Hochenergiebeschleunigern. Für die Forschungen werden zwei Speicherringanlagen genutzt: die unterirdisch verlaufende, 6300 m lange **Hadron-Elektron-Ring-Anlage (HERA)** für Untersuchungen in der Teilchenphysik und der Speicherring **DORIS III** mit einem Umfang von 289 m als Quelle für Synchrotronstrahlung. Im Jahr 2000 stellte DESY in einer Wissenschaftsausstellung anlässlich der EXPO den neuen supraleitenden Röntgenlaser von 300 m Länge vor, der bis 2003 beim DESY aufgebaut wird. In Planung ist der Bau eines 33 km langen Tunnels von Bahrenfeld nach Westerhorn im Kreis Pinneberg. Dort soll es mithilfe des supraleitenden linearen Beschleunigers für **Tera-Elektronenvolt-Energien (TESLA)** möglich werden, auch die Abläufe beim „Urknall" nachzuvollziehen. Das größte je in Deutschland angepeilte Forschungsprojekt soll 3,8 Mrd. Euro kosten. Mindestens 50 Prozent davon werden vom Ausland finanziert. DESY wird zu 90 Prozent vom Bundesministerium für Bildung und Forschung getragen, den Rest steuert die Stadt Hamburg bei. Unter den rund 1400 Mitarbeitern sind 300 Wissenschaftler. Auf dem DESY-Gelände befinden sich an der *Luruper Chaussee* auch einige Physikalische Institute der Universität Hamburg.

Gewerbe zwischen Schnackenburgallee und Rondenbarg

Entlang der *Schnackenburgallee*, am *Winsbergring* und am *Rondenbarg* haben sich viele Gewerbe- und Industriebetriebe angesiedelt. Aus dem *Rondenbarg* beliefert ein wohlklingendes Hamburger Unternehmen fast die ganze Welt mit seinen wertvollen Produkten. Die Firma **Steinway & Sons**, im Jahre 1853 von dem ausgewanderten Seesener Tischlermeister Heinrich E. Steinweg und seinen Söhnen in New York gegründet, wurde 1880 um eine europäische Produktionsstätte in der Hamburger *Schanzenstraße* erweitert. Seit 1928 werden die hochwertigen Flügel und Klaviere in der renommierten Hamburger Steinway-Fabrik am *Rondenbarg* gefertigt.

Nördlich der *Schnackenburgallee* zwischen *Volksparkstraße* und Autobahn wird seit rund 30 Jahren die Müllverbrennungsanlage Stellinger Moor betrieben, deren Schornstein weithin sichtbar ist. Außerdem befinden sich hier ein Klärwerk und ein Recyclinghof.

An der Schnackenburgallee reiht sich ein Gewerbebetrieb an den anderen. Feinstes Handwerk wird beim Klavier- und Flügelhersteller Steinway & Sons am Rondenbarg praktiziert

Immer viel Verkehr

Wie viele andere Stadtteile Hamburgs ist auch Bahrenfeld von großen Durchgangsstraßen wie der *Stresemannstraße*, dem *Osdorfer Weg* und der *Luruper Chaussee* nicht verschont geblieben. Dazu kam Anfang der 1970er Jahre noch die **A 7**, für die der Stadtteil sein Zentrum mit dem alten *Bahrenfelder Marktplatz* und einen großen Teil des Bahrenfelder Sees opfern musste. Viele ältere Bahrenfelder erinnern sich noch gern an das Schlittschuhlaufen auf dem See in ihrer Jugend. Dafür ist die Nahverkehrssituation im Stadtteil umso besser: Es gibt die beiden S-Bahn-Stationen „Bahrenfeld" und „Diebsteich", und mit den Metrobussen 2 und 3 sowie dem Schnellbus 37 kommt man fast überallhin. Im Gespräch ist auch eine neue S-Bahn-Haltestelle zwischen Altona und Bahrenfeld in der Nähe des *Bahrenfelder Steindamms* und der *Gaußstraße*.

Bahrenfelder Entwicklungen

In Bahrenfeld gibt es neben der Umgestaltung und Umnutzung vieler Industrie- und Gewerbehöfe noch weitere bauliche Veränderungen. Das Dreieck zwischen *Schützen-*, *Leuna-* und *Leverkusenstraße* bleibt kleineren Gewerbebetrieben vorbehalten, wird aber z.T. neu bebaut, u.a. entsteht hier ein neues Werk der alteingesessenen Ottenser Farbenproduktion **Maleco**, die 1889 von Max Leonhart gegründet wurde.

Auch auf dem Gelände der Firma **Kühne** an der Ecke *Stresemann-/Schützenstraße* tut sich etwas. Nach dem Großbrand 1995 befindet sich hier nur noch die Unternehmenszentrale mit rund 150 Mitarbeitern. Die Produktion musste ausgelagert werden. So wird der Essig heute in einem neuen Werk in Hagenow (Mecklenburg-Vorpommern) hergestellt. Auf dem rund 35 000 m² großen Grundstück der abgebrannten Fabrik, das die Hamburgische Immobilien Handlung GmbH (HIH) 2000 erworben hat, entstehen von Grünanlagen umgebene Gebäude mit Wohnungen und Büros, u.a. für Medienfirmen, ein Hotel, mehrere Gastronomie-Betriebe und kleine Flächen für den Einzelhandel.

Mitten durch Bahrenfeld verläuft die A 7. Eine gute Verkehrsanbindung, die aber auch Belastungen mit sich bringt

Grüner geht's nicht

Neben dem Altonaer Volkspark verfügt der Stadtteil über eine Menge weiterer Erholungsflächen. So etwa den **Bonnepark**, das

Bornmoor im Norden des Volksparks und den **Lutherpark**, der nach der Wende vom 19. zum 20. Jahrhundert entstanden ist und heute von der A 7 durchschnitten wird. Darüber hinaus gibt es fast überall Kleingartensiedlungen, z.B. am *Holstenkamp*, am *Bornkampsweg*, im Osten des Volksparks bis zur Autobahn und auf deren gegenüberliegender Seite.

Bahrenfeld hat aber nicht nur viele Parks und Grünflächen, sondern neben dem Altonaer Hauptfriedhof (s.o.) noch sechs weitere Friedhöfe. Im Osten schließt sich an die S-Bahn-Linie Richtung Norden der 1868 angelegte **Friedhof am Diebsteich** an. Im Nordteil liegt der große **Zigeunerfriedhof** mit Pavillongrab und vielen Gruften. Der reiche Baumbestand und die geschwungenen Hauptwege lassen den Friedhof wie einen Park erscheinen. Am Haupteingang befindet sich eine Kapelle aus den 1920er Jahren.

Auf dem Altonaer Hauptfriedhof und dem Friedhof am Diebsteich liegen prachtvolle Grabstätten von Sinti und Roma. Rechts: Gastronomische Tradition bietet das alteingesessene „Bahrenfelder Forsthaus"

Der **Friedhof Bornkamp** am *Bornkampsweg* stammt ebenfalls aus der zweiten Hälfte des 19. Jahrhunderts. Zwischen dem Haupteingang in der *Ruhrstraße* und der Kapelle ist das Grabmal des Ottenser Fabrikanten Theodor Zeise zu finden, der in den heutigen Zeisehallen seine Schiffsschraubenfabrik betrieb.

Etwas weiter westlich entstand um 1890 für Ottensen der **Friedhof Holstenkamp**. Die Kapelle liegt im Nordosten des Friedhofs, der dort an den Lutherpark grenzt. Alle drei genannten Friedhöfe gehören zum ev.-luth. Kirchengemeindeverband Altona.

Nördlich des Friedhofs Holstenkamp entstand 1873 der neue **Friedhof der Altonaer Mennoniten**. Auf den ca. 40 historischen Sandstein-Grabplatten weisen viele niederländische Inschriften auf die Herkunft der Glaubensflüchtlinge hin.

Der nicht öffentlich zugängliche **Jüdische Friedhof** an der Ecke *Regerstraße/Bornkampsweg* wurde ebenfalls 1873 angelegt. Dicht an dicht reihen sich hier die vielen Stelen.

Im Westen liegt am *Stillen Weg* der **Flottbeker Friedhof**. 1909 legte man ihn für die Kirchengemeinde Groß Flottbek an. Die Kapelle im Südwesten des Friedhofs wurde Ende der 1920er Jahre errichtet und ist mit schönen kleinen Keramikfenstersäulen ausgestattet.

Köstliche Küche

Zahlreiche Restaurants und Kneipen laden in Bahrenfeld zu kulinarischen Ausflügen ein. So kann man sich im **Tafelhaus** am *Holstenkamp* mit Haute Cuisine auf Sterne-Niveau verwöhnen lassen. Hamburger Küche und feine Spezialitäten serviert das traditionsreiche **Bahrenfelder Forsthaus** in der *Von-Hutten-Straße*. Wer amerikanisches Südstaaten-Flair und die Cajun-Küche liebt, ist im **Graceland** in der *Stresemannstraße* richtig. Spanische Spezialitäten bietet das **Salvador Dalí** in der *Silcherstraße*, und neue deutsch-französische Küche gibt es im **Speisewerk** in der *Gasstraße*. Gut bedient wird der Gast aber auch in den vielen anderen Restaurants im Stadtteil, z.B. im **Einstein** in der *Bahrenfelder Chaussee*.

Wenn es um kulinarische Köstlichkeiten geht, steht das Sterne-Restaurant „Tafelhaus“ an der früheren Straßenbahn-Endstation an erster Stelle

Köpfe

Sehr persönlich und familiär geht es bei **Hans-Werner Fitz** im Eisenwaren- und Haushaltswarengeschäft in der *Bahrenfelder Chaussee 120* zu. Hier bekommt man vom Nagel über die Bohrmaschine und Kochtöpfe bis hin zum Rasenmäher fast alles. So ist denn auch der Slogan „Fitz hat's“ durchaus gerechtfertigt. Der gelernte Eisenhändler ist seit 45 Jahren im Beruf und schon seit 1963 in dem Geschäft, das sein Großvater, Rudolf Fitz senior, 1906 gegründet hat. Hans-Werner Fitz ist aber nicht nur Geschäftsmann, sondern nach Ingeborg Burow auch 2. Vorsitzender des „Bahrenfelder Bürgervereins von 1879“. Der Bürgerverein versucht nicht nur, die Tradition des Stadtteils zu wahren, sondern organisiert auch kulturelle Veranstaltungen.

Bewegung und Integration – das sind die beiden Stichworte, die für **Edith Ströh** eine wichtige Rolle spielen. Die Sonderschulpädagogin gründete 1988 den Kindergarten für soziale Integration und Bewegungserziehung des Sport-Clubs Ottensen in der Integrations-Grundschule Mendelssohnstraße. Hier werden neben 20 Elementar- seit 1992 auch 40 Schulkinder, davon fast ein Viertel mit Behinderung, betreut. Zwischen dem „Bewegungskindergarten/-hort“, der Grundschule und den Kindersportgruppen des SC Ottensen hat die 1. Vorsitzende des Sportvereins eine enge Kooperation aufgebaut.

Seit fast 20 Jahren eng mit dem Frauenfußball des Bahrenfelder Sportvereins verbunden ist **Bärbel Schröder**. 1983 begann sie dort das Kicken und übernahm ein Jahr später die Leitung der Abteilung Frauenfußball. Mittlerweile betreut sie die drei Frauenmannschaften des Vereins. Die Fußballmanagerin ist für die komplette Organisation rund um die Abteilung zuständig, betont aber: „Das alles funktioniert nur mit der Rückendeckung der Mitglieder.“ Die Hamburgerin sitzt außerdem seit acht Jahren im Ausschuss für Frauen- und Mädchenfußball des Hamburger Fußballverbands.

Fast so bekannt wie die Titelzeile des „Hamburger Abendblatts“ ist auch seine Rubrik „Menschlich gesehen“ auf Seite 1, aber kaum einer weiß, dass viele der Porträts von der Illustratorin **Ute Martens** stammen. Schon während des Design-Studiums am Fachbereich Gestaltung der Fachhochschule in der *Armgartstraße* hat die gebürtige Eimsbüttelerin, die seit langem in Bahrenfeld zu Hause ist, Buchumschläge illustriert und an der Volkshochschule Aquarellmalerei gelehrt. Später unterrichtete sie die Erstsemester der Hamburger Modeakademie JAK in Fotografie. Besonders gern gestaltet sie Kinderbücher, und auch die Porträts für das „Abendblatt“ machen ihr sehr viel Spaß.

Bei Hans-Werner Fitz wird man immer gut beraten. Edith Ströh liegen die Kinder im Stadtteil am Herzen, Bärbel Schröder die Fußballdamen des Bahrenfelder Sportvereins und Ute Martens (links) Hamburger Persönlichkeiten

Barmbek-Nord

besteht als Stadtteil erst seit dem Groß-Hamburg-Gesetz von 1937/38. Das alte Gesicht des Arbeiterquartiers der 1920er Jahre mit vielen Kleinwohnungen in typischen Backstein-Etagenhäusern ist noch vielerorts zu finden. Heute zieht der Stadtteil zunehmend junge Leute an, die neuen Schwung mitbringen

Steckbrief

Fläche:
3,914 km²
Einwohner:
37 725
Verwaltung:
Bezirk Hamburg-Nord, Ortsamt Barmbek-Uhlenhorst
Ortsteile:
426–429

„Bernebeke“ war der ursprüngliche Name des Dorfes, aus dem sich die heutigen Stadtteile Barmbek-Nord, Barmbek-Süd und Dulsberg entwickelten. Der Namensteil „Berne“ stammt vermutlich von „Bern“ oder „Born“ (= Quelle). „Bek“ bedeutet „Bach“. Bernebeke lag also an einem Bach – der Osterbek, die ab 1877 kanalisiert wurde und heute Osterbekkanal heißt. Das Zentrum des 1271 erstmalig urkundlich erwähnten Dorfes lag allerdings im heutigen Barmbek-Süd.

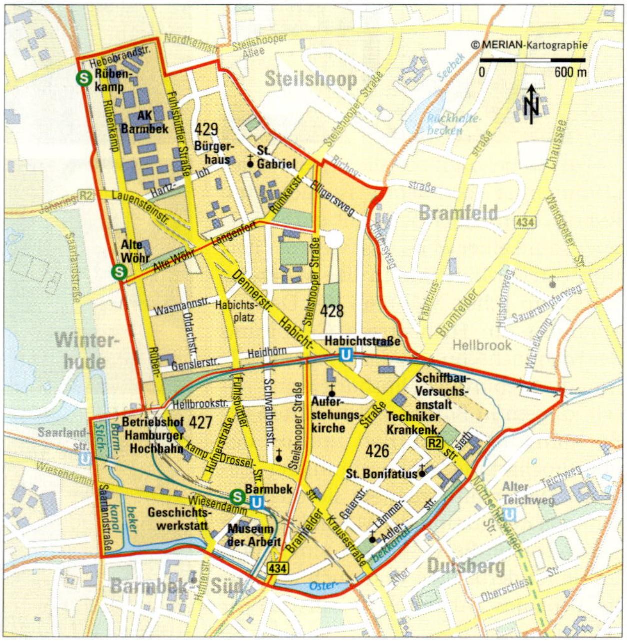

Aus der Geschichte

Barmbek-Nord ist ein noch junger Stadtteil, denn seit dem Bauboom und der großflächigen Erschließung ist gerade mal ein knappes Jahrhundert vergangen. Das alte Barmbek, das sich aus einem Bauerndorf entwickelt hatte, dehnte sich um die Wende vom 19. zum 20. Jahrhundert als nun dicht bevölkerter **Arbeiterstadtteil** mehr und mehr nach Norden und Osten aus und brachte so auch die Besiedlung des nördlichen Teils mit sich. Der Ausbau des Freihafens und der Speicherstadt Ende des 19. Jahrhunderts bedeutete für Tausende Arbeiterfamilien die Zwangsumsiedlung (s. Hamburg-Altstadt). Viele fanden in Barmbek eine neue Heimat. Aufgrund des immer knapper werdenden Wohnungsangebots wurden dort, wo sich bislang nur Weiden und Felder befunden hatten – nämlich im heutigen Barmbek-Nord –, massenweise **Mietshäuser** gebaut. Die große Wohnungsnot nach dem Ersten Weltkrieg – vor allem der Mangel an kleinen und günstigen Wohnungen für sozial schwache Industriearbeiter – führte zu einer gezielten Wohnungsbaupolitik der Stadt Hamburg, die der damalige Oberbaudirektor Fritz Schumacher entscheidend beeinflusste.

Die Neu-Barmbeker bekamen mit einem kilometerlangen Arbeitsweg zweimal täglich einen deutlichen Nachteil ihres Umzugs zu spüren. Obwohl es seit Mitte des 19. Jahrhunderts schon die

Pferdeomnibuslinie vom Barmbeker Markt nach Hamburg gab, gingen viele, weil sie sich die Fahrt mit der Bahn nicht leisten konnten, zu Fuß von Barmbek zum Hafen. Diejenigen, die in der 1871 zwischen Osterbek und dem heutigen Bahnhof Barmbek gegründeten **New-York Hamburger Gummi-Waaren Compagnie** arbeiteten, konnten sich glücklich schätzen. Sie hatten nicht nur einen kurzen Arbeitsweg, sondern auch für die damalige Zeit vergleichsweise gute Arbeitsbedingungen. Das Gemeinschaftsleben der Arbeiter in den Wohnblocks basierte zum größten Teil auf der Zugehörigkeit zur sozialdemokratischen oder (ab 1919) kommunistischen Partei. Die Bewohner des Adolph-von-Elm-Hofs zwischen *Denner-* und *Fuhlsbüttler Straße* z.B. nutzten die Gastwirtschaft an der Nordseite des Blocks als Versammlungslokal.

Mehr als Architektur

Nach Fritz Schumachers Entwürfen entstand das heute größte geschlossene Gebiet des Mietwohnungsbaus aus den 1920er und 30er Jahren in Hamburg: die **Geschosswohnungsbau-Siedlung Habichtsplatz**. Sie bildet den Kernbereich von Barmbek-Nord und prägt die Erscheinung des gesamten Stadtteils. Eine architektonische und sozialgeschichtliche Besonderheit des Massenwohnungsbaus sind die **Laubenganghäuser**. Durch die Laubengänge entlang der Hofseite gibt es keine im Gebäude liegenden Treppenhäuser, jede Mietpartei hat ihren eigenen Außenzugang. Das erste Haus dieser Art in Hamburg wurde nach englischem Vorbild vom Architekten Paul A. R. Frank am *Heidhörn* gebaut. Die Gebäude waren mit kleinen Wohnungen für ärmere Mieter ausgestattet und galten als sehr fortschrittlich. Sie verfügten bereits über Gemeinschaftseinrichtungen wie Waschküchen, Badeanlagen und Dachgärten. Ein weiteres Beispiel für den Massenwohnungsbau ist der 1926 entstandene **Adolph-von-Elm-Hof**. Im Zweiten Weltkrieg zerstört, wurde er, wie die meisten anderen zerbombten Gebäude des Stadtteils, originalgetreu wieder aufgebaut. Der ursprünglich in einer Pfeilerlaube am Blockrand aufgestellte Rattenfängerbrunnen von Richard Kuöhl war der Versuch, die strenge Architek-

Ein Wahrzeichen Barmbek-Nords: Der Kopfbau der Margarinefabrik Voss vor der Techniker Krankenkasse

Der Adolph-von-Elm-Hof mit der Skulptur von Richard Kuöhl. Unten: Schumacher-Wohnblocks am Habichtsplatz

Das erste Laubenganghaus Hamburgs bei Sonnenschein und in der Dämmerung. Rechts unten: die Auferstehungskirche im Tieloh

tur durch plastische Kunst aufzulockern. Heute fristet der Brunnen in der *Schwalbenstraße 64–66* jedoch ohne fließendes Wasser sein Dasein. Eine weitere Skulptur Kuöhls an der Südostecke des Adolph-von-Elm-Hofs stellt einen arbeitenden Schmied mit Hammer dar und nimmt somit Bezug auf das soziale Milieu der Anlage.

Mit der Wohnbebauung errichtete Fritz Schumacher auch Schulen, u.a. die **Volksschule im Tieloh** (1912–14) mit Knaben- und Mädchenschulteil. Die ehe-

malige Mädchenschule war ab 1920 eine der vier Hamburger Reformschulen der Weimarer Zeit. Der **Reformschulgedanke** beinhaltete u.a. konfessionsfreien Unterricht, Lehrplanfreiheit und die Anregung der Schüler zu eigenständigem Denken und Handeln (s. Hoheluft-Ost). Die Schule Tieloh ist auch heute noch davon geprägt. Ein Schwerpunkt ist die handwerklich-technische Allgemeinbildung, z.B. im Bereich der Fahrradtechnik. Ein durch die ZEIT-Stiftung gefördertes Vorhaben ist die Gründung einer Schülerfirma, über die die Schüler ein hochwertiges Fahrrad entwickeln, bauen und verkaufen sollen.

An den Schulbau reiht sich rechts die ev.-luth. **Auferstehungskirche** von 1920. Für den Bau wurde ein neues Konzept verwirklicht. Es sollte nicht nur eine Kirche mit zwei Pfarrhäusern errichtet werden, sondern damit verbunden auch ein Gemeindehaus sowie die Kirchendiener- und Schwesternwohnung. Diese Baugruppe war die erste in Hamburg, die kirchliches, soziales und geselliges Leben vereinte. Die Rundkirche ist eine der ersten Betonkirchen der Stadt. Der Altar steht im Innenraum, sodass der Pastor in den Kreis der Gemeinde integriert ist. 2001 wurde der sanierungsbedürftige Turm der Kirche für ca. 280 000 Euro restauriert.

Der Rattenfängerbrunnen steht heute in der Schwalbenstraße

Ein Industriedenkmal besonderer Art ist der noch erhaltene Eingangsbau der 1910 errichteten **Margarinefabrik Voss** an der *Bramfelder Straße*. Heute gehört das Gebäude, das 1926 fertig gestellt wurde, zum Komplex der Techniker Krankenkasse und beherbergt das umfangreiche Architekturarchiv der Hamburgischen Architektenkammer.

In Barmbek ist was los

In Barmbek-Nord herrscht reges Kulturleben bei Vereinen und Kultureinrichtungen. Der **Bürgerverein zu Barmbek** existiert seit 1859 und unterhält – neben seinem kommunalpolitischen Engagement und Aktivitäten in der Geschichtspflege – viele Angebote für Jung und Alt, z.B. Sportkurse und Informationsabende zu Themen wie Wirtschaftsförderung oder Verkehrssituation im Stadtteil. Der Erste Vorsitzende des Bürgervereins zu Barmbek, Michael Weidmann, betont: „Ein wichtiges, traditionelles Anliegen des Bürgervereins ist es, den Menschen,

Jedes Jahr wieder tummeln sich nicht nur die Barmbeker beim Straßenfest auf der Fuhlsbüttler Straße

die in Barmbek leben, ein attraktives Kulturangebot zu bieten, sodass sie sich auch in ihrer Freizeit gern in ihrem Stadtteil aufhalten. Eine solche Gemeinschaft stärkt das Stadtteilbewusstsein und die Identifikation." Eine weitere Anlaufstelle für die nördlichen Barmbeker ist das **Bürgerhaus** in der ehemaligen Polizeiwache am *Hartzlohplatz*. Sozialpädagoge Ulli Smandek – seit 1991 im Leitungsteam des Bürgerhauses tätig – berichtet davon, dass schon vor dem Einzug des Bürgerhauses in die Wache ein sozialer Geist im Gebäude herrschte: Die Beamten halfen regelmäßig auf die Wache kommenden Schulkindern beim Erledigen der Hausaufgaben. Doch das ist nun schon Stadtteilgeschichte, und das Bürgerhaus ist zu einem Stadtteilkulturzentrum für die Barmbeker geworden, die sich in den Räumen z.B. zum Tai-Chi- oder zum Aquarellkurs treffen. Darüber hinaus bietet das Bürgerhaus kulturelle Veranstaltungen in Zusammenarbeit mit lokalen Künstlern an, z.B. mit Barmbeks erfolgreichem Märchenerzähler Jörn-Uwe Wulf und der Schauspielgruppe Fantastikka von Pamela Schweitzer und Axel Schulz. Das angeschlossene Café ist täglich von 15–22 Uhr geöffnet und hält für die Gäste eine kleine Kuchentheke bereit.

Der Schumacher-Entwurf für die Schule Tieloh

Seit 1987 sind Dieter Thiele und Reinhard Saloch von der **Geschichtswerkstatt Barmbek** mit Hauskatze Amanda und einigen Kollegen dabei, den Bürgern die Geschichte des Stadtteils zu vermitteln. In ihrem gemütlichen Laden an der Ecke *Wiesendamm/Hufnerstraße* sind sie gern bereit, jedem Interessierten alles Wissenswerte über die Stadtteile Barmbek-Nord und Barmbek-Süd zu erzählen. Gleich um die Ecke in der *Poppenhusenstraße* kann man seinen Pass im Ortsamt Barmbek-Uhlenhorst verlängern lassen, und in der **Bücherhalle** nebenan wird man mit Kinderbüchern oder aktuellen Bestsellern wie z.B. mit dem neuesten Roman von John Grisham versorgt.

Im nördlichen Barmbek leben auch ausländische Mitbürger aus den verschiedensten Ländern. Hier tut man viel für ein nettes Miteinander. **Barmbek International** z.B., eine Begegnungsstätte der Arbeiterwohlfahrt in der *Pestalozzistraße*, hat sich die gesellschaftliche Integration von Ausländern und die Verbesserung des Zusammenlebens von Menschen verschiedener Herkunft auf die Fahnen geschrieben. Ob Seminare zu den Themen Arbeit und Beruf oder Gesundheit, Beratung in Familienfragen oder die jährlich stattfindenden **Inter-**

Dieter Thiele und Reinhard Saloch mit Katze Amanda

Zeitleiste

- **1271** erste urkundliche Erwähnung
- **1871** Gründung der New-York Hamburger Gummi-Waaren Compagnie (NYH)
- **1906** Inbetriebnahme des Bahnhofs
- **1915** Fertigstellung des AK Barmbek
- **1943** schwere Zerstörungen durch den Großangriff der Alliierten im „Feuersturm"
- **1997** Eröffnung des Museums der Arbeit auf dem Gelände der ehemaligen NYH

B/B

Logo des Barmbeker Bürgervereins

Bürgergeschichten

„Bürger retten einen Bahnhof“

Interview mit Sigrid Schneider, die seit ihrer Kindheit in der Nähe des S-Bahnhofs Rübenkamp wohnt, über die von vielen Anwohnern unterstützte Rettung des alten Gebäudes

Frau Schneider, wie ging es Ihnen als Anwohnerin, die jahrelang täglich mit der S-Bahn vom Bahnhof Rübenkamp in Richtung Innenstadt gefahren ist, als Sie hörten, dass die Bundesbahn den verfallenen Bahnhof verkaufen will?

Der Verkauf an sich war ja nicht das Schlimmste. Aber als sich kein Käufer fand und das alte Jugendstilgebäude von 1913 abgerissen werden sollte, war ich entsetzt und sehr traurig. Seit meiner Kindheit habe ich die S-Bahn ab Bahnhof Rübenkamp genutzt, bin praktisch mit Blick auf das Bahnhofsgebäude aufgewachsen, und da sollte der einfach so verschwinden. Zum Glück ging es vielen Leuten so. Die Initiative ergriffen hat dann Professor Fritz Hamdorf von der schräg gegenüber an der *Hebebrandstraße* gelegenen Bauschule (die Fachbereiche Architektur und Bauingenieurwesen der Fachhochschule, Anm. der Redaktion). Er gründete 1984 den Verein „Unser Bahnhof“. Es gab eine große Unterschriftensammlung, an der sich sehr viele betroffene Bürger beteiligten. Keiner wollte zulassen, dass der historische Bahnhof einfach so verschwindet.

Nicht nur im Bahnhof Rübenkamp wurde alles renoviert, auch außen gab es eine Menge Arbeit

Was hat der Verein getan, um den Bahnhof zu retten?

Zuerst mal hat er das Gebäude für etwa 200 000 DM gekauft. Die Baukosten betrugen dann nochmal ca. 1 Mio. DM. Glücklicherweise haben die Behörden das Projekt auch finanziell unterstützt, die Holstenbrauerei hat den Bau gesponsert, und es gab viele Spenden, besonders von den älteren Anwohnern, die sehr an dem Gebäude hängen. Die Sanierung war ziemlich aufwändig. Das Gebäude war ja doch ganz schön verfallen und auch viel Holz vom Schwamm durchsetzt. Aber, ich bin mir sicher, für die angehenden Architekten und Bauingenieure der Bauschule war es eine interessante Erfahrung, an so einer Altbausanierung mitzuwirken. Sie haben sich auch handwerklich außerordentlich engagiert.

Sind Sie mit dem Bahnhof nach seiner Restaurierung zufrieden?

Ja, sehr. Wir sind alle froh darüber, dass das alte Gebäude jetzt wieder so schön aussieht. Außerdem haben wir ja mit dem „Schach-Café“ in der ehemaligen Schalterhalle einen tollen Treffpunkt hinzugewonnen. Im Sommer kann man draußen auf der Terrasse sitzen. Über dem Café gibt es auch noch einen Raum, den man für Veranstaltungen mieten kann. Was nicht so angenehm für die Fahrgäste der S-Bahn ist – darüber haben sich auch viele Leute aufgeregt: Der Weg runter zum Bahnsteig ist jetzt nicht mehr überdacht. Man geht nicht mehr durch den Bahnhof durch, sondern draußen über eine Bongossiholztreppe nach unten.

Wissen Sie eigentlich, woher der Rübenkamp seinen Namen hat? Man würde ja vermuten, dass er etwas mit Rüben zu tun hat.

Ganz sicher bin ich nicht. Aber ich habe schon gehört, dass der Bahnhof Anfang des letzten Jahrhunderts auf einem Rübenacker angelegt worden sein soll.

Im Sommer kann man sein Bier in der „Zinnschmelze" neben dem „Museum der Arbeit" gemütlich im Freien genießen

nationalen Kulturtage – Barmbek International hält ein vielfältiges Programm für Familien, Jugendliche und Senioren bereit.

Von der NYH zum Goliath

Nur der Name ist noch geblieben: Wo früher für die „New-York Hamburger Gummi-Waaren Compagnie" Metalle geschmolzen wurden, befindet sich heute das Kneipenrestaurant **Zinnschmelze** mit seinem umfangreichen Veranstaltungsangebot. Bühne ist die Zinnschmelze u.a. für die in Barmbek-Nord beheimatete „Theater Jugend Hamburg" und für Konzerte. Auch Lesungen und Ausstellungen, wie die jährlich im September stattfindende Ausstellung der **Sinnestaumel GbR**, einer Gesellschaft zur Förderung freischaffender Künstler, stehen auf dem Programm. Das Angebot richtet sich an alle Altersstufen.

Bei der Naturschutzjugend des NABU gibt es in Hamburgs Parks immer viel zu entdecken

Ein beliebter Treffpunkt im Norden ist das **Schach-Café** im Bahnhof Rübenkamp. 1913 errichtet, wurde der Bahnhof 1985 von der Bundesbahn aufgegeben und verdankt seine heutige Existenz dem Verein „Unser Bahnhof e.V.", der das Gebäude kaufte, komplett renovierte und dann der Öffentlichkeit als Kommunikationszentrum übergab.

Der Landesverband Hamburg des NABU (Naturschutzbund Deutschland) gründete 2001 die **Naturschutzjugend NAJU Hamburg**, um Kindern die Möglichkeit zu geben, spielerisch und mit viel Spaß die Natur zu erkunden. Das Infozentrum des rund 10 000 Mitglieder zählenden Landesverbands in der *Habichtstraße* informiert über die Projekte, aber auch darüber, was der einzelne Bürger für die Natur tun kann.

Der direkte Kontakt zu den Gemeindemitgliedern ist für Pastor Harald Ehlbeck von der Gemeinde **St. Gabriel** am *Hartzlohplatz* selbstverständlich. Zur Gemeindearbeit vor Ort gehören viele Besuche bei jungen und alten Menschen. Auch die Gemeinde Barmbek-Nord mit der **Auferstehungskirche** im *Tieloh* setzt auf Gemeindearbeit. Die Pädagogin Margit Hell betreut die von der Kirche angebotenen Kindergruppen. Übrigens: Der Vater des in der Nähe des Barmbeker Bahnhofs geborenen Schriftstellers Ralph Giordano war bis 1943 beim Sicherheitshilfsdienst tätig. Bei Nachtdienst war er in der Schule Tieloh neben der Kirche untergebracht. Die ehemalige Tochtergemeinde **St. Bonifatius** im *Lämmersieth* – von ihren Mitgliedern liebevoll „Boni" genannt – ist **Hamburgs Gospelgemeinde**. 1994 gründete Pastor Reinhard Pikora den Chor „Yes, Lord". Jeden ersten Sonntag im Monat findet eine Gospel-

Richtig rund geht es bei den Kunstradfahrern der Sportclubschule Tieloh. Rechts: das AK Barmbek mit seinem markanten Wasserturm

messe statt, und jährlich im Frühherbst treffen sich verschiedene Chöre zum Gospelfestival. Der bekannte Schriftsteller Arno Surminski und seine Frau Traute wechselten sogar die Gemeinde, weil sie sich bei St. Bonifatius so wohl fühlen. Bekannt für ihren Gospelgesang, auch über Hamburgs Grenzen hinaus, ist die seit vielen Jahren im Stadtteil lebende Südafrikanerin **Audrey Motaung**. Wo sie auftritt, reißt die ehemalige Sprecherin Nelson Mandelas das Publikum mit.

Traditionell ist Barmbek **Sporthochburg** (s. Barmbek-Süd). Viele Vereine existieren schon seit Anfang des 20. Jahrhunderts, so der „Sport-Club Urania e.V.“, der „Hamburger Sportverein Barmbek-Uhlenhorst von 1923 e.V.“ und die

So breitschultrig wie die Sportler: das Logo der BKSVG

Barmbeker Kraftsportvereinigung Goliath von 1903 e.V., die aus der Fusion des Barmbeker Kraftsportvereins mit dem Sportclub Goliath hervorgegangen ist und heute ausschließlich asiatische Sportarten, z.B. Judo und Tai Chi, im Programm hat. Die „Sportclubschule Tieloh e.V.“ dagegen ist noch recht jung. Seit 1992 können Kinder und Jugendliche hier Einrad- und Kunstradfahren erlernen. Der 1. Vorsitzende des in Hamburg einzigen Kunstradfahr-Vereins, Gerhard Delkeskamp, bestreitet mit seinen 18 aktiven Kunstradfahrern etwa zehn Wettkämpfe pro Jahr im norddeutschen Raum.

Wirtschaftsleben

In den 1990er Jahren entwickelte sich die *Bramfelder Straße* zu einer kleinen Bürostadt, in der sich u.a. Medien-, Technologie-Firmen und Versicherungen ansiedelten. Seit den 1950er Jahren hat die 1913 gegründete **Hamburgische Schiffbau-Versuchsanstalt** (HSVA) ihren Sitz an der *Bramfelder Straße*. Hier werden originalgetreue Schiffsmodelle auf ihre Seetauglichkeit im offenen Wasser und bei Eisgang geprüft. Die Aufträge kommen weltweit von Werften und Reedern aus der Privatwirtschaft und von öffentlich geförderten Forschungsvorhaben. Mit dem Institut für Schiffbau der Universität Hamburg im *Lämmersieth* gibt es eine enge Zusammenarbeit; viele Studenten absolvieren ein Praktikum bei der HSVA.

Ein weiterer großer Arbeitgeber ist das 1913 an der Straße von Hamburg nach

Spannend wird es in der Hamburgischen Schiffbau-Versuchsanstalt, wenn die Schiffsmodelle auf Herz und Nieren geprüft werden

Fuhlsbüttel weit außerhalb der damaligen Stadt auf einem parkartigen Gelände gebaute **Allgemeine Krankenhaus Barmbek**. Um der Verbreitung von Infektionskrankheiten vorzubeugen, wurde nicht ein großes Gebäude errichtet,

Stadtteil-Profil

	Barmbek-Nord	Bezirk	Hamburg
Bevölkerung gesamt (2000)	37 725	275 802	1 704 929
Unter 18-Jährige in %	9,5	12,3	16,1
65 Jahre und älter in %	18,8	17,8	17,0
Deutsche	32 463	237 560	1 432 325
Ausländer in %	13,9	13,9	16,0
Einwohner je km²	9638	4799	2258
Sozialstruktur			
Sozialhilfeempfänger (2000)	2460	14 042	120 461
Arbeitslose (2001)	1786	10 893	71 963
Eink. je Steuerpfl. in DM (1995)	45 849	65 475	65 579
Wohnen (2001)			
Wohngebäude	2613	29 345	226 061
Ein- und Zweifamilienhäuser in %	1,3	9,9	20,5
Ø Wohnungsgröße in m²	54,3	64,6	71,0
Wohnfläche je Einwohner in m²	36,7	38,2	35,7
Verkehr			
Private Pkw (2001)	12 788	100 186	628 119
Straßenverkehrsunfälle (2000)	281	2159	12 430
Kriminalität			
Straftaten insgesamt (2000)	4643	37 814	284 272

Wahlverhalten

... zur Bürgerschaft 2001 (gesamt)

Wahlbeteiligung	71,0%
SPD	36,5%
CDU	26,2%
Schill-Partei	19,4%
Grüne/GAL	8,6%
FDP	5,1%
Übrige	4,2%

... zur Bürgerschaft 2001 (Stadtteil)

Wahlbeteiligung	67,6%
SPD	44,1%
CDU	19,3%
Schill-Partei	17,0%
Grüne/GAL	10,5%
FDP	3,5%
Übrige	5,6%

sondern viele einzelne Pavillons. Mit dem Neubau des Klinikums Barmbek, das 2005 fertig sein soll, tritt an die Stelle der traditionellen Abteilungsstruktur eine Zentralorganisation mit fachgebietsübergreifender Versorgung. In dem neuen Klinikum sollen auch weiterhin jährlich rund 70 000 Patienten betreut werden. Darüber hinaus sind ein Ärztehaus, Reha-Einrichtungen und Wellness-Angebote geplant. Die legendäre **Frauenklinik Finkenau** wurde bereits im Jahr 2000 von der Uhlenhorst nach Barmbek verlegt. Jährlich werden hier nun rund 4000 Kinder geboren.

An der *Hellbrookstraße*, kurz vor der Grenze zu Winterhude, befindet sich der **Betriebshof der Hamburger Hochbahn** mit Wagenhallen, Werkstattbauten, dem ehemaligen Kraftwerk und einem Verwaltungsgebäude. Entstanden ist der Komplex im Jahr 1912. Dem Kraftwerk, das bis 1935 in Betrieb war, fehlen heute die beiden 80 m hohen Schornsteine, an denen früher das nördliche Barmbek von weit her auszumachen war. Auf dem 18 000 m² großen Gelände, das sich bis zum Bahnhof Barmbek erstreckt, werden alle Hamburger U-Bahnen und die Schienen-Arbeitsfahrzeuge gewartet und instand gehalten.

Von der Pferdebahn zur Blechlawine

Die Entwicklung einer guten Verkehrsanbindung Barmbeks an Hamburg begann mit der Industrialisierung in Deutschland. 1841 wurde die Pferdeomnibus-Linie vom Markt im heutigen Barmbek-Süd nach Hamburg eingerichtet. Der **Bahnhof Barmbek** entstand erst Anfang des 20. Jahrhunderts anlässlich des Baus der Vorortbahn. Von diesem Bahnhof aus nahm 1916 die neue Walddörferbahn ihren Betrieb auf (s. Wohldorf-Ohlstedt). Im Laufe der Zeit entwickelte sich der Barmbeker Bahnhof zu einem zentralen Verkehrsknotenpunkt für Hoch- und Vorortbahn (heute U-/S-Bahn) sowie Straßenbahn- und Buslinien.

Viel Arbeit auf dem Betriebshof der Hamburger Hochbahn: Alle U-Bahn-Wagen werden hier regelmäßig gewartet

Adresse

Museum der Arbeit
Wiesendamm 3,
22305 Hamburg
www.museum-der-arbeit.de
Öffnungszeiten:
Mo. 13–21 Uhr
Di.-Sa. 10–17 Uhr,
So. u. Feiertage:
10–18 Uhr
Tel.: (0 40)
4 28 32-23 64
Fax: (0 40)
4 28 32-31 79

Von der Industrieruine zum Museum

Das Museum der Arbeit zeigt in einem früheren Produktionsgebäude der New-York Hamburger Gummi-Waaren Compagnie den Lebens- und Arbeitsalltag der Menschen im Industriezeitalter

Die New-York Hamburger Gummi-Waaren Compagnie (NYH) wurde 1871 von Johann Hinrich Wilhelm Maurien und Conrad Poppenhusen gegründet. Mit der Aufnahme der Gummi-Produktion zwei Jahre später läutete sie das Barmbeker Industriezeitalter ein.

Prof. Gernot Krankenhagen vor einer Druckerpresse im Museum der Arbeit

Aus Rohkautschuk wurde in der NYH Hartgummi gewonnen, den man noch heute für die Herstellung von Gebrauchsgütern wie Kämmen oder Tabakpfeifen benutzt. 1910 hatte die Fabrik über 1000 Beschäftigte. Im Zweiten Weltkrieg weitgehend zerstört, konnte die Produktion dank des engagierten Einsatzes der Arbeiterinnen und Arbeiter 1946/47 wieder aufgenommen werden. Die NYH verlegte 1954 ihren Sitz nach Harburg, wo sie noch heute produziert.

Gesamtansicht der ehemaligen New-York Hamburger Gummi-Waaren Compagnie. Im Hintergrund das Verwaltungsgebäude, vorne links das Maurienstift mit Werkswohnungen

Lange Zeit blieb das Fabrikgelände in Barmbek Industrieruine. 1986 entstand in der ehemaligen Zinnschmelze ein Stadtteilkulturzentrum, und die seit den 1980er Jahren bestehenden Pläne für ein Museum sollten schließlich auf dem Barmbeker Gelände verwirklicht werden. Als siebtes staatliches Hamburger Museum öffnete das Museum der Arbeit Anfang 1997 seine Pforten. Die Dauerausstellung beschäftigt sich mit dem Lebens- und Arbeitsalltag der Menschen im Industriezeitalter. Kinder und Erwachsene bekommen bei den regelmäßigen Vorführungen, z.B. zum Druck und zum Bucheinband, einen guten Einblick in das jeweilige Arbeitsthema. Aktuelle Ausstellungen dokumentieren kritisch die Veränderungen in der Arbeitswelt. Häufig gibt es ein entsprechendes Begleitprogramm, das z.B. Lesungen und Vorträge zur Vertiefung des Ausstellungsthemas beinhaltet.

Seit der Verselbstständigung 1999 ist das Museum eine Stiftung Öffentlichen Rechts und muss sich selbst finanzieren. Prof. Gernot Krankenhagen, Direktor des Museums, sieht die Entwicklung positiv: „Unsere Besucherzahlen steigen, und wir genießen den neuen Entscheidungsfreiraum." Attraktionen im Jahr 2001 waren u.a. Sonderausstellungen und die Aufstellung des 380 Tonnen schweren Schneidrads von „Trude", dem Bohrer der vierten Elbtunnelröhre, am Kanalufer des Museums. Hier gibt es auch einen neuen Anleger für Sportboote und Schiffe der Alster-Touristik GmbH. Somit lassen sich von diesem neuen Haltepunkt die alten Fabrikanlagen und die Ausstellungen des Museums erkunden. Wer Lust hat, kann im Sommer vom Barmbeker Bahnhof aus mit dem historischen U-Bahn-Zug „DT1" fahren.

Nach wie vor liegt der Bahnhof zentral und bietet gute Verkehrsverbindungen für den gesamten Stadtteil. Nach mehreren Umbauten, zuletzt in den 1960er Jahren, wird jetzt darüber nachgedacht, den Bahnhof benutzerfreundlicher zu gestalten und zu modernisieren. Ein richtiger Vorplatz soll entstehen, der auch für Markttage genutzt werden kann. Im Jahr 2001 wurde von hier aus das **Viadukt** der U2 erneuert.

Trotz der guten Nahverkehrsverbindungen haben viele Bewohner unter dem **hohen Verkehrsaufkommen** zu leiden. Der *Habichtsplatz* war vor dem Bau des **Ring 2** eine grüne Oase mitten im Stadtteil. Heute ist davon wenig übrig. Wie eine unüberbrückbare Schneise zerteilt der Ring 2 Barmbek-Nord und lässt dessen Zentrum mehr oder weniger verschwinden. Darüber hinaus ist der Stadtteil durchzogen von so viel befahrenen Straßen wie der *Bramfelder* und der *Fuhlsbüttler Straße*, den Aus- und Einfallrouten der täglichen Blechlawinen zwischen Innenstadt und Hamburgs Norden.

Barmbek wird jünger und grüner

Auch nach den Modernisierungen Ende der 1970er Jahre gehört Barmbek-Nord zu den **preisgünstigen Hamburger Wohngebieten**. Das liegt auch daran, dass die Wohnungen zu einem großen Teil immer noch nur ein oder zwei Zimmer haben. Die durchschnittliche Wohnungsgröße beträgt 54,3 m^2. Viele ältere Menschen leben hier schon seit ihrer Geburt und fühlen sich noch immer wohl. Nach und nach jedoch findet ein **Generationenwechsel** statt. Seit einigen Jahren nutzen vermehrt Studenten das günstige Wohnungsangebot, verbunden mit den praktischen Einkaufsmöglichkeiten in der *Fuhlsbüttler Straße* und der Fahrradnähe zur Universität. In den 1990er Jahren entstanden einige Neubauten mit sehr modernen Wohnungen, so an der *Wagenfeldstraße*, an der Ecke *Hellbrookstraße/Tieloh* und an der *Alten Wöhr*. Ein besonders interessantes Projekt ist das neue **autofreie Wohngebiet** an der *Saarlandstraße* zwischen Osterbekkanal und Barmbeker Stichkanal. Durch die Konzentration von Haushalten ohne Auto gibt es z.B. mehr Freiflächen für Kinder, und die Belästigung durch Lärm und Abgase in der direkten Nachbarschaft ist stark reduziert. Die Bewohner aller 111 Wohnungen, davon 14 behindertengerecht ausgestattet, sind sich darüber einig, dass ihr Wohnumfeld ohne die Autos viel an Lebensqualität gewonnen hat.

Das Großwohnhaus der Hansa Baugenossenschaft im Lämmersieth ist mit Terrakottaschmuck verziert

Spielplatz am Hartzlohplatz vor der Kirche St. Gabriel

Barmbek-Nord hat zwischen den Wohnblocks mehr „Grün" zu bieten, als man denken könnte (ein Beispiel ist der *Schwalbenplatz* zwischen *Habichtsplatz* und *Heidhörn*), aber die große Erholungsinsel ist und bleibt der Stadtpark direkt vor der Haustür in Winterhude. Dahin

Der Osterbekkanal lädt bei Sonnenschein zum Paddeln und Rudern ein. Rechts sieht man den neuen Bootsanleger beim „Museum der Arbeit", links im Bild den Sitz der Baugenossenschaft Dennerstraße

zieht es junge und alte Barmbeker zum Joggen, Spazierengehen, Spielen oder Grillen, sobald sich die ersten Sonnenstrahlen zeigen. Gern genutzt, nicht nur von den Stadtteilbewohnern, wird auch der **Osterbekkanal**. Hier kann man sich Kanus oder Tretboote mieten und ausgedehnte Wassertouren unternehmen. Auf dem ehemaligen Gelände der Hamburgischen Schiffbau-Versuchsanstalt zwischen *Elligersweg* und *Steilshooper Straße* befindet sich noch das alte Wendebecken. Hier wurden die Testmodelle am Ende des Schleppkanals gewendet. Auf dem verwilderten Gelände, aus dem in den kommenden Jahren in der Verlängerung des Stadtparks ein Grünzug entstehen soll, haben u.a. alternativ Lebende mit ihren Bauwagen vorübergehend einen Platz gefunden.

Die Fuhle

Die *Fuhlsbüttler Straße* entwickelte sich mit dem Ausbau Barmbek-Nords schnell zu einer Art **Einkaufszentrum** für den Stadtteil. Auch heute noch ist hier viel los. Allerdings hat sich die Gewerbestruktur verändert. Viele alteingesessene Geschäfte und Tante-Emma-Läden in und um die „Fuhle", wie die Barmbeker ihre Einkaufsstraße nennen, haben schon aufgegeben. Die Geschäftsleute und die Bewohner beklagen, dass sich mehr und mehr Filialisten ansiedeln und der gute Branchenmix von früher langsam auf der Strecke bleibt. Trotz des regen Lebens auf der „Fuhle" muss bei einer Fortsetzung dieser Entwicklung damit gerechnet werden, dass hier eventuell bald „Vorstadtstimmung" herrscht. Diesem möglichen Zukunftsproblem soll mit der Erneuerung und teilweisen Zusammenlegung der alten Wohnungen und eventuellen Neubauten, z.B. auf dem Gelände des AK Barmbek, sowie mit

Die „Fuhle", Barmbeks Einkaufsstraße, verläuft von Nord nach Süd durch den ganzen Stadtteil. Der Neubau am Suhrsweg verbindet die Backsteintradition der 1920er Jahre mit den Putzfassaden in der Fuhlsbüttler Straße

einer **Initiative der Ladeninhaber und der Vermieter** entgegengewirkt werden.

Aber es gibt immer noch Ausnahmen. Zu denen gehört die traditionsreiche, seit 1934 im Familienbesitz befindliche **Konditorei Weber** in der *Hellbrookstraße*, wo es hausgemachte süße Köstlichkeiten gibt und die besten Baisers weit und breit.

Köpfe

Seit der Gründung der „Jungen Alten" 1988 ist **Charlotte Klawa** maßgeblich am vielfältigen Programm der Seniorengruppe beteiligt. Von **Anneliese Garbe** tatkräftig unterstützt, organisiert sie Veranstaltungen, Wanderungen sowie Spaziergänge und betreut u.a. verschiedene Treffen im Bürgerhaus. Die gebürtige Danzigerin kam 1947 nach Hamburg und lebte zuerst im Freihafen – ihr Mann war dort anfangs bei der Danziger Werft beschäftigt. 1952 zog die Familie nach Alsterdorf. Erst 20 Jahre später erfolgte der Umzug nach Barmbek-Nord, wo sich Charlotte Klawa nicht nur bei den „Jungen Alten" engagiert, deren Seniorendelegierte sie ist, sondern auch im Arbeitskreis „Selbstbestimmtes Alter".

Wer auf der Suche nach einem guten Fahrrad ist oder sein altes einfach nur sommerfit machen lassen möchte, ist bei **Gert Diedrich** in der *Fuhlsbüttler Straße 132* richtig. Sein Vater Max hat den Fahrradladen, in dem man neben Fahrrädern auch alles Zubehör und Regenausrüstung bekommt, direkt nach dem Zweiten Weltkrieg aus den Trümmern aufgebaut. Anfang der 1970er Jahre hat Sohn Gert das Geschäft übernommen. Er freut sich über die positive Entwicklung: „Glücklicherweise hat das Rad seit langem das Arme-Leute-Image der 50er Jahre verloren und ist heute eines der beliebtesten Freizeit- und Sportgeräte."

Angefangen hat alles mit 6000 Regenschirmen aus einem Wasserschaden, die **Gunda** und **Peter Bachmann** zu Dumping-Preisen verkauften. Seit 1975 ist der „Trödelladen" Abraham aus der *Hellbrookstraße* nicht mehr wegzudenken, und mittlerweile ist er auch über die Stadtteilgrenzen hinaus bekannt. Die Bachmanns verkaufen alles, was man zum Leben braucht – von Unterwäsche, Kinder- und Erwachsenenkleidung über Wolle, Kerzen und Geschenkartikel bis hin zu den außergewöhnlichsten Süßigkeiten. Beide haben, bevor sie sich mit ihrem Laden selbstständig machten, als Vertreter im Leder- und Textilbereich gearbeitet. Großen Wert legen sie darauf, alle bei ihnen angebotenen Waren selbst einzukaufen. In dem gemütlichen Laden ist der Kunde noch König, und auch für einen Klönschnack bleibt immer genug Zeit.

Von oben nach unten: Anneliese Garbe (l.) unterstützt Charlotte Klawa von den „Jungen Alten" tatkräftig. Gert Diedrich, die Bachmanns und Ömer Merdin sind fest im Stadtteil verwurzelt

Ömer Merdin kam 1979 zum Studium nach Hamburg. Fünf Jahre später verschlug es ihn geschäftlich nach Barmbek-Nord. Er arbeitete einige Jahre als Filialleiter einer Drogeriekette, bevor er sich mit einer Imbissbude am *Wiesendamm* selbstständig machte. Heute ist er Besitzer des Cafés „Oktober" an der Ecke *Hufnerstraße/Wiesendamm* und des Cafés „Big Easy" an der *Fuhlsbüttler Straße* in den Räumen des ehemaligen Bekleidungshauses Toedt. Seit längerem beschäftigt den gebürtigen Türken die Situation der Gewerbetreibenden an der *Fuhlsbüttler Straße*. Mit dem „Fuhle Report", Gesprächsrunden mit den zuständigen Politikern, dem Straßenfest „Barmbek Festival" und einem Kulturfestival möchte er zusammen mit anderen Ladeninhabern, den Vermietern und der Politik Lösungen erarbeiten, um an der „Fuhle" wieder einen attraktiven Branchenmix entstehen zu lassen.

Barmbek-Süd

Vor 100 Jahren noch Arbeiterviertel, hat sich das Gesicht des Stadtteils, auch durch die Zerstörungen im Zweiten Weltkrieg, stark gewandelt. Heute ist Barmbek-Süd ein lebendiger Stadtteil mit ungezählten Backsteinfassaden aus den 1950ern, der ersten modernen Einkaufspassage Hamburgs und viel Gastronomie

Steckbrief

Fläche:
3,060 km²
Einwohner:
30 275
Verwaltung:
Bezirk Hamburg-Nord, Ortsamt Barmbek-Uhlenhorst
Ortsteile:
418–423

Barmbek-Süd wird auch heute noch des öfteren „Barmbek basch" genannt. Mit dem Namen Barmbek basch – das „a" in Barmbek wird lang und offen ausgesprochen und klingt fast wie ein „o", das „a" in basch hingegen ist kurz – wurde häufig die Barmbeker Jugend betitelt. Sie galt als frech, grob oder barsch. „Basch" stand und steht aber auch als Synonym für „hübsch" oder „kess" („basche Deern mit basche Been"). Zur Namengebung des Stadtteils s. Barmbek-Nord.

Aus der Geschichte

1271 erstmalig erwähnt in einer Urkunde des Erzbischofs Hildebold von Bremen, verkaufte Graf Johann von Holstein „Bernebeke" im Jahr 1355 an das **Hospital zum Heiligen Geist** in Hamburg. Die Bauern waren dem Hospital zu Abgaben verpflichtet und zu Diensten, die im Laufe der Zeit durch Geldzahlungen ersetzt wurden. Im Zuge der Reformation wurde das Hospital 1530 wie andere geistliche Stiftungen in eine weltliche Einrichtung umgewandelt und die Hospitalverwaltung den **Oberalten** (Hamburger Kirchenälteste und Vertreter der Bürgerschaft) unterstellt. Die Oberalten ließen sich für ihre Sitzungen ein Herrenhaus am Dorfplatz bauen. Um ohne Hindernisse dorthin zu gelangen, entstand eigens eine Straße, die vom Volk bald nur noch *Oberaltenallee* genannt wurde. Damals bestand das um den Dorfplatz angeordnete Rundlingsdorf u.a. aus zwölf Vollhufnern und acht Kätnern (s. Spadenland). Der Dorfplatz befand sich übrigens an der *Hufnerstraße*; dort, wo heute die **Heiligengeistkirche** steht. Als Hamburg 1806–13/14 von französischen Truppen besetzt war, lag auch Barmbek in Napoleons Herrschaftsbereich. 1813 sollte es abgebrannt werden. Der Vogelliebhaber **Gerhard Heinrich von Essen**, der zwischen *Hamburger Straße* und *Von-Essen-Straße* einen prachtvollen Park mit Gartenlokal angelegt hatte, konnte dies jedoch verhindern, indem er dem französischen Kommandanten 1000 Taler Silber zahlte. Nach einer Reform der städtischen Verwaltung und der Landgebietsverwaltung gingen ab 1830 alle Hoheitsrechte

Das Tor zu Barmbek-Süd: Die drei Hochhäuser an der Mundsburg sind weithin sichtbare Erkennungszeichen des Stadtteils

der ehemaligen Klöster und Hospitäler auf Hamburg über. Barmbek wurde mit vielen anderen Dörfern der **Landherrenschaft der Geestlande** angegliedert, 1871 Vorort von Hamburg und 1894 Stadtteil. Mit der Aufhebung der **Hamburger Torsperre** eröffnete sich für die ärmere Bevölkerung ab 1861 die Möglichkeit, auch außerhalb der Stadt zu wohnen. Barmbek-Süd war ein beliebter Wohnort, da die Mieten dort nicht so hoch waren, es aber noch nah genug bei Hamburg lag, um zu Fuß zur Arbeit zu gelangen.

Ab 1888 mussten viele Arbeiter im Zuge des Ausbaus der Speicherstadt und des Freihafens nach der Inkraftsetzung des Zollanschlussgesetzes von den Hafenrandgebieten wegziehen. Ein großer Teil siedelte nach Barmbek um. 1899 legte die Stadt einen Bebauungsplan fest, der ab 1903 in die Tat umgesetzt wurde. Die Zahl der Wohnhäuser mit mehreren Stockwerken stieg rapide an, es entstanden Wohnblocks, vielfach **Arbeiterschlösser** genannt, mit reich verzierten Fassaden und Türmchen. Innen sah es jedoch deutlich anders aus. Die Wohnungen waren klein und dürftig ausgestattet.

In dieser Zeit kam es zur Gründung der Wohnungs- und Verbrauchergenossenschaften der gut organisierten Hamburger Arbeiterbewegung. Da die landwirtschaftlichen Flächen verschwunden waren, musste der tägliche Bedarf an Nahrungsmitteln immer mehr über die Angebote der Lebensmittelhändler gedeckt werden. 1899 wurde der **Konsum-, Bau- und Sparverein Produktion** (Pro) gegründet. Die Pro entwickelte sich in kürzester Zeit zu einem der bedeutendsten Versorgungsvereine. Sie kaufte hochwertige Lebensmittel günstig ein und gab diese auch preiswert an ihre Mitglieder weiter. Im Jahr 1914 gehörte die Pro mit 749 eigenen Wohnungen auch zu den bedeutendsten Hamburger Wohnungsgenossenschaften. Einer ihrer eindrucksvollen Bauten ist der 1905/06 entstandene Wohnblock an der *Schleidenstraße* zwischen *Bruckner-* und *Lohkoppelstraße* mit über 250 Wohnungen. Zur Ausstattung

Zwischen Oberaltenallee und Hamburger Straße standen vor dem Zweiten Weltkrieg Häuser. Links: Das Wappen der Oberalten

Der Daniel Bartels Hof am Alten Teichweg – ein Wohnblock mit Putzfassade und Klinkerplastiken von 1926/27

der von der Pro errichteten Häuser gehörten oft auch Verkaufsläden, Gärten, Spielplätze und Versammlungsräume für Jugendliche. Damit hatte die Genossenschaft im Ansatz die Idee der in den 1920er Jahren von Fritz Schumacher realisierten Wohnblocks bereits vorweggenommen. Der Pro-Block an der *Schleidenstraße* wurde 1943 stark beschädigt und 1949/50 wieder aufgebaut. Er gehört zu den wenigen erhaltenen Gebäuden der ursprünglichen Bebauung des Stadtteils vor dem Ersten Weltkrieg. Schräg gegenüber an der Ecke *Schleidenstraße/Osterbekstraße* wurde 1912 eine Volksschule errichtet, die heute das Landesarbeitsgericht und das Arbeitsgericht Hamburg beherbergt.

Kellerkneipe des „Lords von Barmbek“ an der Ecke Beim Alten Schützenhof/Bartholomäusstraße. Unten: Plastik von Ludwig Kunstmann am Daniel Bartels Hof

Schon 1914 war der Stadtteil mit über 100 000 Einwohnern Hamburgs größtes **Arbeiterwohnquartier**. Man lebte auf engem Raum zusammen, und so ist es auch nicht verwunderlich, dass die Bewohner des südlichen Barmbek in ihrer spärlichen Freizeit sehr aktiv waren. Neben vielen Tanzlokalen, Kaffeehäusern und Lichtspieltheatern gab es eine Menge Gesang- und Sportvereine. Nicht zu vergessen das parteiliche Engagement in SPD und KPD. Der oben genannte Pro-Block beheimatete das beliebte Barmbeker SPD-Versammlungslokal **Mauses Gastwirtschaft**, ein Zentrum der Arbeiterkultur sowie Experimentierwerkstatt für die organisierte Selbsthilfe der Arbeiterschaft. 1923 war auch Barmbek Ort des „Hamburger Aufstandes“. Reichsweite Pläne, dem Kommunismus gewaltsam Bahn zu brechen, waren am 21. Oktober gekippt worden, aber der Hamburger KPD-Führer Ernst Thälmann (s. Eppendorf) löste wohl eigenmächtig zwei Tage später die Unruhen mit Straßenblockaden und der Besetzung von Polizeiwachen aus. Der Aufstand wurde niedergeschlagen, über 100 Menschen verloren ihr Leben.

Ein Stadtteil verändert sich

Das heutige Gesicht Barmbek-Süds ist nicht mehr mit dem vor dem Zweiten Weltkrieg zu vergleichen. Anfang des 20. Jahrhunderts war der Stadtteil dicht bebaut. Nach den Zerstörungen im Zweiten Weltkrieg wurden die Wohngebiete jedoch nicht in der ursprünglichen Form wieder hergestellt. Die neue Bebauung aus den 1950er Jahren besteht vorwiegend aus **Zeilenbauten**, die durch Grünzüge aufgelockert werden. Nur noch vereinzelt findet man Wohnhäuser aus den 1920er Jahren wie den durch seine Putzfassade auffallenden **Daniel Bartels Hof** am *Alten Teichweg* und den imposanten **Heinrich-Grosz-Hof** zwischen *Kraepelin-* und *Reyesweg*, einer der Traditionsbauten der Allgemeinen Deutschen Schiffszimmerer-Genossenschaft.

Die beiden ältesten noch erhaltenen **Etagenmietshäuser** Barmbeks aus den 1860er und 70er Jahren stehen an der Ecke *Beim Alten Schützenhof/Bartholomäusstraße*. In einem der beiden *(Beim Alten Schützenhof 20)* gab es im Keller eine Kneipe, die der **Lord von Barmbek**, Julius Adolf Petersen (1882–1933), eine Zeit lang führte. Der immer elegant auftretende Petersen titulierte sich „Ein- und Ausbrecher“ und war Hamburgs berühmtester Krimineller. Der Legende nach galt er als moderner Robin Hood, der die Beute an die Armen

Bürgergeschichten

„Die Behnkes“

Auch vor über 100 Jahren schon waren die Kinder auf Entdeckungsreisen und Streiche aus, wie Frieda Lottig, geborene Blumhagen (1892–1987), in ihren „Barmbecker Kindheitserinnerungen“ aus der Bramfelder Straße beschreibt

Bei dem Namen Behnke überstürzen sich die Erinnerungen. Zu viel von unserem Leben spielte sich dort ab. Dort waren wir völlig zu Hause. Es war ein geräumiges Haus, und wir wussten mit allen Türen und Hintertüren gut Bescheid. Ach, wenn man doch das Atmosphärische dieses Hauses einfangen könnte: den Wein- und Biergeruch bei „Hannes“ in der Wirtschaft, den Braten- und Speisengeruch in der sehr geräumigen Küche dahinter, die abgestandene Luft im Klubzimmer neben der Kneipe, die etwas verwirrende Leere im großen Saal hinter Küche und Klubzimmer – die geheimnisumwitterten, finsteren Ecken im Dachgeschoss, zu denen man nur kriechend gelangen konnte und immer in der bangen Erwartung, dort säße irgendein Unhold…

Aber erst muss ich einmal die Behnke-Familie vorstellen. Sie war – nach dem äußeren Aufbau – der unseren sehr ähnlich: Vater, Mutter und fünf Kinder. Noch dazu waren die Kinder alle in unserem Alter. Elli mit mir in einer Klasse, Walter in Pauls Klasse, Paula in Gretchens Klasse. Dann waren da noch Hedi und der jüngste Sohn, dessen Namen ich vergessen habe. Es waren alle recht hübsche und auch ganz gut begabte Kinder.

Nun zu den Eltern. Der Vater „Hannes“ untersetzt, rundlich, mit gutmütigem Gesichtsausdruck und Vollbart. Wir kauften bei Hannes: Peitschenschnüre für 1 Pfennig das Stück, wenn unsere im Frühjahr beim Kreuseln durchgewetzt waren. Genauso gutmütig wie ihr Mann war Mutter Behnke. Äußerlich war sie so der Typ: Gutsfrau, groß, stattlich, würdig. Wie sie es fertig brachte, außer ihren eigenen Kindern noch all die Blumhagen-Kinder um sich zu haben in ihrer großen Küche, in der auch alle Speisen fürs Lokal zubereitet werden mussten, das wird mir immer ein Rätsel bleiben. Ich erinnere nicht, dass sie jemals die Geduld verloren hat oder dass sie die fremden Kinder nach Hause schickte. Wir waren so ganz selbstverständlich da. Und was durfte man da nicht alles! Mit Kreide auf der Ölfarbe der Wände zu malen war noch das mindeste. Und wie schön, wenn man sich in den ersten Stock schlich und durch die Abzugklappe oben in der Decke über dem Herd plötzlich laut etwas hinunter schrie, um Mutter Behnke am Herd zu erschrecken. Ballspielen an den Wänden war selbstverständlich.

Familie Blumhagen: vorne links die kleine Frieda

Wenn wir in der Küche ausgespielt hatten, gingen wir in den Saal. Da war eine Bühne, da war ein Klavier, da war ein Souffleurkasten. Besonders sonntags vormittags spielten wir gern im Saal. Elli spielte Klavier und wir tanzten. Keiner konnte tanzen, aber unsere Einbildung ersetzte den Mangel! Es war herrlich. Es wurde dann sicher auch herzlich laut, denn fast jedes Mal geschah es, dass bedächtigen Schrittes Hannes durch das Klubzimmer in den Saal kam, um den Lärm zu steuern. Wer ihn zuerst erblickte, schrie (ganz egal ob eigenes oder fremdes Kind): Hannes kommt!! Und wie der Blitz war das ganze Kindervolk unter dem umgekippten Souffleurkasten (fast von der Größe eines Strandkorbes) verschwunden und wartete atemlos, Hannes solle wieder abziehen. Er kam auch nie näher. Ich könnte mir denken, dass er in sich hinein schmunzelte.

Die monumentale Bugenhagenkirche hat seit kurzem ein modern gestaltetes Innenleben. Ihr schräg gegenüber steht die neugotische katholische Kirche St. Sophien

verteilte und auf Waffengewalt verzichtete. Ganz so heroisch war sein Tun allerdings nicht. Er betrieb eine Art Geldwäsche über seinen Bruder, der in Amerika lebte, und Waffen gehörten sehr wohl zu seinem Handwerkszeug. Mehrfach inhaftiert und wieder ausgebrochen, zuletzt 1932 wegen guter Führung entlassen, wurde Petersen 1933 erneut verhaftet und erhängte sich einen Monat später in seiner Zelle.

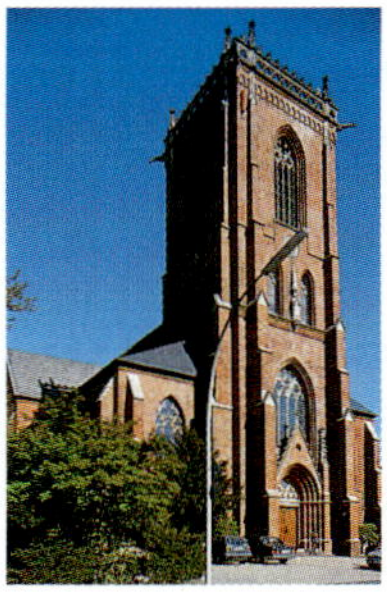

Aber auch ganz andere Biografien beginnen im südlichen Barmbek, wie die von Alt-Bundeskanzler Helmut Schmidt, der in der *Richardstraße* aufwuchs, und des Diplomatensohnes Hans-Jürgen Massaquoi, der seine Kindheit während der Herrschaft der Nationalsozialisten in der *Stückenstraße*, nördlich der *Dehnhaide* verbrachte. Seine Erlebnisse beschreibt er in dem 1999 veröffentlichten Buch „Neger, Neger, Schornsteinfeger".

In der *Humboldtstraße 102–104, 118* und *134–136* sind noch einige Beispiele von Hinterhofbebauung, auch **Terrassen** genannt (s. Hoheluft-Ost), zu finden. Hier kann man sich vorstellen, wie beengt die Familien mit den vielen Kindern Anfang des 20. Jahrhunderts gelebt haben müssen. In dieser Gegend gab es auch viele Familien, die „trockenwohnten", d.h., sie wohnten ein bis eineinhalb Jahre in noch feuchten Neubauwohnungen und mussten dafür nur eine geringe Miete zahlen. Die Kehrseite war, dass besonders die Kinder durch die permanente Feuchtigkeit häufig krank wurden.

Konsum, Kultur und Kirchenfeste

1968–70 wurde das **Einkaufszentrum Hamburger Straße** gebaut – die erste und für lange Zeit größte der modernen Hamburger Einkaufspassagen. Heute kann man hier in ca. 120 Geschäften einkaufen. Seit 1977 bilden die drei Hochhäuser an der Mundsburg markante Punkte der Hamburger Skyline. Zwei Türme sind mit Wohnungen ausgestattet, einer steht für Büronutzung zur Verfügung. Dort sind u.a. verschiedene Behörden untergebracht, wie die Behörde für Schule, Jugend und Berufsbildung, sowie die Hamburgische Gesellschaft für Wirtschaftsförderung (HWF). Sie ist als privatwirtschaftlich geführtes Beratungsunternehmen Partner aller Betriebe, die in Hamburg expandieren, sich umstrukturieren oder neu ansiedeln wollen. Die ehemaligen Mundsburg-Kinos bekamen 1998 mit dem modernen Kinocenter **Kinopolis** am Anfang des Einkaufszentrums ihren Nachfolger.

Die 1900 geweihte kath. **Kirche St. Sophien** am *Biedermannplatz* verdankt ihre Existenz dem Hamburger Kaufmann Wilhelm Anton von Riedemann, der unter der Bedingung, dass die Kirche nach dem Namen seiner Frau benannt würde, den Kirchenbau mit aufwändiger Ausstattung, das Pfarrhaus sowie die dazugehörige Schule finanzierte. 1943 zerstört, wurde die neugotische Backsteinkirche bis 1951 ohne Turmhelm wieder aufgebaut, die Schule erst 1959 wieder eröffnet. 1964–66 wurde das **Dominikanerkloster St. Johannis** an die Kirche angebaut, in dem heute sieben Ordensbrüder leben. Der Dominikanerorden war seit 1236 in einem Kloster auf dem Gelände des heutigen Rathausmarktes ansässig, musste aber im Zuge der Reformation durch den Luther-Freund und Reformator Norddeutschlands, Johannes Bugenhagen, die Stadt verlassen und

kehrte erst in den 1960er Jahren nach Hamburg zurück. Die Sophienschule ist heute eine Grundschule mit Vorschule. Zwischen St. Sophien und der ev.-luth. **Bugenhagenkirche** auf der anderen Seite des *Biedermannplatzes* besteht seit vielen Jahren ökumenische Verbundenheit. Jedes Jahr im September veranstalten beide Gemeinden das **Schleidenparkfest**. Die Bugenhagenkirche – ein monumentaler Backsteinbau – wurde am 10. März 1929, dem 400. Jahrestag der Reformation, eingeweiht. Der Gemeinde- und der Kirchensaal, der über eine Freitreppe zugänglich ist, sind raumsparend übereinander angelegt. 1992 unter Denkmalschutz gestellt, wurde die Kirche 1996–98 renoviert und modernisiert. Der Gemeindesaal ähnelt jetzt eher einem modernen Theatersaal. Des öfteren finden hier Aufführungen statt. Mit Konzerten, Theaterproduktionen, Ausstellungen und weiteren Veranstaltungen macht die Bugenhagenkirche ihrem Beinamen **Kulturkirche** in Barmbek alle Ehre. Einzigartig sind wohl das Atelier des sowjetischen Malers Oleg Zamajskij im Kirchturm und das der Kirche angeschlossene öffentliche **Café B'hagen**.

Die älteste Kirche des Stadtteils war die 1887 erbaute ev.-luth. **Kreuzkirche** am *Holsteinischen Kamp*. 1943 zerstört, steht ihre Nachfolgerin heute in der *Wohldorfer Straße*. 2001 schloss sie sich mit der ev.-luth. **Heiligengeistkirche** (1903) an der *Hufnerstraße* zusammen, die die Gemeinde Alt-Barmbek betreut. Hier lernte der ehemalige Verteidigungsminister Hans Apel einst seine Frau Ingrid kennen.

Das Museum der Elektrizität **electrum** war bis 2002 in einem alten Transformatorenwerk am *Klinikweg* untergebracht und beherbergte interessante Ausstellungsstücke, die die Entwicklung der Elektrizität dokumentierten. So fand man hier das Modell einer Elektrisiermaschine aus der Mitte des 18. Jahrhunderts und einen „Volksempfänger" von 1936. Der 2001 gegründete Förderverein electrum e.V. versuchte unter Vorsitz der Barmbekerin Christine Eckmann einen Käufer für das Gebäude zu finden, um das Museum erhalten zu können – leider ohne Erfolg.

Die Kulturelle Vereinigung Volksheim e.V., der Trägerverein des **Theaters an der Marschnerstraße**, feierte im Jahr 2001 mit einem erweiterten Spielplan inklusive Kinderprogramm ihr 100-jähriges Bestehen. Die ursprüng-

Zeitleiste

1271 erste urkundliche Erwähnung

1355 Verkauf des Dorfes an das Hospital zum Heiligen Geist in Hamburg

1529 Übernahme der Hospitalverwaltung durch die Oberalten

1871 Barmbek wird Vorort von Hamburg

1875 Inbetriebnahme des Gaswerks an der Flotowstraße

1894 Eingemeindung Barmbeks

1943 Zerstörung der meisten Gebäude beim Großangriff der Alliierten

1968–70 Bau des Einkaufszentrums Hamburger Straße

1992 Beginn des Baus der AlsterCity

2001 Einrichtung des Amtsgerichts Hamburg-Barmbek in der AlsterCity

Oben: Die Zukunft der Sammlung des Museums electrum ist ungewiss. Mitte: Die Richardstraßenbrücke mit den schönen Kandelabern verbindet Barmbek-Süd mit Eilbek.

Das Logo des Theaters an der Marschnerstraße

Wahlverhalten

… zur Bürgerschaft 2001 (gesamt)

Wahlbeteiligung	71,0%
SPD	36,5%
CDU	26,2%
Schill-Partei	19,4%
Grüne/GAL	8,6%
FDP	5,1%
Übrige	4,2%

… zur Bürgerschaft 2001 (Stadtteil)

Wahlbeteiligung	70,0%
SPD	42,8%
CDU	22,4%
Schill-Partei	15,8%
Grüne/GAL	10,0%
FDP	4,2%
Übrige	4,8%

Stadtteil-Profil

	Barmbek-Süd	Bezirk	Hamburg
Bevölkerung gesamt (2000)	30 275	275 802	1 704 929
Unter 18-Jährige in %	9,1	12,3	16,1
65 Jahre und älter in %	19,6	17,8	17,0
Deutsche	25 938	237 560	1 432 325
Ausländer in %	14,3	13,9	16,0
Einwohner je km²	9894	4799	2258
Sozialstruktur			
Sozialhilfeempfänger (2000)	1860	14 042	120 461
Arbeitslose (2001)	1366	10 893	71 963
Eink. je Steuerpfl. in DM (1995)	51 997	65 475	65 579
Wohnen (2001)			
Wohngebäude	1962	29 345	226 061
Ein- und Zweifamilienhäuser in %	0,7	9,9	20,5
Ø Wohnungsgröße in m²	56,3	64,6	71,0
Wohnfläche je Einwohner in m²	36,7	38,2	35,7
Verkehr			
Private Pkw (2001)	10 625	100 186	628 119
Straßenverkehrsunfälle (2000)	221	2159	12 430
Kriminalität			
Straftaten insgesamt (2000)	4577	37 814	284 272

liche Aufgabe des Volksheims war es, die unterschiedlichen sozialen Schichten, insbesondere Arbeiter und Gebildete, gesellig zusammenzubringen. Das von Wolfgang Borchert und Friedrich Schütter gegründete „Junge Theater", aus dem später das **Ernst Deutsch Theater** an der Mundsburg wurde, hatte u.a. hier seine Bühne (s. Uhlenhorst).

Seit über 50 Jahren begeistert das Hamburger Puppentheater im Haus der Jugend Flachsland die Kinder

Aktives Stadtteilleben

Um die **Kreuzkirche** in der *Wohldorfer Straße* liegt ein ganzer Kranz von kulturellen Einrichtungen. Gegenüber befindet sich der zur Kirche gehörende Jugendkeller. Im Kinder- und Familienzentrum (KiFaZ) links neben der Kirche reicht das Angebot von Sport- und Bandprojekten für Jugendliche über Spiel + Spaß oder Basteln + Werken für Kinder hin zum Familienhebammenprojekt mit Geburtsvorbereitungskursen. Auch das **Akonda – Eine Welt Café** engagiert sich für gutes Miteinander im Stadtteil. Rechts neben der Kreuzkirche gibt es seit 1988 das **Kulturhaus Dehnhaide** – ein soziokulturelles Stadtteilzentrum. In der hier untergebrachten Bücherhalle kann man sich mit Lesestoff versorgen. Neben den verschiedensten Veranstaltungen vom Verein Kulturhaus Dehnhaide, wie z.B. einem Diavortrag über Ägypten oder einem Informationsabend zum Erbschaftsrecht, bietet die Arbeiter-Wohlfahrt (AWO) Veranstaltungen für die älteren Mitbürger an.

Ins **Haus der Jugend Flachsland** an der Ecke *Bramfelder Straße/Flachsland* kommen Kinder und Jugendliche zum Basketballspielen, zur Kinder- oder Teenie-Disco zusammen. Es ist auch Bühne für das **Hamburger Puppentheater**, das im Jahr 2001 sein 50-jähriges Jubiläum feierte.

Seit 2000 hat der mit der sozialen Stadtteilentwicklung beauftragte Verein **Mook wat e.V.** ein QuartiersBüro in der

Hamburger Straße 180. Das Büro unterstützt die Menschen bei der Verbesserung ihrer Lebensqualität in dem Quartier zwischen *Dehnhaide* und *Holsteinischer Kamp.* Neben der Sanierung einiger Wohngebäude sollen vor allem Spiel- und Freizeitflächen geschaffen und die Anzahl der Arbeitsplätze vor Ort erhöht werden. Die ansässigen Bürger, Gewerbetreibenden, Vereine, sozialen Einrichtungen etc. können sich über den Quartiersbeirat mit Vorschlägen beteiligen.

Der **Blinden- und Sehbehindertenverein Hamburg e.V.** steht im Louis-Braille-Haus im *Holsteinischen Kamp* Blinden und Sehbehinderten z.B. mit Blindenschriftunterricht und Gesprächskreisen zu medizinischen und psychologischen Fragen zur Seite.

In der 1911 eingeweihten Volksschule *Von-Essen-Straße 84* befindet sich u.a. das **Hansa-Kolleg**. Hier können Erwachsene ihr Abitur nachholen. Und in der Beratungsstelle für Alkohol- und andere Suchtprobleme finden Suchtkranke Hilfe. Eine weitere Bildungseinrichtung ist die von Fritz Schumacher als Gewerbeschule für Mädchen errichtete **staatliche Schule für Hauswirtschaft und Ernährung** in der *Uferstraße 10.*

Gerade noch in Barmbek-Süd, auf dem Osterbekkanal gegenüber dem Kampnagel-Gelände, liegt der Ponton der **Fleetenkieker**, Verein für Umwelt- und Gewässerschutz in Hamburg. Das Gerüst des Clubhauses auf dem Ponton stammt von einem Senatsbarkassengestühlhaus aus den 1920er Jahren, und der Ponton war der Anleger für die Senatsbarkasse im Hafen. De Fleetenkieker sind gemeinsam mit Schulklassen, Jugendgruppen sowie anderen engagierten Umweltschützern von Frühjahr bis Herbst mit ihren beiden Holzkähnen „Aalweber“ und „Zitronenjette“ auf dem Osterbek-, dem Barmbeker Stichkanal sowie weiteren Kanälen und der Alster unterwegs, um diese von Unrat zu befreien. Die eigentlichen Fleetenkieker überwachten die Fahrwassertiefe auf Hamburgs Schifffahrtsstraßen. Sie waren auch dafür zuständig, die Fleete von Unrat sauber zu halten.

Mit der griechischen Wassergottheit „Proteus“ im Namen, liegt nebenan der **Ruderclub Protesia von 1907**. Der ca. 100 Mitglieder starke Verein fördert besonders den Nachwuchs mit Kursen für Kinder und breitem Ruder- und Regattaangebot für Jugendliche. Insgesamt stehen 30 Boote zur Verfügung.

Wirtschaftsleben

Die Industriebetriebe, die sich um die Wende vom 19. zum 20. Jahrhundert auch südlich des Osterbekkanals angesiedelt hatten, sind z.T. schon vor dem Zweiten Weltkrieg abgewandert. Heute findet man dort vielmehr Gebäude mit Wohnungen und Büroflächen, die meist von Dienstleistern aus der Elektronik-, Computer- und Versicherungsbranche genutzt werden. Am *Flachsland* z.B. wurden in ansprechender Umgebung seit den 1990er Jahren mehrere Wohn- und Bürohäuser in Anlehnung an das alte Hamburger Thema **Bauen am Wasser** errichtet.

Der einzige noch verbliebene Industriebetrieb am Osterbekkanal ist die

Das sportliche Treiben auf dem Osterbekkanal kann man von den Neubauwohnungen im Flachsland gut verfolgen. Unten: Mithilfe von großen Maschinen werden beim letzten Industriebetrieb am Osterbekkanal, Max Rentsch, Zahnräder hergestellt

Wimpel der Innung Sanitär-Heizung-Klempner

Hochburg des Sports

Barmbek als ursprünglicher Arbeiterstadtteil entwickelte sich im Zuge der Arbeiterbewegung zu einem sportlichen Pflaster und ist noch heute mit rund 20 Sportvereinen aktiv

Andreas Brehme (der kleine Blonde in der Mitte) konnte sich schon als Fünfjähriger gut durchsetzen. Hier spielt er im G-Jugend-Team des „HSV Barmbek-Uhlenhorst"

Der eine schoss Deutschland 1990 zum Fußballweltmeister, der andere führte Bayern München mehrfach zur deutschen Meisterschaft: Andreas Brehme und Stefan Effenberg sind ohne Frage zwei der populärsten Fußballer Deutschlands. Dass sie aus Barmbek kommen, wissen außerhalb des Stadtteils nur wenige. Unbestritten spielt der Sport seit jeher im Stadtteil eine große Rolle. Viele der hiesigen Sportvereine haben eine lange Tradition. Bereits 1876 wurde die „Hamburger Turnerschaft Barmbeck-Uhlenhorst" (HTBU) – ein bürgerlicher Verein – gegründet. Seit Anfang des 20. Jahrhunderts hat er seinen Sitz im *Klinikweg*. Sein 125-jähriges Bestehen feierte der Verein im Mai 2001 mit verschiedenen Aktionen. Der Ursprung der Arbeitersportbewegung liegt in dem 1893 gegründeten „Arbeiterturnverein Hamburg". Ab 1903 gab es den „Sportclub Goliath", der 1948 mit dem „Barmbecker Kraftsportverein von 1921" zur „Barmbeker Kraftsportvereinigung Goliath von 1903" verschmolz. Die Sportfans verausgabten sich hier vorwiegend beim Turnen, Kraftsport und Fußball.

Die Entstehung des „USC Paloma von 1909" ist den sportbegeisterten Jungen zu verdanken, die in der Gegend *Schumann-*, *Bach-* und *Humboldtstraße* wohnten. Sie trafen sich häufig zum Schlagballspielen auf den Wiesen und Sandkuhlen hinter dem Gaswerk an der *Flotowstraße*. Nachdem das Fußballspielen in Mode kam und sich schnell zum beliebtesten Volkssport entwickelte, schlossen sich 1914 der „Sportclub Paloma" und der „Uhlenhorster Sportclub von 1911" zum „Uhlenhorster Sport-Club Paloma" (USC Paloma) mit großer Fußballabteilung zusammen. Auch heute noch wird beim „USC Paloma", der seinen Sitz seit 1963 in der *Brucknerstraße* hat, Fußball groß geschrieben.

Weitere traditionelle Sportvereine sind der „HSV Barmbek-Uhlenhorst von 1923" (BU) und der „S.V. Uhlenhorst-Herta", der sich 1914 aus den beiden Vereinen „Uhlenhorster Fußball Klub" und dem „Sportverein Herta" gebildet hat.

Mit Beginn der NS-Zeit 1933 änderte sich das Vereinsleben. Die Nationalsozialisten sahen Sport als so genannte nationale Aufgabe an, verboten die Arbeitersportbewegung und gliederten 1934 die Turn- und Sportjugend in die Hitler-Jugend ein. Mit dem Ausbruch des Zweiten Weltkriegs und der Einberufung der jungen Männer zum Militär waren viele Sportmannschaften stark dezimiert. So kam es zu Zusammenschlüssen einiger Sportvereine. Z.B. entstand die „Barmbeker Sportgemeinschaft" (BSG), der die Vereine „HSV Barmbek-Uhlenhorst", „Urania", „Paloma" und „Uhlenhorst-Herta" angehörten. 1943 löste sich diese Sportgemeinschaft auf, da wegen der Zerstörungen durch die Luftangriffe keine Sportplätze mehr zur Verfügung standen. Nach Kriegsende erhielten die alten Vereine ihr Eigenleben zurück. Heute gibt es in ganz Barmbek ca. 20 aktive Sportvereine. Sie haben ihr Programm ausgebaut, um den Ansprüchen an einen modernen Sportverein gerecht zu werden. Besonderes Engagement kommt dabei der Jugendarbeit und Nachwuchsförderung zu.

125 Jahre Hamburger Turnerschaft Barmbek-Uhlenhorst wurden 2001 mit einem großen Sportfest gefeiert

Maschinen- und Zahnräder-Fabrik **Max Rentsch**, die 1931 in Hammerbrook gegründet wurde. 1939 fand der Umzug in den *Alten Teichweg* statt. Im Zweiten Weltkrieg verlagerte Max Rentsch die Firma nach Mecklenburg. Der Wiederaufbau auf dem Gelände am *Alten Teichweg* begann 1948. Dort produziert die Firma heute mit ca. 25 Mitarbeitern nicht nur Zahnräder, sondern führt auch Auftragsarbeiten für z.B. Blohm + Voss oder die Hamburger Hafen und Lagerhaus AG (HHLA) durch. Zwischen *Weide-* und *Osterbekstraße*, auf dem Gelände des ehemaligen Gaswerks, ist in den 1990er Jahren die **AlsterCity** entstanden – ein Bürokomplex mit Einkaufszentrum, initiiert von den bekannten Förderern Hamburgs Dr. Helmut und Hannelore Greve. Davor, in der *Weidestraße 118*, findet man die Verwaltung und Lehrwerkstatt von **Fielmann**, dem größten Augenoptiker Europas.

Die 1901 gegründete **Innung Sanitär-Heizung-Klempner** hat im Jahr 2001 ihre Räumlichkeiten am *Barmbeker Markt* mit dem Bau von zwei neuen Lehrwerkstätten erweitert. Sie rief 1928 die erste innungseigene Lehrwerkstatt Deutschlands ins Leben. In der überbetrieblichen Ausbildungsstätte lernen derzeit rund 1100 Auszubildende. Im Falle persönlicher Probleme werden sie auch psychologisch betreut.

In einer schönen Parklandschaft liegt das **Allgemeine Krankenhaus Eilbek** an der *Friedrichsberger Straße* und wird daher auch „Klinik im Park" genannt. Der geplante Neubau, dessen Ziel die Zentralisierung von unterschiedlichen medizinischen Bereichen und die Schaffung eines neuen diagnostischen Zentrums ist, soll bis 2003 fertig gestellt sein. Seinen Ursprung hat das Krankenhaus in der 1864 eröffneten „Irrenanstalt Friedrichsberg", die insofern als bahnbrechend galt, als dass die Gemütskranken dort erstmalig in Deutschland mit einer zwangsfreien Behandlung betreut wurden.

Wassersport

Der Osterbekkanal hat zwar seine Bedeutung als Transportweg verloren, ist heute aber Teil eines **Freizeit- und Wassersportreviers**. Er hat sich schon früh zusammen mit dem Goldbekkanal

Die Seele baumeln lassen und den Alltagsstress vergessen – das kann man gut in der Bartholomäus-Therme

Nicht nur bei den Barmbekern sehr beliebt: das Einkaufszentrum Hamburger Straße

und dem Stadtparksee zu einer Oase für Kanufahrer und Ruderer entwickelt. Zahlreiche Ruderclubs und Bootshäuser entlang des Kanals vermieten Boote für eine Partie zu Wasser.

Auf dem Gelände des ehemaligen Schützenhofs Ecke *Bartholomäusstraße/ Beethovenstraße* wurde 1907/08 eine **Warmbadeanstalt** mit zwei Schwimmhallen, über 70 Wannenbädern und zahlreichen Brausezellen errichtet. Integ-

riert waren damals ein Standesamt und eine Bücherhalle. Die **Bartholomäus-Therme**, wie das Bad nach seinem Umbau zum Wellness-Bad 1995 heißt, ist heute ein beliebtes Erholungsbad für Erwachsene mit Therme und Saunen. Das Sportschwimmbecken in der zweiten Halle ist nicht öffentlich. Hier tummeln sich vor allem Schulkinder beim Schwimmunterricht.

Eine große Grünfläche mit Spielplatz und Planschbecken mitten im Stadtteil ist der 1903/04 angelegte **Schleidenpark**, der allerdings etwas von seiner Freizeitqualität durch die Nähe zu der Verkehrsachse *Adolph-Schönfelder-Straße* einbüßt. In seiner Verlängerung Richtung *Hamburger Straße* hat das Gartenbauamt Hamburg-Nord 2001 entlang der *Elsastraße* den hübschen Stadtteilpark Barmbek-Süd gestaltet.

Die Alsterdampfer

Die Alster und die Kanäle waren schon früh wichtige Verkehrswege. Seit 1859 fuhren die Alsterdampfer vom *Jungfernstieg* Richtung Uhlenhorst und Winterhude. Das Streckennetz und die Anzahl der Schiffe wurden nach und nach vergrößert. Ab 1936 begann auch auf dem Osterbekkanal ein reger Personentransport. Der Linienverkehr ging bis zum Anleger an der Bachstraßenbrücke. Die Linie über den Kanal wurde 1954 bis zum neuen Anleger an der *Saarlandstraße* verlängert und so die Verbindung zum Stadtpark hergestellt. In den 1980er Jahren endete der feste Fahrplandienst auf der Alster. Auf vielfältigen Bürgerwunsch gibt es heute jedoch wieder einen eingeschränkten Linien- und Ausflugsverkehr (s. Uhlenhorst).

Die Geschäftsstraße

Die *Hamburger Straße* hatte schon früh die Funktion einer Geschäftsstraße. Ende des 19. Jahrhunderts war in ihrer Umgebung bereits ein großes Wohngebiet mit fünfgeschossiger Blockrandbebauung entstanden, das die Ansiedlung von zahlreichen Läden mit sich brachte. Die *Hamburger Straße* wurde zur Einkaufsstraße und Flaniermeile Barmbeks. Bereits 1903 eröffnete das Warenhaus **Gebr. Heilbuth** seine Pforten, Ende der 1920er Jahre dann das Warenhaus **Karstadt**. Nach den Zerstörungen im Zweiten Weltkrieg verlegten viele Geschäftsleute ihre Läden in die *Fuhlsbüttler Straße*. So auch das heute noch bestehende Bekleidungshaus Toedt, wo der Bäcker und die Krankenschwester ihre Berufskleidung kaufen. Die Verkehrsachse *Hamburger Straße* entwickelte sich nach Norden bis zum Barmbeker Bahnhof zur reinen Geschäfts- und Bürostraße. Eingekauft wird heute allerdings eher in den rund 120 Geschäften im Einkaufszentrum an der Mundsburg.

Die kleine Kneipe …

Anfang bis Mitte des 20. Jahrhunderts hatte Barmbek-Süd viele Lichtspielhäuser wie den „Olympia-Palast", der 1912 als „Bach-Theater" in der *Bachstraße 72* eröffnete und Platz für 1300 Personen bot, die hier die ersten Stummfilme sahen. Auch die schönen Tanzlokale und Kaffeehäuser wie das „Marokko" luden ein zum netten Zeitvertreib. Diese Tradition wird heute mit dem „Kinopolis" an der Mundsburg, dem **New Big Apple**, einer der ältesten Diskotheken Hamburgs aus den 1960er Jahren, und den vielen Kneipen und Restaurants u.a. in der *Hamburger Straße* und am *Winterhuder Weg* fortgeführt. Im Wohngebiet zwischen Eilbekkanal und *Dehnhaide* finden sich viele kleinere deutsche und internationale Gastwirtschaften, wie z.B. das über 30 Jahre alte **Astra 59**. Die Gäste wohnen in der Nachbarschaft und lassen sich gern vom Wirts-Ehepaar Ingrid und Hans Wenten verwöhnen, die das Lokal 1999 übernahmen.

Köpfe

Auf einem Spaziergang durch die Innenstadt stellte **Rudolf Carstens** fest, dass Hamburgs Gewässer nicht sehr sauber waren. Als er dann noch an dem Restaurant „Fleetenkieker" vorbeikam, war die Idee für seinen Verein geboren. 1994 gründete der gebürtige Dithmarscher, der seit 50 Jahren in Hamburg lebt, den Verein „De Fleetenkieker, Verein für Umwelt- und Gewässerschutz in Hamburg".

Zu **Luis Merino** bringen nicht nur Barmbeker ihre kaputten Koffer und Taschen. Der gebürtige Spanier, der bereits mit 14 Jahren in Madrid eine Lehre als Sattler und Feintäschner absolviert hat, kam in den 1960er Jahren nach Deutschland. Zunächst arbeitete er in Hessen. Nach Stationen bei den großen Hamburger Lederfirmen Leder Schüler und Klockmann machte er sich 1988 selbstständig. Seit 1991 hat er seine Werkstatt an der *Weidestraße*, wo er Taschen und Koffer aller Art und Größe, oft auch Liebhaberstücke, mit Fingerspitzengefühl repariert oder restauriert.

Eine Frau, die für Bewegung in ihrem Stadtteil sorgt, ist **Christine Eckmann**. Sie hat bis auf eine kurze Unterbrechung immer in Barmbek-Süd gewohnt und ist daher natürlich an allem, was ihren Stadtteil betrifft, interessiert. Die Bürgerinitiative gegen die Bebauung einer großen, zur Adolph-Schönfelder-Schule gehörenden Fläche wurde von ihr ins Leben gerufen. Auch das Museum der Elektrizität electrum lag ihr am Herzen. 2001 gründete sie mit anderen Interessierten den Förderverein electrum e.V., der sich für den Erhalt des Museums einsetzte.

René A. Tollkühn ist der Quartiersmanager für das Stadtteilentwicklungsgebiet Dehnhaide. Der studierte Volkswirt und Sozialökonom hat bis 1997 beim Sozial- und Bildungswerk gearbeitet und ist seitdem für den Verein „Mook wat e.V." tätig. Bis 2000 hat er in Dulsberg erfolgreich Projekte entwickelt, insbesondere zur Absicherung und Neueinrichtung von Arbeitsplätzen. Er setzt diese Tätigkeit heute für Barmbek-Süd fort.

Links: Nachbarliches Treffen im „Astra 59" in der Gluckstraße. Oben: Rudolf Carstens, Luis Merino, Christine Eckmann und René Tollkühn machen sich für ihren Stadtteil stark

Bergedorf

ist der bevölkerungsreichste Stadtteil in Hamburgs Osten und zugleich ein kleines „Städtchen“ für sich. Es ist seit 1420 mit der Hansestadt verbunden und ohne Unterbrechung der Hauptort ihres umliegenden Landgebiets. Bis heute wird die Politik für die 13 Stadtteile des gleichnamigen Bezirks in der Billestadt gemacht

Steckbrief

Fläche:
11,341 km²
Einwohner:
41 994
Verwaltung: Bezirk Bergedorf, Kerngebiet
Ortsteile:
602, 603

Der Name könnte sich zwar von einem Eigennamen ableiten, bedeutet aber vermutlich „Dorf am Berge“, wobei „Berg“ auf die Lage auf dem Geestrücken anspielt und den Gegensatz zur flachen Marsch bezeichnet. Aber schon lange bevor sich hier die ersten Sachsen niedergelassen hatten, war die Bergedorfer Gegend seit der Jungsteinzeit kontinuierlich besiedelt.

Aus der Geschichte

Vor etwa 900 Jahren muss man sich Bergedorf als kleine Marktsiedlung mit Kirche vorstellen. Durch den Ort verlief eine wichtige Handels- und Heerstraße zum Elbübergang bei Lauenburg. Urkundlich wird „Bergerdorp“ erstmals 1162 erwähnt, als das gleichnamige Kirchspiel aus der Zuständigkeit des Hamburger Erzbistums an das Bistum Ratzeburg überwiesen wurde.

Das alte Bergedorfer Wappen zeigt an drei Bäumen den Lübecker, den Hamburger und den Beiderstädtischen Schild

Anfang des 13. Jahrhunderts kam Bergedorf unter die Herrschaft der **dänischen Krone**, was der Entwicklung der Siedlung förderlich war: 1208 wurden die Bille aufgestaut und eine Kornmühle errichtet. Wo der Staudamm lag, zeigt noch heute der Verlauf *Alte Holstenstraße/Serrahnbrücke*. Als Vorläuferin des heutigen Schlosses wurde 1212–24 eine Wasserburg gebaut, um die eine zweite Siedlung entstand. 1227 verlor der dänische König die Schlacht von Bornhöved, in der auch Hamburg und Lübeck Soldaten gegen ihn ins Feld geschickt hatten. Damit ging Bergedorf zurück in den Besitz des sächsischen Herzoghauses, das dem Ort 1275 **städtische Rechte** verlieh.

1370 verpfändete der Sachsenherzog Erich III. Bergedorf an Lübeck. Sein Vetter, der Lauenburger Erich IV., besetzte 1401 die Burg und vertrieb kurzerhand die Lübecker. Dem nicht genug, begannen seine Leute, den Verkehr zwischen Lübeck und Hamburg unsicher zu machen und hansische Kaufmänner zu überfallen. Erst 1420 konnten die Städte seinen Erben, Erich V., in

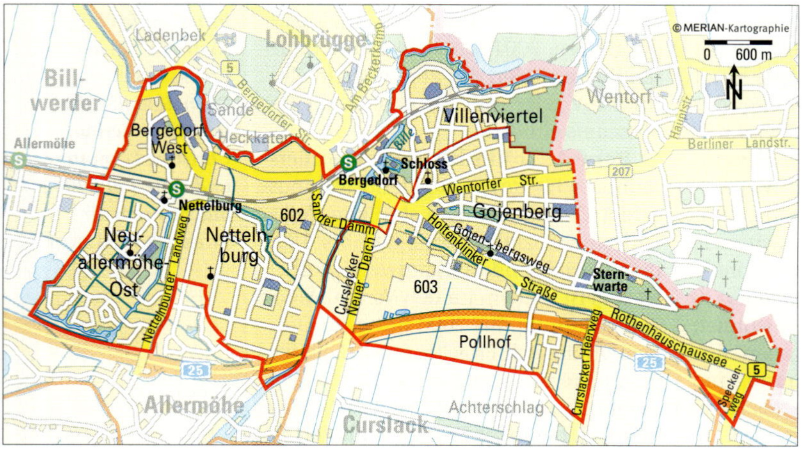

einem nur wenige Tage währenden Kampf besiegen. Bergedorf, die heutigen Vierlande und die Dorfschaft Geesthacht waren gewonnen. Das ganze Gebiet gehörte nun den beiden Hansestädten gemeinsam, und dieses „Kondominium" firmierte bis 1867 als „beiderstädtisches" **Amt Bergedorf** mit Sitz des Amtmannes im Bergedorfer Schloss.

Der **Amtmann Ditmar Koel** (sprich: Kohl), der 1525 als Piratenjäger zu Hamburgs Seeheld avanciert war und nach seiner Bergedorfer Zeit Bürgermeister wurde, ließ 1545 eine Sägemühle am Blickgraben errichten. Im 17. Jahrhundert wurde die Anlage in eine Kupfermühle (am heutigen *Kupferhof*) umgewandelt. Koel hatte 1542 auch die Reformation in Bergedorf eingeführt.

Während des 30-jährigen Krieges (1618–48) konnte sich Bergedorf durch geschicktes Verhandeln und Zahlung großer Geldbeträge vor den Truppen Wallensteins und Tillys schützen. Ganz ohne Kriegseinwirkung hatte 1621 ein Großbrand viele Häuser zerstört.

Um 1700 entwickelte sich eine Vorstadt auf der **Hude** und dem **Specken**, in der auch ein Armenhaus und eine Lohmühle errichtet wurden.

Während der Besetzung durch die Franzosen 1806–13 hatte das Bergedorfer Schloss schweren Schaden erlitten. In den Jahren danach wurde der Ausbau der Verkehrswege vorangetrieben, vor allem Richtung Hamburg: Seit Mai 1842 fuhr die **Hamburg-Bergedorfer Eisenbahn**. Um den Bahnhof herum entstand das Italienische Viertel mit vornehmen Restaurants wie dem „Frascati", dem „Portici" oder dem „Colosseum". 1868 kaufte Hamburg den Lübecker Anteil an Bergedorf für 200 000 preußische Taler und bildete die **Landherrenschaft Bergedorf**.

Mit Eingliederung des Gebietes in den Deutschen Zollverein entfielen hier Ausfuhrabgaben auf produzierte Waren fort, und das Städtchen machte sich auf den Weg zum **Industriestandort**. Eine Glashütte war 1869 der erste Großbetrieb, später folgten weitere, von denen zwei Stuhlrohrfabriken besondere Bedeutung erlangten. 1897 wurde ein

In Bergedorf steht das einzige Schloss in Hamburgs Landen; der Fachwerkflügel des Südtraktes von 1661.
Unten: Kran und Serrahn standen in den 1950er Jahren noch voll im Dienste der Wirtschaft. Für die Jungs eine willkommene Schulwegunterbrechung

„Hobler“ in der Stuhlrohrfabrik Sievert, um 1932. Die 1861–67 ausgegebenen Bergedorfer Briefmarken haben heute hohen Sammlerwert

Kraftwerk errichtet, 1910 folgte eine Kläranlage. Eine Müllabfuhr gab es schon seit 1887, und zehn Jahre später leuchtete es in den nun deutlich weniger verschmutzten Straßen elektrisch. Die wachsenden Unternehmen lockten scharenweise Arbeiter in die Stadt, und Wohnraum musste her. Im Süden Bergedorfs wuchs 1900–08 ein ganzes Wohnviertel auf der grünen Wiese. Es war noch bis Mitte des 20. Jahrhunderts ein lebhaftes Quartier mit kleinen Handwerksbetrieben und Läden. An den Straßen *Achterdwars* und *Dwarstwiete* (früher *1.* und *2. Querstraße*) entstanden weitere Arbeitersiedlungen. Auf dem „roten Kamp“ lebten viele SPD-Anhänger, weshalb die Nationalsozialisten den Abriss dieses Viertels planten. Dazu kam es jedoch wegen des Zweiten Weltkrieges nicht mehr; erst in den 1960er Jahren erfolgte die Niederlegung fast aller Häuser.

1873 durfte das „Städtchen“ sich nun „Stadt“ nennen und wuchs kräftig weiter. 1927 erhielt es sein **Rathaus**, eine Flussbadeanstalt (Bille-Bad), und das Amtsgerichts- und Gefängnisgebäude sowie Behausungen für Polizei, Feuerwehr und die Hansaschule entstanden neu. Daneben kam es auch zu radikalen Verkehrs- und Siedlungsbaumaßnahmen, wie der Anlage der *Vierlandenstraße* („Durchbruchstraße I“) und dem Baubeginn der Siedlung Nettelnburg im Süden des heutigen Stadtteils Anfang der 1920er Jahre. Die Entwässerung des schweren Marschbodens verzögerte die Fertigstellung von Jahr zu Jahr. Erst 1961 war der weitere Ausbau samt neuer Schule und Kirche abgeschlossen.

Mit dem Groß-Hamburg-Gesetz verlor Bergedorf 1937/38 seinen Status als selbstständige Gemeinde und wurde zusammen mit Lohbrügge sowie den Vier- und Marschlanden unmittelbar in die hamburgische Verwaltung integriert. Zu dieser Zeit begann der Aufbau des KZ Neuengamme, und auch in Bergedorfer Betrieben mussten die Häftlinge Zwangsarbeit leisten. Während des Zweiten Weltkrieges wurde der Stadtteil nicht zerstört, und **ausgebombte Hamburger** fanden zu Tausenden Zuflucht.

Nach 1945 erlebte Bergedorf die Fortsetzung seines städtebaulichen Wandels.

Das Bergedorfer Rathaus von 1927 entstand unter Einbeziehung der alten Meßtorff-Villa

Gemütlich und fast verschlafen stehen die St. Petri und Pauli-Kirche und das Hasse-Haus am Rande des Schlossgartens

Wie schon für den Bau der Vierlandenstraße Anfang der 1930er Jahre wurden auch in den 50er Jahren ganze Viertel für neue Straßen niedergelegt. Trotz Bürgerprotesten mussten viele **alte Fachwerkhäuser** auf der *Hude* und dem *Specken* dem Ausbau der *Bergedorfer Straße/B 5* weichen („Durchbruchstraße II").

1968–73 erhielt der Stadtteil mit „Bergedorf-West" eine für die damalige Zeit typische Großwohnsiedlung, und in der Innenstadt brachten die Einrichtung der Fußgängerzone *Alte Holstenstraße/Sachsentor*, an ihrem Ende stand bis 1846 ein Stadttor, und der Bau des **City Centers Bergedorf (CCB)** zwei einschneidende Veränderungen im Stadtbild.

Altes und Schönes

Bergedorfs bedeutendste Sehenswürdigkeit ist sein Schloss, das einzige in hamburgischen Landen. Die alte Wasserburg wurde nach 1420 ausgebaut und erhielt zwischen 1588 und 1610 ihre seither unveränderte vierflügelige Grundform. 1889–1902 wurde die Anlage umfassend im neugotischen Stil überbaut und diente bis zum Bezug des neuen Rathauses 1927 als Verwaltungssitz für Amt und Stadt Bergedorf (s. auch Bürgergeschichten Curslack). In den 1950er Jahren und 2000/01 erfolgten grundlegende Restaurierungen. Herrlicher Rokoko-Stuck aus alten Bergedorfer Bürgerhäusern ist im Schloss zu bewundern und im ehemaligen **Landherrenzimmer** mit Intarsienpaneel und -möbeln auch schönste Zeugnisse des **Vierländer Heimatstils**. Alles gehört zum sehr sehenswerten **Museum für Bergedorf und die Vierlande**, dessen Bibliothek und Archiv im Dachgeschoss untergebracht ist.

Bürger schaffen ein Museum

Ende des 19. Jahrhunderts hatten sich Mitglieder des Bürgervereins daran gemacht, aus ihrer Heimatsammlung ein richtiges Museum entstehen zu lassen. Eine Kommission sammelte eifrig Spenden für den Erwerb eines Grundstücks, doch Erster Weltkrieg und Inflation machten alle Baupläne zunichte. Auch neue Anläufe scheiterten, und erst die 1953 erfolgte Übergabe an den hamburgischen Staat ermöglichte eine dauerhafte Präsentation der Bürgervereinsschätze im Schloss, die damit der Grundstock des heutigen Museums wurden.

Das Landherrenzimmer im Bergedorfer Schloss zeigt schönste Vierländer Intarsienarbeiten

Nach der Besichtigung der Bergedorfer und Vierländer Vergangenheit kann man gleich im Schloss bei Kaffee und Kuchen die historische Einrichtung des alten **Kaffee Möller** genießen. 1992 war diese aus der *Alten Holstenstraße 76* in die Gemäuer gewandert. Frisch gestärkt lässt sich dann die Bergedorfer „Schokoladenseite" durch bummeln: Zuerst geht es zum historischen Ensemble der ev.-luth. **St. Petri und Pauli-Kirche** (Urbau um 1500) und dem ehemaligen Organisten- und Küsterhaus („Hasse-Haus", 1630, s. Köpfe). Sein markanter Rundturm stammt aus dem Jahre 1836. Nebenan liegt in der *Schloßstraße 2* das 1913/14 im Heimatstil erbaute Pastorat.

Denkmalschutz, wohin das Auge schaut. Lenkt man seine Schritte links herum ins *Sachsentor*, ändert sich eine kleine Spazierganglänge nichts daran. Der verdiente Bergedorfer Heimatforscher Harald Richert kann sich noch gut an vergangene Zeiten erinnern, bevor 1971 die Fußgängerzone eingerichtet worden war: „Zur Hauptverkehrszeit war die Straße wie ein Nadelöhr. Auf dem Kopfsteinpflaster rumpelten in beiden Richtungen Pferde- und Kraftfahrzeuge, und die parkenden Gefährte beengten die schmalen Gehsteige. Dort geriet man schon mit einem Kinderwagen in angstvolles Gedränge." Das unbestrittene „Paradestück" der Straße ist gleich zu Anfang das historische **Hotel Stadt Hamburg**, oder einfach „Herrenherberge" genannt. Es ist das älteste Hamburger Gasthaus und dient heute einem Steak-House als Domizil. 1958/59 war das Gebäude, das eigentlich aus zweien besteht (Eckhaus um 1550/Giebelhaus um 1650), um etwa sieben Meter versetzt und dabei in etwas veränderter Form wieder aufgebaut worden. Links und rechts des Weges folgt nun ein altes Stück historisch-bürgerliches Bergedorf nach dem anderen.

Fassade und Detail des alten Hotels Stadt Hamburg. Das prächtige Herbergszeichen der Schmiede stammt aus dem Jahre 1767

Am Ende des *Sachsentors* beginnt mit dem weiß gestrichenen Fachwerk eines restaurierten Speichergebäudes links die *Chrysanderstraße*. Es ist ein schöner Schlusspunkt der Fußgängerzone, an deren Ende einen der Autolärm wieder dröhnend in Empfang nimmt. Denn hier am *Mohnhof* ist einer der Bergedorfer Verkehrsknotenpunkte erreicht. Von ihm zweigt links die *Wentorfer Straße* als B 207 von der B 5 ab und führt zum Bergedorfer Rathaus, dem heutigen Bezirksamt. Von außen ist kaum zu erkennen, dass es aus der Villa des Kaufmanns Meßtorff hervorging. Die Stadt ließ das Gebäude völlig überbauen, erhielt aber im Inneren einige Räume und ein Treppenhaus. Sie zeugen noch vom üppigen Luxus, mit dem sich der schwerreiche Meßtorff bis zu seinem Tode umgab. Geheiratet hat er jedoch nicht. Der alte Standesbeamte Robert Voigt jedenfalls unterließ niemals den Hinweis an seine Brautpaare, dass man sich im ehemaligen Schlafzimmer eines Junggesellen befinde. Zwar ist das Standesamt heute nebenan in der früheren Polizeiwache untergebracht, aber auch in den Prachträumen des Bezirksamtes wird noch getraut.

Hamburg ist weit

„Hamburg ist weit", sagen die Bergedorfer und werden erst nach Überschreitung der hamburgischen Landesgrenzen zu richtigen Hanseaten. Wie die Harburger haben auch die Bergedorfer eine ganz **eigene Identität**, die sich in beiden Fällen aus dem ehemals städtischen Status erklärt. Und wie es sich für eine richtige Stadt gehört, versah sich Bergedorf mit einem Rathaus, einem Bahnhof, und natürlich bekam es auch seine eigene Zeitung, die „BZ". Nach einigen Vorläuferinnen (seit 1824) berichtet die **Bergedorfer Zeitung** seit 1874 täglich. Wer die neuesten Neuigkeiten aus Bergedorf, Lohbrügge, den Vier- und Marschlanden sowie aus den schleswig-holsteinischen

Der reiche Meßtorff wohnte hier einst wie ein kleiner Fürst. Heute liegt hinter der Tür aber kein Privatgemach, sondern das Zimmer des Bezirksamtsleiters

Vom Gojenberg ins Weltall

Hamburgs wissenschaftliche Himmelsbeobachtung wird seit 1912 in Bergedorf fortgeführt. „Bergedorf" ist unter Astronomen ein Begriff – und nicht Hamburg

Die frühere Hamburger Sternwarte lag auf einer alten Befestigungsbastion nahe des heutigen *Millerntorplatzes*. Am Anfang des 20. Jahrhunderts waren hier die Störungen durch Verkehrsvibration, Rauchemission und neue Lichtquellen so massiv geworden, dass Hamburg 1906 den Aufbau einer der damals modernsten europäischen Sternwarten weit außerhalb auf dem Gojenberg in Angriff nahm. Bis heute ist die Anlage mit allen Gebäuden und optischen Geräten nahezu komplett erhalten.

1968 wurde die Hamburger Sternwarte als Institut in den Fachbereich Physik der Universität Hamburg integriert und ist heute eines der größten für astronomische und astrophysikalische Grundlagenforschung. Schwerpunkte sind die Quasare, Gravitationslinsen und Sternenaktivität. Die am Rande des Universums stehenden Quasare geben Aufschluss über die Frühzeit des Universums.

Die Forscher auf dem Gojenberg haben immer wieder mit Entdeckungen und besonderen Entwicklungen von sich reden gemacht, so mit der Bergedorfer Spektral-Durchmusterung und AGK3-Katalog mit Eigenbewegungen von vielen Tausend Sternen. Der geniale Tüftler Bernhard Schmidt (1879–1935) erfand in Bergedorf seine berühmte Korrektionsplatte für Spiegelteleskope. Sie ermöglichte erstmals ganzflächig scharfe Himmelsaufnahmen großer Felder. Mit dem Hamburger Schmidt-Teleskop auf dem Calar Alto in Südspanien und dem ESO-Schmidtspiegel in Chile wurden Aufnahmen des Himmels gewonnen, anhand derer sich Tausende Galaxien und Quasare nachweisen ließen.

Mit 9 m Brennweite ist der „große Refraktor" eines der größten deutschen Linsenfernrohre

Auf dem Gelände stehen viele Kuppelbauten wie dieser für das Lippert-Teleskop

Nachdem die Stadt das Sternwartengelände samt Ausstattung in ihre Denkmalliste aufgenommen hat, engagiert sich der „Förderverein Hamburger Sternwarte e.V." für Sanierung, Erhalt und Nutzung dieses einzigartigen Kulturdenkmals. Mäzene werden dringend gesucht, denn es gilt, Räume für Vorlesungen und Öffentlichkeitsarbeit herzurichten.

Adresse

Sternwarte:
53°28'46,9" nördlicher Breite, 10°14'26" östlicher Länge von Greenwich
oder
Gojenbergsweg 112, 21029 Hamburg

S 21 bis Bergedorf, dann Bus 335 Sternwarte

Führungen nach Vereinbarung
Tel.: (0 40) 72 52 29 19
Fax: (0 40) 72 97 73 41

Wahlverhalten

... zur Bürgerschaft 2001 (gesamt)

Wahlbeteiligung	71,0%
SPD	**36,5%**
CDU	**26,2%**
Schill-Partei	**19,4%**
Grüne/GAL	**8,6%**
FDP	**5,1%**
Übrige	**4,2%**

... zur Bürgerschaft 2001 (Stadtteil)

Wahlbeteiligung	69,3%
SPD	**39,9%**
CDU	**25,1%**
Schill-Partei	**18,5%**
Grüne/GAL	**8,0%**
FDP	**4,0%**
Übrige	**4,4%**

Stadtteil-Profil

	Bergedorf	Bezirk	Hamburg
Bevölkerung gesamt (2000)	41 994	114 631	1 704 929
Unter 18-Jährige in %	12,5	20,3	16,1
65 Jahre und älter in %	13,7	15,5	17,0
Deutsche	36 789	103 658	1 432 325
Ausländer in %	12,4	9,6	16,0
Einwohner je km²	1238	741	2258
Sozialstruktur			
Sozialhilfeempfänger (2000)	3306	7659	120 461
Arbeitslose (2001)	1516	3691	71 963
Eink. je Steuerpfl. in DM (1995)	61 907	60 397	65 579
Wohnen (2001)			
Wohngebäude	5932	18 755	226 061
Ein- und Zweifamilienhäuser in %	24,4	33,4	20,5
ø Wohnungsgröße in m²	74,2	77,9	71,0
Wohnfläche je Einwohner in m²	34,4	34,7	35,7
Verkehr			
Private Pkw (2001)	14 860	45 863	628 119
Straßenverkehrsunfälle (2000)	229	633	12 430
Kriminalität			
Straftaten insgesamt (2000)	5170	11 451	284 272

© Statistisches Landesamt

Zwei Bergedorfer „Urgesteine": Logos des Bergedorfer Bürgervereins und der Wirtschaftlichen Vereinigung Bergedorf

Gebieten informiert sein will, sollte also die BZ lesen. Gemacht wird das der Axel-Springer-AG gehörende Blatt von ca. 100 Mitarbeitern am *Curslacker Neuen Deich 50*. Nur einige Hausnummern weiter ist übrigens eine andere, fast jedem Hamburger Briefkasten bestens vertraute Springer-Tochter beheimatet: Die Redaktion der in 620 000 Exemplaren erscheinenden 15 **Hamburger Wochenblätter** besorgen rund 60 Mitarbeiter.

Kleinstadtleben

Über alle generellen und speziellen Fragen zum Thema Bergedorf wird traditionell im **Bergedorfer Bürgerverein von 1847 e.V.** diskutiert. Seit über 150 Jahren bleibt es dabei nicht nur beim Reden, sondern der Verein initiierte und beteiligte sich sehr erfolgreich an vielen Aktionen zur Verbesserung der Bergedorfer Lebensqualität (Museum, Denkmäler, Stadtfeste, Wirtschaftsförderung, Ausstellungen, Veröffentlichungen). Viele seiner über 200 Mitglieder sind geschichtsinteressiert, und der Verein unterhält enge Beziehungen zum **Archiv Ludwig Uphoff**. Der Lehrer und Heimatforscher Uphoff (1894–1970) begründete seine Sammlung 1915. Die reichen Bestände über Stadt und Amt Bergedorf liegen jedoch nicht in öffentlicher Hand, sondern werden vom Uphoff-Enkel Gerd Hoffmann privat erweitert, verwaltet und genutzt.

Der Bürgerverein gehört durch sein langes Bestehen und Wirken im Grunde schon selbst in das Forschungsfeld des **Bergedorfer Kultur- & Geschichtskontors**. Gegründet als Projekt der „Initiative zur Erhaltung historischer Bauten e.V.", wird seit 1991 im *Reetwerder 17* alles zur Bergedorfer Geschichte gesammelt. Vor allem durch Bücher, Ausstellungen und Stadtrundgänge vermittelt das Kontor lebendige Stadtteilgeschichte. Es unterhält eine regionalgeschichtliche Bibliothek, verwahrt über 2000 Archivalien und doppelt so viele historische Fotos. Ferner werden Kooperationen mit Universitäten, Schulen und Museen gepflegt.

Prominentes Gastspiel im Theater im Park: Ignaz Kirchner und Gert Voss (Burgtheater Wien) in „Die Zofen"

Von Beginn an führte das kleine Team systematisch Zeitzeugen-Interviews. Aber älteren Menschen reicht es oft nicht, nur von ihrem Erlebten zu erzählen, viele wollen sich nach ihrem aktiven Berufsleben weiterbilden. Und dies lässt es sich am schönsten in Gemeinschaft.

In Bergedorf ist das **Begegnungs-Centrum Haus im Park** am *Gräpelweg* der Ort, an dem den Wünschen nach aktiver Freizeitgestaltung für Senioren in vielfältiger Weise entsprochen wird. Seit 1977 finden hier Konzerte statt sowie zahlreiche Kurse für Fremdsprachen, Techniken des Kunsthandwerks oder zu allgemeiner und politischer Bildung. Im Gebäude gibt es auch einen Haus- und Pflegedienst und ein Schwimmbad für physikalische Therapien. Träger des „HIP" ist die Körber-Stiftung (s. Köpfe). Als eigenständiges Projekt der Körber-Stiftung spielt seit über 20 Jahren auf der Bühne im „HIP" das **Theater im Park** seine erfolgreichen Programme und ist so fast zu einem Bergedorfer Stadttheater avanciert.

Dreimal Lichtwark

Viele ältere Hamburger können sich noch erinnern, wie große Teile Hamburgs nach dem Zweiten Weltkrieg in Schutt und Asche lagen. 1947 rief Bürgermeister Max Brauer (s. Ottensen) zur Erneuerung des kulturellen Lebens „im Geiste Alfred Lichtwarks" auf (für Lichtwark s. Reitbrook). In der ganzen Stadt sollten **Lichtwark-Ausschüsse** die Arbeit aufnehmen. In veränderter Organisation ist in Bergedorf ein Ausschuss bis heute kulturfördernd aktiv (Theater- und Konzertaufführungen, Unterstützung von musisch begabten Jugendlichen). 1948 begann er die Herausgabe des bis heute jährlich erscheinenden Kulturmagazins **Lichtwark-Hefte**.

Zum dritten Mal begegnet man dem berühmten Namen im **Lichtwarkhaus Kinder- und Jugendzentrum** (neben dem **JUZ Heckkaten**, das zweite Bergedorfer Haus der Jugend) in der *Holzhude*, wo von Basteln über Töpfern bis hin zu Free-Climbing und Kampfsportarten ein breites Kinder- und Jugendprogramm geboten wird. Beliebt ist mit dem „Lighthouse" vor allem die Disco für die Jüngeren. Im selben Gebäude betreibt die AWO auch eine Senioreneinrichtung.

Um Jugendarbeit geht es wieder im links-alternativen **Unser Haus e.V.** der vor über 25 Jahren in Bergedorf gegründet wurde. Das Haus, um das sich bei diesem Verein alles dreht, steht in der *Wentorfer Straße 26* und war einst heiß

Action im „Lighthouse" (Jugenddisco, 12–16 Jahre, Fr. 19–23 Uhr, Lichtwarkhaus). Links: Katja Syring und Katrin Grunwaldt vom Team des Bergedorfer Kultur- & Geschichtskontors

Im Sportforum am Billwerder Billdeich liegt auch der Sportkindergarten. Rechts: Paul Breitner in voller Aktion. Nur mit Mühe konnten die Bayernstars 1982 die Elstern im Pokalspiel überflügeln

umkämpft. Hier ist das „Café Flop" untergebracht, das aber nicht als Gastronomie im kommerziellen Sinne geführt wird. Das Flop als „Location" dient vielmehr als Jugendtreff und Kulturzentrum mit vielfältigem Angebot. Jugendliche aus Bergedorf und Umgebung diskutieren in selbst gestalteten Räumen über alles, was sie betrifft, viel auch über Politik und immer wieder auch Probleme mit Rechtsradikalismus im Raum Bergedorf. Kreativität und Lernwille sind bei Fotoworkshops gefragt (Labor im Haus) und ebenso in der Rollenspielgruppe. Deutlich lauter gehen die Rockbands in den Proberäumen des Flop ihrem Hobby nach und üben für ihre Auftritte. Ein schöner Lohn der Mühen ist ein Auftritt beim **Wutz-Rock,** dem jährlichem Festival, das Unser Haus e.V. 1979 unter dem Motto „umsonst und draußen" ins Leben rief. Mittlerweile findet es am Eichbaumsee vor 6000 Zuschauern statt (s. Allermöhe).

Von Elstern zu Skatern

Von den vielen Bergedorfer Sportvereinen kommt einem eine besondere Bedeutung zu – Bergedorf 85. Hervorgegangen aus zwei 1885 gegründeten Vorläufern, später „Arbeitersportverein Bergedorf" heißend, wurde der Verein gleich zu Beginn der NS-Zeit verboten und 1946 als „Allgemeiner Sportverein von 1885" neu gegründet. Etwa 20 Sportarten werden angeboten, doch legendär ist die seit 1912 bestehende Fußballabteilung, deren Kicker traditionell **Elstern** genannt werden. Sie spielten zunächst auf dem Grandplatz im „Billtal-Stadion" und wechselten dann zur Freude der Mannschaften und ihrer Gegner auf den Rasen der **Sander Tannen**. 1958 gelang sogar der Aufstieg in die „Oberliga", die damals höchste deutsche Spielklasse vor dem Start der Bundesliga. Der HSV, Werder Bremen & Co. treten zwar nicht mehr im Billtal an, aber vielleicht gelingt ja der Wiederaufstieg des heutigen ASV Bergedorf-Lohbrügge von der Verbands- in die heutige Oberliga.

König Fußball hat starke Konkurrenz bekommen, denn die Kids unserer Tage lieben es „trendy". *Am Bult 8*, in der Geschäftsstelle der **Turn- und Sportgemeinschaft Bergedorf von 1860 e.V.**, hat man die Zeichen der Zeit erkannt und vor einigen Jahren auf dem Gelände der ehemaligen Wentorfer Bismarck-Kaserne neben dem großen TSG Sportforum am *Billwerder Billdeich* mit dem Trendsport-Center einen weiteren Standort aufgebaut. Für die insgesamt 12 000 Vereinsmitglieder werden hier nun u.a. Inline-Skating, Skatebording und Freeclimbing angeboten.

HAUNI und viel mehr

Seit 1919 besteht die „Wirtschaftliche Vereinigung zur Förderung von Industrie, Großhandel und Verkehr in Bergedorf und Umgegend e.V." Ihr Name definiert den Vereinszweck, und das Gründungsjahr belegt, dass in Bergedorf seit langem die Wirtschaft pulsiert. Vor über 100 Jahren war hier z.B. der größte deutsche Standort für die Produktion von Möbeln aus Rattan, damals „Stuhlrohr" genannt. Die 1882 von Rudolf Sieverts gegründete „Hamburg-Bergedorfer Stuhlrohrfabrik" wird noch heute, in nunmehr vierter Generation, von seinen Nachkommen geführt. Wegen des in jüngster Zeit verhängten Ausfuhrverbotes von unverarbeitetem javanischem Rattan wurde der Betrieb umstrukturiert und ist nun Hamburgs größter Rattanmöbel-Abholmarkt.

Ein allen Bergedorfern bekanntes Unternehmen ist die **Gebr. Glunz GmbH & Co. KG.** Die beiden Gründer, Rudolf und Otto Glunz, würden sich wundern, könnten sie heute die *Bergedorfer Straße* heraufkommen und den großen Komplex anschauen. 250 Mitarbeiter sind in vielen Fachabteilungen unterwegs und verkaufen neben dem Sortiment einer Stahlbauhandlung auch Sanitärbedarf, Porzellan, Haushaltsgeräte und vieles mehr.

Der „Big Player" Bergedorfs, wie es im Wirtschaftsdeutsch heißt, ist **die HAUNI** (abgeleitet vom Ur-Namen „HAmburger UNIverselle"). Ihr legendärer Gründer, Kurt A. Körber (s. Köpfe), begann 1946 mit nur wenigen Mitarbeitern im *Weidenbaumsweg 69* die Konstruktion und Herstellung von Maschinen zur Tabakverarbeitung und Zigarettenherstellung. Neun Jahre später erfolgte der Umzug auf das große Gelände an der Kampchaussee (heute *Kurt-A.-Körber-Chaussee*). Die ganze Firmengeschichte ist eine beeindruckende Erfolgsstory, aber 1964 war ein besonderes Jahr daraus: Sämtliche Tabakmonopole der Welt sind nun Kunden bei Körber und seinen mittlerweile 2000 Mitarbeitern. 1987 fasste der Firmengründer dann die HAUNI und seine diversen weiteren Firmen in der **Körber AG** zusammen. 1999 brachten es die fast 30 Unternehmen auf einen Konzernumsatz von 1,151 Mrd. Euro.

Das große Bergedorfer Gewerbegebiet liegt links und rechts des Schleusengrabens sowie des *Curslacker Neuen Deichs*. Es kann noch weiter Richtung Osten wachsen. Damit auch das Gewerbegebiet südlich des *Lehfelds* genutzt werden kann, musste erst die Umweltbehörde weit reichende Bodensanierungen einleiten. Nach Wegzug des Chemie-Unternehmens „Unichema" waren starke Schadstoffbelastungen festgestellt worden.

Chefs, Meister, Lehrlinge

Neben den großen Firmen gibt es fast 300 Einzelhändler und über 230 Handwerksbetriebe im Stadtteil. Am *Brookdeich* entstehen weitere Gewerbeflächen auf dem ehemaligen Kleingartengebiet zwischen *Holtenklinker Straße* und *Pollhof* Richtung Autobahn. Durch die Nähe zum Bergedorfer Zentrum bieten sie sich besonders als Standort für neue Handwerksansiedlungen an.

Zeitleiste

1162 erste urkundliche Erwähnung

1212–24 Bau der Wasserburg

1420 Hamburg und Lübeck erobern Bergedorf

1443 Schleusengraben angelegt

1588–1610 Schlossausbau

1621 großer Stadtbrand

1842 Hamburg-Bergedorfer Eisenbahn in Betrieb

1847 Gründung des Bergedorfer Bürgervereins

1867 Ende der beiderstädtischen Verwaltung

1885 Bau der Hansaschule

1906–53 Eisenbahn nach Geesthacht

1909 Sternwarte auf dem Gojenberg

1937/38 Stadtteil Bergedorf

1969 Großbrand der Holzhandlung Behr am Serrahn

1971 Sachsentor wird Fußgängerzone

1973 CCB auf altem Behr-Gelände fertig

2000 Bürgerentscheid stoppt Zentrumserweiterung am ZOB

2001 „Runder Tisch" für neue ZOB-Lösung

Zwei Bergedorfer Traditionsunternehmen: die HAUNI an der Kurt-A.-Körber-Chaussee und Gebr. Glunz an der Bergedorfer Straße

Bürgergeschichten

„Schwarzsauer und Blutrühren"

Wolfgang Riepe, ehrenamtlicher Archivar im Museum für Bergedorf und die Vierlande, erzählt aus seiner Bergedorfer Pfadfinderzeit

Etwa ab 1950 war ich Mitglied des Bergedorfer Stammes „Junge Kameradschaft" im Bund deutscher Pfadfinder, und unsere Gruppenabende hielten wir im Bergedorfer Schloss ab. So auch an einem Sommertag 1952. Unsere kleine „Sippe" hatte sich gerade den Schlüssel für unseren heutigen Gruppenraum vom Schlosskastellan Herrn Steinfat geholt, der oben im Turm im heutigen Archiv wohnte, und im vorderen Raum des heutigen „Kaffee Möller" zusammengesetzt.

Pfadfinder bei der Beratung im Schloss. Die vier mittleren Jungen von links: Möller, Penndorf, Plessner und daneben Alfred Dreckmann, der spätere Leiter des Museums für Bergedorf und die Vierlande (bis 2001)

Ich war ziemlich missmutig, denn ich hatte gerade erfahren, dass Sippenführer Nikl abgesagt hatte, und von den anderen Kameraden fehlten auch noch zwei. Als wir uns berieten, was zu tun sei, ging die Tür auf. Wild vermummte Gestalten drangen auf uns ein und röhrten: „Jetzt werdet ihr geschlachtet!" Es gab eine kurze Rangelei, und wir drei waren überwunden, gefesselt und hatten Säcke über den Kopf gestülpt.

Bald dämmerte mir die Identität unserer Häscher. Ihre Stimmen hatten sie verraten, obwohl sie alles taten, sie zu verstellen. In Frage kam nur die ebenfalls zu unserem Stamm gehörende Sippe, die „Panther" unter Alfred („Afzen") Dreckmann, dem späteren Museumsleiter. Der lange Hajo Penndorf, Uller Möller und Klaus Derndinger gehörten ebenfalls dazu. Sie hatten also wieder einen großartigen Einfall gehabt, ihre Stärke zu demonstrieren. Man schaffte uns roh über die steilen Treppen in die finsteren Kellergewölbe. Ich versuchte noch, meinen beiden viel jüngeren Kameraden Mut zu machen, und zischte ihnen meine Vermutung zu. Reden durften wir nicht, denn dann waren sofort kräftige Hände über den Mundwerken. Man war damals nicht so zimperlich. Unseren Entführern war ebenfalls bald klar, dass sie mich von den anderen beiden trennen mussten, wollten sie ihr Spiel zu Ende treiben. Dass sie uns nicht umbringen würden, war ja klar, aber was sie ansonsten mit uns vorhatten, konnte durchaus schmerzhaft werden. Mutproben gehörten nun mal zum Ritual. Aber es gab auch feste Spielregeln: wirklich brutales Verhalten wurde nicht geduldet. So wurde ich in irgendein finsteres Verlies gebracht und wartete nun dort in der Dunkelheit auf das, was noch passieren würde. Gefesselt war ich immer noch, aber die Kapuze hatte man mir inzwischen abgenommen. Eine Wache saß dabei, schweigsam, vermummt und nicht zu erkennen.

Da saß ich nun. Schlimmes konnte ja eigentlich nicht passieren. Meine beiden Kameraden traf ein schlechteres Los. Alfred erzählte es mir siegesstolz, als ich schließlich von meinen Fesseln befreit wurde und sich die ganze Bande enttarnte: Sie hatten als zwei kleine Häufchen Unglück heulend vor ihren vermummten Entführern gesessen, zur Freude der Kidnapper, die sich bei Kerzenlicht in blutrünstigen Reden ergingen. Da war von Schwarzsauer und Blutrühren die Rede. Den beiden Opfern war nicht wohl in ihrer Haut.

Nun, nach einer Weile im Ungewissen wurden sie freigelassen und aus dem Schloss gejagt. Ich war damals ziemlich wütend auf meine beiden Kameraden. Ein Pfadfinder hatte keine Angst. Jedenfalls zeigte er sie nicht, oder doch?

Ob sie nun einen Schock fürs Leben bekommen haben, weiß ich nicht, aber auch sie werden die Geschichte nicht vergessen haben.

Für Handwerk und Industrie gleichermaßen wichtig ist die Ausbildung des Nachwuchses. In Bergedorf liegt der weitläufige Komplex des **Berufsschulzentrums** am *Billwerder Billdeich.* Drei von Hamburgs insgesamt 50 beruflichen Schulen sind hier zu Hause. Die größte ist die **Berufsfachschule Bautechnik** als Teil der Staatlichen Gewerbeschule 19 (G 19), in der über 1500 Schülerinnen und Schüler für die Berufe der Hamburger Bauwirtschaft lernen. Daneben bestehen die G 13 (Chemie, Pharmazie und Agrarwirtschaft) und die G 20 (Arbeits- und Werktechnik).

Das Sachsentor ist eine der ältesten Hamburger Fußgängerzonen. Unten: Der alte ZOB vor dem Bergedorfer Bahnhof hat wohl bald ausgedient

Streit ums Shoppen

„Wir gehen in die Stadt", nämlich ins *Sachsentor* und die *Alte Holstenstraße,* oder: „Wir fahren in die Stadt", wenn *Mönckebergstraße* und Umgebung angesteuert werden sollen. So lassen sich die beiden bergedorf-hamburgischen Einkaufsalternativen beschreiben.

1999/2000 entbrannte rund um das **Thema Einkaufen** großer Streit: Ist die Bergedorfer Innenstadt nicht schon so, wie sie sich heute präsentiert, attraktiv genug, oder sollte besser am bisherigen ZOB ein riesiges Einkaufszentrum mit Fachmärkten sowie diversen Freizeiteinrichtungen neu entstehen? Die für die „Zentrumserweiterung" ausgerollten Entwürfe eines Generalinvestors wurden von Befürwortern und Gegnern zum Schlachtfeld umfunktioniert und spalteten bald die Bergedorfer Bevölkerung. Einem erfolgreichen **Bürgerbegehren** zur Ablehnung der von CDU, SPD und Bezirksamt gebilligten Umsetzungspläne folgte – übrigens das erste Mal in Hamburg – ein **Bürgerentscheid**. Die Vorlage der Bebauungsskeptiker machte mit 20 186 Stimmen das Rennen gegen 14 982 Voten für die Neugestaltung, und der seit 1992 in Planung befindliche Stadtumbau platzte. Am „Runden Tisch" wird nun neu überlegt, denn das generelle Einkaufsproblem bleibt dennoch: Die Vielfalt der Ladengeschäfte in *Sachsentor* und *Alter Holstenstraße* verflacht zusehends, denn die sehr hohen Mieten können sich nur Unternehmensketten mit wenig Lagerbedarf und schnellem Warendurchgang leisten. So beherrschen Modediscounter und Kaffeeläden mit Zusatzangeboten das Bild. Nur einige **wenige Traditionsgeschäfte** haben sich noch im *Sachsentor* gehalten, z.B. **Timm** (Kaffeerösterei und Cafébetrieb), **von Have** (Weinhandel und -kelterei, die auf ihren „Hamburger Rotspon" stolz

Horst von Have lässt seinen Hamburger Rotspon aus besten Bordeauxweinen ganz in Ruhe im Sachsentor zur vollen Güte reifen

das Staatswappen der Hansestadt führen darf) oder der **Juwelier Dwenger**, der schon zu unzähligen Bergedorfer Eheschließungen den rechten Ring anpasste. Zu solchen Namen gehörte früher auch die **Schlachterei Städele**, jetzt Adresse einer Bekleidungskette.

Wie geht's weiter?

Mit dem vorläufigen Abschluss des weitflächigen Stadtwachstums durch Großwohnsiedlungen konzentriert sich die Stadtentwicklung am Anfang des 21. Jahrhunderts auf die Neustrukturierung alter städtischer Flächen, z.B. auf dem ehemaligen Güterbahnhof oder den Postgrundstücken an der *Stuhlrohrstraße*. Auch die Zusammenlegung des **AK Bergedorf** mit dem **Krankenhaus Bethesda** an dessen Standort nahe der Landesgrenze zu Schleswig-Holstein (Neubau 2003 fertig) bietet ein großes Grundstück für Neugestaltungen an der *Justus-Brinkmann-Straße*. In Sorge um die aufstrebene Wentorfer Konkurrenz erhofft sich vor allem die Bergedorfer Wirtschaft positive Impulse.

Schiene und Straße

Verkehrstechnisch ist Bergedorf gut erschlossen. Die S-Bahn und zahlreiche Buslinien garantieren schnelle Fahrt in City und Umland. Mit dem Auto fährt man über die B 5 in die Hamburger Innenstadt oder via *Vierlandenstraße* Richtung „Marschenlinie“, wie die A 25 genannt wird. Bis jetzt noch in den Köpfen und auf den Skizzen der Stadtplaner ist eine **Ostumgehung** Bergedorfs. Es gilt, auf Börnsener Gebiet die B 5 und B 207 zu verbinden, damit die Schwarzenbeker und Geesthachter Verkehrsachsen nicht länger erst in der Bergedorfer Innenstadt am *Mohnhof* stauträchtig zusammentreffen.

Derart tief greifende Verkehrsmaßnahmen hat Bergedorf schon mehrfach erlebt. Historische Höhepunkte sind neben den Anlagen der „Durchbruchstraßen“ die Eisenbahnanschlüsse. 1842 wurde die Verbindung nach Hamburg eröffnet. Dank der „Initiative zur Erhaltung historischer Bauten in Bergedorf e.V.“ besteht ein Teil des alten Bahnhofs noch heute. Der kleine Holzbau am *Neuen Weg 54* ist mittlerweile das zweitälteste Eisenbahngebäude Deutschlands. Seit 1997 nutzen u.a. Grundeigentümer- und Bürgerverein das Haus.

Neben der Hamburg-Bergedorfer-Eisenbahn bestand seit 1905 die **Bergedorf-Geesthachter Eisenbahn (BGE)** mit mehreren Zweiglinien. Sie diente vor allem als Verbindung zu den Dynamit- und Pulverfabriken in Geesthacht. Heute kann man auf dieser Strecke die von der AG Geesthachter Eisenbahn e.V. veranstalteten Nostalgiefahrten erleben. Am *Neuen Weg 39* ist ihr Bahnhof „Bergedorf-Süd“ erhalten. 1953 stellte die BGE den Personenverkehr ein – der letzte Direktor outete sich öffentlich als begeisterter Anhänger des Busverkehrs.

Viele Villen, eine Spundwand

Bergedorf bietet als „Stadt in der Stadt“ die gesamte Bandbreite urbaner Wohnwelten. Neben den Geschosswohnungsquartieren in der Bergedorfer Innenstadt und den Siedlungen „Nettelnburg“, „Gojenberg“, „Eschenhof“, „Chrysanderstraße“, „Neuallermöhe-Ost“ (s. Allermöhe) und „Wiesnerring“ an der Kampbille ragen besonders zwei Wohngebiete hervor: das Villenviertel und die Großsiedlung Bergedorf-West.

Erinnerung an den ersten Bergedorfer Bahnhof von 1842: In dem kleinen Holzbau wurden die Billets aus- und das Gepäck aufgegeben

Das **Bergedorfer Villenviertel** ist ein besonderes Hamburger Kulturerbe. Es grenzt im Norden an die Bahnlinie und reicht südlich gerade bis über die

Traumhäuser, wie hier im Gräpelweg und in der Ernst-Mantius-Straße, gibt es im Bergedorfer Villenviertel en masse zu bewundern

Wentorfer Straße. Auf 21 ha erstrecken sich hier 30 Straßenzüge mit mehr als 750 Gebäuden. Mit zunehmender Industrialisierung wuchs Bergedorf in alle Richtungen – nach Osten um das Villenviertel. Die Gegend befand sich zu großen Teilen im Besitz der Familie Schlebusch. Iwan Schlebusch (1805–85) trieb die Parzellierung und Erschließung voran. Seine Käufer waren aber nicht nur Angehörige der **Bergedorfer Oberschicht**, auch wohlhabende Hamburger schätzen die bekannt gute Luftqualität. Bereits Ende der 1920er Jahre gab es kaum noch freie Bauplätze, und das Viertel dehnte sich weiter Richtung Gehölz. Gründerzeit, Jugendstil, Reformarchitektur und die Neue Sachlichkeit im Bauen der 1920/30er Jahre – alle Stile sind in schönsten Darbietungen vertreten und geben sich von West nach Ost die Klinke in die Hand. Nach dem Zweiten Weltkrieg ging die Entwicklung langsam weiter, später nicht nur zum Vorteil des städtebaulich so wertvollen Großensembles: Die hohen Grundstückspreise verlockten zu Villenabriss und Errichtung von Mehrfamilienhäusern. Die Stadt reagierte und erklärte das Villenviertel als „Erhaltungsgebiet" (§ 172 BauGB). Wer also ein traumhaft schönes Stück Hamburg bewundern möchte, sollte in den z.T. noch originalgepflasterten, meist von alten Bäumen gesäumten Straßen eine Tour unternehmen, z.B. via *Daniel-Hinsche-*, *Hermann-Distel-* und *Von-Anckeln-Straße*.

„Wer kann sich schon eine Villa leisten?", fragen sich nicht nur die Bewohner von **Bergedorf-West**, sondern der unbestritten größte Teil aller „normalsterblichen" Hamburger. Aber dass es sich mittlerweile auch am westlichen Ende des Stadtteils weit besser lebt, als es der Ruf des Viertels vermuten lässt, wissen nur die wenigsten. Im Kern entstand die Großsiedlung mit 2613 Wohnungen unter der Regie von mehreren Baugenossenschaften 1968–70. Heute sind es ca. 3500 Einheiten, von denen für 2370 Sozialbindung besteht. Vier Hochhausreihen bekrönen die überwiegend zwei- bis viergeschossige Bebauung. Am imposantesten zeigt sich Bergedorf-West am *Ladenbeker Furtweg*, wo sich eines der Hochhausbänder entlang windet. Mit „Affenfelsen", „Langer Jammer" und „Spundwand" kann es gleich drei Spitznamen sein Eigen nennen – wenn das nicht auch eine kleine Auszeichnung ist! In den letzten Jahren hat sich hier viel getan, und die Zeiten von stetig steigenden sozialen Problemen in „Wild-West" sind vorüber. **Soziale Stadtteilentwicklung** und **Revitalisierung** sind die Stichworte auf dem Weg zu einer positiven Wende. Allein die SAGA investierte 12 Mio. Euro für neue Eingänge und Fassadengestaltungen, Hausbetreuerlogen, Mieter-Mini-Kleingärten und den Umbau von Wohnungen für „Nachbarschaftstreff" mit angeschlossener „Spielewohnung". Viele Fäden der Sozialarbeit laufen im Beratungsbüro der Mieterinitiative zusammen, in der sich verschiedene Sozialeinrichtungen engagieren. „Wichtig ist, dass die Monowohn-

Bis zu 16 Stockwerke geht es in Bergedorf-West in die Höhe – aber unten grünt es in den neuen Mietergärten

struktur einer Durchmischung weicht", sagt Reinhard Heitmann von der Mieterinitiative. Für die Ansiedlung von wohnverträglichem Gewerbe wurde deshalb der „Circushof" mit 16 Gewerbereihenhäusern errichtet.

Eine gemeinnützige, von 19 Organisationen gebildete ARGE trägt die Begegnungsstätte **Westibül** am *Friedrich-Frank-Bogen 59*. Seit 1993 kommen „Westler" hierher zum Klönschnack bei Kaffee und Kuchen oder um gemeinsamen Aktivitäten nachzugehen. Auch für die Kids gibt es viel Programm, z.B. das Puppentheater. Die ARGE richtet auch das jährliche Sommerfest „Fest in West" aus.

Zwei Wochen nach der Richtfeier fiel das „Haus Christo" im *Friedrich-Frank-Bogen 31* im Juli 1999 einem Brandanschlag zum Opfer. Ohne Zögern startete die ev.-luth. **Christophorusgemeinde zu Bergedorf-West** den Neubau ihres „Gemeinwesenzentrums". „Hier im Stadtteil wollen kirchliche und weitere sozial engagierte Gruppen die Vernetzung ihrer Aktivitäten gemeinsam vorantreiben", berichtet Pastor Stefan Weißflog. In Bergedorf-West arbeiten Stadt und Kirche bestens zusammen.

Grünes Bergedorf

Bergedorf hat jede Menge Grün zu bieten. In der Innenstadt liegen mit dem **Rathauspark** und dem **Schlossgarten** gleich zwei sehr schöne Anlagen mit altem Baumbestand. Ungleich mehr davon gibt es dann im **Bergedorfer Gehölz** zu erwandern. Durch richtigen Wald geht es zum **Billtal**, das zugleich die Landesgrenze zu Schleswig-Holstein markiert. Der größte Teil des Gehölzes gehört dann jedoch samt der „Wildschweinschlucht" nicht mehr zu Hamburg. Auf Bergedorfer Seite liegen am Westrand des Waldes der **Schießplatz** des Bergedorfer Schützenvereins, der jedes Augustende sein clubinternes Schützenfest feiert, und der **Sportplatz Billtal**. Vielleicht zu sportlich stapfte am 3. Mai 1797 ein russischer Hofrat und Dr. med. durch das Gehölz, denn er erlitt einen Schlaganfall und verstarb. Diese

Seit 1888 guter Treffpunkt: Der Springbrunnen auf dem Kaiser-Wilhelm-Platz und im Hintergrund dessen Namengeber auf dem Granitobelisk von 1891

tragische Begebenheit soll der Anlass für die Benennung der südlichen Waldgegend als „Doktorberg" gewesen sein (im Winter Bergedorfs Rodelparadies); seit 1949 trägt auch eine Straße des Villengebietes diesen Namen. Eine weitere Grünanlage ist der aufgelassene **Alte Friedhof** auf dem Gojenberg. Einige der historischen Grabmale sind noch zu sehen. Der neue **Waldfriedhof** mit großem Parkbereich entstand 1906/07 östlich der Sternwarte. Besonders bemerkenswert sind die vielen Großgrabmäler, deren Aufschriften sich wie ein historisches Bergedorfer „Who is Who" lesen. Die Anlage wurde mehrfach erweitert und liegt z.T. auf Wentorfer Gebiet.

Köpfe

Johann Adolf Hasse (1699–1783) war ein Superstar der Opernmusik. Hasse trat auch selbst als Tenor auf und war Hofkapellmeister am Braunschweiger Hof, in Neapel und bei August dem Starken in Sachsen. Hasses Geburtshaus neben der St. Petri und Pauli-Kirche wurde 1952 restauriert. Die Hasse-Gesellschaft Bergedorf e.V. widmet sich der Pflege und dem Erhalt des Werkes des berühmten Bergedorfers, dessen Ruhm in Vergessenheit geriet. Heute ist Georg Friedrich Händel bekannter. Dessen vollständiges Werk wurde erstmals zusammengestellt und veröffentlicht von **Friedrich Chrysander** (1826–1901). Er baute sich am Hundebaum ein Haus und gab später der Straße seinen Namen. Von Musik erfüllt ist auch die Erinnerung an **Georg Friedrich Ritter** (1800–79). Ehe er 1829–72 das Rektorat der Bergedorfer Stadtschule übernahm, war er in Kirchwerder Hauslehrer. Zwei seiner Werke haben ihm zu Bergedorfer Ruhm und Bekanntheit im deutschen Sprachraum verholfen: Er gründete 1838 die „Bergedorfer Liedertafel" (Bergedorfs ältester Verein und einer der ersten deutschen Gesangsvereine), und vermutlich noch in alle Ewigkeit wird sein „Alle Vögel sind schon da" geträllert werden. Ein Bergedorfer, der Hamburger Kulturgeschichte schrieb, war **Justus Brinckmann** (1843–1915), Gründervater und erster Direktor des Museums für Kunst und Gewerbe in St. Georg. Er wirkte richtungweisend für das hamburgische Kunstgewerbe und bewahrte die niederdeutsche Heimatkunst als Designform vor dem Aussterben. Brinckmann wohnte *Pfingstberg 5* und war väterlicher Freund und Förderer Alfred Lichtwarks (s. Reitbrook).

Ein bedeutender Bergedorfer Bürger war der Erfinder, Industrielle und Mäzen **Kurt A. Körber** (1909–92). Mit seiner „HAUNI" hatte er weltweit Erfolg. 1961 begann sein „Bergedorfer Gesprächskreis", der an wechselnden Orten internationale Tagungen zu urbanen Kernproblemen durchführt. Körber gründete zwei Stiftungen, die er 1981 unter dem Namen „Körber-Stiftung" (Hamburg, Dresden) zusammenführte. Sie vergibt jährlich Preise im Wert von über 10 Mio. Euro und finanziert u.a. seit 1973 den „Schülerwettbewerb Deutscher Geschichte um den Preis des Bundespräsidenten". Mit Schülern und allen anderen Bergedorfern, die sich für Heimatgeschichte interessieren, hat die Historikerin **Christel Oldenburg** häufig zu tun. Sie ist Bibliotheks- und Archivleiterin im Museum für Bergedorf und die Vierlande. Vor über 20 Jahren zog sie von Geesthacht nach Bergedorf und arbeitet seit 1994 unterm Dach der alten Gemäuer. Für alle gut sichtbar ist dagegen Polizei-Oberkommissar **Gerhard Plath**. Als „Bünabe" (Bürgernaher Beamter) des 43. Polizeikommissariats kennt er seit vielen Jahren wie kaum ein anderer Leben und Treiben auf Bergedorfs Straßen.

Von oben: Starkomponist Hasse (Porträt von Balthasar Denner), Händelforscher und -verleger Chrysander und der Bergedorfer Industrielle und Hamburger Mäzen Körber

Links: Christel Oldenburg in ihrer „Schloss-Bibliothek" und Gitte Blanck mit „Bünabe" Gerhard Plath vor ihrem Imbiss auf dem Wochenmarkt im Schlosspark

Bergstedt

wurde 1937/38 nach Hamburg eingemeindet. Das einstige Urkirchspiel entwickelte sich seit dem Zweiten Weltkrieg zu einem beliebten Wohnstadtteil. Von der bäuerlichen Vergangenheit zeugen der Dorfkern mit den alten Höfen und die idyllische Pfarrkirche – eine der schönsten Hochzeitskirchen in ganz Hamburg

Steckbrief

Fläche:
7,054 km²
Einwohner:
8733
Verwaltung:
Bezirk Wandsbek, Ortsamt Walddörfer
Ortsteil:
524

Es hat seinen Namen von der hohen Lage", hieß es noch 1841 in einer Bergstedter Topographie. Schon 15 Jahre später war diese Deutung überholt: Seither wird der Eigenname „Berich" oder „Beric" als Ursprung angenommen. Die Endsilbe „-stedt" benannte schon in sächsischer Zeit (etwa seit dem 9. Jahrhundert) eine Wohnstätte.

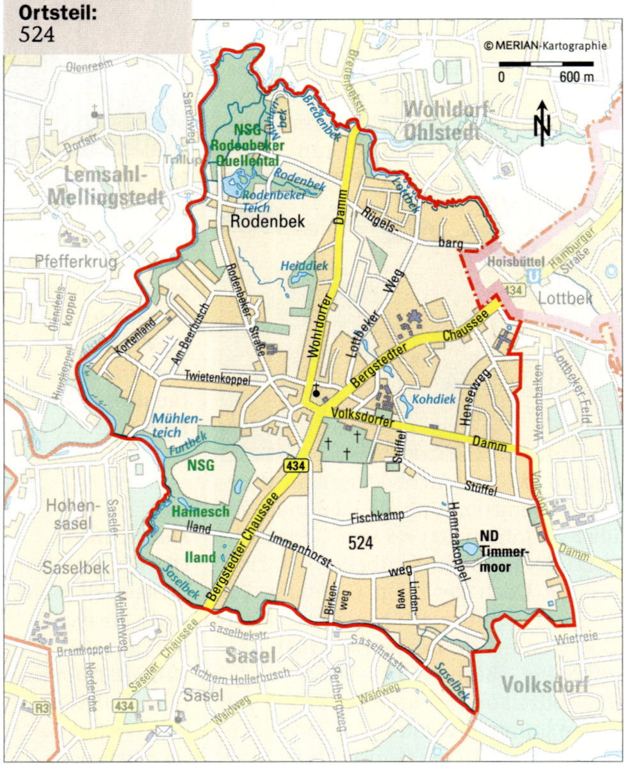

Urnenfriedhof der Bronzezeit

Im Frühjahr 1953 kamen beim Verlegen von Wasserleitungen am *Furtredder* zwei lehmfarbene Gefäße zutage: eine Kegelhalsurne und eine doppelkonische Schalenurne. Friedrich Sparmann, als Dorflehrer und Heimatforscher in Bergstedt allen bekannt, meldete den Fund, und so konnte ein ausgedehntes spätbronzezeitliches **Flachgräberfeld** (1250–750 v. Chr.) aufgedeckt werden. Aus der älteren Bronzezeit stammen die Reste der Besiedelung am Rand des heutigen Naturschutzgebietes Hainesch/Iland: Eine der größeren Hamburger Hügelgräbergruppen wird vom eiszeitlichen Höhenzug **Wöhlberge** getragen. Die zwölf Grabhügel wurden zwar durch Erosion nach und nach abgetragen, doch auch die verbliebenen Reste dokumentieren weiterhin die große Bedeutung für Hamburgs archäologische Forschung.

Aus der Geschichte

Bergstedt zählt zu den **stormarnschen Urkirchspielen**, die seit 1150 als Tochterkirchen des Hamburger Doms entstanden. Um 1200 wurde der erste Bergstedter Kirchenbau errichtet, in den die Bewohner umliegender Dörfer zum Gottesdienst kamen.

Gut einen Kilometer nordwestlich des Bergstedter Dorfkerns unterhielt eine Familie von Wedel Anfang des 14. Jahrhunderts einen **Herrenhof** mit der zu-

gehörigen **Rodenbeker Mühle**. Durch Verkauf gelangte das Dorf 1345 an das Hamburger Domkapitel, das die Mühle übernahm und zusätzlich eine Ziegelei anlegte. Eine zweite Mühle arbeitete an der Einmündung der Saselbek in die Alster. Diese so genannte **Alte Mühle** mahlte anfangs Holz und Rinde zum Gerben, später auch Weichholz zur Herstellung von Schießpulver. Im Jahr 1641 war die Mischung wohl zu brisant: Die Mühle explodierte! Erst 1689 wurde eine neue „Alte Mühle" aufgebaut.

1578 wechselte Bergstedt für 50 Jahre an die Herzöge von Holstein-Gottorp und damit in den dänischen Herrschaftsbereich. Der Wohlstand der ansässigen Bauern wurde durch die Auswirkungen des 30-jährigen Krieges (1618–48) beendet. Im Jahr 1750 nahm Hamburg u.a. das Dorf Bergstedt von den hochverschuldeten Herzögen von Holstein-Gottorp als Pfand. Durch den **Gottorper Vergleich** (1768) fielen die Siedlungen jedoch an Dänemark zurück. Nach dem deutsch-dänischen Krieg 1864 kam Bergstedt 1866 an Preußen, wurde 1867 zur Landgemeinde im Kreis Stormarn erklärt und 1937/38 im Rahmen des Groß-Hamburg-Gesetzes nach Hamburg eingemeindet. Nach dem Zweiten Weltkrieg gliederte man Bergstedt, das ehemalige holsteinische **Rühmerdorf** (s. Bramfeld), in das Ortsamtsgebiet Walddörfer ein. Mitte der 1960er Jahre wurden auf der Feldflur rechts und links des *Volksdorfer Damms* die ersten Hochhäuser gebaut. Mittlerweile ist Bergstedt ein Wohnstadtteil mit über 2000 Wohngebäuden.

Dorf zum Vorzeigen

Fast wie das Modell eines dörflich gewachsenen Gemeinwesens präsentiert sich auch heute noch der **Bergstedter Dorfkern**. Um die dreieckigen, rasenbewachsenen Flächen *Woold* und *Bergstedter Markt* mit Friedenseiche und Völkerschlachtdenkmal gruppieren sich verbliebene Hufner- und Kleinwohnhäuser. Vom **Krämer'schen Hof** steht noch der zweigeschos-

25 000 Krokusse auf dem Bergstedter Marktplatz.
Unten: das Bergstedter Wappen aus holsteinischer Zeit

Das Rodenbeker Quellental war schon Ende des 19. Jahrhunderts ein beliebtes Ausflugsziel

Traumhochzeit in der Bergstedter Pfarrkirche: Viele Paare – hier Christin und Claus Stender – schätzen das romantische Ambiente

sige Wohnteil (1770). Der **Siemers'sche Hof** stammt aus dem Jahr 1870 und entstand als repräsentativer Neubau anstelle des abgebrannten Vorgängers.

Das architektonische Highlight des Dorfes aber ist die ev.-luth. **Pfarrkirche**. In der Hitliste der beliebtesten Hamburger Hochzeitskirchen nimmt sie mit gut 1000 Bewerbern einen der vordersten Ränge ein. Rechtzeitige Anmeldung ist also unumgänglich, um zu den etwa **120 Hochzeitspaaren** zu gehören, die übers Jahr hier getraut werden können. Der Andrang ist verständlicherweise so groß: Bis heute gibt es lediglich im Chor elektrisches Licht, der übrige Kirchenraum wird nur durch **Kerzen** erhellt, was die Trauungszeremonie besonders feierlich und romantisch macht. Die ehemals St. Maria und St. Willehad gewidmete Feldsteinkirche stammt im Kern aus der Zeit um 1200. Ihr heutiges Aussehen erhielt sie im 18. Jahrhundert. Bei Renovierungsarbeiten Mitte der 1950er Jahre kam unter einer Verschalung die bemalte **Holzbalkendecke** von 1685 zum Vorschein. Frisch restauriert zählt sie nun zu den sehenswertesten Schmuckstücken des Gotteshauses.

Neben der Kirche erinnert seit 1990 ein **Mahnmal** des Künstlers Axel Peters an die Opfer des KZ-Außenlagers Sasel, die auf dem Friedhof Bergstedt beerdigt wurden. Bereits Mitte des 19. Jahrhunderts gab es auf dem alten Kirchhof keinen Platz mehr, sodass 1864 ein neuer Friedhof auf der anderen Seite der Kreuzung *Bergstedter Chaussee/Volksdorfer Damm* angelegt werden musste. Bis heute wurde er auf über 80 000 m² erweitert.

Gemeinsam aktiv

Obwohl die umliegenden Dörfer mittlerweile alle eigene Kirchenbauten besitzen, scheint Bergstedts Stellung als Urkirchspiel immer noch nachzuklingen: Dazu trägt auch das tägliche **Glockenläuten** mittags um 12 Uhr bei. Es knüpft an die Tradition des „Angelus-Läutens“ an, mit dem früher die Gebetszeiten in den Klöstern verkündet wurden.

Sonntags ist die Kirche immer gut besucht, und an hohen Feiertagen droht gar Überfüllung. Seit Mitte der 1990er Jahre gilt deshalb am Heiligabend bei zwei Gottesdiensten die Aufforderung in „Ihr Kinderlein kommet…“ nur noch für die Besitzer von **Berechtigungsscheinen**, die am ersten Adventssonntag ausgegeben werden.

Die Angebote der Kirchengemeinde werden nicht nur von Bergstedtern, sondern auch von Bewohnern benachbarter Stadtteile häufig besucht. Knapp **20 Gruppen** gibt es: Basteln und Töpfern stehen dabei ebenso auf dem Programm wie die regelmäßigen Gesprächskreise mit den Pastoren. „Damit die Kirche im Dorf bleibt…“, so formuliert es Kirchenvorstandsmitglied Ingrid Geest, wurde im Herbst 2000 der **Freundeskreis der Kirchengemeinde Bergstedt e.V.** gegründet, der Gemeindeaktivitäten fördert.

Verträumte Idylle am Dorfteich: So lässt es sich wohnen

Stadtteil-Profil

	Bergstedt	Bezirk	Hamburg
Bevölkerung gesamt (2000)	8733	405 173	1 704 929
Unter 18-Jährige in %	19,4	17,1	16,1
65 Jahre und älter in %	18,0	18,8	17,0
Deutsche	8421	359 918	1 432 325
Ausländer in %	3,6	11,2	16,0
Einwohner je km^2	1238	2742	2258
Sozialstruktur			
Sozialhilfeempfänger (2000)	106	25 017	120 461
Arbeitslose (2001)	182	14 222	71 963
Eink. je Steuerpfl. in DM (1995)	83 782	70 631	65 579
Wohnen (2001)			
Wohngebäude	2114	68 964	226 061
Ein- und Zweifamilienhäuser in %	56,3	31,4	20,5
Ø Wohnungsgröße in m^2	92,6	77,1	71,0
Wohnfläche je Einwohner in m^2	39,8	37,0	35,7
Verkehr			
Private Pkw (2001)	4001	166 212	628 119
Straßenverkehrsunfälle (2000)	38	2255	12 430
Kriminalität			
Straftaten insgesamt (2000)	398	41 067	284 272

© Statistisches Landesamt

Wahlverhalten

… zur Bürgerschaft 2001 (gesamt)

Wahlbeteiligung	71,0%
SPD	36,5%
CDU	26,2%
Schill-Partei	19,4%
Grüne/GAL	8,6%
FDP	5,1%
Übrige	4,2%

… zur Bürgerschaft 2001 (Stadtteil)

Wahlbeteiligung	85,2%
SPD	34,0%
CDU	30,0%
Schill-Partei	15,8%
Grüne/GAL	11,2%
FDP	5,9%
Übrige	3,1%

Die Kirchenmusik ist weit über die Stadtteilgrenzen bekannt und besitzt ebenfalls einen eigenen Förderkreis. Gut bei Stimme sind auch die über 50 Mitglieder der **Bergstedter Chorgemeinschaft**. Schon seit 40 Jahren ist Hans-Alfred Grimm ihr Vorsitzender und freut sich über jeden neuen Teilnehmer, der „Lust am Singen hat".

Viele weitere Aktivitäten bereichern das Stadtteilleben: Seit 1946 fungiert der **Heimatring Bergstedt** als Dachorganisation aller Vereine und Institutionen und veranstaltet u.a. im zweijährigen Turnus das Heimatfest auf der *Woold*. Auf dem gegenüberliegenden *Bergstedter Markt* wird dank der Mitglieder des Heimatrings das frühjährliche Blütenmeer jedes Mal größer: Über 25 000 Krokusse wurden schon gepflanzt.

Die **Begegnungsstätte Bergstedt e.V.** „ist ein soziokulturelles Zentrum mit generationsübergreifendem Ansatz", erklärt Bernd Jankowski. 1973 wurde der Verein gegründet, um ein Kultur- und Freizeitangebot für alle Altersgruppen zu schaffen. Leider ist die ehemalige Ortsdienststelle, die 1977 bezogen werden konnte, für die Vielzahl der Projekte mittlerweile zu klein. Deshalb möchte der Verein vom so genannten „Regenbogenhaus" in den Siemers'schen Hof umziehen.

Auf eine der „schönsten und vielseitigsten Sportanlagen der Walddörfer" ist Helmut Grützmacher, der erste Vorsitzende des **Sportvereins Bergstedt von 1948 e.V.**, zu Recht sehr stolz. Neben Fußball ist Hockey eine der Parade-Abteilungen, bestehend aus 18 verschiedenen Mannschaften.

Zusammen leben

Im Vergleich zu den anderen Walddörfern – eine Ausnahme bildet Volksdorf – ist Bergstedt relativ dicht besiedelt. Vor allem in den zahlreichen Neubauten wohnen junge Familien. Knapp 20 Prozent der Bevölkerung sind unter 18 Jahren. Trotz allem gibt es keinen Freizeit- und Jugendtreff. Allerdings werden in der Begegnungsstätte und durch die Kirchengemeinde viele Aktivitäten für

Konzentrierte Manndeckung in der Grundschule Bergstedt: kleine Kicker beim Sonntagstraining

Bürgergeschichten

„Neben der Primelwiese“

Dr. Joachim Pohlmann erinnert sich an Kindertage in Bergstedt und wie mühselig es war, die Mangeljahre nach 1945 zu meistern

Joachim Pohlmann ist der Leiter des „Gärtnerhofs am Stüffel“ und Vorsitzender des Heimatrings Bergstedt. Auch er begleitete im September 1952 den Festzug zur 700-Jahr-Feier

Groß geworden bin ich nahe der Grenze zwischen Bergstedt und Volksdorf. Die Wietreie und die Langehorst (heute Scheidereye) waren unser Gebiet. Von dort aus zogen wir Kinder Richtung Norden durch die Volksdorfer Heide zum Timmermoor und in die Bergstedter Feldmark. In den letzten Kriegsmonaten waren dort Flakscheinwerfer aufgebaut. Die Bomber warfen hier die Reste ihrer Fracht ab und hinterließen so zahlreiche Bombentrichter. Brennholz musste nach dem Krieg beschafft werden, um die Häuser warm zu bekommen. Dabei fiel uns auch mancher Baum zum Opfer, was natürlich Dorfpolizist August Rheders nicht merken durfte. Wenn die Bauern die abgeernteten Getreidefelder freigegeben hatten, war das Ährenlesen eine wichtige Aufgabe für uns. Ein Bergstedter Feld nahe dem Timmermoor war so geneigt, dass wir auf dem unteren Ende vor den Blicken des Bauern geschützt waren und ohne Freigabe die Nachlese begannen. Unsere Tante Etta und Großmutter wagten sich in ihrem Sammeleifer trotz Warnungen immer weiter vor, und es kam, wie es kommen musste: Der Bauer sah sie und führte sie auf seinen Hof nach Bergstedt. Wir sprangen in den nächsten Knick und liefen schreiend nach Hause. Unsere Mutter konnte uns schließlich beruhigen, dass die beiden ganz bestimmt nicht ins Gefängnis gebracht würden. Oma und Tante kamen vielmehr erst nach einem langen und harten Hofarbeitstag todmüde nach Hause zurück.

Dann waren da die Himbeeren. „Märchenwiese“, „Vaters Wald“ und „Neben der Primelwiese“ hießen die besten Sammelstellen bei uns. Mit dem Herbst rückte die wichtige Kartoffel-Nachernte für den Winter heran. An den Rändern der Erntefelder sammelten sich immer mehr Menschen. Hatte der Bauer abgeerntet, stürmten alle los. Jeder versuchte mit seiner Hacke für sich eine Fläche zu markieren, die er dann in Ruhe absuchen konnte.

Auch Pilze spielten eine wichtige Rolle auf unserem Speiseplan. Spätestens am Freitag waren alle guten Stellen zwischen Volksdorfer Heide und Hainesch nochmals abgesucht, denn am Wochenende kamen viele hungrige Sammler mit U- und S-Bahn aus der Stadt.

Im Winter war dann natürlich der Heiligabend unser schönster Tag. Während wir sonst nach Volksdorf in den Gemeindesaal gingen, machten wir uns am 24. Dezember stets auf den Weg in die Bergstedter Kirche. Jeder hatte ein Kerze dabei, die wir auf die Lehnen der Bänke stellten. Das Stearin war von so schlechter Qualität, dass die Flamme immer wieder stark flackerte oder auch verdampfendes Wasser verspritzte. Es ist eigentlich ein Wunder, dass dabei nichts passierte. Nach der Kirche ging es in der Dunkelheit zurück, beim Osterkampstieg stand die letzte Laterne. Danach hielten wir Kinder Ausschau nach den weit verstreut stehenden Häusern. Wer würde dies Jahr den ersten erleuchteten Weihnachtsbaum erspähen?

Kinder und Jugendliche angeboten. Auch die **vier Bergstedter Schulen** engagieren sich über Schulschluss hinaus. Neben den beiden staatlichen Schulen gibt es die Rudolf-Steiner-Schule und die Christophorus-Schule – Waldorfschule für Heilende Erziehung. Sie bemühen sich auf der Grundlage des anthroposophischen Menschenbildes um die Entwicklung und Erziehung von Kindern. Der Förderverein **ZusammenLeben e.V.** entstand, um „seelenpflegebedürftigen Menschen ein ihren Vorstellungen und Fähigkeiten entsprechendes Leben zu ermöglichen". Der Verein unterhält vier Häuser, in denen 32 geistig behinderte Jugendliche und junge Erwachsene leben. Das Leitmotiv des **Senator-Neumann-Heims** lautet: „Im Mittelpunkt steht der Mensch als Nutzer der Dienste". Der „Verein für Behindertenhilfe e.V." ist Träger dieser Einrichtung für Erwachsene, die durch Körperbehinderung auf stationäre Hilfe angewiesen sind.

Streitpunkt Gewerbegebiet

Bergstedts arbeitende Bevölkerung pendelt: Um ihren Arbeitsplatz zu erreichen, besteigen die meisten Stadtteilbewohner morgens Auto oder Bus. Arbeitsplätze gibt es nämlich nur wenige im Ort. Zwar existieren schon seit langem Pläne für **Gewerbeansiedlung** auf Bergstedter Boden, wann immer aber das Thema aktuell wird, regt sich Widerstand. „Kein Gewerbegebiet in Bergstedt" forderte das Bürgerbegehren, das im Frühjahr 2000 durch die **Bürgerinitiative für Naturerhalt in Bergstedt** (BIN) initiiert wurde. Mit Erfolg: Im Januar 2001 hat die Bezirksversammlung dem Bürgerbegehren mehrheitlich entsprochen. Seit jeher in Bergstedt angesiedelt sind kleinere Handwerksbetriebe. Auch wenn Schmied und Stellmacher heute nicht mehr im Dorf ansässig sind, gibt es doch eine bunte Mischung unterschiedlichster Handwerks-Gruppen. Die im **Ökologischen Zentrum Siemers'scher Hof** angesiedelten Öko-Gewerbebetriebe und Gewerke fördern „die Wiederbelebung eines Miteinanders von Arbeit, Handel, Kultur und Sozialem".

Der **Gärtnerhof am Stüffel** entstand aus dem Gärtnerkreis der Christophorus-Schule, um jungen, behinderten Hamburgern eine Chance zu geben. Auf 23 ha landwirtschaftlicher Fläche werden über 30 verschiedene Gemüsearten, Kräuter und Streuobst angebaut. Die Hofführungen und Aktionstage, vor allem aber der Hofladen ziehen zahlreiche Besucher an.

Zeitleiste

um 1150 Gründung des Kirchspiels Bergstedt
um 1200 Bau der ersten Kirche
1248 erste urkundliche Erwähnung
1345 Verpfändung an das Hamburger Domkapitel
1621 Beginn des Schulunterrichts in Bergstedt
1750–73 Pfandbesitz der Stadt Hamburg
1867 Teil des preußischen Kreises Stormarn
1937/38 Eingemeindung nach Hamburg
1973 Gründung des Vereins „Begegnungsstätte Bergstedt"
2000 Bürgerbegehren gegen Gewerbegebiet

„Gärtnerhof am Stüffel": Karin Scheewe und die Auszubildenden bei der Ernte des Postelein-Salats

Familie Hillmer vor der alten Schmiede in der Rodenbeker Straße

Wo der Misthaufen dampfte

Bergstedt ist ein **Wohnstadtteil**, und die mehr als 3600 Wohnungen sind mit durchschnittlich 92,3 m² deutlich größer als der Vergleichswert für ganz Hamburg (70,8 m²). Die meisten der alteingesessenen Bergstedter leben seit mehreren Generationen rund um den Dorfkern. Noch bis vor einigen Jahren gaben sie ihnem auswärtigem Besuch folgende Wegbeschreibung: „Da, wo an der B 434 ein großer Misthaufen direkt an der Straße dampft, das ist Bergstedt." Die **Bundesstraße 434** durchschneidet den Stadtteil immer noch, und besonders zur Rushhour stehen die Autos hier Stoßstange an Stoßstange – nur den Misthaufen von Bauer Griem gibt es nicht mehr. Die zweite Gruppe der Bergstedt-Bewohner kam während des Zweiten Weltkriegs oder kurz danach. Die Flüchtlinge kauften neu ausgewiesenes Bauland, z.B. am *Wohldorfer Damm* oder am *Stüffel*, und schufen sich hier ein Zuhause. Nach 1960 zogen auch immer mehr junge Familien nach Bergstedt. Manche von ihnen wohnen z.B. in der **Banane**, einem Wohngebiet, das vom Volksmund wegen seiner Form diesen Namen erhielt. Es wurde von verschiedenen Baugenossenschaften nach 1965 am *Stüffelring*, *Henseweg* und *Stüffeleck* errichtet. Seither sind zahlreiche größere und kleinere Wohnsiedlungen entstanden. Die größten Neubaugebiete liegen mit insgesamt mehr als 1000 Wohneinheiten an *Twietenkoppel* und *Rodenbeker Straße*. Aus ganz Bergstedt kommt man dank guter **Busanbindungen** zur U-Bahn-Station Volksdorf und zum S-Bahnhof Poppenbüttel schnell Richtung Hamburger Innenstadt.

Mehr als ein Dutzend Geschäfte sind im „Walddörfer-Rondell" vertreten

Die Furtbek wird im NSG Hainesch an mehreren Stellen von Tiefenwasser gespeist

Geschützte Biotope

Trotz des Besiedlungsdrucks ist Bergstedt ein grüner Stadtteil geblieben. Ebenso prägend wie die Wälder sind die Wasserläufe, Moore, die Wiesen und Felder. Das 1977 als Naturschutzgebiet (NSG) ausgewiesene **Rodenbeker Quellental** wird durch die Bredenbek, die Alster sowie die Rodenbek auf natürliche Weise begrenzt. Es liegt als hügelige **Moränenlandschaft** am Rand des Tunneltals (s. Rahlstedt) der Alster. Auf ca. 50 ha haben sich die unterschiedlichsten Pflanzengesellschaften angesiedelt. In den Wasserläufen tummeln sich Hecht, Stichling und Schlammpeitzger; über die Waldwiesen flattern Aurorafalter und Tagpfauenauge. Südwestlich des Bergstedter Dorfkerns liegt das Naturschutzgebiet **Hainesch/Iland**. 1975 wurden am Endlauf der Saselbek rund 60 ha alte bäuerliche Kulturlandschaft mit Ackerflächen, Obstwiesen, Teichen und Quellgründen unter Schutz gestellt – Lebensraum für eine artenreiche Tier- und Pflanzenwelt. Eine weitere Natur-Besonderheit ist das seit 1986 als Naturdenkmal ausgewiesene **Timmermoor**. Heinz-Werner Steckhan hat schon in seiner Kindheit hier gespielt und „zögerte keine Sekunde", die Betreuung im Auftrag des Naturschutzbundes Deutschland (NABU) zu übernehmen. Sein Hauptaugenmerk gilt dem Erhalt des ursprünglichen Moorgebiets; besonders der Amphibienschutz liegt ihm am Herzen. Kein Wunder, dass nicht nur die Stadtteilbewohner die idyllische Bergstedter Natur bewundern. An sonnigen Sommerwochenenden bevölkern Besucher aus ganz Hamburg die Wanderwege und genießen die reizvolle Umgebung.

Frisch auf den Tisch

Einige Ausflügler kommen mit Picknickkorb, andere wollen nach einem Wandertag lieber einkehren. In Bergstedt ist das kein Problem. Nicht weit von der ehemaligen Rodenbeker Mühle lockt die Terrasse des **Quellenhofs** zu einer Pause bei Kaffee und Kuchen. Die **Alte Mühle** im NSG Hainesch/Iland wird seit Generationen von Familie Timmermann bewirtschaftet. Besonders empfehlenswert sind die Fischgerichte.

Wer lieber selbst kocht, der kann in Bergstedt noch immer zu Fuß „einholen gehen". Seit 1984 gibt es den **EDEKA-Aktiv Markt Hillmer** im Bergstedter Dorfkern. Andreas Hillmer und seine Angestellten kennen ihre Kunden, von denen viele nur mal auf einen Plausch vorbeischauen. Auch für die Bewohner der Neubaugebiete gibt es keine langen Anfahrtswege: Die Einkaufspassage **Walddörfer-Rondell** wurde 1967 am *Volksdorfer Damm* eröffnet. Seit der Modernisierung 1997 lässt sich unter dem großen Dach auch bei Regenwetter ein Klönschnack halten.

Köpfe

Schwebt bei Taufen von der Decke: der hölzerne Engel der Pfarrkirche

Den **Taufengel** in der Pfarrkirche kennt fast jeder Bergstedter. 1768 spendete die Kirchengemeinde 571 Taler für einen hölzernen Engel, der den alten Taufstein ersetzte. Dies geschah damals nicht zuletzt aus Platzgründen. Auf einen Fingerzeig des Pastors schwebt der Engel seither bei Taufen von der Decke herab und hält die Taufwasserschale. Sicher hat diese außergewöhnliche Zeremonie dazu beigetragen, dass die Bergstedter Kirche für Taufen ähnlich beliebt ist wie für Hochzeiten.

Es muss nicht immer Bayern sein: Biergartenatmosphäre auf der Terrasse der Alten Mühle

Mit Trainingszeiten, Abstiegssorgen und Aufstiegsfreuden kennt sich **Anke Schwartz** aus. Sie kam 1961 nach Bergstedt und trat ein Jahr später in die Gymnastik-Abteilung des SV Bergstedt ein. Seit 1971 ist sie nun schon als Kassenwartin für den Verein tätig und leitet die Geschäftsstelle. Trotz dieses Engagements findet Frau Schwartz auch noch Zeit, beim Tennis sportlich aktiv zu sein.

Schon seit 1929 gibt es das Kaufhaus Hillmer in Bergstedt. **Gerda Hillmer** und ihre Tochter **Susanne Wischhöfer** führen das Geschäft seit 1996 gemeinsam. Die zahlreichen Stammkunden aus Bergstedt und Umgebung schätzen vor allem den persönlichen Service und wissen längst: Papier, Porzellan und Kurzwaren, Saatgut, Seifenartikel und Körbe – hier bekommt man fast alles.

Seit langem für den SV Bergstedt aktiv: Anke Schwartz. Unten: Gerda Hillmer und Susanne Wischhöfer bieten alles fürs Zuhause

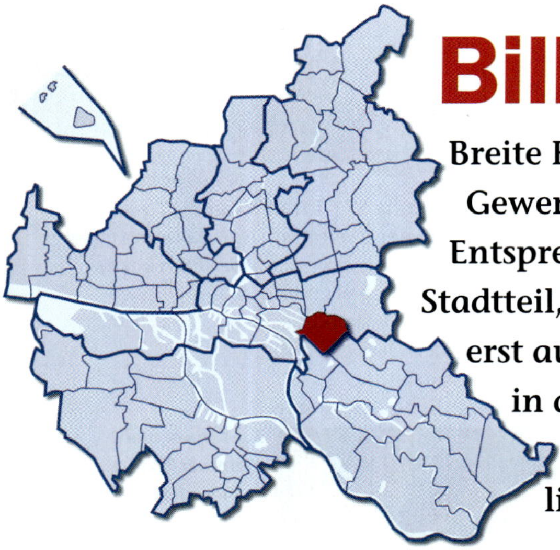

Billbrook

Breite Kanäle und lange Straßen mit Gewerbebetrieben bestimmen das Bild. Entsprechend weniger Einwohner hat der Stadtteil, und öffentliches Leben findet man erst auf den zweiten Blick: Bands proben in der alten Polizeiwache, und zwischen Fuhrhöfen und Lagerhallen liegt Hamburgs einziges Autokino

Steckbrief

Fläche:
6,124km²
Einwohner:
2350
Verwaltung:
Bezirk Hamburg-Mitte, Kerngebiet
Ortsteil:
140

Der Begriff „Brook“ bezeichnet niedrig gelegenes, feuchtes Land. Bei Billbrook handelt es sich also um feuchte Niederungen an der Bille. Der Name ist eine Neuschöpfung von 1913, als aus dem westlichen Teil des Billwerders ein eigenständiger Vorort wurde, während der Rest hamburgisches Landgebiet blieb. Gebräuchlich war noch eine Weile der Name „Städtisch Billwerder“.

Aus der Geschichte

Schon seit 1395 gehörte die Marschenlandschaft zwischen Bille und Dove-Elbe zum Hamburger Landgebiet (s. Billwerder). Einige der **Landhäuser** vermögender Hamburger, die seit dem 17. Jahrhundert auf dem Billwerder entstanden, überlebten als Gaststätten bis zum Zweiten Weltkrieg. Zu ihnen gehörte das große Gartenrestaurant **Billwärder Park**, 1727 errichtet und Ende des 18. Jahrhunderts im Besitz des Kaufmanns und Senators Joachim Caspar Voigt. Das Gasthaus lag an der **Blauen Brücke**, einer von vier nach ihrer Bemalung benannten Billebrücken. Ab 1850 siedelten sich im westlichen Teil des Billwerders Industriebetriebe an, allmählich verlor sich die landschaftliche Schönheit. Das tief liegende, jetzt als Industriegebiet ausgewiesene Land erhöhte man ab 1912, baute Straßen und Gleise; das Erdreich stammte aus Elb- und Hafenausbaggerungen sowie vom Bau des **Billbrookkanals**. Dann wurde auch der südliche Teil Billbrooks um mehrere Meter erhöht und mit Straßen, schleusenfreien Kanälen und Gleisen durchzogen.

Das 1727 errichtete Landhaus bestand als Gasthaus „Billwärder Park“ bis zum Abriss 1911. Aquarell von Jeß Bundsen, um 1825

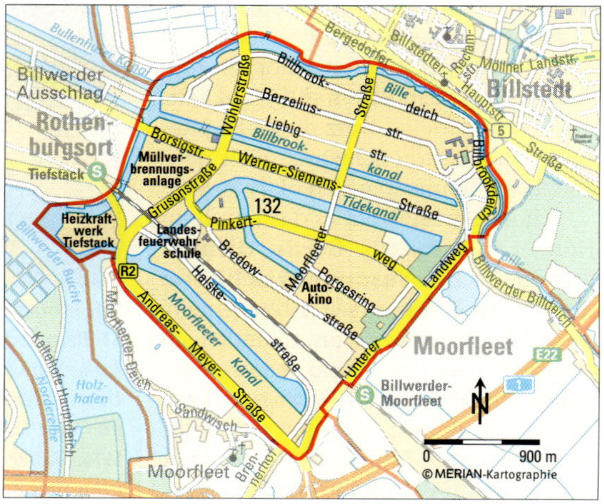

Viel Erdreich bewegt wurde auch Jahrzehnte später, um die Folgen eines großen **Umweltskandals** zu mindern: 1984 musste der Chemiekonzern **Boehringer** nach einem Gerichtsurteil sein

Herbizidwerk in der *Andreas-Meyer-Straße* schließen, weil der Dioxinausstoß die Gesundheit der Arbeiter gefährdete. Verseucht war auch das südlich der Straße liegende **Moorfleeter Brack**. Eine Sanierung des Boehringer-Geländes durch den Konzern scheiterte 1994; das Gelände wurde daraufhin mit weit in die Tiefe reichenden Spundwänden versiegelt – die Gifte stecken noch immer im Boden. Erfolgreicher war die Aufarbeitung belasteter Flächen an der **Roten Brücke** im Osten Billbrooks; hier stehen seit dem Abschluss der Arbeiten in 1998 wieder verkehrsgünstig gelegene Gewerbeareale zur Verfügung.

Die Silhouette des Stadtteils bestimmt der 120 m hohe Turm des **Heizkraftwerks der HEW**, das einen großen Teil der Leistung für das Hamburger Fernwärmenetz bereitstellt: Der Neubau von 1993 ersetzte das alte, 1917 in Betrieb genommene Kraftwerk mit seinen vier gleich hohen Türmen.

Ein letzter Rest

Die vereinzelt erhaltenen historischen Gebäude wirken wie verloren zwischen Gewerbe- und Industriebetrieben. Überraschend ist die Fahrt am östlichen Rand des Stadtteils entlang: Am *Billbrookdeich* stehen beiderseits der *Roten Brücke* und am *Unteren Landweg* einige Wohnhäuser aus der Zeit um 1900 – ein Stück altes Billbrook, das im Vergleich zu den Industriestraßen weiter westlich schon sehr beschaulich wirkt. **Pferde** deuten darauf hin, dass die ländlichen Vier- und Marschlande hier ihren Anfang nehmen. Überlebt hat auch eine alte Schmiede, die ihre besten Tage aber hinter sich gelassen hat. In einem der alten Häuser am *Billbrookdeich* ist die Klempnerei **Alwin Müller & Sohn** ansässig – und das schon seit der Gründung im Jahr 1890. In vierter Generation führt inzwischen Lutz Müller den Familienbetrieb.

Nicht nur Speditionen

Reichlich Platz für Herstellung und Lagerung bieten die unzähligen Gewerbe- und Industrieflächen. Entsorgungs- und Recyclingunternehmen kümmern sich um Zivilisationsreste, Speditionen haben hier große Fuhrhöfe, **Karstadt** und der **Otto Versand** nutzen die Weiträumigkeit für Lagerhallen, **Beiersdorf** produ-

Lebhafter Verkehr herrscht an der Kreuzung von Pinkert- und Bredowstraße. Dahinter ragt die Müllverbrennungsanlage Borsigstraße auf

Links: Brücken gehören zum Bild des Stadtteils. Unten: An die Industrialisierung Billbrooks nach 1900 erinnert der Uhrturm am Billbrookdeich

Ein hanseatischer Kaufmann: „Atti" Darboven

Rechts oben: Lehrgang in der Landesfeuerwehrschule. Rechts: Nur kurze Zeit standen altes und neues Kraftwerk nebeneinander

Zeitleiste

- **ab 17. Jh.** Landhäuser
- **ab 1850** Industriebetriebe
- **ab 1912** Erschließung durch Aufhöhung und Kanalbau
- **1913** Stadtteil
- **1914–17** Kraftwerk Tiefstack
- **1943** starke Schäden bei Luftangriffen
- **1981** Greenpeace besetzt Boehringer-Schornstein
- **1984** Boehringer-Werk muss schließen
- **1989–92** Neubau des Heizkraftwerks
- **1994** Eröffnung MVB
- **1996–98** Versiegelung des Boehringer-Geländes

ziert hier Eucerit. In **Kühlhäusern** warten Früchte und andere Lebensmittel auf den Weitertransport. Auf ein spezielles Konsumgut stießen Fahnder des Landeskriminalamtes, als sie 1998 eine 600 m^2 große **Cannabisplantage** in einer Lagerhalle entdeckten. Scheinwerfer, Kameras und andere Veranstaltungstechnik hält die **Procon Multimedia AG** in ihrem Logistikzentrum in der *Bredowstraße* vor. Bislang größtes Projekt des Unternehmens war die Ausstattung der Olympischen Spiele in Sydney. Licht-

design, Bühnen- und Kameratechnik nutzen aber auch Film- und Fernsehproduktionen oder Größen des Musikbusiness. Lichttechnik auf Weltniveau ist auch das Metier von **Rofin-Sinar**: Das in der *Berzeliusstraße* ansässige Unternehmen gehört zu den Marktführern in der Herstellung von Laserwerkzeugen. Gabelstapler für Transportarbeiten kann man ein paar Hausnummern weiter bei **Still** ordern, dem prominenten Hersteller von Hebefahrzeugen, der hier seinen Verwaltungssitz und eine Produktionsstätte hat.

Häufig duftet es mitten im Stadtteil nach Kaffee: Der Wohlgeruch kommt vom Traditionsröster **J. J. Darboven**. Als überdimensionale Packung Idee-Kaffee steht der braune Speicher mit den gerösteten Bohnen am *Pinkertweg*.

In städtischen Diensten

Außer dem Heizkraftwerk arbeiten noch eine Reihe anderer öffentlicher Betriebe und Einrichtungen in Billbrook. Unübersehbar ist die 1994 errichtete, gewaltige **Müllverbrennungsanlage Borsigstraße** (MVB), eine von dreien in Hamburg. Wie Spielzeug sehen die Müllwagen aus, wenn sie über die Entladerampe fahren. 300 000 t Großstadtmüll verbrennen hier im Jahr. Zwischen Kraftwerk und MVB fördert das **Wasserwerk Tiefstack** aus über 13 Brunnen aus Tiefen von 160–290 m das Grundwasser empor.

In Sichtweite der MVB liegt in der *Bredowstraße* die **Landesfeuerwehrschule**, wo alle Hamburger Feuerwehrmänner und -frauen einen Teil ihrer Ausbildung absolvieren.

Billbrooks Bücher

In den Hochregalen der **Hans Heinrich Petersen Verlagsauslieferung** in der *Bredowstraße* stapeln sich 33 Mio. Bücher, darunter die Produkte der Verlage Fischer, Rowohlt und Hoffmann und Campe. 25 000 Titel nehmen von hier ihren Weg in den Buchhandel. Auch Billbrook selbst wurde literarisch verewigt: 1947 erschien Wolfgang Borcherts (s. Eppendorf) Erzählung „Billbrook". Darin besucht der kanadische Pilot Bill Brook nach dem Kriegsende Hamburg. Er will den Stadtteil sehen, der so heißt wie er selbst, doch beim Anblick der **Trümmerlandschaft** wendet er sich wieder ab. In einem Krimi des Hamburger Autors Uwe Friesel spielt ein verseuchtes Grundstück am *Billbrookdeich* eine mysteriöse Rolle, und Lou A. Probsthayn kreierte

Stadtteil-Profil

	Billbrook	Bezirk	Hamburg
Bevölkerung gesamt (2000)	2350	228 060	1 704 929
Unter 18-Jährige in %	36,8	15,9	16,1
65 Jahre und älter in %	4,4	15,0	17,0
Deutsche	536	167 114	1 432 325
Ausländer in %	77,2	26,7	16,0
Einwohner je km²	384	2258	
Sozialstruktur			
Sozialhilfeempfänger (2000)	265	25 273	120 461
Arbeitslose (2001)	64	12 716	71 963
Eink. je Steuerpfl. in DM (1995)	–	53 702	65 579
Wohnen (2001)			
Wohngebäude	251	18 821	226 061
Ein- und Zweifamilienhäuser in %	36,3	8,9	20,5
Ø Wohnungsgröße in m²	59,8	62,5	71,0
Wohnfläche je Einwohner in m²	14,9	31,3	35,7
Verkehr			
Private Pkw (2001)	1862	70 503	628 119
Straßenverkehrsunfälle (2000)	95	2790	12 430
Kriminalität			
Straftaten insgesamt (2000)	1052	82 985	284 272

© Statistisches Landesamt

Wahlverhalten

... zur Bürgerschaft 2001 (gesamt)

Wahlbeteiligung	71,0%
SPD	36,5%
CDU	26,2%
Schill-Partei	19,4%
Grüne/GAL	8,6%
FDP	5,1%
Übrige	4,2%

... zur Bürgerschaft 2001 (Stadtteil)

Wahlbeteiligung	51,1%
SPD	39,4%
CDU	22,6%
Schill-Partei	26,5%
Grüne/GAL	3,2%
FDP	0,6%
Übrige	7,7%

einen Kommissar „Bill Brook" als Protagonisten. Die hübscheste literarische Reminiszenz aber bleibt ein Disney-Comic, in dem **Dagobert Duck** sich einmal mehr seiner frühen Goldgräberjahre erinnert. Er schwärmt seinem Neffen Donald von einer Lady vor, für die er einst entflammt war. Ihr holder Name: **Tilly Billbrook**.

Hier spielt der City-Blues

Wohnen in Billbrook: Das machen nicht nur einige Hausmeister hier ansässiger Firmen. Im Gartenbauverein Nr. 122 an der *Halskestraße* – der grünen Oase in der Gewerbewüste – gibt es auch dauerbewohnte Kleingärten. Asylbewerberheime liegen am *Billbrookdeich*, im *Billstieg* und in der *Halskestraße*. Neben Letzterem ragt in der Unwirtlichkeit der *Andreas-Meyer-Straße* ein einziger Geschossbau empor. Schließlich stößt man am östlichen Ende der *Berzeliusstraße* auf sechs schmutzig graue Wohnkästen, deren Existenz man in Hamburg nicht für möglich hält. Wenn Hamburg die *Elbchaussee* rühmt, sollte es die **Berze** als ihr Gegenstück nicht vergessen: Über die Probleme hier kann die Folklore frei laufender Hühner nicht hinwegtäuschen. Zu leiden haben unter dem anstrengenden Leben auch die vielen Kinder verschiedener Nationalitäten. Die Erzieherinnen der **Kindertagesstätte Berzeliusstraße** und die Lehrkräfte an der **Schule Billbrookdeich** können mit ihrem Engagement nichts an der sozialen Situation ändern. Umso wichtiger ist das Angebot des **Schulkinderclubs Billbrookdeich**: Mädchen und Jungen, die teils auch aus Horn und Billstedt kommen, finden hier eine breite Auswahl an Möglichkeiten, ihre Freizeit zu gestalten, z.B. im eigenen Musikstudio. Ausflüge und Zeltlager gehören ebenfalls zum Programm.

Musik gemacht wird auch in der alten Polizeiwache an der Ecke *Moorfleeter/Berzeliusstraße*: Hier proben 30 Bands aller Stilrichtungen. Zugeteilt werden die Räume vom Verein Rockbüro Hamburg in der *Kleinen Freiheit*. Eine der Bands hat sich den Namen des Stadtteils als Markenzeichen gesichert: Die **Billbrook Blues Band**, bestehend aus Holger Hallman, Peter Buchfeld, Rolf Haberlandt

Ganz im Osten Billbrooks macht sich am Unteren Landweg die Nähe der Vier- und Marschlande bemerkbar

Auf dem Weg vom Hochregal zum Bücherregal: Versandarbeiten bei der Verlagsauslieferung H. H. Petersen

Bürgergeschichten

„Motoren aus – Film ab!“

Mitten in Billbrook verbreitet das Autokino amerikanisches Freizeitflair. Seit 1976 setzt Willi Dahms, Hamburgs dienstältester Vorführer, die Spulen ein

Wenn es dunkel ist über Billbrook, leuchtet die große Aluminiumwand auf

Ist mit seinen Projektoren „verheiratet“: Vorführer Willi Dahms

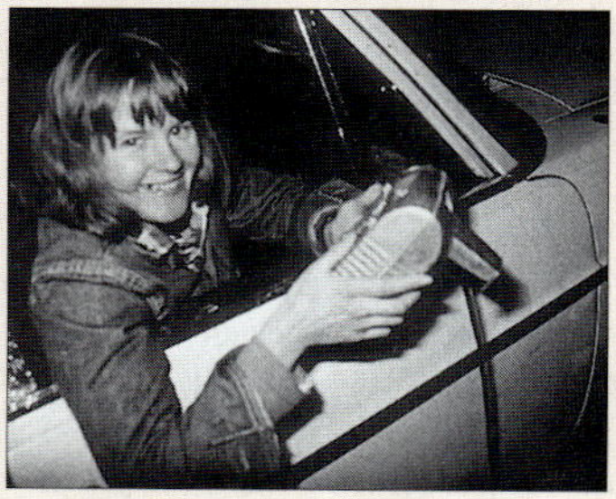

Kino-Eröffnung im Herbst 1976: Die Zuschauerin hält keinen Gameboy, sondern den kleinen Lautsprecher für das Seitenfenster

Herr Dahms, Sie sind 1922 geboren – wann waren Sie das erste Mal im Kino?

Mit 13 Jahren begann mein Kinoleben. Ich lebte in Berlin. Mit uns im Haus wohnte eine Kinokassiererin. Eines Tages konnte ich ihr einen Gefallen tun, zur Belohnung lud sie mich ins Kino ein. Dann machte ich Besorgungen für sie und den Vorführer und konnte von da an immer ins Kino.

Wie ist aus Ihrem Kindervergnügen ein lebenslanger Beruf geworden?

In Berlin lernte ich, den Projektor zu bedienen. Nach dem Krieg musste ich eine richtige Lehre hinter mich bringen, um als Vorführer arbeiten zu können, denn bis 1960 war die Tätigkeit noch ein Ausbildungsberuf. Die Technik war früher sehr viel gefährlicher, weil man mit dem brennbaren Nitrofilm und offenem Bogenlicht zu tun hatte. Heute dürfte jeder Filme vorführen. Ob er ein guter Vorführer ist, das ist eine andere Sache.

Wann sind Sie hier Vorführer geworden?

Ich hatte lange in Ostholstein Filme vorgeführt, zeitweise mit einem Wanderkino. Dann hatte ich keine Lust mehr. Nach einigen Jahren als Kraftfahrer kam ich, neugierig wie ich war, kurz vor der Eröffnung hier vorbei. Am Eingang stand ein Mann, den ich von früher kannte: der Fahrer, der die Filme zu den Kinos brachte. Er meinte zu mir, dass man noch einen Vorführer suche und sich schon nach mir erkundigt hätte. Und so fing ich wieder als Vorführer an.

Erinnern Sie sich noch an die erste Vorstellung?

Am 30. September 1976 eröffnete das Kino. 800 Autos standen vor dem Tor, 100 mussten wir wegschicken. Weil das Grundstück heute kleiner ist, passen nur noch 468 Autos rein. Dafür ist der Weg nicht mehr so weit, wenn ich nach dem Film zur letzten Reihe gehen muss, weil dort ein Pärchen nicht mitbekommen hat, dass die Vorstellung vorbei ist … Besser als vor 25 Jahren ist heute der Ton. Früher kam er über Lautsprecher, heute stellt man im Radio eine Sonderfrequenz ein und hört den „Sender Autokino Hamburg“.

Was ist das Besondere am Autokino?

Man kann kommen, wie man will. Niemand guckt einen schief an. Während der Vorstellung können Sie machen, was Sie wollen. Selbst den Babysitter kann man sich sparen, wenn das Kind auf dem Rücksitz schläft.

Wie oft sind Sie in Billbrook?

Ich arbeite an sechs Abenden in der Woche hier, montags und ein Wochenende im Monat habe ich frei. Nur an Heiligabend und an Silvester gibt es keine Vorführungen. Und bei Nebel.

Und wie lange wollen Sie noch an Ihren Projektoren stehen?

Bis ich umfalle.

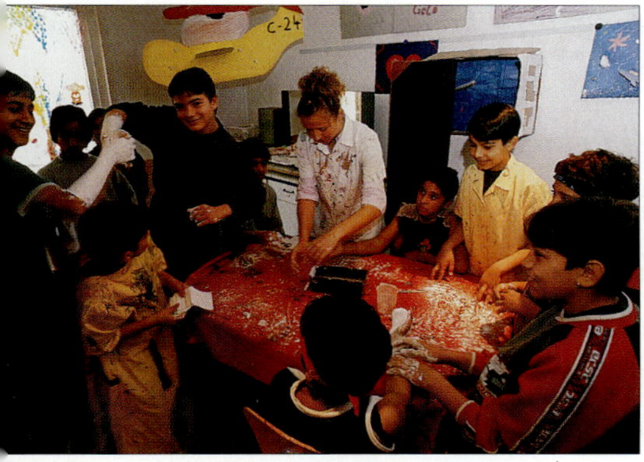

und Hannes Carstens, spielt den **City-Blues**, den man in Billbrook schon einmal hautnah verspürt.

Pommes oder portugiesisch

Gegen den Hunger wählt man in Billbrook zumeist den Imbiss. **Zum Klönsnack** heißt der in der *Moorfleeter Straße*. Viele der Besucher sind Fernfahrer: Die kehren auch im **Convoy** ein, dem kleinen Fernfahrerrestaurant in der *Berzeliusstraße*, oder fahren **Zum Trucker**, ebenfalls in der *Moorfleeter Straße* ansässig. Portugiesische Fernfahrer kehren gerne im **Oliviera** ein, einem unscheinbaren portugiesischen Restaurant in der *Liebigstraße*. Sehr viel größer sind die Räumlichkeiten im **Hotel Böttcherhof** an der *Wöhlerstraße*. Das Viersternehaus bietet 155 Zimmer und Räume für Tagungen und Seminare. Im Inneren des Hotels ist die laute und geschäftige Umgebung schnell vergessen.

Köpfe

„Billwerder, Du Paradies der Kindheit, mit deinen Mückenschwärmen, mit dem Blütenduft unter den alten Lindenalleen; den großen alten Landhäusern mit den gemütlichen Wohndielen, auf denen sich das ganze Familienleben abspielte" – so schwärmte **Marie Zacharias** (1828–1907) in ihren Erinnerungen. Als Kind verbrachte sie viele Sommer auf dem Billwerder, später hielt sie die vergehende Schönheit in Bild und Text fest. Der verschwundene Landsitz ihres Onkels, wo sie zu Gast war, lag am *Billbrookdeich*.

Mitten in Billbrook, wo die Natur weit entfernt ist, hat die Deutsche Wildtier Stiftung ihren Sitz. Sie ist das Werk des Unternehmers **Haymo G. Rethwisch**, dessen Firma boco Berufskleidung ihren Sitz am *Billbrookdeich* hat. Zweck der Stiftung ist die Erforschung der Lebensräume heimischer Wildtiere. Dazu gehören gleichermaßen Rotwild, Feldhase und -lerche, Wasserfrosch oder Kreuzspinne. Zwei vom Stifter eingerichtete Forschungsstationen in der Lüneburger Heide und der Uckermark beschäftigen sich mit der Frage, wie die Lebensräume bedrohter Wildtiere geschützt und gefördert werden können.

Aus einer Familie mit bald 250 Jahren maritimer Erfahrung kommt **Reinhard Steltzer**. Seine Vorfahren bauten Ostseekutter, Schuten und Ewer; sein Großvater eröffnete 1906 einen Bugsierbetrieb im Hamburger Hafen. Der Sohn erwarb das Kapitänspatent, bevor er sich mit einer Werft für Motoryachten selbstständig machte. Entworfen werden sie am *Billbrookdeich*, der Rohbau erfolgt in Taiwan, die Rümpfe werden in Hamburg ausgebaut und technisch ausgestattet. Der dem Hafen und Wasser aufs Engste verbundene Konstrukteur bedauert, dass die Stadtplanung die städtebaulichen Chancen, die Hamburg auch östlich der Elbbrücken am Wasser hat, bislang nicht genutzt, so wie es im holländischen Städtebau der Fall wäre. Die Pläne für einen tideunabhängigen Yachthafen an der Bille liegen fertig auf seinem Schreibtisch – für Reinhard Steltzer könnte Hamburgs dritter Fluss damit einen Teil seiner früheren Attraktivität zurückgewinnen.

Gips-Aktion im Schulkinderclub am Billbrookdeich: ein Lichtblick für Kinder und Jugendliche in einer Umgebung, die ihnen ansonsten wenig bietet

Oben: Haymo G. Rethwisch, Mäzen in Sachen Wildtierschutz. Links: Landhaus Luhmann am Billbrookdeich, Zeichnung von Marie Zacharias. Links unten: Reinhard Steltzer vor seiner Werft AMS Marine Yachten am Ufer der Bille

Billstedt

ist mit 70 000 Einwohnern der bevölkerungsreichste Stadtteil im Bezirk Mitte. Diese Entwicklung war vor wenigen Jahrzehnten kaum vorstellbar: Erst 1927/28 wurde Billstedt aus den drei Gemeinden Kirchsteinbek, Schiffbek und Öjendorf gebildet. Noch heute fühlen sich die Billstedter „ihren" alten Quartieren zugehörig

Steckbrief

Fläche: 16,841 km²
Einwohner: 68 256
Verwaltung: Bezirk Hamburg-Mitte, Ortsamt Billstedt
Ortsteil: 131

Billstedt ist keine historische Bezeichnung für den Stadtteil an der Bille. Seinen heutigen Namen erhielt Billstedt erst nach der **Zusammenlegung der Gemeinden Kirchsteinbek, Schiffbek und Öjendorf**. Vorschläge für einen neuen Namen gab es damals viele – darunter unter anderem „Billdorf". Das „Dorf" fand jedoch allgemein keinen Anklang, ebenso wenig die vorgebrachten Ideen „Asbrook" und „Steinfurth". Auch die Diskussionen um den Namen „Billstedt" waren lang, vor allem die Kirchsteinbeker waren hiervon wenig begeistert.

Aus der Geschichte

Die Geschichte des Stadtteils Billstedt ist über Jahrhunderte die Geschichte dreier eigenständiger Stormarner Dörfer. Erst 1927/28 nämlich entstand Billstedt durch den Zusammenschluss der drei preußischen Gemeinden Öjendorf, Schiffbek und Kirchsteinbek. Ihre alten Dorfkerne sind bis heute im Stadtbild erkennbar – und viele Billstedter identifizieren sich nach wie vor mit ihnen: Sie sehen sich als Öjendorfer, Schiffbeker oder als Kirchsteinbeker. Dennoch ist Billstedt längst zu einer Einheit gewachsen, die 2002 ihr 75-jähriges Jubiläum feiert. 1937/38 kam Billstedt wie andere Stadtteile mit dem Groß-Hamburg-Gesetz zur Hansestadt.

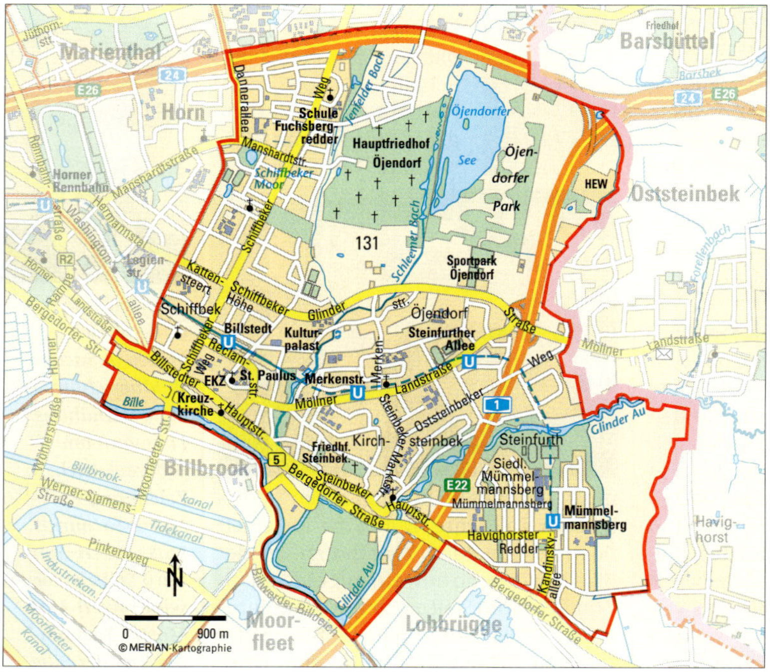

Eine andere Prägung bekam der Stadtteil in den 1970er Jahren mit dem Bau der **Großsiedlung Mümmelmannsberg**, in der rund ein Drittel aller Billstedter lebt. Der Mittelpunkt Billstedts

So kennt man Billstedt: Wie hier an der Billstedter Hauptstraße prägt Geschosswohnungsbau vielerorts das Straßenbild. Doch die Hälfte der Wohnbauten im Stadtteil sind Einzelhäuser

mit dem Einkaufszentrum „Billstedt Center" und dem Ortsamt – das Ortsamtsgebiet schließt auch Horn und Billbrook mit ein – liegt in Schiffbek rund um den *Billstedter Platz*.

Kirchsteinbek

Kirchsteinbek ist zum ersten Mal im Jahr 1212 als Stenbeke erwähnt. Seinen Namen verdankt es der heutigen Glinder Au: Im Bach sollen sich auffallend viele Steine gezeigt haben. Zwar tauchte dann bereits 1239 der Name Kirchsteinbek auf, amtlich wurde er jedoch erst 1867.

Kirchsteinbek war **Mittelpunkt eines einst großen Kirchspiels**. Ihm gehörten nach der Abtrennung von Trittau und Siek weitere 18 Dörfer an, darunter waren auch Reinbek und seit 1265 auch die Nachbarorte Schiffbek und Öjendorf, die früher zur Hauptkirche St. Jacobi gehörten. Weit sichtbar war Kirchsteinbeks auf dem Geestrand liegende Kirche (1884, urspr. 1239), die 1646 und erneut 1881 niederbrannte.

Das Dorf, das zeitweise ans Hamburger Domkapitel Abgaben leisten musste, ging 1321 ans Kloster Reinbek und fiel mit dem gleichnamigen Amt 1867 an Preußen. In den folgenden Jahrzehnten wuchs die Einwohnerzahl durch die industrielle Entwicklung in Schiffbek und Hamburg stark an. 1925 hatte Kirchsteinbek 2154 Einwohner. Um die Straßen am *Steinbeker Berg* und am Markt nahe der Kirche ist der verbliebene **Kern des einstigen Haufendorfes** milieugeschützt. Doch finden sich hier mehr wilhelminische Kleinstadt-Häuser und Nachkriegsbauten als bäuerliche Architektur. Wenige Schritte entfernt zeigt der Mühlenteich mit der Mühle, dass die Wasserkraft der Glinder Au lange genutzt wurde.

Ein Rest alter Dorfstruktur zeigt sich rund um die Kirchsteinbeker Kirche. Links: Die Hamburger Straße in Schiffbek um 1925; links zweigt die Möllner Landstraße ab

Schiffbek

Die Herkunft des 1212 erstmals erwähnten Namens des Dorfes Schiffbek („Scipbeke“) ist nicht eindeutig geklärt. Er könnte von der bis hierhin schiffbaren Bille stammen oder nach dem kurz vor seiner Mündung in die Bille gestauten Schleemer Bach benannt sein. Die aus dem 9. Jahrhundert stammende **Spökelburg** – an sie erinnert noch heute die Straße *Spökelbarg* – lag auf dem Geestsporn nahe der Mündung.

Rund um den Mühlenteich wirkt Kirchsteinbek noch wie das frühere Dorf

Im Mittelalter war Schiffbek wie Kirchsteinbek zeitweise dem Hamburger Domkapitel abgabepflichtig, gehörte aber zum Kloster, dann zum Amt Reinbek. Bekanntheit erlangte Schiffbek als Erscheinungsort des „Hollsteinischen unpartheyischen Correspondenten“ (1712–14 und 1721–30). Die Zeitung, die in späteren Jahren als „Hamburgischer Correspondent“ erschien, existierte so lange wie keine andere und bestand bis 1934.

Öjendorfs altes Dorfzentrum lag an Reinskamp und Merkenstraße

Eine rasche industrielle Entwicklung Schiffbeks setzte mit der Gründung der **Jutespinnerei** 1881 ein. Vor allem katholische Arbeiter kamen aus Polen und Böhmen. Das lange Zeit kleine Schiffbek wurde größer als Kirchsteinbek: 1925 zählte man mit knapp 9000 Einwohnern viermal so viel Menschen auf einer ein Drittel kleineren Fläche.

Zeitleiste

1212 erste Erwähnung Kirchsteinbeks (Stenbeke) und Schiffbeks

1224 erste Erwähnung Öjendorfs

1927/28 Kirchsteinbek, Schiffbek und Öjendorf bilden Billstedt

1937/38 Hamburger Stadtteil

1970–79 Großsiedlung Mümmelmannsberg

1993 „Kulturpalast“ nun im Wasserwerk

2002 Jubiläum 75 Jahre Billstedt und 30 Jahre Mümmelmannsberg

Öjendorf

Das 1224 erstmals erwähnte Öjendorf hieß ursprünglich nach dem Familiennamen „Odingethorpe“. Wie Kirchsteinbek und Schiffbek war es dem Hamburger Domkapitel zehntpflichtig. Wie diese gehörte es im Mittelalter zum Kloster Reinbek, später zum Amt. Öjendorf war immer kleiner als seine Nachbarn, 1925 hatte es gerade 687 Einwohner. Der bäuerlich-dörfliche Charakter konnte sich in Öjendorf am längsten erhalten, **manche Spuren des alten Ortsbildes** wie einige Bauernhäuser im Bereich *Archenholzstraße, Reinskamp, Merkenstraße* und *Mattkamp* (18./19. Jh.) sind bis heute vorhanden. Nach dem Zweiten Weltkrieg wurde eine Niederung und frühere Sandgrube am Schleemer Bach mit Hamburger Trümmerschutt aufgefüllt – das Areal ist heute vom Hauptfriedhof Öjendorf, dem zweitgrößten Friedhof Hamburgs, und dem Öjendorfer See mit dem ihn umgebenden Grüngelände geprägt.

Der Turm der Kreuzkirche an der Billstedter Hauptstraße

Kultur im alten Wasserwerk

Ein bevölkerungsreicher Stadtteil wie Billstedt ohne Kulturzentrum? Eigentlich undenkbar. Doch es dauerte lange Jahre, ehe sich mit dem **Kulturpalast im Wasserwerk** (KuPa) am *Öjendorfer Weg 30a* eine feste Anlaufstelle im Stadtzentrum nahe dem Billstedt Center etablieren konnte. Der hinter der Initiative stehende Verein „Kulturpalast e.V." und das freiwillige Engagement Billstedter „Kultursüchtiger" geht allerdings bereits auf das Jahr 1979 zurück – seine Aktivitäten waren jedoch auf viele kleinere Räumlichkeiten verteilt.

Seit 1993 ist der KuPa nun schon im alten Billstedter Wasserwerk zu Hause – einem Wahrzeichen des Stadtteils. Bis in die 1970er Jahre wurde Wasser gefördert und aufbereitet. „Heute versorgen wir Billstedt von hier aus mit einem anderen Grundnahrungsmittel: der Kultur", zieht Karsten Knigge einen Vergleich zur heutigen „Produktion".

In der Tat können die KuPa-Mitarbeiter – insgesamt 14 teilen sich 4,5 offizielle Stellen – eine beachtliche Bilanz vorweisen: Regelmäßig treffen sich im Wasserwerk 40 Gruppen, über 70 Kurse werden jährlich angeboten, zu den rund 200 Veranstaltungen kommen etwa 50 000 Besucher. Damit ist der KuPa das größte Stadtteilkulturzentrum im Bezirk Hamburg-Mitte. Als offenes Haus nutzen selbst organisierte Gruppen wie die Bauchtänzerinnen von „Orientzauber", mehrere Theatergruppen, eine Mundharmonikagruppe u.v.m. die Räume gern. Neben einer großen Halle stehen Gruppenräume, Videowerkstatt, Fotolabor und eine Töpferwerkstatt zur Verfügung. Der KuPa selbst bietet Kurse von Kindertanz und Hip-Hop bis hin zu Segeln und Videokunst an. Am Abend wechseln sich Discos, Kabarett und

Billstedts andere Seite: Über der Bille mit den Freizeitbooten erhebt sich das „Panorama Hotel" an der B 5

Sportlich und immer in Bewegung: „Judo Kids" trainieren im Kulturpalast

Im Sommer finden vor dem „Kulturpalast im Wasserwerk" auch Flohmärkte statt

Bürgergeschichten

„Billstedter Frösche – kein Märchen"

***Dörte Inselmann** steht in Billstedt für ein reges Kulturleben im „Kulturpalast im Wasserwerk". Die ideenreiche Geschäftsführerin ist Gründungsmitglied des Vereins Kulturpalast e.V. Diesem gelang 1988 ein durchschlagender PR-Coup*

Dörte Inselmann lebt seit Jahrzehnten in Billstedt und ging hier zur Schule

Es war im Mai 1988: Neun Jahre schon waren uns Versprechungen seitens der Hamburger Politiker – u.a. von Bürgermeister von Dohnanyi – gemacht worden, dass Billstedt zügig ein Kulturzentrum erhalten solle. Auch die Notwendigkeit kultureller Teilhabe für die vielen Menschen war unbestritten angesichts der wenigen Möglichkeiten vor Ort. Doch immer wieder wurden wir vertröstet.

Da kam uns die Idee zur „Froschaktion". Wir, das waren die unermüdlichen Kulturbegeisterten, die seit Ende der 1970er, Anfang der 1980er Jahre unter dem Namen Kultur„palast" (seit 1986 in einem 70-m²-Domizil am Schiffbeker Weg zu Hause) zusammentrafen. Wir hatten unser Traumobjekt gefunden: das Billstedter Wasserwerk, ein Stadtteil-Wahrzeichen mit viel Platz. Wie aber sollten wir für diesen Plan Unterstützung finden? Ein Wunder musste her und sehr viel Öffentlichkeit, um die Versprechungen wahr werden zu lassen. Weil Wunder aber nur im Märchen wahr werden, verwandelten wir uns für unser Billstedter Märchen in Frösche und suchten – frei nach den Brüdern Grimm – in der parlamentarischen Ära den König, der sich an sein Versprechen erinnert und den Fröschen Einzug in das Wasserwerkschloss gewährt.

In quietschgrünen, selbst gemachten Kostümen zogen 25–30 quietschgrüne Frösche durch ganz Hamburg, um diesen König zu finden. Mit einem Ballett und einem Song sorgten wir für öffentliches Erstaunen und gewannen Sympathie für das Anliegen. Über ein Jahr lief die „Froschaktion"; Radio und Fernsehen berichteten. Höhepunkt war der Froschmarsch ins Hamburger Rathaus, bei dem manches Hindernis zu überwinden war. So akzeptierten Kontrolleure die HVV-Froschfamilienkarte nicht, der große Pappmaschee-Frosch passte nicht ins Abteil, wir verursachten Staus auf den Straßen, und jeder wollte uns küssen …

Immerhin: Unser Frosch-Wirbel half. Kultursenator Ingo von Münch bewilligte schließlich die nötigen „Kröten", und 1989 beschloss die Bürgerschaft endlich das „Ja" zum „Kulturpalast im Wasserwerk". 1993 war Eröffnung.

Die Billstedter Frösche im Kostüm vor dem alten „Kulturpalast" am Schiffbeker Weg

Kräftig getrommelt wird beim Show-Musikkorps Ahoy-Hamburg. Links: Die Männer der Liedertafel Schiffbek wussten zu feiern, erinnert sich Harald Hoppe

Konzerte ab. Auf der Leinwand laufen regelmäßig Kinderfilme – ein Kino fehlt in Billstedt nämlich. Im Haus tagen viele Arbeitskreise aus dem Stadtteil, darunter die Stadtteilkonferenz, womit der KuPa seine zentrale Position für Billstedt festigt.

In Zukunft möchte man noch flexibler sein, berichtet Dörte Inselmann, die von der ersten Stunde an dabei ist: „So soll der alte Wasserbunker zur schallisolierten Party- und Musiklocation werden. Und bis Ende 2002 ein neues Foyer und eine größere Gastronomie auch höhere Ansprüche befriedigen.“ Denn das **Größenwahn** hat sich längst zur echten Stadtteilkneipe gemausert.

Engagiertes Billstedt

Wie alle Stadtteile lebt Billstedt vom Engagement seiner aktiven Menschen. Seit bald 100 Jahren sind viele von ihnen im **Bürger- und Kommunalverein Billstedt von 1904** zusammengeschlossen. Die zurzeit rund 300 Mitglieder sind mit „Vorträgen oder Festen im Stadtteil präsent und wollen die Nähe zum Stadtteil fördern“, so der Vorsitzende Jörn Petersen. Eine eigene Initiative im Bürgerverein ist **Wir für Billstedt**, die sich unter Leitung von Andreas Sonneck u.a. für mehr familiengerechte Bebauung sowie eine Verschönerung öffentlicher Plätze im Stadtteil einsetzt. In 3000 Exemplaren berichtet „Der Billstedter“, die Zeitung des Bürgervereins, alle zwei Monate über Neuigkeiten.

Mit etwa 1000 Mitgliedern ist der **Grundeigentümer-Verein Billstedt** einer der größten in Hamburg. Bedenkt man, dass mehr als die Hälfte der Häuser hier Einzelhäuser sind, verwundert diese Zahl nicht.

Musikfreunde treffen sich seit Generationen bei der **Liedertafel Schiffbek von 1873**, „die gegenwärtig leider nur ein gutes Dutzend Sänger hat“, wie der Vorsitzende Harald Hoppe bedauert. Aus privater Initiative der Eheleute Erwin und Lissi Witt entstand 1975 das **Show-Musikkorps Ahoy-Hamburg**. Sie wollten Kindern und Jugendlichen eine sinnvolle Freizeitgestaltung ermöglichen – mit Erfolg, denn die heute 50 jungen Musiker von Ahoy-Hamburg traten schon in vielen Ländern auf und errangen manche Auszeichnung. Um eine völkerverständigende Integration bemüht sich seit 1981 der **Deutsch-türkische Freundschaftsverein**, der rund 100 Mitglieder hat. „Die meisten davon kommen aus Billstedt und Horn“, so der langjährige Vorsitzende Mehmet Keles.

An einem Strang ziehen diese und viele andere Billstedter Vereine, wenn es um das **75-jährige Jubiläum** ihres Stadtteils geht: Bei der Gestaltung der Festwoche im September 2002 wollen alle dabei sein.

Von Billstedt in die Bundesliga: Junge Talente kicken überall im Stadtteil, hier in Mümmelmannsberg

Ganz gemütlich durchs Becken: Freizeitschwimmer im Hallenbad an der Archenholzstraße. Oben rechts: Die Feldhandballer des Gut Heil Billstedt spielen 1958 gegen den SC Vorwärts

Um Punkte und Sekunden

Sportliche Billstedter gründeten vor über 100 Jahren den **T.V. Gut Heil Billstedt v. 1898 e.V.**, der heute Angebote von Turnen über Hand- und Volleyball bis zu Tennis und Triathlon macht. Bekanntester Name der Schwimmabteilung ist Sandra Völker, die für GHB 1994–99 aktiv war. Fußball ist nicht dabei, „weshalb unsere große Zahl von gut 2000 Mitgliedern umso beachtlicher ist", findet Heinz Reimer vom GHB.

Eine 1990 erfolgte Fusion der traditionsreichen Vereine Vorwärts Billstedt (von 1913) und dem 1904 gegründeten Fußballclub Wacker 04 ist der **SC Vorwärts-Wacker 04**, der gerade im fußballerischen Bereich einen guten Namen als Talenteschmiede hat. Älter als diese beiden ist die **Sport-Vereinigung Billstedt-Horn von 1891 e.V.** mit ihren 570 Mitgliedern, die ebenfalls den Schwerpunkt auf Fußball legt. Sport findet im Stadtteil in Turnhallen, vor allem aber im **Sportpark Öjendorf** am *Koolbargenredder* statt. Ein **Hallen- und Freibad** liegt an der *Archenholzstraße*.

Gleich **drei Freiwillige Feuerwehren** wachen über die Sicherheit: Die Öjendorfer Station liegt am *Reinskamp*, die Kirchsteinbeker am *Brockhausweg* und die FF Billstedt-Horn hat ihr Quartier am *Bergmannring* in Horn. Die **Berufsfeuerwehr** rückt übrigens von der *Wöhlerstraße* aus.

Geistig und seelisch

In Billstedt sind **alle Schulformen** präsent, von der Grundschule bis zum Abitur können die Kinder hier begleitet werden. Insgesamt sind vier Grund- und zwei Förderschulen so im Stadtteil verteilt, dass die Wege kurz bleiben. Die Haupt- und Realschule Steinadlerweg kann mit einem kleinen tropischen Zoo auf eine pädagogische Besonderheit verweisen. Eine konfessionelle Volks- und Realschule ist die kath. Schule St. Paulus am *Öjendorfer Weg 14*. Gleich auf drei Standorte verteilt sind die Räume der Gesamtschule Öjendorf. Einfacher haben es da die Schüler des Gymnasiums Billstedt: Nach dessen Adresse am *Pergamentweg* nennt man sie „Pergamentaner".

Einige Spielhäuser sowie Häuser der Jugend sind ein Garant dafür, dass die heranwachsenden Billstedter auch außerhalb ihrer Elternhäuser Möglichkeiten zu Treffen und Aktivitäten haben. Zusätzlich gibt es Jugendarbeit in den verschiedenen Kirchengemeinden.

Für **Bildung im Erwachsenenbereich** ist das VHS-Haus an der *Billstedter Hauptstraße 69* offen. Eine Bücherhalle liegt an der *Möllner Landstraße*.

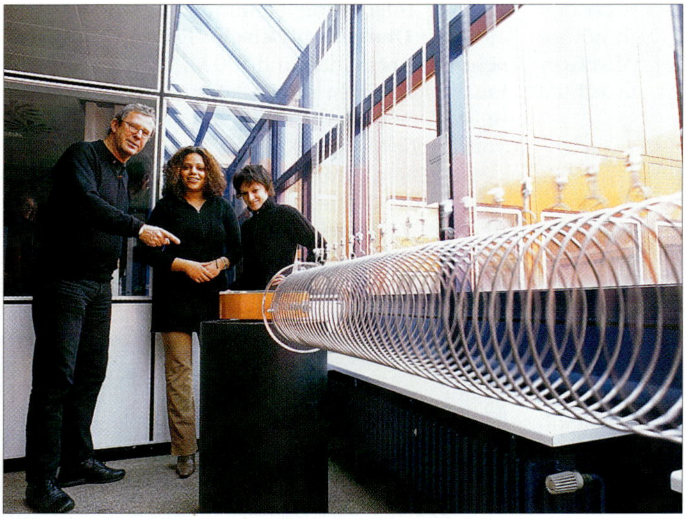

Im Naturwissenschaftlichen Zentrum des Instituts für Lehrerfortbildung in der Gesamtschule Mümmelmannsberg können alle Hamburger Schüler experimentieren – Lehrer Lorenz Köhler mit Yeliz Özbek und Kasia Kandel

Stichwort Kirchen: Auch im 21. Jahrhundert spielen die Gemeinden eine nicht zu unterschätzende Rolle für das seelische Wohl im Stadtteil. Die ältesten von ihnen sind noch als die traditionsreichen Kirchen der einst selbstständigen Billstedter Teil-Dörfer zu erkennen, die sie einmal waren: Der Turm der ev.-luth. **Kirche in Steinbek** ragt über das frühere Dorf empor. Ebenso fest verbunden ist die ev.-luth. **Kreuzkirche** mit Schiffbek, wenn auch ihr Standort an der *Billstedter Hauptstraße* recht neu ist: Ihre Vorgängerin wurde im Zweiten Weltkrieg zerstört. Jünger hingegen ist beispielsweise die **Jubilate-Kirche** in Öjendorf. Mit der **St.-Paulus-Kirche** (1929) liegt ein röm.-kath. Gotteshaus direkt im Billstedter Zentrum.

Bestimmt vom Mittelstand

Als vom Wohnen geprägter Stadtteil finden sich in Billstedt, anders als im nahen Billbrook (s. Billbrook), in das der Verkehr über den ausgebauten alten *Schiffbeker Weg* und die B 5 läuft, nur wenige größere Betriebe. Die Gegend blieb lange dörflich, wenn auch früh Einbrüche der modernen Industrie zu sehen waren: Mit der Jute-Spinnerei wurden ab 1881 auch die roten, Anfang der 1970er Jahre abgerissenen Arbeiterwohnhäuser ein Teil des Schiffbeker Bildes. Ab 1900 war der Ort mit dem benachbarten Kirchsteinbek zusammengewachsen.

Beide Orte einte bereits die Nutzung der lokalen Gewässer. Denn an den angestauten Wasserläufen von Schleemer Bach und Glinder Au – ob die in den Ortsnamen noch zu erkennenden Schiffbek und Steinbek (bek = Bach) jemals so hießen, ist nicht nachgewiesen – siedelten sich **früh einige Gewerbebetriebe** an. Mühlen an angestauten Teichen sind in Schiffbek schon 1256, in Steinbek 1351 erstmals erwähnt. Meist dienten sie ursprünglich dem Mahlen von Getreide, später kamen Materialien wie Pulver, Kupfer und Papier hinzu. Eine Papiermühle am Schleemer Bach wurde 1917 abgerissen, am Stauteich in Steinfurth wurden bis um 1900 hochwertige Gerb- und Farbstoffe hergestellt.

Von dieser langen Tradition zeugt noch das **Ensemble um die alte Steinbeker Mühle am Mühlenteich**. Sie gehört zum letzten noch arbeitenden Be-

Die Adolf Neubauer Mühlenwerke verarbeiten seit 1937 Glimmer – Mitarbeiter Erwin Mrugalla präsentiert das glitzernde Naturprodukt

Auf dem Betriebsgelände des Bauunternehmens Wulff ist jeder Quadratmeter genutzt

Wohnen in Billstedt: Häuser an der Steinbeker Marktstraße (oben) und Gebäude im Bereich des Fuchsbergredders

trieb seiner Art in Billstedt, den **Adolf Neubauer Mühlenwerken**, die *An der Glinder Au 6* zu Hause sind.

Bereits seit 1735 ist die Mühle im Neubauer'schen Familienbesitz. In achter Generation – auch die neunte ist längst eingebunden – führt ihn Henning Neubauer: „Das Wasser nutzen wir zur Stromerzeugung, die Mühlen sind elektrisch betrieben." Gemahlen wird Kakaoschale, vor allem aber Glimmer. Das meist aus Indien stammende Rohprodukt findet seinen Einsatz als Isolierungs- oder Dämmstoff vor allem in der Elektronik- und Automobilbranche. Mit ihren zwölf Mitarbeitern gehören die Mühlenwerke zu den vielen mittelständischen Unternehmen und über 200 Handwerksbetrieben, die in Billstedt ansässig sind.

Ein weit über den Stadtteil hinaus bekannter Name ist die **Otto Wulff Bauunternehmung mbH**. Der traditionsreiche Familienbetrieb in der *Archenholzstraße 42* hat seinen Sitz bereits seit der Gründung als „Bahr und Wulff" 1932 in Öjendorf. „Momentan haben wir rund

Wahlverhalten

... zur Bürgerschaft 2001 (gesamt)

Wahlbeteiligung	71,0%
SPD	36,5%
CDU	26,2%
Schill-Partei	19,4%
Grüne/GAL	8,6%
FDP	5,1%
Übrige	4,2%

... zur Bürgerschaft 2001 (Stadtteil)

Wahlbeteiligung	64,0%
SPD	40,3%
CDU	22,3%
Schill-Partei	27,6%
Grüne/GAL	3,1%
FDP	2,4%
Übrige	4,2%

Stadtteil-Profil

	Billstedt	Bezirk	Hamburg
Bevölkerung gesamt (2000)	68 256	228 060	1 704 929
Unter 18-Jährige in %	20,3	15,9	16,1
65 Jahre und älter in %	14,3	15,0	17,0
Deutsche	52 418	167 114	1 432 325
Ausländer in %	23,2	26,7	16,0
Einwohner je km²	4053	2142	2258
Sozialstruktur			
Sozialhilfeempfänger (2000)	10 085	25 273	120 461
Arbeitslose (2001)	3757	12 716	71 963
Eink. je Steuerpfl. in DM (1995)	53 938	53 702	65 579
Wohnen (2001)			
Wohngebäude	7065	18 821	226 061
Ein- und Zweifamilienhäuser in %	18,7	8,9	20,5
Ø Wohnungsgröße in m²	68,8	62,5	71,0
Wohnfläche je Einwohner in m²	30,2	31,3	35,7
Verkehr			
Private Pkw (2001)	24 090	70 503	628 119
Straßenverkehrsunfälle (2000)	357	2790	12 430
Kriminalität			
Straftaten insgesamt (2000)	9554	82 985	284 272

300 Mitarbeiter", erzählt Stefan Wulff, der in der dritten Generation zur Firmenleitung gehört. Stolz ist man auf die vergleichsweise hohe Zahl von über 60 Diplom-Ingenieuren und Meistern im Unternehmen. Zehn Angestellte im technischen Büro kümmern sich um die baukonstruktiven Bereiche wie Statik und Ausführungsplanung. Mit einem Jahresumsatz von rund 60 Mio. Euro zählt der Betrieb zu den großen Hamburger Bauunternehmen mit Kunden aus der Hansestadt und einem überregionalen Stamm. Schwerpunkte sind u.a. der Hoch-, Industrie- und Stahlbetonbau, die Sanierung von Altbauten und schlüsselfertiges Bauen.

Anders als sein Ruf

„Billstedt, das heißt für viele Hochhäuserghettos mit großen breiten Straßen", bringen die Autoren der 2001 erschienenen Schülerzeitung des Gymnasiums St. Georg in Horn, „Inside Bill/Horn", gängige Vorurteile auf den Punkt – um mit ihnen im nächsten Satz aufzuräumen. Denn in der Tat findet sich im Stadtteil nicht nur sozialer Wohnungsbau der 1960er oder 70er Jahre – obwohl rund die Hälfte der Billstedter Wohnungen Sozialwohnungen sind, viele davon in Mümmelmannsberg. Bekannte Namen von Großwohnsiedlungen sind beispielsweise in Kirchsteinbek die Siedlung „Sonnenland", die in den 1960er Jahren mit Sozialwohnungen von 30 bis 84 m² entstand. Schon 1959–61 wuchs beiderseits der *Möllner Landstraße* eine Wohnsiedlung mit 1230 Einheiten empor.

Vielmehr kann Billstedt **viele Einzel- oder Reihenhäuser** der unterschiedlichsten Jahrzehnte aufweisen. „Insgesamt 53 Prozent aller Wohngebäude im Stadtteil sind Einzelhäuser", betont Ortsamtsleiter Günther Schiedek gern.

Die so homogen erscheinende, grüne **Märchensiedlung** – so genannt nach ihren Straßennamen – im Nordwest-Winkel von Billstedt etwa entstand 1949. Lebten damals hier 172 Familien mit ca. 580 Personen, sind es heute 400 mit 1100 Mitgliedern – Billstedt wächst. Gerade junge Familien suchen bezahlbaren Wohnraum, weshalb die lokalen Politiker froh sind, dass in den letzten Jahren nördlich des Öjendorfer Friedhofs zwischen *Fuchsbergredder* und *Haferblöcken* neue (Reihen-)Häuser errichtet wurden.

Grüne Fluchten

Billstedt: ein Stadtteil zwischen Wohnblocks, *Bergedorfer Straße* (B 5), A 1 und A 24? Ja – und nein. Natürlich haben die letzten Jahrzehnte ihre Spuren im modernen Straßenbild hinterlassen. Doch um **die oft wunderschönen grünen Seiten** zu entdecken, muss man gar nicht lange suchen. Kleine Enklaven sind der Schleemer Bach und der Schleemer Teich, die Glinder Au mit dem Steinbeker Teich und dem Mühlenteich, der Jenfelder Bach und das Schiffbeker Moor.

Ein beliebtes Naherholungsziel zu jeder Jahreszeit ist der **Öjendorfer Park**.

Sommeridyllen am Öjendorfer See: Das Naherholungsareal ist für Jung und Alt gleichermaßen ein Anziehungspunkt, ob zum Ausruhen oder Schachspielen

Auf dem Öjendorfer Friedhof, einem der Hamburger Hauptfriedhöfe, gibt es auch eine muslimische Grabstätte

So macht Einkaufen Spaß: Im „Billstedt Center" ist die Auswahl groß, nicht nur zur Weihnachtszeit

Alles umsonst gibt es bei „Kostnix" am Öjendorfer Weg

Mit 140 ha ist das ab 1958 angelegte Grüngebiet das drittgrößte in Hamburg. Spaziergänger, Jogger, spielende Kinder im „Fort Öjendorf" oder Familien, die zum Grillen kommen, geben sich im Sommer hier ein Stelldichein. Besonders der 50 ha große See mit seinen zwei Badestellen ist dann umlagert. Die Wasserfläche entstand in den 1920er Jahren durch Sandabbau und spätere Aufstauung des Schleemer Bachs. Die Parkfläche war ursprünglich für die Erweiterung des nahen Friedhofs freigehalten worden, wurde aber schnell zum Volkspark, in dem die Kleinen im Winter vom Rodelhügel „Öjendorfer Berg" rasen. Dass auf dem Areal von 1950–53 rund 3 Mio. m³ Trümmerschutt der zerstörten Hansestadt aufgeschüttet wurden, ahnt kein Besucher mehr.

Rund um das „Billstedt Center" finden sich, wie hier an der Möllner Landstraße, viele Einzelhändler

Westlich des Öjendorfer Sees und mit dem Park die größte Grünfläche Billstedts bildend, liegt der knapp 100 ha große **Öjendorfer Friedhof**. Der dritte Hamburger Hauptfriedhof ist auch der jüngste; der Rasenfriedhof besteht offiziell seit dem 14. Juli 1966. Planungen gehen allerdings schon in die 1930er Jahre zurück. Und die Ehrenanlage für rund 6000 im Zweiten Weltkrieg gefallene italienische Soldaten wurde 1959 eingeweiht. Darüber hinaus liegen in Billstedt noch die beiden **kleineren Friedhöfe** der Kreuzkirchengemeinde *(Schiffbeker Weg)* und der Kirchengemeinde Steinbek *(Kapellenstraße).*

Immer dem Namen nach

Als ausgedehnter Stadtteil mit den alten Ortskernen der früheren Dörfer kann Billstedt auf **eine Fülle von Einkaufsmöglichkeiten** stolz sein. Verschiedene Einzelhändler findet man an der *Billstedter Hauptstraße*, der *Möllner Landstraße* und am *Schiffbeker Weg*; wenige auch im Bereich des Markts in Kirchsteinbek. Kleinere Nahversorgungszentren sind für die meisten Billstedter rasch erreichbar überall im Stadtteil zu finden.

Für modernes Shopping aber steht, auch über den Stadtteil hinaus, seit Ende 1997 das neue **Billstedt Center** am gleichnamigen Platz – auf dem dienstags und freitags ein Wochenmarkt stattfindet – in Schiffbek. Es entstand durch Zusammenlegung der zuvor getrennten EKZ Billstedt und EKZ Billstedter Platz. Seitdem laden alle etwa 120 Fachgeschäfte und die 40 000 m² Verkaufsfläche wettergeschützt zum Bummeln ein. Vom Schuhgeschäft bis zum Supermarkt, vom Elektrohandel bis zur Drogerie und zu vielen Spezialgeschäften lässt das Angebot kaum Wünsche offen. Ein weiterer Grund, der die Billstedter hierher zieht: In zwei

Parkhäusern stehen 1400 Stellplätze zur Verfügung. Und das Billstedt Center liegt direkt am **Knotenpunkt des ÖPNV**: Vom U- und Busbahnhof Billstedt sind es von U 3 oder einer der rund ein Dutzend Buslinien nur wenige Gehminuten bis zum Einkaufsparadies. Ein weiteres Argument: Wichtige Institutionen liegen

in der Nähe – das Ortsamt etwa ist gleich vis-à-vis.

Einkaufen auf andere Art können die Billstedter seit Herbst 2001 bei **Kostnix**. Im „Umsonstladen" am *Öjendorfer Weg 30* beim Kulturpalast spielt Geld keine Rolle. Stattdessen können funktionstüchtige Dinge von Spielzeug über Bücher, Elektrogeräte, Haushaltswaren usw. abgegeben – oder (in nicht kommerziellem Umfang) kostenlos mitgenommen werden. Bei „Kostnix" erlebt die Tauschgesellschaft eine neue Blüte. Getragen wird das Projekt von Studierenden der Evangelischen Fachhochschule für Sozialpädagogik des Rauhen Hauses (s. Horn).

Köpfe

Die „Schwarze Rose aus Billstedt" kennt man im Stadtteil. Aber nicht nur dort – denn **Martha Kägeler** schlüpfte nicht nur zu Festen wie Geburtstagen, Weihnachtsfeiern oder bei Altenkreisen in die Rolle ihres Lebens. Auch im Rahmen von Straßentheater, im Gewerkschaftshaus, im Winterhuder Fährhaus, ja sogar beim Hafengeburtstag trug die 1912 Geborene als „Schwarze Rose" Selbstgedichtetes oder kleine Geschichten vor. Was im Fasching 1957 mit einer Büttenrede beim Gesangverein „Frohsinn" begann, entwickelte sich für die Kriegerwitwe und Mutter dreier Kinder zum künstlerischen Spielbein: Ihre (Bütten-)Reden und Auftritte mit zwei Freundinnen als „Die drei alten Schachteln" waren immer humorvoll und oft hintersinnig, denn Martha Kägeler will Freude bereiten. Auch Gedichte von Heinz Erhardt gehörten zu ihrem Repertoire. Seit einiger Zeit lebt sie in einem Pflegeheim in Mümmelmannsberg und muss aus Krankheitsgründen zum Bedauern vieler Freunde kürzer treten.

Ein Besuch in ihrer Apotheke ist wie eine kleine Zeitreise: **Inge Oelschläger** gehört untrennbar zur „Billstedter Apotheke" an der *Billstedter Hauptstraße 82*. Ende 1958 pachtete die studierte Pharmazeutin das Geschäft, das sie 1963 endgültig übernahm. Nahezu original steht das gründerzeitliche Interieur des Ladens noch da wie bei seiner Eröffnung 1894 im damals noch selbstständigen Schiffbek. Wer krank ist, findet bei der Apothekerin und ihren Mitarbeitern nicht nur Linderung, sondern immer auch eine seelische Aufmunterung.

Bereits vor dem Bau des neuen Stadtteils wohnte **Wolfdietrich Thürnagel** in der Gegend des heutigen Mümmelmannsberg, wo ihn jeder kennt. Damals noch in einem Einzelhaus, nun in einer Mietwohnung. „Ich bin der Letzte der ersten Stunde", blickt Thürnagel auf 30 Jahre aktive Mitgestaltung zurück. Vom ersten Tag an gehörte er zur Stadtteilzeitung „aktiv wohnen", für die er heute Anzeigen akquiriert. Gemeinsam mit vielen Mitstreitern setzt sich der Aktive nicht nur für den Rückbau der *Kandinskyallee* auf zwei Spuren ein. Zehn Jahre lang war der Vater darüber hinaus Vorsitzender des Elternrats an der Gesamtschule Mümmelmannsberg, auf die sein Sohn ging.

Ausgehen einmal anders: Das „Litfass" an der Wegkoppel ist alle vierzehn Tage ein Bikertreff

Ihre Gesichter kennt man im Stadtteil: Martha Kägeler als „Schwarze Rose"; Inge Oelschläger und ihr Team; Wolfdietrich Thürnagel

Mümmelmannsberg

30 Jahre Geschichte und viel Gegenwart

„aktiv wohnen“ ist die Zeitung für alle Bewohner. Darunter: Ein neues Image für Mümmelmannsberg – seit 1997 läuft die Kampagne der Wohnungsbaugesellschaften

Die Menschen in Mümmelmannsberg sind stolz auf ihr Quartier, das sie als eigenständigen Stadtteil am südöstlichen Rande Billstedts sehen. Der Name „Mümmelmannsberg“ leitet sich ab von der gleichnamigen Erzählung Hermann Löns' (1866–1914), „Mümmelmann“, dem Hasen: Die alte Flurbezeichnung belegt, dass hier Wiesen, Felder und Obstplantagen das Bild bestimmten – ein Eldorado für Hasen.

Im Jahr 2002 feiert die Großsiedlung ihr **30-jähriges Jubiläum**: 1972 zogen die ersten Mieter in ihre neuen Wohnungen, hier im Winkel von Autobahn A 1, B 5, dem benachbarten Oststeinbek sowie dem Naherholungsgebiet Glinder Au im Norden. Mehr als 20 000 Menschen haben in Mümmelmannsberg heute ein Zuhause gefunden. „Und aus der Notgemeinschaft von damals ist längst ein aktiver Stadtteil geworden. Mit vielen Initiativen und Vereinen, die sich basisdemokratisch für ihr Umfeld und ihre Interessen einsetzen und zusammenarbeiten“, erläutert Wolfdietrich Thürnagel, der selbst seit drei Jahrzehnten hier lebt und sich engagiert.

Beim Internationalen Freundschaftsfest begegnen sich in jedem Sommer Menschen aus aller Welt. Unten: Plakatkunst an der Kandinskyallee

Blick zurück

Die Geschichte von Mümmelmannsberg reicht bis in die 1960er Jahre. Ab 1964 begannen die Stadt Hamburg und einige Wohnungsunternehmen im Gebiet der heutigen Siedlung Grundstücke zu kaufen. Die städtebaulichen Entwürfe wurden 1968 konkretisiert und führten 1970 zur Verabschiedung des amtlichen Bebauungsplans „Billstedt 58“ durch die Bürgerschaft. Mümmelmannsberg entstand **in zwei Bauabschnitten** unter Federführung der Neuen Heimat sowie eines Dutzends Wohnungsbaugesellschaften. Es war der im Westen gelegene Teil mit 3542 Wohnungen, in den ab 1972 die ersten Mieter einziehen konnten. Weitere 3718 Wohnungen waren 1979 bezugsfertig.

Überschaubare Strukturen schufen die Architekten mit Blockrandbebauung und Hofräumen, die nun dicht bewachsene grüne Oasen sind. Während die Bebauung an den Rändern mit vier- bzw. fünfgeschossigen großräumigen Wohnblocks offener ist, verdichtet sie sich zur Quartiersmitte hin, wo mehrere zehn- und achtgeschossige Gebäude stehen.

Rund um die Bildung

Ein **Stadtteilmittelpunkt** liegt zwischen *Mümmelmannsberg* und *Kirchner-*

weg: Das **Bildungszentrum** beherbergt ein Netzwerk des Wissens. In dem weitläufigen Bau sind neben der integrierten **Gesamtschule Mümmelmannsberg** (GSM) mit 1150 Schülern, für die der Ganztagsunterricht obligatorisch ist, eine Elternschule, eine Bücherhalle sowie zwei Ateliers für freischaffende Künstler unter einem Dach vereint. Seit einigen Jahren befinden sich auch das **Lehrerprüfungsamt** und das **Naturwissenschaftliche Zentrum** des Instituts für Lehrerfortbildung, in dem Schulklassen aus ganz Hamburg nach Herzenslust experimentieren können, in der GSM.

Volle Fahrt voraus – nach Schulschluss geht es von der Gesamtschule Mümmelmannsberg schnell nach Hause

Darüber hinaus hat Mümmelmannsberg zwei Bezirksgrundschulen mit Vorschulen für die Klassen 1–4: die **Grundschule Mümmelmannsberg** wurde für den ersten, die **Grundschule Rahewinkel**, die zudem Sprachheilschule ist, für den zweiten Bauabschnitt errichtet. „Einer der Schwerpunkte an unserer Schule, in den Kindertagesstätten wie im Stadtteil überhaupt ist das intensive Bemühen um Integration", berichtet Gerhard Heß, Leiter der Grundschule Mümmelmannsberg seit 1972. Dies gelte für die Integration von behinderten wie nicht behinderten Kindern ebenso wie für die von Heranwachsenden, deren Muttersprache nicht Deutsch ist. Kinder aus über 20 Nationen, deren Anzahl sich in den letzten Jahren kontinuierlich erhöht hat, besuchen diese Einrichtungen und sorgen im Stadtteil für ein lebendiges, multikulturelles Bild. Probleme, so sagen übereinstimmend viele Mümmelmannsberger, hat es deshalb bisher kaum gegeben: „Anfangs hatten wir acht Prozent Ausländer, jetzt etwa 25 – aber Ausländerfeindlichkeit ist kein Thema", bestätigt auch Wolfdietrich Thürnagel. Aktiv für multikulturelle Arbeit setzt sich „MAM" ein, der **Multinationale Arbeitskreis Mümmelmannsberg**. Er steht auch hinter dem seit eineinhalb Jahrzehnten jeden Sommer stattfindenden „Internationalen Freundschaftsfest", das immer wieder viel Anklang findet. Um Völkerverständigung bemüht ist auch der **Multinationale Elternverein Mümmelmannsberg**.

Kinderfreundlich

Auch Familien- und Kinderfreundlichkeit schreibt man in Mümmelmannsberg groß. Der Bezug zum Quartier, das wie andere Reißbrettplanungen lange Jahre mit einem stark negativen Image zu kämpfen hatte – in den 1980er Jahren standen bis zu 800 Wohnungen leer –, ist eng: Viele Familien leben seit 30 Jahren hier, manche längst Tür an Tür mit ihren Kindern oder Enkeln. „In unseren Klassen

Die Wegweiser der „Grünen Meile" führen seit 1998 zum Grün im Stadtteil

Tausende von Bäumen machen aus Mümmelmannsberg einen grünen Stadtteil, so wie hier am Kollwitzring

sitzt inzwischen die dritte Generation", weiß auch Schulleiter Gerhard Heß.

Damit auch die Kinder berufstätiger Eltern versorgt sind, gibt es in Mümmelmannsberg mehrere staatliche und konfessionelle Kindertagesstätten, die **familienergänzende Ganztagsbetreuung** anbieten, von der Krippe bis zum Schulalter. Einen Kindertreff an vier Nachmittagen in der Woche für Kinder zwischen 6 und 12 Jahren gibt es in Trägerschaft der ev.-luth. Kirchengemeinde im *Godenwind 64*. Für die gleiche Altersgruppe ist auch der **Bauspielplatz** an der Glinder Au gedacht: Hier können die Jugendlichen neben Holz- und Metallarbeiten auch Hütten bauen, ja sogar darin übernachten. Der 1984 gegründete Verein **F.I.P.S. Förderung zur Integration behinderter Kinder e.V.** ist ein Projekt zur stadtteilnahen Betreuung von behinderten und nicht behinderten Kindern. Er steht federführend auch hinter der **Mümmelmannsberger Spiel-Sport-Aktion** (MSSA): 14 Tage in den Sommerferien können Schüler das breite Aktivitätenprogramm nutzen. Anlaufstelle für ältere Jugendliche von 8–21 Jahren mit einem Angebot von Spielen bis Disco ist das „Haus der Jugend" im Komplex der GSM, *Kirchnerweg 8*. Weitere Jugendtreffs sind der „Jugendkeller", *Mümmelmannsberg 62*, und die „Jugendetage" im ev.-luth. Gemeindezentrum.

Häuser und Grün in der Max-Pechstein-Straße

Zwei Kirchengemeinden

Überhaupt spielen die beiden Kirchengemeinden eine nicht zu unterschätzende Rolle in Mümmelmannsberg. Rund 4500 Mitglieder hat die **ev.-luth. Kirchengemeinde** am *Havighorster Redder*. Das Gemeindezentrum steht allen Gruppen offen. „Wir verstehen uns als offene Gemeinde, wollen Brücken schlagen", berichtet Pastor Christoph Touché. Vom Kindergarten über den Kindertreff und die Jugendetage ist die Gemeindearbeit für Menschen aller Religionen offen. Seit mehreren Jahren schaffen ebenso christlich-muslimische Gottesdienste Verbindungen.

Wenige Schritte entfernt liegt in der *Oskar-Schlemmer-Straße* die kleinere kath. **Kirchengemeinde St. Stephanus**, deren Arbeit „von Jugend bis Erwachsene" unter der geistlichen Leitung von Pfarrer Albert Domnik liegt.

Pastor Christoph Touché ist um das Miteinander von Christen und Muslimen bemüht

Übergreifende Aktivität

Darüber hinaus aber zeichnet sich das Leben in Mümmelmannsberg durch eine stark basisdemokratische Soziokultur aus, nicht zuletzt vorzeigbare Ergebnisse von Stadtteilkonferenz und Sanierungsbeirat zeugen davon. **Über 40 Initiativen oder Vereine** gibt es, von denen einige seit der ersten Stunde aktiv sind. Als eine Art Knotenpunkt haben sich dabei der Verein und die gleichnamige Zeitung **aktiv wohnen** herauskristallisiert, die „Lokalzeitung für alle Mieter". „Seit 30 Jahren erscheint unsere Stadtteilzeitung bereits", erinnert sich Blattmacher Jens

Bräutigam. Die Auflage liegt bei 6500 Stück – kaum jemand, der „aktiv wohnen" nicht liest. Auch die monatlichen Redaktionstreffen sind längst Podium für Mietergemeinschaften, Vereine und Engagierte geworden. Man trifft sich, tauscht sich aus. Auch den informativen „Stadtteil-Wegweiser" mit allen wichtigen Adressen gibt der Verein heraus.

Kunst und Kultur vermuten Außenstehende nicht in Mümmelmannsberg – doch der Stadtteil ist äußerst kreativ. Im „Offenen Atelier" in der *Großen Holl* etwa, getragen vom Verein desselben Namens, verbessern Malerei-Freunde an mehreren Abenden in der Woche ihre Techniken. „Im Sommer versuchen wir uns auch im Freiluftmalen", so Atelier-Vorsitzender Bernd-Dieter Kunze. Eine Gitarrengruppe und ein Literaturcafé zeigen die Offenheit gegenüber anderen Kunstrichtungen. Ein richtiges Atelier hat die Frauenmalgruppe „WIR" in der *Kleinen Holl*. Ein Ergebnis der künstlerischen Arbeit ist sogar im Billstedter Ortsamt zu sehen: „Ein Gemälde mit Ansichten aus dem Stadtteil, das zum 20-Jährigen von Mümmelmannsberg entstand", berichtet Hedwig Ziolkowski.

Ein jährliches Kunstereignis sind die **Kunst&Kulturtage**, die immer Anfang November stattfinden. Etwa 70 Künstler und Kunsthandwerker aus dem Stadtteil, aber auch von außerhalb, stellen an zwei Tagen in der Mensa der GSM aus.

Grüne Meile

Weithin sichtbare Zeichen für Kunst sind seit 1997 die alljährlich an fünf Hauswänden aufgehängten **Riesentransparente** mit Gemälden von Malern, deren Namen in hiesigen Straßen verewigt sind: Es begann mit vergrößerten Postern von Wassily Kandinsky (1997), ging über Gustav Klimt (1998), August Macke (1999) bis Franz Marc (2000). Die 80–100 m^2 großen Reproduktionen sind ein Teil einer **Imagekampagne der Wohnungsbaugesellschaften** – 60 Prozent der Wohnungen gehören der GWG (Ges. für Wohnen und Bauen mbH) –, die seit 1997 unter dem Stichwort „Stadtteilmarketing Mümmelmannsberg" läuft.

Damit soll nicht nur die Attraktivität Mümmelmannsbergs nach außen erhöht, sondern die oft versteckten Reize auch den Bewohnern näher gebracht werden. Ferner unterstützt die Arbeitsgemeinschaft Stadtteilmarketing rund 30 Veranstaltungen im Jahr – von einer Blumenverteilaktion bis zu Ausstellungen, Stadtteil- und Sportfesten.

Einmalig in Hamburg ist die Ansammlung von rund 20 Kunstwerken im Skulpturenhof an der Kandinskyallee. Links: Bei den Kunst&Kulturtagen

Mit dem MSV, Mümmelmannsberger Sportverein von 1974 e.V., und dem SC Europa 92 gibt es zwei Breitensportvereine im Quartier

MSV HAMBURG von 1974 e.V.

Billwerder

an der Bille – so lautet der vollständige Name des alten Dorfes. „Der Billwerder" hingegen bezeichnet die Marschinsel zwischen Dove-Elbe und Bille. Auf ihr liegen die Stadtteile Billbrook, Moorfleet, Allermöhe und natürlich Billwerder selbst, dessen Bewohner sich für den Erhalt der dörflichen Strukturen engagieren

Steckbrief

Fläche: 9,473 km²
Einwohner: 1239
Verwaltung: Bezirk Bergedorf, Ortsamt Vier- und Marschlande
Ortsteil: 611

Bei der Flutkatastrophe von 1962 stand fast der gesamte Billwerder unter Wasser

Der von Pferdezucht und Landwirtschaft geprägte Stadtteil lässt sich schon von weitem gut anpeilen, denn am *Unteren Landweg* steht Hamburgs höchstes Bauwerk, der 304 m hohe Sendemast des NDR. Die alte Bezeichnung „Bilnawerthere", auch als „Billna" und „Billenkercken" genannt, bedeutet soviel wie „Insel in der Bille". Seit 1949 werden Stadtteil und Landschaft offiziell nicht mehr mit „ä", sondern mit „e" geschrieben.

Aus der Geschichte

Die Besiedlung der Elbinseln begann Mitte des 12. Jahrhunderts. Nach holländischem Vorbild deichten sächsische Siedler die Insellandschaft des Bill- und Ochsenwerder ein, begannen die Marsch zu entwässern und Landwirtschaft zu betreiben. Die drei Dörfer Billwerder an der Bille, Allermöhe und Moorfleet wurden mit einem zunächst noch unzureichenden **Ringdeich** umschlossen. Nachdem um 1320 schwere Sturmfluten das gesamte Gebiet verwüstet hatten, wurden zur Finanzierung eines neuen Deichs 1331 die Kirchenglocken der drei Siedlungen verkauft.

Schon 1385 erwarben zwei Hamburger Ratsherren Nutzungsrechte am Billwerder, bevor zehn Jahre darauf die Stadt sämtliche Rechte einschließlich der Gerichtsbarkeit von Graf Otto I. von Schauenburg zur Sicherung der Elbschifffahrt und des Handels aufkaufte. Für die Verwaltung richtete Hamburg die **Landherrenschaft Bill- und Ochsenwerder** ein, zu der nach dem Gottorper Vergleich 1768 noch Nettelnburg, Reitbrook, West-Krauel (s. Kirchwerder) und die Bojewiese kamen. Ein Hamburger Ratsherr vertrat

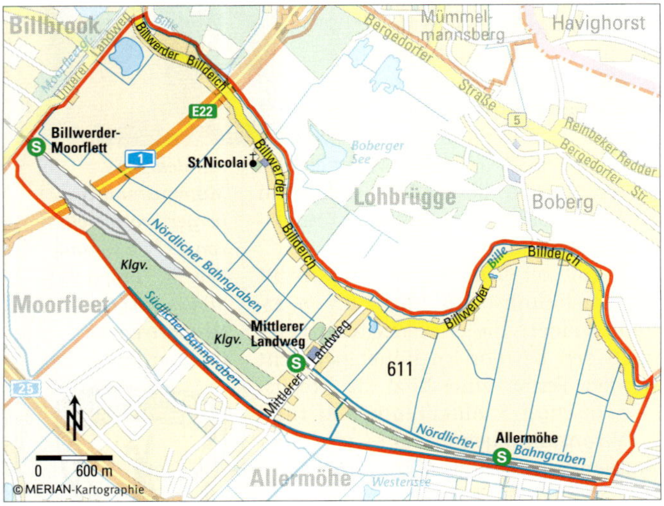

Radeln an der Bille; im Hintergrund einer der Billwerder Sendemasten des NDR

als **Landherr** die Rechte der Stadt. Vor Ort unterstützten ihn Land- und Bauernvögte mit polizeiähnlichen Befugnissen. Die Stadt finanzierte auch die Erhöhung und den Neubau von Deichen, sodass bis zum Ende des 15. Jahrhunderts das gesamte Billwerder Marschland weitgehend gesichert war. Nun konnte sich eine **ertragreiche Landwirtschaft** etablieren, die sich auf Hopfen- und Getreideanbau spezialisierte. Während die meisten Produkte dem Eigenbedarf dienten, ließ sich der Hopfen besonders gut bei den **Hamburger Bierbrauern** absetzen.

Nach früheren kriegerischen Überfällen bekam Billwerder 1627 mit plündernder Soldaten des kaiserlichen Generals Tilly auch den 30-jährigen Krieg (1618–48) zu spüren; 1675 zogen dänische Truppen durch, und 1686 besetzte der Herzog von Braunschweig-Lüneburg für mehrere Monate die gesamten Vier- und Marschlande. Während in dieser Zeit zahlreiche Bauern verarmten, errichteten vorübergehend reiche Hamburger Familien **repräsentative Landsitze** mit großen Gärten. Seit Ende des 18. Jahrhunderts wurden die großen Hofstellen dann wieder landwirtschaftlich zum Getreideanbau genutzt. 1830 wurde die Verwaltung zur **Landherrenschaft der Marschlande** umstrukturiert. Westlich des *Mittleren Landwegs* in Richtung Moorfleet entwickelte sich nach 1850 ein Gewerbegebiet, das 1913 den Namen „Billbrook" erhielt und als Vorort der Stadt Hamburg angegliedert wurde.

Eine weitere Gebietsabtrennung hatte bereits im

Seine „Apfelblüte in Billwerder" malte Ernst Eitner um 1900. Öl auf Leinwand, Sammlung Hamburger Sparkasse

Adresse

Deutsches Maler- und Lackierer-Museum *Billwerder Billdeich 72, Öffnungszeiten Sa./So. 10–13 Uhr, Gruppenführungen nach Vereinbarung*

Landhauskultur: Seit 1972 steht das Glockenhaus unter Denkmalschutz

Jahr 1871 stattgefunden. Sie betraf den **Billwerder Ausschlag**, das unbedeichte Weideland im Westen der Billwerder Landschaft, das in jenem Jahr Vorort und 1894 der Stadtteil „Billwerder Ausschlag" wurde (s. Rothenburgsort).

Sommerlust am Billeufer

Im 17. und 18. Jahrhundert entwickelte sich Billwerder an der Bille zu einem bevorzugten Ort für die Errichtung von Sommersitzen durch reiche Hamburger Bürger. Vor allem die Gegend des heutigen Billbrooks bis über den *Mittleren Landweg* hinaus befand sich größtenteils in den Händen begüterter Familien aus der Stadt. Ihre Landhäuser und die vom holländischen Barock beeinflussten Gärten mit Wasserspielen und kunstvoll geschnittenen Hecken galten als Inbegriff der Sommerlust am Billeufer: „Billwärder ist eines der schönsten Länder, die Hamburg im Besitz hat, das nicht von Landleuten nur, sondern auch von Städtern benutzt wird", schrieb 1811

Getreideanbau hat in Billwerder eine lange Geschichte. Unten: Prägnantes Beispiel eines Hufnerhauses mit im 19. Jahrhundert vorgesetzter Schmuckfassade

der Hamburger Topograf Jonas Ludwig von Heß. Wer sich keinen Neubau leisten konnte, der kaufte ein Bauernhaus und passte dieses seinen Ansprüchen und dem Zeitgeschmack an.

Ende des 18. Jahrhunderts änderte sich der Stil der Gartenarchitektur: Der englische Landschaftsgarten mit bewegten Bodenreliefs wurde populär. Kleine Erhebungen und Abhänge konnten die flachen Marschlande nun gar nicht bieten; die Oberschicht verlegte ihre Sommersitze auf den Geestzug in die holsteinischen Elbvororte bis Blankenese. Der größte Teil der bürgerlichen Anwesen in Billwerder gelangte

Blick durch das Kirchenschiff von St. Nikolai auf das seltene Beispiel eines Kanzelaltars

allmählich wieder in bäuerliches Eigentum oder in den Besitz von Gastwirten.

Nur drei Landhäuser – zwei davon im heutigen Dorf Billwerder – blieben von baulichem Verfall und Zerstörung verschont. Am *Billwerder Billdeich 72* befindet sich das denkmalgeschützte **Glockenhaus** – benannt nach seinem kleinen Türmchen über dem Eingang. Das Gebäude ging aus dem Wohnteil eines Bauernhauses hervor, das um 1600 errichtet und um 1780 ausgebaut wurde. 1909 brannte der Wirtschaftsteil ab und wurde durch einen stark verkürzten Neubau ersetzt. Bei den umfassenden Instandsetzungen von Mauerwerk und Dachstuhl 1972/73 und der Innenrestauration 1980–83 wurden große Teile erneuert, sodass der heutige Zustand fast allzu „gut erhalten" wirkt. Die Nachschöpfung eines **Barockgartens** und zwei benachbarte – aus den Vierlanden stammende – historische Scheunen verstärken diesen Eindruck noch. Original an ihrem Platz im Obergeschoss verblieb die freigelegte und restaurierte Barockausmalung aus der Zeit um 1630. Seit 1984 ist das Glockenhaus Sitz des **Deutschen Maler- und Lackierer-Museums**, in dem eine umfangreiche Sammlung verschiedener Exponate aus der Innungsgeschichte sowie bedeutende überregionale Zeugnisse und Materialien besichtigt werden können.

Das in der zweiten Hälfte des 17. Jahrhunderts erbaute „bürgerliche Lustschlösschen" am *Billwerder Billdeich 96* weist durch seine pilastergegliederte Fassade und das Walmdach Einflüsse des niederländischen Barock auf. Nach 1850 wurde es das **Predigerwitwenhaus**, bevor später der Umbau zum Mehrfamilienhaus erfolgte.

Zusammen mit den gründerzeitlichen Wohnhäusern zeugen die Billwerder Bauernhöfe mit ihren vorgesetzten, üppigen Schmuckfassaden von der traditionell engen Anbindung an Hamburg. Viel mehr als in den übrigen Marschlanden sorgen sie für architektonische Akzente zwischen den Bauernkaten und Hufnerhäusern des lang gestreckten Straßendorfes. Lediglich um die ev.-luth. **St. Nikolaikirche** hat sich ein Ortskern mit Friedhof, Pastorat

Zeitleiste

Um 1150 Beginn der Besiedlung

1320 Untergang Billwerders durch Sturmflut

1395 Hamburg kauft Billwerder

1627 Plünderung und Zerstörung durch Tillys Truppen

1739 Neubau der St. Nikolaikirche

1771 schwere Sturmflut

1779 Bau des Glockenhauses

um 1850 Beginn der Industrieansiedlung in Billbrook

1871 Billwerder Ausschlag wird Vorort

1910 Hamburg kauft weite Teile Billwerders

1913 Abtrennung Billbrooks

1927 Billwerder Industriebahn

1962 Flutkatastrophe

1992 erster „Runder Tisch"

2000 Baubeginn der Justizvollzugsanstalt

Ländliche Idylle zog schon früher die Städter an die Bille

Bürgergeschichten

„Pastors Schlafanzug und Ehebett“

***Ina-Maria Schertel** berichtet von der Geschichte einer Schlittschuhfahrt eines Billwerder Jungen, erlebt an ihrem Geburtstag am 8. Februar 1949*

Der Winter 1949 war kalt und frostig, die Bille zugefroren, sie „hielt“. Klar, dass die Billwerder Konfirmanden ihren mehr oder weniger weiten Weg zum Konfirmandenunterricht im Pastorat nicht zu Fuß über den Billdeich, sondern flott und sportlich auf Schlittschuhen hinter sich brachten.

Am 8. Februar des Jahres machte sich auch Werner Knölcke auf den Weg zum wöchentlichen Konfirmandenunterricht.

Der geläuterte Werner Knölcke im Kreise seiner Mitkonfirmanden und Pastor Kortüm vor der Billwerder Kirche

Das Schlittschuhlaufen lag ihm, andere Gleichaltrige aus dem langen Straßendorf Billwerder zu treffen ebenso. Da nahm er denn auch den leidigen „Konfi“ in Kauf. Seine ausgeprägte Persönlichkeit brachte ihn dabei in manch missliche Situation, denn nicht immer war er mit Pastor Gustav-Friedrich Kortüm einer Meinung über das, was in den Konfirmandenunterricht gehörte: Die vielen Katechismustexte und Lieder, die er auswendig lernen sollte, standen schließlich der verlockenden Gelegenheit entgegen, sich beim Unterricht mit Konfirmanden vom anderen Ende des langen Straßendorfes, nämlich aus Unterbillwerder, auszutauschen.

Der scharfe Ostwind beschleunigte an diesem Tag seine Fahrt durch die vielen Flusswindungen der Bille. Kurz vor Erreichen des Pastorats befand sich eine warme Quelle unter dem Eis. Werner sah die morsche Eisdecke auf sich zukommen, konnte nicht mehr ausweichen – und brach ein. Hilferufe und Geschrei! Werner klammerte sich verzweifelt am Rand der Einbruchstelle fest und drohte immer wieder, unter die Eisdecke zu rutschen. Einige Mitkonfirmanden rannten sofort an den Deich und holten Hilfe. Pastor Kortüm und Nachbar Werner Kröger vom St. Annenhof kamen mit Leitern, die schnell aneinander gebunden wurden. Der Pastor hangelte sich vorsichtig zum fast Ertrinkenden heran. Herr Kröger hielt mit anderen Konfirmanden die Leitern und die langen Taue, mit denen der Pastor notdürftig gesichert war. Am anderen Ufer bangte die inzwischen angewachsene Zuschauerschar um den Konfirmanden und seinen Pastor.

Endlich gelang nach vielem Mühen und quälend langen Minuten die Rettung. Klitschnass und eisig kalt wurde Werner Knölcke in eine Decke gepackt und ins Pastorat geführt. Seine sonstige Keckheit und aller Übermut waren ihm vollends vergangen. Frau Pastor verhalf ihm zu einem trockenen Schlafanzug ihres Mannes und steckte ihn in das Kortümsche Ehebett. Dem ebenfalls durchnässten Pastor geschah selbiges. Da lagen sie nun einträchtig nebeneinander und mussten heißen Fliederbeersaft zu sich nehmen: der sonst so wenig zurückhaltende Konfirmand Knölcke und sein Pastor.

Später hörte man, dass Werner seine Konfirmandenpflichten in der darauf folgenden Zeit wahrhaft ernst genommen und zufriedenstellend erfüllt hat. Die Beziehung zu seinem Pastor hatte sich von nun an grundlegend verändert und nannte sich jetzt Freundschaft. An diesem 8. Februar 1949 fiel für die Billwerder Konfirmanden übrigens der Unterricht aus.

(1833) und Gemeindehaus (1905) gebildet. Der barocke Ursprungsbau der Dorfkirche St. Nikolai (1737–39) brannte bei Lötarbeiten am Turm 1911 vollständig ab. Der auf den alten Mauern errichtete Neubau wurde 1913 eingeweiht.

Der Nachwuchs des Boberger Reitvereins vor den historischen Stallungen

Billwerder lebt!

Am 4. Januar 1988 fand die Gründungsversammlung der **Dorfgemeinschaft Billwärder an der Bille e.V.** statt. Der Schutz und die Erhaltung des dörflichen Charakters von Billwerder sowie die Förderung des öffentlichen (Kultur-)Lebens sind die vorrangigen Vereinsziele. Unter dem Motto **Billwerder lebt!** startete die engagierte Dorfgemeinschaft seitdem zahllose Projekte. Neben dem Weinfest, Lesungen und Ausstellungen im Bürgerhaus und Aktionen zur Dorfverschönerung, wie z.B. den umfangreichen Obstbaumpflanzungen, vertritt die Gemeinschaft ihre Interessen auch auf politischer Ebene. 1992 wurde der erste **Runde Tisch** initiiert, an den die bürgerbewegten Billwerderer inzwischen mehrere Stadtentwicklungssenatoren und hochrangige Bezirksvertreter ziehen konnten. Es galt und gilt, der Bedrohung des Billwerder Landschafts- und Kulturraumes entgegenzutreten. Dafür zogen 300 Dörfler im März 1993 mit Pferd und Wagen, Trecker und Schubkarren und sogar mit Verstärkung durch mitfahrende Hühner bis vor das Hamburger Rathaus, um eine Resolution zu übergeben. Seit 1991 gibt die Dorfgemeinschaft viermal im Jahr das Dorf- und Vereinsblättchen „Aus Billwärder an der Bille" heraus.

Die **Freiwillige Feuerwehr Billwerder** besteht seit 1926. Ihr altes Spritzenhaus tauschte sie 1974 gegen ein neu erbautes Feuerwehrhaus ein. Neben örtlichen Feuerlösch- und Rettungsrufen, Einsätzen bei Waldbränden oder Sturmfluten sowie der fachlichen Aus- und Weiterbildung geben sich die Feuerwehrmänner gern gesellig: Skatabende, Osterfeuer, Ausfahrten und zahlreiche Wettkämpfe wie z.B. die Teilnahme an der Feuerwehr-Olympiade stehen auf dem Programm.

Die „Freiwillige Feuerwehr Billwerder" besteht seit 1926. Ihr ehemaliges Spritzenhaus ist das älteste in Hamburg und wird heute von der „Dorfgemeinschaft Billwerder" genutzt

Das ist aber längst nicht alles. Eine abwechslungsreiche Mischung verschiedener Vereine und Verbände hat sich im Laufe der Zeit im Dorf entwickelt. Zwei Reitvereine, die „Billwerder Landfrauen", die „Theatergruppe Billwerder" und natürlich die Sportvereine „Billwerder Turnverein" und der „Eisenbahner Turn- und Sportverein" bieten für jeden etwas.

Billwerder lebt

Wahlverhalten

... zur Bürgerschaft 2001 (gesamt)

Wahlbeteiligung	71,0%
SPD	**36,5%**
CDU	**26,2%**
Schill-Partei	**19,4%**
Grüne/GAL	**8,6%**
FDP	**5,1%**
Übrige	**4,2%**

... zur Bürgerschaft 2001 (Stadtteil)

Wahlbeteiligung	78,1%
SPD	**32,5%**
CDU	**26,9%**
Schill-Partei	**25,7%**
Grüne/GAL	**5,8%**
FDP	**4,4%**
Übrige	**4,7%**

Stadtteil-Profil

	Billwerder	Bezirk	Hamburg
Bevölkerung gesamt (2000)	1239	114 631	1 704 929
Unter 18-Jährige in %	16,2	20,3	16,1
65 Jahre und älter in %	18,3	15,5	17,0
Deutsche	1161	103 658	1 432 325
Ausländer in %	6,3	9,6	16,0
Einwohner je km²	131	741	2258
Sozialstruktur			
Sozialhilfeempfänger (2000)	11	7659	120 461
Arbeitslose (2001)	22	3691	71 963
Eink. je Steuerpfl. in DM (1995)	65 802	60 397	65 579
Wohnen (2001)			
Wohngebäude	396	18 755	226 061
Ein- und Zweifamilienhäuser in %	76,7	33,4	20,5
Ø Wohnungsgröße in m²	82,9	77,9	71,0
Wohnfläche je Einwohner in m²	37,3	34,7	35,7
Verkehr			
Private Pkw (2001)	803	45 863	628 119
Straßenverkehrsunfälle (2000)	15	633	12 430
Kriminalität			
Straftaten insgesamt (2000)	151	11 451	284 272

© Statistisches Landesamt

Blick vom Kirchturm St. Nikolai über Billwerder und die Boberger Niederung (s. Lohbrügge) im Hintergrund

Und zum fröhlichen Feiern trifft man sich gern im **Jugend- und Kulturheim** am *Luxweg*, seit 1993 in einem neuen Gebäude. Gleich nach dem Zweiten Weltkrieg war eine ehemalige Baracke für Kriegsgefangene als **Kulturheim Billwerder** umgenutzt worden. Schon seit 1952 existiert der **Jugend- und Kulturverein**. Die Räumlichkeiten werden an Vereine, für private Feierlichkeiten oder Ausstellungen vermietet. Rechtzeitige Anmeldung ist aber unumgänglich, denn die 400 Steh- oder 250 Sitzplätze sind heiß begehrt. Ein wichtiges Bindeglied im dörflichen Leben ist auch die Kirchengemeinde St. Nikolai. Seniorennachmittage und Treffen der mittleren Generation, ein Handarbeits- und ein Bibelarbeitskreis runden das umfangreiche Angebot in Billwerder ab.

Hamburgs Pferdeweide

Billwerder nennt sich eine **Oase des Pferdesports**. Zu Recht. 60 Pferde, zwei Hallen und mehrere Trainings- und Springplätze gibt es allein auf dem Hof am *Billwerder Billdeich 318*, dem Sitz des **Reit- und Fahrvereins von 1924 e.V. Billwerder**. Das Hufnerhaus und die weiten Felder gehören seit über 500 Jahren der Familie Graumann. Peter Graumann bewirtschaftet den Besitz zusammen mit seiner Frau Petra, die auf dem Hof ein Geschäft für Pferdesportartikel betreibt. Von Boberg (s. Lohbrügge) nach Unter-Billwerder zog es den „Boberger Reitverein". 200 Kinder und Jugendliche, zumeist Mädchen, lernen hier Reiten und Voltigieren. Neun Schulpferde stehen in den Stallungen, 25 haben private Halter. Zum Inventar gehört auch eine Kutsche, die immer dann am schönsten fährt, wenn sie von den **Friesenhengsten** gezogen wird. Nicht nur bei Pferden als Extra-Portion beliebt, galt der historische „Billwerder Hafer" schon im 16. Jahrhundert wegen seiner Feinschaligkeit als landwirtschaftliches Spitzenprodukt.

Der riesige Weihnachtsmann der Schaustellerfamilie Pluschies wartet auf seinen Wintereinsatz

Das begehrte Getreide aus Bill- und Ochsenwerder durfte jedoch als so genanntes unfreies Korn nicht ausgeführt werden. Der Verzehr war ausschließlich den Städtern vorbehalten, den Marschländern aber verhalf der Hafer zu Wohlstand.

„Psycho" aus Billwerder

Sie kann jedes Kind in Deutschland das Fürchten lehren! Die Geisterbahn „Psycho" ist das Zugpferd der Firma von Familie Pluschies. Auch der legendäre „Rotor" gehört ihnen. Nur einige Wochen im Jahr sind die Fahrgeschäfte in der großen Halle am *Billwerder Billdeich 30* eingelagert. Wenn die Sattelschlepper die Anlagen wieder zu allen großen deutschen Jahrmärkten und bis ins benachbarte Ausland bringen, muss die ganze Straße gesperrt werden.

Viele Lkw gibt es aber auch das ganze Jahr über auf dem Billdeich zu sehen, denn einige Speditionen richteten sich auf den Höfen ehemaliger Gartenbaubetriebe ein. Nur einen Kilometer weiter südlich werden dagegen jährlich Tausende Frachttonnen weitaus umweltfreundlicher auf den Weg gebracht, nämlich auf dem 1993 in Betrieb genommenen **Umschlagbahnhof für den kombinierten Verkehr (DB Netz-AG)**. Vor Ort wird er sprechender „Huckepack-Bahnhof" genannt, denn hier bringt die Deutsche Bahn AG mit ihren großen Portalkränen jedes Jahr ca. 180 000 Ladeeinheiten (Container, Wechsel- und Sattelbehälter) von der Straße auf die Schiene und umgekehrt. Nördlich der Bahngleise, im Winkel zur A1, entsteht bis 2002/03 eine Justizvollzugsanstalt mit über 380 Haftplätzen. Sie ist das neue Domizil der Anstalt XII, die dann von Neuengamme nach Billwerder zieht.

Schneller Warentransport wird auf dem Umschlagbahnhof der Deutschen Bahn AG garantiert

Eberhard Stöck mit frisch im Buchenrauch geräucherten Würstchen

Einkaufen

Dass in Billwerder jede Familie mindestens zwei Autos auf dem Hof geparkt hat, ist angesichts der fast nicht vorhandenen Einkaufsmöglichkeiten im Dorf kaum verwunderlich. Die Ausnahme bilden die Fleisch- und Wurstwaren. Bei **Schlachter Stöck** gibt es alles, was dieses uralte Handwerk zu bieten hat, oder, wie Eberhard Stöck es ausdrückt: „Von der Schlachtung bis zum kalten Büfett machen wir alles selbst!" Sämtliches Schlachtvieh, das in seinem Betrieb am

Nicht zu Unrecht gilt Billwerder als „Hamburgs Pferdeweide". Rechts: Der 1899 aufgestellte Gedenkstein erinnert an die Vereinigung des Billwerder mit Hamburg

Billwerder Billdeich 36a verarbeitet und verkauft wird (zwei weitere Geschäfte gibt es in Neuallermöhe-Ost und in Bergedorf), kommt aus der Umgebung und meist von Havighorster Weiden. 15 Angestellte arbeiten in Stöcks Familienunternehmen, in dem mit Sohn Alexander schon die vierte Generation bereitsteht.

Neben der Schlachterei hat der Ort nur die zwei kleinen Läden an den S-Bahn-Stationen Billwerder-Moorfleet und Mittlerer Landweg zu bieten. Für den großen Wochenendeinkauf müssen die Dorfbewohner weiter nach Bergedorf oder Allermöhe fahren.

Erholung an der Bille

Zum Wohnen in Billwerder gehört seit jeher auch die Möglichkeit, die Freizeit in idyllischer Umgebung zu gestalten. Zahlreiche Wander- und Reitwege am Deichfuß und am Billeufer laden dazu ein, die Natur zu erkunden. Nicht ohne Probleme für das Dorf: Viele „Städter" kennen und nutzen mittlerweile das reizvolle Naherholungsgebiet. An sonnigen Wochenenden stehen unzählige Autos am Billdeich und verwandeln die Straße in einen Großparkplatz. Dabei gibt es in Billwerder im Verhältnis auch ohne sie so viele private Pkw wie kaum in einem anderen Stadtteil. Auf 1000 Einwohner sind es 648 Autos (zum Vergleich: St. Georg 209 Pkw).

Billwerder Stammgäste sind die „Laubenpieper" des **Gartenbauvereins Mittlerer Landweg e.V.** (Klgv. 603) zwischen Bahndamm und heutigem Schüttgelände der Deutschen Bahn. Von den 140 Parzellen werden 40 als Dauerwohnsitz genutzt, die anderen dienen – wie es sich für Billwerder gehört – der Sommerfrische. Auch die meisten der 193 Lauben des **Gartenbauvereins Billbrook e.V.** (Klgv. 602) liegen auf Billwerder Gebiet zu beiden Seiten des *Mittleren Landwegs*. Den größten Teil der Kleingärtner bildet mit 237 Parzellen die Bahn-Landwirtschaft, Unterbezirk Hamburg-Billwerder – übrigens mit so schönen Kolonienamen wie „Bonanza", „Ponderosa" oder „Sonnengrund".

Köpfe

Als Billwerders „großer Sohn" wird der Chemiker **Friedlieb Ferdinand Runge** nicht zu Unrecht bezeichnet. Denn Großes hat der 1794 geborene Sohn des damaligen Billwerder Pastors geleistet: **Dr. Gift** – wie Runge zu Lebzeiten spöttisch genannt wurde – war ein genialer Forscher, dem u.a. die Entdeckung des Atropins, Koffeins und Anilins gelang. Beim Experimentieren mit Steinkohlenteer stieß Runge auf diese bahnbrechenden Erkenntnisse, die ihn als einen „Vater der modernen chemischen Industrie" gelten lassen können. Über seine Kinder- und Jugendzeit ist wenig bekannt. Er wurde im Pastorat am heutigen *Billwerder Billdeich* geboren und besuchte die Grundschule im benachbarten Schiffbek (s. Billstedt). Nach dem frühen Tod seiner Eltern absolvierte er in Lübeck eine Apothekerlehre, studierte dann zunächst Medizin und schließlich Chemie. Es folgte eine Professur in Breslau (1828–31) und schließlich die Anstellung als Industriechemiker in Berlin und Oranienburg. In Verkennung seiner Leistungen wurde er entlassen und starb 1867 in ärmlichen Verhältnissen. Runges Hauptwerk befasst sich mit der Farbenchemie. Zur Erinnerung an seine zahlreichen Werke und Forschungen ließ der „Verein Deutscher Chemiker" 1936 eine Gedenktafel an seinem Geburtshaus anbringen.

Der Verein Deutscher Chemiker stiftete 1936 eine Ehrentafel für F. F. Runge, Billwerders großen Sohn

Nach **Frieda Lux** (1890–1953) wurde 1956 der *Luxweg* in Billwerder benannt. Früher einmal stand unter dem Straßenschild noch „Gönnerin Frieda Lux, geb. Gressmann" zu lesen. Sie war die Ehefrau des Kohlenhändlers Robert Lux und wohnte mit ihm am *Billwerder Billdeich 16*. Für ihr verdienstvolles Wirken in der Arbeiterwohlfahrt wurde sie posthum geehrt. Mit großem persönlichem Einsatz erreichte Frieda Lux in beharrlicher Verhandlung mit den britischen Besatzungsbehörden, dass 1951 eine ehemalige Nachrichtenhelferinnenbaracke vom Flughafen aus Fuhlsbüttel an den *Mittleren Landweg 78* gebracht wurde. Darin richtete sie das **Jugend- und Kulturheim Billwerder e.V.** ein und arbeitete intensiv mit an einem Kultur- und Freizeitangebot für Jugendliche. Nachdem das Haus 1991 durch ein Feuer zerstört worden war, erhielt der Verein 1993 einen Neubau an der gleichen Stelle.

Frieda Lux, die Initiatorin des Jugend- und Kulturheims

Ina-Maria Schertel, geb. Kortüm, kam als Flüchtlingskind aus Mecklenburg nach Hamburg und lebt seit 1947 in Billwerder. Ihr Vater übernahm die Pastorenstelle an der St. Nikolaikirche, und die Familie zog ins Pastorat. 1962 heiratete sie den Zimmermeister Adolf Schertel. Ihr Mann übernahm von seinem Vater die Zimmerei am *Billwerder Billdeich 121*, die Sohn und Zimmermeister Gustav Adolf in vierter Generation weiterführen wird. Frau Schertel widmet ihre Freizeit zu großen Teilen den Aktivitäten der „Dorfgemeinschaft Billwärder an der Bille". Neben den politischen Erfolgen der „Runden Tische" und dem Erscheinen des schönen Dorfgeschichtsbuches „Billwerder lebt" (1995) sind die

Immer für Billwerder unterwegs: Ina-Maria Schertel engagiert sich für ihren Stadtteil

Baumpflanzaktionen entlang des Billdeichs für Frau Schertel die wesentlichen Ereignisse ihrer Mitarbeit in der Dorfgemeinschaft. Außerhalb des ehrenamtlichen Dorfengagements und ihrem Beruf gehört die Zeit der mehrfachen Großmutter der Familie und der Kunst.

Blankenese

„Blankneeser" betrachten ihren Stadtteil bewusst und stolz als „Dorf", das es bis ins 20. Jahrhundert auch war. Bis 1994 gab es das feine „Hamburg 55". Wer sucht, kann die Vornehmheitsklischees ebenso bestätigt finden wie die Treppenviertel-Idylle. Nach langem Stillstand verändern sich Bahnhofstraße und Süllberg

Steckbrief

Fläche:
8,252 km²
Einwohner:
13 323
Verwaltung:
Bezirk Altona, Ortsamt Blankenese
Ortsteile:
222, 223

Blick auf den Süllberg von der Elbe aus. Als Wilhelm Heuer ihn 1857 festhielt, war der Kiekeberg noch bewaldet

Eigentlich könnte Blankenese auch „Süllbergfurt" heißen, denn unterhalb des 75 m hohen Berges ragte am Ende des Tales bei Ebbe einst eine riesige Sandbank, eine „blanke Ness" (= „Nees" für „Nase"), in die Unterelbe und bis zum heutigen Neßsand.

Aus der Geschichte

Über der strategisch wichtigen Elbfurt lag 1060/61 auf dem „Sollonberg" (heute Süllberg) die schon 1070 zerstörte Palisadenburg und Propstei des Erzbischofs Adalbert von Bremen. Erst 1258 entstand wieder eine Burg. Ihre Herren waren die Grafen von Schauenburg, denen die Grafschaft Pinneberg und damit auch Blankenese ein Halbjahrtausend von 1111 bis 1640 gehörte.

1301 wurde erstmals die seit Jahrhunderten wichtige **Elbfähre** dokumentiert und das Fischerdorf „Blankinese" in einer Verpfändungsurkunde des klammen Schauenburger Grafen erwähnt, 1634 aber riss eine große „Manndränke" (die zweite Menschen mordende Sturmflut nach einer schon katastrophalen von 1632) die große Sandnase vor Blankenese weg.

Das höher gelegene Nachbar- und östliche Bauerndorf Dockenhuden war schon 1219 urkundlich erwähnt worden; längst vergessen sind die gegenseitigen Verbalinjurien wie „Rochenknieper", also Rochenbeißer, für danebrogstolze Blankeneser oder

„Parajotten", also verballhornte Patrioten, für die eher antidänischen Dockenhudener.

Mit dem Ende der Schauenburger Linie 1640 war Blankenese königlich dänisch geworden. Nach 1815 entwickelte sich das **Fischer- und Lotsendorf** zum Standort für einen neuen Typ wagender Handelsreeder, deren Flotte 1842 sogar größer war als die der Hamburger. In den Jahren der Annektierung Schleswig-Holsteins durch Preußen (1864–66) wechselten die Landesflaggen der Blankeneser Schiffe mehrmals, ehe Eindeutigkeit herrschte. Erst 1895 entstand auch die selbstständige Kirchengemeinde ohne Friedhof (1902 in Sülldorf angelegt).

Mit dem Bau der Elbbrücken (1872 als Bahn-, 1887 als Straßenbrücke, s. Veddel) endete Blankeneses Funktion als bedeutender Fährort. Bis dahin hatte es sich aber zeitweilig zum wichtigsten **Fischhandelsplatz** Norddeutschlands entwickelt und versorgte zusätzlich mit kleinen „Paalewern" den Nahbereich mit Elbfischen (Aal, Lachs, Schollen, Scharben, Stint und Stör); der Ewer mit dem durchgehenden Pfahlmast zierte einst das Gemeindesiegel und ist heute das inoffizielle Blankeneser Logo, u.a. des Bürgervereins (zu Ewern s. auch Finkenwerder und Neuengamme).

Erst um 1900 kapitulierten die Blankeneser vor den Finanzzwängen der Dampfschiffära. Hamburger Reeder „übernahmen" und wählten Blankenese als Wohnort, den sie mit ihren Landhäusern aufwerteten. 1779 hatte sich der erste Godeffroy (Johann Cesar IV.) in Dockenhuden und heutigem Hirschpark eingekauft, sein Enkel (Johann Cesar VI.) erwarb die öden Flächen von Iserbrook, Rissen bis Falkenstein mit der dänischen Auflage, sie binnen vier Jahren aufzuforsten. Die Godeffroys und Anverwandte wurden zu Blankeneser Großgrundbesitzern, Villenerbauern und Mäzenen. 1927 kam dann das feine, nationalkonservative Blankenese naserümpfend „ausgerechnet" zum „roten" Altona, 1937 wurde es verschnupft nach Groß-Hamburg eingemeindet.

Restkino und Puppenmuseum

In Blankenese liegt die einst aus Spenden errichtete **ev.-**

Der Fähranleger Blankenese hebt und senkt mit der Tide auch die Traditionskneipe „Op'n Bulln"

Identitätsstiftende Moden: Tracht einer Scharben verkaufenden Fischersfrau 1803 und typische Blankeneserin mit Wachsjacke und Hund anno 2001

Schöne Anblicke: Aus der Landhauskultur und den eher traditionalistischen Villen sticht das „Haus Michaelsen“ (heute „Puppenmuseum“) als seltenes Beispiel für das Neue Bauen von anno 1923 hervor

luth. Kirche in schönster Backsteingotik erst seit 1896, aber noch mitten im Dorf. 1958 begann die Beseitigung von Kriegsschäden, und inzwischen wurden auch die Orgelpfeifen ausgetauscht sowie bunte Neuverglasungen eingebaut. Eines der Fenstermotive stilisiert das Hanggebiet. 2001 wurde gleich neben der Kirche der Grundstein für ein neues Gemeindehaus gelegt, denn die Gemeinde ist aktiv, die Kantorei emsig und der Kirchen-Kammerchor sehr renommiert.

Zwei weitere Konfessionen haben für ein größeres Einzugsgebiet Gotteshäuser im Stadtteil: Katholiken den Klinkerrundbau der **Maria-Grün-Kirche** von 1930 im Komplex an der *Schenefelder Landstraße*, und seit 1961 hat die dritte Blankeneser Religionsgemeinde ihre **Neuapostolische Kirche** an der *Godeffroystraße*.

Weltlicher Erbauung dient heute mit zweimal 98 Plätzen noch das letzte (von einst dreien), das „Blankeneser Kino“ („das Holi des Westens“) an der *Blankeneser Bahnhofstraße*, Fans strömen seit 1998 zum alljährlichen Jazzbandball ins Gymnasium Willhöden, deutlich weniger mal zu einer Freilichtaufführung in das (1994 erneuerte) Amphitheater-Minirund des Römischen Gartens.

Seit ein Freundeskreis als Förderverein den Gartensaal des klassizistischen **Goßler-Hauses** (ein Hansen-Bau von 1794/95) auf dem Krähenberg restaurierte, gibt es dort gut besuchte kleine Abend-Events, die andeuten, was das ganze Haus nach Auszug des Ortsamtes oder manch anderes von der Verwaltung geräumte Herrenhaus (wie der „Katharinenhof“) für Blankenese leisten könnte: Bürgerbegegnungen, Kammermusikforen, Literaturcafés, Vernissage-Treffs etc.

Der seit 1950 rührige „Kulturkreis Blankenese“ hätte sicher noch mehr Zulauf. Überregionale Ausstrahlung hat immerhin seit 1986 Elke Dröschers „Puppenmuseum Falkenstein“ in der Villa Michaelsen von 1923 am *Grotiusweg*.

Beste Fernblicke: Häuser am Elbhang und auf dem Geestrand haben das Privileg des Panoramas mit der Elbinsel Neßsand und Niedersachsen am Horizont

Der Stolz des „Dorfes“

Hamburg wird in Blankenese noch wie vor dem Zwangsvereinigungsgesetz von 1937 nur „die Stadt“, allenfalls „Innenstadt“, „City“ oder einfach nur „Hamburg“ genannt. Die Groß- und Hansestadt mag ihretwegen ja das „Tor zur Welt sein“, das beschauliche Blankenese genießt sich in ganzer Strand- und Hügelkettenlänge als „Fenster zur Welt“. Man weiß sehr wohl, dass in Blankenese reiche Hamburger auch reihenweise Grundstücksnachbarn sind. Dafür erträgt man, dass abends sicherheitshalber viele Rollläden herunterrasseln und das Stadtdorf so ausgestorben erscheint. Wer tatsächlich nicht zu Haus ist, hat dafür häufig das 1929 gegründete, seit 1975 als „Taxenanruf Blankenese 86 06 02 e.V.“ firmierende Unternehmen genutzt.

Blankeneser Ansprüche

Blankeneser und v.a. die noch plattdeutsch sympathisierenden „Blankneeser“ haben so ihre Eigenheiten. Immer noch unterscheiden sie genau zwischen Blankenese und Dockenhuden (1919 eingemeindet, seit 1939 größtenteils Nienstedten, 1951 teilweise dem neuen Stadtteil Iserbrook abgetreten), so wie sie sich die Führungsakademie der Bundeswehr gleich hinter der Grenze zu Nienstedten anrechnen (und 2001 dort den Ball zur 700-Jahr-Feier Blankeneses zelebrierten). Auch den Hirschpark, der formell schon Nienstedten „gehört“, betrachten die westlichen Stadtteilnachbarn als „Blankeneser Park“. Selbst den „Golfclub Falkenstein“ mit dem Blankeneser Flurnamen sehen viele als exterritoriales Blankeneser Gebiet an, obwohl er auf Rissener Grund liegt.

Viele Blankeneser können sich als Eingeborene, Eingesessene oder Eingefleischte schon nach einem einzigen Wimpernschlag an ihrer „Tracht“ erkennen. Noch bis Ende des 19. Jahrhunderts war es die Blankeneser Fischer- bzw. Dockenhudener Bauerntracht, heute sind es Falten- oder Wickelrock, Twin-Set, Perlenkette („Perlhühner“), Paschmina, Markt-Nerz, auch Wachs- oder Jeans-Jacke mit wertvollem Innenfell; typisch sind Einkaufskorb (Weide), teuerste Kinderwagen und gepflegter Zweit- oder Drittwagen.

Zu Blankenese gehörte immer schon die vom restlichen Hamburg nicht unberechtigt dem Stadtteil angehängte Vornehmheit und stärkeres „Sehen und Gesehenwerden“, besonders an Markttagen. Die sprichwörtliche Hamburger Steifheit kann in diesem Spielchen gut tarnend zu Gesicht stehen. Und wer sich als Zugezogener des Treppenviertels nicht an Nachbarschaftshilfe und Gemeinschaftssinn gewöhnt oder sich als Neuer nicht gefälligst rundum vorstellt, wird schnell und dauerhaft „unten durch“ sein.

***Pötte als Kulisse:* Blankenese feierte anno 2001 seine 700 Jahre auch am Strandweg, die vorbeiziehenden Schiffsriesen tuteten Salut, der stadtteileigene „Taxenanruf“ hatte Hochbetrieb, erinnert sich auch Blankeneses bartbekannter Taxen-Chef Uwe Lange**

Hohe Schuldichte

Früher passten Blankeneser und Dockenhudener in jeweils eine einzige Schulkate wie jene von 1807, in der heute Schlachter Meinert sein Geschäft hat (Ecke *Dockenhudener Straße/Elbchaussee*). Heute ist die größte Schule der Region mit fast 1100 Schülern die **Gesamtschule Blankenese** an der *Frahmstraße* mit Grundschule, erst 1990 gegründet und seit 2001 für die Oberstufe mit neuem Erweiterungsbau. Die rührige Insti-

***Villa als Schloss:* Das ehemalige Landhaus Blacker/Goßler, ein 1901 rekonstruierter Hansen-Bau von 1794/95 mit dorischen Tempelzitaten, ist einstweilen noch Ortsamt und für Blankeneser „eines unserer Schlösser“**

***Bummeln:** Der „Strandweg“ gehört den Blankenesern selten allein, der schlichte Boulevard an der Elbe lockt bei „Schönwetter“ alle Hamburger an*

tution bekam ein selbst finanziertes, sogar Hamburgs erstes Niedrigenergie-Schulhaus, hat eine ökologische Gartenbauschule, Partnerschulen in den USA, Tansania und St. Petersburg. Zweite Grundschule ist die **Gorch-Fock-Schule** als „verlässliche Halbtagsgrundschule“ (8–13 Uhr, *Karstenstraße*, gegr. 1929) mit inzwischen ca. 340 Schülern. Die dritte Grundschule mit größerem Einzugsbereich von Wedel bis Osdorf ist die **Katholische Schule Blankenese** (gegr. 1948, 255 Schüler), betrieben von der Katholischen Kirchengemeinde Maria Grün und von einem Drittel nichtkatholischer Kinder besucht. Chancenschwächere Schüler besuchen die **Sonderschule Grotefendweg**.

***Drängeln:** Stadtteil-typische Verkehrsnöte sind Übermotorisierung und permanente Parknot wie hier in der Blankeneser Hauptstraße*

Der allgemeine Trend, seine Kinder möglichst auf ein Gymnasium zu schicken, ist in den Elbvororten besonders deutlich zu spüren. Bei den Blankenesern muss die Entscheidung zwischen zwei Schulen fallen. Es gibt das zentralere, sich feiner als andere präsentierende **Gymnasium Blankenese** an der Sackgasse *Kirschtenstraße*, offiziell *Oesterleystraße*, mit seiner denkmalgeschützten „Unterstufendependance“ am *Kahlkamp* und eigenem Freibad im Hessepark. Die Schule wurde 1892 im markanten wilhelminischen Bau gegründet und erzieht ästhetisch-musisch und ökologisch, wozu sogar Bienen- und Hühnerzucht gehören.

***Klatschen:** Seit 1983 informiert und unterhält ein eigenes Magazin den Stadtteil*

Ein etwas anderes Engagement präferiert das zweite, nördlichere **Gymnasium Willhöden**, schon 1890 gegründet, seit 1914 das zweite Stadtteil-Gymnasium, heute mit mehr als 600 Schülern und Hamburgs Vorreiter für das Abitur nach zwölf Jahren. Schwerpunkte sind Kunst und Naturwissenschaften.

Blankenese hofft, dass Deutschlands größtes privates Musikerziehungsinstitut, das „Hamburger Konservatorium“, vom nahen Sülldorf nach Blankenese und in ein nagelneues „Musikzentrum“ am Bahnhof umgesiedelt werden kann – im Nachbarstadtteil ist man in diesem Punkt jedoch anderer Ansicht. Zwei weitere Blankeneser Privatschulen sind die **Kunstschule Blankenese** *(Hasenhöhe 35)* und die **Berufsfachschule für medizinische Kosmetik Leona Pieper** mit staatlich anerkanntem Abschluss *(Witts Allee 12)*.

Im feinsten Dorfteil Falkenstein residiert seit 1971 als Stiftung das „Institut für Friedensforschung und Sicherheitspolitik an der Universität Hamburg“ (IFSH). Nach Graf Baudissin und Egon Bahr ist heute Dieter S. Lutz Direktor. Angeschlossen ist seit 2000 das „Centre for OSZE Research/CORE“.

Industriefreie Zone

Selbstironisch bezeichnen die Blankeneser den Anfang ihrer *Bahnhofstraße* als „Bankenviertel“. Mit Sicherheit werden hier gut gefüllte Konten oder Depots des „Geldadels“ verwaltet, aber keine von Großkunden oder Industriebetrieben. Das Stadtteildorf hat derlei nicht, seit es keine Kleinwerften mehr gibt und in den Wohnvierteln kein Gewerbe mehr zulässig ist. **Dienstleister** und alteingesessene **Handwerksbetriebe** haben ihr Aus-

Shopping: Sehen und natürlich dabei Gesehenwerdenwollen gehören dazu

kommen, **Kliniken** für Schönheitsoperationen und ein Therapiezentrum florieren an der *Bahnhofstraße*.

Größte „Anlage" ist das Wasserwerk, seit 1859 auf dem 91,6 m hohen Baursberg gelegen und teilweise technisches Denkmal, denn seit 1930 wurde Elbwasser (nach Schnellfilterung) z.T. durch Rissener und Falkensteiner Grundwasser ersetzt, seit 1960 gänzlich. Dafür bleibt hier Hamburgs erstes Trinkwasserschutzgebiet ausgewiesen.

Modernisierung „droht" auch Blankeneses einzigem, dem konfessionellen **Tabea-Krankenhaus am Falkenstein** (in Wahrheit der Lage nach recht östlich davon unterhalb des Kösterbergs und 1938–40 erbaut, heute im Besitz der

Sana-Gruppe). Von 2002 an wird das beliebte, parkumgebene „Tabea" mit dem Krankenhaus Rissen (im Besitz der DRK-Schwesternschaft, Mehrheitsgesellschafter sind die Asklepios-Kliniken) kooperieren und möglicherweise auch fusionieren.

Die Elbchaussee

Die *Rissener* und in Fortsetzung die *Blankeneser Landstraße* bilden die Hauptachse des Stadtteils; erst am *Bahnhofsplatz* zweigt als Ausfallstraße nach Norden der *Sülldorfer Kirchenweg* ab, nach Osten verlängert sie die *Dockenhudener Straße*; an deren Ende stößt seitlich zu ihr die hier noch schmal-idyllische *Elbchaussee*, Hamburgs 8,5 km lange Vorzeigestraße zwischen Ottensen und Blankenese (täglich 25 000 Fahrzeuge). Ursprünglich nahm sie ihren Anfang in Blankenese und war bis *Hohenzollernring* eine staubige, ab dem Schlagbaum bis 1890 sogar passiergeldpflichtige Privatstraße (daher die Othmarscher Nebenstraße *Schlagbaumtwiete*), die erst von 1829 an gepflasterte Uferlandstraße und schmale Chaussee wurde – damals also noch nach und nicht von Hamburg. Deshalb lag „Elbchaussee Nr. 1" einst in Blankenese; erst 1953 wurde die Nummerierung der seit 1951 erst durchgehend benamten *Elbchaussee* „umgedreht"; die höchste Nummer (590, eine Boutique) befindet sich seitdem in Blankenese. Kenner achten darauf, ob einer, der seine feine Adresse „Elbchaussee" wie beiläufig erwähnt, denn auch auf der „richtigen", nämlich der ungeraden, also der Wasser- und Prachtblickseite wohnt. Bei so feiner wie eindeutiger Unterscheidung spricht man dann der Einfachheit halber von „Butter-" und „Margarineseite" und belehrt beiläufig angebende Neulinge.

Zeitleiste

2000–1000 v.Chr. älteste Siedlungsspuren (Urnengräber)
1060/61 erste Süllberg-Burg mit Propstei
1258–62 zweite, Schauenburger Süllberg-Burg
1301 Erwähnung als Fährort
1634 Sturmflut zerstört die Sandbank-Furt
1640 als Teil des Herzogtums Holstein dänisch
1806 größte deutsche Flotte (172 Schiffe)
1826 neues Fährhaus (seit 1868 Sagebiel)
1842 „Bulln" verankert
1867 an Preußen/Bahn nach Altona
1883 Kleinbahn nach Wedel
1895/96 Gemeindebildung, Kirchenbau
1919 Mühlenberg und Dockenhuden eingemeindet
1927 eingemeindet nach Altona
1937/38 Teil Groß-Hamburgs
1954 S-Bahn bis Wedel
1990 Verkauf des Süllbergs

Kurieren: Wenn's schon sein muss, dann geht man ins bisherige „Tabea", denn das liegt (fast) „am Falkenstein"

Bürgergeschichten

„Das Bauverhinderungsgerüst"

***Klaus Schade**, Elblotse und Kapitän, geb. 1940 und Seemann in 7. Generation, verteidigte 1998 den Elbblick im Treppenviertel mit einer originellen Aktion*

Klaus Schade hat mit seiner Aktion viel Aufmerksamkeit erreicht und hofft, wie viele Blankeneser, auf grundsätzliche Regelungen im Hanggebiet

Die Schades sind alte Blankeneser. Sie leben seit über 300 Jahren hier. Die Häuser der mütterlichen und väterlichen Seite liegen unterhalb des Kiekebergs. Im Haus Op'n Kamp 21 bin ich geboren, wohne heute noch hier und genieße den Blick auf die Elbe.

Und dann passierte eines Tages etwas: Vor uns, etwas tiefer zwischen Op'n Kamp und Blankeneser Hauptstraße, wurde 1995 ein Grundstück mit einem alten Einfamilienhaus, einigen Nebengebäuden und großem Obstgarten verkauft. Im März 1997 erfuhren wir über die Bauprüfabteilung von einem Bauvorhaben, das dort entstehen sollte und ca. sechs Meter über das Wegniveau ragen würde. Sehr hoch und direkt vor unserer Nase! Die Attraktivität dieses Teils des Hanggebiets wäre für Anwohner und Besucher Blankeneses gestorben. Erst habe ich sanft protestiert und zusammen mit Nachbarn versucht, den Bauherrn umzustimmen, dann alle Ausschüsse angesprochen und angeschrieben. Wir sind von Pontius zu Pilatus und bis ins Bezirksamt und ins Rathaus gelaufen. Natürlich erfolglos: Jeder verstand uns, eine „Veränderungssperre" wurde in Aussicht gestellt, aber unerwartet lief der Bauantrag doch glatt durch, und die Erteilung der Baugenehmigung war abzusehen. Es musste die Notbremse gezogen werden und etwas Massives her.

Blick vom Haus Op'n Kamp 21 Richtung Elbe. Die rote Linie markiert die Höhe des ursprünglich geplanten Neubaus und die Oberkante von Schades Gerüst

Ein Werbefachmann riet, die Öffentlichkeit wachzurütteln, denn nur mit ihr sei noch etwas zu retten. Im November habe ich dann an einem Tag ein Lattengerüst gezimmert, das 1:1 die Ausmaße der kommenden Bebauung hatte und das ganze Übel vor Augen führte. In die Konstruktion spannte ich ein Netz, das eindrucksvoll zeigte, wie unser Op'n Kamp in diesem Bereich zur düsteren Schlucht verkommen würde; Spaziergängern würde der Blick ins Tal, auf den Süllberg und zur Elbe genommen sein. Die Wertminderung der Anliegergrundstücke wurde natürlich auch offensichtlich. Gleichzeitig startete ich eine Unterschriftensammlung. Die Listen hingen am Demo-Gerüst und lagen in verschiedenen Blankeneser Geschäften aus.

Im Dezember 1997 wurde die Baugenehmigung erteilt. 800 Unterschriften hatte ich bis Juli 1998 zusammenbekommen. Hang- und Bauausschuss, Stadtentwicklungsbehörde und Bezirksamtsleitung waren alle einsichtig, aber keiner bekam die Genehmigung vom Tisch, die wohl auch niemand gewollt hatte, aber von der keiner genau wusste, wie sie eigentlich entstanden war.

Seit dem Gerüstbau und auch vorher hatte ich die Solidarität und Hilfe von vielen Blankenesern – darunter engagierte Prominente. Alle waren sich einig: Das darf nicht sein! Wir bekamen Artikel zur Unterstützung („Der Hang bebt!") und veröffentlichten einen offenen Brief an den künftigen Bauherrn. Er ließ dann schließlich von seinem Antrag ab und bekam, sozusagen im Tausch, die Genehmigung zur Errichtung eines verträglicheren Neubaus. Dieser wurde zwar für die Öffentlichkeit akzeptabler, machte aber die Nachbarn dennoch zu Hinterhofbewohnern.

Mit uns hoffen viele, dass diese Aktion auch die Erstellung und das Wirksamwerden eines notwendigen Bebauungsplans für das Hanggebiet vorangetrieben hat.

Klettern: Im Hanggebiet ist es stellenweise so steil und engkurvig, dass nur noch kleine Busse wendig genug sind und deshalb „Bergziegen" getauft wurden

Bergziegen und Parknöte

Blankenese hat mit seiner geestrandhohen und eiszeitzernagt abstürzenden Uferkante erhebliche Verkehrsprobleme. Im Wesentlichen stehen als Stadtteilzugänge die Bahn, die Straße und das Wasser zur Auswahl. Ganz zeitgemäß spielt die Elbe dabei keine große Rolle mehr. Die HADAG-Fähre vom Anleger „Bulln" nach Cranz ist für manche ein Fluchtvehikel aus Stress und Hektik in die Idylle am anderen Ufer (s. Cranz und Neuenfelde), der Schiffslinienverkehr (HADAG) nach und zu den St. Pauli-Landungsbrücken dient mehr den Touristen.

Mit der Bahn kommen die „Dörfler" seit 1867 (so alt ist auch der denkmalgeschützte, verbaute Bahnhof) am schnellsten in die Großstadt und zurück, seit

1883 über Iserbrook, Sülldorf und Rissen auch nach Wedel, seit 1908 elektrisch komfortabel in der ersten S-Bahn Deutschlands, damals noch „Vorortbahn".

Die dritte Erreichbarkeit über die Ausfallstraßen *Elbchaussee*, *Blankeneser* bzw. *Rissener Landstraße* und den *Sülldorfer Kirchenweg* brachte über die Jahrzehnte immer mehr Probleme. Bewährte Buslinien rückten Rissen und Wedel (MetroBus 1 und Linie 189) und Hamburg (Schnellbus 36, Linienbus 286 bis S-Bahn Othmarschen) näher. Im engen und engsten Gassengewirr des alten Dorfkerns, an den Hängen und bis hinunter zum *Strandweg* können seit 1959 auf der heutigen Ringlinie 48 nur Minibusse verkehren, die noch die 15 Prozent Steigung am *Waseberg* schaffen und deshalb im Volksmund nur „Bergziegen" heißen.

Für den Individualverkehr allerdings sieht es wegen fehlender Verkehrskonzeption eher schlimm aus, weil es kein Parken, keine Einbahnstraßenlogik, viel Verkehrsberuhigung, Zwangsabbiegefrust und öfter gar kein Durchkommen mehr gibt. Selbst damit kämen die geduldigen Blankeneser noch zurecht, würden nicht ungeleitete Sonntagsbesucher immer wieder Blechblockaden an den Hängen verursachen.

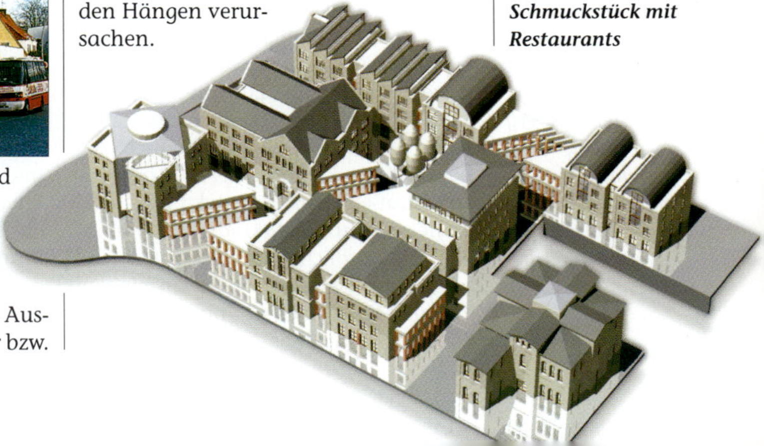

Hoffen: Der verbaute und verschandelte Bahnhof von 1867, das inoffizielle Zentrum des Stadtteils, wird bald mit Bürgerbeteiligung und nach Überbauung der Gleise ein attraktives Service-, Behörden- und Shopping-Areal, der Bahnhof (im Modell ganz rechts unten) wird Schmuckstück mit Restaurants

Sahnestücke haben Elbblick

Blankenese hat eine in ihrer Mischung fast komisch anmutende **Bebauungsvielfalt** aufzuweisen. Auf engstem wie großzügigstem Raum, mit hingestreuten oder gereihten Villen, mit lichter privater Parkgroßzügigkeit und dichtester Bebauung am Hanggebiet (Milieuschutzgebiet), kleinbürgerlichen Häuserreihungen und geballter moderner Stadthausverdichtung sind, hoher Geschosswohnungsbau ausgenommen, fast alle Spielarten urbanen Wohnens vertreten.

Der Stadtteil wird für seine schönsten Meilen auch schon mal als uferlange „hanseatische Riviera" gepriesen; Gorch Fock (aus Finkenwerder auf der anderen Elbseite) nannte ihn das „Schwalbennest des großen Hauses Hamburg". Dies gilt nur für die Palette der **Sahnestücke**, wie sie im Maklerjargon genannt werden. Der Preis an sich vergleichbarer Immobilien kann sich durch Elbblick leicht verdoppeln, selbst der nur blätterfreie „Winterelbblick" zahlt sich aus. Eigentumswohnungen mit Stromblick kosten 5000–6000 Euro/m², auf dem Süllberg zuletzt bis 11 000 Euro/m².

Im engen Blankenese südlich des Bahnhofs und entlang der Durchgangs-Landstraßen ist die Architektur fast ausschließlich unspektakulär kleinbürgerlich. Erst nördlich von Landstraßen und S-Bahn verinseln sich wieder Einzelvillen fast aller Baustile in nur noch still-friedlichen Nebenstraßen.

In Blankenese gibt es doppelt so viele Wohnungen wie Wohngebäude, fast jeder Zweite wohnt in Ein- oder Zweifamilienhäusern, also eher großzügig, abstandwahrend und sicher. Die 13 323 Blankeneserinnen und Blankeneser müssen zwar mit nur 25 Gewaltdelikten, allerdings schon mit 506 Diebstählen pro Jahr rechnen. Deshalb sind House-Sitter, Hunde, Gitter, Jalousien, Bewegungsmelder und **Alarmanlagen** ein üblicher Gesprächsstoff.

Ein anderes Dauerthema ist die **permanente Parknot**, ausgeprägt in den Hanggebieten, von der Abstellnot der Bewohner des „Treppenviertels" ganz zu schweigen. Der Geestrand hat dazu etliche „Berge" (Kanonen-, Krähen-, Mühlen-, Polter-, Süllberg), an deren Hängen die Villen emporsteigen. Unverbaubaren, von Bäumen unverwachsenen Panoramablick gibt es nur von Grundstücken der ersten Reihe aus, am Falkenstein oder am Baurs Park, an manchen Stellen im Treppenviertel und natürlich unten am *Strandweg*.

Maßstäbe für das Image des Stadtteils haben die spektakulären Landhausbauten gesetzt, die der Bürgerverein gern „unsere Schlösser" nennt. Gleich zweimal imponiert ein **Weißes Haus** (das Privathaus der Rantzau-Essbergers und die Tagungs- und Bildungsstätte „Elsa-Brändström-Haus im DRK"). Die legendäre schmale „Römische Villa" von 1922 in Wilmans Park (zeitweise als „Villa Jako" Karl Lagerfeld gehörend) ist mit

Repräsentativ: Beste Lage zur besten Adresse haben das Elsa-Brändström-Haus (oben), Villenpracht am Krumdals Weg (rechts oben) und der noch behördengenutzte Katharinenhof (unten rechts)

Das Treppenviertel

Der älteste Teil Blankeneses liegt unten am *Strandweg*, von wo sich vor allem Fischer und Lotsen das „Hanggebiet“ so unsystematisch erschlossen, dass bis heute nur zwei Straßen „nach oben“ führen, dafür aber 58 Fußwege und längere Treppen mit insgesamt 4864 Stufen. Das ganze malerische Ensemble dieses

„Treppenviertels“ hat zu einem starken Eigenleben der Bewohner mit dem Fußgängerzwang geführt. Die Enge macht bestens bekannt, man hilft sich bei Besorgungen, teilt die Parkprobleme oberhalb (man geht in den Ort nur „nach oben“), feiert einmal im Jahr ein internes, gut gegen Fremde abgeschottetes Treppenfest – und man verkauft oder vermietet möglichst nie „öffentlich“ an Auswärtige, Zugereiste, Nichteingeborene. Für solches Traditionsmonopol lässt man sich auch gern „Treppenadel“ nennen. Wer dennoch zuzuziehen wagt, muss sich seine Anerkennung hart erkämpfen.

Über steile Treppenwege und enge Querverbindungen schufen einst Blankeneser Fischer und Lotsen ihre Hangidylle. Links: Blick aus dem Haus Op’n Kamp 9, 1924. Oben: die Panzerstraße

Toranlage und Terrassengarten denkmalgeschützt und das Oktogon des Architekten Caesar Pinnau in Baurs Park das originelle Gegenstück von 1965.

Großer Bahnhof in spe

Es ist unübersehbar, dass die Blankeneser Bevölkerung langsam überaltert. Immer häufiger machen Erbengemeinschaften lieber Kasse als neue Mietverträge für ihre lukrativen Immobilien. Immer mehr Großgrundstücke wechseln den Besitzer und geraten in unliebsame oder spekulierende Hände, neue Grundstücksauslastungen oder Neubauten tragen zu fortschreitender „Verdichtung“ auch der Milieugebiete bei. Es fehlt ein Verkehrsleitsystem und ein Quartiers- wie touristisches oder gastronomisches Konzept für die Besuchermassen an schönen Wochenenden, die bei besserer Lenkung sicher noch freudiger einströmen würden.

Immerhin sind mithilfe des Bürgervereins die Planungen für das **Bahnhofsareal** weit gediehen. Das Stationsgebäude wird von 2002 an wieder schick und gastronomischer Mittelpunkt, während die Investoren des Wandsbeker Quarrees das Gelände dahinter zum attraktiven „richtigen Quartier“ mit Ortsamt, weiteren Behörden, Bücherhalle, Shops, Tiefgaragen, vielleicht dem Musikkulturzentrum samt Konservatorium und Eigentums- wie Seniorenwohnungen umgeplant haben. Dafür werden wohl die Ämter die bisher behördenvollen Landhäuser und Villen verlassen.

Ein Riesenproblem haben die Blankeneser mit der Teilverfüllung des somit verkleinerten **Mühlenberger Lochs**, ihrer Augenweide, ihrem Segelrevier, denn in Finkenwerder entsteht eine 1000 m breite Industrielandschaft mit 2684-m-Landebahn.

Ungeliebtes Visavis: Auch bei schönster Lage wie am Strandweg (links) bleibt keinem Haus mit Elbblick die Ansicht der Produktionsanlagen für den Airbus auf dem zum Teil verfüllten „Mühlenberger Loch“ erspart. Dennoch zeigen die neuen Hallen gelungene Industriearchitektur und bieten Tausenden Arbeit

Ins Grüne: Der Hirschpark (oben links) ist exterritoriales Gebiet, der amphitheatralische „Römische Garten" oder der Teich beim Puppenmuseum nicht

Ins Nasse: Bis Mitte des letzten Jahrhunderts herrschte zu Füßen des Süllbergs noch reges Strand- und Badeleben

Um derlei sorgt und kümmert sich der höchst aktive **Blankeneser Bürgerverein** in Tradition seit 1877, neu gegründet 1947 und seitdem kompetenter Dokumentar, Streiter und Mitplaner für den Stadtteil (im Pavillon am Bahnhof).

Parks en masse

Blankenese hat wie ein Riesenpark einen Himmel voller alter Baumkronen, dazu noch fast vier Kilometer eigenes Elbufer mit Sandstrand (vor einem Jahrzehnt gab es noch Strandkörbe). Spaziergänger oder Jogger können sich darüber hinaus nach Osten bis Teufelsbrück und weiter, nach Westen bis zur Wittenbergener Heide und Schulau auslaufen; Radfahrer entdecken gern Sülldorf und Rissen bis zum Klövensteen und sind schnell im ländlichen Schleswig-Holstein. Der vom Wasser aus überwältigend malerische **Elbwanderweg** ist bei gutem Wetter regelmäßig überfüllt.

Innerhalb Blankeneses finden die zunehmend älteren Herrschaften, Mütter mit Kindern und Prachthunde-Besitzer in vielen Parks Ausgang und Auslauf, allesamt einst Privatgärten. Bis auf **Wilmans Park** (heute parzelliert und z.T. zum Hessepark gehörend), **Thierrys Park** um das private „Weiße Haus" der Familie von Rantzau-Essberger und **Flohrs Park** (*Pepers Diek*) sind heute sieben Parks öffentlich: Seit 1939 gehört zwar der Hirschpark zu Nienstedten, wurzelt aber mit seiner viel gefilmten Allee tief im Blankeneser Besitzerstolz. Auch **Baurs Park**, von dessen „Kanonenberg" einst heimkehrende Schiffe mit Böllern begrüßt wurden, ist erst seit 1939 öffentlich und beherbergt im „Katharinenhof" (noch) Abteilungen des Ortsamtes und im „Musenstall" die Öffentliche Bücherhalle. Auf dem Berg ragt an Stelle der früheren romantischen Ensembles (erhalten blieb nur der Monopteros) das Blankeneser Oberfeuer („Leuchtturm" mit rotem Kopf, der andere mit weißem Kopf ragt unten am *Strandweg* aus der Elbe). Auch der **Hessepark**, seit 1926 öffentlich, hat im Landhaus Hesse (noch) Behörden wie der schon arg zugebaute **Goßlers Park** in der Imponiervilla Goßler-Haus.

Häuserfrei locken der früheste Gemeindepark **Bismarckstein** (der Denkmalbau wurde einst abgebrochen), der restaurierte, gezirkelte **Römische Garten** mit „Rosengarten" und Amphitheater und **Schinckels Park**. Auf „Schinckels Wiese" wird bei Schnee noch das „Kreek-Rüschen" über fast 500 m geübt, das

Bergab-„Rauschen“ im Kastenschlitten mit langer Schleppsteuerstange. Dass am **Waldpark Falkenstein** seit 1960 ein Campingplatz das andere Milieu bietet, wird möglichst übersehen. Letzte Parkerrungenschaft ist der **Sven-Simon-Park**, von Axel Springer 1980 in Erinnerung an den Sohn (mit dessen Pseudonym) gestiftet.

Segler und Turner

Für etliche Sportarten ist Blankenese einfach zu klein, wovon die Nachbarstadtteile profitieren können. Blankeneser reiten deshalb in Rissen oder Sülldorf, müssen zum ideal nahen Golfspielen im exklusiven „Hamburger Golfclub e.V. Falkenstein“ (18 Löcher, 1000 Mitglieder, gegründet 1906) ins Grenzgebiet nach Rissen, oder sie spielen „außerhalb“ Tennis auf vier Plätzen im Hirschpark (in Nienstedtens „Tennisclub Blankenese“ von 1929). Unterhalb des Parks liegen, ebenfalls exterritorial, die Jollen im Yachthafen des „Mühlenberger Segelclubs (MSC)“ (gegr. 1961). Ganz auf eigenem Stadtteilgrund befindet sich dagegen der „Blankeneser Segel-Club e.V.“ (gegr. 1898, 805 Mit-

Ins Windige: Die Jugend des Blankeneser Segel-Clubs geht noch mit zünftigen offenen Kuttern auf Törn oder Tour

Stadtteil-Profil

	Blankenese	Bezirk	Hamburg
Bevölkerung gesamt (2000)	13 323	112 011	1 704 929
Unter 18-Jährige in %	15,4	20,1	16,1
65 Jahre und älter in %	20,0	14,8	17,0
Deutsche	11 781	101 929	1 432 325
Ausländer in %	11,6	9,0	16,0
Einwohner je km²	1615	724	2258
Sozialstruktur			
Sozialhilfeempfänger (2000)	122	8 860	120 461
Arbeitslose (2001)	248	4 196	71 963
Eink. je Steuerpfl. in DM (1995)	137 484	60 397	65 579
Wohnen (2001)			
Wohngebäude	3264	33 737	226 061
Ein- und Zweifamilienhäuser in %	47,2	23,6	20,5
Ø Wohnungsgröße in m²	100,4	75,0	71,0
Wohnfläche je Einwohner in m²	50,9	36,6	35,7
Verkehr			
Private Pkw (2001)	6069	43 517	628 119
Straßenverkehrsunfälle (2000)	51	685	12 430
Kriminalität			
Straftaten insgesamt (2000)	1060	10 987	284 272

© Statistisches Landesamt

Wahlverhalten

... zur Bürgerschaft 2001 (gesamt)

Wahlbeteiligung	71,0%
SPD	36,5%
CDU	26,2%
Schill-Partei	19,4%
Grüne/GAL	8,6%
FDP	5,1%
Übrige	4,2%

... zur Bürgerschaft 2001 (Stadtteil)

Wahlbeteiligung	84,7%
SPD	22,4%
CDU	36,9%
Schill-Partei	14,3%
Grüne/GAL	8,7%
FDP	15,1%
Übrige	2,5%

Schöne Show: Eher ältere Herren erhalten sich die Tradition der hölzernen „Tuckerboote" mit Innenmotor für ihre Elbexkursionen mit möglichst großer Heckflagge

glieder) mit eigenem Jollenhafen und altem Bootshaus am *Strandweg.* Die 157 Mitglieder der „Elbejugend" segeln noch zünftig zweimastige Kutter und stehen im sportlichen Wettbewerb mit den etwa zwölf „Elbefreibeutern", den „Alsterpiraten" des NRV (Norddeutscher Regatta-Verein, s. Uhlenhorst) und mit eigenem „Jugendhaus Mühlenberg" am *Strandweg.*

Weil Blankeneser Sportvereine eine so **lange Tradition** haben, heißen sie als **moderne Clubs** noch wie zu Gründerzeiten „Blankeneser Männer-Turnverein von 1883 e.V.", zu dessen Riesenangebot auch Rückenschule, Tanzen und eine wohl bekannte Trachtengruppe gehören; man turnt „außerhalb" in Iserbrook wie auch die „Dockenhudener Turnerschaft von 1896 e.V." (gut 1000 Mitglieder, klassisches, vielseitiges Angebot). Fast 1900 Mitglieder hat die „Spielvereinigung Blankenese von 1903 e.V." mit eigener Tennisanlage am *Eichengrund.* Selbst die „Freie Turn- und Sportvereinigung Komet Blankenese von 1907" ist nicht die jüngste Aktivgruppe (ebenfalls 1900 Mitglieder), aber eine der eifrigsten mit eigenem Fitnesscenter. Zu den jüngsten Gründungen zählt der „Boule Club Boulezvous Blankenese", der die Kugeln auf dem Sportplatz des Gymnasiums Blankenese karambolieren lässt.

Wer in Blankenese baden möchte und keinen Privatpool hat, kann es seit Jahrzehnten nicht mehr in der Elbe oder von den Inseln Neß- und Schweinesand aus tun. Der Fluss wird zwar sauberer und liefert sogar genießbare Fische, doch der Schwall von den Riesenschiffen und die Strömung bei einer Tiefe von momentan 15,3 m sind zu gefährlich. Als Ersatz dient deshalb das **Regionalbad Blankenese** an der *Simrockstraße*, also schon in Iserbrook (seit 1997 mit „Vitarium").

Treffpunkt Markt

Das durchmotorisierte „Dorf" kauft gern in ferneren Einkaufszentren und immer seltener in den nur noch wenigen Fachgeschäften, bedauert aber lebhaft das Sterben der kleinen Läden im Ort, lässt eigentlich nur ein paar Spezialisten (Antiquitäten, antike Baumaterialien oder das „Caspian Pearl Caviar House" etc.) und die vielen Handwerker gut überleben. Bäcker Körner (nomen est omen seit 1901) backt als letzter des Stadtteils noch selbst, und bei Breckwoldt gibt's seit 1904 frischen Fisch an der *Elbchaussee*, ebenso im Blankeneser Fischhuus, *Probst-Paulsen-Straße.* Ansonsten shoppt man im **Elbe-EKZ**. Am liebsten aber fährt das Dorf dreimal die Woche (di./fr., mi. ist „Öko-Markt"), wenigstens aber am Sonnabend zum **Blankeneser Wochenmarkt** auf jenem Stück *Bahnhofstraße*, das seit den 1920er Jahren der inoffizielle „Marktplatz" gegenüber der Kirche ist. Dann herrschen Parkplatznot und Grußzwang, denn „man sieht sich", die Promis, sogar Otto und Reemtsma, den Schümann und wie sie alle heißen. Der Markt ist Nachrichten- und Empörungsbörse (etwa: „Die Osterfeuer bleiben!", „Das Asylantenheim muss weg!"). Ein paar Cafés drum herum, seit Jahren zu wenige, verlängern den Schwatz.

Wöchentliches Muss: Der Wochenmarkt vor der Kirche ist für viele Blankeneser sozialisierender Treffpunkt

Trotz Moos nix los

Blankenese ist **edelgastronomisch weitgehend Wüste**, „an weiß gedeckten Tischen" jedenfalls kann man kaum sitzen, verlässlich erst von 2002 an endlich wieder auf dem Süllberg. Mit Glück vielleicht bald wieder im renovierten Bahnhof samt modernem Campus mit mehr Unterhaltung, wo sich die planlose, in Graffiti versprühende Energie einiger weniger sich in Blankenese langweilender Jugendlicher ableiten kann. Im Stadtteil gibt es für sie ansonsten keinen Treff, weit und breit keine Disco und eine Tanzchance nur auf Privatpartys. 20 Prozent der Blankeneser sind über 65 Jahre alt (Hamburger Durchschnitt sind 17 %), was Jugendliche im abends ausgestorbenen (sie sagen „vergreisenden") Stadtteil deutlich nervt. Für alle Altersstufen ist inzwischen das Ausgehen in Blankenese schwierig, Fahrten über Nienstedten hinaus weiter Richtung Stadt sind eher selten. Auch wer sich's leisten könnte, diniert lieber zu Hause oder bei Freunden – das macht Blankenese so still. Etliche Cafés sind eher am Tag attraktiv, berühmt der „Cafégarten Schuldt" an der *Süllbergsterrasse* zum Draußensitzen. Aus „Sagebiels Fährhaus", einst neben dem „Süllberg oben" der allgemeine Festsaal „unten" fürs Dorf, wurde inzwischen ein veritabler „Chinese" (der „Neubau" von 1826 ruht auf den vermutlich ältesten Grundmauern Blankeneses). Seit die legendäre „Linde" nach Wirtswechsel kein Treffpunkt mit In-Qualität mehr ist, vagabundieren Kneipenästheten vom „Weinkrüger" *(Blankeneser Bahnhofstraße)* zu „Lühmanns Laden und Teestube", weil Letztere mit urgemütlicher Nostalgie und origineller Küche eine Oase wurde. Auch unten am *Strandweg* ist die gastronomische Welt abends zu schnell zu Ende, nur das „Schifferhaus"

Best View: Auf der Terrasse von Sagebiels Fährhaus öffnet man Gästen gerne das eigene „Fenster zur Welt"

Nice Teatime: Weil die Blankeneser von allen Hamburgern den British Style am deutlichsten mögen, lieben sie auch „Lühmanns Teestube"

In memoriam: Unvergessen bleibt, wie stilvoll einst auf dem Süllberg getafelt wurde, weshalb neue Gastronomen schon am Erwartungsdruck der Blankeneser fast verzagten. Doch als im Frühjahr 2002 ein „Sternekoch" aus dem vornehmen Berliner „Adlon" angeheuert werden konnte, war die Freude auf die Wiederkehr bester Gaumenfeste groß

Feuer & Flamme: Blankeneses Osterfeuer sind bei Westwind in ganz Hamburg ruchbar und werden von der Behörde immer wieder beargwöhnt

behauptet sich seit 1903 mit Fischspezialitäten. Dafür wird die Kneipe „Op'n Bulln", auf dem schwimmenden Hauptanleger Blankeneses (seit 1842 gibt es ihn), als Zunftkneipe und für Schollenschlemmerei geliebt.

Attraktion von 2002 an ist nun nach Jahren des Umbaus der **neue Süllberg**. Über seine 22 Eigentumswohnungen ragt auf der Spitze wieder ein gastronomisches Zentrum, künftig wohl betrieben

Scharpen & Schollen: Die besten Plattfische isst man, sagt man, „Op'n Bulln", in der Kneipe auf dem Fähranleger-Ponton

vom Atlantic-Hotel Kempinski mit vier Gourmet-Restaurants, der „Transatlantic-Bar", dem Jugendstilsaal mit Empore und natürlich Terrassen und Turm (mit Suite). Ihren Besuch bringen Blankeneser gern in eigenen Gästezimmern unter, größere nahe gelegene Hotels existieren sonst nicht. Dafür gibt es angemessen beschauliche Häuser (Hotel Baurs Park an der *Elbchaussee*, Hotel Petersen garni, *Godeffroystraße*) und mit Elbenahblick das schmucke „Strandhotel" von 1901 („Hochzeitszimmer" mit Doppeltür und Südwestblick).

Tag & Nacht: Das „Strandhotel" ist mit Elbstromromantik und ganz eigener Intimität bei Hochzeitern beliebt

Großereignisse

Bedeutendstes Stadtteilereignis der Blankeneser mit 1000 Partys drum herum sind die kunstvoll geschichteten und trickreich entzündeten **Osterfeuer**, die seit Urzeiten an vier Stellen am Strand lodern. Sie heißen Westen/Viereck, Knüll/Mitte, Osten/Osterweg und Mühlenberg/Jollenhafen. Nur in Kriegszeiten und nach einem Verbot 1986 gab es keine Osterfeuer, aber immer droht wegen Funkenflugs das behördliche Nein.

Anfang Januar gibt es für ehrbare wie geehrte, empfindliche wie eitle Blankeneser einen äußerst wichtigen und bald traditionellen Termin, weil seit 1995 der Verleger des „Klönschnacks", Klaus Schümann, 650 Persönlichkeiten aus Politik, Wirtschaft, Kultur und Gesellschaft zum **Neujahrsempfang** bei „Jacob" lädt. Im Eigeninteresse und in Anbetracht der unsichtbaren Blankeneser Gesellschaftshierarchie wird das ganze Jahr um die Einladungskarten gebuhlt. Auch deshalb ist das frühsommerliche **Klönschnackfest**, Volksfest seit 1984 auf dem Marktplatz, so gut besucht und das monatliche professionell gemachte und für den Stadtteil sich engagierende Magazin im Handumdrehen ausverkauft.

Köpfe

Blankeneses intellektuellste Einwohnerin ist **Marion Gräfin Dönhoff** (Jahrgang 1909), über deren Heimatfindung nach der Flucht aus Ostpreußen sich der ganze Stadtteil freut. Ihre kluge politische Publizistik verhalf ihr früh zu internationaler Anerkennung, vielen Ehrungen und insgesamt vier Ehrendoktorhüten. Blankeneser kennen die Grande Dame noch als rasante Porschefahrerin und bewundern die politische Freundin fast

Hühn & Pedühn dürfen nicht: 650 Blankeneser mit der begehrten persönlichen Einladung treffen sich im „Jacob" beim Neujahrsempfang des „Klönschnacks"

aller wirklich Großen ihrer aktiven Zeit als „Die Zeit"-Chefredakteurin wie als heutige Mitherausgeberin. Stets überzeugt sie so, wie sie als Fußgängerin zurückgrüßt: mit unerbittlich sanfter Stimme und einer Contenance, die bestes ostpreußisches Mitbringsel ist. Als Ehrenbürgerin der Stadt seit 1999 adelt sie auch Blankenese.

Hans-Otto Schümann, Erbe der väterlichen Paraffinwerke und nach deren Verkauf Unternehmer im Ruhestand (Jahrgang 1916), ist einer der erfolgreichsten Hochseesegler mit nacheinander 15 Schiffen des weltbekannten Namens „Rubin". Jahrzehnte im HSC-Vorstand („Clubbesitzer", heute Ehrenvorsitzender und Kommodore), ist er als noch aktiver Ehrenpräsident des DSV schon eine lebende Legende. Schümann bleibt der Nestor des deutschen Segelsports und ist auch Stifter des „Flügels" im Museum für Kunst und Gewerbe für die umfangreiche historische Musikinstrumente-„Sammlung Beurmann".

Horst Janssen (Jahrgang 1929) ist als Zeichner, Grafiker und Schreiber unvergessen, vor allem aber als bekanntestes, provokantestes Stadtteil-Genie. Er faszinierte durch vielseitige Stil-Orgien und einen Schaffensrausch, der nur durch Alkoholexzesse unterbrochen wurde und 1995 viel zu früh endete. Janssen war unberechenbarer Partygast und exzentrischer Entertainer, den die Blankeneser Taxifahrer liebten und dem sie das letzte Geleit fuhren, weil er auch kürzeste Fahrten mit großen Scheinen bezahlte und Wechselgeld verabscheute.

Als professioneller Werber, Verleger und leidenschaftlicher Blankeneser seit 1952 (geb. 1948 in Altona, nicht verwandt mit obigem Schümann) gibt **Klaus Schümann** seit 1983 das Stadtteilmagazin „Klönschnack" voller Nachrichten über die heile Stadtteilwelt heraus, veranstaltet seit 1984 das sommerliche „Klönschnackfest" auf dem Marktplatz und bittet seit 1995 als Oberhierarch 650 handverlesene Blankeneser aus allen Bereichen des gesellschaftlichen Lebens Anfang Januar zu seinem Neujahrsempfang – seit 1999 ins feine „Jacob" nach Nienstedten.

Hier Geborene & hiesige Quiddjes: Blankenese ist stolz auf die weltbekannte Gräfin Dönhoff, den rühmlichen Mäzen Hans-Otto Schümann, das unvergessliche Jahrhundertgenie Horst Janssen und den emsigen Regionalverleger Klaus Schümann (v.l.n.r.)

Borgfelde

liegt gerade zweitausend Meter vom Rathausmarkt entfernt, und dennoch kennen nur wenige dies uralte Hamburger Gebiet zwischen St. Georg und Hamm. Der Geesthang mit der langen Basaltsteinmauer von 1908 teilt den an Sozialeinrichtungen und Schulen reichen Stadtteil in „Oben-“ und „Unten-Borgfelde“

Steckbrief

Fläche:
0,864 km²
Einwohner:
6526
Verwaltung:
Bezirk Hamburg-Mitte, Kerngebiet
Ortsteile:
119–121

Das Landhaus Bödecker mit Garten und Park im Sommer vor der Zerstörung, rechts ist der Gesundbrunnen zu erkennen. Aquarell 1813, Museum für Hamburgische Geschichte

Zum Stadtteilnamen gibt es zwei Erklärungen. So könnte Borstenvieh Pate gestanden haben: „Borch“ oder „Borg“ steht niederdeutsch für „Schwein“. Und dass auf dem „Feld“ östlich der Stadt einst Schweine weideten, ist nicht unwahrscheinlich. Aber als „Gemeinweide“ war die Gegend öffentlicher Grund, eine „Bürgerweide“ eben, die es ja noch als Straßenname gibt. Also lässt sich der Name „Borgfelde“ auch von niederdeutsch „Borger“ (= Bürger) ableiten.

Aus der Geschichte

Borgfelde gehörte wie das östlich gelegene Hamm (s. Hamm-Nord) zu dem Gebiet, das 1256 aus der Hoheit der Schauenburger Grafen ins hamburgische Landgebiet gelangte. Nur den freien Zugang zur Bille behielten sie sich vor, woran der Straßenname *Grevenweg* (= Grafenweg) noch erinnert.

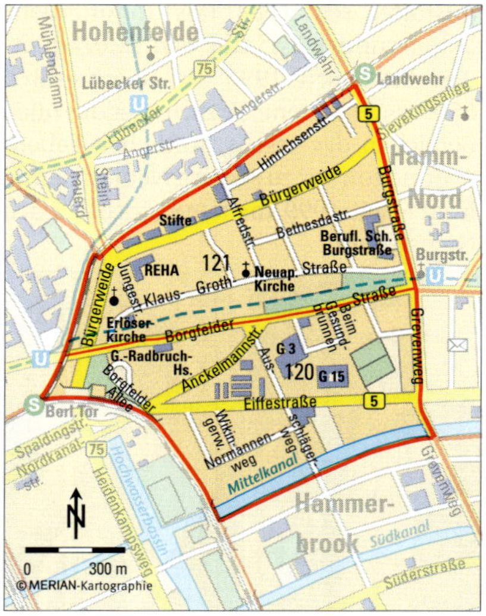

Borgfelde war schon seit Mitte des 14. Jahrhunderts durch eine „Landwehr“ östlich begrenzt und erhielt später weitere militärische Funktionen in Hamburgs Befestigungssystem: Als 1681 das „Neue Werk“ ganz St. Georg, und mit „Borgesch“ einen kleinen Borgfelder Teil, mit einbezogen hatte, musste der Rest als Vorfeld („Glacis“) freigehalten werden. So kam es, dass im nördlichen Bereich des heutigen Stadtteils jahrhundertelang nur wenige Kleinstbauten errichtet wurden. Dennoch hatte das Fleckchen unvermittelt hamburgweite Beachtung erhalten: Am 24. Januar 1633 kam ein Horner Bauer des Weges, geplagt von einem verletzten Finger. Ihm fiel eine nahe dem *Ausschläger Weg* aus dem Geesthang sprudelnde Quelle auf, und indem er seine Hand eintauchte, so vermeldete er später, verflog sein Leiden. Der **Borgfelder Gesundbrunnen** war geboren. Die Wunderquelle und das bald errichtete Brunnenhaus blieben noch lange Ziel von Heilung suchenden Kranken.

Zu der vereinzelten bäuerlichen Bebauung kam nach Ende der militärischen Freihaltungspflicht auch in Oben-Borgfelde der vermehrte Bau von **Landhäusern** mit weitläufigen Gärten auf (s. Hamm-Mitte). Im späten 19. Jahrhundert erfolgte dann die weitflächige Erschließung Borgfeldes, das 1871 Vorort und 1894 Stadtteil geworden war.

Viele Etagenhäuser entstanden, und wie in Hamm schied der Geesthang mit Oben- und Unten-Borgfelde die soziale Zusammensetzung des Stadtteils. Oben waren die Wohnungen besser und unten deutlich schlechter ausgestattet.

Borgfelde reichte damals bis zur Bille, wo sich viele Gewerbe- und Industriebetriebe ansiedelten. **Rasanter Bevölkerungsanstieg** kennzeichnete den ganzen Stadtteil. 1880 wurden 6858 Bewohner gezählt, 1905 waren es 15 509 und 1939 dann 24 993. Und dass im Jahre 1950 trotz begonnenen Wiederaufbaus kaum über 3000 Menschen hier

lebten, macht deutlich, wie grausam Borgfelde während der Luftangriffe und vor allem durch den „Feuersturm“ im Sommer 1943 zugerichtet worden war. Keine fünf Häuser seien mehr bewohnbar, schätzte damals Pastor Hermann Junge (1884–1953). Briefe ausgebombter Borgfelder gingen von überall her in die letzten noch nutzbaren Gemeinderäume ein und drehten sich meist um die eine bange Frage: Wer hat überlebt?

Nach dem Krieg wurde das um das Stück zwischen Bille und Mittelkanal verkürzte Borgfelde in typischer 1950er-Jahre-Manier wieder aufgebaut. Die alte

Blockrandbebauung entlang der Straße wurde, wie überall in Hamburg, durch die moderne Zeilenbauweise abgelöst. Nur wenige Stadthausfassaden in der *Alfredstraße* zeugen noch vom alten bürgerlichen Teil Borgfeldes. In der *Klaus-Groth-Straße* ist ferner das stolze Gebäude des Bauarbeiterverbandes (1910/11), Sitz der IG BauenAgrarUmwelt, erhalten.

Die Erlöserkirche liegt ganz im Westzipfel des Stadtteils und schaut mit ihrem Turm über das Berliner Tor Richtung St. Georg

Mittelweg und Stadtteilmitte

So schick und bekannt wie der Rothenbaum-Harvestehuder *Mittelweg* ist die *Klaus-Groth-Straße* natürlich nicht, auch wenn sie früher einmal genau so hieß. Im Todesjahr des niederdeutschen Heimatdichters Klaus Groth (1819–99) endete die doppelte Hamburger Namenvergabe. Die Straße war einst die zentrale Borgfelder Einkaufsgegend mit vielen Geschäften und regem öffentlichen Leben. Davon ist heute nicht mehr viel

Hamburger Autofahrer kennen von Borgfelde meist nur die Borgfelder Straße entlang dem Geesthang, hier aufgenommen vor der Einfahrt zum Hotel Berlin

Bürgergeschichten

„Dann flog der Blumentopf"

Carola Braf führt in der Klaus-Groth-Straße 28 das kleine „Trysil". Sie erzählt aus ihrer Kneipe und von Erlebnissen mit ihren Stammkunden

Frau Braf, wie kamen Sie zu Ihrer Kneipe und warum der Name?
Eigentlich bin ich gelernte Industriekauffrau und habe lange im Vertrieb gearbeitet, doch mein damaliger Lebensgefährte hatte sich in den Kopf gesetzt, einmal eine eigene Kneipe zu besitzen. Wir schauten uns eine Weile um, und in Borgfelde klappte es dann schließlich. Das war 1998. Meinen Freund bin ich lange los, die Kneipe hab ich noch. Meine Mutter stammt aus Norwegen, genauer aus Trysil, dem bekannten Ski-Gebiet, und daher der Name.

Im Trysil fällt ja als Erstes die Größe auf…
Allerdings, und wir mussten uns auch erst eine Sonderkonzession besorgen, denn Hamburger Schankräume dürfen eigentlich nicht kleiner als 25 m² sein, und wir haben nur 21. Der Beamte sagte, er glaube nicht, dass es noch eine kleinere Gaststätte in der Stadt gäbe.

…und dann der schöne Stuck!
Ja, das Haus stammt noch aus der Erstbebauung Ende des 19. Jahrhunderts und ist eines der ganz wenigen Borgfelder Gebäude, die den Zweiten Weltkrieg überstanden haben. Vor dem Krieg gab es hier auch viel mehr Kneipen in der Gegend. Heute gibt es noch die „Helgoländer Stuben" bei uns in der Straße und den neuen Griechen „Korfu" an der Bürgerweide. Mit beiden Betreibern sind wir gut befreundet.

Sie haben sicher viele Stammkunden?
Ja, natürlich, für viele ist das hier wie ein Wohnzimmer. „Café Klebarsch" hat mal einer gesagt, weil viele, die hier sitzen, einfach nicht wegkommen.

Eine Weile haben wir uns für geschlossene Gesellschaften buchen lassen, aber das machen wir nicht mehr, weil ich es immer sehr schade fand, wenn dann Stammgäste vor der Tür standen und wieder abziehen mussten – das gefiel uns gar nicht. Wir selbst machen jedes Jahr am 1. November eine große Party und feiern damit unseren Einweihungstag.

Manchmal benehmen wir uns wirklich wie eine große Familie. Ein Gast hatte mal sein Geld für den Friseur in Bier umgesetzt, da habe ich kurzerhand meine Haarschneidemaschine von oben geholt, wir haben die Wohnung direkt über dem Trysil, und los ging's.

Fällt Ihnen spontan auch ein Erlebnis ein, das Ihr Trysil mit der Straße verbindet?
Nun ja, an warmen Tagen haben wir vor der Tür Stühle auf dem Bürgersteig stehen. Und da kam es, dass einer im Sommer draußen mit einem weiblichen Gast so gut ins Gespräch kam, dass er ständig näher an die Dame heranrückte. Das ging so eine Weile, und dann machte es rums, denn vom Balkon gegenüber, wo er wohnte, war ein Blumentopf über die Klaus-Groth-Straße geflogen: Seine Frau hatte den kleinen Flirt erkannt und beenden wollen! Das ist ihr geglückt, verletzt wurde niemand.

Carola Braf und ihre Gäste haben in Borgfelde alles, was für einen gemütlichen Abend nötig ist

geblieben. Die Wiederaufbauzeit der 1950er und 60er Jahre brachte eine unregelmäßige, fast willkürlich anmutende Häuserflucht mit sich. Noch ungeordneter wirkt ihr gegenüber der Mix aus kleinen Läden, Einfahrten von Gewerbehöfen und Wegen zu den Eingängen der Wohnblocks. Unübersichtlich, aber sehr geschäftig geht es hier zu. Doch ein Mittelpunkt des Stadtteils ist der alte Mittelweg nicht mehr, und das fehlt Borgfelde.

Der blumengeschmückte Geesthang um 1910. Links: Borgfelder Gegensatz – Gewerbe Richtung Mittelkanal, erhaltene Hausfassaden an der Alfredstraße

Ein Großstadtspiegel

Insgesamt zeigt das Bild Borgfeldes wie kaum das eines anderen Stadtteils eine interessante Besonderheit: Es spiegelt von vielen **Facetten der Großstadt** Hamburg ein kleines Stückchen wider. Wer sich einmal die Mühe machen möchte, kann an einem Nachmittag alle Borgfelder Straßen mit dem Fahrrad durchfahren. Man kommt durch schmale Wohn- und große Durchgangsstraßen, entdeckt kleine Grünzüge (mal gepflegt, mal eher verwahrlost), Sportvereine, unzählige Schulen und durchstreift im südlichen Unten-Borgfelde bis zum Mittelkanal reine Gewerbelandschaften. Und in der Umgebung der *Bürgerweide* reiht sich eine Sozialeinrichtung an die andere.

Hilfreiches Borgfelde

Als sich Hamburg im letzten Drittel des 19. Jahrhunderts aufmachte, eine moderne Industriestadt zu werden und sich eine „City" baute, mussten in der Innenstadt viele der alten Wohnstifte Kontorhäusern weichen (heute würde es heißen: „Büros verdrängen Sozial- und Altenwohnungen"). Viele erhielten städtischen Baugrund entlang der *Bürgerweide*, und so kam es, dass stadtauswärts auf der linken Seite eine regelrechte „Stiftsmeile" entstand. Das **Alida-Schmidt-Stift** macht mit zwei Häusern den Anfang an der *Bürgerweide 19*. Hier gibt es rund um die Uhr ein Angebot für Frauen, die z.B. durch Drogen, Gewalt und Vereinsamung in Not gerieten und Hilfe bei der Entwicklung neuer Lebensperspektiven suchen. Nebenan liegen weitere Einrichtungen und eine Altenwohnanlage (Nr. 21) im sehr schönen graugelben Klinkerbau aus den Jahren 1874/75. Es folgen das **Hiobs-Hospital** von 1883/84 mit zahlreichen Kleinwohnungen, das **Robert-Adickes-Stift** und schließlich, an der *Bürgerweide 43b*, das **St.-Gertrud-Stift** mit 33 Wohnungen. Gründungsjahr dieses Damenstifts war 1454. Fast 550 Jahre jünger ist der 2001/02 errichtete „Arbeitstherapie-Pavillon" des **Agnes-Neuhaus-Heims** in der *Hinrichsenstraße 7–9*. Der Sozialdienst katholischer Frauen Hamburg betreut hier bis zu 40 psychisch kranke Frauen. Nebenan unterhält „Hamburg-Leuchtfeuer" im **Matthias-Stift** 20 Wohnungen für HIV-positive Männer und Frauen. Und ein paar Hausnummern weiter lugen an der Ecke

Frisch restauriert schaut die Namengeberin des St.-Gertrud-Stifts auf den Verkehr der Bürgerweide

Zeitleiste

1633 Gesundbrunnen entdeckt

17./18. Jh. große Landhäuser und Gartenanlagen in Borgfelde

Ende 19. Jh. Bebauung mit Etagenhäusern

1908 Basaltsteinmauer Borgfelder Straße

1943 nahezu vollständige Zerstörung bei Luftangriffen

1967 Fertigstellung der U-Bahn-Strecke im Geesthang

Tanja Schlüter (links) betreut im Agnes-Neuhaus-Heim Kleingruppen mit Arbeitstherapie

Alfredstraße mit einigen medizinischen Instituten bauliche Ausläufer des Hohenfelder Marienkrankenhauses nach Borgfelde hinein. Die große Krankeneinrichtung, die „Diakonissen und Kran-

Das Haupthaus des Hiobs-Hospitals an der Bürgerweide

kenheil-Anstalt ‚Bethesda'", zog nach ihrer Ausbombung 1943 nach Bergedorf. Sie lag in der *Bethesdastraße*, in der die AOK bis vor einigen Jahren in einem schönen expressionistischen Klinkerbau der Architekten Distel & Grubitz an der Ecke *Burgstraße* ihren Sitz hatte.

Kirchen, Schüler, Studis

Ein Aktivposten im Stadtteil ist die Gemeinde der ev.-luth. **Erlöserkirche** an der *Klaus-Groth-Straße*. Das Pastorat liegt in der *Jungestraße*, und Pastor Dr. Karl-Heinz Heber gelangt aus seiner Wohnung direkt ins Gotteshaus. 1943, als Borgfelde in Schutt und Asche fiel, wurde auch die Erlöserkirche zerstört. So ist der hohe kuppelbekrönte Urbau von 1903 in stolzer Schönheit zwar nur noch auf alten Fotografien zu sehen, aber auch die 1952 fertig gewordene Nachfolgerin braucht sich nicht zu verstecken. Hell und viel größer, als man von außen zunächst vermutet, präsentiert sich der Innenraum dem Besucher. Pastor Heber weiß um die Strukturprobleme des Stadtteils ohne Mitte. „Hier leben besonders viele ältere Menschen, und deshalb müssen wir etwas für die Jugendarbeit tun", sagt er und hat mit Jugendamt und SPD schon einige Aktionen in „offener Jugendarbeit" auf die Beine gestellt. Über ihr Kindertagesheim *(Klaus-Groth-Straße 6)* und Konfirmandenunterricht hinaus wirkt die Erlöserkirche beim jährlichen Sommerfest auf der großen Kirchenwiese. Ganz profan dient die Kirche überdies dem musikalischen Kunstgenuss. Schon über 200 **Monatsendkonzerte** hat der bekannte Hamburger Orgelspezialist, Buchautor und Kirchenmusiker der Erlöserkirche, Günter Seggermann, auf der **Beckerath-Orgel** veranstaltet. Ebenso verfügt die **Neuapostolische Kirche** Ecke *Klaus-Groth-Straße/Alfredstraße* über eine gut klingende Orgel, an der auch unterrichtet wird und überregionale Seminare stattfinden. Die Wurzeln der

In der Pause können sich die Schüler der Sankt-Ansgar-Schule vom Lateinpauken erholen

Neuapostolischen Kirche mit weltweit ca. 10 Mio. Mitgliedern liegen im England des 19. Jahrhunderts, und in Deutschland war die Borgfelder Gemeinde Vorreiterin. Die **kath. Kirche** unterhält viele Einrichtungen in Borgfelde, eine

Stadtteil-Profil

	Borgfelde	Bezirk	Hamburg
Bevölkerung gesamt (2000)	6526	228 060	1 704 929
Unter 18-Jährige in %	9,0	15,9	16,1
65 Jahre und älter in %	19,8	15,0	17,0
Deutsche	4970	167 114	1 432 325
Ausländer in %	23,8	26,7	16,0
Einwohner je km²	7553	2142	2258
Sozialstruktur			
Sozialhilfeempfänger (2000)	488	25 273	120 461
Arbeitslose (2001)	288	12 716	71 963
Eink. je Steuerpfl. in DM (1995)	46 323	53 702	65 579
Wohnen (2001)			
Wohngebäude	374	18 821	226 061
Ein- und Zweifamilienhäuser in %	1,3	8,9	20,5
ø Wohnungsgröße in m²	54,9	62,5	71,0
Wohnfläche je Einwohner in m²	33,2	31,3	35,7
Verkehr			
Private Pkw (2001)	1945	70 503	628 119
Straßenverkehrsunfälle (2000)	89	2790	12 430
Kriminalität			
Straftaten insgesamt (2000)	962	82 985	284 272

© Statistisches Landesamt

Wahlverhalten

... zur Bürgerschaft 2001 (gesamt)

Wahlbeteiligung	71,0%
SPD	36,5%
CDU	26,2%
Schill-Partei	19,4%
Grüne/GAL	8,6%
FDP	5,1%
Übrige	4,2%

... zur Bürgerschaft 2001 (Stadtteil)

Wahlbeteiligung	65,7%
SPD	40,4%
CDU	23,3%
Schill-Partei	17,8%
Grüne/GAL	8,7%
FDP	4,7%
Übrige	4,5%

Kapelle liegt in der „SAS“, der **Sankt-Ansgar-Schule**, *Bürgerweide 33*. Das Gymnasium mit knapp 1000 Schülern genießt einen ganz hervorragenden Ruf in Hamburgs Bildungslandschaft. Eigenständig, aber dennoch eng mit der SAS verbunden, ist die **Katholische Studierende Jugend Hamburg**.

Studentenleben pur kann man an der *Borgfelder Straße 16* erleben, nämlich in Hamburgs zweitgrößtem Studentenwohnheim, dem **Gustav-Radbruch-Haus**, nahe dem prägnanten Bau des Hotels Berlin beim Berliner Tor. 473 Plätze gibt es in dem Gebäude. „Hier wohnt man wie im Penthouse“, schwärmen die Bewohner, die ihr Zimmer im 12. Stock haben. Ansonsten schätzen alle Studis die Nähe zu Uni, Fachhochschule und City sowie die selbst verwalteten Freizeitangebote. Unten im Haus liegt das Restaurant „Wappenhof-Dubrovnik“, wo sich auch regelmäßig die **Vereinigten Bürgervereine Hamm von 1863 und Borgfelde von 1885 e.V.** treffen.

Geehrte Jugendanbieter

Der älteste Sportverein des Stadtteils ist der **Hamburger Turnerbund von 1862 e.V.** mit Sitz in der Turnhalle der

Fast 500 Studentenbuden liegen im Gustav-Radbruch-Haus an der Borgfelder Straße: Diese bewohnt Klaus Lütjens, 9. Semester Volkswirtschaftslehre

ehemaligen Schule Burgstraße. „In einer besonders hoffnungsvollen Entwicklung ist gerade die Box-Abteilung mit vielen Nachwuchstalenten“, berichtet Schatzmeister Konstantino Kozik und nennt den 1100 Mitglieder starken HTB 62 den „kleinsten der Hamburger Großvereine“. Aber auch im Schwimmen und Wasserball – trainiert und gespielt wird im vereinseigenen „Naturbad Kiwittsmoor“ (s. Langenhorn) – gab es schon zahlreiche Erfolge. 1985 erhielt der HTB die „Sportplakette des Bundespräsidenten“.

Im selben Jahr verlieh Richard v. Weizsäcker das „Verdienstkreuz am Bande“ an Klara Jakobsch. Sie hat sich über Jahrzehnte in der **Deutschen Hilfsgemeinschaft e.V. Hansestadt Hamburg** engagiert. „Tante Klara“, so nannten sie liebevoll schon ungezählte Kinderscharen, arbeitet mit vielen an-

Heute ist der Hamburger Turnerbund von 1862 vor allem im Boxen groß im Kommen

Fliegende Akteure waren in der Geschichte des Theaters schon immer eine Herausforderung: Beim Bühnenwerk in Borgfelde kann man lernen, wie's funktioniert

Die Kogge steht seit über 50 Jahren für soziale Wohltaten an Hamburger Kindern

deren ehrenamtlich für die DHG, die Ferienfahrten für Kinder aus sozial schwachen Familien ins In- und Ausland organisiert. Sitz der DHG ist die *Bürgerweide 38.*

Zwei Schmidts und viele andere Schüler

Loki Schmidt und Arno Schmidt besuchten beide zur gleichen Zeit Borgfelder Schulen

In Borgfelde haben zwei berühmt gewordene „Schmidts" Teile ihrer Jugend verbracht: **Loki Schmidt** (geb. Glaser, 1919) lebte lange in der Baustraße (heute *Hinrichsenstraße*) und war Schülerin der Reformschule Burgstraße (zum Reformschulwesen s. Hoheluft-Ost). Und auf dem Gebiet des heutigen Stadtteils besuchte zeitgleich der bekannte Hamburger Schriftsteller **Arno Schmidt** (1914–79) die Realschule am *Brekelbaumspark 6* – allerdings ist dabei zu bemerken, dass das Schulgebäude an der Südseite der *Borgfelder Straße* lag und damit zu Schmidts Zeiten zu Hamm gehörte. Um Schmidts Andenken wie um die gesamte Borgfelder Geschichte kümmert sich heute das Stadtteilarchiv Hamm (s. Hamm-Nord), das dafür auch schon mit dem Kulturmäzen und Schmidt-Förderer Jan Philipp Reemtsma kooperierte. Die Schule Brekelbaumspark wurde im Zweiten Weltkrieg zerstört. Heute liegen hier die zwei **Staatlichen Gewerbeschulen** Fertigungs- und Flugzeugtechnik (G 15) und Ernährung und Hauswirtschaft (G 3).

In ihrem Lernsalon „Haarscharf" bedienen die angehenden Friseure jedermann zu Modelpreisen

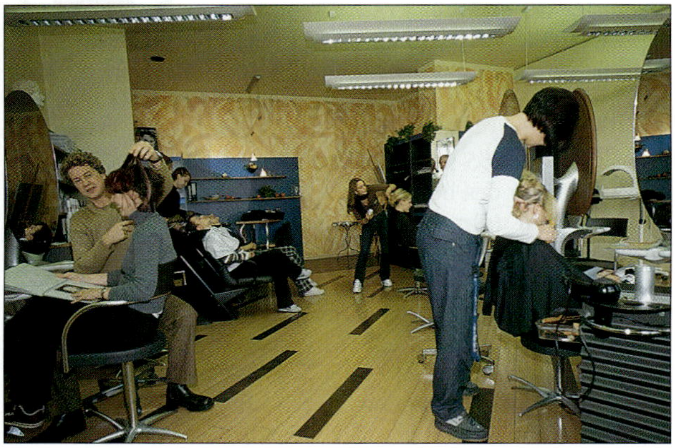

„Einmal Fasson, bitte", hört man wohl nur noch selten in Friseursalons, aber die Absolventen der Berufsschule für Friseure in der ehemaligen Schule Burgstraße sollten auch Günter Netzer gut bedienen können, wenn der mal an ihrem späteren Arbeitsplatz erscheinen sollte. Im Dachgeschoss organisieren die Azubis den Salon „haarscharf", wo zu Modelpreisen gut bedient wird.

Borgfelder Wirtschaftsleben

Der Hochhauskomplex an der Ecke *Jungestraße/Bürgerweide* gehört der **Landesversicherungsanstalt Hamburg (LVA)**, die im Sommer 2002 nach Farmsen-Berne umzog. In Borgfelde verblieb lediglich eine gemeinsame Beratungsstelle von BFA, LVA und Seekasse. Im Rest des Gebäudes haben sich zahlreiche **Reha-Kliniken** von Orthopädie, Kardiologie über Neurologie bis zur Pneumologie (Lungenheilkunde) eingemietet. Auch einige Forschungsinstitute gehören dazu. Somit ist nahe dem Berliner Tor ein großer Reha-Standort entstanden. Für viele Hamburger Heilbedürftige geht es nun also nicht mehr in den „Kurlaub" in ländlich-abgelegene Spezial-Rehakliniken, sondern ambulant nach Borgfelde, wo nun die moderne Variante des „Gesundbrunnens" ein Zuhause hat.

Unweit der alten Quelle sprudelt an der *Borgfelder Straße* ein ganz anderer Stoff: Der Spirituosenhändler und -produzent **Wacholder-Müller** vertreibt seit Jahrzehnten nach eigenen Rezepten hergestellte Liköre und Schnäpse. Ein echtes Stück Stadtteilgeschichte ist auch die **Fleischerei Deschler** in der *Klaus-Groth-Straße 42*. Horst und Brigitta Deschler führen mit Sohn Thomas das Geschäft nun schon seit 1963 (!) und könnten sozusagen „zu jeder Scheibe Wurst eine Borgfelder Geschichte erzählen". Über die nette Atmosphäre hier freut sich der gebürtige Westfale Sebastian Hellwig, der 2000 in einer 400 m² großen Halle gegenüber sein erfolgreiches Unternehmen gründete: das **Bühnenwerk Hamburg**. „Wir sind zugleich Lehrwerkstatt für Veranstaltungstechnik, machen Eventsausrüstungen und beraten für Veranstaltungen jeder Art", erklärt er. Zwar liegen links und rechts des Bühnenwerks zahlreiche kleine **Autohändler** und Reparaturwerkstätten sowie **Im- und Exportfirmen** aller Nationalitäten, aber das eigentliche Wirtschaftsleben des Stadtteils spielt sich in Unten-Borgfelde ab, wo es fast überhaupt keine Wohnungen mehr gibt. Die „wilden Völker" in den Straßennamen des Hammerbrooker Büro- und Gewerbegebiets setzen sich in Borgfelde mit dem *Wikinger-* und *Normannenweg* fort. Übrigens führt von hier auch ein Weg nach Afrika: Im *Normannenweg* liegt das **Honorarkonsulat von Tanzania**, wo Visa beantragt werden können.

Zwei S- und zwei Fernbahngleise verdunkeln den Anckelmannsplatz und den Eingang zur Diskothek „Pleasuredome"

Da Borgfelde von allen Merkmalen einer Großstadt ein bisschen abbekommen zu haben scheint, ist auch das älteste Gewerbe der Welt vertreten. Doch spielt sich seine sichtbare „Straßenstrich-Variante" eher jenseits des Mittelkanals in Hammerbrook und Hamm-Süd ab. In Hamburgs kürzester Allee, der nur 100 m langen *Borgfelder Allee*, musste das Bordell im Rundbunker allerdings schließen. Nur ein paar Schritte von hier liegt unter der Brücke am *Anckelmannsplatz* der auch bei hellstem Sonnenschein nichts als düster wirkende Eingang zur Diskothek „Pleasuredome".

Köpfe

Hartmann Bollenhagen lebt seit 33 Jahren in Borgfelde, wo seine Frau Gisela im Kindertagesheim Borgfelde beschäftigt ist. Zum Jubiläum der Erlöserkirche stellte er 2000 eine umfangreiche Chronik des Stadtteils zusammen. Dafür hat er nach seiner Arbeit beim Bundesamt für Seeschifffahrt viel freie Zeit im Stadtteilarchiv Hamm zugebracht und auch historische Fotos aus heutiger Sicht aufgenommen.

Nur wenige Hundert Meter östlich ihrer heutigen Wohnung wuchs **Cornelia Zollner** in Hamm-Nord auf. 1992 zog sie in die *Hinrichsenstraße*. „Ob mit Bahn oder Fahrrad – von hier aus bin ich schnell in der Stadt", sagt die angehende Englisch- und Spanischlehrerin. Sie möchte auch nach dem Zweiten Staatsexamen im Stadtteil bleiben, „obwohl meine Eimsbütteler Freunde mich immer wieder auf ihre Seite der Alster lotsen wollen!"

Forschte über Borgfelde: Hartmann Bollenhagen; will nicht nach Eimsbüttel: Conny Zollner

In Borgfelde ist mit dem „Lütt'n Hamborger" ein feiner Kümmel zu Hause

Bramfeld

ist für die Alteingesessenen immer noch „ihr Dorf“, obwohl davon kaum noch etwas zu sehen ist. Siedlungen aus acht Jahrzehnten, vom Siedlerhäuschen über Backsteinblocks bis zu ökologisch orientierten Häusern, machen Bramfeld links und rechts der viel befahrenen B 434 zu einem der großen Wohnstadtteile Hamburgs

Steckbrief

Fläche: 10,092 km²
Einwohner: 50 426
Verwaltung: Bezirk Wandsbek, Ortsamt Bramfeld
Ortsteil: 515

Der Name des Stadtteils rührt vom gelb blühenden Ginsterstrauch her, der früher auf den trockenen Heideflächen in der Feldmark des Dorfes weit verbreitet war. „Bra(a)m“ ist das niederdeutsche Wort für den Ginster, der auch im Bramfelder Wappen blüht.

Man aß Weizenbrei

Immer wieder kamen in Bramfeld steinzeitliche Einzelfunde zum Vorschein, darunter Dolche, Beile und Pfeilspitzen aus Feuerstein. Am Ehrenmal entdeckte man in den 1930er Jahren die Überreste von zwei **eisenzeitlichen Holzhäusern**, deren Entstehung auf den Zeitraum um das Jahr 200 v. Chr. datiert wurde. Im Ofen eines der Häuser wurden Getreidereste nachgewiesen – die einstigen Bewohner hatten Weizenbrei gekocht. Eine andere Siedlung mit Relikten mehrerer Gebäude vom zweiten bis zum achten Jahrhundert kam in den 1950er Jahren an der Müssenkoppel ans Tageslicht.

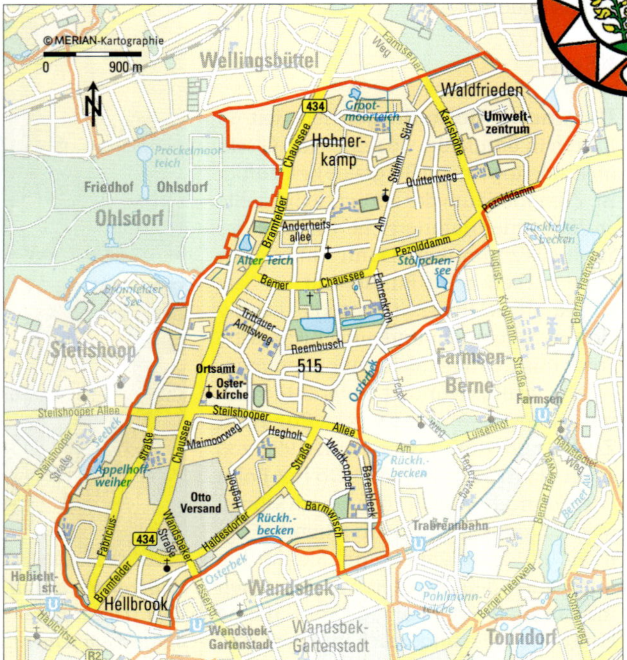

Aus der Geschichte

Die erste Erwähnung Bramfelds ist für 1271 nachgewiesen, als der Hamburger Bürger **Bernhard von Buxtehude** mehrere Hufen in den Dörfern Klein- und Groß-Bramfeld erwarb (zu Hufen s. Spadenland). Aus deren Erträgen und weiteren in Duvenstedt, Lemsahl und Mellingstedt ließ er eine Predigerstelle im Hamburger Dom einrichten. Die 725-jährige Wiederkehr des Datums feierten die Bramfelder 1996 als Stadtteil-Geburtstag. Die Beziehungen des Dorfes zu Hamburg reichen weit, denn viele landwirtschaftliche Produkte wurden aus dem Umland bezogen. In Bramfeld erinnern frühere Flur- und Wegenamen wie „Hoppenhofswiese“ und „Hopfenweg“ z.B. an den Hopfen, den die Hamburger Brauer aus Bramfeld erhielten.

Trotz viel Verkehr auf der Bramfelder Chaussee ist die Dorfmitte mit der früheren Schule (links) und dem alten Gemeindehaus noch immer zu erkennen

Von Bedeutung für die Geschichte Bramfelds war die Lage an einer der drei Landstraßen, die von Hamburg nach Lübeck führten. Schon früh gab es deshalb einen Dorfkrug, in dem Reisende einkehren konnten: 1307 wurde der Krug erstmals erwähnt, als ihn das Nonnenkloster in Harvestehude erwarb. Nicht, damit die Nonnen dort einkehren konnten, sondern um die Erträge des Kruges dem Kloster zukommen zu lassen. Die Lage an der **Fernstraße** war auch der Grund dafür, dass die Bramfelder Bauern mehr Pferde als üblich hielten: Fuhrdienste brachten gutes Geld. Am **Bramberg**, der früher steileren Anhöhe auf der Chaussee zwischen Sportplatz Diekstücken und der Straße *Am Damm*, kamen außerdem Zugochsen zum Einsatz.

Außer durchziehenden Truppen, wie z.B. 1626/27 im 30-jährigen Krieg, waren Feuersbrünste die schlimmsten Ereignisse, die einem Dorf widerfahren konnten. Als erste Gemeinde des Amtes Stormarn gründeten die Bramfelder im Jahr 1633 die **Hochfürstliche Bramfeldische Brand-Gilde**. Die Satzung bestimmte Maßnahmen, die ihre Mitglieder gegen die Brandgefahr ergreifen mussten. Andere stormarnsche Dörfer schlossen sich der Gilde, die auch als Feuerversicherung diente, an. 1776 hielten die über 200 Mitglieder ihre letzte Sitzung ab. Noch bis zum Ersten Weltkrieg bestand die **Totengilde**, eine Sterbeversicherung auf Gegenseitigkeit. Sie führte die Beerdigungen durch, nach denen man zur **Liekenköst** (Leichenkost) zusammenkam, und im Winter feierte sie den **Totenball**, bei dem es höchst fidel zuging.

Um 1880 setzte der Wandel Bramfelds ein. Immer stärker wurde der Einfluss, den das Wachstum Hamburgs auf das benachbarte Dorf nahm. Erste **Gärtnereien** siedelten sich an; die Gärtner, oft von mecklenburgischer Herkunft, hatten ihre Betriebe in Hammerbrook aufgeben müssen. Dort wurden Mietskasernen gebaut für die Menschen, die wegen der Einrichtung des Freihafens weichen mussten. Schnell wuchsen Zahl und Größe der Gärtnereien und die Glasflächen ihrer Gewächshäuser. Innerhalb weniger Jahre wurde Bramfeld zum zweitgrößten

Gemächlicher Verkehr in Bramfeld-Hellbrook: Um 1900 war der Einfluss der nahen Großstadt auf das Bild des Dorfes noch gering

Der neobarocke Turm der Osterkirche ist eines der Bramfelder Wahrzeichen

Gemüseanbaugebiet im Umkreis Hamburgs nach den Vier- und Marschlanden. Bekannt als Marke wurden die **Hellbrooker Gurken**, besonders charakteristisch war der Anbau von **Rhabarber**. Die Straßenbahnlinie 9, die seit 1948 vom Barmbeker Schützenhof zur *Owiesenstraße* fuhr, war auf den inoffiziellen Namen **Rhabarberexpress** getauft. Auch vom **Rhabarberdschungel** sprach der Volksmund, und nur die Schulbehörde hatte etwas dagegen, als die Schule an der Fabriciusstraße den Namen **Rhabarberschule** erhalten sollte. Die Blütezeit der Gärtnereien war schon in den 1920er Jahren überschritten. Seit den 1880er Jahren siedelten sich im Süden von Bramfeld **Industrie**- und **Gewerbebetriebe** an, von Wandsbek aus an der *Wandsbeker Straße* entlang und von Barmbek aus entlang der *Bramfelder Chaussee:* einige Metall verarbeitende Betriebe, Margarinefabriken, eine Fischfabrik und die Ude-Eiscreme-Fabrik.

Das Jahr 1913 brachte einen großen Einschnitt in den Bestand der landwirtschaftlichen Flächen Bramfelds: Hamburg erwarb damals 156 ha der Bramfelder Flur für eine Erweiterung des Friedhofs Ohlsdorf. Im Gegenzug erhielt das holsteinische Bramfeld das Geld für den Aufbau eines eigenen Sielnetzes. Bis heute von Bedeutung war auch die Zusage, einen Grünstreifen rund um den **Bramfelder See** frei zu lassen (s. Steilshoop).

In den 1920er Jahren begann der Siedlungsbau, der zu einer starken Bevölkerungszunahme führte. 1919 hatte Bramfeld 4740 und 1935 schon 10 173 Einwohner; das damals noch kleine Steilshoop war hierin mitgezählt. Bramfeld war auf dem Weg zu dem großen Wohnstadtteil von heute.

Eine Siedlung als Kunstwerk

So richtig alte Baudenkmale gibt es in Bramfeld nicht. Das letzte Fachwerkhaus ist abgerissen, und nur einige rund 100 Jahre alte Bauten finden sich als Spuren des Dorfes entlang der *Bramfelder Chaussee*, oft kaum zu erkennen wegen vorgesetzter Ladenanbauten. Markante architektonische Relikte sind die **alte Schule**, ein typischer preußischer Backsteinbau von 1888/89, und das ehemalige **Gemeindehaus** von 1911/12 am *Bramfelder Dorfplatz*. Dem Gemeindehaus, heute als Restaurant genutzt, fehlt seit Jahrzehnten der schmucke Uhrturm: Den würden viele Bramfelder gern wieder auf dem Dach sehen. Älteste Kirche des Stadtteils ist die 1914 geweihte **Osterkirche**. Einst stand sie allein in der Bramfelder Flur, heute ist das neobarocke Gotteshaus dem dichten Autostrom ausgesetzt. Vor 1914 mussten die Bramfelder zum Gottesdienst nach Bergstedt.

Charakteristisch für den Stadtteil ist die **Vielzahl der Wohnsiedlungen** aus den letzten acht Jahrzehnten. Die ältesten stammen aus den 1920er Jahren; als „Haus" dienten dabei auch ausgediente Eisenbahnwagen. Erste einheitliche Siedlungen aus Einzel- und Reihenhäusern entstanden in den 1930er Jahren, so an der *Rotdornallee*, am *Pezolddamm* und *Am Stühm*. Ende des Jahrzehnts wurden die ersten Geschosswohnungssiedlungen an der *Owiesen-* und *Fabriciusstraße*, am *Bargackerdamm* und am *Trittauer Amtsweg* errichtet. Auch während des Zweiten Weltkrieges wurden noch Wohnhäuser gebaut: von 1940 bis 1943 die **Alte Neue Heimat** am *Maimoorweg*, bei der auch holländische „Fremdarbeiter" beschäftigt wurden, und 1943 die **Marinesiedlung** am jetzigen *Haidlandsring*, die aus einfachen Baracken bestand. Eine große Anzahl neuer Wohnungen entstand seit dem Beginn der „Wirtschaftswunderzeit".

Ein Bramfelder Schulfest in den 1950er Jahren: Die Kinder spielen den „Rhabarberexpress"

1950/51 konnten die Wohnungen der **Frankschen Siedlung** an der *Steilshooper Allee* zwischen *Fabriciusstraße* und *Bramfelder Chaussee* und die in der Siedlung *Karlshöhe/Grootmoor* von ihren Mietern bezogen werden, die damit den Notunterkünften aus der Kriegszeit endlich entkommen waren.

Aus städtebaulicher Sicht am bedeutendsten ist die imNorden gelegene **Siedlung Hohnerkamp**. 1953/54 wurde auf freien Feldern zwischen älteren Einfamilienhäusern ein Plan des Architekten Hans Bernhard Reichow realisiert. Mit vier Gebäudetypen – Einfamilienhaus, Reihenhaus, Mehrfamilien- und sechsgeschossiges Punkthochhaus – entwarf der Architekt eine **Gartenstadt mit aufgelockerter Bebauung**, viel Grün und geschwungenen Straßenzügen. Läden, Arztpraxen und eine Mütterberatungsstelle gehörten zum Ensemble. Stich- und Ringstraßen hielten die für 4000 Bewohner gedachte Siedlung fast kreuzungsfrei. Helle Farben gaben ihr ein freundliches Erscheinungsbild, das sie auch heute nach der Sanierung wieder zeigt. Den Freiraum zwischen den Häusern wird so mancher Hohnerkamp-Bewohner geschätzt haben, denn die Wohnungen waren klein: Manchmal füllte das Bett das ganze Schlafzimmer aus, das deshalb zwei Türen hatte – an jeder Seite des Bettes eine! Hohnerkamp war die erste ohne öffentliche Mittel finanzierte und frei vermietete Siedlung in der Bundesrepublik. Nach einigen Jahrzehnten wurde sie aber zum Sanierungsfall: Die Baumaterialien der Nachkriegszeit waren nicht für die Ewigkeit gemacht. Inzwischen zeigt sich die sanierte Siedlung wieder in den **zarten Pastelltönen** wie nach der Errichtung. Der Milieuschutz durch die Soziale Erhaltungsverordnung verhindert die Verdrängung der ansässigen Bevölkerung. Prominentestes Kind der Siedlung, aber schon lange nicht mehr hier wohnhaft, ist die Modeschöpferin Jil Sander, die hier aufwuchs, bevor sie sich auf den Weg des Erfolges machte, der sie nach Pöseldorf (s. Rotherbaum) und in die weite Welt der Haute Couture führte.

Zweimal Siedlung Hohnerkamp: kurz nach der Errichtung mit junger Mutter und 2001 nach vollbrachter Sanierung

Ein ganz stadtteilbezogenes Kunstwerk ist im Ortsamt zu finden. **Dietreich Blattgrün** schuf dort ein Wandbild, auf dem in einer **Collage** die wichtigsten Bramfelder Bauten zu sehen sind. Und unweit davon hängt das **Stadtteiltuch**: Beim Stadtteil-Jubiläum 1996 verewigten sich jede Menge Bramfelder mit Unterschriften und Zeichnungen auf zwei Laken, die anschließend eingerahmt wurden und jetzt hinter Glas das nüchterne Treppenhaus des Ortsamtes schmücken, „als Dokument der Verbundenheit der Beteiligten mit ihrem Stadtteil", erklärt Ortsamtsleiter Manfred Noster. Ein anderes Wandbild gibt es im *Mützendorpsteed 14* (die Mützendorps waren eine alte Bramfelder Bauernfamilie) zu sehen: Das Treppenhaus ist vom Künstler **Behri Behrens** als **Unterwasserwelt** gestaltet: Mit jedem Stockwerk wird das Blau des Wassers, in dem sich zahlreiche Meeresbewohner tummeln, lichter.

Stadtteilcollage: André Wolters montierte für eine Postkarte alte Bramfelder Häuser

Bürgergeschichten

„Annäherung an Bramfeld“

Für Thomas Juhl hatte der Stadtteil noch kein Gesicht, als er 1990 ein Haus im Mützendorpsteed bezog. Der Besuch einer alten Dame sollte das ändern

Ich bin kein alteingesessener Bramfelder. 1990 waren Hanna, ihre Töchter Sarah und Milva, zwei Katzen und ich auf der Suche nach einer Bleibe für unsere neu zusammengewürfelte Familie. Nach 15 Jahren Eimsbüttel war ich von der Aussicht, ins scheinbar gesichtslose Bramfeld zu ziehen, wenig angetan. Aber Kindergartenplatz und Schule machten es unumgänglich. Hanna hatte ein Haus im Mützendorpsteed entdeckt, das zu mieten war, ein altes Haus mit Charakter und idyllischem Garten. Im Hinterhaus, einer früheren Tischlerei, wohnten die Besitzer. Das Haus versöhnte mich etwas mit dem Umzug.

Thomas Juhl vor seinem Haus voller verborgener Geschichten. Ein paar Jahrzehnte zuvor standen die beiden Mädchen vor dem schmucken Haus

Nach einigen Jahren stand eines Tages eine alte Dame im Garten. Sie fragte, ob sie sich etwas umsehen dürfe, ihr Vater habe dieses Haus 1914 gebaut, und sie sei hier aufgewachsen. Ich bat sie hinein. In ihren Erzählungen bekam Bramfeld ein Gesicht, und in der individuellen Geschichte dieses Hauses und seiner Bewohner spiegelte sich ein Stück Weltgeschichte. Sie erzählte von der Zeit nach dem Ersten Weltkrieg, als ihr Vater bei Blohm + Voss arbeitete, frühmorgens um 4 Uhr mit dem Rad zum Barmbeker Bahnhof fuhr und erst am Abend um 7 Uhr wieder zurück war, als Bramfeld ein Dorf war mit Feldern um das Haus und langen Wegen zum Einkauf. Sie erzählte vom langsamen Aufbau der Tischlerei, von der Zeit, als der Vater preußischer Schiedsmann war und für 5 Mark kleine Streitereien „um Hühner oder so was“ im Wohnzimmer schlichtete, vom frühen Tod der Mutter durch eine Lungenentzündung nach der Kartoffelernte, von der Zeit, als der Mützendorpsteed eine Hochburg der Kommunisten war und ihr Vater bei den Aufmärschen der Nazis seinen Konflikt mit der Hakenkreuzfahne löste, indem er die erlaubte preußische Fahne hisste, und von der Zeit nach dem Zweiten Weltkrieg, als es in dem Haus durch Einquartierungen eng wurde.

Die Erzählungen reichten bis zu ihrem Auszug in den 1960er Jahren und machten mir Lust auf mehr Geschichten vom Haus und seinen Bewohnern. Es gelang mir in den folgenden Jahren, die Menschen aufzutreiben, die hier gelebt hatten, und mir ihre Geschichten erzählen zu lassen. Geschichten von den Bombenangriffen auf Hamburg und dem Überleben, vom langsamen Wachsen der Tischlerei und beginnenden Wohlstand, in dem der Einbau von WC und Ölheizung eine wesentliche Rolle spielte. Von Hochzeiten, Krankheiten und Tod und von der Schließung der Tischlerei 1975. Von einem Künstler, der die Werkstatt nutzte und sich im Ausbau des Hauses verwirklichte, bevor er sich das Leben nahm. Von den Veränderungen des Stadtteils und der unmittelbaren Nachbarschaft bis zum Umbau der Werkstatt in ein komfortables Wohnhaus durch den jetzigen Besitzer. Alle diese Geschichten habe ich zusammen mit einigen Fotos in einer kleinen Mappe gesammelt.

Natürlich haben die Erzählungen meine Verbundenheit mit dem Haus im Mützendorpsteed erhöht, sie haben mich aber auch dem anfangs so wenig geliebten Bramfeld erheblich näher gebracht.

Statt des U-Bahn-Kopfes vor dem Brakula hätten die Bramfelder lieber eine echte Schienenanbindung

Zeitleiste

1271 erste Erwähnung

1307 Dorfkrug erwähnt

1633 Gründung der Brand-Gilde

1913/14 Bau der Osterkirche

1927 Holzhandlung Max Bahr

1937–38 Eingemeindung nach Hamburg

1960 Otto Versand zieht nach Bramfeld

1981 Eröffnung des Brakula

1996–2001 Bau der Öko- und Solarsiedlung Braamwisch

2001 BUND übernimmt Umweltzentrum

ab 2001 Planung Ortskernumgestaltung

Engagiert im Stadtteil

Schon über 20 Jahre alt ist der **Brakula**. Das ist kein blutrünstiges Stadtteilmonster, sondern der **Bramfelder Kulturladen**. Durch sein leuchtendes Gelb fällt er auch denen auf, die die „434" nur als Durchgangsstraße nutzen. Vor dem Haus steht der Kopf einer Hamburger U-Bahn mit der Liniennummer 9. Es gab mal eine U 9? Nein, das ist die Nummer der Straßenbahn, die 1948–65 Bramfeld mit der Innenstadt verband. 1981 nahmen junge Bramfelder ein leer stehendes Bauernhaus an der *Bramfelder Chaussee* in Besitz, tauften es Brakula und füllten es wieder mit Leben und einem **Kulturprogramm**, an dem bald auch viele Familien teilnahmen. In Eigenarbeit erfolgte die Sanierung, parallel liefen schon Kurse und kulturelle Veranstaltungen. Heute werden die Räume des Hauses ebenso von anderen Gruppen und den Ortsvereinen der Parteien genutzt, und Konzerte, Theater- und Kabarettaufführungen finden hier immer einen Platz.

Der Brakula organisiert auch das große **Stadtteilfest**, das seit über zehn Jahren fester Bestandteil des Stadtteillebens ist. Jedes Jahr füllt das Fest den Marktplatz *Herthastraße*. Neben vielen Ständen mit praktischen Dingen, mit Nippes und Trödel steht dann eine Bühne, auf der sich nacheinander eine Reihe von Gruppen aus dem Stadtteil präsentieren. Von den Kindergärten und den Schulen bis hin zu Sportvereinen und Musikgruppen sind alle beteiligt und hoffen auf gutes Wetter. Außer dem Stadtteilfest findet auf dem weitläufigen Marktplatz auch viermal jährlich ein nichtkommerzieller, vom Brakula veranstalteter Flohmarkt statt.

Tradition hat in Bramfeld die **Stadtteilkonferenz**, die etwa alle zwei Monate tagt, insgesamt schon über 40-mal seit 1993. Alle Stadtteilbewohner können teilnehmen, um über Probleme und Entwicklungen im Stadtteil zu diskutieren. Parteipolitik spielt hier keine Rolle; große Einigkeit herrschte z.B. bei der Abfassung der **Bramfelder Erklärung gegen Rechtsextremismus**, die Anfang 2001 verfasst wurde als Zeichen der Ablehnung neonazistischer Aktivitäten im Stadtteil. Auf noch unabsehbare Zeit wird das Thema einer **Schienenanbindung** des Stadtteils, ob mit U- oder Stadtbahn, die Konferenz beschäftigen.

Der Protest 1991 hat nicht geholfen: Die Bramfelder Chaussee gehört immer noch den Motorisierten

Vorträge, Ausstellungen, Rundgänge: viel los beim Bramfelder Stadtteilarchiv

Alles, was Bramfeld bewegt, steht in der Zeitschrift des Bürgervereins

Noch recht jung, aber dafür umso reger ist der **Bramfelder Bürgerverein**, 1991 auf Initiative von Ortsamtsleiter Manfred Noster gegründet. 2001 feierte der „BV", der inzwischen nicht mehr aus dem Stadtteil wegzudenken ist, sein zehnjähriges Jubiläum. Diskussionsveranstaltungen, Besichtigungen, „Klönabende" und soziale Aktivitäten gehören zum Programm. Alle zwei Monate erscheint **Wir Bramfelder**, die Zeitschrift des Bürgervereins, mit vielen Beiträgen zum Geschehen im Stadtteil. „Wer in Bramfeld was auf sich hält, der gehört zur Freiwilligen Feuerwehr", betont Dr. Hans-Joachim Seeler, Senator a.D. der Hansestadt und seit früher Kindheit Bramfelder. Dass viele was auf sich halten, zeigt sich beim Neujahrsempfang der Feuerwehr: Dann platzt die Garage im Ortsamt, in der sie zu Hause ist, vor Aktiven und Förderern aus allen Nähten. Übertönt wird der Klönschnack beim Empfang vom **Musikkorps der Feuerwehr**, das schon seit 1910 besteht und immer dabei ist, wenn es in Bramfeld zu feiern gilt. Musiziert wird aber auch bei Veranstaltungen der Hamburger Berufsfeuerwehr und auf Reisen: Bei der Steuben-Parade in New York hat das Musikkorps schon als Botschafter Bramfelds gewirkt. Die von Andreas Dubbe geleitete Feuerwehr hat unter den Freiwilligen Feuerwehren Hamburgs die meisten Einsätze; im Jahr 2000 rückte sie 407-mal aus.

Im Stadtteil zu Hause, bei vielen Reisen, aber auch auswärts und international zu hören ist das von Rainer Holdhoff geleitete **Jugendsinfonieorchester Bramfeld**, kurz JOB genannt. Dem Klangkörper gehören vor allem Schüler des **Gymnasiums Bramfeld** an, aber auch einige Schüler anderer Schulen, Studenten und Ehemalige. Sehr musikalisch geht es auch bei der **Bramfelder Liedertafel von 1873** zu, dem ältesten Verein Bramfelds. 1999 erhielten die rund 60 aktiven Mitglieder den Wandsbeker Kulturpreis für 125 Jahre Chorarbeit zugesprochen.

An der *Bramfelder Chaussee 25* liegt das **Stadtteilarchiv**. In einer ganzen Reihe von Ausstellungen hat es die Geschichte Bramfelds, den Wandel vom Dorf zum Stadtteil und das Leben der Menschen schon präsentiert. Die jüngste Ausstellung demonstriert den Wandel des Bramfelder Zentrums – passend zur aktuellen Diskussion um dessen Neugestaltung. Neben den Ausstellungen wird in Broschüren, bei Führungen und „Klöntreffs" das gesammelte

und aufbereitete Wissen weitervermittelt. Daran, dass Bramfeld vor 70 Jahren noch holsteinisch war, erinnert das Vorhandensein eines Ablegers des **Schleswig-Holsteinischen Heimatvereins up ewig ungedeelt von 1895**. Im Mittelpunkt seiner von Heinz C. Harms geleiteten Arbeit steht die Pflege des niederdeutschen Kulturgutes, besonders der plattdeutschen Sprache. Regelmäßig finden in der Bücherhalle an der *Herthastraße* Literaturabende „op Platt“ statt.

Einer der größten Sportvereine Hamburgs ist der **Bramfelder Sportverein von 1945**. Rund 4000 Mitglieder sind im BSV aktiv, und das Wirkungsfeld beschränkt sich nicht mehr nur auf Bramfeld. 2001 hat der BSV in Steilshoop die Anlage eines dort aufgelösten Vereins übernommen. Erfolgreiche Mitglieder des BSV sind z.B. die Trampolinspringer und Roberto Navatto, der deutsche Meister des Jahres 2000 im Kata, einer Karate-Disziplin.

Wichtige Einrichtungen sind auch die **Kirchengemeinden** Bramfelds – die ev.-luth. Gemeinden Osterkirche und St. Simeon sowie die kath. Gemeinde St. Wilhelm. Ein besonderes Projekt der Simeonkirche ist die Errichtung von zwei Kirchenkaten, in denen Obdachlose wieder ein festes Dach über dem Kopf finden können. Aktiv für andere sind auch die Schüler des **Gymnasiums Grootmoor**: Seit mehreren Jahren helfen sie bei der Sanierung der Dorfkirche des mecklenburgischen Müsselkow. Die Schüler erhalten dort vor Ort Arbeitspraxis und leisten ihren Beitrag zum Zusammenwachsen von Ost und West. Eine gelungene Kooperation von Jung und Alt gibt es seit einigen Jahren am *Hohnerredder*. Einander gegenüber liegen das **Max Brauer Haus**, ein Seniorenheim der Alida-Schmidt-Stiftung, und das **Kindertagesheim Hohnerredder**. Gemeinschaftliche Aktionen sollen zum gegenseitigen Verständnis beitragen: „Jung und Alt gemeinsam“ lautet das Motto. So kommt z.B. regelmäßig eine „Vorlese-Omi“ in den Kindergarten, oder Kinder gehen hinüber ins Max Brauer Haus und werkeln dort mit Bewohnern im Bastelraum.

Oben: Der Bürgerverein feiert sein zehnjähriges Jubiläum.
Links: hoch hinaus – die Trampolinkünstler des BSV

Onkel Bahr und Familie Otto

In der Mitte Bramfelds liegt an der *Bramfelder Chaussee* eine Filiale der Baumarktkette **Bahr**. Unter den 70 bundesweiten Niederlassungen des Unternehmens ist es aber nicht irgendeine, denn hier hat die Firma ihren Gründungsort. Hans-Joachim Seeler kann sich noch gut daran erinnern, wie „Onkel Bahr“ in den 1930er Jahren mit dem Wagen durch das Dorf fuhr, um seine Leitern an den Mann zu bringen. Die frühere Holzhandlung von Max Bahr, in den 1920er Jahren aus der Stellmacherei seines Vaters Jacob Heinrich Bahr hervorgegangen, hat ihren Verwaltungssitz jetzt in Wandsbek.

Den größten Radius aller Bramfelder Unternehmen bei seinen geschäftlichen Aktivitäten und dementsprechend auch den größten Firmensitz hat der **Otto Versand**, dessen Schriftzug hoch über *Bramfelder Chaussee* und *Wandsbeker Straße* zu lesen ist. Der Versandhandel ist aber nur eine der inzwischen 83 Firmen der **Otto Gruppe**, die einen Umsatz von mehr als 20 Mrd. Euro erzielt. Im hiesigen Stammsitz arbeiten etwa 6200 Personen in Verwaltung, Qualitätskontrolle, Kundencenter und Lager, wo ein 700 m langes Förderband die unzähligen Artikel transportiert. Bis zu 100 000 Sendungen täglich verlassen Bramfeld. Kaum zu glauben, dass alles einmal mit einem kleinen Sortiment

Alles noch in Handarbeit: Stellmacher Jacob Heinrich Bahr (r.) mit Geselle vor der Werkstatt

Nicht zu übersehen: der Stammsitz des Otto Versands an der Bramfelder Chaussee – von hier aus wird weltweit gehandelt

an Schuhen angefangen hat (s. Schnelsen).

Erst beim Betreten des Gebäudes am *Moosrosenweg* fällt einem die Größe des **Ausbildungszentrums** der Hamburgischen Electricitäts-Werke (HEW) auf. 90 Auszubildende in technischen und kaufmännischen Berufen werden jedes Jahr aufgenommen. Das Gebäude aus Stahl und gelbem Backstein erfüllt in vielerlei Hinsicht ökologische Kriterien; Sonnenkollektoren gewinnen Strom, Regenwasser wird als Brauchwasser genutzt. Als Ausgleich zum Unterricht machen die Azubis Theater: Ihre Theatergruppe übt und spielt seit 1996 im Ausbildungszentrum.

Die *Wandsbeker Straße 26* entpuppt sich als musikalisches Eldorado: In einem Hof liegt **Amptown**, wo sich auf 10 000 m^2 alles um Musik dreht und Gitarristen oder Schlagzeuger ins Schwärmen geraten. Aus einem kleinen Privatimport von Verstärkern 1973 in einem Bunker an der *Alten Wöhr* entwickelte sich seit 1982 in Bramfeld eine kleine „Stadt" mit 100 Angestellten: Neben den Instrumenten findet man hier Licht- und Bühnentechnik für Bands, Musicals und Diskotheken.

Eine feste Einrichtung ist mittlerweile das **Bramfelder Fenster**, eine „Stadtteilmesse" des Handels, des Handwerks und der Dienstleistungsunternehmen. Der Reiterhof Kruse stellt dafür seine Reithalle am *Fahrenkrön* zur Verfügung. Der Reitstall selbst nutzt die Gelegenheit, zum Tag der offenen Tür einzuladen.

Vielfältiges Wohnen

Bramfeld ist in seiner Wohnstruktur ein äußerst vielseitiger Stadtteil – und von Süden nach Norden ein **Brückenstadtteil**: vom gänzlich urbanen Barmbek hin zum Alstertal ab Wellingsbüttel. Alte Villen und neue Einfamilienhäuser, jede Menge Geschosswohnungsbau aus den Nachkriegsjahrzehnten, neuere Stadthäuser aus den letzten Jahren und die ökologischen Wohnprojekte auf der Karlshöhe – hier kann jeder etwas finden, sofern nicht Alster- und Elbblick ein Muss sind. Bramfeld ist zum großen Teil ein grünes Wohngebiet, was allerdings von der *Bramfelder Chaussee* aus kaum zu erkennen ist. Neben dem Bau der Siedlung Hohnerkamp war die Errichtung der **Hegholt-Siedlung**, in der 2000 Menschen wohnen, das zweite Großprojekt der Nachkriegszeit. In den 1990er Jahren wurde die Siedlung aufgrund des Zuzugs vieler sozial schwacher Familien zum Problemfall. Das Gebiet, in dem Reihenhäuser, Geschosswohnungen und ein **Punkthochhaus** dicht beieinander stehen, fand deshalb Aufnahme in das vom Senat aufgelegte „Programm der sozialen Stadtteilentwicklung". Mit dabei ist eine Bürgerinitiative, die sich für eine Verbesserung der Lebensbedingungen „im Hegholt" einsetzt – gegen eine zu starke Nachverdichtung und für eine Verbesserung der Verkehrssituation.

Die Auswahl an Instrumenten ist immens: musikalische Fachsimpelei in der Gitarrenabteilung bei Amptown

Obwohl Bramfelds Bebauung mittlerweile sehr verdichtet ist, gab es bislang immer noch Bauplätze für Wohnprojekte, teils auch durch den Abriss älterer Häuser. Die SAGA errichtete 1997–2000 zwischen *Bargackerdamm* und *Trittauer Amtsweg* 240 Wohnungen im Reihenhausstil, am *Grootmoor* entstehen seit 2000 moderne Stadthäuser.

Stadtteil-Profil

	Bramfeld	Bezirk	Hamburg
Bevölkerung gesamt (2000)	50426	405173	1704929
Unter 18-Jährige in %	15,9	17,1	16,1
65 Jahre und älter in %	19,4	18,8	17,0
Deutsche	45717	359918	1432325
Ausländer in %	9,3	11,2	16,0
Einwohner je km²	4997	2742	2258
Sozialstruktur			
Sozialhilfeempfänger (2000)	3264	25017	120461
Arbeitslose (2001)	1987	14222	71963
Eink. je Steuerpfl. in DM (1995)	59805	70631	65579
Wohnen (2001)			
Wohngebäude	8565	68964	226061
Ein- und Zweifamilienhäuser in %	28,2	31,4	20,5
Ø Wohnungsgröße in m²	67,7	77,1	71,0
Wohnfläche je Einwohner in m²	35,6	37,0	35,7
Verkehr			
Private Pkw (2001)	21087	166212	628119
Straßenverkehrsunfälle (2000)	290	2255	12430
Kriminalität			
Straftaten insgesamt (2000)	4845	41067	284272

Wahlverhalten

... zur Bürgerschaft 2001 (gesamt)

Wahlbeteiligung	71,0%
SPD	36,5%
CDU	26,2%
Schill-Partei	19,4%
Grüne/GAL	8,6%
FDP	5,1%
Übrige	4,2%

... zur Bürgerschaft 2001 (Stadtteil)

Wahlbeteiligung	72,8%
SPD	39,6%
CDU	24,5%
Schill-Partei	23,1%
Grüne/GAL	5,3%
FDP	4,3%
Übrige	3,3%

Mehr aus der Mitte machen

Die Parkplätze vor den Geschäften an der *Bramfelder Chaussee* sind rar, der Weg nach Wandsbek ins „Quarree", zum „einkaufstreffpunkt" nach Farmsen oder ins „Einkaufszentrum Hamburger Straße" ist mit dem Auto nicht weit, während U- und S-Bahn in der Mitte Bramfelds fehlen: Die zentralen Themen der Stadtteilpolitik sind nicht im Stadtteil allein zu lösen. Die Bramfelder **Planwerkstatt** trat im Frühjahr 2001 das erste Mal zusammen, um ein gemeinsames Forum von Bürgern, Planern und Behördenvertretern zu schaffen, deren Ideen und Wünsche zusammenwachsen sollen. Es werden noch viele Gespräche folgen, bevor ein von allen akzeptiertes, im Stadtteil konsensfähiges und vor allem umsetzbares Konzept für eine Neugestaltung des Bramfelder Ortskerns vorliegt. Denn das Vorhaben ist ehrgeizig: Um dem „Bedeutungsverlust durch Lärm und Verkehr" entgegenzuwirken, soll eine „Stärkung der Sicherung der zentralen Funktionen" erfolgen, beschreibt die Architektin Roswitha Düsterhöft als verantwortliche Stadtplanerin das Projekt. Die Verbesserung der Verkehrsanbindung durch Stadt- oder U-Bahn, eine höhere Einkaufsattraktivität, die Schaffung eines Bramfelder „Rathausplatzes" – die Ideen zur Erneuerung von Bramfelds Mitte sind umfassend und deshalb nicht einfach zu realisieren.

Wohnen in Bramfeld: ein Blick über „den Hegholt", rechts Neubauten der SAGA zwischen Trittauer Amtsweg und Bargackerdamm

Die Karlshöhe: Hamburgs ökologisches Hoch

***Umwelterziehung* und *naturgemäßes Wohnen* stehen in Bramfeld in enger nachbarschaftlicher Verbindung**

Im Nordosten Bramfelds war in der Mitte des 19. Jahrhunderts noch Land urbar zu machen. Der Landwirt Carl Reimers errichtete hier einen großen Hof und gab ihm seinen eigenen Namen: **Carlshöhe**. In den vergangenen Jahren ist aus dem ehemals landwirtschaftlichen Betrieb, der lange eines der hamburgischen „Staatsgüter" war, mit viel privatem Engagement und städtischer Förderung eine ganz auf ökologisches Denken und Handeln ausgerichtete Einrichtung entstanden. Zum Jahresbeginn 2001 übernahm der **Bund für Umwelt- und Naturschutz** (BUND) die Trägerschaft für das zuvor städtische **Umweltzentrum**. Ziel des BUND ist es, die Karlshöhe zur ersten Adresse in Sachen Umwelterziehung und -bildung zu machen, erläuterte Harald Köpke, Landesvorsitzender der Umweltorganisation, bei der Übernahme.

Neben dem BUND hat inzwischen auch eine ganze Reihe weiterer Organisationen ihre Geschäftsstelle in den historischen Gebäuden des Hofes, darunter die **Arbeitsgemeinschaft Natur- und Umweltbildung** und der **Verein Hanseatisches Solarmobil**. Bildungsveranstaltungen für Lehrende und Erziehende und offene Veranstaltungen für Erwachsene machen den einen Teil der Arbeit aus; die meisten der Besucher auf der Karlshöhe aber sind Kinder, die mit ihrer Kindergartengruppe oder der Schulklasse kommen. Auf dem Gelände des Zentrums können sie verschiedene Biotope erkunden, nach Tierspuren suchen oder zur Erntezeit lernen, „wie der Apfel

Die Karlshöhe zu Zeiten von Carl Reimers, Lithografie um 1860

in die Flasche kommt" – nämlich in die Saftflasche. Im **Solargarten** wird an zwölf Stationen anschaulich, was Sonnenenergie ist, ein Modell verdeutlicht die Dimensionen unseres Sonnensystems.

Aber auch alleine können Kinder viele Angebote ausprobieren, z.B. in der **Arbeitsgemeinschaft Schaf und Ziege**. Bei der Mitarbeit erfährt man allerlei über das rauwollige Pommersche Landschaf. Kleinere Tiere lernt man beim **Imkerverein Hamburg-Bramfeld** kennen, der seit 1986 am Aufbau des Umweltzentrums mitgewirkt hat. Inzwischen besitzt der Verein ein eigenes, mit der Hilfe vieler deutscher und internationaler Freiwilliger errichtetes Fachwerkhaus auf dem Gelände des Umweltzentrums. Einer von denen, die hier das Leben der Bienen und ihre große Bedeutung für die Natur er-

Imker Heino Susott erläutert die Bedeutung der Bienen

klären, ist Heino Susott. Der kennt sich allerdings auch mit sehr großen Tieren aus: Er war lange Zeit der Pfleger von Walross Antje, dem Maskottchen des NDR und Liebling der Hagenbeck-Besucher. Zusammen mit Ursula Hörmann betreut Heino Susott die **Imker-Jugendgruppe Bio?–logisch!**

Erweitert wird das Umweltzentrum durch zwei benachbarte, nach unterschiedlichen ökologischen Aspekten errichtete Wohnprojekte. Die **Ökologische Siedlung Braamwisch** besteht aus einem Wohnhof mit zehn Reihenhäusern in Holzrahmenbauweise sowie weiteren Reihen- und Doppelhäusern. Ursel Beckmann initiierte nach dem Vorbild dänischer Gemeinschaftsprojekte die 1996–2000 nach einer langen Planungsphase erfolgte Errichtung des Wohnhofs. Zu den Niedrigenergiehäusern des Wohnhofes gehören **Komposttoiletten**, die für die Bewohner zunächst gewöhnungsbedürftig waren, und **Pflanzenkläranlagen**. Ausgeglichen wird der etwas höhere Arbeitsaufwand für die in Schweden schon seit Jahrzehnten verbreiteten Toilettensysteme durch geringere Betriebskosten: Die Siedlung Braamwisch ist nicht an das städtische Sielnetz angeschlossen, Abwassergebühren fallen deshalb nicht an. Die Reinigung des Grauwassers aus Dusche, Waschbecken und Küche übernehmen die Pflanzenkläranlagen. Die Häuser neben dem Wohnhof sind ebenfalls an das Pflanzenklärsystem angeschlossen, weichen aber in der Bauweise ab. Autostellplätze liegen am Rand der Siedlung, sodass die Kinder im Wohnbereich gefahren- und abgasfrei spielen können. Familien, Alleinerziehende und Rentner haben hier ihren Wunsch verwirklicht, „gemeinsam ökologisch zu bauen und zu leben", so Ursel Beckmann. Einzig die schlechte Anbindung mit öffentlichen Verkehrsmitteln stört das umweltgerechte Wohnkonzept. Auf den Dächern der Siedlung sieht man, genau wie beim zweiten umweltfreundlichen Wohnprojekt, der **Solarsiedlung Bramfeld**, große Flächen von Warmwasserkollektoren. Auf den 1998 fertig gestellten 124 Häusern der Solarsiedlung fangen 3000 m^2 Kollektoren, die den Hamburger Gaswerken gehören, die Sonnenwärme ein. Ein großer, unterirdischer **Warmwasserspeicher** deckt die Hälfte des Energiebedarfs für Heizung und Warmwasser ab; bis weit in den Winter gibt das 4500 m^3 fassende Wasserreservoir die gespeicherte Wärme wieder ab.

Umweltgerechtes Wohnen: Häuser in der Ökologischen Siedlung Braamwisch. Auf den Dächern fangen Warmwasserkollektoren die Sonnenwärme ein

Viele Kinder aus der Ökologischen und der Solarsiedlung besuchen den dazu passenden Ökokindergarten: Der benachbarte **Naturkindergarten Kokopelli** gehört zu den von der Rudolf-Ballin-Stiftung getragenen Betreuungseinrichtungen und nutzt die Nähe zum Umweltzentrum. 100 Kinder finden hier vielfältige Möglichkeiten, in der Stadt Natur kennen zu lernen, z.B. in der Waldgruppe, die sich jeden Morgen zum nahen Berner Wald aufmacht.

Was wächst denn da? Eine Kindergartengruppe erkundet zusammen mit Katharina Henne von der Arbeitsgemeinschaft Natur- und Umweltbildung den Obstgarten

Der Grootmoorteich – nach der Renaturierung wieder ein vollwertiges Biotop

Jede Menge Teiche

Die „434" täuscht darüber hinweg, dass Bramfeld viel Grün und Wasser hat. 2001 wurde der **Grootmoorteich**, der gänzlich zu verschlammen drohte, renaturiert. Die Bewohner der nahen Neubauten werden diese Maßnahme sehr zu schätzen wissen. Direkt am Friedhof

Tierische Idylle am Fahrenkrön: die Pferde des Reiterhofs Kruse

Ohlsdorf befindet sich der **Alte Teich**, auch „Kleiner Bramfelder See" genannt. Oft trifft man hier Angler an. Im Süden Bramfelds liegt auf der Grenze zu Steilshoop der **Appelhoffweiher** und im Osten ein lang gezogenes Rückhaltebecken im Lauf der **Osterbek**, der Grenze zum benachbarten Farmsen-Berne. An der Osterbek ist auch der Rest der Bramfelder Feldmark zu entdecken: Am *Fahrenkrön* weiden die Pferde des **Reiterhofs Kruse**. Weiter nördlich liegt noch ein Teich, bei dessen geringer Größe die Bezeichnung **Stölpchensee** etwas hochtrabend ist. Zwei weitere Teiche östlich der Straße *Im Soll* dienten einst einem Kalksandsteinwerk und inoffiziell der Bramfelder Jugend als Badeseen. Die Teiche und das Gelände ringsherum werden zurzeit saniert. Der östliche Teich soll später unzugänglich sein und als Ruhezone für Tiere dienen; um den westlichen Teich wird ein Weg führen. Der große **Bramfelder See** gehört aufgrund eines Verwaltungsaktes nicht mehr zu Bramfeld, er liegt heute gänzlich in Steilshoop.

Bramfelds Einkaufsmeile

„Wenn ich dran denke, wie viele Geschäfte das hier früher gegeben hat", erinnert sich Erika Beit, Vorsitzende des Bürgervereins Bramfeld, mit Bedauern. Zwar gibt es nach wie vor viele Einzelhändler an der *Bramfelder Chaussee*, doch sind die meist nicht mehr familiär im Stadtteil verwurzelt. Dem Stadtteil fest verbunden ist dagegen das **Haushaltswarengeschäft der Familie Damms**. 1877 eröffnete der Urgroßvater von Hans Joachim Damms seinen Krämerladen, wo er alles von Heringen bis zu Holzpantinen verkaufte. Wie der Name Damms taucht auch der von **Familie Jahnke** schon in den frühen Bramfelder Bauernlisten auf. Die Landwirte von einst sind heute Unternehmer: Bei ihnen kaufen viele Bramfelder und andere Hamburger heute ihre Autos. Ein Fenster, das besonders viele Blicke auf sich zieht, ist das von **Spielwaren Hartfelder**. Angelika und Klaus-Dieter Hartfelder bieten neben Spielzeug alles zum Basteln an. Ganz besonders gepflegt wird das Modelleisen-

Angelika Hartfelder weiß, was Kinder mögen – z.B. den kleinen Eisbären

bahn- und Modellautoprogramm. Heute eine Seltenheit: Die eigene Werkstatt repariert defektes Spielzeug.

Essen international

Bramfelds Bevölkerungszahl ist hoch, und dementsprechend vielfältig und international sind die Möglichkeiten bei der Wahl eines Restaurants. Ganz traditionell ist der bürgerliche **Seehof** in der *Fabriciusstraße*, der schon vor 100 Jahren ein Ausflugsziel der Städter war. In der Nähe liegt der namensähnliche **Seeteufel**.

Auch bei Regen gut besucht: Markttag an der Herthastraße vor dem Karstadt-Haus

Ganz auf der anderen Seite Bramfelds kann man in der Nähe der Vierbeiner des Reiterhofs im **Hufschlag** einkehren. Einen zentralen Standort hat hingegen das **Diamanti** ergattert: Der Italiener empfängt im früheren Gemeindehaus am Dorfplatz. Die internationale Palette erweitern der kleine, aber feine Spanier **El Ronchito** in der *Fabriciusstraße* und die griechische **Taverna Paros** in der *Heukoppel*. Gut besucht am Mittag ist in der *Bramfelder Chaussee* das anatolische **Dergah** von den Landsleuten des Wirtes und Angestellten umliegender Firmen. Schon beim ersten Sonnenstrahl stellt Sergio Biasi die Stühle vor sein **Eiscafé Dante** an der *Chaussee*, und auch beim **Eiscafé Höft** genießt man kaltes Eis und heiße Getränke.

Köpfe

Noch vielen Bramfeldern vertraut ist **Marga Wölcken** (1906–2000). Sie war ein „Urgestein" des Stadtteils und mehr als drei Jahrzehnte die Wirtin der Gaststätte „Zur gemütlichen Ecke" an der Ecke *Seehofallee/Bräsigweg*, die schon seit 100 Jahren im Familienbesitz und jetzt als „La Castana" verpachtet ist. Marga Wölcken war immer freundlich, eine gute Zuhörerin und unerschöpflich in ihren Erinnerungen an Alt-Bramfeld und seine Familien.

Nur von Eingeweihten zu finden ist das Weinfachgeschäft von **Rolf Manstein** am *Fahrenkrön 93*. Er präsentiert hier ein breites Sortiment deutscher und internationaler Weine. Vor allem aber verkauft er alles, was man benötigt, um selbst Winzer zu werden. Rolf Manstein produziert schon seit 1960 Obstweine aus allen möglichen Obstsorten; über sein uriges Geschäft kann er sein Wissen und das Zubehör an Interessierte weitergeben.

Wie viele Kinder waren es in den vergangenen 40 Jahren, die **Helga Peters** als Tagesmutter betreut hat? Etwa 40, meint die Bramfelderin, die in der *Olewischtwiete* wohnt. In den frühen 1970er Jahren stieß sie die Gründung des Vereins Hamburger Tagesmütter und -väter an, und für ihre Mühen erhielt sie 1998 die Senatsmedaille „für treue Arbeit im Dienste des Volkes". Mit der Abholung der Kleinen durch die Eltern ist der Arbeitstag von Helga Peters allerdings noch nicht vorbei: Auch in der Stadtteilpolitik ist sie schon lange aktiv, seit 1977 ist sie Mitglied des Ortsausschusses, 1998–2001 war sie dessen Vorsitzende.

Vom Zaubern in der Kindheit kam er zum Betreiben einer Varieté-Kneipe in Dulsberg. Schließlich aber dachte sich der 1963 geborene **Kai Pauli**: Auftreten, das kann ich auch. Als Straßenclown fing er an, inzwischen aber ist das Clown-Mobil sein Markenzeichen, ein bunt bemalter VW-Bus, der häufig an der *Bramfelder Chaussee* zu sehen ist. Denn sein Besitzer wohnt mit seiner Familie, die gänzlich Clown-aktiv ist, im *Hohnerkamp*. Die Spanne der Auftritte von „Clown Pauli" reicht vom Kleingartenfest in Bramfeld bis zu vielen Stadtfesten andernorts und Auftritten in Film und Fernsehen.

Bramfelder: Marga Wölcken, Helga Peters, Rolf Manstein und Kai Pauli

Cranz

liegt mit nur vier Straßen an Este und Elbe beim Mühlenberger Loch. Dicht an dicht reihen sich die wenigen Häuser. Zur Obstblüte jedoch wird das Schlafdorf von Hamburgern und anderen Nachbarn heimgesucht. Eine alte Fährlinie verbindet das ländliche Cranz mit dem städtischen Blankenese auf der anderen Elbseite

Steckbrief

Fläche: 1,332 km²
Einwohner: 846
Verwaltung: Bezirk Harburg, Ortsamt Süderelbe
Ortsteil: 721

Cranz: einst wohlhabendes Dorf an der Estemündung

Einst setzte man von Blankenese „zum Krantze" („to dem Crantze") über, deshalb geht der Stadtteilname wohl auf ein uraltes Wirts- und Fährhaus zurück.

Aus der Geschichte

Die Cranzer Lage noch unterhalb des verästelten Stromspaltungsgebietes (s. Veddel) und an der Mündung der Este mit Verbindung zum Hinterland war von jeher ideal. Der Ort lag an einer historischen Heerstraße, die Skandinavien mit West- und Südwesteuropa verband. Hier am Elbufer lebten schon Sachsen, ein prähistorischer Schädelfund zeugt von noch früherer Besiedlung. Urenfleth („Orenvlete") hieß ein Ufer- und Fährort, der 1255 erstmals an der Estemündung erwähnt wird.

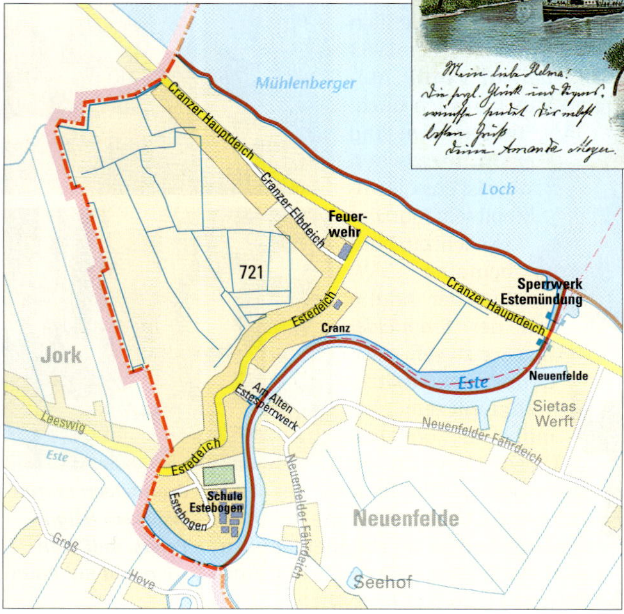

Das einst wilde Sumpfgebiet wurde seit 1135 zum „Altländer Sietland" und vom Erzbischof von Bremen **nach holländischem Vorbild** in drei Meilenabschnitten kultiviert („Erste Meile" von Schwinge bis Lühe). An der Este endete die „Zweite Meile", jenseits (heute ab Neuenfelde) begann die „Dritte Meile". An der Grenz-Este war es entweder zu felderarm oder zu übervölkert, sodass auf und am Deich besonders dicht gebaut wurde; manche meinen, der „Kranz" der Häuser (der wohl eher eine Schnur war) habe später den Ortsnamen ergeben.

Verheerende Sturmfluten müssen Urenfleth derart zugesetzt haben, dass „Cranz" (1341 erstmals erwähnt) dessen Rolle von 1395 an übernahm, schon 1428 war der Ort Urenfleth als unmittelbarer Nachbar von Cranz verschwunden. Doch Cranz überlebte als wichtiger Fährort nach Blankenese und als Fischer-

ort und richtete sich wirtschaftlich auf den großen Fluss vor der Haustür aus. Der kleine Ort wurde nach 1645 schwedisch, 1712 dänisch, drei Jahre an Hannover-England mitverkauft und von 1866 an schließlich preußisch. Cranzer Kutter führten stolz ein „P. C." (Preußisch Cranz) am Bug. Den nahen Blankenesern, Altonaern und Hamburgern (denen Cranz erst 1937/38 zugeschlagen wurde) diente Cranz als beliebtes Ausflugsziel. Cranz war einst **wichtiger Ziegellieferant**, hatte seine Kleinwerften und wurde Standort für agile, bald vermögende Fischer, Kleinreeder und investitionsfreudige Unternehmer.

Elbe und Este blieben Schicksalsflüsse: Nach der Sturmflut 1962 (mit Deichüberflutungen und Deichbruch in Cranz) wurde die Bedrohung mit **neuem Deich** und **Sperrwerk** gemindert.

Kunstwerk der Natur

Cranz ist das „Tor zum Alten Land", das am schönsten per Fähre und Rad entdeckt, aber auch ebenso schnell durchradelt werden kann. Keine Prunkpforte, Tracht oder Kirche reizt (die zugehörige samt Cranzer Friedhof liegt im fünf Kilometer nahen Estebrügge), kein Prachthof oder attraktiver Yachthafen hält auf – kein Menschenwerk (außer der Sperrwerkstechnik) sticht in Cranz hervor. Umso mehr reizt der **Fernblick beim Deichbummel**. Unvergesslich bleibt dabei das **Kunstwerk kultivierter Natur**, wenn zur Blütezeit Kirsch-, Apfel- und Birnbäume verschwenderisch ihre Pracht zeigen. Das ist dann Augenpulver noch für Tausendschaften, die dabei im Gänsemarsch auf dem Deich dies Schauspiel alle Jahre wieder genießen.

Ein Schlafdorf

Cranzer nennen ihren Stadtteil oft „Schlafdorf", dessen gar nicht mal 900 Einwohner sich fast alle kennen. Da mit 100 Zuzüglern (bei 96 Wegziehenden) mehr als zehn Prozent neue Gesichter per anno auftauchen, herrscht eher stille Vorsicht bei den Alteingesessenen. Südlich der Bebauung am Deichstraßenrand hat die viergeschossige **Siedlung Estebogen** (seit 1970) ein kompaktes und deutlich türkisches Eigenleben. Bürger-

***Sichere Hochlage:* Hinter dem neuen Sperrwerk blicken die Häuser auf dem Deich über die idyllische Freizeitwelt auf der Este, die sich bis Buxtehude schlängelt**

***Attraktive Blüte:* Wenn beste Bienenzeit ist, schwärmen auch Städter in die Cranzer Umgebung und staunen über das Grabensystem früherer Holländersiedler**

Bürgergeschichten

„Immer auf Halb zum Bulln“

Elfriede Friedrich, 1923 in Cranz als Tochter des Kapitäns und Partenreeders Jonny Rüsch geboren, erinnert sich an frühere Überfahrten nach Hamburg

Reederstochter: Elfriede Friedrich jobbte in Hamburg und musste bei Wind und Wetter, Nebel und Eisgang täglich über die Elbe

Manche Cranzer kamen ja in der Vorkriegszeit nie nach Hamburg, allenfalls mal auf Schulausflügen. Nur wer in Blankenese aufs Gymnasium ging oder wie ich die Handelsschule am Berliner Tor besuchte, musste morgens regelmäßig über die Elbe. Auch später, als fertige Kontoristin, nahm ich dann bis 1945 die S-Bahn in die Hamburger Innenstadt.

Um 7 Uhr morgens ging's dafür zu Fuß an den Cranzer Anleger, das Tuten der Fähre bei Annäherung machte uns Beine. Auf Halb ging's immer los, eine halbe Stunde setzten wir dann über. Manchmal mussten wir bei Luftalarm in Blankenese gleich in den Keller. War es ruhig, ging es drüben vom „Bulln“ die Treppen hoch zum Blankeneser Bahnhof. Im Winter wurde das bei Schnee ganz schön mühsam, wenn nicht richtig geräumt war.

Als Tochter des Mitreeders und Kapitäns der Hamburg-Blankenese-Este-Linie setzte ich natürlich umsonst über. Hin und zurück kostete es sonst 70 Pfennig, der Dampfer zu den Landungsbrücken eine Mark. Die Fähre war geheizt, wurde bewirtschaftet, war meistens voll – so 70 bis 100 Fahrgäste –, man kannte sich, und es war fröhlich durch die vielen Real-, Gymnasial- und Seemannsschüler. Wir hatten viel Spaß an Bord, bei strengem Frost und Eisgang mussten wir sogar das Schiff durch massenhaftes Hin- und Hergehen schaukelnd vor dem Festfrieren bewahren.

Eisbrecher: Damit der väterliche Dampfer in Liegezeiten nicht festfror, musste ständig rundum gehackt werden

Ziemlich mulmig war mir nur bei Nebel, wenn alle drum herum tuteten und die Vorsichtigen lieber draußen an Deck standen und mit aufpassten. Bei größeren Nebelverzögerungen war der Hunger auf der Elbe wegen der bald leer gefutterten Minikantine das Quälendste. In der Mitte des Stroms begegneten sich immer die beiden Fährbarkassen und grüßten sich tutend. Der schöne Anblick von Blankenese in der Morgensonne wurde allerdings zur Gewohnheit, das sah man kaum noch.

Kamen wir zu spät zur Rückfahrt, hetzten wir oft vom Blankeneser Bahnhof zum damaligen Anleger Dockenhuden und konnten die Fähre, die schon beim Bulln abgelegt hatte, dort noch erwischen.

Wenn die Herbststürme Hochwasser brachten, wurden wir auf der Cranzer Seite regelrecht ausgebootet, mussten dann in kleine Kähne springen und wurden an Land geschippert. Cranz war ja in Richtung Hamburg bis zum Straßenbau über das Sperrwerk eine Insel. Man konnte nur mit der Fähre weg, zwölf Kilometer zu Fuß nach Buxtehude wandern oder den Dampfer nach den Landungsbrücken nehmen. Der fuhr aber frühmorgens um drei oder vier Uhr öfter mal nervöse Schweine zum Hamburger Schlachthof, und das merkte man trotz anschließender Reinigung manchmal doch.

Im Krieg lagen alle unsere Schiffe nachts in der Estemündung, deshalb gab es keine Verluste. Cranz war also nie abgeschnitten von „Groß-Hamburg“, zu dem wir nördlichen Niedersachsen ja erst seit 1937 gehören. Mein Vater hat sogar 1943 nach einer Bombennacht Flüchtlinge vom Fischmarkt evakuiert und später Hamburger übergesetzt, die für Hamsterfahrten ihre Fahrräder in Cranz untergestellt hatten. Aber wehe, die Briten erwischten sie mit vollen Rucksäcken. Dann wurde konfisziert und weitergehungert.

initiativen werben freundlich und intensiv für die Vermittlung, hatten Erfolg mit Ermunterung zu gegenseitigem Grüßen und initiierten auf dem Schulgelände 2001 ein sehr gelungenes deutsch-türkisches Frauenfest samt Tanz, Henna-Nacht und Modenschau.

Cranzer Chronist: Jürgen Hoffmann ist der Archivar des Stadtteils und stolz auf sein Elternhaus am Estedeich, der im Süden in das Neubaugebiet Estebogen führt

Alte Wohlhabenheit

Die frühere **Großziegelei** (der Sprinkenhof entstand ganz aus Cranzer Ziegeln) ließ 1941 die Öfen ausgehen und verschwand vom Este-Ufer. Nicht nur hier hatten Cranzer Kapital angelegt und vermehrt. Etliche wurden vermögend, beteiligten sich auch an Obstdampfern oder Reedereien und betrieben spekulative Schweinemast für den nahen Hamburger Markt. Die ehemalige **Korbflechterei** für die Fischer

ist ausgestorben, die **Kutterflotte** verschwunden, die Küsten- und die Fährreederei stark geschrumpft. Einst lag im Winter hinter jedem zweiten Haus an der Este ein Schiff. Im 19. Jahrhundert gingen Cranzer sogar noch mit eigenen Seglern auf Fahrt. 1848 leistete sich Familie Bröhans eine Windmühle auf dem Estedeich, die samt Schornstein für den Notdampfbetrieb bei Windstille zum Cranzer Wahrzeichen wurde – bis zum Abriss 1952. Anno 1881 gründeten Cranzer Schiffseigner sogar den Assekuranzverein Hamburg-Cranz VaG, 1888 die „Cranzer Dampfschiffahrtsgesellschaft", 1914 die bis 1963 erfolgreiche „Hamburg-Blankenese-Este-Linie" (danach Hadag) – Cranzer galten im Umland als „fien" (= fein, wohlhabend). Radikaler Strukturwandel hat all diese schönen Erinnerungen Nostalgie werden lassen. Aber man ist stolz, dass „die SAL", das Schiffahrtskontor Altes Land (mit seinen spektakulären Spezialschiffen), im nahen Steinkirchen an der Lühe mit den Heinrichs eben immer noch einer Cranzer Familie gehört.

Neuere Tristesse

Jeder zehnte Cranzer ist heute mobil und radelt zum Job beim größten Arbeitgeber, der nahen Sietas-Werft jenseits der Este (s. Neuenfelde). Rad- oder autonah liegen „Airbus"-Werk und Finkenwerder, Hamburg-Pendler nehmen den Bus nach Altona (47 Min.). Wenn sie nicht, wie früher schon, „immer auf Halb" mit der Fähre nach Blankenese übersetzen. Von den zwei großen Höfen wird nur noch einer von einem Cranzer bewirtschaftet, der andere ist verpachtet. Bis heute gibt es einige Reeder mit Einzelschiffen oder Beteiligungen. Vom Ausflugsverkehr und der Gastronomie leben lediglich zwei Gasthöfe und ein Café. Den Einheimischen dienen nur noch zwei Arztpraxen und zwei Bäckereien; die einst sechs Kaufmannsläden und der Schlachter sind verschwunden. Für Einkäufe pendelt man nach **Finkenwerder** oder ins etwas fernere **Buxtehude**. Traditionell ist die Orientierung nach Niedersachsen größer als nach Hamburg, also liest man auch gern das „Buxtehuder Tageblatt".

Zeitleiste

bis ca. 800 Siedlung Urenfleth

1341 Cranz erstmals erwähnt

bis 1648 zum Erzstift Bremen

1648–1712 Cranz wird schwedisch

1715 zu Hannover-England

1866 Cranz wird preußisch

1937/38 Cranz an Hamburg

1961/68 1./2. Este-Sperrwerk

1968 Bus nach Finkenwerder

1970 Siedlung und neue Schule Estebogen

Notfalls im Pferdeomnibus

Bis zum Straßenbau über das erste, innere (1961) und das neue Este-Sperrwerk (1968) vorn an der Elbe war Cranz wie eine Insel, nur per **Personenfähre** mit Blankenese, dem Altonaer Fischmarkt und den St. Pauli-Landungsbrücken verbunden. Nach Buxtehude ging man zu Fuß oder nahm ab den 1940er Jahren den **Pferdeomnibus**. Inzwischen sucht der Verkehr der anderen Cranz heim: Morgens und abends ist die einzige nördliche Elbdeichstraße verstopft, zur Zeit der Obstblüte und der Pfingstausflüge geht nichts mehr vor und zurück. Längst haben so viele Radler die Romantik des **Europawanderwegs E 1** (Nordsee–Bodensee–Lugano) durch Cranz ins schöne Hinterland entdeckt, dass trotz Radverbots auf der schmalen Deichkrone Spaziergänger in Bedrängnis geraten.

Alter Engpass: Schulkinder mühen sich über das alte, innere Este-Sperrwerk, das erst 1961 zum trockenen Landweg nach Finkenwerder wurde

Ruhe weitab vom Schuss

Nur 166 Häuser reihen sich auf oder am Este- und Elbdeich, die meisten sind fest in einheimischer, oft ererbter Hand, argwöhnisch werden, wie in allen Dorfgemeinden, Besitzerwechsel registriert. Die Altbausubstanz allerdings hat durch voreilige Fassadenglättungen oder allzu simple (einige sagen: „grausame") Umbauten stark gelitten, manche wilhelminische **Backstein-Schmuckstücke** lassen ahnen, was konsequenter Milieu- oder Denkmalschutz vermocht hätte.

Zurück zum alten Charme

Engagierte Cranzer laden den Ortsamtsleiter zu regelmäßigen informellen Runden ein und tüfteln im vorläufigen „Arbeitskreis Cranz" an Ideen etwa für eine Nutzung der 2002 geschlossenen alten Schule. Sie begeistern sich für das Projekt eines Obsthofes auf den bislang verwil-

Wahlverhalten

... zur Bürgerschaft 2001 (gesamt)

Wahlbeteiligung	71,0%
SPD	36,5%
CDU	26,2%
Schill-Partei	19,4%
Grüne/GAL	8,6%
FDP	5,1%
Übrige	4,2%

... zur Bürgerschaft 2001 (Stadtteil)

Wahlbeteiligung	69,9%
SPD	37,3%
CDU	27,2%
Schill-Partei	20,2%
Grüne/GAL	4,9%
FDP	6,1%
Übrige	4,3%

Stadtteil-Profil

	Cranz	Bezirk	Hamburg
Bevölkerung gesamt (2000)	846	196 263	1 704 929
Unter 18-Jährige in %	17,6	19,2	16,1
65 Jahre und älter in %	17,1	16,9	17,0
Deutsche	720	157 260	1 432 325
Ausländer in %	14,9	19,9	16,0
Einwohner je km²	635	1222	2258
Sozialstruktur			
Sozialhilfeempfänger (2000)	64	17 127	120 461
Arbeitslose (2001)	25	10 107	71 963
Eink. je Steuerpfl. in DM (1995)	70 517	56 444	65 579
Wohnen (2001)			
Wohngebäude	166	27 486	226 061
Ein- und Zweifamilienhäuser in %	39,1	25,3	20,5
ø Wohnungsgröße in m²	79,0	69,9	71,0
Wohnfläche je Einwohner in m²	37,0	32,5	35,7
Verkehr			
Private Pkw (2001)	361	70 144	628 119
Straßenverkehrsunfälle (2000)	4	1197	12 430
Kriminalität			
Straftaten insgesamt (2000)	29	26 879	284 272

derten Elbwiesen, der als Mustergarten alte Obstsorten und frühere Pflege- und Erntemethoden bewahren soll. Die Initiatoren wollen peu à peu Cranz etwas alten Charme wiedergeben. Deshalb betreibt der Arbeitskreis im Rahmen des EU-Projektes **Maritime Landschaft Unterelbe** für Cranz die Spurensuche und will einige Attraktionen beisteuern; historische Werft, Weidenanbau oder Fischkorbmacherei könnten u.a. Highlights werden.

Hüben grüßt drüben

Cranz verdankt seinen zwei Flüssen viel: die Altländer Weite, die Obstgartenromantik und am Elbufer das Dauerschaufenster Blankenese. Eine stille Hassliebe verbindet Cranz mit dem ewig feineren Elbvorort; einmal im Jahr lodert deshalb das Osterfeuer der **Freiwilligen Feuerwehr Cranz** derart herausfordernd nach drüben, dass die Blankeneser mit ihren drei Feuern der Konkurrenz am andern Ufer ehrlichen Respekt zollen. Die 27 Freiwilligen (40 Einsätze pro Jahr) retten auch mal gekenterte Blankeneser Segler, ansonsten organisieren „die fixen Jungs" Bälle, Laternenumzüge und für die Gemeinnützigkeit fröhliche „Umbüdelabende" (eine Art Bingo-Spiel). Geselligkeitsfans sind Mitglied in der ehrenwerten „Schützengilde von Estebrügge und Umgebung von 1612 e.V.", der die Cranzer Feuerwehrfreiwilligen im Mai Marschbegleitung gönnen. Die neue Schule am Estebogen veranstaltet neben dem Schulfest zweijährlich das beliebte **Kinderschützenfest** mit Umzug und Ausschießen des Königs mit der Armbrust.

Köpfe

Seinen Namen kennt niemand, aber er hinterließ uns einen Teil seines Schädels, der aus der Zeit 8–6000 v. Chr. stammen dürfte. Das Fragment wurde 1972 auf einem alten Spülfeld vor Cranz entdeckt und ist das älteste im Hamburger Raum.

Sportschiffer und Funker großer Pötte kennen das Rufzeichen „DP07", die Küstenfunkstelle des Cranzer Kapitäns **Reiner Dietzel**, „Delta Papa 07". Seit 1999 betrieb er den von der Telekom aufgegebenen UKW-Service „Norddeich Radio" als „Schiffsmeldedienst" weiter und machte sich 2000 selbstständig (5400 Abonnenten). Er funkt Wettermeldungen (Seewetterberichte fünfmal täglich), Nachrichten und hilft in Seenotfällen (24 Stunden See-Land-Bereitschaft) vom Estedeich aus. „Es ist super hier", schwärmt der gebürtige Hesse, „direkt am Wasser!"

Jürgen Hoffmann lebt als pensionierter Uhrmacher und passionierter Heimatforscher in einem der schönsten Cranzer Häuser. Er archiviert alle Nachrichten und Dokumente, schwelgt ob der Fülle des Früheren und schweigt lieber angesichts vieler verlorener Dorfpartien. Der alte Herr hält computergestützte Ordnung und wird wissenschaftlich vom Cranzer Historiker Boy Friedrich beraten. So soll bald die Heimatchronik Cranz entstehen: „Es gab mal ein Cranzer Lied, aber das singt ja keiner mehr …"

Sein altmodisch blaues Polizeipostenschild ragt am Estedeich und erschreckt Schnellfahrer auf der kurvigen Deichstraße. Verkehrs-, Pendlerstau- und Parkprobleme machen dem beliebten Polizeioberkommissar **Derk Hedden** auf seinem Einzelposten die meisten Sorgen. „Ich bin der Dorfsheriff hier!", sagt er und schafft sich mit Diensthund Bonnie bei Streifengängen Respekt, dämpft schon mal aufkeimende Rechtstöne unter Jugendlichen und bringt gelegentlich Flüchtige in die JVA Hahnöfersand zurück.

Reiche Ernte: Nur noch zwei Bauern füllen ihre Kisten mit Cranzer Obst

Cranzer Köpfe: Schädelfragment des „ältesten Hamburgers" (links), der seefunkende Kapitän Dietzel und der „Dorfsheriff" Derk Hedden mit Diensthund Bonnie

Curslack

liegt mit seinem malerischen Dorfkern in der fruchtbaren Marsch der Vierlande, nahe dem holsteinischen Geesthang. Moderne Landwirtschaft geht hier Hand in Hand mit lebendiger Traditions- und Heimatpflege. Wichtige Einrichtungen sind die Curslack-Neuengammer Zentralschule und das Wasserwerk Curslack

Die Herkunft des Ortsnamens lässt sich nicht eindeutig belegen. Er soll sich von „Cuwerslake" ableiten und soviel wie niedrige Sumpfgegend bedeuten – eine nahe liegende Erklärung in der feuchten Marsch.

Aus der Geschichte

Curslack wurde erstmals urkundlich erwähnt, als es sich im Jahre 1188 mit Altengamme zu einem Deichverband zusammenschloss. Seine Anbindung an Hamburg erfuhr das Dorf im Jahre 1420, als es nach der Eroberung Bergedorfs durch Hamburg und Lübeck unter deren **beiderstädtische Verwaltung** geriet (s. Bergedorf). 23 Jahre später erhielt es mit dem Schleusengraben eine Anbindung nach Bergedorf. Diese diente vor allem dem Transport von Holz aus dem Sachsenwald zur Elbe.

Die alte „Schiefe Brücke" über die Dove-Elbe nach Neuengamme auf einer Postkarte Anfang des 20. Jahrhunderts

Steckbrief

Fläche: 10,618 km²
Einwohner: 3060
Verwaltung: Bezirk Bergedorf, Ortsamt Vier- und Marschlande
Ortsteil: 604

Seit Mitte des 16. Jahrhunderts bilden Curslack, Altengamme, Kirchwerder und Neuengamme zusammen die **Vierlande**. Ihre Bauern konnten durch die Nähe zu Hamburg gute Gewinne erzielen. Curslacks Wohlstand war auch in der günstigen Lage des Dorfes an der alten Handels- und Heerstraße von Bergedorf zum Elbübergang beim Zollenspieker (s. Kirchwerder) begründet: 1570 wurde der **Curslacker Heerweg** gebaut. Zu dieser Zeit brachte der Hochwasserschutz einen Einschnitt in das hergebrachte Dorfgefüge. Um mehr Anliegergrundstücke zu schaffen – und damit auch den Kreis der zum

Blick auf das Freilichtmuseum Rieck-Haus, den Bauerngarten und die Ochsenwerder Feldentwässerungsmühle

Rieck-Haus

Freilichtmuseum
Außenstelle des Altonaer Museums

Curslacker Deich 284, Tel: (0 40) 723 12 23, geöffnet Apr.–Sept. Di.–So. 10–17 Uhr, Okt.–März Di.–So. 10–16 Uhr

Kaffeetafel mit selbst gebackenem Kuchen nach Absprache

Deichbau und -erhalt verpflichteten Anwohner zu erweitern –, mussten große Hofstellen geteilt werden. Im Laufe der folgenden Jahrhunderte kam es zu einer Spezialisierung auf Gartenbau und Blumenzucht, die von Generation zu Generation weiterentwickelt wurde.

1868 endete die beiderstädtische Herrschaft, als Hamburg den Lübecker Anteil an Bergedorf und den zugehörigen Gebieten in seine seit 1830 bestehende und nun ausgeweitete **Landherrenschaft der Marschlande** übernahm. Mit dem Groß-Hamburg-Gesetz von 1937/38 wurden dann Bergedorf und die Vierlande samt kleineren preußischen Enklaven (eine winzige auch im Nordosten Curslacks) endgültig nach Hamburg eingemeindet und liegen heute im 1949 geschaffenen Bezirk Bergedorf.

1963 begann im Stadtteil der Unterricht an der ersten von acht Zentral- und Mittelpunktschulen in den Vier- und Marschlanden, die nach und nach über 20 „Zwergschulen" ablösten.

Kulturgeschichte erleben

Das **Rieck-Haus** ist eines der ältesten erhaltenen Hufnerhäuser der Vier- und Marschlande. Es wurde 1949 restauriert und fünf Jahre später dem Altonaer Museum als Außenstelle übergeben. Der Freilichtteil des Museums zeigt die Hofanlage in ihrer ungefähren historischen Zusammenstellung: Zu dem in vier Phasen seit 1533 errichteten Bauernhaus (s. Spadenland) mit zwei Scheunen kamen eine **Feldentwässerungsmühle** und ein **Gemüse-Ewer** aus Ochsenwerder sowie der letzte **Heuberg** in den Vier- und Marschlanden aus Allermöhe als Freilichtexponate hinzu. In den Gebäuden der Anlage, die noch bis 1980 zu „Schauzwecken" von der namengebenden Familie Rieck bewirtschaftet wurde, sind zahlreiche **bäuerliche Alltagsgegenstände** zu besichtigen: Eine Balkenwaage zeugt von Handel mit Obst und Gemüse; in den ausgestellten Bettkästen schlief das Gesinde, Truhen dienten der Aufbewahrung des persönlichen Besitzes.

Wenige Hundert Meter von der St. Johanniskirche in Neuengamme entfernt steht die ev.-luth. Kirche **St. Johannis** in Curslack. Zwei so dicht beieinander liegende Gotteshäuser gleichen Namens sind wohl eine kirchengeschichtliche Seltenheit. 1599–1603 wurde der heutige Fachwerksaal errichtet, 1801/02 umgebaut und um zwei Querarme erweitert. Aus dieser Zeit stammt auch das hölzerne Tonnengewölbe. Westlich der Kirche steht der geschweifte, mit Schindeln gedeckte Glockenturm aus dem Jahr 1761. Von der Kirchenausstattung ist besonders der **barocke Altaraufsatz** (1689) hervorzuheben: Er wurde aus geborgenen

Heute ist die Dove-Elbe ein beliebtes Revier für Freizeitkapitäne. Blick von der Eggers-Mindt-Brücke

Romantisches Curslack. Der Glockenturm der St. Johanniskirche gilt als der schönste der Vierlande. Rechts: Blick vom Orgelboden durch das Kirchenschiff

Mitte: Logo Landfrauenverein Curslack-Neuengamme. Unten Mitte: Erdbeeren sind ein Vierländer Exportschlager. Unten: Mit dem Verkauf von Primel- und Maiblumen-Sträußchen versuchten sich Vierländerinnen im Hamburger Straßenhandel

Fragmenten des Altars der 1944 zerstörten Harburger Dreifaltigkeitskirche zusammengesetzt.

Neben Rieck-Haus und St. Johanniskirche stößt selbst der Kurzbesucher in Curslack auf soviel weitere historische Bausubstanz, dass er sich hier vielleicht noch mehr von traditioneller Bauernkultur umgeben fühlt als in den übrigen Vierlanden.

Rund ums Rieck-Haus

Im Laufe eines Jahres nutzen viele Vierländer Vereine und Verbände das Rieck-Haus für Veranstaltungen, zumeist aus dem Bereich Traditions- und Heimatpflege. Im Juni begeht z.B. die ganze Region das **Erdbeerfest**.

Der **Landfrauenverein Curslack-Neuengamme** empfängt hier Gäste des Welt-Landfrauenverbands, und die **Trachtengruppe Vierländer Speeldeel** nutzt die Kulisse für Fotoaufnahmen. Ganz wichtig für die Dorfgemeinschaft ist auch die **Kirchengemeinde St. Johannis** mit über 1600 Mitgliedern. Viele Angebote wie Bastelstunden, Jugendtreffs, Mutter-Kind-Gruppen und Gesprächskreise für „Leute ab 30" werden durch Festgottesdienste oder Frühlingsausfahrten ergänzt. Rund 1000 Mitglieder zählt der allgemeine Sportverein **Spielverein Curslack-Neuengamme von 1919 e.V.** in seinen Abteilungen. Der „Gasthof Stadt Hamburg" war eine Traditionsgaststätte in Curslack. Mitte der 1990er Jahre musste er jedoch schließen. Den großen Saal nutzte bis zu seiner Auflösung 1998 der **Curslacker Radfahrer Verein von 1895 e.V.** als außergewöhnliche Trainingshalle. Die Radler waren eine Institution im Dorf und hatten es in ihrer langen Geschichte immerhin zur Teilnahme an Deutschen Meisterschaften gebracht.

Erfolgreich durch Wandel

Das wirtschaftliche Leben in Curslack ist von **Blumen- und Gemüseanbau** geprägt. Wie allerorten in den Vier- und Marschlanden haben sich auch hier viele Betriebe spezialisiert. Einige kamen damit in den letzten Jahren zu großen Erfolgen, so z.B. auch die Norbert Deiters & Ulrich Floris GbR mit ihren **Sprossen und Keimen** (s. Köpfe). Deiters organisiert auch seit 1989 den **Maimarkt**. Diese zweitägige **Leistungsschau Vierländer Unternehmen** findet mit großem Erfolg alle zwei Jahre am *Gramkowweg* auf dem Gelände der Zentralschule Curslack-Neuengamme statt. Neben Handwerk, Gartenbau, Blumenzucht oder Baugewerbe präsentieren sich Geldinstitute, Modegeschäfte und viele andere Firmen. An über 70 Ständen gewähren sie Einblick in Angebot und Arbeitsweise. Auch einige „Ausländer" aus den Marschlanden, wie der sehr aktive Bäcker Heinz, gesellen sich dazu. Selbstverständlich zeigen sich auch die Vierländer Trachtengruppen und stellen zugleich einen wichtigen Teil des bunten Festprogramms. Ein Highlight sind ebenso die Auftritte von Otto Garbs

„Vierländer Jägern" (s. Spadenland) mit ihrer fetzig-frischen Blasmusik und die Gesangsdarbietungen Vierländer Chöre. Fast 20 000 Besucher kommen jedesmal und bescheren damit dem „Maimarkt" einen Spitzenplatz unter den deutschen Regionalmessen.

Wasser ohne Ende

„Geiht nich, gifft dat nich!" ist das Motto des Vierländer Unternehmergeistes, aber seitens des Umweltschutzes sind ihm in Curslack und Altengamme massive Grenzen gesetzt: Die beiden Stadtteile bilden zusammen ein 24,4 km^2 großes Wasserschutzgebiet, in dem seit 1999 ein Kooperationsvertrag zwischen der Landwirtschaft und den Hamburger Wasserwerken (HWW) die Bodenbewirtschaftung reglementiert. Schließlich erhalten heute 500 000 Hamburger ihr köstliches Nass aus dem **Wasserwerk Curslack**.

1928 errichtet und seither mehrfach umgebaut und erweitert, fördert die Anlage aus 220 Flach- und 17 Tiefbrunnen (14–24 m, 65–110 m) aus den holozänen und pleistozänen Kiesen des Urstromtales der Elbe jährlich 24,5 Mio. m^3 Wasser. Das Wasserwerk entnimmt nicht nur Wasser, sondern es sorgt im Interesse der Landwirtschaft ebenso für gleich bleibende Wasserstände. Dazu unterhalten die HWW in Altengamme und Curslack mehr als 500 km **Bewässerungsgräben**, in die über eine Rohrleitung im Bedarfs-

Das Wasserwerk Curslack versorgt über 500 000 Hamburger. Durch ganz Curslack und Altengamme erstreckt sich das 24,4 km^2 große Fassungsgebiet bis zur Elbe

Stadtteil-Profil

	Curslack	Bezirk	Hamburg
Bevölkerung gesamt (2000)	3060	114 631	1 704 929
Unter 18-Jährige in %	21,3	20,3	16,1
65 Jahre und älter in %	12,9	15,5	17,0
Deutsche	2935	103 658	1 432 325
Ausländer in %	4,1	9,6	16,0
Einwohner je km^2	288	741	2258
Sozialstruktur			
Sozialhilfeempfänger (2000)	46	7659	120 461
Arbeitslose (2001)	63	3691	71 963
Eink. je Steuerpfl. in DM (1995)	60 819	60 397	65 579
Wohnen (2001)			
Wohngebäude	733	18 755	226 061
Ein- und Zweifamilienhäuser in %	71,1	33,4	20,5
Ø Wohnungsgröße in m^2	97,2	77,9	71,0
Wohnfläche je Einwohner in m^2	36,8	34,7	35,7
Verkehr			
Private Pkw (2001)	1533	45 863	628 119
Straßenverkehrsunfälle (2000)	14	633	12 430
Kriminalität			
Straftaten insgesamt (2000)	104	11 451	284 272

© Statistisches Landesamt

Wahlverhalten

... zur Bürgerschaft 2001 (gesamt)

Wahlbeteiligung	71,0%
SPD	36,5%
CDU	26,2%
Schill-Partei	19,4%
Grüne/GAL	8,6%
FDP	5,1%
Übrige	4,2%

... zur Bürgerschaft 2001 (Stadtteil)

Wahlbeteiligung	78,0%
SPD	32,1%
CDU	32,9%
Schill-Partei	20,4%
Grüne/GAL	6,7%
FDP	5,9%
Übrige	2,1%

Bürgergeschichten

„Alles verstehen heißt alles verzeihen"

***D. Georg Behrmann**, später als „Senior" höchster hamburgischer Kirchenvertreter, erhielt 1870 die Curslacker Pfarrstelle. In seinen „Erinnerungen" (Berlin 1905, 4. und 5. Tsd.) berichtet er von seiner Vorstellung im Bergedorfer Schloss*

Es war Glatteis, als ich zum Bahnhof eilte, um von Hamburg nach Bergedorf mit der Eisenbahn zu fahren, und, wie ich so häufig in kleinen Dingen Unglück gehabt habe, so passierte es mir, daß ich in der Nähe des Bahnhofs fiel und mir die Hand verwundete, so daß sie stark blutete. Ich mußte in einer Apotheke mir das Blut stillen lassen und dann eilen, noch rechtzeitig zum Zuge zu kommen.

Daß ich bei meinem Fall noch in anderer Weise Schaden genommen hatte, blieb mir selbst verborgen, bis ich auf dem Bergedorfer Schloß angekommen war und dort den Überrock ablegte. Denn nun stellte sich heraus, daß meine Toilette in Unordnung geraten war; der Hemdsknopf am Halse war verloren gegangen und mit ihm der Schlips, der den Schein einer Halsbinde erregte, und mein geheimnisvolles Inwendiges tat sich der Außenwelt auf. Als ich erschrocken diesen Schaden wahrnahm, kam bereits aus dem Zimmer des Amtsverwalters ein anderer Kandidat, der sich gleichfalls um die Curslacker Pfarrstelle bewarb, nach wohlvollbrachter Vorstellung heraus, und ich wurde angemeldet. Eile war not; ohne erst eine Entschuldigung zu stammeln, ergriff ich meinen Rivalen, würgte ihn, entriß ihm den Schmuck seines Halses und versah damit mich selbst. Der Andere war sprachlos und wehrlos solch einem scheinbar räuberischen Angriff gegenüber. Mir gelang die Wiederherstellung meiner Toilette nicht ganz in gewünschter Weise; denn die Enden des Schlipses, der größeren Formats war, senkten sich nicht, wie sonst üblich, bescheidentlich rechts und links nach unten, sondern standen vatermörderartig nach oben. Daran ließ sich nichts mehr ändern, denn schon mußte ich in das Zimmer des Amtsverwalters eintreten. Der Amtsverwalter Kaufmann war ein bejahrter Herr von großer Liebenswürdigkeit; obgleich er meine Aussichten auf die vakante Pfarrstelle auf null taxieren mußte, oder gerade ebendeshalb, behandelte er mich mit besonderer Güte. Nur meinte ich wahrzunehmen – doch vielleicht war es mein böses Gewissen, das mir diesen Gedanken nahelegte –, daß er weniger ernst als mich selbst meinen vatermörderartigen Schlips aufnahm, ja daß in seinen Augen etwas lag, das zu sagen schien: Diesen Teil Ihres Anzuges meine ich heute schon einmal gesehen zu haben. Diese Wahrnehmung trug eben nicht dazu bei, mir die nötige Unbefangenheit in meinem Auftreten zu ermöglichen; ich zog mich sobald als tunlich gedemütigt zurück, fand meinen beraubten Rivalen draußen kaum erholt von dem Schrecken über meine Gewalttätigkeit, erklärte ihm aber die Situation und bat ihn nach dem Grundsatz zu verfahren: Alles verstehen heißt alles verzeihen.

Der Curslacker Dorfkern, aufgenommen von Carl Griese Anfang des 20. Jahrhunderts

Vierländer Gemüse und Schnittblumen vom Feinsten

fall Billewasser zugeführt wird. Dem Trugschluss, dass der Wasserstand durch das Vorhandensein des Wasserwerks nun kontinuierlich konstant bleiben werde, saßen zu ihrem Unglück diverse Anwohner v.a. des *Achterschlags* auf: Sie machten sich daran, ihre Häuser zu unterkellern – ein Novum in der auf tausend Jahre zugehenden Siedlungsgeschichte der Marsch! Kein Wunder also, dass die Klagen über „absaufende" Keller nicht abreißen.

Einholen

Neben der „Landhaus Apotheke" gibt es in Curslack noch einige kleine Einzelhandelsgeschäfte, wie z.B. das Modegeschäft von Anke Steffen am *Curslacker Brückendamm.* Trotz der nahe gelegenen Konkurrenz des „Vierländer Marktes" auf Neuengammer Seite kann an der Kreuzung *Curslacker Deich/ Curslacker Heerweg* der kleine „A&O-Laden" von Helmut Küster auch weiterhin auf seine Kundschaft zählen.

Christel Eggers in ihrer Vierländer Tracht

Köpfe

Christel Eggers betreut seit 1986 das Rieck-Haus. In den Sommermonaten leitet sie den nicht enden wollenden Strom von Touristen aus aller Welt durch das kleine Freilichtmuseum am *Curslacker Deich.* Bis zu 40 000 kommen jedes Jahr, manchmal sieben Reisebusse an einem Tag. Dass niemand das Hauptgebäude so gut kennt wie sie, ist nicht verwunderlich, schließlich ist es ihr Elternhaus. Ihr Vor-Vorgänger als Museumswart war der legendäre Emil Evers (s. Neuengamme, Bürgergeschichten).

„Sprosse für Sprosse" kletterte **Norbert Deiters** die Erfolgsleiter hinauf, seit er 1986 zusammen mit Ulrich Florin das Betriebsgelände *Auf der Böge* übernahm. Zum deutschen Marktführer im Geschäft mit Sprossen und Keimen zu werden, gelang durch ein breites Angebot und konsequenten Einsatz modernster Zuchttechnik, z.B. klimatisierter Kulturräume. Die Produkte werden über den Hamburger Großmarkt vertrieben, gelangen als „fernöstliche Gemüseküche" in Supermärkte aller EU-Staaten, und durch Kooperationen mit Lebensmittelherstellern finden sie sich in fast jedem „asiatischen" Fertiggericht. Überdies ist Deiters seit 2000 Vorsitzender der 1919 gegründeten „Wirtschaftlichen Vereinigung Bergedorf e.V."

Norbert Deiters mit seinen in Spezialboxen gereiften „Zöglingen"

Zeitleiste

um 1188 erste urkundliche Erwähnung

1420 Curslack unter Verwaltung von Hamburg und Lübeck

1556 Kirchspiel Curslack wird eines der Vierlande

1599–1603 Neubau der St. Johanniskirche

1741 und **1771** Verwüstung nach Deichbrüchen

1780 Entwässerung durch archimedische Schrauben

1868 Ende beiderstädtischer Verwaltung

1937/38 Eingemeindung nach Hamburg

1954 Rieck-Haus wird Freilichtmuseum

1989 Erster „Maimarkt"

1999 Kooperation von Landwirtschaft/HWW

Dulsberg

1919 entwarf Hamburgs Oberbaudirektor Fritz Schumacher das backsteinrote Wohnquartier Dulsberg als Musterbeispiel für den reformierten Hamburger Städtebau. Trotz einiger Probleme, die es in dem einkommensschwachen Stadtteil gibt, tritt Dulsberg heute „ungeschminkt und lebenswert" an die Öffentlichkeit

Steckbrief

Fläche: 1,187 km²
Einwohner: 17 028
Verwaltung: Bezirk Nord, Ortsamt Barmbek-Uhlenhorst
Ortsteile: 424, 425

An seiner höchsten Stelle erhebt sich der Stadtteil 19,4 m über Normalnull. In Hamburg werden in Ermangelung richtiger Höhenzüge solche Anhöhen schon mal als Berg betitelt. Der Hügel taucht in alten Flurregistern u.a. als „Tollsberg" oder „Dolsberg" wahrscheinlich in der Bedeutung von „Teufelsberg" auf. Er gab dem ganzen heutigen Stadtteilgebiet, früher auch „Up de Lohside" genannt, seinen Namen.

Getreidekörner der Bronzezeit

Als das Dulsberg-Gelände Anfang des 20. Jahrhunderts noch nahezu unbebaut war, machte es den Eindruck, als hätten hier nie zuvor Menschen gesiedelt. Seit 1926 weiß man es besser: Bei umfangreichen Erdarbeiten für die Grünanlagen an der *Elsässer Straße* wurden eine vermutlich aus der **Bronzezeit** stammende Herdstelle und Tongefäße ausgegraben. Die Fundstelle erlangte in ganz Hamburg Berühmtheit, nachdem die Gefäße genauer untersucht worden waren. Archäologen entdeckten neben Bruchstücken einer menschlichen Schädeldecke einige Getreidekörner. Dies war mit einer der **ersten Getreidefunde** vorgeschichtlicher Zeit auf dem Gebiet des heutigen Hamburg.

Aus der Geschichte

Den Stadtteil Dulsberg gibt es seit 1951; bis dahin gehörte das Gebiet verwaltungsmäßig zur **Gemarkung Barmbek** und teilte somit auch dessen Geschichte (s. Barmbek-Süd). Über Jahrhunderte blieb das Gelände unbebaut und wurde nur als Wiesen- und Weideland genutzt. Um 1800 entstanden am Friedrichsberg einige kleine Häuser sowie eine Gastwirtschaft. Von der stürmischen Entwicklung Barmbeks und einer ähnlichen Verstädterung blieb der Dulsberg jedoch vorerst unberührt. Als die Bauern 1898 ihre dortigen verbliebenen landwirtschaftlichen Flächen an Hamburg verkauften, geriet nahezu das gesamte Gebiet in staatliche Hand. 1903 wurde ein **Bebauungsplan** für Barmbek verabschiedet, der für Dulsberg eine optimale

Eine Besonderheit im Postwesen, die „Kugelpost", zeigt die Plastik vor der Postfiliale: Ihre Konstruktion verhinderte die Mitfahrt blinder Passagiere

Ausdrucksstärkste Variante des Neuen Bauens: Die Laubenganghaus-Architektur der Gebrüder Frank aus den 1920er Jahren brachten Luft und Licht in die Arbeiterwohnungen

Raumnutzung vorsah: Vielstöckige Mietshäuser in Schlitzbauweise (s. Eimsbüttel) sollten 60 000 Bewohnern Unterkunft bieten. Auf dem südwestlichen Teil des Dulsberg-Geländes arbeiteten schon bald die Maurer an den ersten Geschossbauten. Entlang des gerade im Bau befindlichen Osterbekkanals war ein **Industriegürtel** ausgewiesen worden: Nach langwierigen Planungen begannen im Juli 1909 am *Alten Teichweg* die Bauarbeiten für eine **städtische Müllverbrennungsanlage**. Drei Jahre später ging die Anlage in Betrieb und war seither nicht nur an den beiden 57 m hohen Schornsteinen auszumachen, sondern auch durch Lärm und Gestank schon von weitem zu erkennen. In direkter Nachbarschaft begann 1910 die **Fischfabrik Walkhoff** mit der Produktion. Bis in die 1960er Jahre wurden hier Fische filetiert, mariniert und auf jegliche andere erdenkliche Weise für den Verzehr zubereitet.

Ringelreigen vor den im Zweiten Weltkrieg zerstörten Bauten der Architekten Hans und Oskar Gerson

Zur Ausführung weiterer vorgesehener Geschosswohnungen und Industrieanlagen kam es nicht mehr: Der Erste Weltkrieg stoppte die Bautätigkeiten, und 1918 galt der bisherige Plan als überholt. Er wurde unter Leitung von Oberbaudirektor **Fritz Schumacher** reformiert. Ein Gewerbeverbot bildete die Grundlage für die Errichtung eines reinen **Wohngebietes**. Seit 1919 entwickelte sich das Dulsberg-Gelände zu einem Experimentierfeld, auf dem verschiedene Architekten ihre Visionen vom **Neuen Bauen** umsetzten. Die wirtschaftlichen Krisen der 1920er Jahre erschwerten zunehmend die Verwirklichung der Pläne: Die Wohnungen wurden kleiner, und auf die Verwendung von Klinker musste aus Kostengründen ebenfalls verzichtet werden.

Das im Zweiten Weltkrieg fast vollständig zerstörte Dulsberg-Gelände galt in seiner Anlage auch nach 1945 als so richtungsweisend, dass es in weiten Teilen wieder aufgebaut wurde. Durch die Verwaltungsreform vom September 1949 und die endgültige Grenzziehung innerhalb der Bezirke vom 11. Mai 1951 wurde Dulsberg **eigenständiger Stadtteil** im Bezirk Hamburg-Nord. Die ersten Neubauten entstanden Anfang der 1950er Jahre am *Alten Teichweg*. Mittlerweile gibt es im Stadtteil längst keine Baulücken mehr, und die Geschosswohnungen, in denen heute insgesamt gut 17 000 Menschen leben, werden peu à peu modernisiert.

Experimentierfeld Neues Bauen

Noch heute gilt der Dulsberg als Musterbeispiel für den reformierten Wohnungsbau der 1920er Jahre. Was aber war so revolutionär an diesem städtebaulichen Entwurf von 1919? In Dulsberg traf Fritz Schumacher auf die idealen Voraussetzungen, um seine Vorstellungen von einer **Reform der Mietskaserne** zu verwirklichen: Das Gelände war größtenteils in staatlicher Hand und mit wenigen Ausnahmen unbebaut. Außerdem existierte seit 1918 ein **Gesetz zur Förderung des Kleinwohnungsbaus**, das viele Missstände des bis dahin üblichen Mietshausbaues beseitigen sollte.

Als städtebauliches Skelett plante Schumacher neben den Durchgangsstraßen einen **Grünzug** als weitere Hauptachse. Ein abgestuftes Straßen- und Wegesystem führte zu den einzelnen Gebäudeeinheiten, die durch **verschiedene Architekten** umgesetzt wurden: Die Häuser waren höchstens viergeschossig, und alle Räume sollten gleichmäßig belichtet sein. Die Treppenhäuser mussten an den Außenwänden liegen und durften höchstens zwei Wohnungszugänge pro Etage aufweisen.

Die ersten Mietshäuser ließ die Stadt Hamburg 1921–25 zwischen *Altem Teichweg* und *Dulsberg-Nord, Lothringer* und *Elsässer Straße* errichten. Schumacher zeichnete die Grundrisse so, dass sich zwischen frei stehenden **Zeilenbauten** Höfe und für die Erdgeschosswohnungen private Gärten ergaben. In den folgenden Jahren entwickelten die Architekten eine variationsreiche Formensprache zum Thema Kleinwohnungsbau: Traditionelle Blockrandbebauung *(Straßburger* und *Lothringer Straße, Dulsberg-Süd* und *Elsässer Straße)* ist ebenso zu finden wie ineinander gelegte hufeisenförmige Grundrisse am *Naumannplatz*. Besonders phantasievoll präsentiert sich die Gesamtanlage zwischen *Dulsberg-Süd, Elsässer, Oberschlesischer* und *Diedenhofer Straße*. Die Brüder Frank vereinten hier die Idee des Laubenganghauses (s. Barmbek) mit Schumachers Zeilenbauweise (1929/30): An den Südenden erweitern sich die **Laubengänge** zu halbrunden Gemeinschaftsbalkonen. Diese Balkon-Reihung entlang der *Oberschlesischen Straße* gilt bis heute als eine der ausdrucksstärksten Erscheinungsformen des Neuen Bauens.

Trotz der unterschiedlichen Grundrisse und Fassadengestaltung erhält das ganze Wohnquartier durch die überwiegende Verwendung von **rotem Klinker** einen homogenen Charakter. Zwischen den einzelnen Wohnblocks wurden in exponierter Lage öffentliche Gebäude als

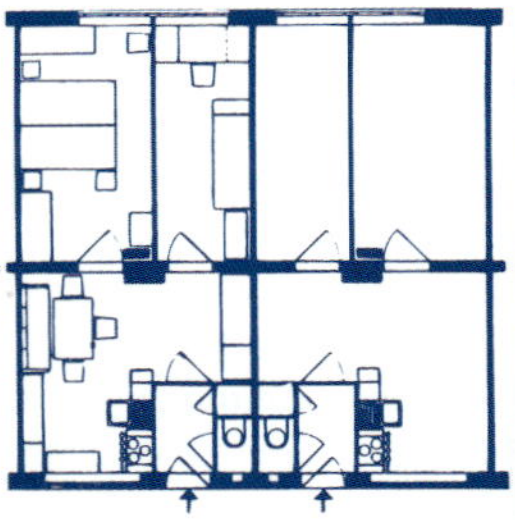

Franksche Laubenganghäuser: Grundriss der Kleinstwohnungen von 1929 und idyllisches Frühstück mit Blick auf den begrünten Innenhof

Picknick im Grünzug: In den Sommermonaten trifft man sich zum Grillen, Klönen und Spielen

Blickfang errichtet. Die ehemalige Volksschule an der *Ahrensburger Straße* (heute *Krausestraße*) war das erste Bauwerk der Siedlung und wurde vom Oberbaudirektor selbst entworfen: Wenn man von Westen kommt, wirkt das Gebäude mit dem konkav gewölbten Grundriss wie ein Eingangstor in den Dulsberg. Der imposante Stahlbetonbau mit Klinkerfassade ist denkmalgeschützt und beherbergt heute das **Emil-Krause-Gymnasium**. Weitere architektonische Akzente setzen die jetzige **Gesamtschule Alter Teichweg** (1929–31), die ev.-luth. **Frohbotschaftkirche** (1935/36, 1953 wiederaufgebaut) und die streng kubistische ev.-luth. **Dietrich-Bonhoeffer-Kirche**.

Ungeschminkt und lebenswert

Ein Blick in die Tagespresse reicht, und man glaubt zu wissen, was den Stadtteil prägt. Armut, Langzeitarbeitslosigkeit, soziale Probleme sind die gängigen Schlagworte, mit denen das Wohnquartier bedacht wird. Doch schon bei einem Dulsberg-Spaziergang wird zumindest die Vorstellung revidiert, die Menschen wohnten hier in gesichtslosen riesigen Mietskasernen. Aber wie man hier lebt, das können einem nur die Dulsberger selbst vermitteln. Sie sind immer bereit, zusammen für ein **lebenswertes Umfeld** zu sorgen, und machen sich stark, wenn es darum geht, ihre gemeinsamen Interessen zu vertreten. So sind im Stadtteil nicht nur traditionelle Vereine ansässig. Viele Vereinigungen und Bürgertreffpunkte entstanden Anfang der 1990er Jahre, als die sozialen Probleme immer größere Ausmaße annahmen. Im Rahmen der **Sozialen Stadtteilentwicklung** wurden Projekte und Maßnahmen initiiert, die zur Verbesserung der Lebenssituation beitrugen. Es galt, die Solidarität unter den Bewohnern zu stärken und Eigeninitiative zu fördern. Kinder und Jugendliche, Arbeitslose, allein erziehende Mütter, Migranten oder Senioren – jede soziale Gruppe findet mittlerweile ein breit gefächertes Angebot.

Seit 1992 gibt es auf dem Dulsberg einen **Stadtteilrat** als zentrales Mitbestimmungsorgan vor Ort. Am 12. September 2000 feierten dessen Mitglieder bereits die 100. Sitzung. Die Entwicklung, Umsetzung und Koordinierung der vom Beirat beschlossenen Maßnahmen übernimmt das **Stadtteilbüro Dulsberg**. Hier laufen viele Organisations-Fäden zusammen: Gemeinsam mit den Bewoh-

Verdiente Pause für die Mitarbeiter des Stadtteilbüros

Bürgergeschichten

„Kinderspiele im Grünzug“

Die in Dulsberg geborene Edith Knabbe erinnert sich an Begebenheiten ihrer Kindheit und erzählt von Luftschaukeln, Schlittschuhen und Gaslaternen

Edith Knabbe, geb. Bahrs, besucht noch heute oft die Stätten ihrer Kindheit

Meine Eltern bewohnten seit Fertigstellung der sog. Schumacherbauten eine 2-Zimmer-Wohnung in der Zoppoter Straße 7. Dort wurde ich 1926 geboren, wuchs wohlbehütet im Elternhaus auf und verbrachte meine ersten sechzehn Lebensjahre auf dem Dulsberg. In den verhältnismäßig kleinen Wohnungen war jeweils die Küche der am meisten frequentierte Raum. Mit entsprechend wohnlichem Mobiliar ausgestattet, ließ es sich darin durchaus behaglich leben. Die Wohnzimmer wurden nur bei außergewöhnlichen Anlässen genutzt.

Sandstrand und Wasserspiele: das Planschbecken im Grünzug

Beglückend war unser Kinderleben auf dem Dulsberg außerhalb der Schule. Autoverkehr gab es kaum, sodass die Straßen innerhalb unserer Häuserblocks gefahrlos für alle damals üblichen Kinderspiele genutzt werden konnten. Gern gingen wir im Sommer in den weitläufig angelegten Grünzug zwischen Dulsberg-Nord und Dulsberg-Süd. Die Liegewiese und das Planschbecken mit vorgelagertem Sandspielplatz waren ein ideales Terrain zum Herumtollen. Große Freude kam auf, wenn einmal im Jahr ein kleiner Zirkus an der Lothringer Straße gastierte oder ein Karussellbetreiber eine Luftschaukel und ein Kettenkarussell aufstellte. Das war bis zum Bau des damaligen Hitlerjugendheimes 1938 (jetzt Kindertagesheim) möglich, weil die Fläche an der Lothringer Straße zwischen Dulsberg-Nord und Vogesenstraße unbebaut und somit Brachland war. Im Winter tummelten wir Kinder uns auf dem häufig zugefrorenen Osterbekkanal am Augustenburger Ufer. Mein Vater ging mit mir zum Schlittschuhlaufen dorthin, was ich sehr genoss. Spielten wir in der dunklen Jahreszeit auf der Straße, dann musste ich nach Anweisung meiner Mutter in die Wohnung zurückkommen, sobald die „Laternen“ angingen. Die Straßenlampen wurden mit Gas betrieben, das per Fernzündung geschaltet wurde.

Während es sich allgemein gesehen auf dem Dulsberg doch recht gut leben ließ, so störten doch erheblich die Geruchsbelästigungen durch die Verbrennungsanstalt und die Fischfabrik von Walkhoff, beide an der Nordseite des Alten Teichweges gelegen. Die Fischarbeiterinnen strömten nämlich nach Betriebsschluss auf ihrem Weg zur Straßen- oder S-Bahn durch die Zoppoter Straße und zogen eine für unser Geruchsempfinden penetrante Fischgeruchswolke hinter sich her.

Trotz der sich häufenden Luftangriffe im Zweiten Weltkrieg hatten wir nie ernsthaft damit gerechnet, unsere Wohnung und damit unsere liebgewonnene Heimat zu verlieren. In den letzten Juli-Tagen 1943 geschah dann das Schreckliche. Die Wohnungen auf dem Dulsberg wurden weitgehend durch Brandbomben zerstört, und wir teilten das Schicksal vieler, indem wir unser Hab und Gut in Asche untergehen sahen.

nern werden Probleme besprochen und Gegenmaßnahmen angegangen. „Wo gibt es einen Raum für eine private Feier? Wer ist der Ansprechpartner in der Stadtteilwerkstatt?" – auch dabei können Jürgen Fiedler und die anderen Mitarbeiter des Stadtteilbüros helfen.

Hier treffen sich die Nachbarn

Das jüngste Kind des Stadtteils ist der **Kulturhof Dulsberg**, ein zentraler Veranstaltungsraum in der Gesamtschule Alter Teichweg. Das **Haus der Jugend Alter Teichweg** ist ebenfalls auf dem Schulgelände beheimatet. Zu seinem Konzept gehört es, die Besucher in die Arbeit einzubeziehen, z.B. beim **Dulsberger Ferienspektakel**: Vor allem für Kinder und Jugendliche, die in den Sommerferien nicht wegfahren können, wird zehn Tage lang Spiel, Spaß und Spannung rund um das HdJ geboten. Ob „Mandalas anmalen mit Mona" oder „Breakdance mit Terry" – das Angebot ist breit gefächert. Für jüngere Kinder wurde 1976 das **Spielhaus Dulsberg** eröffnet. Bei Stadtteilfesten wie z.B. dem Straßenfest in der *Dithmarscher Straße* verwandelt sich dann die Heimleiterin Maika Kulp in „Maika – das Orakel vom Dulsberg" und weissagt kleinen und großen Stadtteilbewohnern die Zukunft.

Mit Vergangenem beschäftigen sich die Mitglieder der **Geschichtsgruppe Dulsberg e.V.** Sie stöbern gemeinsam in alten Dokumenten oder Fotos und interviewen Dulsberger Senioren. Aus der erzählten Alltagsgeschichte sind schon zahlreiche Publikationen hervorgegangen. Seit einigen Jahren führt die Gruppe regelmäßig Stadtteilrundgänge durch. Jeder Interessierte kann dann bei einem Streifzug z.B. „Dulsberg für Anfänger" kennen lernen. Die Geschichtsgruppe unterhält in der **Bücherhalle** am *Eulenkamp* ein Archiv und trifft sich auch dort. Da fügt es sich gut, dass die Ansprechpartnerin der Geschichtsgruppe, Susanne Märtens, gleichzeitig die Bücherhalle leitet. Sie weiß, wie man die Schwellenangst vor Kultureinrichtungen bei den jüngsten Stadtteilbewohnern abbaut: Wenn Schulklassen die Bücherhalle besuchen, hat Frau Märtens nicht nur Ausleih-Tipps parat, sondern liest den Kindern auch mal spannende Geschichten vor.

Alles für Körper und Geist: junge Leseratten in der Bücherhalle und kleine Ballettmäuse beim Mädchenfest

Swingenden Kulturgenuss gibt es im **Kulturhof Dulsberg** zu hören. Viermal im Jahr veranstaltet das Team **Arena Dulsberg** einen Jazz-Frühschoppen, bei dem so bekannte Gruppen wie „Abbi Hübners Low Down Wizards" auftreten. Einmal im Monat lädt der **Nachbarschaftstreff** zu Frühstücksbuffet mit Livemusik ein. Aber auch Ausflüge und Kinovorführungen stehen auf dem Programm. Der „Treff" zählt zu den ältesten sozialen Stadtteil-Einrichtungen und wird

SPIELHAUS DULSBERG

Zeitleiste

um 1800 Gastwirtschaft am Friedrichsberg

1903 erster Bebauungsplan

1911 Müllverbrennungsanlage

seit 1919 Experimentierfeld „Neues Bauen“

1921–25 erste Mietshäuser

1923 ehemalige Volksschule Ahrensburger Straße (heute Emil-Krause-Gymnasium)

1942/43 Bombardierung

1951 Dulsberg wird Stadtteil

1957 Errichtung der Öffentlichen Bücherhalle

1962 Abriss der Müllverbrennungsanlage

1974 Dulsberg wird schützenswertes Milieugebiet

1986 Gründung der Geschichtsgruppe

seit 1992 Stadtteilrat Dulsberg

2000 Imagekampagne

von der ev.-luth. Kirchengemeinde Hamburg-Dulsberg und dem Bezirk gemeinsam unterhalten.

Gesucht: Arbeitsplätze

Bis heute waren die Müllverbrennungsanlage und die Fischfabrik die einzigen größeren Arbeitgeber in Dulsberg. Wo bis 1939 der Qualm aus den Schornsteinen stieg, hat jetzt eine **Dialyse-Praxis** ihren Sitz. Gleich nebenan sind über 20 Mitarbeiter in den verschiedenen **Werkstätten des Ernst Deutsch Theaters** (s. Uhlenhorst) beschäftigt. In der Gewandmeisterei wird mit Nadel und Faden jedes noch so prunkvolle Kostüm gefertigt, und in Malerei, Tischlerei und Deko-Abteilung entstehen aufwändige Bühnenbilder. Mehrere Kfz-Betriebe, Industrievertretungen, Tonstudios und Baugeschäfte haben sich ebenfalls in der Umgebung niedergelassen. Einige weitere Betriebe sind in der *Krausestraße* ansässig. Insgesamt stehen in Dulsberg nur **wenig Arbeitsplätze** zur Verfügung – lange nicht genug, um alle arbeitslosen Stadtteilbewohner zu beschäftigen: Über elf Prozent der Dulsberger haben keinen Arbeitsplatz, viele von ihnen sind Langzeitarbeitslose. Beim Wiedereinstieg ins Berufsleben hilft ihnen u.a. der Verein **Mook wat e.V.** mit mehreren Projekten, wie z.B. dem **mobilen Haushaltsservice**, **Mook wat PC** oder dem Renovierungsprojekt **Reno Nord**. Zur zentralen Anlaufstelle für Arbeitssuchende hat sich der **Arbeitsladen Dulsberg** entwickelt: Hier wird Sozialhilfeempfängern die Möglichkeit gegeben, in verschiedenen Gewerken zu arbeiten.

„Montag ist Nudeltag“ in der Stadtteilküche **Pottkieker**. Sie bietet nicht nur allen Dulsbergern einen günstigen und abwechslungsreichen Mittagstisch an, in Kooperation mit der Hamburger Arbeit Beschäftigungsgesellschaft qualifizieren sich zurzeit 15 Frauen für die Arbeit im Großküchenbereich. Monika Häring leitet das Projekt und hat festgestellt, dass sich die kulturelle Vielfalt des Stadtteils auch in der Teilnehmerinnenstruktur widerspiegelt. Der Speiseplan ist nicht ganz so multikulturell: Es gibt vollwertige Hausmannskost, die jedem schmeckt.

Wenig Platz für Familien

„Und auf dem Dach gibt es eine Sonnenbad-Anlage mit Brauseeinrichtungen. Im Keller sind feine Wannenbäder… Einige Wohnungen haben drei Zimmer und einen großen Wohnküchenraum, andere nur zwei Zimmer. Aber an einer Musterwohnung ist zu sehen, wie auch in diesen zwei Zimmern fünf Leute schlafen können, ohne dass die Wohnung unwohnlich wird. Das ist so schön, daß man meint, gar nicht mehr in der Stadt zu sein, sondern in einem Sanatorium!“ So beschrieb 1929 der Hamburger Anzeiger die neuen Frank-Blöcke. Für viele Hamburger, die bisher in den dunklen Etagenhäusern der Hamburger Arbeiterviertel lebten, hieß es seit dem Umzug nach Dulsberg „schöner Wohnen“. Was in den Anfangsjahren des Wohnquartiers einen großen Fortschritt bedeutete, ist heute für die Menschen natürlich nicht mehr ausreichend. Die durchschnittliche **Wohnungsgröße** liegt mit knapp über 50 m² deutlich unter dem Vergleichswert für Hamburg. In enger

Hier stehen die Fahrräder noch vor der Tür: Häuser der Schiffszimmerer-Genossenschaft in der Olivaer Straße

Stadtteil-Profil

	Dulsberg	Bezirk	Hamburg
Bevölkerung gesamt (2000)	17 028	275 802	1 704 929
Unter 18-Jährige in %	13,7	12,3	16,1
65 Jahre und älter in %	15,6	17,8	17,0
Deutsche	12 654	237 560	1 432 325
Ausländer in %	25,7	13,9	16,0
Einwohner je km²	14 345	4799	2258
Sozialstruktur			
Sozialhilfeempfänger (2000)	2069	14 042	120 461
Arbeitslose (2001)	1151	10 893	71 963
Eink. je Steuerpfl. in DM (1995)	42 457	65 475	65 579
Wohnen (2001)			
Wohngebäude	1080	29 345	226 061
Ein- und Zweifamilienhäuser in %	0,5	9,9	20,5
⌀ Wohnungsgröße in m²	52,2	64,6	71,0
Wohnfläche je Einwohner in m²	32,4	38,2	35,7
Verkehr			
Private Pkw (2001)	5057	100 186	628 119
Straßenverkehrsunfälle (2000)	134	2159	12 430
Kriminalität			
Straftaten insgesamt (2000)	1853	37 814	284 272

© Statistisches Landesamt

Wahlverhalten

... zur Bürgerschaft 2001 (gesamt)

Wahlbeteiligung	71,0%
SPD	36,5%
CDU	26,2%
Schill-Partei	19,4%
Grüne/GAL	8,6%
FDP	5,1%
Übrige	4,2%

... zur Bürgerschaft 2001 (Stadtteil)

Wahlbeteiligung	61,1%
SPD	46,8%
CDU	18,8%
Schill-Partei	17,6%
Grüne/GAL	8,2%
FDP	3,0%
Übrige	5,6%

Zusammenarbeit des Stadtteilbüros mit den hiesigen Wohnungsunternehmen wurden zwar im Zuge von Modernisierungsmaßnahmen zahlreiche Wohnungen zusammengelegt, im gesamten Quartier reicht der familiengerechte Wohnraum aber längst nicht aus.

Hier bewegt sich etwas

Nach wie vor zählt Dulsberg zu den ärmsten Hamburger Stadtteilen. Die Mieten sind günstig, und so leben hier viele ökonomisch Benachteiligte mit relativ schlechtem Bildungs- und Ausbildungsniveau. Sowohl Programme der Stadtentwicklungsbehörde als auch ein speziell im Quartier entwickeltes Handlungskonzept haben aber in den letzten Jahren die Lebensbedingungen der Menschen vor Ort entscheidend verbessert. Mit einer großen **PR-Kampagne** wird seit dem Frühjahr 2000 versucht, das angekratzte Stadtteil-Image auch nach außen aufzupolieren. Denn schließlich kann der Stadtteil **gute Rahmenbedingungen** vorweisen: Neben der schnörkellosen, aber keineswegs kalten Architektur und den vielen Grünflächen zählt auch die sehr gute Anbindung an den öffentlichen Personen-Nahverkehr dazu.

Eigentlich ideal für Studenten oder Singles, die wenig Miete zahlen können, dank U- und S-Bahn schnell überall hinkommen und trotz allem nicht in den großen Wohnsiedlungen leben wollen. Aber noch ist Dulsberg nicht „in". Anders als in Ottensen, St. Georg oder Eppendorf hat sich im Stadtteil noch kein „Kiezcharakter" etabliert. Es fehlen Szene-Kneipen, kleine Restaurants, ausgefallene Boutiquen und vor allem ein belebtes Zentrum.

Die Mischung machts: Auf dem Straßburger Platz treffen sich Menschen unterschiedlicher Nationalitäten

Rund um den Straßburger Platz

Der *Straßburger Platz* ist zwar **architektonischer Mittelpunkt**, es gibt aber bislang kaum Gründe, hier länger zu verweilen. Doch das

DULSBERG
ungeschminkt & lebenswert

Einkaufen in Dulsberg: Crêpes in der Dithmarscher Straße und frische Bundmöhren auf dem Wochenmarkt

soll sich in Zukunft ändern: Hier gibt es nach Ansicht vieler Dulsberger noch Handlungsbedarf. Wie es hier in Zukunft aussehen könnte, soll nun geplant werden. Vielleicht können die Stadtteilbewohner schon bald auf dem *Straßburger Platz* bei Kaffee und Kuchen plaudern. Über die mögliche Verlegung des Wochenmarktes an seinen alten Standort ist auch noch nicht entschieden.

Eine Belebung des Platzes würde auch den dort ansässigen Geschäften neue Kunden bescheren. Seit jeher konzentriert sich der **Einzelhandel** auf die Straßenzüge *Straßburger Straße* und *Dithmarscher Straße*. Zum ausgedehnten Bummeln reicht das Angebot aber noch nicht, da die Fußgängerbereiche nicht ansprechend ausgestaltet wurden und zudem der laute Verkehr bei gemütlichen Einkaufsstreifzügen stört. Grundsätzlich ist die Palette der Angebote nicht ausreichend, um hier zu flanieren. Aber in den Supermärkten und den **Traditionsgeschäften** wie „Schlachterei Peters", „Konditorei Riebe" und „Hannemanns Drugstore" bekommt man alles, um den Bedarf des täglichen Lebens zu decken. Auch einige kleinere Anbieter mit ausgefalleneren, originellen Produkten haben ihre Stammkundschaft, müssen jedoch zusehends im Wettbewerb mit den großen Einkaufszentren kapitulieren. Die „Stoffvitrine" in der *Dithmarscher Straße* ist allerdings längst eine Dulsberger Institution, und die Inhaberin Monika Kreiner denkt noch lange nicht ans Aufhören. Seit 1972 führt die gelernte Textilkauffrau das Geschäft, in dem Hobby-Schneider neben Stoffen jeder Webart auch sämtliches notwendige Zubehör erstehen können. In ihrer Freizeit engagiert sich Monika Kreiner im Stadtteilrat und setzt sich z.B. dafür ein, dass auf dem Dulsberg grundlegende Verbesserungen für ein **attraktives Einkaufsumfeld** geschaffen werden.

Stadtteil-„Michel": Der Glockenturm der Frohbotschaftskirche überragt den Straßburger Platz

Pack die Badehose ein

Vielleicht ist es nicht das schönste und gewiss zählt es nicht zu den modernsten öffentlichen Schwimmbädern in Hamburg, aber das **Freibad Dulsberg** gehört zu den wenigen, die **Kultstatus** erlangt haben. So hört man immer wieder von jemandem, der jemanden kennt, der beim Flirt zwischen Schwimmbecken, Sprungturm und Grünflächen seine zukünftige Ehefrau entdeckte. Seit einigen Jahren kursieren nun regelmäßig Meldungen über eine mögliche Schließung des so beliebten Treffpunkts, da eine Sanierung der Anlage zwar dringend notwendig, aber zu teuer für die Bäderland AG sei. Mit Unterschriftensammlungen und Protestaktionen wurde Dulsberg aktiv; die Schließungspläne sind erst einmal vom Tisch, und man verabredet sich weiterhin wie seit 1957 in jedem Sommer: „Bis nachher im Freibad."

In direkter Nachbarschaft des Freibadgeländes wird auch geschwommen. Allerdings geht es hier nicht um Badespaß, sondern um Hundertstelsekunden. Mehr als 150 Nationalmannschaftsmitglieder verschiedener Sportarten, schwerpunktmäßig die Schwimmer und Ruderer, werden im Olympiastützpunkt (OSP) Hamburg/Kiel am *Alten Teichweg* betreut. Dazu kommen ca. 300 talentierte Nachwuchssportler, die auf den 50-m-Bahnen oder in der modernen Gegenstromanlage ihre Technik verbessern. „Durch Videoaufzeichnung können die Bewegungsabläufe anschließend genau analysiert werden", erklärt die OSP-Leiterin Ingrid Unkelbach. Zu der Servicestation gehört außerdem eine physiotherapeutische Praxis, in der neben Schwimm-Stars wie

Sandra Völker auch sportlich weniger Ambitionierte behandelt werden.

Großer Garten: Der Grünzug

Wäre der Bebauungsplan von 1903 umgesetzt worden, gäbe es jetzt eine zentrale, von Verkehr umflossene Grünfläche. Doch es kam anders. Fritz Schumacher plante 1919 einen 50 m breiten Grünzug, der den Stadtteil in Ost-West-Richtung durchzieht und in verschiedene Funktionsbereiche unterteilt war: Es gab Sandspielplätze, Liege-Rasen mit Plansch-Bade-Sandbereich, eine Festwiese und Alte-Leute-Gärten. In aus Pflanzen geschnittenen Mini-Amphitheatern, die den klingenden Namen „Erzählersenken" trugen, traf man sich und erlebte private Aufführungen. Während des Wiederaufbaus verschwanden einige Bereiche, andere wurden umgestaltet. Immer aber blieb der Grünzug ein viel besuchtes Erholungsgebiet. Sobald das Wetter es zulässt, treffen sich viele Familien auf den Rasenflächen, packen die Picknickkörbe aus oder legen ihre Würstchen auf den Grill.

Mehr als Schaukel und Rutsche bietet der Kinderspielplatz im Grünzug.
Links: Im Olympia-Stützpunkt krault der Nachwuchs und auch Sandra Völker

Köpfe

Isa Yaman (geb. 1962), „den kennt in Dulsberg doch jedes Kind": Nachdem der Elbtürke – wie er sich selbst nennt – schon von 1985–1991 im Haus der Jugend Alter Teichweg gearbeitet hatte, leitet er es seit 1996 und animiert hier die Jugendlichen des Stadtteils, sich ebenfalls zu engagieren. Er ist maßgeblich für die Organisation des Dulsberger Ferienspektakels verantwortlich und Vorsitzender des Vereins „Kinder-, Jugend- und Elternarbeit auf'm Dulsberg e.V.".

Um den kurzen Arbeitsweg wird **Ralph Muhle** (geb. 1961) oft beneidet. Er wohnt direkt neben seinem Laden „Senfkorn-Naturkost" in der *Weißenburger Straße*. Seit 1987 bietet er von Vollkornbrötchen bis Wurzelgemüse eigentlich alles an, um sich gesund und vollwertig zu ernähren. Viele Stadtteilbewohner sind mittlerweile Stammkunden geworden und widerlegen so das Vorurteil, dass in Dulsberg nur Billigmärkte überleben können.

Wenn **Mike Manske** (geb. 1969) auf der Straße spielt, bleiben die Menschen stehen: Mit 15 Jahren griff er zum ersten Mal zur Gitarre, und heute werden seine Auftritte – allein, im Duo oder mit der vierköpfigen Band „Rock die Straße" – in ganz Hamburg begeistert beklatscht. In Dulsberg, wo er seit über zehn Jahren lebt, kann man den Musiker aber auch überdacht hören. Im „Nachbarschaftstreff" tritt er häufig im Rahmen des Sonntagsfrühstücks oder beim Kneipenabend auf und gibt als Honorarkraft Schularbeitenhilfe – noch nie allerdings im Unterrichtsfach Musik.

Dulsberger Köpfe: Isa Yaman, Ralph Muhle und Mike Manske (von oben)

Duvenstedt

Pferde auf dem Gehweg, schmucke Häuser unter Reet und eine rege Bürgervereinigung: Duvenstedt, eines der Walddörfer im Norden Hamburgs, wirkt ländlich. Aber viele Neubauten und ein Verkehrsproblem zeugen davon, dass die Großstadt nicht so weit entfernt ist, wie es sich manche Duvenstedter wünschen

Steckbrief

Fläche:
6,824 km²
Einwohner:
5633
Verwaltung:
Bezirk Wandsbek, Ortsamt Walddörfer
Ortsteil:
522

Der Name des Stadtteils ist noch vor dem Jahr 1000 entstanden. Die Endsilbe „stedt“, abgeleitet vom altsächsischen Wort „stedi“, bezeichnete eine Wohnstätte, hier möglicherweise benannt nach einem Mann namens Duvo. Eine andere Erklärung: Auf alten Karten lautet der Dorfname „Dubenstedt“, und so wird er auf Platt auch heute noch von Alteingesessenen gesprochen. „Duben“ oder „Duven“ aber ist das niederdeutsche Wort für Tauben.

Alteisen und ein Bauernkrieg

In Duvenstedt sind viele frühgeschichtliche Funde zum Vorschein gekommen. Sie belegen, dass hier mindestens seit der Jungsteinzeit (5000–2000 v. Chr.) Menschen siedelten. Als interessanteste archäologische Entdeckung gilt der 1952 am *Rögenoort* aufgefundene **Eisenschmelzplatz** aus der Zeit um Christi Geburt.

Die ersten namentlich bekannten Besitzer des Dorfes waren die Brüder Borstel, die 1261 den „Zehnten“ an das Hamburger Domkapitel verkauften. 1314 kam das Dorf an die Pinneberger Linie der Schauenburger Grafen, 1475 an die Herzöge von Lauenburg.

Ziegelei und Wohnhaus der Familie Obertopp, um 1900. Das Haus blickt bis heute auf die Alster (vorn im Bild)

Zum alten Recht der Duvenstedter gehörte es, ihr Vieh im Bruchwald nordöstlich des Dorfes weiden zu lassen. Daran erinnern der *Duvenstedter Triftweg* und das Naturschutzgebiet Duvenstedter Brook im Stadtteil Wohldorf-Ohlstedt. In der ersten Hälfte des 18. Jahrhunderts, als der Pächter des Wohldorfer Hofes den Bruchwald urbar machte und Entwässerungsgräben zog, kam es zum **Duvenstedter Bauernkrieg**: Die Bauern wehrten sich dagegen, dass ihnen altes Gemeindeland nicht mehr zugänglich

sein sollte. Sie trieben ihr Vieh über die Gräben und fielen mit Äxten und Forken bewaffnet in Wohldorf ein.

Ab 1571 war Duvenstedt dem Vorwerk Tangstedt (seit 1683 Kanzleigut Tangstedt) verwaltungsmäßig zugeordnet. Dem Vorwerk bzw. Gut mussten die Duvenstedter Bauern **Hand- und Spanndienste** leisten. 1866 wurde ihr Dorf preußisch, und mit dem Groß-Hamburg-Gesetz kam es an Hamburg, wo es 1943 ins Ortsamtsgebiet Walddörfer (s. Wohldorf-Ohlstedt) eingegliedert wurde.

Endlich Markt auf dem Markt

In einem Dorf war die Architektur immer dem Nutzen verpflichtet. Unbrauchbares wurde abgerissen, und so gibt es nur wenige Baudenkmäler. Sinnbildhaft für das alte Dorf ist die schmucke Strohdachkate von 1743. Eine zweite, liebevoll sanierte Kate steht am *Specksaalredder*. Am *Schleusenredder* prunkt das 1914 errichtete Haus eines so genannten **Butterbauern**, der durch den Aufkauf landwirtschaftlicher Produkte in den umliegenden Dörfern und deren Verkauf in Hamburg wohlhabend geworden war.

In die Irre führt der Straßenname *Duvenstedter Markt*: Er ist ein Relikt der Stadtplanung in den 1960er Jahren. Dem Stadtteil sollte ein neues Zentrum mit Kultur- und Geschäftsbauten verordnet werden, doch die Ladenbesitzer am *Duvenstedter Damm* dachten gar nicht daran, ihren angestammten Platz zu verlassen. So wurde der „Marktplatz" in wirtschaftlicher Hinsicht keine neue Ortsmitte, und einen Wochenmarkt gibt es erst seit dem Sommer 2001. Aber mit der 1967 eingeweihten **Cantate-Kirche** und dem **Gemeindezentrum** sowie dem Max-Kramp-Haus stehen hier die wichtigsten Gemeinschaftsbauten.

Zu den auffälligsten Häusern gehören die mehrgeschossigen Holzhäuser in leuchtendem Gelb. **Chinatown** nennt sie der Duvenstedter Volksmund. Holzhäuser gibt es aber noch mehr und ältere: In der Alsterschleife im südwestlichen Zipfel Duvenstedts liegt eine der beiden **Norwegersiedlungen**. 1943 ließ Gauleiter Karl Kaufmann norwegische Blockhäuser als Behelfsheime für hohe NSDAP-Funktionäre beschaffen (s. Wohldorf-Ohlstedt). Einige von ihnen stehen am Ende des *Sarenwegs* in einer skandinavisch anmutenden Waldidylle.

Zu Kaisers Zeiten ging hier die Post ab, heute empfängt in dem Haus das „Ristorante Italia". Unten: An der Farkenwisch hat sich zwischen Neubauten das Taubenhaus eines Duvenstedter Bauern erhalten

Zeitleiste

1261 erste Erwähnung
1314 an die Schauenburger Grafen
1513 sechs Hufner und zwei Kätner
1649 Kauf durch Schleswig-Gottorp
1702–50 „Duvenstedter Bauernkrieg"
1867 preußische Landgemeinde
1937/38 Eingemeindung nach Hamburg
1967 Einweihung der Cantate-Kirche
ab 1996 Bau vieler Ein- und Mehrfamilienhäuser

Rechts oben: die Brüder und Pferdeexperten Karl (l.) und Günther Iden. Rechts: lauter kleine Künstler in der Malschule im Max-Kramp-Haus. Unten: Pippi Langstrumpf – über Duvenstedt kommt sie in deutsche Kinderzimmer

Pippi kommt aus Duvenstedt

Ob es die jüngsten Duvenstedter wissen? „Pippi Langstrumpf", das „Sams" sowie „Petterson und Findus" wohnen in ihrer Nachbarschaft. An der *Poppenbütteler Chaussee* arbeitet der **Verlag Friedrich Oetinger**, u.a. seit über 40 Jahren der deutsche Verlag Astrid Lindgrens. Unter demselben Dach ist auch der **Cecilie Dressler Verlag** tätig, bei dem Erich Kästners Kinderbücher erscheinen.

Noch länger in Duvenstedt beheimatet ist die Firma **Bernd Iden Heizöl**, die der Kaufmann Julius Iden 1924 als Kohlehandlung gründete. Ebenso familiär verwurzelt sind das **Küchenfachgeschäft Ellerbrock** und der **Getränkefachhandel Bohnhoff**. Nicht zu übersehen ist auch **Pflanzen Körner**.

Von der Landwirtschaft ist nicht viel geblieben, Pferde aber sind ein großer Wirtschaftsfaktor. Es gibt Reitställe wie den Hof Himmelsmoor, und auch bei Karl Iden, einem der letzten Landwirte,

stehen jetzt Pferde im Stall und auf der Weide. Und in Duvenstedt ist Nicola Meins, Hamburgs einzige **Hippotherapeutin**, zu Haus. Die Patienten der Krankengymnastin sitzen während ihrer Behandlung auf Pferden. Am *Puckaffer Weg* findet sich mit der **Kaiser Hufrehabilitation** Hamburgs einzige Einrichtung, in der Reit- und Rennpferde bei Huf- und Beinerkrankungen stationär behandelt werden. Zu den tierischen Patienten gehörten aber auch schon einmal Hagenbeck'sche Elefanten.

Neu ist das nördlich des Dorfkerns an der *Lohe* gelegene Gewerbegebiet. Hier sind in kurzer Zeit rund 200 Arbeitsplätze in mittelständischen Unternehmen entstanden.

Ein Haus voller Leben

Immer was los ist im kulturellen Zentrum des Stadtteils, dem **Max-Kramp-Haus**, benannt nach dem Initiator und ersten und langjährigem Vorsitzenden der Vereinigung Duvenstedt. Auf seine Initiative hin wurde nach der 700-Jahr-Feier (1961) ein Haus der Jugend gebaut, das der Vereinigung gehört. Es entwickelte sich schnell zum Haus für alle Gene-

rationen: Im Souterrain ist ein Kindergarten untergebracht, Mutter-und-Kind-Gruppen und die Grundschule nebenan nutzen den großen Saal. Für Jugendliche gibt es z.B. Computerkurse, für alle Duvenstedter stehen Sprach- und Sportkurse offen. Auch die Aufführungen des 1969 gegründeten **Amateurtheaters** finden im Haus statt. Zweimal jährlich, im Frühjahr und im Herbst, bringt das von Inge Bollow geleitete Ensemble ein plattdeutsches Stück auf die Bühne. Für die vielen Aktivitäten reicht der Raum im Max-Kramp-Haus längst nicht mehr aus. Im Garten steht deshalb ein Container, genutzt von Klaus Schuen, der das **Blasorchester Duvenstedt** seit 1987 leitet und dessen Nachwuchs unterrichtet. Kräftig geblasen wird bei Veranstaltungen und Festen, und auf einer CD haben sich die unüberhörbaren Musiker auch schon verewigt.

Auch der **Tanzsportverein Casino Oberalster** mit seinen 300 Mitgliedern hatte seine Heimat lange im Max-Kramp-Haus. Weil es dort zu eng wurde, entsteht *Im Ellernbusch* ein

Stadtteil-Profil

	Duvenstedt	Bezirk	Hamburg
Bevölkerung gesamt (2000)	5633	405 173	1 704 929
Unter 18-Jährige in %	27,4	17,1	16,1
65 Jahre und älter in %	13,8	18,8	17,0
Deutsche	5240	359 918	1 432 325
Ausländer in %	7,0	11,2	16,0
Einwohner je km²	825	2742	2258
Sozialstruktur			
Sozialhilfeempfänger (2000)	198	25 017	120 461
Arbeitslose (2001)	93	14 222	71 963
Eink. je Steuerpfl. in DM (1995)	96 336	70 631	65 579
Wohnen (2001)			
Wohngebäude	1450	68 964	226 061
Ein- und Zweifamilienhäuser in %	78,1	31,4	20,5
Ø Wohnungsgröße in m²	105,5	77,1	71,0
Wohnfläche je Einwohner in m²	37,7	37,0	35,7
Verkehr			
Private Pkw (2001)	2451	166 212	628 119
Straßenverkehrsunfälle (2000)	20	2255	12 430
Kriminalität			
Straftaten insgesamt (2000)	356	41 067	284 272

Wahlverhalten

... zur Bürgerschaft 2001 (gesamt)

Wahlbeteiligung	71,0%
SPD	36,5%
CDU	26,2%
Schill-Partei	19,4%
Grüne/GAL	8,6%
FDP	5,1%
Übrige	4,2%

... zur Bürgerschaft 2001 (Stadtteil)

Wahlbeteiligung	83,7%
SPD	28,6%
CDU	35,4%
Schill-Partei	17,2%
Grüne/GAL	8,7%
FDP	7,4%
Übrige	2,6%

eigenes Haus. Hier finden alle Gruppen vom Krabbel- bis zum Seniorenalter genügend Raum. Den brauchen z.B. die jungen „Rock 'n' Roll-Mäuse", die von Nadja Dörling trainiert werden.

Auf dem Weg nach Duvenstadt

Immer mehr Autos: Die Kreuzung im Ortskern ist das **Dauerthema der Stadtteilpolitik**. Häufig steht man auf dem *Duvenstedter Damm*, der örtlichen Einkaufsmeile, im Stau. Die Vereinigung Duvenstedt fordert den Bau eines Kreisels, um den Verkehrsfluss zu verbessern und den Gefahrenpunkt zu entschärfen. Es ist aber nicht nur der Durchgangsverkehr aus dem Hamburger Speckgürtel, der für lebhaften Verkehr sorgt: Durch die seit Mitte der 1990er Jahre entstandenen **Neubaugebiete** ist die Bevölkerungszahl rasant gestiegen. Das macht den Alteingesessenen so manches Mal den Wandel ihres Dorfes schmerzlich bewusst. Dabei ist die Entwicklung noch nicht abgeschlossen: Mitten im Ort liegt das Gelände der Gärtnerei Morlang, einst die größte Orchideenproduzentin in Norddeutschland. Auf den jetzt brach liegenden Flächen dürften eines Tages noch mehr Großstädter heimisch werden.

Ausreichen werden auch für sie die vorhandenen Einkaufsmöglichkeiten. Super- und Drogeriemärkte, die „Lerche im Alstertal", ein schöner Papier- und Geschenkeladen, und andere Geschäfte decken den täglichen Bedarf. Benötigt man mehr, kann man mit der Buslinie 276 ins AEZ nach Poppenbüttel fahren.

Blüten und Äpfel

Im Westen Duvenstedts findet sich der nördliche Teil des **Naturschutzgebietes Wittmoor**. Das Hochmoor, das sich nach Schleswig-Holstein weiterzieht, verdankt seinen Namen entweder den weißen Blüten des Wollgrases oder dem jüngeren und deshalb helleren Torf („witten Torf"). Auf Hamburger Gebiet ist das Moor vom intensiven Torfabbau geprägt, hier wechseln Heide- und Wiesenflächen, Laub- und Nadelwald. Seltene Pflanzen wie die **Moschusmalve** gedeihen auf den ausgetrockneten Flächen.

Wohnen in Duvenstedt, alt und neu: Reetdachkate von 1743 an der Poppenbütteler Chaussee, Eigenheime am Trilluper Weg

Bürgergeschichten

„Duvenstedter Nachtmusik“

Die Duvenstedterin Olga Harstall, geb. Iden, schrieb 1962 die Erinnerungen an ihre Kindheit nieder. Sie erzählte von ihrem Vater, dem Kapellmeister der „Stormarn'schen Kapelle“, von nächtlichen Vergnügungen und Pflichten um 1900

In der Nacht vom 4. zum 5. Juli 1887 bei strengstem Gewitter wurde ich als fünftes Kind von Johannis Karl Iden und seiner Ehefrau Emilie Christine Friederike Iden, geb. Seydel, von der Tangstedter Wassermühle, geboren. Ich sollte bestimmt ein Junge sein, denn ich war das fünfte Mädchen. Mein Vater spielte seinerzeit zum Tanz auf dem Bergstedter Markt. Als er morgens um vier Uhr nach Hause kam, war ich gerade auf die Welt gekommen. Mit den Jahren kamen dann noch vier Deerns dazu und dann endlich – der liebe Gott hatte ein Einsehen –, das zehnte Kind war ein Junge. Ganz Duvenstedt stand Kopf. Mein Vater kam die ersten Wochen nicht zur Ruhe. Er hatte es endlich geschafft. Wir Mädchen waren alle in einem alten geschenkten Kinderwagen groß geworden. Nun musste ein neuer Wagen her. Mein Vater lief nach Barmbek und kam abends im Dunkeln mit dem neuen Kinderwagen, sogar mit Gummirädern, angeschoben. Überglücklich! Dann folgten nach und nach noch zwei Jungs und drei Deerns, insgesamt waren wir 15 Kinder.

In ihrer besten Garderobe und sicher an einem Festtag präsentierte sich die Duvenstedterin dem Fotografen

Wenn unser Vater Tanzmusik gemacht hatte, meistens sonntags mit der ganzen „Stormarn'schen Kapelle“, kam er oft erst am Montag gegen Mittag todmüde nach Hause. Er hatte dann meist einen weiten Fußweg hinter sich. Zu Fuß nach und von Leezen, Schnelsen, Hemdlingen, Barmstedt, Vossloch, Trittau usw. war nichts Ungewöhnliches für die wanderstarken Musiker. Sie spielten meistens auf den Dielen (Tennen) der Bauern, wo nebenbei eine Gastwirtschaft betrieben wurde. Die Lehmböden wurden mit Holzbohlen belegt und an den Seiten Bänke aufgestellt, worauf die jungen Mädchen saßen. Die Männer standen meistens an der Theke, die sind ja immer durstig. Da wurden dann noch die schönen Strauß-Walzer gespielt, aber auch viele Tänze zum Mitsingen, wie „Wullt n' Nachmütz hebben“ oder „Lott is dod, Jule licht in Graben“ oder „Oh Hannis wat'n Hot“ und die „Lustigen Holzhackerbuam“. Nach Mitternacht wurde dann ohne Noten gespielt. Aber dann ging das Vergnügen erst richtig los.

Unser Vater spielte eine große Rolle in der Feuerwehr. Er war Spritzenmeister. Das Spritzenhaus war eine halbe Minute von unserem Haus entfernt. Er hatte ein kleines Horn aus Messing mit einer roten Kordel dran. Das war das Feuerhorn. Der Duvenstedter Nachtwächter musste jede Nacht alle halbe Stunde einmal in sein Horn blasen. Wenn Feuer war, tutete er, bis im Ort ein anderes Horn antwortete. Auch mein Vater nahm dann in aller Eile sein Feuerhorn aus dem Instrumentenschrank, wo auch die Musikinstrumente ihren Platz hatten, und alle Feuerwehrleute wurden zusammengeblasen. Bis die von Pferden gezogene Handpumpenspritze am Brandort eintraf, war aber meistens schon alles abgebrannt.

Der Nachtwächter hatte damals auch die Aufgabe, mit seinem Horn die Milchwagen-Kutscher zu wecken, die nachts um ein Uhr mit der Milch in die Stadt fuhren. Die Kutscher schliefen dannn häufig auf dem Kutschbock weiter, denn die Pferde fanden den Weg auch allein. Es gab ja damals keine Hindernisse auf den Straßen, keine Autos und schon gar nicht Verkehrsampeln.

Gemeinschaftlich betreut, gemeinschaftlich genutzt: Freibad Duvenstedt

Für die Walddörfer gibt es einen eigenen Arbeitskreis des Naturschutzbundes Deutschland. Eines seiner Projekte ist die Schaffung einer **Streuobstwiese** am *Himmelsmoor*. Hier wachsen auf einem ehemaligen Maisacker Obstbäume, die sonst kaum noch in der freien Natur zu finden sind. Fast 2000 Tierarten, 90 Prozent davon Insekten, leben auf der Wiese, die zum Teil von neu geschaffenen Knicks umgeben ist.

Erst reiten, dann baden

Der Straßenname *Puckaffer Weg* rührt vom „Afpuken" her, dem am westlichen Ende des Weges vom Schinder betriebenen Abziehen der Kadaverdecken. Am östlichen Ende finden sich heute Freizeiteinrichtungen wie das **Freibad Duvenstedt**. Das vom Freibadverein Duvenstedt betreute Naturbad entstand in den 1930er Jahren. Die 700 Mitglieder des Vereins haben mit einem eigenen Schlüssel jederzeit Zugang.

Nebenan liegt die Tennisanlage Eichenhof. Hier ist die einzige vom Deutschen Tennis-Bund anerkannte Tennisschule Hamburgs zu finden. Sport auf vier Beinen getrieben wird beim Duvenstedter Reitverein, und Nichtreiter können an Kutschfahrten teilnehmen. Schließlich hat auch der **Duvenstedter Sportverein von 1969** hier sein Domizil. Der Breitensportverein mit über 1000 Mitgliedern ist im Bereich Gesundheits- und ambulanter Rehabilitationssport besonders aktiv.

Von Küchen und Köchen

In Duvenstedt steht einiges an Gastronomie zur Wahl. Seit über 250 Jahren ein Familienbetrieb ist das Restaurant und Hotel **Zur Kastanie** am *Specksaalredder*. Familie Kröger bietet ihren Gästen regionale und überregionale Küche. Französischen Charme verbreiten Restaurant und Bistro **Le Relais de France** an der *Poppenbütteler Chaussee*. Seit 1979 kredenzt Michel Georges die feine Küche seiner Heimat. Noch südlicher wird die Küche im **Ristorante Italia** am *Duvenstedter Damm* sowie *Im Ellernbusch* in der **Taverna Santorini**.

Köpfe

Duvenstedter konnten schon früher gut mit Tieren umgehen. **Friedrich Schilling** (geb. 1868) war als Dompteur bei Hagenbeck eine Berühmtheit. Über 50 Jahre arbeitete er dort, bestaunt für die gleichzeitige Dressur von 13 verschiedenen Tierarten. Ein Eisbär verletzte ihn schließlich so schwer, dass er an den Folgen starb.

Den Freibadverein und damit eine der wichtigsten Gemeinschaft stiftenden Institutionen leitet seit langem **Ute Thiele**, die in einem der Norwegerhäuser wohnt. Die ehemalige Lehrerin schätzt an ihrem Stadtteil besonders, „dass man sich kennt", und die Bereitschaft zu gegenseitiger Hilfe.

Auch in Duvenstedt wird das Plattdeutsche von immer weniger Menschen gesprochen. Aber mit **Heinrich Kahl** wohnt hier jemand, der sich seit langem „auf Platt" engagiert und für dessen Erhalt einsetzt. Der 1921 in Duvenstedt Geborene und frühere Schulleiter wurde im Ruhestand zum Schriftsteller. Mehrere Bücher mit Erzählungen und Gedichten sind schon erschienen. Für die Sprache, in der er aufgewachsen ist, war Heinrich Kahl aber auch in der Fehrsgilde aktiv, der Fördergesellschaft für das Niederdeutsche, deren Vorsitzender er lange war. Zwei- bis dreimal jährlich gestaltet er auch den Gottesdienst in der Cantate-Kirche – natürlich op Platt!

Links: Der NABU erntet auf der Wiese am Himmelsmoor. Duvenstedter Köpfe: Dompteur Friedrich Schilling, Ute Thiele und Heinrich Kahl

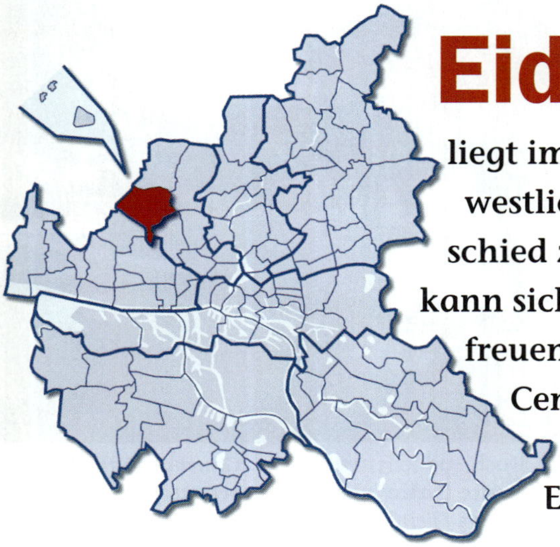

Eidelstedt

liegt im Bezirk Eimsbüttel ganz am nordwestlichen Rand von Hamburg. Im Unterschied zu so vielen anderen Stadtteilen kann sich Eidelstedt über ein echtes Zentrum freuen: das 1986 eröffnete Eidelstedt Center, wo auch dreimal in der Woche Markttag gehalten wird und alle Eidelstedter sich über den Weg laufen

Steckbrief

Fläche:
8,690 km²
Einwohner:
29 816
Verwaltung:
Bezirk Eimsbüttel, Ortsdienststelle Eidelstedt
Ortsteil:
609

Ein Bauer namens „Eiler" oder „Eilard" könnte der Namengeber für eine Ortschaft gewesen sein, die aber – so lassen gefundene Steinwerkzeuge vermuten – wohl schon in vorgeschichtlicher Zeit existiert haben könnte.

Aus der Geschichte

Ab 1460 gehörte Eidelstedt zur Grafschaft Pinneberg und fiel nach dem Aussterben der Schauenburger 1640 als Teil der „Herrschaft Pinneberg" unter die Herrschaft des dänischen Königs, der in Personalunion auch Herzog von Holstein war.

1350 schon war eine Eidelstedter Wassermühle erwähnt worden. Sie gehörte den jeweiligen Landesherren, die ihrerseits die Mühlenrechte verpachteten. Alle Bauern aus den umliegenden Dörfern mussten hier ihr Korn mahlen lassen. 1707 wurde nebenan die erste **Windmühle** gebaut, deren Betrieb 1874 an die Familie Lampé überging. Der letzte Besitzer starb 1960, die alte Windmühle – ohne Flügel – dient seit 1984 als Möbellager. Die Eidelstedter Wassermühle wurde 1900 stillgelegt.

Mit der Jahreszahl 1832 erinnert ein **dänischer Meilenstein** an der *Holsteiner Chaussee* an den Ausbau der Landstraße zur „Kunststraße". Nach dem Deutsch-Dänischen Krieg 1864 wurde Eidelstedt 1867 preußische Gemeinde. Das erste Gemeindeamt war in der *Reichsbahnstraße 19* zu Hause, als Gemeindevorsteher amtierte von 1900–21 Joachim Hinsch.

1927 erfolgte die „Zwangseingemeindung" nach Altona und zehn Jahre später der Anschluss an Hamburg. Zu den düstersten Kapiteln der Stadtteilgeschichte zählt das vermutlich schon 1943, spätestens ab Herbst 1944 bestehende „Außenlager Eidelstedt" des Kon-

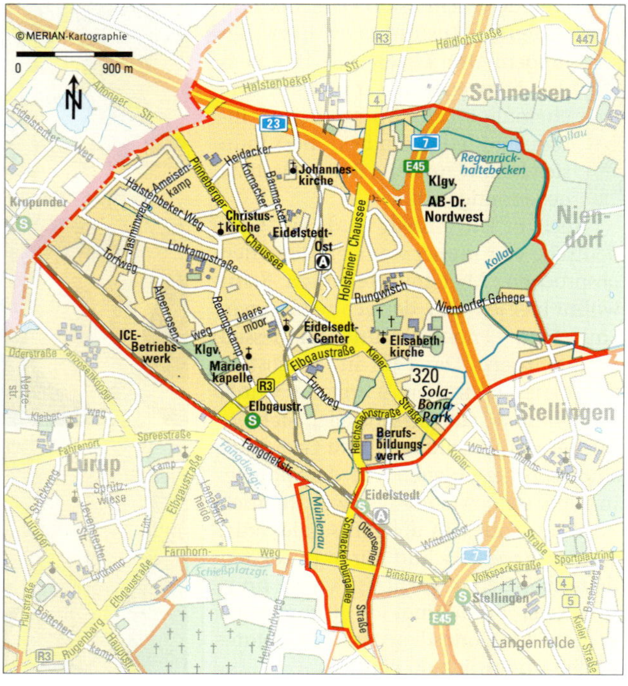

Das Eidelstedt Center ist der Mittelpunkt des Stadtteils, und wohl die meisten Eidelstedter kommen hier mindestens einmal am Tag vorbei

zentrationslagers Neuengamme. Vor allem Frauen aus der Tschechoslowakei und Ungarn, die Auschwitz überlebt hatten, wurden hier als Arbeitssklaven bei Bau- und Aufräumarbeiten eingesetzt. Das Lager befand sich am *Friedrichshulder Weg* im heutigen Stadtteil Lurup hinter dem Eidelstedter Rangierbahnhof.

In den Nachkriegsjahren verlor Eidelstedt endgültig seinen Dorfcharakter. Auf dem bisherigen Ackerland und Weiden wurden Wohnsiedlungen errichtet.

Die Kirche kommt ins Dorf

Bis 1892 war für Eidelstedt und Stellingen-Langenfelde noch die Kirche in Niendorf zuständig gewesen. Zur Einweihung der neuen **Elisabethkirche** an der *Eidelstedter Dorfstraße 19* am 16. September 1906 stiftete die preußische Königin Auguste Viktoria die Altarbibel sowie 300 Mark zur Anschaffung einer silbernen Abendmahlskanne. Vor allem Geldmittel und Landschenkungen ermöglichten den Kirchenbau. So stellte der Eidelstedter Hofbesitzer Jacob Krohn den Bauplatz zur Verfügung.

Mit der backsteinroten Kirche verbunden und doch inhaltlich selbstständig ist die Gemeinde der zu Ostern 1954 eingeweihten **Marienkapelle** an der *Mählstraße 1*. Hier wird eine besondere Form der Frömmigkeit gepflegt, eine pietistisch-evangelikale Spiritualität, welche die Bedeutung des Glaubens für das tägliche Leben betont.

Unweit der Elisabethkirche steht am *Dörpsweg* das seit 1973 als Altentagesstätte der ev.-luth. Kirchengemeinde genutzte **Haus Koyen**, das 1793 erbaute letzte noch reetgedeckte Haus Eidelstedts. In dieser Idylle lebte bis zu seinem Tode 1969 der Künstler und Architekt August Koyen. Seine Leidenschaft für die Landschaftsmalerei hatte ihn nach Eidelstedt geführt, wo er 1934 Bauerntochter Maria Kohrs heiratete.

Das letzte reetgedeckte Haus im Stadtteil steht am Dörpsweg 2

Das Wachstum Eidelstedts machte weitere Kirchenbauten notwendig: 1962 wurde die **Christus-Kirche** am *Halstenbeker Weg 22* geweiht, wo besonders die Kirchenmusik sehr gepflegt wird. Viel Arbeit mit Kindern und Jugendlichen

August Koyen malte die Eidelstedter Mühle im Jahr 1929

Bürgergeschichten

„Eidelstedter pflanzen ein Zeichen"

***Christel Kruse* berichtet über die Aufstellung des von ihr mit initiierten Friedensbaums am Eidelstedt Center im Jahr 1987**

Die Sehnsucht nach Frieden ist auch in Eidelstedt ausgeprägt. Die Idee, auch bei uns einen Friedensbaum zu pflanzen, kam uns nach einer Veranstaltung der „Eidelstedter Friedensinitiative". Dort hatten wir mit Wissenschaftlern, Pfarrern, Mitgliedern von Parteien und Vertretern von Betrieben über die Unmenschlichkeit und Sinnlosigkeit von Kriegen diskutiert und wollten etwas tun.

Alt und Jung helfen mit bei der Anpflanzung des Friedensbaums 1987 am Eidelstedt Center. Seither werden das Umfeld des Friedensbaumes und die Bodenplatte von dem Blumenhändler Nico Pace gepflegt

Am 16. März 1987 beschloss der Ortsausschuss Stellingen unter ihrem Vorsitzenden Manfred Baer (SPD), dem Antrag der „Eidelstedter Friedensinitiative" zur Anpflanzung eines Baumes nebst einer Bodenplatte zuzustimmen. Als Inschrift der Bodenplatte war beantragt worden:

Friedensbaum
Wir haben die Erde von unseren Kindern geborgt
Eidelstedter Bürger für den Frieden
1987

Baum und Bodenplatte waren auf Dauer beantragt und genehmigt worden. Auf Rat des damaligen Leiters des Gartenbauamtes Eimsbüttel, Ruprecht Stöckl, sollte es eine Linde sein, „weil dies ein friedlicher Baum ist und eine Eiche eher kriegerisch wirkt". Zur architektonischen Gestaltung der Platte gewannen wir Architekt Thomas Darboven.

Viele Eidelstedterinnen und Eidelstedter nahmen nunmehr Spendenlisten in die Hand, um das Geld für dieses Objekt zu sammeln. Durch Unterstützung des „Eidelstedter Anzeigers" gelang das Einsammeln des Geldes relativ schnell. Sowohl das Kaufhaus Reinhold & Papst am Eidelstedter Platz als auch das Eidelstedter Bürgerhaus unter Willy Hinrichs eröffneten die Geldsammlung mit namhaften Beträgen. Und auch die Hamburg-Mannheimer-Versicherung, Eigentümerin des Eidelstedt Centers, trug zur Finanzierung bei. Als die Gelder beisammen waren, wurde die Platte angekauft und durch den Eidelstedter Steinmetzen Blank beschriftet.

Zur „Begrüßung" des neuen Friedensboten veranstalteten wir ein Friedensfest, an dem sich auch viele Mitglieder der Elisabeth-Gemeinde unter den Pastoren Klette und Rohwieder einfanden. Auf einem Pkw-Anhänger brachten sie ein Harmonium mit, auf dem Kirchen- und andere fröhliche Musikstücke gespielt wurden.

Die Firma Budnikowsky hatte für teilnehmende Kinder aus den umliegenden Kindergärten bunte Stifte, Papier und Säfte gespendet, und so dauerte es nicht lange, bis die Kinder anfingen „Frieden" zu malen. Der damalige Leiter der Hamburger Bank, Klaus Pöppelmann, organisierte mit mir als Sprecherin der Friedensinitiative darauf eine Bilderausstellung im Schaufenster der Bank unter dem Titel „Frieden, wie wir Kinder ihn sehen".

Nun steht der Friedensbaum bereits im 15. Jahr. Er erhält Pflege durch den Inhaber des Blumengeschäftes gleich nebenan, von Nico Pace. Heute wird unser Baum gerne als Treffpunkt bei Bekundungen für Frieden, gegen Gewalt und für ein menschliches Miteinander genutzt.

organisiert die seit 1969 zunächst als „Eidelstedt-Ost“ gegründete **Johannes-Kirchengemeinde** *Dallbregen 1*.

Das Eidelstedter Bürgerhaus

Im Zentrum des Stadtteils liegt das **Eidelstedter Bürgerhaus** an der *Alten Elbgaustraße 12*. In der ehemaligen Knabenschule, 1886 erbaut, weil das alte Schulhaus (von 1769) an der Ecke *Kieler Straße/Eidelstedter Dorfstraße* trotz Erweiterung und Neubau (1860/66) aus allen Nähten platzte, war zuletzt eine Sonderschule untergebracht.

Die ausgediente Elbgauschule sollte eigentlich abgerissen werden. Doch schon

Die Elisabethkirche wurde im Jahr 1906 erbaut, die Bauausführung hatte der Eidelstedter Bauunternehmer Wilhelm Steinhoff

„Benni Besenschrank sucht einen Freund“ mit Franziska Pfadt, Frank Toelstede und Stephanie Scheumann (v. l.), ein Stück von Dörte Ayecke

Besuch im Eidelstedter Heimatmuseum bei Ilse und Karlheinz Steffen (links)

im Herbst 1979 setzten erste Bestrebungen ein, dort ein Stadtteilkulturzentrum zu schaffen. Ein Trägerverein konnte dann ein Jahr später vom Bezirksamt die Schlüssel für das Haus entgegennehmen. In der früheren Hausmeisterwohnung entstand das 1984 eingeweihte Heimatmuseum.

Seit 1982 belebt die **Elternschule** das Haus mit vielfältigem Programm. Dörte Ayecke, die seit 1990 die Leitung innehat, verfasst Theaterstücke für Kinder ab drei Jahren, die sie zusammen mit der Theatergruppe der Elternschule – unter Mitwirkung von bühnenbegeisterten Jugendlichen, Eltern und Großeltern – mit großem Erfolg aufführt.

Die **Bücherhalle Eidelstedt** befindet sich mit ihrem vielfältigen Angebot seit 1984 direkt am Eidelstedt Center. Die Arbeit für Kinder und Jugendliche bildet einen Schwerpunkt, Hobbykünstler können ihre Werke dort präsentieren.

Die Eidelstedter Düfte

Entlang der Bahnlinie siedelte sich im 19. Jahrhundert gemischte Industrie an: Tabak-, Margarine- und Fischmehlfabriken, chemische Industrie, Elektrizitäts- und Bleiwerke. 1925 besaß der Ort 22 Industriebetriebe, 1953 war die Zahl auf 64 Unternehmen angewachsen. Damit einher gingen starke Umweltbelastungen, und die **Eidelstedter Düfte** wurden zu einem geflügelten Wort.

In den Spalten der „Eimsbütteler Blätter“ spiegelte sich der Ärger über die Ausdünstungen der **Fischmehlwerke** und der **Farben- und Lackfabrik Spangenberg** wider: „Stinkt Eidelstedt noch lange? Jeder Hamburger rümpft die Nase, wenn in der Unterhaltung das Stichwort Eidelstedt fällt“ (Dez. 1956); „Letzter Versuch gegen Eidelstedter Düfte – Kondensator soll Abgase vernichten“ (April 1958); „Neue Duftwelle aus Eidelstedt – Mit dem Gestank muß endlich Schluß gemacht werden“ (Sept. 1958) – so nur einige der Schlagzeilen.

Die „Eidelstedter Düfte“ sind mittlerweile verflogen. Dafür gibt es noch industrielle Altlasten. 1979 machte der „Stoltzenberg-Skandal“ bundesweit Schlagzeilen. In der Fabrik Ecke *Schnackenburgallee/Farnhornstieg* wurden gut 50 Jahre lang chemische Kampfstoffe produziert, gelagert und beseitigt, wobei Letzteres oftmals im Vergraben auf dem Werksgelände bestand.

Neben dem alten AKN-Bahnhof Ecke *Rungwisch/Holsteiner Chaussee* waren lange die Gummiwerke Ellerbrock, „Hein Gummi“ genannt, zu Hause. Im Februar 1993 zog die Firma nach Henstedt-Ulzburg um. Auf dem ca. 23 000 m² großen ehemaligen Werksgelände entstand 1995/96 der **Wohnpark Rungwisch**.

Mit der Bleiindustrie GmbH vorm. Jung + Lindig *(Schnackenburgallee)*, der Fauser Vitaquellwerk KG *(Pinneberger Chaussee)* und der aus der 1883 gegründeten einstigen Tivoli-Brauerei hervorgegangenen Sika-Tivoli Klebstoff GmbH *(Reichsbahnstraße)* hat Eidelstedt weitere Industriebetriebe.

Intensives Lernen in kleinen Gruppen im Berufsbildungswerk Hamburg (bbw)

Im Bahnbetriebswerk Eidelstedt kann auf drei Ebenen gleichzeitig an den Zügen gearbeitet werden

Arbeitgeber Bahn AG

Im September 1844 zuckelte erstmals ein Zug von Altona an Eidelstedt vorbei nach Kiel. 1922 entstand in Eidelstedt der größte Rangierbahnhof Norddeutschlands, und 1991 erhielt der Stadtteil wieder eine Hamburger Eisenbahn-Besonderheit, das **ICE-Werk Hamburg-Eidelstedt**. 150 Mio. Euro investierte man in den Bau des größten deutschen ICE-Betriebswerks. Täglich warten hier die ca. 650 Mitarbeiter bis zu 42 Hochgeschwindigkeitszüge aller Generationen. Zwischen Ankunft und Abfahrt der Züge stehen nur 60 Minuten im Werk zur Verfügung. Jeweils acht Züge gleichzeitig können in der 430 m langen und 65 m breiten Triebzughalle versorgt werden.

Zentrum beruflicher Bildung

Neben den allgemeinbildenden Schulen – den Grundschulen an *Heidacker*, *Furtweg* und *Rungwisch*, der integrativen Max-Träger-Grundschule am *Baumacker*, der Gesamtschule in der *Lohkampstraße*, dem Gymnasium am *Dörpsweg* und der Sonderschule am *Niekampsweg* – weist der Stadtteil ein breites Angebot an Berufsbildungs- und -qualifizierungsangeboten auf. Hierzu zählt vor allem die 1981 gegründete und seit 1988 eigenständige **Staatliche Berufsschule Eidelstedt** (G 12). Sie ist auch die zuständige Berufsschule für die Auszubildenden des **Berufsbildungswerkes Hamburg** (bbw) – in dessen Gebäuden an der *Reichsbahnstraße* die Schule zum größten Teil untergebracht ist – und kooperiert mit verschiedenen Partnern in der Region bei der beruflichen Integration benachteiligter und behinderter Jugendlicher.

RAZ – Ran an die Zukunft – nennt sich ein stadtteilorientiertes Angebot für Jugendliche in der Sola-Bona-Villa an der *Kieler Straße 602* zur Integration in Ausbildung und Beruf. Im Rahmen des „QUAS-Eidelstedt“-Projektes wird seit August 1998 durch ein stadtteilnahes, kooperatives Berufsvorbereitungskonzept der Versuch gemacht, leistungsschwache Jugendliche für eine Ausbildung oder einen Arbeitsplatz zu qualifizieren.

Stadtteil-Profil

	Eidelstedt	Bezirk	Hamburg
Bevölkerung gesamt (2000)	29 816	244 893	1 704 929
Unter 18-Jährige in %	16,9	14,1	16,1
65 Jahre und älter in %	18,9	16,1	17,0
Deutsche	25 826	208 892	1 432 325
Ausländer in %	13,4	14,7	16,0
Einwohner je km²	3431	4914	2258
Sozialstruktur			
Sozialhilfeempfänger (2000)	2305	13 118	120 461
Arbeitslose (2001)	1356	9260	71 963
Eink. je Steuerpfl. in DM (1995)	57 731	67 141	65 579
Wohnen (2001)			
Wohngebäude	4622	28 953	226 061
Ein- und Zweifamilienhäuser in %	28,5	16,2	20,5
Ø Wohnungsgröße in m²	70,3	71,5	71,0
Wohnfläche je Einwohner in m²	34,5	37,3	35,7
Verkehr			
Private Pkw (2001)	11 196	90 230	628 119
Straßenverkehrsunfälle (2000)	232	1752	12 430
Kriminalität			
Straftaten insgesamt (2000)	3703	28 994	284 272

© Statistisches Landesamt

Wahlverhalten

... zur Bürgerschaft 2001 (gesamt)

Wahlbeteiligung	71,0%
SPD	36,5%
CDU	26,2%
Schill-Partei	19,4%
Grüne/GAL	8,6%
FDP	5,1%
Übrige	4,2%

... zur Bürgerschaft 2001 (Stadtteil)

Wahlbeteiligung	72,3%
SPD	39,9%
CDU	24,6%
Schill-Partei	22,7%
Grüne/GAL	5,3%
FDP	3,7%
Übrige	3,8%

Der Eidelstedter Platz

Am 1987 neu gestalteten *Eidelstedter Platz* laufen die fünf Hauptverkehrsstraßen des Stadtteils fast sternförmig zusammen. Auch alle Buslinien durch Eidelstedt und Richtung Innenstadt halten hier. Die Autobahn A 23 und die Achsen *Holsteiner* und *Pinneberger Chaussee* bilden vor allem für die Menschen in Eidelstedt-Nord eine hohe Belastung.

Ausbau der AKN

Der Bahnhof Eidelstedt ist ein viel genutzter **Umsteigebahnhof** von der S-Bahn auf die AKN in Richtung Quickborn, Ulzburg und Kaltenkirchen. 1884 war die Linie in Betrieb genommen und 1898 bis Bad Bramstedt, 1916 dann bis Neumünster verlängert worden. Die AKN-Bahnlinie zerschneidet den Stadtteil in seiner Mitte in Nord-Süd-Richtung mit entsprechenden Wartezeiten für den motorisierten Verkehr an den Bahnübergängen. Zudem führt die Eingleisigkeit vieler Streckenabschnitte zur Übertragung von Folgeverspätungen auf den Gegenzug, insbesondere im Bereich des Bahnhofs Eidelstedt, wo die AKN-Trasse auf die S-Bahn-Gleise einfädelt.

Deshalb erfolgte im Mai 2001 der erste Spatenstich zum zweigleisigen Ausbau der 3,2 km langen Strecke zwischen *Halstenbeker Straße* und dem Bahnhof Eidelstedt, zur Beseitigung der drei ebenerdigen Bahnübergänge im Verlauf der *Lohkampstraße*, *Pinneberger Chaussee* und

Erster Spatenstich für den AKN-Ausbau: Jürgen Mantell (Bezirksamt), Michael Rocca (Staatssekretär SH), Angelika Mertens (MdB, Bundesverkehrsministerium), Bausenator Eugen Wagner und Johannes Kruszynski (AKN)

Immer viel Betrieb am Busbahnhof Eidelstedter Platz

Upn Hornack durch Tieflage der AKN sowie zur Verlegung des Haltepunktes Eidelstedt-Ost zum Eidelstedter Zentrum und für einen neuen Haltepunkt „Schnelsen-Süd" an der Julius-Leber-Schule. Bis Herbst 2004 werden hier 65 Mio. Euro investiert.

Wohnen in Eidelstedt

Mehrere Hauptverkehrsstraßen teilen Eidelstedt in fünf größere Wohngebiete. In **Eidelstedt-Nord** finden sich Einzel- und Reihenhausbebauung und größere Wohnsiedlungen. Die ältesten dreigeschossigen Wohnblocks in der **Siedlung am Ellerauer Weg** mit fast 300 kleinen Wohneinheiten stammen noch aus den 1940er Jahren. Sie wurden ab Herbst 1997 saniert und modernisiert. Die übrigen Gebäude im **Bereich Hornackredder/Ellerauer Weg/Lentföhrdener Weg** entstanden seit der zweiten Hälfte der 60er Jahre. Die damals errichtete **Wohngegend Pflugacker/Hörgensweg** mit bis zu 13-geschossigen Wohngebäuden wird seit 1995 im Rahmen der „sozialen Stadtteilentwicklung" besonders gefördert, ebenso die Mitte der 70er Jahre entstandene **Siedlung Wildacker** an der Landesgrenze mit zumeist drei- und viergeschossigen Wohnblocks. Die Wohnungen gehören größtenteils gemeinnützigen Wohnungsbauunternehmen.

Am *Hörgensweg 59 b* wurde Anfang der 1990er Jahre ein von der Stadtentwicklungsbehörde getragenes **Stadtteilbüro** eingerichtet. Im Rahmen dieser Arbeit entstanden u.a. die Drogenberatungsstelle „Cafe 320", das 1995 gegründete „Bürgerforum Eidelstedt-Nord", der 1997 ins Leben gerufene „Stadtteilbeirat Eidelstedt-Nord" und die „Berufsausbildungsinitiative für Eidelstedt". Auch die meisten Einrichtungen der offenen Kinder- und Jugendarbeit sind im Eidelstedter Norden angesiedelt. So u.a. der Abenteuerspielplatz Eidelstedt- Nord e. V. *(Halstenbeker Straße/Falkengrund)*, der „Jugendclub Hörgensweg" und das 1982/83 errichtete Haus für Jugend, Kultur und Stadtteil *(Baumacker 8 a)*.

Eisenbahner und Neusiedler

Zu Beginn des 20. Jahrhunderts machte der Zuzug von etwa 1000 Bahnbediensteten und ihren Familien den Bau von neuem Wohnraum notwendig. Im Bereich *Mählstraße/Haseldorfer Weg* entstand eine Siedlung mit zweigeschossigen Mehrfamilienhäusern, die heute unter Milieuschutz steht. Sie war anfänglich nur für aktive Eisenbahner bestimmt. Wer den Dienst quittierte, musste ausziehen. Zu jeder der Wohnungen gehörte ein ca. 200 m² großer Garten zur Selbstversorgung mit Kartoffeln, Gemüse und Obst. Kleine Stallungen mit ausgebauten Trögen erlaubten sogar die Haltung von Schweinen.

Nur wenige Minuten vom *Eidelstedter Platz* entfernt liegt die **Lohkampsiedlung** mit ihren einheitlichen, meist eingeschossigen Doppelhäusern mit Satteldächern entlang der – beiderseits von Entwässerungsgräben flankierten – schmalen Stichstraßen. Die Bebauung

Quartierentwicklerin Conny Schubecker vom Stadtteilbüro Eidelstedt-Nord bleibt auch bei Schmuddelwetter optimistisch (rechts). Grünpflege vorm Wohnblock am Reemstückenkamp und Idylle in der Eisenbahnersiedlung Haseldorfer Weg/Mählstraße

Zeitleiste

1266/69 erstmals urkundlich erwähnt
1350 gräfliche Wassermühle
1927 nach Altona eingemeindet
1937/38 Teil von Groß-Hamburg
1980 Bürgerhaus eröffnet
1986 Eidelstedt Center eröffnet
1991 ICE-Betriebswerk eröffnet
2001 Startschuss für den AKN-Ausbau

der 266 ca. 1000 m² großen Siedlerstellen entstand 1951–53. Wer hier einmal wohnt, zieht nur selten wieder weg. Schon seit 1985 steht die Siedlung unter Milieuschutz. Kein Wunder, dass die **Siedlergemeinschaft Lohkamp e.V.** schon mehrfach Preise für die schönste Kleinsiedlung auf Bundes- und Landesebene einheimsen konnte.

Ade, Alabama-Kino

Den Veränderungen des Stadtbildes fiel auch der einstige „Ramcke's Gasthof" an der *Kieler Straße 622* zum Opfer. Der aus dem 19. Jahrhundert stammende Bau erlebte seine beste Zeit als Tanzlokal vor und nach dem Ersten Weltkrieg und wurde nach 1945 zum Kino umgebaut. 1976 übernahmen Hans Peter Jansen und Michael Conrad den Betrieb, das Kino hieß fortan **Alabama**. Die beiden engagierten Betreiber behaupteten sich mit ihrem vielfältigen Programm (u.a. Hamburger Trickfilmfestival), und nicht ausbleibende Besucher, sondern vielmehr erzwang erst die Kündigung des Mietvertrages Ende 1992 die letzte Vorführung.

Das gleiche „Abriss-für-Neubebauung-Schicksal" drohte auch dem **Bauernhof Langeloh**. Die Familie zählte zu den ältesten Eidelstedter Hofbesitzern und hatte das stark renovierungsbedürftige Anwesen mitsamt angrenzendem Gelände 1987 an die Stadt verkauft. Nach lebhaften Debatten inner- und außerhalb politischer Gremien setzte 1995 eine Bürgerinitiative den Erhalt durch. Im einstigen Bauernhaus fand die gemischte Wohngruppe „Zeitlos e.V." *(Kieler Straße 650)* eine Heimat, im einstigen Stallgebäude wurde ein Platz für eine Frauenpension geschaffen.

Als für einen Teil der Eidelstedter Feldmark im Zuge des Bebauungsplans „Eidelstedt 31" eine umfangreiche Wohnbebauung durchgesetzt werden sollte, erhob sich lautstarker Protest. Die Feldmark ist das letzte Naherholungsgebiet, die dortigen Feuchtwiesen beherbergen unzählige Tier- und Pflanzenarten. Im Februar 2000 kam in Kooperation zwischen Behörden und Bürgern ein Kompromiss zu Stande. Die als Bauland vorgesehene Fläche zwischen *Kieler Straße* und Autobahn wird von drei auf zwei Hektar und die Bruttogeschossfläche um mehr als ein Drittel – von 30 000 auf 19 000 m² – verringert. Statt 300 sollen ca. 200 Wohnungen entstehen, verteilt auf 50 Wohnprojekte und 150 Genossenschaftswohnungen.

Sangesfreude seit 1862

Eidelstedts ältester bestehender Verein ist die **Liedertafel Hoffnung**. Um trotz Nachwuchsproblemen den Verein am Leben zu erhalten, wurde 1992 der Zusammenschluss mit der Schnelsener Liedertafel „Concordia-Fidel" vollzogen. Der „Männerchor Eidelstedt-Schnelsen von 1862 e.V." hat 43 aktive Sänger. Seit 1958 gibt es auch einen Frauenchor, der gleichfalls bei vielen Veranstaltungen zu hören ist.

Der Jasminweg in der preisgekrönten Lohkampsiedlung: Statt Gehwegen gibt es Entwässerungsgräben links und rechts der Straße

2001 konnte der **Eidelstedter Bürgerverein von 1901 e.V.** mit einem großen Festumzug sein 100-jähriges Bestehen feiern. Der seit 2000 von Ulrich H. Winkel geführte Verein mit seinen weit mehr als 200 Mitgliedern ist nicht nur ein bedeutender Faktor im öffentlichen Leben, sondern pflegt auch kulturelle und gesellige Veranstaltungen, wie den seit vielen Jahren am Karfreitag veranstalteten „Eierskat".

1887 hoben 21 Männer eine **Freiwillige Feuerwehr** für Eidelstedt aus der Taufe. Heute unterstützen die 30 Feuerwehrleute der Einsatzabteilung die Berufsfeuerwehr bei der Sicherstellung des Brandschutzes und rücken pro Jahr zu etwa 150 Einsätzen aus. Das Feuerwehrhaus steht seit Dezember 1924 an der Ecke *Elbgaustraße/Furtweg*. Im Juni 1997 kam eine Jugendfeuerwehr für 12- bis 18-Jährige hinzu.

Der Eidelstedter Bürgerverein von 1901 e.V. feierte im Mai 2001 sein 100-jähriges Bestehen – und ganz Eidelstedt feierte mit. Rechts: die Villa im Sola-Bona-Park

Seit Dezember 1998 hat Fritz Kay Bahlo das Amt des Wehrführers inne.

Sola bona quae honesta

Unweit der belebten *Kieler Straße* liegt der etwa zwei Hektar große **Sola-Bona-Park** mit der imposanten, ca. 350 Jahre alten Eiche (Stammumfang 5,20 m). In dem einstigen hochherrschaftlichen Lustgarten betrieben von 1852–65 die Herren Dr. Grabau und Dr. Stein eine „Schrothsche Wasserheilanstalt". 1871 wurde die Heilanstalt zu einem Landsitz umgewandelt, für den der neue Besitzer Ferdinand Jacob Richter die Villa an der *Kieler Straße 602* erbauen ließ, an der zur Straße hin der lateinische Spruch „Sola bona quae honesta" prangt – zu Deutsch: „Nur das Ehrbare ist gut". Seit 1953 ist die Villa im Besitz der Stadt Hamburg, die 1956 den Park zur öffentlichen Nutzung freigab.

Sport und Freizeit

Eidelstedt hat ein breites Angebot an sportlichen Aktivitäten. Der **Eidelstedter Sportverein von 1910 e.V.** (ESV) ist der älteste im Stadtteil selbst gegründete Sportverein und entstand 1945 durch die Fusion der Vereine „Gut Heil", „Frei Heil" und „Adler Eidelstedt". Der ESV bietet seinen ca. 2500 Mitgliedern 18 Hauptsportarten in mehr als 200 Sportgruppen. Der Vereinssitz liegt am *Furtweg 53 a*, wo sich das Clubheim mit Saal und Restauration sowie die Geschäftsstelle befinden. Außerdem gibt es seit 1994 das vereinseigene Fitness- und Gesundheitszentrum auf der Sportanlage am *Steinwiesenweg 30*.

Der **Eisenbahn-Turn- und Sportverein Altona-Eidelstedt von 1880 e.V.** (ETSV) am *Redingskamp 25* ist mit seinen ca. 4300 Mitgliedern der größte Sportverein in Hamburgs Westen. Das Sportzentrum auf über 30 000 m² unweit der S-Bahn-Station Elbgaustraße bildet mit den drei Fußballplätzen, der Leichtathletikanlage, den Kegelbahnen, den Schießständen und der Sporthalle sowie dem Tanzsaal und dem 1994 entstandenen Fitness-Studio „Body + Soul" das Herzstück des Vereins.

Schon die Eidelstedter Fußballjugend führt gekonnt den Ball durch des Gegners Hälfte

Showvorführung einer Kindergruppe des ETSV, dessen Integrationsarbeit vom Hamburger Sportbund ausgezeichnet wurde

Das Eidelstedt Center

Um das Eidelstedt Center an der *Alten Elbgaustraße 1* konzentrieren sich die meisten Geschäfte, Restaurants mit in- und ausländischer Küche, der Wochenmarkt (Mi., Fr., Sa.) sowie die Ortsdienststelle *(Ekenknick 4)*, Post, Banken, Bücherhalle, Ärzte, Krankenkassen und Bürgerhaus. Wohl die meisten Eidelstedter kommen dort täglich einmal vorbei.

Viele Filialisten sind im Center vertreten, den Kern bildete jedoch das seit 1949 in Hamburg ansässige Kaufhaus **Reinhold & Pabst** mit Filialen in Eidelstedt und Glinde. Das Familienunternehmen musste jedoch auf Grund drastischer Umsatzrückgänge nach 53 Jahren am *Eidelstedter Platz* im Februar 2002 schließen. Ein weiteres, kleineres Einkaufszentrum befindet sich am *Hörgensweg*.

Eidelstedts älteste Gaststätte

Das „Thesdorfs Eck" Ecke *Elbgaustraße/Niekampsweg* wurde 1908 von Hinrich Thesdorf eröffnet. In dritter Generation stehen Ellen Jacobs und Ehemann Rolf täglich hinter dem Tresen. Hier probt regelmäßig die Liedertafel, trifft sich der Bürgerverein oder tagen der 1932 gegründete „Rassekaninchen-Zuchtverein HH 54" und der „Eidelstedter Grundeigentümer-Verein" (1892).

Köpfe

Irmgard Hofmann, geb. 1921, ist seit 1928 in der *Hinschstraße* zu Hause. Die ausgebildete Anwalts- und Notargehilfin wurde 1981 beim Verwaltungsgericht Hamburg pensioniert. Seither ist sie im „Unruhestand": Sie war als Schriftführerin aktiv im Verein Bürgerhaus, bei der SPD und der AWO und ist immer viel im Einsatz für den Eidelstedter Bürgerverein, für den sie u.a. das regelmäßig erscheinende Mitgliederblatt erstellt.

Die Beine wollen nicht mehr so recht, hinter dem Tresen kann sie selbst nicht mehr stehen. Aber ihr Lokal in der *Lohkampstraße* führt **Erna Volkmann**, die im Februar 2001 ihren 90. Geburtstag feiern konnte, immer noch selbst. Mit ihrem Mann Paul kam sie 1956 nach Eidelstedt. Ihr Lokal entstand in Eigenarbeit. Seit ihr Mann 1972 verstarb, heißt es so wie die Wirtin: „Tante Erna". Zu ihren Stammgästen zählt – wenn es seine zahlreichen Engagements erlauben – auch der Schauspieler **Wolf-Dieter Berg**. Der gefragte Mime wohnt seit über 15 Jahren in Eidelstedt.

Für **Peter Jäger**, 1940 in Stettin geboren, wurde Eidelstedt zur Wahlheimat. Als Objektleiter und „Stadtteilschreiber" hat er dem seit 1982 wöchentlich erscheinenden „Eidelstedter Anzeiger" von 1978 bis Ende 2000 journalistisches Profil gegeben. In dieser Zeit erlebte er nicht nur hautnah die Entwicklung und die Veränderung des Stadtteils, sondern unterstützte auch engagiert die kulturellen Aktivitäten wie die Gründung des Bürgerhauses und des Heimatmuseums.

Seit 1999 ist **Dr. Karl-Heinrich Melzer** Propst im Kirchenkreis Niendorf und wohnt mit seiner Frau und drei Kindern gern in Eidelstedt, wo er in der Elisabethkirche auch die Predigtstelle wahrnimmt. Neben seinen vielen Verpflichtungen bleibt dem gebürtigen Kieler kaum Zeit für sein Hobby, das Segeln.

Eidelstedter Köpfe: Irmgard Hofmann, „Tante Erna" Volkmann (mit Schauspieler Wolf-Dieter Berg zu Gast), Peter Jäger und Karl-Heinrich Melzer

Eilbek

Einst nur kleine Ansiedlung an der Chaussee nach Wandsbek, ist Eilbek heute ein dicht bevölkerter Stadtteil mit viel Verkehr, aber auch viel Grün. Das gutbürgerliche Auenviertel und die Backsteinbauten der Nachkriegsjahrzehnte prägen das Bild. Erholung bieten die Parks und der Uferweg an Eilbek und Eilbekkanal

Steckbrief

Fläche:
1,726 km²
Einwohner:
19 996
Verwaltung:
Bezirk Wandsbek, Kerngebiet
Ortsteile:
501–504

Im Namen des Stadtteils verstecken sich die „Ylen"; das ist das plattdeutsche Wort für Blutegel, die seit dem Mittelalter in großen Mengen im Flüsschen „Ylenbeke" gefangen und für medizinische Zwecke genutzt wurden.

Aus der Geschichte

Die erste Erwähnung fand das Gebiet der „Ylenbeke" im Jahr 1247, als holsteinische Ritter hier gelegenes Ackerland an das Hamburger Heiligen-Geist-Hospital verkauften. Bauernhöfe entstanden „by dem Eilenbecke" erst seit dem 17. Jahrhundert; sie gehörten verwaltungsmäßig zu Barmbek. Noch 1818 zählte man nur 90 Einwohner. 1830, bei der Neuordnung des hamburgischen Landgebietes, wurde Eilbek ein Teil der Vogtei Barmbek, die unter der Verwaltung der **Landherrenschaft der Geestlande** stand. Die drei bis vier Bauernhöfe lagen nahe der heutigen *Von-Essen-Straße*.

Erst nach 1842 begann sich das Wachstum der Großstadt Hamburg auch in Eilbek bemerkbar zu machen. 1856 wurde Eilbek **eigene Vogtei**, 1874 erhielt es den Status eines Vorortes. Von Hohenfelde und der Uhlenhorst her hatten sich die bürgerlichen Wohnquartiere mit ihren Stadthäusern ausgebreitet.

Im Jahr 1882 zog das **Heiligen-Geist-Hospital**, dem noch bis zum Ende des 19. Jahrhunderts große Landgebiete in Eilbek gehörten, aus der Altstadt in einen mächtigen Neubau an der *Richardstraße*. Viele Ländereien des Hospitals dienten als Bauland. Die meisten Stadthäuser wichen mehrgeschossigen Wohnhäusern, in die eine vorwiegend mittelständische Bevölkerung einzog. Aber auch einfachere Wohnungen für Arbeiter entstanden, vor allem im Nordosten des Stadtteils. Bis 1920 stieg die Einwohnerzahl auf fast 60 000 an. Von 1854 bis 1899 erfolgte in mehreren Etappen die Kanalisierung der Eilbek. Die Alsterdampfer konnten jetzt bis zur *Friedrichsberger Straße* fahren und dort wenden. Allerdings gehört **die Eilbek** verwaltungsmäßig trotz ihres Namens bis heute kaum zum Stadtteil: Vor der Kanalisierung war ein großer Teil der Auen südlich der Eilbek Barmbeker Gebiet, seit der Kanalisierung verläuft die Stadtteilgrenze am südlichen Ufer

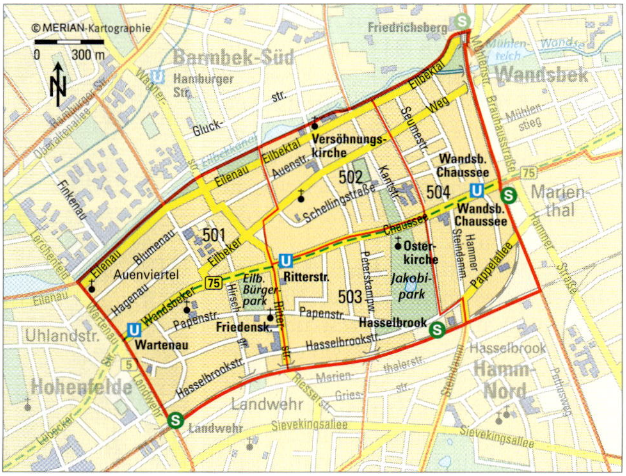

Die Magistrale von Eilbek: Bauten aus den 1950er Jahren an und der Verkehr auf der Wandsbeker Chaussee, Ecke Ritterstraße. Unten links: derselbe Abschnitt der Chaussee um 1930

bzw. ganz im Osten am *Eilbektal*. Die dortigen Wiesen gehören nach wie vor zum Stadtteil Barmbek-Süd.

Eine eigene Geschichte hat der **Hasselbrook** als südlicher Teil Eilbeks. Ehemals ein großes, sumpfiges, zum Dorf Hamm gehörendes Waldgebiet, erfolgte die Erschließung erst ab 1865, beim Bau der Eisenbahnstrecke Hamburg–Lübeck. 1874 wurde er Eilbek zugeschlagen, die Bahnlinie bot sich als Stadtteilgrenze an. Die eigene Identität des Quartiers hat sich erhalten, viele sprechen von Hasselbrook als selbstständigem Stadtteil.

Im Zweiten Weltkrieg erlitt Eilbek große Zerstörungen, Tausende starben im „Feuersturm" vom Juli 1943, ganze Straßenzüge lagen in Schutt und Asche (s. Hammerbrook). Der **Wiederaufbau** Eilbeks, seit der Gebietsreform von 1949 zum Bezirk Wandsbek gehörend, erfolgte nach dem Prinzip der aufgelockerten Stadt. Statt der geschlossenen Straßenzüge der Gründerzeit stehen heute vielerorts Backsteinbauten in Zeilenbauweise.

An ein anderes trauriges Eilbeker Ereignis erinnern eine Gedenktafel und Grabtafeln auf dem Ohlsdorfer Friedhof: 1902 starben bei einem Schiffsunglück auf der Elbe 101 Personen, von denen die meisten aus Eilbek stammten. Die Mitglieder der „Liedertafel Treue von 1887", eines sozialdemokratischen Gesellschaftsvereins, hatten mit dem Dampfer **Primus** einen vergnüglichen Ausflug in das Alte Land unternommen. Bei der nächtlichen Rückfahrt rammte ein Schlepper den Dampfer, der sofort sank und viele mit in den Tod riss.

Die Kapelle als Kirche

Architektonisches Kleinod Eilbeks ist die neugotische **Osterkirche**, die frühere Kapelle des ehemaligen Jakobifriedhofes (heute Jakobipark). Vom Architekten Alexis de Chateauneuf entworfen, wurde sie 1863/64 von Isaiah Wood errichtet. Die für Hamburg ungewöhnliche Mischung der Baumaterialien Back- und Werkstein weist auf den zur gleichen Zeit stattfindenden Bau der Nicolaikirche durch Wood hin. Im Inneren der Osterkirche verbirgt sich ein noch sehr viel älteres Kunstwerk: Der mittelalterliche **Flügelaltar**, ge-

Neugotisch und echt gotisch: die Osterkirche aus dem 19. Jahrhundert mit ihrem mittelalterlichen Altar

Eilbeks Kirchtürme: oben die Friedenskirche an der Ritterstraße, rechts die Versöhnungskirche am Eilbektal

malt in einer unbekannten norddeutschen Werkstatt, ist über 500 Jahre alt.

Der 1954 aufgehobene Jakobifriedhof war der erste weit vor der Stadt liegende Friedhof. Bei seiner Eröffnung waren sich alle sicher, dass die Stadt ihn nie erreichen würde – sie irrten sich. Einige **Prominentengräber** haben die Zeiten überstanden, so das der Schauspielerin Clara Horn, die 1875–84 am Thalia Theater spielte, und das des 1880 verstorbenen Chirurgen und Oberarztes am Eppendorfer Krankenhaus, Erich Martini *(Martinistraße)*. Auch die Namen der bekannten Hamburger Familien Merck und Sieveking finden sich noch.

Trotz der schweren Zerstörungen im Krieg gibt es zwei Bauwerke, die für die Qualität der Nutzarchitektur vor hundert Jahren stehen: der frühere **Bahnhof Hasselbrook** und die **Schule** an der *Ritterstraße*. Der heute als Gaststätte genutzte Bahnhof entstand 1905–07 für die Vorortbahn in Richtung Ohlsdorf. Der burgartige Backsteinrohbau mit dem Zwiebelturm wirkt ganz unhamburgisch, ist dafür aber unverwechselbar. Die Schule an der *Ritterstraße* wurde 1907–09 nach einem Entwurf von Albert Erbe errichtet, der als Angestellter der Baudeputation die alt-hamburgische Architektur erforschte und deren Gestaltungselemente in eigene Entwürfe aufnahm. Die Schule mit den **neobarocken Formen** war Teil des Schulbauprogramms von 1903, dessen Anspruch sie bestens erfüllt: „Die Architektur und Dekoration soll durch Form und Farbe wohltuend und bildend auf das Auge und die Stimmung wirken."

Bürgerfest im Bürgerpark

Das Forum, in dem alle wichtigen Themen des Stadtteils zur Sprache kommen, sind die **Eilbeker Stadtteilgespräche**. Vor zehn Jahren rief Leonhard Baumert die zur festen Institution gewordenen Treffen ins Leben. Vorbereitet wird auf den Stadtteilgesprächen auch das jährliche Eilbeker **Bürgerfest**, zu dessen Gelingen jeden Herbst Vereine, Kirchen, Musikgruppen und viele Einzelpersonen beitragen. Die Erträge des Festes kommen dem Stadtteil zugute. Ihr eigenes Straßenfest feiert die *Hasselbrookstraße*.

Immer dabei sind beim Bürgerfest die **Sportvereine**, die eines gemeinsam haben – das hohe Alter, das schon ihre Namen verraten: **Turnerbund Hamburg-Eilbeck von 1880** (Eilbek schrieb sich damals noch mit „ck"), **Sport-Club Eilbek von 1913**, **Hamburger Schachclub von 1830**. Der TH und der SC Eilbek ergänzen sich in ihren Sportarten: Beim SC wird vornehmlich der Fußball getreten, doch kann man auch den Handball werfen oder sich im „Annis" üben, einem asiatischen Stockkampf. Die jüngsten Fußballer sind erst vier bis fünf Jahre alt und spielen als **Pampersliga**. Dem großen Hunger nach Training und Spielen helfen z.B. reichlich proportionierte Pommes-Portionen ab, die Gisela und Jürgen Heyer in der Vereinsgaststätte servieren, die auch Nichtmitgliedern offen steht. Der TH ist ein Breitensportverein mit rund 20 Sparten von Aerobic bis zu Zirkustechniken. Wichtiges Element des Vereinslebens ist das **Weihnachtsmär-**

Neobarocke Säulen und Kurven am Portal der Hasselbrookschule. Unten: Eilbeks drei Traditionsvereine

SPORT-CLUB EILBEK VON 1913 E.V. SCE HAMBURG

T.H. Eilbeck

chen, das seit 50 Jahren aufgeführt wird und nicht nur die Kleinen begeistert.

Sehr viel ruhiger, wenn nicht gerade „Blitzschach" gespielt wird, geht es beim Hamburger Schachclub von 1830 zu. Seit 1996 trainieren die Meister des schwarzweißen Brettes im eigens dafür errichteten **Schachzentrum** an der *Schellingstraße*.

Drei Gemeinden bilden zusammen die **Kirche in Eilbek**; unter diesem Namen erscheint der gemeinsame Kirchenbrief der Friedens-, Oster- und Versöhnungskirche. Eng verbunden sind sie mit der **Stiftung Eilbeker Gemeindehaus** und dem Ruckteschell-Heim, dem an der *Wandsbeker Chaussee* gelegenen Alten- und Pflegeheim. Wer hier Interesse hat, lernt im Senioren-Internet-Café, bei seiner Eröffnung 1999 das erste in ganz Deutschland, den Umgang mit dem Computer. Zur Stiftung gehört auch der **Tilemann-Hort** mit seinem großen Freigelände in der *Ritterstraße*, der zurückgeht auf eine Stiftung des Eilbeker Kaufmanns Theodor Tilemann. Und im **Kinderrestaurant** der Stiftung bekommen Schulkinder für wenig Geld gesundes Essen serviert.

„Mein Hut, der hat drei Ecken" – das Fundus Theater spielt für Kinder. Unten: buntes Treiben unter Luftballons beim Hasselbrookstraßenfest

Auf ein junges Publikum ausgerichtet ist auch das **Fundus Kindertheater**. 1980 von Sylvia Deinert und Tine Krieg gegründet, spielt es seit 1997 in einer ehemaligen Fabrik an der *Hasselbrookstraße 25*. Fröhliche Farben empfangen die jungen Zuschauer: Für die Gestaltung gewannen die Theatermacherinnen „Schöner-Wohnen"-Herausgeberin Angelika Jahr, die seitdem Schirmherrin der Kinderbühne ist. Im Dienst von Kind und Eltern stehen auch die Mitglieder des **Vereins Hamburger Tagesmütter**. Der stadtweit tätige Verein unterhält seine Geschäftsstelle am *Eilbeker Weg*.

Mehr Arbeit im Osten

Über den ganzen Stadtteil hinweg verstreuen sich einzelne Gewerbebetriebe, an manchen Orten, wie in der *Hasselbrookstraße*, haben sich auch noch die früheren **Gewerbehöfe** erhalten: Im Vorderhaus wird gewohnt, im Hof gearbeitet. Einige größere Arbeitgeber sind im Südosten Eilbeks an der *Pappelallee* ansässig. Ihre Hamburger Zentrale mit rund 580 angestellten Mitarbeitern hat hier z.B. die Allgemeine Ortskrankenkasse (AOK), außerdem hat die Strabag Hoch- und Ingenieurbau AG, eines der großen deutschen Bauunternehmen, hier ihre Hauptniederlassung Nordwest. Öffentliche Arbeitgeber sind das Arbeits- und das Finanzbauamt. Neu angesiedelt haben sich einige Gewerbebetriebe im *Kiebitzhof 1*.

Zeitleiste

1247 erste Erwähnung

1830 Eilbek zur Vogtei Barmbek

1856 Vogtei Eilbek

1874 Eilbek wird Vorort, Hasselbrook zu Eilbek

1882/83 Heiligen-Geist-Hospital zieht nach Eilbek

1885 Einweihung der Friedenskirche

1943 starke Zerstörungen im „Feuersturm"

1954 Friedhof wird Jakobipark

1976–88 „Eilbeker Latsch-ins"

1998/99 Architekturpreise für Bauten Hasselbrookstraße und Kiebitzhof

Bürgergeschichten

„Latsch-ins für einen guten Zweck“

Pastor Günther Severin berichtet, wie dank dem Engagement vieler junger Eilbeker ein wohltätiges Bauvorhaben verwirklicht werden konnte

Pastor Günther Severin im Ornat. Rechts: kein Latsch-in ohne Pflaster – der guten Stimmung schadete das 1981 nicht

Das Altenheim der „Stiftung Eilbeker Gemeindehaus“, das Ruckteschell-Heim, beim Jakobipark an der Chaussee gelegen, wurde einmal, man sieht es genau, durch einen Anbau erweitert. Den Beschluss dazu fasste der Vorstand 1975. Aber: Die Stiftung hatte kein Geld! Die Stiftung besaß kein Grundstück! Die Sozialbehörde sah keinen Bedarf. Das Diakonische Werk hatte kein Interesse. Und dann sollte eine Straße direkt am Heim vorbeigeführt werden! Der Stiftungsvorstand fand kein Gehör. Was tun? Es musste gelingen, eine große Schar von Menschen auf die Beine zu bringen! Wen? Jugendliche, vornehmlich Konfirmanden! Wie? Durch gesponserte Wanderungen, wie sie, Latsch-in genannt, schon in kleinerem Rahmen von der Friedensgemeinde durchgeführt wurden. Es gelang, Jugendliche in großer Zahl für die Sache zu gewinnen. Sie waren bereit, etwas für das Wohl alter Menschen zu tun! Sie waren ehrgeizig und wollten möglichst viele Kilometer wandern. Sie wurden durch Autogramme berühmter Sportler gelockt. Das erste Latsch-in wurde 1976 im Trittauer Forst gewandert, in den folgenden Jahren aber auf einem 9-km-Rundkurs im Sachsenwald. Briefe an Senatoren wurden unterschrieben. Wir hatten in vieler Hinsicht Glück mit der Unternehmung: Erstens unterstützte uns ein engagierter Redakteur des „Hamburger Abendblatts“ und sorgte so für Öffentlichkeit. Zweitens gewannen die Jugendlichen durch die erste Wanderung Sympathie und Interesse Helmut Schmidts und des Senators Ernst Weiss,

der im folgenden Jahr mit uns wanderte. Drittens fanden wir attraktive Autogramm-Spender: Max Schmeling, Uwe Seeler, Kevin Keegan, Franz Beckenbauer, Peter-Michael Kolbe, Rolf Dannenberg. Viertens kam sportlicher Ehrgeiz auf. Mehrfach wurden 100 km erwandert, einmal gar 108 km. Fünftens kam erstaunlich viel Geld zusammen. Die Jugendlichen wanderten mehr, als die Sponsoren ihnen zutrauten. Viele, um der Autogramme willen, 40 km und mehr. Die meisten Sponsoren zahlten überrascht, aber redlich die verabredeten Prämien. Schließlich fanden wir einen starken Verbündeten in der Eilbeker SPD, die mit uns den Straßenbau verhindern wollte. So wanderten bald auch Bezirks- und Bürgerschaftsabgeordnete aller Parteien und auch sonst immer mehr Erwachsene mit unseren Konfirmanden. Die Sache wurde zu einem Politikum.

So wurden im Laufe von 13 Jahren alle Hindernisse überwunden, Behörden zur Kooperation gebracht, ca. 400 000 Mark gesammelt und das Ruckteschell-Heim zweckdienlich erweitert. Ein kleines Wunder – das dem Einsatz vieler Eilbeker Jugendlicher zu verdanken ist.

Denkmal für gute Taten: Die Skulptur von Theo Steinbrenner am Ruckteschell-Heim erinnert an die Latsch-ins

Ein Stück Eilbeker Wirtschaftsgeschichte ist im Gewürzmuseum in der Speicherstadt (s. Hamburg-Altstadt) zu besichtigen: Dort hat der Maschinenpark der **Gewürzmühle Friedrich Heed**, die bis 1998 am *Hirschgraben* für allerlei Düfte sorgte, seine letzte Ruhe gefunden.

Achtung, Durchgangsverkehr!

Eilbek ist verkehrsmäßig gut versorgt. Als Durchgangsstadtteil in Hamburgs Osten und von dort in Richtung Innenstadt liegen im Stadtteil oder an dessen Rand mehrere **U-** und **S-Bahn-Stationen** (Wartenau, Ritterstraße, Wandsbeker Chaussee), dazu kommen Bus- und Schnellbuslinien. Belastend ist der Verkehr auf der Achse des Stadtteils, der *Wandsbeker Chaussee*. Zwar läuft hier der Verkehr zumeist, und der Stau ist hier nicht Normalzustand. Aber Luftbelastung wie Verkehrslärm mindern die Lebensqualität. Auch die Anwohner der *Wartenau* und der *Landwehr* sind dem Verkehr ausgesetzt, der sich von Nord nach Süd und umgekehrt an der Stadtteilgrenze staut. Vor allem im nördlichen Teil der *Landwehr* rückt die Straße an die Altbauten heran, und Fußgänger wie Anwohner leiden unter Lärm und Abgasen.

Neues Wohnen an der Hasselbrookstraße; klassisches Wohnen im Auenviertel; Wohnen und Arbeiten im preisgekrönten Gebäude Kiebitzhof 1, das über einem Bunker errichtet wurde

Stadthäuser oder Klinker

130 Jahre Hamburger Wohngeschichte lassen sich in Eilbek nachvollziehen. Im milieugeschützten **Auenviertel** stehen noch viele der Stadthäuser, die seit den 1870er Jahren errichtet wurden, zunächst das Gesicht des Stadtteils prägten – und bis heute begehrt sind. Ab 1890 wuchsen die mehrstöckigen Mietshäuser empor. Der Krieg zerstörte viele von ihnen, aber nicht alle. Nicht zu zählen ist die Zahl der **Klinkerbauten** der Nachkriegszeit, in denen sich seit einigen Jahren der Generationswechsel vollzieht: Die Erstbewohner sind hochbetagt, Jüngere ziehen nach.

Verkehr gab es schon immer auf der Wandsbeker Chaussee – wie hier 1883/84 die Dampfstraßenbahn an der Ritterstraße

Neue Wohnbauten können in Eilbek fast nur noch nach Abrissen entstehen, denn alles ist bebaut. Ein Grundstück fand die SAGA vor einiger Zeit noch zwischen *Hasselbrookstraße* und aufragendem Bahndamm. Wegen der Nähe zu den Gleisen war hier technische Findigkeit gefragt: **Mächtige Federkörper** zwischen der Tiefgarage und den Ge-

Wahlverhalten

... zur Bürgerschaft 2001 (gesamt)

Wahlbeteiligung	71,0%
SPD	36,5%
CDU	26,2%
Schill-Partei	19,4%
Grüne/GAL	8,6%
FDP	5,1%
Übrige	4,2%

... zur Bürgerschaft 2001 (Stadtteil)

Wahlbeteiligung	71,7%
SPD	39,5%
CDU	26,5%
Schill-Partei	17,2%
Grüne/GAL	8,2%
FDP	4,5%
Übrige	4,1%

Stadtteil-Profil

	Eilbek	Bezirk	Hamburg
Bevölkerung gesamt (2000)	19 996	405 173	1 704 929
Unter 18-Jährige in %	10,1	17,1	16,1
65 Jahre und älter in %	23,2	18,8	17,0
Deutsche	17 114	359 918	1 432 325
Ausländer in %	14,4	11,2	16,0
Einwohner je km²	11 585	2742	2258
Sozialstruktur			
Sozialhilfeempfänger (2000)	1036	25 017	120 461
Arbeitslose (2001)	753	14 222	71 963
Eink. je Steuerpfl. in DM (1995)	54 240	70 631	65 579
Wohnen (2001)			
Wohngebäude	1507	68 964	226 061
Ein- und Zweifamilienhäuser in %	1,5	31,4	20,5
ø Wohnungsgröße in m²	60,4	77,1	71,0
Wohnfläche je Einwohner in m²	37,6	37,0	35,7
Verkehr			
Private Pkw (2001)	6976	166 212	628 119
Straßenverkehrsunfälle (2000)	152	2255	12 430
Kriminalität			
Straftaten insgesamt (2000)	2253	41 067	284 272

© Statistisches Landesamt

Eilbeks Urwald zwischen der Versöhnungskirche und der Friedrichsberger Brücke. Unten: das Grabmal für Clara Horn im Jakobipark

schossen fangen die von S- und Fernbahn ausgelösten Erschütterungen auf. 1998 gab es für den Neubau die Auszeichnung **Bauwerk des Jahres** des Architekten- und Ingenieurvereins Hamburg. Den gleichen Preis erhielt 1999 das Gebäude *Kiebitzhof 1*: Auf einem Bunker entstand ein Wohn- und Bürohaus, das mit seiner Architektur ein schwer bebaubares Grundstück qualitätvoll belebt.

Mehr als ein Park

Damit nicht auch der „Kalckmannsche Garten" an der *Wandsbeker Chaussee* dem Bau mehrstöckiger Wohn- und Geschäftshäusern geopfert werden würde, kaufte ihn die Stadt Hamburg im Jahr 1900, um hier einen öffentlichen Park anzulegen. Als **Bürgerpark** ist er eine der großen Grünflächen Eilbeks. Von den Spenden, die beim Bürgerfest 2000 im Park zusammenkamen, wurden Basketballkörbe und Streetsoccer-Tore angeschafft. Die jungen (männlichen) Eilbeker haben das Geschenk dankend angenommen. Bekannter und größer ist der **Jakobipark** zwischen *Wandsbeker Chaussee* und der *Hasselbrookstraße*. Hier liegen romantisch verstreut noch einige **Grabmale** des früheren Friedhofes.

Der Weg entlang dem **Eilbekkanal** ist für viele der schönste im Stadtteil; der Wasserlauf selbst aber gehört trotz des Namens kaum zu Eilbek. Die Stadtteilgrenze bildet das südliche Ufer, wo bei heißen Temperaturen Sonnenhungrige ihren Platz finden und andere die Bank im Schatten. Unterbrochen wird der Uferweg auf der Eilbeker Seite nur durch die Grundstücke der Versöhnungskirche und der **Handelsschule Wandsbek**, die hier einen ihrer zwei Standorte hat.

Eilbeker Einkauf

Trotz einer Reihe von Ladenschließungen bleibt die *Wandsbeker Chaussee* die Haupteinkaufsmeile Eilbeks. Von der

Wartenau im Westen bis zur S-Bahnlinie und Stadtteilgrenze im Osten sind die meisten Erdgeschossräume mit Läden, Apotheken, Banken, Supermärkten oder Imbissen und Gaststätten besetzt. Einige der Geschäfte können auf mehr als 100 Jahre Geschichte zurückblicken; sie wurden um 1900 gegründet, als die Verdichtung Eilbeks rasant zunahm.

Zu den **Traditionsadressen** gehört das **Juweliergeschäft Krack**, das seit 1898 an der *Wandsbeker Chaussee* Uhren

und Preziosen verkauft. Noch aus der dörflichen Zeit Eilbeks stammen die 1745 gegründete **Alte Eilbeker Apotheke** an der Ecke *Wandsbeker Chaussee/Wartenau* und die **Bäckerei Wedemeier** (1850) in Höhe der *Ritterstraße*. Auch die **Neue Eilbeker Apotheke** ist schon über 100 Jahre alt. Wer aber fit ist, muss seltener zur Apotheke: Für Bewegung auf zwei Rädern sorgt seit neun Jahrzehnten das Fahrradgeschäft **Emil Löwe**. Hier findet man in einem der letzten Gründerzeithäuser an der *Wandsbeker Chaussee* die Fahrräder noch als hängende Ware bis hoch unter die Decke.

Ansonsten bietet die *Wandsbeker Chaussee* ein bunt gemischtes Angebot. Asiatische Lebensmittel neben Matratzen im Sonderangebot, deutsche Stildekorationen neben Kabuler Kunsthandwerk – das sind einige der hier typischen Nachbarschaften.

Biergarten am Bahnhof

Der unbestreitbar schönste gastronomische Ort in Eilbek ist die **Factory** an der *Hasselbrookstraße*. Produziert wird in deren Räumen jedoch nichts: Der Backsteinbau mit dem Zwiebelturm ist das alte Bahnhofsgebäude. Man sitzt unter hohen Gewölben und bei schönem Wetter im Biergarten. An der *Wandsbeker Chaussee* liegen eine Reihe von Gaststätten und Imbissen, vom gutbürgerlichen Mittagstisch über die Pizzeria bis zum portugiesischen Stehcafé. Küchenkontrast in Höhe der *Ritterstraße*: **Fischgaststätte Nordmeer** und **Luzerner Fondue-Stübli** liegen sich hier gegenüber. Schon zu den Klassikern im Hamburger Nachtleben gehört das **Voilà**, gelegen in der *Conventstraße*. Mittwochs und am Wochenende zieht die Diskothek ihr Publikum aus Hamburg und dem Umland an.

Köpfe

Als Baby kam er aus der Uckermark nach Hamburg, und deshalb kann Eilbek ihn unter seine Köpfe zählen: Deutschlands ewiges Sportsymbol **Max Schmeling** (geb. 1905) wuchs in der *Hasselbrookstraße* auf und besuchte die Volksschule an der *Ritterstraße*. Doch Boxen lernen konnte er hier nicht. Nach dem Zweiten Weltkrieg und dem Ende der Sportlerkarriere wurde Schmeling erfolgreicher Unternehmer in Hamburg.

Seit vielen Jahren trägt **Karl-Heinz Meier** Dokumente und Erinnerungen zur Geschichte von Eilbek zusammen. Aus seinem unerschöpflichen Fundus fertigt der ehemalige Druckformhersteller liebevoll und detailliert gestaltete Broschüren an, so zur Kulturgeschichte oder zur Entwicklung des Verkehrs in Eilbek. Seine aktuelles Projekt widmet sich der Primus-Katastrophe von 1902.

Mit jüngeren Eilbekern beschäftigt ist **Heike Moser**, die seit über 20 Jahren den bewachten Spielplatz im Jakobipark betreut. Anfangs kam sie mit ihren eigenen Kindern, die längst aus dem Spielplatzalter sind. Die Mutter blieb als ehrenamtliche Mitarbeiterin der Aktion Kinderparadies (s. Alsterdorf) und ist immer zur Stelle, wenn eines der Kinder ruft: „Moser, komm mal…"

Eilbeker Jung': Max Schmeling. Eilbeker Historiker: Karl-Heinz Meier. Eilbekerin mit ganz viel Herz für Kinder: Heike Moser. Links: Freiluft-Saison in der Factory

Eimsbüttel

ist mit seiner kulturellen Vielfalt und guten Verkehrsanbindung besonders bei jungen Leuten eine beliebte Adresse. Der citynahe Stadtteil ist überwiegend mit wilhelminischen Etagenhäusern dicht bebaut. Auch auf Eimsbüttler Gebiet liegt das große „Schanzenviertel" als Hamburger Quartier mit speziellem Gepräge

Steckbrief

Fläche:
3,231 km²
Einwohner:
54 875
Verwaltung:
Bezirk Eimsbüttel, Kerngebiet
Ortsteile:
301–310

Der Name leitet sich von dem einst weit vor den Toren Hamburgs liegenden Dorf „Eymersbuttele" her. Die Endung „-büttel" findet sich auch in vier Alsterstadtteilen. Sie stammt aus dem Altsächsischen und scheint im Zusammenhang mit dem Ausbau älterer Siedlungen vergeben worden zu sein. „Eimsbüttel" wird am Wortanfang betont, und viele Ur-Einwohner lassen am Ende nur noch einen meist völlig verschliffenen Rest folgen: „Eimbüddl" eben.

Aus der Geschichte

Erstmals erwähnt wurde „Eymersbuttele" 1275: Damals verkauften die Adelsherren Heynrich und Meynrich von Heynbroke hier den Nonnen des Klosters Herwardeshude (s. Harvestehude) eine Hufe Landes. Im 17. Jahrhundert setzte der Zuzug wohlhabender Hamburger ein, die sich hier vornehme Landhäuser erbauen ließen. Die Namen von Familien wie Alardus, Doormann, Faber, Lappenberg, Lastrop und Lutteroth finden sich noch auf Straßenschildern.

Wie das gesamte Hamburger Umland wurde auch Eimsbüttel 1813/14 weitgehend zerstört, als es während der Franzosenzeit einem freien Schussfeld weichen musste (s. Neustadt).

Im Juli 1840 fuhr erstmals ein **Pferde-Omnibus** nach Eimsbüttel. Er brachte viele Ausflügler auch zur „Mariannenruh". Die Gaststätte war die Eimsbüttler Attraktion, und zwar vor allem wegen der Wirtin: Johanna Maria Caroline Ruaux, genannt **die schöne Marianne** (1802–82), nicht nur von Heinrich Heine als „außerordentlich schönes Frauenzimmer" verehrt, hatte 1824 das väterliche Etablissement übernommen, dem 1831 ein Lokal am heutigen *Doormannsweg* folgte.

In der zweiten Hälfte des 19. Jahrhunderts begann Eimsbüttels rasantes Wachstum. Es entstanden massenweise Etagenhäuser mit kleinen und günstigen Wohnungen für Arbeiter und kleine Angestellte. Als einer der am dichtesten bebauten Hamburger Stadtteile erhielt Eimsbüttel bis 1914 insgesamt 19 staatliche Schulen, darunter die Realschule

Gepflegte Fassaden mit dekorativem Zierrat prägen das wilhelminische Eimsbüttel in der Ottersbekallee

Weidenstieg (heute Staatliche Handelsschule) und Bogenstraße (später Bismarck-Gymnasium) sowie die Oberrealschule (heute Gymnasium) am Kaiser-Friedrich-Ufer. In der Weimarer Zeit kam als höhere Mädchenschule die Emilie-Wüstenfeld-Schule in der *Bundesstraße* hinzu. Auch im Grundschulbereich ging Hamburg neue Wege: Im April 1919 wurde in der *Telemannstraße* eine der ersten Versuchsschulen eingerichtet, ein ambitionierter Versuch, das dreigliedrige Schulsystem zu überwinden (zum Versuchsschulwesen s. Hoheluft-Ost).

1928 zählte Eimsbüttel 131 000 Einwohner und war eine Hochburg der Linken: Im Oktober 1923 war die Gegend um die *Müggenkampstraße* eine der Brennpunkte des „Hamburger Aufstandes", als die KPD versuchte, mit Gewalt den Sozialismus durchzusetzen. Ihre Hochburg lag mit „Klein Moskau" noch 1933 am *Luruper Weg*.

Im Zweiten Weltkrieg wurde die Hälfte des Wohnungsbestandes zerstört. Gleich die erste Angriffswelle der **Operation Gomorrha** (s. Hammerbrook) traf den Stadtteil in der Nacht vom 24. auf den 25. Juli 1943 schwer. Ein steinerner Zeuge aus jener Zeit ist das Luftschutzhaus *Eimsbütteler Straße 36*, 1999 als erster Hamburger Hochbunker unter Denkmalschutz gestellt. Als erster Hamburger Bezirk meldete Eimsbüttel Ende 1951 „trümmerfrei". Im Zuge des Wiederaufbaus entstand der Stadtteil neu. Ihre Rolle als wichtigste Einkaufsstraße des Viertels verlor die *Eimsbütteler Chaussee* – bis zum Zweiten Weltkrieg in Verlängerung des *Schulterblatts* – an die *Osterstraße*.

Eine Orgel von der Reeperbahn

Die zuerst 1784 gegründete Gaststätte **Heußhof** überstand als eines von wenigen Häusern die Zerstörung Eimsbüttels 1813/14. Angeblich wussten die französischen Offiziere das gute Essen zu schätzen. Der Heußhof wurde 1876 teilweise abgebrochen und zu Privatwohnungen umgebaut. Das heutige Haus *Wiesenstraße 47* entstand in seinen Grundmauern und gilt somit als das älteste Gebäude im Stadtteil. Ansehnliche Villen finden sich am Eimsbüttler Park, z.B. in der *Ottersbekallee* und der Straße *Am Weiher*.

Wohnen mit Stil in der Wiesenstraße. Links: die einst von der Männerwelt heftig umschwärmte „schöne Marianne"

Bürgerliches Wohnen am Weiher, mit Stolz verkündet die Inschrift das Jahr der Erbauung: 1910. Rechts: Besonders im Schanzenviertel ist Eimsbüttel multikulti

In ihr steht die 1910 geweihte kath. Bonifatius-Kirche, die 1997/98 wieder ihre – in Hamburg einmalige – Jugendstilausmalung zurückerhielt. Einzigartig ist auch die Orgel mit 44 klingenden Registern: Das vermutlich 1875 gebaute Instrument ist die wohl größte erhaltene Konzertorgel Deutschlands und stand bis 1910 im „Concerthaus Ludwig" auf der *Reeperbahn 1.*

Die vier ev.-luth. Kirchengemeinden sind seit 1998 in der **ev.-luth. Kirchengemeinde Eimsbüttel** zusammengeschlossen, mit dem Hauptbüro in der 1912 erbauten Stephanuskirche in der *Lutterothstraße*. Als älteste Kirche im Stadtteil wurde 1886 die neugotische **Christuskirche** eingeweiht und, nach schweren Bombenschäden, im Jahr 1953 in vereinfachter Form wiederhergestellt.

Blick auf den Altar der katholischen Bonifatiuskirche. Rechts: die nach dem Brand 1977 neu erstandene Apostelkirche

1970–72 entstand das Gemeindehaus als Anbau an der Nordseite. Künftig wird der Standort Christuskirche für die Kirche noch wichtiger werden: 15 Einrichtungen der Nordelbischen Kirche – darunter der Kirchenkreisverband Hamburg, der Nordelbische Gemeindedienst und die Nordelbische Kirchenbibliothek – werden hier angesiedelt.

Die **Jüdische Gemeinde** in Hamburg (s. Rotherbaum) besitzt seit September 1960 eine Synagoge an der *Hohen Weide*. Der fünfeckige Zentralbau wird von einem kleinen Davidstern gekrönt.

Immer wieder aufgemuckt

„Eimsbüttel – für viele Hamburger ist das ein rotes Tuch. Eimsbüttel, der Stadtteil, in dem immer wieder aufgemuckt wird, wo immer wieder Querelen ihren Ausgangspunkt finden", so schrieb das „Hamburger Abendblatt" über den Stadtteil, als die **Bunte Liste/Wehrt Euch** – Vorläuferin der GAL – bei der Wahl 1978 den Sprung in das Bezirksparlament schaffte. Dass Eimsbüttel ein Stadtteil ist, in dem Menschen verschiedener Herkunft besser miteinander auskommen als anderswo, zeigte eine im Februar 2001 vorgelegte Studie der Hamburger Ausländerbeauftragten. Danach war im Bezirk Eimsbüttel (Ausländeranteil: 14,9 %) die Skepsis gegenüber Fremden innerhalb Hamburgs am geringsten.

Zu den ältesten und dauerhaftesten kulturellen Initiativen zählt **Galerie Morgenland e.V./Geschichtswerkstatt Eimsbüttel** in der *Sillemstraße 79*, die seit 1982 durch zahlreiche Ausstellungen, Bücher und Stadtteilrundgänge die Stadtteilgeschichte aufbereitet hat. Eimsbüttels kulturelles Zentrum und Begegnungsstätte ist das am 1. Juni 1965 am *Doormannsweg 12* eröffnete **Ham-**

burg-Haus. Darin befinden sich ein großer Saal mit Bühne sowie die Öffentliche Bücherhalle, die Elternschule und ein Mädchenzentrum. Zu den zahlreichen in Eigeninitiative entstandenen sozialen Einrichtungen im Kerngebiet zählt u.a. der 1986 begründete **Stadtteilladen Eimsbüttel** in der *Osterstraße 141*, der sich als Beratungsstelle besonders für junge Menschen und ihre Familien versteht; der seit 1992 bestehende Tagestreff für wohnungslose Frauen des Vereins „Kemenate Frauen Wohnen e.V." in der *Charlottenstraße* und die 1993 gegründete Selbsthilfegruppe der Wohnungslosen OASE in der *Fruchtallee*, deren Hilfsangebot von der Kleiderkammer über den täglichen Mittagstisch bis zur therapeutischen Wohngemeinschaft reicht.

New und Old Economy

Unter der Adresse *Osterstraße 58* war ab 1852 die erste deutsche Diamantwerkzeugfertigung der Firma Ernst Winter & Sohn GmbH & Co. zu Hause. Das nach der Zerstörung im Zweiten Weltkrieg wieder aufgebaute Gebäude wurde bis 1995 weiterhin als Produktionsstätte genutzt. 1998 vollständig entkernt und nach baubiologischen Grundsätzen neu gestaltet, erhielt es den ersten deutschen Gebäudepass als Gütesiegel für ökologisches Bauen und ist jetzt das **Haus der Zukunft**, das gemeinnützigen Verbänden bzw. Unternehmen auf dem Grenzgebiet zwischen Wirtschaft und Umwelt ein gemeinsames Dach bietet. Initiator dieser zukunftsweisenden Idee ist Georg Winter, bis 1995 Mitinhaber des Unternehmens.

Ein Zentrum der „New Economy" liegt am *Waterloohain*, wo mit der **fischerAppelt Kommunikation** eine der größten deutschen PR-Agenturen zu Hause ist. Mit ihr haben sich weitere Unternehmen der Werbe- und Medienbranche dort niedergelassen. Doch auch viel traditionelles Gewerbe ist noch immer im Stadtteil zu Hause, so die 1891 gegründete Handsetzerei und Buchdruckerei Graht & Kaspar im *Weidenstieg*, die seit 1992 von Christian Beintker geführt wird. Für seine oft auch prominenten Kunden fügt er die Bleilettern per Hand im Winkelhaken zu Zeilen zusammen und druckt Briefpapier und Visitenkarten auf traditionellen Maschinen wie dem „Original Heidelberger Tiegel".

Zeitleiste

1275 erste urkundliche Erwähnung

1339 Verkauf an das Kloster Herwardeshude

1693 erste Schule

1813/14 weitgehende Zerstörung durch die Franzosen

1830 Teil der Landherrenschaft der Geestlande

1874 Hamburger Vorort (50 521 Einw.)

1894 Hamburger Stadtteil

1943 schwere Schäden im Bombenkrieg

1982 neue Apostelkirche fertig

2000 Else-Rauch-Platz eingeweiht

Das Haus der Zukunft in der Osterstraße.

Darunter: Christian Beintker bei der Pflege seiner „schwarzen Kunst"

Fahrrad- und andere Verkehrswege

Um Interessenkonflikte zwischen Radfahrern und Fußgängern zu vermeiden, wurden in der *Schlankreye* 1985 beidseitig Hamburgs erste Radfahrstreifen erprobt. 1999 fertig gestellt wurde eine 4,7 km lange „Veloroute" zwischen Lokstedt und Universität.

Die *Osterstraße* gehört nicht zum ehemals dörflichen Straßennetz, denn ihr ältester Teil wurde erst 1863 auf dem Osterkamp zwischen *Eppendorfer Weg* und *Heußweg* angelegt. Sie ist aber

Der U-Bahnhof Schlump ist Kreuzungspunkt der U2 und der U3 sowie Haltepunkt mehrerer Buslinien

Kunstläden auf Zeit – eine Initiative zur Belebung der Stadtteilkultur im Eimsbüttler Norden. Rechts: der Wohnblock der Finanzbeamten

gleichsam das Rückgrat des Stadtteils mit allen damit verbundenen Problemen. Parkende Autos sind ein ständiges Ärgernis, weshalb für Eimsbüttel-Nord eine Quartiersgarage im Gespräch ist.

1868 wurde Eimsbüttel per Pferdeeisenbahn mit dem *Rathausmarkt* verbunden. Später stieg sie durch Elektrifizierung zur Straßenbahn auf, und im Mai 1914 hatte auch die Hochbahn Eimsbüttel erreicht. Die Linie Schlump–Hellkamp führte ab 1965 bis *Lutterothstraße*, ein Jahr später ging es weiter bis Hagenbecks Tierpark.

Ein beliebtes Wohngebiet

Die Eimsbütteler Wohnungen sind begehrt, obwohl die durchschnittliche Größe mit 62,2 m² unter dem Schnitt der Stadt Hamburg und auch den anderen Stadtteilen des Bezirks Eimsbüttel liegt. Eine von der Stadt erlassene „Soziale Erhaltungsverordnung“ soll dafür sorgen, dass in einem großen Teil des Kerngebiets die soziale Zusammensetzung der Bevölkerung möglichst erhalten bleibt.

Eimsbütteler Gegenden

Die für das gründerzeitliche Eimsbüttel so typische Schlitzbebauung findet sich heute noch im Norden des Stadtteils in dem 1890–1900 errichteten Quartier zwischen *Rellinger Straße* und *Lappenbergsallee*. Auch weiter östlich stehen rund um die *Lutterothstraße* noch Zeugnisse eines gründerzeitlichen Arbeiter-Wohnquartiers mit einem extrem verdichteten Geschosswohnungsbau, der ein reizvoll-urbanes Milieu bietet.

Südlich des Isebek-Kanals entstanden im Schlankreye-Viertel geschlossene Wohnblocks für die anspruchsvollere Mittelschicht. Bauträger dieser in der Ära von Hamburgs Oberbaudirektor (1909–33) Fritz Schumacher ab 1921 überwiegend in Backstein errichteten Großwohnanlagen waren vor allem Genossenschaften wie die **Baugenossenschaft im Mieterverein Groß-Hamburg** (heute Kaifu-Nordland e.V., an der *Hohen Weide*), die Schiffszimmerer *(Moorkamp 10–28)*, die Maler *(Schlankreye)*, der Gewerbeverein vor dem Dammtor (der „Klinker“,

Schlankreye) und der Bauverein der Finanzbeamten *(Bismarckstraße 57–61)*. In dem weitgehend durch Bomben zerstörten Gebiet zwischen *Doormannsweg*, *Kieler Straße* und Unnapark sollte Mitte der 1950er Jahre ein **Neu Eimsbüttel** entstehen. Allerdings stieß die Zusammenfassung von Grundstücken zu größeren Neubauflächen auf vielfältigen Widerstand. Verwirklicht wurde vor allem die Verbreiterung der *Kieler Straße/Fruchtallee* und die Neuanlage des *Doormannsweges*. Bei den neuen Wohnbauten war eine „aufgelockerte“ Bauweise mit vielen Grünflächen oberster Maßstab, in der Regel sollten es nicht mehr als drei bis fünf Geschosse sein. Eine Ausnahme bildet u.a. das 1968 am *Doormannsweg* erbaute 20-stöckige Hochhaus.

Eine „Hamburger Burg“ am Stellinger Weg

Ein Platz für Eimsbüttel

Auf dem **Iduna-Platz** Ecke *Osterstraße/Heußweg* soll nach dem Willen der Bezirksversammlung und der „Aktionsgemeinschaft Quartier Osterstraße" statt

ungepflegter Büsche und wenig einladender Sitzbänke eine schlichte „Piazza" zum Verweilen einladen. Schon seit Frühjahr 2001 fertig ist die **Karl-Schneider-Passage** auf der gegenüberliegenden Straßenseite. Hier entstand durch den Investor Kurt Groenewold ein Komplex von Wohn- und Geschäftshäusern, zu der auch eine Tiefgarage für 200 Fahrzeuge gehört. Der Name verweist auf den Architekten Karl Schneider (1892–1945), einen der führenden Vertreter des „Neuen Bauens" in den 1920er Jahren, der u.a. den im Stil der „Neuen Sachlichkeit" gehaltenen Eckkomplex *Osterstraße/Heußweg* entworfen hat, zu dem auch der legendäre „Emelka-Palast" gehörte, ein Großkino mit über 1500 Plätzen, heute ein Wohn- und Geschäftshaus.

Im Juli 2000 war die Umgestaltung des *Else-Rauch-Platzes* abgeschlossen. Er bietet Kindern und Jugendlichen vielfältige Möglichkeiten zur sportlichen Betätigung, die Erwachsenen können derweil auf den Parkbänken nachbarschaftlichen Klönschnack pflegen oder in der „Villa im Park" zu Kaffee und Kuchen einkehren. Seinen Namen trägt der frühere „Methfesselplatz" nach der 1941 im KZ Chelmno umgekommenen ehemaligen Lehrerin Else Rauch.

Der Sturm vom ETV

Einer der traditionsreichsten Vereine im Stadtteil ist der **Bürgerverein Eimsbüttel e.V.**, der 1898 (damals noch als West-Eimsbütteler Bürgerverein) aus der Taufe gehoben wurde und seit 1957 seinen jetzigen Namen trägt. Der Verein widmet sich neben vielen kommunalpolitischen Themen auch besonders der Pflege des plattdeutschen Kulturguts. Die Leitung liegt in den Händen von Monika Menze. Nur wenig jünger als der Bürgerverein ist der „Kleingartenverein Eimsbüttel e.V.". Er wurde zwar 1912 unter diesem Namen ins Vereinsregister eingetragen. Seine Parzellen liegen aber im heutigen Lokstedt.

Blick in die Karl-Schneider-Passagen am Heußweg. Unten: die Villa im Park auf dem im Sommer 2000 neu gestalteten Else-Rauch-Platz

Die in Eimsbüttel bestehende **Freiwillige Feuerwehr** ist rund um die Uhr einsatzbereit. Allerdings leidet die Arbeit, insbesondere im Jugendbereich, an mangelnder Unterbringung: Im Stadtteil selbst hat sich bisher kein Platz gefunden, deshalb hat die Eimsbüttler Feuerwehr ihren Standort noch in Alsterdorf.

Jung-Fußballer des ETV – treten sie einmal in die Fußstapfen des einstigen Eimsbüttler Wundersturms?

Pritschen und Baggern wie am Strand von Sylt: die Beach-Volleyball-Anlage von Grün-Weiß Eimsbüttel

Mit ca. 11 500 Mitgliedern ist der **Eimsbütteler Turnverband e.V.** in der *Bundesstraße* einer der größten Sportvereine der Stadt. Das Angebot umfasst knapp 50 Sportarten. Große Namen sind mit der Geschichte des 1889 gegründeten ETV verknüpft: Peter Ehlbeck, der „Fritz Walter des Faustballs"; Hans-Heinrich Sievert, in den 1930er Jahren Weltmeister im Zehnkampf, das Fußballteam der 1930er/Anfang der 1940er Jahre, über das der in Hamburg geborene Tübinger Rhetorik-Professor Walter Jens schrieb: „Wenn ich den letzten Goethe-Vers vergessen habe, werde ich den Eimsbüttler Sturm noch aufzählen können" (mehr zu Jens s. auch Hoheluft-Ost). Die jüngsten sportlichen Helden waren die zwei Beach-Volleyballer Jörg Ahmann und Axel Hager. Sie holten bei den Olympischen Spielen in Sydney 2000 sensationell die Bronzemedaille.

Im Norden des Stadtteils beheimatet ist neben dem **Hamburg-Eimsbütteler Ballspiel-Club von 1911** e.V., kurz HEBC genannt, auch der **Eimsbütteler Sport-Verein Grün-Weiß**, der im Mai 2001 sein 100-jähriges Bestehen feiern konnte und seinen über 2000 Mitgliedern ein breit gefächertes Programm bietet. Zur wechselvollen Geschichte des Vereins gehört auch der kurze, vom damaligen Sponsor „Betten-Holm" möglich gemachte Höhenflug der Fußballer des damaligen FC Grün-Weiß in den 50er Jahren. Mit der großzügigen Beach-Volleyball-Anlage am Clubheim Tiefenstaken wurde im September 2000 an der *Julius-Vosseler-Straße 195* das jüngste Prunkstück des Vereins eingeweiht.

Ganz rechts: grünes Wohnen am Isebek-Kanal. Rechts: das 1958 eröffnete Spielhaus Eimsbütteler Marktplatz

Grüner, als man denkt

Das dicht besiedelte Eimsbüttel kann mit zahlreichen Grünflächen aufwarten, so dem Park rund um den Weiher. Der 1956 eingeweihte **Unnapark** zwischen *Heußweg* und *Schwenckestraße* trägt seinen Namen nach dem Arzt Paul Gerson Unna (1850–1929), der im Stadtteil eine angesehene Hautklinik unterhielt und

Vom „Schlitz" zur „Burg"

Was verbirgt sich eigentlich hinter den Begriffen „Schlitzbauweise" und „Hamburger Burg", die vor allem Suchende von günstigem Wohnraum gut kennen?

Als Hamburg ab 1861 nicht mehr von nachts geschlossenen Stadttoren umgeben war, begann die rasante Erschließung der Vorstädte für den Mietwohnungsbau. Wie bei den Terrassenanlagen (s. Hoheluft-Ost) brachten kleine und billig gebaute Wohnungen beste Investorengewinne, aber keinen Wohnraum oder Städtebau in guter Qualität. Durch das Baugesetz von 1882, das die gröbsten Auswüchse der Bodenspekulation beseitigen sollte, wurden Schlitzbauten üblich. Solche Etagenhäuser nutzen zur Straße hin die volle Grundstücksbreite aus und verjüngen sich stufenweise nach hinten. Dadurch bleiben zwischen den rückwärtigen Wohnpartien jeweils enge „Schlitze" frei und lassen die Häuserzeile – aus der Luft betrachtet – wie eine Forke oder einen Kamm aussehen. Die großen Nachteile dieser Bauweise sind eine schlechte Belichtung der Zimmer an diesen Schlitzen und die unzureichende Belüftungsmöglichkeit der gesamten Wohnungen.

Wesentliche Anstöße für eine Reform des Mietwohnungsbaus gaben erst die Wohnungsbaugenossenschaften mit der **Hamburger Burg**. Der 1892 gegründete „Bau- und Sparverein zu Hamburg" schrieb 1898 einen Architektenwettbewerb für eine Wohnanlage auf einem 3042 m² großen Grundstück an der Ecke *Stellinger Weg/Methfesselstraße* aus. Der siegreiche Entwurf des Architekten R. Rzekonski sah einen Grundriss in der Form eines erweiterten, zur Straße hin offenen Hufeisens vor. Gegenüber den Schlitzbauten zeigte diese 1899 vollendete, auf der Pariser Weltausstellung 1900 preisgekrönte Wohnanlage, wie es besser gehen kann: Gute Belüftung dank geringerer Wohnungstiefe, Helligkeit und Ausblick auf die Straße und den begrünten Innenhof bei dennoch guter Grundstücksausnutzung. Der Erfolg des „bürgerlichen" Spar- und Bauvereins ließ den sozialdemokratischen Konsum-, Bau- und Sparverein der „Produktion" nicht ruhen und die PRO in direkter Nachbarschaft 1908 eine eigene Hamburger Burg errichten (Ecke *Methfessel-/Lutterothstraße*), denen bald weitere folgten.

Preisgekrönte Alternative zum licht- und luftlosen Bauen: eine Hamburger Burg am Stellinger Weg

In die Villa Wehber zog eine Kindertagesstätte ein, den Garten lieben schon die Kleinsten

mit dem Apotheker Paul Beiersdorf (s. Hoheluft-West) zusammenarbeitete. **Wehbers Park**, samt Villa 1924 von der Weinhändlerfamilie Wehber an die Stadt verkauft, erstreckt sich über den *Doormannsweg* und den *Eppendorfer Weg* hinweg bis zur Christuskirche. Die verwinkelte historische Stadtvilla ist heute ein Spielplatzhaus. Das Planschbecken im Park wurde durch den Einsatz von Eltern, Lokalpolitikern und sozialen Einrichtungen vor dem Abriss bewahrt und 2000 wieder eröffnet. Eine andere traditionsreiche Kindereinrichtung ist das **Spielhaus Eimsbütteler Marktplatz**, das Kindern ab drei Jahren offen steht. Bei der Eröffnung 1958 schwärmten die

Bürgergeschichten

„Unser Einlogierer"

Walter Reimers berichtet über seine Jugend in der Sillemstraße in den 1930er Jahren und wie seine Eltern die Haushaltskasse aufbesserten

Um 1931 zogen meine Eltern, ich war damals drei Jahre alt, von St. Pauli aus der Jägerstraße 28 (heute Wohlwillstraße) nach West-Eimsbüttel in die Sillemstraße 36. Zur Aufbesserung der Haushaltskasse beschlossen meine Eltern eines Tages, unser Wohnzimmer, das kleinere der Zwei-Zimmer-Wohnung, an einen Untermieter abzugeben. Aus dem Fenster blickte man auf die geteerte Fassade des Nachbarhauses. Ein Bett, ein Tisch, zwei Stühle, ein kleiner Kleiderschrank und eine Frisierkommode füllten das Zimmer. Auf dieser stand die geblümte, porzellanene Waschschüssel mit der hohen Porzellankanne, die täglich mit Wasser gefüllt wurde. Fließend Wasser war nur aus dem „Handstein" in der Küche zu entnehmen. Für uns blieb das Schlafzimmer, in dem wir mit drei Personen schliefen. Das tägliche Leben spielte sich ja ohnehin in der Küche ab.

Walter Reimers um 1938 keck mit Schirmmütze in der Telemannstraße

Die Wohnzimmer in größeren Wohnungen blieben bis auf besondere Feiertage ungenutzt. In unseres zog nun unser erster „Einlogierer". Welchen Beruf er ausübte, war mir nicht bekannt. Finanziell war er unabhängig. Seine ihm nahe stehenden Verwandten wohnten in der Ottersbekallee, in der, so hieß es, nur sehr wohlhabende Bürger lebten. Seine Familie war um unseren Herrn sehr besorgt, denn seine Leidenschaft waren Bier und andere alkoholische Getränke. Diese Duftnote stand im Raum, man roch es noch allmorgendlich, bevor das Zimmer gelüftet wurde. Seine Verwandten versuchten auf Mutter einzuwirken, ihn vom Alkohol abzubringen. Vergeblich, es half nicht.

Unser Gast war sauber, stets ordentlich gekleidet, eine unauffällige Erscheinung und immer freundlich zu uns. Aber er besaß auch eine besonders unangenehme Eigenschaft, nämlich eine hartnäckige Aufdringlichkeit, wenn er beschiggert heimkam, mit seinem Hut schräg und kess im Nacken. Er entwickelte dann einen ungewöhnlichen Appetit, vor allem wenn meine Mutter Kuchen gebacken hatte oder wir zu Abend aßen. Unaufgefordert nahm er am Küchentisch Platz und erzählte unentwegt, manchmal noch duhn, bis Mutter ihm Essen anbot.

Eines Sonntags klingelte es wieder, Kuchen stand in der Küche auf dem Tisch. Die Eltern erwarteten Besuch. Ich lief unseren ewig langen Flur zur Wohnungstür, öffnete bei vorgelegter Kette und erblickte Herrn K., der überraschend früher als sonst nach Hause gekommen war, und rief: „Mutti stell den Kuchen weg, Herr K. kommt." An eine Änderung der Situation war nicht zu denken. Er kam in die Küche, begrüßte alle freundlich und langte ungeniert zu.

„Eimsbütteler Blätter" über die 10 000 m² große Anlage: „Der Traum unserer Jugend geht in Erfüllung. Der größte Kinderspielplatz Europas entsteht in unserem Bezirk."

Am südlichen Ende von Wehbers Park schließt als weiterer Teil des in den 1950er Jahren angelegten Eimsbüttler Grünzuges der **Mansteinpark** entlang des Isebek-Kanals an. Als Abwasserkanal genutzt und wegen des geringen Sauerstoffgehalts häufig von Fischsterben betroffen, machte der Isebek durch seine Ausdünstungen den Anwohnern vor allem an heißen Sommertagen den Aufenthalt im Freien zur Qual. 1957 regten die „Eimsbütteler Blätter an", ihn durch Verrohrung „von der Bildfläche verschwinden zu lassen", und im Oktober 1958 war sogar vom Zuschütten des Kanalbetts bei der Christuskirche die Rede. Anfang 1971 begannen die Planungen für eine Ring-Autobahn, die im Raum Eimsbüttel-Süd am südöstlichen Ufer des Isebek-Kanals entlanggeführt werden sollte. Dagegen setzte sich die Bürgerinitiative „Hände weg vom Isebek" erfolgreich zur Wehr, und der Senat gab die Pläne 1974 auf (s. Harvestehude). Mit dem **Kaifu-Freibad** hat der Stadtteil ein bei Sonnen- und Wasserfans beliebtes sommerliches Freizeitziel. Nebenan bietet die als Trendsetter geltende **Kaifu-Lodge** den Mitgliedern das Neueste in Sachen Fitness. Nutzbar sind auf einer Gesamtfläche von ca. 5800 m² u.a. 15 Squash-Courts, Hamburgs erste Indoor-Freeclimbing-Anlage sowie viel Fitness- und Wellnessangebot plus Gastronomie. In den Grünanlagen am *Kaiser-Friedrich-Ufer* erinnert seit 1983 ein Gedenkplatz an die im Mai 1933 hier stattgefundenen Bücherverbrennungen.

Fröhliches Treiben beim Osterstraßenfest und Muskeln stählendes Indoor-Freeclimbing in der Kaifu-Lodge

Einkaufszentrum Osterstraße

Eimsbüttels Einkaufszentrum ist die *Osterstraße* mit dem 1951 eröffneten „Karstadt"-Kaufhaus. Um durch den Erhalt eines attraktiven Branchenmixes und Maßnahmen zur städtebaulichen Verschönerung die Attraktivität und das Flair des Viertels zu erhalten, beteiligen sich rund 50 Geschäfte und andere quartiersnahe Einrichtungen an der **Aktionsgemeinschaft Quartier Osterstraße**. Ein Quartiers-Management soll zur Verbesserung der Stadtteil-Qualität beitragen.

Der Name Osterstraße wird jedenfalls seit den 1980er Jahren jedes Jahr bekannter, denn am ersten Mai-Wochenende, direkt vor dem Hafengeburtstag, lockt das Stadtteilstraßenfest mit Flohmarkt und Infoständen. Es hat sich längst zu einer Großveranstaltung mit ca. 300 kommerziellen Ständen und Schaustellern gemausert und zieht dabei Hunderttausende von Besuchern an, ohne seinen stadtteilbezogenen Charme verloren zu haben.

Bei der *Osterstraße* finden sich zahlreiche Fachgeschäfte, die weit über die Grenzen des Stadtteils hinaus guten Ruf genießen. So bietet Heinrich Holdorf *(Osterstraße 136–138)* schon seit 1912 Berufsbekleidung aller Art an. Horst Andresen, der seit April 1998 das Geschäft führt, pflegt diese Tradi-

Nicht nur für Köche bietet Heinrich Holdorf in der Osterstraße die passende Berufskleidung

Wahlverhalten

... zur Bürgerschaft 2001 (gesamt)

Wahlbeteiligung	71,0%
SPD	36,5%
CDU	26,2%
Schill-Partei	19,4%
Grüne/GAL	8,6%
FDP	5,1%
Übrige	4,2%

... zur Bürgerschaft 2001 (Stadtteil)

Wahlbeteiligung	72,8%
SPD	41,0%
CDU	16,1%
Schill-Partei	11,3%
Grüne/GAL	20,8%
FDP	3,7%
Übrige	7,1%

Stadtteil-Profil

	Eimsbüttel	Bezirk	Hamburg
Bevölkerung gesamt (2000)	54 875	244 893	1 704 929
Unter 18-Jährige in %	10,9	14,1	16,1
65 Jahre und älter in %	12,9	16,1	17,0
Deutsche	45 751	208 892	1 432 325
Ausländer in %	16,6	14,7	16,0
Einwohner je km²	16 984	4914	2258
Sozialstruktur			
Sozialhilfeempfänger (2000)	2980	13 118	120 461
Arbeitslose (2001)	2622	9260	71 963
Eink. je Steuerpfl. in DM (1995)	53 299	67 141	65 579
Wohnen (2001)			
Wohngebäude	3181	28 953	226 061
Ein- und Zweifamilienhäuser in %	1,1	16,2	20,5
Ø Wohnungsgröße in m²	62,2	71,5	71,0
Wohnfläche je Einwohner in m²	36,0	37,3	35,7
Verkehr			
Private Pkw (2001)	16 922	90 230	628 119
Straßenverkehrsunfälle (2000)	337	1752	12 430
Kriminalität			
Straftaten insgesamt (2000)	6796	28 994	284 272

Heinz Böcke mit seiner prämierten Weißwurst: „Nur erhitzen – kochen darf sie nicht, denn dann platzt sie!“

tion, ergänzt durch hochwertige Freizeitmode. Schlachtermeister Heinz Böcke *(Sillemstraße 38)* hat 65 prämierte Wurstsorten im Angebot, darunter – sehr zum Leidwesen der Bayern – auch die Weißwurst: 2000 gewann er dafür in Frankreich sogar das Europa-Championat.

Weithin bekannt für ein reichhaltiges und täglich frisches Angebot an Fisch ist die seit 1933 bestehende Fischhandlung Schlüter, lange Jahre geleitet von den Schwestern Käthe und Julia Schlüter. Das Geschäft am *Stellinger Weg 26* führt nun Neffe Jürgen-Ulrich Schlüter.

Ein Mekka für Freunde von Pfeifen, Tabak und Zigarren ist „gerd jansens's pfeifendepot & werkstatt“ in der *Methfesselstraße 86*. In nicht weniger als 19 kleinen Souterrainräumen hält er seine Schätze bereit, darunter über 500 Sorten Pfeifentabak und 35 verschiedene Kautabake. Kein Wunder, dass ein solcher Gourmet des blauen Dunstes maschinell gefertigen Zigaretten rein gar nichts abgewinnen kann.

Lebhafte Kneipenszene

Zwar hat die Kneipen-Legende „Mader“ *(Beim Schlump 33)* 2000 nach 30 Jahren dicht gemacht, dennoch wartet Eimsbüttel mit einem breiten gastronomischen Angebot auf und kann von anderen Stadtteilen um Namen wie **Schotthorst**,

Seit 1924 verwöhnt Adda Eis Café seine Gäste in der Osterstraße

Maybach oder das **Café Strauß** nur beneidet werden.

Seit 1924 gibt es das **Adda Eis Café** *(Osterstraße 135)*, wo schon Generationen von Eimsbüttlern eingekehrt sind. Eine noch längere Tradition hat „Lehfeldt Conditorei – Café – Confiserie", seit Oktober

Gastliches Eimsbüttel: ob in der Oster-, in der Bismarckstraße oder im Heußweg – es schmeckt überall

1901 ansässig im *Schulweg 45* und noch immer im Familienbesitz. Jürgen Lehfeldt, der Enkel des Geschäftsgründers, erzählt: „Hier haben viele als Kinder Kuchenabfall gekauft und als Jugendliche mit der ersten Freundin oder dem ersten Freund in einer lauschigen Ecke gesessen", und nennt die Namen von Ehepaaren, die sich hier kennen gelernt haben.

Köpfe

Schon über ein halbes Jahrhundert ist **Ursula Lehmitz** mit ihrer Weinstube, die sie seit dem Tode ihres Mannes Ernst 1987 führt, in der *Faberstraße 21* ansässig und erinnert sich noch gern an die rauschenden Weinfeste, die Ende der 1940er/Anfang der 1950er Jahre dort gefeiert wurden. Über dem Hinterhof, wo in lauen Sommernächten der edle Traubensaft so richtig schmeckt, reift an über 40 Jahre alten Weinstöcken **Blauer Portugieser**. Alljährlich im Oktober werden die Trauben zusammen mit den Gästen gelesen, gemahlen und gekeltert und dann natürlich auch verköstigt.

Von 1978 bis zur Schließung des Betriebs 1998 war **Gerhard Kleinmagd** „Brezelpapst" und Chef der einzigen deutschen Bäckerei, in der ausschließlich Brezeln gebacken wurden. 460 Rezepte, von der einfachen Laugenbrezel bis zu ausgeklügelten Köstlichkeiten, waren im Sortiment des Hauses, dessen Anfänge 1789 in Straßburg lagen. Als Abgeordneter saß Kleinmagd für die CDU von 1982–93 in der Hamburgischen Bürgerschaft, ging dann zur SPD. Seine Heimat ist das Dreiländereck im tiefen Süden des Stadtteils: „Postalisch sind wir Altona, verwaltungsmäßig Eimsbüttel, gartenmäßig St. Pauli."

Eimsbüttler von Geburt ist **Enno Scheel**, der 1996 die väterliche Oster-Apotheke in der *Osterstraße 138* übernommen hat. Als 1. Vorsitzender der Arbeitsgemeinschaft Quartier Osterstraße bemüht er sich mit Erfolg darum, alle engagierten Kräfte – nicht nur die Kaufleute – zusammenzubringen und Initiativen zu bündeln: „Der Wille ist in Eimsbüttel nachhaltig da." Für Innovation sorgt Scheel auch in der eigenen Firma: In der Filiale Karl-Schneider-Passage arbeitet für ihn ein Apotheken-Roboter in der Warenausgabe.

Mitte: Der „Brezelpapst" Gerhard Kleinmagd, Ursula Lehmitz sagt: „Zum Wohl!" Unten: der engagierte Eimsbüttler Enno Scheel

Das Schanzenviertel

Multikulti und stark in Bewegung

Die „Schanze" ist Sanierungsfall und Szeneviertel in einem und als bunte Sozial-Mischung (noch immer) in keine Schublade zu zwängen. Sie liegt zwischen *Altonaer Straße*, Schlachthofgelände und *Stresemannstraße* im „Dreiländereck" Eimsbüttel, Altona und Hamburg-Mitte. Deshalb entwickeln die Bezirke gemeinsam Konzepte für die Zukunft des Viertels. Seine Geschichte begann 1682, als westlich der damaligen Stadtbefestigung die vorgeschobene „Sternschanze" fertig wurde. Ihre Bewährungsprobe bestand sie, als 1686 der dänische König Christian V. die Stadt belagerte und an der starken Befestigung scheiterte.

Füller, Flügel, Völkerschauen

Als zu Beginn des 19. Jahrhunderts die Befestigungsanlagen geschleift worden waren, entstand ein gemischtes Wohn- und Gewerbegebiet. Die *Schanzenstraße* bildete bis 1937 die Grenze zwischen Hamburg und Altona. Zur Attraktion wurde der vom Tierhändler **Carl Hagenbeck** am 11. März 1874 zwischen dem *Neuen Pferdemarkt* und der *Ludwigstraße* eröffnete Tierpark, wo auch die berühmten „Völkerschauen" stattfanden. Als Hagenbeck nach Stellingen ging, wurden Häuser gebaut und die 1906 eröffnete Schule Ludwigstraße.

Einer der größten Arbeitgeber war lange Zeit der 1892 eröffnete „Central-Schlachthof" (s. St. Pauli). Vor allem in der *Sternstraße* siedelten sich Läden für Schlachtereifachbedarf an. Die Arbeitszeiten im Schlachthof prägten auch die Öffnungszeiten der angrenzenden Lokalitäten wie „Erikas Eck" *(Sternstraße 98)*, das von 1–14 Uhr geöffnet hat.

Jahrzehntelang wurde das Schanzenviertel auch geprägt durch Gewerbebetriebe wie die im Oktober 1880 eröffnete

Mitten im Schanzenviertel: links das Schulterblatt, rechts die Schanzenstraße

Pianofabrik Steinway & Sons und die 1908 gegründete Schreibgerätefirma **Montblanc Simplo** mit zeitweise bis zu 1000 Beschäftigten (seit 1986 in Lurup). Heute befinden sich in den ehemaligen Montblanc-Gebäuden u.a. die Zentrale der **Hamburger Volkshochschule** und das Alternativ-Kino **3001** sowie das **Hotel Schanzenstern** *(Bartelsstraße 12)* und der Küchenladen **Cucinaria** *(Ludwigstraße 12)*.

Die **Gewürzfabrik Hermann Laue** siedelte 1989 nach Ahrensburg über, anschließend lag das Gelände an der *Schanzenstraße* brach. Der neue Besitzer Hans-Erich Dabelstein musste wegen finanzieller Probleme den Komplex verkaufen. 1996 einigten sich die neuen Investoren mit der Stadt, und seither wird saniert und neu gebaut. Abgerissen wurde u.a. das Haus *Schanzenstraße 28*, wo das **Angel's Place** über 15 Jahre das Vereinslokal der Hell's Angels war, ehe die Rockergruppe nach spektakulärer Polizeiaktion 1983 und anschließendem Mammutprozess als „kriminelle Vereinigung" aufgelöst wurde.

Der Quadrant im Quartier

Auf den ca. 43 000 m² zwischen *Schanzen-* und *Sternstraße* entstehen im **Stern-Quadranten** bis 2003 Wohn- und Arbeitsräume für 3000 Menschen. 40 Prozent der sanierten oder neu gebauten Flächen werden gewerblich genutzt, der Rest wird Wohnraum (überwiegend Sozialwohnungen). Die Sensibilität für die Sozialverträglichkeit ist nicht zuletzt eine Folge jahrelanger Konflikte um **besetzte Häuser**. Das Verhältnis zu den Autonomen war – so bekennen die Projektentwickler Nugent & Lange freimütig – zu Beginn nicht ungetrübt. Für Beruhigung sorgte dann aber sowohl die Überlassung des Hauses *Ludwigstraße 8* an ein Wohnprojekt als auch die Absicht der Investoren, das Viertel nicht zu „yuppisieren". Diese Sorge treibt viele um, die schon lange hier leben. Aber im Sanierungsbeirat können die Bürger bei der Umgestaltung des Quartiers ein Wörtchen mitreden.

Die Zahl der Cafés wächst ständig, das Nachtleben pulsiert. Kein Wunder, dass die „Schanze", wo die Stadtzeitung

„Szene" schon seit 1972 ansässig ist, viel kreatives Gewerbe anzieht. Gut 150 Betriebe aus der **Medien- und EDV-Branche** haben sich hier niedergelassen. Der Gründerboom hat andererseits einen Anstieg der Gewerbemieten bewirkt, kleine Handwerksbetriebe oder Fachgeschäfte müssen um ihre Existenz fürchten. Als städtebaulicher Beitrag für den Strukturwandel begann 2001 nach etwa 15 Jahren Planung gegenüber der „Roten Flora" die Anlage eines „Schulter-Platzes" mit Bänken und Gastro-Flächen.

Die überaus lebhafte Kneipenszene am Schulterblatt, im Sommer auch etwas für Freiluft-Freaks. Oben und links: Der Gewerbehof am Schulterblatt 58 und moderne Geschäfte wie das „Cucinaria" (Küchenbedarf) zeugen von erfolgreichem Strukturwandel in der Schanze

Alte Kneipen, nochmal Pianos

Trotz aller Neuerungen gibt es Adressen, die teilweise schon seit Generationen im

Multikulti gab es im Schanzenviertel schon früher als anderswo: türkischer Grünhöker

Viertel unverändert sind. Dazu zählen das „frank und frei" in der *Schanzenstraße*, eine der ältesten Kneipen der Gegend, und das beliebte Kuchencafé „Café Stenzel" im *Schulterblatt 61*. Gleich nebenan lockt seit 1953 „Stüdemann" mit süßen Köstlichkeiten, auch aus eigener Herstellung. Ebenfalls im *Schulterblatt* versorgt seit Anfang der 1930er Jahre „Büromarkt Hansen" die Anwohner mit Büroartikeln aller Art.

In der *Schanzenstraße 117* hat sogar das älteste Hamburger Klavierhaus seinen Sitz: das 1872 gegründete **Pianohaus Trübger**, seit 1906 an dieser Stelle ansässig, mittlerweile in der vierten Generation im Familienbesitz und seit 1997 von Yvonne Trübger geführt.

Yvonne Trübger führt Hamburgs ältestes Klavierhaus. Rechts: das beliebte „Café Stenzel" am Schulterblatt

Neue Probleme, neue Lösungen

Im Schanzenviertel leben viele Sozialhilfeempfänger, und der Mangel an Grünflächen und der starke Verkehr bringen viele Familien dazu, das Quartier zu verlassen. Dabei hat sich in den letzten Jahren einiges getan: Zwischen *Bartelsstraße* und *Schulterblatt* entstand – in Eigeninitiative von engagierten Eltern – der beliebte Baschu-Kinderspielplatz; zur Eindämmung des Müllproblems wurde 2000 das **Stadtteilpflegeprojekt Schanzenkieker** entwickelt.

Der Flora-Park zwischen *Lippmannstraße* und *Schulterblatt* könnte auch ein Ort der Erholung ein, gäbe es nicht die Drogenszene. Als ein Ergebnis der von der Politik beabsichtigten Vertreibung der Drogenszene weg von St. Georg ab etwa 1997 kamen Junkies und Dealer zum Sternschanzenpark. Dem verstärkten Druck der Polizei weichend, verlagerte sich die Szene hierher. Später wurden „Druckräume" eingerichtet, einer davon ist der **Fixstern** im *Schulterblatt*. Doch Probleme bereitet nach wie vor der Drogenhandel.

Die Rote Flora

Kristallisationspunkt sozialer Proteste ist die **Rote Flora** am *Schulterblatt*, jahrzehntelang das Zentrum der Vergnügungsbetriebe der Gegend. 1886 war das „Gesellschaft- und Concerthaus Flora" eröffnet worden, von dem jetzt noch ein Teil des ursprünglichen Kopfbaus erhalten ist. Dahinter lag die große Stahl-Glas-Konstruktion des „Kristallpalastes". Konzerte und Varieté, Maskenbälle, pyrotechnische Spektakel, Ring- und Boxkämpfe lockten über die Jahre hinweg immer wieder Besucher an. 1957 wurde aus der „Flora" ein Kino, bis in den 1960er Jahren der Haushaltswarenladen „1000 Töpfe" einzog.

1987 wollte der „Cats"-Betreiber in der Flora ein großes Musical-Theater errichten. Doch viele Anwohner und Gewerbetreibende befürchteten negative Auswirkungen des „Phantoms der Oper" für das Quartier. Eine Allianz von braven Bürgern und Alternativen brachte die Pläne 1988 zu Fall. Aus dem Widerstand gegen die Neubaupläne entwickelte sich die Idee eines Stadtteilzentrums, im Jahr darauf wurde die „Flora" besetzt.

Seither zerschlugen sich immer wieder Verhandlungen zwischen Senat und Nutzern. Um die Konflikte zu entschärfen, billigte die Bürgerschaft im April 2001 mit den Stimmen von SPD und GAL den Verkauf des Gebäudes und des Grundstücks an einen Privatmann zum Preis von 370 000,– DM, ein echtes Schnäppchen, denn irgendwann wird das Schanzenviertel einmal „Top-Lage" sein. Die Antwort der „Floristen" kam postwendend: „Die Rote Flora ist unverträglich, unsere politische Arbeit war, ist und wird nicht käuflich sein."

Verfallenes Wahrzeichen

Ein anderes, seit Jahren umstrittenes Projekt im Viertel ist der 59 m hohe Wasserturm im Sternschanzenpark. Er wurde 1910 in Betrieb genommen. 1956 legten die Hamburger Wasserwerke den Turm still. Im Juni 1990 billigte der Bezirk Eimsbüttel (der Turm liegt im Stadtteil Rotherbaum) den Verkauf des Turms an den Münchner Architekten und Investor Storr für 39 200,– DM. Die Eigentümer verpflichteten sich, den Turm gemäß einem mit den Behörden abgestimmten Konzept zu sanieren, auszubauen und zu nutzen, wobei auf Dauer eine 50-prozentige Nutzung für öffentliche Zwecke vorgesehen war. Die Jahre vergingen, aber es passierte nichts. 1996 erhielt der Investor die Erlaubnis für eine vollständige Nutzung als Hotel. Im Gegenzug sollte er aber soziale Projekte finanziell fördern. Nachdem Ende 1998 zwischenzeitlich ein 3D-Imax-Kino im Gespräch war, wurden 2000 die Hotelpläne wieder hervorgeholt.

Konfliktpotenziale im Stadtteil: der Wasserturm im Schanzenpark, die „Rote Flora" am Schulterblatt (links)

Im Schatten des Turms liegt der 1866–69 angelegte **Sternschanzenpark**. Der dortige Spielplatz, der zeitweise fast gänzlich zum Treff von Junkies, Dealern und Kampfhundehaltern verkommen war, wurde im Jahr 2000 grundlegend erneuert.

Der Grandplatz gegenüber dem S-Bahnhof Sternschanze ist Heimat der Kicker des **SC Sternschanze**. Der Kiosk auf dem Platz vor dem Bahnhof wurde im November 1998 als Stadtteiltreffpunkt wiedereröffnet. Träger ist ein Verein, zu dem u.a. neben der ev.-luth. Kirchengemeinde Eimsbüttel auch das Jesus Center am *Schulterblatt 63* gehört.

Das Schanzenviertel ist ein lebendiges Quartier in zentraler Hamburger Lage mit viel Entwicklungspotenzial. Hier zeigt sich, wie kompliziert Stadtplanung sein kann – und grundsätzlich gilt für die Schanze: Hier ist ein besonders spannendes Stück Hamburg.

Ein Stück Zukunft für das Quartier: der Stern-Quadrant zwischen Schanzen- und Sternstraße

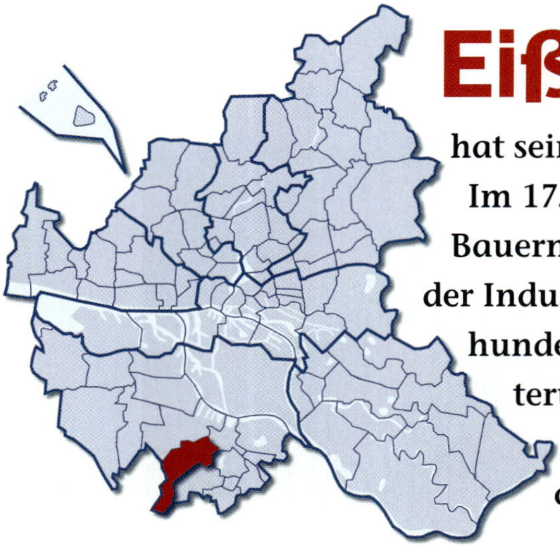

Eißendorf

hat seinen Ursprung in einem Haufendorf. Im 17. Jahrhundert entwickelte sich das Bauerndorf weiter, wurde jedoch im Zuge der Industrialisierung ab Ende des 19. Jahrhunderts mehr und mehr zum Stadterweiterungsgebiet für Harburg. Die schöne Lage am Staatsforst macht Eißendorf zu einem beliebten Wohngebiet

Steckbrief

Fläche:
8,371 km²
Einwohner:
22 579
Verwaltung:
Bezirk Harburg, Kerngebiet
Ortsteil:
710

Der Name Eißendorf geht vermutlich auf den Anführer der ersten Siedler zurück, die sich auf dem Gebiet des heutigen Stadtteils niederließen. Er hieß Eizo. 1450 hieß die Siedlung noch „Eytzen-dorpe".

Aus der Geschichte

1332/33 erstmals erwähnt, war Eißendorf lange Zeit ein **Haufendorf**, das zum Kirchspiel Sinstorf gehörte. Um 1680 zählte es mehrere Hufner, Groß- und Kleinkätner. Gut 200 Jahre später war es auf über 40 Bauernstellen angewachsen. Jedoch ging die Landwirtschaft ab Ende des 19. Jahrhunderts mit der fortschreitenden **Industrialisierung** immer weiter zurück, und die Einwohnerzahl stieg stark an, von etwa 800 auf über 3000 in den Jahren 1885–1905.

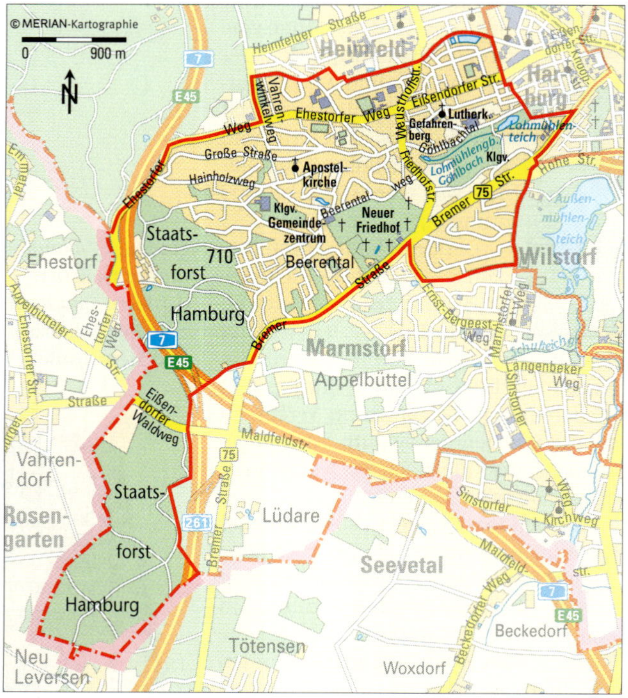

Während der Franzosenzeit 1813/14 hatte auch Eißendorf unter der Besatzung Napoleons zu leiden und fiel mehrfach Bränden zum Opfer. Schon 1811 hatten die Franzosen für den zügigen Truppentransport den Bau der großen **Heerstraße** von Harburg über Rotenburg,

Bremen, Osnabrück bis nach Wesel in die Wege geleitet. Rund ein Jahr lang mussten viele Männer, Frauen und Kinder aus den umliegenden Orten, darunter Eißendorf und Marmstorf, harte Arbeit leisten, um die Straße anzulegen, die damals Bremer Chaussee hieß und seit 1856

Im alten Dorfkern Eißendorfs sind noch einige bäuerliche Zeugnisse erhalten, so das reetgedeckte Großkätnerhaus Göhlbachtal 102 – eines der ältesten Häuser im Stadtteil

den Namen *Bremer Straße* trägt. 1910 wurde Eißendorf nach Harburg eingemeindet und entwickelte sich, wenn auch weniger rasant als z.B. Heimfeld, zum **Stadterweiterungsgebiet**. Die Errichtung von Großsiedlungen in der Nähe der Industriebetriebe nahm ihren Anfang. Aber auch für ein wenig Abwechslung vom harten Alltag war gesorgt. So richtete die damalige Volkswohl GmbH 1912 als Naherholungsziel für die Harburger Arbeiterfamilien ein großes **Freizeitgelände** auf einem 10 ha großen Waldgebiet an der *Bremer Straße* bei Appelbüttel ein. Beliebt waren die verschiedenen Schul- und Gewerkschaftsfeste auf dem Festplatz und besonders bei den Kindern natürlich die Sommerrodelbahn. Es gab aber auch ein Restaurant, einen Tanzsaal und einen Musikpavillon. Heute erinnert an das ehemalige Gelände nur noch der *Volkswohlweg* mit den Ende der 1950er Jahre entstandenen Mietwohnungshäusern.

Die Windmühle von Hugo Thalenhorst stand von 1865 bis 1922 an der Bremer Straße

Im Rahmen des Groß-Hamburg-Gesetzes wurde Eißendorf 1937/38 mit Harburg-Wilhelmsburg nach Hamburg eingemeindet.

Siedlungen der Weimarer Zeit

Erst nach dem Ersten Weltkrieg entwickelte sich Eißendorf so richtig zum Stadterweiterungsgebiet für Harburg. Zwei besonders interessante städtebauliche Großsiedlungen sind der **Adolf-von-Elm-Hof** zwischen *Mehringweg* und *Femerlingstraße* und die **Zeilenbauten** zwischen *Eißendorfer Straße* und *Hoppenstedtstraße*, die heute allerdings stark verändert sind.

Für den Adolf-von-Elm-Hof zeichnet die Gemeinnützige Baugenossenschaft „Wohnungskultur" verantwortlich. Entstanden 1928/29, handelt es sich hier um drei parallele, dreigeschossige Zeilenbauten, die durch einen Querriegel eine Einheit bilden. Auf eine geschlossene Blockrandbebauung hat man verzichtet. Wenn auch vieles der ehemaligen Gestaltung der Außenanlagen mit Treppen und Garteneinfassungen heute nicht mehr erhalten ist, so sind doch die halbrunden Balkone an den nördlichen Zeilenenden immer noch sehenswert.

Großsiedlung im Stil des Neuen Bauens: der Adolf-von-Elm-Hof

Der Altarraum der Lutherkirche

Auch die Zeilenbauten zwischen *Eißendorfer Straße* und *Hoppenstedtstraße* repräsentierten nach ihrer Fertigstellung 1930 den Stil des **Neuen Bauens**. Der Architekt Karl Schneider entwarf sie für die Baugenossenschaft „Hoffnung". Die Siedlung war eine der ersten im Groß-Hamburger Raum, die in Zeilenbauweise errichtet wurde. Heute hat sie viel von ihrem ursprünglichen Zustand verloren: Die Flachdächer sind zu Satteldächern umgebaut worden, und auch die halbrund um die Gebäudekanten laufenden Balkone existieren zum größten Teil nicht mehr.

Die „Wölflinge" – wie man die Pfadfinderanwärter hier nennt – im Gemeindezentrum am Beerentalweg beim Plätzchenbacken

Von Kirchen und Kindern

Nachdem die Eißendorfer zusammen mit den Neugrabenern und den Fischbekern lange Jahre der Kirchengemeinde in Sinstorf angeschlossen waren, wurde schließlich 1904 infolge der angestiegenen Bevölkerungszahl eine eigene Kirchengemeinde gebildet. Zwei Jahre später weihten die Eißendorfer ihre ev.-luth. **Lutherkirche** am *Kirchenhang* ein. Der Innenraum der kleinen, heimeligen Backsteinkirche ist weitgehend im Originalzustand erhalten und besticht durch die schöne, bemalte Holzdecke. Die Gemeindearbeit ist heute sehr stark auf Senioren ausgerichtet. Ein zweiter Schwerpunkt ist die Arbeit mit Kindern. Kirchenmusiker Wolfgang Heimann gibt Blockflötenunterricht und leitet den Kinder- sowie den Kirchenchor. Sehr beliebt sind auch die verschiedenen Mutter-Kind-Gruppen. Und in der Kindertagesstätte der Lutherkirche neben der DRK-Sozialstation in der *Lühmannstraße* werden 160 Kinder verschiedener Nationalitäten betreut. Für die Erwachsenen gibt es das **Klönkaffee** bei der Kirche, das ganzwöchentlich jeden Abend von 19–21.30 Uhr geöffnet ist.

Auch der Bau der ev.-luth. **Apostelkirche** am *Hainholzweg* ist auf die Bevölkerungszunahme im Ort zurückzuführen. Nach dem Zweiten Weltkrieg war die Lutherkirche für die vielen Menschen, die zugezogen waren, zu klein geworden. Nachdem man eine zweite Pfarrstelle eingerichtet hatte, gründete man schließlich eine zweite Gemeinde im westlichen Teil von Eißendorf. Da in den gepflegten Einfamilienhäusern viele Familien leben, steht die Familien- und Jugendarbeit im Vordergrund, z.B. werden Mutter-Kind-Gruppen sowie Kinderspiel- und Jugendgruppen im **Gemeindezentrum** am *Beerentalweg* angeboten. Pastor Claus Scheffler, Pastorin Sabine Ramm-Böhme und Diakon Rainer Moh füllen neue Konzepte mit Leben. So gibt es Gottesdienste mit Bands, Moderator

Bürgergeschichten

„Machst Du uns die Schule zu, machen wir's genau wie Du!"

***Trygve Radtke**, ehemaliger Schüler des Gymnasiums Göhlbachtal, das mit dem Gymnasium Triftstraße zum Heisenberg-Gymnasium wurde, beschreibt die Rettung der Schule*

Wenn Politiker vom grünen Tisch aus entscheiden, ist es immer schwer für die Betroffenen, die Entscheidungen zu verstehen. Besonders dann, wenn vorher den Eltern, Schülern und Lehrern die Mitbestimmung in der Schule zugesprochen wurde. Seit 1977 besteht in Hamburg dieses doch so vorbildliche Elternrecht. Aber was nützt es, wenn man sich über Monate Gedanken über die zukünftige Hamburger Schullandschaft macht und dann der Schulsenator in einer Blitzaktion seine Entscheidung, eine Schule zu schließen, ohne Rücksicht auf die Ergebnisse dieser ehrenamtlichen Gremien fällt? Diese Entscheidung im April 1981 schrie nach demokratischem Ungehorsam. Aber was tun?

Als Erstes machten wir dann das, was man immer wieder sieht. Wir malten Plakate und marschierten los durch Harburg, wo wir uns mit anderen Schulen trafen und zur Hamburger Straße fuhren. Eine Delegation von uns überbrachte dem Senator unsere Petition. Der erste Schritt war getan.

Bei der zweiten Aktion entstand das „Freie Göhlbachtal". Mit vereinten Kräften wurden Zelte und Jurten aufgebaut. In der Versammlungsjurte bauten wir sogar einen richtigen Ofen aus Lehm und Steinen. Diesen brauchten wir auch, da wir nachts Frost hatten.

Über der Einfahrt zur Wiese wurde ein Torbogen mit der Aufschrift „Freies Göhlbachtal" errichtet. Für die Körperpflege stellte man uns die Turnhalle zur Verfügung. Der Schulbetrieb wurde hiervon kaum behindert, wenn man von den übermüdeten Gesichtern der Schüler absah.

Die nächste Aktion war aber dann wohl der spektakulärste Einfall der derzeitigen Demonstrationslandschaft und fand viele Nachahmer. Stabsplanmäßig gingen einige Eltern und Oberstufenschüler an die nächste Aktion. In der Nacht des 28. April 1981 um 4 Uhr fuhr ein Lkw vor das Harburger Rathaus. Es wurden in Windeseile 40 Ytongsteine und der dazugehörige Schnellzement ausgeladen, und innerhalb von zehn Minuten war der Haupteingang des Rathauses zugemauert. Das Ganze wurde noch mit dem Aufruf „Göhlbachtal darf nicht sterben" versehen. Selbst die Beamten der nur 100 Meter entfernten Wache übten „Nach(t)-sicht" und kommentierten das Ganze mit „Dann demonstriert man schön".

Nach diesen Aktionen war der Fortbestand des Göhlbachtals fürs Erste gesichert, und fünf neue Klassen wurden aufgenommen. In enger Zusammenarbeit entwickelten die Behörden, Eltern, Schüler und Lehrer einen Plan für die Zusammenlegung der Gymnasien Göhlbachtal und Triftstraße, der später in die Tat umgesetzt wurde. Die daraus entstandene Schule ist das Heisenberg-Gymnasium.

Die alte Heimat des Gymnasiums Göhlbachtal beherbergt heute die Staatliche Handelsschule Harburg mit Wirtschaftsgymnasium

Fremdsprachenunterricht im Wirtschaftsgymnasium Göhlbachtal. Unten: Die Schule In der Alten Forst wurde 1965 aufgrund der starken Bevölkerungszunahme errichtet

und Theatereinlagen, und auch der Konfirmandenunterricht wird modern gestaltet. „Wir sind froh, dass wir bei unserer Arbeit von mehr als 150 ehrenamtlichen Helfern unterstützt werden", erklärt Pastor Scheffler. Nicht weit von der Apostelkirche entfernt, am *Lichtenauer Weg*, findet man die kath. **Altenwohnanlage St. Vinzenz** mit der St. Vinzenz-Kapelle.

Die von 1952–57 erbaute **Schule am Ehestorfer Weg** wurde in mehreren Bauabschnitten nach den modernen Schulbauprinzipien der Nachkriegszeit errichtet. Seit dem Sommer 2001 ergänzt ein neuer Pavillon die älteren Bauten. Hier werden knapp 700 Grund-, Haupt- und Realschüler von etwa 40 Lehrern unterrichtet. Eine bauliche Besonderheit ist die **Schule In der Alten Forst**. Sie wurde 1965 als erste „Wabenschule" im Bezirk Harburg in Fertigbauweise errichtet: Das Gebiet zwischen *Ehestorfer Weg* und *Bremer Straße* war seit dem Zweiten Weltkrieg zu einem stark besiedelten Wohngebiet geworden. So brauchte man für die wachsende Schülerzahl eine weitere Schule. Das **Heisenberg-Gymnasium**, das Mitte der 1980er Jahre aus den beiden Gymnasien Göhlbachtal und Triftstraße entstand, engagiert sich sehr im Theaterbereich. Und auch die anderen Eißendorfer Schulen halten verschiedene Nachmittagsangebote für ihre Schüler bereit. In der *Baererstraße*, direkt an der Grenze zum Stadtteil Harburg, liegt die **Sprachheilschule** für Kinder mit Sprachschwierigkeiten. Die Kinder werden hier individuell therapiert, und die Lehrer gehen zusätzlich im Unterricht auf die jeweiligen Sprachprobleme

Wahlverhalten

... zur Bürgerschaft 2001 (gesamt)

Wahlbeteiligung	71,0%
SPD	**36,5%**
CDU	**26,2%**
Schill-Partei	**19,4%**
Grüne/GAL	**8,6%**
FDP	**5,1%**
Übrige	**4,2%**

... zur Bürgerschaft 2001 (Stadtteil)

Wahlbeteiligung	72,5%
SPD	**34,3%**
CDU	**27,3%**
Schill-Partei	**24,9%**
Grüne/GAL	**5,6%**
FDP	**4,6%**
Übrige	**3,2%**

Stadtteil-Profil

	Eißendorf	Bezirk	Hamburg
Bevölkerung gesamt (2000)	22 579	196 263	1 704 929
Unter 18-Jährige in %	16,1	19,2	16,1
65 Jahre und älter in %	21,4	16,9	17,0
Deutsche	19 938	157 260	1 432 325
Ausländer in %	11,7	19,9	16,0
Einwohner je km²	2697	1222	2258
Sozialstruktur			
Sozialhilfeempfänger (2000)	1166	17 127	120 461
Arbeitslose (2001)	898	10 107	71 963
Eink. je Steuerpfl. in DM (1995)	59 563	56 444	65 579
Wohnen (2001)			
Wohngebäude	3875	27 486	226 061
Ein- und Zweifamilienhäuser in %	29,7	25,3	20,5
Ø Wohnungsgröße in m²	72,8	69,9	71,0
Wohnfläche je Einwohner in m²	37,2	32,5	35,7
Verkehr			
Private Pkw (2001)	8976	70 144	628 119
Straßenverkehrsunfälle (2000)	76	1197	12 430
Kriminalität			
Straftaten insgesamt (2000)	1783	26 879	284 272

ein. Darüber hinaus gibt es Beobachtungsklassen für Kinder mit Mehrfachbehinderung. „Diese Klassen haben jeweils nur acht Schüler", erläutert Schulleiter Peter Niemann. Nicht weit entfernt, auf der anderen Seite des Göhlbachtals, wo bis Mitte der 1980er Jahre das Gymnasium Göhlbachtal zu Hause war, ist heute die fortschrittliche **Staatliche Handelsschule Harburg** mit Wirtschaftsgymnasium beheimatet.

Eine besondere Einrichtung ist der **Harburger Waldkindergarten** am *Vahrendorfer Stadtweg*, gleich neben der **Hamburger Revierförsterei Appelbüttel**. Wer meint, hierbei handele es sich nur um einen Kindergarten, der im Wald steht, irrt. „Wir gehen jeden Tag mit den Kindern in den Wald, außer es regnet wie aus Eimern", betont Wolfgang Bartsch, Leiter des Kindergartens. „Etwa um 8.30 Uhr gehen wir los und suchen uns einen Rastplatz. Dort wird dann erst einmal gefrühstückt. Danach können die Kinder spielen und die Umgebung erkunden." Wichtige Nebeneffekte dieses hautnahen Naturerlebens sind die Förderung der motorischen Fähigkeiten der Kinder und die Stärkung des Immunsystems.

Von Tennis bis Tauchen

Sport spielt in Eißendorf eine wichtige Rolle. Vom **Harburger Tennis- und Hockey-Club** über den **Sportverein Rot-Gelb Harburg** bis zur **Turnerschaft Harburg** ist für jeden der passende Verein dabei. Die Turnerschaft Harburg von 1865 (TSH) ist der älteste und größte Sportverein im Stadtteil. Für seine rund 2300 Mitglieder hält der Traditionsverein, der vor einigen Jahren mit dem benachbarten **Heimfelder Tennisclub** fusionierte, ein umfangreiches Programm bereit. Wer Interesse an asiatischen Sportarten hat, ist hier bei Aikido, Jiu-Jitsu oder Karate gut aufgehoben. Aber auch Basketball, Ballett, Bowling, Gymnastik, Kinderturnen, Tennis und Tauchen fehlen nicht. Und donnerstagnachmittags bietet der Verein integrierten Behindertensport an. Diejenigen, die gern an Geräten üben oder spezielle Gymnastik wie Bauch-Beine-Po oder Rückengymnastik mögen, sind im **TSH Sportzentrum** am *Vahrenwinkelweg 39*, direkt neben der Geschäftsstelle der Turnerschaft, richtig. Neben dem Fitness-Studio mit Sauna und Solarium können die Mitglieder auch den angrenzenden Sportplatz mit Laufbahn nutzen.

Vielleicht liegt es an den hiesigen Bergen, dass sich in Eißendorf gleich zwei Vereine für den Skisport stark machen. Neben dem **Verein für Skisport Harburg** gibt es seit 1962 den **Ski- und Freizeit-Club Harburg**, der u.a. in der Halle des Wirtschaftsgymnasiums im *Göhlbachtal* Fitness- und Skigymnastik, aber auch Kinderturnen, Volleyball und Badminton anbietet.

Musik mit Tradition

Die bekommt man beim **Spielmannszug** der Turnerschaft Harburg. Bereits 1873 gegründet, ist er der älteste Turner-Spielmannszug Deutschlands. Er begleitet nicht nur das alljährliche Vogelschießen der „Harburger Schützengilde" (s. Harburg), sondern sorgt auch für

Zeitleiste

1332/33 erste Erwähnung

1813/14 Eißendorf wird abgebrannt

1892 Eröffnung des Neuen Friedhofs

1906 Einweihung der Lutherkirche

1910 Eingemeindung nach Harburg

1928/29 Bau des Adolf-von-Elm-Hofs

1937/38 Eingemeindung nach Hamburg

um 1960 Bau der Apostelkirche

1985 Gründung des Heisenberg-Gymnasiums

Im TSH Sportzentrum ist jegliche Fitness angesagt, von Hanteltraining bis Gymnastik

TSH SPORTZENTRUM

Der Spielmannszug der Turnerschaft Harburg spielt beim traditionellen Harburger Vogelschießen auf

musikalische Unterhaltung bei anderen Schützenfesten in der Umgebung, bei Laternenumzügen und bei Kinder- und Stadtteilfesten. „Wir nehmen aber auch an Musikfesten im Ausland teil, z.B. in Spanien und in England, und organisieren Freizeitaktivitäten für unsere Mitglieder“, ergänzt Abteilungsleiter Jens Peters. Der Spielmannszug bildet seine Spielleute selbst aus. „Momentan besteht unser Nachwuchs aus 14 Kindern und Jugendlichen zwischen acht und 12 Jahren. Mitmachen kann jeder, der gerne musiziert und der mindestens sechs Jahre alt ist.“

Die Eißendorfer Straße zeigt das städtische Gesicht Eißendorfs. Rechts: Die Marine-Kameradschaft Harburg ist international aktiv. Hier mit Besuch aus Mexiko

Seit Jahren schallt mittwochabends Frauengesang aus dem Bünte-Zentrum bei der DRK-Sozialstation in der *Lühmannstraße*. Dann übt der **Harburger Frauenchor von 1984** sein Repertoire.

Vom Schießen und Löschen

Jedes Jahr im Mai/Juni findet am *Lübbersweg* das große **Vogelschießen** des Eißendorfer Schützenvereins von 1878 statt. Dann ist in Eißendorf so richtig was los. Nach alter Tradition gibt es einen Festumzug mit dem vereinseigenen Spielmannszug von 1920, dem Reinbeker Stadtorchester und dem Fleestedter Fanfarenzug. Der **Eißendorfer Schützenverein** entstand aus dem 1878 in „Sahling's Gasthaus“ gegründeten „Club der Freundschaft“, der sich 1908 mit einem zweiten Schützenverein zusammenschloss. Heute hat der Verein inklusive seines Spielmannszugs und der seit etwa 25 Jahren bestehenden Damenabteilung über 200 Mitglieder. Ihr Können verbessern die Schützen in der Schießsportanlage am *Strucksbarg*. „Zweimal im Jahr, meist im Juni und September, organisieren wir auch den großen **Flohmarkt** am *Lübbersweg*, ohne kommerzielle Anbieter“, ergänzt Frank Kirste, Schützenkönig des Jahres 2001/02.

Ein weiterer wichtiger Verein ist die 1972 gegründete **Eißendorfer Feuerwehr**. Die rund 35 Mitglieder sind über 100 Mal im Jahr in Eißendorf und Heimfeld im Einsatz. Seit 1973 gibt es auch die heute etwa 15 Mann starke Jugendfeuerwehr. Ihr Domizil ist das Feuerwehrhaus am *Alten Postweg* in Heimfeld.

Traditionsverein

Seit über 100 Jahren aktiv ist die **Marine-Kameradschaft Harburg**. Sie wurde 1897 von einem Baggermeister namens Gadzinski gegründet. Die Mitglieder verband eine große Gemeinsamkeit: Sie waren alle einmal zur See gefahren. Die heutigen Mitglieder sind als ehemalige Angehörige u.a. der Deutschen Marine

und der Handelsschifffahrt der althergebrachten Tradition immer noch eng verhaftet.

Dieser zweitälteste Verein seiner Art in Deutschland pflegt zeitgemäße Traditionen und Bräuche der Seefahrt. „So findet z.B. jedes Jahr am Samstag vor dem ersten Advent der **Internatio-**

nale Ball der Seefahrt im Hotel Lindtner in Heimfeld statt", erklärt der 1. Vorsitzende Manfred F. Völkel, der im Dezember 2001 vom Hamburger Senat mit der Medaille für treue Arbeit im Dienste des Volkes ausgezeichnet wurde. Seit vielen Jahren läuft auch ein regelmäßiger Austausch mit Besatzungsmitgliedern verschiedener Nationen, deren Schiffe im Hamburger Hafen festgemacht haben.

Wirtschaftsleben

Ein großer Arbeitgeber in Eißendorf ist die Firma **Linnich & Mahn** Zahntechnisches Labor am *Beerentalweg*. Alles, was mit Zahntechnik zu tun hat, gehört hier zur täglichen Arbeit. Von Kronen und Brücken über Implantate und Prothesen bis hin zu Schnarchschutzschienen ist feinste Handarbeit gefragt. „Wir sind dazu da, Zahnlücken wieder zu schließen", bringt Uwe Mahn das Arbeitsgebiet auf den Punkt. Er führt das Unternehmen bereits in dritter Generation. Ganz in der Nähe findet man die alteingesessene Firma **Wilfried Dunckel**, die alle Arten von Sanitärinstallationen ausführt. Und am *Hainholzweg* ist die Firma **Maack Feuerschutz** zu Hause. Vor über 30 Jahren von Peter-Jürgen Maack gegründet, ist sie in Sachen Brandschutz ganz groß. Das Unternehmen arbeitet bundesweit und hat Niederlassungen u.a. in Berlin, Bremen, Cuxhaven und auf Sylt.

Weitere Arbeitgeber im Stadtteil sind die **psychiatrische Tagesklinik** mit Suchtberatung des Allgemeinen Krankenhauses Harburg an der *Triftstraße* und die **alster palette** mit Tagesförderung und Alsterdorfer Werkstätten am *Ehestorfer Weg*.

Wohnen in Stadt und Wald

Eißendorf ist ein recht ruhiger Wohnstadtteil mit unterschiedlichen Facetten. An der Grenze zu Harburg, um die *Eißendorfer Straße* mit Geschäften und Kiosken herum, dominieren meist viergeschossige Mietshäuser aus der Weimarer Zeit wie der Adolf-von-Elm-Hof. Hier geht es recht städtisch zu.

Am Ende der Straße *Göhlbachtal* in Richtung *Weusthoffstraße* ist u.a. mit dem reetgedeckten Großkätnerhaus *Göhlbachtal 102* und dem Backsteinwohnhaus der ehemaligen Großkätnerstelle *Göhlbachtal 113* noch ein Teil des **alten Dorfkerns** erhalten, der sich nördlich des Lohmühlengrabens beiderseits der Hauptverkehrsstraße *Weusthoff-* und *Friedhofstraße* befand.

Ein Gebäude mit interessanter Geschichte ist **Sahling's Gasthaus**, wo früher viel gefeiert und getanzt wurde. Anfang des 20. Jahrhunderts abgebrannt, wurde 1912 ein neues Gasthaus an derselben Stelle errichtet, in dem man heute die griechische Küche genießen kann. Eine Besonderheit, die den wachsenden Einfluss der städtisch geprägten Architektur auf ländliche Bauten zeigt, ist das jetzt 100 Jahre alte Wohnwirtschaftsgebäude *Große Straße 4*.

Westlich dieses alten Kerns begann die Bebauung mit Einfamilienhäusern im Wesentlichen erst nach dem Zweiten

Handwerkliches Geschick ist bei der Feinarbeit im zahntechnischen Labor der Firma Linnich & Mahn gefragt

Weltkrieg; noch heute dehnt sie sich immer weiter in Richtung Wald aus. So entstehen z.B. am *Hainholzweg* und am *Beerentalweg* immer mehr Einfamilienhäuser in idyllischer Lage am oder im Wald. Nur ab und zu sieht man bei der Erkundung des Stadtteils mal ein Wohnhochhaus, so z.B. am *Beerenberg*.

Um 1950 lebten über 11 Prozent der Eißendorfer Bevölkerung in rund 20 **Kleingartensiedlungen**. Auch heute existieren noch mehrere davon, z.B. zwischen *Friedhofstraße* und *Beerentalweg*, am Göhlbachtal oder in der Nähe des *Eißendorfer Mühlenwegs*, der nach der Holländer-Windmühle von Hugo Thalenhorst benannt ist, die 1865–1922 an der *Bremer Straße 203* stand. Allerdings dürfen die Kleingartensiedlungen von ihren Besitzern heute nicht mehr als permanente Wohnsitze genutzt werden.

Den früheren Haupteingang zum Neuen Friedhof ziert ein schönes schmiedeeisernes Tor

Berg und Tal

Eißendorf ist ein hügeliger Stadtteil. So ist es auch kein Wunder, dass z.B. in der *Großen Straße* die Häuser oft viel höher liegen als die Straße. Hier wohnt man schon mitten im Wald. Etwa die Hälfte des Stadtteils ist reines **Waldgebiet**, in dem man stundenlang wandern kann. Ab und zu trifft man auf andere Wanderer, mit denen man einen freundlichen Gruß austauscht, und schon geht es weiter über Stock und Wurzel und über den nächsten Hügel. Dieser Wald im Westen des Stadtteils ist ein Rest des ehemals weit ausgedehnten **Eißendorfer Holzes**. Heute gibt es noch die Waldgebiete **Eißendorfer Forst**, **Eißendorfer Sunder** und **Im Stuck**. Sie gehören zum Staatsforst Hamburg, der von der A 7 und der A 261 gekreuzt wird. Im Stuck kann man im Winter, vorausgesetzt, es liegt Schnee, auf dem Rodelberg ausgiebig rodeln oder Ski fahren.

Bürgerliches Wohnen in Eißendorf West

Ein weiteres wunderschönes Naherholungsgebiet ist das **Göhlbachtal** mit dem Lohmühlenteich und dem Göhlbach, auch „Lohmühlengraben“ genannt. Südlich des alten Dorfkerns gelegen, erstreckt es sich bis an Harburg heran. Und die Anwohner schätzen es sehr, aus der Haustür herauszutreten und sich gleich mitten im Grünen zu befinden.

Ebenfalls ein großes Gebiet mit viel Grün, das z.T. parkartig gestaltet ist, ist der 1892 eröffnete **Neue Friedhof**. Die Erweiterungsmöglichkeiten des Alten Friedhofs am Krummholzberg waren durch seine Lage in der Stadt begrenzt. Und nachdem sich Harburg im Zuge der Industrialisierung immer weiter ausdehnte, wurde Ende des 19. Jahrhunderts die Anlage des Neuen Friedhofs nötig. Im Laufe der Zeit immer weiter vergrößert, bilden heute die *Bremer Straße*, die *Friedhofstraße* und der *Beerentalweg* seine Grenzen. Wegen des hügeligen, bewaldeten Geländes sind viele Grabstätten auf schmalen Terrassen entlang der Hänge angelegt.

Ganz in der Nähe des Friedhofs steht an der *Bremer Straße 232* **Keule's kleines Blockhaus**. Hier serviert die Wirtin Amanda Schindzielorz ihren vielen Gästen eine schmackhafte, rustikale deutsche Küche.

Das repräsentative Wohnwirtschaftsgebäude, stark von städtischer Architektur geprägt, stammt aus dem Jahr 1902

Das Göhlbachtal ist ein Naherholungsgebiet mitten im Stadtteil

Einkaufen jederzeit

Wie in Heimfeld herrscht auch in Eißendorf eine Kioskkultur. Neben dem Supermarkt, dem Bäcker, dem Fleischer, einem Obst- und Gemüseladen sowie einem Fischladen gibt es in der *Eißendorfer Straße*, aber auch in den Wohngebieten, noch die **Kioske**, die morgens schon sehr früh und abends sehr lange geöffnet haben. Selbst am Wochenende braucht keiner eine Krise zu bekommen, wenn unerwartet Gäste vor der Tür stehen. Dann geht man schnell um die Ecke zum Kiosk, der ja von Dosen über Kekse und andere Süßwaren bis zu Kaffee und Wein alles hat.

Köpfe

Der letzte Schuhmacher in Eißendorf heißt **Walter Köpp**. Bei ihm sind aber nicht nur diejenigen, die ihre Schuhe flicken lassen wollen, an der richtigen Adresse. Er repariert auch Taschen und nimmt Kleidungsstücke für die Wäscherei und Reinigung entgegen. Außerdem verkauft er Schuhzubehör wie Schuhcreme und Einlegesohlen. Das Geschäft ist fast 100 Jahre alt. Walters Großvater Hermann Köpp gründete es 1909 an der *Bremer Straße*. 1957 erfolgte der Umzug in die *Eißendorfer Straße*. Seit dieser Zeit wird Walter Köpp tatkräftig von **Klara Amtenbrink** unterstützt.

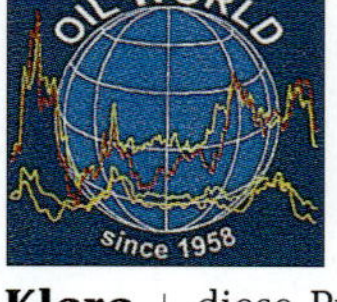

Peter Sielaff ist seit über 20 Jahren 1. Vorsitzender der Turnerschaft Harburg von 1865. Der Eißendorfer gehört dem Verein bereits seit seinem 13. Lebensjahr an, und so war es für ihn selbstverständlich, dass er dieses Amt annahm, als er dazu aufgefordert wurde. Er hat sich schon immer für den Sport interessiert und war sogar zwölf Jahre lang beim Sportamt tätig. Für ihn ist es kein Problem, neben seinem viele Wochenstunden kostenden Beruf noch ehrenamtlich tätig zu sein. Im Januar 2002 konnte er sein zehnjähriges Dienstjubiläum als Leiter des Ortsamts Süderelbe feiern.

Einer außergewöhnlichen Tätigkeit geht **Thomas Mielke** nach. Er ist Wirtschaftsjournalist und analysiert mit seinem Marktforschungsbüro ISTA Mielke GmbH die Weltmärkte für alle wichtigen zehn Ölsaaten, 17 pflanzlichen Öle und Fette sowie zwölf Ölkuchen. D.h., er beobachtet und prognostiziert die Produktion, die Handelsströme, den Verbrauch und die Vorratsentwicklungen für alle diese Produkte mit dem Ziel, zukünftige Preisentwicklungen in diesen Märkten abschätzen zu können sowie auch Risiken und Chancen zu erkennen. Die Ergebnisse seiner Marktanalysen veröffentlicht der Eißendorfer u.a. in seinen Zeitschriften „Oil World Weekly" und „Oil World Monthly". Übrigens ist Thomas Mielkes Büro weltweit das einzige, das Marktforschung in diesem Umfang für diese Produkte betreibt. Ins Leben gerufen hat die Firma sein Vater Siegfried Mielke zusammen mit Frau Anni-Marie im Jahr 1958. In dem Familienunternehmen sind neben Thomas Mielke noch seine Eltern, sein Bruder Christian und 15 Angestellte tätig.

Klara Amtenbrink und Walter Köpp sind seit vielen Jahren ein eingespieltes Team. Peter Sielaff macht sich nicht nur für Eißendorf stark. In seinen Zeitschriften „Oil World Weekly" und „Oil World Monthly" veröffentlicht Thomas Mielke die Ergebnisse seiner Marktanalysen

Eppendorf

ist in. Seit Jahren hält die Attraktivität des Stadtteils an – und ein Ende des Booms ist nicht abzusehen. Weil es so schick ist, hier zu wohnen, wurden viele Miet- zu Eigentumswohnungen. Und wer noch zur Miete wohnt, lebt teuer. Auch Kultur wird in Eppendorf groß geschrieben, ob im Kulturhaus oder im Kabarett

Steckbrief

Fläche:
2,716 km²
Einwohner:
22 145
Verwaltung:
Bezirk Hamburg-Nord, Kerngebiet
Ortsteile:
403–405

Lange Zeit hielt sich hartnäckig die Legende, Eppendorf und sein Name ließen sich auf die Gründung der Kirche um 840 durch den Erzbischof Ebbo oder Eppo von Reims zurückführen. Andere Deutungen lassen vermuten, dass Eppendorf nach dem alten Wort für Wasser, „ap“ bzw. „ep“, wegen seiner Alsterlage „Dorf am Wasser“ meint.

Aus der Geschichte

Eppendorfs alter Kern liegt an der Alster, am östlichen Rand des heutigen Stadtteils. Hier entstand das Dorf auf einer von feuchten Niederungen umgebenen Anhöhe, an deren östlichem Ende heute noch die Kirche St. Johannis als **letztes Überbleibsel der dörflichen Zeit** zu sehen ist. Zu Eppendorf gehörten weit über die heutigen Grenzen hinaus die Ackerflächen „Breitenfelde“ und „Großes Feld“. Erstmals urkundlich belegt ist es um 1140, als Erzbischof Adalbero bei der Wiederherstellung des Domkapitels zu Hamburg diesem auch einen Hof in Eppendorf zusprach. Die Kirche tauchte zum ersten Mal 1267 in einer Urkunde auf. Das Kirchspiel reichte vom heutigen Dammtor bis zum Ochsenzoll.

Eppendorf um 1810, Rekonstruktion des Stadtteilarchivs

Im 14. Jahrhundert kam Eppendorf zum **Kloster Herwardeshude** (s. Harvestehude), mit der Reformation ans Johannis-Kloster. Seit Ende des 17. Jahrhunderts gab es zwischen Dänemark, zu dem die holsteinischen Orte des Kirchspiels seit 1640 gehörten, und Hamburg Streit um die Besetzung der Pfarrstelle: Einem 1690 geschlossenen Vergleich zufolge sollten die Pastoren abwechselnd von Hamburg und dem dänischen König

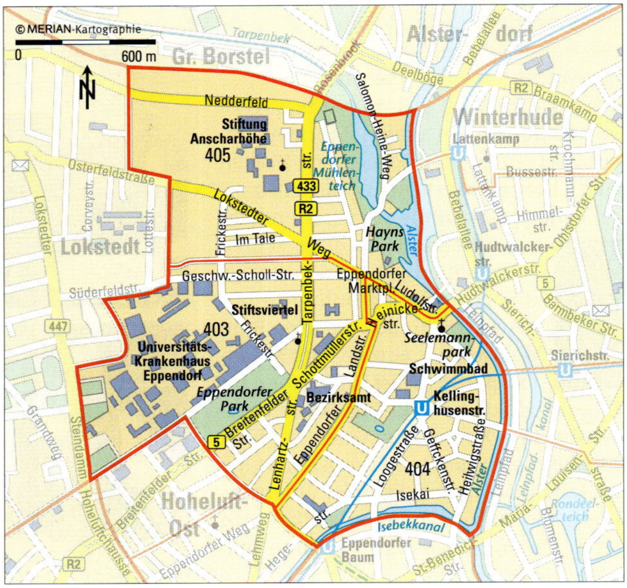

Typisch Eppendorf: In der Eppendorfer Landstraße lässt es sich großzügig wohnen und bequem einkaufen und vielfältig ausgehen

bestimmt werden. Erst 1768 verzichtete König Christian VII. auf dieses Recht. Zu dieser Zeit lebte in Eppendorf auch der Kantor und Organist Samuel Heinicke, dessen Verdienste um den **Taubstummenunterricht** unvergessen sind.

Ende des 18. Jahrhunderts war die Siedlung über den Kern um die Kirche gewachsen und als Kirchdorf für 15 umliegende Dörfer ein „zentraler Ort", an dem sich auch Handwerker und Fuhrleute ansiedelten. Sie erhielten auf dem Dorfanger am heutigen *Eppendorfer Marktplatz* Grundstücke. Auch Hamburger Bürger errichteten sich hier und an der *Eppendorfer Landstraße* Landsitze.

Kurbetrieb am Andreasbrunnen

Mitte des 19. Jahrhunderts wurde Eppendorf auch als (Nah-)Erholungsort beliebt: Der Kurbetrieb *Beim Andreasbrunnen* – in der gleichnamigen Straße steht heute ein Belegkrankenhaus – zog viele Hamburger an. 1824 hatte der Weinhändler G. A. Knauer das Grundwasser auf seinem Grundstück als besonders heilträchtig nachweisen lassen. Er errichtete eine **Brunnenanlage** mit elf Heilwässern, die so viel Zuspruch fand, dass der „Andreasbrunnen" bald erweitert wurde. Im Zentrum stand ein Gesellschaftshaus mit 110 Zimmern und Veranstaltungsräumen an der jetzigen Ecke *Eppendorfer Landstraße/Loogestieg*. Nach 1850 endete der Kurbetrieb, das „Conversationshaus" wurde 1876 Gartenrestaurant, der Rest wich Wohnbauten.

Näher an die Stadt rückte das Dorf ab 1841, als der hölzerne Steg über die Alster für Fußgänger und die Furt für Pferde und Wagen von einer Brücke abgelöst wurden. Zu dieser Zeit lebten hier etwa 1400 Einwohner. Rasant verlief Eppendorfs Entwicklung dann in der Gründerzeit. 1871/74 wurde es Vorort von Hamburg. Ab 1884 errichtete Hamburg auf aufgekauften Flächen des Eppendorfer Feldes dann das **Allgemeine Krankenhaus**, heute UKE, und bereits 1890 zählte Eppendorf 13 000 Einwohner.

1894 wurde der Vorort zum Stadtteil, und zwischen den alten Landwegen entstanden neue Wohnstraßen mit Mietshäusern, etwa an *Siemssen-* und *Nissenstraße*. Auch die frühere „Gemeinweide" östlich der heutigen U-Bahn

Sonntägliche Lustfahrten auf Alster und Mühlenteich waren ein beliebtes bürgerliches Vergnügen

Der Kurbetrieb „Andreasbrunnen" auf einer Lithografie von Wilhelm Heuer. Unten: Das Kaufhaus Karstadt im Herzen Eppendorfs

begann man noch vor dem Ersten Weltkrieg als **Villengebiet** zu bebauen. Gleichzeitig entstand um *Kegelhofstraße, Frickestraße* und *Lokstedter Weg* 1914 ein Arbeiterwohngebiet. In dieser Zeit wuchs Eppendorf von 21 000 Einwohnern im Jahr 1895 auf über 83 000 bis 1920. Zwischen den Kriegen und nach 1945 wurden die restlichen Freiflächen bebaut und Häuser aus der Dorfzeit abgerissen. 1951 erbaute Karstadt sein Warenhaus. Und 1954 entstand das **Bezirksamt Nord** an der *Kümmellstraße*.

Die Dorfkirche blieb

Wie ländlich Eppendorf einmal war, lässt sich heute fast nur noch am Wahrzeichen des Stadtteils erkennen: Die ev.-luth. **St. Johannis-Kirche** – die gelassen den Tag und Nacht um sie tosenden Autoverkehr an der Kreuzung *Ludolf-/Hudtwalcker-/Kellinghusenstraße* erduldet – ist mit ihrem 39 m hohen Turm immer eine echte Landmarke gewesen. Das Gotteshaus der 3500-Seelen-Gemeinde liegt am Alsterübergang nach Winterhude im historischen Zentrum von Eppendorf. St. Johannis ist vermutlich eine Gründung des 12. Jahrhunderts, erstmals urkundlich nachweisbar im Jahre 1267. Erst 1751 wurde der runde Westturm der wohl ursprünglich **romanischen Feldsteinkirche** ummantelt und erhielt seine heutige Gestalt. Auch der prägnante Kupferhelm kam damals hinzu. Das Kirchenschiff ist ein langer, rechteckiger Fachwerksaal von 1622. Im Inneren der 1902/03 umfassend renovierten Kirche sind besonders die Brüstungsbilder an der Empore (17. Jahrhundert) und die klassizistische Kanzel (1781) sehenswert. Daneben findet man **Bildnisse von Luther und Melanchthon** in der Tradition von Cranach (gestiftet 1625).

Wegen ihrer „romantischen" Atmosphäre gilt St. Johannis, die in den 1960ern fast den Verkehrsplanern zum Opfer gefallen wäre, als beliebte Eppendorfer Hochzeitskirche. „Zwischen 70 und etwa 85 Paare werden jedes Jahr hier getraut", weiß Ottfried Jordahn, seit 32 Jahren Pastor an St. Johannis.

Ein Barockrelikt ist das **Willsche Palais** an der *Ludolfstraße 19*. Das Haus ist das letzte erhaltene Beispiel der einstigen Eppendorfer Garten- und Landhauskultur. „Die ältesten Teile stammen von 1670–80", berichtet Claus Dammann.

Der heutige Turm der St. Johannis-Kirche umhüllt einen möglicherweise schon um 1140 entstandenen Rundturm

Adresse

St. Johannis
*Ludolfstraße 66,
20249 Hamburg
Tel. (040) 47 79 10
Fax (040) 480 06 89
Öffnungszeiten:
Mo.–Fr. 10.30 bis 12.30 Uhr, 15.30 bis 17.00, So. 15.00–17.00 Uhr*

An jedem Sonnabend um 18 Uhr finden in St. Johannis die Eppendorfer Johanniskonzerte statt. Der Eintritt ist frei.

Sein Urgroßvater Eduard Christian Heinrich Will erwarb das Anwesen an der Alster 1881. Ab dieser Zeit entstanden die Fachwerkflügel zum Haupthaus, nach 1906 kam ein Werkstattanbau hinzu. „C. F. H. Will hat hier Liniermaschinen zur Linierung von Papier, Schulheften und Kladden hergestellt", so Dammann. „Exportiert wurde bis nach Russland." Seit Ende der 1960er Jahre ist der Eppendorfer Betrieb für Papierverarbeitungs-Maschinen, der heute zur Körber Gruppe gehört (s. Bergedorf), im *Nedderfeld 100* zu Hause. Sein Angebot umfasst Maschinen zur Herstellung von Schulheften, Ringbucheinlagen u.ä. – bis zu 42 000 Hefte pro Stunde können damit produziert werden.

Das Willsche Palais an der Ludolfstraße

Für jeden etwas

Das **Kulturhaus Eppendorf** ist lebendiges Zentrum des Stadtteillebens. Das Gebäude in der *Martinistraße 40* – 1897 als „Zufluchtsstätte für sittlich gefährdete Frauen und Mädchen" errichtet, später Polizeiwache – ist seit 1989 ein soziokultureller Anlaufpunkt für mehr als 30 Gruppen, Vereine und Initiativen der unterschiedlichsten Art. Von Esperanto-Kursen über Yoga bis zu Selbsthilfe- oder Jazz- und Kindertanzgruppen reichen die

Im Kulturhaus probt das hauseigene Orchester

Aktivitäten. Der **Madrigalchor Eppendorf** mit seinen Sängern sorgt für Wohlklang. Auch eine Theatergruppe gibt es, die „ProFilisten". Darüber hinaus werden regelmäßig Ausstellungen präsentiert, und ein hauseigenes Fotolabor kann gegen einen Unkostenbeitrag genutzt werden. „Jährlich kommen 15 000 Besucher zu uns", berichtet Kulturhaus-Leiter Klaus Kolb. Diese können sich auch im hauseigenen Bistro zwischendurch einmal stärken, das das Kulturhaus gemeinsam mit dem Diakonischen Werk in der **Aktion Brückenschlag** als Arbeitsmöglichkeit für Asyl suchende Flüchtlinge betreut. Damit wird ein Stück Völkerverständigung im Eppendorfer Alltag vorgelebt.

Fest verankert im Stadtteil ist auch der **Eppendorfer Bürgerverein von 1875** mit seinen rund 600 Mitgliedern. „Der Verein fördert gemeinnützige Aufgaben, kulturelle Vorhaben, sportliche Aktivitäten, soziale Belange sowie Gruppen und Vereinigungen, die das tun", schildert der Vorsitzende Gerhard Lampe das Betätigungsfeld. Auch Stammtische für Gewerbetreibende werden ausgerichtet. Zudem gibt der Bürgerverein monatlich die Zeitschrift „Der Eppendorfer" heraus, die in einer Auflage von 7000 Exemplaren Neues aus dem Stadtteil vermeldet.

Wie viele andere Vereine nimmt er auch am **Eppendorfer Landstraßenfest** teil. Mehr als 200 000 Besucher kommen jedes Jahr am Wochenende Ende Juni/Anfang Juli, um zwischen *Eppendorfer Baum* und *Kümmellstraße* zu feiern. „Auf einer Bühne wird Musik und Kabarett gemacht, ein großer Flohmarkt ist dabei, und Straßentheater gibt es auch", schildert Mitveranstalterin Dörte Bergmann-Ketsetzis. Auf der **Gourmetmeile** präsentieren sich Eppendorfer und Hamburger Gastronomen. Und seit neuestem findet am Sonntagnachmittag sogar ein „Kinder-Carneval" statt. Die Kleinen

Zwei Eppendorfer: Übersetzer und Autor Harry Rowohlt auf dem Titel der Zeitschrift des Bürgervereins

Wahlverhalten

... zur Bürgerschaft 2001 (gesamt)

Wahlbeteiligung	71,0%
SPD	**36,5%**
CDU	**26,2%**
Schill-Partei	**19,4%**
Grüne/GAL	**8,6%**
FDP	**5,1%**
Übrige	**4,2%**

... zur Bürgerschaft 2001 (Stadtteil)

Wahlbeteiligung	76,5%
SPD	**39,6%**
CDU	**23,9%**
Schill-Partei	**9,7%**
Grüne/GAL	**15,0%**
FDP	**7,8%**
Übrige	**3,9%**

Stadtteil-Profil

	Eppendorf	Bezirk	Hamburg
Bevölkerung gesamt (2000)	22 145	275 802	1 704 929
Unter 18-Jährige in %	11,1	12,3	16,1
65 Jahre und älter in %	15,6	17,8	17,0
Deutsche	19 793	237 560	1 432 325
Ausländer in %	10,6	13,9	16,0
Einwohner je km²	8154	4799	2258
Sozialstruktur			
Sozialhilfeempfänger (2000)	591	14 042	120 461
Arbeitslose (2001)	654	10 893	71 963
Eink. je Steuerpfl. in DM (1995)	80 112	65 475	65 579
Wohnen (2001)			
Wohngebäude	1515	29 345	226 061
Ein- und Zweifamilienhäuser in %	3,0	9,9	20,5
ø Wohnungsgröße in m²	75,5	64,6	71,0
Wohnfläche je Einwohner in m²	43,8	38,2	35,7
Verkehr			
Private Pkw (2001)	8342	100 186	628 119
Straßenverkehrsunfälle (2000)	186	2159	12 430
Kriminalität			
Straftaten insgesamt (2000)	3021	37 814	284 272

© Statistisches Landesamt

sind begeistert. Und wie vielfältig Eppendorfs Vereinsleben ist, lässt sich auf dem Parkplatz vor Karstadt erkennen – unter dem Motto **Eppendorfer Leben** geben hier Verbände, Vereine, Organisationen u.ä. Einblicke in ihre Arbeit.

Ob Landstraßenfest oder Gourmetmeile – Eppendorfs Feste locken Schaulustige aus allen Stadtteilen

Mit Eppendorf auf Du und Du

Beim Landstraßenfest ist natürlich auch das **Stadtteilarchiv Eppendorf e.V.** dabei, das sein Zuhause in einem kleinen Anbau der *Martinistraße 40* hat. Seit 1987 erforscht und dokumentiert der gemeinnützige Verein mit seinen etwa 30 Mitgliedern die Geschichte Eppendorfs. Dazu sind auch zwei Historiker angestellt. Mitarbeiter Hakim Raffat: „Wir halten lokal bezogene Vorträge, sind in Sprechstunden für Interessierte oder Schüler da. Und vor allem machen wir jährlich etwa 30 Stadtteil-Rundgänge." Diese führen u.a. durch die Parks oder zu den **jüdischen Spuren** Eppendorfs – vor 1933 lebten rund 3000 Juden im Stadtteil. Längst ein Klassiker ist der literarische Spaziergang „Auf den Spuren von Wolfgang Borchert".

Borcherts Spuren

Der weiteren Kreisen erst nach seinem Tod 1947 bekannt gewordene Dichter („Draußen vor der Tür") kam am 20. Mai 1921 in Eppendorf in der *Tarpenbekstraße 82* zur Welt. Eine Gedenktafel am Eingang des **Geburtshauses** erinnert daran. Wolfgang Borcherts Vater war Lehrer an der Volksschule Erikastraße – heute Wolfgang-Borchert-Schule –, die Mutter eine Heimatdichterin (s. Alsterdorf, Kirchwerder). Borchert besucht zunächst die Volksschule, dann die Oberrealschule Hegestieg. Er bricht sie ohne Abschluss ab, um in der Buchhandlung Boysen eine Lehre zu beginnen. Heimlich nimmt er parallel Schauspielunterricht und schreibt Gedichte. Aus den Qualen des Krieges kehrt Borchert 1945 chronisch krank zurück. Er schauspielert weiter und macht Kabarett. Sein erster Auftritt findet im einstigen Gemeindesaal der St. Johannis-Kirche, *Ludolfstraße 53* (heute „Alma Hoppes Lustspielhaus"), statt. 1947 kommt er zur Kur in die Schweiz, wo er am 20. November stirbt. An seine letzte Arbeit, das weltberühmte Gedicht **„Sag nein!"**, erinnert eine Mutter-Kind-Plastik an der *Eppendorfer Landstraße*. In der Pausenhalle der Wolfgang-Borchert-Schule an der *Erikastraße* hängen eine Kurzbiografie und ein Foto vom einstigen Schüler. „Zum 100-Jährigen unserer Schule im Jahr 2000 haben wir an einem Wochenende eine Lesung des Gesamtwerks veranstaltet", berichtet Rektor Dietrich Schmidt. Im Unterricht lesen die etwa 400 Schüler der Grund-, Haupt- und Realschule regelmäßig aus Borcherts Werk; dies tun natürlich ebenso die Schüler der insgesamt **fünf Eppendorfer Schulen**, ob am Gymnasium in der *Hegestraße* oder an der Marie-Beschütz-Grundschule, *Schottmüllerstraße*.

Lange eine Kabarett-Hochburg

Kabarett in Hamburg? Ist das nicht St. Pauli? Oder die Gegend um die Universität? Nein, Hamburgs Kabarett-Hochburg lag viele Jahre in Eppendorf. Garant dafür waren gleich zwei bekannte Häuser: das „Mon Marthe" und „Alma Hoppes Lustspielhaus".

Dabei galt das **Mon Marthe** in der *Tarpenbekstraße 65* als das älteste Kabarett der Hansestadt. Schon ab 1902 hatte es in diesem Haus Veranstaltungen unterschiedlichster Art gegeben, sodass „Mon-Marthe"-Gründerin Marthe Friedrichs den jahrelang ungenutzten Saal im Erdgeschoss 1974 „nur" neu zu beleben brauchte. „Ich bin ein echtes Epporiginal", sagt die Mittfünfzigerin von sich. Aufgewachsen in der *Geschwister-Scholl-Straße*, wo sie bis heute lebt, stand ihr Kabarett „Mon Marthe" rund 30 Jahre lang für politisch-kritische Kleinkunst in Hamburg – bis Ende 2001 der Vorhang für immer fiel. Renommierte Künstler wie Martin Buchholz, Ernie Reinhardt („Lilo Wanders"), Dietrich Kittner oder Hannes Wader traten hier auf.

Ein Sprungbrett war „Mon Marthe" auch für zwei, die jetzt erfolgreich in unmittelbarer Nachbarschaft ihr Kabarett betreiben: das **Duo Alma Hoppe** – Nils Loenicker und Jan-Peter Petersen – feierte im „Mon Marthe" erste Erfolge und blieb fünf Jahre lang festes Ensemble,

Mit ihrem Ende 2001 geschlossenen Kabarett „Mon Marthe" belebte Marthe Friedrichs Eppendorfs Kabarett-Tradition neu. Links: Nils Loenicker (links) und Jan-Peter Petersen betreiben erfolgreich das „Lustspielhaus"

Eine Bronzetafel mit dem Gedicht „Sag nein!" und diese Mutter-Kind-Plastik in der Eppendorfer Landstraße erinnern im Stadtteil an Wolfgang Borchert

Das Nedderfeld ist vor allem als Hamburger „Automeile“ bekannt. Unten: Blick in die Halle mit den Papiermaschinen von E. C. H. Will am Nedderfeld

bis es zur Trennung kam. Dann zog man um in die *Ludolfstraße 53*. Das alte Theater, bereits 1927 erbaut, war zuvor schon Bürgerhaus, Kino und Schaubühne. Hier gastierten u.a. Hans Albers, Wolfgang Borchert, Inge Meisel, Georg Thomalla und Heinz Erhardt. Seit 1994 heißt es nun **Alma Hoppes Lustspielhaus** und ist weit über Hamburg hinaus als Spielstätte für politisch-satirisches Kabarett bekannt.

Eine ganz andere Art von Bühne liegt an der *Tarpenbekstraße 68*: Die **Subbühne** ist ein Röhrenbunker aus dem Zweiten Weltkrieg unter dem *Ernst-Thälmann-Platz*. Noch in den 1960ern als Partykeller und Band-Übungsraum genutzt, erklärten die Eppendorfer Künstler Gerd Stange und Michael Batz den Luftschutzraum zum 50. Jahrestag der Befreiung vom Nationalsozialismus zu „Subbühne“ und Mahnmal. Heute finden hier Vorträge und Lesungen statt.

Eppendorf weltweit

Weltweit bekannt ist der Name Eppendorf in der Medizin. 1945 gründeten der Ingenieur H. Netheler und der Physiker H. Hinz auf dem UKE-Gelände eine Werkstatt für medizinisch-technische Geräte: Die **Eppendorf AG** ist heute ein Großunternehmen mit Sitz in Hummelsbüttel.

Große Gewerbegebiete hat Eppendorf nicht. Die idyllischen Landsitze verhinderten die Ansiedlung von Industrie, nur viele Handwerker ließen sich nieder. Lediglich am *Nedderfeld* (s. Lokstedt), dessen vierspuriger Ausbau als Verbindung zum Ring 2 nach Senatsbeschluss immer noch aussteht, gibt es ein Gewerbegebiet. Obwohl als **Automeile** bekannt, ziehen z.B. auch Elektronikwarenhäuser Kunden aus ganz Hamburg und dem Umland an. In die alten Postgebäude am *Lokstedter Weg* sind u.a. moderne Callcenter eingezogen. Ferner hat Eppendorf rund 130 Handwerksbetriebe.

U-Bahn statt Parkplatznot?

Als zentraler Stadtteil hat auch Eppendorf in den letzten Jahren vermehrt mit wachsendem Autoverkehr zu kämpfen. Zum einen verläuft der viel befahrene **Ring 2** via *Tarpenbek-* und *Breitenfelder Straße* quer durch den Stadtteil. Und auch die Achse *Lokstedter Weg – Ludolfstraße* als Verbindung gen Stellingen und Winterhude sorgt immer wieder für Staus. Eher hausgemacht ist da ein an-

Am Bahnhof Kellinghusenstraße treffen sich die Linien von U1 und U3. Tausende Fahrgäste steigen hier täglich um

Vom Krankenhaus zur Uniklinik

Das Universitäts-Krankenhaus Eppendorf (UKE) ist das medizinische Aushängeschild Hamburgs. Dass es ursprünglich 1884–89 nur zur Entlastung des „Allgemeinen Krankenhauses" St. Georg entstand, ist fast vergessen

Eine zeitgenössische Aufnahme lässt deutlich das weltweit übernommene Pavillonsystem des Universitäts-Krankenhauses Eppendorf erkennen – zu sehen sind die Pavillons 13, 15, 17 und 19

Auf Heinrich Curschmann, den ersten Leiter, geht die Konzeption der Anlage zurück: Aus Gründen des Infektionsschutzes entstanden über 70 Einzelhäuser in einem weitläufigen Park. Dies entsprach den hygienischen Vorstellungen der Zeit, nach der Krankheiten meist durch verunreinigte Luft übertragen würden. Die Anlage war die größte des 19. Jahrhunderts und galt mit ihrem „Pavillonsystem" lange weltweit als Vorbild. Die große Patientenzahl ermöglichte breit gefächerte klinische Forschung und zog bedeutende Ärzte an.

Seit 1919 diente das Krankenhaus wie alle staatlich-medizinischen Einrichtungen der universitären Ausbildung, bis es 1934 offiziell Universitäts-Krankenhaus wurde. Unmittelbar ab 1933 brachte der Nationalsozialismus einschneidende Veränderungen am UKE: Dozenten und Mitarbeiter verloren aus rassischen oder politischen Gründen ihre Stellung, jüdische und „marxistische" Studierende wurden vom Studium ausgeschlossen, „nicht arische" Patienten nicht mehr aufgenommen. „Rassenhygiene" und Militärmedizin hielten Einzug in Lehre und Forschung; auch Eppendorfer Ärzte beteiligten sich an der Erfassung und Sterilisation „erbbiologisch Minderwertiger" und der Aussonderung „nicht behandlungsfähiger" psychiatrischer Patienten. Widerstand leisteten wenige Studenten sowie einzelne Professoren und Ärzte.

Elf Jahre nach den schweren Zerstörungen von 1943 begann der Umbau der Pavillonanlage zum modernen Klinikum. Heute umfasst das UKE 16 Kliniken und 15 medizinisch-theoretische Institute. Mit rund 1500 Betten ist es eines der größten Krankenhäuser Hamburgs. Etwa 52 000 Patienten werden jährlich stationär und 200 000 ambulant versorgt; hinzu kommen rund 50 000 Notfälle. Therapien wie Transplantationen von Herz, Leber, Niere und Knochenmark können in Hamburg und Umgebung nur hier erfolgen.

Das UKE ist auch einer der größten Arbeitgeber in der Hansestadt: Von den über 6000 Beschäftigten sind ca. 1300 Ärzte und Naturwissenschaftler. Ferner gibt es 3000 Krankenschwestern, Pfleger und Therapeuten. Weitere ca. 1000 Mitarbeiter arbeiten in den Laboren oder Untersuchungsbereichen. Der angegliederte Fachbereich Medizin hat vier Studiengänge mit mehr als 4000 Studierenden der Fächer Medizin, Zahnmedizin sowie dem interdisziplinären Diplomstudiengang und dem Aufbaustudiengang Biochemie/Molekularbiologie.

Kunsthistoriker bei der Arbeit im ovalen Lesesaal der Aby-Warburg-Stiftung in der Heilwigstraße

Zeitleiste

1140 erste urkundliche Erwähnung
1343 Graf Adolf VII. verkauft Kirche und Dorf ans Kloster Herwardeshude
1627 kaiserliche Truppen stürmen das von Dänen besetzte Eppendorf
1731 Bau des Pastorats
1813 Besetzung durch Franzosen
1832 Eppendorf geht an die Stadt Hamburg
1859 erster Alsterdampfer legt im Linienverkehr an
1864 Eppendorfs Straßen erhalten feste Namen
1871/74 Eppendorf wird Vorort
1880 Pferdebahnanschluss
1890 Einweihung des Eppendorfer Krankenhauses (heute UKE)
1894 Eppendorf wird Stadtteil
1914 St. Johannis-Kloster zieht in die Heilwigstraße
1952 Grundsteinlegung für das Bezirksamt Hamburg-Nord
2000 alte Wäscherei des UKE wird Ärztliche Zentralbibliothek

deres **Autoproblem**: Die Parkplatznöte der Eppendorfer wachsen von Jahr zu Jahr. Denn die Zahl der zugelassenen Pkw wächst weit schneller als die der Parkplätze: In manchen Haushalten sind drei Wagen angemeldet. Immer wieder ist der Bau von kostenintensiven Quartiersgaragen – etwa unter dem Karstadt-Parkplatz an der *Kümmellstraße* – diskutiert und nicht umgesetzt worden. Und eine Abhilfe ist laut Stadtplanung auch in naher Zukunft nicht in Sicht.

Zum Glück ist Eppendorf mit öffentlichen Verkehrsmitteln gut befahrbar. Die Busse der Linien 34, 39, 114 und die Metrobusse 20 und 25 durchqueren den Stadtteil. Direktbusse Richtung Innenstadt oder Nienstedten sollten allerdings nach Ansicht vieler Einwohner abends auch nach 22 Uhr noch fahren. Und an Eppendorfs „Hauptbahnhof", der **U-Bahn-Station Kellinghusenstraße**, herrscht von früh bis Betriebsschluss Hektik. Grund dafür ist vor allem, dass Pendler hier zwischen den Linien U 3 und U 1 in den Stoßzeiten im Fünf- bzw. Zehn-Minuten-Takt die Richtung von Ost-West nach Nord-Süd bzw. umgekehrt wechseln – rund 15 000 Menschen steigen hier jeden Tag um. Hinzu kommen Tausende Busumsteiger. Dass die U-Bahn nicht im Eppendorfer Zentrum hält, erklärt sich historisch: Dort hielt bereits damals die Straßenbahn. Seit 1894 verband eine „Elektrische" den *Rathausmarkt* mit dem *Eppendorfer Markt* – 1903 verlängerte man die Strecke bis Groß Borstel –, als „Alsterring" fuhr die „18" über die *Rothenbaumchaussee* und *Eppendorfer Landstraße* nach Winterhude. Doch genau wie die Strecke St.-Pauli–UKE wurde sie Ende der 1960er Jahre durch Busse ersetzt.

1977 endete das Kapitel Straßenbahn mit Einstellung der Linien 14 und 15 auch für Eppendorf endgültig. Da hatte sich der Bahnhof Kellinghusenstraße mit seinem von den **Atlanten „Kraft" und „Schnelligkeit"** geschmückten Haupttor längst als Eppendorfs „Hauptbahnhof" etabliert. Erste Entwürfe dafür stammen aus dem Jahr 1905, gebaut wurde 1908–12 nach den Plänen der Architekten Raabe und Wöhlecke, die auch die Brücken über Isebekkanal und Alster entwarfen. Die erste Linie im Einsatz war die heutige U 3, die ab 10. Mai 1912 die Fahrt von „Rathaus" über „Kellinghusenstraße" nach Barmbek aufnahm. Die jetzige U 1 fuhr erstmals im Juni 1929 von Eppendorf bis „Stephansplatz".

Eppendorfer Wohnlandschaften

Eppendorf ist heute einer der bevorzugten Hamburger Wohn-Stadtteile. Hier zu wohnen gilt seit Jahren als schick, die Lage ist citynah und grün. Doch Eppendorfs Wohnlandschaft ist keineswegs homogen. Es überwiegt die Bebauung der Wilhelminischen Zeit, aber während diese in der *Eppendorfer Landstraße* und deren Nebenstraßen aus großen, sehr repräsentativen Etagenhäusern besteht, sind die gleich alten Mietshäuser in den

Straßenzügen zwischen *Frickestraße* und *Lockstedter Weg* äußerlich sehr viel einfacher und mit kleinen Wohnungen ausgestattet. Ferner finden sich Rotklinkerbauten der 1920er und 30er Jahre.

Die *Loogestraße* und der *Loogeplatz* – an dem auch die **Ev. Familienbildungsstätte** liegt – lassen in ihren Namen einen alten Flurteil Eppendorfs erkennen, denn bis 1892 diente eine „Looge" (was auf ein niedrig gelegenes Gelände hinweist) als Gemeinweide des Dorfes. Ab 1900 bis Ende der 1920er Jahre wurde dann die ganze Gegend zwischen Alster, Isebekkanal und Hochbahn bebaut, und zwar größtenteils mit **individuellen Villen** in Reformarchitektur, Heimat- oder Jugendstil, wie in der *Goerne-* oder *Lichtwarkstraße*. Dass die Immobilienpreise hier „jenseits von Gut und Böse" liegen, versteht sich von selbst.

An der *Heilwigstraße 114* war bis zu seinem Tod 1929 das Zuhause des berühmten Kunsthistorikers **Aby Warburg**. Seine umfangreiche Bibliothek kam ab 1925/26 im Neubau *Heilwigstraße 116* unter, einer der frühen Entwürfe des bekannten Architekten Gerhard Langmaack. Die „Kulturwissenschaftliche Bibliothek Warburg" (KBW) war bis 1933 eines der geistigen Zentren Hamburgs, ehe die Bücher vor den Nationalsozialisten nach London in Sicherheit gebracht wurden, wo noch heute das „Warburg Institute" seinen Sitz hat. Das Haus der KBW an der *Heilwigstraße* hat die Hansestadt Hamburg 1993 erworben und renoviert; denkmalgerecht wieder hergestellt ist der ovale Lesesaal, Warburgs „Arena der Wissenschaft". Unterhalten wird das Haus von der **Aby-Warburg-Stiftung**.

Die Umgebung der *Heilwigstraße* ist als Milieugebiet geschützt. Dies gilt auch für die Bebauung an der *Eppendorfer Landstraße,* die in zwei Phasen entstand: Aus der Zeit vor dem Ersten Weltkrieg stammen die prägenden Jugendstilfassaden der Wohnhäuser am südlichen Ende zwischen *Woldsenweg* und *Eppendorfer Baum*. Die dunkelroten Backsteinbauten rund um Kellinghusens Park hingegen stammen aus den 1920er Jahren und gehen auf Pläne von Fritz Schumacher zurück. Klinker-Großwohnbauten stehen u.a. auch an der *Breitenfelder Straße*.

So wohnt man in Eppendorf: Terrassenhäuser am Schrammsweg (ganz oben), efeuumrankter Backstein an der Eppendorfer Landstraße (oben) und der Eingang eines Jugendstil-Etagenhauses in der Siemssenstraße (links)

Terrassen (s. Hoheluft-Ost) aus der Zeit 1890–1910 sind noch am *Schrammsweg* zu entdecken. Sie verdeutlichen, dass Eppendorf keineswegs überall reich war. Denn gerade das nördliche Eppendorf war auch Arbeiterquartier, so die *Kegelhofstraße* oder die Straßen zwischen *Lokstedter Weg* und *Siemssenstraße*. Hier lebte Wolfgang Borchert und in der *Siemssenstraße* zeitweise **Ernst Thälmann** (1886–1944). 1929 zog die Familie des vom Transportarbeiter zum KPD-Vorsitzenden aufgestiegenen Hamburger Arbeiterführers dann in die *Tarpenbekstraße 66*, wo Thälmann wohnte, bis er 1933 in Berlin verhaftet wurde. Seit

Gedenktafel am Thälmann-Haus

Bürgergeschichten

„Der Kutschenmaler von Eppendorf"

Weit zurück ins 19. Jahrhundert reicht die Geschichte des Malereibetriebs Stahmer – Ururenkelin Ursula Stahmer erinnert sich

Natürlich weiß ich nicht aus eigener Erinnerung, wie Eppendorf damals aussah. Aber mein Schwiegervater hat mir oft erzählt, wie ländlich es hier in den 1860er Jahren gewesen sein muss, als mein Urgroßvater Adolph W. Stahmer hierher kam.

Er war Maler. Weil Eppendorf seinerzeit ein Ausflugsziel war, kam auch Adolph oft hier an die Alster. Dabei beobachtete er, dass viele Hamburger mit Kutschen ihre frische Wäsche brachten, um sie auf den Wiesen zum Bleichen auszulegen. Diese Kutschen waren teilweise groß und reich verziert – und schon war die Geschäftsidee geboren: 1865 kaufte er ein Grundstück an der Eppendorfer Landstraße, die wirklich noch eine Landstraße war. Unbefestigt und nur mit einigen Katen besiedelt. Ein altes, selbst gemaltes Ölbild, das seit fast 100 Jahren in Familienbesitz ist und heute über meinem Sofa hängt, zeigt es. 1868 baute er dann an der Eppendorfer Landstraße 68 ein Haus mit Werkstatt. Ein Reklameschild lockte die Kundschaft an: Hier werden Kutschen bemalt.

Den Anfang des noch heute bestehenden Familienunternehmens Stahmer machte Adolph Stahmer; Haus und Werkstatt lagen an der Eppendorfer Landstraße

Und tatsächlich war mein Urgroßvater erfolgreich. Denn die Hamburger wollten ihre Kutschen wirklich gern prächtiger herausputzen. So bemalte er die Wagen mit Motiven, Ornamenten, Namensschildern und ähnlichem. Natürlich konnte er nicht wissen, dass er damit den Grundstein für eine jahrzehntelange Familientradition legen würde. Aber fast 100 Jahre lag unser Betrieb an der Eppendorfer Landstraße, ehe wir dann Anfang der 1960er Jahre in die Erikastraße umgezogen sind.

Heute leitet meine Tochter die Firma, die unter dem Namen Erich Stahmer im Schröderstiftweg beim Schlump immer noch besteht und Malereiarbeiten für Klein- und Großkunden macht. Und immer noch erzählen wir uns vom Geistesblitz, den mein Urgroßvater beim Spaziergang durch die bleichende Wäsche gehabt hat und ohne den es diese lange Tradition nicht geben würde.

1969 ist im ehemaligen Mietshaus eine **Gedenkstätte** zum Leben des 1944 im KZ Buchenwald ermordeten Thälmann sowie zur Geschichte der Arbeiterbewegung und zum Hamburger Widerstand gegen die Nationalsozialisten untergebracht – es ist damit Eppendorfs einziges Museum. „Wir wollen vor allem jungen Menschen vom Widerstand gegen Hitler berichten", erzählt Jan Wienecke vom Kuratorium der Gedenkstätte. Regelmäßig kommen Eppendorfer Schulklassen hierher. Lange war übrigens die Umbenennung des vor der Gedenkstätte liegenden Platzes umstritten – seit 1985 heißt er *Ernst-Thälmann-Platz*.

Die Stifte im Stadtteil

Eine Eppendorfer Besonderheit sind die vielen Stiftsanlagen. Von der Gründerzeit bis in die 1920er Jahre entstand vom Krankenhaus aus nach Osten eines der größten Stiftsquartiere der Hansestadt. Die frei stehenden Bauten auf parkähnlichem Grund waren ein Gegenmodell zum üblichen Wohnungsbau. Hell und luftig sollten die Wohnungen sein.

Das am Alsterkanal gelegene Damenstift **Kloster St. Johannis** blickt auf eine lange Tradition zurück. Ist es doch aus dem Nonnenkloster Harvestehude hervorgegangen und hat mehrfach seinen Standort gewechselt (s. Harvestehude). Der heutige Gebäudekomplex *Heilwigstraße 158–162* entstand

Eines der markantesten Stifte ist die Daniel Schutte-Stiftung an der Ecke Tarpenbekstraße/ Martinistraße

1912–14 durch die Architekten Karl und Endresen und dient als Stift, in dem knapp 75 Frauen ihren Lebensabend verbringen – entweder im „Jungfrauenhaus" oder im „Witwenhaus". Unverheiratete oder Witwen, die mindestens 50 Jahre alt sind, können sich um Aufnahme bewerben und auf der Warteliste eintragen lassen. 55 Jahre muss man alt sein, um im Kloster eine Zwei- bis Dreizimmerwohnung beziehen zu dürfen. „Wir pflegen das liebevolle Miteinander", sagt Ilse Lütgens über die Atmosphäre im Haus. „Nachbarn helfen sich, aber sonst macht jede, was sie will." Seit 1992 ist Ilse Lütgens die Leiterin des Klosters, offiziell **Domina** genannt, und für Organisation und Gemeinschaftsleben zuständig.

Andere Stifte sind die 1611 gegründeten Johann Koop Gotteswohnungen (1894) in der *Frickestraße*, die Senator Erich Soltow Stiftung (1906) in der *Schedestraße*, wo u.a. auch die Bürgermeister

Ilse Lütgens ist die amtierende „Domina" des traditionsreichen Klosters St. Johannis

Albert Hackmann Stiftung ein Haus unterhält. Ein typisches Backsteingebäude der 1920er Jahre ist das Stift der Familie Beyling Wohltätige Stiftung (1927), nur wenige Schritte entfernt. Auch an der *Tarpenbekstraße* sind mehrere Stifte versammelt, darunter das Mathilden-Stift (1900/02) und die **Daniel Schutte-Stiftung** (1906/07), dessen „althanseatische Bürgerhaus-Architektur" ein Entwurf der Architekten Haller und Geißler ist.

In einem rund 8 ha großen Park zwischen *Tarpenbekstraße* und *Nedderfeld* befindet sich die **Stiftung Anscharhöhe**. Hervorgegangen aus einer Stiftung Emilie Jenischs für soziale Einrichtungen für junge Frauen zwischen 14 und 20 Jahren, blickt das heute als selbstständiges diakonisches Unternehmen geführte Haus auf eine fast 120-jährige Geschichte zurück. Neben dem betreuten Wohnen im Alter – das Angebot reicht von eigenen Wohnungen bis hin zum Pflegeplatz – bietet die Stiftung auch behinderten Kindern und Jugendlichen ein Zuhause.

Zur *Martinistraße* hin endet das Eppendorfer Stiftsviertel mit dem St. Joseph-Stift (1890) beim Diakonissen-Krankenhaus Bethanien (1888–92).

Das kühle Nass des Holthusenbades und das heiße seiner bekannten Therme locken nicht nur Badegäste aus der Eppendorfer Nachbarschaft

Drei Mal Wassersport: Logo des Alster Canoe Clubs, Bootsverleih Barmeier und Mitglieder der Overfreunde Hamburg vergangener Tage

Zwischen Wasser und Luft

Eppendorfs Lage am Wasser macht es im Sommer zu einem idealen Ausgangspunkt für Bootstouren auf der Alster oder den Kanälen. So kann man z.B. beim „Bootshaus Silwar" an der *Eppendorfer Landstraße 148b* ein Kanu, ein Kajak oder ein Tret- oder Ruderboot ausleihen – und schon geht's „in See".

Auf dem Wasser aktiv sein kann man in Eppendorf aber nicht nur in eigener Regie: Der **Alster Canoe Club e.V.** (ACC) mit seinen rund 400 Mitgliedern ist der älteste, seit seiner Gründung am 23. Mai 1905 unverändert bestehende Kanu-Club Deutschlands. Darum steht der Schriftzug am Vereinshaus an der *Ludolfstraße 15* – und im Vereinssignet natürlich auch – nach wie vor in der englischen Schreibweise. Das deutsche Wort „Kanu" gab es damals noch nicht. Hamburg war bis zum Zweiten Weltkrieg Hochburg des Kanusports – bis zu 20 000 Zuschauer sahen auf dem Stadtparksee (s. Winterhude) Kanupolo-Wettkämpfen und auf der Außenalster dem Kanurennsport zu.

1921 gegründet wurde der **Wassersportverein Overfreunde Hamburg e.V.** Der Kanuverein mit knapp 300 Mitgliedern und Bootshaus am Isekai versteht sich „als Breiten- und Freizeitsportverein“, so Vorsitzender Manfred Günzel.

Für Aktivitäten im Wasser steht in Eppendorf das **Holthusenbad** an der *Goernestraße 21*: Die Badeanstalt, gleich gegenüber der U-Bahn-Station Kellinghusenstraße, ist ein Bau Fritz-Schumachers von 1912–14. Im Obergeschoss war lange das örtliche Standesamt untergebracht. Das Angebot des Holthusenbads hat sich längst heutigen Wünschen angepasst: Natürlich kann man immer noch „nur“ schwimmen, v.a. im ganzjährig mit angenehmen 25° C temperierten Außenschwimmbecken, doch es gibt innen auch zwei Thermenbecken, ein Wellenbad, den Saunabereich und mehr.

Landsportarten (fast) jeder Art hat der **Winterhude-Eppendorfer Turnverein von 1880 e.V.** im Angebot. Der Sportverein mit seinen über 700 Mitgliedern ist an der *Erikastraße 196* zu Hause. Derzeit sind 40 Gruppen in so unterschiedlichen Sportarten wie Basketball, Bridge, Fußball, Tennis, Turnen, Volleyball oder Wirbelsäulen-Gymnastik aktiv. Vier Tennisplätze und ein Rasenplatz für die Fußballer liegen auf dem Vereinsgelände, auf dem auch das Vereinshaus steht. Ein Eppendorfer Traditionsverein ist der **SC Victoria Hamburg von 1895 e.V.** Seit 1907 gehört dem Verein das kleine Stadion an der *Hoheluftchaussee*. Victorias Fußballer spielen in der Verbandsliga. Der Verein mit über 2000 Mitgliedern hat auch Sportarten wie American Football, Baseball, Hockey, Softball und Tennis im Angebot. 1911 wurde im Stadion die erste überdachte Tribüne Norddeutschlands errichtet. Zur unsportlichen Geschichte des Platzes gehört, dass Adolf Hitler 1932 hier eine Wahlkampfveranstaltung vor 50 000 Zuhörern abhielt.

Wem Sport zu Wasser und zu Lande nicht genügt, der kann in Eppendorf auch in die Luft gehen: Die 39 Segelflieger der **Fluggruppe Eppendorf e.V.** sind als passionierte Segelflieger auf gute Thermik angewiesen. „Unser 1971 von Mitarbeitern der Eppendorf-Netheler-Hinz GmbH (Eppendorf AG) gegründeter Verein besitzt auch einen eigenen Motorsegler zum Schulen und für Reiseflüge“, informiert der Vereinssprecher Hartmut Schmidt-Rabenau. In Ermangelung lokaler Landebahnen ist der Heimatflughafen in Uetersen, der monatliche Fliegerstammtisch aber findet im Stadtteil statt.

Spazieren im Grünen

Von Eppendorfs Wasserlage war schon die Rede. Aber noch nicht davon, dass man an allen Wasserläufen herrlich spazieren gehen kann. Die Wege am Eppendorfer Mühlenteich – dem Winterquartier der 135 Alsterschwäne –, der Alster, und auch am Isebekkanal sind nicht nur sommers beliebte Naherholungsziele.

Spartanisch oder ausgefeilt – ein sommerliches Picknick im Hayns Park ist ein Vergnügen

Beim Eppendorfer Mühlenteich liegt im Norden des Stadtteils einer seiner schönsten Parks: **Hayns Park** ist seit dem Jahr 1931 eine öffentliche Grünanlage. Zuvor war das Gelände Teil eines Sommersitzes von Senator und Bürgermeister Max Theodor Hayn (1809–88). Seine „Kaffeestube“ steht heute noch – es ist mit dem „Monopteros“ ein klassizistisches Rundtempelchen. Ende der 1990er Jahre erhielt der Park einen neuen, futuristisch wirkenden Zugang von der *Ludolfstraße*.

Zwischen Alster und *Heilwigstraße*, St. Johannis und U-Bahn liegt der **Seelemannpark**. Er ist ein Überbleibsel einer der ältesten und

Die Büste des Taubstummenlehrers Samuel Heinicke im Seelemannpark

Wer ausgehen will, hat in Eppendorf die Qual der Wahl – in vielen Restaurants und Kneipen kann man im Sommer draußen sitzen, wie hier im Borchers

schönsten Gartenanlagen Eppendorfs, die zum Seelemannschen Landhaus gehörte, das 1908 für den Bau von *Heilwigstraße* und Hochbahn weichen musste. Im Park steht eine Bronzebüste, die an den Taubstummen-Pädagogen Samuel Heinicke erinnert und ursprünglich 1895 an der Ecke *Ludolfstraße/Heinickestraße* stand.

Auch **Kellinghusens Park** ist ein früherer Landhausgarten. Die alten Bäume und ein reetgedecktes Fachwerkhaus, das seit 1996 **Haus der BUNDten Natur** heißt und jede Woche Treffpunkt für ca. 70 ökologisch interessierte Kinder ist, sind Reste davon. Auf dem übrigen Areal entstanden in den 1920er Jahren Wohnbauten. Größer ist der **Eppendorfer Park** zwischen *Martini-* und *Breitenfelder Straße*. Wegen seines Bauspielplatzes und eines Mini-Zoos ist er besonders bei den Jugendlichen und Kindern des Stadtteils beliebt.

Ein echter Geheimtipp und Naturdenkmal (s. Hummelsbüttel) ist der **Garten der Alma de l'Aigle** auf dem Gelände der Stiftung Anscharhöhe. Die grüne Oase, in der Obstbäume, Trauben und Rosen wachsen, hat die Reformpädagogin Alma de l'Aigle (1889–1959) im einstigen Garten ihres Elternhauses angelegt. Als das Grundstück bebaut werden sollte, erreichte eine Initiative die Erhaltung eines Drittels des Gartens.

Mehr als Modeboutiquen

Rund um den *Eppendorfer Baum* und die *Eppendorfer Landstraße* gibt es etwa 220 Einzelhandelsgeschäfte, darunter viele spezialisierte. Aber auch Supermärkte, ein Schlachter, Buchläden oder Bäckereien sind darunter. „Natürlich sind die Boutiquen und Schuhläden hier zahlreich", weiß Ulrich Laursen. Doch gerade darin sieht der Sprecher der **Interessengemeinschaft Eppendorf**, in der sich

Das Einkaufsangebot an der Eppendorfer Landstraße reicht vom Gemüseladen bis zur Edelboutique

gut zwei Dutzend Einzelhändler organisiert haben, eine Stärke: „Kunden kommen deshalb ja extra zu uns." Laursen bedauert aber auch, dass die hohen Ladenmieten den Branchenmix ausdünnen. Er könnte sich zur Belebung einen Wochenmarkt an der *Landstraße* vorstellen, ähnlich jenem am Winterhuder *Goldbekufer*. Laursen: „Ein Wochenmarkt wäre ein Glanzstück!" Tatsächlich hat Eppendorf keinen eigenen Markt – der Isemarkt zwischen *Eppendorfer Baum* und *Hoheluftchaussee* liegt in Harvestehude.

Dass Eppendorf seit Ende der 1990er Jahre keine eigene Bücherhalle mehr hat – in den alten Räumen liegt das Kundenzentrum des Bezirksamtes –, bedauern immer noch viele im Stadtteil. Lesehungrige müssen nun nach Winterhude, wo die zusammengelegten Bücherhallen am EKZ *Winterhuder Markt* zu Hause sind.

Hier geht man hin …

Werbeslogans übertreiben gerne. „Eppendorf findet im Borchers statt" stimmt darum auch nur bedingt. Denn das **Café Borchers** in der *Geschwister-Scholl-Straße* ist zwar ohne Frage einer der beliebtesten Treffpunkte für Jung und Alt im Stadtteil. Aber bei weitem nicht der einzige. Und entgegen dem verbreiteten Vorurteil finden sich nicht nur edle Bars, sondern auch ganz normale Bierkneipen wie der „Bierkrug" an der *Tarpenbekstraße*. Ein Traditionshaus wie das seit 1944 in der *Eppendorfer Landstraße* 88/90 bestehende **Café Lindtner** darf nicht vergessen werden: Das Angebot in der Lindtnerschen Tortenvitrine ist vielfältig. In der *Hegestraße* bietet das **Petit Café** gleichfalls leckeren Kuchen. Ein beliebtes Gartenlokal ist die **Alte Mühle** an der *Eppendorfer Landstraße*.

Der große Hunger lässt sich auf hamburgische Art mit Hering und Matjes im **Klopstock** an der *Eppendorfer Landstraße* stillen. Daneben bietet Eppendorf italienische Restaurants in Hülle und Fülle, von der Pizzeria bis zur Edelküche. Auch sonst ist der „Speiseplan" sehr international.

Köpfe

Schon Jahrzehnte in Eppendorf aktiv ist **Marie-Luise Werner** (geb. 1921). Seit 1928 lebt die jung Gebliebene in ihrer elterlichen Wohnung in der *Husumer Straße*, in der auch ihre Kinder groß wurden. „Grün war es hier, gleich gegenüber lagen Gärten", erinnert sie sich. Mit den Cousinen ging es zur Faltboottour auf die Alster. Oder zu Erstaufführungen in die „Harvestehuder Lichtspiele"; im einstigen UFA-Kino am *Eppendorfer Baum* ist jetzt ein Supermarkt. „Vor 1933 habe ich dort die Chaplin-Filme gesehen." Damit dies nicht in Vergessenheit gerät, ist die Rentnerin seit über zehn Jahren beim Stadtteilarchiv dabei. Viele junge und alte Eppendorfer kennen sie von den Stadtteilrundgängen, bei denen Marie-Luise Werner von damals berichtet.

Mit seiner Drehorgel zieht **Claus Kröplin** seit Jahren durch den Stadtteil und läßt die Eppendorfer Hinterhöfe und Parks erklingen. Geboren wurde der Weltenbummler vor über 65 Jahren in der *Martinistraße*, wo er jetzt wieder lebt. Hier wuchs Kröplin auf, ehe er bei Hagenbeck als Tierpfleger mit Schimpansen arbeitete. Ein Umweg über Großbritannien brachte ihn in „seine" Welt, den Zirkus. Mit Frau und Töchtern trat er in England auf, später mit einer Vogel-Pudel-Nummer im hiesigen Hansa Theater (s. St. Georg). In Kopenhagen brachte Kröplin beim dänischen „Circus Benneweis" Kinder zum Lachen – so wie heute Eppendorfer oder Besucher von Fischmarkt und Dom.

Für Frische seit 1905 steht das Traditionsgeschäft Hatje Meiereiprodukte. In der vierten Generation führt **Silke Eifler** den vor fast 100 Jahren gegründeten Laden ihres Urgroßvaters Friedrich Hatje an der *Geschwister-Scholl-Straße 128*. Der kleine Lebensmittelladen sieht noch so aus wie Anfang der 1960er Jahre. Wegen dieser Nostalgie kommen besonders viele Studenten und Angestellte vom nahen UKE. „Die essen ein Brötchen, trinken Kaffee und halten Klönschnack – genau wie die Alten auch", freut sich Silke Eifler.

Drei Eppendorfer, die ihren Stadtteil auf ganz unterschiedliche Art repräsentieren: Marie-Luise Werner, Claus Kröplin und Silke Eifler

Die Köstlichkeiten im Café Lindtner sind über Eppendorfs Grenzen hinaus bekannt

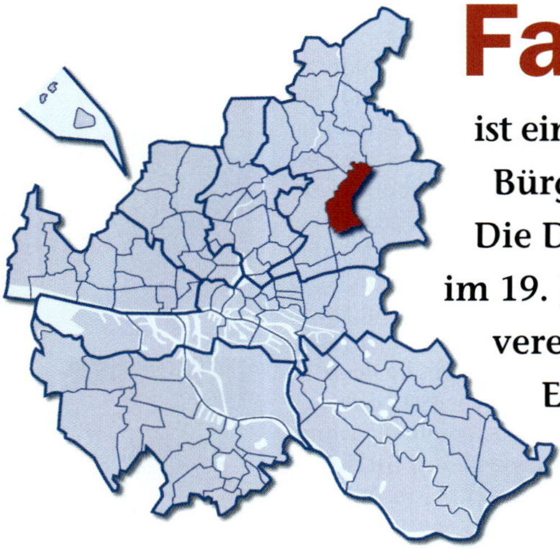

Farmsen-Berne

ist ein grüner Wohnstadtteil mit engagierten Bürgern und zahlreichen aktiven Vereinen. Die Dörfer Farmsen und Berne wurden im 19. Jahrhundert zur Doppelgemeinde vereinigt, haben sich aber viel kulturelle Eigenständigkeit bewahrt. Wenn es allerdings heißt „Rettet das Berner Schloss", dann sind alle mit dabei

Der Name Farmsen geht möglicherweise auf einen fränkischen Grundbesitzer namens „Fridumar" zurück. Im 13. Jahrhundert wurde der Ort „Vermerschen" genannt. In der Folgezeit tauchte das Dorf u.a. als „Vermersen" (1447) auf, bis schließlich im 17. Jahrhundert die heutige Schreibweise gebräuchlich wurde.

Auch die Namenherkunft für Berne ist unklar, zumal die Siedlung als Baren (1296), Behre (1701) und Bährne (1789) in den Urkunden erscheint. Wahrscheinlich leitet sich die Bezeichnung von dem Bach, der *Berner Au* ab, der das Gebiet durchfließt. Dabei könnte „Born" der Ursprung sein und sich dann auf eine Quelle oder einen Brunnen beziehen.

Steckbrief

Fläche: 8,256 km²

Einwohner: 33 090

Verwaltung: Bezirk Wandsbek, Kerngebiet, Ortsdienststelle Farmsen-Berne

Ortsteil: 514

Das Dorf der Sweben

Im Sommer 1953 waren in der Feldmark zwischen den Straßen *Tegelweg*, *Surenland* und *Bramfelder Weg* die Vorbereitungen für den Bau der „Gartenstadt Farmsen" in vollem Gange. Mit Baggern und Planierraupen wurde der Mutterboden abgetragen, und auf dem Geestrücken, der jahrhundertelang nur

Das Swebenhausmodell im Alstertal-Museum in Wellingsbüttel

landwirtschaftlich genutzt wurde, kamen überraschend Feuerstellen und Steinanhäufungen ans Tageslicht. Die nachfolgenden Untersuchungen ergaben, dass es sich um **Siedlungsreste** des germanischen Volksstammes der Sweben aus dem 3. Jahrhundert n. Chr. handelte. Bei weiteren Grabungen entdeckten die Forscher Grundrisse von Häusern und gewerblichen Anlagen des 1. bis 5. Jahrhun-

derts. Das Modell solch eines Swebenhauses ist im Alstertal-Museum im Torhaus in Wellingsbüttel zu sehen.

Nachdem die Tagespresse von den Ausgrabungen berichtet hatte, kamen Hobby-Archäologen aus ganz Hamburg, um mitzuerleben, wie weitere Herdstellen, befestigte **Wasserlöcher** oder **Tonscherben** entdeckt wurden. Zeitweise war der Besucherandrang so groß, dass Scherenschleifer und Stadtteiloriginal Ernst Kröbel nun als Eismann alle Hände voll zu tun hatte, um die Freizeitforscher während ihrer Wartezeit zu versorgen.

Ein Stadtteil, zwei Zentren: U-Bahnhof Farmsen und Berner Gutshaus

Aus der Geschichte

Das heutige Farmsen gründet sich auf eine fränkische Siedlung, die um 800 im Bereich *Berner Heerweg/Rahlstedter Weg* entstand und sechs Bauernstellen umfasste. Urkundliche Erwähnung fanden Farmsen und Berne erstmals 1296, als die Einkünfte aus beiden Dörfern an das Hamburger **Kloster Harvestehude** übertragen wurden.

Anfang des 15. Jahrhunderts kauften Hamburger Bürger Teile des Dorfes Farmsen, 1477 erwarb auch die Stadt Hamburg größere Landflächen. Die Gegend bot reiche Tonvorkommen, sodass sich neben der Landwirtschaft mehrere Töpfereien und **Ziegeleien** hier ansiedelten. Bereits im 15. Jahrhundert begann der Abbau von Lehm: Anfangs bezogen die Hamburger Töpfer von hier ihren Werkstoff, später entstanden vor Ort die ersten Ziegelhäuser. So ist z.B. für das Jahr 1529 überliefert, dass in mehreren Farmsener Ziegeleien über 2200 Dachsteine gebrannt wurden. An der *Berner Au* war neben einer **Kupfermühle** außerdem im 17. Jahrhundert für einige Jahre die Farmsener Pulvermühle in Betrieb.

Im 16. Jahrhundert gingen die Gebiete, die nicht im Besitz der Stadt Hamburg waren, auf **Hinrich von Huttelen** über, der auf einer der Bauernstellen einen großen Gutshof errichtete. Er geriet um 1550 mit dem Hamburger Rat und den ansässigen Bauern in Streitigkeiten um die Rechte an dem Dorf. Während vor dem Reichskammergericht in Speyer ein langjähriger Prozess geführt wurde, versuchte der Hamburger Rat seine Interessen durch radikales **Abholzen des Farmsener Waldbestandes** durchzusetzen. 1589 besaß Hamburg schließlich sämtliche Hoheitsrechte am Dorf und gliederte es nun der Landherrenschaft der Walddörfer (s. Wohldorf-Ohlstedt) an. Von den kriegerischen Auseinandersetzungen des 17. Jahrhunderts blieb die Gegend weitgehend verschont, litt allerdings wirtschaftlich stark unter deren Folgen. Im Zuge einer Verwaltungsreorganisation wurde die Vogtei Farmsen 1830 der Landherrenschaft der Geestlande unterstellt.

Blick auf die Sonnenterrasse des „Berner Schlosses" Anfang des 20. Jahrhunderts. Das Gut war bereits im 18. Jahrhundert als Sommersitz bei Hamburger Ratsherren sehr beliebt

Neuordnung der Vogtschaft Farmsen zugeteilt wurde, hielt es aber für wahrscheinlich. In der Gebietseinteilung von 1874 war jedenfalls „Farmsen mit Berne" der **Landherrenschaft der Geestlande** unterstellt. Während also Farmsen bis 1830 ein – wenn auch baumarmes – Walddorf war, so zählte Berne zu keiner Zeit dazu. Obwohl Farmsen mit Berne seit 1874 eine Gemeinde bildete, blieben es zwei getrennte Ortschaften. Am Beginn des 20. Jahrhunderts lebten etwa 80 Personen auf dem Berner Gutshof; zur gleichen Zeit waren in Farmsen knapp 500 Dorfbewohner ansässig. 1844 kaufte die Familie Schröder den Berner Hof und ließ das Gutshaus zu seiner heutigen Form umbauen. Die „Hamburger Sparcasse von 1827" erwarb 1939 die Anlage, und wenig später ging sie an die Stadt Hamburg.

Schon 1899 hatte die Stadt den Farmsener Gutshof übernommen und bewirtschaftete Herrenhaus und Hofgebäude fortan als „Staatsgut Farmsen".

Der Kupferteich bietet heute Erholung pur in der Natur

Berne bestand lange Zeit nur aus einem **Meierhof**. 1375 ging dieser in den Besitz des St. Georg-Hospitals über und wurde – bis zu seinem Verkauf 1806 – stets verpachtet. Die gutsherrlichen Rechte gingen 1830 durch die besagte Verwaltungsreorganisation an die Stadt Hamburg. Schon 1868 konnte der Hamburger Stadtarchivar Otto Beneke nicht endgültig klären, ob Berne bei dieser

Die weitere Entwicklung beider Dörfer zum heutigen Wohnstadtteil verlief eher zögerlich: Der *Berner Heerweg* war noch nicht ausgebaut, und einen Anschluss an die Hamburg-Lübecker Bahn hatte die Gemeinde aus Sorge um ihre Felder abgelehnt. 1903 scheiterte der Versuch, an einer elektrischen Kleinbahn zwischen Barmbek und Volksdorf beteiligt zu werden: Die geforderten Summen für

Stadtteil-Profil

	Farmsen-Berne	Bezirk	Hamburg
Bevölkerung gesamt (2000)	33 090	405 173	1 704 929
Unter 18-Jährige in %	17,6	17,1	16,1
65 Jahre und älter in %	17,6	18,8	17,0
Deutsche	29 883	359 918	1 432 325
Ausländer in %	9,7	11,2	16,0
Einwohner je km²	4008	2742	2258
Sozialstruktur			
Sozialhilfeempfänger (2000)	2387	25 017	120 461
Arbeitslose (2001)	1286	14 222	71 963
Eink. je Steuerpfl. in DM (1995)	60 153	70 631	65 579
Wohnen (2001)			
Wohngebäude	5641	68 964	226 061
Ein- und Zweifamilienhäuser in %	33,8	31,4	20,5
ø Wohnungsgröße in m²	70,8	77,1	71,0
Wohnfläche je Einwohner in m²	33,0	37,0	35,7
Verkehr			
Private Pkw (2001)	12 907	166 212	628 119
Straßenverkehrsunfälle (2000)	170	2255	12 430
Kriminalität			
Straftaten insgesamt (2000)	3749	41 067	284 272

© Statistisches Landesamt

Wahlverhalten

... zur Bürgerschaft 2001 (gesamt)

Wahlbeteiligung	71,0%
SPD	36,5%
CDU	26,2%
Schill-Partei	19,4%
Grüne/GAL	8,6%
FDP	5,1%
Übrige	4,2%

... zur Bürgerschaft 2001 (Stadtteil)

Wahlbeteiligung	70,2%
SPD	41,1%
CDU	24,3%
Schill-Partei	21,0%
Grüne/GAL	5,1%
FDP	4,1%
Übrige	4,4%

die nötigen Landabtretungen waren zu hoch, und die Bahngesellschaft wählte die Linie über Rahlstedt. Erst mit dem Bau der **Walddörferbahn** erhielt die Gemeinde eine direkte Verbindung nach Hamburg. Danach stieg die Einwohnerzahl rasch an: Zwischen 1919 und 1929 errichtete die Wohngenossenschaft Gartenstadt die **Siedlung Berne**.

Durch die kommunale Neugliederung im Rahmen des Groß-Hamburg-Gesetzes (1937/38) übernahm das Ortsamt Wandsbek die Verwaltung von Farmsen und Berne. Nach dem Krieg bekam der Stadtteil – sehr zum Unmut der Berner – den Namen Farmsen; erst 1961 wurde dem Wunsch der Bevölkerung aus Berne entsprochen, und seither gibt es **Farmsen-Berne**. Um die Wohnungsnot der Nachkriegszeit zu lindern, entstand durch die Baugenossenschaft „Neue Heimat" 1953/54 die **Gartenstadt Farmsen**. Bis heute hält die Entwicklung zum Wohnstadtteil unvermindert an: Auf dem Geläuf der **Trabrennbahn** wurde seit Mitte der 1990er Jahre eine weitere Wohn-Großsiedlung gebaut, und in jüngster Zeit konnten auf den Erdbeerfeldern am *Berner Heerweg* die 108 Wohnungen des Neubaugebiets „Heuorts Land" bezogen werden.

Berner Schloss und Gutshof Farmsen

In der früheren Straßenbahnkehre der Linie 8 steht am Fußweg Ecke *Friedrich-Ebert-Damm/Walddörferstraße* ein Grenzstein mit der Jahreszahl 1796. Er markierte einst die Grenze zwischen dem Gut Wandsbek und dem hamburgischen Farmsen. Nur wenige wissen, dass dies das älteste geschützte Denkmal im Stadtteil ist. Viel mehr ist nicht übrig geblieben von der dörflich-bäuerlichen Vergangenheit. Farmsen-Berne teilt nämlich das Schicksal vieler Hamburger Stadtteile, die seit den 1920er Jahren durch Wohnungsbau erschlossen wurden. Heute prägt eine bunte Mischung aus Einzelhäusern sowie Reihen-, Geschoss- und Hochhäusern den Stadtteil. Als ein Relikt vergangener Tage überdauerte neben einigen **Gutshäusern und Bauernvillen** auch eine alte

Seit 1985 hat die Ortsdienststelle im Farmsener Gutshaus einen herrschaftlichen Verwaltungssitz

Strohdachkate am *Berner Heerweg* den Bauboom. Hier führte bis 1994 Wilhelm Paul seinen weithin bekannten Korbhof.

Wenn die Stadtteilbewohner von ihrem Schloss sprechen, ist damit eigentlich immer das **Herrenhaus** des früheren Gutes Berne gemeint. Charles Baron von Schröder ließ um 1880 das Gutshaus im Stil traditioneller Landhauskultur zu seiner heutigen repräsentativen Gestalt umbauen und den Park anlegen. Von den zahlreichen Nebengebäuden des **ehemaligen Musterguts** sind das so genannte „Kavaliershaus" an der *Berner Allee* und das Pförtnerhaus erhalten. Nachdem die Stadt 1934 den Gutshof übernommen hatte, wurde er später als SS-Motorschule, Hilfslazarett, Erholungsheim, Jugendwohnheim, Gästehaus des Senats und zuletzt bis 1998 als Kindertagesheim genutzt. Der einst prächtige Bau verfiel zusehends, sodass beträchtliche Investitionen nötig wurden, um den weiteren Verfall zu stoppen. Schon seit 1990 bemüht sich der Verein **Rettet das Berner Schloss e.V.** darum, das Gebäude-Ensemble als Einheit zu erhalten. Außerdem soll erreicht werden, dass der Park weiterhin von der Allgemeinheit genutzt werden kann und dass die denkmalgeschützten Bereiche im Erdgeschoss den Stadtteilbewohnern für kulturelle und gesellschaftliche Veranstaltungen offen stehen.

Auch das um 1900 errichtete Wohnhaus des **Farmsener Gutshofs** erinnert mit seiner klassizistischen Formensprache an die Tradition adliger Güter des Umlands. 1985 bezog die **Ortsdienststelle Farmsen-Berne** mit der Einwohner- und Sozialabteilung die Räume der alten Gutsvilla. Ihr vorheriges Domizil am *Berner Heerweg 124* gilt als typisches Beispiel für die hamburgische Bauweise der 1920er Jahre unter Oberbaudirektor Fritz Schumacher. Heute versorgen in dem roten Backsteinbau die Mitarbeiter einer Notfallpraxis der Kassenärztlichen Vereinigung Hamburg Kranke und Verletzte. Von Schumacher selbst wurde 1930 die **Berner Schule** an der heutigen *Lienaustraße* entworfen. Das „Hamburger Echo" berichtete: „Im schönsten Sonnenschein glänzte der feine, moderne, lichtvolle Bau."

Die meisten anderen interessanten Gebäude stammen ebenfalls aus der Zeit zwischen 1900 und 1930. Sehr viel repräsentativer als die einfachen Backsteinbauten des **Werk- und Armenhauses**

Prächtiges Fachwerk und Backsteinzierverbände: die Beamtenwohnhäuser

1999 wurde die Außenhaut der Erlöserkirche erneuert. Die alten Aluminium-Schindeln stammten aus einer Überproduktion für einen Flugzeug-Hangar

sind die gegenüberliegenden **Beamtenwohnhäuser** (1910).

Ein Schmuckstück der besonderen Art fristete bis 1990 ein Schattendasein – zwei Jahre später wurde die **Mehrzweckhalle** der Gemeindeschule dann sogar Motiv einer Silbermedaille. Der Initiative der Volkshochschule ist es zu verdanken, dass der von **Karl Schneider** (1892–1945) entworfene Bau (1928) nicht Ende der 1980er Jahre der Abriss-Birne zum Opfer fiel. Schneider – einer der wichtigsten Architekten des „Neuen Bauens" im Großraum Hamburg – hatte der Pfeilerhalle eine ungewöhnliche Farbigkeit gegeben. Nach der **Restaurierung** – rechtzeitig zu Schneiders 100. Geburtstag 1992 – erstrahlten die einzelnen Bauglieder wieder in Rot, Grün, Blau und Gelb.

Alle Farben des Regenbogens wirken auch in der ev.-luth. **Erlöserkirche** am *Bramfelder Weg* auf den Besucher, wenn Tageslicht durch die Glasfenster des parabelförmigen Stahlbetonbaus fällt. Die Kirche wurde von 1957–60 errichtet und steht heute als typisches Architekturbeispiel der Wirtschaftswunderjahre unter Denkmalschutz.

Milieuschutz: Siedlung Berne

Nicht denkmal-, sondern milieugeschützt ist seit 1986 die **Siedlung Berne** – umgangssprachlich als „Gartenstadt Berne" bezeichnet. In einer Senatsdrucksache heißt es in den Richtlinien, die zum Schutz baulicher Einheiten aufgestellt wurden: „Der Milieuschutz ist ausgerichtet auf Gebiete, die ihres eigentümlichen Charakters wegen eine Identifikation des Bürgers mit seiner Stadt ermöglichen …" Die roten Klinker-Häuser und die einheitlich gestalteten Doppel- und Reihenhäuser in Putzbauweise sind für viele Hamburger so „typisch Berne", dass sie mit dieser Siedlung bis heute den ganzen „Stadtteil-Teil" verbinden.

Im Jahr 1910 lebten und arbeiteten gerade einmal 56 Einwohner entweder auf dem Gut Berne oder in den wenigen dazugehörigen Katen. Erst als ab 1919 die **Genossenschaft** hier siedelte, begann Berne zu wachsen: „Die Hand- und Kopfarbeiter der Großstadt sehnen sich danach, in billigen und gesunden Wohnungen außerhalb der Stadt nach des Tages Last leben zu können, wozu noch der Wunsch tritt, auf eigener Scholle seinen Bedarf an Gemüse und Gartenfrüchten selbst pflanzen und ernten zu können", so hieß es im Januar 1919 in einer Veranstaltung zur Interessentenwerbung für ein neues Gartenstadt-Unternehmen. Im April desselben Jahres konnte die „Gartenstadt Hamburg e.G." ins Genossenschaftsregister eingetragen werden, und die Suche nach geeignetem Bauland begann: Es sollte im Grünen liegen, zugleich eine gute Verkehrsanbindung an die Stadt aufweisen, die Grundstücke mussten bezahlbar sein und trotz allem groß genug, um die **Selbstversorgung in Notzeiten** zu gewährleisten. Zu einem Quadratmeterpreis von 2,31 Reichsmark kaufte die

Auch der Spendenanteil aus dem Verkauf der Karl-Schneider-Medaille trug zur Restaurierung der Mehrzweckhalle bei

Bürgergeschichten

„Neues Kleid für die kleine Allee“

***Jürgen Karsten** berichtet von einer alten Berner Allee, die ihre schöne Zier einst per Milchwagen vom Jungfernstieg erhielt*

Jürgen Karsten, engagierter Berner und Autor des Buches: „Berne – Eine Chronik seiner historischen Entwicklung“

Die Zufahrt von Farmsen her zum Gutshof Berne führte schon immer vom Berner Heerweg aus durch den Park und mit einer kleinen Brücke über die Beek, den Bach, der den Park durchfließt. Auch heute noch ist dieser Weg unverändert vorhanden. Aber durch einige erstaunliche Besonderheiten lässt er vergangene Zeiten wieder aufleuchten.

Zurzeit der Familie von Schröder (1844–1906 Besitzer von Berne) wurde das kleine Pförtnerhaus mit seinem von zwei Säulen eingefassten Eingang am Berner Heerweg gebaut. Und wohl auch zu dieser Zeit erhielt die Straße durch den Park ein Kopfsteinpflaster. Was aber die besondere Würde dieser Zufahrt ausmachte, waren die auf beiden Seiten in engem Abstand aufgestellten Prellsteine aus behauenem Granit. Die sahen nicht nur sehr erhaben aus, sondern hatten schon ihre eigene Geschichte mitgebracht. Denn bevor sie in Berne eingebaut wurden, hatten sie schon lange Zeit auf dem Jungfernstieg in Hamburg gestanden. Auf alten Stichen sind sie noch schön zu erkennen, wie sie in Reihen und mit Ketten zwischen den einzelnen Steinen die beliebte Promenade zierten.

Als der Jungfernstieg verbreitert und völlig neu angelegt wurde, hatte man keine Verwendung mehr für die Prellsteine. Das muss dem aufmerksamen Baron Charles von Schröder zu Ohren gekommen sein. Er erwarb die Steine und ließ sie von seinen täglich nach Hamburg fahrenden Milchwagen (in guten Zeiten wurden täglich zweimal 70 Kannen Milch je 20 Liter transportiert!) nach Berne bringen, denn auf dem Rückweg waren die Fuhren ja leer. So kam die von großen Alleebäumen bestandene Straße zu ihren begrenzenden Steinen.

Die Besitzer wechselten, und die Zufahrt verlor durch die Änderung der Straßenführung an Bedeutung. Die Teiche links und rechts der kleinen Straße wurden weiter aufgestaut, sodass die Oberfläche der Straße höher aufgeschüttet und mit einer Asphaltdecke überzogen wurde. Vom Kopfsteinpflaster war damit nichts mehr zu sehen. Die Prellsteine verschwanden zum Teil spurlos, und die schief stehenden Reste boten mit ihrer lückenhaften Reihe einen traurigen Anblick. So kannten wir die Allee in den letzten Jahrzehnten. Doch da wurde nun im Zuge einer größeren Straßenbaumaßnahme die Asphaltdecke abgetragen, und es zeigte sich darunter das alte Pflaster – wenn auch mit etlichen Fehlstellen und Schäden. Und nun geschah, was durchaus nicht selbstverständlich ist in unserer heutigen Zeit: Alle beteiligten Behördenstellen und Firmen einigten sich darauf, den alten Straßenzustand so wieder herzustellen, dass er sein altes Pflasterbild zurückerhielt. Die Prellsteine – soweit noch vorhanden – wurden zusammengetragen und in eindrucksvoller Reihe beidseitig eingegraben. Eine schöne Handwerksarbeit, für die heute nur noch wenige Firmen entsprechend befähigte Mitarbeiter beschäftigen. Nun sieht es so aus, als wäre es nie anders gewesen. Wer hätte das gedacht!

Das Foto von 1890 zeigt die alten Prellsteine in der Toreinfahrt zum Gut Berne

Genossenschaft schließlich 108 ha ehemaliger Ackerfläche westlich des Berner Gutsparks, und bis 1929 entstanden auf etwa 1000 m² großen Grundstücken 570 Doppel- und Reihenhäuser sowie einige Geschosswohnungen. Mit Engagement, Tatendrang und Muskelkraft halfen die damaligen Siedler – vor allem Arbeiter und Handwerker – beim Aufbau der Gartenstadt. Viele der Genossenschaftsmitglieder kannten sich aus Arbeitervereinigungen, und sie verbanden mit dem Umzug auch eine **gemeinsame politische Idee**. In mehr als einem Drittel der Häuser leben noch heute Siedler der ersten Stunde, deren Kinder oder schon ihre Enkel. Die Geschichte der Siedlung hat die Kunsthistorikerin Dr. Claudia Müller-Ebeling in dem Buch „Berne damals" zusammengetragen und nachgewiesen, dass die Historie nicht erzählt werden kann, „ohne die sozialistischen Ideale" der Arbeiterbewegung zu erwähnen.

Zweimal Stadtteilleben

Obwohl Farmsen-Berne seit über einem Jahrhundert eine **Doppelgemeinde** ist, hat sich jedes der beiden ehemaligen Dörfer bis heute ein sehr eigenständiges Stadtteilleben bewahrt. Es gibt keinen zentralen Platz, und so denkt der Berner „Ich fahre nach Farmsen", auch wenn er in Wirklichkeit gar keine Verwaltungsgrenzen überquert. Das Gleiche gilt natürlich auch für den Farmsener, der nur imaginäre Grenzlinien überschreitet, wenn er sich nach Berne begibt.

Die **Farmsen-Medaille** stiftete der Leiter der Ortsdienststelle, Alexander Kaiser, anlässlich der 400-jährigen Zugehörigkeit Farmsens zu Hamburg im Jahre 1989. Bis zu drei Personen im Jahr werden damit für ihre ehrenamtliche Tätigkeit in Farmsen und/oder Berne ausgezeichnet. Im Herbst 2000 war Brigitte Friedrich eine Preisträgerin. Sie wohnt zwar in Horn, engagiert sich aber seit Jahren in Farmsen-Berne und wurde 1994 in den Vorstand des Bürgervereins gewählt. Noch lautet sein Name **Bürgerverein Farmsen e.V.** Zum 40-jährigen Jubiläum im Jahre 2002 soll Berne mit in den Namen aufgenommen werden, schließlich liegt ein besonderer Schwerpunkt der Vereinsarbeit in der Förderung und Entwicklung des ganzen Stadtteils. Außerdem bietet der Bürgerverein eine breite Veranstaltungspalette zur Freizeitgestaltung: Musikabende gehören ebenso dazu wie Vereinsausfahrten oder die Handarbeitsgruppe.

Bereits bei der Planung der Siedlung Berne war ein Versammlungslokal vor-

Typisch Berne: Roter Backstein und Buchenhecken sorgen für ein einheitliches Bild.

In den 1920er Jahren eröffnete die Konsumgenossenschaft PRO ihr erstes Geschäft in Berne. Berta Eggers leitete damals die Bäckerei

Noch fehlt auf dem Logo der zweite Stadtteil-Teil Berne

BÜRGERVEREIN
FARMSEN
e.V.

Die Farmsen-Medaille in Gold – Auszeichnung für besonders verdiente Mitbürger

gesehen, um den Siedlern genügend Platz für ihre genossenschaftlichen Treffen zu bieten. Im März 1929 wurde das **Volkshaus Berne** am *Saselerheider Weg* eingeweiht. Seit 1963 ist das Gebäude an die Stadt Hamburg vermietet, die es verschiedenen Vereinen und Institutionen zur Verfügung stellt – so übt hier u.a. die Volkstanzgruppe des TUS Berne. Das **Gemeinschaftshaus Berne** gibt es erst seit 1985: In den ehemaligen Verkaufsräumen der „Konsumgenossenschaft Produktion“, kurz PRO genannt, finden seither eine Reihe interessanter kultureller Veranstaltungen und Ausstellungen statt.

In ganz Musik-Hamburg ist der **Hamburger Bachverein Farmsen-Berne e.V.** eine bekannte Größe. Der Konzertchor wurde 1989 größtenteils von Bewohnern aus Farmsen-Berne gegründet, „um den Gesang in allen Bereichen unserer Gesellschaft zu fördern“.

Baui und anderes für Jugendliche

Auch das „Kinder- und Familienhilfezentrum Farmsen-Berne“ (KIFAZ) der Arbeiterwohlfahrt ist aus dem Stadtteilleben gar nicht mehr wegzudenken. Durch das jahrelange Engagement der AWO in Farmsen-Berne wurde das KIFAZ sehr schnell zu einer wichtigen Anlauf- und Informationsstelle für die ganze Familie. In Kooperation mit dem **Bauspielplatz Berne e.V.** veranstaltet es u.a. jedes Jahr vier Jugendwochenenden. Und „Baui – der Bauspielplatz“ ist wahrscheinlich wirklich jedem Berner Kind bekannt. Er liegt am Rande des *Berner Parks* direkt neben dem – im Stadtteil nicht weniger berühmten – Rodelberg. Petra Fink, Christian Schwark und Christian Gloedel achten darauf, dass sich auf dem 5000 m² großen urwüchsigen Spielgelände keiner verletzt. Wenn es das Hamburger „Schietwetter“ zu arg treibt, können die Kids im Haus basteln, kochen und backen oder die ungeliebten Hausaufgaben erledigen. Das Farmsener Pendant zum „Baui“ heißt „Aktivspielplatz“ und ist ebenso gut besucht. Dies ist aber längst nicht das ganze Angebot für die jungen Stadtteilbewohner: Im Kinderhaus Berne steht maximal 28 Kindern sehr viel Platz zur Verfügung, um gemeinsam zu basteln, Musik zu machen und auf einem der vielen Feste die Eltern der „besten Freundin“ kennen zu lernen. Die **ev. Jugend Farmsen-Berne** unterhält die „Baracke“, den „Jugendkeller Berne“ und den „Roten Salon“. Wenn hier verschiedene Bands für den großen Auftritt proben, verwandelt er sich regelmäßig in den „Rock Salon“. Im **Haus der Jugend Farmsen** bestimmen die Interessen der jungen Besucher das wechselnde Angebot: Ob „Töpfern mit Hilli“, „HipHopTanz mit

Bei Wind und Wetter Hütten bauen! „Baui“ – der Bauspielplatz

Andreas“ oder „Kochen mit Loisel“ – über die verschiedenen Gruppen und die aktuellen Veranstaltungen informiert rechtzeitig das Faltblatt „... aber hallo, aber wichtig“.

Schulzeit

Bevor sich die Kinder und Jugendlichen bei einer der vielen Aktivitäten treffen, müssen sie natürlich erst mal ihr tägliches Schulpensum an einer der acht Grund- oder sieben weiterführenden Schulen des Stadtteils absolvieren. In Farmsen-Berne sind aber auch Schulen mit gesamthamburgischem Einzugsgebiet angesiedelt. Über 1600 Schüler in zwölf verschiedenen Ausbildungsberufen und sechs verschiedenen weiterführenden Schulformen werden an der **beruflichen Schule Farmsen G 16** unterrichtet.

Zeitleiste

1.–5. Jh. Swebensiedlung

1296 erste urkundliche Erwähnung von Farmsen und Berne

1375 Meierhof Berne im Besitz des St. Georg-Hospitals

1480 Kupfermühle an der Berner Au

1589 Farmsen in der Landherrenschaft der Walddörfer

1786 139 Einw. in Farmsen

1874 Farmsen mit Berne in der Landherrenschaft der Geestlande

1919–29 Siedlung Berne

1953/54 Gartenstadt Farmsen

1978 Eissporthalle Farmsen

2000 Ausbau des Friedrich-Ebert-Damms beginnt

Die VHS bietet nicht nur Kurse, sondern auch den „KunstRaum“ für Ausstellungen und Installationen

Die **Schule am Tegelweg** besuchen etwa 170 geistig oder körperlich behinderte Kinder. Neben dem Unterricht liegen weitere Schwerpunkte in Beschäftigungstherapie, Krankengymnastik, Sprachtherapie sowie der Berufsvorbereitung. Die **Rudolf-Steiner-Schule** am *Rahlstedter Weg* kennen nicht nur ihre Schüler: Die Aula mit ihrer besonders guten Akustik wird für Festaufführungen und kulturelle Veranstaltungen häufig genutzt.

In die Räume der ehemaligen Farmsener Schule zog 1977 der **Stadtbereich Ost der Hamburger Volkshochschule**. Wulf Hilbert betreut seither von seinem Schreibtisch aus alle Veranstaltungen im Bezirk Wandsbek. In den 22 Unterrichtsräumen finden etwa 350 Kurse pro Halbjahr statt, mit Schwerpunkten im kulturell-musischen Bereich. Aber von „Klöppeln“ bis „Tabellenkalkulation mit Excel 2000“ steht noch viel mehr auf dem Programm. Natürlich kommen nicht nur die Stadtteilbewohner in die VHS – dazu sind die Veranstaltungen zu vielseitig und locken ebenso die Bramfelder, Rahlstedter oder Tonndorfer an. Dennoch hat die VHS gerade für das Stadtteilleben in Farmsen-Berne eine wichtige Funktion, wie die Initiative zur Rettung der Karl-Schneider-Halle zeigte.

Um sich vor Beginn seines Volkshochschulkurses schon mal in ein Thema einzulesen, braucht man nur wenige Meter zu gehen: In der **Bücherhalle Farmsen** steht umfangreiche Fachliteratur neben den neuesten Thrillern.

Fit von Kopf bis Fuß

Wer nach Farmsen-Berne zieht und sich auch sportlich zu betätigen wünscht, der hat die Qual der Wahl. Nicht wenige der 2300 Mitglieder des **Farmsener Turnvereins von 1926 e.V.** sind in mehreren Abteilungen aktiv. Vor allem die Turner unter Christina Fietz haben in den letzten Jahren viele neue Mitglieder gewinnen können. Bei „Power-Gym“ oder Volkstanz wird jeder „Fit von Kopf bis Fuß“, wie übrigens auch eine Abteilung heißt. Gleich neben der Geschäftsstelle des FTV hat der **Sport Club Condor von 1956 e.V.** seine Tennisanlage. Auf der anderen Seite des *Berner Heerwegs* sind die 13 weiteren Sparten des S.C. Condor beheimatet – die Sportanlagen liegen schon auf Oldenfelder Seite (s. Rahlstedt) und das Clubhaus noch auf Farmsener Boden.

Theatervorstellungen in der Aula der Rudolf-Steiner-Schule werden viel besucht

So geht kein Ball ins Netz! Stolz präsentiert sich die 3. F-Jugend des SC Condor

Günter-Philipp-Haus heißt es ganz offiziell, nämlich nach dem ersten Vorsitzenden, der seit 1966 die Geschicke des Vereins leitet. Die beiden Parade-Sparten sind Fußball und Tennis, die zusammen mehr als die Hälfte der 1600 Mitglieder stellen. Der **Post-Sportverein Hamburg e.V.** ist längst nicht mehr nur für Betriebssportler zugänglich. Ganz besonders erfolgreich ist die Kegelabteilung, die sogar einige Deutsche Meisterschaften ins *Neusurenland 66* holte. Berne hat zwar nur einen – dafür aber den größten Sportverein im Stadtteil: 3600 Mitglieder treffen sich im **Turn- und Sportverein Berne** u.a. zu Badminton oder Ballett, Skat oder Schwimmen, Tai Chi oder Tischtennis. Der traditionelle Spielmannszug wurde 1994 durch die Big Band Berne abgelöst, die sich mittlerweile auch überregional einen wohlklingenden Ruf erworben hat.

Farmsen-Berne in Arbeit

Um 1900 waren fünf Ziegeleien im heutigen Wohnstadtteil Farmsen-Berne angesiedelt und spielten damit als Arbeitgeber eine wichtige Rolle. Die Zeiten sind jedoch längst vorüber. Seit Juni 2002 ist nun die **Landesversicherungsanstalt Freie und Hansestadt Hamburg** der größte Arbeitgeber des Stadtteils: Auf dem südlichen Geländeteil der ehemaligen Trabrennbahn war im April 2000 Grundsteinlegung für das neue sechsgeschossige Hauptverwaltungsgebäude. Knapp 1100 Mitarbeiter bearbeiten nun von hier aus u.a. die Rentenansprüche aller Hamburger.

„Menschen eine neue berufliche Zukunft geben" lautet das Ziel des **Berufsförderungswerks Hamburg**, mit 600 Mitarbeitern zugleich zweitgrößtes Zentrum für berufliche Rehabilitation in Deutschland. Seine Geschichte begann 1962, vorerst jedoch nur als neuer Bereich der „Hamburger Werkstätten für Erwerbsbehinderte" (s. Sasel). Die Abteilung „Lehr- und Umschulungswerk" sollte Menschen, die wegen eines Unfalls, einer Erkrankung oder Verschleißerscheinungen ihren Beruf nicht mehr ausüben konnten, die Möglichkeit bieten, sich beruflich neu zu orientieren und zu qualifizieren. Gemeinsam mit der „Geschützten Werkstatt" bezog man ein 23 000 m² großes Gelände an der *August-Krogmann-Straße*. Die Trennung wurde 1976 vollzogen, nachdem beide sozialen Einrichtungen mehr und mehr eigene Wege gegangen waren. Aus ganz Norddeutschland kommen die Rehabilitanden an die BFW, um eine der 30 Fachausbildungen zu durchlaufen. In der Regel verbringen die 1500 Teilnehmer hier zwei Jahre, und 1100 von ihnen wohnen in dieser Zeit in den Räumen der Internatsgebäude. Ein fester Ausbildungsbestandteil sind mehrwöchige Betriebspraktika – manchmal in einem Unternehmen, das in dem kleinen **Gewerbegebiet Farmsen** angesiedelt ist. Neben einigen Autohäusern hat sich hier u.a. die Zentrale des „Sanitätshauses Stolle" niedergelassen. Etwa 100 Mitarbeiter betreuen in dem modernen „Centrum für technische Orthopädie" von der normalen Sportbandage bis zum individuell angefertigten orthopädischen Hilfsmittel ein vielfältiges Angebot.

Nur wenige Meter entfernt steht am *Ivo-Hauptmann-Ring* eine der größten Flächenschleifmaschinen im norddeutschen Raum. 1988 zog die Firma „Feddern Schleiftechnik GmbH" in das neue Gewerbegebiet und stellt seither plangeschliffene Industrie-Bauteile her z.B. für die Beiersdorf AG (s. Hoheluft-West). Dann und wann kommt aber auch ein Hobby-Heimwerker vorbei, um sich bei Carsten Kopitzke, der das Familienunternehmen in dritter Generation leitet, ein großes Hobelmesser schärfen zu lassen.

Das Gewerbegebiet Farmsen ist zwar längst voll belegt, auf eine umfassende verkehrstechnische Erschließung musste es aber lange warten: Das Farmsener Teilstück des **Friedrich-Ebert-Damms** (Hausnummern 245–323) endete nämlich ohne Anbindung an den Rest der Straße in einer Sackgasse. Aus der Innenstadt kommend, mündete der *Friedrich-Ebert-Damm* mit der Nummer *229 o* an der Stadtteilgrenze in den *Berner Heerweg*. Am 1. Dezember 2000 war es endlich soweit: Nach Jahrzehnten der Planung tat der damalige Bausenator Eugen Wagner den ersten Spatenstich, um die beiden Enden des Damms zu verbinden. Damit wurde Fritz Schumachers Achsenplanung der 1920er Jahre als „natürliche Entwicklung Hamburgs" hier doch noch konsequent umgesetzt.

Kampf ums grüne Paradies

Viele Vereine, Institutionen und Initiativen gibt es in Farmsen-Berne gleich doppelt. So auch eine Gartenstadt. Ein wirkliches Pendant zur Siedlung Berne ist die **Gartenstadt Farmsen** allerdings nicht. Die 2554 Wohnungen der Großsiedlung wurden 1953/54 nicht durch Eigeninitiative wie in Berne, sondern durch die „Neue Heimat" errichtet. Als allerdings 1985 der gewerkschaftseigene Wohnungsbaukonzern vor dem Konkurs stand, wurden auch hier die Mieter aktiv, und zwar aus Sorge vor Luxusmodernisierung und Verkauf. Begleitet durch medienwirksame Auftritte, hatte die Mieterinitiative im zähen Ringen mit der Stadt schließlich Erfolg: Anfang April 1989 kaufte Hamburg die Farmsener Wohnungen und bewilligte zwei Jahre später die Übertragung auf eine Genossenschaft. Seit 1992 ist die „Mietergenossenschaft Gartenstadt Farmsen e.G." in das Genossenschaftsregister eingetragen und verwaltet den Wohnungsbestand selbstständig. Mittlerweile sind die Fassaden saniert und abgedämmt sowie veraltete Heizsysteme ausgetauscht.

Frisch renoviert und pastellfarben gestrichen präsentiert sich die Gartenstadt Farmsen

Die Weissenhofsiedlung entstand auf den ehemaligen Feldern der Gärtnerei Carlsson

Zu den wichtigsten Dienstleistungen der Genossenschaft zählen außerdem die regelmäßigen Mietersprechstunden und der Rund-um-die-Uhr-Handwerkernotdienst. So ist es daher kein Wunder – und da schließt sich der Kreis zur Siedlung

Berne wieder –, dass mehr als ein Drittel der Mieter seit Entstehen der Siedlung hier lebt.

Mit 4,11 km² ist das halbe Farmsen-Berne als Wohngebiet ausgewiesen und bebaut. Dabei verteilen sich rund ein Drittel aller Wohnungen auf die Ein- und Zweifamilienhäuser des Stadtteils, die anderen liegen in Geschossbauten.

Als Bausünde der 1970er Jahre gilt die so genannte **Weissenhofsiedlung**. Die vier- bis neungeschossigen Gebäude (251 Wohnungen mit ca. 1000 Bewohnern) wurden 1972 auf 2,8 ha Fläche durch die SAGA ohne Einbindung in die Umgebung errichtet. Fehlende kulturelle Angebote und eine hohe Mieterfluktuation waren charakteristische Probleme dieses monotonen Städtebaus. Inzwischen sind die meisten Gebäude saniert, und die Grünanlagen wurden neu angelegt. Im Rahmen des Hausbetreuer-Modells hat die SAGA zwei **Pförtnerlogen** und einen **Mieterkeller** als Gemeinschaftsraum geschaffen, um so Nachbarschaftskontakte zu fördern und dem Vandalismus entgegenzutreten. Mit viel Engagement setzen sich die Mieterinitiative AG Weissenhof, die **Stadtteilkonferenz Farmsen-Berne** und die SAGA für ein attraktiveres Wohnumfeld ein: Weissenhof soll schöner werden.

Ton, Traber und Terrassen

Eine der jüngsten Wohn-Großsiedlungen des Stadtteils entstand auf dem Gelände der ehemaligen **Trabrennbahn Farmsen**. Pferdenarren und Liebhaber des Rennquintetts geraten ins Schwärmen, aber auch unzählige Familien berichten begeistert von den sonntäglichen Ausflügen mit Kind und Kegel ins Freizeitparadies „Trabrennbahn". Als im Februar 1976 der letzte Renntag auf dem Gelände abgehalten wurde, ging damit auch ein Stück Farmsener Geschichte zu Ende, an das sich heute viele wehmütig erinnern.

Im 17. Jahrhundert gehörte das spätere Rennbahn-Terrain zur **Kespohlschen Ziegelei**, deren Lehmgruben zu beiden Seiten des heutigen *Tegelwegs* sowie südlich des *Berner Heerwegs* lagen. Ende des 19. Jahrhunderts benannte der Besitzer Johann Giese den Betrieb in „Dampfziegelei Farmsen" um. Er war es auch, der einige Jahre später die Idee hatte, eine Trabrennbahn um die alten Ziegeleiteiche anzulegen. Am 6. August 1911 fand das erste Farmsener Trabrennen statt. Seit 1924 gab – und gibt es immer noch – eine eigene **U-Bahn-Station „Trabrennbahn"** als Haltestelle der U 1. Trotz Tribünenumbauten, neuer Technikausstattung und Werbe-

„Ja, wo laufen sie denn?" – volle Ränge auf der Trabrennbahn in Farmsen

maßnahmen wie „Frei-Kaffee" gingen seit 1961 die Besucherzahlen stetig zurück. Daran konnte auch die Modernisierung der Anlage (1963/64) nichts mehr ändern. Zwei Jahre später kauften die Erben des Kaffee-Industriellen Max Herz (Tchibo) das 24 ha große Gelände. Im August 1974 öffnete die Farmsener Bahn erneut ihre Tore, aber der Betrieb lief nur einige Monate lang. Die gerade erbaute Anlage in Bahrenfeld lag im Rennen um den Standort der Hamburger Trabrenn-Gesellschaft die entscheidende Nasenlänge vorn.

Beim Bau des Trabrenndorfs Farmsen blieb das Oval des Geläufes erhalten

Es folgten zähe Auseinandersetzungen der Erbengemeinschaft Herz mit dem Hamburger Senat: Zwar wurde den Erben eine Rennlizenz erteilt, die Toto-Erlaubnis jedoch verweigert. Trabrennen ohne Wetten, das konnte sich nun doch keiner vorstellen.

Das Oval der ehemaligen Rennbahn existiert immer noch: 1995 wurde mit der Bebauung des Rennbahn-Geländes zum **Trabrenndorf Farmsen** begonnen. In zwei Bauphasen entstanden bis 1999 knapp 1200 öffentlich geförderte Wohnungen. „Identifikationsmöglichkeiten und historische Erlebbarkeit" standen im Vordergrund bei der Planung der Außenanlagen: Die Häuser umschließen die Ziegeleiteiche und den Park mit Spielplätzen, Aussichtspunkten und Stegen sowie baumgesäumten Rad- und Wanderwegen.

Wohnen für Senioren

Inmitten eines fast 100 Jahre alten Parks mit vielen Bäumen wohnen auch die über 400 Bewohner des **Alten- und Pflegeheims** an der *August-Krogmann-Straße*. Im Dezember 1904 wurde hier die Zweigstelle des Werk- und Armenhauses Barmbek zunächst mit drei Häusern eröffnet. In den folgenden Jahren erweiterte man die Anlage um neue Wohnhäuser, Wirtschafts- und Fabrikgebäude sowie eine Wäscherei mit Wirtschaftsräumen. Die Bewohner waren vorwiegend arbeitsfähige Arme, die z.T. auch zwangsweise eingewiesen wurden. Nach dem Ersten Weltkrieg kamen arbeitsunfähige Kriegsopfer, aber auch mittellos gewordene Klein- und Sozialrentner dazu. Noch viele Farmsener erinnern sich bis heute u.a. an die „gefallenen Mädchen", die zur Arbeit auf das Staatsgut Farmsen oder den „Geflügelhof Carlshöhe" zogen. Die Anstalt hieß nun „Versorgungsheim" und wurde durch einen hohen Metallzaun vom übrigen Stadtteil abgetrennt.

Heute gibt es keinen Zaun mehr. Die Einrichtung **Pflegen und Wohnen** hat die Anlage übernommen, die Gebäude saniert und das parkähnliche Gelände für jeden geöffnet. Anstelle des ehemaligen Pförtnerhäuschens lädt nun u.a. das „Café im Palmengarten" zum Verweilen bei Kaffee und Kuchen ein. Seit 1990 unterhält „Pflegen und Wohnen" auf dem Gelände auch ein **sozialtherapeutisches Wohnheim** mit 98 Plätzen für psychisch kranke Menschen.

Im Schatten des Wasserturms und doch im schönsten Sonnenschein: das Sommerfest im Pflegeheim Farmsen

Mit viel persönlichem Engagement kümmert sich der **Freundeskreis Pflegeheim Farmsen e.V.** darum, dass die Bewohner aktiv in das Stadtteilleben eingebunden werden und sich integriert fühlen. Besonders beliebt sind z.B. die Sommerfeste oder das jährliche Karpfenessen.

Der **Freundeskreis Seniorenhilfe Berne e.V.** wurde gegründet, als 1998 die „Seniorenwohnanlage Walddörfer" an der *Berner Allee* entstand. Die Mitglieder übernehmen nicht nur Patenschaften für Bewohner der Wohnanlage, sie haben es sich auch zur Aufgabe gemacht, den alten Menschen in ganz Berne das Leben zu verschönern: Mit dem vereinseigenen Kleinbus fährt z.B. die Wandergruppe ins Grüne, und in Beratungsstunden wird Hilfe im Umgang mit Behörden und Institutionen angeboten.

Strandbad und Eissporthalle

Obwohl sich Farmsen-Berne zu einem dicht bevölkerten Wohnstadtteil gewandelt hat, leben die Menschen hier mit viel Grün. Entlang der Wandse und der Berner Au laden Uferwege zu Spaziergängen ein, und der Berner Gutspark mit den großen, alten Bäumen wird nicht nur von Hundebesitzern regelmäßig besucht. Auch rund um den Kupferteich joggen, radeln und wandern die Stadtteilbewohner und genießen die Natur.

Über ganz Farmsen-Berne verteilt, zeugen alte Ziegeleiteiche von früheren Betriebsstandorten. Eine der Tongruben der ehemaligen Aktienziegelei ist seit 1930 das Schwimmbecken des **Strandbads Farmsen**. 200 m Sandstrand und die hervorragende Wasserqualität begeistern die zahlreichen Besucher des idyllischen Naturbads. Trotz allem drohte dem Freibad 1988 das Aus: Die Hamburger Wasserwerke mussten aus wirtschaftlichen Gründen öffentliche Bäder schließen, und das Farmsener Strandbad stand auf der Liste. Um die sommerliche Freizeit-Institution zu erhalten, gründete Helmut Schwenke den Verein **Strandbad Farmsen e.V.**, der seither das Bad unterhält. Und so können auch weiterhin die Farmsen-Berner plantschen, schwimmen und die lange Wasserrutsche hinabdonnern. Früher war das Freibad auch im Winter für Schlittschuhläufer ein beliebter Treffpunkt. Aus versicherungsrechtlichen Gründen musste dieses eisige Vergnügen eingestellt werden. Aber: Kreise übers spiegelglatte Eis zu ziehen, das geht in Farmsen seit 1978 auch ohne klirrenden Frost. Obwohl man es bei dem Namen kaum vermutet, unterhält die „Bäderland Hamburg GmbH" Hamburgs einzige **Eissporthalle**. Auf der 30 x 60 m großen Eisfläche herrscht im Winterhalbjahr, von Oktober bis März, reger Kufenbetrieb. Professionell geht es zu, wenn die Eishockey-Spieler der **Crocodiles Hamburg** dem Puck nachjagen. Der Krokodil-Nachwuchs gehört dem Farmsener Turnverein an und trainiert – dick eingepackt – in fünf Altersgruppen. Ebenfalls nur mit vollständiger Schutzausrüstung sollte auch die großzügige Anlage des **Skate-Land Farmsen** am *Berner Heerweg 195* benutzt werden. In diesem Paradies für Inlineskater bietet die Skisport-Abteilung des FTV auch Anfängerkurse für das ungefährlichere Befahren von „Quarter Pipe" oder „Junior-Fun-Box" an.

Zur Eröffnung des Farmsener Freibades 1930 kamen Besucher von nah und fern

In Hamburgs einziger Eissporthalle trainieren die Spieler der Crocodiles. In der übrigen Zeit ziehen Freizeit-Sportler ihre Kreise

Einkaufstreffpunkt

Bereits Mitte der 1960er Jahre gab es Planungen für ein Einkaufszentrum in Farmsen-Berne. Mehr als zehn Jahre sollten aber vergehen, bis ein Konzept erstellt war, das von der Bevölkerung und Bauherren akzeptiert wurde. Der erste Spatenstich erfolgte 1978 auf den ehemaligen Feldern Ecke *August-Krogmann-Str./ Berner Heerweg*. Zwei Jahre später konnte der Einkaufstreffpunkt Farmsen eingeweiht werden. 1997/98 wurde das Center modernisiert. Heute sind auf einer Verkaufsfläche von ca. 20 000 m^2 ein Supermarkt sowie 70 Fachgeschäfte angesiedelt und damit mehr als die Hälfte aller Einzelhandelsgeschäfte des ganzen Stadtteils.

Die übrigen Geschäfte sind über ganz Farmsen-Berne verteilt und bilden zum Teil kleinere Ladenzeilen. Gegenüber dem Farmsener Bahnhof entstand z.B. eine Ladenpassage, und auch bei den Neubauten vom Ende der 1950er Jahre am *Mahlhaus* wurden die Erdgeschosswohnungen für Geschäfte reserviert. Bis heute kann man hier die Tageszeitung kaufen und den Lottoschein abgeben. Ähnliche Ladengeschäfte sind natürlich auch in Berne zu finden. Dem Bahnhof gegenüber lockt z.B. die Konditorei Jacobs Schleckermäuler und Naschkatzen ans Kuchenbüfett.

Nicht ganz so viel Auswahl hat jeder, der eine Traditionsgaststätte sucht, um mit vielen Verwandten und Freunden ausgelassen zu feiern. Der **Luisenhof** bewirtet Festgesellschaften mit deutschen und jugoslawischen Gerichten, und in der **Räucherkate** am *Berner Heerweg* serviert seit über 30 Jahren Familie Kusch deutsche Spezialitäten in gemütlichem Ambiente.

Köpfe

An „Berne damals" erinnert sich **Bethy Lübcke** (geb. 1927) noch gut. Die ehemalige Geschäftsführerin der Abteilung Gesundheitswesen in der Bezirksverwaltung der Gewerkschaft ÖTV Hamburg war Mitinitiatorin einer Veranstaltungsreihe, in der Zeitzeugen von den Anfängen der Siedlung Berne berichteten. Alle Teilnehmer waren so begeistert, dass Frau Lübcke die Idee entwickelte, einen Film über die Entstehungsgeschichte zu drehen. Sie selbst berichtet in **Berne damals** von ihrer Kindheit und der Vertreibung der Familie aus der Gartenstadt während der NS-Zeit.

Eggersweide heißt die Sackgasse, die vom *Pulverhofsweg* bis zur Eissporthalle führt. Benannt wurde die Straße nach der Farmsener **Bauernfamilie Eggers**, die seit 1681 hier ansässig ist. Noch bis 1956 wurde der Eggers'sche Hof landwirtschaftlich genutzt, dann ließ die Familie die Flächen nach und nach mit Mehrfamilienhäusern bebauen. Als Vertreter der neunten Eggers-Generation verwaltet **Dirk Eggers** seit 1974 den Familienbesitz.

Auf die Frage, was er sich für Farmsen wünscht, muss **Peter Rademacher** (geb. 1950) erst überlegen. Als Vierjähriger zog er mit seinen Eltern in eine Wohnung der Gartenstadt Farmsen. Er engagierte sich sehr, als es darum ging, durch die Gründung einer Mietergenossenschaft den Verkauf der Wohnungen zu verhindern. Seit Ende der 1960er Jahre sammelt Peter Rademacher alles, was er über die Geschichte des Stadtteils finden kann. Zur 700-Jahr-Feier wurde daraus das Buch „Mensch, Farmsen-Berne. Bist Du aber groß geworden". Peter Rademacher kann sich nicht vorstellen, woanders zu wohnen, und hat dann doch zwei Stadtteil-Wünsche: „Einen Herrenausstatter und ein Kulturzentrum oder ein Lokal, das genug Platz für Live-Musik bietet."

Hahn im Korb: Herr Rumler und das Team von Textil-Lehmann. Schon seit 1954 gibt es das Modegeschäft gegenüber dem U-Bahnhof Farmsen

Verwurzelt in Farmsen-Berne: Betty Lübcke, Dirk Eggers und Peter Rademacher

Finkenwerder

Die Fischerei gehört der Geschichte an, dem Flugzeugbau gehört die Zukunft: In Nachbarschaft von vielen Obsthöfen wird am größten Passagierflugzeug der Welt gearbeitet. Das kulturelle Erbe der Elbinsel pflegen viele Vereine wie die „Finkwarder Speeldeel", der „Finkwarder Danzkring" und der Kulturkreis Finkenwerder

Steckbrief

Fläche: 19,331 km²
Einwohner: 11 823
Verwaltung: Bezirk Hamburg-Mitte, Ortsamt Finkenwerder
Ortsteil: 139

Unten: Obst und Gemüse für Hamburg, um 1840

Die Herkunft des Stadtteilnamens lässt sich nur vermuten. Ein Werder ist eine Flussinsel; „Vynken" war im Mittelalter ein Sammelbegriff für Vögel. Vielleicht waren auf dem Finkenwerder auffällig viele Vögel heimisch.

Aus der Geschichte

Vor 1000 Jahren lag zwischen dem damaligen Hauptstrom der Elbe, der heutigen Alten Süderelbe, und der noch schmalen Norderelbe der Gorieswerder (s. Veddel). Seit dem 12. Jahrhundert erfolgte die Kultivierung der „Sümpfe" in der Elbe. Erste, niedrige Deiche entstanden. Der westlichste Teil des Gorieswerders, der zum Herrschaftsgebiet der Grafen von Holstein gehörte, wurde 1236 als „Vinkenwerder" erwähnt. 1265 ging der Süden der Insel an die Herzöge von Braunschweig-Lüneburg über, den nördlichen Teil erwarb Hamburg 1445. Aber die Stadt kümmerte sich wenig um den Neubesitz und ließ die Deiche verfallen; die Elbkarte Melchior Lorichs von 1568 dokumentiert den „Hamborger unbediekt Vinckenwarder". Die im selben Jahr festgelegte Grenze zwischen den beiden Teilen der Insel markierte ein Graben, die Finkenwerder Landscheide.

Im 17. Jahrhundert erfolgte die **Neueindeichung**. Bauernhöfe verteilten sich über die ganze Insel, vor allem aus dem Alten Land kamen neue Bewohner. Im Nordosten Finkenwerders siedelten sich erste Fischer an. Das 18. Jahrhundert brachte für den Süden eine Stabilisierung der Lebensverhältnisse, für den Norden jedoch erneute Deichbrüche. 1800 galt Finkenwerder als „Plage der Stadt Hamburg": Wegen der **ständigen Überschwemmungen** war der landwirtschaftliche Ertrag nur gering. Die Wende brachte Senator Wilhelm Amsinck, der 1801 als Deichkommissarius die „Verfügungen für das Finkenwerder Deichwesen" herausgab: Die Grundbesitzer am Deich waren jetzt für dessen Zustand verantwortlich. Der Erfolg zeigte sich 1806, als die Deiche einer schweren Sturmflut standhielten. Die Franzosenzeit ab 1806 brachte den Aufschwung der Fischerei, und die sicheren Deiche sorgten für das Anwachsen der Bevölkerung. Um 1800 begannen die Bauern, auch Obst und Gemüse anzupflanzen; 100 Jahre später hatte der Obst- den Getreideanbau verdrängt. Die Industrialisierung folgte; das Elbufer wurde in Pläne zur Hafenerweiterung einbezogen, vor dem Norderdeich schüttete man Landflächen auf. Die 1918 gegründete **Deutsche Werft** wurde der größte Industriebetrieb der Insel; in den 1930er Jahren siedelte sich die „Hamburger Flugzeugbau GmbH" an. 1937/38 endete mit dem Groß-Hamburg-Gesetz die politische Teilung der Insel. Rüstungsarbeiter und später Kriegsflüchtlinge ließen die Einwohnerzahl stark ansteigen. Nach der Sturmflut von 1962 brachte der Hochwasserschutz mit der Abriegelung der Alten Süderelbe das Ende des Inseldaseins. Die Eröffnung der Köhlbrandbrücke 1974 und des Neuen Elbtunnels 1975 bescherten Finkenwerder den Durchgangsverkehr, unter dem es bis heute zu leiden hat.

Die „Landrath Küster", die hier im Köhlfleet liegt, ist der letzte Finkenwerder Kutter. Auch die HADAG-Fähre „Altenwerder" ist schon museumswürdig

Links: Obstbäume im südlichen Teil Finkenwerders. Unten: Finkenwerder Fischer beim Netzflicken, Foto von Anton Bruhn, 1909

Mythos Hochseefischerei: Zu den häufig gewählten Bildthemen aus dem Leben Hamburgs gehörten die Finkenwerder Ewer. Gemälde von Karl Becker, vor 1926

Buch und Umschlag mit Nordseeromantik

Die Fischer von Finkenwerder

Lange gehörte der jetzt Geschichte gewordene Fischfang zum Leben der Elbinsel. In der Erinnerung aber wird er immer mit dem Stadtteil verbunden bleiben

Der Fischreichtum der Elbe war von jeher die Lebensgrundlage für zahlreiche Familien. Streitereien um die Fanggründe gehörten zum Alltag der Insulaner; denn Hamburger Amtsfischer und Blankeneser Fischer waren ebenfalls auf der Elbe unterwegs. Und auch zwischen den Fischern aus dem südlichen und dem nördlichen Teil der Insel gab es oft genug Reibereien. Schon im 17. Jahrhundert waren Finkenwerder Fischer auf der Nordsee unterwegs; um 1760 zählte man mehr als 100 Fischerfamilien. Großen Zuwachs brachte die Franzosenzeit: 1810–14 unterband England die Fahrten der Blankeneser Fischer, denn sie gehörten zum Königreich Dänemark und waren damit „Verbündete" Frankreichs. Viele Blankeneser Fischer wechselten daraufhin das Elbufer und ließen sich auf Finkenwerder nieder. Bis 1887 wuchs die Flotte mit der Kennung „HF" für Hamburgisch Finkenwerder auf 187 Ewer (s. a. Neuengamme). Die Arbeit der Hochseefischer war hart und gefährlich: Allein zwischen 1882 und 1912 blieben 130 Ewer mit 308 Mann Besatzung auf See. Um 1900 entdeckten die Künstler die Gefahren und die Dramatik des Fischerberufs, die Arbeit auf See fand den Weg in die Literatur und Malerei; Gorch Focks Roman „Seefahrt ist not!" (1913) wurde zum Denkmal der Fischerei unter Segeln. Bis 1924 erhielten die Hochseeewer Motoren, die Elbfischer aber verloren allmählich durch Elbverschmutzung und -aufschüttungen ihre Fanggründe. Um 1980 läuteten die Überfischung und die Fangmengenbeschränkung der EG das Ende der Finkenwerder Hochseefischerei ein: 1995 fuhren nur noch 14 Großkutter mit der „HF"-Kennung. Heute trägt nur noch die HF 231 „Landrath Küster" als schwimmendes Museum die Buchstaben, und im Deutschen Museum in München hat die HF 31 „Maria" festgemacht.

Rechts: Finkenwerder Fischer im „Buscherump", dem blau-weiß gestreiften, kragenlosen Hemd. Holzschnitt von Paul Helms. Unten: Schwerstarbeit auf See – die Männer von der „HF 324" an den Netzen

Museen an Land und im Wasser

Ein kleines, aber feines Museum ist das **Finkenwerder Trachten- und Heimatmuseum** des Finkwarder Danzkrings „Lünborger Siet“ am *Brack 30*. Hier wird dem Besucher eine schöne Sammlung alter Gebrauchsgegenstände, Möbel und Trachtenstücke aus der Vergangenheit Finkenwerders präsentiert.

Ein geschichtsträchtiges Schmuckstück ist das Elternhaus der Dichterbrüder Johann („Gorch Fock“), Jakob und Rudolf Kinau am *Neßdeich 6*. Seit mehr als zehn Jahren gehört es der **Heimatvereinigung Finkenwerder**, deren 1. Vorsitzender Werner Marquart ist. Der „Finkenwerder Jung“ betreut das **Kinau-Haus/Gorch Fock Haus** zusammen mit seiner Frau und anderen Mitgliedern der Heimatvereinigung. Bei einer Führung bekommt man einen guten Einblick in die Finkenwerder Geschichte und kann in Fotoalben und Büchern schmökern. Seit einigen Jahren finden hier auch Trauungen statt. Werner Marquart ist aber auch darüber hinaus sehr engagiert. Wenn es z.B. um Missstände oder Probleme geht, dann ist er der Erste, der beim **Ortsausschuss Finkenwerder** vorspricht.

Fast zehn Jahre alt ist der kleine **Museumshafen** im Kutterhafen am *Köhlfleet-Hauptdeich*. Hier, im früheren Heimathafen der Finkenwerder Fischereiflotte, liegen 13 ehemalige Berufssegler, darunter der Besan-Ewer „Eule“ von 1896, eine englische Austern-Smack und der vom Verein **Freunde des Hochseekutters Landrath Küster HF 231** restaurierte Finkenwerder Segelkutter „Landrath Küster“. Ins Leben gerufen wurde der Museumshafen vom **Finkenwärder Gaffel-Consortium**.

Am *Finkenwerder Landscheideweg* steht die neugotische ev.-luth. **St. Nikolai-Kirche**. Sie wurde 1880/81 an der Stelle einer Mitte des 18. Jahrhunderts erbauten Kirche errichtet und 1966 umgebaut. Jedes Jahr zwischen Ostern und Himmelfahrt öffnet St. Nikolai das **Obstbaumblütencafé**. Bei Kaffee und Kuchen sitzt es sich gut inmitten der blühenden Pracht. Muslime leben seit den 1960er Jahren auf Finkenwerder, sie haben mit der **Osman Bey Moschee** seit 1988 ihr Gotteshaus an der *Müggenburg 20*.

Finkenwerder Eindrücke: das Friedhofstor, St. Nikolai auf einem Gemälde von Friedrich Schaper (1895, Sammlung Haspa), Fachwerk am Auedeich

Vereine in Aktion

Finkenwerder ist eine traditionsbewusste Elbinsel, geprägt von einem vielfältigen kulturellen und gesellschaftlichen Leben. Fast jeder Zweite ist in einem Verein organisiert. Die meisten Vereine und Institutionen gehören dem **Kulturkreis Finkenwerder** an. Vorsitzender Kurt Wagner und die Vereinskollegen sorgen dafür, dass das kulturelle Erbe des Stadtteils weiterlebt, und bieten attraktive Veranstaltungen für alle Altersklassen an. So gibt es z.B. klassische Konzerte und seit mehr als zehn Jahren den „Jazzfrühschoppen“. Außerdem verleiht der Kulturkreis seit 2000 den **Kunstpreis Finkenwerder** an deutsche Künstler und berichtet dreimal jährlich mit der Zeitschrift **De Kössenbitter** aus dem Stadtteilleben.

Zeitleiste

13. Jh. im Besitz der holsteinischen Grafen
1236 erste Erwähnung
1265 südlicher Teil an Herzogtum Braunschweig-Lüneburg
1445 nördlicher Teil an Hamburg
1918–73 Deutsche Werft
1919 nördlicher Teil wird Vorort
ab 1933 Flugzeugbau
1937/38 südlicher Teil an Hamburg
2001/02 Teilzuschüttung Mühlenberger Loch

Spielt Schifferklavier für Fische: Nixe am Eckhaus Ostfriesland-/Emder Straße

Die Finkwarder Speeldeel gehört zu Hamburgs kulturellen Botschaftern. Darunter tanzt der „Danzkring" in Finkenwerder Tracht

Schon eine Institution ist die jedes Semester vor Kursbeginn stattfindende literarische Auftaktveranstaltung der **Volkshochschule**. Die VHS bietet Kurse wie „Orientalischen Tanz" oder „Kunst am Vormittag" an. „In Kooperation mit der Airbus Deutschland GmbH finden im Technologiezentrum Hamburg-Finkenwerder rund 20 Kurse pro Semester von ‚Konflikttraining' bis ‚Spanisch' statt", ergänzt Petra Franke von der VHS.

Den hölzernen Apfel verleiht der Kulturkreis an Personen, die sich um Finkenwerder verdient gemacht haben

Folklore in Vielfalt

Um Musik, Gesang, Tanz und auch mal Gedichte geht es bei den Aufführungen der 1906 von den Heimatdichtern Hinrich Wriede und Gorch Fock gegründeten **Finkwarder Speeldeel**. Die 100 Akteure sind mit ihrem bunten Programm aber nicht nur auf Finkenwerder beliebt: Die Chronik verzeichnet Auftritte in Funk und Fernsehen und Reisen bis nach China. Um Nachwuchs braucht sich die Speeldeel nicht zu sorgen: In der **Lütt Finkwarder Speeldeel** singen und tanzen 50 Kinder. Seit 1976 mit der Gruppe verbunden ist der Hamburger Liedermacher Rolf Zuckowski, von dessen Liedern der damalige „Speelboos" Adi Albershardt gleich angetan war. Heute leitet Christa Albershardt die Speeldeel.

Boote so weit man blickt: der Yachthafen im Rüschkanal

Die ländliche Seite der Insel repräsentiert seit 1976 der **Finkwarder Danzkring „Lünborger Siet"**. Die Folkloregruppe hat sich im Bereich des Volkstanzes einen Namen über die deutschen Grenzen hinaus gemacht. Neben dynamischen Volkstänzen aus Norddeutschland stehen schwungvolle Lieder und plattdeutsche Folklore-Musicals auf dem Programm. Für den Nachwuchs des Danzkrings sorgen die **„Lütten Geuten"**.

Weniger bekannt ist die **Finkenwerder Puppenspiel-Compagnie**. 1988 wurde sie vom Lehrer Jürgen Harms als Puppentheater gegründet. Schüler des Gymnasiums Finkenwerder führen mehrmals jährlich Märchen- und Theaterstücke auf und begeistern kleine und große Zuschauer. Musikalisch geht es bei den Männergesangvereinen **Liedertafel „Harmonie" von 1865** und **Germania Finkenwärder 1884** sowie beim **Frauenchor „Frohsinn" von 1950** zu. Die beiden Letzteren haben mit dem Japaner Kazuo Kanemaki seit vielen Jahren einen engagierten Chorleiter.

Sportliche Insulaner

„Das hat sich überlebt", Volker Knieling winkt ab. Als „Die Rebellen", wie sie einst genannt wurden, versteht der Vorsitzende

Bürgergeschichten

„Finkenwerders technische Seite“

***Kurt Wagner**, geb. 1935, hat schon viel über seine Insel geschrieben. Sein nächstes Buch wird ihre Vergangenheit aus technischer Sicht darstellen*

Als ich im Februar 2000 am Ende einer Geschäftsreise nach Brasilien die Gelegenheit hatte, mich vor der Rückkehr noch einmal am Atlantikstrand in einen Liegestuhl zu legen, habe ich diese Möglichkeit gern genutzt. Ich genoss das Rauschen der Brandung und den frischen Seewind und war mit meinen Gedanken schnell an der Nordsee und zu Hause auf Finkenwerder. Auf der Heimreise bestieg ich in Frankfurt ein Flugzeug vom Typ A 321, und dieses trug den Namen „Finkenwerder“. Das Thema „Finkenwerder“ hatte mich wieder einmal eingeholt, bevor ich noch meinen Fuß auf diese mir so vertraute, schöne alte Fischerinsel setzen konnte. „Fischerinsel“ – was heißt hier eigentlich Fischerinsel? Es ist doch nur noch eine Halbinsel, und richtige Fischer sind eine Seltenheit geworden. Mir wurde in diesem Flugzeug wieder einmal bewusst, welch großer Wandel sich vollzogen hat, wie eng die Entwicklungen in der Technik mit der Elbinsel verbunden sind – und ich nahm mir vor, diese Entwicklung umfassend zu dokumentieren.

Das Zeitalter der Technik begann auf Finkenwerder um 1800 mit dem Schiffbau. Hier gebaute Segelschiffe erreichten um 1840 China und Südamerika. Man baute hier aber auch ca. 200 Fischerewer und Fischkutter. Der Großschiffbau nahm auf der Deutschen Werft in den 1920er Jahren seinen Anfang. Das 1937 entstandene Walfang-Mutterschiff „Walter Rau“ und das Fahrgastschiff „Patria“ (1938) gehörten zu den schiffbautechnischen Höhepunkten vor dem Zweiten Weltkrieg. Über die Deutsche Werft wurde in meinem Elternhaus oft gesprochen, denn mein Vater war hier Werftkapitän, und es gehörte zu seinen Aufgaben, die Probefahrten durchzuführen.

1953 stand die Deutsche Werft mit einem Gesamtvolumen von 219 000 tdw (tons deadweight = Tragfähigkeit in Tonnen) abgelieferten Schiffsraums in der Rangliste aller Handelsschiffswerften der Welt an erster Stelle. Am 5. März 1973 lief mit der „City of Edinburgh“ leider das letzte Schiff vom Stapel. Mich erfasste Wehmut, denn ich hatte auf der Deutschen Werft gelernt und gearbeitet.

Die ersten Kontakte der Elbinsel zum Flugzeugbau entstanden Anfang der dreißiger Jahre, als Wasserflugzeuge der Firma Dornier an den Kaianlagen der Deutschen Werft nach Übersee verladen wurden. 1939 begann Blohm + Voss auf Finkenwerder mit dem Bau von Wasserflugzeugen. Diese waren für die Menschen auf Finkenwerder ein ungewohntes, aber nicht unsympathisches Produkt, denn sie konnten auf dem Wasser starten und landen. Heute gehört das Airbus-Werk zu den modernsten Flugzeugmontagewerken der Welt.

Die ehemalige Fischerinsel hatte, wie man sieht, Berührungspunkte mit allen Schritten der technischen Entwicklung im Klein- und Großschiffbau sowie im Flugzeugbau. Alle Materialien, ob Holz, Stahl oder Aluminium, die in den letzten 200 Jahren für die Weiterverarbeitung nach Finkenwerder geschafft werden mussten, verließen die Insel wieder, auf dem Weg in die weite Welt, verarbeitet in Schiff oder Flugzeug, über das Wasser oder durch die Luft. Die Technik und die Insel am Strom: eine unendliche und eine noch ungeschriebene Geschichte.

Kurt Wagner, geboren, aufgewachsen und wohnhaft auf Finkenwerder, ist als Vorsitzender des Kulturkreises unermüdlich tätig für seinen an der Elbe gelegenen Stadtteil

Männer über Bord: Malerarbeiten an einem Neubau der Deutschen Werft. Titelseite der Werkzeitung, 1953

Finkenwerder Logos: für den TuS 1893 und die Finkwarder Karkmess (rechts)

den **Segel-Verein Finkenwerder** nicht mehr. Die 190 Mitglieder starke Gemeinschaft entstand 1965 als Abspaltung der Segelabteilung des „TuS Finkenwerder“. Am Ostufer des Rüschkanals liegen 450 Boote: Acht Vereine und Betriebssportgemeinschaften sind im **Yachthafen Finkenwerder**, dem größten Sportboothafen Hamburgs, zu Hause. Der „Altonaer Segelclub“, der „Segelclub Neßkanal“, die „Segler-Kameradschaft Teufelsbrück“, die „Segelkameradschaft Ost“ sowie Betriebssportgruppen der Wirtschaftsbehörde und der Airbus GmbH zählen zu den Nutzern.

Auch Finkenwerders sportliche Landratten kommen nicht zu kurz: In 14 Sparten – u.a. Fußball, Handball, Jiu-Jitsu, Spielmannszug und Volleyball – sind die 2600 Mitglieder des **TuS Finkenwerder von 1893** aktiv. Zum Verein gehört auch eine Boxstaffel: Mecit Cetinkaya baute die Abteilung als Freizeitangebot für türkische Jugendliche auf, heute gehört das Team mit Jugendlichen verschiedener Nationalitäten zu den erfolgreichsten Boxmannschaften im Norden. Trainiert wird in der **Gorch-Fock-Halle**.

Der **SC Finkenwerder** wurde 1927 als Arbeitersportverein gegründet. Mit Rückengymnastik oder Seniorensport liegt er im Trend. Sehr gesellig: Die 200 Mitglieder haben ein eigenes Vereinshaus am *Finkenwerder Landscheideweg*.

Finkwarder Karkmess

Jedes Jahr im September wartet der Festplatz am *Norderkirchenweg* mit dem **Herbstmarkt** auf. Das Highlight des Veranstaltungskalenders

ist jedoch die **Finkwarder Karkmess** im Juni. Schon Gorch Fock hatte über die Bedeutung dieses Jahrmarkts geschrieben. Neben der Festmeile mit Ständen und Karussells lädt ein Programm ein, das Aufführungen des Finkwarder Danzkrings „Lünborger Siet“ ebenso beinhaltet wie die der Gesangvereine, des Jugendorchesters „Papageno“ und des Orchesters Airbus Hamburg sowie den Dorfball und einen Gottesdienst.

Obstbauern und Werftbesitzer

Finkenwerders Wirtschaft steht auf mehreren Beinen. Die Fischerei spielt kaum noch eine Rolle, von Bedeutung sind dagegen die **Flugzeugindustrie** und der **Obstanbau**: Die Plantagen, vor allem im südlichen Teil der Insel gelegen, erstrecken sich bis zur Alten Süderelbe. Mehr als 70 Neben- und mehrere Vollerwerbsbetriebe sind noch tätig, der Obsthof von Adolf Fick z.B. ist seit 200 Jahren im Familienbesitz. Auf den insgesamt 10 ha großen Obstplantagen wachsen Äpfel, Birnen und Erdbeeren. Den Hauptanteil des Obstanbaus machen die Äpfel aus; besonders aromatisch ist der **Finkenwerder Herbstprinz**. Obstbauer Julius Ebeling hat eine Marktlücke entdeckt: Er keltert Wein u.a. aus Birnen, Brombeeren und Pflaumen – den **Finkenwerder Schüttelfrost**.

Die **Schiffswerft von Cölln** am *Köhlfleet-Hauptdeich 1* blickt auf eine 235-jährige Geschichte zurück. Sie wurde

Obstplantagen und Wasserläufe gehören zum Landschaftsbild von Finkenwerder. Produkte des Stadtteils sind der „Finkenwerder Schüttelfrost“ und der „Finkenwerder Herbstprinz“

1767 vom holländischen Bootsbauer Hinrich von Cölln am *Von-Cölln-Weg* gegründet. Heute führt Henry von Cölln die Werft in achter Generation. Hauptsächlich werden hier Hafenfahrzeuge repariert. Aber auch für die Anstriche der **HADAG-Fähren**, die zum Musical „König der Löwen" fahren, zeichnet die Werft verantwortlich, und in einer Filialwerft am Osterbekkanal in Winterhude warten von Cöllns die Alsterdampfer.

Seit 1967 ist die **Bootswerft Heuer** – gegründet 1924 in Hamburg – in Finkenwerder ansässig, zuerst am *Neßpriel*, heute am *Rüschweg*. In dritter Generation führt Henning Heuer das Unternehmen mit fünf Mitarbeitern. In dem modernen Servicebetrieb werden sommers wie winters Bootsreparaturen aller Art ausgeführt. Viele Fahrzeuge überwintern auf der 5000 m² großen Lagerfläche.

Ohne Stau nur auf dem Wasser

Ohne Zeitverlust erreicht man Finkenwerder mit den HADAG-Fähren übers Wasser. Schwieriger kann es mit dem Pkw werden: Die Ortsdurchfahrt ist seit Jahren ein **Nadelöhr**. 24 000 Pkw und 300 Lkw quälen sich täglich durch den Stadtteil. Besonders problematisch ist der **Schwerlastverkehr**. Viele, aber nicht alle Brummis fahren zum Airbus-Werk, ob als Zulieferer oder im Rahmen der Baumaßnahmen. Permanenter Lärm und häufige Erschütterungen machen den Anwohnern am *Finkenwerder Norderdeich* oder am *Neßdeich* das Leben schwer, Häuser erlitten bereits Bauschäden. Die Finkenwerder kämpfen deshalb schon seit Jahrzehnten für eine **Ortsumgehung**. In den 1970er Jahren entstand die „Bürgervereinigung Umgehungsstraße Finkenwerder" (BUF), deren Vorsitzender Max Lauscher mahnt, „die zuständigen Behörden wissen doch, was zu tun ist". Tatsächlich sind mehrere Varianten einer möglichen Streckenführung für eine Umgehungsstraße geprüft worden. Ein Baubeginn aber verzögert sich immer wieder aufgrund der Einsprüche von betroffenen Bauern und Anwoh-

Tägliche Qual: Stau in der Ortsdurchfahrt Finkenwerder

Die HADAG – Hamburgs Wasserbusse

Die 18 Linienschiffe der „HADAG Seetouristik und Fährdienst AG" gehören zur Elbkulisse wie die Docks von Blohm+Voss und die Landungsbrücken

Seit 1888 standen Dampfer bei der HADAG, der Hafen-Dampfschiffahrt-Aktiengesellschaft, im Dienst. Anfangs beförderten sie vor allem Menschen innerhalb des Hafens, darunter die Hafenarbeiter, die auf den Elbinseln tätig waren. **Hafenrundfahrten** sind seit 1921 im Programm. Die beliebteste Fährlinie auf der Elbe ist seit über 100 Jahren die jetzige **HVV-Linie 62** zwischen den St. Pauli-Landungsbrücken und Finkenwerder: 1892 baute eine Finkenwerder Reederei mit den Raddampfern „Union" und „Harmonie" eine leistungsfähige Fährverbindung auf. Im August 1900 übernahm das damals noch H.D.A.G. genannte Unternehmen diesen Fährbetrieb und führte ihn unter eigenem Namen weiter. Heute verkehrt die Linie 62 als einzige der HADAG-Linien im 15-Minuten-Takt. Zudem ist sie mit ihren 2,9 Mio. Passagieren die am meisten frequentierte HADAG-Verbindung: Auf die anderen Linien und die Hafenrundfahrten kommen ganze 1,1 Mio. Kunden.

HADAG

Platz für bis zu 250 Passagiere bieten die HADAG-Fähren wie hier die „Finkenwerder"

Das Airbus-Gelände aus der Vogelperspektive im Oktober 2001: Deutlich zu sehen ist der Bereich für die Werkserweiterung im Mühlenberger Loch. Am Mühlenberger Loch mündete bis zu ihrer Abdämmung die Alte Süder- in die Norderelbe

Flugzeug im Bauch: Den Transport großer Bauteile übernimmt die voluminöse „Beluga“

Airbus – Hightech aus Finkenwerder

Mit dem Bau der A380 schreibt Airbus ein neues Kapitel der zivilen Luftfahrt. Wenn der Riese künftig als größtes Passagierflugzeug der Welt unterwegs ist, stecken in ihm auch Hightech-Wissen und Bauteile aus Finkenwerder

Als am 28. Oktober 1972 die erste A300 in Toulouse zu ihrem Jungfernflug abhob, wurde die europäische Flugzeugindustrie von der Konkurrenz noch belächelt. Inzwischen teilen Airbus und der US-amerikanische Flugzeughersteller Boeing den Weltmarkt unter sich auf.

Airbus wurde 1970 als europäisches Luftfahrtprogramm aus der Taufe gehoben. Lange ein Konsortium von Firmen aus Frankreich, Deutschland, Großbritannien und Spanien, ist **Airbus** heute eine Kapitalgesellschaft französischen Rechts, deren Anteile zu 80 Prozent von der multinationalen European Aeronautic Defense and Space Company (EADS) gehalten werden, die übrigen 20 von der britischen BAE SYSTEMS.

Nach Seattle mit Boeing und Toulouse mit Airbus ist Hamburg das drittgrößte Luftfahrtzentrum weltweit. Auf Finkenwerder, wo der Hauptsitz der **Airbus Deutschland GmbH** ist, arbeiten mehr als 8000 der über 16 000 Mitarbeiter in der Bundesrepublik. Damit ist die Airbus Deutschland GmbH der größte Arbeitgeber im Stadtteil und einer der zehn größten im gesamten Stadtgebiet.

Auf Finkenwerder wird die komplette Endmontage der A321, der A319 und seit Ende 2001 auch des kleinsten Fliegers der Airbusfamilie, der A318, durchgeführt. Inzwischen hat das Werk rund 600 Maschinen dieser Typen ausgeliefert. Die A300, die A310 und die A320 bekommen in Hamburg ihre Innenausstattung. Airbus versieht die Flugzeuge übrigens mit dem weiblichen Artikel: So heißt es richtig „die A318“ oder „die A380“, und nicht, wie meist in den Printmedien zu lesen, „der A380“.

Vom ersten Airbus-Modell A300 für 251 Passagiere entwickelte sich die Modellpalette kontinuierlich „nach oben und nach unten“ weiter. Die erste A310 für 218 Passagiere wurde 1983 in Dienst gestellt. Der Erstflug der A 340-600, mit Platz für 380 Fluggäste, fand im April 2001 statt.

Ab 2006 macht Airbus dem Boeing-Monopol bei Flugzeugen mit über 400 Sitzplätzen Konkurrenz, wenn die A 380, das größte zivile Verkehrsflugzeug, in den Liniendienst gestellt wird. Auch an ihrer Fertigung – wie Innenausstattung, Bau von Rumpfsektionen, Lackierung und Auslieferung der Maschinen für Europa und den Mittleren Osten – ist das Airbus-Werk auf Finkenwerder beteiligt. Die A 380 wird 555 Sitzplätze auf zwei Etagen haben und nonstop mehr als 14 000 km weit fliegen können.

Die Beteiligung Hamburgs am Bau der A 380 hat lange die Gerichte bemüht. Naturschützer wollten die Teilzuschüttung des **Mühlenberger Lochs**, eines der größten Süßwasserwatten in Europa, verhindern. Doch die wirtschaftlichen Interessen siegten, und so wurde 2001 begonnen, 20 Prozent des „Lochs", das in seiner heutigen Form erst durch die endgültige Abdämmung der Alten Süderelbe 1964 entstand, mit mehr als 11 Mio. m^3 Sand aufzufüllen. Der Chef der Airbus Deutschland GmbH, Hans-Joachim Gante, sagt zur Werkserweiterung: „Dies ist eine Investition zur Stärkung des Luftfahrtstandortes Hamburg." Mehr als 60 000 bis zu 15 m lange kunststoffummantelte Sandsäulen mussten als Deichgründung in den Schlickboden des 140-ha-Areals eingebracht werden. Auf dem Gelände entstehen neue Montage- und Lackierhallen, ein Auslieferungszentrum und „Parkplätze" für die Flugzeuge. Ebenfalls für den neuen Superflieger muss die Start- und Landebahn verlängert werden.

Für die Hansestadt erhofft man sich auch zusätzliche Arbeitsplätze durch den Bau der A 380; schon jetzt liefern über 2000 Firmen dem Airbus-Werk zu. Zweimal zuvor in Hamburgs Geschichte wurde die Chance vertan, erfolgreichen Flugzeugbau zu etablieren. Jeweils in den 1950er und 60er Jahren fehlte die finanzielle Unterstützung, um aussichtsreichen Flugzeugprojekten der Hamburger Flugzeugbau (HFB), heute zur EADS gehörig, zum Erfolg zu verhelfen. Seit Airbus ist das anders, und so ist die Stadt mit gut 650 Mio. Euro an dem Projekt beteiligt. Bezahlt werden davon auch die ökologischen Ausgleichsmaßnahmen. Im Oktober 2001 war auf der Rüschhalbinsel Richtfest des **Airbus Technologie Parks** (ATP), der über 7000 m^2 an Büro-, Produktions- und Lagerflächen für Zulieferbetriebe in unmittelbarer Nähe bietet.

Seit 1996 transportiert die „Beluga" die Großbauteile der Airbus-Flugzeuge von und nach Finkenwerder. Ihre Starts und Landungen sind für Spaziergänger und Restaurantbesucher zu beiden Seiten der Elbe ebensolche Erlebnisse wie die Vorbeifahrt der großen Überseeschiffe.

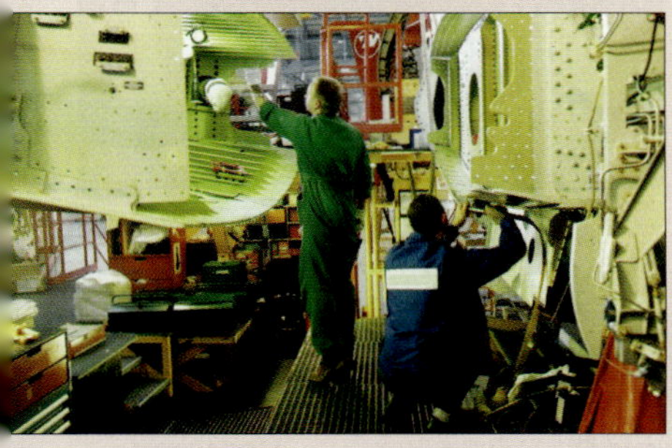

Links: Schranken einmal anders – ein Airbus kreuzt den Neß-Hauptdeich. Darunter: 1200 Schraubnietverbindungen halten jeden Flügel

Der Innenausbau steht noch aus: Das Airbus-Werk ist Arbeitsplatz für über 8000 Menschen. 700 von ihnen wohnen auf Finkenwerder

Wohnen und Rad fahren auf dem Deich

nern. „Zu 99,9 Prozent geht es aber bald endlich los“, ist sich Andrea Lange von der Bürgerinitiative „Ortsumgehung – Jetzt“, die selbst am *Neßdeich* wohnt, zu Anfang des Jahres 2002 sicher. Schließlich fordere auch die Airbus-Geschäftsführung eine bessere Anbindung.

Wohnen im Milieu

Geht man von der *Ostfrieslandstraße* durch den *Steendiek* in Richtung *Auedeich*, fühlt man sich mit einem Mal in das **alte Dorf Finkenwerder** zurückversetzt: schmale, oft noch mit Kopfstein gepflasterte Gassen, viele hübsche alte Häuser und ein Ambiente wie vor 100 Jahren. In den Fachwerkhäusern und wilhelminischen Putz- und Ziegelbauten in diesem als **Milieugebiet** ausgewiesenen historischen Ortskern wohnt es sich in Elbnähe sehr idyllisch. Ganz modern lebt es sich hingegen in den 120 vor kurzem von der **Baugenossenschaft Finkenwärder-Hoffnung eG** fertig gestellten Neubauwohnungen am *Uhlenhoffweg*. Am Beginn des *Uhlenhoffwegs* findet man übrigens auch das neue Verwaltungsgebäude der mehr als ein Dreivierteljahrhundert alten Genossenschaft.

Elbnahe Natur

Neben dem **Gorch-Fock-Park** im Nordosten Finkenwerders gibt es den 1996 auf der lange Zeit von der Werftindustrie genutzten Halbinsel zwischen Rüsch- und

Wasser vor und hinter dem Deich: das Freibad Finkenwerder. Unten: Finkenwerder Bäckerschild

Wahlverhalten

... zur Bürgerschaft 2001 (gesamt)

Wahlbeteiligung	71,0%
SPD	36,5%
CDU	26,2%
Schill-Partei	19,4%
Grüne/GAL	8,6%
FDP	5,1%
Übrige	4,2%

... zur Bürgerschaft 2001 (Stadtteil)

Wahlbeteiligung	73,1%
SPD	42,4%
CDU	22,7%
Schill-Partei	21,2%
Grüne/GAL	5,3%
FDP	3,6%
Übrige	4,7%

* Angaben aus datenschutzrechtlichen Gründen zusammen mit Waltershof

Stadtteil-Profil

	Finkenwerder*	Bezirk	Hamburg
Bevölkerung gesamt (2000)	11833	228060	1704929
Unter 18-Jährige in %	20,2	15,9	16,1
65 Jahre und älter in %	18,3	15,0	17,0
Deutsche	10334	167114	1432325
Ausländer in %	12,7	26,7	16,0
Einwohner je km²	414	2142	2258
Sozialstruktur			
Sozialhilfeempfänger (2000)	746	25273	120461
Arbeitslose (2001)	421	12716	71963
Eink. je Steuerpfl. in DM (1995)	55403	53702	65579
Wohnen (2001)			
Wohngebäude	2211	18821	226061
Ein- und Zweifamilienhäuser in %	32,5	8,9	20,5
ø Wohnungsgröße in m²	69,6	62,5	71,0
Wohnfläche je Einwohner in m²	35,0	31,3	35,7
Verkehr			
Private Pkw (2001)	4305	70503	628119
Straßenverkehrsunfälle (2000)	130	2790	12430
Kriminalität			
Straftaten insgesamt (2000)	1757	82985	284272

Steendiekkanal eingeweihten 21 ha großen **Rüschpark**. Dieses Naherholungs- und Freizeitgebiet liegt direkt an der Elbe und grenzt an den Yachthafen und an mehrere Tennisplätze. Wandern, Rad fahren, picknicken, Drachen steigen lassen, grillen an einer der Feuerstellen oder einfach nur die Aussicht auf die Elbe mit den Schiffen, Nienstedten und Teufelsbrück genießen – hier ist alles möglich. Im Westen Finkenwerders, südlich vom *Neß-Hauptdeich*, liegen die beiden Naturschutzgebiete **Finkenwerder Süderelbe** und **Westerweiden**, die zusammen 170 ha Marschfläche umfassen. Sie entstanden erst 1997 aus dem Naturschutzgebiet „Alte Süderelbe“.

In der „Bücherinsel“ bekommen die Finkenwerder ihren Lesestoff

Einkaufen am Deich

Steendiek heißt die Einkaufsadresse in Finkenwerder. Hier bekommt man alles, was man zum Leben braucht. Und darüber hinaus sorgen einige Geschäfte für besondere Genüsse wie der **Schlemmerhof** von Peter Witt mit köstlichen Käsespezialitäten und feinen Salaten oder die **Bücherinsel Finkenwerder** von Karin Gamradt und Ute Jasper. In dem gemütlichen Laden fühlen sich nicht nur Leseratten sofort wohl. Eine traditionelle Institution ist auch der **Wochenmarkt** jeden Dienstag- und Samstagvormittag am *Finksweg*.

Fisch auf den Tisch

Wer kennt sie nicht, die Scholle Finkenwerder Art? Es ist kein Geheimnis, dass die Fischküche auf Finkenwerder ihresgleichen sucht. So gibt es jede Menge guter Restaurants auf der alten Elbinsel. Das „Fischerhuus Oestmann“ im *Rüschwinkel*, „Zum Storchennest“ am *Osterfelddeich*, „Fock & oben“ in der *Ostfrieslandstraße* oder „Landungsbrücken Finkenwerder“ direkt am Fähranleger sind nur einige davon. Neben gutem Fisch genießt man bei Familie Schlünkes im **Finkenwerder Elbblick** einen fantastischen Blick über die Elbe. Das Restaurant mit großer Terrasse liegt gleich neben dem Gorch-Fock-Park. Fest im Stadtteil verankert ist auch **Schwartau's Gasthof** am *Süderdeich*. In diesem ältesten Gasthaus Finkenwerders (1667) findet jeden Herbst ein besonderes Ereignis statt: das **Treffen der Seeleute**.

Hamburger Nationalgericht: „Scholle Finkenwerder Art“

Köpfe

Zu Lebzeiten war **Rudolf Kinau** (1887–1975) einer der meistgelesenen plattdeutschen Erzähler. Über 40, oft humorig-hintergründige Werke vom Roman bis zum Theaterstück legte der Finkenwerder im Lauf seines Lebens vor. Lange stand der Fischer und Schreiber jedoch im Schatten seiner beiden Brüder. Vor allem Hans (= Gorch Fock; eigtl. Johann Wilhelm, 1880–1916; „Seefahrt ist not!“) galt vielen als der bedeutendere Autor. Mit Jakob („Die See ruft“; 1884–1965) teilte er die Liebe zu den heimatnahen Themen Seefahrt und Fischerei. Rudolf Kinaus erster, 1917 erschienener Roman hieß „Sternkiekers“.

1984 kam **Peter Baron** nach Finkenwerder und ließ die Tradition der Hochzeitsstühle wieder aufleben. Der gelernte Modelltischler, der fast 20 Jahre lang als Erzieher und Sozialarbeiter tätig war, ist der Einzige, der die Herstellung der Altländer Hochzeitsstühle als Gewerbe betreibt. In seiner Werkstatt am *Von-Cölln-Weg* hat er schon rund 400 Stühle gefertigt. Wer ein altes Möbelstück zu restaurieren hat, ist bei ihm ebenfalls richtig.

Bereits 1952 kam **Christa Albershardt** über den TuS Finkenwerder zur „Finkwarder Speeldeel“, wo sie ihren späteren Mann, Adi Albershardt, kennen lernte. 1997 wurde sie 1. Vorsitzende, ein Amt, das zuvor lange Jahre ihr Mann innehatte. Die gebürtige Finkenwerderin verbringt heute einen großen Teil ihrer Zeit damit, die Veranstaltungen der Folkloregruppe zu organisieren.

Köpfe aus Finkenwerder: Rudolf Kinau, Peter Baron, Christa Albershardt

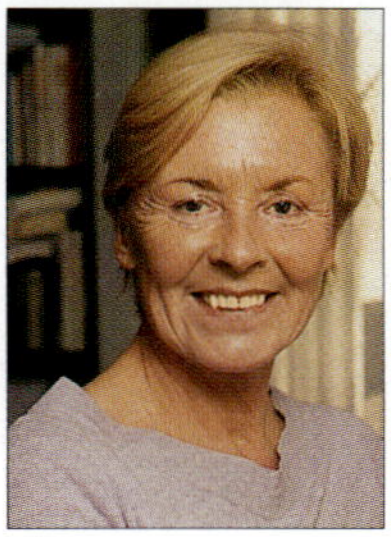

Francop

bildet den östlichen Rand des Alten Landes und gehört zu dessen „Dritter Meile“. Wie vor Hunderten von Jahren reihen sich noch heute die Wohnhäuser entlang nur einer einzigen Straße, der deichparallelen Hohenwischer Straße. Große Obsthöfe prägen das Bild des Stadtteils, aber auch die langen Deichstrecken und Bracks

Steckbrief

Fläche: 9,089 km²
Einwohner: 726
Verwaltung: Bezirk Harburg, Ortsamt Süderelbe
Ortsteil: 719

Die Graft in den 1970er Jahren. Früher gab es hier eine beliebte Wirtschaft, gern von Ausflüglern besucht

Es wird angenommen, dass der Name Francop auf den mittelalterlichen Vornamen „Franko“ oder „Franke“ zurückgeht. Vermutlich hat ein Mann dieses Namens das Dorf gegründet. Die Silbe „cop“ stammt aus dem Mittelniederländischen und kann Kauf, Belohnung oder Erbleihe bedeuten. Übrigens ist das „o“ in Francop lang, und wer den Namen noch nie gesehen hat, würde glatt „Frankoop“ schreiben.

Aus der Geschichte

Francop hat sich aus einem ehemaligen **Deichhufendorf** am östlichen Rand des Alten Landes entwickelt. Wie Neuenfelde gehört es zur „Dritten Meile“ des Alten Landes, die früher in erster Linie auf den Anbau von Gemüse spezialisiert war. Der **Obstanbau** wurde zunächst eher von ärmeren Bauernfamilien betrieben, erlangte aber mit steigender Nachfrage der Stadt Hamburg und anderer Ballungszentren während der Industrialisierung immer größere Bedeutung.

Ab Mitte des 12. Jahrhunderts kultivierten holländische Siedler das etwas tiefer als das Elbufergebiet liegende Binnenland, das sie von den Bremer Erzbischöfen erhalten hatten. Sie legten Gräben, Deiche und neue Ortschaften an, darunter neben Nincop, das heute zu Neuenfelde gehört, auch Francop. Der Ort wurde erstmals im Lehnsregister der **Grafen von Hoya** genannt, das wohl um 1235 entstand. Der Ortsteil **die Graft** taucht zum ersten Mal 1266 in einem Rechtsstreit zwischen der Stadt Hamburg und dem Land Bremen auf. Die Graft war eine dem Deich vorgelagerte, von Wasser umgebene Wurtsiedlung, die als **Fährstelle** nach Altenwerder diente. Im 13. Jahrhundert war sie des Öfteren Schauplatz politischer Verhandlungen zwischen den Bremer Erzbischöfen, den Hambur-

Ein typischer Francoper Anblick: Obstplantagen, Deich und Bauernhäuser

gern, den Welfen und den Grafen von Holstein. Später stand hier ein Ausflugslokal, das nicht nur die Paddler auf der Süderelbe gern besuchten. Heute gehört das Haus der Sprinkenhof AG und ist an Wolfgang Heiser und Frau Gabriele vermietet.

Häufig von **Sturmfluten** heimgesucht, gehörte auch Francop im 15. Jahrhundert zur „wüsten Meile" (s. Neuenfelde) und wurde in der zweiten Hälfte desselben neu besiedelt. Auch unter der Flutkatastrophe 1962 hatten die Francoper Bürger zu leiden. Die **Bracks** an der *Hohenwischer Straße* sind eindrucksvolle Zeugen der wiederholten schweren Sturmfluten. Sie sind bei den Deichdurchbrüchen entstanden (s. Kirchwerder).

Lange Zeit war das Francoper Gebiet mit dem restlichen Alten Land im Besitz der Bremer Erzbischöfe. Nach wechselnden Zugehörigkeiten wurde Francop 1932 an den Kreis Harburg angeschlossen und mit dem Groß-Hamburg-Gesetz 1937/38 zum Hamburger Stadtteil.

Von Bauernhäusern und Adelsgütern

Francop hat noch schöne alte Bauernhäuser zu bieten; darunter das Fachwerkhaus von Peter Stehr in der *Hohenwischer Straße 277* mit einem wunderschönen **Giebel** mit üppigem Backsteinzierverband und reicher Bemalung. Das älteste Haus Francops stammt aus dem 17. Jahrhundert und steht heute unter Denkmalschutz.

Im Stadtteil gab es einst vier **Adelsgüter**, von denen das Gut Francop II das bedeutendste war. Über 250 Jahre lang war es im Besitz der Familie von Düring, die lange Zeit Patrimonial-Gerichtsherren in Francop waren. Heute findet man neben dem Gutsbrack – einem Naturdenkmal – noch das umgebaute Gutshaus mit einem lebensgroßen, holzgeschnitzten Wolf am Hauseingang, der an den **Wolf von Francop** erinnert. Dieser entstammt der folgenden Legende: Der kleine Sohn des damaligen Gutsherrn hatte einen außergewöhnlichen Spielgefährten – einen zahmen Wolf. Während eines Feuergefechts zwischen schwedischen und münsterschen Truppen 1675 in Francop retteten Zigeuner den kleinen Jungen und nahmen ihn mit. Als er nach vielen Jahren auf das Gut zurückkehrte, wollte ihm keiner glauben, dass er der kleine Junge war, aber der Wolf erkannte ihn sofort wieder. Auch das heute nicht mehr existierende Gut Francop I war im Besitz der Familie von Düring.

Das Wohnhaus der Familie Quast in der *Hohenwischer Straße 39* war früher Bestandteil des Gutes Francop IV, dem Adelssitz der Herren von Zesterfleth. Ebenso gehörte die **Brackenburg**

Giebel des Hauses Hohenwischer Straße 277

Zeitleiste

um 1235 erste Nennung Francops

1266 erste Erwähnung der Graft

ab Mitte 15. Jh. Neubesiedlung Francops

1853 Bildung der Gemeinde Francop

ab 1932 Francop gehört zum Kreis Harburg

1937/38 Francop wird Hamburger Stadtteil

1961 Der Außendeich wird zum Hafenerweiterungsgebiet erklärt

1981 Hohenwisch bleibt Hafenerweiterungsgebiet

2001 erneute Diskussion um Bau der A 26

Bürgergeschichten

„Blumensand – das war's“

Der letzte Pächter, August Blohm, erzählt vom Leben auf der Staatsdomäne Blumensand zwischen Alter Süderelbe und Francoper Deich

Fast 125 Jahre lang wurde die Domäne Blumensand von unserer Familie bewirtschaftet. Mein Ururgroßvater Johann Blohm stand bei dem Herrn Friedrich von dem Bussche, dem das Gut Francop II gehörte, in Diensten. Zu dem Gut gehörte auch die Domäne Blumensand, die Johann 1849 für seinen Sohn August pachtete. Damals war gerade ein neues Wohn- und Wirtschaftsgebäude

Der kleine August Blohm (rechts) mit Eltern, Bruder und Cousine. Unten: Blumensand mit Erweiterungsgebäuden von Anfang der 1930er Jahre

auf einer Wurt erbaut worden. Dazu gehörten über 62 Morgen Land und die Inseln Kleines Mittelsand und Krautsand und außerdem die Fischerei im Gosehaken. Eine Aufgabe des Pächters war es, zusammen mit dem Finkenwerder Fährmann Müller die Fähre zwischen Blumensand und Finkenwerder über die Alte Süderelbe zu betreiben. Zum Pachtvertrag gehörte auch die Konzession einer Krugwirtschaft, die es bis 1955 auf Blumensand gab. Da das Land nur von einem Sommerdeich umgeben war, gab es sehr oft Überschwemmungen. Als mein Urgroßvater, August Blohm, wieder einmal eine ganze Ernte verloren hatte, konnte er seinen drohenden Ruin nicht verkraften und starb mit nur 39 Jahren.

Eine Tradition auf Blumensand war die Pferdezucht, der sich mein Großvater, Friedrich Blohm, und später auch mein Vater, Wilhelm Blohm, gern widmeten. Wir züchteten die begehrten hannoverschen Pferde und erhielten mehrere hohe Auszeichnungen. Und nachdem mein Vater 1920 mit einigen anderen den Reit- und Fahrverein Francop und Umgebung gegründet hatte, gab es in unregelmäßigen Abständen die beliebten „Reiterfeste“ auf Blumensand. Von jeher wurden auch Gänse gezüchtet. Daher fand bis zum Zweiten Weltkrieg immer zu Weihnachten das Gänselotto statt. Zusätzlich zur Schankwirtschaft machten wir dafür das Schlafzimmer im Erdgeschoss und auch oben drei Zimmer frei, damit alle Platz fanden. Meistens waren so um die 100 Leute da, manchmal auch mehr. Klar, dass beim Lotto hauptsächlich Gänse gewonnen werden konnten, aber auch kleinere Wurstwaren oder eine Flasche Schnaps. Zu essen gab es an dem Abend Knackwurst mit Kartoffelsalat und belegte Brote. Getrunken wurde Rumgrog.

Als 1962 die große Flut kam, hatten wir viel Glück. Zwar stand das Wasser auch im Haus und in den Ställen, und zehn Kälber und mehrere Schweine sind ertrunken, aber als die Deiche brachen, wurde bei uns das Wasser wieder weniger.

Nachdem das Hafenerweiterungsgesetz 1961 in Kraft getreten war, kündigte uns das Liegenschaftsamt Hamburg den Pachtvertrag. Bevor die Domäne im November 1973 dem Erdboden gleichgemacht wurde, konnten wir mit Müh und Not gerade noch unsere Apfelernte einbringen. Wir pflückten die Äpfel in einer Reihe ab, und eine Reihe weiter waren schon die Bagger zugange.

am *Hinterdeich*, die 1924 durch ein Feuer vernichtet wurde, zu einem Adelsgut, dem Gut Francop III. Familie Harms, in deren Besitz die Ländereien noch heute sind, hatte das gesamte Gelände mit der Brackenburg bereits 1851 erworben, nachdem sie schon über 60 Jahre Pächter gewesen war.

Ganz links: Früher gehörte das Haus der Familie Quast in der Hohenwischer Straße 39 zum Gut Francop IV.
Oben: Seit einigen Jahren gibt es wieder das Erntefest im November.
Links: die Schleuse beim Francoper Schleusenfleet

Von Vereinen und Verbänden

Francop zählt zwar nur rund 700 Einwohner, die aber halten zusammen. So ist fast jede Familie Mitglied im bald 50-jährigen **Heimatverein**. Der Verein widmet sich hauptsächlich der Kultur und Denkmalpflege und richtet jedes Jahr im Februar im Hotel und Restaurant „Deutsches Haus" den **Umbüdel-Obend** aus. Der alte Brauch des „Umbüdelns" hat sich bis heute in Francop erhalten. In den Wintermonaten treffen sich die Dorfbewohner zum Bingospielen. Zu gewinnen gibt es alles vom Schwein, wie Mettwürste oder Schinken, aber auch mal eine Flugente (s. Neuenfelde). Jeden Herbst organisiert der Heimatverein den traditionellen Laternenumzug, der mit der „Quetsche" musikalisch begleitet wird. Nach dem Marsch trifft man sich noch in der Scheune eines Landwirts – jedes Jahr stellt ein anderer eine Scheune für das Treffen zur Verfügung – und kann sich gemeinschaftlich stärken. Einmal im Jahr findet der plattdeutsche Gottesdienst in der St. Pankratius-Kirche in Neuenfelde statt, zu dessen Kirchspiel Francop gehört. Seit 1999 gibt es auch das traditionelle **Erntefest** im November wieder. Es wird alle zwei Jahre mit einem großen Festumzug gefeiert. Ebenfalls ein besonderes Ereignis im Ort ist der alle zwei Jahre stattfindende **Grillabend** der Freiwilligen Feuerwehr Francop.

Ein wichtiges Treffen, zu dem der Heimatverein alljährlich am zweiten Sonntag im neuen Jahr alle Verbände und Vereine einlädt, ist der **Klönschnack to Nee Johr**. Dort werden dann auf Platt alle Probleme, die es im Stadtteil gibt, besprochen.

Die Schleusenverbände Francop und Hohenwisch sind auch jeweils fast ein halbes Jahrhundert alt. Sie sorgen für die Be- und Entwässerung im Stadtteil. Dies ist besonders wichtig für die Obstbauern, denn im Frühjahr werden zum Schutz vor Erfrieren die Obstblüten bei Frost mit Beregnungsanlagen besprüht. Dazu muss in den Vorflutern immer genug Wasser sein.

Der Obstbau

Wie im übrigen Alten Land ist auch in Francop der Obstbau der wichtigste Wirtschaftszweig. Es gibt zahlreiche **Familienbetriebe**, die große Plantagen bewirtschaften; so auch den mittlerweile in der dritten Generation geführten Obsthof Rudolf Quast. Familie Quast baut auf ihren insgesamt 30 ha umfassenden Obstfeldern Kirschen, Himbeeren, Johannisbeeren, Pflaumen, Birnen und Äpfel an. Sie verkaufen einen kleinen Teil davon in dem Laden auf dem

Heute nur noch selten zu sehen: die Altländer Tracht

Wahlverhalten

... zur Bürgerschaft 2001 (gesamt)

Wahlbeteiligung	71,0%
SPD	36,5%
CDU	26,2%
Schill-Partei	19,4%
Grüne/GAL	8,6%
FDP	5,1%
Übrige	4,2%

... zur Bürgerschaft 2001 (Stadtteil)

Wahlbeteiligung	78,8%
SPD	23,0%
CDU	38,1%
Schill-Partei	22,7%
Grüne/GAL	5,2%
FDP	9,0%
Übrige	1,9%

Stadtteil-Profil

	Francop	Bezirk	Hamburg
Bevölkerung gesamt (2000)	726	196 263	1 704 929
Unter 18-Jährige in %	19,4	19,2	16,1
65 Jahre und älter in %	14,3	16,9	17,0
Deutsche	676	157 260	1 432 325
Ausländer in %	6,9	19,9	16,0
Einwohner je km²	80	1222	2258
Sozialstruktur			
Sozialhilfeempfänger (2000)	21	17 127	120 461
Arbeitslose (2001)	19	10 107	71 963
Eink. je Steuerpfl. in DM (1995)	55 035	56 444	65 579
Wohnen (2001)			
Wohngebäude	173	27 486	226 061
Ein- und Zweifamilienhäuser in %	76,7	25,3	20,5
ø Wohnungsgröße in m²	104,1	69,9	71,0
Wohnfläche je Einwohner in m²	38,2	32,5	35,7
Verkehr			
Private Pkw (2001)	361	70 144	628 119
Straßenverkehrsunfälle (2000)	10	1197	12 430
Kriminalität			
Straftaten insgesamt (2000)	28	26 879	284 272

Hof; der größte Teil, der in der Halle verpackt wird, geht jedoch an die Verkaufsgenossenschaft Elbe Obst. In ihrem Laden bieten die Quasts aber auch Honig, Spargel, Tomaten und andere Gemüsesorten an, die sie nicht selbst produzieren, sondern zukaufen.

Torben, Rosemarie und Rudolf Quast haben gerade die Apfelernte eingeholt

Zukunftsprobleme

Bereits 1961 wurde das Francoper Außendeichgelände zum **Hafenerweiterungsgebiet** erklärt. Nach der großen Flutkatastrophe 1962, die auch das **Alte Land** überschwemmte, wurde die Süderelbe in ihrem Mündungsgebiet abgedämmt, um große Spülflächen für die Ansiedlung von Industrie zu erhalten. Der verbliebene Flusslauf heißt seitdem **Alte Süderelbe**. Zwischen dem Francoper Außendeichland, das bis dahin ausschließlich Obstanbaugebiet war, und der Alten Süderelbe wurden Sandberge aufgespült, die nach und nach begrünt werden. Auch die **Staatsdomäne Blumensand**, wo früher alljährlich das beliebte Francoper Reitfest stattfand, fiel mit ihrem strohgedeckten Fachwerkhaus und den Nebengebäuden 1973 der Aufspülung zum Opfer. In der Nähe der Domäne lag die An- und Ablegestelle der **Kranfähre**, die auch die Arbeiter und Angestellten der Deutschen Werft nutzten, um nach Finkenwerder zu kommen. 1981 wurde zwar ein Teil Francops aus der **Hafenerweiterung** herausgenommen, der östliche Teil der *Hohenwischer Straße* gehört jedoch nach wie vor dazu.

Im Ostteil der Spülfläche ist die METHA (Anlage zur Mechanischen Trennung von Hafensedimenten) aktiv. Sie nahm 1993 als weltweit erste ihrer Art den Betrieb auf. In der unter Mitwirkung der TU Harburg entwickelten Anlage wird der mit Schwermetallen, Quecksilber und Kadmium belastete Schlick aus dem Hafenbecken von dem mit ausgebaggerten Sand getrennt. Das hierfür benutzte Wasser wird danach in der Spülfeld-Abwasser-Reinigungsanlage (SARA) gereinigt.

Wie die Neuenfelder sind die Francoper gar nicht glücklich über die aktuelle Verkehrsplanung. Falls sowohl die **A 26** als auch die Ortsumgehung für Finkenwerder durchgesetzt werden, wird der Ort im Norden und Süden von den Trassen durchschnitten, die z.T. mitten durch das Obstanbaugebiet verlaufen sollen.

Erholungsgebiet erster Klasse

Der Alte Elbdeich, auf dem man kilometerweit radeln kann, ist seit 1977 **Kulturdenkmal**. Von hier aus schweift der Blick

Die Francoper Spülfläche wird nach und nach zum Grünbereich umfunktioniert

Rad fahren auf dem Deich und sich die seichte Sommerbrise um die Nase wehen lassen – das kann man wunderbar in Francop

gen Norden über die Obstplantagen bis hin zum Spülfeld. Im Nordwesten liegt ein Naturschutzgebiet, und hinter dem **Francoper Schleusenfleet** schließt sich die begrünte Spülfläche an. Die Straße davor wird nicht nur von Radlern gern genutzt, hier können auch Skater ungestört ihrem Hobby nachgehen. Südlich des Alten Elbdeichs erstrecken sich Obstfelder, und hier und da stehen ein paar Windräder.

Gesellschaftlicher Mittelpunkt

Das alteingesessene **Deutsche Haus** in der *Hohenwischer Straße 157* ist seit knapp 150 Jahren im Besitz der Familie Maak. Es wird heute in vierter Generation von Hans-Heinrich Maak geführt und ist der gesellschaftliche Mittelpunkt Francops. Hier treffen sich die verschiedenen Vereine zu ihren Versammlungen und zum Feiern. Jeden Donnerstagabend tönen Männerstimmen aus dem Haus. Dann hält die 1877 gegründete **Liedertafel „Frohsinn“** ihre Übungsstunde ab.

Köpfe

Günter Wolkenhauer war so ein richtiger Francoper Jung, der noch in die Francoper Schule ging und auf der Domänenweide Fußball spielte. 39 Jahre lang war er aktives Mitglied der Freiwilligen Feuerwehr Francop und lenkte zudem als 1. Vorsitzender von 1988–2001 die Geschicke des örtlichen Heimatvereins. Sein unerwarteter, viel zu früher Tod hat nicht nur bei den Francopern eine große Lücke hinterlassen.

Ebenso ein alteingesessener Francoper ist **Dieter Meyer**. 1964 übernahm er den 10 ha großen Obstbaubetrieb seines Vaters. Schon immer hat er sich sehr für seinen Berufsstand eingesetzt. So wundert es auch keinen, dass er heute Vizepräsident des „Bauernverbands Hamburg“ ist und Vorsteher des „Hauptentwässerungsverbands der III. Meile des Alten Landes“.

Seit 1866 ist die Tischlerei Holst im Familienbesitz. Heute wird sie in der fünften Generation von **Kai Holst** geführt. Der gelernte Tischler hat in Abendkursen noch seinen Betriebswirt des Handwerks gemacht, um auch für das Kaufmännische gewappnet zu sein. Der Betrieb hat sich nach und nach vergrößert. Heute bekommt man bei Kai Holst nicht nur hochwertige Möbel, sein Spezialgebiet sind Fenster und Türen, die bei Altbaurestaurierungen neu angefertigt werden müssen. Über seiner Werkstatt hat der stellvertretende Wehrführer der Freiwilligen Feuerwehr Francop einen neuen Ausstellungsraum eingerichtet.

Drei Francoper Jungs: Günter Wolkenhauer, Dieter Meyer und Kai Holst

Fuhlsbüttel

war vor 100 Jahren ein kleines Bauerndorf weit vor der Stadt. Heute ist es Hamburgs Tor zur Welt bei der An- und Abreise per Flugzeug. Doch auch jenseits der Start- und Landebahnen herrscht reges Leben, ob in Vereinen und Kirchengemeinden, in der Einkaufsstraße Erdkampsweg oder im reizvollen Wacholderpark

Steckbrief

Fläche:
6,582 km²
Einwohner:
11 893
Verwaltung:
Bezirk Hamburg-Nord, Ortsamt Fuhlsbüttel
Ortsteil:
431

Unmittelbar vor seiner Wohnung am *Brombeerweg 37* fand der Lehrer Gustav Schwantes zwischen 1910 und 1920 viele Flint-Werkzeuge einer steinzeitlichen Jäger- und Sammlergemeinschaft. Dieser Fund, wie auch die Stücke aus einem eisenzeitlichen Urnenfeld am *Maienweg*, gehört zu den zahlreichen im Helms-Museum (s. Harburg) verwahrten Nachweisen, dass die Gegend des heutigen Fuhlsbüttler Alsterufers schon in der Vorgeschichte besiedelt war.

Aus der Geschichte

„Fulesbutle", die „Siedlung im Sumpfgelände", ist 1283 erstmalig urkundlich erwähnt, als Graf Gerhard von Holstein dem Hamburger Bürger Johannes vom Berge bestätigte, dass dieser Fuhlsbüttel erblich besitzt und er das Dorf an das Kloster Reinfeld verkaufen dürfe. Schon im folgenden Jahr erstanden die Söhne vom Berges Fuhlsbüttel wieder zurück, wahrscheinlich im Auftrag des Hamburger Rates. Wann genau Dorf und Mühle offiziell übertragen wurden, ist unklar. In der Zeit der Fehden und Raubzüge hat Fredericus Hamma um 1358 Fuhlsbüttel an die Stadt verkauft.

Die Einbeziehung in die Interessen der Hansestadt verdankte Fuhlsbüttel seiner **Lage an einer Alsterfurt**, die ideal war für die Errichtung von Mühlen und einer Schleuse im Zuge der Schiffbarmachung des Wasserweges über Alster und Trave nach Lübeck. So wurde hier nach 1448 **Hamburgs erste Schleuse** errichtet, die heute zu Ohlsdorf gehört. Die alte Kornmühle war schon vor 1283 in Betrieb. Um 1560 gab es gegenüber am Alsterufer

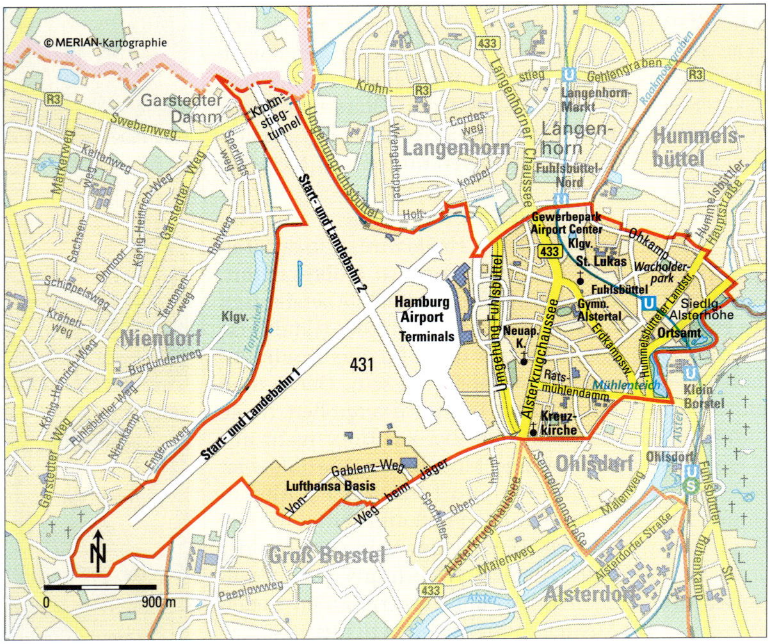

Von Fuhlsbüttel in die weite Welt: Flugfeld des Hamburg Airport mit Blick auf das Terminal 4

eine zweite Mühle. Beide wurden im Laufe der Jahrhunderte mehrfach um- und neu gebaut und als Holz-, Blau- oder Papiermühlen genutzt.

Fuhlsbüttel befand sich in bäuerlicher Selbstverwaltung. Seine Böden waren wenig ertragreich, das Dorf wuchs deshalb nur langsam. 1641 und 1686 wurde es von dänischen Truppen okkupiert. Den Besetzungen und dem Verkauf des Fuhlsbüttler Holzes im Jahr 1746 fielen nahezu sämtliche Waldbestände zum Opfer, sodass die Bauern des Dorfes hier weitere Äcker anlegen konnten. 1831 zählte Fuhlsbüttel 443 Seelen und war beliebtes Ziel der Städter für sonntägliche Naturfreuden.

Die ländlich-bäuerliche Idylle des alten Fuhlsbüttel hielt der Hamburger Maler Wilhelm Heuer um 1860 in einem Aquarell fest

Der wuchtige Turm von 1937/38 bestimmt das Bild des im Kern noch neugotischen Kirchenbaus von St. Lukas

Der Einbruch in das ländliche Gefüge geschah 1865. Nach dem Großen Brand von 1842 hatte die Stadt beschlossen, die Gebäude für das **Armen- und Gefängniswesen** in Fuhlsbüttel (s. Ohlsdorf) zu errichten. Dies bescherte dem Dorf anhaltenden Aufschwung und auch die fortschreitende Verkehrsanbindung. Bis 1880 fuhr der Pferdeomnibus, den später eine Pferdebahn ersetzte.

Ein eigenes Gotteshaus erhielt Fuhlsbüttel mit der ev.-luth. Kirche **St. Lukas** im Jahr 1893. Zwanzig Jahre später wurde Fuhlsbüttel Hamburger Stadtteil und bekam 1914 eine Station der Hochbahnlinie nach Langenhorn. Die Wohnviertel, meist von Erschließungsgesellschaften getragen, wuchsen an, z.B. als Einzelhausgebiet zwischen *Ratsmühlendamm*, *Alsterkrugchaussee* und *Erdkampsweg*. Zur gleichen Zeit wie die Häuser im Grünen entstand auch der 1911/12 angelegte Flughafen, durch den „Fuhlsbüttel" überregional bekannt wurde.

Bauten der 1920er

Einst waren es die Mühlen und die Schleuse, die Fuhlsbüttel als wichtigstes Merkmal kennzeichneten und sei-

Bürgergeschichten

„Fuhlsbüttler vier Jahreszeiten“

***Stefan Wagner** lebte 30 Jahre lang am Erdkampsweg. Auf seinem täglichen Weg zur U-Bahn nahm er immer die Abkürzung durch den Lindengang im Wacholderpark und hat den Blick zu jeder Jahreszeit fotografiert*

Autofahrer werden ihn sicherlich nicht kennen, den Wacholderpark in Fuhlsbüttel, denn von der Straße aus ist kaum zu erkennen, was sich auf einer leichten Anhöhe zwischen Bergkoppelweg und Wacholderweg hinter Bäumen und Sträuchern verbirgt. Auch die meisten Fußgänger eilen nur hastig über den Trampelpfad, der quer über die Grünfläche verläuft, um den Weg zur U-Bahn abzukürzen. Lediglich ein paar Hundebesitzer führen in den langen, im rechten Winkel aufeinander zulaufenden Lindenlaubengängen ihre Lieblinge spazieren.

Ob noch jemand weiß, dass dieser kleine Park einst als „Kleinod deutscher Gartenkunst“ gefeiert wurde? 1910 unter dem Namen „Öffentlicher Garten Fuhlsbüttel“ nach den Plänen des Gartenarchitekten Leberecht Migge entstanden, war er der erste Spielpark in Deutschland. Ein Spielplatz ist auch heute noch dort, und die Wiese wird gern als Fußballplatz genutzt. Zugegeben, der Park ist klein, besonders seit in den sechziger Jahren ein Teil der Fläche zum Parkplatz umfunktioniert wurde. Trotzdem sollte man sich einmal etwas Zeit nehmen und mit offenen Augen durch den Wacholderpark spazieren. Vor allem die gepflegten Laubengänge mit ihren anmutigen Lindenbögen haben zu jeder Jahreszeit ihren ganz eigenen, altmodischen Charme. Ein Besuch zum entspannenden Lustwandeln wie zu Großvaters Zeiten lohnt sich immer, ob im Frühling, Sommer, Herbst oder Winter.

So schön gebogen sind die Linden nur im Fuhlsbüttler Wacholderpark

ne wirtschaftliche und politische Bedeutung für die Stadt Hamburg ausmachten. Heute steht der Hamburg Airport im Mittelpunkt allen Interesses. Vielleicht ist dies ein Grund dafür, warum viele Fuhlsbüttler großen Wert auf die Pflege der Stadtteilgeschichte legen, besonders auch, wenn es um das Stadtteilbild geht.

Im wahrsten Sinn des Wortes untermauert wird dies rein äußerlich durch die Bebauung Fuhlsbüttels. An der U-Bahn-Station von 1914 eröffnet sich ein glänzendes Beispiel des Neuen Bauens der 1920er Jahre: der leicht gebogene Flachdachbau des von Karl Schneider **1928/29 errichteten Etagenhauses** *Kleekamp 1–7/Bergkoppelweg 26–34*, das mit seiner sachlichen Ausstrahlung den gesamten Platz westlich der Station bestimmt. In östlicher Nachbarschaft liegt die idyllische **Siedlung Alsterhöhe** zwischen *Hummelsbütteler Landstraße* und *Brombeerweg*, die der **Bauverein zu Hamburg** 1907–39 in mehreren Bauphasen als Gartenstadt errichtete. Eine Büste auf dem *Heinrich-Traun-Platz* erinnert an den Hauptfinanzier und Gründer des Bauvereins, den Fabrikanten und Senator Heinrich Traun (1838–1909).

Durch den Erdkampsweg

Den Stadtteilkern Fuhlsbüttels bildet der **Erdkampsweg**. Am oberen Ende markiert ihn die 1893 errichtete ev.-luth. Kirche St. Lukas, die 1937/38 ihren massiven Turm erhielt. Daneben wirken die kräftigen Treppenhaustürme der Wohnanlage *Erdkampsweg 102*, von Carl Winand als **Siedlungsbau St. Lukas** 1926/27 fertig gestellt, wie ein Tor zum stadteinwärts

folgenden Wohnungsbau. Schräg gegenüber sind es die augenfälligen Eckerker des **Gymnasiums Alstertal**, von Fritz Schumacher 1929/30 als Realschule gebaut, die den *Erdkampsweg* als Mittelpunkt Fuhlsbüttels kennzeichnen.

Wirtschaft im Airport-Schatten

Das wirtschaftliche Herz des Stadtteils schlägt am und um den Flughafen. Neben allen erdenklichen Service-Betrieben für Flughafen und Fluggäste sind es international agierende Unternehmen, die sich in unmittelbarer Nähe angesiedelt haben, wie die Multimedia- und Telekommunikationsfirmen im **Gewerbepark Airport Center** an der *Langenhorner Chaussee*.

In Fuhlsbüttel gibt es aber auch diverse kleine bis mittlere Betriebe althergebrachter Branchen, wie den des Cembalo- und Fortepianobaumeisters Ulrich Weymar an der *Etzestraße*. Ein Blick in die Traditionswerkstatt wirkt wie eine Zeitreise angesichts der antiken, aus dem 18. Jahrhundert stammenden Clavicembali, Clavichorde und Fortepianos, die hier mit viel Ruhe, Zeit und Liebe repariert, restauriert oder rekonstruiert werden. Heute

Prägen das architektonische Bild Fuhlsbüttels: (v.l.) die markanten Bauten des Gymnasiums Alstertal, die historische U-Bahn-Station und die Wohnanlage Kleekamp/Bergkoppelweg

Zeitleiste

1283 erste urkundliche Erwähnung
um 1358 Verkauf an die Stadt Hamburg
1874 Baubeginn der Strafanstalt
1893 Errichtung der Pfarrkirche St. Lukas
1912 Eröffnung des Flughafens
1913 Fuhlsbüttel wird Hamburger Stadtteil
1993 Eröffnung des neuen Terminals 4
2005 Inbetriebnahme S-Bahn zum Flughafen und Eröffnung des Terminals 2

Die Büste Heinrich Trauns erinnert an den Gründer des Bauvereins

Handwerkskunst wie vor 200 Jahren: der Fortepianobaumeister Ulrich Weymar

kommen hier die gleichen alten Handwerkstechniken und Werkstoffe zum Einsatz wie anno dazumal. So kann die kunstvolle Arbeit an einem alten Instrument bis zu vier Jahre dauern, bevor es funktionsfähig und in neuem Glanz in ein Museum, eine Sammlung oder in den Privatbesitz zurückkehrt.

ten herrscht eine vorstädtische Atmosphäre: Hier kennt man sich – wenn nicht, lernt man sich kennen. Dazu gibt es in Fuhlsbüttel reichlich Gelegenheit.

Fuhlsbüttler Gemeinschaften

Die Menschen des Stadtteils kommen in diversen Vereinen, Initiativen, Arbeitskreisen und öffentlichen Einrichtungen zusammen, die viele engagierte Aktivitäten und Projekte für alle Interessengruppen und Altersklassen anbieten. Eine wichtige Rolle übernimmt hier die ev.-luth. **Kirchengemeinde St. Lukas**, die sich nicht allein auf die Seelsorge der Bürger beschränkt, sondern aktiv am täglichen und sozialen Fuhlsbüttler Leben

Der Erdkampsweg, von jeher die Einkaufsstraße Fuhlsbüttels

Etwas zeitgemäßer, dafür recht bürgerlich, geht es im *Erdkampsweg* zu. An dieser belebten Einkaufsstraße finden sich einige lang ansässige Geschäfte. Aber trotz der Kaufkraft der vielfach gut situierten Fuhlsbüttler und ihrer Stadtteil-Verbundenheit ist auch hier das Geschäftssterben spürbar. Die Konkurrenz aus umliegenden Bezirken und durch die Filialen von Ladenketten wächst stetig. Dennoch ist das Flair im *Erdkampsweg* noch geprägt von vertrauter Freundlichkeit. Vor und in den Geschäf-

teilnimmt. Das angeschlossene Nachbarschafts-Café „Kirchenbank" liegt zentral am *Erdkampsweg* und steht jedem für Glaubens- und Lebensfragen offen. Damit ist St. Lukas besonders nah an den Bürgern, und die vielen von ihr organisierten Vorträge, Diskussionen, Kinder- und Jugendtreffs oder der bekannte **Herbst-Bazar** erfreuen sich regen Andrangs.

Das Gleiche gilt für die Gottesdienste der **Kreuzkirche** an der Ecke *Alsterkrugchaussee/Röntgenstraße*. Sonntags kommen hier Kinder und Erwach-

Der Hamburger Maler Ernst Eitner setzte um 1913 den Bau der Hochbahn und den dabei eingesetzten Dampfbagger atmosphärisch ins Bild

Stadtteil-Profil

	Fuhlsbüttel	Bezirk	Hamburg
Bevölkerung gesamt (2000)	11 893	275 802	1 704 929
Unter 18-Jährige in %	14,6	12,3	16,1
65 Jahre und älter in %	19,2	17,8	17,0
Deutsche	10 654	237 560	1 432 325
Ausländer in %	10,4	13,9	16,0
Einwohner je km²	1807	4799	2258
Sozialstruktur			
Sozialhilfeempfänger (2000)	386	14 042	120 461
Arbeitslose (2001)	394	10 893	71 963
Eink. je Steuerpfl. in DM (1995)	65 520	65 475	65 579
Wohnen (2001)			
Wohngebäude	2055	29 345	226 061
Ein- und Zweifamilienhäuser in %	23,7	9,9	20,5
Ø Wohnungsgröße in m²	72,4	64,6	71,0
Wohnfläche je Einwohner in m²	39,6	38,2	35,7
Verkehr			
Private Pkw (2001)	4808	100 186	628 119
Straßenverkehrsunfälle (2000)	109	2159	12 430
Kriminalität			
Straftaten insgesamt (2000)	2876	37 814	284 272

© Statistisches Landesamt

Wahlverhalten

... zur Bürgerschaft 2001 (gesamt)

Wahlbeteiligung	71,0%
SPD	36,5%
CDU	26,2%
Schill-Partei	19,4%
Grüne/GAL	8,6%
FDP	5,1%
Übrige	4,2%

... zur Bürgerschaft 2001 (Stadtteil)

Wahlbeteiligung	76,8%
SPD	37,5%
CDU	26,3%
Schill-Partei	18,6%
Grüne/GAL	8,5%
FDP	5,2%
Übrige	4,0%

Produkte aus fairem Handel und ein offenes Ohr für alle Fragen: das Café „Kirchenbank" am Erdkampsweg

sene aus gut einem Dutzend Nationen zusammen, um den einzigen englischsprachigen ev.-methodist. Gottesdienst in Hamburg zu besuchen.

Eine weitere zentrale und beliebte Institution ist die **Öffentliche Bücherhalle Fuhlsbüttel** mit ihrem für Kinder und Jugendliche attraktiven Leihangebot. Obendrein lädt sie zu etlichen Aktivitäten ein und fungiert als Koordinatorin für den **Kulturverein Backstube Fuhlsbüttel**. Seit 1982 ist die Backstube als gemeinnütziger Verein für stadtteilbezogene Kulturarbeit tätig. Er stellt den Fuhlsbüttler Bürgern die Räume für Mal-, Sprach- oder Tanzkurse sowie für gesellige Zusammentreffen zur Verfügung und liefert einen wesentlichen Anteil am breiten Spektrum kreativen Engagements im Stadtteil.

Vorrangig die Senioren Fuhlsbüttels wissen das Angebot des „LAB" zu schätzen. Unter dem Motto **Lange Aktiv Bleiben** organisiert die Lebensabend-Bewegung e.V. am *Fliederweg 7* Kurse, Treffs, Vorträge, Wanderungen, Spiel-, Gesangs-, Handarbeits- und Literaturrunden für ältere Bürger. In dieser offenen Gemeinschaft ist jeder willkommen.

Die Fuhlsbüttler sind nicht nur eng mit ihrem Stadtteil verwurzelt, sie sind auch gut organisiert. An erster Stelle steht hier der **Bürgerverein Fuhlsbüttel, Hummelsbüttel, Klein-Borstel, Ohlsdorf e.V. von 1897**, der sich neben Mitgliederabenden, Ausflügen und anderen Unternehmungen auch mit kommunalpolitischen Themen wie der Verkehrsberuhigung beschäftigt. Ein weiteres Aktionsfeld des Vereins ist die Aufarbeitung der Stadtteilgeschichte. Mitgliederzeitschrift, Sonderdrucke und Jubiläumsschriften eröffnen den Fuhlsbüttlern – von Schulchroniken bis zur Geschichte des Radars am Hamburger Flughafen – Details der eigenen Historie mit dem Ziel, die Identifikation der Bürger mit ihrem Stadtteil zu stärken.

Auf historischem Gebiet engagiert sich ebenfalls die 1988 gegründete **Willi-Bredel-Gesellschaft**, eine der Hamburger

Hebt ab: das Logo des Bürgervereins Fuhlsbüttel

BV FUHLSBÜTTEL v. 1897 e.V.

Um 1900 schlängelte sich die Alster noch in natürlichen Bahnen. Am Mühlenteich (r.) endet heute der nicht kanalisierte Alsterlauf

Geschichtswerkstätten. Sie hat ihren Sitz in Ohlsdorf, fühlt sich aber auch für die Geschichte Fuhlsbüttels zuständig. Der Verein setzt sich auch für die Bewahrung historischer Gebäude und Einrichtungen ein, z.B. im Fall des ältesten Hauses von Fuhlsbüttel, des **Alsterkrugs**, der nach heutigen Verwaltungsgrenzen in Groß Borstel an der Ecke *Alsterkrugchaussee/ Weg beim Jäger* lag. Zwar konnte der Abriss im Sommer 2001 trotz aller Bemühungen nicht verhindert werden, zumindest aber den Sturzbalken der Grotdör des Fachwerkhauses hat die Geschichtswerkstatt gerettet und in der **ehemaligen Zwangsarbeiterbaracke** am *Wilhelm-Raabe-Weg 23* eingelagert. Dieses geschichtsträchtige Gebäude konnte die Gesellschaft erwerben und damit retten. Zukünftig finden hier Ausstellungen und Ortsbesichtigungen statt, als Beiträge zur Entwicklung eines kritischen Geschichtsbewusstseins.

Ein Stadtteil in Bewegung: beim Stadtteilfest auf dem Ratsmühlendamm und beim Schauturnen des TUSA

Sport und Erholung

Der größte Fuhlsbüttler Sportverein und mit seinen knapp 6200 Mitgliedern zugleich einer der größten Hamburger Vereine überhaupt ist der **TUS Alstertal von 1909 e.V.**, kurz „TUSA" genannt. Von klassischen Leibesübungen bis zum modernen Trendsport umfasst das Angebot eine Vielzahl an Sparten. Die größte TUSA-Halle ist die **Alstertal Sporthalle** am *Ratsmühlendamm*. Eine weitere, die **TUS-Aktiv-Halle**, liegt mit Fitnesszentrum und **Sportkindergarten** neben dem Gymnasium Alstertal. Von Bewegungsfaulheit kann in Fuhlsbüttel keine

Rede sein, denn beim TUSA ist immer was los, auch in den Ferien.

Weniger schweißtreibend geht es in den Grünanlagen des Stadtteils zu. Mit der baumreichen Vergangenheit der Gegend hängt der Name des kleinen *Hornkamps* zusammen. Hier lag einst der **Horner Wald**, von dem ein Teil zu Fuhlsbüttel gehörte, bis er im 18. Jahrhundert endgültig der Axt zum Opfer fiel.

Zum Spaziergang oder zum Spielen im Grünen lädt heute neben der kleinen

Gastronomie mit Geschichte: Restaurant Alsterpark und Landhaus Fuhlsbüttel (r.)

Schrebergartenkolonie am U-Bahn-Damm zwischen den Stationen Fuhlsbüttel und Fuhlsbüttel-Nord vor allem der malerische **Alsterpark** am Mühlenteich ein. Eingekehrt nach einem Uferspaziergang wird am *Brombeerweg*: entweder in das **Restaurant Alsterpark** direkt am Alsterufer oder anlässlich einer Familienfeier in das **Landhaus Fuhlsbüttel**. Die Fuhlsbüttler Parkperle ist jedoch unbestritten der **Wacholderpark** von Leberecht Migge.

Köpfe

Der 1881 in Danzig geborene Gartenbauer **Leberecht Migge** war in den 1920er Jahren einer der Bekanntesten seiner Zunft. In der Zeit des Baus von Ein- und Mehrfamilienhaussiedlungen wandte sich der Reformer und Vordenker schon früh der „Funktionalität des Außenraumes“ zu und konzipierte den „Garten der Hunderttausend“. Schön, nützlich und gemütlich zugleich, waren in diese Anlagen Sitz- und Essplätze, Spiel- und Sportflächen und neben Blumenbeeten auch Nutzgärten integriert. Migge starb 1935 an einem Nierenleiden. Bis zum heutigen Tag gelten die von ihm entworfenen Garten- und Parkanlagen als planerische Meisterwerke. Eines davon ist der Wacholderpark an der U-Bahn-Station Fuhlsbüttel. 1910 als „Öffentlicher Garten Fuhlsbüttel“ eingeweiht, trägt er seinen jetzigen Namen wegen des angrenzenden *Wacholderweges*. Erfreulicherweise ist dies kleine Gartenkunstwerk so gut erhalten, dass noch heute Migges Grundvorstellung einer anspruchsvollen Verschmelzung von Ästhetik und Zweck erkennbar ist.

Seine Kindheit verbrachte der passionierte Hobby-Fotograf **Manfred Sengelmann** in Fuhlsbüttel, bevor er schon vor Jahren in das benachbarte Groß Borstel umzog. Sein Heimatstadtteil hat ihn aber nie losgelassen. Immer wieder durchstreift der Bankangestellte Fuhlsbüttel mit der Kamera, um aktuelle Bilder aus seinem Stadtteil und historische Motive derselben Orte nebeneinander zu stellen und so ihren Wandel zu dokumentieren. Sein Wunsch ist es, irgendwann einen Bildband herauszubringen und sein Archiv der Öffentlichkeit zugänglich zu machen. Doch zunächst steht das Sammeln und Erfassen des Materials im Vordergrund. Dabei hofft Sengelmann auf die Mithilfe des Bürgervereins sowie der Fuhlsbüttler, die ihm vielleicht die eine oder andere private Fotografie oder Postkarte zur Verfügung stellen und damit weitere Teile für das große Puzzle liefern, das kommenden Generationen ein möglichst vollständiges und lebendiges Bild von Fuhlsbüttels Entwicklung überliefern soll.

Ihrem Ruf folgen Tausende. Wenn im Hamburg Airport zum Flugsteig gebeten wird, erklingt aus den Lautsprechern eine freundliche Frauenstimme mit einem herzlichen, aber auch eindringlichen: „We are paging all passengers for Lufthansa Flight 122 to Berlin-Tempelhof to procede to gate B 20.“ Dies ist die Stimme von **Marina Quandt**, die unzählige Fluggäste und Besucher des Hamburg Airport kennen dürften. Seit 1996 ist sie eine von sieben Mitarbeiterinnen der „Fluggaststeuerung“. Aber nicht nur beim Aufruf der Passagiere ergreift die Mutter zweier Töchter und gelernte Steuerfachgehilfin das Wort. Mal erklingt ihre Stimme, weil ein Auto falsch geparkt ist, mal wird ein Mitarbeiter in einer Abteilung benötigt oder ein Fluggast gesucht.

Leberecht Migge: Schöpfer des Wacholderparks; Marina Quandt: die Stimme des Flughafens; Manfred Sengelmann: dokumentiert den Wandel Fuhlsbüttels

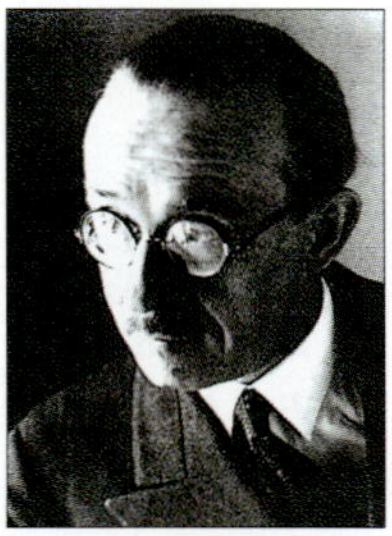

Hamburg Airport in Fuhlsbüttel

Von den kühnen Pionieren der Luftfahrt zu den Großraumjets: Auch in den nächsten Jahren setzt der Ausbau des Hamburg Airport neue Maßstäbe

Die Geschichte des Hamburger Flughafens Fuhlsbüttel, der Deutschlands ältester Verkehrsflughafen ist, führt zurück zu den Anfängen der Luftfahrt. Weit vor der Stadt in einer sumpfigen Gegend gelegen, die erst von den Insassen der Strafanstalt kanalisiert und trockengelegt werden musste, wurde 1911 der **Luftschiffhafen** eröffnet. Der Besuch des Zeppelins „Victoria Luise" im Jahr 1912 weihte ihn ein; und noch im selben Jahr setzte auch der erste Flieger, eine „Rumpler Taube", vor den Augen Tausender Schaulustiger auf der holprigen Landebahn auf. Die Ära des Linienflugverkehrs begann für Hamburg nach dem Ersten Weltkrieg. Im März 1919 startete die erste Maschine der **Deutschen Luftreederei** (DLR) mit Ziel Berlin – diese Strecke ist damit die älteste Linienflugverbindung der Welt. Es sollte allerdings noch zehn Jahre dauern, bis aus dem „Flughafen auf dem Acker" ein bedeutender Luftverkehrsknotenpunkt wurde.

Modernste Logistik und zukunftsweisende Architektur: die Halle des neuen Terminals 4

Airport Classics, der Tag des offenen Flughafens. Zu sehen gibt es auch die restaurierte „Tante Ju" der Lufthansa. Das Bild rechts zeigt zwei ihrer Schwestern um 1935 vor dem alten Empfangsgebäude

Den nötigen Meilenstein setzte 1929 die Eröffnung des charakteristischen Empfangsgebäudes des Flughafens, Gesicht und Symbol von „Hamburg Fuhlsbüttel" für die nachfolgenden Jahrzehnte. Von den Architekten Friedrich Dyssen und Peter Avenhoff als „Flugbahnhof" entworfen, wurde der Bau weltweit als glanzvolles Beispiel modernster Flughafen-Architektur gerühmt, in dem bei einem für damalige Verhältnisse hohen Verkehrsaufkommen die Passagiere reibungslos abgefertigt werden konnten. 80 Städte, darunter 20 im Ausland, wurden angeflogen und 15 419 planmäßige Flugbewegungen registriert, bei denen 28 037 Fahrgäste sowie 600 t Fracht zu befördern waren. Acht Jahre später hatten sich die Zahlen bereits verdoppelt. Den Zweiten Weltkrieg überstand der Flughafen, der vorwiegend logistischen Zwecken diente, ohne größere Schäden. Nach 1945 wurde er nicht demontiert, sodass die Maschinen der Royal Air Force 1948 auch in Fuhlsbüttel zur Luftbrücke nach Berlin starten konnten.

Von nun an ging es steil aufwärts: 1955 wurden 452 843 Passagiere abgefertigt, und die Lufthansa machte Hamburg zum Standort ihrer technischen Basis. Schon bald war der Flughafen zu klein für das Flugaufkommen, alle Gebäude bedurften einer Erweiterung.

Hamburg Airport

1961 zählte der Flughafen die erste Passagier-Million. Drei Jahre später erfolgte die Verlängerung der Startbahn II, und Hamburg-Fuhlsbüttel erreichte seine endgültige Betriebsfläche von 567 ha.

1984 begann das größte Modernisierungsprogramm in der Geschichte des Flughafens, 1987 ging der neue Tower in Betrieb. Die Kapazität des Frachtbereichs wurde von 80 000 auf 110 000 t jährlich erhöht, und als Abschluss der ersten Baustufe öffnete 1993 das neue Terminal 4 für 7,5 Mio. Passagiere. Damit hatte das rote Backsteingebäude des alten Terminals 2, das ehemalige Herzstück des Flughafens, gänzlich ausgedient und machte 2001 Platz für seinen voraussichtlich 2005 fertig gestellten Nachfolger.

Der „Senior" unter den deutschen Flughäfen ist trotz seines Alters einer der profitabelsten und von maßgeblicher wirtschaftlicher Bedeutung für Hamburg und die ganze Metropolregion. 1800 Menschen sind direkt bei der **Flughafengesellschaft** beschäftigt. Hinzu kommen weitere 6100 Beschäftigte der **Lufthansa Basis Hamburg**, die mit der Eröffnung der größten Lärmschutzhalle der Welt für Triebwerkprobeläufe von Großraumjets 2001 ebenfalls beständig expandiert. 12 Mio. Passagiere erwarten die Betreiber für das Jahr 2005, was zu einem in der Vergangenheit langen und leidigen Lied führt, das nicht nur Fluggäste, sondern auch die Fuhlsbüttler Bürger kennen: die Verkehrsanbindung.

Die Anfahrt zu den Terminals über die *Alsterkrugchaussee* und vor allem den zusammen mit der *Sengelmannstraße* gebildeten „Knoten" hat Autofahrer, Reisende und Anwohner häufig Nerven gekostet. Eine Teilentspannung bringen heute der Ausbau des Krohnstiegtunnels sowie die neue mehrspurige **Umgehung Fuhlsbüttel** mit Anschluss an die A 7.

Zur zweiten Modernisierungsphase des Flughafens gehört die Fertigstellung des lang ersehnten S-Bahn-Anschlusses, dessen Bau schon 1991 beginnen sollte. Nun, nach dem berühmten „zweiten Spatenstich" des damaligen Bürgermeisters Ortwin Runde, sind die Bauarbeiten in vollem Gange. Schon im Jahr 2005 soll der erste Zug von Ohlsdorf kommend in der neuen unterirdischen S-Bahn-Station des Hamburg Airport einfahren.

Doch die Pläne reichen weiter bis 2007 und nehmen Hamburgs Bewerbung für die olympischen Sommerspiele 2012 in den Blick. Die Vision: Hamburg Airport wird zum Flughafen der Superlative; als Modell mit simulierten Flugbewegungen ist er im Terminal 1 schon zu bestaunen. Für das neue Terminal 2 sind ein Hotel sowie eine große Shopping-Arena, ein „Marktplatz für Flugreisende" mit Restaurants, Bars und Geschäften geplant. Das Ziel des Ausbauprogramms ist traditionsbewusst: Wie 1929 soll der Neubau Maßstäbe setzen.

Hamburg Airport – beschwingt ins neue Jahrtausend: die mit einem Architekturpreis ausgezeichnete Zufahrt zur „Luftwerft"

Groß Borstel

Alte Groß Borsteler nennen „ihren" Stadtteil auch heute noch Dorf. Über Jahrhunderte prägte eine ländliche Struktur den von einem Grüngürtel aus Schrebergärten und Eppendorfer Moor umgebenen Ortskern. Schon vor der Eingemeindung war Groß Borstel ein beliebtes Hamburger Ausflugsziel

Steckbrief

Fläche: 4,533 km²
Einwohner: 8344
Verwaltung: Bezirk Hamburg-Nord, Kerngebiet
Ortsteil: 406

Als „Burstolde" oder „Borstelde" ist das einstige holsteinische Dorf erstmals erwähnt. Sein Name geht vermutlich auf das altsächsische „bûr-stal" zurück, das soviel wie Wohnstelle oder Bauernhof bedeutet.

Aus der Geschichte

Das Alter Groß Borstels ist nicht genau geklärt. Lange gingen Historiker davon aus, dass das Dorf schon im 11. Jahrhundert existierte – in bremischen Urkunden dieser Zeit taucht erstmals der Name eines erzbischöflichen Hofs „Burstolde" oder „Borstelde" bei Hamburg auf. Doch vermutlich handelt es sich dabei um einen **Hof Borstel**, der zu „Borstel vor der Stadt" nahe dem Heiligengeistfeld gehörte. Sicher sind hingegen Groß Borstels erste urkundliche Belege: 1325 wurde das Dorf an das Kloster Jungfrauental (Harvestehude) verkauft und blieb in der Folge über 500 Jahre Hamburger Klosterdorf. An die Kloster-Geschicke war es eng verbunden, einschließlich dessen Abriss (s. Harvestehude). Zur Eppendorfer Muttergemeinde St. Johannis gehörte die ev.-luth. Kirchengemeinde Groß Borstel dann bis in die Mitte des letzten Jahrhunderts. Erst 1947 nabelte sich St. Peter von der Mutterkirche ab.

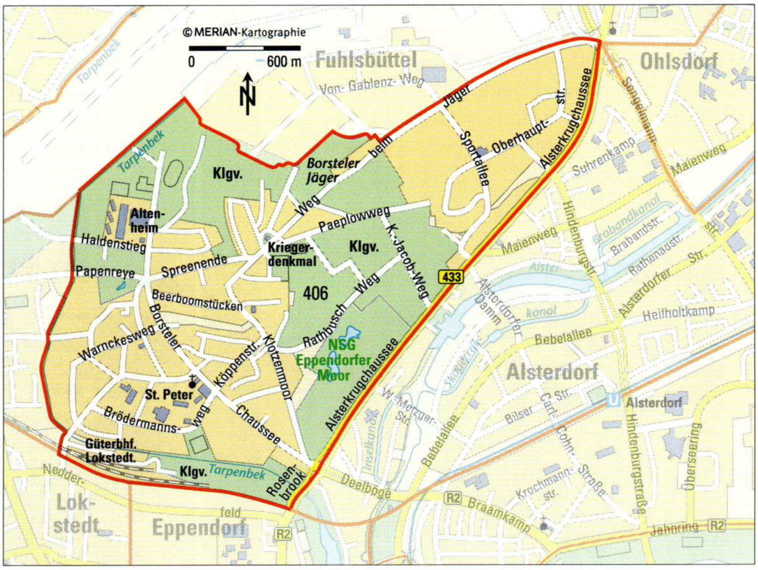

In seinen Anfängen ein **Haufendorf**, streckte sich Groß Borstel allmählich zu einem Zeilendorf. Überschaubar blieb es jedoch. Um 1600 existierten insgesamt fünf Voll- und acht Kätnerhöfe. Auch einhundert Jahre später gab es noch keine 100 Einwohner. Das dörfliche Idyll schützte Groß Borstel nicht davor, in Fährnisse der Geschichte zu geraten. So wurden etwa nach der Besetzung Hamburgs durch die französische Armee 1806 deren Offiziere im Frustberghaus einquartiert.

Entscheidende Wegmarke nach dem Abzug der Franzosen 1814 ist das Jahr

Groß Borstel ist ein Stadtteil, in dem man grün wohnen kann – auch an der Borsteler Chaussee

1830: Mit der Neuaufteilung des Landgebiets gehörte Groß Borstel ab dem 21. Oktober zur aus 21 Vogteien bestehenden Landherrenschaft der Geestlande. Ein „etwas frischerer Wind", so eine zeitgenössische Chronik, wehte ab 1872, als die **neue Landgemeindeordnung** den Landgemeinden erlaubte, ihr Statut selbstständig festzulegen.

Ende des 19. Jahrhunderts kam es zu gesellschaftlichen Umbrüchen, mit denen auch Groß Borstel seinen dörflichen Charakter allmählich verlor. Noch 1855 teilten nur 43 Grundeigentümer sich rund 470 ha Land, fast 83 Prozent der Gesamtfläche des Orts. Allein die fünf großen Höfe bebauten über 60 Prozent des Agrarlandes. Das landwirtschaftlich geprägte Erscheinungsbild herrschte lange vor, bis die großen Bauvorhaben der 1950er und 60er Jahre, z.B. die Wohnsiedlung Beerboomstücken, Rhabarber- oder Getreidefelder verdrängten.

Denk-Mal

Seit dem Frühjahr 1999 hat Groß Borstel ein neues, lange umstrittenes Wahrzeichen: „Schützengraben-Soldatengrab" heißt das **Nach-Denkmal** von Gerd Stange am Licentiatenberg, einem bronzezeitlichen Grabhügel am *Weg beim Jäger*. Das Gegenstück zum ältesten Borsteler Denkmal – dem seit 1922 auf dem Licentiatenberg thronenden **Kriegerdenkmal** von Richard Kuöhl für die Gefallenen des Ersten (und später des Zweiten) Weltkriegs – entstand auf Anregung der Bürgerinitiative „Groß Borstel gegen Rechts". Als Symbol für den Frieden will das neue Objekt eine Auseinandersetzung mit dem alten Denkmal sein. Dies scheint gelungen, betrachtet man die teils heftigen Diskussionen. Auch wenn Stanges Werk aus Beton und Stacheldraht nun doch steht, wo es die Planung vorsah: Da der Licentiatenberg seit 1930 unter Denkmalschutz steht, rückte Stange seinen Entwurf an den Hügelrand, in Sicht-/Gedankenverbindung mit dem Adler des Kriegerehrenmals.

Links: das „Nach-Denkmal" von Gerd Stange am Licentiatenberg. Unten: die Büste des Dichters Fritz Stavenhagen vor dem Bürgerhaus

Über die beiden Kriegsdenkmäler hinaus kann Groß Borstel noch zwei weitere Denkmäler vorweisen: Eines ehrt seit 1952 den Dichter Gustav Falke (1853–1916) im gleichnamigen Park an der *Frustbergstraße/Schrödersweg*. Das andere ist eine Stele des Heimatschriftstellers Fritz Stavenhagen (1876–1906), die vor dem nach ihm benannten Stavenhagenhaus steht.

***Oben:** Im Stavenhagenhaus finden ganzjährig Veranstaltungen statt.*
***Unten:** Aktiv im Stadtteil ist der Kommunal-Verein*

Zentrum der Stadtteilkultur

Das ursprünglich 1703 erbaute Herrenhaus an der *Frustbergstraße* hat erst nach seiner umfangreichen Restaurierung 1962–64 den Namen des einst in Groß Borstel lebenden Stavenhagen erhalten. Obwohl innen wie außen völlig neu konzipiert, vermittelt das **Stavenhagenhaus** einen Eindruck, wie bürgerliche Wohnkultur hier früher gewesen sein muss. Heute ist das Haus als Bürgerhaus Mittelpunkt des Stadtteils und der Stadtteilkultur. Bereits seit über 30 Jahren steht dabei der **Verein Freunde des Stavenhagenhauses e.V.** als treibende Kraft hinter unterschiedlichsten Veranstaltungen. Ein Schwerpunkt liegt dabei auf Musik; so beginnt das Jahr zumeist mit einem Neujahrskonzert. Doch auch Chöre, Gitarristen oder Jazz-Musiker geben dem Stavenhagenhaus sein Profil. Einmal im Jahr steht auch bildende Kunst auf dem Programm, und auch für Kinder sind Events dabei. Dabei folgen die „Freunde des Stavenhagenhauses" einem besonderen Konzept: Laut Satzung zahlen Besucher für die Veranstaltungen keinen Eintritt – so soll gesichert sein, dass niemand von der Teilnahme ausgeschlossen bleibt. Einmal im Monat trifft sich hier auch der seit 1984 bestehende **Literaturkreis**. Wie die meisten Groß Borsteler bedauern seine Mitglieder bis heute, dass der Stadtteil seit 1998 keine eigene Bücherhalle mehr hat.

Auch den Bund fürs Leben kann man seit Sommer 1998 im Stavenhagenhaus schließen: Nicht nur Groß Borsteler Paare lieben den festlichen Rahmen des „Hochzeitszimmers", auch aus anderen Stadtteilen kommen Heiratswillige.

Bürger aktiv

„Weiß der Kommunal-Verein davon?", ist eine oft gestellte Frage in Groß Borstel. Denn der mit über 1000 Mitgliedern, also etwa einem Achtel aller Einwohner, größte Hamburger Bürgerverein ist alles andere als eine nur die Tradition pflegende Gesellschaft. Im Gegenteil: Auch wenn der **Kommunal-Verein von 1889 in Groß Borstel r.V.** auf eine lange Geschichte zurückblicken kann – das 100-jährige Jubiläum war nicht zuletzt Anlass, die schöne, breit angelegte Chronik „Groß Borstel – vom Dorf zum Stadtteil" zusammenzustellen –, begreifen sich die Mitglieder nicht als gesellschaftsferne Nostalgiker. „Unser Verein kümmert sich vielmehr aktiv um die lokalen Belange der Groß Borsteler", erzählt der Vorsitzende Helmut Vogt. Von Anfang an ging es darum, Einfluss auf die Entwicklung der Kommune bzw. des Stadtteils zu nehmen und die Interessen der Bürger vor Ort wahrzunehmen. Ganz gleich, ob es um neue Wohnprojekte, Straßenbau oder beispielsweise den Um- oder Ausbau des nahen Flughafens geht (s. Fuhlsbüttel).

Der Kirchturm von St. Peter: symbolischer Mittelpunkt einer regen Gemeindearbeit für Jung und Alt

Einmal monatlich treffen sich die aktiven Mitglieder im Stavenhagenhaus. Und auch sonst zeigt der Kommunal-Verein Präsenz, z.B. beim Stadtteilfest oder bei gemeinsamen Ausflügen.

Offene Gemeinde und ein Fest

Eine offene Anlaufstelle mitten im Herzen von Groß Borstel ist auch die **Kirchengemeinde St. Peter**. Anfang der 1990er Jahre gab der Kirchenvorstand grünes Licht für das Konzept der offenen Gemeinde. Offen im wörtlichen Sinn, denn seitdem steht die 1959 fertig gestellte Kirche am Schrödersweg den Menschen jeden Tag offen. Die vergleichsweise junge Gemeinde feierte 1997 mit einem großen Fest ihr 50-jähriges Bestehen. „Heute", so Pastor Bernd Fürstenau, „hat St. Peter gut 3400 Gläubige und eine rege Jugend- und Altenarbeit." Und die regelmäßig stattfindenden Konzerte machen seine Kirche auch zu einer Anlaufstelle für Nicht-Gemeindemitglieder.

Gleich um die Ecke liegt Groß Borstels einzige Schule: Die nach dem Schulreformer Carl Götze (1865–1947) benannte **Carl-Götze-Schule** am *Brödermannsweg* wurde 1959 fertig gestellt und hat heute ca. 260 Grundschüler.

Auf dem Weg, eine von allen geliebte Tradition zu werden, ist das **Stadtteilfest**. Unter dem Motto „Zusammen leben, zusammen feiern" fand es erstmals im Juni 2000 und dann im Herbst 2001 wieder statt. Unter Federführung der Gemeinde, des Kommunal-Vereins, der Freunde des Stavenhagenhauses, aber auch anderer Institutionen und Gruppen waren Tausende Groß Borsteler und Gäste auf den Beinen, um sich und ihren Stadtteil zu feiern.

Platz fürs Vergnügen ist reichlich: Das Fest zieht sich vom Stavenhagenhaus über *Frustbergstraße* und *Schrödersweg* bis zu St. Peter.

Das Stadtteilfest ist die Bühne für den Austausch – Vereine und Verbände präsentieren sich, es ist Zeit für einen Klönschnack

Vom Ackerbau zum Mittelstand

Als 1830 die **Klosterländereien**, zu denen auch Groß Borstel gehörte, und die Privatrechte von St. Johannis an die Stadt Hamburg gingen, war das Dorf noch landwirtschaftlich geprägt. Doch schon kurze Zeit später legten Grundbesitzer durch Verkauf von Land den Grundstein für eine schnelle gewerbliche und industrielle Entwicklung.

Die Nickelfabrik **Gebrüder Meyer & Co.** – später Metallgießerei B. H. Meyer – war eine der frühen Industrieansiedlungen. Über 70 Jahre konnte sie sich an der *Borsteler Chaussee* halten, ehe sie während des Ersten Weltkriegs die Produktion einstellte. Später gab es auf dem Fabrikgelände u.a. eine Tischlerei, einen Futtermittelbetrieb und eine Tankstelle. Erst vor gut 20 Jahren wich die charakteristische, „Silberschmiede" genannte Fabrik mit ihrem Schornstein neuen Büro- und Industriegebäuden.

Der industrielle Aufschwung Mitte des 19. Jahrhunderts sorgte dafür, dass die Nickelfabrik nicht lange allein blieb: Drei Jahre später erwarb Joseph Wilhelm Meisser 10 000 m² Land für den Bau ei-

Der Gewerbebau „Alpha-Park“ an der Borsteler Chaussee. Rechts: Kleingarten-idyll im Schatten der „Luftwerft“

Zeitleiste

1325 erste urkundliche Erwähnung – das Dorf Groß Borstel wird an das Kloster Harvestehude verkauft

1530 kommt zum Kloster St. Johannis

1720 mit dem „Alsterkrug“ wird das Dorf zum Ausflugsziel

1830 Verwaltung durch Landherrenschaft der Geestlande

1891 die Rennbahn entsteht

1912 Flughafenbau nördlich der Rennbahn

1913 Eingemeindung

1947 St. Peter wird selbstständige Kirchengemeinde

1993 die Straße Papenreye wird freigegeben

2000 erstes Stadtteilfest

ner Kattundruckerei. Sie bestand vermutlich bis etwa 1862. Ihr Nachfolger auf demselben Gelände war die **Lederfabrik Menck & Neuhaus**, ab 1884 gefolgt von Heinrich Joseph Veltens Gerbereibetrieb, von dessen „üblen Gerüchen, Flugasche und einem ständigen Sausen und Pfeifen“ sich schon damals viele Anwohner belästigt fühlten. Auch die „schädlichen Abflüsse“ in die Tarpenbek wurden kritisiert. Doch es vergingen Jahrzehnte, bis sich die Umweltsituation besserte. Derweil wuchs die Lederfabrik beständig, und bis Ende der 1920er Jahre kaufte H. J. Velten das gesamte Gelände an der *Borsteler Chaussee 39–99* bis zur Tarpenbek. Sein Sohn Ernst führte den Betrieb weiter, doch als dieser 1950 starb, wurde die Produktion eingestellt. Einige der Gebäude stehen heute noch und sind an kleinere Firmen vermietet.

Ein drittes Traditionsunternehmen, an das sich ältere Groß Borsteler noch erinnern, war die Dachpappenfabrik **Riedeburg & Möller**. 1876 gegründet, gehörte der Firmensitz an der *Borsteler Chaussee 11* ein Jahrhundert zum Dorfbild. Bald nach dem 100-jährigen Jubiläum stellte man 1977 die Produktion ein.

Am unteren Ende der *Borsteler Chaussee* steht seit 1997 unübersehbar der Bürokomplex **Alpha-Park**, in dem Firmen wie Siemens, Schauland oder das Finanzamt Hamburg-Nord rund 1500 Arbeitsplätze bieten. Wie hier prägen auch an anderen Stellen heute Gewerbeparks mit überwiegend mittelständischen Firmen das Bild von Groß Borstel. Teilweise mit negativen Folgen, denn der Verkehr – namentlich der Lieferverkehr – wächst; es arbeiten mehr Menschen hier, als Groß Borstel Einwohner zählt. Die meisten Arbeitsplätze gibt es in Gewerbegebieten wie jenem am *Niendorfer Weg*, wo die Firma **Ad. Strüver Aggregatebau KG** um 1980 noch etwa 600 Mitarbeiter hatte, heute jedoch nurmehr einige Dutzend. Der Strukturwandel griff auch hier, sodass jetzt etwa zehn kleinere Firmen ansässig sind. Gleiches gilt für die Gewerbegebiete *Haldenstieg/In der Masch*, den Gewerbehof am *Borsteler Bogen 27* oder „Pehmöllers Garten“, ein altes Parkgelände zur *Papenreye*, das ebenfalls in Teilen Gewerbe aufnehmen soll.

Im Nordosten liegt Groß Borstels größtes Gewerbegebiet Sportallee. Am Flughafen mussten in den vergangenen Jahrzehnten die nahen **Kleingärtner** immer wieder Fläche für Bauvorhaben opfern. Ein geplantes Luftfrachtzentrum entstand zwar nicht, dafür zahlreiche

Stadtteil-Profil

	Groß Borstel	Bezirk	Hamburg
Bevölkerung gesamt (2000)	8344	275 802	1 704 929
Unter 18-Jährige in %	14,6	12,3	16,1
65 Jahre und älter in %	20,1	17,8	17,0
Deutsche	7219	237 560	1 432 325
Ausländer in %	13,5	13,9	16,0
Einwohner je km²	1841	4799	2258
Sozialstruktur			
Sozialhilfeempfänger (2000)	378	14 042	120 461
Arbeitslose (2001)	285	10 893	71 963
Eink. je Steuerpfl. in DM (1995)	75 432	65 475	65 579
Wohnen (2001)			
Wohngebäude	1863	29 345	226 061
Ein- und Zweifamilienhäuser in %	42,3	9,9	20,5
Ø Wohnungsgröße in m²	71,7	64,6	71,0
Wohnfläche je Einwohner in m²	36,6	38,2	35,7
Verkehr			
Private Pkw (2001)	3142	100 186	628 119
Straßenverkehrsunfälle (2000)	73	2159	12 430
Kriminalität			
Straftaten insgesamt (2000)	909	37 814	284 272

© Statistisches Landesamt

Wahlverhalten

... zur Bürgerschaft 2001 (gesamt)

Wahlbeteiligung	71,0%
SPD	36,5%
CDU	26,2%
Schill-Partei	19,4%
Grüne/GAL	8,6%
FDP	5,1%
Übrige	4,2%

... zur Bürgerschaft 2001 (Stadtteil)

Wahlbeteiligung	74,9%
SPD	40,1%
CDU	23,9%
Schill-Partei	18,6%
Grüne/GAL	8,0%
FDP	5,7%
Übrige	3,7%

Betriebe am *Geschwister-Beschütz-Bogen*. Unweit davon hat auch die für den Flughafen nicht unwichtige **Freiwillige Feuerwehr Groß Borstel** ihr Domizil, deren etwa 25 Mitglieder überwiegend aus dem Stadtteil kommen. Vorgesehen ist, dieses Gebiet nicht weiter auszudehnen, sondern in seinen jetzigen Dimensionen abzuschließen.

Ob Groß Borstel noch weitere Gewerbegebiete – etwa am ehemaligen Güterbahnhof Lokstedt, der auch für Sportflächen genutzt werden könnte – erhält, ist im Rahmen der Stadtentwicklung **Entwicklungsplanung südliches Flughafenumfeld** eher unwahrscheinlich. Hingegen soll die Wohnqualität gesichert werden, besonders im Hinblick auf Flughafenlärm und Verkehr.

Umstrittener Durchbruch

Wer durch Groß Borstel fährt, ob im eigenen Pkw oder etwa mit den Bussen 114 oder 34, bemerkt sofort, wo sich der Verkehr ballt: *Borsteler Chaussee* und die *Papenreye* als ihre Weiterführung zur *Kollaustraße* sind besonders zu Stoßzeiten morgens und abends Staufallen. Das nervt Pendler, vor allem aber die Groß Borsteler selbst.

Einige hätten gern den Senatsbeschluss von Anfang 1989 verhindert, die *Papenreye* zwischen dem Kaufhaus Metro und dem *Spreenende* weiterzuführen, um eine direkte Verbindung zwischen *Kollaustraße* und Flughafen und der „Luftwerft" zu schaffen. Dies geschah jedoch nicht zuletzt auf Drängen von Anwohnern, die sich seit 1982/83 in der **Bürgerinitiative Weiterbau Papenreye** für den Ausbau eingesetzt hatten. So begannen nach der Senats-Entscheidung pro Bau noch im selben Frühjahr die Bauarbeiten. 60 Bäume mussten weichen. Seit die neue Straße schließlich 1993 eingeweiht wurde, sind die Meinungen geteilt – die einen freuen sich über weniger, die anderen klagen über mehr Verkehr und seine lärmenden Begleiterscheinungen.

Nicht alle waren in den 1980er Jahren gegen den Ausbau der Papenreye: Demonstration für die Entlastungsstraße

Modellhaft wohnen

Besucher finden Groß Borstel überraschend grün: Viele Einfamilienhäuser oder **Villen mit Gärten** gibt es hier, und auch von vielen kleinen Grünflächen können sie berichten. Tatsächlich ist Groß Borstel von großen Bausünden verschont geblieben, nur an der *Borsteler Chaussee* ragen drei „Hochhäuser" in den Himmel. Und wer den von vielen Bürgern als Prachtstraße geschätzten *Holunderweg* mit seinen hübschen Bürgerhäusern entlanggeht, fühlt sich in die Zeit um 1900 versetzt.

Doch auch in Groß Borstel findet man typische Großwohnsiedlungen. Eine herausragende ist die **Siedlung Beerboomstücken,** denn sie war der erste Versuch der Stadt Hamburg, eine Mischbebauung aus mehrgeschossigen Wohnhäusern und zweigeschossigen Reihenhäusern zu realisieren. Entworfen von Werner Kallmorgen, ist der von der SAGA in der Zeit von 1956 bis 1960 errichtete

Rechts: Hamburgs ältestes Altenheim an der Borsteler Chaussee 301 wird von „pflegen & wohnen" betrieben

Ein Stück Dorf am Moorweg. Rechts: Die Wohnsiedlung Beerboomstücken ist ein Kind des Städtebaus der 1950er Jahre

Komplex ein gutes Beispiel für die städtebaulichen Überlegungen der 1950er Jahre: Geschosswohnungen und Einfamilienhäuser sollten so kombiniert sein, dass weitläufige, miteinander verbundene und dennoch klar getrennte Außenräume entstanden.

Weil die Wohnungsnot auch bei Fertigstellung von Beerboomstücken noch groß war, gab es in den Einfamilienhäusern zunächst als Übergangslösung im Erd- und Obergeschoss je eine separate Wohnung, die später zusammengelegt werden konnten. Eine ähnliche Anlage entstand in den Folgejahren auf den südlichen Nachbargrundstücken am *Wiegandweg*, jedoch ohne die charakteristischen hofartigen Außenräume. Für beide Siedlungen gilt jedoch, dass ihre Bewohner teils schon seit Jahrzehnten gern hier leben.

Erstes staatliches Altenheim

Eine weitere bauliche Besonderheit steht an der *Borsteler Chaussee 301*. Das Altenheim, ein Fritz-Schumacher-Bau aus den Jahren 1927–29, ist neben und nach den vielen privaten Stiftungen in der Stadt Hamburgs erstes staatliches Altenheim. Der eher konservative Bau mit einem großen Innenhof und Grünanlagen beherbergt heute rund 160 Wohnungen und wird von **pflegen & wohnen Groß Borstel** betreut.

Geschützter Großstadtsumpf

Auch zu Beginn des 21. Jahrhunderts hat Groß Borstel seinen grünen Charakter erhalten. Ein Grüngürtel aus Kleingärten und der Tarpenbek nach Süden umschließt den Ortskern. Und auch der Borsteler Jäger mit seinem Wald ist für Spaziergänger, Jogger oder Hundebesitzer ein beliebtes Freizeitrevier.

Die größte Anziehungskraft hat jedoch das **Eppendorfer Moor**, das Groß Borstel zur *Alsterkrugchaussee* hin abschließt. Ursprünglich war es Teil eines großen Moorgebietes, das sich entlang der Alster erstreckte. Anfang des 20. Jahrhunderts noch als Schießplatz und Reitbahn von der Polizei genutzt, entstanden an seinen Rändern in den 1920er und 30er Jahren **Kleingartenkolonien**. Die

Bürgergeschichten

„Ein unbekannter Engel“

***Katharina von Boxberg**, die u.a. die „Freunde des Stavenhagenhauses“ mitgründete und über 35 Jahre für den „Groß Borsteler“ Boten schrieb, erinnert sich an ihre Anfänge im Stadtteil und ein ganz besonderes Weihnachtsfest*

Im Sommer 1956 suchte ich in Hamburg eine Wohnung für uns, damit wir unseren kleinen Sohn endlich von meinen Eltern aus Dresden holen konnten. In Norddeutschland hatten wir keine Bekannten oder Verwandten, und Hamburg war uns fremd. Dank der beruhigenden Zusage der „Flüchtlingsstarthilfe“, uns beistehen zu wollen, fuhr ich tagelang mit S- und U-Bahnen durch verschiedene Stadtteile. Doch immer war es nichts: mal zu teuer, mal nicht schön genug gelegen.

Darum werde ich nie vergessen, wie ich eines sonnigen Junitages mit der Straßenbahn Linie 18 in den Vorort Groß Borstel hinausfuhr, wo ein Neubau mit etwa 78 Wohnungen angezeigt war – noch nicht fertig, aber schon zu besichtigen. Die Bahn fuhr an einem Teich entlang zwischen alten Eichen, dann bog sie in eine unbeschreiblich schöne Lindenallee ein. Meine Seele fühlte sich wie in ein grün schäumendes Erfrischungsbad eingetaucht. Denn obwohl an der Haltestelle Köppenstraße ein Mischmasch aus dörflichen Gebäuden, Villen und Mietshäusern stand, gab es überall die herrlichsten Bäume – als wäre Groß Borstel in einen Wald gebaut. An der Kurve des Brödermannswegs sah ich die Neubauten – eigentlich schade um die Wiesen dort, aber hier wollte ich wohnen!

Später ging ich hinunter zu einem Bach namens Tarpenbek, ging daran entlang und an blühenden Gärten zur Linken, bis ich, hingerissen vor grünem Glück, das Moor betrat – diese Stille so nahe der Großstadt!

Wir haben nie verstanden, warum in den 1960er Jahren unser ländlicher Vorort sein Gesicht verlieren musste. Eins nach dem anderen wurde vernichtet: die Strohdachkate gegenüber der Kirche; die Lindenallee, die mich hergelockt hatte, wurde einer „Straßenverbesserung“ geopfert. Und nach und nach fielen alle hiesigen sechs oder sieben Gärtnereien dem „Fortschritt“ zum Opfer, so wie die märchenhaft riesige Lerche vor dem Gemüseladen an der Ecke Brödermannsweg/Borsteler Chaussee.

Zur Erinnerung an unsere ersten Jahre in Groß Borstel gehört noch ein seltsames Erlebnis. Es war im zweiten Winter, wir wollten Weihnachten feiern. Als ich die Kinder gerade nach dem Mittagsschlaf angezogen hatte, klingelte es. Wer konnte das sein am Heiligen Abend? Es gab hier keine Menschenseele, die wir kannten. Als wir die Tür öffneten, erstarrten wir alle, mein zweijähriger Sohn, meine kleine Tochter auf dem Arm und ich. Wir riefen den Vater: ein Wunder, ein Wunder! Vor unserer Schwelle stand ein großes Paket. Und oben darauf brannte wie Gold eine Kerze. Wir liefen hinaus, um vielleicht noch jemanden zu sehen – aber da war nur leichter Schnee auf dem Fußweg, ein zartgraublauer Himmel – keine Spur von dem Engel, der uns beschert hatte. Wir wissen bis heute nicht, wer es war.

Die Borsteler Chaussee als Lindenallee – so sah Katharina von Boxberg sie noch Mitte der 1950er Jahre

Als Naturschutzgebiet ist die Zukunft des Eppendorfer Moores gesichert

meisten der Bäume fielen der Energieknappheit nach dem Zweiten Weltkrieg zum Opfer und wurden zu Brennholz gemacht. Pläne aus dieser Zeit, das Eppendorfer Moor mit Trümmerschutt aufzufüllen und zu bebauen, wurden nicht realisiert. Inzwischen sind solche Gefährdungen endgültig abgewandt: Seit 1984 steht das 15 ha große Eppendorfer Moor unter Naturschutz, betreut vom Naturschutzbund, der regelmäßig ornithologische und botanische Führungen veranstaltet. So konnten Reste bedrohter Flora und Fauna überleben. Ein, wenn auch kleines, Stück „Großstadtsumpf" scheint damit auch für die Zukunft gesichert.

Fast alles gibt es in den Läden an der Borsteler Chaussee zu kaufen. Rechts: die Endstation der Straßenbahn Linie 24 in Groß Borstel um 1910

Hamburger Ausflugsziel

Seine ländliche Schönheit machte Groß Borstel zum idealen Naherholungsziel. Nicht nur spazieren gehen konnte man hier – auch in einer der zehn Gaststätten kehrten die Ausflügler gerne ein. Unvergessene Häuser waren darunter. Allen voran der **Alsterkrug**, der bereits 1720 erstmals in den Büchern auftaucht, aber mit dem modernen, 1985 errichteten Hotel- und Restaurantkomplex an der Ecke *Sportallee/Alsterkrugchaussee* nur noch den Namen gemein hat. Johann Hinsch aus Groß Borstel hatte ihn samt „Schank- und Kruggerechtigkeit" erworben. Sicher kein schlechtes Geschäft – denn an der Landstraße nach Kiel und in der Nähe zur Alster lag der Krug sehr zentral. Weil die *Alsterkrugchaussee*, heute Grenze zu Alsterdorf, bis 1830 ungepflastert war, gestaltete sich die Fahrt der Fuhrwerke über morastige Wege durch die Alsterwiesen Richtung Norden oder in die Stadt sehr beschwerlich – die Fuhrleute konnten Stärkung und Erfrischung im „Alsterkrug" also gut gebrauchen.

Als 1891 der Hamburger Sportclub auf dem heutigen Flughafengelände die **Borsteler Rennbahn** anlegte, kamen die Wohlhabenden und Vornehmen aus Hamburg hier heraus. Wie der „Alsterkrug" ist auch Groß Borstels zweitältestes Gasthaus, der **Borsteler Jäger**, vielen in Erinnerung. 1837 entstanden, profitierten seine Betreiber von der schönen Lage am Rande des Borsteler Moores, das mit seinem – heute fast gänzlich dem

Flughafen geopferten – Wald eine Attraktion für Ausflügler war. Seine Hochzeiten erlebte es unter der Leitung der drei Generationen der **Familie Wehling**, unter deren Ägide auch der Bau der nahe gelegenen Rennbahn fiel. 1902 dann verkaufte der Enkel des ehemaligen Klosterjägers – daher der einprägsame Name – den ganzen Besitz an die Hamburger Familie Beit, die es testamentarisch 1906 der Stadt Hamburg vermachte. In deren Besitz ist das Gebäude heute noch, doch nach einer Blüte als „Restaurant, Kaffee und Konditorei" in den 1920er Jahren konnte das Haus nach dem Zweiten Weltkrieg nicht wieder an alte Glanzzeiten anknüpfen. War es zunächst Filmtheater, wurde es 1965 Tanzcafé mit Minigolf-Anlage. Nach einer Phase mit verschiedenen Restaurants und Diskothek endete die Geschichte des „Jägers" 1994. Heute ist hier eines der insgesamt vier Asylbewerberheime in Groß Borstel untergebracht.

Zwar mussten zum Leidwesen vieler Groß Borsteler einige Traditionslokale wie der „Borsteler Jäger" für immer schließen. Doch im Stadtteil findet sich immer noch ein großes Angebot an Ausgeh-Möglichkeiten mit zwölf Gaststätten. Da ist beispielsweise das **Restaurant Markgraf** – früher „Zum Schießstand" (1876) – an der *Borsteler Chaussee*, das Leckereien aus Baden und Schwaben anbietet. Oder die Gaststätte **Drei Eichen** (von 1905) am *Spreenende 45*, in der es volkstümliche Musik, Skatabende u.ä. gibt. Auch die internationale Küche kommt natürlich nicht zu kurz.

Frischer Fisch seit 1912

Groß Borstels Einkaufsmeile ist die *Borsteler Chaussee*. Wenn es hier zum Bedauern mancher Einwohner auch nicht mehr alles in Spezialgeschäften zu kaufen gibt – ein Schuhgeschäft zum Beispiel wird vermisst –, braucht eigentlich niemand das Viertel für den Einkauf zu verlassen, um einen Optiker, Bäcker, Apotheke oder Supermarkt aufzusuchen.

Und ganz besondere Läden haben auch noch überlebt. Allen voran das Groß Borsteler Fischgeschäft an der *Borsteler Chaussee 108*: **Fisch-Rolf**. Kaum ein Groß Borsteler, der in der Vorweihnachtszeit noch nicht zugeschaut hat, wenn Herbert Rolf mit geübten Handgriffen den Festtags-Karpfen zurechtmacht. Geschmackvolles können die Borsteler schon seit 1922 hier kaufen, als Julius Rolf sein erstes Fisch- und Gemüsegeschäft eröffnete.

Frischen Fisch von Julius Rolf hat jeder Groß Borsteler schon einmal gegessen – das Geschäft besteht seit 80 Jahren

Köpfe

„Ich bin 'ne Hamburger Deern", singt **Margot Schöneberndt** über sich selbst. Und eigentlich müsste es heißen: „Borsteler Deern". Denn seit über 30 Jahren lebt die volkstümliche Sängerin mit dem Akkordeon schon im Stadtteil. „Ich fühlte mich gleich als Groß Borstelerin", erinnert sich die Musikerin, die am *Lokstedter Damm* ihr Zuhause hat. So ist Margot Schöneberndt bei ihren Auftritten in TV, Radio oder Konzerten mit Evergreens wie „Auf der Reeperbahn" nicht nur eine Botschafterin Hamburgs, sondern immer auch Groß Borstels.

Horst Scherf ist ein echtes Groß Borsteler Gewächs. Vor allem durch seine über 30-jährige Aktivität im Kommunal-Verein, lange Jahre davon als Schatzmeister, kennt er im Stadtteil jeden. Und jeder kennt ihn. Der Tischler ist hier groß geworden und baute 1969 seinen Familienbetrieb *In der Masch 8*. Der hatte sich auf die Herstellung von Börsenhändlertischen spezialisiert – sechseckige Tische, über die hinweg sich die Broker von Banken in Frankfurt, Düsseldorf oder München mit News versorgten. Sohn Jochen führt den väterlichen Betrieb mit Schwerpunkt Innenausbau weiter.

Bekannt für gute Laune: Margot Schöneberndt singt und lacht. Seit über 30 Jahren im Kommunal-Verein aktiv ist Horst Scherf

Groß Flottbek

hat seinen ruhigen Charme bis heute bewahrt: Das einstige holsteinische Geestdorf ist nun ein stiller Villenvorort, dessen Gärten dem Stadtteil ein buntes Gesicht verleihen. Starke Kontraste sucht man hier vergeblich. Dörflich wirkt das Zentrum rund um die Groß Flottbeker Kirche mit einigen reetgedeckten Katen

Steckbrief

Fläche: 2,414 km²
Einwohner 10 966
Verwaltung: Bezirk Altona, Kerngebiet
Ortsteil: 217

Der Name des Stadtteils geht zurück auf einen Bach, der auf dem Gebiet des heutigen Neuen Botanischen Gartens entsprang: Die Flottbeker Au („Vlodtbeke") mündet bei Teufelsbrück in die Elbe.

Aus der Geschichte

Groß Flottbek wurde gemeinsam mit dem südlich gelegenen Klein-Flottbek – das heute kein eigener Hamburger Stadtteil mehr ist (s. Nienstedten) – im Jahre 1305 in einem Kaufbrief zum ersten Mal erwähnt als „flotbek inferior et superior" bzw. „Over und Nedder Vlotbek". Damals gehörte das Dorf zur Vogtei Hatzburg in Holstein-Pinneberg und zum Kirchspiel Nienstedten. Während des 30-jährigen Krieges (1618–48) war Groß Flottbek mehrfach von Plünderungen betroffen – 1620 fielen dänische, 1627 kaiserliche und 1643 schwedische Truppen in den Ort ein. Auch der Nordische Krieg (1700–21) hinterließ Wunden. Nach dem Aussterben der Schauenburger kam Groß Flottbek 1640 ans Herzogtum Holstein und damit ans Königreich Dänemark. Ab dem 17. Jahrhundert errichteten Hamburger hier Landhäuser.

Beziehungen zum nahen Hamburg hatte das Geestdorf immer schon. Denn neben sandigen Geestböden gab es in Groß Flottbek auch Lehmgebiete, aus denen die **Hamburger Pottger** (= Töpfer) sich Potterde holten „und dafür jährlich 40 Mark ans Amt Pinneberg zahlen", wie ein Kirchspielvogt im 18. Jahrhundert festhielt. Das Dorf wuchs beständig. 1789 gab es hier sieben Vollbauern sowie 21 Kätner und Handwerker.

Der **Kaufmann und Landwirt Caspar Voght** (1752–1832) – an ihn erinnert heute eine zentrale Straße im Stadtteil, an der noch sein 1794–97/98 im klassizistischen Stil erbautes Landhaus steht – erwarb ab 1785 zahlreiche Bauernhöfe, deren Grund er zu einer „ornamented farm" und einem Park nach englischem Vorbild gestalten ließ. Auf ihren Resten ent-

Einkaufszentrum für die Groß Flottbeker und die benachbarten Elbvororte: Die Waitzstraße ist ideal zum Bummeln

stand später der Jenischpark (s. Othmarschen). Voghts Patensohn Karl Sieveking versuchte, es ihm in Hamm gleichzutun (s. Hamm-Nord). Ganz in der Flottbeker Nachbarschaft errichtete der Landwirt und Ökonomielehrer Lukas Andreas Staudinger (1770–1842), ein Freund Voghts, auf seinem Lehrgut die **erste landwirtschaftliche Schule Schleswig-Holsteins**. Diese besuchte auch Johann Heinrich von Thünen (1783–1850), der noch heute für seine mit mathematischer Genauigkeit errechneten Standortanalysen bekannt ist („Thünensche Kreise"). An beide erinnern Flottbeker Straßennamen.

Der Weg zum Villenvorort

Zwar war Groß Flottbek noch Ende des 19. Jahrhunderts zu großen Teilen ein von Feldern und Weiden umsäumtes Dorf. Doch die Entwicklung hin zum Hamburger Vorort ließ sich nicht mehr verleugnen.

1867 war Groß Flottbek zum preußischen Kreis Schleswig-Holstein gekommen. Aber Hamburg rückte näher. Besonders durch die Vorortbahn, auf deren Strecke heute die S-Bahn fährt. Für die Linien entstand zunächst 1882 eine Bedarfshaltestelle Groß-Flottbek–Othmarschen, ehe 1897 auf Wunsch der Stadt Altona die noch heute bestehende S-Bahn-Station Othmarschen entstand. Dem Bau hatten die Groß Flottbeker nur unter der Bedingung zugestimmt, einen eigenen Ausgang auf ihrer Seite zu erhalten – und den nutzen sie noch heute.

Zu dieser Zeit war der Ausbau von Groß Flottbek zu einem Villenvorort bereits in vollem Gange. Der Charakter des Geestdorfes ging mehr und mehr verloren. Einige Überreste bäuerlicher Hufnerhäuser und Katen sind jedoch, vor allem in der Nähe der Stadtteilmitte rund um die **Groß Flottbeker Kirche**, noch erhalten. Reetgedeckte Bauernhäuser findet man z.B. mit dem um 1700 errichteten Arnoldschen Haus an der *Groß Flottbeker Straße*, dem ebenfalls etwa 300 Jahre alten Gothe-Haus in der *Beselerstraße* – heute ein Uhrengeschäft – oder dem unter Denkmalschutz stehenden

Das Arnoldsche Haus an der Groß Flottbeker Straße ist reetgedeckt. Links: Turm und Uhr der Groß Flottbeker Kirche

Geschichte im Stadtteil lebendig gemacht – die Von-Thünen-Straße erinnert an den Agrarökonomen Johann Heinrich von Thünen

jetzigen Landhaus Flottbek an der *Baron-Voght-Straße,* einst ein Bauernhof mit Ursprüngen aus dem 18. Jahrhundert.

Der überschaubare Charakter Groß Flottbeks sollte auch in der raschen Entwicklung nach 1900 erhalten bleiben, und so gaben 1911/12 die Architekten Raabe & Wöhlecke der **backsteinernen ev.-luth. Kirche** – erst 1908 war Groß Flottbek eine eigene Kirchengemeinde geworden, so lange gehörte es zu Nienstedten – bewusst dörfliche Züge. Mit ihrem kupfergedeckten Turm ist der einst als Reminiszenz an die Ursprünge des Stadtteils gedachte Bau längst selbst historisches Wahrzeichen Groß Flottbeks geworden. Im Jahr der Fertigstellung des Gotteshauses zählte Groß Flottbek bereits 5000 Einwohner. Bei der Eingemeindung nach Altona 1927 waren es schon 6000. Mit Altona zusammen kam auch Groß Flottbek 1937/38 zu Hamburg. 1944 wurde der Stadtteil von einem Luftangriff schwer getroffen.

Voll Sprache und Musik

Öffentliche Förderung und private Initiative, das sind die beiden Stichworte für kulturelle Aktivität in Groß Flottbek. Für Ersteres steht die Volkshochschule, für das Zweite das Johannes-Brahms-Konservatorium.

Die **Volkshochschule** hat seit Ende der 1970er Jahre ihren jetzigen Sitz an der *Waitzstraße 31*. Im ehemaligen „Bertha-Lyzeum" befinden sich neben dem Hauptsitz des Stadtbereichs West auch zahlreiche Gruppen- sowie Fachräume, z.B. für Goldschmiedekurse. Rund 10 000 Kursteilnehmer im Jahr werden hier – und in einigen umliegenden Schulen – von etwa 240 freien Kursleitern unterrichtet. Pro Semester gibt es ca. 400 Kurse. Etwa 40 Prozent davon entfallen auf Sprachen, rund ein Viertel auf Kultur wie Musik und Theater; einen weiteren Schwerpunkt bilden EDV und neue Medien mit eigenem Multimedia-Labor. Kurse finden nicht nur abends, sondern zunehmend auch tagsüber und an den Wochenenden statt.

„Über dieses ‚Volksbildungs-Angebot' hinaus erfüllt die VHS hier im Westen eine kulturpolitisch wichtige Aufgabe", erläutert Regina Siewert. Mit ihren elf Mitarbeitern versucht die VHS-Leiterin eine kulturelle „Brückenfunktion zwischen den Elbvororten und Altona" auszuüben. Stadtteile und Menschen, die oft Welten zu trennen scheinen. „Wir bemühen uns vor allem um Kultur, bieten viel Musik an – es gibt hier Chöre, und das Haus wird auch am Abend für kulturelle Veranstaltungen geöffnet, die sich an alle wenden", so die zufriedene Pädagogin.

Groß Flottbek erklingt: Das Johannes-Brahms-Konservatorium an der Ebertallee bildet musikalisch begabten Nachwuchs aus

Nicht zur VHS-West, sondern zur „Mutter" in Hamburg-Mitte gehört die **Schule Röbbek**. Hier kann im Schulabschlussbereich als einzigem Ort in Hamburg in Ganztagskursen der Hauptschulabschluss nachgeholt werden. Viele ältere Groß Flottbeker erinnern sich noch – mehr oder weniger gern – an die Schule Röbbek, weil sie dort einst ihre ersten Schuljahre verbrachten. Beim Ensemble *Röbbek 4* handelt es sich nämlich um die alte Schule und die Turnhalle des einstigen Dorfes. Wie die meisten Altonaer Volksschulen entstand der Komplex als Backsteinbau. Hauptgebäude (1874) und Anbauten (1898/99 und 1905) sind

außen noch heute fast unverändert. Gleiches gilt für die 1905 erbaute Turnhalle und Anbauten mit Zeichen- und Singsaal (1926/27). Wie die Groß Flottbeker Kirche ist die Schule Röbbek ein gebautes Stück der dörflichen Stadtteilgeschichte.

Damit verglichen ist das **Johannes-Brahms-Konservatorium** noch jung in Groß Flottbek. Das private Institut an der *Ebertallee 55* existiert zwar seit 1908. Aber der damalige Direktor Ralf Seligmann-Ferara musste emigrieren, und das alte Domizil auf der Uhlenhorst wurde im Zweiten Weltkrieg zerstört. Erst 1977 gründete das Musiker-Ehepaar Reitze de la Maza das Konservatorium als Ausbildungsstätte für künstlerisch begabten Nachwuchs in Blankenese neu. 1980 folgte der Umzug nach Groß Flottbek.

Nicht so ruhig, wie es scheint

Groß Flottbek mag ein ruhiges Wohnquartier sein – doch hinter den Fassaden ist das (Vereins-)Leben rege. Rund 900 Mitglieder hat der 1948 gegründete **Bürgerverein Flottbek-Othmarschen e.V.** und ist damit der zweitgrößte Bürgerverein Hamburgs. Die Geschäftsstelle liegt in der *Waitzstraße*. „Unser Herz schlägt in Groß Flottbek und in Othmarschen, aber wir greifen dennoch traditionell über die Stadtteilgrenzen hinaus", erzählt der Vereinsvorsitzende Hans Heinrich Jebe. Der Bürgerverein ist kommunalpolitisch aktiv und nimmt z.B. zu Bau- und Planungsangelegenheiten vor Ort Stellung. Aber auch Geselligkeit und Bildung werden gepflegt. So gibt es Konversationskurse (u.a. in Plattdeutsch) sowie das Sozialwerk e.V., einen eigenen Kulturverein, Magnet 52, benannt nach dem alten Post-Zustellbezirk 52. Und monatlich erscheint die Stadtteilzeitschrift „Unser Blatt".

Gemeinsam mit einigen Reetdachhäusern markiert die ev.-luth. **Kirchengemeinde Groß Flottbek** an der *Groß Flottbeker Straße* den Mittelpunkt des Stadtteils. Die seit dem Jahr 2002 mit der nördlich gelegenen **Bugenhagengemeinde** (hierzu und zum zugehörigen Flottbeker Kirchhof s. Bahrenfeld) vereinigte Gemeinde – neben der ebenfalls ev.-luth. **Melanchthon-Gemeinde** und der kath. **St. Paulus-Augustinus-Kirche**, beide an der *Ebertallee*, eine von dreien im Stadtteil – hat insgesamt rund 6400 Mitglieder. Drei Kindergärten, zwei Altenheime, Kinder-,

Jugend- und Seniorengruppen, vor allem aber eine vielfältige Musikarbeit prägen das Gemeindeleben: „Neben den drei Kinderchören gibt es einen Jugendchor, eine Kantorei und ein Orchester", freut sich Pastor Ingo Lembke. Höhepunkt im Jahreslauf sind das Gemeindefest im Juni und der adventliche Basar. Einmalig

Das „Halbmondhaus" ist das Logo des Bürgervereins. Links: Für alle Interessen offen ist die Volkshochschule. Unten: Die Melanchthongemeinde

Zeitleiste

1305 erste urkundliche Erwähnung, gemeinsam mit Klein-Flottbek

1640 zu Holstein als Teil Dänemarks

1785 C. Voght kauft Land

1867 Teil des preuß. Kreises Schleswig-Holstein

1908 eigene Kirchengemeinde

1911/12 Bau der Groß Flottbeker Kirche

1927 Eingemeindung nach Altona

1937 Hamburger Stadtteil

1967 Neubau Europa-Kolleg

1980 Zuzug des Brahms-Konservatoriums

2000 Umbau Haushaltswaren Buermeister

Wahlverhalten

... zur Bürgerschaft 2001 (gesamt)

Wahlbeteiligung	71,0%
SPD	**36,5%**
CDU	**26,2%**
Schill-Partei	**19,4%**
Grüne/GAL	**8,6%**
FDP	**5,1%**
Übrige	**4,2%**

... zur Bürgerschaft 2001 (Stadtteil)

Wahlbeteiligung	83,6%
SPD	**28,0%**
CDU	**33,5%**
Schill-Partei	**11,0%**
Grüne/GAL	**12,3%**
FDP	**11,9%**
Übrige	**3,3%**

Stadtteil-Profil

	Groß Flottbek	Bezirk	Hamburg
Bevölkerung gesamt (2000)	10 966	240 102	1 704 929
Unter 18-Jährige in %	16,0	16,5	16,1
65 Jahre und älter in %	17,8	17,0	17,0
Deutsche	9344	197 923	1 432 325
Ausländer in %	14,8	17,6	16,0
Einwohner je km²	4543	3066	2258
Sozialstruktur			
Sozialhilfeempfänger (2000)	74	15 896	120 461
Arbeitslose (2001)	167	10 739	71 963
Eink. je Steuerpfl. in DM (1995)	106 438	75 345	65 579
Wohnen (2001)			
Wohngebäude	2313	33 737	226 061
Ein- und Zweifamilienhäuser in %	42,2	23,6	20,5
Ø Wohnungsgröße in m²	95,4	75,0	71,0
Wohnfläche je Einwohner in m²	44,6	36,6	35,7
Verkehr			
Private Pkw (2001)	4542	84 981	628 119
Straßenverkehrsunfälle (2000)	39	1590	12 430
Kriminalität			
Straftaten insgesamt (2000)	560	31 664	284 272

in Hamburg ist die von der angeschlossenen Diakoniestation ins Leben gerufene Aktion „Nachbarn für Nachbarn“: „Dabei helfen sich Bürger und Menschen ab etwa 55 Jahren gegenseitig, sodass die Ressourcen im Stadtteil viel besser genutzt werden“, beschreibt die Initiatorin Sabine Hallier-Barnsen das Projekt. Regelmäßig finden Informationsveranstaltungen zu Themen wie Rente oder Pflegeversicherung statt. Ende 2001 ist auch ein eigener **Stadtteilführer** für Ältere erschienen, der Groß Flottbeker Dienstleistungen wie z.B. Bringdienste aufführt. Zur Diakoniestation gehört auch das „Flottbeker Freiwillige Forum“, das Besuchs- und Fahrdienste im Viertel organisiert.

Beim Norddeutschen und Flottbeker Reiterverein. Rechts: Beachvolleyball ist der Sommerhit bei der Groß Flottbeker Spielvereinigung

Unweit der Groß Flottbeker Kirche liegt an der *Baron-Voght-Straße* auch die **Freiwillige Feuerwehr Groß Flottbek**. 1886 war die Wehr zum Schutz der vielen reet- und strohgedeckten Häuser gegründet worden.

Nicht ganz so alt sind die vielen Sportvereine im Stadtteil. Der älteste ist der **Turnverein von 1901 Groß Flottbek e.V.** Er zählt 1400 Mitglieder und ein auf Breitensport angelegtes Angebot. Ein bisschen kleiner ist die **Groß Flottbeker Spielvereinigung von 1912 e.V.**, deren Vereinsgelände an der *Notkestraße* (s. Bahrenfeld) liegt. „Rund 740 Mitglieder haben wir momentan“, rechnet der Vorsitzende Hans-Ludwig Gabriel nach. Die Vereins-Palette reicht dabei von Badminton bis Volleyball. Besonders erfolgreich sind die Fußballer. Über die Stadtteilgrenzen hinaus reicht der Ruf des **Norddeutschen und Flottbeker Reitervereins e.V.** Der 1928 ins Leben gerufene Verein hat Ställe für 100 Pferde und eine Reithalle am *Hemmingstedter Weg*. Eine weitere Stallung steht im nahen Rissen.

Streifzug durchs Viertel

Als reiner Wohnstadtteil hat Groß Flottbek einen geschlossenen Charakter. Neben dörflichen Resten finden sich Häuser aus der Zeit um 1900 sowie viele Villen aus Backstein, die in den 1920er und 30er Jahren entstanden sind. Nur wenige Neubauten sind in den letzten Jahren hinzugekommen, manche wirken wie Fremdkörper im Stadtteil, den ein guter **Milieuschutz** vor zu großen Eingriffen schützt.

Geht man von der S-Bahn-Station Othmarschen aus quer durch die Grünanlagen auf dem *Beselerplatz,* findet man neben einigen Geschäften auch die Post. Hier wurden 1912 auch die ersten Häuser bezogen. Von der *Cranachstraße* führt der *Kalckreuthweg* gen Westen zu den Resten des holsteinischen Geestdorfs Groß Flottbeks rund um die Kirche. Südlich davon beginnt auf der *Groß Flottbeker Straße* die Villenanlage Groß Flottbek. Trotz

Große Dächer und Fachwerkmauern prägen die Häuser der Deutschen Werft in der Adickesstraße. Oben: Backstein-Detail am Hauseingang Cranachstraße 27. Links: Der Villenvorort Groß Flottbek, wie ihn jeder kennt

Nachverdichtung herrschen großbürgerliche Häuser aus der Zeit um 1900 vor, die sich bis zur *Waitzstraße* ziehen.

Spaziert man weiter gen Osten durch das früher zu Bahrenfeld gehörende Wohnviertel, sind an der *Rosenhagenstraße* und besonders an der *Adickesstraße 2–14* die vom berühmten Hamburger Architekten Peter Behrens entworfenen **Häuser der Deutschen Werft** zu entdecken. Mit ihren niedrigen Backsteinwänden, tiefen Dächern und Sprossenfenstern erhielten sie ein dörfliches Äußeres. Die „Beamtenhäuser" waren für die höheren Angestellten bestimmt, die Arbeiter wohnten nahe der Werft in Finkenwerder.

Nördlich der *Adickesstraße* liegt Groß Flottbeks **Malerviertel**. Die ersten Straßen wurden nach Malern der Reformationszeit wie Cranach und Holbein benannt. Es sind teils Mehrfamilienhäuser, teils Villen, teils Landhäuser im Heimatstil wie jenes an der *Cranachstraße 27.*

Stadtteil der Studenten

Unweit der Groß Flottbeker Kirche liegen auch die vier Studentenwohnheime, die man im Stadtteil zunächst gar nicht vermuten mag, deren einige Hundert Bewohner jedoch für ein junges Gesicht sorgen. Die Häuser „überragen" die Umgebung nicht, sondern sind der allgemeinen Bauweise angepasst.

Reine Wohnheime sind das **Christophorus-Haus** am *Kalkreuthweg,* das in den 1950er Jahren als Erstes hierher kam. Im **Bugenhagen-Konvikt** (1958) schräg gegenüber, das der Nordelbischen Ev.-Luth. Kirche gehört, sind die meisten

Bürgergeschichten

„Meine Frau soll fahren lernen"

Fast 40 Jahre lang war der Maschinenbauingenieur Wilhelm Augustin Fahrlehrer in Groß Flottbek. Seine Fahrschule lag im Ohlenkamp. An manche Fehler seiner Fahrschüler erinnert sich der 1908 Geborene noch heute …

Bevor ich 1939 als Erster eine Fahrschule hier in Groß Flottbek eröffnet habe, war ich bereits an einem Geschäft in der Osterstraße beteiligt. Aber man muss eindeutig sagen: Die Groß Flottbeker waren eine andere Klientel! In Eimsbüttel kamen die Fahrschüler wirklich aus allen Schichten – vom Werftarbeiter bis zum Professor. Das Publikum in Flottbek hingegen war durch die Bank viel vornehmer. Aber das heißt natürlich nicht, dass es immer reibungslos gegangen wäre, nein, nein. Schließlich gab es in den Prüfungen schon früher schwierige Aufgaben, wenn auch der Verkehr bei weitem nicht so dicht war wie heute.

Ohne Werbung geht nichts: Kinowerbung der Fahrschule Augustin Ende der 1950er Jahre

Aber rückwärts um den damals in den 1950er Jahren noch existierenden Othmarscher Teich zu setzen war nicht einfach. Und dann gab es ja immer auch Fahrschüler, die gar nicht richtig Auto fahren wollten. Da kam zum Beispiel eines Tages, wohl in den 1960ern, ein Mann ins Büro und sagte: „Meine Frau soll fahren lernen. Wie lange dauert das?" Da habe ich gesagt: „Na, Moment, wenn Ihre Frau nicht möchte …" Sie kam dann aber, meinte anfangs zwar: „Ja, wenn ich das muss", doch die Prüfung verlief dann ohne Schwierigkeiten.

Einige Wochen später aber rief die Frau ganz verzweifelt wieder bei mir an: „Mein Mann meckert immer mit mir, wenn ich fahre. Ich soll schneller fahren, meint er, aber das möchte ich gar nicht." Da war es dann meine Aufgabe, den Diplomaten zu spielen und noch

einmal mit dem Gatten zu reden. Zu sagen, dass nicht jeder gleich fahre. Und man sich schließlich auch an ein anderes Auto erst gewöhnen müsse, um Fahrpraxis zu bekommen.

Und das überzeugte dann in diesem und in ähnlichen Fällen, in denen Männer ihre Frauen nicht ans Steuer lassen wollten. Denn eines muss ich sagen: Die Quote der Prüflinge, die bestanden, hat bei mir gestimmt. Von den 70 bis 80 im Jahr sind nur etwa zwei Prozent durchgefallen. Heute liegt diese Zahl ja bei durchschnittlich 30 Prozent.

Wobei ich sagen muss, dass die Prüfer in Hamburg immer reine Bürokraten waren. Es gab Phasen, da wurde ich stärker beobachtet als die Prüflinge. In Altona hingegen hatten sie mehr Herz. Der Dame allerdings, die bei Rot über die Ampel fuhr, konnte das auch nicht helfen. „Herr Augustin, ich habe Beruhigungstabletten genommen", hat sie sich zu entschuldigen versucht.

der knapp 100 Bewohner Theologie-Studenten. Gut ein Drittel kommt aus dem Ausland. Träger des **Emil-Wolff-Hauses** in der *Kaulbachstraße* ist das Hamburger Studentenwerk.

Viel mehr als ein nur ein Obdach für Studenten und Wissenschaftler bietet das **Europa-Kolleg** am *Windmühlenweg 27* mit 67 Wohnungen. Gegründet Mitte der 1950er Jahre von Bruno Snell, damals Rektor der Universität Hamburg, entwickelte sich zunächst am *Kalkreuthweg* – in den jetzigen Komplex zog man 1967 – schnell ein lebhaftes gesellschaftlich-wissenschaftliches Leben. „Heute führt das Europa-Kolleg einen einjährigen Postgraduiertenstudiengang im Bereich Europäische Integration und Internationale Wirtschaftsbeziehungen in Kooperation mit der Universität durch“, erläutert Kolleg-Geschäftsführerin Sabine Kuhlmann. Der Schwerpunkt dabei liegt auf Mittel- und Osteuropa. Neben anderen war auch Bundesinnenminister Otto Schily Stipendiat am Europa-Kolleg.

Man trifft sich in der „Waitze“

Es erscheint als ewiges Hin und Her – dabei ist die Sache eigentlich sonnenklar. „Herzlich willkommen – **Waitzstraße**. Ihr Einkaufs-Paradies in Othmarschen“ grüßt in großen Buchstaben eine Reklame alle, die mit der S 1 am gemütlichen Bahnhof Othmarschen angekommen sind und die originale hölzerne Bahnsteigüberdachung aus wilhelminischer

Das erste Studentenwohnheim im Stadtteil war das Christophorus-Haus am Kalkreuthweg

Zeit hinter sich gelassen haben. Eine nette, aber falsche Geste. Denn die *Waitzstraße* liegt nun mal in Groß Flottbek. „Unser Kosename ist Flottmarschen“, meint dazu Dirk-Peter Lühr diplomatisch. Denn die *Waitzstraße* liege genau an der Südgrenze zu Othmarschen. „Und unser Kundenkreis geht noch viel weiter nach Westen, bis Nienstedten und Blankenese“, erzählt Lühr, der es wissen muss – als Inhaber eines Optik-Geschäfts ist er Vorsitzender der seit rund 20 Jahren bestehenden **Interessengemeinschaft Waitzstraße e.V.**, in der gut 80 der insgesamt etwa 90 hier ansässigen Händler Mitglied sind.

„Die ‚Waitze‘ entwickelt sich sehr zu ihrem Vorteil“, findet Lühr. Tatsächlich zeigen sich viele Häuser und die als Pavillons vor diese gesetzten alten Läden frisch renoviert, und einige Neubauten ergänzen sich mit den traditionsreichen Villen zu einem zeitgemäßen Gesamtbild. Dennoch gibt es im Stadtteil auch kritische Stimmen – mit einer Hand voll Bäckern, drei Optikern

Groß Flottbeker Tageblatt

Der drohende Lappo-Aufstand in Finnland

Asiens neuester Herrscher

Einst berichtete eine eigene Zeitung aus dem Stadtteil – hier eine Ausgabe von 1932.
Unten: In der Bibliothek des Europa-Kollegs herrscht eine konzentrierte Arbeitsatmosphäre

Der Wochenmarkt (Mi./Sa. 8–13 Uhr) bietet für die Groß Flottbeker nicht nur Gelegenheit zum Einkauf, sondern auch zum Austausch von Neuigkeiten aus ihrem Stadtteil

und sieben Bankfilialen sei der alte Branchenmix einer stärkeren Einseitigkeit gewichen. Auch das Haushaltswarengeschäft Buermeister, das seit 1910 in einer Jugendstilvilla Einkaufslustige am Eingang der Waitzstraße gleich neben dem S-Bahnhof empfing und 1998 schließen musste, vermissen viele noch immer. Jetzt müsse man weit laufen, wenn man mal eine Schraube braucht. Inzwischen wurde die Jugendstilvilla für rund 5 Mio. Euro renoviert, um einen Neubau ergänzt und wirkt mit ihren modernen Ladenvorbauten wie ein Eckportal. „Ein bisschen muss man immer auch die Geschäfte eben den geänderten Kundenwünschen anpassen", erklärt Dirk-Peter Lühr, der meint, dass der Produktmix in der „Waitze" sich verbessert hat: „Totgesagte leben länger! Schon vor Jahren wurde uns mit dem Bau des Elbe-Einkaufszentrums das Ende prophezeit, doch man trifft sich immer noch hier." Tatsächlich geht es auf der *Waitzstraße* auch an normalen Wochentagen lebendig zu. So schlecht scheint die Mischung aus Buchladen, Kleidungsgeschäften, Drogerien und anderem nicht zu sein.

Ähnlich wie die *Waitzstraße* ist auch der **Groß Flottbeker Wochenmarkt** ein echter Treffpunkt im Stadtteil: Wenn auf dem Platz an der Ecke *Osdorfer Landstraße/Groß Flottbeker Straße* Obst-, Gemüse- oder Käsestände aufgebaut sind, bietet Groß Flottbek ein belebtbuntes Bild.

Man bat zum Tanz ...

Das Eck-Gebäude steht immer noch markant an der *Beselerstraße 42/Kalckreuthweg*. Doch die großen Zeiten des turmverzierten Hauses liegen über 80 Jahre zurück: Das **Germania Park Hotel** war von seiner Entstehung um 1900 – die zuvor hier existierende Gastwirtschaft „Groß Flottbeker Park" war 1899 abgebrannt – bis Anfang der 1920er Jahre ein beliebtes Restaurant und Tanzetablissement mit eigenem Saal im Garten. Hierhin ging man vornehm aus, hier wurde geschwoft, hier amüsierte man sich. Aber der Erfolg verging: Der Tanzsaal des 1913 in „Groß Flottbeker Hof" umbenannten Hauses wurde 1923 abgerissen. Und die damals noch selbstständige Gemeinde Groß Flottbek erwarb das Hauptgebäude. Einige Dienststellen des Bezirksamts sind immer noch im frisch renovierten Haus untergebracht.

Wer ausgeht, den zieht es heute in andere Lokalitäten: Ins aufwändig restaurierte, denkmalgeschützte **Hotel und Restaurant Landhaus Flottbek** an der *Baron-Voght-Straße* beispielsweise, in dessen Restaurant französisch und in dessen Bistro italienisch gekocht wird.

Oder ins **Chez Alfred**, das in den Räumen des Norddeutschen Reitervereins am *Hemmingstedter Weg* gleichfalls französische Küche bietet. Oder zum

Ausgehen heute und damals: Steakrestaurant an der Dürerstraße (oben) und das alte Germania Park Hotel

„Chinesen“ in der *Beselerstraße,* in der auch die traditionellen **Beseler Stuben** liegen. Doch dies sind nur Beispiele.

Köpfe

Sein fast immer lachendes Gesicht kennen die meisten Groß Flottbeker: **Heinz Augustin** führte seit den 1960er Jahren ein schon 1919 von seiner Großmutter gegründetes „Fachgeschäft für Papierwaren, Tabakwaren und Zeitschriften“.

Im unter Denkmalschutz stehenden Hotel Landhaus Flottbek lässt es sich nobel feiern und übernachten

Im Jahr 2000 gab der Mittsechziger seinen Laden an der Ecke *Beselerstraße/Kalckreuthweg* dann aber auf – „diese Mischung lohnt sich nicht mehr“, bedauert der agile Rentner, der jetzt „hauptberuflich“ dem „Altonaer Hafen Verein von 1875“ vorsteht (s. Altona-Altstadt). Doch wenn er durch die Straßen seines Stadtteils geht, grüßt ihn jeder. „Es sind ja sehr viele jahrzehntelang zu mir gekommen“, erklärt Heinz Augustin schmunzelnd, „darunter viele Studenten aus den Wohnheimen. Aber natürlich auch die eingeborenen Groß Flottbeker.“ Zu denen Augustin ja selber zählt: „Und ich werde immer bleiben.“

Weniger im Stadtteilbild, dafür umso mehr in der weiten Welt der Kultur fällt seit Jahrzehnten der Filmemacher **Hark Bohm** auf. Der 1939 in Hamburg Geborene wuchs bis zum zehnten Lebensjahr zwar auf Amrum auf, kam dann aber wieder zurück in seine Heimatstadt und besuchte das Christianeum in Othmarschen. Nach Jurastudium und begonnenem Referendariat arbeitete Hark Bohm Ende der 1960er Jahre zunächst als Schauspieler, ehe er 1970/71 erste Kurzfilme drehte. Längst geflügelte Worte sind die Titel seiner Erfolgsfilme „Nordsee ist Mordsee“ (1975) und „Moritz lieber Moritz“ (1977). 1979 zog Bohm dann mit seiner Familie in die *Giesestraße* in Groß Flottbek – ins Haus, das sein Großvater einst erbaute. Bohms Einsatz für den Film geht über sein Schaffen als Regisseur hinaus: So war er 1979 Mitbegründer des Hamburger Filmbüros und baute ab 1989 das Filmstudium an der Universität Hamburg auf. Dort hat der Künstler eine Professur inne. Hark Bohm und seine Frau Natalia Bowakow haben sechs Kinder und sechs Enkel.

Auch an einen, der zu Lebzeiten oft genug kritisch beäugt wurde, erinnern sich die Groß Flottbeker heute gern: Der Schriftsteller **Hubert Fichte** (1935–86) wohnte von 1963 bis zu seinem Tod in der *Dürerstraße 9.* Aufgewachsen ist der in Brandenburg Geborene in der *Julius-Vosseler-Straße* in Lokstedt. Eines seiner bekanntesten Werke ist der 1968 erschienene Hamburg-Roman „Die Palette“. Der Titel spielt auf eine Gammler- und Hurenkneipe in der *ABC-Straße* an, in der der Held Jäcki die Gegenwelt zur westdeutschen Wohlstandsgesellschaft kennen lernt. Fichtes Buch „Grünspan“ setzt dem Veranstaltungszentrum an der *Großen Freiheit* ein Denkmal. Erst posthum wurde Fichtes Hauptwerk veröffentlicht, die „Geschichte der Empfindlichkeit“.

Groß Flottbek ins Gesicht geschaut: Heinz Augustin, Hark Bohm und Hubert Fichte

Gut Moor

ist außerhalb des Bezirks Harburg wenig bekannt. Die von Entwässerungsgräben durchzogenen „Moor-Wiesen“ erstrecken sich bis zu den niedersächsischen Dörfern Groß- und Klein-Moor. Über die Landesgrenze hinweg feiern die Bewohner jedes Jahr das Vogelschießen als großes, gemeinsames Volksfest

Steckbrief

Fläche: 1,967 km²
Einwohner: 147
Verwaltung: Bezirk Harburg, Kerngebiet
Ortsteil: 704

Im Jahr 1630 schenkte der Harburger Herzog Wilhelm seinem Kanzler Baron J. von Drebber ein adliges, freies Gut im Moor als Dienstsitz. Zu dieser **Domäne Kanzlershof** gehörten umfangreiche Ländereien, so auch das Gebiet des heutigen Stadtteils. Das 1713 errichtete Herrenhaus des Gutes fiel um 1910 dem Ausbau des Harburger Rangierbahnhofs zum Opfer.

Aus der Geschichte

Der erste Harburger Herzog Otto I. ließ um 1540 den **Seevekanal** durch das Meckelfelder Moor graben. Der Kanal diente dem Antrieb der Harburger Binnenmühlen, zugleich wurden mit dem Bau aber auch die Voraussetzungen für die Kultivierung des Moorgeländes geschaffen. Schon das Harburger Amtslagerbuch von 1667 nennt die Siedlung „Mohr“. Als eine der zehn Vogteien des Amtes Harburg wurde um 1645 die **Vogtei Höpen** geschaffen, in die Gut Moor gemeinsam mit Groß- und Klein-Moor eingegliedert wurde. Trotz wechselnder Herrschaftsverhältnisse (s. Harburg) blieb der Verwaltungsaufbau des Amtes Harburg für 200 Jahre im Wesentlichen unverändert. Die Moorbauern litten vor allem im 19. Jahrhundert unter **Deichbrüchen** und den Folgen **kriegerischer Auseinandersetzungen**. Aus napoleonischer Zeit ist sogar die unheilvolle Kombination beider Übel bekannt: Durch Unvorsichtigkeit der Franzosen bei Schanzarbeiten in Over war Ostern 1814 der Deich gebrochen. Ganz Moor – damals wurden die **drei Moordörfer** noch nicht getrennt behandelt – stand unter Wasser. Erstmals 1839 wurden die Moordörfer in Statistiken differenziert

Das Herrenhaus vor dem Abriss. Heute gehören das Gutsgelände und die Siedlung Kanzlershof zu Rönneburg

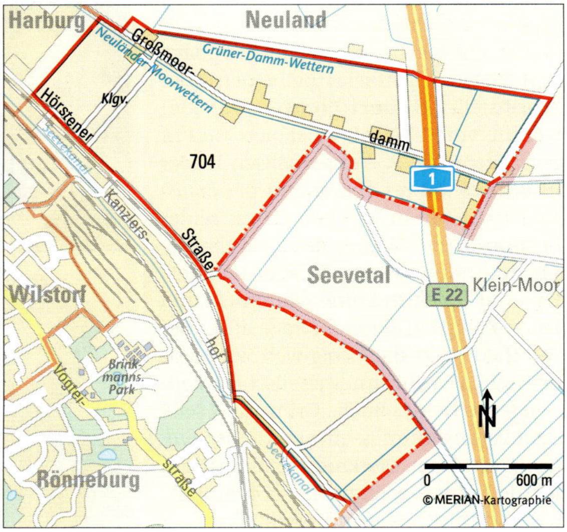

Auftakt zum Volksfest: Umzug der Schützen über den Großmoordamm

erfasst: Gut Moor zählte 14 Hausstellen. Durch die allgemeine preußische Verwaltungsreform aus dem Jahr 1885 wurde die Gemeinde Gut Moor Teil des **Kreises Harburg**; im Rahmen des Groß-Hamburg-Gesetzes (1937/38) erfolgte schließlich die **Eingemeindung** nach Hamburg.

Auf Torf gebaut

Noch vor hundert Jahren standen in den Moordörfern vorwiegend reetgedeckte

Fachwerkhäuser; prächtige Schmuckfassaden nach Vier- oder Altländer Art konnten sich die Bauern hier nicht leisten: Der **feuchte Moorboden** bringt nicht nur weniger landwirtschaftlichen Ertrag, er ist auch kein komfortabler Baugrund. Um das Moor überhaupt tragfähig zu machen, rammte man Pfähle hinein. Trotz allem hinterließen die Schwankungen der bis zu acht Meter dicken Torfschicht ihre Spuren: Tiefe Mauerrisse und abgesenktes Fachwerk machten immer wieder Ausbesserungsarbeiten an den Häusern nötig. Bei Elbdeichbrüchen richtete Hochwasser zusätzliche Schäden an. Davon blieb meist nur der älteste Hof in Gut Moor verschont: Er liegt auf einer 1,5 m hohen Wurt am *Großmoordamm 253*. Die Vorder- und Seitenwände des Hauptgebäudes wurden schon mehrfach erneuert und massiv untermauert, der hintere Giebel ist aber noch original erhalten. Im Eichen-Fachwerk ist das Erbauungsjahr zu lesen: Das in alten Quellen als **Amtsschreiberhaus** bezeichnete Gebäude stammt aus dem Jahr 1617, gehörte vermutlich zur Domäne Kanzlershof und erhielt daher seinen Namen.

Man kennt sich

In Gut Moor braucht man nach **dörflichen Strukturen** nicht zu suchen. Sie existieren wie seit Jahrhunderten; man kennt sich, hilft sich und feiert gemeinsam. Bis 1978 traf sich tout Gut Moor zu allen gesellschaftlichen Anlässen im **Schützenhof der Familie Willuhn**. Ob Hochzeit, Vogelschießen oder Geburtstag – bei Willuhn wurde geschossen und geschwoft. Auf dem Gelände errichtete auch der 1903 gegründete Schützenverein seine erste Schießanlage. In den Anfangsjahren hieß es nur für männliche Mitglieder „Gut Schuss". Seit Mitte der 1970er Jahre sind im **Schützenverein Moor und Umgebung von 1903 e.V.** auch Damen und Jugendliche am (Ab-)Zug.

Zeitleiste

Um 1540 Bau des Seevekanals

1630 Kanzlershof wird Dienstsitz des Harburger Kanzlers

um 1645 Moordörfer Teil der Vogtei Höpen

1713 Herrenhaus Kanzlershof errichtet

1885 Gemeinde Gut Moor im Kreis Harburg

1903 Gründung des Schützenvereins

1937/38 Eingemeindung nach Hamburg

1978 Schützenhof wird verkauft

1987 Einweihung des Gemeinschaftshauses in Seevetal – Klein-Moor

Bürgergeschichten

„Mädchen – nur nicht aufregen"

***Brigitte Heitmann** war im Jahr 1975 Schützenkönigin des Schützenvereins Moor und Umgebung von 1903 e.V. Sie erzählt von der Zeit, als die Damen anfingen, mit dem Kleinkaliber-Gewehr auf Vogel und Scheibe zu schießen*

Brigitte Heitmann hat die Damenabteilung des Schützenvereins mitgegründet

Frau Heitmann, wie kam es, dass sich mehr als 70 Jahre nach der Vereinsgründung eine Damenabteilung zusammenschloss?

Die Idee kam gar nicht von einer Frau. Der Schützenbruder Herbert Meier setzte sich dafür ein, dass nun endlich auch die Moorer Schützen eine Damenriege bekämen. Im November 1973 fanden sich schließlich 13 Interessierte. Und im April des nächsten Jahres trafen wir uns im Schützenhof bei Willuhn, um erstmals selbst den Schießsport zu betreiben. Es war lausig kalt, und wir mussten den kleinen Vorraum mit einem Bollerofen heizen, um unsere klammen Hände zu wärmen. Wir waren ja alle Anfängerinnen, wollten es aber trotz allem gleich mit den Kleinkaliber-Gewehren versuchen. Wenn – dann richtig und nicht erst mit dem Luftgewehr üben!

Hier noch etwas schüchtern, doch später sehr erfolgreich: die „Flintenweiber" der Moordörfer

Wie haben denn die männlichen Schützen auf die neue weibliche Konkurrenz reagiert?

Es hat auch eine ganze Weile gedauert, bis alle Männer uns als Vereinsmitglieder akzeptiert haben. Für einige waren wir nur „die Flintenweiber". In der Anfangszeit haben wir uns etwas von den Männern abgeguckt. Wir hatten in Herbert Meier einen geduldigen Trainer, der uns beigebracht hat, wie man es richtig anstellt, den Vogel abzuschießen. Er ist mit uns später auch zu Wettkämpfen gefahren und hat uns mit vielen Tipps und immer wieder mit den beruhigenden Worten beigestanden: „Mädchen – nur nicht aufregen!"

Bloß wie man beim Zielen richtig mit der Augenklappe umgeht, das hat auch er nicht allen von uns erklären können. Da wurde dann das Alupapier aus Zigarettenschachteln zweckentfremdet und vor das Auge geklemmt!

Mittlerweile ist die Damenabteilung richtig erfolgreich – aber es geht uns nicht nur um Pokale. Hier in den Moordörfern gibt es ja nicht viele Vereine, in denen man sich treffen könnte. Unsere Ausflüge und Feste sind deshalb ein wichtiger Bestandteil im Gemeinschaftsleben.

Welche Bedeutung hat das Schützenfest heute noch?

Das Schützenfest ist zugleich das traditionelle Dorffest von Gut, Groß- und Klein-Moor. Über mehrere Tage feiern wir gemeinsam mit allen Moorern. Wir beginnen immer mit einem Umzug durch die Moordörfer. Anschließend beendet der Zapfenstreich den ersten Festtag. An den nächsten Tagen schießen wir dann auf den Vogel. Ein buntes Rahmenprogramm bietet auch Nicht-Schützen viel Abwechslung. Außerdem gibt es natürlich einen großen Festball und die Königsproklamation. Mit der Preisverteilung und dem Katerfrühstück geht das Fest dann zu Ende.

Nach dem Verkauf des Willuhn'schen Hofes waren die 170 Schützen für knapp zehn Jahre heimatlos, bis sie 1987 ein neues **Gemeinschaftshaus** beziehen konnten. Das steht allerdings nicht auf Hamburger Boden, sondern in Seevetal-Klein-Moor. „Beim Festumzug zum Vogelschießen interessiert uns die Landesgrenze auch nicht", erzählt Reinhard Pape, Vorsitzender des Schützenvereins.

Im Gemeinschaftshaus ist auch die **Freiwillige Feuerwehr Moor** beheimatet. Die Feuerlöschordnung für den Amtsbezirk Harburg aus dem Jahr 1881 fasste Groß- und Klein-Moor, Gut Moor, Friesenwerder Moor und Hörsten zum Brandmeisterdistrikt „Moordörfer" zusammen. Nachdem Gut Moor als einziges Moordorf zu Hamburg gekommen war, änderten sich die Zuständigkeiten. Heute wird Gut Moor offiziell von der Freiwilligen Feuerwehr Rönneburg betreut. Aber aus altem **Zusammengehörigkeitsgefühl** sind einige Gut-Moor-Bewohner in der benachbarten niedersächsischen Freiwilligen Feuerwehr Moor unter Ortsbrandmeister Kurt Heitmann tätig. Jährliches Highlight für alle Moor-Bewohner ist das traditionelle Osterfeuer.

Der Saal am Großmoordamm

Im Jahr 1978 kaufte der „Verein zur Förderung der Waldorfpädagogik e.V." den Schützenhof, um hier die erste Rudolf Steiner Schule Hamburgs südlich der Elbe unterzubringen. Die Pläne änderten sich (s. Hausbruch), und jetzt nutzen z.B. die Abschlussklassen der Schule den Saal für Feste. Außerdem bringt seit 1993 der Kulturverein **Saal am Großmoordamm e.V.** Musik, Lesungen und Puppenspiele auf die kleine Bühne.

Rund um den Schützenhof: Früher traf sich der Bullenzuchtverein auf dem Gelände, heute feiern im Saal die Abschlussklassen der Rudolf Steiner Schule. Auch die Moorgärtner beackern ehemaliges Schützenhof-Gelände

Auf der anderen Seite des Schützenhof-Geländes am *Brammerhäger Damm* betreibt die Arbeitsloseninitiative **Moorgarten e.V.** einen Gemüse-Schrebergarten. Als Treffpunkt für knapp 20 Langzeitarbeitslose, die aus dem Harburger Raum kommen, dient ein Bauwagen. „Kommunikation und Erfolgserlebnisse sind wichtig", weiß Wolfgang Lorenz, der die Initiative gegründet hat. Hier können die Moorgärtner Erfahrungen austauschen, die Früchte ihrer Arbeit wachsen sehen und in trockenen Sommern Gurken und Salatköpfe ernten.

Angestellt statt Vieh und Feld

Über Jahrhunderte waren **Viehzucht und Milchwirtschaft** die Haupterwerbsquelle der Moorbauern. Ende des 19. Jahrhunderts taten sich die drei Moordörfer zusammen und lieferten gemeinsam ihre Milch nach Harburg. Der schwere Moorboden war zum Anbau nur weniger Nutzpflanzen geeignet. Das Moor wird noch heute durch ein **Grabensystem** entwässert, das mit schmalen Abflüssen auf den Weiden beginnt, die in zentrale Abläufe, den **Wettern**, zusammenfließen. In Gut Moor wird der *Großmoordamm* von der Neuländer Moorwettern begleitet.

Dieser Vogel wird nicht abgeschossen: Er hängt als Musterstück im Gemeinschaftshaus

Wahlverhalten

... zur Bürgerschaft 2001 (gesamt)

Wahlbeteiligung	71,0%
SPD	**36,5%**
CDU	**26,2%**
Schill-Partei	**19,4%**
Grüne/GAL	**8,6%**
FDP	**5,1%**
Übrige	**4,2%**

... zur Bürgerschaft 2001 (Stadtteil)

Wahlbeteiligung	74,8%
SPD	**33,0%**
CDU	**21,9%**
Schill-Partei	**32,5%**
Grüne/GAL	**4,7%**
FDP	**4,4%**
Übrige	**3,6%**

* Angaben aus datenschutzrechtlichen Gründen zusammen mit Neuland

Stadtteil-Profil

	Gut Moor*	Bezirk	Hamburg
Bevölkerung gesamt (2000)	1595	196 263	1 704 929
Unter 18-Jährige in %	21,9	19,2	16,1
65 Jahre und älter in %	12,6	16,9	17,0
Deutsche	1263	157 260	1 432 325
Ausländer in %	20,8	19,9	16,0
Einwohner je km²	159	1222	2258
Sozialstruktur			
Sozialhilfeempfänger (2000)	36	17 127	120 461
Arbeitslose (2001)	43	10 107	71 963
Eink. je Steuerpfl. in DM (1995)	65 577	56 444	65 579
Wohnen (2001)			
Wohngebäude	397	27 486	226 061
Ein- und Zweifamilienhäuser in %	87,2	25,3	20,5
Ø Wohnungsgröße in m²	93,2	69,9	71,0
Wohnfläche je Einwohner in m²	30,0	32,5	35,7
Verkehr			
Private Pkw (2001)	725	70 144	628 119
Straßenverkehrsunfälle (2000)	68	1197	12 430
Kriminalität			
Straftaten insgesamt (2000)	594	26 879	284 272

Tierisch Gut Moor: Kühe, Wiesen, Wettern und Windkraft

Karlheinz Hörmann hat sein Schmuckstück, einen Daimler-Benz, Baujahr 1953, selbst restauriert

Schon Anfang des 20. Jahrhunderts suchten einige Moorer in Harburger Fabriken saisonunabhängige Arbeitsstellen. Heute gibt es im Stadtteil **keine Vollerwerbshöfe** mehr. Viele Felder sind an Bauern der Nachbargemeinden verpachtet, die ihre Kühe sommers hier weiden lassen. Die meisten Stadtteilbewohner pendeln nun zur Arbeit, denn in Gut Moor haben sich nur eine Hand voll Betriebe niedergelassen. Die Brüder **Jürgen** und **Olaf Abitz** kultivieren seit 1953 Sommerblumen am *Großmoordamm*.

Auch schon seit über 40 Jahren ist der Omnibusbetrieb von **Karlheinz Hörmann und Söhne GmbH** im Stadtteil ansässig. Die 17 rot-weißen Hörmann-Busse fahren weit über Hamburgs Grenzen hinaus. Als besonderen Service bietet der Betrieb Kutschfahrten für Brautleute an. Und wenn die Hochzeitsgesellschaft ebenso stilvoll befördert werden möchte, besteigt einer der 25 Hörmann-Angestellten den schmucken Oldtimer-Bus und bringt die Gäste so ans Ziel. Karlheinz Hörmann ist wahrscheinlich der einzige Stadtteilbewohner, der die Nähe zur Autobahn A 1 nicht nur als Störfaktor ansieht: Für sein Unternehmen ist eine gute Verkehrsanbindung unverzichtbar.

Stoßstange an Stoßstange

Schon seit 1937 durch- und überquert die **Autobahn A 1** den Stadtteil. An Verkehrslärm ist man deshalb gewöhnt und vermutet meist richtig einen Stau oder eine Vollsperrung, wenn es denn mal ruhig ist. Seit der Fertigstellung der **Harburger Umgehung** hat aber auch der Verkehr in Gut Moor ständig zugenommen. Früher nutzten viele den *Neuländer Elbdeich*, jetzt rasen sie über die ehemalige Dorfstraße. Ob zu Obi am *Großmoorbogen*, zur Autobahnauffahrt oder zur *Wilhelmsburger Reichsstraße*, alle, die aus dem Einzugsgebiet Seevetal kommen, fahren über den *Großmoordamm*. Probleme bereiten auch die Lkw, deren ortsunkundige Fahrer sich auf der Suche nach dem Gewerbegebiet am *Großmoorbogen* nach Gut Moor verirren und dann auf der schmalen Straße keine Wendemöglichkeiten finden.

Einige Hundert Meter der A 1 durchqueren Gut Moor. Unten: Noch hat sich Hamburgs einziges Storchenpaar außerhalb der Vier- und Marschlande nicht durch den Verkehrslärm vertreiben lassen

Wie man wohnt

„Neu gebaut wird hier wenig", hieß es in einer Chronik von 1925 über die Moordörfer. Für Gut Moor gilt dies noch immer, und nur gut 30 Wohnhäuser liegen beidseits des *Großmoordamms*. Damit zählt der Stadtteil zu den **am dünnsten besiedelten** in ganz Hamburg. „Das Auge lebt hier auf dem Land, das Ohr ist aber schon in der Großstadt", kommentieren die Moorer lakonisch ihre Situation. Dabei müssen sie hier auf viele Annehmlichkeiten einer Metropole verzichten. Im Stadtteil gibt es kein Lebensmittelgeschäft, die Busse fahren nicht mal stündlich, und die Zeiten, als es noch eine eigene Schule in Gut Moor gab, sind längst vorbei.

Die Geschichte vom Storch

Glaubte heute noch jemand an den Baby-Bring-Service vom Klapperstorch, würde er ihn in Gut Moor zu Überstunden drängen: Ausgerechnet in einem Stadtteil mit nicht einmal 150 Einwohnern brütet eines der **letzten Storchenpaare** der Stadt. „In der ersten Aprilwoche kommen die Störche und ziehen dann zwei bis drei Junge groß", weiß Anneliese Artzenroth, die schon über seit 30 Jahren in dem Storchenhaus lebt. Alle paar Jahre bittet ihr Mann Helmut die Harburger Feuerwehr, mit der großen Drehleiter anzurücken, um, bewaffnet mit zwei Mistforken, das Nest zu reinigen.

Köpfe

Als Sieger des im Jahr 2000 vom Schützenverein ausgerichteten Rasenmähergeschicklichkeitsfahrens bräuchte **Heinrich Bosselmann** eigentlich keine Schafe, um das Gras auf seinen Wiesen kurz zu halten. Seit mindestens 250 Jahren ist Familie Bosselmann in Gut Moor ansässig. Heinrich Bosselmann wuchs im Amtsschreiberhaus auf, ging in die Zwergschule und bewirtschaftete den Hof bis Mitte der 1960er Jahre. Jetzt helfen ihm die Schafe bei der Rasenpflege und bilden den Streichelzoo für seine Enkelkinder Alena und Catharina.

Magda Abitz zählt zu den wenigen, die in Gut Moor wohnen und hier auch ihren Arbeitsplatz haben. 1967 heiratete sie Jürgen Abitz und ist seither in dem Familienunternehmen mit der Kultivierung und dem Verkauf von Blumen beschäftigt. Ihre Kunden kommen aus dem ganzen Umkreis, um bei einem „Schnack" Geranien für Vorgarten oder Balkonkasten auszusuchen.

Familie Gauerke zog 1982 nach Gut Moor. Für die Alteingesessenen sind Marie, Kathrin, Ulrich, Klara und Jakob noch immer „die Neuen". Ihr Einzug in den ehemaligen Schützenhof wurde wehmütig wahrgenommen. Mittlerweile aber kennt man die Gauerkes, sie stehen mit den anderen beim Osterfeuer oder schauen dem Umzug der Schützen zu. Deshalb sind sie nur noch „neu" und nicht mehr „fremd".

Zusammen fast fünf Prozent der Gut-Moor-Einwohner: Heinrich Bosselmann; Magda Abitz; Marie, Kathrin, Ulrich und Klara Gauerke

Hamburg-Altstadt

ist der älteste aller Stadtteile der Hansestadt, deren Keimzelle mit der Hammaburg nahe der Petrikirche lag. Der Umbau zur City hat das Wohnen zwar stark zurückgedrängt, aber in Hamburgs Herzen gibt es dennoch mehr Privatadressen, als die breiten Geschäftsstraßen und Bürohausfronten vermuten lassen

Steckbrief

Fläche: 2,359 km²
Einwohner: 1993
Verwaltung: Bezirk Hamburg-Mitte, Kerngebiet
Ortsteile: 101–103

Im Altsächsischen stand „Hamm“ für Ufer- oder Sumpfgegend, und die „Hammaburg“ benannte demnach einst eine Burganlage nahe am Wasser.

Aus der Geschichte

Die Sachsenkriege Karls des Großen hatten zu Beginn des 9. Jahrhunderts auch das Gebiet nördlich der Elbe erfasst und es um 810 in das fränkische Reich eingegliedert. Entweder schon zu dieser Zeit oder um 830 entstand als wehrhafter Stützpunkt des Frankenreichs dort, wo Alster und Bille in die Elbe münden, die **Hammaburg**. Es war eine kleine Ringwall-Anlage (also keine aufragende steinerne Burg) in Form eines abgerundeten Quadrats von 100 x 100 m. Sie lag auf einem Höhensporn oberhalb der Alster, die hier in einer flachen Furt zu durchqueren war. Ludwig der Fromme, Karls Sohn, erklärte die Hammaburg zum **Sitz eines Bistums** und ließ eine hölzerne Taufkirche, den späteren „Dom“ erbauen. Südlich des Ringwalls siedelten sich Handwerker und Kaufleute an und schufen mit einer **kleinen Schiffsanlegestelle** an einem Billearm im Bereich der heutigen *Großen* und *Kleinen Reichenstraße* den ersten Hafen.

Die strategisch günstige Lage Ur-Hamburgs an der Kreuzung von Land- und Wasserstraße ist bis heute in der Altstadt nachvollziehbar. Der Überlandweg verlief von der *Steinstraße*, die seit 1250 mit Pflastersteinen befestigt ist und seither diesen Namen trägt, über die *Rathausstraße* zum *Großen Burstah*. Das Nikolaifleet markiert den Unterlauf der Alster, die Furt lag bei der Trostbrücke.

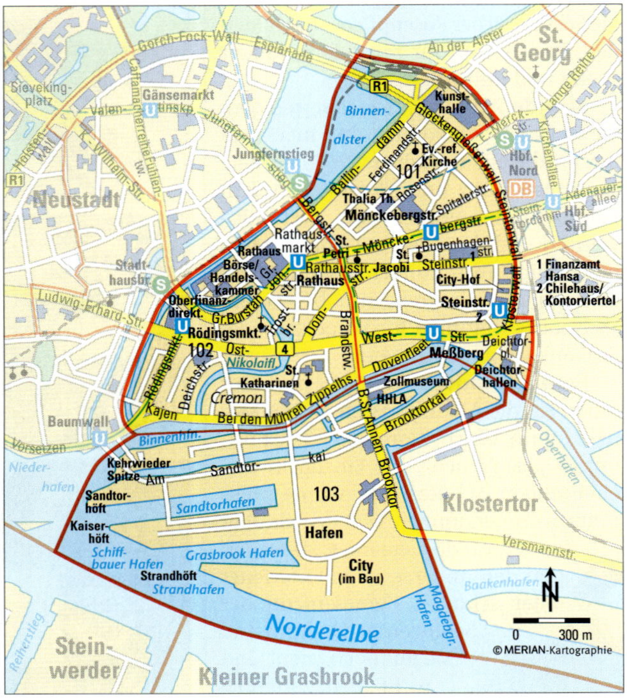

Die bischöfliche Altstadt

Ansgar, den Ludwig der Fromme als Missionsbischof in der Hammaburg eingesetzt hatte, war bei einem **Wikingereinfall 845** geflohen und hatte an-

schließend in Bremen das (Erz-)Bistum Hamburg-Bremen gegründet, dessen Sitz in Bremen blieb. 845 endete zugleich die Geschichte der Hammaburg. Doch übertrug sich der Name auf den rasch wieder aufblühenden Hafen- und Handelsplatz

an der Alster, der noch lange der Gefahr weiterer Überfälle ausgesetzt blieb.

Rund 200 Jahre nach Ansgar errichtete Erzbischof Bezelin nördlich der ehemaligen Hammaburg einen befestigten Wohnturm. Im Keller des Gemeindehauses von St. Petri *Kreuslerstraße 4* zeigt eine Außenstelle des Helms-Museums (s. Harburg) ein großes, beim Hausbau 1962 freigelegtes Findlingsfundament, das aus dieser Zeit stammen und zu besagtem Turm gehören könnte.

Schon um die Mitte des 11. Jahrhunderts bauten die sächsichen Billungerherzöge zwei Burgen. Die **Alsterburg** lag an der südöstlichen Ecke des heutigen Rathauses, die **Neue Burg** auf der anderen Alsterseite, auf dem Gelände der späteren St. Nikolaikirche.

Die gräfliche Neustadt

Das Areal der Neuen Burg, die zugleich Hamburgs ältester nachgewiesener Straßenname ist, wählte Graf Adolf III. um 1186/87 für die Gründung einer Siedlung aus. In seinem Auftrag organisierte Wirad von Boizenburg die Verteilung der ca. 50 Bauplätze an **Schiffer** und **Kaufleute**.

Um 1200 hatte sich die Neustadt mit ihrem eigenen Hafen zu einem hochmodernen Gegenstück zur Altsiedlung entwickelt. Garant des Gedeihens waren die weit reichenden Gebiets-, Handels- und Zollprivilegien, die Kaiser Friedrich I. „Barbarossa" der Neustadt angeblich am **7. Mai 1189** zugesichert hatte.

Seit dem 20. Jahrhundert begehen die Hamburger das Datum als eine Art Nationalfeiertag. Allerdings ist ungewiss, ob der Kaiser den Rechtekatalog einst tatsächlich schriftlich niedergelegt oder aber nur in Aussicht gestellt hat. Das Dokument, das heute im Staatsarchiv in Wandsbek gehütet wird, ist auf jeden

Der Blick über die Binnenalster auf das Rathaus. Links daneben steht der neogotische Turm der Nikolairuine

Die Gängeviertel südlich St. Jacobi machen um 1914 Platz für Kontorhäuser. Am linken Bildrand St. Petri

Das Speichenrad aus dem 13./14. Jahrhundert, 1992 gefunden am Meßberg, zu besichtigen im Helms-Museum

Der Bau der Speicherstadt nahm St. Katharinen viele Gemeindemitglieder

Sitz am Neß: die Patriotische Gesellschaft

Sitz im Staatsarchiv: der Verein für Hamburgische Geschichte

Fall eine Fälschung, die der Rat der Stadt im Jahr 1265 veranlasst hat.

Aus zwei mach eins

1214 besetzten die Truppen des dänischen Königs Waldemar II. die beiden Siedlungen links und rechts der Alster sowie das gesamte Umland. Ein Statthalter führte das Regiment und vereinte 1216 die Nachbarsiedlungen beidseitig der Alsterfurt, wobei der jüngere Teil rechts der Alster den Namen Neustadt erhielt. Der erste gemeinsame Rathausbau von 1230 befand sich im alten Teil. Nachdem eine verheerende Brandkatastrophe im Jahr 1284 fast die ganze Stadt vernichtet hatte, baute sich Hamburg ein neues Rathaus bei der Trostbrücke am *Neß*.

Hamburg wurde Mitglied der **Hanse**, die Geschäfte florierten, und die Bevölkerungszahl wuchs schnell an. In der ersten Hälfte des 13. Jahrhunderts weitete sich die Stadt in zwei Richtungen aus: Gen Süden entstand auf den Inseln **Grimm** und **Cremon** der dritte „Stadtteil" des mittelalterlichen Hamburg, und mit der Besiedlung entlang der *Steinstraße* entstand im Osten ein weiteres Viertel. Jeder dieser Ur-Stadtteile hatte sein eigenes Gotteshaus und Hamburg damit nun vier „Kirchspiele". Um 1300 lebten vermutlich 5000 Menschen in der Stadt. Die Kirchspiele waren nicht nur kirchliche Verwaltungseinheiten, sondern sie gliederten die Stadt in Wach- und Brandbekämpfungsbezirke, in Schul-, Steuer- und Baudistrikte. Die Kaufleute und Schiffer bewohnten die hafennahen Kirchspiele St. Nikolai und St. Katharinen in der Marsch. Oben auf der Geest waren in St. Petri die Handwerker heimisch, die Bauern in St. Jacobi.

Auf gleicher Augenhöhe: Die Statuen der Gründerväter Graf Adolf III. (links) und Bischof Ansgar stehen sich auf der Trostbrücke gegenüber

Im Marschboden entstanden Fleete als Verkehrswege oder zur Wasserversorgung, häufig verliefen sie parallel zu einer Straße. Dazwischen lagen mit land- und wasserseitigem Zugang die typischen althamburgischen Bürgerhäuser, die Wohnraum, Speicher und Kontor unter einem Dach vereinten.

Hamburg war eine **amphibische Stadt**, die am und vom Wasser lebte, dessen Verlauf sie vielfach veränderte und dem sie mühsam Land abrang.

Um sich vor Feinden zu schützen, hatte sich Hamburg früh mit Wehranlagen umgeben. Die einschneidendste Maßnahme war der große Befestigungsbau zu Beginn des 17. Jahrhunderts. Mit ihm enstand das **fünfte Kirchspiel**: St. Michaelis. Die einst von Adolf III. gegründete Neustadt gab ihren Namen an das neue Stadtgebiet jenseits des Bleichenfleets ab (s. Neustadt) und ist seither Teil der Altstadt.

Stadtbild im Wandel

Die erste von zwei Zäsuren im Stadtbild seit dem 18. Jahrhundert war der **Große Brand von 1842**. Eine gewaltige Feuerwalze zerstörte den gesamten Nordwesten des heutigen Stadtteilgebiets zwischen *Deichstraße* und heutigem *Glockengießerwall*. Das „alte, schiefwinklige, schlabbrige Hamburg" Heinrich Heines wurde nicht rekonstruiert, sondern neu gebaut, vielfach mit einheitlichen Fluchten und Traufhöhen entlang breiter Straßen, die noch das Stadtbild im Bereich *Raboisen, Hermann-* und *Ferdinandstraße* prägen.

Die Zeile von Außendeichshäusern aus dem 17./18. Jahrhundert am Nikolaifleet gehört zu den am meisten fotografierten Hamburger Motiven

Südlich der *Mönckebergstraße*, die in den Jahren 1908–11 zwischen Hauptbahnhof und Rathaus durchgebrochen wurde, entstand in der ersten Hälfte der 1920er Jahre das **Kontorhausviertel**. Dieser einzigartige Gebäudereigen vollendete zugleich den zweiten großen Wandlungsprozess: **die Citybildung**. Großbürgerliches und ärmliches Wohnen („Gängeviertel", s. Neustadt), Gewerbe und Warenspeicher hatten in der Altstadt – mit Ausnahme des Freihafengebiets – schließlich weitgehend Kontor- und Geschäftshäusern Platz gemacht.

Mehr als die verheerenden Zerstörungen des Zweiten Weltkriegs änderten nach 1945 rigoroser Straßenbau und der Abriss teilzerstörter Gebäude die Struktur der Altstadt. Die **Ost-West-Straße** trennte die Altstadt von ihren Hafenanlagen. Siebenspurig überspannt sie das Nikolaifleet, gerade 100 m neben der Trostbrücke, dem historischen Stadtzentrum.

An der Stelle des Alten Rathauses, das während des Großen Brandes gesprengt wurde um dem Feuer Nahrung zu entziehen, steht seit 1847 das **Haus der Patriotischen Gesellschaft**. Lange vor dem modernen Sozialstaat fanden sich in ihr seit 1765 Menschen zur Beförderung des Allgemeinwohls in der Stadt zusammen und schoben viele soziale und technische Neuerungen an, darunter die weltweit erste Sparkasse von 1788. Hier war auch der 1839 gegründete **Verein für Hamburgische Geschichte** beheimatet. Heute ist er einer der mitgliederstärksten deutschen Geschichtsvereine mit Sitz im Staatsarchiv in Wandsbek. In unzähligen Veröffentlichungen stellt er seine Forschungsergebnisse zur Geschichte Hamburgs dar.

Vier Hauptkirchen

Aus der Ferne betrachtet dominieren vor allem Kirchtürme die Altstadt. Zwar ist jedes Gotteshaus schon vor 1300 erwähnt, doch sind die heutigen Bauwerke sämtlich jüngeren Datums.

St. Petri, die älteste der Hamburger Hauptkirchen (1195 erwähnt), ist vermutlich Nachfolgerin des ersten Domes in der Hammaburg. Der heutige Bau unweit des Domplatzes stammt von 1849 und nahm die Gestaltung der 1310–20 entstandenen dreischiffigen gotischen Hallenkirche auf. Ein während des Großen Brandes geretteter bronzener Türklopfer ziert den linken Türflügel des Hauptportales. St. Petri ist die einzige der Altstadtkirchen, die den Zweiten Weltkrieg weitgehend unversehrt überstand.

Das Chilehaus im Kontorhausviertel, das an einen Schiffsbug erinnert, wurde zu einem Wahrzeichen des modernen Hamburg. Eine der letzten Barockfassaden (links) steht im Schopenstehl 33

Die drei Gebäude der Hamburger Kunsthalle, gesehen aus der Perspektive einer Fassadenschönheit vom Wallhof am Glockengießerwall

Anders die **St. Nikolai-Kirche** am *Hopfenmarkt*, deren 147 Meter hoher Turm der höchste Punkt Hamburgs war und den britischen Bombern 1943 als Zielmarke diente. Heute ist sie Mahnmal und beherbergt in der Krypta, in die man durch eine verglaste Pyramide hinabsteigt, ein Antikriegsmuseum. Der andere Teil des Gewölbes beherbergt seit 1927 die Weinhandlung C. F. Fischer und deren kleines Weinmuseum mit edlen Tropfen aus dem 19. Jahrhundert und Geräten zur Weinherstellung.

Kein Hamburger Kunstwerk gehört so lange zu seinem Platz wie der Türklopfer am Portal von St. Petri aus der Mitte des 14. Jahrhunderts

Äußerlich originalgetreu rekonstruiert wurden **St. Katharinen** und das Kirchenschiff von **St. Jacobi**, zwei Backsteinbauten aus dem 14. und 15. Jahrhundert. Die gedrungene Barockkirche St. Katharinen, seit Mitte des 13. Jahrhunderts auf der ehemaligen Insel Grimm erwähnt, ist heute zugleich **Universitätskirche**. Sie verlor einen Großteil ihrer Gemeindemitglieder durch den Bau von Freihafen und Speicherstadt. Die HafenCity könnte diese Entwicklung umkehren. In der 1255 erstmals erwähnten Hallenkirche St. Jacobi an der *Steinstraße* hängt die berühmte Hamburger Stadtansicht von Joachim Luhn aus dem Jahre 1681. Auffällig waren schon damals die markanten Kirchtürme der Stadt. Noch nicht zu sehen ist auf dem Bild der erste Blitzableiter Deutschlands, der 1770 auf St. Jacobi installiert wurde. Der heutige Turmhelm stammt von 1962.

Regelmäßig spielt der Musiklehrer Richard Brinkmann die Glocken in der Turmruine von St. Nikolai

Musen und Museen

Zwei Kulturstätten unweit der St. Jacobi-Kirche genießen einen hervorragenden Ruf. Das **Thalia Theater** am *Gerhart-Hauptmann-Platz* avancierte in den 15 Jahren unter dem Intendanten Jürgen Flimm (bis Sommer 2000) zu einer der führenden Sprechbühnen im deutschsprachigen Raum. Bildende Kunst auf höchstem Niveau zeigt die auf drei Gebäude verteilte **Hamburger Kunsthalle** auf der „Kunstinsel" am *Glockengießerwall*. Der mittlere Altbau im Stil der Renaissance (1869 eröffnet) wurde im Wesentlichen vom Kunstverein finanziert (s. Klostertor). Seine lang gestreckte Erweiterung mit einer Kuppel über dem Eingang sollte sich mit schlichter Kalksteinfassade vom Altbau abheben. Noch schnörkelloser zeigt sich nördlich die **Galerie der Gegenwart** aus dem Jahr 1997. In dem vierstöckigen Bau des Architekten Oswald Mathias Ungers ist die zeitgenössische Kunst zu Hause.

Den südlichen Abschluss der „Hamburger Kunstmeile" entlang der ehemaligen Wallanlagen bilden die **Deichtorhallen** am Oberhafen, in denen internationale Kunst ausgestellt wird. Im Zelt vor den Hallen findet seit 1990 mit dem **West-Port** das große Hamburger Jazz-Festival am Wasser statt. Von dort sind es

Im Herzen der Stadt: der Rathausmarkt

In der Mitte der Innenstadt steht Hamburgs Rathaus, Sitz von Senat und Bürgerschaft, in baulicher Verbindung mit Börse und Handelskammer. Doch erst Alsterarkaden und Kleine Alster machen den Rathausmarkt zum Kunstwerk

Nachdem das Alte Rathaus von 1290 zur Bekämpfung des Großen Brandes 1842 gesprengt worden war, sollte es lange dauern, bis der heutige Bau entworfen und gebaut war: Erst 1897 war das neue Rathaus bezugsfertig. Mit 111 Metern ist es etwa so breit wie sein Turm hoch. Diese strenge Mittelachse trennt den nördlichen Senatsflügel von dem der Bürgerschaft in der Südhälfte – wie in der hamburgischen Verfassung stehen Regierung und Parlament gleichberechtigt nebeneinander. Die prächtige Neorenaissancefassade ist reich mit Figurenschmuck verziert, hervorstechend ist die Kaisergalerie mit Karl dem Großen und Friedrich Barbarossa in der Mitte. Das Rathaus aus Granit, Sandstein und Kupferdächern gilt als eines der bedeutendsten vollständig erhaltenen Bauwerke des Historismus in Deutschland. Sein gründerzeitliches Inneres besteht aus 647 Räumen, die teilweise ausgesprochen pompös ausgestattet sind.

Das Rathaus an einem frühen Morgen, kurz nach der Renovierung 1997. Links: Blick auf das Hamburger Börsenparkett

Von seinem Bürofenster blickt der Bürgermeister auf den **Rathausmarkt**, ein städtebauliches Ensemble, das von der Spannung zwischen der Strenge der Architektur und der Weite der Natur lebt. Sie begegnen sich im rechten Winkel bei der Viertelkreistreppe, die vom Wasser des Alsterfleets zum Platz hinaufleitet. Jenseits des Wasserlaufs begrenzen Alsterarkaden die Freifläche. Die Stele am Fuß der Wassertreppe mit einem Relief von Ernst Barlach ist ein **Mahnmal** zu Ehren der Opfer des Ersten Weltkriegs.

Im Rücken des Rathauses steht die **Hamburger Börse**, die die Handelskammer beherbergt. Rücken an Rücken bilden die Gebäude ein Zentrum der wirtschaftlichen und politischen Macht. Eine Verbindungstür vom Bürgerschaftsflügel aus ermöglicht sogar den kurzen Dienstweg in die Börse. Sie unterstreicht die traditionelle Nähe zwischen Geld und Gesetz in der alten Handelsmetropole, die 1558 die erste Börse und 1665 mit der „Commerzdeputation" Deutschlands erste Handelskammer hervorbrachte. Die ältesten Stücke der „Commerzbibliothek" der Kammer datieren aus dem 14. Jahrhundert. Die Börse steht seit 1841 und überstand den Großen Brand durch mutigen Einsatz einiger Kaufleute. Die heutige Fassade wurde erst später dem Rathaus angepasst.

Im weitläufigen Rathausgewölbe liegt der **Ratsweinkeller**. Jeden Mittwoch findet im Restaurant das politische Kabarett „Wendeltreppe" statt, das der Hamburger Journalist und Schriftsteller Dirks Paulun 1946 ins Leben gerufen hat.

Alsterschwäne zieren von jeher die Kleine Alster, die mediterran anmutenden Arkaden begleiten sie seit 1843

Zeitleiste

um 810 Bau der Hammaburg

1186/87 Adolf III. gründet die gräfliche Neustadt

1216 Neustadt und bischöfliche Altstadt vereint

1290 Altes Rathaus am Neß

1558 Börse an der Trostbrücke

1616–26 Anlage des Wallrings

1765 Patriotische Gesellschaft gegr.

1842 Großer Brand zerstört Großteil der Altstadt

Ende 19. Jh. „Citybildung“, Speicherstadt und Kontorhäuser verdrängen Wohnbebauung

1960 Ost-West-Straße angelegt

2002 Baubeginn HafenCity, Deichtor-Center

Die Deichtorhallen, 1914 für den Großmarkt errichtet, ließ der Bergedorfer Mäzen Kurt A. Körber in den 1980er Jahren zu Veranstaltungs- und Ausstellungshallen umbauen

nur wenige Ruderschläge unter der Oberbaumbrücke hindurch bis zum Brooksfleet in der Speicherstadt. Die Kaikante in Höhe *Auf dem Sande* vor dem „Kesselhaus“ wird seit 1994 jährlich im Hochsommer zur Freiluft-Theaterbühne, wenn Rolf Becker den „Hamburger Jedermann“ von Michael Batz spielt.

Auf dem Wasser des Nikolaifleets schaukelt am **Musenkai** neben der Holzbrücke „Das Schiff“, das einzige seetüchtige Schiffstheater Europas. Seit 1975 liegt der kleine Hamburger Kulturdampfer für literarisch-politisches Kabarett von Christa und Eberhard „Möbi“ Möbius

vor Anker, wenn er nicht gerade abgelegt hat mit Kurs auf Helgoland, Bremerhaven oder zur Kieler Woche. 2001 gesellte sich mit dem „Thespiskahn“ eine weitere schwimmende Kleinkunstbühne dazu.

Unterhaltung auf der Leinwand bietet das **Passagekino** in der *Mönckebergstraße*. Wer abends lieber in gepflegter Atmosphäre das Tanzbein schwingt, dem sei der **Shark Club** im Park Hyatt, dem einzigen Hotel in der Altstadt, empfohlen. Oder um die Ecke in der *Altstädter Straße* das **Kontor**, wo entspannte House-Musik den Ton angibt. Laute elektronische Tanzmusik bieten dagegen die benachbarten Discos **Roxx** und **Traxx** in der *Altländer Straße*, die dafür unter der Eisenbahnlinie gegenüber den unbewohnten Deichtorhallen geeignet liegen.

Nachtbusleben

Egal nach welchem Abendvergnügen: Zwischen 1 Uhr und 5 Uhr steht der normale Bus- und Bahnverkehr still, dafür pendeln zehn Nachtbuslinien sternförmig zwischen Rathaus und ihren Endhaltepunkten in der äußeren Stadt. In diesen Stunden, besonders am Wochenende, verwandelt sich der *Rathausmarkt*

Das Thalia Theater spielt in einem neoklassizistischen Bau. Unter freiem Himmel wird der „Hamburger Jedermann“ geboten

in einen bunten Sammelplatz der Nachtschwärmer. Alle Buslinien starten gleichzeitig, damit ein jeder in seine Richtung umsteigen kann. Besonders lebhaft sind die Minuten vor dem kollektiven Busstart, wenn die Linien aus allen Richtun-

Wohnen in der City: die Innenseite des Altstädter Hofs. Die olympischen Ringe belegen das Baujahr 1936

gen eintreffen. Dann kommt wildes Umsteigen in Gang, die fröhlichen Partygäste, von Müdigkeit und vereinzelt auch vom Alkohol gezeichnet, schwärmen zwischen den Bussen hin und her.

Ein Hof und ein Viertel

Etwa 2000 Hamburger steigen vermutlich niemals am Rathausmarkt um: Sie wohnen in Hamburg-Altstadt. Von eili-

gen City-Besuchern kaum wahrgenommen, liegen in der von Kontor-, Waren- und Parkhäusern dominierten Altstadt zwei kleine Wohnviertel.

Der Klinkerbau **Altstädter Hof** zwischen *Steinstraße* und *Burchardplatz* unterscheidet sich in Größe und Stil nicht von den umliegenden Kontorhäusern. Anders das **Katharinenviertel** rund um die *Reimerstwiete* und bis in die *Kleine Reichenstraße*. Die Bewohner leben wie in einem Dorf mit Kirche und Schule. Seit Generationen gehen die Kinder beider Wohnviertel in die **Grundschule bei der Katharinenkirche**. Dazu kommt der schulpflichtige Nachwuchs der Hausmeister, die im gesamten Gebiet der Altstadt verteilt wohnen, sogar in der Speicherstadt, wo übrigens vor über 120 Jahren die Vor-Vorgängerschule auf der Brookinsel stand. Die Zahl der Schüler in der einzügigen Schule geht seit Jahrzehnten zurück. Doch seitdem sie Modellschule ist – die Kinder absolvieren jetzt sechs Grundschuljahre –, wächst die Zahl, weil die Behörde aus diesem Grunde die Schule für alle Hamburger Kinder geöffnet hat. Zudem wird der Bau der HafenCity neue Bewohner ins Viertel integrieren. Hausmeister der Schule ist Heinrich Kutsch, mit seiner Familie wohnt er dort. Neben dem Schulhof hält er in seinem kleinen Vorgarten Hühner, Tauben und Fasane. „Damit die Kinder lernen, wie die Tiere aussehen." Nachmittags ist sein Schulhof und auch der Bolzplatz für die Kinder aus der Nachbarschaft freigegeben.

Mit dabei ist dann Sascha Niemeier, der in Rufweite der Schule im **Krahnstöver-Haus** in der *Katharinenstraße* wohnt. Hausherren sind seine Großeltern Gerd und Renate Niemeier, die sich schon lange nicht mehr wundern, wenn sie im Viertel „Krahnstöver" genannt werden. Mit ihren drei Kindern und deren Familien leben sie in dem Haus, in dem seit 1840 der gleichnamige, heutige Elektrobetrieb existiert. In absehbarer Zeit wird die sechste Generation die Familienfirma übernehmen, und eines Tages könnte Sascha die Geschäfte führen.

Doch erstmal lernt er gemeinsam mit Kevin, dem Sohn von Hausmeister Kutsch, in der Schule bei der Katharinenkirche. Kevin ging zuvor in die **Kindertagesstätte der Hauptkirche St. Petri** am *Speersort 10*. Dort isst er noch heute zu

Die Kindergärtnerin Jutta Jürgensen an ihrem Arbeitsplatz über den Dächern der Altstadt. Links: Hausmeister Heinrich Kutsch züchtet Hühner in seinem Vorgarten unweit der Ost-West-Straße

Bürgergeschichten

„Dann ging Kossak in die Knie“

Carlheinz Hollmann, Initiator der Alsterfontäne, erzählt seine Geschichte und wie im entscheidenden Augenblick ein Pfeifenreiniger die zentrale Rolle spielte

Hamburger Wahrzeichen auf unsicheren Füßen: Der Jungfernstieg wird nicht umbenannt, der Michel nicht versetzt und Planten un Blomen nicht zugebaut – aber für die Finanzierung der Alsterfontäne muss Carlheinz Hollmann immer wieder überzeugen

Im Herbst 1986 sah ich vom Flugzeug aus die Fontäne im Genfer See. Wie wohl schon anderen vor mir kam mir die Idee, dass damit auch die Binnenalster verschönert werden könnte. Zurück in Hamburg, schlug ich Bausenator Eugen Wagner und Innensenator Alfons Pawelczyk vor, solch eine Fontäne auf der Binnenalster zu installieren. Die Idee gefiel ihnen, und sie gaben mir den Tipp, dass als Erstes einmal der Oberbaudirektor Egbert Kossak zu überzeugen sei.

Karl-Heinz Bösch mit seinen Schreiben an den Bürgermeister. Sein Vorschlag reichte im Sommer 1986 noch nicht, um die Fontäne in Gang zu bringen

Das Treffen mit dem Oberbaudirektor fand in der Baubehörde vor dem großen Stadtmodell statt. Ich wusste, dass Kossak Pfeife raucht, und hielt einen gebogenen Pfeifenreiniger als Modellfontäne in der Jackentasche bereit. Im entscheidenden Moment platzierte ich den Reiniger mitten auf der Binnenalster, genau auf der Linie vom Hotel Vier Jahreszeiten zum Gerhart-Hauptmann-Platz. Daraufhin sah Kossak mich kurz an, um dann in die Knie zu gehen. Natürlich nicht vor mir, sondern um den Pfeifenreiniger in Augenhöhe anzuvisieren. Als er sagte: „Das ist eine schöne Sache“, wusste ich, dass das Ding gelaufen war. Bald hatten wir Blohm + Voss und andere Firmen als Sponsoren gewonnen, und nach einigen Versuchen mit einem Dummy sprudelt seit dem 18. April 1987, 12 Uhr, die Fontäne. Das war ein Erdrutsch in Hamburg, denn die Alster ist ein Heiligtum, weshalb ja andere Fontänen-Anträge schon abgelehnt worden waren. Da durfte bisher nur die helle Sonne strahlen.

Carlheinz Hollmann überzeugte hartnäckiger und bringt die Alsterfontäne jedes Jahr neu auf den Weg

Zur Finanzierung der Fontäne rief ich 1989 die „Stiftung Binnenalster“ ins Leben, die Mitgliedernamen sind auf einer Tafel am Alsteranleger ausgewiesen.

Heute trägt die Hapag-Lloyd AG die jährlichen Kosten von immerhin 40 000 Euro, kann dafür aber ihr Engagement für Hamburg exklusiv aus dem Fenster präsentieren.

Hollmann froh: Neuer Sponsor will Alsterfontäne retten

Carlheinz Hollmann vor „seiner“ Alsterfontäne. Da sich nach dem Ausstieg der Firma Fürst Bismarck Quelle schon mehrere potenzielle Sponsoren gemeldet haben, soll die Fontäne nun vom 20. März an wieder auf der Binnenalster sprudeln.

Die Hamburger können aufatmen: Die Fontäne über der Binnenalster ist gerettet. Nachdem der Hauptsponsor Fürst Bismarck Quelle vorzeitig aus dem Vertrag ausgestiegen war, drohte der Fontäne das Aus. Jetzt hat sich das Jungunternehmen U & S Future Bond GmbH bereit erklärt, die 70 000 Mark Stromkosten im Jahr zu übernehmen. Geschäftsinhaber Udo Sofian: „Unser Unternehmen ist im März letzten Jahres aus dem Ruhrgebiet nach Hamburg ... Alsterfontä...

... Wahrzeichen Hamburgs. Als wir von den Sponsoring-Problemen hörten, haben wir sofort beschlossen, zu helfen.“

Carlheinz Hollmann, „Vater“ der Alsterfontäne, ist vom Angebot begeistert: „Ich freue mich sehr, dass ein junges Unternehmen bereit ist, mich zu unterstützen. Es gibt jedoch noch andere potenzielle Sponsoren, mit de... ich mich heu...

Zacher, Pleuger-Worthington und Blohm & Voss gesponsert. In den letzten fünf Jahren zahlte die Firma Fürst Bismarck Quelle die Stromkosten. Obwohl der Vertrag mit Hollmann noch bis 2001 laufen sollte, stieg das Unternehmen vorzeitig aus. ... nennt Markt...

„Falscher Enkel“ betrog S...

Fi... di...

Mittag. Bekocht werden die 77 Kleinen von Jutta Jürgensen, die auch die Hausaufgaben beaufsichtigt. Frau Jürgensen lebt seit 1995 im Viertel. „Ab 17 Uhr und am Wochenende, wenn die Büros leer sind, ist es hier ziemlich ruhig“, sagt die allein erziehende Mutter und genießt den Blick von der fünften Etage auf die beleuchtete Speicherstadt.

Wie vor hundert Jahren wird einmal jährlich Obst und Gemüse am Nikolaifleet direkt aus dem Ewer verkauft. Tagtäglich bietet Ernst Petzold in der Mohlenhofstraße seine Ware feil

Warme Mahlzeit in der City

An der Südseite von St. Jacobi liegt **Das Kirchencafé**, das die Kirchengemeinde als Begegnungsstätte betreibt. „Hier kann man ins Gespräch kommen, und das ist immer gut“, sagt Pastor Michael Rose, der tageweise hinter dem Tresen steht. Einer, der hier gerne mal eine Tasse Kaffee trinkt, ist Achim Schulze. Als Obdachloser fing er 1996 an, in der *Steinstraße* **Hinz & Kunzt** zu verkaufen. Die seit 1993 monatlich erscheinende Obdachlosenzeitung wird gegenüber dem Café in der *Altstädter Twiete*, in dem anderen Wohnviertel des Stadtteils, produziert. Durch den „Wohnungspool“ der Zeitung kam der 62-Jährige vor vier Jahren an ein eigenes Zuhause. In der angrenzenden *Mohlenhofstraße*, die bis in die 1980er Jahre eine gut ausgestattete Einkaufsstraße war, kauft Achim gelegentlich bei dem **Gemüsehändler Petzold** eine Zwischenmahlzeit. Wenn die Geschäfte besonders gut laufen, geht Achim schon mal zum Mittagessen in die **Rathauspassage**. Der ehemalige U-Bahn-Zugang unter dem Rathausmarkt ist mit Unterstützung des Diakonischen Werks und durch Spenden zu einer Einkaufspassage geworden, in der 22 Langzeitarbeitslose erfolgreich den Weg zurück in die Berufstätigkeit gefunden haben. Sie betreiben unter anderem das Restaurant, einen Kiosk, ein Antiquariat und einen „Eine-Welt-Laden“.

Zweimal pro Woche ist Markttag am Hopfenmarkt. Der Vierländerin-Brunnen, der ursprünglich am Meßberg stand, erinnert an die Bäuerinnen aus dem Südosten Hamburgs, die jahrhundertelang die Stadt mit Lebensmitteln versorgten

Ehepaar Niemeier in seiner Kneipe „Zum lustigen Klempner“. Einmal monatlich „vertellt“ bei ihnen der humorige Stadtführer Roggenkamp die Geschichte der Stadt und der Klempnerei

Blick durch die abendliche Mönckebergstraße

In der Umgebung der *Mönckeberg-* und der *Spitalerstraße* findet man, wie in vielen deutschen Fußgängerzonen, alle bekannten Geschäftsnamen und Produktlinien von C&A bis Karstadt.

Neben Masse auch viel Klasse

Doch neben den großen Markennamen existieren noch einige, z.T. inzwischen selbst mit Filialnetz versehene **Hamburger Traditionshäuser**: Uhren Becker, Juwelier Wempe, Thalia-Bücher, Schuhe Goertz und der Elektronikhändler Brinkmann, dessen Finanzkrise Anfang 2001 eine spontane Welle von Sympathiekäufen auslöste.

Ausgesprochen „durable Qualität", wie man in Hamburg zu sagen pflegt, bieten die kleinen Fachgeschäfte, zumeist Familienbetriebe, die seit Generationen in Elbnähe rund um Grimm und Cremon Waren zum Ausrüsten von Schiffen und Seeleuten anbieten. Dazu zählt der **Tropenausrüster** Ernst Brendler, der **Mützenmacher** Walther Eisenberg und **Eisenwaren** Wilhelm Kelle. Bis heute lässt Carl Feddersen seine **Segelbekleidung** im Ausland fertigen. Einst hatte der Großvater 1897 mit Kaffee gehandelt, einer typischen Kolonialware der Zeit. Hauptsächlicher Importeur der bitteren Bohnen und anderer Produkte aus Südamerika war die Reederei **F. Laeisz**, die seit 1897 im „Laeiszhof" an der Trostbrücke residiert. Zwei Jahre später baute die Reederei **Carl Woermann** an der *Großen Reichenstraße 27* das „Afrikahaus". Die Reederei hatte sich auf den Handel mit dem Schwarzen Kontinent spezialisiert. 1906 folgte das „Asiahaus", erbaut von mehreren im gewinnträchtigen Asienhandel tätigen Handelshäusern *(Ost-West-Straße 49)*.

Haustierhaltung: Zwei lebensgroße Elefanten zieren den Eingang des Afrikahauses der Reederei Carl Woermann

Heute ist die **Hapag-Lloyd AG** die größte Reederei Deutschlands, ihr Hauptsitz liegt am *Ballindamm*. Von dort bis zur *Mönckebergstraße* soll bis zum Jahr 2005 die „Europa-Passage" realisiert werden und das Einkaufsviertel im Norden der Altstadt aufwerten. Viele Hamburger wünschen sich, dass bis dahin auch der *Gerhart-Hauptmann-Platz* und der *Gertrudenkirchhof* attraktiv gestaltet sind. Die beiden Plätze rahmen von zwei Seiten das Gebäude der **Hamburger Landesbank** ein. Viele große Geldinstitute sitzen weiter westlich rund um den *Adolphsplatz*, der nach dem Willen der dort ansässigen Handelskammer ein neues Aussehen erhalten soll.

Aufenthaltsraum der Hinz & Kunzt-Verkäufer. Im Hintergrund der Tresen, an dem sie neue Exemplare ordern

Was tun mit der Wiege?

Ein Hamburger Dauerthema ist die Diskussion um eine neue Nutzung für den „Domplatz". Seit Kriegsende ist die Wiege Hamburgs, wo einst die Hammaburg ausgegraben wurde, ein schnöder Parkplatz, was vielen der an der jahrzehntealten Diskussion Beteiligten ein Dorn im Auge ist. Ohne die S-Bahn und die **Hamburger Hochbahn** mit Sitz an der *Steinstraße* wäre in der City noch mehr Parkraum notwendig.

Die Hochbahn ist ein städtischer Betrieb, wie es auch die **Hamburger Feuerkasse** in den *Kurzen Mühren* lange Zeit war. Die älteste Sachversicherung der Welt ist aus der „General Feuer-Cassa"

Aus über 150 Schubladen verkauft Heinrich Bartmann von „Wilhelm Kelle" noch jede Schraube einzeln. Kunden aus ganz Deutschland schätzen die Qualität der Segelbekleidung von „Carl Feddersen"

von 1676 hervorgegangen und gehört heute zur Provinzial Versicherungsgruppe Kiel. Einst war sie ein Amt der Innenbehörde am *Johanniswall*, der einzigen Fachbehörde in der Altstadt. Ihr gegenüber befindet sich im **Cityhof** am *Klosterwall* das Bezirksamt Hamburg-Mitte samt Kundenzentrum.

Alte und neue Zeitschriften

Südlich des Cityhofs an der Oberbaumbrücke steht seit Frühjahr 2002 das neu gebaute **Deichtor-Center**. Der große Bürokomplex aus der Feder des viel beschäftigten Hamburger Architekten Hadi Teherani teilen sich die Immobilienfirma Jones Lang LaSalle und die Deutschlandzentrale des US-Musikverlags Warner Music. Unweit davon liegen mit **Spiegel**, **Zeit** und **Heinrich Bauer Verlag** drei wichtige Vertreter der Hauptstadt der Printmedien eng zusammen. Nebenan in der Speicherstadt hat sich seit 1997 **Mare**, ein unabhängiges Kleinod, aus dem Schatten der Großverlage freigeschwommen. Die „Zeitschrift

Das Kontorhaus und sein Viertel

Als sich Hamburg seit Ende des 19. Jahrhunderts zur „City" wandelte, eroberten Kontorhäuser für Zehntausende Angestellte das Stadtbild

Hamburgs erstes Kontorhaus war der **Dovenhof**, den Architekt Martin Haller 1885/86 nach nordamerikanischem Vorbild und für die damaligen Verhältnisse außergewöhnlich raumgreifend angelegt hatte.

Zunächst skeptisch betrachtet, setzte sich der Haustyp schon bald durch, weil er sich gut zur völligen Flächenausfüllung zwischen Parallelstraßen eignete und viele weitere kluge Neuerungen aufwies: Da die Tragwerksteile weitgehend in die Außenwände verlagert wurden, konnten die Mieter die Geschosse frei nach ihren Bedürfnissen einteilen. Weiter verbanden zum ersten Mal in Deutschland **Paternoster** die Stockwerke. Dazu kamen Zentralheizungen, Hauspostanlagen und zentralisierte Sanitärbereiche.

In schneller Folge entstand in weiten Teilen der Altstadt und der nördlichen Neustadt dies architektonische Erfolgsmodell. Meilensteine wurden die Jugendstilfassaden an der *Mönckebergstraße*. Ihren Höhepunkt erlebte die Kontorhausarchitektur in den 1920er Jahren zwischen *Steinstraße* und *Meßberg*.

Unter dem schlichten Namen **Kontorhausviertel** steht rund um den *Burchardplatz* eine einzigartige Ansammlung von Bürohäusern mit expressionistischen Klinkerfassaden. Weltberühmt wurden das **Chilehaus**, der **Mohlenhof**, der **Sprinkenhof** und der **Meßberghof**.

Eines der zuletzt entstandenen Kontorhäuser ist das **Pressehaus** am *Speersort* von 1938.

Mit der Ansiedlung von Geschäften wie dem „Manufactum" im Chilehaus soll das Büroviertel neuerdings belebt werden.

Detail und Fassade des Sprinkenhofs am Burchardplatz, dem Herzen des Kontorhausviertels

Falls der Pegel der Elbe über den der Alster steigt, setzen die Wärter der Schaartorschleuse drei große Pumpen in Gang, die jeweils 12 m³ Wasser pro Sekunde in die Elbe pumpen

der Meere“ wird besonders für ihre Fotografie gelobt. Um Fotos dreht sich übrigens schon seit 1888 alles in **Hamburgs ältestem Fotostudio**, das heute unter dem Namen „Anhalt“ firmiert, am *Rödingsmarkt*. Schon damals markierte das benachbarte Alsterfleet die Grenze zur Neustadt. Mit zwei Schleusen werden die durchschnittlich drei Meter Unterschied des Wasserstands zwischen Binnenalster und Elbe ausgeglichen. Bald wird die **Rathausschleuse** an der Kleinen Alster ferngesteuert von der **Schaartorschleuse** an der *Herrlichkeit*, die – will

Bei Sonnenschein eine Oase der Ruhe in der Altstadt: Lokale am Nikolaifleet

man den Werbeslogan wörtlich nehmen – Hamburgs eigentliches „Tor zur Welt“ darstellt. Rund um die Uhr ist die Schleuse besetzt und fungiert nachts als Hochwasser-Meldekopf. Im Jahr 2000 passierten insgesamt 6692 schwimmende Fahrzeuge das Wassertor, vor allem Freizeitkapitäne, die das „Venedig des Nordens“ erkundeten.

Sportplatz auf dem Dach

Citybesucher sollten sich nicht wundern, wenn am Himmel das durchdringende „Srieh“ des Mauerseglers ertönt: Der Naturschutzbund NABU hat im Jahr 2000 hoch oben am Turm der Petrikirche acht Brutkästen aufgehängt, um die Wohnungsnot der Vögel in der City zu lindern. Den eleganten Fliegern entgeht es nicht, wenn auf dem Dach von Karstadt-Sport am Hauptbahnhof die nächste Schauveranstaltung stattfindet. Die Arena mit 100-Meter-Tartanbahn ist zur Seite nur mit einem Netz abgeschlossen. Für die **Rathauskicker** jedoch, die Fußballmannschaft mit Spielern aus allen Parteien der Bürgerschaft, ist der Platz zu klein fürs Training.

Ein besonders langer Bierkeller

Nach Einkaufs- oder Bürostress bietet die Altstadt ein reichhaltiges Angebot an Bars und Kneipen zur Erfrischung an. Ausgefallene Orte sind das **Nachtasyl** unter dem Dach des Thalia Theaters und das malerische **Café Liebermann** in der Kunsthalle. Zudem findet man unter den zahlreichen Restaurants und Schnellimbissen in den Bürogegenden schnell seinen persönlichen Lieblings-Mittagstisch.

Erwähnenswert sind die Lokale rund um das Nikolaifleet. Das historische Gewölbe im **Weinkeller Cremon** im *Cremon 33–34* beherbergte einst die Lieblingsweine der Hamburger Reeder, die für eine Weinprobe gerne ihren Kontoren den Rücken kehrten. Im Sommer lädt der Schwimmponton über dem Fleet zu einer lauschigen Pause ein.

Christian Anhalt vor Hamburgs ältestem Fotostudio. Das Schaufenster war einst das Lampenglas eines Flakscheinwerfers aus dem Zweiten Weltkrieg

Im **Gröninger Bierkeller** an der *Ost-West-Straße 47* lohnt ein Besuch schon deshalb, weil man hier auf dem Gang von den kupfernen Braukesseln bis zu den Toiletten die volle Grundstückslänge eines althamburgischen Bürgerhauses durchschreiten kann.

Köpfe

Ferdinand Laeisz (sprich „Leiß“) war eines von zehn Kindern eines einfachen Hutmachers aus der *Herrlichkeit*. Gerne bezeichnete er sich als ersten Mann des Jahrhunderts und gab statt des 2. den 1. 1. 1801 als sein Geburtsdatum an. Laeisz brachte es rasch zu einem der erfolgreichsten Hamburger Reeder. Seine schnellen Klipper segelten chilenischen

DER SPIEGEL
DIE ZEIT
mare
Die Zeitschrift der Meere
Hinz&Kunzt

Gedrucktes aus Hamburg-Altstadt

Zu Besuch im Café Wien auf der Binnenalster und abends in der Cocktailbar CIU' nur ein paar Meter weiter

Stadtteil-Profil

	Hamburg-Altstadt*	Bezirk	Hamburg
Bevölkerung gesamt (2000)	1993	228 060	1 704 929
Unter 18-Jährige in %	12,8	15,9	16,1
65 Jahre und älter in %	10,3	15,0	17,0
Deutsche	1262	167 114	1 432 325
Ausländer in %	36,7	26,7	16,0
Einwohner je km²	845	2142	2258
Sozialstruktur			
Sozialhilfeempfänger (2000)	157	25 273	120 461
Arbeitslose (2001)	93	12 716	71 963
Eink. je Steuerpfl. in DM (1995)	186 503**	53 702	65 579
Wohnen (2001)			
Wohngebäude	122	18 821	226 061
Ein- und Zweifamilienhäuser in %	3,9	8,9	20,5
Ø Wohnungsgröße in m²	66,8	62,5	71,0
Wohnfläche je Einwohner in m²	40,6	31,3	35,7
Verkehr			
Private Pkw (2001)	647	70 503	628 119
Straßenverkehrsunfälle (2000)	251	2790	12 430
Kriminalität			
Straftaten insgesamt (2000)	10 040	82 985	284 272

© Statistisches Landesamt

Wahlverhalten

... zur Bürgerschaft 2001 (gesamt)

Wahlbeteiligung	71,0%
SPD	36,5%
CDU	26,2%
Schill-Partei	19,4%
Grüne/GAL	8,6%
FDP	5,1%
Übrige	4,2%

... zur Bürgerschaft 2001 (Stadtteil)

Wahlbeteiligung	72,7%
SPD	35,6%
CDU	22,5%
Schill-Partei	16,0%
Grüne/GAL	14,4%
FDP	5,4%
Übrige	6,1%

* mit Neuwerk
** aus methodischen Gründen mit anderen Stadtteilen nur unter Vorbehalt vergleichbar

Salpeter im Liniendienst um das gefürchtete Kap Hoorn. Voller Bewunderung sprach man auf den Weltmeeren von den „Flying-P-Linern", deren Namen stets mit „P" begannen, seit das erste Schiff des Reeders mit „Pudel" den Kosenamen seiner hochtoupierten Schwiegertochter erhalten hatte.

Franz Andreas Meyer wurde 1837 geboren. Nach Besuch des Johanneums studierte er bei C.W. Hase in Hannover. 1862 kehrte er nach Hamburg zurück und wurde Angestellter der Schiffahrts- und Hafen-Deputation. Zehn Jahre später erfolgte seine Ernennung zum „Oberingenieur" der Hansestadt, und Meyer wurde der maßgebliche Umgestalter Hamburgs während der Citybildung. Das größte und historisch bedeutsamste städtebauliche Projekt unter seiner Verantwortung war der Bau der Speicherstadt. An vielen Fronten ist hier noch heute seine Vorliebe für dekorative Details zu erkennen, ebenso an der Trostbrücke.

Die Gastwirtin **Lilly Wohnsdorf** betreibt seit 1963 das hamburgisch-maritim eingerichtete „Old Hamburg" an der *Mohlenhofstraße*. Fotos von Uwe Seeler, Freddy Quinn und vielen anderen berühmten Gästen zieren die Wände. „Mit achtzig tu ich mir das nicht mehr an, in zwei Jahren ist Schluss!" Dann gibt die späte Rentnerin den Zapfhahn weiter, ein gebürtiger Hamburger soll es sein, egal ob er aus der Altstadt stammt oder dem Rest der Stadt.

Von Berufs wegen genau nehmen es **Jürgen Köhlert** und **Christiane Droste**, Geschäftsführer und Prokuristin der Gestaltungs-Agentur GDS am *Großen Burstah*. Der Grafikdesigner aus Leidenschaft hat seinen Beruf zum Hobby gemacht und sammelt „Reklame-Kunst", wie die Anfänge der kommerziellen Werbung im ausgehenden 19. Jahrhundert genannt wurden. „In der Vergangenheit liegen die Wurzeln für Gegenwart und Zukunft", sagt der 66-jährige Besitzer der größten Sammlung ihrer Art in Hamburg. Christiane Droste lebte sieben Jahre in der *Deichstraße* und fühlt sich in der Altstadt noch immer wie zu Hause.

Reeder Laeisz, Oberingenieur Meyer, Gastwirtin Lilly Wohnsdorf und die Grafikdesigner Jürgen Köhlert und Christiane Droste

Die Speicherstadt

Hamburgs schöne Stadt in der Stadt zwischen Zollkanal und HafenCity

Anlass für den Bau des weltweit größten Lagerhauskomplexes war der 1881 beschlossene und 1888 vollzogene **Zollanschluss** Hamburgs an das Deutsche Reich. Die Kaufmannschaft hatte den Rückgang der Geschäfte gefürchtet, wenn sie Waren nicht mehr zollfrei einführen, lagern und verarbeiten könnte. Zum Ausgleich baute die Stadt einen neuen Hafen mit großen Lager- und Produktionsflächen, den sie als **Freihafen** zum Zollausland erklären durfte. Die „Speicherstadt" entstand stadtnah auf der Brookinsel in drei Abschnitten von 1885 bis 1912 (und wurde später noch erweitert). Für den Bau wurde ein malerischer Teil des barocken Hamburg abgerissen; rund 20 000 Einwohner wurden zwangsweise umgesiedelt (s. Barmbek-Nord und -Süd).

Im Ergebnis wurde die 1,5 Kilometer lange Speicherstadt ein großer wirtschaftlicher und auch architektonischer Erfolg. Durch den Freihafenbau gelang Hamburg bis 1913 im Bereich Güterumschlag der Aufstieg zum viertgrößten Hafen der Welt. Die Speicher mit ihren sechs Stockwerken, den „Böden", halten rund 26 ha Lagerfläche bereit. Wie beim Prinzip des althamburgischen Bürgerhauses verfügen die Gebäude über eine Straßen- und eine Fleetfront. Das einheitlich neugo-

Blick durch das Wandrahmsfleet und auf die Brücke Dienerreihe

tische Backsteinensemble ist verziert mit zahllosen Türmchen, Zinnen, Staffelgiebeln und Kupferdächern sowie Keramik und Glasursteinen. Als „Rathaus der Speicherstadt" wird der 1902/03 erbaute Sitz der stadteigenen, alle Speicher verwaltenden **Hamburger Hafen- und Lagerhaus AG** (HHLA, s.a. Kleiner Grasbrook) an der Straße *St. Annen* benannt.

Heute lagern in der seit 1991 unter Denkmalschutz stehenden Speicherstadt vor allem hochwertige Güter wie Gewürze, Kaffee, Tee und Kakao. Ferner ist sie weltweit größter Handelsplatz für Orientteppiche. 284 Händler schlagen in einem guten Jahr über 8 Mio. m^2 Teppich im Wert von über 500 Mio. Euro um. Bis zum Jahr 2003, wenn die Speicherstadt aus dem Zollfreigebiet gelöst und Teil der HafenCity wird, werden viele Teppichhändler ein neues Verkaufslager bezogen haben. So romantisch das Verladen per Seilwinde an den Speicherfassaden für Besucher sein mag, in einer modernen Lagerhalle kann ein Lkw wesentlich schneller abgefertigt werden als hier, wo drei Mann insgesamt sechs Stunden brauchen.

Fortleben wird das traditionelle Treiben der **Quartiersleute** im **Speicherstadtmuseum** am *St. Annen-Ufer.* Der Besucher erlebt auf den Böden eines Lagerhauses, was mit den Produkten ferner Länder geschieht, bevor sie in den Handel gelangen. Europas erstes **Gewürz-Museum** am *Sandtorkai 32* befasst sich ausschließlich mit Ernte und Verarbeitung vieler Speisenveredler aus aller Welt. Das **Afghanische Kunst- und Kulturmuseum** wiederum zeigt Szenen aus der Heimat vieler Arbeiter in der Speicherstadt einschließlich Basar mit Porzellan-Doktor und Teestube. Das **Deutsche Zollmuseum** im alten „Zollamt Kornhausbrücke" dokumentiert die Zollgeschichte seit dem Altertum und kuriose Schmuggelverstecke sowie eine Zollquittung aus dem Jahre 43 n. Chr. Die museale Verarbeitung der Speicherstadt zeigt, dass ihre ursprüngliche Aufgabe beendet ist.

Heute wird das historische Ensemble zunehmend als Rahmen für kulturelle Veranstaltungen genutzt. Sowohl bei dem Theaterstück „Hamburger Jedermann" von Michael Batz als auch der nächtlichen Beleuchtung der Speicherstadt wird deren besondere Architektur effektvoll in Szene gesetzt. Zudem entdecken Medienbetriebe die Backsteinstadt zunehmend als attraktiven Büroraum. *Am Dalmannkai* wird gar ein MediaCityPort gebaut, leicht abknickend soll der Büroturm Wahrzeichen der HafenCity werden (s. Klostertor). Damit dringt die City wieder an die Elbe vor, von der sie seit 1881 durch den Bau der Speicherstadt abgeschnitten ist.

Quartiersmann mit einer Hieve Kaffeesäcke und Handarbeit im Teppichlager

Denkmal für den besiegten Bedränger der Hanse: Klaus Störtebeker wurde vor 500 Jahren auf dem Gebiet der Speicherstadt enthauptet

Hammerbrook

war als Teil der Marschniederung lange eine wasserreiche, ländliche Gegend. Erst im 19. Jahrhundert folgte der Entwässerung eine zunehmende Bebauung – Hammerbrook wandelte sich zum Arbeiterquartier, das bei den Luftangriffen 1943 für Tausende zur Falle wurde. Heute sind Bürogebäude und Durchfahrtsstraßen prägend

Steckbrief

Fläche:
1,524 km²
Einwohner:
565
Verwaltung:
Bezirk Hamburg-Mitte, Kerngebiet
Ortsteile:
117–119

Der Name „Hammerbrook“ ist eine alte Landschaftsbezeichnung für das niedrig, nur etwa 0,5 m über Normalnull gelegene Gebiet nördlich der Elbe. Das niederdeutsche „Brook“ bedeutet tiefes, am Wasser liegendes Land. Da dieses Areal zum Dorf Hamm gehörte, wurde daraus „Hammer Brook“.

Aus der Geschichte

Ursprünglich umfasste Hammerbrook die gesamte 1383 durch den Rat von Graf Adolf von Holstein erworbene Marschniederung, die sich zwischen Bille und Geestkante vom Oberhafen nach Osten bis über Horn hinaus erstreckte. Zwar war das Areal bereits eingedeicht, aber noch nicht sturmflutsicher. Die jetzigen Stadtteilgrenzen stammen aus dem Jahr 1938 und umfassen nur den westlichen Teil dieses früheren Gebietes. Hammerbrook wurde seit dem 15. Jahrhundert als Teil der Landherrenschaft Hamm und Horn verwaltet. Jahrhundertelang diente das regelmäßig überschwemmte Land als Viehweide. Immer neue **Entwässerungsgräben und Wasserbracken** machten es zu einer gegliederten Marsch mit vielfältiger Flora und Fauna. Als Vorbefestigung der Stadt Hamburg legte man im 17. Jahrhundert einen breiten Wassergraben an, den Retranchementgraben, das heutige Hochwasserbassin.

Industrie und Gewerbe bestimmten über Jahrzehnte den Stadtteil Hammerbrook – der Norderkanal wurde nach dem Zweiten Weltkrieg zugeschüttet

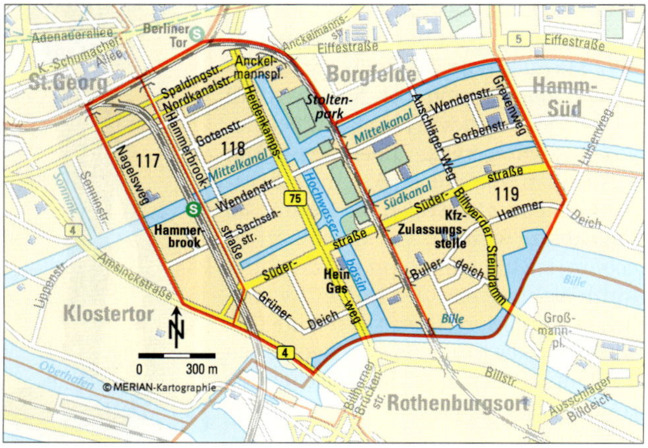

Ende des 17. Jahrhunderts begann am Oberhafen die Besiedlung des Stadtdeiches. Fischer, Schiffer und Handwerker errichteten Katen. Später folgten erste vornehmere Stadthäuser von Kaufleuten und Holzhändlern. 1731 hatte man das städtische „Theermagazin“, ein Lager für feuergefährliches Material, an den Deich verlegt. Im Jahr 1811 hatte der Stadtdeich 1357 Einwohner, die zwei Jahre

Futuristisch wirkt Hammerbrook mit der Bürostadt „City Süd" an vielen Stellen – der S-Bahnhof liegt über dem Mittelkanal

später große Zerstörungen durch die französischen Truppen miterleben mussten. In den folgenden Jahrzehnten aber begann Hammerbrooks entscheidende Entwicklung. Für die Entwässerung des Hammer Brooks setzte sich besonders **Wilhelm Amsinck** (1793–1874) als Syndikus des Senats ein. Die eigentliche Erschließung des Landes – der innere Hammerbrook gehörte ab 1832/33 zur Vorstadt St. Georg – begann erst in Zusammenhang mit dem Bau der Hamburg-Bergedorfer Bahnlinie 1839–42. Der englische Ingenieur William Lindley schlug eine bessere Entwässerung sowie eine Aufhöhung des Geländes vor. Der Beschluss dazu erfolgte durch Rat und Bürgerschaft im September 1842: Für die Aufschüttung um drei Meter verwendete man Trümmer des Großen Brandes vom Mai des Jahres sowie Aushub aus Kanälen und Hafenbecken. Mit einem Netz von Kanälen, Fleeten und Straßen entstand zeitgleich die Voraussetzung für eine intensive urbane Nutzung.

Ausbau und Zerstörung

Nach Aufhebung der Torsperre 1860 nahm die Besiedlung zu, wenn Hammerbrook auch 1867 mit seinen rund 10 000 Einwohnern noch kein Arbeiter-, sondern ein von Handwerkern, Gewerbetreibenden oder Kaufleuten geprägter Stadtteil war. Erst nach der Reichsgründung 1871 erfolgte mit dem industriellen Aufschwung eine vollständige Bebauung Hammerbrooks. 1880 lebten hier schon knapp 26 000, 1900 sogar fast 53 000 Einwohner. Der Höchststand lag 1910 bei 61 291 Einwohnern: Aus allen Himmelsrichtungen waren Arbeitsuchende ins **„Arbeiterparadies" Hammerbrook** gezogen, das wegen seiner eng gebauten Wohnhäuser und Terrassen (s. Hoheluft-Ost) als proletarisch galt. Die Verhältnisse in den meist kleinen Wohnungen waren einfach, viele Familien hatten sechs bis acht Kinder – im Volksmund galt Hammerbrook als „Jammerbrook".

Um 1900 war Hammerbrook eine **Hochburg der Sozialdemokraten**. Noch 1932 errang die SPD 34,3 und die KPD 34,0 Prozent der Wählerstimmen. Pläne der Nationalsozialisten nach 1933, Hammerbrook wegzusanieren und so den „roten Sumpf" auszutrocknen, wurden nicht realisiert.

Das Ende des alten Hammerbrook kam auf andere Weise, als bei den besonders schweren Luftangriffen in der **Nacht vom 27. auf den 28. Juli 1943** ein Feu-

Zeitleiste

- **1383** Hamburg erwirbt Hammerbrook
- **1832/33** zur Vorstadt St. Georg
- **1842** Ratsbeschluss zur Aufhöhung und Bebauung
- **1901** Sozialdemokrat Otto Stoltens Wahl in die Bürgerschaft
- **1938** Festlegung heutiger Stadtteilgrenzen
- **Juli 1943** Zerstörung durch Luftangriffe
- **1980er Jahre** Bau City Süd
- **2001** Fertigstellung „Berliner Bogen"

Das imposante „Poseidon-Haus" kennen alle Autofahrer, die auf der Amsinckstraße von oder zu den Elbbrücken fahren

ersturm über den Stadtteil sowie einige Nachbarquartiere hinwegraste: Durch die Bombenangriffe auf Hammerbrook verloren 11 981 Personen ihr Leben, mehr als ein Viertel aller Einwohner. Die Gebäude wurden fast vollständig zerstört. Als Wohnviertel gab es Hammerbrook anschließend nicht mehr, denn nach dem Zweiten Weltkrieg fiel die Entscheidung, die Gegend nicht wieder mit Wohnhäusern zu bebauen. Heute leben hier nur noch etwa 600 Menschen. Büro- und Verwaltungsgebäude bestimmen das Bild.

Überraschend: Kunst

Büros, Verwaltungen, Produktion – das moderne Hammerbrook ist Dienstleistungsstandort. Doch im Schatten moderner Zweckarchitektur hat sich in alten Fabriken, Hallen und Werkstätten auch kulturelles Leben entwickelt.

In der 1908 erbauten **Gartmann-Schokoladenfabrik** in der *Wendenstraße* etwa sind heute Ateliers für Architekten, Fotografen und Filmemacher untergebracht. Für Kreative war das **Künstlerhaus Wendenstraße** in den 1980er Jahren zur Heimat geworden. Doch während in der einstigen „Darmsortiererei Carl Piepmann & Co." bis etwa 1991 noch alle Sparten von Skulptur über Malerei bis zu beeindruckenden Installationen vertreten waren, hat sich die Struktur im einst größten selbst organisierten Künstlerhaus Hamburgs gewandelt. „Mit einem neuen Investor wurden die Mieten für viele unerschwinglich", so erinnert sich Georg Kühn, der mit acht Kollegen eine Ateliergemeinschaft bildet. Maler, Video-, Dia- und auch Trickfilmkünstler sind darunter. Ferner gibt es noch eine Theaterwerkstatt im Haus.

Probe beim „Scharlatan theater" in der Gotenstraße. Öffentliche Aufführungen gibt es hier jedoch nicht. Unten: die Ateliergemeinschaft von Georg Kühn im „Künstlerhaus Wendenstraße"

In den Räumen einer alten Tischlerei hat sich das **Scharlatan theater** in der *Gotenstraße 6* eingerichtet. Ursprünglich 1985 in St. Pauli als Straßentheater entstanden, zählt die Gruppe inzwischen 15 fest angestellte Schauspieler. Mitgründer und Leiter Ali Wichmann zum Konzept: „Unsere heutigen Programme und Inszenierungen nennen wir Unternehmenstheater. Individuelle Stücke werden für einen Kunden speziell entwickelt." Oft sind dies große Firmen, die ihren Mitarbeitern neue Unternehmensziele nahe bringen oder neue Produkte präsentieren wollen. Besonderer Beliebtheit erfreut sich das etwas andere Kellner-Programm „Kollege kommt gleich". Und eine Eventagentur, scharlatan.art, gibt es inzwischen auch.

Citynaher Bürostandort

Die Anfänge waren eher theoretisch: Unter dem in wirtschaftlich schwachen Zeiten geprägten Schlagwort **Unternehmen Hamburg** planten Stadtentwickler Anfang der 1980er Jahre im westlichen Hammerbrook – und teils auch im östlichen Klostertor – analog zur bereits bestehenden „City Nord" (s. Winterhude) den **Bürostandort City Süd**. Die in den 1980er Jahren erbauten Bürokomplexe der City Süd im Trapez *Spalding-* bzw. *Nordkanalstraße*, *Heidenkampsweg* und *Amsinckstraße* galten lange Zeit als wenig attraktiv – man kam morgens zur Arbeit und verließ das Quartier am Abend. Um das schlechte Image Hammerbrooks, besonders der City Süd, zu verbessern, gründeten ansässige Unternehmen und Investoren 1995 die **Interessengemeinschaft City Süd** (IG) mit heute rund 40 Mitgliedern. Darunter sind bekannte Namen: z.B. der japani-

Hamburg unter den Luftangriffen

Als wichtiger Industrie- und Rüstungsstandort war Hamburg ab 1940 Ziel alliierter Luftangriffe. Die meisten Zerstörungen richtete 1943 die „Operation Gomorrha" an

Als Folge des nationalsozialistischen Angriffskriegs wurde Hamburg mit der hier angesiedelten wichtigen Rüstungsproduktion bereits im ersten Kriegsjahr zum Ziel britischer und amerikanischer Luftangriffe: Der erste Angriff erfolgte am 15. Mai 1940. Weitere Schläge folgten in regelmäßigen Abständen – bis 1945 warfen die Royal Air Force und die 8. US-Luftflotte mit etwa 17 000 Bomber- und Kampfflugzeugen bei 213 Luftangriffen rund 101 000 Spreng- und 1,6 Mio. Brandbomben auf Hamburg ab.

Unvergesslich für alle älteren Hamburger aber ist vor allem die so genannte „Operation Gomorrha": Nachdem zuvor schon Köln und Lübeck Ziel ähnlicher Großangriffe geworden waren, richtete das britische Bomber Commands vom 25. Juli bis 3. August 1943 seinen Fokus auf Hamburg. Diese Bombardements sollten nach dem Plan von General Arthur Harris, Chef der britischen Luftstreitkräfte, nicht mehr nur direkt zentrale Rüstungsproduktionen und Verkehrswege, sondern auch durch die Zerstörung von Arbeiterwohnbezirken indirekt die Rüstungsindustrie lahm legen. Zudem sollte die Loyalität der Bevölkerung zum NS-Regime gebrochen werden.

Die Trümmer des alten Hamburg: Der Blick geht vom Turm der Nikolaikirche nach Süden. Im Hintergrund die Speicherstadt, davor die Ruine St. Katharinens

Die „Operation Gomorrha" forderte über 30 000 Todesopfer und zerstörte rund ein Drittel aller Wohnhäuser in Hamburg. Hunderttausende verließen nach Tagen in Kellern und Bunkern (s. Hamm-Mitte) verängstigt die Stadt oder wurden evakuiert.

Um 1910: Kinder spielen im Nagelsweg

Ihren Zweck erreichten die Bombardierungen jedoch nur bedingt. Denn etwa fünf Monate nach dem Großangriff lag die Rüstungsproduktion bereits wieder bei 80 Prozent ihrer vorherigen Kapazität. Wirkungsvoller war dagegen, als es 1944 gelang, die Raffinerien der Mineralölindustrie in Wilhelmsburg betriebsunfähig zu machen und damit die Treibstoffversorgung der Wehrmacht zu beeinträchtigen.

Mit den letzten Angriffen der Alliierten zwischen Januar und April 1945, bei denen nun auch in Harburg Hafen- und Industrieanlagen getroffen wurden, forderte der Luftkrieg in der Hansestadt insgesamt mehr als 45 000 Tote. Nur 20 Prozent des Wohnbestandes von 1939 blieben unversehrt, über 42 Prozent wurden völlig zerstört. Das Stadtgebiet war mit 43 Mio. t Trümmern bedeckt, und fast 70 Prozent der Einwohner hatten ihren Besitz ganz oder teilweise verloren.

Bürgergeschichten

„Das ist doch unser Fenster!"

Fast 60 Jahre hatte Margrit Thießen das prachtvolle Rundfenster von St. Annen in Hammerbrook nicht gesehen – bis sie es 2000 in der Zeitung wiederfand

Margrit Thießen. Rechts: Die Christus-Rosette wurde um 1900 in der „Berliner Kunstanstalt" gefertigt und zeigt den auferstandenen Christus

Das ist doch unser Fenster!", habe ich sofort gerufen, als ich das große Foto in der Zeitung entdeckte, die mein Mann gerade las. Es war im September 2000. Die Hamburger Glaser-Innung hatte sich an die Öffentlichkeit gewandt, weil dort niemand etwas mit der im Durchmesser 4,50 Meter großen Christus-Rosette anzufangen wusste. Sie war 1975 in den Katakomben des Michels wiedergefunden worden, ohne dass jemand ihre Herkunft kannte. Dann wurde das Glaskunstwerk 1999/2000 dort restauriert, und das Interesse wuchs.

Mein Mann glaubte ja, ich spinne. Aber ich war mir schon beim ersten Blick ganz sicher: Dieses bunte Fenster schmückte St. Annen. Sechs Jahre war ich alt, als mein Neffe 1941 in der Kirche getauft wurde. Ganz genau erinnere ich mich an diesen Tag, an dem ich das Fenster zum ersten Mal sah. Die Mittagssonne schien hell durch das bunte Glas, besonders das intensive Blau faszinierte mich – vom Gottesdienst habe ich nicht viel mitbekommen. „Du musst nach vorne gucken", ermahnte mich meine Mutter, doch mein Blick ging immer wieder zur Rosette an der Seite. Seit fast 60 Jahren hatte ich den „Triumph des Christentums" nicht mehr gesehen, doch es gab keinen Zweifel. Die an der Hammerbrook-, Ecke Norderkaistraße stehende Kirche St. Annen wurde im Krieg schwer beschädigt. Von den vier Rosetten blieb nur die eine erhalten – sie war zum Schutz eingemauert gewesen und wurde dann ja auch aufgehoben, als das Gotteshaus später abgerissen wurde.

Heute haben wir zwei gerahmte Fotos von St. Annen in der Wohnung hängen, die uns der Kirchenkreis Alt-Hamburg als kleines Dankeschön für die Hilfe geschenkt hat. Meiner Meinung nach sollte auch die Christus-Rosette, die jetzt wieder in einem Archiv liegt, allen Hamburgern zugänglich sein. Schließlich gehört sie zu Hammerbrook und ist ein Dokument der Kriegs- und Nachkriegszeit. Ich habe mich auch schon ans Museum für Hamburgische Geschichte gewandt, wo ja einige Fenster aus der Nikolaikirche zu sehen sind, und gefragt, ob die Rosette von St. Annen nicht dort ausgestellt werden könnte.

St. Annen lag an Hammerbrookstraße und Mittelkanal

Der „Berliner Bogen“: Das Bürohaus am Anckelmannsplatz ist mit 14 000 m² Glasfläche das größte Glasgebäude auf dem Kontinent

sche Kamera- und Mikroskophersteller Olympus Optical Co. GmbH, *Wendenstraße,* oder der regionale Telefonanbieter HanseNet Telekommunikation GmbH, *Hammerbrookstr. 63.* Die Grundstücksverwaltung Leder-Schüler (s. Spadenland) hat ihren Sitz im Höger-Bau (1927/28) am *Heidenkampsweg 32,* die Aachener und Münchener Versicherung AG am *Sachsenfeld 2* und DaimlerChrysler am *Heidenkampsweg.* Neben der **Staatlichen Handelsschule** mit Wirtschaftsgymnasium an der *Wendenstraße* ist auch der private Bildungsträger **Stiftung Grone-Schule** in Hammerbrook präsent. Die Bildungseinrichtung hat ihre Deutschland-Zentrale in der *Gotenstraße 6.* Das 1895 in Hamburg entstandene Unternehmen hat heute bundesweit in 60 Niederlassungen 1000 Mitarbeiter in den Bereichen Umschulung, Fortbildung sowie Arbeitsvermittlung und ist in Hammerbrook ferner mit einem Bildungszentrum sowie der Akademie Werbung Grafik Druck, beide im *Heinrich-Grone-Stieg,* vertreten.

Insgesamt sind es etwa 800 Unternehmen auf 89 000 m² vermieteter Bürofläche mit 20 000 Arbeitsplätzen, für die sich die IG City Süd einsetzt – Tendenz steigend. Denn Hammerbrook steht nach der Innenstadt an zweiter Stelle, wenn es um die Beliebtheit als Bürostandort geht. „Die City Süd gehört heute zu den attraktivsten Bürovierteln Hamburgs“, weiß

Sybill Petermann, Sprecherin der IG City Süd. Die Medienpädagogin ist selbst intensiv an der positiven Entwicklung der letzten Jahre beteiligt: „Seit es die IG gibt, hat sich die Infrastruktur hier verbessert. Einkaufsmöglichkeiten wurden geschaffen, darunter ein Supermarkt und mittwochs ein **Wochenmarkt** am *Sachsenfeld.*“ Zudem wurden die Aufenthaltsqualität und die subjektive Sicherheit, auch nach Feierabend, verbessert – u.a. erhielt der **S-Bahnhof Hammerbrook**, Haltestelle von S 3 und S 31, eine bessere Beleuchtung, und ein Bürgernaher Beamter ist regelmäßig in den Straßen unterwegs.

Um das Wir-Gefühl weiter zu stärken, veranstaltet die IG regelmäßig Treffen und Workshops, gibt die Stadtteilzeitung „HamburgSüdseiten“ heraus und lädt einmal im Monat Geschäftsleute, Arbeitnehmer und Anwohner zur zwanglosen Begegnung im „City Süd Sunset Club“ ins Hotel Ambassador, *Heidenkampsweg 34.* Eines der nächsten Ziele ist die Anlage von mehr Grün.

Bekannte Namen

Viele weitere Firmen sind in Hammerbrook ansässig, deren Namen große Bekanntheit haben. Ein Industriebetrieb vom „alten Schlag“ ist **National Starch and Chemical** am *Grünen Deich 100.* Das zur amerikanischen ICI-Gruppe gehörende Unternehmen stellt hier Industrie- und Lebensmittelstärke her – die weiße Staubwolke hielten schon manche Vorbeifahrende für Rauch und infor-

Jugendlichen-Ausbildungszentrum der „Grone-Schule“ in der Hammerbrookstraße. Unten: die Stärke-Fabrik „National Starch and Chemical“ am Grünen Deich

HH-Nummernschilder für alle Fälle. Rechts: Geschafft! Glücklich verlässt ein Autobesitzer mit Wunschkennzeichen die Zulassungsstelle Ausschläger Weg

mierten die Feuerwehr. In einem repräsentativen 1960er-Jahre-Verwaltungsbau ist Ecke *Hammerbrook-/Wendenstraße* die **Philips Semiconductors GmbH** zu Hause.

Nach der Privatisierung 1989 hat der Gasversorger **Hein Gas** seine Verwaltung an den *Heidenkampsweg 99* verlegt. Von den rund 1150 Mitarbeitern des 1844 gegründeten Traditionsunternehmens, das seit 2001 zum E.on-Konzern gehört, arbeiten 460 hier am Hochwasserbassin. Die mehr als 700 000 Gas- und Wärmekunden kommen aus Hamburg sowie 156 Umlandgemeinden.

Während diese Unternehmen eher konventionelle Bürogebäude haben, kann Hammerbrook auf einige echte architektonische Highlights aus den letzten Jahren stolz sein. Das so genannte **Doppel-X-Haus** am *Heidenkampsweg 58*, erbaut 1996–98, wurde 2001 mit dem Immobilienpreis „Prix d'Excellence" ausgezeichnet. Das außergewöhnliche Bürohaus der Architekten Bothe, Richter und Teherani entwickelt sich in seinem Grundriss aus einem doppelten X. Zwölf Stockwerke hoch ist das Haus mit 19 000 m² Nutz-

fläche, in dem über 600 Angestellte des Versicherungsmaklers Aon arbeiten. Der Clou: Vom eigentlichen Haus ist nichts zu sehen, da eine frei tragende Glaskonstruktion es mit ihren 9000 m² Fläche vor störendem Lärm und Abgasen nach außen schützt.

Ein echter Superlativ ist auch der **Berliner Bogen**. Der gewölbte, rund 140 m lange Bau über dem Rückhaltebecken am *Anckelmannsplatz*, ebenfalls von Architekt Hadi Teherani konzipiert, bietet auf ca. 30 000 m² Raum für 1200 Arbeitsplätze. Viele weitere Baulücken werden bald geschlossen. An der *Hammerbrookstraße 89* entsteht ein Backsteinkomplex mit 6500 m² Bürofläche, an der *Hammerbrookstraße 90* in drei zehngeschossigen Türmen weitere 30 000 m².

Wahlverhalten

... zur Bürgerschaft 2001 (gesamt)

Wahlbeteiligung	71,0%
SPD	**36,5%**
CDU	**26,2%**
Schill-Partei	**19,4%**
Grüne/GAL	**8,6%**
FDP	**5,1%**
Übrige	**4,2%**

... zur Bürgerschaft 2001 (Stadtteil)

Wahlbeteiligung	62,8%
SPD	**36,7%**
CDU	**15,3%**
Schill-Partei	**15,5%**
Grüne/GAL	**18,9%**
FDP	**3,1%**
Übrige	**10,5%**

* Angaben aus datenschutzrechtlichen Gründen zusammen mit Klostertor

Stadtteil-Profil

	Hammerbrook*	Bezirk	Hamburg
Bevölkerung gesamt (2000)	1636	228 060	1 704 929
Unter 18-Jährige in %	13,1	15,9	16,1
65 Jahre und älter in %	4,7	15,0	17,0
Deutsche	807	167 114	1 432 325
Ausländer in %	50,7	26,7	16,0
Einwohner je km²	453	2142	2258
Sozialstruktur			
Sozialhilfeempfänger (2000)	76	25 273	120 461
Arbeitslose (2001)	237	12 716	71 963
Eink. je Steuerpfl. in DM (1995)	–	53 702	65 579
Wohnen (2001)			
Wohngebäude	82	18 821	226 061
Ein- und Zweifamilienhäuser in %	4,4	8,9	20,5
Ø Wohnungsgröße in m²	70,0	62,5	71,0
Wohnfläche je Einwohner in m²	31,8	31,3	35,7
Verkehr			
Private Pkw (2001)	481	70 503	628 119
Straßenverkehrsunfälle (2000)	215	2790	12 430
Kriminalität			
Straftaten insgesamt (2000)	4948	82 985	284 272

Immer in Action sind die Inline-Skater, Skateboarder und BMX-Fahrer im I-Punkt-Skateland

Einige Behörden

Neben Hunderten privater Firmen sind in Hammerbrook auch einige Behörden ansässig. Zu ihnen gehören das Oberverwaltungsgericht am *Nagelsweg* und das **Amt für Geoinformation und Vermessung** (GV). Die etwa 450 Mitar-

Einige der wenigen Wohnhäuser Hammerbrooks stehen am Grünen Deich

beiter des im „Europa-Center" am *Sachsenkamp 4* ansässigen Amtes vermessen nicht nur Grundstücke und Gebäude, sie setzen die gesammelten digitalen und analogen Daten in Stadt-, Verwaltungs- und Themakarten um. „Im Kundenzentrum sind darüber hinaus Luftbilder und ein breites Kartenangebot zu erhalten", erzählt Reiner Schrader vom GV.

Stunden bangen oder auch nur geduldigen Wartens verbinden viele Hamburger mit dem Stichwort *Ausschläger Weg 100:* Denn hier sind die zentrale Kfz-Zulassungsstelle, eine Technische Prüfstelle sowie die Führerscheinstelle des **Landesbetriebs Verkehr** (LBV) angesiedelt, der noch vier weitere Standorte in Hamburg hat. Knapp 180 000 Fahrzeuge prüft der LBV im Jahr und nimmt 54 000 Führerscheinprüfungen ab. „Ferner verwalten unsere 420 Mitarbeiter 1,4 Mio. Führerscheine und rund 960 000 Fahrzeuge", erläutert der stellvertretende LBV-Geschäftsführer Rolf-Jürgen Bode. Zusätzlich betreut der Fahrzeugservice 3500 Wagen der Hamburger Behörden.

Freizeit aktiv

Dass Hammerbrook ein Stadtteil ist, in dem fast nur gearbeitet wird, schließt Leben nach 17 Uhr nicht aus. Zwar gibt es an Kanälen und auf der kleinen Grünfläche des Stoltenparks nur **wenig Grün zur Naherholung**. Dafür ist aktive Freizeit angesagt. Lange Tanznächte sind in Diskotheken wie „Tonwerk", *Heidenkampsweg 31*, oder „Chocolate City", *Heidenkampsweg 32,* die Regel.

Köpfe

Für seine Partei war Hammerbrook der Durchbruch: Im Jahr 1901 wurde **Otto Stolten** (1853–1928) im Wahlbezirk Hammerbrook als erster Sozialdemokrat überhaupt in die Bürgerschaft gewählt. In die SPD war der gelernte Schlosser auf der Wanderschaft in Dresden eingetreten. 1904 übernahm der Hamburger Stolten den Vorsitz der ersten SPD-Fraktion in der Bürgerschaft. Seine fachliche Kompetenz führte Stolten 1913 als Nachfolger August Bebels in den Reichstag. 1919–25 war der Politiker Zweiter Bürgermeister seiner Vaterstadt. Nach seinem Ausscheiden stiftete der Senat ihm als Namengeber erstmals die „Bürgermeister-Stolten-Medaille", die seither Personen verliehen wird, die sich „durch ihr öffentliches Wirken bleibende Verdienste um Hamburg erworben haben".

Fast 35 Jahre steht **Christa Bartels** schon hinter dem Tresen ihrer Gaststätte „Deichklause". Viel älter ist die Kneipe am *Grünen Deich* auch nicht. „Meine Stammgäste sind die wenigen Nachbarn, die hier am *Grünen Deich* und um die Ecke in der *Friesenstraße* wohnen", berichtet die Wirtin. Vor allem aber kommen viele, die in Hammerbrook arbeiten, zum Beispiel auf dem Großmarkt.

Otto Stolten, der erste Sozialdemokrat in der Bürgerschaft. Unten: Wirtin Christa Bartels

Hamm-Mitte

liegt als schmaler Streifen am Rand des Geesthangs zwischen seinen Namensvettern. Wohnstraßen mit Etagenhäusern prägen den Stadtteil zwischen Hammer Land- und Eiffestraße, die als B 5 die täglichen Blechlawinen in die Innenstadt und wieder hinaus führt. Lebendiger Stadtteiltreff ist die Wichernkirche

Steckbrief

Fläche:
0,850 km²
Einwohner:
10 531
Verwaltung:
Bezirk Hamburg-Mitte, Kerngebiet
Ortsteile:
125, 126

Hamm-Mitte wurde als eigenständiger Stadtteil erst 1951 geschaffen, als sein Gebiet als „Unten-Hamm" schon Jahrhunderte hamburgischer Geschichte hinter sich gebracht hatte. Es gehörte zum alten Dorf Hamm, mit Zentrum bei der Hammer Kirche.

Aus der Geschichte

Der Hammer Teil unterhalb des Geesthangs bis zum Ufer der Bille gehörte zum Hammerbrook und war häufig überflutetes Marschland. Die Hammer Bauern nutzten es zur **Viehwirtschaft** und erzielten gute Gewinne in der Milchversorgung der Hansestadt.

Im 17. Jahrhundert begann hier die **Hamburger Landhauskultur** zu blühen, lange noch bevor die großen Anwesen in den Elbvororten bei den wohlhabenden Kaufleuten der Hansestadt in Mode kamen. Am Rande des Geesthangs entstanden **prächtige Sommersitze** und **weite Gartenlandschaften**. 1786 berichtete eine Hamburger Zeitung, dass die Häuser, „zu welchen künstlich gezierte Gärten gehören", in „nicht oft unterbrochener Reihe" vom Steintor bis nach Horn reichen. Allein in Hamm waren es über 100 Land- und Gartenhäuser.

Das Ende des alten Dorfbildes kam mit der **Franzosenzeit** (s. Neustadt). Die Soldaten zerstörten im Winter 1813/14 über 350 Hammer Gebäude. Zunächst sollten die Besitzer zwei Tage vor der Räumung ihres Hauses benachrichtigt werden, später waren es nur noch vier bis sechs Stunden, und manchmal brannten schon die Dächer, als unten noch Leute ihre Sachen zusammensuchten. Viele, die nicht in Horn oder noch weiter östlich unterkommen konnten, quartierten sich in der Kirche ein. Als auch hier kein Platz mehr war, wurden vor der Kirche Erdlöcher in den vereisten Boden gehackt und notdürftig zur Behausung hergerichtet. Für die bei den Strapazen zu Tode Gekommenen errichtete die Hammer Gemeinde 1817 einen Gedenkstein bei der Kirche.

Im Winter 1813/14 suchten die aus ihren Häusern Vertriebenen bei der Hammer Kirche in Erdlöchern Schutz

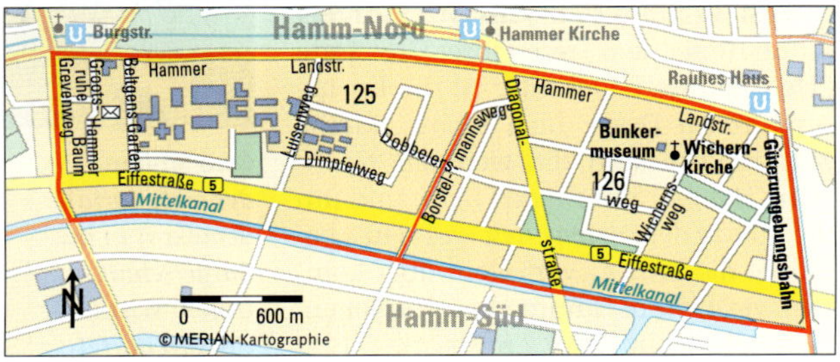

Blick durch die Eiffestraße mit der Hamburger Innenstadt als Silhouette

Mit neuen Sommer- und Dauerresidenzen kam es einige Jahrzehnte später zu einer zweiten Blüte der Landhauskultur. Ein schönes Beispiel für diese Zeit ist das **Landhaus Rücker**. Es lag gegenüber der heutigen U-Bahn-Station „Rauhes Haus" an der *Hammer Landstraße*. Bauherr des 1831 fertig gestellten Hauses war Johann Hinrich Rücker, Sohn des gleichnamigen Hamburger Senators und erfolgreicher Kaufmann – nicht ohne Grund nannte man ihn den „Goldrücker". Bis zu Teilverkäufen in den 1880er Jahren endete das Grundstück mit 1000 m langem „Garten" am Billeufer. 1863–1908 nutzte die Familie des Kaufmanns Theodor Merck (1816–89) das Anwesen alle Sommer.

Die Erschließung von Unten-Hamm (s. Hamm-Süd) begann im späten 19. Jahrhundert und mit dem Bau von Etagenhäusern und Gewerbeflächen die schrittweise Verdrängung der alten Landsitze an der *Hammer Landstraße*. Zunächst aber gab es in Hamm zu Beginn des 20. Jahrhunderts ein kontrastreiches Nebeneinander von Arm und Reich. Davon zeugen auch die Altersbriefe von Mercks Tochter Olga (1863–1963). Darin schildert sie die wunderbare Gartenpracht, aber auch dass sie es als Kind „nicht so schön" fand, wenn ihre Mutter wochenends ganze Schulklassen einlud, um Stadtkindern ein bisschen Erholung zu geben. Hamburg war SPD-Hochburg, und Olga Merck befürchtete das Gedeihen einiger „Wurzeln des Socialismus", und es „wäre ja besser gewesen, die Leute hätten gar nicht in das Paradies sehen können".

Bei der baulichen Erschließung bis 1909 waren nur die Straßen als Dämme angelegt worden, der Baugrund lag niedriger. Dies ist noch gut am erhaltenen Gebäude der ehemaligen **Schule Hübbesweg** zu erkennen. Der Eingang liegt im Verhältnis zur Straße etwas tiefer und zeigt damit das ursprüngliche Höhenniveau der frühen Bebauung. Heute sind

Nur eine von vielen Hammer Gartenresidenzen: das Landhaus Rücker, abgebrochen 1909

Die Eingangsfassade der Gewerbeschule am Ebelingplatz stammt noch aus wilhelminischer Zeit. Unten und rechts: die Wichernkirche und daneben, in ihrem ehemaligen Gemeindezentrum, der „Kinderschlupf", wo Jan und Maximilian auf ihre Mamas warten

verschiedene öffentliche und private Einrichtungen im Gebäude untergebracht. Aber noch aus einem anderen Grund ist die 1888 erbaute und später erweiterte Schule historisch aufschlussreich. Wer sich beim Durchfahren des *Hübbeswegs* wundert, warum das Rattern des alten Kopfsteinpflasters zur *Hammer Landstraße* hin plötzlich aufhört, fährt gerade an dem Grund vorbei: Vor der Schule dienten zum Lärmschutz nämlich feinere „Schlackensteine" als Straßenbelag.

Eine Stadtteilkirche

„Hamm-Mitte hat eine Mitte nur im Namen", heißt es, aber kein städtebauliches Zentrum, wo die Bewohner sich tagtäglich über den Weg laufen würden.

Doch ist die ev.-luth. **Wichernkirche** dabei, sich zu einem Stadtteiltreff zu entwickeln. Ihre Gemeinde ist nach wie vor selbstständig und nicht, wie die anderen Hammer Kirchen, 1999 fusioniert. Für sie war dagegen das Jahr 1998 von besonderer Bedeutung. In großer Aufbruchstimmung wurden Projekte geschmiedet, deren Umsetzung so erfolgreich gelang, dass man sagen kann, die Wichernkirche hat dem Stadtteilleben in Hamm-Mitte ein kleines Zuhause gegeben. Es liegt mit dem Kirchenbau nahe der U-Bahn-Station „Rauhes Haus" im *Wichernsweg 16*. Von den allmonatlich über 1000 Gästen können andere Gemeinden sicher nur träumen. Zur hohen Attraktivität tragen maßgeblich zwei Anziehungspunkte bei: die „Bücherstube", in der gespendeter Lesestoff günstig erstöbert werden kann, und mit dem kleinen „Büchercafé" das geeignete Plätzchen, die ersten Zeilen zu schmökern. Auch **Pastor Martin Ulrich** ist häufiger Besucher und stets für Gespräche offen, „denn dass ich sichtbar und jederzeit erreichbar bin, ist das wirklich wichtige der Gemeindearbeit." Gute Kleidung für wenig Geld – das ist das Motto der „Kleidertruhe", die das zweite Highlight im Programm der Wichernkirche darstellt. Wie die Bücherstube ist sie auf Spenden angewiesen.

Wer sich für die Hammer Geschichte interessiert, wird im Archiv der **Stadtteilinitiative Hamm** in der *Carl-Petersen-Straße* (s. Hamm-Nord) Gleichgesinnte finden. Das jüngste Kind der Stadtteilinitiative liegt in Hamm-Mitte, nämlich die Kindertagesstätte **Kinderschlupf**.

Die 80 Kleinen wuseln begeistert durch die gut ausgestatteten Räume und den schönen Garten und dürfen sich auf viele Aktivitäten und Ausflüge freuen.

Viele von ihnen werden sicher auch im Stadtteil die Schulbank drücken und, schon fast in Borgfelde gelegen, die Grundschule (mit Hort und Vorschule) Beltgens Garten besuchen oder später das benachbarte Gymnasium Hamm am *Ebelingplatz*. Vis-à-vis wird dort schon ganz konkret fürs Berufsleben gelernt, nämlich von Hamburgs angehenden Fahrzeugtechnikern in der seit 1936 eigenständigen **Staatlichen Gewerbeschule (G 9)**, im Hauptbau noch aus wilhelminischer Zeit. Der großen **Sonderschule Pröbenweg** ist auch eine ganztägige Grundschule angeschlossen. Ganz am anderen Ende des Stadtteils bildet der **Landesbetrieb**

Katastrophe und Untergang

Seit 1997 besteht am Wichernsweg Hamburgs Bunkermuseum. In jahrelanger Arbeit hat das Stadtteilarchiv Hamm einen unterirdischen Bunker mit vier Röhren restauriert

Hamm und seine Nachbarstadtteile waren im Zweiten Weltkrieg häufiges Ziel von Bombenangriffen (s. Hammerbrook). Die Bewohner versuchten, in Kellern und Bunkern zu überleben. Das Bunkermuseum erinnert ohne Effekthascherei an den schrecklichen Alltag dieser Jahre. Sein Wissen schöpft das Stadtteilarchiv vor allem aus Erlebnisberichten, die in mehreren Veröffentlichungen zusammengetragen wurden. So auch der von Ruth Schramm, geb. 1931. In gekürzter Fassung ist er wiedergegeben aus: „Es war ein unterirdischer Bunker, Stadtteilarchiv Hamm", Band 7, 1996:

Im Juli 1943 gab es fast jede Nacht Bombenangriffe. Man hörte von den schweren Verwüstungen in anderen Stadtteilen. Mein Vater war schon in Frankreich gefallen, und unsere blöden Kinderlieder: „Denn wir fahren, denn wir fahren gegen Engeland", sangen wir längst nicht mehr. Die Engländer flogen gegen Hamburg! Am Abend des 27. Juli war wieder Alarm. Wir hatten uns in größter Eile angezogen und schnappten unsere kleinen Luftschutzkoffer, ich hatte noch meine guten Schlittschuhstiefel an den Bändern zusammengeknotet um den Hals gehängt. Meine Großmutter, meine Mutter, meine kleine Cousine und ich liefen über die Straße zum Röhrenbunker nahe der heutigen U-Bahn-Station Burgstraße. Bald fielen die Bomben, und der Bunker schwankte heftig. Den Kopf auf den Schoß meiner Großmutter gelegt, saß ich auf meinem Köfferchen. Ab und zu verkrampften sich ihre Hände mal fester in meinen Haaren.

Es müssen viele Menschen aus ihren zerstörten Hauskellern zum Bunker gelaufen sein, denn als es draußen endlich ruhiger wurde, hörten wir immer wieder Hilferufe. Es war die ganze Zeit nicht gesprochen worden, aber nun regten sich etliche auf, dass die Tür geöffnet werden solle. Aber der Bunkerwart sagte immer wieder: „Ich kann es nicht verantworten, es müssen vielleicht ein paar draußen verbrennen, aber ich kann nicht Tausend ersticken lassen." Damit wir nicht das Jammern so hören sollten, fing man an, Sauerstoff zu pumpen, aber es kam Phosphorgestank herein. So ließen sie es wieder, und wir sollten doch schlafen, dann bräuchten wir nicht so viel Sauerstoff.

Gegen 10 Uhr früh am nächsten Tag ging endlich die Tür auf. Die verschüttete Treppe hatte erst geräumt werden müssen. Sie war jetzt begehbar, aber von Schutt übersät. An ein Bügeleisen mit Schnur erinnere ich mich, welches auf der Treppe lag. Scheinbar hatte es jemand in seiner Panik retten wollen. Als wir oben waren, fiel unser erster Blick auf die links des Bunkereingangs aufgeschichteten Leichen. Es war eine Doppelreihe von vielleicht zehn Meter Länge. Ich sehe diese völlig schwarzen Körper noch deutlich vor mir. Es blieb keine Zeit, daran Gedanken zu verschwenden, wir wurden gedrängt, unsere Haare zu schützen. Überall brannten noch Häuser, und es gab starken Funkenflug.

Oben: Der tödliche Bombenkrieg verwandelte Hamm in eine Trümmerwüste (Diagonalstraße/ Droopweg). Unten: In den vier Bunkerröhren werden heute die Schrecken des Krieges gezeigt, z.B. eine vor dem Bunker gefundene verformte Flasche: Beim Feuersturm im Juli 1943 kam es zu Temperaturen von über 1100°C

Bürgergeschichten

„Jeder Stein durch unsere Hände“

Martha Bruhns, geb. 1921, begleitet häufig die historischen Rundgänge des Stadtteilarchivs und erzählt von ihrem Elternhaus an der Hammer Landstraße

Martha Bruhns berichtet auf historischen Rundgängen aus dem alten Hamm. Michael Braun vom Stadtteilarchiv hält das Bild, das den Blick genau von dieser Stelle vor ca. 100 Jahren auf das Wohnhaus ihrer Großeltern zeigt, an dessen Stelle heute die U-Bahn-Station „Rauhes Haus“ liegt (gemalt von Olga Merck aus dem gegenüber gelegenen Landsitz der Familie)

Anno 1888 zog mein Großvater mit seiner Familie in ein Fachwerkhaus am Geesthang und eröffnete eine große Möbeltischlerei. Auch Särge wurden gebaut, und – wie es damals üblich war – mussten seitens der Tischlerei auch die Beerdigungen ausgeführt werden. Mein Großvater hatte viel in den Landsitzen begüterter Hanseaten zu tun und war auch ihr Haustischler in der Stadt.

Im Laufe der Jahre hatte sich das Bild Hamms grundlegend geändert. Mein Großvater, von dem mein Vater 1932 den Betrieb übernommen hatte, erzählte uns, wie mit der Bebauung der Hammer Marsch die ländliche Idylle und der Reiz der Hammer Landstraße mit ihren imposanten Villen und romantischen Landhäusern allmählich verloren ging. Aus der einst so ruhigen, mit großen Bäumen dicht bestandenen Hammer Landstraße wurde eine verkehrsreiche Ausfallstraße mit großen Etagenhäusern. Für uns Hammer war sie beliebte Einkaufs- und Flaniermeile, entlang der sich ein Geschäft ans andere reihte. In Höhe des Kirchenberges lagen das Kaufhaus Eggers, auch „Kattun-“ oder „Plünneggers“ genannt, das geliebte Spielwarengeschäft von Heitmann, Schlachter Freundt, Bäcker Borchert, Buchhändler Nahm und, nicht zu vergessen, an der spitzen Ecke Kirchenberg, eine Sattlerei, wo ein ausgestopftes Pferd im Schaufenster stand.

Mein Vater war während des Krieges im „Katastrophenfall zum Soforteinsatz“ für Reparaturarbeiten verpflichtet. Statt der eingezogenen Gesellen mussten nun französische Kriegsgefangene bei uns arbeiten. Im Sommer 1943 sahen wir unser Haus in Flammen stehen. Abgeworfene Phosphorkanister hatten es getroffen. Nun obdachlos, mussten wir wie Tausende „Butenhamburger“ die Stadt verlassen, konnten aber im November eine winzige Borgfelder Stiftswohnung beziehen.

Nach langem Hin und Her begannen wir 1946/47 den Wiederaufbau. Tausende mühsam gesammelte Klinkersteine hatten wir geklopft, geputzt und gestapelt. Das Haus war kleiner geworden als geplant, und ich musste auf mein Zimmer verzichten. Aber wir waren glücklich, wieder in unserer alten Heimat an der Hammer Landstraße zu wohnen. Sie erinnerte allerdings kein bisschen mehr

an früher, sondern blieb noch lange eine gespenstische Ruinen- und Trümmerlandschaft. Wegen der Straßenverbreiterung und dem Bau der U-Bahn verloren wir dann zum zweiten Mal unser Haus: 1962 wurde es abgerissen und im Jahr darauf auch die neue Werkstatt. Heute wundere ich mich darüber, dass ich trotz aller Strapazen des erneuten Wiederanfangs, mein Vater konnte schließlich im Bergedorfer Bethesda-Krankenhaus eine kleine Kellerwerkstatt einrichten, meine Eltern nie habe klagen hören.

Krankenhäuser Hamburg Ecke *Eiffestraße/Rückersweg* seinen Pflegenachwuchs aus. 1070 Schülerinnen und Schüler lernen hier in den Berufen Krankenpflege, Kinderkrankenpflege, Geburtshilfe und Operationstechnische Assistenz.

Außen laut, innen leise

Statt Geesthang und Mittelkanal sind die *Eiffestraße (B5)* und die *Hammer Landstraße* die eigentlichen Begrenzungen des Stadtteils. Dröhnend ziehen allmorgendlich die Blechlawinen aus Richtung Horn, Bergedorf und schleswig-holsteinischem Umland in die Innenstadt. Werktags rauschen 27 000 Kfz über die *Hammer Landstraße* und 58 000 über die *B 5* zwischen Ost und West hin und her. Aber außer diesen beiden läuft einzig die *Diagonalstraße* als wichtigste Nord-Süd-Verbindung etwas breiter und gemäß ihres Namens leicht schräg durch den Stadtteil.

Ansonsten geht es in Hamm-Mitte eigentlich sehr ruhig zu. Kleine, **bezahlbare Wohnungen** gibt es hier, und seit einigen Jahren ist es auch wieder einfacher, eine davon zu bekommen. Die Wohnblocks aus den 1950er Jahren prägen die meisten Straßenzüge, die vielfach die Namen der Garten- und Landhausbesitzer tragen. Die Erstbebauung vom Ende des 19. Jahrhunderts ging bis auf wenige Ausnahmen im Bombenhagel 1943 unter, und nur einige der Fassaden aus den 1930er Jahren sind erhalten geblieben, so im *Wackerhagen* und *Droopweg*. Einzelhäuser gibt es in Hamm-Mitte nicht.

Zeitleiste

1865 Magdalenen-Stift

1892 Cholera-Opfer in Unten-Hamm

1906–09 Hammerbrook-Konsortium erschließt das Marschgebiet

1943 Feuersturm zerstört Unten-Hamm

1960er Jahre Bau der U-Bahn unter Geesthang und Hammer Landstraße

1997 Einweihung des Bunkermuseums Wichernsweg

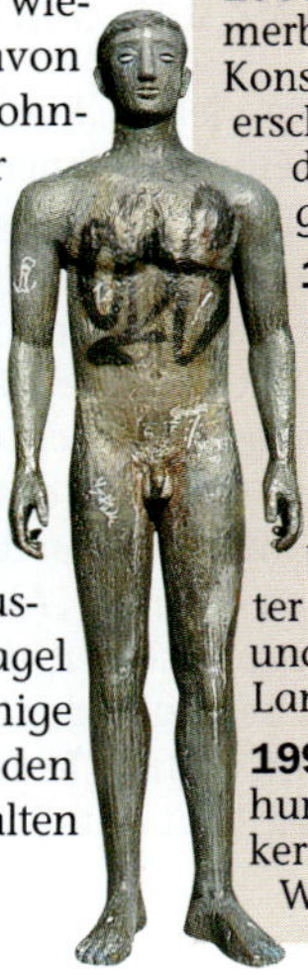

Einkaufen und Pass verlängern

Entlang der *Eiffestraße* und der *Hammer Landstraße* reihen sich das Gros der knapp 100 in Hamm-Mitte ansässigen Firmen (über die Hälfte sind Handwerksbetriebe) und die meisten Einkaufsmöglichkeiten des Stadtteils.

Das generelle Problem **schwindender Einzelhandelsgeschäfte** außerhalb der städtischen Subzentren ist zwar auch in Hamm-Mitte zu spüren, aber längst nicht so stark wie beim Nachbarn Hamm-Süd. Es gibt immerhin drei Apotheken, und zum „Einholen" des täglichen Bedarfs braucht niemand den Stadtteil zu verlassen. Ganz am Ostrand des Stadtteils, wo die *Eiffestraße* in die *Bergedorfer Straße* als reine Stadtautobahn übergeht, gibt es ein großes Technik-Kaufhaus, zu dessen Besuch Kundschaft aus anderen Stadtteilen nach Hamm-Mitte kommt. Viele Nachbarn benutzen auch den unscheinbaren Eingang an der Ecke

Links: Schülerinnen und Schüler der Pflegeschule am Rückersweg.
Oben: Fassaden der Etagenhäuser am Wichernsweg

Der „Nackte Mann" vor der U-Bahn-Station Rauhes Haus. Als „Stehender" wie der korrekte Name der 1966 geschaffenen Bronze-Statue lautet, kennt ihn kaum jemand im Stadtteil

Wahlverhalten

… zur Bürgerschaft 2001 (gesamt)

Wahlbeteiligung	71,0%
SPD	36,5%
CDU	26,2%
Schill-Partei	19,4%
Grüne/GAL	8,6%
FDP	5,1%
Übrige	4,2%

… zur Bürgerschaft 2001 (Stadtteil)

Wahlbeteiligung	61,7%
SPD	41,4%
CDU	22,3%
Schill-Partei	21,1%
Grüne/GAL	6,1%
FDP	3,1%
Übrige	6,0%

Stadtteil-Profil

	Hamm-Mitte	Bezirk	Hamburg
Bevölkerung gesamt (2000)	10 531	228 060	1 704 929
Unter 18-Jährige in %	14,3	15,9	16,1
65 Jahre und älter in %	16,5	15,0	17,0
Deutsche	7635	167 114	1 432 325
Ausländer in %	27,5	26,7	16,0
Einwohner je km²	12 389	2142	2258
Sozialstruktur			
Sozialhilfeempfänger (2000)	936	25 273	120 461
Arbeitslose (2001)	610	12 716	71 963
Eink. je Steuerpfl. in DM (1995)	45 948	53 702	65 579
Wohnen (2001)			
Wohngebäude	564	18 821	226 061
Ein- und Zweifamilienhäuser in %	0,5	8,9	20,5
Ø Wohnungsgröße in m²	56,1	62,5	71,0
Wohnfläche je Einwohner in m²	31,2	31,3	35,7
Verkehr			
Private Pkw (2001)	3313	70 503	628 119
Straßenverkehrsunfälle (2000)	118	2790	12 430
Kriminalität			
Straftaten insgesamt (2000)	1663	82 985	284 272

© Statistisches Landesamt

Hammer Landstraße 38/Ebelingplatz. Er gehört zur 1992 eröffneten **Außenstelle Hamm/Borgfelde** des Bezirksamts Hamburg-Mitte. Seit 1995 können nicht nur die Bewohner der drei Hamms und Borgfeldes, sondern alle Hamburger, für die die Adresse gut zu erreichen ist, bequem ihre Meldeangelegenheiten und andere Behördenformalitäten erledigen lassen. Die ca. 30 Beschäftigten sollen übrigens für besondere Freundlichkeit bekannt sein.

Der Kinderspielplatz zwischen Droop- und Eitzensweg ist einer von mehreren entlang der Wohnstraßen von Hamm-Mitte

Ins Grüne zu den Nachbarn

Wie eh und je erklimmen Erholungsuchende aus Unten-Hamm den Geestrücken und nutzen das große Grün des Hammer oder das kleine des Thörls Parks (s. Hamm-Nord), aber wenn es im Sommer richtig warm ist, geht es via *Diagonalstraße* zum Freibad Aschberg nach Hamm-Süd am Rande des großen Kleingartengebiets an der Bille. Im Stadtteil selbst kann man aber sehr schön in den **kleinen Anlagen** zwischen den Wohnblocks unter Bäumen sitzen, und einigen sind gut gepflegte Spielplätze angeschlossen. Ein schönes Beispiel für ruhiges Stadtteilgrün ist die Straße *Wichernsgarten*, deren Name auch 150 Jahre nach Bestehen von Familie Wicherns Gartenland noch Sinn macht.

Salz und Sahneschnitten

Die vielen „Köminseln", wie früher die kleinen Eckkneipen genannt wurden, gibt es zwar schon lange nicht mehr, aber wer sucht, findet Gaststätten und vor allem: viele Imbisse aller Nationalitäten. Nahe der „Schweinske"-Filiale an der *Hammer Landstraße* liegt der über die Grenzen des Stadtteils hinaus bekannte griechische Imbiss mit dem schönen Namen „Akropolis". Aber Vorsicht beim Bestellen, denn die schier unglaubliche Größe der Portionen ist es, die das fünfköpfige Team seit 1988 so bekannt gemacht hat. Besonders unter Hambur-

Vorsicht beim Bestellen! Hier gibt es Hamms größte Imbissportionen

ger Peterwagenbesatzungen soll „Akropolis" schon lange **kein Geheimtipp mehr** sein, auch wenn man der nachdrücklichen Versicherung von einem der beiden Besitzer, dass 30 Prozent der Kundschaft Uniformierte seien, nicht so recht glauben mag. Wer hier zu Gast war und dennoch seine Lust auf Backwaren und üppige Torten nicht verloren zu haben meint, findet stadteinwärts gleich zwei Traditionsbetriebe. „Die Bäckerei besteht schon seit der Franzosenzeit", weiß Horst Apel, der das Geschäft an der *Hammer Landstraße 216* von Bäckermeister Borchert 1968 übernommen hat und im Haus auch eine Pension betreibt. Ein Jahr später und einige Hundert Meter weiter begann Horst Heinrich die Gäste seines Konditorei-Cafés mit seinem reichen Angebot zu verwöhnen (*Hammer Landstraße 70*, 18 Plätze).

Köpfe

Der Hamburger Senator und Bürgermeister **Amandus Augustus Abendroth** (1767–1842) hatte entscheidenden Anteil an vielen sozialen und behördlichen Neuerungen in Hamburg. So reformierte er grundlegend das Polizeiwesen und nahm 1827 maßgeblichen Einfluss auf die Gründung der Hamburger Sparkasse. Abendroths Landsitz lag in Hamm, und auf dem alten Hammer Friedhof ist noch heute sein Grab zu sehen. An der *Hammer Landstraße 204* befand sich 1865–1943 das von ihm 1821 mit ins Leben gerufene „Magdalenen-Stift", ein Heim für „gefallene Mädchen". 1928 wurde es in „Abendroth-Haus" umbenannt und ist heute in Bramfeld ansässig.

Die vor dem Kircheneingang aufgestellten Verkaufstische verraten, dass es in der Wichernkirche auch Bücher gibt. Wer dort zu stöbern beginnt, könnte von der gebrüllten Kaufaufforderung „Jedes Buch ein Euro!" aufgeschreckt werden. Sie kommt von einem Balkon auf der anderen Straßenseite, denn da wohnt **Marianne Kaiser**. Seit 1998 hegt und pflegt sie ehrenamtlich die „Bücherstube". Auch am weiteren Gemeindeleben nimmt die pensionierte Sparkassenangestellte in vielen Funktionen teil. Für **Uta Uderstadt**, die Sozialpädagogin der Wichernkirche, ist „Marianne einer der Engel der Wichernkirche".

Der Name der Feintäschnerei „Vanino & Henkel" steht in Hamburg für höchstes Lederkunsthandwerk. **Kurt Henkel** wurde 1962 Sattlermeister und übernahm in den 1980er Jahren den väterlichen Betrieb in der *Diagonalstraße*, den heute **Mario Marquardt** führt. Die Aufträge reichen von der Aufarbeitung von Opas altem Lehnstuhl bis zur aufwändigen Restaurierung der wertvollen Lederausstattungen des Hamburger Rathauses.

Senator Abendroth in vollem Ornat, Marianne Kaiser in der Bücherstube, Mario Marquardt und Kurt Henkel mit ihrer Lederkunst

Hamm-Nord

ist „Oben-Hamm“ mit dem Hammer Park als Erkennungszeichen. Prägend sind ferner die vielen Backsteinbauten mit Etagenwohnungen, aber es gibt auch Einzelhäuser zu entdecken. Neben Hammer Park und Kirche sind vor allem das Ballett-Zentrum und die Hamburger Turnerschaft von 1816 weit bekannt

Steckbrief

Fläche:
1,784 km²
Einwohner:
21 454
Verwaltung:
Bezirk Hamburg-Mitte, Kerngebiet
Ortsteile:
122–124

Hamm teilt sich die Namenerklärung mit der großen Mutter, nämlich der Stadt Hamburg. Im Altsächsischen stand „Hamm“ für „Ufer-/Sumpfgegend“. Bei der Stadt kam eine „-burg“ hinzu, und über 1100 Jahre später folgten 1951 für Hamm drei Himmelsrichtungen. Aber schon vorher galt die Unterscheidung zwischen Oben-Hamm, dem heutigen Hamm-Nord auf dem Geestrücken, und Unten-Hamm, dem südlich der *Hammer Landstraße* gelegenen Marschgebiet.

Aus der Geschichte

Die älteste überlieferte Erwähnung des holsteinischen Dorfes datiert aus dem Jahr 1256. Graf Adolf gab dann 1383 den Hammerbrook und Hamm als Pfand an die Hansestadt, und weder er noch seine Nachfahren lösten ihn wieder aus. Durch den Kauf von sieben Hammer Höfen gelangte schließlich die gesamte Gegend des heutigen Stadtteils im Jahre 1566 an Hamburg.

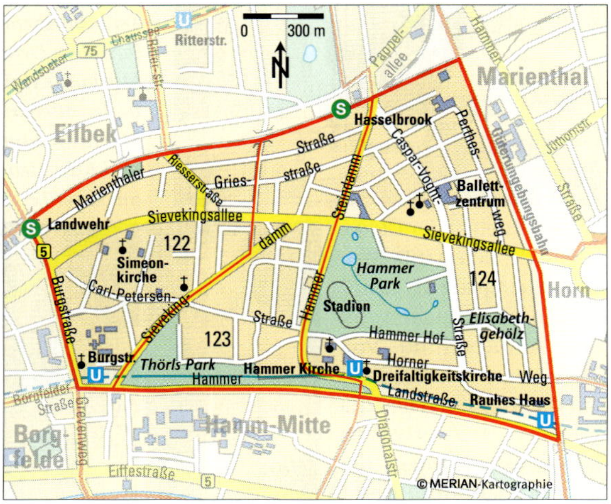

Zur Verwaltung ihres östlichen Landgebietes hatte die Stadt 1410 die **Landherrenschaft Hamm und Horn** eingerichtet. Hamm wuchs als unregelmäßiges Haufendorf langsam an; der Siedlungskern lag ungefähr dort, wo die Straßen *Bei der Hammer Kirche* und *Hammer Hof* am Südwestzipfel des Hammer Parks zusammentreffen. Das Leben im Dorf wandelte sich entscheidend mit der Zunahme der weitläufigen Landsitze, die sich wohlhabende Hamburger vor den Toren der engen Stadt anlegten und zu Gartenkunstwerken ausbauten. Je mehr Städter im Laufe des 17. Jahrhunderts hinzu gekommen waren, desto lauter wurden die Klagen über den langen sonntäglichen Weg zur Kirche nach St. Georg. Geld war ja nun durch die potenten Sommerfrischler vorhanden, und so bekam Hamm 1693 mit der **Dreifaltigkeitskirche** sein eigenes Gotteshaus.

1811 wurden in Hamm 745 Einwohner gezählt. Keiner von ihnen ahnte, welch **trauriges Schicksal** dem Dorf bevorstand. Hamburg sah sich seit 1806 von Napoleons Truppen besetzt. 1813 waren die Franzosen zunächst abgezogen, bald darauf jedoch zurückgekehrt, um die Stadt gegen die anrückenden rus-

Viel Hamm-Nord auf einem Bild: der Hammer Park, das Stadion, die langen Etagenhäuser rechts und am oberen Bildrand sowie die ruhige Straße Hammer Hof am unteren Bildrand

sischen Truppen zur Festung auszubauen. Für ein freies Schussfeld vor dem Wallring der inneren Stadt wurden alle Bäume und Gebäude im weiteren Umkreis niedergelegt – ein Todesurteil auch für das Hammer Dorf (s. Hamm-Mitte).

Im Verlauf des 19. Jahrhunderts, seit 1830 gehörte Hamm zur neu geschaffenen **Landherrenschaft der Geestlande**, ging die landwirtschaftliche Nutzung nach und nach zurück. Immer mehr Städter kauften sich auf ehemaligen Hammer Bauernstellen ein, und verstärkt nach dem Großen Brand von 1842 (s. Hamburg-Altstadt) und der Aufhebung der Torsperre 1861 wurden viele Wochenenddomizile zur Dauerwohnsitzen. Das üppigste unter den Häusern und zugleich das Villen-Meisterwerk des Hamburger Stararchitekten Martin Haller (1835–1925) war die **Ohlendorfsche Villa** hinter der heutigen U-Bahn-Station Burgstraße. Im Jahr ihrer Fertiggstellung, 1871, wurde Hamm einer der 15 neu eingerichteten Hamburger **Vororte** und 1894 schließlich offizieller Stadtteil. Zwar gab es zu dieser Zeit noch immer viele große Landsitze, aber der Großteil der inzwischen 14 697 Hammer Einwohner (1894) lebt in den neu erbauten Etagenwohnungen im westlichen Oben-Hamm *(Jordan-, Ritter-* und *Stoeckhardtstraße).*

1924–32 wurde die nordöstliche Feldmark mit dem Netz von Wohnstraßen erschlossen, die Hamm-Nord noch heute zwischen *Hammer Steindamm* und Güterumgehungsbahn prägen. Im Gegensatz zu den weiten Arbeiterquartieren in Unten-Hamm (s. Hamm-Mitte und -Süd) wiesen die Adressbücher dieses Quartier überwiegend **Beamte** und besserverdienende **Angestellte** aus. Die Wohnungen waren mit Küchen und Badezimmern ausgestattet und von zwei Seiten belichtet, verfügten also im Gegensatz zu den meisten „Hamburger Schlitzbauten" (s. Eimsbüttel) über eine Straßen- und eine Hofseite. Für die damaligen Verhältnisse war alles

Die alte Hammer Kirche von 1693 wurde 1943 zerstört, viele der Gräber z.T. bekannter Hamburger Persönlichkeiten finden sich noch beim Neubau der Kirche

sehr großzügig und komfortabel ausgestattet. Nach dem Zweiten Weltkrieg, in dem auch Oben-Hamm nahezu unbewohnbar bombardiert worden war (s. Hamm-Mitte), wurden auf den alten Fundamenten die ausgebrannten Häuser hinter den teilweise stehen gebliebenen Fassaden neu errichtet.

Städtebau als Kunstform

Die Gegend links und rechts der *Caspar-Voght-Straße* wurde mitsamt allen Schul- und Sportanlagen von Oberbaudirektor

Backsteinbauten wie hier im Wurmsweg beherrschen das Bild von Hamm-Nord. Unten: Ausschnitt aus dem wieder hergestellten Wandgemälde „Orpheus und die Tiere“ im Hamburger Ballettzentrum

Fritz Schumacher in einheitlichem Stil entworfen. Das war neu. Während bisher jede einzelne Mietshausfassade nach Lust und Portemonnaiegröße des Bauherrn geschmückt worden war, ordnete Schumacher die Außenfronten einem Gesamtbild unter. Wer einmal den ganzen Reiz seiner Stadt- und Architekturplanung erkennen möchte, sollte sich einmal den Platz *Chateauneufstraße/Smidtstraße* ohne die Masse von Autos und mit den hier einst bestehenden und noch erkennbaren Ecklädchen als belebte Frisör-Drogerie-Fischgeschäft-Tante-Emma-Laden-Szenerie vorstellen. Wo heute nur gewohnt wird, spielte sich einst ein reges Alltagsleben auch auf der Straße ab. Doch das ist nun mal Geschichte, genau wie das Kino im Supermarkt bei der Ecke *Marienthaler Straße/Hammer Steindamm.*

Zwei von Schumachers zahlreichen Hamburger **Schulbauten** befinden sich in Hamm-Nord. Die Schule zwischen *Griesstraße* und *Marienthaler Straße* und in der *Caspar-Voght-Straße 54* die ehemalige „Oberrealschule für Mädchen“. Das 1931 fertig gestellte Gebäude wurde im Krieg nur durch den Brandeinsatz des Hausmeisters und des Schulleiters des ebenfalls hier untergebrachten **Kirchenpauer-Gymnasiums** gerettet. Nach dem Krieg diente die unbeschädigte Aula für Theater- und Operettenaufführungen. Nach dem Ende des Schulbetriebs 1987 gründete John Neumeier hier sein **Ballettzentrum Hamburg** als Tochterunternehmung der Hamburgischen Staatsoper. Seit dem Jahr 1989 werden hier junge Talente aus aller Welt im Bühnentanz ausgebildet. Neben dem Schwerpunkt des klassisch-akademischen Fachs werden auch moderne Tanztechniken, Folklore u.a. gelehrt. Inzwischen ist im „Fokine-Saal“ auch wieder das acht Meter breite Wandbild „Orpheus und die Tiere“ der Malerin Anita Rée zu sehen.

Der Neubau der Dreifaltigkeitskirche vom aufgelassenen Hammer Friedhof aus gesehen, im Hintergrund die ebenfalls neu gebaute katholische Nachbarin

1937 hatte auch hier die stumpfe Ideologie der NS-Zeit zur Übermalung des wunderschönen Werkes geführt, denn die bekannte Hamburger Künstlerin war Jüdin gewesen.

Nach der Zerstörung der alten Hammer **Dreifaltigkeitskirche** entstand mit ihrer Nachfolgerin der vielleicht modernste Hamburger Kirchenbau der 1950er Jahre, neben dem sich die kaum einen Steinwurf entfernt gelegene kath. **Herz-Jesu-Kirche** sehr einfach ausnimmt.

Das größte Kunstwerk in Hamm ist jedoch der Hammer Park. Hervorgegangen ist er aus dem **Hammer Hof**, den Jacques de Chapeaurouge 1773 erworben und größtenteils an Hammer Landwirte verpachtet hatte. Er legte einen besonders kunstvollen englischen Garten an, den er auch der Öffentlichkeit zugänglich machte. 1813/14 wurde die Anlage abgeholzt. 1829 übernahm Karl Sieveking den Besitz und richtete wie sein Patenonkel Caspar Voght (s. Groß Flottbek und Othmarschen) ein landwirtschaftliches Mustergut an. Versuche, auf dem heutigen Rodelhügel Wein anzubauen, scheiterten jedoch. Um das Gelände des ehemaligen Herrenhauses entstand ab 1914 nach Plänen von Otto Linne der heutige Park.

Kultur für Hamm und umzu

In der *Carl-Petersen-Straße 76* ist eine ganz besondere Trägerin und Pflegerin von Stadtteilkultur beheimatet: die **Stadtteilinitiative Hamm e.V. für Freizeit und Kultur**. Eigentlich hatten die Gründerväter- und mütter 1983 nur die Idee gehabt, ob man nicht versuchen könnte, ein Freizeitangebot für den eigenen Stadtteil zu entwickeln. Damals hätte sich wohl kaum jemand von ihnen träumen lassen, dass aus ihrem kleinen „Kultur-Startup" in wenigen Jahren drei eigenständige Einrichtungen wurden. Der **Kulturladen Hamm** bietet in Kursen und Gruppen sowie mit Einzelveranstaltungen ein breites Angebot an Freizeit- und Bildungsaktivitäten. Mit seinen vielen Kursen (u.a. für Sprachen, Malen, Zeichnen, Tanzen), dem „Internet-Café" und den großen Flohmärkten ist der Kulturladen Hamm aus dem Stadtteilleben nicht mehr wegzudenken.

Das gilt heute gleichermaßen für das seit 1987 unter dem Dach der Stadtteilinitiative bestehende **Stadtteilarchiv Hamm**. Die vielen Besucher sorgen dafür, dass sich hier kein Archivstaub bilden kann. Sie kommen zu den monatlichen Vorträgen und lebhaften Diskussionen ins immer gut besuchte „Geschichtscafé" oder um in den über 10 000 historischen Bildern der nach Straßen geordneten Fotosammlung auch in eigenen Erinnerungen zu stöbern. Neben der Programmarbeit, zu der auch Stadtteilrundgänge und Barkassenfahrten zählen, verfolgt das zehnköpfige Team (drei fest Angestellte) eigene Forschungen, die auch Borgfelde und Hammerbrook mit einbeziehen. „Unsere Ergebnisse veröffentlichen wir in Büchern, die besonders durch die Schilderungen von Zeitzeugen auf sehr lebendige und spannende Weise Geschichte erzählen", sagt Archivleiter Gunnar Wulf. Eine besondere Freude für alle Mitarbeiter war die nach jahrelangen Vorarbeiten endlich 1997 gefeierte Einweihung des **Bunkermuseums** am *Wichernsweg 16*

Wie hier am Kinderplanschbecken gibt es im Hammer Park viel plastische Kunst zu entdecken. Die große Wiese ist auch Veranstaltungsort, so für die „Hammer Tage" der SPD, Flohmärkte und im Herbst der Endpunkt für die inzwischen schon traditionellen Hammer Laternenumzüge

Kerstin Rasmußen und Gunnar Wulf an der historischen Fotokartei. Im Hintergrund eine große Hammer Vorkriegskarte. Unten: die sieben Eulen und eine Maus am Rodelberg im Hammer Park

Zeitleiste

1256 erste Erwähnung

1383 Pfandbesitz Hamburgs

1566 ganz Hamm wird hamburgisch

1693 Einweihung der Hammer Dreifaltigkeitskirche

1830 Hamm in der Landherrenschaft der Geestlande

1871 Hamm wird Vorstadt

1894 Hamm wird Stadtteil

1943 bei Luftangriffen fast vollständige Zerstörung

1983 Start der Kulturinitiative Hamm

1999 Gründung der Hammer Gemeinde

(s. Hamm-Mitte). Auch das jüngste Kind der Kulturinitiative, die **Kindertagesstätte Kinderschlupf**, liegt im mittleren Hamm. Bei allen Erfolgen in der Kulturarbeit aus der *Carl-Petersen-Straße* müssen sich aber die Einrichtungen auch

„rechnen“, erklärt Mitarbeiter Michael Braun. Es gilt, neben den öffentlichen Förderungen in Eigenregie Mittel zu erwirtschaften, was zwar nicht leicht ist, aber durch die qualitätvollen Programme immer besser gelingt.

Manchmal lassen sich Kulturarbeit und Unternehmergeist auch gut verbinden, so wie es Elke Ehlert und Beatrix Holtmann am *Hammer Steindamm 119* mit ihrer **Buchhandlung Seitenweise** vormachen. 2000 haben sie das Geschäft übernommen, das schon zuvor erfolgreich begonnen hatte, den Bücherverkauf mit Lesungen und Vorträgen zu ergänzen. Mit großem Engagement gründeten sie die Initiative **Hamm 'se Zivilcourage? Gegen Rassismus und Gewalt**, die von Kirchen, Schulen und Privatpersonen getragen wird und schon viele Veranstaltungen zum Thema mit großem Erfolg hervorbrachte. Zu den Veranstaltern gehört auch die **Pauluskirche** im *Quellenweg*, deren Gemeinde heute ein Bezirk der 1999 durch den Zusammenschluss der Dreifaltigkeits-, Dankes-, Simeon- und eben der Pauluskirche gegründeten **Hammer Gemeinde** ist. Sie betreibt auch die große Kindertagesstätte in der *Caspar-Voght-Straße* und hält enge Kontakte zum **Sophie-Döhner-Hube-Stift** im *Quellenweg* gleich gegenüber. In der von Frau Kähler und ihren zwei Töchtern geleiteten Einrichtung leben rund 100 Senioren.

Vier Frauen bei der Arbeit: oben Frau Rabe und Frau Mosler-Kortebein mit ihren Schützlingen. Unten Frau Ehlert und Frau Holtmann mit Bestsellern

Oben-Hamm auch sportlich top

Einmal im Jahr gucken alle Leichtathletikfreunde nach Hamm-Nord, nämlich auf das „A-Meeting“ der 1973 gegründeten **LG (Leistungsgemeinschaft) Hammer Park**. In dem Stadion *Bei der Vogelstange* am Westrand des Hammer Parks trifft sich die deutsche Sportlerelite zum letzten Leistungstest vor den großen internationalen Wettkämpfen.

Eine der tragenden Säulen der LG ist bis heute der **SV St. Georg**, einst einer der führenden deutschen Leichtathletikvereine. Seine Stadionfeste lockten in den 1950er Jahren bis zu 10 000 Besucher in den Hammer Park. Senioren erinnern sich noch an den größten Hammer Sportstar: Karl Hein errang 1936 den Olympiasieg

Bürgergeschichten

„Er kann sonst viel mehr vertragen“

Friedrich Werner war 1891–95 Hilfspastor der Dreifaltigkeitskirche. Im Nordelbischen Kirchenarchiv liegt das 1937 verfasste Manuskript seiner Erinnerungen. Für seine Kirchenchronik (1977) fand Michael Reiter darin prägnante Passagen

Vor 100 Jahren noch war es nicht unüblich, Konfirmationen oder Trauungen in Privatwohnungen durchzuführen. „Es war eine ziemlich zahlreiche Gesellschaft anwesend“, beginnt ein Bericht über eine Trauung im Borstelmannsweg 1891. „Ich stand an einer Seite des Tisches, an der anderen Seite stand das junge Paar. Ich begann meine Rede, nachdem ich den Text aus der Traubibel vorgelesen hatte. Da bemerkte ich, dass der Bräutigam nicht fest auf seinen Füßen stand. Ich unterbrach meine Rede und fragte den jungen Mann, ob er etwa sich unwohl fühle. Da sagte die Braut ziemlich schnell und verlegen: ‚Ja, Herr Pastor, ihm ist schlecht zumute.‘ Dann sagte ich: ‚Wir wollen uns einen Augenblick setzen.‘ Nach einer Pause von etwa zehn Minuten fragte ich: ‚Ist Ihnen nun besser?‘ ‚Ja‘, war die Antwort. Wir erhoben uns, und ich nahm meine Ansprache wieder auf. Aber als er wieder zu schwanken anfing, ging mir ein Licht auf. Der Mann war berauscht. Ich hörte mit meiner Ansprache auf und wandte mich an die Braut: ‚Ich fürchte, Ihr Bräutigam ist betrunken!‘ ‚Ja‘, sagte sie und fing an zu weinen: ‚Er kann sonst viel mehr vertragen.‘ Als Pastor Werner es ablehnte, die Trauung zu vollziehen, und sich verabschiedete, rief ihm einer der Hochzeitsgäste nach: ‚Du brukst ok nich wedder to komen!‘“

Ein anderes Mal traute Pastor Werner ein Paar in seiner eigenen kleinen engen Wohnung am Luisenweg 64. Er bemerkte, dass einer der Trauzeugen stark angetrunken war und die feierliche Handlung störte: „Kurz entschlossen unterbrach ich meine Rede und fasste den Trunkenbold am Arm, schob ihn auf den Vorplatz durch die Tür und verschloss diese hinter ihm. Als ich dann weiter redete, trommelte er mit der Faust an die Tür und rief: ‚Min Hoot, min Hoot!‘ Das hörte unten der Vice (= Stellvertreter des Hauswirts) Bruggmann, ein riesenstarker Mann. Er trug den Angetrunkenen die Treppe hinunter. Nun konnte ich ungestört die Handlung vollziehen. Später hat er gesagt: ‚Dat wär ganz in Ordnung, dat de Paster mi rutsmeet, denn ik har een sitten. Aber he har mi den Hoot ok mitgeben müsst!‘ Sein Hut war in meinem Trauzimmer liegen geblieben.“

Auch bei Haustrauungen wurde viel gesungen: „Einmal bat mich der Brautvater, ob er das erste Lied – wir wollten singen: ‚Lobe den Herrn, den mächtigen König der Ehren!‘ – mit dem Grammophon begleiten dürfe. Ich hatte nichts dagegen einzuwenden. Wir schauten in den Liedertext und wollten, sowie das Grammophon einsetzte, mit dem Gesang beginnen. Plötzlich erklang, was wohl niemand erwartet hatte: ‚Lott is dood, Lott is dood, Jule liggt begraben!‘ Die Brautmutter rief: ‚Mann, du häst ja de falsche Platt opleggt; du musst jo dat Heilige Leed nehmen!‘ Die feierliche Stimmung war freilich dahin. Auch ich konnte das Lachen nicht unterdrücken. Aber da nur ein Versehen vorlag, war die Störung bald vergessen, und als die richtige Platte aufgelegt war, wurde der Choral mit Würde gesungen.“

Pastor Friedrich Werner (1865–1945) galt als besonders volkstümlicher Geistlicher. 1895 übernahm er die Pastorenstelle der Dankeskirche in der Süderstraße

Wahlverhalten

... zur Bürgerschaft 2001 (gesamt)

Wahlbeteiligung	71,0%
SPD	**36,5%**
CDU	**26,2%**
Schill-Partei	**19,4%**
Grüne/GAL	**8,6%**
FDP	**5,1%**
Übrige	**4,2%**

... zur Bürgerschaft 2001 (Stadtteil)

Wahlbeteiligung	70,6%
SPD	**41,4%**
CDU	**23,7%**
Schill-Partei	**18,3%**
Grüne/GAL	**8,6%**
FDP	**3,6%**
Übrige	**4,3%**

Stadtteil-Profil

	Hamm-Nord	Bezirk	Hamburg
Bevölkerung gesamt (2000)	21 454	228 060	1 704 929
Unter 18-Jährige in %	9,5	15,9	16,1
65 Jahre und älter in %	22,5	15,0	17,0
Deutsche	18 435	167 114	1 432 325
Ausländer in %	14,1	26,7	16,0
Einwohner je km²	12 026	2142	2258
Sozialstruktur			
Sozialhilfeempfänger (2000)	921	25 273	120 461
Arbeitslose (2001)	862	12 716	71 963
Eink. je Steuerpfl. in DM (1995)	47 141	53 702	65 579
Wohnen (2001)			
Wohngebäude	1416	18 821	226 061
Ein- und Zweifamilienhäuser in %	1,0	8,9	20,5
Ø Wohnungsgröße in m²	57,0	62,5	71,0
Wohnfläche je Einwohner in m²	36,5	31,3	35,7
Verkehr			
Private Pkw (2001)	7372	70 503	628 119
Straßenverkehrsunfälle (2000)	118	2790	12 430
Kriminalität			
Straftaten insgesamt (2000)	1914	82 985	284 272

– in welcher Disziplin? Im Hammerwerfen natürlich. Heute ist der Verein mit Leichtathletik (in der LG Hammer Park), Tennis am *Hammer Steindamm* und Fußball am Sportplatz *Quellenweg* (F-Jugend bis Herren) in Hamm-Nord zu Hause.

Einen besonderen Weltrekord hält die **Hamburger Turnerschaft von 1816 r.V.**, und den wird „HT 16" auch niemand nehmen, denn er ist der Menschheit ältester Turn- und Sportverein. Doch von Patina keine Spur. 30 Angestellte koordinieren mit vielen ehrenamtlichen Übungsleitern ein Mammutprogramm in fast allen Sportarten, die den über 7500 Mitgliedern in 1000 wöchentlichen Trainingsstunden geboten werden.

Einholen leicht gemacht

Zum Einkauf für alle Waren des täglichen Bedarfs muss niemand den Stadtteil verlassen. An der östlichen *Sievekingsallee*, am *Hammer Steindamm* und in der *Carl-Petersen-Straße* gibt es kleine Ladenzeilen und einige Supermärkte, und auch an Apotheken und Ärzten herrscht kein Mangel, ganz im Gegensatz zum strukturärmeren „Unten-Hamm". Deshalb kommen von dort auch viele den Geesthang über den Steindamm hinauf und mischen sich dienstagsvor- und freitagsnachmittags in das dichte Gedrängel des beliebten Wochenmarkts *Bei der Vogelstange*.

Backstein und mehr

Mit Ausnahme der Schul- und Kirchenbauten ist Hamm-Nord ein reines Wohngebiet. Außerhalb seiner Grenzen ruft der Name unwillkürlich das Bild von endlosen Backsteinwohnblocks und mit-

René Schomber in seinem Wagen auf dem Wochenmarkt direkt am Stadion, in dem er als Jugendlicher den Hamburger Rekord auf der 100-Meter-Strecke hielt

gemieteten Parkplatzproblemen hervor. Diese Vorstellung hat zwar ihre Berechtigung, doch zeigt sie die Hammer Wohnwelt unvollständig und gilt nur für die vielen Straßenzüge östlich des *Hammer Steindamms* bis zur Güterumgehungsbahn an der Marienthaler Grenze. Wenn die Bewohner der Gegend des südlichen

Hirschgrabens, der *Ritterstraße* oder Ende der *Palmerstraße* von ihren Wohnverhältnissen und schönen Hausfassaden berichten, vermuten viele einen geografischen Irrtum. Kann das Hamm-Nord sein? Ja, es kann, denn Ende des 19. Jahrhunderts wurden hier viele Grundstücke für großzügige Stadthäuser erschlossen.

Auch solche Häuser stehen in Hamm-Nord – zwar nicht in großer Zahl, aber zu finden im westlichen Teil links und rechts der Sievekingsallee, wie hier in der Palmerstraße

Auch am Hammer Park finden sich noch ältere Wohnhäuser gehobenen Standards, die als Bindeglied angesehen werden können zwischen dem Hamm der Land- und dem der Etagenhäuser.

Es gibt noch kleine Eckkneipen

Dass die kleinen und bezahlbaren Wohnungen in Hamm-Nord zunehmend junge Leute – und unter ihnen viele Studenten – in den Stadtteil ziehen, darüber freut sich schon seit Jahren der Wirt der **Bazille** am *Sievekingdamm*. Im Sommer kann man auch draußen sein Bier trinken, was jedoch nicht allen Nachbarn so recht schmecken mag. Ansonsten gibt es in Hamm-Nord immer noch einige Eckkneipen wie das **Kanal 5** an der Ecke *Sievekingdamm/Carl-Petersen-Straße* oder die **Augustiner Stuben** Ecke *Caspar-Voght-/Chateauneufstraße*. Das **Park-Café** am Ostende des *Hammer Hofes* empfängt seine Gäste am Rande des Hammer Parks, in dem selbst keine Restauration mehr stattfindet, aber jede Menge Platz für Erholung zu finden ist. Sein hübscher kleiner Bruder ist der **Thörlspark** an der *Meridianstraße* hinter dem Neubau des Polizeikommissariats 41 am *Sievekingdamm*. Seit März 2000 sind hier über 100 Beamte im Einsatz.

Köpfe

Ingeborg Gerda Rübke gehört zur *Chateauneufstraße* wie das Straßenschild. Die geborene Barmbekerin kam über Altona nach Hamm. Mit ihrer Mutter zog sie in den Torweg gleich neben dem kleinen, 1951 eröffneten Milchladen. Der Sohn der Inhaber gefiel ihr auf den ersten Blick und so wurde geheiratet. 1961 übernahmen sie das Geschäft, das Frau Rübke seit dem Tod ihres Mannes allein führt. Ohne Gesellschaft ist sie jedoch kaum, denn neben ihren Stamm- und Laufkunden verwandeln hier viele Kinder der Nachbarschaft ihr Taschengeld in jede Menge „Schnoopkram".

Schlachtermeister **Rainer Goltz** wanderte Ende der 1980er Jahre aus Marienthal ein und übernahm das Geschäft mit angeschlossenem Imbiss am *Hammer Steindamm*. Seine sieben Angestellten und er versorgen die Kundschaft mit Frischfleisch, Aufschnitt und kleinen Gerichten. Herrn Goltz' ganze Freizeit gilt der Arbeit für die Pauluskirche. Er ist Lektor und in vielen Gremien tätig, auch im Kirchenvorstand. Als ihm im seniorenreichen Hamm immer mehr der älteren Kunden ihre Probleme beim Einkaufen und Kochen klagten, organisierte er mit Unterstützung der Gemeinde einen kostenlosen Bringdienst, der nun pünktlich den Mittagstisch auch „auf Etage" liefert.

„Außer Feudeleimer und Fahrrädern gibt's bei mir fast alles", sagt Frau Rübke.
Unten: Schlachtermeister Rainer Goltz mit Auszubildenden Jacob Majowski und Verkäuferin Silvana Lüth

Hamm-Süd

kann neben Industrie, Gewerbe und Handwerk seit einigen Jahren auch wieder Wohnungsbau an der Bille vorweisen. Den Reiz einer Fahrt auf dem Fluss und den Kanälen kennen nur wenige. Wichtig für ganz Hamburg ist das Tierheim Süderstraße und für die Kinder die stadtlängste Wasserrutsche im Freibad Aschberg

Steckbrief

Fläche: 1,129 km²
Einwohner: 3752
Verwaltung: Bezirk Hamburg-Mitte, Kerngebiet
Ortsteile: 127, 128

Der Obelisk von 1774 war Hamburgs erstes Denkmal. Die Zeichnung entstand noch am Hammer Deich

„Hamm-Süd" gibt es als Stadtteil erst seit der Neugliederung Hamburgs durch das Bezirksverfassungsgesetz von 1951. In der davor liegenden Zeit gehörte sein Gebiet zum Hammer Teil des Hammerbrooks.

Aus der Geschichte

Das Gebiet von Hamm-Süd gehört zu „Unten-Hamm" und liegt damit in der tief gelegenen und wasserreichen Marsch. Im 17. Jahrhundert hatte auch in dieser Gegend die Hamburger Landhauskultur zu blühen begonnen (s. Hamm-Mitte), bevor mit den ersten Aufhöhungen des Hammerbrooks im 19. Jahrhundert die Entwicklung vom grünen Landstrich am Ufer der Bille bis zum Arbeiterstadtteil zu Beginn des 20. Jahrhunderts begann.

Zuvor brachte hier lediglich der **Wasserbau** Veränderungen. Der *Hammer Deich* am Nordufer der Bille wurde mehrfach verbreitert, weshalb auch 1887 das älteste Hamburger Denkmal, ein 1774 als „Hochwasser-Monument" am Deichtor aufgestellter Obelisk, der 1857 nach Hamm gelangt war, vom Deich weg an die *Grüne Brücke* nach Rothenburgsort versetzt wurde. Seine Markierungslinie zeigte den Höchststand der verheerenden Überschwemmung vom Juli 1771, die nach einem Neuengammer Deichbruch fast Hamburgs gesamte östliche Marsch bis zum Deichtor unter Wasser gesetzt hatte.

Nicht genau belegt ist das Grundstück am *Hammer Deich*, auf dem der bedeutende Pädagoge und Aufklärer Joachim Heinrich Campe (1746–1818), ein Onkel des Verlegers Julius Campe, der den Hoffmann und Campe Verlag übernahm und berühmt machte (s. Harvestehude), seine „Erziehungsanstalt" führte und die erfolgreiche Bearbeitung des **Robinson Crusoe** verfasste.

Den Startschuss für die Erschließung der Hammer Marsch brachte ein neuer Hammerbrooker Bebauungsplan. Auf

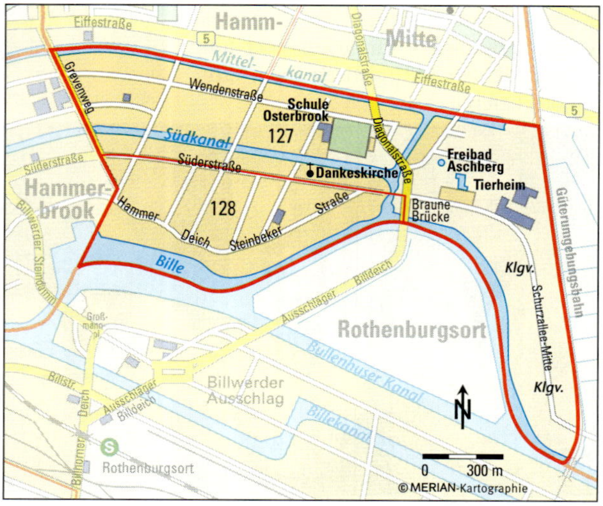

Ob neue Wohnungen oder alte Bootsschuppen – in Hamm-Süd ist das nächste Wasser niemals weit

seiner Grundlage wurde 1888 die Verlängerung des Kanal- und Straßensystems über den *Ausschläger Weg* hinaus bis zum *Luisen-* und 1892 bis zum *Borstelmannsweg* beschlossen und in die Tat gesetzt. Bald darauf wühlten sich die Bagger weiter Richtung Osten, um dann den Rückerskanal zu graben, der später die Verbindung zwischen Mittel- und Südkanal sowie den Anschluss an die Bille herstellte. Aber die Gebiete dazwischen blieben weiterhin zu feucht für die bauliche Erweiterung der aus allen Nähten platzenden Großstadt Hamburg.

Abhilfe brachten erst die 1904 im **Hammerbrook-Konsortium** zusammengeschlossenen Grundbesitzer und Investoren. Sie beauftragten die Aufhöhung von Unten-Hamm mit Sand aus den Boberger Dünen. 1909 begann die schnell fortschreitende Bebauung. Gewerbe- und Wohnbauten entstanden zeitgleich und dicht beieinander. Toilette und Wasseranschluss der kleinen und karg ausgestatteten Wohnungen lagen meist im Treppenhaus.

Wie in vielen Stadtteilen entstanden seit den 1920er Jahren bessere Etagenhäuser mit dem typischen roten Backsteingesicht. Eine Besonderheit war der 1932 errichtete „Rundbau“ in der *Steinbeker Straße 21–41*, ein kreisrunder Wohnblock mit vielen Wohnungen gehobenen Standards. Die einfachen Arbeiter blieben weiter westlich am *Hammer Deich* wohnen. Aber alle Kinder der Gegend genossen die guten Spielmöglichkeiten an den Kanälen, der Bille und der „Wildnis“ Ende der *Steinbeker Straße* – und wenn Gleichaltrige aus „Oben-Hamm“ auf sie herabblickten, störte sie das nicht wirklich.

Was der Feuersturm verschonte

Der Sommer 1943 war außerordentlich heiß und trocken, und als Hamburg Ziel der massiven Luftangriffe wurde, kam es in der engen Bebauung Hamms und der Nachbarstadtteile zum „Feuersturm“ (s. Hamm-Mitte und Hammerbrook). Er hinterließ auf dem Gebiet des heutigen Hamm-Süd fast keine Erinnerung an die Vorkriegsbebauung. Von dem, was verschont blieb, sind die **Schule Osterbrook** (1929–31) und die **Hansa-Burg**, das 1913–15 errichtete Gebäude der ehemaligen Papierverarbeitung Lehmann und Hildebrandt, zu erwähnen. Nur deren prächtige Backsteinfassade ganz am

Die Pro-Schlachterei in der Wendenstraße vom Mittelkanal aus gesehen. Ihr direkt gegenüber sind die Fassaden von Etagenhäusern zu erkennen

Zeitleiste

1778–83 J. H. Campe in Hamburg und am Hammer Deich

ab 1890 Verlängerung Mittel- und Südkanal

1943 Feuersturm vernichtet fast ganz Hamm-Süd

1964 Tchibo in der Wendenstraße, Neubau Tierheim Süderstraße

1976 Peter-Michael Kolbe rudert Olympiasilber im Einer

2001 180 neue Wohnungen am Billeufer

Maike Hees und Geschäftsführer Wolfgang Poggendorf vom Tierheim Süderstraße, Ulli Much vor einer der vielen Kutschen in seiner Werkstatt und die Fassade der ehemaligen Papierverarbeitung Lehmann und Hildebrandt in der Wendenstraße

Ende der *Wendenstraße* ist noch erhalten. Im grundsanierten Gebäude besteht seit 1983 die gemeinnützige Stiftung Berufliche Bildung – Arbeitslosenbildungswerk.

Riemenmeister und Tierfreunde

1946 begann wieder der Ruderbetrieb an der Bille. Jedoch gelang neben dem **Hammerdeicher Ruderverein von 1893 (Neptun-Triumph) e.V.** nur drei weiteren der ehemals zwölf ansässigen Clubs der Neustart. Mit berechtigtem Stolz kann der Verein mit Clubhaus am *Hammer Deich 132* zahlreiche deutsche und internationale Titel vorweisen, von denen ein zweiter Platz bei Olympia 1976 und sechs gewonnene Weltmeisterschaften durch Peter-Michael Kolbe die schönsten sind. Bis zur Auswanderung nach Norwegen wohnte der Ruderstar übrigens um die Ecke am *Schadesweg*.

Eine lange Geschichte hat auch der **SC Hamm 02** (Fußball, Skat u.a.) mit neuem Vereinsheim am Ernst-Fischer-Sportplatz neben der Schule Osterbrook.

Für ganz Hamburg besondere Bedeutung hat das **Tierheim Süderstraße** (Nr. 399) des Hamburger Tierschutzvereins von 1841 e.V. Er ist zwar keine staatliche Einrichtung, fungiert aber dennoch als Hamburgs **amtliche Fundstelle** für Tiere. 1964 zog das frühere „Tier-Asyl“ von der *Süderstraße 105* auf das heutige Gelände. Insgesamt 87 Mitarbeiter und 60 Ehrenamtliche kümmern sich um die oft unterversorgten oder krank ausgesetzten Tiere.

Braune Bohnen und Kutschen

Seit 1964 röstet der Hamburger Kaffeeriese **Tchibo** seine Bohnen in der *Wendenstraße 464* – und zwar für 36 Mio. Tassen Kaffee täglich. Mit rund 120 Mitarbeitern ist die im Drei-Schicht-Betrieb arbeitende Rösterei der größte Arbeitgeber des Stadtteils, in dem sonst kleine und mittelständische Firmen (darunter über 50 Handwerksbetriebe) ihren Sitz haben. Zu ihnen gehört auch der **Hamburger Sulky Service** von Ulli Much.

Seit 18 Jahren repariert und restauriert er mit sieben Angestellten in der *Wendenstraße* alte und neue Kutschfahrzeuge.

Wem die Fahrt mit Pferd und Wagen zu langsam ist, der braucht nur weiter an die Ecke *Luisenweg* zu gehen und kann geparkte Schnelligkeit in Reinkultur bewundern. In **Martin Brandts Motorradhaus** gibt es vom motorisierten Tretroller bis zum größten Powerbike Maschinen aller Preisklassen und guten Service inklusive.

Stadtteil-Profil

	Hamm-Süd	Bezirk	Hamburg
Bevölkerung gesamt (2000)	3752	228 060	1 704 929
Unter 18-Jährige in %	16,0	15,9	16,1
65 Jahre und älter in %	16,8	15,0	17,0
Deutsche	2862	167 114	1 432 325
Ausländer in %	23,7	26,7	16,0
Einwohner je km²	3323	2142	2258
Sozialstruktur			
Sozialhilfeempfänger (2000)	327	25 273	120 461
Arbeitslose (2001)	216	12 716	71 963
Eink. je Steuerpfl. in DM (1995)	48 203	53 702	65 579
Wohnen (2001)			
Wohngebäude	261	18 821	226 061
Ein- und Zweifamilienhäuser in %	4,9	8,9	20,5
Ø Wohnungsgröße in m²	58,8	62,5	71,0
Wohnfläche je Einwohner in m²	32,1	31,3	35,7
Verkehr			
Private Pkw (2001)	1243	70 503	628 119
Straßenverkehrsunfälle (2000)	56	2790	12 430
Kriminalität			
Straftaten insgesamt (2000)	2874	82 985	284 272

© Statistisches Landesamt

Wahlverhalten

... zur Bürgerschaft 2001 (gesamt)

Wahlbeteiligung	71,0%
SPD	36,5%
CDU	26,2%
Schill-Partei	19,4%
Grüne/GAL	8,6%
FDP	5,1%
Übrige	4,2%

... zur Bürgerschaft 2001 (Stadtteil)

Wahlbeteiligung	63,0%
SPD	43,2%
CDU	19,2%
Schill-Partei	22,7%
Grüne/GAL	4,9%
FDP	3,4%
Übrige	6,6%

Lkw und Blaue Bohnen

Die *Wenden-* und die *Süderstraße* sind die beiden zentralen Verkehrsachsen in Hamm-Süd. Früher ebenso viel befahren, prägten einst die vier Wasserstraßen Mittel-, Süd- und Rückerskanal und Bille den Warenstrom. Dass er heute weitgehend per Lkw fließt, zeigen die unzähligen **Speditionen** in der unübersichtlichen Gegend *Hammer Deich/Kreuzbrook.* Hier und in Teilen der *Süderstraße* hat sich dabei seit Jahren auch die unschöne Begleiterscheinung der Straßenprostitution ausgebreitet. „Brummistrich" klingt fast harmlos, die Wirklichkeit ist es nicht.

Am *Hammer Deich 150* lag auch der „Beherbergungsbetrieb", in dem Werner Pinzner verkehrte. Der mehrfache Auftragsmörder der Hamburger Unterwelt sorgte im Juli 1986 für die **Tragödie im Polizeipräsidium**, damals noch *Beim Strohhause* in St. Georg, als er seine Frau Jutta, den Oberstaatsanwalt und dann sich selbst erschoss. Seine Anwältin hatte die Waffe ins Vernehmungszimmer geschmuggelt. „Manchmal kann die Luft hier bleihaltig werden", heißt es hinter vorgehaltener Hand, aber immer nur auf den Westteil bezogen, denn in den Wohnstraßen Hamm-Süds ist es ruhig.

Der Grill-Imbiss von Renate Schmücker dient Truckern und ihren Spediteuren immer wieder als Kommunikationsbasis

Neue Wohnungen in Hamm-Süd

Nach dem Zweiten Weltkrieg wurden die Ruinen der Wohnblocks nicht abgetragen, sondern eingeebnet und bebaut. Damit erhöhte sich das Grundstücksniveau auf das der ursprünglich als Dämme aufgeschütteten Straßen. Nach dem Krieg wurde nur das **Osterbrookviertel** neu errichtet und ein Großteil Hamm-Süds von Gewerbeansiedlungen vereinnahmt. Erst in den 1990er Jahren begann die Stadt, wieder Platz für Wohnungsbau zu planen. 1999 wurden die ersten „Hallenhäuser" der **Baugenossenschaft freier Gewerkschafter eG**

Bürgergeschichten

„Festgemacht an Hamm-Süd"

Der „Hausboot-Arche-tekt" Jan Peters und seine Freundin Christine Röthig investierten viel Arbeit in ihr schwimmendes Zuhause am Ufer von Hamm-Süd

Unser letztes Domizil an Land war ein Kontor-Penthouse auf dem Neumühlener „Kaischuppen F". Er ging in die Hand privater Investoren, die das schöne Gebäude zur Errichtung von „Hafenrandperlen" 1990 abreißen ließen.

Wir wollten weiterhin am Wasser wohnen, konnten aber keine geeignete Bleibe finden. Eines Nachts träumte Jan von einem Hausboot, und die daraufhin am nächsten Morgen gekaufte Zeitung bescherte uns – ja, es war wie im Film! – die Verkaufsanzeige eines stark angerosteten Stahlrumpfes von 27 m Länge. Nach eingehender Besichtigung durch Ekkehardt, einen befreundeten Schiffbau-Ingenieur, ging sein Daumen erstaunlicherweise nach oben. Die Arbeit konnte beginnen, und zuerst musste ein geeigneter Liegeplatz gefunden werden. Wir gingen dafür zu Fuß den Weg vom Altonaer Elbufer bis nach Hamm-Süd.

Nach vielen vergeblichen Versuchen, bei städtischen und privaten Grundstücken zu landen, konnten wir einen Spediteur am Hammer Deich davon überzeugen, dass ein Wohn- und Büroschiff hinter seinem Grundstück auch eine Aufwertung seines ungenutzt verwahrlosten Uferstücks bedeuten würde. Wir ebneten den Zugang und ließen Strom- und Trinkwasserleitungen legen. Das Genehmigungsverfahren bei der Umweltbehörde dauerte Jahre und auch länger, als wir für das Überholen des ganzen Hausbootes benötigt hatten, und das umfasste immerhin: Rumpfentrosten per Hand, Dach und Fassaden erneuern, Wände versetzen, neue Böden aus Buche und Pitchpine verlegen, den Werftgang für den Schiffs-„TÜV" absolvieren, alles korrosionsschützen und neu malen.

Jan Peters und Christine Röthig vor ihrem erfüllten Traum, dem Hausboot am Ufer von Hamm-Süd. Im Hintergrund die Kirchtürme von Hamm-Nord

Jetzt leben wir schon fast elf Jahre hier, freuen uns besonders an den Wasservögeln und Fischen, die direkt hinter unserem Wintergarten laichen. Wir sehen die langsam wohnlich werdende Nachbarschaft in Hamm-Süd und wundern uns, dass trotzdem der einzige Bäcker schließt.

Unseren privaten Weg, den Umbau eines ehemaligen Arbeitsschiffes zu unserem Wohnbüro, haben wir inzwischen zu einem Broterwerb gemacht. Mit unserer Firma SeHHafen haben wir die letzten historischen Hamburger „Hafenlieger" (so heißen offiziell Betriebsstätten auf dem Wasser) erworben und bauen sie jetzt seit 1994 der Reihe nach zu modernen schwimmenden Firmensitzen im Freihafen um, sie liegen dort zur Vermietung wie eine kleine bunte Perlenkette.

an der *Steinbeker Straße* bezugsfertig. In der großen Neubauanlage lässt es sich nun komfortabel und vor allem in schönster und unverbaubarer Ansicht der Bille wohnen. Das ist sonst nur den Uferanrainern der beiden großen Kleingartenkolonien **Pachtgemeinschaft Bille IV e.V.** und **Die Sandhasen e.V.** (Klgv. 129/130) in der *Schurzallee-Mitte* möglich. Einige Parzellen sind sogar Hauptwohnsitze, aber der Großteil dient seinen Pächtern als Freizeitvergnügen. Doch trotz neuer Wohnungen und somit wachsender Bevölkerung bleibt die Infrastruktur des Stadtteils schlecht. Weder Ärzte noch eine Apotheke gibt es, und auch Kneipen sind kaum zu finden. Am *Hammer Deich* liegen aber einige Imbisse, in denen immer viel los ist, wie z.B. bei **Renate Schmücker**. Mit „einem Heidenspaß" verwöhnt sie die Trucker an der Ecke *Kreuzbrook* so sehr, dass diese ihr schon mal für einen Tag einen Traum vor die Tür stellen, der für sie als Formel-1-Fan genau das Richtige ist: einen feuerroten Ferrari F 355 mit Hunderten von Pferdestärken.

Für den Bade- und Rutschspaß im Freibad Aschberg machen sich die Kinder auch aus der weiteren Hammer Umgebung auf den Weg

111 m – das ist Hamburger Rutschrekord

Die wichtigste Freizeiteinrichtung in Hamm-Süd ist das **Freibad Aschberg**. Sein Name ist trügerisch. Was klingt wie eine uralte Flurbezeichnung, steht einfach nur für Müllberg, so wie früher die Abfalltonnen „Ascheimer" genannt wurden. Das ändert nichts an der Beliebtheit des Bades. Die Wasserrutsche ist mit 111 m die längste in der Stadt, und für dieses Rekordvergnügen nehmen sogar Kinder aus den Walddörfern die lange Anreise in Kauf.

Köpfe

Niemand kennt die *Steinbeker Straße* so gut wie **Adolf Böttcher**, geboren 1931. Sein Großvater baute 1920 das Haus für die rückwärtig an der Bille gelegene „Adolf-Böttcher-Maschinen-Fabrik". Die ehemaligen Werkstätten nutzt heute eine Möbeltischlerei. Herr Böttcher lebt mit seiner Familie im vorderen Teil. Er kann unendlich viel erzählen von der Geschichte des ganzen Stadtteils und wie er im Freibad und am teilweise noch wilden Ufer der Bille spielte. Der Maschinenbau-Ingenieur hat bei Desy (s. Bahrenfeld) gearbeitet, aber auch nach der Pensionierung noch immer viel „um die Hand" mit der Instandhaltung seines 2000 m² großen Geländes. Das Haus brannte 1943 im „Feuersturm" aus. Besonders stolz ist Herr Böttcher auf die Mauer an der Straße, die der Großvater aus Malteser Sandsteinen gebaut hat. Als ehemaligen Schiffsballast ersteigerte er sie einst „für'n Appel und 'n Ei" im Freihafen.

Keinen Sommer fehlen **Saskia** (13) und **Stefan Ohlrich** (11) im Freibad Aschberg. Die Geschwister wohnen gleich um die Ecke in der *Süderstraße*. Beide besuchen die Ganztagsschule im *Pröbenweg*.

Adolf Böttcher vor seinem kleinen Reich an der Steinbeker Straße und die beiden Wasserratten und Dauerbadegäste Saskia und Stefan im Freibad

Harburg

ist Stadtteil und Verwaltungssitz des gleichnamigen, flächengrößten Hamburger Bezirks sowie kulturelles und wirtschaftliches Zentrum im Raum Süderelbe. Altstadt und Rathaus prägen als Belege selbstständiger Geschichte das Bild ebenso wie Industriebetriebe und die Hightech-Standorte channel harburg und TUHH

Steckbrief

Fläche:
3,855 km²
Einwohner:
20085
Verwaltung:
Bezirk Harburg, Kerngebiet
Ortsteile:
701, 702

Die **Horeburg**, die in den 1130er Jahren erstmals – wenn auch nur beiläufig – in einer Urkunde erwähnt wurde, gilt als Namengeberin des Stadtteils. „Hore“ bedeutet Sumpf, Morast, Schlammerde und bezeichnet die örtliche Lage der Burg inmitten von Sümpfen und Wasserläufen auf einer durch **nacheiszeitliche Schmelzwasserströme** angespülten Talsandinsel in der Elbniederung. Die Burg war durch einen Damm und mehrere Brücken mit dem Geesthinterland verbunden.

Mittelalterliche Funde

Archäologische Grabungen auf dem Gebiet der von der Burg ausgehenden Dammsiedlung, der heutigen *Harburger Schloßstraße*, geben Aufschluss über die Entstehung und Entwicklung der Stadt. Neben Reit- und Waffenausrüstungen aus dem 13. Jahrhundert konnten Gebrauchsgegenstände wie insgesamt **vier Leuchter**, die vermutlich aus der **Mitte des 14. Jahrhunderts** stammen, geborgen werden. Diese Bodenfunde weisen darauf hin, dass die Dammsiedlung im 13./14. Jahrhundert vorwiegend von Burgmannen bewohnt war, sich hier aber ab dem 14. Jahrhundert zunehmend bürgerliche Haushalte ansiedelten. Im Mittelpunkt der von der Abteilung für Bodendenkmalpflege des Helms-Museums seit den 1980er Jahren initiierten und durchgeführten Grabungen steht die Erforschung der **unterschiedlichen Hauskonstruktionen** vom 13. bis in das 20. Jahrhundert. Bis zu 3,50 m müssen die Archäologen in die Tiefe graben, um die aufeinander liegenden Kulturschichten der verschiedenen Bauphasen Stück für Stück freilegen und dokumentieren zu können. Und je weiter die umfangreichen Grabungsprojekte in Richtung der ursprünglichen Burganlage gelangen,

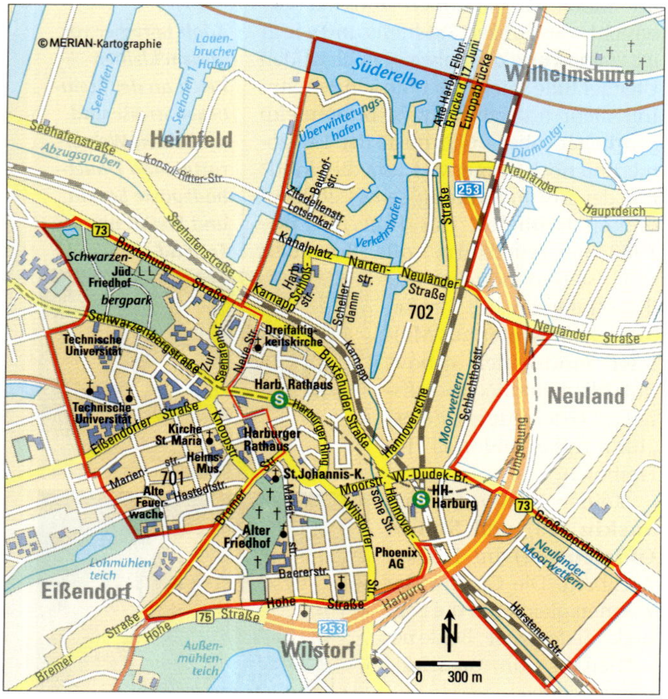

Das hat Tradition: Besucher des Harburger Vogelschießens warten vor dem Rathaus auf den Ersten Bürgermeister und den Schützenkönig

desto mehr Erkenntnisse lassen sich über die frühe Stadtgeschichte Harburgs gewinnen.

Überreste der „Horeburg" finden sich in den Grundmauern des Hauses *Bauhofstraße 8*. Das heutige Erscheinungsbild ist das Ergebnis eines jahrhundertelangen baulichen Wandels. Aus der Burg entstand eine **Schlossanlage** und schließlich ein **städtisches Wohnhaus**, das in den 1920er Jahren durch weit gehende Entkernung des bisher bestehenden Gebäudes geschaffen wurde.

Aus der Geschichte

Der Zeitpunkt der Errichtung der „Horeburg" ist bislang nicht bekannt, und auch über den Gründer und den Zweck der Anlage gibt es nur Vermutungen. Nach einer weit verbreiteten Annahme erbauten die **Grafen von Stade** die Festung im 11. Jahrhundert, um sie als Stützpunkt bei der geplanten Kolonisation der Marschen im Süderelbraum zu nutzen. Kriegerische Auseinandersetzungen zwischen Welfenherzögen und den Erzbischöfen von Bremen um die „Horeburg" und die dazugehörige Grafschaft Stade, in die zeitweise auch die Grafen von Holstein eingriffen, hatten zur Folge, dass die Festung seit 1144 mehrmals zerstört und wieder aufgebaut worden war, bis sie schließlich 1257 in den Besitz der Welfen gelangte. Die Burg diente künftig als **Grenzfestung** des welfischen Herzogtums Braunschweig-Lüneburg gegen das Erzbistum Bremen und die Grafschaft Holstein und wurde von einem herzoglichen Vogt geführt. Zu dieser Zeit begann die Entwässerung des sumpfigen Gebiets. Entlang des Verbindungsdamms nach Süden entstand auf Wurten eine der Burg **gleichnamige Ansiedlung**. Im Jahr 1297 erhielt die Dammsiedlung Harburg das **Stadtrecht**, und die Entwicklung zum wirtschaftlichen Zentrum der Vogtei Harburg begann. Der Erbfolgekrieg zwischen dem Hause Sachsen-Wittenberg und der braunschweigischen Linie der Welfen, die

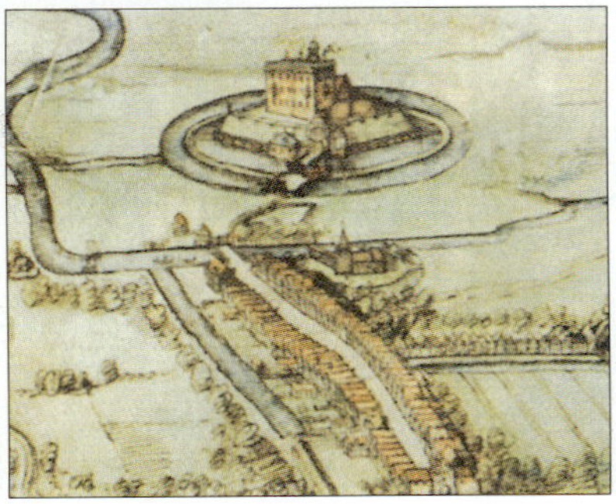

Das Harburger Schloss in einer Handzeichnung von Daniel Frese aus dem Jahr 1577

Bürgergeschichten

„Der Himmel färbt sich rot!"

Claus Günther erzählt, wie er als Siebenjähriger einen Sondereinsatz der Harburger SA, an dem auch sein Vater beteiligt war und der mit der Zerstörung der Synagoge endete, erlebt hat

Der gebürtige Harburger Claus Günther arbeitet deutsche Geschichte für die Zeitzeugenbörse des Seniorenbüros Hamburg auf

Gestern Nacht, am 9. November 1938, sind überall im Deutschen Reich jüdische Geschäfte demoliert, Synagogen geschändet, jüdische Mitbürger verhaftet, gefoltert, getötet worden.

In Harburg ist es ruhig geblieben. Selbst die Synagoge steht unbeschädigt da. Nicht weit davon entfernt, in der Eißendorfer Straße 31, schaue ich, vom Fenster unseres Wohnzimmers aus, auf die Straße. Ich bin sieben Jahre alt. Dämmerung senkt sich herab. Von der Andacht heimkehrend, huscht die jüdische Familie aus der Nachbarschaft in ihr Häuschen. Mein Vater muss zum Sondereinsatz der SA. Etwa um diese Zeit wird oben auf dem Schwarzenberg, am jüdischen Friedhof, ein Leichenwagen in Brand gesteckt. Ohne davon zu wissen, sehe ich den Widerschein des Feuers über dem Schulgebäude, uns gegenüber. Der Himmel färbt sich rot! Mir wird kalt.

Später marschieren die SA-Männer vorbei. Fackelschein züngelt über stumme Gesichter. Einer schlägt die Trommel; der Trupp zieht zur Synagoge, mein Vater voran, er trägt die Fahne. Mich durchströmt ein Gefühl von Stolz und Angst. „Ein Polizist hat gesagt: ‚Feste, feste drauf!'", berichtet Vater am nächsten Tag. „Die Polizei hat aber aufgepasst, dass die Synagoge nicht angezündet wurde, weil nebenan die Tankstelle ist." Am Sand, bei Sally Laser, hat meine Oma mir gestern eine Mütze gekauft. Heute liegen die Schaufenster in Scherben. Eine Verkäuferin fegt sie weinend zusammen.

Juden in Harburg im Jahre 1941: Der Nachbar verdeckt seinen gelben Judenstern mit der Aktentasche, will in sein finsteres Häuschen schleichen. „Itzig, Itzig, Judenschwein!", ruft ein Kind ihm zu. „Das musst du nicht tun", tadelt ein älterer Junge. „Das sind doch auch Menschen!" Als bald darauf das Judenhaus neu gestrichen wird, die Vorhänge zurückgezogen und die Fenster geöffnet werden, fällt mir ein Stein vom Herzen, denn ich, ich war das Kind! Aber die Juden sind alle fort.

Wenig später wird Vater ins besetzte Polen beordert. Als er dort erkrankt, pflegen ihn Juden gesund. Daraufhin stellt er ihnen Pässe aus, ermöglicht vielen die Ausreise. Ausreise – wohin? Es gab und es gibt keine „Wieder-gut-Machung" im eigentlichen Sinne. Taten bleiben Taten.

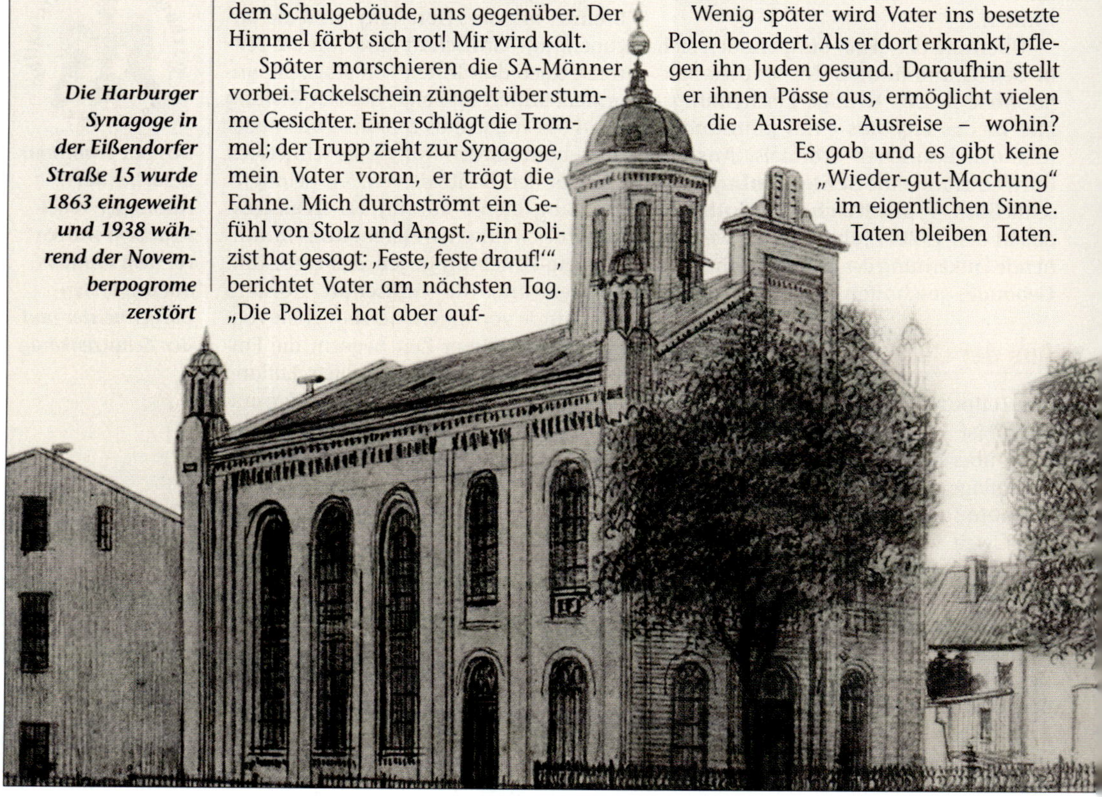

Die Harburger Synagoge in der Eißendorfer Straße 15 wurde 1863 eingeweiht und 1938 während der Novemberpogrome zerstört

Wenn die Sonne scheint, kann man in der Lämmertwiete ein kühles Bier vor historischer Kulisse genießen

inzwischen ihren Hauptsitz von Lüneburg nach Celle verlegt hatte, endete 1392 mit einem Landfriedensbündnis, das dem auf Wittenberger Seite stehenden Grafen Otto von Schauenburg die Burg und Vogtei Harburg zusprach. Der Frieden war von kurzer Dauer, denn wenige Jahre später wurde die hart umkämpfte Burganlage von den Welfen zurückerobert, 1396 von den mit der Stadt Lüneburg verbündeten Hamburgern zerstört und unter deren Herrschaft als Steinhaus mit kreisförmig angelegten Wallanlagen neu errichtet. Burganlage, Stadt und Vogtei Harburg wurden zunächst an die Städte Hamburg und Lüneburg verpfändet.

1517 lösten die braunschweigisch-lüneburgischen Welfenherzöge das Pfand aus und übertrugen es ihrer **Harburger Nebenlinie**. Als Herzog des Amtes Harburg ließ **Otto I.** die Burg zur herrschaftlichen Schlossanlage ausbauen, die sein Sohn und Nachfolger **Otto II**. 1577–87 nochmals erweiterte. Handel dehnte sich aus, Wochenmärkte wurden abgehalten, und am Neuland und am Reiherstieg entstanden Holzhäfen. Herzog Otto I. hatte die Reformation eingeführt und gründete, um die Verteidigungsfähigkeit der Bürger zu erhöhen, 1528 die **Schützengilde**. Die Bevölkerungszahlen stiegen, sodass die Dammbebauung im 16. Jahrhundert bis an die heutige *Lämmertwiete* reichte. Als **Herzog Wilhelm von Harburg**, der Nachfolger Ottos II., 1642 ohne Erben starb, erlosch die Harburger Nebenlinie, und das Amt Harburg fiel an die Celler Hauptlinie der Welfen zurück. Unter der Statthalterschaft des Kanzlers Hans von Petersdorff begann bald darauf der Ausbau der Schlossanlage zur **Zitadelle**, der den Abriss des ältesten Teils der Stadt erforderlich machte. Als Ersatz wurden neue Baugrundstücke geschaffen, weshalb die **Erweiterung der Stadtbefestigung** Richtung Süden erfolgte. Seit 1705 gehörte Harburg zum Kurfürstentum und späteren Königreich Hannover. Schon 1692 war Harburg mittlere Verwaltungsinstanz für vier Ämter geworden.

1757 und 1814 war die Stadt Kriegsschauplatz und musste französische Belagerungen überstehen.

Mit der Errichtung der **Eisenbahnstation** im Jahre 1847 und dem Ausbau des **Binnenhafens** 1845–49 setzte die

Was vom Schlosse übrig blieb: Wohnen auf herrschaftlichen Grundmauern

Industrialisierung und damit ein zügiges wirtschaftliches Wachstum ein. Harburg wurde zum wichtigen Hafen- und Industriestandort für das Königreich Hannover, hatte aber mit der nah gelegenen Konkurrenz in Hamburg hart zu kämpfen. In den 1850er Jahren siedelten sich in Harburg auf Einfuhrrohstoffe wie **Kautschuk und Öl** ausgerichtete Industriebetriebe an. Im 19. Jahrhundert wuchs die Zahl der Einwohner stetig – nicht zuletzt wegen der Eingemeindungen umliegender Nachbardörfer. Mit der

Zeitleiste

11. Jh. erstmalige Errichtung der Horeburg

1257 Die Horeburg gelangt in den Besitz der Welfen

1517 Harburg wird an die Harburger Nebenlinie übertragen

1528 Gründung der Schützengilde

1642 Harburger Nebenlinie erlischt

1847 Eisenbahnbau

1845–49 Bau des Binnenhafens

1927 Gründung der Großstadt Harburg-Wilhelmsburg

1937/38 Eingemeindung nach Hamburg

1978 Eröffnung der TUHH

1993/94 Baubeginn channel harburg

2001 Phoenix-Art 2001

Geschnitzte Geschichte: Türornament am Haus Lämmertwiete 9

Annexion des Königreichs Hannover durch Preußen fiel auch Harburg 1866 in diesen Herrschaftsbereich. 1927 folgte die Vereinigung mit Wilhelmsburg zur **Großstadt Harburg-Wilhelmsburg**, die im Zuge der Umsetzung des Groß-Hamburg-Gesetzes 1937/38 nach Hamburg eingemeindet wurde. Im heutigen Stadtteil Harburg befindet sich der Verwaltungssitz des gleichnamigen Bezirks, von dem aus alle hamburgischen Gebiete im Süderelbraum verwaltet werden.

Historisches alltäglich

In Harburg ist es gelungen, stadt-, industrie- und architekturgeschichtlich bedeutsame Gebäude durch kulturelle und alltägliche Nutzung neu zu beleben. Im alten Stadtkern, auf dem Gebiet der ehemaligen **Schlossinsel** sowie dem Straßenzug *Harburger Schloßstraße*, erinnert die z.T. erhaltene Parzellenstruktur der Grundstücke an die erste Phase der Siedlungsgeschichte. In einem der allerdings erst aus dem 18. Jahrhundert stammenden **denkmalgeschützten Bürgerhäuser** in Fachwerkbauweise in der *Harburger Schloßstraße 7* befindet sich heute ein gastronomischer Betrieb, das **Hornbachers im Hafen**. Hier wurde die Tradition des Hauses, in dem sich bereits 1742 ein Gasthaus und später das Lokal „Zum Goldenen Engel" befand, wieder aufgenommen. Im *Karnapp*, der ersten Seitenstraße der Harburger Dammsiedlung, wohnten die weniger begüterten Bürger. Das Fachwerkgiebelhaus am *Karnapp 5* ist mit dem Baujahr 1642 das **älteste noch erhaltene Haus** in Harburg. In der *Lämmertwiete* werden die Mitte der 1970er Jahre restaurierten Belege vorindustrieller Bebauung aus dem 17. und 18. Jahrhundert heute vor allem gewerblich genutzt. Hier haben sich in den letzten Jahrzehnten zahlreiche Gastronomiebetriebe unterschiedlichster Richtung eingemietet, sodass es nun in historischer Atmosphäre eine große Auswahl an Ausgehmöglichkeiten gibt.

Rechts: In das restaurierte Amtsgebäude zog das Frauenkulturhaus. Ganz rechts: Silospeicher und Geschäftsgebäude der ehemaligen Harburger Mühlenbetrieb AG. Unten: Im Helms-Museum wird Vorgeschichte anschaulich unterrichtet

An der *Neuen Straße 59* entstand um das Jahr 1710 ein Gebäude der Harburger Amtsverwaltung, das später auch als Amtsgericht diente. Seit 2001 bietet der Fachwerkbau dem **Frauenkulturhaus Harburg e.V.** ein Dach für künstlerische und kulturelle Aktivitäten, aber auch für ein umfassendes Beratungsangebot für Frauen aller Altersgruppen.

Stadtteil-Profil

	Harburg	Bezirk	Hamburg
Bevölkerung gesamt (2000)	20 085	196 263	1 704 929
Unter 18-Jährige in %	14,9	19,2	16,1
65 Jahre und älter in %	14,9	16,9	17,0
Deutsche	13 981	157 260	1 432 325
Ausländer in %	30,4	19,9	16,0
Einwohner je km²	5210	1222	2258
Sozialstruktur			
Sozialhilfeempfänger (2000)	1675	17 127	120 461
Arbeitslose (2001)	1258	10 107	7 1 963
Eink. je Steuerpfl. in DM (1995)	47 241	56 444	65 579
Wohnen (2001)			
Wohngebäude	1472	27 486	226 061
Ein- und Zweifamilienhäuser in %	2,6	25,3	20,5
Ø Wohnungsgröße in m²	57,8	69,9	71,0
Wohnfläche je Einwohner in m²	31,8	32,5	35,7
Verkehr			
Private Pkw (2001)	5840	70 144	628 119
Straßenverkehrsunfälle (2000)	183	1197	12 430
Kriminalität			
Straftaten insgesamt (2000)	7052	26 879	284 272

© Statistisches Landesamt

Wahlverhalten

... zur Bürgerschaft 2001 (gesamt)

Wahlbeteiligung	71,0%
SPD	36,5%
CDU	26,2%
Schill-Partei	19,4%
Grüne/GAL	8,6%
FDP	5,1%
Übrige	4,2%

... zur Bürgerschaft 2001 (Stadtteil)

Wahlbeteiligung	60,7%
SPD	38,3%
CDU	19,7%
Schill-Partei	25,9%
Grüne/GAL	7,8%
FDP	3,2%
Übrige	5,1%

Das heutige Stadtzentrum hat sich Ende des 19. Jahrhunderts mit dem Neubau des **Rathauses** und der Gestaltung des Rathausplatzes etabliert. Den Entwurf des Amtssitzes im Renaissance-Stil mit der charakteristischen Mischung aus Ziegel- und Werkstein plante der hannoversche Architekt Christof Hehl. Das von den Kriegszerstörungen verschonte Portal des ersten Harburger Rathauses ziert das Hauptgebäude des **Hamburger Museums für Archäologie und die Geschichte Harburgs – Helms-Museum** am *Museumsplatz 2*. Das Museum, das 1898 als Heimatmuseum für die Stadt Harburg und den Landkreis Harburg gegründet worden war, trägt seit 1925 den Namen seines langjährigen Mäzens Senator August Helms und wurde 1938 staatliches Hamburger Museum. Heute beherbergt das Helms-Museum **Hamburgs zentrale archäologische Sammlungen**. In der Dauerausstellung zeigen Modelle, Panoramen und Exponate die Entwicklung der Region von 30 000 v. Chr. bis ins hohe Mittelalter. Bei einem museumspädagogischen „Ausflug in die Steinzeit" können die Teilnehmer verschiedene steinzeitliche Werkzeuge und Pfeilspitzen aus Feuerstein herstellen oder auch **Steinzeit-Brote** backen. Das Helms-Museum hat 1990 in der ehemaligen **Feuerwache Hastedtstraße** eine Dependance eingerichtet, in der auf drei Stockwerken zahlreiche Exponate zur Harburger Stadtgeschichte präsentiert werden.

Besonders markant wirken in Harburg die imposanten Industriekomplexe wie die der New-York Hamburger Gummi-Waaren Compagnie AG (NYH) und

In der ehemaligen Feuerwache Hastedtstraße kann heute stadtgeschichtlicher Wissensdurst gelöscht werden

Schlagzeilen seit 1844: die Harburger Anzeigen und Nachrichten

Moderne Kunst statt Maschinen: PhoenixArt in den alten Werkshallen der Gummifabrik

der Phoenix AG, welche eine nahezu 100-jährige Entwicklung der Industriearchitektur widerspiegeln. Einige der Phoenix-Werkshallen hinter „Tor 2" an der *Wilstorfer Straße* wurden von dem

Oben: Verkehrsknotenpunkt Harburg Hauptbahnhof in den 1930er Jahren. Rechts: Der Posaunenchor Harburg spielt festlich auf beim Gottesdienst

Frankfurter Architekten Roger Bundschuh zu Ausstellungs- und Lagerräumen umgestaltet und bergen wahre **Schätze nationaler und internationaler moderner Kunst**. Auftraggeber waren die Phoenix AG und der Kunstsammler Dr. Harald Falckenberg, die 2000 gemeinsam die **Phoenix Kulturstiftung** gegründet hatten. Auf einer Fläche von 2300 m^2 sind jährliche Wechselausstellungen mit internationalen privaten Kunstsammlungen geplant. Die Ausstellung **PhoenixArt 2001** zeigte z.B. Werke von Sigmar Polke und Gerhard Richter aus der Sammlung Falckenberg, Fotoarbeiten von Nan Goldin und Joel Peter Witkin aus der Sammlung F.C. Gundlach und Konzeptkunst und Minimal Art von Kenneth Noland und Richard Long aus der Sammlung Lafrenz. Weitere 1700 m^2 Ausstellungsfläche gestaltet Falckenberg selbst. Er hat das begehbare, für den Besucher zugängliche Lager seiner Sammlung als permanente Ausstellung konzipiert. Hier sind Installationen von Thomas Hirschhorn ebenso wie Werke von Jonathan Meese und Franz West/Mike Kelley – nach vorheriger Anmeldung – zu besichtigen (Anmeldung PhoenixArt, Tel. 040/32 50 67 62).

Kunst im Bahnhof

Moderne Kunst in historischer Umgebung lässt sich auch im 2000 restaurierten Erste-Klasse-Wartesaal des 1895/96

erbauten Harburger Bahnhofs genießen. Der **Kunstverein Harburger Bahnhof e.V.** hat sich zum Ziel gesetzt, ein Ort der Darstellung und Auseinandersetzung vor allem für die Malerei zu sein. Er sieht seine Aufgaben darin, „neue Entwicklungen wahrzunehmen, junge Talente aufzuspüren und Künstler der mittleren Generation, die neue Wege gegangen sind, in Erinnerung zu rufen". Der 2000 gegründete Kunstverein präsentierte bereits so namhafte Künstler wie Franz Gertsch und Peter Chevalier.

Wer sich über das aktuelle Kulturgeschehen informieren möchte, abonniert die **Harburger Anzeigen und Nachrichten**, kurz „HAN" genannt. Seit 1844 halten die Redakteure der ältesten noch erscheinenden Tageszeitung Hamburgs die interessierte Leserschaft sowohl über lokale als auch überregionale Ereignisse auf dem Laufenden.

Von der Muse wachgeküsst

Wenn es im Helms-Museum heißt „Einer flog über das Kuckucksnest", dann steckt der 1995 gegründete **Freundeskreis Harburger Theater e.V.** dahinter. Der Helms-Saal dient seit 1996 als Harburger Spielstätte des Lüneburger Theaters, für das der Freundeskreis erfolgreich wirbt. Mit klassischen und modernen Stücken haben sich die Mimen in die Gunst des Publikums gespielt, sodass sich das Theater inzwischen als eine Art „Bezirkstheater" südlich der Elbe etabliert hat. Volkstümlicher geht es auf der Bühne zu, wenn – ebenfalls im Saal des Helms-Museums – das Amateur-Ensemble von **De Nedderdütsche Volkstheater Harburg e.V.** aufspielt. Das Theater wurde 1981 mit dem Ziel gegründet, das niederdeutsche Sprachgut zu fördern und zu pflegen, und hat seitdem rund 100 000 Zuschauer mit Stücken wie „Boeing, Boeing" und „Der Bürgermeisterstuhl" op Platt unterhalten. Geschichten made in Hollywood können in Harburgs Filmpalast, dem **CinemaxX** an der *Moorstraße*, erkundet werden. Die Betreiber gewähren zudem interessierten Cineasten in regelmäßigen Abständen einen Blick hinter die Kulissen und zeigen, wie Kino gemacht wird.

Wer lieber Tönen lauscht, statt Worten und Bildern zu folgen, lässt sich zum Konzert in den **Großen Saal des Rathauses** ausführen, wenn z.B. unter dem Motto „Stars von morgen" Professoren der Hochschule für Musik und Theater Hamburg ihre Meisterschüler an Klavier, Cello, Violine oder Trompete in Harburg präsentieren.

Eines Studiums bedarf es zwar nicht unbedingt, wenn man in dem **Posaunenchor Harburg**, einer übergemeindlichen Einrichtung des Kirchenkreises Harburg, mitblasen möchte, aber mit dem hohen Niveau der 20 Instrumentalisten muss man es schon aufnehmen können. Anlässlich des 111-jährigen Bestehens im Jahre 1999 präsentierte das Bläserorchester unter der Leitung von Heinz Korupp, der demnächst sein 40-jähriges Chorleiterjubiläum feiert, das „Volkstümliche Blasen" auf dem *Harburger Rathausplatz*.

Ob musikalische Live-Acts oder Theater-Gastspiele, Sportdarbietungen oder Partys, das 1984 in der Harburger City errichtete **Kulturzentrum Rieckhof** bietet für jeden Geschmack etwas. Betreiber des öffentlich geförderten Kulturzentrums ist ein 1975 gegründeter Verein, dessen sechs hauptamtliche und eine Vielzahl ehrenamtlicher Mitarbeiter jährlich fast 200 Veranstaltungen organisieren. Der Namengeber des Veranstaltungsortes ist der Harburger Drogist Adolf Rieckhoff, der Opfer des Nationalsozialismus wurde. Um den Hofcharakter des Hauses zu betonen, wurde sein Name einfach um einen Buchstaben verkürzt.

Beim Harburger Binnenhafenfest feiert der ganze Bezirk zu Lande und zu Wasser

Die Last der Königswürde wiegt schwer: Etwa 20 kg bringen die Schilder der Königskette zusammen auf die Waage

Vom Campus in das „Harburg Valley"

Die Technische Universität Hamburg-Harburg und der Standort channel harburg sorgen für einen regelrechten Hightech-Boom in Harburg

Wenn sie nicht gerade auf dem Weg nach Helgoland ist, hat die Schnellfähre „MS Vargoy" im Bahnhofskanal am channel harburg ihren Liegeplatz

Die **Technische Universität Hamburg-Harburg** (TUHH) steht seit ihrer Gründung 1978 für innovative Forschung und Lehre in den Ingenieurwissenschaften. Unter dem Leitmotiv „Technik für Menschen entwickeln" sind an der TUHH etwa 550 wissenschaftliche Mitarbeiter in eigenen Forschungsprojekten und in der Lehre für rund 4000 Studenten tätig. Als erste deutsche Universität führte die TUHH 1994 neben Klassikern wie z.B. Maschinenbau, Elektrotechnik oder Bauingenieurwesen einen Bachelor-Studiengang „Allgemeine Ingenieurwissenschaften" ein. Daran anschließend können die Studenten sich für einen der zehn Masterstudiengänge entscheiden. Darüber hinaus gibt es die Möglichkeit, sich für eine Ausbildung am 1998 gegründeten **Northern Institute of Technology** (NIT), einem privat finanzierten Studienangebot, zu bewerben und damit den Weg in die Führungsetagen internationaler Unternehmen anzutreten. Die TUHH stellt mit der Gründung einer eigenen Tochter-GmbH, der **TUHH-Technologie** (TuTech), Kooperationen zwischen Wissenschaft und Wirtschaft her. Die Räume der TuTech befinden sich im Binnenhafen, am Standort **channel harburg**, dessen Name symbolisch für die Mischung aus bestehenden Hafenkanälen und neuen Wegen der Kommunikation steht. Seit über zehn Jahren hat sich hier ein Hightech-Standort entwickelt mit einem Netzwerk zwischen TUHH und dem von der Hamburger Wirtschaftsbehörde initiierten Mikroelektronik-Anwendungszentrum (MAZ) sowie zahlreichen Start-up-Unternehmen der IT-Branche und privaten Investoren. Inzwischen arbeiten ca. 2000 Mitarbeiter in 60 verschiedenen Firmen, z.B. aus den Bereichen Bio- und Umwelttechnologie, Elektro- und Messtechnik, Telekommunikation und Unternehmensberatung, am Standort „channel harburg". Nicht wenige von ihnen haben ihr Know-how an der TUHH erworben. Wer sich im Harburger Binnenhafen niederlassen möchte, bekommt Informationen und Unterstützung bei **channel harburg e.V.**, einem Verein, in dem sich Firmen und Investoren zusammengeschlossen haben, um die Entwicklung des Hightech-Standorts weiter zu fördern.

Gespannte Aufmerksamkeit herrscht während der Vorlesungen im Audimax der TUHH. Rechts: Im NIT bildet sich der internationale Führungsnachwuchs

Eierpunsch statt Einkaufshektik: Ein Bummel über den Harburger Weihnachtsmarkt stimmt auf die Festtage ein

Harburg feiert Feste

Die **Open-Air-Stadtfest-Saison** wird schon im Frühjahr eingeläutet. Für den Auftakt sorgt das fünftägige **Harburger Rathausfest** mit einem vielseitigen Programm von Sportdarbietungen bis zum legendären „Tanz in den Mai" im Rathausinnenhof. Spätestens Mitte Juni sind dann auch die letzten Harburger in Feierlaune, denn traditionell richtet die Harburger Schützengilde von 1528 e.V. alljährlich – meistens in der Woche um den 18. Juni – das schon berühmte **Harburger Vogelschießen** aus. Das Spektakel beginnt zwischen Schießbuden und Auto-Scootern mit der Eröffnung des Jahrmarkts auf dem Festplatz im Schwarzenbergpark. Damit fällt der Startschuss für ein einwöchiges Programm, das im ganzen Stadtteil für Stimmung sorgt. Am Donnerstag der Festwoche sind dann alle Harburger auf den Beinen und begleiten den **Ausmarsch der Schützen** und ihrer mehr als 800 Gäste – zu denen immer auch der Erste Bürgermeister der Freien und Hansestadt Hamburg gehört.

Wer gern in maritimer Atmosphäre feiert, der amüsiert sich – ebenfalls im Juni – im Harburger Hafen, wenn unter dem Motto „Leinen los!" der 1983 gegründete Verein **Kultur Werkstatt Harburg e.V.** mithilfe vieler Freiwilliger das **Harburger Binnenhafenfest** ausrichtet. Das Debüt im Jahr 2001 war ein voller Erfolg. Etwa 20 000 Besucher konnten große und kleine Schiffe bestaunen und ein buntes Unterhaltungsprogramm „rund ums Wasser" genießen. Mit dem jeden dritten Sonntag im Monat stattfindenden **Hafenfrühstück** bietet die Kultur Werkstatt außerdem ein Forum für Interessierte, ihre Meinungen und Perspektiven bezüglich des Harburger Hafengebietes zu diskutieren.

Schon immer von Schaulustigen begleitet: der Ausmarsch der Schützen beim Harburger Vogelschießen im Jahr 1931

Gefeiert wird auch im Phoenix-Viertel. Ob Wiederbelebung des **Phoenix-Viertel-Festes** oder Veranstaltung des **Kulturfestes**, hinter Idee und Organisation steckt der 2000 gegründete **Förderverein Lebendiges Phoenix-Viertel e.V.** Nach dem Motto „Menschen gestalten ihren Lebensraum" initiieren die Vereinsmitglieder neben diesen jährlichen Highlights Projekte, die das Zusammenleben der multikulturellen Bewohner des Viertels verbessern sollen. Es finden regelmäßig Sprachkurse und Gesprächsrunden im Bürgerbüro in der *Eddelbüttel-*

Regelmäßiges Bodenkampf-Training führt zum schwarzen Gürtel

straße statt, und um einen Treffpunkt für Jugendliche zu schaffen, brachte der Verein die Errichtung einer Ballarena ins Rollen. Mit seiner Arbeit versucht der Verein das Gebiet für Gewerbebetriebe und Gastronomie wieder attraktiv „und damit lebendiger zu machen", so der 1. Vorsitzende Frank Buckenauer.

Nicht nur im Sommer, auch in der kalten Jahreszeit hat Harburg Festliches unter freiem Himmel zu bieten. Im Dezember erfreut man sich bei einem Bummel über den **Weihnachtsmarkt** in der Fußgängerzone an den feilgebotenen Köstlichkeiten und wird durch die im Jahr 1992 vom **Harburger Bürgerverein von 1871 e.V.** initiierte Weihnachtsbeleuchtung in der *Lüneburger Straße* stimmungsvoll auf die Festtage vorbereitet.

Gummi ist wasserdicht – das demonstrierte dieser Herr auf einem Phoenix-Werbeplakat

Sport allenthalben

Nach dem übermäßigen Verzehr von Adventsplätzchen und Weihnachtsgans haben die Harburger viele Möglichkeiten, ihre schlanke Linie wiederherzustellen. Ob Spinning auf Indoor-Bikes in der Harburger Therme, Thai Bo im Elixia oder Krafttraining bei Figurella, wer Mitglied in einem Fitnessstudio werden möchte, hat die freie Auswahl. Etwas weniger exotisch, aber dafür kostengünstiger ist das Programm der **Freien Sportvereinigung Harburg von 1893 e.V.** In verschiedenen Sporthallen des Stadtteils werden beim Fußball Tore geschossen oder Volleyball-Punkte geholt. Mit den im Phoenix-Viertel ansässigen Vereinen **Harburger-Türk-Sport e.V.** und dem **FC Ellas** trifft man sich regelmäßig zum Lokalderby, und Mitglieder, die den Zweikampf mögen, werfen sich beim Judo-Training gegenseitig auf die Matte.

Bei Wettkämpfen ganz anderer Art messen sich die Mitglieder der **Vereinigung Harburger Segler e.V.** Die Besatzung des Jugendkutters segelt alljährlich um das „Blaue Band der Niederelbe", das dem schnellsten Schiff auf dem Törn zwischen Hamburg und Cuxhaven verliehen wird. „Die zunehmende Verschlickung des Hafens hat die Bootseigner regelrecht zur Flucht getrieben", bedauert Hans Lorenz, 1.Vorsitzender des Vereins, sodass sommers nur wenige Boote im Harburger Yachthafen ein- und auslaufen. Im Winter hingegen sind die Hallen im Hafenbezirk 1a voll ausgelastet, wenn die rund 160 Mitglieder ihre Yachten wieder auf Vordermann bringen.

Harburg, gib Gummi

Wer Phoenix-Werke hört, denkt heute noch an Autoreifen und Gummischuhe. In der Tat war die 1856 als „Gummifabrik Albert & Louis Cohen" gegründete

Phoenix AG, die bis heute ihr Stammwerk zwischen *Hannoverscher* und *Wilstorfer Straße* unterhält, wesentlich an der Erforschung, Entwicklung und Herstellung von Auto- und Flugzeugreifen beteiligt und brachte auch Schuhwerk aus Gummi auf den Markt – vor über zwanzig Jahren hat sie sich aber aus diesen Produktionsbereichen zurückgezogen. Die Geschäftsfelder des weltweit agierenden Konzerns, der zu den führenden Unternehmen der Kautschuk verarbeitenden Industrie in Europa zählt, sind die Produktion von Schlauchsystemen, die Herstellung von Fördergurtsystemen, wie sie z.B. im Bergbau eingesetzt werden, sowie die Entwicklung von Schwingungs- und Schallisolationssystemen im Fahrzeugbau. Wer sich also über den Fahrkomfort seines Autos freut, kann fast sicher sein, dass die eingebauten Luft-Federsysteme von Phoenix ihren Teil dazu beitragen. Führt der Weg mit dem Auto zum Friseur, begegnet man wahrscheinlich ebenfalls einem Harburger Produkt, nämlich dem auch heute noch handgearbeiteten Hartgummikamm von der **New-York Hamburger Gummi-Waaren Compagnie AG** (NYH), der aufgrund seiner guten Qualität und des entsprechend nicht ganz niedrigen Preises vor allem von Frisier-Profis geschätzt wird. Im Jahr 1856 wurde die Harburger Gummi-Kamm-Compagnie, später „Kautschukwerke Dr. Heinr. Traun & Söhne“, in Harburg gegründet und 1930 von der NYH, die bereits in Barmbek ansässig war (s. Barmbek-Nord), übernommen. Neben vielen weiteren Großbetrieben wie Krupp-Elastomertechnik und DaimlerChrysler siedeln sich – vor allem am Standort „channel harburg“ im Binnenhafen – zunehmend Firmen aus der Informationstechnik, der Mikroelektronik und der Umwelttechnik an. Darunter Global Player wie Siemens und die Deutsche Telekom, aber auch eine Vielzahl von neu gegründeten kleinen und mittelständischen Unternehmen, wie z.B. EMV Services GmbH, deren Mitarbeiter die TÜV-gemäße Prüfung elektronischer Geräte übernehmen. Ebenfalls im Hafengebiet ist das eng mit Harburg verbundene Bauunternehmen **H. C. Hagemann** seit 1869 ansässig.

Links oben: Meister und Schichtführer besprechen den nächsten Schritt in der Produktion der Metallgummiteile von Phoenix.
Links unten: Ob Fahrtensegler oder Fischerboot: Die Bootsbauer von Ecoboot kriegen beide wieder flott

Die Phoenix-Werke grüßen die Reisenden am Harburger Bahnhof

Dessen jetziger Alleininhaber und Geschäftsführer Arne Weber zeichnet wesentlich mitverantwortlich für die Entwicklung des Technologie-Standortes „channel harburg“.

Wo Wasser und Stege sind, dürfen Bootswerften und Segelmachereien nicht fehlen. Seit 1994 machen Bootsbaumeister Gorch von Blomberg und seine Mitarbeiter auf der **Ecoboot-Werft** am Überwinterungshafen Jollen und Yachten klar zum Ablegen. Ob Neubau, Reparatur oder Innenausbau von Booten und Yachten, alle Arbeitsschritte stehen unter dem Gebot der Umweltverträglichkeit, also „Wassersport im Einklang mit der Natur“.

Harburger Verbindungen

Ob mit oder ohne Auto, in weniger als zwanzig Minuten bringen Elbtunnel, Elbbrücken und S-Bahn die Harburger über die Elbe in die Hamburger Innenstadt. Der Bau der **S-Bahn-Verbindung** zwischen Hamburger Hauptbahnhof und Harburger Rathaus bescherte den Stadtteilbewohnern in den 1970er Jahren

Harburger Unterwelt: Fußgänger gelangen sicher durch die Harburger City

aber erst mal eine riesige Baustelle, die über lange Zeit den Verkehrsfluss stark behinderte. Außerdem resultierte daraus ein völlig neues Stadtbild. Zwar richtete sich der Tunnel der S-Bahn nach den vorhandenen Straßenverläufen, aber dennoch zog sich nach Abschluss der Bauarbeiten eine lange Schneise mitten durch das Stadtzentrum. In den frühen 1980er Jahren entstand hier der Harburger Innenstadt-Ring, der den Autofahrern freie Fahrt durch Harburg bescheren sollte – die nicht Motorisierten jedoch in die Unterwelt der Fußgänger-Tunnel verbannte. Bald hatte man in Harburg erkannt, dass dieses Konzept nicht aufging, und finanzierte einen Rückbau der Verkehrsader auf ein erträgliches Maß. Entlang des **Harburger Rings** entstanden bis in die 1990er Jahre das **Harburg-Center** und der Gebäudekomplex mit Arbeitsamt, Dienststellen des Sozialamtes und Studentenwohnheim, die das Erscheinungsbild der Stadtteilmitte mitprägen. Ein bisschen muss man sich schon auskennen, wenn man den richtigen Abzweiger zur *Buxtehuder Straße* (B 73), zur *Bremer Straße* (B 75) oder über die *Seehafenbrücke* sucht, um Harburg in gewünschter Richtung zu verlassen.

Wie Phönix aus der Asche

Im Stadtteil zeigen sich vor allem das **Phoenix-Viertel** und das Gebiet des ehemaligen Hastedts-Parks als Wohnquartiere. Im Zuge der Ansiedlung großer Industriebetriebe entstand in der Zeit von 1870–1900 zwischen Gummifabrik in der *Wilstorfer Straße* und Altem Friedhof auf einem schachbrettartigen Erschließungsmuster unter intensiver Grundstücksausnutzung eine große Zahl von Kleinwohnungen für die Haushalte der in der Nachbarschaft beschäftigten Arbeiter: das Phoenix-Viertel. Die drei- bis viergeschossige **klassizistische Blockrandbebauung** prägt dies Harburger Wohnquartier. Trotz öffentlich geförderter Modernisierungs- und Instandsetzungsmaßnahmen gibt es hier eine Reihe von Wohnungen, die nicht unbedingt den üblichen Ausstattungsstandards entsprechen, und hinzu kommt die Immissionsbelastung durch die benachbarten Industriebetriebe. So wundert es nicht, dass im Viertel vorwiegend einkommensschwache Gruppen wohnen – der Ausländeranteil beträgt rund 40 Prozent. Die multikulturelle Atmosphäre mit besonderem Flair und die zentrale Lage ziehen jedoch zunehmend auch besser Verdienende in das Phoenix-Viertel. Während der Industrialisierung setzte sich auf dem ehemaligen Gelände des **Hastedts-Parks** die Stadterweiterung fort. Hier entstand von 1909 bis in die 1920er Jahre eine

Auf einen Döner trifft man sich an der Wilstorfer Straße im Phoenix-Viertel

Frisches vom Markt bekam man schon in den 1920er Jahren am Sand

große Anzahl von Beamten- und Angestellten-Wohnungen in Geschossbauweise, die heute noch das Wohngebiet prägen. Den Charakter der **Reformarchitektur** des frühen 20. Jahrhunderts präsentiert das Gebäudeensemble *Kroosweg 22–32*. Ein gutes Beispiel für die Fortführung dieses Stils in den 1920er Jahren ist der von den Architekten Ernst und Eduard Theil entworfene Komplex *Mergellstraße 1–19, Hastedtstraße 34–48, Hirschfeldstraße 2–8*.

Die wenigen Grünflächen in Harburg geben sich kaiserlich: der Schwarzenbergpark

Pause auf dem Berg

Wenn die Harburger einen Ausflug ins Grüne machen, verlassen sie in der Regel ihren Stadtteil und erholen sich in der nahen Umgebung, z.B. in Wilstorf am Außenmühlenteich oder in Neuland am Baggersee. Die Bewohner des Phoenix-Viertels nutzen das Gelände des **Alten Friedhofs** für eine kurze Verschnaufpause. Zwischen *Maretstraße* und *Bremer Straße* erstreckt sich dieses Gelände als eine der wenigen Grünflächen des Stadtteils. Zu einem längeren Spaziergang, auf dem es dann auch noch einiges zu sehen gibt, geht es in den **Schwarzenbergpark**. Der Schwarzenberg diente wegen seiner erhöhten Lage als Geschützstellung während des Siebenjährigen Krieges (1756–63) und der napoleonischen Befreiungskriege zu Beginn des 19. Jahrhunderts. Der eigentliche Ausbau zur öffentlichen Parkanlage begann 1835/36, als man den Berg systematisch bepflanzte und Wege und Plätze anlegte. Der „Gipfel" des Schwarzenberges wurde planiert und als Exerzier- und – früher wie heute – als Festplatz genutzt. Zu sehen gibt es den 1886 aufgestellten Gedenkstein für den Harburger Oberbürgermeister Friedrich Wilhelm August Grumbrecht, das 1894 errichtete Kugeldenkmal zur Erinnerung an die Befreiungskriege und einen Zweischalenbrunnen von 1898 (restauriert 1995/96). Auch befinden sich auf dem Schwarzenberg der Schloss- und Garnisonsfriedhof, angelegt in der Mitte des 17. Jahrhunderts, und der jüdische Friedhof – der älteste erhaltene, aber seit 1938 geschlossene Friedhof in Harburg.

Shoppend durch Harburg

Am besten bummelt es sich in der in den 1970er Jahren zur **Fußgängerzone** umgebauten *Lüneburger Straße*. Ob großes Warenhaus oder kleine Boutique, hier ist für fast jeden Geschmack und Geldbeutel etwas

Großstadtgören begegnen den Harburgern wahrscheinlich nicht nur in Form dieser Bronze am Lüneburger Tor

Ob Kaffeepause oder Kickboard-Runden: In der Lüneburger Straße stört kein Autoverkehr

dabei. Kennerinnen der Einkaufsszene behaupten sogar, dass hier die Auswahl an Schuhgeschäften eine der reichhaltigsten im Hamburger Stadtgebiet sei. Wer sich zwischen Pumps und Pantoletten nicht sofort entscheiden kann, versüßt sich die Bedenkzeit mit Sahnetörtchen, Cappuccino oder einem Eisbecher in einem der zahlreichen Steh- und Straßencafés der Einkaufsmeile. Wenn die Kleinen mit dabei sind, kommen die Eltern um einen Besuch des Spielwaren-Supermarktes toys'R'us im **Marktkauf Center** nicht herum. Das ist aber meistens gar nicht tragisch, denn während die Steppkes mit Papi zwischen Barbiepuppen und Playmobil verschwinden, kann Mutti getrost den Wochenendeinkauf bei Marktkauf erledigen. Wer zentral wohnt, braucht sich über Vorratshaltung nicht den Kopf zu zerbrechen, denn er kauft Frisches auf dem **täglichen Wochenmarkt** am *Sand*. Dort befinden sich außerdem zahlreiche Geschäfte, u. a. eine der rund 80 Filialen der Hamburger **Drogeriekette Budnikowsky**. Was die wenigsten wissen: Budni kommt aus Harburg. Firmengründer Iwan Budnikowsky eröffnete 1912 hier sein erstes Seifen-Spezialgeschäft.

Mitten in der Harburger Innenstadt, direkt am *Harburger Ring*, entstehen mit einer Einzelhandelsfläche von 14 000 m^2 die **Arcaden**. Das Einkaufszentrum bietet auf drei Ebenen Platz für 65 Geschäfte, und da bekanntlich Konkurrenz das Geschäft belebt, ist eine weitere überdachte Shopping-Meile – das **Phoenix-Center** – auf dem Gelände der gleichnamigen Gummifabrik geplant. Frisches Obst und Gemüse wird man im Phoenix-Viertel aber sicher weiterhin aus türkischer Hand beziehen.

Ob in der Mittagspause zum schnellen Snack oder um nach Feierabend, wenn mal wieder alle anderen Geschäfte ihre Türen geschlossen haben, noch das Nötigste zu besorgen – einen **Kiosk** oder eine **Trinkhalle** hat in diesem Stadtteil fast jeder um die Ecke. Zudem sind sie eine Harburger Besonderheit. Kioske dieser Art sind typisch für den ganzen Bezirk, sodass die Bewohner hier gegenüber allen anderen Hamburgern einen echten Einkaufsvorteil haben.

Warten aufs klassische Trinkhallen-Menü: Würstchen mit Kartoffelsalat

Vom Computer an den Mittagstisch: der Palmspeicher im „channel harburg"

Harburg tischt auf

Wer im Binnenhafen arbeitet, der kann seine heimische Küche auch mal kalt lassen. Frühstück gibt es ab 8.00 Uhr bei **Hornbachers im Hafen**, dem ehemaligen Brauereigasthof „Zum Goldenen Engel", oder im eigenen Büro, denn **Kalligas** liefert Brötchen direkt auf den Schreibtisch. Wenn mittags Zeit für eine Pause ist, bedient man sich am Buffet im **Palmspeicher** und erholt sich mit oder auch mal von den Kollegen in der besonderen Atmosphäre des Innenhofes. Im **Marinas** kann man für Geschäftsessen oder auch private Feiern einen Tisch reservieren. Das Restaurant im Binnenhafen bietet gehobene maritime Küche, die auch höchsten Ansprüchen gerecht wird, im Ambiente eines modernen Yachtclubs. Um dem Abschluss noch etwas nachzuhelfen, kann man seinen Geschäftspartnern etwas Außergewöhnliches bieten. Man bucht hier einen Kochkurs, mit dem sie einen Blick hinter die Kulissen der Spitzengastronomie werfen können. Nach Feierabend trifft man sich zur beliebten **After-Work-Party** wieder im Palmspeicher oder verlässt das Hafengebiet und feiert dienstags direkt nach Büroschluss im **4U** am *Krummholzberg* ab. Wer lieber in historischer Atmosphäre speist, bestellt in einem der zahlreichen Lokale in der *Lämmertwiete*.

In maritimer Atmosphäre den Gaumen verwöhnen lassen: das Marinas

Köpfe

Die Walter-Dudek-Brücke über der Harburger Bahnhofsanlage und ein Gedenkstein erinnern heute an den im Jahre 1925 gewählten Oberbürgermeister von Harburg, **Walter Dudek**. Mit ihm bekam Harburgs Verwaltung erstmals einen sozialdemokratischen Kopf. Während seiner Harburger Amtszeit hinterließ Dudek als Initiator der Gründung der Großstadt Harburg-Wilhelmsburg seine Spuren und machte sich besonders um die Förderung des gemeinnützigen Wohnungsbaus verdient. Obwohl auf zwölf Jahre gewählt, wurde Dudek nach der Besetzung des Harburger Rathauses durch die Nationalsozialisten am 11. 3. 1933 abgesetzt. Nach dem Zweiten Weltkrieg war er 1946–53 als Hamburger Finanzsenator tätig.

Seit Januar 2002 ist **Michael Merkel** offiziell Herr der Steine, Beile, Töpfe und natürlich auch der – manchmal etwas rostigen – Ringe im Helms-Museum. Als Leiter der archäologischen Sammlung des Hauses kennt er sich deshalb nicht nur in der Harburger Vor- und Frühgeschichte aus, sondern weiß ebenso, was in den anderen Stadtteilen schon alles ausgegraben wurde. Und wenn der gebürtige Barmbeker die Museumsbesucher mit seinem Enthusiasmus für die frühen Funde ansteckt, dann erzählen seine Steine plötzlich Geschichte.

Adia Mirgilani ist „Managerin" der Phoenix-Viertel-Band, die sie Ende 2001 in ihrer Funktion als 1. Vorsitzende des Jugendausschusses des Fördervereins Lebendiges Phoenix-Viertel e.V. aufgebaut hat. „Es war gar nicht so einfach", so erzählt die engagierte Frau, bis sie schließlich Schüler des Lessing-Gymnasiums fand, die von dem Projekt begeistert waren. Die 20-jährige Iranerin hat ihren Lebensmittelpunkt im Phoenix-Viertel. Hier wohnt und arbeitet sie, und nach Feierabend organisiert sie regelmäßig Videoabende, „Klamottenverschönerungskurse" oder eben Konzerte der Phoenix-Viertel-Band.

Auf der Titelseite: Walter Dudek. Vor dem Museum: Michael Merkel. Im Phoenix-Viertel: Adia Mirgilani

Harvestehude

ist der feinere Nordteil des unvergessenen, 1993 abgeschafften Postzustellbezirks „Hamburg 13“. Er stand für Bonität, Seriosität und hamburgisches Oberklassen-Understatement. Die Wohnlage ist so begehrt wie teuer, denn hier strahlt Hamburg mit Alster und viel Stadtteilgrün von einer seiner schönsten Seiten

Steckbrief

Fläche:
2,019 km²
Einwohner:
17 649
Verwaltung:
Bezirk Eimsbüttel, Kerngebiet
Ortsteile:
313, 314

Harvestehude: fast gewerbefreies Wohngebiet mit viel Grün und nahe der Alster gelegen

Der Stadtteil heißt nach dem ehemaligen Zisterzienserkloster, das 1247, allerdings an ganz anderer Stelle, gegründet worden war, nämlich beiderseits des Baches **Pepermölenbek**, etwa auf der heutigen Bezirksgrenze zwischen Hamburg-Mitte und Altona. Die dort geschützt liegenden Weiden („Huden“) gehörten seit anno 1225 dem Ratsherrn Bertus (niederdeutsch: „Herbert“). Diese „Herberts-Weide“ beim späteren St. Pauli wurde zum Klostergrund auf „Herr Wardes Hude“, woraus „Harvestehude“ wurde.

Das von **Gräfin Heilwig von Holstein und Schaumburg** gestiftete „Herbertsweiden-Kloster“ wurde wegen Hochwasser- und Seeräubergefahr 1295 landeinwärts Richtung Eppendorf verlegt.

Das neue Klostergelände zwischen Isebek-Mündung und heutigem Eichenpark entwickelte sich durch Vermächtnisse und geschickte Pacht- und Kreditpolitik zum vermögenden Kirchenbetrieb und als solcher v.a. zum Versorgungsheim für ledig gebliebene **höhere Töchter** wohlhabender Hamburger. Im 14. Jahrhundert gewannen die Nonnen sogar Eppendorf samt dessen alter Pfarrkirche St. Johannis hinzu. 1529 jedoch verloren

sie den Schutz des Rates, weil sie ihm in Reformationsdingen nicht folgen wollten. Dieser ließ kurzerhand die Klostergebäude abbrechen und die 19 verbliebenen Nonnen in das ebenfalls damals aufgelöste Dominikanerkloster St. Johannis innerhalb der Stadtmauern in der Gegend des heutigen *Rathausmarktes* umziehen (s. Hamburg-Altstadt). Fortan nannten sich die Ex-Harvestehuderinnen **Konventualinnen des evangelischen Jungfrauenstiftes Kloster St. Johannis** (zum heutigen Damenstift s. Eppendorf).

Sonnenlichtblick auf den Anglo-German Club mit eigenem Garten für feinere Feste im Alstervorland

Aus der Geschichte

1814, nach Abzug der Franzosen, die hier im Jahr zuvor alle Gebäude für freies Schussfeld abgerissen hatten (s. Neustadt), war das ehemalige Klostergelände nur Teil des bis zu 20 m hohen Geestbuckels mit Wald, Brache und Weiden. Erst nach Aufhebung der Torsperre wurde das Areal vor dem Dammtor wichtiges Stadterweiterungsgebiet.

1866 kaufte ein **Klosterlandkonsortium** das ehemalige Klosterland für 4 Mio. Mark Banco (1,5 Mio. davon waren an die 1870 gegründete Ev. Landeskirche abzuführen). Der bis heute segensreich wirkende Straßenplan sah eine Art Schachbrettschema vor, respektierte nur teilweise den Verlauf alter Landstraßen und führte diese am *Klosterstern* zusammen. Einige Kreuzungen bekamen platzartige Ausweitungen, alle Straßen und Alleen Pflasterung und viel Grün.

Nach Erschließung und Parzellierung erfolgte 1882 die Übergabe an die Stadt. Strenge **Klosterlandbedingungen** sorgten in der Folge für einheitliche Bebauung mit Vorgartenstreifen und gleichen Fluchtlinien. Ausdrücklich sollte es keine kleinen Wohnungen und kein Gewerbe geben. Anno 1912 lebten in Hamburg 723 Vermögensmillionäre, mehr als die Hälfte hatten im „Klosterland" gekauft oder gemietet. Nur entlang der gesamten *Isestraße* und in drei Bereichen um *Hochallee* und *Eppendorfer Baum* war auf Klosterlandgebiet Geschosswohnungsbau gestattet. An den anderen Straßen entstanden die typischen **Villenreihenhäuser** mit Innengärten. In den zur *Heilwigstraße* hin immer prächtigeren Geschossbauten der *Isestraße* (daher ab *Grindelberg* die volkstümliche Einteilung in „Fiese-, Miese- und Isestraße") entstanden luxuriöse Grundrisse im Fünf- bis Acht-Zimmer-Schema, teilweise mit Veranden und separatem Dienstbotenaufgang. Die Nummern 115 bis 117 bilden das bedeutendste Hamburger **Jugendstil-Ensemble**.

Chancen zu großzügiger Stadtplanung ergaben sich nach der Klosterlandbebauung ein zweites Mal, als 1926/27 auf den Wiesen am Isebekkanal in der *Schlankreye* der Wohnblock „Klinker" entstand sowie ihm gegenüberliegend ein eindrucksvolles **Schulviertel** mit ebenfalls roten Backsteinfassaden.

Die zwischen den Villen mit ihren parkartigen Gärten noch lockere Bebauung an der *Sophienterrasse* reizte die Machthaber der NS-Zeit, mitten in Harvestehude auf einem 3,8 ha großen Grundstück einen gewaltigen Bau im kühlen,

Das 1295 von der Elbe an Alster und Isebek verlegte Kloster gab dem Viertel den guten Namen

Zeugen etlicher Jahrhundertwendestile: Art nouveau in der Isestraße und gründerzeitliches Prachttreppenhaus in der St. Benedictstraße

ideologisch instrumentalisierten neoklassizistischen Stil der Zeit für das Generalkommando des X. Armeekorps und die Wehrkreisverwaltung zu errichten (1935–37, Architekten Distel & Grubitz). Seit 1956 ist es Sitz der **Standortkommandantur** (Bürofläche: 18 000 m², Grünfläche: 13 600 m²), steht aber als Liegenschaft des Bundes gegenwärtig zur Disposition. Die sanierungsbedürftigen Randvillen fanden schon Liebhaber, die Zukunft des pompösen, adlerbewehrten Hauptbaus bleibt abzuwarten. Letzte architektonische Großtat in diesem Stadtteil war der Bau der **Grindelhochhäuser** 1946–56.

Bestandsgarantie

Ausdrücklich sehen die Hamburger Stadtentwicklungs- und Bebauungspläne den Erhalt von Stadtgrundriss und Quartierscharakter vor, nach der „Ausweisung W II–IV g" (2–4 Geschosse, geschlossene Bauweise) drohen demnach keine höheren Bausünden. Allerdings gibt es Pläne für Straßenverbreiterungen von *Hallerstraße* und *Rothenbaumchaussee* auf Kosten der Vorgärten. Der Stadtteil hat nun einmal nur wenige Hauptverkehrsachsen: Die *Rothenbaumchaussee* gilt als überlastet, die zweispurige *Hochallee* als Ärgernis durch großzügige Radfahrerbegünstigung, die *Hallerstraße* endlich als ausbaufähig bis zum *Mittelweg*.

Hamburgs Dichter wie Klopstock (unten) und Hagedorn verkehrten im Klosterwirtshaus. Unweit seines damaligen Standorts steht der Hagedorn-Gedenkstein im heutigen Eichenpark

Die bepflanzte Idylle

Im 18. Jahrhundert entstand unterhalb des einst lindenbewachsenen Licentiatenbergs das viel gerühmte „Klosterwirtshaus". Hier verkehrten die besseren Kreise und die berühmten Poeten der Zeit wie **Friedrich Gottlieb Klopstock** (s. Ottensen) und **Friedrich v. Hagedorn** (1708–54, seit 1893 erinnert im Eichenpark ein Granitstein mit Relief an ihn). Die uralte Eichenromantik des Parks an der Krugkoppel wurde auch von den Franzosen, die 1813 sonst alles niederlegten und abholzten, nicht zerstört und blieb noch bis in die 1950er Jahre erhalten. „Nordische Gartenstadt" lautete die Bewunderung der Zeitgenossen schon im 19. Jahrhundert für die umgrünten, schlossartigen Landhäuser. Schwärmer sahen „Ruhe und Beschaulichkeit atmende Villen", Kunsthallendirektor Alfred Lichtwark nannte den *Harvestehuder Weg*

„schönste Straße Hamburgs". Tausende von Schönwetter-Spaziergängern, morgend- wie abendlichen Joggern und Teilnehmer des früheren „Hansa-", jetzt „Hansaplast Marathons" empfinden diesen Abschnitt bis heute ähnlich.

Alles wäre in bester harmonischer Ordnung, gäbe es sommers keine gelegentliche Vermüllung, keinen nervtötenden Vandalismus oder weniger Park-Chaos

an lauen Sommerabenden und -nächten rund ums „Alster Cliff". Romantiker jeden Alters aber müssen Behördenpläne fürchten, nach denen eines Tages die Uferstrecke beleuchtet sein könnte – der Mond genügte Generationen, und bei Neumond reichte der Tastsinn …

Der Alsterreiz

Perle und Schmuckstück des Viertels ist die „grüne Visitenkarte", das **Alstervorland**, auch „Alsterpark" genannt. Immerhin liegt die Hälfte der 1,5 km langen Uferpromenade auf Harvestehuder Gebiet, und niemand ahnt, dass dieser „Überschwemmungssaum" einst häufig überflutete Pferdeweide war.

Die Alster selbst soll schon in wenigen Jahren durch Sielbau-Maßnahmen und den Ringverbund von Rückhaltebecken ihre lange propagierte „Badewasserqualität" (Güteklasse 2: „mäßig belastet") zurückbekommen. Allerdings bleibt der Bodenschlamm weiter stark verunreinigt, ausgebaggerter Schlamm ist teuer zu entsorgender Sondermüll. Das Baden wird deshalb verboten bleiben.

Alsterufer für alle

Schon 1902 gab es einen „Bebauungsplanentwurf" für Harvestehude, der das Alstervorland zur öffentlichen „Promenieranlage" machen wollte, doch die Zeitläufte verhinderten dies jahrzehntelang. Erst 1953 hatte die Stadt (unter Bürgermeister Max Brauer/SPD) Mut und Geld genug, das Alstervorland im Rahmen der Internationalen Gartenbauausstellung (IGA) zum öffentlichen Park und zum Außenalster-Startpunkt des Alsterwanderweges bis hinauf zur Alsterquelle zu machen. 1953 diente das Gelände der Ausstellung „Plastik im

Das Alstervorland mit Liege- und inoffizieller Hundewiese ist Meeting-Point bei jedem Wetter, die weißen „Strahlensessel" geben Genießern die Illusion vom Privatpark

Wenn sie denn mal zugefroren ist, lockt die Alsterfläche Hunderttausende und macht Alsterufer und Harvestehuder Weg zur Massenauffahrt

Freien" mit 50 Werken internationaler Künstler, daher die zeittypisch akkuraten Mäuerchen und die wohlbepflanzte Abzirkelung des westlichen Flanierwegs.

Die anderen Parks

Neben dem Alstervorland trägt viel weitere, wenn auch weniger weitläufige öffentliche Natur zum grünen Ruf Harvestehudes bei. Die staatlich gepflegten Bäume – insgesamt 838 Linden, 337 Eichen, 213 Ahorne und 170 Platanen – sind den Anwohnern sosehr ans Herz gewachsen, dass Baumpatenschaften die Arbeit des Gartenbauamts ergänzen und den Bestand sichern helfen.

Am Winterhuder Ufer gegenüber sind die Villen weniger baumversteckt und damit schönste Kulisse für Harvestehuder, an deren Ufer noch Relikte der Ausstellung „Plastik im Freien" von anno 1953 die Landschaft zieren

Der **Eichenpark** heißt erst seit 1871 so und entstand damals aus dem ursprünglich noch 2,4 ha großen „Krugkoppelpark" an der Alsterlaufbucht, dem ehemaligen „Schiffsloch". An seinem seichten Ufer lernten Generationen Harvestehuder Kleinkinder Enten füttern und Schwäne fürchten. Heute noch imponiert der stille Park mit vielen 250 Jahre alten, blitz- und altersgeformten Eichen. Auf seine heutigen 1,9 ha wurde er erst 1892 durch den Holzbau der *Krugkoppelbrücke*

Am ehemaligen „Schiffsloch" übt sich seit Generationen der Harvestehuder Nachwuchs in Respekt vor Alsterschwänen, später folgt der erste Alleingang ins Kino meist zum Grindel Ufa-Palast

nach Winterhude verkleinert (1927 ersetzt durch die dreibogige Backstein-Konstruktion samt Dampferanlegern). Der **Licentiatenberg** liegt dem Eichenpark schräg gegenüber, in diesem Mini-Park (0,4 ha) ragt Hamburgs wohl älteste Eiche, die sich in mindestens 400 Jahren auf knapp sieben Meter Stammumfang auswuchs. Der nahe **Bolivarpark** (1,2 ha) war schon zu Klosterzeiten der „Abteipark", entstanden in einer ausgebeuteten Kiesgrube. 1952 wurde aus dem Abtei- der Bolivarpark auf Vorschlag des venezolanischen Generalkonsuls, der auch die Statue des lateinamerikanischen Freiheitshelden Simón Bolívar stiftete. Der **Innocentiapark** (3 ha) schließlich ist ein abgerundetes Rechteck und ideale Erholungsinsel inmitten der Villenflächen. Papst Innozenz IV. (im 13. Jahrhundert der „Bestätiger" des Klosters) benamte die Anlage.

Harvestehuder Kulturleben

Harvestehude beherbergt zwei alte Hamburger Kinos. So richtig gemütlich lässt seit 1953 das **Holi-Kino** am Hoheluft-Bahnhof die Bilder flimmern. Bis 1982 gab es eine Raucherloge hinter großer Glasscheibe (heute der Raum von Holi 2) und doppelsitzige „Knutschsessel" in der letzten Reihe. Der theatralisch stanniolglitzernde, inzwischen restaurierte und unter Denkmalschutz hängende Hamburgensien-Vorhang von 1953 ist nach wie vor das Markenzeichen des beliebten Hauses. Nur ein paar Gehminuten weiter südlich empfängt seit 1959 der **Grindel Ufa-Palast** am *Grindelberg* sein Publi-

kum; ehe das Multiplexx-Kino am Dammtor eröffnet wurde, war das Grindel Hamburgs größter und technisch stets modernster Filmpalast. Seit 1996 ist es zur *Bogenallee* hin so erfolgreich vergrößert, dass es allabendlich schon ein Erlebnis für sich ist, durch das Gedränge überhaupt in eines der nunmehr sechs Kinos hineinzugelangen.

Snobsport

Die früheren Wiesen zwischen *Haller-* und *Hansastraße* boten seit Ende des 19. Jahrhunderts dem „Eisbahnverein vor dem Dammthor" im Winter besprengte Flächen für den Schlittschuhsport, bald auch sommers Sandtennisplätze. Zeitweilig konkurrierten ein „Pöseldorfer" (1890–1906) und ein „Harvestehuder Lawn-Tennis-Verein" (HLTC, seit 1891, Keimzelle des heute in Winterhude/Barmbek beheimateten **Harvestehuder Tennis- und Hockey-Clubs/HTHC**). Der Eisbahnverein leistete sich 1906 sogar ein gigantisches Clubhaus (im Volksmund „Bahnhof" genannt). Hier gründeten 1919 im Winter Hockey spielende **Alsterpiraten** (die selbstständige Jugendabteilung des **Norddeutschen Regattavereins/NRV**) den **Der Club an der Alster** (DCadA), der sich erfolgreich entwickelte und 1922 selbstständiger Club wurde. Die Mitgliedschaft von Söhnen und Vätern der Upper Ten ist seitdem prägend, Geldspritzen verhalfen 1927 zu Hockeygelände in Wellingsbüttel, zur Tennisabteilung, einem Hausboot auf der Alster und ermöglichten 1932 die Übernahme von Bau- und Pachtgelände aus der Konkursmasse des Eisbahnvereins. Geerbt hatte „der Club" die Auflagen, winters Eisbahnen anzubieten und sommers ein Großturnier zu dulden. Hier lag also auch die Keimzelle des DCadA, dem Pachtnachfolger des Gesamtgeländes. Ferner konnte deshalb der **Deutsche Tennisbund** (DTB) den alteingesessenen Club an der Alster (auf städtischem Pachtgelände) und obendrein die Stadt selbst mit immer gigantischeren Tennisturnierprojekten erpressen, deswegen musste „Der Club an der Alster" sein hübsches zweites Clubhaus von 1956 (Architekt Caesar Pinnau), seine Hockey- und Tennisturnier-Plätze sowie den idyllischen Schwimmbadbau opfern und sich auf angestammtem Gelände mit einer Randlage im Neubau begnügen.

Der frühere Club-Charme ging zwischen zu viel Beton etwas verloren. Dennoch ist die kostspielige Mitgliedschaft im „Der Club an der Alster" (so auch die offizielle Sprechweise unter den über 2500 Mitgliedern) und das Eingeladensein zu dessen Festen eine Prestige-Angelegenheit in Harvestehude und seelenverwandten Stadtteilen. Ob der konsequent konservative NRV nicht doch noch feiner sei, wird ständig diskutiert.

Klassetennis am Rothenbaum: einmal im Jahr unter dem größten Membrandach der Welt für den Regenfall, ansonsten privat im „Der Club an der Alster" am Rande der ausgedehnten DTB-Anlage

Immerhin ist auf „eigenem" Pachtgelände einmal im Jahr „Weltklassetennis" (DTB) als Turnier für Damen (Betty Barclay Cup) und Herren (Tennis Masters Series) zu Gast, offiziell „am Hamburger Rothenbaum". Seit 1998 wird regen- und spielausfallsicher unter dem **größten Membrandach der Welt** gespielt. Die Konstruktion entfaltet sich binnen fünf Minuten über Center Court und 13 300 Zuschauern. Dem weiteren Ausbau des Geländes stehen Bebauungspläne und Anlieger entgegen.

Wahlverhalten

... zur Bürgerschaft 2001 (gesamt)

Wahlbeteiligung	71,0%
SPD	36,5%
CDU	26,2%
Schill-Partei	19,4%
Grüne/GAL	8,6%
FDP	5,1%
Übrige	4,2%

... zur Bürgerschaft 2001 (Stadtteil)

Wahlbeteiligung	78,9%
SPD	35,0%
CDU	27,0%
Schill-Partei	11,2%
Grüne/GAL	12,1%
FDP	11,3%
Übrige	3,3%

Stadtteil-Profil

	Harvestehude	Bezirk	Hamburg
Bevölkerung gesamt (2000)	17 649	244 893	1 704 929
Unter 18-Jährige in %	11,9	14,1	16,1
65 Jahre und älter in %	16,4	16,1	17,0
Deutsche	14 727	208 892	1 432 325
Ausländer in %	16,6	14,7	16,0
Einwohner je km²	8741	4914	2258
Sozialstruktur			
Sozialhilfeempfänger (2000)	618	13 118	120 461
Arbeitslose (2001)	520	9260	71 963
Eink. je Steuerpfl. in DM (1995)	105 897	67 141	65 579
Wohnen (2001)			
Wohngebäude	1295	28 953	226 061
Ein- und Zweifamilienhäuser in %	5,1	16,2	20,5
Ø Wohnungsgröße in m²	86,5	71,5	71,0
Wohnfläche je Einwohner in m²	48,3	37,3	35,7
Verkehr			
Private Pkw (2001)	6678	90 230	628 119
Straßenverkehrsunfälle (2000)	125	1752	12 430
Kriminalität			
Straftaten insgesamt (2000)	1988	28 994	284 272

Kreuzigungsszene hinter dem Altar der St. Nikolaikirche, gemalt von Oskar Kokoschka

Die Kirchen

Harvestehude ist bestens „seelenversorgt". Seiner ev.-luth. **Hauptkirche St. Nikolai**, seit 1962 Ersatzbau mit massigem Westwerk (Entwurf Gerhard Langmaack) für die zerstörte Vorgängerin am *Hopfenmarkt* (s. Hamburg-Altstadt), spendierten Sponsoren die Turmbeleuchtung als Dank für reiches, sehr persönliches Gemeindeleben und Konzerte und die beliebte „Seniorenakademie". Bemerkenswert sind in der Eingangshalle das Riesenfenster der Glasmalerin Elisabeth Coester, das im Zweiten Weltkrieg vorsichtshalber nicht mehr in die alte Hauptkirche eingebaut worden war, und seit 1974 im asymmetrischen Kirchenraum das **Kokoschka-Mosaik** „Ecce homines – so sind die Menschen!". Die nahe „Stiftung Altenheim St. Johannis/St. Nikolai" am *Mittelweg 106* betreibt ein sehr gefragtes Seniorenwohnheim. Einzige ev.-luth. Konkurrenz-Kirche im Stadtteil ist die **St. Andreas-Kirche** in der *Bogenstraße 26*, 1907 nach Plänen vom bekannten Hamburger Architekten Hugo Groothoff als betont schlichter Backsteinbau errichtet, 1943 von einem der wenigen Bombentreffer in Harvestehude zerstört und seit 1951 wieder intakt. Die **Steinmeyer-Orgel** mit ihren 45 klingenden Registern ist Schmuckstück und Konzertattraktion.

Katholiken haben seit 1926 mit der Kirche **St. Elisabeth** in der *Oberstraße 65* ihr baulich an die Villenumgebung perfekt angepasstes Gemeindezentrum. Hier finden an jedem Sonntag um 12 Uhr eine englische und um 17.30 Uhr eine spanische Messe statt. Die Elisabethkirche unterhält einen Kindergarten und betreut auch die nahe Katholische Schule in der *Hochallee 9*. Seit Beginn des 20. Jahrhunderts blieb die ursprünglich amerikanische „Gemeinschaft der Sieben-ten-Tags-Adventisten" (sie beachten Erwachsenentaufe und Sabbatheiligung) samt Kindergarten an ihrem Standort am *Grindelberg 15 a*. Nach den Zerstörungen im Krieg trifft sich die Adventgemeinde hier in einem Bau aus den 1950er Jahren.

Die Hauptkirche St. Nikolai mit starkem Geläut durch das Villenviertel und spendierter Turmbeleuchtung

Die Grindelhochhäuser

Unübersehbarer Stadtteil im Stadtteil sind die **Grindelhochhäuser** auf dem „Grindelberg". Hier ragen sechs 15-geschossige (43 m) und rhythmisch versetzt sechs zehngeschossige (28 m) Gebäude als Hochhausscheiben aus dem sie umgebenden Park, denn nur neun Prozent des Gesamtareals sind bebaut. Als erstes

Wohnhochhausprojekt in Deutschland sind die Gelbklinkerbauten mit ihren 121 bzw. 73 m Länge seit 1979 denkmalgeschützt. Ursprünglich als Luxuswohnungen für die Mitglieder der britischen Zonenverwaltung gedacht, waren sie nach der Verlegung des Hauptquartiers nach Frankfurt eigentlich unnötig geworden. Die 1946 begonnene Großbaustelle wurde 1949–56 im Rahmen des sozialen Wohnungsbaus unter SAGA-Regie abgeschlossen. Dafür verschwanden 160 frühere, zum Teil zerbombte Grundstücksparzellen (alte Bebauungsdichte 41 Prozent) und sogar ganze Straßenabschnitte der seitdem verkürzten *Hansa-* und *Werderstraße*.

Über die Jahrzehnte haben die etwa 3000 Bewohner der Grindelhochhäuser zu ihren Hausscheiben ein gespaltenes Verhältnis entwickelt. In den Stolz auf Fernblick, Dachterrassen und zentrale Einrichtungen wie Läden im Parterre, nahe Behörden, Spielplätze, Tiefgarage, Zentralwäscherei, Markisen- und Müllschlucker-Komfort mischten sich Verärgerung über Verslumung, Überalterung, Parkplatznot und Vernachlässigung durch die SAGA. Erst ihre 2001 abgeschlossene aufwändige Sanierung hat aus „den Hochhäusern" wieder echte Schmuckstücke werden lassen.

Mit gut 3000 Bewohnern fast ein Stadtteil für sich: Auf ehemaligem Villengrund entstanden nach dem Krieg die Grindelhochhäuser, Deutschlands erste Hochhaussiedlung

Der Klinker

Fast einen halben Kilometer lang ist die Front des schon zu Baubeginn 1926 so getauften **Klinkers** an der *Schlankreye*, den die Gesellschafter des Gewerbebauvereins nach der Inflation 1923/24 ausdrücklich als „Hommage an Hamburgs Rotklinkertradition" verstanden. Seit 1982 steht der nüchterne, expressionistische Langbau mit Flachdach unter Denkmalschutz und vermittelt seinen Bewohnern in den vielen Kleinwohnungen ein stolzes Identitätsgefühl. In den

Der „Klinker" an der Hoheluftbrücke – wie viele mögen es sein?

In Harvestehude herrschen kinderparadiesische Zustände, wie hier im „Innopark“

einstigen „Festsälen“ im Osten hat sich seit 1952 das „Holi“-Kino etabliert, die benachbarte Kneipe heißt noch immer „Klinker Kegelbahnen“.

Kinderlust

Kinder in Harvestehude großzuziehen oder hier Kind zu sein ist eine Lust: Das Freiluftleben in den Parks ist Naturerleben mitten in der Stadt, und sofern bezahlbar, sind Hockey, Tennis, Schwimmen und Freundschaften im Club an der Alster meist lebensprägend. Eher teure Privatkindergärten stehen ausreichend zur Verfügung, staatliche und kirchliche kommen hinzu, elf sind es insgesamt.

Die **Aktion Kinderparadies** hält seit 1960 an der *Oberstraße*/Innocentiapark ihren betreuten Open-Air-Kinderspielplatz (mit beheiztem Spielzimmer, WC und Telefon) ganzjährig von 9–13 Uhr geöffnet, die Gebühren für den meistbesuchten Platz der „Aktion“ sind minimal. In den 1990er Jahren wurden alle sechs Spielplätze des Stadtteils runderneuert, umzäunt und gegen Hunde gesichert.

Größte Schuldichte

Harvestehude hat eine enorme Schuldichte. Das alsternahe **Wilhelm-Gymnasium** am Ende des *Klosterstiegs* stand jahrzehntelang in Konkurrenz zum Johanneum (s. Winterhude). 1881 gegründet, zog es vier Jahre später an die Ecke *Grindelallee/Moorweide* (heute Altbau der Staats- und Universitätsbibliothek). Ausgebombt, wurde das Wilhelm-Gymnasium zur Wander- und Gastschule, bis es 1964 seine heutigen Backsteinpavillons beziehen konnte. Das **Helene-Lange-Gymnasium** (HLG) in der *Bogenstraße 32* (gegr. 1910, 1927 benannt nach der Vorkämpferin der bürgerlichen Frauenbewegung) war zusammen mit dem Gymnasium Lerchenfeld Hamburgs erste staatliche höhere Mädchenschule und lag als „Lyceum an der Hansastraße“ noch bis zum Bau der Grindelhochhäuser an der bis dahin durchgehenden Straße. Seit Einführung des erfolgreichen, schon legendären bilingualen Zweigs im Jahr 1970 (Englisch ab der 5. Klasse) ist das HLG erste doppelsprachliche Schule Hamburgs und hat inzwischen nach dem „Eimsbüttler Modell“ (für die Vor- und Studienstufe) die größte integrierte Oberstufe Hamburgs.

Harvestehude weist Hamburgs größte Schuldichte auf, weil das eigene und die Nachbarviertel in sehr kurzer Zeit besiedelt wurden. Rechts das Helene-Lange-Gymnasium

WILHELM-GYMNASIUM MDCCCLXXXI HAMBURG

Die **Ida-Ehre-Gesamtschule** (*Bogenstraße 34–36*, gegründet 1934 als „Jahnschule“) trägt seit Sommer 2001 den Namen der 1989 verstorbenen großen Schauspielerin, Hamburger Ehrenbürgerin und Intendantin der „Kammerspiele“. Die integrierte Gesamtschule für alle Abschlüsse hat eine eigene gymnasiale Oberstufe *(Lehmweg 14)*.

Einzige Grundschule des Stadtteils neben dieser Gesamtschule ist seit 1927 die **Katholische Schule** in der *Hochallee 9*, als Geheimtipp leistungsstolzer Eltern sehr gefragt. Wirklich wenige wissen, dass in Harvestehudes *Brahmsallee 99* die **Skandinavische Schule/Skandinaviska Skolan** beheimatet ist (früher „Schwedische Schule/Svenska Skolan“),

Das coole „Cliff" am Fähranleger ist der Star der Szene, das superbe Restaurant „Prinz Frederik" im Hotel Abtei mit einem Michelin-Stern geadelt (unten)

staatlich unterstützt von Schweden, Norwegen und Finnland. Unterrichtssprache ist Schwedisch, von Anfang an wird Deutsch und Englisch unterrichtet, und der Übergang auf ein Hamburger Gymnasium ist danach meist kein Problem.

Dezente Gastlichkeit

Der frühe Beschluss, in Harvestehude nur große Wohnungen und kein Gewerbe entstehen zu lassen, hatte zur Folge, dass es bis heute kaum geeignete Gastronomie-Standorte gibt. Der Stadtteil ist (bis auf ein paar kleine Lokalitäten in der *Isestraße* und in der *Rothenbaumchaussee*) ausgesprochen kneipenarm. Als einsamer Stern im Quartier strahlt (seit 1995 sogar als Michelin-Stern) das winzige Restaurant **Prinz Frederik** im Villen-Hochparterre des **Hotels Abtei** *(Abteistraße 14)*. Nur 18 Plätze hat das perfekt historisierende Schlemmer-Paradies, im Sommer noch vier auf dem kleinen Balkon. Im feinen „Hotel Abtei" mit drei Suiten und acht Doppelzimmern ist seit 1978 gepflegtester englischer Stil eine Augenweide für alle, die es sich leisten können. Nicht selten diniert und logiert hier höchste Prominenz mit größter Diskretion und besonderem Sicherheitsaufwand. Mangels Konkurrenz ist „das Abtei" bestes und teuerstes Haus im Stadtteil. In der gehobenen Mittelklasse (4 Sterne) gibt es Hotelzimmer im Stadtteil nur noch im **Hotel Smolka** im verkachelten Eckwohnblock *Isestraße* oder im **Hotel beim Funk** in der *Rothenbaumchaussee* neben dem NDR, als Garni very British. Ebenso prominent besucht wie diskret ist das dezente, seit 1950 bestehende **Funk-Eck** mit seinem großen „Terrassen Café".

Jung-Harvestehude trifft sich an der Ecke *Innocentia-/Isestraße* in der Mini-Bistro-Cocktailbar **Die Brücke** am Hochbahn-Viadukt (Bar 23 – 1 Uhr) oder speist showchic kulinarische Raffinessen im nahen japanesken **Zeik** in der *Oberstraße* in einem Grindelhochhaus.

Nur dem **Alster Cliff** (früher „Kleines Fährhaus") gelang es, seit Mai 1997 mit Schirmbar und trotz großer Parkplatzprobleme einen vor allem nächtlichen Sog ins Viertel zu erzeugen. Flüchter coolen Lifestyles ziehen bei Lust auf Alsternächte Hamburgs kleinste Cocktailbar **Red Dog** vor (25 Plätze, draußen bis zu 70), untergebracht übrigens im ehemaligen Toiletten-Häuschen an der *Krugkoppelbrücke*.

Events unnötig

In vornehmer Zurückhaltung sind dem Stadtteil Harvestehude überregionale Veranstaltungen wie der jährliche Marathonlauf, das Kirschblütenfest, zweimal Tennis am Rothenbaum und die Alster-

Zeitleiste

1295 Kloster-Übersiedlung
1529/30 Auflösung des Klosters
1729 Eppendorfer Chaussee verlängert südlichere Allee „Am Rotenbaum"
1813/14 Abriss aller Bauten und weit gehende Abholzung durch Franzosen
1838 350 Einw.
1860 Aufhebung der Torsperre
1866 Klosterlandkonsortium erwirbt das alte Klosterland
1882 Kirchengemeinde Harvestehude-Rotherbaum
1894 Harvestehude wird Hamburger Stadtteil
1912 Hochbahn-Viadukt Isestraße („Ring")
1931 „Funkwerbung NORAG GmbH" (später NDR) am Rothenbaum
1946–56 Grindelhochhäuser
1953 Alstervorland wird Park
1962 Straßenbahnlinie 18 wird eingestellt
1999 letzte Vorstellung im „Theater im Zimmer"
2001 Beginn der Umstrukturierung des NDR-Geländes

Bürgergeschichten

„Zum Kentern kurz vor Tante Lo“

Harald Kirsten**, Reeder und Unternehmer i.R., erinnert sich an seine Jugend im Alstervorland, seinen Tummelplatz Alster und den damals einzigen Zugang bei „Tante Lo“**

Harald Kirsten wuchs als Fontenay-Nachfahre auf der Harvestehuder Alsterseite auf und kennt „Tante Lo“, die Bude auf dem Steg, seit 1935

Bis 1953 war das Alstervorland eine paradiesische Wildnis, weniger eine gepflegte Gartenpracht. Jeder Alsterblick war heckenhoch versperrt, der Harvestehuder Weg eher ein Alleentunnel aus dicht stehenden Ulmen. Von meinem Geburtshaus Klopstockstraße/Fontenay 1, der heutigen Warburgstraße 52, lief ich zu Fuß zur Bertramschule am Harvestehuder Weg, Höhe Eichenpark. Später radelte ich etwas weiter bis zum Johanneum. Die meist unbenutzten, fast unzugänglich verlassenen Gärten zur Alster reizten uns Jungen kaum.

Wir engagierten und amüsierten uns bis 1943 lieber auf der Uhlenhorster Seite im Norddeutschen Regattaverein (NRV). Die Pendelfähre brachte uns rüber, wenn wir nicht selbst ruderten. Weil Baden offiziell verboten war, erklärten wir unser NRV-Dingi zur „Fähre 7“: Acht bis zehn Mann balancierten dann bei nur drei Zentimeter Freibord dicht an dicht stehend – und ruderten dabei mit den Bodenbrettern. Natürlich verschaukelten wir uns und kenterten jubelnd in der Mitte der Alster. So kamen wir unter den Augen der „Waschpo“ (Wasserschutzpolizei) zum Schwimmspaß, wenn wir uns samt Boot ans Ufer retteten.

Ziel war, nass oder bei Unterbesetzung auch mal trocken, das am Harvestehuder Ufer vertäute Hausboot der „Alsterpiraten“. Und natürlich daneben das „Kleine Fährhaus“ mit der liebenswerten, immer freundlichen „Tante Lo“ (Helene Prien) in ihrer idyllischen Holzbude. Hier portionierte ihr Mann Hannes Prien Kugeleis, die Waffel zu 10, die Tüte für 20 Pfennig. Für Familienausflügler gab es ein paar Tische drinnen und draußen. Stammgäste und Anliegerjungs hatten bei Tante Lo sogar Kredit. Drüben beim Uhlenhorster Fährhaus herrschte kontrastreich Mondänität und Massenandrang zu Lande und zu Wasser, vor allem mittwochs beim großen Feuerwerk. Hüben „bei Tante Lo“ war anspruchsloseres Gewimmel. Die Diskretion der unbenutzten Harvestehuder Ufergärten lockte immer Unmengen von Paddlern, Ruderern und Kanuten unter die tief hängenden Zweige der Trauerweiden. Wenn dann ein persenningverhängtes Boot verdächtig zu schaukeln begann, schleppten wir es mit unseren Dingis oder per Segelboot heimlich auf die belebte Alster – auch aus Liebe. Aber aus Liebe zur Schadenfreude.

Kaffee und Kuchen im „Kleinen Fährhaus“, dem Vorläuferbau des Rundpavillons um 1950

regatten seit Jahrzehnten genug. Dann aber wurde das Gourmetfest am *Eppendorfer Baum,* zuletzt als „Eppendorf à la carte", zum Mega-Event. Auf der offiziell ja Harvestehuder „Gourmetmeile" zwischen *Isestraße* und *Klosterstern* wird alljährlich im Mai drei Tage lang multikulturell gekocht, geschlemmt und getrunken.

Der Isebekkanal mit seinen vielen Sportbootdepots bildet die Nord- und Westgrenze Harvestehudes (rechte Seite) von der Streekbrücke an

Schliff und Stil

Geborene und andere bessere Hamburger bekamen den Schliff fürs Leben seit 1934 in der legendären **Tanzschule Wendt**. Der Hüne und Gentleman Max Wendt, nicht zufällig gelernter Banker, ließ sich im Eckhaus *Hansastraße/Rothenbaumchaussee 112* nieder und wurde dort zur Institution bis Ende 2001 (Fortsetzung nach Hausverkauf im neuen „Hühnerposten" in Klostertor). Generationen von steifen oder begabten höheren Töchtern und Söhnen hat „Wendt" (er selbst bis 1958) Tanzen comme il faut und artige Höflichkeiten beigebracht, die ansonsten aussterben – aber solange gilt: Die bessere Klientel „lernt bei Wendt".

Von Wasser und Straßen

Die Alster ist für Stadtteilwechsler ein schönes, aber schwer zu umrundendes Verkehrshindernis. Wo Harvestehuder und Uhlenhorster Ufer einander am nächsten kommen, reizte es Planer von jeher, einen **Brückenschlag** oder einen **Tunnel** zu entwerfen. 1862 sollten *Fährdamm* und *Karlstraße* bis auf zwei künstliche Inseln einander angenähert werden, die dann ein Kurztunnel verbinden sollte. Kosten sprachen dagegen, wie sie auch 1955 den Stadtautobahntunnel an gleicher Stelle oder Unterquerungen im Süden der Außenalster 1961, noch 1978 und 1983 verhinderten. Ad acta gelangte ferner ein Plan zur Unterkreuzung der Alster, die Einfahrt wäre im Verlauf der *Hallerstraße* an der *Rothenbaumchaussee* gebaut worden.

Die kanalisierte Isebek bildet die nördliche Stadtteilgrenze und diente einst dem Waren- und Kohletransport per Schute. Als Kanal ohne natürlichen Zufluss (abgesehen von wenig Ottersbekwasser) ist sie von Verschlammung und im Sommer von Sauerstoffarmut bedroht, was mehrfach massenhaftes Fischsterben verursachte. 1988 wurde deshalb eine **Wasserbelüftung** eingebaut. Inzwischen ist die Umleitung aller Regenwasserüberläufe des Stammsiels abgeschlossen und am *Lehmweg* bis 1995 ein riesiges unterirdisches Rückhaltebecken fertig gestellt worden. Die Pläne von 1956, im Kanalbett die Trasse einer Stadtautobahn verlaufen zu lassen, wurden nach Proteststürmen 1974 „vorerst" und 1996 schließlich endgültig aufgegeben.

Entspannter als auf seinen morgens und abends niemals stausicheren Hauptstraßen mobilisiert Harvestehude seine Bewohner und Besucher von jeher komfortabel über Durchgangslinien öffentlicher Verkehrsmittel. Bei vielen noch in wehmütiger Erinnerung sind die drei durch Busse ersetzten Nord-Süd-Straßenbahnlinien Nr. 2 *(Grindelallee)*, Nr. 18 in der Mitte *(Rothenbaumchaussee)* und die Nr. 9 *(Mittelweg)*. Vielleicht geht es ja in fernerer Zukunft doch wieder per Straßen- oder „Stadt"-bahn durch den Stadtteil.

Unvergessener Max Wendt: Der Tanzlehrer gab dem halben feineren Hamburg Schliff, Stil und die Schrittfolgen fürs Leben mit

Zu Großfeuerwerken über der Alster bietet das sonst fast veranstaltungsfreie Harvestehude die uferlangen Tribünenplätze

Die erste Generation der Hamburger Hochbahn vor dem Ersten Weltkrieg. Seit 1934 fährt sie unter der Rothenbaumchaussee Richtung Innenstadt

Die alte, 1912 in Betrieb genommene Ringstrecke der Hochbahn bedient den Stadtteil auf einem Viadukt in der *Isestraße* ab *Eppendorfer Baum* im Westen (heute Teil der U 3), und in Nord-Süd-Richtung wurde sie bis 1934 ergänzt durch die unterirdisch verlaufende Bahn in Richtung Jungfernstieg (heute Teil der U 1).

Einkaufen

Harvestehuder treffen sich fast täglich, weil sie nur wenige Einkaufsmöglichkeiten haben. Im eigenen Viertel sind diese vom Feinsten und in einigen Fällen sogar Legende. Seit 1948 ist die **Buchhandlung Margrit Stolterfoht** die kleinste kulturelle Institution des Stadtteils. Der Mini-Pavillon, ein Kleinod des bekannten Hamburger Architekten Werner Kallmorgen, bietet seinen treuen Stammkunden auf nur 44 m² gehobene Belletristik. In dritter Generation nach Tochter Stolterfoht und Partnerin Lisi Drascher ist Frank Bartling heute bestbelesener Berater in seiner „Literaturinsel“.

Eine ganz hamburgisch „gediegene“ Institution verlor Rotherbaum an Harvestehude, als die „Schwan Drogerie Julius Meister“ (gegr. 1888) schon 1899 vom *Hallerplatz* an den *Klosterstern* zog. Inzwischen führt die vierte Generation die **Meister-Drogerie**, die mit anspruchsvollem Sortiment (Parfüms, Kosmetik, Leica-Fachhandel) ein unverwechselbares Profil gewonnen hat und sich mit der verführerischen „Baby-Etage“ („Alles für Mutter und Kind“) den Spitznamen „Oma-Falle“ einhandelte.

Seit 1988 am Klosterstern: die spezialisierte Luxus-Drogerie Meister mit frühem Werbestolz und heutigem besten Ruf der Baby-Etage als „Oma-Falle“

Ein Unikum und Unikat in Hamburg ist der **Schneidereibedarf Ernst Bracker**, seit 1911 im Viertel und dann Erstmieter im Grindelhochhaus *Hallerstraße 1 b*. Von der Stecknadel bis zur Schneiderpuppe, vom Knopf bis zum ausgefallensten Reißverschluss führt er alle Stoffe und Kurzwaren auf 200 m² und bietet beste Fachberatung dazu.

Der *Eppendorfer Baum* schließlich, zur Hälfte in Harvestehude gelegen, ist offiziell die einzige gewerbliche Lebensader des Wohnviertels, nur vorsichtig ausgedehnt am *Klosterstern* und ein wenig in die *Isestraße*. Umso dichter und parknoterzeugend drängen sich die Fachgeschäfte in dieser kurzen Einkaufsmeile, die im Harvestehuder Teil besonders exklusiv bzw. spezialisiert ist. Design und Geschenke sind an den Eckpunkten die unangefochtene Domäne von Beckmann (seit 1959) und Grube Dekor. Jeder zweite Laden dazwischen bietet Mode, unterbrochen von **Qualitätsadressen** etlicher Generationen: Das Weinhaus Gröhl (seit 1919) ist zwar nicht mehr im Familienbesitz, führt aber als Ableger des Lübecker Weinhauses von Melle seit anno 2000 die 80-jährige Tradition bes-

Der Isemarkt unter dem Hochbahnviadukt: berühmte Frischmarktmeile für Hobby-Köche, alle Gourmets und wichtiges Sehen und Gesehenwerden

tens fort. Schlachter Beisser gegenüber hält seit 1965 Niveau und Preise hoch, und seit 1914 kaufen Anlieger die Messingbeschläge für Altbauwohnung und Antiquität bei Prange, wo bis 1989 im Souterrain noch selbst geschmiedet wurde. Derlei Konstanten im ständigen Wechsel der Boutiquen des *Eppendorfer Baums* tun der konservativen Kundschaft so gut wie die Erlesenheit der Papiere und Edel-Schreibwerkzeuge von Waltraud Bethge (seit 1984). Wo Preise die kleinere Rolle spielen, darf das Angebot etwas verführerischer sein. Das macht den Harvestehuder Teil des *Eppendorfer Baums* so beliebt und belebt.

All dies aber sind nur erlesene Etabliertheiten im Gegensatz zum wahren und handfesten Einkaufserlebnis: Bundesweit berühmt und über Jahrzehnte durch konsequente Qualifizierung bestbesucht ist Hamburgs längster Wochenals **Isemarkt**. Über knapp 800 m zwischen *Hoheluftchaussee* und *Eppendorfer Baum* ist er der Frische- und Spezialitätenmarkt mit dem etwas höheren Preisgefüge, passend zum durchaus anzutreffenden Snobappeal der überwiegend gehobenen Kundschaft der umliegenden Stadtviertel. 92 gusseiserne und 20 Betonsäulen stemmen malerisch das **Hochbahnviadukt** über die Stände und machen den Isemarkt darunter regensicher. Trotz allen Geschiebes wird das von vielem Grüßen und Klönen unterbrochene Shopping an den etwa 180 immer selben Ständen – an manchem wird schon mal französisch über Käse parliert – von den Besuchern ausgiebig genossen.

Reputation

Harvestehudes Prachtwohnhäuser und imponierende Villen dienen bis heute der Image-Bildung von wohlhabenden Einzelnen wie wohl angesehenen Institutionen mit „Standing".

Der „Club der Herren, der die Damen jedoch nicht ausschließt", wie der „Anglo-German Club zu Hamburg" in Selbstdarstellungen beteuert, ist seit 1948 nach eigenem Verständnis „die letzte britische Kolonie auf dem Kontinent". Hier, im Martin-Haller-Bau von 1860 am *Harvestehuder Weg*, residierte von 1945 an der britische Stadtkommandant. Nach Ende des Fraternisierungsverbots 1948 übernahm der **Anglo-German Club** in Deutschlands britenfreundlichster Stadt eine Schlüsselrolle bei der „Förderung der deutsch-britischen Beziehungen".

Villenstil, Park als Beginn des Altervorlandes, altmodisch gepflegtes Am-

Das eher ladenarme Harvestehude hat am Eppendorfer Baum seine größte und erlesenste Shopping-Meile, edle Schreibwerkzeuge gibt es bei Waltraud Bethge

Für Harvestehude gilt ein strenger Bestandsschutz, der solche Stadtvillen bis hin zur alten Fensterteilung genau bewahrt

Neben der „Heine-Villa", dem ältesten Bau des Hoffmann-und-Campe-Ensembles, bewahrt eine Plakette die Erinnerung an den Dichter

biente und authentisches Clubleben (very British) geben dem AGC für seine 1200 (meist Firmen-)Mitglieder die Aura von Exklusivität. Hier ist Lunch mit Gästen Selbstverwöhnung, und jede (auch für Externe buchbare) Feier strahlt als konservatives Highlight.

Bei solchem Quartiersgeist wundert es nicht, dass gleich acht namhafte **Generalkonsulate** und die Taipeh-Vertretung ihr angemessen großbürgerliches Domizil in Harvestehude genommen haben. Zur globalen Liberalität des Quartiers passen auch die **Sprachinstitute und Kulturzentren** in Bürgervillen, wo spezielle Auslandsliebe vertieft werden kann: Die „Societa Dante Alighieri – Deutsch-italienische Gesellschaft" sowie das „Istituto Italiano di Cultura" *(Hansastraße 6)* leisten sich Harvestehuder Adressen. Schließlich haben auch zwei norddeutsche Organisationen der „Odd Fellows" (internationale humanitäre Brüderschaften) ihre Logenhäuser in der *Rothenbaumchaussee*.

Wer im durchaus sportlichen „Der Club an der Alster" Mitglied ist oder gelegentlich mitfeiern darf, ist feiner raus aus dem üblichen Hamburger Clubleben

Klassische Medien

Im villen- und baumreichen Stadtteil verstecken sich Dutzende kleinerer Verlage sowie Redaktions- und Medienservicebüros. Harvestehude ist nach wie vor eine höchst reputierliche Adresse bei gleichzeitigem Image der Zurückhaltung. Obwohl Letzteres bei ihrer Größe eigentlich schwer fallen müsste, ist es der **Ganske Verlagsgruppe** dennoch gelungen, ihren Hauptsitz unaufdringlich ins Stadtteilbild einzufügen. Gelegen in einem geschlossenen Park-Areal zwischen *Harvestehuder Weg* und höher liegendem *Alsterkamp*, verteilt sich das Unternehmen gleich auf eine ganze Reihe prächtiger Villen. Besonders bekannte Namen aus der Gruppe sind der Jahreszeiten Verlag (s. Winterhude), Leserkreis Daheim, Gräfe und Unzer Verlag, Die Woche, Merian und der **Hoffmann und Campe Verlag**. Heimstatt der beiden letztgenannten ist als spektakulärer Blickfang ein palaishaftes Neubau-Doppel (1991, Architekt Prof. Jochem Jourdan), gekrönt von einem bei alsternahen Bauwerken von jeher stimmigen Turm. Bekanntestes der vorderen Verlagsgebäude ist die historische „Villa Krogmann" (erbaut 1878 von Martin Haller) und jetzige **Heine-Villa** (Hoffmann und Campe war der Verlag Heinrich Heines), eine viel gefilmte neogotische Kulisse. Im aufwändig restaurierten Bau, Sitz des Verlegers, ist neben gedruckter immer wieder auch live erlebbare Kultur zu Gast: In den getäfelten und üppig bestuckten Räu-

Das kleine Viertel im Viertel, der NDR, baut sein Innenareal aus und wird es sogar der Öffentlichkeit zugänglich machen

men („Roter" und „Goldener Saal") finden hauseigene kulturelle Events, Begegnungen, Lesungen und immer wieder öffentliche Kammergastspiele des Thalia Theaters statt.

Dass der Verleger der **Verlagsgruppe Milchstraße** (u.a. „TV Spielfilm"), Dirk Manthey, am *Harvestehuder Weg 39* (erbaut um 1860) privater Villennachbar des Ganske-Ensembles wurde, ist beste Harvestehuder Symbiose. Nur wenige Villen weiter renovierte sich **Wolfgang Joop** an der Ecke *Alsterchaussee* eine Gründerzeitvilla als Firmensitz.

Ein riesiges Ensemble liegt gut 20 m hoch auf dem höchsten Punkt Harvestehudes – der **Norddeutsche Rundfunk**. Mit 61 500 m² hat das Funkgelände zwischen *Rothenbaumchaussee* und *Mittelweg* bzw. *Ober-* und *Werderstraße* die Ausdehnung des Innocentia- oder Uni-Sportparks. Immerhin arbeiten hier auf 41 500 m² Nutzfläche im „Funkhaus Hamburg" rund 1300 Menschen.

Seit 1931 residierte der NDR-Vorläufer, die NORAG („Nordische Rundfunk AG", gegr. 1924 von Hamburger Kaufleuten, Erstsendung 2.5.1924), hier „am Rothenbaum", anfangs nur in zwei Villen, später in eigenen Neubauten, nachdem es ihr im Reichspostamt an der *Binderstraße* zu eng geworden war. Die NORAG war 1934–45 „Reichssender Hamburg", bis 1947 Besatzungssender „Radio Hamburg" und dann der „Nordwestdeutsche Rundfunk" (NWDR); erst seit 1956 firmiert das Sendeunternehmen als NDR (Fernsehgelände s. Lokstedt). Sein Harvestehuder Stammsitz wird seit Ende 2001 von baulichen Provisorien der Nachkriegszeit befreit und nach umfänglichen Neu- und Umbauten z.T. als Park der Öffentlichkeit zugänglich gemacht.

Köpfe

„Fräulein" **Lina Kreusler** (1857–1931) war eine Harvestehuder Schul-Institution. Wehmütig denken noch viele Harvestehuderinnen an ihre berühmte „Heilwigschule" und bedauern bis heute den Wegzug nach Alsterdorf 1966. 1881 hatte das Fräulein die private „Kreuslerschule" für höhere Mädchenbildung gegründet, seit 1912 firmierte sie offiziell als „Heilwigschule". Ihr Domizil war die *Isestraße 146*. 1940 wurde die Schule verstaatlicht und zum Gymnasium für begabte Mädchen. Das Gebäude dient mit modernem Anbau heute der Staatlichen Berufsfachschule für Sozialpädagogik.

Für viele ältere Harvestehuder war der Besuch bei „Tante Lo" ein unvergessliches Erlebnis. Seit 1926 strahlte der Ruhm der legendären **Helene Prien** (1895–1989), mit ihrem Mann „Hannes" Pächterin des „Kleinen Fährhauses" im Holzpavillon auf dem Steg. Den Spitznamen „Tante Lo" gaben ihr die „Alsterpiraten" vom benachbarten Hausboot. Bei Tante Lo war immer gute Stimmung, und das auch ganz nüchtern, denn eine Konzession für den Alkoholausschank hatte ihr Fährhaus nicht.

Aus Harvestehudes wie der Hamburger Bühnenlandschaft nicht wegzudenken war für Jahrzehnte Hamburgs kleinste Bühne, das „Theater im Zimmer" der Grande Dame und Schauspielerin **Gerda Gmelin** (geboren 1919). Ihr Vater Helmuth hatte tatsächlich 1947 in seiner Wohnung *Alsterchaussee 5* vor 20 – 30 Zuschauern Theater gespielt. 1952 bekam das engagierte Winzig-Theater das schöne kleine Domizil gegenüber in Nr. 39, einem klassizistischen Landhaus. Hier, im Mini-Palais mit zuletzt 115 Plätzen, führte Tochter Gerda seit 1959 die Arbeit fort. Am 31. Juli 1999 musste sie ihre Portaltüren endgültig schließen. Das Gebäude wird der nahen Musikhochschule (s. Rotherbaum) zur Verfügung stehen.

Das Selbstwertgefühl der Harvestehuder nährt sich auch vom „Ansehen" der vielen VIP-Nachbarn. Ulrich Wickert joggt früh an der Alster, Evelin Hamann geht gerade zum Friseur, Hellmuth Karasek wartet wieder aufs Taxi, Wilhelm Wieben grüßt freundlich zurück und Roger Willemsen spaziert versunken am Hagedorn-Gedenkstein vorbei.

Alte Damen mit großer Wirkung: Lina Kreusler gründete die „Heilwigschule", Helene Prien („Tante Lo") betrieb das „Kleine Fährhaus" und Gerda Gmelins „Theater im Zimmer" trauern nicht nur Harvestehuder nach

Harvestehude als Prominentenviertel: Namen wie Ulrich „Mr. Tagesthemen" Wickert, Karasek, Manthey, Wieben und Willemsen gehören wie selbstverständlich dazu

Hausbruch

war bis zum Bau der Unterelbebahn 1881 ein kleines Dorf. Doch dann kamen viele Wanderer, und noch heute ist die Neugrabener Heide beliebtes Ausflugsziel. Mit der Ansiedlung von Industrie und viel Wohnungsbau wuchs der Ort. Ein Stadtteilquartier im Wandel ist das Gebiet der Großsiedlung Neuwiedenthal

Steckbrief

Fläche:
11,180 km²
Einwohner:
17 185
Verwaltung:
Bezirk Harburg, Ortsamt Süderelbe
Ortsteil:
717

Seinen Namen verdankt Hausbruch angeblich dem ursprünglich vor dem Geestrand im Moor gelegenen Birken- und Erlen-Bruchwald, der von seinen Besitzern, den Bremer Erzbischöfen, zur Holznutzung verpachtet wurde. Die für das Holz zu zahlende Gebühr nannte man die „Hür" (= Heuer). Der Bauer, der sie zahlte, war der „Hürer". Daraus entstand wohl der Name „Hürersbrook" oder auch „Hürsbrook", woraus sich der heutige Stadtteilname entwickelte.

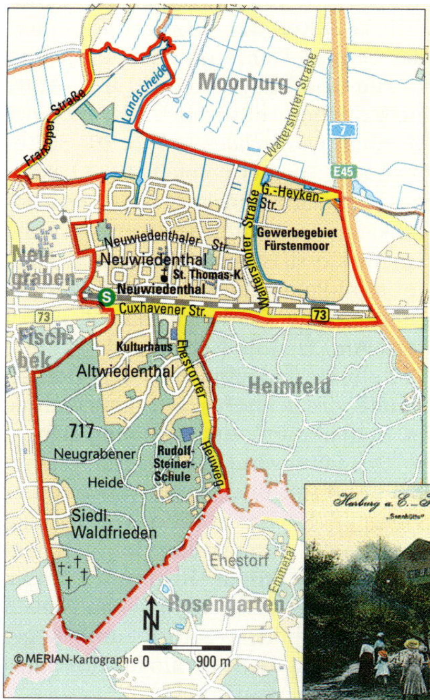

Aus der Geschichte

1553 wurde Hausbruch erstmals urkundlich, in den Artikeln der Bremer Kirche, genannt. Es gehörte den Erzbischöfen von Bremen und fiel 1562 durch den **Vertrag von Helvesiek** an die Harburger Herzöge, die bis dahin keine Landeshoheit über die Gegend hatten. Schon 1540 standen hier die Häuser des Bruchwartes und eines Imkers.

Um 1545 errichtete **Herzog Otto I.** eine Schäferei im Wiedenthal. Bereits zu Beginn des 17. Jahrhunderts gab es hier auch einen Hof, dessen Reste 1942 an die Stadt Hamburg verkauft wurden.

Herzog Wilhelm, der Enkel Ottos I., ließ um 1610 auf Hausbrucher Gebiet (heute *Cuxhavener Straße 66*) einen Acker roden und ein Viehhaus bzw. **Vorwerk** errichten. Dort, wo später das Gasthaus „Fünf Linden" stand und heute ein Aldi-Markt liegt.

Erst im 19. Jahrhundert begann das allmähliche Wachstum des Ortes. Nach dem Bau der **Provinzial-Chaussee** im Jahr 1851, der heutigen *Cuxhavener Straße*, und der Fertigstellung der Bahnlinie nach Cuxhaven 1881 sowie der Eröffnung des Hausbrucher Bahnhofs entwickelte sich der Ort zu einer Art Stadterweiterungsgebiet für Harburg. Davon zeugt eine

Die Einkehr in eines der vielen Ausflugslokale gehörte früher zum sonntäglichen Spaziergang in den Harburger Bergen dazu

Von weit her sichtbar: die St. Thomas-Kirche in der Siedlung Lange Striepen

Reihe von Wohnungsneubauten, die um die Wende vom 19. zum 20. Jahrhundert in der Nähe des Bahnhofs an der *Altwiedenthaler Straße* und an der *Hausbrucher Bahnhofstraße* entstanden. Immer mehr Einwohner gaben die Landwirtschaft auf oder betrieben sie nur noch im Nebenerwerb. Viele arbeiteten als Angestellte, Arbeiter oder Handwerker in den Harburger Fabriken oder im Harburger Hafen.

Nach und nach ließen sich aufgrund der schönen Landschaft sowie der geringen Entfernung zur Stadt Harburg auch wohlhabende Bürger in Hausbruch nieder. Hiervon zeugen die z.T. noch vorhandenen **Villen** und **Landhäuser** im südlichen Teil Hausbruchs, z.B. im *Schanzengrund*.

Großbürgerlichen Charakter vermittelt noch heute die 1907 erbaute Villa am Schanzengrund 28

Ebenso führte der Bau verschiedener Kleinsiedlungen in den 1920er und 30er Jahren (**Tempo-Siedlung** und **Siedlung Lange Striepen**) sowie die Entstehung von Behelfsheimen während des Zweiten Weltkriegs und die Errichtung weiterer Wohnhäuser und Siedlungen nach 1945 zu einem großen Bevölkerungswachstum. Den Abschluss bildet die **Großsiedlung Neuwiedenthal** aus den 1960er und 70er Jahren (s.u.).

Als beliebtes Ausflugsziel hatte Hausbruch auch viele Gaststätten, darunter „Deppes Hotel" direkt am Bahnhof – später „Hamburger Hof" –, das „Hotel zur Haake", der noch heute existierende „Hausbrucher Hof" (früher „Kaiserhof") und das über 100 Jahre alte „Berghotel Sennhütte" auf dem Wulmsberg. Auf dem Falkenberg stand bis 1974 die Gastwirtschaft „Burg Störtebeker". Wohl vom 7.–11. Jahrhundert gab es hier eine Burganlage, vermutlich eine Fluchtburg gegen von der Elbe her einfallende Normannen und Wikinger.

Eine Sensation war der Fund von **Braunkohle** im Emmetal während der Bohrungen für einen Brunnen im Jahr 1917. Aufgrund der Vorkommen ent-

Zeitleiste

1553 erste urkundliche Erwähnung

1851 Bau der „Provinzial-Chaussee"

1881 Bau der Unterelbebahn und des Bahnhofs

1937/38 Hausbruch wird Hamburger Stadtteil

1957–59 Bau der St. Thomas-Kirche

1959–68 Errichtung der Siedlung Neuwiedenthal-Süd

1973–77 Errichtung der Siedlung Neuwiedenthal-Nord

1984 Einrichtung der S-Bahn-Haltestelle Neuwiedenthal

2001 GWG saniert in Neuwiedenthal

stand das **Bergwerk Robertshall**, in dem von 1919 bis 1922 rund 50 000 t Braunkohle gefördert wurden. Seit 1937/38 gehört Hausbruch nicht mehr zum Landkreis Harburg. Mit dem Groß-Hamburg-Gesetz wurde der Ort nach Hamburg eingemeindet.

Mittelpunkt Kirche

Die Thomasgemeinde ist eine lebendige Gemeinde, die nicht nur durch ihre Pastoren Susanne Lindenlaub-Borck, Dirk Outzen und Ulrich Krüger in Schwung gehalten wird, sondern auch durch das Engagement vieler ehrenamtlicher Mitarbeiter, die selbstständig verschiedene Gruppen wie den Mütterkreis oder die Thomasrunde für Senioren leiten. Schwerpunkt der Gemeindearbeit ist die Kinder- und Jugendarbeit. Zur Gemeinde gehören auch viele Russlanddeutsche.

Kreativ ist die Töpfergruppe im Kulturhaus Süderelbe

Kultur und Karneval

Im ehemaligen Hotel und Restaurant „Jägerhof" am *Ehestorfer Heuweg 20* findet man heute das **Kulturhaus Süderelbe**. 1974 gründete Marie-Luise Holtz das „Theater Nah-Bei", aus dem 1980 das Kulturhaus hervorging. Unter dem Motto „Mit Künstlern arbeiten – von Künstlern lernen" werden hier Kurse und Aktivitäten in den Bereichen bildende Kunst, Musik, Literatur, Theater und Bewegung angeboten: Von Seidenmalerei über die Englisch-Spielstunde für Kinder und Gitarrenkurse bis Tai Chi ist für jeden etwas dabei. Aus der Arbeit des Kulturhauses ist 1988 eine ganz besondere Theatergruppe hervorgegangen. Sie bringt unter Anleitung von Erika Ulrike Meyer alles von Drama bis Komödie auf die Bühne. So wundert denn auch der Name **Dramaködie** nicht. Dass die Truppe richtig gut ist, beweist die Auszeichnung mit dem 1. Preis bei den „Hamburger Theatertagen" im Mai 2000.

Den eher sportlich Orientierten steht das **Kegel- und Schießsportzentrum** des Schützenvereins beim „Landhaus Jägerhof" am *Ehestorfer Heuweg 14* zur Verfügung. Hier unterhält der **Schützenverband Hamburg** seine Geschäftsstelle, und der **Schützenverein Hausbruch, Alt- und Neuwiedenthal von 1898** bietet Übungsschießen für verschiedene Gruppen an, darunter die Jugend- und Damenabteilung sowie die Bogenschützen. Seit 1957 ist dem Schützenverein der Spielmannszug angeschlossen. Und beim Verein **Harburger Kegler von 1911** fallen die Kegel in der Kegelsporthalle des Sportzentrums.

Dafür, dass man in Hausbruch genauso Karneval feiern kann wie in Köln, sorgt seit vielen Jahren der **Carnevals Club Süderelbe** mit seinen gut besuchten Prunksitzungen im „Landhaus Jägerhof".

Rechts: sportliches Interim auf dem Pausenhof der Rudolf Steiner Schule Harburg. Unten: Aquarell der Rudolf Steiner Schule von Max Michael Holst

Pädagogik in der Heideburg

Das ehemalige Ausflugslokal „Heideburg" am *Ehestorfer Heuweg* wurde Mitte der 1980er Jahre für die **Rudolf Steiner Schule** umgebaut. Hier werden die Schüler nicht nur in den allgemeinen Fächern

Bürgergeschichten

„Es musste etwas geschehen"

Pastorin Susanne Lindenlaub-Borck von der Thomasgemeinde erinnert sich an die Initiative der Jugendlichen nach dem tragischen Tod von Mirco im Januar 1997

Allen war klar, dass hier in Neuwiedenthal etwas passieren musste. Nach der Trauerfeier für den 17-jährigen Mirco, der von anderen Jugendlichen lange Zeit erpresst wurde und keinen Ausweg als den Selbstmord sah, trafen sich Jugendliche und Erwachsene, um konkret darüber nachzudenken, was sie für ihren Stadtteil tun könnten. Dabei entstand die Idee für ein Jugendcafé. Ein Ort der friedlichen Begegnung von Jugendlichen unterschiedlicher Nationalität und Herkunft sollte es werden. Die Jugendlichen sollten und wollten selbst Mitverantwortung für den Betrieb übernehmen.

Richtfest bei schönstem Sonnenschein. Unten: pausenlos im Einsatz – der Kicker im Jugendcafé

Rund 15 Jugendliche erarbeiteten im Sommer 1997 mit der Unterstützung des Kirchenkreisjugenddiakons und der Leiterin vom Haus der Jugend das Betreiberkonzept für das Jugendcafé Neuwiedenthal. Als Träger für das Jugendcafé gründeten wir im Herbst 1997 den Förderverein Neuwiedenthal e.V.

Dann kamen fast zwei Jahre harter Arbeit, um das Jugendcafé tatsächlich zu realisieren. Die Stadtentwicklungsbehörde stellte im Rahmen des Projektes für soziale Stadtteilerneuerung 400 000 Mark für die Baukosten des Hauses bereit. Das Jugendamt sicherte die Mittel für eine Erzieher- oder Erzieherinnenstelle aus dem Etat des Bezirksjugendplanes. Das Bezirksamt stellte den Bauplatz direkt an der Skaterbahn am Rehrstieg kostenlos zur Verfügung. Das Gartenamt übernahm die Ausschreibung und der Architekt des Kirchenkreises Harburg die Planung und Bauleitung. Die Jugendlichen arbeiteten bei der Inneneinrichtung mit.

Im Juni 1999 war es dann so weit. Das Jugendcafé war fertig und konnte eröffnet werden. Es hat sich schnell als Treffpunkt für die Jugendlichen von 14–20 Jahren aus der Umgebung etabliert. Mittwochs bis sonntags immer von 14–21 Uhr geöffnet, kommen die Jugendlichen zum Billard- oder Kickerspielen, Klönen, Musikhören oder einfach nur, um andere zu treffen. Samstags ist Aktionstag, an dem besondere Veranstaltungen wie Ausflüge, Thementage oder Fußballturniere stattfinden. Die Ideen dafür kommen von den Jugendlichen selbst, und auch die Organisation liegt in ihren Händen. Als Ansprechpartner stehen den Jugendlichen die Erzieherin Dagmar Gorges und der Sozialpädagoge Jörg Kowalczyk sowie vier Honorarmitarbeiter zur Verfügung.

Die Tauwerkfabrik Ad. Lohmann & Sohn siedelte 1973 nach Hausbruch um. Die Reeperbahn an der Cuxhavener Straße ist 300 m lang

Deutsch, Englisch, Mathematik, Biologie, Erdkunde etc. unterrichtet, sondern haben u.a. auch die Möglichkeit, sich im Werkhof mit Websaal, Tischler-Werkstatt und Schmiede handwerklich zu betätigen. Auch Eurythmie – die Umsetzung der in Sprache und Musik wirkenden Kräfte in Bewegung – ist Unterrichtsfach. Zur selbst verwalteten Schule gehört auch ein Kindergarten.

Handwerk mit Tradition

Eine echte **Reeperbahn** ist heute eine Seltenheit. Aber gleich zwei dieser Anlagen zur Fertigung von Tauen und Seilen kann Hausbruch bieten. Die 342 m lange Reeperbahn der **Firma Lippmann** im *Dubbenwinkel* ist wohl die längste Deutschlands. Das 1850 in Altenwerder gegründete Unternehmen musste 1983 der Hafenerweiterung weichen. Es ist noch heute im Familienbesitz und fertigt nicht nur für Schiffe, sondern auch für Spielplätze.

Die zweite Reeperbahn, mit einer Länge von 300 m, findet man an der *Cuxhavener Straße 32–34*. Die **Tauwerkfabrik Ad. Lohmann & Sohn** wurde 1752 in Moorburg gegründet und jeweils samt dem Vornamen „Peter" vom Vater an den Sohn weitergegeben. 1973 siedelte das Unternehmen wegen der Hafenerweiterungspläne für Moorburg von dort nach Hausbruch um.

Weltkonzerne im Fürstenmoor

Wer kennt sie nicht, die blaue Dose mit der schneeweißen Hautcreme oder das durchsichtige Klebeband? 1971 nahm das Werk IV der **Beiersdorf AG** (s. Hoheluft-West) im Ortsteil Dubben auf dem Gelände des Fürstenmoors zwischen *Waltershofer Straße* und A 7 die Produktion von Tesa und Hansaplast auf. Ferner werden in dem Hochregallager sämtliche cosmed-Produkte, vor allem Nivea, gelagert. Heute sind in diesem Werk rund 1200 Mitarbeiter beschäftigt.

Seit 1996 hat sich ein Entwicklungszentrum von **Philips Semiconductors** (s. Lokstedt) dazugesellt. Rund 350 Ingenieure entwickeln hier Mikrochips für immer vielfältigere Anwendungen – bei-

Wahlverhalten

... zur Bürgerschaft 2001 (gesamt)

Wahlbeteiligung	71,0%
SPD	36,5%
CDU	26,2%
Schill-Partei	19,4%
Grüne/GAL	8,6%
FDP	5,1%
Übrige	4,2%

... zur Bürgerschaft 2001 (Stadtteil)

Wahlbeteiligung	64,3%
SPD	33,1%
CDU	29,1%
Schill-Partei	25,7%
Grüne/GAL	4,5%
FDP	4,1%
Übrige	3,5%

Stadtteil-Profil

	Hausbruch	Bezirk	Hamburg
Bevölkerung gesamt (2000)	17 185	196 263	1 704 929
Unter 18-Jährige in %	23,8	19,2	16,1
65 Jahre und älter in %	14,9	16,9	17,0
Deutsche	14 800	157 260	1 432 325
Ausländer in %	13,9	19,9	16,0
Einwohner je km²	1537	1222	2258
Sozialstruktur			
Sozialhilfeempfänger (2000)	2510	17 127	120 461
Arbeitslose (2001)	1010	10 107	71 963
Eink. je Steuerpfl. in DM (1995)	64 401	56 444	65 579
Wohnen (2001)			
Wohngebäude	2565	27 486	226 061
Ein- und Zweifamilienhäuser in %	32,3	25,3	20,5
Ø Wohnungsgröße in m²	77,0	69,9	71,0
Wohnfläche je Einwohner in m²	32,7	32,5	35,7
Verkehr			
Private Pkw (2001)	5937	70 144	628 119
Straßenverkehrsunfälle (2000)	81	1197	12 430
Kriminalität			
Straftaten insgesamt (2000)	1824	26 879	284 272

spielsweise in Computer, Geldkarte oder Handy. Ebenso im Jahr 1996 öffnete das große **Briefzentrum Hamburg-Süd** der Deutschen Post AG an der *Georg-Heyken-Straße* seine Pforten. Hier hat auch das Unternehmen **COMTAS Aerospace GmbH** seinen Sitz, welches u.a. die Handgepäckablagen für den Airbus A 300/310 herstellt.

Übrigens ließ der Moorburger Landarzt Dr. Georg Heyken Anfang des 20. Jahrhunderts auf dem Gelände der Gemarkung Fürstenmoor ein Licht-, Luft- und Moorbad einrichten. Damit jeder die **Badeanstalt Fürstenmoor** – später wurde sie nach ihrem Gründer Heykenau genannt – nutzen konnte, kostete der Eintritt nur „5 Pfennig".

Des „Hornbacher's" letzte Stunde schlug im Juni 2001. Links: Ganz im Süden Hausbruchs lädt der Wald zu Spaziergängen ein. Unten: Gewerbegebiet inmitten des Fürstenmoors

Die Neugrabener Heide

Wunderschön gelegen, hat Hausbruch viele Landschaftsformen zu bieten: vom Moor über Geest und Heide bis zum Wald und sogar, für Hamburger Begriffe, richtige Berge.

Mit der Bahnanbindung ab 1881 hat sich die **Neugrabener Heide** zu einem nicht nur bei Hausbruchern und Harburgern beliebten Ausflugsziel entwickelt. Es kamen auch immer mehr wohlhabende Hamburger, denen es hier so gut gefiel, dass sie sich Sommer- oder Landhäuser am Rand der Heide errichteten. Heute ist die Landschaft als „Naturschutzgebiet Neugrabener Heide" ausgewiesen.

Es war einmal …

… das **Hornbacher's**: lange Jahre ein beliebter Szene-Treffpunkt für Jung und Alt, sei es zum Essen, auf ein Glas Bier oder Wein oder zum Tanzen. Ende Juni 2001 musste Gastronom Heiko Hornbacher (s. Neugraben-Fischbek) nach einer 72-stündigen Abschiedsparty die Türen schließen. Zum Bedauern der Hausbrucher wurde die Villa an der *Cuxhavener Straße* abgerissen, nachdem sie 14 Jahre als „Hornbacher's" die Kulturlandschaft des Stadtteils und der Umgebung bereichert hatte.

Köpfe

Aus dem Stadtteil nicht mehr wegzudenken sind **Maren Michaelis** und **Sabine Ornberger** von der Straßensozialarbeit Neuwiedenthal. Die „Streetworkerinnen" sind viel im Stadtteil unterwegs, um den Kontakt zu den Jugendlichen zu halten und ihnen z.B. bei Fragen zu Arbeit, Wohnung oder Finanzen beratend zur Seite zu stehen.

Erich Gerer ist Bildhauer mit Leib und Seele. Der gebürtige Österreicher bescherte dem Stadtteil mit „Habru", der größten holzgeschnitzten Eule der Welt, sogar einen Eintrag ins „Guinness-Buch der Rekorde". Er fertigte die 7 m hohe und 17 t schwere Eule, die vor dem Restaurant „Kleine Sennhütte" steht, in sieben Monaten. Heute sind Erich Gerers Kunstwerke weit über Hausbruchs Grenzen hinaus bekannt und stehen u.a. in München, Zürich, Wien, Kanada, Australien und in den USA.

Sabine Ornberger und Maren Michaelis helfen „auf der Straße". Der Bildhauer Erich Gerer machte Hausbruch zu seiner zweiten Heimat

Neuwiedenthal

Eine Großsiedlung im Wandel

Blick auf Neuwiedenthal von Nordosten. Im Vordergrund sieht man den dritten Bauabschnitt mit Wohnhäusern aus den 1990er Jahren. Rechts: Das Multifunktionsspielfeld an der „Grünen Mitte“ wird von den Kids viel genutzt

Um 1725 legte das Amt Harburg Neuwiedenthal als Kleinkätner-Siedlung nördlich der Heerstraße, der heutigen *Cuxhavener Straße*, an. Dadurch bekam das südlich der Heerstraße gelegene Wiedenthal den Namen Altwiedenthal. Zunächst bestand Neuwiedenthal aus vier Hofstellen, Mitte des 19. Jahrhunderts waren es sechs. Das lange Zeit ländlich geprägte Neuwiedenthal verlor sein dörfliches Gesicht dann endgültig mit dem Bau der Großsiedlung in den 1960er und 70er Jahren.

1959–68 entstand der erste Teil der Großsiedlung, **Neuwiedenthal-Süd**, für ca. 10 000 Einwohner. Begrenzt von der *Cuxhavener*, der *Neu-* und der *Altwiedenthaler Straße*, besteht er aus bis zu 14-geschossigen Gebäuden. Ursprünglich sollten in dieser Bauphase nur ca. 2400 Wohnungen entstehen. Aber aufgrund der Flutkatastrophe 1962 wurden 500 zusätzliche Wohnungen gebaut. Als Erweiterung der Siedlung entstand 1973–77 **Neuwiedenthal-Nord** mit rund 1500 Wohnungen in überwiegend viergeschossigen Bauten und einem Seniorenheim in zwei Hochhäusern am *Rehrstieg*.

In den insgesamt rund 4500 Wohnungen – fast ausschließlich Sozialwohnungen – leben heute etwa 11 500 Menschen. Ein Großteil davon sind Schulkinder.

Kids im Mittelpunkt

Neuwiedenthal gilt seit langem als **Problemquartier**. Hier leben rund drei Viertel der Bewohner Hausbruchs auf etwa einem Viertel der Gesamtfläche, darunter viele sozial schwächer gestellte und ausländische Mitbürger. „Dennoch ist das Lebensgefühl hier erheblich besser als der Ruf der Siedlung“, betont Pastor Dirk Outzen von der Thomasgemeinde.

Neben verschiedenen Beratungsstellen für alle möglichen Probleme gibt es natürlich auch jede Menge Angebote für Jugendliche. Montags bis freitags treffen sich Mädchen ab zehn Jahren bei Edeltraud Broß im **Mädchenclub** zum Spielen, Basteln, Musikhören, Kochen oder zur Hausaufgabenhilfe. Auch im **Nachbarschaftstreff** am *Stubbenhof 15* finden Angebote für Kinder, Jugendliche und Familien statt.

Neben dem **Haus der Jugend** im *Neumoorstück* mit seinen speziellen Gruppenangeboten ist seit 1999 das **Jugendcafé**, das auch sonntags geöffnet ist, ein sehr beliebter Treffpunkt in Neuwiedenthal (s.o.).

Vor allem an Spätaussiedler ab 18 Jahren richtet sich der **Café- und PC-Treff** in deutscher und russischer Sprache im GATE-Dienstleistungszentrum am *Striepenweg 45*. Im angeschlossenen Internet-Café kann man nicht nur spielen oder alle möglichen Informationen aus dem Netz abrufen, sondern auch Kontakte per E-Mail pflegen.

Auch der Ortsamtsleiter, Peter Sielaff, macht sich Gedanken darüber, wie man die jungen Aussiedler in die Gesellschaft integrieren kann: „Die Jugendlichen aus den Nachfolgestaaten der UdSSR sind z.T. gegen ihren Willen mitgenommen worden. Sie haben Schwierigkeiten, sich in unserer Gesellschaft zurechtzufinden. Abgrenzungstendenzen machen sich bemerkbar durch den Gebrauch der russischen Sprache. Das erschwert die Integration. Umso wichtiger ist es, dass sich alle Institutionen dieses Stadtteils, u.a. auch die Polizei durch präventive Maßnahmen, an der Integration dieser Gruppe beteiligen."

Fast endlose Einkaufsmöglichkeiten bietet die Galeria am Rehrstieg

Soziale Stadtteilentwicklung

Seit Herbst 1996 gibt es in Neuwiedenthal ein **Stadtteilbüro** der sozialen Stadtteilentwicklung. Bei den Quartiersmanagern Jana Braun und Torsten Koschützke von der „ASK Hassenstein + Pfadt GmbH" am *Striepenweg 40* können die Neuwiedenthaler über Probleme und Entwicklungen im Stadtteil sprechen, und natürlich sind auch ihre Ideen zur Verbesserung des Lebensumfelds immer willkommen. Kleinere Maßnahmen werden sofort aus einem Verfügungsfonds finanziert.

In den vergangenen Jahren wurden im Rahmen des Stadtteilmanagements in Absprache mit den Jugendlichen aus dem Viertel viele **Spiel- und Sportplätze** eingerichtet. Dazu gehört auch die Umgestaltung der Außenanlagen der Schule Quellmoor. Hier sind verschiedene Ballspielflächen, ein Skate- und Inlinebereich, ein Pausenhof mit Kletterwand, Spielgeräten und Schutzhütte sowie ein Schulgarten entstanden. Der Schulhof kann rund um die Uhr von den Kindern und Jugendlichen genutzt werden. Ganz in der Nähe des S-Bahnhofs Neuwiedenthal ist am *Rehrstieg* die Jugendsportfläche an der **Grünen Mitte**, einem Park,

Nicht nur an der „Grünen Mitte" findet man Kunstwerke wie den „Erlkönig"

der sich durch Neuwiedenthal zieht, zu finden. 1996–99 richtete man hier ein asphaltiertes Multifunktionsspielfeld mit Holzbande und Sitzmöglichkeiten sowie einen Skaterbereich ein.

Wichtig sind natürlich auch die Verbesserungen in und an den Wohngebäuden selbst. So nimmt zurzeit das städtische Wohnungsbauunternehmen GWG (Gesellschaft für Wohnen und Bauen mbH) im *Stubbenhof* umfangreiche Sanierungs- und Umgestaltungsmaßnahmen zur Verschönerung der Häuser und ihrer Umgebung vor. Außerdem sind an den Eingängen verschiedener Häuser zur Sicherheit der Bewohner Pförtnerlogen eingerichtet worden. In der **GWG-Geschäftsstelle Hamburg-Süd** am *Striepenweg 45 a* finden jeden dritten Freitag im Monat Konzerte, Lesungen oder Theateraufführungen statt.

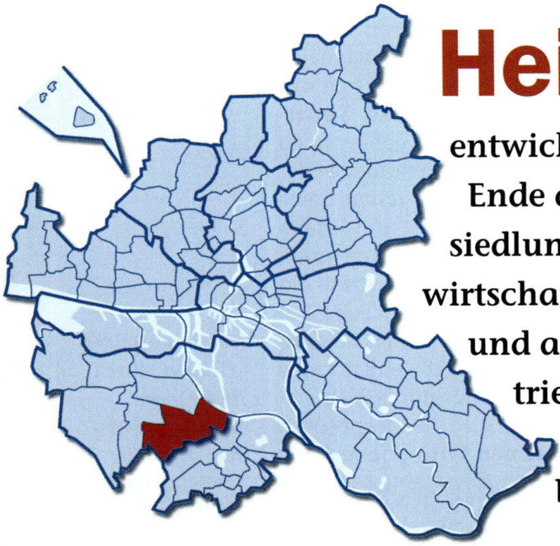

Heimfeld

entwickelte sich auf altem Gutsgelände Ende des 18. Jahrhunderts zur Bauernsiedlung. 100 Jahre später ging die Landwirtschaft zurück – das Dorf wurde Wohnort, und an der Süderelbe machten sich Industrie und die Seehafenbecken breit. Der landschaftliche Reiz der Harburger Berge blieb von alldem unberührt

Steckbrief

Fläche:
11,717 km²
Einwohner:
18 824
Verwaltung:
Bezirk Harburg, Kerngebiet
Ortsteil:
711

So sah es 1917 an der Ecke Meyerstraße/Postweg (heute Alter Postweg) aus

Der Name des heutigen Stadtteils Heimfeld hat sich im Laufe der Jahrhunderte aus dem Namen eines Vorwerks von Herzog Otto I. entwickelt. Otto I. hatte sein um 1545 auf dem Gebiet *Heimfelder Straße/Milchgrund* angelegtes Vorwerk, um das herum sich nach und nach Bauern ansiedelten, „Zum Heynfeld" genannt.

Aus der Geschichte

Zum ersten Mal urkundlich erwähnt wird Heimfeld erst 1417, aber dass die Gegend um Heimfeld bereits in der Bronzezeit besiedelt war, beweisen die Funde von neun **Grabhügeln** in der Feldmark, die bis 1936 erhalten waren. Zwei herausragende Hügel befanden sich südlich der *Heimfelder Straße* auf dem Grundstück der beiden bekannten Gaststätten „Goldene Wiege" und „Brunnental" (heute Hotel Lindtner). Mitte des 16. Jahrhunderts gründete Herzog Otto I. in der

Nähe das erste **Vorwerk des Harburger Schlosses**, um die Versorgung und die Verteidigung der Harburger Herzöge zu sichern. 1784 wurde das Vorwerk aufgehoben, und es entstanden die ersten Bauernhöfe; zum größten Teil waren es Kleinbauern, die sich hier ansiedelten. Der Kern dieser Dorfsiedlung mit dem Namen **Groß-Heimfeld** befand sich etwa dort, wo heute die Apotheke steht, an der Ecke *Milchgrund/Heimfelder Straße*. Das ehemalige Wohnwirtschaftsgebäude ist vermutlich das älteste

Haus Heimfelds. **Klein-Heimfeld** entstand kurze Zeit später durch die Ansiedlung von vier Bauern an der heutigen *Nobléestraße* und ist sozusagen der Ursprung von Heimfeld-Nord (s.u.).

Heimfeld hatte 1813/14 schwer unter den Franzosen zu leiden. Sie bauten eine Batteriestellung auf dem Sandberg – dort, wo heute die ev.-luth. **St. Paulus-Kirche** steht – und brannten das Dorf zum größten Teil nieder.

1888 wurde Heimfeld nach Harburg eingemeindet. Es wurde nach und nach zum **Stadterweiterungsgebiet**, das durch die rasante Ansiedlung von Industriebetrieben und das Wachstum des Hafens immer mehr Arbeitskräfte anzog, für die Wohnungen gebaut werden mussten. Besonders städtisch ist das Viertel um die *Meyerstraße* mit den wilhelminischen Etagenwohnhäusern.

Aber Heimfeld war aufgrund seiner stadtnahen und landschaftlich schönen Lage auch sehr attraktiv für wohlhabende Unternehmer, die sich hier ihre Villen und Landhäuser bauen ließen. Anfang des 20. Jahrhunderts gab es eine Verfügung des Harburger Magistrats, die eine landhausartige Bebauung im Westen der Stadt vorschrieb. So kamen die **bürgerlichen Wohngebiete** um die *Heimfelder Straße* und den *Eißendorfer Pferdeweg* zustande. Über Letzteren trieben übrigens früher die Geestbauern ihr Vieh auf die Marschweiden.

Mit dem Groß-Hamburg-Gesetz wurde Heimfeld 1937/38 mit Harburg-Wilhelmsburg nach Hamburg eingemeindet. Während des Zweiten Weltkriegs war der Stadtteil aufgrund des Seehafens und der Nähe zum Harburger Hafen häufig Ziel der Bombenangriffe der Alliierten.

Anfang des 20. Jahrhunderts entstand das Meyer-Viertel. Noch heute vermitteln die Etagenwohnhäuser in der Meyerstraße einen Eindruck vom damaligen Stadterweiterungsgebiet

Heimfelder Kultur

Die 1929/30 auf Initiative des damaligen Harburger Oberbürgermeisters Walter Dudek erbaute **Friedrich-Ebert-Halle** mit ihrer außergewöhnlichen Akustik wird noch heute als Veranstaltungssaal genutzt. Sie war damals der kulturelle Mittelpunkt der Großstadt Harburg-Wilhelmsburg. Noch heute finden hier vom Klavierabend bis zum Sinfoniekonzert die beliebten Konzerte der **Musikgemeinde Harburg** statt. Auch das „Philharmonische Staatsorchester Hamburg“, das „NDR-Sinfonieorchester“ und die „Hamburger Symphoniker“ gastieren hier regelmäßig. Die Halle verbindet die **Staatliche Schule Sozialpädagogik Hamburg** und das renommierte **Friedrich-Ebert-Gymnasium**.

Vermutlich das älteste Haus Heimfelds: das ehemalige Wohnwirtschaftsgebäude an der Heimfelder Straße 42. Es steht auf dem Gelände des Vorwerks von Otto I.

Villa am Eißendorfer Pferdeweg 38 mit Zierfachwerk. Darunter: kultureller Mittelpunkt – die Friedrich-Ebert-Halle

Zeitleiste

1417 erste urkundliche Erwähnung

um 1545 Errichtung des Vorwerks durch Otto I.

ab 1784 erste bäuerliche Ansiedlungen

1888 Eingemeindung nach Harburg

ab 1904 Bau des Seehafens

1929/30 Bau der Friedrich-Ebert-Halle

1937/38 Eingemeindung nach Hamburg

1991 Gründung des Arbeitskreises Heimfeld

1998 Baubeginn Scharnhorsthöhe

Weit über Hamburgs Grenzen hinaus bekannt ist der Shanty-Chor **De Tampentrekker**, der schon in vielen europäischen Städten, im Hörfunk und Fernsehen aufgetreten ist. Geübt wird allerdings zu Hause in Heimfeld im Festsaal des Pflegezentrums der städtischen Einrichtung pflegen & wohnen *An der Rennkoppel*. Das Pflegezentrum entstand nach dem Zweiten Weltkrieg aus der ehemaligen Unverzagt-Kaserne. Im 19. Jahrhundert lag hier die Rennkoppel, auf der bis 1866 das alljährliche **Harburger Pferderennen** stattfand. Hier im Festsaal treffen sich auch die Mitglieder des seit 1926 existierenden **Schachvereins Diagonale Harburg** jeden Donnerstagabend zur Schachpartie.

Wenn man mittwochabends am Gemeindesaal der St. Paulus-Kirche vorbeigeht, hört man schon von weitem den Gesang der **Singgemeinschaft Harburg von 1899**.

Eine Besonderheit ist der **Club der lebenden Dichter**, den Rainer Krusch vor einigen Jahren ins Leben rief. Gemeinsam mit anderen Literaturfreunden, die gern selbst schreiben, veranstaltet er Lesungen und Dichterwettstreite, u.a. in der Honigfabrik in Wilhelmsburg.

Sportliches Heimfeld

Der **Harburger Turnerbund von 1865** (HTB) hat sich im Laufe seines über 135-jährigen Bestehens zu einem modernen, vielseitigen Turn- und Sportverein entwickelt. Ein Privileg ist die großzügige **Sportanlage Jahnhöhe** in landschaftlich reizvoller Umgebung mitten im Staatsforst Hamburg. Da macht das Training doppelt Spaß. Das vielfältige Angebot von 20 Sparten umfasst u.a. Aerobic, American Football und Fechten, aber auch klassische Sportarten wie Turnen und Leichtathletik. Leistungs- und Breitensport stehen hier gleichberechtigt nebeneinander.

HTB hält fit: Im vielfältigen Programm des alteingesessenen Sportvereins ist für jeden das Passende dabei

Am Waldschlößchen gibt es gleich zwei alteingesessene Vereine: den **Heimfelder Schützenverein von 1890** und die **Tennisgesellschaft Heimfeld von 1909** mit Hockey- und Tennisangebot. Und auch nördlich der *Stader Straße* muss keiner auf Sport verzichten. Dafür sorgen der **Turn- und Schwimmverein Harburg-Wilhelmsburg von 1894** und der **Bostelbeker Sportverein**.

Technologie ist alles

Seit etwa zehn Jahren existiert der **Technologiepark Hamburg**. Er gehört zu einem Förderprogramm, das jungen Unternehmern, die sich z.B. nach dem Studium an der TU Hamburg-Harburg selbstständig machen wollen, den Ein-

Büros in schöner Umgebung bietet der Technologiepark

stieg erleichtert und Räumlichkeiten zur Verfügung stellt. U.a. findet man hier Firmen aus der Informationstechnologie.

Der Technologiepark befindet sich auf dem Gelände des ehemaligen **Tempo-Werks** im Ortsteil Bostelbek. Sicher erinnern sich noch viele an den Kleinlastwagen auf drei Rädern,

den die vom Kohlenhändler Max Vidal und Sohn Oscar in Wandsbek gegründete Firma Vidal & Sohn ab 1935 in Bostelbek produzierte. Das praktische Gefährt namens Tempo wurde von Gemüse-, Milch- und Kohlenhändlern gern genutzt. Der Werbeslogan lautete: „Tempo! Tempo! Schreit die Welt. Tempo! Tempo! Zeit ist Geld. Hast Du keinen Tempo-Wagen, wird die Konkurrenz Dich schlagen." Heute erinnern noch der *Tempoweg* in Hausbruch und der *Tempowerkring* an das Werk, welches in der Hanomag-Henschel Fahrzeugwerke GmbH aufging. Diese wurde in den 1970er Jahren von der DaimlerChrysler AG (damals noch Daimler-Benz AG) übernommen. Heute sitzt DaimlerChrysler in der *Mercedesstraße*.

Der Seehafen

Anfang des 20. Jahrhunderts opferte die damals preußische Stadt Harburg das Dorf Lauenbruch für den Bau der **Seehafenbecken** und die Ansiedlung von Industrie, um mit Hamburg konkurrieren zu können. 1902 kaufte ein Hafenbau-Konsortium das Gelände der Gemeinde auf. Zuerst entstanden die Seehafenbecken I–III, um für verschiedene Industriebetriebe Gelände an seeschifftiefem Wasser zu erhalten. 1927–29 folgte das Becken IV als Mineralölhafen. Hier befinden sich noch heute die Raffinerien so namhafter Firmen wie Deutsche Shell GmbH und Holborn Europa. An der *Seehafenstraße 2*

Graf Luckner mit seiner Frau in dem speziell für seine Lesereisen gefertigten „Tempo-Matador" der Firma Vidal & Sohn

hat die alteingesessene Harburger Firma **Hobum** (Harburger Oelwerke Brinckman & Mergell) mit der dazugehörigen Harburger Fettchemie Brinckman & Mergell GmbH, die 1959 gegründet wurde, ihren Sitz. Seit 1998 gehört das gesamte Firmengelände der **Deutschen Cargill GmbH**, die u.a. auch die Speisefett-Raffinerie Hobum übernommen hat. Ein ebenfalls traditionsreiches Harburger Unternehmen, das seit 1908 im Seehafen zu Hause ist, ist die Firma **Noblée & Thörl Ölfabriken** in der *Seehafenstraße 24*.

Südlich der Seehafenbecken findet man an der *Buxtehuder Straße* das Zentrum für Energie-, Wasser- und Umwelttechnik (**ZEWU**). Es existiert seit 1985 und gehört zur Handwerkskammer Hamburg. Das Forschungs- und Beratungszentrum berät kleine und mittelständische Unternehmen in Sachen Umweltschutz.

Schon aus der Ferne erkennt man den Schornstein der Traditionsfirma Hobum im Seehafen

Optimal versorgt …

… sind die Heimfelder im medizinischen Bereich mit dem **Allgemeinen Krankenhaus Harburg** am südlichen *Eißendorfer Pferdeweg* und dem kath. **Krankenhaus Mariahilf** auf dem Gelände von Meyers Park. Das Stift Mariahilf wurde bereits im Jahr 1900 von fünf Barmherzigen Schwestern vom heiligen Vinzenz von Paul in Hildesheim als Station für ambulante Krankenpflege in Harburg eröffnet. 1946 kaufte die Congregation der Barmherzigen Schwestern die **Meyersche Villa** in Heimfeld und baute sie zum Krankenhaus um. Heute verfügt das Krankenhaus Mariahilf über mehr als 300 Betten in den verschiedenen Fachabteilungen wie Intensiv-Medizin, Chirurgie, Pädiatrie und Geburtshilfe. Rund 500 Mitarbeiter betreuen die Patienten. Sogar 700 mehr sind es im Allgemeinen Krankenhaus Harburg, das neben verschiedenen Fachabteilungen besondere Schwerpunkte u.a. in der Behandlung von Gefäßerkrankungen und von Erkrankungen der Lunge und des Brustkorbs hat. Das Krankenhaus wurde bereits 1861 *Am Irrgarten* eröffnet und bezog 1949 die ehemalige Dominik-Kaserne am *Eißendorfer Pferdeweg*.

Noch immer ein eindrucksvoller Bau ist die Meyersche Villa, die heute zum katholischen Krankenhaus Mariahilf gehört

Am nördlichen *Eißendorfer Pferdeweg* liegt neben dem „Kinder- und Jugendhilfeverbund Harburg" der „Landesbetrieb Erziehung und Berufsbildung", der in der Palmschen Villa, die dem 1941 verstorbenen Harburger Justizrat Richard Palm gehörte, beheimatet ist. Neben den Büros im Erdgeschoss gibt es im oberen Teil des Hauses Jugendwohnungen. Dahinter ist das **Kinderschutzzentrum Harburg** zu Hause.

Lebendig und multikulti …

… das ist die **Siedlung Am Radeland** ganz bestimmt. In der gepflegten Eigenheim-Siedlung leben u.a. Türken, Polen, Russlanddeutsche und Deutsche in einem guten nachbarschaftlichen Verhältnis. „Die Siedlung wurde 1932 von arbeitslosen Handwerkern gebaut. Sie erhielten das Material kostenlos und konnten sich damit ihre eigenen Häuser bauen", erläutert Peter Wohlers, Vorsitzender der Siedlergemeinschaft, den Ursprung. Fast alle Bewohner sind Mitglied in der **Siedlergemeinschaft**, die übers Jahr jede Menge Veranstaltungen organisiert, so z.B. das Kostüm- und das Kinderfest, das Osterfeuer und den Laternenumzug. Die Bostelbeker Siedlung ist schon mehrfach ausgezeichnet worden, u.a. im Rahmen des Bundeswettbewerbs „Die beste Eigenheim-Siedlung"; 2001 belegte sie dort den dritten Platz.

Ganz modern präsentiert sich das Allgemeine Krankenhaus Harburg am Eißendorfer Pferdeweg

Und am Rand des Ortsteils Bostelbek hat 1989 die Fast-Food-Gastronomie Einzug gehalten. Das McDonald's-Restaurant an der *Stader Straße* ist der Nachfolger der an dieser Stelle 1870 eröffneten „Waldschänke".

Modernes Wohnen

Auf der etwa zehn Hektar großen Fläche der ehemaligen **Scharnhorstkaserne** an der *Heimfelder Straße* ist in den letzten Jahren das Neubaugebiet **Scharnhorsthöhe** mit rund 600 modernen Wohnungen entstanden. Wer hier wohnt, freut sich über die schöne Lage direkt am **Heimfelder Holz**. In der ehemaligen Bundeswehr-Ausbildungshalle bieten u.a. die Turnerschaft Harburg und der Harburger Turnerbund Hockey und andere Sportarten an.

Wer von auswärts kommt, kann sich in der Nachbarschaft des neuen Wohngebiets, mitten im Grünen, im alteingesessenen **Hotel Lindtner** verwöhnen lassen. 1994 ließ Heida Lindtner, die das Hotel von ihren Eltern übernommen hat, das Haus um- und ausbauen. Man wird in den drei Restaurants sehr gut bedient und genießt im Sommer den schönen Hotelgarten mit Terrasse. Im Hotel finden auch Veranstaltungen statt: von Musikveranstaltungen über das traditionelle Martinsgansessen bis zur Silvestergala.

Stadtteil-Profil

	Heimfeld	Bezirk	Hamburg
Bevölkerung gesamt (2000)	18 824	196 263	1 704 929
Unter 18-Jährige in %	16,5	19,2	16,1
65 Jahre und älter in %	18,4	16,9	17,0
Deutsche	14 876	157 260	1 432 325
Ausländer in %	21,0	19,9	16,0
Einwohner je km²	1607	1222	2258
Sozialstruktur			
Sozialhilfeempfänger (2000)	1400	17 127	120 461
Arbeitslose (2001)	958	10 107	71 963
Eink. je Steuerpfl. in DM (1995)	55 579	56 444	65 579
Wohnen (2001)			
Wohngebäude	2085	27 486	226 061
Ein- und Zweifamilienhäuser in %	13,5	25,3	20,5
Ø Wohnungsgröße in m²	66,9	69,9	71,0
Wohnfläche je Einwohner in m²	34,3	32,5	35,7
Verkehr			
Private Pkw (2001)	6326	70 144	628 119
Straßenverkehrsunfälle (2000)	128	1197	12 430
Kriminalität			
Straftaten insgesamt (2000)	2167	26 879	284 272

Wahlverhalten

... zur Bürgerschaft 2001 (gesamt)

Wahlbeteiligung	71,0%
SPD	36,5%
CDU	26,2%
Schill-Partei	19,4%
Grüne/GAL	8,6%
FDP	5,1%
Übrige	4,2%

... zur Bürgerschaft 2001 (Stadtteil)

Wahlbeteiligung	65,6%
SPD	37,6%
CDU	24,1%
Schill-Partei	22,5%
Grüne/GAL	7,0%
FDP	4,2%
Übrige	4,6%

Natur pur

Südlich der B 73 fangen die **Harburger Berge** an. Sie sind eiszeitlich entstanden und bilden eine hügelige, bewaldete Landschaft, die seit langem ein beliebtes Naherholungsgebiet ist. Man kann hier schöne Rundwanderungen von einem „Berg" zum anderen unternehmen. So gibt es z.B. die **Sieben-Gipfel-Tour**, die über mehrere Berge führt: den Reiherberg und den Kaiserstuhl in Heimfeld, den Wulmsberg, den Falkenberg und den Bredenberg in Hausbruch sowie den Opfer- und den Scheinberg in Neugraben-Fischbek. Auf dem Reiherberg gab es Ende der 1960er Jahre mal einen Skilift, der jedoch 1973 wieder abgebaut wurde. Noch heute kann man ganz in der Nähe eine Pause in der **Kärntner Hütte** machen.

Westlich der A 7, die den bebauten Teil Heimfelds vom unbebauten Staatsforst trennt, findet sich ein weiteres Highlight für Naturbegeisterte: der ausgedehnte Staatsforst Hamburg mit dem **Landschaftsschutzgebiet Haake und**

Sehr gepflegt geht es in der Bostelbeker Siedlung Am Radeland zu

Im idyllisch gelegenen Garten des Hotels Lindtner schmecken Kaffee und Kuchen besonders gut

Bürgergeschichten

„Der Sommerausflug“

Wie die kleine Lenka ihren ersten Klassenausflug in die Harburger Berge im Sommer 1927 erlebte – eine Erinnerung frei nach Lenka Sowas Buch „Damals“

Im Sommer unternahmen wir von der Schule aus einen großen Ausflug. Alle waren ganz aufgeregt. Zuerst fuhren wir eine lange Zeit mit der Straßenbahn von Jenfeld nach Heimfeld. Beim Lokal „Goldene Wiege“ durften wir dann endlich aussteigen. Gemeinsam mit unserem Lehrer und einigen Müttern, die zur Betreuung mitgekommen waren, wanderten wir durch die Harburger Berge. Bald suchten wir uns einen schönen Rastplatz, denn wir waren alle hungrig von der langen Fahrt. An einem Berghang machten wir Pause. Die zehn Jungen aus meiner Klasse fingen an, den Berg hinaufzulaufen und auf der anderen Seite wieder herunter und wieder hinauf und wieder herunter. Ich wäre gern mitgelaufen, aber die Jungen wollten das nicht. Und als einziges Mädchen in der Klasse hatte ich auch keine Freundin, mit der ich hätte spielen können. Und so dachte ich mir: „Das kann ich auch – den Berg hinauf- und wieder herunterlaufen.“ Außerdem war ich natürlich neugierig, was es auf der anderen Seite zu sehen gab. Also lief ich los. Oben angekommen, sah ich ganz viele Berge. Nun lief ich wieder herunter – auf der falschen Seite. Das merkte ich aber nicht. Als ich unten war, war dort aber niemand. Ich hörte nur die Stimmen meiner Klassenkameraden, sah sie aber nicht. Ich lief noch einmal hinauf und wieder hinunter. Aber es war immer noch niemand zu sehen. Ich fing an zu suchen und dachte, irgendwann müsste ich ja zur Straßenbahn kommen. Dann würde ich schon alle wieder treffen. Aber da ich die Richtung nicht wusste, lief ich immer tiefer in den Wald hinein und fing an zu weinen.

Ein beliebtes Ausflugslokal in der Haake war das Hotel „Goldene Wiege“. Hier begann Lenkas Sommerausflug

Irgendwann wurde es wieder heller, und ich kam zu einem Gartenlokal. Eine Frau sah, dass ich weinte, und fragte, was denn los sei. Ich erzählte ihr, dass ich mich verlaufen hatte. Ein Mann, der das mitbekam, war so nett, mich in ein Kinderheim in der Nähe zu bringen. Dort bekam ich ein Mittagessen und durfte dann mit den anderen Kindern spielen. Etwas später kam mein Lehrer. Er war schon ein bisschen böse, aber gleichzeitig auch froh, dass mir nichts passiert war. Auf dem Weg zurück erzählte ich ihm, wie alles gekommen war. Und als wir an der Straßenbahnhaltestelle ankamen, riefen alle: „Endlich ist Lenka wieder da.“

Mitten durch den Hamburger Staatsforst verläuft die A 7

Emme. In einem ehemaligen Munitionsbunker in der Haake befindet sich noch heute ein Teil der **Erdbeben-Messstation** der Universität Hamburg.

Wild hügelig und mit verschlungenen Pfaden präsentiert sich heute der ca. 32 ha große **Meyers Park** zwischen *Stader Straße* und **Heimfelder Holz**. Von der reizvollen Landschaft in der Nähe der aufstrebenden Industriestadt Harburg angetan, kaufte der Fabrikant Heinrich Christian Meyer sen. ein großes Gelände in Heimfeld, welches das Gebiet des heutigen Meyers Park einschloss. H. C. Meyer hatte als junger Mann Spazierstöcke verkauft und wurde daher auch **Stockmeyer** genannt. Später gründete er die „Stuhlrohr-, Fischbein- und Spazierstockfabrik". Sein Sohn, Heinrich Christian jun., verlegte die Fabrik Mitte des 19. Jahrhunderts nach Harburg und war 1856 Mitbegründer der ersten deutschen Hartgummifabrik – der „Harburger Gummi-Kamm Compagnie" (s. Harburg). Er ließ sich in Meyers Park eine Villa bauen, die heute zum Krankenhaus Mariahilf gehört.

Durch den Park mit seinem reichen Baumbestand, den Lichtungen und kleinen Wiesen führt ein breit angelegtes Wegenetz für Radfahrer und Fußgänger. Im nördlichen Teil findet man zwei alte Teiche, die als Wasserrückhaltebecken genutzt werden. Ganz in der Nähe gibt es ein besonderes Angebot für Kinder: **Ponyreiten** auf dem Ponyhof von Sita und Willi Justus.

Köpfe

Seit 1995 leitet **Susanne Kienzler** das Stadtteilbüro des Fördervereins Heimfeld-Nord. 1973 kam die gebürtige Nordrhein-Westfälin nach Hamburg. Nach dem Sozialpädagogik-Studium sammelte sie jede Menge Erfahrung im sozialen Bereich. U.a. hat Frau Kienzler in einer Beratungsstelle für Wohnungslose und im Jugendstrafvollzug gearbeitet. Heute wirkt sie besonders bei Veränderungen im Stadtteil mit.

Marie Bobo war in ihrer Heimat, der Elfenbeinküste, Choreographin und Tänzerin des Staatsensembles. Heute ist sie Geschäftsführerin des 2001 von Benjamin Jacob eröffneten Afro-Shops „Abidjan". Hier bekommen die Kunden neben Kosmetikartikeln auch Haarteile und ausgefallene Lebensmittel. Und das Besondere: Marie Bobo freut sich über jeden, der sich bei ihr Rastazöpfe flechten lassen möchte. Ihr aus Nigeria stammender Ehemann Wellington erzählt in perfektem Deutsch: „Wir haben mit Herrn Jacob überlegt, noch mehr für den Stadtteil zu tun, und würden gern einen richtigen Treffpunkt schaffen, wo sich die Bürger jederzeit treffen können und wo auch Kulturelles stattfinden kann."

Auch **Uschi Hoffmann** macht sich um den Stadtteil verdient. Sie hat Sozialpädagogik studiert und ist seit 1994 Stadtteildiakonin in Heimfeld. Im Rahmen der Stadtteildiakonie ist sie für Sozialberatung und Stadtteilarbeit zuständig. D.h., auf der einen Seite ist sie Anlaufstelle für alle möglichen Probleme der Bürger, auf der anderen Seite erstellt sie Konzepte für Stadtteil-Angebote, die sie in Zusammenarbeit mit anderen Einrichtungen umsetzt, wie das Frauenfrühstück im Mieterpavillon, den betreuten Spielplatz hinter dem Treffpunkthaus oder den Paulusladen.

Links unten: Kioske wie dieser an der Grumbrechtstraße sind in Heimfeld keine Seltenheit. Sie bieten fast rund um die Uhr ein verlässliches Versorgungssystem. Unten: Drei Frauen, denen Heimfeld am Herzen liegt: Susanne Kienzler, Marie Bobo und Uschi Hoffmann

Heimfeld-Nord

Vom Problemviertel zum lebenswerten Quartier

Zu einem schönen Platz, auf dem man sich gerne trifft, ist der „Naumi" an der Ecke Friedrich-Naumann-Straße/Woellmerstraße geworden

Heimfeld-Nord hat sich aus einem ehemaligen **Hafenarbeiterviertel** entwickelt. Zwischen *Altem Postweg*, *Nobléestraße* und *Stader Straße* leben heute knapp 6000 Menschen, von denen etwa ein Viertel ausländischer Herkunft ist.

Anfang der 1980er Jahre geriet das Quartier in die Schlagzeilen: hohe Arbeitslosigkeit führte zu Isolation und Suchtproblemen, Häuser verfielen und Vandalismus machte sich breit. Dies hat sich in den vergangenen Jahren jedoch dank verschiedener Initiativen grundlegend geändert. Es wurde und wird auch weiterhin viel für die Verbesserung und Verschönerung des Quartiers getan: U.a. hat die SAGA zwischen 1993 und 2002 ihren gesamten Wohnungsbestand in Heimfeld-Nord umfassend modernisiert sowie unter Beteiligung der Bewohner ansprechende Innenhöfe, Mietergärten und Freizeitflächen gestaltet. Eine gute Mieterstruktur sorgt heute für eine nette **Nachbargemeinschaft**. Die enge Zusammenarbeit von der ehemaligen Stadtentwicklungsbehörde, SAGA und dem Förderverein Heimfeld-Nord hat dazu beigetragen, dass Heimfeld-Nord in den vergangenen Jahren ein modernes Wohnquartier mit funktionierendem sozialem Gefüge geworden ist. Durch Einrichtungen wie das **Service-Centrum** oder den **Arbeitsladen** der GATE GmbH sind neue Arbeitsplätze geschaffen worden. Die Anlage von Spielplätzen wie der Multi-Sport-Arena in der *Hangstraße*, die Neugestaltung des **Naumi** (Platz der Völkerfreundschaft) Ecke *Friedrich-Naumann-Straße/Woellmerstraße* sowie die Einrichtung des **Treffpunkthauses** und des **Jugendclubs** sind weitere wichtige Beispiele, die zur positiven Entwicklung im Quartier beitragen. Möglich sind diese Projekte und Einrichtungen durch das Programm Soziale Stadtteilentwicklung.

Und damit alle Heimfelder über die Entwicklungen in ihrem Stadtteil informiert sind, gibt es seit 1995 viermal jährlich die Stadtteilzeitung **Hanglage**, die der Verein „Alles wird schön" und das Stadtteilbüro gemeinsam herausgeben.

Die St. Paulus-Kirche bildet den Eingang zu Heimfeld

Quartiersmanagement & Co.

Seit 1991 ist der **Arbeitskreis Heimfeld** aktiv. Ihm gehören verschiedene Einrichtungen an, wie die Grundschule Grumbrechtstraße, die SAGA, das Stadtteilbüro und der Kirchenkreis Harburg sowie Bewohner des Viertels. Schwerpunkte des Arbeitskreises sind die Förderung der Beschäftigung, die Einrichtung eines Bildungsangebots und die Verbesserung des Wohnumfelds. Wichtig ist dem Arbeitskreis, dass die Bewohner die Geschicke ihres Quartiers selbst in die Hand nehmen und konstruktiv an der Entwicklung mitwirken.

Alle zwei Monate treffen sich Vertreter der über 30 sozialen und kulturellen Einrichtungen, vom Verein „Alles wird schön" bis zur „Stadtteildiakonie", auf der **Stadtteilkonferenz**, um sich auszutauschen und so die Vernetzung ihrer Angebote zu gewährleisten.

Der **Förderverein Heimfeld-Nord e.V.** steht über den Gremien Arbeitskreis und Stadtteilkonferenz und fungiert als Quartiersmanager. 1995 richtete er das **Stadtteilbüro** in der *Friedrich-Naumann-Straße 11* ein. Die Mitarbeiter des Stadtteilbüros unter Leitung von Susanne Kienzler sind Ansprechpartner für Stadtteilbelange und helfen bei der Entwicklung und Umsetzung von Projekten. Wichtig ist hierbei, dass sich die Bewohner auch selbst kümmern und für ihr Umfeld aktiv werden. Gleich neben dem Stadtteilbüro steht das **Treffpunkthaus**. Nicht nur während der Mütterberatung vom Gesundheitsamt donnerstagnachmittags ist hier viel los.

Für jeden was dabei

Ein beliebter Treffpunkt im Stadtteil ist auch der **Paulusladen** im Gemeindesaal der ev.-luth. St. Paulus-Kirche. Hier können sich die Heimfelder montags nachmittags und freitags vormittags zum Kaffeetrinken und zum Klönschnack treffen. Während der Öffnungszeiten besteht auch die Möglichkeit, Secondhand-Kleidung und -Spielsachen zu erwerben. Der Paulusladen organisiert übers Jahr aber auch verschiedene Veranstaltungen wie Grillfeste, Weihnachtsbasteln oder Kino für Kinder.

Seit 1992 existiert in der *Friedrich-Naumann-Straße 27* das Stadtteilkulturzentrum mit dem hoffnungsfrohen Namen **Alles wird schön**. Hier werden Workshops in verschiedenen Bereichen angeboten wie Siebdruck, Zeichnen, Fotografie und Videotechnik. Außerdem stehen Kinovorführungen, Lesungen, Theaterproduktionen und Kunstausstellungen auf dem reichhaltigen Programm. Der **Frauentreff** schräg gegenüber ist in erster Linie Anlaufstelle für Migrantinnen, und im **Kindertreff** nebenan werden Schulkinder von sechs bis zwölf Jahren nachmittags betreut. Für Kinder, die gern malen, gibt es in den Räumen von „Alles wird schön“ das **Kinderatelier**.

Im neu gebauten **Jugendclub**, auch Mädchen- und Jungentreff genannt, neben der Grundschule Grumbrechtstraße geht es multikulturell zu. Jugendliche von 14 bis 18 Jahren aus Deutschland, der Türkei, Polen, Afghanistan und Afrika treffen sich hier im Café oder in der Werkstatt, um zu klönen oder zu werken. Aber auch Fitness und Disco stehen auf dem Programm. Beliebt sind besonders bei schönem Wetter die Skateboardbahn, das Street-Ball-Feld und der Grillplatz auf der großen Außenfläche.

Und seit knapp zehn Jahren organisieren die Vereine und Einrichtungen in Heimfeld-Nord jedes Jahr gemeinsam das beliebte **Stadtteilfest** in der *Friedrich-Naumann-Straße* und Umgebung.

Klönschnack im Paulusladen im Gemeindesaal der St. Paulus-Kirche. Links: Viel Spaß haben die Kleinen in der Kindertagesstätte Bissingstraße

Lebendig und fröhlich präsentiert sich dieses bemalte Haus in der Hangstraße, in dem mehrere Familien leben

Hoheluft-Ost

ist der kleinste Hamburger Stadtteil und wie sein links der Hoheluftchaussee gelegenes Pendant Hoheluft-West besonders dicht besiedelt. Die Nähe zur City und zu Eppendorf macht Hoheluft zu einem gefragten Wohnviertel, das mit dem Fortzug der Fahrzeugwerkstätten Falkenried weiter wachsen kann

Steckbrief

Fläche:
0,581 km²
Einwohner:
8934
Verwaltung:
Bezirk Hamburg-Nord, Kerngebiet
Ortsteile:
401, 402

Schon vor 1350 ist „an der Hohenluft" als Ortsbezeichnung, vielleicht auch für ein Gasthaus, an dem sich der von Hamburg kommende Heerweg nach Lokstedt und nach Eppendorf teilte. Ein Anlass für die Namengebung könnte auch ein dort 1602 errichteter Galgen gewesen sein: „Wahrscheinlich gab der Volkswitz dieser Gegend mit Rücksicht auf den Galgen den noch gebräuchlichen Namen Hoheluft", wie es Gaedechens 1880 in seiner Topographie vermutete.

Aus der Geschichte

Hoheluft-Ost ist ein junger Stadtteil. Erst 1951 wurde es wie der Schwester-Stadtteil Hoheluft-West eigenständig. Ursprünglich gehörte Hoheluft zu Eppendorf, mit dem es folglich auch die längste Zeit seiner Geschichte teilt. Noch heute zählen viele Eppendorfer das ganze Hoheluft-Ost wie selbstverständlich zu ihrem Stadtteil hinzu.

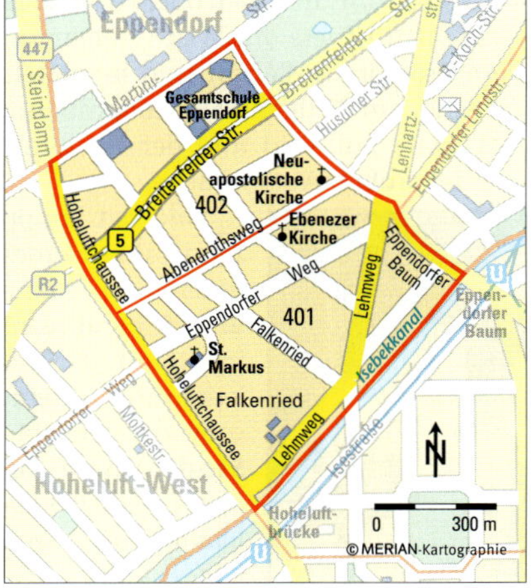

Tatsächlich war Hoheluft noch bis in die Mitte des 19. Jahrhunderts nur eine kleine Ansiedlung an der Isebek. Dort, wo vom Grindelberg her die Landstraße zur Isebek führte, war der Fluss breit. Weit zog sich von hier das Wiesenland der „Hohen Weide" bis nach Eimsbüttel. Auf der hölzernen „Schafbrücke" überquerte die Grindellandstraße die Isebek. Ein Lehmweg, daher der Straßenname, führte von hier nach Eppendorf – damals ein Fußmarsch von einer Stunde. Die Grindellandstraße verlief weiter geradeaus, jenseits der Brücke hieß sie **Heerweg nach Hoheluft** und führte zur Eppendorfer Heide, mit der das Vorland von Lokstedt begann.

In der Eppendorfer Feldmark baute Axel Bundesen für den Senator und späteren **Bürgermeister Amandus Augustus Abendroth** (1767–1842) ein Landhaus im klassizistischen Stil mit vier ionischen Säulen. Als Hamburg 1811 dem französischen Kaiserreich einverleibt wurde, setzten die Besatzer Abendroth als „Maire" an die Spitze der Verwaltung. Ab 1821 wurde er als „Polizeiherr" Hamburgs oberster Polizist. 1827 war der sehr beliebte Advokat der maßgebliche **Gründer der Hamburger Sparcasse**. Im Volksmund nannte man

Der Übergang ist fließend: Hoheluft-Ost hat nicht nur am Eppendorfer Weg einen Hauch vom „großen" Eppendorf

den an der Villa Abendroth vorbeiführenden Weg „Kirchenweg", denn hier vorbei ging es von Eimsbüttel nach St. Johannis in Eppendorf. Von der Villa, die im jetzigen Park der Kirche St. Markus stand, ist nichts erhalten.

Noch Jahre nach ihrem Bau war die Gegend um Hoheluft Randlage. Um 1850 lebten hier an der Heerstraße nur etwa 40 Menschen. Unter ihnen zwei Wirte, ein Schlachter und zwei Schuster. Erst nachdem Schleswig-Holstein 1864 nach dem Deutsch-Dänischen Krieg zu Preußen gekommen war, begann eine sprunghafte Entwicklung.

Die einstige Heerstraße hieß jetzt zwischen Isebek und Grenzhaus *Hoheluftchaussee,* auf der ein reger Verkehr zwischen Hamburg und Niendorf bzw. Lokstedt einsetzte – Händler fuhren in die Stadt, Ausflügler am Wochenende aufs Land. Ab Ende der 1860er Jahre gab es eine Pferdebahn. In der Gründerzeit des Kaiserreichs setzte beiderseits der *Hoheluftchaussee* eine rege Wohnbebauung ein. Nach einer Verbreiterung der Hoheluftbrücke 1884 rückte auch das Land rechts der Hoheluftchaussee ins Interesse von Bauspekulanten. Bis dahin gab es in der Eppendorfer Feldmark nur wenige Häuser, so am *Abendrothsweg,* am „Weg am breiten Felde" – der heutigen *Breitenfelder Straße* – und am Landsitz der Familie Goßler zur *Hoheluftchaussee.* Nun wurde das Land zwischen Isebekkanal/*Lehmweg* und der Linie Eppendorfer Park/Neubau Allgemeines Krankenhaus zu Bauland. Ende der 1890er Jahre folgte die Aufteilung des Goßlerschen Geländes. Eine groß angelegte Straße – die Goßlerstraße, heute *Eppendorfer Weg* – Richtung Eppendorf entstand. Kreuzungen für die geplante „Neumünster Straße" sowie den im Ausbau befindlichen Falkenried, wo 1890–1903 mit den Falkenried-Terrassen **die größten Terrassen Hamburgs** (s.u.) gebaut wurden, und *Löwenstraße* waren bereits vorgesehen. All diese Baumaßnahmen gaben Hoheluft-Ost seine quadratischen Abmessungen im Viereck *Lehmweg – Hoheluftchaussee – Martini- und Curschmannstraße* (so benannt nach dem Gründer des Eppen-

Die Anfänge von Hoheluft-Ost: Die Villa des Senators Abendroth stand noch in der Feldmark

Nicht nur in der Abendstimmung zeigen sich die Häuser an der Ecke Isekai/Klosterallee von ihrer schönsten Seite

dorfer Krankenhauses). Alle Straßen waren mit Bäumen bepflanzt, Kanalisation und Wasseranschluss bereits Standard.

Immer noch charakteristisch für den Stadtteil Hoheluft-Ost ist die Ende des 19. Jahrhunderts erfolgte Bebauung des **Falkenrieds**: Vom *Lehmweg* aus gesehen links errichtete die 1880 gegründete **Hamburgische Straßen-Eisenbahn-Actiengesellschaft** ab 1890 eine Fabrik zum Wagenbau, ein Ausbesserungswerk und einen Betriebshof. Rechter Hand wurde der *Falkenried* mit Wohnbauten für die vielen Arbeiterfamilien versehen.

Rund um den Kirchturm

Dass der Turm von **St. Markus** Hoheluft-Ost überragt, wäre eine übertriebene Behauptung. Dazu ist der beim Wiederaufbau nach dem Zweiten Weltkrieg nicht in seiner ursprünglichen Höhe von 1899 wiedererrichtete neogotische Backsteinbau außen zu wenig imposant. Die im Inneren mit ihrer dunklen Holzdecke wie ein Schiff wirkende Kirche wurde 1949 neu geweiht. Sie entstand als eine so genannte **Notkirche**, wie sie der Weimarer Architekt Otto Bartning nach dem Krieg für zerstörte Kommunen entwickelt hatte.

Deutlich zu erkennen: Der Innenraum der 1949 als Notkirche errichteten Kirche St. Markus wirkt wie ein auf den Kopf gestellter Schiffsrumpf

Die ev.-luth. **Gemeinde St. Markus** hat mit ihren rund 5100 Mitgliedern eine zentrale Funktion für den Stadtteil. Erst seit Mitte der 1890er Jahre gab es von St. Johannis in Eppendorf aus überhaupt einen eigenen Pastor für den zusehends größer werdenden Bezirk Hoheluft. Bis 1905 dauerte es, ehe die „Markuskirche in Hoheluft“ selbstständige Gemeinde wurde. Ihr Gebiet greift über die *Hoheluftchaussee* hinaus auch nach Hoheluft-West über.

Das eigentliche Gemeindeleben aber spielt sich rund um Kirche und die Gebäude des Kirchenzentrums an *Eppendorfer Weg* und *Neumünsterscher Straße* ab. Kein Quadratmeter Boden scheint hier frei zu sein, selbst die Fläche rund ums Gotteshaus ist fast komplett als Spielplatz des Kindergartens genutzt. Rund 80 Kleine toben hier und in den Gruppenräumen herum. Es gibt Ganztagesbetreuung – auch für Schulkinder –, eine kleine Küche befindet sich im Keller. Ferner sind eine Krabbelgruppe, Spielkreise, Pfadfinder und Kinder- und Jugendchöre vorhanden. Letztere betreut die Kirchenmusikerin Anna-Elisabeth Ubbelohde. „Unsere Arbeit will auch eine

Hohelufter Identität schaffen", sagt Pastor Wolfgang Nein, der seit über 20 Jahren im Stadtteil tätig ist. Konzerte, Vorträge oder Diashows sollen alte und neue Nachbarn in die Aula von St. Markus locken. Jährlicher Höhepunkt im Gemeindeleben ist das Sommerfest im Juli. „Unser Stadtteil hat eine gute Mischung aller Gesellschaftsschichten", so Nein. Nur die zunehmende Fluktuation bedauert der Pastor, denn die Innenstadtnähe mache Hoheluft immer attraktiver – und teurer.

Aus zwei mach eine

Ihr Name klingt, als wäre sie Jahrzehnte alt. Doch die **Gesamtschule Eppendorf (GSE)** gibt es erst seit 1989, als zwei benachbarte Schulen zu einer fusionierten: Volks- und Realschule Breitenfelder Straße und das Gymnasium Curschmannstraße trugen das ihre zur neuen Gesamtschule bei. Zwischen *Löwen-, Martini-, Curschmannstraße* und *Breitenfelder Straße* gehört sie zwar offiziell zu Hoheluft-Ost. „Aber wir haben uns für Eppendorf im Namen entschieden, damit wir auch über den Stadtteil hinaus auffallen", erinnert sich Burkhard Holzapfel, Direktor bis 1997. Tatsächlich kommen viele der rund 740 Schüler – und der 80 Lehrer – nicht aus der unmittelbaren Nähe. Beispielsweise Kinder von UKE-Angestellten (s. Eppendorf) sind darunter. Dennoch ist die GSE im Stadtteil verwurzelt, sie rahmt ihn auch quasi ein: Die 5.–10. Klassen nutzen die Gebäude an der *Breitenfelder Straße*, die 11.–13. gemeinsam mit der Eimsbütteler Jahnschule die Schule am *Lehmweg*.

Während die alte Schule an der *Breitenfelder Straße* bzw. *Löwenstraße* in ihren Anfängen ab 1912 eine getrennte Jungen- und Mädchenschule war, war das Gymnasium Curschmannstraße ein Lyzeum. Der mit charakteristischem Klinker verkleidete Betonbau gegenüber vom Eppendorfer Park ist einer der wenigen „Staatsbauten" der 1920er Jahre, die nicht von Fritz Schumacher stammen. Für ihren Entwurf steht Fritz Höger. Die riesige Golduhr weist sowohl Schülern wie Hohelufern die Zeit.

Die **Schule Breitenfelder Straße** war nach dem Ersten Weltkrieg eine der Hamburger Reformschulen. Eine pädagogische Tradition, der das GSE noch heute verpflichtet ist, so GSE-Schulleiter Rainer Griep: „Wir unterrichten vom Kinde aus, entsprechend seinen Neigungen und Fähigkeiten." Einer der berühmtesten Schüler an der *Breitenfelder Straße* war 1929–33 übrigens der Tübinger Rhetorik-Professor Walter Jens. Der Gelehrte kommt regelmäßig zu Veranstaltungen an seine alte Schule, die ihm zu Ehren die **Walter-Jens-Bibliothek** mit seinen Schriften angelegt hat. Etwa 150 Jens-Bücher stehen in einem Bücherschrank des Direktors. „Aber", so Griep, „natürlich dürfen die Schüler alle darauf zugreifen." Wovon sie allerdings nicht so zahlreich Gebrauch machen wie von den anderen Angeboten der GSE: Da gibt es eine Big Band, ein Streichorchester, eine Trommel-AG, vier Theater-AGs, eine Schach-AG u.v.m.

Wem die Stunde schlägt…: Die Uhr am von Fritz Höger entworfenen Teil der Gesamtschule Eppendorf an der Curschmannstraße kennt jeder in Hoheluft-Ost. Links: das Schulgebäude an der Breitenfelder Straße

Vom Busdepot zum Loft

Der Name **Falkenried** (Ried = Moor, Schilf) hat wahrscheinlich keine historische Bedeutung. Erst nachdem die Hamburgische Straßen-Eisenbahn-Actiengesellschaft 1890 das

Wohl der berühmteste Schüler der einstigen Reformschule Breitenfelder Straße: Rhetorik-Professor Walter Jens beim Besuch in Hamburg

Bürgergeschichten

„Tatkräftige Schülerhilfe“

Marie-Luise Werner erinnert sich an die harte Zeit während der Weltwirtschaftskrise und die Unterstützung von Schülern aus sozial schwachen Familien an der Schule Breitenfelder Straße

Schulspeisung in der Schule Breitenfelder Straße während der Weltwirtschaftskrise: Freiwillige Helferinnen bereiten das Mahl vor…

…das den Kindern aus mittellosen Familien zu munden scheint

Eigentlich gehen Kinder ja nicht so gern auf die Schule, an der ihre Eltern unterrichten. Trotzdem bin ich zwischen 1928 und 1932 an der Breitenfelder Straße Volksschülerin gewesen, wo mein Vater seit 1920 Lehrer und vor 1933 sogar Rektor war. Denn diese Schule war eine ganz besondere: Es war eine Reformschule, eine so genannte Wendekreisschule. Schon seit 1919 wurden in der Versuchsschule Jungen und Mädchen gemeinsam in einer Klasse unterrichtet – eine Sensation. Schon damals standen die Tische im Klassenzimmer nicht mehr hintereinander, sondern in Hufeisenform. Und die Prügelstrafe war abgeschafft.

Das Einzugsgebiet der Reformschule war nicht auf den Bezirk beschränkt, viele meiner Mitschüler kamen aus anderen Stadtteilen. Gerade aufgeklärte und gebildete Familien schickten ihre Kinder hierher, wo die Pädagogik so fortschrittlich war. Auch jüdische Mitschüler gehörten dazu, in meiner Klasse etwa waren es die Hälfte – 17 von 35. Aber auch Sozialisten und Kommunisten wollte ihre Töchter und Söhne hier freier erziehen lassen. Weil Arm und Reich so eng beieinander war, konnten die Schwierigkeiten der Zeit nicht draußen bleiben. Denn Arbeitslosigkeit und Armut waren während der Weltwirtschaftskrise ein allgegenwärtiges Problem. Der Schulverein z.B. half dabei, dass alle mit auf eine Klassenreise fahren konnten. Da spendeten besser gestellte Väter für die ärmeren Kinder. Und auch Schulspeisungen gab es. Der Schulverein sammelte Geld, damit in der Schulküche im Keller ein Mittagessen für die Schulkinder von Arbeitslosen gekocht werden konnte. Viele Mütter kochten freiwillig. Wie andere Mitschüler bin ich auch mit zu den Lebensmittelgeschäften in der Umgebung gegangen, um Spenden fürs Essen zu sammeln. Ich weiß noch wie heute, dass der Schlachter in der Löwenstraße regelmäßig Aufschnitt oder Fleisch gespendet hat. Und vom Milchmann gab es Milch und Butter. Die Solidarität war groß.

Aber in der Zeit bis 1933 brach die Versuchsschule dann auseinander, und unter den Nazis war es wieder eine ganz „normale“ Schule. Jüdische Kinder begannen mit ihren Familien fortzuziehen, manche, wenn auch wenige, kamen um. Aber zu einigen meiner jüdischen Klassenkameraden in Südafrika oder Brasilien habe ich noch heute Kontakt.

Gelände erwarb und eine Wagenbau-Anlage plante, wurde *Falkenried* zur Straße. Auf der einen Seite entstanden Fabrikbauten und ein Straßenbahndepot und gegenüber Arbeiterwohnhäuser, die Terrassen. Die 1890–92 errichtete Fahrzeug- und Wagenbauwerkstatt existierte an dieser Stelle über 100 Jahre lang und baute anfangs noch Pferdebahnwagen. Später konstruierte man elektrische Straßenbahnwagen, die bis nach Südamerika oder Russland exportiert wurden. Nach dem Ersten Weltkrieg ging der gesamte Betrieb in den Besitz der Hamburger Hochbahn AG über, die hier nun Straßenbahnen, Busse und Spezialfahrzeuge entwickelte, fertigte und instand setzte. Ab 1968 geschah dies unter dem noch heute geläufigen Namen **Fahrzeugwerkstätten Falkenried GmbH (FFG)**, einer 100-prozentigen Tochter der Hochbahn AG. Moderne Fahrzeuge für den öffentlichen Nahverkehr entstehen am Falkenried heute aber nicht mehr: Seit Juli 1999 befindet sich das Firmengelände der FFG am *Lademannbogen* in Hummelsbüttel. Und die eindrucksvollen Hallen, Pförtnerhäuschen und das alte Verwaltungsgebäude am Falkenried stehen vor einer neuen Nutzung.

Die Überlegungen gingen von Abriss bis (Teil-)Erhalt. Denn viele Bauten auf dem fünf Hektar großen Areal schienen den Stadtplanern denkmalschutzwürdig. Etwa das Haupthaus und die Pförtnerhäuschen, die denn auch zukünftig erhalten bleiben, um die alten Werksstrukturen erkennbar bleiben zu lassen. Doch sonst wird sich viel verändern: Rund 75 000 m² Geschossfläche werden vom Investor Projektentwicklungsgesellschaft Falkenried neu gebaut, davon mindestens **70 Prozent als Wohnraum**. Die übrige Fläche soll Büros oder Geschäften des Einzelhandels dienen. Um einen Übergang zur *Hoheluftchaussee* zu schaffen, entsteht dort ein Durchbruch in Höhe der Post, sodass Hoheluft-Ost einen neuen, fußläufigen Zugang erhält. Rund 400 bis 500 Eigentumswohnungen sind geplant. Ebenso ca. 80 Reihenhäuser um einen neuen Park sowie einige Lofts. Ein Stein des Anstoßes und vor allem bei den Nachbarn umstritten, die in den Terrassen wohnen, ist das vorgesehene **14-stöckige Apartment-Hochhaus**. Die kleinen Eigentumswohnungen im „DINKs-Tower“ (Double Income No Kids) sind gedacht für eine einkommensstarke Klientel, die citynah wohnen möchte. Manch Hohelufter

Falkenried alt und neu: Das alte Hauptgebäude der Fahrzeugwerkstätten und das Pförtnerhäuschen bleiben auch nach der Neubebauung des Geländes zum Wohnviertel (Modell oben) erhalten

Erst Pferdebahnwagen, dann „Elektrische“: Qualität aus Falkenried fuhr auf vielen Schienen der Welt – hier das Modell „Hamburg“

Zeitleiste

1602 Hohelufts Namen gebender Galgen wird errichtet

1789 Zoll-Grenzstation

1864 Errichtung der Fahrzeug- und Wagenbauwerkstatt Falkenried (FFG)

1926–28 Bau des Lyzeums Curschmannstraße

1939 Hoheluft wird Stadtteil

1949 Einweihung von St. Markus nach Wiederaufbau

1971 „Onkel Pö's Carnegie Hall" Ecke Lehmweg/Eppendorfer Weg

1989 Volks- und Realschule Breitenfelder Straße und Gymnasium Curschmannstraße werden Gesamtschule Eppendorf

2001 FFG wird Wohnareal

fürchtet deshalb, das die gewachsene soziale Struktur im Stadtteil sich stark verändern könne.

Einkaufen im Stadtteil

Mit dem Wegzug der FFG hat Hoheluft-Ost seinen letzten großen Arbeitgeber verloren. Einige Bewohner arbeiten im nahen Universitätskrankenhaus, in dessen Nähe sich Ecke *Falkenried/Gärtnerstraße* gerade das neue Centrum für innovative Medizin etabliert; die meisten Hohelufter pendeln in andere Stadtteile zur Arbeit. Immerhin gibt es noch rund **70 Handwerksbetriebe** im Stadtteil. Anders sieht es beim Einkaufen aus: Für fast alle Dinge des täglichen, aber auch des ausgefalleneren Bedarfs reicht der Gang durch den Stadtteil in eines der ca. 140 Einzelhandelsgeschäfte. Supermärkte, Schuhläden, Sport- und Textilläden und auch eine Post findet man an der *Hoheluftchaussee.* Und am *Eppendorfer Weg* bis zum noblen *Eppendorfer Baum* ziehen sich Einzelhändler vom Radsportladen über Teegeschäft und die traditionsreiche **Kaffeerösterei Burg** (s.u.), bis zum seit 1937 hier bestehenden Wohnausstatter Büning hin. Und wer das Besondere zum Verschenken oder Schmücken der eigenen Wohnung sucht, ist im Antiquitätengeschäft von Marion Ritter am *Lehmweg* richtig. Kreativ-chaotisch ist der kleine Laden, in dem von Lampen über Bilder, Bücher und Postkarten alles zu finden ist, was nostalgisch ist. „Seit über 30 Jahren besteht der Laden", sagt Marion Ritter, „und die Lage nahe der Hoheluftbrücke ist gut." Und sollten sich die Vorstellungen der Stadtplaner verwirklichen, diesen Knotenpunkt von Isebekkanal und Straße als „Eingangstor" zum Stadtteil attraktiver zu gestalten, dürfte die Lage in Zukunft noch besser werden.

Wohnen in Terrassen

Hoheluft-Ost grenzt im Westen nicht nur an Eppendorf, viele, die hier wohnen, verstehen sich auch als Eppendorfer. Geht man von dort etwa den *Eppendorfer Weg* Richtung *Hoheluftchaussee,* ist kein Übergang zwischen den Stadtteilen zu bemerken – auch hier prägen viele strahlend renovierte Gründerzeit-Wohnhäuser das Bild. Und die Verkehrsanbindung lässt via Bus oder U-Bahn wenig zu wünschen übrig.

Ganz anders in den **Falkenried-Terrassen** zwischen *Falkenried* und *Löwenstraße.* Quer zur Straße ducken sich hier in fünf Passagen kleine, dreigeschossige Wohnhäuser, Blumenbeete schmücken die autofreien Wege dazwischen. Im

Der Verkehr drängt sich auf der Hoheluftchaussee nicht nur zur Rushhour. Rechts: Ein Traum für Sammler ist der Antiquitätenladen von Marion Ritter

Stadtteil-Profil

	Hoheluft-Ost	Bezirk	Hamburg
Bevölkerung gesamt (2000)	8934	275 802	1 704 929
Unter 18-Jährige in %	11,1	12,3	16,1
65 Jahre und älter in %	12,5	17,8	17,0
Deutsche	7736	237 560	1 432 325
Ausländer in %	13,4	13,9	16,0
Einwohner je km²	15 377	4799	2258
Sozialstruktur			
Sozialhilfeempfänger (2000)	283	14 042	120 461
Arbeitslose (2001)	361	10 893	71 963
Eink. je Steuerpfl. in DM (1995)	67 088	65 475	65 579
Wohnen (2001)			
Wohngebäude	564	29 345	226 061
Ein- und Zweifamilienhäuser in %	0,7	9,9	20,5
Ø Wohnungsgröße in m²	67,8	64,6	71,0
Wohnfläche je Einwohner in m²	40,6	38,2	35,7
Verkehr			
Private Pkw (2001)	3174	100 186	628 119
Straßenverkehrsunfälle (2000)	44	2159	12 430
Kriminalität			
Straftaten insgesamt (2000)	737	37 814	284 272

© Statistisches Landesamt

Wahlverhalten

... zur Bürgerschaft 2001 (gesamt)

Wahlbeteiligung	71,0%
SPD	36,5%
CDU	26,2%
Schill-Partei	19,4%
Grüne/GAL	8,6%
FDP	5,1%
Übrige	4,2%

... zur Bürgerschaft 2001 (Stadtteil)

Wahlbeteiligung	75,8%
SPD	39,5%
CDU	21,8%
Schill-Partei	10,2%
Grüne/GAL	17,9%
FDP	5,9%
Übrige	4,7%

Sommer sind die Gassen voller Leben. Die Neorenaissance-Fassaden sind frisch gestrichen und hell – kaum noch vorstellbar, dass dieses Idyll nach Planungen der 1960er Jahre abgerissen werden sollte. Dabei sind die Falkenried-Terrassen der größte erhaltene Komplex dieser für die wilhelminische Epoche **charakteristischen Kleinwohnungsform**. Errichtet zwischen 1890 und 1903, wohnten hier Arbeiter der FFG. Noch in den späten 1930ern galt die Gegend, ähnlich wie das nördliche Eppendorf, als „Kommunistenviertel".

Zwischen 1965 und 1973 kauften Neue Heimat und SAGA die meisten Wohnungen mit dem Ziel, nach ihrem Abriss stadtnahe Apartmenthäuser für einkommensstarke Mieter zu errichten. Die Bewohner wehrten sich und bildeten 1973 eine Mieterinitiative. Den Abriss der Terrassen konnten sie zwar verhindern, nicht aber den Niedergang der Bausubstanz. Erst der Zusammenbruch der Neuen Heimat Mitte der 1980er brachte nach abermals langjährigen Verhandlungen die noch heute gültige Lösung: Der Erhalt der Siedlung und die Selbstverwaltung durch die Menschen, die darin wohnen, wurde Realität. Die stadteigene Johann-Daniel-Lawaetz-Stiftung erwarb 324 Wohnungen – einige Häuser gehören nach wie vor der SAGA – und übertrug die Verwaltung an die schon 1988 gegründete **Mietergenossenschaft Falkenried eG**. Die Sanierung wurde aus Haushaltsmitteln der Hamburgischen Wohnungsbaukreditanstalt und aus Mitteln der Behörde für Arbeit, Gesundheit und Soziales gefördert. Modernisierungen und ein Teil des Kaufpreises wurden aus den Mieteinnahmen finanziert. Weil die Sanierung in mehreren Bauetappen erfolgte, dauerte sie lange Jahre bis Mitte 1999.

Einst gebaut als Arbeiterwohnungen, sind die Falkenried-Terrassen heute eine begehrte Adresse

Einst verschmäht, jetzt geliebt

Ursprünglich wurden die Terrassenhäuser mit ihren kleinen Wohnungen für die Hamburger Arbeiter gebaut. Heute haben sie das begehrte Altbauflair

Terrassen sind eine Hamburger Wohnform, die nicht nur in Hoheluft zu finden ist. Der Ausdruck Terrasse meinte ursprünglich eine Privatstraße für geschlossene Wohnungsanlagen, die von einer öffentlichen Straße abzweigt – so, wie es bei den Falkenried-Terrassen heute noch ist. Zu erkennen ist die einstige Wohnart der Hamburger Arbeiter an einer eigenständigen, geschlossenen Blockinnenbebauung, die linker und rechter Hand an rechtwinklig von einer Straße abzweigenden Fahr- oder Fußwegen liegt. Endet sie in einer Sackgasse, spricht man in der Regel von Terrasse – verbindet sie zwei Straßen miteinander, von einer Passage. Die anfänglich nur zwei-, später auch mehrgeschossigen Wohnanlagen mit kleinen Wohnungen entstanden, ausgehend von St. Pauli, vom Schanzenviertel und von St. Georg, bald in vielen Stadtteilen Ende des 19. Jahrhunderts. Nur so konnte der steigende Wohnraumbedarf für die mit der Industrialisierung in die Stadt strömenden Arbeiter gedeckt werden.

Vor wenigen Jahrzehnten waren viele Terrassen – hier St. Pauli 1972 – noch nicht renoviert

Die Form der Terrassen war vom Baupolizeigesetz von 1865 (ersetzt 1882, novelliert 1893) vorgegeben. Die „Jägerpassage" in der *Wohlwillstraße* ist eines der ältesten Beispiele für frühen Arbeiterwohnungsbau (1866–69). Die Falkenried-Terrassen sind die größten ihrer Art. Andere Terrassenanlagen sind am *Schrammsweg* in Eppendorf (1890–1911, 631 Wohnungen) und am *Mühlenkamp* in Winterhude (1890, 295 Wohnungen) erhalten.

„Heute wohnen hier gut 400 Menschen verschiedener Nationen", weiß Claudia Olivia Pape, die in den grünen „Baumterrassen" wohnt. „Wir leben gern hier, auch wenn die Wohnungen durchschnittlich nur 36 m² groß sind." Wer wolle, könne ein anonymes Leben führen, „oder ein persönliches mit offenen Türen zu den Nachbarn", so Pape. Basisdemokratisch geht es bei der **Mittwochsrunde** der Genossenschaft zu, wenn neue Projekte oder Mietangelegenheiten besprochen werden. Wer in die Terrassen einziehen möchte, muss sich bewerben und persönlich vorstellen. Claudia Pape: „Es ist zwar klein, aber hier in der Nähe gibt es alles, was wir brauchen."

Das gibt's nur einmal …

… das kommt nicht wieder – die große Zeit der Musikszene in Hoheluft-Ost reicht vom Anfang der 1970er Jahre bis in die Mitte der 1980er: Auch fast 20 Jahre nach ihrem Ende 1985 ist der Ruf von **Onkel Pö's Carnegie Hall** legendär. 1971 war die Musikkneipe von ihrem Inhaber Bernd Cordo vom *Mittelweg* in Pöseldorf – daher ihr Name – nach Hohe-

Ungewöhnlich muss sie sein – sonst ist die „Location“, wie dieses alte Toilettenhäuschen am Lehmweg, nicht die richtige…

luft-Ost verlegt worden, wo „Onkel Pö“ an der Ecke *Lehmweg/Eppendorfer Weg* unter neuem Namen aufmachte. Bis zum immer noch von vielen beklagten Ende 1985 blieb der Musikclub ein weit über Hamburg hinaus beliebter Treffpunkt für Fans so unterschiedlicher Musikrichtungen wie Jazz, Blues, Rock, Ragtime und Blödeleien. Deutsche Stars wie **Udo Lindenberg** kamen hier groß heraus, das Panikorchester sammelte hier erste Live-Erfahrung. In seinem Lied „Alles klar auf der Andrea Doria“ hat Lindenberg Kneipe und Stimmung 1973 verewigt: „Bei Onkel Pö spielt 'ne Rentnerband seit 20 Jahren Dixieland, 'n Groupie haben die auch, die heißt Rosa oder so…“ Blödelbarde **Otto Waalkes** testete hier seine Pointen. Auch international renommierte Musiker wie Chick Corea, Al Jarreau und Pat Metheny konnten in Hoheluft begeistern.

Weiter „Legendär“

Bis heute gibt es hier eine Kneipe, in der sich aufstrebende Hohelufter treffen: das „Legendär“ ist schicker als das Onkel Pö – und ganz anders. Andere Hohelufter Treffs sind das kühle „La Caffètteria“ am *Abendrothsweg,* in dem man von früh bis spät klönen kann. Eine Szenebar ist die Bar „Bereuther“ am *Lehmweg/Klosterallee*. In altem Mobiliar sitzt man im „Café Antik“ am *Eppendorfer Weg*.

Köpfe

Schlendert man an den Läden am *Eppendorfer Weg* vorbei, fühlt man sich vor der Nr. 252 plötzlich in eine andere Welt versetzt: Aus der Kaffeerösterei Burg strömt ein orientalisch anmutender Duft aus Kaffee, Tee und Gewürzen auf die Straße. Seit 1923 gibt es den Familienbetrieb in Hoheluft schon. 1960 übernahm ihn **Jens Burg** von seinem Vater Erich. Im Laden herrscht eine museumsartige Vielfalt aus Kaffee in allen Variationen und hunderterlei Kleinkram vom Untersetzer bis zu Schokolade, von der Postkarte bis zur Kerze – die Stapel reichen bis zur Decke. Aber auch produziert wird hier. „Viermal pro Woche röste ich jeweils eine halbe Stunde lang 150 kg Kaffee mit unserer Maschine aus den 1950ern“, erzählt Burg. Die Kaffeepalette ist groß – über 30 reine Sorten, dazu aromatisierte und Spezialmischungen sowie ca. 160 Teesorten sind zu erwerben. Nur für die Hansestadt kreierte Burg die aufs heimische Wasser abgestimmte „Hamburger Mischung“.

Lautes Singen und Trommeln dringt an Sonntagnachmittagen aus der 1907 erbauten ev.-methodistischen Eben-Ezer-Kirche am *Abendrothsweg/Löwenstraße*. Dann feiert die ghanaische Gemeinde ihren Gottesdienst. „Wir musizieren nicht nur, sondern tanzen dabei auch“, erzählt **Pastor Kwasi Owusu-Acheaw** (geboren 1958), der mit Frau und zwei Kindern im Sommer 2000 aus Ghana nach Hamburg kam. „Drei Stunden kann die Feier dauern.“ Eine Länge, über die die deutschen Gemeindemitglieder von Pastor Bodo Schwabe immer noch staunen. Owusu-Acheaw: „Obwohl unsere Gläubigen aus ganz Hamburg kommen, fühlen wir uns im Stadtteil angenommen.“ Vierteljährlich findet auch ein gemeinsamer Gottesdienst statt.

Weite Welt in Hoheluft: Jens Burg röstet Kaffee aus Übersee (oben), Pastor Kwasi Owusu-Acheaw begrüßt Gläubige zum ghanaischen Gottesdienst

Hoheluft-West

ist der kleinste Eimsbütteler und dichtbesiedeltste Hamburger Stadtteil. Die viel befahrene Hoheluftchaussee bildet die Grenze zum östlichen Hohelufter Namensvetter. Das bekannte „Generalsviertel“ prägt Hoheluft-West als Wohnquartier, aber auch die weltweit agierende Beiersdorf AG hat hier ihren Hauptsitz

Steckbrief

Fläche:
0,69 km²
Einwohner:
12 780
Verwaltung:
Bezirk Eimsbüttel, Kerngebiet
Ortsteile:
315, 316

Wohl kaum ein Hamburger Stadtteilname regt so zu Rätselraten an wie der der beiden benachbarten Hohelufts. Zu seinen Deutungsvarianten s. Hoheluft-Ost.

Aus der Geschichte

1789 wurde in Hoheluft ein Grenzstein „HP C7 1789“ aufgestellt, der heute noch – etwas versetzt – in der Anlage vor der *Hoheluftchaussee 165* zu sehen ist. Die Inschrift bedeutet „Herrschaft Pinneberg Christian VII. 1789“ und verweist auf den dänischen König gleichen Namens. Bis 1864 waren die Herrscher in Kopenhagen auch Landesherren von Schleswig und Holstein sowie der Herrschaft Pinneberg, wozu Lokstedt gehörte, danach hieß bis 1937 der Nachbar Preußen.

Für die (dänischen) Zollkontrolleure wurde auf Lokstedter Seite ein Zollhaus

Das „Grenzhaus Hoheluft“ mit Restauration und Tanzsaal wurde 1968 abgerissen – der Grenzstein von König Christian VII. hat die Zeiten überdauert

errichtet. Dieses Gebäude wurde bekannt als „Grenzhaus Hoheluft“ mit „Restauration, Salon und Club-Lokal“. Es verlor durch die Bombenangriffe 1943 seinen Tanzsaal und wurde 1968 im Zuge der Verbreiterung der *Hoheluftchaussee* abgerissen. Heute steht ein achtstöckiges Hochhaus an seiner Stelle.

Als 1870 erstmals die Wagen der Pferde-Eisenbahn über die *Hoheluftchaussee* rumpelten, war bereits die allmähliche Umwandlung der Ackerfluren in Wohngebiete in Gang. Zuerst waren es vor allem Hamburger Kaufleute, die dort ihre schönen **Landsitze und Sommerhäuser** errichteten. Später kam eine intensive Wohnbebauung hinzu, zumal die Hohelufter im Sommer 1912 mit der Eröffnung der Ringlinie um die Außenalster einen Hochbahn-Anschluss an der Hoheluftbrücke erhielten.

Tabakfabrik mit neuem Leben

Im Hinterhof, aber dennoch das Viertel überragend, steht in der *Hoheluftchaussee 95* die ehemalige **Tabakfabrik von Eicken**. Die 1770 in Mülheim an der

Ruhr gegründete und immer noch in Familienbesitz befindliche Firma hatte 1886 ihren Hauptsitz nach Hamburg verlegt und 1903 die neue Fabrik auf der Hoheluft eröffnet. Hier wurden „Feinschnittsorten und Rauchtabakmischungen in englisch-amerikanischer Geschmacksrichtung hergestellt". Die Architektur des „Fabrikschlosses" war ganz auf die Betriebsabläufe ausgerichtet. In den verschiedenen Etagen wurde der Tabak gelagert, aufbereitet und für den Versand verpackt. 1983 verlegte der Hersteller seine Fertigung nach Lübeck. Die maschinelle Fertigung im Zweischichtbetrieb hatte immer wieder zu Beschwerden der Anwohner über **Lärmbelästigung** geführt. In die 1986 unter Denkmalschutz gestellten Gebäude zogen kreative Gewerbe und andere Dienstleister ein. Das alte „Honighaus" mit seiner originellen Balkenarchitektur dient seither dem rustikalen Bistro-Restaurant „Factory" als Domizil.

Buntes Wunder von Hoheluft

An der Fassade des Hauses *Hoheluftchaussee 83* erschien bei einem Hausabriss Anfang der 1980er Jahre eine Reklame für „Seifix" – damals von der Presse als das „bunte Wunder von Hoheluft" gefeiert. Das Wandbild mit den putzigen Zwergen ist auf Betreiben der Kulturbehörde erhalten geblieben und wurde restauriert und konserviert. Die seit 1894 an dieser Straßenecke beheimatete Polizei ist 1984 umgezogen. Das heutige **Revier 23** in der *Troplowitzstraße 3* ist zuständig für die Stadtteile Eppendorf, Groß Borstel, Hoheluft-West und -Ost sowie Lokstedt.

Unter der Adresse *Hoheluftchaussee 91–93* war das „Kaufhaus Hoheluft" zu Hause. Nach über 70 Jahren musste die Einkaufsstätte für Mode und Stoffe 1989 weichen, auch von der Gebäudeaufschrift „KAHO" ist mittlerweile nichts mehr zu sehen. Die lang gestreckten Verkaufsräume im Erdgeschoss wurden zu vielen kleinen Läden umgebaut.

Konzern im Wohngebiet

Verteilt zwischen *Wrangel-* und *Unnastraße* befinden sich Werks- und Bürogebäude des mit 3500 Arbeitsplätzen größten Arbeitgebers im Quartier (ca. 5000 in ganz Hamburg, weltweit 16 000), der **Beiersdorf AG** mit der Firmenzentrale in der *Unnastraße 48*. Der damals 27-jährige Apotheker Oskar Troplowitz hatte zum 1. Oktober 1890 für 70 000 Mark das Labor des in Altona ansässigen

Die Roonstraße mit ihrem wilhelminischen Flair ist eine der beliebten Wohnstraßen im „Generalsviertel"

Das „Fabrikschloss" in der Hoheluftchaussee genügte in den 1980er Jahren den Anforderungen nicht mehr – kreatives Gewerbe und Gastronomie traten die Nachfolge an und sind hier sehr zufrieden

Bürgergeschichten

„Die Feldgröße sagte uns zu“

Karl Heinrich Koch erzählt von seinem arbeitsintensiven Hobby und einem Streich aus seiner Hohelufter Kindheit während des Zweiten Weltkriegs

Wir schreiben das Jahr 1942. Mit meinen Eltern wohnte ich damals in Hoheluft, gegenüber der Schule in der Alsenstraße (heute Christian-Förster-Straße). Mein Freund Ernst, der in diesem Bericht auch erwähnt wird, wohnte im Hause Nummer 18. Beide sind wir Jahrgang 1934 und waren damals acht Jahre alt. Langeweile hatten wir nicht. Man konnte Fußball auf der Straße spielen, denn ein Auto kam ganz, ganz selten vorbei. Auch spielten wir „Länderklau“, „Kibbelkabbel“, „Völkerball“ oder fuhren mit der U-Bahn mehrmals um den Ring, für 10 Pfennig.

Mein Interesse galt auch der Straßenbahn, besonders den Wagennummern. Andere in unserem Alter schrieben Autonummern auf. Mein Freund und ich stellten uns mit Papier und Bleistift auf der „Hoheluftbrücke“auf, denn dort fuhren die Straßenbahn-Linien 2, 3, 8, 22 und 24, und die U-Bahn war auf dem Viadukt auch gut zu beobachten. Doch nur mit Papier und Bleistift war es uns zu umständlich, denn zu Hause wurden die Wagennummern und die Linie säuberlich in ein Heft eingetragen.

Doch wie kann man es noch besser und vor allem einfacher machen? Da kamen wir auf eine Idee. Es gab gelbe Hefte bei der Hamburger Sparkasse von 1827, die mit einer Feldereinteilung bedruckt waren. Wir kannten sie vom „Schulsparen“. Man konnte in der Schule Wertmarken kaufen, diese ins Heft einkleben und wenn es voll war, dann bei der Sparkasse abgeben. Der Gegenwert der Marken wurde in ein Sparbuch übertragen. Wichtiger für uns waren also die Hefte, deren Feldergröße uns zusagte. Als wir uns fragten, „wie kommen wir nur an die Hefte ran?“, da kam uns auch schon der passende Einfall!

Ernst Dollase (l.) und Karl Heinrich Koch, genannt „Kochiii“, damals fünfjährig, 1939 bei einem Ausflug; die Hoheluftbrücke in den 1970er Jahren, als die Straßenbahn noch fuhr

Ich hatte einen Blockwagen in der Größe 50 x 60 cm und ungefähr 30 cm hoch. Mein Vater hatte ihn für mich gebaut. Mit diesem Blockwagen ausgerüstet zogen wir los und fuhren dann zu den Filialen aller Sparkassen in der Umgebung.

Mein Freund wartete draußen mit dem Blockwagen, und ich ging hinein mit dem Satz: „Guten Tag, ich komme von der Schule in der Alsenstraße“, oder Wrangelstraße oder Bismarckstraße – je nachdem welche Filiale der Haspa in der Nähe war, „und ich soll für unsere Schule neue Hefte für das Schulsparen holen.“ Man gab mir immer gleich einen großen Stapel, und so nach und nach war der Blockwagen schließlich gut gefüllt. Dann gingen mein Freund und ich wieder zur „Hoheluftbrücke“ und notierten uns die Wagennummern der vorbeikommenden Straßenbahn- und U-Bahn-Züge.

Apothekers Paul Carl Beiersdorf erworben. Wichtiger als die Laboreinrichtung war ein neues, medikamentöses Pflaster, für das der als Unternehmer glücklos agierende Beiersdorf 1882 ein Patent erhalten hatte. Diese Pflaster und auch spätere Erzeugnisse des Hauses entstanden in Kooperation mit dem Eimsbüttler Dermatologen Dr. Paul Gerson Unna. Zur Produktpalette gehören echte „Klassiker“ wie das „Citoplast-Sportheftpflaster“ (1897), woraus 1936 die „Tesa“-Klebebänder entstanden, das „Leukoplast-Pflaster“ (1901), der Lippenpflegestift „Labello“ (1909), die „Nivea“-Creme (1911) und der weltweit erste Pflaster-Schnellverband „Hansaplast“ (1922).

Die Beiersdorf-Zentrale an der Unnastraße 48. „Hansaplast“, „Labello“ und „Nivea-Creme“ sind immer noch Verkaufsschlager

Die Parkplatzsuche ...

„Ich drehe schon seit Stunden hier so meine Runden ...“ – gerade in Hoheluft-West können **geplagte Autofahrer** täglich in dieses Lied von Herbert Grönemeyer einstimmen. Weil kaum jemand auf sein Auto verzichten möchte, ist jede nutzbare Fläche alsbald zugeparkt. Um diesem Übelstand abzuhelfen, wurde eine ca. 3,5 Mio. Euro **teure Tiefgarage** mit 243 Stellplätzen eröffnet. Die Einfahrt zur im Februar 2000 in Betrieb genommenen Garage liegt in der *Gärtnerstraße 67*. Allerdings ist die Anlage nur zu weniger als zwei Dritteln ausgelastet, Tendenz jedoch steigend. Eine Alternative: **das Fahrrad**. Die Stadt hat ein Projekt aufgelegt, womit im Kernbereich von Eimsbüttel der Bau von **Fahrradhäusern** (mit zwölf Abstellplätzen) finanziell gefördert wird. In der Regel können Hausgemeinschaften den Bau beantragen und erhalten dann – sofern dies nicht auf dem Privatgrund möglich ist und die Benutzung von Rad- und Fußwegen nicht beeinträchtigt wird – einen Bauplatz auf öffentlichem Grund. Bisher entstanden im Bezirk Eimsbüttel schon mehr als 140 Fahrradhäuser.

Die *Hoheluftchaussee* wird werktags von 35 000 Autos befahren. Probleme mit dem Verkehr gab es hier auch schon früher. So schrieben im Januar 1958 die „Eimsbütteler Blätter“ unter der Überschrift „Gefährlicher Engpass Hoheluftchaussee“: „Als hier vor Jahrzehnten der schmale Übergang über den Isebek-Kanal geschaffen wurde, dachte bestimmt niemand daran, dass sich an diesem Engpass einmal elektrische Straßenbahnen, Autos und Omnibusse in langer Schlange stauen würden.“ Die Straßenbahnen sind 1978 verschwunden; Pläne für eine neue **Stadtbahn** gibt es zwar schon, ihre Umsetzung ist aber noch ungewiss. Der **MetroBus 5** (bis Juni 2001 als „102er“) ist mit werktäglich 55 000 Fahrgästen die meistbefahrene Linie Europas.

Eine beliebte Wohnadresse

Der meist gute Zustand der Gebäude, die stadtnahe Lage und die günstige Verkehrsanbindung machen Hoheluft zu einem **begehrten Wohngebiet**, dessen Miethöhe noch über dem sonstigen Durchschnitt des Eimsbüttler Kerngebiets liegt. Des Öfteren finden sich an den Straßenbäumen Zettel von Wohnungssuchenden, in denen nicht unerhebliche Summen für die Vermittlung von Wohnungen ausgelobt werden. Hoheluft-West gehört mit Eimsbüttel-Nord zum Geltungsbereich der „Sozialen Erhaltsverordnung“, die durch eine Genehmigungspflicht bei der Um-

Fassaden am Eppendorfer Weg und an der Roonstraße, viele würden gern im „Generalsviertel“ wohnen, doch entsprechend knapp und teuer sind die Wohnungen. Links: ein Stall für zwölf Drahtesel

Zeitleiste

1602 Errichtung eines Galgens
1864 „Hoheluftchaussee“ benannt
1905 Hoheluft eigene Kirchengemeinde
1939 „Hoheluft“ wird amtlicher Stadtteil
1943 schwere Kriegszerstörungen
1966 Hoheluftchaussee wird vierspurig
1984 Polizeirevier Troplowitzstraße
2001 Seniorenzentrum St. Markus

wandlung von Miet- in Eigentumswohnungen verhindern soll, dass sich die soziale Zusammensetzung des Wohnquartiers verändert.

Das Generalsviertel

Zwischen *Bismarckstraße* (1871 angelegt) und *Eppendorfer Weg* (1863) liegt ein Wohnquartier, dessen Straßen nach den militärischen Befehlshabern aus der Entstehungszeit des Kaiserreiches benannt wurden. Die Häuser im „Generalsviertel“ sind überwiegend vier- bis fünfgeschossig und vielfach zur Straße hin mit kleinen Vorgärten mit Ziergitter zum Bürgersteig versehen. Wegen der relativ geringen Grundstückstiefe ist die Größe der Wohnungen begrenzt. Zwischen *Moltke-* und *Wrangelstraße* sowie an der Kanalseite der *Bismarckstraße* liegen auch Stadthäuser, von denen einige – so an der *Bismarckstraße* – sehr luxuriöse Erscheinungen sind. 1873/74 entstanden die *Moltkestraße*, die *Wrangel-*, *Roon-* und *Mansteinstraße*. Die Straßenbreite wurde auf jeweils einheitlich 13 m festgelegt, nur der *Mansteinstraße* billigte man 4 m mehr zu. Die Straßen selbst waren zunächst gleichfalls Privateigentum. Bis 1912 übernahm die Stadt die Straßen und auch deren Unterhaltung. 1901 wuchs das „Generalsviertel“ um die *Kottwitzstraße*, wo am Haus Nr. 19 die „Vereinigung Quickborn“ eine Gedenktafel für den niederdeutschen Dichter Hermann Bossdorf (1877–1921) angebracht hat. 1909 folgte als letzte die *Gneisenaustraße*. Als einzige dieser „Generalsstraßen“ überquert die *Wrangelstraße* die stark befahrene *Gärtnerstraße* – ein Teil des **Rings 2** – und mündet – an ihrem weniger „feinen“ Ende – in die *Troplowitzstraße* ein. Die *Gärtnerstraße* erhielt 1864 ihren Namen nach den einstmals dort ansässigen ausgedehnten Gemüsegärtnereien.

Seniorenzentrum St. Markus

An der *Gärtnerstraße 63* wurde im März 2001 das neue **Seniorenzentrum St. Markus** eingeweiht. Das helle und freundliche Gebäude mit seiner sandsteinfarbenen Vorderfront und einer Fotovoltaikanlage zur Stromerzeugung auf dem Dach bietet auf vier Etagen 110 Wohn- und Pflegeplätze, 6 zur Kurzzeitpflege und 15 zur Tagespflege sowie einen ambulanten Pflegedienst. Etwa 80 Prozent der Bewohner waren zuvor im Quartier ansässig. Ganz bewusst versteht sich das neue Seniorenzentrum als offene Einrichtung: Täglich serviert das **Café Venedig** mit Terrasse zum Garten den Bewohnern und älteren Menschen aus der Umgegend ein Mittagsmenü aus

Hohelufter Wohnlandschaft an der Wrangelstraße, ein Fassadengruß aus Afrika in der Roonstraße und das imposante Eckhaus Mansteinstraße/Eppendorfer Weg

Stadtteil-Profil

	Hoheluft-West	Bezirk	Hamburg
Bevölkerung gesamt (2000)	12 780	244 893	1 704 929
Unter 18-Jährige in %	10,5	14,1	16,1
65 Jahre und älter in %	13,6	16,1	17,0
Deutsche	10 981	208 892	1 432 325
Ausländer in %	14,1	14,7	16,0
Einwohner je km²	18 522	4914	2258
Sozialstruktur			
Sozialhilfeempfänger (2000)	1688	409	120 461
Arbeitslose (2001)	834	462	71 963
Eink. je Steuerpfl. in DM (1995)	68 931	59 711	65 579
Wohnen (2001)			
Wohngebäude	793	28 953	226 061
Ein- und Zweifamilienhäuser in %	171	16,2	20,5
Ø Wohnungsgröße in m²	65,1	71,5	71,0
Wohnfläche je Einwohner in m²	38,4	37,3	35,7
Verkehr			
Private Pkw (2001)	11 804	4332	628 119
Straßenverkehrsunfälle (2000)	183	82	12 430
Kriminalität			
Straftaten insgesamt (2000)	2335	1084	284 272

Wahlverhalten

... zur Bürgerschaft 2001 (gesamt)

Wahlbeteiligung	71,0%
SPD	36,5%
CDU	26,2%
Schill-Partei	19,4%
Grüne/GAL	8,6%
FDP	5,1%
Übrige	4,2%

... zur Bürgerschaft 2001 (Stadtteil)

Wahlbeteiligung	74,2%
SPD	41,7%
CDU	19,1%
Schill-Partei	10,7%
Grüne/GAL	17,5%
FDP	6,0%
Übrige	5,0%

eigener Küche, mit der Grundschule an der *Wrangelstraße* wird eine Kooperation gepflegt. Die 1962 als Altenwohnheim der **Kirchengemeinde St. Markus** (s. Hoheluft-Ost) begründete Einrichtung war bis dahin schräg gegenüber in der *Gärtnerstraße 64* zu Hause und wird seit 1994 von der Martha Stiftung geführt, die Heimleitung liegt in den Händen von Wolfgang Janzen.

Sauerstoff für den Kanal

Bis zum Beginn der Kaiserzeit bestand das heutige Wohngebiet zwischen dem *Eppendorfer Weg* und dem Isebekkanal nur aus Weiden und Koppeln. Die Isebek, ein in der Bahrenfelder Feldmark entspringender und in die Alster mündender Bach, war 1883/84 zu einem Kanal umgestaltet worden: Das „Klosterland-Konsortium" wollte die ehemaligen Ländereien des Johannisklosters bebauen (s. Harvestehude). Dafür wurde der Kanal als Transportweg für Baumaterialien benötigt und zudem ein Stammsiel für die Ableitung von Regen und Abwasser hinzugefügt. Das Überlaufen des Stammsiels hatte jedoch für lange Zeit und mehrfach ein massenhaftes Fischsterben zur Folge. Als im Sommer 1987 erneut viele Fische wegen zu wenig Sauerstoff eingingen, wurde im Jahr darauf im **Mansteinpark** unweit des U-Bahnhofs Hoheluftbrücke eine Anlage errichtet, durch die dem Kanal künstlich Sauerstoff zugeführt wird.

Aktion vor dem Eingang des Seniorenzentrums St. Markus an der Gärtnerstraße und Alt- und Neubauten an der Wrangelstraße

Das „bunte Wunder“ von Hoheluft: Die fröhlichen Zwerge aus der Werbung von anno dazumal wurden mit frischen Farben restauriert

Kinderspaß im alten Depot

Zwischen **Gneisenau-** und **Kottwitzstraße** befindet sich ein großer, gut ausgestatteter und viel genutzter Kinderspielplatz, der 2001 von der Gartenbauabteilung des Bezirksamtes „revitalisiert“ wurde. Ein anderer beliebter Kindertreff liegt auf dem Gelände eines ehemaligen Straßenbahndepots im Blockinnenbereich zwischen *Gärtnerstraße*, *Hoheluftchaussee* und *Wrangelstraße*. Auf einer Grundfläche von ca. 6200 m² entstand 1997 ein **Abenteuerspielplatz**, in den einzelne Mauerreste der abgerissenen alten Wagenhalle aus den 1930er Jahren als stilisierte „Ruine“ einbezogen wurden. Die alten Schienenstränge wurden mit Naturpflastersteinen zu einem Wegenetz über den Platz und in die Halle umgewandelt. Gegenüber dem Spielplatz befindet sich seit 1974 eine Zweigstelle der Grundschule Christian-Förster-Straße. Das Stammhaus in der namengebenden Straße wurde 1906–08 als imposante, auf 30 Klassen angelegte Volksschule mit Turnhalle und – wie noch heute zu sehen ist – getrennten Eingängen für Knaben und Mädchen erbaut.

Asphaltpiste und Einkaufsmeile

Die **Hoheluftchaussee** ist nach wie vor die wichtigste Einkaufsstraße für die Hohelufter. Gleich zwei Haspa-Zweigstellen haben ihre Kundschaft, neben mehreren Supermärkten bieten auch immer noch traditionsreiche Einzelhändler ihre Dienste an: Bei **Eisen- und Haushaltswaren Harms** an der *Hoheluftchaussee 19* hält Inhaber Uwe Kaspereit in fast 200 Schubkästen hinter der Ladentheke Schrauben, Schraubhaken, Ösen und andere Kleineisenwaren in allen möglichen Formen und Größen griffbereit. Das **Sanitärhaus Hauschildt** *(Hoheluftchaussee 53)*, in Hoheluft gegründet 1895 und seit 1913 an dieser Stelle, war bis 1989 über vier Generationen lang im Besitz dieser Familie. Die Firma musste nach einem tragischen Unfall verkauft werden und ging in die Hände von Rüdiger Westphal über – aber der Name Hauschildt blieb. Nichts mehr zu sehen ist hingegen von jenen Etablissements, die einst den Ruf der Straße als Amüsiermeile begründeten, so auf Eimsbüttler Seite z.B. die beiden „Blumenburg“-Kinos in der *Hoheluftchaussee 97* und *113*.

Ebenso wie auf der „Eppendorfer Seite“ ist der von Eimsbüttel kommende *Eppendorfer Weg* eine Bummelmeile, vor allem auf dem letzten Abschnitt zwischen

Die „Funzel“ an der Ecke Eppendorfer Weg/Roonstraße pflegt solide Kneipenkultur

Wrangelstraße und *Hoheluftchaussee*. Seit 1940 hat die **Bleichen-Bäckerei** von Holdt (1913 an den *Großen Bleichen* gegründet) ihren Sitz am *Eppendorfer Weg 178*. Im Jahr 1980 hat der Bäckermeister Horst Schmalfeldt das Geschäft übernommen. In der *Bismarckstraße 98* besteht schon seit 1977 der „Frauenbuchladen & Café". Er wird von einem Drei-Frauen-Team geführt, Männer – und dies gilt noch heute – sind dort unerwünscht.

Jazz aus der Gärtnerstraße

Wenige Schritte von der lauten *Gärtnerstraße* entfernt findet sich in Nr. 122 ein Mekka der Jazzmusik: das **Birdland**. Im Juni 1985 startete Dieter Reichert in einem Übungskeller an der *Gärtnerstraße* mit einem „Probekonzert", an dem auch Herb Geller teilnahm. Im September 1985 begann der regelmäßige Konzertbetrieb. Nach der Erweiterung der Räumlichkeiten 1992 kamen auch international bekannte Stars wie Chet Baker, Howard Johnson, Charlie Byrd, Art Blakey, Anita O'Day und Wolfgang Schlüter in den Club, der gut 150 Zuhörer fasst. Gleich nebenan findet sich seit 1995 der „Club de Degustation de Hambourg ‚Les Grands Vins de Bordeaux'". Zunächst als Angebot für Profis gedacht, bietet Guy Michel Robert seit einiger Zeit auch Weinproben für Privatpersonen an.

Von seiner Gründung am 4. August 1900 ist **Christiansen** an der *Hoheluftchaussee 99* bis heute weit über die Grenzen des Stadtteils hinaus ein Inbegriff für hohe Konditorkunst. Seit 1997 unter neuer Leitung, hat sich am Angebot viel, an der hohen Qualität aber nichts geändert. Einkehren kann man im nostalgisch angehauchten Café oder im neu angelegten Sommergarten.

Köpfe

16 Jahre lang, von 1984 bis zur Schließung im Oktober 2000, war das von **Heike Passarge** geführte „Café Da Vinci" ein beliebter Treffpunkt nicht nur für die Hohelufter, sondern weithin berühmt für „das beste Eis der Stadt" („Hamburger Morgenpost"). Mittlerweile hat Heike Passarge umgesattelt, „Da Vinci" in der *Gärtnerstraße 30* ist eine eingetragene Marke für Qualitätsspiele, neben dem Debüt-Produkt und Dauer-Hit „Normal ist das nicht" ist das gleichfalls von ihrem Lebensgefährten Götz Vincentz entworfene Schatzsucher-Spiel „Esperanca" ein echter Renner.

Schon seit April 1980 ist **Wolfgang Nein** Pastor an St. Markus und fest im Stadtteil verwurzelt. Eine „persönlichere Beziehung zu den Gemeindegliedern" aufzubauen und das Gespräch mit den Menschen, die formell nicht oder nicht mehr zur Kirche gehören, zählt für ihn zu den wichtigsten Zielen der Gemeindearbeit. Nicht zuletzt deshalb erteilte St. Markus einem Regionalisierungskonzept, einem Zusammengehen mit den vier ev.-luth. Eimsbütteler Gemeinden, eine Absage und blieb selbstständige Gemeinde.

Nach einer erfolgreichen Wettbewerbsteilnahme wurde **Ulrike Eichhorn** im Herbst 2000 als erste Frau in die „Association Internationale des Relais Desserts" aufgenommen. Die in Bremen geborene Konditormeisterin übernahm im Januar 1997 gemeinsam mit Robert Heinzel das „Christiansen Conditorei & Gourmet-Café" an der *Hoheluftchaussee 99*, das heute zu den 100 besten Konditoreien der Welt gehört.

Günther Voss führt seit 1989 den Tabakwarenladen in der *Wrangelstraße 104*. Schon mehrfach organisierte er ein Straßenfest auf dem *Wrangelplatz*, zuerst 1991 im Zusammenhang mit einer Bürgerinitiative für die Verkehrsberuhigung im Quartier.

US-Sängerin Jane Monheit im „Birdland" und Hohelufter Köpfe: Heike Passarge, Pastor Wolfgang Nein, Konditormeisterin Ulrike Eichhorn, Günther Voss

Hohenfelde

ist ein gewachsener, „bürgerlicher“ Stadtteil, durchmischt mit Gewerbe. Er bestand ursprünglich aus Weide- und Heideflächen und war später Teil der Befestigungsanlagen der Stadt Hamburg. Erst Mitte des 19. Jahrhunderts setzte die Verdichtung der Bevölkerung in dem an Alster und Eilbek grenzenden Stadtteil ein

Steckbrief

Fläche:
1,145 km²
Einwohner:
8793
Verwaltung:
Bezirk Hamburg-Nord, Ortsamt Barmbek-Uhlenhorst
Ortsteile:
416, 417

Der Name Hohenfelde geht zurück auf das im 15. Jahrhundert erstmals erwähnte „Hohe Feld“ zwischen St. Georg und Eilbek.

Aus der Geschichte

Seit dem Mittelalter gehörten der an der Alster liegende und der an Eilbek grenzende Teil Hohenfeldes zum Besitz des **Hospitals zum Heiligen Geist** und somit zum Gebiet der Stadt Hamburg. Der verbliebene Teil war ab 1410 politisch der Landherrenschaft Hamm und Horn zugeordnet. Auf dem aus Wiesen und Heide bestehenden Gebiet ließen die Bürger ihr Vieh weiden. Mit der Fertigstellung des Neuen Werks 1679 wurde das Gelände zu dessen Vorfeld und somit **Teil der Befestigungsanlagen Hamburgs**. Daher gab es hier auch nur wenige Gebäude. In der Franzosenzeit (s. Neustadt) wurden sie 1813/14 ausnahmslos abgebrannt, um ein freies Schussfeld zur Verteidigung der Stadt zu erhalten. Nach dem Großen Brand von 1842 setzte nach und nach die Verstädterung ein. Zunächst entstanden auf dem hohen Feld vermehrt Blumen- und Gemüsegärten, für die in der Stadt kein Platz mehr war. Hohenfelde galt als größtes geschlossenes **Gartenbaugebiet** nahe der inneren Stadt. 1858 gründete Emil Neubert, dem die *Neubertstraße* ihren Namen verdankt, eine Gärtnerei an der *Güntherstraße*.

Die Mundsburger Brücke ist nicht nur eine der schönsten Hamburger Brücken, sondern auch die breiteste

1854 beschloss der Hamburger Senat, auf dem „Hohen Feld“ ein geordnetes Straßennetz anzulegen, und die Planungen für die Erschließung dieses Gebiets setzten sofort ein. Bereits 1855 legte Oberingenieur **Christian Wilhelm Plath** der Baudeputation seine Pläne für den *Mundsburger Damm* sowie die **Schwanenwik**- und die **Mundsburger Brücke** vor. Zur Umsetzung der überarbeiteten Entwürfe Plaths kam es aber erst 13 Jahre später. Die Schwanen-

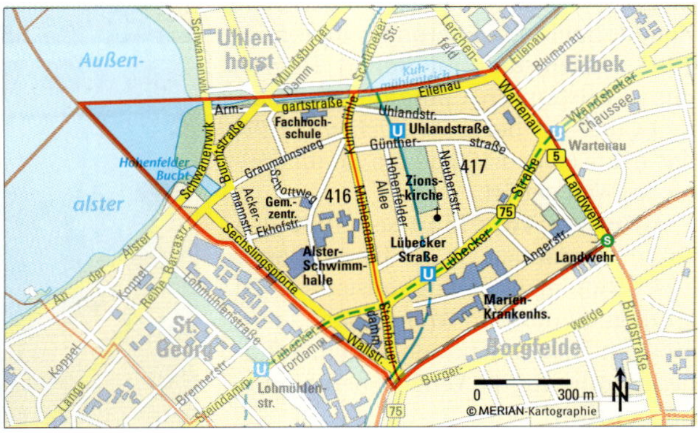

wikbrücke, die Mundsburger Brücke und die Kuhmühlenbrücke wurden im Zuge des Ausbaus des *Schwanenwiks* und des *Mundsburger Damms* um 1870 über dem Mundsburger Kanal errichtet. Später kam schließlich noch die Wartenaubrücke hinzu, sodass Hohenfelde heute mit der Uhlenhorst durch vier Brücken eng verbunden ist.

Da der Stadtteil im Zweiten Weltkrieg schwere Bombenschäden hinzunehmen hatte, blieb nicht viel von der ursprünglichen Bebauung erhalten. Reste der bürgerlichen Wohnbebauung aus wilhelminischer Zeit sind noch an der *Lessing-*, der *Uhland-* sowie der *Güntherstraße*, am *Graumannsweg*, am *Schwanenwik* und an der *Ackermannstraße* zu finden und zu bewundern.

Die *Sechslingspforte*, die westliche Stadtteilgrenze, erhielt ihren Namen offiziell erst 1884. Eine Aktiengesellschaft hatte aber bereits 1852 an dem ursprünglich „Alsterpforte" genannten Weg zwischen St. Georg und Hohenfelde eine Zahlstelle eingerichtet, an der man für die Benutzung des neuen Fußwegs zur Uhlenhorst bis 1862 sechs Pfennig – einen Sechsling – bezahlen musste. Die **Zahlstelle an der Sechslingspforte** wurde 1864 abgebrochen. Die östliche Stadtteilgrenze, die *Landwehr*, war anfangs nur ein Erdwall. Hier wurde im Jahr 1375 ein Verteidigungswall angelegt, der vom Kuhmühlenteich über den Lübschen und den Hammer Baum bis zum Hammer Brook reichte. Während der Franzosenzeit diente die Landwehr als äußerste Verteidigungslinie der napoleonischen Armee.

Am **Lübschen Baum** (= Lübecker Schlagbaum), dem östlichen Ausgangstor der *Landwehr*, wurde ein Wegzoll erhoben. Später befand sich hier ein Bauernhof, dessen Scheune als Tanzsaal diente. Mehrfach abgebrannt und an anderer Stelle wieder aufgebaut, wurde um 1960 an der Ecke *Güntherstraße/Lübecker Straße* die lange Tradition des „Lübschen Baums" bis 1995 fortgeführt. Das Restaurant und Tanzlokal war beliebter Treffpunkt nicht nur für die Hohenfelder. Hier traf sich die reifere Jugend zum Schwof nach dem Motto: „In Erfüllung geht ein Traum beim Tanz im Lübschen Baum". Heute steht das

Hohenfelde aus der Vogelperspektive mit Blick auf die versetzten Zeilenbauten der „Neuen Heimat", die nach dem Zweiten Weltkrieg das großbürgerliche Gesicht des Stadtteils veränderten

Die Kuhmühle stand bis 1874 am Westufer des Kuhmühlenteiches

Gebäude leer, eine weitere Nutzung ist momentan nicht in Sicht.

Ein Kuriosum war die **Horizontal-Pendelstation** zur Messung von Erdbeben mithilfe eines Horizontalseismografen, die der Hamburger Kaufmann Dr. Richard Schütt 1897 auf seinem Grundstück in der *Papenhuder Straße 8* errichtete. 1903 erlangte sie als eine Hauptstation für Erdbebenforschung internationale Anerkennung. An die Station erinnert nichts mehr; das moderne Seismologische Observatorium der Universität Hamburg liegt heute in Heimfeld.

Kunst im Stadtteil

Das größte öffentliche Bauwerk des Stadtteils ist die 1973 eingeweihte **Alster-Schwimmhalle** an der *Sechslingspforte*. Ihr frei tragendes Schalendach aus Stahlbeton brachte ihr schnell den Beinamen „Schwimmoper" ein. Das 96 m lange und 64 m breite Dach steht auf nur drei Stützen.

Drei architektonische Besonderheiten in Hohenfelde: das neogotische Gebäude der Hohenfelder Apotheke (oben rechts), die alte Polizeiwache von Fritz Schumacher (oben) und die Alster-Schwimmhalle

Wie ein Relikt vergangener Tage mutet dagegen die fast 100 Jahre alte **Schumacher-Wache** in der *Lübecker Straße* an. Früher von großzügigen Grünanlagen umgeben, steht das landhausartige Gebäude heute an einer geschäftigen Straße. Einen Kontrast dazu bildet das in unmittelbarer Nähe stehende Eingangsgebäude der **U-Bahn-Station Lübecker Straße** aus den 1960er Jahren. Das Besondere an der damals topmodernen Konstruktion ist die hauchdünne Betonschale, die den Eingangsbau überspannt.

Einige der ältesten Häuser Hohenfeldes findet man dort, wo *Ifflandstraße*, *Graumannsweg* und *Güntherstraße* zusammentreffen. Bemerkenswert ist das neogotische Etagenwohnhaus von 1888 in der *Güntherstraße 1*. Im Vorbau sind die traditionsreiche **Hohenfelder Apotheke** und die „Bienen Drogerie" untergebracht.

Einer der bekanntesten Söhne des Stadtteils ist der 1893 geborene Schriftsteller, Maler und Grafiker **Hans Leip**. Aus seiner Feder stammt der Text des Lieds „Lili Marleen", das er angeblich nach zwei Freundinnen benannt hat, die Lili und Marleen hießen. Nachdem das Lied Ende der 1930er Jahre vertont und seit August 1941 täglich vom deutschen Soldatensender Belgrad, später auch von weiteren Stationen gesendet wurde, erlangte es mit Lale Andersens Stimme weltweite Bekanntheit. Leip war maßgeblich an der Gründung und Etablierung

„Vor der Kaserne, vor dem großen Tor …": Das weltberühmte Lied stammt vom Hohenfelder Hans Leip

des Schriftstellerclubs „Hamburger Gruppe“ beteiligt, dem z.B. auch der berühmte Dichter und Orgelbauer Hans Henny Jahnn einige Zeit angehörte.

Ein lebendes Kunstwerk im Stadtteil ist **Theo Vetter**, dessen Körper sein Tagebuch ist. Auf ihm hat er viele seiner persönlichen Erlebnisse „eingravieren“ lassen. Der meisttätowierte Mann Hamburgs hat sich sein erstes Tattoo als Zwölfjähriger auf der Schulbank mit Faden und Bleistiftmine selbst gestochen. Heute schmücken seinen Körper Tätowierungen von fast 250 Künstlern aus der ganzen Welt.

„Kultur für das Volk“ – lautet der Leitspruch der **Hamburger Volksbühne**. Bereits 1919 wurde der gemeinnützige Verein gegründet, um den Bürgern den Zugang zu kulturellen Veranstaltungen zu erleichtern. Er ist Mittler zwischen den Hamburger Theatern und ihren Besuchern und bietet vielfältige Abonnements für den Besuch von Theatern, Kabaretts, Musicals und der Oper. Darüber hinaus organisiert die Volksbühne mit Sitz im *Graumannsweg* ein- und mehrtägige Theater-, Studien- und Kulturreisen im In- und ins Ausland. 2001 wurde die Volksbühne mit heute 30 000 Mitgliedern für ihre großen Verdienste in der Volksbildung und in der Kulturförderung der Stadt Hamburg mit dem „Portugaleser Bürger danken“ ausgezeichnet. Der Zentralausschuss Hamburgischer Bürgervereine von 1886 r.V. stiftet seit 1986 jährlich diese Gedenkmünze, um damit Bürger oder Institutionen für besondere Verdienste zu ehren.

Auch die Bildung kommt im Stadtteil nicht zu kurz. Neben verschiedenen Schulen wie der Grundschule in der *Ifflandstraße*, den Gewerbeschulen für Gastronomie und Ernährung, Maschinenbau sowie Stahl- und Metallbau in der *Angerstraße* befindet sich seit der Gründung der Fachhochschule Hamburg 1970 der **Fachbereich Gestaltung** in der *Armgartstraße 24* und in dem ehemaligen Hauptgebäude des Elise-Averdieck-Lyzeums *Wartenau 15*. Er ist einer von 13 Fachbereichen, die die Fachhochschule neben fachbereichsübergreifenden Studiengängen anbietet. Seine Wurzeln liegen in der Gewerbeschule für Mädchen von 1867. Heute werden etwa 1300 Studenten – fast tausend davon sind Frauen – von rund 50 Professoren in den Fachbereichen Illustration/Kommunikationsdesign, Textil-/Mode-/Kostümdesign und Bekleidungstechnik unterrichtet.

Das Eingangsgebäude der U-Bahn-Haltestelle „Lübecker Straße“ mit dem gewölbten Dach stammt aus den 1960er Jahren

Im Fachbereich Gestaltung der Fachhochschule steht Design im Vordergrund.
Unten: Ein lebendes Kunstwerk ist Theo Vetter

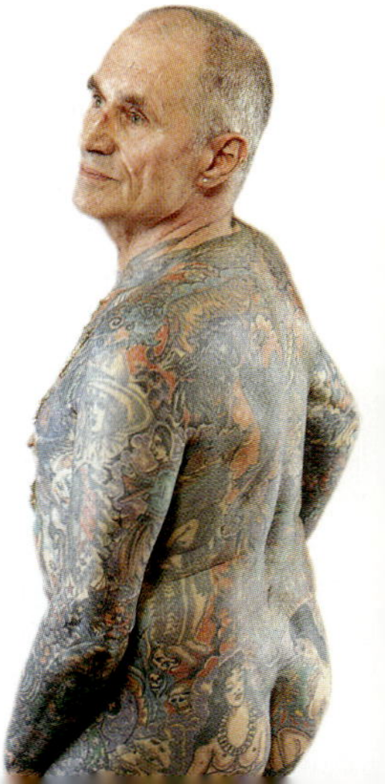

Stadtteilleben

Hohenfelde ist eng mit der Uhlenhorst verbunden. Die ev.-luth. St. Gertrud-Kirche z.B. ist für beide Stadtteile zuständig. Die Kirche selbst steht zwar auf der Uhlenhorst, aber das **Gemeindezentrum** mit der **St. Laurentius-Kapelle** befindet sich in der *Ifflandstraße* in Hohenfelde. Ein Höhepunkt im Kirchenjahr ist der jährlich im November stattfindende traditionelle Novemberbasar – ein großes Gemeindefest, bei dem man nicht nur Bücher, CDs, Weihnachtsschmuck und -geschenke

Zeitleiste

15. Jh. erste Erwähnung des „Hohen Felds“

1679 Hohenfelde wird Teil der Verteidigungsanlagen Hamburgs

1852 Einrichtung der Sechslingspforte

1882 Umzug des Marienkrankenhauses nach Hohenfelde

1894 Eingemeindung Hohenfeldes

1913/14 Bau der Wache am Lübecker Tor

1919 Gründung der Hamburger Volksbühne

1970 Gründung der Fachhochschule mit Fachbereich Gestaltung

1973 Einweihung der „Schwimmoper“

1988–90 Auflösung der „Neuen Heimat“

1995 Schließung des „Lübschen Baums“

2001 Bürgerproteste gegen Drogenambulanz

kaufen, sondern auch gemütlich Kuchen essen und Kaffee trinken kann. 1971 fertig gestellt und eingeweiht, feierte die St. Laurentius-Kapelle am 11.11.2001 ihr 30-jähriges Jubiläum.

Fast jeden Sommer richtet das Hotel **Crowne Plaza** am *Graumannsweg* ein Nachbarschaftsfest aus. Bei einer Rallye durchs ganze Haus lernt man das Innenleben des Hotels kennen. Auf dem Parkplatz davor gibt es Live-Musik, ein großes Gewinnspiel und jede Menge kleiner Stände mit kulinarischen Köstlichkeiten, an denen man vielleicht sogar vom Chef persönlich bedient wird.

Die Hohenfelder feiern nicht nur gemeinsam, sondern gehen auch zusammen auf die Straße. Im Frühjahr 2001 waren sich alle einig: Mit Veranstaltungen und Demonstrationen protestierten sie erfolgreich gegen die Einrichtung einer **Drogenambulanz** in der alten Schumacher-Polizeiwache an der *Lübecker Straße*. Es war geplant, 100 Langzeit-Drogenabhängige dreimal täglich mit synthetischem Heroin zu versorgen. Die Bürger befürchteten, dass sich im Umkreis eine neue Drogenszene entwickeln würde, die besonders die Kinder und Jugendlichen der in Sichtweite liegenden Schulen gefährden könnte.

Ein Verein, der sich für den Stadtteil und seine Probleme einsetzt, ist der **Hohenfelder Bürgerverein** von 1883. Nicht nur auf kommunalpolitischer Ebene tätig, organisiert er für seine Mitglieder auch Museums- oder Theaterbesuche und die regelmäßigen Kaffeenachmittage im Hotel Crowne Plaza.

Alsterfreizeit: Sonnenbad und Segeltörn sind beliebt. Die Bronzeplastik „Drei Männer im Boot“ stammt aus dem Jahr 1953

Viel Platz für Kinder …

… das hat Hohenfelde mit Sicherheit. In dem Stadtteil gibt es jede Menge Angebote und Spielplätze für Kinder und Jugendliche. So können sie z.B. im Gemeindezentrum an der *Ifflandstraße* bei Jugendleiterin Ingrid Stegmann eine Foto-AG und Computerkurse besuchen, und die Kleineren haben Spaß im Chor und in der Theatergruppe. Bereits seit 1963 besuchen Uhlenhorster und Hohenfelder Kinder die Kindertagesstätte im Gemeindezentrum.

Fast nebenan in der *Ifflandstraße 69* sitzt seit 1998 der Verein **Mütterzentrum Hohenfelde e.V.** Unten in dem eigens für die Gruppen umgebauten und vom Keller bis zum Dach renovierten Haus treffen sich Mütter zum Kaffee und Plausch oder mit Kindern zu Krabbel- und Spielgruppen. Die Angebote des Zentrums werden von den Müttern ehrenamtlich organisiert und durchgeführt. Aber auch für die Kinderbetreuung ist gesorgt: Jeden Vormittag zwischen 8 und 14 Uhr kommen rund 20 „Zwerge“ in den **Kindergarten Zipfelmütze**. Sie spielen in den verschiedenen Spielzimmern im Haus und bei gutem Wetter im Garten. Natürlich werden auch Ausflüge gemacht, so ins Kindertheater (s. Altona-Altstadt), oder Geburtstage mit Tortenschlacht gefeiert.

Die **Katholische Jugend Hamburg** sitzt wie die Katholische Frauen- und Familienbildungsstätte am *Graumannsweg 42*. Neben den ausbildungsbegleitenden Hilfen, einem Projekt des Arbeitsamtes,

Bürgergeschichten

„Steine auf das Hochzeitspaar"

Ingeborg und Gerhard Below aus der Ekhofstraße erinnern sich, wie die Hausbesetzer 1973 die Hochzeitsgesellschaft ihrer Tochter „verhagelten"

Bei dem Thema Hausbesetzungen in der Ekhofstraße denken wir immer an die Hochzeit unserer ältesten Tochter im Mai 1973. Wir waren mit unseren Gästen, alle feierlich gekleidet, auf dem Weg zur Kirche in der Ifflandstraße, als die Hausbesetzer anfingen, Steine vom Dach des besetzten Hauses auf uns zu werfen. Wie wir dann alle losrannten, werden wir wohl nie vergessen.

Die Hausbesetzungen begannen Ostern 1973. Am Gründonnerstag stürmten mehrere Jugendliche einen Altbau in der Ekhofstraße, der im Zweiten Weltkrieg verschont geblieben war. Sie hängten Transparente auf, auf denen stand „Dieses Haus ist besetzt", und fingen an, die Fenster und die Tür zu verbarrikadieren. Einige von ihnen saßen Tag und Nacht vermummt auf dem Dach und warfen Steine auf Passanten und Polizisten. Der Grund für die Hausbesetzungen war der Protest gegen den Abriss der zum Teil noch in gutem baulichen Zustand befindlichen Altbauten zwischen Graumannsweg, Ackermann-, Ekhof- und Ifflandstraße. Hier waren Neubaukomplexe und das heutige Hotel Crowne Plaza geplant.

Ekhofstraße: Schaulustige und vermummte Besetzer Foto: CONTI-PRESS

Hausbesetzung: Polizei bleibt im Hintergrund

Der „Häuserrat" verdrahtet die Fenster

Drei Wochen nach den schweren Unruhen im Frankfurter Westend haben jetzt in Hamburg junge Leute 18 leerstehende Wohnungen in Hohenfelde besetzt. Am Nachmittag des Gründonnerstags rückten rund 200 Eindringlinge in der Ekhofstraße an und nahmen dort drei zum Abbruch bestimmte Häuser in Beschlag. Die Gebäude gehören der Bewobau (Betreuungs- und Wohnungsbaugesellschaft), einer Tochtergesellschaft der Neuen Heimat, die in diesem Gebiet ein 19geschossiges Hochhaus mit 400 bis 600 Komfortwohnungen plant.

Die erste Gruppe der Okkupanten rollte am Gründonnerstag gegen 12 Uhr mit einem Lastwagen mit Bremer Kennzeichen zur Ekhofstraße 33–39. Sie drangen in die Gebäude ein und errichteten an der Haustür und den Fenstern der Vorderfront provisorische Barrikaden. [...] steht nicht auf einer Räumung, die Polizei hält Aktivitäten momentan für nicht opportun.

Gewitzt durch die Frankfurter Erfahrungen, wies Polizeidirektor Tiedemann seine uniformierten Beamten an, sich vorerst nicht in der Ekhofstraße blicken zu lassen.

Inzwischen haben sich die jungen Leute in den Wohnungen auf eine längere Besetzungszeit eingerichtet. Stromleitungen wurden vom Erdgeschoß in die oberen Räume gelegt.

Vorübergehende Passanten und Schaulustige werden per Megaphon und Flugblätter informiert, daß das Haus zu einem Kommunikationszentrum „umfunktioniert" werden soll.

Der Hintergrund der Besetzung reicht bis in das Jahr 1970 zurück. Damals kaufte die Bewobau zwischen Graumannsweg, Ekhof- und Ifflandstraße fast sämtliche Häuser. Die Mieter (111 Wohnungen meist mit Sozialstatus) wurden restlos gekündigt.

Obwohl bis heute den öffentlichen Ausschüssen kein entsprechender Entwurf eines Bebauungsplans vorliegt, stellte die Stadt über die Bewobau bereits anderweitig Sozialwohnungen bereit. Rund 80 Mieter sind inzwischen in andere Wohnungen gezogen.

Einige der leerstehenden Wohnungen sind bis zum Abbruch (so die Bewobau) zuerst an Studenten und Doktoranden, später pauschal an das Studentenwerk vermietet worden. Diese Neumieter jedoch organisierten zusammen mit den verbliebenen Altmietern, die auf dem Rechtsweg Einspruch gegen die Kündigungen erhoben hatten, einen Initiativkreis gegen die Bewobau-Pläne.

Diese Aktivitäten führten zu verschiedenen Anfragen auch in der Bürgerschaft. Dadurch aufgeschreckt, empfahl die Baubehörde jüngst in einem vertraulichen Schreiben an die beteiligten städtischen Stellen, das Bewobau-Projekt mit „aller Vorsicht" zu behandeln.

Auf Grund dieser Unstimmigkeiten blieben bis zum Zeitpunkt der Besetzung rund 48 Wohnungen über mehrere Monate ungenutzt. In diesen Räumen hat sich nun der Häuserrat niedergelassen.

LUTZ JOHNER

Hamburg: Jugendliche besetzten 18 Wohnungen

Eigener Bericht jo. Hamburg, 21. April

Rund zweihundert junge Leute haben in Hamburg-Hohenfelde 18 leerstehende Wohnungen besetzt. Am Gründonnerstagnachmittag stürmten die Jugendlichen, die nach den bisherigen Informationen aus Frankfurt, Bremen und Berlin angereist sind, drei Häuser in der Ekhofstraße nahe der Alsterschwimmhalle.

Besetzt: Das Wohnhaus in Hamburg-Hohenfelde

Bald war die Ekhofstraße auf beiden Seiten von Peterwagen abgesperrt, und die Leute, die durch die Straße gehen wollten, wurden von der Polizei auf die Situation aufmerksam gemacht und nahmen dann gern einen Umweg in Kauf. Auch wir selbst machten immer einen Riesenbogen um das besetzte Haus und warnten unsere Kinder davor, ihm nicht zu nahe zu kommen. Die Hausbesetzer lockten nämlich gern die Kinder aus der Gegend an, damit sie für ein paar Groschen Steine für sie sammelten. Wir hatten alle Angst und haben uns ganz furchtbar gefühlt. Die Besetzer – darunter waren auch die späteren RAF-Terroristen Susanne Albrecht und Heinz Dellwo – waren schwer bewaffnet. Sie zertrümmerten ein paar Peterwagen und schlugen des Öfteren Fensterscheiben anderer Häuser ein. Einmal verprügelten sie sogar einen Polizisten mit Knüppeln.

Immer zu viert oder fünft gingen sie zu Bolle – der Supermarkt war dort, wo heute Gutkauf ist –, um sich mit Bier, Wasser, Zigaretten und Lebensmitteln zu versorgen, ohne zu bezahlen, versteht sich. Das Personal und die Kunden wurden mit Knüppeln bedroht, und so hat sich niemand getraut, etwas zu sagen. Auch den Strom haben sie in den Nachbarhäusern abgezapft.

Nach ungefähr sechs Wochen standen eines Nachts die Ekhofstraße und die ganze Umgebung voller Polizei. Mehrere Hundertschaften und das Mobile Einsatzkommando waren angerückt, um das Haus zu stürmen. Bevor die Jugendlichen reagieren konnten, war die Polizei schon drin. Und kurz nachdem das Haus geräumt worden war, rückten auch schon die Abrissbagger an.

Fast täglich wurde in den Medien über die Hausbesetzungen in der Ekhofstraße berichtet

das zur Beratung und Nachhilfe von Auszubildenden dient, organisiert der Verein u.a. auch Kulturtrips am Wochenende, Jugendfreizeiten ins Ausland, z.B. nach Korsika und Schweden, und Messdienerwallfahrten.

In dem kinderfreundlichen Stadtteil mangelt es auch nicht an Spielplätzen. Es gibt z.B. die beiden betreuten Spielplätze am *Graumannsweg* und an der *Landwehr.*

Vom Waisen- zum Krankenhaus

Nicht wegzudenken aus Hohenfelde ist das katholische **Marienkrankenhaus**, das neben dem allgemeinen Krankenhausangebot über eine Kindertagesstätte verfügt und verschiedene Informationsabende zu Gesundheitsthemen veranstaltet. Bereits seit 1861 leben und arbeiten Schwestern des Borromäusordens in Hamburg, wo sie in der heutigen Domgemeinde St. Marien zuerst ein Waisenhaus betreuten. 1864 wurde das Marienkrankenhaus in St. Georg gegründet. Knapp 20 Jahre später zog es in den von dem bekannten Hamburger Architekten Martin Haller entworfenen Neubau in der *Alfredstraße*. 1889 erfolgte am Marienkrankenhaus die erste erfolgreiche Blinddarmoperation auf dem europäischen Festland. Der beispielhafte Einsatz der Ärzte und Schwestern während des Ausbruchs der Cholera 1892 verstärkte den guten Ruf des Hauses. Heute leben und arbeiten hier noch 13 Ordensschwestern. Den Patienten stehen nach mehrfachen Modernisierungen der Gebäude zehn Abteilungen mit insgesamt 580 Betten, mehrere Ambulanzen sowie diverse angeschlossene Institute zur Verfügung. Mit ca. 1360 Beschäftigten, die jährlich über 20 000 Patienten stationär betreuen, ist das Krankenhaus zugleich der größte Arbeitgeber im Stadtteil. Ebenso kurios wie makaber ist, dass vor Errichtung des Krankenhauses hier öffentliche Hamburger Hinrichtungen zum Tode verurteilter Verbrecher stattfanden.

Aus der Wirtschaft

Hohenfelde verfügt von jeher über eine gute Verzahnung von Wohnen und Arbeiten. Im Gewerbegebiet zwischen *Mühlendamm* und *Hohenfelder Allee* haben sich u.a. mittelständische Handwerksbetriebe, die internationale Spedition Helmuth Lüth und das älteste Hamburger Busunternehmen **Friedr. Jasper** Rund- und Gesellschaftsfahrten GmbH angesiedelt. Der erste Standort der 1902 gegründeten Firma Jasper war in den *Großen Bleichen*, seit 1926 sitzt das Traditionsunternehmen am *Mühlendamm*. Neben dem Linienverkehr zum Flughafen mit dem Airport Express kann man mit Jasper auch Tagesfahrten z.B. nach Büsum oder Helgoland unternehmen und Reisebusse für Veranstaltungen chartern. Seit Ende der 1990er Jahre haben sich in der *Hohenfelder Straße* verschiedene kleinere Firmen und Arztpraxen angesiedelt.

Die Büroräume des ehemaligen Verwaltungsgebäudes der **Neuen Heimat** in der *Lübecker Straße 1* werden heute von Unternehmen u.a. aus den Bereichen IT sowie Wirtschafts- und Steuerberatung genutzt. Das Gebäude gehört der Toepfer-Stiftung. Der gewerkschaftseigene Wohnungsbaukonzern „Neue Heimat" geriet in den 1980er Jahren in finanzielle Schwierigkeiten und wurde 1988–90 aufgelöst. Ein Musterprojekt des damals größten Wohnungsbaukonzerns Europas war die Wohnbebauung zwischen

Das alteingesessene Busunternehmen Friedr. Jasper feierte 1927 am Mühlendamm sein 25-jähriges Jubiläum. Auch das traditionsreiche Marienkrankenhaus ist aus dem Stadtteil nicht mehr wegzudenken

Stadtteil-Profil

	Hohenfelde	Bezirk	Hamburg
Bevölkerung gesamt (2000)	8793	275 802	1 704 929
Unter 18-Jährige in %	10,6	12,3	16,1
65 Jahre und älter in %	15,9	17,8	17,0
Deutsche	7006	237 560	1 432 325
Ausländer in %	20,3	13,9	16,0
Einwohner je km²	7679	4799	2258
Sozialstruktur			
Sozialhilfeempfänger (2000)	493	14 042	120 461
Arbeitslose (2001)	378	10 893	71 963
Eink. je Steuerpfl. in DM (1995)	59 895	65 475	65 579
Wohnen (2001)			
Wohngebäude	663	29 345	226 061
Ein- und Zweifamilienhäuser in %	2,3	9,9	20,5
Ø Wohnungsgröße in m²	64,7	64,6	71,0
Wohnfläche je Einwohner in m²	39,3	38,2	35,7
Verkehr			
Private Pkw (2001)	3023	100 186	628 119
Straßenverkehrsunfälle (2000)	131	2159	12 430
Kriminalität			
Straftaten insgesamt (2000)	5296	37 814	284 272

© Statistisches Landesamt

Wahlverhalten

... zur Bürgerschaft 2001 (gesamt)

Wahlbeteiligung	71,0%
SPD	36,5%
CDU	26,2%
Schill-Partei	19,4%
Grüne/GAL	8,6%
FDP	5,1%
Übrige	4,2%

... zur Bürgerschaft 2001 (Stadtteil)

Wahlbeteiligung	72,8%
SPD	37,8%
CDU	26,0%
Schill-Partei	15,1%
Grüne/GAL	11,5%
FDP	5,6%
Übrige	4,0%

Mühlendamm und *Neubertstraße* nach dem Zweiten Weltkrieg – **Laubenganghäuser** und schräg versetzte **Zeilenbauten**, entworfen vom Chefarchitekten Ernst May.

Ein großer Arbeitgeber im Stadtteil ist seit 1987 das Hotel Crowne Plaza. 152 Mitarbeiter sorgen in dem Vier-Sterne-Hotel für das Wohl der Gäste, die es sich nicht nur in den großzügig ausgestatteten Zimmern, sondern auch im Freizeitbereich gut gehen lassen können, z.B. beim Schwimmen, in der Sauna oder im Fitness-Center. Diese Anlagen können übrigens auch von Nicht-Hotelgästen genutzt werden.

Ursprung des Hochbahnrings

In der Verkehrsgeschichte nimmt Hohenfelde eine besondere Stellung ein. Südlich des Kuhmühlenteiches, dessen Name von einer bis 1874 an seinem Westufer in der heutigen *Armgartstraße* existierenden Mühle stammt, starteten 1906 die Bauarbeiten für den **Hochbahnring**, der im Sommer 1912 mit den beiden Hohenfelder Haltestellen „Uhlandstraße“ und „Lübecker Straße“ in Betrieb genommen wurde. Darüber hinaus gibt es noch eine U- und eine S-Bahn-Haltestelle an der Grenze zu Eilbek. Somit kommen die Hohenfelder problemlos mit öffentlichen Verkehrsmitteln durch ihren Stadtteil und die ganze Stadt.

Mal bürgerlich und mal modern

In Hohenfelde findet man noch Straßen mit Häusern aus der wilhelminischen Zeit wie die *Uhlandstraße* oder den *Graumannsweg*, wo es sich noch heute vornehm bürgerlich leben lässt. In den alten **Stadthäusern** befand sich früher die Küche im Souterrain, gefeiert wurde in den Gesellschaftsräumen in der Beletage, die Familien-Schlafräume lagen im ersten Stock, und im zweiten wohnten die Be-

Das Gebäude der ehemaligen „Neuen Heimat“ gehört heute der Toepfer-Stiftung.
Unten: Die selbstständige ev.-luth. Zionskirche ist nach dem heilsgeschichtlich bedeutsamen Berg Jerusalems benannt

Architektonischer Gegensatz: In einigen Straßen sind noch bürgerliche Wohnhäuser erhalten, so in der Uhlandstraße. Daneben gibt es aber im Stadtteil auch Nachkriegsbauten, wie die schräg versetzten Zeilenbauten am Mühlendamm

diensteten. Heute sind die Häuser größtenteils in mehrere, immer noch großzügig wirkende Wohnungen aufgeteilt.

Daneben gibt es aber auch **Neubauten** wie die Siedlung zwischen *Ekhofstraße* und *Schottweg*, wo bis in die 1970er Jahre hinein ebenfalls noch Altbauten standen. Mitglieder der linken Hausbesetzerszene besetzten diese zu Ostern 1973, konnten aber ihren Abbruch nicht verhindern. Anfang der 1980er Jahre errichtete dann das städtische Wohnungsbauunternehmen GWG (Gesellschaft für Wohnen und Bauen), das den Wohnungsbestand der „Neuen Heimat" übernommen hat, hier rund 260 öffentlich geförderte Wohnungen, deren Größen zwischen 50 und 119 m^2 variieren. Heute leben in den Neubauten viele Familien, die sich sehr über die Nähe zur Alster und zur Innenstadt freuen.

Einmal im Jahr richtet der Hamburger Kanu Club in der Hohenfelder Bucht die Kanu-Polo-Meisterschaften aus

Rund ums Wasser

Bei Hohenfelde denken viele sofort an die **Alster-Schwimmhalle**. Nach dem Motto „Pack die Badehose ein" haben hier nicht nur Brüderlein und Schwesterlein jede Menge Spaß beim Schwimmen und Toben. Das Angebot reicht von den verschiedenen Schwimmbecken über die große Wasserrutsche, den Sprungturm, mehrere Saunen bis zum Fitness-Studio. Außerdem gibt es noch einiges mehr, das Lust auf Wasser macht, wie Schnuppertauchen, Unterwasser-Rugby und Flossenschwimmen. Die mit Tribünen ausgestattete Schwimmhalle wird auch für Wettkämpfe genutzt. **Franziska van Almsick** schwamm hier bei den Deutschen Schwimm-Meisterschaften 1998 allen davon und holte gleich drei Titel.

An der Hohenfelder Bucht liegt der seit 1923 bestehende **Hamburger Kanu Club**, der im Sommer z.B. sein wöchentliches Kanu-Polo-Training anbietet. Bei diesem Paddel-Handballspiel auf dem

Wasser sind gutes Ballgefühl und viel Geschick gefragt. Direkt vor Ort in der Bucht werden auch die jährlichen Hamburger Kanu-Polo-Meisterschaften veranstaltet.

Seit über zehn Jahren betreibt der **Sportfischerverein Elbe** von 1927 seine Geschäftsstelle in der *Hohenfelder Straße*. Die rund 680 passionierten Angler angeln z.B. Karpfen und Zander im Bramfelder See (s. Steilshoop) und Lachs und Meerforellen u.a. in der Luhe.

Einkaufen

Zum Bedauern vieler sind die Tante-Emma-Läden, wie fast überall, auch in Hohenfelde so gut wie ausgestorben. Einer jedoch hat die Zeiten überdauert: **Feinkost Severin** am *Mühlendamm 49*. Seit fast 60 Jahren steht dort Elly Severin hinter der Theke und verkauft Bonbons, Lakritze, belegte Brötchen und vieles mehr. Besonders beliebt ist ihr Laden bei den Schulkindern, die sich hier auf dem Weg zur Schule noch schnell mit köstlichen Süßigkeiten eindecken.

Die eigentliche Einkaufsstraße des Stadtteils aber ist die *Lübecker Straße*. Hier findet man alles für das tägliche Leben: Brötchen, Brot, Kuchen und Gebäck gibt es im alteingesessenen „Café Schneewittchen" mit Bäckerei und Konditorei, Lebensmittel kauft man im neuen Mini-Mal-Markt, für Farbe im Wohnzimmer sorgen die frischen Blumen von „Blumen Gaworski", gut gekleidet verlässt man das traditionsreiche „Textilfachgeschäft Kirchmann", und die angestammte orthopädische Werkstatt der Familie Landschoof sorgt dafür, dass man auf allen Wegen gut zu Fuß ist.

Köpfe

Eine lange Tradition hat die „Hohenfelder Apotheke" mit der „Bienen Drogerie" im Herzen des Stadtteils in der *Güntherstraße 1*. Die heutige Besitzerin **Ursula Dorle Barth** übernahm die seit 1851 an diesem Ort bestehende Apotheke 1987 von ihrem Vater Jobst Mielck. Urgroßvater Dr. Josias Mielck hatte das Vorgängergebäude mit Apotheke 1875 gekauft und 1888 den Neubau von den berühmten Hamburger Architekten Rambatz & Jollasse errichten lassen. Nach dem Abitur studierte Frau Barth in Kiel Pharmazie, lebte dann 18 Jahre lang in Stuttgart und kam 1981 zurück nach Hamburg. Sie hofft, dass die Apothekertradition in der Familie noch lange weitergeführt werden kann.

Eine Institution in der Hohenfelder Kinderbetreuung sind **Gerda Mertens** und **Elke Just**. Seit über 20 Jahren engagieren sich die beiden für die Kinder des Stadtteils auf dem Spielplatz am *Graumannsweg*. Sommer wie Winter kommen Kinder im Alter von eineinhalb bis sechs Jahren zum Spielen hierher. Das Konzept der betreuten Kinderspielplätze, die eine Art „Freiluft-Spielzimmer" sind, stammt aus Norwegen und ist auch in Hamburg sehr erfolgreich. Träger der 34 Hamburger Spielplätze, die offen sind für alle Mütter und Väter mit ihren Kindern, ist der seit 1952 existierende Verein „Aktion Kinderparadies".

Fast jeder in Hohenfelde kennt Pastor **Jürgen Strege**. Seit 1967 ist er für die ev.-luth. St. Gertrud-Gemeinde im Gemeindezentrum Ifflandstraße zuständig. Der Sohn des ehemaligen Pastors der Bugenhagenkirche in Barmbek-Süd sieht seinen Schwerpunkt neben den Gottesdiensten, den Predigten, den Taufen und Trauungen in der Gruppenarbeit. So hat er u.a. den gern besuchten Kindergottesdienst, der auch die Eltern mit einbezieht, ins Leben gerufen. Der Vater von drei erwachsenen Kindern formuliert die Essenz seiner Arbeit so: „Mein Anliegen ist die Begegnung zwischen den Generationen."

Sie sind für alle da: Ursula Dorle Barth mit ihrer Hohenfelder Apotheke, Gerda Mertens und Elke Just auf dem betreuten Spielplatz am Graumannsweg und Pastor Jürgen Strege im Gemeindezentrum Ifflandstraße

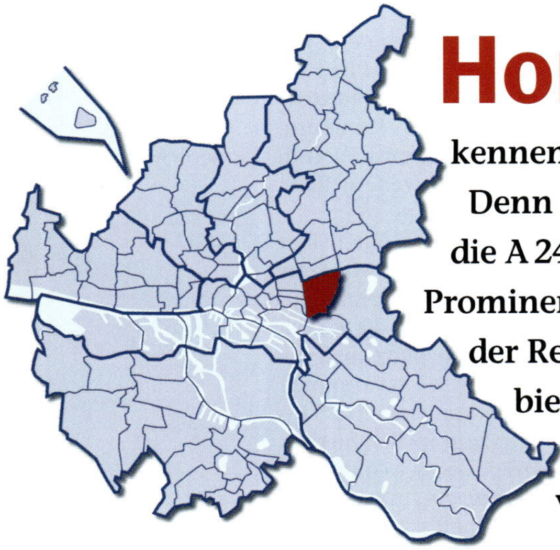

Horn

kennen viele Hamburger nur aus dem Auto: Denn hinter dem Horner Kreisel beginnt die A 24. Einmal im Jahr schaut auch die Prominenz vorbei: beim Deutschen Derby auf der Rennbahn. Horn hat aber viel mehr zu bieten: Grünflächen wie Blohms Park, die Stiftung Das Rauhe Haus und viele erschwingliche Wohnungen

Steckbrief

Fläche:
5,822 km²
Einwohner:
35 522
Verwaltung:
Bezirk Hamburg-Mitte, Ortsamt Billstedt
Ortsteile:
129, 130

Der ehemals von Hamm bis Horn bewaldete Uferrand des Elbe-Urstromtals war von jeher idealer Siedlungsraum, mit weitem Marschland im Süden sowie feuchten Wiesen und Teichen auf der Geest. Dem hornartigen Ausläufer des Waldes „Hamme" könnte Horn seinen Namen verdanken.

Aus der Geschichte

Erstmals urkundlich erwähnt wurde Horn 1306, als der Ritter Heinrich von Wedel einen Hof an das Hospital zum Heiligen Geist übertrug. 1383 verkaufte Graf Adolf von Schaumburg VII. Horn an den Hamburger Rat. Ab 1410 gehörten Horn und Hamm sowie die Deichgenossenschaft des Hammerbrook zur **Landherrenschaft** von Hamm und Horn.

Anfang des 17. Jahrhunderts verlor Horn mehr und mehr seinen dörflichen Charakter. Wohlhabende Hamburger zogen ins Grüne und bauten **Landhäuser** mit aufwändigen Gartenanlagen. Eine der schönsten soll das Anwesen der aus Brabant stammenden Familie de Hertog gewesen sein: es befand sich auf dem östlichen Areal des heutigen Blohms Parks. Es gab eine Zugbrücke, die über einen Karpfenteich zum Palais führte, und eine mit Perlen und Muscheln verzierte Grotte.

Als in der **Franzosenzeit** die ersten Kosaken der russischen Armee Anfang 1814 in Kirchsteinbek (s. Billstedt) auftauchten, hatten die Franzosen fast ganz Hamm für ein freies Schussfeld niedergebrannt. Da erfuhr der Maler Schröder aus Hamm zufällig, dass auch Horn eingeäschert werden sollte. Er schlug sich zu

Der „Letzte Heller"

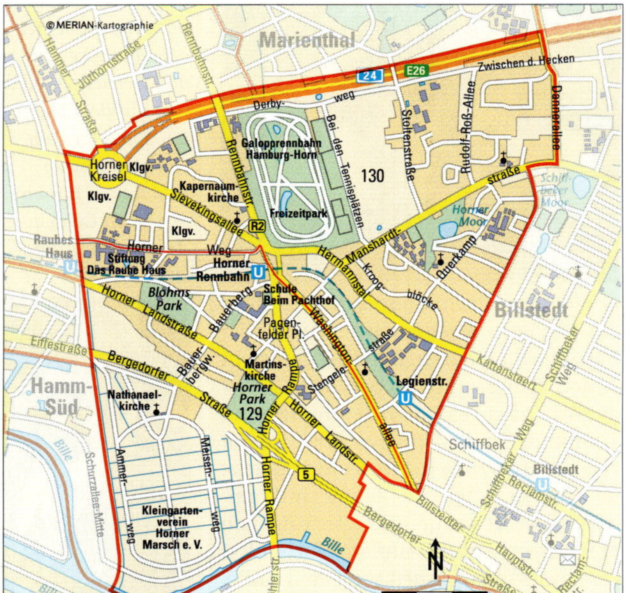

Blick aus dem Segelflieger auf Horn Richtung Norden: Neben der Horner Rennbahn führt der Ring 2 vorbei, der den Stadtteil in zwei Hälften trennt

den Russen durch, gab ihnen Hinweise, die französischen Linien zu durchbrechen, und wurde damit Horns Retter.

1830 ordnete der Rat seine Landgebiete neu, und Horn und Hamm gehörten nun zur Landherrenschaft Geestlande. Drei Jahre später gründete Johann Hinrich Wichern **Das Rauhe Haus**, eine Erziehungsanstalt für verwahrloste Kinder, und im Juli 1869 fand auf der Horner Rennbahn das erste **Norddeutsche Derby** statt. Aber nicht nur zur Rennbahn kamen die Hamburger. Nach dem Spaziergang zwischen den alten Höfen am *Bauerberg*, dem ursprünglichen Kern des Dorfes, lockten Lokale wie der **Schinkenkrug**, zwischen 1830 und 1850 als Blutegelbörse (s. Kirchwerder) bekannt. Am anderen Ende des Dorfes, in der Nähe der Blauen Brücke, lag der **Letzte Heller**. 1841 wurde dort ein Zoo eröffnet, der sich aber nicht lange hielt. Zur Sommersaison 1881 eröffneten die Brüder Stockmeyer an gleicher Stelle mit dem **Horner Park** eines der größten Vergnügungsetablissements der Stadt. 1874 wurde Horn „Vorort" von Hamburg und zwanzig Jahre später Stadtteil. Damals hatte der Senat bereits die Ländereien der Interessengemeinschaft des Horner Feldlandes erworben, um **Wohnungen** zu bauen. So entstanden in den 1920er und 30er Jahren in Horn viele Wohnungen, darunter auch die **Riedsiedlung**. Am Vorabend des Zweiten Weltkrieges lebten in Horn fast 24 000 Menschen. Ende Juli 1943 wurden große Teile Horns zerstört; auch die letzten strohgedeckten Bauernhäuser brannten ab.

In fünf Minuten im Theater

„Wir dürfen momentan nur noch fünf Minuten läuten, früher waren es zehn Minuten", sagt Pastor Thomas Bergemann von der ev.-luth. Kirchengemeinde Hamburg-Horn. Der Mann hat ein Problem, und das heißt **Kapernaumkirche**. Denn die 1960/61 errichtete Kirche ist baufällig. Durch die Schwingungen der Glocken bewegt sich das Fundament, und das könnte u.a. dazu führen, dass sich die Risse im Kirchenschiff vergrößern. Seit 1984 musste der 44 m hohe Glockenturm

Pfusch am Bau: Die 1960/61 erbaute Kapernaumkirche wird vermutlich abgerissen (r.); Horns älteste Kirche: die Martinskirche wurde 1886 geweiht

Bürgergeschichten

„Rocker und Randale“

Christian Wienberg, ehemaliger Pastor der Timotheus-Kirche, erzählt, wie er und seine Frau Karin schon Ende der 1960er Jahre engagierte Jugendarbeit leisteten

„Wir haben immer versucht, Jugendliche zu eigenen Schritten zu motivieren“: TIMO-Jugendclub-Gründer Karin und Christian Wienberg

Seit 1967 war ich als Pastor an der Timotheus-Kirche in der Stengelestraße tätig. Mitte April 1968 waren meine ersten Konfirmationen. Danach wollten die Jugendlichen noch gemeinsam feiern. Eine Bottle-Party war angesagt. Viele Konfirmanden kamen, aber auch andere Jugendliche aus dem Stadtteil, da es damals noch kein Haus der Jugend in Horn gab, in dem sie ungestört sein konnten. Die Jugendlichen bestürmten uns, so etwas öfter zu machen – und so wurde aus dem Fest eine Dauereinrichtung: der TIMO-Jugendclub, damals hieß er noch Beat-Club, war geboren. Im Laufe der Jahre hat es viele Veränderungen gegeben. Die Jugendlichen haben sich immer wieder in ihrem äußeren Erscheinungsbild geändert: Rocker, Straßencliquen,

Vom Beat-Club zur Hiphop-Disco: Der TIMO-Jugendclub hat sich mit seinen Besuchern immer wieder neu erfunden

Arbeitslose, Punks und ausländische Jugendliche kamen in den Club. Und auch die Räume haben sich verändert: zum Beat-Keller kamen der obere Club-Raum, ein weiterer Kellerraum, eine Werkstatt, ein Fotolabor, ein Mädchenraum und eine Küche. Seit den 1990er Jahren gehören auch Graffiti-Projekte und Hiphop-Discos zu den Angeboten. Es gibt eine Stelle für Stadtteilorientierte Suchtberatung und Prävention. Und 1996 initiierten Mitarbeiter des Jugendclubs das erste Hamburger Midnight-Basketball: Jeden Freitag wird in den Sporthallen der beiden benachbarten Schulen von 23:00 Uhr bis 1:00 Uhr Basketball gespielt.

Von Anfang an hat diese Jugendarbeit ein hohes Maß an Konfliktbereitschaft und sozialpädagogischem Einsatz gefordert. Wir haben oft vor Situationen gestanden, die für uns völlig neu waren. 1969 haben wir zusammen mit Pastor Weißbach von der Kapernaumkirche Friedensverhandlungen zwischen zwei rivalisierenden Rocker-Gruppen aus Billstedt und Horn geführt. Und oft hat nachts bei uns das Telefon geläutet, weil Jugendliche auf der Polizeistation saßen und Hilfe brauchten. Bis diese Art von Jugendarbeit auch vom Kirchenvorstand akzeptiert wurde, hat es ein paar Jahre gedauert: Es gab ja auch Randale auf dem Kirchengelände. Wir haben immer versucht, einen Bezug zu den Menschen herzustellen, die hier leben, und Jugendliche zu eigenen Schritten zu motivieren. Das haben auch die Jugendlichen anerkannt. So erzählt Bruno, einer der Jugendclubler, noch heute: „Wenn ich zur Leitung des Hauses der Jugend in Horn gesagt hätte: ich brauche eine Wohnung, dann hätte ich sie eine Woche später gehabt. Christian dagegen hätte meine Freunde zusammengetrommelt und mit uns besprochen, was wir tun müssen, um eine Wohnung zu bekommen. Und dann wäre ich alleine losgezogen und hätte mir die Wohnung besorgt. Das ist doch viel besser.“ Wie Bruno erinnern sich viele Besucher noch Jahre später an den Club, sitzen mittlerweile im Kirchenvorstand oder schicken ihre Kinder in den TIMO-Kindergarten.

Auch in Horn fällt Fritz Schumachers architektonische Handschrift auf: Schule Beim Pachthof (l.). Mittlerweile etabliert: Theater an der Washingtonallee

wegen baulicher Mängel und Witterungseinflüssen mehrfach saniert werden. Weitere Arbeiten an der zwölfeckigen Saalkirche, einem Stahlbeton-Stützenbau mit Ziegelmauerwerk und Betonglas-Fenstern, würden die finanziellen Möglichkeiten der Kirchengemeinde, die rund 6500 Mitglieder hat, sprengen. „Die Zukunft der Kirche ist völlig offen: Momentan warten wir auf das Ergebnis eines weiteren Gutachtens, ob das Gebäude dauerhaft saniert werden kann. Eventuell wird sie sogar unter Denkmalschutz gestellt", sagt Bergemann. Falls nicht, muss abgerissen werden, und der Pastor predigt dann in der 1886 geweihten und damit ältesten Horner Kirche, der **Martinskirche**, und in der **Nathanaelkirche** im Süden des Stadtteils, die zur Gemeinde gehören.

Weitere ev.-luth. Gemeinden sind die **Timotheus-Kirche** in der *Stengelestraße*, die mit der Kirchengemeinde Hamburg-Horn in der Seniorenarbeit kooperiert, und die **Philippus-Kirche**. Daneben gibt es noch eine **Freie Ev. Gemeinde** und die kath. **St. Olaf-Kirche**, mit 550 Sitzplätzen Horns größtes Gotteshaus.

Auch in Horn kommen Fans von Hamburgs ehemaligem Oberbaudirektor **Fritz Schumacher** auf ihre Kosten. Als in den 1920er Jahren die Bevölkerung Horns stark zunahm, begann Schumacher mit dem Bau einer **Schule** an der neu angelegten Straße *Beim Pachthof*. Er entwarf zwei winkelförmig angeordnete Gebäude aus Beton und Mauerwerk. Heute besuchen rund 550 Schüler die Grund-, Haupt- und Realschule *Beim Pachthof 15/17*, deren Turnhalle vom örtlichen Turnverein genutzt wird.

Wenn die Horner ins Theater gehen wollen, haben sie es nicht weit. Zwischen Wohnblocks hat sich das **Theater an der Washingtonallee** als kleine, aber feine Adresse für Stücke wie „Dem Tag entgegen" nach dem Roman des dänischen Erzählers Sven Åge Madsen etabliert.

Knochen aus Gummi

Wer in Horn schnell Leute kennen lernen möchte, sollte einem der rund 60 Vereine beitreten. Für Geschichtsfreaks: Jeden letzten Mittwoch im Monat trifft sich die **Geschichtswerkstatt** im Alten Gemeindehaus der Martinskirche. Alle zwei Monate können interessierte Gäste sich im Archiv umsehen. Und 2002 soll auch der erste Stadtteilrundgang, vermutlich rund um den *Bauerberg*, stattfinden. Seit 1997 geben die 15 Mitglieder jedes Jahr einen Kalender mit historischen und modernen Horner Motiven heraus.

Seit fünf Jahren gibt es den **Horner Stadtteilverein**. Ursprünglich gegründet, um ein Stadtteilfest zu organisieren und ein Forum für Bürger und Institutionen zu schaffen, werden vielfältige Akti-

Reisen mit dem Wanderzirkus: Die Hamburger ShowSternchen sind oft unterwegs

Zeitleiste

1306 erste urkundliche Erwähnung
1410 Horn gehört zur Landherrenschaft von Hamm und Horn
1833 Johann Hinrich Wichern gründet Das Rauhe Haus
1869 Das Derby findet zum ersten Mal auf der Rennbahn statt
1894 Horn wird Stadtteil
1943 Große Teile Horns werden im Zweiten Weltkrieg zerstört

Rosen auf Rädern: Blumenfest beim Kleingartenverein Horner Marsch

vitäten, z.B. Müllräum-Aktionen, durchgeführt. Das Stadtteilfest mit buntem Programm sowie Infoständen von Horner Vereinen und sozialen Einrichtungen findet jedes Jahr im Juni statt. „Leider gibt es dafür keinen festen Platz. Wir wandern jedes Jahr an einen anderen Ort im Stadtteil“, sagt Karin Wienberg vom Verein.

Ob Victoria oder Velino: Bei Thyssen heißen Rolltreppen nach Wasserfällen

Jugendliche können sich im **Haus der Jugend** in der *Manshardtstraße*, im **Jugendkeller** in der *Dannerallee* und im **TIMO-Jugendclub** austoben. Wer Verantwortung für den Stadtteil übernehmen möchte, ist beim **Jugendparlament** (JuPa) richtig. Jungparlamentarier aus verschiedenen Horner Jugendeinrichtungen tagen einmal im Monat und stimmen ab, welche Ideen und Projekte mit den 10 000 Euro vom Bezirksamt Mitte realisiert werden. Seit der Gründung hat das JuPa ca. 30 Anträge bearbeitet. Dazu gehört z.B. die nachmittägliche Öffnung der Schulhöfe am Wochenende in der *Stengelestraße*.

Hamburgs erstes Jugendparlament wurde in Horn gegründet

Aerobic, Badminton, Faustball, Tischtennis, Turnen, Standardtanz und vieles mehr bietet der **Hamburg Horner Turnverein von 1905 e.V.** Die Fußballer kooperieren seit zwei Jahren mit dem FC St. Georg unter dem Namen FC St. Georg-Horn im Horner TV.

Hockeynachwuchs beim THCHH

Sie sind zwischen sieben und siebzehn Jahre jung. Wo sie auftreten, hält das Publikum den Atem an, denn die zierlichen Mädchen aus Horn können ihre Körper verbiegen, als hätten sie Knochen aus Gummi. Sie nennen sich **Hamburger ShowSternchen**. Hinter dem Erfolg steht Gerd Rasquin, der 1970 eine Kunstturnabteilung im Horner TV aufbaute. Wer beim **Tennis- und Hockey-Club von Horn und Hamm e.V.** (THCHH) das Racket schwingen möchte, muss sich nach Winterhude aufmachen, denn der Club hat seine Tennisplätze neben der Open-Air-Bühne im Stadtpark.

Von Horn in die Welt

Wenn sie friert, schaltet Victoria ihre Stufenheizung ein. Ansonsten ist sie aber eher robust und sehr zuverlässig – ob es nun in Strömen gießt oder viele Menschen auf sie einstürmen. Das muss auch so sein, denn sie ist eine Rolltreppe, heißt mit vollem Namen „Verkehrsfahrtreppe Victoria FT 732“ und wird in der *Kolumbusstraße 8* hergestellt. Dort sitzt die **Thyssen Fahrtreppen GmbH**, mit 750 Mitarbeitern der größte Arbeitgeber im Stadtteil. Rund 1500 Rolltreppen und Fahrsteige verlassen pro Jahr das Werk, das auch ein eigenes Hafenbecken an der Bille hat. Die Firmengeschichte reicht bis 1865 zurück. Neben Geldschränken wurden hier später auch Teile der Köhlbrandbrücke und das Original-Tor vom Hamburger Rathaus gefertigt.

Achtung, Rennpferde!

„Durch Horn fährt man nur durch“, schrieb die Hamburger Rundschau in den 1980er Jahren über den Stadtteil. Etwas mag dran sein, denn fast jeder Hamburger wird schon mal auf dem Weg zum Badewochenende an der Ostsee auf der *Sievekingsallee* vor dem **Horner Kreisel** im Stau gestanden haben. Neben der A 24, die im Norden die Grenze zu Marienthal

Stadtteil-Profil

	Horn	Bezirk	Hamburg
Bevölkerung gesamt (2000)	35 522	228 060	1 704 929
Unter 18-Jährige in %	15,1	15,9	16,1
65 Jahre und älter in %	19,1	15,0	17,0
Deutsche	27 705	167 114	1 432 325
Ausländer in %	22,0	26,7	16,0
Einwohner je km²	6101	2258	
Sozialstruktur			
Sozialhilfeempfänger (2000)	4006	25 273	120 461
Arbeitslose (2001)	1965	12 716	71 963
Eink. je Steuerpfl. in DM (1995)	46 013	53 702	65 579
Wohnen (2001)			
Wohngebäude	2793	18 821	226 061
Ein- und Zweifamilienhäuser in %	6,0	8,9	20,5
Ø Wohnungsgröße in m²	58,9	62,5	71,0
Wohnfläche je Einwohner in m²	31,5	31,3	35,7
Verkehr			
Private Pkw (2001)	11 481	70 503	628 119
Straßenverkehrsunfälle (2000)	208	2790	12 430
Kriminalität			
Straftaten insgesamt (2000)	3856	82 985	284 272

© Statistisches Landesamt

Wahlverhalten

… zur Bürgerschaft 2001 (gesamt)

Wahlbeteiligung	71,0%
SPD	36,5%
CDU	26,2%
Schill-Partei	19,4%
Grüne/GAL	8,6%
FDP	5,1%
Übrige	4,2%

… zur Bürgerschaft 2001 (Stadtteil)

Wahlbeteiligung	62,0%
SPD	41,3%
CDU	22,0%
Schill-Partei	25,5%
Grüne/GAL	3,9%
FDP	2,9%
Übrige	4,4%

bildet, und der Güterumgehungsbahn im Westen führen viele weitere **Hauptverkehrsstraßen** durch Horn und zerschneiden den Stadtteil in viele kleine Teile. Mitten durch Horn, über *Rennbahnstraße* und *Horner Rampe*, führt der Ring 2. Bis vor wenigen Jahren, als die Pferdeställe gegenüber der Rennbahn längst abgerissen waren, hing hier noch ein weißes Transparent mit der schwarzen Aufschrift „Achtung, Rennpferde!".

Auch in den Wohnungen an der *Horner Landstraße* und der *Washingtonallee* lässt es sich ohne doppelt verglaste Fenster schlecht aushalten. Doch die Horner sind nicht nur auf Autolärm und -abgase nicht gut zu sprechen. Schon 1995 forderte die **Stadtteilkonferenz Horn** u.a. einen Rückbau der Straßenkreuzung Horner Rennbahn, um ein marktplatzähnliches Zentrum in der Mitte des Stadtteils zu schaffen. Auch ein fester **Stadtteilladen**, in dem es z.B. Formulare gibt, die sonst nur im Ortsamt Billstedt ausliegen, wird gewünscht.

Beton und Klinker

„Hände weg von den Ried-Häusern" steht in schwarzen Filzstift-Lettern auf dem neongrünen Plakat. Am Haus schräg gegenüber prangt ein wandhoher Leuchtturm: Die Haustür bildet den Leuchtturm-Eingang. Die Häuser gehören zur **Riedsiedlung** in der Nähe der U-Bahn-Station Legienstraße. Hier entstanden in den 1930er Jahren Not- und Behelfswohnungen für kinderreiche Familien. Die SAGA, seit 1997 Eigentümerin der Siedlung, möchte sie am liebsten komplett abreißen und neue Mehrfamilienhäuser bauen. „Die Ausstattung ist nicht mehr zeitgemäß: Die Häuser haben keine Badezimmer, und viele Bewohner heizen noch mit Öfen", so SAGA-Pressesprecher Adrian Teetz. Im De-

Mitten im Zentrum, aber kein richtiger Marktplatz: U-Bahn-Station Horner Rennbahn

Durch Horn fährt man nur durch: Autofahrer-Falle Horner Kreisel

Galopper und Garderobe

Jedes Jahr Anfang Juli pilgern Turffans, Spielernaturen und viel Prominenz nach Horn, um beim Deutschen Derby dabei zu sein

Rennatmosphäre: Die Zuschauer auf und vor der Tribüne fiebern mit, wenn die Galopper auf die Zielgerade gehen

Alle müssen zuerst unter Pik König durch: Stolz thront der Hengst über dem Kaisertor der Haupttribüne der Galopprennbahn Hamburg-Horn. Doch die Besucher des BMW 133. Deutschen Derbys 2002 müssen sich keine Sorgen um

ihre ausladenden Hutkreationen und die Couture-Roben machen, denn Pik König ist nur eine Bronzestatue und kein lebendes Pferd. Der Galopper gehörte Hamburgs einflussreichem Kaffeeröster, Albert Darboven. Darboven ist stellvertretender Vorsitzender des Hamburger Renn-Clubs (HRC), der das Deutsche Derby organisiert. Da Pik König 1992 als erstes Pferd eines Vorstandsmitglieds das Derby gewann, schmückt er seit 1996 die Fassade an der *Rennbahnstraße*.

Fast wie in Ascot: Auf der Rennbahn werden ausgefallene Hutkreationen ausgeführt

Das Deutsche Derby ist das wichtigste Rennen für dreijährige Galopper in Deutschland und gehört seit über 130 Jahren jedes Jahr Anfang Juli zu den sportlichen und gesellschaftlichen Höhepunkten Hamburgs. „Wer Lust am Sport empfindet, dem muß es beim Besuche Hamburgs anheimeln, als ob er in England, am Busen des Turfs, einzöge", schrieb der Korrespondent des „Sporns" 1869 über das erste Horner Derby, das damals noch Norddeutsches Derby hieß.

Obwohl es in Deutschland bereits seit dem Mittelalter Pferderennen gab, schwappte erst Anfang des 19. Jahrhunderts aus England die Idee über den Kanal, Pferderennen nicht nur zur Volksbelustigung abzuhalten, sondern zu professionalisieren: Englische Vollblutpferde, die damals schon als schnell und ausdauernd galten, sollten verstärkt beim Heer und in der Landwirtschaft eingesetzt werden. Um dafür immer ausdauerndere Pferde zu züchten, hielt der Wiener Rennverein 1816 eines der ersten jährlich wiederkehrenden Rennen innerhalb der Grenzen des Deutschen Bundes ab. Auch heute gelten Galopp-

---

zember 2000 wurden bereits 222 der 516 Wohnungen abgerissen. Die verbliebenen Riedsiedler würden gerne bleiben. Erst wenn Ende 2002 die ersten Mieter die neuen Wohnungen bezogen haben und die SAGA ihre Erfahrungen aus den Umquartierungen ausgewertet hat, will sie entscheiden, was mit den restlichen Häusern passieren soll.

Durch Verkehrsadern in viele Teile zerrissen: Die Güterumgehungsbahn bildet die westliche Grenze Horns

Falls die Siedler in ein Häuschen in der Anlage des **Kleingartenvereins Horner Marsch e.V.** umziehen wollen, muss Günther Wobick, der Erste Vorsitzende des Vereins, sie enttäuschen: „Die Einzigen, die hier auf einer der 1000 Parzellen von Hamburgs größter zusammenhängender Kleingartenanlage noch wohnen dürfen, sind die

rennen noch als Zucht- und Leistungsprüfungen der Vollblüter für deren gezielten weiteren Einsatz in der Pferdezucht. Der Name Derby geht vermutlich auf den Engländer Edward Smith Stanley, den 12. Earl of Derby, zurück. Der Earl begründete 1789 in der Nähe von Epsom ein Rennen für dreijährige Stuten, bei dem auch schon gewettet werden konnte.

Heute strömen während der zehntägigen Derby-Woche, die in acht Renntage mit acht bis zwölf Galopprennen pro Tag aufgeteilt ist und deren Höhepunkt das Deutsche Derby ist, mehr als 100 000 Besucher nach Horn. „Die Rennwoche ist für jedermann. Wir sind keine elitäre Veranstaltung", betont HRC-Vorsitzender Franz-Günther von Gaertner. Trotz vieler Zuschauer, einfach ist es nicht, die Woche auf die Beine zu stellen: Dabei ist der HRC auf die Unterstützung vieler Sponsoren und die Hilfe der Stadt bei der Pflege des Geläufs angewiesen.

alten Pächter oder deren Kinder, sofern sie hier ihren Hauptwohnsitz haben." Auf dem ehemaligen **Sumpfgebiet** nördlich des Bille-Ufers, das Ende der 1920er Jahre mit Erde aus der Öjendorfer Feldmark aufgeschüttet wurde, wohnen heute rund 400 Kleingärtner. Sie sind bestens versorgt: Über ihre Gesundheit wacht ein Ärzte-Ehepaar, es gibt eine Kirche, zwei Kneipen, geteerte Straßen und ein Vereinshaus. Einmal im Jahr, beim Blumenfest, werden sogar die Schranken geschlossen, damit kein tiefer gelegter Golf den Festumzug stört.

Neben den beiden Siedlungen gibt es viele unterschiedliche Wohnformen in Horn. Rund um die St. Olaf-Kirche findet man einige **Einfamilienhäuser** mit kleinen Gärten, weiter im Norden ragen die mächtigen Hochhäuser der Siedlung Horner Geest in die Höhe. An der *Washingtonallee* dominieren Backsteinbauten, unterbrochen durch kleine Ladenzeilen, entlang des Grünstreifens am **U-Bahn-Wanderweg** wetteifern Bewohner drei- bis viergeschossiger Klinkerbauten alljährlich um die am schönsten weihnachtlich illuminierten Balkone.

Lagerfeuer am Horner Moor

Ob wegen der Meldebestätigung oder des Einkaufsbummels – meistens machen sich die Horner nach Billstedt auf, wenn sie etwas erledigen wollen. Wer im Sommer ins Freibad möchte, fährt meist in die entgegengesetzte Richtung zum **Freibad Aschberg** (s. Hamm-Süd). Denn seit Ende der 1970er Jahre gibt es in Horn kein Freibad mehr. Nur noch das alte Kassenhäuschen erinnert daran, dass das **Horner Moor** ab 1908 eine öffentliche Badeanstalt war. Seit das Bad geschlossen wurde, führen Tierfreunde hier ihre Hunde Gassi, während nebenan Jugendliche ein Lagerfeuer machen. Mit den Wintersportmöglichkeiten für Kinder sieht es schon besser aus: Im **Horner Park** gibt es einen Rodelberg – mit einem Gefälle von fast 17 Metern.

Seit gut 30 Jahren existiert neben der Rennbahn ein **Freizeitpark** mit Spielplatz, Streetballfeld und einem See mit

Wohnen hinter Klinker: Häuser an der Washingtonallee und Bei den Zelten (unten)

Wohnen am Wasser: Kleingartensiedlung an der Bille

Von Wicherns Zöglingen

1833 gründete Johann Hinrich Wichern Das Rauhe Haus. Es zählt zu den bekanntesten diakonischen Einrichtungen Deutschlands

Logo der Stiftung Das Rauhe Haus. Johann Hinrich Wichern (r.) kannte das Elend in Hamburgs Armenvierteln

Tobias hat sich wieder ausgezogen, weil er lieber im Bett bleiben möchte. Heikes Lichterkette ist kaputtgegangen, und Michael hat eine Druckstelle am Arm, die gestern Abend noch nicht da war: Es ist Donnerstagmittag, und der Dienst von Matthias Scheidt hat gerade begonnen. Scheidt arbeitet als Heilerziehungspfleger im Haus Schönburg. Dort leben zehn geistig behinderte Menschen mit mehr oder weniger ausgeprägtem autistischem Verhalten, oder wie Scheidt sagen würde: „Menschen mit schwer zu verstehendem Verhalten." Jeder Bewohner

Das alte Rauhe Haus wurde 1943 durch eine Brandbombe zerstört und 1979 an gleicher Stelle wieder aufgebaut; Haus-Schönburg-Bewohner Tobias (r.)

hat ein eigenes Zimmer, in das er sich zurückziehen kann, und wird individuell betreut. „Wenn jemand bei hellem Licht aufgeregt reagiert, versuchen wir z.B., sein Zimmer zu verdunkeln", beschreibt Scheidt seine Arbeit.

Haus Schönburg gehört zum Bereich Behindertenhilfe innerhalb der Stiftung Das Rauhe Haus. Sie ist eine der bekanntesten diakonischen Einrichtungen in Deutschland und bietet Hilfe u.a. für Kinder und Jugendliche in schwierigen Lebenssituationen, Behinderte und psychisch kranke Menschen. Der Theologe Johann Hinrich Wichern gründete die Stiftung im September 1833 als Erziehungsanstalt für verwahrloste Kinder. Wichern, der auch an der Sonntagsschule in St. Georg unterrichtete, war täglich mit dem Elend der Kinder in den Armenvierteln konfrontiert. Senatssyndikus Karl Sieveking brachte ein Grundstück in Horn und ein kleines Bauernhaus in die Stiftung ein. Anfangs kümmerten sich Wichern und seine Familie noch allein um ihre Zöglinge. Später holte sich Wichern junge Handwerksgesellen als Helfer. 1834 entstand die Brüderanstalt, in der junge Männer zum Diakon ausgebildet wurden, und 1841 gründete Wichern, der auch den Brauch des Adventskranzes, wie wir ihn heute kennen, einführte, einen Verlag, um seine missionarischen Schriften unters Volk zu bringen. 1874 kam mit dem Paulinum eine Schule dazu. Heute arbeiten auf dem Gelände zwischen *Horner Weg* und *Beim Rauhen Hause* und an vielen Stellen in der Stadt rund 1000 Mitarbeiter. Neben dem Paulinum, das seit 1927 Wichernschule heißt, liegen auf dem Gelände auch die Ev. Fachhochschule für Sozialpädagogik, ein Alten- und Pflegeheim, ein Verlag, eine Reise- und Versandbuchhandlung und ein Forschungsinstitut.

Sandstrand. Nach anfangs blühendem Geschäft u.a. mit einem **Bootsverleih** und Ponyreiten war die Grünanlage als Treffpunkt der Drogenszene in Verruf geraten. Das hat sich geändert, viel ist aber trotzdem nicht los. „Der Park ist nicht mehr zukunftsorientiert. Früher waren die Leute zufrieden, wenn sie auf einer Parkbank sitzen konnten. Die Zeiten sind vorbei", meint Verwalter Dieter Schreck. Was mit dem Park passieren wird, ist nicht klar. Der **Hamburger Renn-Club**, dem wie der Stadt ein Teil des Geländes gehört, wünscht sich eine **Trainingsanlage** für Golfer, eine „Driving Ranch", und der Stadtteilverein würde das Gelände u.a. gerne als festen Ort für das Stadtteilfest nutzen.

„Nach der Arbeit gehen wir ab und zu in die **Horner Corner** in der *Washingtonallee*. Dort kann man viele alteingesessene Horner treffen, die man länger nicht gesehen hat", sagt Matthias Koberg vom TIMO-Jugendclub. Inhaberin Mira Berkes steht seit 1991 hinterm Tresen und vermietet die Eckkneipe auch für Feste. Nur ein paar Schritte weiter in der gleichen Straße findet man die **Gaststätte**

Neubauer, die seit 1963 besteht. „Als ich sie 1996 übernahm, habe ich den Namen so gelassen, da alle Horner sie unter diesem Namen kennen", erzählt Inhaber Frank Behrendt.

Köpfe

Ihr Lieblingsort in Horn ist der „Bronzelöwe" im Blohms Park. **Wiebke Scheuermann** hat neben dem gusseisernen Denkmal schon als Kind Verstecken gespielt und später als Schülerin der Wichernschule Staffellauf fürs Sportfest geübt. Die 25-Jährige hat gerade ihr Lehramtsstudium für Religion und Geschichte abgeschlossen und wartet auf einen Referendariatsplatz. Vielleicht klappt es an ihrer alten Schule, denn dort hat sie schon mal ein Praktikum gemacht. „Am Anfang war es komisch, in den Pausen ins Lehrerzimmer zu gehen und nicht auf dem Schulhof zu stehen", sagt sie. Aber ihr wäre auch jede andere Schule recht. In ihrer Freizeit engagiert sie sich u.a. in der Geschichtswerkstatt.

Wenn **Richard Arpe** von seiner Arbeit als Hausmeister des Hamburger Renn-Clubs spricht, schleichen sich immer wieder Begriffe aus der Seefahrt ein, denn der gelernte Kunstmaler ist ab 1969 viele Jahre als Steward u.a. zwischen Hamburg und Caracas zur See gefahren. Arpe wird von allen auf der Rennbahn

Als Badeanstalt geschlossen: das Horner Moor; Die „Horner Corner" ist eine typische Horner Kneipe

„Richie" genannt. Vor „Richie" ist kein abblätterndes Geländer und keine Wand mit schmutzigen Fußabdrücken sicher. Da zum Derby alles blitzen muss, streicht der 55-Jährige das ganze Jahr über Geländer und Wände in den Tribünen, tapeziert die Räume der Stallknechte und sorgt dafür, dass sich Pensionspferde wohl fühlen. Drei Tage vor dem Derby wird es hektisch: Dann muss Arpe die Bohlen der VIP-Zelte in BMW-Grau anstreichen, da der Sponsor es so will. „Jedes Jahr hoffe ich, dass es nicht regnet, da die Farbe sonst nicht gut haftet", sagt Arpe, der seit 1998 auch auf der Rennbahn wohnt.

Mitten im Grünen wohnen auch **Werner Starcken** und seine Frau. Zwischen Zimmerbrunnen und Zitronen-Lichterketten gehören sie zu den Dauerbewohnern der Kleingartensiedlung Horner Marsch e.V. Die Starckens pumpen selbst. Ob Wasser für die Dusche oder zum Abspülen, es kommt aus 20 m Tiefe unter dem Pachtgrundstück. „Alle zweieinhalb Jahre kommt das Gesundheitsamt und lässt Wasserproben nehmen. Bis jetzt war alles in Ordnung, aber rund um uns herum gibt es ja auch kaum Landwirte, die Pestizide einsetzen", sagt Starcken.

Spielte als Kind beim „Bronzelöwen": Wiebke Scheuermann

Malt das ganze über: Renn-Club-Hausmeister Richard Arpe

Ist sein eigener Wasserversorger: Werner Starcken

Hummelsbüttel

gehört zu den facettenreichsten Stadtteilen im Alstertal: Villenpracht an Alster und Susebek, Hochhäuser im alten Dorfkern. Wenn die verbliebenen Bauern ihre Äcker pflügen, blicken sie auf Großsiedlungen. Aber auch das Raakmoor, der Teetzpark, einige Teiche und drei Naturdenkmäler gehören zum Stadtteilbild

Vorgeschichtliche Funde werden im Alstertalmuseum in Wellingsbüttel ausgestellt

D er Dorfname Hummelsbüttel leitet sich weder von den fliegenden Pelzbrummern noch von dem Hamburger Original „Hummel-Hummel" ab (s. Neustadt). Wie bei den übrigen auf -büttel endenden Stadtteilen des Alstertals, so wurde auch hier vor die altsächsische Bezeichnung einer Wohnstätte – das Büttel – ein Personenname gesetzt. Die vermutlich am Oberlauf der Alster ansässige adlige Familie „Humersbotle" tritt schon 1253 urkundlich in Erscheinung. Den sagenhaften „Hunmar" als angeblichen Stammvater des Adelsgeschlechts und Dorfgründer verweist die neuere Forschung allerdings ins Reich der Legenden.

Steckbrief

Fläche: 9,161 km²
Einwohner: 17 745
Verwaltung: Bezirk Wandsbek, Ortsamt Alstertal
Ortsteil: 520

Gräber, Urnen und Leichenbrand

Während im übrigen Alstertal vor allem Spuren steinzeitlicher Besiedelung gefunden wurden, gilt das Hummelsbütteler Gebiet als besonders reich an Resten der **Bronze- und Eisenzeit**. Schon Ende des 19. Jahrhunderts waren viele im Ackerboden verborgene Vorgeschichts-Schätze durch landwirtschaftlichen Betrieb zerstört worden. Andere wanderten in Privatsammlungen. Dennoch bot

sich nach dem Zweiten Weltkrieg den Wissenschaftlern noch eine scherbenreiche Betätigung: Mehrere **Gräberfelder** konnten aufgedeckt und untersucht werden. Besonders gut dokumentierte Urnenfunde sind u.a. von dem heute bebauten Gelände zwischen *Heublink*,

Die baulichen Reste des alten Dorfes stehen im Schatten der Hochhäuser

Am Hehsel und *Alter Landstraße* bekannt. 1951 kamen bei den Ausgrabungen zahlreiche Steinsetzungen und Urnen mit Asche und Knochenresten, dem so genannten Leichenbrand, zu Tage. Als typische Grabbeigabe ist die **Holsteiner Nadel**, eine Gewandnadel der frühen Eisenzeit, von besonderem archäologischem Interesse.

Aus der Geschichte

Hummelsbüttel entstand vermutlich schon um 900; urkundlich wird es im Jahr 1319 erstmals genannt. In den folgenden Jahrhunderten wechselte das Dorf mehrfach den Besitzer. Zwischen dem 14. und 16. Jahrhundert gelangten Teile der Siedlung an das Kloster Harvestehude und 1528 schließlich an die **Schauenburger Grafen von Holstein**, die es von Pinneberg aus verwalteten. Im Gegensatz zu den anderen Dörfern im Alstertal bewirtschafteten in Hummelsbüttel zu dieser Zeit nur Vollhufner das Land (s. Spadenland). 1640 starb die männliche Linie des Schauenburger Geschlechts aus, und das Dorf fiel als Teil der **Herrschaft Pinneberg** an Dänemark. Nun bildeten sich auch hier die ersten Siedlerstellen ohne Grundbesitz. Bis zum Gottorper Vergleich 1768 gehörte Hummelsbüttel zum Kirchspiel Eppendorf und wurde anschließend in das neu gegründete Niendorfer eingepfarrt. Im Krieg gegen Österreich und Preußen verloren die Dänen 1864 ihre holsteinischen Gebiete zunächst an Österreich. Zwei Jahre später unterlagen die Österreicher wiederum Preußen, und seit 1867 gehörte Hummelsbüttel zum Kreis Stormarn. Zu dieser Zeit bildete sich im Dorf – wie in anderen ländlichen Randgemeinden auch – der Stand der **Butterbauern** heraus. In Hummelsbüttel lebten neun Kleinbauern, die Butter, Wurst, Geflügel und Eier in Holstein aufkauften und an ihre Hamburger Kundschaft lieferten. Ein anderes traditionelles Hummelsbütteler Gewerbe waren die **Ziegeleien**, deren Anfänge sich bis 1600 zurückverfolgen lassen. Vor allem nach Hamburgs Großem Brand 1842 waren die Hummelsbütteler Ziegel beim Wiederaufbau dabei. Anfang des 20. Jahrhunderts produzierten die vier Dampfziegeleien jährlich etwa 20 Mio. Steine. Seit 1841 befand sich außerdem eine **Grützmühle** im Dorf, die jedoch 1885 wegen technischer Probleme stillgelegt wurde.

Als Hummelsbüttel 1937/38 nach Hamburg eingemeindet wurde, lebten in dem idyllischen Bauern-

Vorder- und Rückseite eines von 29 noch erhaltenen Grenzsteinen; die Abkürzung „HP" steht für Herrschaft Pinneberg, „HG" bedeutet Hamburger Gebiet

Zeitleiste

um 900 Entstehung des Dorfes
1319 erste urkundliche Erwähnung
ab 1640 Hummelsbüttel unter dänischer Herrschaft
1841 Inbetriebnahme der Grützmühle
1867 Hummelsbüttel unter preußischer Herrschaft
1890 Gründung der FF Hummelsbüttel
1937/38 Eingemeindung nach Hamburg
1969/71 Bau der Großwohnsiedlung Lentersweg
1986 Sievertsche Tongrube wird Naturdenkmal
2001 Baubeginn des IGL-Vereinshauses

dorf knapp 2000 Einwohner. Nach 1900 hatten sich zwar einige wohlhabende Hamburger Kaufleute an der Alster prächtige Villen errichtet, die großen Veränderungen im Stadtteil begannen aber erst nach 1950: In Hamburg herrschte akute Wohnungsnot, und in Hummelsbüttel gab es reichlich unbebaute Fläche. Hier wurden ab Ende der 1960er Jahre die **Großwohnsiedlungen Lentersweg** und **Tegelsbarg** errichtet. Die Verstädterung machte auch vor der alten Bausubstanz nicht Halt und verdrängte den ehemaligen Dorfkern: Statt Bauernhöfen stehen nun Hochhäuser am *Hummelsbütteler Markt.* 1974–76 wurde der **Ring 3** im östlichen Teil vierspurig ausgebaut, sodass Hummelsbüttel seither für Gewerbeansiedlungen attraktiv ist.

Das Foto von 1910 zeigt die damalige Bachstraße (heute Grützmühlenweg). Unten: die Grützmühle im Museumsdorf in Volksdorf

Was vom Dorfe übrig blieb

Innerhalb der letzten 50 Jahre hat sich der Charakter Hummelsbüttels vollständig verändert. Der größte Teil des ehemaligen Bauerndorfes ist im Zuge der Neubebauung verschwunden – oftmals beschleunigt durch altersbedingte Verfallserscheinungen oder durch Feuer. Weil sie sehr klein sind, überlebten **29 Grenzsteine** den Bauboom. Die meisten stammen aus der Zeit zwischen 1783 und 1826 und wurden zur Markierung der Grenze des im dänischen Herrschaftsbereich gelegenen Hummelsbüttels gegen die zu Hamburg gehörenden Orte Langenhorn und Fuhlsbüttel aufgestellt.

An der *Hummelsbüttler Dorfstraße* und im *Grützmühlenweg* zeugen noch bauliche Reste von der bäuerlichen Vergangenheit des Stadtteils. Als einziges reetgedecktes Haus ist eine um 1800 erbaute **Wohnkate** direkt an der Susebek *(Grützmühlenweg 13)* erhalten. Außerdem stehen in direkter Nachbarschaft ein 1904 neu errichteter Hof sowie einige gründerzeitliche Häuser an der Dorfstraße. Eine **Friedenseiche von 1871**, ein Findling zum 100. Geburtstag von Kaiser Wilhelm I. aus dem Jahr 1897 und ein Gedenkstein anlässlich des 50. Jahrestages zur Erhebung Schleswig-Holsteins gegen Dänemark von 1898 sind weitere Spuren der wechselvollen Geschichte Hummelsbüttels. Ein anderes Relikt vergangener Tage ist – sehr zum Bedauern der alten Hummelsbütteler – nicht mehr in ihrem Stadtteil, sondern im Museumsdorf in Volksdorf zu besichtigen: Die alte reetgedeckte Grützmühle war bis Mitte der 1880er Jahre in Betrieb. Sie gehörte zu der Bäckerei von Hinrich Nicolaus Behrmann und wurde mit einem **Pferde-Göpelwerk** angetrieben. Diese 2 PS starke Antriebsmaschinerie wurde der Mühle schließlich zum Verhängnis: Der Sohn des Bäckers hatte neue Pferde gekauft, die sich nicht daran gewöhnen wollten, in einem Göpelwerk zu laufen. Sie gingen durch und beschädigten dabei die Zahnräder des Mahlwerks. Eine Reparatur war unmöglich, und die Mühle musste ihren Betrieb ein-

Jedes Jahr herrscht heiße Stimmung beim Riesen-Osterfeuer auf dem Festplatz; gelöscht wird mit Kaltgetränken

stellen. 1962 wurden die Mühlen-Reste abgetragen und fünf Jahre später im Museumsdorf originalgetreu wieder aufgebaut.

Hummelsbütteler Leben

Mit dem Bauboom veränderte sich auch der dörfliche Zusammenhalt in Hummelsbüttel. Heute kann man mindestens **drei Ortszentren** ausmachen: das Gebiet um den ehemaligen Dorfkern am *Hummelsbütteler Markt* sowie die beiden Großsiedlungen Lentersweg und Tegelsbarg. Überall im Stadtteil haben sich verschiedene Interessengruppen gebildet: Reitvereine, eine Laienspielgruppe, Kleingartenvereine und Siedlergemeinschaften – die Hummelsbütteler können sich aus dem patchworkbunten Stadtteilleben das Passende aussuchen. Es gibt aber auch zahlreiche Vereine und Institutionen, die sich bemühen, das Wir-Gefühl im Stadtteil zu stärken und zwischen den Zentren zu vermitteln.

Die älteste noch im Ort bestehende Vereinigung ist die **Freiwillige Feuerwehr Hummelsbüttel**. Schon im Gründungsjahr 1890 musste die Wehr ausrücken, um die Hummelsbütteler Schule zu löschen. Die Männer und Gespanne wurden damals noch durch Feuerhörner alarmiert – und für besondere Schnelligkeit belohnt: Der Gespannführer, der als Erster beim Gerätehaus war, bekam eine Prämie von 30 Mark. Heute hilft die FF Hummelsbüttel nicht nur bei Feuer und Notlagen, sondern bereichert als unverzichtbarer Bestandteil das kulturelle und gesellschaftliche Stadtteileben.

Obwohl die Hummelsbütteler erst 1953 eine Kirche bekamen, ist die ev.-luth. **Christophorusgemeinde** mit ihren zahlreichen Funktionen fest im Stadtteil verwurzelt. Gemeindemitglieder können ihre Verbundenheit zur Kirche auch durch Muskelkraft beweisen: Die Christophoruskirche ist die einzige Kirche in Hamburg, deren Glocken noch von Hand geläutet werden. **40 Glöckner** – viele von ihnen sind Konfirmanden – teilen sich den Dienst an den Glockenseilen. Zu der Begeisterung am Läuten muss auch Verlässlichkeit gehören, damit nach durchgefeiertem Samstagabend am Sonntag die Glocken nicht schweigen. Im Gemeindehaus bei der Kirche unterhält die Christophorusgemeinde außerdem ein umfangreiches Fotoarchiv zur Stadtteilgeschichte. In Zusammenarbeit mit

Kleine Kirche, großes Engagement: In der Christophoruskirche wird an den Glockensträngen noch selbst Hand angelegt

dem Heimatverein Hummelsbüttel entstehen aus dem Material interessante Vorträge. Der **Heimatverein Hummelsbüttel e.V.** wurde 1963 gegründet und war in den Anfangszeiten vor allem kommunalpolitisch aktiv. Heute sind diese Themen eher in den Hintergrund gerückt, und nun wird vor allem die Vereinsgeselligkeit gepflegt. Besonders beliebt sind die plattdeutschen Lesungen im Gemeindehaus, zu denen auch immer zahlreiche Hummelsbütteler Neubürger kommen.

Probelauf für die Handspritze „Lieschen" vor dem ehemaligen Feuerwehrhaus

Seit 1984 können die Stadtteilbewohner richtig große Feste unter freiem Himmel feiern. Der Verein **Hummelsbütteler Bürger helfen Bürgern e.V.** wurde 1984 ins Leben gerufen, um einen Festplatz im Stadtteil anzulegen, auf dem Dorffeste oder Flohmärkte stattfinden können. „Unser Riesen-Osterfeuer mit dem beliebten Rahmenprogramm ist mittlerweile so bekannt, dass die Besucher aus allen angrenzenden Stadtteilen kommen", berichtet der Vorsitzende Ralf Pavlicek. Die Überschüsse aus der Vermietung des Platzes bleiben in Hummelsbüttel: Unschuldig in Not geratene Bürger und Hummelsbütteler Vereine, die dringend auf finanzielle Hilfe angewiesen sind, werden mit dem Geld unterstützt.

Sport für alle

Sportvereine haben in der ganzen Gegend eine lange Tradition. Seit 1929 gibt es den **Hummelsbütteler Sportverein**, der zur Unterscheidung vom großen Hamburger Bruder HSV meist HuSV abgekürzt wird. Die ca. 1200 Mitglieder trainieren in neun Abteilungen: Neben verschiedenen Ballsportarten gehören auch Judo, Leichtathletik, Badminton und Tanzsport dazu. Die meisten Teilnehmer sind in der Abteilung Turnen, Fitness und Gesundheitssport aktiv. Ob Aerobic, Jeder-Mann-Sport oder Geräteturnen für Teenies – das Angebot ist groß. Junge Mädchen, die mehr als Rolle und Radschlagen üben möchten, trainieren in der Leistungsturngruppe. Die beiden Trainerinnen Tanja und Katja Raue suchen immer junge Bewegungstalente, die mitmachen wollen.

Der Name des zweiten großen Sportvereins lässt nicht erwarten, dass auch er im Stadtteil zu Hause ist. Seit 1923 besitzt der **Uhlenhorster Hockey-Club** in Hummelsbüttel eine idyllisch gelegene Sportanlage am *Wesselblek*. Seine Zelte auf der Uhlenhorst hat der 1898 gegrün-

Immer den Ball im Blick: die „Minis" des UHC bei Stockübungen auf Naturrasen

Stadtteil-Profil

	Hummelsbüttel	Bezirk	Hamburg
Bevölkerung gesamt (2000)	17 745	405 173	1 704 929
Unter 18-Jährige in %	19,3	17,1	16,1
65 Jahre und älter in %	16,2	18,8	17,0
Deutsche	15 628	359 918	1 432 325
Ausländer in %	11,9	11,2	16,0
Einwohner je km²	1937	2742	2258
Sozialstruktur			
Sozialhilfeempfänger (2000)	1229	25 017	120 461
Arbeitslose (2001)	588	14 222	71 963
Eink. je Steuerpfl. in DM (1995)	78 513	70 631	65 579
Wohnen (2001)			
Wohngebäude	2611	68 964	226 061
Ein- und Zweifamilienhäuser in %	28,2	31,4	20,5
ø Wohnungsgröße in m²	84,6	77,1	71,0
Wohnfläche je Einwohner in m²	36,9	37,0	35,7
Verkehr			
Private Pkw (2001)	7467	166 212	628 119
Straßenverkehrsunfälle (2000)	46	2255	12 430
Kriminalität			
Straftaten insgesamt (2000)	978	41 067	284 272

Wahlverhalten

... zur Bürgerschaft 2001 (gesamt)

Wahlbeteiligung	71,0%
SPD	36,5%
CDU	26,2%
Schill-Partei	19,4%
Grüne/GAL	8,6%
FDP	5,1%
Übrige	4,2%

... zur Bürgerschaft 2001 (Stadtteil)

Wahlbeteiligung	75,1%
SPD	34,8%
CDU	30,3%
Schill-Partei	20,0%
Grüne/GAL	5,7%
FDP	6,1%
Übrige	3,1%

dete Verein längst abgebrochen, nur noch der Name erinnert an die sportlichen Wurzeln. Heute hat der UHC 1900 Mitglieder, die in 52 Mannschaften Hockey und in 32 Mannschaften Tennis spielen – und zwar so erfolgreich, dass es mittlerweile sogar einen UHC-Fanclub gibt.

Land- und Betriebswirtschaft

Kein größeres Unternehmen wäre 1950 auf die Idee gekommen, sich in dem Bauerndorf Hummelsbüttel, also mitten „in der Pampa" niederzulassen. Erst der Ausbau des östlichen Teils des **Ring 3** Anfang der 1970er Jahre und die Verbreiterung der *Glashütter Landstraße/Hummelsbüttler Hauptstraße* schuf die verkehrstechnischen Voraussetzungen für Gewerbeansiedlungen. Heute gibt es zwei Gewerbegebiete: Am **Lademannbogen** wurden 34,2 ha und am **Barkhausenweg** 11 ha als Gewerbefläche ausgewiesen. Beide Gebiete grenzen fast unmittelbar an naturgeschützte Flächen, landwirtschaftliche Felder und Wohnstraßen: Mittags können die Belegschaften durch das Raakmoor spazieren oder das Naturdenkmal Sievertsche Tongrube besichtigen. Andererseits werden durch die Naturnähe die Nutzungs- und Erweiterungsmöglichkeiten der Gewerbegebiete

deutlich eingeschränkt. Noch immer gibt es **vier Landwirtschaftsbetriebe**, die zusammen ca. 300 ha beackern. Mais und Raps und die Getreidearten Weizen, Roggen und Gerste wiegen sich hauptsächlich auf den Feldern. Aber auch große Mengen Heu für die Rinder- und Pferdehaltung werden geerntet. Früher lebten fast alle Dorfbewohner von der Landwirtschaft; heute ist der größte Arbeitgeber in Hummelsbüttel ein Biotechnologieunternehmen im Gewerbegebiet am *Barkhausenweg*. 1945 gründeten Dr. Heinrich Netheler und Dr. Hans Hinz auf dem Gelände des Universitätskrankenhauses Eppendorf die heutige Firma **Eppendorf AG**. Mit der Einführung der welt-

Old & New Economy in Hummelsbüttel: Feldarbeit mit dem Trecker; Feinarbeit mittels der Kolbenhubpipette

Einzelschöpfungen der Natur

Was Kunstdenkmäler sind, ist bekannt. Von einem Naturdenkmal (ND) werden die meisten dagegen nur vage Vorstellungen haben. In Hamburg gibt es zwölf solcher Naturdenkmäler mit einer Gesamtfläche von ca. 96 ha

Moorfrosch in der Sievertschen Tongrube; der südliche Steilhang des Naturdenkmals

Das Bundesnaturschutzgesetz legt rechtsverbindlich fest, dass „Einzelschöpfungen der Natur" unter besonderen Schutz gestellt werden können. Entweder ihrer Seltenheit, Eigenart oder Schönheit wegen oder aus wissenschaftlichen, naturgeschichtlichen oder landeskundlichen Gründen. Vier von Hamburgs zwölf ND sind schon seit 1936 geschützt. Neben einer etwa 800 Jahre alten Eibe in Neuland sind dies die Uhlenbuschbracks, das Callabrack und das Papenbrack in Wilhelmsburg. Zwischen 1986 und 1988 wurden vom Hamburger Senat sechs weitere ND ausgewiesen. Mit dem Gutsbrack in Francop bekam der Bezirk Harburg das fünfte ND. Im Bezirk Wandsbek wurden der Poppenbütteler Graben und das Timmermoor in Bergstedt sowie in Hummelsbüttel die Sievertsche Tongrube, das Hüsermoor und das Ohlkuhlenmoor unter Schutz gestellt. 1994 erreichte eine Privatinitiative, dass Teile des ehemaligen Gartens der Familie de l'Aigle als ND ausgewiesen wurden. Im Frühjahr 2001 kam der Granitfindling dazu, der bei Baggerarbeiten für die Elbvertiefung gefunden worden war.

Die beiden Hummelsbütteler ND Ohlkuhlenmoor und Hüsermoor sind so klein, dass Wanderwege dort keinen Platz haben und sie deshalb für Besucher nicht zugänglich sind. Horst Bertram, der die ND für den Botanischen Verein zu Hamburg betreut, kennt das Problem: „Abzäunungen waren wegen Vermüllung und Zerstörung unvermeidlich." Vom *Kiwittredder* kann man aus der Ferne das Ohlkuhlenmoor besichtigen. Vielleicht hört man dann das Schnarren des Wachtelkönigs, der hier im Quellgebiet der Susebek brütet. Einige Wanderminuten entfernt liegt das 0,7 ha große Hüsermoor. Diese Senke auf einer Sanderfläche der Saale-Eiszeit ist in Wiesen eingebettet und wird von Birken und Weidengebüsch umstanden. Viel Betreuerarbeit ist nötig, um den Bereich für Moorpflanzen offen zu halten.

Einen ganz anderen Charakter hat das ND Sievertsche Tongrube, direkt am Ring 3 zwischen Gewerbegebiet und Wohnbebauung gelegen. Bei gutem Wetter ist ein kleiner Weg begehbar, der am Rande eines in der Tiefe gelegenen Teiches durch die ehemalige Tongrube führt. Nach dem Abstieg lassen sich auf einer Freifläche seltene Pflanzen entdecken. Den Hauptgrund zum Schutz des Gebietes lieferten aber die Geologen: Der südliche Steilrand der Grube verbirgt unter seiner Oberfläche marine Ablagerungen der vorletzten Warmzeit (Holstein-Warmzeit), als das Meer zum letzten Mal bis in den Hamburger Raum vordrang.

weit ersten **Kolbenhubpipette** im Jahr 1957 revolutionierte das Unternehmen die Pipettiertechnik: Innerhalb kürzester Zeit ersetzten die Eppendorf-Pipetten in nahezu allen deutschen Laboren die alten Glasröhrchen. Seit Mitte der 1980er Jahre spezialisierte sich das Unternehmen dann auf Forschung und Innovation im Bereich der Biotechnologie. Begriffe wie „genetischer Fingerabdruck" sind innerhalb kürzester Zeit in die Alltagssprache übernommen worden und werden bei Wissenschaftlern eng mit dem Namen Eppendorf AG verbunden. Weltweit beschäftigt das Unternehmen 1520 Mitarbeiter, davon allein 700 im Hummelsbütteler Stammsitz.

Die Gewerbeansiedlungen am *Lademannbogen* und am *Wilhelm-Stein-Weg* begannen ab 1976; rund 200 Betriebe haben sich hier niedergelassen: Neben Autohäusern, Computer- und Softwareunternehmen beansprucht u.a. das Busdepot der HHA eine größere Fläche. Aber auch kleinere Firmen, wie der Rattan- und Teakhandel der Firma Hanseat-Jarke, nutzen die Nähe zum Ring 3 und bieten ihre Produkte zu Abholpreisen für jedermann an.

Pendler im Stau

So günstig die gute Verkehrsanbindung für die Gewerbebetriebe auch sein mag, die Stadtteilbewohner haben unter dem Lärm der **Hummelsbütteler Hauptverkehrsadern** zu leiden. Ebenso wie der Ring 3 den Stadtteil in Ost-West-Richtung durchschneidet, teilt die *Glashütter Landstraße* von Norden kommend und weiter südlich in die *Hummelsbütteler Hauptstraße* übergehend das Gebiet. Ein großes Problem stellt dabei der Pendlerverkehr aus den Kreisen Segeberg und Stormarn dar; zu den Hauptverkehrszeiten rollt eine **Blechlawine** im Schneckentempo durch den Stadtteil. Um auf S- oder U-Bahn ausweichen zu können, müssen die Hummelsbütteler erst den Bus besteigen oder sich auf einen längeren Fußmarsch einstellen: Eine eigene Bahnstation gibt es im Stadtteil nicht.

Stefan Jarke mit dem „Halfmoon-Sessel" aus seiner neuesten Kollektion anspruchsvoller Teakholzmöbel

Kontrastreiches Wohnen im Alstertal

Vom Wohnen im Alstertal haben die meisten Hamburger klischeehafte Vorstellungen: **Prächtige Villen** stehen auf parkähnlichen Grundstücken, die mit hohen Mauern oder Zäunen umgeben sind, um die Bewohner vor lästigen Blicken zu schützen. Diese Sichtweise wird in Hummelsbüttel nur teilweise bestätigt: Die meisten großen Anwesen liegen an Alster und Susebek. Das ist aber nur die eine – sehr kostspielige – Wohn-Seite von Hummelsbüttel: Über 40 Prozent der

Die 1927 erbaute Teetz-Villa an der Alten Landstraße wurde Ende der 1960er abgerissen

Bürgergeschichten

„Hummelsbüttler Scherenschnitt"

Peter-Henning Meier erinnert sich, wie die Hummelsbütteler ihre neue Straße mit Gehrock und Musik gebührend feierten

Peter-Henning Meier, engagiertes Mitglied des Heimatvereins, betreut das Stadtteilarchiv und war 1966 als „Verkehrsminister" aktiv (unten mit Zylinder)

In Hummelsbüttel aufgewachsen und noch heute hier lebend, habe ich ein großes Stück Dorfleben und Heimatgeschichte miterlebt. Die kleine Hummelsbüttler Schule und das ländliche Leben haben sich auch in meine jugendlichen Berufswünsche eingemischt. Lehrer wollte ich werden – und auch Landwirt. Natürlich kam alles ganz anders. Geblieben ist mein heimatverbundenes Denken und Fühlen. Sehr gerne denke ich da an einen Sonntagmorgen im November 1966 zurück. Da durfte ich einmal „Verkehrsminister" spielen – für wenige Minuten aber nur. Als Mitglied des hiesigen Heimatvereins wurde ich für diese interessante Kurzrolle ausgeguckt. Voraus ging der zwei Jahre währende Ausbau der damals noch kopfsteingepflasterten Hummelsbüttler Hauptstraße. Grundstücksankäufe, Verbreiterung der Straße und das Verlegen eines Schmutz- und Regenwassersieles machten die Baumaßnahmen umfangreich und lang andauernd. Nach Beendigung der Bauarbeiten wurde die Hummelsbüttler Hauptstraße dann ganz schlicht „behördlich freigegeben". Das schien dann aber doch zu wenig zu sein nach so vielen Kümmernissen der Anlieger und der recht erheblichen Beeinträchtigungen aller Hummelsbüttler. Eine bürgernahe und „echte Einweihung" musste her. Der Heimatverein und die Freiwillige Feuerwehr nahmen sich dieser Idee dann spontan an. Durch gezielte „Von-Mund-zu-Mund-Propaganda" war dann am Sonntagmorgen des 6. November 1966 „ganz plötzlich" viel los im Nordabschnitt der Hummelsbüttler Hauptstraße. Viele Menschen standen da und warteten, darunter auch die Musiker der Feuerwehrkapelle. Minutengenau ausgeklügelt zwischen den Sonntagsbussen der Linien 78 und 79 wurde die Straße dann – ebenfalls „ganz plötzlich" – mit einem weißen Band überspannt. Eine schwarze Limousine fuhr vor. Zwei Männer vom Heimatverein öffneten mit weißen Handschuhen alle vier Türen des Wagens. Mit schwarzem Gehrock und Zylinder befrackt, entstieg ich dann als Einziger der Karosse und schritt gelassen auf meine bereits wartenden Assistenten Henry Schmidt und Walter Teetz zu. Von einem edel bestickten Kissen nahm ich dann die Riesenschere des Schneidermeisters Schröder. Mit einem würdevollen und kamerafreundlichen „Scherenschnitt" durchtrennte ich dann das von zwei „Jungbürgerinnen" gehaltene Band. In einer kurzen Ansprache dankte ich im Namen des Heimatvereins allen Hummelsbüttlern für das Durchhalten dieser langen „Durststrecke". Die geduldigen Geschäftsleute erwiderten diese Worte mit Freibier, und die Kapelle der Freiwilligen Feuerwehr Hummelsbüttel spielte flott und flotter. Während des gesamten „Staatsaktes" sorgte unser langjähriger und damals schon pensionierter Dorfpolizist Paul Wenzel für eine „stille Verkehrslage". Als der Verkehr dann wieder zu rollen begann, glaubte ich, durch die Scheiben der anfahrenden Autos ein kleines wohlwollendes Lächeln gesehen zu haben.

Unterschiedliche Wohngesichter eines Stadtteils: Geschossbauten am Norbert-Schmid-Platz und am Poppenbütteler Weg; idyllisches Wohnen an der Alster

Hummelsbütteler Wohnungen sind sozial gefördert. Damit liegt der Stadtteil nicht nur im Vergleich mit den Alstertal-Nachbarn weit vorn, sondern nimmt auch im Hamburger Vergleich einen der vorderen Plätze ein. Die meisten Sozialwohnungen gehören zu den beiden **Großwohnsiedlungen Tegelsbarg** und **Lentersweg**. Zwischen 1969 und 1971 entstand am *Lentersweg* und in den angrenzenden Straßen Hummelsbüttels erste Großwohnsiedlung. Heute leben hier über 5000 Menschen. Die angestammten Hummelsbütteler schüttelten damals über die karge Neubauwüste ihre Köpfe. Mittlerweile sind Bäume gewachsen und Grünflächen wurden angelegt. Vor allem aber entwickelt sich hier ein **intensives Gemeinschaftsgefühl**. Aus einer Anwohnerinitiative entstand 1973 die **Interessengemeinschaft um den Lentersweg e.V.** (IGL), die sich seither immer stärker auf Kinder- und Jugendarbeit konzentriert. Auch die Angebote für Erwachsene, wie z.B. Flamenco-Kurse, erfreuen sich großer Beliebtheit. Und im Frühjahr 2001 feierte die IGL ihren größten Erfolg: Endlich gab es grünes Licht für den Bau eines Vereinshauses.

Das Wohnbauprojekt Tegelsbarg wurde in der zweiten Hälfte der 1970er Jahre auf der Feldmark zwischen den alten Dorfkernen Hummelsbüttel und Poppenbüttel umgesetzt. Schon zwanzig Jahre zuvor hatte die Neue Heimat die damals noch landwirtschaftlich genutzten Flächen gekauft und einen Bebauungsplanentwurf vorgelegt. Nach **heftigen Bürgerprotesten** wurde der Entwurf überarbeitet und die Bebauungsdichte verringert. Schließlich entstanden 2236 Wohnungen in zumeist drei- bis viergeschossigen Gebäuden. Höhere Bebauung findet sich nur im Zentrum um den *Norbert-Schmid-Platz*, dessen Namengeber im benachbarten Poppenbüttel traurige Berühmtheit erlangte: Der Zivilfahnder der Polizeiwache 35 am *Wentzelplatz* wur-

Herrliche Aussicht auf begrünten Müllberg und Baggersee

de 1971 das erste Opfer der RAF. Im Sommer trifft sich auf dem Platz und den angrenzenden Grünflächen die Tegelsbarg-Jugend zum Skaten, Klönen oder Eisessen. Viele Kinder und Jugendliche verabreden sich aber auch im **Haus der Jugend Tegelsbarg**, das allerdings schon auf Poppenbütteler Gebiet liegt.

Schöne Visionen

Initiativen wie die IGL und das Haus der Jugend haben dazu beigetragen, dass trotz der Bevölkerungsdichte kaum soziale Spannungen in den Großwohn-

Bei Fuß: Naherholung für Mensch und Tier auf dem Hummelsbütteler Abschnitt des Alsterwanderwegs

siedlungen entstehen. Über Graffiti-Schmierereien und achtlos in die Gegend geworfene Bierdosen kann man sich auch hier ärgern, gravierende Probleme aber bleiben die Ausnahme. Allerdings fehlt es im ganzen Stadtteil an öffentlichen Einrichtungen, durch die Gemeinschaftsaktivitäten weiter gefördert werden könnten. Als erster Vorsitzender des Heimatvereins kennt Hans-Peter Voß die lange Wunschliste: „Ein Gemeinschafts- oder Bürgerhaus mit einem großen Saal gibt es in ganz Hummelsbüttel nicht. Freizeiteinrichtungen wie ein Schwimmbad, eine Bücherhalle oder ein Wochenmarkt fehlen." Früher traf man sich in den beiden Traditionsgaststätten „Zum alten Zoll" und „Zur Lohe". Heute gibt es zwar viele Restaurants, aber ohne größere Räumlichkeiten für Vereinstreffen oder Familienfeiern.

Wer dagegen in den eigenen vier Wänden Gäste bewirten möchte, der findet alles, um ein köstliches Menü zu zaubern: Ob Supermärkte, Bäcker oder Bio-Läden – in den beiden **Einkaufspassagen** am **Hummelsbütteler Markt** ist die Einkaufsliste schnell abgearbeitet. Auch in den beiden Großsiedlungen gibt es einige Geschäfte. Zum ausgedehnten Schaufenster-Bummel müssen die Hummelsbütteler allerdings ihren Stadtteil verlassen.

Natur pur

Ein ideales Umfeld bietet Hummelsbüttel allen, die in ihrer Freizeit Frischluft-Entspannung suchen oder in der Natur aktiv sein möchten. Ganz im Norden, an der Grenze zu Schleswig-Holstein, ist der begrünte Müllberg mit dem Baggersee ein beliebtes Revier, dessen Vielseitigkeit vor allem die jungen Stadtteilbewohner begeistert: Auf dem **Monte Müll** lassen Kinder ihre Drachen steigen und rauschen mit Mountain-Bike oder Schlitten den Hang hinab. Im **Hummelsee** wird gebadet, geplanscht und geangelt, während auf dem Grill schon die Kohle glüht.

An der **Alster** lädt nicht nur der Hummelsbütteler Abschnitt des **Wanderweges**, sondern auch der ehemals private **Teetzpark** zu ausgedehnten Spaziergängen ein. Für richtig lange Wanderungen begibt man sich ins **Raakmoor**, das sich auf Langenhorner Gebiet fortsetzt. Naturgeschützt ist aber nur die Fläche bis zum Raakmoorgraben, der in ein Rückhaltebecken mündet. Bei dem **Naturschutzgebiet** (NSG) handelte es sich ursprünglich um ein Hochmoor, das durch intensive Entwässerung und Abtorfung zerstört wurde. Nach den erfolgreichen Renaturierungsmaßnahmen haben sich im jetzigen Übergangsmoor wieder ideale Lebensbedingungen für seltene Moorvegetation eingestellt.

Köpfe

Gleich zwei Künstlernamen werden immer wieder genannt, wenn man nach bekannten Hummelsbüttelern fragt: Der Maler **Ernst Eitner** (1867–1955) kam 1903 in das Alstertal-Dorf. Nach einer Lehre als Lithograf hatte er 1883 auf Anraten von Alfred Lichtwark (s. Reitbrook) mit Freilichtstudien begonnen. 14 Jahre später gehörte Eitner zu den Gründungsmitgliedern des „Hamburgischen Künstlerclubs von 1897". Mit seinen Kollegen zählte er zu den ersten deutschen Künstlern, die von Impressionisten beeinflusst wurden. Gemeinsam zogen sie an Alster, Elbe und Bille, um die Natur zu malen und die „Flüchtigkeit des Augenblicks" festzuhalten. Das Alstertal war Eitners Lieblingsmotiv, das er in extremer Farbigkeit – so zumindest empfand es anfangs das damalige Publikum – umsetzte. 1917 wurde Eitner vom Hamburger Senat zum Professor ernannt. Einige Hummelsbütteler erinnern sich noch gut an den Künstler, wie er vor seiner Staffelei sitzend das Dorf malte.

Der Dichter **Hermann Claudius** (1878–1980) lebte und arbeitete zwischen den Jahren 1940 und 1960 in seinem „Eschenhus" im *Hummelsbütteler Weg.* Literarische Zeugnisse dieser Jahre sind die „Eschenhuser Elegien" und die „Uhlenbüttler Idylle". Der Urenkel des Wandsbecker Boten Matthias Claudius und Verfasser des Volksliedes „Jeden Morgen geht die Sonne auf" hatte in Hummelsbüttel nicht nur seinen Wohnsitz, er fügte sich auch in das damals noch dörfliche Gemeinschaftsleben ein. Erst als es immer lauter zuging und sich das beschauliche Bauerndorf in einen lebhaften Stadtteil zu wandeln begann, zog Claudius wieder nach Holstein. Der am Hummelsbütteler Rodelberg gelegene *Uhlenbüttler Kamp* nimmt im Straßennamen die Claudius-Version des Stadtteilnamens auf und erinnert so an den Dichter.

Die Christophoruskirche ist nicht Notre Dame – deshalb gibt es viele Glöckner in Hummelsbüttel. Betreut werden sie von den beiden „Oberglöcknern", der Gemeindesekretärin **Hannelore Lay** und dem Küster **Hagen Bräuer**. Frau Lay teilt ein, wer bei welcher Zeremonie am Glockenseil zieht, und Herr Bräuer ist immer dann zur Stelle, wenn kein anderer Zeit hat. Bei den regelmäßigen Glöcknertreffen gibt der Küster dann Neu-Glöcknern Tipps, wie man zehnminütiges Läuten mit fünf Glocken ohne Muskelkater übersteht.

Ernst Eitner in seinem Hummelsbütteler Atelier, Selbstporträt; Hermann Claudius bei der Grundsteinlegung der Schule Poppenbütteler Stieg; Hannelore Lay und Hagen Bräuer an den Glockenseilen

Iserbrook

ist ein grüner Wohnstadtteil ohne Gewerbeansiedlung. Frei stehende, oft kleinere Einfamilienhäuser prägen das Bild im Elbvorort. Mehrgeschossige Etagenhäuser sind selten. Die Feldmark zum angrenzenden Schenefeld verstärkt den Eindruck, eigentlich schon ganz weit „draußen" vor der Stadt zu wohnen

Steckbrief

Fläche:
2,657 km²
Einwohner:
10 513
Verwaltung:
Bezirk Altona, Ortsamt Blankenese
Ortsteil:
224

Der Name des Stadtteils geht auf die Flurbezeichnung „Iserbrook" zurück, die seit jeher das Gelände zu beiden Seiten der *Schenefelder Landstraße* nördlich der heutigen B 431 benamt. Dabei stammt „Iserbroek" oder „Iserbrock" vermutlich aus dem Altsächsischen. „Brook" meint dort ein sumpfiges, wasserreiches Gebiet (= Bruch). „Isern" könnte entweder auf den im Mittelalter so genannten holsteinischen Grenzwald „Isarnho" oder auf das altsächsische „isarn" (= Eisen) zurückgehen. Tatsächlich wurden im nahen Schenefeld Eisenerzvorkommen nachgewiesen.

Aus der Geschichte

Obwohl als moderner Ort erst spät besiedelt, belegen vor- und frühgeschichtliche Funde, dass auf dem Gebiet des heutigen Iserbrook schon früh Menschen lebten. Doch bis in die Zeit der Industrialisierung befanden sich hier nichts als Heidegegend, Weiden sowie die Äcker der Gemarkungen Dockenhuden, Osdorf und Sülldorf. Mitte des 19. Jahrhunderts wurden viele Ödflächen aufgeforstet. Die Initiative dazu kam vom Kaufmann und Reeder **Johann Cesar VI. Godeffroy** (1813–85), der große Flächen aufgekauft hatte. „Millionen kräftig emporschießender Fichten" zählten die „Altonaer Nachrichten" 1862 im Wald, von dem heute nur noch einige wenige Bäume stehen. Godeffroy taufte sogar ein Schiff auf den Namen „Iserbrook".

Harte Knochenarbeit war der Bau der kleinen Häuser der Senator-Paul-Neumann-Siedlung in den 1930er Jahren

1882/83 läutete der Bau des ersten Wohngebäudes in der Iserbrooker Gegend den Wandel vom ländlichen zum

städtischen Gebiet ein – an der am 1. Dezember 1883 eröffneten Bahnlinie Blankenese – Wedel entstand ein Haus für den Bahnwärter. Zehn Jahre später, 1892, wurde das **Waldhotel Iserbrook** an der Kreuzung der Wege von Schenefeld nach Dockenhuden bzw. Sülldorf nach Osdorf – heute *Schenefelder Landstraße/ Osdorfer Landstraße/Sülldorfer Landstraße* – errichtet. Für Altonaer und Hamburger Ausflügler war das Hotel ein beliebter Treffpunkt, dessen große Zeit vor dem Ersten Weltkrieg lag. Bis zu 500 Gäste kamen an schönen Sommertagen.

In der Nähe des Hotels begann dann ab 1900 der Bau erster Land- und Siedlungshäuser etwa an der *Schenefelder Chaussee* oder der heutigen *Simrockstraße* oder *Darbovenstieg* (s.u.). An der *Schenefelder Chaussee,* heute *Schenefelder Landstraße,* wurde 1906 auch das Landrat-Scheiff-Krankenhaus eingeweiht. Bis zu seiner Schließung 1936 entlastete das ab 1920 „Krankenhaus der Elbgemeinden“ genannte Hospital die Krankenhäuser von Pinneberg, Uetersen und Elmshorn. Heute steht nur noch das einstige Hauptgebäude als Teil der **Reichspräsident-Ebert-Kaserne**, die seit 1999 zur Führungsakademie der Bundeswehr gehört (s. Nienstedten). Erst zu dieser Zeit angelegten Kasernen sowie die anschließend verstärkte Wohnbebauung machten aus dem ländlichen Iserbrook allmählich das heutige, fast geschlossene Wohngebiet. In ihm ging auch das Gestüt des Fabrikanten **Heinrich Otto Traun** (1870–1943) nördlich der *Osdorfer Landstraße* auf, wo ab 1936 die „Traunsche Siedlung“ entstand. Die ehemalige Villa und Stallungen sind erhalten. Nichts geblieben ist hingegen vom „Hof Bockhorst“ des Kaufmanns **Arthur Darboven** (1871–1954).

Starke Bautätigkeit und rascher Bevölkerungsanstieg machten die Zeit nach dem Zweiten Weltkrieg zum vielleicht wichtigsten Kapitel der Stadtteilgeschichte. Wohnkomplexe mit Hochhäusern wie jener *Am Botterberg* blieben aber die Ausnahme, Eigenheime überwiegen. 1951 wurde Iserbrook eigener Stadtteil mit Ortszentrum, Kirche, Schule und S-Bahn-Station für gute Anbindung an Hamburg.

Ein typischer Blick in die Straßen von Iserbrook: Die Traunsche Siedlung entstand ab 1936 – einige Erstmieter wohnen hier noch immer

Der Fabrikant Heinrich Otto Traun wohnte großzügig: Seine Villa (Bild) und einige Stallungen seines Gestüts sind erhalten

Wahlverhalten

... zur Bürgerschaft 2001 (gesamt)

Wahlbeteiligung	71,0%
SPD	**36,5%**
CDU	**26,2%**
Schill-Partei	**19,4%**
Grüne/GAL	**8,6%**
FDP	**5,1%**
Übrige	**4,2%**

... zur Bürgerschaft 2001 (Stadtteil)

Wahlbeteiligung	78,4%
SPD	**39,1%**
CDU	**27,0%**
Schill-Partei	**17,5%**
Grüne/GAL	**6,6%**
FDP	**6,3%**
Übrige	**3,5%**

Stadtteil-Profil

	Iserbrook	Bezirk	Hamburg
Bevölkerung gesamt (2000)	10 513	240 102	1 704 929
Unter 18-Jährige in %	16,2	16,5	16,1
65 Jahre und älter in %	23,2	17,0	17,0
Deutsche	9659	197 923	1 432 325
Ausländer in %	8,1	17,6	16,0
Einwohner je km²	3957	3066	2258
Sozialstruktur			
Sozialhilfeempfänger (2000)	440	15 896	120 461
Arbeitslose (2001)	287	10 739	71 963
Eink. je Steuerpfl. in DM (1995)	65 478	75 345	65 579
Wohnen (2001)			
Wohngebäude	2140	33 737	226 061
Ein- und Zweifamilienhäuser in %	41,5	23,6	20,5
Ø Wohnungsgröße in m²	75,9	75,0	71,0
Wohnfläche je Einwohner in m²	36,8	36,6	35,7
Verkehr			
Private Pkw (2001)	4365	84 981	628 119
Straßenverkehrsunfälle (2000)	36	1590	12 430
Kriminalität			
Straftaten insgesamt (2000)	474	31 664	284 272

Von Kirche bis Squaredance

Wenn Iserbrook auch auf den ersten Blick wie ein stilles Wohnquartier wirkt – Versammlungsräume oder gar ein Bürgerhaus fehlen –, ist der Stadtteil doch voller Leben. Nicht nur ihrer zentralen Lage an der *Schenefelder Landstraße 200* unmittelbar an Iserbrooks Hauptkreuzung wegen spielt die **Martin-Luther-Kirchengemeinde** dabei eine wichtige Rolle. Ihre 5000 Mitglieder sind aktiv,

von der Jugend- bis zur Seniorenarbeit prägt ehrenamtliches Engagement das Bild. Dies gilt für den Konfirmandenunterricht, den rund 30 ältere Jugendliche mitgestalten, ebenso wie für den Basar im November. Sozial rege ist auch die Friedensgruppe, durch deren Initiative auf dem Gelände der 1954 erbauten Kirche zwei Kirchenkaten als Angebot zur Wiedereingliederung von Obdachlosen entstanden. „Die Bedeutung unserer Gemeinde hängt sicher damit zusammen, dass Iserbrook sonst gesellschaftlich und vereinsmäßig wenig zu bieten hat“, überlegt **Pastorin Angela Heine**. „Im Grunde ist der Stadtteil ja wenig mehr als eine umbaute Straßenkreuzung.“

Entgegen ihrem Namen ist die **Freie Turn- und Sportvereinigung Komet Blankenese von 1907 e.V.** in Iserbrook zu Hause. Sportplätze und Clubheim des Breitensportvereins liegen an der *Schenefelder Landstraße 85*. Die rund 2000 Mitglieder von „Komet“ sind in so unterschiedlichen Sportarten wie Fußball, Volleyball, Tischtennis oder Turnen aktiv. Auch Gymnastik- und Fitnesskurse gehören zum Programm. Im Bereich Tanzen wird sogar Squaredance angeboten – „The Dancing Comets“ nennt sich die Gruppe, die jedoch nicht die höchsten Schwierigkeitsstufen tanzt.

Wer höhere Ambitionen in Sachen Squaredance hat, muss zu einem landesuntypischen Sportverein: Der **Chase West SCD Hamburg e.V.** ist der einzige reine Squaredance-Club im Westen Hamburgs. Wenn in der Pausenhalle der Schule an der *Schenefelder Landstraße* zu den Klängen von Country-Musik

Zentral und nicht zu übersehen: Die Uhr der Martin-Luther-Kirche zeigt den Iserbrookern die Zeit. Rechts: Pastorin Angela Heine im Kirchenraum

unter den Zurufen eines „Callers“ je vier Paare in dem amerikanischen Volkstanz verschiedene Figuren bilden, ist die Stimmung groß. Schwimmen gehen kann man in Iserbrook übrigens auch: Das Hallenbad liegt an der *Simrockstraße*.

Lernen draußen

Immer noch hat der Name der **Schule an der Musäusstraße** in Iserbrook einen großen Klang. Neben der **Schule an der Schenefelder Landstraße** mit rund 180 Schülern ist sie die zweite Grundschule im Stadtteil; nach einigen gemeinsamen Jahren sind beide Lehranstalten seit 2001/02 wieder eigenständig. Dabei blickt die „Mus“, wie sie liebevoll genannt wird, auf eine wechselvolle Geschichte zurück: Als am 15. März 1949 an der *Musäusstraße 29* die Grundsteinlegung stattfand, wurde hier zum ersten Mal nach dem Zweiten Weltkrieg auf dem Gebiet der im Mai gegründeten Bundesrepublik ein Schulneubau begonnen. Eine Schule im Grünen entstand, eine so genannte „wachsende“ Schule, die nach und nach erweitert wurde. Damals noch bis zum 10. Schuljahr führend, ist die „Mus“ als reine Grundschule heute mit einer Vielzahl von Fachräumen, zwei Turnhallen und einer Aula räumlich bestens ausgestattet. „Der einstige reformpädagogische Ansatz mit naturnahem Aufwachsen der Kinder ist immer noch spürbar“, freut sich Schulleiterin Kristina Heine. Zwar finde nicht mehr wie in den 1950er Jahren im Sommer der Unterricht draußen auf den Terrassen statt. Das rund 36 000 km² große Schulgelände biete aber reichlich Raum zur Entfaltung. „Mittwochs zum Beispiel ist ‚aktive Pause‘, dann tollen die Schüler mit Rollern und anderem Spielgerät quer übers Areal“, erklärt Frau Heine.

Gärten voller Grün

Ein Spaziergang durch die Straßen von Iserbrook ist kurzweilig. Grün ist es hier, immer bleibt der Blick in einem der vielen schönen Gärten hängen. Nur im Norden, am *Schenefelder Holt* und *Am Botterbarg*, liegen einige in den 1960er Jahren vom Bauverein der Elbgemeinden EG (BVE) errichtete **Großsiedlungen**, ihm gehören in Iserbrook gut 1500 Woh-

Zeitleiste

1850 Mitte des 19. Jh. forstet der Reeder Godeffroy Flächen auf

1882/83 Errichtung des ersten Hauses

1892 Bau „Waldhotel Iserbrook“

1936 Baubeginn der Traunschen Siedlung

1951 Stadtteil im Bezirk Altona

1962 Bau der Siedlung am Botterbarg

Im Rhythmus der Musik: Die Tänzer von Chase West gehen bei Country-Klängen richtig mit

Am Botterbarg stehen Häuser des Bauvereins der Elbgemeinden. Unten: Mariechen Pfister (92) wohnt seit 1935 in der Senator-Paul-Neumann-Siedlung

und

Bürgergeschichten

„Wenn nachts der Marder kommt …"

… und sich auf dem Dachboden einnistet, ist das in Iserbrook oft ein Fall für den pensionierten Schiffbauer und Jäger Georg Bastian. Er wohnt seit 50 Jahren in der Schenefelder Landstraße und hilft den Nachbarn gern

Es ist ja nicht immer so, dass die Marder gleich zur Bedrohung werden und beispielsweise Hühner reißen wollen. Natürlich gehen sie auch in Hühnerställe, von denen es in Iserbrook noch einige gibt. Aber bei mir wagen sie das nicht, ich habe nämlich auch einen. Viel lästiger und unangenehmer ist es, einen Marder auf dem Dachboden zu haben – das passiert mitunter auch dreimal im Jahr.

In seinem Garten führt Georg Bastian seine Falle vor – die Marder werden lebendig gefangen und dann später unversehrt wieder ausgesetzt

Weil in unserer Siedlung viele wissen, dass ich seit meiner Kindheit Jäger bin – noch heute radle ich zum Jagen in den Klövensteen nach Rissen, obwohl ich über 80 Jahre alt bin! –, rufen sie mich an: „Oh, Herr Bastian, ich habe einen Marder im Haus…" Wenn die Nachbarn dann um Rat fragen oder mich bitten, eine Falle auf dem Boden aufzustellen, leiste ich manchmal Nachbarschaftshilfe. Aber nicht bei jedem – einige Leute sind mir unsympathisch, da gehe ich nicht gerne hin, das lehne ich dann ab. Es gibt Bekannte, da muss ich alle naselang eine Falle aufstellen, so oft haben die Marder. Die Fallen sind Lebendfallen, denn die Tiere sollen ja nicht getötet werden. Nach dem Fangen werden sie wieder ausgesetzt, manche wollen sie etwa in die Lüneburger Heide bringen.

Passieren kann bei den Lebendfallen auch nichts, denn sie sind an Stellen aufgestellt, zu denen kein Dritter hinkommt. Der Marder als solcher ist ja nicht doof, vor allem die alten Herren und Damen sind mitunter ganz schön frech: Sie laufen direkt unterm Fenster lang oder turnen nachts über die Dächer. Als Lockmittel in der Falle dient meist ein Ei. Manchmal lege ich aber auch Rosinen oder Schokolade hinein, damit der Marder satt wird. In manchen Fällen dauert es lange, und die Falle steht acht Tage, ohne dass irgendein Erfolg zu sehen ist. Oft sitzt eine Drossel drin oder eine Maus, jedoch nicht der Störenfried. Aber irgendwann klappt es dann meistens doch. Meiner Beobachtung nach haben sich die Steinmarder, die wir hier haben, in den letzten Jahren vermehrt. Denn bei den Nachbarn helfe ich nun schon 20 Jahre, und zuerst war das nicht so doll mit dem Marder. Aber nun hat er bei uns zugenommen. Und immer fangen darf man ihn ja auch nicht, weil auch Steinmarder eine Schonzeit haben.

die z

nungen. Auch Mietshäuser gibt es hier. Doch überwiegend prägen gartenreiche Kleinsiedlungen das Stadtteil-Bild. Erste Siedlungen entstanden in den 1920er Jahren, etwa auf dem Gebiet von *Lütt Iserbrook*. 1935/36 entstand nördlich der *Sülldorfer Landstraße* die noch heute in ihrer Struktur erhaltene **Senator-Paul-Neumann-Siedlung**. Die 69 kleinen Häuser im feuchten Morast waren eine politische Geste „für Frontkämpfer, Hinterbliebene und Versehrte" des Ersten Weltkriegs. 200 Menschen leben hier heute, darunter einige, die damals für rund 5900 Reichsmark hier bauten. Obwohl längst die zweite und dritte Generation folgten, „ist die Identität und Verbundenheit stark", berichtet Marlies Wordtmann, die Vorsitzende der **Siedlergemeinschaft**. Neubauten und Verdichtung im Quartier, vor allem auf den hinteren Grundstücken, deren Erbpacht bald ausläuft, werden deshalb abgelehnt. Zu verhindern sind sie vermutlich nicht. In ihrem Erscheinungsbild weitgehend intakt ist auch die **Traunsche Siedlung** jenseits der *Schenefelder Landstraße*. In die Einfamilienhäuser auf dem einstigen Traunschen Gelände zogen 1936 die ersten Siedler ein. Auch unter den heute 280 Mitgliedern der **Siedlergemeinschaft Traun Iserbrook e.V.** vollzieht sich ein Generationswechsel.

An der Sülldorfer Landstraße findet man das Nötige für den täglichen Bedarf

Dieser wird auch in Zukunft für Iserbrook charakteristisch bleiben, denn mit rund 25 Prozent der Bevölkerung wohnen hier **die meisten über 65-Jährigen in den Elbvororten**. Die beiden Seniorenheime an der *Isfeldstraße*, Schillingstift und Rosenhof, dürften diese Durchschnittszahl allerdings mitbestimmen.

Die Ps fehlen

„Iserbrook ist ein Stadtteil ohne P", beklagen viele, die hier wohnen – ohne Polizei und ohne Post. Zwar gibt es einen Bürgernahen Polizeibeamten mit Sitz in Osdorf, aber keine eigene Wache. Und die Post ist ein Schreibwarenladen mit Briefversand. In ihrer Nähe an der *Sülldorfer Landstraße* liegen weitere Geschäfte, und auch im kleinen Einkaufszentrum in der BVE-Siedlung am *Schenefelder Holt* wollen u.a. ein Supermarkt und eine Drogerie Kundenwünsche erfüllen.

Ähnlich der Einkaufslage war auch die Ausgehsituation in Iserbrook schon einmal besser. Ortsbekannte Lokalitäten wie „Simrockstuben" oder „Zur Landesgrenze" finden Zuspruch, doch das Angebot könnte größer sein.

Köpfe

Hartmut Effenberger einen Chronisten des Stadtteils zu nennen ist nicht übertrieben. Denn der geborene Berliner, der seit 1957 im *Bredkamp* in Iserbrook lebt, veröffentlichte bereits 1980 seine „Beiträge zur Geschichte von Iserbrook". Wer fundiert über Iserbrook schreiben möchte, kommt am langjährigen Mitarbeiter der Staatlichen Landesbildstelle nicht vorbei. „Die Ergebnisse meiner Forschungen erschienen aber auf eigene Kosten", erläutert Hartmut Effenberger.

„Mir fehlen in Iserbrook die urigen Typen", bedauert **Fatima von Altona**. Fast 18 Jahre wohnte die Multi-Künstlerin in Altona, ehe sie Mitte der 1990er Jahre hierher zog. Die seit über 30 Jahren nur unter ihrem Künstlernamen bekannte Kabarettistin, Fotografin und Malerin fällt in Iserbrook auf – „ich bin wohl nicht so normal gekleidet". Gerade darum aber kennt sie hier (fast) jeder. Und viele Iserbrooker haben auch ein Werk von Fatima zu Hause. „Erotische Blindzeichnungen mit offenem Ausgang" und unnachahmliche „Kaugummiskulpturen" gehören zu ihrem Schaffen.

Sie verfolgen aufmerksam, was sich in Iserbrook tut: Hartmut Effenberger und Fatima von Altona

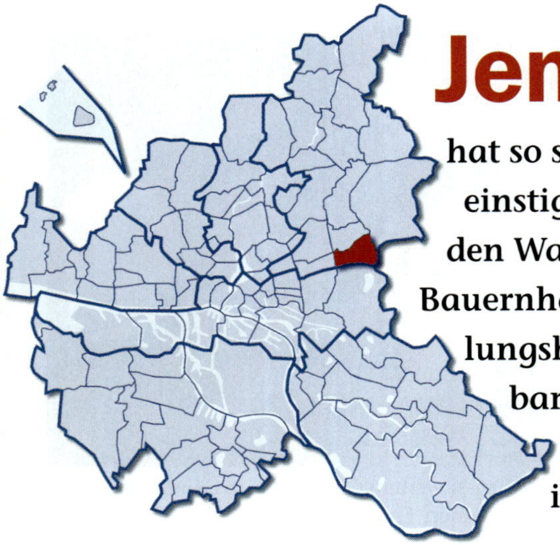

Jenfeld

hat so schnell wie kaum ein anderes der einstigen Dörfer im Umkreis Hamburgs den Wandel zum Stadtteil durchlebt. Letzte Bauernhäuser, Jugendstilvillen und Siedlungshäuschen stehen in dichter Nachbarschaft zu Betonburgen. Auch das Bürgerhaus als Mitte des Stadtteils ist eine Mischung aus Alt und Neu

Steckbrief

Fläche:
5,025 km²
Einwohner:
25 724
Verwaltung:
Bezirk Wandsbek, Kerngebiet
Ortsteil:
512

Das niederdeutsche „Gelevelde" bedeutet „gelbes Feld". Es rührt vom gelben Sand der letzten Eiszeit her, der sich im Gebiet Jenfelds findet.

Gräber unter der Autobahn

Schon für die Zeit um 1500 v. Chr. lässt sich eine Besiedlung des Gebietes von Jenfeld nachweisen. Zu den vorgeschichtlichen Funden gehören zahlreiche Gräber, die in den 1930er Jahren auf Großbaustellen entdeckt wurden, beim Bau der „Reichsautobahn" Hamburg–Lübeck und beim Kasernenbau 1935.

Aus der Geschichte

Wie viele Dörfer in Hamburgs Umland fand Jenfeld erstmals Erwähnung, weil die adeligen Besitzer Beziehungen zum Hamburger Domkapitel pflegten: Die Grafen **Gerhard** und **Adolph zu Holstein und Schauenburg** stifteten 1304 eine Predigerstelle im Dom zu Hamburg. Der Geistliche, der diese Vikarie innehatte, bezog seine Einkünfte u.a. aus Jenfeld. 1344–59 verkauften die adeligen Besitzer die Hufen (s. Spadenland) des Dorfes an das Kloster Reinbek. Um 1400 hieß ein hamburgischer Ratsherr **Hinricus Jenvelt** – stammten er oder seine Eltern aus Jenfeld? Ein Jahr bevor er gemäß der Ratshierarchie Bürgermeister geworden wäre, starb Hinricus Jenvelt.

Seit der Reformation war Jenfeld Teil des **Amtes Reinbek**; als holsteinisches Dorf gehörte es zum **Königreich Dänemark**. Nach dem Deutsch-Dänischen (1864) und dem Preußisch-Österreichischen Krieg (1866) wurde Jenfeld eine Gemeinde im Kreis Stormarn der preußischen Provinz Schleswig-Holstein. Bis kurz nach 1900, als Jenfeld 424 Einwohner zählte, änderte sich wenig an der dörflichen Struktur. Erst

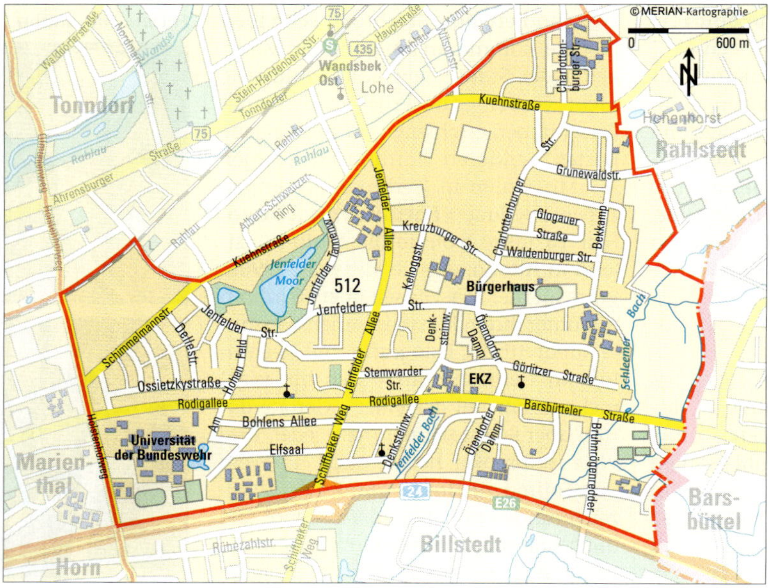

Das Dorf in der Stadt: Mit vereinten Kräften wird jedes Jahr der Maibaum vor dem Jenfeld-Haus aufgerichtet

Jenfeld vor 1950: Behelfsheime prägten das Bild

mit dem Verkauf von Bauernhöfen an Grundstücksgesellschaften setzte der Wandel ein. 1910 notierte der Lehrer Lange, 1870 habe man das Dorf in fünf Minuten durchschreiten können, jetzt aber benötige man eine halbe Stunde. 1922 entstand die erste **Kleingartenkolonie**, weitere datierten aus der Wirtschaftskrise um 1930. Viele ihrer Flächen waren von Jenfelder Bauern gepachtet, z.B. von Soltau, Eggers, Tangermann, Krogmann, Kratzmann, Bohlen u.a. Die Gartenlauben wurden im Zweiten Weltkrieg Unterkünfte für Ausgebombte, Behelfsheime kamen hinzu. Wohnprovisorien gehörten noch lange nach dem Krieg zum Bild Jenfelds: Nur ein kleiner Teil der Kleingartenflächen wurde festgeschrieben; den Rest der Parzellen bezogen Hamburgs Stadtplaner in die Neubebauung ein. Die setzte in großem Maßstab ab 1960 ein, und es dauerte nur 15 Jahre, bis Jenfeld vollständig aufgesiedelt war und das **Einkaufszentrum** mit den Hochhäusern an der Kreuzung *Rodigallee/Öjendorfer Damm* die neue Mitte Jenfelds markierte.

Kunst und Kultur

Bevor Jenfeld mit dem Groß-Hamburg-Gesetz 1937/38 ein Stadtteil Hamburgs wurde, gehörte es schon zu einer anderen Stadt: 1927 war es zusammen mit Tonndorf nach Wandsbek eingemeindet worden. Als erste größere Baumaßnahme für Jenfeld entwarf die Bauverwaltung Wandsbeks 1929/30 eine **Schule**: Sie ist bis heute das wichtigste Baudenkmal des Stadtteils. Noch immer ist ihr die Modernität der Bauzeit anzu-

Der Einfluss des Bauhauses ist an der 1929/30 errichteten Jenfelder Schule unverkennbar

Vor 100 Jahren: Kühe auf Jenfelds Straßen

sehen: Die Schule war eine der ersten in ganz Deutschland mit Flachdach, mittlerweile steht sie unter Denkmalschutz. Bäuerliche Bauten des 19. Jahrhunderts finden sich am *Öjendorfer Damm* und in der *Charlottenburger Straße*; besonders gut erhalten ist die Hofanlage Eggers. Vielfach verändert ist das älteste Gebäude, die 1797 errichtete Räucherkate am *Bekkamp*. Bürgerliche Villen aus den Jahren vor 1914 residieren an der *Jenfelder Straße* und am *Denksteinweg*, der nach dem Gefallenen-Ehrenmal benannt ist.

Auch das neben der Schule zweite architektonisch bemerkenswerte Gebäude ist ein Bildungsbau: 1973–78 entstand auf dem Kasernengelände am westlichen Stadtteilrand die **Universität der Bundeswehr**. In einem weitläufigen, parkartigen Gelände stehen 16 dreigeschossige Pavillons, die Vorlesungs- und Seminarräume, mehrere Bibliotheken und die Verwaltung beherbergen, aber auch Werkstätten sowie Labore.

Die Volksspielbühne Jenfeld von 1947 tritt auf – wie hier zu ihrem 50-jährigen Jubiläum im Jahr 1997

Die „Läufergruppe" des Bildhauers Gerhard Brandes eilt an der Ecke Jenfelder Allee/Jenfelder Straße vorbei

Ein großes Bürgerhaus und ein kleines Malhaus

Es war ein langer Weg, bis im Juni 1996 das **Jenfeld-Haus** an der Ecke *Charlottenburger* und *Jenfelder Straße* eingeweiht werden konnte. Am Anfang stand die **Initiativgruppe Jenfeld-Haus**, bestehend aus Heidrun Kempernolte, Ursula Schmitz und Hans Tjarks, die in Uwe Krogmann die geeignete Unterstützung beim Erwerb der „Weißen Villa" fand. Heute ist diese mit dem großen, sich anschließenden Neubau kultureller Mittelpunkt und Begegnungsstätte für ganz Jenfeld mit seinen vielen Nationalitäten: Für Kurse und Konzerte, für öffentliche und private Feiern ebenso wie für die **Stadtteilkonferenz** ist im großen Neubau neben der alten weißen Villa reichlich Platz. Für Tanz und Theater dient der Saal für 250 Zuschauer. Die kommen z.B. zu den Aufführungen der **Volksspielbühne Jenfeld von 1947**, einer der ältesten Amateurtheatergruppen Hamburgs. Gut zu tun hat an Spielabenden auch die Gastronomie: Seit 2001 serviert das Bistro **Trio** im Jenfeld-Haus als öffentlich gefördertes Beschäftigungsprojekt Kaffee und allerlei Leckeres. Das braune Bohnengetränk gibt es aber auch noch an anderer Stelle. **Jenfelder Kaffeekanne** nennt sich der 1989 eingerichtete Stadtteiltreff des Vereins **Aktive Nachbarschaft** an der *Oppelner Straße*, der für Kinder, Jugendliche und Erwachsene Freizeit- und Lernmöglichkeiten anbietet und sich mit seinem Schüler-

Stadtteil-Profil

	Jenfeld	Bezirk	Hamburg
Bevölkerung gesamt (2000)	25 724	405 173	1 704 929
Unter 18-Jährige in %	21,5	17,1	16,1
65 Jahre und älter in %	15,4	18,8	17,0
Deutsche	19 902	359 918	1 432 325
Ausländer in %	22,6	11,2	16,0
Einwohner je km²	5119	2742	2258
Sozialstruktur			
Sozialhilfeempfänger (2000)	4227	25 017	120 461
Arbeitslose (2001)	1394	14 222	71 963
Eink. je Steuerpfl. in DM (1995)	53 157	70 631	65 579
Wohnen (2001)			
Wohngebäude	2500	68 964	226 061
Ein- und Zweifamilienhäuser in %	19,3	31,4	20,5
Ø Wohnungsgröße in m²	70,4	77,1	71,0
Wohnfläche je Einwohner in m²	28,9	37,0	35,7
Verkehr			
Private Pkw (2001)	8386	166 212	628 119
Straßenverkehrsunfälle (2000)	161	2255	12 430
Kriminalität			
Straftaten insgesamt (2000)	3316	41 067	284 272

Wahlverhalten

... zur Bürgerschaft 2001 (gesamt)

Wahlbeteiligung	71,0%
SPD	36,5%
CDU	26,2%
Schill-Partei	19,4%
Grüne/GAL	8,6%
FDP	5,1%
Übrige	4,2%

... zur Bürgerschaft 2001 (Stadtteil)

Wahlbeteiligung	60,6%
SPD	37,6%
CDU	26,9%
Schill-Partei	23,9%
Grüne/GAL	2,8%
FDP	3,5%
Übrige	5,3%

frühstück und dem pädagogischen Mittagstisch auch um die Gesundheit von jungen Jenfeldern in einem sozial geschwächten Quartier kümmert. Ein dritter Ort, an dem Jenfelder zusammenkommen, ist das bunt bemalte Malhaus der **Freien Kulturinitiative Jenfeld** an der *Kelloggstraße*. Mit viel Eigenarbeit ist das ehemalige SAGA-Waschhaus lebendiger Treffpunkt für Jung und Alt geworden. Vornean rangiert bei der „FKJ" die Förderung künstlerischer Arbeit im Stadtteil, ob im Bereich der bildenden Künste oder der Musik. Dafür stehen Ausstellungs- und Übungsräume zur Verfügung. Die Internationalität Jenfelds symbolisiert u.a. der **Verein Samowar**; in ihm sind vor allem Russlanddeutsche aktiv, die in Jenfeld eine neue Heimat gefunden haben. Mit der „alten Heimat" Jenfeld beschäftigt sich der **Kulturkreis Jenfeld** als Träger des **Heimatmuseums** in der Schule am *Denksteinweg*.

Lebhaft geht es zu, wenn in der „Jenfelder Kaffeekanne" der pädagogische Mittagstisch gereicht wird. An ihn schließt sich die Hortbetreuung an

Auf ein hohes Alter blickt der **Wandsbeker Männerturnverein von 1872** zurück. Umso jünger sind viele der Mitglieder des Breitensportvereins. „Hits für Kids" heißt beim **Turn- und Sportverein von 1881 Wandsbek** die Kinder- und Jugendgruppe für Tanzbegeisterte. Die „alten Herren" des Fußballs spielen in diesem Verein als **Jenfelder Supersenioren**. Auch um den Ball, ob mit Fuß oder Hand gespielt, geht es beim **Jenfelder SV**, dessen Stadion am *Bekkamp* liegt. Vereinsungebunden sind die sportlichen Aktivitäten der Straßensozialarbeit, die in Hallen und auf der Melchertwiese an der *Oppelner Straße* stattfinden. Zur öffentlich getragenen Jugendarbeit gehört auch das **Sportmobil** des Hamburger Sportbundes, das alle zwei Wochen am Streetballplatz in der *Oppelner Straße* hält. Dort bietet es Kindern und Jugendlichen den einfachen Zugang zu

Bürgergeschichten

„Alles begann mit Lothar"

An der Barsbütteler Straße, kurz vor der Stadtgrenze, liegt Hamburgs einziger Haustierfriedhof. Die Zwillinge Hartmut und Sigward Terzenbach haben hier einen Ort geschaffen, der von der großen Tierliebe vieler Menschen zeugt

Tierverbunden: Hartmut (r.) und Sigward Terzenbach

Alles begann am Himmelfahrtstag 1989 mit dem Tod unseres lieben Rottweilers Lothar. Wir wollten ihn auf jeden Fall bestatten lassen und seinen Leichnam nicht etwa zur Tierverwertungsanstalt bringen. Denn zu Tieren, vor allem zu Hunden, haben wir eine sehr innige Beziehung: Bevor wir den Tierfriedhof eröffneten, hatten wir schon viele Jahre ein Hunderestaurant in Eilbek betrieben. Hamburg hatte zu jener Zeit noch keinen eigenen Haustierfriedhof. So mussten wir den weiten Weg auf uns nehmen, um unser geliebtes Familienmitglied in Timmaspe bei Neumünster beisetzen zu lassen. Der damalige Betreiber des dortigen Tierfriedhofs war Herr Walter Lorentsen. Auf Anhieb bestand zwischen uns Sympathie. Herr Lorentsen gewann uns für eine Mitarbeit: Wir wurden seine Hamburger Vermittler für Tierbestattungen. Bald fuhren wir trauernde Tierhalter in einem umgebauten Wohnmobil von Hamburg nach Schleswig-Holstein. Die verstorbenen Tiere begleiteten uns in einem Anhänger. Damit war die erste „fahrende Hundekapelle" Europas entstanden.

Nach dem Tod von Herrn Lorentsen stellten wir unsere Kurierdienste ein. Wir bemühten uns stattdessen, ein geeignetes Grundstück in Hamburg zu finden. 1997 gelang uns das, aber erst nach zahllosen Gängen zu den Behörden. Im November des Jahres konnten wir unseren eigenen Haustierfriedhof eröffnen. Hunde, Katzen, Meerschweinchen, Hamster oder Vögel werden seitdem zu uns gebracht. Wir bieten für jede Beerdigung auch eine Bestattungszeremonie an. Diese wird von vielen Menschen in Anspruch genommen, denn sie hilft ihnen beim Abschied von den Lieblingen, die lange Zeit ein Teil ihres Lebens gewesen sind. Inzwischen haben schon rund 600 Haustiere auf dem etwa einen Hektar großen Grundstück in einer schönen Umgebung ihre letzte Ruhestätte gefunden.

Dass wir unsere Tätigkeit mit Würde und Liebe durchführen, beweist die Dankbarkeit der vielen Trauernden. Die Worte „Wie schön, dass es Sie gibt" bedeuten uns sehr viel. Auch die vielen gepflegten Gräber kleiner und großer Haustiere zeigen, dass dieser vielen Menschen ungewöhnlich erscheinende Haustierfriedhof eine Notwendigkeit ist.

Unser jüngstes Vorhaben ist die Aufstellung eines Mahnmals für alle von den Menschen geschändeten oder getöteten Tiere, ob im Labor, auf dem Transport oder durch die Zerstörung der Natur. Ein Bildhauer lieferte uns dafür einen Entwurf, den dann ein Steinmetz aus Barsbüttel umsetzte. Das Kunstwerk, ein schwarzer Obelisk, hat seinen Platz auf dem Friedhof.

Das Grab von Dackel Willi – nur eine von vielen liebevoll ausstaffierten Grabstellen

Spiel- und Sportaktivitäten. Der Afghane Fahim Yusufzai arbeitet seit 1993 als Taekwondo-Trainer mit Jugendlichen aus sozial schwachen Quartieren, um ihnen die Möglichkeit zu geben, „ihren Frust und ihre Aggressionen abzureagieren", und zu verhindern, dass sie in die Kriminalität abrutschen. Über 700 Jugendliche haben seine „Schule" schon durchlaufen, die als gemeinnütziger Verein **Sport gegen Gewalt** weite Beachtung erfahren hat.

An der *Barsbütteler Straße* liegen große Sportstätten, wie die **Tennisanlage Witthöft**, die mit 24 Hallen- und Außenplätzen die größte Hamburgs ist. Auch der Verein **Racquetball Jenfeld** hat seinen Sitz an der *Barsbütteler Straße*: 1980 gegründet, ist er der älteste deutsche Verein dieser Sportart und mit seinen zahlreichen Titeln laut Eigenaussage der „erfolgreichste Racquetballverein der Welt".

Westlich mehr Wirtschaft

Verteilt über ganz Jenfeld arbeitet eine Reihe von Handwerksbetrieben. Ansonsten aber spielt sich das Wirtschaftsleben des Stadtteils vor allem am *Holstenhofweg* und in der *Schimmelmannstraße* ab. So hat das Chemieunternehmen **Lehmann & Voss**, dessen Verwaltung am *Alsterufer* in Rotherbaum sitzt, ein Werk an der *Schimmelmannstraße*, wo zahlreiche Zwischenprodukte für Abnehmer aus den unterschiedlichsten Branchen entwickelt und produziert werden. Am *Holstenhofweg* fertigen **Kutz & Schulze** seit 1997 Zahnräder und andere gezahnte Metallteile; vor dem Umzug nach Jenfeld war die Firma seit ihrer Gründung 1925 in der Barmbeker *Weidestraße* ansässig. Auf dem Gewerbehof am *Holstenhofweg 45* arbeiten mehrere mittelständische Unternehmen, darunter grafische Betriebe wie das **Art Finish Studio für Siebdruck** und die **Druck- und Grafikwerkstatt** von Michael Klaiboroder; Experten für Licht- und Tontechnik sind die Firmen **Multilite Lichttechnik** und **Heuvelman Sound und Vision**. Leckere Nudeln kommen auch von hier, Familie Trillo liefert sie unter dem Firmennamen **La Pastia**.

Filmtechnik, seien es Kameras oder Scheinwerfer, verleiht **Cinegate**; das bundesweit tätige Unternehmen mit Hauptsitz in Jenfeld vermietet zudem mehrere Fotostudios an der *Schimmelmannstraße*, in denen raumgreifende Werbeproduktionen auf Film gebannt werden.

Zu schnell und zu laut

Jenfeld war in den letzten Jahren mehrfach Schauplatz von Verkehrsunfällen, bei denen Kinder ums Leben kamen. Insbesondere die *Barsbütteler Straße* und die *Rodigallee*, über die viel Durchgangsverkehr von Ost nach West und in umgekehrter Richtung fließt, sind gefährliche Straßen. Eine Schienenanbindung fehlt; die Straßenbahn, die in den 1950er Jahren von Jenfeld bis Stellingen fuhr, wurde durch Busse ersetzt. Ziel der meisten Buslinien ist der ZOB Wandsbek; andere

Zahnradfertigung bei Kutz & Schulze: Chi-Hue Paul Chau kam als einer der „Boat People" aus Vietnam nach Deutschland

Eröffnung der „Reichsautobahn" Hamburg–Lübeck am 13. Mai 1937

Zeitleiste

1304 erste Erwähnung

1866/67 preußische Gemeinde

1927 Eingemeindung nach Wandsbek

nach 1933 Autobahn- und Kasernenbau

1937/38 mit Wandsbek Eingemeindung nach Hamburg

ab 1960 intensive Verdichtung, Massenwohnungsbau

1972 Hochschule der Bundeswehr (seit 1985 Universität)

ab 1993 Soziale Stadtteilentwicklung

1996 Jenfeld-Haus eröffnet

Linien verbinden Jenfeld in nordsüdlicher Richtung mit Billstedt, Tonndorf und Rahlstedt. Von der A 24 sind die Jenfelder zum Teil durch Sportanlagen und Kleingärten abgeschirmt.

Siedlerglück und Waschbeton

Vom Siedlerhaus bis zum 18-stöckigen Hochhaus: Die architektonischen Nachbarschaften in Jenfeld sind vielfältig, als Ergebnis des Massenwohnungsbaus der 1960er und 1970er Jahre aber oft ruppig. Zwar haben die Wohnungsbaugesellschaften viele ihrer in die Jahre gekommenen Großbauten saniert und durch Hausmeisterlogen vor einigen Gebäuden den Wohnwert erhöht. Aber Waschbeton altert eben nicht in Schönheit, und das sieht man den damit verkleideten Häusern an. Die hohe Anzahl an Sozialwohnungen machte die Großbauten zu Problemfällen; seit Anfang der 1990er Jahre aber haben die Stadt und die SAGA, der hier 75 Prozent der Wohnungen gehören, viel Geld und Arbeit in die **Aufwertung der Wohnquartiere** gesteckt. Zu den Aktionen gehörten auch legal auf den tristen Beton aufgebrachte Graffiti wie am *Bekkamp*, wo die Brüder Aimal und Ramin Jahed in einem Durchgang eine 50 m² große Meereslandschaft kreierten. Noch bis 2003 läuft das Programm der Sozialen Stadtteilentwicklung. Viele Bewohner bestätigen den Aufwärtstrend: Die Identifikation mit der „Platte“, wie es hier oft heißt, hat deshalb zugenommen.

Was den Hochhäusern oft fehlt, schätzen die Bewohner der Siedlungshäuser besonders: die gute Nachbarschaft. Ausgeprägt ist die z.B. in der *Glogauer Straße*, deren Anwohner in der **Siedlergemeinschaft August Woelken** zusammengeschlossen sind; ihr Namengeber war 1945 Gründer des „Deutschen Siedlerbundes“. Beim Wettstreit um den Titel der „besten Siedlung“ spielen die Jenfelder stets vorne mit, ob in der „Landes-“ oder in der „Bundesliga“: Im Jahr 2001 hielten sie zugleich den Titel des Landes- wie des Bundessiegers. Ebenfalls in der *Glogauer Straße* steht ein besonders fortschrittliches Wohnhaus: Peter Klemm, Physiklehrer am Wandsbeker Matthias-Claudius-Gymnasium, und seine Frau Christine haben hier ein **Nullenergiehaus** errichtet, das die Energie für Strom und Wärme mittels Sonnenkollektoren gänzlich selbst erwirtschaftet.

Neues Wohnen in Jenfeld: eleganter Bogen an der Ecke Jenfelder Allee/ Jenfelder Straße

Neu errichtete Hausmeisterlogen haben den Wohnwert einer Reihe von Großbauten erhöht

Studenten von Rang

Mit der Universität der Bundeswehr Hamburg ist in Jenfeld eine der drei Hamburger Unis angesiedelt. Zeitverpflichtete Soldaten können hier neben ihrer militärischen Ausbildung akademische Grade erlangen

Das Hauptgebäude der Universität inmitten des grünen und weitläufigen Campus

Die 1972 gegründete Hochschule (Universität seit 1985) an der Ecke *Holstenhofweg/Rodigallee* entstand auf dem Gelände der ehemaligen Douaumont-Kaserne. Deren hinterlassene Gebäude dienen heute vor allem als Studentenwohnungen, beherbergen aber auch den universitätseigenen Sanitätsbereich. Ebenfalls aus der Kasernenzeit stammt der steinerne Adler auf seinem Backsteinpostament an der *Rodigallee*, der im Sommer unter dichtem Grün verschwindet. Rund 1800 Studenten, die alle Offiziere oder Offiziersanwärter sind, besuchen die Vorlesungen und Seminare von 100 Professoren und Professorinnen und 250 wissenschaftlichen Mitarbeitern. Das Studienjahr ist in Trimester aufgeteilt, was sich in der Verkürzung der Studienzeiten im Vergleich zu anderen Universitäten niederschlägt. Und im Unterschied zu den anderen Hochschulen werden die Studenten der Bundeswehr-Uni für ihr Studium auch bezahlt – in Abhängigkeit von der Höhe des bereits erreichten Dienstgrades.

Bundeswehr-Studenten bei technischen Übungen in einem der Uni-Labore

Wirtschaftswissenschaften, Maschinenbau und Elektrotechnik, Pädagogik, Politik- und Geschichtswissenschaften gehören zum Fächerkanon, aus dem die Studenten wählen können. Obligatorisch für alle Studierenden sind die „EGTWA“, die erziehungs-, gesellschafts-, technik- und wirtschaftswissenschaftlichen Anteile, die auf die interdisziplinäre Vernetzung der Studienrichtungen ausgerichtet sind. Der Einblick in die anderen Fächer dient einer effektiveren Kommunikation und Kooperation über die Grenzen der jeweiligen Studienfächer hinaus. Auch Englischkurse gehören zum Pflichtprogramm, denn die Beherrschung des Englischen sichert die multinationale Kommunikation innerhalb und außerhalb der NATO.

Verpflichtend ist auch die Teilnahme am Hochschulsport, für den die Universität über ein eigenes Sportzentrum an der *Stoltenstraße* in Horn verfügt. Dazu kommen die auf dem Campus gelegenen Sportstätten, zu denen ein Sportplatz, zwei Sporthallen, eine Schwimmhalle und Fitness-Studios zählen.

Uniformen, auch die anderer Nationen, gehören auf dem Unigelände zum Alltag, denn bei vielen Veranstaltungen sind ausländische Gäste anwesend, ob als Vortragende oder als Teilnehmer von Seminaren. Für die Studenten aber besteht kein Uniformzwang. Auch in akademischer Hinsicht ist die Uni teils zivil, sie unterliegt der Aufsicht der Hamburger Behörde für Wissenschaft und Forschung.

Das Jenfelder Moor ist ein kleiner See, umgeben von sehr viel Grün

Viel Platz für weitere Bauten bietet Jenfeld nicht mehr. Große Freiflächen stehen allein auf dem Gelände der einstigen Lettow-Vorbeck-Kaserne bereit. 2000/01 waren viele Jenfelder an der Diskussion um die hier geplante Errichtung des Fernseherlebnisparks **TV World** beteiligt. Räume belegen in der Kaserne u.a. Bundesgrenzschutz, Bundesvermögensamt, Bundesrechnungshof; Studio Hamburg dreht hier Fernsehserien. In vier Gebäuden wohnen Asylbewerber, die Sportanlagen nutzt der Hamburger Fußballverband.

Jenfelder Kontraste: das Einkaufszentrum mit den neun Wohngeschossen darüber und ein Einfamilienhaus mit zahlreichen Gartenbewohnern

Ein Moor und drei Bäche

Jenfelds Park ist das **Jenfelder Moor**: mit seinem See ist es ein Teil des ursprünglichen Landschaftsbildes, gelegen zwischen *Jenfelder Straße*, *Jenfelder Tannenweg* und *Kuehnstraße*. Hier stachen Jenfelds Bauern früher Torf. Im Osten Jenfelds fließt das Wasser: Der aus Rahlstedt kommende **Schleemer Bach** schlängelt sich als eiszeitliches Relikt durch Grünflächen nach Süden, wo er, vermehrt um das Wasser der **Barsbek**, in Billstedt entlang dem Öjendorfer See fließt. Dieser See mit dem großen Öjendorfer Park rundherum ist nicht nur für die Billstedter, sondern auch für die Jenfelder beliebtes Spazierrevier. Der **Jenfelder Bach** entspringt auf der Grundfläche des Jenfeld-Hauses, der ehemaligen Hofanlage Tangermann, fließt jetzt unter der *Rodigallee* hindurch zur Straße *Am Jenfelder Bach*, wo er wieder auftaucht, und ergießt sich auf Billstedter Boden in den Schleemer Bach, der schließlich in die Bille mündet.

Zum Shoppen ins Jen

Einkaufen in Jenfeld: Das bedeutet einkaufen im 1975 eröffneten **EKZ Jenfeld**, auch kurz „Jen" genannt. An der Ecke *Rodigallee/Öjendorfer Damm* gelegen, bildet es die geschäftige Mitte des Stadtteils. Über 50 Geschäfte haben hier ihre Türen geöffnet, und weil sich der Einkauf auf das EKZ konzentriert, trifft man sich auch. Neben dem Branchenmix für den täglichen Bedarf finden sich Adressen für Schmuck, Fotoartikel, Elektronik und Textilien. Regelmäßig dient die Passage auch als Ausstellungsfläche. Zu sehen und auch zu kaufen war hier z.B. Tinga-Tanga-Malerei aus Tansania. Nach dem anstehenden Besitzerwechsel soll das EKZ noch vergrößert werden; dazu ist auch die Sanierung des Wohnhauses über dem EKZ notwendig, denn der Zahn der Zeit nagt am Beton der 1970er Jahre. Im Innenhof des EKZ schlägt zweimal wöchentlich der Markt seine Stände auf.

Ein kleineres Einkaufszentrum an der Ecke *Rodigallee/Jenfelder Allee/Schiffbeker Weg* trägt zur Versorgung des Stadtteils bei.

Gastro

An heißen Tagen sieht man vor einem roten Backsteinhaus an der *Rodigallee* eine lange Schlange von Wartenden: **Das Eis-Café** hat geöffnet, und alle stehen an, um sich eine schlichte Waffel mit Eis oder eine der vielfältigen Kreationen mit Früchten, Saucen und anderen Raffinessen zu gönnen. Ebenfalls an der *Rodigallee* liegt das kleine italienische Restaurant **La Delizia**. Das Haus, in dem Guerino Vettese seine Gäste empfängt, macht mehr den Eindruck eines Wohnhauses. Entsprechend familiär und intim ist die Atmosphäre. Von den vielen Traditionsgaststätten wie z.B. dem **Lindenhof** mit seinem „Altmodernen Festsaal mit großer Theaterbühne“ hat sich keine bis zur Gegenwart halten können. An der *Barsbütteler Straße* liegen der Tanzclub **C'est la vie** und ein auch von Nachtschwärmern aus dem benachbarten Stormarn frequentiertes Schnellrestaurant mit dem gelben M.

Köpfe

Als junges Mädchen kam **Barbara Dluzak** nach Jenfeld. Aus dem Tabakladen ihrer Schwiegereltern ist das seit 1975 im EKZ Jenfeld ansässige und von ihr und ihrem Mann geführte Spielwarengeschäft herangewachsen. Bücher gibt es in Jenfeld nur bei Barbara Dluzak in der Buchabteilung, wo sie sich mit Sorgfalt auch um junge Leser bemüht, die nicht von Haus aus mit Büchern aufwachsen.

„Das Eis-Café“ an der Rodigallee: Schlange stehen gehört im Sommer dazu

Nicht viele Stadtteile haben ein eigenes Museum, das ihre Geschichte dokumentiert – Jenfeld hat eines. Geleitet wird es vom Malermeister und Restaurator **Horst Junk**, der seine Kenntnisse auch schon in einer Reihe von Publikationen dauerhaft niedergelegt hat. Das nächste Ereignis wirft bereits seine Schatten voraus: Rechtzeitig zur 700-Jahr-Feier Jenfelds im Jahr 2004 muss die Festschrift gedruckt sein, an deren Erstellung Horst Junk beteiligt ist. Gefeiert werden soll auf dem noch zu gestaltenden Platz am Ehrenmal vor der Schule und dem Heimatmuseum, für dessen Realisierung sich der Förderverein Jenfeld, der Kulturkreis und die Stadtteilkonferenz einsetzen.

Drei Jenfelder: Barbara Dluzak in ihrem Geschäft im EKZ Jenfeld, Horst Junk im Heimatmuseum Jenfeld, Nils Ehlert unter Jenfelds Himmel

Er war in früheren Jahren nicht immer ein Vorbild für andere, sagt er von sich – in der Verbundenheit mit seinem Stadtteil aber ist **Nils Ehlert** vorbildlich. „Sein“ Jenfeld ist für ihn „wie ein Freundeskreis“ und nicht das anonyme Hochhausquartier an Hamburgs Stadtrand.

Kirchwerder

liegt als größter Teil der Vierlande lang und breit mit viel Grün zwischen Elbe und Gose-Elbe. Seine Grenzen sind die des alten Kirchspiels, das wiederum aus vielen kleinen Siedlungen besteht. Der Gartenbau bestimmt im regen Kirchwerder längst nicht mehr allein das Wirtschaften, und es gibt ein vitales Kulturschaffen

Steckbrief

Fläche: 32,354 km²
Einwohner: 8737
Verwaltung: Bezirk Bergedorf, Ortsamt Vier- und Marschlande
Ortsteil: 607

Kirchwerder erhielt seinen Namen einst von seinem Mittelpunkt, der Kirche, und nach dem Werder, auf dem sie stand. „Werder" bedeutet soviel wie Flussinsel und weist damit auf die wassernahe Lage bei der damals noch nicht abgedämmten Gose-Elbe hin.

Aus der Geschichte

Die Besiedlung Kirchwerders setzte gegen Ende des 12. Jahrhunderts ein, damals wurde der Ort noch „Remerswerder" genannt. Er ging vermutlich in einer schweren Sturmflut unter. Ab 1217 erscheint das als einziges der Vierlande nicht zum Ratzeburger, sondern zum Verdener Bistum gehörende Kirchspiel in den Urkunden als „Kercenwerder". Bis 1420 gehörte es zum Gebiet der **Riepenburg**, einem militärischen Stützpunkt und Verwaltungsort des Herzogs von Sachsen-Lauenburg. Die Riepenburg lag nahe dem heutigen *Kirchwerder Mühlen-*

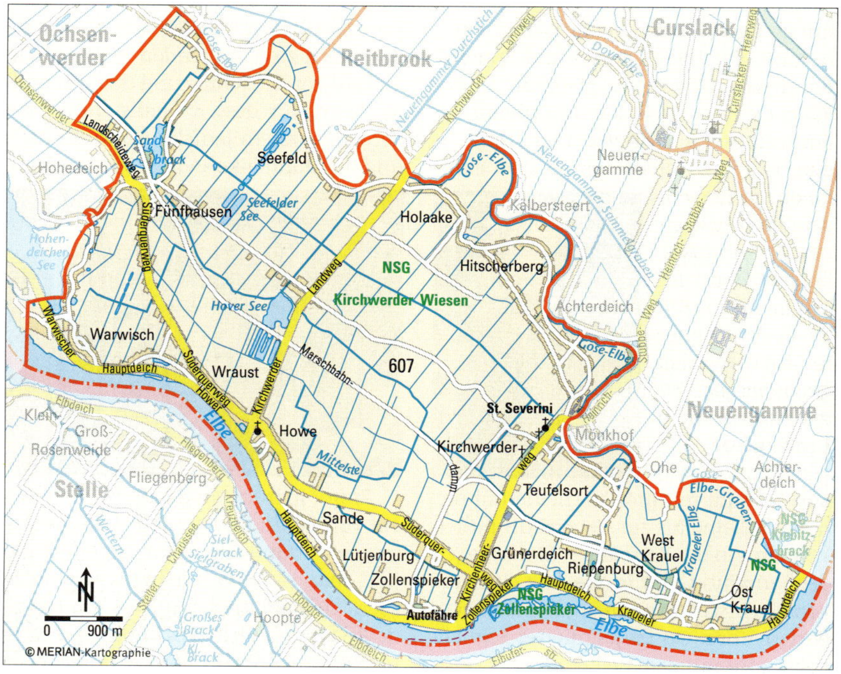

Kirchwerder zählt in seinen Grenzen fast 20 verschiedene Namen früherer Dörfer und Fluren

Ein Kirchwerder Kleinod ist die St. Severini-Kirche am Kirchenheerweg

damm unweit des Elbdeichs. Als Hamburg und Lübeck 1420 gemeinsam Bergedorf, Altengamme, Curslack und die Riepenburg eroberten, geriet damit auch Kirchwerder unter **beiderstädtische Verwaltung** (s. Bergedorf). Ab 1556 wurde es zusammen mit Altengamme, Curslack und Neuengamme als eines der „vier Lande" bezeichnet. Hier hatte sich bereits ein intensiver Hopfen- und Getreideanbau entwickelt, der den Bauern großen Wohlstand bescherte.

Die ev.-luth. **St. Severini-Kirche** wurde schon 1319 genannt. Damals war sie noch eine einfache Feldsteinkirche. Aus heute vergessenen Gründen erschlugen 1470 die Kirchwerder Bauern ihren Pastor und wurden dafür mit einem päpstlichen Bann belegt. Somit durften in Kirchwerder fortan keine Gottesdienste, Taufen, Hochzeiten oder Begräbnisse mit kirchlichem Segen mehr abgehalten werden. Erst nachdem die Bauern Abbitte geleistet hatten, wurde das Dorf vom Bann befreit. Zu Anfang des 16. Jahrhunderts erfolgte der Abriss der Riepenburg bis auf ein Wohnhaus, und 1512 ging das Amt Riepenburg im Bergedorfer Amtsbereich auf.

Wohl schon in den 1430er Jahren begannen Vierländer Bauern, die Dove-Elbe abzudämmen. Dies geschah zum großen Ärger der **braunschweig-lüneburgischen Herzöge** auf der anderen Seite der Elbe. Sie beschwerten sich, dass durch den neuen Deich zu viel Elbwasser gegen ihre Deiche gedrückt werden würde. Als 1619/20 ein Reichskammergerichtsurteil Braunschweig-Lüneburg Recht gab, wartete Herzog Christian nicht lange die Berufungsverhandlungen ab und ging selbst an die Umsetzung des Richterspruchs. Er ließ seine Mannen zur gewaltsamen Durchstechung des **Gammer Deichs** in die Vierlande einfallen, die Gegend mehrfach plündern und den **Zollenspieker** zerstören (s.u.). Dadurch kam die Landwirtschaft teilweise zum Erliegen und erst Jahrzehnte später wieder zu neuer Blüte.

Gefahr für das Land drohte auch stets durch **Sturmfluten und Deichbrüche**. Besonders schlimm traf es die Vier- und Marschlande, als im Sommer 1771 der Neuengammer Elbdeich brach und in der Folge die gesamte Gegend (außer Altengamme) monatelang unter Wasser

Der Elbübergang bei Zollenspieker war ein strategisch wichtiger Punkt für Hamburg und zugleich als Verkehrsweg von nordeuropäischer Bedeutung. Kupferstich von Petrus Hesselius aus dem Jahre 1675

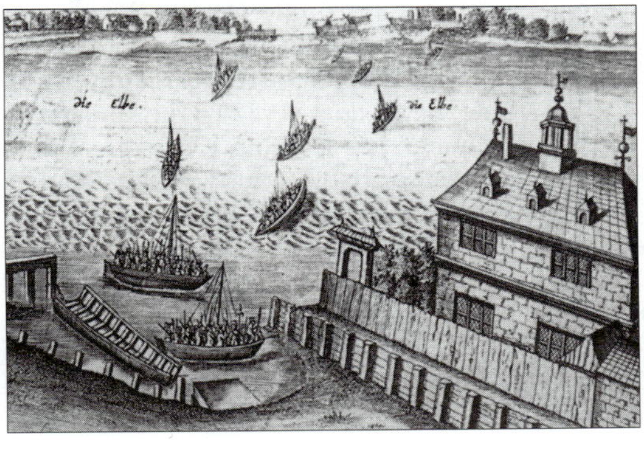

Im Auftrage des Deichverbandes der Vier- und Marschlande kürzen und festigen zwei Schafherden die Grasnarbe der 38 km langen Deichlinie

stand. Landwirtschaft war unmöglich geworden – nur die Kirschen konnten von Booten aus geerntet werden. Bei jeder Überflutung spülten die Wassermassen große Mengen Elbsand auf die Äcker. Im Laufe der Zeit war dadurch der Boden für Getreideanbau zu leicht geworden, und wegen der zurückgegangenen Ernteerträge galt Kirchwerder allmählich als das ärmste Vierländer Kirchspiel. Die Bauern machten jedoch aus der Not eine Tugend und schufen einen riesigen „Gemüsegarten", dessen Pflanzen auf sandigen Böden gut gediehen.

Im Jahre 1868 schließlich kam Kirchwerder ganz an Hamburg, als die Hansestadt den Anteil ihrer lübischen Schwester zukaufte. Damit gelangte es in die Zuständigkeit der nun ausgeweiteten **Landherrenschaft der Marschlande**, bevor dann 1937/38 die Eingemeindung nach Hamburg erfolgte. Damit endete auch die territoriale Besonderheit von **Preußisch Kirchwerder**, einer Enklave des großen Nachbarn im hamburgischen Landgebietsteil. Gemeint sind die sechs lang gestreckten, insgesamt 234 ha großen Flurstücke zwischen Mönkhof und Holaake, die bis dato unter preußischer Hoheit gestanden hatten (ein weiteres schmales Flurstück bestand mit „Preußisch Kurslack" auf der Grenze zwischen Curslack und Altengamme).

Gerettete Kulturschätze

In Kirchwerder vermittelt noch eine große Zahl gut erhaltener Gebäude – vor allem am Elbdeich – ein Bild der alten Ortschaften des Kirchspiels. Eine Reihe von Hufnerhäusern aus dem 19. Jahrhundert dokumentiert hier Schritt für Schritt die baugeschichtliche Entwicklung des Vierländer Bauernhauses: Die ersten waren reine Fachwerkbauten, es folgten Mischformen und schließlich massive Häuser mit reetgedecktem Krüppelwalm- oder schiefergedecktem Dach und Seitengiebeln (Grundriss s. Spaden-

Blick in den alten Hitscherberg um 1910. Vier Jahre später zerstörte ein Großfeuer diese Dorfidylle. Kolorierte Postkarte

land). Die alte Kirchwerder Bebauung reiht sich entlang der Deichlinien. Zusätzlich wurde das Kirchspiel in Ost-West-Richtung durch drei Verkehrswege (heute: *Norderquer-, Fersen-* und *Süderquerweg*) erschlossen, die bis Ende des 19. Jahrhunderts unbebaut blieben, wie auch der *Kirchenheerweg*. Nur um die Kirche und den Friedhof fand bereits seit dem 18. Jahrhundert eine Siedlungsverdichtung statt.

Der Kernbau der heutigen St. Severini-Kirche geht auf das 13. Jahrhundert zurück. Im Laufe der Zeit wurde die Saalkirche mehrfach ausgebessert, wobei der Umfang der Erneuerungsarbeiten 1785–91 eher dem eines Neubaus gleichkam. Der **hölzerne Glockenturm** war schon vor 1604 vorhanden; 1771 bekam er seinen leicht geschweiften Helm aufgesetzt. In der ohnehin reich ausgestatteten Kirche fällt die einheitlich klassizistische Intarsiengestaltung von Kanzel, Taufbecken und Wanduhr besonders auf. Der Neuengammer Tischler Michael Busch setzte sich damit ein kleines Denkmal. Die ältesten Teile des Gestühls stammen aus dem Jahr 1641, die jüngeren aus dem späten 18. Jahrhundert. Seit einigen Jahren läuft in enger Zusammenarbeit mit dem Hamburger Denkmalschutzamt ein ehrgeiziges Projekt zur Restauration des gesamten Kircheninneren.

Auf dem 1892 erweiterten Friedhof der Kirche finden sich **90 Grabplatten** aus dem 16. bis 19. Jahrhundert. Die Mehrzahl ist 2,30 m hoch und 1,50 m breit. Der Erhalt dieser beeindruckenden Sammlung war eine der ersten denkmalpflegerischen Maßnahmen von Justus Brinckmann (s. Bergedorf). Solche Steine waren in den gesamten Vierlanden früher keine Seltenheit. Doch wurden sie andernorts einige Generationen später auf die Höfe der betreffenden Familien zurückgebracht, um dort fortan ganz profanen Zwecken zu dienen, z.B. für die Befestigung eines Weges oder die Fundamentverstärkung von Gebäuden. In Kirchwerder hingegen erwirkte 1830 der Pastor zur Ehre der Toten ein beiderstädtisches Mandat, das den Verbleib der Steine auf dem Friedhof verfügte, und er sorgte dafür, dass es auch eingehalten wurde. Solche prächtigen Grabplatten konnten natürlich nur die großen Hufner finanzieren (Hufner s. Spadenland).

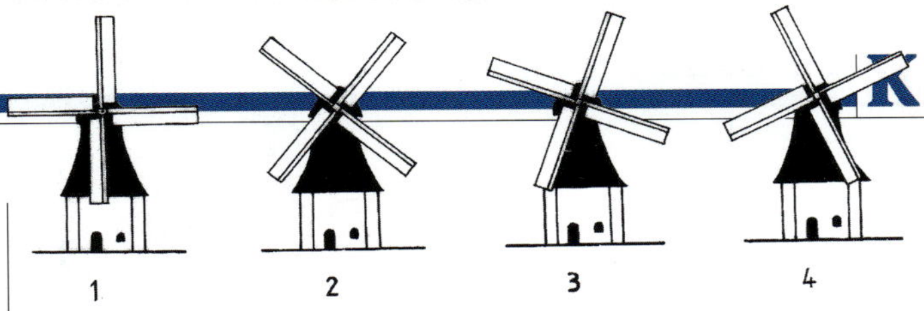

Historischer Mühlenfunk:
1. Kreuzstellung (Feierabend)
2. Scherenstellung (sonn- und feiertags)
3. Freudenschere (Dorfhochzeit o.ä.)
4. Trauerschere (Todesfälle, Beerdigungen)

Einer ihrer Knechte hätte drei Jahreslöhne für einen solchen Stein berappen müssen und bekam somit zu seinem Begräbnis nur einen Holzpfahl mit Namenszug gesetzt.

An der Ecke *Kirchwerder Mühlendamm/ Kraueler Hauptdeich* lassen sich die Reste des Burghügels der Riepenburg und die östliche Umwallung der Burganlage noch erahnen. Die nach der Burg benannte Mühle ist die älteste Kornmühle der Vierlande und war lange Zeit auch

Die alten Grabplatten zeigen neben den Bildnissen der Verstorbenen mit Familien- und Hausmarken häufig Reliefs mit Auferstehungsmotiven

die einzige. Die heutige Riepenburger Mühle wurde als Galerieholländer im Jahr 1828 erbaut. Ihr schönes, reetgedecktes Dach verlor sie schon vor 1900 aus Gründen des Feuerschutzes.

Neben dem Rieck-Haus (s. Curslack) ist der **Hof Eggers** am *Mühlendamm 5* eines der bemerkenswertesten Gehöfte der Vier- und Marschlande. Die Hofanlage besitzt den ältesten noch erhaltenen Vierländer Turmspeicher, errichtet im Jahr 1535. Um das auf einer Warft gelegene Haupthaus (1834) gruppieren sich eine Ziegelfachwerkscheune (um 1820), ein Kleinviehstall sowie eine Hallenscheune (1631). Im Gegensatz zum Rieck-Haus ist

Bürgergeschichten

„Isbreker to'n Anfoten"

Am Zollenspieker in Kirchwerder wohnt Gundolf Eggers. Er war im Kriegswinter 1939/40 neun Jahre alt und berichtet von Notzeiten in Kindertagen und wie die großen Eisbrecher das Fahrwasser der Elbe freihielten

Der Kaufmann Gundolf Eggers heute aufgenommen und als Junge – einmal vor der Elbe und einmal auf dem zugefrorenen Fluss am Zollenspieker

Im Winter 1939/40 und auch in den Folgejahren herrschte arktische Kälte in Norddeutschland. Sogar das Trinkwasser war in den Leitungen bis zu 1,5 Meter tief gefroren. Es galt das Kriegswirtschaftsgesetz. Benzin gab's nur auf Gutschein und folglich auf dem Deich hauptsächlich Fuhrverkehr mit einem oder zwei Pferdestärken, was mit den schaukelnden Funzellaternen in früher Dunkelheit und bei Flockentreiben gespenstisch wirkte. Auch die Schneepflüge wurden von Pferden gezogen. Die Wasserwagen zur Versorgung der Bevölkerung holperten nur in mehrtägigen Abständen über die Deiche.

Die Elbe war zugefroren, tief und fest. Eisberge türmten sich bis vier Meter hoch. Gigantische Kolosse waren das, die für uns Kinder pures Wintervergnügen boten und für meinen Vater den seltenen Anlass, seine sorgsam gehütete Voigtländer hervorzuholen. Wir rutschten auf Schlitten und selbst gebauten Skiern die Deiche hinunter und erkletterten die Eisbrocken. Fußwege wurden über den Fluss geschlagen, für deren Benutzung ein paar Pfennige zu zahlen waren. Wir Kinder verstanden es natürlich, den Kassierern zu entflutschen. Aber die Erwachsenen hüben und drüben machten regen Gebrauch von der seltenen Möglichkeit, den Strom zu Fuß zu queren, um sich auf der jeweils anderen Seite, bei Beuster, Klockmann (heutiges Zollenspieker Fährhaus) oder Bosserhoff, bei einem so genannten Heißgetränk (mit Rum-Aroma, richtigen Grog gab es nicht) zu wärmen.

Im März kamen aus Richtung Hamburg große Eisbrecher herangedampft. Sie hießen „Wal", „Widder", „Wels" und „Robbe". Mit voller Fahrt voraus kämpften sie gegen das stehende Eis an. Ein Starkwind blies ihre Rauchfahnen voraus und lockte alle, die am Deich und auf der Elbe mit Pudelmützen, roten Frostnasen und Apfelbäckchen unterwegs waren, um dem krachenden Treiben zuzuschauen. Wir Kinder und die Jugendlichen, die auf dem Eis herumtollten, liefen auf die sich nähernden, fauchenden Ungetüme zu. Wie heute beim Schlepperballett am Hafengeburtstag tänzelten die Stahlkolosse im kabbeligen Wasser der Eiswand entgegen. Nach ihrem langem Anlauf schoben sie sich schräg aufs Eis um dort vor dem Eisbrechen sekundenlang zu verharren. Und bevor es dann volle Kraft rückwärts ging, war unser Moment gekommen! Wir rannten auf die Eisbrecher zu und machten einen Wettstreit daraus, wer als Erster den Bug berührte, bevor die Schiffe ins eisdurchwühlte Flusswasser zurückglitten.

Wann immer ich im jüngeren Verwandten- und Freundeskreis erzähle, wie wir die Eisbrecher bei der Arbeit mit der Hand berührten, will mir kaum jemand glauben. Nicht so meine Schwester Adeltraut und meine Mutter, die uns mit sorgenvoller Miene von Ferne zugeschaut hatten. Doch für alle Zweifler gibt es einen Film, den die damalige Landesbildstelle von den Eisbrechern bei Zollenspieker drehte und auf dem auch die wagemutigen Jungen dokumentiert sind.

Hof Eggers nicht nur Museum, sondern steht als einer der inzwischen immer mehr werdenden **Biohöfe** in voller Nutzung: So vermitteln Gebäude und die Hofgestaltung den Eindruck eines vorindustriellen Agrarbetriebes, zeigen aber dabei zugleich, dass sich moderne Formen der Bewirtschaftung und historische Strukturen nicht ausschließen müssen.

Kein Museumsdorf, sondern moderne Agrarwirtschaft. Bei Eggers sind die alten Hofanlagen vollständig erhalten und locken viele Besucher

Reges Stadtteilleben

Über Kirchenaustritte, ausbleibenden Nachwuchs in Vereinen und Verbänden oder schrumpfende Mitgliederzahlen macht sich in Kirchwerder kaum jemand Sorgen. Die St. Severini-Kirche ist nicht nur an hohen Feiertagen gut besucht, und die Angebote der Kirchengemeinde werden gern angenommen. Besonderen Anklang finden seit langem Veranstaltungen, bei denen Kirchenfest und Dorffeier verbunden sind, wie z.B. beim **Erntedankumzug** am ersten Sonntag im Oktober. Geschmückte Wagen aus allen Vier- und Marschlanden werden dann von Besuchern aus ganz Norddeutschland bestaunt.

Viele unterschiedliche und z.T. sehr geschichtsträchtige Vereine gibt es in Kirchwerder. Nur die Minderzahl der Dörfler ist in gar keinem Verein, Verband oder Club organisiert. Zahlreiche Chöre und Liedertafeln, Schützenvereine, die Landfrauen und natürlich der Sportverein sind die traditionellen Eckpfeiler der Vereinskultur. 1998 haben sich der TSV Kirchwerder und der SV Ochsenwerder zum **Sportclub der Vier- und Marschlande** zusammengeschlossen. Die historisch-kulturellen Glanzstücke Kirchwerders werden durch spezielle Interessengruppen mit viel persönlichem Einsatz unterstützt. So gibt es z.B. den **Förderverein Zollenspieker Fährhaus e.V.**, den **Freundeskreis Hof Eggers** und den **Verein Riepenburger Mühle e.V.** In der von den Mitgliedern nach und nach liebevoll restaurierten Mühle ist jeder letzte Sonntag im Monat „Schau-Mahltag". Die Besucher können dann dem letzten Müllermeister Busch und seinen „fleißigen Vereinslehrlingen" über die Schulter schauen. Jedes Jahr findet in der Mühle der **Ostermarkt** statt, und zu Pfingsten gibt es den großen Kunsthandwerker-Markt. Bis 1998 nutzte die 1996 gegründete „Kunstgemeinschaft Riepenburg" die Mühle. Die 15 Mitglieder kommen aus dem ganzen Stadtgebiet und haben sich mit vielen Ausstellungen in und außerhalb Hamburgs Grenzen einen guten Namen gemacht. Ansprechpartner ist der am *Kirchwerder Hausdeich* wohnende Bildhauer Klaus Peters.

Auch in Kirchwerder wohnen viele Mitglieder des **Vierländer Kultur- und Heimatvereins De Latücht von 1987 e.V.**, der sich die Förderung und den Erhalt des Vierländer Kulturguts zur Aufgabe gemacht hat. Wie die „Latücht" (plattdeutsch für „Laterne") sehen viele Vereine die Vierlande, z.T. auch noch die Marschlande, als Einheit, deren kulturelles Erbe es zu bewahren gilt. Zwar sind sie keine regionale Tradition und ökologisch eher zweifelhaft, aber hier gibt es besonders viele Osterfeuer. Den größten Kirchwerder Haufen schafft regelmäßig der **Junggesellenclub Gambrinus** am Elbdeich zusammen. Natürlich passen

In vielen Teilen Kirchwerders findet sich noch ländliche Idylle

Die Mannschaft der SEPCON rückt bei Ölunfällen im norddeutschen Raum aus

die Freiwilligen Feuerwehren auf, dass sich keine Flammen selbstständig machen. Die FF Fünfhausen und FF Warwisch beherbergen mit der Separationsanlage für die Ölschadensbekämpfung (SEPCON) topmoderne Umwelttechnik am *Durchdeich 62*. Die mobile Anlage wird von Hamburg, Bremen und den deutschen Küstenländern finanziert und liegt treuhänderisch in Händen der Hamburger Umweltbehörde.

In der alten Schule Warwisch am *Wrauster Bogen* ist mit dem **Freizeitheim und Segelzentrum Haus Warwisch e.V.** ein Verein in Kirchwerder zu Hause, der ebenfalls über die Stadtteil- und Landesgrenzen hinaus von Bedeutung ist. Er entstand aus einer Initiative von Mitgliedern der „Interessengemeinschaft Segeln und Fahrt" und des Vereins „Jugendhilfe e.V.", die einen Hafen und Winterstützpunkt für ihre Kindersegelgruppe suchten. „Ein Haus für Gruppen, von Gruppen mitgestaltet und mitgebaut, und in 25 Jahren von (fast) unzähligen Gruppen genutzt und heiß geliebt", so beschreibt die Jubiläumsfestschrift 2000 den „Geist von Haus Warwisch". Die Räume unter dem Dach der ehemaligen Dorfschule und der große Garten werden jedes Jahr von etwa 140 Gruppen aus ganz Hamburg und den angrenzenden Gebieten aus Schleswig-Holstein für Klassenreisen, Wochenendfahrten, Seminare und Freizeiten genutzt. Vor allem während der Sommermonate

stehen Veranstaltungen und Aktionen rund ums Segeln im Vordergrund. Da es kein anfängergeeignetes Gruppenboot gab, wurde mit der **Robinson-Jolle** ein Mini-Kutter entwickelt. Ein Erwachsener und bis zu fünf Kinder können mit dem zweimastigen Boot von der Steganlage am Hohendeicher See ihren Törn beginnen. Bei abenteuerlichen Paddel- und Rudertouren auf Gose- und Dove-Elbe erleben Stadtkinder die Natur.

Eine weitere Jugendeinrichtung mit stadtteilübergreifenden Angeboten ist das **Jugendzentrum Vierlanden** am *Kirchwerder Elbdeich 276*. Auch das JUZ ist in einer ausgedienten Dorfschule untergebracht, und zwar in dem denkmalgeschützten Gebäude der früheren Kirchwerder-Hower Schule.

„Für die Jugend gibt es viel Programm, für Kindergartenplätze ist gesorgt, eines jedoch", so Pastor Sach von der St. Severini-Kirche, „wird im Stadtteilleben von Kirchwerder und den ganzen Vier- und Marschlanden schmerzlich vermisst: ein Altersheim." Die Alten in Kirchwerder, die nicht in ihren Familien bleiben können oder auch keine mehr haben, müssen ihre Heimat notgedrungen verlassen. Nur in Neuengamme existiert mit dem „Talita Kum" in der alten Schule am *Neuengammer Hausdeich* ein kleines christliches Seniorenheim.

Haus Warwisch, gemalt von der langjährigen Mitarbeiterin Malis Bilda; links das Bootshaus, auf dem Teich eine Robinson-Jolle

Cantus zu Lande und zu Wasser

Eine der vielen kleinen historischen Gegenden Kirchwerders ist der **Krauel**. Er liegt nahe dem südlichsten Punkt des

Stadtteil-Profil

	Kirchwerder	Bezirk	Hamburg
Bevölkerung gesamt (2000)	8737	114 631	1 704 929
Unter 18-Jährige in %	20,1	20,3	16,1
65 Jahre und älter in %	15,8	15,5	17,0
Deutsche	8593	103 658	1 432 325
Ausländer in %	1,6	9,6	16,0
Einwohner je km²	270	741	2258
Sozialstruktur			
Sozialhilfeempfänger (2000)	109	7659	120 461
Arbeitslose (2001)	156	3691	71 963
Eink. je Steuerpfl. in DM (1995)	62 966	60 397	65 579
Wohnen (2001)			
Wohngebäude	2282	18 755	226 061
Ein- und Zweifamilienhäuser in %	75,5	33,4	20,5
Ø Wohnungsgröße in m²	99,0	77,9	71,0
Wohnfläche je Einwohner in m²	38,2	34,7	35,7
Verkehr			
Private Pkw (2001)	4507	45 863	628 119
Straßenverkehrsunfälle (2000)	39	633	12 430
Kriminalität			
Straftaten insgesamt (2000)	237	11 451	284 272

Wahlverhalten

... zur Bürgerschaft 2001 (gesamt)

Wahlbeteiligung	71,0%
SPD	36,5%
CDU	26,2%
Schill-Partei	19,4%
Grüne/GAL	8,6%
FDP	5,1%
Übrige	4,2%

... zur Bürgerschaft 2001 (Stadtteil)

Wahlbeteiligung	78,8%
SPD	28,5%
CDU	37,6%
Schill-Partei	23,3%
Grüne/GAL	3,7%
FDP	4,3%
Übrige	2,6%

Hamburger Staatsgebietes (im Vorland der Elbe). Schon Anfang des 13. Jahrhunderts fand der Kraueler Zoll Erwähnung, bevor er später nach Westen zum Zollenspieker verlegt wurde. Krauel war der einzige Teil der heutigen Vier- und Marschlande, in dem es eine Grundherrschaft gab. Ab 1310 war er Sitz der Adelsfamilie **von dem Berghe**. Ihre Lehnsherren waren die braunschweigischen und lauenburgischen Herzöge. Westkrauel kam 1420 zusammen mit Bergedorf und den Vierlanden unter die beiderstädtische Verwaltung von Lübeck und Hamburg. Der östliche Krauel geriet 1724 in die Pfandschaft Hamburgs. Erst 1873 wurden West- und Ostkrauel politisch vereinigt und als selbstständige Gemeinde der Landherrenschaft Bergedorf unterstellt. Noch lange – und manche sagen: bis heute – hat man sich auf dem Krauel eine eigene Identität bewahrt. Ein wichtiges kulturelles Erbe dieses Teils von Kirchwerder ist die seit über 125 Jahren aktive **Liedertafel Cantus Krauel**. Wie verwurzelt der Verein im Kraueler Leben war, zeigte sich 1926. Als der „Frucht- und Gemüseanbau-Verein von Krauel und Umgebung" sich ein Schiff für den Transport der Ernte zum Hamburger Großmarkt anschaffte, konnte es nur einen würdigen Namen geben, und der lautete natürlich „Cantus". Seit 1991 ist Erich Kröger 1. Vorsitzender der Liedertafel. Vor einigen Jahren hat er die Verantwortung für die große Gärtnerei am *West-Kraueler-Bogen* an seinen Sohn Andreas abgegeben. Damit führt nun die vierte Generation die Geschäfte. Krögers wirtschaften als „Vermehrungsbetrieb", d.h. sie arbeiten in ihren 5000 m² Fläche unter Glas ausschließlich mit Stecklingen und Jungpflanzen. Rund eine Million Fuchsien, Petunien und viele andere Sorten wachsen hier jährlich und werden von Krögers selbst vertrieben.

Traditionsbewusst und stimmgewaltig: „Cantus Krauel" hat von 1873 bis heute (als „Cantus-Eintracht") schon so manchen Sängerwettstreit für sich entschieden. Unten: die „Cantus" aus Krauel kurz vor dem Anlegen beim Hamburger Großmarkt, Foto vor 1930

Blick vom Deich über die Kraueler Vorlandflächen ins Naturschutzgebiet Zollenspieker

Von Egeln und Erdbeeren

Heute werden sie meist als „ekelig" und unappetitlich empfunden, früher waren sie eine begehrte Handelsware: die **Vierländer Blutegel**. Anfang des 19. Jahrhunderts kam es regelrecht in Mode, die Blutsauger vom Stamm der Ringelwürmer zur Heilung aller möglichen Leiden und Krankheiten anzusetzen. Der **Hirudo medicinales**, so der lateinische Name des Wurmes, sondert gerinnungshemmende Stoffe ab, die helfen, Blutgerinnsel aufzulösen. Die große Blutegel-Nachfrage machten sich zahlreiche Vierländer zunutze. Das Geschäft fing klein an: Die „Ilenfänger" sammelten die heimischen Gewässer ab und verkauften ihren Fang. Nachdem alles „leergefischt" war, weiteten sie ihre Jagdgründe in Richtung Osten aus. Seit etwa 1830 zogen die Vierländer in Konvois nach Russland und in die Ukraine. Ein Blutegel-Fahrer aus Kirchwerder berichtete: „Ende Oktober traten wir unsere Rückreise an. Die Menge der Egel betrug 200 000 Stück. Diese wurden dann teils gleich verkauft, teils in unsere Teiche in Krauel gesetzt, um für den Winterverkauf zu dienen." Um 1850 hatte sich im Horner „Schinkenkrug" eine Blutegelbörse als internationaler Umschlagplatz etabliert. Seit 1887 fand der Egel-Handel in Hamburg statt, bis ihn der Ausbruch des Ersten Weltkriegs schließlich ganz beendete.

In seiner schönen Tracht, sie wurde von den Landbewohnern ganz bewusst auch zu Werbezwecken eingesetzt, bietet dieser Vierländer den Hamburgern seine Erdbeeren an. Farbige Lithografie

Von medizinischen Moden und politischen Entwicklungen unbehelligt ist die Erfolgsgeschichte der **Vierländer Erdbeere**. Wahrscheinlich aus der Walderdbeere gezüchtet, wurden die ersten bereits 1693 in den Vierlanden beim Zollenspieker angebaut. Durch Veredelung entstanden Sorten mit kleinen, süßaromatischen Früchten. Das begehrte Obst hat nur einen Nachteil, es ist druckempfindlich und daher schlecht zu transportieren. Um die hellroten Beeren mit dem so vortrefflichen Geschmack wohlbehalten zum Hamburger Markt zu bringen, flochten die Vierländer extraflache Weidenkörbe. In diesen wurde die Ernte mit Ewern (s. Neuengamme) nach Hamburg gefahren. Später kamen Raddampfer und im 20. Jahrhundert die Eisenbahn als Transportmittel dazu. Ende der 1920er Jahre löste schließlich der einsetzende Lkw-Verkehr sowohl den Wasser- als auch den Schienentransport in Richtung Stadt endgültig ab. Aber es ging auch andersherum: Wohlhabende Hamburger ließen am Sonntagnachmittag die Pferde anspannen und genossen in einem der zahlreichen Vierländer Ausflugslokale erntefrische Erdbeeren mit Milch oder Schlagsahne. Um 1900 wurde die ursprüngliche Vierländer Erdbeere von Sorten verdrängt, die größere Früchte trugen und leichter zu ernten waren. Kirchwerder nahm und nimmt im Erdbeeranbau eine **führende Stellung** ein. So kamen 1910 von den 140 000 Zentnern der gesamten Vierländer Ernte ca. 100 000 Zentner aus Kirchwerder, und auch heute noch wachsen mehr als ein Drittel aller hamburgischen Erdbeeren zwischen Gose- und Strom-Elbe.

Gartenbau und vieles mehr

Kirchwerder steht wirtschaftlich vor allem für Anbau und Zucht von Gemüse und Blumen, darunter auch Exoten wie Orchideen und Enzian. Rund ein Zehntel der gesamten deutschen Schnittblumenzucht in Gewächshäusern geschieht in den Vierlanden. Die Unterglasproduk-

tion verteilt sich auf: Rosen (42 %), Sommerblumen (10 %), Chrysanthemen (9 %), Gerbera (4 %) und Nelken (2 %), dazu kommen Stecklinge und Jungpflanzen. Wegen der hohen Kosten für die Treibhäuser und vor allem deren Energieversorgung reduziert sich jedoch die Zahl der Unternehmen zusehends. Diese arbeiten meist als Familienbetrieb und vermarkten ihre Erzeugnisse zu 70 Prozent selbst auf dem Großmarkt. Der Rest arbeitet mit Händlern zusammen oder ist in Absatzgenossenschaften organisiert. Auch Jan-Diedag Janßen beliefert Blumenhändler, aber er verkauft die über **100 Rosensorten** seines **Vierländer Rosenhofs** am *Kirchwerder Hausdeich* (Hitscherberg) auch am eigenen „Blumenpavillon" am *Norderquerweg 67*. Rosenfans können sich in seinem ausführlichen Katalog über alle Details in Sachen Aroma, Blütengrößen und -farben oder Blattwerk ausgiebig satt sehen.

Für den landwirtschaftlichen Sektor der gesamten Region von besonderer Bedeutung ist das **Bildungs- und Informationszentrum des Gartenbaus Hamburg (BIG)**. Die Einrichtung ist Ende der 1990er Jahre durch Beschluss des Hamburger Senats hervorgegangen aus der 1911 gegründeten **Hamburgischen Gartenbauversuchsanstalt Fünfhausen**. Die beiden zentralen Tätigkeitsfelder des BIG sind der Ausbildungs- und der Informations-/Qualifikationsbereich. Hier werden alle Belange des Gartenbaus gelehrt und demonstriert. Zur Anlage gehören insgesamt 6,5 ha Schulungs- und Schauflächen. Heute ist das BIG eng mit der Abteilung Gartenbauberatung der Landwirtschaftskammer Hamburg und mit dem Institut für angewandte Botanik der Universität Hamburg verbunden. Letzteres widmet sich an diesem Standort im Hamburger Landgebiet verstärkt dem Wissenstransfer von der Forschung in die Praxis.

Aber Blumenzucht und Gartenbau sind nur ein Teil des wirtschaftlichen Lebens in Kirchwerder, das zusehends bunter wird. Hier gibt es im Gegensatz zu den Nachbarstadtteilen noch einen **Branchenmix**: Vor Ort sind also Gewerbetreibende verschiedenster Sparten ansässig (darunter 39 Einzelhändler und 89 Handwerksbetriebe). Einige Firmen haben sich im kleinen **Gewerbegebiet Deicherde** (2,3 ha) am Ostende des *Kirchwerder Hausdeichs* angesiedelt.

Zeitleiste

um 1150 Beginn der Besiedlung

1252 erste Erwähnung der Zollstelle

vor 1290 Bau der Riepenburg

1319 Bau der St. Severini-Kirche

1420 Kirchwerder, der westliche Krauel und die Riepenburg kommen an Hamburg und Lübeck

1512 Auflösung des Amtes Riepenburg

1620–86 Kirchwerder verarmt durch Kriegseinwirkung

1771 Überschwemmung nach Neuengammer Deichbruch

1821 Verlegung des Eislinger Zolls

1866 Mönkhof wird preußisch

1873 Vereinigung des Ost- und Westkrauel

1937/38 Mönkhof zu Hamburg

1988 Naturschutzgebiet Zollenspieker

1994–98 Sanierung des Zollenspieker Fährhauses

Blumen über Blumen. Oben: Jan-Diedag Janßen mit Rosen aus seinem Zuchtsortiment. Unten: Nicht dem Verkauf, sondern der Zierde dient der „Blumenberg" der Gärtnerei Kröger

Die Trassen der alten Kleinbahnen gehören heute zu den schönsten Hamburger Radwanderwegen

Der größte Arbeitgeber in Kirchwerder ist mit ca. 300 Mitarbeitern die **Wendeln Brot Nord-Ost GmbH & Co. KG**. 1885 hatte Hans Ohde seine Bäckerei am *Kirchwerder Elbdeich* eröffnet, bald stark vergrößert und um einen Brotgroßhandel erweitert. Sein Sohn Werner gründete die Firma 1946 als „Vierländer Bäckerei" neu und verlegte den Betrieb Ende der 1960er Jahre zum *Süderquerweg*. 1976 verkaufte er das gesamte Unternehmen an die Großbäckerei Wendeln mit Stammsitz im niedersächsischen Garrel. Ein Stück Kirchwerder Geschichte verkörpert auch die Tiefbaufirma **Herm. Garbers Nachf. Heinz Garbers GmbH.** Sie wurde 1890 von dem gelernten Steinsetzer Otto Garbers gegründet und bietet am *Kirchwerder Elbdeich 57* Arbeit für ca. 40 Angestellte. Noch lange vor der Firma Garbers nahm 1865 in Warwisch die **Grube-Werft** ihren Betrieb auf. Hier waren zeitweise bis zu 70 Mitarbeiter beschäftigt. 1967 zog sie nach Ochsenwerder an den Hafen Oortkaten (s. Ochsenwerder).

Die Waren des täglichen Bedarfs lassen sich alle im Dorf Kirchwerder oder in einem anderen Dorf des Stadtteils besorgen. Wer es noch bequemer haben möchte, der braucht vielerorts nur zu bestimmten Zeiten vor die Haustür zu gehen, denn der **Hillermann-Stoofsche Lebensmittelwagen** fährt als „Klingelmeier" dreimal wöchentlich über die Kirchwerder Deiche.

Viele Dörfer, eine Sprache

Wie überall in den Vierlanden leben die Bewohner überwiegend in Einzel- oder Doppelhäusern, Geschosswohnungen sind deutlich in der Minderzahl. Die insgesamt 2260 Wohngebäude liegen aber nicht wie in den benachbarten Dörfern in einer Zeile am Deich, denn Kirchwerder war ursprünglich eine so genannte **doppelreihige Marschhufensiedlung**. Eine der beiden „Reihen" verläuft entlang der Gose-Elbe, die andere folgt der Strom-Elbe. Die Kirchwerder Wohnorte werden nach den alten Dorf- und Flurnamen benannt, die heute z.T. als Gemarkungen bestehen.

Was die Bewohner aller Vierlande und auch der Marschlande trotz vieler feiner Unterschiede eint, das ist ihre Sprache, das Platt- oder Niederdeutsch. Gemütlich und breit ist es noch häufig zu hören. Gesiezt wird sich innerhalb der Vierlande kaum. Auch wenn sie in der

Schule Hochdeutsch lernen, wachsen die Kinder dennoch mit dem Klang der Sprache ihrer Heimat auf. Ein verbindendes Vierländer Element sind ferner die **Nachnamen**. Wie in allen ländlichen Gebieten sind einige über Jahrhunderte in der Landschaft verwurzelt. Vor allem die Grabsteine auf den Friedhöfen erzählen davon. „In Vierlanden heißen alle Heitmann, nur die Eggers nicht, die heißen Puttfarken oder Timmann", lautet ein Schnack. In Kirchwerder begegnet man häufig auch einem „Albers" oder „Reimers". Wenn ein Vier- oder Marschländer mit dem verbreiteten Namen „Gladiator" seine Familie auf Plattdeutsch vorstellt, könnte es wie folgt geschehen: „Kla-dschoter het wi – schreben wer dat Gla–di–a–tor." Er hätte damit zugleich vorgeführt, wie auch Personennamen von der niederdeutschen Sprache ohne viel Federlesens vereinnahmt werden. Aus „Michaelis" wird auf diese Weise z.B. „Makälsen", wobei hier der A-Umlaut für eine schriftlich nicht darzustellende Vokaldehnung steht, die phonetisch irgendwo zwischen einem „a" und einem „e" anzusiedeln ist.

Bracks: Oasen der Natur

Wenn ein Deich bricht, stürzt ein Wasserstrahl mit unbändiger Kraft auf das dahinter liegende Land und frisst sich tief in den Boden ein. Die aufgewühlte Erde wird von dem nachdrückenden Wasser fortgeschwemmt und lagert sich mit dessen Ablauf weitflächig ab. Das bedeutet, dass bei der Stelle des Deichbruchs ein bis zu zehn Meter tiefes, wassergefülltes Erdloch als kleiner See zurückbleibt. Ein Brack ist entstanden. Bracks (auch Kolke genannt) gibt es fast überall, wo ältere Deiche stehen. Bekannte Kirchwerder Namen sind Sandbrack, Sülzbrack (zugeschüttet), Carlsbrack und Riepenburger Brack. Zur Hälfte in Neuengamme liegt das 3,7 ha große **Kiebitzbrack**. Es wurde 1985 Namengeber des 32 ha großen Naturschutzgebietes mit viel Erlenbruchwald, in dem es als größtes von insgesamt sechs Bracks liegt

„Empfangsgebäude Kirchwärder-Nord" (Konstruktionszeichnung). Nicht gerade typisch für einen Bahnhof? Bei allen Gebäuden der 1912 eingeweihten Vierländer Bahn stand der Heimatstil Pate. Das Haus wird heute privat bewohnt

(s. Neuengamme). Ebenfalls mit Neuengamme teilt sich Kirchwerder Hamburgs größtes Naturschutzgebiet: die **Kirchwerder Wiesen**. 860 ha Auwiesen mit Sumpfflora und Wiesenvögeln sind zu erhalten. Besonders in den Gräben tummeln sich viele gemäß EU-Richtlinien zu schützende Fischarten. Hier wohnen z.B. Bitterling, Steinbeißer und die „Pute", wie der Schlammpeitzger genannt wird. Nur wirkliche Kenner können und dürfen all diese Kostbarkeiten entdecken, der gewöhnliche Hamburger Entspannungstourist schaut vom Spaziergang auf Haupt- oder Nebendeichen über das Grün oder bei der Fahrradtour auf einem ehemaligen Bahndamm der „Vierländer Eisenbahn" oder der „Hamburger Marschbahn". Anfang der 1950er Jahre endete hier der Bahnbetrieb (s. Tatenberg).

Essen, Trinken, Treffen

In Kirchwerder gibt es einige Gaststätten mit z.T. langer Tradition. Das Restaurant, Café und Hotel „Zollenspieker Fährhaus" ist nach der Sanierung der Gesamtanlage natürlich wieder ein wichtiger gastronomischer Treffpunkt. In Hamburg freilich weniger berühmt, aber aus der **Kirchwerder Geselligkeit** nicht wegzudenken ist ebenso Hartwig

Blick über das Carlsbrack, im Hintergrund die Riepenburger Mühle

Am Kraueler Hauptdeich findet sich immer ein ruhiges Plätzchen... wenn nicht gerade die Motorräder hinter der Deichkrone über die Straße dröhnen

Reimers „Gasthof Hitscherberg" am *Kirchwerder Hausdeich 153*. Weitere Gaststätten und Restaurants heißen „Krauler Krog" am *Kraueler Hauptdeich*, „Zur Lüttenburg" am *Kirchwerder Elbdeich* und „Meyns Gaststätte" im ehemaligen Bahnhof „Teufelsort" am *Kirchenheerweg*.

Zwei kommerzielle Jugendtreffs sind die Diskothek „Capeletti" in Howe, nicht weit vom italienischen Restaurant „Il Camino", und die Diskothek „Garbers". Sie besteht schon seit Mitte der 1960er Jahre an der Ecke *Kirchwerder Landweg/Süderquerweg*, und Wolfgang Garbers gab ihr den bisher noch nicht angefochtenen Beinamen „Hamburgs ältester Musikclub".

Kaum 18 Jahre alt geworden, verfügen heute schon viele Vierländer Jugendliche über Autos und Motorräder. Am Wochenende sind sie deshalb nicht auf das Vierländer Kneipen- und Tanzangebot angewiesen und unternehmen z.T. **weite Touren**. Nur noch ihre (Groß-)Eltern können von „immobilen" Zeiten berichten, als man nur selten die unmittelbare Umgebung verließ. Tanzveranstaltungen waren damals noch etwas Besonderes. Die jungen Männer schauten dann genau, ob sich vielleicht Marschländer oder Neuengammer eingeschlichen hatten und ihnen möglicherweise Konkurrenz im Kampf um die Gunst der Kirchwerder Mädchen machten: Rempeleien und auch mal ein blaues Auge waren keine Seltenheit, wenn nicht sogar die Regel.

Köpfe

1847 kam **Heinrich Dräger** in Kirchwerder zur Welt. Im Alter von sechs Jahren verlor er seinen Vater, der sich am Sülzbrack als „Klockenflicker" niedergelassen hatte und somit eine Uhrmacherwerkstatt betrieb. Der Vater vererbte dem Sohn seine hohe technische Begabung. Sie äußerte sich in einem nicht zu bremsenden Basteltrieb und führte Heinrich in eine Uhrmacherlehre nach Bergedorf. 1865 begann Drägers Karriere als Unternehmer. In seiner Uhrmacherwerkstatt bekam man bald auch Nähmaschinen und sogar Feuerversicherungen. Kirchwerder wurde zu eng, und Heinrich eröffnete ein Optikergeschäft in Bergedorf. Nebenbei meldete er zahlreiche Erfindungen zum Patent an. 1886 zog er nach Lübeck, wo er 1889 mit Sohn **Bernhard** (1870–1928) den Aufbau der heutigen **Drägerwerk AG** begann. Ihr Erfindergeist machte die beiden Männer zu Wegbereitern der praktischen Anwendbarkeit von Sauerstoff, etwa für diverse Rettungs-, Tauch-, Narkose- und Atemgeräte. Die grandiosen Erfolge in der ganzen Welt änderten nichts an Heinrichs und Bernhards Verbundenheit zu ihrer Kirchwerder Heimat. Der 1917 in Lübeck verstorbene Vater hat mehrere Schriften über seine Vierländer Stationen verfasst, und das Hower Geburtshaus von Sohn Bernhard steht noch heute. Beide heirateten Vierländerinnen.

Viele in Kirchwerder erinnern sich noch gut an **Hertha Borchert** (1895–1985). In den ganzen Vierlanden verbindet man mit ihrem Familiennamen nicht zuerst den ihres berühmten Sohnes, des Dramatikers Wolfgang Borchert („Draußen vor der Tür", s. Alsterdorf), sondern erinnert sich vor allem an die plattdeutsche Schriftstellerin. Sie war das jüngste Kind des Altengammer Schulmeisters Carl Salchow und wuchs im Kirchwerder

Die erfolgreichen Unternehmer Heinrich und Bernhard Dräger. Lithografien, um 1910

Kennt die Kulturgeschichte Kirchwerders und der anderen Vierlande wie kaum ein anderer: der Maler Werner Schröder

Hertha Borchert hat viele Geschichten über ihre alte Kirchwerder Heimat geschrieben

Schulhaus auf. In ländlicher Umgebung verlebte Hertha eine unbeschwerte Kindheit. Sie heiratete 1914 den Lehrer Fritz Borchert und zog nach seiner Versetzung im gleichen Jahr mit ihm nach Eppendorf. 1921 wurde Wolfgang geboren. Oft erzählte Hertha Borchert von ihrer Heimat und begann ihre Erinnerungen aufzuschreiben – natürlich in Kirchwerder Platt. Ihre niederdeutschen Erzählungen, Gedichte und Kurzgeschichten fanden viel Anerkennung. Nach dem Zweiten Weltkrieg überstrahlte der Ruhm des 1947 verstorbenen Sohnes das Werk von Hertha Borchert, die jetzt „nur noch" die Mutter des Hamburger Dichters war. Immer wieder kehrte sie als Besucherin und „alte Bekannte" in die Vierlande zurück. Hier erfreute sie sich jedesmal an der Landschaft, ihren Menschen und vor allem am schrankenlosen Gebrauch der von ihr so geliebten plattdeutschen Sprache.

Immer in Action: Kapt'n Kudd'l und seine Autofähre

Dabei war sie auch bei dem Maler und Heimatforscher **Werner Schröder** am *Kirchwerder Hausdeich* in Hitscherberg zu Gast. Er lebt dort auf dem Hof, den seine Eltern als Gemüsebauern bewirtschafteten. Von einem Onkel „erbte" der studierte Architekt das Talent zur Malerei, vom Großvater die Begabung als Intarsienkünstler. Im Laufe der Jahre hat Schröder alles zur Kulturgeschichte seiner Heimat zusammengetragen, was er finden konnte, seien es alte Garten- und Wirtschaftsgeräte oder Postkarten (1500 hat er schon). Seine kunstgeschichtlichen Forschungen gelten vor allem den Arbeiten der Maler Hermann Haase und Hans Förster (s. Neuengamme). Über Journalisten, die aus Kirchwerder und den Vierlanden berichten wollen, sagt er nur lakonisch: „…die landen dann irgendwann alle bei mir." Recht hat er, denn schließlich hat er selbst schon mehrere Bücher über dies ländliche Stück Hamburg auf den Markt gebracht.

Kapt'n Kudd'l kennen in Kirchwerder vermutlich die meisten, obwohl er „keiner von hier" ist. **Karl-Heinz Büchel**, wie er mit richtigem Namen heißt, kam 1938 in St. Pauli zur Welt. Das Geschäft mit Hafenrundfahrten hing der Barkassenschiffer 1983 an einen Nagel der St. Pauli-Landungsbrücken und wurde Fährmann am Zollenspieker. Heute betreibt er mit fünf Mitarbeitern die Autofähre nach Hoopte. Außer in der Winterpause überquert sie täglich über 130-mal die Elbe. An jedem Anleger hat Kudd'l außerdem einen Imbisswagen. Seine wahren Schätze aber liegen hinter dem Fährhaus: zwei seiner alten Barkassen und – als einer der letzten seiner Art in Deutschland – ein alter Fährprahm.

Auf Neptuns Spuren: Werkzeuge wie diese alten Aalstecher gehören zu Werner Schröders großer Vierländer Heimatsammlung

Zollenspieker

Dorf und Denkmal – Naturschutz und Motorräder

Zollenspieker ist in ganz Hamburg bekannt. Vielleicht sogar mehr noch als der Stadtteil Kirchwerder, in dem es liegt. Der Grund dafür ist das schöne Zollenspieker Fährhaus mit seiner faszinierenden Vergangenheit.

Am Anfang von Zollenspiekers Geschichte steht der nach 1216 erstmals erwähnte **Eislinger Zoll**. Er lag bei der Riepenburg, bis er Mitte des 13. Jahrhunderts elbabwärts auf das heutige Gebiet des Zollenspiekers verlegt wurde. Findlinge in der Elbe zeugen hier auch von einer frühen Furt durch den Fluss. Erstmals 1460 als „Toln Spiecker" genannt, entstand Anfang des 17. Jahrhunderts eine neue Zoll- und Wehranlage. Im Namen „Zollenspieker" steht „Spieker" ganz offensichtlich für „Speicher", also für ein Gebäude, das auch Warenlagerung ermöglichte. Weniger wahrscheinlich ist die Deutung vom Verb „spieken" im Sinne von „ausspähen", nämlich nach Schiffen mit zu verzollender Ladung. So oder so: Der Name ging in der Folgezeit auf die umliegende Kirchwerder Gegend über. Durch seine militärisch und verkehrstechnisch bedeutende Lage wurde Zollenspieker nach dem Bergedorfer Schloss der wichtigste Platz im Amt Bergedorf. 1620 zerstörten braunschweig-lüneburgische Truppen die Anlage. Schon im Jahr darauf erfolgte der Neubau des Hauses. Nach weiteren Überfällen am Ende des Jahrhunderts wurde es von einem Graben umgeben und mit Soldaten belegt. Das Gebäude beherbergte die **Zoll- und Fährstelle**, einen Krug und ab 1746 auch eine hannoversche Poststation.

Zollenspieker war schon zu Zeiten des Eislinger Zolls ein sehr lebendiger Ort. Neben Wedel war er die zweite Fährstelle für die von Norden bis aus Jütland kommenden Ochsen auf ihrem Weg weiter Richtung Süden. Einen Rekord brachte das Jahr 1716, als 19000 Tiere nach Hoopte übergesetzt wurden. Die ganze Gegend profitierte von den Durchreisenden. 1745 war der geballte Ansturm von Mensch und Tier zu viel geworden: Wegen der Seuchengefahr musste der Transport der Tierherden vorübergehend ausgesetzt werden.

Hamburgs einzige Autofähre verbindet Kirchwerder und das niedersächsische Hoopte

Ausschnitt der 1600 von Daniel Frese gefertigten Elbkarte. Sie ist die einzige glaubwürdige Darstellung des Zollenspiekers vor seiner Zerstörung 1620

1838 verschwand der Schanzgraben beim Fährhaus, und 1863 endete die Zollerhebung. Der Gastbetrieb wurde dagegen kräftig angekurbelt. Eine Kegelbahn, ein Tanzsaal, eine Kaffeeterrasse und ein neuer Anleger für Fahrgast- und Fährschiffe steigerten den Besuchswert.

Viele Gründe für einen Ausflug

Auch der Ort Zollenspieker wuchs weiter. Eine Attraktion war und ist der **Spieker Markt** im Herbst, der heute als Jahrmarkt mit Buden und Fahrgeschäften stattfindet. Er beginnt immer am dritten Sonnabend im September mit dem „Goden-Tag-Markt" und dauert vier Tage bis zum „Kinner-Markt" am Dienstag (am Mittwoch haben die Kirchwerder Grundschulkinder daher schulfrei). Veranstaltungsort ist das alte Bahnhofsgelände.

Obwohl hier längst keine Züge mehr hielten, waren alle Anwohner betroffen, als 1971 der Abriss des großen Gebäudes erfolgte. Wären „Bürgerinitiativen" schon erfunden gewesen, hätte ihn damals vielleicht eine retten können. Als aber zu Beginn der 1990er Jahre das Pegelhäuschen abgerissen wurde und dem gesamten Fährhaus dasselbe Schicksal drohte, regte sich Widerstand. Eine Gruppe engagierter Bürger nahm den Kampf für den Erhalt des von der Stadt Hamburg für abbruchreif erklärten Gebäudes auf und gründete 1993 den „Förderverein Zollenspieker Fährhaus e.V." Doch er allein hätte angesichts des umfangreichen Sanierungsbedarfs der Anlage im besten Falle eine Zeit lang Bestandsschutz leisten können. Es wurde das Werk zweier Privatpersonen, dass heute das Zollenspieker Fährhaus als eines der ältesten Hamburger Kulturdenkmäler in schönstem Glanz erstrahlt. 1994 kaufte der beim Zollenspieker geborene und aufgewachsene Unternehmer **Bodo Sellhorn** das Fährhaus von der Stadt für eine symbolische Mark. Doch bei der sollte es nicht bleiben, denn nun begann die vier Jahre andauernde Totalsanierung unter der Regie des Marschländer Ingenieurs **Heinz Gellersen sen**. Während der von den Fundamenten bis zum Dachfirst reichenden Baumaßnahmen wurde in enger Zusammenarbeit mit dem Denkmalschutzamt der historische Bestand wieder hergestellt. Besonders wertvoll sind die freigelegten Renaissance- und Barockfresken. Vier Jahre vor den großen Feierlichkeiten zum 750-jährigen Bestehen des Zollenspiekers öffnete 1998 das Fährhaus wieder seine Pforten.

An sonnigen Tagen sind die Biker und ihre Bewunderer am Zollenspieker Anleger unter sich

Von der Café-Terrasse blickt man in Richtung Osten über das „Naturschutzgebiet Zollenspieker". Es wurde 1988 mit einer Fläche von 80 ha zwischen *Kraueler Hauptdeich* und Elbe eingerichtet. Hier ist noch ein Rest unberührter Elbauen zu finden, in dem ca. 150 Pflanzenarten unter den extremen Bedingungen häufiger Überflutung leben. Bis zu vier Meter hohe Schilfröhrichte wiegen sich im Wind, und zwischen ihnen wachsen seltene Pflanzen wie **Elbspitzklette** und **Einjähriger Beifuß**. Ganz im Verborgenen erweist sich die Elblandschaft, wie sie im Zollenspieker NSG herrscht, sogar als weltweit einmalig: In kleinen Steinritzen wächst nur unter diesen Bedingungen und nirgends sonst auf dem Planeten die **Wibel-Schmiele** (Deschampsia wibeliana).

Auch eine andere Spezies fühlt sich beim Zollenspieker wie zu Hause: Es gibt kaum einen Besitzer eines Motorrades mit „HH" auf dem Kennzeichen, der nicht den traumhaft kurvenreichen Weg über die Deiche zum Fähranleger Zollenspieker auch im Schlaf finden würde.

Zur einen Hälfte PS-Ritter im Motorboot, zur anderen Windkraftnutzer auf dem Wasser sind die 60 Mitglieder des **Yacht-Clubs Zollenspieker**. Der Winter 1986/87 hätte fast das Ende des 1963 gegründeten Clubs bedeutet, als bei schwerem Eisgang die Steganlage vollständig zerstört wurde.

Unscheinbar, aber weltweit einzigartig in der Elbe Auen: die Wibel-Schmiele

Kleiner Grasbrook

Bis in die 1970er Jahre bestimmte der Stückgutumschlag das geschäftige Leben auf den Kaistrecken. Inzwischen ist die Romantik des Hafens vor der Containerzeit nur noch an wenigen Orten zu verspüren. Ein maritimer Museumsbereich soll und ein Olympiastadion könnte auf dem sich wandelnden Kleinen Grasbrook entstehen

Steckbrief

Fläche:
4,483 km²

Einwohner:
1326

Verwaltung:
Bezirk Hamburg-Mitte, Ortsamt Veddel-Rothenburgsort

Ortsteil:
136

Der Begriff „Brook" bezeichnet niedrig gelegenes, feuchtes Land. Der Zusatz „klein" dient der Unterscheidung vom Großen Grasbrook, dessen Fläche die Speicherstadt und die künftige HafenCity einnehmen.

Aus der Geschichte

Der Grasbrook war die feuchte Niederung, die zwischen der Stadt und der schmalen Norderelbe lag. Durch den Bau des **Neuen Grabens**, der mehr Wasser von der Süderelbe in ihren vor der Stadt verlaufenden Nebenarm führte, wurde der Grasbrook 1549 durchtrennt, der südliche Teil erhielt den Namen Kleiner Grasbrook. Durch Strömung und Sturmfluten änderten sich seine Grenzen beständig. Im 18. Jahrhundert dehnte er sich westlich bis ins Gebiet des heutigen Steinwerder aus; als dort nach 1840 die Bebauung begann, wurde der **Reiherstieg** zu seiner Westgrenze. In Richtung Osten wurden der **Schumacherwerder** und weitere Inseln in den Kleinen Grasbrook einbezogen. Um 1850 begann die Erschließung für Hafen und Industrie. Die Inseln wurden aufgehöht, die **Wichhorsts Werft** siedelte sich an der Norderelbe und dem Ostufer des Reiherstiegs an. Ihr Gelände übernahm 1911 die schon seit 1863 auf Steinwerder tätige **Reiherstiegwerft**, die 1925 schließen musste. Von 1927 bis zur Stilllegung 1985 arbeitete die **Deutsche Werft** am Reiherstieg. Das von Norderelbe, Steinwerder Hafen, Querkanal und Reiherstieg umflossene Karree wurde 1951 dem „Werftenstadtteil" Steinwerder zugeschlagen.

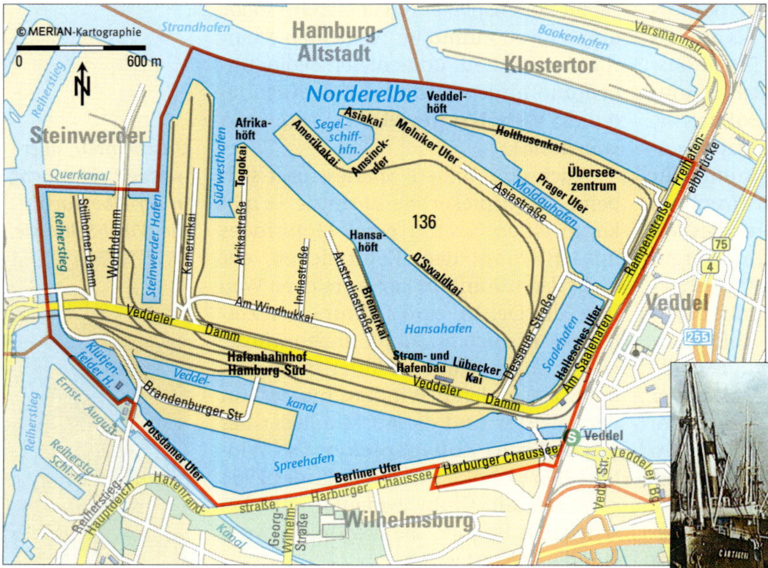

Von der Elbinsel zum Hafen

1870 errichtete die HAPAG ein **Trockendock** vor dem Kleinen Grasbrook, der mit der Erschließung auch zum Wohnquartier wurde: 1879 lebten hier 1481 Menschen. 1876–79 entstand in sicherer Entfernung von der Stadt der erste **Petroleumhafen** (seit 1922: Südwesthafen). Noch weiter nach Osten dehnt sich der 1894 geschaffene **Stadtteil** Kleiner Grasbrook aus, denn als östliche Grenze wählte man den Eisenbahndamm der Strecke Hamburg–Hannover und bezog damit die **Große Veddel** (s. Veddel) in den Stadtteil ein. Deren Siedlungskern mit Wohnhäusern und dem Herrenhaus aus dem 17. Jahrhundert lag entlang dem Elbdeich, etwa am Standort des heutigen Überseezentrums. Die Bewohner der Großen Veddel und des Kleinen Grasbrooks hatten schon 1887 ihre Wohnorte aufgeben müssen, denn sie lagen im künftigen Freihafen. Innerhalb der Freihafengrenze blieb bis in die 1920er Jahre die **Elbbadeanstalt Schumacherwerder** geöffnet; 1900 zählten die Bademeister 427 000 Badegäste.

Zwischen 1887 und 1894 entstanden die Hafenbecken, die den Kleinen Grasbrook völlig verwandelten. Entlang der Elbe lagen die **Seeschiffhäfen** (Segelschiffhafen 1887, Hansahafen 1893, Indiahafen 1894), östlich und südlich umschlossen von den **Flussschiffhäfen** (Moldauhafen 1887, Saalehafen 1888, Spreehafen 1890). Mit dem Wandel der Hafenwirtschaft sind einige dieser Becken, die lange das Zentrum des **Stückgutumschlags** bildeten, überflüssig geworden. Der Segelschiffhafen wurde 1976 weitgehend zugeschüttet, der Rest wird bald folgen. Der Indiahafen ist verschwunden, und auch der Südwesthafen ist schon zu einem großen Teil zugeschüttet.

Hafenromantik: das Hansahöft mit den Kopfbauten der Schuppen 51/52 und den Schwimmkränen der HHLA

Gut besucht: Elbbadeanstalt Schumacherwerder, um 1900

Schuppen zu Denkmälern

Auf dem Kleinen Grasbrook stehen die ältesten erhaltenen Schuppen des Hamburger Hafens. Seefahrtsromantik kommt besonders am **Hansahöft** auf, wenn man auf die Schuppen 51 und 52 mit ihren

Dampfer und Segelschiffe sind selten geworden: Winterstimmung im Segelschiffhafen, Farbfoto um 1926

Kritischer Blick auf die noch grünen Bananen: Der Kleine Grasbrook ist das Zentrum des Fruchtumschlags

Kopfbauten in den Formen Hamburger Reformarchitektur schaut. Hinter den Schuppen 50/51 am **Bremer Kai** stehen ausrangierte Kräne. Der **Schuppen 50** ist mit seiner Holzkonstruktion der einzige noch im Originalzustand erhaltene Großschuppen aus der Zeit vor 1914. Noch älter ist der 1906 errichtete **Stückgutschuppen** des Hafenbahnhofs Hamburg-Süd am Lübecker Ufer. Von 1930/31 datiert **Schuppen 59** zwischen Windhukkai und *Veddeler Damm*, der erste aus Stahlbeton ohne das traditionelle Stützensystem aus Holz. Er bildete mit seinem Stichbögendach ein zur Entstehungszeit weit beachtetes Beispiel pragmatisch-ästhetischer Nutzarchitektur. Das backsteinerne, 1903 in Nutzung genommene **Lagerhaus G** an der *Dessauer Straße* diente 1944/45 als Außenlager des KZ Neuengamme für im Hafen eingesetzte Zwangsarbeiterinnen und Zwangsarbeiter.

HHLA und mehr

Wenn man ein Fahrzeug mit dem Kennzeichen „HH – LA …" sieht, könnte es der **Hamburger Aktien- und Lagerhausgesellschaft** gehören. Die stadteigene HHLA (gesprochen „Hala"), das größte Einzelunternehmen der Seeverkehrswirtschaft in Deutschland, verwaltet und nutzt etwa die Hälfte der Landflächen auf dem Kleinen Grasbrook. Ihr zwischen Elbe und Moldauhafen gelegenes **Überseezentrum** bietet 85 000 m² überdachte und 150 000 m² Lagerflächen unter freiem Himmel. Nationale und internationale Firmen nehmen hier im Zollausland des Freihafens Dienstleistungen im Logistik- und Distributionsbereich in Anspruch. Am Hansahafen liegt das **Fruchtzentrum** der HHLA, wo Hunderttausende Tonnen grüner Bananen und anderer Früchte umgeschlagen werden. Westlich davon schließt sich der **Unikai-Terminal** an, einer von vier Containerterminals der HHLA (s.a. Altenwerder, Steinwerder, Waltershof). Die denkmalwürdigen Schuppen 50–53 und 59 vermietet die HHLA als Lager- und Gewerbeflächen. Weitere Logistik- und Umschlagunternehmen haben ihren Standort am Kamerunkai; zwischen *Worthdamm* und

Reichlich Gleise: der Bahnhof Hamburg-Süd der Hafenbahn

Reiherstieg arbeitet das **Mineralölwerk Grasbrook** des DEA-Konzerns. Und am *Kamerunweg* ist der Schiffsausrüster **Basté & Lange** ansässig, der als Generalausrüster Fracht- und Kreuzfahrtschiffe vor Ort, aber auch in Übersee mit 40 000 Artikeln versorgt, von Lebensmitteln bis zu Maschinenausrüstungen.

Wasserverkehrsexperten

Ohne **Strom- und Hafenbau** mit seinen 1630 Beschäftigten ist der Hamburger Hafen nicht denkbar. Dieses der Wirtschaftsbehörde zugeordnete Amt ist dafür verantwortlich, dass im Flussbett und an den Hafenanlagen alles „klargeht". Zu den Aufgaben des **Strombaus** gehören neben Bau und Instandhaltung von Strom- und Uferwerken u.a. die Verwaltung und Vertiefung der Wasserstraßen, die Aufstellung von Wasserzei-

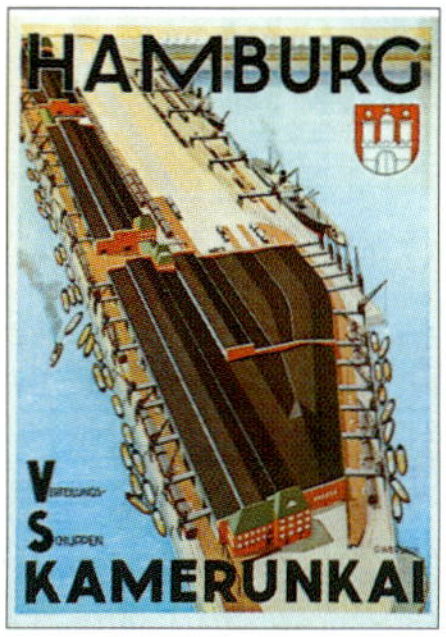

Verspielte Hafenwerbung aus den 1930er Jahren – mit einer Illustration des HHLA-Grafikers und -Fotografen Gustav Werbeck

chen, der Pegel- und Leuchtfeuerdienst. Auch alle schwimmenden Fahrzeuge und Geräte, die Schleusen, Sperrwerke, beweglichen Brücken und der St.-Pauli-Elbtunnel sind ihm zugeordnet. Der **Hafenbau** ist für alle Hoch- und Tiefbauten im Hafen wie Kaimauern, Straßen, Brücken, Landflächen und Landeanlagen zuständig. Unterstützend wirkt der Technische Betrieb Lübecker Ufer mit seinen Werkstätten. Für die **strategische Planung** der Infrastruktur sorgt ein

eigener Bereich beim Strom- und Hafenbau. Ebenfalls ins Aufgabengebiet des Amtes fällt der Betrieb der **Hafenbahn** als Nahtstück zwischen Kaianlagen und überregionalem Schienenverkehr. Das Amt, zu dessen Großprojekten auch die Hafenerweiterung in Altenwerder gehört, hat seinen Sitz am *Dalmannkai*, ist aber wegen des Baus der HafenCity auf der Suche nach einer neuen Adresse.

Am *Veddeler Damm 48* ist die **Wasserschutzpolizeischule Hamburg** tätig, die zentrale Ausbildungsstätte für die Wasserschutzpolizeien des Bundes und der Länder, an der sich die Polizisten das vielfältige für den Dienst auf dem Wasser notwendige Wissen aneignen und den Polizeibootsführerschein erwerben.

Hausnot, Hausboot

Die Bewohner des Kleinen Grasbrooks muss man suchen – aber es gibt sie. Die meisten wohnen in den arg vernachlässigten Backsteinblocks außerhalb der Freihafengrenze an der *Harburger Chaussee*. Als der Bauverein zu Hamburg sie 1914–21 errichtete, galten sie noch als Vorzeigewohnungen für Arbeiter. Einzelne Wohnungen gibt es in Kopfbauten von Speichern und Lagerhäusern, und im Spreehafen liegen mehrere Hausboote, deren Bewohner in der **Interessengemeinschaft Spreehafen** aktiv sind. Sie will das Wohnen auf dem Wasser populärer machen und lud deshalb im Herbst 2001 zum ersten **Spreehafenfest** ein. Auch die Firma **SeHHafen**, die schwimmende Wohnungen und Arbeitsplätze vermittelt, hat hier festgemacht (s.a. Hamm-Süd). Bedroht sein könnte die Idylle von der Hafenquerspange, der in Planung befindlichen Verbindung von A1 und A7.

Grasbrook-Visionen

Die Renaissance der **Stadt am Wasser**, die sich seit einigen Jahren entwickelt, von Altona an elbwärts schon sichtbar ist und sich in der HafenCity noch raumgreifender zeigen wird, hat inzwischen auch den Kleinen Grasbrook entdeckt. Sollte es Hamburg gelingen, für 2012 die **Olympischen Spiele** in die Stadt zu holen, soll das zentrale **Olympiastadion** am Standort des Überseezentrums seinen Platz finden, und für das Schwimmstadion ist der vordere Bereich des ehemaligen Segelschiffhafens

Zeitleiste

1549 Teilung des Grasbrooks durch den „Neuen Graben"
ab 1847 Erschließung und Besiedlung
1879 Petroleumhafen
1887 Bewohner umgesiedelt
1887–94 Bau der Hafenbecken
1888 Freihafeneröffnung
1894 Stadtteil
1967 Überseezentrum
1976 Segelschiffhafen zugeschüttet
1992 Bananenschuppen in Betrieb
2001 Stiftung Hamburg Maritim gegründet

Im Nebel: der Technische Betrieb von Strom- und Hafenbau am Lübecker Ufer. Die Wasserfahrzeuge des Amtes führen das alte Admiralitätswappen. Am Simulator üben die Beamten der Wasserschutzpolizei

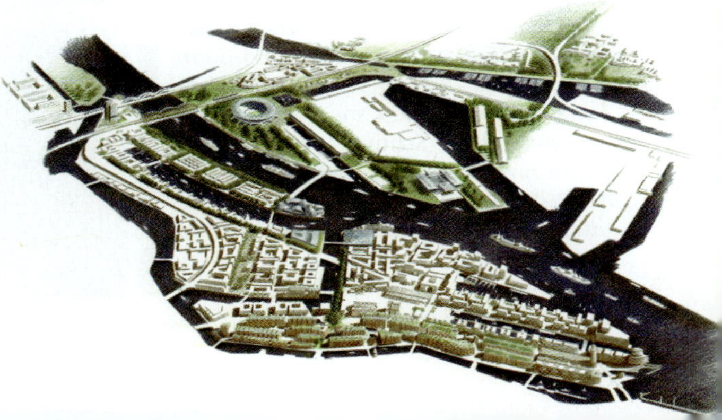

Vision 2012: Olympia- und Schwimmstadion an der Elbe

Bürgergeschichten

„Zehn Mann zu Schuppen 51“

Der Schiffsmakler K. Heinrich Altstaedt, geb. 1939, ist seit Kindertagen im Hafen zu Hause. Eine besondere Rolle spielen in seinen Erinnerungen die „50er-Schuppen“, die bald zu einem Museum der Hafenarbeit werden könnten

K. Heinrich Altstaedts 1999 erschienenes Buch „Schauermann im Hamburger Hafen“ dokumentiert die Hafenarbeit der 1960er Jahre

Ein Tag kurz nach dem Krieg, gutes Wetter und langweilig zu Hause. Wie immer trieb mich und meinen Freund die Unternehmungslust in den Hafen. Und schon trabten wir zu unserer günstigen Verbindung, Straßenbahn Linie 6, Kinderkarte 15 Pfennig. In die Stadt, weiter zur Veddel mit der 33 und zum dunklen Zolldurchlass. Wie sind die Engländer aufgelegt, lassen sie uns durch? Wir hatten nach dem Krieg bald raus, dass neben den 80er-Schuppen auch die 50er nicht zerstört waren und erste Schiffe dort wieder anlegten. Auch heute wollten wir sie um ein „Harbourpermit“ anbetteln mit unseren sieben Wörtern Englisch: „We need passage, Fähre 2 to town.“

Drei Mann für 300 kg Sisal: Hafenarbeit erforderte viele Hände

Und plötzlich hatten wir den ersehnten Zettel in der Hand. Wir rannten durch den dunklen hohen Zollhof über die Brücken und dann nach rechts, den Hafenplan im Kopf, zu den Schuppen 40–48, dort sollte die Fähre zum Baumwall anlegen. Und gegenüber am Bremer Kai: Da liegen die riesigen Schiffe an Schuppen 50 und 51. Wie oft hatten wir in den Büchern davon gelesen. Die Kräne drehen sich, und so viele Hafenleute sind dort zu sehen. Das muss interessant sein auf den Schiffen! Wir liefen weiter, über Gleise, an zerstörten Schuppen und Kaimauern vorbei und fanden dann den Hinweis „Fähre“. Dort im Hafenbecken, ein Wrack – was mag hier los gewesen sein? Wir gingen weiter und kamen zum Ponton Richtung Baumwall, unsere billige Hafenrundfahrt ging zu Ende.

Später musste ich oft zu diesen Schuppen, als Lehrling, Tallymann oder Makler. Die 50er-Schuppen wurden zu meiner Lieblingsstrecke: Sie waren hell wegen der Oberlichter, hatten angenehm warmen Holzfußboden, auf dem man auch nach drei und mehr Schichten gehen, stehen und arbeiten konnte. Noch heute ist alles vorhanden. Es zog meine Kollegen und mich immer wieder hierher, denn hier herrschte nicht nur die Arbeit der kräftigen Hafenhand vor, sondern Geschick und gute Menschenführung. Vielleicht prägte auch die Hamburg Süd die ganze Ecke, obwohl sie nur Schuppen 51 gepachtet hatte. Die Duschen im Schuppen 50 hatten es uns besonders angetan. Daneben die große Kaffeeklappe, sauber und hell, doch oft zu voll in den Pausen. Wenn wir in Eile waren, begnügten wir uns mit einer Pause in der kleinen Klappe zwischen 52/53. Die 50er-Strecke war immer etwas Besonderes, klein, aber fein. Bis heute denke ich immer wieder zurück, was ich da noch alles gelernt und erfahren habe, wenn es beim Einteilen hieß „Hein Altstaedt, zur Cap San Diego nach 51“ oder „zur Presidente Kennedy an 52“.

Der Decksvize dirigiert den Kranführer. Neben ihm steht Erwin Seeler, ebenfalls Decksvize – und Vater von „uns Uwe“ Seeler. Nur zwei von über 2500 Fotos, die K. Heinrich Altstaedt um 1965 aufnahm

Strukturwandel: Zugeschüttete und noch nicht wieder genutzte Hafenbecken dienen als Golfplatz – das Grün besteht allerdings aus Sand

angedacht – eine „Elbbadeanstalt" in neuer Form. Für einen **Olympiadome**, der auf dem Kleinen Grasbrook oder auf der Harburger Bahnhofslinse entstehen könnte, läuft ein Architektenwettbewerb.

Ganz allein in den Händen Hamburgs liegt die Entscheidung über die Schaffung musealer Bereiche, an denen im Hafen

Asiakai im Segelschiffhafen, um 1900: Ein Halbportalkran hebt eine Ladung Tierhäute

selbst die Vergangenheit von Schifffahrt und Hafenwirtschaft erlebbar wird. Diesem Ziel hat sich die 2001 errichtete **Stiftung Hamburg Maritim** mit ihrem hochkarätig besetzten Vorstand und Stiftungsrat verschrieben. Ihre Vision ist die Anlage eines Traditionshafens mit historischen Wasserfahrzeugen im Sandtorhafen, der Teil der HafenCity wird; auf der Veddel entsteht ein Museum der Auswanderung (s. Veddel). Und erhalten will die Stiftung die nur noch als Lagerflächen genutzten „50er-Schuppen", den letzten Ort mit der klassischen Kaianlage des Stückgutumschlags. Erste Konzepte für die Sanierung und eine anschließende Nutzung des einmalig gewordenen Ensembles von Kais, Gleisen, Kränen, Schuppen und ihren Kopfbauten liegen vor.

Köpfe

Eine Besonderheit auf dem Kleinen Grasbrook ist der tschechische Binnenhafen. Seit 1919 hat die Tschechoslowakei bzw. die Tschechische Republik Flächen am und im Saale- und Moldauhafen gepachtet. Heute herrscht hier nur noch wenig Betrieb, und das „Clubschiff" mit der Kantine rostet vor sich hin. Den Niedergang erlebte auch **Alena Julius**, die 1972 aus dem tschechischen Olmütz nach Hamburg kam und seit 1979 bei der Tschechoslowakischen Elbe-Schifffahrts-Aktiengesellschaft (CSPL) tätig war. Seit 2002 ist der Betrieb weitgehend stillgelegt, und die letzte Ökonomin der CSPL in Hamburg, **Jana Nohejlová**, hat Hamburg verlassen. Alena Julius aber bleibt, denn sie fühlt sich ganz als Hamburgerin.

Grasbrooker: Jana Nohejlová (r.) und Alena Julius; Werner Martens

Auf St. Pauli groß geworden und später als Ewerführer tätig, ist **Werner Martens** heute mit dem Imbiss „Zum lütten Foffteiner" am *Dessauer Ufer* der einzige Anlaufpunkt, wenn man auf dem Kleinen Grasbrook einen heißen Kaffee, belegte Brötchen oder ein „Rundstück warm" sucht. 2002 schweißte ihm Strom- und Hafenbau seinen Imbisscontainer auf feste Stützen, damit dieser nicht bei der nächsten Sturmflut davonschwimmt.

Klostertor

ist ein von Dienstleistung und Verkehr geprägter Stadtteil mit wenig Wohnbebauung. Doch in naher Zukunft wird sich die Zahl der Bewohner deutlich erhöhen: Neue Bauvorhaben können das zentrale Klostertor zu einer attraktiven Adresse machen. Stichworte: das alte Hauptpostamt Hühnerposten und die HafenCity

Steckbrief

Fläche:
2,091 km²

Einwohner:
1071

Verwaltung:
Bezirk Hamburg-Mitte, Kerngebiet

Ortsteile:
115, 116

Der Name Klostertor geht auf das 1834–36 beim Deichtor erbaute Damenstift Kloster St. Johannis (s. Eppendorf) zurück. Auch die im Stadtteil liegenden Straßen *Klosterwall*, *-tor*, und *-schule* sowie *Johanniswall* sind in Anlehnung daran entstanden.

Aus der Geschichte

Klostertor ist ein junger Stadtteil. Aus Gebieten der früheren Altstadt-Süd und St. Georg wurden 1938 „Klostertor" und „Klostertorhafen" gebildet. Diese gingen 1951 im Stadtteil Klostertor auf. Der südliche Raum des Stadtteils erhielt seit Ende des 19. Jahrhunderts sein industrielles Bild, als die alten Holzhäfen modernen Kaianlagen wichen und die Bahn für den Hafengüterverkehr ausgebaut wurde. Der mit der Verbindungsbahn eröffnete **Bahnhof am Klosterthor** wurde aber schon 1906 wieder abgerissen.

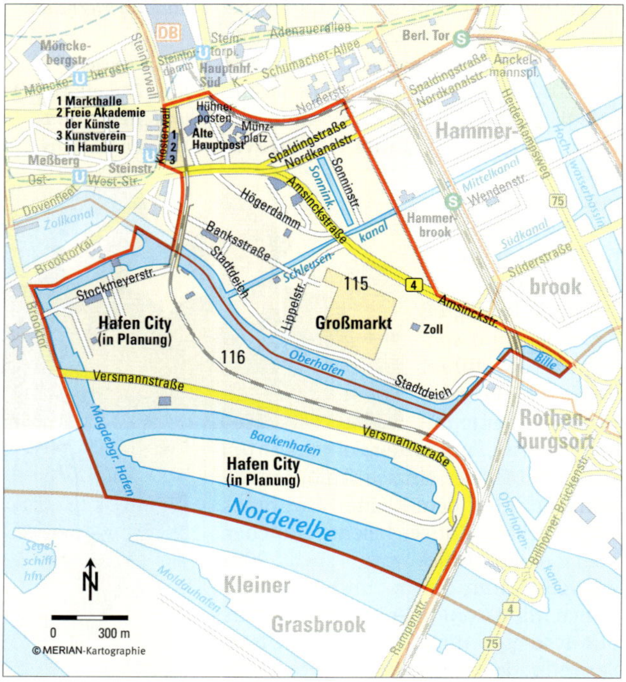

Klostertor schließt die ehemalige Insel Baakenwerder sowie Teile der alten Niederungen Grasbrook und Hammerbrook ein. Mit Hammerbrook verbindet Klostertor deshalb mehr als nur die ab den 1980er Jahren errichtete Bürostadt „City Süd" – große Phasen der Geschichte haben beide Stadtteile gemeinsam. Ihren alten Namen trägt noch immer die **Hammerbrookschleuse**, die auf dem Gelände des Großmarkts liegt und nur vom Wasser her für die Allgemeinheit zu erreichen ist. Das technische Kulturdenkmal, dessen älteste Teile aus den Jahren 1844–47 stammen, verbindet den

Wohnbauten sind in Klostertor nur noch vereinzelt zu sehen – hier ein Blick von der Spalding- in die Repsoldstraße

Linke Seite: Blick in den Baakenhafen um 1901

Mittel- über den Schleusenkanal mit dem Oberhafen. Weil die Schleuse sich schnell als zu klein erwies, wurde sie 1865/66 in ihre heute noch teils erhaltene Form gebracht.

Eine Hauptachse von der Innenstadt gen Elbbrücken war zu Beginn des 20. Jahrhunderts die *Banksstraße*. Straßenbahnen fuhren hier, kleine Läden reihten sich aneinander. Auch Industrie und Gewerbe hatten sich im Stadtteil angesiedelt. So bezog 1919 die **Großeinkaufsgesellschaft Deutscher Konsumvereine** ihr Gebäude zwischen *Sonninstraße* und Sonninkanal am Mittelkanal. Sie betrieb dort eine Kakao- und Schokoladenfabrik; das Haus dient heute als Bürogebäude.

Neue Attraktivität erhält Klostertor in den kommenden Jahren durch den Einbezug des Hafenareals in die HafenCity.

Musik statt Blumen

Mit der Silvesterparty 1976/77 ging es los: Die Auftaktveranstaltung stand am Beginn des **Kultur- und Kommunikationszentrums Markthalle**. Wohl an die 7000 Veranstaltungen mit um die drei Millionen Besuchern haben hier, nahe dem Hauptbahnhof, seitdem stattgefunden, meist (Pop-)Konzerte. Aber auch Opern, Musicals, Ballett-Tage, Kinder- und Jugendtheater, Kinofestivals und sogar Reptilienausstellungen gehör(t)en zum Programm.

Ihren Namen hat die „Markthalle" nach ihrem Domizil, der 1913/14 von Fritz Schumacher (s. St. Georg) erbauten ehemaligen Gemüse- und späteren **Blumenhalle** am *Klosterwall 9–12*. Nach langjährigem Leerstand bauten Investoren sie ab 1975 zum Veranstaltungsort aus. Nach weiteren Umbauten in den 1990er Jahren hat die „Markthalle" heute insgesamt vier Räume: den Großen Saal, den Kleinen Saal, MarX sowie das Foyer.

Die „Markthalle" ist allen Hamburger Konzertbesuchern ein Begriff. Newcomer und manchmal auch bekannte Namen treten hier auf

Im 1951 fertig gestellten südlichen Anbau der Markthalle zogen nach dem Umbau 1993–95 der Kunstverein, die Freie Akademie der Künste sowie das **Kunsthaus** mit 500 m² Ausstellungsfläche für zeitgenössische Kunst ein. Sein Träger ist der **Berufsverband Bildender Künstler Hamburgs e.V.** Der 1945 gegründete Verein zählt rund 700 Mitglieder.

Aus Liebe zur Kunst

Die „bildende Kunst in Hamburg fördern und die Liebe zur Kunst wecken"

Bürgergeschichten

„Für viele sind wir Heimat"

Ihr 20-jähriges Jubiläum konnte die Tagesaufenthaltsstätte für Obdachlose „Herz As" im Jahr 2001 feiern. Traudel Schönsee, die das Haus an der Norderstraße 66 seit 15 Jahren leitet, erzählt aus einem nicht immer einfachen Alltag

Seit über 15 Jahren liegt die Tagesaufenthaltsstätte „Herz As" nun schon an der Norderstraße. Hier liegt sie richtig, unmittelbar an den sozialen Brennpunkten Innenstadt und Hauptbahnhof. So sind wir für die Betroffenen leicht erreichbar.

Angefangen hat die Initiative „Herz As" jedoch eigentlich in der Altstadt. Ende der 1970er Jahre entstand dort die Idee, eine Aufenthaltsstätte für Obdachlose zu gründen, weil Mitarbeiter der Hauptkirchen und der Bahnhofsmission einen starken Anstieg der Obdachlosigkeit registriert hatten.

Aus persönlichem Engagement entstand der Plan, den wohnungslosen Menschen bei der Befriedigung von Grundbedürfnissen zu helfen, etwa dem Schutz vor Witterung, einer warmen Mahlzeit oder der Möglichkeit, sich und seine Wäsche zu reinigen.

Warteschlangen vor dem „Herz As": Traudel Schönsee (Mitte) ist seit über 15 Jahren dabei

Im Mai 1981 war es dann so weit: Auf einem freien städtischen Grundstück an der Wetkenstraße konnte meine Vorgängerin die ersten Hilfesuchenden in einem Pavillon aufnehmen, den der Axel Springer Verlag gestiftet hatte. Zuvor hatte dieser als Interims-Geschäftsstelle des Hamburger Abendblatts am Gänsemarkt gedient. An die Zeit unter der engagierten Regie meiner Vorgängerin Ingrid Wienefeld erinnern sich heute noch viele gern – leider starb sie viel zu früh.

Ich erinnere mich auch noch, dass es in dieser Zeit vor 15, 20 Jahren für viele Wohnungslose einfacher war als heute. Denn unter denen, die zu „Herz As" kamen, hatten zwar viele keine Wohnung. Aber es gab immer irgendwie Arbeit: Da wurden Schichten im Hafen gekloppt, oft zwei hintereinander. Für die erste gab es 80, für die zweite 120 Mark. Ob Entladen oder Säubern, es war genug zu tun. Übers Radio wurden die Arbeitskräfte gesucht: „Um soundsoviel Uhr fährt dieses oder jenes Schiff ein, kommen Sie zum Sandtorkai …" Aber die Liegezeiten wurden immer kürzer, und die Container veränderten alles. Heute gibt es nicht nur am Hafen, sondern fast nirgendwo mehr Jobs für ungelernte Kräfte.

Auch hierbei versuchen wir die Menschen, die uns aufsuchen, zu unterstützen. Wir helfen ihnen auch beim Kontakt mit Behörden und dienen als Erreichbarkeitsadresse. Damit bieten wir den Wohnungslosen eine konkrete Hilfe zum Überleben. Mit anderen Worten: Für viele sind wir zu einer Heimat geworden. Zwischen 130 und 150 Obdachlose besuchen uns täglich. Ab 13 Uhr ist geöffnet, um 14 Uhr gibt es etwas zu essen.

Seit 1985 ist „Herz As" nun schon in der Norderstraße an der Stelle der alten „Münze". Der Pavillon wurde von der Wetkenstraße hierher versetzt, weil Gruner & Jahr dort baute. Inzwischen ist der Behelfsbau so marode, dass stellenweise der Boden nachgibt und es hineinregnet. Doch wir freuen uns, da das Provisorium bald ein Ende hat: Wenn nun das Gelände am Hühnerposten bebaut wird, ziehen wir mit der Stadtmission und anderen Sozialeinrichtungen in den „Wichern-Hof". Schirmherrin ist Heidi Kabel.

möchte der **Kunstverein in Hamburg**. Rund 2000 Mitglieder aus Hamburg und Umgebung nehmen das Angebot des Vereins in Anspruch, sich in Ausstellungen, Künstlergesprächen, Vorträgen und Reisen mit Gegenwartskunst auseinander zu setzen. Die Geschichte des Vereins reicht bis in den Winter 1817/18 zurück, als sich kunstliebende Hamburger Bürger erstmals regelmäßig trafen, um gemeinsam Kunstwerke zu betrachten. Nur ein Jahr später gab sich der Zirkel eine Geschäftsordnung. Die erste Ausstellung fand 1826 statt; schon mit dem Schwerpunkt auf zeitgenössischer Kunst – zu sehen war u.a. Caspar David Friedrichs „Eismeer". Ab 1836 begann der Kunstverein eine eigene Sammlung aufzubauen.

Nach Quartieren am *Neuen Wall* (1899) und im 1943 zerstörten Kunstausstellungshaus an der *Neuen Rabenstraße* bezog der Kunstverein 1963 ein Gebäude des Architekten Paul Seitz am *Ferdinandstor* vor dem Altbau der Kunsthalle. Weil dies der „Galerie der Gegenwart" weichen musste, zog der Kunstverein in den südlichen Anbau der Markthalle, *Klosterwall 23*. Hier stehen neben insgesamt 1200 m² Ausstellungsfläche Büros und Werkstätten zur Verfügung.

Künste unter einem Dach

Im Dezember 1949 gab der Freundeskreis um die Schriftsteller Rolf Italiaander (1913–91) und Hans Henny Jahnn (1894–1959) eine Erklärung heraus, die die Gründung der **Freien Akademie der Künste** am 3.12. bekannt machte. Drei Monate später, am 13.3.1950, wurden Satzung und Gründungsprotokoll verabschiedet. Zum ersten Präsidenten wählten die Mitglieder H.H. Jahnn. Das künstlerische Multitalent Jahnn (s. Nienstedten) war die Personifikation des Wahlspruchs der Akademie „alle Künste unter einem Dach". Die anfängliche Gliederung in drei Klassen – Literatur, Musik, Bildende Kunst – hielt bis 1963, als die Baukunst eigenständig wurde. Heute gehören ferner Darstellende Kunst und Medien hinzu. Alle Sektionen haben eigene Vorsitzende. Fünfter Akademie-Präsident – nach H. H. Jahnn, W. Hebebrand (1960–66), W. Maler (1967–71), G. Nissen (1971–80) – ist seit 1981 Armin Sandig. Der Maler bleibt als Präsident dem Motto seiner Vorgänger treu: „Uns geht es um die Verbindung zwischen den Künsten. Dabei sollen immer wieder neue Aspekte zum Vorschein treten." Ziele sind vor allem „Pflege und Fortentwicklung der Künste" sowie „Bewahrung und Förderung der geistigen und künstlerischen Kultur".

Die Akademie hat rund 180 Mitglieder, wobei die Berufung durch Zuwahl erfolgt. Nach eigenen Räumen im Altbau der Hamburger Kunsthalle zog die Akademie 1993 in ihr jetziges Domizil im Dachgeschoss der Markthalle am *Klosterwall 23*. Etwa **60 Veranstaltungen** wie Ausstellungen, Vorträge und Lesungen finden jährlich statt, über 10 000 Besucher kommen. Armin Sandig: „Stolz sind wir besonders darauf, dass fast all dies erst durch das ehrenamtliche Engagement von Mitgliedern und den Eingeladenen möglich wird."

Viel Raum für moderne Kunst hat der Kunstverein am Klosterwall. Links: Das Restaurant „Jena Paradies" ist nicht nur Treffpunkt für Gäste des Kunstvereins. Unten: Unter einem Dach – Logo der Freien Akademie der Künste

Zeitleiste

1844 Bau der Hammerbrookschleuse
1951 Stadtteil
1956–62 Bau Großmarkthallen
1980er Jahre Baubeginn der „City Süd"
1996 Deichtorhallen unter Denkmalschutz
2001 Baubeginn HafenCity

Frische rund um die Uhr

Auf den ersten Blick wirkt das Geschehen verworren: Mit Obst- und Gemüsekisten beladene Gabelstapler rasen durch die Halle, setzen Paletten ab, nehmen neue auf. Rufe schallen von überall her, mal sind es Grüße, mal Zahlen, Preise. Es ist Nacht – doch auf dem **Hamburger Großmarkt** herrscht wache Geschäftigkeit. Während einige Händler noch in der Halle nach Ware schauen, brausen andere mit ihren voll gepackten Transportern schon wieder davon. „Der Großmarkt ist rund um die Uhr geöffnet, es gibt fast keine Pause", erläutert Marianne Wulbieter das Phänomen. Sie muss es wissen, schließlich arbeitet Frau Wulbieter beim **Landesbetrieb Großmarkt Obst, Gemüse und Blumen**, dem Betreiber des Markts an der *Banksstraße.*

Der Hamburger Großmarkt mit seinem 268 000 m² großen Gelände zwischen Amsinckstraße und Oberhafen ist eines der größten Frischezentren Deutschlands

Der Handel mit den verderblichen Frischwaren beginnt meist gegen Mitternacht. Und zwischen drei und vier Uhr ist der Ansturm am größten. Nur so können die Einkäufer, die nicht nur aus Hamburg und dem Umland, sondern teils aus Dänemark oder Polen kommen, ihr gekauftes Gut knackfrisch zum Endverkäufer bringen. „Diese können als Privatpersonen auf dem Großmarkt nämlich nicht einkaufen", schränkt Frau Wulbieter ein. Die Ware geht vielmehr an gewerbliche Wiederverkäufer oder gewerbliche Verbraucher. Insgesamt versorgen sich ca. 5000 Unternehmer bei einer der 145 Großhandelsfirmen. Pro Jahr werden auf dem Großmarkt über 813 000 t Waren – fast alle werden per Lkw bewegt – im Wert von rund 800 Mio. Euro umgeschlagen (2000). Mittelpunkt des Handels ist die **Großmarkthalle**: Unter dem wellenförmigen Dach bieten auf 40 000 m² rund 290 Händler ihre Produkte an. Die 1956–62 erbaute Halle formt drei Wellen und entstand in Schalenbauweise. Architekten waren Bernhard Hermkes und Gerhard Becker für die Hallenkonstruktion und das Büro Schramm & Elingius für die Untergeschosse. Seit 1996 steht die Konstruktion unter Denkmalschutz.

Ein Tor trennt Obst und Gemüse von den 9000 m² des Blumengroßmarktes, der sich seit 1984 auf dem Gelände befindet – hier darf es mit mindestens zwölf Grad nicht so kalt sein wie nebenan. Blumen für 100 Mio. Euro werden im Jahr verkauft.

An den Wochenenden wird auf dem Großmarkt-Areal übrigens auch mit weniger verderblicher Ware gehandelt: Sonnabends findet hier **Hamburgs größter privater Automarkt** statt (11–16 Uhr).

Das Einwohner-Zentralamt in der Amsinckstraße hat Abteilungen für Pass- oder Ausweis-, aber auch für Ausländerangelegenheiten

Öffentlich bis privat

Nicht zuletzt wegen seiner citynahen Lage ist Klostertor ein Stadtteil mit zahlreichen Institutionen wie dem **Einwohner-Zentralamt** in der *Amsinckstraße* und vielen Firmen. Über den Stadtteil hinaus Bedeutung hat auch die **Schule für Hörgeschädigte** am *Schultzweg 9.*

Norddeutschlands größter Automobilclub mit 516 000 Mitgliedern in Hamburg und Umgebung ist der **ADAC Hansa e.V.** an der *Amsinckstraße 39–41.*

Hauptsitz der Deutschen Angestellten Krankenkasse am Nagelsweg 29–35

Stadtteil-Profil

	Klostertor*	Bezirk	Hamburg
Bevölkerung gesamt (2000)	1636	228 060	1 704 929
Unter 18-Jährige in %	13,1	15,9	16,1
65 Jahre und älter in %	4,7	15,0	17,0
Deutsche	807	167 114	1 432 325
Ausländer in %	50,7	26,7	16,0
Einwohner je km²	453	2142	2258
Sozialstruktur			
Sozialhilfeempfänger (2000)	76	25 273	120 461
Arbeitslose (2001)	237	12 716	71 963
Eink. je Steuerpfl. in DM (1995)	–	53 702	65 579
Wohnen (2001)			
Wohngebäude	82	18 821	226 061
Ein- und Zweifamilienhäuser in %	4,4	8,9	20,5
ø Wohnungsgröße in m²	70,0	62,5	71,0
Wohnfläche je Einwohner in m²	31,8	31,3	35,7
Verkehr			
Private Pkw (2001)	481	70 503	628 119
Straßenverkehrsunfälle (2000)	215	2790	12 430
Kriminalität			
Straftaten insgesamt (2000)	4948	82 985	284 272

© Statistisches Landesamt

Wahlverhalten

... zur Bürgerschaft 2001 (gesamt)

Wahlbeteiligung	71,0%
SPD	36,5%
CDU	26,2%
Schill-Partei	19,4%
Grüne/GAL	8,6%
FDP	5,1%
Übrige	4,2%

... zur Bürgerschaft 2001 (Stadtteil)

Wahlbeteiligung	62,8%
SPD	36,7%
CDU	15,3%
Schill-Partei	15,5%
Grüne/GAL	18,9%
FDP	3,1%
Übrige	10,5%

* Angaben aus datenschutzrechtlichen Gründen zusammen mit Hammerbrook

Neue Glanzlichter

Anders als vor dem Zweiten Weltkrieg leben in Klostertor heute nur noch gut tausend Menschen. Nur wenige Wohnhäuser finden sich noch an *Münzstraße* oder *Rosenallee*. Aber das Gesicht von Klostertor wird sich bald verjüngen. Eine Wegmarke zwischen Innenstadt und neuer HafenCity soll das 4,4 ha große Gelände hinter dem jüngst renovierten **Postamt am Hühnerposten** (1902–05) werden. Zwischen *Klostertor, Münzplatz* – hier lag einst die Münze – und *Amsinckstraße* entsteht bis 2004 ein neues Quartier mit Büros, Hotels, Geschäften, Wohnungen.

Daran schließt von der *Norder-* bis zur *Repsoldstraße* der neue **Wichern-Hof** an mit Büros, Sozialwohnungen sowie Raum für soziale Einrichtungen wie „Herz As", Stadtmission Hamburg und Übernachtungsheim „Haus Jonas".

Köpfe

Bereits seit 1980 steht **Armin Sandig** als Präsident der Freien Akademie der Künste vor. Zwar kam Sandig 1929 im bayerischen Hof/Saale zur Welt, doch der Künstler, der als Maler und Grafiker Autodidakt ist, gehört seit Jahrzehnten fest zum Hamburger Kulturleben. „Ich mache weiter, solange es Spaß macht!", beschloss der Hamburger Ehrenprofessor (1989) zu seinem Siebzigsten. Sandigs Atelier liegt in der *Wendenstraße*.

Das „Antik-Center" ist eine Adresse für ungewöhnliches Einkaufen in Klostertor. „Unsere Kunden kommen auf der Suche nach Ausgefallenem manchmal von weit her", weiß **Marianne Schröder-Arndt**. Die Antiquitätenhändlerin ist seit den Anfängen des Antik-Centers am *Klosterwall 9–21* Mitte der 1970er Jahre dabei. Heute ist Frau Schröder die (inoffizielle) Sprecherin von 20 Händlern, die in den Katakomben der alten Markthalle rund 40 Läden mit einem bunten Angebot betreiben.

Seit acht Jahren fährt **Ahmet Hayran** dreimal in der Woche zum Großmarkt. „Hier bekomme ich alles frisch für mein Geschäft am Schlump", freut sich der türkische „Grünhöker".

Täglich in Klostertor: Armin Sandig, Marianne Schröder, Ahmet Hayran

Vision am Wasser – die HafenCity

Die HafenCity ist Hamburgs Rückkehr zum Wasser: Rund 155 ha ehemalige Hafenfläche zwischen Speicherstadt und Elbbrücken gilt es in den kommenden 15 bis 20 Jahren innenstadtnah neu zu erschließen

Der 7. Mai 1997 könnte als historisches Datum in die Hamburger Geschichtsbücher eingehen. An diesem Tag präsentierte der damalige Erste Bürgermeister, Henning Voscherau, im Vorwahlkampf erstmals öffentlich seinen Trumpf – **die Vision einer HafenCity für Hamburg**. Voscherau füllte die Idee gleich mit Inhalten: „Die Umwandlung von über 100 ha innenstädtischen Hafenrands ist stadtgeschichtlich und planerisch von großer Tragweite. Sie markiert nach 100-jähriger Hafennutzung einen Wendepunkt: die Rückkehr der Innenstadt an das Wasser (...)“

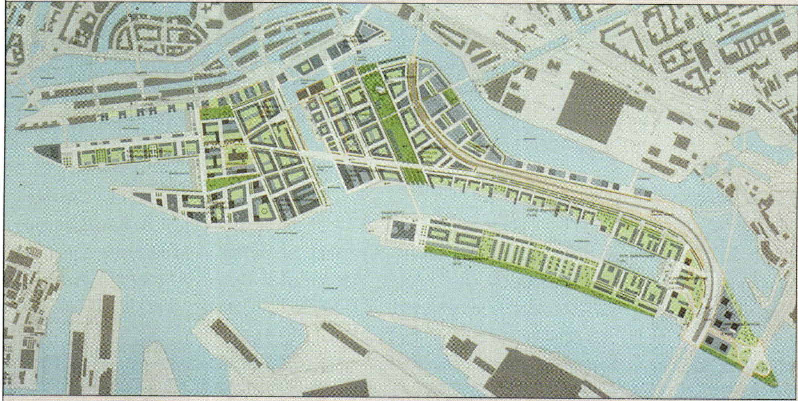

Das Areal der HafenCity in der Draufsicht – gebaut wird von West nach Ost. Rechts: das Bürogebäude von SAP Hamburg – Architektenbüro „Spengler • Wiescholek“, Bauherr ist Häussler Stuttgart

In mehreren Bauphasen verwirklicht, ist das Projekt HafenCity damit nicht nur **das zurzeit größte stadtentwicklungspolitische Vorhaben in Hamburg** – es wird dies über die nächsten 15 bis 20 Jahre auch bleiben. So lange, rechnen Stadtplaner, dauert es bis zur völligen Realisierung. Die Macher selbst sind guter Dinge: „Ob auf Bürgerversammlungen oder in Einzelgesprächen mit Hamburgern – die meisten stehen dem Vorhaben HafenCity positiv gegenüber“, erzählt Uwe Bodemann, der als Stadtplaner bei der Stadtentwicklungsbehörde einige Jahre federführend am Entwurf der HafenCity mitgearbeitet hat.

Konkret umfasst das unter dem Namen HafenCity zu erschließende Gebiet 155 ha ehemalige Hafenfläche. 100 ha davon sind Land-, 55 Wasserfläche. Es erstreckt sich von der Kehrwiederspitze und der historischen Speicherstadt in der Altstadt über Klostertor Richtung Elbbrücken zu den benachbarten Stadtteilen Rothenburgsort und Veddel. Nach den Vorstellungen der Planer soll hier eine gemischte Nutzung aus Wohnen, Kultur, Freizeit, Tourismus, Handel und Gewerbe auf einer Geschossfläche von etwa 1,5 Mio. m² entstehen. Geplant sind Wohnungen für 10 000 bis 12 000 Einwohner sowie Büroflächen für mehr als 20 000 Arbeitsplätze.

Der Wunsch, den Hafen im Kernbereich Hamburgs u.a. durch ein attraktives Wohnungsangebot neu zu gestalten und so auch die nahe Innenstadt wieder stärker zu beleben, war bereits in den 1980er Jahren aufgekommen. Vorbild waren Metropolen wie London oder Rotterdam. Und schon das „Hamburger Bauforum“ von 1989 hatte die Hafenareale südlich der Speicherstadt in den Blick genommen. Erste sichtbare Ansätze zu einer Neuentdeckung dieses Quartiers zeigten sich Anfang der 1990er Jahre mit dem Bau des **Hanseatic Trade Centers** (HTC) auf der Kehrwiederspitze. 1996 folgte dann die „Studie zur Entwicklung des innerstädtischen Hafenrandes zwischen Grasbrook und Baakenhafen“, vorgelegt vom

HAFENCITY

Uwe Bodemann erklärt das Modell der HafenCity im „Kesselhaus"

HafenCity

Die HafenCity in Zahlen

Gesamtgröße: 155 ha

Wasserflächen: 55 ha

Landflächen: 100 ha

Bauland: 650 ha

Länge Ost–West: 3300 m

Breite Nord–Süd: 1000 m

Länge der Kaianlagen: ca. 10 km

5500 Wohnungen für bis zu 12 000 Menschen

20 000 Arbeitsplätze

Entfernung zum Hauptbahnhof 1100 m, zum Rathaus 800 m

Hamburger Architekten Volkwin Marg. Nur ein Jahr später gab die Bürgerschaft im August 1997 den offiziellen Startschuss mit ihrem Beschluss, die HafenCity zu entwickeln.

Eine **Masterplankonzeption** konkretisierte 1998 entwicklungsplanerische Vorhaben; Gutachten über Altlasten, zur Ökologie sowie zu Lärm- und Geruchsemissionen wurden erstellt. 1999 folgte ein **städtebaulicher Wettbewerb**, dessen 1. Preis an hamburgplan AG, Christiaanse/ASTOC ging. Dass dies alles so rasch ging, liegt vor allem daran, dass der größte Teil der betroffenen Flächen im Besitz der Freien und Hansestadt Hamburg ist (75 ha). Weitere Grundstückseigner sind die Deutsche Bahn AG (20 ha), die Bundesfinanzverwaltung und Privatleute (ca. 10 ha).

Nur drei Jahre nach den ersten Entwürfen nimmt die HafenCity Gestalt an. Als erster namhafter Investor baute der Softwareentwickler SAP am Kopf des Grasbrookhafens ein Schulungscenter. Am Sandtorkai entstehen fünf Wohnhäuser und drei Bürogebäude. Für sie wie für die übrigen Flächen musste aus Gründen des Hochwasserschutzes der Boden der HafenCity um drei Meter aufgeschüttet werden. Weitere unerlässliche Voraussetzung war die Errichtung der drei **Kibbelsteg-Brücken**. Sie sind nicht nur für Fußgänger und Radfahrer der direkte Weg zwischen Innenstadt und HafenCity – bei Sturmflut führt über sie auch der sichere Weg von Feuerwehr, Polizei und Rettungsfahrzeugen zu Hamburgs neuem „Cityerweiterungsgebiet".

Dies könnte nicht nur für zukünftige Anwohner selbst, sondern mit Grünflächen, Uferwegen und Gastronomie auch für Ausflügler attraktiv sein. Ein Kreuzfahrtterminal ist ebenfalls vorgesehen. Gebaut werden soll in sechs Etappen von West nach Ost, Fertigstellung könnte um 2020/25 sein. Vielleicht aber geht auch alles viel schneller: Sollte Hamburg 2012 die **Olympischen Spiele** ausrichten, entstünde im Bereich des Baakenhafens in Klostertor das Olympische Dorf, das Pressezentrum würde am Oberhafenkanal zwischen den Elbbrücken in Rothenburgsort errichtet. Als Platz für das Olympiastadion ist der Kleine Grasbrook im Gespräch. Und die HafenCity wäre bereits in zehn Jahren Realität.

Bisher nur eine Simulation: Der Kaispeicher A am Westkopf des Dalmannkais könnte zu einem Mediencenter werden

Langenbek

bestand viele Jahrhunderte aus nur einer Hofstelle. In den 1950er Jahren begann der Wandel zum Wohnstadtteil, der mit der Fertigstellung des familienfreundlichen Neubaugebiets „Langenbeker Feld“ 1994 abgeschlossen wurde. Mittlerweile sind die Gärten angelegt, und auch das Freizeitangebot wird ständig größer

Steckbrief

Fläche:
0,838 km²

Einwohner:
4399

Verwaltung:
Bezirk Harburg, Kerngebiet

Ortsteil:
707

Die Engelbek bildet die Grenze zu Marmstorf. Unten: Schildbuckel und römische Lanze (Pilum) stammen vom kaiserzeitlichen Urnenfriedhof (1. nachchristliches Jahrhundert)

Zahlreiche Erklärungen für Stadtteilnamen gelten als wissenschaftlich nicht gesichert. Über die Bedeutung der Endung „-bek“ herrscht dagegen Einigkeit – sie bezeichnet einen Bach. Der heute Langenbek im Osten begrenzende Bach wurde zuerst 1366 erwähnt, als die Ritter Grote und von Bekedorpe ihre Weide der Kirche in Sinstorf überließen. Ihn ließ Harburgs zweiter Herzog, Otto II., im Zuge der Errichtung der Butenmühle 1564/65 zum **Außenmühlenteich** aufstauen. 1667 wird im Harburger Amtslagerbuch der Bachverlauf zwischen Langenbek und Außenmühlenteich als „Mühlenstrom“, unterhalb der Außenmühle als „Mühlenbeck“ und vor Harburg als „Engelbeck“ bezeichnet. Die letztgenannte Bezeich-

nung übernahm der Volksmund für den ganzen Wasserlauf. Seit 1988 ist man endgültig der Stimme des Volkes gefolgt, und nun steht in den offiziellen Gewässerkarten nur noch „Engelbek“ verzeichnet.

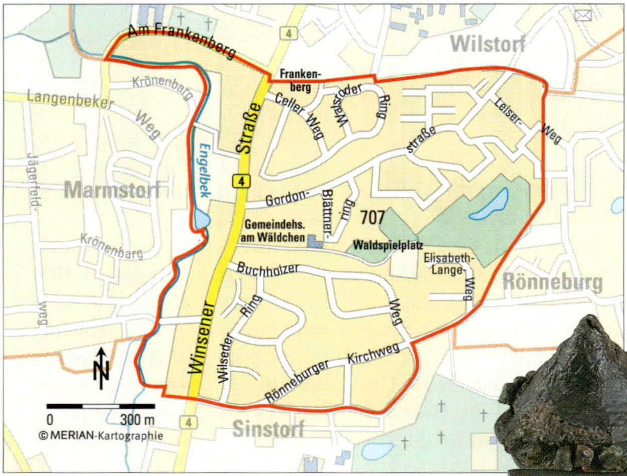

Lanzen und Schwerter

In den letzten Januartagen des Jahres 1956 herrschte nicht eben ideales Wetter für weitere Notgrabungen, um Vorgeschichtsschätze vor den Planierraupen zu retten. Wenige Wochen zuvor hatten Mitarbeiter des Helms-Museums in Harburg von den bevorstehenden Erdarbeiten auf einem seit längerem bekannten Urnenfriedhof in Langenbek erfahren und umgehend mit der Grabung begonnen. Dabei kamen **190 Gräber** aus der Zeit vom 2. vorchristlichen bis zum 2. nachchristlichen Jahrhundert zum Vorschein: Es wurden u.a. Schwerter, Lanzenspitzen und Schildbuckel gefunden.

Von allen Baumaßnahmen bis heute unberührt blieb dagegen ein Hügel in dem kleinen,

Das Neubaugebiet Langenbeker Feld wurde mit Spielstraßen besonders familienfreundlich errichtet

Die Winsener Straße hieß früher „Zeller Heerweg“

auf einer Anhöhe gelegenen Buchenwäldchen oberhalb des *Blättnerrings*. Die **bronzezeitliche Grabstelle** zählt zu den wenigen erhaltenen, oberirdisch sichtbaren archäologischen Denkmälern der Vorzeit im süderelbischen Raum.

Aus der Geschichte

Bereits Anfang des 14. Jahrhunderts ist für Langenbek ein Hof mit Wassermühle schriftlich belegt. Aus dem Winsener Schatzregister von 1450 erfahren wir den Namen der damals **einzigen Hofstelle**. Sie wird als „De Meygersche“ urkundlich genannt. Der Hof bildete die Keimzelle Langenbeks und stand möglicherweise schon dort, wo sich noch heute der Hof von Landwirt Hermann Riege an der *Winsener Landstraße* befindet. 1483 werden zwei Höfe erwähnt, von denen einer besetzt und der andere wüst ist. 1488 ist die Rede von zwei Höfen und einer Mühle, und 1667 gibt es nur noch einen Hof. Nach der Neugliederung des Amtes Harburg gehörte Langenbek zur um 1645 gegründeten **Vogtei Höpen**. Schon seit Ende des 15. Jahrhunderts tauchte in den Quellen – in unterschiedlichen Schreibweisen – der Familienname Heitmann als Wirt des Hofes auf. So bewirtschaftete 1667 ein Henneke Heitmann das Land. In schriftlichen Quellen aus der Mitte des 18. Jahrhunderts waren neben dem „Vollhöfner Hinrich Heidtmann“ dann auch der Zubauer und Tagelöhner Henning Herbes verzeichnet. Auf Grundlage der Hannoverschen Gemeindeordnung von 1852/59 wurde Langenbek **selbstständige Gemeinde** im Landkreis Harburg und schließlich im Rahmen des Groß-Hamburg-Gesetzes (1937/38) nach Hamburg eingemeindet.

Gepflegte Nachbarschaft

Langenbek ist mit nur wenig mehr als 0,8 km² Hamburgs **drittkleinster Stadtteil**. Nicht verwunderlich ist daher, dass es weder Schule, Breitensportverein noch Kulturtreffpunkt gibt. Sogar der Langenbeker Friedhof liegt auf Sinstorfer Gebiet. Hinzu kommt, dass die meisten Langenbeker Neubürger

Das „Riegesche Bauerngewese“ brannte 1973 ab

Zeitleiste

1450 „De Meygersche" Hofstelle

1564/65 Errichtung der Butenmühle, Aufstauung des Mühlenbaches

um 1645 Langenbek zur neu gegründeten Vogtei Höpen

1852/59 Langenbek wird selbstständige Gemeinde

1937/38 Langenbek wird im Rahmen des Groß-Hamburg-Gesetzes in die Hansestadt eingemeindet

1991 Errichtung des Gemeindehauses „Am Wäldchen"

1997 „Energiefüchse Langenbek e.V."

2001 HVV-Linie 143 bekommt Haltestelle am Blättnerring

sind, die erst vor wenigen Jahrzehnten hierher kamen. Nun wächst der Stadtteil nach und nach zusammen: Die neuen und die alteingesessenen Langenbeker finden gemeinsame Interessen und setzen sich dafür ein, dass sich das Angebot vor Ort weiter verbessert. So wurde z.B. das „Gemeindehaus am Wäldchen" für den Langenbeker Teil der **ev.-luth. Kirchengemeinde Sinstorf** 1991 am *Blättnerring* errichtet. Vormittags kommen die Stadtteil-Knirpse zum Spielen; aber auch ein Literaturkreis, eine Seniorentanzgruppe und natürlich die Langenbeker Konfirmanden nutzen die Räumlichkeiten für ihre Aktivitäten.

Langenbek ist treffsicher

Wie überall im Bezirk Harburg existiert auch in Langenbek ein örtlicher **Schützenverein**. Schon 1897 wurde er gegründet und ist damit der älteste Verein des Stadtteils. Hier wird nicht nur geschossen, die 80 Mitglieder pflegen auch Geselligkeit und Tradition: Anlässlich des 100. Vereinsgeburtstags trugen sie neben Schießsport-Anekdoten zahlreiche Abbildungen zusammen und schufen so für die Festschrift einen historischen Bilderbogen aus Langenbeks Vergangenheit. Zu den festen Bestandteilen des Stadtteillebens zählt das jährliche Vogelschießen, das alle Langenbeker als richtiges Volksfest mit Karussells, Umzug und Festball feiern.

Er ziert die Brust des Königs: der Langenbeker Schützenorden. Rechts: Ohne moderne Technik geht es auch im Traditionsverein nicht

Ziel- und treffsicher müssen auch die Mitglieder des **Tennisclubs Langenbektal e.V.** sein, um den gelben Ball richtig zu platzieren. „Der TCL ist fest in Langenbek verwurzelt, und viele Mitglieder wohnen nur wenige Gehminuten entfernt", erklärt der Vereinsvorsitzende Jürgen Stenger und fügt jedoch an: „Ganz offiziell liegen die Freiluftplätze knappkantig auf Marmstorfer Gebiet."

Füchse und Igel

„Nächsten Monat ist wieder ein Fußballturnier der Igel", erzählt Klaus-Dieter Dittmer. Während Ortsfremde ratlos einen Scherz oder eine zoologische Sensation vermuten, wissen die meisten Langenbeker, dass Herr Dittmer von einer der Freizeitaktivitäten spricht, die von der „Interessengemeinschaft Langenbeker Feld und angrenzende Stadtgebiete", kurz **IgeL F**, initiiert werden. Die etwa 20 Mitglieder der IgeL F wollen das Freizeitangebot in Langenbek verbessern, denn „Wohnen, Essen und Schlafen" ist ihnen in ihrem Umfeld zu wenig.

Gleiche Interessen haben auch die **Energiefüchse Langenbek e.V.**: Ob gemeinsamer Heizöleinkauf, Sonderverträge mit der HEW oder Einkaufsvereinbarungen mit Preisvorteilen – die Mitgliedschaft lohnt sich. Neben finanziellen Vorteilen erhalten die 126 cleveren Mitglieder der 1997 gegründeten „Füchse" Anregungen zur Energieeinsparung und erfahren z.B., wie man Regenwasser regenerativ nutzt.

Handel im Wandel

Während man jahrhundertelang von den Erträgen lebte, die auf den Langenbekschen Feldern erwirtschaftet wurden, müssen heute die meisten Stadtteilbewohner zu ihren Arbeitsplätzen pendeln. Ein Industriegebiet oder andere grö-

„Die kleine Wundertüte" ist beliebt bei Groß und Klein

Stadtteil-Profil

	Langenbek	Bezirk	Hamburg
Bevölkerung gesamt (2000)	4399	196 263	1 704 929
Unter 18-Jährige in %	22,4	19,2	16,1
65 Jahre und älter in %	16,9	16,9	17,0
Deutsche	4181	157 260	1 432 325
Ausländer in %	5,0	19,9	16,0
Einwohner je km²	5249	1222	2258
Sozialstruktur			
Sozialhilfeempfänger (2000)	151	17 127	120 461
Arbeitslose (2001)	144	10 107	71 963
Eink. je Steuerpfl. in DM (1995)	65 819	56 444	65 579
Wohnen (2001)			
Wohngebäude	1147	27 486	226 061
Ein- und Zweifamilienhäuser in %	56,5	25,3	20,5
Ø Wohnungsgröße in m²	78,2	69,9	71,0
Wohnfläche je Einwohner in m²	33,8	32,5	35,7
Verkehr			
Private Pkw (2001)	1829	70 144	628 119
Straßenverkehrsunfälle (2000)	15	1197	12 430
Kriminalität			
Straftaten insgesamt (2000)	240	26 879	284 272

© Statistisches Landesamt

Wahlverhalten

... zur Bürgerschaft 2001 (gesamt)

Wahlbeteiligung	71,0%
SPD	**36,5%**
CDU	**26,2%**
Schill-Partei	**19,4%**
Grüne/GAL	**8,6%**
FDP	**5,1%**
Übrige	**4,2%**

... zur Bürgerschaft 2001 (Stadtteil)

Wahlbeteiligung	75,5%
SPD	**34,0%**
CDU	**27,3%**
Schill-Partei	**26,4%**
Grüne/GAL	**5,5%**
FDP	**3,7%**
Übrige	**3,0%**

Handel und Handwerk vereint das Autohaus Lehmbeck unter einem Dach. Deutlich weniger PS brauchen Langenbeks Gärtner, um ihren Rasen kurz zu halten

ßere Arbeitgeber gibt es hier nicht. Und seinen landwirtschaftlichen Betrieb stellte **Langenbeks letzter Bauer** Hermann Riege 1990 ein. Edda und Hans-Dieter Lindtner verkaufen zwar noch Bio-Eier und Honig vor ihrem Haus *Am Frankenberg*, die Imkerei und die Hühner sind aber mehr Hobby als lukrativer Nebenverdienst. Ansonsten bestimmen Handwerksbetriebe, Supermärkte und kleinere Läden das wirtschaftliche Stadtteil-Bild. Exklusive Kindermode, Spielzeug und Geschenke bietet Sabine Brauel-Lewerenz in der *Winsener Straße* an. **Die kleine Wundertüte** ist nicht nur für viele Stammkunden immer einen Besuch wert, auch Kinder finden es hier nicht langweilig: Während die Großen in Ruhe stöbern, toben sie über den privaten Spielplatz vor dem Haus. Handel und Handwerk vereint das **Autohaus Lehmbeck** seit 1990 in Langenbek unter einem Dach. 20 Spezialisten für die Marken „Chrysler" und „Jeep" kümmern sich um Kundenwünsche in Werkstatt und Verkauf.

Von einem Hof zum Wohngebiet

Noch zu Beginn des 19. Jahrhunderts lag das „Riegesche Bauerngewese" einsam an der Landstraße nach Lüneburg. Seit 1891 hat sich die Zahl der Langenbekschen Wohngebäude in drei Phasen von 13 um fast das Hundertfache auf über 1100 vergrößert. Anfang des 20. Jahrhunderts begann entlang der *Winsener Straße* die **erste Besiedlung**. Noch 1950 lebten gerade einmal 659 Menschen im Stadtteil; in den nächsten zwanzig Jahren erfolgte dann die intensivere Bebauung mit zumeist **zweigeschossigen**

„Sommertracht": Honig aus Langenbek gibt es bei den Lindtners Am Frankenberg

Bürgergeschichten

„Nächster Halt: Blättnerring"

***Klaus-Dieter Dittmer** erzählt in seiner „Chronik einer Bushaltestelle" von den Hindernissen, die zu überwinden waren, bevor die Bewohner des Neubaugebiets Langenbeker Feld ohne langen Fußmarsch einen Bus besteigen konnten*

Klaus-Dieter Dittmer und die „IgeL F" setzten sich ein: Nun hält am Einhausring die Linie 143

Viel Mühe und Zeit kostete der Einsatz für unsere eigene Bushaltestelle. Aber es hat sich gelohnt. Ein kleiner Abriss der Geschehnisse:

Mitte bis Ende der 1980er Jahre:
Attraktiver Wohnraum ist knapp. Die Boomtown Hamburg sucht für ihre Bürger geeignete Flächen und wird fündig. Eines der Neubaugebiete ist das Langenbeker Feld. Neben dreigeschossigen Mietwohnungen gibt es Reihen-, Doppel- und Einzelhäuser. Links und rechts der Hauptstraße werden „Ringe" – oft als Spielstraßen – angelegt. Die Bevölkerung des kleinen Stadtteils Langenbek im Süden Hamburgs wird um ca. 2000 Menschen wachsen. Selbstverständlich sieht die Planung die Anbindung des Langenbeker Feldes an den öffentlichen Personennahverkehr (ÖPNV) vor. Eine Buslinie soll die vielen Menschen zur Arbeit und wieder nach Hause bringen.

Anfang der 1990er Jahre:
Um Neubauten so günstig wie vorgesehen vermieten zu können, wird nicht drei-, sondern viergeschossig gebaut. Auf die Buslinie wird verzichtet. Sie war nicht unumstritten. Lärm, Müll und Gefährdung lauteten die Stichworte. Viel Streit um die Linienführung und eine Änderung der Grundlage von Linienplanungen beim HVV ließen den Bus ins Langenbeker Feld in das Reich der Visionen driften.

1997: Das genau hat der IgeL F: Visionen für das Langenbeker Feld. Die Interessengemeinschaft Langenbeker Feld – kurz IgeL F – gibt nicht auf. Wir setzten weiterhin auf die Anbindung an den ÖPNV und forderten dies öffentlich auf einer Sitzung des Verkehrsausschusses des Bezirks Harburg. Der frühere Protest gegen die Buslinie war nicht verstummt, deswegen haben die Mitglieder der IgeL F sich die Meinung der Bevölkerung über eine Unterschriftenaktion eingeholt. Sogar die Politik mischte sich ein und verschaffte sich bei Lokalterminen einen Überblick.

Das Für und Wider einer Buslinie wurde unter Nachbarn z.T. heftig diskutiert, und auf so einigen Sitzungen habe auch ich öffentlich gestritten.

Hat's was gebracht?
Ich denke schon, die Menschen zeigten Flagge und sind mit ihren Emotionen dabei. Die Auseinandersetzung hat deutlich gemacht, dass wir als Menschen in einem Wohngebiet auf ein Miteinander angewiesen sind. Der Einsatz für eine Buslinie war für die IgeL F kein heiliger Krieg. Hauptanliegen ist mir das Miteinander der Menschen in diesem Gebiet. Das war und ist die eigentliche Herausforderung. Mithilfe der Politiker wurde schließlich ein Kompromiss für die Linienführung gefunden.

10. Juni 2001:
Mit dem Fahrplanwechsel und der Einführung der Metrobusse zum 10. Juni 2001 hat das Langenbeker Feld eine Buslinie. Aus Sicht der IgeL F ein Erfolg für die Menschen, die hier wohnen. Und was erlebe ich? Es gibt Zeiten, da findet nicht jeder Fahrgast einen Sitzplatz, obwohl der Bus in Langenbek seine Tour beginnt.

Zum Toben, Spielen und Rutschen machen sich die Kinder auch aus der weiteren Umgebung auf den Weg. Nur an ein paar Tagen im Jahr gibt es „Kindervergnügen" auf dem Schützenfest

Reihenhäusern, die im Norden und Süden des Stadtteils an zum Teil neuangelegten Ringstraßen errichtet wurden. Zwischen 1987–94 entstand schließlich die gemischte **Siedlung Langenbeker Feld** mit mehreren Hundert Wohneinheiten. Vor allem junge Familien sind von der kinderfreundlichen Gestaltung des Wohngebiets angetan.

Treffpunkt Waldspielplatz

Stadtteilbewohner, die sich nicht nur die Beine vertreten oder einen kurzen Weg mit ihrem Hund machen wollen, überschreiten fast unweigerlich Langenbeks Grenzen. Für ausgedehnte Spaziergänge nutzen die meisten die Wanderwege der benachbarten Stadtteile. Entlang der Engelbek gelangt man entweder in den Harburger Stadtpark (s. Wilstorf) oder wandert über Sinstorf ins Niedersächsische. Nur die jüngsten Langenbeker wollen ihren Stadtteil für Frischluft-Aktivitäten gar nicht verlassen: Der oberhalb des *Blättnerrings* gelegene **Waldspielplatz** bietet ihnen eine autofreie Kulisse für lustige Kinderspiele.

Köpfe

Willi Grandt wohnt zwar gerade eben nicht mehr in Langenbek, kann aber aus seiner Wohnung erkennen, welcher Vereinsfreund vom TCL gerade den Schläger schwingt. Der passionierte Tennisspieler ist trotz seiner über 80 Lebensjahre immer noch Tennis-aktiv. Seit einigen Jahren spielt das Ehrenmitglied des TCL zwar nur noch Doppel, doch die Bewunderung auch der jüngsten Tenniscracks ist ihm sicher: „Wenn wir in dem Alter doch noch so fit wären…", hört er immer wieder auf der Anlage.

Obwohl **Brigitte Eilken** erst seit 1988 in Langenbek wohnt, kennt man sie im Schützenverein schon sehr viel länger. 1972 kam sie durch verwandtschaftliche Beziehungen in den Verein und knüpfte schnell Kontakte. Die zweimalige Schützenkönigin schießt nicht nur, sie sorgt als Pressewartin des Vereins auch dafür, dass in den regionalen Nachrichtenblättern rechtzeitig zu lesen ist, wann in Langenbek der Vogel abgeschossen werden soll oder andere Vereinsfestivitäten auf dem Programm stehen.

Was die Vorteile einer „temperaturdifferenzgesteuerten Pumpenregelung" sind, wissen die wenigsten. **Trygve Radtke** durchschaut als Gründungsmitglied und zweiter Vorsitzender der „Energiefüchse Langenbek e.V." solche technischen Finessen besser. Der gebürtige Harburger lebt seit 1991 in Langenbek und erklärt interessierten Nachbarn gerne, wie man Energie sparen kann und damit auch wirtschaftliche Vorteile erzielt.

Von oben: Willi Grandt, Brigitte Eilken und Trygve Radtke engagieren sich in Langenbeker Vereinen

Langenhorn

gehört zu den bevölkerungsstärksten Gegenden in Hamburgs Norden, obwohl der Anteil an Ein- und Zweifamilienhäusern – oft in historischen Siedlungen des Stadtteils – sehr hoch ist. Zu Langenhorn gehören viel Park- und Gartengrün, ein reiches Kulturangebot, Hamburgs größtes Krankenhaus und ein „Oktoberfest“

Steckbrief

Fläche:
13,753 km²
Einwohner:
40 146
Verwaltung:
Bezirk Hamburg-Nord, Ortsamt Fuhlsbüttel
Ortsteil:
432

Der Begriff „Horn“ steht für einen Hügelrücken. Der Geestrücken des „Langen Horns“ zieht sich von Fuhlsbüttel bis zum Ochsenzoll hin. Bis ins 18. Jahrhundert war er mit Buchen und Eichen bewaldet.

Steinzeitliches Wohnen

Auf einer Karte Langenhorns von 1750 sind einige **Hügelgräber** eingezeichnet, die eine steinzeitliche Besiedlung belegen. Um 1900 kamen viele vorgeschichtliche Funde ans Licht, vor allem am Raakmoorgraben, wo Bauern beim Pflügen auf zahlreiche Urnen stießen. Viel Wald, mehrere Bäche und ein gut zu bearbeitender Boden machten die guten Bedingungen aus für eine frühzeitige Kultivierung der Gegend.

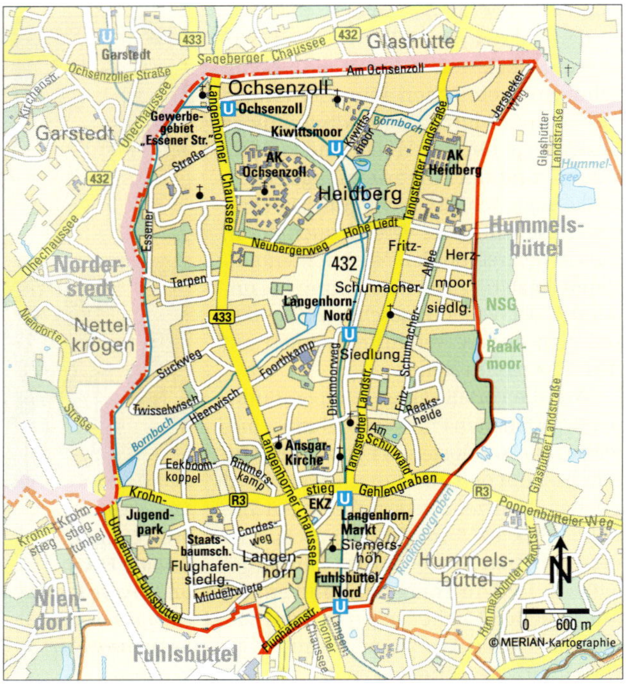

Aus der Geschichte

Mit der Erwähnung **Marquards de Langenhorne**, der aus Langenhorn nach Hamburg gekommen war, tauchte Langenhorn 1269 aus seiner mittelalterlichen Anonymität hervor. Ein wenige Jahre später entstandenes Dokument verrät etwas mehr über das Dorf und die Besitzverhältnisse: 1283 gab es sechs Hufen (s. Spadenland), und das Dorf gehörte dem Kloster Reinfeld, das es in diesem Jahr an die Grafen von Holstein und Stormarn verkaufte. 1332 erwarb die vermögende Hamburger Kaufmanns- und Ratsherrenfamilie **vom Berge**, die auch andere Dörfer nördlich von Hamburg besaß, das waldreiche Langenhorn. Während des 16. Jahrhunderts ging das Dorf an das Hospital St. Georg über, das bis 1829/30 Besitzer Langenhorns blieb. Abgesehen von den fremden Heerscharen, die Langenhorn im 17. Jahrhundert zweimal zu erdulden hatte, gab es keine schweren Zeiten zu ertragen, und einige Bauern brachten es zu ländlichem Wohlstand. Einer von ihnen konnte ein großes Darlehen für den Turmbau der Trinitatis-

In Langenhorn wohnt man im Grünen: die Fritz-Schumacher-Siedlung

Kirche (St. Georg) geben. Allerdings hatten die Bauherren sich verkalkuliert, was Langenhorn mit dem Verlust des größten Teils seines Baumbestands zu büßen hatte: Bis 1767 war fast aller Wald gerodet. Die Blüte Langenhorns war mit dem Beginn der Franzosenzeit vorerst vorüber, die Kontributionen und Pflichtdienste brachten die Bauern in Bedrängnis. Im Jahr 1818 musste eine **Armenkasse** eingerichtet werden. Erst um 1840 hatte sich das Dorf wirtschaftlich erholt. Zu dieser Zeit gehörte Langenhorn bereits zur 1830 neu eingerichteten **Landherrenschaft der Geestlande**. Eine für die Bewohner Langenhorns weitreichende Veränderung erfolgte 1867 mit der Eingliederung in das Zollgebiet des Norddeutschen Bundes. Die Zollgrenze zu Hamburg wurde von der Landesgrenze beim **Ochsenzoll** nach Eppendorf verlegt: Waren, die aus Hamburg nach Langenhorn gebracht wurden, mussten nun verzollt werden. Und die Nebeneinkünfte, die sich die Langenhorner beim Umgehen des Zollpostens am Ochsenzoll verschafft hatten, fielen weg. Aber der Straßenname *Schmuggelstieg* erinnert noch heute an das hier früher blühende, nicht legale Gewerbe.

Das Modell des einstigen Dorfes wurde von Mitgliedern des Bürger- und Heimatvereins erstellt. Im oberen Drittel ist die Gabelung der heutigen Tangstedter Landstraße und der Langenhorner Chaussee zu sehen

Ende des 19. Jahrhunderts begann Hamburg, sich der Flächenreserven seiner Landgemeinden zu bedienen. 1892 war Baubeginn für die neue „Irrenanstalt“ an der Tannenkoppel. Ein stetiges Bevölkerungswachstum setzte ein: Um 1890 hatte Langenhorn rund 900 Einwohner, 1919 waren es schon 4200. Später erfolgte ein erheblicher Zuzug vor allem durch den Bau der **Fritz-Schumacher-Siedlung**, sodass 1925 bereits 7950 Menschen in Langenhorn lebten. Diese Zahl verdoppelte sich bis Mitte der 1930er Jahre noch einmal, und als im Sommer 1943 die Luftangriffe große Teile des Hamburger Wohnungsbestandes zerstörten, fanden viele Ausgebombte in Langenhorn eine Bleibe.

In den Nachkriegsjahrzehnten entstanden in schneller Folge neue Wohnsiedlungen, um die Wohnungsnot zu lindern. Mit der baulichen Verdichtung ging auch ein Blick verloren, der sich bis dahin von der höchsten Stelle Langenhorns im Nordosten geboten hatte: Von hier aus hatte man die Türme in der Innenstadt sehen können.

Der Schmuggelstieg an der Grenze zu Schleswig-Holstein: Hier wurde im 19. Jahrhundert rege über die Zollgrenze geschmuggelt

Zeitleiste

1283 erste Erwähnung

1332 im Besitz der Hamburger Familie vom Berge

1514–1615 Erwerb durch das St. Georg-Hospital

1830 Landherrenschaft der Geestlande

1913 Stadtteil

1921 Hochbahn (heute U-Bahn)

1925 Gründung der Griffelkunst

1965 Eröffnung EKZ Langenhorner Markt

ab 2002 Bezug der „heidberg. villages"

Architektur: von alt bis neu

Aus der bäuerlichen Zeit Langenhorns sind noch einige **Reetdachhäuser** erhalten. Aber auch sie lassen nicht mehr erahnen, wo denn einst der Dorfkern lag. Ein Modell des Dorfes in der Grundschule Flughafenstraße verrät mehr: Der Kern lag etwa bei der Gabelung von *Langenhorner Chaussee* und *Tangstedter Landstraße*.

Ein architektonisches Kuriosum ist der beim Ochsenzoll gelegene **Bärenhof**, den sich der mittelalterbegeisterte Hausmakler Emil Römling um 1900 errichten ließ. Das Anwesen wirkt mit seinen Türmen, einem Verlies und einer Kapelle wie eine kleine Burg. Den Namen hat die Miniaturburg von dem Bären, den der exzentrische Bauherr in einem Zwinger hielt.

Ganz oben: der Innenraum der Ansgar-Kirche. Oben: Mit dem mittelalterlich anmutenden Bärenhof besitzt Langenhorn eine kleine Burg. Ihre Zukunft ist jedoch ungewiss. Rechts: die Börner-Speeldeel in Aktion

Von 1930 stammt Langenhorns ältestes Gotteshaus: Die **Ansgar-Kirche** war keine schmucke Dorfkirche, wie sie viele Langenhorner sicher vorgezogen hätten. Stattdessen erhielten sie eine Kirche, die zu den wichtigen sakralen Beispielen des **Neuen Bauens** gehört: ein länglicher Kubus und ein viereckiger Turm, beides aus dunklem Klinker und wie aus dem Anker-Baukasten zusammengesetzt. Eine Besonderheit ist die Orgel: Sie wurde von Hans Henny Jahnn gefertigt, dem Schriftsteller, der zugleich Orgelbauer war. Ein weiteres Beispiel des Neuen Bauens ist das Altenwohnheim des **Daniel-Schutte-Stifts** am *Höpen.*

Das monumentalste Gebäude Langenhorns ist die Ende der 1930er Jahre errichtete Kaserne der Waffen-SS, die seit dem letzten Krieg das **Krankenhaus Heidberg** beherbergt. Architektonisch sind die langen Gebäudezeilen eher belanglos; der Komplex erzielt seine einschüchternde Wirkung allein durch das überdimensionale Tor aus Haustein. Einen Teil dieser Wirkung hat das Tor aber jetzt durch den hinter ihm neu errichteten Eingangstrakt verloren.

Bürgerhaus und Co.

Das **Bürgerhaus** an der *Tangstedter Landstraße* in der Nähe des *Langenhorner Markts* gibt es seit 1965. Lange Jahre befand sich im Erdgeschoss die öffentliche **Bücherhalle**, deren neue Heimat das Einkaufszentrum Langenhorner Markt ist. Günter Förster, Vorsitzender des Langenhorner Bürger- und Heimatvereins, erläutert: „Im Bürgerhaus treffen sich jährlich rund 50 Gruppen, darunter Skatvereine, die Guttempler und auch politische Parteien." Freitags kommen die **Langenhorner Schachfreunde** zum königlichen Spiel. Das Bürgerhaus beheimatet auch die **Volkshochschule Langenhorn** und die **Altentagesstätte der Arbeiterwohlfahrt**. Montags

Griffelkunst aus Langenhorn

Erschwingliche Kunst für jedermann gibt es seit den 1920er Jahren von der Griffelkunst-Vereinigung Hamburg-Langenhorn e.V.

Weil die Langenhorner so weit draußen lebten, mussten sie sich selbst um das Kulturleben kümmern. Und das kann sich, ganz wörtlich genommen, sehen lassen: Seit 1925 vermittelt die **Griffelkunst** druckgrafische Arbeiten renommierter Künstler an ihre Mitglieder. Initiator dieser auf Geben und Nehmen beruhenden Künstlerförderung war der Lehrer Johannes Böse (1879–1955), der an der Siedlungschule im *Timmerloh* unterrichtete, der heutigen Fritz-Schumacher-Schule. Für den Lehrer war sein Konzept ein Beitrag zur Volksbildung, denn dieses richtete sich nicht an Wohlhabende, sondern an die geringer Verdienenden, wie sie in der Kleinhaussiedlung Langenhorn wohnten: „Wir wollen die bildende Kunst zu einem selbstverständlichen Besitz des Volkes machen, den Sinn für das Echte wecken und ausbilden." So formulierte Böse das Anliegen der Griffelkunst. Bis heute ist die Schule der Hauptsitz der Vereinigung. Ihr Wirken dagegen hat sich inzwischen auf ganz Deutschland ausgeweitet: In 80 Zweigstellen von der Nordsee bis zu den Alpen können die mittlerweile 4000 Mitglieder Radierungen, Lithografien, Holzschnitte oder andere, rein grafische Arbeiten zu einem Preis, der unter dem Marktwert liegt, erwerben – und verpflichten sich, die Arbeiten nicht weiterzuverkaufen.

Griffelkunst-Initiator Johannes Böse in einer Lithografie des Hamburger Malers und Grafikers Karl Kluth (1898–1972)

trifft sich der **Deutsche Senioren-ComputerClub Hamburg**, der seine Zentrale im Altenzentrum Ansgar hat. Einen Bürgerverein, der sich für die Belange der damaligen Landgemeinde einsetzte, besaß Langenhorn übrigens schon seit 1877. Während des Zweiten Weltkriegs löste er sich auf, um dann 1952 mit dem **Langenhorner Bürger- und Heimatverein** seinen Nachfolger zu finden.

Siedlung aktiv

Ein besonderes Gemeinschaftsgefühl zeichnet die Bewohner der **Fritz-Schumacher-Siedlung** aus. Als die ersten Bewohner in die Siedlung zogen, gab es noch keine Gemeinschaftseinrichtungen. So wurde 1920 der „Siedlerverein Langenhorn" gegründet, um den Zusammenhalt der Bewohner zu fördern. Seit 1952 heißt er **Gemeinschaft der Fritz-Schumacher-Siedlung Langenhorn e.V.** Die Bewohner nennen sich übrigens **Börner**, wie die seit 1921 erscheinende Siedlungszeitschrift (Born = Quelle). Von Anfang an waren bei der Gemeinschaft neben Vorträgen zu Themen wie Bodenbearbeitung, Geflügelzucht und Spalierobst kulturelle Veranstaltungen angesagt. Höhepunkt ist das nach den Sommerferien stattfindende **Siedlerfest** mit großem Umzug.

1983 gründete Günter Wulff in der Gemeinschaft die Laienbühne **Börner-Speeldeel**. Jedes Frühjahr führt sie im Gemeindesaal der Broder-Hinrick-Kirche ein plattdeutsches Stück auf, und zur Adventszeit gibt es für die kleinen Langenhorner ein Weihnachtsmärchen.

„Nu mach schon!" Beim Kartenspielen im Bürgerhaus wird fröhlich gezockt

Ein in Norddeutschland einmaliges Unterrichtsangebot an Geologie in der Sekundarstufe II zeichnet das 30 Jahre alte **Gymnasium Heidberg** an der *Fritz-Schumacher-Allee* aus. Daraus entstand 1998 das auf mehrere Jahre angelegte

Die Fritz-Schumacher-Schule: ein digital bearbeitetes Foto von Werner Schwentker, der im November 2000 den Ehemaligenverein der Schule ins Leben rief

Vulkanforschungsprojekt „Student's Volcano Monitoring Project". Engagierte Schüler nehmen an geologischen Forschungen über aktive Vulkane teil. Das Gymnasium ist im Rahmen dieses Projekts bereits mehrfach bei Schülerwettbewerben ausgezeichnet worden.

Stadtteilleben am Käkenhof

Seit Jahren organisiert der **Stadtteilverein „Im Tarpenwinkel"** Kulturangebote für die Bewohner des **Quartiers Essener Straße**. Einen Schwerpunkt bildet hierbei die Arbeit im Außenraum,

es gibt z.B. Feste, Kleinkunst, Märchentage, Ausstellungen und Kulturaktionen speziell mit Kindern auf dem „Marktplatz Käkenhof". Im Jugendtreff des Vereins am *Käkenflur*, dem **sit.com**, steht Jugendlichen zur Durchführung von Medienprojekten mit Filmkameras, einem Fotolabor und PCs eine optimale Ausstattung zur Verfügung. Beim jährlichen Projekt „Schwarzblende" entstehen unter Mitarbeit der Jugendlichen aus der Umgebung Filme für Toleranz, gegen Ausländerfeindlichkeit und Gewalt, die später beim Verein oder bei der Landeszentrale für politische Bildung ausleihbar sind. Im Jahr 2002 wurde die Medienarbeit vom Bündnis für Demokratie und Toleranz als vorbildlich ausgezeichnet. Seit 1999 betreibt der Verein das **Stadtteilcaféprojekt KOMM** als Treffpunkt für alle Bewohner des Quartiers. Ebenfalls am Käkenhof ist das **Internet-Café für Senioren** zu finden, ein Gemeinschaftsprojekt der Kirchengemeinden Broder Hinrick, St. Jürgen und Zachäus mit dem Schröderstift.

Vom Feiern und vom Sport

Dass die Langenhorner gut feiern können, beweisen sie beim **Langenhorner Oktoberfest**, das allerdings schon im September für Gaudi und gastronomische Genüsse sorgt, und beim ebenfalls jährlich im Herbst stattfindenden **Hamburger Inlineskating-Fest** der SPD Langenhorn-Süd, bei dem jeder sein Können unter fachkundiger Anleitung erproben und verbessern kann.

Mitte 2002 haben der **SC Langenhorn** und der Fuhlsbütteler **TuS Alstertal** fusioniert. Der damit entstandene Verein, einer der größten in Hamburg, trägt jetzt den Namen **Sportclub Alstertal-Langenhorn e.V.** Seit vielen Jahren gibt es in den verschiedenen Schul-

Die letzte Wissenskontrolle vor der Klassenarbeit vorm Brunnen im ersten Stock der Fritz-Schumacher-Schule. Rechts: Sehr beliebt sind die Open-Air-Veranstaltungen des Stadtteilvereins „Im Tarpenwinkel" auf dem „Marktplatz Käkenhof". Darunter: Bis die anderen zum „Rundlauf" kommen, spielen die beiden allein im Jugendpark

turnhallen Langenhorns die sportliche Bandbreite von Turnen über Leichtathletik bis hin zu Volleyball. Gekickt wird auf der Sportanlage Siemershöh an der *Langenhorner Chaussee*. Auf der Tennisanlage Langenhorn-Nord am *Beckermannweg* ist auf Innen- und Außenplätzen Tennis angesagt.

Zahlreiche Gäste hat Langenhorn in den Monaten vor und nach den Sommerferien: Dann kommen viele Schulklassen zum **Jugendpark Langenhorn**, einer Jugendherberge auf einem weitläufigen

Stadtteil-Profil

	Langenhorn	Bezirk	Hamburg
Bevölkerung gesamt (2000)	40 146	275 802	1 704 929
Unter 18-Jährige in %	17,9	12,3	16,1
65 Jahre und älter in %	20,6	17,8	17,0
Deutsche	35 559	237 560	1 432 325
Ausländer in %	11,4	13,9	16,0
Einwohner je km²	2919	4799	2258
Sozialstruktur			
Sozialhilfeempfänger (2000)	2152	14 042	120 461
Arbeitslose (2001)	1513	10 893	71 963
Eink. je Steuerpfl. in DM (1995)	58 771	65 475	65 579
Wohnen (2001)			
Wohngebäude	8508	29 345	226 061
Ein- und Zweifamilienhäuser in %	40,7	9,9	20,5
Ø Wohnungsgröße in m²	71,4	64,6	71,0
Wohnfläche je Einwohner in m²	34,4	38,2	35,7
Verkehr			
Private Pkw (2001)	15 655	100 186	628 119
Straßenverkehrsunfälle (2000)	235	2159	12 430
Kriminalität			
Straftaten insgesamt (2000)	4426	37 814	284 272

© Statistisches Landesamt

Wahlverhalten

... zur Bürgerschaft 2001 (gesamt)

Wahlbeteiligung	71,0%
SPD	36,5%
CDU	26,2%
Schill-Partei	19,4%
Grüne/GAL	8,6%
FDP	5,1%
Übrige	4,2%

... zur Bürgerschaft 2001 (Stadtteil)

Wahlbeteiligung	73,3%
SPD	42,1%
CDU	24,1%
Schill-Partei	20,0%
Grüne/GAL	6,2%
FDP	4,2%
Übrige	3,4%

grünen Gelände. Aber auch andere Gruppen, wie z.B. afrikanische Kirchengemeinden, nutzen den Jugendpark für ihre überregionalen Treffen.

Wirtschaftsleben

Große Gewerbeflächen liegen vor allem am *Tarpenring* und an der *Essener Straße*. Früher arbeiteten hier die „Hanseatischen Kettenwerke" sowie die „Deutsche Mess-Apparatebau".

Im nördlichen Teil der *Essener Straße* siedeln sich seit einigen Jahren neue Firmen an, darunter der Versandservice **Hermes**, und seit 1999 ist auch das Forschungs- und Entwicklungszentrum **Lilly Forschung GmbH** hier beheimatet. Die Tochterfirma des US-amerikanischen Pharmaunternehmens Eli Lilly and Company, das zu den zehn größten Pharmaunternehmen der Welt gehört, entwickelt hauptsächlich Arzneistoffe zur Therapie von Diabetes mellitus. Rund 140 Mitarbeiter forschen in Langenhorn in den Bereichen Biologie, Medizinische Chemie und Darreichungsformen für pharmazeutische Produkte.

Am *Tarpen* und am *Tarpenring* befindet sich mit dem **Valvo Park**, einem großen Baumarkt, mehreren Baumaschinenherstellern, einer Druckerei und Firmen aus verschiedenen Bereichen ein großes Gewerbegebiet. Auf dem Areal des heutigen Valvo Parks an der Ecke *Essener Straße/Tarpen* wurden ab Mitte der 1930er Jahre bei den „Hanseatischen Kettenwerken" (HAK) und der „Deutschen Mess-Apparatebau" (MESSAP) – zwei der größten Hamburger Rüstungsbetriebe der NS-Zeit – Geschosshülsen und Granatenzünder produziert. Später hatte hier die Röhrenfabrik Valvo, eine Philips-Tochter, ihre Produktionsstätten. Seit Ende der 1990er Jahre gestaltet der Immobilienentwickler Manfred Vogler das Gebiet zum **modernen Gewerbepark** um. Die Altbauten wurden größtenteils saniert und restauriert, Neubauten sind in Planung. Neben Architekturbüros, Druckereien, Internetfirmen sowie Werkzeug- und Maschinenbauern befindet sich hier auch der **Kunstverein Kettenwerk e.V.** Für sportlichen Ausgleich sorgt der Fitness- und Wellnessclub Elixia.

Im Forschungs- und Entwicklungszentrum Lilly Forschung gibt es viele Apparaturen wie diese Wirbelschichtanlage für Trocknungsprozesse

Bürgergeschichten

„Sütterlin-Schreibstube zieht Kreise“

Peter Hohn, Leiter der Sütterlin-Schreibstube des Altenzentrums Ansgar, erzählt von der internationalen Arbeit der Senioren

Peter Hohn in der Sütterlin-Schreibstube im Altenzentrum Ansgar. An den Computern übertragen Senioren in Sütterlin geschriebene Texte

Es ist etwa sechs Jahre her, dass sich Jörg Kraußlach, der damalige Leiter des Altenzentrums Ansgar, eine außergewöhnliche Aufgabe für die Bewohner des Altenzentrums ausdachte. Nachdem er sich die Frage gestellt hatte: „Was können alte Menschen, junge jedoch nicht?“, kam er auf die Idee, eine Sütterlin-Schreibstube einzurichten. Diese Idee fand großen Anklang bei den Bewohnern. Und so erklärten sich viele bereit, bei der Übertragung von Briefen, Tagebüchern, Reise- und Fluchtberichten sowie alter handschriftlicher Urkunden – teilweise noch aus dem 16. Jahrhundert – in unsere heutige Schrift mitzuhelfen. Natürlich lebte auch die eine oder andere persönliche Erinnerung wieder auf. Dabei war die Betreuung unseres damaligen Gemeindepfarrers, Pastor Delius, der anfangs die Gruppe leitete, besonders wichtig.

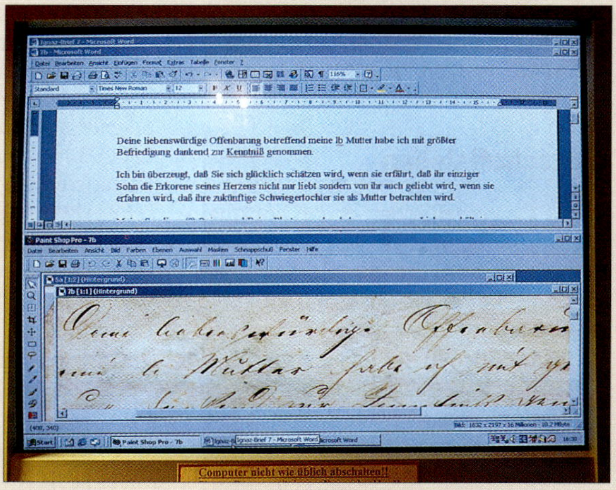

Oft ist die Arbeit recht mühevoll, denn nicht immer sind Handschrift des Urhebers und Zustand der Originale so gut wie bei dieser Vorlage

Recht bald schlossen sich auch andere Senioren aus Langenhorn und den angrenzenden Stadtteilen als aktive Mitglieder der Sütterlin-Schreibstube an. Und nachdem die Genealogische Gesellschaft Hamburg eine Notiz über uns ins Internet stellte, bekamen wir vermehrt Aufträge von Nachkommen deutscher Auswanderer und jüdischer Flüchtlinge aus den USA.

Als Pastor Delius im Herbst 2000 aus Hamburg wegzog, habe ich die Leitung der Schreibstube übernommen. Für mich war klar: „So eine gute und erfolgreiche Idee darf man nicht einschlafen lassen.“

Im Januar 2001 organisierte unser Arbeitskreis ein Treffen, zu dem auch Pressevertreter gekommen waren. Kurz darauf kam über die bundesweite Berichterstattung in den Medien eine unglaubliche Lawine ins Rollen, von der wir ziemlich überrascht waren. Noch immer melden sich Leute aus dem norddeutschen Raum bei uns, die gern mitarbeiten wollen. Und die Flughafen Hamburg GmbH beteiligte sich mit einer Spende von Diktiergeräten. Ebenso entstanden weitere internationale Kontakte. Eine solche Resonanz hatte keiner erwartet. Natürlich sind wir auch für Organisationen vor Ort aktiv, so haben wir für das Rote Kreuz Protokolle aus der Zeit nach dem Ersten Weltkrieg übertragen.

Ein Glücksfall für uns ist der seit einem Jahr im Altenzentrum bestehende Senioren-ComputerClub. So ist es möglich, dass wir jeden Montag schwierige handschriftliche Briefe direkt am Bildschirm übertragen.

Ein weiteres Projekt des Altenzentrums Ansgar, an dem die Schreibstube beteiligt war, fand im Frühjahr 2002 statt: Am Reekamp gab es eine Ausstellung von Bildern des 1812 geborenen Altonaer Landschaftsmalers Louis Gurlitt. Zu sehen waren auch Briefe aus dem Familienbesitz zusammen mit unseren Übertragungen.

Mächtig präsentiert sich das Tor zur ehemaligen SS-Kaserne. Heute befindet sich in den Gebäuden dahinter ein Teil des Klinikums Nord, ehemals AK Heidberg

Wirtschaftsfaktor Krankenhaus

Seit der verwaltungsmäßigen Zusammenlegung der Allgemeinen Krankenhäuser Heidberg und Ochsenzoll 1997/98 bildet das damit geschaffene **Klinikum Nord Heidberg-Ochsenzoll** die größte Einrichtung im Landesbetrieb Krankenhäuser. Die Neustrukturierung erfolgte aus wirtschaftlichen Gründen, um Kosten zu senken und die zukünftigen Entwicklungsmöglichkeiten der beiden Häuser zu erhöhen.

Die 28 Fachabteilungen, von der Inneren Medizin über die Neurologie und Kinderheilkunde bis hin zur Abteilung für Psychiatrie und Psychotherapie, verfügen über 1480 Betten und versorgen jährlich etwa 72 000 Patienten. Besonders ausgebaut ist im Klinikum Nord die unfallmedizinische Abteilung.

Gute Anbindung

Schon 1904 gab es erste Planungen, Langenhorn per Schiene mit der noch weit entfernten Stadt zu verbinden. Aber es dauerte noch einige Zeit, ehe im Januar 1918 die erste **Dampflok** fuhr. 1921 war die Strecke, auf der heute die **U 1** fährt, elektrifiziert. 1969 wurde sie bis Garstedt verlängert, 1996 bis Norderstedt-Mitte. Die Linie führt mitten durch den Stadtteil und hat hier fünf Bahnhöfe. Wichtige Verkehrsverbindungen für Autofahrer sind die *Tangstedter Landstraße*, die *Langenhorner Chaussee* und der **Ring 3**, der hier *Krohnstieg* heißt. Auf der *Langenhorner Chaussee* allerdings hat schon so mancher seinen Außenspiegel gelassen: Die zweispurige Straße wird nämlich allzu häufig vierspurig genutzt, und wer nicht aufpasst, kommt dem Gegenverkehr unter Umständen ein bisschen zu nah. Mit der im Juni 2000 vollständig in Betrieb genommenen **Flughafenumgehung**, die im Südwesten die Grenze zu Fuhlsbüttel bildet, hat Langenhorn eine Stadtteilautobahn. Durch die Nähe zum Flughafen müssen die Langenhorner Fluglärm hinnehmen, profitieren aber auch vom kurzen Weg dorthin.

Wohnen für Jung und Alt

Von den 40 000 Bewohnern Langenhorns wohnen 40 Prozent in Ein- oder Zweifamilienhäusern: Das sind doppelt so viele wie im Hamburger Durchschnitt. So ließe sich denn auch eine Geschichte der Wohnsiedlungen des 20. Jahrhunderts gut anhand der vielen Beispiele Langenhorns schreiben. Schon vor 1914 entstanden die Pläne für die bürgerliche

Von den Anfängen des öffentlichen Nahverkehrs mit Pferdewagen bis heute sind nur wenig mehr als 100 Jahre vergangen. Links: Vom U-Bahnhof Langenhorn Markt sind nicht nur Einkaufszentrum und Bürgerhaus gut zu erreichen

Siedlung **Siemershöh** zwischen *Willersweg* und *Moorreye*, benannt nach ihrem Initiator, dem Kaufmann und Universitätsmäzen Edmund Siemers. Die meisten Häuser der als Gartenstadt geplanten Anlage wurden jedoch erst nach 1918 errichtet und nicht mehr streng am ursprünglichen Gesamtkonzept ausgerichtet. Nach dem Ende des Krieges entstand weiter nördlich auch die vom damaligen Baudirektor Fritz Schumacher konzipierte und weitaus größere **Kleinhaussiedlung**, die seit dem Tod Schumachers 1949 seinen Namen trägt und sich seit 1990 selbst verwaltet. Die rund 650 Reihen- und Doppelhäuser der Siedlung, bestimmt für weniger bemittelte Bewohner, entstanden mit den kargen Baumaterialien der Zeit. Die Qualität der Siedlung liegt in ihren städtebaulichen Ideen: den symmetrisch

Abstrakt: Die Skulptur auf dem Gelände des ehemaligen AK Ochsenzoll zeigt eine Herde Ochsen

Kein seltener Anblick: ein Jet über der Villa des Hamburger Architekten Fritz Höger (1877–1949) in der Langenhorner Chaussee. Rechts: modernes Wohnen an der Hohen Liedt. Darunter: Hier im Norden ein bisschen deplatziert wirkt die hübsche Schwarzwaldsiedlung

angelegten Straßen, den Freiräumen und der zentral gelegenen Schule, die Schumacher als kulturelles und soziales Zentrum konzipierte.

Zu den einheitlich gestalteten, auf den ersten Blick erkennbaren Wohnquartieren gehört auch die **Schwarzwaldsiedlung** an der *Essener Straße*. Die eingeschossigen Häuser zeigen Anklänge an die heimatliche Architektur ihrer Erstbewohner: Sie wurden 1939/40 für süddeutsche Rüstungsfacharbeiter errichtet.

Aktuelle und in den letzten Jahren abgeschlossene Wohnungsbauprojekte haben den Wohnungsbestand noch erheblich erweitert. Zugenommen hat dabei die städtebauliche Qualität, denn auch Langenhorn hat die Sünden der Stadtplanung aus den 1960er und 1970er Jahren zu ertragen. Problemgebiete Langenhorns sind vor allem der äußerste Nordosten und die **Siedlung Essener Straße**, errichtet 1979–84. Die Nähe zum Gewerbegebiet und eine mangelhafte Infrastruktur kennzeichnen das Quartier, in dem etwa ein Drittel der Langenhorner Bevölkerung lebt.

Viele der neuen Wohnungen entstehen als moderne Stadt- oder Reihenhäuser; diese Quartiere, z.B. an der *Hohen Liedt*, sollen vor allem jüngere Steuerzahler in der Stadt halten, die erschwingliches Wohneigentum suchen. Das größte Projekt sind die **heidberg.villages**: Südlich und östlich des AK Heidberg errichtet der Bauverein zu Hamburg 524 Eigentumswohnungen und Stadthäuser in aktueller Architektursprache. Die vier Bereiche „Village 1–4“, entworfen von verschiedenen Architekturbüros, gliedern die auf 1500 Bewohner ausgerichtete Gesamtanlage. Zu den ökologischen Kriterien gehören begrünte Dächer und die Oberflächenentwässerung des Quartiers in Gräben. Mit der U-Bahn-Station Kiwittsmoor ist der Anschluss an das Schienennetz gegeben. Im Osten der „Villages“ liegt die bisher unbebaute Hummelsbütteler Feldmark.

Zu den Senioreneinrichtungen Langenhorns gehört **Johann-Heinrich Schröders mildtätige Stiftung**, deren früherer Sitz in Rotherbaum als Schröderstift bekannt ist. 1971, im Jahr des 100-jährigen Bestehens, zog die Stiftung ins Grüne nach Langenhorn ans *Kiwittsmoor*. In dem Wohnstift sind 270 Senioren zu

Hause. Auch die Eppendorfer **Daniel-Schutte-Stiftung** hat einen Ableger in Langenhorn; sie residiert seit 1928 in einem sachlichen Flachdach-Klinkerbau am *Höpen*. Weitere Seniorenheime sind das **Altenzentrum Ansgar** der Diakoniestiftung Alt-Hamburg und das **Seniorenzentrum Röweland** – hier hält der „Langenhorner Gesangverein von 1866“ seine Übungsstunden ab.

Der Stadtteil verfügt auch über Wohnraum für Studenten: das 1976 erbaute **Hermann-Ehlers-Haus** an der *Fibigerstraße* mit 108 Wohneinheiten sowie die **Wohnanlage Kiwittsmoor** des Studentenwerks Hamburg mit rund 70 Apartments.

Moorige Vergangenheit

Von dem Wald, der sich einst über weite Teile Langenhorns erstreckte, ist schon seit über 200 Jahren nichts mehr zu sehen. Auch von den vielen Mooren hat sich kaum etwas erhalten. Aber Straßennamen dokumentieren zumindest ihre einstige Lage: *Am Ohlmoorgraben, Diekmoorweg, Herzmoortwiete, Kiwittsmoor* etc.

Das einzige noch vorhandene Moor ist das **Raakmoor**, das sich links und rechts des Raakmoorgrabens erstreckt. Die eigentlichen Moorflächen liegen auf der Hummelsbütteler Seite und stehen dort unter Naturschutz (s. Hummelsbüttel). Auf der Langenhorner Seite schließt sich ein kleiner Wald an. Im Raakmoor lebt eine größere Anzahl von Wildtieren, bis hin zu Rehwild, Hasen und Füchsen; Greifvögel können ungestört brüten, und manchmal sieht man Störche und Graureiher. Eine Schülergruppe der **Gesamtschule Am Heidberg** erhielt Ende 2000 den Umweltpreis Hamburg-Nord für ihren Einsatz bei der Renaturierung eines Amphibienlebensraumes im Moor. Vorkämpferin für den Langenhorner Naturschutz war die prominenteste Bewohnerin des Stadtteils: Loki Schmidt. Sie gründete 1976 die **Stiftung zum Schutze gefährdeter Pflanzen**, die 1990 mit der **Stiftung Naturschutz Hamburg** fusionierte. Heute ist die Stiftung deutschlandweit aktiv.

Bekanntschaft mit der moorigen Vergangenheit Langenhorns machen Kinder auf dem **Bauspielplatz Tweeltenmoor**. Er liegt in einem 4,5 ha großen, moorigen Landschaftsschutzgebiet. 1972 gründete eine Elterninitiative die **Initiative Spielplätze und Freizeit Langenhorn Heidberg e.V.** (ISUF) als Träger des Bauspielplatzes und des nahen Jugendclubs, in dem sich Jugendliche ab 14 Jahren zur gemeinsamen Freizeitgestaltung treffen. Das Besondere am Bauspielplatz ist die **Großtierhaltung**, die durch das zur Verfügung stehende Weideland ermöglicht wird. Hier leben Ponys, Esel, Ziegen, Hühner, Kaninchen und Meerschweinchen, die von Kindern mit betreut werden.

Bei schönem Wetter ist auf dem Spielplatz an der Hohen Liedt immer was los

Während die Moore ansonsten nur im Stadtteilgedächtnis erhalten sind, fließen die Wasserläufe Langenhorns weiterhin: die **Tarpenbek** an der Grenze zu Schleswig-Holstein, der Bornbach mitten durch den Stadtteil und der **Raakmoorgraben** an der Grenze zu Hummelsbüttel. Ein anderes Stück Grün in öffentlicher Hand ist die **Staatsbaumschule**, Hamburgs einzige staatliche Einrichtung dieser Art. Sie versorgt den gesamten Bezirk Hamburg-Nord mit ihren Zöglingen.

An der *Hohen Liedt* erstreckt sich das weitläufige **Naturbad Kiwittsmoor**, das von Mai bis zum Sommerende seine Pforten geöffnet hat. Im Vereinsjargon des Hamburger Turnerbundes von 1862 (kurz HTB 62, s. Borgfelde), der das Sommerbad seit 1985 betreut, heißt es schlicht „Kiwi". Seit den 1930er Jahren gehört das Bad zu Langenhorn. Die Besucherzahlen sind allerdings nicht mehr so hoch wie in früheren Jahrzehnten, als bei Sonnenschein der Platz vor dem Zaun stets schwarz war von Fahrrädern.

Ganz im Norden Langenhorns findet man zu beiden Seiten der Tangstedter Landstraße noch ländliche Idylle

Im Raakmoor kann man wandern, Rad fahren und viele schöne Stellen zum Ausruhen finden

Eine Gartenbesonderheit nicht nur für Langenhorn ist der **Heidegarten** am AK Heidberg. Auf trostlosen Exerzierplätzen entstand hier nach 1945 die größte Heidegarten-Anlage Deutschlands. Auf Anregung von Fritz Kirchner, der die Idee aus England mitbrachte, sammelte man Heidepflanzen von verschiedenen Orten und später auch aus anderen Ländern, sodass heute 400 Arten den Heidegarten bilden.

Im Frühjahr kann die Straße *Immenhöven* Anspruch erheben, die schönste Langenhorns zu sein: Dann blühen hier **japanische Kirschbäume** in allergrößter Pracht.

Auch die Bewohner des hohen Nordens, direkt an der Grenze zu Norderstedt, sind einkaufstechnisch recht gut versorgt mit der **Schmuggelstieg Galerie** und den Geschäften an der *Langenhorner Chaussee*.

Besonders in den Wohngebieten vermissen die Menschen jedoch den einen oder anderen Supermarkt. Sie müssen für ihre täglichen Besorgungen meist mit dem Auto fahren.

Seit rund 30 Jahren eine Besonderheit ist das **Trödel-Kaufhaus** von Gerhard Grau. In dem ehemaligen Kino an der *Tangstedter Landstraße 182* kann man so richtig schön stöbern. Hier gibt es Altes, Antikes und Raritäten aller Art.

EKZ und noch viel mehr

Das Einkaufszentrum Langenhorner Markt bietet eine gute Auswahl an Geschäften. Nicht nur viele Langenhorner kommen zum Shoppen hierher

In Langenhorn gibt es viele Einkaufsmöglichkeiten, nicht nur in Kaufhäusern, sondern auch in Einzelhandelsgeschäften und auf dem **Wochenmarkt**. „Dienstags und samstags zum Einkaufen auf den Markt, das ist für die Langenhorner Gesetz“, sagt Gerhard Grau, der als Händler seit rund 30 Jahren Langenhorn und seine Bewohner kennt. Die südliche *Tangstedter Landstraße* und das **Einkaufszentrum Langenhorner Markt** bieten einen guten Branchenmix, den es zu erhalten gilt. Ob dies gelingt, steht in den Sternen. Denn mit der noch für 2002 geplanten Eröffnung des neuen Einkaufszentrums genau gegenüber dem alten, auf dem ehemaligen Schotterplatz mit den Recyclingcontainern, wird sich wohl einiges ändern.

Von gutem Essen

Mehr als 100 Jahre alt ist das rote Reetdachhaus an der *Tangstedter Landstraße*. Es beheimatet das Restaurant **Zum Wattkorn**. Aus dem Traditionshotel machte Spitzenkoch Josef Viehhauser 1982 zusammen mit seiner Schwiegermutter eine Feinschmecker-Hochburg. Früher war es auch bekannt als Wirkungsstätte von „Storchenvater“ Wilhelm Schwen.

Köpfe

Berühmt geworden ist **Wilhelm Schwen** (1890–1972) als „Hamburger Storchenvater". Mitte der 1930er Jahre bekam er von einer Vogelwarte in Ostpreußen fünf Jungstörche. Man wollte erforschen, wie sich die Störche in fremden Klima- und Landschaftsverhältnissen entwickeln würden. Im Herbst sorgten dann zwei der fünf für Schlagzeilen: Sie wollten nicht mit ihren Artgenossen in den Süden ziehen. So blieben sie über den Winter bei Schwen, der sie versorgte; die anderen kehrten im Frühjahr zurück. Im Laufe seines Lebens pflegte der Amateurornithologe hinter dem Gasthaus „Zum Wattkorn" mehr als 150 Störche.

Ein äußerst engagierter Bewohner der Fritz-Schumacher-Siedlung ist **Günter Wulff**. 1983 rief er die Laienbühne „Börner-Speeldeel" ins Leben. Dafür wurde er 2001 vom Zentralausschuss Hamburgischer Bürgervereine mit dem „Portugaleser Bürger Danken" ausgezeichnet. Außerdem gründete der frühere Geschichtslehrer einen Plattdeutschkurs, war lange im Vorstand der Siedlergemeinschaft aktiv und hat viele Jahre als Redakteur für „De Börner" geschrieben. Darüber hinaus verfasste er bereits mehrere Bücher, so die Chronik der Siedlung und ein Buch über ihre Entstehung.

Das Gasthaus „Heimbuche" an der Langenhorner Chaussee ist in einem Reetdachhaus aus dem 19. Jahrhundert beheimatet

Stilvolles Ambiente bietet das ebenfalls aus dem 19. Jahrhundert stammende Restaurant „Zum Wattkorn"

Sie wollen etwas zur Geschichte von Langenhorn, seiner Häuser und Straßen wissen? Dann fragen Sie **Erwin Möller**. Er hat als „Langenhorn-Archivar" eine private Stadtteilsammlung aufgebaut, die in Hamburg ihresgleichen sucht. Damit die ständig wachsenden Bestände greifbar sind, hat der Sammler und Archivar viel Zeit und Sorgfalt für ihre EDV-gestützte Erfassung aufgewandt.

Alice Lebastchi hat sich Langenhorn langsam angenähert: Geboren wurde sie in Winterhude und wohnte später in Eppendorf und an der *Alsterkrugchaussee* in Groß Borstel. 1990 kam sie in Langenhorn an – und fühlt sich hier inzwischen sehr zu Hause, im *Stockflethweg*, in einem kleinen Reetdachhaus, einem der letzten Langenhorns.

Wie bei Wilhelm Schwen geht es auch bei **Olaf Nieß** um große Vögel. Im Rahmen seiner Tätigkeit als Revierjagdmeister ist er dafür zuständig, im Herbst die Schwäne auf der Alster zusammenzutreiben, um sie in ihr Winterquartier am Eppendorfer Mühlenteich zu bringen. Im Frühjahr setzt der „Schwanenvater" sie dann wieder auf der Alster aus. Gern widmet sich der Wehrführer der Freiwilligen Feuerwehr Langenhorn-Nord auch der ebenfalls in seinen Aufgabenbereich fallenden Pflege von kranken und verletzten Tieren.

Eingerahmt von Störchen und Schwänen: Wilhelm Schwen, Günter Wulff, Alice Lebastchi, Erwin Möller und Olaf Nieß

Lemsahl-Mellingstedt

liegt hoch im Norden Hamburgs. Der grüne Wohnstadtteil ist ein junges Stück Hamburg: Er kam erst spät an die Stadt, und sein Kinderanteil ist besonders hoch. Sehr alt sind dagegen die Hügelgräber in der Feldmark der früheren Dörfer

Steckbrief

Fläche: 7,936 km²
Einwohner: 6960
Verwaltung: Bezirk Wandsbek, Ortsamt Walddörfer
Ortsteil: 521

Lemsahl, gesprochen mit kurzem „e", ist das nördliche der beiden ehemaligen Dörfer. Der Name bezeichnet einen lehmigen, abflusslosen Tümpel. Mit der Mellingburg, der Wehrburg in der Alsterschleife im Norden Sasels, ist der zweite Namensteil verbunden. Die Endung „stedt", die eine Wohnstätte bezeichnet, belegt eine Gründung schon vor dem Jahr 1000. „Melling" oder „Madling" könnte der Name des Gründers gewesen sein.

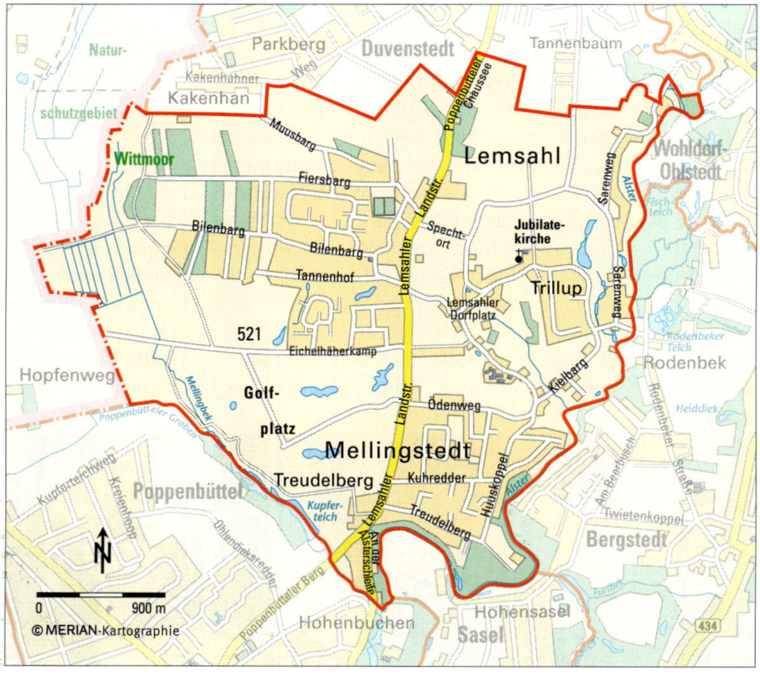

Aus der Geschichte

Lemsahl-Mellingstedt ist eines der Hauptfundgebiete der jungsteinzeitlichen **Trichterbecherkultur** im Hamburger Raum (ca. 4000–2000 v. Chr.). Aus der Bronzezeit sind sieben Hügelgräber erhalten.

1271 erwarb das Hamburger Domkapitel Land in den kleinen Dörfern, deren Grenze entlang dem *Tannenhof*, dem *Redderbarg* und dem Bach Horstbek verläuft. Mit dem Teilungsvertrag von 1314, der die Alster als Grenze zwischen den Linien der Schauenburger Grafen festlegte, fielen die Dörfer an das Gut Tremsbüttel.

Seit dem 17. Jahrhundert mussten die Bewohner dem Kanzleigut Tangstedt ihre Dienste leisten. In dieser Zeit entstand auch der Doppelname. Die verwaltungsmäßige Zugehörigkeit zum **Gut Tangstedt**, ab 1866 zum **preußischen Amt Tangstedt**, blieb bis zum Groß-Hamburg-Gesetz von 1937/38 bestehen, mit dem die Gemeinde Teil der Hansestadt und schließlich eines der **Walddörfer** (s. Wohldorf-Ohlstedt) wurde.

In Alsternähe, in der Gemarkung Trillup, arbeitete im 19. Jahrhundert eine **Ziegelei**, die bekannt

Nicht nur im Sommer dient in Lemsahl der historische Dorfplatz als Veranstaltungsort

war für ihre gelben Klinker. Nach dem Großen Brand von 1842 belieferte sie über die Alster viele Hamburger Baustellen. Heute zeugen von ihr noch einige Teiche, die „Alte Mühle" in Bergstedt, 1882 mit **Trilluper Klinker** gebaut, und die Mundsburger Brücke auf der Uhlenhorst.

Ein Dorf in der Stadt

Kommt man über die ehemalige Landstraße von Poppenbüttel nach Mellingstedt, überquert man in einer Senke die Mellingbek und erblickt zwei der schönsten Gebäude des Stadtteils: rechter Hand einen um 1820 errichteten **klassizistischen Holzbau** und gegenüber die große, 1984 nach einem Brand neu errichtete Kate mit dem Namen **Ole Luus** („Alte Laus"). Weil man hier früher an der starken Steigung zusätzliche Pferde vorspannen musste, sprach man vom „lausigen Berg". Davon soll sich der Name der Kate herleiten, erklärt der ehemalige Landwirt Klaus Peter Dreckmann. Neben der Kate fällt das prächtige Haus im Heimatschutzstil auf: Das hatte sich 1910 der Zimmermeister Mohr gebaut, der Schwiegervater des Heimatdichters **Ludwig Frahm** (s. Poppenbüttel).

Fisch genießen: Stock's Restaurant in der Kate „Ole Luus"

Lemsahl besitzt noch seinen historischen Dorfplatz: Um das baumbestandene Areal gruppieren sich Hofanlagen vom Ende des 19. Jahrhunderts. Auf dem Platz stehen als Zeugnisse vergangener Tage **zwei hölzerne Schneepflüge**, die einst von Pferden gezogen wurden.

Der Wachstumsdruck der Großstadt Hamburg hat in den letzten Jahrzehnten die dörflichen Strukturen bedroht. 1960 sah der **Hamburger Aufbauplan** den Ausbau der S-Bahn von Poppenbüttel bis Lemsahl vor – mit vielen Bauten rund um den Bahnhof. Doch auch ohne dies Großprojekt hat sich einiges gewandelt.

Per Kahn auf der Alster kamen Trilluper Klinker vor 1900 auf viele Hamburger Baustellen

Während sich das dörfliche Ambiente östlich der *Lemsahler Landstraße* erhalten hat, sind westlich davon in den 1990er Jahren mehrere Hundert Wohneinheiten, vor allem Einfamilienhäuser, entstanden. Geplant war ursprünglich eine noch deutlich stärkere Verdichtung mit teils mehrgeschossiger Bebauung. Eine Klage des **Heimatbundes Lemsahl-Mellingstedt**, die bis zum Bundesverfassungsgericht ging, endete mit einem Vergleich; das Bauvolumen wurde

Wahlverhalten

… zur Bürgerschaft 2001 (gesamt)

Wahlbeteiligung	71,0%
SPD	**36,5%**
CDU	**26,2%**
Schill-Partei	**19,4%**
Grüne/GAL	**8,6%**
FDP	**5,1%**
Übrige	**4,2%**

… zur Bürgerschaft 2001 (Stadtteil)

Wahlbeteiligung	87,1%
SPD	**30,9%**
CDU	**34,7%**
Schill-Partei	**16,7%**
Grüne/GAL	**7,0%**
FDP	**9,6%**
Übrige	**1,2%**

Stadtteil-Profil

	Lemsahl-Mellingstedt	Bezirk	Hamburg
Bevölkerung gesamt (2000)	6960	405 173	1 704 929
Unter 18-Jährige in %	26,0	17,1	16,1
65 Jahre und älter in %	11,1	18,8	17,0
Deutsche	6229	359 918	1 432 325
Ausländer in %	10,5	11,2	16,0
Einwohner je km²	877	2742	2258
Sozialstruktur			
Sozialhilfeempfänger (2000)	29	25 017	120 461
Arbeitslose (2001)	101	14 222	71 963
Eink. je Steuerpfl. in DM (1995)	110 767	70 631	65 579
Wohnen (2001)			
Wohngebäude	1980	68 964	226 061
Ein- und Zweifamilienhäuser in %	88,5	31,4	20,5
Ø Wohnungsgröße in m²	116,6	77,1	71,0
Wohnfläche je Einwohner in m²	39,6	37,0	35,7
Verkehr			
Private Pkw (2001)	3206	166 212	628 119
Straßenverkehrsunfälle (2000)	15	2255	12 430
Kriminalität			
Straftaten insgesamt (2000)	259	41 067	284 272

© Statistisches Landesamt

reduziert. Trotzdem sind die Grundstücke klein, die Bebauung ist dicht und dörfliches Flair kaum noch zu spüren. Mit den Neubauten ist die Bevölkerung stark gewachsen: von 5110 in 1990 auf über 7000 in 2001. Inzwischen ist hier fast jeder Dritte noch keine 18 Jahre alt.

Mit dem Trecker zur Schule

Auf ganz besondere Weise erleben jedes Jahr die vielen Erstklässler ihre **Einschulung**. Nach dem Besuch des Gottesdienstes in der ev.-luth. Jubilatekirche am *Madacker* holt Bauer Sprotte die Kleinen mit dem Trecker ab und tuckert mit ihnen zur Schule. Die Organisation der Tour liegt in den Händen des **Heimatbundes Lemsahl-Mellingstedt**. Mit seinen 660 Mitgliedern stellt der rege Bürgerverein viel auf die Beine: Osterfeuer, Jazzfrühschoppen und Flohmarkt, plattdeutsches Theater. In der Adventszeit lädt er ein zum Weihnachtsmärchen in der Kirche und zum Singen auf dem Dorfplatz unter der Tanne, die von der Freiwilligen Feuerwehr aufgestellt und von Schul- und Kindergartenkindern geschmückt wird. Auch zum **gemeinsamen Frühjahrsputz** des Stadtteils ruft der Heimatbund auf. „Das machen wir seit 30 Jahren, schon lange bevor es modern wurde", berichtet der Vorsitzende Hans-Jürgen von Appen. Und seit über 30 Jahren lädt der Heimatbund am ersten Dezembersamstag zum **Schweinelotto im Gasthaus Offen** ein – das ist der gesellschaftliche und unterhaltsame Höhepunkt im Jahreslauf des Stadtteils. Für die Teilnahme an dieser walddörflichen Bingovariante – bei der man „Pott!" und nicht „Bingo!" ruft und ein halbes Schwein als Hauptgewinn dient – stehen schon längst nicht mehr nur die Eingesessenen im dichten Gedränge.

Baum und Bauernhaus: das Logo des Heimatbundes Lemsahl-Mellingstedt. Rechts: Joachim Sprotte kutschiert die ABC-Schützen am ersten Schultag

Der hohe Anteil junger Einwohner zeigt sich auch an den großen Konfirmandenjahrgängen der **Jubilatekirche**, am Kinderchor und den Jugendgruppen. Jährlicher Höhepunkt ist die **Kinderbibelwoche** in den Herbstferien. Landidylle zeigt sich, wenn die Kinder des Gemeindekindergartens draußen spielen: Kühe und Schafe schauen ihnen zu.

Am *Sarenweg* liegt das **Haus Trillup**, eine Wohnstätte für 40 Menschen mit geistiger Behinderung. Tagsüber arbeiten viele von ihnen in Hamburger Werkstätten. Geleitet wird das Haus von Rainer Wilcke und Ute Knaack. Für die Integration des Asylbewerberheims in den Stadtteil sorgt der Freundeskreis des Asylbewerberdorfes Fiersbarg mit Dörte Minkoley als Ansprechpartnerin.

Gemessen an der Einwohnerzahl des Stadtteils hat der **Lemsahler Sportverein** (LSV) eine beachtliche Größe. Die 1500 aktiven Mitglieder haben vor

kurzem am *Eichelhäherkamp* ein neues Domizil gefunden. Neben den Ballsportarten steht das Reiten als ländlicher Breitensport im Vordergrund: 60 Mädchen nehmen allein an den Voltigierkursen teil. Ein **Haus der Jugend** für alle jungen Bewohner des Stadtteils könnte ins neue LSV-Vereinshaus integriert werden. „Wir wollen offene Jugendarbeit praktizieren", erklärt der LSV-Vorsitzende Jürgen Wehleit.

Golf statt Gülle

Die ehemals vorherrschende Landwirtschaft hat ihre Bedeutung verloren. Seit zwei Jahren gibt es nur noch **einen einzigen Vollerwerbsbauern**: Joachim Sprotte verkauft seine Produkte direkt vom Hof. Auf den einstigen Ländereien des Gutes **Treudelberg** ist einer der schönsten Golfplätze Norddeutschlands entstanden. Das Marriott Hotel Treudelberg, zu dem der 18-Loch-Platz gehört, hat die Landwirtschaft als größten Arbeitgeber abgelöst. 125 Personen arbeiten in dem Fünf-Sterne-Haus.

Ein Gewerbegebiet gibt es im Stadtteil nicht, dafür aber einige seit Generationen ansässige Handwerksbetriebe. Zu ihnen gehören die 1867 gegründete **Bäckerei**, bis 2001 von Familie Offen, jetzt von Claus Cordes betrieben, und die Kfz-Werkstatt der **Familie Dalldorf**. Auch Kreative haben sich hier niedergelassen. Die Modedesignerin **Barbara Lohmann** entwirft in ihrem Haus an der *Lemsahler Landstraße* exklusive Damen- und Herrenmode, die sie europaweit vertreibt. Andere kreative Arbeiten, Werke junger Hamburger und bekannter internationaler Künstler, sind in der **Galerie Meißner** an der *Radekoppel* zu sehen. Skulpturen unter freiem Himmel zeigt die Galerie regelmäßig auf dem Gelände des Treudelberg-Hotels.

Einkaufsmöglichkeiten gibt es im Stadtteil nur wenige. Für den größeren Einkauf ist man auf das benachbarte Duvenstedt oder Poppenbüttel angewiesen, mit denen Lemsahl durch die Buslinien 176 und 276 verbunden ist. Unbefriedigend ist die **mangelhafte Querverbindung** zwischen *Lemsahler*

„Schweinelotto" im Gasthaus Offen. Unter dem Zylinder Moderator Herbert Pawlak.
Unten: das Golfhotel Treudelberg

Zeitleiste

1271 erste urkundliche Erwähnung der beiden Dörfer
1475 an Sachsen-Lauenburg
1571 Verpfändung, 1679 ganz an Schleswig-Gottorp
1867 preußische Landgemeinde
1937/38 Eingemeindung nach Hamburg
1962 eigenständige Kirchengemeinde
1992 Eröffnung des Hotels Treudelberg

1911 übernahm Familie Dalldorf die Dorfschmiede. Heute hat ihre Tankstelle und Kfz-Werkstatt mit ganz anderen Pferdestärken zu tun

Bürgergeschichten

„Der Landmann Ernst Behn“

Zumindest im offiziellen Schriftverkehr der 1930er Jahre war statt des heutigen Begriffs „Bauer“ oder „Landwirt“ noch die stolze Bezeichnung „Landmann“ üblich. Gerd Müller berichtet aus dieser Zeit in seinen Erinnerungen an den Landmann Ernst Behn

Gerd Müller, 1928 in Lemsahl geboren, hat den allmählichen Wandel des Dorfes zum Stadtteil miterlebt

Einer der für mich eindrucksvollsten Bauern hier bei uns in Lemsahl-Mellingstedt war Ernst Behn (1881–1960). Er erwarb seinen Hof an der Westseite des heutigen Redderbargs zwischen Bertastraße (jetzt Tannenhof) und Glashütter Weg (jetzt Eichelhäherkamp) im Jahre 1911, wie noch heute die an der nördlichen Stirnseite des Bauernhauses erhaltene Tafel mit der Inschrift „Ernst Behn – 1911“ ausweist.

Während alle anderen Bauern des Dorfes mit Pferdegespannen arbeiteten, bewirtschaftete Behn mit seiner Frau Wilhelmine, Tochter Else und Sohn Richard die zum Hof gehörenden Flächen mit vier Ochsen. Der frühere Pferdebestand ging im Ersten Weltkrieg verloren. Es war ein Bild besonderer Ruhe und Gelassenheit, wenn Ernst – mit Schirmmütze auf dem strubbeligem Haar – und Richard Behn auf den mit je zwei Ochsen bespannten schweren Ackerwagen durch das Dorf zogen oder hinter dem Pflug den Acker für die Einsaat vorbereiteten. Der gemächliche Trott der massigen Tiere wurde durch ständige Zurufe des Lenkers in einer besonderen Art der Kommunikation in Gang gehalten. Entfesselte Naturgewalten wurden sichtbar, wenn einmal – aus welchen Gründen auch immer – die Ochsen in Galopp gerieten.

Ernst Behn mit einem Glücksbringer und – immer ganz gemächlich – das Behn'sche Ochsengespann

Mein erster Schulweg führte mich am Hof der Behns vorbei, war aber dort oft durch eine schnatternde und giftig zischende Gänseschar oder einen aufgeregt Rad schlagenden Puter versperrt. Nur in der Gruppe trauten wir uns an ihnen vorüber.

Hinter den Gardinen des linken Fensters war in der „guten Stube“ alljährlich der mit silbrigem Lametta und anderen Dingen geschmückte Weihnachtsbaum von der Straße aus gut zu sehen, und zwar stets bis Ostern! Besonders an sonnigen Frühjahrstagen betrachteten wir Kinder belustigt dies Vorjahresrelikt. Wenn auch die Nadeln des Baumes in dem nach dem Fest wieder ungeheizten und dadurch etwas feuchten Raum nur sehr zögerlich fielen, so war dieses Klima – wie mir Tochter Else einmal verriet – den als Schmuck eingehängten Keksen abträglich und ließ sie meist schon lange vor Ostern dem Gesetz der Schwerkraft folgen.

Ernst Behn aber war nicht nur Bauer, er fungierte auch als „Viehdoktor“ im Dorf und dessen näherer Umgebung. Einen Tierarzt gab es hier nicht. Erfahrungen auf diesem Gebiet hatte Behn schon als Bauernsohn auf dem elterlichen Hof in Farmsen, insbesondere aber als „Schweizer“ (Melker) in seinem Lehrbetrieb, einem Viehhandel in Dortmund, gesammelt. Gar manche Nacht wurde er aus dem Schlaf getrommelt und half dann als Freund und Nachbar – nicht zuletzt aber auch als ein Freund der Tiere – ganz selbstverständlich und in uneigennütziger Weise.

Dieser Weg durch das Wittmoor ist besonders gelenkfreundlich, denn der Torfgrund federt jeden Schritt ab

Landstraße und der Alster im Osten. Der 376er fährt nur wenige Male am Tag vom *Tannenhof* aus in Richtung Bergstedt und zurück. Der Bauboom der letzten Jahre führt inzwischen zu Verkehrsproblemen: Morgens muss man Geduld beweisen, um aus dem *Fiersbarg* und den Parallelstraßen auf die *Lemsahler Landstraße* zu kommen.

Zwischen Moor und Fluss

Den westlichen Zipfel des Stadtteils bildet der Südrand des **Naturschutzgebietes Wittmoor** (220 ha). Vom Ende des *Fiersbargs* aus kann man das Hochmoor, das sich bis nach Schleswig-Holstein hinüberzieht, mit seinen vielen typischen Moorpflanzen, Vögeln und Reptilien gut erkunden. Am östlichen Rand des Wittmoors entspringt die **Mellingbek**. Vom *Eichelhäherkamp* an lässt sich ihr Lauf in südlicher Richtung verfolgen. Die drei Teiche, durch die der Bach fließt, zeugen von der früheren Kupfermühle unterhalb des Treudelbergs.

Von der Alster, der östlichen Stadtteilgrenze, ist nur wenig zu sehen. Der steile Hang, an dem die Wassergrundstücke der *Huuskoppel* und des *Sarenwegs* liegen, lässt den Alsterlauf nur ahnen. Der **Alsterwanderweg** passiert den Stadtteil nur ganz im Süden. Weiter nördlich kann man den Fluss nur vom anderen Ufer aus gut erkunden. Die schönste Variante bleibt die **Fahrt mit dem Boot** auf dem mit viel Grün überdachten Alsterlauf.

Feines unter Reet

Rustikale, bürgerliche Küche oder internationale Speisen in alten Häusern oder feine Menüs im Hotel Treudelberg: Das Angebot bietet einiges. An der Alsterschleife liegen das vor kurzem eröffnete **Stock's Restaurant**, beheimatet in der Kate „Ole Luus“ und gegenüber das jugendlichere **Mellinghuus**. Weiter nördlich ist die *Lemsahler Landstraße* nicht nur Verkehrsachse, sondern auch gastronomische Meile. An ihr liegt außer dem **Hotel Treudelberg** mit seinem Gourmet-Restaurant viel Rustikales: **Kröger's Gasthaus**, der reetgedeckte **Pfefferkrug** und der **Tannenhof** laden zum Schlemmen ein.

Köpfe

Lemsahl-Mellingstedt wurde nach 1900 nicht im selben Maße beliebter Wohn- und Ausflugsort wie die anderen Walddörfer. Einige zog es dennoch hierhin. So wohnte am *Treudelberg* von 1920 bis 1935 der kunstsinnige Jurist **Gustav Schiefler**. Durch die Bekanntschaft mit dem Kunsthallendirektor Alfred Lichtwark geprägt, war er über Jahrzehnte ein wichtiger Förderer moderner Grafik und Malerei. In Mellingstedt schrieb er seine „Hamburgische Kulturgeschichte 1890–1920“. Für mehrere Jahre wohnte auch der mit Schiefler befreundete **Arthur Illies**, der Maler des Alstertals, in Mellingstedt. Das von ihm selbst entworfene Haus an der *Huuskoppel* steht heute nicht mehr. Wer **Kalle Pieper** nicht kennt, kennt Lemsahl-Mellingstedt nicht: Er ist der Wirt des über 100 Jahre alten Gasthauses Offen. Keiner könnte so viele Dorfgeschichten erzählen wie er, nach Jahrzehnten der Tätigkeit als Landwirt, Gastwirt und einst auch als Paketausfahrer mit Trecker. Zum ausführlichen Schnack kommt er allerdings erst am späten Abend – vorher lassen ihm seine Gäste keine Ruhe.

Jahrzehntelang führte **Anneliese Lammers** den Spar-Laden am *Tannenhof*. Heute widmet sie sich der Fotografie und hält die schönen Seiten des Stadtteils in stimmungsvollen Bildern fest, mit denen sie Kalender und Briefkarten gestaltet.

Sammler Gustav Schiefler (links) und Maler Arthur Illies (oben, mit seiner zweiten Frau Georgie Rabeler). Zapft viel: Kalle Pieper, fotografiert viel: Anneliese Lammers

Lohbrügge

ist der jüngste Stadtteil im Bezirk. Er umfasst die beiden früheren Ortsteile Sande und Ladenbek und das Dorf Boberg. Die Industrie ist fortgezogen, und heute prägen Wohnungsbauten das Bild. Weit bekannt ist das Naturschutz- und Erholungsgebiet Boberger Niederung mit seiner beeindruckenden Dünenlandschaft

Steckbrief

Fläche: 13,045 km²
Einwohner: 36 763
Verwaltung: Bezirk Bergedorf, Kerngebiet
Ortsteil: 601

Der Name leitete sich von „Lohbrugghe" ab. Dabei steht „Loh" oder „Lohe" für Rinde, Laub, möglicherweise aber auch für Wald. Mit dem zweiten Wortteil wird eine Brücke oder ein Übergang gemeint sein. Trotz allem bleibt die weitere Namensklärung schwierig: Lohbrügge bezeichnet nämlich entweder einen Ort, der an einen Wald grenzt, oder eine Siedlung mit einem Übergang (vielleicht als Brücke) zu einem Wald.

Paradies für Steinzeitforscher

Jeder, der sich mit Hamburgs Vor- und Frühgeschichte beschäftigt, kennt die berühmten Funde aus dem Boberger Dünensand: Tonscherben und -gefäße, Klingschaber, unterschiedlich geformte Pfeilspitzen und kleine Jagdwaffen. Für die mittlere und jüngere Steinzeit gilt Boberg-Lohbrügge als eines der wichtigsten Fundgebiete Europas. Hier fanden die Forscher Hinweise auf die Entwicklung von der altsteinzeitlichen **Jäger- und Sammlergesellschaft** hin zur Gemeinschaft sesshafter Ackerbauern der Jungsteinzeit: Im 8–14 km weiten Urstromtal der Elbe zwischen dem Harburger Geesthang und seinem Pendant rechts der Elbe (s. Blankenese/Wittenbergen) begannen die Menschen nach

Urne der Einzelgrabkultur (2900–2300 v. Chr.) mit Leichenbrand

So grün ist Lohbrügge. Blick vom „Grünen Zentrum" auf die „Kora-Häuser" an der Korachstraße

der letzten Eiszeit erste Siedlungsplätze anzulegen. Von diesen frühen Siedlungen stammt das in den Boberger Dünen gefundene umfangreiche Material der mittleren Steinzeit (5000–4000 v. Chr.). Es brachte der archäologischen Wissenschaft überregional bedeutende Forschungsimpulse. Außerdem zählt Boberg-Lohbrügge zu den Hauptfundgebieten der so genannten **Einzelgrabkultur** aus dem Ende der Jungsteinzeit (2900–2300 v. Chr.).

Aus der Geschichte

Auf einem Rodungsgebiet lag neben dem alten Heerweg von Bergedorf nach Hamburg das alte, 1257 erstmals erwähnte **Dorf Lohbrügge**. Etwa 50 Jahre später waren sechs Vollhufnerstellen verzeichnet (für Hufner s. Spadenland). Das **Dorf Boberg** tauchte 1233 in der Namensform „Bocberge" (im Sinne von Buchenberge) in den Urkunden auf. Anfang des 14. Jahrhunderts gelangten beide Dörfer an das Kloster Reinbek und verblieben für gut 200 Jahre in dessen Besitz. Danach wurden sie Teil des holsteinischen Amtes Reinbek und kirchlich nach Steinbek eingemeindet. Um 1580 erschienen die Namen **Sande** und **Ladenbek** als Ortsteile der Gemarkung Lohbrügge. An der Grenze zu Bergedorf wurde 1600 eine Zollstelle eingerichtet. Zu dieser Zeit zählten Lohbrügge und Sande zusammen ca. 250 Einwohner. In den 13 Sander Katen lebten hauptsächlich Handwerker, Höker und Tagelöhner, die im zünftig organisierten Bergedorf kein Auskommen gefunden hatten. Die Lohbrügger dagegen betrieben Land-

Die Bergedorfer Eisenwerke 1931. Fotomontage mit „Kruckenbergs Schienenzeppelin" im Vordergrund

wirtschaft auf Voll- und Halbhufnerhöfen. Für kurze Zeit begann Sande ab 1600 zu wachsen: Die herzogliche Regierung förderte den Zuzug von Handwerk und Gewerbe und ließ dafür Mietwohnungen und Werkstätten bauen. Die frühe wirtschaftliche Blüte war jedoch nur von kurzer Dauer. Der 30-jährige Krieg (1618–48) und nachfolgende bewaffnete Kämpfe ließen die Bevölkerung unter Truppendurchzügen, Einquartierungen und Plünderungen leiden; noch bis 1681 mussten Lohbrügge, Sande und Ladenbek die höchste Kriegssteuer im Lande zahlen.

1750 nahm Hamburg die drei Dörfer als Pfand vom dänischen König. Für fast 100 Jahre gelangten sie 1773 aber wieder unter die **Oberhoheit des dänischen Gesamtstaates** (bis 1866). In dieser Zeit wurde erneut die Ansiedlung von Handwerkern in Sande gefördert, die den Bergedorfern nun Konkurrenz machten; in Lohbrügge arbeiteten weiterhin die meisten Menschen in der Landwirtschaft. Um 1820 zählten beide Ortschaften ca. 400 Einwohner. Die Eröffnung der Hamburg-Bergedorfer Eisenbahn im Jahr 1842 und ihre Verlängerung nach Berlin 1846 machte Bergedorf zu einem wichtigen Verkehrsknotenpunkt und damit für Industrieansiedlungen attraktiv. Im Anschluss an den deutsch-dänischen Krieg (1864) fielen Lohbrügge und Sande als Teile Schleswig-Holsteins an **Preußen**, was auch zur Folge hatte, dass der Zoll zu Bergedorf verringert wurde. Im Gegensatz zum landwirtschaftlich ausgerichteten Lohbrügge entwickelte sich Sande zusehends zu einem attraktiven Industriestandort. Das vormals in Geesthacht angesiedelte **Eisenwerk von Wilhelm Bergner** zog 1869 auf ein Areal nahe des Bergedorfer Bahnhofs. Auf dem ehemaligen Gelände des Eisenwerks steht heute die Groß-Wohnsiedlung „Billebogen".

350 m³ Wasser fasste der „Sander Dickkopp" in seinen aktiven Zeiten

Zeitleiste

1257 erste urkundliche Erwähnung von Lohbrügge

1580 Sande und Lohbrügge werden als Ortsteile von Lohbrügge genannt

1750–73 Lohbrügge, Sande und Ladenbek in Hamburger Pfandschaft

1842 Eröffnung Hamburg-Bergedorfer Eisenbahn

1869 Bau des Eisenwerkes von Wilhelm Bergner in Sande

1894/95 Lohbrügge, Sande und Ladenbek eine Gemeinde

1906/07 Bau des Wasserturms

1929 Umbenennung der Gemeinde Sande mit Boberg und Ohlendorf in Lohbrügge

1937/38 Eingemeindung Lohbrügges nach Hamburg

1960 Wohnbau-Untersuchungsgebiet Lohbrügge-Nord

1972 Stilllegung des Wasserturms

1981 Baubeginn Großsiedlung „Billebogen"

2000 Quartiersentwickler für Lohbrügge-Nord

2000 Eröffnung der Info-Naturwege

Mit dem wirtschaftlichen Aufschwung Sandes stiegen die Bevölkerungszahlen rasch an. Der Ort wurde verwaltungsmäßig unabhängig und entwickelte sich zu einer eigenen Gemeinde mit Gemeindevertretung und -vorsteher. Die Voraussetzungen für Industrieansiedlungen blieben weiter günstig: 1883 entstanden neben dem Eisenwerk eine **Nagelfabrik**, fünf **Ziegeleien** (bis 1887) und mehrere kleine Industriebetriebe. Unter dem Namen Sande schlossen sich 1894/95 die Dörfer Sande, Lohbrügge und der Ort Ladenbek zu einer Gemeinde zusammen. Diese wurde auch kirchlich von Steinbek unabhängig und baute die 1899 geweihte Erlöserkirche.

Boberg jedoch blieb weiterhin ein kleines beschauliches Bauerndorf. Im 19. Jahrhundert brannten große Teile des Dorfes ab, und die meisten der alten Bauernhäuser wurden ein Opfer der Flammen. Im heutigen Naturschutzgebiet Boberger Niederung begann 1903 der großflächige Abbau von **Dünensand**, der für die Aufschüttungen des Hammerbrooks (s. Hamm-Süd), Billwerder und im inneren Stadtgebiet benötigt wurde.

Die Großgemeinde Sande ließ 1906/07 ein Wasserwerk mit Turm in den Sander Tannen errichten. Der 31 m hohe

Beeindruckende Glasmalerei in der Lohbrügger Erlöserkirche. Links Kreuzigung, rechts Himmelfahrt Jesu

Alte und neue Architektur beim Übergang der Lohbrügger Landstraße in die Alte Holstenstraße

Sander Dickkopp wurde bald zum regionalen Wahrzeichen und durch die gleichnamige Gastwirtschaft im Erdgeschoss auch ein beliebtes Ausflugsziel. Peter Schwalm kaufte 1994 den Turm am *Richard-Linde-Weg* und ließ die Gasträume 2000 umfangreich renovieren. Seine Frau Sigrid Schreiner-Schwalm begrüßt

Grabmal im neuromanischen Stil: Bis Mitte der 1950er Jahre ruhten hier Fabrikant Bergner und seine Frau Agnes

ihre Gäste im gemütlichen „Turm-Café“ oder serviert – wenn es das Wetter zulässt – im Biergarten selbst gebackene Kuchen.

1929 hatte sich die Gemeinde Sande mit Boberg und Ohlendorf vereinigt und auf **Wunsch der Bevölkerung** den Namen „Lohbrügge“ wieder angenommen. Im Groß-Hamburg-Gesetz von 1937/38 wurde es mit Bergedorf Teil der hamburgischen Einheitsgemeinde.

Schon mit der frühen Industrialisierung und der damit verbundenen Verstädterung zeichnete sich ab, was bis in die zweite Hälfte des 20. Jahrhunderts Wirklichkeit wurde: Das historische Lohbrügge wich nach und nach dem modernen Bild der Neubebauung gemäß den Ansprüchen eines Großstadtteils in Sachen Gewerbe, Verkehr und Wohnen.

Bergners Kulturerbe

Viel ist nicht erhalten von den dörflichen Strukturen der vier Siedlungen, die dem heutigen Lohbrügge einverleibt wurden. Zwischen vielen Neubauten zeugen noch heute zwei- und dreigeschossige Wohn- und Geschäftshäuser, z.B. im zusammengewachsenen Kern von Sande/Lohbrügge im Bereich des westlichen Teils der *Alten Holstenstraße*, von dem wirtschaftlichen Aufschwung in der zweiten Hälfte des 19. Jahrhunderts. Um die Jahrhundertwende entstand das Haus *Alte Holstenstraße* 53. Durch sein rechtes Schaufenster war bis zu einem Brand 1999 ein im Bahndamm eingelassener dänischer Grenzstein, der so genannte „Herzogstein“, zu bewundern – wenn ihn nicht gerade die Dekoration verdeckte.

Der Ortsteil Sande wurde Ende des 19. Jahrhunderts in Richtung Nordwesten entlang der 1837 angelegten Chaussee nach Hamburg ausgebaut. An der *Loh-*

Bürgergeschichten

„Umzug in die Walachei"

Rolf und Irene Krall berichten, wie sie von Groß Borstel nach Lohbrügge-Nord zogen, wo sich bei den ersten Besichtigungen noch die Baukräne drehten

Unser schönstes Weihnachtsgeschenk des Jahres 1964 war ein Brief unserer Baugenossenschaft: „Wir können Ihnen die erfreuliche Mitteilung machen, dass das Wohnungsamt Bergedorf Ihnen die 3-Zimmer-Wohnung in Lohbrügge-Nord am Fanny-David-Weg zugeteilt hat." Sofort griffen wir gespannt zum Stadtplan

Im Frühjahr 1965 war die Wohnung von Familie Krall noch Baustelle

– wo liegt Lohbrügge-Nord, wo ist der Fanny-David-Weg?

Damals wohnten wir mit unseren zwei 10 und 16 Jahre alten Söhnen in einer nicht abgeschlossenen Wohnung von 32 m^2 in Groß Borstel. Am Wochenende ging es mit der S-Bahn nach Bergedorf. Erst nach Umwegen fanden wir unsere Straße. Es war vorerst nur ein asphaltierter Streifen, rechts und links gesäumt von Baugruben. Bürgersteige und ähnliche Dinge gab es noch nicht. Einmal im Monat war dann eine Besichtigungsfahrt fällig. Freunde, die uns begleiteten, meinten, „in diese Walachei wollt ihr ziehen, bleibt doch lieber in Groß Borstel". Bei jedem unserer Besuche war unser Haus wieder ein wenig gewachsen.

Im Juni 1965 konnten wir einziehen. Endlich hatten wir Platz, hatten ein Bad, Heizung, Warmwasser. Wir waren glücklich. Der Umzug klappte perfekt. Unsere Möbel waren in der Wohnung. Nach getaner Arbeit wollten wir uns etwas zu essen machen, doch nichts lief. Unsere Baugenossenschaft war schneller gewesen als die HEW, die erst ab Montag Strom liefern wollte. So mussten wir die Würstchen im heißen Wasser aus der Leitung garen. Geschmeckt haben sie uns trotzdem. Als es dunkel wurde, haben wir den Einzug mit unseren Nachbarn bei Kerzenlicht ausgiebig gefeiert.

Dann tauchten die Alltagsprobleme auf. Bis zum Bus waren es zehn Minuten Fußweg, bis zur Hansaschule vier Kilometer, zum Einkaufszentrum zwei. Doch langsam wurde es besser. Bäcker, Schlachter, Fischhändler kamen mit ihren Verkaufswagen, die uns mit dem Nötigsten versorgten. Man half sich unter Nachbarn, wo man nur konnte. Bald fuhren auch die Busse fast bis zu uns.

Der Fanny-David-Weg Jahre später zur Baumblüte

Und zu unserer Überraschung wurde in Sichtweise ein Holzhaus errichtet. Die Hoffnung auf einen Laden war leider vergebens: Es war die Hamburger Sparkasse, die dort baute. Heute ist es eine Freude, hier zu wohnen, und wir fühlen uns sehr wohl.

Zwei Anmerkungen zum Schluss: Die Freunde, die damals von „Walachei" geredet haben, steigen eine Station früher aus dem Bus, und die junge Dame, die uns 1966 bei der Eröffnung der Haspa-Filiale bediente, tut es noch heute.

brügger Landstraße sind einige repräsentative Wohn- und Geschäftshäuser dieser städtebaulichen Erweiterung zu sehen. Um den *Lohbrügger Markt* gruppieren sich öffentliche Gebäude wie das Spritzenhaus der Sander Feuerwehr, das ehemalige Sander Gemeindehaus sowie mehrere Schulbauten. Als „Villa mit Stall" wurde 1905 am *Lohbrügger Markt* 5 das Wohnhaus des damaligen Sander Arztes errichtet. Heute nutzt die **Kulturkneipe Spectrum** das Gebäude. Komplettiert werden die „Versorgungsbauten" um den Marktplatz durch die Elefanten-Apotheke *(Lohbrügger Landstraße 6)*, die in Anlehnung an die For-

men der norddeutschen Backsteingotik gestaltet wurde.

Vor allem aber wirkt der Gründer der „Bergedorfer Eisenwerke" Wilhelm Bergner (1835–1904) bis heute auf das bauliche Erscheinungsbild Sandes fort. Er beteiligte sich z.B. an der Finanzierung der nach Plänen von Hugo Grothoff errichteten ev.-luth. **Erlöserkirche** (1896–99). Besonders bemerkenswert an dem neugotischen Bau sind die von Bergners Frau Agnes gestifteten Buntglasfenster. Bereits zu Lebzeiten (1900) ließ sich der Industrielle, ebenfalls unter der Leitung Grothoffs, eine monumentale Grabstätte in neuromanischen Formen als Klinkerbau errichten. Sie steht im Zentrum eines lindenbesetzten Alleekreuzes, dessen östlicher Arm auf das Friedhofsportal zuführt. Seit 1971 wird auf dem Friedhof nicht mehr beerdigt, und 1997 wurde die Fläche unter Erhaltung einiger

Ehrengräber zu einer öffentlichen Parkanlage umgestaltet. In den seitlichen Nebenstraßen um die Kirche zeugen noch mehrere Wohngebäude aus dem späten 19. Jahrhundert von dem historischen Dorf Sande. Fast villenartigen Charakter haben dagegen einige der erhaltenen Bauten am *Höperfeld*.

Am Südende der **Wohnanlage Billebogen** am *Ludwig-Rosenberg-Ring* wird wiederum an die über 100-jährige Geschichte des Eisenwerkes und seines Gründers erinnert: 1983 stellte hier die Baugenossenschaft Bergedorf-Bille das Eisenwerker-Relief „Der Eisengießer" und eine Gedenktafel auf. Zusammen mit dem Namen *Wilhelm-Bergner-Straße* ist dies alles, was vom ehemaligen Industrie-Standort übrig geblieben ist. 1974 zog das Werk nach Schleswig-Holstein, und jetzt gibt es auf dem früheren Industriegelände – symptomatisch für den Stadtteil – Wohnraum statt Arbeitsplätze.

Zahlreiche Plastiken, Standbilder und Denkmäler wurden in den Neubaugebieten als „Kunst am Bau" und in der Nachfolge ab 1981 als staatlich geförderte „Kunst im öffentlichen Raum" aufgestellt. So betrachtet z.B. das **Marktschreier-Paar Heinz und Gerda** (1990) von János Enyedi das Treiben auf dem Lohbrügger Marktplatz.

Mit 36,5 m ist es wahrscheinlich das **höchste Graffito der Welt** und überragt seit 1998 den *Kurt-Adams-Platz*. Auf Initia-

Das Rekord-Graffito am Betonturm der Auferstehungskirche.
Links: Im Haus des ehemaligen Sander Arztes praktiziert heute das „Spectrum" Lohbrügger Kulturleben

Wahlverhalten

... zur Bürgerschaft 2001 (gesamt)

Wahlbeteiligung	71,0%
SPD	**36,5%**
CDU	**26,2%**
Schill-Partei	**19,4%**
Grüne/GAL	**8,6%**
FDP	**5,1%**
Übrige	**4,2%**

... zur Bürgerschaft 2001 (Stadtteil)

Wahlbeteiligung	70,1%
SPD	**40,6%**
CDU	**27,2%**
Schill-Partei	**21,0%**
Grüne/GAL	**4,4%**
FDP	**3,3%**
Übrige	**3,5%**

Stadtteil-Profil

	Lohbrügge	Bezirk	Hamburg
Bevölkerung gesamt (2000)	36 763	114 631	1 704 929
Unter 18-Jährige in %	16,1	20,3	16,1
65 Jahre und älter in %	20,8	15,5	17,0
Deutsche	33 357	103 658	1 432 325
Ausländer in %	9,3	9,6	16,0
Einwohner je km²	2818	741	2258
Sozialstruktur			
Sozialhilfeempfänger (2000)	2760	7659	120 461
Arbeitslose (2001)	1303	3691	71 963
Eink. je Steuerpfl. in DM (1995)	57 497	60 397	65 579
Wohnen (2001)			
Wohngebäude	4833	18 755	226 061
Ein- und Zweifamilienhäuser in %	20,4	33,4	20,5
Ø Wohnungsgröße in m²	69,9	77,9	71,0
Wohnfläche je Einwohner in m²	34,7	34,7	35,7
Verkehr			
Private Pkw (2001)	14 053	45 863	628 119
Straßenverkehrsunfälle (2000)	199	633	12 430
Kriminalität			
Straftaten insgesamt (2000)	4187	11 451	284 272

tive von Pastor Johannes Schröder schufen die zwei Profisprayer Heiko Zahlmann und Sascha Siebdrat auf den vier Seiten des Betonturms der ev.-luth. **Auferstehungskirche** eine plakative „Schöpfungsgeschichte" in Farbe. Fast genauso imposant und ebenso sehenswert ist das gesprühte Hamburg-Bild an der 29 x 11 m großen Wand eines SAGA-Hauses am *Otto-Schumann-Weg 4d*.

Eine Bühne für die Bürger

Wer in Lohbrügge lebt, der hat die Qual der Wahl: Traditionelle und moderne Stadtteilkultur existieren hier neben- und miteinander. Es gibt zahlreiche Möglichkeiten, etwas Interessantes zu finden, oder man gründet kurzerhand mit Gleichgesinnten eine neue Gruppe.

Wenn „Männer kochen...", ist gute Laune garantiert

Den **Bürgerverein Lohbrügge e.V.** gibt es schon seit 1967. Zwei Jahre zuvor hatten sich einige Mieter der gerade entstandenen Wohnsiedlung Lohbrügge-Nord zusammengetan, um gegen einen unbefestigten – und deshalb für Kinder gefährlichen – Wanderweg zu protestieren. Aus der frühen Bürgerinitiative ist mittlerweile eine feste Institution mit über 700 Mitgliedern geworden. In 13 Gruppen treffen sie sich regelmäßig z.B. zum „Tanzen" oder zum „Geselligen Kegeln". Seit 1999 unterhält der Bürgerverein außerdem mitten im „Grünen Zentrum", das so genannte „Parktantenhaus". Bis zu viermal pro Woche können Mütter ihre Kinder hier für einige Stunden in liebevoller Betreuung „parken". Geselligkeit herrscht auch im **DRK-Heim** in der *Leuschnerstraße*, wenn es von Oktober bis Juni einmal im Monat heißt: „Männer kochen". Unter Anleitung ihrer Kochlehrerin Frau Morgenbesser brutzeln, dünsten und braten dann 16 Männer mal Hausmannskost, mal Haute Cuisine.

1968 gründete Heinz Höpfner die **Lohbrügger Bürgerbühne**, die heute ihr eigenes „Kleines Theater am Neuen Weg" in Bergedorf unterhält. 7500 Zuschauer pro Jahr genießen die liebevollen Inszenierungen in nieder- oder hochdeutscher Sprache.

Kultur in Hamburgs Osten

Aus den ersten Buchstaben der *Lohbrügger Landstraße* setzt sich der Name **LOLA** für das Stadtteil- und Kulturzentrum zusammen. Unweit des „verschmolzenen" Zentrums von Lohbrügge, Sande und Bergedorf – in der umgebauten Polizeiwache – ist es seit 1994 einerseits Knotenpunkt für Aktivitäten im Stadtteil, darüber hinaus aber auch eines der wenigen kulturellen Zentren im Hamburger Osten. Träger ist der gemeinnützige, konfessionell und parteipolitisch unabhängige „Verein LOLA e.V." Finanzielle Unterstützung für die laufende Arbeit, denn die ist trotz der 60 000 Gäste im Jahr nötig, erhält der Trägerverein vom Bezirk Bergedorf. Monatlich stehen durchschnittlich zwölf Veranstaltungen von Musik über Tanz bis Kabarett auf dem Programm. Für die in ganz Hamburg populäre **Nacht der Clubs** ist die LOLA sogar der einzige Veranstaltungsort im Bezirk. In ihrer anderen Funktion als Stadtteilzentrum für Lohbrügge und Bergedorf bietet sie ein breites Freizeit-, Bildungs- und Informationsangebot. Zu den Highlights zählen der LOLA-Chor, das Kindertheaterprojekt und der Kinderchor. Jeden dritten Mittwoch im Monat tagen in den LOLA-Räumen die Vertreter der **Lohbrügger Stadtteilkonferenz**, in der Bürgervertreter und Vereine an einem Tisch sitzen, um aktuelle Themen des Stadtteils zu diskutieren. Zahlreiche Kurse und Aktivitäten externer Gruppen, wie z.B. die „Bergedorfer Literatten" oder der Motorrad-Stammtisch, runden das Angebot ab. Und zur Entspannung serviert danach die Mannschaft der LOLA Café-Bar Speis und Trank.

Live im LOLA begeistert John Trudell das Publikum

Welches Konzert wann und wo veranstaltet wird, erfährt man z.B. in der Stadtteilzeitung **KulturOst**. So heißt das nichtkommerzielle Programmblatt, das seit 1981 über Soziales, Politisches, Musik, Interessantes und Lesenswertes in Lohbrügge, Bergedorf und der näheren schleswig-holsteinischen Umgebung berichtet. Nach etwas chaotischen Startschwierigkeiten erscheint nun jeden Monat, mit Ausnahme der Sommerpause, eine ca. 30 Seiten starke Ausgabe. Mittlerweile ist „KulturOst" eine kleine etablierte Zeitschrift, die versucht, ein möglichst breites Publikum anzusprechen, und von vielen Bürgern in Hamburgs Osten gerne gelesen wird.

Hier trifft sich die Jugend

In Lohbrügge gibt es 16 Kindergärten und 12 Schulen. Vor allem im Osten des Stadtteils stehen aber den Kindern und

Lohbrügger Jugendkulturgeschichte: „The Razors" 1981 live im KORA

Jugendlichen weitere Einrichtungen und Treffpunkte zur Verfügung, z.B. das „Mobilo – Mobiles Kinderprojekt Lohbrügge", das „KAP – Jugend-, Freizeit- und Beratungszentrum am Kurt-Adams-Platz" und „Der Mädchentreff – Dolle Deerns" im Billebogen. In zwei leer

Hamburger Schularchitektur der 1930er Jahre: die Haupt- und Realschule an der Leuschnerstraße

stehenden Pavillons erfolgte 1983 der Aufbau des **Bürger- und Jugendhauses Lohbrügge**. Hier werden täglich u.a. Kinder im Grundschulalter bei einem „pädagogischen Mittagstisch" betreut, und jeden zweiten Freitag im Monat geht es hoch her bei der Kinderdisco. Noch länger gibt es das Jugendzentrum **KORA** im *Reinbeker Redder*. Vor mehr als einem Vierteljahrhundert wurde es gegründet, um jugendlichen Punks „Orientierungshilfen im Alltag" zu geben. Der Sozialpädagoge Jörn Höller ist schon von Anfang an dabei und hat seither viele Projekte entwickelt, um die Jugendlichen für interessante außerschulische Aktivitäten zu begeistern. Nach der Schule treffen sich heute die Kids, um sich über Computerprogramme und -spiele sowie die neuesten Internetadressen auszutauschen. Auch Billard und Kicker werden gerne in der www-freien Zeit gespielt. Immer ist aber jemand vor Ort, der ein offenes Ohr für sie und ihre Probleme hat.

Campus Lohbrügge

Die **Fachhochschule Hamburg** verfügt über 13 Fachbereiche, die an acht verschiedenen Stellen über das ganze Stadtgebiet verteilt sind. Der Standort „Campus Bergedorf" liegt widersprüchlicherweise in Lohbrügge und geht zurück auf die 1965 von Kurt A. Körber (s. Bergedorf) gegründete Ingenieurschule für Verfahrenstechnik und Tabak-Technologie. 1970 wurde aus ihr, sechs höheren Fachschulen und drei weiteren Ingenieurschulen die „Fachhochschule Hamburg". Heute gehören während des Semesters knapp 1900 Studenten der beiden Fachbereiche Naturwissenschaftliche Technik und Ökotrophologie zum täglichen Stadtteilleben.

Beine, die zur Marke wurden: Ankündigung der Faschingsfete LILABE

Seit 1975 tobt für zwei Tage im Februar jeden Jahres nicht nur studentisches Leben in den Fachhochschulräumen. Dann ist Karneval in Lohbrügge, und über 10 000 wild Kostümierte aus ganz Hamburg feiern Deutschlands größte Indoor-Faschingsfete **LILABE**. Zum 25-jährigen Jubiläum im Jahr 2000 wurden 6000 m Silberfolie verarbeitet, und 120 000 lila Luftballons erinnerten an die erste Faschingsfete – schon mit lila Dekoration, aber damals noch in den Räumen der Hochschule für bildende Künste am *Lerchenfeld* (s. Uhlenhorst).

Bodenständiger Lehre und Forschung verschrieben hat sich die **Bundesforschungsanstalt für Forst- und Holzwirtschaft** (BFH). Sie zog Anfang der 1970er Jahre von Reinbek in den ca. 10 ha großen, mitten in Lohbrügge gelegenen modernen Forschungs- und Ausbildungskomplex, um wissenschaftliche Grundlagen und Erkenntnisse für eine zielgerichtete Forst- und Holzwirtschaft zu mehren. In enger Zusammenarbeit mit anderen – häufig internationalen – Institutionen wird hier der Wald als Lieferant des Rohstoffes Holz, als Erholungsraum sowie als wichtiger Bestandteil des Ökosystems erfasst und erforscht. Die Institute der BFH verteilen sich bundesweit auf vier Standorte mit mehr als 300 Mitarbeitern. In Lohbrügge arbeiten 220, ein Drittel davon als Wissenschaftler.

Was blieb von der Industrie

Den einst sehr bedeutenden Industriestandort Lohbrügge bzw. Sande gibt es nicht mehr. Wo früher einmal über 1700 Arbeiter allein für das Bergnersche Eisenwerk in Lohn und Brot standen, liegt heute ein Stadtteil, der weitgehend durch eine Trennung von Wohnen und Arbeiten geprägt ist. Einzig in zwei kleinen Gewerbegebieten an der Peripherie Lohbrügges sind noch mittelständische Unternehmen angesiedelt. Nach wie vor arbeiten aber im ganzen Stadtteil viele kleinere Handwerksbetriebe. Insgesamt gibt es 151 davon, und fast alle Branchen sind vertreten.

Mit 1670 Mitarbeitern ist das **Berufsgenossenschaftliche Unfallkrankenhaus Boberg** (BUKH) an der *Bergedorfer Straße* der größte Arbeitgeber im Stadtteil. In über 40 Jahren hat sich das BUHK einen überregional bedeutenden Ruf in der medizinischen Akutversorgung erworben. Das Krankenhaus verfügt über 470 Planbetten für mehr als zehn medizinische Fachbereiche. U.a. ist hier eines der größten und modernsten Zentren für Schwerbrandverletzte in Deutschland entstanden.

Nur einen Steinwurf vom Unfallkrankenhaus entfernt – einmal quer über die B 5 – liegt das **Gewerbegebiet Bodestraße** mit ca. 75 Betrieben überwiegend handwerklicher Ausrichtung.

Durch herausragende medizinische Leistungen überregional bekannt: das Berufsgenossenschaftliche Unfallkrankenhaus Boberg an der B 5

Am Südende des „Billebogens“ erinnert das Bronzerelief „Eisengießer“ an Lohbrügges Industriezeitalter

Immer noch das längste Gebäude Hamburgs? Der Lindwurm windet sich durch Lohbrügge-Nord. Im Hintergrund die „Kora-Häuser" mit den aufgesetzten Solaranlagen

Hier hat sich mit der **3B Scientific** auch eine größere Firma angesiedelt, die vom *Rudorffweg* aus eine Produktpalette der besonderen Art auf den Weg in die ganze Welt bringt. Die Skelettfabrik stellt anatomische und biologische Modelle sowie Lehrtafeln für Wissenschaft und Ausbildung her und ist für ihre besondere Innovationsfreudigkeit bekannt. In Lohbrügge kümmern sich etwa 70 der weltweit 400 beschäftigten Mitarbeiter z.B. darum, sämtliche knöchernen anatomischen Details des „3B Scientific Systemschädels" so naturgetreu wie möglich nachzubilden.

Läuft und läuft und läuft: Anatomische Modelle aus Lohbrügge sind weltweit gefragt

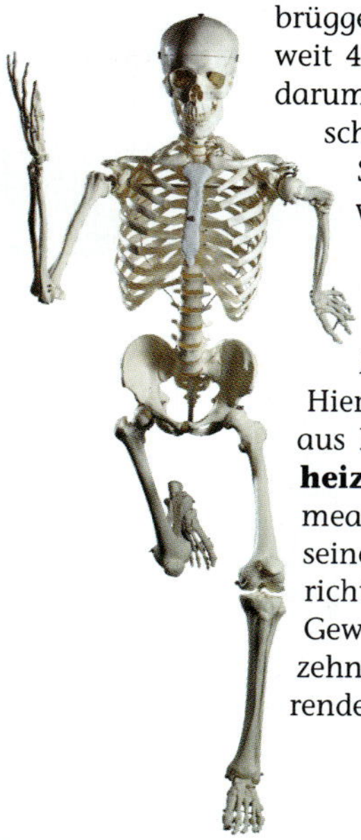

Das zweite, nur 0,8 ha kleine **Gewerbegebiet Havighorster Weg** liegt jenseits des *Reinbeker Redders* an der Stadtteilgrenze. Hier hat u.a. das bei fast allen Mietern aus Lohbrügge-Nord bekannte **Fernheizwerk „Favorit"** mit einem Wärmeanschlusswert von 107 Megawatt seinen Standort. Auch öffentliche Einrichtungen, Einfamilienhäuser und Gewerbebetriebe genießen seit Jahrzehnten seine rund um die Uhr währende Kundenfreundlichkeit.

Der Lindwurm

Auf einer Länge von 400 m schlängelt sich der **Lindwurm** drei- bis neungeschossig längsseits des *Röpraredders*. Das Mega-Haus (258 Wohneinheiten) gehört zu der in den 1960er Jahren begonnenen Siedlung **Lohbrügge-Nord**. Bereits 1950 wurde mit dem ersten größeren Wohnbauprojekt an den Straßen *Sanmannreihe* und *Christinenstraße* der Grundstein zur heutigen Wohn- und Schlafstadt Lohbrügge gelegt. Immer größerer Wohnraumbedarf verlangte groß angelegte Infrastrukturmaßnahmen. Sielnetze und Kläranlagen wurden erweitert, alte Straßen verbreitert und neue angelegt. Mit der Anbindung Bergedorfs an das Streckennetz der S-Bahn (1958) und dem Bau der *Bergedorfer Straße* (B 5, 1952–58) waren dann endgültig die Voraussetzungen geschaffen, um den Norden von Lohbrügge zum „Wohnbau-Untersuchungsgebiet" (1960) zu erklären. Lohbrügge-Nord wurde bis zum Jahr 1969 auf 215 ha „grüner Wiese" mit 5800 sozial gebundenen Wohneinheiten von 14 Trägerschaften und privaten Bauher-

ren fertig gestellt. Dazu kamen 17,7 km Straßen, 7,2 km Wohnwege, 4,9 km Rad- und Wanderwege, 31 km Schmutzwasser- und 29 km Regenwassersiele sowie das besagte Fernheizwerk. Von der ursprünglichen Planung einer Gartenstadt ist nur das „Grüne Zentrum" übrig geblieben (s.u.), die anderen Flächen wurden nach und nach zumeist mit Geschosswohnungen in Zeilenbauweise erschlossen. Das ganze Areal überragen die fünf Hochhäuser mit 11 bis 17 Geschossen (insgesamt 584 Wohneinheiten) an der *Korachstraße*. 1995–99 wurden sie umfangreich durch die GWG, Gesellschaft für Wohnen und Bauen mbH, saniert und in einem Pilotprojekt mit zeltartigen **Sonnenkollektoren** auf dem Dach ausgestattet. Ein eigener haustechnischer Kundendienst, zu dem auch ein Hauswart gehört, betreut die technischen Einrichtungen und ist für die Sauberkeit der Anlage zuständig. In der GWG-Geschäftsstelle für Bergedorf und Lohbrügge hilft Frau Kaufmann bei den nachbarschaftlichen Problemen, die nicht vor Ort gelöst werden können, und berät die Mieter, wenn sie z.B. Fragen zur Abrechnung oder zu ihrem Mietvertrag haben.

Nachdem bis in die 1970er Jahre hinein der Wohnungsbau auf Lohbrügge-Nord beschränkt blieb, entstanden in der Folgezeit im ganzen Stadtteil neue Wohnblocks. In den letzten Jahren wurde der noch bebaubare Boden knapp, und nun sollte der Wohnungsbedarf durch **Nachverdichtung** bestehender Siedlungen gedeckt werden. Im *Fanny-David-Weg* wurden mehrere Siedlungseinheiten aus den 1960er Jahren durch Staffelgeschosse mit insgesamt 24 neuen Wohnungen aufgestockt. Heute stehen 4599 Wohngebäude in Lohbrügge, und nicht einmal 20 Prozent der 17 942 Wohneinheiten sind in Ein- und Zweifamilienhäusern zu finden.

Imageprobleme

Wer in Lohbrügge wohnt, der wird früher oder später mit dem in ganz Hamburg verbreiteten Imageproblem seines Stadtteils konfrontiert werden und sich zwangsläufig auch den zugehörigen Vorurteilen stellen müssen: „Lohbrügge ist eine Betonwüste, es herrscht rechte Gewalt, und die Zusammensetzung der Mieterstruktur sorgt für soziale Konflikte – vor allem in den Hochhäusern." Negativ in die Schlagzeilen geriet der Stadtteil in den 1980er Jahren, als einige der bundesweit aktivsten jungen Neonazis aus Lohbrügge-Nord an die Öffentlichkeit traten und in ihrem Umfeld verstärkt neue Anhänger warben. Als öffentliche Gegenmaßnahme entstanden unterschiedliche Jugendtreffpunkte (z.B. Mobilo und KORA), die gezielt jene Gruppen unterstützten, deren Mitglieder die rechtsradikale Ausrichtung ablehnten. Das Konzept hatte Erfolg: In Lohbrügge gibt

Grünes Leben im Billebogen

Weder Kuwait noch Kanaren, sondern echt hamburgisch: Boberger Dünenlandschaft

es heute nicht mehr und nicht weniger „rechte Strömungen" als in anderen vergleichbaren Hamburger Stadtteilen. Allerdings wird es wohl noch eine Weile dauern, bis diese Veränderung auch über Lohbrügges Grenzen hinweg wahrgenommen wird.

Auch für andere Probleme sollen Lösungen geschaffen werden. Seit Januar 2000 kümmert sich im Rahmen des Programms „Soziale Stadtentwicklung" Klaus Hagedorn als **Quartiersentwickler** besonders um Lohbrügge-Nord. Ein Schwerpunkt seines Konzepts, das in Zusammenarbeit mit dem Stadtteilbeirat entstand, liegt auf der „Förderung des Zusammenlebens der verschiedenen sozialen und ethnischen Gruppen sowie des stadtteilkulturellen Angebots". Vor allem die Integration der seit Anfang der 1990er Jahre zugezogenen Aussiedler aus Russland soll u.a. durch Sprachkurse gefördert werden. Diese könnten z.B. in dem neuen, an der *Leuschnerstraße* geplanten Bürgerhaus stattfinden. Also: In Lohbrügge bewegt sich was.

Flora und Fauna sind im Naturschutzgebiet „Boberger Niederung" weitgehend ungestört

Die Boberger Niederung

1991 wurde die gesamte **Boberger Niederung** zum Naturschutzgebiet (NSG) erklärt. Kein anderes Hamburger NSG weist ein vergleichbares Mosaik an so kleinräumigen und unterschiedlichen Biotopen auf. Das Zentrum bilden die weithin bekannten Dünen. Im Nordosten umfasst das Areal Teile des hier ca. 30 m hohen Geesthanges. Im westlichen Bereich ist als Randmoorzone das **Achtermoor** erhalten. Nach dem Zweiten Weltkrieg wurde hier wegen des überall herrschenden Brennstoffmangels Torf abgebaut, und die Teiche entstanden. Weiter westlich und südwestlich erstreckt sich die Billwerder Marsch mit dem künstlich geschaffenen **Boberger See**, einem Badesee mit DLRG-Station.

Das Naturraum-Patchwork gründet sich einerseits auf der Landschaftsausformung durch die letzten Eiszeiten, wurde aber zusätzlich durch Eingriffe von Menschenhand während der vergangenen 100 Jahre verstärkt. Dazu zählt neben Abtorfung und Sandgewinnung auch der Abbau kalkhaltiger Tonschichten am Geesthang. Die entstandenen Abgrabungsterrassen sind besonders für den östlichen Teil des NSG charakteristisch. Früher waren die Sanddünen fast 30 m hoch; sie sind mittlerweile bis auf 7 m abgetragen. Das im Westen des NSG gelegene 1,3 km lange Segelfluggelände

Erst nach dem Zweiten Weltkrieg entstanden durch Torfabbau die beiden Teiche im Achtermoor

liegt auf einem dieser Abtragungsfelder. Nur die **Große Boberger Düne** vermittelt heute noch einen Eindruck von der ursprünglichen Landschaft.

Auf 350 ha Fläche sind die unterschiedlichsten Lebensräume zu bestaunen: Heiden, Dünen, Bruchwälder, Laubwälder, Wasserflächen, Röhrichte, Brachflächen und Orchideenwiesen greifen hier ineinander. Damit stellt dies NSG eines der bedeutendsten Refugien für seltene Pflanzen und Tiere im ganzen norddeutschen Raum dar. Rund 700 Pflanzenarten haben sich mittlerweile angesiedelt, und behutsam vorgehende Naturfreunde können kleine ökologische Wunder entdecken. Die Grabwespe sammelt Larven anderer Insekten, um ihren Nachwuchs damit zu füttern, die Blüten der Heidepflanzen ziehen viele Sandbienen, Nachtfalter und die Purpurspanner an, und an warmen Aprilabenden sind die blubbernden Rufe des Moorfrosches zu hören, wenn er versucht, ein Weibchen zu betören.

Vier der Hamburger Naturschutzverbände (BUND, NABU, „Botanischer Verein zu Hamburg e.V." und die „Gesellschaft für Ökologische Planung") haben eine Betreuungsgesellschaft gegründet, um das NSG zu schützen und zu pflegen. Seit Oktober 1996 bietet das „Naturschutz-Informationshaus Boberger Niederung" interessierten Besuchern die Möglichkeit, sich über die Besonderheiten des NSG zu informieren. Die Akzeptanz des Naturschutzes durch Aufklärung zu verbessern steht im Vordergrund der zahlreichen Veranstaltungen, Vorträge und Führungen. 2000 wurden die **Info-Naturwege** (Dünen-, Moor-, Wiesen- und Terrassenweg) eröffnet.

Baggersee und Grünes Zentrum

An warmen Sommertagen pilgern unzählige Erholungssuchende aus Lohbrügge und Bergedorf an den südlich des Segelflugplatzes gelegenen großen Baggersee im Naturschutzgebiet. Das wundert wenig, denn in Lohbrügge gibt es fast nur Geschossbauten ohne Gärten. So wächst die Zahl derer, die in der grünen Stadtteil-Oase wandern, baden oder durch anderen Freizeitaktivitäten ihre Spuren im Sand hinterlassen. An dem größeren der beiden **Torfteiche** haben zwei Angelvereine ihre Stege angelegt, auf denen die Mitglieder in Gedanken an frischen Fisch ihre Ruten werfen. Allerdings ist das Nebeneinander von Natur, Freizeit und Erholung nicht immer ganz unproblematisch. Einige Besucher verlassen das umfangreiche Wegenetz und stören dadurch die z.T. sehr trittempfindliche Vegetation. Aber auch der liegen gebliebene Zivilisationsmüll und frei laufende Hunde beeinträchtigen die Flora und Fauna erheblich.

Die Alternative, die die Bewohner der Großsiedlung zur Entspannung unter freiem Himmel nutzen können, liegt direkt vor der eigenen Haustür: Es ist das **Grüne Zentrum** im nordöstlichen Teil von Lohbrügge-Nord. Einige Spazierwege, die **Wilhelm-Lindemann-Sportanlage**, ein Rodelberg, mehrere Spielplätze, ein Grillplatz und eine Minigolfanlage gruppieren sich hier um die alten

Info NSG

Öffnungszeiten:
Naturschutz-Infohaus Boberger Niederung
Boberger Furt 50, 21033 Hamburg
Mi.–Fr.: 9–13 Uhr
Sa.: 12–17 Uhr
sonn- und feiertags: 11–17 Uhr
(Nov.–Feb. Sa. geschlossen)

Mitten im Naturschutzgebiet liegt das Segelfluggelände mit der 1300 m langen Start- und Landebahn

Ziegeleiteiche. In Zukunft soll es im Grünen Zentrum u.a. durch die Errichtung einer Freilichtbühne und die Anbringung zusätzlicher Laternen und einer Notrufsäule noch belebter und zugleich sicherer werden.

Über den Wolken

Segeln, Wind und Dünensand – diese Begriffe wecken bei den Mitgliedern der zwei Boberger Segelflugvereine nicht etwa die Erinnerung an den letzten Urlaub an der Nordsee, sondern an ihr sportliches Hobby über den Wolken. Die beiden Vereine teilen sich den 1,3 km langen Segelflugplatz, der sich im Westen des Naturschutzgebietes in nordwestlich-südöstlicher Richtung erstreckt.

Der **Hamburger Aero Club Boberg** zählt mit 300 Mitgliedern, 17 clubeigenen sowie 30 privaten Segelflugzeugen zu den größten Vereinen seiner Art in Deutschland. Die Pflege des Segelflugsports und des „internationalen Luftsportgedankens“ sind die erklärten Ziele des H.A.C., bei dem, wie es sich für einen ordentlichen Verein gehört, neben dem Flugbetrieb und einem vielseitigen Ausbildungsprogramm auch die Geselligkeit groß geschrieben wird. Im Clubheim können sich Interessierte informieren, und ganz Mutige wagen einen Probeflug in luftige Höhen. Seit 1952 existiert gleich nebenan der **Hamburger Verein für Luftfahrt e.V**. Auch seine 150 Mitglieder kommen dem ältesten Traum der Menschheit mit jedem Abheben etwas näher. Hauptsache, sie landen wieder sicher in Boberg!

Auf eine noch viel längere Tradition kann der **Verein für Leibesübungen Lohbrügge von 1892 e.V.** zurückschauen. Zurzeit sind etwa 1700 Sportler jeden Alters in den über 20 Sparten organisiert. In mehr als 100 Jahren Clubgeschichte stellte der VfL etliche Hamburger Meister, und das Team der Bahngolfer krönte seinen Einsatz sogar mit einem Europameistertitel. „Rad und Kraftfahrerbund Solidarität Hamburg-Bille“, „Sportkegler-Vereinigung Bergedorf und Umgebung“ und „Sander Tennisclub“ – so heißen nur einige der weiteren Vereine, in denen die Lohbrügger ihren sportlichen Hobbys nachgehen können. Durchaus sportlich kann auch manchmal die Arbeit der „Mini-Farmer“ werden. In Lohbrügge gibt es gleich eine ganze Reihe von Kleingartenvereinen, die sich gegenseitig mit den schönsten Blumenbeeten und Ernteerträgen überbieten.

Alte Holstenstraße zu Fuß

Seit 1985 kann man auch in Lohbrügge ohne störenden Verkehr bummeln, nämlich in der Fußgängerzone **Alte Holstenstraße**, deren östlicher Teil allerdings schon auf Bergedorfer Gebiet liegt. Die angesiedelten Geschäfte ergeben einen abwechslungsreichen Branchenmix, sodass meist jeder findet, was er sucht. Den Dimensionen der Großsiedlungen entsprechend wurde 1987 an der Ecke *Alte Holstenstraße/Ludwig-Rosenberg-Ring* ein

Einkaufskomplex der Superlative eröffnet. Im **Marktkauf Center** gruppieren sich um einen Supermarkt diverse weitere Geschäfte, die das Shopping-Angebot vervollständigen.

Wer jedoch den Frischluft-Einkauf liebt, findet auf dem **Lohbrügger Markt** jeden Mittwoch und Samstag ein reichhaltiges Angebot an den Ständen der Wochenmarkt-Händler.

Die Mieter von Lohbrügge-Nord werden außerdem durch drei kleinere Einkaufszentren mit Waren des täglichen Bedarfs versorgt. Wer lieber essen geht statt selbst am Herd zu stehen, der kann zwischen zahlreichen Restaurants, Gaststätten und Kneipen wählen. Fast die gesamte Palette internationaler Küche

Bärbel Hamester kam 1968 nach Lohbrügge, und seither engagiert sie sich gemeinsam mit ihrem Mann Fritz im Bürgerverein Lohbrügge e.V. Die stellvertretende Vorsitzende ist auch für die Öffentlichkeitsarbeit zuständig: Das Mitteilungsblatt des Vereins „Der Lohbrügger" wird zehnmal im Jahr von ihr mit Texten und Abbildungen versehen. Dabei kann sie neben eigenen Lohbrügge-Fotos auf ihr umfangreiches Archiv historischer Abbildungen zurückgreifen, das sie in den letzten Jahrzehnten zusammengetragen hat. Neben der Bürgervereinsarbeit bleibt Frau Hamester gerade noch Zeit, um sich in einer Frauengruppe zu engagieren und sich mit Gymnastik fit zu halten.

Kennt jeder: Holger Jensen

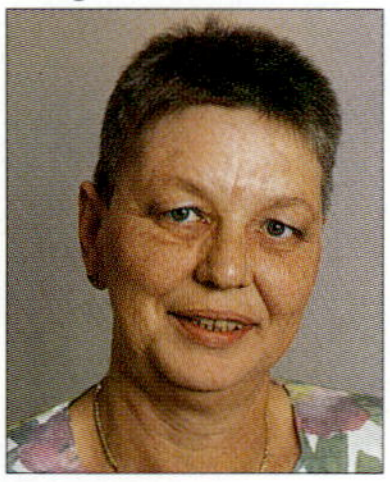

Liest jeder: Bärbel Hamester

Singt jeder: Karin Fehde

Zum Einkaufsbummel in die Alte Holstenstraße

ist vertreten – nur die Zahl der Traditionsgasthäuser, dazu gehören der „Holstenhof" und der „Schützenhof", nimmt sehr zum Bedauern vor allem der älteren Lohbrügger immer mehr ab.

Köpfe

Jeder der 1000 Bewohner des Lohbrügger „Lindwurms" am *Röpraredder* kennt **Holger Jensen**. Und der kennt jeden Winkel des Riesenhauses. Seit 1985 ist er Hausmeister des „Lindwurms" und wechselt Glühbirnen, vereinbart Termine mit Handwerkern oder überprüft die Aufzüge. Viel gibt es hier zu tun. Allein für das Mähen der 3 ha großen Grünflächen benötigt er bei gutem Wetter zwei volle Tage.

„Die Bürger von Lohbrügge sind so cool, frisch und frei", klingt es aus dem Radio. Die NDR Hamburg-Welle 90,3 suchte Anfang des Jahres 2000 ein Lohbrügge-Lied. Für **Karin Fehde** war dies Anlass und Anreiz genug, den Stadtteil, in dem sie vor über 25 Jahren ihren Mann kennen gelernt hat, einfallsreich zu beschreiben. Das höchste Graffito, die Wanderwege an der Bille und der von Haus zu Haus ziehende Eiermann – viele „Lohbrügger Spezialitäten" hat Frau Fehde in ihrem Stadtteil-Song betextet. Und ein Traum ging für die Hobby-Dichterin in Erfüllung, als sie die Gelegenheit bekam, zusammen mit dem bekannten Pianisten und Komponisten Gottfried Böttger im Januar 2000 ihr Lied für eine CD einzuspielen.

Lokstedt

ist da, wo die „Tagesschau“ und viele Sendungen mehr herkommen, denn seit 1953 ist das NDR-Fernsehen am Gazellenkamp zu Hause. Daher ist es auch gar nicht ungewöhnlich, TV-Prominenz beim Einkaufen zu treffen. Neben einigen weiteren Firmen dominiert das Wohnen im verkehrsmäßig gut erschlossenen Stadtteil

Steckbrief

Fläche:
4,858 km²

Einwohner:
24 349

Verwaltung:
Bezirk Eimsbüttel, Ortsamt Lokstedt

Ortsteil:
317

Das „-stedt“ im Namen weist auf sächsische Wurzeln hin, „Lo“ auf „Wald“. Eingesessene erkennen Neuzugezogene, weil diese statt des langen „Looookstedt“ so kurz wie falsch „Lockstedt“ sagen.

Feuersteinsichel aus der Jungsteinzeit, gefunden 1909, Gärtnerei Böttcher, Grandweg 99

Aus der Geschichte

Zu den ältesten Funden menschlicher Besiedlung zählt auf Lokstedter Gebiet ein Feuersteindolch aus der jüngeren Steinzeit in Form einer Zigarre. 1344 wurde „Locstedte“ urkundlich erwähnt und stand unter der Herrschaft der Schauenburger. Nach deren Aussterben 1640 nahm der dänische König Christian IV. die Herrschaft Pinneberg in Besitz. Die 1785–88 vorgenommene **Verkoppelung** ordnete die Verteilung der Äcker, Wiesen, Weiden und Wälder auf die Bauern neu. 1841 gab es in Lokstedt neun Vollhöfe, zwei Drittel-, einen Viertel- und 17 Zwölftenhufner (Hufe s. Spadenland). Der älteste Hof war der „Kollauer Hof“, nördlich der Kollau im heutigen Niendorf gelegen und 1184–1921 bewirtschaftet. Ab 1593 war der Kollauhof zeitweise Sitz einer Pulvermühle, die 1660 in die Luft flog. Mit 65 Glühlampen erhielt 1891 das seit 1867 preußische Lokstedt als erstes Dorf in Deutschland **elektrische Straßenbeleuchtung**.

Sigrid Siemers berichtet, wie ihre in der *Grelckstraße* aufgewachsene spätere Schwiegermutter Anna Siemers, geborene Münster (1882–1973), mithalf, den Zoll an der Hoheluft zu überlisten: „Wenn die Familie Münster mit ihren Kindern in der Kutsche zu Verwandten nach Hamburg fuhr, führte sie zu verzollende Lebensmittel wie z.B. Zucker mit sich. Alles wurde unter dem weiten Rock von

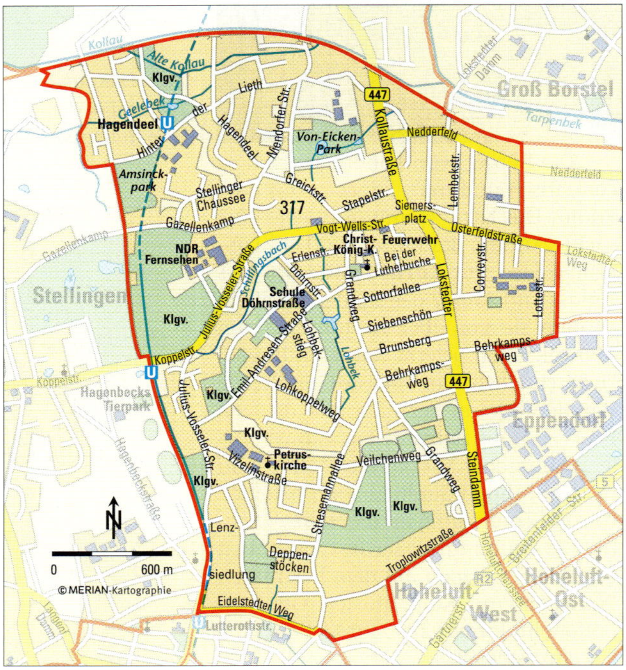

Töchterchen Anna versteckt, und man betrachtete es als selbstverständlich, dass ‚die Lütte' in der Kutsche sitzen bleiben durfte. So schummelte man die Waren am Zoll vorbei."

Ab 1848 lag das Amt des Gemeindevorstehers (Vogt) bei Angehörigen der Familien Wells, Behrmann, Langeloh, Münster und Pann, dann wurde im Jahr 1900 mit Emil Andresen der erste hauptamtliche Gemeindechef berufen. Zu dieser Zeit wandelte sich Lokstedt zum **Villenvorort**. Viele der Häuser hat der damals am *Brunsberg* ansässige Kunstmaler Alexander Oskar Noah (1885–1968) in seinen Bildern festgehalten. Seine Frau Anna Noah-Küchenmeister (1883–1962) war Klavierlehrerin und veranstaltete regelmäßig Konzerte ihrer Schüler im Gasthof Münster.

Das älteste Lokstedter Gebäude ist das der einstigen „Bäckerei Molsberger" in der *Vogt-Wells-Straße 18* von 1804, aber das historische und aktuelle Wahrzeichen des Stadtteils ist der 1910/11 in neogotischen Formen errichtete Wasserturm an der *Buchenallee*.

Der 40 m hohe Lokstedter Wasserturm, das Wahrzeichen des Stadtteils, wurde 1910/11 erbaut. Er wird privat bewohnt

Seine Bilder hängen heute noch in vielen Wohnungen im Stadtteil: der Lokstedter Kunstmaler Alexander Oskar Noah, Foto von 1945

In dem 1804 erbauten Haus in der Vogt-Wells-Straße 18 war die Bäckerei Molsberger ansässig, der dänische König Christian VIII. (1786–1848) soll hier einmal im besten Zimmer gefrühstückt haben

Er war es auch schon, als das von seinem Steueraufkommen her reiche und mit einer guten Infrastruktur versehene Lokstedt die Begehrlichkeit des gleichfalls preußischen Altona weckte. Seit 1924 bemühte sich der damalige Altonaer Oberbürgermeister Max Brauer (SPD) darum, Lokstedt in ein Groß-Altona einzubeziehen. Um dies zu verhindern, erfolgte 1927 der Zusammenschluss mit Niendorf und Schnelsen zur Großgemeinde Lokstedt mit gemeinsamem Verwaltungssitz in der *Sottorfallee 7*.

Dort blieb die Verwaltung auch als Ortsamt, nachdem die Großgemeinde 1937/38 in Hamburg eingegliedert worden war. Erst 1966 zog das Ortsamt nach Niendorf um, behielt aber den Namen Lokstedt. Die Polizei zog 1984 von der *Sottorfallee* in die *Troplowitzstraße* um. Das „Gesicht" der Polizei war lange Jahre der „Bürgernahe Beamte" Reinhard Wedler, der – seit 1960 in Lokstedt im Dienst – im Februar 2001 in den Ruhestand trat.

Bürgergeschichten

„Schnob, Scholl'n und der Schaffner"

***Trudi Pätz**, geboren 1922, erinnert sich an die Zeit ihrer ersten Schuljahre und das Leben in Lokstedt zu Anfang der 1930er Jahre*

Trudi Pätz als eifrige Schülerin der Schule Döhrnstraße

Mit sieben Jahren wurde ich in die Schule Döhrnstraße eingeschult. Es war ein alter, düsterer Bau aus dunkelroten Backsteinen. Wollte ich von der Schule zu meinem Vater in den Garten, ging ich durch das alte Lokstedter Dorf am Lebensmittelgeschäft des Krämers Albert Beier vorbei. Er war sehr fußballbegeistert, spielte beim HSV und sogar in der Nationalmannschaft.

Wo jetzt am Behrmannplatz das kantige DRK-Gebäude steht, verkaufte damals das ältliche Fräulein Karp in ihrem renovierungsbedürftigen windschiefen Häuschen Schreibwaren und uns Kindern zusätzlich Schulhefte. Nie merkte sie es oder wollte es auch nicht sehen, wenn mancher Lümmel etwas unter seinem Kleidungsstück oder im Ranzen unbezahlt hinausschmuggelte.

Manchmal begleitete ich eine Schulfreundin und ging mit ihr bis zum Siemersplatz. Zwei Ausflugslokale lockten die landhungrigen Hamburger ins preußische Lokstedt. Am Siemersplatz schlängelte sich die Straßenbahn an der einsam auf der Straße stehenden alten Eiche vorbei. Wenn meine Schulfreundin ihrem Elternhaus zusteuerte, nahm ich gerne den längeren Umweg in Kauf und schlenderte allein weiter die alte Kollaustraße entlang. An der Haltestelle der Linie 22 hatte Herr Plaumann seinen Kiosk. In dem gut florierenden Laden verkaufte er Rauchwaren und Schnobkram.

Morgens begegnete ich oft dem kastenförmigen Brotwagen, der von einem alten Pferd gezogen wurde. Für 42 Pfennige wechselte ein Brot von 3 Pfund den Besitzer. Schon früh am Morgen zog ein Fischhändler seine Schott'sche Karre durch die noch leeren Straßen. Mit lauter Stimme rief er: „Scholl'n! Frische, springlebendige Scholl'n!" Manchmal passierte es, dass eine große Scholle von der Karre hüpfte und auf der Erde mit offenem Maul nach Luft schnappte und herumspaddelte. Frauen kamen mit Schüsseln und kauften fünf bis sechs fleischige Fische für 1 RM.

Manchmal pendelte ich, wenn Mutter und Schwester in der Lokstedter Wohnung waren, zu ihnen. Am nächsten Tag fuhr ich mit der etwas älteren Nachbarstochter zurück. Irmgard blieb dann ein paar Tage bei uns im Grünen. Wir fuhren mit Geschwisterkarte mit der Straßenbahn bis zur Niendorfer Straße und zahlten zusammen nur 10 Pfennig. Standfest und treuherzig sahen wir dem Schaffner in die Augen, wenn er uns den Fahrschein gab und zweifelnd bemerkte: „Ihr seht doch gar nicht wie Geschwister aus?"

Die Grundschule in der Döhrnstraße: Generationen von Lokstedtern haben hier die Schulbank gedrückt

Getrennt und neu vereint

Ende 1912 wurde Lokstedt ein besonderer Pfarrbezirk und 1921 eine von Niendorf unabhängige ev.-luth. Kirchengemeinde mit Gemeindehaus und Konfirmandensaal als Predigtstätte. Erst Ende 1956 wurde die Kirche mit ihren 650 Plätzen an der (1917 gepflanzten) Lutherbuche eingeweiht.

Zu Beginn des Jahres 1964 wurde die Gemeinde geteilt: Der Nordteil erhielt den Namen „Christ-König-Gemeinde“ *(Bei der Lutherbuche 36)*, am *Winfridweg* entstand die **Petruskirche**, vor allem gedacht zur geistlichen Betreuung der Hochhaussiedlungen am *Grandweg* und am *Lenzweg* mit zusammen fast 5700 Einwohnern. 1965 wurde das Gemeindehaus eingeweiht, im Oktober 1968 die Petruskirche, die als „TELE-KIRCHE“ im 3. NDR-Fernsehprogramm in den 1980er Jahren weithin bekannt wurde. Die getrennten Wege endeten 1996, fortan hatte die ev.-luth. Kirchengemeinde zwei Gemeindezentren. Ungewöhnlich ist, dass mittlerweile alle vier Pfarrstellen von Frauen eingenommen werden.

Die prekäre Finanzlage zwang nach fünf Jahren zu weiteren Einschnitten: Die Petruskirche teilt man sich seit Ende 2000 mit der **Neuen Koreanischen Gemeinde**, zu der schon seit 1987 gute Kontakte bestehen; das Gemeindehaus am *Winfridweg* wurde zum September 2001 an die im Dienst der Diakonie stehende **Martha-Stiftung** verkauft, die dort ein sozialtherapeutisches Nachsorgezentrum für alkoholkranke oder medikamentenabhängige Frauen und ihre Kinder errichtet.

Die seit 1970 in der *Stapelstraße* beheimatete **Evangelische Familienbildungsstätte** zog 2001 nach Niendorf um. Die Freie evangelische Gemeinde ist in Lokstedt seit 1992 in der *Emil-Andresen-Straße* mit einem Gemeindehaus vertreten.

Zeitleiste

1344 Lokstedt erstmals urkundlich erwähnt

1640 Beginn der dänischen Herrschaft

1867 Lokstedt wird preußisch

1927 Bildung der Großgemeinde Lokstedt

1937/38 Lokstedt wird Hamburger Stadtteil

1939 Güterumgehungsbahn wird Grenze zu Niendorf

seit 1953 NDR-Fernsehen im Stadtteil

1996 ev.-luth. Kirchengemeinde wieder vereint

Treffpunkt Bürgerhaus

Das **Bürgerhaus Lokstedt e.V.** wurde von Hansjürgen Rhein und anderen engagierten Bürgern 1982 als Stadtteil- und Kulturzentrum im ehemaligen Standesamt in der *Sottorfallee 9* eröffnet. Dort finden neben einer Vielzahl von Kursen auch zahlreiche kulturelle, musikalische und unterhaltende Veranstaltungen statt, darunter auch die Kammermusikkonzertreihe „Nord Tonal“. Der seit 1971 bestehende **Kinderspielkreis Lokstedt e.V.** bietet im gleichen Gebäude ein attraktives Betreuungsprogramm für Vorschulkinder an.

Im Bürgerhaus trifft sich auch das **Lokstedter Forum**, ein regelmäßig zusammenkommender, locker besetzter Gesprächskreis, der es mit seinem Engagement für die Stadtteilpolitik geschafft hat, das Zusammengehörigkeitsgefühl der Lokstedter zu stärken. Die Öffentliche Bücherhalle in der *Vogt-Wells-Straße 20* ist ein Partner für alle Lese-, Lern- und Bildungsinteressierten und damit auch ein kultureller Mittelpunkt.

In Lokstedt aktiv ist natürlich auch der Bürgerverein Hoheluft-Großlokstedt von 1896 e.V. (s. Niendorf).

Die **LAB – Lange Aktiv Bleiben e.V.** entstand 1963 in Hamburg als Lebensabend-Bewegung. Seit 1984 gibt es diese Gemeinschaft aktiver Senioren im Stadtteil, zunächst bis 1992 in der Feddersen-Stiftung am *Feldhoopstücken*. Seither bietet LAB Lokstedt seinen ca. 450 Mitgliedern in der *Vogt-Wells-Straße 22* ein vielfältiges Angebot an, das von sportlichen Aktivitäten wie Gymnastik und

Der frei stehende Turm der Lokstedter Kirche an der Lutherbuche, entworfen von dem Architekten Friedrich Dyrssen

Zierrat am Gebäude der Feuerwache Lokstedt, Vogt-Wells-Straße

Wandern über Handarbeiten, Basteln, Malen und Töpfern bis zu diversen Sprachkursen reicht.

Der **Seniorenkreis Lokstedt-Niendorf-Schnelsen (von 1914)** ist 1982 aus der Groß-Lokstedter Gemeinschaft des Deutschen Roten Kreuzes hervorgegangen. Der Verein, der knapp 300 Mitglieder hat, wird seit dem Jahr 2000 von Günter Jambor geführt.

Seit Dezember 1986 gibt es die Plakatwerkstatt mitten im Grünen am *Veilchenstieg 29*, wo Mädchen und Frauen ab einer Körpergröße von 150 cm – denn

Hier geben eindeutig die Mädchen den Ton an: die Plakatwerkstatt Veilchenstieg

die Arbeitstische sind 100 cm hoch – bei Gerda Fellberg die Buntpapierherstellung, das Buchbinden und den Buchdruck erlernen können.

Eine **Freiwillige Feuerwehr** hat Lokstedt schon seit 1885. Sie konnte Ende 1926 die Feuerwache an der *Vogt-Wells-Straße* beziehen – der Klinkerbau war damals der erste große Auftrag für den Lokstedter Baumeister Heinrich Timm. Zur Lokstedter Wehr gehört seit 1996 auch eine Jugendfeuerwehr für Jugendliche ab zwölf. Wehrführer ist der Malermeister Christian Stüber. Schon Tradition ist der Weihnachtsmarkt.

Ein moderner Chip von Philips Semiconductors und drei historische Valvo-Röhren aus dem Lokstedter Sitz an der Stresemannallee

Vielsprachiges Schulwesen

Die Geschichte der heutigen Grundschule in der *Döhrnstraße 42* reicht bis 1884 zurück, als wegen steigender Schülerzahlen die bisherigen Räumlichkeiten in der *Vogt-Wells-Straße* nicht mehr ausreichten und ein Neubau errichtet werden musste. Mitte der 1990er Jahre erfolgte in der Schule, die seit 1975 von Friedrich Heß als Schulleiter geführt wird, auf Grund sinkender Schülerzahlen der Abbau der Oberstufe. Mit dem von der Schulbehörde und dem italienischen Außenministerium finanzierten Aufbau einer Deutsch-Italienischen Grundschule begann 1999 ein neues bilinguales, auf Anhieb erfolgreiches Kapitel.

Mit den Schulen Hinter der Lieth (seit 1958) und Vizelinstraße (seit 1966) hat Lokstedt zwei weitere Grundschulen. Das beliebte Gymnasium Corveystraße (seit 1968) verfügt über viele internationale Kontakte, auch die Theaterarbeit hat hier einen hohen Stellenwert.

In die Gebäude des ehemaligen Gymnasiums Hartsprung (1974–90) zog 1987/88 das **Lycée Français de Hambourg** ein. Die jeweiligen Leiter dieser privaten Ergänzungsschule im *Hartsprung 23* werden direkt vom Kultusministerium in Paris eingesetzt. Die Verbindung zu Hamburg ist durch den sehr stark engagierten Trägerverein gegeben, in dem längere Zeit der prominente Fernsehjournalist Heiko Engelkes Vorsitzender war. Neben Grundschule und Gymnasium gibt es dort auch einen Kindergarten. Viele frankophone Eltern haben sich im Einzugsbereich dieser Schule angesiedelt. Deshalb hört man im Umkreis der Schule auch öfter einmal Französisch auf der Straße.

Hightech aus Lokstedt

Philips Semiconductors lautet seit 1999 der Name der in der *Stresemannallee* beheimateten Chip-Fabrik, die alten Lokstedtern als „Valvo-Radio-Röhren GmbH" bekannt ist. In dem 1924 gegründeten Betrieb wurden zuerst Rundfunk- und Fernsehröhren gebaut, später integrierte Schaltungen und Mikroprozessoren. Diese schon seit 1927 zum

Stadtteil-Profil

	Lokstedt	Bezirk	Hamburg
Bevölkerung gesamt (2000)	24 349	244 893	1 704 929
Unter 18-Jährige in %	15,0	14,1	16,1
65 Jahre und älter in %	18,7	16,1	17,0
Deutsche	20 170	208 892	1 432 325
Ausländer in %	17,2	14,7	16,0
Einwohner je km²	5012	4914	2258
Sozialstruktur			
Sozialhilfeempfänger (2000)	1791	409	120 461
Arbeitslose (2001)	869	462	71 963
Eink. je Steuerpfl. in DM (1995)	64 492	59 711	65 579
Wohnen (2001)			
Wohngebäude	2905	28 953	226 061
Ein- und Zweifamilienhäuser in %	17,2	16,2	20,5
Ø Wohnungsgröße in m²	69,5	71,5	71,0
Wohnfläche je Einwohner in m²	35,2	37,3	35,7
Verkehr			
Private Pkw (2001)	8696	4332	628 119
Straßenverkehrsunfälle (2000)	149	82	12 430
Kriminalität			
Straftaten insgesamt (2000)	2218	1084	284 272

Wahlverhalten

... zur Bürgerschaft 2001 (gesamt)

Wahlbeteiligung	71,0%
SPD	36,5%
CDU	26,2%
Schill-Partei	19,4%
Grüne/GAL	8,6%
FDP	5,1%
Übrige	4,2%

... zur Bürgerschaft 2001 (Stadtteil)

Wahlbeteiligung	74,6%
SPD	37,4%
CDU	26,9%
Schill-Partei	16,7%
Grüne/GAL	9,4%
FDP	5,9%
Übrige	3,7%

Philips-Konzern gehörende Hightech-Schmiede beschäftigt heute über 2100 Mitarbeiter und fertigt integrierte Schaltungen und diskrete Halbleiter für verschiedene Anwendungsbereiche.

Die Geschichte der Großbäckerei „Nur hier" begann im September 1932, als der Bäckereibesitzer Theodor Freiburg auf die Idee kam, Brot in großen, mit Holz befeuerten Steinöfen zu backen. Die Firma ging schon 1933 von der *Eimsbütteler Chaussee* nach Lokstedt in die *Niendorfer Straße 25*. Wie eh und je wird dort Holzofenbrot in den 32 alten, holzbefeuerten Steinöfen gebacken. Das Wasser kommt aus 150 m Tiefe und versorgt auch einen Trinkwasserbrunnen vor der Backwerkstatt. Seit Ende 1997 ist die Firma mit ca. 220 Mitarbeitern als Kamps Nord GmbH & Co. KG Teil des Backwarenkonzerns Kamps.

Mit dem Gründungsjahr 1840 ist die Wäscherei und Chemische Reinigung **Carl Vollmer** die älteste Firma ihrer Branche in Hamburg und schon seit fünf Generationen in Familienbesitz. Zuerst an der *Vogt-Wells-Straße* zu Hause, ist seit 1874 der *Rütersbarg 39* der Stammsitz des seit 1974 von Carl Heinrich Vollmer geführten Betriebs, der vorwiegend für Gastronomie und Hotelbetriebe arbeitet.

Der **Landesverband des Deutschen Roten Kreuzes (DRK)** mit gut 100 Mitarbeitern ist seit 1960 am *Behrmannplatz 3* ansässig, nachdem sich ein Grundstück nebst Gebäude am *Harvestehuder Weg* als zu klein erwies und ein Grundstückstausch mit dem Gerling Konzern vorgenommen wurde. Auf dem 12 000 m² großen Gelände sitzen die

Bei Kamps: Frühstück mit Blick in die Backstube

Allgemeine Verwaltung, ein Bildungswerk, eine Kindertagesstätte mit 85 Plätzen, die sog. Hilfszugabteilung IX des DRK (Katastrophenschutzlager), die **DRK mediservice GmbH** mit einem Reise-

Der einstige Gasthof Münster am Siemersplatz (kolorierte Postkarte nach 1900)

dienst für Senioren und Rollstuhlfahrer und für behinderte Schulkinder.

Von den einst so zahlreichen Gärtnereien in Lokstedt, vor allem in der Gegend des *Grandwegs*, der *Süderfeld-* und der *Emil-Andresen-Straße*, ist nur noch die Firma **Helmut Holzweissig** (*Stresemannallee 1–5*) übrig geblieben. Die ab 1903 am *Lokstedter Steindamm 33/35* beheimatete Kuchen-, Keks & Zwiebackfabrik J. G. Kemm („Kemmsche Kuchen") musste 1995 schließen, der Firmenname wurde nach Krefeld verkauft – aber halb Hamburg hat noch den speziellen Geschmack der in Sirup gebackenen Kekse als feste Kindheitserinnerung im Gedächtnis.

Wohnen im Zylinderviertel: Bürgerhaus mit Wintergarten am Grandweg

Verkehrsknoten und Planungsfeld

Lokstedt ist durch zwei stark frequentierte Straßenzüge zerschnitten. In den 60er und 70er Jahren erfolgte der Ausbau der Straßenzüge *Lokstedter Steindamm, Siemersplatz, Kollaustraße (B 447)* sowie *Osterfeldstraße, Vogt-Wells-Straße, Julius-Vosseler-Straße*. Der *Siemersplatz*, der 1977 sein heutiges Gesicht erhalten hat, ist nach wie vor ein Nadelöhr. Um die Autofahrer daran zu hindern, den Platz auf Schleichwegen zu umgehen, wurden die Nebenstraßen in **Tempo-30-Zonen** umgewandelt.

Zwar ist der *Siemersplatz* – mit Post, Haspa-Filiale und diversen Fachgeschäften – das Ortszentrum, aber nicht gerade eine Flaniermeile. Über eine Attraktivitätssteigerung machen sich nicht nur die Stadtplaner, sondern auch Geschäftsleute, der Bürgerverein, Lokalpolitiker und das Lokstedter Forum seit Jahren Gedanken. Dabei geht es nicht zuletzt um das Gelände des ehemaligen **Gasthofs Münster**.

Alwin Münster hatte den Gasthof im August 1914 erworben, der in den 1920er Jahren zum beliebten Ausflugslokal avancierte. Das traditionsreiche Lokal diente bis zum Tod von Marie Münster, die 87-jährig im Januar 1993 starb, vielen Vereinen im Stadtteil als Treffpunkt und Stammlokal. Über 2000 Schau- und Kauflustige kamen im Dezember 1993, als das Inventar (und manches mehr, das der Auktionator herangeschafft hatte) versteigert wurde. Ein Erhalt des Gebäudes scheiterte an der schlechten Bausubstanz. Für eine Neubebauung gab es viele Pläne, doch der Besitzer ließ das Grundstück jahrelang unberührt.

Mit öffentlichen Verkehrsmitteln ist Lokstedt gut bedient. Seit 1966 fährt die U-Bahn bis „Hagenbecks Tierpark", seit 1985 über „Hagendeel" bis „Niendorf-Markt". Die Nachfolge der 1898–1978 verkehrenden Straßenbahnlinie 2 hat der **MetroBus 5** (bis 2001 der legendäre „102er") angetreten. Um den Radverkehr zu fördern und die Lokstedter Studentenwohnheime mit dem Universitätsviertel zu verbinden, führt seit 1999 die erste Eimsbütteler **Veloroute** mit einer Länge von 4,7 km vom *Behrmannplatz* über den *Grandweg* und die *Stresemannallee* bis zum Univiertel.

Wohnen im Zylinderviertel

Im sog. Zylinderviertel – streng genommen das Gebiet zwischen *Lokstedter Steindamm* und *Grandweg* –, aber auch rund um den Wasserturm herum finden sich zahlreiche ansehnliche Bürgerhäuser, die teilweise schon in die Kategorie Villa fallen. Das sog. Zylinderviertel ist seit 1990 ein städtebauliches Erhaltungsgebiet, in dem Um- und Neubauten nach strengeren Kriterien geprüft werden als anderswo. In den 20er Jahren wurde – wegen der damals häufigen Einbrüche – sogar eine Bürgerwehr gegründet, die nachts auf Streife ging.

Zu Hause in Lokstedt: der NDR

Wie eine kleine Stadt für sich haben sich die NDR-Fernsehstudios am Gazellenkamp breit gemacht und bescheren dem Stadtteil 1000 Arbeitsplätze

Lokstedt ist da, wo die „Tagesschau" herkommt – das NDR-Fernsehen hat den Stadtteil bundesweit bekannt gemacht. Aus dem Provisorium im Bunker auf dem Heiligengeistfeld in St. Pauli, wo am 25. Dezember 1952 die Geburtsstunde des regelmäßigen Fernsehprogramms in Deutschland geschlagen hatte, war der damalige Nordwestdeutsche Rundfunk (NWDR) am 23. Oktober 1953 nach Lokstedt umgezogen, in das erste speziell für das Fernsehen eingerichtete Studio in Europa.

Ab dem 1. Oktober 1956 wurde die „Tagesschau" täglich ausgestrahlt, 14 Monate später begann der Norddeutsche Rundfunk (NDR), wie er nach der 1955 vollzogenen Trennung vom jetzigen WDR hieß, das Fernseh-Regionalprogramm. Zu bundesweiter Berühmtheit brachte es der Lokstedter Postbeamte Walter Spahrbier (1905–82), zu dessen Zustellbereich auch der NDR am *Gazellenkamp* gehörte und der als Glücksbote in den Unterhaltungsshows von Peter Frankenfeld und Wim Thoelke ab den 1950er Jahren zum „Briefträger der Nation" avancierte.

Anfang 1965 startete das dritte Fernsehprogramm, am 2. Januar 1978 flimmerten erstmals die „Tagesthemen" über den Bildschirm. Sein Fernsehzentrum in Lokstedt baute der NDR immer weiter aus: 1994/95 erfolgte die Übergabe und Inbetriebnahme des neu erbauten Produktions- und Sendezentrums (PSZ) und des Bearbeitungszentrums Fernsehen (BFS). 1997 wurde Richtfest für den ARD-aktuell-Neubau gefeiert, und am 12. November 1999 konnte der neue ARD-aktuell-Komplex eingeweiht werden.

„Tagesschau"-Sprecher Jens Riewa bei der Arbeit im Lokstedter Studio

Die ca. 1000 Mitarbeiter des NDR in Lokstedt produzieren die Sendungen von ARD-aktuell, des NDR-Fernsehens und des Hamburger Landesprogramms. Auf dem 102 000 m² großen Gelände stehen 25 Gebäude mit 99 000 m² Bruttogeschossfläche. Gegenwärtig wird über die Erweiterung der Studiokapazitäten diskutiert. Mit der Eröffnung der neuen Zufahrt am *Hugh-Greene-Weg* – benannt nach dem britischen Kontrolloffizier Sir Hugh Carleton Greene, der von 1946 bis 1948 die Entwicklung des Rundfunks entscheidend geprägt hatte – erhielt der NDR im Februar 2001 eine direkte Zufahrt zur *Julius-Vosseler-Straße*.

„Tagesschau" anno 1957: Manfred Schmidt, Cay Dietrich Voss, Karl-Heinz Köpcke, Martin Thon und Dieter von Sallwitz (von links)

Nobles Bürgerhaus am Rütersbarg und eine fantasievolle Hausfassade an der Niendorfer Straße

Auch die Gegend um den Amsinckpark und der Bereich *Hinter der Lieth* in Richtung Niendorfer Gehege zählen – obschon unüberhörbar nahe in Richtung der preisreduzierend wirkenden Einflugschneise des Flughafens Hamburg (s. Fuhlsbüttel) – zu einer Region, wo die Grundstücke teuer sind. Neue Eigentums- und Mietwohnungen entstanden seit den 90er Jahren u.a. im Bereich *Feldhoopstücken* und an der *Max-Tau-Straße*.

Auf dem Gelände der ehemaligen Hammonia-Kleingartenanlage entsteht durch den Investor Greve parallel zum Straßenzug *Julius-Vosseler-Straße* und *Koppelstraße* auf einer 40 000 m^2 großen Fläche nahe dem NDR ein Komplex mit vier sieben- bis neungeschossigen Bürogebäuden sowie einer weiteren Lokstedter Seniorenresidenz.

Junges Wohnen in Lokstedt: Siedlung Max-Tau-Straße

Unter Milieuschutz steht der Wohnblock „Heimat", der 1929 zwischen *Gazellenkamp, Stellinger Chaussee* und *Heimat* in dunkelrotem Klinker erbaut wurde. Lokstedt ist ein beliebtes Wohngebiet auch für die Beschäftigten des NDR-Fernsehens. Da passiert es schon öfter, dass beim Einkaufen ein Tagesschau-Sprecher oder andere TV-Prominente mit an der Supermarkt-Kasse stehen.

Das bevölkerungsstarke Lokstedt beherbergt neben zahlreichen Einrichtungen für ältere Menschen, wie die Seniorenwohnanlage Lokstedt *(Julius-Vosseler-Straße 10)*, das Pflegezentrum pflegen & wohnen *(Lohkoppelweg 42)* oder das Alten- und Pflegeheim der K. D. Feddersen Stiftung *(Feldhoopstücken 36–40)*, auch viele Studenen: im Rudolf-Laun-Haus *(Emil-Andresen-Straße 5)*, in der Wohnanlage Lokstedt *(Emil-Andresen-Straße 34 b/c)*, und am Grandweg 16 vor allem Musikstudenten.

Hauseingänge im Wohnblock „Heimat" am Gazellenkamp

Die Lenzsiedlung

„Klein-Manhattan", „Lutteroth-Ghetto" und mal wieder ein Hamburger „Affenfelsen", dies alles sind Bezeichnungen für die 1973/74 von der SAGA in der *Julius-Vosseler-Straße* errichtete **Lenzsiedlung** mit sieben- bis 15-geschossigen Hochhäusern. Ein zweiter Bauabschnitt entstand zwei- bis fünfgeschossig Ende der 1970er/Anfang der 1980er Jahre. Auf 7,64 ha wohnen über 3000 Menschen; die Bevölkerungsdichte ist höher als sonst wo im Bezirk Eimsbüttel und eine der höchsten in ganz Hamburg. Mittlerweile sind rund 60 Prozent der Mieter deutscher und 40 Prozent ausländischer Herkunft, überdurchschnittlich viele Kinder, Jugendliche und junge Erwachsene leben hier.

Die Wohnungen sind relativ groß und funktional geschnitten, die Mieten sind allerdings durch hohe Nebenkosten vergleichsweise teuer. Als größte Probleme wurden bei einer Umfrage unter den Mietern feuchte Wände und der Müll genannt. Im Zusammenhang mit der Errichtung von drei Pförtnerlogen – betreut von Angestellten des Beschäftigungsträgers „Chance" – sind 1999/2000 einige Treppenhäuser neu gestaltet worden. Insgesamt ist die Identifikation der Bewohner mit der Lenzsiedlung überdurchschnittlich gut. Der große Vorteil ist der U-Bahn-Anschluss vor der Tür und die enge Nachbarschaft zum übrigen Lokstedt, zu Eimsbüttel und Stellingen.

Von den benachbarten Sportvereinen engagiert sich vor allem **Grün-Weiß-Eimsbüttel** mit seinen Angeboten in der Siedlung. Ein Anlaufpunkt ist das Stadtteilbüro, gefördert von der Stadtentwicklungsbehörde und getragen von der Lawaetz-Stiftung.

1977 gründeten Bewohnerinnen und Bewohner den Verein „Offene Jugendarbeit Lenzsiedlung e.V.“. Er heißt seit 2001 **LENZSIEDLUNG e.V. – Verein für Kinder Jugend und Gemeinwesen** *(Julius-Vosseler-Straße 193)* und bietet allen Bewohnern der Lenzsiedlung nicht nur einen Treffpunkt für gemeinsame Freizeitgestaltung, sondern auch vielfältige Angebote für Rat und Hilfe. Neben dem Altbau steht das im Juni 1992 eingeweihte lichtdurchflutete Bürgerhaus mit einem 80 m² großen Saal Erwachsenen und Familien offen.

Sportzentrum Döhrntwiete

Der älteste Lokstedter Sportverein ist der in der *Döhrntwiete 20* ansässige **Turnverein Lokstedt von 1892 e.V.**, der schon im Juni 1911 eine Turnhalle auf eigenem Grund und Boden errichten konnte. Zum reichhaltigen Angebot gehören u.a. Aerobic, Geräteturnen, Badminton, Basketball, Hockey, Tischtennis, Volleyball und Yoga. Der Lokstedter Fußball-Club **Eintracht von 1908 e.V.** konnte 1974 die Sportanlage an der *Döhrntwiete 2* in Betrieb nehmen. Seit 1990 gehören die Baseballer der **Lokstedt Stealers** zum Verein, die in der Saison 2000 alle möglichen Titel – die deutsche Meisterschaft, den Pokal und den CEB-Cup – gewinnen konnten und ihre Heimspiele im Baseball-Park am *Langenhorst* in Niendorf austragen.

Auf dem Gelände südlich des *Gazellenkamps* entstand 1929 eine **Motorradrennbahn**. Diese „Dirt-Track-Bahn“ erlebte am 26. August 1934 mit einem Boxkampf ihre größte Stunde: In einem wegen seiner Zuschauerzahl historischen Kampf erlebten über 80 000 begeisterte Boxfans, wie der frühere Schwergewichts-Weltmeister Max Schmeling (s. Eilbek), damals 28 Jahre alt, den um zwei Jahre jüngeren Walter Neusel nach acht Runden durch Aufgabe besiegte. 1957 erwarb der NDR das Gelände.

Von oben: In Lokstedt liegen viele Seniorenresidenzen wie hier am Lohkoppelweg. Schlagtraining bei den Lokstedt Stealers. Nachbarschaftsfest in der Lenzsiedlung

Die Amsinckvilla auf dem Liethberg, erbaut 1870 als Sommersitz für den Kaufmann Wilhelm Amsinck, liegt in dem wohl schönsten Park des Stadtteils. Rechts: Die Ladenzeile am Siemersplatz

Grünes Lokstedt

In Lokstedt gibt es noch ein gutes Dutzend Kleingartenvereine. Zu den namhaften Parkanlagen zählt der **Von-Eicken-Park** mit der weißen Villa (1914), 1899 erworben und angelegt von dem Hohelufter Tabakunternehmer Carl Heinrich von Eicken, nach dessen Tod 1926 die Gemeinde Lokstedt den Park kaufte. Nicht weit entfernt liegt **Willinks Park**, einst ebenso Sommersitz eines Hamburger Kaufmanns wie der **Amsinckpark** auf dem Liethberg. Die Amsinckvilla, erbaut 1870 von dem späteren Rathaus-Architekten Martin Haller für den Kaufmann Wilhelm Amsinck, steht seit 1993 unter Denkmalschutz, der Park ist seit 1956 in städtischem Besitz.

1949 gegründet wurde die **Jägergruppe Lokstedt**, deren ca. 240 Mitglieder vorwiegend im Ortsamtsbereich sowie in Groß Borstel zu Hause sind.

Neben der Pflege ihrer Jagdleidenschaft widmet sich die seit 1987 von Horst Bielefeldt geführte Gemeinschaft dem Aufbau von Ökoprojekten im Bezirk Eimsbüttel und vermittelt Schülerinnen und Schülern wichtige Kenntnisse über den Schutz und die Hege der Tier- und Pflanzenwelt. Das zu den Jägern gehörende **Lokstedter Bläsercorps** mit 32 Bläsern gilt als eines der besten in Norddeutschland.

Der Von-Eicken-Park mit der namengebenden Villa am Rütersbarg

Kraxeln wie in den Alpen

Erweitert wird das Sport- und Freizeitangebot durch das für Deutschland einzigartige **Kletterzentrum des Deutschen Alpenvereins** in der *Döhrnstraße 4*. Das 13 m hohe Bauwerk erinnert mit seinen Wänden, Überhängen, Kanten und Kaminen an einen nur mit Mühe zu erklimmenden steilen Berggipfel. Alle Innen- und Außenflächen – bis auf die Fensterscheiben – sind erkletterbar, insgesamt 1140 m². Bei tiefen Wintertemperaturen wird ein Teil der Wand vereist, sodass sich nervenstarke Sportler hier im **Eisklettern** üben können.

Ins Dorf zum Einkaufen

Die wichtigsten Einkaufsmöglichkeiten im Zentrum von Lokstedt sind die *Grelckstraße* (man „geht ins Dorf" dort zum Einkaufen) mit Fachgeschäften, Supermärkten und (seit 1989) jeden Mittwoch Wochenmarkt, die *Vogt-Wells-Straße* und der *Siemersplatz*. Am *Lokstedter Steindamm 4* eröffnete Ursula Aldag, auch als Chronistin des Stadtteils („Lokstedt im Wandel eines Jahrhunderts", 1996) bekannt, dort 1991 ihr zuvor in der *Kollaustraße* ansässiges Schreibwarengeschäft, das jetzt von ihrem Sohn Michael und seiner Frau Christiane weitergeführt wird. Am *Siemersplatz 5* ist seit 1953 das **Feinkostgeschäft Hans Behrmann**

zu Hause, dessen Lokstedter Wurzeln bis ins Jahr 1911 zurückreichen. Die über 55 Jahre benachbarte „Hammonia-Apotheke" musste 2001 wegen Auslaufen des Mietvertrages schließen. Die Tradition der „Dorfbäckerei" in der *Grelckstraße 11* wird seit dem Ausscheiden des Inhaberehepaares Heckscher im Sommer 1999 vom Konditormeister Thomas Horn fortgeführt.

Bei Walter Frosch

Zu den beliebtesten Gaststätten zählt das „Adria" *(Julius-Vosseler-Straße 77)* mit jugoslawischer Küche. Im „Antikes" *(Lokstedter Steindamm 7)* steht noch oft und gern der Mitinhaber hinter dem Tresen, der einstige Fußballprofi Walter Frosch. Auch „McDonald's" ist seit Ende 1986 mit einem Drive-in an der *Kollaustraße* in Lokstedt vertreten. Der einzige Nachtclub in Lokstedt ist der berühmt-berüchtigte „Funny Club" am *Lokstedter Steindamm.*

Köpfe

Hansjürgen Rhein lebt seit 1967 zusammen mit seiner Frau und zwei Kindern in Lokstedt. Der Verwaltungsjurist leitet in der Umweltbehörde das Fachamt Abfallwirtschaft und engagiert sich schon über 30 Jahre ehrenamtlich im Stadtteil: zuerst als Mitbegründer im Kinderspielkreis (1971), dann als Vorsitzender im Bürgerhaus Lokstedt und schließlich als Initiator des 1996 ins Leben gerufenen „Lokstedter Forums".

Als Übungsleiterin beim TV Lokstedt ist **Ruth Hupe** vielen in Lokstedt bekannt. 20 Jahre lang war sie dort, vor allem im Bereich Kinderturnen, tätig. Zum LAB kam sie ursprünglich als Kursleiterin im Gymnastikbereich, seit 1992 leitet sie nun schon die Geschäftsstelle in der *Vogt-Wells-Straße 22*, dem Anlaufpunkt für die vielfältigen Aktivitäten des LAB. Auf fast allen Ausflügen und Reisen ist die immer noch Sportbegeisterte dabei.

Jörg Fischlin, Jahrgang 1970, ist in Lokstedt geboren und am *Grandweg* aufgewachsen. Der engagierte Sozialpädagoge ist als Geschäftsführer des Vereins Lenzsiedlung e.V. auch für die Öffentlichkeitsarbeit des Vereins zuständig und setzt sich für die Belange der Bewohner und in stadtteilpolitischen Gremien und Ausschüssen ein.

Seit 1984 ist **Dieter Brunswieg** Hamburgs einziger selbstständiger Glasbläsermeister. Der Techniker und Künstler, der jahrelang im Forschungslabor von Unilever tätig war, lebt und arbeitet seit 1987 am *Wullwisch* in einer ruhigen Wohnstraße im Norden von Lokstedt. Der begeisterte Motorradfahrer fertigt vor allem komplizierte Glasapparaturen für die Industrie.

Lokstedter Köpfe: Hansjürgen Rhein vom Bürgerhaus; Ruth Hupe vom LAB und Jörg Fischlin vom Verein Lenzsiedlung e.V. Links: Terrasse des Restaurants „Antikes" am Lokstedter Steindamm

Stets gemütlich im Warmen arbeitet der Glasbläser Dieter Brunswieg

Lurup

gibt es erst seit rund 250 Jahren. Heute leben hier über 32 000 Menschen, darunter viele junge Familien und allein erziehende Mütter. Zwar zeigen sich an vielen Stellen im Stadtteil gute Ansätze zur städtebaulichen Aufwertung. Doch was Lurup immer noch fehlt, ist eine funktionierende Ortsmitte am Eckhoffplatz

Steckbrief

Fläche: 6,377 km²
Einwohner: 32 089
Verwaltung: Bezirk Altona, Ortsdienststelle Lurup
Ortsteil: 219

Die Entstehung des Ortsnamens „Lurup" ist nicht überliefert. Laut der im Volksmund verbreiteten „Wirtshauslegende" geht er auf frühen Viehhandel zurück: An der Heerstraße von Hamburg über Altona, Schenefeld und Appen nach Uetersen lag im Gebiet des heutigen Lurup ein einsames Wirtshaus. Dort erwarteten im 18. Jahrhundert Hamburger Viehhändler das aus Holstein in die Stadt getriebene Schlachtvieh. Als die Herden eines Tages zu lange ausblieben, fiel die Bemerkung „dor luur op!" Da die Hamburger auch später noch oft auf das holsteinische Vieh „lauern" mussten, erhielt das Wirtshaus bald den Namen „To den Lurup op der Heiden". Sprachforschern zufolge könnte die Endung „-rup" auch eine Verschleifung des niederdeutschen „torp" (= Dorf) sein.

Aus der Geschichte

Lurup ist **eines der jüngsten** der ehemaligen **Bauerndörfer** im heutigen Bezirk Altona. Es entstand erst Mitte des 18. Jahrhunderts in der Schenefelder Heide. Zu diesem Zeitpunkt konnten die benachbarten Dörfer Groß Flottbek, Bahrenfeld oder Osdorf bereits auf eine 500-jährige Geschichte zurückblicken. Laut Schuld- und Pfandprotokoll für das Kirchspiel Nienstedten ließ sich 1746 der Bauer Franz Hinrich Lüders aus Pinneberg-Dorf – an ihn erinnert der *Lüdersring* – als Erster Land im Luruper Feld ausweisen. Es ist die **erste urkundliche Erwähnung** des Namens Lurup. Nur acht Jahre später war die Zahl der unselbstständigen, so genannten Zubauern auf acht gestiegen. 1754 war auch das Jahr, in dem sie um Anerkennung ihrer Eigenständigkeit rangen. Rund vier Jahrzehnte dau-

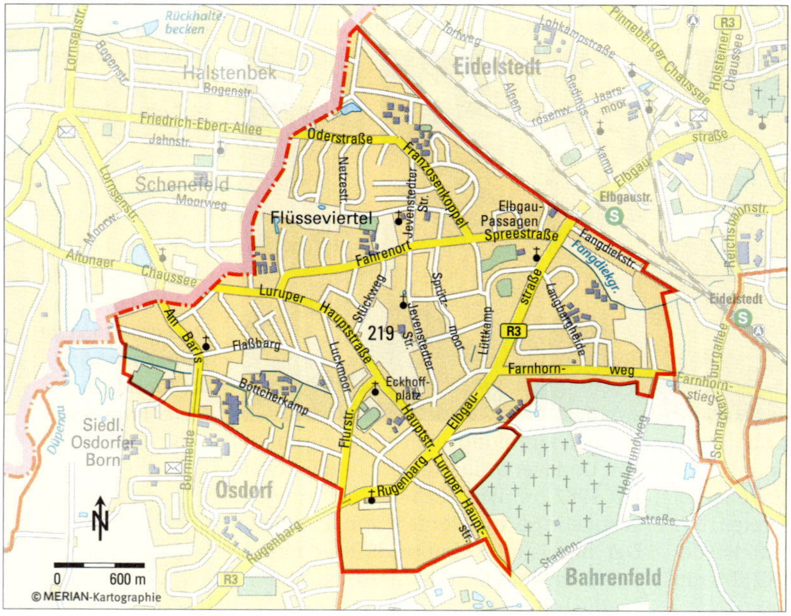

Alt und neu: An der Luruper Hauptstraße steht das reetgedeckte alte Schulhaus von 1822 vor Lurups moderner Kulisse am Eckhoffplatz

erte der Rechtsstreit, in dem die Groß Flottbeker und Schenefelder Eingesessenen die neuen Bauern zur Beteiligung an ihren Abgaben drängten. Doch 1793 wurde Lurup selbstständige Gemeinde.

Über die Jahrhunderte blieb das Heidedorf mit seinen kargen, sandigen Böden ärmer als die umliegenden Siedlungen. Noch bei der **Eingemeindung** nach Altona im Jahr 1927 zählte es nur rund 1000 Einwohner. Danach aber wuchs der Stadtteil schnell, sodass sich das einstige Dorf immer mehr zu einem Wohn-Vorort wandelte. Das Interesse der Altonaer an Kauf oder Pachtung von Bauernland stieg. Viele errichteten kleine Häuschen. Nicht selten geschah dies in Eigenarbeit, kaum in Massivbauweise. Besonders die in Folge der Weltwirtschaftskrise ab 1929 verstärkt aus ihren nicht mehr bezahlbaren Altonaer Stadtwohnungen verdrängten Arbeitslosen hatten kein Geld für die fachmännische Errichtung ihrer Häuser. Billiges Baumaterial musste her – und dazu gehörten auch Fischkistenbretter aus Eidelstedter Fabriken und vom Fischmarkt. Die „Fischkistenhäuser“ entstanden – Lurup erhielt im Volksmund den Namen **Fischkistendorf**.

Als Lurup 1937 zu Hamburg kam, hatte es 7000 Einwohner. Nach dem Zweiten Weltkrieg kamen sowohl Hamburger Ausgebombte wie Flüchtlinge im Stadtteil unter; 1946 zählte Lurup bereits über 14 000 Einwohner. Viele von ihnen hausten in Behelfswohnungen, die ab den 1950er Jahren durch Wohnsiedlungen ersetzt wurden. Es entstanden Eigenheime, Wohnungen für Bundesbahner, Hochhäuser (z.B. am Osdorfer Born, s. Osdorf) und von 1957–67 rund 3500 Wohnungen in der **Siedlung Fahrenort**. Weitere Verdichtungen in den 1990er Jahren machten Lurup zu einem bevölkerungsreichen Wohnviertel.

Bleibe für viele während der Weltwirtschaftskrise: die „Fischkistenhäuser“. Unten: Skulptur an der Spreestraße

Streetball ist bei den Jugendlichen am Haus der Jugend im Böverstland an jedem Nachmittag angesagt

Stadtteilkultur unter einem Dach

So vielfältig das Stadtteilleben in Lurup ist, so einfach lässt sich ein Überblick über die verschiedenen Aktivitäten gewinnen: Denn der **Lichtwarkausschuß Lurup e.V.** versteht sich als zentrale Anlaufstelle, wenn es um Förderung von Stadtteilkultur geht. „Wir wollen den Stadtteil sozusagen vernetzen und Vereine und Verbände aktiv zusammenführen", umreißt die Vereinsvorsitzende Erika Fleischmann die Aufgabe. Seit 1949 gibt es den Lichtwarkausschuß (s. Bergedorf), der mit seinen zurzeit 80 Mitgliedern gemeinnützige Einrichtungen auch finanziell fördert. Da keine Mitgliedsbeiträge anfallen, geschieht dies ausschließlich mit Sponsorengeldern. „Und auch das im August oder September stattfindende Stadtteilfest in der Elbgaupassage wird durch Eigeninitiative und mit freiwilligen Spenden durchgeführt", sagt Erika Fleischmann. Doch Spendensammeln lohnt: Über 150 000 Euro investierte der Verein seit Ende der 1980er Jahre ins Luruper Stadtteilleben. Dies zeigt sich beim Stadtteilfest tatsächlich in allen Facetten – fast 80 Vereine, Verbände, Institutionen, die fünf Luruper Schulen, die Kindergärten und viele andere sind jedes Jahr dabei. Mehr Mitglieder als der Lichtwarkausschuß hat der nicht immer so präsente **Luruper Bürgerverein von 1952 e.V.** „Mit seinen 300 Mitgliedern will der Verein das gesellschaftliche Leben fördern", fasst Erika Fleischmann zusammen, die auch dem Bürgerverein vorsteht. Mit Arrangements wie Ausflügen oder Vorträgen schreibt man Geselligkeit größer als politische Ziele.

Unter dem Dach der Frauenoase treffen sich alle Nationalitäten. Unten: Ob für den Lichtwarkausschuß oder den Bürgerverein – Erika Fleischmann ist im Stadtteil aktiv

Von Jung bis Alt

Auch sonst ist in Lurup für Jung und Alt, Frau und Mann fast immer der richtige Verein zu finden. Die seit Ende der 1990er Jahre bestehende Selbsthilfegruppe **Luruper Frauenoase**, seit Anfang 2001 „e.V.", entstand als Zusammenschluss von Frauen aus dem Stadtteil. „Unser Motto war von Anfang an: Frauen für Frauen", erzählt Erika Bantschenko, die zu den Initiatorinnen gehört. Vorrangiges Ziel ist die Förderung von Frauen- und Müttergesundheit. „Viele Frauen sind von der Doppelbelastung Familie und Beruf sehr gestresst", erklärt Frau Bantschenko. Zumal viele allein verantwortlich seien – Lurup liegt mit über 25 Prozent allein Erziehenden auf Platz Zwei in ganz Hamburg. Darum möchte die Frauenoase eine Kindertagesstätte, z.B. für Mütter im Schichtdienst, vor allem aber ein „Hamam" aufbauen. Dieses traditionelle orientalische Dampfbad soll Ort von Kommunikation und Wellness sein, wünscht sich Erika Bantschenko: „Sozial übergreifend und multikulturell können sich dort dann Luruper Frauen aller Nationalitäten begegnen und entspannen."

Seit 1990 besteht **Goethes Malverein**, der aber nicht so heißt, weil seine Mitglieder dem berühmten Dichter im Malen nacheifern wollen. Vielmehr trifft man sich immer mittwochs im Goethe-Gymnasium. Kreativ geht es auch beim **Luur-up e.V.** zu, dem Werkstatt- und Freizeittreff für junge Menschen am *Flaßbarg*. Unter der Leitung von Diplom-Sozialpädagogin Caroline von Lowtzow finden Kurse in der Holz-, Metall- oder Textilwerkstatt statt. Es gibt ein Fotolabor, Übungsräume für Bands, ein Internetcafé, eine Theatergruppe und vieles andere. Das Angebot im **Haus der Jugend**, *Böverstland 38*, reicht von Sport und Spiel bis zu Musik- und Computergruppen. Ein offener Jugendtreff ist auch der vom **Ring Zwei e.V.** betriebene Jugendtreff Langbargheide am *Lüdersring*.

Als kinderreicher Stadtteil hat Lurup neben den vielen Jugendtreffs vier Grundschulen und fünf weiterführende Schulen mit insgesamt rund 3400 Plätzen. Im Ortszentrum, direkt gegenüber dem *Eckhoffplatz*, liegt die **Schule Luruper Hauptstraße.** Neben einer Grundschule ist sie eine Integrierte Haupt- und Realschule, in der ab der 5. Klasse Integrationsklassen bestehen, die sonderpädagogisch betreut werden. Die **Offene Ganztagsschule Vermoor** besteht als Stadtteilschule seit 1962. Weil sie bald aus allen Nähten platzte, entstand 1969 die nahe **Schule Franzosenkoppel**. Beide Schulen arbeiteten eng zusammen; heute ist die Franzosenkoppel eine Grundschule, die Ganztagsschule eine Haupt- und Realschule mit rund 420 Schülern. Hamburgs älteste Ganz-

Endlich Schulschluss ... an der Schule Luruper Hauptstraße. Links: In der Fahrradwerkstatt des Luur-up e.V. – André Becker und Victor Flat kennen alle Tricks

tagsschule liegt ebenfalls in Lurup: Die **Ganztagsschule Am Altonaer Volkspark** im *Vorhornweg* besteht seit 1958. Zur Hochschulreife führen die **Geschwister-Scholl-Gesamtschule** am *Böttcherkamp*, die zum Einzugsbereich der Großsiedlung Osdorfer Born (s. Osdorf) gehört, sowie das **Goethe-Gymnasium** am *Rispenweg*. Etwa 600 Schüler besuchen die Schule, die in der Oberstufe kooperativ mit den Nachbar-Gymnasien in Osdorf

SV LURUP 23 HAMBURG

Taktikbesprechung wie bei den Großen – beim SV Lurup eifern die kleinen Kicker ihren Vorbildern nach

Schon zu Kaisers Zeiten sorgte die Freiwillige Feuerwehr für eine beruhigende Sicherheit in Lurup

und dem Gymnasium Allee Altona zusammenarbeitet.

Für aktive, integrative Arbeit in Lurup stehen auch die Kirchengemeinden. So hat beispielsweise die ev.-luth. **Auferstehungsgemeinde** an der *Luruper Hauptstraße* einen Jugendkeller, der für Spielgruppen oder Discos genutzt wird. Für die mittlere Generation gibt es Gesprächskreise oder Aktionsgruppen; für Ältere Seniorentreffs von Gymnastik bis Kegeln. Auch die kath. **St.-Jakobus-Gemeinde** an der *Jevenstedter Straße* organisiert von der Krabbel- über Jugend- bis zur Seniorengruppe Treffs für alle Altersschichten. Gemeinsam mit der ev.-luth. **Emmaus-Gemeinde** im *Kleiberweg* gibt es einen ökumenischen Chor.

Bereits seit 1907 sorgt die **Freiwillige Feuerwehr Lurup**, Ecke *Luruper Hauptstraße/ Stückweg,* für Sicherheit im Brandfall. Für Sportlichkeit im Stadtteil steht der **SV Lurup Hamburg von 1923 e. V.** Mit rund 3000 Mitgliedern ist der SVL, dessen Geschäftsstelle in der *Flurstraße* liegt, der größte Sportverein im Westen Hamburgs. Sein altersübergreifendes Angebot reicht dabei von Fuß- und Volleyball über Basket- und Handball bis hin zu Leichtathletik, Tanzen oder Schach.

Schleifen und Schreiben

Als relativ junger Stadtteil kann Lurup nur auf wenige Traditionsfirmen verweisen. „Dafür gibt es bei uns aber einen gesunden Mittelstand", meint der von den Lurupern „Bürgermeister" genannte Leiter der Ortsdienststelle am *Eckhoffplatz,* **Wolf Strauß**, zu den rund 130 Handwerksbetrieben in seinem Gebiet.

Ein alteingesessener Betrieb ist die **Hermes Schleifmittel GmbH & Co.** – im Volksmund kurz „Schmirgel" – an der *Luruper Hauptstraße*. In ihren Anfängen in den 1920er Jahren lag die Produktion der damals als „Norddeutsche Schleifmittel-Industrie GmbH Hamburg" firmierenden Gesellschaft in einem alten Bauernhaus. Nachdem 1929 das Unternehmen J. Otto Harms übernommen worden war, erweiterte man die Anlagen auf dem jetzigen Gelände. Heute ist Hermes mit rund 600 Mitarbeitern in Lurup und etwa 1700 Mitarbeitern weltweit ein Komplettanbieter von Schleifwerkzeugen. Industrielle Anwendung finden sie z.B. in der Stahl-, der Automobilindustrie, der Möbel- und Spanplattenproduktion sowie der Glas- und Skiherstellung.

Im **Gewerbegebiet Hellgrundweg** ist neben mittelständischen Unternehmen u.a. auch eine Weltfirma zu Hause: Die vor fast 100 Jahren in Hamburg gegründete **Montblanc Deutschland GmbH** zog 1989 aus dem Schanzenviertel hierher (s. Eimsbüttel). Rund die Hälfte der insgesamt 1500 weltweit Beschäftigten

Kurz liebevoll „Schmirgel" nennen die Luruper das traditionsreiche Werk von Hermes Schleifmittel. Rechts: Schreiben mit Stil: der Platinum Füllfederhalter 146 LeGrand von Montblanc

Rund um die Wohnsiedlungen am Lüdersring tut sich was – besonders für die Jugendlichen. Unten: Immer noch wohnen viele Erstmieter an der Spreestraße

arbeitet hier an der Herstellung und Weiterentwicklung klassischer Schreibgeräte wie dem legendären, schon 1924 entworfenen Füllfederhalter „Meisterstück" und anderen Produkten mit dem leuchtenden Montblanc-Stern. Das angeschlossene Museum ist nur gegen Voranmeldung und im Rahmen einer Werksführung zu besichtigen.

Einmalig in ihrer Art in Hamburg ist die **Arbeitsgemeinschaft Blinder Handwerker**. In dem staatlich anerkannten Privatunternehmen am *Flaßbarg* stellen Blinde oder stark Sehbehinderte in Handarbeit Produkte wie Besen, Maler- und Lackierpinsel oder Kokosmatten her. Nach Vorstellung der Investoren soll auch die neue Veranstaltungshalle **Arena** am Volkspark (s. Bahrenfeld) rund 400 neue Arbeitsplätze für die Luruper bringen.

Zeitleiste

1746 erste urkundliche Erwähnung

1793 selbstständige Gemeinde

1927 Eingemeindung nach Altona

1929 Schmirgelwerk J. Otto Harms wird zur Norddeutschen Schleifmittel-Industrie GmbH Hamburg („Schmirgel")

1938 Hamburger Stadtteil

1949 Gründung Lichtwarkausschuß

1957–69 Siedlung Fahrenort

1961 Einweihung des „Rathauses" am neuen Ortszentrum Eckhoffplatz

2001 Neugestaltung Eckhoffplatz

Zwischen Mietwohnung und Eigenheim

Besonders nach dem Zweiten Weltkrieg ist Lurup zu einem immer dichter bevölkerten **Wohn-Stadtteil** geworden. Vom einst dörflichen Charakter zeugt einzig noch das reetgedeckte frühere Schulhaus aus dem Jahr 1823 an der *Luruper Hauptstraße*. Ganz anders ist das Bild in den vielen Nachkriegssiedlungen, von denen der Großteil im Rahmen des sozialen Wohnungsbaus, meist von der SAGA, errichtet wurde. Die erschwinglichen Mieten sind der wichtigste Grund dafür, dass nach wie vor viele Familien oder sozial Schwächere hierher ziehen. Verstärkt in den 1990er Jahren entstanden aber auch viele frei finanzierte Eigenheime im Stadtteil, die nachhaltig zum Strukturwandel beitrugen. Dennoch soll Wohnen bezahlbar bleiben – in der neuen Siedlung der **Bau- und Wohngenossenschaft Brachvogel eG** am *Brachvogelweg* entstehen 44 Wohneinheiten nach ökologischen Gesichtspunkten im sozialen Wohnungsbau. Sie liegen im Bereich des **Flüsseviertels Nord und Süd** im Norden Lurups, in dem rund ein Dutzend Ströme ihre Namen liehen.

Wichtige Adressen und Tipps für den Stadtteil enthält der Wegweiser „Unser Lurup"

Wahlverhalten

... zur Bürgerschaft 2001 (gesamt)

Wahlbeteiligung	71,0%
SPD	36,5%
CDU	26,2%
Schill-Partei	19,4%
Grüne/GAL	8,6%
FDP	5,1%
Übrige	4,2%

... zur Bürgerschaft 2001 (Stadtteil)

Wahlbeteiligung	68,5%
SPD	42,2%
CDU	22,5%
Schill-Partei	23,9%
Grüne/GAL	4,1%
FDP	3,2%
Übrige	4,2%

Stadtteil-Profil

	Lurup	Bezirk	Hamburg
Bevölkerung gesamt (2000)	32 089	240 102	1 704 929
Unter 18-Jährige in %	19,8	16,5	16,1
65 Jahre und älter in %	18,3	17,0	17,0
Deutsche	27 412	197 923	1 432 325
Ausländer in %	14,6	17,6	16,0
Einwohner je km²	5032	3066	2258
Sozialstruktur			
Sozialhilfeempfänger (2000)	3233	15 896	120 461
Arbeitslose (2001)	1672	10 739	71 963
Eink. je Steuerpfl. in DM (1995)	56 777	75 345	65 579
Wohnen (2001)			
Wohngebäude	4725	33 737	226 061
Ein- und Zweifamilienhäuser in %	33,0	23,6	20,5
Ø Wohnungsgröße in m²	71,9	75,0	71,0
Wohnfläche je Einwohner in m²	32,2	36,6	35,7
Verkehr			
Private Pkw (2001)	11 371	84 981	628 119
Straßenverkehrsunfälle (2000)	193	1590	12 430
Kriminalität			
Straftaten insgesamt (2000)	2754	31 664	284 272

Die ursprünglich **Veermoor** („Veermoor-Knolle") genannte Bebauung mit 1043 Wohnungen entstand 1961; die 889 Wohnungen am **Fahrenort** („Fahrenort-Knolle") schon 1959. Beide sind Siedlungen der SAGA, errichtet in frei gruppierten Etagenhäusern, die durch einen Grüngürtel getrennt sind. „Wie der Bereich *Lüdersring/Lüttkamp* handelt es sich fast um ein reines Sozialwohnungsgebiet, insgesamt leben dort 11 000 Menschen", schildert Ludger Schmitz die Probleme in den beiden Luruper Quartieren, in denen soziale Stadtteilentwicklung stattfindet. Seit Sommer 2000 arbeitet der **Quartiersentwickler** von der Stadterneuerungs- und Stadtentwicklungsgesellschaft Hamburg mbH (STEG) hauptamtlich im Stadtteil-Laden in den Elbgau-Passagen. Darum weiß Schmitz, wo der Schuh besonders drückt: „Die Wohnanlagen sind weitläufig, die Infrastruktur schlecht. Außerdem gibt es recht viele Arbeitslose, aber nur wenige Stellen in Lurup." Unter Mitwirkung der Menschen im Stadtteil sollen deshalb innerhalb des auf fünf Jahre angelegten Programms möglichst viele Projekte angeschoben werden. Darunter beispielsweise eine Aufwertung der Wegeverbindung im Flüsseviertel und ein Nachbarschaftstreff am *Lüdersring*. Priorität genießen die Jugendlichen: So wurden viele Spiel- und Bolzplätze neu gestaltet.

Ein Hauch der goldenen Kinozeit der 1950er und 60er Jahre weht noch im Fama Lichtspielhaus

Kino und Kulturhaus

Als Stadtteil, der vom Wohnen dominiert wird, hat Lurup außer Vereinsaktivitäten vergleichsweise wenig eigene Freizeitangebote zu bieten.

Das **Fama Lichtspielhaus** an der *Luruper Hauptstraße* ist ein Programmkino, das neben Erstaufführungen selten gespielte Klassiker zeigt, vor allem aus den Bereichen Horror und Trash. Anlaufpunkt für unterschiedlichste Veranstaltungen ist das **Kulturhaus Lurup**. Das Haus im *Binsenort* besteht seit 1964 und gehört dem **Blinden- und Sehbehindertenverein Hamburg e.V.** (s. Barmbek-Süd), der gleich anbei auch eine Wohnanlage errichtet hat, in der viele Blinde oder Sehbehinderte leben. Speziell auf die Bedürfnisse Blinder zugeschnitten, hat das Kulturhaus neben Gruppenräumen beispielsweise eine Kegelbahn mit Sprachansage. „Das Haus ist aber auch ein Treffpunkt für Luruper und Menschen aus der Umgebung“, erläutert Anne-Kathrin Erkan vom Blinden- und Sehbehindertenverein.

Attraktive Mitte fehlt

„Ist Lurup ein vergessener Stadtteil im Westen?“, fragte eine Hamburger Zeitung schon Ende der 1990er Jahre mit Blick auf die Einkaufsmöglichkeiten im Stadtteil. Diese scheinen mit den Elbgau-Passagen, einem großen Warenhaus sowie einem Supermarkt an der *Elbgaustraße*, dem **Einkaufszentrum** am *Lüdersring* und dem *Eckhoffplatz* im Herzen Lurups beim ersten Hinschauen gar nicht so schlecht zu sein. Gerade der zentrale *Eckhoffplatz* aber ist der Grund dafür, dass die meisten Luruper zum Shoppen lieber ins Elbe-Einkaufs-Zentrum, zum Eidelstedter oder zum Schenefelder Markt fahren. Denn dort ist die Auswahl groß – während es am *Eckhoffplatz* nicht einmal mehr einen Supermarkt gibt. In seine Räume sind jetzt die Post, die zuvor an der *Luruper Hauptstraße* ihren Standort hatte, und ein Motorradhändler eingezogen.

Die Auswahl hier in der Mitte Lurups ist zwar nicht groß, aber einige kleinere Läden sind zu finden, und auch die **Bücherhalle** lohnt den Gang ins Ortszentrum. Ansonsten lädt die 60er-Jahre-Stimmung kaum zum Bummeln und Schauen ein. Lediglich wenn donnerstags **Wochenmarkt** ist, kommen mehr Käufer her.

Jetzt endlich steht eine Verbesserung in Aussicht: Die Laden-Pavillons werden spätestens 2002 verschwunden sein und Raum für einen vergrößerten Wochenmarkt und eine **Umgestaltung des Eckhoffplatzes** machen. Sie soll neue Geschäfte mit einem breiteren Angebot anlocken. Damit dürfte Lurups Mitte neuen Schwung erhalten.

Zweimal Einkaufen im Stadtteil: Das Angebot in den Elbgau-Passagen (oben) ist groß, der Wochenmarkt auf dem Eckhoffplatz bietet vor allem Frischwaren (unten)

Bürgergeschichten

„Die Bachpaten von Lurup"

Die Offene Ganztagsschule Vermoor ist eine der Schulen, die sich in Lurup ehrenamtlich um den Umweltschutz vor der eigenen Haustür kümmern

Bachpaten" verpflichten sich, Gewässer oder Teile davon ehrenamtlich zu pflegen. Zu ihren Aufgaben gehören u.a. deren Überwachung, naturnahe Umgestaltung, das Anpflanzen neuen Grüns, das Prüfen der Wasserqualität und das Sammeln von Müll. An folgenden Luruper Schulen gibt es Bachpaten: Gymnasium Osdorf (Fangdieckgraben), HR Langbargheide (Staubecken am Fangdieckgraben) und die Offene Ganztagsschule Vermoor. Unter Leitung von Lehrer Wolfgang Deppe kümmern Schüler sich um das Regenrückhaltebecken Franzosenkoppel. Die Schüler Benjamin Hoppe und Stefan Landahl, beide in der R 10, berichten:

Benjamin: Bachpaten kümmern sich ja um Teiche, Bächer oder Seen. Bei uns ist es das Rückhaltebecken Franzosenkoppel. Oft treffen sich die Bachpaten zusammen mit unserem Lehrer. Doch wenn Herr Deppe keine Zeit hat, sind die Bachpaten aus unserem Ethik-Kurs auch selbstständig aktiv. Das war auch an dem Tag so, als wir nach der 6. Stunde einiges am Regenwasser-Rückhaltebecken erledigen mussten. Dazu brauchten wir Müllzangen und -beutel, den Analytikkoffer, die Freischneider und Harken. Wir teilten uns in drei Arbeitsgruppen auf. Tim und Heiko erhielten den Auftrag, vor einer Parkbank einen kleinen Streifen zu mähen. René und Kristof sammelten Müll und brachten ihn mit der Schubkarre in die Schule. Phillip und ich bewaffneten uns mit dem Analytikkoffer und einem Eimer. Zu uns kamen die jüngeren Schüler Hendrik und Jan. Wir sollten an zwei Stellen die Wasserqualität messen und die Messergebnisse in ein Protokoll eintragen. Nach ungefähr einer Stunde waren wir mit unseren Aufgaben fertig und gingen zur Schule zurück, wo wir dann unser Arbeitsgerät wieder wegräumten. Danach war für uns an diesem Tag Schulschluss.

Stefan: An einem Sonnabend wurden uns wieder einmal Pflanzmatten geliefert. Da wir in der Woche manchmal weniger, manchmal mehr arbeiten, ist es für uns selbstverständlich, auch schon mal am Wochenende zu arbeiten. Ich hatte eigentlich gar keine Lust. Als ich dann aber am Rückhaltebecken war und die anderen Bachpaten von der Schule Langbargheide sah, fand ich es doch gut, mich zu der Aktion gemeldet zu haben. Wir haben in zwei Stunden alle Pflanzmatten am Ufer eingesetzt. Hoffentlich wachsen sie an und werden nicht wieder von Hunden niedergetrampelt oder von den Enten verbissen.

Den Ernstfall üben zwei Bachpaten bei der Errichtung einer Ölsperre auf dem Regenrückhaltebecken Franzosenkoppel. Unten: Lehrer Wolfgang Deppe mit umweltaktiven Schülern

Lurups gute Stube: An der Luruper Hauptstraße gibt es auch die Möglichkeit einzukehren

Köpfe

Ein echter Luruper ist **Hans-Dietrich Roshop.** 1933 kam er im selben Haus an der *Luruper Hauptstraße* zur Welt, in dem er heute noch wohnt und 1953 sein erstes eigenes Geschäft eröffnete, eine Drogerie. Über 40 Jahre stand der Name „central-drogerie Roshop“ für persönlichen Service am Kunden. Erst 1997 übergab der Drogist mit Leib und Seele seine letzte Filiale im Born Center in Osdorf. „Unsere große Zeit aber war der Neubau an der *Luruper Hauptstraße 158*“, erinnert sich Herr Roshop. Mit 300 m^2 sei dies 1966 die größte Drogerie in Europa gewesen – mit einer Entstaubungsanlage und den ersten automatisch öffnenden Türen Hamburgs, noch vor dem Flughafen! Auf drei Etagen gab es hier von Babysachen bis zur Fotoentwicklung alles. Kosmetikerinnen kümmerten sich ums Wohl der anspruchsvollen Kundinnen. Als Spezialist für Bilderrahmen lieferte Roshop bis nach Süddeutschland: „Unsere Rahmen haben den so genannten Mona-Lisa-Effekt, der einmalig ist“, freut sich der Geschäftsmann. Der Trick: Ein unter dem Passepartout liegender Silberrahmen wirft zusätzliches Licht auf das Bild und schafft Tiefenwirkung. Mit dem Stillstand und Niedergang am *Eckhoffplatz* lief auch Roshops Drogerie schlechter, 1977 gab man den Standort auf; die Haspa zog ein. Roshop bedauert diese Entwicklung in Lurups Zentrum.

Wenn es um ihren Stadtteil geht, ist sie da: **Sabine Tengeler** engagiert sich scheinbar überall. Meist im Flüsseviertel, wo sie lange Jahre in der *Ohlestraße* wohnte. Weil es Anfang der 1990er Jahre dort keine Anlaufstelle für Mütter gab, rief sie in der Art der Kinderläden die Initiative „AlleMal“ mit ins Leben. Im Januar 1999 gehörte Frau Tengeler zu den Mitgründerinnen des Luruper Forums, in dessen Geschäftsführung sie heute aktiv ist. „Noch bevor die Quartiersentwickler nach Lurup kamen, wollte das Forum die Bürgerbeteiligung und Selbsthilfe fördern“, berichtet Frau Tengeler. „Das Forum ist Ansprechpartner für alle, wenn es Ärger gibt.“ Zu den Treffen am letzten Mittwoch im Monat kommen regelmäßig 30 bis 50 Interessierte.

Ein Mann, dem die Stadtteil-Kids am Herzen liegen, ist **Joachim Wöpke.** Er ist immer in Lurup unterwegs und macht Aktionen, verteilt Handzettel, klebt Plakate. Außerdem arbeitet er in der Redaktion von „Lurup im Blick“ mit – ohne den Mann mit den langen Haaren und der Baseball-Kappe geht hier eben (fast) nichts.

Sehen Lurup durch drei verschiedene Brillen: Hans-Dietrich Roshop (oben), Sabine Tengeler und Joachim Wöpke

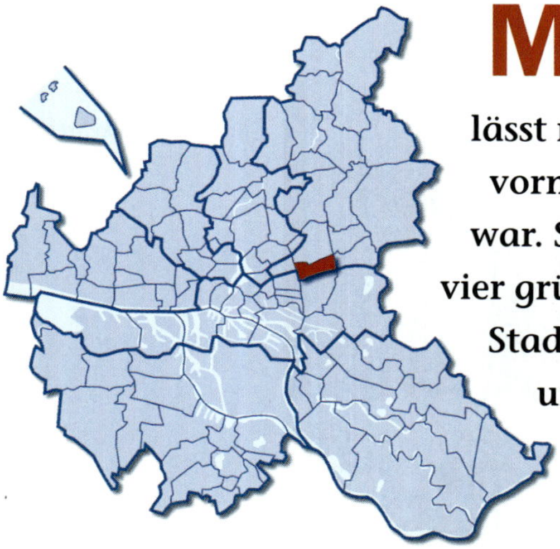

Marienthal

lässt noch heute spüren, dass es einst das vornehme Villenquartier von Wandsbek war. Stolz sind die Marienthaler auf ihre vier grünen „Gehölze", die sich durch den Stadtteil ziehen. Mit dem Bezirksamt und dem Allgemeinen Krankenhaus Wandsbek sind hier auch wichtige Einrichtungen des Bezirks ansässig

Steckbrief

Fläche:
3,253 km²
Einwohner:
11 551
Verwaltung:
Bezirk Wandsbek, Kerngebiet
Ortsteile:
510, 511

Die Reste des Gutes Wandsbek erhielten 1861 auf Antrag des Besitzers Johann Carstenn zur Erinnerung an die Freiherrin Maria Elisabeth von Kielmannsegg (1643–1709) den Namen „Marienthal". Am Ufer des Wandsbeker Mühlenteichs hatte deren Mann, der schleswig-holsteinisch-gottorfische Rat und Besitzer des Gutes Wandsbek Friedrich Christian von Kielmannsegg, ihr in den 1680er Jahren ein Anwesen errichten lassen. Dieses **Haus Marienthal** war als Witwensitz gedacht, die Freiherrin starb aber früher als ihr Mann.

Aus der Geschichte

Seine räumliche Festlegung erhielt der spätere Stadtteil Marienthal 1807. Gutsbesitzer Graf Carl Christian von Schimmelmann verkaufte in diesem Jahr den Großteil des zum **Gut Wandsbek** gehörenden Landes an die dänische Krone. Nach den heutigen Stadtteilgrenzen waren es etwa Wandsbek und Tonndorf. Schimmelmann behielt nur den Bereich um das Schloss und die Gehölze östlich davon: das Gebiet des späteren Marienthal. 1842 starb mit **Graf Carl Christian Schimmelmann** der letzte blaublütige Dauerbewohner des Schlosses auf dem „adelichen Gut Wandsbeck privaten Anteils". Als **Johann Carstenn** 1857 diesen Gutsteil erwarb, wurde schnell bekannt, dass er das Gebiet parzellieren wollte. Industrie- und Handwerksbetriebe durften hier nicht errichtet werden; es konnte nur ein **reines Wohngebiet** entstehen. Das Schloss, zuletzt ein Hotel, wurde 1861 abgerissen. Die Gehölze kaufte die Gemeinde Wandsbek zurück, und deshalb fielen sie nicht der Grundstücksspekulation zum Opfer: eine kluge kommunalpolitische Maßnahme.

Von der *Schloßstraße* entwickelte sich die Villenbebauung in Richtung Süden. Die **Eisenbahnlinie** von Hamburg nach Lübeck allerdings, die 1865 eröffnet wurde, trug kaum zum Wachstum bei, wie Carstenn es wohl erhofft hatte. Umfangreicher als der Personenverkehr

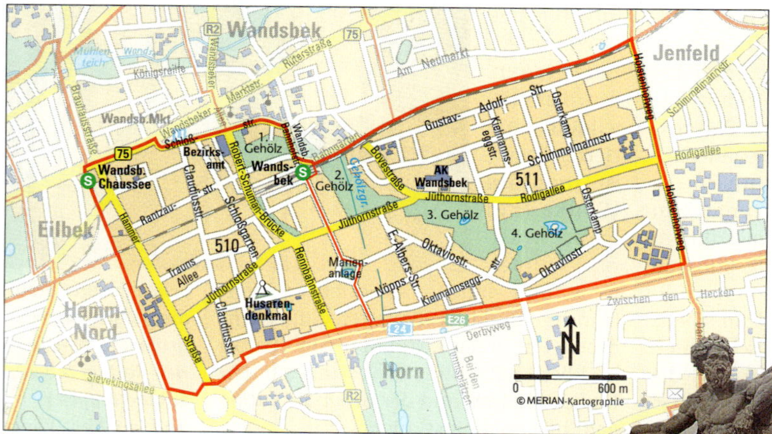

Die Attika des Wandsbeker Schlosses ziert jetzt das Bezirksamt.

Feinstes Marienthal: Villen an der Ecke Behrensstraße/Nöpps

war am Bahnhof in Marienthal zunächst der Güterverkehr, der die Ruhe des Villenquartiers störte. Entgegen dem Wunsch Wandsbeks war die Bahn südlich des Ortes und nicht nördlich davon entlanggeführt worden; man vermutete, dass Carstenn die Entscheidung der dänischen Regierung beeinflusst hatte – und Entschädigungen kassierte für die Abgabe von Grundstücken.

Allmählich bildete sich eine **eigene Identität** bei den Bewohnern Marienthals. Ihr Quartier hatte zwar einen eigenen Namen, aber keinen klaren rechtlichen Status: Die Gutsherrschaft hatte faktisch keine Bedeutung mehr, Marienthal gehörte aber nicht zur Gemeinde Wandsbek. Carstenn unterstützte die Forderung der Bewohner nach politischer Eigenständigkeit. Doch Wandsbek wehrte sich mit Hilfe des Kreises Stormarn gegen das **Unabhängigkeitsstreben** des noblen Villenortes. 1877 kam es zur Einigung: Marienthal wurde mit dem inzwischen zur Stadt erhobenen Wandsbek vereint, durfte sich aber fortan **Bezirk Marienthal** nennen. Und Wandsbek sorgte dafür, dass Marienthal in weiten Teilen das noble Villenquartier bleiben konnte.

Sie gab dem Stadtteil ihren Namen – Maria Elisabeth von Kielmannsegg (1643–1709). Porträt aus der Kirche in Klein Waabs bei Eckernförde

Kunst und Kultur

Vom **Wandsbeker Schloss** mit seinen 40 Räumen ist so gut wie nichts geblieben; ein Modell steht im Heimatmuseum Wandsbek. Über seinen Standort oberhalb der *Rantzaustraße* führt heute die *Schloßgartenstraße*. Drei originale Teile sind in Marienthal noch zu sehen: Am Eingang zum ersten „Gehölz“ stehen zwei große **Sandsteinvasen**. Sie waren im Besitz des sächsischen Premierministers Heinrich Graf von Brühl, bis Heinrich Carl von Schimmelmann sie 1757 aus Dresden mitbrachte. Und in einem Treppenhaus des Bezirksamtes steht die **Attika** des Schlosses, die einst an dessen Eingangsfront prangte, dann im Eichtalpark (s. Wandsbek) schutzlos dem Wetter und spielenden Kindern ausgesetzt war, bis sie schließlich 1982 mit nur noch einem Kopf ihren heutigen trockenen Platz fand. Das vom französischen Bildhauer Dominique Rachette gefertigte Kunstwerk mit den zwei **Wilden Männern**, die das Schimmelmann'sche Wappen halten, bildet seitdem einen beliebten Hintergrund für Hochzeitsfotos – denn das Standesamt liegt ein Stockwerk höher.

Gedenkstein für Matthias Claudius im 1. Gehölz

War in Gutszeiten das Schloss das Wandsbeker „Verwaltungszentrum", so ist es heute das **Bezirksamt**. An seiner Stelle stand früher das Hotel „Zum alten Posthaus". Teile davon wurden in den Neubau einbezogen, der 1922/23 nach einem Entwurf Fritz Högers entstand, zeitgleich zu dessen Chilehaus in der Altstadt. Bis 1937 war das heutige Bezirksamt als **Stormarnhaus** Sitz der Verwaltung des Kreises Stormarn.

„Rathaus" für 400 000 Hamburger: das Bezirksamt an der Schloßstraße. Bis zu den Kriegszerstörungen trug das ehemalige „Stormarnhaus" noch ein Satteldach (rechts, um 1930)

An Marienthals und Wandsbeks militärische Vergangenheit erinnert das **Husarendenkmal** „Der Meldereiter" von 1938, das in einer kleinen Parkanlage im Südwesten des Stadtteils steht (Bildhauer J. Jaenichen). Seit 1887 war das Husarenregiment Nr. 15 hier in einem Kasernenneubau stationiert. Heute wirkt dieses Denkmal im friedlichen Villenquartier etwas befremdlich; „zu Kaisers Zeiten" aber spielten die berittenen Husaren, deren Regiment 1919 aufgelöst wurde, eine zentrale Rolle im Gesellschaftsleben von Wandsbek.

Traditionsvereine: Wandsbeker Schützengilde von 1637 und SC Concordia von 1907

Schützen mit Ball oder Patrone

Ein sonderlich vielfältiges Stadtteilleben hat Marienthal nicht; man wohnt hier halt. Zwei **Traditionsvereine** allerdings hat der Stadtteil vorzuweisen: An der exklusiven *Oktaviostraße* liegt das schon etwas betagte Fußballstadion des **SC Concordia von 1907**. Dessen 1. Herrenmannschaft war 2001 äußerst erfolgreich, als Meister der Verbandsliga Hamburg gelang ihr der Aufstieg in die Oberliga (vierthöchste Spielklasse). Im „Cordi-Clubhaus" am *Osterkamp* wurde kräftig und mit viel Musik gefeiert. Tennis wird hinter dem Clubhaus gespielt. Ein uraltes Stück Wandsbeker Geschichte ist die **Wandsbeker Schützengilde von 1637**. Gegründet während des 30-jährigen Krieges (1618–48), diente sie früher der Verteidigung Wandsbeks und später als Feuerkasse für ihre Mitglieder. Heute betreibt man den Schießsport; das Vereinshaus in der *Hammer Straße* trägt den Namen des Ehrenpräsidenten der Schützengilde: „Schießsportzentrum Peter Köpke". Nicht mehr in Marienthal liegt der Marienthaler Tennis- und Hockey Club. Die vielen Marienthaler Mitglieder müssen die Autobahn queren, um zum Vereinsgelände *Bei den Tennisplätzen* in Horn zu gelangen.

Lebenshilfen für Benachteiligte

Im vornehmen Marienthal sind mehrere Einrichtungen für Menschen mit körperlichen oder geistigen Behinderungen tätig. In der **Sprachheilschule** *Zitzewitzstraße* besuchen Kinder und Jugendliche mit unterschiedlich starken Sprachstörungen den Unterricht. Sie können am **Zitzewitzer Bauernhofkurs** teilnehmen und sich dabei im Umweltzentrum Karlshöhe (s. Bramfeld) mit Tieren und Pflanzen beschäftigen. Das benachbarte Altenheim besuchen die Kinder beim „Oma-Dienst". Gehörlose Kinder werden an der **Samuel-Heinicke-Schule** in der *Hammer Straße* unterrichtet. Das **Friedrich-Robbe-Institut** an der *Bärenallee* ist eine Schule für geistig behinderte Kinder, an der nach der anthroposophischen

Feierlicher Moment: Der kleine Tom Krohn überreicht Rolf Hendricks, dem Vorsitzenden der Lebenshilfe Hamburg, den Schlüssel für das Lebenshilfezentrum. Mit dabei: Geschäftsführerin Ingrid Völker und der damalige Bezirksamtsleiter Klaus Meister

Menschenkunde Rudolf Steiners unterrichtet wird. Und in den Räumen der ehemaligen Tanzschule Herde an der *Rantzaustraße* hat seit 2000 das Lebenshilfezentrum für Menschen mit geistiger Behinderung seinen Sitz. Die **Lebenshilfe Hamburg** hat hier ihre Geschäftsstelle, sie bietet den Betroffenen, ihren Angehörigen und Förderern ambulante Betreuung, Beratung und ein vielfältiges Kursprogramm an. Getanzt wird im Haus übrigens immer noch: Die **Tanzhochschule** ist Deutschlands einzige Tanzschule nur für Hochschulangehörige, der große Saal im gepflegten Charme der 1970er Jahre dient für Kurse und Workshops aus dem Angebot des Breitensports der Universität Hamburg.

Arbeiten im Rathaus

Außer vielen Villen findet sich auch eine Reihe größerer Arbeitgeber im Stadtteil. Viele Büros liegen im westlichen Teil der *Schloßstraße*, Rechtsanwälte, Ärzte, Versicherungen, Wohnungsbaugenossenschaften und Krankenkassen haben hier ihre Adressen. Und an der Ecke zur *Robert-Schuman-Brücke* liegt das „Rathaus" des größten Hamburger Bezirkes (400 000 Einwohner), das zugleich größter Arbeitgeber in Marienthal ist: 960 Personen sind im **Bezirksamt Wandsbek** tätig und damit etwas mehr als im **AK Wandsbek**. Auch das liegt in Marienthal. Als Gesundheitszentrum in Hamburgs Osten ist es mit 19 000 Behandlungsfällen pro Jahr und 900 Beschäftigten einer der großen Standorte des Landesbetriebs Krankenhäuser.

Gewerblich geprägt, vor allem von Betrieben rund ums Auto, ist die *Gustav-Adolf-Straße*, wo früher Hochbetrieb auf dem Güterbahnhof Wandsbek herrschte. In der immer gut besuchten Selbsthilfewerkstatt kann man persönlich an seinem Liebling auf vier Rädern schrauben.

Zeitleiste

1807 Teilung des Gutes Wandsbek

1857 Johann Carstenn erwirbt das Gut

1861 Abriss des Schlosses

1865 Bau der Bahnstrecke Hamburg–Lübeck

1878 Bezirk der Stadt Wandsbek

1923 Bau des Stormarnhauses (heute Bezirksamt)

1937/38 mit Wandsbek Eingemeindung nach Hamburg

ab 1961 Ausbau des AK Wandsbek

ab 2002 Neubebauung des Geländes der Husarenkaserne

Weiße Mäuse

Die Grenzen Marienthals werden fast ausschließlich von großen und damit oft lauten Verkehrswegen gebildet: Im Süden ist es die Autobahn, im Osten der *Holstenhofweg*. Im Westen ist es der Gleisgraben der Güterumgehungsbahn, im Norden die *Wandsbeker Marktstraße*, *Schloßstraße* und die Bahnstrecke in Richtung Lübeck. Besonders belastet sind die *Rennbahnstraße* und die *Robert-Schuman-Brücke*, die als Teil des **Ring 2** über die Bahnstrecke führt. Wer im westlichen Marienthal wohnt, kann entweder mit S- oder U-Bahn in

In der Husarenanlage steht der lebensgroße „Meldereiter" von 1938

Bürgergeschichten

„Wo ist denn nur der Teich?“

Die Marienanlage entstand im 19. Jahrhundert im Zuge der Erschließung Marienthals. Dorle Breuer erzählt von winterlichen Vergnügungen auf dem Teich des kleinen Parks – und hofft, dass es den bald wieder gibt

Dorle Breuer, an der Jüthornstraße zu Hause, schätzt auch die nahen „Gehölze“

Es war einer dieser herrlichen Wintertage, eiskalt und sonnig. Wir hatten Lust, Schlittschuh zu laufen. Mit meinen kleinen Kindern Jakob und Nina Ly wollte ich gern in Marienthal bleiben. Allerdings, da wir gerade erst hierher gezogen waren, stellte sich die Frage, wohin hier. Zum Glück war meine Nachbarin eine kompetente Alt-Marienthalerin, die mir auf meine Frage im Brustton der Überzeugung sagte: Natürlich auf der Marienanlage. Wo man auf der Marienanlage, einer Grünanlage mit Häusern rundherum, Eis laufen sollte, war mir völlig rätselhaft. Aber ich vertraute meiner Nachbarin und machte mich mit Kindern und Schlittschuhen auf den Weg. Zu meiner großen Überraschung war dort richtig was los. Denn mitten in der Grünanlage lag tatsächlich ein kleiner See, mit einer Insel sogar. Dort hatten sich bereits einige Mütter mit ihren Kindern eingefunden. Auf dem kleinen Teich hatten wir alle richtig viel Spaß. Die Fläche hätte allerdings doppelt so groß sein können, denn als dann noch die größeren Schulkinder anfingen, Eishockey zu spielen, wurde es reichlich eng.

Ob der Teich in ein paar Jahren wieder so aussehen wird? Die Marienthaler hoffen es jedenfalls

Als es einige Jahre später endlich wieder einmal knackig kalt war, wollten wir mal wieder Schlittschuh laufen. Als nun schon fast alteingesessene Marienthaler wussten wir auch wohin: natürlich zur Marienanlage, und so zogen wir frohen Mutes los. Allerdings waren wir die Einzigen, ansonsten gähnende Leere. Und wir sahen auch, warum: Der kleine Teich, auf dem wir einige Jahre zuvor unsere Kreise gezogen hatten, war nicht mehr da. Wir wollten es erst gar nicht glauben, doch er war weg. Diese Pfütze mit dem hohen Schilf hatte nichts mehr mit ihm gemein: Nur der Baum, der auf einer kleinen Insel steht, ragte noch aus dem Schilf heraus. Wir waren sehr enttäuscht, Eis laufen war in diesem Mini-Dschungel nicht mehr drin. Außerdem wurde die Marienanlage jetzt wohl vor allem als Hundetoilette benutzt.

Meine Kinder aber wollten trotzdem dableiben, um auf der zugefrorenen Pfütze zu glitschen. Als sie eine halbe Stunde später nach Hause kamen, hatten sie geschafft, was ich nicht für möglich gehalten hatte: Sie waren eingebrochen und hatten nasse Schuhe. Als ich meiner netten Nachbarin unseren Reinfall erzählte, schüttelte sie nur weise den Kopf. Dass der Teich zugewachsen war, wusste sie schon länger als ich.

Jetzt allerdings munkelt man, dass die Marienanlage aus dem Dschungelschlaf erweckt werden und wieder mehr Wasser in den Teich fließen soll. Dann brauchen wir nur noch knackig kalte Temperaturen, und das Marienthaler Wintervergnügen kann beginnen.

Richtung Innenstadt fahren; wer weiter östlich wohnt, ist zuvor auf einen der vielen Busse angewiesen, die zum Wandsbeker Markt fahren. Größtes Verkehrsprojekt der nächsten Jahre wird der Bau der **Bahnunterführung** *Hammer Straße* sein: Noch zwingen einen hier ständig die Schranken zum Halt.

aus der vorletzten Jahrhundertwende bis zu großen und kleinen „Klinkerkästen" der 1920er und 1930er Jahre. Nur vereinzelt schieben sich neuere Bauten dazwischen. Für den Erhalt dieser Struktur und gegen den Bau von größer dimensionierten Eigentumsanlagen kämpft unterdessen eine Bürgerinitiative, die die gewachsenen Qualitäten des Quartiers bedroht sieht.

Nördlich der *Jüthornstraße* und der *Rodigallee* sind die Einzelhäuser im Allgemeinen kleiner. Und hier steht auch noch eine ganze Reihe von Geschosswohnungsbauten in Zeilenbauweise, die man zunächst nicht in Marienthal vermuten würde. Neuere Mehrfamilienhäuser mit

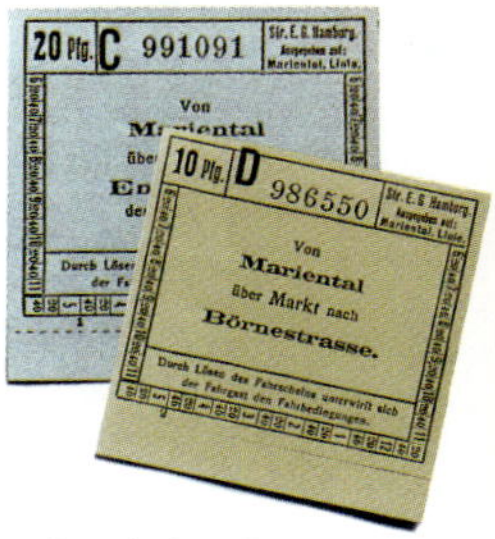

Fahrscheine der Pferdebahn.

Links: Sie begleiten Hamburgs Staatsgäste – die Motorradfahrer der Verkehrsstaffel Ost, hier 1995 beim Besuch von Prinz Charles

Besondere Verkehrsexperten sind die Beamten der **Verkehrsstaffel Hamburg-Ost**, die ihr Revier auf dem ehemaligen Husaren-Gelände hat. Der Staffel obliegt nicht nur die gesamte Verkehrsüberwachung in Hamburgs Osten, sie hat auch die Federführung bei Großereignissen wie dem Motorradgottesdienst am Michel. Und wenn Staatsgäste nach Hamburg kommen, begleiten die **weißen Mäuse** der Staffel den Wagencordon. 15 Motorräder sind es in der höchsten Protokollstufe – wenn z.B. die Queen die Hansestadt mit ihrem Besuch beehrt.

Nicht nur Villen

Die großzügige Wohnbebauung beherrscht in weiten Teilen das Bild Marienthals, dessen Straßenführung und Parzellierung sich seit dem 19. Jahrhundert kaum geändert hat. Zwischen der *Hammer Straße* und dem *Osterkamp* liegen **zahlreiche Einzelhäuser**, von prachtvollen Exemplaren

mehr **architektonischem Schwung** stehen am *Husarenweg*. Und Platz für rund 300 Wohnungen bietet das ehemalige Kasernengelände zwischen der A 24, *Rennbahnstraße* und *Am Husarendenkmal*: Unter Einbeziehung der denkmalwürdigen **Reithalle** sind Eigentumswohnungen und Reihenhäuser geplant, mit einer Grünanlage im Zentrum der Anlage. Auch ein Hotel und wohnverträgliche Gewerbebetriebe könnten hier nach dem Bebauungsplan einen Standort finden. Erhoffter Nebeneffekt des Bauvorhabens: Das Oberflächenwasser soll dem zugewachsenen Teich der **Marienanlage** zugeführt werden, um dort wieder eine freie Wasserfläche zu schaffen.

Nur Villen in Marienthal? Nein. Am Husarenweg stehen neue Geschossbauten der Lehrer-Baugenossenschaft

Vier grüne Gehölze

„Welcher Stadtteil hat einen ‚Wald' direkt im Zentrum?", fragt rein rhetorisch der Marienthaler Rechtsanwalt und Wandsbek-Forscher

Links: Bald wird die Reithalle der Husarenkaserne Zentrum eines neuen Wohngebiets sein

Wahlverhalten

... zur Bürgerschaft 2001 (gesamt)

Wahlbeteiligung	71,0%
SPD	**36,5%**
CDU	**26,2%**
Schill-Partei	**19,4%**
Grüne/GAL	**8,6%**
FDP	**5,1%**
Übrige	**4,2%**

... zur Bürgerschaft 2001 (Stadtteil)

Wahlbeteiligung	76,5%
SPD	**28,7%**
CDU	**35,0%**
Schill-Partei	**18,9%**
Grüne/GAL	**5,9%**
FDP	**8,4%**
Übrige	**3,1%**

Stadtteil-Profil

	Marienthal	Bezirk	Hamburg
Bevölkerung gesamt (2000)	11 551	405 173	1 704 929
Unter 18-Jährige in %	1283	17,1	16,1
65 Jahre und älter in %	23,1	18,8	17,0
Deutsche	10 258	359 918	1 432 325
Ausländer in %	11,2	11,2	16,0
Einwohner je km²	3551	2742	2258
Sozialstruktur			
Sozialhilfeempfänger (2000)	485	25 017	120 461
Arbeitslose (2001)	337	14 222	71 963
Eink. je Steuerpfl. in DM (1995)	98 422	70 631	65 579
Wohnen (2001)			
Wohngebäude	1962	68 964	226 061
Ein- und Zweifamilienhäuser in %	25,0	31,4	20,5
Ø Wohnungsgröße in m²	81,9	77,1	71,0
Wohnfläche je Einwohner in m²	43,8	37,0	35,7
Verkehr			
Private Pkw (2001)	4886	166 212	628 119
Straßenverkehrsunfälle (2000)	112	2255	12 430
Kriminalität			
Straftaten insgesamt (2000)	1159	41 067	284 272

Michael Pommerening. Natürlich meint er seinen eigenen, durch den sich über rund 1,5 km **die Gehölze** ziehen: Keine Parks, dafür stehen hier zu viele Bäume, kein Wald, dafür sind sie nicht groß genug (31,32 ha). So sind es eben „die Gehölze". Im ersten, das fast am Wandsbeker Markt beginnt, steht ein Gedenkstein von 1840 für den Dichter Matthias Claudius (s. Wandsbek). Das zweite beginnt südlich der Bahnstrecke, hier steht der **Wandsbeker Geschichtsstein** von 1937. Im dritten und vierten Gehölz südlich von *Jüthornstraße* und *Rodigallee* findet man mehrere Teiche, umwachsen von hohem Grün: Idylle für Spaziergänger und Enten.

Bürgervergnügen: die ersten Pferderennen im Raum Hamburg, veranstaltet 1835–48 auf dem Boden des späteren Marienthal

So ruhig wie heute ging es früher hier nicht zu; schon im 18. Jahrhundert waren die Gehölze **beliebte Ausflugsziele**. Das belegt der „Almanach aller um Hamburg liegenden Gärten" von 1792: „Wandsbeck ist eigentlich der Ort, wo Hamburgs Einwohner an Sonn- und Festtagen sich zu Tausenden, groß und klein, versammeln, um in dem Gehölze, oder in den dortigen Wirthshäusern, sich einige Stunden zu erholen und zu vergnügen." Zu den vornehmsten Vergnügungen gehörten die **Pferderennen**, die östlich der Gehölze in den Jahren 1835–48 abgehalten wurden – als erste Rennen überhaupt im gesamten Hamburger Raum.

Westlich mehr Läden

Je weiter westlich man kommt, desto fußläufiger kann man in Marienthal einkaufen. Für das östliche Marienthal unverzichtbar ist der Spar-Laden von Peter Dittmann. Weil dies das einzige Geschäft in der ganzen Umgebung ist, ist es nicht einfach nur ein Supermarkt, sondern zugleich ein Nachbarschaftstreff.

Die unscheinbare Einkaufsmeile des gutbürgerlichen Teils von Marienthal

„Vorsicht, der Zug läuft ein!" Die Lokomotive „Lübeck" vor dem Wandsbeker Bahnhof, um 1875

ist die *Kielmannseggstraße* zwischen *Jüthorn-* und *Oktaviostraße*. Hier ist seit Generationen das Geschäft von Familie Martens ansässig, hier versorgt Klaus-Dieter Schuler mit seiner Marienthaler Apotheke den Stadtteil, hier passt Schuhmacher Thomas Hilbrandt seinen betuchteren männlichen Kunden Schuhe aus Pferdeleder an. Die kleine Filiale des Immobilienmaklers Engel & Völkers ist ein Hinweis darauf, dass Marienthal in der Hamburger Einkommensstatistik nicht nur wenige Plätze vor den Nachbarstadtteilen liegt.

Zu den Einkaufsorten Marienthals gehören schließlich auch noch die westliche *Schloßstraße* und die daran anschließende südliche Seite der *Wandsbeker Marktstraße*. Dass man hier an den vielen Geschäften, darunter dem gut sortierten **Feinkost Kröger**, noch auf Marienthaler Gebiet entlangbummelt oder -eilt, das wissen allerdings die wenigsten.

Steaks, Eis und Drinks

Viele Treffpunkte hat der Wohnstadtteil nicht zu bieten. Die wenigen, die es gibt, kennt dafür jeder. An der *Schloßstraße* liegen das italienische Restaurant **Rondell** und ein „Block House"; an der Ecke *Jüthorn-/Kielmannseggstraße* gibt es bei **El Mesón** spanische Spezialitäten. Alles vom Frühstück bis zum letzten Drink in der Nacht bietet die Karte des **Amtrak**. Das ist nicht etwa ein amerikanischer Zug, der sich verfahren hat, sondern das In-Lokal in den sanierten Räumen des alten Wandsbeker Bahnhofs. Bei erträglichen Temperaturen bietet auch der Garten Sitzgelegenheiten. Allzu schreckhaft darf man hier nicht sein: Wenn plötzlich eine **100-Tonnen-Lok** vorbeidonnert, ist das akustisch und vibrationsmäßig ein körperliches Erlebnis. Nicht ganz so laut, aber ebenso geschäftig geht es das halbe Jahr über im **Eiscafé Jacobs** zu. Wenn sich hier nach der Winterpause die Tür öffnet, gibt es sicher wieder neue, selbst kreierte und produzierte Eissorten. Deren Sättigungsgrad ist übrigens erstaunlich hoch. Wer keinen großen Hunger hat, sollte lieber eine Kugel weniger bestellen – auch wenn es schwer fällt.

Köpfe

Mit dem großen Gewinn, den **Johann Carstenn** (1822–96) in Marienthal gemacht hatte, kaufte der Holsteiner 1865 in Berlin das Rittergut Lichterfelde und erschloss es erfolgreich nach dem Wandsbeker Muster. 1870 erwarb er das Rittergut Wilmersdorf und 1872 Ländereien am Halensee – und plante, den Reitweg dorthin als Prachtstraße ausbauen zu lassen: Aus diesem wurde später immerhin der Kurfürstendamm. Der preußische König Wilhelm I. erhob den Geschäftsmann in den Adelsstand: von Carstenn-Lichterfelde durfte er sich fortan nennen. Das schützte ihn 1878 allerdings nicht vor dem Konkurs. Die Urteile über Carstenn variierten vom „bedeutendsten Städtebauer Berlins" bis zum „Napoleon der Spekulanten". Die Gemeinde Lichterfelde jedenfalls hielt ihm die Treue und widmete ihm ein bis heute erhaltenes Ehrengrab.

Seit 1907 hat Familie Martens ihr Geschäft an der *Kielmannseggstraße*. Heute ist der Edeka-Markt von **Claus Martens** nicht zu übersehen; vor 90 Jahren aber musste hier auch ein Geschäft den Anschein einer Villa haben, große Schaufenster durfte es nicht geben. Seit 64 Jahren im Geschäft tätig ist seine Mutter **Martha Martens**, die sich sicher auch mithilfe ihrer Kopfrechenkünste fit gehalten hat.

Zu den Uraltgeschäften zählt ebenso die Buchhandlung Sauermann an der *Schloßstraße*: Wer sich hier bei **Andrea-Kristine Michel**, die seit 1978 die „Sauermann'sche" führt, umsieht, vergisst die Hektik draußen. Die persönliche Beratung sorgt dafür, dass die meisten Käufer Stammkunden sind. Gern kommen auch die Marienthaler Hunde, denn für die gibt's immer etwas Leckeres.

Schöpfer Marienthals: Spekulant Johann Carstenn; versorgen Marienthal: Martha und Claus Martens; gibt dem Stadtteil zu lesen: Andrea-Kristine Michel

Marmstorf

Im alten Ortszentrum fügen sich Fachwerkhäuser zu einem gut erhaltenen Dorfbild zusammen. Wesentlich urbaner wohnt es sich rund um den Ernst-Bergeest-Weg, wo die Marmstorfer auch ihre Einkäufe erledigen. Das Appelbütteler Tal bietet den Stadtteilbewohnern grüne Aussichten und idyllische Wanderwege

Steckbrief

Fläche: 5,816 km²
Einwohner: 8719
Verwaltung: Bezirk Harburg, Kerngebiet
Ortsteil: 709

Im süderelbischen Raum wird die Endung „-torf“ (= Dorf) häufig mit dem Namen einer Person verbunden. Für Marmstorf wird als namengebender Dorfgründer ein „Marbold“ oder auch „Maribald“ angenommen.

Über 1000 Jahre Vorgeschichte

Im Bezirk Harburg zählt Marmstorf zu jenen Geestgebieten, die durch einen etwa 10 m hohen, nach Osten abfallenden Geländestreifen gekennzeichnet sind. Hier ist der Boden mit fruchtbarem Lehm, dem Flottlehm oder Flottsand, bedeckt. Kein Wunder, dass die siedlungsgeografischen Bedingungen schon in der jungen Bronze- und Eisenzeit (800 v. Chr. – 200 n. Chr.) geschätzt wurden. Zahlreiche Funde bezeugen die **rege Siedlungstätigkeit**: Neben Einzelfunden kamen bei Grabungen durch Mitarbeiter des Helms-Museums Überreste dörflicher Siedlungen und Gräberfelder zu Tage.

Aus der Geschichte

Das 1196 erstmals urkundlich genannte Dorf war bis 1326 vermutlich Sitz der Ministerialenfamilie „von Marmstorf“. Im „Winsener Schatzregister“ von 1450 taucht „Mermestorppe“ als größere Siedlung auf. Nachdem um 1645 die **Vogtei Höpen** als eine der zehn Vogteien des Amtes Harburg eingesetzt worden war, stand Marmstorf unter ihrer Verwaltung. Das Harburger Erbregister von 1667 nennt 14 Hofstellen. Ihre Bewohner waren nach Sinstorf eingepfarrt, besaßen aber schon damals eine Schule, die auch von den Beckendorffer, Lürader und Appelbütteler Kindern besucht wurde. 1814 wurde der Ort durch die Franzosen **niedergebrannt**. Auf Grundlage der hannoverschen Gemeinde-

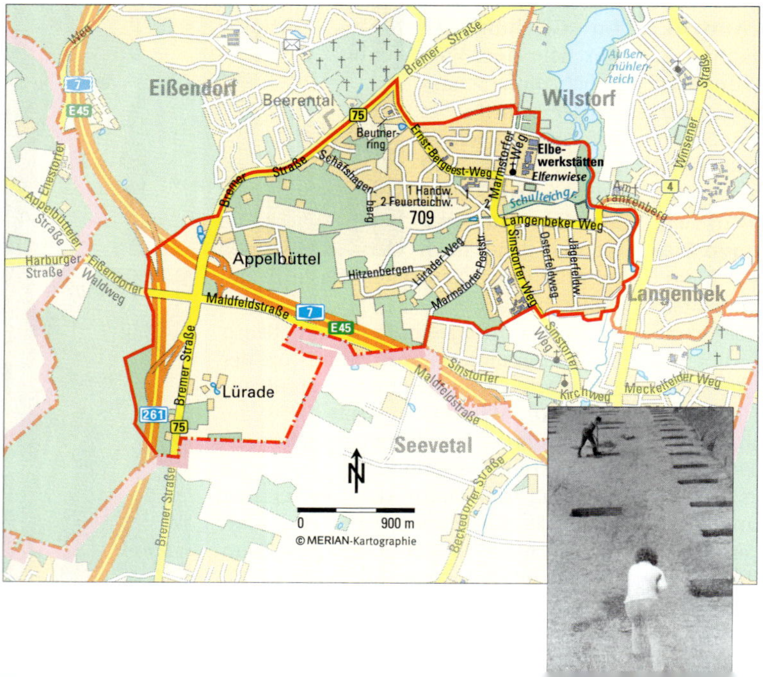

Bronzezeitliche Lanzenspitze und Sicherungsgrabung beim Autobahnbau 1970

Der tägliche Schulweg führt durch den alten Dorfkern

selbstverwaltung wurde das Dorf 1852/59 **selbstständige Gemeinde** des Amtes Harburg im Kreis Harburg. Bis 1861/62 wuchs Marmstorf auf 22 Hofstellen an, blieb aber auch in der Folgezeit von der wirtschaftlichen Entwicklung Harburgs weitgehend unberührt. Mit dem **Groß-Hamburg-Gesetz** von 1937/38 gelangte der Ort schließlich an Hamburg.

Die Zeit steht still

Wer durch den *Handweg* und den *Feuerteichweg* schlendert, kann schon mal das Gefühl bekommen, die Zeit sei im 19. Jahrhundert stehen geblieben: Nach dem großen Brand 1814 wurden die Fachwerkbauernhäuser in kurzer Zeit neu errichtet. Die in einer Talwiese gelegenen **Ständerbauten** (s. Spadenland) und ihre Wirtschaftsgebäude blieben bis in die Nachkriegszeit fast unbeschädigt. Zusammen mit dem Bestand an knorrigen Eichen, der alten Pflasterung und dem Dorfteich brachten eine Gestaltungsverordnung und ein Erhaltungsgebot 1979 **Schutz** für das dörfliche Ensemble.

Marmstorf macht mit

Der Ortskern ist nicht nur ein gut erhaltenes bauliches Erinnerungsstück. Noch immer wohnen in den Höfen die alteingesessenen Marmstorfer – obwohl sie ihre Felder nach und nach verkauften und die Familien neue landwirtschaftliche Betriebe im Hamburger Umland aufbauten. Die Neu-Marmstorfer integrierten sich schnell: Entsprechend zahlreich ist die Beteiligung im Schützenverein und in der Freiwilligen Feuerwehr. Tradition hat auch die Musikbegeisterung: Die Jüngsten singen in den Kinderchören der Kirchengemeinde oder fiedeln und trompeten im **Marmstorfer Schülerorchester**, das 1972 an der Schule am *Ernst-Bergeest-Weg* gegründet wurde und regelmäßig zu kleinen Konzerten einlädt. Den richtigen Ton treffen andernorts die **Liederfreunde Marmstorf von 1947 e.V.** Als in den 1970er Jahren nicht mehr genug männliche Stimmen ertönten, beschlossen die Sänger, „ihre Frauen mitzunehmen“. Und 1977 wurde aus der Zwischenlösung dann endgültig ein gemischter Chor. **SingaSong** heißt es, wenn sich der „Nachwuchs-Chor“ der Liederfreunde trifft, um seinem Namen alle

1929 war Marmstorf noch selbstständige Gemeinde, und der langjährige Gemeindevorsteher Christoph Eddelbüttel wurde Ehrenbürger

Gute Sicht auf Marmstorf hat man von der Bremer Straße aus

Die Elbe-Werkstätten

Produktion und Rehabilitation stehen in den sechs Betrieben der Elbe-Werkstätten GmbH gleichberechtigt nebeneinander, sodass über 700 Mitarbeiter mit unterschiedlichen körperlichen und geistigen Behinderungen den zahlreichen Kunden des Unternehmens ein leistungsstarkes Angebot aus den Bereichen Herstellung, Verpackung, Montage und Dienstleistung präsentieren können. Im Mittelpunkt der Unternehmenstätigkeit steht die Rehabilitation von Menschen durch ihre Eingliederung in einen möglichst normalen Arbeitsprozess. Berufsbildung und qualifizierte Weiterbildung sowie individuelle Entwicklungsplanung nehmen in den Betrieben der Elbe-Werkstätten besonderen Stellenwert ein, daher wundert es nicht, dass es in den letzten Jahren gelungen ist, über 50 ehemalige Mitarbeiter in ein externes Arbeitsverhältnis zu vermitteln. In Marmstorf gründeten die Gesellschafter „Hamburger Stiftung für Rehabilitation und Integration" und das „Berufsförderungswerk Hamburg" 1986 die erste Betriebsstätte, in der heute 230 Menschen tätig sind. Vereine, Firmen und Privatkunden lassen sich z.B. Tischdecken und Gardinen in der Näherei herstellen oder geben sie zur Reinigung in die Wäscherei. Wer Hunger hat, findet sich in der Kantine der Elbe-Werkstätten ein, in der auch Gäste aus der Umgegend gerne bedient werden. Außer mit Verpackungsarbeiten und der Herstellung von Steinzeuggeschirr in der betriebseigenen Töpferei sind 30 Mitarbeiter mit der Produktion der Guttasyn-Arbeitsschutzschürzen – so heißt die geschützte und eingetragene Marke der Elbe-Werkstätten GmbH – beschäftigt.

Volle Konzentration beim Zuschnitt der „Guttasyn"-Arbeitsschürzen

Rechts: Auch während des Trainings der Schachzwerge läuft die Uhr immer mit. Rechts unten: Einfamilienhäuser mit Hanglage. Unten: das Logo der Auferstehungskirche

Ehre zu machen: Pop ist Programm. Eher besinnlich klingt es dagegen beim Predigtgottesdienst mit Kammermusik in der Auferstehungskirche. Erst 1958 erhielt der Stadtteil einen eigenen Kirchenbau; mittlerweile ist aber die **ev.-luth. Auferstehungsgemeinde** aus dem dörflichen Leben nicht mehr wegzudenken.

Schwarz gewinnt

Gesungen wird im **Schützenverein Marmstorf von 1897 e.V.** nur zu besonderen Anlässen, denn in erster Linie geht es darum, ins Schwarze zu treffen. Seit 1996 hängen die Zielscheiben auf vereinseigenem Gelände: Als das Grundstück, auf dem sich der Marmstorfer Schießstand befindet, verkauft werden sollte, legten die Schützen zusammen und erwarben das Terrain am *Feuerteichweg.* So feierte man 1997 nicht nur das 100-jährige Vereinsjubiläum, sondern auch den Neuerwerb mit einem rauschenden Fest. Wer glaubt, dass es in der Schachsparte des **SV Grün-Weiß Harburg e.V.** ruhiger zugeht, der war noch nicht beim Training der **Schachzwerge**. Während sich einige auf den nächsten Zug konzentrieren, wird zwischen den Tischen getobt. Bewegung steht auch im Mittelpunkt des übrigen Sportangebots des Vereins.

Bäume und Betriebe

Die 130 Angestellten der **Baumschule Lorenz von Ehren** verbringen nicht nur ihre Freizeit im Grünen, sondern einen wesentlichen Teil ihres Arbeitstages. Sie züchten und pflegen auf der über 400 ha großen Anlage Solitärpflanzen, Alleebäume und handgestaltete Formgehölze für private Gärten oder landschaftsbauliche Großprojekte. Als das Traditionsunternehmen Anfang der 1990er Jahre von Nienstedten nach Marmstorf gezogen war, entstand auch ein Schaugarten, in dem sich Pflanzenliebhaber seither regelmäßig treffen, um sich über die neuesten Trends zu informieren.

Wenn es um große Bauprojekte geht, ist man beim Bauunternehmen **Bergmann & Sommerei GmbH & Co** in guten Händen. Viele der übrigen Marmstorfer **Handwerksbetriebe** neh-

Stadtteil-Profil

	Marmstorf	Bezirk	Hamburg
Bevölkerung gesamt (2000)	8719	196 263	1 704 929
Unter 18-Jährige in %	14,8	19,2	16,1
65 Jahre und älter in %	23,5	16,9	17,0
Deutsche	8222	157 260	1 432 325
Ausländer in %	5,7	19,9	16,0
Einwohner je km²	1499	1222	2258
Sozialstruktur			
Sozialhilfeempfänger (2000)	211	17 127	120 461
Arbeitslose (2001)	288	10 107	71 963
Eink. je Steuerpfl. in DM (1995)	68 698	56 444	65 579
Wohnen (2001)			
Wohngebäude	2086	27 486	226 061
Ein- und Zweifamilienhäuser in %	49,1	25,3	20,5
Ø Wohnungsgröße in m²	82,7	69,9	71,0
Wohnfläche je Einwohner in m²	39,6	32,5	35,7
Verkehr			
Private Pkw (2001)	3980	70 144	628 119
Straßenverkehrsunfälle (2000)	30	1197	12 430
Kriminalität			
Straftaten insgesamt (2000)	521	26 879	284 272

© Statistisches Landesamt

Wahlverhalten

... zur Bürgerschaft 2001 (gesamt)

Wahlbeteiligung	71,0%
SPD	36,5%
CDU	26,2%
Schill-Partei	19,4%
Grüne/GAL	8,6%
FDP	5,1%
Übrige	4,2%

... zur Bürgerschaft 2001 (Stadtteil)

Wahlbeteiligung	81,4%
SPD	35,2%
CDU	27,5%
Schill-Partei	24,0%
Grüne/GAL	5,5%
FDP	4,8%
Übrige	3,0%

men ihre Aufträge am *Beutnerring* entgegen – dem kleinen Gewerbegebiet des Stadtteils.

Am Rand und doch so nah

Als Ende der 1960er Jahre Baugesellschaften auf der ehemaligen Marmstorfer Feldmark neuen Wohnraum geschaffen hatten, zogen Menschen aus dem gesamten Stadtgebiet an den grünen Hamburger Rand. Trotz dieser Bebauung mit zwei- und mehrgeschossigen Wohnhäusern besonders *Up den Wiemen* und *In de Bans* westlich des *Ernst-Bergeest-Wegs* ist das Erscheinungsbild des Stadtteils weiterhin durch den **hohen Anteil an Einfamilienhäusern** geprägt. Und dank Autobahn sowie der beiden Bundesstraßen B 75 und B 4 erreichen die Stadtteilbewohner – zumindest wenn sie motorisiert sind – schnell die Harburger oder auch die Hamburger Innenstadt.

Marmstorfer Menü

„Marmstorfer Schützen besorgt: Es geht um unsere Existenz. Drohender ‚Schützenhof'-Abriß löst Unruhe aus", war 1995 in der Tagespresse zu lesen. Was wie ein Menetekel über der Marmstorfer Geselligkeit schwebte, hat sich doch noch zum Guten gewendet: 1996 übernahm Familie Cekirdek das Traditionslokal. Zur Freude der Stammgäste blieb unter den neuen Besitzern auch auf der Speisekarte alles beim Alten: Im **Schützenhof** isst man meistens gutbürgerlich.

Zum Selberkochen bekommt man die meisten Zutaten beim **Edeka-Markt**

Zeitleiste

1196 erste urkundliche Erwähnung

um 1645 Vogtei Höpen

1667 14 Hofstellen

1814 vollständige Zerstörung durch die Franzosen

1852/59 selbstständige Gemeinde

1937/38 Marmstorf kommt zu Hamburg

Initialen in Grün: Baumschule Lorenz von Ehren.
Unten: Man trifft sich im Schützenhof

Bürgergeschichten

„Wetten, dass …?!"

Der Festleiter des Schützenvereins Marmstorf Klaus Kleinschmidt berichtet über die Vorgeschichte, die Idee und den Ablauf der Marmstorfer Teichwette

Klaus Kleinschmidt, Chronist der Marmstorfer Teichwette

Die Vorgeschichte

Der Ursprung der Teichwette lag in einer Meinungsverschiedenheit: Wir Marmstorfer wünschten uns einen gepflegten Teich als Dorfmittelpunkt. Da er der Löschwasserversorgung diente, war auch die Freiwillige Feuerwehr daran interessiert. Das Bezirksamt Harburg vertrat aber die Meinung, dass der „naturbelassene" Teich ansehnlich genug wäre. Die Gespräche zogen sich hin, und der Teich war vor lauter Brennnesseln, Gras und Unrat nicht mehr zu erkennen. Das 100-jährige Jubiläum des Schützenvereins wurde nochmals genutzt, um die Behördenvertreter auf die Missstände hinzuweisen. Aber nichts geschah.

Peter Becker und Rainer Bliefernicht kamen trockenen Fußes zum „Shakehands"

Zu Beginn des Vogelschießens 1998 haben dann „Scherzbolde" in einer Nacht-und-Nebel-Aktion allen Wildwuchs abgemäht. Die behördliche Reaktion folgte. Alle Parteien äußerten sich, und was lag näher? Es konnten ja nur die Schützen gewesen sein, berichtete die Tagespresse. Doch Verdacht hin oder her: Sie waren es nicht.

Dennoch war der Vorsitzende des Schützenvereins, Ernst Wolff, bereit, gemeinsam mit der Feuerwehr die Patenschaft für die Pflege des Teiches zu übernehmen, was schließlich im Einvernehmen mit dem Bezirksamt geschah. Die „Teichgrafen" Michael Riege und Henning Witt, beide Mitglieder der Feuerwehr und des Schützenvereins, wohnen unmittelbar am Gewässer und sorgen mit den übrigen Vereinsmitgliedern für einen schönen Dorfteich.

Die Idee

Aber immer nur Arbeit tut nicht gut. Ernst Wolff und ich als Festleiter hatten deshalb die Idee, am Teich zu feiern. „Lass dir mal etwas einfallen", waren die Worte, die Ernst für mich hatte. Einiges war vorgegeben: Es sollte im Winter stattfinden, die Vorbereitungen dürften nicht zu aufwändig sein, sollten einem guten Zweck dienen und auch noch Gäste anlocken. So fiel mir dann die Bremer Eiswette ein – genauso sollte es natürlich nicht sein.

Die Wette

Folgende Wette wurde formuliert: Es galt, sich in der Mitte des Teiches trockenen Fußes zu treffen, um sich dort die Hand zu reichen. Der Wetteinsatz für einen guten Zweck betrug 500 DM. Aber zwei prominente Wettkandidaten wünschten auch wir uns. Der erste war mit dem Schützenkönig schnell gefunden. Jetzt noch einen Handwerksmeister. – Ja, da haben wir doch den Bäckermeister Peter Becker, Präsident der Hamburger Handwerkskammer, gleichzeitig Präsident des deutschen Bäckerhandwerks und Mitglied im Schützenverein Marmstorf. Der amtierende Schützenkönig Rainer Bliefernicht war von der Idee ebenso begeistert wie Peter Becker. Die erste Marmstorfer Teichwette fand am 28. Januar 2001 statt.

Bis wenige Tage zuvor hatte es gefroren, dann aber setzte Tauwetter ein, und das Eis wurde brüchig. So kam Peter Becker im Rettungskorb einer Feuerwehr-Drehleiter zur Teichmitte, und Rainer Bliefernicht ließ sich in einer aufblasbaren Hüpfburg auf den Teich ziehen: Beide hatten ihren Teil der Wette erfüllt und reichten sich unter Applaus der Zuschauer die Hand.

Übrigens: Der Wetteinsatz der beiden Kandidaten ging als Spende an das Marmstorfer Schulorchester.

Trotz Highland-Rindern nicht Schottland: das Naherholungsgebiet Appelbütteler Tal

Kahllund im **Einkaufszentrum Ernst-Bergeest-Weg**, und falls selbst gebackenes Brot auf dem Speiseplan steht, empfiehlt sich eine Pause vor dem großen Schaufenster der Backstube **Bäcker Becker**. Hier erhält der Kunde kostenlose Anregungen für die heimische Produktion. Wer zum Essen eingeladen ist, besorgt für den Gastgeber einen Blumenstrauß bei **Margrit Kleinschmidt** am *Handweg*.

Grüner Grund

Ein noch persönlicheres Mitbringsel lässt sich bei einem Spaziergang durch die **Elfenwiese** in Form eines Feldblumenstraußes pflücken. Schon fast eine kleine Wanderung kann man vom alten Dorfkern nach **Appelbüttel** unternehmen. Auf dem kleinen Picknick-Platz im Appelbütteler Tal legen Wanderer eine Rast ein, genießen den Ausblick und wähnen sich vielleicht eher in Schottland: Zottige Highland-Rinder grasen auf saftigen Wiesenhängen. Nicht zu Fuß, sondern hoch zu Ross erleben die Mitglieder des Reit- und Fahrsportvereins Meinshof und des Pensionsstalls Grimm in **Lürade** die Marmstorfer Natur.

Köpfe

Else Meyer bewirtete bis 1964 hungrige und durstige Gesellschaften in der Gaststätte Eddelbüttel. Der Familienbesitz am *Feuerteichweg* wurde nach Schließung des Lokals zum Wohnhaus umgebaut. Nun kümmert sich Frau Meyer um ihren Enkel und den Haushalt. Und im Sommer erkennen die Dorfbewohner schon von weitem, wer – ausgestattet mit Strohhut und Schürze – den Garten in Schuss hält.

Wenn **Sabine Gerdes** einen Rundgang durch die Elbe-Werkstätten macht, wird sie überall fröhlich begrüßt. Das ist kein Wunder, denn die Betriebsleiterin des Bereiches Rehabilitation ist schon lange dabei: 1987 begann die gelernte Töpferin als Gruppenleiterin. Durch eine sonderpädagogische Zusatzausbildung und ein berufsbegleitendes Studium „Sozialmanagement“ qualifizierte sie sich für ihre heutige Tätigkeit. Und seit 2000 ist Frau Gerdes auch nach der Arbeit in Marmstorf zu Hause.

Die drei Sterne am Hamburger Schachhimmel heißen allesamt **Müller**. **Sebastian**, der älteste der Brüder, begann mit acht Jahren dem königlichen Sport im Marmstorfer Schachclub nachzugehen und nahm seinen vierjährigen Bruder **Jan Hendrik** gleich mit. Inzwischen haben beide mehrmals die Hamburger Meisterschaft gewonnen und waren auch bei der Norddeutschen und der Deutschen Meisterschaft erfolgreich. Aber die häusliche Konkurrenz schläft nicht: **Tobias**, der Schachzwerg der Familie, trainiert fleißig, damit er seine Brüder demnächst matt setzen kann.

Alteingesessene: Else Meyer, Neuzugezogene: Sabine Gerdes

Zug um Zug zur Meisterschaft: Sebastian, Tobias und Jan Hendrik Müller

Moorburg

wurde 1375 wegen seiner strategisch guten Lage an der Süderelbe vom Hamburger Rat gekauft. Das Dorf versorgte die Stadt mit Milch und Gemüse. Seit den 1970er Jahren ist der östliche, zum Hafenerweiterungsgebiet gehörende Teil Industrielandschaft. Aber noch finden sich viele idyllische Ecken in Moorburg

Steckbrief

Fläche:
10,022 km²
Einwohner:
823
Verwaltung:
Bezirk Harburg, Ortsamt Süderelbe
Ortsteil:
716

Der Name Moorburg stammt von der um 1390 von Hamburg erbauten Burg an der Süderelbe. Er setzte sich ab 1462 für die Siedlung im Glindesmoor durch.

Aus der Geschichte

Erstmals urkundlich erwähnt wurde die Gegend um das heutige Moorburg als **Glindesmoor** und Reetwisch im Jahr 1309. Sowohl das Moor als auch die Wisch gehörten den Herzögen von Braunschweig-Lüneburg. 1375 kaufte der Hamburger Rat aus strategischen Gründen dieses Gebiet. Ihm war daran gelegen, zur Ausübung des Stapelrechts auch die Süderelbe zu kontrollieren. Die Stadt leitete ihr Privileg vom „Freibrief Kaiser Friedrich Barbarossas“ an den Grafen Adolf III. von Schaumburg ab, zu dessen Herrschaftsbereich Hamburg zählte. Das **Stapelrecht** verpflichtete die Kaufleute, die mit ihren Schiffen von der Oberelbe kamen und an Hamburg vorbeiwollten, ihre Waren zuerst in der Stadt anzubieten. Auf alles, was sie dort nicht verkauften, mussten sie Zoll zahlen. Bis zum Kauf Moorburgs galt das Stapelrecht nicht für die Süderelbe. Die Hamburger ärgerten sich darüber, dass die Schiffer meist auf der wasserreicheren Süderelbe fuhren und nicht den nördlichen Elbarm nutzten. Außerdem war die Strecke kürzer und verfügte über günstigere Winde. Nach dem Erwerb Moorburgs galt aber auch hier das Stapelrecht. Hamburg sorgte dafür, dass das nur z.T. eingedeichte Moorland kultiviert wurde und landwirtschaftlich genutzt werden konnte. Ab 1390 baute der **Hamburger Rat** die Moorburg – vermutlich eine Turmburg aus Fachwerk. Allerdings fühlten sich die Herzöge von Braunschweig-Lüneburg, die die angrenzenden Ländereien besaßen, durch die Burg bedroht und klagten gegen die

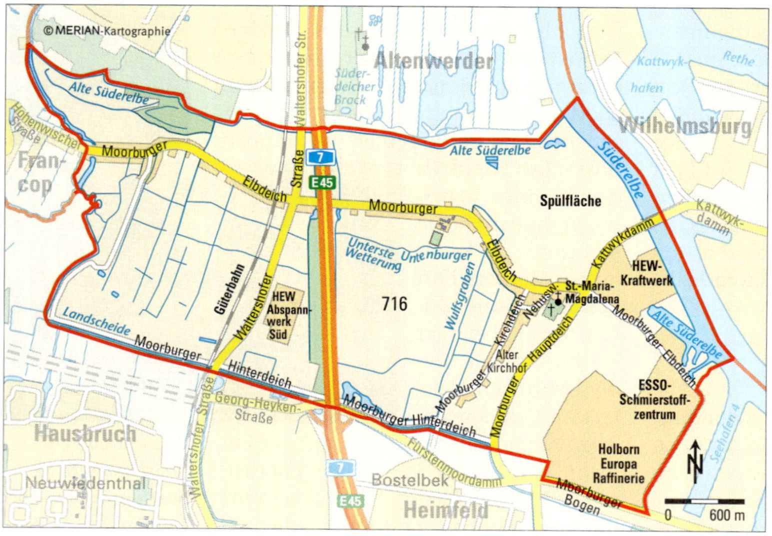

Stadt Hamburg. Während der nächsten 200 Jahre gab es immer wieder Ärger um die Grenzen und das Stapelrecht. Nach Streitereien mit Harburgs Herzog Otto II., dem mittlerweile die an Moorburg grenzenden Ländereien gehörten, wurde erst 1619 das Stapelrecht der Hamburger anerkannt. Somit verlor die Moorburg ihre Funktion als **militärischer Stützpunkt**. Genau zwei Jahrhunderte später wurden Burg und Befestigungsanlage abgetragen.

Moorburgs Bevölkerung stieg von 130 Einwohnern Ende des 14. Jahrhunderts auf 600 Anfang des 17. Jahrhunderts an. Neben Bauernhöfen – Hufnern und Kätnern – gab es im Dorf ein gut funktionierendes Selbstversorgungssystem mit Handwerkern aller Art, die z.T. noch als Kätner Landwirtschaft betrieben. Der Torfmull, der nach der Verarbeitung des Torfs aus dem Moor übrig blieb, wurde auf dem Boden verteilt und machte diesen so fruchtbar, dass sich Moorburg zu einem idealen **Gemüseanbaugebiet** entwickelte. Außerdem wurde seit dem Mittelalter **Viehzucht** betrieben. Bis ins 20. Jahrhundert hinein brachten denn auch die Gemüsefrauen und die Milchhändler ihre Ware per Boot nach Hamburg und verkauften sie dort an der Haustür. Mit dem Verbot des Straßenhandels 1937 ging diese Erwerbsquelle zu Ende. Die Landwirtschaft trat nach und nach in den Hintergrund. Heute gibt es kaum noch einen Vollbetrieb. Einige Familien betreiben Landwirtschaft im Nebenerwerb, so z.B. Familie Klaus Rüpke am *Moorburger Elbdeich 387*. Ab Mitte des 19. Jahrhunderts setzte ein reger **Ausflugsverkehr** der Städter ins Süderelbegebiet ein. Die Strecke über Moorburg war am kürzesten, und hier legte die Fähre an. Die Moorburger ließen sich dieses Geschäft natürlich nicht entgehen und richteten Ausflugsgaststätten ein, so den „Moorburger Hof“ und das „Café Bauer“. Bis zum Groß-Hamburg-Gesetz 1937/38

Der Engel auf dem Friedhof bei der St.-Maria-Magdalena-Kirche ist im Zuge der Hafenerweiterung für die Moorburger zu einem Symbol der Mahnung geworden

Ehemals ein Bauerndorf, sind heute nicht mehr viele bäuerliche Zeugnisse in Moorburg vorhanden. Eines der wenigen noch verbliebenen ist der Hof der Familie Rüpke (unten)

Zeitleiste

1309 erste urkundliche Erwähnung
1375 Hamburg kauft Moorburg
um 1390 Bau der Moorburg
1462 Der Name Moorburg etabliert sich
1619 Anerkennung des Stapelrechts
1814 Belagerung der Moorburger Schanze durch die Franzosen
1819 Abbruch der Moorburg
1961 Hafenerweiterungsgesetz
1962 Flutkatastrophe
um 1970 Der Osten wird Industriegebiet
ab 1981 Proteste gegen die Räumung Moorburgs
1982 Hafenentwicklungsgesetz
2001 Bestandsgarantie bis 2035

war Moorburg als älteste Landgemeinde Hamburgs das einzige Herrschaftsgebiet der Stadt südlich der Elbe.

Im Februar 1962 wurde das Dorf ebenso wie die anderen Orte an der Alten Süderelbe von der **Flutkatastrophe** heimgesucht. Der Deich brach an 36 Stellen, zwölf Moorburger verloren ihr Leben, und eine große Menge Vieh ertrank.

Starker Zusammenhalt

Die Moorburger schätzen es, im Grünen zu leben, aber durch die A 7 und die Nähe zur A 1 auch eine gute Stadtanbindung zu haben. Dafür lohnt sich der Kampf gegen die Hafenerweiterung und für die Erhaltung ihres Ortes. Neben dem **Runden Tisch Moorburg**, dessen Ziel die Herausnahme Moorburgs aus dem Hafenerweiterungsgebiet ist, gibt es auch den **Gesprächskreis**, der sich für die Verbesserung der Wohnqualität einsetzt. Ihm gehören neben rund 30 Bürgern auch Vertreter der Politik, des Amts für Strom- und Hafenbau sowie der SAGA an.

Der **Gemeinschaftssinn** der Moorburger hat Tradition. Sie haben schon früh im Kampf um ihr Moorburg zusammengehalten, ihr Land gemeinsam gegen die Fluten verteidigt, immer eine gute Nachbarschaft gepflegt und zusammen gefeiert. So auch das 625-jährige Bestehen ihres Ortes im Jahr 2000. Das zweiwöchige Fest mit Veranstaltungen aller Art, Ausstellungen, einem Straßenfest, einem historischen Markt am *Hopfenmarkt* und vielem mehr wurde von Manfred Brandt initiiert und vom „Runden Tisch Moorburg", mit Unterstützung der ansässigen Vereine, organisiert. Für das Kulturprogramm war der „Kultursumpf Moorburg" zuständig.

Von Kirche und Kollex

In der Urkunde von 1309, in welcher die Moorburger Gegend zum ersten Mal urkundlich erwähnt wird, ist auch die Rede von der Kirche, die der Ort als Filialkirche von Wilstorf bekommen hatte.

Auch heute noch liegt Moorburg sehr idyllisch, und Pferdeweiden sind keine Seltenheit. Unten: Rad fahren auf dem Elbdeich hält nicht nur bei schönem Wetter fit

Ihr Standort befand sich auf einer Wurt am *Moorburger Kirchdeich*. Noch heute erinnert die Flurbezeichnung „Alter Kirchhof" daran. Die Kirche hatte eine Besonderheit zu bieten: Noch lange nach der Reformation gab es Pilgerströme, die das angeblich wundertätige Bild der Schutzpatronin Maria Magdalena besuchten. Wegen Baufälligkeit des alten Gotteshauses errichtete man 1597 ein neues aus Fachwerk am *Nehusweg*. Etwa 100 Jahre später wurde die **St.-Maria-Magdalena-Kirche** grundsaniert. Da-

Stadtteil-Profil

	Moorburg	Bezirk	Hamburg
Bevölkerung gesamt (2000)	823	196 263	1 704 929
Unter 18-Jährige in %	22,2	19,2	16,1
65 Jahre und älter in %	11,5	16,9	17,0
Deutsche	766	157 260	1 432 325
Ausländer in %	6,9	19,9	16,0
Einwohner je km²	49	1222	2258
Sozialstruktur			
Sozialhilfeempfänger (2000)	70	17 127	120 461
Arbeitslose (2001)	38	10 107	71 963
Eink. je Steuerpfl. in DM (1995)	64 316	56 444	65 579
Wohnen (2001)			
Wohngebäude	229	27 486	226 061
Ein- und Zweifamilienhäuser in %	75,3	25,3	20,5
Ø Wohnungsgröße in m²	91,4	69,9	71,0
Wohnfläche je Einwohner in m²	36,1	32,5	35,7
Verkehr			
Private Pkw (2001)	404	70 144	628 119
Straßenverkehrsunfälle (2000)	39	1197	12 430
Kriminalität			
Straftaten insgesamt (2000)	155	26 879	284 272

Wahlverhalten

… zur Bürgerschaft 2001 (gesamt)

Wahlbeteiligung	71,0%
SPD	36,5%
CDU	26,2%
Schill-Partei	19,4%
Grüne/GAL	8,6%
FDP	5,1%
Übrige	4,2%

… zur Bürgerschaft 2001 (Stadtteil)

Wahlbeteiligung	66,8%
SPD	34,9%
CDU	22,3%
Schill-Partei	25,1%
Grüne/GAL	7,3%
FDP	3,7%
Übrige	6,7%

Ganz links: Disco im Gemeindehaus – mit Kollex ist fast alles möglich. Links: Drei der vielen aktiven Schützen des Schützenvereins zu Moorburg sind Günter Böttcher, Bernd Flügge, der Schützenkönig des Jahres 2000, und Helwig Westphalen. Das Logo des Schützenvereins zeigt die Moorburg

bei fand eine Verlängerung und eine entsprechende Erhöhung statt. Die prächtige Ausstattung mit Senatsgestühl, Altar, Kirchenbänken und dem Taufbecken stammt noch aus dieser Zeit. Die ebenfalls zu dieser Zeit eingebaute Arp-Schnitger-Orgel musste Ende des 19. Jahrhunderts ersetzt werden. „Im Brauthaus, durch welches man die Kirche von der Seite her betreten kann, fand früher die weltliche Vermählung statt. Danach ging man zur kirchlichen Trauung in den Innenraum", erläutert Werner Rüpke vom Kirchenvorstand die Funktion des **Brauthauses**.

Die Moorburger Kirchengemeinde ist, auch wenn sie keinen hauptamtlichen Pastor hat, sondern von der Finkenwerder Pastorin Angelika Meyer mit betreut wird, eine sehr aktive Gemeinde, die sich besonders durch ehrenamtliche Kinder- und Jugend- sowie Seniorenarbeit hervorhebt. Die **Jugendarbeit** im Gemeindehaus mit Karl Friedrich Evers, genannt Kollex, – von der Bibelstunde bis zur Disco – wird gut angenommen. Es gibt sogar eine sehr feiertaugliche Grillhütte, gespendet von Familie Wiegel. Der **Seniorenkreis** mit Renate Jankowski trifft sich monatlich zum Kaffeetrinken im Gemeindehaus oder zu Ausflügen.

Klub Unklook und Konsorten

Neben dem „Männergesangverein Moorburg von 1949" (heute „Singgemeinschaft Moorburg-Bostelbek"), der „Freiwilligen Feuerwehr Moorburg von 1893"

Hedwig Rost und Jörg Baesecke präsentieren faszinierendes Kindertheater auf der „kleinsten Bühne der Welt" in der „Moorburg"

und dem alteingesessenen „Moorburger Turn- und Sportverein von 1897", der im Jahr 2001 sein neues Vereinsheim beim Sportplatz eingeweiht hat, gibt es den „Schützenverein zu Moorburg von 1903". Mit rund 400 Mitgliedern ist er der größte Verein im Stadtteil. Am Schießstand beim **Schützenhof „Im alten Moorkathen"**, dem Vereinslokal, wird trainiert. Und jedes Jahr im Sommer wird das **Schützenfest** mit Rummelplatz, zu dem auch viele ehemalige Moorburger kommen, gefeiert. „Wir haben auch einen Spielmannszug, der nicht nur zu unserem viertägigen Schützenfest und dem Tag der offenen Tür aufspielt, sondern auch zu anderen Veranstaltungen wie dem Laternenumzug oder in den Nach-

Über Hamburgs Grenzen hinaus bekannt sind Sabine Braun und Francis Kenzler mit ihrer fahrenden Märchenpuppenbühne „Die Sterntaler"

barorten", betont der Vorsitzende Bernd Pinkenburg und ergänzt: „Für den Zusammenhalt unseres Ortes ist das Vereinsleben besonders wichtig."

Ein ganz außergewöhnlicher Verein ist der **Korkenklub Klub Unklook**. Dieser älteste Moorburger Verein soll über 200 Jahre alt sein und ist aus einer Weidengemeinschaft der Bauern entstanden – die Weiden gehörten dem Hamburger Staat, aber die Bauern erhielten das Nießrecht. Jedes Mitglied bekam einen Korken mit den Initialen K.U. und war verpflichtet, ihn ständig bei sich zu tragen. Wenn jemand den Korken auf die Frage „Hess em bie die?" (Hast du ihn dabei?) nicht vorzeigen konnte, musste er Strafe zahlen. Das ist auch heute noch so. An jedem ersten Sonnabend im Quartal findet die Versammlung auf Plattdeutsch statt. Für Kontinuität im Verein sorgt Ernst Bauer, immerhin seit 30 Jahren Vereinsvorsitzender. Der „Klub Unklook" ist allerdings nicht der einzige Hamburger Korkenclub. In Tatenberg ist der Neudorfer Korkenclub aktiv.

Sterntaler überm Kultursumpf

Seit fast zehn Jahren ist die fahrende Märchenpuppenbühne **Die Sterntaler** nicht mehr aus Moorburg wegzudenken. Die Initiatoren Sabine Braun und Francis Kenzler sind aber auch über die Stadtteilgrenzen hinaus mit ihrem Puppentheater unterwegs. Sie erfreuen die Kinder mit Märchenaufführungen in Kindertagesstätten, Schulen und Kulturzentren. Ihre Puppen sind in liebevoller Detailarbeit selbst gefertigte Marionetten, die man einfach gern haben muss.

Eine wichtige Einrichtung für die Kinder im Stadtteil ist auch das **Kinderland Moorburg**. Die Kindertagesstätte hat sich aus einer Elterninitiative gegründet und ist im hinteren Teil der alten Schule untergebracht, neben der Grundschule. Acht Erzieherinnen kümmern sich unter der Leitung von Britta Herrmann um die rund 60 Kinder bis zehn Jahre. Das „Kinderland" ist also nicht nur ein Kindergarten, sondern auch Hort für Schulkinder, die am Nachmittag kommen. Gegenüber der Schule befindet sich hinter dem Deich ein großer Hügel, entstanden aus Erdreich, das man aus Altenwerder abgetragen hat. Die asphaltierte Straße davor wird gern zum Skaten genutzt.

Als Stadtteilkulturzentrum versteht sich der Kulturverein **Kultursumpf Moorburg**. In der „Moorburg" (s. Bürgergeschichten) steht dem Verein für seine Veranstaltungen, Gitarrenkonzerte und A-cappella-Abende ein großer Raum mit

Leben mit der Hafenerweiterung

Seit über 20 Jahren kämpfen die Moorburger um ihren Ort. Heute wird ihnen der Bestand bis zum Jahr 2035 garantiert

Dicht verzweigte Geflechte von Pipelines findet man bei der Holborn Europa Raffinerie

Wer glaubt, die Pläne für die Hafenerweiterung auf Moorburger Gebiet hätten erst mit dem Hafenerweiterungsgesetz von 1961 Gestalt angenommen, irrt. Bereits vor dem Ersten Weltkrieg begann die Stadt Hamburg, am Rand Moorburgs Grundstücke und Häuser aufzukaufen. Doch die Pläne wurden durch den Krieg und die Wirtschaftsdepression erst einmal auf Eis gelegt. Anfang der 1950er Jahre erfolgte die Einweihung der **Esso-Schmierstoff-Raffinerie** im Osten des Ortes. Auf demselben Areal befindet sich auch die **Holborn Europa Raffinerie** und fast daneben das **Gaskraftwerk** der HEW, das bis 2004 abgebaut werden soll. Aber noch ist der 256 m hohe Turm das höchste gemauerte Bauwerk Hamburgs.

1981 beschlossen Senat und Bürgerschaft die sofortige Räumung des Ortes, die aber dank des Engagements der Bürger nicht ausgeführt wurde. Dennoch haben etwa drei Viertel der alteingesessenen Moorburger unter diesem Druck ihren Stadtteil verlassen. Durch den Zuzug neuer Bewohner veränderte sich die soziale Struktur des Dorfes stark. Aber die Bewohner haben es geschafft, an einem Strang zu ziehen und Moorburg als liebens- und lebenswerten Stadtteil zu erhalten. Sie wünschen sich, dass dies von Dauer ist und ihr Ort aus der Hafenerweiterung herausgenommen wird.

Nicht mehr lange wird man Moorburg schon von weitem an dem HEW-Kraftwerk ausmachen können

schöner Atmosphäre zur Verfügung. „Die Moorburg" am *Moorburger Kirchdeich 40* ist auch Tagungshaus mit Unterbringungsmöglichkeit.

Moorburg hat sich zu einer kleinen **Künstlerkolonie** entwickelt. Ihr gehören Musiker, Töpfer, Maler, Kunstmaler und Bildhauer an, darunter Almut Heer und Winni Schaak, dem das Flutdenkmal „Wellenwand" zu verdanken ist.

Fuhrunternehmen mit Tradition

Davon gibt es in Moorburg gleich zwei. Beide haben ihren Firmensitz mit Fuhrpark am *Moorburger Kirchdeich*. Die Firma **August Ernst Transportunternehmen** besteht seit 1871. Der Firmengründer August Heinrich Theodor Ernst betrieb neben dem Fuhrunternehmen noch eine Gastwirtschaft und Milchwirtschaft. Ursprünglich transportierte er mit zwei Pferdegespannen hauptsächlich Holz für die nahen Werften, u.a. für Blohm + Voss, und einen Holzhändler. Im Laufe der Zeit wuchsen das Unternehmen und seine Arbeitsgebiete mehr und mehr. Heute arbeiten hier rund 50 Angestellte, und der Fuhrpark umfasst 40 Fahrzeuge. Ein wichtiges Tätigkeitsfeld ist die Entsorgung von umweltschädigenden Materialien sowie Transporte und Lieferungen von Baustoffen und Sanden.

Wente Transport, das zweite Fuhrunternehmen, existiert seit 1927 und befindet sich ebenfalls noch im Familienbesitz. Von Großvater Georg Wente gegründet, wird es heute von Karl-Heinz Wente und seiner

Die Kattwyk-Hubbrücke verbindet Moorburg mit Wilhelmsburg. Die 1973 fertig gestellte Eisenbahn- und Straßenbrücke hat eine Durchfahrtshöhe von über 50 Metern

Bürgergeschichten

„660 kaufen Die Moorburg"

Rainer Böhrnsen, heute Betreiber des Tagungs- und Veranstaltungshauses, berichtet vom Projekt der Bürgerinitiative gegen die Räumung Moorburgs

Rainer Böhrnsen auf der Empore des ausgebauten Stallgebäudes

Moorburg ist seit 1982 Hafenerweiterungsgebiet, und ihm könnte das gleiche Schicksal wie dem abgerissenen Nachbarort Altenwerder blühen. Bereits einige Jahre, bevor das Hafenentwicklungsgesetz in Kraft trat, bestand eine Bürgerinitiative zur Erhaltung des Stadtteils, der ich mich mit vielen anderen anschloss. Aus dieser Initiative heraus wurde die Idee geboren, über breit gestreutes Eigentum an Grund und Boden den Abriss des Ortes zu verhindern oder zumindest stark zu verzögern. Es sollten also möglichst viele Leute Eigentümer eines Grundstücks werden, die im Falle eines Zugriffs der Stadt auf dieses spezielle Grundstück alle einzeln enteignet werden müssten. Ein geeignetes Grundstück mit Haus fand sich schnell am Moorburger Kirchdeich 40. Wir tauften es „Die Moorburg".

Das Haus mit Grundstück sollte 330 000 Mark kosten. Wir mussten also 660 Menschen suchen, die bereit waren, für jeweils 500 Mark einen Anteil zu kaufen. Auf mehreren Informationsveranstaltungen im Moorburger Schützenhof standen die Leute Schlange, um Anteilseigner zu werden. Ein bunt zusammengewürfelter Haufen war das: Teilnehmer eines Priesterseminars ebenso wie die einer Hausbesetzung, Vereine, Initiativen, Anwaltskanzleien, Wohngemeinschaften, Gewerkschaftsgruppen, Lehrerkollegien, Ärzte und viele andere. Sie kamen aus Moorburg, Hamburg, ganz Deutschland und sogar aus Brasilien, den USA, dem Libanon, Schweden, Neuseeland, von den Philippinen und aus anderen Ländern – vom Millionär bis zum Sozialhilfeempfänger. Alles hat erstaunlich gut geklappt, und im Januar 1982, zwei Tage vor Inkrafttreten des Hafenentwicklungsgesetzes, das für die Hansestadt Vorkaufsrecht für alle Grundstücke in Moorburg vorsieht, wurde der Kaufvertrag unterschrieben.

Wir haben das Haus in den folgenden Jahren in Eigenarbeit instand gesetzt und umgebaut. Heute wird es als Tagungshaus betrieben. Im großen Tagungsraum, dem ehemaligen Stallgebäude, wird auch Stadtteilkultur angeboten. Hier finden ebenso Sitzungen der Bürgergremien wie Informationsveranstaltungen und Familienfeiern statt, und des Öfteren improvisieren wir hier ein Nachbarschaftscafé mit Unmengen von gespendetem selbst gebackenem Kuchen, wenn auf dem Kirchdeich ein Straßenfest stattfindet.

Altes Haus in neuem Glanz: „Die Moorburg"

Eine Enteignung gab es bisher nicht. Sie wird hoffentlich auch nie kommen. Aber aus unserem Projekt heraus ist auf den verschiedensten Ebenen daran gearbeitet worden, den Abriss unseres Ortes zu verhindern und Hoffnung zu geben. Längst gibt es eine Gemeinsamkeit in Moorburg, die Überleben und Entwicklung unseres Stadtteils fordert, und „Die Moorburg" ist fester Bestandteil dieser Gemeinsamkeit.

Die gebürtige Moorburgerin Rosemarie Wente mit einem Teil ihres Fuhrparks am Moorburger Kirchdeich. Darunter: Vor dem Schützenhof „Im alten Moorkathen“ genießt man gern die ersten Sonnenstrahlen

Frau Rosemarie geführt. „Wir arbeiten hauptsächlich für Firmen aus den Bereichen Straßen-, Tief- und Landschaftsbau“, bringt Frau Wente das Geschäftsfeld auf den Punkt.

Moorburger Lümmel Kümmel

Im modernen, aber dennoch sehr gemütlichen **Restaurant Wasserturm**, das nach dem 1953 abgerissenen Wasserturm der Moorburger Wasserwerke benannt ist, kann man sich gut auf ein Glas Bier oder Wein treffen. Das Wirtsehepaar Angelika und Jürgen Freitag verwöhnt die Gäste aber auch gern mit ausgefallenen Speisen wie Zucchiniküchlein mit Antipasti, feinen Salatkreationen oder mit klassischen Pastagerichten. Und zum Verdauen gibt es entweder „Moorburger Lümmel Kümmel“, „Schlick Rum“ oder „Eau de vie de Mohrbourg“.

Köpfe

Seit 30 Jahren ist **Ernst Bauer** mit Leib und Seele Vorsitzender des „Klubs Unklook“. Der gebürtige Moorburger engagiert sich aber auch in anderen Vereinen. So ist er Ehrenmitglied im Schützenverein und Verwalter der Senatskutsche, die vor vielen Jahren von Hamburg nach Moorburg kam. Zum jährlichen Schützenfest wird noch heute der amtierende Schützenkönig mit der Kutsche abgeholt.

Ein echtes Moorburger Original ist **Elli Bajorat** (geb. Nehus). Sie ist 1919 in Moorburg geboren und niemals von dort weggezogen. Von ihrem Großvater, dem langjährigen Gemeindeboten Nicolaus Nehus, hat sie das gute Erinnerungsvermögen geerbt. Die ehemalige Postangestellte ist sozusagen das Gedächtnis des Stadtteils. 1932 bekam ihr Großvater zum 80. Geburtstag vom damaligen Gemeindevorsteher Fritz Pinkenburg ein ganz besonderes Geschenk: Der Weg bei der Kirche wurde in *Nehusweg* umbenannt.

Seit 1961 führt **August Ernst** in der dritten Generation das erfolgreiche Moorburger Transportunternehmen, das 2001 auf 130 Jahre Firmengeschichte zurückblicken konnte. Aber die Firma ist nicht alles in seinem Leben. In vielen Vereinen aktiv, ist August Ernst seit 30 Jahren Kommandeur im Schützenverein. Der aktive Wanderer engagiert sich auch sehr für das Gemeinwohl. So hat er den Spielplatz am *Moorburger Kirchdeich* eingerichtet, und auch die Hafenerweiterung ist ihm nicht egal. 1976 rief er den „August-Ernst-Pokal“ für die Jugendfeuerwehr ins Leben. Jeden Herbst nehmen viele Jugendwehren aus dem Umkreis an dem Wettkampf teil, bei dem es um Brandschutz, Rettung und technische Hilfe geht.

Mit Moorburgs Traditionen eng verbunden sind Ernst Bauer, Elli Bajorat und August Ernst

Moorfleet

beheimatet in seiner Mitte statt alter Bauernhöfe das für Staumeldungen berüchtigte „Autobahndreieck Südost“ (A 1/A 25). Die Bewohner haben sich daran gewöhnt und auch den „Bille-Siedlungs-Skandal“ überstanden. Heute ist das traditionsreiche Dorf durch Ikea und das Güterverkehrszentrum (GVZ) weit bekannt

Steckbrief

Fläche: 4,275 km²
Einwohner: 1087
Verwaltung: Bezirk Bergedorf, Ortsamt Vier- und Marschlande
Ortsteil: 612

Noch drei Tage nach der Flutkatastrophe 1962 stand am 20. Februar die Sandwisch unter Wasser

Ein früher Name Moorfleets lautete „Urenfleth“ und bezog sich auf einen nicht mehr vorhandenen Nebenarm der Dove-Elbe. Der heutige Name ist insofern irreführend, als Moorfleet zwar in tief liegender, wasserreicher Marschlandschaft liegt, aber eben nicht in einem Moor.

Aus der Geschichte

Moorfleets Geschichte ist eng mit der des alten Billwerders verbunden, einem Gebiet, das heute in etwa die Stadtteile Billwerder, Allermöhe und Moorfleet umfasst. Die ersten Siedler begannen Ende des 12. Jahrhunderts „den Billwerder“ urbar zu machen und bauten einen Ringdeich.

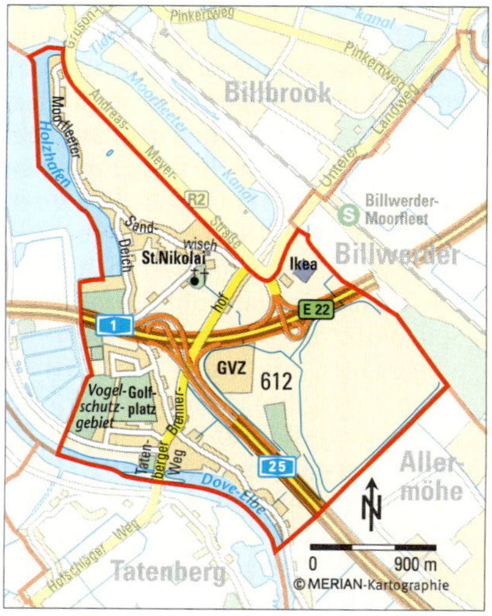

Die „Moorfleeter Wanne“ schiebt sich entlang des Holzhafens zwischen Billbrook und Rothenburgsort; der Stadtteil ist damit der westlichste der Hamburger Marschlande

1395 kam Moorfleet durch Kauf in hamburgischen Besitz und wurde Teil der Landherrenschaft Bill- und Ochsenwerder. Es etablierte sich eine ertragreiche Landwirtschaft, die hauptsächlich **Hopfen und Gerste** für das hamburgische Brauereigewerbe produzierte.

Während des 30-jährigen Krieges (1618–48) hatte Moorfleet mit den anderen Dörfern der Vier- und Marschlande schwer zu leiden. Die Marschenbauern brauchten lange, um sich wirt-

schaftlich zu erholen; dies gelang mit der allmählichen Umstellung auf Gemüseanbau für den Hamburger Markt.

Zwischen 1741 und 1771 wurden die Vier- und Marschlande mehrfach von **schweren Überschwemmungen** heimgesucht. Die von 1771 kostete den Moorfleeter Pastor Klefeker das Leben: Als die Fluten in die Kirche eindrangen und der Beichtstuhl, in dem er saß, zu versinken begann, erlitt er einen „Schlagfluss“ (Schlaganfall) und verstarb. Nicht weniger schrecklich erging es einem seiner

Das ehemalige Hufnerhaus am Moorfleeter Deich 359 erhielt im 17. Jahrhundert einen Querflügel vorgebaut, der ihm bis heute den Namen „Schloss Moorfleet" beschert

Nachfolger während der Franzosenzeit. Ein Herzschlag kostete ihn das Leben, als das besetzte Moorfleet geplündert und im Jahr 1813 teilweise zur Schaffung eines freien Schussfeldes abgebrannt wurde. Ebenfalls ein Moorfleeter Pastor war Heinrich Matthias Sengelmann (1821–99), Vater der **Alsterdorfer Anstalten** (s. Köpfe, s. Alsterdorf). 1830 ging Moorfleet in die neu geschaffene Landherrenschaft der Marschlande über.

Seit ca. 1850 begann sich westlich des *Unteren Landweges* von Billwerder bis Moorfleet ein Gewerbegebiet zu entwickeln, das 1907 mit der „Billwärder Industriebahn" auch verkehrstechnisch erschlossen und 1913 als „Billbrook" der Stadt Hamburg angegliedert wurde (s. Billbrook). Ab 1860 wurde ein Teil des westlichen Moorfleets zu „Moorfleet Stadt" (s. Rothenburgsort) und in diesem Zuge das **Industriegebiet Tiefstack** aufgebaut. Bei einem Luftangriff auf das Klöckner Flugzeugmotorenwerk fielen im Oktober 1944 zahlreiche Bomben auch auf Moorfleet und zerstörten viele Häuser (186 Bomben auf 1 km²). Nach 1948 entstanden westlich des *Brennerhofes* und am *Moorfleeter Deich* die ersten Häuser der „Bille-Siedlung" (s.u.).

Schloss Moorfleet am Deich

Wie in den übrigen Teilen der Landschaft des „Billwärders" (s. Billwerder) erwarben auch in Moorfleet reiche Hamburger im 16.–18. Jahrhundert weitläufige Grundstücke und errichteten sich **Landsitze und Sommerresidenzen**. Bis auf das Haus am *Moorfleeter Deich 359* ist keines dieser „Lusthäuser" erhalten. Bei diesem „Moorfleeter Schloss", wie es die Dorfbewohner nennen, handelt es sich um ein ehemaliges Hufnerhaus (s. Spadenland), dem gegen Ende des 17. Jahrhunderts ein Querflügel als Landhausteil vorgebaut wurde.

Wer sich dem alten Dorfkern nähert, ist fast erstaunt, wie das dörfliche Zentrum mit Kirche, Pastorat und Friedhof trotz der Einkesselung durch Autobahn und Industriegebiet seinen ursprünglichen Charakter bis heute bewahrt hat. Die ev.-luth. Kirche **St. Nikolai** *(Moorfleeter Kirchenweg 64)* wurde 1680/81 als typischer Vier- und Marschländer Fach-

Blick über die Felder eines Gartenbaubetriebes in der Straße Sandwisch 39

Wahlverhalten

… zur Bürgerschaft 2001 (gesamt)

Wahlbeteiligung	71,0%
SPD	**36,5%**
CDU	**26,2%**
Schill-Partei	**19,4%**
Grüne/GAL	**8,6%**
FDP	**5,1%**
Übrige	**4,2%**

… zur Bürgerschaft 2001 (Stadtteil)

Wahlbeteiligung	71,2%
SPD	**28,2%**
CDU	**30,6%**
Schill-Partei	**27,8%**
Grüne/GAL	**5,9%**
FDP	**4,3%**
Übrige	**3,3%**

Stadtteil-Profil

	Moorfleet	Bezirk	Hamburg
Bevölkerung gesamt (2000)	1087	114 631	1 704 929
Unter 18-Jährige in %	18,2	20,3	16,1
65 Jahre und älter in %	14,6	15,5	17,0
Deutsche	1019	103 658	1 432 325
Ausländer in %	6,3	9,6	16,0
Einwohner je km²	254	741	2258
Sozialstruktur			
Sozialhilfeempfänger (2000)	22	7659	120 461
Arbeitslose (2001)	29	3691	71 963
Eink. je Steuerpfl. in DM (1995)	54987	60 397	65 579
Wohnen (2001)			
Wohngebäude	478	18 755	226 061
Ein- und Zweifamilienhäuser in %	87,3	33,4	20,5
Ø Wohnungsgröße in m²	89,4	77,9	71,0
Wohnfläche je Einwohner in m²	50,6	34,7	35,7
Verkehr			
Private Pkw (2001)	563	45 863	628 119
Straßenverkehrsunfälle (2000)	27	633	12 430
Kriminalität			
Straftaten insgesamt (2000)	112	11 451	284 272

Vom „Autobahndreieck Südost" gut zu sehen: der prägnante Turm der Moorfleeter Kirche

werksaal errichtet. Form und Anlage des Friedhofs lassen noch erkennen, dass die Kirche auf einer von einem Graben umflossenen Warft errichtet wurde. Der **neugotische Ziegelturm** (1884/85) will nicht recht zu dem schlichten Bauwerk passen und kann daher seine Schönheit besser aus der Ferne zur Geltung bringen. Von der Kirchenausstattung sind der Altaraufsatz und der Taufdeckel von Valentin Preuß (1688) hervorzuheben sowie der hölzerne Kanzelkorb und das reich geschnitzte Juratengestühl aus der Werkstatt von Hein Baxmann. Das **Moorfleeter Pastorat** (1741/42) verfügt als letztes der Vier- und Marschlande über einen T-förmigen Grundriss. Im ehemaligen Wirtschaftsteil sind heute der Gemeindesaal und ein Kindergarten untergebracht. Hier fanden auch die Gottesdienste statt, als 1999 in der Kirche die hellblaue Gewölbedecke gesäubert und abgewaschen wurde.

Außer Kirche und Pastorat haben nur wenige Häuser die Zerstörung durch die französischen Truppen „überlebt", wie die kleine Kate am *Moorfleeter Deich 171* und die ehemalige Arbeitsschule in der Straße *Sandwisch 25*. Im westlichen Dorfteil vertreten die ehemalige Bäckerei und zwei Fachwerk-Wohnhäuser den Wiederaufbau nach der Franzosenzeit. Ansonsten dominieren Wohnhäuser des ausgehenden 19. Jahrhunderts und vor allem Neubauten der letzten Jahrzehnte das Siedlungsbild Moorfleets.

Hier re(a)giert die AGM

Um ihr in der Vergangenheit „arg gebeuteltes" Dorf als Lebens- und Kulturraum zu erhalten, hat sich 1985 die **Arbeitsgemeinschaft Moorfleet (AGM)** gebildet. Der Zusammenschluss von Vereinen, Verbänden und Einzelpersonen kämpft für ein „l(i)ebenswertes Moorfleet". Die zehn Mitgliedsgruppen sind ganz unterschiedlicher Herkunft, sodass die AGM eine Art Patchwork des Moorfleeter Lebens darstellt: Als großes und übergreifendes Bindeglied der Dorfgemeinschaft fungiert die ev.-luth. St. Nikolaikirchengemeinde Hamburg-Moorfleet. In ihrem Gemeindesaal im Pastorat wurden viele Versammlungen und Sitzungen abgehalten.

Ein historischer Trecker zieht eine noch ältere Feuerwehrspritze zum groß gefeierten Moorfleeter Feuerwehr-Jubiläum 1996

Um die weitere Abräumung von Parzellen zu verhindern, engagieren sich die „Kleingarten-Kolonie Moorfleet e.V." und der „Verein und der Gartenbauverein Tiefstack Süd e.V. von 1930" in der AGM. Der „Landfrauenverein Allermöhe-Moorfleet-Reitbrook" bietet seinen Mitgliedern allgemeine Fortbildungsveranstaltungen, vertritt sie aber u.a. auch in berufsständischen Gremien. Ganz der Traditionspflege und Geselligkeit hat sich der 1903 gegründete „Moorfleeter Heimatverein" verschrieben. Der „Reit- und Fahrverein Allermöhe-Moorfleet-Reitbrook" veranstaltet jährlich eine weit über die Moorfleeter Grenzen hinaus beachtete Fuchsjagd. Zur Förderung von zeitgenössischer Kunst und Kultur wurde 1997 der „Verein für Kunst e.V." gegründet. Weitere Mitglieder der AGM sind die „Aktive Bille Siedlung", der „Arbeitskreis Moorfleet Stadt/Land" und der „Arbeitskreis Billbrook". Über die Stadtteilgrenzen hinweg, z.T. sogar außerhalb des Bezirks, sichert die Mitarbeit dieser Gruppen, dass auf Moorfleet betreffende Planänderungen rechtzeitig und wirksam reagiert werden kann. In **Zusammenarbeit mit der Stadtentwicklungsbehörde** hat die AGM ein Konzept für den Kultur- und Landschaftsraum Moorfleet, Billbrook und Billwerder aufgestellt, das besonders dem weiteren Erhalt der Erwerbs- und Wohnkultur in der „Moorfleeter Wanne" gewidmet ist. Ziel ist es, trotz zunehmenden Verkehrs und weiterer Gewerbe- und Industrieansiedlungen die Lebensqualität des Marschendorfes zu erhalten und zu verbessern.

Aber neben der allgegenwärtigen AGM darf natürlich nicht die **Freiwillige Feuerwehr Moorfleet** vergessen werden. Als die über 30 Kameraden zusammen mit ganz Moorfleet 1996 den 100-jährigen Geburtstag feierten, war der Stellenwert der Einrichtung im Stadtteil einmal mehr zu erkennen. Ausgestattet mit modernem Gerät, ist die Feuerwehr ein fester Bestandteil im Sicherheitsgefüge der Stadt Hamburg.

Die Dove-Elbe ist ein beliebtes Sportboot-Revier. Viele der Wellenflitzer überwintern auf ehemaligen Bauernhöfen

Gewerbe auf dem Vormarsch

Die meist selbstständigen Moorfleeter Gemüsebauern und Blumenzüchter verkaufen ihre auf dem Feld oder unter Glas gezogenen Waren auf dem nahe gelegenen Hamburger Großmarkt. Viele klagen über EU-Normen, die ihnen das Wirtschaften erschweren; die Zahl der Betriebe ist jedenfalls seit langem rückläufig, und weite Teile der ehemaligen Felder wurden zu Gewerbeflächen. Durch den Bau der A 25 verloren die östlichen Moorfleeter Bauern wie ihre Allermöher Nachbarn viel Anbaufläche. Einige entdeckten mit dem **Aufbau von Reiterhöfen** eine neue Erwerbsquelle für sich,

Zeitleiste

- **um 1150** erste Besiedlung
- **um 1350** Bau der Moorfleeter Kirche
- **1395** Hamburg kauft Moorfleet
- **1627** Plünderung durch Tillys Truppen
- **1741–71** mehrere schwere Sturmfluten
- **1813** Teile Moorfleets abgebrannt
- **nach 1850** Aufbau Industriegebiet Tiefstack
- **1927** Brennerhof und Andreas-Meyer-Straße fertig
- **1944** schwerer Bombenangriff zerstört viele Häuser
- **1959–62** östliche Autobahn-Umgehung Hamburgs (A 1)
- **1962** Flutkatastrophe, Tote in Moorfleet
- **1975–81** A 25 und „Dreieck Südost"
- **1989–2000** Sanierung der Bille-Siedlung
- **2001** Baubeginn Güterverkehrszentrum

Bürgergeschichten

„Gemüsegärtner und Landwirte"

Auszug aus einem um 1930 verfassten Aufsatz vom langjährigen Vorsitzenden des Moorfleeter Heimatvereins, des Lehrers Willi Deicher, mit dem Titel „Charakteristik der bodenständigen Bevölkerung der Gemeinde Moorfleth"

Den Angehörigen der beiden Berufsgruppen wohnt unter sich ein sehr starkes Zusammengehörigkeitsgefühl, das bei den Bauern stärker als bei den Gemüsegärtnern ausgeprägt ist und bei den ersteren sogar alle Merkmale eines Kastengeistes trägt. In den Zeiten vor dem (Ersten) Weltkrieg, als der Hamburger Staat durch seine Landankäufe den Bauernstand der Billwerder Marsch reich gemacht hatte, traten jene Formen des einseitigen Ablehnens fremder Berufsgruppen besonders deutlich hervor. Wenn auch noch vor 30 Jahren der Kätner oder Einwohner verpflichtet war, selbst und mit seiner Frau oder seinem Knechte auf dem Hof des Bauern in der Zeit der Ernte zu helfen – Einfahren und Binden – so ist heutzutage dieser Rest mittelalterlicher Dienstbarkeit, die den Standesunterschied besonders krass hervorkehrte, nirgend mehr vorhanden. Aber noch gegenwärtig heiraten die Bauernkinder nur ihresgleichen, verkehren gesellschaftlich fast ausnahmslos nur unter sich und feiern dementsprechend auch ihre Geburtstage und Hochzeiten. Damit verbunden zeigen die Bauern eine vorwiegend konservative Haltung sowohl in der Bewirtschaftung ihres Landes nach herkömmlichen Methoden als auch in ihrer politischen Einstellung.

Willi Deicher (1887–1960) war Lehrer in der Moorfleeter Schule und später auf der Veddel

Ausschnitt der prächtig bestickten Vereinsfahne der „Liedertafel Germania Moorfleet"

Angesichts des Versuchs des fortschrittlich gesonnenen Bürgervereins, durch geeignete Kandidaten bei den Kirchenvorsteherwahlen den überalteten Kirchenvorstand zu verjüngen, traten die Vertreter der Bauern mit einer Gegenliste für die alten Kirchenvorsteher auf.

Im Gegensatz zu den Bauern lebt in den Gemüsegärtnern meistens ein fortschrittlicher Wesenszug. Um die Mitte des vorigen Jahrhunderts beginnend, haben die Gemüsegärtner mit Hilfe der Mistbeetfenster und neuerdings mit umfangreichen Treibhausanlagen aus den wenigen Hektaren (1–2 1/2 ha) mit Geschick und Fleiß es zu Wohlstand und vereinzelt zu Reichtum bringen können. Wenn man den Gemüsegärtner vom ersten Sonnenstrahl an in den Sommermonaten bis zum Untergang der Sonne bei seiner Arbeit sieht, so gönnt er sich den Sonntagnachmittag und manchmal auch den Sonntagvormittag (im Gegensatz zu denen in den Vierlanden und auf dem Ochsenwerder) als wohlverdiente Ruhepause. Auch pflegen einzelne Gemüsegärtner durch eine kleine Erholungsreise die Kräfte aufzufrischen. Wie ihnen überhaupt ein ausgeprägter Zug zur Vergnügungslust innewohnt, der sich bei Geburtstags- und den umfangreichen Hochzeitsfeiern auswirkt, und der in neuerer Zeit im Besuch der großstädtischen Restaurants, der Kinos oder Theater seinen Ausdruck findet. Leider nimmt die Trunklust bei einem Glase Grog zu oft unschöne Formen an. Neuerdings führte die allgemeine Sangesfreudigkeit glücklicherweise zur Gründung der nun schon mehr als 50 Jahre bestehenden Liedertafel Germania.

In politischer Hinsicht geht das Wirken der Moorflether kaum über eine Stammtischpolitik hinaus. Sie scheuen sich, mit ihrer politischen Parteizugehörigkeit vor die Öffentlichkeit zu treten, weil sie wirtschaftliche Nachteile befürchten. Darum besuchen sie (fast keine) politischen Veranstaltungen.

Bunt durcheinander und doch in strenger Ordnung – Fässerstapel auf dem Hof der Firma Tammling am Moorfleeter Deich. Unten: Die „Andrea" hat zur Ausbesserung bei Julius Grube im Holzhafen festgemacht

andere richteten alte Scheunen zur **Bootseinlagerung** her. Ihre Kunden waren und sind die Eigner der zahlreich auf der Dove-Elbe beheimateten Sportboote. Seit Ende der 1950er Jahre siedelten sich mehrere Vereine auf dem Deichvorland an.

Reges Gewerbetreiben findet sich noch am *Moorfleeter Deich* entlang des Holzhafens, wo früher die Dove-Elbe das letzte Stück zur Norderelbe zurücklegte. Ganz vorn beim Kraftwerk Tiefstack geben die zu Tausenden hoch und bunt in allen Farben gestapelten Fässer der Firma **Tammling B. & F. Faßgroßhandel** ein eindrucksvolles Bild ab. Ein bisschen weiter deichaufwärts arbeitet seit 1890 die von **Julius Grube** gegründete Schiffswerft *(Moorfleeter Deich 30)*. Zwölf Mitarbeiter sind hier mit Schiffsreparaturen aller Art beschäftigt.

Binnenschiffe kommen sonst nur selten nach Moorfleet, und wenn, dann legen sie an den drei Pfählen der **Richard Zoellner GmbH** an. Diese handelt seit Anfang der 1970er Jahre am *Moorfleeter Deich 131* mit Senfsaaten und schlägt in ihrem Speicher jedes Jahr ca. 6000 t der kleinen Körner um. Das markante, weithin sichtbare Gebäude wurde Anfang des 19. Jahrhunderts für eine Flaschenkorken-Fabrik errichtet.

Zum Moorfleeter Erwerbsleben gehören auch zwei Montagegruppen der **Elbe-Werkstätten** (s. Marmstorf) in der ehemaligen Schule in der *Sandwisch 66*. Seit 1995 ist im Gebäude auch eines der drei Hamburger Hauptschulprojekte des **Vereins zur Förderung zur beruflichen Bildung e.V. (HHSA)** angesiedelt. Für bis zu 26 Schülerinnen und Schüler besteht hier die Möglichkeit, den Hauptschulabschluss nachzuholen. Das öffentlich geförderte Projekt firmiert als Privatschule, an der vier Mitarbeiter sechs Schulfächer unterrichten. Zugleich durchlaufen die Schüler das **Quas-Programm** (Qualifizierung und Arbeit für Schulabgänger), in dessen Rahmen sie zunächst in der hauseigenen Holzwerkstatt grundlegende Arbeitstugenden erlernen können, um anschließend für mindestens sechs Monate ein bezahltes Betriebspraktikum zu absolvieren.

Die Feldhofe wird schwedisch

Trotz der vielen Gewerbebetriebe sind in Moorfleet nur noch zwei kleine Läden

Schönes Moorfleet: Blick auf den alten Deich

und ein Getränkemarkt als Einkaufsmöglichkeiten zu finden. Bäcker, Schlachter, Kolonialwaren- und Gemüsehändler haben schon lange aufgegeben, auch **Post und Sparkasse sind weggezogen**. Aber in den Sommermonaten gibt es bestes Gemüse und Blumen an den Ständen ihrer Erzeuger. Und: Günstige Möbel soll es im Überfluss zu kaufen geben. Der schwedische Einrichtungsriese **Ikea** hat sich auch in Hamburgs Osten angesiedelt, und Moorfleet musste dafür seine einst ca. 14 ha große **Feldhofe** lassen.

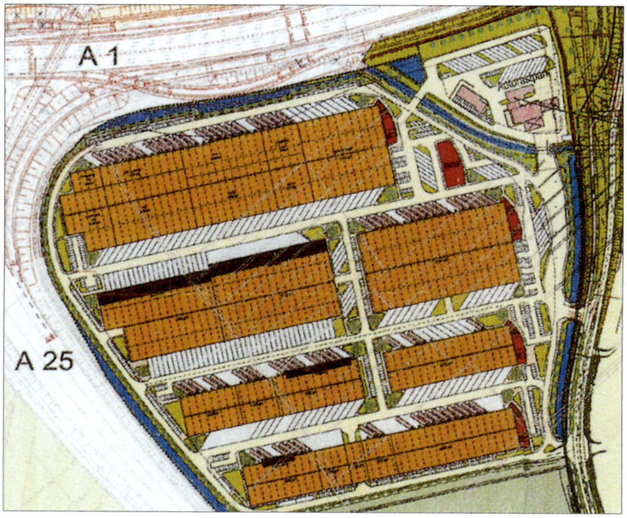

Das GVZ entsteht mit 80 Lkw-Andockplätzen, über 100 000 m² Hallen- und Büroflächen sowie einem Autohof samt Hotelbetrieb

Nicht weit von Ikea liegt der Standort des mit Abstand größten Wirtschaftsbetriebes in Moorfleet. Im Winkel von A 1/A 25 entsteht das monströse **Güterverkehrszentrum** (GVZ). Baubeginn war 2001, die Fertigstellung plant der Bremer Investor für 2003/04.

Die Bille-Siedlung

Nach der Verlegung der Dove-Elbmündung um etwa einen Kilometer nach Süden verwandelte die Stadt ab 1935 das abgedämmte Gebiet in ein riesiges, sieben Meter mächtiges **Spülfeld aus Elb- und Hafensedimenten**. Anfang der 1950er Jahre begann darauf der Bau der „Bille-Siedlung". Zuvor war eine 1,5 m dicke **Schicht Hafenschlick** aufgebracht worden. Vor allem diese Maßnahme, die nach damaligem Ermessen der Verbesserung der Bodenqualität dienen sollte, stellte sich rund 40 Jahre später als folgenschwerer Fehler heraus. Er bescherte Moorfleet einen **Umweltskandal**, der in der hamburgischen Tagespresse über Jahre für Schlagzeilen sorgte: Mit dem Schlick waren Arsen, Cadmium und Dioxine in den Oberboden weiter Teile der Siedlung gelangt! 1989–91 kam das ganze Ausmaß der Belastungen auf der 31 ha großen Fläche nach und nach ans Licht. Geschockt von den Gefahren für Mensch und Tier, verließen die meisten der fast 800 Bewohner die Siedlung. Die Mieter zogen aus, und sechs von sieben Hausbesitzern nahmen das Ankaufsangebot der Stadt an. Bald schlossen sich diejenigen, die in weniger belasteten Teilen wohnten und bleiben wollten, in einer Interessengemeinschaft zusammen. Sie kämpften gegen die Stadt und Umweltbehörde, die es in Moorfleet erstmalig mit einer **bewohnten Altlast** zu tun bekamen, für den Erhalt der Siedlung. Nach z.T. heftigen Auseinandersetzungen kam 1992 ein Kompromiss zustande, der eine Kombination von Wohn- und Grüngebieten vorsah. Viele Häuser konnten dann doch gerettet werden, nicht jedoch nördlich des *Kreidenwegs*; hier wird heute abgeschlagen und geputtet – der Golfplatz

(9 Löcher) ist seit 2001 bespielbar. Aus dem Bürgerzusammenschluss entstand die **Aktive Bille Siedlung** (ABS). Ausschließlich aus Beiträgen und Spenden finanziert sich ihr **Bürgerhaus Moorfleet**, in dem alte und neue Bewohner der Bille-Siedlung zusammenfinden.

Erst nachdem schon jede Menge Gras über die Bille-Siedlung gewachsen war, begann 1999 die Sanierung der **Altablagerung Moorfleeter Brack**. In dem 1,7 ha großen Gewässer und seiner Umgebung zwischen *Sandwisch* und *Moorfleeter Deich* waren 1930–60 Hausmüll, Bau- und Trümmerschutt und auch Abfälle der Fa. Boehringer (s. Billbrook) entsorgt worden. Die umfangreiche Liste der ermittelten Schadstoffe liest sich wie ein Chemiebuch.

Köpfe

Pastor **Heinrich Matthias Sengelmann** (1821–99) ist wohl der berühmteste Geistliche, der in den Hamburger Marschlanden gewirkt hat. Als er 1846 die Pastorenstelle in Moorfleet übernahm, war das kirchliche Leben sehr weit zurückgegangen, die Gottesdienste wurden nur spärlich besucht, und selbst Trauerfeiern fanden häufig ohne Geistliche statt. Um diese Situation zu verändern, führte Sengelmann u.a. „Familienabende" ein, bei denen er zu Hause Bibelstunden gab. Vor allem aber widmete er sich der Betreuung von Kindern und Jugendlichen, die von ihren Eltern statt zur Schule zur Feldarbeit angehalten wurden. 1850 richtete der Pastor in der *Sandwisch* seine „Christliche Arbeitsschule" ein, in der die Kinder später wie in einem Internat versorgt und christlich erzogen wurden. Drei Jahre später wurde die Arbeitsschule in das „St. Nicolai-Stift" umgewandelt, 1860 nach Alsterdorf verlegt und rechtlich als „Alsterdorfer Anstalten" weitergeführt.

Klaus Busch wurde in der *Sandwisch 71* geboren und wohnt noch heute unter dieser Adresse. Nur das Haus, in dem er und seine Frau Käte leben, ist nicht mehr dasselbe. Nachdem das Haus seiner Eltern im Zweiten Weltkrieg zerbombt worden war, legte der gelernte Maurer selbst Hand an und baute es nach und nach wieder auf. Busch kennt nahezu jeden in Moorfleet und kann zu fast allen Betrieben und Gebäuden etwas erzählen. Als Pensionär hat er Zeit für die Beschäftigung mit der Stadtteilgeschichte, wenn er nicht gerade für die AGM (s.o.) unterwegs ist.

Heinrich Lührs gab 2000 den alten Familienbetrieb an Sohn Rainer weiter, womit die mittlerweile fünfte Generation den Gartenbaubetrieb in der *Sandwisch 15* übernommen hat. 4,5 ha Land gehören dazu, von denen 2800 m² unter Glas liegen. Lührs züchten Topfblumen und bauen Gemüse auf ihren Feldbeeten an. Was geerntet wird, holen Großhändler direkt vom Hofgelände ab, und somit bleiben Vater und Sohn nun nächtliches Aufstehen und frühmorgendlicher Handel auf dem Großmarkt erspart.

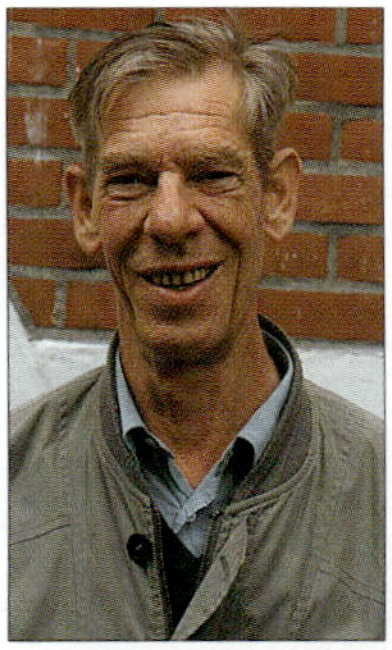

Alte Nachbarn in der Sandwisch: Klaus Busch und Heinrich Lührs sind in Moorfleet aufgewachsen. Links: Trauriges Ende am Vorlandring. Das war im August 1992, heute ist die Besitzerin längst glücklich in Ochsenwerder zu Hause

Ein Leben für benachteiligte Kinder und Jugendliche: Pastor Heinrich Matthias Sengelmann. Porträt um 1860

Neuenfelde

entstand 1929 durch die Zusammenlegung der Gemeinden Nincop und Hasselwerder. In der einzigartigen Kulturlandschaft des Alten Landes gelegen, ist der Stadtteil mit den Marschhufensiedlungen geprägt vom Obstanbau. Die Zukunft ist jedoch durch Airbus-Werkserweiterung und A 26-Ausbau gefährdet

Steckbrief

Fläche:
15,502 km²
Einwohner:
5156
Verwaltung:
Bezirk Harburg, Ortsamt Süderelbe
Ortsteil:
720

Neuenfelde bezeichnete ab dem 15. Jahrhundert das **Neue Feld** als Unterscheidung zum Alten Feld. Hierbei handelte es sich um das neu besiedelte Gebiet zwischen *Nincoper Deich* und *Vierzigstücken.* 1650 bekam das gesamte Kirchspiel von **Hasselwerder** den Namen Neuenfelde. Die Gegend, die bereits 1059 erstmals in einer Urkunde – einem Vertrag zwischen dem Erzbischof Adalbert und der Nonne Rikquur – erwähnt wurde, trug ursprünglich den Namen „Heslewarther" und gilt als sächsische Hochlandsiedlung. Der Name weist auf eine mit Haselnussbäumen bestandene Flussinsel hin. „Nincop" taucht 1257 erstmalig auf und stammt aus dem Holländischen (nige/nin = neu und cop = Kauf/Belohnung/Erbleihe).

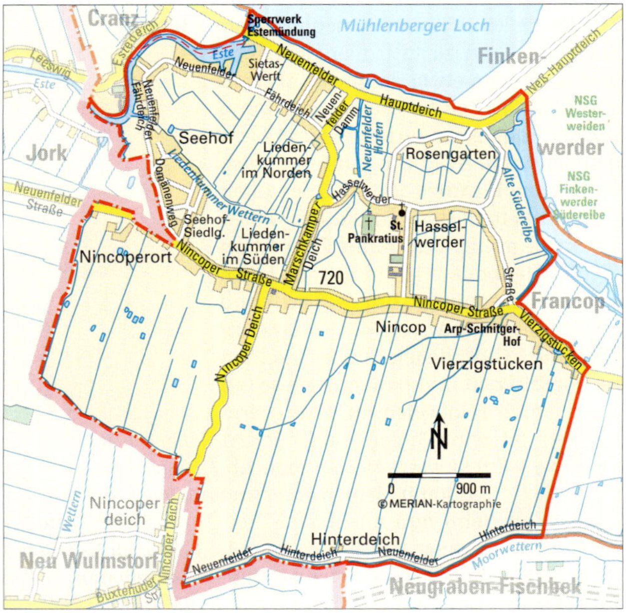

Aus der Geschichte

Die **Gemeinde Neuenfelde** besteht erst seit 1929. Sie entstand im Zuge der Eingemeindung nach Harburg durch die Zusammenlegung der Siedlungen Hassel-

Typisch Neuenfelde: Leben am Deich

werder (mit der Feldmark „Liedenkummer im Norden" und „Liedenkummer im Süden" sowie dem ehemaligen „Cranz rechts der Este") und Nincop. Bei Hasselwerder handelt es sich um eine **sächsische Siedlung** mit Weideplätzen. Die Sachsen ernährten sich von Fischfang, Schaf- oder Rinderzucht. Vermutlich legten sie schon eine Art von Deichen an, um ihr Vieh vor Überflutungen zu schützen. Nincop dagegen war eine **Hollerkolonie**, denn hier siedelten Holländer, die durch ihre Erfahrungen im Wasserbau den Ausbau des Landes weiter vorantrieben. Charakteristisch für

Die Obstblüte im Alten Land ist ein einzigartiges Naturerlebnis in Norddeutschland

diese Kolonien ist die Anlage von lang gestreckten Dörfern an den Deichen an Este und Süderelbe. Noch heute liegt im Alten Nincop **Hamburgs tiefste Stelle**: 0,8 m unter NN.

Die Urbarmachung des fruchtbaren Marschlands war keine leichte Aufgabe. Lange Gräben („Wettern"), Fleete und Siele führten das Oberflächenwasser ab, Deiche und Schleusen schützten vor der Elbe. Aufgrund des nasskalten Klimas und der harten landwirtschaftlichen Arbeit erkrankten die Menschen häufig, die Lebenserwartung betrug nur 35 Jahre.

Zwischen Alter Süderelbe und Este gelegen, gehört Neuenfelde wie Francop zur **dritten Meile des Alten Landes** (s. Landkreis Stade, S. 1157 ff.) und ist das **größte geschlossene Obstanbaugebiet Nordeuropas**. Hier werden hauptsächlich Apfelbäume kultiviert. Seit dem 14. Jahrhundert wird im Alten Land, schwerpunktmäßig in der ersten und zweiten Meile im Landkreis Stade, Obstanbau betrieben. Die dritte Meile war bis ins 19. Jahrhundert auf **Gemüseanbau**, besonders Meerrettich, spezialisiert. Darüber hinaus wurden viel Flachs, Hanf und Kartoffeln angebaut. Die Leineweber verarbeiteten den Flachs und Hanf zu Stoffen für den Export nach Flandern. Mit der Industrialisierung Mitte des 19. Jahrhunderts stieg der Bedarf der benachbarten Städte an Obst. Und auch aufgrund der guten Exportmöglichkeiten nach England und Holland baute man in Neuenfelde mehr und mehr Obst an. Neben der Landwirtschaft war die **Flussschifffahrt** ein weiterer Erwerbszweig. Die Erzeugnisse wurden per Schiff nach Hamburg gebracht.

Ab Mitte des 19. Jahrhunderts erlebte das **Ziegeleigewerbe** im Alten Land drei Hochkonjunkturen: nach dem Großen Brand von Hamburg 1842, während des Baubooms der Gründerjahre und für den Freihafen- und Speicherstadtbau. Die gute Verkehrsanbindung an Hamburg per Schiff sowie der in ausreichender Menge vorhandene Kleiboden als Rohmaterial waren die günstigen Voraussetzungen für das lukrative Gewerbe, das häufig von Bauern als Nebenerwerb ausgeübt wurde.

Schon 1853 richtete eine Harburger Gesellschaft mit ihrem Raddampfer „Primus" die **Linie Buxtehude–Hamburg** ein. Für die gesamte Strecke benötigte das Schiff zweieinhalb Stunden. Die Neuenfelder konnten an der Zollstelle in Cranz-Neuenfelde einsteigen und auch ihre Waren mit nach Hamburg nehmen. Die Linie wurde aufgrund der großen Nachfrage

Zwei alte Neuenfelderinnen in Tracht (Foto um 1900)

Bürgergeschichten

„Dauerbrenner Fährdeich 161“

***Thomas Drewes**, Tischlermeister und seit vielen Jahren Mitglied der Freiwilligen Feuerwehr Neuenfelde-Nord, erzählt von kuriosen Einsätzen am Neuenfelder Fährdeich 161*

Es war am 30. Juli 1994, als wir so gegen 8 Uhr morgens zum Neuenfelder Fährdeich 161 gerufen wurden. Klar war, das alte Reetdachhaus brennt. Wenn man das hört, ahnt man natürlich nichts Gutes, denn wenn so ein Reetdach erst mal Feuer gefangen hat, ist es meist auch schon zu spät. Umso überraschter waren wir, als wir ankamen und es bisher nur zwei kleine Feuer gab, eins vorne an der Giebelspitze und das andere an der Seite – der Blitz hatte wohl zweimal eingeschlagen. Glücklicherweise hatten die Nachbarn, nachdem sie einen Knall gehört und die Rauchentwicklung gesehen hatten, sofort die Feuerwehr gerufen. Vor Ort ist unser damaliger Wehrführer, Jürgen Stelling, dann mit ein paar von uns gleich rein auf den Dachboden, um von innen zu löschen. Er kannte jede Ecke des Hauses und wusste, wie man am schnellsten auf den Boden kommt. Als Kind hatte er nämlich oft mit seinem Nachbarn Peter Schuldt, der in dem Haus wohnte, gespielt. Wir restlichen Feuerwehrmänner löschten von draußen. So wurde das Feuer am Durchzünden gehindert, und das Haus konnte gerettet werden.

Beim ersten Einsatz waren zwei Blitzeinschläge zu löschen, das Haus konnte gerettet werden. Einige Jahre danach war alles zu spät

An dem Einsatz waren neben unserer Feuerwehr natürlich auch die Nachbarwehr und die Berufsfeuerwehr Finkenwerder beteiligt. Bei Bränden wird nämlich sowohl die Berufs- als auch die Freiwillige Feuerwehr gerufen.

Aber das ist noch nicht die ganze Geschichte. Im Herbst 1996 wurden wir wieder zu einem Einsatz am Neuenfelder Fährdeich 161 gerufen. Es handelte sich um ein Kleinfeuer, das wir ohne große Probleme komplett löschen konnten. Alle Mann zogen ab. Aber etwa zwei Stunden später gingen die Pieper wieder. Einsatzort war wieder Neuenfelder Fährdeich 161. Diesmal jedoch war alles verloren. Als wir ankamen, brannte der gesamte Dachstuhl schon lichterloh. Das ganze Haus wurde zerstört, und die Vermutung liegt nahe, dass da jemand nachgeholfen hat. Glücklicherweise gab es keine Personenschäden, denn zu dieser Zeit hatte in dem Haus schon seit längerem niemand mehr gelebt.

Das neue Sperrwerk an der Estemündung verbindet Neuenfelde mit Cranz

schnell ausgebaut. Aber an Markttagen war schon von Buxtehude her alles überfüllt, und die Schiffe fuhren ohne zu halten an den wartenden Neuenfeldern vorbei. Glücklicherweise gab es für den Personen- und Frachttransport immer noch die vom **Neuenfelder Hafen** abgehenden Ewer (s. Neuengamme). Um 1900 wurde auch jede Menge Schießpulver, das aus Fallingbostel kam, vom Pulverschuppen aus verladen, der direkt an der Elbe stand.

Ende des 14. und Anfang des 15. Jahrhunderts kam es zu Landverlusten durch **schwere Sturmfluten**. Ganze Ortschaften verschwanden, und die dritte Meile wurde auch als „Wüste Meile" bezeichnet. Die Neubesiedlung setzte Mitte des 15. Jahrhunderts ein. Auch 500 Jahre später hinterließ die **Flutkatastrophe** 1962 große Schäden im ganzen Süderelberaum zwischen Moorburg und Cranz (s. Wilhelmsburg), die gesamte dritte Meile war überschwemmt. Um weiteren Sturmfluten vorzubeugen, legte man nach der Flutkatastrophe einen **neuen Deich** an, dämmte die Süderelbe ab und errichtete das **neue Sperrwerk an der Estemündung**. Nach dem Bau des neuen Deichs wurde der Neuenfelder Hafen von der Elbe abgetrennt, die Hafenanlagen verschwanden.

Im Zuge des Groß-Hamburg-Gesetzes von 1937/38 war Neuenfelde dann zur Hansestadt Hamburg gekommen.

Altländer Schifffahrt

Die Altländer Schifffahrt hatte eine lange Tradition. Anfänglich wurden die landwirtschaftlichen Produkte, u.a. auch Torf zum Heizen, mit **Ewern** von Neuenfelde nach Hamburg gebracht. 1824 gab es in den Estegemeinden und Hasselwerder 72 Torfewer. Mit dem Aufkommen der Ziegeleien aufgrund der gestiegenen Bautätigkeit in Hamburg und Altona wurden nun vermehrt Ziegelsteine und andere Baumaterialien verschifft. Bereits Anfang des 19. Jahrhunderts kam es auch zu kleineren **Küstenfahrten**: Die Neuenfelder Schiffer fuhren dänische, holländische und englische Häfen an. In den 1830er und 40er Jahren erfuhr die Altländer Schifffahrt einen bedeutenden Anstieg. Mit **Hochseeschiffen** gingen die Schiffer vom Neuenfelder Hafen aus auf große Fahrt, sogar bis nach Nord- und Südamerika. 1846 waren in Neuenfelde und Cranz 22 **Seekapitäne** ansässig. Aber bereits Ende des 19. Jahrhunderts leiteten die starke Konkurrenz der großen Segelschiffe von Hamburger Großreedereien und die eisernen Dampfschiffe sowie der Ausbau des Eisenbahnnetzes das Ende der

Im Jahr 1913 war der Neuenfelder Hafen noch ein intakter, lebendiger Hafen

Besonders eindrucksvoll ist der barock ausgestattete Innenraum der St. Pankratius-Kirche mit der Arp-Schnitger-Orgel. Oben: Ein schönes Dokument früherer Zeiten ist auch die Tür des Brauthauses

Altländer Schifffahrt ein. Die Neuenfelder und Cranzer Kapitäne und Schiffseigner gründeten eine Art Sozialversicherung zur Unterstützung ihrer Mitglieder und deren Angehöriger, vor allem der Frauen, die ihre Männer auf See verloren hatten. So entstand in Neuenfelde 1902 der noch existierende Schifferverein „Fortuna".

Schmuckstück St. Pankratius

Ein Schmuckstück mitten im Stadtteil ist die ev.-luth. **Pfarrkirche St. Pankratius**. Sie wurde 1682–87 auf dem höchsten Punkt weit und breit, einer Düne, an der Stelle ihrer Vorgängerkirche errichtet, die vermutlich aus dem 13. Jahrhundert stammte. Bei der Finanzierung der neuen Kirche hoffte man auf einen Zuschuss des damaligen Landesherrn, des schwedischen Königs Karl XI. Da dieser ausblieb, wurden die Plätze in der Kirche verkauft, und die Besitzer durften ihre Namen in das Gestühl einschnitzen lassen. Die Krönung der einheitlichen barocken Ausstattung ist die Orgel, die der berühmte Orgelbauer **Arp Schnitger** 1688 fertigte. Sie ist eines seiner bekanntesten Werke und wartet heute sogar auf ihre Eintragung als Weltkulturerbe. 1911 sollte sie eigentlich durch eine neue Orgel ersetzt werden, da aber das Geld fehlte, gab man sich glücklicherweise damit zufrieden, sie, so gut es mit geringen Mitteln möglich war, zu reparieren. Allerdings befürchten die Neuenfelder, dass bei einer Verlängerung der Airbus-Landebahn Orgel und Kirche durch die Erschütterungen der nahe vorbeifliegenden Flugzeuge Schäden davontragen. Auch der Taufstein von

Wahlverhalten

... zur Bürgerschaft 2001 (gesamt)

Wahlbeteiligung	71,0%
SPD	**36,5%**
CDU	**26,2%**
Schill-Partei	**19,4%**
Grüne/GAL	**8,6%**
FDP	**5,1%**
Übrige	**4,2%**

... zur Bürgerschaft 2001 (Stadtteil)

Wahlbeteiligung	73,6%
SPD	**29,0%**
CDU	**32,5%**
Schill-Partei	**25,6%**
Grüne/GAL	**3,0%**
FDP	**5,2%**
Übrige	**4,6%**

Stadtteil-Profil

	Neuenfelde	Bezirk	Hamburg
Bevölkerung gesamt (2000)	5156	196 263	1 704 929
Unter 18-Jährige in %	24,3	19,2	16,1
65 Jahre und älter in %	12,8	16,9	17,0
Deutsche	3928	157 260	1 432 325
Ausländer in %	25,7	19,9	16,0
Einwohner je km²	333	1222	2258
Sozialstruktur			
Sozialhilfeempfänger (2000)	318	17 127	120 461
Arbeitslose (2001)	163	10 107	71 963
Eink. je Steuerpfl. in DM (1995)	72 335	56 444	65 579
Wohnen (2001)			
Wohngebäude	997	27 486	226 061
Ein- und Zweifamilienhäuser in %	60,1	25,3	20,5
Ø Wohnungsgröße in m²	84,5	69,9	71,0
Wohnfläche je Einwohner in m²	31,5	32,5	35,7
Verkehr			
Private Pkw (2001)	2095	70 144	628 119
Straßenverkehrsunfälle (2000)	36	1197	12 430
Kriminalität			
Straftaten insgesamt (2000)	194	26 879	284 272

1683 sowie der 1688 fertig gestellte Kanzelaltar des Hamburger Bildhauers Christian Precht stammen noch aus der Bauzeit der Kirche. Der 1648 in Schmalenfleth/Oldenburg geborene Schnitger wurde 1719 im Kirchenvorraum beigesetzt. Nach Hamburger Aufträgen hatte er sich in Neuenfelde angesiedelt. Sein **Orgelbauerhof** existiert noch heute, allerdings stark verändert und mit einem neuen Straßengiebel von 1898.

Entlang den alten Deichen findet man noch schöne Zeugnisse der alten Marschhufensiedlung – die **niedersächsischen Fachhallenhäuser**, deren zum großen Teil aufwändig geschmückte Giebel auf den Reichtum des Alten Landes hinweisen, ebenso wie die prachtvollen **Prunkpforten**.

Ein besonders schönes Beispiel für ein **Altländer Haus** ist das Hufnerhaus der Familie Quast in der *Nincoper Straße 45*. 1778 nach einem Brand neu erbaut, verfügt es über eine geschmückte Brauttür im Wohnteil – ein typisches Merkmal für ein Altländer Haus. Die Prunkpforte über dem Entwässerungsgraben stammt von 1683. Es ist übrigens eine Besonderheit der *Nincoper Straße*, dass die einstigen Vollhöfe auf der Straßensüdseite ausschließlich über kleine Brücken über die Nincoper Wettern zu erreichen sind.

Die einzige Wohnsiedlung Neuenfeldes ist die **Seehof-Siedlung**: In der Straße *Seehof* liegen ihre Ursprünge mit 1922 errichteten Werkswohnungen für Werftarbeiter. Am *Liedenkummer Bogen* folgte die zweite Werkssiedlung in den 1950er Jahren für überwiegend türkische Gastarbeiter, die auch heute noch mit ihren Familien hier leben. In der zweiten Hälfte des 20. Jahrhunderts gaben dann die Neubauten der Siedlung, die ihren Namen von der **Königs- und Staatsdomäne Seehof** am *Domänenweg* erhielt, ihr heutiges Gesicht.

Der Rosengarten

Neuenfelde hat einen Rosengarten. Wer den Stadtteil nicht kennt, glaubt natürlich, dass hier Rosen gezüchtet werden, und ist dann fast ein bisschen enttäuscht, wenn er herausfindet, dass auch hier **Obstbäume** das Bild bestimmen: Der Name stammt von „Roßgarten" (= Pferdeweide). Der reiche Baumbestand und die idyllische Ruhe abseits der Durchgangsstraße entschädigen aber für die Irreführung. 1456 erstmalig als Teil des Kirchspiels Hasselwerder erwähnt, ist der 1977 als **Kulturdenkmal** ausgewiesene **Rosengartendeich** ein „Sommerdeich", der das Land zwischen historischem Hauptdeich (bei der *Hasselwerder Straße*) und Elbe vor den kleineren Hochwassern der Sommermonate schützte. Dieser Sommerdeichverlauf ist auf die im 15. Jahrhundert entstandene Deichlinie zurückzuführen.

Die Nincoper Straße 45 ist jedem Neuenfelder ein Begriff: Hier steht das Hufnerhaus der Familie Quast. Rechts im Bild die schöne Altländer Prunkpforte. Unten: Die Brauttür gehört zum Haus von Otto Palm in der Stellmacherstraße

Die Seehof-Siedlung grenzt direkt an Niedersachsen. Unten: Der Hof des Orgelbauers Arp Schnitger (Vierzigstücken 95) ist nicht mehr im Originalzustand erhalten

Alljährlich findet das Reitturnier des Reit- und Fahrvereins Neuenfelde am Arp-Schnitger-Stieg statt

Zeitleiste

1059 erste Erwähnung der Siedlung Hasselwerder

1257 erste Erwähnung der Siedlung Nincop

ab Mitte 15. Jh. Neubesiedlung des Gebiets nach Sturmflut

1635 Gründung der Sietas-Werft

1687 Fertigstellung der Kirche St. Pankratius

Mitte 19. Jh. Blüte der Altländer Schifffahrt

1929 Eingemeindung nach Harburg-Wilhelmsburg

1937/38 Hamburger Stadtteil

1977 Rosengarten wird Kulturdenkmal

1985 Milieuschutzgebiet

2001 Diskussion um Airbus-Werkserweiterung

Auf dem „Neefeller Markt bi de Kark" wird noch Tracht getragen

Neefeller Markt

Ein großes Ereignis ist der alljährlich am ersten Samstag im September stattfindende **Neefeller Markt bi de Kark**, der von den Neuenfelder, Cranzer und Francoper Vereinen organisiert wird. Die Ursprünge des traditionsreichen „Neuenfelder Markts" reichen bis ins 17. Jahrhundert zurück. Früher standen die Jahrmarktsbuden in den Nischen der Kirchenmauer. Heute gibt es nicht nur einen großen Flohmarkt und eine Ausstellung in der Kirche, z.B. Neuenfelde in alten Bildern oder Historisches über Reeder und Schiffer aus Neuenfelde, sondern auch Darbietungen wie „Alte Tänze in Trachten" oder den Spielmannszug. Für das leibliche Wohl sorgen u.a. die **Freiwillige Feuerwehr** mit Gegrilltem, der **Islamische Kulturverein** mit Döner und der **Landfrauenverein** mit Kaffee und Kuchen. Der Höhepunkt ist der Kampf der Vereine um den „Floh" am Nachmittag. Wer diesen Wanderpokal gewinnt, steht damit als Ausrichter des Wettbewerbs im nächsten Jahr fest. Zur jeweiligen Planung und Organisation des Markts ruft Pastor Helmut Roscher alle zum Kirchspiel Neuenfelde gehörenden Vereine und Verbände jedes Jahr zusammen, darunter die **Heimatvereine** „900 Jahre Neuenfelde" und „Francop" sowie die **Reit- und Fahrvereine** Francop und Neuenfelde, die drei **Freiwilligen Feuerwehren** Neuenfelde-Nord und -Süd sowie Francop, der **Nachbarschaftsverein Seehof** und der **Musikverein Kultfeld**.

Noch mehr Vereinsleben

Am *Arp-Schnitger-Stieg* befinden sich die Vereinsanlagen der **Vereinigung für Freizeit und Sport** auf dem Gelände der Kirche. Zur Vereinigung gehören die **Spielvereinigung Este 06/70 e.V.**, der **Schützenverein** – mit 450 Mitgliedern der größte seiner Art im Süderelberaum – und der **Reit- und Fahrverein Neuenfelde**. Dieser älteste Verein Neuenfeldes feierte 1998 sein 100-jähriges Jubiläum und hat sich die Ausbildung der Jugendlichen am Pferd auf die Fahnen geschrieben. Rund 40 Kinder lernen auf dem vereinseigenen Voltigierpferd, ihre Kunststücke vorzuführen. Darüber hinaus bildet der Verein Jungen und Mädchen zwischen neun und 15 Jahren zu Turnierreitern aus.

Wind und Wellen sind die Welt der **Seglerkameradschaft Cranz-Neuenfelde**. Der Wassersportverein hat seinen Heimathafen in der Nähe der Sietas-Werft. Er wurde 1967 von Handwerkern aus der Belegschaft gegründet und vergrößerte sich im Laufe der Zeit stark. Die rund 110 Mitglieder sind zur Hälfte Segler und Motorbootfahrer. Highlights im Vereinsleben sind das „An-" und „Absegeln" im Frühjahr und Herbst, die Vereinswettfahrt nach Glückstadt und das jährlich stattfindende „Stegfest". Außerdem richtet die Seglerkameradschaft zusammen mit den privaten Anliegern und dem Wassersportverein Hansa aus Buxtehude den „Este-Cup" aus.

Bei den Mitgliedern des **Landfrauenverbandes** geht es dagegen eher um den festen Untergrund. Viele „Landfrauen" sind noch heute in der Landwirtschaft und im Gartenbau tätig. Sie engagieren sich bei den verschiedenen Gemeinde- und Stadtteilfesten, organisieren aber auch Vorträge zu Themen wie Kultur- und Gesellschaftspolitik, Gesundheit und Ernährung oder EDV-Kurse. Federführend im Ortsverein Neuenfelde ist Inge Bröhan, die 1. Vorsitzende.

Nico Bundt sorgt nicht nur für das leibliche Wohl seiner Gäste, sondern auch dafür, dass das „Umbüdeln" klappt

Alter Brauch

In Neuenfelde ist das **Umbüdeln** von jeher große Tradition. In den Wintermonaten treffen sich die Dorfbewohner in einer Gaststätte zum Bingospielen. Zu gewinnen gibt es Mettwürste, Kasseler, Schinken, mal eine Pute oder Gans. Und wer kein Platt kann, hat hier schlechte Karten. Es ist nämlich alter Brauch, bei der Veranstaltung Platt zu schnacken. Auch der Name stammt ja aus dem Niederdeutschen. „Umbüdeln" heißt so viel wie „umbeuteln", d.h., der Beutel, in dem sich die Bingozahlen befinden, wird zum Mischen umgedreht. „Umbüdeln" wird in verschiedenen Gaststätten, auch in Francop und Eißendorf, gespielt. In **Bundt's Garten-Restaurant** ist der Schützenverein für die Organisation zuständig, im Gasthaus **Zur Alten Eiche** der Reit- und Fahrverein. Übrigens handelt es sich hierbei um eine hochoffizielle Angelegenheit: Nico Bundt von Bundt's Garten-Restaurant ist Vorsitzender des Gaststättengewerbes und meldet alle Umbüdelabende bei der Finanzbehörde als Glücksspielveranstaltungen.

Logo des Landfrauenverbands Hamburg

Die meisten der 66 Kleinen bleiben den ganzen Tag über im DRK-Kinderzentrum

Junges Neuenfelde

Jugendliche, die aufs Musikmachen stehen, sind beim **Jugendspielmannszug Neuenfelde** an der richtigen Adresse. Immer donnerstags abends tönt es aus der Neuenfelder Schule am *Arp-Schnitger-Stieg*. Da übt der Fahrlehrer Andreas Jepp, der den Spielmannszug seit 1993 leitet, mit den kleinen und großen Musikern. „Unsere Instrumentenpalette reicht von Flöten über Lyren, kleine und große Trommeln bis zum Becken und zu Rhythmusinstrumenten."

Das **Jugendzentrum Este e.V.** am *Liedenkummer Bogen* wird überwiegend von männlichen türkischen Jugendlichen als Treffpunkt genutzt. Das Deutsche Rote Kreuz bietet aber auch ein Jahresprogramm für alle Kinder und Jugendlichen aus dem Stadtteil. Es gibt spezielle Kurse wie die Schularbeitenhilfe für türkische Mädchen, aber auch eine Töpfergruppe. „Das Angebot richtet sich nach den Wünschen der Kinder und Jugendlichen aus dem Stadtteil", erklärt Sabine Suhr, die Leiterin des **DRK-Kinderzentrums Neuenfelde**. Außerdem engagiert sich hier der aus Neuenfelde stammende Fußballer Deniz Baris, der den FC St. Pauli 2001 in die 1. Bundesliga schoss, gemeinsam mit seinem Bruder Engin. Die beiden organisieren unterschiedlichste Angebote und Ausflüge für die Jungengruppe wie Free-Climbing oder einen Besuch im Hansa-Park.

Ein alltägliches Bild in Neuenfelde: Die Obstplantagen werden gepflegt

Naherholungsgebiet Altes Land

Von jeher ist das Alte Land Naherholungsgebiet für die Großstadt. Besonders im Frühjahr zieht Neuenfelde Scharen von Ausflüglern an, die sich die schöne **Blütenpracht** der Obstbäume nicht entgehen lassen wollen. Darüber hinaus sind die Gräben und Feuchtwiesen interessante Biotope mit eigener Flora und Fauna. Wer gern länger bleiben möchte, kann sich im Hotel und Garten-Restaurant der Familie Bundt verwöhnen lassen.

Bald 400 Jahre im Familienbesitz: die Schiffswerft J. J. Sietas

Schiffswerft mit Tradition

In der Liedenkummer Feldmark an der Estemündung im Nordwesten Neuenfeldes liegt die traditionsreiche **Schiffswerft J. J. Sietas**. Durch die günstige elbnahe und doch geschützte Lage gab es in dieser Gegend schon früh kleinere Werften. Die 1635 gegründete Werft gehört noch heute den Sietas. Einer der weltweit ältesten Familienbetriebe, hat sich die Werft mit rund 1200 Mitarbeitern zum größten Arbeitgeber der dritten Meile entwickelt. Eine enge Zusammenarbeit besteht mit der ganz in der Nähe gelegenen **Neuenfelder Maschinenfabrik**. Hier werden u.a. hydraulische Hafenumschlagmaschinen wie Container- und Schwergutkräne gefertigt. Anfänglich entstanden auf der Sietas-Werft beste Boote und Kutter aus Eichen- und Buchenstämmen, und „Sietas" wurde ein Qualitätsbegriff. Heute umfasst die breite Produktpalette Fahrgast-, Schwergut-, Container- und Küstenmotorschiffe sowie Mehrzweckfrachter und Fischereifahrzeuge.

Einkaufen

Die Neuenfelder Einkaufsmöglichkeiten sind „übersichtlich". Aber einige Supermärkte und Geschäfte gibt es dennoch, und die **Nahversorgung** ist gesichert. Viel genutzt wird der Postservice im Kiosk von Thorsten Kähler. Von Frühsommer bis Herbst bieten die Obstbauern Erdbeeren, Kirschen, Himbeeren, Pflaumen und Äpfel in Hülle und Fülle in ihren Hofläden und auf Wochenmärkten an, der Rest geht zur Vermarktung an die Verkaufsgenossenschaften Elbe-Obst und Veiling.

Eine Einkaufs-Institution ist die seit 1954 bestehende **Drogerie** von Klaus Quast am *Arp-Schnitger-Stieg*. Hier findet man neben den üblichen Drogerieartikeln auch eine große Auswahl an allem, was die Kinder für die Schule brauchen, sowie an Farben und Tapeten. Auch die Ausführung von Fotoarbeiten und das Bestellen von Büchern gehören zum vielfältigen Angebot. Übrigens hört man den Namen „Quast" in Neuenfelde fast an jeder Ecke. Von der weit verzweigten

Schmeckt vielen nicht: die Erweiterung des Airbus-Geländes

Familie existieren viele Linien, darunter die Wurstfabrikanten Quast und einige Obstbauern. Auch über Neuenfeldes Grenzen hinaus bekannt ist z.B. der 20 ha große **Obsthof Quast** an der *Nincoper Straße*.

In der Drogerie Quast bekommt man fast alles

Ein Dorf in Angst

Neuenfelde wurde nach der Eingemeindung nach Hamburg 1937/38 in die Hamburger Hafenplanungen einbezogen. Nach dem Zweiten Weltkrieg legte man im ersten **Hafenerweiterungsgesetz** von 1961 eine rund 2400 ha große Reservefläche für den Hafen fest. Die Umsetzung hätte bedeutet, dass nicht nur Altenwerder, sondern auch Teile Moorburgs, Francops und Neuenfeldes entsiedelt worden wären. Erst 1982 verabschiedete die Bürgerschaft ein **Hafenentwicklungsgesetz**, in dem Neuenfelde nicht mehr als Erweiterungsgebiet enthalten ist. Drei Jahre später wurde das Dorf **Milieuschutzgebiet**. Allerdings sind die Probleme für die Neuenfelder noch nicht vom Tisch. Sie leiden unter dem Fluglärm der benachbarten Airbus-Flugzeugwerft, die ihr Werk bis ins Mühlenberger Loch hinein erweitert. Auch ist eine Verlängerung der Startbahn bis in den Ort im Gespräch. Klaus Quast, der Vorsitzende der **Bürgervertretung Cranz-Neuenfelde-Francop**, spricht die einhellige Meinung der Bürger aus: „Wir leben mit der Airbus. Wenn aber der Hauptdeich eingerissen und die Startbahn bis vor die Kirche reicht – da machen wir nicht mit!"

Dauerthema ist außerdem die Diskussion um die **Ortsumgehung Finkenwerder** und die **A 26**. Mit einer der Trassen würden sich die Neuenfelder noch abfinden können, aber beide sind für sie undenkbar. Unklar ist auch noch der Trassenverlauf.

Köpfe

Steinmetzmeister **John-Henry Köster** führt die Steinbildhauerei John Köster bereits in fünfter Generation. Neben Grabsteinen fertigt er mit vier Gesellen Fensterbänke, Küchenarbeitsplatten, Außentreppen und vieles mehr. Sein Urgroßvater Hinrich Köster war gelernter Schiffbauer und hatte Glück, dass sein Bildhauertalent vom hannoverschen König gefördert wurde. So begann 1860 die Selbstständigkeit. Das Steinmetz- und Bildhauertalent hat sich bis heute in der Familie erhalten, und John-Henry hofft, dass sein Ältester den Betrieb später einmal übernimmt.

Eine ganz besondere Einrichtung ist das Kinderzentrum Neuenfelde des Deutschen Roten Kreuzes. Im zugehörigen Tierkindergarten gibt es viele Tiere als „Miterzieher". Initiatorin und Leiterin ist **Sabine Suhr**. Seit 20 Jahren im Kindergarten aktiv, ist es für die Sozialpädagogin schon lange selbstverständlich, dass der Umgang von Kindern mit Tieren die Entwicklung fördert. Gemeinsam mit ihrer Stellvertreterin, der Sozialmanagerin **Christina Berndt**, bringt sie den Kleinen nicht nur Reiten und Voltigieren bei, sondern auch das Füttern und Stallausmisten. Die Ponys Sascha, Marcia und Gismo lieben die Kinder.

Patricia Isabel Caballero Zavala Prost – hinter diesem langen Namen verbirgt sich eine seit 1987 in Neuenfelde lebende mexikanische Künstlerin, die nicht nur malt, sondern sich auch in ihrer Umgebung engagiert. So hilft sie beim Kindergottesdienst in der Neuenfelder Kirche und ist in der Theatergruppe der Cranzer Schule aktiv. Außerdem tanzt sie Flamenco und organisiert Ausstellungen für ihre Gemälde und Fotografien. Angefangen zu malen hat die studierte Betriebswirtin und Mutter von zwei Söhnen vor 30 Jahren. Zuerst vorwiegend religiöse Motive, malt sie heute eher Modernes und manchmal auch impressionistische Bilder.

John-Henry Köster führt das Geschäft seines Urgroßvaters fort, Christina Berndt und Sabine Suhr kümmern sich um die Neuenfelder Kinder, und die mexikanische Künstlerin Patricia Prost engagiert sich im Stadtteil

Neuengamme

ist Teil der Vierlande und noch stark ländlich geprägt. Viele prächtige Bauernhäuser vergangener Zeiten säumen die Deichstraßen, und ihre Bewohner pflegen die Tradition. Zur Geschichte gehört auch das ehemalige KZ Neuengamme, an das eine viel besuchte Dauerausstellung und eine Gedenkstätte erinnern

Steckbrief

Fläche: 18,618 km²
Einwohner: 3397
Verwaltung: Bezirk Bergedorf, Ortsamt Vier- und Marschlande
Ortsteil: 606

Der Name „Gamma“ leitet sich eventuell von der im 12. Jahrhundert hier ansässigen Adelsfamilie „von Gamma“ ab, hat seine Wurzeln vielleicht auch im indogermanischen „Gham“, d.h. „Erde“. Nicht ganz ernst zu nehmen, aber in bestimmten Kreisen dennoch gebräuchlich ist der Name „Bad Neuen an der Gamme“, den die Insassen der Justizvollzugsanstalt für den Stadtteil kreiert haben.

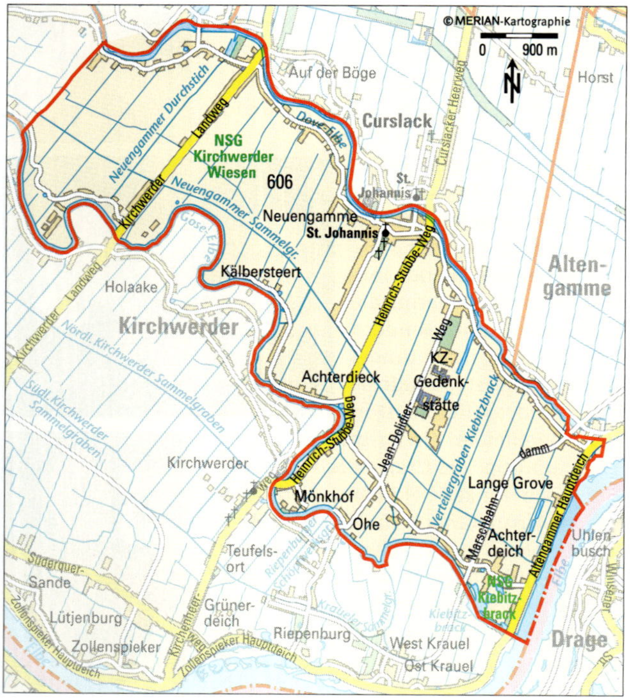

Oberwärts und niederwärts

Wie in fast allen anderen Stadtteilen der Vier- und Marschlande lebt man in Neuengamme entlang der Deichlinie in Einzelhäusern. Überall blickt man auf wohlgepflegte Vorgärten, und selbst die Fußwege davor werden geharkt. Die Grundstücke liegen entweder in **Neuengamme oberwärts** oder **Neuengamme niederwärts**. Die Grenze verläuft etwa auf Höhe der Straße *Odemanns Heck*, sodass der Dorfkern in „Oberwärts“ zu finden ist.

Aus der Geschichte

„Nova Insula“ oder „Nova Gamma“ wird urkundlich 1212 zum ersten Mal erwähnt und war vermutlich die letzte der Elbinseln, die eingedeicht wurden. Neuengamme lag bis zur Eroberung Bergedorfs durch Hamburg und Lübeck (1420, s. Bergedorf) in der **Herrschaft Riepenburg** (s. Kirchwerder) und geriet dann unter **beiderstädtische Verwaltung** der Hansestädte. Der Amtsverwalter hatte seinen Sitz im Bergedorfer Schloss.

Ab 1556 wird Neuengamme zusammen mit Curslack, Kirchwerder und Altengamme als Teil „der vier Lande“ (für die vier Kirchspiele) bezeichnet. Ihren Bauern brachte intensiver Hopfen- und Getreideanbau großen Wohlstand. Von den Vierländer Kirchspielen galt Neuengamme als das reichste Dorf. Ende des 17. Jahrhunderts begannen die

Jahrhundertealte Prachtfassaden am Neuengammer Hausdeich

Vierländer, sich verstärkt dem **Gemüse-, Blumen- und Obstanbau** zu widmen. Was sie ernteten, wurde mit Ewern (s. Sonderkasten) nach Hamburg transportiert und dort verkauft. Noch heute erinnert der Vierländerin-Brunnen auf dem *Hopfenmarkt* daran, dass die Marschbauern aus dem alltäglichen Bild des geschäftigen Markttreibens nicht wegzudenken waren. Das 18. Jahrhundert brachte mehrere Katastrophen für die Neuengammer: 1715 wütete die Pest, 1711, 1741 und vor allem 1771 zerstörten nach Deichbrüchen **schwere Überschwemmungen** die Felder.

1868 kaufte Hamburg den Lübecker Besitzanteil der ganzen Gegend, und Neuengamme gehörte nun zur Landherrenschaft der Marschlande. Mit dem Groß-Hamburg-Gesetz von 1937/38 wurde das Dorf dann nach Hamburg eingemeindet. Bei der Neustrukturierung der hamburgischen Verwaltung nach dem Zweiten Weltkrieg erfolgte schließlich die Bildung des Bezirks Bergedorf, zu dem neben Bergedorf selbst auch die Vier- und Marschlande und Lohbrügge gehören.

Die prächtigsten Häuser

In Neuengamme stehen noch viele gut erhaltene Häuser aus der Zeit, als der Stadtteil noch eine rein bäuerliche **Marschhufensiedlung** war. Hufner waren Vollbauern, die einen ungeteilten Hof bewirtschafteten. Neuengamme unterscheidet sich von den anderen Vier- und Marschlanden: Es ist nicht ausschließlich Straßendorf, sondern um die Kirche bildete sich ein richtiger **Ortskern mit mehreren Straßen**, deren Namen oft auf „-stegel" enden.

Die zahlreichen Neuengammer Fachwerkkaten und alten prächtigen Bauernhäuser – sie stammen z.T. aus dem 16. Jahrhundert – lassen den Eindruck eines romantisch-malerischen Dorfes entstehen. Besonders schöne **Backsteinzierverbände**, geschnitztes Fachwerk und aufwändige Giebelgestaltungen zeugen auch heute noch von dem Reichtum und der Repräsentationsfreudigkeit der Neuengammer Bauern. Der bohlenverkleidete Turmspeicher am *Neuengammer Hausdeich 413* entstand um 1580 und erinnert an die Zeit, als „Neuengammer Weizen" zum Qualitätsmerkmal wurde. Bauten aus dem Umkreis des Stils der Heimatschutzbewegung (s. Altengamme) runden das Bild des stimmungsvollen Dorfes ab. Das Pastorat *(Feldstegel 18)* ist ein solches Beispiel: Unter Einfluss

Zwischen den Balken vieler Hausfassaden sind kunstvolle Backsteinmuster zu entdecken

Ein malerisches Ensemble: St. Johannis mit Glockenturm und Friedhof am Neuengammer Karkenstegel

Dokumentation einer Katastrophe: Links im Bild (Süden ist oben) ist die Stelle markiert, an der 1771 der Neuengammer Elbdeich brach. Die Wassermassen legten für Monate die Feldwirtschaft der Vier- und Marschlande bis zum Deichtor (rechts unten) an der Hamburger Stadtgrenze lahm

des „Vereins für Vierländer Kunst und Heimatkunde" wurde es 1906 von dem Architekten Wilhelm Matthies erbaut.

In der 1261 erstmalig erwähnten ev.-luth. **St. Johanniskirche** sind noch Feldsteinreste des Urbaus zu finden. Er entstand im 12. Jahrhundert auf einer in der Elbmarsch aufgeworfenen Kirchwurt. Der östliche Bauteil ist wahrscheinlich eine Erweiterung aus dem 14. Jahrhundert; an der Nordseite wurde 1619 ein **Brauthaus** in ausgemauertem Fachwerk hinzugefügt. In den Jahren 1801–03 erneuerte man den Kirchenbau innen wie außen und zog ein hölzernes Tonnengewölbe ein. Bei der Instandsetzung 1956–59 wurden die Emporen sowie der klassizistische Altar entfernt und damit der ursprüngliche Raumeindruck wiederhergestellt. Im Inneren der Kirche sind vor allem das **intarsienverzierte Gestühl** und die schmiedeeisernen, als Blumen stilisierten **Hutständer** bemerkenswert. Möglicherweise gehen die Motive auch auf die frühere Sitte zurück, Riechsträuße (zum Wachhalten der von der Arbeit müden Bauern) in den Gottesdienst mitzubringen.

Heimatpflege groß geschrieben

„Anfangs bestand der Verein überwiegend aus Bäuerinnen, die sich an den gebotenen Veranstaltungen beteiligten. Heute vertreten wir die Interessen aller auf dem Lande lebenden Frauen…", heißt es in der 50-Jahres-Festschrift des **Landfrauenvereins Curslack-Neuengamme** (gegründet 1949).

Das dörfliche Leben der beiden Stadtteile ist auf vielfältige Weise eng miteinander verbunden. Ursprünglich an der *Schiefen Brücke* in Neuengamme angesiedelt, findet z.B. das **Niederwärtser Heimatfest** seit einigen Jahren aus Platzgründen in Curslack statt. Aber auch auf Neuengammer Gebiet werden jedes Jahr zahlreiche Veranstaltungen und Feste gefeiert: Im Juli richtet die über 400 Jahre alte **Vierländer Schützengesellschaft** das große Schützenfest aus, und die **Freiwillige Feuerwehr** gibt im „Schützenhof" an Himmelfahrt ein Konzert. Besonders aktiv ist die **Vierländer Speeldeel**. Die Trachtengruppe ist überall dort zu finden, wo es gilt, die Vierlande zu repräsentieren

Ganz Neuengamme feiert, und die Jugend des „SC Vierlandria" sorgt für Stimmung auf der Bühne

Adresse

KZ-Gedenkstätte Neuengamme
Jean-Dolidier-Weg 39,
21039 Hamburg
Öffnungszeiten:
Di.–So. 10–17 Uhr
April–September:
Di.–Fr. 10–17 Uhr,
Sa./So. 10–18 Uhr

Haus des Gedenkens
(früher „Dokumentenhaus")
Öffnungszeiten:
Sa./So. 10–17 Uhr
April–September:
Sa./So. 10–18 Uhr

Das KZ Neuengamme

Auf dem Gelände des ehemaligen Konzentrationslagers Neuengamme ist heute eine Gedenkstätte mit Dauerausstellung eingerichtet. Aller ermittelten Opfer des KZ Neuengamme wird im Haus des Gedenkens namentlich gedacht

„Vernichtung durch Arbeit" nannte ein Hamburger Historiker seine Doktorarbeit über das KZ Neuengamme. In den Vierlanden und den mehr als 80 Außenlagern wurden ca. 106 000 Menschen aus ganz Europa unter inhumanen Bedingungen gefangen gehalten und mussten Zwangsarbeit leisten. Über die Hälfte von ihnen starb infolge der Strapazen. Der Aufbau des Arbeitslagers begann 1938. Es sollte zunächst der Ziegelherstellung für die Errichtung der geplanten „Führerbauten" am Altonaer Elbufer dienen. Später kamen mit dem fortwährenden Ausbau des Lagers viele weitere Aufgaben hinzu, wie z.B. die Schiffbarmachung der Dove-Elbe oder Kanal- und Deichbauarbeiten. Die Hauptaufgabe des KZ Neuengamme war es, Menschen, die der NS-Staat für unliebsam erachtete, systematisch als billige Arbeitskräfte auszubeuten und sie gegebenenfalls dabei zu vernichten. Die enge wirtschaftliche Verflechtung zwischen KZ und industrieller Produktion war das zentrale Merkmal der Lagerorganisation. Auf dem KZ-Gelände richtete der Waffenfabrikant Carl Walther GmbH verschiedene Produktionsanlagen ein und führte sie wie eine reguläre Zweigstelle. Vor allem Gewehre wurden hergestellt. Auch in Bergedorfer Firmen, auf den Hamburger Werften und bei Rüstungsbetrieben in ganz Norddeutschland wurden die Häftlinge zur Arbeit gezwungen.

In Neuengamme waren ständig mehrere tausend Häftlinge untergebracht. Über Einzelheiten aus dem Arbeitsalltag und die allgemeinen Lebensbedingungen berichtet ausführlich die Dauerausstellung der Gedenkstätte mit vielen Exponaten. Ein großes Modell zeigt, wie die Baracken und Produktionsgebäude ausgesehen haben. Auf dem Gelände befand sich auch die zentrale Hinrichtungsstätte der Hamburger Gestapo.

Die Dauerausstellung über das Häftlingsleben im KZ Neuengamme wird von Gruppen aus aller Welt besucht

Unmittelbar vor Kriegsende räumte die „SS" das Stammlager und transportierte die verbliebenen 10 000 Häftlinge nach Lübeck. Kurz nach ihrer Einschiffung auf die „Cap Arcona" und zwei kleinere Frachter wurden die Schiffe von englischen Jagdbombern versenkt: Über 7000 Menschen kamen dabei ums Leben.

In der Nachkriegszeit richteten die britischen Besatzungsbehörden in Neuengamme ein Internierungslager für NS-Funktionäre ein, aus dem 1948 die hamburgische Justizbehörde ein Gefängnis machte. 1953 und 1965 wurden auf Initiative ehemaliger KZ-Häftlinge Mahnmale errichtet. Bis 1995 kamen eine Ausstellung und die Gedenkstätte hinzu.

Häftlinge bei Deichbauarbeiten nahe der Hausdeichbrücke. Die Wohnhäuser im Hintergrund stehen noch heute

Vierländer Ewer auf dem Zollkanal, nahe dem Hamburger Großmarkt. Im Hintergrund die St. Katharinenkirche

Die Ewer: Packesel auf dem Wasser

Zu Hunderten bevölkerten Ewer Hamburgs Fleete und Kanäle. Sie waren das wichtigste regionale Transportmittel und wurden in vielen Variationen gebaut. Die kleinsten Konstruktionen gab es für den Einsatz in den Marschgebieten

Über Jahrhunderte brachten die Vier- und Marschländer ihre Ernten auf Ewern nach Hamburg. Durch den flachen Boden waren die robusten Lastsegler bestens für den Verkehr auf kleinen Wasserstraßen geeignet. Ausgerüstet mit umlegbarem Mast, konnten sie unter allen Brücken der Bille, Dove- oder Gose-Elbe hindurch gesegelt, getreidelt oder gestakt werden. Im 19. Jahrhundert wurden sie unterhalb des Zusammenflusses der beiden Vierländer Elbarme vertäut und von Dampfschleppern nach Hamburg gezogen. „Vierländer Gemüseewer“ waren meist zwischen sieben und zwölf Meter lang (für die großen Fischerei-Ewer s. Finkenwerder). Seit Ende des 19. Jahrhunderts wurden die Kleinschiffe zunehmend mit Eisenrümpfen gebaut.

Der größte Ewer der Vierlande war hinter der *Curslacker Kirchenbrücke* bei Familie Albers beheimatet und hieß „Senta“. Das Bild links wurde 1910 aufgenommen, anlässlich Sentas Umrüstung auf Motorbetrieb (11 PS). Der Mast hatte nun ausgedient und kam als Schlagbaum auf den Hof von Bauer Wulf. Der Anfang vom Ende der Vierländer Kleinschifffahrt war gekommen, als 1926 in Neuengamme die erste Konzession für den Gemüse- und Blumentransport mit Lkw erteilt wurde und sich der Verkehr damit mehr und mehr auf die Straße verlagerte.

Lkw-Verkehr löste die Kleinschifffahrt ab und verdrängte auch die Vier- und Marschländer Eisenbahnen

und Traditionen zu vermitteln (s. Köpfe).

Obwohl sie in Neuengamme lebt, hat eine andere Gruppe doch nichts mit dem eigentlichen Stadtteilleben zu tun: Bis zu 250 Häftlinge können in der Untersuchungshaft- und Vollzugsanstalt Vierlande am *Jean-Dolidier-Weg 57* untergebracht werden. Die 1948 auf dem KZ-Gelände eingerichtete „Justizvollzugsanstalt Vierlande" wird künftig in Billwerder liegen.

Mitglieder der „Vierländer Speeldeel" präsentieren sich vor dem Rieck-Haus

Leben mit der Vergangenheit

Vierländer Flaggenparade beim „Niederwärtser Heimatfest"

In Neuengamme lebt man nicht nur inmitten schöner Natur und auf fruchtbaren Böden, sondern auch in direkter Nachbarschaft mit dem ehemaligen KZ. Noch heute können ältere Neuengammer von dem für sie damals alltäglichen Bild berichten, wenn die **Häftlingskolonnen** vom Lager zu Arbeitseinsätzen über die Vier- und Marschländer Deiche zogen. Kinder nannten die Lagerinsassen wegen ihrer gestreiften Kleidung „Zebras", ohne sich dabei viel zu denken. Den Erwachsenen blieb das Schweigen. Manche reichten Lebensmittel in wartende Gefangenenwaggons. Vor allem Jugendliche mussten noch lange nach dem Krieg mit Beschimpfungen und Anfeindungen rechnen, wenn sie sich außerhalb der Vierlande als Neuengammer zu erkennen gaben, z.B. bei Sportveranstaltungen als „KZionäre". Trotz der historischen Bedeutung des KZ gibt es viele im Dorf, die weder Gelände noch Ausstellung je besucht haben. Sie wollen von der Vergangenheit nichts wissen.

Traditionell fortschrittlich

Damals wie heute war der große Erfolg von **Blumenzucht und Gartenbau** in Neuengamme wie in den ganzen Vier- und Marschlanden stets von der Fortschrittlichkeit ihrer Betreiber abhängig. Historisch-innovative Techniken wie **Mistbeetfenster** (Mini-Gewächshäuser, kaum höher als die Pflanzen), später auch beheizbar, und schließlich die großen **Gewächshausbauten** seit Ende des 19. Jahrhunderts hielten im gesamten Landgebiet raschen Einzug. Dieser **glückliche Treibhauseffekt** bescherte den Bauern einen wichtigen Wettbewerbsvorteil: Ihre Waren gelangten bis zu zwei Wochen eher auf die Hamburger Märkte. Demgemäß galt der Satz: **Freue Wuar bringt Geld!** (Frühe Ware bringt Geld!)

Heute steht trotz vieler Züchtungserfolge und gelungener wirtschaftlicher Nischennutzung (z.B. Exoten wie Enzian) ein generelles Problem im Vordergrund: Die **Doppelbelastung** von Gemüse- oder Blumenanbau und Großmarkthandel schreckt viele jüngere Vierländer ab, den Familienbetrieb zu übernehmen. Sie sehen ihre Existenz angesichts stetig **steigender Betriebskosten** nicht dauerhaft gesichert. Besonders die Dumpingangebote ausländischer Konkurrenten machen das Wirtschaften schwer. Als Antwort setzen immer mehr Bauern auf hochwertige **Bioprodukte**, um sich auf diesem in den letzten Jahren sehr schnell expandierenden Markt zu behaupten. Zukunftsträchtig ist auch die Energiege-

Dreimal „Dame Prudence" in voller Blüte. Die Vierlande sind ein Dorado für jeden Rosenfan

Bürgergeschichten

„Feierabend!"

Günther Dahm, Intarsientischler aus Neuengamme (s. Köpfe), berichtet aus seiner Gesellenzeit im Rieck-Haus bei dem Original Emil Evers (1903–79)

Emil Evers war ein weit bekanntes Curslacker und Neuengammer Original. Er lebte als Museumswart im Rieck-Haus. Das Foto stammt von Werner Schröder, aufgenommen im Juli 1964

Nach bestandener Gesellenprüfung als Möbeltischler 1951 hatte ich im Jahr darauf das große Glück, in der Werkstatt von Emil Evers im Rieck-Haus (s. Curslack) eine Anstellung zu finden. Damals wurden Kriegsteilnehmer bei der Arbeitsplatzvergabe bevorzugt, und für uns Jungen war es nicht einfach, irgendwo unterzukommen. Ich hatte es erst einmal geschafft. Geld bekamen wir nicht. In der Werkstatt arbeitete auch der Tischler Franz Gross. Ein Tischler, der als Lehrling noch im Schloss Neuschwanstein gearbeitet hatte. Er war über 90 Jahre alt, und ich konnte von ihm sehr viel lernen. Wie schon gesagt, Geld gab es nicht, aber es gab Essen und Trinken, und schön warm war es im Rieck-Haus auch. Zur Hauptsache wurden Vierländer Möbel repariert. Ob fürs Museum oder für Emil Evers privat, hat uns nicht interessiert.

Nebenher bekamen wir natürlich durch die Museumsbesucher recht viel mit. Vor allem aber von Emil. Einmal geschichtlich über das Rieck-Haus, aber auch über Krankheiten und deren „Behandlung". Oder über fremde Länder. Emil war früher zur See gefahren. Für mich wurde es immer lebensgefährlich, wenn er zeigen wollte, wie gut man sich wehren kann oder wie es beim Streit mit anderen Matrosen zugeht. Dafür musste ich dann meinen Körper, besonders meinen Hals, hinhalten. Oder es ging um Aberglaube. Dafür kam dann auch mal das 6. und 7. Buch Moses auf den Tisch. Oft wurde es abends spät. Der Wind jaulte um die Hausecken, und der Rauch des Torffeuers zog über die Diele. Dann kamen die Gruselgeschichten und je nach Inhalt auch die alten Schusswaffen zum Vorschein. Emil Evers' Lieblingsthema. Dass zwischendurch mehr getrunken als gegessen wurde, ist wohl selbstverständlich. So viel vorweg. Einen Samstagvormittag besuchten uns zu Hause zwei Brüder meiner Frau. Nach kurzer Beratung, was wir wohl unternehmen könnten, ging es ins Rieck-Haus mit der Aufforderung, etwa um halb eins zum Essen wieder da zu sein. Wenn wir das schaffen wollten, durfte aber bloß nicht von Waffen gesprochen werden. Emil freute sich, hatte aber noch kein Frühstück gehabt, trotzdem gab es einen Begrüßungstrunk. Nachdem Schwager Hans erzählte, dass er Zimmermann sei und Schwager Gerd Chemiker, wurde hierüber gesprochen, und es gab noch einen Schluck.

Emil forschte nun nach den Freizeitbeschäftigungen, und beide waren Waffennarren. Nun gab es einen großen Schluck, und Emils Waffen kamen auf den Tisch. Die Gespräche wurden immer lauter, und die Luft in der Döns war bald stickig warm. Beide Fenster wurden geöffnet. Das war um zwei Uhr. Plötzlich schlug der Schäferhund von Emil an, und ich sollte einmal nachsehen, ob jemand an der Tür wäre. Ich sah zwei ältere Frauen, die schon vorn um die Hausecke bogen; sie hatten wohl den Lärm aus den geöffneten Fenstern gehört. Es waren Besucherinnen.

Damals war das Museum samstags nur bis ein Uhr geöffnet. Nun waren sie an den Fenstern angelangt und fragten ganz bescheiden, ob sie das Museum trotzdem noch besichtigen dürften. Emil stürzte mit seiner Jagdflinte im Anschlag zum Fenster und schrie: „Nein, nein und noch einmal nein! Ich habe auch mal Feierabend!" Aus dem anderen Fenster bellte der Hund, so laut er konnte. Die Frauen rannten die steile Deichkante hoch und immer weiter, immer weiter – bis sie nicht mehr zu sehen waren. Ob sie an einem anderen Tag noch eine Besichtigung gewagt haben, weiß ich nicht.

winnung im Dreieck *Neuengammer Hausdeich* und *Neuengammer Marschbahndamm*. Hier liegt der **größte Windpark** der Vier- und Marschlande. Drei Betreiber produzieren mit elf Anlagen 8,5 Mio. Kilowattstunden pro Jahr. Dies entspricht dem Jahresbedarf von 2800 Haushalten.

Mit Energiegewinnung hing auch das **Flammenkreuz von Neuengamme** zusammen. Am 3. November 1910 war man bei einer Bohrung nach Wasser in 247 m Tiefe unvermutet auf ein großes Gasvorkommen gestoßen. Tags darauf schossen mit einem Mal **drei Gasfontänen** durch das Bohrgestänge an die Oberfläche und entzündeten sich bis 5 m in die Höhe und 15 m zu beiden Seiten. Daraus ergab sich ein beeindruckendes Schauspiel – besonders bei Dunkelheit. Erst drei Wochen später konnten die drei Flammen gelöscht und das Gas unter Kontrolle gebracht werden. Anschließend wurde eine Rohrleitung zum Gaswerk Tiefstack gelegt, und über 25 Jahre half Neuengamme mit rund 172 Mio. m^3 Gas pro Jahr bei der Deckung des Hamburger Bedarfs. Nach dem Gasaustritt wurden weitere Bohrungen vorgenommen und Ölvorkommen entdeckt, die noch heute gefördert werden (s. Reitbrook). Aber etwas so Spektakuläres wie das Flammenkreuz sollte sich in der Vierländer Energiegeschichte nicht wiederholen. Damals entwickelte sich ein richtiger **Flammentourismus**. 100 Sonderzüge kamen an drei Sonntagen aus Hamburg nach Bergedorf, und allein am 12. November 1910 sollen 25 000 Menschen per Schiff angereist sein. Ein Unbekannter fasste den Rummel in seiner „Pilgerfahrt zum Feuerwunder in Neuengamme" sogar in Reime:

„Wer zählt die Völker, nennt die Namen / Die jetzt nach Neuengamme kamen / Auf dem Damme in dem Schlamme / Pilgern sie zur Erdgasflamme / Wenn sie nicht zuvor entwurzelt / Irgendwo hineingepurzelt / Steckt der Gummischuh im Lehm / Geht sich's doppelt angenehm / Geld verdienen ist Parole / In dem Land der Rosenkohle …"

Die „Flamme von Neuengamme" sorgte nachts für kilometerweite Erleuchtung

Bei einem Gasausbruch 1939 entzündete sich die Fontäne nicht

Naturschutz vor der Haustür

Mit seinem Nachbarn Kirchwerder teilt sich Neuengamme zwei Naturschutzgebiete (NSG). Während hier von Hamburgs größtem NSG, den **Kirchwerder Wiesen**, nur der kleinere Teil liegt, befindet sich der Großteil des NSG

Blick über das Naturschutzgebiet Kiebitzbrack

Zeitleiste

1212 erste urkundliche Erwähnung

1420 Neuengamme in Hamburger und Lübecker Besitz

17. Jh. Soldateneinfälle und Plünderungen

1711/15 großer Deichbruch/Pest

1741–71 mehrere schwere Deichbrüche

1892 „Pfeifenclub Gemütlichkeit" gegründet

1910 Flamme von Neuengamme

1912–53/61 Vierländer Eisenbahn

1937/38 Eingemeindung nach Hamburg

1938 Bau des Konzentrationslagers

1948 Justizvollzugsanstalt im ehemaligen KZ

1953–95 Errichtung von Mahnmal und Gedenkstätte

Rechts: Holzschnitt der Neuengammer Kirche von Hans Förster (1885–1966)

Kiebitzbrack in Neuengamme. Bracks sind kleine, bei Deichbrüchen entstandene Seen (s. Kirchwerder), die Schutz für viele bedrohte Pflanzen und Tiere bieten. Es gibt einige davon an der Gose-Elbe und dazu in Neuengamme niederwärts ein kleines Innenbrack bei der *Judenwisch.* Aber nicht nur an Bracks, auch an

vielen anderen Stellen der Binnendeiche finden sich mit der gelb blühenden **Wilden Tulpe** oder dem weiß blühenden **Milchstern** kleine Kostbarkeiten der Natur. Grüne Umwelt kann man gut auf den Dämmen der 1912 in Betrieb genommenen Vierländer Eisenbahn genießen oder auf dem Damm der Marschbahn. Von beiden Linien führt eine ausgediente Trasse durch die Neuengammer Felder. Der Personenverkehr endete 1953, die Güterfahrten 1961. Die Gleise wurde abgebaut, und seither lässt sich dieses Stückchen Hamburg – je nach Lust und Laune, auf jeden Fall aber ohne störende Abgase – durchwandern, -radeln oder -skaten.

Einkehren und Einkaufen

Wer auf Bahndämmen und Deichen ins Schwitzen gerät, für den sind der „Gasthof zum Elbdeich" von Helga und Udo Voß und Gerd Pahls „Schützenhof" gute Einkehrmöglichkeiten. Nicht nur Touristen sind die Gäste, auch Alteingesessene kommen hier zusammen. Die wichtigste Neuengammer Adresse für die Waren des täglichen Bedarfs ist das kleine Einkaufszentrum von Niko Clausen am *Heinrich-Stubbe-Weg.* Supermarkt, Bäckerei, Blumenhandel, Drogeriemarkt und weitere Geschäfte liegen in seinem **Vierländer Markt** unter einem Dach zusammen.

Kunstvoll bis unters Dach. Hufnerhaus am Neuengammer Hausdeich; Aquarell von Hermann Haase, nach 1900, Museum für Hamburgische Geschichte

Köpfe

Die gesamten Vier- und Marschlande verdanken **Hermann Haase** (1862–1934) und **Hans Förster** (1885–1966) ihre wohl schönsten Porträts. Beide sind auf dem Neuengammer Friedhof begraben. Haase zeichnete und aquarellierte in

dokumentarisch-präzisem Stil über 1000 Motive aus dem bäuerlichen Leben. Bevor er 1895 künstlerischer Mitarbeiter am Museum für Kunst und Gewerbe wurde, förderten ihn Gönner aus der hamburgischen Kaufmannschaft.

Hans Förster erbte sein Talent vom Vater, einem bekannten Hamburger Pressezeichner. Die damals führenden Kulturpfleger der Stadt beauftragten um 1903 den jungen Förster, die vom Aussterben bedrohte bäuerliche Kultur der Vierlande zu dokumentieren. Er entwickelte eine tiefe Verbundenheit zu Land und Leuten, die er mit dem Zeichenstift und in prächtigen (Farb-)Holzschnitten festhielt. Beeinflusst von Jugendstil und fernöstlicher Kultur, ist Försters Werk von einem unverwechselbaren Stil geprägt.

Zwei Neuengammer, die mit wunderschönen Intarsien ein kaum noch ausgeübtes Vierländer Tischlerhandwerk pflegen: **Thomas Dahm und Vater Günther** fertigen mit einem Gesellen und einem Lehrling in ihrer kleinen Hofwerkstatt im *Feldstegel 52* Heimatkunst, die um die Welt geht. Sogar aus Pakistan und Samoa kommen die Aufträge, vor allem für die Vierländer Intarsienstühle. Über tausend davon haben sie bereits aus unterschiedlichen Hölzern (Kirsche, Esche, Eiche) hergestellt. Ebenso gehören maßgetischlerte Küchen und Wohnzimmer zu ihren Aufträgen. Günther Dahms Selbstständigkeit begann nach jahrelanger Tätigkeit im Rieck-Haus (s. Bürgergeschichte).

Besonders aus Neuengamme niederwärts, aber auch aus der ganzen Umgebung kann **Margret Lang** viele Geschichten erzählen. Sie ist hier aufgewachsen und lebt mit Mann Hans-Otto und zwei Kindern am *Neuengammer Hausdeich*. Das Haus erbaute Großvater Franz Heinrich 1892. Es war das erste ohne Fachwerk und wies für die Gegend untypisch hohe Decken auf, was dem Bauherrn den Beinamen „Franz Modern" eintrug. Im Haus befanden sich zuerst auch die Tischlerei des Großvaters, eine Gastwirtschaft und der Krämerladen der Tante. Wenn Frau Lang von ihrer Bergedorfer Arbeit nach Hause kommt, engagiert sie sich im Kulturverein „De Latücht" und kümmert sich zusammen mit ihrem Mann um die Trachtengruppe „Vierländer Speeldeel", die auch viele Kontakte zu ausländischen Gruppen pflegt.

Thomas und Günther Dahm mit einer Intarsienarbeit. Sie zeichnen die Vorlagen für ihre Werkstücke selbst

Margret Lang ist auf vielfältige Weise für die Neuengammer und Vierländer Heimatpflege aktiv

Stadtteil-Profil

	Neuengamme	Bezirk	Hamburg
Bevölkerung gesamt (2000)	3397	114 631	1 704 929
Unter 18-Jährige in %	18,9	20,3	16,1
65 Jahre und älter in %	16,7	15,5	17,0
Deutsche	3319	103 658	1 432 325
Ausländer in %	2,3	9,6	16,0
Einwohner je km²	182	741	2258
Sozialstruktur			
Sozialhilfeempfänger (2000)	33	7659	120 461
Arbeitslose (2001)	58	3691	71 963
Eink. je Steuerpfl. in DM (1995)	61 435	60 397	65 579
Wohnen (2001)			
Wohngebäude	919	18 755	226 061
Ein- und Zweifamilienhäuser in %	77,1	33,4	20,5
Ø Wohnungsgröße in m²	98,3	77,9	71,0
Wohnfläche je Einwohner in m²	39,1	34,7	35,7
Verkehr			
Private Pkw (2001)	1834	45 863	628 119
Straßenverkehrsunfälle (2000)	20	633	12 430
Kriminalität			
Straftaten insgesamt (2000)	297	11 451	284 272

Wahlverhalten

… zur Bürgerschaft 2001 (gesamt)

Wahlbeteiligung	71,0%
SPD	**36,5%**
CDU	**26,2%**
Schill-Partei	**19,4%**
Grüne/GAL	**8,6%**
FDP	**5,1%**
Übrige	**4,2%**

… zur Bürgerschaft 2001 (Stadtteil)

Wahlbeteiligung	79,4%
SPD	**27,4%**
CDU	**38,1%**
Schill-Partei	**21,8%**
Grüne/GAL	**5,4%**
FDP	**4,6%**
Übrige	**2,6%**

Neugraben-Fischbek

Geprägt von Moorland und bewaldeter Geestlandschaft mit der Fischbeker Heide, entwickelten sich die ehemaligen Dörfer Neugraben und Fischbek nach und nach zum Wohngebiet. 1951 wurden sie zu einem Stadtteil zusammengefasst

Steckbrief

Fläche:
22,511 km²
Einwohner:
27 685
Verwaltung:
Bezirk Harburg, Ortsamt Süderelbe
Ortsteil:
718

Neugraben ist benannt nach dem nicht mehr existierenden **Newe Graben**, der zur Trockenlegung der moorigen Flächen und als Verbindung der Falkenbek mit der Süderelbe bei Hohenwisch angelegt wurde. Fischbek hat seinen Namen vom **Fischbach**. Die Grundwasserabsenkung im Zuge der Tiefbohrungen des Harburger Wasserwerks und die Anlage von Brunnen zu Anfang des 20. Jahrhunderts ließen ihn bis heute weitgehend versanden.

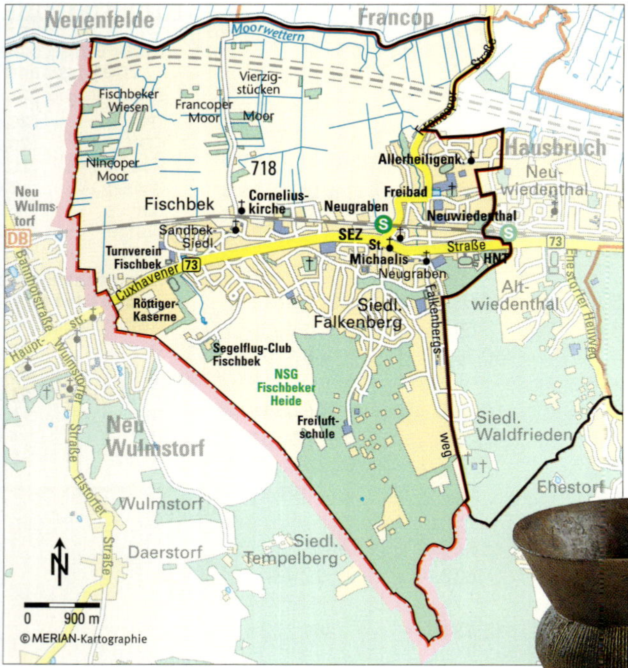

Aus der Geschichte

Zum ersten Mal nachweislich erwähnt wurde die Ortschaft Neugraben 1540 in einem Schreiben Herzog Ottos von Braunschweig-Lüneburg und Fischbek 1544 in einem Verzeichnis über die Höfe des Amts Moisburg. Die erste kartografische Darstellung der Orte findet sich in der Karte von Daniel Frese, die Harburg und Umgebung 1577 zeigt.

Der heutige Stadtteil Neugraben-Fischbek besteht aus den beiden ehemaligen Dörfern Neugraben und Fischbek, die auf zwei verschiedenen Gemarkungen, getrennt durch den Scheidebach Falkenbek, liegen. Der Bach, der von den Alteingesessenen noch heute **de Scheebek** genannt wird, bildete die Grenze zwischen den Ämtern Harburg und Moisburg. Das Neugraben westlich des Scheidebachs war schon immer eng mit Fischbek verbunden und gehörte zum Amt Moisburg (ab 1859 Amt Tostedt), das Neugraben östlich davon unterstand dem Amt Harburg. Noch heute ist diese Trennung zwischen Fischbek und Neugraben für viele ältere Bewohner selbstverständlich.

Seit dem 13. Jahrhundert gehörten die beiden Ämter Harburg und Moisburg zum **Fürstentum Lüneburg**. Jedoch besaßen die Bremer Erzbischöfe als vormalige Landesherren bis ins 17. Jahrhundert hinein noch Rechte und Ländereien.

Das Moor wurde von 1750 bis 1800 unter schweren Bedingungen bis an die Landscheide („Moorwettern") kultiviert. Man legte Gräben und Wege an. Der Ertrag der Moorwiesen war jedoch gering, daher hielten die Bauern nur wenig Großvieh und hatten immer mit der Armut zu kämpfen. Häufig kam es vor, dass der weiche Boden durch Regen- oder Quellwasser zu feucht wurde und das Wasser schnell abgeleitet werden musste, um Versumpfungen entgegenzuwirken. Hier gab es auch immer wieder Streit mit den angrenzenden Altländern. Um sich vor Elbhochwassern zu schützen, fingen diese das Moorwasser am Hinterdeich ab und leiteten es an der Landscheide entlang durch Wettern und Schleusen in die Elbe. Die Nutzung der Moorwiesen hing also vom Funktionieren der Entwässerungsanlagen ab. Die Schleusen lagen aber in den hohen Elbdeichen und unterstanden somit der Aufsicht der **Altländer Schleusenverbände**. Ebenso wie in den Mooren gab es südlich der heutigen *Cuxhavener Straße* landwirtschaftliche Flächen, die aber aufgrund des sandigen Bodens ebenfalls nur wenig ertragreich waren. Um 1665 gab es in Neugraben und Fischbek rund 30 **Bauernstellen**. Durch die 1881 fertig gestellte **Eisenbahnlinie Harburg–Cuxhaven** kam es dann zur Ansiedlung von Industrie und zur ersten großen Bevölkerungszunahme. Sie führte dazu, dass viele Wohnungen für Arbeiter und Angestellte der hiesigen und Harburger Industriebetriebe auf den ehemaligen landwirtschaftlichen Flächen errichtet wurden. Vermehrt gingen auch die Bauernsöhne einer Arbeit bei der Bahn oder in den neuen Industriebetrieben nach.

In der **Fischbeker Heide** entstanden um die Wende vom 19. zum 20. Jahr-

Eine Besonderheit ist der noch erhaltene Dorfkern des ehemals bäuerlichen Neugraben bei der Francoper Straße

Noch heute stehen Teile des alten Wasserwerks Neugraben, dessen Betrieb 1908 begann

Linke Seite: Trichterbecher (4000–2000 v. Chr.). Unten: Der Grenzstein zum Amt Moisburg ist gut erhalten

Bürgergeschichten

„Harzer Schnee für Harburger Berge“

Schlossermeister Helmut Pieper erzählt, wie sein Großvater, Matthias Pieper (1870–1960), seine Winterrodelbahn auch im schneefreien Winter betrieb

Mein Großvater, Matthias Pieper, war Schlossermeister und gebürtiger Blankeneser. Anfang des 20. Jahrhunderts kaufte er das „Hotel zum Opferberg“, in dem heute die Hausbruch-Neugrabener Turnerschaft beheimatet ist, und das große Grundstück darum herum, das vom Scheinberg bis fast zum Scharpenbargsweg reichte. Und da es ihm an ausgefallenen Ideen nicht mangelte, ließ er sich hier etwas Besonderes einfallen. Handwerklich geschickt, baute er für seine Gäste zwei Kegelbahnen im Freien. Dies waren aber keine gewöhnlichen, flach verlaufenden Kegelbahnen, sondern solche mit schiefer Ebene. Auf den so genannten Kraftkegelbahnen mussten die Kugeln in die Höhe gestoßen werden. Das war ganz schön anstrengend, aber eben etwas Außergewöhnliches, was die Leute anlockte.

Das Sommerrodeln den blühenden Heidehügel hinunter war ein tolles Vergnügen. Aber auch im Winter ließ sich Matthias Pieper etwas für die Ausflügler einfallen

Darüber hinaus legte mein Großvater Matthias auf dem Opferberg eine Sommerrodelbahn aus Holz an. Der Zuspruch der Ausflügler war so groß, dass er an Ort und Stelle auch eine Rodelbahn im Winter öffnete und Schlitten aus dem Schwarzwald und aus Bayern kaufte. Im Sommer war es übrigens besonders schön, auf der Rodelbahn ins Tal zu sausen, wenn die Heide blühte.

Im Winter 1913/14 sollte eine Wintersportwoche veranstaltet werden, aber es wollte einfach nicht schneien. Es war zwar sehr kalt, jedoch fiel keine Flocke vom Himmel. Aber auch das konnte meinen Großvater nicht erschüttern. Kurzerhand überlegte er sich, Schnee in einer schneereicheren Region zu kaufen, und so ließ er im Januar 1914 insgesamt 5000 Kilogramm Schnee aus dem Harz anliefern. Was für ein Aufwand!

Die Bahn musste Extrawaggons einsetzen, um die weiße Pracht nach Neugraben zu bringen. Dann ging es per Pferdekarren zum Opferberg. Und als der Schnee dann schließlich auf der Rodelbahn festgeklopft war, musste die Bahn im Vorortverkehr nach Neugraben noch zusätzliche Züge einsetzen, um die vielen Menschen – groß und klein –, die die Sensation sehen und natürlich auch rodeln wollten, herzubringen. Ganze elf Tage lang hielt sich der Schnee auf dem Opferberg, und die schaulustigen Rodler hatten ihren Spaß.

Das älteste noch erhaltene Fischbeker Haus, gemalt von der Fischbekerin Gabriele Oertel

hundert für den Haus- und Straßenbau viele Sand- und Kiesgruben. Sie hinterließen noch heute sichtbare Narben in der Landschaft. So z.B. am **Scheinberg**, an dessen Südhang man für den Bau der Waltershofer Güterbahn seit 1922 Sand entnahm.

1867 gingen die beiden Ämter Harburg und Moisburg nach verschiedenen territorialen Zugehörigkeiten im preußischen Landkreis Harburg auf. Mit dem Groß-Hamburg-Gesetz 1937/38 wurden die beiden Dörfer Neugraben und Fischbek schließlich nach Hamburg eingemeindet, aber erst mit der Bezirksverwaltungsreform 1951 zu einem Hamburger Stadtteil zusammengefasst.

Kunst und Kultur

Besonders sehenswert ist der **Neugrabener Dorfkern** um die nördliche *Francoper Straße* mit den denkmalgeschützten Häusern aus dem 17.–19. Jahrhundert. Unter uralten Bäumen stehen eindrucksvolle, reetgedeckte Hufnerhäuser, Katen und Scheunen. Und *Im Neugrabener Dorf* vermitteln noch das Katzenkopfpflaster und das alte **Rauchhaus** *Ulenflucht 4* einen lebendigen Eindruck vom alten Neugraben. Das Rauchhaus bewohnte die Familie von Wilhelmine Dach 112 Jahre lang zur Miete. Sie pflegte hier bis 1948 die Tradition des Räucherns. Der Schinken durfte erst, nachdem der Kuckuck gerufen hatte, angeschnitten werden.

Ebenso sind im **Fischbeker Dorfkern** zwischen *Posteck* und *Fischbeker Weg*, idyllisch umrahmt von alten Eichen, noch eine ganze Reihe alter Bauernhäuser und historischer Straßenpflasterungen erhalten. Zum malerischen Bild trägt auch eine reetgedeckte Scheune aus dem 18. Jahrhundert bei. Etwas versteckt steht sie als ältestes Haus Fischbeks am *Fischbeker Weg 27*.

In der *Francoper Straße* wuchs übrigens Heinrich-Ludwig Meyer (1895–1967) auf, den später alle nur noch „Helm" nannten. Von Kindesbeinen an war das Zeichnen seine Leidenschaft. Er liebte seinen Geburtsort und die Landschaft und hielt sie in vielen Bildern fest. 1931 wurde er Studienrat an der Kunstgewerbeschule Lerchenfeld (heute HfbK, s. Uhlenhorst).

An der Ecke *Rehrstieg/Birkenbruch* findet man die **Allerheiligenkirche** mit ihrer prägnanten Kuppel. Die ukrainisch-kath. Kirche ist eine Gründung ehemaliger ukrainischer Zwangsarbeiter, die nach dem Zweiten Weltkrieg in Neugraben eine neue Heimat gefunden hatten. Der Backsteinbau stammt von 1980.

Gerade einmal 20 Jahre alt ist die ukrainisch-katholische Allerheiligenkirche mit ihrem schönen Mosaik

Siedlungsbau

Neugraben und Fischbek sind vom Krieg weitgehend verschont geblieben. Dennoch hatte die NS-Zeit große Auswirkungen auf das Siedlungsbild genommen. So wurde 1936–39 um die Straßenzüge *Barkendal* und *Kiepenkerlsweg* die **Rhenania-Siedlung** für die Arbeiter der für den Krieg wichtigen Treibstoffproduktion der Rhenania-Ossag Mineralölwerke (Deutsche Shell) errichtet. Und nachdem Hamburg 1943 stark bombardiert worden war, fanden viele Ausgebombte in Behelfsheimsiedlungen wie der **Falkenberg-Siedlung** beiderseits der *Neugrabener Bahnhofstraße* eine zweite Heimat. Die Siedlung errichteten u.a. Zwangsarbeiterinnen, die 1944/45 im **KZ-Außenlager Neugraben** (s. Neuengamme) am *Falkenbergsweg* interniert waren. Das Lager befand sich in der Nähe des heutigen Gymnasiums Süderelbe. Im Mai 1946 schlossen sich viele der Ausgebombten im **Siedlungsverein Falkenberg** zusammen, um sich gegenseitig beim Ausbau der Plattenhäuser und bei der Bewirtschaftung ihrer Gärten zu helfen. Noch heute gibt es diesen Verbund, der in herausragender Gemeinschaftsarbeit die Siedlung und nette Geselligkeit pflegt. Mittlerweile hat sich das Bild der Falkenberg-Siedlung gewandelt, denn aus Behelfsheimen sind im Laufe der Jahre hübsche Einfamilienhäuser geworden – heute steht die Siedlung unter **Milieuschutz**. Alle anderen Behelfsheimsiedlungen wurden bis Anfang der 1970er Jahre abgerissen.

Die ehemaligen Behelfsheime in der Falkenberg-Siedlung haben sich im Laufe der Jahre zu hübschen Einfamilienhäusern gemausert. Rechts: Der Männergesangverein „Sängerlust Scheideholz" ist immer dabei, wenn es etwas zu feiern gibt

Stadtteilleben

In Neugraben-Fischbek wird gern gefeiert. Attraktion sind **Frühjahrs-** und **Herbstmarkt** mit Rummelplatz. Ein weiterer Höhepunkt im Jahr ist das Stadtteilfest **Neugraben erleben**. Anfang September trägt die Arbeit der Organisatorinnen Ulrike Bögel, Hannelore Bobeck und Ursula Holzinger Früchte, wenn Vereine, Kindertagesheime und Schulen, verschiedene Organisationen und die Freiwillige Feuerwehr sowie auch die Airbus Deutschland GmbH an zwei Tagen rund um den *Neugrabener Markt* ihre Arbeit mit vielen Veranstaltungen präsentieren. Auf dem Programm stehen Auftritte des Männergesangvereins **Sängerlust Scheideholz** und verschiedener Musikgruppen, Tanz- und Sportvorführungen, der „Plattdeutsche Frühschoppen" mit dem Verein **Plattdüütsch leevt** und ein viel besuchter ökumenischer Open-Air-Gottesdienst.

Seit mehr als 50 Jahren macht sich der **Bürgerverein Süderelbe** für Bürgeranliegen stark. Zurzeit setzt er sich sehr für den Bau der **A 26** als Entlastung für die stark befahrene **B 73** ein und gegen die **Ortsumgehung Finkenwerder** durch Francop und Neuenfelde. Der Verein kümmert sich aber nicht nur um Kommunalpolitisches, sondern auch um Geselligkeit und Kulturelles. So organisiert der 1. Vorsitzende, Irmfrid Rosenow, u.a. Informationsfahrten zu Themen wie „Mobilität und moderne Verkehrsmittel": „Dafür haben wir das ICE-Betriebswerk in Eidelstedt, die Airbus Deutschland GmbH in Finkenwerder, den Transrapid in Lathen/Emsland und das VW-Werk in Wolfsburg besucht." Außerdem gibt es jedes Jahr im November das traditionelle Grünkohlessen.

Ebenfalls seit mehr als 50 Jahren ist der **Kulturkreis Süderelbe** im Stadtteil aktiv. Er organisiert u.a. Theater- und

Stadtteil-Profil

	Neugraben-Fischbek	Bezirk	Hamburg
Bevölkerung gesamt (2000)	27 685	196 263	1 704 929
Unter 18-Jährige in %	20,6	19,2	16,1
65 Jahre und älter in %	16,9	16,9	17,0
Deutsche	24 714	157 260	1 432 325
Ausländer in %	10,7	19,9	16,0
Einwohner je km²	1230	1222	2258
Sozialstruktur			
Sozialhilfeempfänger (2000)	2515	17 127	120 461
Arbeitslose (2001)	1334	10 107	71 963
Eink. je Steuerpfl. in DM (1995)	60 969	56 444	65 579
Wohnen (2001)			
Wohngebäude	4839	27 486	226 061
Ein- und Zweifamilienhäuser in %	39,1	25,3	20,5
Ø Wohnungsgröße in m²	71,6	69,9	71,0
Wohnfläche je Einwohner in m²	29,8	32,5	35,7
Verkehr			
Private Pkw (2001)	10 692	70 144	628 119
Straßenverkehrsunfälle (2000)	100	1197	12 430
Kriminalität			
Straftaten insgesamt (2000)	3255	26 879	284 272

© Statistisches Landesamt

Wahlverhalten

... zur Bürgerschaft 2001 (gesamt)

Wahlbeteiligung	71,0%
SPD	36,5%
CDU	26,2%
Schill-Partei	19,4%
Grüne/GAL	8,6%
FDP	5,1%
Übrige	4,2%

... zur Bürgerschaft 2001 (Stadtteil)

Wahlbeteiligung	69,8%
SPD	35,6%
CDU	27,3%
Schill-Partei	25,3%
Grüne/GAL	4,9%
FDP	3,7%
Übrige	3,2%

Musikaufführungen in der **Falkenberghalle**. Auch werden seit Jahren interessante Ausflüge und Reisen für die Mitglieder angeboten.

Jährlich lädt der **Ortsausschuss Süderelbe** Vertreter von Politik und Vereinen im Ortsamtsgebiet zum Neujahrsempfang. Der Ausschuss ist auch Initiator des „Süderelbe-Thalers", mit dem jedes Jahr eine Person aus der Region für besondere soziale Verdienste ausgezeichnet wird.

Sportlich, sportlich

Der größte Sportverein im Süden Hamburgs ist die **Hausbruch-Neugrabener Turnerschaft von 1911** (HNT) mit knapp 4500 Mitgliedern zwischen einem und 99 Jahren. Rund 20 Abteilungen von Ballett über Fußball, Judo, Schwimmen, Turnen und Ski & Surf bis hin zu Tennis und Tischtennis bilden das vielfältige Angebot – da ist für jeden etwas dabei. Auch das **FitHus** im Süderelbe Einkaufszentrum gehört zur HNT. „Ebenso sind wir im Sozialsportbereich aktiv, d.h., wir bieten Jugendkurse an, um auch die jungen Aussiedler zu integrieren", betont Geschäftsführer Karsten Bode. Ihre Sportstätten mit Vereinshaus unterhält die HNT an der *Cuxhavener Straße* am Fuße des Opferbergs. Zum Haus gehören zwei Sporthallen, eine Tennisanlage mit Außenplätzen und Halle sowie der Sportplatz Opferberg. Das Domizil der HNT war Anfang des 20. Jahrhunderts als „Hotel zum Opferberg" ein beliebtes Ausflugsziel der Hamburger.

Beim Stadtteilfest „Neugraben erleben" gibt es auch jede Menge sportliche Aufführungen

Eine seiner vielen Abteilungen hat den **Turnverein Fischbek von 1921** weit über Hamburgs Grenzen hinaus bekannt gemacht. Und zwar die erfolgreiche Damen-Volleyballmannschaft, die seit langem in der Bundesliga spielt. Aber auch die Schachabteilung hat Erfolge zu verbuchen: Die erste Jugendmannschaft spielte schon in der höchsten deutschen Spielklasse, der Bundesliga Nord.

Beliebt sind die Aufführungen der „Flying Kids“ der Hausbruch-Neugrabener Turnerschaft. Rechts: Im Sommer ist das Freibad Neugraben immer gut besucht. Unten: Die Sportanlage der HNT liegt mitten im Grünen

Zeitleiste

1540 erste urkundliche Erwähnung Neugrabens

1544 erste urkundliche Erwähnung Fischbeks

1750–1800 Kultivierung des Moors

1851 Bau der Geestrandstraße

1867 Neugraben und Fischbek werden preußisch

1881 Eröffnung der Unterelbe-Bahn

1937/38 Eingemeindung nach Hamburg

1944/45 KZ-Außenlager in Neugraben / Bau der Falkenberg-Siedlung

1951 Gründung des Segelflug-Clubs Fischbek

1958 Fischbeker Heide wird unter Naturschutz gestellt

1960er Jahre Bau der Sandbek-Siedlung

2001 Moorgürtel wird zum Naturschutzgebiet

Eine weitere Abteilung, die dem TV Fischbek und der Hausbruch-Neugrabener Turnerschaft angehört, ist die **Leichtathletik-Gemeinschaft Hausbruch-Neugraben-Fischbek**.

Marinus Bester, Lothar Dittmer und Kreso Kowacec sind nur einige der Namen, die langjährigen Fußballfans ein Begriff sein dürften. Alle drei kommen vom **FC Süderelbe** und haben später in der Bundesliga gespielt. Der seit 1949 bestehende Fußballverein, der sich aus einer Fußballabteilung des TV Fischbek entwickelte, zählt heute rund 500 Mitglieder, davon etwa 300 Jugendliche, die hauptsächlich aus den Siedlungen Sandbek und Neuwiedenthal kommen. Die fünf Herren- und die 16 Jugendmannschaften trainieren und spielen auf den Sportplätzen am *Kiesbarg*, am Opferberg und auf dem Waldsportplatz **Jägerhof** in Hausbruch. In Kürze wird der Verein ein eigenes Vereinshaus mit Jugendtreff beim Sportplatz am *Kiesbarg* beziehen können.

Im Sommer tummeln sich alle gern im **Freibad Neugraben** an der *Neuwiedenthaler Straße*. Das alte Freibad, das aus einem ehemaligen Feuerlöschteich hervorgegangen ist, wurde in den vergangenen Jahren renoviert. Die angrenzende Liegewiese bietet Platz für mehrere Hundert Menschen. Das Bad wird von der Gesellschaft für Arbeit Technik und Entwicklung (GATE) betrieben.

Nicht vergessen werden dürfen die traditionellen Schützenvereine des Stadtteils. Neben dem **Damenschießclub Fischbek**, dem **Schützenverein Neugraben und Umgebung**, dem auch ein Jugendmusikzug angeschlossen ist, und dem **Schützenverein Scheideholz** gibt es den **Schützenverein Fischbek und Umgegend**. Im Jahr 2003 feiert dieser sein 100-jähriges Bestehen. „Jeden Sonntag treffen wir uns auf dem vereinseigenen Gelände mit Schießstand am *Rostweg* zum Übungsschießen mit Frühschoppen“, erzählt der Fischbeker Hans Strüver, der dem Verein seit über 50 Jahren angehört und lange Zeit auch im Vorstand aktiv war. „Bis vor einigen Jahren haben wir bei unseren Treffen und Versammlungen ausschließlich Plattdeutsch gesprochen. Aber momentan findet ein Generationswechsel statt, und wir haben viele jüngere Mitglieder, die kaum Plattdeutsch sprechen. So wird es mit unserer Zweitsprache leider immer weniger.“

Segeln, Singen, Spielen

Besonders schön gelegen ist der **Segelflug-Club Fischbek** am *Scharlbargstieg* in der Fischbeker Heide. 2000 feierte er 50-jähriges Jubiläum. Die Luftfahrttradition begann hier aber schon Anfang des 20. Jahrhunderts mit den Flugversuchen der Gebrüder Rost. Heute sind die ca. 80 aktiven Piloten, sofern das Wetter mitspielt, von Ostern bis Ende Oktober an jedem Wochenende in der Luft. Wer sich die Heide einmal von oben anschauen möchte, kann gern mitfliegen.

In Neugraben-Fischbek wird Gesang groß geschrieben. Hier gibt es nicht nur einen Gesangverein, sondern gleich vier: Der älteste ist der **Männergesangverein Sängerlust-Scheideholz von 1919**. Die rund 35 Sänger des Traditionschors treffen sich jeden Montag von 20 bis 22 Uhr zum Üben im Hotel „Deutsches Haus". Unter Chorleiter Jan Kehrberger werden nicht nur Volkslieder und Geselliges, sondern auch geistliche Lieder und Shantys geübt. Natürlich gibt es auch einen reinen Frauengesangverein, den **Damenchor Neugraben von 1951**, und den **Gemischten Chor Süderelbe von 1983** sowie die **Chorgemeinschaft in Harburg von 1992**.

Im Restaurant „Soldatenheim/Haus Fischbeker Heide", in der Falkenberghalle oder auch mal im Helms-Museum (s. Harburg) führt das Amateurtheater **Störtebeker Speeldeel** volkstümliche Theaterstücke auf Plattdeutsch auf.

Segelfliegen bei Sonnenschein – was gibt es Schöneres?

Soziales, Bildung und Kultur

Neugraben-Fischbek ist ein sozial vielschichtiger Stadtteil. Neben den Wohngebieten von hoher Qualität, wie nördlich der Gesamtschule Süderelbe oder in der Heide, gibt es an der Ecke *Francoper Straße/Rehrstieg* auch die zurzeit größte **Aussiedlerunterkunft** Hamburgs.

Am Rand der Francoper Marsch besteht *Am Aschenland* eine Unterkunft für **Asylbewerber**. Dass hier nicht immer alles ohne Probleme läuft, ist kaum verwunderlich. „Das soziale Engagement der Schulen und Kirchen sowie die vielen Vereine mit sportlicher, sozialer und kultureller Aufgabenstellung helfen maßgeblich bei der Integration der Zuwanderer", betont Ortsamtsleiter Peter Sielaff. So gibt es in Neugraben-Fischbek verschiedene Beratungsstellen für eine Vielzahl von Problemen, u.a. die „Gruppe Elas" der ev.-luth. **Michaelis-Kirchengemeinde**, die sich um Alkoholkranke und deren Angehörige kümmert, die „Kajüte" als psychosoziale Kontakt- und Beratungsstelle im Raum Süderelbe, das „IN VIA Jugendgemeinschaftswerk" mit Beratungs-, Gruppen- und Freizeitangeboten für zugewanderte Jugendliche oder den „Margaretenhort" in der *Neuwiedenthaler Straße* mit der sozialpädagogischen Familienhilfe und flexibler Kinderbetreuung.

Ein weiterer Treffpunkt für Eltern und Kinder ist die **Elternschule Süderelbe** am *Rehrstieg 60*. Vom offenen Treff für Eltern mit Babys über Bewegungsspiele für Kinder, Babymassage und Rückbildungsgymnastik bis hin zu Vorträgen zu Themen wie „Gesunde Kinderernährung" und einem Beratungsangebot sind Eltern und Kinder bei Brigitta Kempeneer und ihren Kollegen gut aufgehoben.

Nebenan im **Stadtteilbüro Süderelbe** wird von der Volkshochschule Harburg das Projekt „Frauen lernen im Stadtteil" angeboten. Die Themen, zu denen man jede Menge Kurse belegen kann,

Daumen hoch für die HNT: Mit peppigem Logo wirbt der Verein zum Mitmachen

umfassen die Bereiche Gesellschaft und Politik, Kultur, Gesundheit und Umwelt, Sprachen sowie EDV und Beruf.

Hits für Kids

Für sinnvolle Freizeitbeschäftigungen der Kinder und Jugendlichen im Stadtteil sorgen u.a. das „Haus für junge Leute" **Michaelis** an der *Cuxhavener Straße*, das **Jugendcafé** in der Gesamtschule Süderelbe sowie das **Haus der Jugend Neuwiedenthal** (HDJ). Im HDJ treffen sich Mädchen und Jungen nicht nur zu den verschiedenen Angeboten aus den Bereichen Sport, Foto, Musik und Computer, sondern auch zum pädagogischen Mittagstisch mit Hausaufgabenhilfe. Im Stadtteil gibt es auch verschiedene Spielplätze, wie den betreuten Spielplatz an der *Bauernweide* und den Bauspielplatz Neuwiedenthal mit Spielhaus, wo Kinder Tischtennis oder Billard spielen oder an den Gruppenangeboten zu Themen wie Computer, Kochen oder Garten teilnehmen können. Darüber hinaus gibt es verschiedene Jugendangebote in der **Sandbek-Siedlung** (s.u.). Schon seit Anfang des 20. Jahrhunderts steht die **Freiluftschule Neugraben** in der Fischbeker Heide ganzjährig für Klassenreisen zur Verfügung.

Bald wird sie Vergangenheit sein: die Röttiger-Kaserne in Fischbek

Die Kinder genießen ihren Aufenthalt in der Freiluftschule Neugraben

Nachbar Bundeswehr

Nur noch wenige Jahre lang wird die Bundeswehr Neugraben-Fischbeks größter Arbeitgeber sein. Die **Röttiger-Kaserne** in Fischbek besteht seit 1949. Hier ist die „Panzergrenadierbrigade 7" zu Hause. Zwischen 1960–64 wurde die Kaserne um etwa 50 Gebäude erweitert. Damit war der heute letzte Bundeswehrstandort Hamburgs zur größten Kaserne der Stadt geworden. Eine wichtige Aufgabe der Bundeswehr ist die Unterstützung der Hamburger Bevölkerung bei Naturkatastrophen. So war ein großer Teil der Brigade bei der Flutkatastrophe 1962 für 15 Tage ununterbrochen im Einsatz (s. Wilhelmsburg).

Noch dienen niedersächsische Teile der Fischbeker Heide als Truppenübungsplatz. Die Kaserne soll Mitte 2004 aufgelöst werden. Gewerbeflächen und ein qualitativ hochwertiger Wohnungsbau sind hier in Planung. Ortsamtsleiter Peter Sielaff: „Dieses Wohngebiet soll so attraktiv gestaltet werden, dass qualifizierte Mitarbeiter der Zukunftsbranchen und ihre Familien sich innerhalb Hamburgs Stadtgrenzen niederlassen und nicht in Niedersachsen."

Großsiedlungen

Zur Versorgung der Bevölkerung mit preiswertem Wohnraum entstanden in den 1960er und 70er Jahren in Neugraben-Fischbek großflächigere Wohnsiedlungen – so auch die **Sandbek-Siedlung**. Mit ihr kamen die typischen sozialen Probleme dieser gedrängten Wohnform in den Stadtteil. Nach Fortzug der Erstmieter vergrößerte sich Jahr für Jahr der Ausländeranteil, und eine schleichende Ghettoisierung war die Folge. Es gab und gibt große Sprachprobleme, Arbeitsplätze für geringer Qualifizierte fehlen, und bis vor einiger Zeit waren auch die Freizeitangebote für Jugendliche sehr dürftig. Abhilfe leistete die **Quartiersentwicklung** der Ge-

Von Moor und Heide

In Neugraben-Fischbek sind Naturlandschaften der ganz besonderen Art beliebte Ausflugsziele für Einheimische und Gäste

Ein Paradies für Erholungsuchende: Die Fischbeker Heide lädt zu stundenlangen Wanderungen ein

Nicht nur die Neugrabener und Fischbeker wissen die schöne grüne Lage ihres Stadtteils zu schätzen. Im Norden befindet sich der unter Naturschutz stehende **Moorgürtel** mit dem Nincoper Moor, den Fischbeker Wiesen, dem Francoper und dem Vierzigstücken Moor – eines der wichtigsten Brutgebiete des Wachtelkönigs in Norddeutschland.

Südlich der B 73 liegt die seit 1958 unter Naturschutz stehende **Fischbeker Heide**, die im Hochsommer farbenprächtig blüht. Sie bildet zusammen mit der **Neugrabener Heide** in Hausbruch nach der Lüneburger Heide die zweitgrößte Kulturlandschaft dieser Art in Deutschland. Das knapp 800 ha große Gebiet ist von einem Wanderwegenetz durchzogen. Die hügelige Landschaft mit dem Trockental ist der vorletzten Eiszeit vor etwa 200 000 Jahren zu verdanken, als der Eisrand im Bereich des heutigen Elbtales lag und Schmelzwasser Sand und Geröll vor dem Gletscherrand aufspülte. Die Vegetation hat sich im Laufe der Jahrtausende immer wieder verändert, bis im **Mittelalter** der Raubbau an den Wäldern – man heizte mit dem Holz die Salzsiedepfannen in Lüneburg – zur Entstehung der Heide führte. Nach und nach erobert sich heute jedoch der Wald die Heidefläche zurück. Um die einzigartige Landschaft zu erhalten, ist daher eine intensive Pflege notwendig, die teils von Menschenhand übernommen wird, teils von den Heidschnucken aus der Lüneburger Heide. Sie weiden hier von April bis Oktober. Untergebracht sind sie im Schafstall am *Fischbeker Heideweg*, direkt neben dem **Informationshaus**.

Der Schafstall beim Informationshaus ist idealer Ausgangspunkt für lange Heidetouren

Im Süden des Areals können sich die Besucher auf einen **archäologischen Wanderpfad** des Harburger Helms-Museums begeben, der durch ein vorgeschichtliches Gräberfeld führt. Und ganz am Ende des *Fischbeker Heidewegs*, beim Hasselbrack, findet man die **höchste natürliche Erhebung Hamburgs**, eine 116,2 m hohe Anhöhe, die kurioserweise keinen Namen hat.

Viel Platz zum Spielen und Toben haben die Kinder auf den Spielplätzen in Neuwiedenthal

sellschaft ASK Hassenstein + Pfadt GmbH. Seit 2001 gibt es im Rahmen der Sozialen Stadtteilentwicklung in der Sandbek-Siedlung das **Stadtteilbüro der ASK** im *Ohrnsweg 2*. Jana Braun und Jens Hardel stehen den Bewohnern der Siedlung zu Gesprächen zur Verfügung und freuen sich über Anregungen und Wünsche zur Verbesserung des Umfelds. So wurde vor kurzem hinter der ev.-luth. **Cornelius-Kirche** zwischen *Fischbeker Heuweg* und *Dritter Meile* eine **Kindertierwiese** eingerichtet. Dazu gehört auch ein Haus mit Aufenthaltsraum. „Auf der Wiese können die Kinder aus der Umgebung sich um die Tiere, darunter Kaninchen, Hühner und Ziegen, kümmern. Das beinhaltet natürlich auch, dass sie die Ställe sauber machen", beschreibt Pastorin Margrit Sierts von der Cornelius- und Michaelisgemeinde die Arbeit auf der Tierwiese. Sie hat maßgeblich zum Gelingen des Projekts beigetragen und ist auch 1. Vorsitzende des Vereins **Kindertierwiese e.V.** „Es gibt aber auch Projekte wie den Bau von Nistkästen oder die Möglichkeit, hier einen Kindergeburtstag zu feiern mit Spielen, bei denen auch die Tiere eine Rolle spielen." Außerdem ist bei der Schule Ohrnsweg und den Außenanlagen des TV Fischbek in den letzten Jahren eine attraktive **Spiel- und Freizeitanlage** mit Mehrzweckspielfeld, Skateranlage, Tischtennisplatten, Wetterhaus mit Grillplatz entstanden.

Blick in den architektonisch interessanten Innenraum der Cornelius-Kirche

Neben dem Stadtteilbüro sind am *Ohrnsweg 2* die „Behindertenberatung Fischbek", die „Mütterberatung" und der „Allgemeine soziale Dienst" untergebracht. Nebenan steht das **Mietercafé Sandbek** für die Bewohner der Siedlung zur Verfügung. So treffen sich hier regelmäßig Frauen mit Kleinkindern und feste Gruppen. Außerdem finden Mieterveranstaltungen statt. Dass die Sandbeker aktiv sind, zeigt u.a. auch die **Mieterinitiative Sandbek**, die sich für die Lebensqualität in der Siedlung einsetzt.

Neben der Kinderfreizeitstätte **Baui** mit großem Spielplatz und Haus gibt es das **Freizeitzentrum Sandbek**. Diese offene Kinder- und Jugendfreizeiteinrichtung bietet neben Musik- und Sportgruppen und der Hausaufgabenhilfe auch ein Freizeitangebot wie Billard und Kickern an. Die **Straßensozialarbeit Sandbek** widmet sich mehr älteren Jugendlichen und jungen Erwachsenen. Marina Eibner und Cornelia Sommer unterstützen bei der Arbeitssuche, z.B. mit Bewerbungstrainings und Computerangeboten. Darüber hinaus organisiert die Straßensozialarbeit das offene Fußballangebot in der Halle der Grundschule am *Ohrnsweg*.

Auch in der **Großsiedlung Neuwiedenthal**, die zu einem kleinen Teil zu Neugraben gehört, hat sich in den letzten Jahren viel verändert (s. Hausbruch). Dazu gehört der Bau der neuen Dreifeld-Sporthalle der **Gesamtschule Süderelbe** am *Neumoorstück*. Hier wird nicht nur Schul- und Gruppensport betrieben, sondern auch Leistungssport. Mit den beweglichen Tribünen für ca. 1000 Zuschauer ist die Halle auch zur neuen Heimat der Bundesliga-Volleyballdamen vom TV Fischbek geworden.

Neues in Neugraben

Im Zentrum des Ortsamtsgebiets Süderelbe wird sich in Zukunft einiges ändern. Zuerst ist das **Bürgerhaus Süderelbe**

Spiel und Spaß auf der neuen Freizeitanlage am Ohrnsweg

Die Marktpassage ist eine beliebte Einkaufsstraße

zu nennen, das 2003 gegenüber dem S-Bahnhof Neugraben eröffnet werden soll. Übrigens ist die 300 m lange **Fußgängerbrücke** nebenan die längste Hamburgs.

Nördlich der S-Bahn liegt das Stadtplanungsgebiet **Neugraben-Fischbek 15**. Ursprünglich sollten im Gebiet des Wachtelkönigs 3000 Wohneinheiten für etwa 10 000 Menschen entstehen. Heute ist ein neuer Bebauungsplan für ca. 1500 Wohneinheiten mit gehobener Ausstattung in Arbeit.

Einkaufen

Die *Neugrabener Bahnhofstraße*, der Markt mit der Fußgängerzone/*Marktpassage* und das sich anschließende **Süderelbe Einkaufszentrum** (SEZ) sind Einkaufs-Anziehungspunkt für den gesamten Süderelberaum. Dienstag-, donnerstag- und samstagvormittags ist auf dem Platz gegenüber dem Ortsamt **Wochenmarkt**. Es gibt ihn schon seit 1948. Neben Lebensmitteln sind Haushaltswaren und sogar Kleidung und Schuhe im Angebot. Neben dem Einkauf tauscht man die letzten Stadtteilneuigkeiten. Beim Ortsamt liegen auch das **Polizeikommissariat 47**, die **Bücherhalle** und das **Regionalbad Süderelbe**.

Köpfe

Seit 30 Jahren ist **Hilda Thiemann** 1. Vorsitzende des Ortsvereins der Landfrauen in Neugraben-Fischbek. „Früher kamen alle Frauen, die dem Verein angehörten, aus der Landwirtschaft. Heute ist das nicht mehr so. Hier in Neugraben gibt es nur noch eine Hand voll Bauern." Im Sommer wird vom Landesverband der Landfrauen eine Tagesausfahrt für alle Vereine organisiert. Und im Winter kümmert sich Hilda Thiemann darum, dass alle vier Wochen ein Treffen zu einem bestimmten Themengebiet oder auch mal ein Theaterbesuch stattfindet. Darüber hinaus betreibt sie seit mehr als zehn Jahren Heimatforschung.

Gabriele Oertel malt schon seit ihrer Schulzeit gern und viel. Bei einem Malkurs des Hausbrucher Künstlers Gottfried Goldammer entdeckte sie ihre Leidenschaft für die Aquarellmalerei. Ihre Motive entlehnt die zweifache Mutter zu einem großen Teil ihrer Fischbeker Umgebung und deren Geschichte – gern malt sie alte Bauernhäuser.

1985 hatte **Heiko Hornbacher** die Idee, eine Jugend- und Studenten-Gaststätte zu eröffnen. In einem ehemaligen Schuhgeschäft setzte er sie um. Längst hat sich das „Donnerwetter" in der *Cuxhavener Straße 284* auch beim älteren Publikum etabliert. Der kreative Neugrabener ist inzwischen auch in Wilstorf nahe der Harburger Innenstadt aktiv und eröffnete vor kurzem ein Lokal am Außenmühlenteich. Schon seit Jahren organisiert Heiko Hornbacher das Harburger Außenmühlenfest sowie das Rathausfest mit Tanz in den Mai.

Sie engagieren sich im Stadtteil: Hilda Thiemann, Gabriele Oertel und Heiko Hornbacher

Neuland

zählt zu den facettenreichsten Stadtteilen im Bezirk Harburg: Während westlich der Autobahn das Industriegebiet um den Großmoorbogen weiter anwächst, erinnert im Osten von Neuland noch vieles an die bäuerlich-dörfliche Vergangenheit. Und mit dem ältesten Baum Hamburgs hat Neuland sogar ein Naturdenkmal

Steckbrief

Fläche:
8,045 km²
Einwohner:
1448
Verwaltung:
Bezirk Harburg, Kerngebiet
Ortsteil:
703

Das Rentiergeweih (8000–9000 v. Chr.) kann im Helms-Museum in Harburg besichtigt werden

Kaum ein anderer Hamburger Stadtteilname ist so selbst erklärend wie der Neulands: Auf Initiative von Herzog Otto II. von Braunschweig-Lüneburg setzte Ende des 13. Jahrhunderts die Kultivierung der süderelbischen Uferzone ein: **Neues Land** wurde urbar gemacht und gab dem heutigen Stadtteil später seinen Namen. Vermutlich existierte schon davor eine auf einer Insel zwischen Norder- und Süderelbe gelegene Ortschaft, für die der Name **Lewenwerder** letztmals 1309 urkundlich belegt ist. Erst durch Deichbaumaßnahmen und Flussregulierungen wurde die Elbinsel mit dem Festland verbunden.

Großsäuger gesichtet

Beim Ausheben der Baugrube für den südlichen Brückenpfeiler der Autobahn A1 über die Süderelbe fanden Bauarbeiter 1937 ein Stück Rengeweih. Da solche Funde häufig zutage kamen, wenn im früheren Elbbett gegraben wurde, legte man das Geweihstück unbeachtet beiseite. Der Begründer des Helms-Museums in Harburg, Willi Wegewitz, erkannte einige

Zeit später, dass es sich bei dem „vergessenen“ Geweihstück um ein in vorgeschichtlicher Zeit bearbeitetes **Rengeweihbeil** handelte. Unzählige weitere Knochen von **eiszeitlichen Großsäugern** wie Ur, Fellnashorn und Mammut wurden nach 1959 durch den Saugbagger der Firma Neuland-Beton aus dem Elbe-Urstromtal ans Tageslicht befördert.

Aus der Geschichte

Die Geschichte des heutigen Stadtteils begann 1296, als Herzog Otto II. verschiedene Rechte und Privilegien an

diejenigen Siedler verlieh, die sich verpflichteten, das östlich von Harburg gelegene Marschland zu kultivieren. Schon 1310 besaß das Dorf eine eigene Kirche. In die Mitte des 16. Jahrhunderts fällt die Neueindeichung der Gemarkung, deren

Entwicklung durch Sturmfluten immer wieder beeinträchtigt wurde. Zusammen mit Over bildete Neuland eine der zehn **Vogteien des Amtes Harburg**. Aus dem 17. Jahrhundert stammt das erste schriftliche Zeugnis der **Neuländer Communion**, einer aus 26 „Interessenten" bestehenden Gemeinschaft, die sich zur Verwaltung der Ländereien zusammengeschlossen hatte (s. Bürgergeschichten). Aus dem Harburger Erbregister erfahren wir, dass 1667 Neuland ein recht großes Dorf war, in dem neben den 26 Hufnern auch 17 Kätner lebten. In den napoleonischen Kriegen wurde Neuland 1814 niedergebrannt. Ende des 19. Jahrhunderts erfolgte die Eingemeindung von Teilen des Dorfes nach Harburg; schließlich wurde Neuland im Rahmen des **Groß-Hamburg-Gesetzes 1937/38** verwaltungsmäßig vom Landkreis Harburg nach Hamburg eingegliedert. Schon 1934 war die **Erwerbslosensiedlung Wohlersweg** gegründet worden, und nach dem Zweiten Weltkrieg legten dann Flüchtlinge auf landwirtschaftlichen Nutzflächen den Grundstein für die **Siedlung Neuland**. Große Teile des übrigen – westlich der Autobahn gelegenen – Nutzlandes kaufte die Stadt auf: Seit 1969 entwickelte sich rund um den Großmoorbogen ein bedeutendes Industriegebiet im Bezirk Harburg.

Neuländer Geselligkeit

Ähnlich vielseitig, wie sich der Stadtteil nach außen präsentiert, geht es auch im Neuländer Stadtteilleben zu: Neben der **Freiwilligen Feuerwehr** ist hier besonders der **Schützenverein Neuland** zu erwähnen. Die Mitglieder des 1920 gegründeten Vereins sind nicht nur beim Schießen aktiv, sondern auch, wenn es um die Ausrichtung ihrer Schützenfeste geht, die zu den jährlichen Highlights im Veranstaltungskalender Neulands zählen. Ihre Vögel abschießen wollen die Schüler der kleinen **Grundschule Neuland**

Die Süderelbe ist das viel geschätzte Revier der Mitglieder des Neulander Yacht Clubs

Dörfliches Leben am Deich

Hamburgs ältester Baum: die Eibe am Neuländer Elbdeich

Bürgergeschichten

„Seit 1296 ein Toast auf den Herzog"

Margit Lorenz erzählt, warum Neuländer seit dem Mittelalter bis heute begeistert auf ihren Herzog anstoßen

Der Silbervogel kann in der Dependance Alte Feuerwache des Helms-Museums in Harburg besichtigt werden

Ihre Gründung geht zurück auf einen Privilegienbrief aus dem Jahre 1296 von Herzog Otto II., dem Gestrengen, von Braunschweig und Lüneburg. Nach Beendigung der Eindeichung des Elbstromtals wollte er Siedler in die damals noch unwegsame Wildnis östlich der Horeburg (Harburg) locken. Um den Menschen die beschwerliche Urbarmachung des Busch- und Sumpflandes schmackhaft zu machen, gewährte ihnen der Herzog für die damalige Zeit ungewöhnlich großzügige Rechte. Ihre Abgaben lagen weit unter denen anderer Dörfer. Er schenkte ihnen Zollfreiheit für Holz und Weide sowie freie Gerichtsbarkeit.

Die Schriftführerin der „Neuländer Communion", Margit Lorenz

Das Verlockendste aber war für die Lewenwerderer, wie die Neuländer damals hießen, die Bestimmung, dass jedem Siedler nach einem Jahr Aufenthalt die persönliche Freiheit geschenkt wurde. Alle bekamen ein kleines Stück Land zugewiesen. Insgesamt gab es 27 Parzellen, von denen aber nur 26 vergeben wurden. Den 27. Teil nannte man „Aller Landleute Land". Es wurde in 26 Anteile aufgeteilt und gemeinschaftlich verwaltet. Die Zahl der Anteile blieb immer unangetastet, die der Anteilseigner hingegen wechselten. Zunächst wurde der erwirtschaftete Überschuss der vereinnahmten Gelder ausgeliehen, ab 1642 aber unter den Landleuten verteilt. Diese Verteilung wurde zu einer jährlich wiederkehrenden Einrichtung. Jedes Jahr zu Mariä Lichtmess am 2. Februar treffen sich seither die Mitglieder der Communions-Interessentenschaft zu Neuland, um zu Ehren von Herzog Otto II. zu essen und zu trinken.

Zeitweise war die Interessentenschaft sehr wohlhabend. Um 1628 befand sich in ihrer Lade ein ansehnlicher Silberschatz. Es handelte sich um eine silberne Kette mit 29 großen und kleinen Schildern, einen silbernen Vogel und Tafelgeschirr. Der silberne Vogel soll heute noch die Königskette des Harburger Schützenvereins zieren. Es geht die Sage, dass Herzog Otto III. eine Liebschaft mit einer nicht adeligen Jungfrau aus Wilhelmsburg hatte. Er musste fliehen und wurde von den Neuländer Bauern vor seinen gewalttätigen Verwandten versteckt. In einer Nacht-und-Nebel-Aktion, so wird gemunkelt, sollen sie ihn mit einem Boot über die Elbe gebracht haben. Zum Dank dafür schenkte er ihnen den Silberschatz. Aus seiner Liaison ging eine uneheliche Tochter hervor.

Heute könnte man die Neuländer Communions-Interessentenschaft als eine Art privatrechtliche, an ein Vermögen gebundene Genossenschaft mit frei verkäuflichen Anteilen bezeichnen. Alle Zahlungen und Begebenheiten werden in große Rechnungsbücher eingetragen, die Pachtzahlungen immer noch traditionsgemäß in bar entrichtet. Das erste Dokument ist ein in Schweinsleder gebundenes Rechnungsbuch aus dem Jahre 1615 mit der Aufschrift: „Deo Soli Gloria" (Gott allein die Ehre). Aufbewahrt wird das Buch nun im Staatsarchiv Hamburg. Irgendwann wird wohl auch das heute geführte Rechnungsbuch als wichtiges Dokument dort seinen Platz finden und dann auch der Nachwelt an unseren Zeiten teilhaben lassen.

natürlich nicht. In dem zur Schule gehörenden kleinen **Haustierzoo** hegen und pflegen sie Hühner, Tauben, Gänse und Schafe und allerlei anderes Getier unter Anleitung von Hausmeister Genner. Nicht nur Neuländer Kinder besuchen die Zwergschule am *Neuländer Elbdeich*, sie ist auch **Bezugsschule** für die niedersächsischen Ortschaften Over und Bullenhausen. So werden in jedem Schuljahr 160–180 Kinder unterrichtet, sodass der Fortbestand der Bildungseinrichtung auch für die Zukunft gesichert ist.

Volle Kraft voraus

Das Vereinshaus des **Kanusport Harburg e.V.** bekommt bei einer steifen Brise schon mal nasse Füße, und wer meint, ein paar Meter sparen zu

wollen, und deshalb sein Auto vor dem Deich direkt an der Vereinszentrale parkt, der kann bei widrigen Winden eine feuchte Überraschung erleben. Dafür genießen die 130 Mitglieder des 1953 gegründeten Vereins einen wirklich unverbaubaren Blick auf die Süderelbe und haben es so auch nicht weit, ihre Boote zu wassern. In direkter Nachbarschaft liegen die schwimmenden Gefährte der **Harburger Wandersegler**, des **Harburger Kanuclubs** und des **Ruderclubs Süderelbe**.

Und nun soll der Stadtteil sogar um eine weitere Wassersport-Attraktion reicher werden: Im Jahr 2002 wird am Westufer des Baggerteichs Neuland die **erste Wasserski-Seilbahn** im Großraum Hamburg entstehen. Und dann dürfen sich die Wassersportler freuen, nun endlich auch in Hamburg ihrem exklusiven Hobby nachgehen zu können. Zu dem Konzept des Betreibers Peter Schattenfroh gehört ferner die großzügige Gestaltung der Außenanlagen mit einem Bistro, das direkt neben dem kleinen – weiterhin öffentlich zugänglichen – **Sandstrand** entstehen soll. Die übrigen Bereiche des Sees bleiben als Landschaftsschutzgebiet eine viel genutzte grüne Stadtteiloase mit Wanderwegen und Angelstegen, die längst nicht nur von Neuländern geschätzt werden.

Beschäftigungsfelder

Nur die wenigsten Hamburger, die an der **Autobahnausfahrt Hamburg-Harburg** die A1 verlassen, wissen, dass sie sich nun mitten im Zentrum von Neuland befinden. Wer dann Richtung Fünfhausen abbiegt und dem *Neuländer Elbdeich* folgt, bekommt einen Eindruck von der **alten Flur- und Hufeneinteilung** des Dorfes. Es gibt nur noch einen Vollerwerbsbauern im Stadtteil, aber einige Neuländer betreiben die Landwirtschaft als Nebenerwerbsquelle weiterhin.

Westlich der Autobahn – und dadurch natürlich ausgesprochen verkehrsgünstig gelegen – präsentiert sich das industriell und

Neuland natürlich: artgerechte Kleintierhaltung im Schulzoo und sportlicher Einsatz auf der Süderelbe. Unten: Gewerbegebiet am Großmoorbogen

Zeitleiste

1296 planmäßige Kultivierung des Marschlandes

1814 Neuland wird niedergebrannt

1888 11,3 ha nach Harburg eingemeindet

1937/38 Eingemeindung nach Hamburg

1962 Sturmflut – große Teile Neulands sind überspült

2001 Baubeginn PrimeParc

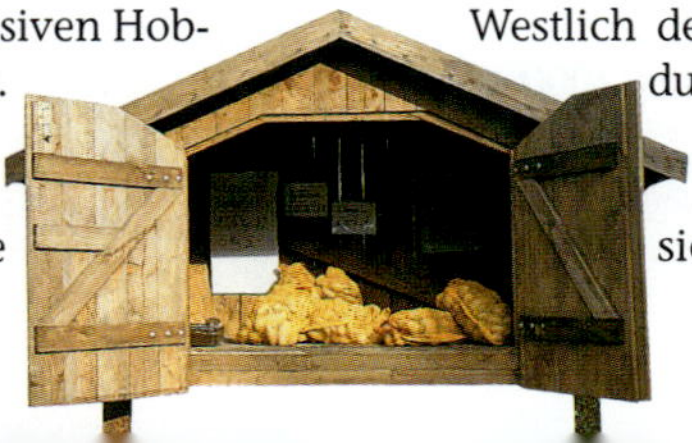

Straßenverkauf: Neuländer Kartoffeln von Bauer Wülfken

Die Siedlung Wohlersweg entstand im Niedersachsenstil

Neuländer Wohngemeinschaften

Die meisten alteingesessenen Stadtteilbewohner leben am *Neuländer Elbdeich*, viele von ihnen in den Häusern, die schon seit mehreren Generationen in Familienbesitz sind. Auch schon lange Zeit wohnen hier – ganz im Stadtteil-Osten – die Fünfhausener und bilden eine kleine Gemeinschaft, ähnlich wie ihre Namensvettern auf der gegenüberliegenden Elbseite in Kirchwerder. Nachbarschaftlicher Zusammenhalt prägt auch die Bewohner der **Siedlung Wohlersweg** und die **Siedlergemeinschaft Neuland ehemals Femerling**. Während die Häuser am *Wohlersweg* planmäßig und mit einer Ansiedlungsgenehmigung als **Selbsthilfe-Wohnungsbau für Erwerbslose** errichtet wurden, mussten die Neuland-Siedler, die auf dem Gelände der Erbengemeinschaft Femerling nach dem Zweiten Weltkrieg provisorisch gebaut hatten, bis 1989 darum kämpfen, offiziell als Wohngebiet anerkannt zu werden.

gewerblich geprägte Neuland. Das **Gewerbegebiet Großmoorbogen** wurde 1969 ausgewiesen, und neben Bau- und Elektromärkten ist hier u.a. der TÜV zu Hause. In direkter Nachbarschaft an der *Neuländer Straße* war Ende Juni 2001 Baubeginn für den ersten der geplanten vier Bauabschnitte des **PrimeParcs**, eines als Gesamtheit durchgestalteten Gewerbeparks. Auf fast vier Hektar soll eine harmonische Gesamtanlage entstehen, deren einzelne Bauelemente sich um eine „grüne Mitte" gruppieren werden.

Die ersten Kleingärtner siedelten sich schon in den 1920er Jahren in Neuland an

Wahlverhalten

... zur Bürgerschaft 2001 (gesamt)

Wahlbeteiligung	71,0%
SPD	36,5%
CDU	26,2%
Schill-Partei	19,4%
Grüne/GAL	8,6%
FDP	5,1%
Übrige	4,2%

... zur Bürgerschaft 2001 (Stadtteil)

Wahlbeteiligung	74,8%
SPD	33,0%
CDU	21,9%
Schill-Partei	32,5%
Grüne/GAL	4,7%
FDP	4,4%
Übrige	3,6%

Stadtteil-Profil

	Neuland*	Bezirk	Hamburg
Bevölkerung gesamt (2000)	1595	196 263	1 704 929
Unter 18-Jährige in %	21,9	19,2	16,1
65 Jahre und älter in %	12,6	16,9	17,0
Deutsche	1263	157 260	1 432 325
Ausländer in %	20,8	19,9	16,0
Einwohner je km²	159	1222	2258
Sozialstruktur			
Sozialhilfeempfänger (2000)	36	17 127	120 461
Arbeitslose (2001)	43	10 107	71 963
Eink. je Steuerpfl. in DM (1995)	65 577	56 444	65 579
Wohnen (2001)			
Wohngebäude	397	27 486	226 061
Ein- und Zweifamilienhäuser in %	87,2	25,3	20,5
Ø Wohnungsgröße in m²	93,2	69,9	71,0
Wohnfläche je Einwohner in m²	30,0	32,5	35,7
Verkehr			
Private Pkw (2001)	725	70 144	628 119
Straßenverkehrsunfälle (2000)	68	1197	12 430
Kriminalität			
Straftaten insgesamt (2000)	594	26 879	284 272

* Angaben aus datenschutzrechtlichen Gründen zusammen mit Gut Moor

Erholung pur: das Landschaftsschutzgebiet rund um den Neuländer Baggersee

Natur unter Schutz

Im Vorüberfahren fällt die **Eibe** am *Neuländer Elbdeich* nicht besonders auf – man wundert sich höchstens ein wenig über die Eisenringe um den Stamm. Tatsächlich handelt es sich – da sind sich die Botaniker einig – um den wohl **ältesten Baum Hamburgs**. Über das exakte Alter des Baumveteranen kursieren dagegen unterschiedliche Schätzungen: Aufgrund seines Umfangs von etwas über drei Metern und einer Höhe von zehn Metern werden dem Baum zwischen 800 bis über 1000 Lebensjahre zugeschrieben. Bereits 1936 wurde die urige Eibe zum Naturdenkmal erklärt. 1970 erfolgte eine umfangreiche Baumsanierung: Obwohl seither nur noch die äußeren Rindenteile stehen, kann die Eibe weiter wachsen, denn die Wasser- und Nährstoffaufnahme funktioniert noch.

Knapp 60 Jahre nach der Unterschutzstellung des Rekordbaums erfolgte 1993 die Ausweisung eines Neuländer Naturschutzgebiets (NSG). Das 30 ha große **NSG Schweenssand**. wird von der **Gesellschaft für ökologische Planung e.V.** (GÖP) betreut, deren Mitarbeiter sich seit 1994 mit viel Engagement und Sachverstand dafür einsetzen, die Strukturvielfalt der Süßwasser-Tideauen zu erhalten und weiter auszubauen.

Blick auf die Süderelbe vom NSG Schweenssand

Köpfe

Als „Hahn im Korb“ könnte man – in Anbetracht des Schulzoos – **Klaus-Dieter Oyss** bezeichnen. Seit 1996 ist er Schulleiter der Grundschule Neuland und zugleich die einzige männliche der insgesamt zehn Lehrkräfte. Schwerpunktmäßig vermittelt der „Direx“ Computerwissen und sorgt dafür, dass seine Schützlinge auch körperlich fit sind. Da die Schule über keine eigene Turnhalle verfügt, fährt Herr Oyss mit den Dritt- und Viertklässlern jede Woche zum Schwimmen.

Inmitten der großen Filialisten am *Großmoorbogen* mutet der Familienbetrieb von **Otto Wedemann** ganz bodenständig an. Aber nur auf den ersten Blick: Das über hundertjährige Backhaus Wedemann hat immer nach den neuesten Techniken produziert und mit seinen über 350 Lieferkunden von Hotels bis zu Schiffsausrüstern eine Marktnische erfolgreich besetzt.

Arbeiten in Neuland: Klaus-Dieter Oyss und Otto Wedemann

Neustadt

ist als Teil der Hamburger Innenstadt voller Geschichte, wichtiger Institutionen und Unternehmen. „Michel", Jungfernstieg und Niederhafen zeigen ihre Vielfalt: Kunst und Kultur, Shopping an der Alster, Flanieren an der Elbe. Alstervergnügen, Fleetinsel-Festival und Hafengeburtstag sind beliebte Publikumsmagneten

Steckbrief

Fläche:
2,233 km²
Einwohner:
11 912
Verwaltung:
Bezirk Hamburg-Mitte, Kerngebiet
Ortsteile:
104–107

Der Stadtteilname „Neustadt" klingt selbsterklärend und führt doch immer wieder zu Irritationen. Dies liegt daran, dass es sich nicht um das erste Hamburger Gebiet mit dieser Benennung handelt.

Namensvorgängerin war die Ende des 12. Jahrhunderts westlich des Nikolaifleets auf heutigem Gebiet des Stadtteils Hamburg-Altstadt gegründete Kaufmannssiedlung. Vor rund 400 Jahren ging der Name dieser ersten Neustadt auf die große, westlich von ihr neu zur inneren Stadt hinzugekommenen Fläche über. An die erste Neustadt erinnert alljährlich der „Hafengeburtstag", gefeiert wird vor allem im heutigen Stadtteil dieses „Secondhand"-Namens.

Bewahrt vom Verein geborener Hamburger: Schloss des Millerntors

Aus der Geschichte

Die bis heute fast unverändert gebliebenen Grenzen der Neustadt wurden 1616–28 gezogen, als sich Hamburg aus militärischen Gründen mit einem großen Festungsring umgab. Westlich vor der bisherigen Verteidigungslinie (**Herrengraben**- und **Bleichenfleet**) kam damit ein weites, noch fast unbebautes Gebiet zur geschützten Stadt hinzu. Es bannte die Gefahr, dass von seiner bis zu 30 m höheren Lage in die Stadt geschossen werden konnte, und bescherte zugleich eine enorme Flächenreserve.

Die von großen Gärten geprägte Neustadt verdichtete sich nur langsam. 1648 wurde die erste St. Michaeliskirche errichtet. Sie benannte 1677 auch das **neue Kirchspiel**, das acht Jahre später als fünftes in Hamburg auch politisch voll gleichberechtigt wurde. Doch allein durch fehlenden Anschluss an das altstädtische Fleet- und Hafensystem waren die Neustädter Grundstücke deutlich weniger attraktiv als Altstadtlagen. Auch das wirtschaftliche und politische Zentrum verblieb östlich von Herrengraben und Bleichenfleet. So kam es, dass das Kirchspiel

Wahrzeichen von Stadt und Stadtteil: Jungfernstieg und Michel

St. Michaelis nie an den Glanz der älteren Verwandtschaft heranreichen konnte und schwache Konjunkturphasen in der überwiegend von einfachem Mietwohnungsbau geprägten Neustadt schnelle Wirkung zeigten.

Gängeviertel und Neuer Wall

Mit dem starken Bevölkerungszuwachs im Hamburg des ausgehenden 18. Jahrhunderts wurden die eng bebauten Wohnquartiere stetig weiter verdichtet, die Stadt platzte aus allen Nähten. Vor allem in Hafennähe kam es in den engen **Gängevierteln** zur Verschlechterung der Lebensbedingungen.

1885 lebten 99 634 Menschen in der Neustadt – hier forderte der letzte Hamburger Ausbruch der Cholera sieben Jahre später besonders viele Opfer. In der NS-Zeit wurden mit dem Abbruch der letzten Gänge in der Gegend um den *Großneumarkt* zugleich die Anhänger der verbotenen KPD bekämpft.

Aber es gab auch die elegante Neustadt: Auf dem 1707 zur Straße umgewandelten **Neuen Wall** wollte der Rat nur vornehme Häuser entstehen sehen und verbot die vormals hier ansässigen geruchsintensiven Färber- und Gerbergewerbe.

Und mit der Umwandlung des Befestigungsrings in die nun schön gestalteten **Wallanlagen** Anfang des 19. Jahrhunderts wurde es ein noch gepflegteres Bürgervergnügen, in Sonntagskleidung darauf zu promenieren. Ab 1861 waren die Stadttore auch nachts frei passierbar.

Görtz-Palais und Stadthaus

Der größte Bau auf dem *Neuen Wall* wurde das **Görtz-Palais**. Seit den 1720er Jahren ließ Hamburg hier die kaiserlichen Gesandten wohnen, 1811–14 war es französische Mairie und diente danach vielen offiziellen und offiziösen Zwecken (u.a. dem ersten Hauptbüro der Hamburger Sparkasse), später bis zur Zerstörung 1943 nur noch der Polizei. 1892/1923 wurde es bis zur *Stadthausbrücke* und über das Blei-

Im Görtz-Palais auf dem Neuen Wall wohnte nur wenige Jahre ein Adliger. Hinter der 1943 zerstörten Fassade entstand ein siebengeschossiges Bürogebäude

Blick in den Küperhof, Ecke Hohler Weg im Südteil der Neustadt, um 1910

Die Franzosenzeit

1806 ließ Napoleon auch Hamburg besetzen und machte die Stadt 1811 zum Teil des französischen Kaiserreichs. Im Winter 1813/14 kam es zur Katastrophe

20 000 Hamburger, die sich nicht ausreichend mit Belagerungsvorräten versorgt hatten, wurden an Weihnachten 1813 aus der Stadt getrieben. Das Gemälde zeigt die Sammelstelle in der Petrikirche

Kurz nach der preußischen Niederlage in der Schlacht bei Jena und Auerstedt rückten am 18. November 1806 2600 Soldaten in Hamburg ein. Die neutrale Stadt war wie ihre alten Schwestern Bremen und Lübeck wegen Napoleons Wirtschaftskrieg gegen England ins französische Interesse geraten. Alle Handelswaren von und nach der Insel wurden beschlagnahmt, viele öffentlich verbrannt. Es galt die **Kontinentalsperre**.

Die Besatzer brachten viele Neuerungen: Gerichtswesen nach französischem Muster, rechtliche Gleichstellung der Bewohner, allgemeine Religionsfreiheit (1808 für Juden wieder eingeschränkt). Den Vorteilen stand meist mangelhafte Umsetzung entgegen, und Hausdurchsuchungen, Verhaftungen, hohe Steuerleistungen waren zu ertragen. Zugleich setzte schneller wirtschaftlicher Niedergang ein. Die Engländer hatten 1807 mit einer Gegenblockade reagiert, bald lagen rund 300 Hamburger Seeschiffe im Hafen. Auch **blühender Schmuggel** über Altona und später über Helgoland an die schleswig-holsteinische Küste (Tönning) nutzte nur wenigen. 1810 musste die 1788 gegründete „Allgemeine Armenanstalt" ihre Leistungen einstellen. Zuletzt hatte sie fast jeden fünften Bewohner finanziell unterstützt.

Ab 1811 gehörte Hamburg dem neu gegründeten Departement Elbmündung an und war damit **Teil Frankreichs** geworden. Das Rathaus wurde Gerichtsgebäude, das Görtz-Palais die Mairie für Amandus Augustus Abendroth (s. Hamm-Mitte). Nach der Niederlage Napoleons in Russland 1812 kam es zu erneuten Unruhen in der Bevölkerung, und schließlich zogen die Besatzer im März 1813 ab. Doch schon im Mai kehrte Marschall Davout zurück und ließ die Stadt zur **Festung** ausbauen. Bis weit ins Umland wurden zur Schaffung eines **freien Schussfeldes** gegen russische Belagerer Häuser zerstört und Bäume gefällt.

Mit der Übergabe an die Belagerer am 30. Mai 1814 endete die Franzosenzeit endgültig. Alle Neuerungen, auch die von führenden Hamburger Köpfen sehr begrüßten, wie die Trennung von Kirche und Staat, wurden aufgehoben.

chenfleet hinaus verlängert. Nach der Zerstörung kaufte der Germanische Lloyd das Grundstück und errichtete ein siebengeschossiges Bürohaus hinter der Fassade.

Kultur im Zentrum

Als innerstädtischer Stadtteil ist die Neustadt Heimat vieler Kulturinstitutionen, die weit über die Quartiersgrenzen hinaus wirken, so die **Landeszentrale für Politische Bildung** an den *Großen Bleichen 23*. Die überparteilich arbeitende Einrichtung ging 1974 aus dem 1956 gegründeten „Kuratorium für staatsbürgerliche Bildung" hervor und ist der Schulbehörde angegliedert. „Aufgabe der Landeszentrale ist die Koordinierung und Förderung der politischen Bildungsarbeit", berichtet Leiterin Helga Kutz-Bauer.

In direkter Nachbarschaft liegen die Zentral- sowie die Musikbibliothek der **Hamburger Öffentlichen Bücherhallen** (HÖB) im Kontorhaus „Kaisergalerie" an den *Großen Bleichen 23–25*. Die Bücherhallen entstanden 1898/99 auf Initiative der „Patriotischen Gesellschaft" (s. Hamburg-Altstadt). Die erste Leih-Bibliothek wurde 1899 an den *Kohlhöfen* eröffnet. Auch in den einzelnen Stadtteilen entstanden Büchereien, oft von Vereinen gegründet. 1919/20 wurde die **Stiftung Hamburger Öffentliche Bücherhallen** geschaffen. Neben der Zentrale gibt es weitere 41 Bücherhallen in den Stadtteilen und drei Fahrbüchereien. Die zentrale Kinderbibliothek befindet sich in der Bücherhalle Altona. Heute leihen rund 4,3 Mio. Besucher jährlich mehr als 9 Mio. Bücher, CDs und andere Medien bei den HÖB aus.

HAMBURGER ÖFFENTLICHE BÜCHERHALLEN

Landeszentrale für politische Bildung HAMBURG

Fantasie und Original: Die historisierenden Fassaden in der Peterstraße und der Rest des Bäckerbreitergangs sind wichtige Neustädter Baudenkmale

Das Alte schützen

In einem Stadtteil mit viel Geschichte ist die **Stiftung Denkmalpflege Hamburg** am rechten Platz. Sie wurde 1978 vom Senat ins Leben gerufen. Erstes Projekt war 1980–84 die Restaurierung der Fachwerkhäuser am *Bäckerbreitergang*. Das Büro der Stiftung liegt – wie jenes des **Vereins Freunde der Denkmalpflege e.V.** – im spätbarocken Gebäude am *Dragonerstall 13*. Für Förderung von Denkmalschutz und -pflege in der Hansestadt stehen jährlich durchschnittlich 300 000 Euro zur Verfügung. Das Besondere: „Als einzige Landesstiftung besitzt die Stiftung auch mehrere denkmalgeschützte Bauten. Darunter die letzten erhaltenen Gänge am Bäckerbreitergang und das englische Generalkonsulat am Harvestehuder Weg“, erzählt Geschäftsleiterin Irina von Jagow. Denkmal- und Heimatpflege ist auch ein Anliegen der **Carl-Toepfer-Stiftung** – benannt nach dem Vater Alfred Toepfers (s. Wohldorf-Ohlstedt) in der *Peterstraße*. Sie errichtete ab 1966 die Wohnanlage *Peter-/Neanderstraße/Hütten* nach alten Plänen unter Einbezug des früheren Beylingstifts (1751) zusammen mit vielen historisierenden Bürgerhausfassaden neu – solche Pracht stand zwar nie in der Neustadt, aber bei dem spärlichen Hamburger Altbestand ist es doch ein Gewinn für Hamburg. Auch die „Niederdeutsche Bibliothek“ der Stiftung liegt hier.

Hamburg museal

Das **Museum für Hamburgische Geschichte** am *Holstenwall 24* ist das größte stadtgeschichtliche Museum Deutschlands. Auf insgesamt 7000 m² Ausstellungsfläche wird Hamburgs Werden von den Anfängen bis zur Gegenwart gezeigt. Politik und Wirtschaft sind dabei ebenso wichtig wie soziale Veränderungen, Verkehrs-, Technik-, Kultur- und Mentalitätsgeschichte. Der Große Brand ist dokumentiert, die Weltkriege und die Geschichte der Juden in der Hansestadt.

Ende 2001 eröffnete die neue Abteilung „Hamburg im 20. Jahrhundert“, die in Einzelszenarien vom Kaiserreich bis in die Gegenwart führt. Gefördert wird das Museum vom 1985 gegründeten **Verein der Freunde des Museums für Hamburgische Geschichte**. Eine besondere Attraktion des Museums ist das **Café Fees** im seit 1989 überdachten Atrium – ein In-Treff, nicht nur bei Neustädtern.

Die Neustadt erklingt

Mit der **Musikhalle** liegt eine weitere Kultur-Institution im Stadtteil. Die neobarocke Konzerthalle am *Johannes-Brahms-Platz* ist nach dem in der Neu-

Zeitleiste

1616–26 Durch Anlage des Festungsrings entsteht die Neustadt

1648–61 Bau der ersten Michaeliskirche

1820er Jahre Entfestigung und Anlage der Wallanlagen

1867/92 Wex- und Kaiser-Wilhelm-Straße angelegt

ab 1933 Abbruch der letzten Gängeviertel (Großneumarkt)

1943 starke Zerstörungen durch Luftangriffe

1953–63 Anlage der Ost-West-Straße

2000 25. Altervergnügen

Links: historisches Stadtmodell im Museum für Hamburgische Geschichte. Unten: barockes Foyer der Musikhalle

Neubau der Staatsoper von 1955, Architekt war Gerhard Weber. Die denkmalgeschützte Fassade wurde 2001 für 2,5 Mio. Euro renoviert. Rechts: Die „Lustfohrt in's Paradies" war ein Ohnsorg-Erfolgsstück in der Saison 2001/02. Das Theater hat 387 Plätze und eine Auslastung von 95 Prozent

städter *Speckstraße* geborenen Komponisten (1833–97) benannt; das **Johannes-Brahms-Museum** liegt in der *Peterstraße 39*. Die beiden Säle der 1904–08 von Martin Haller und Emil Meerwein entworfenen Musikhalle bieten Platz für knapp 1900 bzw. 610 Besucher. Neben Gastspielen finden hier die viel besuchten Konzerte der **Hamburger Symphoniker** statt, deren Repertoire von Sinfonie- über Kammerkonzerte bis zu Zeitgenössischem reicht. Seit 1997 beherbergt die Musikhalle auch das **Klingende Instrumentenmuseum**.

Mit ihren sehenswerten Aufführungen sorgt die 1919 vom bis dahin mehrspartigen Stadttheater in ein reines Musiktheater umgewandelte **Hamburgische Staatsoper** regelmäßig mit Ur- und Erstaufführungen für Furore. Unvergessen sind bei vielen Hamburgern die Intendanzen von Günther Rennert (1946–56) und Rolf Liebermann (1959–73/85–88). Für künstlerische Qualität steht nicht zuletzt das **Philharmonische Staatsorchester**, das auf die 1828 gegründete „Philharmonische Gesellschaft" zurückgeht. Generalmusikdirektor ist seit 1997 Ingo Metzmacher, der auch die künstlerische Leitung der Oper hat. Für internationale Anerkennung sorgt ebenso das seit 1973 von John Neumeier geleitete **Ballettensemble**.

Ehemalige Blumenbude auf dem Großneumarkt: Heute können Kinder hier kostenlos Spielgeräte ausleihen

Dauerbrenner Platt

Längst gehört es als feste Institution zu Hamburg wie Michel oder Reeperbahn:

Das **Ohnsorg-Theater** geht auf die 1902 vom Philologen Richard Ohnsorg (1876–1947) gegründete „Dramatische Gesellschaft" zurück. Ab 1914 spezialisierten sich die Laienschauspieler, zu denen auch der promovierte Anglist und Bibliothekar Ohnsorg selbst oft in tragikomischen Rollen gehörte, auf plattdeutsches Theater. 1936 bezog das Theater sein festes Domizil an den *Großen Bleichen*. Der überregionale Durchbruch kam mit den seit 1954 ausgestrahlten Fernsehübertragungen: In ihren humorigen Rollen sind allen voran die in der Neustadt geborene Heidi Kabel, die der Bühne seit 1932 verbunden ist, und Henry Vahl einem Millionenpublikum bundesweit unvergessen.

Im **Intimen Theater** in der *Poolstraße 21* soll Helga Feddersen ihr Bühnendebüt gegeben haben. Heute üben in dem stuckverzierten Saal, der nach dem Zweiten Weltkrieg als Kino genutzt wurde, die Schüler der **Stage School of Music, Dance and Drama**.

Geborene und Quiddjes

Ein knallbunter Roller liegt auf dem Kopfsteinpflaster vor der ehemaligen Blumenbude (BLUBU). Kinder wuseln herum, ein Junge schiebt ein Kettcar über die Rampe. In der BLUBU auf dem *Großneumarkt* können Kinder im Som-

Gotteshaus und Wahrzeichen

Die Hauptkirche St. Michaelis ist untrennbar mit Hamburg verbunden – durch die Jahrhunderte teilte das barocke Gotteshaus Höhen und Tiefen seiner Heimatstadt. Das Kirchspiel entstand Anfang des 17. Jahrhunderts mit der Neustadt

Keine Frage, der „Michel" hat im wahrsten Sinn des Wortes überragende Bedeutung – das Gotteshaus auf dem Geestrücken über der Elbe oberhalb des Hafens gilt bei Hamburgern und Fremden gleichermaßen als das Wahrzeichen der Hansestadt. So strömen sie denn in die Hauptkirche: rund eine Million Besucher zählt St. Michaelis Jahr für Jahr, Gottesdienstbesucher und Touristen.

St. Michaelis geht auf eine 1648–61 erbaute dreischiffige Hallenkirche zurück und wurde in der jetzigen barocken Form als Halle mit Kreuzarmen ab 1751 errichtet. Der Entwurf stammt von Johann Leonhard Prey; Ernst Georg Sonnin übernahm nach Preys Tod die Bauleitung und entwarf auch den markanten Turmaufsatz mit frühklassizistischen Zügen (vollendet 1786). Obgleich jünger als die anderen Kirchen, hat St. Michaelis schon mehrere Katastrophen überstehen müssen: War das erste Gotteshaus durch Blitzschlag 1750 niedergebrannt, ereilte den Prey/Sonninschen Bau 1906 ebenfalls ein Brandunglück, dem bis 1912 der Wiederaufbau folgte. Im Zweiten Weltkrieg abermals schwer zerstört, wurde die Kirche nach ihrer Wiederherstellung 1952 neu geweiht. Ab 1983 ist St. Michaelis aufwändig renoviert worden; in den 1990ern erhielt der Turm eine neue Kupferverkleidung. Zur Gemeinde von Hauptpastor Helge Adolphsen bekennen sich heute fast 4000 Mitglieder. Der Innenraum der Kirche fasst zu Gottesdiensten oder Konzerten 3000 Menschen.

„Kleiner Michel" heißt im Volksmund die nahe gelegene kath. Kirche **St. Ansgar** in der *Michaelisstraße*. Ihr Spitzname erinnert daran, dass die Stadt 1824 die kleine St. Michaeliskirche erworben und der kath. Kirche geschenkt hatte. 1943 von Bomben zerstört, entstand nach dem Krieg ein Neubau. Die **Katholische Akademie** liegt unweit am *Herrengraben*.

Blick ins Innere von St. Michaelis: Die Kirche hat 2500 Sitzplätze. Unten: Der Turmbläser spielt werktags um 10 Uhr und 21 Uhr, sonntags um 12 Uhr einen Choral vom Turm des „Michels". Seit über 300 Jahren wird diese Tradition gepflegt

mer kostenlos Spielgeräte ausleihen; manchmal findet auch ein Kinder-Flohmarkt statt. Die Idee zu dem Projekt stammt von engagierten Bewohnern der Neustadt, allen voran Uwe Carstensen (s. Köpfe). Heute sind diese Aktivitäten im **Verein Ehrenamtliche Jugendarbeit** mit Sitz im Nachbarschaftsladen in der *Steinwegpassage 1* gebündelt, der mittlerweile viele weitere Projekte angeschoben hat. Darunter einen Tauschring, eine Schul-Fahrradwerkstatt sowie zusammen mit der Patriotischen Gesellschaft ein „Freiwilligenbuch", mit dem sich jeder Hamburger ehrenamtliche Tätigkeiten bestätigen lassen kann.

In der Bücherhalle Kohlhöfen sitzt der **Jugend- und Kultur-Zentrum e.V.** (JUKZ). 1987 entstand die Mädchengruppe, in der Mädchen klönen oder gemeinsam etwas unternehmen konnten. Mittlerweile treffen sich die kleineren Geschwister der ersten Generation. Es gibt die Tanzgruppe Power-Kids, die auch schon auf dem Fleetinsel-Fest aufgetreten ist, eine Kindergruppe und eine Schularbeitshilfe in der Rudolf-Roß-Gesamtschule. Die Schule spielt überhaupt eine wichtige Rolle im Stadtteilleben. Seit 2000 läuft ein Schulversuch, der einmalig in Hamburg ist: etwa 75 Grundschüler werden auf Deutsch und Portugiesisch unter-

Die Ost-West-Straße (1953/63) ist eine der Hauptschlagadern Hamburgs. Oben rechts: beim Motorradgottesdienst vorm Michel. Rechts: Übersee-Club am Neuen Jungfernstieg

Einmal im Monat trifft sich der Verein der Bayern in Hamburg e.V. zum Stammtisch im „Franziskaner"

richtet. „Die Kinder sollen nach der 2. Klasse beide Sprachen schreiben, lesen und sprechen können", sagt Schulleiterin Anne Buhr. Ab der 3. Klasse wird dann z.B. der Sachunterricht zweisprachig gehalten.

An einem Modellprojekt der anderen Art ist Thomas Hebe, der Bürgernahe Beamte der **Wache 14** am *Großneumarkt*, maßgeblich beteiligt. Als sich Bürger von ausländischen Jugendlichen bedroht fühlten, besuchte er zusammen mit einer türkischen Sozialarbeiterin deren Familien. „Die Eltern wussten zum Teil gar nicht, was ihre Kinder machen", erinnert sich Hebe. Mittlerweile hat sich die Situation verbessert, einige Jugendliche haben Lehrstellen gefunden. Wenn es trotzdem mal wieder Streit gibt, werden die Gespräche fortgesetzt, und manchmal reicht es schon, wenn Hebe „Einen schönen Gruß auch an die Eltern!" über die Straße ruft.

In der Rudolf-Roß-Turnhalle an der *Jan-Valkenburg-Straße* üben nicht nur Schulkinder, sondern auch die rund 330 Mitglieder des **Hamburg-St. Pauli-Turnvereins r.V.** Der 1862 gegründete Verein, der bis zur IGA 1963 seine Turnhalle auf dem Heiligengeistfeld in St. Pauli hatte, spricht mit seinem vielfältigen Angebot alle Altersgruppen an.

In einem der schönsten spätklassizistischen Häuser der Stadt am *Neuen Jungfernstieg 19* residiert der 1922 gegründete **Übersee-Club**. Seine Mitgliederliste liest sich wie ein Who's who der hanseatischen Entscheidungsträger. Hier werden Geschäfte angebahnt, und Persönlichkeiten aus Politik, Kultur und Wirtschaft wie Jasir Arafat, Siegfried Lenz und Ron Sommer halten Vorträge. Eine lange Tradition hat auch der **Bürgerverein Hamburg-Mitte e.V.** Er besteht seit 1871 und hat u.a. dazu beigetragen, dass es an fast allen Hamburger Bushaltestellen Unterstände gibt. Einmal im Monat trifft sich der **Verein der Bayern in Hamburg e.V.** zum Stammtisch im „Franziskaner" in der *Großen Theaterstraße*. Gemeinsame Theaterbesuche, das jährliche Starkbierfest und Reisen in die alte Heimat stehen auf dem Programm.

Millionenfach Besucher

Leicht verzerrt schallt die schwedische Nationalhymne über die Binnenalster; Kanus mit weißen Windlichtern tauchen kurz aus dem Dunkel auf; die Menschen an Land warten am „Caipi"-Stand aufs Feuerwerk – ob rund zwei Millionen Besucher beim **Alstervergnügen**, 25 000 beim **Hamburger Motorradgottesdienst** in und um den Michel oder 130 000 beim **Fleetinsel-Festival**, zu vielen Veranstaltungen drängen halb Hamburg und das Umland in die Neustadt.

Galerien, Geschäfte und Hotels zwischen Fleetinsel und City

Doch die Fleetinsel ist nicht nur Schauplatz des Festivals, sondern zugleich das Galeriezentrum der Stadt. Die ersten Galeristen, die sich 1987 in der *Admiralitätstraße 71* niederließen, waren Ulrich Dörrie und Holger Priess. Sie zeigen pro

Jahr ca. fünf Ausstellungen und vertreten so unterschiedliche Künstler wie David Tremlett oder Claudia Pegel. Für vier graue Leinwände des Konzeptkünstlers Alan Charlton muss der Kunstsammler rund 15 000 Euro hinblättern. In der *Admiralitätstraße 71* sitzen u.a. auch die Galerie Ascan Crone – Andreas Osarek, die Galerie Jürgen Becker und die Galerie für Landschaftskunst.

Bei dem geballten Kunstwissen, das hier seit Revitalisierung der Fleetinsel in den 1980er Jahren herrscht, war es nur eine Frage der Zeit, bis auch die Buchhandlung **Sautter & Lackmann** 1989 vom *Klosterstern* in die ehemalige Lagerhalle in der *Admiralitätstraße 71/72* zog. Etwa 35 000 Bücher zu den Themen Kunst, Architektur, Fotografie, Film, Kunsthandwerk, Produkt- und Grafikdesign, Textilien und Mode stehen in langen, bis zur Decke reichenden Regalfluchten. Neben der Kunst-Buchhandlung gibt es in der Neustadt noch viele weitere Spezialgeschäfte, die zum Teil schon lange in Familienbesitz sind. Am *Herrengraben 31* sitzt die Firma **Bade & Hornig GmbH Deutsches Seekarten-Berichtigungsinstitut**, eine von nur vier Agenturen in Deutschland, die Seekarten aktualisieren und verkaufen. Das seit 1920 bestehende Unternehmen hat heute rund 20 000 Karten von der Antarktis bis Spitzbergen auf Lager.

Bunte Einkaufswelt Neustadt: Bier am Herrengrabenfleet, Bücher in der Admiralitätstraße und Maritimes in der Ditmar-Koel-Straße

Steuert ein Schiff den Hamburger Hafen an und benötigt zum Beispiel einen Deckscheinwerfer, kann die **Eisenkrämerei Christian Weimeister** am *Johannisbollwerk 19* helfen. 1908 gegründet, spezialisierte sich Weimeister zunächst auf alles, was Fischer so brauchen, z.B. Räucheröfen. Heute besorgt Geschäftsführer Andreas Dörflein alles von der Computertastatur bis zu explosionsgeschützten Schiffsstrahlern für die Großschifffahrt und bietet im Laden neben Werkzeug auch Petroleumlampen, Campingkocher und Messingbeschläge an. Sein schwierigster Auftrag kam vom damaligen Greenpeace-Schiff „Rainbow War-

Shoppen unter Glas: Wenn mal wieder Schmuddelwetter herrscht, kommt man dank Einkaufspassagen wie der Galleria trockenen Fußes vom Gänsemarkt bis zum Neuen Wall

Bürgergeschichten

„Für Peter den Emsigen"

Mit einem geschenkten Fotoapparat begann Ende der 1950er Jahre die Leidenschaft von Peter Nürnberg (Jg. 1940): Stunden-, manchmal tagelang wartete er vor Hamburger Hotels oder Kinos auf einen Schnappschuss von „seinen" Stars

Einmal selbst im Bild mit seinen Freunden – Peter Nürnberg (Mitte) mit Curd und Simone Jürgens im Jahr 1959. Unten: Höhepunkte im Fotografenleben: Sophia Loren bei einer Premiere vor dem Kino „Esplanade" (1960); Marlene Dietrich (1960) und Maria Callas (1959)

Für Kino und Film habe ich mich schon früh interessiert. Als Jugendlicher bin ich mindestens einmal in der Woche ins Lichtspielhaus gegangen: Weil wir damals noch im kleinen Krempe in Schleswig-Holstein wohnten, fuhr ich jeden Monat nach Itzehoe, wo ich mir zwei, manchmal drei Streifen hintereinander ansah. Damit begann mein Interesse am Film und an Schauspielern. Irgendwann Mitte der Fünfziger schenkte mir meine Mutter einen Fotoapparat – und als wir 1958 nach Hamburg zurückzogen, brachen für mich goldene Zeiten an. Denn hier stand in der Zeitung, wenn irgendwo eine Filmpremiere stattfinden sollte.

Ich erinnere mich noch wie heute: Am 31. Juli 1958 lief im Ufa-Palast am Gänsemarkt die „Kanonenserenade" mit Vittorio de Sica – meine erste Premiere! Ich saß mit meiner Kamera, noch ohne Blitz, in der sechsten oder siebten Reihe und war irrsinnig aufgeregt. Autogrammjäger gaben mir nachher den Tipp, es einmal vor den großen Hotels zu versuchen, dort wohnten schließlich die großen Stars. Das „Vier Jahreszeiten", aber auch „Atlantic" und „Bellevue" wurden in den nächsten Jahren mein Fotorevier: Manchmal habe ich stundenlang vor einem Hotel gewartet, bis ein Schnappschuss zustande kam. Natürlich ging dafür viel Freizeit drauf.

Aber ich habe sie alle vor die Linse gekriegt. Mit Ausdauer und Höflichkeit. Ob Sophia Loren oder Marlene Dietrich, Vico Torriani – der mir eine Stellung im Fotoarchiv der „Teldec" vermittelte – oder Curd Jürgens, Caterina Valente oder Freddy Quinn, Hans Albers oder Gustaf Gründgens, Götz George oder Horst Janson, Lale Andersen oder Zarah Leander, die Callas, Ruth Leuwerik, Barbara Rütting, Maria Schell, Lilo Pulver, Klaus Kinski, Hansjörg Felmy und, und, und … Viele von ihnen kannte ich gut. Und die Freundschaft mit Curd Jürgens hielt bis zu seinem Tode 1982.

Meine Bilder wurden damals auch besser, denn 1960 konnte ich mir eine „Agfa Super Isolette" für Rollfilm leisten, später eine Rollei. Meine Ausdauer war bekannt. Dieter Borsche widmete mir ein Autogramm mit den Worten „Peter mit herzlichem Dank für die guten Fotos und meinem großen Respekt vor so viel Besessenheit". Und Hildegard Knef unterschrieb für „Peter den Emsigen".

Bis Mitte der 60er Jahre habe ich alle fotografiert, die mir vor die Linse kamen. Bis ungefähr 1980 reicht mein Schwerpunkt mit Schauspielern, danach habe ich mit neuer Kamera das Live-Fotografieren in Konzertsälen entdeckt.

In der autofreien Gerhofstraße zwischen Gänsemarkt und Poststraße findet man neben Tee-, Kaffee- und Delikatessläden auch viele Geschäfte mit junger Mode

rior I": „Die Krankenstation benötigte eine UV-Lampe amerikanischer Bauart zur Sterilisierung des medizinischen Bestecks – erst nach vielen Telefonaten fand ich in Holland einen Hersteller", erinnert sich Dörflein.

Beim 1885 gegründeten Herrenausstatter **Ladage & Oelke** am *Neuen Wall 11* gibt es außer Strickhemden, Pullovern und Anzügen auch Schuhe, Schirme, Plaids, Manschettenknöpfe, Koffer, Taschen, Kilts. Ein maßkonfektionierter Anzug kostet um 800 Euro, der Preis für den Stoff kommt noch dazu. Rund um das Geschäft, das schon lange von der Familie Franck geführt wird, schießen immer neue, so genannte „Flagshipstores" bekannter Designer-Lables wie Armani, Boss und Versace aus dem Boden, die man so auch andernorts findet.

Auch Möbel wie bei habitat, Bücher wie bei Thalia und Felix Jud, Pianos und Noten wie bei Steinway & Sons in den *Colonnaden*, Antiquitäten, Leder, Porzellan und vieles mehr gibt es in der Innenstadt. In der Fußgängerzone zwischen *Gänsemarkt* und *Poststraße* reihen sich Geschäfte für junge Mode wie H&M, Esprit und s.Oliver bis zum *Rathausmarkt*.

Wenn die Gäste des Hotels **Vier Jahreszeiten** zum Shoppen aufbrechen, haben sie es weder weit zu den Nobelgeschäften am *Neuen Wall* noch zu den großzügigen Einkaufspassagen rund um den *Jungfernstieg*: Hanse-Viertel, Hamburger Hof, die Ende 2001 umgestaltete Gänsemarkt-Passage und der Bleichenhof sind auch vom **Steigenberger Hotel** an der *Heiligengeistbrücke* und vom **Marriott** in der *ABC-Straße* bequem zu Fuß zu erreichen.

Institutionen von Rang

Mit ihrer zentralen Lage ist die Anziehungskraft der Neustadt als Wirtschafts-, aber auch als Wissenschaftsstandort ungebrochen. So sind beispielsweise in der

Nur scheinbar liegt das Hanseatische Oberlandesgericht mit seiner grünen Kuppel wie in einem Park

Jungiusstraße Bereiche der Physikalischen Institute der **Universität** zu Hause. Tür an Tür steht der Name der nach dem Verleger Gerd Bucerius benannten, staatlich anerkannten **Bucerius Law School** als private wissenschaftliche Hochschule für eine praxisnahe Juristenausbildung.

Am *Alten Steinweg 4* sitzen wichtige **Hamburger Behörden**, darunter die „Behörde für Wirtschaft und Arbeit", Be-

Der Germanische Lloyd überwacht u.a. die Schiffssicherheit schon beim Bau und veröffentlicht jährlich ein Schiffsregister

Germanischer Lloyd

Zunftzeichen der Innungen in der Handwerkskammer. Rechts Mitte: das Hochbahn-Viadukt über den Vorsetzen. Unten: der futuristische Bau des 1965 gegründeten Verlags Gruner+Jahr

Auflagenstark aus dem Hause Springer: „Hamburger Abendblatt", „Bild" und die Fernsehzeitschrift „HÖRZU"

Der deutsche Hauptsitz des Unilever-Konzerns („Iglo", „Langnese") am Dammtorwall stammt aus den Jahren 1961–63, linker Hand noch Geschosswohnungsbau aus dem 19. Jahrhundert

reiche der „Behörde für Bau und Verkehr" (bis 2002 auch die Stadtentwicklungsbehörde) und das „Senatsamt für die Gleichstellung". Die **Handwerkskammer Hamburg** residiert im von Fritz Schumacher 1915 errichteten Gewerbehaus am *Holstenwall*. Die einstige Gewerbekammer hat heute über 13 000 Mitgliedsbetriebe. Im Gebäude untergebracht ist auch die „Akademie des Handwerks". Wenige Schritte weiter sind ebenfalls am *Holstenwall* Teile des Hamburger Landesverbands der **Gewerkschaft ver.di** zu Hause, darunter Bildungseinrichtungen und Ruhegehaltskassen. Es sind die letzten Gewerkschaftsbereiche im von vielen noch **DAG-Haus** genannten Backsteingebäude, das 1921/22 im Stil eines Hamburger Kontorhauses errichtet wurde. Im selben Gebäude sind auch Teile des Amtsgerichts Hamburg-Mitte untergebracht. Das große **Justizforum** aber liegt vis-à-vis am *Sievekingplatz*, wo neben dem Amtsgericht auch das Landgericht ansässig ist. Die zentrale Position im Forum nimmt das Hanseatische Oberlandesgericht ein; sein Kuppelbau stammt von 1907–12. Die Untersuchungshaftanstalt Hamburg mit einem Zentralkrankenhaus schließt sich am *Holstenglacis* an. Der **Hamburgische Anwaltsverein e.V.** ist ebenfalls am *Sievekingplatz* zu Hause.

Internationale Bedeutung hat der 1867 in Hamburg gegründete **Germanische Lloyd**, seit 1889 AG, der in erster Linie See- und Binnenschiffe klassifiziert, meist schon von Baubeginn an. Weltweit arbeiten in 135 Ländern rund 1800 Beschäftigte, gut 800 von ihnen in der Hamburger Hauptverwaltung in seinem „Karpfanger-Haus" an den *Vorsetzen*.

Auch ein Medienstandort

Ein wichtiger Wirtschaftsfaktor in der Neustadt sind neben Versicherungskonzernen wie dem **Deutschen Ring** an *Ludwig-Erhard-Straße/Erster Brunnenstraße* auch die Medien. Markant mit Blick auf den Hafen liegt das 1987–90 errichtete Gebäude von **Gruner + Jahr**. Das international tätige Unternehmen, das seit 1976 zu 74,9% der Gütersloher Bertelsmann AG und zu 25,1% der Hamburger Verlegerfamilie Jahr gehört, gibt heute in 14 Ländern über 100 Zeitschriften und Zeitungen heraus. Mit mehr als 13 000 Beschäftigten, von denen rund 3000 am und um den *Baumwall* arbeiten, lag der Gesamtumsatz 2000/01 bei gut

3 Mrd. Euro. Zu den Aushängeschildern gehören neben Zeitschriften wie „art", „Eltern" oder „Gala" vor allem die 1948 gegründete Illustrierte „Stern" (verkaufte Aufl. 1,15 Mio.), die Frauenzeitschrift „Brigitte" und das Wissensmagazin „Geo". Seit 2000 erscheint auch die Tageszeitung „Financial Times Deutschland" in Hamburg. Neben Gruner + Jahr sitzt ein weiterer Medienkonzern in Hamburg-Neustadt: der 1946 vom Altonaer Verleger Hinrich Springer und seinem Sohn Axel Caesar gegründete **Axel Springer Verlag** – seit 1970 AG –, mit Zentralen in Hamburg und Berlin. Allein am Standort Hamburg sind rund 4000 Mitarbeiter beschäftigt. Hierzu gehören auch die Redakteure von Hamburgs meistgelesener Tageszeitung „Hamburger Abendblatt" (Auflage ca. 300 000 Exemplare), von „Bild" (ca. 4,5 Mio. bundesweit) sowie Deutschlands ältester, 1946 gegründeter Fernsehzeitschrift „HÖRZU" (2 Mio.). Das 1953–56 vom Hamburger Architekten Ferdinand Streb erbaute Hochhaus des Verlags am *Axel-Springer-Platz* steht seit 1996 unter Denkmalschutz.

Voll erschlossen

Ob mit Bus, U- und S-Bahn oder im Auto – die Neustadt ist mit allen Verkehrsmitteln gut zu erreichen. Zur Rushhour rollt der Verkehr oft Stoßstange an Stoßstange durch die Neustadt, ob auf dem Ring 1 auf *Holsten-* und *Gorch-Fock-Wall* gen Alster oder an der Elbe auf dem *Johannisbollwerk* und *Vorsetzen* vorbei.

In der U-Bahn-Haltestelle am Jungfernstieg erinnert ein beim Bau gefundener Eichenpfahl, aus dem Richard Luksch 1930 eine Skulptur schnitzte, an die damaligen Arbeiten

Stadtteil-Profil

	Neustadt	Bezirk	Hamburg
Bevölkerung gesamt (2000)	11 912	228 060	1 704 929
Unter 18-Jährige in %	11,5	15,9	16,1
65 Jahre und älter in %	11,8	15,0	17,0
Deutsche	8779	167 114	1 432 325
Ausländer in %	26,3	26,7	16,0
Einwohner je km²	5335	2142	2258
Sozialstruktur			
Sozialhilfeempfänger (2000)	1101	25 273	120 461
Arbeitslose (2001)	722	12 716	71 963
Eink. je Steuerpfl. in DM (1995)	79 679	53 702	65 579
Wohnen (2001)			
Wohngebäude	688	18 821	226 061
Ein- und Zweifamilienhäuser in %	2,1	8,9	20,5
ø Wohnungsgröße in m²	60,3	62,5	71,0
Wohnfläche je Einwohner in m²	33,6	31,3	35,7
Verkehr			
Private Pkw (2001)	3223	70 503	628 119
Straßenverkehrsunfälle (2000)	298	2790	12 430
Kriminalität			
Straftaten insgesamt (2000)	7013	82 985	284 272

© Statistisches Landesamt

Wahlverhalten

... zur Bürgerschaft 2001 (gesamt)	
Wahlbeteiligung	71,0%
SPD	36,5%
CDU	26,2%
Schill-Partei	19,4%
Grüne/GAL	8,6%
FDP	5,1%
Übrige	4,2%

... zur Bürgerschaft 2001 (Stadtteil)	
Wahlbeteiligung	79,0%
SPD	41,2%
CDU	17,0%
Schill-Partei	14,3%
Grüne/GAL	17,2%
FDP	3,5%
Übrige	6,9%

Ob am Großneumarkt oder im Portugiesenviertel: Viele Kneipen und Restaurants buhlen in der Neustadt um die Gunst der Gäste

Besondere Bedeutung für den Hamburger Verkehr kommen dabei der *Ludwig-Erhard-Straße* und dem *Millerntordamm* als Weiterführung der **Ost-West-Straße** zu. Schon im ersten Generalbebauungsplan der Nationalsozialisten von 1940/41 war eine Ost-West-Achse vorgesehen. Die 1953/63 realisierte sechsspurige Schnellstraße von durchschnittlich 30 m Breite entstammt einem Generalbebauungsplan von 1947. Sie durchschneidet den alten städtebaulichen Grundriss hart und trennt den hafennahen Bereich von der übrigen Innenstadt. Auch die nördliche Randbebauung des *Zeughausmarkts* gegenüber der englischen Kirche **St. Thomas à Becket** musste weichen. Entlang der Trasse hinterließen alle Architekturstile und -moden der Nachkriegszeit ihre Spuren.

Mit U- und S-Bahn ist die Neustadt im Fünf- bis Zehn-Minuten-Takt problemlos zu erreichen. Dabei ist man an den Stationen Gänsemarkt und besonders Jungfernstieg mitten im quirligen Stadtgeschehen. Die **Hochbahnhaltestelle Landungsbrücken** kennt fast jeder Hamburg-Besucher: Von hier aus führt der direkte Weg zu den St. Pauli-Landungsbrücken und der Überseebrücke mit ihren schwimmenden Sehenswürdigkeiten. Der U-Bahnhof wurde 1959 nach Entwürfen von Fritz Trautwein errichtet, der 1910–12 entstandene Vorgängerbau wurde im Zweiten Weltkrieg vollständig zerstört.

Der Junge an der Hausecke und Richard Kuöhls Hummelbrunnen beim Rademachergang thematisieren den Hamburger Schlachtruf: „Hummel, Hummel!" – „Mors, Mors!"

Hamburgs größte Küchenuhr

Wenn es richtig nebelig ist, hat Petra Schubert keine Küchenuhr mehr. Denn dann verschwindet der Michel im Dunst, und sie kann aus ihrem Penthouse nahe dem *Großneumarkt* die Zeiger auf der Turmuhr nicht mehr erkennen. „Bei gutem Wetter habe ich den Michel immer vor Augen", schwärmt die Neustädterin von ihrem Domizil über den Dächern des Stadtteils.

Ob Journalisten, die bei den im Viertel beheimateten Verlagen arbeiten, Politiker, die die Nähe zum Rathaus schätzen, oder portugiesische Familien, die eines der zahlreichen Restaurants rund um die *Ditmar-Koel-Straße* betreiben – wer in der Neustadt wohnt, tut das aus Überzeugung und meist schon viele Jahre. Der Bauingenieur Karl-Otto Anicker und seine Frau Ute sind 1981 aus Norderstedt in eine Altbauwohnung in der *Poolstraße* gezogen. „In Norderstedt haben wir im Grünen gewohnt: Aber wenn wir abends mal ins Theater gehen oder ein Bier trinken wollten, mussten wir uns in die Stadt aufmachen", erinnert sich der 58-Jährige. Das Paar hat den Umzug nicht bereut. Abends nach der Arbeit bleibt das Auto in der Garage, zum **Estoril** oder zum **Müller Meyer** sind es nur wenige Meter, und samstags nach dem Wochenmarkt auf dem *Großneumarkt* trifft man sich im **Thämer's**.

Zwischen *Rademachergang*, *Breitem Gang*, *Neustädter Straße* und *Kornträgergang* stößt man auf Geschosswohnungen aus Backstein mit Sprossenfenstern, Erkern und Wandfiguren. Die Woh-

nungen entstanden nach dem Abriss des dortigen Gängeviertels zwischen 1934 und 1936, u.a. unter Beteiligung der Allgemeinen Schiffszimmerergenossenschaft. Für Lokalkolorit ist gesorgt: Neben der Kneipe **Blauer Peter II** in der *Neustädter Straße* flimmert in einem Eckladen ein weit aufgerissener Mund über einen Monitor, als wäre documenta, und ein paar Schritte weiter bietet das rund um die Uhr geöffnete **Pik As** Übernachtungsmöglichkeiten für Obdachlose.

Steigt man vom *Kornträgergang* über die gewaltige Freitreppe zum höher gelegenen *Rademachergang* hinauf, kommt man direkt zum **Hummelbrunnen**. Er erinnert an die Geschichte des Neustädter Wasserträgers Johann Wilhelm Bentz (1774–1854). Angeblich soll er Neustädter Jungs, die ihn mit „Hummel, Hummel"-Rufen ärgerten, ein grimmiges „Mors, Mors" entgegnet haben, was einem rüden „Du kannst mich mal" entspricht.

Am *Breiten Gang 1–13* weist ein Relief am Memel-Haus auf die Gründung der Schiffszimmerergenossenschaft hin. Nach dem Ende des Zweiten Weltkriegs bemühte sich die Genossenschaft auch

Soziales Wohnen rund um den Michel einst und jetzt: Im 17. Jahrhundert entstanden mit den „Krameramtswohnungen" (rechts) Unterkünfte für Witwen von Einzelhändlern, seit 1956 kann man auch am Venusberg günstig mieten

Die Rettung der „Cap San Diego"

Hamburg wäre um eine Attraktion ärmer, hätten nicht 1986 ein Kapitän und ein Senator unkonventionell reagiert

„Eine Abwrackwerft in Bangkok richtet sich doch nicht nach den Ferien eines Parlaments, das keiner kennt", empört sich Manfred Fraider immer noch. Hätte der Kapitän, der damals für die SPD in der Bürgerschaft saß, im August 1986 nicht gemeinsam mit Wirtschaftssenator Volker Lange gegen Hamburger Haushaltsrecht verstoßen, läge die „MS Cap San Diego" heute nicht als Museumsschiff an der Überseebrücke.

Das Schiff hieß damals „Sangria" und sollte in Bangkok verschrottet werden. Sie war der letzte von einst sechs Stückgutfrachtern, die ab den 1960ern für die **Hamburg-Süd** u.a. Arzneimittel, Traktoren, Tee und Feigen zwischen Hamburg und Südamerika transportierten. Pläne, den Hafen durch Museumsschiffe zu beleben, hatte es schon länger gegeben – und als Fraider vom Schicksal der letzten „Cap San" hörte, wirbelte er hinter den Rathaus-Kulissen und informierte u.a. Senatsdirektor Jörg Rommerskirchen, der Lange auf das Projekt einstimmte. In den Parlamentsferien flog Fraider, begleitet von großem Presserummel, nach Bangkok, besichtigte das Schiff, rief Lange an, und der riet: „Kaufen!" Nach der Sommerpause hatte die Stadt also 900 000 Dollar weniger auf der hohen Kante, besaß aber ein Schiff – jedoch ohne gültigen Beschluss der Bürgerschaft. Da Fraiders Fraktion den Antrag erst nachträglich stellte, rügte der **Landesrechnungshof** diesen „unverantwortlichen Umgang mit Haushaltsgeldern".

Dauergast und nobler Besuch an der Überseebrücke: Neben der „Cap San Diego", die man auch mieten kann, hat das Hapag-Lloyd-Kreuzfahrtschiff „MS Europa" festgemacht. Links: Kapitän Manfred Fraider

„Schlepperballett" – hier vor der Neustädter Kulisse mit S-Bahnhof Landungsbrücken, Bismarck-Denkmal und Jugendherberge – ist ein Highlight des Hafengeburtstags

um den Erwerb von Grundstücken am *Venusberg*: So entstanden unterhalb des Michels 1956–66 rund 300 Sozialwohnungen.

Samstagnachmittag in der „Cervejaria & Pastelaria Sul": Auf den Tischen stehen Gläser mit Galao neben Bierflaschen, Handys und Autoschlüsseln, in der Vitrine im Fenster locken klebrige Törtchen, und auf der Großleinwand läuft Fußballbundesliga. Das Publikum ist so bunt gemischt wie die Bewohner des Portugiesenviertels, in dem das Lokal an der *Ditmar-Koel-Straße* liegt. Wo noch in den 1950er und 60er Jahren Seeleute die Straßen bevölkerten, stehen heute an den Straßenecken weiße Plastikstühle vor den unzähligen portugiesischen Restaurants wie dem „Sagres" und dem „Porto". Außerdem eröffnen vermehrt Wohndesign- und Modegeschäfte.

Diese Weinstöcke am Südhang des Stintfangs stiftete der Stuttgarter Verkehrsverein, Veranstalter des jährlichen „Weinfestes" auf dem Rathausmarkt

Grüner Gürtel

Ihr grünes Gesicht zeigt die Neustadt im Nordwesten: Die **Wallanlagen** verbinden den Stadtteil mit St. Pauli. Ihren hohen Freizeitwert für die Hamburger haben die Wallanlagen durch die Jahrhunderte behalten. Mit Spielplätzen, Wasserspielen, einer Minigolfanlage und besonders der Rollschuh-Inline-Bahn, die im Winter als beliebte Eislauffläche dient, sind die Attraktionen zahlreich.

Südlich des *Millerntordamms* schließt sich an die Wallanlagen der **Alte Elbpark** an. Der Park selbst ist weniger bekannt als das ihn überragende 34,3 m hohe, 1903–06 errichtete Denkmal von Emil Schaudt und Hugo Lederer zur Erinnerung an Reichskanzler Otto von Bismarck (1815–98). Dieser Teil des Parks erstreckt sich auf der ehemaligen Bastion „Casparus", der großen Befestigungsanlage des 17. Jahrhunderts. Auf der Bastion, die südlich anschloss und „Albertus" genannt wurde (alle Bastionen trugen Vornamen Hamburger Ratsherren), liegt die 1952–55 erbaute **Jugendherberge auf dem Stintfang**. „Etwa 80 000 Übernachtungen zählt unser 330-Betten-Haus im Jahr", freut sich die Herbergsleiterin Birgit Vogel.

Das Bismarck-Denkmal im Alten Elbpark wiegt 625 t

Törns auf der Alster

Eine besondere Form der Freizeitgestaltung für Hamburger und Hansestadt-Besucher ist der Törn auf der Alster. Insgesamt 10 000-mal pro Saison legen die 17 Schiffe der **ATG Alster-Touristik GmbH** vom Anleger am Jungfernstieg ab. Die ATG ist eine 1977 gegründete Tochter der Hamburger Hochbahn AG bzw. der HADAG (s. Finkenwerder). „Wir befördern rund 400 000 Fahrgäste im

„Neustadt on ice" – im Winter wird die Rollschuhbahn in den Wallanlagen zur 4000 m² großen Eislauffläche

Jahr, von denen 70–80 Prozent aus Hamburg und Umgebung kommen", berichtet ATG-Betriebsleiter Manfred Tiews. Favorit bei den Gästen ist die klassische Rundfahrt über Binnen- und Außenalster. Das wohl schönste Schiff gehört nicht der ATG selbst, sondern dem **Alsterdampfschiffahrt e.V.**: Die 1876 erbaute „St. Georg" dampft seit 1994 wieder auf der Alster und erinnert an die lange Tradition (s. Uhlenhorst).

Köpfe

Die vier skandinavischen Seemannskirchen an der *Ditmar-Koel-Straße* sind ein sichtbares Indiz für Hamburgs Verflechtungen mit der Welt: „Auch heute noch erfüllen unsere Gemeinden eine

wichtige Aufgabe", sagt der der dänische Geistliche **Henrik Fossing**. „Allerdings verstärkt für die vielen Nordeuropäer, die hier dauerhaft wohnen, seltener für Seefahrer." Seit Mitte der 1990er Jahre ist Fossing Pastor in dem 1952 eingeweihten Gotteshaus, das zur protestantischen Folkekirke (=Volkskirche) gehört. Ein gesellschaftlicher Höhepunkt der Seemannskirchen sind die Adventsbasare mit Tausenden Hamburger Besuchern.

Touristen, aber auch Einheimische kommen bei **Peter von Essen** vorbei. Denn der seit 1996 bestehende kleine Teeladen namens „SyTeCo" des Händlers liegt nicht irgendwo, sondern direkt am Eingang der Krameramtswohnungen (17. Jh.) am *Krayenkamp*. „Und trotzdem finden uns viele nicht, weil dieses Hamburger Kleinod kaum ausgeschildert ist", bedauert Geschäftsmann von Essen. Wer es geschafft hat, der findet aber bei Herrn von Essen neben Tee und Kaffee auch Süßigkeiten und diverse Mitbringsel aus Porzellan oder Kunststoff.

Irgendwann Ende der 1970er hatte **Uwe Carstensen** die Nase voll von der Routine im eigenen Ingenieurbüro und fuhr nach Indien. „Ich kam aus einem Land, in dem es nur ums Noch-mehr-Geldverdienen ging, in ein bitterarmes Land", erinnert sich Carstensen. Nach seiner Rückkehr gründete er 1980 am *Alten Steinweg* eine der ersten Fahrradselbsthilfe-Werkstätten Hamburgs. Da sein Idealismus nicht von allen geteilt wurde und viel Werkzeug verschwand, führt Carstensen zum eigenen Bedauern heute ein fast „normales" Fahrradgeschäft und setzt sich lieber als Vorsitzender des Vereins Ehrenamtliche Jugendarbeit für Projekte wie die Öffnung einer Spielbude auf dem *Großneumarkt* ein.

Ob bei vier Grad plus im Champagner- und Weißweinkeller Flaschen richtig zu lagern, am Empfang Gäste einzuchecken oder als Page George Clooney die Aufzugstür aufzuhalten: Während ihrer dreijährigen Ausbildung lernt **Julia Feustel** im „Vier Jahreszeiten" alle Feinheiten des Berufs der Hotelfachfrau kennen. Daran schätzt die gebürtige Harvestehuderin besonders die Vielfalt und dass sie viel Verantwortung übernehmen kann. Nach Ende ihrer Lehre im Sommer 2002 möchte sie gerne im Ausland Berufserfahrung sammeln.

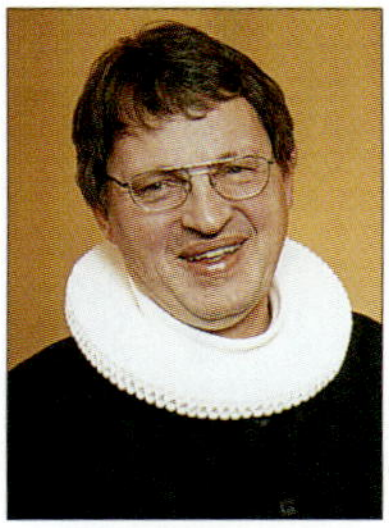

Der Neustadt ins Gesicht geblickt: Pastor Henrik Fossing, Kaufmann Peter von Essen, Fahrradfachmann Uwe Carstensen und angehende Hotelfachfrau Julia Feustel

Neuwerk

liegt zwar 140 km vom Rathausmarkt entfernt in der Elbmündung vor Cuxhaven, gehört aber als „Insel Neuwerk" zum Bezirk Hamburg-Mitte. Der Wehrturm ist Insel-Wahrzeichen und Hamburgs ältestes Gebäude. Jährlich besuchen über 120 000 Gäste die 40 Neuwerk-Bewohner in ihrem Vogelparadies

Steckbrief

Fläche:
7,626 km²

Einwohner:
40

Verwaltung:
Bezirk Hamburg-Mitte, Kerngebiet

Ortsteil:
140

Das ehrwürdige Senatorenzimmer dient Turmgästen als gemütlicher Aufenthaltsraum

Erstmals wurde Neuwerk 1286 in einer schriftlichen Überlieferung erwähnt, und zwar in der niederdeutschen Bezeichnung für Eiland: der lautmalerischen Silbe „O". Die **Nige O**, die neue Insel, erhielt ihren heutigen Namen nach der Fertigstellung des Turmes „Dat nige Wark" im Jahr 1310, woraus hochdeutsch später Neuwerk wurde.

Aus der Geschichte

Ende des 13. Jahrhunderts gehörte Nige O zur Marschenlandschaft Hadeln, die von den Herzögen von Sachsen-Lauenburg regiert wurde. Sie erteilten 1299 Hamburg die Erlaubnis, einen Turm zur **Sicherung** und Kennzeichnung der **Elbmündung** zu errichten. Das steinerne Bollwerk wurde Sitz eines Hamburger Ratsherrn. Mit der Eroberung des Schlosses Ritzebüttel durch die Hamburger 1393 verlor das Eiland an Bedeutung. Das **Amt Ritzebüttel** war nun Hamburgs militärischer Vorposten an der Elbmündung. Auf Neuwerk saß ein Vogt, der dem Amtmann von Ritzebüttel unterstellt war. 1556 begann die Eindeichung der Insel. Das Land wurde an neue Siedler zur Bewirtschaftung übertragen. Sie waren mit dem Vogt für die Instandhaltung des Deiches zuständig und wurden außerdem mit der Bergung gestrandeter Güter sowie der Rettung Schiffbrüchiger betraut. Als besonders gefährlich galt damals das Scharhörnriff. Mehrere Sturmfluten richteten in den folgenden Jahrhunderten schwere Schäden an. Anfang des 19. Jahrhunderts wurden die Deiche verstärkt und das Vorland befestigt. Landwirtschaft und einsetzender Tourismus prägten die Insel bis 1937. Mit dem Groß-Hamburg-Gesetz gelangte die Insel

im Tausch gegen andere Gebiete von Hamburg an Preußen. Nach dem Zweiten Weltkrieg übernahm das Land Niedersachsen das Gebiet. Durch den 1969 in Kraft getretenen **Staatsvertrag** zwischen Niedersachsen und Hamburg kam Neuwerk mit der durch Sandaufwehungen entstandenen Düneninsel **Scharhörn** wieder zum Hamburger Staatsgebiet. Bis Ende der 1970er Jahre wurde der Bau eines Tiefwasserhafens rund um Neuwerk

favorisiert, schließlich entschied man sich aber für die Ausweisung des Wattgebiets zum **Nationalpark Hamburgisches Wattenmeer**.

Natur bestimmt den Rhythmus

Sommer und Winter, Ebbe und Flut – der Rhythmus der Natur prägt das Leben auf Neuwerk. Mit den ersten wärmenden Sonnenstrahlen beginnt die Touristensaison. Der Gezeitenwechsel regelt, zu welcher Uhrzeit die Tagesausflügler und Langzeiturlauber das Eiland betreten und wieder verlassen können. Neuwerk liegt im Wattenmeer und ist deshalb bei Ebbe auch zu Fuß erreichbar. Oder man nimmt den **Wattwagen**. Bei Flut pendelt die im Dienste der „nationalparkfreundlichen Reederei Cassen Eils" stehende „MS Flipper" nach Neuwerk. Täglich verschieben sich Hoch- und Niedrigwasser um 25 Minuten, und so gehört das Studium des Tidekalenders unabdingbar zu den Vorbereitungen eines Neuwerk-Besuchs.

Inselattraktionen

Über 120 000 Gäste kommen jedes Jahr nach Neuwerk. Einige bleiben mit anderthalb Stunden genau so lange, wie die „MS Flipper" im kleinen Hafen liegt. Für einen **Inselrundgang** reicht die Zeit gerade aus. Das erste Ziel fast aller Besucher ist der Turm. Der 138 Stufen hohe Aufstieg wird mit einem fantastischen Rundblick belohnt. Bis vor fünf Jahren hatten nur Senatoren und Mitglieder der Hamburgischen Bürgerschaft die Möglichkeit, in den Turmzimmern des ältesten Hamburger Bauwerks zu übernachten. Mittlerweile kann jeder bei Antje Göttsche ein Zimmer buchen und dann im holzvertäfelten **Senatorenzimmer** dem Fernsehprogramm folgen. Vielleicht wird gerade ein NDR-Tatort mit Manfred

Neuwerk ist doch größer, als man denkt. Erst nach einer guten Stunde ist die Insel umrundet

Treck der Wattwagen: Bis zu 42 Fuhrwerke rollen bei Ebbe in Richtung Cuxhaven. Den Austernfischer zieht es nicht fort. Er lebt das ganze Jahr auf Neuwerk

Ein etwa 10 km langer, mit Buschpricken gekennzeichneter Weg führt durchs Watt. Anschließend kann man in Hamburgs einziger Fußwaschanlage den Schlick abspülen. Sollte man sich auf Neuwerk verletzen, kommt Hilfe aus der Luft. Es gibt keinen Inselarzt

Krug wiederholt, durch den das Turm-Ambiente deutschlandweit bekannt wurde. Während der kurzen Schiffsliegezeit ist auch das **Haus Bernstein** geöffnet. Hans-Gerd und Christel Backhaus zeigen hier die prächtigsten Exponate, die sie in den letzten drei Jahrzehnten gefunden haben. Anschließend bleiben noch einige Minuten für einen Besuch auf dem **Friedhof der Namenlosen**. 21 Holzkreuze gruppieren sich um den Gedenkstein und ein großes Kreuz mit der Inschrift 1319. Alle Unbekannten, die vom Meer angespült wurden, fanden hier ihre letzte Ruhestätte. Wenn ein Neuwerker auf der Insel stirbt, wird er in einem Trauerzug nach Cuxhaven gebracht und dort bestattet.

Pensionen

Haus Bernstein
Christel Backhaus,
0 47 21/2 87 08

Thomas Fischer
0 47 21/2 87 70

Das alte Fischerhaus
Claus Fock,
0 47 21/2 90 43

Leuchtturm Neuwerk
Antje Göttsche,
0 47 21/2 90 78

Hotel Nige Hus
Lüder und Christian Griebel,
0 47 21/2 95 61

Hus Achtern Diek
Volker Griebel,
0 47 21/2 90 76

Haus Seeblick
Frank Pichler,
0 47 21/20 30 60

Klaus Todemann
0 47 21/2 98 92

Hamburgs Insulaner

Auf Neuwerk werden Dinge wichtig, über die sich ein Festland-Hamburger keine Gedanken machen muss. Ob Medikamente, Nahrungsmittel oder Kleidung – was man zum täglichen Leben benötigt, muss vom Festland herbeigeschafft oder aus dem Katalog bestellt werden. Die Pakete mit der bestellten Ware bringt der für Neuwerk zuständige Postbote Frank Weiland. Im Sommer kommt er täglich; im Winter wird „27499 Hamburg – Insel Neuwerk" nur noch zweimal in der Woche postalisch bedacht. Aber es hat auch Vorteile, auf Hamburgs Insel zu leben. Für einen Personalausweis z.B. brauchen sich die Insulaner nicht extra nach Hamburg zu begeben: Sie bekommen ihn beim **Ortswart** Claus Fock, der als Mittelsperson für Verwaltungsaufgaben zuständig ist und den Kontakt zum Bezirksamt Mitte hält.

Stadtteil-Unterstützung ist z.B. dann gefragt, wenn Arbeitskräfte benötigt werden. Jedes Jahr suchen die Neuwerker Saisonkräfte. Aber auch langfristig einen Lehrer für die **Inselschule** zu finden, bereitete Probleme. In dem einzigen Klassenzimmer werden zurzeit zwei Schüler unterrichtet. Bis zur 10. Klasse besteht Schulpflicht, und so lange kann der Neu-

Unverkennbar Hamburger Boden. Auf dem Weg zur Turmwurt kommt jeder an diesem Schild vorbei. Beim Kinderturnen auf dem Dachboden bleiben die Neuwerker unter sich

werker Nachwuchs auf der Insel lernen. Wer anschließend nach höherem Abschluss strebt, muss aufs Festland ziehen. Obwohl sie längst noch nicht schulpflichtig sind, treffen sich auch die jüngsten Neuwerker jeden Mittwoch in der Inselschule. Dann ist **Kinderturnen** auf dem zur Turnhalle ausgebauten Dachboden. „TuS Neuwerk" hat ein Spaßvogel auf die Tür der winzigen Umkleidekabine gemalt.

Von März bis Oktober sind die „Warker", wie sich die Insulaner selber nennen, rund um die Uhr um das Wohl ihrer Gäste bemüht. Im Winterhalbjahr wird dann ausgebaut und renoviert, und man hat wieder Zeit für Familie und Freunde. Wenn die Tage kürzer werden und die Nebelschwaden bleischwer über dem Watt liegen, besucht man sich auf einen „Pott Kaffe" und begutachtet den neuen Frühstückspavillon des Nachbarn.

Pensionsgäste

Früher lebte man auf Neuwerk von Landwirtschaft und Fischfang. Heute sind Pensionsgäste die wirtschaftliche Grundlage. Sogar **Gast-Kühe** grasen sommers auf den Inselweiden. Nur noch 14 eigene Rinder hält Familie Fock, die übrigen 110 Wiederkäuer sind „Festland-Pensionsvieh". Insgesamt **acht Pensionen** bieten Unterkünfte für Touristen an: Vom einfachen Strohlager bis zur komfortablen Suite reicht das Angebot. Viele Urlauber, die vor Jahrzehnten als Tagestouristen die Insel kennen lernten, kommen heute regelmäßig. Sie genießen die Natur der autofreien Insel, wandern im Watt, beobachten Vögel und suchen neue Bernstein-Schätze.

Nach einem bewegten Tag im rauen Nordseeklima trifft man sich bei Kaffee oder „Neuwerker Eiergrog" schon seit einem halben Jahrhundert in **Otto's Gartenlokal**. Angeschlossen ist auch das einzige Inselgeschäft. Hier verkaufen Monika und Hartmut Lange seit 1998 neben Lebensmitteln auch Souvenirs. Kulinarische Inselspezialitäten kann man in sechs Restaurants genießen. Für Unterhaltung ist ebenfalls gesorgt. In dem Restaurant **Zum Anker** greift Gastwirt Lüder Griebel jeden Mittwoch beim

Zeitleiste

1286 erste urkundliche Erwähnung
1310 Turmbau beendet
1393 Amt Ritzebüttel
1556 Beginn des Deichbaus
1717 Weihnachtsflut
1937 Neuwerk wird preußisch
1969 Inkrafttreten des Staatsvertrags zwischen Niedersachsen und Hamburg, Neuwerk zurück an Hamburg
1989 Nigehörn wird aufgespült
1990 Nationalpark Hamburgisches Wattenmeer
1997 Postamt Neuwerk geschlossen

Von links nach rechts: Ostbake, Großer Turm, Kleiner Leuchtturm, Nordbake, Scharhörnbake; Neuwerks Seezeichen auf einer Hamburger Seekarte von 1831

Bürgergeschichten

„Neu auf Neuwerk“

Die Uhlenhorsterin Svenja Griebel erzählt, warum sie von der Uhlenhorst auf die Insel zog, von den Schwierigkeiten beim Häuserbau und dem Leben und Alltag auf Hamburgs Nordsee-Eiland im Wattenmeer

Von Sonnenuntergang bis Sonnenaufgang blinkt das Quermarkenfeuer

Ziemlich ungläubig schauten meine Freundinnen und Arbeitskollegen drein, als ich ihnen im Januar 1997 erzählte, dass ich Hamburg-Uhlenhorst verlasse und nach Neuwerk gehen werde. „Ach du liebe Zeit, wo ist das denn …“ musste ich mir des Öfteren anhören. Nachdem ich allen erklärt hatte, dass Neuwerk eine kleine Insel mit 34 Einwohnern ist, die zwar vor Cuxhaven liegt, aber dennoch zu Hamburg gehört, wurde aus dem Unglauben wohl eher totales Unverständnis. Wie kann man nur das lebhafte Hamburg verlassen, um auf dieser kleinen Insel zu leben, wo es kein Kino, Theater, keine Disco oder sonstige Freizeitmöglichkeiten gibt …?! Zum einen der Liebe wegen. Mein Mann ist gebürtiger Insulaner. Obwohl wir uns in Hamburg sehr wohl gefühlt haben, war zumindest für ihn immer schon klar, dass er irgendwann zurück auf „seine“ Insel geht, um in dem Restaurant seiner Eltern mitzuarbeiten. Nach den vielen Besuchen konnte ich mich dem Reiz der Insel einfach nicht mehr entziehen. Und dann spielte da noch die Familienplanung eine Rolle … Kinder mitten in Hamburg großziehen? Das entsprach nicht unserer Vorstellung einer unbeschwerten Kindheit.

Svenja Griebel, zu Hause im „Nige Hus“

Nachdem mein Mann in Hamburg die Hotelfachschule absolviert hatte, nahmen unsere Zukunftspläne immer mehr Gestalt an; ein eigenes kleines Hotel, nach unseren Wünschen gebaut und eingerichtet. Das wär's! Die Verwirklichung dieses Traums gestaltete sich allerdings schwierig. Da Neuwerk zum Nationalpark Hamburgisches Wattenmeer gehört, darf eigentlich nicht neu gebaut werden. Nach zweijährigem Kampf mit der Hamburger Baubehörde hatten wir dann endlich unsere Genehmigung.

Zwischenzeitlich war im März 98 unsere Tochter Lea zur Welt gekommen, und es war wirklich an der Zeit, dass wir endlich unsere eigenen vier Wände bekamen. Das ehemalige Kinderzimmer meines Mannes wurde nun doch zu eng. Im Winter 98/99 wurde dann mit vereinten Kräften das „Nige Hus“ gebaut. Es wurde eine ganz besondere Erfahrung, denn das Bauen auf dem Festland ist doch unkomplizierter als auf einer Insel, wo das gesamte Baumaterial per Trecker durch das Watt transportiert werden muss. Unser Traum ist jedenfalls in Erfüllung gegangen, und die Familie ist mit unserem Sohn Finn seit November 2000 auch komplett. Einige Kontakte nach Hamburg sind leider abgebrochen, aber die verbliebenen sind mir umso wertvoller. Trotz des so vollkommen anderen Lebens habe ich meine Entscheidung bisher noch nicht bereut. Unsere Kinder haben die Chance, völlig frei und in einer intakten Natur aufzuwachsen. Wo sonst in Hamburg ist das noch möglich?

Heimatabend zum Akkordeon, und so kommt unter den zahlreichen Gästen schnell fröhliche Stimmung auf.

Watt und mehr

Neuwerker Seezeichen heute: Die Ostbake steht in den Salzwiesen des Deichvorlands. Der Verein Jordsand informiert über Wat- und Seevögel

Im April 1990 verabschiedete die Bürgerschaft das Gesetz über den **Nationalpark Hamburgisches Wattenmeer**: Rund 117 000 ha Watt-Gelände zwischen Elbe- und Wesermündung wurden als Schutzgebiet ausgewiesen. Die darin gelegenen Inseln Neuwerk, Scharhörn und Nigehörn mit ihren einzigartigen Brutgebieten für Seevögel haben überregionale Bedeutung und spielen eine wichtige Rolle im internationalen Vogelschutz. Rund 90 Prozent des Nationalparks sind allein der Natur vorbehalten. Die Düneninsel **Scharhörn** darf zwar betreten werden, jeder Besucher muss sich aber beim **Vogelwart** anmelden. Durch Erosion ist Scharhörn in den vergangenen Jahren um mehr als ein Drittel geschrumpft. Als Ausgleichsfläche für verlorene Brutplätze wurde deshalb im Herbst 1989 **Nigehörn** geschaffen: Ein Saugbagger spülte aus einem Priel 1,2 Mio. m³ Sand auf. Nachdem Buschwerk und Dünengräser angepflanzt wurden, darf die Insel nun nicht mehr betreten werden, und die Natur bleibt sich selbst überlassen. Die Nationalparkverwaltung und der **Verein Jordsand zum Schutze der Seevögel und der Natur e.V.** bieten den Neuwerk-Besuchern ein abwechslungsreiches Programm, um das Wattenmeer mit seiner Tier- und Pflanzenwelt zu erkunden. Bei Wattführungen, Salzwiesenexkursionen und Diavorträgen erfährt der ornithologische Laie, wie ein Säbelschnäbler aussieht oder dass es Vögel gibt, die „Knutt“ und „Sanderling“ heißen.

Köpfe

Als Insellehrer kam der gebürtige Wilhelmsburger **Hans-Gerd Backhaus** 1974 an Deutschlands kleinste Schule. Bis Frühjahr 2001 unterrichtete er im Schulhaus hinter dem Deich alle Fächer – aber nie mehr als sechs Schüler. Der Studienrat baute den Dachboden der Schule zu einer Mini-Turnhalle aus und machte so auch Sportstunden bei Dauerregen möglich. Seit seiner Pensionierung widmet er sich ganz dem Bernstein und seinen Pensionsgästen.

Zu **Volker Griebel** kommen nicht nur Gäste aus ganz Deutschland, um im „Hus Achtern Diek“ oder im Strohlager zu nächtigen. Der gelernte Jockey betreut, therapiert und trainiert auch Traber und Galopper auf seinem Hof. Mit 15 Jahren verließ Volker Griebel die Insel und ging bei dem legendären Hein Bollo in die Lehre. Sechs Jahre später kehrte er zurück, und mittlerweile werden Sportpferde aus ganz Deutschland zu ihm geschickt, um im Reizklima der Nordsee ihre Erkrankungen zu kurieren.

„Wie unterscheiden sich Uferschnepfe und Pfuhlschnepfe?“ **Eike Steinborn** kann diese Frage nach elf Neuwerk-Monaten schnell beantworten. Er weiß auch, dass das Nationalpark-Maskottchen **Freddi** ein Haematopus ostralergus, ein Austernfischer, ist. Wie alle, die ihren Zivildienst für den Verein Jordsand auf der Insel leisten, hat Eike Steinborn Vogelführungen geleitet und das Informationszentrum betreut, Zugvögel kartiert und zweimal im Monat Wat- und Wasservögel gezählt.

Bernstein-Kenner: der ehemalige Insellehrer Hans-Gerd Backhaus, Pferdefachmann: Volker Griebel, Nationalpark-Zivi: Eike Steinborn und Inselmaskottchen Freddi

Niendorf

prägen reiches Grün und gepflegtes Wohnen. Nachbar Flughafen stört dabei die Ruhe weniger, als viele denken. Lebendiges Zentrum und alljährlich großer Feierort ist die Fußgängerzone „Tibarg“, und als weitere Niendorfer Wahrzeichen fungieren das „Gehege“, die „Kirche am Markt“ – und auch die Kollaustraße

Steckbrief

Fläche: 12,698 km²
Einwohner: 39497
Verwaltung: Bezirk Eimsbüttel, Ortsamt Lokstedt
Ortsteil: 318

Niendorf bedeutet „Neues Dorf“. Der Vorgänger könnte in der Gegend des Neuen Friedhofs gelegen haben, wo ein Flurstück mit dem Namen „Ohl Dörp“ (= Altes Dorf) belegt ist.

Schon in der Altsteinzeit

Ältestes Zeugnis menschlicher Besiedlung ist ein Faustkeil aus der Altsteinzeit (bis 9000 v. Chr.), gefunden 1882 in der Gegend des heutigen *Bayernwegs*. In der mittleren Steinzeit (bis 4000 v. Chr.) gab es offenbar zwei durch Oh- und Schippelsmoor getrennte Siedlungsgebiete, und zwar eines am Klingbarg südöstlich von Gut Wendlohe und das andere auf einer früheren Düne an der Tarpenbek.

Der letzte Pflug vom Tibarg wurde 1988 von Familie Wullenweber in Tibarg-Mitte aufgestellt

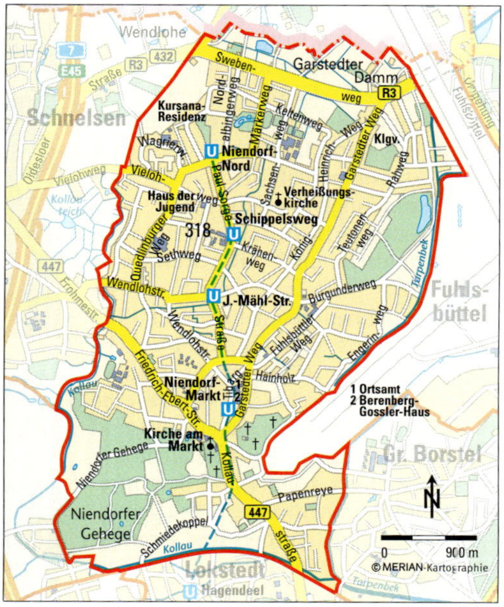

Aus der Geschichte

Niendorf gehörte einst zur **Herrschaft Pinneberg**, deren Geschicke mehr als 300 Jahre von den Schauenburgern bestimmt wurden. Nach deren Aussterben fiel die Herrschaft 1640 an König Christian IV. von Dänemark. Mit der Verkoppelung 1788 wurde das Bauernland neu gegliedert, zugleich erfolgte die Aufteilung der gemeinsamen Kornländereien sowie der Gemein-Weide, Wälder und Moore.

1848 versuchten sich die Schleswig-Holsteiner vergeblich gegen die dänische Oberherrschaft zu erheben, woran seit 1898 eine Doppeleiche am oberen Ende des *Tibargs* erinnert. Als Folge des Deutsch-Dänischen Krieges von 1864 wurde Niendorf 1867 preußisch. Um die nach dem Ersten Weltkrieg drohende Einverleibung nach Altona abzuwehren, schloss man sich 1927 mit Lokstedt und Schnelsen zur Großgemeinde Lokstedt

Das Wahrzeichen Niendorfs: Die Kirche am Markt, sie ist jetzt so restauriert, wie sie vermutlich im Jahr 1770 bei ihrer Fertigstellung ausgesehen hat

zusammen. Die Verwaltung wurde in der *Sottorfallee* in Lokstedt zusammengefasst und blieb dort auch als Ortsamt, nachdem die Großgemeinde 1937/38 an Hamburg gekommen war. 1966 zog sie in den *Garstedter Weg* nach Niendorf.

Die erste richtige Schule entstand zusammen mit der Kirche 1770 am Markt. Im April 1929 zog die Mittelschule in ein modernes Gebäude am *Sootbörn*. Hier wurde auch das erste Gymnasium der Großgemeinde untergebracht. Der Schulbetrieb musste in den 60er Jahren dem Fluglärm weichen, und es entstanden die Schulen am *Bindfeldweg* und das Gymnasium am *Bondenwald*.

Der ehemalige Dorfkern am *Tibarg* wurde im Sommer 1943 ein Opfer des Bombenkrieges. Auch der Dorfkrug „Zum Bäcker“ von 1752 brannte aus. „Dor is dat bannig gemüthlich. De Weerthsstuv liggt grad an de Backstuv“, so beschrieb der Heimatdichter Joachim Mähl (1827–1909) den auch bei Ausflüglern beliebten Krug in seinem Roman „Jean“, einer plastischen Schilderung des Dorflebens um 1840. Das nach dem Krieg neu erstandene Gasthaus musste weichen, als 1968 der *Garstedter Weg* für den Verkehr freigegeben wurde. Die Abtorfung der Moorgebiete nach dem Krieg und die Umwandlung der Äcker und Wiesen in Bauland machten Niendorf zum Wohngebiet. Maßgeblich zum Wandel beigetragen hat der Bau der U-Bahn.

In der Hauptachse der Kirche am Markt liegen der Eingang sowie die zu einer von überall her gut sichtbaren Altarwand vereinigten Elemente Altar, Kanzel und Orgel

Die Kirche am Markt

Die ev.-luth. **Kirche am Markt** in der *Kollaustraße 241* gilt neben dem „Michel“ als bedeutendstes barockes Bauwerk in Hamburg. Folgerichtig sind auch nur von diesen beiden Kirchen der Stadt Modellbaubögen erhältlich. Der achteckige, spätbarocke Zentralbau entstand bei der „Abpfarrung“ Niendorfs von Eppendorf. Der damalige dänische König Christian VII. hatte 1768 mit den Hamburgern einen Vertrag geschlossen, wonach seine rund um Hamburg liegenden Dörfer kirchlich

Bürgergeschichten

„Baumriesen im Rotlichtschein"

Dr. Manfred Körner *erzählt, wie vereinte Bürgerkraft viele Niendorfer Bäume rettete und warum auf dem alten Friedhof nachts die Lampen angehen*

Anfang Juni 1977 erhielt die Niendorfer Friedhofsverwaltung ein Schreiben der Wirtschaftsbehörde. Im Randbereich des Flughafens und auf beiden Friedhöfen seien Bäume in der Einflugschneise zu kappen und zu fällen.

„Erst mal prüfen", beschließt der Ortsausschuss Lokstedt und fordert ein Gutachten. Das kommt nicht, und stattdessen gibt der Senat im Januar 1979 grünes Licht für eine der größten Abholz-Aktionen in der jüngeren Stadtgeschichte. 542 Bäume – darunter viele Friedhofsveteranen – sollen fallen, 1622 gekappt werden. Dem Entsetzen folgen Zweifel: Wenn die Bäume, warum nicht ebenso die Schuppen auf dem Flughafengelände, der Schornstein auf dem Mercedes-Gebäude oder Dächer und Obergeschosse der Häuser in der Kollaustraße direkt unter der Einflugschneise? Die Eimsbütteler Bezirksversammlung zitiert Bürgermeister Ulrich Kloses „Gleichrangigkeit von Ökonomie und Ökologie" und verlangt Güterabwägung und Alternativen.

Mit Sicherheit die richtige Entscheidung: Flugsicherungsrotlicht verhinderte das Abholzen der Baumriesen

Februar und März werden zu wahren Protest-Monaten durch die Kirchengemeinde Niendorf-Markt, den Niendorfer SPD-Abgeordneten Peter Paterna (MdB), den „Verein zum Schutz des Niendorfer Geheges" und den Hamburger Landesjagdverband. Bürgerinitiativen wollen sich sogar an die Bäume ketten. Die CDU sammelt Unterschriften und bildet mit der SPD eine Koalition gegen die Abholzung.

Doch der Senat demonstriert Stärke. Es kommt zu ersten Fäll- und Kappungsaktionen auf öffentlichem Grund. Im April signalisiert die Wirtschaftsbehörde Gesprächsbereitschaft. Die zwischenzeitlich eingeschaltete Bundesanstalt für Flugsicherung erklärt, dass eine Verkürzung der Start- und Landebahn zur Folge hätte, dass die meisten Bäume bleiben könnten. Im November beschließt die Eimsbütteler Bezirksversammlung eine Bahnverkürzung von 350 m. Dies sei wirtschaftlich vertretbar. Die Deputation der Behörde für Bezirksangelegenheiten, Naturschutz und Umweltgestaltung schließt sich dem Kompromiss an, doch der Senat bleibt hart. Aus Protest legt der Eimsbütteler SPD-Chef Halfmeier im Dezember sein Mandat auf Kreis- und Landesebene nieder. Die Kirchengemeinde erreicht vor dem Verwaltungsgericht einen Aufschub, und die Ortsausschussfraktionen von SPD, CDU und FDP appellieren ein letztes Mal an den Senat. Im Stadtteil stehen die Zeichen auf Sturm, aber auch bei einer Protestveranstaltung im Januar 1980 bleiben Bürgermeister und Wirtschaftssenator in der überfüllten Aula der Gesamtschule unnachgiebig. Doch das Hamburger Oberverwaltungsgericht stoppt erst mal das schnelle Abholzen.

Der Druck, die Hindernisfreiheit möglichst rasch überall wiederherstellen zu müssen, macht den Senat verhandlungsbereit, und im April 1983 heißt es: Die Start- und Landebahn wird um 300 m verkürzt. Dadurch können insgesamt 348 Bäume gerettet werden, 194 müssen dennoch fallen. Auf dem alten Friedhof sind es nur 14, und die meisten imposanten Riesen werden nur wenig ausgelichtet und neben ihren Kronen große Signallampen installiert: Und so kam der alte Niendorfer Friedhof zu seinem Rotlicht.

Ökumenischer Open-Air-Gottesdienst der Niendorfer Kirchengemeinden hinter der Niendorfer Kirche am Pfingstmontag 2001

nicht länger an Hamburg gebunden waren. 1769 wurde der Grundstein gelegt, und nach nur 16-monatiger Bauzeit konnte die Kirche im November 1770 eingeweiht werden. Im Mittelpunkt der Kuppel blickt symbolhaft das Auge Gottes auf die Gemeinde herab, darunter schwebt der **Taufengel**, der bei Bedarf heruntergelassen wird. Nach umfangreicher Renovierung, die vor allem wegen der eigenwilligen Dachkonstruktion viel Zeit und Geld kostete, zeigt sie seit 1986 wieder das Aussehen von 1770. Die Orgel wurde 1995 erneuert. Die Marktkirche ist auch eine beliebte **Hochzeitskirche** und Zentrum des 1967 gegründeten Kirchenkreises Niendorf, bestehend aus Eidelstedt, Langenfelde, Lokstedt, Niendorf, Schnelsen, Stellingen sowie Gemeinden in Norderstedt und in Quickborn. Vor dem rückwärtigen Eingang befindet sich ein Opferstock „für verschämte Arme im Kirchspiel Niendorf".

Der angrenzende Waldfriedhof geht in das Niendorfer Gehege über. Seit 1985 gehört das alljährliche Adventssingen zur vorweihnachtlichen Tradition. Die Gestaltung und Entwicklung der Niendorfer Friedhöfe lag ab 1794 fast 200 Jahre lang in den Händen der Familie Jürs, und zwar genau bis zur Pensionierung von Kurt Jürs am 1. Oktober 1992. Sollte auswärtigen Besuchern das eine oder andere Detail vertraut vorkommen, so liegt dies an Jürgen Roland: Der bekannte Regisseur hat hier in seinen Krimis für die deutsche Fernsehnation schon viele Tote unter die Erde gebracht.

Auf dem Niendorfer Waldfriedhof, dem alten Friedhof hinter der Kirche, finden sich viele prächtige Grabsteine

Weil der **Waldfriedhof** zu klein wurde, entstand jenseits der *Kollaustraße* der **Neue Friedhof**. Die dortige Friedhofskapelle – 1906 gestiftet von John von Berenberg-Gossler – ist eine kleine Nachbildung dieser Kirche. Das ist ebenso wenig alltäglich wie die roten Lampen über dem Friedhof und die Tatsache, dass hier – wegen des Lärms vom nahe gelegenen Flughafen – von ewiger Ruhe nur bedingt die Rede sein kann.

Im Dezember 1966 wurde die **Verheißungskirche** am *Sachsenweg* eingeweiht. Das rasche Bevölkerungswachstum führte 1971 zur organisatorischen Teilung der Niendorfer Gemeinde, und so kam die ev.-luth. Gemeinde **Niendorf-Nordwest** am *Quedlinburger Weg* hinzu. Hier entstand 1991/92 durch Uwe Roß und Christa Klawitter die Aktion „Der Brückenschlag", ein kontinuierliches Hilfsprojekt für eine Internatsschule für Hörbehinderte in Bledau/Sosnowka im ehemaligen Nord-Ostpreußen. Die kath. Gemeinde in Niendorf erhielt erst 1933/34 mit der Kirche **St. Ansgar** (die heutige Kapelle) ein eigenes Gotteshaus. Die neue Kirche am *Niendorfer Kirchenweg* wurde 1962 fertig. Die Gemeinde zählt über 6000 Mitglieder. Auch die **Freie evangelische Gemeinde Hamburg** ist im Stadtteil Niendorf vertreten *(Bondenwald 56)*.

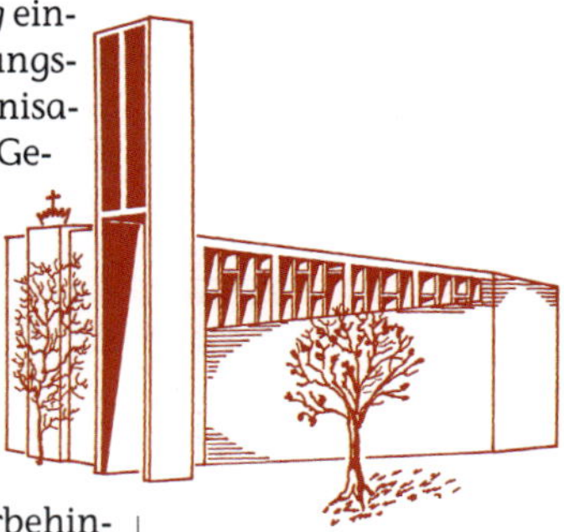

Die kath. Kirche St. Ansgar am Niendorfer Kirchenweg

Gott sei Dank nichts los?

Kurt Behrens und Gisela Morawa vor dem „Berenberg-Gossler-Haus“ am Niendorfer Kirchenweg

Wer die Befindlichkeit des Niendorfers gegenüber seinem Stadtteil in einem Satz zusammenfassen will, könnte dies mit folgendem Bonmot tun: „Hier ist nichts los – Gott sei Dank, dass hier nichts los ist.“ Das heißt aber nicht, dass es in Niendorf langweilig wäre. Nicht wenige, die hier aufgewachsen sind, kehren – wenn sie eine Familie gegründet haben – hierher zurück. Der alteingesessene Niendorfer ist meist Mitglied in mehreren Vereinen.

Die älteste von Bürgern gegründete kulturelle Initiative im Stadtteil ist der 1990 auf Anregung des Journalisten Peter Rickers gegründete **Kulturtreff Niendorf e.V.** Außer der Durchführung von Kursen und Veranstaltungen zählte zu den Hauptanliegen des seit Mai 2001 von Norbert Rainer Freiherr Knutz geführten Vereins, sich in den Stadtteilgremien für die Gründung eines Bürgerhauses einzusetzen.

Anfang 1997 konnten Niendorfer Bürgerinnen und Bürger sowie zehn Vereine und Institutionen den Verein **Berenberg-Gossler-Haus – Bürgerhaus für Niendorf** ins Leben rufen. Sein Domizil, der *Niendorfer Kirchenweg 17*, ist die ehemalige „Warteschule“, eine Kinderkrippe, die John Freiherr von Berenberg-Gossler 1913 der Gemeinde gestiftet hatte. Ein Jahr nach der Vereinsgründung wurde das Haus eingeweiht. Für den Erfolg des vielfältigen Programms spricht, dass im Frühjahr 2001 bereits das 600. Mitglied begrüßt werden konnte. Mit Hartmut Leschner, seit 1979 Leiter des Ortsamts Lokstedt, hatte der Verein von Beginn an einen engagierten Ersten Vorsitzenden. 2001 gab er die Führung an Rechtsanwalt Michael Vierth ab. Bei den Stellvertretern sorgen Gisela Morawa und Kurt Behrens, früherer Rektor der Schule am Burgunderweg und langjähriger engagierter CDU-Kommunalpolitiker, für personelle Kontinuität.

Mehrmals im Jahr trifft sich der **Niendorfer Zukunftsrat**, in dem sich Bürger und Vertreter von Institutionen und Vereinen für nachhaltiges Leben und Wirtschaften im Stadtteil engagieren. Schon Tradition ist jeweils im Herbst eine „Niendorfer Zukunftsmeile“. Gleichfalls nicht über mangelndes Interesse klagen kann die seit April 1965 bestehende Elternschule Niendorf. Der gebürtige Niendorfer Robert Hertwig, Leiter der bekannten Bläsergruppe „Posaunix“, hat ein „Hamburg Tune Book“ verfasst, das für jeden Stadtteil, die fünf ev.-luth. Hauptkirchen und diverse Wohnquartiere einen eigenen harmonischen Tonsatz enthält.

Der gebürtige Niendorfer Robert Hertwig, Leiter der Bläsergruppe „Posaunix“, hat ein „Hamburg Tune Book“ verfasst, das für jeden Stadtteil einen eigenen harmonischen Tonsatz enthält

Ein Passagierjet im Luftraum über der Kollaustraße im Anflug auf den Hamburg Airport, den direkten östlichen Nachbarn des Stadtteils

Stadtteil-Profil

	Niendorf	Bezirk	Hamburg
Bevölkerung gesamt (2000)	39 497	244 893	1 704 929
Unter 18-Jährige in %	15,7	14,1	16,1
65 Jahre und älter in %	19,0	16,1	17,0
Deutsche	36 638	208 892	1 432 325
Ausländer in %	7,2	14,7	16,0
Einwohner je km²	3110	4914	2258
Sozialstruktur			
Sozialhilfeempfänger (2000)	1254	13 118	120 461
Arbeitslose (2001)	1079	9260	71 963
Eink. je Steuerpfl. in DM (1995)	71 168	67 141	65 579
Wohnen (2001)			
Wohngebäude	7526	28 953	226 061
Ein- und Zweifamilienhäuser in %	34,3	16,2	20,5
Ø Wohnungsgröße in m²	78,5	71,5	71,0
Wohnfläche je Einwohner in m²	38,6	37,3	35,7
Verkehr			
Private Pkw (2001)	17 124	90 230	628 119
Straßenverkehrsunfälle (2000)	181	1752	12 430
Kriminalität			
Straftaten insgesamt (2000)	4065	28 994	284 272

Wahlverhalten

... zur Bürgerschaft 2001 (gesamt)

Wahlbeteiligung	71,0%
SPD	36,5%
CDU	26,2%
Schill-Partei	19,4%
Grüne/GAL	8,6%
FDP	5,1%
Übrige	4,2%

... zur Bürgerschaft 2001 (Stadtteil)

Wahlbeteiligung	80,5%
SPD	37,4%
CDU	28,1%
Schill-Partei	20,0%
Grüne/GAL	6,0%
FDP	5,5%
Übrige	2,9%

Straße, Schiene, Landebahnen

Wichtigste Hauptverkehrsachse ist die vier- bis sechsspurig ausgebaute **B 447** *(Friedrich-Ebert-Straße/Kollaustraße)*, davon abzweigend am *Niendorfer Marktplatz* der *Garstedter Weg* mit seiner Anbindung an den **Ring 3** *(Swebenweg)*. Der Ausbau des 1911 gegründeten Flughafens hat das Leben in Niendorf ebenfalls stark verändert. Der Verlängerung der **Startbahn 1** mussten in den 60er Jahren das Niendorfer Quellbad am *Sootbörn*, die Schule Sootbörn und viele Kleingärten weichen. Vom Fluglärm sind andere Stadtteile wohl noch stärker betroffen, denn der größte Teil von Niendorf liegt in der Schere zwischen den Start- und Landebahnen 1 und 2.

Die Niendorfer erhielten 1907 ihre elektrische Straßenbahn, waren nach der Einstellung der „Linie 2" 1978 für den Weg in die Stadt aber auf den heutigen **MetroBus 5** angewiesen. Nach dem ersten Rammschlag für den Bau der U-Bahn am *Tibarg* 1979 dauerte es noch sechs Jahre, ehe die erste U 2 von Hagenbecks Tierpark zum Niendorfer Markt fuhr. 1991 wurde die Strecke von Niendorf-Markt bis zur Endstation Niendorf-Nord in Betrieb genommen.

Grün satt, Betriebe Mangelware

Trotz des Flughafens und einiger Hauptverkehrsstraßen ist Niendorf ein beliebter Wohnort. Am schönsten und teuersten ist es selbstredend im Bereich *Niendorfer Gehege* und am *Bondenwald*. Neben den großen Genossenschafts-Siedlungen – auch mit viel Grün und Spielflächen – wird das Gesicht Niendorfs vorwiegend von Einfamilien- und Reihenhäusern geprägt. Niendorf ist mit seiner ausgewogenen Sozialstruktur, auch in den sozial durchmischten Großwohnsiedlungen, trotz seiner fast 40 000 Einwohner ein „Dorf" geblieben, abgeschlossen zwischen Ohmoor im Norden, Flughafen im

Wie jedes Jahr: großer Besucherandrang auf dem Flohmarkt beim „Niendorfer Markt"

Bronzene Pferdeplastik des Bildhauers Martin Irwahn am Wagrierweg, aufgestellt im Oktober 1969

Osten, Autobahn im Westen und Niendorfer Gehege im Süden.

Niendorf verfügt nur über verhältnismäßig wenig Gewerbeflächen und keine industrielle Produktion. Wichtige Arbeitgeber am Ort sind der 1962 gegründete Modewarenhersteller TOM TAILOR AG mit Head Office und Outlet Store am *Garstedter Weg*, die GWP-Werbeagentur und der Tiefkühl-Diätkost-Hersteller Diäko auch mit Ladengeschäft am *Krähenweg*.

Blick auf die Wohnlandschaft an der Paul-Sorge-Straße (oben) und in die Fußgängerzone „Passage am Brunnen" (Rudolf-Klug-Weg)

Wagriersiedlung

1968 begann auf einem Gebiet, das bis dahin zum größten Teil landwirtschaftlich genutzt wurde, der Bau der genossenschaftlichen Großwohnsiedlung mit den Straßen *Vielohweg*, *Nordalbingerweg*, *Moorflagen* und *Wagrierweg* mit über 1000 Wohnungen. Gemäß Bebauungsplan wurden an den Rändern der **Wagriersiedlung** überwiegend zwei- bis viergeschossige Wohnbauten hochgezogen, im Inneren der Siedlung entstanden auch Wohngebäude mit bis zu neun Geschossen.

Der Zuzug vieler junger Familien sorgte bald für einen großen Bedarf an Einrichtungen für die Betreuung von Kindern und Jugendlichen. Im Rahmen einer Elterninitiative wurde u.a. 1971 ein Kindergarten im *Wagrierweg 16* eingerichtet, der Vorgänger des 1976 gegründeten städtischen Kindertagesheims. Mit dem Spielplatzhaus *Wagrierweg 52 a* gibt es seit 1973 ein weiteres Angebot für die Kleinen. Nicht durch Behördeninitiative, sondern auf der Basis einer privaten Stiftung entstand das Haus der Jugend Niendorf am *Vielohweg 152*, das 1973 eröffnet wurde. Seit 1951 besteht die Schule an der *Paul-Sorge-Straße* (seit 1980 Gesamtschule); in den 1960er Jahren folgten die Schulen Sethweg und Burgunderweg und in den 1970ern die Schule Moorflagen, das Ohmoor Gymnasium sowie die Grund-, Haupt- und Realschule am Sachsenweg.

Das bis nach Norderstedt hineinreichende Ohmoor ist auf Hamburger

Seite gleichfalls weitgehend Wohngebiet. Gegen die Bebauung mit Mehr- und Einfamilienhäusern machte 1977 eine Bürgerinitiative mobil. Ihrer Forderung „Kein zweites Klein-Manhattan neben der Wagriersiedlung, dafür Erhalt des Restohmoors" war jedoch kein Erfolg beschieden.

Im Sommer 1980 begann der Bau der Siedlung **Niendorf-Nord** rund um die künftige U-Bahn-Endstation. Um die Namen für die neuen Straßen gab es immer wieder Diskussionen. 1982 wurde der Vorschlag des Ortsausschusses, elf der neuen Straßen nach Widerstandskämpfern und Opfern des NS-Regimes zu benennen, von den zuständigen Behörden schließlich gebilligt. Die „Kursana Residenz" am *Ernst-Mittelbach-Ring 47* bietet älteren Menschen betreutes Wohnen sowie Kurzzeit-, ambulante und stationäre Pflege.

Kunst am Bau in der Schule Paul-Sorge-Straße

Liedertafel Eintracht

Die im Oktober 1862 gegründete **Liedertafel Eintracht** ist der weitaus älteste Verein im Stadtteil. Dieser Männerchor ist heute ebenso wie vor einem Jahrhundert am kulturellen Leben beteiligt, ein Höhepunkt ist das seit 1978 alljährlich veranstaltete „Mai-Singen" im Niendorfer Gehege hinter der Kirche. Vorsitzender ist seit 1998 Uwe John, Chorleiter seit 1997 Adrian Fahrenkrug. Bei einer Zahl von ca. 35 aktiven Sängern bereitet – wie bei fast allen Männerchören – der ausbleibende Nachwuchs große Sorgen.

Neben Niendorf auch für Hoheluft, Lokstedt und Schnelsen – also die Stadtteile entlang der B 447 – ist der **Bürgerverein Hoheluft-Großlokstedt von 1896 e.V.** zuständig. Die von Burkhardt Müller-Sönksen geführte Geschäftsstelle ist in der Niendorfer *Bernwardkoppel* ansässig. Der Verein ging 1937 aus dem Zusammenschluss der Bürgervereine von Hoheluft und Lokstedt hervor. Seit 1984 hat der bekannte FDP-Politiker Rainer Funke den Vorsitz des Vereins inne, der seine weit über 300 Mitglieder in regelmäßigen Abständen zu Veranstaltungen, Besichtigungen und Ausflügen einlädt.

Die sangeskräftigen Gründer der Niendorfer Liedertafel „Eintracht", aufgenommen im Sommer 1863

Bei großen Veranstaltungen wie dem alljährlichen Fest auf dem *Tibarg* läuft in Niendorf nichts ohne die **Freiwillige Feuerwehr Niendorf**. Die Geschichte der heute von Günter Heyna und Bernt Moldenhauer geführten Wehr am *Fuhlsbütteler Weg* reicht zurück bis ins Jahr 1889. Eine Attraktion ist seit 1982 der **Feuerwehr-Kasper** von Jürgen Sander

In Niendorf ist es immer üblich gewesen, dass alle Vereine zusammenarbeiten. Dies gilt für das 1992 gegründete „Jugendforum Niendorf – Verein zur Jugendförderung im Stadtteil" ebenso wie für die von Harry Weigel geleitete „Behinderten-Arbeitsgemeinschaft Niendorf e.V.", die seit 1995 Behinderte, Senioren sowie deren Vereinigungen im Ortsamtsbereich Lokstedt berät.

Die „Guttempler – Gemeinschaft Friedrich Melchert" gibt es in Niendorf schon seit 1898, ihr Vereinshaus in der *Friedrich-Ebert-Straße* wurde 1912 errichtet.

Grüne Lunge Niendorfer Gehege

Das **Niendorfer Gehege** ist ein ideales stadtnahes Ausflugsziel mit Waldspielplätzen, Damwildgehege und Ponyhof. In mehreren Schritten hatte die Stadt zwischen 1948 und 1965 private Waldflächen erworben, aus denen das 135 ha große Gehege gebildet wurde. Seit Mitte des 19. Jahrhunderts hatten reiche Hamburger immer größere Forstflächen als Baugrund aufgekauft. Es entstanden repräsentative Landsitze wie der des Bankiers Johann Hinrich Gossler („Gossler-Park"), des HAPAG-Direktors J.T. Merck (Sommerhaus *Niendorfer Gehege 31*) oder des Versicherungsmanagers H. F. M. Mutzenbecher („Albingia"). Das Wohnhaus und die Villa *Niendorfer Gehege 32/34* ließ 1875 und 1881 der Viehkommis-

Zeitleiste

1343 erste urkundliche Erwähnung
1770 Kirche am Markt
1867 Niendorf preußisch
1927 Gründung von Groß-Lokstedt
1937 Anschluss an Hamburg
1943 Schäden durch Bombenkrieg
1966 Ortsamt am Garstedter Weg
1985 U 2 bis Niendorf-Markt
1991 U 2 bis Niendorf-Nord
2002 Tibarg Center

sionär Claus Bolten erbauen, sie erinnern an Burgen- und Schlossbauten der Romantik.

Der Torfabbau in **Ohmoor**, **Schippels**- und **Rahmoor** prägte einst das Leben in Niendorf. Es war Feuerungsmittel im heimischen Haushalt und in Hamburg begehrtes Exportprodukt. Nach dem Zweiten Weltkrieg wurde noch bis 1948 im Ohmoor Torf gewonnen und als Brennstoff genutzt.

Zur Naturidylle im Niendorfer Gehege gehört auch das nach Art eines Niedersachsenhauses gestaltete Landhaus Bolten

Großverein NTSV

Die Niendorfer haben viele Möglichkeiten zum Ausspannen und zu aktiver Fitness. 1965 wurde das **Schwimmbad am Bondenwald** an der *Friedrich-Ebert-Straße* eröffnet, 1977 kam das Hallenbad hinzu. Seit Sommer 2001 ist auch der **FC St. Pauli** in Niendorf zu Hause und trainiert auf den ehemaligen Philips-Betriebssportplätzen am *Langenhorst/Kollaustraße*. Zu nennen sind auch die Anlage des **Niendorfer Miniaturgolf-Clubs von 1963 e.V.** am *Burgunderweg*. Seit 1971 ist der **Niendorfer Flugsport Club e.V.** in den Kollauwiesen beheimatet.

Der größte Verein im Stadtteil ist der 1919 von Carl Ohl gegründete **Niendorfer Turn- und Sportverein**. Der unter Führung von Nils Kahn durch einen jungen, sehr aktiven Vorstand geleitete NTSV konnte im April 2001 sein 8000. Mitglied begrüßen und ist damit einer der größten Hamburger Sportvereine. Die Mitglieder haben die Möglichkeit, in 13 verschiedenen Abteilungen Sport zu treiben, wobei aber die Auswahl der Sportmöglichkeiten noch bei weitem größer ist. Der NTSV besitzt zwei eigene Clubhäuser am Sportplatz Bondenwald und am Sportplatz Sachsenweg.

Die vereinseigene Tennisanlage liegt am *Sachsenweg*, sie zählt mit fünf Hallen- und zwölf Außenplätzen zu den größten und schönsten ihrer Art in Hamburg. Im Jahre 2000 entstand auf der Tennisanlage mit dem ADYTON *(Sachsenweg 78)* das Fitness- und Gesundheitsstudio des NTSV. Auf einer Gesamtfläche von 1700 m² bietet es u.a. ein Restaurant mit bis zu 100 Sitzplätzen, einen Wellnessbereich mit Pool, Ruheraum, zwei Solarien und einer normalen und einer Kombidampf-Sauna und vieles mehr.

Tibarg: Einkaufen und Leben

Mit dem neuen „Tibarg Center“ hat der nördliche Beginn der Fußgängerzone im Jahr 2002 nach vielen Jahren einen neuen Anziehungspunkt erhalten, der den gesamten Standort langfristig aufwerten soll. Bauherr und Investor des ca. 45 Mio. Euro teuren Objektes ist die Unternehmensgruppe Hermann Friedrich Bruhn. In dem dreigeschossigen Gebäude bieten etwa 60 Mieter – Filialbetriebe, regionale Fachgeschäfte, Dienstleister und gastronomische Betriebe – einen attraktiven

Zeichnung des neuen Tibarg Centers am nördlichen Ende der Einkaufsmeile; das südliche Ende des Tibargs mit den Tibarg-Wellen

Branchenmix. Post und Öffentliche Bücherhalle runden das Angebot ab. Zwei offene Parkdecks auf dem Dach des Einkaufszentrums bieten Stellfläche für mehr als 400 Fahrzeuge.

Der *Tibarg* ist Niendorfs wichtigste Einkaufsmeile. Das älteste Fachgeschäft ist **Blumen Tomfort**, 1846 am *Niendorfer Kirchenweg* gegründet und seit 1949 am *Tibarg* ansässig. Gelegenheit zum Einkaufen bietet seit 1972 auch der Wochenmarkt (Do./Sa.). Im Frühjahr 2001 wurden erstmals Pläne vorgelegt, die „Tibarg-Wellen“, die sich als grau ge-

pflastertes Band über die Straße winden, einzuebnen und mit einer Verlegung des Wochenmarkts zum südlichen *Tibarg* das Quartier aufzuwerten.

Von den dort einst am *Tibarg* stehenden dörflichen Bauernhäusern ist fast nichts mehr erhalten. Die Besitzer haben ihre Ländereien verkauft oder verpachtet. Auf dem Wullenweber-Hof am *Tibarg 19* hörte die Landwirtschaft Mitte der 50er Jahre auf. Auf dem Gelände des einstigen Hofes Nr. 2 (heute *Tibarg 13–15*) lockten 1949–63 die „Palmengarten-Lichtspiele“ die Niendorfer vor die Leinwand.

Direkt in der Einkaufsmeile ist seit 1977 das in wöchentlicher Auflage von über 50 000 Exemplaren erscheinende und von Ingelor Schmidt geführte „Niendorfer Wochenblatt“ zu Hause. Die Anfänge reichen bis zum Beginn der 1970er Jahre zurück, als Ulrike Wolf – später als TV-Journalistin überregional bekannt – in Niendorf ein lokales Anzeigenblatt gründete.

1794 war den Niendorfern zweimal jährlich ein Markttag bewilligt worden. Der Vieh- und Krammarkt lockte von weither Gäste an, sogar Dienstpersonal bot auf einem „Arbeitsmarkt“ seine Dienste an. Das Fest zur U-Bahn-Einweihung 1985 knüpfte an diese Tradition an, seither wird alljährlich der „Niendorfer Markt“ auf dem *Tibarg* gefeiert, der immer große Resonanz findet.

Mit dem Wohnungsbau hat sich auch das Einkaufsgeschehen rund um die U-Bahn-Endstation Niendorf-Nord belebt. Das Niendorf-Nord-Zentrum (NNZ) bietet dort seit Ende der 1980er Jahre ein breites Angebot.

Köpfe

Der Chronist von Niendorf, Lokstedt und Schnelsen ist **Horst Grigat**. 1920 in Ostpreußen geboren, hat es ihn 1952 nach Niendorf verschlagen. Er war Lehrer und von 1972 bis 1983 auch Rektor an der Schule Frohmestraße. Sein erstes Buch, eine Chronik von Schnelsen, erschien 1969 und wurde 1996 in erweiterter Form vorgelegt. 1972 erschien „Hamburg-Niendorf von der Steinzeit bis zur Gegenwart“, ein zweites Niendorf-Buch kam 1991 heraus, und 1999 konnten die Lokstedter ihre Heimatchronik in Händen halten: „Hamburg-Lokstedt von der Steinzeit bis zum Jahre 2000“.

Seit September 1980 ist der Sozialpädagoge **Hannes Lübbermann** nun schon Leiter des Hauses der Jugend am *Vielohweg* in Niendorf, wo Jugendliche von 10–18 Jahren ein vielfältiges Freizeitangebot finden. „Es macht nach 20 Jahren immer noch Spaß“, freut sich Lübbermann, der in seiner Freizeit gern Kanutouren unternimmt.

Nils Kahn, 1972 in Hamburg geboren und in Niendorf aufgewachsen, ist schon seit seinem dritten Lebensjahr Mitglied im NTSV. Mit 15 Jahren als Schriftwart in den Jugendvorstand gewählt, ist der verheiratete Schifffahrtskaufmann und Vater von zwei Töchtern seit März 1998 1. Vorsitzender des NTSV. Er war damals der jüngste Vorsitzende eines Sportvereins in Hamburg.

Niendorfer Köpfe: Stadtteil-Chronist Horst Grigat, Hannes Lübbermann vom Haus der Jugend und Nils Kahn, der Vorsitzende des NTSV

Nienstedten

prägen großzügiges Wohnen und ein intakter Dorfkern. Entlang der Elbchaussee bestimmen Landhäuser mit Parks das Bild des Stadtteils. Dort liegt auch das Restaurant Jacob, dessen Geschichte bis 1791 zurück reicht. Sportlich wird es alljährlich zu Pfingsten, wenn in Klein Flottbek das Springderby ausgetragen wird

Steckbrief

Fläche:
4,390 km²
Einwohner:
6312
Verwaltung:
Bezirk Altona, Ortsamt Blankenese
Ortsteil:
221

Weite Gärten bestimmten auch um 1900 das großbürgerliche Wohnen in Nienstedten

Der Name Nienstedten taucht 1297 zum ersten Mal als „Nygenstede" (= neue Stätte) auf. Historiker vermuten deshalb, dass der Ort eigentlich älter ist. Wo jedoch Vorläufer Nienstedtens gelegen haben könnten, ist unbekannt.

Aus der Geschichte

Nienstedten liegt in einem Gebiet, das um das Jahr 800 zu Stormarn gehörte. Erstmals urkundlich erwähnt wurde der Name 1297. Die Kirchgründung im 13. Jahrhundert machte Nienstedten zum Mittelpunkt eines der ältesten Kirchspiele in Holstein. Zehn eingepfarrte Dörfer gehörten dazu, darunter Blankenese, Dockenhuden, Osdorf, Lurup und Groß und Klein Flottbek. Nienstedten, dessen Verwaltung mit der Residenz der Schauenburger Grafen ab 1350 in Pinneberg lag, war ein **typisches Katendorf**: Gewerbetreibende, Handwerker, kleine Bauern und Elbfischer lebten hier. Letztere verkauften ihren Fang auch in Altona und Hamburg. Mittelpunkt von Nienstedten war der Marktplatz, auf dem Vieh, Gemüse und andere Dinge des täg-

lichen Bedarfs gehandelt wurden. Die heute hier in der Nähe liegende Kirche an der *Elbchaussee* stammt aus dem Jahr 1751 – zuvor musste sie bereits mehrfach neu errichtet werden, weil die sich ständig verbreiternde Norderelbe immer wieder Uferteile mit sich riss. Auch Häuser und Höfe gingen ab und an verloren. Anno 1735 zählte Nienstedten 16 Handwerker und drei Gastwirtschaften. Bis 1800 stieg die Zahl der Einwohner bis auf 150.

Herbststimmung an der Elbe: Spaziergänger genießen die letzten Sonnenstrahlen besonders gern beim Gang über den Elbuferweg

Kriege und Wachstum

Die Nienstedtener litten in den Napoleonischen Kriegen manche Not. 1801 und 1803 besetzten dänische Truppen den Ort, 1808 kamen Franzosen und Spanier und im Winter 1813/14 schließlich die Kosaken. Bis zur Mitte des 19. Jahrhunderts konnte sich Nienstedten, das seit 1846 an der Pferde-Omnibus-Linie Altona–Blankenese lag, wieder erholen. Nach dem deutsch-dänischen Krieg von 1864 kam es bald zu Preußen.

Wenige Jahre später, 1881, entstand am *Schulkamp* eine erste moderne Schule. Und 1883 nahm als erster und einziger **Industriebetrieb** die Elbschloss-Brauerei ihre Produktion auf. Mit Eisenbahn – 1899 wurde die Station Hochkamp eröffnet – und Straßenbahn erhielt Nienstedten in der wilhelminischen Zeit Anschluss an Blankenese bzw. Altona und Hamburg. Die Einwohnerzahl stieg 1855–1914 von 545 auf 2672 Menschen an.

Noch bis 1927 gehörte Nienstedten zum Kreis Pinneberg, dann zu Altona, mit dem es 1937/38 zu Hamburg kam. Den Zweiten Weltkrieg überstand der Stadtteil fast unversehrt, sodass der **alte Dorfcharakter** des Ortskerns bis heute weitgehend erhalten ist. Einige neuere Villen und Einfamilienhäuser kamen hinzu, größere Neubauten wie der Seegerichtshof (Einweihung: 2000) oder die zu Luxuswohnungen und einer Seniorenresidenz gewordene Elbschloss-Brauerei an der Elbchaussee mit teils erhaltenen Landhäusern und Parks sind dabei eher die Ausnahme als die Regel.

Mittendrin: die Kirche

Nachweislich ist Nienstedten schon seit 1297 Kirchdorf gewesen – und noch heute steht das Gotteshaus an der *Elbchaussee*, von dem es nur ein paar Schritte hinüber zum *Nienstedtener Marktplatz* sind, im **Mittelpunkt des Stadtteils**. Die jetzige Kirche stammt von 1751, sodass man im Mai 2001 stolz und mit einer neuen Orgel das 250-jährige Jubiläum feiern konnte. Schon

Die 1751 erbaute Kirche von Nienstedten ist wegen ihres romantischen Charakters eine beliebte Hochzeitsstätte

Die Lola-Rogge-Schule für Tanz und Bewegung im alten Landhaus des Reeders Johann Cesar IV. Godeffroy an der Elbchaussee. Rechts: Strohdach mit Garten und Gründerzeit an der Georg-Bonne-Straße

bis 1671 mussten näher an der Elbe gelegene Vorgängerbauten dreimal erneuert und sogar der Kirchhof 1590 höher gelegt werden.

Die Tradition macht manche Änderungen schwierig. Als im Jahr 1997 die **erste Pastorin** in der langen Gemeindegeschichte gewählt wurde, „war das für manche der 4500 Mitglieder nicht einfach“, erinnert sich Astrid Fiehland-Van der Veght. Nienstedten ist ihr längst ans Herz gewachsen: „Der Dorfcharakter wird gepflegt. Feste und gesellschaftliche Ereignisse begeht man stilvoll, aber nicht gigantisch.“ Neben Mutter-Kind-, Jugend- oder Altengruppen prägen drei Chöre und die Konfirmandenarbeit das Gemeindeleben. An der *Rupertistraße* gibt es ein Kindertagesheim. Und gemeinsam mit der Nachbargemeinde Groß Flottbek ist die Gemeinde seit 1984 Trägerin eines Altenheims am *Vogt-Groth-Weg*.

Seit kurzem gibt es vorm Gemeindehaus auch einen **Spielplatz** – der einzige in Nienstedten. Auch die als **Hochzeitskirche** beliebte Kirche steht Auswärtigen offen: von den rund 100 Paaren, die in jedem Jahr getraut werden, kommen nur 20 von hier.

„Der Heimatbote“ berichtet als monatlich erscheinende Zeitschrift des Bürger- und Heimatvereins Neues aus dem Stadtteil

Zeitleiste

1297 erste Erwähnung
1791 Eröffnung des Restaurants Jacob
1814 Anlage Nienstedtener Friedhof
1927 Eingemeindung nach Altona
1995 Elbschloss-Brauerei geschlossen
1997 große 700-Jahr-Feier Nienstedten
2000 Eröffnung Internationaler Seegerichtshof
2001 250-jähriges Kirchenjubiläum

Aus dem Vereinsleben

Auch wenn Nienstedten als nobler Elbvorort nahezu ein reines Wohnviertel ist, gibt es ein reges Vereinsleben. Traditionsreich ist der 1876 gegründete **Bürger- und Heimatverein Nienstedten e.V.** „Unsere 400 Mitglieder kümmern sich aktiv um Probleme im Stadtteil“, weiß der Vorsitzende Peter Schulz. Über sie, und natürlich ebenfalls über viele positive Dinge, informiert monatlich „Der Heimatbote“.

Sportliche Nienstedtener sind im **Nienstedtener Turnverein von 1894**, im **Sport-Club Nienstedten von 1907 e.V.** mit Vereinsgelände im *Quellental 27* oder im **Tischtennis Club Grün-Weiß-Rot Nienstedten von 1949 e.V.** aktiv. Fit müssen natürlich auch die Männer der 1886 gegründeten **Freiwilligen Feuerwehr** sein, deren Wache an der *Georg-Bonne-Straße* liegt.

Wo man sich bildet

Das erste Nienstedtener Schulgebäude war seit 1881 die **Schule Schulkamp**, früher eine Volks- und heute eine Grundschule. Die Schule im *Quellental* ist eine Sonderschule für Geistigbehinderte.

Die **Rudolf-Steiner-Schule** an der *Christian-F.-Hansen-Straße* ist ursprünglich ein Ableger der Wandsbeker Steiner-Schule aus dem Jahre 1952. Anfangs fand der Unterricht der Schule in freier Trägerschaft in einer Villa an der *Elbchaussee* statt. Aber bald nach der Lösung von Wandsbek 1970 entstand das jetzige Schulhaus, welches heute rund 500 Schüler besuchen; auch ein Kindergarten gehört dazu.

Gleich in der Nachbarschaft liegt an der *Christian-F.-Hansen-Straße 5* das ebenfalls anthroposophisch orientierte **Haus Mignon**. Das „Institut für ambulante Heilpädagogik“, so der offizielle Name, wurde 1975 gegründet, um eine ambulante Behandlung behinderter und von Behinderung bedrohter Kinder und Ju-

Der Baumeister von Altona

Der dänische Architekt Christian Frederik Hansen wurde 1783 königlich-dänischer Landbaumeister in Holstein. Im Jahr darauf begann er „nebenberuflich“ für private, meist Hamburger Bauherren Wohnhäuser zu errichten

Zuletzt wurde er zum Jahrtausendwechsel im Rahmen des Kulturprogramms „Danmark til Hamborg“ („Dänemark nach Hamburg“) gewürdigt: Der dänische Architekt Christian Frederik Hansen (1756–1845) setzte sichtbare Zeichen im heutigen Bezirk Altona. Vor allem *Elbchaussee* und *Palmaille* zeigen seine Einflüsse.

In seiner Heimat Dänemark gilt Christian Frederik Hansen mit Kopenhagener Prachtbauten wie der Domkirche oder dem Parlamentsgebäude Christiansborg als *der* dänische Baumeister schlechthin. Dank Hansens produktiver Schaffenszeit als königlich-dänischer Landbaumeister in Holstein (1783–1804) lassen sich viele Hinterlassenschaften aber auch im Bezirk Altona entdecken, wo er vor allem ab 1792 baute.

Ein Spaziergang entlang der Elbe zeigt schönste Architektur des Neoklassizismus à la Hansen. In den Elbvororten baute der berühmte Däne vornehmlich für private Auftraggeber: reiche Diplomaten, Advokaten, Kaufleute, Reeder, die sich ein kleines Landhaus, ein Stadtpalais oder eine Patriziervilla gönnten. Auch er selbst ging nicht leer aus: An der *Palmaille 116* in Altona errichtete Hansen ein schmuckes Stadtpalais auch für sich. Die Landhäuser an der *Elbchaussee* zeigen unübersehbar, wie Hansen von altrömischer Architektur und italienischer Renaissance beeinflusst wurde: antike Säulen, Bögen, eine klare Fassadengliederung, strenge Formen – alles einfach, aber kraftvoll. Der Reeder Johann Cesar IV. Godeffroy ließ sich im Hirschpark an der vornehmen Adresse *Elbchaussee 499* im Jahre 1791 einen großen Gartenpavillon zur Entspannung am Wochenende bauen. „Der Ruhe weisem Genuß“ lautet die Inschrift über dem Eingang. Heute wird das weiß getünchte Landhaus von der „Lola-Rogge-Schule“ als Berufsfachschule für Tanz und Bewegung genutzt. Für Godeffroys Bruder Peter entwarf Hansen das „Weiße Haus“ an der *Elbchaussee 547* (um 1790). Und für J. H. Baur an der *Nr. 372* das „Elbschlösschen“ (1804–06), das deutlich von einer Inspiration durch den italienischen Renaissance-Architekten Andrea Palladio zeugt.

Im Blankeneser Goßlerhaus, das ebenfalls von Hansens Zeichenbrett stammt, residierte einst der englische Kaufmann John Blacker, später der Hamburger Kaufmann Goßler. Das prächtige Goßlerhaus ist heute Zentrale des dortigen Ortsamts und eine in ganz Hamburg beliebte Adresse für Heiratswillige.

Der dänische Landbaumeister Christian Frederik Hansen in einem zeitgenössischen Porträt

Landhaus des Reeders Godeffroy im Hirschpark

Das Elbschlösschen ist einer von Hansens schönsten Bauten

Wahlverhalten

... zur Bürgerschaft 2001 (gesamt)

Wahlbeteiligung	71,0%
SPD	36,5%
CDU	26,2%
Schill-Partei	19,4%
Grüne/GAL	8,6%
FDP	5,1%
Übrige	4,2%

... zur Bürgerschaft 2001 (Stadtteil)

Wahlbeteiligung	85,1%
SPD	22,4%
CDU	37,0%
Schill-Partei	14,0%
Grüne/GAL	9,0%
FDP	15,0%
Übrige	2,6%

Stadtteil-Profil

	Nienstedten	Bezirk	Hamburg
Bevölkerung gesamt (2000)	6312	240 102	1 704 929
Unter 18-Jährige in %	17,6	16,5	16,1
65 Jahre und älter in %	18,9	17,0	17,0
Deutsche	5700	197 923	1 432 325
Ausländer in %	9,7	17,6	16,0
Einwohner je km²	1438	3066	2258
Sozialstruktur			
Sozialhilfeempfänger (2000)	47	15 896	120 461
Arbeitslose (2001)	98	10 739	71 963
Eink. je Steuerpfl. in DM (1995)	140 969	75 345	65 579
Wohnen (2001)			
Wohngebäude	1625	33 737	226 061
Ein- und Zweifamilienhäuser in %	52,6	23,6	20,5
ø Wohnungsgröße in m²	106,5	75,0	71,0
Wohnfläche je Einwohner in m²	50,8	36,6	35,7
Verkehr			
Private Pkw (2001)	2975	84 981	628 119
Straßenverkehrsunfälle (2000)	59	1590	12 430
Kriminalität			
Straftaten insgesamt (2000)	492	31 664	284 272

Mächtiger Sprung über ein Hindernis beim Spring- und Dressur-Derby. Unten: Stahlross über dem Eingangstor zum Turnierplatz

gendlicher zu ermöglichen. Ein Ergebnis der Suche nach neuen Formen der Bewegungstherapie für Jugendliche von 12–16 Jahren ist der – seit Mitte 2001 selbstständige – **Circus Mignon und Clowns + Co.**, der nicht nur in Hamburg spielt, sondern bundesweit gastiert.

Ein wichtiger Kulturmittelpunkt ist für die Nienstedtener auch die ehrenamtlich geführte **öffentliche Bücherei** an der *Nienstedtener Straße 18*.

Kleine und große Events

Nienstedten weiß zu feiern. Und das zu jeder Jahreszeit. Zweimal im Jahr findet rund um den Marktplatz der vermutlich schon seit dem Mittelalter gefeierte **Jahrmarkt** statt. Traditionell wird im Frühjahr (zwei Wochen nach Pfingsten) und im Herbst (4. So. im September) fröhlich, aber nicht großspurig gefeiert. Denn natürlich ist der Jahrmarkt typisch Nienstedten – stilvoll, aber kein Spektakel. Dies gilt erst recht für den kleinen, aber feinen Weihnachtsbummel, den **Adventsmarkt** zwischen Marktplatz und *Nienstedtener Straße*.

Ein Event von ganz anderem Format ist seit fast 75 Jahren das **Spring- und Dressur-Derby** auf dem Reitturnier-

Der Jahrmarkt ist eine Nienstedtener Tradition seit Jahrhunderten – auch die Künstlerin Barbara Brenner sammelt auf einem Kirmesbummel gerne Eindrücke

platz in Klein-Flottbek an der *Jürgensallee/Baron-Voght-Straße*. Reitergrößen wie Ludger Beerbaum, Franke Sloothaak oder John Whitaker geben sich in jedem Frühjahr ein Stelldichein, um den legendären Parcours mit seiner stets gleichen Linienführung und Naturhindernissen zu reiten. Rund 45 000 Pferdebegeisterte strömen regelmäßig herbei, um bei dem Kampf gegen die Zeit mitzufiebern, den der **Norddeutsche und Flottbeker Reiterverein** (s. Groß Flottbek) und eine Marketing-Agentur veranstalten.

Die Führungsakademie der Bundeswehr in der Manteuffelstraße ist eine Ausbildungsstätte für Offiziere

Das Elbschlösschen

Als villenreicher Wohnstadtteil ist Nienstedten von industrieller Bebauung verschont geblieben. Dennoch gab und gibt es Arbeitgeber hier, von denen mindestens einer weltweit bekannt ist.

Elbschloss-Brauerei – auch heute noch nennen Vorbeispazierende- oder -fahrende wie selbstverständlich den Namen des traditionsreichen Bierherstellers, wenn sie am einstigen Gelände des charakteristischen Industriegebäudes an der *Elbchaussee 352* vorbeikommen. Dabei musste Nienstedtens bekannter Arbeitgeber schon 1995 endgültig schließen. Auf dem 5,4 ha großen Grundstück der einstigen Brauerei entstehen u.a. Villen, Wohnungen und eine Seniorenresidenz. Wahrzeichen aber bleibt das von C. F. Hansen für den Altonaer Kaufmann Johann Heinrich Baur errichtete **Elbschlösschen** (1804 bis 1806) ein klassizistisches Haus mit flacher Kuppel und ionischer Tempelfront.

Ganz international

In Nienstedten präsent und wichtiger Arbeitgeber ist die **Führungsakademie der Bundeswehr (Füak)**. 1957 nahm sie ihren Ausbildungsbetrieb zunächst in der Clausewitz-Kaserne auf. Ihr großes Gelände liegt im Norden Nienstedtens – der bis 1919 zum selbstständigen Dorf Dockenhuden gehörte (s. Blankenese) – zwischen *Manteuffelstraße, Schenefelder Landstraße* und S-Bahn. Zur Akademie gehören seit 1974 auch die Generalleutnant-Graf-von-Baudissin-Kaserne (s. Iserbrook) und seit 1999 die Reichspräsident-Ebert-Kaserne (s. Osdorf). Die Füak ist die höchste Ausbildungsstätte für Heer, Luftwaffe und Marine und bietet für bereits berufserfahrene Offiziere Fortbildungen an. Ständig sind etwa 600 Lehrgangsteilnehmer anwesend, davon mehr als 100 ausländische Offiziere aus etwa 50 Nationen.

Gleich die ganze Welt umspannt eine andere in Nienstedten beheimatete Institution: Der **Internationale Seegerichtshof** mit seinen 21 Richtern bezog Ende 2000 seinen neuen Sitz unter der neu eingeführten Adresse *Am Internationalen Seegerichtshof 1*. Zur feierlichen Eröffnung kam auch UN-Generalsekretär Kofi Annan. Ein Zuhause fand das Gericht in der einstigen Villa des Bankiers Johann Rudoph Freiherr von Schröder (1852–1938) sowie einem rund 60 Mio. Euro teuren Neubau. Hell und licht strahlt die Rotunde zwischen den umliegenden Villen auf.

Alt und neu: Die alte Villa Schröder (links) gehört mit den Neubauten zum Ensemble des Internationalen Seegerichtshofs, der Ende 2000 sein Domizil in Nienstedten bezog

Wohnen im Grünen

Auch das Nienstedten des 21. Jahrhunderts ist noch von der Garten- und Land-

Bürgergeschichten

„Ich bin eine Stadtzeichnerin“

Seit rund 30 Jahren lebt die gelernte Dekorateurin und vielseitig talentierte Designerin Barbara Brenner schon in Nienstedten. 20 Jahre davon im kleinen Häuschen am Ligusterweg – ihr kleines „Biotop“

Barbara Brenner sieht Nienstedten mit Künstlerblick: Die Jürgensallee malte sie im Stil von Max Liebermann eigens für ihre Bürgergeschichte

Immer wieder begebe ich mich auf Spurensuche. Nicht zu dem, was alle kennen. Nein, ich suche das andere Nienstedten, das unbekannte, das Kleine im Großen. Mein Herangehen ist eher spontan, ich nenne mich selbst eine „Schnappschussfrau“: Was ich entdecke, wird möglichst direkt umgesetzt. Manchmal mit dem Fotoapparat. Öfter allerdings mit Zeichenstift oder Acrylfarben.

Dass ich nach Nienstedten kam, war eher Zufall. Meine Tochter sollte in eine ganzheitlich orientierte Schule, sodass die Nähe zur Steiner-Schule mitbestimmend war, hierher zu ziehen. Doch der Umzug hierher erwies sich auch als Glücksgriff für meine künstlerische Arbeit. Über 30 Jahre arbeite ich nun schon als selbstständige Designerin. Und von Porzellan-Serien für Rosenthal, für die ich als Schaufenstergestalterin begann, bis hin zu Textilien finde ich hier im Stadtteil immer wieder Anregungen für meine Entwürfe. Nicht zuletzt in meinem kleinen Garten, der wie mein Biotop ist. Irgendwann war mir das nicht mehr genug: Anfang der 1980er Jahre fing ich an zu malen. Viel auf Reisen, vor allem aber rund um mein Nienstedtener Zuhause. So fühle ich mich als Stadtzeichnerin.

Besonders interessant sind die oftmals plötzlichen Veränderungen. Da meine ich nicht nur neue Häuser. Menschen, die man jahrelang täglich gesehen hat, sind manchmal einfach verschwunden. Da war der junge „Baron“, der jeden Tag im schwarzen Anzug, gehend, Zeitung lesend seinen Hund ausführte – und eines Tages war er nicht mehr da. Das Geschäft des alten, behinderten und immer viel erzählenden Schuhmachers ist geschlossen. Und den letzten Tante-Emma-Laden um die Ecke haben die Kinder nach dem Tod ihrer alten Mutter gleich geschlossen. Es sind solche Geschichten und diese fast unbemerkten Ereignisse, die mir auffallen.

Auch anderes verändert sich natürlich. Im Garten zu sitzen ist manchmal anstrengend, weil viel mehr Flugzeuge den Himmel kreuzen als früher. Auch so etwas halte ich fotografisch fest – Kondensstreifen. Ohne Frage hat auch eine gewissen Uniformität um sich gegriffen: Manchmal denke ich, alle sehen gleich aus in Nienstedten. Es fehlen mir ein wenig die „schrägen Typen“.

Brenners Skizze eines schmiedeeisernen Tores, ebenfalls an der Jürgensallee

Bauliche Kontraste in Nienstedten: das Landhaus des Kaufmanns Caspar Voght an der Baron-Voght-Straße (oben) und Neubauten auf dem Gelände der früheren Elbschloss-Brauerei an der Elbchaussee

schaftsarchitektur des 18. und 19. Jahrhunderts bestimmt, so etwa rund um den **idyllischen Dorfkern** am Markplatz. Strohgedeckte Katen findet man hier, aber auch Wohn- oder Geschäftshäuser aus wilhelminischer Zeit. Und natürlich auch vornehme Neubau-Villen.

Geduckt und ländlich wirken zudem die eingeschossigen **Instenhäuser** in der *Jürgensallee 102–124*. Die Backsteingebäude gehen auf Caspar Voght zurück, der sie 1786–98 als Wohnraum für seine auf der „ornamented farm" beschäftigten Tagelöhner und deren Familien erbaute. Nach einem Brand 1832 errichtete M. J. Jenisch sie mit weiteren neu. Voght selbst wohnte, gleich um die Ecke beim heutigen Derbypark, ungleich nobler: Sein Landhaus an der heutigen *Baron-Voght-Straße 63* umlaufen zweigeschossig an drei Seiten Säulengalerien. Damit unterscheidet sich das von Johann August Arens 1794–97 erbaute Haus deutlich von den vielen klassisch inspirierten Villen an der *Elbchaussee*.

Ähnlich wie Voght setzte sich auch der Arzt **Georg Bonne** (1859–1945), der seit 1891 in der *Jürgensallee* eine Praxis hatte, für den Wohnungsbau für ärmere Schichten ein. 1899 gründete Bonne einen Arbeiter-Bauverein, der u.a. an der *Ruperti-*, *Thun-* und *Nienstedtener Straße* Wohnungen errichtete. Heute hat er als Bauverein der Elbgemeinden eG etwa 12 500 Einheiten überall in der Hansestadt. Bonne geriet in den 1990er Jahren ins Misskredit, als von ihm verfasste unterwürfige Briefe an Hitler auftauchten. Die quer durch Nienstedten verlaufende *Georg-Bonne-Straße* wurde darum in ihrem unteren Verlauf auf Drängen des neuen Mieters Seegerichtshof umbenannt. In deren Umgebung liegen einige von Nienstedtens letzten Neubaugebieten: **Neue Wohnungen** entstanden auf dem Gelände der Elbschloss-Brauerei einer- und dem Areal der ehemaligen Baumschule Lorenz von Ehren im *Quellental* andererseits.

Wasser und Wald

Erholsam zeigt sich Nienstedten von vielen Seiten. Besonders beliebt ist ohne Frage ein Spaziergang entlang dem **Elbuferweg**. Zwischen den kleinen Häfen von Teufelsbrück (s. Othmarschen) und dem **Jollenhafen Mühlenberg** zeigt sich eine von Hamburgs schönsten Silhouetten; den Mühlenberg erklimmt man über mehrere Treppen. Wer sie hinaufsteigt, erreicht den berühmten **Hirschpark**, benannt nach dem Damwildgehege aus wilhelminischer Zeit. Einst als englischer Garten zum Landhaus Godeffroy gehörend, ist er seit 1927 öffentlich zugänglich. Das charmante Lokal **Witthüs Teestuben** liegt im einstigen Gästehaus der Godeffroys.

Die so genannten Instenhäuser an der Jürgensallee ließ Caspar Voght für Tagelöhner und deren Familien bauen, die in seinen Diensten standen

Seit über einem halben Jahrhundert gibt es das Fruchthaus Vogler am Nienstedtener Markplatz. Norbert Hube bietet hier frische Früchte feil

Mehr als ein Friedhof

Eine Grünanlage ganz anderer Art ist der **Nienstedtener Friedhof**. Mit seinem alten Baumbestand ist die seit 1814 bestehende Begräbnisstätte längst mehr als ein Ort der letzten Ruhe für die Toten – auch Spaziergänger genießen die Stille auf dem rund 10 ha großen Areal zwischen *Elbchaussee* und *Rupertistraße*. Hier schließt er unmittelbar an das Gelände der ev.-luth. Kirche an, zu der er auch gehört. „Und letztlich entscheiden wir auch, wer hier begraben wird", erläutert Pastorin Astrid Fiehland-Van der Veght. Denn nicht nur Gemeindemitglieder möchten in Nienstedten letzte Ruhe finden. Die Grabinschriften zeigen große

Als Naherholungsgebiet ist der Hirschpark zu jeder Jahreszeit beliebt. Unten: Ein Ort der Stille ist der Nienstedtener Friedhof

Namen: **Baron Caspar von Voght** etwa oder der Landschaftsgärtner **James Booth** (1772–1814), die **Familie Godeffroy** oder die **Reemtsmas**. Zu den bekanntesten Gräbern gehören das von Dichter und Orgelbauer **Hans Henny Jahnn** oder des von ihm geförderten **Hubert Fichte** (s. Groß Flottbek). Auch der aus Klein-Flottbek stammende Reichskanzler **Bernhard von Bülow** (1849–1929) wurde hier in einem der vielen, heute denkmalgeschützten Gräbern bestattet.

Einkaufen im Dorf

Wer in Nienstedten etwas braucht, geht ins Dorf – **rund um den Marktplatz** gibt es alles, was zum täglichen Bedarf gehört. Bäckereien und eine Drogerie, die traditionsreiche Fleischerei Rolf Hülsenbecker oder das Fruchthaus Vogler. Über 50 Jahre gehört auch schon „Feinkost Schulte" in der *Georg-Bonne-Straße* zum Stadtbild. Selbst die „Apotheke im Dorf", *Nienstedtener Straße 10*, fügt sich ins ländliche Bild. Dass am Markt ein Autohaus seine Edellimousinen anbietet, wirkt beinahe wie von einem anderen Stern. Einer der bevorzugten Einkaufstage ist übrigens der Freitag: Dann findet nämlich ein **Öko-Wochenmarkt** statt, bei dem Gesundes aus dem Umland angeboten wird (Fr. 9–12.30 Uhr).

Für Durst und Wissensdurst

Wer abends ausgeht, muss sich entscheiden: Will ich vornehm und mit Elbblick dinieren? Oder möchte ich erfahren, was im Stadtteil läuft? Denn wer das Neueste über Nienstedten wissen möchte, der geht ins **Schlag**. Die Gastwirtschaft in der *Rupertistraße* hat Tradition, nicht zuletzt als Kommunikationsbörse. Hier treffen sich viele Vereine beim Bier, aber auch andere aktive Nienstedtener.

Volkstümlich ist auch der **Nienstedter Krug** am *Marktplatz*. Jüngere bevorzugen das Restaurant **Il Sole**, *Nienstedtener Straße 2d*, mit leichter italienischer Küche. Im frisch renovierten alten Bahnhofsgebäude Klein-Flottbek, einst Haltepunkt an der 1867 eröffneten Bahnstrecke Altona–Blankenese, zieht die Kneipe **Knips** auch Durchreisende an.

Eine Institution – das Jacobs

Eine hanseatische Institution ist seit über 200 Jahren das **Louis C. Jacob – Jacobs Restaurant** an der *Elbchaussee 401–403*. Schon 1765 stand hier, wo die Jacobs-Treppe zur Elbe hinunter geht, ein Gasthaus. Seine heutige Tradition aber führt das feine Lokal auf das Jahr 1791 zurück, als der aus Frankreich emigrierte Landschaftsgärtner Daniel Louis Jacob (1763–1830) die Witwe eine Nienstedtener Zuckerbäckers heiratete. Sie eröffneten ein Weinrestaurant und legten am Elbhang eine mit Linden bepflanzte Terrasse an. Diese inspirierte Max Liebermann

1902 zu einem berühmten Gemälde, das heute in der Hamburger Kunsthalle hängt. Das Haus, das ab 1860 vermehrt als Hotel fungierte, blieb bis 1925 fünf Generationen im Familienbesitz. Die zweite Hälfte des 20. Jahrhunderts verlief für das „Jacob" wenig glücklich – bis die heutige Eigner-Familie Rahe/Schmittner das Ensemble 1992–96 von Grund auf sanierte und wieder einen gesellschaftlichen Treffpunkt schuf. Das Gourmetrestaurant Jacobs wurde 2001 vom Wirtschaftsmagazin „Capital" zum besten Hamburger Restaurant gekürt. Und in einem der 86 Zimmer und Suiten des Hotels abzusteigen gilt als beste Wahl. Neben dem Hotel und schräg gegenüber vom Restaurant liegt im ehemaligen „Landhaus Dill" die Weinwirtschaft „Kleines Jacob".

Linden spenden Schatten auf der Terrasse des berühmten Restaurants Louis C. Jacob an der Elbchaussee

Köpfe

Der Kaufmann, Landwirt und Philanthrop **Caspar Voght** (1752–1839) ist aus den Elbvororten nicht wegzudenken. Durch ein vom Vater 1750 gegründetes Handelshaus wirtschaftlich unabhängig, stand Voghts Sinn nach Größerem. Er kaufte Land im Raum Flottbek und ließ dort Landwirtschaft nach englischem Vorbild als „ornamented farm" (s. Groß Flottbek) betreiben. Reste des „Mustergutes" finden sich noch in Nienstedten, Othmarschen, Osdorf und Groß Flottbek. Auch für soziale Reformen setzte sich Voght ein. Die Allgemeine Armenanstalt (1788) entwickelte er gemeinsam mit Johann Georg Büsch (1728–1800). Nachdem Voght das Handelshaus 1799 aufgeben musste, bereiste er Europa.

Nur zwei Häuser von seinem Elternhaus entfernt wohnt **Herbert Cords** im *Langenhegen*. Der pensionierte Bauingenieur war lange Jahre Vorsitzender des Bürgervereins und macht für diesen auch im hohen Alter noch monatliche Rundgänge. Nicht nur durch Nienstedten, aber vor allem hier. „Aber mir liegt dabei nichts ferner als Lokalpatriotismus", betont der Hobby-Historiker, der eine umfangreiche Bibliothek besitzt: „Ich betrachte Nienstedten als ganz normalen Stadtteil, der nicht besser oder schlechter ist als andere auch."

Sein Hof ist älter als die benachbarte Kirche: Schon seit 1741 sind die Vorväter von **Joachim Ladiges** am *Nienstedtener Markt 1* ansässig. Mit Thomas Ladies – noch in alter Schreibung – begann die Familiengeschichte auf der nie wirklich reichen Landstelle 9. Heute sind Ladiges' Enkel die neunte Generation, die Freude am reetgedeckten Bauernhof mitten im milieugeschützten Dorfkern von Nienstedten hat. Vieles sieht hier aus wie früher. „Bis in die 1950er Jahre hatten wir Vieh auf dem Hof. Und für Freunde und Nachbarn wurde noch bis 1980 geräuchert", erinnert sich der gelernte Zimmermann, der lange Jahre bei der Freiwilligen Feuerwehr aktiv war.

Caspar Voght, Herbert Cords und Joachim Ladiges – drei Namen und drei Menschen, die eng mit Nienstedten verbunden sind

Ochsenwerder

ist der Hauptort der Hamburger Marschlande zwischen Dove-Elbe und Elbe, die sich bei Gauert in Norder- und Süderelbe teilt. Im Stadtteil gibt es noch eine intakte Dorfgemeinschaft und viel traditionellen Marschländer Gemüseanbau für den Hamburger Großmarkt. Einige Betriebe arbeiten heute als „Bio-Höfe"

Steckbrief

Fläche: 14,080 km^2
Einwohner: 2302
Verwaltung: Bezirk Bergedorf, Ortsamt Vier- und Marschlande
Ortsteil: 608

Der Ortsname Ochsenwerder geht möglicherweise auf das Wort „Außenwerder" zurück, das auf den Unterschied zum „Inwerder", dem heutigen Spadenland, hinweisen könnte. Eine andere Deutung sieht die Namengebung ganz wörtlich: Hier weideten seit eh und je Ochsen. Der älteste besiedelte Teil der Gegend wurde 1142 als „Avenberg" erwähnt, „Oswerthere" taucht erstmals 1253 auf.

Entwässerung in den Marschlanden: Windmühlen trieben Förderschnecken an, die für den Wasserabfluss über ein Grabensystem sorgten

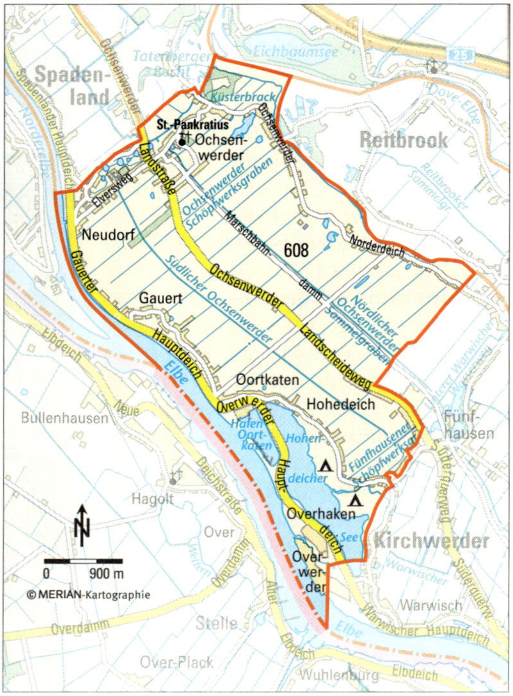

Aus der Geschichte

Die Besiedlung dieses Teils der Marsch setzte gegen Mitte des 12. Jahrhunderts ein. Seit 1231 waren Ochsenwerder und Kirchwerder eingedeicht und kultiviert. 100 Jahre später begannen Hamburger Bürger, Teile des Ochsenwerders in ihren Besitz zu bringen. Zur **Sicherung der Elbschifffahrt** und des Handels kaufte Hamburg schließlich 1395 die gesamte

Landschaft Bill-, Ochsen- und Moorwerder und richtete die Landherrenschaft der Marschlande ein. Noch heute erinnert ein **Gedenkstein** Ecke *Elversweg/Dorferweg* an die jahrhundertealte Zugehörigkeit Ochsenwerders zu Hamburg. Zum Kirchspiel „Ochsenwärder" gehörten ferner Spadenland und Tatenberg sowie Moorwerder und seit 1333 auch Stillhorn auf der anderen Seite der Norderelbe (für beide s. Wilhelmsburg).

Die Ochsenwerder Bauern waren zumeist Vollhufner, also Großbauern (s. Spadenland). Ihr wirtschaftlicher Er-

folg war, wie überall in der Marsch, an eine Grundbedingung geknüpft: Das Wasser musste gebändigt werden. Deich- und Entwässerungstechniken waren nicht annähernd so effektiv wie heute, und ständig drohten Überschwemmungen das Land zu verwüsten. Für Entwässerung sorgten Gräben und später mit Windmühlenkraft betriebene **Förderschnecken**. Die Mühlen prägten noch bis ins 20. Jahrhundert den Blick über die Felder aller Vier- und Marschlande. Die letzte stand in Ochsenwerder, bevor sie auf das Museumsgelände des Rieck-Hauses nach Curslack transportiert wurde.

Neben der zerstörerischen Kraft des Wassers gab es jedoch noch einen anderen Feind, den Krieg. 1686 brandschatzten und plünderten braunschweig-lüneburgische Truppen in Ochsenwerder, das während der Befreiungskriege gegen Napoleons Herrschaft zu Beginn des 19. Jahrhunderts erneute **Soldatendurchzüge** hinnehmen musste.

Doch trotz Wasser- und Kriegsschäden wurde die im 18. Jahrhundert begonnene Spezialisierung auf **Gemüseanbau** für den Hamburger Markt erfolgreich fortgesetzt. Die Einwohnerzahl stieg stetig an und stand 1867 bei genau 2246.

Zur Verkehrsgeschichte von Ochsenwerder gehört die mehrere Jahrhunderte bestehende **Fährverbindung** nach Allermöhe. Vergleichsweise kurz währte dagegen der Anschluss an das Schienennetz: 1926 hielt die Hamburger Marschbahn an den Bahnhöfen „Oortkaten" und „Ochsenwerder". Anfang der 1950er Jahre endete der Betrieb, und die beiden Bahnhöfe werden heute privat bewohnt.

Idyllischer Dorfkern

In Ochsenwerder sind nur einige historische Wirtschaftsgebäude und Bauernkaten erhalten, z.B. am *Ochsenwerder Norderdeich 178* und *278*.

Eine Kirche wurde erstmals 1254 erwähnt. Vermutlich lag dieser Bau direkt an der Elbe; 1330 verschwand er nach Deichbrüchen vollständig. Zwei Jahre später wurde eine neue Kirche auf der flutsicheren Elbsanddüne errichtet, an deren Stelle heute die 1673/74 gebaute **St. Pankratiuskirche** steht. Der Backsteinbau bildet mit dem alten und neuen Teil des Friedhofs, dem gegenüberliegenden **Pastorat** (1742 grundlegend erneuert) und dem **Pastorenbrack** ein sehenswertes Ensemble. Das heutige Erscheinungsbild der Kirche wird von den Instandsetzungen des Jahres 1910 bestimmt, bei denen u.a. die Fachwerkanbauten an Nord- und Südseite entfernt und das Kirchengestühl erneuert wurden. Der massive, kupfergedeckte Glockenturm entstand 1739–41. Der **Baxmann-Altar** von 1632/33 ähnelt stark dem in der Allermöher Kirche: In den Seitenflügeln sind Reliefszenen aus dem Alten und Neuen Testament zu sehen, die die Kreuzigung im Mittelschrein einrahmen. Im Altaraufsatz findet sich die Darstellung des Jüngsten Gerichts.

Ein besonders schönes Stück Kirchenausstattung ist die Orgel des berühmten Arp Schnitger (s. Neuenfelde). Heute hat das mehrfach umgebaute Instru-

Malerisch gelegen: Das Pastorat stammt im Kern aus dem Jahr 1634. Sein Wirtschaftsteil wurde 1945 bei einem Luftangriff zerstört

Der 1741 fertig gestellte Turm von St. Pankratius

An der Ecke Elversweg/Dorferweg erinnert seit Ende des 19. Jahrhunderts ein Gedenkstein an die 500-jährige Zugehörigkeit Ochsenwerders zu Hamburg

Wahlverhalten

... zur Bürgerschaft 2001 (gesamt)

Wahlbeteiligung	71,0%
SPD	36,5%
CDU	26,2%
Schill-Partei	19,4%
Grüne/GAL	8,6%
FDP	5,1%
Übrige	4,2%

... zur Bürgerschaft 2001 (Stadtteil)

Wahlbeteiligung	82,9%
SPD	25,4%
CDU	36,9%
Schill-Partei	26,0%
Grüne/GAL	4,1%
FDP	5,0%
Übrige	2,5%

Stadtteil-Profil

	Ochsenwerder	Bezirk	Hamburg
Bevölkerung gesamt (2000)	2302	114 631	1 704 929
Unter 18-Jährige in %	19,5	20,3	16,1
65 Jahre und älter in %	17,5	15,5	17,0
Deutsche	2202	103 658	1 432 325
Ausländer in %	4,3	9,6	16,0
Einwohner je km²	163	741	2258
Sozialstruktur			
Sozialhilfeempfänger (2000)	11	7659	120 461
Arbeitslose (2001)	33	3691	71 963
Eink. je Steuerpfl. in DM (1995)	60 465	60 397	65 579
Wohnen (2001)			
Wohngebäude	597	18 755	226 061
Ein- und Zweifamilienhäuser in %	74,4	33,4	20,5
Ø Wohnungsgröße in m²	101,0	77,9	71,0
Wohnfläche je Einwohner in m²	39,9	34,7	35,7
Verkehr			
Private Pkw (2001)	1294	45 863	628 119
Straßenverkehrsunfälle (2000)	14	633	12 430
Kriminalität			
Straftaten insgesamt (2000)	103	11 451	284 272

© Statistisches Landesamt

Eine Ochsenwerder Hochzeitshaube aus dem 19. Jahrhundert

ment 24 klingende Stimmen mit 1700 Pfeifen.

Gegenüber der Kirche liegt das älteste erhaltene Pastorat der Vier- und Marschlande (1634/1742). Sein früherer „T-Grundriss" war typisch für Gebäude, in denen bäuerliche Wirtschaft mit einer Sondernutzung verbunden wurde (s. Reitbrook, Odemannsches Fährhaus).

Rundümwieser und mehr

„Ein äußerst reges Vereinsleben, ein gut entwickelter Dorf-Gemeinschaftssinn und eine Musik- und Gesangkultur auf recht hohem Niveau", heißt es in der Festschrift „600 Jahre Ochsenwärder in Hamburg". 1995 feierte man den Anschluss des Kirchspiels an die Stadt Hamburg. Die Bewohner leben in einer aktiven Dorfgemeinschaft, und die ev.-luth. **Kirchengemeinde St. Pankratius** spielt dabei eine wichtige Rolle. Hier gibt es Veranstaltungen wie Altennachmittage, Sommerfahrten für Jugendliche, Chorkonzerte, einen Handarbeitskreis oder die Präsentation russischer Folklore.

Der **Heimatring Ochsenwerder** ist die Dachorganisation aller örtlichen Vereine und Verbände des Kirchspiels: Musikkapellen und Liedertafeln, Sport- und Turnvereine, die „Ochsenwerder Schützengemeinschaft" und natürlich die **Freiwilligen Feuerwehren Hohendeich** und **Neudorf**. Seit 1961 sind in Ochsenwerder auch die „Landfrauen" aktiv und werben bei vielen Anlässen für die heimischen Gartenbaubetriebe. Acht Landfrauen haben sich zusammengeschlossen, um Besuchern aus dem ganzen Bundesgebiet Geschichte und Sehenswürdigkeiten

Die Damen der „Veer- un Marschlanner Rundümwieser" zeigen interessierten Besuchern das Leben in den Vier- und Marschlanden

Thomas Sannmann war der erste Bio-Bauer in Ochsenwerder

der Vier- und Marschlande zu zeigen. Sie sind als **Veer- un Marschlanner Rundümwieser** unterwegs und führen die Besuchergruppen auch mal direkt in die Landwirtschaftsbetriebe. Um die Verschönerung und Traditionspflege in Ochsenwerder kümmert sich der Verein **Unser Dorf erhalten e.V.**, der auch zu Ostern das „Paschenfest" auf die Beine stellt.

Feste Termine im Stadtteilleben sind außerdem das im August stattfindende Schützenfest, das Feuerwehrfest, der Weihnachtsmarkt der Ochsenwerder Landfrauen und das große Grünkohlessen.

Wirtschaft im Wandel

Hofft auf gute Fahrt für seine Werft. Klaus Schlünzen mit seinem Mitarbeiter Franz Sauer auf der SSB

Auch in Ochsenwerder verteilen sich traditioneller Gemüseanbau und die Blumenzucht auf immer weniger Betriebe. Eine wichtige Veränderung in der Landwirtschaft ist ferner die Umstellung auf **Bioproduktion**, wie sie Thomas Sannmann mit seinem Demeter-Hof in Ochsenwerder vorgeführt hat. Gegründet am *Ochsenwerder Norderdeich*, zog das Unternehmen im Jahr 2000 an die *Ochsenwerder Landstraße* nach Spadenland.

Eine ebenfalls sehr umweltverträgliche Technologie setzte 1991 auch auf Hamburger Gebiet ihre Erfolgsstory fort: Im Juni des Jahres drehte am *Oortkatenweg* erstmals ein Windrad seine Runden in kommerziellem Betrieb (33 m Nabenhöhe, 24,6 m Rotordurchmesser). Heute stehen insgesamt **sechs Windräder** in Ochsenwerder.

Frischer Wind weht auch auf dem zwei Hektar großen Gelände der ehemaligen Grube-Werft, direkt am Hafen Oortkaten. Mit der 2000 gegründeten SSB (Spezialschiffbau Oortkaten GmbH) wagt sich nun das junge **Schiffbauunternehmen** von Klaus Schlünzen mit fast 20 Mitarbeitern auf diesen nicht immer einfachen Wirtschaftssektor.

Die Auflösung vieler Höfe in den Marschlanden hat für die betroffenen Familien oft weit reichende Folgen. Probleme können z.B. die **Altenteilsverträge** mit sich bringen. Wie eh und je übergeben die alt gewordenen Bauern ihre Betriebe an ihre Kinder, und die garantieren ihren Eltern im Gegenzug lebenslanges Wohnrecht samt „Hege und Pflege". Dieser althergebrachte Vertragspunkt familieninterner Altersabsicherung ist heute wegen seiner immensen finanziellen Bedeutung ein heikler Diskussionsgegenstand zwischen Betroffenen und den zuständigen Stellen der staatlichen Pflegekasse.

Fahren und Wohnen am Deich

Die Hauptverkehrsstraßen in Ochsenwerder sind zum einen die drei Längsverbindungen *Ochsenwerder Norderdeich*, *Ochsenwerder Landscheideweg* und der *Gauerter/Overwerder Hauptdeich* entlang der Elbe sowie, quer dazu, der *Elversweg* mit seiner Verlängerung durch den *Ochsenwerder Kirchendeich* zur Erschließung des Dorfkerns. Von hier aus geht es auf dem *Eichholzfelder Deich* weiter Richtung Dove-Elbe. Auf diesen Straßen fahren auch die HVV-Busse durch Ochsenwerder, und zwar die Linien 120, 124, 222 und 422. Der größte Teil der Bewohner des Stadtteils lebt in **Einfamilien- oder Doppelhäusern**. Geschosswohnungen gibt es nur wenige am *Elversweg*. Entlang des Elbdeichs lassen sich die Wohngegenden nicht nur nach Straßen und Hausnummern benennen, sondern besser noch nach den Namen der alten Orte und heutigen Gemarkungen. Vom *Elversweg* aus sind dies elbaufwärts Neudorf, Gauert, Oortkaten und Hohedeich.

Ein See: zwei Namen

Wer außerhalb des Bezirks Bergedorf auf die Frage nach dem „Hohendeicher See"

Zeitleiste

1142 erste Erwähnung von „Avenberg"

1395 Hamburg kauft Ochsenwerder

1686 Plünderungen und Zerstörung durch braunschweig-lüneburgische Truppen

1780 Förderschraube zur Feldentwässerung

1814 Plünderungen durch französische Truppen

1880 Postagentur mit einem Beamten

1943–45 insgesamt 22 Luftangriffe auf Ochsenwerder

1991 erstes kommerzielles Windrad

Bürgergeschichten

„Von wegen Papiersarg!“

In der Zeit vor dem Zweiten Weltkrieg gab es in der Umgebung Ochsenwerders zahlreiche Gaststätten. Bis zu 25 Lokale wurden gezählt, bevor das noch heute andauernde Kneipensterben einsetzte. Von einem „Kneipentod“ ganz besonderer Art berichtet der alte Ochsenwerder „Bürgermeister“ Walter Lübberstedt. Ort des Geschehens war die Gastwirtschaft „Zur Schleuse“, das heutige „Landhaus Voigt“, am Anfang des 20. Jahrhunderts

Sonderbare Dinge haben sich vor dem Ersten Weltkrieg in der Ochsenwerder Kneipenlandschaft abgespielt. In der Gaststube bei Kreienberg am Ochsenwerder Kirchendeich fühlte sich Adolf

Rieges Gastwirtschaft „Zur Schleuse“ am Norderdeich. Foto Anfang des 20. Jahrhunderts

Busch, ein Bauer vom Ochsenwerder Norderdeich, beim Zechgelage beleidigt. Einer seiner Zechkumpane hatte ihm wegen seines leichtsinnigen Lebenswandels vorgehalten, dass er wohl eines Tages im Papiersarg beerdigt werde. Darauf bestellte er sofort beim Spadenländer Tischlermeister August Wilkens einen prächtig ausgestatteten Schrein. Als Wilkens fertig war, musste er ihn in der Gastwirtschaft von Riege am Ochsenwerder Norderdeich anliefern. Auf seine Kosten ließ Busch fünf junge Mädchen aus der Nachbarschaft ganz in Weiß einkleiden, bestellte den Fotografen Rosenthal und eine Pankoken-Kapelle aus Hamburg. Dann feierte er mit musikalischer Umrahmung die Einweihung seines Sarges. Dazu hatte er seinen Sonntagsanzug angezogen und legte sich vor den Augen vieler Schaulustiger in den Sarg. Dann hatte der Fotograf seine Arbeit zu tun. Er musste viele Bilder davon anfertigen, die der Bauer später überall verteilte. Doch damit nicht genug: Ofensetzer „Korl-Püttjer“ sollte ihm für seine letzte Ruhestätte noch einen kleinen Ofen bauen, damit „er nachher nicht so friert“. Dieser Auftrag ging dem Gefragten dann aber doch gegen die Handwerkerehre und wurde abgelehnt.

Busch hatte sich noch weitere seiner skurrilen Scherze in und vor der Gaststube bei Riege erlaubt. Als einmal der Postbote Ernst Dittmer die Post brachte, stand der Bauer mit seinem Wagen vor der Tür, in dem er Ferkel

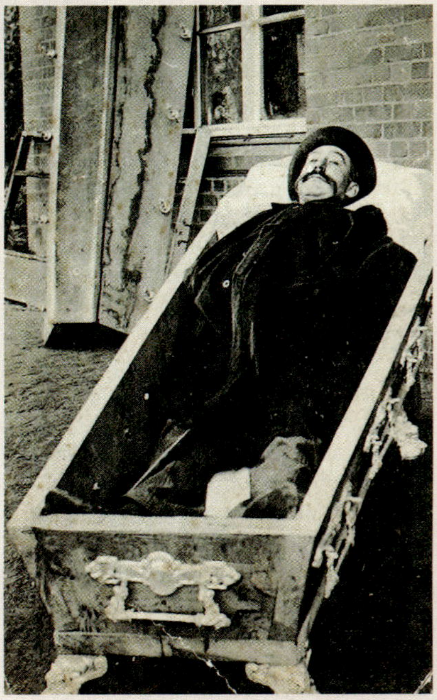

Zum Beweis, dass er einst „anständig“ unter die Erde kommen würde, legte sich der Marschbauer Adolf Busch schon mal zu Lebzeiten in seinen maßgefertigten Sarg

hatte. Er holte eines der quiekenden Ferkel hervor und sagte zu Dittmer: „Wenn du die Postsachen aus der Tasche nimmst und darin dieses Ferkel jetzt gleich nach Hause trägst, gehört es dir!“ Der machte das sofort und marschierte unter dem großen Gelächter des Bauern und seiner Zechgenossen mit dem Ferkel in der Tasche nach Hause zum Ochsenwerder Kirchendeich.

von Hamburgern eine korrekte Anwort erhält, muss schon Glück haben. Wenn man dann jedoch zu erklären beginnt „... ganz unten in Ochsenwerder, direkt hinterm Elbdeich...“, fällt der Gefragte sofort ins Wort: „Ach so – Sie meinen den Oortkatensee!“ Nur unter diesem Namen kennen ihn viele Freizeit- und Erholungsprofis, die in der sommerlichen Badesaison zu Tausenden nach Ochsenwerder strömen.

Mehr Platz zum Baden als zum Parken. Blick vom Overwerder Hauptdeich auf den Hohendeicher See. Auf der anderen Seeseite liegen zwei Dauercampingplätze

Wer nach einem **Strandtag** Appetit bekommt, für den gibt es am *Ochsenwerder Kirchendeich* 9, direkt beim Pastorenbrack, das „Restaurant Wein- und Friesenstube“, zu dem auch ein Partyservice gehört. Daneben liegen ein kleines Lebensmittelgeschäft und eine Apotheke. Nachdem vor einigen Jahren Schlachter Hermann Hinsch am *Elversweg* aufgegeben hat, ist nun Schlachter Johannsen in der *Graumanntwiete* der einzige Vertreter seines Handwerks im Stadtteil. Ansonsten bieten **mehrere Hofläden** mit stets frischem Angebot an Gemüse und auch Obst gute Einkaufsmöglichkeiten. Ochsenwerders Dorfkneipe „Gasthof Neudorf“ betreibt Otto Garbs (s. Spadenland).

Köpfe

Henry Graumann (1890–1960) war eine legendäre Figur in Ochsenwerder. Die Liste seiner ehrenamtlichen Tätigkeiten ist endlos. Noch keine 30 Jahre alt, war

Henry Graumann war schon zu Lebzeiten eine Marschländer Legende

er schon in den Vorständen der kirchlichen und gemeindlichen Verwaltung tätig, 1924 wurde er Gemeindevorsteher, 1933 Vorsitzender aller Hamburger Gemeindevorsteher, Standesbeamter und Deichvogt. Seit 1923 führte er den Vorsitz der Spar- und Darlehnskasse. Durch seine große Hilfsbereitschaft war Graumann sehr beliebt. 1958 wurde ihm das Bundesverdienstkreuz Erster Klasse am Bande verliehen.

Wie Graumann war auch **Walter Lübberstedt** ein „Bürgermeister“. Als langjähriger Leiter der früheren Ochsenwerder Ortsdienststelle, zeitweise auch mit der Funktion eines Standesbeamten, war er jedem bekannt und durch sein offenes Ohr für Sorgen und Nöte bei allen beliebt. Für seine engagierte ehrenamtliche Arbeit in fast allen Vereinen vor Ort

Walter Lübberstedt, Ochsenwerders 1999 verstorbener „Bürgermeister“

verlieh ihm 1997 die Bezirksversammlung Bergedorf die Goldene Ehrennadel. Zu seinen großen Verdiensten gehörte auch die Betätigung als Dorfchronist. Er sammelte unzählige Materialien, darunter auch viele Ochsenwerder Geschichten und Anekdoten. Ein wichtiger Teil seines Wirkens war seine Arbeit für das Sprechstundenangebot des Reichsbundes Hamburg (heute Sozialverband Deutschland).

Obwohl **Simone Vollstädt** erst 1992 von Moorfleet ins „Dorf“ kam, ist sie schon eine Ochsenwerder Institution. In jahrelanger Arbeit hat die Vermessungstechnikerin ein großes Archiv über die Marschlande zusammengetragen und aus den Materialien die Chronik des alten Kirchspiels „Ochsenwärder“ verfasst. Darüber hinaus ist sie engagiertes Mitglied im „Heimatring Ochsenwerder“, „Unser Dorf erhalten e.V.“, „Verein Riepenburger Mühle“ und in dem „Vierländer Kultur- und Heimatverein De Latücht“.

Simone Vollstädt engagiert sich in der Ochsenwerder Kulturarbeit und sammelt alles zur Geschichte der Marschlande

Ohlsdorf

ist für die meisten Hamburger erst der Parkfriedhof und dann ein Stadtteil. Ein Zentrum mit Geschäften fehlt, dafür gibt es jede Menge Schienenverkehr, die Alster und „Santa Fu". Und mit Klein Borstel liegt in Ohlsdorf ein Quartier mit starker Identität, das die Bewohner am liebsten als eigenständigen Stadtteil sähen

Steckbrief

Fläche:
7,166 km²
Einwohner:
14 204
Verwaltung:
Bezirk Hamburg-Nord, Ortsamt Fuhlsbüttel
Ortsteil:
430

In seiner ältesten Form lautet der Name des Stadtteils „Odelvestorpe". Das könnte abgeleitet sein von „Dorf des Odulf". Wegen der im Mittelalter häufig vorkommenden Endung „-torpe" lässt sich die Gründung nicht näher datieren.

Ein eigensinniger Berg

Entlang der *Wellingsbütteler Landstraße* und in Klein Borstel hat man vorgeschichtliche Funde gemacht, und auch der Friedhof birgt Relikte aus Stein- und Bronzezeit: Schon in diesen Epochen wurde hier in Urnenfeldern und Grabhügeln bestattet. Ein Flurstück mit Grabhügel trug die Bezeichnung **Bey dem eigensinnigen Berge**: Man ahnte wohl, dass er nicht natürlichen Ursprungs war.

Aus der Geschichte

Das alte Ohlsdorf war ein kleines Dorf, das zwischen den wichtigen Straßen von Hamburg in Richtung Norden und Nordosten lag. Von 1303 stammt die erste Erwähnung, als die hamburgische **Dom- und Ratsherrenfamilie vom Berge** das Dorf von holsteinischen Adeligen erwarb. 1363 wurde es vom Kloster Harvestehude gekauft; mit diesem ging es in der Reformation an das Kloster St. Johannis über. 300 Jahre später kam Ohlsdorf bei der Reorganisation des hamburgischen Landgebietes unter die Verwaltung der **Landherrenschaft der Geestlande**.

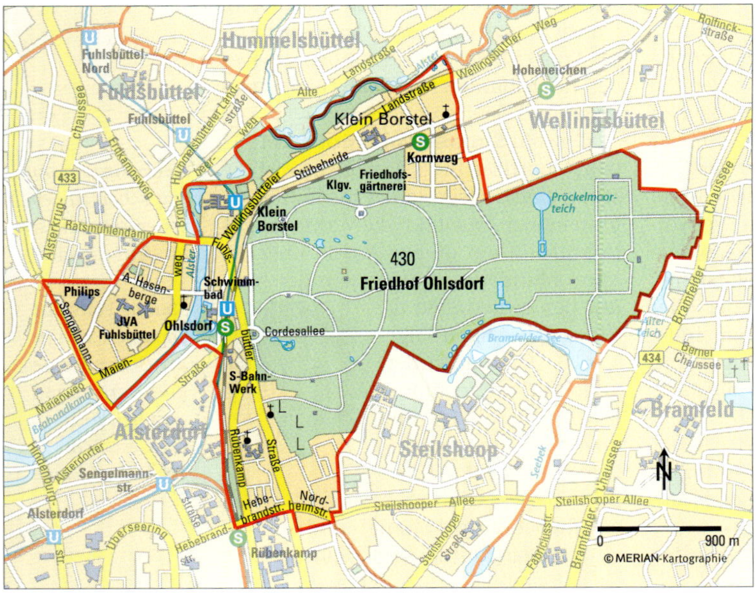

Vom Dorf ist nichts mehr zu erkennen, ebenso wie von den schlechten Straßen, die die Fuhrleute möglichst mieden: Sie bevorzugten die *Alsterkrugchaussee* oder die Landstraße über Barmbek und Bramfeld. Drei Vollhufner gab es und seit dem 18. Jahrhundert weitere, kleinste Hofstellen. Die Ländereien der Vollhöfe wurden 1874–82 für die Anlage des

An der Fuhlsbüttler Straße öffnet sich der Haupteingang zum Friedhof Ohlsdorf: für Fußgänger, Radfahrer und Autos

Friedhofes und zum kleineren Teil für das aus Barmbek hierher verlegte **Werk- und Armenhaus** von der Stadt aufgekauft. Schon um 1900 waren fast alle Gebäude der bäuerlichen Vergangenheit verschwunden. Auch wenn von ihnen noch etwas stehen würde, man fände sie nicht mehr in Ohlsdorf, sondern in Alsterdorf: Der **Dorfkern** mit den Vollhöfen lag an der heutigen *Alsterdorfer Straße*, etwa gegenüber der *Dorothea-Kasten-* und der *Bodelschwinghstraße*. Besonders schön war das alte Ohlsdorf offensichtlich nicht: Der an der Alster gelegene Garten des Gasthofes, der auf einem der aufgelösten Vollhöfe entstanden war, bildete mit seinen herrlichen Bäumen „das einzige Fleckchen Ohlsdorfs, welches auf Schönheit Anspruch machen durfte“, schrieb 1901 ein Lehrer in seinen Jugenderinnerungen.

Die **Grenzen des Dorfes** und des heutigen Stadtteils haben nicht viel gemeinsam: Die Grenze zu Alsterdorf lief früher von der Alster südöstlich entlang der *Sengelmannstraße* und dann quer durch das heutige Gelände der Evangelischen Stiftung Alsterdorf. Nach Osten wuchs Ohlsdorf durch Einbeziehung weiter Teile der Bramfelder Feldmark in das Friedhofsgelände. Das bis dahin eigenständige **Dorf Klein Borstel** wurde 1938 mit Ohlsdorf vereinigt. Der westlich der Alster liegende Teil Ohlsdorfs, in dem die **Justizvollzugsanstalt Fuhlsbüttel** liegt, wurde erst nach 1945 dem Stadtteil zugeschlagen. So ist dieser flächenmäßig viel größer, als es das Dorf je war.

Kutschen sieht man heutzutage nicht mehr in Ohlsdorf. Der Bahnhof aber hat sich zumindest zur Friedhofsseite kaum verändert

Schumachers Erbe

Ohlsdorfs Bebauung besteht aus mehreren kaum zusammenhängenden Teilen. Einen Mittelpunkt gibt es so wenig, wie es früher einen Dorfplatz gab. Wenn man etwas als das Zentrum ansehen will, so ist es der **S-** und **U-Bahnhof Ohlsdorf**. Der 1907 fertig gestellte Eingangsbau zeigt den Landhausstil, in dem viele der Bauten im aufblühenden Alstertal entstanden. Westlich des Bahnhofes liegt das **Freibad Ohlsdorf**. Seinen architektonischen Rang erhielt es durch das ehemalige Eingangsgebäude Fritz Schumachers von 1926/27. Von kulturgeschichtlicher Bedeutung war die Erlaubnis, dass Frauen und Männer im **Familienbad** erstmals gemeinsam baden durften. Das Freibad löste die vorher bestehende Flussbadeanstalt ab. Ebenfalls aus der Blütezeit der hamburgischen Backsteinarchitektur stammen die 1927–30 entstandenen Wohnblocks *Am Hasenberge 45/47*. Ihren besonderen Reiz macht die Nähe zur **Alsterschleuse** aus. Auch aus Backstein, aber älter, düsterer und weniger zum Wasser geöffnet sind die Gebäude der Justizvollzugsanstalt Fuhlsbüttel, im Volksmund seit langem als **Santa Fu** bezeichnet. Mit dem Grundriss des sternförmigen Ursprungsbaus, aus dessen Mitte man alle Flure einsehen kann, korrespondiert seit einigen Jahren der „Polizeistern“ in Winterhude.

Vor dem Eingangsgebäude des alten Familienbades hält heute der Bus vom und zum Flughafen

Erfrischende Sommerfreuden im Freibad Ohlsdorf

Grüner Saal für alle

Ohlsdorfs Stadtteilleben, nimmt man Klein Borstel aus, konzentriert sich vor allem auf das alte **Eingangsgebäude des Familienbads**. Es ist aufgeteilt in kleinere Einheiten, in denen mehrere Vereine ihren Sitz haben. Für jedermann zugänglich ist der **Kommunale Saal**, den man auch für private Feiern mieten kann. Getragen wird er vom **Grünen Saal e.V.**, in dem sich Mitglieder aller Vereine zusammengeschlossen haben, die den Raum nutzen. Historisch ausgerichtet ist die Arbeit der **Willi-Bredel-Gesellschaft**. Der in Hamburg aufgewachsene Willi Bredel (1901–1964) war Schriftsteller und als Angehöriger der KPD 1933/34 im Konzentrationslager Fuhlsbüttel inhaftiert. In mehreren seiner Bücher ist Hamburg der literarische Schauplatz. Die Geschichtswerkstatt sieht ihren Arbeitsschwerpunkt in der „Aufklärung über den Widerstand gegen den nationalsozialistischen Terror 1933–45“. Dazu bietet sie Vorträge und Führungen an, z.B. **Literarische Spaziergänge** über den Ohlsdorfer Friedhof. Jährlich im Herbst finden die „Fuhlsbütteler Filmtage“ statt, deren jeweiliges Programm mit der Tätigkeit der Gesellschaft in Verbindung steht. Auch der **Bürgerverein Fuhlsbüttel, Hummelsbüttel, Klein-Borstel, Ohlsdorf e.V.** nutzt den Grünen Saal für seine Veranstaltungen. Sportlicher und auf das angrenzende Hallen- und Freibad ausgerichtet sind die Aktivitäten des ältesten Hamburger Schwimmvereins, des **Hamburger Schwimmclubs von 1879**. Einen Eingang weiter hat der **Allgemeine Deutsche Fahrrad Club** (ADFC) einen Infoladen: Hier gibt es für den Fahrradfreund vielfältige Informationen rund ums Rad und über interessante Radtouren in und um Hamburg.

Vorwiegend im Grünen verbringen Hamburgs Kleingärtner ihre Freizeit. Das übergeordnete Organ von 300 Hamburger Kleingartenvereinen ist der **Landesbund der Gartenfreunde**, der seine Geschäftsstelle am nördlichen Ende der *Fuhlsbüttler Straße* hat.

Zeitleiste

1303 erste urkundliche Erwähnung

1363 an das Kloster Harvestehude, in der Reformation an das Kloster St. Johannis

1830 Landherrenschaft der Geestlande

1877 Eröffnung des Friedhofes

1938 Vereinigung mit Klein Borstel

Stadtteil-Profil

	Ohlsdorf	Bezirk	Hamburg
Bevölkerung gesamt (2000)	14 204	275 802	1 704 929
Unter 18-Jährige in %	15,0	12,3	16,1
65 Jahre und älter in %	17,7	17,8	17,0
Deutsche	12 611	237 560	1 432 325
Ausländer in %	11,2	13,9	16,0
Einwohner je km²	1982	4799	2258
Sozialstruktur			
Sozialhilfeempfänger (2000)	464	14 042	120 461
Arbeitslose (2001)	504	10 893	71 963
Eink. je Steuerpfl. in DM (1995)	62 553	65 475	65 579
Wohnen (2001)			
Wohngebäude	2213	29 345	226 061
Ein- und Zweifamilienhäuser in %	20,3	9,9	20,5
Ø Wohnungsgröße in m²	67,4	64,6	71,0
Wohnfläche je Einwohner in m²	37,6	38,2	35,7
Verkehr			
Private Pkw (2001)	5473	100 186	628 119
Straßenverkehrsunfälle (2000)	102	2159	12 430
Kriminalität			
Straftaten insgesamt (2000)	1864	37 814	284 272

© Statistisches Landesamt

Wahlverhalten

... zur Bürgerschaft 2001 (gesamt)

Wahlbeteiligung	71,0%
SPD	36,5%
CDU	26,2%
Schill-Partei	19,4%
Grüne/GAL	8,6%
FDP	5,1%
Übrige	4,2%

... zur Bürgerschaft 2001 (Stadtteil)

Wahlbeteiligung	77,4%
SPD	39,1%
CDU	25,0%
Schill-Partei	16,8%
Grüne/GAL	9,9%
FDP	5,4%
Übrige	3,8%

TÜV für die S-Bahn

Wo ein Friedhof ist, sind Steinmetzen nicht weit: Die *Fuhlsbüttler Straße* ist die Hamburger Hauptstraße dieses Handwerks. Das älteste Unternehmen besteht schon seit 1787. Zusammen mit Bestattungsunternehmen und Friedhofsgärtnereien ergibt sich das Trio der Friedhofswirtschaft. Größter Arbeitgeber ist ein Ableger des niederländischen Weltkonzerns **Philips**: Auf dem Gelände der früheren Firma **Röntgen Müller** im Dreieck zwischen *Suhrenkamp*, *Sengelmann-* und *Röntgenstraße* ist der Unternehmensbereich Medizinsysteme tätig. Hier entstehen auf der Basis moderner Forschung Hightech-Geräte aus den Bereichen Röntgen und Computertomografie oder für Ultraschalluntersuchungen. Hochmodern war das große Hauptgebäude schon zur Zeit der Entstehung 1929/30: Der Stahlbetonskelettbau des Architekten **Karl Schneider** ist der bedeutendste Hamburger Industriebau in den Formen des **Neuen Bauens**.

Der Friedhof war auch der Grund dafür, dass Ohlsdorf 1907 eine Endstation der ersten **Vorortbahn** (heute S-Bahn) wurde. Zugleich entstand südlich des Bahnhofes das **Ausbesserungswerk**: Hier werden alle S-Bahn-Züge regelmäßig bis ins Innerste gewartet, neue Züge müssen ihre Abnahmeprüfung bestehen. Die 5800 m² große Halle bietet beste Bedingungen für die Betriebsabläufe und eine rationelle Logistik.

Nur einen kurzen Weg haben die Auszubildenden des Werkes zu ihrer Berufsschule: In der *Feuerbergstraße* liegt das

Jede Hamburger S-Bahn schaut hier regelmäßig vorbei: Das S-Bahn-Werk Ohlsdorf ist ein Herzstück des Hamburger Schienenverkehrs

Hamburgs größtes Kunstwerk

Der weltgrößte Parkfriedhof nimmt mehr als die Hälfte der Fläche Ohlsdorfs ein. Wer den Friedhof Ohlsdorf besucht, lässt den Lärm der Großstadt hinter sich und betritt ein gärtnerisches und künstlerisches Denkmal

Unzählige Hamburger stehen in enger Beziehung zum Friedhof, weil hier Großeltern, Eltern, Bekannte oder Freunde bestattet sind. Der Friedhof ist zwar zuerst ein Ort des Todes und der Trauer, aber zugleich eine riesige Parkanlage und ein bedeutender Denkmalort der hamburgischen Geschichte.

Bis um 1800 begrub man die Toten innerhalb der Stadtmauern. Wer Rang und Namen hatte, konnte ein Grab in einer der Kirchen erhalten. Schließlich waren die Kirchhöfe überfüllt, und auch die hygienischen Verhältnisse ließen zu wünschen übrig. Im Bereich des heutigen Messegeländes entstanden neue Friedhöfe, doch nach einem Dreivierteljahrhundert waren auch sie vollständig belegt. Jetzt sollte ein einziger großer Friedhof die Einzelfriedhöfe der Kirchen ablösen. 1874 kaufte der Senat große Teile der Ohlsdorfer Feldmark auf. Mit der Anlage des überkonfessionellen Zentralfriedhofes ging das Bestattungswesen in staatliche Hände über: Dies war ein Teil der Säkularisierung der Gesellschaft, zu der auch die Einführung von Standesämtern und Zivilehe gehörten. 1877 erfolgte die erste Bestattung von inzwischen über 1,4 Millionen – vom Arbeiter bis zum Bürgermeister haben Angehörige aller sozialen Schichten auf den 400 ha des Friedhofs ihre letzte Ruhestätte gefunden.

„Freundlich und lieblich soll Alles dem Besucher entgegentreten", hieß es 1897 in einem Friedhofsführer, und diese Maxime gilt bis heute. Der Friedhof ist Hamburgs größtes Kunstwerk. Heute bestehen 400 000 Grabstellen mit 200 000 Grabmalen. Das Straßennetz des weltgrößten Parkfriedhofes ist 17 km lang und wird sogar von Buslinien des HVV erschlossen. 300 Personen beschäftigt die Friedhofsverwaltung.

„Ohlsdorf – Zeitschrift für Trauerkultur“: Sie wird herausgegeben vom Förderkreis des Ohlsdorfer Friedhofes

In seiner Anlage setzt sich der Friedhof aus zwei Bereichen zusammen. Der westliche, ältere „Cordes-Teil“ ist benannt nach dem ersten Friedhofsdirektor Wilhelm Cordes. Er war von 1879 bis 1917 verantwortlich für die Gestaltung des Friedhofes, und seinen Namen trägt die von West nach Ost verlaufende Hauptallee. Der Architekt schuf unter Einbeziehung der natürlichen Landschaft einen Park mit geschwungenen Wegen und viel Wald. Weniger „landschaftlich“ und stärker „architektonisch“ angelegt ist der östliche „Linne-Bereich“ des Friedhofes, benannt nach Otto Linne, dem Garten- bzw. Friedhofsdirektor von 1914–33. Eine geometrische Gliederung der Grabfelder charakterisiert diesen Teil, der ab 1914 auf den Erweiterungsflächen der Bramfelder Feldmark entstand.

Reger Ausflugsverkehr vor dem Verwaltungsgebäude des Friedhofes, um 1910

Adresse

Friedhofsmuseum
Fuhlsbüttler Straße 756, 22337 Hamburg
Öffnungszeiten: So., Mo., Do. 10–14 Uhr

Gestaltende Elemente des Friedhofes sind auch die 13 Kapellen, von denen einige noch von Cordes stammen. Auch Oberbaudirektor Fritz Schumacher hat seine Handschrift hinterlassen: seine Kapelle 13 ist ein runder, tempelartiger Bau aus dunklem Klinker mit einem Sterngewölbe innen und das Krematorium ein beeindruckender Klinkerbau in einer eigenen, erhabenen Formensprache. Das Krematorium war Schumachers letzte Bauaufgabe vor seiner Entlassung durch die nationalsozialistische Verwaltung 1933.

Neben den unzähligen Einzelgräbern von Normalsterblichen und Prominenten gibt es Sammelgräber für verschiedene Personengruppen und Massengräber, die mit grausamen Kriegsereignissen des Ersten und Zweiten Weltkrieges zusammenhängen. Auf dem Althamburgischen Gedächtnisfriedhof finden sich Begräbnisplätze prominenter und verdienter Hamburger. In Grabmal-Freilichtmuseen sind historisch wertvolle Grabsteine aus dem 18. und dem 19. Jahrhundert von älteren Friedhöfen zusammengetragen. Ebenfalls historisch ist der Jüdische Friedhof, auf den während der NS-Zeit auch Grabmale aufgehobener jüdischer Friedhöfe am Grindel und in Ottensen überführt wurden. Der jüngste Sonderbereich auf dem Friedhof ist der „Garten der Frauen“, wo historische Frauengrabmale ihren Platz gefunden haben, aber auch freie Grabplätze nur für Frauen reserviert sind.

Carl Hagenbecks Grab mit schlafendem Löwen

Als Naturlandschaft bietet der Friedhof neben den 450 Gehölzarten auch vielen Vogelarten ein Refugium, und Fledermäuse haben sich die Mausoleen als Heimstatt ausgewählt. Ein Naturlehrpfad veranschaulicht diese Aspekte der Friedhofswelt, vogelkundliche Führungen bietet der Naturschutzbund Deutschland an. Der Förderkreis Ohlsdorfer Friedhof beschäftigt sich mit dem Friedhof und seiner Geschichte. Er setzt sich für die Erhaltung der alten Grabstätten ein und befasst sich in seiner „Zeitschrift für Trauerkultur“ mit den vielfältigen Aspekten von Tod und Trauer. Auch das kleine Friedhofsmuseum am Haupteingang wird vom Förderkreis betreut.

Der Friedhof Ohlsdorf ist auch ein Freiluftmuseum der Skulpturenkunst

Im Wasser aktiv: der Hamburger Schwimmclub von 1879

Hamburger Ausbildungszentrum, in dem die Azubis der hamburgischen Versorgungs- und Verkehrsgesellschaften unterrichtet werden: Hamburger Hochbahn, Hamburger Wasserwerke, Hamburger Gaswerke, Hamburger Hafen- und Lagerhaus AG, die HEW und der Airport Hamburg schicken ihren Nachwuchs hierher.

Gut zu erreichen

Mit dem Friedhof kam 1880 zunächst die elektrische Straßenbahn. Seit 1906 war Ohlsdorf die eine Endstation der neuen Vorortbahn, 1914 kam die **Hochbahn** hinzu, die heutige U-Bahn. Auch für sie war Ohlsdorf damals Endstation. Ganz Hamburg sollte den Zentralfriedhof bequem erreichen können – kein anderer Vorort hatte deshalb eine so **gute Anbindung** wie Ohlsdorf. Außer dem Bahnhof Ohlsdorf gibt es noch zwei weitere Stationen im Stadtteil und eine am *Rübenkamp* kurz hinter der Stadtteilgrenze in Barmbek. Trotz aller staufreien Schienenanschlüsse hat auch Ohlsdorf sein Verkehrsproblem: Die *Wellingsbütteler Landstraße* muss morgens zu viele aus dem Alstertal kommende Pkw ertragen – mit der Konsequenz, dass die Klein Borsteler Autofahrer Probleme haben, aus ihrem Quartier herauszukommen.

Die Fuhlsbütteler Schleuse liegt heute in Ohlsdorf. Hier endet der Oberlauf der Alster

Man wohnt getrennt

Städtebaulich besonders gelungen ist das Quartier **Am Hasenberge** an der **Fuhlsbütteler Schleuse**, die heute in Ohlsdorf liegt. Die Wohnhöfe der späten 1920er Jahre waren das Gegenstück zu den dunklen Schlitzbauten der Jahrhundertwende. Jüngeren Datums ist die Wohnbebauung am *Maienweg*, in deren Rücken das Gefängnis liegt: Daran muss man sich als Anwohner erst einmal gewöhnen. Eine vornehmere Adresse war zumindest früher der nördlichere Teil des *Rübenkamps*, wo in einer sanften Kurve einige Klinkervillen stehen. Südlich schließen sich Zeilenbauten der 1950er Jahre an. Niemand wohnt in Hamburg übrigens unter einer höheren Hausnummer als die Bewohner der *Fuhlsbüttler Straße 792*: Die weiße Villa gehörte einst Friedhofsdirektor Wilhelm Cordes. Sein Garten ragte als **Cap Cordes** weit in die heutige Kreuzung hinein und sorgte für manchen Kutschenunfall beim Einbiegen in die *Wellingsbütteler Landstraße*.

Fußball hinter Gittern

Unfreiwillige Ohlsdorfer sind die Insassen der geschlossenen **Justizvollzugsanstalten** Suhrenkamp, Am Hasenberge und Nesselstraße. Sie sind gemeinhin als **Santa Fu** bekannt, denn sie liegen im früher zu Fuhlsbüttel gehörenden Ohlsdorfer Zipfel westlich der Alster. Zum Sportprogramm der Insassen gehört der Fußball. Zwei Mannschaften spielen in der Hamburger Kreisklasse: Es gibt allerdings nur Heimspiele … Der düsterste Abschnitt in der Geschichte des Gefängnisses war die NS-Zeit, denn damals diente es als Konzentrationslager für politische Gefangene, von denen mehr als 250 eines gewaltsamen Todes starben. Im zweitürmigen Torhaus, dem früheren Eingangsgebäude, ist eine Gedenkstätte eingerichtet.

Im und am Wasser

Oberhalb der Ratsmühlenschleuse beginnt der nicht kanalisierte Lauf der Alster, ab hier wird es romantisch: Der **Alsterwanderweg** führt hier durch eine waldige Auenlandschaft. Wer sich alsteraufwärts auf dem Wasser bewegen will, kann im **Bootsverleih Töns** am *Ratsmühlendamm* Kajak, Kanu oder Tretboot ausleihen, um den Windungen der Alster zu folgen, und hinterher hier Eis und Kaffee genießen. Beim Paddeln wird man das Gelände des traditionsreichen **Vereins für Wassersport Oberalster**

Gute Stimmung: Tanz-Treff im Festsaal des Restaurants Krohn

Trägt das große Hamburger Staatswappen zwischen den Türmen: der wehrhafte Eingangsbau von „Santa Fu"

passieren. Außer dem nassen Sport bietet Oberalster auch Sportarten auf dem Trockenen an. Die Vereinsgaststätte ist für jeden geöffnet, im Sommer kann man im Freien an der Alster sitzen.

Trauermeile und Tanztreff

Schon im 19. Jahrhundert gab es entlang der *Fuhlsbüttler Straße* eine Reihe von Lokalen, die einerseits dem regen **Ausflugsverkehr** zum Friedhof dienten, in denen man aber auch nach einer Beerdigung mit der Trauergemeinde einkehrte. Und bis heute machen die Friedhofsbesucher, ob als Teilnehmer von Trauerfeiern oder als Spaziergänger, den größten Teil der Gäste aus. Ohne den Friedhof als Ziel aber kommen z.B. Stammgäste ins **Restaurant** und **Café Krohn** an der *Fuhlsbüttler Straße* gegenüber der Friedhofseinfahrt. In den **Festsälen** sind die Art-déco-Anklänge aus der Bauzeit des Hauses wohl erhalten. Genutzt werden sie auch aus vergnüglichem Anlass: Immer wieder sonntags treffen sich hier meist ältere Fans des deutschen Schlagers zum Tanz-Treff mit Discjockey und Moderator Werner Koop. Frühes Kommen sichert gute Plätze!

Köpfe

Versteckt zwischen Wohnhäusern der SAGA steht *Im Grünen Grunde* unvermittelt ein Stück Alt-Ohlsdorf: Das ornamentreiche Wartehäuschen der Straßenbahn hat die Zeiten überdauert und ist heute denkmalgeschützt. Seit 1999 nutzt die Künstlerin **Silke Silkeborg** es als Atelier. Die Architektur und die Natur um sie herum liefern die Ideen für ihre Malerei und die Holzschnitte, in denen sie die Stadt neu zusammensetzt. Das Straßenbahnhäuschen scheint für sie „wie ein Ufo zwischen den modernen Häusern gelandet zu sein".

Lange Jahre war **Helmut Schoenfeld** von Berufs wegen mit dem Ohlsdorfer Friedhof und anderen letzten Ruhestätten in Hamburg beschäftigt. 1981–86 wirkte der Gartenarchitekt an der denkmalpflegerischen Erforschung des Friedhofes mit. Anschließend war er Mitgründer des Förderkreises Ohlsdorfer Friedhof, der diese Arbeit auf ehrenamtlicher Basis fortsetzt. An fast jedem Montag kann man Helmut Schoenfeld im Friedhofsmuseum treffen, wo er die ständig wachsende Sammlung mit betreut.

Die Künstlerin und ihr Atelier: Silke Silkeborg vor dem Straßenbahngebäude. Links: Helmut Schoenfeld, Experte in Sachen Friedhofskultur

Klein Borstel

Selbstbewusstes Quartier in vorteilhafter Lage

In vielen Hamburger Stadtteilen hört man von den Bewohnern, dass man bei ihnen „ja eigentlich noch im Dorf" lebe. Gemeint sind damit die Beständigkeit der Siedlungsstruktur, die kurzen Wege, die Bekanntschaft mit vielen Nachbarn, die allgemeine Bereitschaft zu gegenseitiger Hilfe. Ganz besonders gilt dies in Klein Borstel mit seinen rund 3600 Einwohnern, das zum Bedauern seiner Bewohner seit über 60 Jahren nur noch ein **Teil von Ohlsdorf** ist: „Klein Borstel ist ein landschaftlich reizvoll gelegenes und zugleich modernes Dorf, das vorteilhafterweise mitten in der Großstadt Hamburg liegt." So beschreibt es Manfred Thiele, Vorsitzender des Heimatvereins Klein Borstel und Autor einer Broschüre über die Geschichte des Dorfes und heutigen Ohlsdorfer Quartiers. Viele Klein Borsteler mögen sich bis heute nicht damit abfinden, dass sie 1938 mit Ohlsdorf in einen Hut geworfen wurden. „Klein, aber borstelig", heißt es auf einem Aufkleber. Hätte der Hamburger Senat von den beiden Klein Borsteler Vollbauern zuerst Land gekauft für den neuen Friedhof und nicht von den Nachbarn in Ohlsdorf, wäre vielleicht alles ganz anders gekommen.

1304 fand das Dorf mit dem Namen „Borstelde" zum ersten Mal Erwähnung; der Name dürfte sich ableiten von „Buurstelle", womit eine außerhalb eines Dorfes neu angelegte Hofstelle gemeint war. Wie andere solcher Ausbauten dürfte Klein Borstel schon im 12. Jahrhundert existiert haben. Ein großes oder gar wohlhabendes Dorf war Klein Borstel nicht, worauf schon die gelegentlich vorkommenden Bezeichnungen „Dreck-", „Brotlosen-" oder „Magerbo(r)stel" hindeuten. Vermögend wurden die beiden Vollbauern des Dorfes erst Ende des 19.

Großer Moment in der Geschichte Klein Borstels: die Aufstellung des roten Namensschildes im Oktober 1979

Bestes Wetter beim „Dorffest". Rechts leuchtet das Schild der hart erkämpften Postagentur in der Stübeheide

Herrschaftliches Klein Borstel an der Wellingsbütteler Landstraße

Jahrhunderts, als sie ihr Land nach und nach für die **Friedhofserweiterung** oder an Städter verkauften, die nahe der Alster wohnen wollten. Bevor Klein Borstel seit 1830 der Landherrenschaft der Geestlande unterstand, hatte es wie eine Reihe anderer hamburgischer Dörfer zum Besitz des Klosters St. Georg gehört. „Klein Borstel-Struckholt" hieß es 1872–1913 auf dem Siegel der Landgemeinde, dann ging 1913 der kleinere Ortsteil im Namen des Vorortes Klein Borstel auf. Gleiches geschah dann Klein Borstel selbst, als es 1938 mit Ohlsdorf unter dessen Namen vereinigt wurde. In ganz Hamburg sieht man heute die roten Schilder, die die Stadtteilgrenzen markieren; Klein Borstel war 1979 das erste Quartier, das ebenfalls eines erhielt.

Dass sich eine **eigene Identität** in Klein Borstel bis heute erhalten konnte – und sich auch weiter erhalten wird –, liegt im Wesentlichen an der räumlichen Struktur. Nach Süden ist der Ohlsdorfer Friedhof, zum Teil auf der Feldmark des alten Dorfes, eine grüne Grenze; nach Norden und Westen ist es die Alster. Und am Ostrand verdeutlicht der Straßenname *Borstels Ende* auch dem Ortsunkundigen, dass Klein Borstel hier zu Ende ist und Wellingsbüttel beginnt. Die älteste Bebauung zieht sich entlang der *Wellingsbütteler Landstraße*, hier stehen noch einige Villen aus der Zeit um 1900. Zwischen ihnen verbirgt sich bei der Hausnummer 59 auch eine **Reetdachscheune**, die zu einem der beiden großen Bauernhöfe gehörte.

1925–32 entstand die **Kriegsbeschädigtensiedlung** im nördlichen Teil Klein Borstels, und einen großen Entwicklungsschritt brachte ab 1935 der Bau der **Frank'schen Siedlung** mit über 500 Wohneinheiten für mittelständische Bewohner. Die Architekten und Bauunternehmer Hermann und Paul Frank hatten zuvor schon in Bramfeld und der Gartenstadt Wandsbek Erfahrungen im Kleinhaus- und Kleinwohnungsbau gesammelt. Außenstehenden mögen die in schmalen Straßen liegenden Reihenhäuschen vielleicht zu klein erscheinen; die Bewohner aber lieben ihre Siedlung, die unter Milieuschutz steht. Neben ihr befindet sich die im Jahr 1938 eingeweihte, wuchtig-bodenständige **ev.-luth. Kirche Maria Magdalenen**. Der Gemeindesaal gegenüber wird seit 1999 durch „Patenschaften" getragen.

Ganz aus Backstein: die Maria-Magdalenen-Kirche und ein liebevoll begrünter Hauseingang in der Frank'schen Siedlung

Bürgergeschichten

„Klein Borstel – fast ein Stadtteil“

In der Stübeheide wohnt Wolodja Furlani mit seiner Familie. Als Schüler der Albert-Schweitzer-Schule erkundete er zusammen mit seinen Mitschülern das tägliche Lebensumfeld

Kennt sich jetzt gut in Klein Borstel aus: Wolodja Furlani

Wie jedes Jahr fand im April 2001 in der Albert-Schweitzer-Schule eine Projektwoche statt. Da ich selber in Klein Borstel wohne, entschied ich mich für das Projekt: „Stadtteil Klein Borstel in Fotos und Interviews“.

Am ersten Tag trafen sich die 14 Schüler und zwei Lehrer. Ziel des Projektes war es, unseren Stadtteil in einer Ausstellung zu präsentieren, die dann auf dem Stadtteilfest im Juni 2001 gezeigt werden sollte. Doch das Thema war gar nicht so leicht anzugehen. Wie gut kennt man seinen eigenen Stadtteil? Wir suchten Themenschwerpunkte (z.B.: Jugend und Alter, Einkauf, Erholung) und machten uns in Teams an die Arbeit.

Sichtbares Ergebnis der Projektarbeit: Die von den Schülern zusammengestellten Texte und Bilder waren im Juni 2001 beim „Dorffest“ zu betrachten

Eine Gruppe interviewte Frau Sambo, die das Restaurant-Café Tornberg mit gutbürgerlicher Küche leitet. Eine andere sprach mit Herrn Mattern, dem Ersten Vorsitzenden der Interessengemeinschaft des „Einkaufsdorfes“. Wieder andere unterhielten sich (immer mit Kassettenrecorder) mit Jugendlichen aus Klein Borstel. Wir schrieben Berichte über die Friedhofsgärtnerei und sprachen mit Herrn Drechsler, dem Geschäftsführer des „Hotels Hadenfeldt“. Ein weiteres Team interviewte Herrn Bollwinkel, Pächter eines Schrebergartens in Klein Borstel, und auch ein Interview mit Herrn Blank fand statt, der sich stark in der Bürgerinitiative gegen die Bebauung des Anzuchtgartens engagiert.

Mein Freund Dominic Demme unterhielt sich mit Herrn Thiele, dem Ersten Vorsitzenden des Heimatvereins: „Mit einer Bürgerbewegung haben wir erreicht, dass die Schrebergärten erhalten blieben.“ Von Pastor Bobrowski erfuhren wir: „Klein Borstel ist ein lebendiger Stadtteil mit vielen jungen Familien.“ Im „Haus Alstertal“ sprachen zwei von uns mit Frau Gutknecht. Sie ist für die Pflege der 140 Bewohner zuständig. Unser Versuch, Herrn Bader, unseren „bürgernahen Beamten“ von Wache 35, zu interviewen, war eine telefonische Odyssee. Er hatte Urlaub, niemand fühlte sich zuständig. Der Bericht über Tim Ottos vergebliches Telefonat mit der Wache zog in der Polizeihierarchie weite Kreise. Ich selber forschte über die Geschichte Klein Borstels und informierte mich beim Statistischen Landesamt. Dort musste ich erfahren, dass Klein Borstel verwaltungstechnisch gar kein Stadtteil ist. Dennoch ist es ein Stadtteil im Bewusstsein seiner Bewohner!

Im Laufe der Projektwoche entstanden viele Fotos und Interviews, die in aufwändiger Nacharbeit zusammengefügt wurden. 35 Fotos auf 35 Tafeln waren das Endergebnis. Die Aufforderung zum schriftlichen Kommentar zur Ausstellung nutzten viele. Nur ein stadtteilfremder Besucher fand die Darstellung zu idyllisch und harmonisch.

Der Post-Protest von 1993 war erfolgreich: Der zähe Kampf der Klein Borsteler brachte die Einrichtung der Postagentur

Eine bedeutende und verbindende Institution ist der **Heimatverein Klein Borstel**: Jeder Fünfte der 3600 „Dorfbewohner" ist Mitglied, und damit hat der Heimatverein die höchste Mitgliederdichte aller Bürgervereine Deutschlands. „Der Klein Borsteler" heißt die seit 50 Jahren erscheinende Zeitschrift des Vereins. Jeder Haushalt bekommt das Blatt frei Haus – auch das ist eine Besonderheit. Ebenfalls schon 50 Jahre alt ist die **Speeldeel**, die niederdeutsches Theater auf die Bühne bringt. Die jährlichen Aufführungen besuchen rund 1200 Zuschauer, nicht nur aus Klein Borstel.

HEIMATVEREIN KLEIN BORSTEL

Das Einkaufsdorf

Während der Mittelpunkt des altes Dorfes an der *Wellingsbütteler Landstraße* lag, sind heute der *Tornberg* und die *Stübeheide* die Einkaufsmeile Klein Borstels. Die kurzen Wege, die man hier hat, ob zu **Feinkost Buschmann**, zur **Bäckerei Vollstädt** oder zur **Dorfbank**, der Haspa-Filiale, schätzen die Klein Borsteler besonders. Engagiert für das **Einkaufsdorf Klein Borstel**, auf das an der *Wellingsbütteler Landstraße* ein Schild hinweist, sind Einzelhändler und Betriebe in der **Interessengemeinschaft der Gewerbetreibenden in Hamburg-Klein Borstel**.

In der *Stübeheide* wird auch das Dorffest gefeiert, aber gelegentlich kämpfte man hier auch: Denn hier lag das Postamt, für dessen Erhalt sich die Klein Borsteler 1993 vehement einsetzten – u.a. mit einer Besetzung des Postamtes und der Errichtung einer Bürgerpost in einem Zelt vor dem Postamt. Der Erhalt gelang ihnen zwar nicht, aber dafür erhielt Klein Borstel 1994 die erste städtische **Postagentur**. Mit ihrer Aktion erlangten die Klein Borsteler damals kurzzeitig bundesweite Berühmtheit.

Kämpferisch waren die Klein Borsteler schon in den 1930er Jahren bei der Errichtung der Frank'schen Siedlung gewesen, denn die bürgerlichen Einwohner befürchteten einen Zuzug von kinderreichen Kleinverdienern. Abwehrend verhalten sich viele Klein Borsteler auch heute: Denn auf dem Gelände der **Anzuchtgärtnerei** des Friedhofes Ohlsdorf plant die Stadt den Bau von über 200 Wohnungen. Abgesehen davon, dass damit zum ersten Mal der Friedhof Ohlsdorf verkleinert würde, ist vor allem die verkehrsmäßige Erschließung problematisch, denn die würde über den kleinen *Schluchtweg* erfolgen, der direkt an der **Albert-Schweitzer-Schule** vorbeiführt. Diese zehnklassige „Gesamtschule mit besonderer pädagogischer Prägung", in der die meisten Kinder Klein Borstels zumindest die ersten vier Klassen besuchen, ist zusammengewachsen aus einer seit den 1930er Jahren bestehenden Grundschule und dem „Schulversuch", einem reformpädagogischen Zweig am heutigen **Albert-Schweitzer-Gymnasium**. Beide Schulen fühlen sich dem humanitären Werk ihres Namenspatrons verpflichtet, und dazu gehört, dass auf eine umfangreiche musische Ausbildung großer Wert gelegt wird. Auf dem Programm des Sinfonieorchesters des Albert-Schweitzer-Gymnasiums stehen dabei regelmäßig auch Konzerte in der Hamburger Musikhalle.

Als es noch keine Brücke gab: Für die Verbindung der Dörfer Klein Borstel und Hummelsbüttel sorgte um 1900 noch der Fährmann

Einmaliges Verkehrszeichen: der Wegweiser zum „Einkaufsdorf"

Osdorf

ist ein Stadtteil der Kontraste. Denn zwischen den gediegenen Villen in Hochkamp und der Großsiedlung Osdorfer Born scheinen Welten zu liegen. Ebenso zwischen Botanischem Garten und Born Park. Doch die Straßen Rugenbarg und Rugenfeld, die als Ring 3 Osdorf in Nord und Süd trennen, schaffen auch Verbindungen

Steckbrief

Fläche:
7,259 km²
Einwohner:
25 477
Verwaltung:
Bezirk Altona, Kerngebiet
Ortsteil:
220

Der Name Osdorf stammt vermutlich von Oslevesthorpe (= Dorf eines Oslev). Im Jahr 1275 verkauften zwei adlige Brüder aus der Nähe von Buxtehude einige rechts der Elbe gelegene Besitztümer ans Kloster Herwardeshude – auch solche in „Oselvestorph".

Stein, Eisen, Bronze

Osdorf liegt an der historischen Straßenverbindung zwischen Altona und Rissen, östlich vom Übergang der Düpenau zwischen Groß Flottbek und Iserbrook. Bodenfunde belegen, dass in der Gegend des heutigen Osdorf schon in vorgeschichtlicher Zeit gesiedelt wurde. Am *Rugenbarg* gefundene Flintbeile etwa belegen steinzeitliches Leben. Und auch beim Bau der Siedlungen Osdorfer Born oder Am Barl kamen steinerne Werkzeuge zu Tage. Fast vollständig erhalten blieb ein Vorratsgefäß aus der Bronzezeit, das Bauarbeiter der HEW 1952 bargen. Schon in den 1890er Jahren stieß der Lehrer Fuhlendorf bei der Suche nach Bodenfunden auf ein **eisenzeitliches Urnenfeld** zwischen *Rugenbarg* und *Blomkamp*. Einige Urnen, Bleigefäße, Bronze-Schmuckstücke und Tonschalen wurden geborgen. Doch zu einer umfassenden Sicherung kam es damals nicht.

Aus der Geschichte

Erstmals urkundlich erwähnt wurde Osdorf 1268. Am 3. August des Jahres übertrug Graf Gerhard I. von Holstein eine Hufe in Osdorf an das Kloster Hervardeshude. Die **Original-Urkunde** fiel 1842 dem Großen Brand zum Opfer. Eine Abschrift aus der Zeit um 1320 findet sich aber noch im Kopialbuch des Klosters. Ein dritter Kauf durch das Kloster fand gegen Ende des 13. Jahrhunderts statt. Danach hatte „Dominus Nicolaus Anglicus" – hinter dem sich also der Hamburger Bürger Klaus der Engländer verbirgt – dem Konvent in jedem Jahr eine

Beton und Natur in enger Verbindung: Direkt hinter der Großsiedlung Osdorfer Born trainiert ein Traber in der Feldmark

Mark von einer Hufe in **Oslevesdorpe** gegeben, von der die Nonnen an Maria Verkündigung eine reiche Mahlzeit erhielten. Wie lange der Besitz zum Johanniskloster gehörte, ist nicht nachweisbar, doch scheint der Grund wegen seiner entfernten Lage recht schnell wieder veräußert worden zu sein.

Anfang des 14. Jahrhunderts trat dann als neuer Besitzer das Hamburger Domkapitel auf. Es erwarb jedoch nicht das Land, sondern die Einkünfte daraus: Am 13. Februar 1312 verkauften drei Brüder aus der Ritterfamilie Stake ihre Rechte am „Zehnten" aus Osdorf – 18 Scheffel Roggen und 14 Scheffel Hafer – an die Hamburger Kirche. Fast ein halbes Jahrtausend blieb Osdorf in kirchlicher Hand. Die Besitzverhältnisse wiesen lange, aber nicht nur einseitig in diese Richtung: Auch Osdorfer streckten ihre Fühler nach Hamburg aus. So erhielt ein Hennekinus Ludekens de Ostorpe schon 1363 ein Grundstück am *Rödingsmarkt*.

Das älteste Steuerregister von 1464/65 zählt die Namen von acht Osdorfer Abgabepflichtigen. Dennoch könnte es weitere Höfe hier gegeben haben. Von den großen Kriegen des ausgehenden Mittelalters bis in die Neuzeit blieb das Dorf weitgehend verschont, sodass Osdorf seinen dörflichen Charakter durch die Jahrhunderte bis zu seiner Eingemeindung nach Altona 1927 bewahrte. Erste kleinere Siedlungen entstanden allerdings durch Verkauf von Hofland in der zweiten Hälfte des 19. Jahrhunderts, darunter etwa die **Villenkolonie Hochkamp**. 1869 wurde im Osten der Feldmark das Altonaer Armenhaus errichtet; ab 1931 entstanden im Norden Behelfshäuser. Von den rund 30 großen, reetgedeckten Höfen und dem Dorfcharakter ist heute nur noch am alten Ortskern an *Osdorfer Dorfstraße* bzw. *Rugenbarg*, *Osdorfer Landstraße*, *Diekweg* und *Langelohstraße* etwas geblieben: Der Heidbarghof in der *Langelohstraße* ist ein kultureller Mittelpunkt im Stadtteil,

Ein Stück vom alten Osdorf ist rund um die Ortsmitte an den Straßen Rugenbarg und Osdorfer Landstraße immer noch erhalten

im Hof Behrmann an der Ecke *Rugenbarg/Osdorfer Landstraße* befindet sich ein Restaurant, im Hof Groth ein Laden. Dieses **einmalige Ensemble** ist heute milieugeschützt.

Mit den Wohngebieten kamen verkehrsgerechte Straßen, doch noch 1937 war der „Fahrweg nach Osdorf bei nassem Wetter unpassierbar“, so eine zeitgenössische Quelle.

Im Heidbarghof an der Langelohstraße schlägt Osdorfs kulturelles Herz – hier treffen sich viele Vereine, und der Bauerngarten (rechts unten) ist der letzte private seiner Art in Hamburgs Westen. Unten die Inschrift über dem Haupteingang

Städtisch wurde Osdorf erst durch die Wohnungsbaupolitik der Nachkriegszeit. Vor allem durch den Bau der Großsiedlung Osdorfer Born stieg die Bevölkerungszahl in den 1960er Jahren rasant an: In nur drei Jahren zogen 13000 Menschen in die Hochhäuser. Damit stieg Osdorfs Einwohnerzahl von Mitte der 1950er bis Mitte der 60er Jahre um fast 60 Prozent auf rund 23000 an.

Kulturelles Herz von Osdorf

Mitten im alten Osdorf liegt das wohl schönste erhaltene Zeugnis seiner bäuerlichen Kulturgeschichte – der **Heidbarghof**. Das Fachwerkgiebel-Anwesen an der *Langelohstraße 141* mit der „Groot Dööŕ“ ist nicht nur ein beliebtes Fotomotiv. Der 1590 erstmals erwähnte Hof ist auch kultureller Mittelpunkt im Stadtteil. Seinen Namen trägt er, weil sein Wohnbereich einst zum Heidbarg – dem heutigen *Wesselburger Weg* – hinausging. 1838 kam der Hof in den Besitz von Johann Hinrich von Appen, der 1842 mit seiner Frau Anna-Maria einen stattlichen Neubau errichtete. Beider Namen sind auf dem Balken über dem Giebeltor verewigt. Letzter aktiver Landwirt hier war Gustav Gätgens, dessen Tochter Elisabeth veranlasste, dass das Anwesen nach ihrem Tod in eine Stiftung umgewandelt wurde. Die 1985 ins Leben gerufene **Elisabeth Gätgens Stiftung** veranstaltet im Heidbarghof nun Kultur für jedermann. „Klassische Musik, Jazz, Dichterlesungen, plattdeutsche Lesungen, Diavorträge – das Programm ist groß“, erzählt Gerhard Jarms, der Vorsitzende der Stiftung. Auch die örtlichen Vereine und Organisationen, etwa der Bürger- und Heimatverein, nutzen den Heidbarghof oder den ausgebauten Kuhstall für Veranstaltungen. Im Frühjahr und Sommer besonders prächtig ist der zum Hof gehörende Bauerngarten. Es ist der letzte private seiner Art im Hamburger Westen.

Nicht weit entfernt liegt Osdorfs einziges Kino: Das kleine, traditionsreiche **Elbe-Theater** an der *Osdorfer Landstraße 198* setzt mit seinem Programm auf die echten Cineasten.

Von Politik bis Sport

Seit 1960 bemüht sich der **Bürger- und Heimatverein Osdorf** ums Stadtteilleben. „Vor allem möchten wir das gesellschaftliche, kulturelle und kommunale Dasein fördern“, berichtet Erwin Koops, der dem rund 600 Mitglieder zählenden Verein seit fast 40 Jahren angehört. Zu den Vereins-Aktivitäten gehören Veranstaltungen für Groß und Klein, beispielsweise Spielnachmittage, Flohmärkte, Tanzfeste oder Fahrrad-Rallyes durchs Viertel. Alte Osdorfer Traditionen pflegt man beim Erntedankfest auf dem Heidbarghof oder bei naturkundlichen Spaziergängen durch die Feldmark. Ein alljährlicher Gedankenaustausch zu allen Belangen kommunalen Lebens findet kurz nach Weihnachten statt: „Unser so genanntes ‚Gespräch zwischen den Jahren‘ bringt Vereine, Institutionen, Parteien und Verwaltung an einen Tisch“, schildert Erwin Koops. Dann wird über kommunale Tagespolitik geredet, ein Resümee gezogen und die Terminplanung fürs neue Jahr abgestimmt.

Das Gründungsjahr des Osdorfer Landfrauenverbandes ist 1950. Lange Jahre trafen sich die Mitglieder aus Osdorf und den umliegenden Ortschaften im Groth'schen Hof. Weil sich das Einzugsgebiet vergrößerte, erfolgte 1973 die Umbenennung in **Landfrauenverein Elbdörfer**, wie die Vorsitzende Meike Behrmann erläutert: „Aber die Ziele sind bis heute die gleichen: Förderung der jetzt rund 80 Mitglieder auf beruflichem, politischem und kulturellem Gebiet.“

Auch die Sportlichen kommen in Osdorf voll auf ihre Kosten. Ein Breiten- und Freizeitsportverein ist der **Turn- und Sportverein Osdorf 1907 e.V.** am *Rugenbarg*. Fußball, Judo und Tischtennis gehören wie Gymnastik oder Volleyball zum Programm. Und seit 1974 auch mit klingendem Spiel der **Spielmanns- und Fanfarenzug Blau-Weiß**.

Mit dem neuen Quartier Osdorfer Born entstand 1969 der neue Sportverein **Osdorfer Born e.V.**, dessen Sportanlagen am *Kroonhorst* liegen. Die Sportarten gehen von Fußball bis Schwimmen. Einmalig in der Hansestadt ist der 1898 gegründete **Hamburger Polo-Club e.V.**, dessen Vereinsgelände an der *Jenischstraße* liegt. Entgegen seinem Namen wird nicht nur Sport zu Pferde, sondern auch Tennis und Hockey betrieben.

Villen und Einfamilienhäuser

Das dörfliche Osdorf ist in den 1950er Jahren weitgehend verschwunden. Doch bereits um 1900 war es schick, hier zu wohnen. Im Grunde prägen diese **beiden Bauphasen** das Bild Osdorfs auch heute noch: Im Süden des Stadtteils wohnt man gediegen, grün und großzügig, im Norden bestimmt die Großwohnsiedlung Osdorfer Born das Bild. Wie eine Trennwand liegt zwischen beiden das Gewerbegebiet Brandstücken. In ihm sind einige wichtige Arbeitgeber des Stadtteils versammelt, der von Handwerk und Gewerbe entdeckt wurde, seit Osdorf den Schritt vom Dorf zum bevölkerungsreichen Stadtteil gemacht hat. Heute gehen rund 50 Handwerksbetriebe ihren Professionen nach.

Das **Villenviertel Hochkamp** im Süden Osdorfs entstand ab 1896 als Teil der Elbvororte. Die so genannte Hochkamp-Klausel in den Grundbüchern sorgte dauerhaft dafür, dass das Villengebiet mit seinen großen Grundstücken sein Gesicht behalten konnte. Gründerzeit-Villen, in

Im regen Vereinsleben des Stadtteils spielen u.a. der Bürger- und Heimatverein (oben), der Deutsche Landfrauenverband, aber auch die Sportler des Hamburger Polo-Clubs – links aktiv – eine Rolle

Im Hof Groth an der Osdorfer Landstraße ist heute ein Laden untergebracht

Wahlverhalten

… zur Bürgerschaft 2001 (gesamt)

Wahlbeteiligung	71,0%
SPD	**36,5%**
CDU	**26,2%**
Schill-Partei	**19,4%**
Grüne/GAL	**8,6%**
FDP	**5,1%**
Übrige	**4,2%**

… zur Bürgerschaft 2001 (Stadtteil)

Wahlbeteiligung	71,0%
SPD	**35,4%**
CDU	**29,9%**
Schill-Partei	**19,5%**
Grüne/GAL	**5,5%**
FDP	**6,1%**
Übrige	**3,5%**

Stadtteil-Profil

	Osdorf	Bezirk	Hamburg
Bevölkerung gesamt (2000)	25 477	240 102	1 704 929
Unter 18-Jährige in %	18,6	16,5	16,1
65 Jahre und älter in %	20,3	17,0	17,0
Deutsche	21 692	197 923	1 432 325
Ausländer in %	14,9	17,6	16,0
Einwohner je km²	3510	3066	2258
Sozialstruktur			
Sozialhilfeempfänger (2000)	2236	15 896	120 461
Arbeitslose (2001)	1128	10 739	71 963
Eink. je Steuerpfl. in DM (1995)	82 621	75 345	65 579
Wohnen (2001)			
Wohngebäude	3695	33 737	226 061
Ein- und Zweifamilienhäuser in %	27,8	23,6	20,5
⌀ Wohnungsgröße in m²	78,9	75,0	71,0
Wohnfläche je Einwohner in m²	35,8	36,6	35,7
Verkehr			
Private Pkw (2001)	9353	84 981	628 119
Straßenverkehrsunfälle (2000)	134	1590	12 430
Kriminalität			
Straftaten insgesamt (2000)	3144	31 664	284 272

Rechts: Auch die Grünflächen in der 1960er-Jahre-Siedlung Osdorfer Born wollen gepflegt sein.

Noble Villen mit großen Gärten bestimmen das Bild im Villenviertel Hochkamp.

den ab 1910 gebauten Häusern im Landhaus-Stil, aber auch das Neue Bauen bestimmen überwiegend das Bild. Hinzu gekommen sind in den letzten Jahrzehnten Eigenheime.

Ein typisches Kind der 1950er Jahre ist die **Siedlung Blomkamp** zwischen *Osdorfer Landstraße* und *Blomkamp*. Errichtet vom **Bauverein der Elbgemeinden**, sollte in den zweigeschossigen Zeilenhäusern auf möglichst wenig Raum mit vergleichsweise niedrigem Ausstattungsstandard preisgünstiges Wohnen möglich werden. Die in unmittelbarer Nachbarschaft zum am *Knabeweg* liegenden **Gymnasium Osdorf**, einem Kinderheim und dem „Landpflegeheim" genannten Jugendheim 1950–52 erbauten Wohnhäuser gehören zu den ersten größeren Neubauprojekten in Hamburg nach dem Zweiten Weltkrieg. Um heutigen Ansprüchen gerecht zu werden, fand inzwischen eine grundlegende Sanierung statt – Zusammenlegungen vergrößerten viele Wohnungen.

Ebenfalls am *Blomkamp* liegt auch die **Generalleutnant Graf von Baudissin-Kaserne**, die zur Führungsakademie der Bundeswehr gehört (s. Nienstedten).

Leben im Born

Am nördlichen Rand von Osdorf, direkt an der Grenze Hamburgs zu Schenefeld, steht die Großsiedlung **Osdorfer Born**. Ihr Name ist seit ihrer Entstehung 1966–71 zum Begriff für Städtebau-Visionen der damaligen Zeit und den aus ihnen resultierenden Problemen geworden. Auf einer Fläche von 120 ha – Planungen liefen seit 1963 unter Oberbaudirektor Werner Hebebrand – wuchsen 5000 Wohnungen bis zu 22 Stockwerke in die Höhe. Die meisten der Blocks im „Born“, wie die Einwohner ihre Siedlung nennen, sind jedoch niedriger: Da gibt es 6- bis 9-geschossige „Wohnbänder“ neben Hochhäusern mit 11–17 Etagen. Nördlich und südlich davon finden sich zahlreiche kleinere Eigenheime.

Der Osdorfer Born veränderte den Stadtteil grundlegend. 13 000 Menschen leben heute in den knapp 5000 Wohnungen, die insgesamt acht Wohnungsunternehmen gehören. Etwa 2400 sind allein in der Hand der SAGA, 860 gehören zur Gesellschaft für Wohnen und Bauen. Viele, die damals in den Born zogen, sind immer noch gern hier. „Rund 30 Prozent sind Erstmieter“, berichtet Katrin Jänke vom **Stadtteilbüro Osdorfer Born**, das im **Gemeindezentrum der ev.-luth. Kirche** am *Achtern Born* im Herzen des Quartiers liegt. Die Diplom-Psychologin ist eine von drei Mitarbeitern, die sich seit Frühjahr 2000 um die Menschen im Quartier bemühen. Denn natürlich ist ein so enges Zusammenleben verschiedener Menschen und Kulturen immer mit Problemen verbunden. Katrin Jänke: „Wir möchten Projekte initiieren, damit sich die Menschen hier mehr zusammentun, Interessenverbände gründen wie z.B. Mietervereinigungen.“ Die soziale Struktur im Born macht dies nicht einfach – etwa 2500 Ausländer und 2000 Russlanddeutsche leben hier; knapp 18 Prozent der Bewohner beziehen Sozialhilfe, die Arbeitslosigkeit liegt mit rund 10,5 Prozent über dem Hamburger Durchschnitt. „Aber wir sind optimistisch, dass alle gemeinsam das Beste für den Born herausholen“, sagt Katrin Jänke. Einmal im Monat findet dazu die **Borner Runde** statt, bei der alle Borner über Probleme diskutieren können.

Ein Museum für Kinder

Entwicklungsziele für die kommenden Jahre sind in Zusammenarbeit mit dem Stadtteilbüro bereits definiert. So sollen die Freizeit- und Treffmöglichkeiten vor allem für ältere Jugendliche verbessert und mobiler werden – die beiden **Häuser der Jugend** am *Kroonhorst* und *Böttcherkamp* (der Osdorfer Born liegt mit kleinem Teil in Lurup) reichen nicht aus. Zudem will man ausländische Kinder, Jugendliche und Erwachsene sowie Spätaussiedler stärker in die gemeinsame Arbeit einbeziehen. Auch das Müllproblem des Borns soll sich bessern. „Schließlich sollen die Menschen weiterhin hier gern wohnen“, beschreibt Katrin Jänke das angestrebte Ziel.

„Wir brauchen vor allem mehr aufsuchende Jugendarbeit, z.B. Streetworker“, findet auch Dietmar Kurzeja vom **Deutschen Roten Kreuz**. Das DRK ist mit 14 Haupt- und 80 Ehrenamtlichen seit 30 Jahren im Born aktiv, sein Zentrum liegt an der *Bornheide*, schon auf Luruper Gebiet. Schwerpunkt ist die Arbeit mit Aussiedlern und Alten, es gibt aber auch u.a. einen pädagogischen Mittagstisch für Jüngere oder Spiel- und Segelgruppen und Ferienprogramme.

Eine belebende Attraktion im Stadtteil dürfte voraussichtlich ab Sommer 2002 das Kindermuseum im Gemeindezentrum sein. Hinter dem 800 000 Euro teuren Projekt steht die Initiative **Kinder-**

Zeitleiste

1268 erste urkundliche Erwähnung

1869 Bau des Altonaer Armenhauses

1927 Eingemeindung nach Altona

1967 Baubeginn der Großsiedlung Osdorfer Born

1968 große 700-Jahr-Feier

1985 Elisabeth Gätgens Stiftung

1993 Neueröffnung des Elbe-Einkaufszentrums

2000 Gründung des Stadtteilbüros Osdorfer Born

2002 Eröffnung des Kindermuseums

Erst links, dann rechts … – Osdorfer Polizisten erklären den Stadtteil-Kids die Regeln des Straßenverkehrs

Bürgergeschichten

„Vom Born in die Bundesliga“

Sein Name ist seit Jahren mit dem FC St. Pauli verbunden: André Trulsen (36) ging als Manndecker mit dem „Starclub“ durch dick und dünn. Groß geworden ist der Fußballer am Osdorfer Born

Zweimal André Trulsen: Dass Trulsen schon als junger Kicker Talent bewies, belegt das Foto aus den Anfängen – André wird als bester Jugendspieler beim SV Osdorfer Born ausgezeichnet. Rechts die offizielle Autogrammkarte des FC St. Pauli, vom Abwehrspieler signiert

Der FC St. Pauli und André Trulsen sind für viele seit Jahren eine untrennbare Einheit. Aber wie sind Sie zum Fußball gekommen?

Meine Anfänge liegen am Osdorfer Born. Dort bin ich aufgewachsen. Und meine Eltern leben immer noch dort. Weil ich schon als Junge gern Fußball gespielt habe, haben mich meine Eltern 1971 beim damals noch jungen SV Osdorfer Born angemeldet.

Warum dort?

Der Verein lag nah. Und mein Vater war dort immer aktiv, lange auch als Ligaobmann.

Und wie lange waren Sie beim SV Osdorfer Born?

Bis zur A-Jugend. Dann wollten fünf oder sechs aus der Mannschaft gern leistungsbezogener spielen – und weil der kleine SV vergessen hatte, uns für diese Klasse zu melden, sind wir dann alle zum HEBC gewechselt.

Wo dann die richtige Karriere erst begann …

Na ja, jedenfalls meinte der Trainer der A-Jugend, ich hätte das nötige Talent, um in der wesentlich stärkeren Verbands- bzw. Oberliga mithalten zu können. Er stellte einen Kontakt zum ja recht nahen SV Lurup her – und dort habe ich dann insgesamt drei Jahre gespielt.

Ihre Kontakte zu Osdorf hielten aber auch später an, auch als Sie beim 1. FC Köln oder in St. Pauli spielten, in der 1. oder 2. Bundesliga.

Das stimmt. Auf der einen Seite bin ich ein eher familienbezogener Mensch. Meine Frau kommt aus Schenefeld, und weil meine Eltern in Osdorf leben, wohnen wir jetzt sozusagen mit Blick auf den Born. Allerdings auf Luruper Seite, denn hier war gerade ein Grundstück mit guter Lage am See zu kaufen.

Gab es nicht auch geschäftliche Verbindungen zum Born?

Stimmt. Einige Jahre hatte ich im Born Center ein Sportgeschäft. Zunächst mit einem Partner, dann einige Zeit allein. Den Laden haben wir jedoch im Sommer 2001 aufgegeben, denn obwohl ich ein gelernter Bürokaufmann bin, ist diese Freizeitbeschäftigung doch sehr zeitaufwändig gewesen.

Und dann gibt es da noch einen „Nachwuchs-Trulsen“…

Ja, genau. Mein Sohn Tobias (8) spielt inzwischen wie ich früher auch beim SV Osdorfer Born. Aber wirklich nur aus Spaß am Spiel – und ob er auch mal Profi wird, wer weiß …

Auch Angler finden Erholung in der Grünanlage am Ziegelteich nördlich vom Hemmingstedter Weg

museum e.V., der mit Themenausstellungen für Kinder auch Familien aus anderen Stadtteilen einladen möchte. „Das kommt unserem Wunsch entgegen, das Gemeindezentrum zu einem Bürgerhaus für alle zu machen", freut sich Pastor Hans-Bernd Zöllner, der 1990 zur ev.-luth. Kirchengemeinde Osdorfer Born kam.

See und Freibad

Als grüner Stadtteil hat Osdorf nicht nur viele private Gärten, sondern auch öffentliche Grünflächen zu bieten. Besonders beliebt ist die Grünanlage am alten **Ziegelteich** nördlich des *Hemmingstedter Wegs*. Das Gewässer entstand durch Flutung einer alten Grube, aus der einst Ton für Ziegel gewonnen wurde.

Westlich der Siedlung Osdorfer Born liegt der **Born Park**. Das 5,7 ha große Gelände hat mit dem **Helmuth-Schack-See** eine Naturschutzzone, die von Frühjahr bis Herbst von vielen Bornern zur Naherholung genutzt wird. Ein 50-m-Becken sowie eine 40-m-Rutsche kann das Freibad *Am Osdorfer Born* aufweisen. In der angrenzenden **Feldmark** sorgen auch noch einige Höfe – meist mit Pferdezucht oder -haltung – für Grün.

Grün aus aller Welt

Eine Attraktion, die weit über Osdorf hinausreicht, ist der **Neue Botanische Garten**. Die vom S-Bahnhof Klein Flottbek oder von den Parkplätzen an der *Ohnhorststraße* zu erreichende Anlage wurde 1979 eröffnet. Sie dient botanischen Forschungszwecken, ist aber ebenso eine öffentliche Grünanlage mit hohem Bildungs- und Freizeitwert. Herz des 24 ha großen Gartens ist das **Pflanzensystem**. Diese Anlage soll einen Überblick über die Vielfalt des Pflanzenreichs und die verwandtschaftlichen Beziehungen der Pflanzen vermitteln. Eng zusammen-

gehörende Pflanzenarten und -familien werden deshalb kultiviert und ihre Verwandtschaftsbeziehungen untereinander sowie ihre mutmaßliche Abstammung gekennzeichnet. Ein Blick auf den Plan des Systems zeigt, dass alle Verbindungslinien (= Plattenwege) der Blütenpflanzen letztlich bei einer Gruppe zusammenlaufen. Das Pflanzensystem ist umgeben von geografischen Abteilungen, in denen die Pflanzen nach ihrer Herkunft angeordnet sind. Besonders das **Alpinum** und der **Japangarten** ziehen zur Blüte im Frühjahr tausende Besucher an. Kleine Schönheiten sind aber auch der **Arzneipflanzengarten**, der

Der Neue Botanische Garten in Klein Flottbek ist nicht nur eine grüne Oase, sondern dient auch der Forschung. Unten: Seit 1982 steht Waldemar Ottos Skulptur „Adam plündert sein Paradies" am Eingang Ohnhorststraße

Ein Rest alter Landidylle: Auf der Weide von Bauer Orth grasen am Osdorfer Born Kühe

Rosenhügel und der historische Bauerngarten. „Ein Beet darin ist für die Kräuter des hamburgischen Nationalgerichts Aalsuppe reserviert", berichtet Hans-Helmut Poppendieck vom Institut für Allgemeine Botanik. In den Gewächshäusern gedeihen Pflanzen, die in Europa nicht heimisch sind. Allerdings ist nur ein kleines Schau-Gewächshaus für Besucher geöffnet. Größere Gewächshäuser – wie im Alten Botanischen Garten im Stadtteil Neustadt – sind noch ein Zukunftsprojekt. Wer möchte, kann auch an einer Führung durch den Garten teilnehmen. Um die Förderung der Anlage bemüht sich die **Gesellschaft der Freunde des Botanischen Gartens**.

In erster Linie dient der Botanische Garten den Lehr- und Forschungsaufgaben des **Instituts für Allgemeine Botanik**, dessen Gebäude unübersehbar direkt am Garten liegen. Etwa 2000 Studierende – die meisten wollen Diplom-Biologen, rund 700 aber auch Lehrer werden – beschäftigen sich hier mit Botanik ebenso wie mit Genetik, Mikrobiologie oder Naturschutz. Pflanzen-Anzuchten, z.B. von Getreide für Forschungsarbeiten, gehören ebenfalls zu den Aufgaben. Ferner können Hamburger Schulen hier Pflanzen aller Art für den Biologieunterricht erhalten. Immer wichtiger wird auch die Erhaltung heimischer Pflanzenarten, die vom Aussterben bedroht sind.

Einkaufslustige aus ganz Hamburg und den umliegenden Kreisstädten zieht es zum Shoppen ins Elbe-Einkaufszentrum an der Osdorfer Landstraße

Einkaufsvielfalt

Wer in Osdorf einkaufen möchte, hat die Qual der Wahl. So liegen einige Einzelhändler – insgesamt hat der Stadtteil 35 Läden –, eine Apotheke und Supermärkte rund um den alten Dorfkern zwischen *Rugenbarg* und *Osdorfer Landstraße*. Der Osdorfer Born hat seine eigene Einkaufspassage: Im **Born Center** findet man vom Bäcker bis zum Sportgeschäft, vom Warenhaus bis zum Bettenhaus (fast) alles. Wem das nicht reicht, der geht ins **Elbe-Einkaufszentrum** (EEZ) an der *Osdorfer Landstraße*, das eine große Anziehungskraft Richtung Westen ausübt, auch über die Stadtgrenzen hinaus. Das jetzige Center stammt aus dem Jahr 1993 und ist Nachfolger des Ende der 1960er Jahre noch in offener Bauweise errichteten Gebäudes. Das EEZ besitzt auf zwei Etagen eine Ladenfläche von 33 000 m^2.

Rund 120 Fachgeschäfte, zwei Waren-, zwei Textilhäuser, eine „Schlemmerzone", Dienstleistungs- und Gastronomiebetriebe sind hier im typischen Branchenmix untergekommen. Betrieben von der Hamburger ECE Projektmanagement GmbH, kommen 60 Prozent der Anbieter aus der Region.

Schräg gegenüber vom EEZ kann man an der *Osdorfer Landstraße 162* in einer **Windmühle** originell essen gehen. Das Bauwerk, jetzt eine Pizzeria, stammt ursprünglich aus Dithmarschen und wurde erst 1890 an seinen jetzigen Standort versetzt.

Köpfe

Erwin Koops den Osdorf-Chronisten zu nennen, ist sicher nicht untertrieben. Immerhin hat er wesentlichen Anteil an der Entstehung des groß angelegten Buchs „Osdorf – vom holsteinischen Bauerndorf zum Großstadtvorort Hamburgs“.

Chinesisch essen kann man unter dem Strohdach an der Osdorfer Landstraße/Rugenbarg

In den 1950er Jahren zog es Erwin Koops aus Liebesgründen nach Osdorf, das er unter anderem durch sein jahrzehntelanges Engagement im Bürger- und Heimatverein mit prägte. Lange Zeit war Koops auch für das Mitteilungsblatt des Vereins zuständig.

Seit rund 23 Jahren wohnt **Maria-Elisabeth Meier-Hjertqvist** schon im Osdorfer Born. Und sie tut es immer noch gern: „Wir haben hier alles: viel Grün, Schulen, Einkaufsmöglichkeiten, Ärzte.“ Frau Meier-Hjertqvist engagiert sich im Quartier, sie ist Vertreterin der Borner Runde in der Stadtteilkonferenz. „Einige Probleme müssen angegangen werden, vor allem auf die Ausländer und Spätaussiedler müssen wir offen zugehen“, erklärt die Mutter zweier erwachsener Kinder. Nur so könne man das problematische Image des Born verbessern. „Auch ein U-Bahn-Anschluss müsste her“, fordert die Hausfrau, denn der Bus 184 allein genüge als Zubringer nicht.

Anfangs faszinierte ihn die Technik der Grammofone. Und 1942 hatte der 17-jährige **Günter Discher** eine Sammlung von 400 Schallplatten – seine Liebe galt der heißen Musik des Swing von Louis Armstrong bis Duke Ellington. „Der Sound musste richtig reinhauen“, erinnert sich der älteste Diskjockey der Stadt und legt noch heute einmal im Monat bei der NDR-Hamburgwelle in der Sendung „Das gab's nur einmal“ Platten auf. Rund 1400 „Swing-Kids“ gab es während des Krieges in Hamburg. Sie waren den Nazis ein Dorn im Auge. Discher wurde Ende 1942 denunziert, von der Gestapo abgeholt und musste bis zur Befreiung im Jugend-Konzentrationslager Moringen ausharren. Seine Lebensgeschichte stand Pate für den 1992 gedrehten Hollywood-Film „Swing-Kids“. Bis heute ist der Jazzer Discher begeisterter Musikmacher. 25 000 Tonträger füllen seine Wohnung bis unter die Decke.

Das Gemeinwohl liegt **Hugbert Flitner** am Herzen. Der Jurist, der von 1979–91 Kanzler der Universität Hamburg war, hat u.a. für die VW- und die Toepfer-Stiftung gearbeitet. Seit dem Jahr 2000 ist der Osdorfer Geschäftsführer der 1999 gegründeten Bürgerstiftung Hamburg. „Dort engagieren sich Bürgerinnen und Bürger für die Stadt und ihre Menschen“, fasst Hugbert Flitner zusammen. Darunter sind Kaufleute, Lehrer, Rechtsanwälte, Journalisten und Beamte. „Gewaltprävention bei Jugendlichen und sinnvolle Freizeitgestaltung ist einer unserer Schwerpunkte“, berichtet Herr Flitner. Das erste von über 30 Projekten läuft erfolgreich im Osdorfer Born: Bei „Müll zu Musik – Hot Schrott“ trommeln rund 14 Jugendliche mit zwei Profis auf Klangkörpern, die aus Funden vom Schrottplatz entstanden.

In Osdorf verwurzelt, aber mit Blick über den Tellerrand: Erwin Koops, Maria-Elisabeth Meier-Hjertqvist, Günter Discher und Hugbert Flitner

Othmarschen

ist von der Hamburger Innenstadt aus kommend der erste Elbvorort. Als grüner Wohnstadtteil gehört er zu Deutschlands größtem Villenviertel, das sich bis Blankenese erstreckt. Parks und Gärten prägen das einstige Bauerndorf. Die Autobahn (A 7) trennt Othmarschen bis zur Einfahrt zum Elbtunnel in zwei Teile

Steckbrief

Fläche:
6,014 km²
Einwohner:
11 138
Verwaltung:
Bezirksamt Altona, Kerngebiet
Ortsteil:
218

Die genaue Herkunft des Namens Othmarschen ist nicht geklärt. Zwar gibt es die Vermutung, der Name könnte auf „Otmer", einen fränkischen Einzelsiedler aus dem 9./10. Jahrhundert, zurückgehen. Doch historisch haltbar ist sie nicht. Wahrscheinlicher ist eine Benennung nach dem feuchten Marschboden mit Teichen.

Aus der Geschichte

Das 1317 erstmals urkundlich erwähnte Othmarschen war im Mittelalter ein **Bauerndorf** mit wenigen Höfen. Es lag ungefähr dort, wo heute der *Agathe-Lasch-Weg* verläuft, in einer waldreichen Gegend und gehörte zur Hamburger

Der alte Ortskern mit dem großen Teich musste der A 7 weichen; Postkarte von 1916

St. Petri-Gemeinde. 1547/48 kam es mit dem Bau einer Ottenser Kirche zum neuen Kirchspiel Ottensen.

Anfang des 18. Jahrhunderts gab es hier sieben Vollhöfe. Einer von ihnen befand sich seit 1701 im Besitz der Familie Röper. Der reetgedeckte **Röperhof** von 1759 am *Agathe-Lasch-Weg* ist heute das letzte Überbleibsel vom alten Othmarscher Zentrum. Der Bauer Hans Peter Ritscher kaufte 1766 nahe Klein Flottbek an der Chaussee von Hamburg nach Blankenese ein Grundstück, auf dem er anno 1769 seine Gastwirtschaft **Ritschers Strohhütte** eröffnete – ein Ausflugslokal für Hamburger und Altonaer. Etwa zur selben Zeit entstanden an der *Elbchaussee* erste Landhäuser wohlhabender Kaufleute. So erwarb der Engländer und in

Hamburg als Kaufmann ansässige John Thornton (1764–1835) die gegenüberliegenden Grundstücke Nr. 215 und 228 und ließ sich vom dänischen Architekten C. F. Hansen (s. Nienstedten) zwei Häuser bauen: ein Herrenhaus mit Elbblick und vis-à-vis einen Bau mit Stallungen – der charakteristische „Halbmond" ist heute ein Wahrzeichen des Stadtteils.

Noch bis Mitte des 19. Jahrhunderts blieb Othmarschen ein kleiner Vorort. 1855 zählte es zusammen mit Övelgönne nur 362 Einwohner. 1868 kam es zur preußischen Provinz Schleswig-Holstein. 1882 wurde an der Strecke der Vorortbahn Altona–Blankenese die „Bedarfshaltestelle Groß-Flottbek-Othmarschen" erbaut. Seit 1897 ist sie die S-Bahn-Station, lange Jahre „Großflottbek-Othmarschen", jetzt „Othmarschen" (s. Groß Flottbek). Schon 1893 gab es auch eine Pferde-, ab 1899 eine Straßenbahn nach Altona.

Ein Villenvorort

Mit der Vorortbahn waren auch erste einschneidende Veränderungen nach Othmarschen gekommen. Entlang der Strecke kauften Johann Benjamin Burchard und der Fabrikant Ferdinand Ancker Bauernland. Mit anderen Teilhabern gründeten sie 1883 das „Terrain-Consortium": Es leitete das Bauprojekt **Villenanlage Neu-Othmarschen**, eine Gartenstadt für reiche Villenbesitzer.

Als Othmarschen 1890 zusammen mit Bahrenfeld und Övelgönne nach Altona eingemeindet wurde, war es dreigeteilt: der alte Dorfkern mit Teich, das neue Villenviertel an der Bahn und die herrschaftlichen Landsitze an der Elbe bzw. *Elbchaussee*. Mit der Christuskirche am *Roosens Weg* erhielt Othmarschen 1900 die erste eigene Kirche, die 1910 selbstständige Gemeinde wurde.

Durch das Groß-Hamburg-Gesetz wurde Othmarschen 1937/38 Hamburger Stadtteil. Ein Jahr später erhält es den östlichen Teil Klein Flottbeks hinzu. Stärker als die beiden Weltkriege veränderten die 1960er und 70er Jahre das Bild des alten Othmar-

Schön zu jeder Jahreszeit und in jedem Licht: Ein Spaziergang am Elbufer von Othmarschen bringt immer Entspannung

Das Jenisch-Haus ist der Mittelpunkt des gleichnamigen Othmarscher Parks

Das Jenisch-Haus zeigt als Außenstelle des Altonaer Museums großbürgerliches Interieur

schen: War der alte bäuerliche Dorfkern bis dahin noch intakt, musste er Anfang der 1970er Jahre dem Bau der Bundesautobahn A 7 und des 2,6 km langen Elbtunnels weichen, die den Stadtteil seitdem in zwei Teile zerschneiden. Bis auf den Röperhof erinnert heute nichts mehr ans Dorf – und auch er rückte mit dem Bau der vierten Elbtunnel-Röhre noch näher an den Autoverkehr heran. Der noble Charakter von Othmarschen als Villenvorort westlich der A 7 blieb davon unberührt.

Wohnkultur und Kunst

Wenn ein Museum nach Othmarschen und in die Elbvororte gehört, dann ist es das **Jenisch-Haus** – welchen besseren Standort könnte es in Hamburg für ein „Museum großbürgerlicher Wohnkultur" geben? Schon von weitem erstrahlt das helle Weiß des im klassizistischen Stil gehaltenen Landhauses im Jenischpark. Der Blick geht von hier hinunter zur Elbe. Errichtet wurde das Jenisch-Haus 1828–32 für den Senator Martin Johan Jenisch d.J. Die Entwürfe stammten von Franz Gustav Forsmann und Karl Friedrich Schinkel. 1927 ging der Repräsentationsbau an der *Baron-Voght-Straße 50* zusammen mit dem Park per Pachtvertrag an die Stadt Altona, 1939 kaufte ihn die Hansestadt Hamburg.

Heute zeigt das Jenisch-Haus über 14 Räume verteilt als Außenstelle des Altonaer Museums Mobiliar, Bilder und Kunsthandwerk großbürgerlichen Stils aus der Zeit der Spätrenaissance bis zum Jugendstil.

Nur wenige Schritte vom Jenisch-Haus entfernt liegt der moderne, flache Atriumbau des **Ernst Barlach Hauses**. Das Museum geht auf eine Stiftung des Kaufmanns Hermann F. Reemtsma zurück. Die umfangreiche Sammlung von über 130 plastischen Arbeiten, 300 Zeichnungen und einem fast vollständigen Bestand an druckgrafischen Blättern gibt einen hervorragenden Einblick ins Schaffen des Bildhauers, Grafikers und Schriftstellers Ernst Barlach (1870–1938). Der 1961/62 von Werner Kallmorgen entworfene Museumsbau wurde 1995/96 umgebaut und erweitert.

Zeitleiste

1317 erste urkundliche Erwähnung
1882 Bedarfshaltestelle
1937/38 Hamburger Stadtteil
1959 Baubeginn Altonaer Krankenhaus
1968 Baubeginn Elbtunnel
1975 Einweihung von A 7 und Elbtunnel
2001 Investorensuche für den „Deckel" der A 7

Die **Tabakhistorische Sammlung Reemtsma** geht auch auf die Hamburger Kaufmannsfamilie zurück. In der Anfang der 1930er Jahre im Bauhaus-Stil von Martin Elsässer erbauten ehemaligen Villa Reemtsma an der *Parkstraße 51* sind Exponate rund ums Rauchen zu sehen: Pfeifen, Tabatieren, Zigarettenetuis, Urkunden, Grafiken und vieles mehr geben einen Überblick über 400 Jahre Geschichte des Tabakgenusses. Geöffnet ist nur nach Vereinbarung. Dies gilt auch für einen Besuch des vom Hamburger Verleger Peter Wilhelm Tamm ins Leben gerufenen **Wissenschaftlichen Instituts für Schiffahrts- und Marinegeschichte GmbH** an der *Elbchaussee 277*. Tamms Leidenschaft fing ganz klein an – im doppelten Sinn. Sieben Jahre war der kleine Peter alt und lag krank im Bett, als ihm seine Mutter zum Trost ein kleines Wikingmodell eines Küstenfrachters im Maßstab 1:1250 schenkte, ein Bakelit-Spielzeug für 50 Pfennig. Einmal geweckt, ließ den einstigen Hafenreporter und langjährigen Vorstandsvorsitzenden des Axel Springer Verlags die Welt der Seefahrt nicht mehr los. Auf über 25 000 kleine und große Schiffsmodelle, 1000 Uniformen, 80 000 Bücher und 30 000 Konstruktionspläne wuchs seine Sammlung an. 1988 erwarb der

Eine der bekanntesten Skulpturen von Ernst Barlach ist „Das Wiedersehen" (Holz, 1926). Sie ist ein Höhepunkt im Ernst Barlach Haus

Kaufmann das einstige **Park-Hotel Teufelsbrück** – ursprünglich erbaut 1888 als Familiensitz von Kaufmann und Reeder August Joseph Schön –, in dem so illustre Gäste wie Otto von Bismarck, Kaiser Wilhelm II. oder Enrico Caruso genächtigt hatten. Nach einem Umbau richtete Peter Tamm hier sein „Wissenschaftliches Institut für Schifffahrts- und Marinegeschichte" ein.

Behinderte. „Seit über 25 Jahren ist Behindertenarbeit ein Schwerpunkt unserer Gemeindearbeit", berichtet Pastor Matthias Neumann. Sozialpädagogen und Zivildienstleistende, aber auch die Pfadfinder sind in der Betreuung mit Freude dabei.

Gotteshaus und Kirchenzentrum – u.a. mit dem Kindergarten – der östlich der A 7 gelegenen **Ansgarkirche** an der

Wo dem Stadtteil die Stunde schlägt – die Turmuhr der Christuskirche. Links: Sammler Peter Tamm mit einigen seiner Modelle im Wissenschaftlichen Institut für Schiffahrts- und Marinegeschichte an der Elbchaussee

Auf der Kircheninsel

„Othmarschen ist zwar ein ruhiger Wohnstadtteil, das heißt aber nicht, dass es hier kein reges Vereinsleben gäbe", räumt Dietrich Stoltzenberg mit Vorurteilen auf. Der langjährige Chemiker bei Unilever muss es wissen – denn als Mitglied des 1948 gegründeten **Bürgervereins Flottbek-Othmarschen e.V.** (s. Groß Flottbek) gehört Stoltzenberg zu den Aktiven im Stadtteil.

Ein Othmarscher Mittelpunkt ist seit über 100 Jahren die ev.-luth. **Christuskirche**. Rund 4000 Mitglieder gehören zur Gemeinde der 1900 eingeweihten Kirche am *Roosens Weg*. Das Aussehen des 1899 von Bankier Conrad Hinrich von Donner gestifteten Gotteshauses ist mit dem vom Architekten Albert Petersen verwendeten Bruchstein und seinen romanisierend-frühgotischen Formen untypisch für das Backstein liebende Norddeutschland. Kirche und Pastorat der „Kircheninsel" werden umrahmt vom Kindertagesheim, von der Altenwohanlage der „Ernst und Claere Jung Stiftung", dem Haus der Nordelbischen Mission und der Tagesförderstätte für mehrfach

Die Altenwohnanlage der Ernst und Claere Jung Stiftung am Agathe-Lasch-Weg

Ecke *Bernadottestraße/Griegstraße* wurden 1965 nach Plänen des Architekten Otto Andersen fertig gestellt.

Lehranstalt mit Geschichte

Fest im Stadtteilleben verankert sind auch die Othmarscher Schulen. Blickt man auf ihre Struktur, könnte man ein getreues Abbild der bürgerlichen Werte im Viertel erkennen: Denn für insgesamt knapp über 3000 Schüler gibt es neben drei Grund- vier weiterführende Schulen, darunter allein drei Gymnasien. Verglichen mit seinen Nachbarschulen ist das **Gymnasium Othmarschen** an der *Walderseestraße* eine junge Institution. Es war bei seiner Gründung Ende der

Wahlverhalten

... zur Bürgerschaft 2001 (gesamt)

Wahlbeteiligung	71,0%
SPD	36,5%
CDU	26,2%
Schill-Partei	19,4%
Grüne/GAL	8,6%
FDP	5,1%
Übrige	4,2%

... zur Bürgerschaft 2001 (Stadtteil)

Wahlbeteiligung	83,5%
SPD	23,9%
CDU	36,5%
Schill-Partei	12,8%
Grüne/GAL	9,6%
FDP	14,5%
Übrige	2,6%

Stadtteil-Profil

	Othmarschen	Bezirk	Hamburg
Bevölkerung gesamt (2000)	11 138	240 102	1 704 929
Unter 18-Jährige in %	15,3	16,5	16,1
65 Jahre und älter in %	21,3	17,0	17,0
Deutsche	9853	197 923	1 432 325
Ausländer in %	11,5	17,6	16,0
Einwohner je km²	1852	3066	2258
Sozialstruktur			
Sozialhilfeempfänger (2000)	74	15 896	120 461
Arbeitslose (2001)	167	10 739	71 963
Eink. je Steuerpfl. in DM (1995)	158 714	75 345	65 579
Wohnen (2001)			
Wohngebäude	2463	33 737	226 061
Ein- und Zweifamilienhäuser in %	43,1	23,6	20,5
Ø Wohnungsgröße in m²	102,9	75,0	71,0
Wohnfläche je Einwohner in m²	49,7	36,6	35,7
Verkehr			
Private Pkw (2001)	5078	84 981	628 119
Straßenverkehrsunfälle (2000)	88	1590	12 430
Kriminalität			
Straftaten insgesamt (2000)	1158	31 664	284 272

© Statistisches Landesamt

1960er Jahre das erste neusprachliche Gymnasium mit Koedukation im Raum Altona. Deutlich länger ist die Geschichte des **Gymnasiums Hochrad**, das erst 1958 vom Altbau in der *Waitzstraße* (s. Groß Flottbek) in seine jetzigen Gebäude am *Hochrad* umzog. Das Gymnasium entstand 1901 aus gemeinsamer privater und kommunaler Initiative. Bis 1915 war es Kuratoriumsschule, dann Bertha-Lyzeum und schließlich Oberschule für Mädchen. Ihrem Namen entsprechend ganz multinational ist die **Internationale Schule e.V.** im *Helmbrook*. Etwa 600 Schüler aus 40 Ländern besuchen sie.

Geht man an der *Otto-Ernst-Straße 34* die Stufen zum tiefer liegenden Neubau des **Christianeums** hinab, kommt man an einem frei stehenden Barockportal vorbei – „in fine laus" (= Am Ende die Anerkennung) steht darauf. Dazu die Jahreszahl 1721. Durch diesen Bogen strömten einst die Schüler der ersten Altonaer Lateinschule, der „Friedrichsschule", benannt nach König Friedrich IV. von Dänemark. Die Gründung des Christianeums wird aber auf das Jahr 1738 datiert, als König Christian VI. den dreiflügeligen Barockbau in der Hohen Schulstraße zum **Gymnasium academicum** ausrief. Jahrzehntelang war es die führende Bildungsanstalt in den deutschsprachigen Landesteilen des dänischen Schleswig-Holstein. Nachdem Altona preußisch geworden war, stieg die Schülerzahl so rasch, dass bald größere Backsteinbauten die Vorgänger ablösten. So verlegte man das Christianeum 1936 aus der engen Altonaer Innenstadt in das Gebäude der 1930 im Bauhaus-

Vor dem modernen Gebäude des Christianeums steht noch der barocke Torbogen aus der Altonaer Zeit. Die Bibliothek des Christianeums birgt manchen Schatz

Stil errichteten Pädagogischen Akademie in der Othmarscher *Behringstraße*. Obwohl das Haus den Krieg fast unbeschadet überstand, kam sein Ende mit dem Bau des neuen Elbtunnels, für den es wie die alte Othmarscher Mitte weichen musste. Die Entwürfe des Anfang 1971 bezogenen Schulbaus stammen vom dänischen Star-Architekten Arne Jacobsen. Berühmt ist die aus rund 30 000 Bänden bestehende **Lehrerbibliothek**, die aus Schenkungen seit 1713 gewachsen ist. „Eines unserer wertvollsten Stücke ist eine Handschrift von Dantes ‚Göttlicher Komödie' aus dem 14. Jahrhundert", erzählt Gunter Hirt, der als Lehrer am Christianeum auch für die Bibliothek zuständig ist. Heute sind die rund 900 Schüler neben dem Unterricht u.a. in Orchestern, Chören, einer Brass-Band und bei Theateraufführungen aktiv.

Sportlich heiter

Seinem Namen zum Trotz hat der 1901 gegründete **Großflottbeker Tennis-, Hockey- und Golf-Club e.V.** seinen Sitz an der *Otto-Ernst-Straße* in Othmarschen. Die knapp 2000 Vereinsmitglieder finden hier neben mehreren Außen- und Hallenplätzen fürs Tennis auch einen kleinen Golfplatz vor. Zwischen *Othmarscher Kirchenweg* und *Othmarscher Mühlenweg* liegt das 8000 m² große Vereinsgelände mit dem Clubhaus des **Othmarscher Tennis-Clubs e.V.**

Lachen ist gut für die Gesundheit – das wissen die Mitglieder des **1. Hamburger Lachclubs**, der sich immer mittwochs im Jenischpark zu Lachübungen trifft. „Wir lachen miteinander. Nicht beim Erzählen von Witzen, sondern mit indischen Lachyogaübungen", erklärt Initiatorin Silvia Maria Lingemann.

Hamburgs reichster Stadtteil

Othmarschen ist zwar zu weiten Teilen ein reiner Wohnort. Dennoch ist es als Wirtschaftsstandort nicht ohne Belang. Neben rund 30 Handwerksbetrieben und 23 Einzelhändlern sind mehrere Verwaltungen kleinerer und größerer Firmen ansässig. Ferner gibt es zahlreiche Juristen, Ärzte, Architektenbüros oder Unternehmensberater im Stadtteil. Wie gut es den Othmarschern geht, zeigt die **Einkommensstatistik**: Mit rund 80 000 Euro sind die Einkünfte je Steuerpflichtigen (letzte Erhebung: 1995) hier doppelt so hoch wie im Bezirk Altona durchschnittlich (ca. 38 000 Euro).

Heute schon gelacht? An jedem Mittwochabend trifft sich der Hamburger Lachclub im Jenischpark. „Welches Eisen nehme ich?": Golfplatz an der Otto-Ernst-Straße

Überragend – das AKA

Ein wichtiger Arbeitgeber in Othmarschen ist das **Allgemeine Krankenhaus Altona** (AKA). Das dunkel verglaste Hochhaus an der *Paul-Ehrlich-Straße* überragt mit seinen 20 Stockwerken den Stadtteil. Das in den Jahren 1959–70 erbaute Hospital ist ein Entwurf Werner Kallmorgens und löste den veralteten Vorgänger in der *Max-Brauer-Allee* ab. Das AKA ist mit seinen heute knapp 1000 Betten ein Krankenhaus des LBK Hamburg in der höchsten Versorgungsstufe. Dafür und für die sonstige Gene-

Bürgergeschichten

„Ein Deckel für die Autobahn“

Mit der Planung der vierten Elbtunnel-Röhre schlossen sich 1994 Anwohner der A 7 zur Bürgerinitiative „Ohne Dach ist Krach“ – Bürgerinitiative Bahrenfeld-Othmarschen zur Überdeckelung der A 7 zusammen. Angelika Gardiner berichtet

Das Motto der Bürgerinitiative in Form eines Bierdeckels: „Deckel find ich gut“. Und so könnte die Vision in der Realität aussehen: Auf der überdachten A 7 wächst Grün, entstehen z.B. Schrebergärten

Eine wunderschöne Vision hält Bürger aus Othmarschen und Bahrenfeld seit über sieben Jahren zusammen: die Überdeckelung der Autobahn A 7 nördlich des Elbtunnels. Wo heute aus der Straßenschlucht Lärm und Gestank von durchschnittlich 120 000 Fahrzeugen pro Tag die Umwelt verpesten, soll auf einem begrünten Deckel eine völlig neue Landschaft bis hin zum Volkspark entstehen. Nur so, da ist sich unsere im April 1994 gegründete Bürgerinitiative „Ohne Dach ist Krach“ sicher, kann der städtebauliche Sündenfall eines Autobahnbaus mitten durch die Stadt wieder gutgemacht werden.

Immerhin ist die 1975 eröffnete A 7 heute eine der meistbefahrenen Transitstrecken Europas. Othmarschen und Bahrenfeld haben ihre Ortskerne verloren, ehemals liebenswerte Wohngebiete wurden durch die Autobahn zerstückelt.

Anfangs haben viele uns als etwas realitätsferne Traumtänzer verlacht, doch inzwischen hat die Bürger-Idee auch Fachleute aus Verwaltung, Politik und Bauwirtschaft überzeugt. Technisch ist ein solches Bauwerk ohnehin machbar, dafür gibt es viele Beispiele im In- und Ausland. Der Clou des Deckel-Projekts betrifft die Finanzierung. Links und rechts der Autobahn liegen heute Grundstücke, die der Hansestadt gehören: Sportplätze, Kleingärten, öffentliches Grün. Verlagert man diese Flächen auf den Deckel, machen sie hochwertiges Bauland frei, dessen Verkauf einen Großteil des Deckelbaus finanzieren kann. Noch klafft zwischen Kosten und Erlösen eine Lücke. Ob und wie sie zu schließen ist, lässt die Baubehörde derzeit zusammen mit möglichen Investoren prüfen.

An jedem Dienstagabend trifft sich die Bürgerinitiative, um ihr Konzept weiter voranzutreiben und mit Experten zu diskutieren. So war ziemlich bald klar, dass Wohnungsbau auf dem Deckel nicht in Frage kommt. Dazu müsste die Überdeckelung so massiv gebaut werden, dass sie nicht mehr bezahlbar wäre. Eine Parklandschaft mit Bäumen, Spazierwegen und Kleingärten hingegen kann die durch den Autobahnbau zerstörte Grünachse zur Elbe wiederherstellen. Dabei müssen keineswegs alle Kleingärtner in Autobahnnähe ihre bisherigen Parzellen aufgeben. Doch für die, die mit einem Umzug auf den Deckel einverstanden sind, bringt der neue Standort deutliche Vorteile: Sie bekommen moderne Versorgungssysteme und haben die Garantie, dass ihre neuen Gärten auf immer erhalten bleiben. Und dass auf einem Autobahndeckel auch Bäume wachsen, wissen sie sowieso. Noch bleibt die Hoffnung, dass das Projekt bis 2003 – mit der Fertigstellung der vierten Elbtunnelröhre – Gestalt annimmt.

sung sorgen rund 2000 Mitarbeiter und Mitarbeiterinnen, davon 1150 Pflegekräfte und etwa 250 Ärzte.

Fett und Tabak

Ein Pionierunternehmen in der deutschen Margarineindustrie war die Firma **A. L. Mohr**, die 1880 mit der Margarine- und Mischbutterproduktion in Altona begann. 1890 eröffnete Firmengründer Johann Hinrich Mohr ein neues Werk zwischen S-Bahn, *Friesenweg* und *Behringstraße* und stellte bereits im ersten Jahr 9000 t Margarine her. 1924 kam **Ra(h)ma** auf den Markt – damals noch mit „h", um die Kunden an Rahm denken zu lassen. 1929 erfolgte die Gründung der deutschen „Margarine-Union", und im selben Jahr fusionierte sie mit dem englischen Seifenhersteller Lever zum **Unileverkonzern**. Anfang der 1990er Jahre gab die Union Deutsche Lebensmittelwerke den Standort Othmarschen auf. Nur der Ableger „Natec" existiert noch auf dem Gelände; er untersucht u.a. die Reinheit von Lebensmitteln. Auf dem übrigen Areal entsteht der **Othmarschen Park** mit Büros und Wohnungen.

Unweit davon ist in der *Griegstraße 75* die **Morgenpost Verlag GmbH** sowie die 80 Mann starke Redaktion der **Hamburger Morgenpost** beheimatet. Mit etwa 120 000 verkauften Exemplaren täglich ist die 1949 gegründete Tageszeitung in Hamburg viel gelesen.

Über Othmarschen hinaus präsent ist auch der Name Reemtsma. In der *Parkstraße 51* liegt die Hauptverwaltung der **Reemtsma Cigarettenfabriken GmbH**. Die Firmengeschichte begann im Jahre 1910, als Bernhard Reemtsma Alleininhaber der Erfurter Cigarettenfabrik Dixi wurde. 1923 kamen Firmensitz und Produktion des Hauses nach Hamburg. Heute werden Reemtsma-Zigaretten („West", „Davidoff" u.a.) von rund 11 000 Mitarbeitern in mehr als zehn Ländern produziert und in über 100 Ländern vertrieben. Deutsche Produktionsstätten liegen in Berlin, Hannover-Langenhagen sowie in Lahr bei der Tochtergesellschaft BTM Tabak-Spezialitäten.

Zwischen Elbe und S-Bahn

Als nahezu reiner Wohnstadtteil lassen sich im homogenen Bild Othmarschens, dem der historische Kern in den 1960er Jahren geraubt wurde, gleichwohl drei Quartiere finden.

Östlich der A 7 wendet sich Othmarschen schon Ottensen zu. Neben ein wenig Gewerbe und AKA finden sich hier zwischen *Behringstraße* und S-Bahn-Trasse Neubauten der Jahrtausendwende. Südlich von Krankenhaus und Kleingärten stehen zahlreiche Villen aus der Zeit um 1900. Darunter auch das unter Denkmalschutz stehende 1907/08 erbaute Wohnhaus des Altonaer Konditors Carl Oetker am *Philosophenweg 33*. Die 1870 von Louis Carl Oetker gegründete „Dampf-Marzipan und Marmeladenfabrik" lag am *Friesenweg*. Ursprünglich einen kreisrunden Grundriss hatte der von C. F. Hansen 1806 entworfene Landsitz *Philosophenweg 18*. Gleich um die Ecke am *Rulantweg 2–16* befinden sich zweieinhalbgeschossige Reihenhäuser, die Gustav Oelsner 1927 im Stil des Neuen Bauens aus gelbem Klinker baute.

Beispiele für den **Villenvorort Othmarschen**, für den schon mit

HAMBURGER MORGEN POST

Sind wir denn alle blöd?

Scharping

Hamburg trotzte dem Schmuddelwetter

Singing in the Rain

SPD im Aufwind

Die Hamburger „Mopo" macht dicke Schlagzeilen im Kampf um die Leserschaft – wie zart dagegen zu Uromas Zeiten „Rahma" per Emaille-Tafel mit einem Lächeln um Kunden warb

Hightech-Kino und Fitness in den Elbvororten: der Neubau für die Multiplex-Kinos und das Sportcenter an der Baurstraße

REEMTSMA

Der Wikinger Bugsteven ist das traditionelle Markenzeichen der Reemtsma Cigarettenfabriken

Der historische S-Bahnhof Othmarschen: Die Linie S 1 verbindet den Stadtteil mit Altona und Blankenese

der Eingemeindung nach Altona „bessere Wohndistrikte“ mit einer „landhausartigen Bebauung“ geplant wurden, sind noch an vielen Stellen beim Gang durch den Stadtteil zu erkennen. In der Nähe der S-Bahn Othmarschen stehen an der *Jungmannstraße 1* und *3* zwei von den Architekten Hans und Oskar Gerson um 1910 errichtete moderne Landhäuser. Etwa aus der gleichen Zeit stammen die Landhäuser von C. L. Hinzpeter an der *Emkendorfstraße 7* und *10*. Expressionistische Züge tragen die Häuser an der *Gottorpstraße 3, 5* und *7*, die Esselmann & Gerntke bauten.

1990 wurde die „Ernst-Jung-Medaille für Medizin“ in Gold erstmals verliehen

Besonders vornehm wohnt man auch in Othmarschen natürlich an der *Elbchaussee*, wobei die „Butter-“ (also Elb-) noch einmal deutlich vornehmer ist als die „Margarineseite“ (der nördliche Teil). Zwar sind in den letzten Jahren einige Neubauten – wo an der Nr. 190 einst das **Landhaus Böhl** stand – errichtet worden, aber die klassizistischen Villen sind noch immer das Synonym für Wohnen an der „Chaussee“. Allen voran Thorntons **Halbmond** von C. F. Hansen an der *Elbchaussee 228* (s.o.). Kurz nachdem der Hamburger Bankier Heckscher 1819 neuer Eigentümer geworden war, brannte das Stallgebäude ab. Doch Hansens Neffe Johann Mathias baute die Anlage nur ein Jahr später wieder auf. Von 1824 bis 1913 war das Landhaus im Besitz der Familie Schröder, ehe die Erben es verkauften. Heute ist es Verwaltungssitz der **Ernst und Claere Jung Stiftung** als Betreiberin der Altenwohnanlage bei der Christuskirche, begründet vom Kaufmannsehepaar Claere und Ernst Jung (1896–1976). Auf Letzteren geht auch die in der Nr. 215 gegenüber residierende Jung-Stiftung zurück, die hervorragende Lebensleistungen von Medizinern fördernd in Ehren hält.

Das **Säulenhaus** an der *Elbchaussee 186* ließ sich der Reeder und Kaufmann Brandt 1818 von Axel Bundesen bauen. Insgesamt zählt der Vorbau 22 Säulen. Von anderen Häusern wie dem Landhaus der Familie Amsinck (Nr. 230) sind nur Anbauten erhalten. Wieder andere, wie das 1864 erbaute spätere **Park-Hotel** (Nr. 277), sind umgebaut; die Dependance des Hotels (Nr. 279) ist nun ein Senioren-Wohnheim mit Elbblick.

Zwischen Parks und Elbufer

Dass Othmarschen heute so viele öffentliche Grünanlagen hat, ist vor allem ein Verdienst der Altonaer Politik der 1920er Jahre. Damals sah Bausenator Gustav Oelsner für die Elbvororte aufgelockerte

An der Elbe zeigt Othmarschen seine schönste Seite – auf dem Bild ist links das exklusive Seniorenwohnheim und rechts das einstige Park-Hotel, heute Wissenschaftliches Institut für Schiffahrts- und Marinegeschichte, zu sehen

Reihenhaussiedlungen vor, von einem Grüngürtel durchzogen. Dies war auch die Zeit, in der mit dem Jenischpark Othmarschens größter Park für die Öffentlichkeit zugänglich wurde: 1927 pachtete zunächst die Stadt Altona das Ende des 18. Jahrhunderts zu Caspar Voghts Besitzungen gehörende Gelände (s. Groß Flottbek). 1939 kaufte dann die Stadt Hamburg den Park zusammen mit dem Jenisch-Haus, weil hier in Klein Flottbek im Rahmen des Ausbaus zu einer „Führerstadt" ein Neubau der „Hansischen Universität" entstehen sollte. Diese Pläne wurden zum Glück nicht realisiert, sodass der **Jenischpark** – der in etwa dem „Süderpark" der Voghtschen Anlage entspricht, Neuer Botanischer Garten und Polo-Club liegen im „Norder-", das Christianeum im „Osterpark" – als Naherholungsgebiet erhalten blieb. Im Lauf der Jahre eroberte die Natur ihr Terrain zurück, und 1982 wurde das untere Flottbektal, das den Jenischpark durchläuft, unter Naturschutz gestellt.

Gleich neben dem Jenischpark liegt der **Reemtsmapark**, ein in den 1930er Jahren angelegter Privatgarten.

Auch ein Spaziergang entlang der Elbe in Othmarschen führt an vielen Parks vorbei. Wer gemütlich die gute dreiviertel Stunde am Elbufer von Övelgönne nach Westen wandert, kommt zunächst am **Alten Schweden** vorbei – der große, 217 t schwere Findling liegt seit Ende 1999 hier. Gefunden wurde der 135 000–400 000 Jahre alte Felsbrocken bei der Elbvertiefung. Von hier sind es nur ein paar Schritte zum Kiosk **Elbkate** oder zu **Schröders Park**, der sich hangaufwärts zur *Elbchaussee* zieht.

Weiter geht es vorbei am kleinen **Hindenburgpark**, ehe der *Elbuferweg* bei Teufelsbrück Othmarschen verlässt und in Nienstedten weiterführt. Der Name **Teufelsbrück** für eine aus Feldsteinen gemauerte Brücke über die Flottbek, die hier in die Elbe mündet, geht wohl auf das einst hier bis ans Wasser reichende, baumreiche und unheimlich wirkende Gelände zurück. Der 1,40 m hohe **Teufel** aus Elbsandstein, geschaffen vom Künstler Bert-Ulrich Beppler, ist seit Sommer 2000 das neue Wahrzeichen am kleinen Yachthafen und Fähranleger.

Schönheiten entlang der Elbchaussee: Das „Säulenhaus" stammt von Axel Bundesen

Der von C. F. Hansen entworfene „Halbmond" ist das Wahrzeichen des Stadtteils

Der Stein-Teufel von Teufelsbrück ist schon die sechste Darstellung des „Leibhaftigen", die am kleinen Hafen steht

Ein gewaltiger Brocken mit großer Anziehungskraft auf alle Spaziergänger ist der „Alte Schwede", gefunden bei der Elbvertiefung 1999

Kaufen, Kochen, Kinogehen

Zum Einkaufen gehen die Othmarscher meist in die *Waitzstraße* (s. Groß Flottbek). Im Stadtteil selbst gibt es nämlich nur in der Gegend des früheren Othmarscher Teichs an *Ansorge-* und *Liebermannstraße* einige Geschäfte. Anders sieht es aus, wenn es ums gute Speisen geht. Zwar sind die stürmischen Zeiten von **Groth's Etablissement** vorbei, das 100 Jahre lang bis 1970 an der Ecke *Elbchaussee/ Liebermannstraße* ein gesellschaftlicher Mittelpunkt war. Dafür finden sich aber viele Möglichkeiten, gepflegt auszugehen. Spitzenreiter in der Gaumen-Gunst ist das **Le Canard** an der *Elbchaussee 139*. Im Restaurant der Oberklasse zaubert Josef Viehhauser. Küche mit Südtiroler Einschlag bietet der **Röperhof** am *Agathe-Lasch-Weg 2*. Seit 1937 ist das Anwesen denkmalgeschützt.

Noch ganz junge Anlaufpunkte sind die neuen Kinos an der *Baurstraße 2*. Der riesige **UCI-Multiplex-Bau** – gegenüber liegt ein Sportcenter – hat zwar nur geringen Charme, aber neueste Vorführtechnik zu bieten.

Köpfe

Nach ersten Erfolgen als Theaterautor kaufte **Otto Ernst** (1862–1926) sich 1903 eine Villa in der 1928 nach ihm benannten *Otto-Ernst-Straße*. Aus einer bescheidenen Ottenser Zigarrenmacher-Familie stammend, durfte der Jugendliche das Lehrerseminar besuchen und unterrichtete danach einige Jahre an einer Hamburger Volksschule. Nebenher aber schrieb der Pädagoge Gedichte, Romane, Erzählungen und Stücke – und war so erfolgreich, dass er nach 17 Jahren den Schuldienst quittierte. Ernsts Ballade „Nis Randers" gehört noch heute zum deutschen Gedichtschatz. Erlebnisse mit seiner Tochter Senta Regina veranlassten Otto Ernst 1907 zum Schreiben seines erfolgreichsten Buchs, den gemütvoll-lustigen Erzählungen „Appelschnut".

Nicht weit vom Othmarscher Bahnhof lebt in der *Preußerstraße* der Schriftsteller **Siegfried Lenz** (geb. 1926 in Ostpreußen). Dem erfolgreichen Erzähler und Romancier („Deutschstunde", 1968, „Heimatmuseum", 1978) kann man schon mal beim Zeitungholen oder beim Einkauf in der *Waitzstraße* begegnen. Ihr und „seiner" Stadt setzte Lenz 1968 mit der Erzählung „Leute von Hamburg" ein ironisch-kritisches Denkmal. Seit dem Erstling „Es waren Habichte in der Luft" (1951) erscheinen die Werke des Hamburger Ehrenbürgers (2001) im Hoffmann und Campe Verlag (s. Harvestehude).

Der Fachwerkkiosk von **Birgit Wendt** an der *Liebermannstraße* ist eine feste Anlaufstelle im alten Othmarscher Zentrum. Über 20 Jahre betreibt Familie Wendt ihr Geschäft in dem Anfang der 1950er Jahre als Wasserstation errichteten Häuschen mit dem Wetterhahn. „Meine Kunden kommen sogar aus Nienstedten und Blankenese", freut sich Frau Wendt.

Dem gedruckten Wort verbunden: die Dichter Otto Ernst und Siegfried Lenz. Rechts: Kioskinhaberin Birgit Wendt

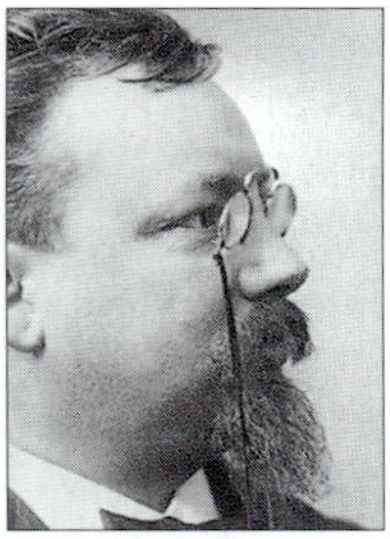

Övelgönne

Kleines Idyll mit Lotsenhäusern und Museumshafen

Ein Hamburger Sonntag ist kein echter Frei-Tag ohne Spaziergang am Elbufer von Övelgönne. Schmal ist der Fußweg, der zwischen den ehemaligen Fischer- und Lotsenhäusern und ihren kleinen Gärten hindurchführt. Weil aber trotzdem Radfahrer die hier als „Schiebestrecke" ausgewiesene Promenade entlangsausen, sind Beinahe-Kollisionen und Ausweichmanöver an Wochenenden die Regel. Dem Genuss des Ausflugs durchs bis 1731 und wieder ab 1890 zu Othmarschen gehörende Övelgönne tut das keinen Abbruch. Die Herkunft des Namens Övelgönne, das einst „Fischerbude" oder „Fischerboden" genannt wurde, ist unklar: Entweder könnte das aufgrund von Grenzstreitigkeiten „übel gegönnte" Land oder das von den Bewohnern des anderen Elbufers verwendete plattdeutsche „gönne" (= das Jenseitige) namengebend gewesen sein.

Du siehst mich, ich seh dich, und die Sonne lacht dazu: Der schlichte Kiosk „Strandperle" ist bei schönem Wetter Treffpunkt mit Kultstatus direkt an der Elbe, vor allem Jüngere zieht es hierher

Övelgönne ist heute das einzige autofreie Hamburger Stadtviertel – keine

Straße führt hierher, nur über Treppen geht es die „Himmelsleiter" oder den „Schulberg" von der *Elbchaussee* hinab an die Elbe. Die ältesten Häuser sind *Övelgönne 72–75* und stammen aus der Zeit um 1730. Es sind kleine Fachwerk- und Backsteinbauten. Repräsentativer sind neuere Häuser aus wilhelminischen Zeiten, viele mit gusseisernen Zäunen. Vor den neugierigen Blicken der Vorbeischlendernden können diese aber nicht schützen. Wie Fremdkörper wirken die modernen Zweckbauten im Westen ab der Hausnummer 90.

Im Osten beginnt Övelgönne rund um den Fähranleger Neumühlen. Hier ist der Museumshafen Övelgönne seit 1977 Anziehungspunkt für Liebhaber historischer Wasserfahrzeuge aus der Berufsschifffahrt. Leuchtend rotes Wahrzeichen ist „Elbe 3", ein 1888 gebautes Weser-Feuerschiff. Fünf der Schiffe gehören dem **Museumshafen Oevelgönne e.V.**, der den Hafen auch betreibt, andere dem Altonaer Museum, dem Museum für Hamburgische Geschichte oder dem

Museum der Arbeit. Die „D.E.S. Bergedorf" lädt ins Café und Restaurant ein. Wie sich überhaupt beim Gang durch Övelgönne immer wieder kleine Pausen in einer der vielen Gaststätten anbieten.

Idylle im Herbstlicht: Der Spaziergang entlang der alten Lotsenhäuser ist zu jeder Jahreszeit schön. Rechts: Aktive des Vereins Museumshafen Oevelgönne e.V. kümmern sich um die historischen Schiffe; im Hintergrund „Elbe 3"

Ottensen

Elbdorf, schicker Bürostandort, lebendes Industriemuseum, Altbauquartier und sozialer Pionier: Ottensen ist Vielfalt und Widerspruch. Industriereste und dörfliche Überbleibsel versprühen Charme, und das Nebeneinander der Kulturen wirkt liebenswert. Der Stadtteil wird beliebter und ändert seinen Charakter

Steckbrief

Fläche:
2,862 km²

Einwohner:
32 096

Verwaltung:
Bezirk Altona, Kerngebiet

Ortsteile:
210–213

Spekulationen über die Entstehung des Stadtteilnamens gibt es viele: Vielleicht hängt er ja mit dem Ritter Otto von Bahren zusammen. Otto hauste oder niederdeutsch „huste" in der Gegend, woraus „Ottenhusen" und schließlich „Ottensen" wurde.

Aus der Geschichte

Als das heutige Gebiet Ottensens 1110 an die Grafen von Schauenburg ging, wurden diese Herrscher über große Waldgebiete und wenig Ackerfläche; eine Hand voll Untertanen lebte als Fischer, Jäger oder Bauern. Ein unbedeutender Flecken hoch über dem Elbhang war Ottensen auch 1310, in dem Jahr seiner ersten urkundlichen Erwähnung als „Tottenhusen". 1390 wurde es zum Sitz der **Vogtei Ottensen**, die auch Othmarschen, Bahrenfeld, Stellingen und Eidelstedt umfasste. Ottensen entwickelte sich zu einem größeren **Bauerndorf**. Sein Ortskern lag zwischen *Ottenser Marktplatz* und *Rothestraße* um die erste Ottenser Kirche, die etwas östlich der heutigen Christianskirche stand.

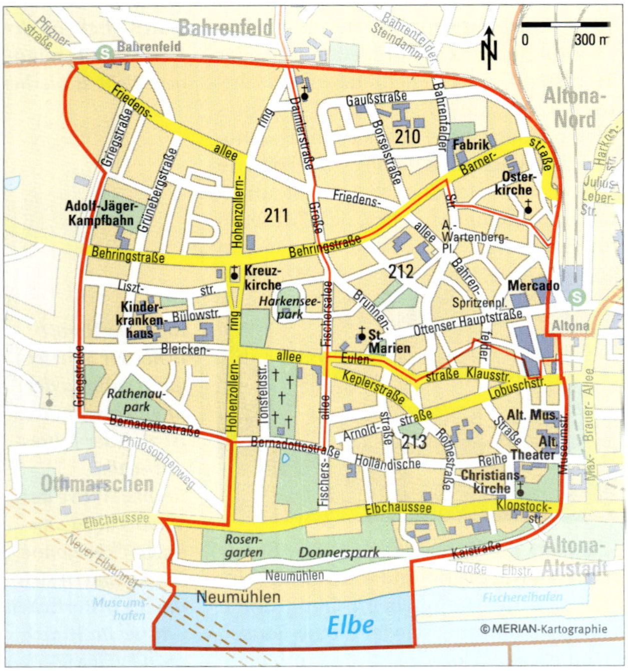

Mit dem Aussterben der Schauenburger fiel Ottensen 1640 an die dänische Krone. Als Kirchspielort, Mittelpunkt der Vogtei Ottensen und bedingt durch die Nähe zu Hamburg zog es zunehmend Handwerker an. 1840 hatte sich die Berufsstruktur der 2100 Einwohner schon stark verändert. Die damalige Volkszählung erfasste vermehrt Berufe wie Schuster, Weber, Schneider oder Schiffszim-

Am Spritzenplatz laufen sich täglich Studenten, türkische Gemüsehändler und junge Familien über den Weg. Prunkvoll ist die Ecke nicht, der Platz steht vielmehr für die Ottenser Kreuzung von Menschen und Meinungen

merer. Ansätze fabrikmäßiger Produktion zeigten sich, und aus dem Bauerndorf war ein **Handwerkerdorf** geworden.

In Manufakturen begann um 1840 auch die Produktion von Zigarren, womit die Heimarbeit an Bedeutung gewann. Arbeiter bezogen Rohtabak von Fabrikanten und verarbeiteten ihn in ihren Wohnungen zu Rauchwaren.

Arbeiter der Eisengießerei Zeise 1881 beim Gruppenfoto

1849 eröffnete W. Schläger an der *Bahrenfelder Straße*, neben der *Holländischen Reihe* älteste Straße des Stadtteils, die erste Glashütte. Die „Mathildenhütte" folgte wenige Jahre später in unmittelbarer Nähe. Beide Fabriken, die sich später zu den „Vereinigten Glashüttenwerken Ottensen" zusammenschlossen, waren noch auf der grünen Wiese entstanden. Aber neben Handwerkerhäusern und Bauernkaten rauchte in Ottensen nun bald ein Fabrikschlot nach dem anderen. An bis dato noch unbefestigten Wegen wuchs das Pflänzchen der **Industrie**. Mit dem Verlust der Zollprivilegien Altonas 1854 gedieh es umso prächtiger: Wegen der Beteiligung an den holsteinischen Befreiungskriegen entzog die dänische Krone Altona seine Zollvorteile. Ottensens Firmen verkauften ihre Produkte weiterhin zollfrei nach Schleswig und Holstein. Viele Betriebe wollten diese Vorteile nutzen, siedelten über und zogen **massenweise Arbeiter** aus dem Umland an.

1866 war das zwei Jahre zuvor mit Neumühlen vereinte Ottensen an Preußen gefallen.

Stadt im Aufschwung

Seit Mitte des 19. Jahrhunderts hatte sich Ottensen in kurzer Zeit zu einem Zentrum der Glas-, Metall-, Tabak- und Fischindustrie entwickelt. Der **Altonaer Bahnhof** und die Nähe zur **Elbe** als Handelsweg garantierten günstige Infra-

Der Harkensee-Hof vor seinem Abriss 1890 in einem Ölgemälde von G. Schmitz. Der Hof musste der Firma Menck & Hambrock Platz machen

Das um 1868 erbaute Haus Bahrenfelder Straße 216. Mehrere dieser „Sahlhäuser" – zweigeschossig und mit drei Eingangstüren – sind in Ottensen erhalten

Rechts: Die Zeißstraße ist noch weitgehend erhalten. Sie war Teil der ersten Ortserweiterung Ottensens. Krummwinklige Straßen haben Ottenser „Nasen" hervorgebracht. Keilförmige Wohnbauten (unten) schufen optimale Grundstücksausnutzungen

struktur. Die positive Entwicklung wurde 1867 mit der Aufnahme in den Deutschen Zollverein und den Norddeutschen Bund – gemeinsam mit dem übrigen Schleswig-Holstein – weiter verstärkt. Es eröffnete sich ein großer Markt für die im Entstehen befindlichen Betriebe der Eisengießerei und des Maschinenbaus. Ottensen konnte – seit 1871 im Besitz der Stadtrechte – seine Stellung als **Industriestandort** weiter ausbauen.

Vor allem die Metall verarbeitenden Betriebe erlebten anhaltenden Aufschwung. Besonders erfolgreiche Firmen waren die **Theodor Zeise AG** in der *Friedensallee* und **Menck & Hambrock** an der *Großen Brunnenstraße*.

Ottensen verstädterte zusehends, Arbeiterwohnungen wurden knapp. Auch die entstehende Fischindustrie benötigte mehr Raum. Das war der Grund für Ottensens erste Ortserweiterung, die ab 1860 nach Norden erfolgte und noch heute am frühindustriellen Mix entlang der Straßen *Hohenesch* und *Zeißstraße/* südliche *Gaußstraße* erkennbar ist. Das Gebiet wurde nach dem Bau der Osterkirche (1930/31) **Osterkirchenviertel** genannt. Eine Besonderheit ist die unter Denkmalschutz stehende *Zeißstraße* mit ihren zweigeschossigen **Sahlhäusern**. Als „Sähle" wurden schon im alten Hamburg Wohnungen im ersten Stock bezeichnet, die mit den unteren Wohnungen kein gemeinsames Treppenhaus hatten. Dadurch ergab sich eine typische Hausfront mit mindestens zwei Eingangstüren nebeneinander.

Sinnbild des Zeitenwandels war 1890 das Aufgeben des letzten bäuerlich genutzten Betriebs Ottensens. Johannes Harkensee verkaufte seine Ländereien an der *Großen Brunnenstraße* an Menck & Hambrock. Harkensee, Stadtverordneter erst von Ottensen, dann von Altona, zog in die Harkensee-Villa, das noch erhaltene Haus *Große Brunnenstraße 67*.

Die Lage der einfachen Arbeiter erwies sich jedoch häufig alles andere als rosig. Die „Lohnfrage" wurde im Arbeiterquartier allerorten diskutiert, **Streiks waren keine Seltenheit**. Vor allem aber machten gesundheitliche Beeinträchtigungen durch schlechte Arbeitsbedingungen den Menschen zu schaffen.

Rauch, Staub und Hitze belasteten die Glasarbeiter. In Fischfabriken plagten Kälte und Feuchtigkeit die Beschäftigten, in den Eisengießereien und Maschinenfabriken waren es Hitze und Lärm.

Die Zigarrenmacher verrichteten meist in schlecht gelüfteten feuchten Wohnungen ihre Tätigkeit. Lungentuberkulose war unter ihnen ebenso wie bei Glasarbeitern weit verbreitet. Diese Krankheit zerfraß die Lunge derart, dass der sarkastische Vergleich mit von Motten zerfressenen Kleidungsstücken aufkam. Dieser Umstand ist eine mögliche Erklärung für **Mottenburg**, den althergebrachten Beinamen für Ottensen.

1889 fand die Eingliederung Ottensens nach Altona statt. Das Wachstum des jetzt Altonaer Stadtteils war nicht zu stoppen, in den 1890er Jahren entstanden im Westen die *Bülowstraße*, *Bleickenallee* und der *Hohenzollernring*. An Letzterem wurde 1898 die Kreuzkirche

fertig gestellt, die jedoch eine ganze Zeit noch ziemlich allein auf weiter Flur stand. Repräsentative Bauten folgten an der *Bleickenallee*: das heutige Gymnasium Ecke *Hohenzollernring*, das Lankenaustift und das Kinderkrankenhaus.

Das Groß-Hamburg-Gesetz 1937/38 bestimmte die Eingemeindung Ottensens nach Hamburg und hatte gerade in Bezug auf diesen Stadtteil eines seiner Absichten erfüllt. Das Gesetz ordnete nicht nur die Landesgrenzen neu, es bündelte vor allem die Industriekapazitäten im Großraum Hamburg. Und genau um die ging es der NS-Politik. Dennoch verursachten die Luftangriffe des Zweiten Weltkriegs in Ottensen vergleichsweise wenig Zerstörungen. Der Strukturwandel seit den 1960er Jahren veränderte das Viertel dagegen tiefgreifend: Angestammte Industriebetriebe zogen fort oder gingen ein, und Freiflächen und Brachen entstanden. Trauriger Endpunkt dieser Entwicklung war der Konkurs des Schiffsschraubenherstellers Zeise AG, 1979. 110 Jahre stolzer Industriegeschichte endeten. Schon zuvor hatten andere Unternehmen wie Menck & Hambrock – einst mit 2000 Beschäftigten – Ottensen den Rücken gekehrt. Ein Stadtteil drohte seine Identität zu verlieren.

Doch wie jedes Ende auch einen Neuanfang bedeutet, fanden leer stehende Fabrikgebäude neue Mieter, und damit wurde die „Umnutzung" alter Fabrikgebäude im Ottensen der 1970er Jahre erfunden. Zugleich zog günstiger Wohnraum viele neue Bewohner an. Kneipen sowie Kunst und Kultur kamen. Ein Stadtteil schaffte den **erneuten Wandel**.

Bühne statt Kühne

Zu den Kulturpionieren gehörte das **monsun theater** an der *Friedensallee*. Bereits 1980 wurde aus dem ehemaligen Senflager der Firma Essig Kühne ein Tanztheater – symbolisch für Ottensens jüngere Geschichte. Die Industrie war abgetreten, angestammte Bewohner hatten den Stadtteil verlassen. Raum für neue Ausdrucksformen und Lebensentwürfe war entstanden und wurde gefüllt. Als ältestes „Off-Theater" Hamburgs (neben dem „foolsgarden") steht es stellvertretend für die gesamte Entwicklung. Ein fünfköpfiges Team arbeitete und wohnte gemeinsam und verstand sich als Gegenentwurf zur vorherrschenden Kulturszene. Später dienten die Räumlichkeiten als Theater-Schule.

Seit 1998 leitet Ulrike von Kieseritzky das „monsun theater". „Kleines zeitgenössisches Sprechtheater ist der Schwerpunkt", erklärt sie. Liederabende, Ausstellungen, Kindertheater sollen jedoch auch neue Gäste ins 89 Plätze große Haus locken.

Die Kreuzkirche am Hohenzollernring. Unten: Fassaden in der Mottenburger Straße

Zeitleiste

1310 erste urkundliche Erwähnung als „Tottenhusen"

1640 Ottensen wird dänisch

1844 Bahnlinie Altona–Kiel nimmt den Betrieb auf

1853 Ottensens Industrieblüte beginnt

1864 Angliederung Neumühlens an Ottensen

1866 Ottensen wird preußisch

1867 Eröffnung der Bahnlinie Altona-Blankenese

1871 Ottensen-Neumühlen erhält Stadtrechte

1876 Eröffnung des Eisenbahn-Tunnels von Altona nach Neumühlen

1889 Eingemeindung Ottensens nach Altona

1937/38 Eingemeindung Ottensens nach Hamburg

1979 Die Zeise AG, letzter Betrieb der Eisenindustrie, schließt

1995 Einkaufszentrum „Mercado" eröffnet

2001 Elbufer in Neumühlen wird völlig neu gestaltet. Restaurant „Darling Harbour" eröffnet

Das Altonaer Museum hat sehr wertvolle Sammlungen und Ausstellungen – aber am stärksten bleibt den Besuchern meist der Raum „Schiff und Kunst" in Erinnerung

Aber auch Gunnar Dreßler hat in der *Borselstraße* Ottensen als Bühne entdeckt. Der Regisseur und Schauspieler suchte eine Spielstätte und fand sie im Borselhof. Seit 1989 ist er, gemeinsam mit Mutter Ingrid, Inhaber des **Theaters in der Basilika**. Das 99 Zuschauer fassende Haus findet mit anspruchsvollen Stücken sein Publikum. „Basilika" steht übrigens nicht für ein Gotteshaus, sondern für das allgemeine architektonische Basilika-Prinzip: dreischiffiger Aufbau mit zum besseren Lichteinfall erhöhtem Mittelteil. Neben dem Borselhof und der „Fabrik" nutzen ungezählte Industriehallen bis heute diese Bauweise.

Vorhang auf im Altonaer Theater, hier für ein Kindermusical

Das Heine-Haus zeigt ständig wechselnde Ausstellungen

Schon länger betrieb das Thalia Theater eine Probebühne in der *Gaußstraße*. Seit November 2000 ist sie als „Thalia in der Gaußstraße" Spielstätte auch für reguläre Aufführungen. Bis zu 150 Zuschauer sehen hier Gegenwartstheater. Sein besonderes Profil gewinnt das „kleine Thalia" durch viele Ur- und Erstaufführungen.

Dem Namen zum Trotz: Das **Altonaer Theater** liegt auf Ottenser Gebiet. Mit zwei Sälen und Platz für 99 und 530 Zuschauer ist es die größte der vier Spielstätten des Stadtteils. Im Bauhaus-Stil errichtet wurde es 1927–30 von Gustav Oelsner als „Haus der Jugend", eine Berufsschule.

In Nachbarschaft des Theaters befindet sich der Namengeber der *Museumstraße*. **Altonaer Museum in Hamburg, Norddeutsches Landesmuseum** lautet die volle Bezeichnung des Museums, dessen Hauptsitz seit fast genau 100 Jahren am jetzigen Standort liegt. Außenstellen sind das „Rieck-Haus" (s. Curslack), der Ewer „Elfriede" im Museumshafen Övelgönne, das „Jenisch-Haus" (s. Othmarschen) und das „Heine-Haus" an der *Elbchaussee 31*. Dies Kleinod, dessen Instandhaltung der Verein Heine-Haus e.V. betreut, ist der letzte erhaltene Teil des Anwesens des Bankiers Salomon Heine (1767–1844), Onkel des Dichters Heinrich Heine. Neben wechselnden Sonderausstellungen finden hier monatlich Vorträge statt.

Maritimes und Ländliches aus Hamburg und Umgebung bildet den Schwerpunkt der Sammlungen des Altonaer Museums. Der Charakter des einst prächtig im Stil der nordischen Renaissance ornamentierten Gebäudes ist allerdings nur noch in Teilen zu erkennen. Kriegszerstörungen, Wiederaufbau und ein Großbrand 1980 veränderten das Haus stark. Urig ist die Vierländer Kate aus dem Jahr 1745.

Aber auch bildende Künstler fühlen sich in Ottensen wohl: Raum für Ateliers lockte Maler und Galerien in den Stadtteil. So präsentiert Silke Stein Aquarelle und Zeichnungen in der *Eulenstraße* – nur ein Beispiel für viele kleine Galerien.

Zweite Karriere für alte Hallen

Kunst, Kultur und Kommerz bescherten vielen ehemaligen Werkhallen eine neue Zukunft und retteten viele Fabrikgebäude vor dem Abriss

Ottensen?" – „Da, wo die ‚Fabrik' ist." Meist hellt sich das Gesicht des Gesprächspartners jetzt auf. Die Kulturinstitution an der *Barnerstraße* taugt aber nicht nur als Ortsangabe. Gleichzeitig ist sie (pinkrosa leuchtendes) Beispiel einer Ottenser Spezialität, der „Umnutzung", denn die „Fabrik" ist keine mehr. Genau das ließ sie Vorbild und Vorreiter werden. Dem Stadtteil bescherte das eine Anhäufung erhaltener Industriebauten, wie sie sonst selten ist. Kunst, Kultur und Kommerz haben in Ottensen ihr Herz für alte Werksarchitektur entdeckt.

1971 kauften Horst Dietrich und Friedhelm Zeuner den 1830 mit Galerien auf zwei Stockwerken errichteten Backsteinbau. Er wurde das Zuhause des ersten alternativen Kulturzentrums und bundesweit ein Vorbild. Bekannt wurde es aber auch durch Konzerte von Chris de Burgh, der Blues Brothers, B.B. King und anderer Künstler. Bislang trotzte die „Fabrik" dem Brand von 1977 und der damit verbundenen Pause von zwei Jahren genauso wie der Beinahepleite 1982.

Pionier in Pink: Die „Fabrik" gilt als erstes deutsches Kulturzentrum seiner Zeit. 31 Jahre trotzt es bereits erfolgreich Finanzmiseren und Feuersbrünsten

Auch die ehemalige **Schokoladenfabrik** in der *Rothestraße 50* fand mit der „MOTTE" einen neuen Mieter, der sich Kultur auf die Fahnen geschrieben hatte. Stadtteilbezogene Kulturarbeit findet seitdem in den alten Gemäuern statt.

Bereits 1980 wurde das Stadtteilarchiv Ottensen, Hamburgs erste offizielle Geschichtswerkstatt, gegründet. Seit 1988 hat es seinen Sitz in der ehemaligen **Drahtstifte-Fabrik Feldtmann**. Dabei entging nicht nur das denkmalgeschützte Ensemble dem Abriss. Auch die Produktionsanlage wurde vom Stadtteilarchiv gerettet. Der gesamte Produktionsprozess vom Draht bis zum Nagel kann von Besuchern verfolgt werden.

Nicht nur bei Kulturschaffenden, sondern auch bei Investoren erfreuen sich alte Fabriken großer Beliebtheit – und versprechen ansehnliche Rendite. Umgenutzte Denkmalfabriken haben sich seit den 1990er Jahren zu gefragten Immobilienobjekten gemausert, Leerstände sind selten. Auch die ehemalige **Gerberei-Maschinenfabrik Johannes Krause** an der *Planckstraße* ist ein Beispiel hierfür. Nach Umbauarbeiten entstanden moderne Büroräume und Wohnungen.

Der Mix macht's – der Borselhof vereint Wohnen, Arbeiten und Amüsement

keit der einst so streikfreudigen „Mottenburger“ beigetragen. Aufmüpfig war man im ehemaligen Arbeiterquartier erneut seit den 1970er Jahren: Die zentrale Lage ließ Ottensen als Bürostandort attraktiv erscheinen, und Pläne für eine „Geschäftsstadt West“ verdichteten sich. Vielgeschossige Bürokomplexe sollten fortan das Gesicht des Stadtteils bestimmen. Gigantische Zahlen wie 300 000 m² Bürogeschossfläche waren in der Diskussion. Die sich abzeichnende wirtschaftliche Eintrübung (Ölkrise 1973) und der Widerstand der Bürger brachten das Projekt zu Fall.

Ebenfalls für Unmut sorgte der Kauf des ehemaligen Geländes von Menck & Hambrock durch die Wohnungsbaugesellschaft „Neue Heimat“. 1979 ließ sie das erst 1962 fertig gestellte Verwaltungsgebäude abreißen, wollte das Areal mit Bürogebäuden bebauen. Im Viertel fürchtete man eine Veränderung des Ottenser Charakters und wilde Bodenspekulation. Initiativen bildeten sich zur Erhaltung

Die „Menckwiese“, oben noch als Brache 1984 und heute teils Spielplatz und am Rande neu bebaut

Ottensen ist wehrhaft und bunt

Anfang der 1990er Jahre kursierte in Ottensen die Zahl von 120 Bürgerinitiativen, und das „Hamburger Abendblatt“ vermutete sogar „die wohl höchste Initiativendichte der Republik“. Vielleicht hat dazu auch die traditionelle Aufmüpfig-

Wahlverhalten

... zur Bürgerschaft 2001 (gesamt)

Wahlbeteiligung	71,0%
SPD	36,5%
CDU	26,2%
Schill-Partei	19,4%
Grüne/GAL	8,6%
FDP	5,1%
Übrige	4,2%

... zur Bürgerschaft 2001 (Stadtteil)

Wahlbeteiligung	74,5%
SPD	39,7%
CDU	14,5%
Schill-Partei	10,4%
Grüne/GAL	22,2%
FDP	3,4%
Übrige	9,9%

Stadtteil-Profil

	Ottensen	Bezirk	Hamburg
Bevölkerung gesamt (2000)	32 096	112 011	1 704 929
Unter 18-Jährige in %	14,2	20,1	16,1
65 Jahre und älter in %	12,8	14,8	17,0
Deutsche	25 805	101 929	1 432 325
Ausländer in %	19,6	9,0	16,0
Einwohner je km²	11 215	724	2258
Sozialstruktur			
Sozialhilfeempfänger (2000)	2078	8 860	120 461
Arbeitslose (2001)	1736	4 196	71 963
Eink. je Steuerpfl. in DM (1995)	52 048	60 397	65 579
Wohnen (2001)			
Wohngebäude	2224	33 737	226 061
Ein- und Zweifamilienhäuser in %	2,3	23,6	20,5
Ø Wohnungsgröße in m²	65,1	75,0	71,0
Wohnfläche je Einwohner in m²	35,4	36,6	35,7
Verkehr			
Private Pkw (2001)	9849	43 517	628 119
Straßenverkehrsunfälle (2000)	213	685	12 430
Kriminalität			
Straftaten insgesamt (2000)	4799	10 987	284 272

des auch „Menckwiese“ genannten Areals als Grünfläche. Zwischenzeitlich nutzten Berber und Punks die Freifläche als Wohnstätte. Vor zehn Jahren wurde das Grundstück (friedlich) geräumt. Die Punks zogen mit ihren Bauwagen an die *Gaußstraße*. Heute ist die einstige „Menckwiese“ eine grüne Ottenser Insel mit einem gut ausgestatteten Kinderspielplatz.

Das Verschwinden der Industrie schuf seit den 1970er Jahren großen freien Stadtraum. Sowohl in Bezug auf Wohnungen, Ateliers oder für soziale Initiativen. Bekannteste Beispiele sind **Die MOTTE**, 1976 gegründet, und das Stadtteilarchiv Ottensen, das 1980 seine Arbeit aufnahm. Zum teilweise kommerziellen Veranstaltungsprogramm der bereits von der Kulturbehörde geförderten „Fabrik“ sollte ein nichtkommerzielles Stadtteilzentrum entstehen. Als „Die MOTTE – Verein für stadtteilbezogene Kultur- und Sozialarbeit e.V.“ startete das Projekt. Man wollte „Löcher ins System der etablierten Kultur und Gesellschaft fressen – wie der Falter in den Stoff“, unabhängig, selbst verwaltet, ehrenamtlich und basisdemokratisch. Heute leisten 13 hauptamtliche und 120 ehrenamtliche Mitarbeiter Kinder- und Jugendarbeit und stellen ein umfangreiches Kursprogramm unter anderem in elf Werkstätten auf die Beine. „Die Mottenkiste“, ein zweisprachiger Kindergarten, und die „Jugendhilfe Ottensen e.V.“ sind nur zwei Ausgründungen der MOTTE von vielen und Beispiele einer Vernetzung der Stadtteilarbeit.

Weniger als ein Museum oder eine Bibliothek, sondern mehr als „Sammelstelle für Geschichte“ versteht sich das **Stadtteilarchiv Ottensen** in der alten Drahtstiftefabrik an der *Zeißstraße*. Ausgangspunkt des ersten Stadtteilarchivs Hamburgs war 1980 eine Ausstellung im Altonaer Museum, die Ottensens Geschichte und die Gegenwartsprobleme des Viertels beschrieb. Dabei versteht sich das Stadtteilarchiv als ein „Archiv in Bewegung“. Gemeinsam mit den Ottensern wurde und wird ein Fundus der Sozialgeschichte aufgebaut. Ein Ort, an dem eine Auseinandersetzung mit der Gegenwart und Geschichte des Viertels möglich wird. Zahlreiche Veröffentlichungen zeugen von einer regen und erfolgreichen Arbeit.

Der Werkstatt-Bereich nimmt im Stadtteilzentrum „Die MOTTE“ einen großen Raum ein

Aber auch überregional bekannte Organisationen fühlen sich in Ottensen wohl: Das Kinderhilfswerk terre des hommes hat ein Büro in der *Bernadottestraße*, und Robin Wood kämpft von der **Werkstatt 3** im *Nernstweg* aus für eine bessere Umwelt. In der ehemaligen Dralle-Fabrik ist seit 1979 das „Kommunikationszentrum Werkstatt 3 e.V.“ als zentrale Stelle der Dritte-Welt-Arbeit ansässig.

Ein weiterer Eckpfeiler des organisierten Stadtteillebens ist der **Ottenser Bürgerverein von 1867**. Eine große Leistung und ein Riesenerfolg war die 1994 erschienene „Ottensen-Chronik“, der schnell die zweite Auflage folgte. Ende 2000 musste der Verein den Tod seines langjährigen Ersten Vorsitzenden, Wolfgang Retzlaff, verkraften, der an der Entstehung der Chronik ebenso wie an

Im Ottenser Stadtteilarchiv (ganz links) wird die historische Herstellung von Drahtstiften erklärt. Vom Lawaetz-Haus ist nur der 1802 entstandene Hauptbau erhalten. Hier hat die in ganz Hamburg mit vielen sozialen Stadtteilentwicklungsprojekten aktive Lawaetz-Stiftung ihren Sitz

Reichlich vorhanden, aber vielfach verzweifelt zur Miete gesucht: Altbauwohnungen mit gepflegten Fassaden, wie hier an der Holländischen Reihe

vielen anderen Aktivitäten maßgeblich beteiligt war. Neben der monatlich erscheinenden Vereinszeitung bietet der 300 Mitglieder zählende Verein eine Fülle an heimatkundlichen Veranstaltungen und Führungen.

Streit ums Mercado

Nichts dürfte in der jüngeren Ottenser Geschichte so zur Bekanntheit des Stadtteils beigetragen haben wie der Streit um das **Einkaufszentrum Mercado**. Über das Für und Wider wogten die Emotionen hin und her, und Ottensen wurde bis zur Kompromissfindung sogar international bekannt. Es ging um den geplanten Bau von Tiefgaragen für den Konsumtempel, und der rief orthodoxe Juden vor allem aus den USA auf den Plan. Denn der Vorgänger des jetzigen Mercado, eine Filiale des Kaufhauskonzerns Hertie, war bereits auf einem jüdischen Friedhof errichtet worden. Und nach den jüdischen Religionsgesetzen hätten die Bauarbeiten die ewig währende Totenruhe erneut gestört.

Einst umstritten, wird das Mercado jetzt auch von früheren Gegnern akzeptiert. Marktähnliche Stände, kleine Kneipen versprühen mediterranen Charme

Junges Wohnen in alten Bauten

Unter den jüngeren Wohnungssuchenden Hamburgs ist Ottensen eins der Traumziele. **Altbauwohnungen** mit Holzfußboden in zentraler Lage, wenig Verkehr und ein lebendiger, quirliger Stadtteil **wirken wie ein Magnet** auf Studenten, junge Paare oder erlebnishungrige Singles.

In den 1970er Jahren drohte vielen Häusern der Abriss. Höherwertige Neubauten sollten nach dem Willen von Hausbesitzern und Wohnungsgesellschaften an die Stelle der sanierungsbedürftigen Häuser treten; hier standen hohe Gewinne zu erwarten.

Widerstand der jeweiligen Bewohner, die sich weder vertreiben lassen noch einen starken Anstieg der Mieten akzeptieren wollten, war die Folge. Die Idee einer Modernisierung mit Augenmaß, die den Charakter des Quartiers erhalten sollte, entwickelte sich zur politischen Forderung; im ehemaligen Arbeiterquartier war nicht mehr die Lohn-, sondern die Wohnfrage eine hochpolitische.

Neue Wege waren gefragt und wurden gefunden. Deutschlandweit beispielhaft war der 1973 angestoßene Modellversuch, an dem das Bundesbauministerium, die Hamburger Baubehörde, verschiedene Architektengruppen, die Wohnungsbaugesellschaft SAGA und Anwohner beteiligt waren. Bis 1981 wurde der Bereich *Bahrenfelder Straße/Arnemannstraße/Karl-Theodor-Straße/Holländische Reihe* zum ersten zusammenhängenden Sanierungsgebiet. Weitere Sanierungen wie *Rainvilleterrasse/Klopstockterrasse* und um den *Spritzenplatz* folgten. Gebiete wie das Osterkirchenviertel durchlaufen noch Programme.

Waren die Sanierungen erfolgreich für den Stadtteil? Ein Paradies der Glückseligen in günstigen Altbauwohnungen ist Ottensen nicht geworden. Die Attraktivität des Viertels macht steigende Preise für Wohnraum angesichts des knappen Angebots auch zukünftig unvermeidlich.

Ottenser Wirtschaftsleben

Die Industrie ist fast vollständig aus dem Stadtbild verschwunden, und stolze Arbeiter, die riesige Maschinen aus den Werktoren schieben – das war einmal. Heute dominieren in Ottensen Kleinstgewerbe, Handwerker und Betriebe des Dienstleistungssektors. Eines der wenigen Industrieunternehmen ist die **Asche AG**, die mit knapp 400 Mitarbeitern Arzneimittel produziert. 2001 wurde an der *Fischersallee* gefeiert. Asche – seit 30 Jahren eine 100-prozentige Tochter des Pharma-Riesen Schering AG – beging ihr 125-jähriges Firmenjubiläum.

Weithin sichtbar ist ihr Büroturm an der *Friedensallee*, fast schon auf Bahrenfelder Gebiet. Beinahe symbolisch für den Wandel ist der mit mehr als 1400 Mitarbeitern größte Arbeitgeber im Stadtteil, die Hauptverwaltung der **Hermes Kreditversicherungs-AG**. Wo einst auf dem Gelände der Glasbläserei Gätke unter anderem der frühere Altonaer Ober- und spätere Hamburger Bürgermeister Max Brauer arbeitete, dreht sich seit 1981 der Büroalltag um alles in Sachen Industrie- und Warenkredit-Versicherung. Über die Ausmaße des in Ottensen konkurrenzlos hohen Gebäudes herrschte nicht nur Freude im Stadtteil. 22 Stockwerke und knapp 86 Meter Höhe wirken zwangsläufig nicht ganz harmonisch in einem Gebiet mit gewöhnlich fünf Geschossen.

Die überwiegende Zahl der Ottenser Arbeitnehmer stellen neben Betrieben des Kleingewerbes Medienunternehmen aus den Bereichen Film, Verlag und neue Medien. Eine ganze Reihe siedelte sich bald in den 1990–93 umgebauten **Zeise-Hallen** an. Doch nach gutem Beginn gab es Probleme bei der Vermietung der Hallen an der *Friedensallee*, und die positive Anfangsstimmung verflog. Zwei Verlage (Ellert & Richter-Verlag, ZEISE-Verlag), weitere Firmen und die Bücherhalle zogen aus. Zwei Ottenser Stadtteil-Highlights finden sich aber immer noch dort, wo einst die Schiffsschrauben gegossen wurden: die **Zeise Kinos** und das **Restaurant Eisenstein**. Eine Ecke weiter haben in der *Behringstraße* in dem Haus der Multimediaproduzenten über 40 Firmen der neuen Medien ihren Sitz. In der *Planckstraße* sind in der ehemaligen Gerberei-Maschinenfabrik ebenfalls Unternehmen der New

Hinterhof-Idyll in der Gaußstraße. Die Bildungswerkstatt Altona e.V. nutzt zusammen mit der Zweiradwerkstatt Ottensen Teile des ehemaligen Dralle-Geländes

Das Hochhaus der Hermes-Versicherung ist das höchste Gebäude im Hamburger Westen

Bürgergeschichten

„Mit bunten Bussen zum Stadtcafé“

***Renate Link* und *Rainer J. Bruns* gründeten 1980 die Firma Alternativ Bus Reisen. Sie erzählen von den Anfängen, der Zusammenarbeit mit dem Künstler Friedensreich Hundertwasser (1928–2000) und dem Umbau der alten Feuerwache**

Als wir 1980 unsere „Alternativ Bus Reisen“ gründeten, waren wir wirklich etwas Neues auf dem Reisemarkt. Nicht nur, dass schon unsere ersten Busse auffallend bunt bemalt waren, auch im Inneren war so manches anders: Wo sonst wurde erst während der Fahrt das genaue Ziel basisdemokratisch von den Teilnehmern bestimmt?

1991 begegnete Rainer auf einer der Touren nach Wien dem österreichischen Künstler Friedensreich Hundertwasser. Unsere farbenfrohen Kunstwerke auf Rädern hatten sein Interesse geweckt. Es brauchte keine langen Überredungen, und Maestro entwarf Skizzen für die Lackierung für einen neuen ABeR-Bus. Im folgenden Jahr schwang er persönlich auf unserem Firmengelände in der ehemaligen Feuerwache in der Behringstraße den Pinsel. Der von ihm gestaltete fabrikneue „Kässbohrer Setra“ ist heute noch für ABeR unterwegs.

Am Anfang war der Bus. Friedensreich Hundertwasser bei der Gestaltung des Reisegefährts, das heute noch durch die Welt kutschiert

Der schmuckvoll einladenden Fassade zum Trotz: Im Sommer ziehen die Gäste des Ottenser Stadtcafés die Terrasse vor

In Hamburg begeisterten wir Hundertwasser für eine neue Idee: Die Feuerwache sollte ein neues Gesicht erhalten. Wir hatten uns eine Symbiose aus Café und Reisebüro vorgestellt. Das schmucklose Zweckgebäude sollte zu einem kommunikativen Treffpunkt werden, an dem Reisende in lockerer Atmosphäre ihre Erfahrungen austauschen und neue Anregungen erhalten könnten. Meister Hundertwasser fertigte erste Entwürfe. Richtig weiter ging es später, als Jule Beck, eine kreative Hamburger Designerin, die Zeichnungen Friedensreich Hundertwassers in die Hände bekam. Als wir unser „Stadtcafé-Projekt“ weiter vorantreiben konnten, sorgte sie dafür, dass des Künstlers Ideen Wirklichkeit wurden. Während des Baus hielt sie engen Kontakt zu ihm, ließ per hin- und hergesandter Fotos die verschiedenen Baustufen korrigieren.

Entstanden ist eine gelungene Verbindung aus Architektur und Natur. Mitten im Raum steht ein Turm mit lauschigen Plätzen und einer Galerie. Alles ist umgeben von üppig wachsenden Pflanzen. Auf dem Dach entstand ein Obst- und Kräutergarten. Wie immer bei Hundertwasser gibt es auch bei uns keine geraden Linien. Auch die Inneneinrichtung entspricht diesem Motto: Die Füße der Buchentische gleichen Baumwurzeln und umschließen einen Felsbrocken. Die Tischkanten sind geschwungen wie die seichten Wellen eines Flusses, die Wände verziert mit bunt gebrochenem Mosaik. Die Sonnenterrasse mit plätscherndem Springbrunnen ist umringt von duftenden Blumen und Kräutern.

Seither haben in der stilgleichen „Event-Halle“ mit Säulen, Galerie und Bühne, wo sonst Reisebusse stehen, viele Hochzeiten, Geburtstagsfeiern und Betriebsfeste für bis zu 350 Personen stattgefunden. Auch Kunstausstellungen waren zu Gast – 2001 auch eine in Erinnerung an unseren Künstler und Freund Friedensreich Hundertwasser.

Noch läuft die Nachmittagsvorstellung in den Zeise Kinos. Danach ist beim Andrang für das Abendprogramm zeitweilig kaum ein Durchkommen

Economy ansässig. Hier feilen z.B. die Kreativen von Interactive Marketing Partner, einer Tochter des Burda-Konzerns, an ihren Aufträgen.

Vor 50 Jahren machte „Petzi" den Anfang. Derzeit sorgt „Harry Potter" für immer neue Absatzrekorde. Neben Kinderbüchern (auch „Käpt'n Blaubär") führt der **Carlsen Verlag** auch Klassiker wie „Tim & Struppi". Neuerdings sind japanische Manga-Zeichenwerke der Renner.

Zauberhafte Altonale. Das Stadt-Fest für die gesamte Region ist seit vielen Jahren ein Höhepunkt auch des Ottenser Stadtteillebens

Tschüs, Autos – hallo, Radler

Städtebaulicher Kahlschlag zwecks Schaffung einer autogerechten Stadt – dieser Kelch ging an Ottensen vorüber. Zu **verwinkelt ist oftmals das Straßenbild**. Auch die mit dem Bau des Neuen Elbtunnels in den 1970er Jahren befürchtete Schaffung von großen Autobahnzubringern kam nicht. Hohes Verkehrsaufkommen hat in der Hauptsache die *Elbchaussee* zu verkraften, die gemeinsam mit der *Bernadottestraße* die wichtigste Ost-West-Verbindung ist.

Für diejenigen, die mit dem Auto unterwegs sind, ist Ottensen nicht gerade ein Paradies. Unzählige enge Einbahnstraßen und Sackgassen erschweren die Orientierung.

Durch Verkehrsberuhigungen ist insbesondere in der Umgebung Altonaer Bahnhof, *Ottenser Hauptstraße* und *Bahrenfelder Straße* Autolärm selten geworden.

Öfter hört man das metallene Kreischen der **sechs S-Bahn-Linien**, die aus dem Altonaer Bahnhof den Weg ins Freie suchen, oder einen der HVV-Busse, die auf insgesamt **17 Linien** den Busbahnhof ansteuern. Einheimische und Dauergäste des Stadtteils erledigen ihre Wege am besten zu Fuß, per Fahrrad oder mit öffentlichen Verkehrsmitteln. Mit dem Altonaer Bahnhof oder dem Busbahnhof bieten sich vielerlei Möglichkeiten, ans Ziel zu kommen.

Seit längerem gibt es Überlegungen, eine zusätzliche S-Bahn-Haltestelle im Grenzgebiet zu Bahrenfeld zu bauen. Somit wird möglicherweise auch der Norden des Stadtteils besser an den öffentlichen Nahverkehr angebunden. Der Abstand zwischen den Stationen Altona und Bahrenfeld ist vergleichsweise groß. Deswegen prüft die Deutsche Bahn AG derzeit die Rentabilität eines neuen Haltepunktes in Ottensen.

In der Völckersstraße ist der Carlsen Verlag zu Hause. Neben Käpt'n Blaubär und vielen anderen gehört auch Harry Potter zu den gerade aktuellen Zugpferden

Der Donnerspark bietet einen herrlichen Blick über die Elbe aufs Container-Terminal Waltershof

Altes und junges Stadtteilgrün

Nach Eimsbüttel und Hoheluft-Ost und -West gehört Ottensen zu den am dichtesten besiedelten Gebieten Hamburgs. Dennoch gibt es einige Erholungsflächen. Als bekanntester und größter Park lädt der **Donnerspark** ein. Zum 250-jährigen Stadtjubiläum Altonas und anlässlich der „Deutschen Gartenbauwoche 1914" wurde das 4,4 ha große Gelände für die Bevölkerung geöffnet. Seine Wiesen, reichhaltiger Baumbestand und ein nur vom dicht wuchernden Grün des Elbhangs eingeschränkter Blick aufs Wasser machen ihn beliebt.

Weit weniger bekannt ist der **Rathenaupark**. Er erstreckt sich zwischen der *Bleickenallee* sowie den Straßen *Bei der Rolandsmühle* und *Am Rathenaupark*. Von Rhododendronbüschen umgeben, zeigt er im Inneren viel alten Baumbestand an Buchen und Linden. Aber auch zum Fußballspielen wird er genutzt.

Einst verdrängten die Vereinigten Ottenser Eisenwerke dörfliches Grün. Nach ihrem Niedergang musste die Fabrik ihrerseits dem Grün weichen: Aus dem Gelände am *Holstenring* wurde der **Harkensee-Park**, 1994 benannt nach

Nicht unbedingt für den täglichen Bedarf: Brautmoden in der Bahrenfelder Straße

Johannes Harkensee (1851–1915). Der ehemalige Stadtverordnete hatte sich schon im 19. Jahrhundert für einen Park eingesetzt, als Naherholungsgebiet für die Arbeiter. Genutzt wird er derzeit jedoch häufig von den Kindern des umliegenden Neubaugebietes sowie des „Kinderladens Ringelsocken". Der private Kindergarten residiert seit über zehn Jahren im ehemaligen Gebäude des Eisenwerkes mitten im Park.

Hier klappt der Ladenmix

Hinter der „Interessengemeinschaft Original Ottensen e.V." verbarg sich kein Heimatverein, sondern der 1996 gegründete lokale Zusammenschluss der Fachgeschäfte und Dienstleistungsunternehmen. Nach dem Bau des Einkaufszentrums Mercado schien aus Sicht der Geschäftsleute eine Dominanz der großen Einzelhandelsketten und das Verschwinden der kleinen Fachgeschäfte unausweichlich. Dem Gebiet um die *Ottenser Hauptstraße*, *Spritzenplatz* und *Bahrenfelder Straße* drohte die Gesichtslosigkeit.

Diese Schreckensvisionen wurden jedoch nicht Wirklichkeit, und besagte Initiative konnte sich inzwischen auflösen. Zwar befinden sich im Mercado auch Branchengrößen wie Schaulandt, Hennes & Mauritz, New Yorker, Jean Pascale, Spar, Douglas oder Budnikowsky. Daneben blühen aber auch die kleinen, offenen Geschäfte, die viel von dem Charme des Gebäudes ausmachen. Im Erdgeschoss umwehen die unterschiedlichen Düfte der kleinen Geschäfte die Nasen der Passanten. Händler bieten Wein, Käse, Wurstwaren, Gemüse und Kulinarisches aus dem Meer an und erfreuen mit bunten Auslagen das Auge. Offene Kneipen laden hier unten genauso zum Verweilen ein wie die Cafés auf der Empore.

Abseits der großen Einkaufsströme der *Ottenser Hauptstraße* zwischen Bahnhof und *Spritzenplatz* haben sich den-

noch viele alteingesessene Läden gehalten wie die **Elefanten-Apotheke** im hinteren Teil der *Ottenser Hauptstraße*. Das 1692 gegründete Traditionshaus bietet moderne Beratung und Versorgung mit Arzneimitteln. Ralf Mensing, geborener Ottenser, leitet den Betrieb in der dritten Generation. Gegründet in Altona, ist er hier seit über 50 Jahren ansässig. Auch wenn altersbedingt oder aufgrund neuer Konkurrenz einige Geschäfte in den letzten Jahren aufgegeben haben, sieht er das Mercado positiv: „Es belebt den Stadtteil." Auch umliegende Straßen profitieren von der Anziehung des Centers. So ist ein bunter Mix erhalten geblieben. In der *Bahrenfelder Straße* gibt es ein winziges Fachgeschäft für Weingummi, den „Bärentreff". Schräg gegenüber lockt „Cem Export" mit türkischem Flair und präsentiert romantische Brautmoden neben alltäglichem Hausrat. Eine Ecke weiter, gegenüber vom *Alma-Wartenberg-Platz*, bietet „Secret Emotion" eine breite Auswahl an Naturkosmetika und Duftstoffen.

Ab Oktober 2002 kann Ottensen einen weiteren Superlativ für sich in Anspruch nehmen: „Ö", Deutschlands erstes Öko-Kaufhaus, eröffnet in der *Gaußstraße*. Wo einst Bauwagen standen, werden 80 Betriebe in dem 35 Mio. Euro teuren Neubau gesunde Lebensmittel anbieten.

Barhopping leicht gemacht

Ihn ein städtebauliches Kleinod zu nennen setzt viel guten Willen voraus. Viele kennen nicht mal seinen Namen: *Alma-Wartenberg-Platz*. Obwohl der Platz – einer von Ottensens markanten Dreiecks-Plätzen – 1989 durch eine Bepflasterung, das Anpflanzen von Eichen und das Aufstellen von Betonbänken verschönt wurde, wirkt er tagsüber etwas verloren. Dies gilt aber nur für die kalte Jahreszeit, denn bei Sommersonne steht alles voll mit (Mittags-)Tischen der angrenzenden Kneipen und Bistros. Abends ist er ganzjährig pulsierender Treffpunkt und Ausgangsort für ausgiebige Kneipenbummel. **Aurel**, **Familieneck** oder **Duschbar** sind schon lange keine Geheimtipps mehr. Caipirinha rührende Grüppchen bevölkern bei gutem Wetter den Bürgersteig vor dem Aurel. Wenig weiter trinkt man das frisch gezapfte Bier oder Alster vor dem Familieneck ebenfalls gerne draußen. In der Duschbar schätzen Vergnügung Suchende auch die leicht entrückt mixenden Discjockeys. Die Dekoration im Badezimmer-Look löst dann auch das Namenrätsel.

Mediterranes Flair sommers auf dem Alma-Wartenberg-Platz

Eine von unzähligen Szene-Kneipen: das „Aurel" am Alma-Wartenberg-Platz

Vom *Alma-Wartenberg-Platz* aus bieten sich Erkundungen in alle Richtungen an – geografisch wie geschmacklich. Weiter die *Bahrenfelder Straße* hinauf in Richtung Fabrik finden sich türkische

Blick in die fantasievoll gestaltete „Duschbar“

Imbisse sowie weitere Schnellrestaurants, die Speisen aus Nahost bieten.

Wer Cocktails schätzt, schlägt die andere Richtung zum „Bolero“ ein, das neben dem „Blauen Haus“ in der *Großen Brunnenstraße* ein weiteres Mekka der Mixgetränke ist.

Köpfe

Ottenser Köpfe: Max Brauer, Erika Fischer und Sükrü Aktoprak

Keiner regierte länger, niemand steht mehr für Hamburgs Wiederaufbau nach dem Krieg als **Max Brauer**. Zehn Jahre lang war er Erster Bürgermeister (1946–53 und 1957–60) – der erste Arbeiter an der Spitze des Senats im Hamburger Rathaus. Geboren wurde er 1887 in Ottensen. Hier lernte und arbeitete er bei der Glashütte Gätke als Glasbläser. Früh engagierte er sich politisch, trat mit 17 Jahren der Gewerkschaft bei, ein Jahr später der SPD. Schnell machte Brauer Karriere im proletarisch geprägten Altona. Über die Stationen Senator, Zweiter Bürgermeister und Stadtkämmerer wurde er 1924 Oberbürgermeister von Altona – der jüngste im damaligen Preußen. 1933 endete seine Amtszeit jäh. Die Nationalsozialisten trieben ihn aus dem Amt. Im Folgejahr wurde er ausgebürgert, emigrierte später in die USA. Die amerikanische Staatsbürgerschaft besaß er auch, als er 1946 Hamburger Bürgermeister wurde. Hamburgs „Motor des Wiederaufbaus“ verstarb 1973, von einem Schlaganfall stark gehandicapt.

Bei Erika treffen sich alle: Rentner, schicke Medienleute und Studenten. Seit 16 Jahren steht **Erika Fischer**, die alle nur Erika nennen, im Lokal „Zur Ente“ hinter dem Tresen. Wirt Herbert Seubert hatte sie nach dem Tod ihres Mannes zur Mitarbeit als Aushilfe überredet. Seit 1990, als ihr vorheriger Arbeitgeber „Hertie“ schloss, arbeitet sie ganz in der Gaststätte an der Ecke *Friedensallee/Barner Straße*. Das Speisenangebot ist gutbürgerlich und reichlich bemessen; Reste quittiert Erika beim Abräumen mit Kopfschütteln und strengen Blicken, denn viel lieber bringt sie ihren Stammkunden noch einen reichlichen Nachschlag an den Tisch.

Dönergrills kennt mittlerweile fast jeder, und auch türkische Gemüsehändler gehören wie selbstverständlich zum Stadtbild. Vor dem Büro von **Sükrü Aktoprak** in der *Bahrenfelder Straße* auf Höhe des *Alma-Wartenberg-Platzes* stutzen regelmäßig Passanten. Der Grund: In türkischer Sprache wirbt hier die deutsche Bausparkasse Wüstenrot. Ist Bausparen nicht urdeutsch? „Nein, das gibt es auch in der Türkei“, so Aktoprak, der seit zehn Jahren als Bezirksleiter türkische Bauwillige in Hamburg und in Schleswig-Holstein betreut. Zuvor versorgte er seine Landsleute mit Videos in türkischer Sprache. Zunächst eine Marktlücke füllend, sank die Nachfrage Anfang der 1990er Jahre, bedingt durch in Deutschland zu empfangendes türkisches Fernsehen. Da kam für Aktoprak, der seit 1973 in Deutschland lebt, das Angebot von Wüstenrot gerade recht. Ehefrau Karin betreibt nebenan ein Reisebüro, das hauptsächlich Reisen in die Türkei anbietet.

Neumühlen

Ottensens Elbquartier soll „Perlenkette“ werden

Baustelle mit Elbblick: Lange Zeit ackerten in Neumühlen Hamburgs Bauarbeiter mit der schönsten Aussicht. Im Herbst 2001 zog mit dem Feinschmecker-Lokal „Darling Harbour“ der erste Mieter ein. Bis 2003 werden auch die übrigen der insgesamt fünf neuen Glaspaläste in Neumühlen vollendet sein. Hafenbrachen wurden ersetzt durch Loftwohnungen und edle Bürohäuser. Neumühlen, Ottensens kleine, aber feine Schwester am Elbhang, hat sich rausgeputzt. Der einstige Hafenstandort hat ein modernes Gesicht.

Erstmals urkundlich erwähnt ist Neumühlen als „Nie Möll“ 1420. Lange war es nur ein einzelner Hof mit plattdeutsch namengebender Mühle. 1685 besiedelten Fischer das Elbufer.

1793 erwarb der Kaufmann Georg Heinrich Sieveking einen „Lustgarten“, der gesellschaftlicher Treffpunkt wurde. Im „Neumühlener Kreis“ traf sich das aufgeklärte Hamburger und Altonaer Bürgertum, auch nach dem Tod Sievekings 1799. Später kaufte die Altonaer Familie Donner das Anwesen. Durch mehrere Umbauarbeiten verschwanden die Sieveking'schen Häuser und auch die historische Mühle. Das später erbaute „Donner-Schloss“ brannte im Zweiten Weltkrieg aus und musste abgerissen werden. Geblieben ist mit dem Donnerspark nur die beliebte Grünfläche. Zeugen der Industriegeschichte Neumühlens sind die ehemaligen Lawaetz'schen Fabriken *Neumühlen 16–20*, Teil eines größeren Komplexes. Der lange zweigeschossige Backsteinbau wurde im Jahr 1802 erbaut und in den 1980er Jahren restauriert.

Das „Darling Harbour“ ist der erste fertig gestellte Teil der geplanten „Perlenkette“

Die Industrialisierung veränderte auch Neumühlen stark: Neue Kaianlagen sorgten 1863 für einen besseren Abtransport der Waren. Anfangs fand der Transport zwischen Kai und Altonaer Bahnhof über eine schiefe Ebene statt. Ab 1876 überwand ein 395 m langer Eisenbahntunnel den Höhenunterschied zwischen Elbufer und Geesthang. 1895 wurde der „Schellfischtunnel“ aufgrund der Nordverschiebung des Bahnhofs (s. Altona-Altstadt) auf 961 m verlängert.

Parkplatz vor der Perlenkette: Schlepper warten auf ihren Einsatz

Seit zehn Jahren ist er stillgelegt. Möglicherweise erhält er eine neue Funktion. Der „Verein zur Rettung der Hafenbahn Hamburg-Altona e.V.“ um Vorsitzende Gisela Suermann kämpft für einen Erhalt als Nahverkehrsverbindung zwischen Altona und Neumühlen.

Das ehemalige Union-Kühlhaus ist Neumühlens Erkennungszeichen. Heute beherbergt es exklusive Senioren-Appartements

Poppenbüttel

ist der Hauptort und bevölkerungsreichster Stadtteil des Alstertals sowie Sitz des Ortsamtes. Schon Anfang des 19. Jahrhunderts kamen die Sommerfrischler in Scharen aus der Stadt, um hier die idyllische Natur zu genießen. Heute lockt als zusätzlicher Publikumsmagnet das Alstertal-Einkaufszentrum (AEZ)

Steckbrief

Fläche: 8,120 km²
Einwohner: 22 396
Verwaltung: Bezirk Wandsbek, Ortsamt Alstertal
Ortsteil: 519

Das Wort „-büttel“, abgeleitet vom altsächsischen „gi-butli“, findet im Alstertal häufig als Grundwort für Ortsnamen Verwendung. Und zwar für „Ausbauten älterer Dörfer“. „Poppo“ und „Poppilo“ waren früher gebräuchliche Namen für Vertreter der Kirche. Einer von ihnen gab möglicherweise der zwischen dem 4. und dem 8. Jahrhundert gegründeten Siedlung ihren Namen. Die Bezeichnung „Pop-Town“ ist unschwer als jugendliche Kreation heutiger Zeiten zu erkennen.

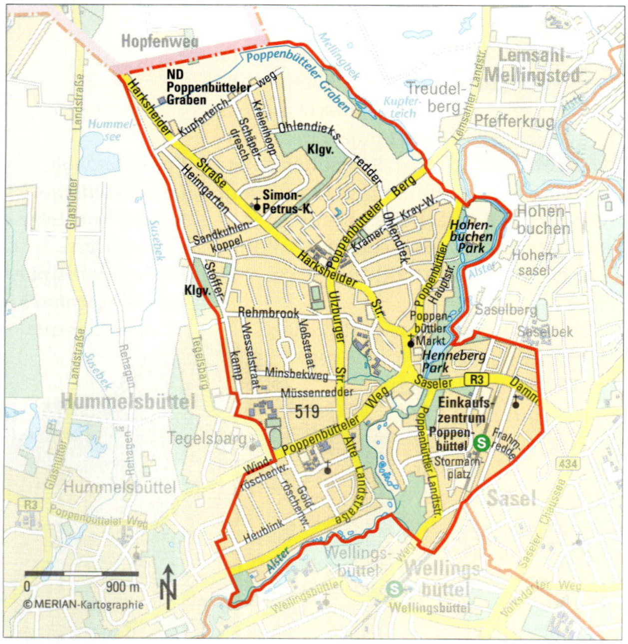

Grabhügel Kreienhoop

Mehrere **Hügelgräber** auf dem Poppenbütteler Abschnitt des Geestrückens über der Alster belegen die Anwesenheit von Menschen schon während der Jungsteinzeit (3000–1700 v. Chr.). Die Grabstätten liegen beim **Vaterunserberg**. Eine Sage erzählt, dass dort früher ein Galgen stand: Mit einem letzten Blick übers Alstertal durften die Verurteilten noch ein Vaterunser beten, bevor sie gehenkt wurden.

Den bedeutendsten (und historisch verbürgten) Fund stellt der **Grabhügel Kreienhoop** dar, der 1982 von Archäologen des Hamburger Denkmalschutzamtes gründlich untersucht wurde. Dabei konnten Bestattungen aus der Zeit zwischen 1900 und 750 v. Chr. nachgewiesen werden. Die Grabbeigaben deuten darauf hin, dass schon in der Bronzezeit Handelsbeziehungen zwischen dem dänischen Seeland und dem Alstertal bestanden.

Aus der Geschichte

Poppenbüttels erste urkundliche Erwähnung datiert von 1336, doch ist zu vermuten, dass die Siedlung schon um 1250 gegründet wurde. Bis Ende des 14. Jahrhunderts gingen der Landbesitz des Dorfes sowie umfangreiche Rechte an das **Hamburger Domkapitel** über. Die Oberhoheit über den Alsterlauf lag jedoch schon seit 1306 bei der Stadt Hamburg: In den

Wochenend' im Sonnenschein: das Alster-Hochufer in Poppenbüttel

folgenden Jahrhunderten gab die **Verteilung der Rechte und Pflichten** auf Poppenbütteler Gebiet Anlass zu Streitigkeiten zwischen dem Domkapitel, dem Hamburger Rat, den Grafen von Holstein, später dem dänischen König und den ansässigen Bauern. Die Stadt baute 1529 eine Alsterschleuse samt **Schleusenmeisterhaus**; um die zugehörigen Abgaben entbrannten heftige Auseinandersetzungen. Erst 1803 verzichtete Hamburg im Tausch gegen das dänische Alsterdorf auf seine Ansprüche in Poppenbüttel, das nun zum dänischen Pinneberg und ab 1867 zu Preußen gehörte.

Mitte des 17. Jahrhunderts nahmen eine Kupfermühle am Kupferteich und eine Pulvermühle (1686) den Betrieb auf. Beide Anlagen gelangten 1765 in den Besitz des Hamburgers **Heinrich Olde**, der die Mühlen 1785 mit Unterstützung des dänischen Schatzmeisters Graf Heinrich von Schimmelmann in eine Münzprägestätte umwandelte. Olde schuf sich in Poppenbüttel einen Landsitz, das spätere **Gut Hohenbuchen**, wo sich unter anderen der schon zu Lebzeiten berühmte Dichter Friedrich Gottlieb Klopstock (1724–1803) mit seinem Kollegen Matthias Claudius traf (1740–1815, s. Wandsbek).

Anfang des 19. Jahrhunderts entdeckten wohlhabende Hamburger die Schönheiten des Alstertals: Die reizvolle Natur, zahlreiche Gasthäuser und der berühmte **Poppenbütteler Jahrmarkt** zogen die Ausflügler aufs Land. 1855 ließ sich die **Familie Henneberg** an der Alster nieder und betrieb u.a. auf dem Marienhof Landwirtschaft in großem Stil. Als die Zeit der Gutsbetriebe langsam zu Ende ging, beteiligten sich die Hennebergs 1910 an der Gründung der **Alsterthal-Terrain-Gesellschaft** (ATAG, s. Wellingsbüttel), die landwirtschaftliche Flächen in Bauland parzellierte: Poppenbüttels Entwicklung zum

Das ehemalige Schleusenmeisterhaus wurde erweitert und beherbergt heute „The Locks“. Unten: Shoppen in „Pop-Town“! Ins AEZ strömen täglich Tausende

städtischen Vorort setzte ein und wurde forciert, als 1918 die Strecke der **Vorortbahn** (die heutige S1/11) bis Poppenbüttel verlängert wurde. Bauwillige Städter, die bisher die Entfernung nach Hamburg geschreckt hatte, verfügten nun über einen Nahverkehrsanschluss. Der Ort bekam in den 1930er Jahren mit dem „Eichenredder“ seine erste Wohnsiedlung, und die nun 4500 Poppenbütteler wurden 1937/38 im Rahmen des Groß-Hamburg-Gesetzes nach Hamburg eingemeindet. An das finsterste Kapitel deutscher Geschichte erinnert in Poppenbüttel heute noch eins von vormals 370 Behelfsheimen. Etwa 500 Zwangsarbeiterinnen des KZ-Außenlagers Sasel (s. Neuengamme) mussten 1943/44 Plattenbauten für ausgebombte Hamburger Familien errichten. **Plattenbüttel** wurde die Siedlung im Volksmund genannt. Am *Kritenbarg* steht das letzte der Gebäude als denkmalgeschütztes Mahnmal und wird vom Verein Gedenkstätte Plattenhaus Poppenbüttel erhalten.

Gut Hohenbuchen, Mitte des 20. Jahrhunderts eine Außenstelle der Alsterdorfer Stiftung, ist seit 1975 „Schulungszentrum für Naturgemäßen Land- und Gartenbau e.V.“

Auf der Suche nach dem Dorf

An das historische Runddorf Poppenbüttel erinnern heute nur noch wenige Bauten um den *Poppenbüttler Markt*. Anfang des 20. Jahrhunderts errichtete man für die Landarbeiter des Gutes Hohenbuchen die **Deputathäuser** am *Kupferhammer* und an der *Poppenbüttler Hauptstraße*. Am *Schulbergredder* wurde Anfang der 1990er Jahre nach alten Plänen die reetgedeckte **Langhein-Kate** wiederaufgebaut. Seit der Einweihung im September 1994 ist Klaus Winkelmann hier Hausmeister. Er weiß auch zu berichten, dass „nur noch einige Steine noch von der alten Kate stammen“. In dem Gebäude hat u.a. die **Sozialstation Walddörfer** ihre Geschäftsstelle. Außerdem wird der Saal des Reetdachhauses als DRK-Begegnungsstätte genutzt und steht für private Feiern und für Kulturveranstaltungen jedem Interessierten offen.

Das Notgeld aus dem Jahr 1921 und die Deputathäuser (rechts) an der Poppenbüttler Hauptstraße erinnern an die Zeit, als Poppenbüttel noch ein holsteinisches Dorf war

Das heutige Poppenbüttel ist zweigeteilt. Rechts der Alster: der alte Markt mit der erst 1956 entstandenen ev.-luth. **Marktkirche** und Geschäftszeilen an der Hauptstraße. Links der Alster: der *Wentzelplatz* mit dem Ortsamt, der Post, dem Bahnhof und dem AEZ. Am Südrand des Platzes steht der z.T. aluminiumverkleidete Bau des 35. Polizeikommissariats (Polizeidirektion Ost) für 120 Mitarbeiter. Moderne Architektur findet sich mit dem 1999 eröffneten Veranstaltungszentrum **Forum Alstertal** auch in unmittelbarer Nachbarschaft zum AEZ. Zusammen mit dem **Wohnpark Alstertal** bildet es eine städtebauliche Einheit. Die Gebäude gruppieren sich um einen lang gezogenen Platz, von dem aus alle Anlaufstellen und Dienstleister bequem zu erreichen sind. Das Forum bietet Räumlichkeiten für private Feiern, Firmenschulungen und öffentliche Konzerte; Kern des Gebäudes ist das „Ei“, das seinen Namen von der ovalen Form des Hauptveranstaltungsraumes (199 Plätze) erhielt.

Topmoderne Architektur in Poppenbüttel: das neue Polizeikommissariat 35

Eine architektonische Stadtteil-Kuriosität erblickt der Besucher, der etwa nach einem Konzert von der Marktkirche hinunter zur Alster wan-

Bürgergeschichten

„Berühmte Hamburgerin in Bronze"

Hille Schröter berichtet von dem bekanntesten Poppenbütteler Wassertier und was sie nach dem Aufspüren seines „Vaters" alles darüber erfahren konnte

Hagenbeck hat seine Walross-Dame Antje, und wir in Poppenbüttel haben unsere. Sie begrüßt jeden, der aus Richtung S-Bahnhof Poppenbüttel kommt, am Eingang des Einkaufszentrums AEZ. Dort steht sie, unsere Antje aus Bronze, in Gesellschaft ihres kleinen Freundes, des pfiffigen Jungen.

Lustig anzusehen sind beide in ihrem „wasserspeienden Wechselspiel"! Antje, behäbig, als sei sie eben aus dem Wasser aufgetaucht und an Land gerobbt. Der Junge, spitzbübisch, nichts schuldig bleibend, kräftig und in hohem Bogen spuckend. Viele Besucher verharren schmunzelnd. Kinder halten dem Jungen die Hände vor den Mund, um dabei die Richtung des Wasserstrahls zu ändern. Hunde stoppen, um aus den sich bildenden Pfützen einen schnellen Schluck zu nehmen. Auch Vögel stillen dort nippend ihren Durst.

Ich habe diese Skulpturen in mein Herz geschlossen. Deshalb interessierte ich mich dafür, von wem sie erschaffen wurden. In der AEZ-Rezeption erfuhr ich den Namen des Künstlers: Herr Müller-Belecke. Gleichzeitig erhielt ich seine Telefonnummer. Das gab mir die Möglichkeit, den Künstler selbst zu fragen, was ihn bei der Erschaffung der Figuren inspiriert hatte. Herr Müller-Belecke verriet mir, dass seine Wahl auf Antje gefallen sei, weil sie ein Symbol von Hamburg, Hagenbecks Tierpark und auch vom Fernsehen ist. Auch ist sie allen wohlbekannt. Er erzählte mir auch, dass er den „pfiffigen Jungen" ein wenig in Erinnerung an seinen Sohn darstellte, als dieser noch ein kleiner Junge war (inzwischen ist er Professor für Fischgenetik an der Universität Göttingen). Nach der Fertigstellung der Skulpturen und ihrer Überführung und Aufstellung in Poppenbüttel habe am 30.10.1991 eine richtige kleine „Denkmalsenthüllung" stattgefunden, so Herr Müller-Belecke. Bei dieser Einweihung taufte der Pfleger der echten Antje aus Hagenbeck, Herr Heino Susott, deren bronzene Alstertal-Schwester mit einem ganzen Eimer voll echtem Seewasser! Also alles Umstände wie für einen „historischen Akt"! Ich war dem freundlichen Künstler dankbar, soviel über unser „Poppenbütteler Denkmal" zu erfahren. Und vielleicht erfreut meine Recherche auch alle anderen Alstertaler, die öfter an „Antje" vorbeikommen. Übrigens liegt das Atelier des Künstlers nach wie vor in Hemmoor zwischen Stade und Otterndorf.

Hille Schröter erfuhr viel von dem Bildhauer Friedrich „Frijo" Müller-Belecke: „Antje" allein wiegt 450 kg

In Poppenbüttels Mini-Burg war einst das Familienarchiv der Hennebergs untergebracht

dert. Er mag seinen Augen kaum trauen: **Poppenbüttel hat eine Burg**! Albrecht Henneberg ließ sie 1884 als Miniaturausgabe des Thüringer Familien-Stammsitzes auf einem künstlichen Hügel errichten. In den 1930er Jahren diente sie der Liedertafel „Amicita" zum Üben.

Das Schleusenmeisterhaus (1823/24) brannte 1990 aus, die alten Mauern blieben jedoch erhalten und beherbergen heute **The Locks**. Ob Spaziergänger auf dem Alsterwanderweg, ob ältere Herrschaften, Familien oder Jugendliche, die mit einem Drink ihren abendlichen „Zug um die Häuser" starten, viele kehren bei Peer Petersen ein und genießen Kaffee, Kuchen und Cocktails sowie den sonntäglichen Brunch.

Reges Vereinsleben

Das Vereinsleben in Poppenbüttel ist bunt und vielfältig. Siedler, Freunde von **Kleingärten** (Klgv. 596 Ohlendieksredder, Klgv. 599 Gartenfreunde Kupferteich), von Briefmarken oder Geflügelzucht: Jeder findet Gleichgesinnte. Der **Bürgerverein Sasel-Poppenbüttel** ist für kulturelle und gesellige Veranstaltungen bekannt. Alles über seine Aktivitäten ist in der „Alsterbrücke" nachzulesen. Der 1900 von dem Lehrer Ludwig Frahm mit gegründete, gemeinnützige **Alsterverein** schrieb es sich schon damals auf die Fahnen, die Natur des Alstertales zu schützen und zu pflegen. Den Bemühungen des Vereins verdanken heutige Besucher z.B. das Museum im Wellingsbütteler Torhaus (s. Wellingsbüttel) und den 56 km langen **Alsterwanderweg**. Im „Jahrbuch des Alstervereins" können sich Interessierte davon überzeugen, wie gut Tradition, Wissenschaft und moderne Kulturarbeit miteinander zu verbinden sind.

Anlässlich seines 50-jährigen Jubiläums veranstaltete der Chor „Amicita" 1924 einen großen Festumzug

Im Festsaal des Hospitals zum Heiligen Geist hat die 1981 gegründete **Henneberg-Bühne** ihre Heimstatt. Das erfolgreiche Amateurtheater, dem u.a. ein Shanty-Chor angehört, bringt Dichtung und Wahrheit in **niederdeutscher Sprache** auf die Bühne. Schon seit 1983 unterstützt Jens Ahrendtsen die Truppe. „Ursprünglich sollte ich nur für den musikalischen Rahmen der Volkstanzgruppe sorgen, jetzt bin ich auch Bühnenleiter, und alle organisatorischen Fäden laufen bei mir zusammen", denkt er zurück.

Die Liedertafel **Amicita von 1874** ist der älteste Verein in Poppenbüttel. Schon über 50 Jahre ist Udo Staginnus Mitglied, und auch im Privatleben gilt immer mal wieder: „Der Chor geht vor!" Schöne Töne erklingen ebenfalls in der *Harksheider Straße*,

Stadtteil-Profil

	Poppenbüttel	Bezirk	Hamburg
Bevölkerung gesamt (2000)	22 396	405 173	1 704 929
Unter 18-Jährige in %	15,3	17,1	16,1
65 Jahre und älter in %	24,5	18,8	17,0
Deutsche	20 680	359 918	1 432 325
Ausländer in %	7,7	11,2	16,0
Einwohner je km²	2758	2742	2258
Sozialstruktur			
Sozialhilfeempfänger (2000)	286	25 017	120 461
Arbeitslose (2001)	481	14 222	71 963
Eink. je Steuerpfl. in DM (1995)	85 991	70 631	65 579
Wohnen (2001)			
Wohngebäude	5393	68 964	226 061
Ein- und Zweifamilienhäuser in %	57,7	31,4	20,5
Ø Wohnungsgröße in m²	94,0	77,1	71,0
Wohnfläche je Einwohner in m²	39,9	37,0	35,7
Verkehr			
Private Pkw (2001)	9932	166 212	628 119
Straßenverkehrsunfälle (2000)	131	2255	12 430
Kriminalität			
Straftaten insgesamt (2000)	2243	41 067	284 272

© Statistisches Landesamt

Wahlverhalten

... zur Bürgerschaft 2001 (gesamt)

Wahlbeteiligung	71,0%
SPD	36,5%
CDU	26,2%
Schill-Partei	19,4%
Grüne/GAL	8,6%
FDP	5,1%
Übrige	4,2%

... zur Bürgerschaft 2001 (Stadtteil)

Wahlbeteiligung	81,5%
SPD	34,2%
CDU	32,9%
Schill-Partei	17,4%
Grüne/GAL	6,4%
FDP	7,0%
Übrige	2,0%

Mit Mütze und Schal toben die Kinder auch im Spätherbst auf dem Gelände des Kindergartens der Marktkirche

denn hier ist die **Staatliche Jugendmusikschule Alstertal-Walddörfer** zu Hause.

Über Jahrhunderte mussten sich die Poppenbütteler zu Fuß zur Kirche nach Bergstedt begeben; erst 1956 bekamen sie mit der Marktkirche ein eigenes Gotteshaus. Hier finden alljährlich im Herbst die **Alsterwanderwegkonzerte** statt. Der Eintritt ist kostenlos und der Andrang auf freie Plätze deshalb auch sehr groß. Ein überaus reichhaltiges Programm bietet die **Familien-Bildungsstätte** der ev.-luth. Kirchengemeinde: Es wird geturnt, gemalt, musiziert und es werden Sprachen gelernt, Kurse zu kulinarischen, sozialen und medizinischen Themen vervollständigen das Angebot.

Direkt am Poppenbütteler Bahnhof nutzen verschiedene Gruppen seit Februar 2001 die **Alte Wache** am *Wentzelplatz* für ihre Aktivitäten. Im Gruppenhaus treffen sich vormittags Eltern mit ihren Kindern zum Klönen und Spielen, nachmittags werden z.B. Modellflugzeuge zusammengebaut. Offene Jugendarbeit ist dagegen im **Haus der Jugend Tegelsbarg** auch möglich. Die Freizeiteinrichtung für Kinder und Jugendliche trägt den Namen der angrenzenden Großwohnsiedlung, die schon auf Hummelsbütteler Gebiet liegt. Über alle hier stattfindenden Veranstaltungen informiert ein monatlich erscheinendes Faltblatt. Und so kann sich jeder rechtzeitig z.B. den Termin für „großes Theater für kleine Menschen" freihalten, das einmal im Monat von Rüdiger Wüncke und seinen Kollegen angeboten wird. Spielen, Spaß haben und klönen, Freunde treffen und gemeinsam kochen – die Aktivitäten im HdJ sind zahlreich. Ein besonderes Highlight ist die **Go-Kart-Gruppe**, in der sich Kinder ab zehn Jah-

Spiel, Spaß und Spannung im „Haus der Jugend Tegelsbarg"

Ob Seminare, Ausstellungen oder Familienfeiern: Das Forum Alstertal hat sich schnell als kulturelles Zentrum im Stadtteil etabliert

Zeitleiste

Um 1250 Gründung Poppenbüttels
1529 Poppenbütteler Schleuse
um 1650 Bau der Kupfermühle
1785 Anlage der Münzprägestätte
1855 Bau der Hennebergschen Burg
1900 Gründung des Alstervereins
1910 Gründung Alsterthal-Terrain-Gesellschaft
1937/38 Eingemeindung nach Hamburg
1944 Errichtung der Plattenbauten
1970 Eröffnung des AEZ
1999 Wohnpark und Forum Alstertal

ren jeden Samstag treffen, um mit Konzentration und Geschicklichkeit ihre PS-Renner durch die Kurven zu lenken. Oder es geht in die Werkstatt. Denn: „Wer fahren will, muss schrauben!" Kinder und Jugendliche, die später nicht Rennfahrer, sondern lieber Feuerwehrmann oder -frau werden wollen, haben seit 1999 bei der „Jugendfeuerwehr" der **Freiwilligen Feuerwehr Poppenbüttel** Gelegenheit, in diesen abwechslungsreichen Beruf hineinzuschnuppern.

Über die Hälfte der 5500 Mitglieder des **Sportclubs Poppenbüttel von 1930 e.V.** sind Kinder und Jugendliche. Im drittgrößten Sportverein Hamburgs ist die Turn- und Gesundheitsabteilung die größte Sparte mit 23 verschiedenen Sportarten. Von „Abnehmen – Straffen – Schönheit" bis „Yoga" reicht das Angebot. Neben den „klassischen" Sportarten Fußball, Leichtathletik oder Tennis wird auch Trendsport wie z.B. Inline-Hockey betrieben. Geschäftsführerin Ille Gruhn weiß von weiteren Plänen: „Neue Sporträume sollen gebaut werden, sodass der immer mehr gefragte Gesundheits- und Fitness-Sport adäquat durchgeführt werden kann." Neue Mitglieder sind auch in der **Tennisgesellschaft Alstertal e.V.** (TEGA) herzlich willkommen. Fünf Freiluftplätze und ein Hallenplatz stehen auf einer 3000 m² großen Anlage für den „weißen Sport" zur Verfügung.

Mehr als das AEZ

Seit 1979 besitzt der Stadtteil ein eigenes Gewerbegebiet am *Poppenbütteler Bogen*, wo sich auf rund 21 ha inzwischen fast 200 Firmen angesiedelt haben. Als marktführenden Anbieter von Modeschmuck kennt **Bijou Brigitte** zumindest der weibliche Teil der Bevölkerung in ganz Deutschland. Knapp 140 Mitarbeiter betreuen in der Firmenzentrale am *Poppenbütteler Bogen 1* das funkelnd-glitzernde Sortiment sowie die 286 deutschen und 36 Filialen im europäischen Ausland.

Ein weiteres bundesweit agierendes Unternehmen ist die 1965 gegründete **Einkaufscenter-Entwicklungsgesellschaft** (ECE), die zur Otto-Gruppe (Otto Versand, s. Bramfeld) gehört und von ihrem Verwaltungssitz am

Die Einzelhändler in Poppenbüttel haben sich der Herausforderung des AEZ gestellt

Das Hospital zum Heiligen Geist

Eine althamburgische Altenpflegeeinrichtung zog 1950 nach Poppenbüttel. Das Hospital ist der größte Arbeitgeber im Stadtteil und das größte Alten- und Pflegeheim Hamburgs: 1200 Senioren werden von über 600 Mitarbeitern betreut.

Schon 1227 wurde das Hospital auf Initiative der Neustadtbürger um St. Nikolai als Herberge für durchreisende Pilger und als Unterkunft für kranke, alte und arme Menschen gegründet. Ursprünglich lag es am westlichen Stadttor, dem „Milderntor" in der Nähe des heutigen Rödingsmarktes. Durch Schenkungen gelangte das Hospital schnell zu Vermögen und konnte umfangreichen Grundbesitz in und um Hamburg erwerben – u.a. das nach ihm benannte Heiligengeistfeld. Das Geld aus Grundstücksverkäufen wurde nach 1865 eingesetzt, um in Hohenfelde preiswerte Wohnungen für Unterstützungsbedürftige zu errichten. Daraus entstand das Oberalten-Stift am Mühlendamm. Das Hospital bekam 1883 einen Neubau in der Richardstraße, in die 1900 auch das Maria-Magdalenen-Kloster verlegt wurde. Im Juli 1943 wurden die Gebäude durch Bomben vollständig zerstört. Nach dem Verkauf der Barmbeker Grundstücke wurde 1950 Bauland in Poppenbüttel erworben, wo ab September desselben Jahres die Neubauten des Hospitals entstanden. Im Sommer 1953 konnte das letzte der insgesamt fünf Gebäude bezogen werden. In den 1960er und 70er Jahren kamen Neubauten des Maria-Magdalenen-Klosters im Bereich *Poppenbütteler Weg/Alte Landstraße* hinzu. 1973 wurden die in den 1950er Jahren gebauten Häuser sukzessive abgerissen und neu errichtet. Ab Mitte der 1990er Jahre wurde schließlich eine weitere Modernisierungs- und Erweiterungsphase eingeleitet, die rechtzeitig zur 775-Jahr-Feier im Jahr 2002 abgeschlossen wurde. Der vollständige Name der Stiftung lautet heute „Hospital zum Heiligen Geist mit Oberalten-Stift, Maria-Magdalenen-Kloster und Altendank". Als kleines „Dorf" bietet es seinen Bewohnern mehr als Unterkunft und Versorgung: Beim Tanztee trifft man sich im Café, im Hallenschwimmbad sorgen Krankengymnasten für Bewegung, und in der Bibliothek findet sich der Stoff für gemütliche Lesestunden. In einer Vielzahl von Hobbygruppen lässt sich das Alter aktiv gestalten: Ob Skat, Werken, Singen, sonntägliche Gottesdienste oder Kegeln – das Angebot ist groß.

Sommerfest auf dem Gelände des Hospitals zum Heiligen Geist

Mittelalterliches Siegel des Hospitals zum Heiligen Geist

Heegbarg die gesamte Bundesrepublik mit Einkaufszentren bedeckt. Eines der ersten war 1970 das **Alstertal-Einkaufszentrum**, das für viele neue „Shoppingmeilen" Modell stand. Mit 3000 Parkplätzen, 160 Fachgeschäften und zwei Kaufhäusern bietet das AEZ ein so überzeugendes Angebot, dass täglich über 50 000 Besucher kommen: für den großen und kleinen Einkauf oder auch nur mal „auf einen Espresso". Die dort tätigen Händler beschäftigen etwa 1600 Angestellte auf 42 000 m². Dennoch ist die Meinung der Poppenbütteler zu ihrem Center geteilt: Einerseits bringt es den Flair der Großstadt, andererseits muss Poppenbüttel als Mittelpunkt des Alstertals im Vergleich zu seinen benachbarten Stadtteilen mit den meisten Verkehrsunfällen und den meisten Straftaten leben.

Der Einzelhandel in ganz Poppenbüttel wird vom AEZ und großen Verbrauchermärkten, wie z.B. Obi, kontrolliert. In ganz Poppenbüttel? Nein! Die örtlichen kleinen Händler haben die Herausforderung angenommen und sich organisiert. Die **Interessengemeinschaft Poppenbütteler Geschäftsleute e.V.** und die **Werbegemeinschaft Frahmred-**

Paddeln auf der Alster: das Umsetzen gehört immer dazu

der/Stormarnplatz versuchen, die gewachsenen Strukturen „im Dorf" zu erhalten, und pflegen den persönlichen Kundenkontakt.

Stadt, Land, Fluss

Lebten und wohnten 1950 etwa 12 500 Einwohner in Poppenbüttel, so sind es heute fast doppelt so viele. In den letzten Jahrzehnten entstanden zahlreiche Neubauten, und die Wohnbebauung im Stadtteil ist mittlerweile höchst unterschiedlich: Villen erstrecken sich zwischen Alster und *Alter Landstraße*. In den 1930er Jahren entstand der **Eichenredder**, die erste geschlossene Wohnsiedlung Poppenbüttels. Reste der ursprünglichen Bebauung sind trotz der Verdichtung in den 1960er Jahren noch erkennbar. Die **Heimgarten-Siedlung**, zuerst eine Wochenendkolonie, wurde 1943–45 durch den Zuzug ausgebombter Hamburger endgültig zum Wohngebiet.

Seit 1972 durchschneidet der **Ring 3** mit dem Verkehrsknotenpunkt *Poppenbütteler Weg/Saseler Damm* das ehemalige Dorf. 1978 entwickelte die **Hamburg-Bau** ein städtebauliches Experiment für modernes, verdichtetes Wohnen im Grünen: Drei Architektengruppen realisierten über 500 Wohnungen in unterschiedlichen Gebäudetypen. Die 1980er Jahre erlebten die Erschließung des Hadkamps zwischen *Kramer-Kray-Weg* und *Rönkrei* sowie die weitere Bebauung der *Harksheider Straße* und des Vaterunserbergs. In den 1990er Jahren wurden auf den letzten freien Alstergrundstücken Luxusapartment-Häuser errichtet. Ganz modern präsentiert sich der Wohnpark Alstertal neben dem AEZ, wo erstmals in Deutschland eine Mischung aus Eigentums- und Mietwohnungen und „Betreutem Wohnen" mit einer Vielzahl von Serviceleistungen angeboten wird. Insgesamt sind hier über 250 moderne Wohneinheiten entstanden.

Der städtebauliche Sturm hat sich mittlerweile gelegt. Zwar sind fast alle historischen Gebäude verschwunden, aber glücklicherweise reservierten die Stadtplaner in Poppenbüttel über 100 ha Landschaftsschutzgebiet mit Gärten, Parks und landwirtschaftlichen Flächen. Der Lärm durch Straßen- und Flugverkehr wird dadurch allerdings nicht gemindert (der Stadtteil liegt in der **Einflugschneise** des Flughafens) und ist zu einem unüberhörbaren Problem geworden.

Ausflug ins Alstertal

Auch im dicht besiedeltsten und bevölkerungsreichsten Stadtteil des Alstertales kann man sich gut erholen. Vor allem am Wochenende ist der **Alsterwanderweg** mit Spaziergängern, Joggern und Radfahrern bevölkert – jedenfalls bis zur **Poppenbütteler Schleuse**, wo sich das Frischluftbedürfnis der Wanderer meist erschöpft hat und ihre durstigen Kehlen nach einem Kaltgetränk lechzen. Wer nicht zu Fuß unterwegs sein will, kann

Zwischen Heckenrosen und üppigem Grün: So wie hier am Maike-Harder-Weg wurden in den 1980er Jahren viele Wohngebiete neu erschlossen

wahlweise auch ein Fahrrad oder Kanu leihen und so die idyllische Landschaft erkunden. Aber Vorsicht auf dem Wasser ist geboten: Das Wehr ist nicht durchfahrbar!

Ein weiteres Ausflugs- und Kaffeelokal ist das **Randel** – auch wenn die Nachbarn aus Wellingsbüttel meist die Meinung vertreten, dass diese Traditionsgaststätte zu ihrem Stadtteil gehört. „Egal – “, meint der Oberkellner des Hauses, Peter Schroedter, „das Randel kennt

Oberkellner Peter Schroedter empfängt die Gäste im Traditionslokal „Randel“

man im ganzen Alstertal.“ Wer fürstlich speisen will oder Räume für Familienfeiern benötigt, ist hier genau richtig. Zum Randel gehört außerdem der größte öffentlich zugängliche Privatpark Norddeutschlands.

Weitaus ruhiger geht es alsteraufwärts bis zum **Hohenbuchenpark** zu. Hier verabschiedet sich der Wanderweg aus Poppenbüttel in Richtung Lemsahl-Mellingstedt, und wer diesseits der Grenze bleiben möchte, biegt links ab und folgt dem Lauf der kleinen Mellingbek Richtung Kupferteich. Sie speist den ehemaligen Mühlenteich zusammen mit der Twelenbek.

Der Oberlauf des **Poppenbütteler Grabens** ist eins der elf Hamburger Naturdenkmäler (s. Hummelsbüttel) und umfasst den zentralen Wiesen- und Birkenbruchbereich am westlichen *Kupferteichweg*. Mit Glück kann man hier auch die Bekassine beim Balzflug beobachten. Für den Botanischen Verein zu Hamburg betreut Horst Bertram den Poppenbütteler Graben: „Im Mai sind die Nasswiesen vom Rosa der Kuckuckslichtnelken geprägt, während man die kleinen Moorpflanzen, wie den Fleisch fressenden Sonnentau, von weitem nicht ausmachen kann.“

Köpfe

Hinrich-Ludwig Frahm (1856–1936), Lehrer in Poppenbüttel, entfaltete als Heimatforscher und -dichter eine große Wirkung. Schon früh begann er vorgeschichtliche Fundstücke und bäuerliche Geräte vergangener Zeiten zu sammeln. Sein Ziel war neben der Erforschung und Pflege der heimatlichen Kultur auch die Erschließung des Naturraumes Alstertal. Im Jahr 1900 beteiligte er sich an der Gründung des Alstervereins, der auf Frahms Anregung hin bis heute ein Jahrbuch herausbringt. Frahm zu Ehren wurde 1951 der durch Poppenbüttel und Sasel laufende *Frahmredder* benannt, und auch die Grundschule zwischen Minsbek und *Schulbergredder* trägt seinen Namen.

Der engagierte Lokalpolitiker **Otto Henneberg-Poppenbüttel** (1905–86) stammte aus einer Gutsbesitzerfamilie, die um 1900 fast ganz Poppenbüttel ihr Eigen nannte. Nach dem Zweiten Weltkrieg war er einer der Mitbegründer der Hamburger CDU. In zahlreichen Ehrenämtern gestaltete er seinen Stadtteil maßgeblich mit, so auch 23 Jahre lang als Vorsitzender des Alstervereins. In seinen letzten Lebensjahren lag ihm der Hennebergpark mit seinen seltenen Bäumen besonders am Herzen. 1970 dankte die Stadt Hamburg Henneberg für seine Verdienste, indem sie ihm den Beinamen „Poppenbüttel“ verlieh.

Viele Poppenbüttler Mütter kennen **Josefine Farin**: Als Hebamme kümmert sie sich um neue Erdenbürger und ihre Familien. Bei Josefine sind alle gut aufgehoben, die Geburtsvorbereitung und Wochenbettpflege brauchen oder sich für Kurse über Ernährung bis hin zur Babymassage interessieren. Nach der Entbindung landen die Mütter fast von selbst bei der Mutter-Kind-Gymnastik, wo eine ungezwungen lustige und sportliche Atmosphäre herrscht.

Sehr verdient: Heimatforscher Hinrich-Ludwig Frahm. Sehr engagiert: Lokalpolitiker Otto Henneberg-Poppenbüttel. Sehr beschäftigt: Hebamme Josefine Farin (von oben nach unten)

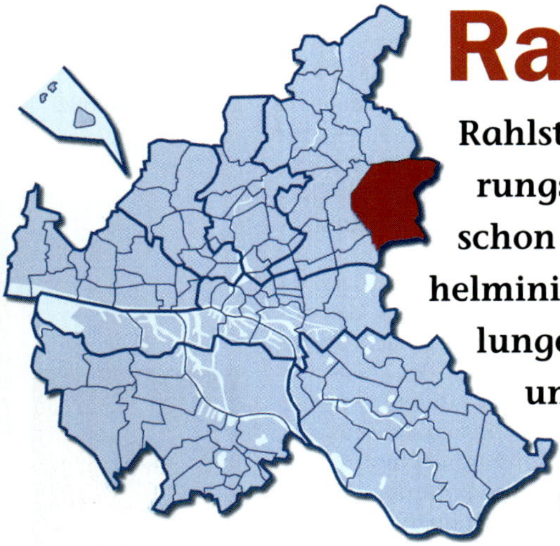

Rahlstedt

Rahlstedt ist der zweitgrößte und bevölkerungsreichste Hamburger Stadtteil und schon seit langem eine Stadt für sich. Wilhelminische Villen und mächtige Großsiedlungen, geschäftige Einkaufszentren und unberührte Natur wechseln sich ab. Mit Meiendorf und Oldenfelde gibt es auch zwei lebendige Quartiere

Steckbrief

Fläche:
26,576 km²
Einwohner:
84 432
Verwaltung:
Bezirk Wandsbek; Ortsamt Rahlstedt
Ortsteil:
526

Der Name Rahlstedt – ursprünglich „Radolvestede“ (= Stätte des Radolf) – weist mit der Endung „-stede“ auf eine sächsische Gründung des 8. Jahrhunderts hin.

Aus der Geschichte

Das Kirchspiel Rahlstedt wurde 1248, das Dorf Neurahlstedt 1288 zum ersten Mal urkundlich erwähnt. Damals lebten in beiden Dörfern, die später zum Herzogtum Holstein gehörten, hauptsächlich Bauern. Sie leisteten Abgaben an das Kloster Harvestehude, später an das Hamburger Domkapitel und an Hamburger Bürger. Während des 30-jährigen Krieges (1618–48) zogen immer wieder Truppen plündernd durch Rahlstedt. 1627 lagerten z.B. kaiserliche Truppen auf der Rahlstedter Heide; die Feldherren **Wallenstein** und **Tilly** hatten hier zeitweilig ihr Hauptquartier.

Mitte des 17. Jahrhunderts wurde Rahlstedt, mittlerweile im Besitz der Herzöge von Holstein-Gottorf, für kurze Zeit von Moskau aus verwaltet. Der Herzog von Holstein-Gottorf hatte 1762 als Zar Peter III. den russischen Thron bestiegen. 1773 trat seine Witwe, Katharina die Große, Teile von Holstein und damit auch Rahlstedt an Dänemark ab. In den napoleonischen Befreiungskriegen wurde Rahlstedt **wieder Kriegsschauplatz**: Im Dezember 1813 kämpften auf der Landstraße zwischen Braak und Stapelfeld dänische und russische Truppen, und fast über das ganze Jahr 1814 mussten die Rahlstedter Bürger und Bauern insgesamt 458 Offiziere, 21 333 Soldaten und 2545 Pferde der russischen Armee unterbringen und versorgen.

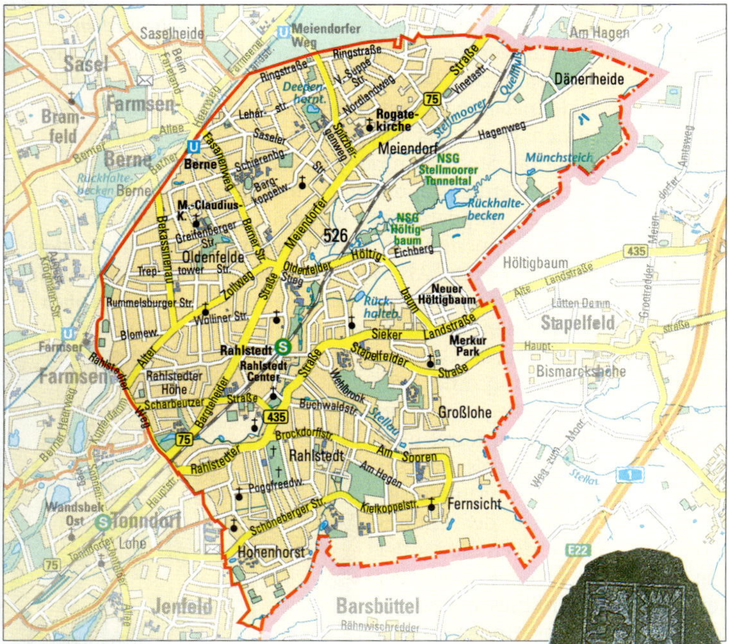

Up ewig ungedeelt: Im Liliencronpark erinnert ein Gedenkstein an die Erhebung gegen die Dänen

Geschäftiges Treiben auf dem Bahnhofsvorplatz: Nach einem Einkaufsbummel über den Wochenmarkt kann man sich im Zentrum Rahlstedts bei einem Espresso erholen

Vom Bauerndorf zum Villenvorort

„Wenn Altrahlstedt heute einen ordentlichen Bahnhof hat, so hatte es 1868 nur ein kleines Bahnwärterhaus mit angebautem Warteraum, in welchem die Frau des Bahnwärters Bier und Schnaps ausschenkte." So beschrieben die „Rahlstedter Neuesten Nachrichten" Anfang der 1930er Jahre rückblickend die erste

Rahlstedter Eisenbahn-Haltestelle. Mit dem Bau der Strecke Hamburg–Lübeck 1865 und des heute noch bestehenden Bahnhofsgebäudes aus dem Jahr 1893 veränderte sich das Gesicht Rahlstedts. Dazu trug erheblich der Fabrikant Edward Grube bei, der 1884 sein Eisenwerk an der *Bargteheider Straße* errichtet hatte. Bauern verkauften ihre Ländereien an bauwillige Städter, und Rahlstedt entwickelte sich zu einem Villenvorort. 1927 erfolgte der Zusammenschluss der seit 1867 preußischen Landgemeinden Altrahlstedt, Neurahlstedt, Meiendorf und Oldenfelde sowie Teilen von Tonndorf-Lohe und Jenfeld zur Großgemeinde Rahlstedt, die mit dem Groß-Hamburg-Gesetz 1937/38 eingemeindet wurde.

Spuren alter Zeiten

Das älteste erhaltene Gebäude des Stadtteils ist die um 1200 erbaute **Altrahlstedter Kirche**. Die Wände der ev.-luth. Kirche bestehen aus groben Feldsteinen, der Turm aus Fachwerk ist mit Holzschindeln gedeckt. Die ältesten Kunstwerke sind – außer einer alten Glocke – ein Triumphkreuz, zwei Apostelfiguren, die Barockkanzel sowie zwei Kronleuchter mit dem Wappen der russischen Zarin.

Malerisch winden sich heute tiefrote Kletterrosen an den Seitenwänden. Ein paar Schritte weiter, dort wo sich die Wandse an der Kirche vorbeischlängelt, weiden Schafe auf einer eingezäunten Weide, so als wäre die Zeit stehen geblieben.

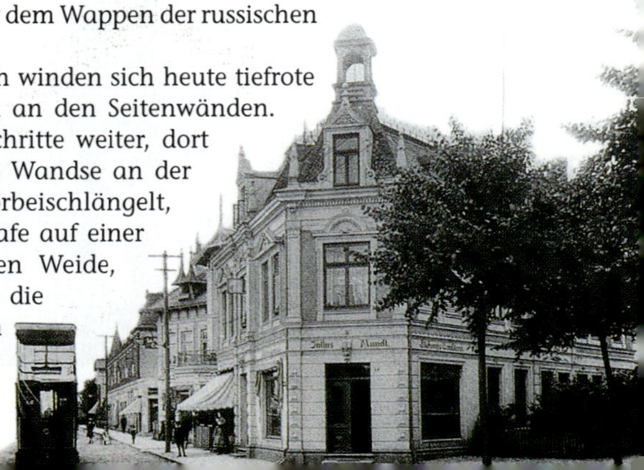

Links: prächtiges Bauernhaus am Rahlstedter Dorfplatz.
Unten: Vor Ausbau der Bahnhofstraße war der Doberaner Weg eine wichtige Geschäftsstraße

Ländliche Idylle rund um die Altrahlstedter Kirche und das beeindruckende Glasfenster in der Dietrich-Bonhoeffer-Kirche (rechts)

An der *Stapelfelder Straße* findet man von saftigen Wiesen umgeben eine in Hamburg einzigartige Hofanlage. Bauernhäuser mit roten Ziegelfassaden und eine gründerzeitliche Bauernvilla schmiegen sich an den hufeisenförmigen **Dorfplatz von Neurahlstedt**, der eine Art Rundling bildet und unter Milieuschutz steht. Am Bahnhofsvorplatz, jetzt *Helmut-Steidl-Platz*, erinnern seit 1898 ein Findling und eine Doppeleiche an den 1848er Aufstand der Schleswig-Holsteiner gegen die Dänen.

Eine alte Kopfsteinpflasterung findet man heute noch an der Ecke *Sieker Landstraße/Höltigbaum*. Einst diente die heute altertümlich wirkende Straße als Hauptverbindung zwischen Hamburg und Lübeck. Mit Argusaugen wachen Rahlstedter Bürger darüber, wenn Bautrupps anrücken und das historische Pflaster aufnehmen.

Moderne Siedlungen

Wenn man vom Bahnhof aus durch die umliegenden alten Straßen Rahlstedts spaziert, ahnt man, wie gut betuchte Menschen hier um die Jahrhundertwende gelebt haben müssen. Umgeben von großzügigen Gärten mit wuchernden Rhododendronbüschen sieht man **herrliche Villen** mit Holzbalkonen, fachwerkartigen Giebeln und Türmchen. Doch das ist nur ein Teil von Rahlstedt.

Kurz vor und während des Zweiten Weltkriegs entstanden die Boehn-Kaserne zwischen der Hohen Weide (heute *Timmendorfer Straße*) und Zollstraße (heute *Scharbeutzer Straße*) und die Graf-Goltz-Kaserne in der späteren *Sieker Landstraße*; der Stadtteil wandelte sich vom Villenvorort zum **Kasernenstandort**. Soldaten lebten und marschierten dort, wo kurz vorher noch Bauern ihre Kornfelder bestellt hatten. 1956 begann die Nutzung der Kasernen durch die Bundeswehr. „Am Anfang mussten wir uns noch an die Soldaten gewöhnen", erinnert sich „Hanni" Schult (s. Köpfe), ehemals langjähriger Vorsitzender des Bürgervereins Oldenfelde, „aber irgendwann waren sie, auch durch Hilfsaktionen, aus dem Stadtbild nicht mehr wegzudenken." 1992 schloss die Bundeswehr im Zuge von Standortverkleinerungen beide Kasernen. Dadurch bot sich für die Stadtväter eine günstige Gelegenheit, neue Wohnungen zu bauen. Auf dem

Für jeden Geschmack und Geldbeutel gibt es Wohnungen in Rahlstedt: ob im Bauernhaus, einer gründerzeitlichen Villa oder in einer der modernen Siedlungen

Nicht nur für Mönche und Nonnen: Besuch des Dalai Lama im Tibetischen Zentrum. Er ist seit 1977 Schirmherr der Einrichtung, in der man sich in sieben Jahren zum Buddhisten ausbilden und auch Tibetisch lernen kann

Gelände der Boehn-Kaserne wurde das Wohngebiet **Rahlstedter Höhe** errichtet. An der *Sieker Landstraße* auf dem Gelände der Graf-Goltz-Kaserne entstand mit den **Boltwiesen** Hamburgs erste Siedlung in Niedrigenergiebauweise mit rund 530 Wohneinheiten, darunter Reihen-, Doppelhäuser und Genossenschaftswohnungen mit begrünten Wohnhöfen und Spielplätzen. Die ersten Mieter zogen im Herbst 2001 ein.

Schon in den 1960er Jahren bauten staatliche Wohnungsbauträger mit den Siedlungen **Großlohe, Hohenhorst, Wildschwanbrook** und **Rahlstedt-Ost** fast 12 000 neue Wohnungen, die auch viele Wilhelmsburger aufnahmen, die bei der Flutkatastrophe 1962 obdachlos geworden waren. Diese Siedlungen wurden jüngst mit großem Aufwand modernisiert, so die Fertigbauhäuser der SAGA in dem Hohenhorster Wohngebiet in der *Schöneberger Straße/Wilmersdorfer Straße* mit Dachgeschossen und kräftigen Farben an Balkonen und Fassade. Im Rahmen der **Sozialen Stadtteilentwicklung** wird auch in den Wohngebieten **Greifenberger Straße** und **Großlohe** viel getan, um die Häuser zu modernisieren und auch die Freizeitangebote für Kinder und Jugendliche zu verbessern. So soll in Neurahlstedt ein Kinderbauernhof entstehen, auf dem Kinder den verantwortungsbewussten Umgang mit der Natur lernen. Wichtige Impulse für Veränderungen im Quartier kommen vom **Stadtteilbeirat Großlohe**, in dem auch Bewohner des Stadtteils vertreten sind.

Der Dalai Lama besucht Rahlstedt

Ein Kunsterlebnis besonderer Art erwartet den Besucher der **Dietrich-Bonhoeffer-Kirche** an der Ecke *Greifenberger/Kamminer Straße*. Wer sie bei Sonnenschein betritt, taucht in ein Meer aus schimmernden Blautönen. Durch ein zehn Meter hohes Betonglasfenster, eines der größten in Europa, das fast die gesamte Stirnwand der Kirche einnimmt, entsteht im zeltförmigen Innenraum eine fast mystische Atmosphäre. Von besonderem architektonischen Rang ist die 1961 erbaute **Martinskirche** in Neurahlstedt von Olaf Andreas Gulbransson. **Mariä Himmelfahrt** in der *Oldenfelder Straße* ist mit über 8000 Seelen die größte röm.-kath. Kirchengemeinde im Erzbistum Hamburg.

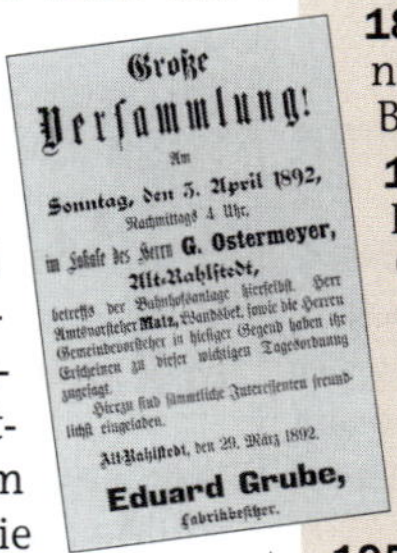

Große
Versammlung!
Am
Sonntag, den 3. April 1892,
Nachmittags 4 Uhr,
im Lokale des Herrn **G. Ostermeyer,**
Alt-Rahlstedt,
betreffs der Bahnhofsanlage hierselbst. Herr Amtsvorsteher **Malz,** Wandsbek, sowie die Herren Gemeindevorsteher in hiesiger Gegend haben ihr Erscheinen zu dieser wichtigen Tagesordnung zugesagt.
Hierzu sind sämmtliche Interessenten freundlichst eingeladen.
Alt-Rahlstedt, den 29. März 1892.
Eduard Grube,
Fabrikbesitzer.

Was hat der 14. **Dalai Lama** mit Rahlstedt zu tun? Manche Hamburger werden sich noch gut an die Besuche des geistlichen Oberhauptes der Tibeter in

Zeitleiste

8. Jh. Beginn der Besiedlung
1248 erste urkundliche Erwähnung
1627 Feldherren Tilly und Wallenstein in Rahlstedt
1806 große Verwüstungen bei Befreiungskriegen
1893 Eröffnung des Bahnhofs
1934 Alfred Rust beginnt Grabungen im Tunneltal
1937/38 Eingemeindung nach Hamburg
1956 Bundeswehr bezieht Kasernen
1983 Eröffnung des Rahlstedt CENTERS
1996/97 Abriss der Boehn-Kaserne/Bau der Siedlung Rahlstedter Höhe

Wahlverhalten

... zur Bürgerschaft 2001 (gesamt)

Wahlbeteiligung	71,0%
SPD	36,5%
CDU	26,2%
Schill-Partei	19,4%
Grüne/GAL	8,6%
FDP	5,1%
Übrige	4,2%

... zur Bürgerschaft 2001 (Stadtteil)

Wahlbeteiligung	73,7%
SPD	36,6%
CDU	28,7%
Schill-Partei	21,2%
Grüne/GAL	4,9%
FDP	4,9%
Übrige	3,6%

Stadtteil-Profil

	Rahlstedt	Bezirk	Hamburg
Bevölkerung gesamt (2000)	84 432	405 173	1 704 929
Unter 18-Jährige in %	17,5	17,1	16,1
65 Jahre und älter in %	18,7	18,8	17,0
Deutsche	75 424	359 918	1 432 325
Ausländer in %	10,7	11,2	16,0
Einwohner je km²	3177	2742	2258
Sozialstruktur			
Sozialhilfeempfänger (2000)	6250	25 017	120 461
Arbeitslose (2001)	3201	14 222	71 963
Eink. je Steuerpfl. in DM (1995)	65 300	70 631	65 579
Wohnen (2001)			
Wohngebäude	13 312	68 964	226 061
Ein- und Zweifamilienhäuser in %	28,0	31,4	20,5
Ø Wohnungsgröße in m²	76,2	77,1	71,0
Wohnfläche je Einwohner in m²	36,2	37,0	35,7
Verkehr			
Private Pkw (2001)	34 740	166 212	628 119
Straßenverkehrsunfälle (2000)	360	2255	12 430
Kriminalität			
Straftaten insgesamt (2000)	7666	41 067	284 272

den Jahren 1982, 1991 und 1998 erinnern. Dass es in Rahlstedt das deutschlandweit einzige buddhistische Lehr- und Studienzentrum unter seiner Schirmherrschaft gibt, dürfte dagegen weniger bekannt sein. Das **Tibetische Zentrum e.V.** an der *Hermann-Balk-Straße* – 1977 gegründet – steht auch Nicht-Buddhisten offen. Ziel des Zentrums ist es, die buddhistische Religion nach der tibetischen Überlieferung zu erhalten und zu fördern.

Logo der Rahlstedter Kulturwochen. Rechts: der Nachwuchs vom AMTV beim Dance Happening 2001

In Rahlstedt ist was los

Wer etwas für sich und/oder seinen Stadtteil tun möchte, kann sich in Rahlstedt in acht Sportvereinen, vier Freiwilligen Feuerwehren, zwei Schützenvereinen, zwei Bürgervereinen, einem Kulturverein und vom Amateurfunkclub bis zur NABU-Gruppe in vielen weiteren Vereinen engagieren.

So hat sich der **Bürgerverein Rahlstedt** seit mehr als vierzig Jahren große Verdienste um die Entwicklung Rahlstedts erworben, u.a. bei der Ausweisung des Stellmoorer Tunneltals als Naturschutzgebiet. Neben seinem Heimatarchiv, in dem sich jeder über die Geschichte des Stadtteils informieren kann, gibt es auch einen Seniorenkreis „DU UND ICH".

Unter dem Motto „In Rahlstedt ist was los!" starteten 1995 die ersten **Rahlstedter Kulturwochen**, die seitdem jeden September vom Arbeitskreis Kulturwochen organisiert werden. Geboten wird ein vielseitiges Programm aus Musik, Kunsthandwerk, Theater, Tanz, Sport und vielem mehr, bei dem jeder mitmachen kann.

Der Arbeitskreis Kulturwochen, der sich 1999 mit dem Arbeitskreis Geschichte Rahlstedt zum **Rahlstedter Kulturverein e.V.** zusammenschloss, ist eine Initiative Rahlstedter Vereine, Institutionen, Schulen, Kirchen, aber auch interessierter Bürger und Bürgerinnen. Der Arbeitskreis Geschichte erforscht die über 750-jährige Geschichte des Stadtteils und stellt seine Ergebnisse seit 1999 im „Rahlstedter Jahrbuch für Geschichte und Kultur" der Öffentlichkeit vor.

Weitere kulturelle Veranstaltungen finden u.a. im **Rahlstedt CENTER**, in der Detlev von Liliencron-Bücherhalle und in der Galerie Blänsdorf, wo auch Künstler wie der Rahlstedter Maler Jens Cords ausstellen, statt.

Sport und Spaß bietet der **AMTV**, ein traditionsreicher Sportverein von 1893 e.V. Er ist mit fast 6000 Mitgliedern einer der ältesten und größten Sportvereine Hamburgs. Der AMTV bietet mit seinen über 25 verschiedenen Sportarten und dem Fitness-Studio jede Menge Möglichkeiten, in Schwung zu kommen.

An der frischen Luft Hockey spielen kann man ganzjährig beim **Rahlstedter Hockey- und Tennis-Club e.V.** Am Rande des Naturschutzgebietes Höltigbaum, beim **Rahlstedter Reit- und Fahrverein e.V.**, können schon Kinder reiten lernen. Und wer sein sechs Monate altes Baby bereits an Turnmatten gewöhnen möchte, kann mit ihm die Krabbelgruppe beim **Meiendorfer Sportverein von 1949 e.V.** besuchen. Inline-Hockey, Family-Tennis, Streetball oder Fußball bietet die 1999 vom Haus der Jugend und der SAGA geschaffene Freizeitanlage am *Großlohering*. Auf über 1400 m^2 gibt es auch eine Skate-Anlage und eine Go-Kart-Bahn.

Im Jugendzentrum **Startloch** am *Schimmelreiterweg* kann die Jugend Rahlstedts töpfern, schreinern, Partys veranstalten, Bass spielen lernen oder einfach nur klönen. Mehrere Sozialarbeiter kümmern sich um die Jugendlichen und helfen ihnen auch bei Behördengängen oder anderen persönlichen Angelegenheiten.

AMTV *Hamburg*

Alle Uhren auf null: Jedes Jahr im Mai veranstalten AMTV, Rahlstedt CENTER, Rahlstedter Wochenblatt und IGOR den Wandselauf für jedermann. Auch die Jüngsten ermitteln einen Sieger

Zusammen mit der **Interessengemeinschaft Ortskern Rahlstedt e.V.** (IGOR) organisieren die Sportler vom AMTV den **Wandselauf**, einen Volkslauf entlang des Flusses, der durch Rahlstedt fließt. Die IGOR, ursprünglich ein Zusammenschluss von Rahlstedter Kaufleuten, mischt auch kräftig mit, wenn es um Themen wie Ladenöffnungszeiten, Aufhebung von Bahnübergängen oder andere Veränderungen im Ortsbild geht.

Wo der Euro geprägt wird

Seit sich ortsansässige Handwerker vor ihrer Arbeit in der Oldenfelder Schenke, heute Alt Rahlstedter Landhaus, trafen, um Aufträge untereinander aufzuteilen, hat sich im Rahlstedter Wirtschaftsleben einiges geändert. „Du machst heute bei Emmy die Heizung, hieß es dort noch in früheren

Nicht nur der Gott des Handels, sondern auch der der Reisenden und der Diebe: Merkur-Säule im privaten Gewerbegebiet Merkur Park

Der Dichter und der Bildhauer

In Rahlstedt lebten mit dem Dichter Detlev von Liliencron sowie dem Maler und Bildhauer Heinrich Steinhagen zwei bekannte Künstlerpersönlichkeiten, die oft die Gemüter ihres Wohnortes bewegten

In der Nähe einer großen mitteldeutschen Stadt, mit der Bahn in zwanzig Minuten zu erreichen, lag das Villendorf Blumendorf", so begann Detlev von Liliencron seinen unvollendeten Roman über Altrahlstedt kurz vor seinem Tod im Juli 1909. Der Dichter lebte hier seit 1901. 1844 in Kiel als Sohn eines Zollverwalters geboren, trat er als 19-Jähriger in den preußischen Militärdienst ein. Nach zwölf Jahren musste er die Offizierslaufbahn wegen seines aufwändigen Lebensstils und damit verbundener Schulden abbrechen. Danach versuchte er sich in den USA als Pianist und Stallmeister. Seit 1886 lebte er als freier Schriftsteller in München, Berlin und Altona. In Rahlstedt konnte er u.a. wegen eines Ehrensoldes von Kaiser Wilhelm II. weitgehend sorgenfrei leben.

Der Dichter Detlev von Liliencron und seine Frau Anna

Auch Spendenscheine der Liliencrongesellschaft wurden 1923 in Rahlstedt als Notgeld ausgegeben

Als Lyriker ist Liliencron ein wichtiger Vertreter des deutschen Impressionismus. Liliencron schrieb in Rahlstedt u.a. den biografischen Roman „Leben und Lüge" und vollendete die Gedichtsammlung „Bunte Beute". Heute erinnern ein von marmornen Rosen umranktes Grab auf dem Rahlstedter Friedhof und ein Denkmal im Liliencronpark an ihn. Sein Haus in der *Bahnhofstraße 39* wurde 1973 abgerissen. Dort steht heute das Detlev von Liliencron-Haus mit der Öffentlichen Bücherhalle.

Zwei Gnomen aus Ton kauern im Schneidersitz auf einem Sockel aus dunkelroten Ziegeln. Dahinter thront ein verwinkeltes Backsteinhaus mit schiefen Wänden, bizarren Schornsteinen und unsymmetrischen Anbauten. So sah das Haus des Malers und Bildhauers Heinrich Steinhagen (1880–1948) aus, der auch Detlev von Liliencron porträtierte. Zehn Jahre baute Steinhagen an dem Haus und formte viele Skulpturen wie die Gnomen im Garten. Den Rahlstedtern war nicht geheuer, was da in den 1920ern am Wiesenredder (heute *Großlohering*) geschah. Der damalige Amtsvorsteher Heinrich Schulz versuchte, Steinhagen wegen Einsturzgefahr des Hauses am Weiterbau zu hindern. Der Künstler soll unbeeindruckt geantwortet haben: „Herr Bürgermeister, ich habe vier Jahre lang im Schützengraben unter Trommel- und Granatfeuer gelegen, da war niemand um mein Leben besorgt" – und griff wieder zur Kelle. Als die Hamburger Presse über das Bauwerk berichtete, strömten die Besucher zum Wiesenredder. Für 50 Pfennig Eintritt pro Person führte der Künstler die Besucher durch die Räume, deren Decken und Wände u.a. mit Tafelbildern geschmückt waren.

Nach dem Zweiten Weltkrieg lebten kurzzeitig Flüchtlinge in dem Haus, bis es 1962 für den Bau der Siedlung Großlohe abgerissen wurde.

Holzschnitt, den der Maler Heinrich Steinhagen von seinem kuriosen Haus anfertigte

Jahren", erzählt Volker Sieg. In Rahlstedt existieren drei Gewerbegebiete. Im Gewerbegebiet Bargkoppelweg in Meiendorf gibt es eine Institution, die ihre exakte Anschrift nicht gerne an die große Glocke hängt. Hier befindet sich die **Hamburgische Münze**, eine der fünf staatlichen Münzprägestätten Deutschlands. Vor der Einführung des Euro prägten die 80 Mitarbeiter dort täglich bis zu sechs Mio. Euro-Geldstücke – vom Ein-Cent-Stück bis zur Zwei-Euro-Münze.

Günter B. Kuhaupt, Direktor der Hamburgischen Münze: „Täglich haben wir bis zu sechs Mio. Euro geprägt"

Der **Merkur Park** wird von einem privaten Investor, der Familie Jebens, betrieben. Auf dem ca. 30 ha großen, parkartigen Gelände an der *Sieker Landstraße* haben sich neben Rahlstedter Betrieben Unternehmen wie der Salathersteller Mayo Feinkost und die Vertriebszentrale des Verlages Gruner+Jahr angesiedelt. In unmittelbarer Nachbarschaft residieren auf dem städtischen Gewerbegebiet **Neuer Höltigbaum** u.a. der Buch- und Presse-Großvertrieb Hamburg, der Elektrogroßhandel Kluxen und das Tischlerei-Fachgeschäft Volkmann & Jacobsen.

Sollten die Gewerbegebiete eines Tages komplett belegt sein, wird es für Handel- und Gewerbetreibende in Rahlstedt schwierig werden, einen Bauplatz zu ergattern. „Die einzigen großen Entwicklungsflächen waren die ehemaligen Bundeswehrareale. Momentan gibt es nur noch kleine, verstreut liegende Flächen", erklärt Ortsamtsleiterin Gudrun Moritz.

Staus, Staus, Staus

Noch gehören die meist geschlossenen Schranken am **Bahnübergang** Oldenfelder Straße zum gewohnten Bild Rahlstedts. Immer wenn Züge nach oder aus Richtung Lübeck durch den Ort rauschen – und das sind pro Tag rund 250 –, staut sich der Verkehr trotz der 1979 eröffneten Brücken Scharbeutzer Straße und Höltigbaum. Im Sommer 2003 soll das alles Vergangenheit sein, wenn, wie geplant, die ersten Autos durch die neue Unterführung Amtsstraße fahren. Der **Tunnel** macht dann den ebenerdigen Bahnübergang Oldenfelder Straße überflüssig. Er ist Teil des Programms zur Beseitigung von Bahnübergängen im Bezirk Wandsbek. Gudrun Moritz erwartet von dem Projekt eine „große städtebauliche Aufwertung der Ortsmitte um die Einkaufsmeile *Rahlstedter Bahnhofstraße*".

Immer wieder für Schlagzeilen in der Lokalpresse sorgen nicht nur die schienengleichen Bahnübergänge, sondern auch die schlechten Zugverbindungen in die Hamburger Innenstadt und auf offener Strecke liegen gebliebene Züge. Deshalb fordert die im September 2000 gegründete Bürgerinitiative „S 4 – Schiene statt Straße Hamburg-Stormarn" nicht nur den Bau einer Schnellbahn-Trasse zwischen dem Hamburger Hauptbahnhof und Bad Oldesloe, sondern auch die Einführung des 10-Minuten-Takts auf dieser Strecke.

Wohnen, arbeiten und einkaufen unter einem Dach kann man im Rahlstedt CENTER in der Nähe des Bahnhofs

Schwerter zu Schafweiden: Auf dem ehemaligen Truppenübungsplatz Höltigbaum verhindern Schafe, dass Grasflure verfilzen

Savanne auf dem Höltigbaum

Wo bis 1992 Panzer rollten, weiden heute das ganze Jahr über Galloways und Heidschnucken: Aus dem ehemaligen Standortübungsplatz der Bundeswehr wurde das **Naturschutzgebiet Höltigbaum** mit dem Projekt „Halboffene Weidelandschaft Höltigbaum". Das Projekt ist deutschlandweit der erste Versuch, ökologische Landwirtschaft und Naturschutz mit wirtschaftlichem Erfolg in Einklang zu bringen. Die Landschaft mit ihren weitläufigen Grasfluren, Büschen, kleinen Wäldern und Gewässern bietet vielen seltenen Tier- und Pflanzenarten gute Lebensbedingungen. Aber um die wilde Flora und Fauna zu erhalten, muss verhindert werden, dass sich Gehölze flächendeckend ausbreiten und Grasflure verfilzen. Um die Kosten möglichst gering zu halten, sind dafür Schafe und Rinder als „Öko-Landschaftspfleger" im Dauereinsatz.

Heißt es nun „Wandse" oder „Rahlau"? Der Name des Flusses, der sich durch Rahlstedt schlängelt und an dem man so schön von der Altrahlstedter Kirche zum Liliencronpark wandeln kann, ist für die Rahlstedter unumstritten. Sie nennen ihren Fluss zwischen *Höltigbaum* und *Wilhelm-Grimm-Straße* **Rahlau**, so wie sie es in der Schule gelernt haben. Der **Wandse** jedenfalls – und sie ist es, um die es geht – kann die Namengebung gleich sein, denn sie wechselt noch mehrmals den Namen, bis sie als Mundsburger Kanal in die Alster mündet. Die „echte Rahlau" aber fließt in Tonndorf in die „echte Wandse".

Süße Köstlichkeiten im Angebot des Café Steidl.

Traditionsreiche Einzelhandelsgeschäfte

Ursprünglich sollte an dieser Stelle ein großes Kaufhaus seine Pforten öffnen. Als dann aber der Karstadt-Konzern doch nicht kam, wurde 1983, nach langen Diskussionen, das **Rahlstedt CENTER** an der *Schweriner Straße* gebaut. In mehr als 60 Geschäften vom Supermarkt über Parfümerie bis zum Schuhladen können die Rahlstedter ihren täglichen Bedarf bequem decken. Überhaupt bilden die *Schweriner Straße* und die Rahlstedter *Bahnhofstraße* die Einkaufsmeile für den ganzen Stadtteil. Ob Herrenausstatter Bendfeldt, Schuhhaus Hittcher, Reformhaus Bein, Partyservice Giffey, Fachhaus Möller, Café Steidl, Bettenhaus Huntenburg, Lederwaren Niederstadt oder Blumenhaus Spott, viele Geschäfte sind schon lange, manche seit über 100 Jahren in Rahlstedt ansässig. Ein paar Schritte weiter, im Pipe & Tobacco Shop, gibt es natürlich auch die Cohibas, die der Kanzler so gern raucht.

Obst und Gemüse, Würste, Textilien, diverse Tee- und Kaffeesorten, Gewürze und manch anderes bietet der Wochenmarkt mittwochs und sonnabends in der *Bahnhofstraße*. Jeden Donnerstag findet auf dem *Helmut-Steidl-Platz* der Öko-Wochenmarkt statt.

Rechts: der Öko-Wochenmarkt auf dem Helmut-Steidl-Platz

Jürgen Dienstbach, Inhaber des Pipe & Tobacco Shops: „Damit meine Zigarren ihr Aroma behalten, lagern sie bei 70 Prozent Luftfeuchtigkeit und 18 Grad Raumtemperatur"

Bürgergeschichten

„Freie Fahrt für Marie Gerken"

Annemarie Lutz erlebte, wie die Milchmannfrau Marie Gerken ohne Führerschein mit ihrem TEMPO-Lieferwagen durch Rahlstedts Straßen fuhr

16 Jahre unfallfrei: Milchmannfrau Marie Gerken belieferte ihre Kundschaft zunächst ohne Führerschein. Unten: mit Frosch und Buch: Matthias-Claudius-Denkmal in Oldenfelde

In den Nachkriegsjahren, als Fleisch und Fett rationiert wurden, kaufte man Milch noch nicht im Tetrapak im Supermarkt. Die Milch brachte damals noch der Milchmann. Stadtbekannt war der Milchmann Gerken, der mit einem dreirädrigen TEMPO-Lieferwagen durch Rahlstedt fuhr. Ein Liter Milch kostete damals etwa 38 Pfennige. Nach Gerkens Tod 1952 übernahm seine Frau Marie das Geschäft. Sie war jahrelang als seine Beifahrerin gefahren. Die neuen Halteverbotsschilder an ihren gewohnten Standplätzen ignorierte sie. Von der Polizei nach ihrem Führerschein befragt, schüttelte sie verständnislos den Kopf, „Führers" Zeiten – so wusste sie genau – waren längst vorbei. Und ein solches Papier hatte sie nie erworben. 16 Jahre war sie ohne Führerschein unfallfrei gefahren. Da blieb der Polizei nichts anderes übrig, als der 68-Jährigen, ohne dass sie eine Prüfung ablegen musste, eine gültige Fahrerlaubnis auszustellen.

„Zwei Frösche für Matthias Claudius"

Wie die Matthias-Claudius-Kirche zum Matthias-Claudius-Denkmal kam, erzählt der damalige Pastor Dr. Dietrich Hellmund aus Oldenfelde

Beinahe hätten auf seinem Kopf zwei Frösche gehockt. Doch dann entschieden sich die Kirchenoberen gegen die Frösche und für ein Buch. Das hält Matthias Claudius, u.a. Verfasser des Abendliedes „Der Mond ist aufgegangen", jetzt in den Händen. Bis sein Denkmal 1990 neben der ev.-luth. Matthias-Claudius-Kirche in Oldenfelde aufgestellt wurde, gab es viele Diskussionen. Manchmal waren wir nahe dran aufzugeben. Ursprünglich sollte an der Außenwand der Kirche eine Gedenktafel angebracht werden, aus der hervorgehen sollte, dass sie ihren Namen von dem berühmten Dichter hat. Dann bemängelte der Architekt, dass eine Tafel den Gesamteindruck der Kirche beeinträchtigen würde. Mit einem Denkmal auf dem parkähnlichen Kirchengelände war er jedoch einverstanden. Als der Bildhauer Bernd Stöcker, der in Oldenfelde aufgewachsen ist, seinen Entwurf für das Denkmal präsentierte, forderten die Vertreter des Kirchenausschusses, Claudius müsse mit Hut, Stab und Wandertasche wie als „Wandsbecker Bote" abgebildet werden und ein Buch in der Hand halten. Ich argumentierte dagegen: „Da gäbe es auch noch die beiden Frösche, die auf seinem Hut sitzen, und eine Eule. Soll er wie ein Falkner die Eule tragen?" Der Ausschuss nahm – bis auf das Buch – seine Forderungen zurück, und Stöcker brachte am Sockel der lebensgroßen Bronzefigur doch noch einen Frosch unter. Von Stöcker stammen auch die bronzene Eva-Skulptur vor dem Ortsamt und die Merkur-Säule im Merkur Park an der Sieker Landstraße.

Gut, Arbeitslager, Flüchtlingsunterkunft und Altenheim: Das heutige Hotel Herrenhaus Höltigbaum hat eine wechselvolle Geschichte hinter sich

Kap Horn liegt in Rahlstedt

Auch heute noch kommt kaum ein Rahlstedter am „Kap Horn" vorbei, wie das **Hotel-Restaurant Hameister** in den 1930er Jahren genannt wurde. Woher der Name rührt, ist nicht eindeutig zu klären: Lag es an umständlichen Lenkmanövern der Busfahrer, wenn sie versuchten, in die spitzwinklige *Schweriner Straße* einzubiegen und dabei den Gasthof „umsegeln" mussten, oder an drei trinkfreudigen Hamburger Kaufleuten, die auf ihren Touren nach Rahlstedt nicht an der Gaststätte vorbei kamen und ihr deshalb den Namen „Kap Horn" gaben? Tatsache ist, dass das 1902 erbaute Haus an der *Rahlstedter Straße 189* seit 1953 der Familie Hameister gehört. Wer heute nach körperlicher Betätigung auf einer der acht Kegelbahnen Hunger verspürt, kann es sich in der Altdeutschen Bierstube bei gutbürgerlicher Küche gemütlich machen.

Schon lange eine Institution in Rahlstedt: das Hotel-Restaurant Hameister

Aus einem alten Gasthof mit Ausspann von 1860 ist das heutige **Hotel Eggers** entstanden, das schon viele prominente Gäste aus Film und Fernsehen beherbergt hat.

Wenn diese Wände sprechen könnten! 1892 wird das „Herrenhaus am Höltigbaum" von dem Amerikaner Julius Simmonds erbaut. Als er um 1900 nach Amerika zurückkehrt, verkauft er das Gut. Danach beginnt eine wechselvolle Geschichte: Im Dritten Reich ist es Reichsarbeitsdienstlager. 1945 dient es als Flüchtlingsunterkunft, drei Jahre später als Altenheim und 1985 bewohnt eine Künstlergruppe das Gut. 1990 baute es der Iraner Hossein Anahid zum **Hotel Herrenhaus Höltigbaum** um. Ob romantische Traumhochzeit oder professionelle Tagung, das im klassizistischen Stil gehaltene, strahlend weiße Herrenhaus scheint für jede Veranstaltung ein stimmiger Ort zu sein.

Um die Jahrhundertwende war „Breedes' Gasthof" an der *Bargteheider Straße* ein beliebter Treffpunkt für Durchreisende und Fuhrleute, die ihre Pferde versorgen mussten. Von 1911 bis 1975, als es den Schierhorns gehörte, hieß das Lokal Oldenfelder Schenke. Seit über 25 Jahren bietet nun die Familie Nicolaisen im **Restaurant Alt Rahlstedter Landhaus** gutbürgerliche Küche an.

Köpfe

„Hanni und Nanni" und „Dolly" kennt in Deutschland wahrscheinlich jedes Mädchen. Aber kaum jemand weiß, dass die „deutsche" Enid Blyton, **Margarethe Deinet alias M. Haller**, in Rahlstedt wohnte: 29 Jugendbücher, darunter „Gisel und Ursel, die beiden Glücksmädel" und „Erika", schrieb die Buchhändlerin seit 1931. Sie wurden über sieben Mio. Mal und auch im Ausland verkauft.

Von Rahlstedt in die Walddörfer: dank der 1904 eröffneten elektrischen Kleinbahn kein Problem mehr für Ausflügler

Deinet griff zur Feder, weil ihr die damaligen Jugendbücher nicht gefielen. Noch im Alter von 74 Jahren stand sie hinter dem Tresen ihrer Buchhandlung in der *Schweriner Straße*. Sie starb 1995 im Alter von fast 102 Jahren.

Sie nennen ihn den „heimlichen Bürgermeister": **Hansjürgen („Hanni") Schult** war viele Jahre Vorsitzender des Bürgervereins Oldenfelde. Bis 1993 führte der Bäcker- und Konditormeister mit seiner Frau Brigitte den „Oldenfelder Krug", das Vereinslokal des Bürgervereins. Als Vorsitzender pflegte er enge Kontakte zum Ortsamt, zu Vereinen, zur Bundeswehr, zur Freiwilligen Feuerwehr und zur Kirche. Gemeinsam verwirklichten sie Projekte wie den Bau des Kindergartens am *Massower Weg* und den „Sportpark Oldenfelde", der durch den „Förderkreis Grünzug Berner Au", einen Zusammenschluss aus Vereinen und Verbänden aus Farmsen und Oldenfelde, initiiert wurde. Hanni Schult, den man heute oft bei seinen Radtouren trifft, strebte – obwohl SPD-Mitglied mit sehr guten Kontakten – nie eine ihm angebotene Parteikarriere an. „Ich wollte etwas für Rahlstedt tun und auch ein bisschen Spaß dabei haben", sagt er bescheiden.

In Rahlstedt gibt es eine Straße, die wie ein Hufeisen verläuft. Hier in der *Remstedtstraße* wohnt **Annemarie Lutz**, sie sagt: „Das Schöne an meiner Straße ist, dass hier fast noch alles so aussieht wie um 1900, als die Villen gebaut wurden: die Fachwerk- und Doppelgiebel, die gediegenen Holz-Fensterläden und die weitläufigen Gärten mit dem alten Baumbestand." Die gebürtige Altrahlstedterin ist so etwas wie ein wandelndes Heimatkundebuch. Neben ihrer fast 30-jährigen Tätigkeit an der Hochschule für Wirtschaft und Politik veröffentlichte sie mehrere Bücher, darunter „Altrahlstedt an der Rahlau" und eine Gedenkschrift zum 150. Geburtstag des Dichters Detlev von Liliencron, mit dessen Leben und Werken sie sich intensiv befasst. Für das von ihr aufgebaute Heimatarchiv des Bürgervereins Rahlstedt hat sie u.a. umfangreiche Sekundärliteratur und Werke des Dichters beschafft. Besuchern steht sie fachkundig zur Seite. Besondere Freude hat sie daran, wenn Schulklassen sich mit heimatkundlichen Themen befassen.

Als „Herr der Euros" würde sich **Ralf Kneipp** nie selbst bezeichnen. Aber wenn er bei seinem Job als Lager-Vorarbeiter in der Hamburgischen Münze nicht den Überblick behalten würde, könnten seine Kollegen keine Münzen prägen. Kneipp sorgt dafür, dass im Lager der Münze immer genügend Rohlinge (Ronden) vorhanden sind. Dazu bestellt er nach einem Produktionsplan, der zum Beispiel vorsieht, dass in einer Woche 13 Mio. 1-Euro-Münzen produziert werden, bei Rondenherstellern wie der Deutschen Nickel AG das Rohmaterial. Wenn aus den Ronden durch die Prägung Münzen geworden sind, kümmert er sich darum, dass sie verpackt, gewogen und per Lkw an die Banken geliefert werden. Dem 38-jährigen gelernten Kfz-Mechaniker, der seit 1988 in Rahlstedt lebt, gefällt an seiner Arbeit besonders, „dass sie so abwechslungsreich ist und ich immer wieder auf unvorhergesehene Situationen reagieren muss".

Alle aus Rahlstedt (von oben): der heimliche Oldenfelder Bürgermeister Hansjürgen Schult; Heimatforscherin Annemarie Lutz; Münze-Mitarbeiter Ralf Kneipp. Unten: Haller-Buch „Gisel und Ursel"

Oldenfelde

Lebendiges Quartier für 22 000 Hamburger

Wer mit der U 1 nach Ohlstedt fährt und nach der Station Farmsen nach rechts schaut, blickt auf Oldenfelde. Zwischen U-Bahn-Linie, *Berner* und *Timmendorfer Straße* und dem Höltigbaum-Gelände liegt dieser Teil Rahlstedts, der heute rund 22 000 Einwohner hat. „Oldenfelde" bedeutet „Altes Feld", wobei „Feld" hier für waldfreien Boden steht. Oldenfelde gehörte ursprünglich zum Amt Trittau. 1750–68 war es Hamburger Pfand, wurde 1927 nach Rahlstedt eingemeindet und kam 1937/38 an die Hansestadt.

Gemütliches Oldenfelde: Backstein-Villa in der Timmendorfer Straße

Sibirien in Oldenfelde

Dort, wo der *Thießenweg* auf den *Alten Zollweg* trifft, entstand 1903 der Ortsteil Neu-Oldenfelde. Da hier damals schneller Häuser als Straßen gebaut wurden, rumpelten die neuen Einwohner zunächst über unbefestigte Feldwege zu ihren Eigenheimen. Im Volksmund hieß die Ecke bald Sibirien. Der Bau der Bahnstation Altrahlstedt im Jahre 1893 hatte den **Bauboom** in dem Ort, in dem 1891 gerade 600 Menschen lebten, ausgelöst. Zuerst kamen reiche Städter, die den Lärm der Großstadt hinter sich lassen wollten. Sie errichteten repräsentative Villen mit Zwerchgiebeln und Türmen, die man heute noch im Dreieck *Grubesallee, Oldenfelder Straße* und *Bargteheider Straße* findet. Beamte, Angestellte, Gewerbetreibende und Arbeiter folgten. Aus dem ehemaligen stormarnschen Dorf, das 1296 zum ersten Mal urkundlich erwähnt wurde, war 1913 ein **Villenvorort** mit 1300 Einwohnern geworden.

Wohnen mit Holz und Wellblech

Nach dem Ersten und Zweiten Weltkrieg verkauften viele Bauern Teile ihrer Ländereien und zogen ins Umland. In Oldenfelde findet man im alten Dorfkern *Delingsdorfer Weg* im Gegensatz zu Meiendorf keine alten Bauernhäuser mehr. Bis auf das gelbe Bauernhaus an der Ecke *Berner Straße/Alter Zollweg* wurden alle Bauernhäuser und Katen abgerissen. Eine Koppel nach der anderen wurde Baugrund: Siedler erwarben Gartenland und errichteten Häuschen aus Stein, Holz, Teerpappe und Wellblech. „Auch diese **Siedlungshäuser** sind fast alle aus dem Ortsbild verschwunden", sagt Dietmar Möller, ehemaliger 2. Vorsitzender des Bürgervereins Oldenfelde und Buchautor von „Unser Oldenfelde", „aber manchmal entdeckt man zwischen neueren Klinkerbauten noch den einen oder anderen Eigenbau."

Ritt über die Alpen

Obwohl im Zweiten Weltkrieg kaum zerstört, hat die Wohnungsnot der 1950er Jahre auch in Oldenfelde ihre Spuren hinterlassen: Baugesellschaften und

private Investoren bauten neue Wohnviertel mit Hochhäusern und mehrgeschossigen Gebäuden wie am *Altenhagener Weg*. Insgesamt entstanden bis Anfang 1990 fast 4000 neue Wohnungen.

Am *Anklamer Ring* thront **Hannibal**. So nannte der ehemalige Direktor Borchardt von „Neues Hamburg", heute SAGA, das Hochhaus, weil ihn die abgetreppte Form an den Marsch der Elefanten von Hannibal über die Alpen erinnerte. Heute ergänzen moderne Ein- und Zweifamilienhäuser das Ortsbild Oldenfeldes.

Bürgerverein Oldenfelde

Bereits 1924 als Oldenfelder Siedler Interessengemeinschaft (OIG) gegründet, half die OIG Neuankömmlingen u.a. bei Grundstücks- und Steuerfragen. Im Laufe der Jahre veränderten sich die Aufgaben der OIG, die seit 1974 **Bürgerverein Oldenfelde** heißt und heute mehr als 600 Mitglieder hat. Kommunale Themen wie Verkehrsberuhigung kamen auf die Tagesordnung. Schon 1969 wurde z.B. der Bau des Kindergartens am *Massower Weg* organisiert. „Die Kirchengemeinde spendierte den Baugrund, Bundeswehr und Feuerwehr rodeten die Bäume, und wir stellten kostenlos den Architekten", erinnert sich Hansjürgen („Hanni") Schult.

Seit 1996 gibt es die Aktion **Kinder in Not**: Der Bürgerverein unter Vorsitz von Berndt Wagner sammelt mit einer Milchkanne Spenden, um bedürftigen Kindern einer Oldenfelder Schule ein Schulfrühstück zu ermöglichen. Enge Kontakte gibt es auch zu den **Freiwilligen Feuerwehren Oldenfelde** und **Oldenfelde-Siedlung** und zum Verein **Jugendtreff Oldenfelde e.V.** im Einkaufszentrum an der *Greifenberger Straße*. Im Jugendtreff können Jugendliche wochentags zwischen 14.30 und 20.00 Uhr kostenlos Billard und Kicker spielen und sogar Videos drehen. Frauen mit Familie treffen sich einmal pro Woche zum Müttercafé. Seit 1981 organisiert die Freiwillige Feuerwehr (FF) Oldenfelde-Siedlung jedes Jahr den **August-Ernst-Pokal**, einen Wettkampf unter Hamburger Jugendfeuerwehren. Schläuche legen und Verletzte verbinden sind nur zwei von insgesamt 25 Disziplinen. Meist finden die Wettkämpfe in Parkanlagen wie der Berner Au statt.

Oldenfelder Ansichten (von oben nach unten): Logo des Bürgervereins Oldenfelde; Hochhaus Hannibal am Anklamer Ring; junge Feuerwehrleute bei der Verleihung des August-Ernst-Pokals

Meiendorf

Alter Dorfkern mit prächtigen Bauernhäusern

Tür an Tür: In den über 300 Jahre alten Bauernhäusern an der Saseler Straße wohnen der Kostümverleiher Johannes Kohne und der Kunstmaler Ferdinand Meyer-Erdlen

Meiendorf, der nördlichste Teil Rahlstedts, ist aus einem alten holsteinischen Dorf hervorgegangen, das 1318 erstmals urkundlich erwähnt wurde und sich von 1333 bis 1576 größtenteils im Besitz des Hamburger Domkapitels befand. 1927 erfolgte die Eingemeindung nach Rahlstedt, und 1937 kam es mit Rahlstedt zu Hamburg.

Eiszeitliches Meiendorf

Alfred Rust stand im Matsch und strahlte. In seinen Händen hielt der Ahrensburger Hobby-Archäologe und spätere Kieler Professor für Vorgeschichte ein Rengeweih, das er aus einem verlandeten Teich im Stellmoorer Tunneltal herausgezogen hatte. Mit diesem Fund wurde das Bauerndorf Meiendorf, an dessen Grenze die sensationelle Ausgrabung stattfand, schlagartig bekannt bei den Vorgeschichtsforschern in aller Welt. Feuersteinwerkzeuge, **Tierkopfgravuren** und Gerätschaften aller Art aus Rengeweihen und Knochen dokumentieren seitdem die bis dahin noch unbekannte Kultur der eiszeitlichen Rentierjäger, die vor 15000 Jahren den Herden hierher in ihre nördlicheren Sommeräsungsgebiete am Rande der Vereisungszone folgten.

Wolkenverhangene **Tundrasteppe**, Männer und Frauen sitzen am Lagerfeuer vor ihren Zelten aus Rentierfellen und grillen das gerade zerlegte Rentier. Kinder rennen lachend Wildpferden hinterher. So etwa könnte es damals in dem Tunneltal ausgesehen haben, durch das heute die Bahnlinie von Rahlstedt nach Ahrensburg führt. Seit 1980 steht das teilweise zu Meiendorf gehörende Gebiet unter Naturschutz und bietet besonderen Freizeitwert für Wanderer, Radfahrer oder Reiter. Seine **hügelige Formation** verdankt das Tal der Weichseleiszeit, die vor rund 12000 Jahren endete. Die Schmelzwasserströme der Gletscher fraßen sich je nach Bodenbeschaffenheit tief in die Erdoberfläche ein und bildeten schlangenförmige Tunnel. Als die Gletscher vollständig abgeschmolzen waren, blieben überall Schutt und Geröll zurück, die sich teilweise zu steilen Wällen, den **Osern**, ablagerten.

Uralte Alleebäume

Wo es eng wird, beginnt Meiendorf. Das bemerken Autofahrer, wenn sie von Wandsbek her auf der B 75 unterwegs sind, die sich in der *Meiendorfer Straße* von vier auf zwei Spuren verjüngt. Dafür umgibt sie hier unter den noch verbliebenen uralten Alleebäumen etwas von dem Charme der bei ihrer Eröffnung 1843 modernsten Chaussee von Hamburg nach Lübeck. Diese Jahreszahl findet man auch auf dem dänischen Meilenstein Ecke *Hellmesbergerweg*.

Durch die Chaussee fuhr von 1904 bis 1923 die elektrische Kleinbahn, mit der man nach Altrahlstedt und über Volksdorf nach Ohlstedt und Wohldorf gelangen konnte. Die Villen aus dieser Zeit sind z.T. modernen Mehrfamilienhäusern gewichen, aber den alten Dorfkern erkennt man auch bei flüchtiger Durchfahrt noch deutlich an den ehemaligen Bauernhöfen, dem **Hof Kröger** mit dem Fleischmarkt und **Hof Randel** mit einer Glaserei und einem Country-Möbelgeschäft. Im Dorf laden wie eh und je zwei Gaststätten mit Hotel und Kegelbahn zur Einkehr und Geselligkeit ein: der **Mühlenhof** und der **Meiendorfer Park**.

Eine Zukunft für die Jugend

„In Meiendorf droht der soziale Notstand!" Mit diesem Warnruf trat 1972 eine Meiendorfer Bürgerinitiative an die Öffentlichkeit und machte auf den Mangel an Freizeitangeboten für Kinder und Jugendliche aufmerksam. Der Grundstein für das **Kulturzentrum Bürgerhaus in Meiendorf e.V. (BiM)** war gelegt. 1978 fand es in der alten Meiendorfer Schule an der *Saseler Straße 21* sein Zuhause. Das bunte Programm für Jung und Alt bietet neben Spiel- und Freizeitangeboten, Workshops und Selbsthilfegruppen auch kulturelle Veranstaltungen und Konzerte. Im Oktober 2000 feierten die Meiendorfer rund ums BiM ihr erstes gemeinsames **Stadtteilfest** mit Armbrustschießen und Kerzenziehen, Seniorengymnastik und Erlebnispfad, Kunsthandwerkermarkt und Hüpfburg. Der Erlös kam der Jugendarbeit in Meiendorf zugute. Diesen Zweck unterstützte auch der Kunstmaler Ferdinand Meyer-Erdlen mit dem Verkauf eines aus zwölf markanten Motiven des Stadtteils zusammengestellten „Meiendorfer Bilderbogens". Das Fest war gleichzeitig Startschuss für den neu gegründeten **Jugendclub „Mittendrin"**, für den am *Finnmarkring* ein eigenes Mehrzweckgebäude entsteht. Bis zur Fertigstellung hat der Club im Jugendkeller der Rogatekirche Unterschlupf gefunden. Die **Rogatekirche**, mittlerweile wieder mit der **Thomaskirche** zu einer Gemeinde zusammengeschlossen, hilft auch im Ausland: so unterstützt die Gemeinde im rumänischen Temesvar u.a. das Kinderkrankenhaus, das sich Anfang der 1990er Jahre in einem katastrophalen Zustand befand. Durch gegenseitige Besuche sind auch viele persönliche und kulturelle Kontakte entstanden.

Stadtteilfest beim BiM: Ex-Bürgermeister Ortwin Runde, der hier wohnt, übernahm die Schirmherrschaft, und Ferdinand Meyer-Erdlen stiftete eine Zeichnung mit Meiendorfer Motiven

Reitbrook

liegt zwischen Gose- und Dove-Elbe in den Hamburger Marschlanden. Der Stadtteil endet im Westen bei der Reitschleuse mit dem Naturschutzgebiet „Die Reit". Tief unter der Reitbrooker Landwirtschaft erstrecken sich große Erdölfelder, deren ausgebeutete Teile heute als unterirdischer Erdgasspeicher genutzt werden

Steckbrief

Fläche:
6,914 km²
Einwohner:
494
Verwaltung:
Bezirk Bergedorf, Ortsamt Vier- und Marschlande
Ortsteil:
609

Der Name „Reitbrook" erscheint als „Ragit", „Rahet" oder „Raieth" in frühen Urkunden und leitet sich wahrscheinlich von „Reetbruch" ab, was als schilfbestandenes Feuchtgebiet zu deuten ist.

Naturraum und Geschichte

„Ragit" wird urkundlich erstmals 1162 erwähnt, als es aus der Zuständigkeit des Hamburger Erzbistums an das Bistum Ratzeburg überwiesen wurde. Zu dieser Zeit hatten bereits sächsische Siedler die Landwirtschaft aufgenommen und trieben die Eindeichung der Elbinseln Bill- und Ochsenwerder voran. 1212 errichteten Reitbrook und Neuengamme einen gemeinsamen Ringdeich. Mitte des 14. Jahrhunderts gelangte Reitbrook an das Kloster Reinbek. Auf dem Gebiet des heutigen Reitbrooks lagen damals der Ort Oldenbrook, in dessen Umkreis sich einige Gutshöfe wohlhabender Adliger befanden, und der Neue Brook. Nach der Reformation fiel Reitbrook als ehemaliges Klostergut an das Amt Reinbek. Seit 1575 ist belegt, dass ein Landvogt die örtliche Verwaltung leitete. Seine umfangreichen Aufgaben wurden durch die Jahrhunderte immer wieder von Mitgliedern der **Familie Odemann** wahrgenommen, die auch die bis Ende des 19. Jahrhunderts bestehende Fährverbindung nach Allermöhe betrieb.

Die Fähre nach Allermöhe wurde 1892 durch eine Brücke ersetzt. Foto von der Einweihung am 15. November

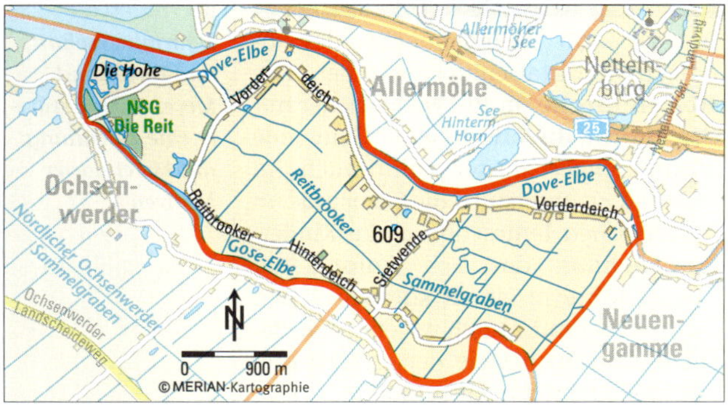

1768 kam Reitbrook im Rahmen der großen hamburgisch-dänischen Rechtseinigung und Gebietsregulierung („Gottorper Vergleich") als letzter Teil zu den Hamburger Marschlanden. Es gehörte fortan zur **Landherrenschaft Bill- und Ochsenwerder**. Drei Jahre später brach in Neuengamme der Deich, und eine schwere Sturmflut verwüstete die Vier- und Marschlande und zerstörte auf Monate auch die Reitbrooker Felder.

Daraufhin führte der Landvogt Hermann Odemann 1780 mit Unterstützung der Patriotischen Gesellschaft eine neuartige Mühle mit Förderschrauben (archimedische Schnecken) ein, mit der das binnendeichs anfallende Wasser effektiver abgeführt werden konnte.

Denkmalschutz für Fährhof, Mühle und Kate

Da eine Kirche in Reitbrook fehlt, hat sich nie ein typisch dörfliches Zentrum herausgebildet: Das Siedlungsbild zeigt eine überwiegend lockere Bebauung und macht zudem deutlich, dass Hofteilungen die Ausnahme waren. Die

meisten der noch erhaltenen Wohn- und Bauernhäuser sind in ihrem äußeren Erscheinungsbild durch Modernisierung sehr stark verändert worden. Der relativ „junge" Eindruck des Dorfes entsteht aber auch durch die zahlreichen repräsentativen Bauernhäuser mit geschmückten Putzfassaden, die dem Vorbild des bürgerlichen Landhauses folgten und im späten 19. und am Anfang des 20. Jahrhunderts hauptsächlich am *Vorderdeich* errichtet wurden.

Unter Denkmalschutz steht z.B. der **Odemannsche Fährhof** (1605), ein Hufnerhaus mit T-förmigem Grundriss und quer gestelltem zweigeschossigen Wohnteil. Dieser Haustyp war typisch für Gebäude, in denen der landwirtschaftliche Betrieb mit einer Sondernutzung – z.B. als Pastorat oder wie hier als Fährstelle – verbunden wurde. Bis 1873 war das stattliche Backsteinfachwerkgebäude mit vorkragendem Obergeschoss und reetgedecktem Krüppelwalmdach als Fährstelle und Gasthof in Betrieb. Neben dem Fährhof errichtete Hermann Odemann 1773 eine Schrotwindmühle. 1870 abgebrannt und als **Galerieholländer** wieder aufgebaut, steht die inzwischen samt Kate restaurierte Mühle ebenfalls unter Denkmalschutz.

Das zugehörige Müllerhaus am *Vorderdeich 11* ist das Geburtshaus des späteren Kunsthallendirektors Alfred Lichtwark (s. Köpfe). Sein Vater hatte die Mühle 1837 übernommen.

Dorfleben und Tennisbälle

Von Allermöhe aus besiedelt und von jeher eine gemeinsame Kirchengemeinde bildend, sind auch einige weitere Bereiche des Reitbrooker Dorflebens auf den größeren Nachbarstadtteil ausgerichtet. So singen Bewohner beider Stadtteile gemeinsam in den vier akti-

Blick vom Allermöher Ufer auf die Reitbrooker Mühle, rechts die Reitbrooker Mühlenbrücke

Odemannsche Wappenzier am Fachwerk des Fährhofs der Familie. Sanierung und Umbau des imposanten Gebäudes waren 2000 abgeschlossen

Bürgergeschichten

„Steuernzahlen leicht gemacht“

1768 wurde Reitbrook hamburgisch, aber einige Bauern mussten weiterhin Abgaben an die dänische Verwaltung in Wandsbek entrichten. 1884 brachte die „Bergedorfer Zeitung“ einen historischen Bericht darüber (Wiederabdruck 1959)

Die Odemannsche Fähre ist voll und setzt über die Dove-Elbe – der Bauer mit seiner „Schleup“ (= Schleppe) muss noch warten. Der kolorierte Stahlstich entstand nach einer Zeichnung von Anton Radl (1774–1852) im Jahre 1820

Noch bis ins 19. Jahrhundert hatten die Bauern im östlichen Teil der Gemeinde Reitbrook („Alter Brook“) jeden Palmsonntag 16 Mark (1 Courantmark = 16 Schilling) an die „Hebungskasse“ der dänisch-königlichen Verwaltung in Wandsbek zu zahlen. Seit 1812 war die Abgabe ausgeblieben und 1821 schließlich die endgültige Zahlungsaufforderung an die säumigen Hufner ergangen. Diese schickten zwei von ihnen zur Entrichtung nach Wandsbek. Daraufhin fasste der Reitbrooker Landvogt die bei der Einzahlung gültigen Modalitäten und die seitens der Wandsbeker den „Reitbröcker“ Überbringern zu gewährenden Leistungen zusammen. Im noch freien Deutsch seiner Zeit brachte der Landvogt am 5. 6. 1821 zu Papier, wie es seinen „Reitbröckern“ in Wandsbek zu ergehen hätte.

„1) Es kommen zwei Hufner mit Pferden am Palmsonntag-Morgen, wenn ihnen Ihr Quartir angewiesen ist, so wird Ihnen zwei Himpten Haver (= Hafer) für ihre Pferde sogleich zugemessen.

2) sowie sie im Hause ankommen, steht der Kaffe oder heißer Eierwein (= Grog) und das Frühstück dabey vor Ihnen auf den Tisch, nachdem Sie nun genossen haben, so gehen Sie in die Kirche, sowie Sie dann aus der Kirche kommen, gehen Sie nach der Hebungsstube zum Secretair, zeigen Ihre alte Quitung, bezahlen Ihr Gelt und erhalten dann die alte und neue Quitung wider zurück, und diese müßten Sie bey den jedesmaligen Landvoigt abliefern.

3) sowie Sie nun vom Secretair wider nach Ihr Quartir kommen, so ist Ihre Mahlzeit bereit; da gehört Ihnen eine rechte gute Supe, nachdem ein gut Gericht Karpen (= Karpfen) und nach die Karpen einen guten Kalbsbraten und dann Käse, Buter und Brodt, und dann bey die Mahlzeit soviel Wein wie Sie trinken mögen; und dann können Sie verweilen so lange die Sonne nicht untergeht, und so lange können Sie so viel Wein trinken als Sie vertragen können. Das muß Ihnen gereicht werden, und das ist immer an den Reitbröckern von Wandsbek gehalten worden. (...)“

16 Stücke einer hamburgischen Münze wie dieser mussten Reitbrooker Bauern jährlich an Steuern berappen

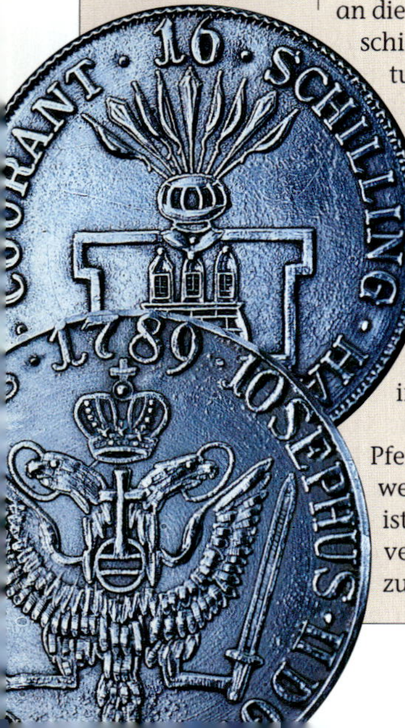

Reitbrooker Brandbekämpfung mit 2 PS und jeder Menge Muskelkraft

von Chören der **Liedertafel Frohsinn**.

Bezeichnenderweise trägt auch das Mitteilungsblatt der Kirchengemeinde Allermöhe-Reitbrook den sprechenden Titel **Die Brücke** und steht damit für die Verbundenheit der beiden Dörfer links und rechts der Dove-Elbe. Wenn es jedoch einen Brand zu löschen gilt oder ein umgestürzter Baum weggezogen werden muss, dann ist das Marschendorf dank der **Freiwilligen Feuerwehr Reitbrook** ganz autark. Die 1926 gegründete Wehr wird seit 1981 von Peter Röhe geleitet. Sie hat heute ca. 35 Mitglieder und ist eine der tragenden Säulen des Dorflebens. Mit der zugehörigen **Feuerwehrkapelle Reitbrook** von 1927 werden regelmäßig Kameradschaftsabende veranstaltet, Ausfahrten organisiert und an Himmelfahrt der „Tag der offenen Tür" gefeiert. Die **Dorfgemeinschaft Reitbrook e.V.** ist der andere Aktivposten am Ort. Seit 1981 organisiert sie alle zwei Jahre das große Dorffest. Die Vereinsgründung fand am 29. Mai 1988 statt, und zwar exakt 200 Jahre nachdem die „Interessentschaft der Mühle" von Reitbrooker Bauern gegründet worden war. Der zeitliche Zusammenhang erklärt sich damit, dass der Staat den Grundbesitz der „Interessentschaft" übernommen hatte und die fällige Entschädigung von rund 10 000 DM (= 5000 Euro) verständlicherweise an keinen der Gründerbauern mehr überweisen konnte. Als Rechtsnachfolger trat dann die Dorfgemeinschaft ein, die das Geld gemeinnützigen Reitbrooker Zwecken zukommen lässt (z.B. Bezahlung der Farbe für die Restaurierung der Mühle).

Sabine Zastrow prämiert als Jugendwartin der Tennisgemeinschaft Elbe-Bille den stolzen Nachwuchssieger Sebastian

Zeitleiste

1162 erste urkundliche Erwähnung
1212 Ringdeich um Reitbrook und Neuengamme
um 1350 Reitbrook zum Kloster Reinbek
ab 1575 Landvogt als Verwalter
1605 Bau des Odemannschen Fährhofs
1713 Plünderung durch dänische und sächsische Truppen
1768 Reitbrook wird hamburgisch
1894–1930 Dampfziegelei in der Reit
1937–47 Erschließung des Ölfeldes
1973 Erdölbetrieb Reitbrook Konsortium Preussag/Mobil Oil betreibt Erdgasspeicherung
1973 Naturschutzgebiet „Die Reit" (48 ha)

„Du könntest auch mal etwas für deine Figur tun!" Dieser legendäre Satz aus dem Munde der Frau eines der Gründungsmitglieder soll 1973 der Anlass zur Gründung der **Tennisgemeinschaft Elbe-Bille** auf Grund und Boden der Familie Röhe gewesen sein. Aus kleinen Anfängen ist unter langjährigem Vorsitz von Günter Schmahl mittlerweile ein Verein mit 264 Mitgliedern gewachsen. Auf der idyllisch gelegenen Anlage wird großer Wert auf Gastfreundlichkeit gelegt und eine familiäre Atmosphäre gepflegt. Neben dem Breitensport prägte von Anfang an eine behutsame Leistungsförderung von Kindern und Jugendlichen die Tennisgemeinschaft.

Öl und Gas bringen was

Als einer der wenigen Industriebetriebe der Marschlande produzierte zwischen 1885 und 1930 – mit Unterbrechungen –

Schilfschneider in den 1920er Jahren und heutige Nutzer der Uferlandschaft

auf dem Reitbrooker Weideland eine **Dampfziegelei**. Ihre Betreiber nutzten die hochwertigen und leicht abbaubaren Tonschichten, bis diese vollständig verbraucht waren. In tieferen Lagen gibt es weiteren Ton, aber hier finden sich viel lukrativere Bodenschätze, mit denen Hamburg sonst nur spärlich gesegnet ist. 1910 wurden bei Bohrungen für einen Tiefbrunnen nahe Neuengamme unerwartet ein Erdgasvorkommen und kurz darauf auch Öl entdeckt (s. Neuengamme), 1937–47 erschloss der **Erdölbetrieb Reitbrook** durch 225 Bohrungen das gesamte Gebiet. Bald war man in 650 m Tiefe in einer Kreideschicht fündig geworden, und im Zweiten Weltkrieg wurde Reitbrook Deutschlands bedeutendstes Ölfeld (1940: 360 000 t). 1964 begannen die Hamburger Gaswerke die Nutzung des bei der Ölförderung anfallenden Nieder- und Hochdruckgases, und künftig sollte Gas in Reitbrook, dem **Energiekreuz des Nordens**, die Hauptrolle spielen. Hamburgs Gasbedarf ist im Winter 25-mal so hoch wie im Sommer. Gasquellen und ihre Betreiber stört das wenig, denn sie sind ganzjährig aktiv und wollen auch ganzjährig verkaufen. Deshalb ist es für die Hansestadt ein besonderer Gewinn, dass sie ihr größtenteils aus der Nordsee angeliefertes Gas kostengünstig „einlagern" kann, nämlich im **Erdgasspeicher Reitbrook**.

Als Speichermedium dienen die teilausgebeuteten Öl führenden Kreideschichten. Die Aktivitäten des darunter liegenden Salzstocks ließen das poröse Kreidegestein zerbersten und Klüfte entstehen. Sie dienen zur Aufnahme von bis zu 350 000 000 m³ Arbeitsgas, die sechs Gasmotorverdichter in den Sommermonaten in die Tiefe pressen. Dies riesige Volumen können dann die „Betriebe Reitbrook" (des Konsortiums Preussag/Mobil Oil) für „Hein Gas" den Winter hindurch zur Einspeisung in die Hamburger Gasleitungen vorhalten. Damit ist die Anlage um ein Vielfaches effektiver als die erste, 1955–82 betriebene Ausbaustufe des Speichers. Nebenbei fördern über 30 **Pferdekopf-Tauchkreiselpumpen** jedes Jahr noch mehr als 20 000 t Öl.

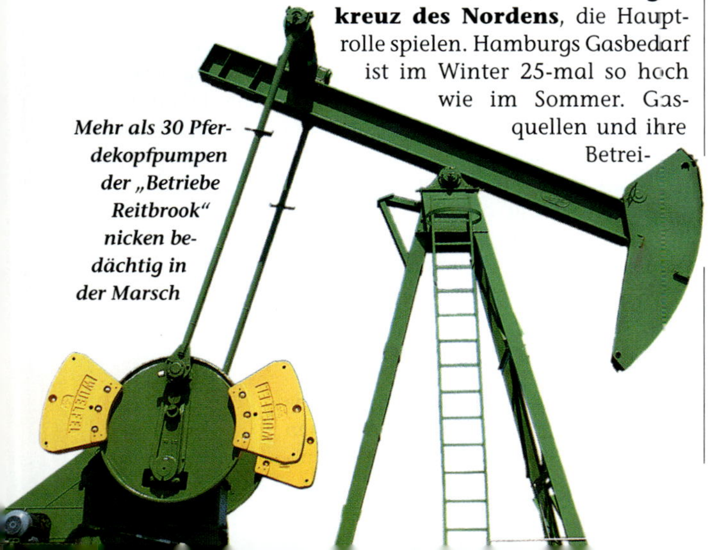

Mehr als 30 Pferdekopfpumpen der „Betriebe Reitbrook" nicken bedächtig in der Marsch

Milch statt Gemüse

Weit oberhalb des schwarzen Goldes versuchen die Reitbrooker Landwirte Kohrs und Langeloh einen weißen Saft zu vermarkten, nämlich die Milch ihrer 75 Kühe. 1997 legten sie ihre beiden Betriebe zusammen (150 ha), errichteten gemeinsam einen neuen Kuhstall und bauten ein hochmodernes Milchverarbeitungszentrum auf: Der **Milchhof Reitbrook** war entstanden. Wer einmal

Stadtteil-Profil

	Reitbrook	Bezirk	Hamburg
Bevölkerung gesamt (2000)	494	114 631	1 704 929
Unter 18-Jährige in %	13,2	20,3	16,1
65 Jahre und älter in %	20,9	15,5	17,0
Deutsche	485	103 658	1 432 325
Ausländer in %	1,8	9,6	16,0
Einwohner je km²	71	741	2258
Sozialstruktur			
Sozialhilfeempfänger (2000)	3	7659	120 461
Arbeitslose (2001)	7	3691	71 963
Eink. je Steuerpfl. in DM (1995)	62 260	60 397	65 579
Wohnen (2001)			
Wohngebäude	133	18 755	226 061
Ein- und Zweifamilienhäuser in %	78,4	33,4	20,5
Ø Wohnungsgröße in m²	111,1	77,9	71,0
Wohnfläche je Einwohner in m²	42,7	34,7	35,7
Verkehr			
Private Pkw (2001)	320	45 863	628 119
Straßenverkehrsunfälle (2000)	5	633	12 430
Kriminalität			
Straftaten insgesamt (2000)	21	11 451	284 272

Wahlverhalten

... zur Bürgerschaft 2001 (gesamt)

Wahlbeteiligung	71,0%
SPD	**36,5%**
CDU	**26,2%**
Schill-Partei	**19,4%**
Grüne/GAL	**8,6%**
FDP	**5,1%**
Übrige	**4,2%**

... zur Bürgerschaft 2001 (Stadtteil)

Wahlbeteiligung	83,9%
SPD	**25,0%**
CDU	**36,4%**
Schill-Partei	**26,4%**
Grüne/GAL	**4,6%**
FDP	**4,6%**
Übrige	**2,9%**

Wo die Natur ihren Frieden hat, findet auch der Mensch Erholung. Einsamer Feldweg am Rande der Reit

bei ihnen am Vorderdeich die frisch am Melktag verarbeitete und auf 1° C heruntergekühlte Milch probiert hat, der merkt den Unterschied zu dem, was er sich und seinen Lieben sonst so morgens in Kaffeetasse und Müslischüssel kippt. Dass eine Unternehmung wie der Milchhof gerade in Reitbrook entsteht, passt zu der Bodenbeschaffenheit dieses Teils der Marschlande. Im Gegensatz zu den vielen leichten, für den Anbau von Gemüse und Blumen geeigneten Böden in den Vierlanden herrscht im Kern der Reitbrooker Feldmark schwerer Marschboden vor. Beste Bedingungen also für fette **Viehweiden** und **Getreideanbau**.

Die Reit (NSG)

Im August 1973 wurde das Niedermoorgebiet **Die Reit** als Naturschutzgebiet (NSG) ausgewiesen. Seine knapp 50 ha Fläche sind weitgehend identisch mit dem Gelände der alten Dampfziegelei, von der nur noch ein kleiner Gebäuderest zu sehen ist. An „Die Reit" grenzt im Nordwesten **Die Hohe**, die ehemalige Allmendeweide der Allermöher Bauern („Hohweide"). Ihr Gebiet ist heute größtenteils von der hier zum „Wasserpark" ausgebauten Dove-Elbe bedeckt. Das dabei auf Reitbrooker Gebiet aufgespülte Baggergut

Gerd Langeloh mit seinem Sohn Jan-Hendrik im neuen Kuhstall des Milchhofs Reitbrook

Freizeitspaß auf und in der sommerlichen Dove-Elbe

gestaltete die jetzige „Hohe“ (ca. 13 ha). Wie der „Kleine Brook“ beim Reit- und Vorderdeich bietet auch dieses Areal wertvolle Lebensräume. Zudem dienen beide als Puffer gegen schädigende Einflüsse auf die schützenswerte Flora und Fauna im NSG.

Der große Teich in der Reit kam durch den Abbau von Deicherde zustande, während es sich bei den vielen Kleingewässern häufig um mit Grundwasser gefüllte Bombentrichter handelt. Kurz nach dem Zweiten Weltkrieg kam es dann zum letzten und zugleich radikalsten Eingriff von Menschenhand in diesem Gebiet: Wegen des damaligen Brennstoffmangels wurde der Baumbestand bis 1947 vollständig abgeholzt. Erst danach konnten sich an den Ufern Schilfröhricht, verschiedene Weidenarten und Bruchwald wieder ungestört ausbreiten. Die Reit bietet etlichen Libellen-, Schmetterlings- und Falterarten einen optimalen Lebensraum, und mit etwas Glück sieht man auch einen Gras-, Wasser- oder Moorfrosch durch sein Biotop hüpfen.

Herausragendes Merkmal des Gebietes ist jedoch die Vielzahl der anzutreffenden Vogelarten: Etwa 200 z.T. sehr **seltene Vögel** brüten hier oder machen Rast auf ihren Zugstrecken, um sich für den Weiterflug eine Fettreserve anzufuttern.

Seit 1971 besteht am Rande des Geländes eine **Vogelberingstation**,

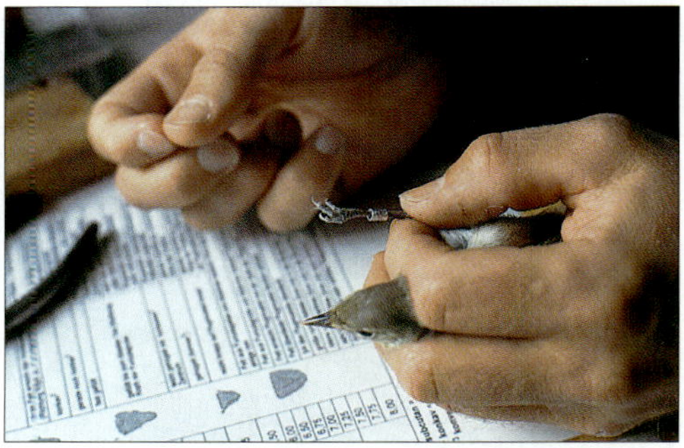

Der Gelbspötter wurde gerade beringt und wartet nun ganz ruhig auf das Ende der Untersuchung

die mehrere hundert Meter lange Fangnetzanlagen unterhält. Mit ihrer Hilfe werden hier 38 **ausgewählte Kleinvogelarten** während ihres Herbstzuges gefangen, um sie in der Station zu beringen und auf ihren Allgemeinzustand hin zu untersuchen. Das Forschungsprogramm wird gemeinsam betreut von der Forschungsstelle für Ornithologie der Max-Planck-Gesellschaft, der Vogelwarte Helgoland, dem Naturschutzbund Deutschland (NABU) und der Hamburger Umweltbehörde. Die Art der Durchführung der Langzeitstudien fand internationale Beachtung, und inzwischen gibt es weltweit rund 40 dieser Stationen.

Obwohl die Reitbrooker dem Naturschutzgebiet größtenteils positiv gegenüberstehen, bedauern auf der anderen Seite doch viele, dass sie den Reitdeich nicht mehr befahren dürfen.

Reitbrooker haben Platz

Sie wohnen im Grünen und nahe am Deich in Reitbrook. Der Stadtteil ist zusammen mit Gut Moor im Bezirk Harburg der am wenigsten bevölkerte der Hansestadt. Nicht einmal 70 Menschen teilen sich einen Quadratkilometer, und durchschnittlich wohnt eine Person auf rund 40 m^2, was in Hamburg natürlich deutlich über dem Durchschnitt liegt. Für den Einkauf müssen alle dann aber etwas weiter fahren, und zwar mit dem Auto. Busse fahren nur auf der Hälfte des Stadtteils, und so wundert es nicht, dass rechnerisch auf fünf Reitbrooker drei Autos angemeldet sind.

Köpfe

1852 wurde **Alfred Lichtwark** als Sohn des Reitbrooker Müllers in der zur Mühle gehörenden kleinen Kate am *Reitbrooker Vorderdeich* geboren. Der spätere Vordenker der Kunsterziehungsbewegung und erste Direktor der Hamburger Kunsthalle (1886 bis zu seinem Tod 1914) lebte bis zu seinem achten Lebensjahr in der Marsch, die er – wie aus Briefen überliefert ist – nie aus den Augen verlor. Doch anders als sein väterlicher Freund und Förderer Justus Brinckmann (s. Bergedorf) hat sich Lichtwark während seiner richtungsweisenden Tätigkeit für die moderne Kunstszene später nicht mehr in seiner Heimat engagiert. Er widmete sich ganz der Kunsthalle, aus der er ein bedeutendes Kunstmuseum machte.

Volker Dinse bei seiner Arbeit in der Reitbrooker Beringstation

Am Vorderdeich 9 steht das Geburtshaus von Alfred Lichtwark. Die 1912 entstandene Fotografie eines Gemäldes von Graf Leopold von Kalckreuth zeigt den verdienten Kunsthallendirektor

Von dem Beobachtungsstand der Beringstation in der Reit kann **Volker Dinse** etwa 30 Prozent des gesamten Naturschutzgebietes überblicken. Der Bioingenieur kam als Schüler zu Besuch zu den Reitbrooker Vogelkundlern und ihren winzigen Forschungsobjekten. 1978 begann seine ehrenamtliche Mitarbeit in der Station, die er seit 1983 leitet, und zwar nach wie vor ehrenamtlich, also als ein enorm zeitaufwändiges Hobby (10–20 Stunden jede Woche) neben seiner Arbeit in der Umweltbehörde. Während des Herbstzuges (Juli–Oktober) koordiniert er bis zu vier Mitarbeiter, die stündlich die Fanganlage kontrollieren und die kleinen Flieger zum behutsamen Vermessen, Wiegen und Beringen in Leinenbeuteln zur Station tragen.

Margot Schmahl engagiert sich für die Hamburger Landfrauen

Margot Schmahl zog 1971 mit Mann und zwei Kindern aus Wandsbek in ihr eigenes Haus am *Reitbrooker Hinterdeich*. Dass die gebürtige Berlinerin nicht sehr lange als eine „Zugereiste" galt, hängt vor allem mit ihrer Arbeit für die Hamburger Landfrauen zusammen. Seit mehr als einem Vierteljahrhundert engagiert sie sich für diese – seit 1995 als Vorsitzende aller 1700 Hamburger Landfrauen. Da Frau Schmahl und ihr Mann gerne Tennis spielten, gründeten sie 1973 in Reitbrook mit anderen kurzerhand die „Tennisgemeinschaft Elbe-Bille".

Rissen

Hamburgs westlichster Stadtteil gilt pauschal als „Oase im Grünen". Dies ist zwar nicht falsch, schließlich gibt es vier NSG, doch muss Rissen auch mit einem erheblichen Schönheitsfehler leben: sein Ortskern wurde völlig verbaut, und mit dem „Canyon" wird er von einer tiefen Schneise durchquert

Steckbrief

Fläche: 16,648 km²
Einwohner: 14 583
Verwaltung: Bezirk Altona, Ortsamt Blankenese
Ortsteil: 226

Rissen heißt nach dem vielen Ried (= Schilfgras) oder Ries (= Strauch, Buschwerk) des früheren Moorgebietes. Die Endung „-sen" entspricht dem alten „-husen" des 7.–9. Jahrhunderts. Als „Risne" wird es 1255 erstmals erwähnt, als „Ryssen" 1537.

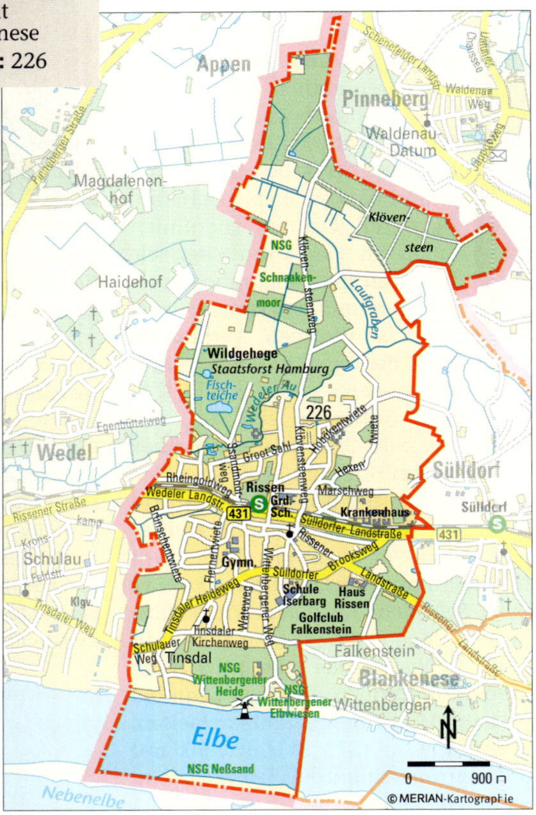

Rundum schön: Rissen wucherte vom alten Dorfkern ins Grüne und ist durch den „Canyon" geteilt. Steinzeitfunde belegen die Beliebtheit der Lage

Aus der Geschichte

Um 12 000 v. Chr. lagerten in den Dünen rund um den See, der später zum Schnaakenmoor wurde, Rentierjäger der **Rissener Gruppe**. Archäologen sind glücklich über reiche Folgefunde bis in die vorrömische Eisenzeit, haben sogar Megalith- und Urnengräber, Schmelzöfen für das Raseneisenerz „Iserbarg" und Opferbeigaben gefunden. Bedeutendes barg man aus den Tinsdaler Steiluferschichten, u. a. die berühmte **Tinsdaler Fibel**, eine Brosche mit bronzenen Schmuckscheiben.

Die Gegend zwischen Tinsdal (= „jenseits des Tals") und Wittenbergen (= „Weiße Berge", also das heute bewaldete Sandsteilufer) im Süden bis zum Schnaakenmoor (= „Schlangen-Moor") im Norden galt jahrhundertelang als geologisches Trauerspiel mit Heidekargheit, Moormisere und Sandsturmdramen, vermutlich war Rissen deshalb jahrhundertelang nicht besiedelt. Im 13. Jahrhundert erst taucht die Benamung für den kümmerlichen Teilbesitz der Schauenburger Grafen auf, die hier bis 1640 herrschten; Teile Rissens gehörten überdies dem Hamburger Domkapitel und dem Kloster Harvestehude. Nach 1640 wurde Rissen Teil der **Herrschaft Pinneberg**, wurde also dänisch und 1790 neu und konsequent „verkoppelt". Danach gab es nur zehn Voll-, sechs Halb-, drei

Weithin markant: Der Leuchtturm Wittenbergen ist seit 1899 der Stolz der damals noch dörflichen Rissener, denen die „Teeketel"-Bahn Ausflügler ins obere Dorf brachte

Drittel-, zwei Viertelhufner (Hufe, s. Spadenland) und 18 Kleinstellen, also Nebenerwerbsbetriebe.

Nur noch Stadtteilgeschichte: Reetgedeckte Bauernhäuser verschwanden ab den 1960er Jahren

Die Ländlichkeit änderte sich entscheidend, als die Kaufleute Godeffroy, Stucken und Münchmeyer die bei den Bauern unbeliebten Heide- und Dünengegenden vom Schnaakenmoor bis zum Falkenstein günstig mit der Auflage erwarben, großflächig aufzuforsten – daher der schnell wachsende atypische Nadelwald bis heute, den die modernen Förster langfristig durch Laubbäume ersetzen wollen.

An den schönsten Ecken des seit 1866 preußischen Rissen (im südlichen Tinsdal und nördlich der Bahn) entstanden nun seither wilhelminische Villen und Landhäuser auf großzügig abgesteckten Grundstücken. Der **Bahnanschluss** (seit 1883, elektrifiziert seit 1954) und die Eingemeindung nach Altona 1927, 1937 nach Hamburg beschleunigten die Entwicklung zum **Villenvorort**, der sich rund um das damals noch wirklich bäuerliche Dorf entwickelte. Ein beträchtlicher Ausflugsverkehr mit Ziel Klövensteen (= „Spaltstein", nach den Funden spaltbarer Findlinge als Hausfundament) und vor allem Wittenbergen mit Leuchtturm, Strandbad, Kurhaus und zahlreichen Gaststätten ließ Rissen geradezu aufblühen.

Erst der starke Zuzug und die Neubauten ganzer Viertel nach dem Zweiten Weltkrieg gingen an die Substanz, die seit den 1960er Jahren rigoros geopfert wurde. Anno 1950 gab es noch zwölf, 1979 nur noch vier Höfe in Rissen, übrig blieb bis heute – abgesehen von den prosperierenden Reiterhöfen für Pensionspferde und Gestüten für die Zucht – nur ein landwirtschaftlicher Betrieb. „Dat Dörp" als Zentrum wurde buch-

Altona-Kieler Eisenbahn - Gesellschaft.

Die neu erbaute Bahnstrecke:

Blankenese-Wedel

mit den Haltestellen Sülldorf, Rissen und der Station Wedel wird am 1. December d. J. für den Personen- und den Milch-Verkehr ab Wedel eröffnet werden.

Auf dieser Bahnstrecke werden bis auf Weiteres für die Beförderung von Personen 4 Züge in beiden Richtungen coursiren, und zwar:

ab Blankenese:

Vorm. 9^{35}, Nachm. 1^{55}, 3^{30}, 7^{40}.

ab Wedel:

Vorm. 7^{34}, 11^{40}, Nachm. 2^{55}, 6^{5}.

Entsprechende Tecturen zum diesseitigen Fahrplan sind auf unseren sämmtlichen Stationen zu haben.

Altona, den 29. November 1883.

Die Direction.

Mit Reputation: Im „Haus Rissen" (oben) wird bei Tagungen und Seminaren international diskutiert

Mit Engagement: Der Bürgerverein Rissen konzentriert im Logo die unverdorbenen Schönheiten des Stadtteils und sammelt die Erinnerungen an das abgerissene Rissen

Mit Amateuren: Mimisch Begabte versammelt die „Volksspielbühne Rissen"

stäblich eingekreist und von seinen angestammten Bewohnern bald geopfert, Haus für Haus verkauft und so nach und nach im Kern durch wirklich unschöne Neubauten verwandelt und dauerhaft verschandelt. „Rissen", so die kritischen Liebhaber des untergegangenen Dorfteils, „kommt von abgerissen."

Außerhalb dieses uneinheitlichen Stadtteilkerns aber blieb Rissen ein grüner Stadtteil mit besonders viel geschützter Natur sozusagen vor der Haustür.

Amateurtheater und Profikonferenz

Die familiäre Häuslichkeit und die Zufriedenheit der Rissener mit ihren Lebensumständen schafft dem Kultur- und Gemeinschaftsleben des Stadtteils einige Probleme und machte die Kulturschaffenden umso emsiger. Die **Volksspielbühne Rissen v. 1955 e.V.** (100 Mitglieder, gut 30 Aktive) zeigt zweimal jährlich (neben dem Weihnachtsmärchen) sehr gute Leistungen. Auch das weitere Kulturangebot des Stadtteils ist ein schönes Vielerlei: **RIKUS** (Rissener Kultur- und Sozialverein), das Kultur- und Sozialwerk des Bürgervereins Rissen, kümmert sich generell um Musikalisches, Vorträge oder Lesungen im Bürgerhaus (die „Alte Steinschule" von 1875, *Wedeler Landstraße 2*) und im „Speicher" oder im „Weißen Saal" vom **Krankenhaus Rissen, Haus 1**. Im Festsaal des **Hartwig-Hesse-Hauses** finden regelmäßig Konzerte statt, schließlich hat auch die **Kantorei der Johannes-Kirche** seit 1951 mit Chor und Orchester würdige Aufführungen.

Von überregionaler Bedeutung ist dagegen seit 1954 das **Haus Rissen** als „Internationales Institut für Politik und Wirtschaft" (getragen von der gemeinnützigen „Gesellschaft für Politik und Wirtschaft e.V.", gegr. 1954) an der *Rissener Landstraße 193*. Parteipolitisch unabhängig werden hier internationale Konferenzen sowie (Trainings-)Seminare veranstaltet und eigene Publikationen als Diskussionsgrundlagen herausgegeben.

Der Rissener Stolz auf den markanten Bau von 1921 ist mangels alter Substanz verständlich. Die letzten erhaltenen Bauernhäuser bei der Esso-Tankstelle stammen aus der Mitte des 19. Jahrhunderts, nachdem die „Alte Räucherkate" von 1697 anno 1967 wohl willkommen abbrannte. Denkmalgeschützt sind etliche Architektenhäuser wie die **Gutschow-Villa** oder das **Haus Blunck** von Karl Schneider, beide an der *Gudrunstraße*, einige Reetdach-Landhäuser am *Sandmoorweg*. Baudenkmäler sind das **Landhaus Münchmeyer** von 1920 (heute die Freiluftschule Wittenbergen) oder das **Clubhaus** des Hamburger Golfclubs Falkenstein, 1930 von Elingius & Schramm entworfen.

www.rissen.de

Rissener haben ein höchst solides Selbstverständnis. Wer sich Rissen als Hausbesitzer leistet, trägt dies weniger dick auf als die östlicheren Nachbarn der anderen feinen Elbvororte.

Sprachrohr für nostalgische Rückblicke und heutige Eindrücke sind seit

1953 die „Rissener Rundschau“ (Auflage zuletzt 15 000 Ex./14-täglich) und vor allem der **Bürgerverein Rissen von 1969 e.V.**, eine Wiedergründung. Der engagierte Verein ist bemerkenswert strukturiert und entsprechend aktiv mit etwa 800 Mitgliedern in mehr als 20 Gruppen und informiert auch per **www.rissen.de**. Anno 2001 gab die Archivgruppe den Bildband „Rissen – ein photographischer Streifzug 1870–1960“ heraus, der zeigt, wie viel Bauernhauskultur in Rissen herrschte, bis Ende der 1950er Jahre Landhaus-Hamburger und bescheidenere Häuslebauer und die ihrer komfortlosen Häuser überdrüssigen Bauern so kahlschlagend ins Geschäft kamen.

Die **St. Johannes-Kirche** von 1936 (1961 so benannt, 1984 renoviert) unterhält eine Kantorei, zwei Kindergärten und versucht, mit einer „Aktion Johannestaler“ den Rückgang der Kirchensteuer aufzufangen.

Büffeln am Gyri

Im schulischen Sinne ist Rissen autark. Sechs Kindergärten bereiten auf die zwei Grundschulen **Schule Iserbarg** (gegr. 1952, im Südosten, mit Beobachtungsstufe, Hauptschule, Realschule, Integrationsklassen) oder die **Grundschule Marschweg** (im Nordosten, eröffnet 1965, mit Vorschulklasse) vor.

Rissener Gymnasiasten können danach in Blankenese „fremdgehen“ oder ihr **Gymnasium Rissen** besuchen, das 1969 am *Kahlkamp* als Ableger vom Gymnasium Blankenese gegründet worden war und seit 1971 die Adresse *Voßhagen* für seine gebäudereiche Kompaktanlage hat. Schwerpunkte des sich unter „www.gyri.de“ präsentieren-

Heile Welt: Die Johannes-Kirche ist noch im „Dorf“, manche Villa wie die von Gutschow (1939, rechts) steht unter Denkmalschutz

den Gymnasiums sind Fremdsprachen, denn das „Gyri“ ist eine der wenigen Schulen Hamburgs mit Pflicht zur 2. Fremdsprache in der 6. Klasse, Chance für 3. Sprache Spanisch in der 8. Klasse und eine 4. Fremdsprache ab der 11. Klasse. Der Wirtschaftsschwerpunkt mit dem Projektkurs Wirtschaft in Klasse 11 wird gesponsert von der Boston Consulting Group (Projekt „business at school“).

Von der **Freiluftschule Wittenbergen**, wegen der Nähe zum Leuchtturm früher auch „Blinkfür“ genannt, profitieren alle Hamburger Schulen, denen der „Verein Hamburger Freiluftschulen e.V.“ das Schullandheim für Tagesklassen und Übernachtungen zur Verfügung stellt. Auf Freiwilligkeit wie Lust und Laune baut das vielseitige Angebot des „Jugendzentrums Rissen e.V. (JUZ)“ an der *Sülldorfer Landstraße* (der B 431, Ecke *Sülldorfer Brooksweg*) im knallblauen Haus.

Wenige Wirtschaftsfaktoren

Ein nennenswertes Wirtschaftsleben gibt es in Rissen nicht, bedeutendere Umsätze macht lediglich die **Berendsohn AG** als Werbeartikelversand (800 Mitarbeiter, davon 170 in Rissen) und seit 1967 im Stadtteil. Größerer Arbeitgeber ist auch das beliebte **Krankenhaus Rissen** mit dem noch erkennbaren, aber landschaftsverträglichen Backsteinstil einer Luftwaffenkaserne von 1937 mit etlichen

Zeitleiste

1255 Name „Risne“ urkundlich erwähnt
1640 dänisch
1760–1872 Schiffswerft in Wittenbergen
ab 1789 Joh. Caesar Godeffroy (und seine Erben) forsten großflächig auf
1866 zu Preußen
1883 Anschluss an Zugverkehr Altona–Wedel
1927 zu Altona
1935/36 Bau von Kirche und Pastorat
1937/38 zu Hamburg, 3650 Einwohner
1960er Jahre Fachwerkhäuser abgerissen
1969–1991 Kampf um Fußgängerzone
1983 Eröffnung des „Grand Canyon“ (B 431)

Heilende Anlage: Exkaserne wurde „Krankenhaus Rissen“

Bürgergeschichten

„Kinnertied in dat ole Rissen“

***Günter Hesse*, geboren 1924 in Altona, erinnert sich an seine Schulzeit im Dorf und erklärt, warum die Rissener so stolz von ihrer „Steinschule“ reden, dem heutigen Sitz der Geschäftsstelle des Bürgervereins**

Günter Hesse, Rissener Architekt i.R., beherrscht seit seiner Jugend das eher holsteinische Rissener Platt

In't Johr 1928 hebbt sick mien Öllern in Rissen an'n Wittenkamp en Hus boot. Hüt heet de Stroot Fruteweg. De Adress weer domols Altona-Rissen. In de eerst'n Januardog vun den bannig koolt'n Winter neegenuntwintig sünd wi introcken. Dor stünnen blots een poor Hüüs bi uns an de Stroot. Dat annere weer all'ns Woold un Heid ohn Stickeldroht ümto. (Ick weer to de Tiet noch een lütten Dreekeeshoch.) Een Johr later müss ick no School hen. Dor keem ick nu in een Klass tohoop mit Dörpjungs un Deerns. Een heel Deel vun jem snack mersttiets Platt. All Kinner keemen to Foot noh de School anstappt. Ok de, de ut dat Moor or vun de Elv ropp keemen. Klock acht gung morgens de School an. Dor kunnst nich lang stohn un kieken. Un nu keemst an een Buernhof vörbi wo jüst 'n Swien een vor'n Kopp kregen harr un se weer'n nu dorbi, den Darm to waschen. Bi dat kieken verleerst de Tiet ut't Oog. Güntsiet vun de School, op de annere Siet vun dat Bohnglies, leeg de Lehmkuhl. Dor hebbt de Buern jem ehr'n Lehm to'n planten un to'n utbettern vun de Hüüs rutkleit. Wi Jungs gung'n dor hen to'n Molche- un Poggengriepen. Laterhen bin ick mit de Bohn no Blankenees to School henfohrt. Mit den Rissener – or Wedeler – „Teeketel“, as wi de Lokomotiv nömt hebbt. Een's Dogs harr'n sick de Wedeler un de Rissener Jungs in de Bohn bi de Plünnen kregen. Dat is ok to dösig, dat to Wedel de Riemel „edel“ passen deit. Un op Rissen? Dat weer doch een to bescheeten Krom. Un miteens weer de Krieg ok al in de Gang'n. Weeken hendör hett nomeddogs de Kloppere hen un herwogt. Mol harr'n se de Rissener in de Flucht haut, mol dreeben de wedder de Wedeler mit lange Bohnenstang'n, Kantüffelpistol'n un scharpe Hunn över de Feller un Wischen vun Tinsdal no Schulau hento.

An't Enn vun de twintiger Johr'n harr Rissen an de tweedusend Inwohner un de mehrsten Lüüd hebbt sick kennt hatt. In de Mitt vun de dörtiger Johr'n gung de grote Verännerüng vun Rissen an. De grötste keem mit den Krieg: Utbombte Hamborger hebbt hier jem ehr Sommerhüüs winterfast mokt. Flüchtlinge keem'n un Baracken sünd opstellt worrn. De Tall vun de Schoolkinner woord jümmer grötter. De eene School weer miteens to lütt. An de Sülldorfer Landstraße, wo fröher dat Depot vun de Füüerwehr weer, dor hebbt se för de Schoolkinner Baracken ut Holt opstellt hatt. Nu weer dat ober nich mehr so licht to, klor to komen, wo doch de Ünnericht nu an twee verscheeden Placken afhol'n woor. Ober mit eenmol harr'n se den Ünnerscheed vun de beiden School'n spitz. Keem nu de Froog op: „In welche Schule geht denn ihr Kind?“, denn weer de Antwurt: „Mein Karl geht in die Baracken.“ Un de annere Modder seggt: „Meine Berta geht in die Steinschule.“ Dor hebbt wi dat! Domols hett sick dat inbörgert un bit op den hütigen Dag hool'n. Un de Bürgerverein Rissen hett dat as een Brandmal in de Geschicht vun Rissen inbrennt: „Geschäftsstelle Alte Steinschule“.

Knabe Hesse (rechts) wurde wie Bruder und Freund und alle „Gören“ noch mit „Knüppel or Utklopper“ erzogen

Erweiterungsbauten. Inzwischen zählt die Anlage mehrheitlich zur Asklepios Kliniken GmbH und soll wohl mit dem Blankeneser „Tabea“ fusionieren.

Es gibt nur noch einen Bauern, ein paar Gestüte und ansonsten neun gut gelegene Seniorenwohnheime sowie die Altentagesstätte in der *Rissener Dorfstraße*, 23 Prozent aller Rissener sind über 65 Jahre alt. Deshalb wundert es nicht, dass sich zum Kummer der Rissener bis auf die Haspa, die Vereins- und West- so-

Neue Lage: Die Bahnlinie wurde verschwenkt, der Bahnhof zum Neubau und die zentrale Fußgängerzone als „Rissener Acht“ reichlich verpollert

wie die Volksbank Hamburg Ostwest alle anderen Banken zurückgezogen haben. Da halfen auch die Demarchen der **Gemeinschaft Rissener Kaufleute** (gegr. 1983), die Appelle der **IG Einkaufen in Rissen** und die Klagelieder in der „Rissener Rundschau“ nicht.

Im weiteren Sinne „wirtschaftet“, entwickelt und forscht im Stadtteil seit 1958 die **Bundesanstalt für Wasserbau, Außenstelle Küste** an der *Wedeler Landstraße*, u.a. mithilfe eines Strömungsmodells der Elbe.

Der Canyon mittendurch

Eigentlich ist nur das Zentrum Rissens im ÖPNV erschlossen, die nördlichen und südlichen Randgebiete sind eher abgeschnitten; wenigstens queren die Busse 189 und 286 den Stadtteil; der MetroBus 1 (früher 187er) fährt vom S-Bahnhof Rissen über Sülldorf nach Altona, der Nachtbus 601 bringt Nachteulen halbstündlich vom Rathausmarkt bis Wedel. Ansonsten sind Rest-Hamburg bzw. Wedel seit 1954 besser mit der S-Bahn (S 1) erreichbar, die tägliche Zahl vernünftiger Pendler, die ihr Auto am versetzten neuen Rissener Bahnhof (der alte wurde 1983 abgerissen) abstellen oder gleich zu Hause lassen, ist aus Dankbarkeit für den 10-Minuten-Takt in den Stoßzeiten beträchtlich.

Notgedrungen werden die oft langen Wege innerhalb Rissens oder in die Nachbarstadtteile mit dem Rad oder bequemer mit dem Auto zurückgelegt. Nur Pinneberger und andere Randgebietler kürzen rasend gern ab durch den waldidyllischen *Sandmoorweg*, auf dem 30 km/h verlangt werden, bis zur großen Querachse: Der **Canyon** von 1983 (Baubeginn) teilt als tiefer gelegte vierspurige Schneise Rissen einschneidend, verbindet aber als B 431 *(Sülldorfer Landstraße/Wedeler Landstraße)* Hamburg und Wedel fast autobahnmäßig schnell. Viele haben deshalb ihren Frieden mit der entlastenden Tiefschneise gemacht. Der Canyon mit seinen bis zu 25 000 Fahrzeugen am Durchschnittstag erspart Rissen immerhin den Verkehrsinfarkt anderer Stadtteile.

Das „Dorf“ selbst aber provoziert unter Verkehrsteilnehmern Unfrieden, seit die paar Einkaufsstraßen schick verpflastert, total verpollert und schikanös zu Einbahnstraßen wurden. Als „Rissener Acht“ wird der Zwangsparcours bezeichnet, den schleichende Autofahrer absolvieren müssen.

Rissener Stilsammlung

Zweifellos kann man in Rissen inmitten viel Grün wunderschön wohnen. Die alten großen Villengrundstücke werden jedoch immer stärker parzelliert und bekommen damit immer skurrilere Zuwegungen. Die Stilsammlung wird umso abenteuerlicher, je enger zur

Alte Werte: Kaffeekönig und Polospieler „Addi“ Darboven ist stolz auf sein Mustergestüt in Tinsdal

Hilfe in den schwersten Stunden: Eine alte Villa wurde zum überregional bekannten Kinder-Hospiz „Sternenbrücke“

Stadtteilmitte gebaut werden durfte. Die **Gartensiedlung Mechelnbusch** (1949–54, wegen der denkmalgeschützten weißen Fassaden früher „Klein-Marokko“ genannt) entstand aus Trümmersteinen, 1970 bildeten elf „Wagner“-Straßen das **Nibelungenviertel**. Zu allem Überdruss haben inzwischen Garagenanbauten und wohl unverzichtbare Carports ganze Straßenzüge verkleinbürgert. Erhaltene oder rekonstruierte Fachwerkhäuser mit Strohdächern, einst Markenzeichen Rissens, sucht der Kenner fast vergebens. Die meisten standen dort, wo heute im Zentrum die notorischen Siedlungsbauten ragen (im Volksmund „Bruhnshausen“ nach dem abriss- und neubaufreudigen Immobilien-Spekulanten H.F. Bruhn), die Hochhäuser im südöstlichen Stadtteil am *Niflandring* heißen unter Rissenern nur „Die große Wand“.

Leichter Stil: Die weißen Wohnblocks sind in der Rissener Stilfülle ein beliebtes Quartier

Wirkliches Wild: Im Wildgehege des Klövensteen erleben Stadtkinder noch natürlichste „Schweinereien“

Fantasie gefragt

In Rissen wird es still und erholsam bleiben, Erschließungen kann, Umnutzungen darf es nicht geben, und „Verdichtungen“ sind weitgehend erfolgt. Als Teil des Grüngürtels entlang der Landesgrenze bleiben die Weite von Weiden und die Wichtigkeit von Wäldern uneingeschränkt. Seniorenheim- wie Gestütsbetreiber haben dies früh erkannt; dass die frühere Godeffroy-Villa im 4-ha-Park am *Sandmoorweg* seit 2001 das **Kinder-Hospiz Sternenbrücke** werden soll, ist eine würdige Lösung. Nur die laut ausgesprochene Unzufriedenheit mit dem „Dorfkern“ wird à la longue vielleicht fantasievollere Lösungen bringen, auch wenn so viel einzelhändlerischer Mittelstand sich nur mühsam auf ein Konzept einigen wird.

Viel Wagner: Ein Neubaugebiet wurde zum Nibelungenviertel

Staatsforstidyll und feines Golf

Wie ein Keil schiebt sich das Waldgebiet **Klövensteen** nach Norden in die umgebende Wiesenlandschaft; wie ein weiterer Keil engen von Westen die urigen, seit 1991 renaturierten Flächen des Schnaakenmoors den Klövensteen ein; das Moor wird von 49 ha ehemaliger Dünen um-

geben, die im Zuge der Aufforstungen nun kaum erkennbar bewachsen sind.

Der beliebte Wald und Staatsforst (offiziell „Klövensteener Forst“, 504,2 ha groß, mit eigener Revierförsterei) lockt zu jeder Jahreszeit Hundert- und bei Idealwetter Tausendschaften auf 28 km Reit- und 60 km Wanderwege, auf den **Waldspielplatz**, auf den **Walderholungsplatz** (seit 1967), ins **Wildgehege** für heimische Waldtiere (seit 1972, 34,8 ha) und an die idyllisch umbäumten **Fischteiche** (in kalten Wintern Eislauffläche und Glühweintreff). Obligater Treffpunkt ist die „Pony-Waldschänke“ (seit den 1930er Jahren) am *Babenwischenweg* mit großem Parkplatz, Biergarten und altgedienten Ponys fürs Kinderreiten. Der weitläufige Stadtteilwald hat sogar seinen eigenen Wanderverein hervorgebracht, die **Wanderfüchse vom Klövensteen Wanderverein von 1977 e.V.**

Im Süden kümmern sich die **Naturschutzfreunde Wittenbergen** als Verein um die Erhaltung des 25 m hohen Steilufers Wittenbergen, der (bewaldeten) Tinsdaler Dünen, mit der anschließen-

den Geest. Der **Elbuferweg** unten und der **Elbhöhen-Wanderweg** (seit 1958) ist von der Wittenbergener Heide und vom eigenen Leuchtturm (seit 2001 mit 200 m hundefreiem „Kinderstrand Wittenbergen") bis zum Blankeneser Pendant störungsfrei genießbar. Die Rissener Stahlgitter-Leuchttürme sind schon 1999 als Hundertjährige gefeiert worden. Seit 1975 lockt ein Spiel- und Erholungsgebiet im Süden in der ehemaligen Kiesgrube am Golfplatz.

Rissen hat die Erholungsgarantie von vier Naturschutzgebieten: das nördliche **NSG Schnaakenmoor** (58 ha, seit 1979), das **NSG Wittenbergener Heide** (seit 1986), das **NSG Wittenbergener Elbwiesen** (seit 1986) mit ca. 35 ha – und in der Elbe liegt der Rissener Inselanteil des meist nur Seglern bekannten Idylls **NSG Neßsand** (seit 1952).

Landschaftspflege eigener Art betreibt der **Hamburger Golfclub Falkenstein**. Er ist Rissens Stolz, seit er 1930 in der Rissener Heide seinen endgültigen Platz fand; 1906 war er noch in Groß Flottbek gegründet worden. Wegen fehlender Expansionsmöglichkeiten und mithilfe bedeutender Mäzene wich man nach Westen aus. Der HGCF (das „F" für den nahen Falkenstein lieh man sich von Blankenese, an dessen unmittelbarer Grenze das Clubhaus liegt) war von Anfang an ein gesellschaftlich bedeutender und sportlich v.a. in der Jugendarbeit erfolgreicher Verein. Die Warteliste für den Club mit der perfekten

Berühmte Greens: Der „Golfclub Falkenstein" gilt als Hamburgs feinster

Beliebtes Grün: Klövensteen und „Pony-Waldschänke" dort sind Wanderziele

Stadtteil-Profil

	Rissen	Bezirk	Hamburg
Bevölkerung gesamt (2000)	14 583	112 011	1 704 929
Unter 18-Jährige in %	16,1	20,1	16,1
65 Jahre und älter in %	23,3	14,8	17,0
Deutsche	13 520	101 929	1 432 325
Ausländer in %	7,3	9,0	16,0
Einwohner je km²	876	724	2258
Sozialstruktur			
Sozialhilfeempfänger (2000)	315	8 860	120 461
Arbeitslose (2001)	306	4 196	71 963
Eink. je Steuerpfl. in DM (1995)	92 737	60 397	65 579
Wohnen (2001)			
Wohngebäude	3257	33 737	226 061
Ein- und Zweifamilienhäuser in %	46,1	23,6	20,5
Ø Wohnungsgröße in m²	89,6	75,0	71,0
Wohnfläche je Einwohner in m²	42,4	36,6	35,7
Verkehr			
Private Pkw (2001)	6432	43 517	628 119
Straßenverkehrsunfälle (2000)	47	685	12 430
Kriminalität			
Straftaten insgesamt (2000)	824	10 987	284 272

Wahlverhalten

... zur Bürgerschaft 2001 (gesamt)

Wahlbeteiligung	71,0%
SPD	36,5%
CDU	26,2%
Schill-Partei	19,4%
Grüne/GAL	8,6%
FDP	5,1%
Übrige	4,2%

... zur Bürgerschaft 2001

Wahlbeteiligung	82,7%
SPD	30,4%
CDU	33,9%
Schill-Partei	15,6%
Grüne/GAL	7,8%
FDP	10,1%
Übrige	2,3%

18-Loch-Meisterschaftsanlage und dem Exklusiv-Image ist ewig lang und offiziell geschlossen. Als „Falkensteiner" zu den knapp 1000 Members zu gehören zählt in Hamburg wie anderswo einst ein Adelsprädikat. Gastspieler erinnern sich an Idylle und Rehrudel, die abends die Fairways kreuzen.

Mittendrin: Die Aufforstung des Klövensteen machte aus Moorlöchern waldumstandene Fischteiche

der den Leuchtturm im Vereinsstander hat, die Boote aber im Hamburger Yachthafen Wedel liegen lässt.

Gegen dessen nur 100 Mitglieder ist der **Rissener Sportverein v. 1949 e.V.** mit 2900 Aktiven und Passiven ein Riesenclub, sogar einer der größten in Hamburg. Er bietet Fuß- und Handball, Tennis, Hockey, Turnen, Tanzsport und Badminton an. Im Verein macht man Karriere von der „Pampersriege" bis ins Nationalkader.

Dass es einige in Rissen an Anglophilie und einem Schuss Snob-Appeal mit Blankenese aufnehmen können, beweist auch die Gründung vom **1. Hamburger Krocket Klub e.V.** anno 1998, dessen inzwischen 40 Mitglieder auf dem Rasen des Rissener Sportvereins ihre Holzkugeln durch Drahttore hämmern.

Moderne Treter mit virtuellem Zusammenhalt sind die **radfreunde@rissen.de** als Internet-Radsport-Club für Hamburger oder Umlandbewohner, die Termin- und Kartenservice bieten und ab Rissen touren.

Fein raus: In Rissen bieten gepflegte Ställe für Pensionspferde immer auch das Revier zum Ausreiten

Aktiv vorneweg: Der RSV ist einer der mitgliederstärksten Vereine in Hamburg

Ebenfalls Exklusivsport betreiben, auch wenn sie es als natürlichsten Körpereinsatz betrachten, die Mitglieder des **Norddeutschen Flottbeker Reitervereins e.V.**, der ebenfalls nach Rissen auswich und seit 1954 seinen Reiterhof mit 40 Boxen und Vollservice am *Sandmoorweg* auf einem ehemaligen Gutshof etablierte.

Den Zuzug-Clubs für Golf und Reiten steht als Wegzug-Verein der **Segelclub Wittenbergen** gegenüber (gegr. 1954),

Gedämpfte Einkaufsfreude

Einkaufen ist ein Reizthema für Rissener, seit der Ortskern als scheinbare Fußgängerzone doch Kriechverkehr für Parkbuchtsucher erlaubt. Die **Rissener Fischkate** bemüht sich wenigstens noch um Strohdachcharme, ansonsten scheinen die Bauamtsleute der Vergangenheit nichts von Stil oder Milieu gehört zu haben – Rissener schimpfen laut und fast

schon ungefragt. Manche resignieren, halten gerade noch den Wein-Fachgeschäften, Aldi oder dem auch schon bescheidenen **Wochenmarkt** (di., sa. auf dem Parkplatz vor Kloppenburg) die Treue, fliehen aber sonst nach Wedel oder bis zum Elbe-Einkaufszentrum.

Pizza oder China?

Gäbe es die schönen alten, unvergessenen Namen von zünftigen Gaststätten oder typischen Ausflugslokalen noch, für die Hamburger einst an Wochenenden Rissen mit der Bahn heimsuchten, wäre die gastronomische Welt des westlichsten Vororts noch in Ordnung; aber das „Fährhaus Wittenbergen" überlebte seine letzte Sturmflut nicht mehr und wurde 1976 abgerissen, das „Alte Land-

Unwiederbringlich: Der einst bis zur Elbe lokalitätenreiche Stadtteil ist inzwischen gastronomisch so verödet wie das „Dorf"-Zentrum (oben)

haus", „Timmermanns Heidehaus" oder „Schmidts Kaffeegarten" sind für immer dahin. Der **Rissener Hof** verkam, war zeitweilig die Disco „Bronx" („letzte Disco in Hamburgs Westen") und wartet nun auf Asbestsanierung, Abriss oder seinen heiß diskutierten Wiederaufbau. Heute ist der Ortskern abends und nachts gespenstisch ausgestorben, das „Cheers" hält sich als Kombination von Café-Bar-Restaurant neben drei Italienern, einem Chinesen und einem Griechen. Rissener ziehen es offenbar vor, zu Hause zu essen, liefern zu lassen („Pizza oder China" heißen die Alternativen), selbst im Garten zu grillen oder Freunde zu bewirten.

Ansonsten locken nur Veranstaltungen wie das **Rissener Dorffest** im Juni aus dem Haus, ein Mai-, Floh-, Kinderfloh- sowie Advents- und Weihnachtsmarkt (seit 1973 im Gemeindehaus der Johannes-Kirche) ins Zentrum, seit 1975 feiert terre des hommes sein sommerliches Kinderfest in der Rissener Kiesgrube, und den Laternenumzug im November organisiert die Feuerwehr.

Köpfe

Onkel Dittmeyer, also **Rolf Bruno Hans Karl Meyer**, bekam sein „Ditt-" im letzten Weltkrieg und machte den Kunst- zum Markennamen für seinen Orangensaft „Valensina". Seit es den wirklich gemeinen Song gab „Tötet Onkel Dittmeyer", ist sein reetgedecktes Wohnhaus in Rissen eine Hochsicherheitsanlage, wie bei manchen Prominenten des Stadtteils. Rissener bedauern die Entwicklung des Unternehmens, mit dem der populäre „Onkel" geschäftlich scheiterte und bekannte: „Ich war zu alt."

Annelie Lettermann ist als Spiritus Rector der „Volksspielbühne Rissen von 1955" selbst seit 1961 hochverdient um die stets ausverkauften Vorstellungen in der Aula der Schule Iserbarg. Dann spielen keine Laien, sondern begabte Mitglieder des Hamburger Amateur-Theater-Verbandes. In Rissen hat seit 30 Jahren auch der Nachwuchs seine Chancen und tritt als bestens angeleitete „Bühnenspatzen" auf, denen ihre Annelie schon mal selbst ein Weihnachtsmärchen schreibt. Auf Dorffesten ist die seit Generationen eingeborene Rissenerin, die das frühere Rissener Platt noch beherrscht, wie ihre Mitmimen in alten Kostümen der Jahrhundertwende unübersehbar. Als buchstäblich leibhaftiges Rissen grüßt sie gern zurück: „Snack doch mol wedder Platt!"

Cord Ladiges ist seit 1979 Landwirt in Rissen. Der letzte Vollbauer des Stadtteils hat noch 70 Milchkühe im Stall und auf der Sommerweide direkt am Hof. Er zog als „Aussiedler" aus dem früheren Dorf an den *Babenwischweg* ganz in den Norden, genießt dort Reputation wie Einsamkeit und bedauert nur die langen Wege ins „Dorf" seiner Jugend, das kein Dorf mehr ist: „Schon komisch, der Letzte seiner Art am Ort zu sein."

Unübersehbar: „Onkel Dittmeyer", Mimin Annelie Lettermann, letzter Bauer Cord Ladiges

Rönneburg

gehört zwar verwaltungsmäßig zum Kerngebiet des Bezirks Harburg, wird aber bis heute von einer eher ländlichen Idylle geprägt. Um den bewaldeten Burgberg mit den Resten der historischen Wallanlage gruppieren sich reetgedeckte Bauernhäuser, die zum Teil noch aus der Zeit stammen, als Rönneburg Sitz der Vogtei Höpen war

Steckbrief

Fläche:
2,263 km²
Einwohner:
3193
Verwaltung:
Bezirk Harburg, Kerngebiet
Ortsteil:
706

In der ersten mittelalterlichen Erwähnung erscheint der heutige Stadtteil als „Runneborg“: Die auf dem Burgberg gelegene Rönneburg wirkte namengebend für das Dorf; die Burganlage wurde wiederum nach einem kleinen Bächlein – eher einem Rinnsal –, der Rönne (hergeleitet aus dem germanischen Sprachbereich von „rinne“, auch „runne“), benannt.

Aus der mittleren Bronzezeit stammt dies Absatzbeil

Schon früh besiedelt

Rönneburg ist topografisch zweigeteilt: Während die westliche Stadtteilhälfte durch einen Höhenrücken geprägt wird – immerhin kann der Gipfel des **Fuchsbergs** eine für Hamburger Verhältnisse stolze Höhenlage von 59,6 m vorweisen –, ist der östliche Teil Rönneburgs durch eine ans Moorgebiet grenzende Geländestufe gekennzeichnet. Hier wird der Boden von fruchtbarem Lehm, dem **Flottlehm**, bedeckt und bot schon in vorgeschichtlicher Zeit den Menschen gute Siedlungsbedingungen. Zahlreiche Einzelfunde zeugen von früher regionaler Besiedlung.

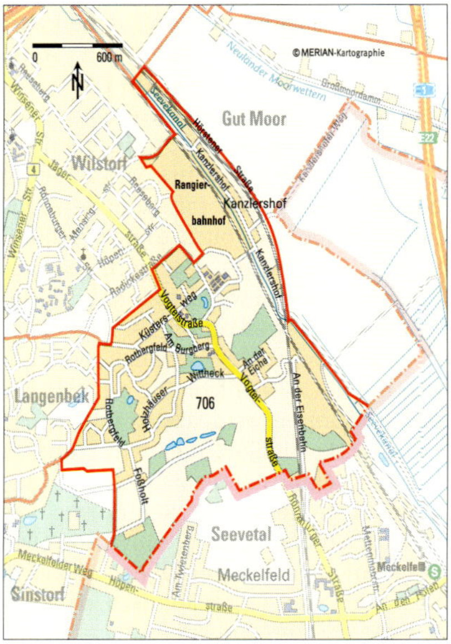

Der Burgberg war strategisch hervorragend für den Bau einer Wehranlage geeignet

Rönneburgs Reste

Wer meint, eindrucksvolle Zinnen und Türmchen zu finden, wenn er – darüber herrscht Einigkeit unter den Experten – die Reste der besterhaltenen Burganlage

im Süden Hamburgs besucht, wird enttäuscht werden. Der Aufstieg lohnt trotzdem: Die ehemalige Rönneburg war keine Burg im landläufigen Sinne, sondern eine rechteckige **Wallanlage zur Überwachung der Elbmarschen**. Die Reste

Die malerische Hofanlage in der Vogteistraße 35 stammt aus dem späten 19. Jahrhundert

sind noch heute zu besichtigen. Sie vermitteln immer noch einen Eindruck von der einstigen Größe der Anlage und bezeugen zudem ihre strategisch günstige Lage. Unbekannt ist indes weiterhin, wann die Rönneburg, die möglicherweise als Amtssitz diente, angelegt worden ist.

Das alte Rönneburger Ortsbild: Um den Burgberg gruppieren sich die Bauernhäuser des Haufendorfes

Aus der Geschichte

Erste urkundliche Erwähnung fand Rönneburg um 1233, als der Zehnte des Dorfes an das Kloster von Walsrode verpfändet wurde. Im 15. Jahrhundert waren die **vier Höfe** im Besitz der **Herzöge von Braunschweig-Lüneburg**. Das Schatzregister der Vogtei Harburg aus dem Jahr 1497 gibt nicht nur über die Zahl der ansässigen Hufner Auskunft: Insgesamt gehörten zum damaligen Viehbestand des Dorfes knapp 100 Kühe, 80 Schweine, 30 Pferde und 42 Schafe.

Um 1645 wurde als unterste Verwaltungseinheit des Amtes Harburg die **Vogtei Höpen** gegründet. Benannt wurde sie nach einem größeren zusammenhängenden, heute im Landkreis Harburg gelegenen Waldstück. Als **Sitz des neu eingesetzten Vogtes** wurde Rönneburg gewählt; der Ort gewann nun an Bedeutung und wuchs weiter: Bis Mitte des 18. Jahrhunderts ließen sich zahlreiche Klein- und Zubauern vor allem südwestlich des Burgbergs nieder. 1836 erhielt der Ort sein **erstes Schulgebäude** *Am Burgberg 2*, und die Rönneburger Schulkinder mussten nun nicht mehr den relativ weiten Weg zur Meckelfelder Schule zurücklegen. Ein Fußmarsch war jedoch von den Dorfbewohnern weiterhin für den Kirchgang gefordert, denn sie waren **nach Sinstorf eingepfarrt** und erhielten erst im 20. Jahrhundert ein eigenes Gotteshaus.

1852 wurde die Vogtei Höpen mit der Vogtei Hittfeld zum neu gebildeten Amt Hittfeld vereinigt, welches wiederum sieben Jahre später dem Amt Harburg angeschlossen wurde. Aus dem alten landwirtschaftlich geprägten Bauerndorf Rönneburg entwickelte sich im Zuge der Industrialisierung Harburgs ein **beliebter Wohn-Vorort**, der schließlich im Rahmen des Groß-Hamburg-Gesetzes (1937/38) in die Hansestadt eingemeindet wurde.

Im Jahr 1976 bezog die Bugenhagengemeinde das Reetdachhaus an der Rönneburger Straße

Bürgergeschichten

„Kinder als Erfinder“

***Fred Pylinski** eröffnete in Rönneburg die Kinder-Erfinderstube. Er erzählt von den jungen Besuchern, die hier basteln, malen, spielen und eigene Ideen entwickeln*

Der Gründer der Kinder-Erfinderstube in der Vogteistraße, Fred Pylinski, zwischen Dampfmaschinen und Recycling-Flitzern

Eigentlich war es immer mein Wunsch, außerhalb von Deutschland eine Einrichtung ins Leben zu rufen, in der Kinder neue fantasievolle Ideen ausprobieren und ihre verschiedenen Talente erproben können. Ich war also schon drauf und dran, meine Zelte in Deutschland abzubrechen, da überredeten mich Bekannte, doch noch zu bleiben. Und so zog ich – ohne so recht zu wissen, was mich erwarten würde – nach Hamburg-Harburg oder genauer in den Stadtteil Rönneburg. Dort baute ich mit Freunden dann die „Kinder-Erfinderstube“ in der Vogteistraße auf. Mit Detektiv-, Erfinder-Experimentier- oder Zeichen- und Mal-Kursen soll hier das künstlerische Talent schon früh gefördert werden.

Allerdings bekam ich gerade in der Anfangszeit auch einige skeptische Bemerkungen zu hören: „Wenn du hier nicht in der Feuerwehr oder in einem der Schützenvereine Mitglied wirst, dann wird es sehr schwer für dich, von der alteingesessenen Dorfbevölkerung akzeptiert zu werden.“ Aber ich habe festgestellt, dass auch ohne Mitgliedschaft in einem Traditionsverein mein Konzept erfolgreich angenommen wurde. Mittlerweile kommen nämlich nicht nur Rönneburger Kinder, sondern auch viele aus dem ganzen Hamburger Raum, um einen unserer Kurse zu besuchen. Oder die Eltern bringen ihre Kinder am Wochenende vorbei. Dann können sie stressfrei einkaufen, während ihr Nachwuchs seine schöpferischen Talente bei uns entdeckt. Sicherlich hat dazu auch beigetragen, dass wir uns sogar einmal im Monat im Offenen Kanal im Fernsehen präsentieren und auf diese Art die Neugier bei den Kindern und ihren Eltern geweckt wird.

Es ist toll zu sehen, wie die jungen Erfinder mit Dampfmaschinen, Walzen, Sterling-Maschinen oder Solarmotoren umgehen und welche Ideen sie entwickeln, um das Altbewährte weiter zu verbessern oder neu zu nutzen. Besonders fantasievoll und kreativ werden die Kinder übrigens, wenn es darum geht, mit einfachen Mitteln Autos, Flugzeuge oder auch kleine Boote zu bauen und diese schließlich auch noch mit einem Gummibandantrieb zu versehen. Die Idee, Fahrzeuge ganz ohne Strom anzutreiben, scheint nicht nur Erwachsene zu faszinieren. Vielleicht gelingt ja einem Jungerfinder in Rönneburg einmal die ganz große Entdeckung.

Ein Dorf mit Vergangenheit

Trotz vieler Neubauten lässt sich noch heute der ursprüngliche Charakter des **alten Haufendorfes** erkennen: Neben dem beachtlichen Baumbestand und dem **geschwungenen Straßenverlauf** bilden *Am Burgberg* erhaltene Höfe

und Katen den alten Dorfkern. Hier steht mit dem „Mattes-Hof" auch eines der **ältesten Hallenhäuser** im ganzen Bezirk Harburg. Das Gerüst des Zweiständerbaus geht mindestens bis ins 17. Jahrhundert zurück. Nicht wesentlich jünger ist die 1717 erbaute Kate am *Diekdamm 2*, deren Wirtschaftsgiebel noch mit **Backsteinzierverbänden** geschmückt ist. Weitere bemerkenswerte Hofanlagen finden sich im *Küstersweg*, in der *Kanzlerstraße* oder auch in der *Vogteistraße*. Aber nicht nur die bäuerliche Architektur prägt das Dorfbild. Rönneburg zählt zu den Stadtteilen im Bezirk Harburg, die bereits im 19. Jahrhundert zu einem **beliebten Ausflugsziel** avancierten und schließlich von begüterten Harburger Bürgern als bevorzugter Wohnort entdeckt wurden. So entstanden hier abseits von den sich entwickelnden Industrieanlagen und Verkehrswegen im Groß-Harburger Raum zahlreiche Villen und Landhäuser.

Um den Burgberg

Ein Sportverein, zwei Musikgruppen, drei Schützenvereine, so könnte die Aufzählung der Rönneburger Stadtteil-Aktivitäten beginnen. Und damit sind nicht annähernd alle örtlichen Vereine genannt: Gemessen an der Einwohnerzahl gibt es kaum einen Hamburger Stadtteil mit ähnlicher **Vereinsdichte**. Schon seit 1923 wird im **SV Rönneburg** gedribbelt und geflankt: Seit 1977 spielt man sich nicht mehr nur den Fuß-, sondern auch den Tennisball zu, denn damals wurde der SV ein „Mehrspartenverein": Als zweite – sie blieb bis heute die einzige weitere Abteilung – kam die Tennissparte hinzu. Trainiert werden die beiden Sportarten allerdings im Nachbarstadtteil, nämlich seit 1951 auf der **Sportanlage Wilstorfer Höh**. Ebenfalls Wilstorfer Boden betreten die Rönneburger, wenn sie ihre Bugenhagenkirche besuchen. Die ev.-luth. **Bugenhagen-Kirchengemeinde Hamburg-Rönneburg** wurde 1960 gegründet: Wohl als einzige Kirchengemeinde Hamburgs bezog sie ein altes Reetdachhaus. Neben dem Ständerbau von 1814 in der *Rönneburger Straße* wurde 1977 ein hölzerner Glockenturm aufgestellt. Und seither kommentieren einige Rönneburger lakonisch: „Wir gehören zu den wenigen Hamburger Stadtteilen, die – um die Ruhe im Dorf zu bewahren – ihre Kirche im Nachbarstadtteil untergebracht haben."

Die Stadtteilgrenzen überwindet ebenfalls die **Freiwillige Feuerwehr Rönneburg**. Die 36 Aktiven sind nämlich

Für die jungen Besucher ist das DRK-Kindertagesheim einfach die „Villa Kunterbunt"

Der Zweiständerbau des Mattes-Hofes entstand im frühen 17. Jahrhundert

Zeitleiste

um 1233 erste urkundliche Erwähnung

15. Jh. Rönneburger Höfe im Besitz der Herzöge von Braunschweig-Lüneburg

um 1645 Vogtei Höpen

1836 erstes Schulgebäude

1852 Vogtei Höpen und Vogtei Hittfeld zum Amt Hittfeld vereinigt

1937/38 Eingemeindung nach Hamburg

1960 Bugenhagengemeinde gegründet

Die kleinen Strolche der F-Jugend des SV Rönneburg posierten 1985 fürs Foto

Rönneburger Logos: Schützenverein Eiche, Fanfarengruppe Rönneburg e. V. und Schützenverein Rönneburg und Umgebung

auch zuständig, wenn in Wilstorf gelöscht, gerettet oder geborgen werden muss. Schon seit über 30 Jahren zündet die FF einmal im Jahr selbst ein großes Feuer an: Fast konkurrenzlos richten die Feuerwehrleute – immer am Gründonnerstag – ihr **Osterfeuer** aus. Wie in allen Stadtteilen des Bezirks Harburg haben sich auch hier die ortsansässigen Schützen organisiert – allerdings, und das dürfte bei knapp 3200 Einwohnern selten vorkommen, in drei Vereinen: So können Interessierte zwischen dem **Schützenverein Kanzlershof** und dem **Schützenverein „Eiche" Rönneburg und Umgebung e.V.** wählen. Das zielsichere Trio vervollständigt der **Schützenverein Rönneburg und Umgebung von 1897 e.V.**, in dem seit 1912 ein **Spielmannszug** für den richtigen Ton sorgt. Zu vielen Stadtteilanlässen, aber auch bei auswärtigen Auftritten musizieren die Mitglieder der **Fanfarengruppe Rönneburg e.V.**

Die Einweihung des neuen Feuerwehrhauses am Küsterstieg wurde 1959 gebührend gefeiert

Schienen und Drucksachen

Während sich das Rönneburger Stadtteilleben äußerst agil präsentiert, zeigt sich das Wirtschaftsleben eher zurückhaltend: Nur einige Handwerks- und Kleingewerbebetriebe sind anzutreffen. Und der Bau des Rangierbahnhofs in Maschen brachte nach 1970 auch für die Gegend um den Güterbahnhof Kanzlershof ruhigere Zeiten. Auf dem Gelände hat nun der Geschäftsbereich **DB Bahnbau**, Niederlassung Nord, seinen Stützpunkt Hamburg. Auch die **Stahlberg Roensch GmbH & Co KG** widmet sich dem „Unternehmen Schiene". Schon seit über 50 Jahren fertigt das Stahlwerk – mit knapp 80 Mitarbeitern zugleich der **größte Arbeitgeber** des Stadtteils – Schienen und verschweißt alte Gleisteile unter Einsatz innovativer Technologien zu neuen Langschienen. „Tradition durch Fortschritt" hat sich auch die Firma

Wahlverhalten

... zur Bürgerschaft 2001 (gesamt)

Wahlbeteiligung	71,0%
SPD	36,5%
CDU	26,2%
Schill-Partei	19,4%
Grüne/GAL	8,6%
FDP	5,1%
Übrige	4,2%

... zur Bürgerschaft 2001 (Stadtteil)

Wahlbeteiligung	78,1%
SPD	32,8%
CDU	29,7%
Schill-Partei	23,8%
Grüne/GAL	6,0%
FDP	4,0%
Übrige	3,8%

Stadtteil-Profil

	Rönneburg	Bezirk	Hamburg
Bevölkerung gesamt (2000)	3193	196 263	1 704 929
Unter 18-Jährige in %	23,4	19,2	16,1
65 Jahre und älter in %	12,9	16,9	17,0
Deutsche	2894	157 260	1 432 325
Ausländer in %	9,4	19,9	16,0
Einwohner je km²	1411	1222	2258
Sozialstruktur			
Sozialhilfeempfänger (2000)	248	17 127	120 461
Arbeitslose (2001)	126	10 107	71 963
Eink. je Steuerpfl. in DM (1995)	65 713	56 444	65 579
Wohnen (2001)			
Wohngebäude	563	27 486	226 061
Ein- und Zweifamilienhäuser in %	49,8	25,3	20,5
ø Wohnungsgröße in m²	85,5	69,9	71,0
Wohnfläche je Einwohner in m²	29,2	32,5	35,7
Verkehr			
Private Pkw (2001)	1310	70 144	628 119
Straßenverkehrsunfälle (2000)	3	1197	12 430
Kriminalität			
Straftaten insgesamt (2000)	96	26 879	284 272

Schüthedruck auf ihre (Druck-)Fahnen geschrieben. 1978 zog die Offsetdruckerei nach Rönneburg, und seither drucken und verarbeiten die etwa 30 Mitarbeiter in der *Kanzlerstraße* Broschüren, Plakate, Formulare und Bücher.

Wie auf dem Land

Bis heute ist Rönneburg also von einer Verstädterung weitgehend unberührt geblieben. Hier wohnen die Menschen mit viel Grün in ihrer direkten Umgebung. Vor allem Familien mit kleinen Kindern schätzen die dörflichen Strukturen, und so sind in den letzten Jahren einige Neubaugebiete, wie z. B. rund um die Straßen *Hüllbeen und Rönneburger Freiheit,* entstanden.

Zum Einkaufen woandershin?

Die ländliche Idylle macht sich allerdings auch in der Nahversorgung bemerkbar: Mal eben zu Fuß einzuholen, geht nicht. Selbst für die Grundversorgung müssen die Stadtteilgrenzen überschritten werden. Meist orientieren sich die Rönneburger dann Richtung Wilstorf, oder sie fahren zum ausgiebigen Bummeln nach Harburg. Zweimal in der Woche öffnet allerdings **Heidjerkaten-Fleischwaren** seinen „Factory outlet", und dann kann man in der *Vogteistraße* Sülzen, Schmalz und Sauerfleisch kaufen. Wie die vormals im Stadtteil angesiedelten Geschäfte, so haben in den letzten Jahrzehnten auch die meisten Traditionslokale geschlossen. Nun gibt es nur noch den **Rönneburger Park**, dessen Namenszusatz „Olympia" schon darauf hindeutet, dass außer gutbürgerlicher Küche auch griechische Spezialitäten serviert werden.

Köpfe

Irene Schmidt kennt sich aus in Rönneburg und ist selbst vielen Stadtteilbewohnern bekannt: Für ihr Buch „Rönneburg – Sitz der Vogtei Höpen" hat Frau Schmidt die alten Höfe besucht und vor Ort nachgefragt, historische Ansichten und Fotos gesammelt und Wissenswertes zusammengetragen.

Willi Netzler kam Mitte der 1960er Jahre von den *Colonnaden* der Hamburger Neustadt nach Rönneburg. Mittlerweile ist der Feinmechaniker und Spezialist für Kamerareparaturen fest in seinem Wahl-Stadtteil verwurzelt und in zahlreichen ortsansässigen Vereinen aktiv, u.a. als Vorsitzender der Fanfarengruppe Rönneburg und als Standmeister des Schützenvereins Rönneburg.

Hanne Darboven ist zwar in München geboren, wuchs aber in Rönneburg *Am Burgberg* auf. Und hierher kehrte sie auch 1968 zurück, nachdem sie zwei Jahre in New York gearbeitet hatte. Schon damals fand ihr Werk internationale Beachtung: Sie entwickelte ein künstlerisches Konzept zur „Fortschreibung von Zeit", das sie in Serigrafien, Collagen, Installationen und in den letzten Jahren vermehrt auch in Partituren umsetzte. Mittlerweile ist sie wohl die gefragteste der in Deutschland lebenden Künstlerinnen, und ihre Werke werden in aller Welt ausgestellt und aufgeführt.

Erst die Arbeit… – Druckerzeugnisse jeder Art produziert „Schüthedruck" – … und dann das Vergnügen: Vor allem im Norden des Stadtteils gibt es zwischen Wiesen und Feldern zahlreiche Erholungsmöglichkeiten

Stadtteilpersönlichkeiten: Irene Schmidt und Willi Netzler

Hanne Darboven vor dem Lichtdruck mit Serigrafie „Harburg Sand"

Rothenburgsort

liegt an der Elbe, ist nur zwei S-Bahn-Stationen vom Hauptbahnhof entfernt und dennoch für die meisten Hamburger ein unbekannter Stadtteil, den sie höchstens auf dem Weg zu den Elbbrücken durchqueren. Das neu erwachte Interesse an Hamburgs Elbufer soll auch zur Entwicklung von Rothenburgsort beitragen

Steckbrief

Fläche:
7,570 km²
Einwohner:
8006
Verwaltung:
Bezirk Hamburg-Mitte, Ortsamt Veddel-Rothenburgsort
Ortsteile:
133, 134

Der Name des Stadtteils rührt von der 1742 im männlichen Zweig erloschenen **Kaufmanns-** und **Senatorenfamilie Rodenborg** her, die im 17. Jahrhundert mehrere Anwesen auf dem Billwerder Ausschlag besaß. Eines davon war der heutige **Trauns Park**, das der Ratsherr Johann Rodenborg 1614 gekauft hatte und das bis zum Ende des 17. Jahrhunderts im Familienbesitz blieb. Die Gebäude des Landsitzes standen etwa dort, wo heute der Turm der Wasserkunst aufragt.

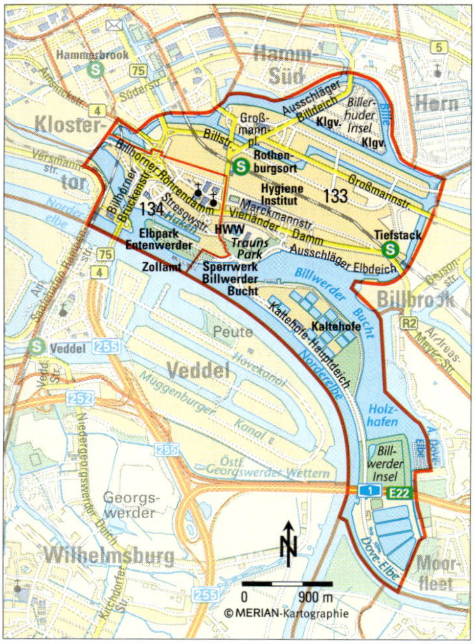

Türme haben in Rothenburgsort Tradition: Schon das sprechende Wappen der Familie Rodenborg zeigte einen für den Namensteil „borg“

Aus der Geschichte

Geographisch gesehen ist Rothenburgsort der westliche Zipfel des **Billwerders** (s. Billwerder) – bis um 1500 als **Billwerder Ausschlag** ein niedriges und feuchtes Gelände vor dem Elbdeich. Noch westlich vor dem Ausschlag lag der **Billhorn**. Der Ausschlag wurde schon 1492–94 eingedeicht, die Straßen *Billhorner Deich* und *Ausschläger Elbdeich* markieren den Deichverlauf. Erst nach der großen Flut von 1625 und der Zerstörung der **Bullenhuser Schleuse** in Höhe der späteren **Grünen Brücke** erfolgte die Eindeichung auch des Billhorns. Auf dieser Deichlinie verlief früher die Straße *Billwerder Neuer Deich* bis zur **Brandshofer Schleuse**, wo die Bille in die Elbe mündet. 1871 fasste man den Ausschlag und Billhorn als Vorort zusammen; 1894 wurde daraus der Stadtteil Billwerder Ausschlag. 1938 erfolgte die Teilung des Stadtteils in den Billwerder Ausschlag und Rothenburgsort. 1970 wurde die

Trennung rückgängig gemacht und die Bezeichnung des einstigen Landsitzes auf beide Stadtteile ausgedehnt.

Die rasante Entwicklung vom Landgebiet zum dicht besiedelten Stadtteil hatte um 1850 eingesetzt. Nach der Errichtung der neuen **Stadtwasserkunst**, dem Bau der Hamburg-Bergedorfer Eisenbahn und der Aufhebung der Torsperre 1860 siedelten sich Industrie- und Gewerbebetriebe an. 1871 lebten hier bereits über 7000 Menschen. Das rege Leben rund um den *Billhorner Röhrendamm* als der Haupteinkaufs- und Flaniermeile für 45 989 Stadtteileinwohner im Jahr 1939 kann man sich nicht mehr vorstellen.

Im Juli 1943 löschten in einer Nacht die Bomben alliierter Flugzeuge den Stadtteil aus und töteten Tausende seiner Bewohner. Das Massengrab auf dem Friedhof Ohlsdorf mit den Opfern des **Feuersturms** (s. Hammerbrook) trägt auf hölzernen Tafeln die Namen der vernichteten Stadtteile; Rothenburgsort steht vornan. Nach dem Krieg sollte Rothenburgsort zum Industriegebiet und Binnenschiffhafen werden. Erst nach Aufhebung der Bausperre (1950) und der Aufgabe der Binnenhafenplanung (1955) und damit der Abkopplung des Stadtteils vom anderenorts bereits begonnenen **Wiederaufbau** wuchs wieder ein belebter Stadtteil heran.

Kunst und Kultur

Am *Ausschläger Elbdeich* stehen noch einige Gebäude aus der Zeit um 1900, darunter eine Villa direkt auf dem Deich, ein großer Speicher, der eine gelungene Symbiose mit moderner Architektur eingegangen ist, und die gelbe **Trauns-Villa** zwischen Deich und Trauns Park.

Zur Baukultur der „Insel" Rothenburgsort gehören auch die vielen **Brücken** und **Schleusen**, die ebenso von praktischer wie von historischer Bedeutung sind. Ihr Gegenstück ist das 1999–2002 erneuerte **Sperrwerk Billwerder Bucht**, das Hochwasserschutz und ausdrucksstarke Architektur verbindet. Auf der anderen Seite der Billwerder Bucht liegt die **Kaltehofe** mit dem 1990 stillgelegten Elbwasserwerk, seinen Filterbecken und Backsteintürmchen sowie der leer stehenden Verwaltungsvilla.

In der einstigen **Schule Bullenhuser Damm** erinnert eine Ausstellung an die hier im April 1945 von SS-Männern ermordeten 20 jüdischen Kinder. Zuvor hatten sie im KZ Neuengamme grausame medizinische Versuche von SS-Ärzten erleiden müssen.

Der Marktplatz: die Mitte von Rothenburgsort. Die Türme (v.l.) gehören zu St. Erich, St. Thomas und – mit dem Pyramidendach – zur Umweltbehörde

Linke Seite: Neues Leben in Ruinen – Kinder spielen nach dem Juli 1943 in den Trümmern des Stadtteils

Die Behrens-Karte von 1623 (Norden ist unten!) zeigt das an der Elbe gelegene Anwesen von Johann Rodenborg auf dem Billwerder Ausschlag

Wasser für ganz Hamburg

Von Rothenburgsort aus erfolgte seit 1848 die zentrale Wasserversorgung der Stadt. Die Hamburger Wasserwerke haben ihren Sitz im Stadtteil

Rechts: Reinigungsarbeiten in einem der Rothenburgsorter Wasserspeicher

Sollten Archäologen zukünftig in Rothenburgsort tätig werden, sie würden nur wenig Frühgeschichtliches im feuchten Marschenboden finden. Entdecken würden sie aber gusseiserne Röhren: Relikte der **ersten modernen Wasserversorgung** des europäischen Kontinents

Oben: die zentrale Leitwarte der HWW. Rechts: Wasser anschaulich im Wasserforum. Im Hintergrund stehen der Rothenburgsorter „Wasserturm" und der Sternschanzenturm als Modell

Denkmal für William Lindley am Baumwall

aus der Mitte des 19. Jahrhunderts. Nach dem Großen Brand vom Mai 1842 hatte der Senat den Bau einer neuen **Wasserkunst** beschlossen und deren Entwurf und Ausführung dem englischen Ingenieur **William Lindley** (1808–1900) übertragen. Ihr Standort: der dünn besiedelte Billwerder Ausschlag. 1848 ging die Wasserkunst in Betrieb. Ihr 55 m hoher Turm ist bis heute weithin zu sehen. Der Turm ist aber kein Wasserturm: In ihm befanden sich der Schornstein für die bis 1948 betriebenen Dampfkessel sowie zwei Steigleitungen, mit deren Wasserinhalt der Druck im Leitungsnetz zu regulieren war. Noch bis 1893 erhielten die Hamburger unfiltriertes Elbwasser von der Wasserkunst; erst dann war das **Filterwerk** auf der Billwerder Insel und der Kaltehofe vollendet. Die Cholera-Katastrophe von 1892 hatte die Fertigstellung der Anlagen beschleunigt. 1905 begann im benachbarten Billbrook die Förderung von Grundwasser.

Die Elbe ist mittlerweile nicht mehr Lieferant für das Hamburger Trinkwasser (oder bald wieder?), aber in Rothenburgsort schlägt bis heute das Herz der Wasserversorgung. Die Hamburger Wasserwerke (HWW) haben seit 1989 an der nach ihrem „Gründer" William Lindley benannten Straße ihren Verwaltungssitz und Betriebshof sowie das Zentrallabor und das Ausbildungszentrum. Und mehr als 25 Prozent des in Hamburg benötigten Trinkwassers werden vom **Hauptpumpwerk** Rothenburgsort abgegeben, das heute Wasser aus Brunnen in Billbrook und Billstedt sowie aus den Vierlanden erhält (s. Curslack). Damit jeder sehen kann, wo das Wasser herkommt, bevor es aus dem Hahn fließt, haben die HWW auf ihrem Gelände mit dem **Wasserforum** ein abwechslungsreiches Informationszentrum eingerichtet, in dem sich alles um die Wasseraufbereitung und -verteilung dreht. Modelle von Lindleys Wasserkunst und altmodischen Wasserklosetts oder technische Objekte von heute, ein überdimensioniertes Bilderbuch und viele Tafeln und Bilder demonstrieren Geschichte und Gegenwart der hamburgischen Wasserversorgung.

Warten auf die neue Mitte

Ein **Stadtteilhaus** am Markt: Das ist der Wunsch vieler Rothenburgsorter. Denn ihnen fehlt ein Ort, wo man sich regelmäßig treffen kann und Veranstaltungen einen Platz finden. Der Wunsch besteht schon lange, konnte aber bisher nicht realisiert werden – genauso wenig wie die ersehnte Neugestaltung des Marktplatzes. So dient bis auf weiteres das **Stadtteilbüro** im *Billhorner Mühlenweg* als Treffpunkt, z.B. für die Stadtteilkonferenz, die im Zuge der seit 1998 laufenden Sozialen Stadtteilentwicklung ihre Arbeit aufgenommen hat. Aber auch **Hamburgs Wilder Osten** (HWO), die engagierte Stadtteilinitiative, nutzt die Räume: Wenn sie z.B. die Politiker an Rothenburgsorts **Chancen am Wasser** erinnert. Zwei Projekte verfolgt HWO mit besonderer Ausdauer, erklärt Ingo Böttcher, einer der Gründer: die Öffnung des Turms der Wasserwerke als Aussichtsturm – was er früher lange war – und die Schaffung einer Inline-Skater-Strecke auf der Kaltehofe.

Viel Platz bietet der Entenwerder Elbpark, für Freizeit und Veranstaltungen wie das Rothenburgsorter „Lichtfest"

Mit bühnenbegeisterten Kindern arbeitet seit 1998 das **Kindertheater Rabatz**; andere junge Rothenburgsorter bilden den Chor der **Singenden Strolche**. Einen der alten rundturmartigen Luftschutzbunker nutzt die Kulturinitiative **Lunaturm** als Übungsraum für Bands und für Kulturveranstaltungen. Nicht nur Fußball betreibt man beim traditionsreichen Breitensportverein **FTSV Lorbeer Rothenburgsort von 1896**. Dessen berühmtestes Mitglied war „Old Erwin" Seeler, der Vater von Uwe Seeler.

Nur wenige Hamburger Stadtteile kann man wie Rothenburgsort auf dem Wasser umrunden, und deshalb spielt der Wassersport hier eine besondere Rolle. Am ältesten sind die Rudervereine, der **Biller Ruder Club 1883** und die **Rudervereinigung Bille von 1896**. Beim **Biller Wassersport Schwalbe von 1928** fahren Kinder, Jugendliche und Erwachsene die Kajaks und Kanus. Beim Kanupolo heißt einer der sportlichen Gegner **Niederdeutsche Wanderpaddler**. Segel setzt die **Seglerkameradschaft Hansa**, deren 110 Boote an der *Grünen Brücke* festgemacht haben. Und in der Billwerder Bucht liegt die **Flussschifferkirche**. Bis zu seinem tragischen Tod im Januar 2002 hielt Pastor Werner Badczong den Gottesdienst.

Geflaggt in der Billwerder Bucht: die schwimmende Flussschifferkirche

Vielfältige Produkte

Gewerbe und Industrie spielten im Stadtteil immer eine große Rolle. Schon seit 1918 ist **Siemens** hier vertreten; am *Ausschläger Elbdeich* hat das Unternehmen seine Anbieter von anspruchsvollen Lösungen und Dienstleistungen für Industrie und Infrastruktur zusammengefasst. Über 500 Mitarbeiter stehen hier für Dienstleistungen rund um den gesamten Lebenszyklus von Industrieanlagen und IT-Systemen in der Region Hamburg bereit. Das älteste Hamburger Weinhandelshaus und älter als der ganze Stadtteil, aber noch nicht so lange hier tätig, ist das 1826 gegründete **Weinhandelshaus Wehber** an der *Billstraße*, in deren Rotsponkeller den Kunden unvermutet althamburgisches Flair empfängt. Die *Großmannstraße* ist gänzlich Industriestandort. Zu den dortigen Unternehmen gehört die **Hamburger Gewürz-Mühle**. Lecithine und Proteine für den Nahrungsmittelbereich kamen bis vor einigen Jahren unter dem Namen Lucas Meyer vom *Ausschläger Elbdeich*; inzwischen gehört das Unternehmen zum **Degussa-Konzern**.

Kommen von Siemens in Rothenburgsort: die Notrufsäulen für alle deutschen Autobahnen

Kennt fast jeder: das vom Verkehr umflossene Haus mit dem Stern kurz vor den Elbbrücken. Darin arbeiten u.a. das Architekturbüro „überNormalNull“, das Graffitiatelier „getting up“, zwei Modedesigner, Discjockeys, ein Ingenieurbüro für Schiffstechnik, ein Anglershop …

In städtischen Diensten

An der Ecke *Billstraße/Billhorner Deich* ragt der Neubau der **Umweltbehörde** empor, gekrönt vom mehrstöckigen Turmgeschoss. Im selben Haus schaltet und waltet das **Landesamt für Informationstechnik**. An der *Marckmannstraße*, in den Räumen der einstigen Realschule und des früher weit bekannten Kinderkrankenhauses, arbeitet das **Hygiene Institut Hamburg**. Es wurde 1893 gegründet, im Jahr nach der Choleraepidemie, die auch auf dem Billwerder Ausschlag zahlreiche Opfer forderte. 250 Angestellte sind in den Bereichen Lebensmittelhygiene, Human- und Veterinärmedizin tätig, 600 000 Gutachten und 20 000 Impfungen gehören zu ihren Jahresresultaten. Und unmittelbar neben der Brandshofer Schleuse liegt das Zentraldepot der **Deichwacht Hamburg-Mitte**, die für den Hochwasserschutz an der Norderelbe von Tatenberg bis Altona zuständig ist.

Aus Rothenburgsort kam und kommt nicht nur Wasser. Rotspon aus Hamburg präsentiert Michael Oswald von der Weinhandlung Wehber. Die Bill-Brauerei lieferte bis 1974 Bier, und Frank & Sohn füllten früher auch selbst Bier und andere Getränke ab

Wohnen inmitten des Verkehrs

Früher führte eine Straßenverbindung vom *Röhrendamm* über Brandshofer Schleuse und *Banksstraße* ins Herz des altstädtischen Kontorhausviertels. Heute unterbricht der Großmarkt diese Strecke. Zur Abschnürung der bewohnten Stadtteilmitte von ihrer Nachbarschaft trägt der Straßenverkehr als fließende Grenze bei: Tausende Fahrzeuge passieren täglich die vielspurige *Billhorner Brückenstraße* auf dem Weg von und zu den **Neuen Elbbrücken**. Nach Osten hin stoppt eine nur für Pkw durchlässige Barriere den Schwerverkehr – ein Segen für die Anwohner der *Ausschläger Allee*. Für einige Geschäfte bedeutete der Bau des Engpasses allerdings das Aus: Viele Bauern aus den Vierund Marschlanden, die früher auf dem Rückweg vom Großmarkt ihre Einkäufe am *Röhrendamm* und am *Vierländer Damm* tätigten, umfahren heute den Stadtteil.

Der Großteil der Wohnungen entstand in den Aufbaujahrzehnten seit 1950: **verputzte Häuser** oder schlichte **Rotklinkerbauten** am *Billhorner Röhrendamm* und am *Vierländer Damm*. Nach der Sanierung eines großen Teil des Wohnungsbestandes der GWG, die viele der Wohnungen verwaltet, ist die Mitte des Stadtteils ansehnlicher geworden. Das gilt z.B. für den Komplex von 900 Wohnungen rund um die *Stresowstraße* sowie die Hochhäuser am *Röhrendamm*. Wer am *Billwerder Neuen Deich* oder am *Ausschläger Elbdeich* hoch genug wohnt, kann den Ausblick auf die Billwerder Bucht genießen. Zu diesen Glücklichen gehören auch einige Bewohner des **Ev. Altenwohnheims Billwerder Bucht** am *Vierländer Damm*, das von der Flussschifferkirche und der ev.-luth. St. Thomas-Gemeinde getragen wird.

Einkaufen

Bis zur Zerstörung 1943 war der *Billhorner Röhrendamm* die goldene Meile des Stadtteils: Die Kaufhäuser Karstadt und Kepa hatten hier Filialen, kleine und große Geschäfte, Kinos und ein Weinhaus reihten sich aneinander. Heute ist der *Rothenburgsorter Marktplatz* der Einkaufsmittelpunkt. Mittwochs und samstags herrscht hier reges und internationales Treiben. Nur einige wenige Geschäfte haben die Zäsur von 1943 überlebt: Am

Bürgergeschichten

„Zum Landgang in die City“

Aus einer Bootsfahrt um Rothenburgsort wurde für Marion Jesse, Seniorchefin der Getränkehandlung Frank & Sohn, und ihren Mann Michael ein ungeplanter Ausflug mit Übernachtung

Am 2. August 2001 hatten wir Glück, es war schönes Wetter und kurz nach vier Uhr Feierabend. Also schnell zu unserem Boot am Berliner Tor. Bei der Nennung des „Berliner Tors“ als Bootshafen kommen auch gelernte Hamburger ins Grübeln: Am Heidenkampsweg liegt das Hochwasserbassin, und das geht bis zum Berliner Tor (fast). Von hier aus fahren wir bei gutem Wetter unsere abendliche Runde durch die Kanäle und die Bille. Auf den Kanälen fährt man durch wild wucherndes Grün, das Gewerbe dahinter sieht man im Sommer nicht. Diesmal wollten wir eine größere Runde fahren, raus auf die Elbe zur Speicherstadt und über die Billwerder Bucht wieder in die Bille. Zum Feierabend des Schleusenwärters fahren wir kurz vor sechs Uhr durch die Schleuse Brandshof in den Zollkanal.

Später, bei der Rückfahrt von der Speicherstadt, sehen wir vor der Schleuse Brandshof drei Motorboote, deren Skipper angestrengt zum Turm des Schleusenwärters schauen. Es soll noch Leute geben, die die Schleusenzeiten nicht im Kopf haben, so was. Weiter geht's dann am Entenwerder vorbei und ... schon wieder dümpeln da Boote, in der Einfahrt zur Billwerder Bucht, das hat's ja noch nie gegeben, mir wird grau vor Augen: Die Billwerder Bucht ist vor Sturmfluten durch ein Sperrwerk gesichert. Die Tore sind immer offen und nur bei Sturmflut geschlossen. Aber heute war keine Sturmflut – doch das Sperrwerk ist zu und die Schleuse Tiefstack damit nicht zu erreichen.

Wat'n nu? Auto und Bett weit weg, wir auf der Elbe, Kühlschrank leer. Aber unsere Stadt hat ja einen Sportboothafen für Touristen. Um halb acht liegt unser Boot am Baumwall. Ein paar Dänen und Holländern beim Anlegen helfen, dann zum Hafenmeister, um die Parkgebühr zu bezahlen. Aber, Weltstadt Hamburg, um sechs Uhr hat er Feierabend und ist erst morgen Vormittag wieder da. Zwei Möglichkeiten jetzt: ab mit der U-Bahn oder an Bord bleiben ohne Aussicht auf Frühstück. Wir bleiben! Wir sind Touristen und wollen was sehen. Bummel am Hafen und ab zum Portugiesen, da wollten wir schon immer mal hin. Das zweitbeste nach dem Fisch waren die kleinen Brötchen – das Frühstück ist gesichert. Später noch Klönschnack mit den Dänen und Holländern, dann die Flagge einholen und Schlafenszeit. Man glaubt gar nicht, wie schön man bei der Schaukelei im Hafen schlafen kann. Um sechs klingelt der Wecker, Katzenwäsche und das Frühstück vom Portugiesen. Um sieben geht's durch die Schleuse Brandshof zurück und dann ab zur Arbeit.

Danksagung: Hätte die Schleuse Brandshof über Lautsprecher oder Tiefstack über Funk einen Hinweis gegeben, wir hätten nie im Sportboothafen übernachtet, hätten nicht so gut gegessen, hätten nicht Dänen und Holländern von unserer Stadt vorschwärmen können!

Eigentlich nur bei Sturmflut geschlossen: das Sperrwerk Billwerder Bucht. Links: Marion und Michael Jesse, hier zusammen mit Enkel Stephen auf ihrer „Cubitus“

Wahlverhalten

… zur Bürgerschaft 2001 (gesamt)

Wahlbeteiligung	71,0%
SPD	**36,5%**
CDU	**26,2%**
Schill-Partei	**19,4%**
Grüne/GAL	**8,6%**
FDP	**5,1%**
Übrige	**4,2%**

… zur Bürgerschaft 2001 (Stadtteil)

Wahlbeteiligung	59,9%
SPD	**41,7%**
CDU	**20,3%**
Schill-Partei	**27,3%**
Grüne/GAL	**3,9%**
FDP	**1,9%**
Übrige	**4,9%**

Stadtteil-Profil

	Rothenburgsort	Bezirk	Hamburg
Bevölkerung gesamt (2000)	8006	228 060	1 704 929
Unter 18-Jährige in %	17,0	15,9	16,1
65 Jahre und älter in %	18,1	15,0	17,0
Deutsche	5834	167 114	1 432 325
Ausländer in %	27,1	26,7	16,0
Einwohner je km²	1058	2258	
Sozialstruktur			
Sozialhilfeempfänger (2000)	883	25 273	120 461
Arbeitslose (2001)	490	12 716	71 963
Eink. je Steuerpfl. in DM (1995)	46 235	53 702	65 579
Wohnen (2001)			
Wohngebäude	596	18 821	226 061
Ein- und Zweifamilienhäuser in %	5,9	8,9	20,5
Ø Wohnungsgröße in m²	58,9	62,5	71,0
Wohnfläche je Einwohner in m²	31,6	31,3	35,7
Verkehr			
Private Pkw (2001)	1046	70 503	628 119
Straßenverkehrsunfälle (2000)	155	2790	12 430
Kriminalität			
Straftaten insgesamt (2000)	1520	82 985	284 272

Weiße Schwäne, weiße Wolken: Angeln an der Billwerder Bucht

Zeitleiste

1614 Landsitz der Familie Rodenborg
1848 Wasserkunst in Betrieb
ab 1850 Industrie- und Gewerbeansiedlung, Bevölkerungszunahme
1871 Vorort
1894 Stadtteil
1943 Zerstörung im Feuersturm
1997 Elbpark Entenwerder
seit 1998 Soziale Stadtteilentwicklung

Röhrendamm wird der Mittagstisch der **Schlachterei Schläger** von Gästen in Overall und Anzug frequentiert. Uralte Firmen am *Röhrendamm*, gegründet in der Frühzeit des Stadtteils, sind das seit 1872 bestehende Eisenwarengeschäft **C. Peter W. Teufert** und die Getränkehandlung **Frank & Sohn**, 1877 vom Gastwirt und Uhrmacher Theodor Frank als „Flaschenbiergeschäft" eröffnet.

Aufbruch am Wasser

Rothenburgsort ist reich an Flächen mit Zukunft: So könnten auf dem Güterbahnhof neue Gewerbeflächen entstehen, und nördlich des Großmannplatzes dürften mittelfristig am **Billebecken** Gewerbegrundstücke frei werden. Sollten die Olympischen Spiele 2012 in Hamburg stattfinden (s. Kleiner Grasbrook), soll das erforderliche **Medienzentrum** im westlichen Zipfel des Stadtteils an der *Zweibrückenstraße* seinen Standort finden. Ungeklärt ist die Zukunft der **Kaltehofe**; entschieden ist der Neubau eines Geschäftshauses am Haken: Vier schneckenförmige Gebäude, entworfen vom Architekturbüro KHD.Czerner, werden als **Elb Park Office** Arbeitsplätze mit Elbblick und Bootsanleger bieten.

Neue Natur an der Elbe

Direkt an der Elbe ist in den 1990er Jahren ein neuer Park entstanden: Der nicht eingedeichte **Entenwerder Elbpark** ist bei starkem Hochwasser überflutet; ansonsten öffnen sich hier weite Räume für Freizeitaktivitäten. An der Spitze des Entenwerder ist eine Freilichtbühne in die Wiesenfläche eingelassen, zwischen den jungen Pappeln geht der Blick hinüber zu den eleganten Bögen der Elbbrücken. Eine Fußgängerbrücke an der Mündung

Neues Arbeiten am Wasser: das Elb Park Office am Haken, entworfen vom Architekturbüro KHD.Czerner

Wenige alte Bauten wie der Turm der St. Thomas-Kirche wechseln sich am Vierländer Damm mit den Nachkriegshäusern ab

des **Hakens** bindet den Elbpark ein in die Fuß- und Radwegachse, die langfristig entlang der Elbe von Wedel bis über die östliche Stadtgrenze hinaus reichen soll. Östlich des Entenwerder liegt die **Kaltehofe** mit den ausgedienten Filterbecken des Elbwasserwerks. Südlich folgt die **Billwerder Insel**, deren Deich als Ausgleichsmaßnahme für den Autobahnbau geöffnet wird. So entsteht ein Feuchtbiotop, das schon jetzt viele Vögel als Rastplatz auf ihrer Wanderung nutzen. Ganz grün zeigt sich auch die von Bille und Bullenhuser Kanal umflossene **Billerhuder Insel**. Stadtplaner haben bisher vergeblich ihr Auge auf die innerstädtische Insel geworfen, die fest in Kleingärtners Hand ist.

Golf ganz oben

Noch höher als der Turm der Wasserkunst reckt sich das 1995 eröffnete **Forum Hotel** an der *Billhorner Brückenstraße*, von deren Verkehr innen wenig zu hören ist. Das Viersternehaus hat über 450 Zimmer und ist Hamburgs höchstgelegener Golfplatz: Abgeschlagen wird bei einem seit 1999 jährlich ausgetragenen Turnier vom Dach des Hotels, Grün und Loch liegen im Entenwerder Park. An dessen Ostende findet man das **Entenwerder Fährhaus**, wo man sich bei gutem Wetter auch draußen stärken kann. **Zum Skipper** auf der Kaltehofe gelangt man über das Wasser der Billwerder Bucht oder auf dem Landweg.

Köpfe

Auch **Gerda Garbers**, geboren 1916, aufgewachsen in Rothenburgsort und einst leidenschaftliche Jollenseglerin, kann aus ihrem Fenster auf die Billwerder Bucht schauen. Seit 1951 wohnt sie auf dem Deich, genauer gesagt auf dem *Ausschläger Elbdeich,* wo die Werft Hein Garbers seit jenem Jahr ansässig ist. Viele der Binnenschiffer, die früher in der Bucht festmachten, kamen zu ihr auf einen guten Kaffee, den sie immer bereithielt – sofern sie nicht gerade zum Einkaufen war „nach unten ins Dorf".

1926 in Bergedorf in geboren, zog **Roland Burmeister** 1931 mit seiner Familie nach Rothenburgsort, wo sein Vater als Prokurist bei der Schlesischen Dampfer-Compagnie arbeitete, einer großen Binnenschifffahrtsreederei. Bis zur Ausbombung 1943 lebte der spätere TV-Designer und Drehbuchautor in der *Marckmannstraße.* 1997 erschienen seine Erinnerungen in Text und Illustration an das alte und seine Eindrücke vom heutigen Rothenburgsort. Obwohl Roland Burmeister seit langem in Wellingsbüttel wohnt, verfolgt er die Entwicklung des gebeutelten Stadtteils und hofft, dass die Stadtplanung bei der Entwicklung der HafenCity weiterdenkt in Richtung Osten – wo auch er die Wassernähe als Qualitätskriterium sieht, das zu einer Revitalisierung des Quartiers rund um den *Röhrendamm* beitragen kann.

Ercan Celebi kam 1976 vom Euphrat an die Elbe. Fünf Jahre später eröffneten seine Eltern den ersten türkischen Gemüseladen im Stadtteil, ein Imbiss folgte. Heute ist sein Bistro Chaplin die „Kontaktbörse" am *Rothenburgsorter Marktplatz,* besucht von Jung und Alt, von Rothenburgsortern deutscher und ausländischer Herkunft. Faschingsfeiern, Disco-Abende und Tanztees für Ältere finden regen Zuspruch unter den Rothenburgsortern.

Gerda Garbers wohnt auf dem Deich;
Roland Burmeister vor seiner Schule, in der heute das Hygiene Institut arbeitet, und eine seiner Rothenburgsort-Collagen;
Wirt Ercan Celebi hinter dem Tresen

Rotherbaum

ist der geschäftigere Südteil des legendären Postzustellbezirks „Hamburg 13“. Die citynahe Lage lockte viel Business in die ehemalige Gartenvorstadt vor dem Dammtor, die nur in Teilen idyllisch blieb. Konsulate und die wachsende Universität geben dem Medien-Stadtteil sein seriöses wie junges und internationales Flair

Steckbrief

Fläche:
2,885 km²
Einwohner:
17016
Verwaltung:
Bezirk Eimsbüttel, Kerngebiet
Ortsteile:
311, 312

Der Name Rotherbaum geht zurück auf einen rot gestrichenen Zollschlagbaum von 1729. Die Gegend wurde „but'n Dammtor“ genannt, also das ländliche Gebiet „vor“ den Befestigungsanlagen beim Dammtor bis zum noch etwas nördlicheren Kloster St. Johannis in Harvestehude. Vom eiszeitlichen Geestrücken aus speisten „Feldbrunnen“ Wasserleitungen in die Stadt. Höchster Punkt mit 24 m war die Gegend nahe der *Feldbrunnenstraße*.

Promenieren an der noch unbebauten Heimhuder Straße anno 1909

Aus der Geschichte

Die Dammtorweiden dienten einst als Stadtweide (der heutige Ostteil war „Gänseweide“), Bleichplatz und Exerziergelände des Bürgermilitärs. Die Landschaft nördlich davon wurde vom Ende des 17. Jahrhunderts an immer beliebteres Gartenhaus-Siedlungsgebiet. 1729 entstanden der Weg „Am Rotenbaum“ (heute *Rothenbaumchaussee*) und der „mittelste Fahrweg nach Harvestehude“, der spätere *Mittelweg*, als noch unbefestigte Alleen. Seit 1752 gehörte das Gebiet zwischen Alster und Grindel bis zur *Hallerstraße* der Stadt, die es als Glacis, als Schussfeld vor dem Wall, von Bebauung freihielt. Dennoch nahm die Besiedlung mit Garten- und Landhäusern im frühen 19. Jahrhundert so stark zu, dass Rotherbaum zur **Gartenvorstadt** wurde. In 24 zielstrebigen Jahren kaufte sich „vor den Toren“ allein der Schiffsmakler John

Durchgangsverkehr mit wenigen Achsen, City-Expansion ab Dammtor und im Kern die „Uni in der Stadt“

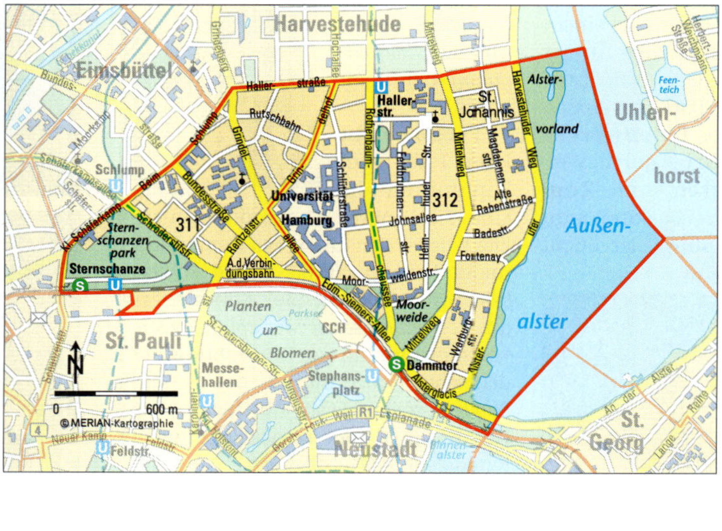

Großbürgerliches Wohnviertel in der Zange: Uni mit Rechtshaus und Audimax am Campusrand (vorne), Hotel und Bürobauten am Alsterufer – dazwischen begehrte Altbauwohnungen und Villen

Fontenay seit 1816 ein heute 68 000 m² großes Gelände mit Privatpark zusammen, sein Alsteruferweg war der Öffentlichkeit verwehrt. Nach dem Kahlschlag durch Napoleons Soldaten während der Franzosenzeit (s. Neustadt) hatte ab 1814 Einöde bis nach Eppendorf geherrscht, aber findige Unternehmer nutzten die Gunst der Unglücksstunden.

1828 wurden die Hauptverkehrsadern gepflastert und die abgeholzten Alleebäume durch neue Pflanzen ersetzt. Seit 1899 erst führt die „Rothenbaumchaussee" durchgehend bis zum *Klosterstern*. Nachdem 1860 die nächtliche Torsperre aufgehoben worden war, wuchsen beide **Vororte** bis 1876 zusammen und auf 16 000 Bewohner an. Harvestehude und Rotherbaum wurden erst 1894 offizielle **Stadtteile**. Westlich der *Rothenbaumchaussee* entstanden im Bereich *Grindelhof, Schlüter-* und *Hartungstraße* um die Wende zum 20. Jahrhundert großbürgerliche Mietshäuser, in denen sich u.a. vermögende Hamburger Juden niederließen. Zusammen mit kleinbürgerlicheren Wohnungen dahinter entstand ein lebendiges **jüdisches Viertel** rund um die Synagoge am Bornplatz (erbaut 1906). Östlich der Chaussee imponierten grandiose Einzel- und spiegelsymmetrisch gebaute Reihen von Stadthäusern und Villen. Reeder Ballin baute seine Prachtvilla (heute ein Pädagogik-Institut der UNESCO) an die *Feldbrunnenstraße*. Selbst der Kaiser besuchte ihn hier.

Im 19. Jahrhundert entstanden überwiegend westlich der *Rothenbaumchaussee* ganze Straßenzüge mit Geschosswohnungsbauten. Der größte Teil davon ist erhalten geblieben. Es gibt viele kleine Durchgänge zu den idyllischen Terrassen-Anlagen *(Grindelhof, Schlüterstraße, Rothenbaumchaussee* und am *Mittelweg)* zu entdecken und manche romantisch gestalteten Innen- oder Hinterhöfe. Am Rande der Uni präsentiert sich damit zwischen *Rapp-, Dill-* und *Bornstraße* heute ein

Arm und Reich: Erhaltene Terrassenwohnungen für Kleinbürger sind heute so beliebt wie die Prachthäuser mit Nike davor, etwa in der Warburgstraße

Bürgergeschichten

„Ende einer jüdischen Kindheit“

***Josef Ben Brit**, als früherer Hamburger Manfred Bundheim heute in Israel lebend, erinnert sich an seine Jugend in den von Hamburgs Juden bevorzugten Wohnvierteln Rotherbaum und Harvestehude*

Josef Ben Brit hat glückliche und traurige Erinnerungen an seine Jugend in Rotherbaum

Als mein älterer Bruder Leonhard 1930 in die Talmud-Tora-Schule gehen sollte, zogen wir in das Gemeindehaus in der Benecke-Straße 2. Wir hatten dort einen elf Meter langen Korridor, der parallel verlief mit dem Eingangsweg in die „Neue Dammtor-Synagoge“.

Dieser Korridor war für uns drei Jungen eine Kegelbahn, Tennisplatz, Fußballfeld und für mich besonders eine Autorennbahn. Vom vorderen und hinteren Balkon sahen wir mit Bewunderung das Vorfahren und Hereingeleiten der Brautleute. Gegenüber den Wohnhäusern war der Bornpark, beliebter Spielplatz für die gesamte Großfamilie Bundheim. Unser Vater war ein aktiver Sportler, der mit der ganzen Bundheim-Schar gerne spielte. Ein Bild stammt aus der Zeit Sommer 1933, in der wir Kinder den Nazi-Umschwung bereits als sehr unangenehm und bedrohlich empfanden. Auf einmal wollten unsere nichtjüdischen Nachbarskinder nicht mehr mit uns spielen! 1935 mußten wir wieder umziehen. Heute weiß ich von meiner Mutter, daß die Gestapo das jüdische Gemeindehaus beschlagnahmte. Wir zogen in die Brahmsallee 26. In der unmittelbaren Umgebung des Hauses wohnten viele gute Freunde von mir: Baruch Borchard, Heinz Gans, Benjamin Pels, Lothar Goldschmidt und Leo Cohen zum Beispiel. Von nun an war der Innocentia-Park unser bevorzugter Spielplatz. Wenn wir dort von aufgehetzten antijüdischen Jungen angerempelt oder belästigt wurden, trat unser „Starker“, ein Junge namens Adolf Hiller, in Aktion.

Natürlich sind die schönen Erinnerungen durch manche unangenehme und bedrohliche Ereignisse getrübt. So etwa, als unsere „Judenkinder-Versammlung“ fotografiert wurde und flugs ein Nachbarsjunge zu unseren „Ehren“ dahinter eine Hakenkreuzfahne hißte. Mein Vater Ernst war in Religionsdingen sehr aktiv. Wir waren Mitglieder der orthodoxen Synagogen-Gemeinde „Die Alte und Neue Klaus“ in der Rutschbahn 9–11 und kamen tagtäglich zu den Frühmorgengebeten.

So traf mich am Donnerstagmorgen des 10. Novembers 1938 die Schändung und Zerstörung des Mobiliars der Synagoge wie ein Schlag! Ich erlebte diesen traumatischen Moment persönlich und hautnah, denn an jenem Morgen um 6.00 Uhr früh wollte ich dort gerade mit meinem Fahrrad durch die Toreinfahrt zur Synagoge fahren.

Meine Jugendzeit in Hamburg wie das Leben unserer Familie und der ganzen jüdischen Gemeinde nahm ein plötzliches und grausames Ende. Mein Vater Ernst Bundheim wurde im Jahre 1943 deportiert und in Maidanek vergast und verbrannt. Es half ihm nichts, daß er von 1915 bis 1918 deutscher Frontsoldat in Rußland und Frankreich gewesen war. Ja, vielleicht halfen bei seiner Vergasung sogar die Söhne seiner einstigen Frontkämpfer-Kameraden mit …

Manfred ist der zweite Junge von rechts

Aus: Harald Vieth: Hier lebten sie miteinander in Harvestehude-Rotherbaum, 2. Aufl. Hamburg 1994, S. 28–31

Innenstadtstil: Stadtvillen und Bürotrakte drängen sich auf Erbpachtgelände der Fontenay-Stiftung, alte Villen wurden dafür geopfert. Das Grindelviertel hat noch balkonreichen Altbaucharme, der Turmweg modern-kühle Enge

urbanes Viertel. Viele Singles und Studenten wohnen hier, und nur die wenigsten ahnen, dass ihre beliebten Zimmerchen und Altbau-Kleinwohnungen oft das karge Zuhause kinderreicher Familien waren.

Fast alle Entwicklungs- und Baumaßnahmen im Bereich Rotherbaum im 19. Jahrhundert waren Privatsache und wurden von Spekulanten und dem „Bürgerverein vor dem Dammthor/Pöseldorf" initiiert oder koordiniert. Als die Stadt 1904 einen Bebauungsplan beschloss, waren längst lauter Kleinquartiere hinter den Paradevillen entstanden. Die Verdienste des historischen Bürgervereins für die Entwicklung von Rotherbaum sind enorm, der heutige kämpft mit schwacher Stimme weitgehend vergebens gegen Ökonomisierung und Umbau des Stadtteils.

Das riesige **Fontenay-Areal** gelangte aus dem Besitz der „Stiftung John Fontenay's Testament" um 1960 für 99 Jahre mit Erbbaurecht unter den Einfluss des Hamburger Immobilienhändlers Vogel, der viel historische Substanz opferte, um die ganze Gegend stark zu verdichten.

Immerhin gelang in jüngerer Vergangenheit die Verwirklichung zweier beispielhafter Wohnexperimente: 1971 wurde das schlossartig angelegte Schröderstift von 1852 schon flügelweise dem Hochbau des Geomatikums geopfert („Bildung geht vor Denkmalschutz"), den ansehnlichen Rest aber mit Kuppelkapelle rettete eine Bürgerinitiative, die nun als „Mieter-Selbstverwaltung Schröderstift" nach vorbildlicher Sanierung 73 Glückliche in all den historischen Kleinwohnungen vertritt. Das andere Vorzeigeobjekt für „grünes" Wohnen wurde im ehemaligen DRK-Krankenhaus *Beim Schlump* realisiert. Der Investor bewies, dass es milieuschonende und gelungene Lösungen auch für größere „Altsubstanz" gibt: in Wohnungen verwandelte Krankensäle, eigenes Blockheizwerk, Car-Sharing, Kindergarten, Kneipencafé „Headley's" im Haus. So ist es nur stimmig, dass hier mit der **Hamburger Tafel e.V.** ein anderes sehr positives Projekt seit 1994 seinen Sitz nahm. Fast 100 Ehrenamtliche und zwei Angestellte verteilen aus Rotherbaum tonnenweise Lebensmittelspenden von Hotels, Supermärkten, Bäckereien oder Caterern an Bedürftige.

Kunst und Kultur im Viertel

Mit den **Hamburger Kammerspielen** hat Rotherbaum in der *Hartungstraße* ein agiles kleines Theater, das nach seiner Rettung und Privatisierung (Aufteilung in Produktion und Besitz) durch Mäzene und Qualität der Eigenproduktionen und Gastspiele besten Ruf bekam. Eine breitere Bühne, mehr Plätze und viel Programm bietet das „Audimax" (außer Vorlesungen für Konzerte, Theater, Kino), eine intim kleinere Bühne das „Pädagogische Institut/PI" (beide Campus).

Legendäres Kino: Mit Einheitspreisen begann das Programmkino „Abaton" am Campus und wurde durch Dauer-Engagement bei kleinen Preisen zur geachteten Institution

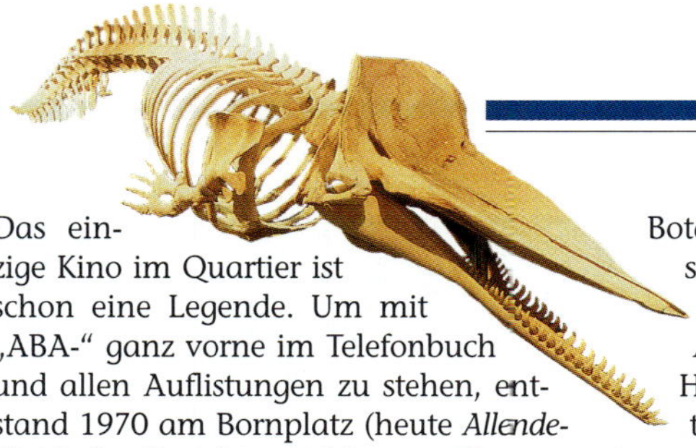

Mehrere Uni-Sammlungen in Rotherbaum sind öffentlich: Im Zoologischen Museum ist das Finnwalskelett der Blickfang

Das einzige Kino im Quartier ist schon eine Legende. Um mit „ABA-“ ganz vorne im Telefonbuch und allen Auflistungen zu stehen, entstand 1970 am Bornplatz (heute *Allende-Platz*) das Projekt mit Namen **Abaton** (eigentlich: „Tempel-Inneres“ und in orthodoxen Kirchen der Altarraum). Mit der Eröffnungsvorstellung „Monterey Pop“ zum Einheitspreis von drei Mark begann die Erfolgsgeschichte des hoch beliebten, unprätentiös organisierten und erstklassig aufführenden Programm- oder Festivalkinos.

Das frühere Fernmeldeamt Schlüterstraße ist weinbelaubt am schönsten. Rechts: Im erfolgreich entstaubten Völkerkundemuseum steigt jede Woche der „Tangopalast“. Unten: Kirchturm mit Ausstrahlung: St. Johannis zu Harvestehude

Kunsthandel

Lieber als in der abends verödeten City wohnen und präsentieren auffällig **viele Galeristen** ihre Künstler in Rotherbaum. In bestens konkurrierender Koexistenz bestehen in der vornehmen *Magdalenenstraße* die Galerie Thomas Levy und die Galerie Hans Brockstedt, neben diesen altrenommierten die Galerie Klaus Peter Westenhoff und die Galerie Hohmann. Nur wenige Fußminuten im Umkreis bis zur *Heimhuder Straße* finden sich Galerie M 20, Galerie Alfred Lochte, Galerie von Parkberg, Galerie Renate Kammer und die Galerie Ingo Freiherr v. Seld. Seit 1925 profitiert das kunstverständige Auktionshaus Carl F. Schlüter von seiner besten Lage im Stammhaus am *Alsterufer 12*.

Museen-Vielfalt

Das Viertel hat beachtlich viele **Mini-Museen** (ein privates Brillenmuseum *Bei der St. Johanniskirche 4*, ein Taxameter-Museum in der *Rothenbaumchaussee 79*) und etliche Instituts-Museen (Zoologisches, Botanisches, Geologisch-Paläontologisches Museum, Abguss-Sammlung des Archäologischen Seminars).

Auch eins der sieben staatlichen Hamburger Museen liegt im Stadtteil, das „Museum für Völkerkunde“ in großem Klinkerbau an der *Rothenbaumchaussee* (erbaut 1908–12, 1929 erweitert). Der hehre ethnologisch-wissenschaftliche Anspruch des Hauses verträgt sich mittlerweile bestens mit vielen Sonderausstellungen und populistischem Rummel („Ostermarkt“, „Jahrmarkt der Völker“) und ist seit den 1990er Jahren auch beliebte Location für Privatfeste. Im Innenhof liegt das moderne Restaurant „Mondo“, wo jeden Donnerstag viel besuchte Tango-Feten steigen.

Stadtteilkirchen

St. Johannis war die erste Kirche des Stadterweiterungsgebietes und entstand 1882 am Ende der *Heimhuder Straße*. Mit schlankem Turm (77 m) samt vier Fialen gelangt der neogotische Bau bei Nachfragen nach dem schönsten Rothenbaumer Gebäude regelmäßig auf Platz 1. Um die Kirchengemeinde St. Johannis gibt es ein lebendiges Gemeindeleben, eine große Sozialstation, ein Seniorenheim am *Mittelweg* und einen Förderverein. Dem Organisten Claus Bantzer verdankt die Kirche bei Konzerten besonderen Zulauf.

Im großbürgerlichen Viertel sind in ganz liberaler Nachbarschaft **etliche Bekenntnisse** zu Hause. Die Pressestelle des Amtes für Öffentlichkeitsdienst der Nordelbischen Evangelisch-Lutherischen Kirche fühlt sich in der *Feldbrunnenstraße* so villenwohl wie die „Christlichen Wissenschaften (Christian Science)“ an der *Rothenbaumchaussee* und im *Schröderstiftweg* oder wie „Die Christengemeinschaft in

Stadtteil-Profil

	Rotherbaum	Bezirk	Hamburg
Bevölkerung gesamt (2000)	17 016	244 893	1 704 929
Unter 18-Jährige in %	10,4	14,1	16,1
65 Jahre und älter in %	11,7	16,1	17,0
Deutsche	12 538	208 892	1 432 325
Ausländer in %	26,3	14,7	16,0
Einwohner je km²	5898	4914	2258
Sozialstruktur			
Sozialhilfeempfänger (2000)	508	13 118	120 461
Arbeitslose (2001)	490	9260	71 963
Eink. je Steuerpfl. in DM (1995)	95 776	67 141	65 579
Wohnen (2001)			
Wohngebäude	1158	28 953	226 061
Ein- und Zweifamilienhäuser in %	3,8	16,2	20,5
Ø Wohnungsgröße in m²	78,9	71,5	71,0
Wohnfläche je Einwohner in m²	41,3	37,3	35,7
Verkehr			
Private Pkw (2001)	5399	90 230	628 119
Straßenverkehrsunfälle (2000)	254	1752	12 430
Kriminalität			
Straftaten insgesamt (2000)	4165	28 994	284 272

© Statistisches Landesamt

Wahlverhalten

... zur Bürgerschaft 2001 (gesamt)

Wahlbeteiligung	71,0%
SPD	36,5%
CDU	26,2%
Schill-Partei	19,4%
Grüne/GAL	8,6%
FDP	5,1%
Übrige	4,2%

... zur Bürgerschaft 2001 (Stadtteil)

Wahlbeteiligung	74,3%
SPD	36,6%
CDU	23,5%
Schill-Partei	9,5%
Grüne/GAL	17,4%
FDP	7,7%
Übrige	5,2%

Hamburg“ in der *Johnsallee*. Anthroposophen haben am *Mittelweg* ihr unübersehbares „Rudolf Steiner Haus“ samt der „Forum-Initiative, Seminar für Anthroposophie“. Im Logenhaus, dem Prachtbau an der Moorweide mit der Tempelfront von 1909, treffen sich die Hamburger Mitglieder der „Freimaurer Provinzialloge von Niedersachsen“ mit öffentlichem, gutbürgerlichen Restaurant. In der *Grindelallee 101* ist in der Onkenkirche Deutschlands älteste Baptistengemeinde zu Hause. Nur für jüdische Andachten gibt es in Rotherbaum keinen Ort mehr, eine neue Synagoge entsteht in Eimsbüttel.

Notstand Parkplätze

Rotherbaum, das Parkplatz-Notstandsgebiet, ist bestens erreichbar, weil an seinen Grenzen rundum drei U-Bahn-Stationen (Hallerstraße, Schlump und Sternschanze) und zwei S-Bahn-Stationen (Sternschanze und der Dammtorbahnhof, auch Fernbahnhof) liegen; das Geld für eine nachträgliche Uni-Station reichte nie. Der jugendstilige, bis 2002 runderneuerte und mit schicken Passagen lockende Dammtorbahnhof ist seit 1903 in Betrieb. Er war bewusst für die „höheren Stände“ angelegt worden, denen Hauptbahnhof

Quirliges Viertel: Der verkehrsberuhigte Grindelhof wurde zur Restaurantmeile

und Altona zu ordinär oder zu weit waren. Die täglichen Ströme von S-Bahn-Fahrern beweisen, wie arbeitsplatzreich der Stadtteil ist und wie groß die Uni. *Mittelweg* (Bus 109), *Rothenbaumchaussee* (Schnellbus 34) und *Edmund-Siemers-Allee/Grindelallee* (MetroBus 5) sind die Hauptlinien des ÖPNV, die *Hallerstraße* (Bus 115) und *Glacischaussee* die Querverbindungen. Bereiche dazwischen sind verkehrsberuhigt, der *Grindelhof* wurde nach jahrelangen Kämpfen am Ende doch zur stilleren Einbahnstraße Richtung Eppendorf, die Bürgersteige sind nun Kneipenvorplätze. Das Grindelviertel ist schon deshalb weiträumig zu umfahren, wodurch die *Rothenbaumchaussee* periodisch überlastet wird.

Das Univiertel

Das Herz der Universität Hamburg schlägt in Rotherbaum. Seit 1919 wurden Standort-Alternativen gesucht, aber niemals verwirklicht. Seitdem wuchert die Hochschule ins Viertel und strebt nun nach „Verdichtung"

Seit 1919 Großstadt-Uni in der City: Pläne zur Verlagerung kamen ad acta, nun heißt „Verdichtung" das Planungsziel

Hamburg ist stolz, die 1919 erst gegründete, heute fünftgrößte deutsche **Uni in der Stadt** zu haben. Von den knapp 40 000 Studierenden (davon 3700 aus dem Ausland) belebt der Großteil den Stadtteil Rotherbaum tagsüber – ausgenommen die etwa 3700 Eppendorfer Medizinstudenten und die „ausgelagerten" 2500 Informatiker, Botaniker, Anthropologen. Gegen Abend allerdings sind Campus und die vielen Uni-Gebäude des Stadtteils eher verwaist, nur die nahe liegenden Kneipen bevölkert.

Trotz einiger stolzer Gebäude (**Hauptgebäude** von 1911 mit gesponserten, nagelneuen **Flügelbauten**) und vieler alter Einzelvillen mit Instituten und Seminaren wirkt der Uni-Komplex mit verstreuten Zweck-, Verfügungs- und zwei Hochhausbauten („Philosophenturm", 1962 mit 14, **Geomatikum** von 1975 mit 20 Etagen) einstweilen noch etwas lieblos in den Stadtteil gestreut.

Das Geomatikum ragt mit 20 Etagen hoch über die erhaltenen Reste des Schröderstifts

Tatsächlich sind zuvor alle Planungen Improvisationen gewesen: In den 1920er Jahren sollte die gesamte Uni nach Groß Borstel, im Dritten Reich komplett in den Westen, nach Othmarschen, verlagert werden.

Ein Stifterpaar ermöglichte den Bau von zwei großzügigen Flügelbauten am Hauptgebäude

Nach dem letzten Krieg blieben seit 1951/52 (Mensabau) nur Notlösungen: Immerhin wurden ein Park und die ehemalige Stadtgärtnerei an *Binder-* und *Schlüterstraße* zum umbauten neuen Campus (seit 1957), drei Sträßchen wurden zugebaut, die *Johnsallee* für das „Audimax" (1959) verkürzt.

Seitdem wuchs das akademische Angebot auf heute 96 Studiengänge, 92 Bibliotheken (neben der „Stabi", der Staats- und Universitätsbibliothek Carl von Ossietzky, erweitert bis 1982), vier naturwissenschaftliche Museen und drei Schausammlungen.

Räumlich streckte sich das universitäre Konglomerat bis in Harvestehuder Villen und wuchs sich an der *Bundesstraße* (auf ehemaligem Kasernengelände und leider auch recht zweckhässlich) zur riesigen **innenstädtischen Uni** aus, die an der *Rothenbaumchaussee* in begehrtester Lage einen Sportplatz und ein schmuckes Gästehaus in einem Altbau besitzt.

Inzwischen aber sind Verödung und triste Kulissen als Problem erkannt, das entschlossen gelöst werden soll. Mit dem 75. Uni-Jubiläum 1994 kam System in das „wilde Wuchern" (Planerbekenntnis): Ein „Rahmenplan Rotherbaum und Universität" von 1994 wurde 1998 fortgeschrieben und zum Bebauungsplan („Entwicklungskonzept") Ende 1999. Danach soll die untere *Grindelallee* auf der ramponierten Seite eine Blockrandbebauung, eine Brücke nach Planten un Blomen und etliche Café-Passagen zum *Allende-Platz* und Campus bekommen – **Uni-Boulevard** ist das Schlagwort für bummelbreite Fußwege und Alleebepflanzung. Behutsame Neubauten in Lücken oder möglicherweise der Erwerb des riesigen Postgebäudes an der *Schlüterstraße* könnten die bisher okkupierten, zweckentfremdeten Villen freigeben (bisher lagen 2/3 aller Geschossflächen der Uni in Rotherbaum, mit der **Nachverdichtung** sollen es dann 70 Prozent sein) und werden so die „Uni der kurzen Wege"

möglich machen. Barackenhafte Provisorien sollen verschwinden. Selbst die Achse *Rothenbaumchaussee* ist bis zum *Turmweg* als begrünter, um einen Arena-Rand am Sportplatz erhöhter Uni-Boulevard geplant. Den Uni-Anliegern in ihrer Semester-Parkplatznot sind sogar Tiefgaragen in Aussicht gestellt. Eine andere Vision ist die Heimholung des HWWA (Hamburgisches Welt-Wirtschafts-Archiv) auf den Campus.

Zu derlei Verdichtung und Verschönerung kommen zur Imageverbesserung auch starke Bemühungen zur Verbesserung der akademischen Reputation, denn einstweilen rangiert die Weltstadt Hamburg im Ranking deutscher Universitäten noch auf hinteren Plätzen.

Ein würdiges Eigenleben führt die **Hochschule für Musik und Theater** (gegr. 1954) seit 1956 im zentralen, repräsentativen „Budge-Palais" (ein Haller-Bau von 1885) am *Harvestehuder Weg 12*, weil die Neu- und Anbauten bisher ein harmonisches Ensemble ergaben. Im „Forum" hat die Hochschule mit 900 Studierenden und ca. 210 Professoren ein eigenes professionelles Theater (450 Plätze), im „Mendelssohn-Saal" einen prachtvollen Kammermusiksaal.

In naher Zukunft

Entwicklungspläne der Universität werden manche Ressourcen im Stadtteil aktivieren. Das **Postamt Schlüterstraße**, die Stadtburg in Backsteingotik (1902–07 erbaut), reizt zur Umnutzung. Der repräsentative Bau, Ostpreußens Marienburg nachempfunden, war 1911 das größte Telegrafenamt der Welt und zugleich das Postamt, das mit seiner Nummer „Hamburg 13" das ganze Viertel seit 1906 und bis heute taufte. Nun soll die Telekom-Immobilie (11 430 m^2, drei Innenhöfe) verkauft werden. Die Stadt hätte sie gern als repräsentativen Uni-Bau, aber Kauf- und Umbaukosten schrecken einstweilen ab.

Der Kaufmann und Reeder Edmund Siemers schenkte der Hamburgischen Wissenschaftlichen Stiftung 1911 ein Vorlesungsgebäude, das heutige Uni-Hauptgebäude. Links: Ecke Allende-Platz/Grindelhof liegt das Abaton, und links daneben sind im „Pferdestall" u.a. Politologen, Soziologen und das Institut für Sozial- und Wirtschaftsgeschichte samt Arbeitsstelle für Hamburgische Geschichte zu Hause

Blühendes Uferglück in gesponserten „Strahlensesseln" – aber der Alsterpark auf dem Alstervorland ist ein Genuss zu jeder Jahreszeit

Schullandschaft Rotherbaum

Auf so viel Uni in Rotherbaum werden die Stadtteil-Kinder gut vorbereitet. Die Kleinsten verwöhnt ein elitärer internationaler Kindergarten der „Kinderwelt Hamburg e.V." *(Turmweg 35)* für Diplomaten- und bei Platz auch Hamburger Kinder. Nicht nur sie gehen später gerne in die so sehr beliebte und einzige „Grundschule Turmweg". Diese 1957 gegründete Schule hat wider alle strengen Regeln ein viel größeres Einzugsgebiet als den eigenen Stadtteil – eben wegen ihres einfach nicht zu leugnenden „gehobenen sozialen Profils".

Beste Reputation hat auch die Sophie-Barat-Schule, das kath. Gymnasium (mit

Alster vor der Haustür: Alsterdampfer um 1900 und dieselbe Stelle 100 Jahre später bei klarer Nacht

Oberstufe des Aufbaugymnasiums) an der *Warburgstraße*. Mit der Gesamtschule Beim Schlump erschöpft sich das allgemeine Schulangebot, setzt sich aber mit zentral gelegenen **Spezialinstituten** fort. Die „Staatliche Jugendmusikschule" am *Mittelweg 42* ist ein sehr junger, moderner Neubau von 2000, popbunt betonverschanzt hinter geschwungenen und schrägen Fassaden, aber – und um nichts anderes geht es ja – überaus talentfördernd.

Dagegen sitzt die benachbarte „Hamburger Fremdsprachenschule" seit 1963 am *Mittelweg 42a* in einem spartanischen Zweckbau von 1950. Nicht nur Studenten nutzen die Angebote des „Institut Français de Hambourg" *(Heimhuder Straße)*, des „Instituto Madrid Cultura" *(Schlüterstraße)* oder des „English Language Institute" *(Rothenbaumchaussee)*. Sprachinstitute, die eher das Einpauken beherrschen, sind „Prolinguis Kulturforum" *(Rothenbaumchaussee)* und das „Deutsch-Institut für Ausländer e.V." *(Heimhuder Straße*, mit Prüfungslizenz vom Goethe-Institut). Körpersprache lehrt die Lola-Rogge-Schule als Berufsfachschule für Tanz und tänzerische Gymnastik in der *Tesdorpfstraße*.

Rotherbaum ist stolz auf feine Rudertradition

Grüne Großstadtoasen

Von den 146 025 m² Alstervorland hat Rotherbaum etwa die Hälfte, die zur Binnenalster hin immer schmaler auslaufen und Jogger Richtung Kennedy-Brücke zum Hintereinandertraben zwingen. Vorgärten machen den Stadtteil ansonsten ansehnlich, aber es gibt nur noch zwei große zusammenhängende Grünflächen. Auf der riesigen **Moorweide** vor dem Dammtorbahnhof (43 419 m²) sind grundsätzlich keine Veranstaltungen erlaubt und nur Kurzzeitigkeiten (Heißluftballonstarts, Ballspiele, Sonnenbaden) und Auftakt oder Ende einer Demo geduldet. Die einst eigens dafür gezimmerten Rednerbänke mit Podest für Protest haben sich nicht wie in der Speaker's Corner am Londoner Hyde Park bewährt. Dafür trägt und erträgt die östliche kleine Moor- und frühere „Gänseweide" gelegentlich einen rührenden Kleinzirkus.

Viertel in Bewegung

In Rotherbaum ist viel los – im Semester sowieso mit Uni-, Instituts- und Campusfeten, aber selbst in den Ferien. Einige Male im Jahr findet der vom Bürgerverein veranstaltete und reglementierte **„echte" Flohmarkt** am *Turmweg* (bzw. *Binderstraße* und Museumsvorplatz) statt, der als schönster und „ehrlichster" seiner Art gilt. Zu nächtlichen Feuerwerken (v.a. zum japanischen **Kirschblütenfest**) strömen Zehntausende durch Pöseldorf und an die Alster, im Winter und an Spaziersonnentagen ohnehin.

Auch sportlich hat Rotherbaum viel zu bieten. Schon Ende des 19. Jahrhunderts waren die Kuhwiesen vor dem Dammtor nördlich der Moorweide und östlich der *Rothenbaumchaussee* beliebte und belebte Sportflächen. Aus einer früheren Pferdesportanlage wurde ein Trainingsfeld mit bescheidenem innenstädtischen Stadion, das der HSV 1910–94 nutzte. Wo heute das Museum und der **Uni-Sportpark** liegen, gab es 1899–1910 ein gigantisches Velodrom (mit Winterhalle und für 6000 Zuschauer). Vom heutigen Uni-Sportgelände samt Tennisplätzen und Hallen profitieren nicht nur Studenten, seit ein Riesenprogramm für Breitensport aufgelegt wurde.

Gegen dessen junge, moderne Sportarten ist das **Rudern ein Klassiker**. **Der** 1934 fusionierte **Hamburger und Germania Ruder Club** (DHuGRC) am *Alsterufer 21* ist Hamburgs feinster Ruderclub und seit 1924 im heutigen steinernen Clubhaus. Der Doppelnamen-Club versammelt in ungebrochener Tradition beste Hamburger Familiennamen, doch es herrscht nach wie vor eine reine Männerwirtschaft, und konservatives gesellschaftliches Leben blieb Stil für die 645 Mitglieder (2001). Auch der unmittelbar benachbarte **Ruderclub Favorite Hammonia** (RCFH), gegründet 1854 und von den 640 Mitgliedern kurz „Fari" genannt, ebenfalls aus einer frühen Fusion hervorgegangen, pflegt als zweitältester deutscher Ruderclub die Tradition als reiner Männerclub (mit Schach- und Hockeyabteilung). Beide Vereine sind sehr aktiv und schicken schon frühmorgens ihre Mannschaften und Senioren-Achter in den Alsterdunst (die „Fröhmos" sind die „fröhlichen Morgenruderer" des Fari), solange die Alster nicht zufriert.

Zu Gast in Rotherbaum

Hotelgäste lieben Rotherbaum, weil sie alsternah vor der Stadt in der Stadt wohnen. Jahrzehntelang genügten kleine Pensionen (jetzt selbstbewusster „Hotel garni" genannt) wie in skurriler Dichte (fünf Betriebe) noch heute im denkmalgeschützten Backsteinpalast, dem

Zeitleiste

20 000 v. Chr. eiszeitliche Moräne

1801 Schleifung der Hamburger Festungswerke, Rotherbaum wird Gartenvorstadt

1860 Aufhebung der Torsperre

1882 St. Johannis und neue Kirchengemeinde „Harvestehude-Rotherbaum"

1894 Rotherbaum wird Stadtteil

1903 neuer Dammtorbahnhof fertig

1919 Gründung der Universität

1910 HSV übernimmt den Trainingsplatz am Turmweg

1938 Zerstörung der Synagoge am Bornplatz

1941 erste Deportation von 1034 Juden

1950 Baubeginn für die Uni um den neuen Campus

1953 Alstervorland wird Park

1960 Eduard Brinkama beginnt die Sanierung Pöseldorfs

1994 letztes Fußballspiel der HSV-Amateure am Rothenbaum

Der klassische Turmweg-Flohmarkt ist so beliebt wie das Elysee-Hotel mit seinem lockeren Charme

Mittagspause in Rotherbaum: Den vielen Dienstleistern steht „Bodos Bootssteg" (bei Handy-Verbot) zu Diensten

„Dammtorpalais" von 1910 an der *Moorweidenstraße 34*. Dann wurde 1972 das **Hotel Inter-Continental** (*Fontenay 10*, 277 Zimmer und Suiten) neun Stockwerke hoch an die Alster betoniert. Rotherbaum verlor damit so etwas wie die Unschuld des zurückhaltenden Bauens und bekam obendrein die „Spielbank Hamburg" unter dem Dach des „Interconti".

Gegen den Neubau des Riesenblocks vom **Elysee-Hotel** 1985 (305 Zimmer und Suiten) regte sich deshalb kaum noch Widerstand. An der Moorweide und in Sichtweite des Dammtorbahnhofs entwickelte es sich von Anfang an zum Erfolgshotel mit höchster Auslastung. Intimer und eher englisch wohnen Gäste, die Verstecktes lieben, in den Villen vom **Garden Hotel Pöseldorf** in der *Magdalenenstraße 60* (59 Zimmer) und dessen rezeptionsfreien Dependancen *Böhmersweg*. Solch Privatgefühl vermittelt auch das in gleich vier Altbau-Wohnhäuser expandierte **Hotel Vorbach** in der *Johnsallee* (Familienbetrieb mit 117 Zimmern und Altbauwohnungen für Langzeitgäste).

Szene und Scene: Im „Zwick" wird seit anno 1950 gerockt und kneipig überlebt, das feinere „Curio"-Restaurant ist seit 1998 In-Place und häufig Filmkulisse

Kneipen en masse

Rund um die Uni gruppieren sich kleine und kleinste Kneipen, gute und noch bessere Italiener, Geheimtipps wie das „Dieze-Köpi" in der *Rappstraße* zum Entstressen für Promis wie Anlieger – alle längst zum genüsslichen Draußensitzen erweitert.

Pöseldorf ballt seine Standard-Lokalitäten wenig originell in der *Milchstraße* (mit immer mehr Patina die „Altpöseldorfer Bierstuben") und bietet sogar ein „Bierdorf" mit Discothek. Der *Mittelweg* reiht seine Lokale lockerer aneinander und hat mit dem **Zwick** von Uli Salm und seinem späteren Pub-Stil seit 1950 eine Kult-Kneipe, wo Wirt Manfred „Wolle" Krug rocken lässt und immer wieder den offiziellen Namen „Rockin' Restaurant Zwick" rechtfertigt.

So viel geballte Originalität hat das Viertel nur noch im skurrilen eingeschossigen Bau des **Logo**, dem verdienstvollen Musikclub an der unteren *Grindelallee*. Es soll nach Stadtplanerwillen auch im künftigen Neubau sein Domizil behalten und weiter die Independent Scene und Gast-Bands präsentieren.

Um eine feinere Klientel buhlen daneben erstklassige Restaurants wie die „Osteria Due" *(Badestraße)*, „Da Paolino" (Paolo Cherchi, seit 1975 auf dem Steg) und die stets perfekte Haute Cuisine der „Auberge français" an der *Rutschbahn*. Zwei Ecken weiter im *Grindelhof* kulinarisiert das edle „Ventana" seine globalisierte Ost-West-Küche, während sich das „Curio Restaurant" im Curio-Haus *(Rothenbaumchaussee 11)* trotz halliger Designerkargheit zum In-Restaurant und zu gefragter Filmkulisse entwickelte. Gourmets pilgern reihum zu all den Versuchungen und loben Wollenbergers Kochkünste im Domizil der untergegangenen „Insel", dem legendären Promi-Club an der Alster.

Trotz Handy-Verbot hängen die schönsten Jungdynamiker/innen auf Bodos Bootssteg an der *Rabenstraße* ab. Hier hat Bodo Windknecht seit 1978 einen Boots- und Liegestühleverleih, kultig ist der drangvolle Steg seit Mitte der 1990er Jahre. Wer sich in Rotherbaum sehen lassen will, taucht dort oder auf der Riesenterrasse des „Bolero" im Mediencenter an der *Hallerstraße* auf, ganz trendy gehen er und sie auch im vegetarischen Restaurant „Fit for Fun" (Milchstraßenpassage) schlemmen. Dem **Snobappeal** aber bieten ein „Schweinske", irische Pubs, das „Limerick", Keller wie „Hinkelstein", etliche türkische, ein afghanisches, pakistanisches, indisches Restaurant und viele Kleinkneipen gelassen Paroli.

Informationsviertel

Rotherbaum ist ein Areal mit hohem Info-Service auch für Nichtstudierende. Die **Staats- und Universitätsbibliothek** ist ein öffentlicher Informationssegen mit frei zugänglichem Lesesaal und Hamburgensien-Sammlung, die umliegenden Fach- oder Seminarbibliotheken oder einsamen Experten der Forschungsinstitute sind es nicht minder. Das „Hans-Bredow-Institut für Medienforschung" an der Universität, die Theatersammlung in der Staats- und Universitätsbibliothek, das deutsche Orient-Institut, das Hamburger Institut für Sozialforschung, das Max-Planck-Institut für ausländisches und internationales Recht und das Pädagogik-Institut der UNESCO tragen zur Verdichtung der akademischen Atmosphäre des Viertels bei und lohnen für jede wissenschaftliche oder journalistische Recherche. Zahlreiche kleinere Institute sind mit Bibliothek und Kompetenz oder Programm rührige Einrichtungen wie das Frauenbildungszentrum „Denk(t)räume" an der *Grindelallee*. Segensreich wird es sein, wenn wie geplant auch das HWWA (Hamburgisches Welt-Wirtschafts-Archiv) von der Binnenalster in den geplanten halbrunden Neubau auf dem Campus ziehen wird.

Bibliophilie in Rotherbaum: Im Viertel mit der größten Bibliotheksdichte hat sich die uninahe Grindelallee zur Büchermeile entwickelt

Einkaufen bei Spezialisten

Außer Kaufhäusern hat Rotherbaum alles, was eine ideale Shopping-Mischung ausmacht. Selbst ein auf „Tante Emma" getrimmter Edeka-Laden hat da am *Grindelhof* seinen Charme, und der **Turmwegmarkt** (mit vielen Standinhabern vom Isemarkt) am Donnerstag sowieso.

Die „Expeditionskiste" für Globetrotter *(Rothenbaumchaussee)* und Rad-Shops wie „Pedalkraft" oder „M.S.P." *(Rentzelstraße)* sind Anlaufstellen für Experten wie auch der hochkreative Florist „Blumen Lund" am *Grindelhof.*

Jahrzehntelang war Rotherbaum für Ladenbesitzer keine Laufgegend, man hatte treue Stammkunden. Stagnierende Mieten förderten viele kleine Spezialisten, die nun mit der Erweckung des Viertels bedroht sind. Von der *Rentzelstraße 4* weg wird Claus Voigts Geschäft „Das Spiel" seine Fans wohl bald in einen

Stilwandel: Der Altbau des Wilhelm-Gymnasiums war erstes Domizil der Staats- und Universitätsbibliothek, die neuen Medien lieben unübersehbare Glaspaläste (Rothenbaumchaussee/Ecke Hallerstraße)

Integration und Provokation: viel gerühmter, detailreicher Eckbau Grindelallee/Grindelhof

anderen Stadtteil bitten. Der Comic-, Gimmick- und Artistikladen „Pappnase“ Ecke *Grindelallee/Rentzelstraße* ist schon lange eine Institution, um die Ecke am *Grindelhof* stapelt seit 1975 „Koch's Krimskrams“ seine nostalgischen Kinderspielzeuge und Erzgebirgsbasteleien bis unter die Decke, in der *Heinrich-Barth-Straße* werden im Souterrain noch alte Uhren fachgerecht gewartet. Ein Spezialist in der *Schlüterstraße* repariert zuverlässig jede Unterhaltungselektronik, und der skurrilste Allzweckladen für Kauf, Reparatur, Ersatzteilwunsch vom Rasierer über Hifi bis zum Spezialmesser reizt mit genialem Chaos an der *Grindelallee*. Internationaler Geheimtipp unter Jazz-Sammlern ist die „Plattenrille“ am *Grindelhof 29* für Secondhand-Juwelen von Tonträgern, kulturelle Antiquitäten und scheinbar Verschollenes. „Paul“ hat die Scheibe oder besorgt sie.

Ungefährdet scheinen hier in Uni-Nähe allein die **Bücherläden** an der *Grindelallee*, die zu einer Studenten beglückenden Buchmeile zusammenwuchsen. Institutionen sind die dynamische „Wohlthat'sche Buchhandlung“, die spezialisierten „Heine-Buchhandlungen“ an *Grindelallee* und *Schlüterstraße*, wo gegenüber in Nr. 4 bei „Wrage“ die einzige Esoterik-Quelle des Viertels sprudelt. Andersgläubige schätzen in der *Rothenbaumchaussee 103* die „Rudolf-Steiner-Buchhandlung für Anthroposophie“. Fachkundig bleiben „Reuter + Klöckner“ nahe dem Philosophenturm und „Päki“, der Spezialist für Pädagogik und Kinderbuch in der *Hartungstraße*. Immer voll ist es durch selbst erzeugten Kultbuchboom bei „2001“ an der Ecke *Rentzelstraße/Grindelallee*.

Rotherbaum und seine Medien

Schon vor Jahrzehnten begann die Umnutzung der großbürgerlichen Villen zu Büroflächen, inzwischen haben Rechtsanwälte, Steuerberater und etliche Model-, PR- und Werbe-Agenturen in Rotherbaum ihre Adressen. Das exklusive Ambiente des Stadtteils schätzen auch mehrere Kammern und eine Innung.

Rotherbaum hat seinen besonderen **Reiz für Journalisten**. So zog 1973 auch Gruner+Jahr in den „Affenfelsen“, der wegen der nach oben immer kürzer werdenden Etagen die Unternehmenshierarchie auch architektonisch verdeutlichte. Bis zum Wegzug an den *Baumwall* 1989 prägten G+J-Verlagskultur und Treffpunkte der Branche („Paolino“ auf dem Steg wurde so zum

Dienstleistungsbau „Affenfelsen“ zwischen Villen an der Außenalster

Liebling) den gesamten Stadtteil. Nun hocken Anwälte und andere Dienstleister in dem exponierten Bau.

Höchst dezent und geradezu versteckt residiert vergleichsweise die Deutsche Presse-Agentur (dpa) in einer Riesenvilla mit Anbauten am *Mittelweg* – so ist es bester, aber alter Rotherbaum-Stil.

22 kleine und mittlere Verlage haben sich hier niedergelassen, von denen der Musikverlag Hans Sikorski und die Verlagsgruppe Milchstraße die bekanntesten wurden. Die bunte Verlagsgruppe ist längst aus ihrem namengebenden Standort herausgewachsen und sitzt in Altbauten am *Mittelweg* und an der *Rothenbaumchaussee*. Auf dem ehemaligen Gelände des Flakbunkers an der *Hallerstraße* entwickelte sich seit 1995 zuerst ein regelrechtes „Multimedia Centre Ro-

Medienkonzentration: Der Platzhirsch NDR bekam unweit seines Turms mit dem neuen Multimedia Centre private Konkurrenz

therbaum" (Architekt Sir Norman Foster), das sich als „Mediencentrum Rotherbaum" um die Ecke in die *Rothenbaumchaussee* und bis zum *Turmweg* (fertig 2003) auswuchs. Im Gesamtkomplex haben die Fernsehsender HH1, Sat1, mtv und eben die Verlagsgruppe Milchstraße ihre gute Adresse.

Solchen Innenstadtcharakter hatte Immobilienriese Robert Vogel schon dem Südteil am unteren *Mittelweg* und an der *Neuen Rabenstraße* verliehen, wo sich in gigantischen Neubauflügeln die Werbeagentur Lowe, Lintas & Partners bzw. die Versicherungen Signal Iduna und HanseMerkur buchstäblich breit machen. Als 1931–34 der Anfang des Alsterufers (heute bei der Kennedy-Brücke) mit übergroßen Kontor- und Geschäftshäusern bebaut wurde (wie mit dem muschelkalkschönen Shell-, heute BATIG-Haus), war die bauliche City-Anbindung von Rotherbaum initiiert.

Paradevilla in Rotherbaum: Die „Sloman-Burg" im Tudorstil von 1849 war kein Sommerhaus mehr, sondern Dauerwohnsitz der Reederfamilie am Harvestehuder Weg

Nun ist es wohl nur noch eine Frage der Zeit, ob es Investoren nicht gelingen sollte, das Uni-Sportgelände (wie einst den HSV-Platz) zur Versteinerung zu bekommen. Der Deutsche Tennisbund denkt schon an Matchball im Grundstückskampf.

Höchst repräsentative CC- und CD-Adresse

Rotherbaum ist so etwas wie ein unauffälliges Diplomatenviertel, weil General-, Honorar- oder Normalkonsuln und ihre Attachés hier standesgemäß residieren und repräsentieren können. Rotherbaum kommt so auf einen sehr „unauffälligen", weil elitäreren Ausländeranteil von 26,3 Prozent (2600 waren es 2001) durch Gaststudenten und -dozenten der Universität und das diplomatische Korps. Am feinsten logiert der US-Generalkonsul am *Alsterufer* in seiner Miniatur vom Weißen Haus, zwei kaum noch erkennbar zusammengewachsenen Villen von etwa 1880 mit Säulenvorbau seit 1950. Auf dessen Balkon erfreut traditionell allweihnachtlich ein bunt geschmückter Riesentannenbaum. Rundum liegen noch 23 Konsulate von Bolivien bis Zypern. Was Diplomaten und Politiker anrichten oder verschleiern, analysiert und diskutiert „Die neue Gesellschaft e.V." mit Sitz *Rothenbaumchaussee 19* seit den 1960er Jahren als politischer Gesprächskreis.

Köpfe

Werner Grassmann (senior), nach frühen Dokumentarfilmer-Jahren der umtriebige Mitbegründer des „Abaton"-Kinos 1970 (samt „Abatinn"), wird seitdem wie der filmengagierte Sohn Felix von Cineasten des Viertels, in dem sie wohnen, respektvoll gegrüßt. Ihr schönstes Credo: „Wir machen weiter so!" **Robert Vogel**, „dem der halbe Stadtteil" gehört, möchte nicht erkannt werden, obwohl er ganz vorne an der Alster wohnt. Er ist u.a. der Erbpachtbebauer des Riesenareals der Fontenay-Stiftung, das der Schiffsmakler (1769–1835) einst als „die Fontenay" zusammenkaufte. **Helene Froriep** („Kleiderbad am Grindelhof") macht umso lauter ohne Blatt vor dem Mund auch dem Herzen vieler Rothenbaumer Luft, wenn sie populär wie unerschrocken Behördenbeschlüsse attackiert und mit bissigscharfem Humor die schlechte Welt schlecht nennt: „Ist doch wahr!" **Jürgen Hunke**, als Versicherungsmakler reich geworden, strapaziert traditionelle Rothenbaumer mit Multifunktionalität (HSV-Retter, Kammerspiel-Mäzen, Statt-Partei-Vorsitzender) und macht seine Domizile *(Hartungstraße*, zuletzt Villa am *Mittelweg)* zu auffällig gepflegten Unübersehbarkeiten.

Intellektuell, pragmatisch, ehrgeizig: Rotherbaum hat Charakter mit Werner Grassmann (Cineast), Helene Froriep (Sprachrohr), Jürgen Hunke (Aktivist) und dem Schiffsmakler John Fontenay (Ölgemälde)

Pöseldorf

Der idyllische Stadtteil, in den zu viel investiert wurde

Trotz jüngerer Betonsünden blieb Pöseldorf vielerorts noch wunderschön: Zu seinen Vorzeigeadressen gehört auch die Hochschule für Musik und Theater im Budge-Palais

Erste dauerhaft bewohnte Prachtvilla und ältestes erhaltenes Haus an der Alster war die „Sloman-Burg", ein Doppelbau im neogotischen Tudorstil mit Staffelgiebel, Zinnen und einem Turm („castellated Gothic"). Nach Norden entstand eine Perlenreihe neorenaissancehafter Villen, an denen heute noch Stadtrundfahrtbusse besonders langsam vorbeifahren: „Hier wohnt der Millionär Wünsche hinter Freitreppe, dort residiert der britische Konsul und seit einiger Zeit erst Jil Sander." Im Prachtbau von Martin Haller (Neorenaissance-Stil von 1884), seit 1900 das „Budge-Palais" des US-Millionärs (er war mit einer Hamburgerin verheiratet), hat seit 1956 die Musikhochschule ihren schönen Stammsitz.

Hinter diesen Villen entstand ohne Stadtplanung ein reizvolles Gewirr von Gassen und Zufahrten mit Remisen, Handwerksbetrieben, Ladengeschäften und Mietshäusern, die dem Viertel schon im frühen 19. Jahrhundert den Spitznamen „Pöseldorf" gaben (pöseln = pütschern wuselig hantieren). Diese bis Mitte des 20. Jahrhunderts etwas heruntergekommene kleinstädtische Dörflichkeit „entwickelte" der spekulierende Antiquitätenhändler Eduard „Edu" Brinkama von 1960 an zu einer neuen Qualität. Anfangs schuf Sanierung schönste Ladengeschäfte in alten Remisen oder früheren Handwerksläden, verkommene Villen wurden putzig-schön, dann zog der sich historisch gebende „Brinkama-Hof" Boutiquen und Snob-Shops an, denen schickere Kneipen folgten – bis aus Pösel- das auf Altenglisch getrimmte „Schnöseldorf" geworden war. Das wiederum reizte Investoren zu nachhaltiger Zerstörung der Substanz an exponierten Ecken zum *Mittelweg* durch kantig-schroffe Betonbauten. Damit hatte Pöseldorf von den 1990er Jahren an mit der zentralen „Milchstraße" als Laden- und Kneipenzeile nur noch Touristenreiz und büßte viel gutes Image ein. Nur in den stilleren Umgebungsstraßen lebt es sich nach Ende der Brinkama-Sünden noch bürgerlich beschaulich, aber mit angehaltenem Atem. Das Vertrauen in die Stadtplaner hat schwer gelitten, und den Pöseldorfern schmeckt die Absicht, den Parkplatz der Musikhochschule zu bebauen, ganz und gar nicht.

Geschmückter Straßenname: „Die Rabe" war ein beliebtes Lokal an der Alster, an der Rabenstraße erinnert Hamburgs schönstes Straßenschild daran

Verlorenes Quartier

Das ehemalige Jüdische Viertel lag in Rotherbaum

In Rotherbaum waren jüdische Mitbewohner bis in die NS-Zeit hinein eine bedeutende, den Stadtteil prägende Minderheit. An die lebendige jüdische Vergangenheit erinnert nur wenig, am sichtbarsten die erhaltene **Talmud-Tora-Schule**. Sie musste 1938 schließen. Heute trägt sie wieder ihren Namen im Portal und war zuletzt Sitz des Fachbereichs Bibliothek und Information der Fachhochschule Hamburg (jetzt: Hochschule für Angewandte Wissenschaften Hamburg).

Nebenan erinnert seit 1992 ein in der Pflasterung dem Grundriss nachempfundener Gedenkplatz an die ehemalige Hauptsynagoge, benannt nach dem 1942 in Riga ermordeten Oberrabbiner Joseph Carlebach.

Schon 1811 stellten die 6429 aschkenasischen und sephardischen Juden knapp fünf Prozent der Hamburger Bevölkerung und waren Deutschlands größte jüdische Gemeinde. Sie liebten das liberalere Hamburg, das auch in der Weimarer Zeit kaum wirtschaftlichen und politischen Antisemitismus zeigte, allenfalls einen versteckten gesellschaftlichen, die Hamburger Sozialdemokratie jedenfalls hielt sich an konfessionelle Vorurteilslosigkeit. Um 1900 gab es deshalb schon 18 000 jüdische Mitbürger, von denen vor dem Ersten Weltkrieg 42 Prozent in Harvestehude-Rotherbaum lebten. In der Nachbarschaft des Jüdischen Friedhofs (aufgehoben 1909) entstand im **Grindelviertel** ein Zentrum jüdischen Lebens rund um die Hauptsynagoge am Bornplatz (erbaut 1904–06, 1938 zerstört, abgebrochen 1939). Weil wegen einst geltender Diskriminierungsgesetze jüdische Gottesdienste in Privathäusern oder uneinsehbaren Gebäuden stattfinden mussten, lagen auch in Rotherbaum kleine Synagogen und Betsäle in Hinterhöfen (z.B. in der *Rutschbahn 11a*). An der Stelle des heutigen „Audimax“ stand die „Neue Dammtor-Synagoge“ (erbaut 1894) sowie das Jüdische Gemeindehaus mit Bibliothek. Das jüdische Vereinswesen in Rotherbaum war ausgeprägt lebendig, bis von 1933 an die drangsalierte Gemeinde nach und nach ihrer öffentlichen Einrichtungen beraubt wurde – Warnung genug für zwei Drittel, zu emigrieren. Für den Rest gab es immer einschneidendere Beschränkungen und ab 1938 sogar eine Meldepflicht im beschlagnahmten „Logenhaus“ (damals Gestapo-Außenstelle) an der *Moorweidenstraße*. Vor dem Haus war der Sammelplatz, hier wurden am 25. Oktober 1941 bei der ersten Deportation 1034 Menschen nach Lodz verschleppt (ein Gedenkstein erinnert seit 1983 an die Verbrechen auf dem „Platz der jüdischen Deportierten“). Heute leben rund 5000 Juden in Hamburg. Um emotionale wie wissenschaftliche Aufbereitung der Vergangenheit bemüht sich das „Institut für die Geschichte der Deutschen Juden“ an der *Rothenbaumchaussee*.

Die ehemalige Talmud-Tora-Realschule am Grindelhof blieb als Gebäude erhalten

Das Zentrum von Rotherbaum als Zentrum jüdischen Lebens: Von der ehemaligen großen Synagoge blieb nur ein Gedenkplatz mit Grundrissmosaik

Sasel

Das alte holsteinische Bauerndorf im Alstertal ist noch heute durch Einzelhausbebauung geprägt. Sehr engagiert versuchen die Stadtteilbewohner, die dörflichen Reste zu erhalten und neu zu beleben. Ihnen ist auch zu verdanken, dass ein früherer Kuhstall als „Sasel-Haus" zum kulturellen Mittelpunkt geworden ist

Steckbrief

Fläche:
8,359 km^2
Einwohner:
21 611
Verwaltung:
Bezirk Wandsbek, Ortsamt Alstertal
Ortsteil:
518

In der ersten urkundlichen Erwähnung wurde Sasel als „sasle" genannt. Das **Hamburgische Wörterbuch** gibt Hinweise zum Ursprung des Stadtteilnamens: So wird entweder vermutet, dass er aus dem Slawischen stamme, oder es wird eine altsächsische Herkunft angenommen. Dann wäre ein Zusammenhang mit dem Begriff „sahs" für „Stein" wahrscheinlich. Die Endsilbe „le" geht eventuell auf „loh" zurück, was „Wald" oder „Lichtung" bedeuten würde.

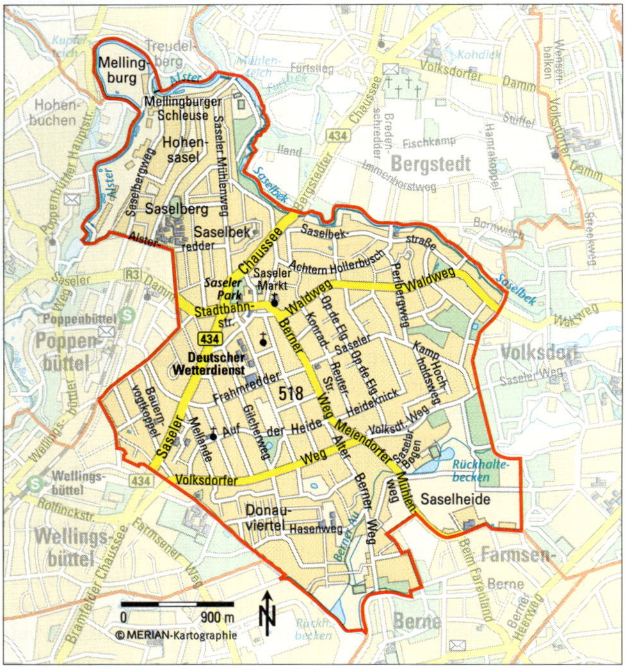

Der sagenhafte Opferstein

Wer in der Straße *Beim Riesenstein* nach dem namengebenden großen Stein sucht, der müht sich vergebens. Den Findling gibt es nicht mehr. Der Sage nach soll eine sächsische Kultstätte in der Nähe des Tümpels am *Mergelgrund* gelegen haben. Ein gewaltiger Granitfindling diente dort – so der Volksmund – als **Opferstein**. Prüfen lässt sich das natürlich nicht mehr: Um 1850 wurde der Findling verkauft, gesprengt und zu Werksteinen verarbeitet.

Aus der Altsteinzeit konnten dagegen zahlreiche Bodenfunde wie Pfeilspitzen, Schaber und Bohrer sichergestellt werden. Die **Siedlungsreste der Rentierjägerkultur** aller Alstertal-Stadtteile gelten als so wichtig, dass sie zusammen als eigene Kulturstufe, der „Hamburger Stufe", wissenschaftliche Bedeutung erlangt haben.

Aus der Geschichte

Sasel, vermutlich um 1200 gegründet, wurde 1296 erstmals urkundlich erwähnt. Fünf der Saseler Hufen (für Hufen s. Spadenland) kaufte 1345 das Hamburger **Domkapitel**. Seit 1540 führte ein Bauernvogt die Amtsgeschäfte und vertrat die Belange der Dorfbewohner gegenüber der Obrigkeit. Nach der Reformation gelangte Sasel an die Herzöge von Holstein-Gottorp, die – hoch verschuldet – das Dorf zwischen 1750 und

Kultur und Sport im Kuhstall: Im Sasel-Haus treffen sich die Stadtteilbewohner

1773 an Hamburg verpfändeten. Durch den Gottorper Vergleich von 1768 zwischen Dänemark und der Hansestadt erhielten die Herzöge ihren Besitz jedoch zurück.

Mitte des 19. Jahrhunderts wurde aus einer der Vollhufen durch Zukäufe ein Gutshof mit ca. 330 ha Land. Auf diesem **Saselhof** betrieb Konrad Reuter Vieh- und Milchwirtschaft. Zu Beginn des 20. Jahrhunderts ging Reuter in die Politik, stellte den Gutsbetrieb ein und beteiligte sich an der Gründung der **Alsterthal-Terrain-Gesellschaft** (s. Wellingsbüttel). Sasel zählte zu dieser Zeit 570 Einwohner. Zunächst kaufte 1917 der Eigenheim-Siedlungs-Sparverein das Gutsland. Von diesem Verein spaltete sich der **Siedlungsverein Sasel** ab, der 1919 die umfangreichen Ländereien übernahm und dort eine der damals größten Hamburger Siedlungen entstehen ließ: das **Donauviertel**.

Als Sasel 1937/38 nach Hamburg eingemeindet wurde, lebten hier schon 5800 Einwohner. Jeder von ihnen konnte bald die grausame Wirklichkeit der NS-Diktatur vor der eigenen Haustür erleben, denn 1944 wurde am *Feldblumenweg* eine **Außenstelle des Konzentrationslagers Neuengamme** eingerichtet. Die inhaftierten Frauen mussten Räumarbeiten leisten und wurden beim Bau der Plattenhaussiedlung in Poppenbüttel eingesetzt. Das Schicksal der Gefangenen erforschten 1980/81 Schüler einer 9. Klasse des **Gymnasiums Oberalster** (GOA) mit ihrem Lehrer Gerd Liszkowski. Ihre Arbeit gab auch den Anstoß, am *Feldblumenweg* einen Gedenkstein aufzustellen.

Am Saseler Markt beginnt der viel befahrene Ring 3

Nach dem Zweiten Weltkrieg entstanden weitere Neubauten auf Saseler Boden. Anders als in Poppenbüttel oder Wellingsbüttel wurden hier die **parkähnlichen Grundstücke** geteilt, und eine fast einheitliche Bebauung mit Einfamilienhäusern prägt heute den Stadtteil.

Dörfliche Reste

Nur wer weiß, wo er suchen muss, entdeckt in der Saseler Alsterschleife die Reste der Wallanlagen der frühmittelalterlichen, vermutlich sächsischen **Mellingburg**. Von

Dieser ca. 130 Jahre alte Ziegelstein wurde in der Ziegelei „Sassel“ hergestellt. Sie lag an der Grenze zu Wellingsbüttel auf dem Flurstück „Beim grünen Jäger“

Schon immer eine Bildungsstätte: In der ehemaligen Schule ist heute die Bücherhalle untergebracht

der Burg erhielt die im 16. Jahrhundert erbaute **Mellingburger Schleuse** ihren Namen. Die Schleuse und das zugehörige Haus des Schleusenmeisters entstanden bereits 1528/29, als man versuchte, einen Wasserweg zwischen Hamburg und Lübeck zu erschließen. Die Doppelschleuse kann als „technisches Denkmal“ noch immer besichtigt werden. Das heutige **Schleusenmeisterhaus** stammt aus dem Jahr 1717 und ist das älteste Gebäude im Stadtteil.

Vom alten holsteinischen Dorf Sasel sind einige – zumeist backsteinrote – Reste rund um den *Saseler Markt* zu entdecken: In dem ehemaligen Schulhaus von 1893 an der *Kunaustraße* ist seit 1987 die Bücherhalle untergebracht. Am Kopf des Marktplatzes befindet sich das Gemeindehaus von 1926/27. Das vom Volksmund meist als **Rathaus** betitelte Gebäude verlor im Zweiten Weltkrieg sein hohes Dach mit dem Uhrtürmchen und wurde damals nur notdürftig repariert. Erst 1989/90 folgte eine umfassende Restaurierung, und seither kann man im Saseler „Rathaus“ saftige Steaks verspeisen.

Zwar etwas versteckt hinter neueren Gebäuden, aber nur wenige Gehminuten vom Markt am Rande des Saseler Parks sind die baulichen Überbleibsel des Saselhofes zu finden: der **ehemalige Kuhstall** und ein gründerzeitliches Herrenhaus, dessen Räume heute von einer Kindertagesstätte genutzt werden.

Etwas weiter entfernt, an der Grenze zu Wellingsbüttel, steht das 1888 errichtete **Gutshaus des Pfeilshofs**. Ein weiterer früherer herrschaftlicher Besitz liegt am Saselberg an der Alster: Um den **Annenhof** gruppieren sich heute sieben moderne Wohnhäuser.

Saseler Gemeinschaftsleben

Ganz typisch für Sasel und seine Bewohner ist das Bestreben, nicht nur die baulichen Reste des Dorfes zu erhalten, sondern auch das alte Gemeinschaftsgefühl neu zu beleben. Ein Paradebeispiel für diese **engagierte Stadtteilarbeit** ist die Initiative, die sich gründete, um den ehemaligen Kuhstall des Saselhofes zu erhalten: 1830 wurde der Stall errichtet und diente seit 1937 erst provisorisch, dann offiziell als Schulhaus. Als die Zahl der Schüler zurückging und das Gebäude langsam baufällig wurde, sollte es abgerissen werden. Die Saseler aber mochten auf das ihnen lieb gewordene Haus nicht verzichten und gründeten 1979 die Arbeitsgemeinschaft Saseler Vereine und

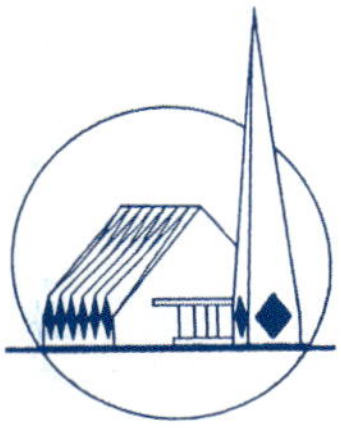

Zwei Kirchen – eine Gemeinde: Seit 1998 gehören die Lukaskirche und die Vicelinkirche zur Kirchengemeinde Sasel. Rechts: Jeder Einheimische kennt das ehemalige Gemeindehaus als Saseler „Rathaus“

Bürgergeschichten

„Mein Umzug nach Sasel 1932/33"

Gisela Hinrichs, geboren 1925, erinnert sich an ihre ersten Saseler Eindrücke und an die Anfangsjahre ihrer Familie im noch ländlichen Alstertal

Eines Septembertages kam unser Vater mit einer großen Neuigkeit nach Hause in unsere Wohnung in der Grindelallee: „Sonntag fahren wir nach Sasel, da können wir vielleicht billiges Land kaufen." Mit der Bahn in Poppenbüttel angekommen, gingen wir über ein großes Feld bis zur Bahnhofstraße (heute Stadtbahnstraße). Es kam ein größeres Holzhaus, „Samen und Geräte für den Kleingärtner, Erich Körner" (heute ein dreistöckiges Warenhaus). Es folgten Schrebergärten, „Elektro-Herzog" und eine Schmiede, Gasthaus Kratzmann, auf der anderen Seite ein Park mit alten Bäumen, das Herrenhaus, der alte Kuhstall mit Geschäften und Tischlerei. Schöne alte Strohdachhäuser mit dem Dorfteich, der samt Enten, Schwänen und Gänsen das dörfliche Idyll vollendete.

Nach einer Weile machte Papa ein ganz feierliches Gesicht, zeigte auf ein großes Dahlienfeld und meinte: „Das Stück Land will der Gärtner Wiebking für 1,75 RM pro Quadratmeter verkaufen." Mutti guckte ganz traurig und meinte: „In dieser Einöde!", aber es wurde gekauft, und am 10. September 1932 gehörten uns 1570 m² Land in Sasel. Im Februar 1933 bezogen wir das neue Haus, übrigens das erste vom noch bestehenden Baugeschäft Finnern errichtete. In den Anfangsjahren gab es statt Wasserleitung eine Handpumpe und statt Kanalabfluss eine Jauchegrube. Ein großer Kachelofen wärmte das ganze Haus durch Heizungsklappen.

Wenn wir nach Hamburg wollten, haben wir die Gummistiefel bei Körner am Bahnhof stehen lassen und Stadtschuhe angezogen, weil bei schlechtem Wetter die ungepflasterten Wege ganz aufweichten und Matsch bis zum Knie war. Ab Ostern besuchte ich die Volksschule in der Schulstraße (jetzt Kunaustraße). Wir waren 52 Kinder in der Klasse. Unser Lehrer war sehr streng, und ich musste, obwohl ich sehr schüchtern war, 100-mal „Reden ist Silber, Schweigen ist Gold" schreiben, dabei hatte ich nur „Deine Schürze ist aufgegangen" zu meiner Freundin gesagt. Ab 1937 besuchte ich die Mittelschule am Ratsmühlendamm in Fuhlsbüttel. Da wir in Sasel noch keine Kirche hatten, mussten wir zum Konfirmandenunterricht ins Gasthaus „Ole Döns" (Ecke Saseler Markt/ Stratenbarg). Pastor Hansen-Petersen mochten wir sehr gern; zum Abendmahl gab er uns Schwarzbrotstückchen und Apfelmost. Er kam aus Volksdorf; schon das fanden wir toll und hörten ganz still zu, wie er uns die Weihnachtsgeschichte erzählte oder die „Stillung des Sturmes" durch Jesus. Konfirmiert wurden wir in der Bergstedter Kirche, die so alt ist, dass damals schon ein Baum durch die Mauer gewachsen war.

Die 3. Klasse der Saseler Volksschule in der heutigen Kunaustraße im Jahr 1934. Gisela Hinrichs ist die Erste von links in der mittleren Reihe

Langsam fühlte ich mich auch im Saseler Gemeinschaftsleben sehr wohl. Es wurden viele Feste von Feuerwehr und den Singchören veranstaltet, es gab Vogelschießen, Laternenumzüge, Kinder-, Erntedank- und Schützenfeste. Wenn wir im Park unter den großen Bäumen zuletzt „Der Mond ist aufgegangen" sangen, waren wir glückliche Saseler, auch wenn manche Volksdorfer und Wellingsbüttler von den kleinen Siedler- und Igelfamilien nur wenig wissen wollten.

Als **Frauenchor Sasel** sind die singenden Damen weit über die Stadtteilgrenzen hinaus bekannt.

Die Mitglieder des **Bürgervereins Sasel-Poppenbüttel** treffen sich einmal im Monat zum Klönnachmittag oder entdecken bei heimatlichen Wanderungen die Natur. Um auch jüngere Stadtteilbewohner für den Verein zu begeistern, finden regelmäßig Stammtische zu kommunalpolitischen und anderen Themen statt.

Nachdem Sasel 1948 von der Kirchengemeinde Bergstedt unabhängig geworden war, bekam der Stadtteil 1962 die ev.-luth. **Vicelinkirche** am *Saseler Markt*. Schon ein Jahr später war die Gemeinde zu groß geworden und wurde geteilt: Die Kirche der ev.-luth. **Lukaskirchengemeinde** wurde 1965 eingeweiht. Seit 1998 sind die beiden Gemeinden wieder vereint und bieten ihre Aktivitäten gemeinsam an. Dazu gehört auch, dass neue Gemeindemitglieder mit einem persönlichen Brief und dem Gemeindeblatt begrüßt werden.

Turnen auf dem ehemaligen Heuboden im Sasel-Haus: Die Kleinsten des TSV Sasel halten sich mit ihren Eltern fit

Institutionen (ARGE), um das Gebäude zu erhalten. Aus dieser Initiative entwickelte sich der Verein **Sasel-Haus e.V.**, der den ehemaligen Stall zu einem lebhaft besuchten Zentrum für Kultur und Bildung in Hamburgs Nordosten machte. Fremdsprachen-, Kunst- und Handarbeitskurse, Ausstellungen und Konzerte sind Beispiele des breit gefächerten Programms. Nur die Teenies wünschen sich mehr Berücksichtigung ihrer Interessen. Beim **Saseler Heimatfest** bekommt aber jede Altersgruppe etwas geboten. Seit 1975 wird das von Werner Thol ins Leben gerufene Fest mit größter Begeisterung aller Besucher jeden Herbst gefeiert. Für vier Tage beherrscht ein buntes Treiben mit Musik, Flohmarkt mit Kinderfest, Laternenumzug und Feuerwerk den Marktplatz. Dann tritt auch die **Brass Band** der Freiwilligen Feuerwehr auf. Schon seit 1883 kommen die tatkräftigen Helfer der **FF Sasel** zusammen, um gemeinsam Brände im Dorf zu bekämpfen.

Chormusik von Klassik bis Shanty hat der **Männerchor Salia** im Repertoire. Er bereichert seit 1922 den Stadtteil mit schönen Tönen. „Früher haben wir am Tag des Liedes unter der Schubert-Linde gesungen. Leider ist das heute wegen des Straßenlärms nicht mehr möglich“, erklärt der Erste Vorsitzende Heiner Waßmann. Das weibliche Chor-Pendant traf sich zum ersten Mal im Jahr 1929.

Zeitleiste

1296 erste urkundliche Erwähnung
1345 Sasel wird Kapiteldorf
1750–73 Hamburger Pfandbesitz
1910 Gründung der Alsterthal-Terrain-Gesellschaft
1919 Saselhof an Siedlungsverein verkauft
1937/38 Eingemeindung nach Hamburg
1944 Bau des Konzentrationslagers
1982 Sasel-Haus

Bewegtes Sasel

Auch der Sport kommt in Sasel nicht zu kurz, denn im Stadtteil sind mehrere Vereine mit ihrem breit gefächerten Angebot ansässig. Die 2800 Mitglieder des **Turn- und Sportvereins Sasel von 1925 e.V.** können sich mit Basketball oder Ballett und vielen anderen Sportarten in Form bringen. Sehr erfolgreich präsentiert sich die Fußball-Sparte: Bei jedem Heimspiel werden die dribbelstar-

Bis 1979 konnten sich die Saseler in ihrer Flussbadeanstalt mit einem Sprung ins oft kalte Wasser erfrischen

Stadtteil-Profil

	Sasel	Bezirk	Hamburg
Bevölkerung gesamt (2000)	21 611	405 173	1 704 929
Unter 18-Jährige in %	17,9	17,1	16,1
65 Jahre und älter in %	19,1	18,8	17,0
Deutsche	20 674	359 918	1 432 325
Ausländer in %	4,3	11,2	16,0
Einwohner je km²	2585	2742	2258
Sozialstruktur			
Sozialhilfeempfänger (2000)	152	25 017	120 461
Arbeitslose (2001)	423	14 222	71 963
Eink. je Steuerpfl. in DM (1995)	88 713	70 631	65 579
Wohnen (2001)			
Wohngebäude	6293	68 964	226 061
Ein- und Zweifamilienhäuser in %	68,8	31,4	20,5
Ø Wohnungsgröße in m²	98,2	77,1	71,0
Wohnfläche je Einwohner in m²	43,4	37,0	35,7
Verkehr			
Private Pkw (2001)	10 513	166 212	628 119
Straßenverkehrsunfälle (2000)	86	2255	12 430
Kriminalität			
Straftaten insgesamt (2000)	943	41 067	284 272

© Statistisches Landesamt

Wahlverhalten

... zur Bürgerschaft 2001 (gesamt)

Wahlbeteiligung	71,0%
SPD	36,5%
CDU	26,2%
Schill-Partei	19,4%
Grüne/GAL	8,6%
FDP	5,1%
Übrige	4,2%

... zur Bürgerschaft 2001 (Stadtteil)

Wahlbeteiligung	85,8%
SPD	32,8%
CDU	32,4%
Schill-Partei	16,8%
Grüne/GAL	8,4%
FDP	7,7%
Übrige	1,9%

Links: In der „Hamburger Werkstatt" werden Herbert Rauschenbach (links) und Ekrem Jegem (rechts) an einer der modernen Holzverarbeitungsmaschinen eingewiesen. Rechts: Easy Rider am Saseler Bogen

ken TSV-Amateure von zahlreichen Fans begeistert angefeuert. Ihre sportliche Karriere beginnen die ganz jungen Saseler zumeist auf den TSV-Turnmatten im Sasel-Haus beim Kinderturnen. Auch andere Sportvereine im Stadtteil nutzen die Räume des ehemaligen Kuhstalls. Eine Anlaufstelle für alle Bewegungsbegeisterten ist das **Centrum für Tanz, Freizeit und Sport e.V. Jazz-Nord**. Sein Angebot reicht von „Gutes für den Rücken" bis hin zu „Flamenco für Fortgeschrittene". Etwas weniger schweißtreibend geht es dagegen im **Saseler Schützenverein von 1964** und bei den **Schachfreunden von 1947** zu.

Erst die Arbeit ...

Bevor die Saseler ihre Hobbys pflegen können, müssen viele von ihnen den täglichen Rückweg vom Arbeitsplatz bewältigen. In Sasel gibt es nämlich nur wenig größere Arbeitgeber, und deshalb pendeln die meisten Stadtteilbewohner. Einige arbeiten aber auch im kleinen **Gewerbegebiet Saseler Bogen**. Seit Beginn der 1970er Jahre haben sich inzwischen rund 50 meist mittelständische Betriebe hier angesiedelt. Einer der jüngsten ist die Harley-Davidson-Niederlassung von Axel Kunth-Joost. Er betreut mit 15 Mitarbeitern ein chromblitzendes Paradies für Motorradfreaks, Bastler und alle, die sich ihren Jugendtraum doch noch verwirklichen wollen.

Der mit Abstand größte Arbeitgeber in Sasel ist die **Hamburger Werkstatt GmbH**. Seit 1975 ist sie am *Meiendorfer Mühlenweg* ansässig. Die 1920 als „Werkstätten für Erwerbsbeschränkte" gegründete Einrichtung beschäftigt über 650 Werkstattmitarbeiter und 180 fest zum Haus gehörende Angestellte. Ziel ist es,

Sie wissen, woher der Wind weht: Mitarbeiter des Deutschen Wetterdienstes und einige Messgeräte

„behinderten Menschen eine Erwerbstätigkeit zu ermöglichen und sie durch Arbeit zu fördern", schrieb Geschäftsführer Dietrich Anders in der Jubiläumsschrift 1995. Inmitten des Wohngebiets am *Frahmredder* trifft man unerwartet einen weiteren großen Arbeitgeber an: Die 120 Mitarbeiter der technischen Dienststelle des **Deutschen Wetterdienstes** erstellen von hier aus seit 1975 Wetterprognosen, kündigen Unwetter an und betreuen alle Wetterstationen in Norddeutschland.

Stadtteil der Eigenheime

Viel Arbeit und Liebe stecken die Hausbesitzer im Donauviertel in ihre Gärten. Eine große Auswahl an blühenden Pflanzen gibt es auf dem Saseler Wochenmarkt

Mit ca. 70 Prozent ist der **Einzelhausanteil** in Sasel der höchste im Alstertal. Die Verwandlung vom Dorf in einen Wohnstadtteil begann in den 1920er Jahren: Junge Familien zogen aus der Stadt ins nahezu unbebaute Sasel, „in die Walachei". Sie legten Gärten an, hielten sich Kleinvieh und begannen ihre Häuser zu errichten. Mit Schottschen Karren und Blockwagen holten sie das Baumaterial von den Bahnhöfen Wellingsbüttel und Poppenbüttel oder aus dem Lager im ehemaligen Kuhstall des Saselhofs und brachten Holz und Ziegel zu ihren Parzellen. Saatgut bekam man übrigens damals schon wie auch heute noch von **Samen-Körner** am *Frahmredder*. Verschiedene Baugenossenschaften ließen Siedlungen entstehen. Einige der **Siedlerhäuser** wurden von namhaften Hamburger Architekten wie Fritz Höger entworfen und stehen – wenn auch baulich verändert – noch heute. In der Nachkriegszeit setzte sich der Bauboom fort, und seit den 1980er Jahren erfuhr Sasel einen weiteren Zuwachs an Neubauten vor allem zwischen *Waldweg* und *Volksdorfer Weg*. In jüngster Zeit werden Grundstücksteile verkauft und mit neuen Doppel- oder Einzelhäusern bebaut.

Der schönste Wochenmarkt

Nicht nur den Stadtteilbewohnern, sondern auch vielen anderen Alstertalern gilt der **Saseler Wochenmarkt** als eine der schönsten Freiluft-Einkaufsgelegenheiten der ganzen Gegend. Vom *Saseler Markt* aus hat man auch den besten Zugang zu den umliegenden Geschäften, der Post und den Gastronomiebetrieben. Ohne lange Wege zurücklegen zu müssen, bekommt man hier alles für den täglichen Bedarf: Zwei Supermärkte, aber auch einige Boutiquen und Läden für Geschenkartikel oder Schreibwaren finden sich hier. In direkter Nachbarschaft können sich kranke Zwei- oder Vierbeiner bei diversen Ärzten und in einer Tierklinik versorgen lassen. Schon 1973 schlossen sich die Geschäftsleute am *Saseler Markt* zusammen, und seit 1988 nennen sich die Mitglieder aus Handel, Handwerk und Dienstleistung **Interessen- und Werbe-Gemeinschaft Saseler Gewerbetreibender**. Ihr Ziel ist es, sich im Wettbewerb mit anderen Ortszentren sowie dem Alstertal-Einkaufszentrum in Poppenbüttel zu behaupten.

Wer im Alstertal was, wann und wo anbietet, erfährt man aus dem kostenlos verteilten **Alster-Anzeiger**. Seit über 50 Jahren erscheint das liebevoll gestaltete Blättchen wöchentlich vom *Saseler Markt* aus und wird auch wegen der vor Ort recherchierten Stadtteil-Geschichten

Die Mellingburger Schleuse ist nicht zu durchfahren. Beim Umsetzen der Boote hilft man sich gegenseitig

gerne gelesen. Vor allem die Beiträge von Jürgen Ahnfeldt, der als „Hein Brass" plattdeutsche Einwürfe beisteuert, amüsieren die Leserschaft.

Freizeit im Wandel

Die gute alte Zeit, als die Saseler mit den **Tina-Lichtspielen** (Ecke *Saseler Chaussee/Kunaustraße*) ein Kino und mit der Flussbadeanstalt eine Freizeitattraktion besaßen, ist längst vorbei. Das Kino wich dem Fernseher, das Freibad wurde 1979 geschlossen. Besonders die Jugend orientiert sich eher nach Poppenbüttel oder Volksdorf – wenn es nicht gleich mit der S 1 oder im Auto Richtung Innenstadt geht. Wer jedoch Erholung sucht, braucht in Sasel keine Verkehrsmittel. Ob man an **Alster** und **Saselbek** entlangwandert oder sich an der Naturidylle der **Berner Au** erfreut – es sind reichlich grüne Ecken vorhanden. Im **Saseler Park** genießen Sonnenhungrige die Frischluftsaison, und im Winter treffen sich die Kinder der Umgebung, um auf ihren Schlitten den **Saselberg** hinabzudonnern. Selbstverständlich gehört in Sasel – wie in allen Alstertal-Stadtteilen – paddeln und rudern zu den Freizeitaktivitäten. Wen nach so viel Bewegung der Hunger plagt, der sollte das **Gasthaus Mellingburger Schleuse** besuchen. Kaffee und Kuchen, vor allem aber gutbürgerliche Spezialitäten werden in dem über 250 Jahre alten Reetdachhaus serviert.

Köpfe

Margrit Mulsow (geb. 1942) ist zwar in Wellingsbüttel geboren, lebte aber bisher fast nur in direkter Nähe des Saseler Marktes. In Sasel ging sie zur Schule, wurde hier konfirmiert und heiratete in der Lukaskirche. Auch ihre Arbeit hielt sie im Stadtteil: 1965 begann sie an der Grundschule Alsterredder als junge Kollegin ihrer ehemaligen Lehrer. Mit viel Elan setzte sich die begeisterte Naturbeobachterin für die Umgestaltung des Schulhofs ein und gewann mit ihren Schülern dafür den Hanse-Umweltpreis. Heute kann Frau Mulsow „kaum mehr einkaufen, ohne von alten Klassenkameraden oder ehemaligen Schülern angesprochen zu werden".

Betten, Handtücher oder Gardinen kauft man in Sasel im **Textilhaus Benke** am *Waldweg*. In dritter Generation hat mittlerweile **Lars Benke** die Geschäftsführung übernommen. Der alteingesessene Familienbetrieb, der auch eine Filiale im Einkaufstreffpunkt Farmsen unterhält, begann 1924 als Tauschbörse für alle möglichen Waren. Zusammen mit seiner Mutter **Vera Benke** sorgt der junge Geschäftsführer in dem Saseler Stammhaus für persönlichen Service: Wer eine Matratze sucht, der kann „probeliegen", und mit Stoffmustern für neue Gardinen kommen die Servicemitarbeiter auch zum Kunden nach Hause, damit vor Ort die Wirkung überprüft werden kann.

Von oben: Margrit Mulsow auf dem von ihr begrünten Schulhof und Lars und Vera Benke in ihrem Textilhaus am Waldweg

Schnelsen

hat seinen einstigen Charakter als holsteinisches Bauerndorf schon lange verloren. Aber wie das reiche Vereinsleben zeigt, gibt es links und rechts der A 7 ein vitales Gemeinschaftsgefühl im Stadtteil. Auch in der jungen, familienfreundlichen Neubausiedlung Burgwedel herrscht ein aktives Miteinander

Steckbrief

Fläche:
8,978 km²
Einwohner:
27 578
Verwaltung:
Bezirk Eimsbüttel, Ortsamt Lokstedt
Ortsteil:
319

1952 in der Heidlohstraße entdeckt: ein spätsächsisches Reitergrab mit Ausstattung, darunter Hiebschwert und Steigbügel

Bis ins 17. Jahrhundert hinein sind verschiedene Schreibweisen für Schnelsen zu finden: von Senelse (1347) über Snelze (1388) und Snelsingh (1399) bis Schnelsing (1632). Der Name stammt wahrscheinlich von dem Sippen- oder Personennamen Snel oder Sello.

Aus der Geschichte

1347 wurde der Ortsname Senelse erstmals in den Amtseinkünften der Eppendorfer Kirche erwähnt. Zu dem kleinen **holsteinischen Bauerndorf** auf einem Geestrücken gehörte auch die Vogtei Burgwedel. Mitte des 17. Jahrhunderts gab es in dem Dorf 14 Höfe. In der ersten Hälfte des 18. Jahrhunderts entstanden weitere kleine Bauernhöfe, und bei der großen Landreform im Jahr 1789 wurden 36 Landwirtschaften gezählt. Da Schnelsen rundherum von **Moor** umgeben war, wie dem Vieloh- und Ohemoor, dem Goos- und Düwelsmoor oder dem Röthmoor und dem Eidelstedter Brook, hatten die Bauern nur kleine Ackerflächen, die zudem noch sandig und wenig ertragreich waren. Noch bis ins 20. Jahrhundert hinein wurde in den Mooren Torf gestochen. Heute erinnern nur noch die Straßennamen an sie. Kein Moor, sondern Sumpf- und Heidegebiet war die *Franzosenheide*. Ihr Name stammt von französischen Emigranten, die um 1800 Heideland zur Kultivierung zugewiesen bekamen. Sie verließen die Gegend aber schon nach kurzer Zeit, und nur ihr Name blieb.

Bis 1640 gehörte Schnelsen zur Grafschaft Pinneberg. Nachdem der letzte Schauenburger Graf, Otto V., gestorben war, erfolgten die Umbenennung in Herrschaft Pinneberg und ihre Aufteilung in fünf Vogteien. Schnelsen war ab jetzt der Waldvogtei der **Herrschaft Pinneberg** angegliedert und gehörte somit zum königlich dänischen Gebiet.

Ein wichtiger Verbindungsweg für die Schnelsener war die Straße nach Niendorf, die sie jeden Sonntag nutzten, um zur ev.-luth. St. Johannis-Kirche in Eppendorf zu gelangen, zu deren Kirchspiel sie bis zum Jahr 1770 gehörten. Der Weg war schlecht und morastig und führte dazu, dass die Schuhe sehr schmutzig wurden. So be-

Die Tradition der alten Schnelsener Mühle, vom ehemaligen Dorfvogt Peter Timm 1888 erbaut, lebt weiter

kamen die Schnelsener bald ihren Spitznamen **Swatthacken**.

Gegen Mitte des 19. Jahrhunderts ließ das dänische Königshaus die so genannten **Kunststraßen** von Altona nach Kiel (in Schnelsen die *Holsteiner Chaussee*) und von Lübeck über Oldesloe und Schnelsen nach Altona erbauen, um Waren an Hamburg vorbei direkt ins dänische Altona bringen zu lassen. Dadurch bekam Schnelsen größere Bedeutung. An der *Holsteiner Chaussee* und der *Oldesloer Straße* findet man noch heute zwei der damals errichteten **Halbmeilensteine**.

Ende des 19. Jahrhunderts fingen viele Bauern an, ihre Höfe zu parzellieren und Ländereien an neue Zubauern abzutreten, die in Hamburg einen Beruf ausübten und nur für den Eigenbedarf Land- und Viehwirtschaft betrieben. Außerdem wurden Ackerflächen als Bauland angeboten. Immer häufiger unternahmen Altonaer und Hamburger in ihrer Freizeit Ausflüge in das Bauerndorf Schnelsen. Diese Chance ließ sich Bauer Fritz Sottorf nicht entgehen. Er errichtete an der Ecke *Holsteiner Chaussee/Oldesloer Straße* einen großen Gasthof, der gleichzeitig **Bahnstation** für die AKN war. Bekannt wurde er als „Schwark's Gasthof", später wurde er in „Gasthof Glissmann" umbenannt.

Bei „Lüdemann's Gasthaus" in Burgwedel gab es eine „Bedarfshaltestelle" der Altona-Kaltenkirchen-Neumünster Bahn (AKN). Da kam es auch schon mal vor, dass der Zugführer die Fahrgäste vom Tresen abholte und sich selbst noch ein Schlückchen genehmigte. 1927 schlossen sich die Gemeinden Lokstedt, Niendorf und Schnelsen zur Großgemeinde Lokstedt zusammen, zehn Jahre später erfolgte im Rahmen des Groß-Hamburg-Gesetzes der Anschluss an Hamburg.

Der Schnelsener Dorfteich lag früher im Zentrum des Stadtteils. Heute gibt es ihn nicht mehr

Halbmeilenstein an der Oldesloer Straße

Das Gut Wendlohe ist seit über 100 Jahren im Familienbesitz

Von alten Höfen und Schulen

Vom dörflichen Charakter Schnelsens ist heute nicht mehr viel übrig. Nach den Zerstörungen im Zweiten Weltkrieg gab es bis in die 1960er Jahre noch einige Höfe, die Landwirtschaft betrieben. Ende des 20. Jahrhunderts wurden dann fast alle noch existierenden Bauernhöfe abgerissen. Relikte aus vergangenen Zeiten sind der Bornkasthof, der Sassenhof und das Gut Wendlohe, der größte Hof Schnelsens. Der **Bornkasthof** existierte bereits Mitte des 16. Jahrhunderts und wurde nach einem Brand im Jahr 1868 neu aufgebaut. Heute ist er das Schmuckstück der *Frohmestraße.* Der **Sassenhof** ist benannt nach der Eidelstedter Bauernfamilie Saß, die den 1745 errichteten Hof 1806 kaufte. An das eigentliche Bauernhaus wurde 1905 ein Wohngebäude angebaut. Daneben steht die ursprüngliche Wohnscheune, in der sich zuletzt nur noch Stallungen befanden. Die Giebelwand des Bauernhauses wurde Ende der 1990er Jahre restauriert. Hinter dem Sassenhof betreibt Familie Gnybek aus Niendorf eine Imkerei.

Bereits seit 1822 bestand an der Stelle des heutigen **Gutes Wendlohe** eine Zubauerstelle. Der Gutshof wurde 1882 erbaut und 1896 vom Apotheker Ernst Sandow aus Eimsbüttel mit der dazugehörigen chemischen Fabrik (einer Knochenmühle zur Herstellung von Düngemitteln) erworben. 1965 stellte sein Sohn Carl Sandow den landwirtschaftlichen Betrieb auf Gut Wendlohe ein. Bis 1975 war hier die inzwischen aufgelöste **Reiterstaffel der Hamburger Polizei** untergebracht. Heute sind bis zu 80 Boxen an Pferdebesitzer vermietet. Verwaltet wird das Gut von dem bekannten Schnelsener Arzt Dr. Franz Gerhard Rösch, dessen Frau Marie-Luise die Tochter von Carl Sandow ist.

Über 100 Jahre lang (1854–1961) feierte man in Schnelsen das beliebte Sommerfest „Kindergrün". Ebenso traditionsreich ist der restaurierte Bornkasthof in der Frohmestraße

Die Schule in der *Frohmestraße* war die erste Schule in Schnelsen. Sie existiert bereits seit 1749. Die ersten Lehrer waren Handwerker. So auch der Schuhmacher Heinrich Vollmer, der während des Unterrichts die von den Kindern mitgebrachten Schuhe und Stiefel reparierte. Als die Schule 1771 abbrannte, verdächtigte man Vollmer der Brandstiftung und entließ ihn. Die Schule wurde schnell wieder aufgebaut und aufgrund der steigenden Schülerzahl nach und nach erweitert. Seit 1947 zieren **Wandmalereien** das Treppenhaus des Schulgebäudes. Es sind die Examensarbeiten der Schüler von Fritz Beyle, dem Direktor der Meisterschule für Maler, heute Fachschule Farbe. Auf der Suche nach einer geeigneten Gelegenheit für die Meisterstücke kamen er und der damalige Schulleiter Dr. Schietzel auf die Idee, die Wände des Treppenhauses bemalen zu lassen. Themen der Illustrationen sind Fischerei, Walfang und Jagd, Landwirtschaft, Dorf und Stadt.

In Schnelsen wird Gemeinschaft gepflegt. Das sieht und spürt man nicht nur auf dem jeweils Dienstag- und Freitagvormittag stattfindenden Wochenmarkt vor dem Freizeitzentrum, sondern auch bei dem jährlich im September stattfindenden **Schnelsenfest** in der *Frohmestraße*, das die Einzelhändler-Werbegemeinschaft „Herz von Schnelsen" veranstaltet.

Nicht nur zu Hamburger, sondern sogar zu internationalen Ehren kam **Löschi**. Die BMW Isetta mit 25 PS (Baujahr 1961) wurde 1978 zum 75-jährigen Jubiläum der Freiwilligen Feuerwehr in Schnelsen zum kleinsten Feuerwehrauto der Welt umgebaut. 1988 ging Löschi auf große Fahrt nach New York, wo er eine Hamburger Feuerwehr-Delegation auf der berühmten Steuben-Parade begleitete.

Stadtteilleben

Wer glaubt, in Schnelsen gäbe es außer schönen Wohngebieten nicht viel, der irrt. Der Stadtteil verfügt über ein aktives Vereinsleben: Neben dem traditionellen Sportverein **TuS Germania von 1921**, der ein abwechslungsreiches Programm von Tischtennis bis Mutter- und Kind-Turnen anbietet, gibt es u.a. noch die Chorgemeinschaft Schnelsen, den Männerchor Eidelstedt/Schnelsen von 1862, den Kiwanis Club Hamburg-Alster, die Billardfreunde Hamburg, den Golf-Club auf der Wendlohe, den Tennis- und Squash-Club Schnelsen, den Hamburger Tennis-Club „Blumenau", den Motorboot-Club-Hamburg, den Reitverein Caprilli usw. Jedes Jahr veranstaltet der Schnelsener Radrennfahrer Thorsten Wulff, der das Geschäft „Wulff Radsport" führt, zusammen mit dem **Radfahrverein Germania von 1923** das Amateur-Radrennen im Stadtteil.

Kultur und Musik für alle

Andere Stadtteile haben ein Bürgerhaus, Schnelsens kultureller Treffpunkt ist das **Freizeitzentrum** in der *Wählingsallee*. 1990 eingeweiht, wird die vom Staat finanziell unterstützte Kultureinrichtung vom Verein Freizeitzentrum Schnelsen e.V. geleitet. Neben rund 100 Kursen, u.a. in den Bereichen Sprachen und Computer, finden mehrmals pro Woche Veranstaltungen für kleine und große Leute statt: vom Infoabend zum Thema Übergewicht bei Kindern über Aufführungen des Kindertheaters

Zeitleiste

1347 erste urkundliche Erwähnung

1640/41 Schnelsen wird dänisch

1867 Schnelsen wird preußisch

1884 Eröffnung der AKE-Strecke Altona–Kaltenkirchen

1924 Schnelsen wird selbstständige Kirchengemeinde

1927 Großgemeinde Lokstedt mit Schnelsen, Niendorf, Lokstedt

1937/38 Schnelsen wird Hamburger Stadtteil

1964 Bau des Albertinen-Krankenhauses

1989 Eröffnung des Möbelhauses Ikea

1990 Baubeginn der Großsiedlung Burgwedel

2001 MetroBus-Linie 5 fährt bis in die Innenstadt

Bekannt auch über die Stadtteilgrenzen hinaus sind die Wandbilder in der Schule Frohmestraße und Löschi, das kleinste Feuerwehrauto der Welt

Wahlverhalten

... zur Bürgerschaft 2001 (gesamt)

Wahlbeteiligung	71,0%
SPD	36,5%
CDU	26,2%
Schill-Partei	19,4%
Grüne/GAL	8,6%
FDP	5,1%
Übrige	4,2%

... zur Bürgerschaft 2001 (Stadtteil)

Wahlbeteiligung	75,3%
SPD	37,0%
CDU	27,7%
Schill-Partei	20,4%
Grüne/GAL	6,4%
FDP	5,3%
Übrige	3,2%

Stadtteil-Profil

	Schnelsen	Bezirk	Hamburg
Bevölkerung gesamt (2000)	27 578	244 893	1 704 929
Unter 18-Jährige in %	20,3	14,1	16,1
65 Jahre und älter in %	13,9	16,1	17,0
Deutsche	24 198	208 892	1 432 325
Ausländer in %	12,3	14,7	16,0
Einwohner je km²	3072	4914	2258
Sozialstruktur			
Sozialhilfeempfänger (2000)	1688	13 118	120 461
Arbeitslose (2001)	834	9260	71 963
Eink. je Steuerpfl. in DM (1995)	68 931	67 141	65 579
Wohnen (2001)			
Wohngebäude	4982	28 953	226 061
Ein- und Zweifamilienhäuser in %	40,2	16,2	20,5
Ø Wohnungsgröße in m²	79,4	71,5	71,0
Wohnfläche je Einwohner in m²	34,5	37,3	35,7
Verkehr			
Private Pkw (2001)	11 804	90 230	628 119
Straßenverkehrsunfälle (2000)	183	1752	12 430
Kriminalität			
Straftaten insgesamt (2000)	2335	28 994	284 272

„Holzwurm“ bis zum fetzigen Abend mit Südstaatenmusik der Cajun-Gruppe „Macajun“.

Jeden letzten Sonntag im Monat spielen die **Schnelsen StomperS** beim beliebten Frühschoppen im Freizeitzentrum. Eigentlich wurde die Gruppe aus der Not heraus gegründet: Als 1991 eine Jazzband für das „Schnelsenfest“ gesucht wurde, beschloss der Berufsschullehrer Heinrich Otto „Poldi“ Leopold, eine Band aufzustellen, um diese Lücke zu schließen. Begonnen haben sie zu viert, heute sorgen acht Musiker immer für gute Stimmung, wenn es etwas zu feiern gibt.

In der Cafeteria des Freizeitzentrums trifft sich der Kulturverein **Pro Cultura** einmal im Monat, um seine Veranstaltungen zu planen. Seinen Ursprung hat der Verein in den Dichterlesungen, die der ehemalige Inhaber des „Schnelsener Bücherecks“, der Deutsch-Chilene Armando Freyhofer, in seinem Buchladen arrangierte. Von Lesungen, u.a. mit dem bekannten Hamburger Schriftsteller Ralph Giordano, über Konzerte von Klassik bis Tango bis hin zu Talkshows auf Platt ist der Verein im Stadtteil aktiv. Er fördert auch Nachwuchskünstler, z.B. junge Maler.

Engagiertes Schnelsen-Süd

Seit 2000 hat die mit der sozialen Stadtteilentwicklung beauftragte Lawaetz-Stiftung ein **Quartiersbüro** im *Vörn Brook*. Das Büro, geleitet von Ulrike Jakisch, ist zuständig für die Verbesserung der Lebensqualität in dem Quartier Schnelsen-Süd zwischen *Spanischer Furt* und *Siekreystraße*. Auf den regelmäßig mit den Bewohnern des Gebiets stattfindenden Stadtteil-Versammlungen werden Probleme besprochen, und man versucht Lösungen zu erarbei-

Die Schnelsen StomperS mit ihrem fetzigen Jazz bringen jedes Fest auf Touren

ten. Besonders wichtige Anliegen sind die Verbesserung der Wohnqualität und des Wohnumfelds, der interkulturelle Austausch sowie Ausbildungs- und Beschäftigungsangebote. Bei der Umsetzung der verschiedenen Projekte sollen nicht nur die Bewohner selbst mitwirken, sondern auch die Mitglieder des „Arbeitskreises Schnelsen-Süd“, z.B. das Kinder- und Familienzentrum KiFaZ, der Jugendclub, die Kindertagesstätten „Haus Kinderwelt“ und „Jungborn“, die Schule Röthmoorweg, die SAGA und das Bezirksamt Eimsbüttel.

Drei verschiedene Gesichter Schnelsens: Kinder haben Spaß auf einem Spielplatz in Schnelsen-Süd, ein Kunstwerk von Pro Cultura in der Frohmestraße und die A 7, die direkt am ModeCentrum Hamburg vorbeiführt

Mehr als nur Ikea

1946 legte Werner Otto den Grundstein für den international erfolgreichen Konzern **Otto Versand**, und zwar in Schnelsen. Auf dem Gelände des heutigen Albertinen-Krankenhauses eröffnete er eine Schuhfabrik, die etwa zehn Schuhmacher beschäftigte. Nachdem er die Firma etwa zwei Jahre später verkauft hatte, baute er am *Riekbornweg 2* einen Schuhversandhandel auf. Der erste Katalog umfasste 14 Seiten, auf denen 28 Paar Schuhe vorgestellt wurden. Die Idee, den Kunden Ware per Katalog anzubieten und ihnen nach Hause zu schicken, wurde gut angenommen, und das Erfolgsrezept machte aus einer kleinen Schnelsener Firma einen Weltkonzern (s. Bramfeld).

Mit etwa 1500 Mitarbeitern ist das **Albertinen Diakoniewerk** der größte Arbeitgeber im Stadtteil. In dem Krankenhaus mit elf medizinischen Fachabteilungen sind insgesamt über 600 Planbetten vorhanden, in der Geriatrie im Albertinen-Haus ca. 30 tagesklinische Plätze. 1907 gründete die Diakonissin Albertine Assor mit einigen Mitschwestern den Diakonissenverein Siloah in Eimsbüttel, aus dem später das Albertinen Diakoniewerk wurde. 1964 baute es einen Krankenhausbetrieb in der *Süntelstraße* auf, zu dem später ein Kindertagesheim und eine Krankenpflegeschule hinzukamen. Das **Albertinen-Haus** im *Sellhopsweg* mit medizinisch-geriatrischer Klinik und Tagesklinik, einer Altenwohnanlage sowie einem Pflegeheim öffnete seine Pforten 1980, und

1997 nahm die „Akademie für Gerontologische Weiter- und Fortbildung" dort ihre Arbeit auf. Bekannt ist das **Albertinen-Krankenhaus** heute vor allem durch seine in exzellentem Ruf stehende Herzchirurgie. Die dort ansässige ev.-freikirchliche Gemeinde Schnelsen wurde übrigens von Mitarbeitern des Hauses gegründet.

Ein weiterer großer Arbeitgeber im Stadtteil ist das seit 1974 existierende und immer wieder erweiterte **ModeCentrum Hamburg** mit etwa 1200 ständig beschäftigten Mitarbeitern. Die knapp 400 Verkaufsbüros und Niederlassungen von „Escada" bis „Sigikid" mit insgesamt über 1000 Kollektionen machen das ModeCentrum zur wichtigsten Einkaufsquelle für den textilen Fachhandel in Norddeutschland. In der 1984 eröffneten Messehalle finden neben Modemessen wie der „Hamburger Modewoche" auch Schauen z.B. der Computer- und Antiquitätenbranche statt.

In Hamburg denken bei Schnelsen viele sofort an **Ikea**. Der schwedische Möbelkonzern beschäftigt in seiner Schnelsener Niederlassung knapp 600 Mitarbeiter. 1989 öffnete das Möbelhaus am *Wunderbrunnen* seine Pforten und vergrößerte die Verkaufsfläche im Jahr 2000 um ein Drittel. Der asphaltierte Parkplatz ist außerhalb der Geschäftszeiten bei Inline-Skatern sehr beliebt. Übrigens stammt der Straßenname *Wunderbrunnen* von dem gleichnamigen Märchenlied aus Karl Müllenhoffs Sagen und Märchen. Aber man könnte fast meinen, dass er auf das auf dem Gelände zwischen *Oldesloer Straße* und *Wunderbrunnen* errichtete **Wasserwerk** zurückzuführen ist. Hier wurden 1931 drei Brunnen und zwei Filter in Betrieb genommen. Heute werden in 15 Brunnen mit einer Tiefe zwischen 60 und 180 m durchschnittlich 16 000 m³ Wasser täglich gefördert und aufbereitet.

Als das Albertinen-Krankenhaus 1964 gebaut wurde, gab es noch lange die beliebte Straßenbahn Linie 2. Unten: eine alte Straßenbahn-Fahrkarte

Vom Bauerndorf zum Verkehrsknotenpunkt

Schnelsen ist eng mit der Verkehrsgeschichte Hamburgs verbunden. Das älteste öffentliche Verkehrsmittel des Stadtteils ist die **Altona-Kaltenkirchener Eisenbahn** (AKE). Nach kurzer Bauzeit konnten 1884 die ersten Personen und Güter von Altona über den Bahnhof Holstenstraße, den Eidelstedter Marktplatz, Schnelsen und Quickborn nach Kaltenkirchen befördert werden. 1916 wurde die Strecke dann bis Neumünster erweitert, daher heißt die Bahn heute **AKN** (Altona-Kaltenkirchen-Neumünster Bahn). Sie ist eine der größten nicht zur Deutschen Bahn AG gehörenden Eisenbahnen und hat ihren Sitz in Kaltenkirchen. 313 Mitarbeiter sorgen heute dafür, dass jährlich rund 11 Mio. Fahrgäste sicher ans Ziel kommen. Mit dem Ausbau der von Eidelstedt bis Quickborn-Süd bisher nur eingleisig zu befahrenden Strecke wurde im Mai 2001 begonnen (s. Eidelstedt).

Bürgergeschichten

„Altes Bauernhaus in neuem Glanz“

Waltraut Brunnemann erzählt vom Umbau des ehemaligen „Lüdemann's Gasthaus“ zu ihrem heutigen „Hotel und Restaurant Ausspann“

Aus Alt mach Neu: Nach diesem Motto hat Familie Brunnemann die mühsame Arbeit auf sich genommen und das alte Bauernhaus komplett restauriert. Wie man sieht, hat sich die Arbeit gelohnt

Frau Brunnemann, wie sind Sie auf die Idee gekommen, das alte Gasthaus umzubauen und ein Hotel mit Restaurant daraus zu machen?

Die Architektur alter Gebäude hat unsere Familie schon immer interessiert. Ich kannte das Haus noch aus meinen Jugendjahren, als die tüchtige Frau Lüdemann die Gastwirtschaft betrieb. Das Gebäude wurde 1894 auf den Grundmauern eines alten Bauernhauses errichtet. In der wechselvollen Geschichte war es ein Pferdeausspann, ein Ausflugslokal mit Kaffeegarten und Treffpunkt vieler Gruppen. Hier gab es den besten Kuchen weit und breit. Als wir 1989 bei unseren Radtouren auf das Haus aufmerksam wurden, war Frau Lüdemann schon gestorben und das Anwesen vom Verfall bedroht. Auf uns übte es aber immer noch eine starke Faszination aus. Wir bedauerten, dass niemand das Haus restaurierte. Aus Neugier holten mein Mann und ich uns den Schlüssel von den Erben, von denen wir erfuhren, dass das Gebäude verkauft werden sollte, und schauten es uns von innen an.

Was haben Sie vorgefunden? Das Haus war sicher nicht mehr im besten Zustand.

Nach dem ersten Besuch war uns klar, dass es nicht mehr zu restaurieren war. Es hatte durchgeregnet, Mauern waren eingefallen und vieles mehr. Selbst die Phantasie des Architekten – mein Mann ist Architekt – reichte damals nicht aus, um eine Idee zu finden, wie man es angehen könnte.

Aber trotzdem haben Sie es schließlich doch gewagt. Wie kam es zu der Meinungsänderung?

Der Gedanke an das Haus ließ uns nicht mehr los, und so holten wir uns noch einmal den Schlüssel. Plötzlich war uns klar, wie wir es schaffen könnten. Wir haben dann meinen Bruder, der das Projekt auch sehr interessant fand, als Partner gewonnen und 1990 mit den Umbauarbeiten angefangen.

Wann waren alle Umbauarbeiten abgeschlossen?

Genau 100 Jahre nach der Eröffnung von „Lüdemann's Gasthaus“ haben wir im September 1994 unser „Hotel Ausspann“ eröffnet. Der Anbau und das Restaurant sind 1998 fertig geworden.

Und die ganze Familie hat beim Umbauen mitgemacht?

Ja, fast vier Jahre lang haben meine Eltern, mein Bruder, mein Mann und ich und unsere beiden Kinder bei den aufwändigen Arbeiten mitgeholfen.

Der Sassenhof ist idyllisch gelegen an der Grenze zu Niendorf. Die Giebelwand wurde vor einigen Jahren restauriert. Etwas städtischer geht es da im Wählingsweg zu (unten)

1894 trat die elektrische **Straßenbahn-Linie 2** ihren Dienst vom *Rathausmarkt* bis Hoheluft an. Ab 1907 fuhr die Bahn von Wandsbek über den *Rathausmarkt* und Lokstedt nach Niendorf. Fünf Jahre später war es dann möglich, bis Schnelsen weiterzufahren. Die Endstation der Linie 2 befand sich damals an der Ecke *Frohmestraße/Wählingsallee*. Die Straßenbahn war nicht nur ein wichtiges Personenbeförderungsmittel, sondern diente mit den angehängten Postbriefkästen auch der Beförderung von Briefen. Nach fast 85 Jahren wurde die Linie 1978 durch Busse ersetzt. Seit Juni 2001 gibt es endlich die lang ersehnte direkte Verbindung von Schnelsen in die Innenstadt – die **MetroBus-Linie 5**.

Mitte des 20. Jahrhunderts hatte Schnelsen mehr und mehr unter dem Verkehr von und nach Skandinavien zu leiden, der die *Holsteiner Chaussee* entlangbrummte. 1965 begannen dann die Bauarbeiten für die B 4 als westliche Umgehung Hamburgs und für die Ende der 1960er Jahre bis Schnelsen-Nord fertig gestellte **A 7** mit den beiden Abfahrten „Schnelsen" und „Schnelsen-Nord". In diesem Zusammenhang mussten fünf Brücken gebaut werden, die heute die beiden durch die Autobahn getrennten Teile Schnelsens verbinden. Gleichzeitig wurde der *Schleswiger Damm* als Entlastung für die *Frohmestraße* gebaut, wo der Dorfteich im Zentrum des Stadtteils zu weichen hatte.

Natur, Fitness und Erholung

Ländliche Idylle mit grasenden Pferden auf ausgedehnten Weiden ist nicht nur nördlich und westlich von Schnelsen zu finden. Auch im Stadtteil selbst gibt es noch Weiden, so beim Gut Wendlohe oder im Norden Burgwedels, sowie viele Grün- und Freizeitflächen, auf denen man sich vom Alltagsstress erholen kann. Auch die Gegend um den **Kollauteich** und die an das Niendorfer Gehege grenzende Feldmark um den **Röthmoorgraben** laden zu ausgedehnten Spaziergängen, Radtouren oder einem Picknick ein.

Zum Einkaufen ins Dorf

Alle Schnelsener, die nicht in der *Frohmestraße* wohnen, gehen noch immer zum Einkaufen **ins Dorf** und meinen damit die *Frohmestraße*. Die gut besuchte Einkaufsstraße ist das Zentrum des Stadtteils. Hier bekommt man nicht nur die alltäglichen Dinge zum Leben, sondern auch mal ein besonderes Geschenk oder ein ausgefallenes Kleidungsstück. Außerdem trifft man auf bekannte Gesichter und erfährt so bei einem Plausch die letzten Stadtteilnachrichten.

Aber auch in anderen Teilen Schnelsens gibt es noch individuelle Geschäfte.

Z.B. eröffnete der Schnelsener Dorfvogt Peter Timm 1867 eine Futtermittelhandlung, die er mehrfach erweiterte. 1888 baute er dann die **Schnelsener Mühle**. Seit 1979 führen Jens Petersen und Hartmut Sieveking das Geschäft, in dem es heute nicht nur Futtermittel, Tierzubehör und Dünger, sondern auch alles für den Garten gibt. Die Straße, in der die Mühle mit Geschäft steht, bekam übrigens 1940 den Namen *Peter-Timm-Straße*.

Köpfe

Gesellschaftlicher Mittelpunkt Schnelsens ist das Hotel „Zum Zeppelin", wo sich nicht nur Gäste aus nah und fern gern aufhalten oder Feste feiern, sondern auch alle möglichen Vereine, u.a. der Bürgerverein, der Gänseclub, der Imkerclub und der Kiwanis Club Hamburg-Alster, ihre Sitzungen abhalten. Neben der Seniorchefin **Erna Patrzyk** führen ihr Sohn **Heinz** und der Enkel **Sven** das Hotel mit Restaurant. 1897 von Erna Patrzyks Großvater Wilhelm Scheel als Gaststätte „Zum gemütlichen Radfahrerheim" eröffnet, erhielt das Gasthaus 1912 den Namen „Zum Zeppelin". Und das kam so: Ferdinand Graf von Zeppelin, der Erfinder des Luftschiffs, hatte in der Nähe eine Autopanne und kam in die Gaststätte, um Hilfe zu suchen. Glücklicherweise hatte Erna Patrzyks Vater, Otto Scheel, Autoschlosser gelernt und konnte das Vehikel wieder in Ordnung bringen. Der Graf fuhr von dannen, und das Gasthaus bekam seinen neuen Namen.

Wer etwas über Schnelsen und seine lange Geschichte wissen will, ist bei **Wolfgang Burmester** richtig. Seit 1980 hat sich der gelernte Klimatechniker die Vergangenheit zum Hobby gemacht. Dafür erforscht er die Geschichte des Stadtteils, in dem er aufgewachsen ist, und archiviert alles, was er dazu finden kann. Mittlerweile umfasst sein Schnelsen-Archiv über 2500 Fotos, Landkarten, Bücher, Zeitungsartikel sowie alte Akten und Urkunden. Neben verschiedenen Beiträgen zu Schnelsens Geschichte hat Wolfgang Burmester bereits zwei Bücher veröffentlicht.

Ulla Kutter leitet die Außenstelle des Kinder- und Familienzentrums in Schnelsen-Süd, die hier 1999 eingerichtet wurde. In ihrem Büro im *Vörn Brook* berät die studierte Sozialpädagogin die Bewohner aus der Umgebung bei jeglicher Art von Problemen. „Neben der Beratung bietet das KiFaZ z.B. auch Deutschkurse, einen Schneiderkurs, Dolmetscherdienste sowie eine Mädchen- und eine Jungensgruppe an. Besonders beliebt ist das Ferienprogramm. Da kommt es vor, dass wir mit über 100 Leuten einen Ausflug machen", freut sich Ulla Kutter. Sie fügt hinzu: „Für mich ist die Arbeit im KiFaZ der ideale Job. Ich habe hier neben meinen täglichen Aufgaben die Möglichkeit, auch neue Ideen zu entwickeln."

Zum Einkaufen gehen die Schnelsener ins Dorf und meinen damit die Frohmestraße (links). Neben Erna Patrzyk und ihrem Enkel Sven vom Hotel „Zum Zeppelin" sind auch der Stadtteilexperte Wolfgang Burmester und die KiFaZ-Leiterin in Schnelsen-Süd, Ulla Kutter, im Stadtteil aktiv

Burgwedel

Eine Großsiedlung ändert Schnelsens Gesicht

Burgwedel hat in den 1990er Jahren sein Gesicht verändert. Neben dem etablierten Wohngebiet ist in ländlicher Umgebung mit noch fast dörflichem Charakter im Norden Burgwedels eine neue Großsiedlung entstanden.

1388 wurde „Borwich" zum ersten Mal erwähnt. In diesem Jahr nämlich schenkte Graf Otto von Holstein, der Schnelsen 1397 an das Domkapitel zu Hamburg verpfändet hatte, dem Pfarrherrn zu Rellingen Weidegelände zwischen Snelze und Borwich, das um einiges nördlicher lag als das heutige Burgwedel. Bor(g)wich (borg = Schwein, wich, von wik = Dorf) war ein selbstständiges Dorf, das im 15. Jahrhundert vermutlich einem Großbrand zum Opfer fiel. Später wurde es weiter südlich wieder aufgebaut und kam so zu Schnelsen. 1641 taucht der Name Burgwedel erstmals in einer Urkunde auf.

So wichtig wie eh und je: die AKN mit Halt in Burgwedel

Neuer Wohnraum in Hamburg

Die neue Siedlung bei der AKN-Haltestelle Burgwedel war das größte Wohnungsneubauvorhaben des Bezirks Eimsbüttel in den 1990er Jahren. In mehreren Bauabschnitten sind insgesamt rund **1500 Wohnungen und Häuser** entstanden. Zur Versorgung der Bewohner wurde ein **Blockheizkraftwerk** errichtet.

In den Reihen- und Einzelhäusern sowie Eigentums-, Genossenschafts- und Sozialwohnungen leben Menschen aus unterschiedlichen sozialen Gruppen in gutem nachbarschaftlichen Verhältnis. Die Straßen tragen zur Erinnerung an die Tragödie der Kinder vom Bullenhuser Damm deren Namen (s. Rothenburgsort) – eine Entscheidung der Stadt, die im Neubaugebiet nicht nur Freunde fand.

Um die Siedlung Burgwedel von vornherein in das Stadtteilleben zu integrieren, wurde der **Arbeitskreis Burgwedel** unter Mitwirkung vieler bestehender Schnelsener Vereine und Verbände gegründet. Bald nachdem die ersten Häuser bezogen waren, gab es auch soziale Einrichtungen wie das DRK-Zentrum mit dem Kindertagesheim in der *Brüder-Hornemann-Straße* und die Vor- und Grundschule Rönnkamp.

Lebendiges Burgwedel

Wer von Schnelsen nach Burgwedel kommt, dem fällt eines sofort auf: Hier leben viele Kinder. Mütter mit Kinderwagen oder Kleinen an der Hand bestimmen in diesem Teil Hamburgs das Stadtbild. So ist es auch nicht verwunderlich, dass es hier viele Familienangebote gibt.

Seit Mitte der 1990er Jahre im Stadtteil aktiv ist das **Mütterzentrum Burgwedel** am *Roman-Zeller-Platz* mit dem Spielhaus Surcis Goldinger im *Grothwisch.* Dienstags bis freitags treffen sich im Spielhaus Mütter mit Kindern zum Frühstückscafé. Aber auch im Mütterzentrum am *Roman-Zeller-Platz* ist einiges los: vom Café über den Secondhand-Laden für Kindersachen bis hin zum Bilderbuchkino.

Für seine gute Sozialarbeit sowohl in Burgwedel als auch in Schnelsen-Süd ist das **Kinder- und Familienzentrum** (KiFaZ) in der *Jungliebstraße* bekannt. Werner Brayer und sein Team sind Ansprechpartner für die verschiedensten Anliegen, z.B. Fragen zum Arbeitsrecht oder bei Suchtproblemen, und bieten u.a. Deutschkurse für ausländische Mitbürger an, einen Dolmetscherdienst, zweimal wöchentlich einen Mittagstisch und

Richtig rund geht es auf dem Roman-Zeller-Platz beim Sommerfest: Besonders die Kletterwand hat es den Jugendlichen angetan

verschiedene Veranstaltungen für Kinder: In der Schule Anna-Susanna-Stieg freuen sich die Kleinen, wenn es einmal im Monat Kinderkino gibt, und mit der Schule Rönnkamp zusammen werden Kindertheater-Aufführungen veranstaltet.

Viel Spaß haben die jungen Burgwedeler im **Jugendclub** im *Königskinderweg*. Sie treffen sich hier manchmal einfach nur zum Klönen im Café. Sie können aber auch Tischtennis, Billard oder Kicker spielen und an gemeinsamen Außer-Haus-Veranstaltungen teilnehmen. Außerdem gibt es noch die Möglichkeit, an Projekten u.a. zu den Themen „Jobsuche“ oder „rechte Gewalt“ mitzuarbeiten. Und jedes Jahr ist die Vorfreude auf die mehrtägige Ferienfahrt im Sommer groß.

In der Nähe der AKN-Haltestelle „Burgwedel“ befindet sich an der *Holsteiner Chaussee* das von der städtischen Einrichtung „pflegen + wohnen“ betriebene **Flüchtlingsdorf**, in dem Aussiedler und Bürgerkriegsflüchtlinge wohnen. Dafür, dass auch sie sich in das Stadtteilleben integrieren können, sorgt der Arbeitskreis Flüchtlinge unter Federführung von Pastor Hans G. Michaelis mit verschiedenen Projekten wie Schulaufgabenhilfe für Kinder, einem Deutschkurs für Anfänger, Ausflügen und einer großen Kleiderkammer im Christophorushaus.

Und damit alle Burgwedeler immer wissen, was bei ihnen los ist, geben das KiFaZ, die Kirchengemeinde Schnelsen und das DRK-Zentrum Burgwedel vierteljährlich die kostenlose Zeitung **Blickpunkt Burgwedel** heraus mit wichtigen Terminen und aktuellen Themen.

Das Neubaugebiet Burgwedel hat sich gut entwickelt und kann optimistisch in die Zukunft blicken. Ein kleiner Wermutstropfen ist jedoch der baulich nicht ganz gelungene *Roman-Zeller-Platz* mit viel Beton und wenig Sonne. Aber es gibt bereits Ideen, ihn attraktiver zu gestalten und neben dem Mütterzentrum und den Geschäften noch einige weitere interessante Anziehungspunkte an und auf dem zentralen Platz zu schaffen.

Im Burgwedeler Flüchtlingsdorf müssen sich Angehörige vieler Nationen und Bevölkerungsgruppen arrangieren

Sinstorf

liegt ganz im Süden des Bezirks Harburg auf einem bis zu 30 m hohen Geestrücken. Die Feldsteinkirche des alten Kirchspiels stammt im Kern aus dem elften Jahrhundert und gilt damit als ältester Sakralbau Hamburgs. Nach dem Zweiten Weltkrieg wandelte sich das einstige Bauerndorf zu dem heute so beliebten Wohnstadtteil

Steckbrief

Fläche:
2,561 km²
Einwohner:
2831
Verwaltung:
Bezirk Harburg, Kerngebiet
Ortsteil:
708

Die Herkunft des Stadtteilnamens konnte bisher nicht eindeutig belegt werden: Er soll sich möglicherweise aus der mittelhochdeutschen Vorsilbe „sine-“ in der Bedeutung von „immer während, dauernd“ und der Endung „-torf“ (=Dorf) gebildet haben.

Aus der Geschichte

Im Jahr 1181 fand der heutige Stadtteil die erste urkundliche Erwähnung, und zwar gemeinsam mit der Nennung eines Edelherrn **Ludwig von Sinstorf**. Dessen Hof lag wahrscheinlich dort, wo sich heute das Pastoratsgebäude befindet. Bereits im frühen Mittelalter war Sinstorf der Mittelpunkt eines größeren **Kirchspiels**, das anfangs 14 Dörfer umfasste und schließlich bis ins 19. Jahrhundert auf 17 Dörfer sowie vier einstellige Höfe anwuchs. Nachdem um 1645 die **Vogtei Höpen** als eine der zehn Vogteien des Amtes Harburg gegründet worden war, zählte auch das Kirchspieldorf zu diesem Verwaltungsbereich. Aus dem Harburger Erbregister erfahren wir, dass 1667 neben den sechs Sinstorfer Hufnern noch fünf Kätner und ein Brinksitzer im Dorf ansässig waren. Bis zum Jahr 1900 erhöhte sich die Zahl der Einwohner auf 202, die sich auf insgesamt 25 Häuser verteilten. Im Rahmen des Groß-Hamburg-Gesetzes (1937/38) erfolgte die **Eingemeindung**.

Typisch Sinstorf: Felder und Einzelhäuser in Hanglage

Hamburgs älteste Kirche

„Feldsteinkirche ist ältestes noch stehendes Gebäude in Hamburg" – immer mal wieder wird das Sinstorfer Gotteshaus in Presseberichten mit diesem Superlativ belegt. Obwohl das Hamburger Denkmalschutzamt den besagten Rekord für „Dat nige Wark" auf Neuwerk reserviert hat, kommt die Behauptung nicht von ungefähr. Durch Ausgrabungen wurde belegt, dass bereits im **9. Jahrhundert** parallel zur Nordwand der heutigen Kirche der erste, damals noch hölzerne Kirchenbau errichtet wurde. Vermutlich Ende des **11. Jahrhunderts** entstand dann eine dreischiffige **Feldsteinbasilika**. Da sich aber von ihr größere Teile nur in der Nordwand der heutigen Kirche erhalten haben, gilt „ganz offiziell" der 1310 fertig gestellte Turm auf Neuwerk als noch älter. Die Sinstorfer Kirche wurde um 1400 zu einem **einschiffigen Saal** mit eingezogenem Chorhaus umgebaut. Im 17. Jahrhundert verbreiterte man den Chor, und an die Stelle eines Rundturms trat ein frei stehender hölzerner **Glockenturm**. Schließlich wurde 1906/07 der Eingang in die östliche Hälfte der Südwand verlegt. Im Mittelalter war der baumbestandene Kirchenhügel durch Gräben befestigt. Zahlreiche alte **Grabdenkmäler** erinnern hier an die Zeit, als Sinstorf der Mittelpunkt des ausgedehnten Kirchspiels war.

„Wahrzeichen" des Stadtteils: die Sinstorfer Kirche und der Kirchhof

Stadtteilleben

Im Zuge der Renovierung von 1907 wurden die Fenster der Sinstorfer Kirche neu gestaltet

Auf der anderen Straßenseite liegt das ehemalige Pastorat, das heute der ev.-luth. **Kirchengemeinde Sinstorf** als Gemeindehaus dient. Auch der **Stamm „Bischof Ansgar"** des Verbands Christlicher Pfadfinderinnen und Pfadfinder hat im verputzten Altbau Quartier genommen. Natürlich sind die „Pfadis" auch beim traditionellen **Laternenfest** dabei, das die Kirchengemeinde gemeinsam mit der **Freiwilligen Feuer-**

Die Freiwillige Feuerwehr Sinstorf posiert für den Fotografen vor und auf dem Gasthaus Derboven

Bürgergeschichten

„Siedlung Käferfleiß“

Ute Tietgen erfuhr aus Gesprächen mit Nachbarn, wie sich diese idyllische Siedlung zum bevorzugten Sinstorfer Wohnviertel entwickelte

Als wir 1995 unser Einfamilienhäuschen im Stadtteil Sinstorf in der Käfersiedlung fanden, ahnten wir noch nicht, wie gut wir es getroffen hatten. 1100 m² Eigenland mit viel altem Baumbestand und viel Grün drum herum, das war nach zwei Jahren Haussuche ein-

Ein Käfer in seiner natürlichen Umgebung in der „Käfersiedlung“, noch mit dem schwarzen „British-Hamburg-Kennzeichen“. Rechts: Ute Tietgen schätzt den Zusammenhalt in ihrer Siedlung

fach super. Dass diese Siedlung mit den putzigen Käfernamen eine sehr alte Geschichte hatte, erfuhren wir erst im Laufe der Zeit.

Auf dem ehemaligen Flakgelände wurden 1949 den Siedlern 70 Parzellen zugesprochen. Zuerst wurden Stallgebäude geschaffen. Die wurden alle bewohnt, und im Laufe der nächsten Jahre wurden die Siedlungshäuser in drei Bauabschnitten erstellt. Mit viel gemeinschaftlicher Hilfe und Eigenarbeit hatten die Siedler es geschafft, 1956/1957 auch den dritten Bauabschnitt fertig zu stellen und ihre Häuser zu beziehen. Oft wird uns von den „Gummistiefelzeiten“ erzählt, weil die Siedlung noch keine geteerten Straßen hatte. Die fleißigen „Käferlein“ mussten bis zum Bus in Gummistiefeln laufen und konnten sich erst dort normales Schuhwerk anziehen oder dass es für drei Häuser oft nur eine Schubkarre gab. Das Grundstück musste erst von alten Bunkerresten oder alten Asphaltstraßen gesäubert werden, wobei viele alte Steine wieder für den Hausbau benutzt wurden.

Wir haben es einfacher gehabt 1995, aber auch wir haben viel Eigenarbeit geleistet, um unser Häuschen so umzubauen, wie wir es haben wollten. Der Zusammenhalt und die Gemeinschaft stimmen auch heute noch. Es werden Straßen- und Weinfeste gefeiert, es werden Ausfahrten für Jung und Alt unternommen, und wenn ein Nachbar Hilfe braucht, wird auch garantiert geholfen.

Seit 1996 ist die Siedlergemeinschaft ein eingetragener Verein. Regelmäßige Versammlungen halten einen immer auf dem Laufenden.

Kurzum, wir fühlen uns hier pudelwohl. Klatsch und Tratsch gibt es im kleinen Tante-Emma-Laden in der Siedlung, der Inhaber kennt fast alle „Großen“ noch als „Kleine“. Und einmal in der Woche versorgt uns der so genannte „Eiermann“, ein Laden auf Rädern, der auch fast alles hat und direkt vor den Haustüren hält. Im Sommer sitzen wir bei großer Hitze unter unseren Apfelbäumen und hören entspannt im Radio, wie lang schon wieder die Staus auf den Autobahnen in Richtung Nord- und Ostsee sind. Bei uns fängt nämlich der Urlaub schon ab Haustürausgang an, und das werden wir auch immer zu schätzen wissen …

Segel setzen und dann immer hart am Wind: „Optisegeln" auf dem Außenmühlenteich. Unten: „Grüne Frösche" hießen anfangs die damaligen Fünftklässler

wehr Sinstorf alljährlich ausrichtet. Nach „Laterne, Laterne, Sonne, Mond und Sterne…" treffen sich Jung und Alt bei Getränken und Würstchen am Lagerfeuer. Die 1903 gegründete Wehr zog vor rund 20 Jahren aus dem alten Spritzenhaus an die *Beckedorfer Straße*. Jeden Montag lernen hier auch die 16 Mitglieder der **Jugendfeuerwehr**, wann ein C-Rohr eingesetzt wird oder dass in der Fachsprache die Abkürzung DRZF für „Droht zu fallen" steht und meist durchgegeben wird, wenn angebrochene Äste Fußgänger oder Autofahrer bedrohen. Während die Feuerwehrleute schon zur eigenen Sicherheit bei den Einsätzen eine Schutzuniform tragen, streifen die Schüler der Klasse 6b der **Haupt- und Realschule Sinstorf** die **einheitlich grünen Sweatshirts** aus ganz anderen Gründen jeden Morgen über: Klassenlehrerin Karin Brose hatte, als sie die damalige fünfte Klasse 2000 übernahm, die Idee, so die Klassen-Einheit zu fördern. Für Aufsehen sorgte auch der Bau eines schuleigenen **Lehmbackofens**, der 1997 im Rahmen einer Projektwoche entstand und in dem seither frisches Schulbrot gebacken wird.

Segeln, springen, schießen

Am **Immanuel-Kant-Gymnasium**, das zwar gerade schon auf Marmstorfer Boden liegt, früher aber „Gymnasium Sinstorf" hieß, hatte die **Segelvereinigung Sinstorf e.V.** ihren Stapellauf: Anfang der 1980er Jahre taten sich Schüler, Lehrer und Eltern zusammen, um im Harburger Raum den Segelsport zu erlernen und gemeinsam auszuüben. Ganz exklusiv als einzige Segler im Revier lernen die jüngsten Vereinsmitglieder auf dem Wilstorfer Außenmühlenteich, wie man **Optimisten** wendet und bei den kleinen Bötchen die Segel setzt. Wer schon mehr Erfahrung mit der norddeutschen Brise gesammelt hat, der stürzt sich in den vereinseigenen größeren Jollen in das Masten-Getümmel auf der Alster. Sportlich geht es ebenfalls im **SV Grün-Weiss Harburg e.V.** zu, der mit verschiedenen Sparten im Stadtteil vertreten ist. Vor allem die Leichtathleten profitieren von der im Spätsommer 2001 wiedereröffneten **Sportanlage Scharfsche Schlucht**, die mit einem wetterfesten Bodenbelag ausgestattet wurde.

Auch der älteste Sportverein im Stadtteil ist technisch auf dem modernsten Stand: Nach acht Jahren Heimatlosigkeit weihte der **Schützenverein Sinstorf und Umgebung e.V.** 1998 seine **neue Schießsportanlage** ein. Nun können die über 120 Mitglieder überdacht an elf Kleinkaliber- und zehn Luftgewehrständen ihr Ziel ins Visier nehmen.

Handwerk auf Sinstorfer Boden

Ende des 19. Jahrhunderts siedelten sich im damals noch landwirtschaftlich geprägten Sinstorf erste Handwerksbetriebe an und etablierten sich schnell im dörflichen Leben: Der Tischlergeselle Peter Menck erhielt 1883 die Genehmigung, in Sinstorf eine **Bau- und Möbeltischlerei** zu betreiben. Schon 1906

Der Schützenverein Sinstorf wurde 1903 im Gasthaus „Zur Linde" gegründet. Das ist nun schon Geschichte, aber die Linde blüht noch im Vereinswappen

Zeitleiste

1181 erste urkundliche Erwähnung

um 1400 Sinstorfer Kirche wird zu einem einschiffigen Saal umgebaut

um 1645 Vogtei Höpen

17. Jh. frei stehender Glockenturm

1883 Bau- und Möbeltischlerei Menck wird gegründet

1937/38 Eingemeindung nach Hamburg

1998 Einweihung der neuen Schießsportanlage

Logo des Kleingartenvereins „Sonnenberg e.V." (Klgv. 766)

war der Betrieb so groß und renommiert, dass er den Auftrag erhielt, sämtliche Holzarbeiten, also z.B. die Vertäfelung und die Bänke, an der Inneneinrichtung der Sinstorfer Kirche durchzuführen. 1965 spezialisierte man sich dann ausschließlich auf die Herstellung von Fenstern. Mittlerweile ist die Produktion der weit über Hamburgs Grenzen hinaus bekannten **Menck-Fenster** nach Schwerin

Rolf Menck mit Sinstorfer Qualitätsfenster. Unten: Schöner wohnen am Kirchenweg

umgezogen, Verwaltung und Montage sind aber weiterhin im Süden Hamburgs ansässig.

Mit der Erschließung des 6,8 ha großen **Gewerbegebiets Winsener Stieg** haben sich in den letzten Jahren weitere Betriebe in Sinstorf niedergelassen: Baugewerbe und -handwerk befinden sich hier ebenso wie ein großes Dentallabor oder eine Handels-GmbH für Fleischwaren.

Grüner wohnen

Auch das kleine Gewerbegebiet und die Handwerksbetriebe haben nichts daran geändert: Sinstorf ist ein **Wohnstadtteil** im Grünen. Über 60 Prozent der Wohnungen liegen in Ein- oder Zweifamilienhäusern, das sind dreimal so viel wie im Hamburger Vergleich. Nach dem Krieg entstand auf ehemaligem Wehrmachtsgelände die **Käfersiedlung** (s. Bürgergeschichten); in jüngster Zeit werden einige der großen Grundstücke nun geteilt, und die Kinder oder sogar schon die Enkel der ersten Siedler bauen sich nebenan ein eigenes Heim. Besonders für **Familien mit Kindern** bietet sich in Sinstorf ein ideales Umfeld: Schulen und Kindergärten, Sportvereine und andere Gruppen, die für Freizeitvergnügen sorgen, sind vor Ort. Aber für größere Einkäufe verlassen die meisten Sinstorfer ihren Stadtteil. Bis Mitte der 1970er Jahre trug noch die Schlachterei Petersen zur Nahversorgung bei, mittlerweile ist nur noch Karl-Heinz Hilpert mit seinem **Edeka-Markt** übrig geblieben. Aber die Tage dieses kleinen Tante-Emma-Ladens sind gezählt. Auch wer lieber essen geht als Essen kocht, muss die Stadtteilgrenzen überqueren. Die letzte Traditionsgaststätte **Gasthaus Derboven** schloss 1980 ihre Pforten, und nun heißt es für Sinstorfer, „zum Ausgehen muss man fahren".

Erholung pur

Direkt vor ihrer Haustür können die Stadtteilbewohner jedoch jede Menge Grün genießen. Zwischen Feldern und Wiesen, durch die **Scharfsche Schlucht** oder entlang der Engelbek lässt sich auf zahlreichen Wanderwegen die geesthangbewegte Natur genießen. Nicht selten treffen die Sinstorfer bei ihren Spa-

Die Scharfsche Schlucht lädt zu erholsamen Spaziergängen ein

ziergängen auf Wandergruppen aus benachbarten Stadtteilen: Auf deren Weg in den Landkreis Harburg zählt eine Besichtigung der Sinstorfer Kirche zu den kulturellen Highlights. Die reizvolle Landschaft genießen auch Mitglieder der **drei Kleingartenvereine**, die ihre Parzellen auf Sinstorfer Boden pflegen.

Köpfe

Georg Timm wurde 1970 als Pastor ordiniert und arbeitet seither in der Kirchengemeinde Sinstorf. In seiner über 30-jährigen Dienstzeit hat er fast 1200 Trauungen und über 2000 Taufzeremonien gehalten, denn im ganzen Harburger Raum sind die Sinstorfer Kirche und „ihr“ Pastor bekannt. Dem gebürtigen Heiligenhafener kann man aber auch auf Knopfdruck lauschen, wenn er nämlich die plattdeutsche Andacht auf „Radio Niedersachsen“ spricht.

Acht lange Jahre brütete **Henryk Müller** über den Plänen für das neue Vereinshaus des Schützenvereins Sinstorf und Umgebung. Der 1. Vorsitzende informierte sich, zeichnete, änderte wieder und entwarf erneut – bis schließlich die Schießsportstätte bis ins letzte Detail perfekt war. Nun bekommen Herr Müller und seine Vereinsfreunde aus dem ganzen norddeutschen Raum regelmäßig Besuch: Dann lassen sich andere Schützen in die technischen Finessen der Sinstorfer Anlage einweihen.

Viele Kinder wollen später einmal Feuerwehrmann werden. Und wer **Thomas Brause** heißt, hat vielleicht noch einen weiteren namhaften Grund. Im Alter von 17 Jahren trat er in die Freiwillige Feuerwehr ein. Seit 1992 tut er seinen Dienst im Sinstorfer Spritzenhaus, wurde 1994 Wehrführer und kurz darauf auch stellvertretender Bereichsführer. Aber Herrn Brause kennen die Sinstorfer nicht nur in Uniform: Der Augenoptikermeister ist im *Marienkäferweg* zu Hause.

Sinstorfer Persönlichkeiten: Pastor Georg Timm spricht auch Plattdeutsch; Schützenbruder Henryk Müller kann planen; Thomas Brause löscht

Stadtteil-Profil

	Sinstorf	Bezirk	Hamburg
Bevölkerung gesamt (2000)	2831	196 263	1 704 929
Unter 18-Jährige in %	15,5	19,2	16,1
65 Jahre und älter in %	18,6	16,9	17,0
Deutsche	2625	157 260	1 432 325
Ausländer in %	7,3	19,9	16,0
Einwohner je km²	1105	1222	2258
Sozialstruktur			
Sozialhilfeempfänger (2000)	44	17 127	120 461
Arbeitslose (2001)	95	10 107	71 963
Eink. je Steuerpfl. in DM (1995)	69 248	56 444	65 579
Wohnen (2001)			
Wohngebäude	760	27 486	226 061
Ein- und Zweifamilienhäuser in %	62,4	25,3	20,5
Ø Wohnungsgröße in m²	82,6	69,9	71,0
Wohnfläche je Einwohner in m²	38,9	32,5	35,7
Verkehr			
Private Pkw (2001)	1358	70 144	628 119
Straßenverkehrsunfälle (2000)	19	1197	12 430
Kriminalität			
Straftaten insgesamt (2000)	221	26 879	284 272

Wahlverhalten

... zur Bürgerschaft 2001 (gesamt)

Wahlbeteiligung	71,0%
SPD	36,5%
CDU	26,2%
Schill-Partei	19,4%
Grüne/GAL	8,6%
FDP	5,1%
Übrige	4,2%

... zur Bürgerschaft 2001 (Stadtteil)

Wahlbeteiligung	77,3%
SPD	32,9%
CDU	27,7%
Schill-Partei	27,0%
Grüne/GAL	4,4%
FDP	5,1%
Übrige	2,8%

Spadenland

Hier zeigt sich Hamburg von seiner ländlichen Seite. Landwirte und Gemüsebauern prägen das Bild. Durch die Rückverlegung der Deichlinie an der „Spadenländer Spitze“ kann sich seit 2000 wieder typische Elbauenlandschaft als Lebensraum vieler bedrohter Tier- und Pflanzenarten entlang der Norderelbe ausbreiten

Steckbrief

Fläche: 3,398 km²
Einwohner: 436
Verwaltung: Bezirk Bergedorf, Ortsamt Vier- und Marschlande
Ortsteil: 614

Blick über das Spadenländer Deichvorland in den 1930er Jahren. Unweit der Stelle trifft heute der Dorfer Bogen auf den Hauptdeich

Zunächst wurde die Spadenländer Gegend „Inwerder“ und in manchen Schriftstücken auch „Ochsenwerder Ausschlag“ genannt; dies vielleicht als Gegenstück zum „Außenwerder“, wenn man diesen Namen als Ursprung von „Ochsenwerder“ deuten möchte. 1465 erscheint dann der Name Spadenland. Er bezieht sich auf das alte Deichrecht, nach dem sich jeder Anwohner am Erhalt und an der Pflege der Deiche beteiligen musste: Man nahm das Land und den Deich in „Spatenrecht“. Vernachlässigte ein Anwohner seine Pflicht, konnte ihm sein Grundstück abgesprochen werden („Wer nich diken will, mut wiken!“ – auf Hochdeutsch: Wer nicht deichen will, muss weichen!). Als Symbol der Enteignung wurde ein Spaten in den Deich gestoßen. Wer aber den Deich absichtlich beschädigte, wurde mit dem Tod durch Rädern bestraft. Diese Regelungen finden sich schon im ältesten Billwerder Landrecht schriftlich fixiert.

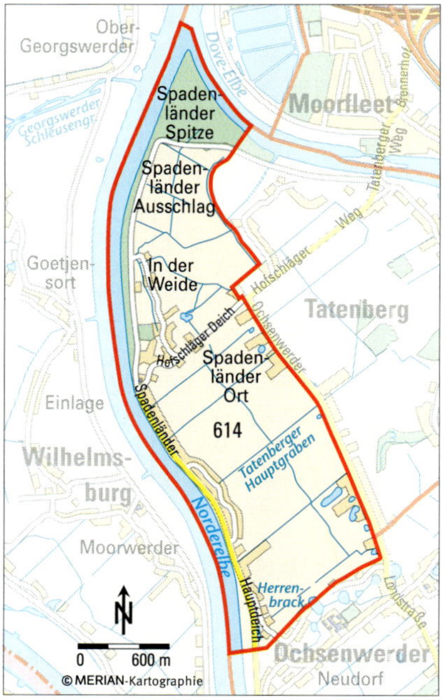

Aus der Geschichte

Unter der Bezeichnung „Inwerder“ wird Spadenland erstmals 1371 erwähnt. Damals erhielten Ochsenwerder Bauern das Land als Ersatz für ihre durch Sturmfluten verlorenen Äcker und Weiden. Das Gebiet befand sich zu dieser Zeit wahrscheinlich im **Pachtbesitz Hamburger Ratsherren**. 1395 kaufte die Hansestadt zur Sicherung der Elbschifffahrt und des Handels Bill-, Moor- und Ochsenwerder, Allermöhe und Teile

Spadenlands und Tatenbergs für 2500 Mark von Graf Otto I. von Schauenburg. Zur Verwaltung dieser neuen Teile seines Landgebiets richtete Hamburg die Landherrenschaft Bill- und Ochsenwerder ein. 1830 wurde die **Landherrenschaft der Marschlande** geschaffen, für die in Spadenland der Ochsenwerder Vogt zuständig war.

Durch seine Lage nahe der Teilung der Elbe in ihren nördlichen und südlichen Arm (bei der Bunthäuser Spitze, s. Wilhelmsburg) war Spadenland für die Hansestadt strategisch besonders wertvoll. Deshalb bemühten sich Hamburger Stadtväter, neben dem eingedeichten Teil des Spadenlandes weitere Grundstücke in ihren Besitz zu nehmen. So kaufte der Ratsherr Erich von Zeven 1427 vom Grafen von Holstein Weidestücke auf dem Spadenländer Ausschlag, die 1470 an Hamburg fielen. Den Rest Spadenlands und Tatenbergs erwarb die Stadt im Jahre 1495.

Über die weitere Geschichte Spadenlands ist wenig bekannt, die Entwicklung ist aber eng mit der Ochsenwerders verbunden. Spadenland gehörte mit Tatenberg zum Kirchspiel Ochsenwerder, zu dem früher auch Stillhorn und Moorwerder zählten.

Zeitleiste

1371 erste Erwähnung

1395 Hamburg kauft den umdeichten Teil Spadenlands

1410 Einrichtung der Landherrenschaft Bill- und Ochsenwerder

1470–95 Spadenländer Ausschlag an Hamburg

1830 Landherrenschaft der Marschlande

1920 Stromanschluss

1935/36 Wasseranschluss

1962 Bei der Flutkatastrophe halten die Deiche

1999/2000 Deicherhöhung und -verlegung

Die Spadenländer Feuerwehrkapelle spielt in Moorfleet (um 1965).
Oben: Deichpflege vom Feinsten.
In den Vier- und Marschlanden mähen zwei Schafherden die Grasnarbe

Stadtteilleben

Durch die Zugehörigkeit zum Kirchspiel Ochsenwerder ist die Spadenländer Dorfgemeinschaft traditionell in das Stadtteilleben des größeren Nachbarn eingebunden. Trotzdem gibt es natürlich auch Spadenländer Besonderheiten: Im April 1893 wurde – nach mehreren Großfeuern im Dorf – die Freiwillige Feuerwehr Spadenland als erste Wehr des Kirchspiels gegründet. Dementsprechend groß wurde 1993 vier Tage lang ihr 100-jähriges Bestehen gefeiert. Heute löscht die FF Spadenland nicht nur Brände oder hilft bei wild gewordenem Wind und Wetter, sie ist auch sonst aus dem dörflichen Leben nicht wegzudenken. Die zugehörige **Spadenländer Feuerwehrkapelle** ist mittler-

Seit 30 Jahren frisch vom Hof: Waltraut und Werner Gladiator beim Verkauf ihrer Ernte am Hofschläger Deich 44

weile so erfolgreich, dass sie mit ihrem umfangreichen und vielseitigen Repertoire weit über die Grenzen der Vier- und Marschlande hinaus gebucht wird. Sie spielt selbstverständlich auch auf dem „Spadenländer Oktoberfest", wenn alle Nachbarstadtteile kräftig mitfeiern.

Ein noch relativ junger Verein im Stadtteil ist der **TOCH**, wobei die sprechende Abkürzung nicht nur die Assoziation typischen Motortuckerns eines Treckers weckt, sondern natürlich für den „1. Traktoren-Oldtimer Club Hamburg" steht. Im Frühjahr 1988 begannen die Vereinsmitglieder das gemeinsame Aufarbeiten landwirtschaftlicher Fahrzeuge und Geräte. Im September des folgenden Jahres war es dann so weit: Erstmals zeigte der Club auf dem Spadenländer Ausschlag eine „Historische Ernte" mit Mähbinder und Dreschkasten. Bei Umzügen und Festen in den Vier- und Marschlanden, aber auch bei vielen Oldtimer-Treffen im ganzen Bundesgebiet begeistern die mittlerweile über 100 restaurierten Schmuckstücke der knapp 50 Vereinsmitglieder.

Leder für ganz Hamburg

Leder-Schüler ist in Hamburg noch heute ein Begriff. Für unzählige ältere Hamburger war klar: Ein Kind bekam zur Einschulung einen „Ränzel" aus einem der Hamburger Geschäfte von Leder-Schüler. Was das nun mit Spadenland zu tun hat? Hier fing 1838 alles an, als nämlich zwei Curslacker von der Landherrenschaft die „Concession" zur Ausübung ihrer erlernten „Riemen- und Sattler-Profession" erhielten. Der bald darauf aus Mecklenburg zugewanderte Ludwig Schüler heiratete die Tochter eines der Firmengründer und wurde zunächst Mitinhaber und später alleiniger Herr über die Spadenländer Lohgerberei. Sie lieferte in der Folgezeit jede Menge Pferdegeschirr für Großkunden wie die Hamburger Feuerwehr und zahlreiche Fuhrunternehmer. Ludwig Schüler folgten Sohn Hermann und Enkel Erich, die 1889/93 erfolgreich nach Hamburg übersiedelten und viele Leder-Geschäfte eröffneten. Des Gründers Ururenkel, Hans-Peter Schüler, verkaufte Mitte der 1980er Jahre das unrentabel gewordene Großunternehmen mit Hauptsitz am *Heidenkampsweg* in Hammerbrook und führt das heutige „Leder-Schüler" als Grundstücksverwaltung.

Das alte Firmenschild des „Goldenen Kringels"

Hofläden und Kringel

Zuerst noch von der Mehrheit der Gemüsebauern belächelt, begannen in den 1960er Jahren die ersten Betriebe vor ihrer Haustür mit dem Verkauf eigener Erzeugnisse. Heute gibt es **Hofläden** in den gesamten Vier- und Marschlanden. Wer also seinem Körper mit frischem Gemüse etwas Gutes tun will, ist in Spadenland ebenso am richtigen Ort wie der Liebhaber **leckerer Backwaren** und **sahniger Torten**. Beides liefert die Bäckerei Wippermann, eine Spadenländer Institution seit 1891. Ihr früherer Name „Goldener Kringel" ging auf das von den Wippermanns 1976 auf der gegenüberliegenden Straßenseite errichtete Restaurant über. Die alten Räume waren nicht nur zu klein geworden, als noch schlimmer hatte sich erwiesen, dass die Wippermanns mit den Deichneubauten nach 1962 den Elb-

In Spadenland zu Hause: Dagmar Buhks restaurierter „Eil-Bulldog" der Firma Lanz (Baujahr 1938, 25 PS)

Hufnerhäuser und Hallenkaten

In fast allen Stadtteilen der Vier- und Marschlande sind noch Zeugnisse bäuerlicher Wohn- und Wirtschaftsarchitektur vergangener Jahrhunderte zu finden

Flett einer Neuengammer Großkate, aquarelliert von Hermann Haase, nach 1900 (Museum für Hamburgische Geschichte)

Eine Hufe ist ein uraltes, regional und historisch stark variierendes Flächenmaß, das aber stets für eine große und ungeteilte Hofstelle steht (Vollhufner = Vollbauer). Die Angaben reichen von mittelalterlichen 7–10 ha über das Doppelte im ostelbischen Siedlungsraum und im Laufe der Zeit bis zu über 30 ha in der niederdeutschen Marschlandschaft.

In den Vier- und Marschlanden stehen noch schöne Hufnerhäuser und Hallenkaten. Aber was unterscheidet denn nun diese beiden Typen? Grundsätzlich gilt, dass Katen verkleinerte Ausgaben von Hufnerhäusern sind. Beide entspringen dem Typus des „Niederdeutschen Fachhallenhauses“. Zwar sind Funktion und Bauweise dieser Wohn- und Wirtschaftsgebäude ganz ähnlich, aber die vielen prächtigen Vierländer Fachwerkfassaden zeigen noch heute, dass hier größere finanzielle Mittel für repräsentative Außengestaltung wie Backsteinzierverbände oder geschnitzte Giebelvorkragungen zur Verfügung standen. Die Gebäude ruhen auf einem Innengerüst mit zwei hölzernen Ständerreihen und werden daher „Zweiständerhaus“ genannt. Im 19. Jahrhundert kam der Vierständerbau dazu, bei dem auch die Außenwände tragen. In den beiden Abseiten stand das Vieh. Kennzeichnend für diese kombinierten Wohn- und Wirtschaftsgebäude ist die Teilung in Diele, Flett und Kammerfach. Das über die volle Hausbreite gehende Flettfach trennte Diele und Kammerfach und bot Raum als Wohndiele, Schlafstätten für das Gesinde und Platz für gröbere hauswirtschaftliche Arbeiten. Zum Flett gehörte der Herd, ursprünglich ein Bodenherd, später der gemauerte „Diggen“ und ab Mitte des 19. Jahrhunderts der gusseiserne Herd mit Abzug. Um von Gesinde und Vieh nicht gestört zu werden, wohnte die Familie des Bauern im „Kammerfach“. Die Räume, die hier beheizbar waren, hießen „Dönz“. Meist wurde eine Kammer als Repräsentationsraum besonders ausgestattet, eine weitere diente als „Altenteil“. In Curslack ist mit dem **Rieck-Haus** ein Hufnerhaus zu besichtigen.

Sein hohes Alter ist kaum zu erkennen: Deichseite eines sanierten Hufnerhauses am Hofschläger Weg

Grundriss

Aufteilung eines Vierländer Hallenhauses im 16./17. Jahrhundert

1 *Vorkammer*
2 *Mittelkammer*
3 *Dönz*
4 *Kammer*
5 *Stallabseite Pferde*
6 *Stallabseite Kühe*
7 *Deichgang*

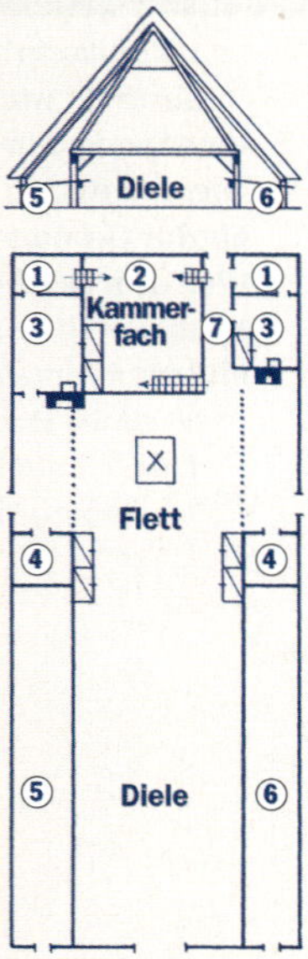

Bürgergeschichten

„Generalprobe mit Sicherheitsabstand"

Von Walter Lübberstedt aus Ochsenwerder stammt der Bericht über die Geschichte von „Stimmann's Gasthof" in Spadenland

Die Bezeichnung „Stimmann's Gasthof" ist erst nach der Einheirat von Heinrich Stimmann entstanden. Er stammte vom Gauert und wurde am 1. Juni 1901 als Eigentümer in das Grundbuch zu Spadenland eingetragen. Vorher wohnte hier die Familie Carstens bis zum Michaelistag 1874, bis Heinrich Cölln aus Harburg das Grundstück in Spadenland erwarb. Das genaue Gründungsdatum der Gastwirtschaft ist nicht bekannt.

„Stimmann's Gasthof" war eine Spadenländer Institution. Als das Gebäude 1969 dem Deichneubau weichen musste, konnten einige ihre Tränen kaum verbergen

Heinrich Stimmann ersetzte das alte damalige Haus im Jahre 1907 durch einen Neubau mit einem etwa 150 m² großen Saal. Vor dem Haus ging eine Brücke über das außendeichs gelegene Vorland und führte zu einem Anlegerponton auf der Norderelbe, an dem die „Lauenburger Dampfer" als letzte Station anlegten, bevor sie zur Endstation am Stadtdeich nach Hamburg dampften. Neben dem Anleger konnten in einem Hafeneinschnitt Barkassen und Boote mit Ausflüglern aus der Stadt festmachen. In den Sommermonaten war der Saal jeden Sonntag bei Musik und Tanz von Besuchern besetzt. In den Wintermonaten feierten hier hauptsächlich die Einheimischen.

Noch im alten Haus trafen sich am 1. Oktober 1887 „zwei Dutzend Männer" mit ihrem Chorleiter Gustav Oehr und gründeten die Liedertafel „Melodia". Bis in das Jahr 1906 probten die Sänger ihre Lieder in der Spadenländer Schule. Im Jahre 1907 zogen sie in das neue Haus von „Stimmann's Gasthof", wo sie wöchentlich einmal zu ihren Übungsabenden zusammenkamen und ihre Festlichkeiten feierten. Das waren die Sängerbälle, Weihnachtsfeiern, Theateraufführungen und Maskeraden. Außerdem gab es im Hause den Sparclub „Letzte Eck". Die Bezeichnung passte dorthin, denn kurz hinter dem damaligen Lokal ist die weiter in Richtung Hamburg verlaufende Deichstrecke, heute Ruschorter Hauptdeich, bis zur Spadenländer Spitze unbebaut.

Nach dem Zweiten Weltkrieg waren Ernst und Ingrid Pahl die letzten Wirtsleute, bei denen die Gäste gern einkehrten. Die ersten „Spadenländer Dorfabende" mit Gesang, Blasmusik und plattdeutschen Theaterstücken gingen in „Stimmann's Gasthof" über die Bühne. Bei einer vorherigen Generalprobe, die damals freitags stattfand, waren mehrere Sänger bis zum Sonnabendvormittag in fröhlicher Runde zusammengeblieben. Das gab reichlich Ärger mit den zu Hause wartenden Frauen und dem Chorleiter, denn am gleichen Abend sollten sie für das Fest wieder fit sein. Konsequenz daraus: Seit damals findet die Generalprobe für alle Mitwirkenden immer donnerstags vor dem Fest statt.

Wenn Ernst Pahl auch noch so engagiert um den Erhalt des Gasthofes gerungen hat, nach der Flutkatastrophe im Jahre 1962 musste dieser wie die benachbarten Häuser dem Deichbau weichen. Kurz vor Weihnachten, am 19. Dezember 1969, trafen sich die Sänger zum letzten Mal in „Stimmann's Gasthof" mit ihren Wirtsleuten. Heimlich wurden dabei einige Tränen unterdrückt. Das Gebäude wurde kurz darauf abgerissen, und damit ging wieder eine Begegnungsstätte in unserer Gegend verloren. Die Sänger wechselten nach Neujahr 1970 in den „Goldenen Kringel" über.

blick ihres „Kringels“ verloren hatten! Das neue Gebäude beseitigte mit großer Fensterfront zum Fluss dieses Manko. Nach vier Generationen Wippermann führen seit April 2000 Claus Jordy und Doris Brüsseler als Pächter das Restaurant am *Spadenländer Elbdeich*.

Ruhiges Wohnen am Deich

Dass Spadenland ein **dünn besiedelter Stadtteil** ist, zeigt die Zahl der Wohnungen: Von den insgesamt 226 061 Hamburger Wohngebäuden stehen gerade 101 an den Spadenländer Deichen. Die durchschnittliche Wohnungsgröße ist mit 109 m^2 dagegen üppig. Bei nur rund 400 Bewohnern ist es also kein Wunder, dass im Rahmen einer Routineerhebung des Statistischen Landesamtes im Jahr 2000 nur **vier Verkehrsunfälle** gezählt wurden, von denen nicht einer unter die Kategorie „Personenschaden“ fiel.

Leben mit dem Deich

Was seit Menschengedenken in der gesamten Marschlandschaft eine überlebensnotwendige Verpflichtung aller Deichanlieger war, hat heute größtenteils der Staat übernommen: die Verantwortung für die Instandhaltung der Deiche. In der Organisation der **Deichverteidigung** ist die ehrenamtliche Mitarbeit der Menschen vor Ort jedoch nach wie vor ein wichtiges Element. In Spadenland wohnt der Deichvogt Werner Rolffs (s. Köpfe), Chef des Deichverbandes der Vier- und Marschlande. Zusammen mit insgesamt 48 ehrenamtlichen Deichwarten, ihren Mitarbeitern und weiteren Funktionsträgern haben sie ca. 34 km Deich zwischen Spadenländer Spitze und Altengamme zu „schauen“, d.h. zu kontrollieren. Zweimal im Jahr ist **große Deichschau** mit Vertretern des Bezirks und der Baubehörde. Die Neustrukturierung des Deichwesens kam nach der Flutkatastrophe vom Februar 1962 (s. Wilhelmsburg). Damals hielten zwar in Spadenland die Deiche, aber im übrigen Hamburg brachen sie 60-mal, und das Wasser forderte mehr als 300 Menschenleben. Deshalb entschloss sich die Stadt, die Hoheit über Deichbau und -pflege von den Deichverbänden auf die Baubehörde zu übertragen.

Der Aufbau des Deichkörpers wurde von Grund auf neu konzipiert. Er wurde höher, breiter und von Häusern, Bäumen und Hauptstraßen befreit. Straffere Deichlinien ersetzten den bisher ungleichförmigen und kurvenreichen Verlauf. Dadurch verkürzte sich zugleich die Gesamtlänge der Hamburger Hochwasserschutzlinie von 140 auf 100 km. Besonders wichtig für den Ernstfall ist, dass es heute ein separates System von

Einmal im Jahr wird es laut: Motorbootrennen auf der Elbe. Links: Bei der Deichsicherung 1962 halfen alle mit

Legende

- **1** *Sandkern*
- **2** *Kleiabdeckung*
- **3** *Deichkrone*
- **4** *Deichverteidigungsstraße*
- **5** *Lagerstreifen*
- **6** *Außenböschung*
- **7** *Binnenböschung*
- **8** *Befestigung der Außenböschung mit Betonsteinwerk*
- **9** *Außendeichfuß mit Betonholm*
- **10** *Außendeichweg*
- **11** *Vorlandangleichung*
- **12** *Schutzstreifen*
- **13** *Sicherheitsbereich*
- **14** *Deichgrund*

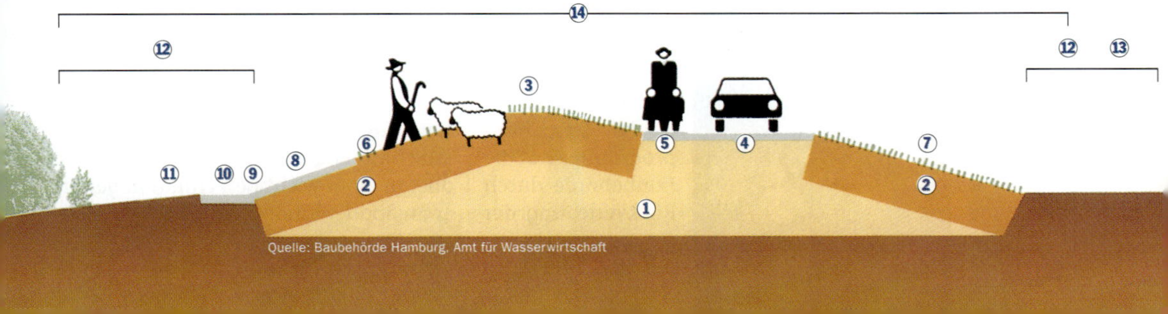

An der Spadenländer Spitze machte 2000 der alte Deich Platz für naturnahe Elbauenlandschaft

Deichverteidigungsstraßen gibt. Früher waren die Deiche Teil des Straßennetzes und dadurch bei eingetretenen Beschädigungen gar nicht oder nur sehr schwer für Sicherungsmaßnahmen zu erreichen. Nicht zuletzt wurde auch die altertümliche Frühwarnung mit Böllerschüssen durch moderne Technik ersetzt. Wenn der Deich in Gefahr gerät, ist man in Spadenland gewappnet. In der großen Halle beim Kortenland *(Ruschorter Hauptdeich 50)* liegen 20 000 gefüllte Sandsäcke bereit und 24 000 weitere in der *Kampstraße* in Bergedorf.

Die Kosten für die Umbauten und Erhöhungen des bis 2007 laufenden Bauprogramms sind mit über 400 Mio. Euro veranschlagt.

Rechts: Die Musik für Spadenland kommt von Otto Garbs

Hält seine Bohnen und die Vier- und Marschländer Deiche in Ordnung: Werner Rolffs ist Gemüsebauer und Deichvogt

Natur auf dem Vormarsch

Mit den Deichneubauten nach 1962 gingen viele der bisher regelmäßig überfluteten **Vorlandflächen** verloren. Dies bedeutete auch die Vernichtung uralter Naturlandschaften. Im Rahmen ihres laufenden Deichbauprogramms hat die Baubehörde durch Rückverlegung der Deichlinien nun an drei Stellen in den Vier- und Marschlanden ihre Wiederherstellung versucht. Weil die ehemaligen Vorlandflächen jedoch nach ihrer Eindeichung zu wertvollem Ackerland geworden sind, stießen die Baumaßnahmen bei einigen betroffenen Landwirten auf Widerstand. Im Falle der **Spadenländer Spitze** war die zunächst geplante Rückverlegung aber auch seitens der Deichbautechnik nicht unumstritten. Hier kam es schließlich zum Kompromiss. Die Planungen wurden so korrigiert, dass statt 12 ha neuen Vorlands nur 7,5 ha entstanden. Zugleich verbesserte sich damit die Hochwassersicherheit weiter. Seither kann sich wieder eine **ursprüngliche Elbauenlandschaft** mit selten gewordenen Pflanzen entwickeln. Damit ist die Wiederherstellung dieses international als sehr wertvoll eingestuften **Ökosystems** erfolgreich eingeleitet worden. Das zurückkehrende Tide-Röhricht ist **ideales Brutbiotop** für Rohrdommel, Zwergrohrdommel, Rohrweihe, Schilf-, Teich- und Sumpfrohrsänger. Es wird auch nicht lange dauern, bis **Zugvögel** das neue Vorland als Übernachtungs- und Nahrungsplatz für sich entdecken.

Köpfe

Otto Garbs' Gaststätte liegt zwar ganz kurz hinter der Grenze in Ochsenwerder, aber in einer wichtigen Funktion gehört er zu Spadenland: Er ist Chef der „Spa-

Stadtteil-Profil

	Spadenland	Bezirk	Hamburg
Bevölkerung gesamt (2000)	436	114 631	1 704 929
Unter 18-Jährige in %	18,3	20,3	16,1
65 Jahre und älter in %	17,0	15,5	17,0
Deutsche	425	103 658	1 432 325
Ausländer in %	2,5	9,6	16,0
Einwohner je km²	128	741	2258
Sozialstruktur			
Sozialhilfeempfänger (2000)	9	7659	120 461
Arbeitslose (2001)	7	3691	71 963
Eink. je Steuerpfl. in DM (1995)	63 931	60 397	65 579
Wohnen (2001)			
Wohngebäude	101	18 755	226 061
Ein- und Zweifamilienhäuser in %	71,5	33,4	20,5
Ø Wohnungsgröße in m²	108,9	77,9	71,0
Wohnfläche je Einwohner in m²	39,4	34,7	35,7
Verkehr			
Private Pkw (2001)	241	45 863	628 119
Straßenverkehrsunfälle (2000)	4	633	12 430
Kriminalität			
Straftaten insgesamt (2000)	17	11 451	284 272

© Statistisches Landesamt

Wahlverhalten

... zur Bürgerschaft 2001 (gesamt)

Wahlbeteiligung	71,0%
SPD	36,5%
CDU	26,2%
Schill-Partei	19,4%
Grüne/GAL	8,6%
FDP	5,1%
Übrige	4,2%

... zur Bürgerschaft 2001 (Stadtteil)

Wahlbeteiligung	76,4%
SPD	19,8%
CDU	43,0%
Schill-Partei	28,0%
Grüne/GAL	2,4%
FDP	3,9%
Übrige	2,9%

denländer Feuerwehrkapelle", und das seit 40 Jahren. Die Bläsertruppe tritt mit ihrem fetzig-frischen Programm in allen Vier- und Marschlanden auch mal unter anderen Namen auf, z.B. als „Die Elbtuter" oder auf einem Schützenfest als „Spadenländer (oder Vierländer) Jäger". Garbs ist 1937 geboren und damit genau 100 Jahre jünger als seine Gastwirtschaft. Er selbst nennt sich Musikant, Jäger und Gastwirt, findet aber immer noch Zeit für seine Postkartensammlung mit Motiven aus den Marschlanden.

Der Gemüsebauer **Werner Rolffs** wohnt am *Spadenländer Hauptdeich.* Zusammen mit seiner Frau und der Familie seines Sohnes bewirtschaftet er insgesamt 15 ha Land. Die Ernte geht an Wochenmärkte und wird auch am Stand direkt vor der Haustür verkauft. Seit 1992 ist Rolffs Deichvogt des Vier- und Marschländer Deichverbandes und somit oberster Deichwächter von der Spadenländer Spitze bis zum Wechselwerder bei Borghorst in Altengamme. Die Flutkatastrophe von 1962 erlebte er hautnah mit. Aber auch an die Zeit danach hat Rolffs nicht nur gute Erinnerungen. Der Deichneubau bedeutete den schrittweisen Abriss des vom Großvater erbauten Hofes. Schmerzhaft war ebenso der Verlust seiner 20 wunderschönen alten Linden auf der Deichkrone – aber Sicherheit geht vor, und die moderne Deichbautechnik duldet keinen Baumbewuchs.

Frauke Basse bei der Arbeit im „Goldenen Kringel"

Bei Einheimischen wie bei Besuchern ist **Frauke Basse** in Spadenland gut bekannt, nämlich als Kellnerin im Restaurant „Goldener Kringel". Seit über 20 Jahren kommt sie täglich vom *Süderquerweg* aus Kirchwerder zur Arbeit elbabwärts gefahren. Sie kann noch viel von den alten Wippermanns, den Anfangsjahren im Neubau des Restaurants und natürlich von unzähligen Spadenländer Familien- und Vereinsfeiern erzählen.

St. Georg

ringt als innerstädtisches Quartier mit den Vor- und Nachteilen einer Metropole. Während es schick ist, zwischen Langer Reihe und Alster zu wohnen, sind Probleme um Hauptbahnhof, Hansaplatz und Steindamm nicht zu übersehen. Es scheint, als könnte sich St. Georg zwischen Veredelung und Verelendung nicht entscheiden

Steckbrief

Fläche:
1,836 km²
Einwohner:
10 191
Verwaltung:
Bezirk Hamburg-Mitte, Kerngebiet
Ortsteile:
113, 114

AK St. Georg, Altbau. Unten: St. Georg vor Dreieinigkeitskirche, G. Marcks, 1958

St. Georg erhielt seinen Namen von dem wohl um 1200 hier errichteten St.-Georgs-Hospital für Leprakranke. Kreuzfahrer hatten die Krankheit aus dem Nahen Osten mitgebracht. Das Haus wurde vor die Tore Hamburgs gelegt, um die „Aussätzigen“ zu isolieren.

Aus der Geschichte

Das um 1200 entstandene **St.-Georgs-Hospital** lag östlich der Alster vor dem Steintor. Es war als Asyl für Leprakranke kein Krankenhaus im heutigen Sinn. Ob die Gründung des Hauses tatsächlich auf den Grafen Adolf III. von Schauenburg und Holstein zurückgeht, ist nicht gesichert. Im Jahr 1296 erließen Rat und Erbgesessene Bürgerschaft zusammen mit dem Domkapitel Regeln zur Organisation des Hospitals, dem das Land zwischen Koppel und Alster gehörte. Ihnen zufolge durften seine Kranken die nahe Stadt nicht betreten. Nachdem 1606 am Hamburger Berg ein Pesthaus errichtet worden war (siehe St. Pauli), wurde das St.-Georgs-Hospital in ein **Armenstift**

umgewandelt. Die Einrichtung, in der zumeist alte Frauen lebten, bestand bis 1951. Als letztes existierendes Gebäude fiel 1973 ein 1830 gebautes „Siechenhaus“ dem Abriss zum Opfer.

Noch Jahrhunderte nach der Errichtung des St.-Georgs-Hospitals prägten Gärten und Weiden das Bild des heutigen Stadtteils. Hier entstand von der *Koppel* gen Süden und nach Osten bis etwa zum *Besenbinderhof*, was in den Stadtmauern keinen Platz hatte: Seit 1554 ist der Hamburger Galgen hier belegt. Und 1564 legte man vor dem Steintor einen Pestfriedhof an. Viele Ställe gab

es hier – 1583 wurde den Bürgern innerhalb der Stadt die Schweinehaltung verboten –, ebenso eine Pulvermühle und den „Gassenkummerplatz" (= Müllhalde).

Mit dem Bau des Neuen Werks 1679–82 wurde St. Georg dann in die Befestigung Hamburgs einbezogen. Auf dem Areal dieser Anlagen entstand 1821–23 das Allgemeine Krankenhaus St. Georg. 1830 bekam St. Georg den **Status einer Vorstadt**. Nach dem Ende der Torsperre 1860 und der Eingliederung nach Hamburg 1868 nahm die Bevölkerung im Stadtteil stark zu. Auch die Bebauung versuchte damit Schritt zu halten: Von 1873–93 entstand um das neue Zentrum, den *Hansaplatz*, ein Viertel aus Etagenhäusern, das noch heute zu den architektonisch schönsten Ecken des Stadtteils gehört. Im Gefolge des 1906 eröffneten Hauptbahnhofs wandelte sich St. Georg mit noch jetzt bestehenden Häusern wie dem „Atlantic Hotel" (1909) oder dem „Reichshof" (1910) zu einem wahren **Hotelviertel**.

Mit dem Bahnhof zog der Stadtteil jedoch auch **Vergnügungsstätten aller Art** an, sodass neben Theatern, Varietés und Kneipen auch die Prostitution zunahm. Ein negatives Image, mit dem St. Georg bis heute zu kämpfen hat.

Sein teils erhaltenes gründerzeitliches Gesicht hätte das im Zweiten Weltkrieg schwer betroffene Viertel in den 1960er Jahren beinahe verloren: Allen voran die Neue Heimat (s. Hohenfelde) wollte große Teile des Stadtteils zwischen *Hansaplatz* und Alster von 1966–75 „sanieren" und stattdessen einen modernen, „Alsterzentrum" genannten Wohn- und Bürokomplex mit bis zu 200 m hohen Türmen errichten. Weil diese Pläne dann doch nicht realisiert wurden, konnte ab Mitte der 1970er Jahre **eine behutsame Sanierung** der alten Wohnhäuser einsetzen, die das Gesicht von St. Georg teilweise verjüngte, aber nicht alle Probleme beseitigen konnte.

Die Lange Reihe steht für den gelungenen Wandel von St. Georg: Einst Problemzone, pulsiert heute das Leben zwischen Läden und Cafés

Das Gewerkschaftshaus am Besenbinderhof ist Sitz des DGB und vieler Einzelgewerkschaften

Viermal war das „Deutsche Schauspielhaus" an der Kirchenallee bereits „Theater des Jahres" im deutschsprachigen Raum

Zeitleiste

um 1200 Errichtung St.-Georgs-Hospital
1564 Anlage Pestfriedhof
1830 Vorstadt
1868 Stadtteil
1966 Pläne „Alsterzentrum"
1906 Einweihung Hauptbahnhof
1995 St. Marien wird Dom des neuen kath. Erzbistums Hamburg
2001 Schließung Hansa-Theater

Generationen fanden in St. Georg gehobene Unterhaltung. Doch mit dem „Hansa-Theater" schloss Ende 2001 das letzte Varieté

Theater – ausgezeichnet

Große (Schauspiel-)Kunst in einem bunten Stadtteil – seit über 100 Jahren ist dies in St. Georg kein Widerspruch: Gleich gegenüber dem Hauptbahnhof begrüßt das **Deutsche Schauspielhaus** an der *Kirchenallee* Theaterfreunde. Hamburger Bürger, die mit Angebot und Qualität der bestehenden Bühnen unzufrieden waren, brachten 1899 eine Million Mark als Grundkapital in eine Aktiengesellschaft zur Errichtung des neuen Theaters ein.

Der Entwurf für das 1899/1900 erbaute Haus stammte von den Wiener Architekten Ferdinand Fellner und Hermann Helmer, die es nach dem Vorbild ihres Wiener Volkstheaters festlich-dekorativ mit Anleihen an Renaissance und Barock gestalteten. Klassisch war das Programm der Anfangsjahre: Zur Eröffnung am 15. September 1900 spielte man Goethes „Iphigenie auf Tauris". In den folgenden zehn Jahren unter Intendant Alfred Freiherr von Berger war das „Burgtheater an der Alster" mit 1831 Plätzen regelmäßig ausverkauft.

Nach dem Ersten Weltkrieg wurden die Zeiten schwieriger, nur kurzzeitig konnte das Privattheater 1926–28 mit Stücken von Brecht und Hans Henny Jahnn wieder reüssieren. 1933 wurde das Deutsche Schauspielhaus zum „Staatlichen Schauspielhaus" mit einem von scheinbar ganz unverfänglichen Klassikern bestimmten Spielplan. Weil das Gebäude nach dem Zweiten Weltkrieg von den englischen Besatzern 1945–49 zunächst als „Garrison Theatre" genutzt wurde, spielte das Stamm-Ensemble in Ausweichquartieren. Erst unter Gustaf Gründgens konnte das Theater 1955–63 wieder an seine Glanzzeiten anknüpfen. Inszenierungen wie „Faust" mit Will Quadflieg in der Titelrolle und Gründgens als Mephisto sind unvergessen. Es folgten Jahre der Krise, ehe Intendant Ivan Nagel 1972–80 das Haus wieder zu einer beachteten Bühne machte. Peter Zadek leitete das Theater 1985–89, gefolgt von Frank Baumbauer. Seit der Saison 2000/01 ist Tom Stromberg neuer Hausherr.

Von der Antike bis heute

Das **Museum für Kunst und Gewerbe** (MKG) ist eines der größten und beliebtesten staatlichen Museen Hamburgs. Über 200 000 Besucher kommen jährlich in das 1874–76 errichtete Haus am *Steintorplatz*. Erste Initiativen zur Gründung

des Museums entwickelte 1861 die „Patriotische Gesellschaft". Doch erst dem Engagement des späteren ersten Direktors, Justus Brinckmann, ist die tatsächliche Eröffnung 1877 zu verdanken.

Zu Anfang teilte sich das MKG das Gebäude mit der Realschule des Johanneums (s. Hamburg-Altstadt) und der allgemeinen Gewerbeschule. Nachdem 1975 die letzte Schule auszog, konnten sich die Sammlungen ausdehnen. Zu sehen sind auf 13 000 m² angewandte Kunst sowie Gewerbe von der Antike bis zur Gegenwart. Dazu Fotografie internationaler Künstler, eine grafische Sammlung sowie Kunst des Islams und eine der weltweit größten Sammlungen asiatischer Kunstwerke. Zu den Höhepunkten gehört die **Jugendstilabteilung**. Im neuen, 4500 m² großen **Schumann-Flügel** sind auf zwei Etagen historische Tasten- und andere Musikinstrumente zu sehen. Auch die wissenschaftliche **Gerd Bucerius Bibliothek** mit 150 000 Büchern und Zeitschriften ist hier untergebracht.

Mächtig wie ein Schloss steht das Museum für Kunst und Gewerbe mit seinen Renaissanceformen über den Bahngleisen

Design und Kunst

Enge Beziehungen bestehen zwischen dem Museum für Kunst und Gewerbe und der „Koppel 66". Längst ist diese Adresse des **Hauses für Kunst & Handwerk**, so der offizielle Name, zum Synonym für lebendiges Handwerk weit über den Stadtteil hinaus geworden. Seit dem Umbau 1981 sind unter dem Dach einer ehemaligen Maschinenfabrik Kunsthandwerker, Designer und Künstler in insgesamt 13 Werkstätten eingezogen. Die Arbeitsgebiete reichen von Möbel-, Schmuck- und Textilgestaltung bis zu Buchbinderei, Hut- und Modedesign oder Druckgrafik. „Diese gelungene Mischung zieht Neugierige weit über Hamburg hinaus an", freut sich Sigrid Fischer, die in ihrem Atelier Maßkleider für Damen fertigt. Höhepunkt im Jahresrhythmus ist die Adventsmesse. Ein eigenes Kulturprogramm, vor allem aber leckere Gerichte und selbst gemachte Kuchen gibt es im beliebten **Café Koppel**. Ebenfalls unter dem Dach der „Koppel" zu Hause ist **GEDOK e.V.**: Der sehr engagierte Verband der Gemeinschaften der Künstlerinnen und Kunstförderer e.V. ist mit 22 Regionalgruppen und 3500 Mitgliedern die größte und traditionsreichste interdisziplinäre Künstlerinnenorganisation Deutschlands. Gegründet wurde die Gedok 1926 in Hamburg von Ida Dehmel (1870–1942).

Das Logo der 1926 gegründeten Gedok, der „Gemeinschaft Deutscher und Oesterreichischer Künstlerinnenvereine aller Gattungen"

Keine Kirchturmpolitik

St. Georg ist ein internationaler Stadtteil und zeigt sich an vielen Stellen entsprechend multikulturell. Viele Geschäfte haben weltläufige Namen wie „Himalaya", „Pamir Bazar" oder „Afghan". St. Georgs Ausländeranteil beträgt über 40 Prozent. Mittendrin liegt an der *Böckmannstraße 40* in einem alten Schwimmbad **Hamburgs größte Moschee**, die „Merkez Camii" (= Zentralmoschee) samt türkischem Markt, Reisebüro, Barbiershop, Kantine und Buchhandlung. Fünf-

Buntes Bild in der „Koppel 66": Hutmacherin Sibylle Pilz; Blick ins „Café Koppel" und ins Atelier der Künstlerin Tita do Rêgo Silva

Bürgergeschichten

„Ich liebe meinen Hinterhof"

Sie kam auf St. Pauli zur Welt, verlor ihre Eltern im Dritten Reich und hat bis heute einen schwedischen Pass – seit Jahrzehnten lebt und arbeitet die Autorin Peggy Parnass in St. Georg, dessen Atmosphäre sie nicht missen will

Peggy Parnass in „ihrer" Straße, der Langen Reihe

Bekannt wurde Peggy Parnass als Autorin und Kolumnistin mit ihren Gerichtsreportagen, die in den 1970er Jahren im Magazin „Konkret" erschienen. Als Buch fanden die gesammelten „Prozesse" in mehreren Auflagen Zehntausende Leser.

Wenn man durch das Tor an der Langen Reihe 84 in den Hinterhof tritt, glaubt man, einer Idylle zu begegnen …

Ich liebe diesen Hof mit den fünf Hinterhäusern, seit mir Freunde vor vielen Jahren sagten, es werde hier eine Wohnung frei. Es war immer ein Ort für Kreative und Künstler: Der Physiker Klaus Traube wohnte lange hier, der Schriftsteller Klaus Pohl. Und in meinem Haus ist der Schauspieler Moritz Bleibtreu aufgewachsen. Die große Buche in der Mitte mit der Bank rundum ist der Ort, wo sich die Nachbarn begegnen – nicht nur beim Hoffest im Sommer.

Aber das grüne Blätterdach hat doch sicher auch manchmal gewisse Nachteile?

Ja, meine Wohnung ist die Verlängerung des Hofes – immer ein wenig dunkel. Auch im Sommer muss ich morgens um zehn oder elf Uhr eine Lampe anmachen, wenn ich lesen möchte. Schuld hat aber nicht nur der Baum, sondern auch die vielen Neubauten ringsum. Gleich gegenüber an der Danziger Straße etwa sind die vielen kleinen Läden großen Zweckbauten gewichen.

Geht man mit Ihnen durch die Lange Reihe, könnte man glauben, jeder kennt Sie. Alle grüßen freundlich, fragen, wie es geht.

Es ist schön, dass dies noch so ist. St. Georg ist zwar kein Dorf – so heißt übrigens auch unsere frühere Stammkneipe hier –, doch viele Gesichter kennt man vom täglichen Gang durch die Straßen. Leider mussten viele Menschen wegziehen, auch aus unseren Hinterhäusern, weil die Mietwohnungen in Eigentum umgewandelt wurden.

St. Georg hat sich in all den Jahren also verändert?

Ja, natürlich. Als ich hierher zog, war die Lange Reihe noch ein „Autostrich". Anfangs waren es die älteren Hausfrauen, die dort standen, dann wurden die Mädchen immer jünger. Jetzt hat sich das Geschehen aber Richtung Hansaplatz und Steindamm verlagert. Ein großes Thema im Stadtteil ist Aids, es leben auch viele Schwule hier. Doch die Solidarität ist groß, nicht zuletzt bei den Kirchen.

Der Hinterhof mit der Buche, um die herum sich das Leben in der Langen Reihe 84 abspielt

Sieht man nach all den Jahren nicht über diese Schattenseiten hinweg?

Nein, denn ich gehe immer mit offenen Augen durch den Stadtteil. Und Obdachlose und Junkies am Hauptbahnhof oder die Spritzen auf den Spielplätzen fallen leider auf.

Dennoch leben Sie gern hier …

Ja. Es begegnen sich viele Nationalitäten. Das Bild ist bunt. Es gibt Hochkultur im Schauspielhaus. Nur meine geliebten Kinos sind verschwunden.

mal am Tag ruft der Muezzin. Am *Steindamm* hat der **Rat der islamischen Gemeinschaften in Hamburg e.V.**, „Schura“, seinen Sitz.

„Fast sind wir ein wenig in der Minderheit“, weiß Pastor Kay Kraack von der **ev.-luth. Kirchengemeinde in St. Georg**. Sie zählt rund 2500 Mitglieder, das sind etwas über 20 Prozent der im Stadtteil Lebenden. Dennoch bewegt die Gemeinde viel: „Wir sorgen für Vernetzung, machen oder beteiligen uns an Angeboten wie runden Tischen“, erläutert Kay Kraack weiter, der seit über 15 Jahren hier Seelsorger ist. Intensiver Kontakt besteht zu den anderen Konfessionen im Stadtteil, beispielsweise finden christlich-muslimische Gottesdienste statt. Jugendsozialarbeit, ein Kindertagesheim sowie ein Spielplatzhaus sind tragende Säulen. Auch die beiden Pastoren der **Aidsseelsorge Hamburg**, *Spadenteich 1,* gehören zur St.-Georg-Kirche.

Der Mittelpunkt der Gemeinde am *St. Georgs Kirchhof* aber ist die **Dreieinigkeitskirche**. Im Mittelalter noch Hospitalkapelle, erhielt sie 1627 den Rang einer Pfarrkirche für die Menschen, die vor den Wällen lebten. Der barocke Neubau von Johann Leonhard Prey (1743–47) wurde 1943 zerstört. Das Kirchenschiff enstand 1954–57 als Bau aus Beton und Stahl nach Plänen von H. Graf neu, während der Turm 1959–61 seine barocke Form zurückerhielt.

Erzbistum Hamburg

Charakteristisch sind auch die beiden Türme der kath. Kirche **St. Marien** an der *Danziger Straße*. Der neoromanische Backsteinbau von 1890–93 stammt von Arno Güldenpfennig und war der erste Hamburger Neubau eines kath. Gotteshauses nach der Reformation. Seit dem 7. Januar 1995 ist die Kirche offiziell als Dom nicht nur geistlicher Mittelpunkt der Katholiken im Stadtteil, sondern des neu gegründeten **Erzbistums Hamburg**. Zu ihm gehören außer der Hansestadt selbst auch Schleswig-Holstein sowie der Landesteil Mecklenburg von Mecklenburg-

Im Zentrum des Erzbistums Hamburg steht der Dom St. Marien. Unten: Dr. theol. Ludwig Averkamp ist seit Anfang 1995 Erzbischof

Vorpommern. Damit ist das Bistum von Erzbischof Ludwig Averkamp das flächenmäßig größte in Deutschland. Von den ca. 400 000 Katholiken leben in den **40 kath. Gemeinden Hamburgs** rund 173 000.

Rund um den Dom sind einige kath. Institutionen angesiedelt. So in der *Danziger Straße 66* der 1925 gegründete **Caritasverband für Hamburg e.V.**, der sich unter anderem in der Kinder-, Jugend- und Familienhilfe sowie der Flüchtlings- und Aussiedlerhilfe engagiert. Der Caritasverband ist auch Träger des seit 1997 bestehenden **Freiwilligen Zentrums Hamburg**, *Danziger Straße 62*. Es knüpft als Netzwerk Kontakte zwischen ehrenamtlich engagierten Hamburgern und Hilfesuchenden bzw. sozialen Einrichtungen. In der *Schmilinskystraße* liegen zudem eine kath. Grund- sowie eine Haupt- und Realschule.

In guter Nachbarschaft ist seit 2001 die ev.-luth. Landeskirche mit dem **Sitz des Kirchenkreises Alt-Hamburg** in der *Danziger Straße 15–17* zu Hause.

Freiwilligen Zentrum Hamburg

Das „Freiwilligen Zentrum“ schafft Kontakte zwischen Ehrenamtlichen und Hilfesuchenden

Hamburgs größte Moschee ist die Merkez Camii (= Zentralmoschee) in der Böckmannstraße

Bildungsreich

Die konfessionellen Schulen sind nicht die einzigen im Stadtteil. So gibt es mit der **Schule Norderstraße** eine weitere Grundschule. Die **Heinrich-Wolgast-Schule** in der *Greifswalder Straße* ist eine Grund-, Haupt- und Realschule. Das **Gymnasium Klosterschule** im *Westphalens-*

Die Spielhäuser sind eine wichtige Anlaufstelle für Kinder und Jugendliche – hier das Spielplatzhaus der ev.-luth. Kirchengemeinde

WEITER-BILDUNG HAMBURG E.V.

weg 7 und das **Lohmühlen-Gymnasium** in der *Bülaustraße 30* sind weiterführende Schulen. Eine Besonderheit bietet das **Private Gymnasium Brecht** mit seinen 400 Schülern: Seit dem Schuljahr 2001/02 hat die Schule am *Holzdamm 36/38* **Hamburgs erste Klasse für besonders begabte Kinder**. Schulleiter Klaus Nemitz betont aber: „Dies hat nichts mit Elite zu tun – vielmehr sollen die Kinder entdeckend lernen, ihre Talente gefördert werden."

Die **Staatliche Handelsschule Holzdamm** ist eine Berufsschule mit Schwerpunkt Wirtschaft und Verwaltung, die **Staatliche Handelsschule Berliner Tor**, *Bei der Hauptfeuerwache 1*, ist kaufmännische Berufsschule für Reiseverkehr und Schifffahrtskaufleute sowie höhere Handelsschule.

Stark ist St. Georg, wenn es um Weiter- und Fortbildung geht. So lassen sich am **Staatlichen Abendgymnasium**, *Bülaustraße*, nicht nur das Abitur, sondern an Abendrealschule und Abendhauptschule auch Mittlere Reife und Hauptschulabschluss nachholen.

Beratung in allen Fragen der Weiterbildung geben allen Hamburgern die 18 Mitarbeiter von **Weiterbildung Hamburg e.V.** in der *Langen Reihe 81*. Alle Weiterbildungsangebote in Hamburg und Umgebung sind hier erfragbar, Kontakte werden vermittelt. Zeitgemäßer Schwerpunkt ist seit Herbst 2001 E-Learning auf der MedienEtage mit Selbstlernkursen und Internet.

Nicht zuletzt ist St. Georg auch ein studentischer Stadtteil. Am *Berliner Tor* liegen versammelt nicht weniger als sechs der insgesamt 13 Fachbereiche der **Hochschule für Angewandte Wissenschaften Hamburg**. Dazu gehören die Fachbereiche Maschinenbau und Produktion, Elektrotechnik und Informatik, Fahrzeugtechnik und Flugzeugbau sowie Medientechnik in der *Stiftstraße*. Rund 40 Mio. Euro flossen in Neubauten, in die ab Herbst 2002 die Fachbereiche Bibliothek und Information sowie Wirtschaft einziehen. Auf einem Teil des Fachhochschulgeländes entsteht das neue **Justizzentrum Ost**, in das 2003 das Hamburgische Oberverwaltungsgericht, das Verwaltungsgericht sowie das Finanzgericht Hamburg samt einem neuen Amtsgericht einziehen.

Dicht vernetzt

Kaum ein Stadtteil Hamburgs hat eine solche Vielfalt von Stadtteilkultur, Vereinen, Initiativen und öffentlichen oder privaten Einrichtungen wie St. Georg. Insider schätzen, dass etwa 500 politische, soziale, gemeinnützige, karitative, kirchliche oder gewerkschaftliche Anlaufstellen eine dichte Vernetzung schaffen, wie sie sonst kaum zu finden ist. Dabei stehen traditionsreiche, teils eher konservativere Institutionen neben jüngeren, teils aus basispolitischer oder eigener Initiative entstandenen Vereinen.

Beispiel Bürgerverein und Einwohnerverein: Der 200 Mitglieder starke **Bürgerverein zu St. Georg von 1880 r.V.** fördert die Heimatpflege, „mischt sich aber auch kommunalpolitisch ein, egal, ob in Sachen Verkehr, Sanierung, Drogen

„Gruselige" Projektwochen am Privaten Gymnasium Brecht. Unten: Portale der Hochschule für Angewandte Wissenschaften, früher FH, (links) und des Lohmühlen-Gymnasiums

Der Hansaplatz ist das Zentrum von St. Georg – der Brunnen stammt von 1878, darum das Ensemble von Wohnhäusern aller Bauphasen

oder Prostitution", so der Vorsitzende Helmut Voigtland. Jeden Monat erscheinen die „Blätter aus St. Georg".

„Aus Engagement von Einzelnen von unten", erinnert sich Michael Joho, „entstand vor 15 Jahren der **Einwohnerverein St. Georg von 1987 e.V.**" Dem überwiegend von lokalen Geschäftsleuten getragenen Bürgerverein sollte eine Alternative von deutschen und ausländischen Einwohnern gegenübergestellt werden. Rund 150 Mitglieder hat der Einwohnerverein heute, er mischt sich ein ins öffentliche Geschehen, veranstaltet u.a. die Reihe „St. Georg im Gespräch" und hilft mit Informationen zu St. Georg. Anlaufstelle ist das **Stadtteilbüro** in der *Koppel 32*.

Die anfängliche Gegnerwird immer mehr zur Partnerschaft, und so arbeiten Bürger- und Einwohnerverein heute vielfach gemeinsam für St. Georg, u.a. im **Stadtteilbeirat**.

In den Räumen des Stadtteilbüros in der *Koppel 32* hat auch die **Geschichtswerkstatt St. Georg e.V.** ein Zuhause gefunden. Sie wurde 1990 gegründet, doch gehen ihre Anfänge auf das Jahr 1978 zurück, als engagierte (Hobby-) Historiker die Ausstellung „St. Georg – Vorstadt und Vorurteil" im Museum für Kunst und Gewerbe erarbeiteten. „Hier liegt der Ursprung der Hamburger Geschichtswerkstättenbewegung", erinnert sich Werkstatt-Vorsitzender Michael Joho. Der Verein mit rund 80 Mitgliedern sammelt Material zum Stadtteil, veranstaltet Rundgänge, Klönschnacks mit Zeitzeugen und Ausstellungen.

Noch mehr Initiativen

Eine wichtige Anlaufstelle für die Zusammenführung von Initiativen im Stadtteil ist seit rund 20 Jahren der **Kulturladen St. Georg e.V.** in der *Langen Reihe 111*. Hier können sich Bewohner und die verschiedensten Gruppen treffen, Ausstellungen, Feste, Konzerte und vieles mehr werden veranstaltet. Eine internationale Begegnungsstätte ist die **Ausländerinitiative St. Georg e.V.**, *Lange Reihe 30–32*, mit Angeboten für Frauen, Kinder und Jugendliche und vielem mehr. Die Palette der Kinder- und Jugendeinrichtungen umfasst rund 20 Angebote, die von den Schulen über drei Spielplatzhäuser oder dem Haus der Jugend bis zu Elterninitiativen reicht.

Um obdachlose Kinder am Hauptbahnhof kümmert sich KIDS. Ältere Obdachlose finden Unterstützung bei der **Bahnhofsmission** am *Steintorwall 20* oder

Vielfach aktiv und ein Gesicht im Stadtteil ist Michael Joho, der seit 20 Jahren in St. Georg wohnt. Unten: Logo von „Spitz, pass auf", Zeitschriften von Einwohner- und Bürgerverein

Spitz, pass auf INITIATIVE

Anlaufstelle und Kulturzentrum ist der „Kulturladen“ in der Langen Reihe

in dem **Übernachtungsheim Haus Jona** in der *St. Georgstraße 15*. Freitags gibt es eine Suppenküche bei der Kirchengemeinde in St. Georg.

Menschen ohne Arbeit finden u.a. Rat beim **Verein zur Betreuung von Arbeitslosen und Arbeitslosenselbsthilfegruppen e.V.**, *Besenbinderhof 60*, oder der **Arbeitsloseninitiative arbeitslose Hamburger e.V.** in der *St. Georgstraße 17*.

Weil in St. Georg viele Homosexuelle leben, ist Hamburgs schwuler Info-Laden **Hein und Fiete** hier am *Kleinen Pulverteich 19* richtig. Aidskranke können Hilfe suchen u.a. in der **Aids-Beratungsstelle der Gesundheitsbehörde** am *Lübecker Tordamm 5*, wo sie persönliche und telefonische Beratung erhalten, sowie bei der „Ambulanten Pflegeinitiative St. Georg“ am *Steindamm 39*.

Geteilter Stadtteil

Die Drogenszene in St. Georg hat sich in den letzten zehn Jahren stark verändert. In dieser Zeit wurde der Stadtteil immer mehr zu einem Magneten für junge Drogenabhängige aus Deutschland und Osteuropa. Die aggressivmachende Modedroge Crack löste Heroin ab – das Klima wurde rauer. St. Georg präsentiert sich zweigeteilt: War die *Lange Reihe* noch vor wenigen Jahren „Autostrich“, ist sie nun eine Einkaufsmeile mit vielen Cafés. Zwischen ihr und der Alster kaufen gut Verdienende, Singles oder Paare, vermehrt Eigentumswohnungen. Doch bleiben *Hansaplatz* und *Steindamm* trotz aller Bemühungen Problemzonen.

Viele Anlaufstellen versuchen jedoch, den Betroffenen Hilfe zu geben. Allen voran das **Drob Inn** in der *Kirchenallee*, wo Drogensüchtige medizinische und

Wahlverhalten

... zur Bürgerschaft 2001 (gesamt)

Wahlbeteiligung	71,0%
SPD	**36,5%**
CDU	**26,2%**
Schill-Partei	**19,4%**
Grüne/GAL	**8,6%**
FDP	**5,1%**
Übrige	**4,2%**

... zur Bürgerschaft 2001 (Stadtteil)

Wahlbeteiligung	65,4%
SPD	**37,2%**
CDU	**16,0%**
Schill-Partei	**12,2%**
Grüne/GAL	**20,4%**
FDP	**3,8%**
Übrige	**10,4%**

Stadtteil-Profil

	St. Georg	Bezirk	Hamburg
Bevölkerung gesamt (2000)	10 191	228 060	1 704 929
Unter 18-Jährige in %	9,9	15,9	16,1
65 Jahre und älter in %	12,5	15,0	17,0
Deutsche	6130	167 114	1 432 325
Ausländer in %	39,8	26,7	16,0
Einwohner je km²	5551	2142	2258
Sozialstruktur			
Sozialhilfeempfänger (2000)	801	25 273	120 461
Arbeitslose (2001)	592	12 716	71 963
Eink. je Steuerpfl. in DM (1995)	51 999	53 702	65 579
Wohnen (2001)			
Wohngebäude	517	18 821	226 061
Ein- und Zweifamilienhäuser in %	2,9	8,9	20,5
ø Wohnungsgröße in m²	64,6	62,5	71,0
Wohnfläche je Einwohner in m²	29,7	31,3	35,7
Verkehr			
Private Pkw (2001)	2126	70 503	628 119
Straßenverkehrsunfälle (2000)	267	2790	12 430
Kriminalität			
Straftaten insgesamt (2000)	19 246	82 985	284 272

© Statistisches Landesamt

S wie Steindamm, S wie Sex: Für die einst bevorzugte Adresse ist es noch ein weiter Weg zurück zum alten Renommee, auch wenn internationale Firmen hier ihren Sitz haben (unten)

Ausstiegsberatung zum Verlassen des Abhängigkeitskreislaufs erhalten.

Wichtige Hilfeeinrichtungen für drogenabhängige und sich prostituierende Mädchen und Frauen sind **Ragazza e. V.**, *Stiftstraße 18*, und das **Café Sperrgebiet** in der *Rostocker Straße 4*. Eine Anlauf- und Beratungsstelle für Prostituierte und Stricher ist der **Strich Punkt**, *Brennerstraße 81*. Wenige Hausnummern weiter liegt in der *Brennerstraße 90* auch der landesweit fungierende Zusammenschluss freier und staatlicher Institutionen in der Drogenarbeit, die **Hamburgische Landesstelle gegen Suchtgefahren**.

Das Angebot des **Sportvereins Vorwärts St. Georg e.V.** richtet sich mit Kinderturnen, Gymnastik, Basket- oder Fußball an alle Altersklassen. Der zwanglose Treffpunktcharakter überwiegt, und „weil die Hälfte unserer 220 Mitglieder Kinder sind, ist viel Spaß angesagt“, freut sich die Vorsitzende Heidrun Sperling.

Tendenz steigend

Einst war St. Georg ein Wohnviertel mit Kleingewerbe, Handwerkern und wenigen großen Arbeitgebern. Heute hat sich das Gesicht gewandelt: Lebten früher 40 000 und mehr Menschen hier, während es nur gut 10 000 Arbeitsplätze gab, hat sich diese Zahl längst verkehrt – auf rund 10 000 St. Georger kommen fast 40 000 Jobs. Tendenz steigend. So werden im neuen **Justizzentrum Ost** und rund um das ehemalige Polizeipräsidium am Berliner Tor, das nach Umbau Mittelpunkt des neuen **Berliner-Tor-Centers** mit insgesamt 78 000 m² Bürofläche und 100 Wohnungen ist, weitere neue Jobs entstehen.

Schon jetzt finden sich traditionell starke Unternehmen in St. Georg. Versicherungen wie die „Signal Iduna“ am *Steindamm* haben hier ihren Sitz. Besonders die **Volksfürsorge** ist eng mit dem Stadtteil verbunden. Denn die nun zum internationalen AMB-Konzern gehörende Versicherung hat seit der Gründung 1912 ihren Stammsitz in Hamburg. Über 1000 Mitarbeiter arbeiten im Haupthaus *An der Alster* im Bereich der Lebens-, weitere rund 970 Angestellte im *Besenbinderhof* bei den Sachversicherungen.

Präsent sind im Stadtteil auch einige Weltfirmen. So hat die **Siemens AG** ihre Zweigniederlassung am *Lindenplatz 2*. Seit 1898 ist Hamburg für das Unternehmen ein wichtiger Standort mit einem Umsatz von 430 Millionen Euro (2000). Von den rund 2500 Angestellten in der Hansestadt arbeitet etwa die Hälfte hier am Berliner Tor in Verwaltung bzw. Vertrieb. Produktionen gibt es in Wandsbek und Rothenburgsort. Im Anton-Philips-Haus am *Steindamm 94* hat die seit 1939 in der Hansestadt ansässige Philips GmbH den Sitz ihrer Deutschland-Zentrale sowie den Vertrieb einiger Produktbereiche. Auch Medi-

Der Politiker Carl von Ossietzky lebte einige Jahre in der Schmilinskystraße

Kinderturnen ist eines der vielen Angebote beim Sportverein Vorwärts St. Georg

St. Georg boomt: Kräne bestimmen seit Jahren das Viertel, hier 2001 am ehemaligen Polizeipräsidium, dem Turm des „Berliner-Tor-Centers“

Immer in Bereitschaft sind die Männer der Feuer- und Rettungswache Berliner Tor

zinforschung findet hier statt. Philips ist mit 5500 Mitarbeitern eines der größten Unternehmen Hamburgs.

Markant und bekannt ist das **Gewerkschaftshaus** am *Besenbinderhof* 56–66. Das Haus mit einer Jugendstilfassade entstand in Teilabschnitten 1903–13 als Sitz des „Allgemeinen Deutschen Gewerkschaftsbundes“. Heute sind unter dem Gewerkschaftsdach neben dem Deutschen Gewerkschaftsbund Kreis Hamburg und dem Landesbezirk Nord Gewerkschaften wie ver.di, IG Metall, Nahrung Genuss Gaststätten oder der Weiterbildungsträger Arbeit und Leben e.V. untergebracht.

Ein Dienstleistungszentrum im Stadtteil ist auch das **Arbeitsamt**: In der Verwaltung an der *Kurt-Schumacher-Allee*, im Berufsinformationszentrum und bei der Arbeitsvermittlung in der *Norderstraße 103* sind rund 950 Mitarbeiter beschäftigt. Etwa 210 000 suchen jährlich Rat oder nehmen Leistungen in Anspruch (2000).

Am *Westphalensweg 1* liegt die **Feuer- und Rettungswache 22 Berliner Tor**, oft als „Hauptfeuerwache“ bezeichnet. Neben den 103 Feuerwehrleuten selbst, die mit 13 Fahrzeugen über 17 000 Einsätze im Jahr haben (2000), sind 70 Mitarbeiter in der Verwaltung der Feuerwehr Hamburg tätig.

Das **Allgemeine Krankenhaus St. Georg (AK)** zwischen *Lohmühlenstraße* und *Sechslingspforte* ist das älteste Krankenhaus Hamburgs. Das zeitweise modernste Hospital Europas war ursprünglich 1821–23 ein Entwurf Carl Ludwig Wimmels, den viele Nachfolgebauten abgelöst haben. Das AK St. Georg hat zurzeit etwa 800 Betten und 1893 Mitarbeiter. Im Jahr 2000 wurden etwa 22 000 Kranke stationär und 42 000 ambulant versorgt. Das AK hat ähnlich dem Universitätskrankenhaus Eppendorf (s. Eppendorf) ein Pavillonsystem und ist in Zentren organisiert, in denen verwandte Fachdisziplinen eng zusammenarbeiten.

Verbrauchernah

Auch für alle Rat suchenden Hamburger Verbraucher ist St. Georg die erste Adresse. Das „Haus des Verbraucherschutzes“ in der *Kirchenallee 22* ist seit 1995 Sitz der

Die Verbraucher-Zentrale bietet Rat Suchenden Hilfe zu vielen Themen

Verbraucher-Zentrale Hamburg e.V. Rund 70 Mitarbeiter sind offen für alle Fragen in Sachen Verbraucherinformation. Auch eine juristische Beratung bei Reklamation von Produkten oder Dienstleistungen wird gegeben. Herz der sich zunehmend selbst aus u.a. dem Verkauf von Broschüren und dem Entgelt für telefonische oder persönliche Beratung finanzierenden Institution ist die „Infothek“. Sie informiert zu über 60 Themen. Über 230 000-mal wird das Angebot der Verbraucher-Zentrale jährlich genutzt (1998). Ursprung der Verbraucher-Zentrale, deren Idee sich von Hamburg ausgehend in ganz Westdeutschland durchsetzte, ist der am 5. März 1957 von zwölf Frauen – federführend: Elsbeth Weichmann (1900–88) – im Gewerkschaftshaus gegründete Arbeitskreis für Verbraucherfragen.

Wirtschaftsfaktor Hotel

War St. Georg bis zur Eröffnung des Hauptbahnhofs 1906 nahezu ein reines Wohnquartier, wandelte sich der Stadtteil in den Folgejahren zu einem quirligen Innenstadt- und Vergnügungsviertel. Große Hotels wie das „Atlantic“ (1909) oder der „Reichshof“ (1910) nahmen die Anreisenden in unmittelbarer Nähe zur Station in Empfang. Beide Häuser blicken inzwischen auf eine lange Geschichte zurück – und auch St. Georg ist heute ein Bahnhofsviertel, im positiven wie im negativen Sinn.

Wie viele Hotels und Pensionen es in St. Georg gibt, zeigt erst ein Gang durchs Viertel. Die Hälfte aller Hamburg-Besucher übernachtet hier, hört man oft. Angesichts der großen Zahl von Gasthäusern mag dies stimmen, bestätigen kann sie jedoch weder die Tourismus-Zentrale noch das Statistische Landesamt. Gleich gegenüber vom Bahnhof liegen an der *Kirchenallee* Hotels wie der „Europäische Hof“, der „Reichshof“, der „Norddeutsche Hof“, das „Continental“, das „Hotel Fürst Bismarck“ oder das „Hotel Phönix“. Blick auf die Dreieinigkeitskirche haben kleinere Häuser wie das „Hotel St. Georg“ in der *Kirchenallee 23*. Unweit hiervon liegt etwa der „Aachener Hof“, *St. Georgstraße 10*, am *Steindamm* Häuser wie „Graf Moltke“. Auch an den großen Straßen wie der *Adenauerallee* (z.B. „Hotel St. Raphael“) oder der *Kurt-Schumacher-Allee* entstanden Hotelbauten.

Wer wirklich nobel übernachten möchte, den zieht es an die Alster. Hier stehen Namen wie „Bellevue“ *(An der Alster 14)* und „Prem“ *(An der Alster 9)* für **Wohnen in der Oberklasse**. Beste Adresse seit fast 100 Jahren aber ist das „Hotel Atlantic“, das zur Kempinski-

Auf Tret- oder Segelboot lässt sich die Alster im Sommer besonders gut genießen

Übernachten mit Alsterblick können Hamburgs illustre Gäste seit 100 Jahren im „Hotel Atlantic“. Links im Bild der Turm der Dreieinigkeitskirche

Eines der Viertel mit der größten Hoteldichte in Hamburg ist St. Georg, hier an der Bremer Reihe. Rechts: Inhaber Klaus Henkel im Wohnzimmer der „Pension Köhler“

Gruppe gehört. 1909 als Grandhotel für die Passagiere berühmter Luxusliner eröffnet, wirkten die Neorenaissance-Fassaden der Baufirma Boswau & Knauer schon zur damaligen Zeit nostalgisch. Dem Erfolg tat dies nur gut, Staatsgäste, Stars und Sternchen kehren bis heute gern im 254-Zimmer-Haus *An der Alster 72–79* ein. Fast 300 Mitarbeiter aus 25 Nationen kümmern sich um das Wohl der jährlich fast 50000 Gäste (1999). Unter ihnen ist ein bekannter Dauergast: Altrocker Udo Lindenberg lebt seit 1994 in einer Suite als festem Wohnsitz.

In unmittelbarer Nähe zum Atlantic liegt das neue 5-Sterne-Hotel „Le Meridien“ mit rund 270 Zimmern und Suiten. Das 55 Mio. Euro teure Hotel steht auf dem Gelände der Volksfürsorge Versicherung, die gleichzeitig Bauherr war. Auch **Hamburgs kleinstes Gästehaus** liegt übrigens in St. Georg – nur drei Zimmer hat die von Klaus Henkel geführte „Pension Köhler“ in der *St. Georgstraße 6*

Hohe Verkehrsdichte

Als zentraler Stadtteil ist St. Georg verkehrsreich. Mit Bahn (s.u.), Bus oder eigenem Pkw durchqueren täglich Hunderttausende das Viertel. Auch per U- und S-Bahn sowie verschiedenen HVV-Buslinien ist St. Georg nahezu optimal zu erreichen. Hinzu kommen Busse im Fernverkehr, für die der **Zentrale Omnibusbahnhof** (ZOB) zwischen *Adenauerallee* und *Carl-Legien-Platz* Ziel- und Startpunkt ist. Im Frühjahr 2001 musste der alte ZOB, von dem in Spitzenzeiten 15 Busse pro Stunde abfahren, nach rund 50 Jahren einem rund 15 Mio. Euro teuren Neubau weichen. Ein großes Dach schützt nun die Busreisenden vor Wind und Wetter; sie erreichen von hier die 16 Bussteige für Fern- und vier für den HVV-Verkehr. Die Bauarbeiten dauern bis 2003.

Besonders in den Spitzenzeiten morgens und abends sind *Adenauer-* und *Kurt-Schumacher-Allee* von Autos verstopft. Eine der meistbefahrenen Straßen Hamburgs mit durchschnittlich täglich 75 000 Fahrzeugen ist *An der Alster*. Als belastend empfinden auch viele Anwohner den zunehmenden Verkehr auf der *Langen Reihe*, für die regelmäßig Verkehrsberuhigungen diskutiert werden. Auch eine Alternative zum Individualverkehr ist in St. Georg ansässig: Der 1991 gegründete StattAuto e. V. Hamburg – jetzt **Stattauto Carsharing AG** – hat im *St. Georgs Kirchhof 3* seine Zentrale. 3000 Hamburger teilen sich die 86 Autos.

Wohnen im Wandel

Die Zahlen sind deutlich: Lebten Mitte der 1990er Jahre noch über 13 000 Menschen im Stadtteil, sind es heute nur noch gut 10 000. Dies bedeutet aber nicht, dass St. Georgs Attraktivität als Wohnadresse nachgelassen hätte, im Gegenteil: Besonders das Quartier zwischen *Langer Reihe* und Alster wird bei Hamburgern mit höherem Einkommen immer beliebter. Für Familien mit mehreren Kindern hingegen wird es zusehends schwieriger, bezahlbaren Wohnraum in angemessener Größe zu finden.

Nur Anwohner haben Zugang zum idyllischen Kattenhof. Rechts: Das spätklassizistisch stilisierte Haus von Oberbaudirektor Fritz Schumacher liegt An der Alster

Der Hamburger Hauptbahnhof

Er ist ein Verkehrsknotenpunkt für Fernreisende und Hamburger selbst – rund 700 Fernzüge und 1000 S-Bahnen steuern täglich den Hamburger Hauptbahnhof an und bringen nicht weniger als 400 000 Reisende und Pendler ins Herz der Stadt

Was die Pendler keines Blickes mehr würdigen, beeindruckt Hamburg-Besucher umso mehr: Die **imposante Bahnhofshalle aus Eisen und Glas** – 37 m hoch, 74 m breit und 121 m lang – ist die größte in Deutschland. Vorbild für ihre Konstruktion war die „Galeries des Machines" der Pariser Weltausstellung 1889, die 1910 abgerissen wurde.

Eingeweiht am 5.12.1906 nach einer Bauzeit von vier Jahren, sollte der neue Hauptbahnhof auf städtischem Gelände im alten Wallgraben – weichen mussten die Friedhöfe von St. Jakobi und St. Georg – die Bahnverhältnisse an der Alster verbessern. Denn der Hauptbahnhof fasste die Gleise der Lübecker, der Berliner, der Hannoveraner, aber auch der S- und der Verbindungsbahn zusammen. Sogar ein ausgeschriebenen Wettbewerb gewonnen hatten. Ihren mit **vielen Jugendstilelementen** geplanten Bau mussten sie nach persönlichem Eingreifen durch Kaiser Wilhelm II. („einfach scheußlich") mit Neorenaissanceformen abändern. Ausgeprägt zeigen sich diese in der **Wandelhalle**, die sich nördlich an den Gleisbereich anschließt.

Während letztere bereits Anfang der 1990er Jahre umfassend renoviert wurde und seitdem nicht nur von Reisenden, sondern auch von Hamburgern abends oder sonntags zum Einkauf genutzt wird, begann die Modernisierung der Bahnsteige im Frühjahr 2002. Etwa 15 Millionen Euro investiert die Deutsche Bahn AG. Die Bahnsteige sollen offener und heller werden. Dazu werden neben einer

In der Wandelhalle des Hauptbahnhofs (oben) kann man auch am Wochenende und später am Abend noch einkaufen

Hamburgs zentraler Verkehrsknotenpunkt kommt selten zur Ruhe

Tunnel für die U-Bahn war schon vorgesehen. Damit ersetzte der neue zentrale Umsteigeplatz den Berliner Bahnhof (geschlossen 1903), den Lübecker (1906), den Klostertor- (1906) sowie den ursprünglich Pariser bzw. später Hannoveraner genannten Venloer Bahnhof.

Die Entwürfe zum Bahnhofsgebäude stammten vom Berliner Architektenbüro Reinhardt & Süßenguth, die einen 1901/02 **neuen Beleuchtungsanlage** auch der Bodenbelag teils erneuert sowie die Treppenaufgänge modern gestaltet.

Anschließend soll in einem weiteren Schritt bis 2005 für weitere 15 Millionen Euro auch das Hallendach saniert werden. Ob eines Tages in Bahnhofsnähe der immer mal wieder ins politische Gespräch gebrachte Transrapid Hamburg–Berlin eintrifft, ist offen.

Die Lange Reihe steht für Einkaufsvielfalt: Von Käse über Musikinstrumente bis hin zu fernöstlicher Kleidung reicht die Palette. Daneben gibt es zahlreiche Kneipen und Cafés wie das „Gnosa". Rechts: „Max & Consorten" am Spadenteich 7

Ein Grund: In Teilen von St. Georg liegt die Single-Quote bei über 70 Prozent. Zu Recht wird deshalb über eine „Soziale Erhaltungssatzung" für die *Lange Reihe* nachgedacht, die eine „Yuppisierung" vermeiden helfen soll. Dennoch wird weiterhin Altbau restauriert und in teuren Wohnraum umgewandelt: In der ehemaligen Schule *Koppel 96–98* etwa entstehen teure Lofts – die Bürgerinitiative „Spitz, pass auf" konnte den Verkauf des Gebäudes durch die Stadt nicht verhindern.

In der *Langen Reihe* begann die systematische Bebauung St. Georgs. Sie war Anfang des 18. Jahrhunderts wohl die erste vollständig bebaute Straße hier. Ältestes Gebäude ist ein Fachwerkhaus, das 1623 als Gartenhaus entstand, in der Nr. 61. Darüber hinaus finden sich von Fachwerk- über biedermeierliche Bürger- (Nr. 39) bis zu Kontorhäusern aus den 1910er Jahren (Nr. 29) diverse Baustile. Einige Etagenhäuser liegen zwischen *Langer Reihe* und *Koppel*, z.B. *Koppel 20–26*. Gleich um die Ecke liegen u.a. an *Gurlitt-* und *Schmilinskystraße* schöne Beispiele klassizistischen Wohnens. Das Wohnviertel rund um den *Hansaplatz* entstand in der zweiten Hälfte des 19. Jahrhunderts durch die „Hanseatische Baugesellschaft". Um den *Hansaplatz* als Zentrum – der Brunnen mit der „Hansa"-Figur stammt von 1878 – entstanden in wilhelminischer Zeit 1873–93 repräsentative Etagenhäuser. Ähnlich wie am *Steindamm*, für den sich die **Interessengemeinschaft Steindamm e.V.** einsetzt. Nach den Zerstörungen des Zweiten Weltkriegs entstand hier und in der Umgebung bis in die 1990er Jahre viel sozialer Wohnungsbau.

Ein geradezu ländliches Fachwerkidyll ist der **Kattenhof** (1820–50) in der *St. Georg-Straße 5–7*. Dass St. Georg auch ein Stadtteil für ältere Menschen ist, deutet bereits die *Stiftstraße* an. An ihr liegt die Amalie Sieveking-Stiftung (1839/40); das Hartwig-Hesse-Stift (1824) findet sich in der *Alexanderstraße*, das Pauline-Mariannen-Stift (1873) in der *Brennerstraße*.

Seit Sommer 2001 lockt der Lohmühlenpark mit Spielplatz und Grün die Anwohner

Wasser und Grün

Als zentraler Stadtteil hat St. Georg ein weitgehend urbanes Bild. Ein neues Stück Grün liegt im Herzen von St. Georg zwischen der *Lohmühlen-* und der *Schmilinskystraße*: Der **Lohmühlenpark** wurde nach zwei Jahren Bauzeit 2001 auf Anregung von Lohmühlengymnasium und Anwohnern eingeweiht.

Elefant im Porzellanladen: originelle Werbung in den 1950er Jahren bei „1000 Töpfe" in der Langen Reihe

Weitere große Parks oder Grünflächen fehlen zwar. Dafür ist das Alsterufer ein beliebtes Areal zum Spazierengehen. Hier kann man Boote mieten oder gleich den Segelschein machen in der Segelschule **Pieper** oder bei Kapitän **Prüsse**.

Köpfe

Dezent weist eine Gedenktafel an der *Langen Reihe 71* darauf hin, dass in diesem Haus einer der bekanntesten Hamburger zur Welt kam: **Hans Albers** (1891–1960) wurde in St. Georg geboren, wo sein Vater Wilhelm eine Schlachterei hatte. Dem Jungen war also nicht in die Wiege gelegt, dass er als „blonder Hans mit den blauen Augen" einmal in 500 Bühnenstücken und 176 Filmen zum Volksschauspieler werden würde. Im Neuen Theater in Frankfurt/M. gab Albers 1911 sein Debut. Bald folgten Gastspiele im Schiller-Theater in Altona, in der Flora und im Thalia Theater. Sein großer Durchbruch aber kam mit dem Film „Der blaue Engel" (1929). Albers liegt auf dem Ohlsdorfer Friedhof begraben.

Sein Name ist eng mit Hamburgs Stadtbild verbunden: Der Bremer Architekt **Fritz Schumacher** (1896–1947) hatte seit 1899 in Dresden eine Professur inne, von wo er 1909 an die Alster kam. Bis 1920 schuf er als Baudirektor viele wichtige staatliche Hochbauten sowie den Stadtpark. Schumachers zweite Wirkungsphase begann nach einem Zwischenspiel als Kölner Stadtplaner 1923. Nun Oberbaudirektor, entstanden bis zu seiner Absetzung durch die Nationalsozialisten 1933 neue Konzeptionen zur Gesamtplanung Hamburgs. Zur Bekämpfung der (Klein-)Wohnungsnot in den 1920er Jahren schuf er viele Wohnblocks in Dulsberg, Barmbek-Nord und Winterhude. Kurios: Während Schumacher große Teile der Stadt mit Backsteinhäusern „zupflasterte", ließ er selbst sein Haus *An der Alster 39* mit einer dorischen Säulenfront verzieren.

Den „Engel vom Hauptbahnhof" nennen sie die Obdachlosen, und im Fernsehen wurde sie sogar schon bei „Deutschlands wahre Helden" porträtiert: So viel Lob ist **Ursula Graetsch** ein wenig peinlich. Dabei ist die frühere Süßwarenverkäuferin und Inhaberin einer Kneipe auch als Rentnerin mitunter noch zwölf Stunden am Tag mit Energie und Hilfsbereitschaft unterwegs. Ursula Graetsch „rennt viel", um Spenden zu erbitten. Lebensmittel, Kleidung oder Kinderspielzeug gibt sie als Soforthilfe an Obdachlose am Bahnhof oder in der City, aber auch an Drogenabhängige oder sozial schwache Familien weiter.

Seit 1959 wohnt **Hugo Puls**, der in der *Lindenstraße* geboren ist, schon am *Hansaplatz*. Der gelernte Bonbonmacher gehört zu denen, die im Kleinen Lebensqualität schaffen. Er packt an, wenn es um die Gehwegreinigung geht und pflegt öffentliche Beete. Außerdem beteiligte er sich als Mitstifter eines Preises für Ideen zur Umgestaltung des Hansaplatzes – „damit es weitergeht", fordert Herr Puls.

Der Schauspieler Hans Albers stammte aus St. Georg (links). Oben: Fritz Schumacher, Ursula Graetsch, Hugo Puls

St. Pauli

gilt in aller Welt als Inbegriff von Hamburg schlechthin – Hafennostalgie, Reeperbahn und „Planten un Blomen" sind die Stichworte. Weit hinaus trägt den Namen des Stadtteils der Fußballverein FC St. Pauli. Überregionale Bedeutung hat die Hamburg Messe. Und nicht zuletzt ist St. Pauli auch ein Wohnstadtteil

Steckbrief

Fläche:
2,573 km²

Einwohner:
26 660

Verwaltung:
Bezirk Hamburg-Mitte, Ortsdienststelle St. Pauli

Ortsteile:
108–112

Seinen heutigen Namen erhielt das einst „Hamburger Berg" genannte Gebiet auf Ratsbeschluss 1833. Pate stand die 1682 auf dem Pinnasberg erbaute, heute in Altona gelegene St.-Pauli-Kirche, die 1686 beim Kampf gegen die Dänen und erneut während der französischen Besatzung zerstört wurde.

Aus der Geschichte

Schon seit 1258 gehörte die westlich des alten Hamburg liegende Geesthöhe zum Hoheitsgebiet der Stadt. Sie reichte bis zur *Pepermölenbek* im heutigen Altona. Auf dem Gebiet zwischen dem dortigen Nobistor und dem Hamburger Millerntor setzte im 17. Jahrhundert die Bebauung ein. Es entstanden Wohnhäuser, aber vor allem siedelten sich **Gewerbe** und **Einrichtungen** an, die innerhalb der Umwallung keinen Platz fanden. Dazu gehörten Glashütten, Ölmühlen und besonders die geruchsintensive Tranbrennerei. Oder etwa 1605 der „Pesthof" (ab 1797 „Krankenhof") sowie Friedhöfe, Bordelle und Unterhaltungslokalitäten. Letztere gaben dem Spielbudenplatz schon am Ende des 18. Jahrhunderts den Namen. Wenig später entstand 1805 am Millerntor der erste **Hamburger Trichter**, ein Erfrischungspavillon. 1813 zerstört, wurde er ab 1820 das „Ballhaus Trichter" und als Revuetheater beliebt. Um 1820 bevölkerten bereits 6000 Einwohner den Hamburger Berg, der 1831 „Vorstadt" wurde.

Alter Elbtunnel: Querschnitt um 1930

Dämmerung über der Reeperbahn, noch lange vor halb eins … Rotlicht sorgt nicht nur auf der Fahrbahn für ein kräftiges Farbenmeer

Sprunghafte Entwicklung

An der Hafenseite entstanden ab 1839 die ersten festen Vorläufer der heutigen Landungsbrücken. 1861 folgte ein Fischereihafen mit Fischgroßmarkt. Nach Aufhebung der Torsperre 1860/61 entwickelte sich St. Pauli zum **dicht besiedelten Viertel** und verschmolz nach Einführung der Gewerbefreiheit 1865 nahezu vollständig mit Altona. 1894 wohnten 72 000 Hamburger im Stadtteil.

Im letzten Drittel des 19. Jahrhunderts kam es zu einem wahren Bauboom von Etagenhäusern. Es entstanden fast ausschließlich Kleinwohnungen, besonders auch auf dem Areal des früheren Krankenhofs um die jetzige *Wohlwill-* und *Hein-Hoyer-Straße*. Fürsorgeeinrichtungen konzentrierten sich um den *Paulinenplatz*, in deren Nachbarschaft Salomon Heine bereits 1841–43 in der *Simon-von-Utrecht-Straße* das **Israelitische Krankenhaus** erbaut hatte (heute „Kundenzentrum St. Pauli" des Bezirksamts). Fast zeitgleich mit der umstrittenen Sanierung der *St.-Pauli-Hafenstraße* wurde dieser Bereich des Stadtteils seit den 1980er Jahren im Rahmen des Denkmal- und Ensembleschutzes erneuert.

Das Dutzend besetzter Häuser an der *St.-Pauli-Hafenstraße* und der *Bernhard-Nocht-Straße* sorgte unter dem Begriff **Hafenstraße** fast eineinhalb Jahrzehnte für politischen Zündstoff. 1981 zogen Besetzer in die vom Abriss bedrohten SAGA-Häuser ein und blieben trotz mehrfacher Räumungsbefehle dort wohnen. Die teils renovierten Bauten wurden schnell zu einer Mischung aus Touristenattraktion und politischem Spielball, über den 1988 der damalige Bürgermeister Klaus von Dohnanyi stolperte. Erst 1995 gelang eine Einigung mit den rund 120 Bewohnern, nach der die Häuser zu einem „politischen Preis" an die **Genossenschaft Alternativen am Elbufer** verkauft wurde. „Acht der zwölf Häuser sind inzwischen renoviert, die letzten vier sollen in den kommenden drei Jahren bezugsfertig sein", schildert

Die „wilden Zeiten" im Kampf um die Häuser an der Hafenstraße waren die 1980er Jahre

Bürgergeschichten

„Ob Flut, ob Ebbe – immer zu Nebbe“

Fast vier Jahrzehnte gehörte die Würstchenbude der Familie Nebbe zu den Landungsbrücken wie Barkassen und Ausflugsschiffe. Die langjährige Betreiberin Linda Backendorf, geb. Nebbe, erinnert sich an den Wandel an der Elbe

Bescheiden fing alles an: Gertrud Nebbe 1940 vor der ersten Würstchenbude, die auf Holzpfählen stand

Unsere kleine Würstchenbude lag an den Landungsbrücken, der heutigen „Brücke 2“, damals noch „Hafenthor“ genannt. Alles fing an mit meiner Mutter Gertrud Nebbe, die das Holzhäuschen 1940 pachtete. Bis 1961 stand sie täglich hinterm Tresen, dann habe ich das Geschäft von ihr übernommen.

In den Anfängen während des Krieges standen nur zwei kleine Buden auf den Landungsbrücken, ein Tabakladen und wir. Sie waren vom Strom- und Hafenbau gepachtet und alles andere als ein sicheres Ruhekissen. Denn zur harten Arbeit kam noch, dass sie stündlich kündbar waren. Damals lag die Kaimauer noch sehr tief mit wenigen Barkassen – die Schipper waren gute Kunden bei uns. Während und nach dem Kriege hat meine Mutter für die Hafenarbeiter von Blohm+Voss Erbsensuppe gekocht. Überhaupt war unser Angebot einfach, herzhaft, aber übersichtlich. Es gab eigentlich nur: Würstchen (Hamburger), Rollmopsbrötchen, Käsebrot und Wehrmachtssuppe. Dazu Kakao und natürlich Bier und Brause. Alle fühlten sich wie bei „Muttern“ zu Hause. Manche hatten auch einen fröhlichen Text: „Ob Flut oder Ebbe, heiße Würstchen gibt es nur bei Trudel Nebbe!“

1943 war die kleine Bude gewachsen und standfester. Rechts: Auch Souvenirs gab es dann in den 1970ern zu kaufen

Inzwischen wurde die Kaimauer erhöht, und wir haben eine neue Würstchenbude errichtet. 1961 verstarb meine Mutter, und ich führte den kleinen Laden weiter. Natürlich mit zeitgemäßerem Programm, zu dem dann auch schon die unverzichtbaren Pommes und Bratwurst gehörten. Nebenan entstanden unterdessen ein paar weitere kleine Andenkenläden, wie auf der unten stehenden Postkarte zu sehen ist.

Ein schlimmes Erlebnis war auch für uns das Jahr 1962: Als die große Sturmflut kam, schoss das Hochwasser in den kleinen Laden hinein, trotz der hohen Kaimauer. Aber obwohl wir nasse Füße bekamen, haben wir noch in der selbigen Nacht für die Flüchtlinge aus Wilhelmsburg Erbsensuppe und heißen Kakao gekocht!

Weil die Kaimauer danach und 1970 nochmals erhöht wurde, bauten wir auch zweimal unseren Laden neu. Doch das war damals – heute sieht die Promenade an den Landungsbrücken völlig verändert aus, die vielen Läden kann man kaum noch zählen. Auch unsere Würstchenbude existiert nicht mehr. Ich leitete sie 16 Jahre lang ohne eine einzige Urlaubspause bis 1977, dann wurde verkauft.

Sandra Pöhlmann von den „Alternativen" die Fortschritte. Alle rund 80 Wohnungen sind öffentlich geförderter Wohnraum, die Baukosten betragen insgesamt rund 6,5 Mio. Euro.

Bei allen wechselvollen und zuletzt auch vielen positiven Entwicklungen auf St. Pauli und im Quartier links und rechts der *Reeperbahn* mussten in der jüngeren Stadtteilgeschichte doch zwei schwere Verluste hingenommen werden. So schloss 1997 das legendäre **Hafenkrankenhaus** und Ende der 1990er Jahre be-

Zuschauerraum im St. Pauli-Theater. Links: einst das Israelitische Krankenhaus, jetzt Sitz der Ortsdienststelle

gann das schrittweise Ende der traditionsreichen Bavaria-Brauerei (s.u.).

Bühnen aller Art

St. Pauli – den Stadtteil setzen viele mit dem „Kiez" und seiner Unterhaltungswelt gleich. Doch keineswegs alle **Theater, Kabaretts** und **Musicals** haben eine direkte Verbindung zum Gebiet links und rechts der *Reeperbahn*.

So war das 1841 als „Urania-Theater" mit 1300 Plätzen eröffnete **St. Pauli-Theater** am *Spielbudenplatz* in seinen Anfängen als Konkurrenz zum Hamburger Stadttheater gedacht. Denn die Torsperre erschwerte den St. Paulianern den abendlichen Besuch in Hamburg. Schon 1845 wurde das Haus wegen wirtschaftlicher Probleme in ein „Actien-Theater" umgewandelt, bis es nach Aufhebung der Torsperre dann 1864 der Hotelier Wagner übernahm und zu einer Varietébühne machte. Der erste große Erfolg beim Publikum aber gelang erst 1885 mit der Lokalposse „Familie Eggers". Da war das Haus bereits unter Leitung des jüdischen Schauspielers Ernst Drucker, dessen Name es bis 1941 trug, als es in St. Pauli-Theater umbenannt werden musste. Heute leiten Michael und Thomas Collien das Haus, das nach einigen Jahren Spielpause 1970 von Kurt Collien wieder eröffnet worden war, mit einem Programm aus Kabarett (Dirk Bielefeldt als Polizist Holm ist Kult), Boulevard und Musical. Unvergessen aber sind die Erfolge der 1970er Jahre mit Freddy Quinn als „Der Junge von St. Pauli" und Henry Vahl als „Meister Anecker" oder auch „Zitronenjette" (über 1000 Aufführungen).

Typisch Museum?

Auch an Museen fehlt es St. Pauli nicht. Mag vor allem Besuchern als Erstes das **Erotic Art Museum** einfallen, so ist es doch bei weitem nicht das einzige im Stadtteil. Allerdings eignet sich das seit 1992 existierende Haus am *Nobistor 10a* wegen seiner Nähe zur *Reeperbahn* besonders gut für den Beginn eines Kiez-Bummels. Rund 2000 erotische Aquarelle, Grafiken, Ölgemälde und Skulpturen aus sechs Jahrhunderten und allen Regionen der Welt hat Claus Becker in einer alten Hutfabrik zusammengetragen.

Kurioses gibt es beim Besuch im **Abwasser- und Sielmuseum**, *Bei den St. Pauli-Landungsbrücken 49*, zu entdecken, das nur nach Voranmeldung geöffnet ist. Zu sehen sind Fundstücke, die die Mitarbeiter des Pumpwerks im Lauf von Jahrzehnten aus der Hamburger Kanalisa-

Zeitleiste

1682 Bau der St.-Pauli-Kirche
1813/14 Zerstörung des Hamburger Bergs
1833 Namengebung St. Pauli
1843 Gründung St. Pauli Bürgerverein
1894 Hamburger Stadtteil
1900 Dom auf dem Heiligengeistfeld
1906–10 Bau St. Pauli-Landungsbrücken
1910 Gründung FC St. Pauli
1962 „Beatles" im Star-Club
1990er Jahre Umgestaltung Schlachthof
1996 Abriss Millerntor-Hochhaus
2002 Umgestaltung Spielbudenplatz

tion fischten. Von Gebissen bis zu Unterwäsche, Schuhen, Schubkarren, Fahrrädern und anderem ist fast alles dabei, was nicht ins Abwasser gehört. Fotos dokumentieren die Baugeschichte des 5000 km langen Sielnetzes der Hansestadt.

Vom Kuriosen zum Skurrilen gelangt man in **Harry's Hamburger Hafenbasar**. Lange Jahre in der *Bernhard-Nocht-Straße* daheim, hat der bunte Gemischtwarenladen nun in der *Balduinstraße 18* sein Domizil. Etwa 300 000 kleine und große Merkwürdigkeiten von allen Kontinenten bietet Karin Rosenberg hier feil. Sie ist die Tochter des im Jahr 2000 verstorbenen Harry Rosenberg, der 1954 nach dem Ende seiner Seefahrerzeit einen Laden eröffnete. Masken, Speere, Trommeln und Schrumpfköpfe von überall kann man bei „Harry" bestaunen und erwerben.

In „Harry's Hafenbasar" gibt es viel Kurioses und Merkwürdiges zu sehen. Unten: Zum Hafengeburtstag zeigt sich die grüne „Rickmer Rickmers" von ihrer schönsten Seite

Ein „echtes" Museum ist dagegen das **Hamburger Schulmuseum** in der *Seilerstraße 42*. Mit über 10 000 Exponaten wird hamburgische Schulgeschichte bis in die 1950er Jahre lebendig erzählt. Die Sammlung umfasst alle Unterrichtsfächer und zeigt originalgetreue Klassenräume aus Kaiserreich und Weimarer Republik.

Ein Museum, das zu St. Pauli passt wie kein anderes: Das „Erotic Art Museum" zeigt eine feste Sammlung und Sonderausstellungen

An den Landungsbrücken

Zwei schwimmende Museen liegen gleich bei einer von Hamburgs größten Touristenattraktionen, den St. Pauli-Landungsbrücken: die **Rickmer Rickmers**, eine 1896 erbaute Dreimastbark, und der Stückgutfrachter **Cap San Diego**. Beide sind täglich von 10 bis 18 Uhr zu besichtigen.

Wie diese Schiffe haben auch die **St. Pauli-Landungsbrücken** ihre ursprüngliche Bestimmung fast verloren und sind heute mehr oder weniger nur noch viel fotografierte Touristenattraktion. Vor 100 Jahren dagegen wurden sie dringend benötigt, denn ihre Vorgänger waren als Schiffslandestellen mit ihren hölzernen Zugangs-

Stadtteil-Profil

	St. Pauli	Bezirk	Hamburg
Bevölkerung gesamt (2000)	26 660	228 060	1 704 929
Unter 18-Jährige in %	13,3	15,9	16,1
65 Jahre und älter in %	7,4	15,0	17,0
Deutsche	17 137	167 114	1 432 325
Ausländer in %	35,7	26,7	16,0
Einwohner je km²	10 361	2142	2258
Sozialstruktur			
Sozialhilfeempfänger (2000)	3693	25 273	120 461
Arbeitslose (2001)	1950	12 716	71 963
Eink. je Steuerpfl. in DM (1995)	41 645	53 702	65 579
Wohnen (2001)			
Wohngebäude	1572	18 821	226 061
Ein- und Zweifamilienhäuser in %	2,6	8,9	20,5
Ø Wohnungsgröße in m²	62,7	62,5	71,0
Wohnfläche je Einwohner in m²	30,5	31,3	35,7
Verkehr			
Private Pkw (2001)	5957	70 503	628 119
Straßenverkehrsunfälle (2000)	298	2790	12 430
Kriminalität			
Straftaten insgesamt (2000)	15 077	82 985	284 272

Wahlverhalten

... zur Bürgerschaft 2001 (gesamt)

Wahlbeteiligung	71,0%
SPD	36,5%
CDU	26,2%
Schill-Partei	19,4%
Grüne/GAL	8,6%
FDP	5,1%
Übrige	4,2%

... zur Bürgerschaft 2001 (Stadtteil)

Wahlbeteiligung	62,8%
SPD	35,2%
CDU	10,0%
Schill-Partei	11,0%
Grüne/GAL	27,6%
FDP	1,9%
Übrige	14,3%

Im Schulmuseum wird Unterricht wie früher demonstriert. Oben rechts: In schillernden Farben zeigt sich der Alte Elbtunnel nur selten

brücken und den Pontons für die immer größer und zahlreicher werdenden Dampfschiffe um 1900 hoffnungslos zu klein geworden. Nach Plänen der Architekten Raabe & Wöhlecke entstanden 1906–10 die neuen St. Pauli-Landungsbrücken als „Tor zur Welt" mit Empfangsgebäude, Bogendurchgängen zu den 420 m langen Brückenpontons und dem Ost-Turm mit Uhr sowie Wasserstandsanzeiger als die neue **An- und Ablegestelle für die Barkassen** der Hafenarbeiter sowie Startpunkt für die Unterelbe- und Seebäderschifffahrt.

Neben den beliebten **Hafenrundfahrten** legen hier auch die HADAG-Fähren und die Schnellboote Richtung Stade, Cuxhaven und Helgoland ab. Und über die auf einer Länge von 700 m nach den Zerstörungen des Zweiten Weltkriegs 1953–55 wieder aufgebauten Stahlbetonpontons promenieren Besucher der Hansestadt und Hamburger, angezogen von einer bunten Mischung aus Souvenirläden, Kneipen, Cafés und Restaurants.

Sightseeing- und Verkehrsobjekt in einem ist auch der **Alte Elbtunnel**, mit dessen stadtseitigem Zugang die Anlage der Landungsbrücken im Westen endet. Die erste Flussuntertunnelung Europas sollte als Hafenanbindung die Fähren entlasten, die die steigende Zahl der Werft- und Hafenarbeiter auf die andere Elbseite und in die Häfen brachten. 1907–11 währte der Bau der zwei 448,5 m langen Röhren in 23 m Tiefe zur Elbinsel Steinwerder. Fußgänger, Radfahrer und Pkw gelangen über die historischen Treppen und Aufzüge hinunter.

In der Gewerbeschule Werft und Hafen in der Wohlwillstraße stehen die Schiffe im Mittelpunkt des Interesses

Kirche und Jugend

Neben der kath. Kirche **St. Joseph** an der *Großen Freiheit*, deren Gemeindeleben auch die vielen polnischen Gläubigen mitprägen, findet man in St. Pauli die im Karolinenviertel liegende ev.-luth. **Gnadenkirche** (erbaut 1906/07 in rheinisch-romanischen Formen) sowie die ev.-luth. **Friedenskirche Altona** *Am Brunnenhof.* Der größte Teil des Gemeindebezirks liegt auf Paulianer Gebiet, die meisten der 3600 Gemeindemitglieder wohnen hier. Von Kinder- bis Seniorenarbeit erstreckt sich das Leben der im Stadtteil verankerten Gemeinde. „Gerade bei unserer Jugendarbeit zeigt sich das Profil von St. Pauli: Viele ausländische Heranwachsende sind wie selbstverständlich dabei“, erzählt Pastor Friedrich Brandi-Hinnrichs, der sich neben seinem Beruf u.a. auch für den **Erhalt des Schwimmbades** an der *Budapester Straße* einsetzt. Gewaltprävention einzuüben sei wichtig, Strategien der Konfliktvermeidung einzuüben gehöre zum Alltag; auch etwa 70 Prozent der Kinder im Gemeindekindergarten seien Ausländer. Das ist selbst im ausländerstarken Stadtteil St. Pauli besonders viel.

Das St. Pauli Archiv sammelt alles rund um den Stadtteil, macht Rundgänge und veranstaltet Ausstellungen wie diese zu Frauenschicksalen

Ganz im christlichen Glauben steht auch die Tätigkeit der „Schwestern der Mutter Theresa“ im **Haus Bethlehem** an der *Budapester Straße.* Seit 1990 leben meist vier bis fünf Ordensschwestern in St. Pauli, wo sie unter anderem eine Übernachtungsstätte für wohnungslose Frauen sowie eine Suppenküche für Hilfsbedürftige unterhalten.

Dass gerade die Sozialarbeit mit Jugendlichen in St. Pauli eine hohe Priorität hat, zeigt sich an vielen Stellen im Stadtteil. So gibt es einen **Abenteuerspielplatz** *Am Brunnenhof* und ein Haus der Jugend, *Bei der Schilleroper.* In der *Bartelsstraße* sind das **Freie Kinder- und Stadtteilzentrum** sowie der **Mädchentreff** zu Hause (s. Eimsbüttel). Anlaufstellen der Straßensozialarbeiter findet man in der *Großen Freiheit*, am *Enckeplatz* sowie in der *Feldstraße,* wo Sozialarbeiterin Montserrat Cambra eine Anlaufstelle für Jugendliche ab 14 Jahren geschaffen

Neogotisch zeigt sich die Friedenskirche Altona Am Brunnenhof, barock die katholische St.-Joseph-Kirche in der Großen Freiheit (rechts)

hat, die aus Schanzen-, Karolinenviertel und St. Pauli-Nord kommen: „Familiäre Probleme und Lehrstellensuche sind unsere Haupteinsatzgebiete."

Rund 900 Schüler gibt es, die eine der Schulen im Stadtteil besuchen. Davon sind vier Grundschulen, darunter eine in der *Laeiszstraße,* sowie drei weiterführende Schulen, u. a. das **Wirtschaftsgymnasium St. Pauli** an der *Budapester Straße 58*. Rund um Lehr- und Ausbildungsberufe im Schiffsbereich dreht sich traditionell alles bei der **Staatlichen Gewerbeschule Werft und Hafen (G 7)** in der *Wohlwillstraße 46*. Diese älteste Berufsschule Hamburgs führt ihre Anfänge auf die schon 1870 bestehende St.-Pauli-Gewerbeschule am damals noch Jägerstraße genannten Standort zurück. „Unser Lehrangebot ist in die drei Bereiche Bau und Ausrüstung (Schiffbauer, Konstruktionsmechaniker), Be- und Entladung (z.B. Seegüterkontrolleure) und Festmachen und Fahren (Hafenschiffer, Ewerführer) unterteilt", erklärt Schulleiter Jürgen Rinke.

Viel Engagement

Dass viele St. Paulianer sich für ihren Stadtteil engagieren, zeigt sich auch an einer Vielzahl von Vereinen und Initiativen.

Ehrenamtlich geleitet wird das **St. Pauli Archiv e.V.** in der *Wohlwillstraße 28*. „Wir sammeln alles zum Stadtteil – nur nicht zu den Themen Fußball und Kiez", weiß Gunhild Ohl-Hinz, die seit über zehn Jahren dabei ist. Das Archiv veranstaltet thematische Rundgänge durch St. Pauli, hat einige Veröffentlichungen herausgegeben und Ausstellungen organisiert. Im Abstand von sechs Wochen finden meist im **Nachbarschaftsheim** in der *Silberbergstraße* Erzählnachmittage in der Tradition der „oral history" statt, zu denen auch viele ältere St. Paulianer kommen.

Schräg gegenüber liegt in der *Wohlwillstraße 11* **vor ort**, der **Stadtteilladen St. Pauli Nord e.V.** Hervorgegangen aus dem Armutsbekämpfungsprogramm der Stadt, ist er Anlaufstelle für Vereine und Initiativen. „Damit die Vernetzung im Stadtteil besser wird", hofft Leiterin Gudrun Hammer, die Angebote vom Nachbarschaftsfrühstück bis zu Sozialberatung und Nachhilfeunterricht für Schüler organisiert.

Auch Hamburgs ältester Bürgerverein kommt aus St. Pauli. Der **St. Pauli Bürgerverein von 1843 r.V.** hat heute etwa 350 Mitglieder. Regelmäßig erscheint die „Bürger-Zeitung" mit angegliedertem „Dom-Informationsblatt", denn der „Dom" und die gute Zusammenarbeit mit den Schaustellern ist dem Verein ein Anliegen. Außerdem setzt man sich für die Schaffung eines „Beauftragten für das Ehrenamt" beim Senat ein.

Arbeit im Wandel

Immer schon war St. Pauli ein Stadtteil mit vielen Betrieben, doch nur wenige alte Traditionsfirmen sind geblieben. Szenarien wie in den Höfen an der *Großen Freiheit 70* sind selten geworden: Gleich neben dem In-Restaurant „Weite Welt" wird hier nach alter Art noch Fisch geräuchert – einer der letzten historischen Bauten der Fisch verarbeitenden Industrie in Hamburg. Die einstige **Fischräucherei W. Tollgreve und Co.** gehört heute Helmut Steier, der den 42 m hohen Schornstein des Backsteinbaus in Betrieb hält.

Ein besonders schmerzhafter Verlust der Kiez-Wirtschaft war die Schließung der **Bavaria-St. Pauli-Brauerei GmbH**, deren Anfänge 1647 in Altona lagen. Ende 2000 beschloss die Holsten-Gruppe,

Überragend: Fast 272 m hoch ist der Heinrich-Hertz-Turm, Hamburgs „Tele-Michel"

Links oben: Bauspielplatz Am Brunnenhof. Links: „Die Bürger-Zeitung" ist die Zeitschrift des Bürgervereins

Das Heiligengeistfeld

***Fußball, Fernsehen, Fahrgeschäfte* sind drei Schlagworte, die die Aktivitäten rund um das Heiligengeistfeld bestimmen – und eigentlich geht es dabei in (fast) allen Fällen um die gute Laune der Zuschauer**

Lebkuchengrüße vom viel besuchten Hamburger Dom gibt es dreimal im Jahr

Wo sich heute alles um Unterhaltung dreht, lag einst das ausgedehnte Weideland des **Hospitals zum Heiligen Geist** (s. Poppenbüttel). Also auf dem Areal, dessen Name 1986 durch den „Hamburger Kessel" in alle Medien gelangte, als die Polizei 800 Anti-Atomkraft-Demonstranten bis zu 16 Stunden festhielt. Dreimal jährlich findet hier der „Dom" statt, Norddeutschlands größtes Volksfest.

Feierlich ging es zu, als Kaiser Wilhelm II. anno 1911 St. Pauli besuchte; Franz Tellgmann hielt ihn im Bild fest

Ein Volksfest namens Dom

Er ist ein Vergnügen der Superlative: Der Hamburger Dom ist das größte Volksfest des Nordens und das längste Deutschlands. Rund neun Millionen Besucher insgesamt strömen Jahr für Jahr zum 30-tägigen Frühlingsdom (offiziell „Frühlingsmarkt" genannt), zum Sommerdom (31 Tage; „Hummelfest") und Winterdom (30 Tage; „Dommarkt").

Die Tradition des kurz „Dom" genannten Spektakels ist erstmals für das Jahr 1329 nachgewiesen – **rund um den damaligen Mariendom** fand wohl mehrmals im Jahr ein marktähnliches Treiben von Händlern, Handwerkern, aber auch Gauklern und Quacksalbern statt. Der Name des Ortes ging auf die Veranstaltung selbst über. Nach dem Abbruch der Domkirche (1803–07) fand der Weihnachtsmarkt erstmals auf dem Gänsemarkt statt, behielt aber seinen Namen. Nachdem der Dom ab 1892 auf dem Heiligengeistfeld ausgetragen wurde, übertrug sich der Name auf alle dort stattfindenden Jahrmärkte. Heute ist der Dom eine Mischung aus Alt und Neu: Auf 160 000 m² präsentieren rund 270 Schausteller nostalgische und neue Karussells – das älteste ist seit 1893 dabei!

FC St. Pauli – der „Starclub"

Ein wichtiger Faktor im Stadtteilleben auf St. Pauli ist der gleichnamige Fußballklub. Die Verbundenheit zum Amüsier-

Jedes Heimspiel ist ausverkauft, wenn der FC St. Pauli in der Fußballbundesliga um Punkte ringt. Im Hintergrund steht unübersehbar der Hochbunker

viertel liegt nahe, weil der FC seine Heimspiele mitten im Stadtteil im Millerntor-Stadion auf dem Heiligengeistfeld austrägt. Der FC St. Pauli bildet in Hamburg seit langer Zeit den sportlichen und auch gesellschaftlichen Gegenpol zum Hamburger Sportverein: dort der reiche und mit erfolgreicher Geschichte ausgestattete Großstadtverein, hier der ständig mit wirtschaftlichen Problemen kämpfende, alternativ angehauchte „Kiezklub". Gegründet wurde der FC St. Pauli 1910, stand aber über lange Zeit völlig im Schatten des HSV und erlangte nach Jahren der Zweitklassigkeit mit dem Bundesliga-Aufstieg 1977 erstmals überregionale Beachtung. Seitdem ist beim FC St. Pauli nur der Wechsel konstant: den Aufstiegen 1977, 1988 und 1995 folgten der Abstieg 1978, ein Lizenzentzug mit anschließender Drittklassigkeit 1979 und weitere Abstiege in die 2. Bundesliga 1991 und 1997. Vor allem während der zweiten Bundesligazugehörigkeit ab 1988 entstand der Mythos vom „etwas anderen Verein", dessen Fans in dieser Zeit das aus der Hafenstraßenszene bekannte Totenkopf-Symbol adaptierten.

Mittlerweile ist der FC St. Pauli Kult und dieses Logo offiziell anerkannt und geschützt. Getragen wird der Mythos vor allem durch die berühmt-berüchtigte Atmosphäre im engen, baufälligen Stadion für maximal 20 725 Zuschauer, das allerdings im Frühjahr 2004 dem neuen Komplex „Sport- und Gesundheitspark St. Pauli" mit vergrößertem Stadion weichen wird. Den in Aktionen und Sprechchören kreativen Fans ist es egal, wo und in welcher Klasse (2001 wurde man mal wieder erstklassig) „Pauli" um Punkte kämpft; jedes Heimspiel im „Freudenhaus der Liga" gerät zur „Paadie".

Fernsehen aus dem Bunker

Mächtig überragt wird das Heiligengeistfeld bis heute von einem nahe der *Feldstraße* stehenden 47 m hohen Hochbunker aus dem Zweiten Weltkrieg. Wegen seiner großen Flugabwehrkanonen auf dem Dach war er besonders heftigen Angriffen ausgesetzt.

Etwas südlich davon stand Richtung *Budapester Straße* ein zweiter, etwas kleinerer Bunker. Mitte der 1970er Jahre wurde dieser gesprengt und dann abgetragen. Nach dem Krieg für die zivile Verwendung freigegeben, spielte er beim Aufbau der westdeutschen Medien eine bedeutende Rolle: Aus dem Bunker startete der **Nordwestdeutsche Rundfunk** (NWDR) am 27.11.1950 an drei Tagen in der Woche den Sendebetrieb. Am ersten Weihnachtstag 1952 startete das regelmäßige Programm: Und schon am 26.12. gab es Fußball live – ein Pokalspiel zwischen dem FC St. Pauli und dem Duisburger Verein Hamborn 07, das die Paulianer 3:4 verloren.

Das steinerne Vereinslogo des FC St. Pauli am Millerntorplatz

den verlustreichen Betrieb mit seinen rund 220 Arbeitsplätzen endgültig zu schließen. „Die Marke **Astra** ist Kult, nicht die Bavaria", meinte Holsten-Chef Andreas Rost dazu. Und in der Tat: Seit die neben dem „Ratsherrn Pilsener" be-

Handwerk zum Anfassen: Nur selten dürfen Besucher in die „Astra"-Braukessel blicken. Rechts: Fischverarbeitung in der früheren Fischräucherei W. Tollgreve und Co.

kannteste Marke aus St. Pauli ab 1998 mit einer neuen, derb-witzigen Werbekampagne umworben wurde, vervielfachte sich der Absatz des Bieres. Doch das konnte den kompletten Standort an der *Hopfenstraße* auch nicht retten. Zwar wird es ab Herbst 2002 ein neues, kleineres **Astra Brauhaus** an der Ecke *David-/Hopfenstraße* geben. Doch die Zukunft der übrigen, an den nach 1945 zum „Immobilienkönig von St. Pauli" aufgestiegenen **Willi Bartels** verkauften Gebäude sieht anders aus. Während das Verwaltungsgebäude langfristig vermietet ist, kann das Restaurant „Bavaria Blick" im alten Brauhaus nur noch bis Ende 2002 mit Elbblick locken. Pläne sehen vor, mit Querstraßen über das Gelände bis zur *Bernhard-Nocht-Straße* St. Pauli weiter zur Elbe hin zu öffnen. Willi Bartels, dem neben anderen auch das bekannte „Hotel Hafen Hamburg" an der *Seewartenstraße* gehört: „Außer der Verwaltung müssen die anderen Gebäude weichen. Ich möchte dort 320 Wohnungen und ein 23- oder 24-stöckiges Hotel bauen."

Seit Jahrzehnten eine feste Größe auf St. Pauli ist Immobilienmagnat Willi Bartels, hier vor seinem „Hotel Hafen Hamburg"

Arbeiten für ganz Deutschland

Gleich hinter dem ehemaligen Bavaria-Gelände liegt an der *Bernhard-Nocht-Straße 74* mit dem **Bernhard-Nocht-Institut für Tropenmedizin** (BNI) die älteste und größte Einrichtung für tropenmedizinische Forschung in Deutschland. Das Institut wurde im Jahr 1900 vom damaligen Hamburger Hafenarzt Bernhard Nocht, einem Schüler Robert Kochs, als Forschungsinstitut mit klinischer Abteilung gegründet, um Infektionserkrankungen der Tropen zu erforschen. Diese Aufgabe erfüllt das staatliche

Haus im Wesentlichen bis heute. Besondere Schwerpunkte sind Amöbiasis (Amöbenruhr), Onchocerciasis (Flussblindheit), Malaria und verstärkt auch Aids. Neben der Krankenversorgung spielt auch die Lehre eine wichtige Rolle. In seinen Anfangsjahren bis 1914 war das BNI im **Seemannskrankenhaus** untergebracht. Dann bezog es sein noch heute genutztes und von Fritz Schumacher 1910–14 entworfenes Domizil an der damaligen *Bernhardstraße*.

Dem BNI benachbart liegt in der einstigen „Navigationsschule" (1904/05) die Hamburger Niederlassung des **Deutschen Wetterdienstes**. Nur hier gibt es das „Geschäftsfeld Seeschifffahrt", das u.a. für Berufs- und Sportschifffahrt oder

Elbblick hat das Bernhard-Nocht-Institut. Im Hintergrund das Verwaltungsgebäude der einstigen Bavaria-Brauerei an der Hopfenstraße

die Offshore-Industrie Seewetterberichte und Sturmwarnungen herausgibt. Mitte 2002 konnte das im Volksmund „Seewetteramt“ genannte Institut nach einer umfassenden Renovierung wieder seine Räume beziehen. Der nächste Nachbar ist in der *Bernhard-Nocht-Straße 78* wiederum eine wichtige Bundesbehörde. Das **Bundesamt für Seeschiffahrt und Hydrographie** stattet u. a. als „Flaggenbehörde“ die Schifffahrt mit Dokumenten zum Nachweis des Flaggenführungsrechts aus.

Hamburgs Messe

Bis weit ins Umland strahlt die Zugkraft der **Hamburg Messe** mit ihrem umfassenden Jahresprogramm. Insgesamt hat das Messegelände eine Ausstellungsfläche von 64 200 m², verteilt auf zwölf Hallen und fünf Foyers. Hinzu kommen 8500 m² Außenfläche. Das Programm reicht von Spezialmessen der Hochtechnologie über internationale Fachmessen bis hin zu Verbraucherausstellungen wie der beliebten **Du und Deine Welt**. Weitere Schwerpunkte sind Ausstellungen rund ums Wasser mit der „hanseboot“ und der Fachmesse SMM (Shipbuilding, Machinery & Marine Technology – International Trade Fair). Auch die Bereiche Gastronomie (INTERNORGA), Handwerk, Sport (Hansepferd, Marathon-Sport-Schau) und Touristik („Reisen“) zeigen hier, was sie können.

Pro Jahr zählt die Hamburg Messe rund **eine Million Besucher** und über 8000 Aussteller aus dem In- und Ausland. Gegenwärtig haben die **Hamburg Messe und Congress GmbH** sowie die CCH Gastronomie GmbH zusammen ca. 530 Beschäftigte, weitere 6000 – 8000 Arbeitsplätze in Hamburg und Umgebung sind von der Messe abhängig. Weil das Messegelände bei Großanlässen immer wieder aus allen Nähten zu platzen droht, wird es um zwei neue große Hallen jenseits der *Karolinenstraße* erweitert.

Das Messegelände überragt Hamburgs nach dem Billwerder NDR-Sendemast höchstes Bauwerk: der an der *Lager-/Karolinenstraße* stehende **Heinrich-Hertz-Turm**. Der „Tele-Michel“ – mit Antenne 271,5 m hoch – entstand 1965–69. Die Plattform in 132 m Höhe dreht sich in einer Stunde einmal um 360 Grad.

DU UND DEINE WELT

Bürger und Arbeiter

In St. Pauli ist mancherorts noch die Entwicklung zum heutigen **Wohn- und Gewerbestadtteil** zu erkennen. So findet sich in der *Hein-Hoyer-Straße 44/48* noch ein biedermeierliches Haus aus dem Wiederaufbau um 1820 unweit des *Paulinenplatzes,* um den 1857–60 bürgerliche Häuser entstanden waren. Ein **Reformmodell für Kleinwohnungen** für Arbeiter war die Jägerpassage auf der Ostseite der damaligen *Jäger-* und heutigen *Wohlwillstraße 20–28*. In privater Regie entstanden die Nachbarhäuser 10–18

Mit einem Fahnenmeer empfängt die Hamburg Messe ihre Besucher aus aller Welt

Über „Planten un Blomen“ mit dem Japanischen Garten ragt das Hotel „Radisson SAS“ empor

und bald viele weitere Terrassenanlagen (Wohlwillterrassen 1873/74, Adolphspassage, an der *Bernstorffstraße 160–164*; zu Terrassen s. Hoheluft-Ost). Die Backsteinhäuser nahe der Friedenskirche *Am Brunnenhof* und in der *Brunnenhofstraße* sind Wohnungen des „Altonaer Spar- und Bauvereins“ (um 1900).

Ein Grün für ganz Hamburg

Sein Name hat einen guten Klang weit über Hamburg hinaus: **Planten un Blomen** gilt als einer der schönsten Parks Deutschlands. Die Anlage ist Teil des Grüngürtels im Raum der westlich der Alster gelegenen Wallanlagen. Neben Planten un Blomen (plattdeutsch für „Pflanzen und Blumen“) sind dies der Alte Botanische Garten sowie die Kleinen und die Großen Wallanlagen (s. Neustadt). Offiziell heißt dieser gesamte Komplex seit 1986 Planten un Blomen, doch umfasst der eigentliche Kern nur die ursprünglich 2,5 ha große Fläche zwischen *Karolinenstraße, Tiergartenstraße*, dem 1973 eingeweihten **Congress Centrum Hamburg** (CCH; in 17 Sälen haben hier für Tagungen oder Veranstaltungen bis zu 3000 Menschen Platz, der Hotelturm ist 118 m hoch), *Dag-Hammarskjöld-Platz* und *Jungiusstraße*/ Messegelände. Das Areal wurde 1935 für eine Gartenschau neu gestaltet. Zuvor hatten sich von 1863–1930 hier auf dem Gelände **Friedhöfe** und der **Zoologische Garten** befunden. Weitere Gartenbauausstellungen folgten (IGA, 1953, 1963, 1973). Ab Mitte der 1980er Jahre entstanden zwei Japanische Gärten, ein Kinderspielplatz, ein Apotheker- und ein Rosengarten. Sommer-Attraktionen sind die **Wasserlichtkonzerte** im Großen Parksee, die Wasser- und Tropengärten und mehrere Gaststätten. Im **Musikpavillon** treten häufig Showbands auf.

In Frack und Zylinder präsentierte Hein Köllisch sich seinen Fans (Mitte). Unten: Andrea und Stephan Weber sowie „Impresario“ Corny Littmann

Köpfe

Er war ein Hamburger Junge, und die Lieder des Volksdichters, Komponisten und Sängers sind bis heute populär: **Hein Köllisch** (1857–1901) ist ein St. Paulianer Original. Köllisch kam am heute nach ihm benannten „Paulsplatz“ als Sohn eines Schuhcremefabrikanten zur Welt und lernte Schlosser. Doch die Kunst war stärker: 1892 trat er in Frack und Zylinder erstmals an der *Reeperbahn* mit selbst verfassten Couplets auf. Schnell sang er sich in die Herzen der Hamburger – schon zwei Jahre später eröffnete er mit dem „Köllisch Universum“ am *Spielbudenplatz* ein eigenes Haus. Zwei seiner bekannten Lieder heißen „De Pingsttour“ und „De Reis na Helgoland“. Als Köllisch seine letzte Reise zum Ohlsdorfer Friedhof unternahm, säumten Tausende die Straßen.

Sie gehören zum Bild von St. Pauli, auch wenn man sie nicht immer wahrnimmt: die Heilsarmisten. 1890 kam die Heilsarmee nach Hamburg, seit 1922 liegt in der *Talstraße 13* ihr Stützpunkt. Leiter sind seit 1997 **Andrea** und **Stephan Weber**. Rund 70 Mitglieder hat ihre Gemeinde, zu der Heilssoldaten (= Salutisten), Musiker, Heimbundschwestern und Jugendsoldaten gehören.

Ende der 1980er Jahre begann er auf St. Pauli aktiv zu werden. Heute ist der Name **Corny Littmann** beinahe zu einem Synonym für Unterhaltung auf der *Reeperbahn* geworden. Es begann 1988, als der Kabarettist und Autor das „Schmidt-Theater“ eröffnete. Drei Jahre später folgte „Schmidts Tivoli“. Seither reißen die Erfolge nicht ab: „Marlene Jaschke“ und v.a. die Revuen „Fifty Fifty“, „Sixty Sixty“ oder „Swinging St. Pauli“ wurden zu Publikumsrennern. Stolz ist der „Hamburger Unternehmer des Jahres 1999“, dass seine Häuser ohne Subventionen auskommen.

Karolinenviertel

Kreatives Quartier zwischen Problemen und Neuanfang

Westlich vom Schanzenviertel (s. Eimsbüttel) liegt das Karolinen- oder kurz Karoviertel. Das Quartier zwischen *Feldstraße*, ehemaligem **HEW-Heizkraftwerk Karoline** (erbaut 1895/96, stillgelegt 1989), Heinrich-Hertz-Turm und *Karolinenstraße* geriet in den vergangenen Jahren immer wieder in die Schlagzeilen: Heftig wurde um die Art der Sanierung der meist in der zweiten Hälfte des 19. Jahrhunderts errichteten Wohnhäuser – teils bürgerliche Etagenhäuser, teils Hinterhofanlagen für Arbeiter – gerungen. In der Gegend hatte die Wohnqualität zwar durch den Zentralviehmarkt und Schlachthof schon lange gelitten, aber aus Alteingesessenen, Ausländern und Hausbesetzern hatte sich **das alternative Karoviertel** gebildet. Als die Gegend 1988 zum Sanierungsgebiet erklärt wurde, gab es viel Streit zwischen Anwohnergruppen und Stadtentwicklern. Zwei Jahre später wurde die „Stadtteilerneuerungs- und Stadtentwicklungsges. Hamburg mbH“ (STEG) gegründet, die nun auch die Entwicklung im Karoviertel verantwortet. „Die Sanierung der Häuser ist weit fortgeschritten“, zieht Marianne Heimfarth vom **STEG-Stadtteilbüro Karolinenviertel** Zwischenbilanz: „Aber die soziale Komponente muss noch verbessert werden.“ Doch trotz eines hohen Ausländeranteils und vieler sozial Schwacher unter den rund 6000 Bewohnern ist das Karoviertel keinesfalls einseitig. Im Gegenteil, wie das Beispiel *Marktstraße* zeigt. War sie einst für ihre Trödel- und Antiquitätenläden bekannt, prägt heute eine jüngere Szene das Bild. Auch die vielen schlachthofnah gelegenen Fleischverarbeiter sind verschwunden. Jetzt zieht es kreative Köpfe hierher – 1991 startete die **Agentur Jung von Matt** gleich um die Ecke in der *Glashüttenstraße 38* ihren erfolgreichen „Werbefeldzug“.

Die seit 1998 als Stadtteilzentrum umgenutzte Rinderschlachthalle sehen viele Anwohner nach wie vor als Fremdkörper und „Kommerz-Zentrum“ an. Zwar gibt es dort einen **Stadtteilraum** als Anlaufstelle, der **Sanierungsbeirat** des Karolinenviertels trifft sich hier monatlich, und die **Etage 21** ist lokalen Existenzgründern vorbehalten. Doch über den Kulturbetrieb in der alten Rinderschlachthalle freuen sich nicht alle Anwohner: wegen der schon durch die Messe oft großen Parkplatzprobleme, aber auch aufgrund des Lärms.

Beim Straßenfest ist im Karolinenviertel viel los – hier ein Blick in die bel(i)ebte Marktstraße

Seit über 20 Jahren betreut die Arbeitsgemeinschaft Karolinenviertel e.V. in der früheren Schule Grabenstraße v.a. Jugendliche. Um Hamburger Stadtteilkultur kümmert sich der Landesverband Sozialkultur am Neuen Kamp

Reeperbahn

Hamburgs berühmteste Straße

Ein Quartier, das die Gemüter spaltet: Die einen sehen die „sündige Meile" auch im 21. Jahrhundert noch als Problemviertel, als Sündenpfuhl, mit dem Kernbegriff *Herbertstraße*, der rund 100 m langen Gasse, die an beiden Seiten mit Sichtblenden geschützt und außer von den rund 200 Prostituierten nur von Männern betreten werden darf. Und als Kriminalitätshochburg, in der sich ausländische und einheimische Banden befehden. Für die anderen ist die *Reeperbahn* schlicht „in". Nur hier sei Hamburg wirklich Metropole, hier die kreativen Musik-, Theater- und Musical-Macher daheim. Verschwunden ist dabei jener Hauch von Nostalgie und Wehmut, der noch bis in die 1960er und 70er Jahre so gern betont wurde – eng verknüpft mit dem populären und durch Hans Albers unsterblich gemachten Gassenhauer „Auf der Reeperbahn nachts um halb eins…", der 1911 im **Neuen Operetten Theater** in der Revue „Rund um die Alster" Premiere hatte. Hier steht heute das **Operettenhaus** (1979–81), wo Mitte der 1980er mit „Cats" der Musicalboom in Deutschland begann. Nun ist es Premierentheater.

Die *Reeperbahn* erstreckt sich vom *Millerntorplatz* im Osten bis zur 1949 von Altona zu St. Pauli gekommenen *Großen Freiheit* im Westen. Vor dem **Millerntor**, einst westliches Haupttor Hamburgs, standen schon im 18. Jahrhundert Spielbuden, in denen Zauberer, Marionettenspieler oder Musiker auftraten. Ihren Namen hat die *Reeperbahn* von den Bahnen der Reepschläger. Die Seilmacher nutzten 1626–1883 ein lang gestrecktes Gelände nahe der heutigen *Seilerstraße* zur Fertigung von Schiffstauen (= Reep). Die Bebauung des heutigen Straßenverlaufs begann 1826 an der Nordseite. Das Gesicht von *Spielbudenplatz* und *Reeperbahn* wandelte sich mit dem Wachsen Hamburgs und seines Hafens: Ab 1840 entstanden das **St. Pauli-Theater** (s.o.) und andere Volkstheater; ab 1860 große Bierhallen, Ballhäuser und Musikpaläste. Eine Entwicklung, die die Obrigkeit dazu veranlasste, 1854 die beiden Polizeiwachen „David" und „Paulus" durch die neue **Davidwache** an der Ecke *Spielbudenplatz/Davidstraße* zu ersetzen. Nach 1900 kam die Zeit der Kinos („Knopf's Lichtspielhaus"), ab 1920 die der Stimmungslokale („Zillertal"), Varietés („Alkazar") und

Hinter den Sichtschutz der Herbertstraße dürfen nur Männer schauen

Die erotischen Werbeschilder von Maler Erwin Ross sind über St. Pauli hinaus berühmt-berüchtigt. Rechts: Erna Thomsen gehört mit ihrem „Silbersack" fest zum Kiez

Tanzbars („Café Heinze"). Der Zweite Weltkrieg mit seinen Zerstörungen brachte zwar einen Bruch auf der Amüsiermeile, doch neue Anstöße in den 1950er Jahren setzten auf gehobene Unterhaltung wie mit dem **Café Keese**, ein Tanztreff für Hamburger im besten Alter. Lange Jahre aber stand das – wie andere hier in albanischer Hand befindliche – Haus leer. Auch die Traditionskneipe „Das Herz von St. Pauli" am *Spielbudenplatz* musste 2001 aufgeben, eröffnete dann aber neu.

Waren die 1960er Jahre zunächst verheißungsvoll, setzte bald ein spürbarer Wandel ein. Unvergessen sind große Namen wie der alle überragende **Star-Club** in der *Großen Freiheit 39*: Zwischen 1962–69 machte der Gastronom Manfred Weißleder die früheren „Stern-Lichtspiele" zu einem weltberühmten Musikclub. Hier spielten die noch unbekannten **Beatles**, Größen wie Chuck Berry, Bill Haley oder Fats Domino. Anfang der 1970er Jahre zog René Durands kritisch beäugtes Sex-Theater **Salambo** in den Bau, der 1983 ausbrannte. Alte Reeperbahnfreunde beklagten den Niedergang des Viertels. Ein Grund dafür war das zunehmende Ausbleiben der Seeleute. Außerdem litt der Kiez unter **Nepp an Touristen**. Nicht selten schrieben Wirte Rechnungen „mit der Gabel", also doppelt und überhöht aus. „Nicht zuletzt dagegen wurde 1985 die **Interessengemeinschaft St. Pauli e.V.** (IG) ins Leben gerufen", sagt Kurt Schubert von der IG, die heute etwa 200 Mitglieder hat. „Wir schauten vielen Gewerbetreibenden auf die Finger, schickten Detektive los, wenn sich Gäste konkret beklagten." Angebot und Ruf der *Reeperbahn* besserten sich. Das Operettenhaus, die **Diskothek Docks** oder das **Schmidt-Theater** hoben das Niveau, und 1989 sang Udo Lindenberg: „Reeperbahn – alte Braut / so'n Comeback hätt' ich Dir gar nicht zugetraut."

Ca. **25 Mio. Besucher** kommen jährlich nach St. Pauli – und längst sind auch die Hamburger wieder da, vor allem jüngere. Angesagte Clubs sind das „Absolut" am *Hans-Albers-Platz*

und der Partytempel „Cult" im ehemaligen Sexkabarett „Les Premiers", *Große Freiheit 2*. Wenige Schritte entfernt versucht das „Dollhouse" mit einer Mischung aus Erotik, Table-Dancing und Erlebnisgastronomie den Spagat zwischen Kiez-Kult und Spaßkultur zu schaffen. Wer sich für Revuen, Kabarett oder Komödianten interessiert, der geht ins „St. Pauli-Theater" oder ins „Schmidt-Theater". Aber auch äußerlich wird neue Architektur bis zur *Taubenstraße* die vielen nicht mehr ansehnlichen 1950er-Jahre-Bauten verschönern – auch das des **Panoptikums,** Deutschlands größtes Wachsfigurenkabinett und schon seit 1879 auf St. Pauli, entstand in dieser Zeit – und so für mehr Attraktivität sorgen.

Im Jahr 2001 stellte der Senat 1,7 Mio. Euro zur **Belebung des Spielbudenplatzes** bereit; schon 1997 hatte ein Wettbewerb Gestaltungsvisionen gezeigt. Ein entscheidender Schritt weiter auf dem Weg vom Puff- und Spielautomaten-Milieu hin zum Amüsierviertel mit spannendem Nachtleben.

Stimmung auf St. Pauli: Oben links Partygänger im „Cult"; oben Udo Lindenberg 1972 im „Top Ten"; links ein aktueller Blick in die Große Freiheit, einen der Orte, in die die „Kurschatten" der Kurverwaltung St. Pauli e.V. ihre Gäste führen

Ganz schön verrucht: 100 000 Leser haben die „St. Pauli Nachrichten". Unten: Die Polizisten der Davidwache kennen ihre Pappenheimer

Steilshoop

ist vor allem geprägt von der Großsiedlung aus den 1970er Jahren, an deren Stelle früher Tausende von Kleingärten standen. Wer sich zu Fuß aufmacht, den Stadtteil zu erkunden, wird hinter den Betonmassen des „Affenfelsens“ unvermutet viel Grün entdecken – und einen lebendigen, internationalen Teil der Hansestadt

Steckbrief

Fläche:
2,457 km^2
Einwohner:
19 590
Verwaltung:
Bezirk Wandsbek, Ortsamt Bramfeld
Ortsteil:
516

Die Herkunft des Namens ist nicht gesichert. „Hoop“ ist das niederdeutsche Wort für „Hof“. Die erste Silbe könnte der Name eines hiesigen Bauern gewesen sein.

Aus der Geschichte

Zum ersten Mal Erwähnung fand Steilshoop 1347. Damals verkaufte der Graf von Holstein und Stormarn das kleine Dorf an den Hamburger Ratsherrn **Daniel von Bergen**. Zwar war es damit in vorübergehenden hamburgischen Besitz gelangt, doch fehlte der Schutz der Stadtmauern: Unter den **Fehden**, die der holsteinische Ritter Krummendiek und der lauenburgische Ritter Scharpenberg gegen den Ratsherrn führten, hatte auch Steilshoop zu leiden. Von Bergen erhob Klage gegen die Ritter; über den Ausgang des Verfahrens, das er bis an den päpstlichen Hof trug, ist nichts bekannt. 1775 wohnten in Steilshoop gerade einmal 27 Menschen. Erst gegen Ende des 19. Jahrhunderts setzte mit der Ansiedlung von **Gärtnereien** ein Wandel ein. Seit 1900, vor allem aber nach dem Ersten Weltkrieg entstanden viele **Kleingärten**. Im Zweiten Weltkrieg wurden aus den Saisonunterkünften Dauerheime für ausgebombte Hamburger.

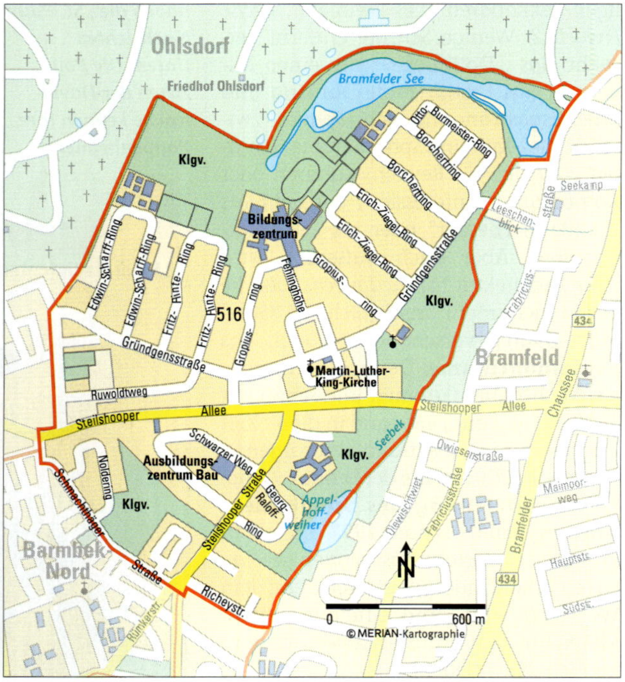

Verwaltungsmäßig gehören **Steilshoop** und **Bramfeld** schon lange zusammen, die Bauern nutzten gemeinsam den Bramfelder See. Nur kirchlich waren sie getrennt: Die Steilshooper gehörten zum Kirchspiel Eppendorf, die Bramfelder gingen nach Bergstedt zur Kirche. Mit dem Bau der Osterkirche in Bramfeld 1907 erhielten die Dörfer ihren eigenen Gemeindebezirk.

Durch das Groß-Hamburg-Gesetz wurde Steilshoop 1937/38 Teil der Hansestadt. In den 1950er Jahren entstanden erste Geschosswohnungsbauten und dann die **Pläne für eine Großsiedlung**, die Kleingärten und Behelfsheime ersetzen sollte. Die frühere Landesgrenze ist ent-

lang der *Schmachthägerstraße* auch heute noch auszumachen: Auf der südlichen Seite stehen die Barmbeker Klinkerblocks, die in den 1920er und 1930er Jahren bis an die Stadtgrenze herangewachsen waren; alle Wohnbauten nördlich der Straße dagegen sind erst nach dem Zweiten Weltkrieg errichtet worden.

Betonierter Kontrast

Eine Villa aus dem 19. und eine Großsiedlung aus dem 20. Jahrhundert: Der Gegensatz der **Steilshooper Architektur** könnte kaum größer sein. Südlich der *Steilshooper Allee*, die es damals noch nicht gab, lag das alte Steilshoop, nördlich davon die landwirtschaftlichen Flächen und seit 1900 zunehmend Kleingärten. Der Dorfplatz befand sich am Nordende der *Steilshooper Straße*. Das letzte Relikt von „Alt-Steilshoop" an der *Steilshooper Straße* ist die vornehme **Villa Beißer**. Die ließ sich der Hamburger Fleischgroßhändler Beißer 1883 erbauen; man kann sich vorstellen, dass sie den Dörflern sehr prachtvoll erschien.

Ende der 1950er Jahre entstanden Pläne für die **Großsiedlung Neu-Steilshoop**. Städtebauliches Leitbild war die aufgelockerte Stadt mit Zeilenbauten und Punkthochhäusern. Doch dann wandelten sich die Vorstellungen der Stadtplaner: Großvolumiger Geschosswohnungsbau mit mehr Wohnungen und deren Verflechtung mit Einkaufsmöglichkeiten kennzeichneten die Entwürfe. Das Prinzip **Urbanität durch Dichte** sollte den monotonen Siedlungsbau der 1950er Jahre ablösen. Dass sie neue Monotonie schufen, wurde Planern und Architekten erst später bewusst.

Die Betonmassen des 14-stöckigen **Affenfelsens** stehen für den Wohnungsbau in überholt monumentalen Dimensionen. Wie eine Burg verbirgt er das Zentrum der Großsiedlung. Städtebaulich gelungener sind die **Wohnringe**. Sie haben weniger Geschosse, und mit den grünen Höfen von der Größe des Hamburger Rathausmarktes sind sie das, was die Bewohner besonders an ihrem Quartier schätzen. Um diese **Oasen** zu entdecken, muss man zu Fuß durch die Höfe spazieren: Jeder sieht anders aus.

Die 20 Wohnringe der Großsiedlung Steilshoop umschließen grüne Höfe, die zu Spiel und Picknick einladen

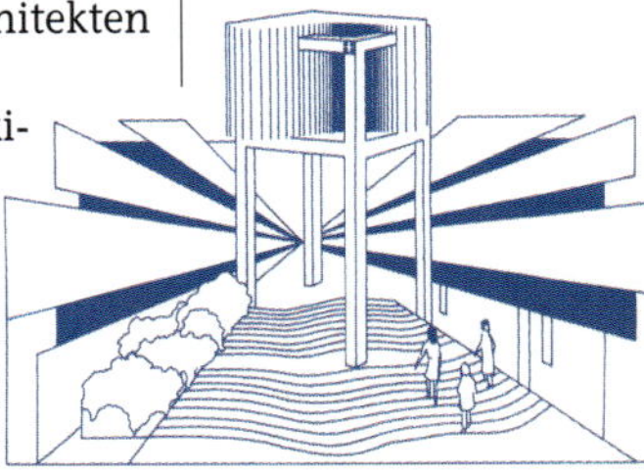

Ungewöhnliche Architektur: der Glockenturm der Martin-Luther-King-Kirche

Wenn die Bäume Blätter tragen, ist die Villa Beißer nicht mehr zu sehen

Markiert die frühere Landesgrenze zwischen Holstein und Hamburg: die Kneipe „Altes Grenzhaus" an der Steilshooper Straße

Beeinträchtigt vom Affenfelsen ist auch die blau gekachelte ev.-luth. **Martin-Luther-King-Kirche**: Nur wenige Monate im Jahr erreichen sie die Sonnenstrahlen. Planerische Fehlentscheidungen setzten sich fort: Wo heute das „City-Center Steilshoop" (CCS) als undefinierbarer Bauklotz steht, war zunächst eine Marktfläche geplant. Dann wurden Einkaufszentren modern, auch Steilshoop musste eines erhalten.

Mit einer durchschnittlichen Größe von 80 m² bei drei Zimmern und mit Grundrissen, die von einer Front zur anderen reichen („Durchwohnen"), lagen die rund 7000 Wohnungen über dem Standard. Doch die Blüte währte nur wenige Jahre; nach 1980 wurde die Großsiedlung durch Leerstände und einen hohen Anteil an Sozialwohnungen zum Problemfall. Um dem Abwärtstrend zu begegnen, wies der Senat die Großsiedlung Anfang der 1990er Jahre als Sanierungsgebiet aus. Über zehn Jahre hinweg erfolgten bauliche und soziale Maßnahmen im Rahmen der **sozialen Stadtteilentwicklung**, die zu einer deutlichen Verbesserung der Situation geführt haben. Trotzdem hat die Großsiedlung weiterhin mit Vorurteilen zu kämpfen – obwohl hier u.a. die Kriminalitätsrate deutlich unter dem Hamburger Durchschnitt liegt und auch Rechtsradikalismus und Ausländerfeindlichkeit – häufig typische Probleme von Großsiedlungen – hier keine Rolle spielen.

In der Aula des Bildungszentrums lässt der Kulturkreis Steilshoop Theater spielen. Unten: Steilshoop groovt – im Haus der Jugend

Hamburg international

Das Stadtteilleben von Steilshoop ist so international wie seine Bewohner. Das zeigt sich besonders beim **Stadtteilfest im September**, wenn das musikalische Programm genauso vielfältig ist wie das gastronomische. Denn Menschen aus **über 30 Nationalitäten** leben hier.

Musik spielt auch im **Haus der Jugend** (HdJ) eine erste Rolle. Im komplett eingerichteten Tonstudio verewigen Hip-Hop-Projekte, Pop- und Rockbands ihre Stücke. 1999 erschien zum 25-jährigen Jubiläum des HdJ eine CD, auf der das **vieltönige Nebeneinander** dokumentiert ist. Zur Musik gehört das Tanzen, und das geht bei der „Teeny-Fete" für die 7- bis 12-Jährigen oder bei der „Black Party" für die 13- bis 18-Jährigen. Wer diesem Alter entwachsen ist, geht vielleicht ins **Jetzt** in der *Gründgensstraße*. Hier finden auch Filmabende und Konzerte statt, und auf der „Warmlaufparty" kann man sich auf eine längere Nacht vorbereiten. Die muss man dann anderenorts fortsetzen, denn bald nach Mitternacht ist in Steilshoop alles vorbei. Am meisten vermissen die Kids ein Kino, denn manchmal ist ihnen ihr Quartier doch etwas zu langweilig.

Neben dem HdJ liegt der Eingang zum **Bildungszentrum Steilshoop** mit seinen zwei Schulen und anderen Einrichtungen. Die größere der beiden ist die Staatliche Handelsschule mit Wirtschaftsgymnasium **H 20**, die von 2000 Vollzeitschülern und Auszubildenden besucht wird. Bestens ausgestattet ist die Schule im EDV-Bereich: In Klassenräumen und Fluren stehen jederzeit Computer zur Verfügung. Zum Unterricht gehört auch das darstellende Spiel; vor kurzem gewann die Theatergruppe mit

Stilistisch breit gefächert geht es auf der CD zu, die 1999 zum 25-jährigen Bestehen des HdJ produziert wurde

Bürgergeschichten

„Unser lebenswertes Weltdorf"

***Angelika Scheer** wohnt mit ihrer Familie in „Neu-Steilshoop", seit die Großsiedlung errichtet wurde. Sie berichtet von vielen Begegnungen und warum sie gern im Stadtteil lebt, dessen Bild von außen oft zu negativ dargestellt wird*

Menschen, die Interessen haben, sich auch unabhängig vom beruflichen Alltag beschäftigen können und Kontakte zu anderen Mitbürgern suchen, werden mir bestätigen, dass die Großsiedlung Steilshoop etwas Dörfliches hat.

Seit 28 Jahren wohnen wir in diesem Stadtteil und haben ihn mit all seinen Stärken und Schwächen lieb gewonnen. Unsere Kinder sind praktisch im Grünen aufgewachsen. Sie wurden beim Spiel nicht durch Abgase und die Gefahren der Straße gestört. Mit wenigen Schritten

waren sie in dem großzügig zum Spielen ausgestalteten Innenhof. Nie war es spielenden Kindern untersagt, die Rasenflächen zu betreten. Ganz im Gegenteil, bei schönem Sommerwetter werden hier Decken ausgebreitet und zum Spielen genutzt. Weiter wird das Bild bereichert, wenn unsere internationalen Nachbarn sich auch auf der Rasenfläche niederlassen und alle häufig auch miteinander sprechen und lachen. Gehen wir in das Einkaufszentrum, laufen wir dauernd Bekannten über den Weg. Da mein Uwe und ich in zahlreichen Initiativen sowie politischen Organisationen aktiv waren und es auch noch sind, kennen wir eben viele Menschen. Um einige Beispiele zu nennen, wären da die Arbeitsgemeinschaft Jugendweihe, an deren Kursen hier im Stadtteil seit 27 Jahren Hunderte junger Menschen teilgenommen haben, und die über viele Jahre bestehende Mietergemeinschaft, die sich um Mängel in den Wohnungen kümmerte, Feste organisierte und auch eine Rechtsberatung anbot. Des Weiteren wurde der Stadtteiltreff Agdaz (Arbeitsgemeinschaft Deutsch-Ausländische Zusammenarbeit) gegründet, ein Verein, der anfänglich nur schwer in das Bewusstsein der Steilshooper rückte, aber doch bis zum jetzigen Zeitpunkt immer mehr an Interesse gewinnt. In diesem Steilshooper Verein werden Neigungskurse wie ein Literaturkurs, Trommeln oder Sprachunterricht angeboten. Es finden hier Länderabende sowie musikalische Frühschoppen statt. Das sind nur einige Beispiele aus dem vielfältigen Angebot.

Solange unsere Kinder zur Schule gingen – beide haben ihr Abitur auf der Gesamtschule gemacht –, haben wir uns über viele Jahre auch an der Elternarbeit beteiligt, als Elternvertreter und im Elternrat der Schule. Auch bei diesen Tätigkeiten haben wir viele Menschen aus aller Herren Länder kennen gelernt, die sich in Steilshoop wohl fühlen. Und das meist harmonische Miteinander macht für uns die lebenswerte Atmosphäre unseres Weltdorfes aus.

Der bekannte Hamburger Bluesmusiker Abi Wallenstein im „Agdaz" und Stadtteilplausch bei Kaffee und Kuchen davor

Zeitleiste

1347 erste Erwähnung

1750–68 Steilshoop im Hamburger Pfandbesitz

1867 Preußische Landgemeinde im Amt Trittau

ab 1900 Kleingartenkolonien

1937/38 Eingemeindung nach Hamburg

ab 1943 Behelfsheime

1967 Steilshoop wird Kirchengemeinde

1969–75 Bau „Neu-Steilshoop"

1991–99 Großsiedlung ist Sanierungsgebiet

einem Stück über das Leben von Flüchtlingen den **Bertini-Preis**.

Die zweite Schule ist die **Gesamtschule Steilshoop**. Auch in dieser Ganztagsschule wird der Umgang mit dem Computer besonders gefördert. Seit zehn Jahren gibt es als besonderes Projekt Betriebspraktika in London, die zum integrierten Bildungsgang der GS und der H 20 gehören. Ebenfalls im Bildungszentrum, das gerade eine gründliche Sanierung hinter sich hat, ist die **Elternschule** aktiv, in der sich alles ums Kind dreht und die dazu beitragen will, „dass Familie gelingt". Unterstützung erfährt sie vom 1994 gegründeten **Elterngremium**, das bei Festen und Ausflügen engagiert zur Seite steht.

dass „eingewanderte Bevölkerungsgruppen stärker am Zusammenleben im Stadtteil teilhaben können", erklärt Pastor Sönke Ullrich. Seit 1999 gibt es jährlich ein **Internationales Essen**, bei dem die Eltern die Gerichte zubereiten, und 2000/01 ist in gemeinsamer Arbeit ein Kalender- und Kochbuch entstanden, das zum besseren Kennenlernen der Menschen und ihrer Kulturen beitragen soll. Im letzten Jahr gab es für die Integrationsarbeit einen Preis. Zur deutsch-ausländischen Begegnung lädt auch der Treffpunkt der **Agdaz** (Arbeitsgemeinschaft Deutsch-Ausländische Zusammenarbeit) ein, der an der *Fehlinghöhe* im selben Gebäude wie die Bücherhalle zu finden ist.

Die fröhlichen Gesichter im Kindergarten am Edwin-Scharff-Ring zeigen die Vielfalt der Nationen, die in der Großsiedlung leben

Für mehr **BISS** im Stadtteil sorgt der so bezeichnete Ableger der Hamburger Volkshochschule an der *Fehlinghöhe*. Immer auf dem Programm stehen kreative, kulinarische und Sprachkurse. Auf Dauer unverzichtbar bleibt der Kurs „Man(n) nehme. Kochen und Backen nur für Männer". Für größere Veranstaltungen steht die Aula des Bildungszentrums zur Verfügung. Genutzt wird sie z.B. vom **Kulturkreis Steilshoop**, der seit 1984 zum Inventar von Steilshoop gehört und seinen 100 Mitgliedern und anderen im Jahr zwölf Veranstaltungen anbietet, darunter Theaterstücke, Konzerte und das Weihnachtsmärchen.

Wie international es schon bei den Kindern losgeht, zeigt der Blick in den Kindergarten der Martin-Luther-King-Kirche. Die Gemeinde will erreichen,

Die *Fehlinghöhe* könnte auch „Straße der Begegnung" heißen, denn hier reihen sich die Treffpunkte dicht an dicht. Eine schon alteingesessene Institution ist das **Haus der Nachbarschaft**; Kaffee, Kuchen und Snacks gibt es im Café gegenüber vom CCS. Nicht nur die Gäste, auch das Personal kommt aus dem Stadtteil, denn das Café wird wie die Mensa des Bildungszentrums von der Abakus GmbH getragen, die damit für den Stadtteil wichtige Arbeitsplätze vorhält. Zwar ist in Steilshoop der Anteil der Jugendlichen besonders hoch, aber mit dem zunehmenden Alter der Großsiedlung wächst auch die Zahl der **Senioren und Seniorinnen**, die sich z.B. in der Seniorengruppe Steilshoop oder im „Treffpunkt Steilshoop" in der Martin-Luther-King-Kirche treffen.

Für sportliche Aktivitäten bieten sich die Vereine mit ihren Anlagen rund um die Großsiedlung an. Dazu gehören der **1. FC Hellbrook** und der **Bramfelder Sportverein**, der seit kurzem das Gelände des aufgelösten „TuS Neu-Steilshoop von 1973" nutzt. Tennis spielt man beim **THC Forsthof** oder auf den Mietplätzen der **City-Tennis-Anlage** am *Hermann-Buck-Weg*. Besonders erfolgreich in ihrem Metier ist die **Gymnastik- und Freizeitgemeinschaft Steilshoop** (GFG). Ihre Jazz- und Modern-Dance-Formationen tragen die Namen von Edelsteinen. Größter Erfolg war der zweite Platz der **Topase** beim Dance-Cup des Deutschen Tanzbundes Ende 2000.

Steilshoop kann noch mit anderen Überraschungen aufwarten, denn wer

würde schon vermuten, dass es das Zuhause des **Deutschen Segler-Verbands** ist? Die Dachorganisation von über 360 deutschen Segelclubs hat an der *Gründgensstraße* ihren Sitz. Der Wassersport-Nachwuchs wird auf dem **Appelhoffweiher** im südlichen Steilshoop ausgebildet: Dort bietet das HdJ Segelkurse für Kinder und Jugendliche an.

Hier wird gebaut

Steilshoop ist kein großer Wirtschaftsstandort. Einige mittelständische Betriebe liegen am *Ruwoldtweg* und entlang der *Steilshooper Allee*, andere an der *Steilshooper Straße*, am *Schwarzen Weg* und am *Hermann-Buck-Weg*, wie z.B. die Firma Leichsenring Aufzüge, deren Schriftzug viele Fahrstuhlfahrer kennen. Von Bedeutung über Hamburg hinaus ist das am *Schwarzen Weg* gelegene **Ausbildungszentrum Bau**, die überbetriebliche Ausbildungsstätte des Hamburger Bauhandwerks. Zum einen findet hier ein Teil der beruflichen Erstausbildung statt, zum anderen gibt es Fortbildungslehrgänge, deren Teilnehmer auch von außerhalb Hamburgs kommen. In mehreren Hallen arbeiten die Auszubildenden, allerdings ohne die Simulation von Regentagen, unter realistischen Bedingungen. An der Ecke *Steilshooper Straße/ Hermann-Buck-Weg* liegt die Firma FTA Film- und Fernsehausstattung. Auf mehreren Stockwerken sind hier **Leihrequisiten** für Theater-, Film- und Fernsehproduktionen gelagert.

Seit Mitte der 1980er Jahre haben in der **Textilnäherei** im *Edwin-Scharff-Ring* viele Steilshooperinnen, die aus familiären Gründen auf einen wohnungsnahen Arbeitsplatz angewiesen sind, Beschäftigung gefunden. Getragen wird sie von der Martin-Luther-King-Gemeinde.

In öffentlicher Trägerschaft steht der Reno-Werkhof mit seiner **Renovierungskolonne**, die 75 Arbeits- und Ausbildungsplätze für junge Arbeitslose bietet.

AUSBILDUNGSZENTRUM-BAU BAU IN HAMBURG GMBH

Das verbindet man im Allgemeinen nicht mit Steilshoop: ein Segelkurs des HdJ mit „Optis" auf dem Appelhoffweiher.
Unten: der „Forsthof" am Bramfelder See – einst Ausflugsziel für Hamburger

Links: Da glänzen sie wieder. Eine der nach Edelsteinen benannten Formationen der GFG.
Unten: Der 1. FC Hellbrook hat seinen Sportplatz am Edwin-Scharff-Ring

1 F C HELLBROOK

Ob eine Bahn je fahren wird?

Das große Verkehrsthema ist seit dem Bau der Großsiedlung in den 1970er Jahren der versprochene, aber nie realisierte U-Bahn-Anschluss. Lediglich Busse fahren den Stadtteil an und verbinden ihn mit Barmbek, Bramfeld, Ohlsdorf und Winterhude. Bis zum Herbst 2001 gab es neue Hoffnung; dann aber brachte der Senatswechsel das Aus für das eingeleitete Planfeststellungsverfahren zum Bau einer **Stadtbahn**. Mit ihr hätte Steilshoop in wenigen Jahren endlich eine Schienenanbindung erhalten. Nun sind die Zeichnungen, auf denen die Stadtbahn futuristisch durch die Großsiedlung bis zur Endstation *Leeschenblick*, gleitet, schon wieder Geschichte.

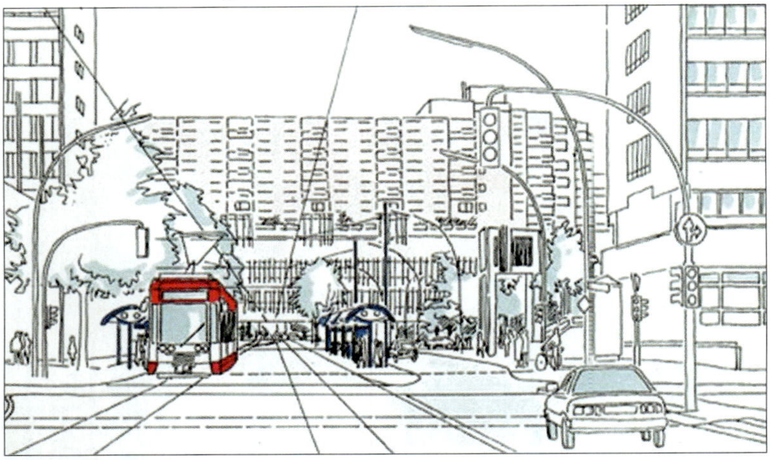

So hätte es in einigen Jahren aussehen können: Eine Stadtbahn gleitet durch die Gründgensstraße

20 Ringe und ein Blankenese

Neben den grünen Innenhöfen trägt zur Wohnqualität der Großsiedlung bei, dass Durchgangsverkehr fehlt: Die Blocks werden durch **Ringstraßen** erschlossen. Während in den zentralen Ringen große gemeinnützige Wohnungsbaugesellschaften Eigentümer sind, sind es in den äußeren mehr Genossenschaften und kleinere private Vermieter. Rund 75 Prozent der Wohnungen sind Sozialwohnungen ohne Fehlbelegungsabgabe. Als wirksames Mittel bei der Verbesserung der Wohnqualität hat sich auch in Steilshoop die Einrichtung von **Hausmeisterlogen** erwiesen. Viele Wohnungen sind durch barrierefreie Zugänge behindertengerecht zugänglich; dementsprechend liegt die Zahl der Rollstuhlfahrer über dem Hamburger Durchschnitt. Die Wohnungen eines Ringes am nordöstlichen Ende der Siedlung sind in den letzten Jahren umgewandelt worden zu Eigentumswohnungen, um so mehr Bewohner fest an den Stadtteil zu binden. Wie erhofft haben viele „Alteingesessene" den Schritt von der Miet- zur Eigentumswohnung gemacht. Zwischen der Großsiedlung und dem Bramfelder See schließlich liegen noch einige Straßenzüge mit Einfamilienhäusern – das nah am Wasser gelegene **Blankenese von Steilshoop**.

Für ein Einkaufszentrum wirkt das **CCS** von außen unscheinbar. Auch das ist wohl ein Grund dafür, dass die 60 Fachgeschäfte vor allem der Eigenversorgung der Steilshooper dienen. Trotz kostenloser Parkplätze kommen Auswärtige kaum hierher. Seit der Gründung im Jahr 1974 dabei ist die Familie Lempfert mit ihrem Tabak- und Zeitschriftenladen. Vor dem CCS ist zweimal in der Woche **Markttag**.

Südlich der *Steilshooper Allee* findet sich das ganze Spektrum des Geschosswohnungsbaus der 1950er bis 1970er Jahre mit einigen eingestreuten Geschäften. Das Nachkriegs-Leitbild der aufgelockerten Stadt ist hier noch deutlich zu erkennen, vor allem am *Georg-Raloff-Ring* und an der *Allerskehre.*

Die Einkaufsziele des Stadtteils: der Wochenmarkt unter Platanen und das City-Center Steilshoop

Gäste im Grünen

Das Luftbild macht es deutlich: Steilshoop ist trotz – oder wegen? – der Großsiedlung ein grüner Stadtteil. Fast gänzlich umgibt ihn eine begehbare **grüne Grenze**. Von Barmbek-Nord an führt ein Weg die **See-**

bek entlang, die gleichzeitig die Grenze zu Bramfeld bildet. Südlich der *Steilshooper Allee* ist der Bach aufgestaut zum **Appelhoffweiher**. Nördlich davon führt der Weg bis zum **Bramfelder See**. Der gehört von den Verwaltungsgrenzen her seit einigen Jahrzehnten gänzlich zu Steilshoop, auch wenn dies in Bramfeld immer noch ungläubiges Erstaunen hervorruft. Ein von Joggern und Spaziergängern viel genutzter Weg führt um den See herum. Seit einigen Jahren hat er außer den Fischen, mit denen ihn der Sportfischerverein Elbe jedes Jahr besetzt, auch noch andere **tierische Gäste**: Auf einer Insel im See fühlt sich eine Kolonie von Graureihern äußerst wohl, denn jedes Jahr werden es mehr. Und manchmal sieht man sogar Schildkröten!

Köpfe

Sie sorgt stets für gute Nachbarschaft: **Elly Ebbers** ist die gute Seele im „Haus der Nachbarschaft" an der *Fehlinghöhe*. Als 1986 die Sanierung der Großsiedlung begann, arbeitete die Altenpflegerin und Mutter von fünf Kindern im Koordinierungsausschuss Sanierung mit: Sie wollte nicht, dass nur Politiker und Sozialarbeiter Entscheidungen über „ihren" Stadtteil trafen. Ihr Engagement versteht sie auch als Werbung und Imagepflege für Steilshoop.

Die Internationalität des Stadtteils spiegelt sich in der Biographie von **Abdullah Daglioglu**, der seit elf Jahren hier wohnt. Geboren in Österreich, die Eltern türkisch, Muttersprache arabisch, Glaube christlich-orthodox. An der „H 20" war er dreimal Schulsprecher und wirkte im Theaterstück mit, das mit dem Bertini-Preis ausgezeichnet wurde. An seinem Stadtteil schätzt er die Menschlichkeit und Herzlichkeit, mit der sich die Menschen aus den viel Nationen begegnen – ohne Ansehen des sozialen Status.

Elly Ebbers: immer im Einsatz für ihren Stadtteil. So international wie Steilshoop: Abdullah Daglioglu. Links oben: gute Aussichten am Bramfelder See

Stadtteil-Profil

	Steilshoop	Bezirk	Hamburg
Bevölkerung gesamt (2000)	19 590	405 173	1 704 929
Unter 18-Jährige in %	20,2	17,1	16,1
65 Jahre und älter in %	12,9	18,8	17,0
Deutsche	16 083	359 918	1 432 325
Ausländer in %	17,9	11,2	16,0
Einwohner je km²	7973	2742	2258
Sozialstruktur			
Sozialhilfeempfänger (2000)	2221	25 017	120 461
Arbeitslose (2001)	968	14 222	71 963
Eink. je Steuerpfl. in DM (1995)	55 063	70 631	65 579
Wohnen (2001)			
Wohngebäude	963	68 964	226 061
Ein- und Zweifamilienhäuser in %	4,1	31,4	20,5
Ø Wohnungsgröße in m²	72,7	77,1	71,0
Wohnfläche je Einwohner in m²	32,0	37,0	35,7
Verkehr			
Private Pkw (2001)	7026	166 212	628 119
Straßenverkehrsunfälle (2000)	64	2255	12 430
Kriminalität			
Straftaten insgesamt (2000)	2213	41 067	284 272

© Statistisches Landesamt

Wahlverhalten

... zur Bürgerschaft 2001 (gesamt)

Wahlbeteiligung	71,0%
SPD	**36,5%**
CDU	**26,2%**
Schill-Partei	**19,4%**
Grüne/GAL	**8,6%**
FDP	**5,1%**
Übrige	**4,2%**

... zur Bürgerschaft 2001 (Stadtteil)

Wahlbeteiligung	66,0%
SPD	**45,2%**
CDU	**19,3%**
Schill-Partei	**23,4%**
Grüne/GAL	**4,7%**
FDP	**2,9%**
Übrige	**4,5%**

Steinwerder

besteht zur Hälfte aus Wasser. Hafenbecken, Brücken und Schleusen gliedern den Stadtteil, der aus einigen Elbinseln zusammengewachsen ist. Die Großwerft Blohm + Voss arbeitet schon seit 1877 auf Steinwerder. Erst seit einigen Jahren zieht das gelbe Musicalzelt Touristen und Hamburger von St. Pauli aus über die Elbe

Steckbrief

Fläche:
7,817 km²
Einwohner:
50
Verwaltung:
Bezirk Hamburg-Mitte, Ortsamt Veddel-Rothenburgsort
Ortsteil:
137

Ein Werder ist eine Flussinsel. Der erste Namensteil geht auf den Großen Brand von 1842 zurück: Schon seit 1838 erhöhte man die gegenüber von St. Pauli liegende, unbewohnte Elbinsel **Nordersand** durch Sandaufschüttungen, um Flächen für Hafen- und Industriezwecke zu gewinnen. Nach dem Großen Brand hatte man Berge von anderen Materialien: Die Schuttmassen der vernichteten Häuser wurden auf den Nordersand verbracht, für den sich schon 1843 der Name Steinwerder festigte.

Aus der Geschichte

Der heutige Stadtteil Steinwerder umfasst das Gebiet einer Reihe von Elbinseln, deren Größe und Lage sich im Laufe der Geschichte durch Strömung, Sturmfluten und Baumaßnahmen ständig veränderte. Bis ins 14. Jahrhundert gehörten sie zu der großen, von Sturmfluten zerrissenen Insel **Gorieswerder** (s. Veddel). Als erste Örtlichkeit im Gebiet des späteren Steinwerder wurde 1338 der **Grevenhof** erwähnt, der den holsteinischen Grafen gehörte und nach ihnen seinen Namen erhielt. Als Pachthof bestand er bis 1888.

Der Nordersand kam 1768 mit dem Gottorper Vergleich an Hamburg. Auf südlich von ihm gelegenen Inseln bestanden bis 1906 die Pachthöfe **Ellerholz** und **Roß**, die vor allem Milch- und Viehwirtschaft betrieben; Straßen- und Schleusennamen erinnern noch heute an sie.

Nach der Aufhöhung des Steinwerders entstanden erste Schiffbauplätze, 1851 ging das erste Trockendock in Betrieb. Andere Industrie und Unterneh-

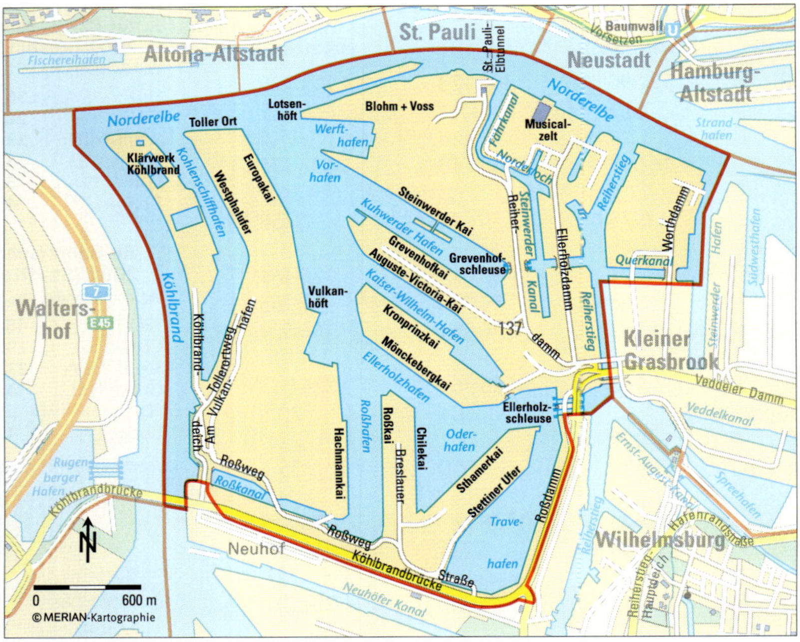

Für Arbeiten an ganz dicken Pötten dient Dock Elbe 17 – die Visitenkarte der Werft an der Elbe

men und mit ihnen zunehmend Bewohner folgten den Werften. 1862 eröffnete die erste Seemanns- und 1865 eine Volksschule. Seit Mitte der 1850er Jahre gab es private Badeplätze, 1864 übernahm die Stadt die Regie und eröffnete eine **Herrenbadeanstalt** am Elbufer – für 1900 vermerkte die Statistik für sie 357 400 Besucher. Im Fährkanal gab es bis 1912 die **Heinesche Frauenbadeanstalt**. Die Zahl der Einwohner wuchs bis 1887, als Steinwerder als Wohnstätte aufgehoben und Teil des Freihafens wurde, auf über 4000 an; heute gibt es nur noch 50 „Steinwerderaner".

Container & Cons.

Industrie, Gewerbe und Handel nehmen den Großteil Steinwerders ein; an der *Ellerholzbrücke*, dem Verkehrsknoten im Stadtteil, lässt sich die ständige Betriebsamkeit beobachten. Dem Umschlag dienen vor allem die Kaistrecken im Süden und Westen Steinwerders. Einige alte Hafenbecken wie der Vulkanhafen sind schon zugeschüttet worden, um mehr Flächen für Container und Lagerhäuser zu gewinnen; auch Oder- und Kohlenschiffhafen verschwinden noch. Zu den großen Betrieben entlang der Kais gehören z.B. der **Container-Terminal Tollerort**, eine Tochter der HHLA (s. Hamburg-Altstadt), mehrere Allroundbetriebe für Umschlag und Lagerung oder die Experten für den Umschlag von Kaffee, Kakao und Tee wie **Eichholtz & Cons.**, **Wilh. Meyer & Cons.**, **H. D. Cotterell** und der **Coffee Terminal Hamburg**. Eng mit der Schifffahrt sind auch viele der Firmen im Nordwesten Steinwerders verbunden: **Heinrich Homeyer** z.B. ist Spezialist für Schiffselektrik, **Gall und Seitz** reparieren seit 1888 Schiffe, die **Norderwerft** am *Ellerholzdamm* ist neben Blohm+Voss die zweite Werft auf Steinwerder, und die Quartiersleute **Cords & Consort** sind seit 1857 tätig. Unter Wasser kennen sich die Männer von

1862 begann der Unterricht in der ersten deutschen Seemannsschule. Lithografie von Wilhelm Heuer, 1863

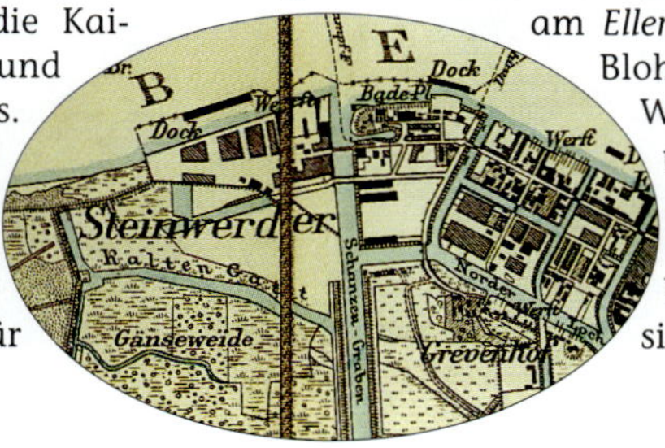

Steinwerder 1881: Pachtgut Grevenhof, Werften und Badeanstalt liegen dicht beieinander

Glänzende Hüllen: die „Fauleier" am Köhlbrandhöft

Werbung antik und maritim – der Homeyer-Dampfer

Zeitleiste

1338 Grevenhof erstmals erwähnt
1768 Elbinseln an Hamburg
ab 1836 Aufhöhung des Nordersands, seit **1842** mit Trümmern vom Großen Brand
1862–89 Seemannsschule
1877 Gründung Blohm+Voss
1887 Umsiedlung der meisten Bewohner
1894 Stadtteil
1906 Pachthöfe Ellerholz und Roß aufgehoben
1911 St.-Pauli-Elbtunnel
1996 Musicalzelt errichtet

Taucher Flint besonders gut aus; der tragische Tod von Jan Flint im November 2001 zeigte, dass der Hafen auch für gestandene Hafenmenschen ein gefährliches Arbeitsumfeld sein kann.

Mit dem Ende 2001 in einem alten Blohm+Voss-Lagerhaus eröffneten Medienzentrum **Elbdock** bereichern seit kurzem auch die „neuen Medien" das Wirtschaftsleben auf Steinwerder.

Auf dem Wasser, unter Wasser

Für ganz Hamburg von Bedeutung sind die markanten Fauleier des **Klärwerks Köhlbrandhöft**. Durch 5300 km Siele erreichen täglich 400 000 m³ Abwasser die alufarbenen Kuppeln, wo das schmutzige Wasser vorgereinigt wird. Anschließend unterquert es in 80 m Tiefe den **Köhlbrand**, um nach 2,3 km im Klärwerk Dradenau anzukommen (s. Waltershof).

Während das Abwasser nur in eine Richtung fließt, ändert das Elbwasser mit dem Tidenwechsel die Fließrichtung. Aus diesem Grund gibt es mehrere dem **Strom- und Hafenbau** unterstehende **Sperrschleusen**, die die Strömungsgeschwindigkeit in den Hafenbecken herabsetzen. Vom Leitstand der Ellerholzschleuse aus lassen sich künftig auch die Reiherstiegschleuse sowie die Rugenberger Schleusen (Waltershof) per Mausklick steuern. Neben dem von Schleppern und Schuten erzeugten inneren Hafenverkehr bedeuten vor allem die Hafenrundfahrten Arbeit: An Pfingsten sorgen 300 pro Tag dafür, dass die Tore der Ellerholzschleuse kaum stillstehen. Ebenfalls zu den Dienststellen von Strom- und Hafenbau gehört der **St.-Pauli-Elbtunnel**, dessen Betrieb von Steinwerder aus geführt wird. Betriebsleiter Dieter Kausch und seine Mitarbeiter haben alle Hände voll zu tun: Bis zum 100. Geburtstag des Tunnels im Jahr 2011 muss dessen seit 1994 laufende Sanierung abgeschlossen sein. Das Schachtgebäude Steinwerder, das sich bis zur Zerstörung im Zweiten Weltkrieg genauso schön wie sein Gegenüber zeigte, wird bis 2004 technisch überholt.

Für Sicherheit im Hafen sorgen die Beamten des **Wasserschutzpolizei-Kommissariats 2** an der Ellerholzschleuse, für Sicherheit im größeren Maßstab sind die Angehörigen des **Marinestützpunktkommandos** am *Reiherdamm* mitverantwortlich.

Steinwerders Tierleben

Seit 1996 ist Steinwerder Kulturstandort: Damals wuchs das leuchtend gelbe, über 5000 m² große und 20 m hohe **Musicalzelt** auf dem Gelände der einstigen Stülckenwerft empor. Fünf Jahre lang schlug „Buddy Holly" in die Saiten; Ende 2001 hob sich der Vorhang für Disneys „König der Löwen". Die Anreise der Zuschauer erfolgt durch die Hafenlandschaft

Blickfang: das Musicalzelt auf Steinwerder

B+V – Schiffe aus Steinwerder

Steinwerder war seit Mitte des 19. Jahrhunderts von vielen Werften geprägt. Nur Blohm + Voss hat als Großwerft den Strukturwandel im Schiffbau überlebt

Einen prominenteren Standort kann sich ein Hamburger Unternehmen nicht wünschen: Unverbaubar ist der Blick auf die Traditionswerft, auf das Trockendock „Elbe 17", mit fast 350 m Länge das größte Dock der Werft, und die elbseitigen Schwimmdocks 10 und 11.

Der Lübecker Kaufmannssohn und Ingenieur Hermann Blohm und der Maschinenbauingenieur Ernst Voss hatten sich 1877 zusammengetan, um die erste industriell arbeitende Werft Deutschlands zu errichten. 1879 liefen die ersten Schiffe vom Stapel; drei Jahrzehnte später baute B+V mit den Passagierdampfern „Vaterland" und „Bismarck" die größten Schiffe der Welt. 1930 errang die legendär schöne „Europa" das Blaue Band für die schnellste Atlantiküberquerung. Eine zweite „Bismarck" lief 1939 vom Helgen: Das gewaltige Schlachtschiff markierte einen Höhe- und Endpunkt im Marineschiffbau.

Außer B+V hat auf Steinwerder nur die Norderwerft, die heute als Reparaturwerft zur Sietas-Werft in Neuenfelde gehört, die Schiffbaukrise seit den 1970er Jahren überlebt. Die Stülckenwerft übernahm B+V schon 1966, die HDW-Werft am Reiherstieg wurde 1983 stillgelegt, die HDW-Werft auf dem Roß übernahm B+V 1985 und legte sie 1988 still. B+V, seit 1995 unter dem Dach des ThyssenKrupp-Konzerns tätig, hat durch Spezialisierung und Diversifikation überlebt. Früher zusammengehörende Unternehmensbereiche sind heute als selbstständige Gesellschaften tätig: als Neubauwerft „Blohm + Voss", als Reparaturwerft „Blohm + Voss Repair" sowie als „Blohm + Voss Industrietechnik".

Die beiden Werftbereiche beschäftigen zusammen 1500 Menschen; 1970 waren es noch 7800. Die Docks im Kuhwerder Hafen, wo die vormontierten Bauteile zusammengesetzt werden, bilden das Herzstück des Schiffbaus: Die Platzierung von Material und Werkstätten auf den überdachten Schwimmdocks sorgt für kurze Bauzeiten. Als neues Fertigungswerkzeug im Stahlbau ging 2001 die weltweit erste Laserschweiß- und Schneidanlage in Betrieb; mit ihr können dünnere und damit leichtere Stahlplatten schnell und präzise geschnitten werden. Neben der Konstruktion von Fregatten und Korvetten für die deutsche Marine und andere Flotten bilden der Bau von schnellen Fracht-, Fähr- und Kreuzfahrtschiffen sowie von Megayachten die Standbeine der Werft, deren Bauliste zum 125-jährigen Jubiläum im Juni 2002 die Nummer 974 erreicht hat.

1914 rauschte bei Blohm + Voss der Passagierdampfer „Bismarck" als größtes Schiff der Welt vom Helgen; für die „Steinwerder", den ersten Neubau nach dem Zweiten Weltkrieg, reichte 1954 ein Kran

Blohm + Voss heute: Kreuzfahrtschiffe, Fregatten und große Luxusyachten gehören zum Angebot

Bürgergeschichten

„Seit der Kindheit Steinwerderaner“

Nur wenige Erwachsene und noch weniger Kinder wohnen im Hafen. Hinnerk Eddelbüttel aber ist gleich neben dem alten Elbtunnel aufgewachsen

Mehrere Tausend Mal hat Hinnerk Eddelbüttel, Student der Philosophie an der Universität Hamburg, den alten Elbtunnel schon durchquert

Steinwerder, das bedeutet Hafen, Seegüterumschlag, Werften, Schiffe, Marine, St.-Pauli-Elbtunnel ... und auf der Elbinsel Steinwerder kann man wohnen!

Aus der Sicht eines Kindes, das seit seiner Geburt 1978 auf Steinwerder lebte, war es der Schnittpunkt zweier Welten. Auf der einen Seite lag die pulsierende Stadt, die für mich als Kind ganz fern war, auf der anderen Seite verlief sich alles ins Niemandsland des weiten Hafens.

Meine Mitschüler der Grundschule Beim Pachthof in Horn fragten mich immer, wo denn das sei, Steinwerder. Später, auf der Wichern-Schule, hörte ich sie dann sagen: „Das ist doch da ganz weit draußen; ach nee, das ist ja Finkenwerder.“ In ihren Köpfen war Steinwerder etwas Fernes hinter einer fiktiven Grenze.

Wir wohnen bis heute in einem Haus des Amtes für Strom- und Hafenbau am Elbtunnelausgang; mein Vater war früher Betriebsleiter des St.-Pauli-Elbtunnels. Für Kinder, davon gab es zu meiner Zeit nur drei, war es ein abenteuerliches Leben. Rund um den Elbtunnel und bei den Schiffen im Hafen gab es immer Interessantes zu erleben; Dinge, die andere Stadtteile nicht zu bieten hatten. Unmittelbar neben der Betriebsamkeit der Werft konnten wir in einer von Bäumen umsäumten Oase auf einem kleinen, aber stets gepflegten Spielplatz umhertollen.

In den vergangenen 15 Jahren hat sich das Bild zunehmend verändert. Es kommen mehr und mehr Touristen nach Steinwerder, ihr Anlaufpunkt ist meist die Aussichtsplattform, von der man einen fantastischen Blick auf die Silhouette des nördlichen Elbufers hat. Ebendiese und ein grandioses Feuerwerk über der Stadt lassen, zunächst noch als Geheimtipp gehandelt, inzwischen viele Besucher zu Silvester oder zum Hafengeburtstag nach Steinwerder kommen.

Der St.-Pauli-Elbtunnel verlor einiges von seiner einstigen Bedeutung als Verkehrsweg, setzte sich aber zunehmend als Kulisse für Filme sowie als Veranstaltungsort für Vernissagen und Musikdarbietungen in Szene. Inzwischen bin ich 24 Jahre alt, und auf meinem täglichen Weg zum und durch den alten Elbtunnel sehe ich heute die großen Hallen eines Logistikzentrums, gepflasterte Parkplätze, auf denen als Kind einst jede Pfütze meine war. Mir begegnen Inline-Skater, die ihren Weg in den Hafen nehmen, ich sehe Angler am Elbufer, die ihren Fang aus einem wieder sauberer gewordenen Fluss ziehen. Als Kind auf Steinwerder groß geworden zu sein heißt, nicht das typische Wohngebiet, wohl aber unvergessliche Eindrücke und Erlebnisse erfahren zu haben.

Dieser Schulweg war unvergleichlich: Hinnerk Eddelbüttel am ersten Schultag mit seiner Mutter im alten Elbtunnel

Steinwerders – oder Hamburg-gemäßer per Barkasse von den Landungsbrücken.

Zwischen Musicalzelt und Elbtunnel soll bis 2006 ein **Ozeanarium** entstehen – das ist das Ziel des Vereins Ozean.tv, dessen Gründer, darunter Biologe Stephan Gollasch, Architekt Rolf Kellner und Projektentwickler Frank Eyssen, sich fragten, warum es zwar in aller Welt große Mee-

reszentren gibt, nicht aber in Hamburg. In einem 280 m langen Gebäude mit wellenförmigem Dach sollen maritime Lebenswelten erfahrbar werden, verbunden mit der Schaffung eines Standortes für die wissenschaftliche Meereskunde.

Wohnen exklusiv

Wohnen auf Steinwerder – das können oder dürfen seit der Gründung des Freihafens nur sehr wenige Menschen. Bis zum Ende des Zweiten Weltkrieges wohnten immerhin noch rund 850 Menschen hier. Zu ihnen gehörte z.B. Kurt Kröger, der den schweren Luftangriff im April 1945 überlebte. Auf seinem Weg zum Krankenhaus Eppendorf brachte ihn ein Boot von „Taucher Flint" über die Elbe. Gerade dieses Boot wird jetzt restauriert und vermehrt den Bestand historischer Wasserfahrzeuge im Hamburger Hafen.

Heute gibt es einige Dienstwohnungen für Mitarbeiter von Strom- und Hafenbau, z.B. am St.-Pauli-Elbtunnel oder an den Schleusen, und wenige Wohnungen auf dem Gelände mittelständischer Firmen. Zwei reine Wohnhäuser stehen unmittelbar zwischen Schachtgebäude des Elbtunnels und Elbe. Ihre Bewohner haben einen kurzen Arbeitsweg, denn es sind Werkswohnungen von Blohm+Voss. Der Weg zum Brötchenholen ist weit, dafür haben die Mieter der elbseitigen Wohnungen einen Blick, mit dem sich sonst kein Hamburger rühmen kann – das Postkartenpanorama mit Elbe, Michel und St. Pauli-Landungsbrücken.

Alles im Blick: Die Schleusenleitwarte an der Ellerholzschleuse.
Ganz links: Gastliche Oase im Westen von Steinwerder – „Herta's Stübchen".
Links: Wohnen auf Steinwerder im Jahr 1883 – als Haus dient ein abgetakelter Ewer. Aquarell von Wilhelm Heuer

Köpfe

Wenn es kalt, regnerisch und stürmisch ist, kann man sich im Westen Steinwerders nur in Herta's Stübchen an der Gabelung von *Köhlbranddeich* und *Tollerortweg* flüchten und das Schietwetter durch die kleinen Fensterscheiben betrachten. Seit 1998 führt **Teresita Budde**, die 1984 von den Philippinen nach Hamburg kam, das gastliche kleine Haus, das allein in der Weite von Hafen und Industrie steht. Zu ihr kommen vor allem Stammgäste, um zu essen oder etwas zu trinken. Manchmal macht auch ein Boot kurz im nahen Köhlbrand fest, damit die Besatzung sich mit Getränken versorgen kann.

Wer durch den St.-Pauli-Elbtunnel nach Steinwerder kommt, begegnet vielleicht **Norbert Meinert**, einem von 26 Tunnelaufsehern, die für das gesicherte Auf und Ab der Fahrkörbe sorgen. Seit 1991 ist er dabei. Einmal im Jahr wechseln er und seine Kollegen das Ufer: Weil auf der Steinwerder-Seite weniger Laufverkehr herrscht, ist der Dienst hier auch nicht so abwechslungsreich. Wenn Norbert Meinert keinen Dienst hat, sieht man ihn manchmal ohne die schmucke Uniform in Barmbek-Nord, wo er wohnt.

In ihrer guten Stube: Teresita Budde. Der Herr der Türen: Norbert Meinert

Stellingen

verbinden die meisten Hamburger gerade mal mit Schlagworten wie: Autobahnanschlüsse und Dauerstaus auf Kieler Straße und Sportplatzring. Stellingen heißt aber auch: Hagenbecks Tierpark, Erholungsgebiet Stellinger Schweiz und Nähe zur Innenstadt. Im Westen bildet Langenfelde die Grenze zu Bahrenfeld

Steckbrief

Fläche:
5,782 km²
Einwohner:
21 333
Verwaltung:
Bezirk Eimsbüttel, Ortsamtsgebiet Stellingen
Ortsteil:
321

Vielleicht stand an allem Anfang ein „Stallo“. Steinzeitliche Funde – eine 1937 gefundene Rengeweihhacke – und mehrere Scherben von Urnengefäßen aus der Eisenzeit verweisen auf die frühe Besiedlung Stellingens, worin sich der altgermanische Mannesname „Stallo“ verbirgt.

Aus der Geschichte

Urkundlich erwähnt wird Stellingen 1347 in den Eppendorfer Kirchenbüchern. Unter dem 30-jährigen Krieg (1618–48) und den späteren Kriegen Dänemarks – zu dessen Reichsverband die Herrschaft Pinneberg ab 1640 gehörte – hatte auch Stellingen zu leiden.

Der dänische König Christian VII. errichtete im Juni 1777 eine Zollstation bei der heutigen *Kieler Straße 299*, zu dieser Zeit taucht auch erstmals der Name **Langenfelde** auf.

Gut 150 Jahre lag das Amt des Vogtes bei der Familie Kölln auf dem als „Vogthufe“ bekannten Hof 1 *(Vogt-Kölln-Straße 24–30)*. 1882 wurde der Stellmachermeister Joachim Wördemann erster hauptamtlicher Gemeindevorsteher.

Der Milch- und Butterhandel nach Altona und Hamburg war für die Landwirte wichtiger Erwerbszweig. Mit ihren Planwagen zogen die „Bodderbuern“ übers Land und kauften oder tauschten ihre Butter gegen Geflügel, Schinken, Würste und andere deftige Köstlichkeiten, während ihre Frauen und Töchter – mit zwei großen Körben beladen – die städtische Kundschaft bedienten. Aus dieser Zeit rührt die Tradition des „Langenfelder Buttermädels“.

Stellingens Unabhängigkeit endete am 1. Juli 1927 mit der ungeliebten Eingemeindung nach Altona, der 1937/38 die Eingliederung in den Hamburger Stadtstaat folgte.

Inge Zichel als „Langenfelder Buttermädel“

Das denkmalgeschützte „Elefantentor“ ist der traditionsreiche Einlass zu Hagenbecks Tierpark

Stellingen wächst

1921 begann der Bau der „Gartenstadt Langenfelde“ auf einem ehemaligen Ziegeleigelände durch die Siedlungsgemeinschaft für Kriegsversehrte im Gebiet *Frühlings-, Tiger- und Torstraße* sowie *Am Ziegelteich*. Bis in die Mitte des 20. Jahrhunderts hinein konnte sich Stellingen-Langenfelde ländliches Vorstadtflair bewahren. Nach dem Krieg, in dem 38 Prozent der Gebäude zerstört worden waren, entstanden Notunterkünfte in den Kleingartengebieten.

Der Stellinger Wasserturm, erbaut 1910, ist eine weithin sichtbare Landmarke

1949/50 wurde das erste größere Bauvorhaben an der Ecke *Vogt-Kölln-Straße/Stellinger Steindamm* begonnen. Das Gebiet rund um Alten Eichen entwickelte sich zum beliebten Wohnquartier. Investoren bauten in Wohngebieten wie Flaßheide und Nienredder. Neben der SAGA engagierten sich vor allem Baugenossenschaften in Stellingen, u.a. die Baugenossenschaft freier Gewerkschafter mit ca. 100 Wohnungen am *Gräningstieg* und die Allgemeine Deutsche Schiffszimmerer Genossenschaft mit dem Bau von über 300 Wohnungen am *Spannskamp*.

Der Kampf ums Rathaus

Seit dem 15. Januar 2001 hat Stellingen mit Michael Carlsson einen neuen Ortsamtsleiter als Nachfolger des im März 2000 nach zwölf Amtsjahren in den Ruhestand getretenen Gerhard Kruse. Hinter dieser scheinbar lapidaren Feststellung verbirgt sich eine erbitterte politische Auseinandersetzung, die einen ganzen Stadtteil gegen die Sparpläne des Bezirksamtes mobilisierte.

Um die Sparauflagen der Stadt zu erfüllen, hatte der Bezirksamtsleiter Jürgen Mantell laut über eine neue Regionalstruktur nachgedacht, bei der auch das für Stellingen und Eidelstedt zuständige Ortsamt im Stellinger Rathaus am *Basselweg 73* zu einer **Ortsdienststelle** herabgestuft und der Ortsausschuss aufgelöst werden sollte. Für die schon ohnehin arg gebeutelten Stellinger war der drohende Verlust dieses Wahrzeichens ihrer Eigenständigkeit zu viel: Ein Bürgerkomitee mobilisierte die Bewohner und brachte im Februar und März 1999 mit Demonstrationen

Das Langenfelder „Forsthaus“ gibt es nur noch als Modell im Stellinger Bürgertreff

Bürgergeschichten

„Danebrog über Stellinger Rathaus?"

Jochen Strümpel berichtet über die viel beachtete Stellinger Petition an die dänische Königin und die Stellinger Expedition nach Kopenhagen im August 1995

Wie oft haben wir uns mit Freunden und Bekannten über die so riesigen Verkehrsschneisen, die unser Stellingen zerschneiden, geärgert. Es sollte nicht nur bei Stammtischgerede bleiben. Unablässig wurden dem Ortsausschuss, dem Stellinger „Parlament", Forderungen nach Verbesserungen mit entsprechenden Vorschlägen vorgetragen. Endlich, am 5.12.1994, ein Hoffnungsschimmer. Der Ortsausschuss beschloss einstimmig, einfach zu realisierende und niemanden benachteiligende Verbesserungen einzuführen. Doch so positiv dieser einstimmige Beschluss auch war, es fehlte dem Gremium die Umsetzungskraft.

Die Stellinger Delegation zu Besuch im königlichen Schloss Amalienborg

Etwas irritiert blickten die „Parlamentarier", als ich während der aktuellen Viertelstunde meinen Unmut über das bisher Nichterreichte und die Haltung der Hamburger Verwaltung zum Ausdruck brachte, dabei die dänische Nationalflagge entfaltete und ankündigte, Verhandlungen mit dem Königreich Dänemark aufzunehmen. Ziel war die königliche Unterstützung bei der Durchsetzung der Ortsausschussbeschlüsse, um den drohenden Untergang des jahrhundertelang zur dänischen Krone gehörenden, ehemals holsteinischen Dorfes Stellingen im Hamburger Verkehr zu vermeiden.

Die notwendigen Schritte wurden sofort eingeleitet. Der „Erste Bürgermeister der Freien und Hansestadt Hamburg", Dr. Henning Voscherau, wurde informiert, dass viele Stellinger der Meinung seien, die Hamburger Behörden hätten Stellingen als Stadtteil aufgegeben. Auch der Bundesaußenminister wurde mit der Versicherung, dass wir mit unserer Petition nicht die Loslösung Stellingens von Deutschland betreiben würden, in Kenntnis gesetzt.

Natürlich machten auch wir uns keine Illusionen, was den Einfluss von Königin Margrethe auf den Hamburger Senat betrifft. Wichtig war, durch eine spektakuläre, geschichtsbezogene Aktion auf Stellingens Probleme aufmerksam zu machen. Also: Auf nach Kopenhagen. Im August erschienen 13 Stellinger in Begleitung eines NDR-Fernsehteams vom „Hamburg Journal" vor dem Kopenhagener Schloss „Amalienborg". Leider war Ihre Majestät nicht anwesend. So verhandelten wir lediglich mit dem kommandierenden Offizier der Palastwache über die Weitergabe der Petition an die Königin und gaben sie schließlich im Hofmarschallamt ab. Und trotz erhöhter Wachsamkeit im Schlossbereich, dem Wohnsitz der königlichen Familie, war das Sicherheitspersonal doch nicht so verunsichert bei unserem Anblick, dass es eingriff.

Die dänische Königin haben wir zwar nicht getroffen, aber Stellingens Belange wurden öffentlich zur Sprache gebracht. Sogar in Brüssel wurde noch 2000 Hamburgs Europa-Abgeordnete Frau Randzio-Plath von einem dänischen Abgeordneten auf die Aktion angesprochen.

Was ist daraus geworden? Die Probleme bestehen noch, aber inzwischen reden die Politiker aller Parteien über Verbesserungen. „Danebrog" und die Holsteiner Farben „Blau-Weiß-Rot" avancierten zu Zeichen des Stellinger Protests gegen Hamburger Entscheidungen.

auf der Kreuzung *Sportplatzring/Kieler Straße* den Verkehr zum Erliegen. Angesichts so viel Entschlossenheit lenkte der Bezirk schließlich ein.

Rege Stadtteilkultur

Trotz der räumlichen Zerrissenheit gibt es in Stellingen ein reges öffentliches Leben. So wurde im August 1987 der **Verein Heimatmuseum Stellingen-Langenfelde e.V.** mit dem Ziel gegründet, durch den Aufbau einer stadtteilgeschichtlichen Sammlung einen lebendigen Eindruck von der Heimatgeschichte zu vermitteln.

Darüber hinaus war der Verein beteiligt an der Gründung des **Bürgertreffs**. Der dafür nötige **Verein Bürgerhaus Stellingen** – bei dem Peter Rickers, ebenso wie beim Museumsverein, den Vorsitz übernahm – trat im Oktober 1994 ins Leben. Mitglieder sind mehrere Vereine sowie die örtliche SPD, CDU, GAL u.a. Sein erstes Domizil fand der Bürgertreff im Mai 1997 in der *Kieler Straße 424*. Zuvor war schon im November 1995 mit „Hallo Stellingen" ein jährlich wiederkehrender Querschnitt durch die Stadtteil-Kulturszene ins Leben gerufen worden. Im Oktober 2000 wurde der neue Bürgertreff Stellingen im *Spannskamp 43* – hinter der Polizei-Revierwache 27 in der *Koppelstraße* – eingeweiht.

Im Februar 1978 wurde das städtische Haus für Jugend, Kultur und Stadtteil am *Sportplatzring 71* – direkt neben der dortigen Haupt- und Realschule – eröffnet. Von Beginn an bemühten sich beide Einrichtungen um eine konstruktive Zusammenarbeit. Die **Bücherhalle Stellingen** im *Basselweg 64* – um deren Erhalt die Bürger gleichfalls erfolgreich gekämpft haben – befindet sich direkt gegenüber dem Ortsamt.

An Gotteshäusern kein Mangel

Stellingen ist ein Stadtteil mit Gotteshäusern vieler Konfessionen. Erst 1892 wurde die ev.-luth. **Stellinger Kirchengemeinde** von Niendorf selbstständig. Die 1908 geweihte Kirche wurde im Juli 1943 zerstört. Das Besondere an der neuen, 1953 eingeweihten Kirche in der *Molkenbuhrstraße* ist, dass der Turm mit den alten Grundmauern verbunden wurde. Ungewöhnlich ist auch die „Pastorendynastie": Über 30 Jahre arbeitete Pastor Hans Kähler in dieser Gemeinde, 1939 trat er die Nachfolge seines Vaters Johann Kähler an, der 1908 als Pastor nach Stellingen kam.

1996 haben sich die Kirchengemeinden Zum guten Hirten *(Försterweg)* und Osterkirche *(Brehmweg)* zur ev.-luth. **Kirchengemeinde in Langenfelde** zusammengeschlossen. Im Kernbereich des einstigen Dorfes Stellingen liegt am *Wegenkamp* die ev.-luth. Gemeinde der **Kreuzkirche**. Die Anfänge der kath.

Peter Rickers vor dem Bürgertreff, in der Hand ein Exemplar seines „Stellingers"

Symbol der Eigenständigkeit: das 1912/13 erbaute Stellinger Rathaus

Stellinger Notgeld aus den 1920er Jahren mit dem Tierparkgründer und einem Walross mit Wärter: „Son dicke Frünn kanns nirgens du finn"

Zeitleiste

1347 erste urkundliche Erwähnung
1830/32 Ausbau der Kieler Straße
1867 Eidelstedt preußisch
1907 Hagenbecks Tierpark
1927 Eingemeindung nach Altona
1937 Stellingen hamburgisch
1972 Autobahnbau
2001 Ortsamt bleibt erhalten

Die blauen Zwiebeltürme und goldenen Kreuze sind das unübersehbare Kennzeichen der russisch-orthodoxen Kirche an der Hagenbeckstraße

Ev.-luth. Kirche in Langenfelde und die Auferstehungskirche

Pfarrgemeinde **St. Thomas Morus** in der *Koppelstraße* reichen bis 1954 zurück, als die Stellinger ihre erste heilige Messe feiern konnten und nicht mehr nach St. Joseph auf die *Große Freiheit* pilgern mussten. 1977 wurde der bisherige Seelsorgebezirk selbstständige Pfarrei. Gottesdienste der neuapostolischen Kirche finden schon seit 1929 im Stadtteil statt, seit 1959 im Neubau am *Basselweg*. Die erste

Moschee in Hamburg – **Fazle Omar Moschee der Azhmadiyya Muslim Bewegung** – besteht seit 1957 in der *Wieckstraße 24*.

Im Zeichen bewegter Blätter

Drei bewegte Eichenblätter prägen das Logo der **Ev.-Luth. Diakonissenanstalt Alten Eichen** *(Wördemanns Weg 19)*. Sie stehen für die Bereiche Krankenpflege, Altenhilfe und Sozialpädagogik. 1867 in Altona gegründet, kam die Einrichtung 1902 nach Stellingen, wo ein Heim und ein Ausbildungsplatz für körperbehinderte Menschen entstand. Heute ist der größte Bereich das 1970 eröffnete Krankenhaus mit 230 Betten. Bis 2005 soll dort ein Diakonie-Klinikum in Zusammenarbeit mit Bethanien, Elim und Jerusalem mit 542 Betten entstehen.

Die Altenhilfe bildet den zweiten Schwerpunkt. Zwei Diakoniestationen, eine in Stellingen, die andere in Ottensen, pflegen Menschen in der eigenen Wohnung. Wer tagsüber nicht allein bleiben möchte oder kann, findet Betreuung und Gesellschaft in den Tagespflegehäusern Alten Eichen und Ottensen. Ferner befindet sich auf dem Gelände in Stellingen auch die **Evangelische Fachschule für Sozialpädagogik Alten Eichen** zur Ausbildung von Erziehern und sozialpädagogischen Assistenten.

Auch die Universität Hamburg ist im Stadtteil zu Hause: Nach längeren Verhandlungen mit der Firma Philips erwarb die Hansestadt 1991 deren Areal von 82 000 m² in der Nähe von Hagenbecks Tierpark. Seit 1994 sind damit die Informatiker an der *Vogt-Kölln-Straße 30* an einem Standort vereint.

Stellinger Wirtschaft

Vom ländlichen Stellingen ist nichts geblieben, der letzte Bauer stellte 1957 seinen Betrieb ein. Zu den wichtigsten Arbeitgebern zählt die 1924 gegründete, seit 1929 in der *Melanchthonstraße 27* ansässige Firma **Bode Chemie**, die 1965

Stadtteil-Profil

	Stellingen	Bezirk	Hamburg
Bevölkerung gesamt (2000)	21 333	244 893	1 704 929
Unter 18-Jährige in %	12,9	14,1	16,1
65 Jahre und älter in %	19,5	16,1	17,0
Deutsche	18 063	208 892	1 432 325
Ausländer in %	15,3	14,7	16,0
Einwohner je km²	3690	4914	2258
Sozialstruktur			
Sozialhilfeempfänger (2000)	1565	13 118	120 461
Arbeitslose (2001)	1028	9260	71 963
Eink. je Steuerpfl. in DM (1995)	58 258	67 141	65 579
Wohnen (2001)			
Wohngebäude	2491	28 953	226 061
Ein- und Zweifamilienhäuser in %	14,1	16,2	20,5
Ø Wohnungsgröße in m²	65,3	71,5	71,0
Wohnfläche je Einwohner in m²	35,5	37,3	35,7
Verkehr			
Private Pkw (2001)	8009	90 230	628 119
Straßenverkehrsunfälle (2000)	218	1752	12 430
Kriminalität			
Straftaten insgesamt (2000)	2640	28 994	284 272

© Statistisches Landesamt

Wahlverhalten

... zur Bürgerschaft 2001 (gesamt)

Wahlbeteiligung	71,0%
SPD	36,5%
CDU	26,2%
Schill-Partei	19,4%
Grüne/GAL	8,6%
FDP	5,1%
Übrige	4,2%

... zur Bürgerschaft 2001 (Stadtteil)

Wahlbeteiligung	72,2%
SPD	38,2%
CDU	25,7%
Schill-Partei	19,9%
Grüne/GAL	7,9%
FDP	4,1%
Übrige	4,1%

mit dem Desinfektionsmittel „Sterilium“ einen echten Dauerbrenner auf den Markt brachte. Am *Gazellenkamp 168* ist – worauf schon die ungewöhnliche Architektur verweist – die **VELUX Deutschland GmbH** zu Hause, der bekannte Hersteller von Dachwohnfenstern.

Seit Ende 1994 steht an der *Kieler Straße 464–470* das stattliche Gebäude der **Innungskrankenkasse (IKK) Hamburg**. Wer beim Technischen Überwachungsverein nur an das Auto denkt, der denkt zu kurz: Was 1869 als Dampfkessel-Überwachungs-Verein begann, hat sich mit der **TÜV NORD GRUPPE** *(Große Bahnstraße 31)* zu einem Dienstleister für technisch-naturwissenschaftliche und sicherheitstechnische Aufgabenstellungen mit ca. 4000 Mitarbeitern groß entwickelt.

Krankenpflege, Altenhilfe und Sozialpädagogik: alles unter dem Dach von Alten Eichen

Die Linse

Der **Linse** genannte Teil von Langenfelde verdankt seinen Namen der eigenwilligen Form des Geländes, eingeklemmt zwischen den Gleiskörpern der S-Bahn auf der einen und der Fernbahn auf der anderen Seite. Einst hatten Bauern hier ihre Koppeln und Weiden, in den 1920er Jahren verwandelte sich das Gelände in eine Kleingartenlandschaft. Nach dem Krieg wurde aus den Laubenkolonisten die **Wohnungsgenossenschaft Langenfelde e.G.**, die auch den Großteil des Wohnungsbestandes betreut. Die „Linse“ entstand in mehreren Abschnitten 1961–75. Heute leben etwa 3100 Menschen auf einer Gesamtfläche von 35 ha. Der Ausländeranteil ist – für ein Gebiet der Sozialen Stadtteilentwicklung, wie es die „Linse“ ist – vergleichs-

Velux am Gazellenkamp, die Firma ist der weltweit größte Hersteller von Dachwohnfenstern

Das Hauptpanorama mit Vogelteich, Steppe, Löwenschlucht und Hochgebirge

Hagenbecks Tierpark

Hamburg hat keinen Zoo, Hamburg hat Hagenbeck – 1907 erfüllte sich Carl Hagenbeck (1844–1913) seinen Traum vom ersten gitterlosen Tierpark der Welt

Begonnen hatte alles 1848 auf dem *Spielbudenplatz* in St. Pauli, wo der Fischhändler Gottfried Claes Carl Hagenbeck zum Entzücken des Publikums **sechs Seehunde** ausstellte, die Finkenwerder Fischern ins Netz gegangen waren. Sein ältester Sohn Carl übernahm 1866 dieses Geschäft und machte aus dem Tierhandelshaus den im Jahre 1874 am *Neuen Pferdemarkt* eröffneten „Hagenbeck's Thierpark". Dort wurden auch die berühmten **Völkerschauen** vorgeführt. Den Beginn machte eine Lappländerfamilie, es folgen Nubier, Eskimos, Massai und viele andere, bis sich 1931 diese Form der Präsentation überlebt hatte.

Ein prächtiger Löwe heute und ein prominenter Besucher einst: Wilhelm II. höchstselbst bei Hagenbeck

Weil die Räumlichkeiten im Schanzenviertel zu beengt waren, ging Hagenbeck in das damals preußische Stellingen. Hier verwirklichte er seine bereits 1896 entwickelte – und sogleich patentierte – Idee von der möglichst artgerechten Haltung und Zurschaustellung exotischer Tiere in Freisichtanlagen und Panoramen, die ihrem natürlichen Lebensraum nachgestaltet waren. Die Söhne Heinrich und Lorenz Hagenbeck führten das Lebenswerk ihres Vaters gemeinsam fort. In den Bombennächten des Juli 1943 wurde der Park zum großen Teil zerstört und musste nach Kriegsende wieder aufgebaut werden. Noch heute befindet sich der Tierpark in Familienbesitz.

Wer das – von den beiden Elefantenköpfen mit erhobenen Rüsseln – geschmückte Jugendstil-Areal an der *Ha-*

genbeckallee durchschreitet, kann auf dem ca. 27 ha großen Gelände mit künstlichen Seen und Felsen etwa 2500 Tiere in 360 Arten aus allen Kontinenten in 54 Freigehegen sowie exotische Vertreter der Pflanzenwelt bewundern. Immer noch ein Erlebnis ist das **Afrika-Panorama** mit „Vogelteich", „Afrikanischer Steppe", „Löwenschlucht" und „Hochgebirge". Viele wertvolle Zuchterfolge kann Hagenbeck vermelden: So wurden hier schon u.a. Indische Elefanten, Riesenotter, Gaur, Orang-Utans, Grevy-Zebras, Rosa Pelikane und Eisbären geboren.

wendigen Investitionen. Deshalb wurde unter der Schirmherrschaft des früheren Ersten Bürgermeisters Dr. Henning Voscherau im Mai 1998 eine gemeinnützige **Stiftung Tierpark Hagenbeck** gegründet, die mithilfe von Spenden, Vermächtnissen und testamentarischen Zuwendungen dem Park kontinuierlich helfen will. Auch der **Verein der Freunde des Tierparks Hagenbeck e.V.** hilft mit Spenden und Mitgliedsbeiträgen. Firmen und Privatpersonen wirken als Sponsoren und übernehmen Patenschaften für einzelne Tiere oder Tierarten.

Affen zieren ein Hagenbeck-Programm von 1959, der Elefantenrüssel überwindet auch den breitesten Graben

Eine besondere Attraktion sind im Frühsommer die **Dschungelnächte**, ein buntes Programm mit Musik und Show vor der einzigartigen Kulisse des nächtlichen Parks. Ein neues Wahrzeichen erhielt der Park im April 2001 mit der Aufstellung der 8 m hohen und 2,5 t schweren Bronzeskulptur „Mann auf großer Giraffe" des Bildhauers Stephan Balkenhol an der Kreuzung *Koppelstraße/Lokstedter Grenzstraße*.

Hagenbecks Tierpark ist heute einer der größten privaten Tierparks der Welt und zugleich der einzige privat geführte Zoo in Europa. Auf diese Unabhängigkeit war Hagenbeck immer stolz, doch sie wirft auch Probleme auf. Bei ca. 20 000 Euro täglichen Tierpark-Kosten bleibt bei den Eintrittsgeldern kaum noch Spielraum für die – zur Erhaltung und Steigerung der Attraktivität – not-

Um den Tierpark auf sichere Füße zu stellen, wurde der Plan entwickelt, auf dem Tierpark-Gelände eine Endo-Klinik – eine Spezialklinik für Knochen- und Gelenkchirurgie – neu zu bauen. Aus dem Verkauf des Geländes sollten ein Hotel und notwendige Investitionen im Tierpark finanziert werden. Doch aus den Bauplänen scheint nichts zu werden, dafür wurde im Juli 2001 dem Tierpark finanzielle Hilfe von der Stadt versprochen. Mit 4,5 Mio. Euro soll ein neues **Menschenaffenhaus** entstehen. Die Orang-Utans werden – ab 2003 – auf 350 m² unter einer großen Kuppel (30 m Durchmesser, 15 m Höhe) ein Zuhause finden. Im Gespräch ist auch ein größeres und attraktiveres Troparium, eine Art Amazonas in Stellingen.

„Mann auf großer Giraffe" heißt das neue Tierpark-Wahrzeichen gegenüber der U-Bahn

weise niedrig und entspricht dem Durchschnittsniveau des Stadtteils. Allerdings wohnt der größere Teil der ausländischen Mitbürger in den Hochhäusern *Försterweg 36–42.*

Die „Linse" ist fast ausschließlich ein Wohngebiet, die Einkaufsmöglichkeiten haben sich – mangels ausreichender Kaufkraft – verringert. Kulturelle Einrichtungen fehlen, auch an betreuten Freizeitmöglichkeiten für Kinder und Jugendliche mangelt es, sodass der Abenteuerspielplatz Linse e.V. *(Försterweg 95)* häufig auch von älteren Jugendlichen aufgesucht wird. Erschwerend kommt hinzu, dass die „Linse" quasi eine Insel ist: Für Autofahrer gibt es nur zwei Zufahrten, Fußgänger haben es nicht viel besser. Seit Juni 2000 besteht am *Nieland 10* das **Stadtteilbüro Linse,** wo Conny Schubecker als Quartiersentwicklerin arbeitet.

Zwischen S-Bahn und Fernbahngleisen liegt das Wohngebiet „Die Linse"

Ein Zentrum für Stellingen?

Bei Behördenvertretern haben sich die Stellinger den Ruf erworben, stets streitbar für ihre Interessen einzustehen. Dies gilt auch für das Thema Ortszentrum. „Welchen Nutzen haben wir davon?", hieß es beispielsweise im Februar 2000, als die Stadtplaner des Bezirks den Stellingern den Plan eines „Stadtteilzentrums Kamerbalken" näher bringen wollten. Doch einkaufen – so hieß es – könne man auch in den bereits vorhandenen Geschäften und Läden, z.B. am *Langenfelder Damm.* Ferner sei das Gelände durch die Verkehrsachsen für Fußgänger schwer zu erreichen und würde Käuferströme von außen nach Stellingen ziehen, was wiederum auch mehr Verkehr bedeuten würde.

Stellingen aktiv

Beim **Turn- und Sportverein Stellingen von 1888 e.V.** *(Sportplatzring 47),* der sich 1902 eine eigene Turnhalle leistete und schon zwei Jahre später eine Mädchen-Turnabteilung gründete, steht das Turnen nach wie vor im Mittelpunkt. Daneben bietet der Verein seinen Mitgliedern neben vielen Sportarten auch einen Spielmannszug.

Der Bürger- und Heimatverein Stellingen von 1882 e.V. gestaltet seit seiner Gründung die Geschichte des Stadtteils mit und versucht, die Interessen der Bürger in der Kommunalpolitik zu vertreten. Der seit 1979 von Ursula Borchert geführte Verein bietet seinen ca. 250 Mitgliedern zahlreiche Veranstaltungen wie Ausfahrten, Besichtigungen und gemeinsame Reisen. Der **Haus- und Grundbesitzerverein Hamburg-Stellingen von 1890 e.V.** zählt mehr als 400 Mitglieder im Stadtteil.

Im Oktober 1885 wurde eine Freiwillige Feuerwehr Stellingen ins Leben gerufen, die 1907 eine Feuerwache in der *Melanchthonstraße* bezog. 1976 kam eine Jugendfeuerwehr hinzu; zwei Jahre später wurde die alte Feuerwache am selben Ort durch einen Flachpavillon ersetzt.

Der älteste Stellinger Verein, der am 8. März 1862 beim Gastwirt Jochen Mähl von Bauern und Milchhökern gegründete, nach dem langjährigen Leiter Fritz Handorf (1866–1945) benannte Männerchor, hat sich mangels Nachwuchs im August 2000 auflösen müssen, die Exponate wurden dem Verein Heimatmuseum überlassen. Seit 1954 treffen sich regelmäßig die **Aquarienfreunde Stellingen**. Ein ausgefalleneres Hobby pflegt Horst Dauck: Seit 1956 sammelt der ehemalige Maschinenbauer aus der *Ernst-Horn-Straße* Zigarettenschachteln und hat mit über 35 000 Stück die

Feldhockey vor der Kulisse der zeltdachbeschirmten Eishalle und Radrennbahn: die Wolfgang-Meyer-Sportanlage

Horst Dauck mit einigen der wertvollsten Exponate aus seiner Zigarettenschachtelsammlung

größte Sammlung im norddeutschen Raum zusammengetragen.

Grüne Oasen trotz viel Verkehr

Die *Kieler Straße* und der Straßenzug *Volksparkstraße–Sportplatzring–Koppelstraße* vierteilen den Stadtteil, der zudem noch von Bahntrassen und A 7 durchschnitten und überdies mit reichlich Fluglärm bedeckt ist. Aber auch außerhalb von Hagenbecks Tierpark finden sich Stellinger Erholungsflächen, z.B. die **Stellinger Schweiz** im Stadtteilnorden.

Rasanz unter dem Zeltdach

Neben den Rasen- und Grandplätzen am *Sportplatzring 36* ist die **Wolfgang-Meyer-Sportanlage** an der *Hagenbeckstraße 124* das große Sportzentrum im Stadtteil. Mit dem kleinen Stadion, in dem u.a. die **HSV-Amateure** ihre Heimspiele austragen, sowie einem Rasenspielfeld, einem Hockeykunstrasen und zwei Tennisfeldern bildet vor allem die kombinierte **Kunsteis- und Radrennbahn** einen Anziehungspunkt, die mit ihrem weißen Zeltdach ein wenig an das Münchener Olympiastadion erinnert.

Im Winter gerät die Eislauffläche oft an den Rand völliger Überfüllung. Auch die Eishockeysparte des **Altonaer SV von 1893 e.V.** nutzt die Eisbahn für Training und Wettkampf; im Sommer steht die Fläche u.a. dem Inline-Hockey zur Verfügung und für die Radsportler: Im Juni 2000 ermittelten die Stars der Bahnradler hier ihre Deutschen Meister.

Mitten im Grünen – nahe dem **Sola Bona Park** – ist am *Olloweg 51* der 1895 gegründete **Schwimmverein Poseidon** zu Hause. Zwei 50-m-Schwimmbecken sowie ein Nichtschwimmerbecken und Grünflächen bieten seit Mai 1969 viel Platz für Wassersport.

Köpfe

Hagenbecks Tierpark wird in der fünften und sechsten Generation von den Tierparkdirektoren Carl Claus Hagenbeck und Joachim F. Weinlig-Hagenbeck geleitet. **Carl Claus Hagenbeck**, geb. 1941, ist promovierter Veterinärmediziner und trat 1970 als Prokurist und Tierarzt in die Firma ein. 1982 wurde er Seniorchef. **Joachim F. Weinlig-Hagenbeck** kam durch seine Heirat mit Caroline Hagenbeck dazu. Nach der Geburt ihres ersten Kindes 1989 zog sich Caroline, die ab Oktober 1982 gemeinsam mit ihrem Onkel Carl Claus die Firma geführt hatte, aus der Geschäftsleitung zurück.

„Für ihren langjährigen, unermüdlichen, erfolgreichen Einsatz" erhielt **Ursula Borchert** im Januar 2001 vom Zentralausschuss der Bürgervereine den „Portugaleser" verliehen. Seit 1953 engagiert sich die geborene Stellingerin im Bürger- und Heimatverein Stellingen und kann nun schon auf über zwei Jahrzehnte effektive Arbeit als 1. Vorsitzende zurückblicken.

Eigentlich, so sagt **Peter Rickers**, hat er mit Vereinen nicht viel am Hut. Doch weil man Vereine gründen muss, um etwas durchzusetzen, ist der Herausgeber des 1980 gegründeten Anzeigenblatts „Der Stellinger" fast immer dabei, wenn es darum geht, den Stadtteil kulturell voranzubringen, z.B. als Initiator und Vorsitzender der Vereine Heimatmuseum und Bürgerhaus (siehe S.989) oder als Mitstreiter bei der Interessengemeinschaft für das seit 1990 veranstaltete „Stellingen-Fest".

Stellinger Köpfe: Carl Claus Hagenbeck, Joachim F. Weinlig-Hagenbeck und Ursula Borchert

Sülldorf

Im Süden ist der Stadtteil die Verlängerung Blankeneses und wirkt ganz städtisch, im Norden dagegen herrscht wahre Dörflichkeit mit elf noch intakten Bauernhöfen und einer attraktiven Feldmark. Auf dieses recht ausgedehnte Stadtteilgrün wirft Hamburgs Wohnungswirtschaft immer wieder begehrliche Augen

Steckbrief

Fläche: 5,603 km²
Einwohner: 8337
Verwaltung: Bezirk Altona, Ortsamt Blankenese
Ortsteil: 225

Auf Sülldorfs immer schon ausgedehnten Wiesen und in den früheren Wäldern wurde einst erfolgreich Schweinemast betrieben, was für das 1256 erstmals erwähnte „Suldorpe" nach einer Viehzählung anno 1590 ausdrücklich belegt ist: 188 Schweine „suhlten" sich damals im Morast (Suhle = Wasserloch). Andere erklären den Namen mit „Sull" oder „Soll" (= Anhebung) für den Geestrücken am Elbufer mit seinen Anhöhen wie beim nahen Süllberg.

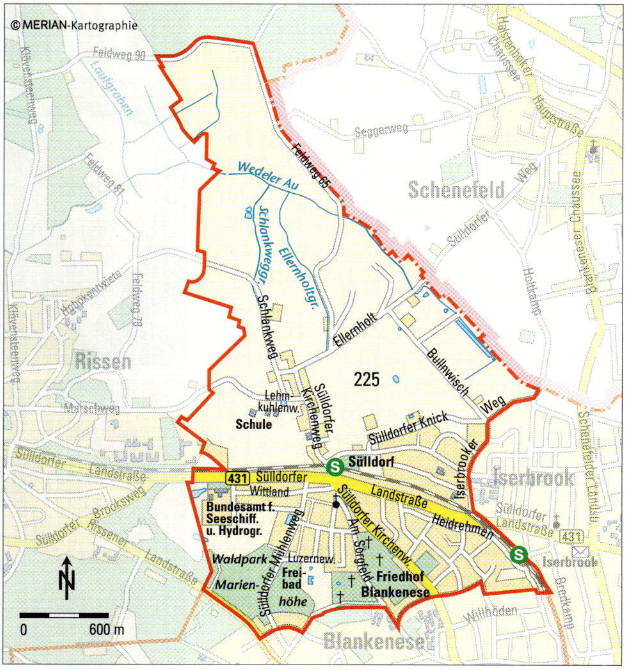

Aus der Geschichte

Die Sülldorfer Geest nördlich des früheren Dorfes Dockenhuden und die daran anschließenden Feuchtwiesengebiete wurden schon vor mehr als 4000 Jahren von steinzeitlichen Menschen zeitweilig besie-

Denkmal: Das rekonstruierte jungsteinzeitliche Kammergrab am Spliethweg

delt. Funde aus der Bronzezeit (Hügelgräber am *Fuhlendorfweg* und in der SAGA-Gartenanlage) und ein geradezu riesiger Urnenfriedhof (westlich des S-Bahnhofs, von 500–50 v. Chr. genutzt und teilweise nachgebildet zu bewundern), vor allem aber das berühmte **Steinkistengrab** (gefunden am *Baumweg*, rekonstruiert zu sehen am *Spliethweg*) machen Archäologen glücklich.

Das Dorf, lange innerhalb der Herrschaft Pinneberg im Kirchspiel Nienstedten gelegen, blieb klein. Für 1666 sind nur acht Vollhufen und ein Brinksitzer dokumentiert, und auch nach der vom dänischen Schleswig-Holstein 1790 ver-

ordneten Verkoppelung gab es 1803 nur 209 Einwohner. 1866 wurde auch Sülldorf preußisch, erhielt 1883 seinen Bahnhof als „Bedarfshaltestelle“ auf der Dampf-Strecke Altona–Wedel, ging mit 503 Einwohnern ins 20. Jahrhundert und war 1920 elektrifiziert. 1927 wurden die

gut 1000 Sülldorfer Altonaer, 1937/38 dann „Groß-Hamburger“. Ausgebombte und andere Flüchtlinge verdoppelten die Zahl der Dörfler 1943/45 nach den Bombennächten auf fast 3800 und veränderten das Bild: Im Süden, angrenzend an Blankenese, und im Osten, als Ausläufer von Iserbrook, wurde viel, teilweise auch hoch gebaut. Der Südteil Sülldorfs verstädterte, der Norden blieb ländlich, Sülldorfer identifizieren ihr Zentrum dort, „bab’n in’ Dörp“ (= oben im Dorf).

1954 wurde die S-Bahn elektrifiziert, 1956 der Bürgerverein gegründet. Er hat bei so viel freier Fläche viel zu verteidigen. Seit 1985 kämpft eine Bürgerinitiative mit der Parole „Erhaltet Sülldorf, das letzte Geestdorf Hamburgs“.

Erst 1957 bekam Sülldorf seine ev.-luth. **Michaelskirche** im südlichen Wohngebiet, an der Stadtteilgrenze war zuvor 1902 der große, überregional belegte **Friedhof Blankenese** angelegt worden.

Laientheater & Konservatorium

In der Feldmark stehen zwei Katen und ein Hof als Gesamtanlage unter Denkmalschutz. Zwar ist von einem „Dorf in der Stadt“ kein großes Kulturangebot zu erwarten. Aber zwei kontrastreiche Institutionen haben einiges zu bieten. Seit 1983 entwickelte sich durch den Einsatz der Schauspielerin Antje König ein eigenständiges **Theater in Sülldorf**. Der Kreis von etwa 25 Engagierten schafft es, auf der selbst finanzierten Bühne im Gemeindehaus respektable Klassiker und die obligaten Weihnachtsmärchen aufzuführen.

Stadtpferde auf der Koppel: In Sülldorfs Norden wird jedes Rasseross und Pensionspferd landschaftlich zum „Holsteiner“

Kirche im Dorf: Die Michaelskirche gehört den Sülldorfern, auf ihrem Grund liegt auch der „Blankeneser Friedhof“

Perlen mit Vergangenheit: Der Schmuck aus der Eisenzeit beweist Sülldorfs frühe Besiedlung (Helms-Museum)

Bürgergeschichten

„Sie hier? Ihr Haus brennt!"

Lore Bünger erinnert sich an den aufregenden letzten Vormittag des Jahres 1974 und wie düstere Vorahnungen ihr ein Schnippchen schlugen

An diesem Silvestermorgen hatte ich ein gewisses Unbehagen. Unser Sohn Joachim war 14 Jahre alt, und jeder weiß, was Burschen in diesem Alter zu Silvester alles anstellen können. Nach dem vorigen Jahreswechsel hatte er mit Freunden nicht abgebrannte Frösche, Knaller und Raketen gesammelt, einen ganzen Schuhkarton voll! Und nun sollte in diesem Jahr eine tolle zusätzliche Knallerei vonstatten gehen. Da war ich doch froh, dass unsere elfjährige Tochter damit nichts am Hut hatte. Sie besorgte sich für ein paar Mark harmlose Silvesterscherze. Das beruhigte mich sehr.

Viel Aufregung Silvester 1974 bei Büngers im Wittland

So gegen elf Uhr hatte ich meine Einkäufe auf dem Blankeneser Markt erledigt, stand mit meinem Hackenporsche auf dem Bahnhof und wartete auf die S-Bahn, als mit lautem Tatütata die Blankeneser Feuerwehr über die Straßenbrücke Richtung Sülldorf rauschte. Na, jetzt ist wohl Papierladen Pein mit all seinen verdammten Knallern in die Luft geflogen, dachte ich. Und ehrlich gesagt fand ich einen Moment lang die Vorstellung gar nicht so übel!

In Sülldorf angekommen, ging ich zur Haspa, denn in Blankenese wird man viel Geld los. In den 70er Jahren wurde bei unseren Sparkassen zu Silvester noch stramm gearbeitet. Das ging wegen des Jahresabschlusses bis spät in die Nacht. Ich hatte den Schalterraum kaum betreten, da stürzte eine Nachbarin auf mich zu und rief: „Frau Bünger, Sie hier?" – und dann: „Ihr Haus brennt!" Ich starrte sie an wie vom Blitz getroffen – oh weh – die Feuerwehr!!! Das musste wahr sein.

Ich rannte auf die Straße, sah einen kleinen, roten Sportwagen kommen, stoppte ihn: „Sie müssen mich nach Hause fahren, unser Haus brennt!" Der Mann machte keine Umstände: „Steigen Sie ein!", und ich dirigierte ihn zum Wittland auf unseren Parkplatz. Tatsächlich, da stand der Feuerwehrwagen, da lagen Schläuche, da rannten zehn Feuerwehrleute hin und her. Hab ich mich eigentlich bei dem netten Autofahrer bedankt? Ich weiß es nicht. Ich lief auf einen Feuerwehrmann zu und rief hysterisch: „Sind mein Mann und meine Kinder gesund?" „Ja, ja, alles im Griff", erwiderte er. Alles im Griff war gut! Im Vorgarten lagen angebrannte Möbel, die Treppe zum 1. Stock war voll Dreck und Ruß, und Martinas Zimmer sah aus wie ein schwarzes Loch. Ihre harmlosen Silvesterscherze hatten ihre Unschuld verspielt. Ein kleiner Faden, der sich angezündet zu einer Schlange aufplusterte, muss nachgeglüht haben, als Martina ihn in ihren Papp-Papierkorb warf und nach draußen zum Spielen ging. Bis mein Mann den Brand bemerkte, stand schon alles in Flammen. Martina hatte im neuen Jahr kein Hemd mehr über dem Hintern! Das Unschuldslamm des Tages war Joachim. So kann man sich irren.

Die Feuerwehrleute bekamen einen Köm und verabschiedeten sich: „Na, dann prost Neujahr!"

Ein anderes Kaliber hat das mit seinem „Hochhaus" an der *Sülldorfer Landstraße* (B 431) alles überragende **Hamburger Konservatorium** als Akademie und Allgemeine Musikschule, gegründet 1908. Hier musizieren 1200 Schüler jeden Alters, 150 Studierende werden Diplom-Musiklehrer. Wegen der Aufbaustudiengänge auch für Auslandsstudierende und durch Assoziierung mit dem nahen Sülldorfer „Institut für Internationale Musik" sieht man im Stadtteil internationale Gesichter.

Schützenumzug: Zu den klassischen Feiern tritt die ganze Sülldorfgemeinschaft an

Kultur-Zentrum: Die halbprofessionelle Theatergruppe und das hochprofessionelle, hochmusikalische Hamburger Konservatorium sind Sülldorfs Kulturträger

Zusammenhalt für Abwehr

Sülldorfer mit dem Doppelherz für stadtnahen Komfort südlich und weitläufige ländliche Natur nördlich der Bahn identifizieren sich selbstbewusst mit dem Dorf-Image innerhalb der Hamburger Stadtgrenzen. „Unser Bote" heißt das Mitteilungsblatt des **Bürgervereins Sülldorf-Iserbrook e.V.** In geschickter Abstimmung mit der Bürgerinitiative **Erhaltet Sülldorf**, die 1998 sogar mit dem „Konrad-Adenauer-Preis für Kommunalpolitik" ausgezeichnet wurde, kämpfen so die Sülldorfer mal für den Erhalt der wenigen Geestdorf-Bauernhäuser, gegen Investoren- oder Spekulantentricks und beteiligen sich an Planungen, die unumgänglich sind. Ihr Dauerargwohn speist sich aus der Beobachtung: „Hamburg frisst seine Dörfer!"

Jenseits solcher notwendigen Engagements sorgen beide Bürger-Clubs für traditionelle Feste im Stadtteilleben, die Sülldorferinnen im **Landfrauenverein Elbdörfer** organisieren seit 1982 den Erntedankumzug, überreichen in der Kirche die Erntekrone und bitten abends zum beliebten „Danz op de Deel" auf eine wirkliche Hof-Diele. Auch das Sommerfest der **Kirchengemeinde St. Michael** wird bestens besucht wie das Feuerwehrfest (die „Freiwilligen" gibt es seit 1969) mit Zeltgottesdienst seit 1970. Symbolische Geselligkeit ist das „Dorfbrunnenfest" der Initiative, die den einzigen erhaltenen Dorfbrunnen wieder aufbauen half. Lange Tradition haben das „Kindergrün" (mit Kinder-Osterfeuer) und das große Osterfeuer auf der Bullenwisch, organisiert vom **TSV Sülldorf**.

Sülldorfs Kinder sind mit einer **KiTa** (städtisch), einem **KiGa** (Kirche), zwei Kinderheimen sowie Vorschulklassen und **Grundschule** (seit 1878 inmitten der Felder am *Lehmkuhlenweg)* gut versorgt. Mit ihrer Naturschutzjugend-Kindergruppe (des NABU) vertiefen viele Jungsülldorfer ihr besonderes, fast schon alltägliches Umwelterlebnis. Lesestoff auch dazu bietet die **Bücherhalle Sülldorf-Iserbrook** im Nachbarstadtteil.

Jeder 14. Sülldorfer: ein Pferd

In Sülldorf dominierten jahrhundertelang Viehzucht und Landwirtschaft, die Flächen würden

Wohl gewappnet: Stolz auf die Erwähnung auf der Verkoppelungskarte von 1790, kämpft Sülldorf um seine Substanz

Immer emsig: Sport im Verein, Gärtnerfleiß bei Sprick/Pein, Reitgäste im Stall bei Ramckes

Zeitleiste

ab 2000 v. Chr. Wohnplätze nachgewiesen
1000 n. Chr. Wiederbesiedlung durch Sachsen
1256 „Suldorpe" ersterwähnt
1790 Verkoppelung in Sülldorf
1803 209 Einw.
1866 Sülldorf zu Preußen
1878 Schule Lehmkuhlenweg eröffnet
1880 351 Einw.
1902 Friedhof eingeweiht
1927 zu Altona
1937/38 nach Groß-Hamburg eingemeindet
1946 3784 Einw.
1950 S-Bahn bis Sülldorf, 1954 bis Wedel
1956 Bürgerverein gegründet
1962 Sommerbad Marienhöhe
1969 Außenstelle des Bundesamtes f. Seeschiffahrt und Hydrographie
1978 Ausbau der B 431
1985 Bürgerinitiative gegr.
1987 Dorfbrunnen aus dem 17. Jh. rekonstruiert

heute nur noch zwei, drei Betriebe ernähren. Nach der Regel „Wachsen oder weichen" wurden Höfe ausgesiedelt, die verbliebenen elf haben sich spezialisiert. Wenige bauen noch Futter an, nur einer leistet Lohnarbeiten wie ehedem, zwei halten noch Kühe; seit mehr als 100 Jahren beliefern die Familien Sprick/Pein den Blankeneser Wochenmarkt mit Blumen.

Seit den 1970er Jahren und im Zuge speziell Hamburger Wohlstandsentwicklung haben sich vier Betriebe neben etwas Gemüseanbau vor allem als Reiter- oder Ponyhof etabliert. Sie können Weiden, Hallen und Pflege für Pensionspferde bieten. Hier halten und trainieren z.B. Herrenausstatter Kirsch und Sohn als

Polo-Fans ihre eigenen und noch etliche Pensions-Polo-Pferde.

Sülldorf ist längst **ein Reiterparadies** mit Hinterland und Ausrittmöglichkeiten in den Klövensteen oder über die Landesgrenze. Dienstleister leben hier vom Reitbedarf nicht schlecht. Mit 600 Freizeittieren war 2001 rechnerisch jeder vierzehnte Sülldorfer ein Pferd…

Im Kontrast zu diesen ländlichen Aktivitäten steht ganz im Westen seit 1969 die hochmoderne **Außenstelle des Bundesamtes für Seeschiffahrt und Hydrographie** (BSH, *Wüstland*), mit Speziallaboren für Spurenanalytik zur Überwachung und zur Überführung von Verursachern von Ölverschmutzungen. Die 45 international renommierten Wissenschaftler werden in Sülldorf so wenig wahrgenommen wie die des **Instituts für Fischereiökologie** (IFOE) der Bundesforschungsanstalt für Fischerei, dessen Verbleib am Westrand Sülldorfs allerdings ungesichert ist.

Sozialarbeit leistet der **Verein Franziskus** (*Op'n Hainholt*, gegr. 1992) als Lebens- und Arbeitsgemeinschaft Behinderter mit Wohn- und Gemeinschaftshaus, Werkstätten und Therapieraum.

Bahnhof seit 1883

Der Stadtteil ist im Nordteil rundum isoliert durch Fahrverbote auf den landwirtschaftlichen, allerdings bestens asphaltierten Feldwegen. Im Norden verbindet nur der *Lehmkuhlenweg* mit Rissen und der *Ellernholt* mit Schenefeld. Nervöse Rissener haben diese Abkürzungen längst entdeckt und nerven die Einwohner; spätestens an der S-Bahn-Schranke werden sie dann mit Wartezeit bestraft. Ansonsten bietet nur die große Ost-West-Achse schnelle Verbindung: Die *Sülldorfer Landstraße* (B 431) ist die ampelreiche Hindernisstrecke sowohl nach Altona und in die City als auch nach Rissen und Wedel, wo viele Sülldorfer einkaufen,

Stadtteil-Profil

	Sülldorf	Bezirk	Hamburg
Bevölkerung gesamt (2000)	8337	112 011	1 704 929
Unter 18-Jährige in %	19,3	20,1	16,1
65 Jahre und älter in %	19,5	14,8	17,0
Deutsche	7472	101 929	1 432 325
Ausländer in %	10,4	9,0	16,0
Einwohner je km²	1488	724	2258
Sozialstruktur			
Sozialhilfeempfänger (2000)	300	8 860	120 461
Arbeitslose (2001)	194	4 196	71 963
Eink. je Steuerpfl. in DM (1995)	68 512	60 397	65 579
Wohnen (2001)			
Wohngebäude	2129	33 737	226 061
Ein- und Zweifamilienhäuser in %	50,4	23,6	20,5
Ø Wohnungsgröße in m²	77,9	75,0	71,0
Wohnfläche je Einwohner in m²	38,1	36,6	35,7
Verkehr			
Private Pkw (2001)	3214	43 517	628 119
Straßenverkehrsunfälle (2000)	33	685	12 430
Kriminalität			
Straftaten insgesamt (2000)	370	10 987	284 272

© Statistisches Landesamt

Wahlverhalten

... zur Bürgerschaft 2001 (gesamt)

Wahlbeteiligung	71,0%
SPD	36,5%
CDU	26,2%
Schill-Partei	19,4%
Grüne/GAL	8,6%
FDP	5,1%
Übrige	4,2%

... zur Bürgerschaft 2001 (Stadtteil)

Wahlbeteiligung	80,6%
SPD	34,7%
CDU	30,0%
Schill-Partei	17,8%
Grüne/GAL	7,1%
FDP	6,9%
Übrige	3,5%

Ohne Hektik: Die S-Bahn-Schranke zwingt zur Muße, Jogger und Spaziergänger genießen sie auf den offiziell autofreien Feldwegen

weil sie dort verlässlicher parken können als im notorisch verstopften Blankenese.

Den Nahverkehr bewältigen S-Bahn (S1/11, 10-Minuten-Takt zur Hauptverkehrszeit), der MetroBus 1 (Rissen–Altona über Blankenese), spät noch der Nachtbus 601 (Rathausmarkt–Wedel).

Argwohn gegen Salamitaktik

Im Straßendorf des nördlichen „Naherholungsgebiets“ ist normalerweise kein Wohnen oder Bauen möglich, nur ein paar glückliche Hamburger leben in Altenteiler-Bauernhäusern wie auf dem Land. Behördlich gefährlich „angedacht“ ist allerdings eine „Lückenbebauung“. Am Stadtteilrand zu Iserbrook erstrecken sich wenig ansehnliche lange Reihenhaussiedlungen der SAGA, die einst die vielen Flüchtlinge aufnahmen. Von hier drängen Investoren „salamitaktisch“, also Scheibe für Scheibe, in die Grünflächen vor und erwirken immer mal wieder gegen alle Proteste Baugenehmigungen.

Eine „Dorfmitte“ gibt es in Sülldorf nicht, allenfalls sind S-Bahnhof oder Kirche St. Michael an der Ecke *Sülldorfer Kirchenstraße/Am Sorgfeld* ein Bezugspunkt, den ansonsten symbolisch der restaurierte Dorfbrunnen am (nördlichen) *Sülldorfer Kirchenweg/Heerhof* darstellt. Wenigstens hier im Umkreis ist seit 1985 ein geschütztes **Milieugebiet** definiert. Eigentümer großer Flächen sind die Stadt Hamburg und der Bauverein der Elbgemeinden – keine unvertrackte Situation für die Bürgerinitiative „Rettet Sülldorf“, die den Woh-

risch umdefiniert wird. Ohne Druck auszuüben kauft die Stadt Flächen auf und wird beargwöhnt. Nicht ungern würden Sülldorfs Landwirte bezahlte Landschaftspfleger werden, damit die Feldmark mit **Gräben** (statt Verrohrung) und mit **Knicks** erhalten bleibt. Landwirte und Bürgerverein wünschen sich eine Trennung der Wege-Systeme und ein eigenes Reitwegekonzept mit besserer Anbindung an den Klövensteen – vorausgesetzt natürlich, dass nicht eines Tages die bisherige „landwirtschaftliche Privilegierung" Nord-Sülldorfs politisch in Frage gestellt wird.

Das öffentliche Vergnügen: Die „Marienhöhe" ist weitläufig genug für ein schönes Freibad und einen Waldpark mit Grillplätzen

nungsbau „um jeden Preis" verhindern will. Nur im Süden reiht sich Sülldorfs Bürgerlichkeit straßenweise in bescheideneren Einzelhäusern und Villen auf, an denen die genossene Nähe zu Blankenese abzulesen ist. Hier wohnen junge Familien mit Kindern ausgesprochen gern und komfortabel.

Einstweilen privilegiert

Im Spannungsfeld von Stadt- und Einzelhaus-Vierteln im Süden und ländlichem Norden kämpft der Bürgerverein erfolgreich um Integration, er plant sogar ein Bürgerhaus mit neuem Kindergarten. Die organisierten Landfrauen ihrerseits bewerben sich für „Regionen aktiv" beim Förderprogramm des Bundesministeriums für Verbraucherschutz, Ernährung und Landwirtschaft und wollen beweisen, was extrem stadtnahe Land(wirt-)schaft bedeuten und dem Gemeinwohl bieten kann. Denn zunehmend müssen sich die elf Landwirte gegen grüne „Besserwissereien" wehren und abwehren, dass ihre traditionelle Feldernutzung kurzerhand und anklägerisch umdefiniert wird.

Ein heimlicher Mittelpunkt: Der 1987 restaurierte Dorfbrunnen ist den Sülldorfern als Stadtteilsymbol ans Herz gewachsen

Feldmark, Freibad, Waldpark

Sülldorf hat Natur als Auslauf – nicht nur für die 600 Pferde. Auf den vielen asphaltierten, für Autos offiziell gesperrten Feldwegen radeln, skaten, rollern und wandern an schönen Wochenenden Hamburger aller Stadtteile durch die Feldmark. Nicht immer haben diese Städter Verständnis für zwangsläufige Begegnungen mit Reitern, die im Recht, oder mit Treckern, die im Dienst sind.

Einstweilen genießen Sülldorfer ihr skurriles doppeltes Stadt-Land-Image. In schönen Sommern bevölkern sie zusammen mit weit Angereisten das kinderfreundliche, allerdings unbeheizte Sommerbad, ihr **Freibad Marienhöhe**, das sie erst 1962 (und nach erfolgreicher Verhinderung anderer Bebauung der ehemaligen Heidorn'schen Kiesgrube am *Luzerneweg*) bekamen. Das Freibad ist mit 26 500 m² Liegefläche, 50-Meter-Becken, Rutschen, Spielplatz und Sauna auch überregional beliebt – jeder Anfall von Sparwut oder Investitionsmüdigkeit bei der verwaltenden „Bäderland Hamburg GmbH" wird genau registriert.

Im **Waldpark Marienhöhe** ist um das Freibad herum gut spazieren, spielen, grillen. Dass es früher ein königlich-dänisches Gut mit Schafzucht war, kann man sich an schönen Tagen noch ausmalen, und dass die Sportplätze am *Sülldorfer Kirchenweg* schon 1813/14 den die

Franzosen bekämpfenden Kosaken als Exerzierplatz dienten, spricht für Kontinuität. Der **Turn- und Sportverein Sülldorf von 1925 e.V.** an der *Sülldorfer Landstraße 161* musste nach dem Kriege den Abriss der Notbaracken hier abwarten und turnt seit 1954 in der kleinen Sporthalle des nahen Blankeneser Gymnasiums Willhöden, seit 1967 auch in der neuen Halle der Sülldorfer Grundschule Lehmkuhlenweg. Inzwischen wird ein protestfreier Standort für ein endlich eigenes Vereinsgebäude und für neue Tennisplätze gesucht.

Hofladen für Biokost

Der Sog der umliegenden, ständig wachsenden und auch bevölkerungsreicheren Stadtteile Rissen, Blankenese und Iserbrook entzog Sülldorfs Handwerkern, Geschäften und Gasthöfen die Kunden und schließlich die Existenzgrundlage. Der Spar-Markt gab auf, dafür kam Lidl an die Kreuzung *Sülldorfer Landstraße/ Sülldorfer Kirchenweg*. Auch **Feinkost Timmermann** im Südteil schloss 2001 im 159. Traditionsjahr und lebt nur mit seinem damals schon 25 Jahre lang qualitätvollen Partyservice weiter.

Daneben wurde der andere (nördliche) **Timmermann** vom „Biohof" mit seiner Umstellung 1989 zum wahren Renommierbetrieb und ist ein Inbegriff mit seinem großen **Hofladen** am (nördlichen) *Sülldorfer Kirchenweg 237*, der eigene wie gute fremde Ökoprodukte verkauft.

Gesunder Strukturwandel: Zeitgemäße Höfe betreiben einen eigenen Bioladen oder lassen Pensionspferde ab Ponygröße logieren

Kneipenwüste

Im schmalen Sülldorf ist nicht mehr gut ausgehen. Aus dem Gasthof an der großen Kreuzung, Haupttreffpunkt seit 1895, wurde nach vielen Wechseln 1968 die Haspa-Filiale 431, heute vom Hamburger Konservatorium überragt. Ansonsten blieben nur die in Jahrzehnten schön kneipig gewordene Gaststätte **Die Insel** *(Sülldorfer Landstraße 226)* und „die Griechen" **Spiros und Spiros** *(Nr. 164)*.

Köpfe

Lehrer **Wilhelm Schröder**, der Unvergessene, erforschte, beschrieb und illustrierte minutiös die Sülldorfer Heimatgeschichte. Die in gleich zwei Stadtteilen bestbekannte Blumenfrau **Ilse Sprick** ist seit 50 Jahren vom Blankeneser Wochenmarkt nicht wegzudenken, wo sie jeder kennt und grüßt. So wie den Sülldorfer Bauer **Wilhelm Gerkens**, mütterlicherseits Sülldorfer seit dem 17. Jahrhundert, der die 180 Milchkühe seiner Herde alle noch beim Namen nennen kann.

Bestes Durchhaltevermögen: Lehrer Schröder dokumentierte ganz Sülldorf, Ilse Sprick wurde zur überregionalen Marktblumenfrau und Wilhelm Gerkens zum letzten Milchbauern

Tatenberg

liegt in den Hamburger Marschlanden. Gemüse, Blumen und 1200 Kleingarten-Parzellen bestimmen das Bild des Stadtteils, dessen früherer Dorfcharakter verloren ging. Heute erinnern nur noch wenige historische Gebäude zu beiden Seiten des Hofschläger Wegs und am Tatenberger Deich an alte Zeiten

Steckbrief

Fläche:
3,102 km²
Einwohner:
479
Verwaltung:
Bezirk Bergedorf, Ortsamt Vier- und Marschlande
Ortsteil:
613

Zur Herkunft des Namens Tatenberg gibt es eine ganze Reihe plausibel klingender Theorien: eine beruft sich auf einen frühen Siedler namens „Tade“, eine andere auf hier möglicherweise schon zur Frühzeit weidende Gänse, deren „Tatern“ im 19. Jahrhundert jedenfalls weithin zu hören war.

Aus der Geschichte

Die Besiedlung Tatenbergs als Teil der Elbinsel Ochsenwerder setzte Ende des 12. Jahrhunderts ein, als **Heinrich der Löwe** das Gebiet für die Landwirtschaft nach holländischem Vorbild eindeichen und entwässern ließ. Die Bauern waren holsteinischen Adligen abgabepflichtig. Um 1315 verkauften drei von ihnen dieses Recht an das Kloster Harvestehude, und bald darauf nahm Hamburg Teile des Tatenberger Landes als Pfand.

Das alte Tatenberger Fährhaus war ein gut besuchtes Ausflugslokal. Foto vermutlich Ende der 1920er Jahre

Kleingärten bedecken mehr als die Hälfte des Stadtteils

1395 erwarb die Stadt zur Sicherung der Elbschifffahrt Bill-, Moor- und Ochsenwerder mit Tatenberg, Spadenland und Allermöhe von Graf Otto I. von Schauenburg. Für die Verwaltung richtete Hamburg um 1410 die **Landherrenschaft Bill- und Ochsenwerder** ein, zu der nach dem Gottorper Vergleich 1768 noch Nettelnburg, Reitbrook, West-Krauel und die Bojewiese kamen. 1830 wurde die Verwaltung in „Landherrenschaft der Marschlande“ umbenannt.

Das tief gelegene Tatenberg bildete seit 1639 mit Spadenland und Ochsenwerder einen geschlossenen Deichverband. Überschwemmungen waren damals keine Seltenheit, denn bei **Sturmfluten** drückte die Elbe ihr Wasser von Westen, also von „oben“ kommend, in die Dove-Elbe hinein. Erst mit dem Bau der **Tatenberger Schleuse** 1949–52 war dieses Problem gelöst und die Dove-Elbe

Unendlich viele Arbeitsstunden und jede Menge Liebe stecken in einem gepflegten Kleingarten

wieder als Wasserstraße nutzbar. Bei der schweren Sturmflut 1962 hielten die Tatenberger und Spadenländer Deiche so gut, dass die Vier- und Marschlande mit Ausnahme von Moorfleet, Billwerder und Allermöhe keine Schäden erlitten.

Lange vor der weitgehenden Bändigung des Wassers gelangten Ende des 15. Jahrhunderts die ersten großen Bauernhöfe in den Besitz wohlhabender Hamburger Kaufleute. Nachfolgende Generationen bauten die Höfe zu Landhäusern und Sommerresidenzen aus. Am *Tatenberger Deich 217* lag z.B. der Hof von Cord Jastram, der später zusammen mit Hieronymus Snitger als Führer der aufständischen Bürgerschaftspartei in den hamburgischen Bürgerunruhen 1686 hingerichtet wurde. Der prächtigste dieser Landsitze war der **Bieber-Hof**.

Wohl im 17. Jahrhundert als „Lütje-Hof" entstanden, kam 1804 die Familie Bieber in den Besitz der großen Anlage mit Herrenhaus, diversen Wohnhäusern und Nebengebäuden. Vier Bieber-Generationen pflegten und erweiterten den Park, dessen Schönheit weit und breit seinesgleichen suchte. Eine Kastanienallee säumte die Zufahrt zum Herrenhaus, Ulmen standen am Hofgraben, und im Park fanden sich stattliche Blutbuchen, Linden und Trauerweiden. Durch umfangreiche Zukäufe wuchs der Bieber-Hof auf fast 100 ha an. Nach dem Tod von **Henry Christian Bieber** (s. Köpfe) 1933 erwarb Hamburg den Besitz für 118 000 Reichsmark und zerteilte ihn nach und nach für verschiedene Zwecke (Flussregulierung und Deichbau an der Dove-Elbe). Das Gutshaus wurde am 31. März 1945 bei einem Luftangriff vollständig zerstört. Auch von den anderen großen Tatenberger Höfen ist heute nur der kümmerliche Rest des **Westlichen Mittelhofes** am *Tatenberger Deich 120* zu sehen. In der Steuerliste von 1500/12 fand dieser Hof mit Eigentümerangabe erste Erwähnung. Im Laufe der folgenden Jahrhunderte ging der Besitz durch etliche Hände; Gebäude wurden umgebaut und in ihrem Erscheinungsbild grundlegend verändert. Im Jahr 1968 gelangte die gesamte Hofanlage an die Stadt Hamburg, die 1973 die ehemaligen Wirtschaftsflächen als Kleingartengelände auswies.

Blick in die 120 m lange Tatenberger Schleuse

Zeitleiste

Ende 12. Jh. Beginn der Besiedlung
1395 Hamburg kauft Tatenberg
um 1410 Landherrenschaft Bill- und Ochsenwerder
15.–17. Jh. Landhäuser entstehen
1639 Deichring um Tatenberg, Spadenland und Ochsenwerder
1920 Stromanschluss
1926 Anschluss an die Marschbahn
1935/36 Frischwasserleitungen
1949–52 Tatenberger Schleuse und Wehr im Bau
1973/74 Ausbau der Kleingartensiedlung
seit den 1980er Jahren Hofläden bringen Zugewinn

Wahlverhalten

... zur Bürgerschaft 2001 (gesamt)

Wahlbeteiligung	71,0%
SPD	**36,5%**
CDU	**26,2%**
Schill-Partei	**19,4%**
Grüne/GAL	**8,6%**
FDP	**5,1%**
Übrige	**4,2%**

... zur Bürgerschaft 2001 (Stadtteil)

Wahlbeteiligung	82,3%
SPD	**28,8%**
CDU	**36,7%**
Schill-Partei	**26,5%**
Grüne/GAL	**4,2%**
FDP	**2,7%**
Übrige	**1,1%**

Stadtteil-Profil

	Tatenberg	Bezirk	Hamburg
Bevölkerung gesamt (2000)	479	114 631	1 704 929
Unter 18-Jährige in %	15,2	20,3	16,1
65 Jahre und älter in %	20,0	15,5	17,0
Deutsche	470	103 658	1 432 325
Ausländer in %	1,9	9,6	16,0
Einwohner je km²	154	741	2258
Sozialstruktur			
Sozialhilfeempfänger (2000)	3	7659	120 461
Arbeitslose (2001)	6	3691	71 963
Eink. je Steuerpfl. in DM (1995)	57 788	60 397	65 579
Wohnen (2001)			
Wohngebäude	137	18 755	226 061
Ein- und Zweifamilienhäuser in %	82,6	33,4	20,5
Ø Wohnungsgröße in m²	102,6	77,9	71,0
Wohnfläche je Einwohner in m²	40,7	34,7	35,7
Verkehr			
Private Pkw (2001)	290	45 863	628 119
Straßenverkehrsunfälle (2000)	7	633	12 430
Kriminalität			
Straftaten insgesamt (2000)	60	11 451	284 272

© Statistisches Landesamt

Bei Meiers kann man im Sommer selber pflücken, bezahlt wird nach der Größe der Sträuße

Kleine Gärten ganz groß

Wer den historischen Grund dafür sucht, dass Tatenbergs Gesicht heute weitgehend von **Kleingärten** bestimmt ist, muss weit über die Grenzen der Marschlande hinausschauen, nämlich bis nach Winterhude und Steilshoop. Dort entstanden seit den 1960er Jahren die Bürohauslandschaft der „City Nord" und die Großsiedlung „Neu-Steilshoop". Für 10 000 zuvor hier ansässige Kleingärtner mussten neue Parzellengrundstücke gefunden werden. Da erinnerte sich die Stadt an ihre alten Tatenberger Flächen vom Bieber-Hof und Westlichen Mittelhof und wies diese den vertriebenen Minifarmern zu. 1973 wurde die Kolonie „Bieberhof" gegründet, und mit den Jahren kamen sechs weitere Gartengemeinschaften hinzu („Wolfskuhle", „Tatenberg", „Am Buller", „Am Marschbahndamm", „Spadenland", „Ochsenwerder").

Feuer- und Durstlöscher

Obwohl Tatenberg ein eigener Stadtteil ist, fühlen sich die Bewohner auch heute noch sehr eng mit Ochsenwerder verbunden. Von jeher gehörte Tatenberg zum Kirchspiel Ochsenwerder, und dieser kirchliche Zusammenschluss förderte das Gemeinschaftsgefühl auf allen Gebieten des dörflichen Lebens. So wurde z.B. schon 1722 die gemeinsame „Feuer-Ordnung, genannt Gott bewahre uns!" verabschiedet. Viele Bewohner Tatenbergs sind Mitglieder der **Freiwilligen Feuerwehr Spadenland**, die auch ihren Stadtteil schützt. Seit 1878 existiert in Tatenberg die **Liedertafel Concordia**, die sich jährlich im Oktober zu einem gemeinsamen Liedertag mit allen Chören des Marschgebiets trifft.

1886 in Tatenberg gegründet, wurde nach einer fast 50-jährigen Schlummerphase der „Korkenclub" als **Neudorfer Korkenclub** 1976 zurück ins Leben gerufen. In Otto Garbs' Gaststätte trifft sich nun wieder allmonatlich die Herrenrunde, und gemäß der alten Tradition wird jedes Mitglied befragt: „Häss'n bi di?!" Auf Hochdeutsch heißt dies „Hast du ihn dabei?!". Gemeint ist ein gebrandmarkter Korken mit der Funktion eines Mitgliedsausweises.

Frischer geht's nicht: Günter Stender kann beste Qualität für das Angebot seines Hofladens garantieren

Wer ihn vergisst, muss Strafgeld in die Clubkasse zahlen.

Hofläden bringen Zugewinn

Tatenberg ist traditionelles Hamburger Anbaugebiet für Gemüse. Zwei Gartenbaubetriebe haben sich mit ihren Hofläden am *Tatenberger Deich* ein **lukratives Nebengeschäft** aufgebaut, das mittlerweile immer mehr Nachahmer in den Vier- und Marschlanden findet. Hermann und Bernd Saussen bieten seit über 25 Jahren die Früchte ihrer Felder direkt an, und Nachbar Günter Stender begann 1989 mit dem Verkauf. Beide Familienbetriebe haben sich auf den Strom der ausfliegenden Städter eingestellt und halten ihre Läden an Wochenenden durchgehend geöffnet (montags geschlossen).

Viele Hamburger verbinden ihre Marschlandentour mit einem Einkauf im Hofladen (oder umgekehrt)

Im Sommer können die Kunden am *Tatenberger Deich 193* nahe dem ehemaligen Tatenberger Bahnhof das blühende Geschäft der Gärtnerei von Petra und Eckhard Meier besuchen. Auf ihrem Hof gibt es die schönsten **Sommerblumen zum Selberpflücken**.

Wasser, Schiene, Straße

Wie überall in den Vier- und Marschlanden fließt auch in Tatenberg der Verkehr zumeist entlang der Deichlinien. Die gut ausgebauten Straßen sind heute zur Selbstverständlichkeit geworden, und wie beschwerlich sich eine Fahrt auf den alten Pflasterstraßen und Wegen noch vor wenigen Jahrzehnten ausnahm, ist längst vergessen. Für Jahrhunderte jedenfalls war die Schifffahrt auf der Strom-, Dove- und Gose-Elbe die schnellste und bequemste Beförderungsart. Historisch gesehen gibt es für das gesamte Gebiet der Vier- und Marschlande jedoch nur ein verkehrstechnisches Highlight: die **Vier- und Marschländer Eisenbahn**. In Tatenberg währte ihre Ära kaum mehr als 25 Jahre (1926–53). Nachdem 1912 die Vierländer Eisenbahn die Strecke Bergedorf–Zollenspieker befuhr, entstand bald darauf der Plan einer „Längsbahn" durch die gesamte Marsch mit Anschlüssen an die Vierländer Bahn, die im Aufbau befindliche „Billwärder Industriebahn" im Westen und die „Bergedorf-Geesthachter Eisenbahn" im Osten. 1921 war es so weit: Die Hamburger Marschbahn wurde zwischen Geesthacht und Fünfhausen eröffnet. Fünf Jahre später führte die Strecke über Ochsenwerder bis Tatenberg und erreichte mit dem Brückenschlag über die Dove-Elbe im Jahr darauf Moorfleet und die Verbindung mit der Billwärder Industriebahn. 1942 fusionierte die Hamburger Marschbahn mit der Bergedorf-Geesthachter Eisenbahn. Schon elf Jahre später stellte die Marschbahn ihren seit langem nur noch eingeschränkt ange-

Der ehemalige Tatenberger Bahnhof am Marschbahndamm dient jetzt als Wohnhaus

botenen Personenverkehr ein, und **Busse übernahmen die Beförderung**. Die Schiene musste sich der Straße geschlagen geben. Bereits seit Ende der 1920er Jahre rumpelten Lkw über die Deiche und beerbten – anstelle der Eisenbahn – bald die uralte Kleinschifffahrt mit Ewern (s. Neuengamme).

Lok 27 auf der Fahrt von Tatenberg nach Billbrook am 29. Juni 1953, kurz vor dem endgültigen Betriebsschluss der Marschbahn

Bürgergeschichten

„Das geschmuggelte Vereinshaus“

Der 1. Vorsitzende der Gartengemeinschaft Wolfskuhle e.V. (Klgv. 617), Dieter Wiedemann, erzählt, wie die Tatenberger „Minifarmer“ äußerst kostengünstig zu einem neuen Vereinsheim kamen

Der Stadtteil Tatenberg wird von der großen Kleingartenanlage „Bieberhof“ geprägt. Diese hatte das Bezirksamt Bergedorf mit schönen kilometerlangen Wanderwegen, mit abwechslungsreichem Begleitgrün Anfang der 1970er Jahre parkähnlich geplant und fertig gestellt. Nach und nach konnten damals 1134 Familien auf den über 80 ha ehemaligen Ackerlandes ihre Schrebergärten beziehen und insgesamt sieben Vereine gründen.

Vorher, nachher – oder wenn dies Haus sprechen könnte… Im Sommer 1977 feierten die Kleingärtner der „Wolfskuhle“ ihren neuen Vereinsmittelpunkt und tanzten auf dem noch bloßen Estrich

Einer dieser Vereine wollte sich 1976 ein Vereinshaus bauen. Geld war dafür (das war schon damals so) kaum vorhanden; man suchte also etwas Günstiges. Der Vorstand des Kleingartenvereins „Wolfskuhle“ begann sich dann verstärkt bei den Behörden und Institutionen der Stadt umzuhören.

Der damalige Chef des Landesverbandes, der Deputierte der Baubehörde Ernst Schröder, und der damalige Ortsamtsleiter Ulrich Vöge gaben den Kleingärtnern schließlich den entscheidenden Hinweis. Mitten im Hamburger Freihafen stand ein Behördenbau, der nun schon zweimal – zuletzt bei der großen Sturmflut 1976 – abgesoffen war und seitdem still vor sich hin dämmerte. Dieses Haus war von der Finanzbehörde öffentlich zum Verkauf ausgeschrieben worden. Die zu erwartenden Abbruch- und Zollausfuhrkosten waren jedoch so hoch, dass sich bis dahin noch niemand gemeldet hatte. Nach zähen und langwierigen Verhandlungen konnte der Vereinsvorstand dann einen Kaufvertrag über nur 3000 Mark für das 200 m² große Haus mit der Stadt abschließen.

Es war die wohl größte Tat der „Minifarmer“, wie dieses Haus dann sauber abgebrochen, zerlegt und unter den Augen der selbstverständlich zuvor informierten Zollbeamten aus dem Freihafen geschmuggelt worden ist: Diese merkten erst an einem Sonntag, nach elf Transporttagen, als der eigentlich zu verzollende Rohbau erwartet wurde, dass die gesamte Baumasse schön und schriftlich als „Bauschutt“ deklariert und bei jeder Zolldurchfahrt geprüft, längst auf der Baustelle in Tatenberg angelangt war! Der damals am Ericus persönlich anwesende Zollamtsvorsteher hatte wahrscheinlich zumindest einen Tieflader erwartet. Der letzte Wagen war aber nur ein Ford Transit. Mit dem sollten die Kleingärtner Fritz Neumann und Kalli Schwede nun tatsächlich zu einer Bauschuttkippe fahren; als Ladung waren nämlich lediglich die ausgebauten und zerschlagenen Toilettenanlagen zu begutachten und zu bewerten. Für den Herrn Zollamtsvorsteher konnten folglich nicht mehr als DM 0,00 an Zoll herausspringen.

Oh haua ha: Die damals beim Zoll und der Finanzbehörde beteiligten Beamten konnten sich auch nach Wochen noch nicht beruhigen!

Vollgas auf der Dove-Elbe

Niemand hätte es sich nach dem Zweiten Weltkrieg auch nur träumen lassen, dass Anfang der 1960er Jahre eine Zeit des „Wirtschaftswunders“ beginnen sollte. Mit ihr kam ein damals topmodernes Freizeitvergnügen in die Marschlande: das **Motorbootfahren**.

Tatenberg ist Heimathafen für fast 200 Motorboote

1961 wurde am *Tatenberger Deich 144* ein Motorbootclub gegründet. Heute heißt er „Hamburger Yacht-Club e.V. im ADAC Yachthafen“ und zählt über 330 Mitglieder. Rund 180 Motorboote liegen hier an sechs Stegen. Wer dagegen zum „Tatenberger Yachtclub“ nach Tatenberg fährt, hat den falschen Weg genommen: Der Club befindet sich nämlich in Allermöhe, auf der anderen Seite der Dove-Elbe am *Moorfleeter Deich*.

Köpfe

Henry Christian Bieber war der letzte „Herr“ des Bieber-Hofes. Als junger Mann verließ er 1874 Tatenberg und pachtete ein Gut in Ostpreußen. Nach dem Tod seiner Eltern bewirtschaftete er auch den heimatlichen Hof, auf den er 1894 ganz zurückkehrte. Bieber übernahm viele Vereinsämter und engagierte sich stark für die Belange seines Standes. 1905 wurde er Mitglied der Feuerkassen-Deputation und zwei Jahre später in die Hamburgische Bürgerschaft gewählt (bis 1917 und wieder ab 1924). 1928 war er maßgeblich an der Gründung der Hamburgischen Landwirtschaftskammer beteiligt und wurde ihr erster Präsident. „Bieber-Tatenberg“, wie er in Hamburg genannt wurde, starb 1933 auf seinem Hof im Alter von 71 Jahren.

1969 begann **Dieter Schmittlich** das Imbissgeschäft. Zunächst stand er am Hohendeicher See mit einem Wagen, dem „Gelben Haus am Baggersee“, und seit Ende der 1980er Jahre auch in Tatenberg. Hier steht die Bude „Onkel Dieters Bermuda 3eck“ in der Kurve *Hofschläger Weg/Tatenberger Weg*. Einmal im Monat trifft sich Schmittlich mit zehn Freunden von der „Schlemmer-Kumpanen-Partei“ im Landhaus Voigt. Sie fahren auch gern gemeinsam Rad, und zwar zu elft auf ihrem abenteuerlichen „SKP“-Eigenbau.

Tatenberger Köpfe: der „Olle Bieber“ in Positur und „Onkel Dieter“ vor seinem Imbiss

Trachten der Marschlande

Ein vergessenes Kulturgut der Marschländer Bäuerinnen

Im Gegensatz zu den farbenprächtigen, weit über Hamburg hinaus bekannten Festtagstrachten der Vierlande trugen die Marschländerinnen eine eher schlichte Berufstracht. Aus gutem Grund: Die Bewohner der Marschlande versorgten den Hamburger Markt von jeher mit Grundnahrungsmitteln wie Milch, Kohl, Fisch und Gemüse. Bei diesen Produkten handelte es sich nicht um Luxuswaren, für die erst ein Bedürfnis, z.B. durch dekorative Kleidung, geweckt werden musste. „Die Tatenbergerin“ in der Darstellung von Christoph Suhr (Kleidertracht und Gebräuche in Hamburg, ab 1800) vermittelt einen Eindruck von der verhältnismäßig schmucklosen Kleidung: Über dem braunen Rock trug die Bäuerin eine Schürze in Blaudruck. Den tiefen Ausschnitt der Jacke bedeckte ein gestreiftes Hals- und Brusttuch, und der tellerartige Strohhut diente als Sonnenschutz. An Feiertagen kleideten sich die Bewohner der Marschlande nach städtischem Vorbild; deshalb gab es hier keine Festtagstrachten.

Tonndorf

wird von den beiden Hauptverkehrsadern in Hamburgs Osten, der B 75 und der Bahntrasse Hamburg–Lübeck, geteilt. Die Wandse-Seite prägen Wohnhäuser und Kleingärten, während im Süden Gewerbeansiedlungen, Geschäfte und das weit bekannte Studio Hamburg den Wohnstadtteil auflockern

Steckbrief

Fläche:
3,941 km²
Einwohner:
12 394
Verwaltung:
Bezirk Wandsbek, Kerngebiet
Ortsteil:
513

Wie bei vielen Stadtteilen ist die Herkunft des Namens noch nicht abschließend wissenschaftlich geklärt. Sicher leitet sich „Tonndorf" aber nicht von den reichen Tonvorkommen der Gegend ab, schließlich hieß das Dorf in den frühen urkundlichen Erwähnungen „Todendorpe". In Ermangelung besserer Alternativen wird als möglicher Namengeber ein Dorfgründer namens „Todo" bis heute favorisiert.

Ton, Steine, Scherben

„Sie liegen überaus schön in einer lustigen, anmutigen Gegend des Landes mitten auf einem fruchtbaren Acker von Eichen umgeben." Die Rede ist hier von fünf zwischen *Tongruben-* und *Weseler Weg* gelegenen Hügelgräbern, die bereits 1719 von dem Hamburger Pastor Albert Rhode und seinem Vater Christian Detlev untersucht wurden. In ihrem Buch „Cimbrisch-Hollsteinische Antiquitäten-Remarques" aus dem Jahr 1720 berichten die beiden Hobby-Archäologen über dieses und ein weiteres **Hügelgräberfeld** unweit der heutigen Grenze zu Jenfeld. Neben Urnenresten mit Leichenbrand fanden die Väter der Holsteiner Vorgeschichtsforschung einige bronzezeitliche Gegenstände, wie z.B. Nadeln oder Pinzetten. Andere Fundstücke weisen nach, dass die Besiedlung des Tonndorfer Gebiets bereits in der jüngeren Steinzeit einsetzte. Auch für die Eisenzeit ist die Kontinuität der Besiedlung gesichert. Außerdem wurden an der *Rahlau* Reste einer frühmittelalterlichen Siedlung ausgegraben.

Bronzezeitlicher Fund im Tongrubenweg: 1935 kam bei Erdarbeiten dieses Steinkistengrab zu Tage

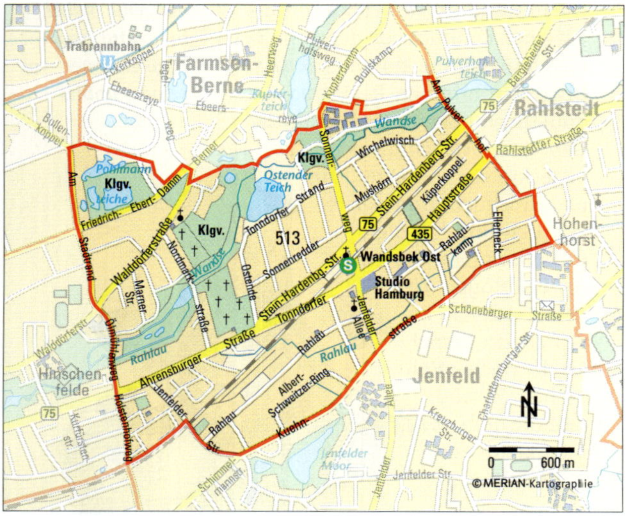

Aus der Geschichte

Urkundliche Erwähnung fand „Todendorpe" erstmals 1314, als die Ritterfamilie von Wedel sechs der mindestens zwölf

Bahnübergang Sonnenweg, wie ihn viele Hamburger kennen: ungewollte Pause mit Blick auf das Studio Hamburg

Hufen des holsteinischen Dorfes an das **Hamburger Domkapitel** verkauften. Einige Jahre später wechselte wiederum der Besitzer: 1342 kam Tonndorf für 110 Mark an das Reinbeker Nonnenkloster der Zisterzienser. Nach der Reformation übernahm der dänische König, in seiner Eigenschaft als Herzog von Holstein, den klösterlichen Landbesitz. Um an die lukrativen **Wandse-Mühlen** zu gelangen, kaufte der Wandsbeker Gutsherr Albert Balthasar Behrens 1646 Hinschenfelde und Tonndorf. Anfang des 18. Jahrhunderts legte der damalige Wandsbeker Gutsbesitzer Joachim von Ahlefeld nahe der Ölmühle den Meierhof Mühlenbeck als Vorwerk an und verkleinerte so die Tonndorfer Dorfgemarkung. 1807 wurde das Wandsbeker Gut – nun im Besitz der Familie von Schimmelmann – geteilt: Sie verkaufte den Ort Wandsbek mit den Dörfern Hinschenfelde und Tonndorf an den dänischen König und behielt selbst nur das Gebiet des heutigen Marienthal. Tonndorf kam damit nach langer Zugehörigkeit zum Wandsbeker Gut in den Herrschaftsbereich Dänemarks. Seit 1823 verlagerten die Bauern ihre Hofstellen an die Lübsche Landstraße, die zwanzig Jahre später zur Chaussee ausgebaut wurde. Parallel dazu begann 1865 die **Verlegung der Bahngleise** für die Eisenbahnverbindung zwischen Hamburg und Lübeck. Mit Gründung des Kreises Stormarn 1867 wurden Tonndorf und Lohe, inzwischen preußisch, zu **einer Gemeinde** vereinigt, die für sechzig Jahre bis 1927 bestand: Schließlich wurde Tonndorf mit 1242 Einwohnern nach Wandsbek eingemeindet, und die 800 Loher gelangten an die neu entstandene Großgemeinde Rahlstedt. Im Rahmen des Groß-Hamburg-Gesetzes (1937/38) kamen beide Siedlungen dann an die Stadt Hamburg. Und 1949/51 wurden mit der Neuordnung des Hamburger Staatsgebiets dem seither **eigenständigen Stadtteil Tonndorf** Teile Hinschenfeldes (s. Wandsbek) und Wandsbeks zugewiesen.

Erinnerungen an die Doppelgemeinde Tonndorf-Lohe. Links: Die Hundertjahrfeier anlässlich der Erhebung gegen die Franzosenherrschaft wurde 1913 mit einem festlichen Umzug begangen. Unten: Das Notgeld gab die Gemeinde 1921 heraus

Bekannt durch Film und Fernsehen

Das 80 000 m² große Gelände der Studio Hamburg GmbH und der Sitz des ZDF-Landesstudios machen Tonndorf zu einem wichtigen Medienstandort, auch über Hamburgs Grenzen hinaus

Der, die, das / wer, wie, was… Samson, den sympathischen Tolpatsch, und die pfiffige Tiffy mit der Kräuselkrepp-frisur kennt vermutlich jedes Vorschul-Kind. Während ihrer bildschirmfreien Zeit sind die beiden aus der Sesamstraße in der *Jenfelder Allee* auf dem Gelände des Studio Hamburg zu Hause. Hier werden nicht nur die deutschen Beiträge der wohl berühmtesten Straße der Welt produziert, die Studio Hamburg GmbH ist deutschlandweit der führende Dienstleister für Film und Fernsehen. Es begann 1947: Gyula Trebitsch und Walter Koppel gründen die Real Film GmbH. Anfang 1948 mieteten sie eine alte Villa an der *Tonndorfer Hauptstraße 90* und bauten in den nächsten Jahren systematisch einen Atelierkomplex auf. Unter den mehr als 100 Spielfilmen, die hier produziert wurden, sind so bekannte Klassiker wie „Des Teufels General“ und „Der Hauptmann von Köpenick“. Die Wege der beiden Kompagnons trennten sich 1959 mit der Gründung der Real Film Atelierbetriebs GmbH, später die Studio Hamburg Atelierbetriebs GmbH, an der Gyula Trebitsch zu 20 Prozent als Gesellschafter beteiligt war. Seit 1997 arbeitet die Studio Hamburg GmbH als Holding und ist mit fünf verschiedenen Geschäftsbereichen und über 30 Tochter- und Beteiligungsunternehmen an den wichtigsten Medienstandorten Deutschlands vertreten.

„Long Hello and Short Goodbye“, ein Kinofilm – produziert im Studio Hamburg, Atelier 3. Rechts: Von Tonndorf starteten Samson und seine Freunde in die Herzen der Vorschulkinder. Unten: Die ZDF-hansetreff-Tassen, gestaltet von Günter Grass (vorn) und Senta Berger (hinten), sind begehrte Sammlerstücke

Täglich arbeiten auf dem Studio-Gelände ca. 2000 Menschen in über 150 verschiedenen Berufen: Knapp die Hälfte ist beim Studio Hamburg fest angestellt, die übrigen arbeiten als freie Mitarbeiter oder sind für die eingemieteten Sender, Internet-TV-Anbieter und freien Film- und Fernsehproduzenten tätig. Damit ist das Studio Hamburg eine kleine Stadt für sich – aber auch Tonndorfs größter Arbeitgeber.

Im Gründungsjahr des ZDF 1963 mietete sich das Landesstudio des Senders beim Studio Hamburg ein, bis es 1989 einen Neubau in unmittelbarer Nachbarschaft am *Wöschenhof* bezog. Neben Berichten über aktuelle Themen aus Hamburg werden hier Spielfilme und Serien produziert. Seit 1999 lädt Studioleiter Knut Terjung zum alljährlichen Highlight, dem „ZDF hansetreff“, prominente Persönlichkeiten aus Politik, Wirtschaft und Showbusiness ein. Zu diesem Anlass gestaltet jeweils ein Prominenter die ZDF-hansetreff-Tasse, die in limitierter Auflage produziert und jedem Gast als Erinnerungsgeschenk überreicht wird.

Backstein in Tonndorf: Im ehemaligen Grundwasserwerk wird heute gewohnt, die alte Dorfschule dient als Kindertagesheim

Gebäude für Wissen und Wasser

Der 1. September des Jahres 1896 war ein denkwürdiger Tag für alle 75 Schulkinder aus Tonndorf-Lohe. Bis dahin gingen sie nach Hinschenfelde oder nach

Alt-Rahlstedt zum Unterricht, nun hatte die Gemeinde ein **eigenes Schulhaus** bekommen. 1989 wurde der alte Schulbau von der neuen Tonndorfer Schule getrennt, und seither ist in der ehemaligen Lehranstalt ein Kindertagesheim untergebracht.

Auch ein anderes sehenswertes Tonndorfer Gebäude ist backsteinrot. Ergänzend zum Wandsbeker Wasserwerk, das den Großensee im Kreis Stormarn seit 1891 nutzte, entstand in Tonndorf kurz nach der Jahrhundertwende ein **Grundwasserwerk**. Das als Zentralbau angelegte Pumpenhaus mit niedrigem Nebenbau wurde 1980 zum Wohnhaus umgebaut.

Jede Menge Programm

Noch ein Jahr länger als das Wasserwerk besteht die älteste Bürgervereinigung vor Ort: Schon 1890 taten sich mehrere Männer zur **Freiwilligen Feuerwehr Tonndorf** zusammen. Drei Jahre später galt es die erste große Feuerprobe zu bestehen, als die Gaststätte „Schinkenkrug" in Flammen stand. Damals wurden die Feuerwehrleute noch mittels Feuerhörnern zum Einsatz gerufen, bei dem sie dann nur eine Handdruckspritze zum Löschen zur Verfügung hatten. Heute ist die Ausrüstung sehr viel zweckmäßiger, und auch um den Nachwuchs muss sich Wehrführer Ralf Merten keine Sorgen machen. 1970 wurde die **Jugendfeuerwehr** Tonndorf mit dem Ziel gegründet, Jugendlichen eine sinnvolle Freizeitbeschäftigung zu bieten. Damit neben der technischen Ausbildung der Spaß nicht zu kurz kommt, nehmen die Jungfeuerwehrleute regelmäßig an Kinder- und Sportfesten teil oder fahren im Sommer gemeinsam ins Zeltlager.

Das Engagement für Kinder und Jugendliche wird auch in der ev.-luth. **Kirchengemeinde Tonndorf** groß geschrieben. Neben Laternenumzügen, Kinder- und Schulanfängergottesdiensten steht für Grundschüler eine Rallye auf dem Programm, die spielerisch in den Themenkreis Kirche einführen soll. Die seit 1950 eigenständige Gemeinde wird heute von Pastor Rüdiger Bethke und seiner Ehefrau Pastorin Anja Bethke betreut, die gemeinsam mit einer Reihe haupt- und ehrenamtlicher Helfer für ein **buntes Gemeindeleben** auch außerhalb der beiden Gemeindehäuser am *Roterlenweg* und direkt neben der 1953/54 errichteten ev.-luth. Kirche Tonndorf an der *Stein-Hardenberg-Straße*

Die beiden dürfen weiterspielen, wenn alle anderen lernen müssen: Jeden Morgen werden die Kinder der Tonndorfer Schule von Kurt Bauers „Zwei Bären" empfangen

Zeitleiste

1314 erste urkundliche Nennung von „Todendorpe“

1342 Tonndorf an das Reinbeker Zisterzienserkloster

1646 Wandsbeker Gutsherr kauft Tonndorf

1807 Tonndorf im Herrschaftsbereich Dänemarks

1843 Neuanlage der Chaussee nach Oldesloe

1867 Gemeinde Tonndorf-Lohe

1890 Gründung der Freiwilligen Feuerwehr

1927 Tonndorf zu Wandsbek, Lohe zu Rahlstedt

1937/38 Eingemeindung nach Hamburg

1948 Real Film GmbH zieht nach Tonndorf

1975 Albert-Schweitzer-Ring und Kuehnstraße als Gewerbegebiet ausgewiesen

2000 Planfeststellungsverfahren zur Beseitigung der schienengleichen Bahnübergänge abgeschlossen

sorgen. Für jedes Gemeindemitglied ist vom Liederabend bis zum Gemeindefrühschoppen etwas dabei, und auch externe Besucher finden sich z.B. zu **Orgelkonzerten** in der Tonndorfer Kirche ein.

Der Ball ist rund

Zurzeit hat der **SV Tonndorf-Lohe von 1921 e.V.** etwa 600 Mitglieder – nicht ungewöhnlich für einen Stadtteil mit gut 12 000 Einwohnern. Erstaunlich ist allerdings, dass es im Verein nur zwei Sparten gibt und über 90 Prozent der Mitglieder sogar in nur einer davon aktiv sind: 550 Vereinsmitglieder spielen **Fußball**. In 21 Abteilungen wird gedribbelt, geflankt und gemeinsam gejubelt. Schon die fünfjährigen Tonndorfer Knirpse trainieren in der G-Jugend so begeistert, dass kaum Zweifel über ihr Ziel bestehen. Sie wollen – wenn sie mal groß sind – bei den „Ersten Herren“ mitmischen. Die spielen immerhin in der Landesliga, Hamburgs dritthöchster Spielklasse. Wer dagegen lieber Handball oder Tischtennis spielt, der ist beim **Wandsbeker Männer-Turnverein von 1872 e.V.** richtig. Die Geschäftsstelle des zweitältesten Wandsbeker Sportvereins liegt zwar in Jenfeld, viele Sparten trainieren aber in den Tonndorfer Schulturnhallen.

Davon haben alle etwas

Ebenso wie man ein Papiertaschentuch, gleich welcher Marke, gereicht bekommt, wenn man nach einem „Tempo“ fragt, so benutzt jedermann in Hamburgs Osten **die Rahlau** als Synonym für die Tonndorfer Außenstelle der Stadtreinigung Hamburg. Fast alles, was nicht mehr gebraucht wird, landet auf dem „Rezi“, wie der **umsatzstärkste Recyclinghof** Hamburgs von seinen Mitarbeitern kurz genannt wird. Wenn Vorarbeiter Hans Peter Jung morgens das Tor aufschließt, warten bereits voll beladene Pkw, Anhänger und Kleintransporter auf Erleichterung. Samstags wird es richtig eng: Da sind es schon mal bis zu 600 Kunden, die von der alten Couchgarnitur bis zum Ölradiator alles in die fachkundigen Hände der Müllwerker geben.

Weit über Tonndorfs Grenzen hinaus wirkt auch die Besatzung der **Feuer- und Rettungswache Wandsbek**, die 1994 in die *Stein-Hardenberg-Straße 2* zog. Unter Wachführer Werner Papenhagen sind je Schicht 21 Mitarbeiter mit Löschfahrzeugen, Rettungs- und Notarztwagen in Wartestellung, um im Ernstfall den

Beim Kindergottesdienst in der Tonndorfer Kirche sind die Kleinen aktiv dabei. Viel Elan zeigen auch die Mädchen der D-Jugend beim Schusstraining

Stadtteil-Profil

	Tonndorf	Bezirk	Hamburg
Bevölkerung gesamt (2000)	12 394	405 173	1 704 929
Unter 18-Jährige in %	13,9	17,1	16,1
65 Jahre und älter in %	16,9	18,8	17,0
Deutsche	10 607	359 918	1 432 325
Ausländer in %	14,4	11,2	16,0
Einwohner je km²	3145	2742	2258
Sozialstruktur			
Sozialhilfeempfänger (2000)	797	25 017	120 461
Arbeitslose (2001)	544	14 222	71 963
Eink. je Steuerpfl. in DM (1995)	61 430	70 631	65 579
Wohnen (2001)			
Wohngebäude	2159	68 964	226 061
Ein- und Zweifamilienhäuser in %	26,1	31,4	20,5
Ø Wohnungsgröße in m²	68,1	77,1	71,0
Wohnfläche je Einwohner in m²	37,3	37,0	35,7
Verkehr			
Private Pkw (2001)	5310	166 212	628 119
Straßenverkehrsunfälle (2000)	113	2255	12 430
Kriminalität			
Straftaten insgesamt (2000)	1452	41 067	284 272

© Statistisches Landesamt

Wahlverhalten

... zur Bürgerschaft 2001 (gesamt)

Wahlbeteiligung	71,0%
SPD	**36,5%**
CDU	**26,2%**
Schill-Partei	**19,4%**
Grüne/GAL	**8,6%**
FDP	**5,1%**
Übrige	**4,2%**

... zur Bürgerschaft 2001 (Stadtteil)

Wahlbeteiligung	70,2%
SPD	**35,4%**
CDU	**26,8%**
Schill-Partei	**23,8%**
Grüne/GAL	**5,1%**
FDP	**4,9%**
Übrige	**4,0%**

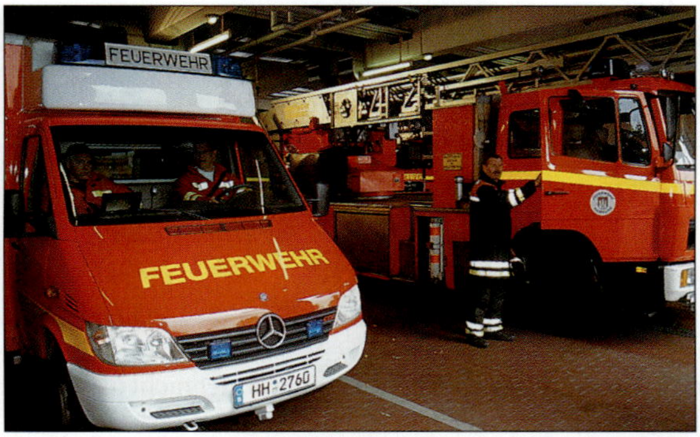

fast 200 000 Einwohnern ihres Reviers professionell zur Hilfe zu eilen. Über 20 000-mal im Jahr klingeln in der Wache die Alarmglocken. Meist gilt sie den Sanitätern des Rettungsdienstes, aber auch der 16 Mann starke Löschzug muss häufig ausrücken: Bei Großbränden ist der Drehleiterwagen der Profi-Truppe unerlässlich.

In Lohn und Brot

Im westlichen Teil Tonndorfs begrenzen im Norden wie im Süden Gewerbegebiete den Wohnstadtteil: Am kurzen Tonndorfer Stück des *Friedrich-Ebert-Damms* beginnt der stadteinwärts sich ausweitende **Branchenmix**: Autohäuser residieren neben Spezialfirmen für Brand- und Wasserschadensanierung, Handelsgesellschaften teilen sich ein Gebäude mit Messebaubetrieben.

Im Süden des Stadtteils wurden 1975 der *Albert-Schweitzer-Ring*, die *Kuehnstraße* und – gerade schon zu Jenfeld gehörend – die *Schimmelmannstraße* gemeinsam als **Gewerbegebiet** ausgewiesen. Auf den etwa 25 Tonndorf-

Hektar haben sich u.a. der Hersteller für Endoskope **Olympus Winter & Ibe GmbH** und der Feinkosthersteller **Beeck Feinkost** GmbH und Co KG niedergelassen. Seit 1981 ist das schon 1919 gegründete Unternehmen am *Albert-Schweitzer-Ring* ansässig und bringt von hier seine frischen Köstlichkeiten auf den

Immer einsatzbereit: die Profi-Truppe von der Feuer- und Rettungswache Wandsbek. Altmetalle wird man bei Ver- und Entsorger Janosch Trabczynski auf dem „Rezi Rahlau" los

Es grünt und blüht so schön: Kirschbäume säumen die Wohnstraße Ostende. Auf der anderen Wandse-Seite pflegen Kleingärtner liebevoll ihre Parzellen

„Alles was Seele bist Du / liebliche Psyche allein / erwach ich / aus irdischer Ruh / lass mich / Gespielin Dir sein": Bronzeengel auf dem Tonndorfer Friedhof

Weg. Die über 200 Spezialitäten von Matjessalat bis Mousse au Chocolat verkaufen nicht nur Feinkostläden oder Supermärkte, zahlreiche Produkte werden täglich an Hotellerie und Gastronomie marktfrisch geliefert.

Zimmer mit Aussicht

Abgesehen von den an der Peripherie gelegenen Industriegebieten ist Tonndorf ein Wohnstadtteil mit zumeist **einheitlicher Bebauung**. Die Etagenhäuser sind fast durchweg nur wenige Stockwerke hoch, und Großwohnsiedlungen wie in den Nachbarstadtteilen gibt es gar nicht. Besonders begehrt sind die Einfamilienhäuser in der Nähe der Wasserläufe Wandse und Rahlau. Teilweise tragen die Wohnstraßen noch das alte **Kopfsteinpflaster**, sodass man nicht nur schön, sondern auch ruhig wohnt: Allein um das Auto zu schonen, kommt niemand auf die Idee z.B. durch den holperigen *Tongrubenweg* zu rasen.

Auch echte Tonndorfer – mit ständigem Wohnsitz hier – sind die wenigen Festbewohner der im Stadtteil ansässigen **Kleingartenvereine**. Allerdings weiß der Vorsitzende des seit 1945 existierenden Klgv. 521 „Zur

Jungmühle e.V.", Dieter Lange, dass die Stadt neue Festbewohner nicht akzeptiert: „Uns lässt man langsam aussterben."

Tosend durch Tonndorf

Mit der **B 75** und der **Bahntrasse Lübeck–Hamburg** führen zwei bedeutende Verkehrswege mitten durch Tonndorf. Die Lübsche Landstraße wurde zur viel befahrenen Bundesstraße. Mit dem Ausbau der *Stein-Hardenberg-Straße* und der Verlegung der B 75 in den 1960er Jahren konnten den Anwohnern der *Tonndorfer Hauptstraße* viel Lärm und dem Durchgangsverkehr zwei Bahnübergänge erspart werden. Die seit 1865 durch die Tonndorfer Feldmark verlaufende Bahnlinie lässt die Stadtteilbewohner erst seit 1935 zusteigen. Damals wurde der bis heute unveränderte **Bahnhof Wands-**

Bürgergeschichten

„Tonndorfer Passion“

***Horst Naruga* lebt seit 1979 im Stadtteil und macht sich so seine Gedanken über die alltäglichen Tonndorfer Pausen**

Handbremse an. Da stehe ich nun wieder und warte. Die Minuten verrinnen, und meine so wichtigen Aktivitäten werden einfach mir nichts, dir nichts angehalten, unterbrochen, zum Stillstand gebracht. Gerade noch dynamisch und aktiv, werde ich gezwungen, eine Pause zu machen. Mein Handy, wo ist es? Kann ich schnell noch Telefonate führen? Oder sollte ich meine Zeitung nehmen und die neuen Meldungen aus Politik und Wirtschaft studieren? Wie viel Zeit habe ich? Wie lange werde ich diesmal angehalten? 2 Minuten? 5 Minuten oder gar 15 Minuten, so wie neulich? Man weiß es nicht.

Der neben mir liest schon in der Zeitung, und der Fahrer des Kleinlasters vor mir ist sogar ausgestiegen und im Kiosk verschwunden, hoffentlich kommt er rechtzeitig wieder, wenn es gleich weitergeht. Die hinter mir schminkt sich sogar in aller Ruhe, als ob sie zu Hause vor dem Spiegel wäre. Nützt auch nichts!

Da, gleich geht es weiter, ich höre ihn schon. Fenster wieder hoch, Motor anlassen. Wo bleibt denn der Fahrer vor mir? Mein Gott, muss ich jetzt noch auf den warten? Ah, er kommt, nun lauf schon, Mensch ist der langsam. Da, jetzt fährt der Zug vorbei.

Nein, nicht doch. Jetzt warten wir noch auf den Gegenzug!

Ach, ist das nicht Klaus? „He, Klaus, na, musst du auch warten? Sauerei immer diese Zeitverzögerung! Was macht die Familie?“ „Ja, ja, alles in Ordnung, fahren demnächst in den Urlaub, wann hast du denn Urlaub, die Ferien fangen doch bald an.“ „Nein, ich muss die Stellung halten, meine Kinder sind doch schon fertig mit der Schule. Mein Urlaub braucht noch, erst Ende August fliegen nach Florida.“ „Schön, wir werden wieder nach St. Peter fahren. ... Ah, tschüss, dort drüben ist mein Nachbar, dem wollte ich schon lange ...“ „Ja, tschüss ...“ Weg ist er, na ja ... St. Peter. – Wann kommt denn nun dieser Zug? Es ist gleich 8 Uhr. Die ganze Horde Schüler dort auf den Fahrrädern kommt sicher zu spät. Sie sollten die Schranken kennen. Aber eigentlich dauert es heute wieder länger als sonst. O nein, ein Güterzug. 1, 2, ... 18, 19, ich zähle immer mit. Schon als Kind habe ich das gemacht. 27, 28. Geht es jetzt weiter? Na, mach schon. Die da oben im Schrankenhaus rührt sich überhaupt nicht. Drück doch endlich auf den Knopf!

Warten, immer nur warten. Ich hätte längst meine Zeitung lesen können. Der neben mir liest immer noch. Jetzt steigt der Typ wieder aus und geht in die Kneipe. Er wird doch nicht ... ein gutes Bier zapft man zehn Minuten! Ach, der holt sich nur ein gebratenes Hähnchen. Jetzt warmes Hähnchen, mein Magen würde sich umdrehen. Die hinter mir pult sich tatsächlich in der Nase. Mein Gott, der Stau reicht jetzt bestimmt schon bis nach Jenfeld. Die Menschentrauben an der Schranke warten sicher auf den Zug in die Stadt, gut, dass es nicht auch noch regnet. Wenn jetzt nicht bald ... ah, da kommt er. Wie langsam! Wird hier halten. Ja, die laufen bereits unter der sich öffnenden Fußgängerschranke hindurch zum Zug.

Motor an, bin ich angeschnallt? Radio an, „... 8 Uhr, die Nachrichten ...“ Handbremse los.

Der langjährige Vorsitzende des Vereins für Tonndorf e.V. wartet oft genug, dass die Schranken sich öffnen

bek-Ost errichtet. Des Bahnfahrers Freud ist des Autofahrers Leid, denn der Straßenverkehr wird durch die beiden **ebenerdigen Bahnübergänge** am *Sonnenweg* und an der *Tonndorfer Hauptstraße* stark behindert. Schon 1913 gab es Pläne zur Überführung, aber erst zum Jahreswechsel 2000 konnte das Planfeststellungsverfahren für die Aufhebung der schienengleichen Bahnübergänge abgeschlossen werden, und nun hofft so mancher Tonndorfer, dass er künftig pünktlich z.B. aus der *Wichelwisch* zum Fußballtraining in die *Küperkoppel* kommt.

Frische Fische

Tonndorfs Einzelhändler haben es schwer: In allen vier Nachbar-Stadtteilen gibt es Einkaufszentren, durch die es sich bei jedem Wetter bummeln lässt. Tonndorf dagegen besitzt nicht einmal ein Ortszentrum: Nur entlang der *Tonndorfer Hauptstraße* und am *Sonnenweg* haben sich **kleinere Ladenzeilen** gebildet. Trotz allem bekommt man im Stadtteil alles für den täglichen Bedarf – und noch ein bißchen mehr: Supermärkte, Bäcker und Apotheken, aber auch Fachgeschäfte sind in Tonndorf ansässig: Weit über den Stadtteil hinaus kennt man **Fische** aus Tonndorf: Für Liebhaber von Schleierschwänzen und punktierten Flossensaugern, Fachleuten auch als Gastromyzon punctulatus bekannt, ist das **Aquarium Tonndorf** ein zoologisches Einkaufsparadies. Seit 1971 verkauft Familie Terletzki alles für Süß- und Meerwasseraquarien – vom frischen Lebendfutter bis zur Wellenschlagpumpe. Während langjährige Aquarien-Besitzer die Tipps der kompetenten Fachberater schätzen, scharen sich Aquaristik-Neulinge zumeist um das Bassin mit Zierkarpfen. Weniger exotische Fische verlangt die Kundschaft von **Fisch-Eichrodt**: Aale, Schollen, Krabben und Fisch-Salate verkauft die Familie schon über 70 Jahre lang und seit 1960 im Laden an der *Tonndorfer Hauptstraße*. Ein Verkaufsschlager sind die gebratenen Fischfilets, die viele Kunden als schnellen Imbiss zwischendurch genießen.

Ob Zier- oder Speisefisch – im Stadtteil bekommt man beiderlei

Zünftige Geselligkeit

Unkompliziert und schnell geht es auch in **Tom's Hütte** zu, dem Imbiss vor den Bahnschranken direkt an der S-Bahn-Station Wandsbek-Ost. Weitaus gediegener schwofte man bis Ende der 1970er Jahre im „Café Hartmann". Das Haus, in dem zwischenzeitlich das jugoslawische „Restaurant Dubrovnik" seine Gerichte anbot, musste inzwischen allerdings der Abrissbirne weichen. Wer gerne Traditionsgaststätten aufsucht, fühlt sich aber noch in Willi Giesemanns **Schinkenkrug** zu Hause. Seit zwölf Jahren ist er Pächter des schon seit langem bestehenden Lokals. Wurde es früher auch vom SV Tonndorf-Lohe als Vereinslokal genutzt, treffen sich heute hier vor allem alteingesessene Tonndorfer zum Umtrunk. Und alle vier Wochen wird „aufgeklopft". Dann halten die **Zunftgesellen der Freien Vogtländer** im Schinkenkrug ihre monatliche Versammlung ab.

Wer andern eine Grube gräbt …

… tut auch der Nachwelt manchmal etwas Gutes. Für alle Schwimmbegeisterten in Hamburgs Osten ist es bis heute ein Glück, dass in den 1920er Jahren die zu einer der beiden Ziegeleien des Hinschenfelder Großgrundbesitzers Carl Mejer gehörende Tongrube nicht mehr rentabel war und volllief. Mittlerweile erfreut sich das 1927 entstandene **Freibad Ostende** am *Tonndorfer Strand 37* weit über Hamburgs Grenzen hinaus größter Beliebtheit. Nach

Aus Ton gebrannt: Ein Ziegelstein aus einer der Mejerschen Ziegeleien befindet sich im Helms-Museum in Harburg

Saisonkartenbesitzer erhalten sogar einen eigenen Schlüssel für das Naturbad am Tonndorfer Strand

der Nutzung als Militärbadeanstalt während des Zweiten Weltkriegs übernahm 1948 die Stadt Hamburg den nun öffentlichen Badebetrieb. Seit 1986 gehört das Freibad zu den wenigen privat finanzierten Schwimmbädern Hamburgs. Dank des **Vereins Freibad Ostende e.V.** steht bei moderaten Eintrittspreisen und langen Öffnungszeiten einem erholsamen Sommerbad von Mai bis September nichts mehr entgegen. Und an kalten Wintertagen, wenn der Teich zugefroren ist, wärmen sich die Tonndorfer nach dem Pirouettendrehen an steifem Grog oder heißem Punsch. Bei jedem Wind und Wetter ist dagegen der **Wandsewanderweg** von Naturliebhabern aus der ganzen Umgebung bevölkert.

Köpfe

Helmuth Fricke kennt sich nicht nur in Tonndorf aus, wo er seit 1967 wohnt, er weiß fast alles über das Kerngebiet des Bezirks Wandsbek. Als Verleger und Autor hat er sich mit zahlreichen Publikationen und vor allem als Schriftleiter von „Wandsbek informativ", der Zeitschrift des Bürgervereins Wandsbek von 1848 e.V., einen Namen als Bezirks-Chronist gemacht. Für die historische Aufarbeitung der Geschichte Wandsbeks kann er auf ein umfangreiches Archiv zurückgreifen, das er während seines langjährigen Schaffens zusammengetragen hat.

Ohne den Einsatz seiner ganzen Familie kann sich **Bernhard Rau**, erster Vorsitzender des Vereins Freibad Ostende e.V., die Organisation der Badeanstalt gar nicht vorstellen. Seit 1986 ist er hauptverantwortlich für alle Belange des nicht-städtischen Naturbades. Sein Tag beginnt früh, denn bevor er am *Tonndorfer Strand* u.a. als Bademeister zum Einsatz kommt, hat der Betriebskantinenbetreiber bereits 200 Mittagessen serviert.

„Ich mag Müll", bekennt **Beatrice Hellwage**. Die studierte Bioingenieurin ist bei der Hamburger Stadtreinigung als Entsorgungsleiterin beschäftigt. Unter ihrer Regie wird auf dem Recyclinghof Rahlau und in der gesamten Region Ost der Müll getrennt, sortiert und anschließend fachgerecht entsorgt. Aber auch Straßenfeger, Kehrmaschinen und Streufahrzeuge im Wintereinsatz hören auf das Kommando der Fachfrau.

Mit Leib und Seele engagiert: Stadtteilkenner Helmuth Fricke, Bademeister Bernhard Rau und Entsorgungsleiterin Beatrice Hellwage

Uhlenhorst

Die Uhlenhorst entstand vor rund 150 Jahren mit der Absenkung der Alster und dem Bau vieler Entwässerungskanäle. Von den Villen am Alsterufer bis zu den Mietshäusern östlich des Hofwegs, vom Ernst Deutsch Theater bis zur Hochschule für bildende Künste bietet die Uhlenhorst ein bunt gemischtes Bild

Steckbrief

Fläche: 2,176 km^2
Einwohner: 15 482
Verwaltung: Bezirk Hamburg-Nord, Ortsamt Barmbek-Uhlenhorst
Ortsteile: 414, 415

Ursprünglich hieß das Gebiet direkt an der Alster „Papenhude“, später „Papenwerder“. Es war eine von der Kirche (Papen = Pfaffen) gepachtete, von Wasserarmen durchzogene Flussniederung (Werder). 1608 taucht Uhlenhorst zum ersten Mal als Name für einen Immenhof, also einen Imkereibetrieb, an der heutigen Marienterrasse auf. „Uhlenhorst“ kann einerseits als „Eulennest“ gedeutet werden, andererseits könnte sich der erste Namensteil auch von „Aue“ als sumpfige Flussniederung und „Horst“ von „Hurst“ (=Gestrüpp) ableiten. Warum sich aber die Uhlenhorst mit einem Artikel schmücken darf ist nicht zu beantworten. Für die Alteingesessenen gibt es keine Diskussion: Man wohnt eben „auf der Uhlenhorst“.

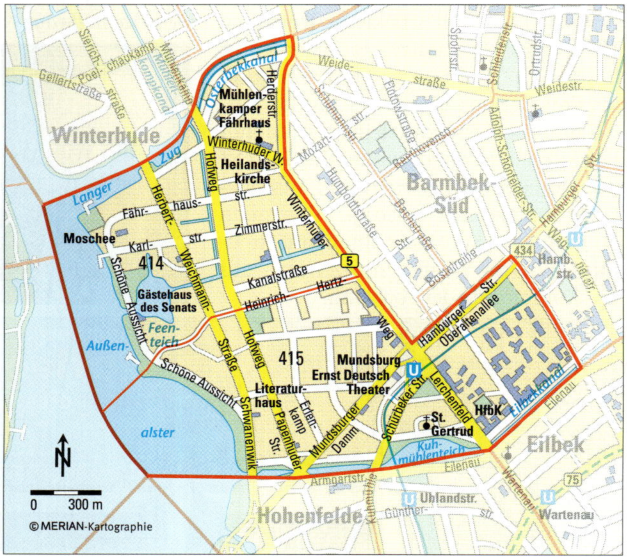

Aus der Geschichte

1256 wird das Gebiet der heutigen Uhlenhorst erstmals urkundlich erwähnt. Die Grafen von Holstein schenkten es den Hamburger Bürgern zur freien Nutzung. 1711, nach der Ausbreitung der Pest bis in die Umgebung Hamburgs, kaufte die Hamburger Kämmerei das zwischen Feenteich und Langem Zug gelegene **Pachtgut Uhlenhorst** und errichtete dort ein Landhaus, das als Quarantänehaus genutzt werden sollte. Die Anlage diente allerdings von Beginn an eher zur Erholung der „Kämmereibürger“ und zur Bewirtung ihrer Gäste. Im Zuge des Ausbaus Hamburgs zur französischen Festung 1813 wurde es zerstört. 1837 kauften die Unternehmer August Abendroth, Carl Beer Heine und Adolph Jencquel das Pachtgut. Nach ihnen wurden die *Auguststraße*, die *Karlstraße* und die Adolphstraße – seit 1985 *Herbert-Weichmann-Straße* – benannt, die mit der *Schönen Aussicht* Ende der 1860er Jahre zu den ersten bebauten Straßen auf der Uhlenhorst gehörten. Bis dahin war das Alsterufer unbefestigt, und die Uhlenhorst sowie die angrenzenden Gebiete von Hohenfelde und Winterhude bestanden aus großen Weiden und einigen Feldern, durchzogen von Wegen, Knicks und Gräben. Das Ufergelände

war häufig überschwemmt. Erst nachdem der Alsterspiegel nach dem Großen Brand von 1842 um einen Meter abgesenkt worden war, konnte Baugrund hergerichtet werden. Zuerst ließen die drei genannten Unternehmer Gräben und Kanäle zur Entwässerung anlegen – so entstanden der Hofweg- und der Uhlenhorster Kanal, denen Mitte des Jahrhunderts die Straßenerschließung folgte. Die anfängliche Bebauung beschränkte sich zunächst auf Landhäuser begüterter Hamburger. Mit der Aufhebung der Hamburger Torsperre 1860/61 setzte die stetige Besiedlung der Uhlenhorst ein. Bereits seit den 1840er Jahren gab es auch das **Uhlenhorster Fährhaus** an der *Schönen Aussicht*. Zunächst war es noch ein kleines Häuschen, das aus einem Gastzimmer und der Wohnung des Pächters der Fähre bestand. Der Pächter war verpflichtet, Tag und Nacht bereit zu sein, um Fahrgäste per Ruderboot über die Alster zu setzen. Seit Ende des 19. Jahrhunderts war das neue Uhlenhorster Fährhaus, das im Zweiten Weltkrieg beschädigt und später abgerissen wurde, als exklusive Gaststätte mit großem Garten einer der beliebtesten Hamburger Treffpunkte. Hier vergnügte man sich auf Bällen und Konzerten.

Das Gebiet um den *Mundsburger Damm* blieb lange Zeit noch unerschlossen. Dies änderte sich erst mit der Kanalisierung der Eilbek ab 1867. 1873 musste der alte **Gasthof Schürbeck**, nach dem die *Schürbeker Straße* benannt ist, dem Ausbau des *Mundsburger Damms* weichen. Die Bebauung dieses Gebiets mit gut ausgestatteten **Etagenwohnhäusern** dauerte noch bis zum Ersten Weltkrieg an. Im Zweiten Weltkrieg großflächig zerstört, sind hier in den

Die ev.-luth. Kirche St. Gertrud, idyllisch am Kuhmühlenteich gelegen, ist das Wahrzeichen der Uhlenhorst

Feuersteinbeil aus der Jungsteinzeit, gefunden 1932 beim Bau der Post in der Arndtstraße

Paddeltour auf dem Hofweg-Kanal in früheren Zeiten

1950er Jahren vorwiegend **Backstein-Zeilenbauten** entstanden.

Im Gegensatz zum rechten Alsterufer mit den vornehmen Stadtteilen Harvestehude und Rotherbaum war das linke Ufer sozial durchmischt. Zur Alster hin, westlich des *Hofwegs*, war als Folge der **Uhlenhorster Bedingungen** ein exklusives bürgerliches Wohngebiet mit **Stadthäusern und Villen** entstanden, dessen Charakter sich wegen der Schäden im Zweiten Weltkrieg und der vielen Neubauten etwas gewandelt hat. Die „Uhlenhorster Bedingungen“, von Abendroth festgeschrieben, besagten u.a., dass

Drei der Besonderheiten auf der Uhlenhorst: das Hofweg-Palais (oben), die Hochschule für bildende Künste (rechts) und die Kirche der Katholisch-Apostolischen Gemeinde in der Finkenau (unten)

im westlichen Teil **keine Gewerbe- und Industriebetriebe** angesiedelt werden durften. Sie wurden später vom staatlichen Bebauungsplan gestattet, wodurch das strukturelle West-Ost-Gefälle im Stadtteil maßgeblich begründet ist. Der Ostteil der Uhlenhorst, dessen Grenze bis 1951 an der *Bachstraße* im heutigen Barmbek-Süd verlief, war ein **Arbeiterquartier mit vielen Terrassenwohnungen** (s. Hoheluft-Ost). Die Wohnbebauung war und ist auch heute noch mit Gewerbebetrieben durchmischt. Am *Winterhuder Weg* z.B. hatte die **Bavaria Brauerei** ihren Sitz. 1871 wurde die Uhlenhorst Hamburger **Vorort** und 1894 **Stadtteil**.

Hochschul- und Bühnenkünste

Die heutige **Hochschule für bildende Künste (HfbK)** hat ihren Ursprung in der **Zeichenklasse** der ersten, 1767 unter der Regie der „Patriotischen Gesellschaft“ gegründeten Gewerbeschule Deutschlands. Zu ihren Schülern gehörten u.a. der Maler Philipp Otto Runge (1777–1810) und der Architekt Martin Haller (1835–1925). 1896 ging aus dieser Einrichtung auch die **Kunstgewerbeschule** mit Sitz im Museum für Kunst und Gewerbe hervor. Erst 1913 erhielt sie einen eigenen, von Fritz Schumacher entworfenen Bau aus dunklem Backstein an der Ecke *Lerchenfeld/Uferstraße*, direkt am Eilbekkanal. Nach den Bombenschäden des Zweiten Weltkriegs wurde die Schule nicht originalgetreu wieder aufgebaut. So verschwand der ovale Kuppelbau, durch den man früher den Vorhof betrat. Zur kulturellen Institution wurde das von 1951–68 hier gefeierte Künstlerfest „LiLaLe“ – der Vorgänger der heute größten deutschen Indoor-Faschingsfete LILABE auf

dem Campus der Fachhochschule Bergedorf (s. Lohbrügge). Die über 1000 Studenten der HfbK nutzen das umfangreiche Ausbildungsangebot der Fachbereiche Freie Kunst, Kunstpädagogik und Techniklehre, Architektur, Visuelle Kommunikation und Industrial Design. In Richtung des Bahnhofs Mundsburg schließt sich eine weitere Bildungsstätte an, das **Gymnasium Lerchenfeld**. Durch diese beiden Einrichtungen zu einer Institution geworden ist das gegenüberliegende Traditionsgeschäft für Kunstbedarf und Büroeinrichtungen **Persiehl, Schreyer & Co.**

1926–28 errichtete die „Hamburg-Altonaer Kur- und Badeanstalten GmbH" das **Hammonia-Bad** am *Lerchenfeld 14*. Das Backsteingebäude der ehemaligen Kur- und Badeanstalt ist mit Muschelkalk-Gesimsbändern geschmückt. Ursprünglich beherbergte es neben Massageräumen und einem Turnsaal Wannen- und Brausebäder für die Anwohner, deren Wohnungen häufig nicht mit Badezimmern ausgestattet waren. Heute ist es ein Ärztehaus, in dem u.a. auch eine Apotheke, ein indisches Restaurant und das **English Theatre** untergebracht sind. Das Theater wurde 1976 von zwei amerikanischen Regisseuren gegründet und hat seinen Sitz seit 1981 im Hammonia-Bad. Mit 160 Plätzen ist es ein kleines, aber feines Theater, das ausschließlich Stücke von amerikanischen oder britischen Autoren aufführt. Auch die Schauspieler selbst sind Briten oder Amerikaner.

Das ehemalige Werk- und Armenhaus aus den Jahren 1852/53 lag zwischen *Oberaltenallee* und Eilbekkanal und diente als Versorgungsheim für bedürftige Personen. Nach dem Zweiten Weltkrieg wurde es durch das „Pflegeheim Oberaltenallee", heute **Pflegezentrum** ersetzt, dessen Betrieb die städtische Einrichtung „pflegen & wohnen" im Jahr 2000 zentralisierte. Zur Unterhaltung der Bewohner organisieren die Mitglieder des **Freundeskreises Pflegeheim Oberaltenallee** Veranstaltungen und Ausfahrten.

Ganz in der Nähe wurde 1911–14 die „Frauenklinik Finkenau" als Entbindungs- und Hebammen-Lehranstalt nach Plänen Fritz Schumachers errichtet und 1927 erweitert. 2000 zog die Frauenklinik ins Allgemeine Krankenhaus Barmbek um. Eine weitere große soziale Einrichtung war das „Waisenhaus" zwischen *Averhoff-* und *Heinrich-Hertz-Straße* (erbaut 1856–58). Von den Gebäuden sind nach den Zerstörungen 1943 noch das Verwaltungsgebäude in der *Averhoffstraße* und das „Kleinkinderhaus" am

Direkt nebeneinander liegen der U-Bahnhof „Mundsburg" und das „Ernst Deutsch Theater", das von Isabella Vértes-Schütter geleitet wird

Winterhuder Weg 11 erhalten. In Letzterem sind heute u.a. ein staatlicher Kindergarten, das Suchtpräventionszentrum der Schul- und Jugendbehörde sowie die „Beratungsstelle besondere Begabungen" zur Förderung talentierter Schüler untergebracht.

Rechts neben dem Bahnhof Mundsburg liegt das **Ernst Deutsch Theater**. 1951 von den Schauspielern Friedrich Schütter und Wolfgang Borchert (nicht zu verwechseln mit dem gleichnamigen Schriftsteller) als „Das Junge Theater" gegründet (s. Barmbek-Süd), fand 1964 der Umzug in die heutigen Räumlichkeiten statt. Den Namen Ernst Deutsch Theater bekam das Theater 1973 nach

Wahlverhalten

... zur Bürgerschaft 2001 (gesamt)

Wahlbeteiligung	71,0%
SPD	**36,5%**
CDU	**26,2%**
Schill-Partei	**19,4%**
Grüne/GAL	**8,6%**
FDP	**5,1%**
Übrige	**4,2%**

... zur Bürgerschaft 2001 (Stadtteil)

Wahlbeteiligung	75,4%
SPD	**35,6%**
CDU	**29,3%**
Schill-Partei	**13,0%**
Grüne/GAL	**10,8%**
FDP	**8,4%**
Übrige	**2,9%**

Stadtteil-Profil

	Uhlenhorst	Bezirk	Hamburg
Bevölkerung gesamt (2000)	15 482	275 802	1 704 929
Unter 18-Jährige in %	9,2	12,3	16,1
65 Jahre und älter in %	20,5	17,8	17,0
Deutsche	13 479	237 560	1 432 325
Ausländer in %	12,9	13,9	16,0
Einwohner je km²	7115	4799	2258
Sozialstruktur			
Sozialhilfeempfänger (2000)	459	14 042	120 461
Arbeitslose (2001)	438	10 893	71 963
Eink. je Steuerpfl. in DM (1995)	79 421	65 475	65 579
Wohnen (2001)			
Wohngebäude	1114	29 345	226 061
Ein- und Zweifamilienhäuser in %	1,9	9,9	20,5
Ø Wohnungsgröße in m²	71,1	64,6	71,0
Wohnfläche je Einwohner in m²	45,2	38,2	35,7
Verkehr			
Private Pkw (2001)	5952	100 186	628 119
Straßenverkehrsunfälle (2000)	121	2159	12 430
Kriminalität			
Straftaten insgesamt (2000)	1737	37 814	284 272

dem Schauspieler Ernst Deutsch, dessen Nathan in Gotthold Ephraim Lessings Schauspiel „Nathan der Weise“ unvergessen ist. Die künstlerische Leitung übernahm nach dem Tod Friedrich Schütters 1995 seine Frau Isabella Vértes-

Bürgerliche Wohnkultur – im Literaturhaus-Café ist sie noch erlebbar

Schütter: „Als größte private Sprechbühne Deutschlands ist das Ernst Deutsch Theater mit einem Spielplan, der alle Schauspielgenres repräsentiert, weit über Hamburg hinaus bekannt für seine lebendige Auseinandersetzung mit Gegenwart und Geschichte.“ Im Jahr 2001 wurde der Platz vor dem Theater zu Ehren des Gründers und langjährigen Intendanten in *Friedrich-Schütter-Platz* umbenannt.

Von Literatur und Religionen

Als eine der wichtigsten Medienmetropolen Deutschlands verfügt Hamburg seit 1989 über das **Literaturhaus am Schwanenwik**. Die ZEIT-Stiftung Ebelin und Gerd Bucerius stellte dem 1985 gegründeten **Verein Literaturhaus** das restaurierte Stadthaus am *Schwanenwik 38* zur kostenlosen Nutzung zur Verfügung. Das Gebäude mit seiner Rundbogenstilfassade stammt aus dem Jahr 1868 und ist eines der ältesten Gebäude des Stadtteils. Einige Jahre nach der Errichtung wurde im Garten ein Saal angebaut, der mit Säulen, Stuck und einem Deckengemälde ausgestattet ist. Auch die übrigen Räume im Erd- und Obergeschoss verfügen über Wand- und Deckendekorationen. Sie sind ein wichtiges Beispiel der bürgerlichen Wohnkultur in Hamburg. In den 1920er Jahren schwang man im Gartensaal in **Lola Rogges Laban-Tanzschule** das Tanzbein. Ab 1939 fanden gefährdete und verwahrloste Mädchen im dort eingerichteten „Durchgangsheim“ Unterkunft. Heute ist das Haus mit mehreren Lesungen wöchentlich zu einem internationalen Literaturzentrum geworden. Literaturfans haben das Vergnügen mit so bekannten Autoren wie Paul Auster, Toni Morrison, Mario Vargas Llosa oder Siegfried Lenz. Auch der **Verein Literaturzentrum e.V.** organisiert als Veranstalter mit Sitz im Literaturhaus monatlich einige Lesungen. In dem angeschlossenen Café kann man es sich täglich von 10–24 Uhr bei einem guten Essen oder einer Tasse Kaffee gemütlich machen, und in der angeschlossenen Buchhandlung Samtleben findet man immer guten Lesestoff.

Die 1928 eingeweihte ev.-luth. **Heilandskirche** im *Winterhuder Weg* wurde wie die Bugenhagenkirche in Barmbek-Süd von Emil Heynen entworfen. Im Vorhof des konservativen Backstein-Langhausbaus steht ein von Richard Kuöhl gestalteter Brunnen.

Eine der schönsten Kirchen in Hamburg ist die 1885 eingeweihte neugotische Kirche **St. Gertrud** am Kuhmühlenteich. Sie ist die Nachfolgerin der beim Großen Brand von 1842 zerstörten St.-Gertrud-Kapelle in der Innenstadt. Übrigens: Zwischen Kirche und Teich befindet sich **Hamburgs geografischer Mittelpunkt**. Die für die Uhlenhorst und Hohenfelde zuständige ev.-luth. St. Gertrud-Kirche wurde von Johannes Otzen, einem der einflussreichsten deutschen Kirchenbaumeister des späten 19. Jahrhunderts, entworfen. Die Fassade besteht aus rund 450 unterschiedlichen Backsteinsorten. Die neugotische Originalausstattung des Innenraums blieb im Zweiten Weltkrieg bis auf die Fenster erhalten.

Auch der außergewöhnliche Sakralbau einer anderen Religionsgemeinschaft steht auf der Uhlenhorst: An der *Schönen Aussicht* entstand in den 1960er Jahren die iranisch-schiitische Moschee mit dem **Islamischen Zentrum Hamburg**. Im In-

Während einer Alsterdampfer-Fahrt über den Feenteich hat man einen schönen Blick auf das Gästehaus des Senats.

Links: Eindrucksvoll präsentiert sich die iranisch-schiitische Moschee an der Schönen Aussicht nicht nur in der Abenddämmerung

Hat seinen Sitz hinter der Moschee: der Verein Islamisches Zentrum Hamburg

Auf und an der Alster ist im Sommer immer was los, ob beim Tennisspielen beim THC Klipper, beim Segeln auf der Alster oder beim gut gekühlten Bier in der „Alsterperle“. Unten: Fahne des Norddeutschen Regatta Vereins

nenraum der Moschee kann man einen knapp 200 m² großen Gebetsteppich bestaunen, der zu den größten Rundteppichen zählt, die jemals im Iran gefertigt wurden. Drei Jahre lang arbeiteten 22 Knüpfer an dem tonnenschweren Prunkstück. Zum Islamischen Zentrum gehört seit dem Jahr 2000 auch die Islamische Akademie Deutschland.

Nicht weit entfernt steht an der *Schönen Aussicht 26* eine in den 1860er Jahren für die Kaufmannsfamilie Oetling errichtete Villa. Der spätklassizistische Putzbau Martin Hallers dient seit 1965 als **Gästehaus des Senats**, in dem Hamburgs hoher Besuch residiert. Der erste Staatsgast war die englische Königin Elisabeth II., zur Einweihung nach der Restaurierung 1987 waren Prinz Charles und Prinzessin Diana zu Gast.

ebenfalls ein Treffpunkt für die Uhlenhorster Prominenz, darunter Marie-Luise Marjan alias Mutter Beimer aus der beliebten Serie „Lindenstraße“, die Ohnsorg-Theater-Schauspielerin Hilde Sicks, die NDR-Größen Friedhelm Mönter und Carlo von Tiedemann sowie die ehemalige Uhlenhorsterin Dagmar Berghoff.

Aus dem Stadtteil nicht mehr wegzudenken ist Ulrich Pleitgen. Den Theater-

Leben an und auf der Alster

Jeden Dienstagnach- und Freitagvormittag trifft man sich auf dem gemütlichen Wochenmarkt am *Immenhof*. Der Markt ist nicht nur zum Einkaufen da, man kommt auch zum Klönen her.

Ein besonderer Uhlenhorster Termin ist der **Alsterboulevard**. So heißt das Stadtteilfest, das seit einigen Jahren im August im *Hofweg* und in der *Papenhuder Straße* stattfindet. Das reiche Kulturprogramm findet auf drei großen Bühnen statt und umfasst u.a. Theateraufführungen vom Ernst Deutsch Theater, dem Deutschen Schauspielhaus oder der Staatsoper. Auch ein großer Flohmarkt gehört dazu. Das Fest ist und Filmschauspieler, bekannt aus den Serien „Haus am See“ und „Nicht von schlechten Eltern“, kann man fast täglich mit einem Drehbuch vor der Nase um die Alster spazierend seine Rollen lernen sehen. Er folgte vor fast zwanzig Jahren dem Ruf des Thalia Theaters und lebt seitdem auf der Uhlenhorst.

Im **Norddeutschen Regatta Verein** an der *Schönen Aussicht* sind nicht nur Uhlenhorster Mitglied (s. Harvestehude). Der größte und zweitälteste Regatta-Club Deutschlands mit ca. 1800 Mitgliedern wurde 1868 gegründet und trägt jährlich um die 35 Regatten auf der Alster aus. Beim Clubhaus an der Alster befindet sich auch ein kleiner Hafen mit Liegeplätzen für die Segelboote. Um

Nachwuchs braucht sich der Verein mit seiner großen Jugendabteilung nicht zu sorgen. Von der Alster aus gesehen links daneben hat die **Ruder-Gesellschaft Hansa von 1872** ihr Clubhaus, das auch für private Veranstaltungen gemietet werden kann.

Die Tennisplätze an der *Heinrich-Hertz-Straße* sind aus einem Sportplatz hervorgegangen, der 1888 auf dem ehemaligen Kartoffelacker des Waisenhauses nach der Gründung des „Eisbahnvereins auf der Uhlenhorst" angelegt wurde. Nachdem das Eislaufen nicht mehr die ganz große Mode war, baute man hier Tennisplätze. 1892 fanden die ersten Internationalen Deutschen Meisterschaften statt, 1935 benannte sich der Verein dann in **Klipper Tennis und Hockey Club** um (s. Wellingsbüttel). Nach den Schäden aus dem Zweiten Weltkrieg engagierten sich einige Tennisfans, um den „Klipper" wieder aufleben zu lassen. Zwölf Plätze und eine Zweifeld-Halle stehen den Tennisbegeisterten heute zur Verfügung.

Für die Uhlenhorster Kinder gibt es im Stadtteil mehrere Spielplätze, darunter auch die betreuten Spielplätze z.B. in der *Hölty-* und der *Averhoffstraße*. Letzterer wird vom Verein Aktivspielplatz Hamburger Straße e.V. betreut, der auch ein Ferienprogramm mit Ausflügen und Ferienreisen anbietet. Außerdem gibt es auf der Uhlenhorst viele Kindertagesstätten, darunter die beiden kirchlichen Kindergärten der **Heilandskirche** in der *Karlstraße* und der **St. Gertrud-Kirche** im *Immenhof*.

Eltern können ihre musikalischen Kinder z.B. zum Blockflöten- und Gitarrenunterricht in die Musikschule des Künstlers Peter Unbehauen in der *Schenkendorfstraße* anmelden. Der vielseitige Maler, Musiker und Musikbuchautor tritt z.B. mit Schifferklavier auf dem Hafengeburtstag auf und singt Seemannslieder. Er ist aber auch häufig mit seiner Jazzgruppe im Cotton Club in der Innenstadt zu hören. Ein weiterer Künstler im Stadtteil ist der Maler Peter Reitberger aus der *Arndtstraße*, der u.a. auch Kurse an der Volkshochschule gibt.

In der *Herbert-Weichmann-Straße 44–46* sind der 1958 gegründete **Verein Norddeutsche Blindenhörbücherei** und die „Centralbibliothek für Blinde" ansässig. In einem eigenen Tonstudio lesen überwiegend Schauspieler Romane, aber auch Fachbücher, vor. Stark sehbehinderte und erblindete Menschen müssen also nicht auf Literatur verzichten, sondern können aus Tausenden von Hörbüchern die für sie interessanten auswählen und kostenlos ausleihen.

Wenn's im Stadtteil Probleme gibt, treten die Polizisten des zweitältesten Polizeireviers Hamburgs in Aktion. Viel im Stadtteil unterwegs ist der für die Uhlenhorst zuständige Bünabe Herr Knaack. Die Wache (heute Polizeirevier 31/Kriminalkommissariat 31) an der *Oberaltenallee* gibt es schon seit 1893.

Zeitleiste

1256 erste urkundliche Erwähnung

1711 die Hamburger Kämmerei kauft die Uhlenhorst

1744 Streitigkeiten um die Grenze zu Barmbek

1837 drei Kaufleute erwerben die Uhlenhorst

1852 Verbindungsweg nach St. Georg

1885 Einweihung der ev.-luth. Kirche St. Gertrud

1908 Fertigstellung des Hochbahn-Viadukts

1913 Bau der Hochschule für bildende Künste

1964 Umzug des „Jungen Theaters" (heute Ernst Deutsch Theater) an die Mundsburg

1965 Einweihung des neuen Gästehauses des Senats am Feenteich

1989 Eröffnung des Literaturhauses

2000 Umzug der Frauenklinik Finkenau ins AK Barmbek

Die alte Polizeiwache an der Oberaltenallee ist noch immer im Dienst, ebenso die Alsterdampfer-Anlegestelle an der Mundsburger Brücke

Bürgergeschichten

„Senatorenwahl mit Kinderaugen"

Die Uhlenhorst war schon immer auch eine vornehme Gegend. In seinen Erinnerungen (1959) schildert Antonio Gayen (1896–1976), wie er um 1900 in der heutigen Fährhausstraße den Empfang eines frisch gewählten Senators erlebte

Nicht nur im Sommer schön – die Uhlenhorst hat auch bei Eis und Schnee einiges zu bieten. Links im Bild das legendäre „Uhlenhorster Fährhaus"

Als meine älteren Geschwister schon längst zur Schule gingen (...), bahnte sich allmählich eine Freundschaft an zur jüngsten Tochter unseres Nachbarn, der kleinen Elsbeth Strack (...). Elsbeth lud mich wiederholt ein, in ihren Garten zu kommen (...). Mädchen gegenüber war ich als Kind ziemlich schüchtern, fasste mir dann aber doch ein Herz und stieg übers Gitter zu Elsbeth, die meist in ihrer Sandkiste spielte. Die Freundschaft wurde dann aber mit der Zeit doch enger, sodass wir nur noch Vater, Mutter und Kind spielten, da Elsbeth anscheinend viel fraulichen und mütterlichen Sinn hatte.

In dieses friedliche Familienidyll platzte aber eines Morgens eine große Aufregung, die unserem Spiel ein jähes Ende bereitete. Wir wussten zunächst gar nicht, was los war. Das ganze Haus wurde in Eile geputzt und geschrubbt, auf dem Dach wurde die Hamburger Fahne hochgezogen. Dauernd kamen Boten mit großen Bouquets und Blumenkörben durchs Tor gelaufen. Als wir die Köksch fragten, was eigentlich los sei, erfuhren wir, dass der Vater von Elsbeth Hamburger Senator geworden sei. Wir konnten uns beide herzlich wenig darunter vorstellen. Elsbeth wurde von ihrer Mutter ins Haus gerufen und sollte schleunigst fein gemacht werden, um dem frisch gebackenen Senator einen Blumenstrauß zu überreichen. Ich war über diese Maßnahme sehr betrübt. Unser junges Glück war mit einem Male zerstört, unsere Puppenkinder lagen verwaist in der Sandkiste und machten auf mich einen trostlosen Eindruck. Ich wußte nicht recht, was ich machen und wie ich mich in dieser für mich gänzlich neuen Situation benehmen sollte. Schließlich zog ich aber doch Leine, krabbelte über das Gitter, versteckte mich hinter der Planke und konnte von hier aus das Schlachtfeld übersehen und in Ruhe abwarten, was nun geschah.

Ein telefonisch herbeigerufener Lohndiener stolzierte mit großer Wichtigkeit im Garten umher, räumte alles auf, nahm unsere Puppen aus der Sandkiste und brachte sie in den Keller. Plötzlich wurde es lebendig auf der Straße. Eine elegante Equipage fuhr vorm Haus vor. Ein Diener in heller Livree sprang vom Bock, riss den Wagenschlag auf und half dem neuen Senator beim Aussteigen. Frau Strack in festlichem Gewand mit Elsbeth an der Hand trat aus dem Tor und umarmte stürmisch und bewegt ihren Gatten. Elsbeth überreichte im schneeweißen Kleid einen Blumenstrauß. So fein hatte ich sie noch nie gesehen, und in mir stieg eine leise Angst auf, dass ich nun kein ebenbürtiger Gatte mehr für sie sei, denn Elsbeth war nun eine Senatorentochter geworden. Bald stellten sich die ersten Gratulanten ein. Die Senatoren kamen mit ihren Equipagen vorgefahren, um ihren neuen Kollegen zu beglückwünschen zu diesem hohen Amt.

Schönes Wohnen auf der Uhlenhorst: am Feenteich, an der Fährhausstraße und an der Papenhuder Straße

Knapp 20 Jahre vorher war der Vorgängerbau errichtet worden, der aber bald zu klein war und dem imposanten Neubau weichen musste.

Um kommunalpolitische Angelegenheiten kümmert sich im Stadtteil der traditionsreiche **Bürgerverein Hohenfelde-Uhlenhorst**. Aber auch Geselliges wie Kaffeenachmittage oder Theaterbesuche sind bei dem Verein Programm.

Viele Straßen, viele Brücken

Die **Mundsburger Brücke** war schon Anfang des 20. Jahrhunderts ein Verkehrsknoten, an dem sechs Straßenbahnlinien zusammentrafen. Heute ist sie nicht nur eine zentrale Stelle im ÖPNV, sondern auch für den Autoverkehr. Die 58,54 m breite Brücke wurde 1871 fertig gestellt. Sie war notwendig geworden, weil man den Kuhmühlenteich durch einen Kanal mit der Alster verbinden wollte. Die immer noch breiteste Brücke Hamburgs ist auf beiden Seiten mit schönen großzügigen Treppenanlagen ausgestattet, die zum Kanal führen. Der Brückenbogen hat eine Klinker- und Sandsteinverkleidung, die Ankerplatten sind mit Ornamenten geschmückt, die Hamburg, Schifffahrt und Handel symbolisieren.

Anfang des 20. Jahrhunderts wurden die Brücke über den Kuhmühlenteich, das Hochbahnviadukt und der Bahnhof Mundsburg errichtet, um die Uhlenhorst in das Netz der Hochbahn einzubeziehen.

In dieser Zeit setzte man entweder mit den Alsterschiffen in die Innenstadt über oder fuhr mit der Straßen- oder Hochbahn. Heute brauchen U-Bahn oder Bus nur wenige Minuten, um die Fahrgäste in die Stadt zu befördern.

Großbürgerliche Wohnkultur

Die Uhlenhorst wurde gezielt als Wohnstadtteil entwickelt. August Abendroth, Adolph Jencquel und Carl Beer Heine hatten das Gebiet gekauft, ließen es entwässern und dann vorwiegend mit Wohnhäusern bebauen. Die Gärten der Villen an der *Schönen Aussicht* reichten über die Straße direkt an die Alster. Allerdings hat sich im Laufe der Zeit am Alsterufer ein tiefgreifender Wandel vollzogen. Heute ist das gesamte **Alsterufer** für die Öffentlichkeit zugänglich, und an vielen Stellen ist die ursprüngliche Villenbebauung verschwunden. An der *Schönen Aussicht* z.B. mussten in den 1990er Jahren einige prächtige Villen modernen Häusern mit Luxus-Eigentums- und -Mietwohnungen Platz machen.

Auf der Nordseite des Uhlenhorster Kanals wohnt es sich beschaulich am Wasser, z.B. in den Neubauwohnungen im „Uhlenhorster Hof". Idyllisch und ruhig ist es auch in den kleinen Seitenstraßen und am Feenteich, der beim Ausbau der Uhlenhorst aus einem von dichtem Schilf und Bäumen umgebenen **Moortümpel** entstanden war. Auf einer Bootstour eröffnet sich einem der Blick in die schönen Gärten am Ufer. Ein Beispiel für Hamburgs Wohnkultur Mitte des 19. Jahrhunderts ist das Wohnhaus des Schweizer Architekten Auguste de Meuron *Am Feenteich 14*. 1860 erbaut, wurde es bis 1928 mehrfach erweitert und umgebaut. Und nicht nur hier kann man sich noch gut vorstellen, wie es vor 100 Jahren auf der Uhlenhorst ausgesehen hat.

Vom Waisenhaus zur Seniorenanlage

Auf dem großen Gelände des ehemaligen Waisenhauses an der *Heinrich-Hertz-Straße* hat das öffentlich-rechtliche Unternehmen „pflegen & wohnen" im Jahr 2000 in parkähnlicher Umgebung

Gute Betreuung und ein schönes Wohnumfeld sind im Pflegezentrum „Auf der Uhlenhorst" selbstverständlich

ein neues **Pflegezentrum** eingeweiht. Hier, wie auch im Pflegezentrum an der *Oberaltenallee*, können sich Senioren stationär oder nur zeitweise betreuen lassen. Außerdem ist es z.B. möglich, einzelne Therapieangebote wahrzunehmen. Neben verschiedenen Freizeitaktivitäten, wie der Teilnahme an einer Theatergruppe, stehen den Bewohnern u.a. ein Restaurant, eine Bücherei und ein Friseur zur Verfügung. Auch die Bewohner der ebenfalls auf dem Waisenhaus-Gelände von der Wilhelm und Else Steenbeck-Stiftung gebauten Seniorenwohnanlage können die Pflegedienste

Etwas versteckt liegt der schöne Hinterhof in der Kanalstraße

Die Alsterdampfer

Heutzutage kann sich keiner mehr vorstellen, was die Alster ohne ihre Dampfer wäre. Von Frühjahr bis Herbst sind sie ständig unterwegs, um Hamburgern und Touristen die schönsten Plätze per Schiff zu zeigen

Nicht umsonst wird die Uhlenhorst Stadtteil der Alsterdampfer genannt. Der erste Siedler, der sich seine Villa an der *Schönen Aussicht* baute, war der aus Bremen stammende Assekuranzmakler Gustav Adolph Droege. Er versuchte Mitte des 19. Jahrhunderts, die Dampfschifffahrt auf der Alster zu kommerzialisieren. Allerdings ohne Erfolg. Die beiden Raddampfer vom Rhein, die Droege gekauft hatte, lagen zu tief für die Alster. Der Schiffsmakler Johann Peter Parrau etablierte kurze Zeit später den Linienverkehr auf der Alster mit drei kleinen Dampfbooten. 1911 hatte sich der Betrieb stark ausgeweitet: Mit 38 Schiffen wurden etwa 11 Mio. Passagiere jährlich befördert. 1919 ging die Schifffahrtskonzession auf die HHA (Hamburger Hochbahn AG) über. Diese gründete 1977 die Alster-Touristik GmbH (ATG) als Tochtergesellschaft, die heute die Alsterkreuzfahrt im Liniendienst betreibt, der allerdings häufig von Ausflüglern genutzt wird. Die beiden Anleger auf der Uhlenhorst – Mühlenkamp mit Fiedler's Café und Uhlenhorster Fährhaus – werden aber bei Sonnenschein auch von Nicht-Wasserausflüglern gern besucht.

Immer wieder eine Entdeckungstour – die Fahrt mit einem Alsterdampfer

des Zentrums in Anspruch nehmen. In den Pflegezentren „Auf der Uhlenhorst" und „Die Oberaltenallee" sorgen insgesamt 335 Voll- und Teilzeitmitarbeiter dafür, dass sich Bewohner und Nutzer hier wohl fühlen. Der Architekten- und Ingenieurverein (AIV) würdigte das Pflegezentrum „Auf der Uhlenhorst" mit der Seniorenanlage nach seiner Fertigstellung mit der Auszeichnung **Bauwerk des Jahres 1999**.

Stadtteil im Wandel

Und schon sind weitere bauliche Veränderungen auf der Uhlenhorst in Planung: In Kürze will die Hochschule für bildende Künste an der *Finkenau*, gegenüber dem Hauptgebäude der ehemaligen Frauenklinik, einen ca. 8000 m² großen **Erweiterungsbau** errichten, und hinter dem Hammonia-Bad, zur *Finkenau* hin, sollen auf einem Gelände mit Garagen und Gewerbebetrieben Eigentumswohnungen entstehen. Das größte Projekt ist jedoch ein geplanter Hotelbau an der *Oberaltenallee* mit Kasino und Fitness-Center. Auf dem rund 12 000 m² großen Gelände zwischen *Finkenau* und *Richardstraße* sind zwei ca. zwölfgeschossige Gebäude vorgesehen.

Die Flaniermeile

Vor dem Zweiten Weltkrieg war der *Winterhuder Weg* die Einkaufsstraße der Uhlenhorst. Heute sind der **Hofweg** und seine Verlängerung, die *Papenhuder Straße*, die Flaniermeile, in der das Herz des Stadtteils schlägt. Viele Geschäfte, vom Supermarkt über Antiquitäten-Lä-

Die Papenhuder Straße ist nicht nur Einkaufsstraße. Sie ist auch einen Bummel wert

Zum Ausklang eines Arbeitstags trifft man sich im „Fiedler's" am oberen Ende des Hofwegs

den und Boutiquen bis hin zu Restaurants aller Art – vom Italiener über den Japaner bis hin zum Inder – haben sich zwischen den hübschen Etagenwohnhäusern etabliert.

Für eine schöne Inneneinrichtung steht einem die alteingesessene und noch im Familienbesitz befindliche Firma „Paul Reimann Raumausstattungen" gern mit Rat und Tat zur Seite. Wer seine Möbel restaurieren lassen will, ist bei den „Kunstwerkstätten Timmann" in der *Kanalstraße 7a* (in einem schönen Innenhof) an der richtigen Adresse. Auf **Feinkost Paulsen** am *Hofweg* kann man sich auch in den Zeiten von Fleisch- oder anderen Nahrungsmittelkrisen verlassen, und bei Frau Dörnte in der „Bücherklause Uhlenhorst" gibt es für jeden das richtige Buch – vom Kinderbuch über den Krimi bis hin zum Fachbuch. Weit über den Stadtteil hinaus bekannt sind die beiden Mode-Designer „Liz Malraux" in der *Papenhuder Straße* und „Torsten Kirsch" am *Hofweg* mit ihren außergewöhnlichen Kollektionen.

Für den alltäglichen Einkauf sind aber auch der *Mundsburger Damm* und das **Einkaufszentrum Hamburger Straße** an der Mundsburg wichtige Anlaufpunkte. Die **Mundsburg** heißt übrigens nicht etwa Mundsburg, weil dort einmal eine Burg gestanden hätte. Der Gastwirt, Weinhändler und Imker Johann Hinrich Mundt hatte das Gebiet um die heutige Mundsburg 1721 gekauft und später erweitert. Der große Hof mit prächtigem Gutsgebäude wurde im Volksmund „Mundts Burg" genannt.

Von gutem Essen und köstlichen Cocktails

An der Ecke *Hofweg/Hans-Henny-Jahnn-Weg* steht die Villa, in der Johann Hillesheim 1886 den Grundstein für das **Mühlenkamper Fährhaus** legte. Anfangs eine Wirtschaft für die Fährleute und ihre Kunden, übernahm Sohn Alwin Hillesheim diese 1923. Seine Söhne Fritz und Claus machten später daraus die heute legendäre Gastronomie. Nach grundlegender Sanierung und Restaurierung im Jahr 2000 ist das Restaurant wieder geöffnet. Nicht nur die Uhlenhorster lassen sich hier mit kulinarischen Genüssen den Gaumen verwöhnen. Schon Kirk Douglas, Jack Nicholson, Barbra Streisand und Willy Brandt ließen es sich hier schmecken.

Das **Eiscafé Filippi** nebenan, eines der ältesten italienischen Eiscafés der Stadt, ist seit 1932 bei Naschkatzen sehr beliebt. Von der Terrasse aus kann man beim Eisschlecken das Treiben am *Hofweg* betrachten. Und gegenüber im **Fiedler's** geht's nicht nur im Sommer draußen an der Alster lustig zu. Aber bei gutem Wetter ist das Gedränge groß und die Stimmung noch ausgelassener als sonst. Im Nichtraucher-Restaurant **Avocado** in der *Kanalstraße 9* kann man in rauchfreier Umgebung kulinarische Köstlichkeiten aller Art genießen.

Eine auf die jeweilige Saison abgestimmte feine Küche mit täglich wechselnder Karte gibt es bei Niels-Ove Nielsen im **Café Rexrodt** in der *Papenhuder Straße 35*, nicht weit von Otto Waalkes' Büro im Haus Nr. 61. Eine Besonderheit in dem 1985 eröffneten Restaurant, in dessen Räumlichkeiten ab 1896 die Familie Rexrodt ihre Schlachterei betrieb, ist der noch aus dieser Zeit stammende Hauptraum mit Jugendstilkacheln und Deckendekorationen.

Wer nach einem köstlichen Essen den Abend bei einem gut gemixten Cocktail ausklingen lassen möchte, hat dazu in der **Tia Bar** am *Hofweg* auf der Höhe *Averhoffstraße* die Möglichkeit.

Köpfe

Der Maler und Grafiker **Alfred Mahlau** (geb. 1894 in Berlin, gest. 1967 in Hamburg) war in den 1920er und 30er Jahren vor allem in Lübeck tätig, bevor er 1946 als Dozent an die Landeskunstschule kam (ab 1955 Hochschule für bildende Künste). Mahlau war nicht nur ein vielseitiger „Gebrauchsgrafiker" für Behörden, Firmen (Niederegger, Schwartau u.a.) und Vereinigungen (Freie Akademie der Künste), sondern auch ein hervorragender Kunstpädagoge. Dies wussten seine Schüler, darunter Horst Janssen, Vicco von Bülow alias Loriot und Hanno Edelmann, sehr zu schätzen. Mit seiner Pensionierung 1959 zog Mahlau aus seiner Wohnung und dem Atelier in der Hochschule aus.

„Für mich ist die Arbeit mit Kunst und Künstlern ein Abenteuer", sagt die Malerin **Chris Kanavc** über die Entscheidung, ihre AtelierGalerie zu gründen. 1990 öffnete diese auf der Uhlenhorst ihre Pforten. Frau Kanavc bietet „Newcomern" und Ausstellungserfahrenen an, ihre Arbeiten zu präsentieren. Ein fester Stamm von fünf Künstlern nutzt die Atelierräume. Es finden aber auch Kurse statt. Für Kalligrafie z.B. konnte der erfolgreiche chinesische Künstler Jian Jiang Chen gewonnen werden. Außerdem gibt es einen Kindermalkurs und ab und zu Feldenkraiskurse. Auch Lesungen, Ausstellungen und Musikabende stehen auf dem bunten Programm. Chris Kanavc freut sich besonders, wenn die Leute aus der Nachbarschaft des Ateliers manchmal einfach nur mal so auf einen Plausch reinschauen.

Eigentlich würde sie am liebsten nur Glücksbücher schreiben – aber **Regula Venske** macht Hamburg in ihren Büchern auch zu einem heißen Krimipflaster. Die aus dem westfälischen Münster stammende Mutter von zwei Söhnen lebt seit 1976 in der Hansestadt und ist immer auf der Suche nach inspirierenden Lokalitäten und Charakteren für die Handlungen ihrer Krimis. Seit 1985 ist die promovierte Literaturwissenschaftlerin auf der Uhlenhorst zu Hause, wo auch ihr dritter Krimi, „Rent a Russian", spielt. Dafür wurde sie 1996 mit dem „Deutschen Krimipreis" ausgezeichnet. Frau Venske ist eng befreundet mit der Autorin und Kollegin Carmen Korn, die ebenfalls auf der Uhlenhorst wohnt.

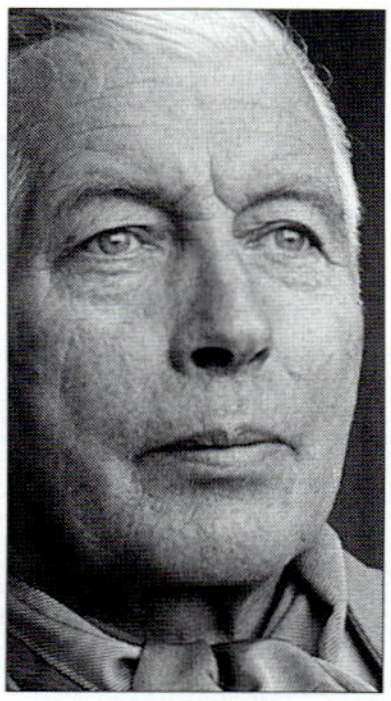

Kunst und Kultur werden auf der Uhlenhorst groß geschrieben: Dazu trug schon Alfred Mahlau bei. Aber auch die Künstlerin Chris Kanavc und die Autorin Regula Venske bringen Kultur in ihren Stadtteil

Fest auf der Uhlenhorst verankert ist das Mühlenkamper Fährhaus

Veddel

Eine Großsiedlung aus den 1920er Jahren, bewohnt von Menschen aus 35 Nationen, dazu ein großes Industriegebiet, viel Wasser und Brücken: Die Veddel ist nur zwei S-Bahn-Stationen vom Hauptbahnhof entfernt und doch ein unbekannter Stadtteil. Ein neues Museum der Auswanderung wird das künftig ändern

Steckbrief

Fläche:
4,365 km²

Einwohner:
4693

Verwaltung:
Bezirk Hamburg-Mitte, Ortsamt Veddel-Rothenburgsort

Ortsteil:
135

Der Name geht vermutlich auf den in Norddeutschland mehrfach vorkommenden geografischen Begriff „wedel“ zurück, der vor dem Deich liegendes Weideland bezeichnete.

Aus der Geschichte

Der 1894 geschaffene Stadtteil Veddel umfasst das Gebiet mehrerer **Elbinseln**, deren fruchtbarer Marschboden schon im Mittelalter der Viehzucht und der Milchwirtschaft dort gelegener Gehöfte diente. Bis zum Ende des 14. Jahrhunderts bildeten sie einen Teil der großen Insel **Gorieswerder**, die von der Kaltehofe bis Finkenwerder reichte und den Grafen von Holstein gehörte. Der Gorieswerder war durch Gräben und Dämme in kleinere und mit eigenen Namen bezeichnete Areale geteilt. Zu ihnen gehörten die **Große Veddel** sowie die ehemaligen Pachtgüter **Klütjenfeld** und **Niedernfeld**, die heute zusammen den größten Teil des Stadtteils Kleiner Grasbrook bilden; das **Veddelhöft** erinnert dort noch an

Am Müggenburger Zollhafen: links die alte Polizeikaserne, in der Mitte Fritz Schumachers Feuerwehrwache, rechts stilgerechte Neubauten.
Linke Seite: Windmühlenidylle auf der Peute, Autotypie von Wilhelm Heuer, 1862

die einstige Ausdehnung der Großen Veddel. Im Stadtteil Veddel aufgegangen sind dagegen die Inseln **Kleine Veddel**, die **Peute** und ein kleiner Teil der **Kaltehofe**. Der größere Teil der Kaltehofe „wanderte" 1878 durch den Elbdurchstich hinüber zum Nordufer der Elbe (s. Rothenburgsort).

Von der mittelalterlichen Besiedlung der Veddel zeugt möglicherweise als ältester Beleg die Nennung eines **Ritters Johannes de Vedhele** im Jahr 1307. Er besaß ein Grundstück auf dem Billwerder und stammte vielleicht von einem Veddeler Hof. Seit dem 15. Jahrhundert sind zunehmend Namen von Hofbesitzern auf der Veddel und der Peute bekannt. Unter ihnen befanden sich **wohlhabende Hamburger Familien**, an die z.B. der *Uffelnsweg* und die *Hovestraße* erinnern. Der *Einsiedeldeich* auf der Peute geht übrigens auf die Familie von Einsiedel zurück und nicht etwa auf einsame Deichbewohner.

Die Bewohner der Elbinseln versorgten die Städter mit Milch. Die Eröffnung der Eisenbahnbrücke im Jahr 1872 war das Symbol für den beginnenden Wandel

1643 erlosch die schauenburgische Linie der Grafen von Holstein, in deren Besitz sich auch die Elbinseln befanden. Neue Herren wurden damit die **Könige von Dänemark**, die sich die Lage der Inseln gegenüber der blühenden Stadt Hamburg zunutze machten, indem sie die Ansiedlung von Handwerk und Gewerbe förderten. So gab es in dänischer Zeit eine Werft, eine Essig- und eine Bierbrauerei; die Abgaben der Betriebe flossen in die königliche Schatulle. **Der Gottorper Vergleich von 1768**, der einen großen Teil der Elbinseln in hamburgischen Besitz brachte, beendete die unliebsame Konkurrenz, die Landwirtschaft blieb bis in die 1870er Jahre bestimmend. Verwaltet wurde der hamburgische Neubesitz von der Landherrenschaft für den Bill- und den Ochsenwerder. Seit 1848 bildete die **Vogtei der Elbinseln** einen eigenen Wahlbezirk; verwaltungsmäßig blieb dieser Begriff bis 1894 erhalten, als die Veddel ein eigener Stadtteil wurde.

Mit der Freihafenkonzeption gerieten die Elbinseln ins Blickfeld der Stadtplaner. Die Große Veddel, die westlich der 1872 in Betrieb genommenen **Bahnstrecke** lag, wurde ins Freihafengebiet einbezogen, die Peute seit Mitte der 1880er Jahre durch Straßen, Kanäle, Brücken und die Müggenburger Schleuse als **Industriegebiet** erschlossen.

Die Elbinsel Gorieswerder

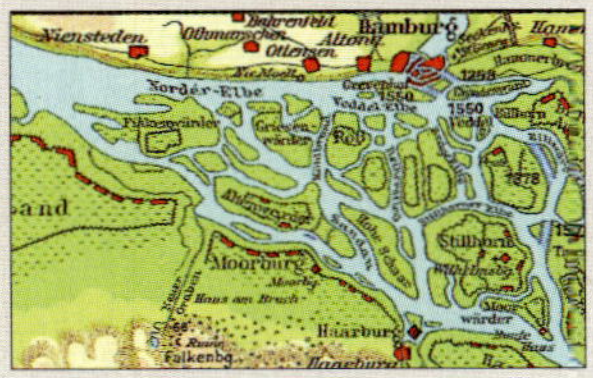

Von der Westspitze Finkenwerders bis zum Ostende der Peute (Stadtteil Veddel) erstreckte sich noch im 12. Jahrhundert der Gorieswerder als größte mehrerer Elbinseln (Karte oben). Sturmfluten, die natürliche Strömung sowie Kanal- und Deichbauten wandelten die Größe und Lage der Inseln. Die Karte unten zeigt die Situation um 1600 – der Gorieswerder ist verschwunden.

125 Jahre Wandel

Die großen Hofgebäude der Pachtgüter, prachtvolle Beispiele des niedersächsischen Hallenhauses, verschwanden mit Hafenausbau und Industrialisierung.

Wohnen und Arbeiten lagen dicht beisammen: Das Luftbild von 1928 mit Blick von Osten nach Westen zeigt die Großsiedlung noch im Bau. Viele ihrer Bewohner arbeiteten im angrenzenden Hafen. Die Hafenbecken am oberen Bildrand gehören zum Kleinen Grasbrook

Zugleich entstanden frühe Beispiele eines sozial und politisch motivierten Wohnungsbaus. Die von Hamburger Honoratioren gegründete **Gemeinnützige Baugesellschaft** errichtete ab 1879 Arbeiterhäuser, um den Einfluss der erstarkenden Sozialdemokratie zurückzudrängen: Arbeiter mit eigenem Haus würden keine Revolution machen, hofften die bürgerlichen Herren. Besonders der Reeder **Robert M. Sloman** machte sich um die „Kolonie" verdient. Er ließ eine Kleinkinderschule einrichten, sorgte für den Bau einer Landungsbrücke und eine Fährverbindung zur Innenstadt. Für die Masse der Hafenarbeiter reichten die 200 Wohnungen allerdings nicht aus, vor allem seit 1887 die Bewohner des künftigen Freihafengebietes ausgesiedelt wurden: Viele von ihnen zogen in die Hamburg-typischen Mietshäuser ein, die nördlich der Sloman-Siedlung entstanden. Über den aus dieser Zeit datierenden **Veddeler Marktplatz** führt heute die Autobahn; geblieben ist die gleichnamige Bushaltestelle.

Noch vor 1914 kamen Pläne auf, auch die Sloman-Siedlung durch Mietshäuser für Hafen- und Industriearbeiter zu ersetzen. Aber erst 1926/27 entstand die **Großsiedlung Veddel**, eines der großen, geschlossenen Wohnquartiere im sachlichen Stil der späten 1920er Jahre – einheitlich wirkend durch Schumachers Leitplanung, abwechslungsreich in den Details der Architekten. Den Mittelpunkt der unter Milieuschutz stehenden Siedlung bildet die von Schumacher als **Kulturelles Zentrum** konzipierte Schule.

Am *Neuhäuser Damm* stehen als Industriedenkmäler Schuppen aus der Erschließungszeit der Peute zu Beginn des letzten Jahrhunderts; von der *Hovestraße* aus ist über den **Marktkanal** eine Rückwand aus Fachwerk und hölzernen Stützen zu sehen. Beeindruckende technische Bauwerke waren die **Norderelbbrücken**: die 1872 eröffnete Eisenbahnbrücke und die Neue Elbbrücke, errichtet 1884–87. Ihre **Brückenportale** bildeten bis zu ihrem Abriss 1956 als Tore zum Süden Wahrzeichen Hamburgs.

Das neogotische Portal auf der Neuen Elbbrücke bildete 1887–1956 Hamburgs Stadttor zum Süden

Industriearchäologie auf der Peute: um 1910 errichtete Schuppen zwischen Neuhäuser Damm und Marktkanal

Heimat der Nationen

Die Veddel ist Heimat: für „alte" Veddeler, die noch die frühen Jahre der Großsiedlung erlebt haben, genauso wie für die vielen Bewohner ausländischer Herkunft, die z.T. auch schon seit Jahrzehnten hier zu Hause sind. Nirgendwo ist Hamburg so international: Nach der offiziellen Statistik sind 63 Prozent der Veddeler ausländischer Herkunft; hinzu kommen diejenigen, die mittlerweile einen deutschen Pass haben. 35 Nationen sind auf der Veddel zu Hause, den größten Anteil stellen Türken. Beim **Stadtteilfest** zeigt sich internationales Miteinander; im Alltag allerdings nimmt nur eine Minderzahl der Veddeler am kulturellen Austausch teil, meist leben die Kulturen nebeneinanderher. „Zu viele Ausländer" – das hört man nicht nur aus deutschem Mund. Hohe Arbeitslosigkeit und ein niedriges Einkommensniveau tragen oft nicht dazu bei, unbeschwert aufeinander zuzugehen. Aber die Veddeler betonen, dass ihr Quartier trotz der Umstände weitgehend gewaltfrei ist: Auch als Frau kann man abends ohne Angst zur S-Bahn gehen.

Gegen die alltäglichen Probleme aktiv ist schon seit 1987 **Veddel aktiv**. Mittlerweile öffentlich unterstützt, ist das von Francine Lammar geleitete Büro des Vereins in der *Veddeler Brückenstraße* Anlaufpunkt für viele Menschen des Quartiers: Mädchen- und Musikgruppen, Spielgruppen oder Deutschkurse treffen sich hier. Und regelmäßig öffnet das **Seniorenerzählcafé**, wo alteingesessene Veddeler aus ihren Erinnerungen erzählen und diese schriftlich festhalten. Zweites kulturelles Zentrum ist der Schulbau mit der **Bücherhalle**. Nur dank dem freiwilligen Engagement einiger Veddeler ist es gelungen, die seit Jahren drohende Schließung abzuwenden. Viele Kinder setzen sich zum Lesen in die Bücherhalle – und tauchen nicht als Leser in der Ausleihstatistik auf, die den „Erfolg" misst. Die größeren Geschwister der kleinen Leser findet man vielleicht nebenan im **Internet-Café Saus & Browse**. Veddel aktiv bietet hier die Möglichkeit zum freien Surfen im Netz, leistet aber auch ganz praktische Hilfe beim Schreiben von Bewerbungen. Beständig kleiner wird wegen des Wandels der Bevölkerungsstruktur die Gemeinde der **ev.-luth. Immanuelkirche**. Um im Quartier wieder ein sportliches Angebot zu haben, gründeten einige Veddeler im Jahr 2000 den **Veddeler Freizeit-Sport**, der das neu errichtete Sporthaus am Sportplatz im Zentrum der Siedlung nutzt. Für Mädchen und Jungen bietet der Sportwissenschaftler und Trainer Ghasem Spili Selbstverteidigungskurse an, die das Selbstbewusstsein stärken, und mit dem **Vatan Gücü Spor Clübü** hat die türkische Bevölkerungsgruppe auch einen eigenen Sportverein. Wassersport wird auf der Elbe betrieben: Die 1911 gegründete Rudergesellschaft

Konzert der Nationen beim Stadtteilfest auf der Veddel

Die Sloman-Siedlung, zeitgenössisch auch „Cottage-Viertel" genannt, war als Vorzeigeobjekt mit sozialem Anspruch einen Spaziergang wert

Zeitleiste

1307 Ritter Johannes de Vedhele erwähnt
1768 an Hamburg
1872 Eisenbahnelbbrücke
1887 Straßenbrücke eröffnet
ab 1901 Auswandererhallen der HAPAG
1927–31 Errichtung der Großsiedlung
2001 Ausstellungskonzept für die Auswandererhallen vorgestellt

Mädchen ans Netz: Das Internet-Café Saus & Browse in der Bücherhalle eröffnet den Jugendlichen auf der Veddel einen Zugang zum Web

Die Wikinger hat ihr Bootshaus zwischen der *Neuen Elbbrücke* und dem Marktkanal, die Mitglieder des **Segelclubs Hanseat** stechen vom *Peuter Elbdeich* aus in See.

Kupfer und Kakao

Die **Peute** ist eines der großen Industriegebiete Hamburgs und die **Norddeutsche Affinerie** eines der großen Unternehmen Hamburgs. 2000 Menschen arbeiten in der hochmodernen Kupferproduktion des Welt-

Qualitätskontrolle: In den Laboren von Hamester Kakao stehen die Kakaobohnen im Mittelpunkt des Interesses. Rechts: Blick auf die Veddeler Industrielandschaft – über 1 km² erstreckt sich das Gelände der „Affi"

unternehmens, das der Hansestadt eng verbunden ist. Bei der Kirchendach-Sanierung können Pastoren auf die Hilfe der „Affi" zählen, denn ihr Einsatz „für die Erhaltung von Hamburgs Stadtbild hat inzwischen Tradition", betont Vorstandsvorsitzender Werner Marnette. Andere Großunternehmen sind die Reismühle **Euryza**, **Peute Baustoffe** oder das Recyclingunternehmen **ERN**, das aus Elektroschrott Rohstoffe gewinnt. Auch Speditionen, Lagerunternehmen und kleinere Gewerbebetriebe sind ansässig, z.B. die Schiffswerft **Heinrich Buschmann & Söhne** und die **Hansataucher** am *Peuter Elbdeich* oder die vielen mittelständischen Unternehmen im **Elbe-Gewerbe-Zentrum**: Der gewaltige Backsteinbau aus den 1920er Jahren beherbergt Unternehmen aus Handel, Logistik und Technik neben Kreativen wie Fotografen und Designern. Am *Einsiedeldeich* wird Wohlschmeckendes produziert, hier stellt **Hamester Kakao** Kakao-Halbfabrikate wie Kakaobutter und -pulver her. Die Firma ist mit ihren weiteren Produktionsstätten in Berlin und Ghana der weltweit viertgrößte Kakaoverarbeiter und übernimmt ca. acht Prozent der Welternte.

Mieter unter sich

Außer der Großsiedlung gibt es fast keine Wohngebäude auf der Veddel. Die Blocks gehören zum großen Teil der **GWG**, die 1000 Wohnungen verwaltet, andere Bauten sind in Genossenschaftsbesitz wie der **Warmwasserblock**, der als einziger Block schon beim Bau mit einer Warmwasserversorgung ausgestattet wurde. Der Name hat sich bis heute erhalten, genau wie der des **Sparkassenblocks**, in dem bis 2001 immer eine Sparkasse die Veddeler Ersparnisse hütete. Die GWG hat viele Wohnungen mittlerweile saniert und durch Zusammenlegungen größere geschaffen, berichtet Karola Schäller, die für die GWG auf der Veddel tätig ist. Mit der **Modernisierung** verbundene

Bürgergeschichten

„Hausboot mit Geranien"

Binnenschiffe gehörten früher zum alltäglichen Bild der Veddel – davon ist kaum etwas geblieben. Anna Luise Persike, 1941 in der Schweiz geboren, erzählt vom Leben auf dem Wasser und wie sie auf der Veddel „festmachte"

Als ich 1965 nach Hamburg kam, war in der Binnenschifffahrt noch viel los. Mein Mann war Kapitän. Er fragte mich, ob wir künftig ein Kümo (Küstenmotorschiff) oder ein Binnenschiff fahren wollten. Ich entschied mich für das Binnenschiff – weil mein Mann nicht schwimmen konnte. Zunächst fuhren wir auf der Elbe und im Nord-Ostsee-Kanal; wenn wir keine Aufträge hatten, lagen wir im heute nicht mehr vorhandenen Maakenwerder Hafen am Köhlbrand. Weil der Hafen beim Bau des neuen Elbtunnels verschwand, zogen wir auf die Peute um. Es war ein weiter Weg von dort zum Einkaufen auf der Veddel, vor allem mit meinen zwei kleinen Kindern. An der Peutestraße lagen damals auch noch mehrere Kneipenschiffe.

Als die Kinder zur Schule mussten, brachten wir sie zuerst in einem Schifferkinderheim in Westfalen unter, aber weil ich Sehnsucht nach ihnen hatte, nahmen wir uns schließlich eine Wohnung auf der Veddel, und ich blieb an Land. Mein Mann fuhr dann mit einem Matrosen, aber weil die Binnenschifffahrt immer schwieriger wurde, hörten auch wir Ende der 1970er Jahre auf und erhielten dafür das „Abwrackgeld". Jetzt zogen wir zusammen auf ein Hausboot im Moldauhafen, das näher an der Veddel-Siedlung lag. Mein Mann arbeitete als Liegerviz beim Schutenbetrieb Adolf Röper und führte die Aufsicht über die Schuten. Bis 1985 wohnten wir auf unserem zweistöckigen Hausboot, wo wir viel Platz hatten.

Das war wohl unsere schönste Zeit, endlich waren wir eine richtige Familie mit Vater, Mutter und Kindern. Über die Sachsenbrücke und durch die Tunnelstraße kamen wir zur Veddel; unsere Kinder besuchten die Schule inmitten der Siedlung. Zu dieser Zeit lag auch die Flussschifferkirche im Müggenburger Zollhafen; heute hat sie in der Billwerder Bucht festgemacht. Wir gehörten zu ihrer Gemeinde, und durch die Kinder wurde ich immer mehr in Anspruch genommen und übernahm ehrenamtliche Aufgaben. Ich bastelte mit den Kindern und war Mitglied im Kirchenvorstand. Schließlich wurde ich feste Mitarbeiterin der Kirche. Es gab Taufen, Konfirmationen, Hochzeiten, Trauungen, Basare und eine große Weihnachtsfeier, die wir in der Schule am Slomanstieg durchführten.

Einmal waren wir von der Veddel abgeschnitten: Das war bei der Sturmflut im November 1981. Ein Sturm wurde angesagt, ich rief sofort in der Schule an und ließ unsere Kinder nach Hause schicken. Ich nahm sie beim Zoll an der Tunnelstraße in Empfang, und wir mussten uns beeilen, denn die Fluttore schlossen sich schon. Das Wasser stieg sehr schnell, sodass der Steg und die Treppe zu unserem Hausboot schnell darin verschwanden. Die Dalben, an denen das Boot festgemacht war, wurden immer kürzer, und ich hatte schon Angst, dass der Sturm das Boot über die Dalben treiben würde, aber wir hatten Glück, es ging alles gut.

Der unweit der Veddel gelegene Moldauhafen auf dem Kleinen Grasbrook war der „Heimathafen" von Familie Persike

Anna Luise Persike trägt die „Kai", mit der sie und ihr Mann lange gefahren sind, auf Händen

Über Hamburg in die Welt

Fünf Millionen Menschen wanderten zwischen 1850 und 1934 über Hamburg nach Übersee aus. Seit 1901 waren die Auswandererhallen der HAPAG am Veddeler Bogen ihr Quartier während des Hamburg-Aufenthaltes

Schon vor 100 Jahren ging es auf der Veddel international zu: ab 1900 errichtete die Hamburg-Amerikanische Dampfschiffahrts AG (HAPAG) auf der Veddel eine kleine „Stadt" für die unzähligen Auswanderer. 1850 war die Zahl der Menschen, die aus Armut, Abenteuerlust oder politischer Verfolgung die Schiffe nach Übersee bestiegen, noch überschaubar gewesen; dann aber setzte wegen fehlgeschlagener Revolution und ausbleibender gesellschaftlicher Reformen der Massenexodus ein. Die im Jahr 1847 von Hamburger Kaufleuten gegründete HAPAG schaltete sich in das Gewinn versprechende Auswanderergeschäft ein. 1892 eröffnete sie schlichte Unterkünfte auf dem Amerikakai am Segelschiffhafen, ab 1900 entstand die Auswandererstadt auf der Veddel: ein von Mauern umgebenes Quartier mit Schlafhallen, Sanitätsbauten, zwei Kirchen und einer Synagoge – auf der Weltausstellung in Paris wurde die „Musteranstalt" ausgezeichnet. 180 Angestellte betreuten die bis zu 5000 gleichzeitig untergebrachten Menschen, die vor allem aus Osteuropa kamen. Unter ihnen waren viele Juden, die vor den Pogromen in ihrer Heimat flohen. Mit dem Ersten Weltkrieg endete die Hochphase der Auswanderung. 1934 wurde die unrentabel gewordene Anstalt geschlossen, sie diente anschließend als Kaserne und Gefangenenlager. 1961 erfolgte der Abriss fast aller Gebäude.

Völkergemisch auf der Veddel: Hamburg als Nadelöhr auf dem Weg nach Übersee

Während das amerikanische Gegenstück, die Ankunftsstation Ellis Island vor New York, ein Touristenmagnet ist, dämmert die letzte erhaltene Halle auf der Veddel dahin. Konzepte für eine Dauerausstellung vor Ort liegen seit längerem vor. Eine museale Präsentation würde auch viel Interesse in den Vereinigten Staaten erzielen; das Staatsarchiv Hamburg bietet mit dem Projekt „Link to Your Roots" bereits die Möglichkeit, via Internet nach über Hamburg ausgewanderten Vorfahren zu suchen. Auf der Veddel würde dann nach der virtuellen Suche ein wichtiger Abschnitt des Auswanderer-Schicksals an einem realen Ort anschaulich. Belarmino Santos, der portugiesische Wirt des Restaurants in der erhaltenen Halle, weiß, dass Amerikaner schon jetzt kommen, um den Ort des Aufbruchs in ein neues Leben zu entdecken – und enttäuscht sind, dass es so wenig zu sehen gibt. Mit der Vorstellung eines erheblich größer angelegten Projektes durch die Handelskammer Hamburg und die Stiftung Hamburg Maritim erfuhren die Planungen Ende 2001 neuen Schwung. Zusammen mit anderen „maritimen" Zukunftsprojekten in der HafenCity und auf dem kleinen Grasbrook soll ein weiterer Baustein entstehen, der die Geschichte des Hafens und seiner internationalen Bedeutung dokumentiert – und Hamburg bei amerikanischen Touristen und Investoren bekannter machen würde.

Der Entwurf des Architekten Martin Förster sieht ein dreiteiliges Konzept aus Erlebnisräumen, Ausstellungs- und Forschungsbereich vor

Stadtteil-Profil

	Veddel	Bezirk	Hamburg
Bevölkerung gesamt (2000)	4693	228 060	1 704 929
Unter 18-Jährige in %	25,4	15,9	16,1
65 Jahre und älter in %	8,0	15,0	17,0
Deutsche	1757	167 114	1 432 325
Ausländer in %	62,6	26,7	16,0
Einwohner je km²	1075	2258	
Sozialstruktur			
Sozialhilfeempfänger (2000)	594	25 273	120 461
Arbeitslose (2001)	326	12 716	71 963
Eink. je Steuerpfl. in DM (1995)	41 943	53 702	65 579
Wohnen (2001)			
Wohngebäude	217	18 821	226 061
Ein- und Zweifamilienhäuser in %	2,0	8,9	20,5
Ø Wohnungsgröße in m²	60,9	62,5	71,0
Wohnfläche je Einwohner in m²	25,8	31,3	35,7
Verkehr			
Private Pkw (2001)	1125	70 503	628 119
Straßenverkehrsunfälle (2000)	76	2790	12 430
Kriminalität			
Straftaten insgesamt (2000)	988	82 985	284 272

© Statistisches Landesamt

Wahlverhalten

… zur Bürgerschaft 2001 (gesamt)

Wahlbeteiligung	71,0%
SPD	**36,5%**
CDU	**26,2%**
Schill-Partei	**19,4%**
Grüne/GAL	**8,6%**
FDP	**5,1%**
Übrige	**4,2%**

… zur Bürgerschaft 2001 (Stadtteil)

Wahlbeteiligung	55,6%
SPD	**48,0%**
CDU	**16,4%**
Schill-Partei	**21,8%**
Grüne/GAL	**6,5%**
FDP	**2,2%**
Übrige	**5,1%**

Mieterhöhungen sind allerdings bei der hohen Arbeitslosigkeit nicht für alle Veddeler einfach zu verkraften. Ca. 35 Prozent der Wohnungen sind Sozialwohnungen; viele von ihnen fallen aber ab 2003 aus der Mietpreisbindung heraus.

So durchqueren täglich Tausende die Veddel: Südlich der Norderelbbrücken ist die Großsiedlung nur durch eine Lärmschutzwand von der A 255 getrennt

Die Verkehrsinsel

Im Westen die Gleise, im Osten die Autobahn: Die Großsiedlung hat um sich herum reichlich Bewegung. Der Lärm von Schiene und Straße ist die negative Seite; die **zentrale Lage** des Quartiers ist die positive. „Nur zwei S-Bahn-Stationen nach Harburg oder bis Hauptbahnhof" – das schätzt Veddel-Bewohner Özden Kaya. Trotz der **Autobahn**, von der das Wohnquartier durch hohe Lärmschutzwände abgetrennt ist, geht es in der *Veddeler Brückenstraße* im Vergleich zu früher sehr ruhig zu: Bis Ende der 1980er Jahre lief der Verkehr von den Elbbrücken zur *Wilhelmsburger Reichsstraße* sechsspurig hindurch. Für einige Geschäfte allerdings bedeutete die neue Verkehrsführung das Ende, weil die Kunden ausblieben.

Große Visionen

Kräftig gebaut wird bis 2005 an den Veddeler Deichen: Sie werden im Rahmen des Hamburger **Bauprogramms Hochwasserschutz** erhöht, um gegen künftige Rekordfluten gewappnet zu sein. Neu gestaltet wird das Nordufer des **Müggenburger Zollhafens**, wo bald eine Spundwand mit dahinter liegender Deichverteidigungsstraße die Böschung ersetzt. Auf der Peute wurde die Hochwasserschutzwand des *Müggenburger Hauptdeichs* auf einer Länge von 1,7 km erhöht; die Straßenbrücke über den Marktkanal wird durch einen Damm ersetzt. Die nächste Sturmflut kommt

Symphonie in Stahl: Schon seit 1872 besteht eine Schienenverbindung über die Elbe

sicher; unsicher dagegen ist das Kommen zweier Großereignisse nach Hamburg. Die hätten auch auf die Veddel baulich und vielleicht wirtschaftlich positive Auswirkungen: Im Jahr 2013 will die Stadt in Wilhelmsburg die **Internationale Gartenbauausstellung** ausrichten; die Veddel ist in die Planungen einbezogen (s. Wilhelmsburg). Und sollte es der Hansestadt gelingen, die **Olympischen Spiele** des Jahres 2012 nach Hamburg zu holen, wären die Veddeler Nachbarn des zentralen Olympiastadions: Das fände seinen Platz nach bisherigen Planungen am jetzigen Standort des Überseezentrums auf dem Kleinen Grasbrook.

Nicht zu sehen: In diesem Feuchtbiotop am Peuter Elbdeich ist der Seefrosch zu Hause. Im Hintergrund ragt die Klinkerburg des Elbe-Gewerbe-Zentrums empor

Abenteuer Veddel

Natur auf der Veddel und der Peute – die findet sich fast nur dort, wo nicht enger gebaut werden konnte. Nur als Straßennamen haben sich die *Katenweide* und die *Achterweide* erhalten. Spannend aber ist es, auf Entdeckungsreise zu gehen und die wenigen grünen Ecken aufzuspüren, die fast alle am Wasser liegen. Zwischen *Peutestraße* und *Peuter Elbdeich* erstreckt sich ein von Hochwassern beeinflusstes **Feuchtbiotop**; am Westende des *Peuter Elbdeichs* hat man einen weiten Blick auf die Elbbrücken und den Elbpark Entenwerder am jenseitigen Ufer. Ein vergessener Platz ist auch das Elbufer zwischen den Brücken: Hier rostet ein letztes Segment des früheren **Fähranlegers** vor sich hin, überwachsen von Bäumen und Sträuchern. Immer am Wasser entlang kann man um den Müggenburger Zollhafen spazieren: unter der beeindruckenden Autobahnbrücke hindurch, an Kleingärten vorbei, über alte Eisenbahnbrücken mit Fußweg und Blick auf alte Fabrikgebäude der Affi. Über *Packersweide* und *Veddeler Bogen* führt der Weg zurück.

Türkisch-deutsches Einkaufen

Gut versorgt sind die türkischen Haushalte: Gemüseläden gibt es genügend. Klassische „deutsche" Läden aber gibt es kaum noch. Für viele ist deshalb der Penny-Markt am *Sieldeich* eine wichtige Adresse. Aber als die Haspa zum großen Bedauern vieler Veddeler ihre Filiale am *Wilhelmsburger Platz* im Frühjahr 2001 dichtmachte, erkannte Recep Coskun seine Chance: Der Kaufmann mietete ihre frei gewordenen Räume, die seinem türkischen Supermarkt gegenüberliegen,

Wirtschaft im Wandel – Recep Coskun vor seinem Supermarkt in der einstigen Haspa-Filiale am Wilhelmsburger Platz

und richtete darin einen Supermarkt mit „typisch deutschem" Sortiment ein. Seine Angestellten und Kunden aber sind international wie die Veddel. „Damit hier mehr los ist", war seine Begründung für die Ladeneröffnung. Es ist ihm zu wünschen, dass trotz der schwachen Kaufkraft vieler Veddeler „der Laden läuft".

Bezeichnend für das schmale Angebot ist der wohl **kleinste Wochenmarkt Hamburgs** – nur noch drei Stände öffnen am Freitag, darunter ein Fischstand.

Fisch auf den Tisch

Seit 1932 wird in der **Veddeler Fischgaststätte** frischer Fisch mit hausgemachtem Kartoffelsalat serviert, und das in Portionen, die auch einen gestandenen Schauermann satt machen. Gerd Matthes hat bei Daniel Wischer das jetzt fast ausgestorbene Handwerk des **Fischwerkers** gelernt; später übernahm er die von seinem Vater gegründete Gaststätte, verkehrsgünstig gelegen an der Freihafenzufahrt an der *Tunnelstraße*. Mittags einen Sitzplatz zu ergattern ist nicht einfach; Overall- und Krawattenträger füllen die 45 Plätze schnell. Der Ruf ist legendär und dementsprechend groß der Einzugsbereich. Für viele alte Veddeler, auch für fortgezogene, ist dies der Treffpunkt, an dem man sich wiedersieht; aber wenn Gerd Matthes sich zur Ruhe setzt, geht hier der Herd aus. Unsicher ist auch die Zukunft des portugiesischen Restaurants **Bela Mar** am *Veddeler Bogen*, wo Wirt Belarmino Santos in der einzigen erhaltenen Auswandererhalle zu Tisch bittet.

Köpfe

Als „Elvira von der Peute" oder „Elvira Wilson" war sie weit bekannt. **Elvira Unglaube** (1889–1973) trat mit ihrem Mann Paul als waghalsige Turnerin auf: Er fuhr den Heißluftballon, sie hing darunter an einer Strickleiter und turnte. Da sie einen Ballonführerschein erworben hatte, konnte sie aber auch allein in die Lüfte steigen. Um 1906 sangen die Hamburger sogar über das waghalsige Paar: „Kaum 17 Jahr Elvira war, so schlank wie eine Tanne. Da ging sie zu Paul Wilson hin und nahm ihn gleich zum Manne. Sie fuhren in ihrem Luftballon weit hinauf in die Ferne, und als sie wieder runterkamen, da hatten sie sich gerne."

Die *Veddeler Brückenstraße* ist die Hauptstraße der Veddel: ohne viel Verkehr, aber mit vielen Menschen. An warmen Sommerabenden kommt südliches Flair auf, wenn die Bewohner die Straße auf und ab promenieren. Diese „Köpfe" sind einige von ihnen:

Ernst Gronau ist seit 1931 in der *Brückenstraße* zu Hause. Als überzeugter Sozialdemokrat wagte er es nach 1933, gegen das nationalsozialistische Regime gerichtete Flugschriften zu verteilen. Mit Glück blieb es 1937 bei einer dreiwöchigen Haft im Konzentrationslager Fuhlsbüttel. Als er nach Krieg und Gefangenschaft wiederkehrte, wollte er in „sein" Haus zurück, und es gelang ihm. Von Beruf zunächst Schuster, arbeitete Ernst Gronau dann mehrere Jahrzehnte bei Strom- und Hafenbau.

Mitte der 90er Jahre kam **Gitta Günther** auf die Veddel, wo sie sich zunächst sehr fremd fühlte, dann aber schnell das familiäre Flair der Nachbarschaft in der *Brückenstraße* schätzen und bald ihren türkischen Freund kennen lernte. Und inzwischen ist sie vielseitig Veddel-aktiv, im Bürgerbeirat und in dessen „Arbeitsgruppe Zusammenleben" genauso wie beim Veddeler Freizeit-Sport oder bei Grillfesten in der *Brückenstraße*. Die Gründe für die Probleme beim Austausch der Kulturen sieht sie gleichermaßen auf beiden Seiten, auf deutscher und ausländischer.

1981 geboren und auf der Veddel aufgewachsen sind die Zwillinge **Senay** und **Seniz Peri**, deren Vater schon 1967 aus der Türkei nach Deutschland kam. Nur die Eltern und wenige gute Freundinnen können die beiden auseinander halten. Nach dem Abitur an der Klosterschule im *Westphalensweg* (St. Georg) im Frühjahr 2001 haben die begabten Zwillinge die Aufnahmeprüfung für das Modedesignstudium an der Fachhochschule in der *Armgartstraße*.

Mutiges Mädchen: Elvira Unglaube

Mittags immer gut gefüllt: die Veddeler Fischgaststätte

Aus der Brückenstraße: Ernst Gronau, Gitta Günther, Senay (l.) und Seniz Peri

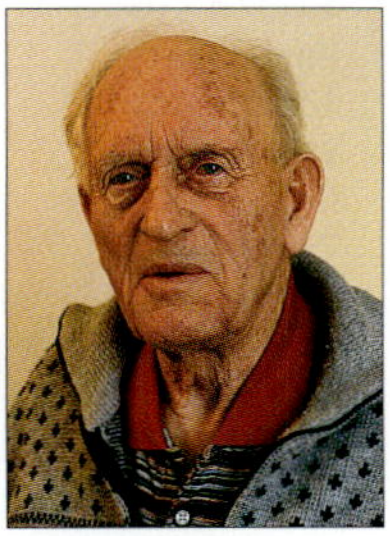

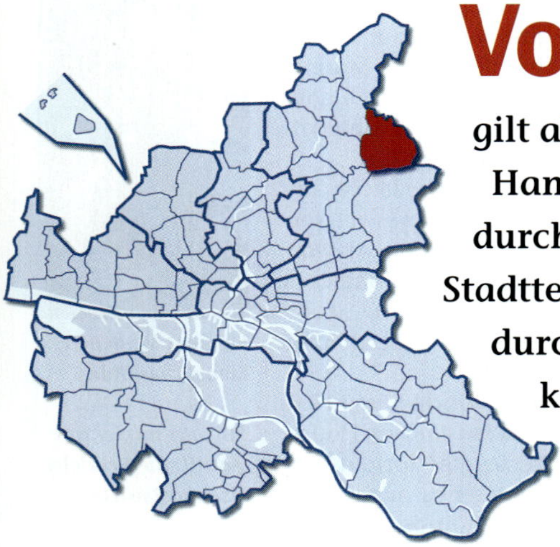

Volksdorf

gilt als Inbegriff des ländlich-idyllischen Hamburger Walddorfes. Beim Bummel durch die Einkaufsstraßen blicken die Stadtteilbewohner auf ein Museumsdorf, das durch ihr Engagement zur viel besuchten kulturellen Attraktion wurde. Für Frischluftaktivitäten bieten Wald und Wiesen zahlreiche Möglichkeiten

Steckbrief

Fläche:
11,578 km²
Einwohner:
18 988
Verwaltung:
Bezirk Wandsbek, Ortsamt Walddörfer
Ortsteil:
525

Wer naheliegenderweise als Namengeber des Stadtteils „das Volk" vermutet, der irrt. Nicht nach einer Gemeinschaft, sondern nach einer Einzelperson, einem Dorfgründer namens „Volkward", wurde die Siedlung vermutlich benannt.

Schmucke Funde

Die vielen unterschiedlichen steinzeitlichen Gerätschaften, wie Feuersteinbeile, verschiedene Formen von Schabern und Pfeilspitzen, die in Volksdorf gefunden wurden, belegen, dass die Gegend des heutigen Stadtteils schon in vorgeschichtlicher Zeit besiedelt war. Für Alfred Rust, der steinzeitliche Siedlungsplätze in Rahlstedt untersucht hatte, bestand kein Zweifel, dass in den Volksdorfer Teichwiesen ähnliche „Renjägerlager mit Opferteichen" zu finden seien wie im Nachbarstadtteil. Andere Funde belegen, dass auch in den nachfolgenden Zeitstufen hier Menschen siedelten. Aus der jüngeren Bronzezeit stammt einer der **größten Hamburger Schatzfunde** dieser Zeit: Bei Ausschachtarbeiten für die Kleinbahnstrecke wurden Anfang des 20. Jahrhunderts zwei aufwändig gestaltete Halsringe, zwei Armspiralen sowie ein Hängebecken freigelegt. Das verzierte bronzene Gefäß – in der Regel Bestandteil einer Tracht – diente als Behältnis für die übrigen Schmuckstücke. Heute kann der vermutlich aus kultischen Gründen versenkte Fund im Helms-Museum in Harburg besichtigt werden. Hier befinden sich auch Volksdorfer Fundstücke aus eisenzeitlichen Gräberfeldern, wie Holsteiner Nadeln und bronzene Fibeln, die zum Schließen von Gewändern benutzt wurden.

Aus der Geschichte

Im Jahr 1296 fand „Volcwardesdorpe" erstmals urkundliche Erwähnung: Es war eins der 13 Dörfer, deren Einnahmen an das Kloster Harvestehude übertragen wurden. Ursprünglich zu Stormarn

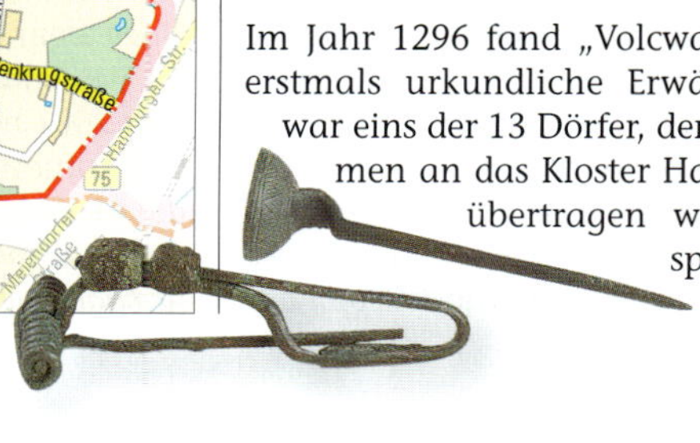

Eisenzeitliche Funde: Gewandschließe (links) und Holsteiner Nadel

gehörend, wurde Volksdorf 1437 mit anderen Siedlungen (u.a. Wohldorf) von dem damaligen Grundherrn **an Hamburg verpfändet**. Doch das Pfand wurde nie wieder ausgelöst: Volksdorf und Wohldorf blieben hamburgische Walddörfer; als Verwalter wurde ein Waldherr in Wohldorf eingesetzt, dem die Bauern zu Hand- und Spanndiensten verpflichtet waren. Das Volksdorfer Gebiet vergrößerte sich in der Folgezeit um die Hälfte der nachbarlichen Fluren des Herkenkrugs sowie Anfang des 16. Jahrhunderts um die Felder des Dorfes Lottbek. Im Zuge einer tief greifenden Verwaltungsreform wurden die Walddörfer 1830 in die neu geschaffene Landherrenschaft der Geestlande eingegliedert. Damals lebten hier knapp 400 Einwohner. 1867 begann dann für das Bauerndorf eine neue Ära: Der Hamburger Kaufmann Heinrich von Ohlendorff pachtete die Volksdorfer Jagdrechte. Er ließ sich ein Jagdhaus errichten, kaufte mehrere Hufen und begann, einen **modernen landwirtschaftlichen Großbetrieb** zu führen. In den Folgejahren galt sein Interesse besonders dem Anschluss des Ortes an das Verkehrsnetz der Eisenbahn: Tatsächlich wurde dank seiner Unterstützung 1904 die **Kleinbahn** von Altrahlstedt über Volksdorf nach Ohlstedt in Betrieb genommen. Nun war das Walddorf nicht mehr nur als Sommerfrische ein viel besuchtes Ziel: Schon bald wurden **prächtige Villen** auf parkähnlichen Grundstücken errichtet. Noch bis 1939 folgten große Teile des Ohlendorffschen Grundbesitzes dieser Bestimmung. Und Volksdorf wuchs weiter: Nach dem Zweiten Weltkrieg konnte der Ort erneut rege

Die Ortsamtsleiterin ist um ihre Dienststelle in Rosarot nur zu beneiden

Nächster Halt Bahnhof Volksdorf: Bei Sonderfahrten zog die Lok „Anton“ auch doppelstöckige Wagen auf der Strecke der elektrischen Kleinbahn

Der Volksdorfer Wald ist seit langem ein beliebtes Ausflugsziel

Ein Museum zum Anfassen

Im Museumsdorf Volksdorf können sich mitten im Herzen des Stadtteils Besucher über das bäuerliche Leben in den alten Walddörfern informieren

Junge Besucher freuen sich über die tierischen Bewohner des Museumsdorfes. Die Hummelsbütteler Grützmühle (im Hintergrund) wurde rekonstruiert wieder aufgebaut. Rechts: Innenansicht der Dorfschmiede

Die beiden Schweinchen scharren und grunzen begeistert: Kinder halten einige Äste mit Laub und Eicheln durchs Gatter. Natürlich haben die kleinen Besucher erst um Erlaubnis gefragt, denn eigentlich sollen die Tiere im Museumsdorf nicht gefüttert werden. Aber Ingeborg Wark, die sich mit dem Museumswart Egbert Läufer um Gänse, Hühner, Lämmer und die beiden Schweine kümmert, weiß, dass für Kinder der kleine Streichelzoo die Museumsattraktion ist. Ihre Eltern sind – wie die anderen Erwachsenen – mehr noch von dem überlieferten Dorfbild fasziniert.

Als in den 1960er Jahren die Planung der weiteren städtebaulichen Entwicklung von Volksdorf diskutiert wurde, standen die verbliebenen reetgedeckten Bauernhäuser erst einmal im Weg. Schnell waren sich aber alle Beteiligten darüber einig, dass die alten Gebäude erhalten werden müssten. Zur gleichen Zeit wurden Räume gesucht, um im Stadtteil eine Altentagesstätte einzurichten. Daraus entstand die Idee, den Senioren in einem der Bauernhäuser Raum zu schaffen und schließlich – als weiterer Schritt – ein Freilichtmuseum aufzubauen: Im Dezember 1962 wurde der Trägerverein Museumsdorf Volksdorf „De Spieker Gesellschaft für Heimatpflege und Heimatforschung in den Hamburgischen Walddörfern e.V." gegründet, der seither für den Betrieb und die Unterhaltung der historischen Gebäude sorgte. Zu den drei Volksdorfer Häusern – heute das Spiekerhus, der Dorfkrug und der Harderhof – kamen bis 1989 vier weitere Gebäude hinzu – als Rekonstruktion oder echter Wiederaufbau: Die Hummelsbütteler Grützmühle, eine Durchfahrtscheune, die Wohldorfer Schmiede sowie ein Durchfahrthaus aus Volksdorf wurden so um die erhaltenen Gebäude gruppiert, dass ein idealtypisches Geestdorf entstand.

„De Spieker" hat heute mehr als 700 Mitglieder, und welche zu finden, die sich ehrenamtlich „um Garten, Vieh und Feld kümmern oder Führungen abhalten", ist – so Rudolf Beckmann, seit 1988 Spieker-

Vorsitzender, kein Problem. Das ganze Jahr über finden auf dem Gelände zahlreiche Veranstaltungen statt. Als besondere Publikumsattraktion richtet „De Spieker" die Gewerketage aus, an denen die Besucher erleben können, wie z.B. ein Schmied seine glühenden Eisen bearbeitet.

Ebenfalls im Museumsdorf hat der Verein „Konzerte junger Künstler im Spiekerhus e.V." einen Rahmen für seine Kammerkonzerte gefunden. Im historischen Ambiente lauschen die Zuhörer dem vielseitigen Programm – von barocken Klängen bis Percussionmusik.

Bautätigkeiten verzeichnen. Im Zuge der Neuordnung der Hamburger Verwaltung 1949/51 wurde schließlich der **Ortsamtsbereich Walddörfer** im Bezirk Wandsbek geschaffen.

Villen-Variationen

Früher als in den übrigen Walddörfern setzte in Volksdorf die Entwicklung vom Bauerndorf zum Wohnstadtteil ein.

Heinrich von Ohlendorff parzellierte Teile seines Gutes – vor allem südlich der *Eulenkrugstraße* – und lockte mit außerordentlich günstigen Quadratmeterpreisen weitere Käufer an. Er selbst engagierte Martin Haller für den Bau seines Jagdhauses. Von der ursprünglichen Anlage sind allerdings nur noch Teile des Parks erhalten: 1928 ließ der Volksdorfer Erbe, Hans von Ohlendorff, das **Hallersche Jagdschlösschen** abreißen und durch einen modernen Nachfolgebau, heute Sitz des Ortsamtes, ersetzen. Den Ohlendorffs folgten schon Anfang des 20. Jahrhunderts begüterte Hamburger Familien und wurden im Walddorf als Bauherren aktiv. Anfangs galt das **englische Cottage** als vorbildhaft, später entwickelten die Architekten dann individuellere Lösungen: Putzbauten wie das Landhaus Klöpper, die barocke und klassizistische Elemente vereinen, finden sich ebenso wie Fachwerkhäuser mit Elementen des Heimatstils oder Fassaden mit expressionistischen Backsteinverbänden à la Fritz Höger.

Schumachers Schule

Die Zeit der Schulkate, die neben dem Museumsdorf wieder aufgebaut wurde und in der heute der Wirt des Eulenkrugs Hausherr ist, gehört längst der Vergangenheit an. Mit sieben allgemeinbildenden Schulen, die von über 3000 Schülern besucht werden, gilt Volksdorf als **Bildungs-Zentrum** der Walddörfer. Neben drei Grundschulen, einer Haupt- und Realschule sowie einer Gesamtschule führt der Weg zum Abitur über das Gymnasium Buckhorn oder das **Walddörfer Gymnasium**. Als das Gebäude 1929–31 nach Plänen von Hamburgs Oberbaudirektor Fritz Schumacher errichtet worden war, nannte man es „Walddörferschule", und Schüler aller Klassenstufen – von den Erstklässlern bis zu den Abiturienten – drückten damals hier die Schulbank. Erst 1970 wurde der Grundschulbereich ausgegliedert und der Name „Walddörfer Gymnasium" geläufig. Schumacher entwarf den Klinkerbau in sachlichen Formen zweigeschossig um einen offenen Hof herum, sodass die Räume wie „Schulzimmer im Freien" wirkten. Trotz baulicher Erweiterungen besteht dieser Gesamteindruck weiterhin.

Hamburger Architekturprominenz hat in Volksdorf ihre Spuren hinterlassen. Fritz Höger entwarf das Landhaus am Saseler Weg. Unten: Auch nach der Erweiterung blieb das Walddörfer Gymnasium „typisch" Schumacher

Glaubensvielfalt

„Wir kümmern uns ab kniehoch aufwärts", betont Ingrid Holz aus dem Kirchenbüro, wenn sie die engagierte Kinder- und Jugendarbeit der ev.-luth. Kirchengemeinde Volksdorf beschreibt, und denkt dabei nicht zuletzt an das Sozialprojekt **Kinder-Kirchen-Zirkus-Gabrielino** des Gemeindezentrums St. Gabriel. Seit 1997 geben „Direktor" und Diakon Olaf Schröder und junge Artisten die Manege im kircheneigenen Zirkuszelt frei. In Anlehnung an biblische The-

Spielende Leoparden: Tierplastik von Hans Martin Ruwoldt auf dem Schulhof des Walddörfer Gymnasiums

Die große Kirche am Rockenhof wurde 1952/53 auf einem Hügel errichtet

men tauchen in den Programmen Akrobaten, Clowns und Zauberer auf, die in jeder Vorstellung bis zu 250 Zuschauer begeistern.

Die große **Kirche am Rockenhof** ist zugleich die Predigtstätte Hartwig Liebichs, **Propst** des Stormarner Kirchenbezirkes Bramfeld-Volksdorf, in der er einmal im Monat den Gottesdienst feiert. Hier finden auch zahlreiche klassische Konzerte und sogar kirchenmusikalische Uraufführungen statt. Eher ruhig geht es zu bei den Andachten in der St. Michaelskapelle des „Kirchlichen Vereins für Diakonie in Hamburg-Volksdorf", die auf dem Gelände des Amalie-Sieveking-Krankenhauses erbaut wurde. Weniger andächtig ist die Stimmung im Kindergarten der kath. **Heilig-Kreuz-Kirche**. Am allerliebsten stechen die kleinen Schützlinge von Leiterin Brigitte Korthals auf dem großen Holzschiff des eigenen Spielplatzes in die sandige See. Das kirchliche Leben in Volksdorf vervollständigen die neuapostolische Gemeinde und die Christengemeinschaft.

Alle Kids an Bord! Das Holzschiff auf dem Kindergartengelände der Heilig-Kreuz-Kirche wird heiß geliebt

Walddörfer-Metropole

Zahlreiche Institutionen und Vereinigungen, deren Geschäftsstellen in Volksdorf angesiedelt sind, tragen den Zusatz „Walddörfer" im Namen – obwohl die meisten ihrer Mitglieder Volksdorfer sind; so auch der schon vor über 50 Jahren gegründete **Bürgerverein Walddörfer e.V.** Heute kommen etwa 80 Prozent der über 500 Mitglieder aus Volksdorf, und hier liegen auch die Schwerpunkte des kommunalpolitischen Engagements, wenn es z.B. darum geht, auch in Zukunft zu verhindern, dass Volksdorfs dörflicher Charakter überbaut wird. Im Arbeitskreis Soziales will man durch „persönliche Zuwendung" anderen helfen. Und für die „Kreise der Geselligkeit" ist der Name schon Programm: Von Canasta über Kegeln bis Klönen reicht das Angebot. Über alle Aktivitäten informiert die Bürgervereinsmitglieder ihr Organ, die Heimatzeitung **Das Waldhorn**.

Der **Kulturkreis Walddörfer** wurde 1978 gegründet, um im Nordosten Hamburgs „mehr kulturelle Veranstaltungen anzubieten". Konzerte und Lesungen, Kleinkunst, Vorträge und Ausstellungsbesuche stehen jährlich an bis zu 35 Terminen zur Auswahl. Dabei liest sich die Gästeliste wie ein „Who's-Who" der deutschen Kulturszene, mit so prominenten Vertretern wie Senta Berger, Ulrich Tukur und Will Quadflieg.

Die **Senioren-Akademie-Alstertal** würde man aufgrund ihres Namens eher in Poppenbüttel vermuten. Doch die anspruchsvollen Kurse der Akademie finden entweder in den Räumen der Bücherhalle Volksdorf oder im Clubheim des Walddörfer SV statt. Bei Gesprächen über Brechts „Leben des Galilei", Kunst-Seminaren oder auch geführten Wanderungen durch die Flora und Fauna der umliegenden Naturschutzgebiete verleben die Senioren interessante und lehrreiche Stunden.

Jung und Alt trifft sich auf dem Volksmarkt, der zu einer Institution geworden ist

Manege frei für die kleinen Akrobaten des „Kinder-Kirchen-Zirkus-Gabrielino"

Volksdorfer Institutionen

Jahrzehntelang war die „Koralle" eine Volksdorfer Institution; dass auch weiterhin Kinovergnügen in den Walddörfern zu genießen sein wird, hat sich die **Stiftung Koralle – Bürgerhaus der Walddörfer** zum Ziel gesetzt. Noch bevor die Koralle, das einzige Programmkino in Hamburgs Norden, im Dezember 1999 zum letzten Mal den Kinosaal öffnete, schlossen sich die Volksdorfer zusammen, um nach dem Motto „Koralle – es geht weiter" für den Erhalt der Lichtspielstätte zu kämpfen. Dank ihres Engagements und mithilfe zahlreicher Spendengelder konnte ein Jahr später die Stiftung ins Leben gerufen werden. Das alte Umspannwerk der Walddörferbahn wurde als Standort der neuen Koralle ausgewählt, und der Umbau begann. Wer nach dem Kino noch nicht nach Hause möchte, kann nun im **Bistro** eine Kleinigkeit essen oder den Abend bei jazzigen Rhythmen im **Lütt Hus** ausklingen lassen, das sein neues Domizil im Keller des Gebäudes gefunden hat.

Viermal im Jahr findet der **Volksmarkt** statt. Dieser Flohmarkt bringt nicht nur Spaß – er fördert auch Dialoge und Zusammenleben. Jugendliche, Vereine und Institutionen können deshalb kostenlos einen Stand aufbauen und sich auf 20000–30000 Besucher freuen, die zum Stöbern unter dem Motto „Sammeln, Trödeln, schöne Künste" auf den Volksdorfer Marktplatz kommen.

Sportlich ans Ziel

Auch die Inline-Skater des **Walddörfer SV** genießen Volksdorfs Naturschönheiten, wenn sie bei Sonnenschein durch den Ort rollen. Für Neulinge dieses Trendsports bieten die zahlreichen Anfängerkurse einen Einstieg in die richtige Lauf- und Bremstechnik. Da auch das Fallen geübt sein will, wird in den Trainingsstunden auf sicherem Terrain in den Sporthallen des Walddörfer Gymnasiums und der Grundschule Buckhorn geskatet. Neben diesem Spezialangebot haben Vereinsmitglieder die Möglichkeit, sich aus der ganzen Bandbreite des Programms das Passende herauszusuchen – Leichtathletik, Fußball, Tanzen und sogar Fechten stehen zur Auswahl. Keine Angriffe mit Florett, Säbel oder Degen, sondern ihre Pferde parieren die Mitglieder des **Reitvereins Walddörfer e.V.**, dessen großzügige Anlage

„Das Waldhorn" bietet Informationen rund um die Walddörfer

Die letzte Filmrolle ist lange abgespult: Das Lichtspielhaus übersiedelte ins alte Umspannwerk der Walddörferbahn

Walddörfer SV
Hamburg

Fitness auf Rollen betreiben die Skater des Walddörfer SV. Rechts: Barbara und Marlene Möller vor ihrem Heim in der Siedlung Wensenbalken

mit eigener Reithalle am *Moorredder* liegt. Ganz im Norden des Stadtteils versuchen die Anhänger des weißen Sports im **Tennisverein Volksdorf-Wensenbalken** mittels Serve & Volley zu punkten.

Unentbehrliche Dienste

Im Wohnstadtteil Volksdorf sucht man vergeblich nach großen Industrie- oder Gewerbebetrieben. So verwundert es nicht, dass der größte Arbeitgeber hier ein Krankenhaus ist. In der „Amalie", wie in den Walddörfern das **Evangelische Amalie-Sieveking-Krankenhaus e.V.** genannt wird, tun 549 Menschen in Medizin, Pflege, Service, Verwaltung und technischer Abteilung ihren Dienst und sorgen nicht nur für die Gesundheit der jährlich fast 10 000 stationären Patienten. Die Fachabteilungen teilen sich die 268 Betten des 1973 eröffneten Krankenhauses, und auch im Notfall sind die Volksdorfer rund um die Uhr gut versorgt, denn seit 1996 ist das Team der Not- und Unfallaufnahme in Bereitschaft.

Mittagspause vor dem Frank'schen Kontor I. Unten: Fritz Fleer schuf die auf dem Gelände des Amalie-Sieveking-Krankenhauses aufgestellte Christusfigur

Nicht mit medizinischen Problemen, aber mit allen Nöten rund um Haus und Hof wendet man sich im Stadtteil vertrauensvoll an die vielen kleinen und mittelständischen Handwerksbetriebe. Ebenfalls zahlreich vertreten sind Unternehmen aus der Dienstleistungsbranche. Vom kleinen Steuerberaterbüro bis zur Versicherungsfiliale erstreckt sich das Angebot. Firmen, die elektronisch ins Geschäft kommen wollen, lassen sich bei POET Software GmbH z.B. bezüglich des Internets beraten. Die Softwarefirma hat ihr europäisches Hauptquartier im **Frank'schen Kontor I**, einem in Holzbauweise errichteten Bürohaus am *Kattjahren*, das mit seinen 4000 m² Nutzfläche weiteren Unternehmen und Praxen Raum bietet.

Wie man wohnt

Volksdorf zählt zu den **begehrtesten Hamburger Wohngebieten**. Im Vergleich mit den übrigen Walddörfern (außer Bergstedt) leben hier zwar weniger Menschen in Ein- oder Zweifamilienhäusern, noch immer sind es aber mit über 60 Prozent fast doppelt so viele wie im gesamten Stadtgebiet. Trotz aller Bautätigkeit und Verdichtung trifft die Beschreibung „Wohnen im Grünen" nach wie vor zu. Aber schon in der ersten Hälfte des 20. Jahrhunderts entstand Wohnraum, den sich auch die weniger Begüterten leisten konnten. Als eines der wichtigsten Beispiele der „Kriegerheimstätten-Bewegung" in Hamburg ist in den 1920er Jahren die **Wensenbalken-Einfamilienhaussiedlung** im Norden Volksdorfs erbaut worden. Die Doppel-, Einzel- und Reihenhäuser aus rotem Backstein mit gewalmten Satteldächern, weißen Fenstern, grünen Türen und Fensterläden bieten auch heute noch ein geschlossenes Erscheinungsbild.

Während der Zeit des Nationalsozialismus entstanden an der *Rittmeisterkoppel 14* Gruppenhäuser mit je vier (Reihen-)Hauseinheiten als Arbeiterwohnhäuser. Sie bilden mit den dazugehörigen Stallgebäuden einen Hof, der rückwärtig an die Gartenparzellen grenzt, sodass sie wie **kleine Gehöfte** wirken. Der in den frühen 1980er Jahren errichteten

Stadtteil-Profil

	Volksdorf	Bezirk	Hamburg
Bevölkerung gesamt (2000)	18 988	405 173	1 704 929
Unter 18-Jährige in %	20,3	17,1	16,1
65 Jahre und älter in %	21,2	18,8	17,0
Deutsche	17 848	359 918	1 432 325
Ausländer in %	6,0	11,2	16,0
Einwohner je km²	1640	2742	2258
Sozialstruktur			
Sozialhilfeempfänger (2000)	247	25 017	120 461
Arbeitslose (2001)	360	14 222	71 963
Eink. je Steuerpfl. in DM (1995)	95 118	70 631	65 579
Wohnen (2001)			
Wohngebäude	4778	68 964	226 061
Ein- und Zweifamilienhäuser in %	58,9	31,4	20,5
ø Wohnungsgröße in m²	99,3	77,1	71,0
Wohnfläche je Einwohner in m²	41,9	37,0	35,7
Verkehr			
Private Pkw (2001)	8389	166 212	628 119
Straßenverkehrsunfälle (2000)	63	2255	12 430
Kriminalität			
Straftaten insgesamt (2000)	1480	41 067	284 272

Wahlverhalten

... zur Bürgerschaft 2001 (gesamt)

Wahlbeteiligung	71,0%
SPD	**36,5%**
CDU	**26,2%**
Schill-Partei	**19,4%**
Grüne/GAL	**8,6%**
FDP	**5,1%**
Übrige	**4,2%**

... zur Bürgerschaft 2001 (Stadtteil)

Wahlbeteiligung	85,1%
SPD	**31,2%**
CDU	**30,8%**
Schill-Partei	**15,0%**
Grüne/GAL	**11,2%**
FDP	**9,1%**
Übrige	**2,8%**

Wohnsiedlung Buchenkamp gingen jahrelang andauernde Planungen voraus. Die ursprünglich vorgesehene Bebauung mit 1500 Wohnungen in bis zu neungeschossigen Häusern wurde schließlich zugunsten einer, z. T. öffentlich geförderten, Mischbebauung aus Ein- und Mehrfamilienhäusern mit höchstens vier Geschossen geändert. Trotz dieser unterschiedlichen Wohnungssiedlungen prägen weiterhin die villenartigen Einfamilienhäuser auf großen Grundstücken das Stadtteilbild.

Zusammen leben

Behinderte Menschen jeder Altersgruppe finden in den zahlreichen Einrichtungen des Stadtteils professionelle Unterstützung und häusliche Geborgenheit. Diesem Anspruch folgen auch die 90 Mitarbeiter des **Kinderheims Im Erlenbusch**, die 38 körper- und mehrfachbehinderte Mädchen und Jungen im Alter von 2–20 Jahren betreuen. Im Jahr 1935 zog die Begründerin Hilde Wulff mit ihren 20 Schützlingen von Berlin in das Klöpper-

Oben: „Gemeinsam in einem Boot" symbolisiert das Logo der Arche. Das Kinderheim „Im Erlenbusch" zog 1935 in das Klöppersche Landhaus, das auch als Signet-Vorlage diente

Frischer Röstkaffee von Kießer. Rechts: Volksdorfs Einkaufsmeile

Zeitleiste

1296 erste urkundliche Nennung

1437 Volksdorf wird an Hamburg verpfändet

1685 erste Schulkate

1830 Landherrenschaft der Geestlande

1867 Heinrich von Ohlendorff pachtet die Jagdrechte

1904 elektrische Kleinbahn

1949/51 Ortsamtsbezirk Walddörfer im Bezirk Wandsbek

1999 letzte Vorstellung in der alten „Koralle"

sche Landhaus. Seit 1964 wird die Einrichtung von der Martha-Stiftung getragen, die das Haus auch um einen großen Neubau erweiterte. Je nach Alter und Fähigkeiten können die Kinder – zusätzlich zu dem externen Schulunterricht – unter Anleitung töpfern, Sport treiben oder gemeinsam erste Computer-Erfahrungen sammeln. Auch die Mitglieder der **Arche Volksdorf**, einer christlichen Lebensgemeinschaft geistig behinderter und nicht behinderter Menschen, wohnen im Walddorf – entweder im „Haus Barke" an der *Farmsener Landstraße* oder in der „Blauen Jolle" an der *Wietreie*.

Das **Taubstummen-Altenheim** am *Mellenbergweg* – eine der wenigen Spezialeinrichtungen für gehörlose Senioren in Deutschland – ist eher auf die Versorgung älterer Menschen und die Gestaltung ihres Lebensabends ausgerichtet. Die 1933 gegründete Stiftung „Hamburger Taubstummen-Altenheim" ließ Mitte der 1970er Jahre das bis dahin genutzte Haus abreißen und an gleicher Stelle zwei Neubauten errichten. Im Hauptgebäude ist das Altenheim untergebracht, daneben entstand ein betreutes Wohnhaus, das Carla-Teigeler-Haus, benannt nach der Ehefrau des großzügigen Spenders.

„Gestern und Heute" betitelte Karin Hertz ihre Plastik, die vor der Haspa-Filiale 1994 aufgestellt wurde

Einkaufen in der „Weißen Rose"

Die Volksdorfer Fußgängerzone erhielt ihren Namen zum Gedenken an die Gruppe der studentischen Widerstandskämpfer **Weiße Rose**. Zwar war diese Benennung der 1977 eingeweihten Einkaufsmeile nicht unumstritten, mittlerweile ist das Thema aber längst vom Tisch, und nicht nur die Fußgängerzone, sondern auch einzelne Läden, wie z.B. ein Reformhaus und ein Supermarkt, tragen den Namen der Widerstandsgruppe. Bereits seit 1970 existiert die **Interessengemeinschaft Einkaufszentrum Volksdorf e.V.**, deren Mitglieder den Ort als attraktives Einkaufs-Zentrum dauerhaft sichern wollen. Bequem zu Fuß erreichbar, laden im dörflichen Ambiente die Geschäfte zum Bummeln ein. Das **Modehaus Jänisch** ist schon einigen Walddörfer-Generationen als schicke Adresse bekannt, und Trauringe kauft man in Volksdorf seit langem bei **Juwelier Werning**. Beim Bummeln oder auf dem Weg ins Museumsdorf locken Köstlichkeiten aus Marzipan und Fondant in den Auslagen von **Kießer Kaffee**. Die Volksdorfer schätzen neben diesen kleinen Sünden besonders den Kaffee der Sorte **Walddörfer Mischung**, der – abgestimmt auf das Wasser der Region – seit Jahrzehnten einmal pro Woche von Ursula Kießer und Tochter Barbara frisch geröstet wird.

Man sieht sich

Selbst wenn man nur schnell Kartoffeln vom **Volksdorfer Markt** holen will, muss man damit rechnen, dass es länger dauern könnte: An beiden Markttagen, Mittwoch und Samstag, wird der Volksdorfer Wochenmarktplatz zum „Kommunikationspunkt der Kunden", berichtet Dieter Apel, 1. Vorsitzender der **Interessengemeinschaft Volksdorfer Wochenmarkt e.V.** Zwischen den Ständen tauscht man Neuigkeiten aus, oder es wird über Wetter und Weltgeschehen debattiert. Und natürlich kann man an den Ständen der über 100 Einzelhandelsbetriebe die unterschied-

Bürgergeschichten

„Eine Villa und drei Oldtimer“

Frau Helga Eilmann-Walberg berichtet aus ihren Volksdorfer Kindertagen und von einem ganz besonderen Kapitel der Walddörfer automobilen Verkehrsgeschichte

Bevor unsere Oma, Antje Walberg, geb. Fecht, 1936 mit ihren Söhnen Anton und Hans ein Haus mit Esso-Tankstelle, Auto-Reparatur-Werkstatt und Taxen-Betrieb an der Eulenkrugstraße baute, hatte sie 1932 die Günnemannsche Villa von der Baufirma Paul Hammers gepachtet. Das Grundstück zwischen Bahndamm, Ferckscher Weide und der heutigen Claus-Ferck-Straße war ein wunderschöner Spielplatz mit Park, Wald, Gemüse- und Obstgarten und einer Allee zwischen Bahn und Café Weinhardt, die dort endete, wo heute die Post ist.

Auf der Parkseite, vor der alten Villa, stand eine imposante Blutbuche, die eine dunkle, geheimnisvolle Höhle bildete, wo wir uns verstecken konnten. Auf der Rückseite gab es noch einen kleinen Stall für Omas Schwein. Es war eine herrliche Kinderzeit. Wenn Oma im Juni Geburtstag hatte, durften wir zehn Enkel auf dem Dachboden im Stroh auf dem alten Holzboden übernachten. Ohne Licht, mit vielen Spinnweben. Das allein war schon ein Abenteuer!

Für unseren Betrieb hatten wir drei Autos. Auf dem Hof standen ein „AGA“, ein „Horch“ und ein „Opel P 4“. Bei der Wagenpflege half die ganze Familie mit waschen und polieren. Es wurden auch Hochzeitspaare gefahren, dann pflückten alle Kinder Blumen – es war ja meistens im Sommer – und schmückten das Auto von innen und außen mit bunten Sträußen und Blüten.

Die U-Bahn, früher hieß sie nur Hochbahn, fuhr schon, und trotzdem hatte unser Unternehmen feste Kunden. So ließ sich z.B. der alte Bauer Ferck einmal die Woche nach Lübeck zu seiner Tochter fahren.

Unser Vater, Garrelt Walberg, stand an der U-Bahn-Haltestelle und übernahm die Nachtfahrten. Er schwärmte immer wieder von illustren Fahrgästen und den interessanten Gesprächen, die er mit ihnen auf der langen Fahrt nach Hamburg über Gott und die Welt führen konnte. 1936 war ein alter Horch so umgebaut worden, dass er bei Bedarf zum Krankenwagen umfunktioniert werden konnte. Es gab eine Pritsche, die dann von hinten in das Auto geschoben wurde. Auf ihr sind übrigens mehrere Babys zur Welt gekommen. Man sagt, es sei der erste Krankenwagen in Hamburg gewesen, aber ob das stimmt, weiß ich nicht.

Nach dem Neubau in der Eulenkrugstraße zog Oma Antje 1936 aus der Villa aus. Sie wurde abgerissen, und Paul Hammers errichtete 1949 auf dem Areal viele Wohnungen sowie die noch bestehende Ladenzeile von Haushaltswaren „Hoffmeister“ bis Modehaus „Jänisch“.

„Nur kein Kratzer im Lack“: Bei der Pflege der Automobile half die ganze Familie Walberg mit. Anschließend präsentieren sie sich im Sonntagsstaat vor ihren Glanzstücken. Auf dem Kissen sitzt die kleine Helga Eilmann

lichsten Frischwaren kaufen, von Erdbeeren, die nicht weit entfernt geerntet wurden, bis zum exotischen Speisefisch. Köstlichkeiten aus aller Welt bekommt man auch in den verschiedenen Volksdorfer Restaurants serviert. Ob brasilianische oder böhmische, italienische oder malaiische Spezialitäten, hier findet jeder etwas nach seinem Geschmack. Auch eine Vielzahl deutscher Lokale locken mit ihren Küchenkreationen – von urig-rustikal bis edel. Das älteste Restaurant im Stadtteil ist seit 125 Jahren für seine gutbürgerliche Küche bekannt. In den 1920er Jahren wurde das **Waldhaus** von Albert Richter betrieben, der die Gaststätte mit einem Spruch bewarb, der den schon damals allseits bekannten Slogan „Sind's die Augen, geh zu Ruhnke" abwandelte.

Bewegung macht hungrig: Nach dem Schwimmen geht es in den „Eulenkrug"

Waldhaus-Werbung: Sind's die Augen, geh zu Richter, / gieß dir einen durch den Trichter. / Kannst dann alles doppelt sehn, / brauchst nicht mehr zu Ruhnke gehn

Schwimmend nach Taka Tuka

Nicht nur Pippi – alle Kinder lieben das „Taka-Tuka-Land": In der gleichnamigen Spiellandschaft im **Freizeitbad Volksdorf** verwandeln sie sich in kleine Piraten, die von Bord der „Hoppetosse", so heißt das Schiff von Kapitän Langstrumpf, ins Wasser rutschen, um in der gegenüberliegenden Grotte zu planschen. Auch für Erwachsene bietet die von der Bäderland Hamburg GmbH betriebene Freizeitoase reichlich Abwechslung: Sportliche kraulen routiniert ihre Bahn, und im Freien lockt ein Whirlpool zu quirligem Vergnügen. Als weitere Besonderheit entstand eine Erdsauna mit offenem Feuer. Nach dem Saunen in einen Natursee zu springen, ist im Stadtteil ebenso möglich. Das Freibad am *Moorbekweg* hat der „Hamburger Bund für Freikörperkultur und Familiensport" gepachtet und unterhält es ohne Zuschüsse der Stadt. Hamburgs einziges **FKK-Bad** ist sommers auch als öffentliches Freibad für jeden geöffnet, ob mit oder ohne Textilien.

Durch Wiesen und Wälder

Schwimmen sollte man in den Teichen der **Volksdorfer Teichwiesen** besser nicht. Wenn man aber einem **Zwitscher-Heupferd** einen Besuch abstatten möchte, lohnt es sich, beim Durchwandern des Gebietes die Augen offen zu halten: Mit etwas Glück sieht man ein Exemplar dieser seltenen Heuschreckenart hüpfen. Die seit 1993 unter Naturschutz stehende 39 ha große Tallandschaft entstand während der Weichsel-Eiszeit vor ungefähr 15 000 Jahren. Der äußerste Eisrand der nach Süden vordringenden Gletschermassen bildete einen von Osten kommenden Ausläufer bis hinein in die heutigen Teichwiesen. Durch das abschmelzende Eis formte sich wie im Nachbarstadtteil Rahlstedt ein **Tunneltal**, das nacheiszeitlich mit Sediment und Niedermoortorfen aufgehöht wurde. An dessen nördlichem und südlichem Rand verläuft heute ein Wanderweg. Zu jeder Jahreszeit treffen sich hier nicht nur Volksdorfer zum Spazieren, Joggen und Radeln und können dann vor allem im Frühling eine blühende Pracht von der gelben **Sumpfdotterblume** bis zum rosa **Knabenkraut** bewundern oder selten gewordene Tierarten wie **Moorfrösche** und **Sumpfschrecken** beobachten. Um die Artenvielfalt von Pflanzen und Tieren zu erhalten und eine ausgewogene Verbindung von Naturschutz und Naherholung zu sichern, engagieren sich vier Hamburger Naturschutzverbände. Viel Arbeit haben auch Förster Peter Bergner und seine Mitarbeiter, um den Baumbestand des 110 ha großen Volksdorfer Waldes zu schützen. Dank

Auch diese jungen Wanderfalken müssen ziehen: Auf dem Gelände der Falkenaufzuchtstation entstehen Wohnungen

Viel Natur in Volksdorf: Zahlreiche Wanderwege führen durch Wald und Wiesen.
Links: Dank Spendengeldern informieren Schautafeln über die Volksdorfer Teichwiesen

eines Bürgerbegehrens darf die Försterei in der *Farmsener Landstraße* bleiben; nur die angeschlossene Wanderfalkenaufzucht- und -auswilderungsstation muss einem Wohnungsbauvorhaben weichen.

Köpfe

Noch heute ist **Heinrich Jacob Bernhard von Ohlendorff** im Stadtteil präsent: Die beiden Straßen *Ohlendorffs Tannen* und die *Heinrich-von-Ohlendorff-Straße* erinnern an ihn. Und vor den Amtsstuben des Ortsamtes bekommen auch Volksdorfer Neubürger ein Bild des Gutsherrn: Hier ist eine Büste des Hamburger Kaufmanns aufgestellt. Durch den Handel mit „Ohlendorffs Peru-Guano" erwirtschaftete er ein großes Vermögen, das es ihm ermöglichte, 1878 in Volksdorf drei Bauernhöfe zu kaufen. Volksdorf wurde zum Sommerdomizil der Familie, und in der Hamburger Gesellschaft blieben seine repräsentativen Jagdgesellschaften, aber sicher auch die langen Skatabende mit dem passionierten Kartenspieler Heinrich von Ohlendorff unvergessen.

Mit „Klinkenputzen" begann **Annemarie Dose**, Initiatorin und Leiterin der „Hamburger Tafel e.V.", 1994 in der Volksdorfer Nachbarschaft. Bis dahin bestimmte der familiäre Haushalt ihren Tag; nach dem Tod ihres Mannes suchte sie neue Aufgaben: „Mach das, was du kannst: Leute versorgen." Für das in Deutschland bis dahin wenig bekannte Projekt fand sie nach einigen Mühen erste Spender, und inzwischen „wächst es von selbst", untertreibt Frau Dose. Doch es gibt für sie noch viel zu tun in der Geschäftsstelle *Beim Schlump* in Rotherbaum: 70 ehrenamtliche Mitarbeiter helfen, damit täglich große Mengen an Lebensmitteln bei Herstellern und Händlern abgeholt und an 94 soziale Einrichtungen weitergeleitet werden können.

Was vor zwanzig Jahren als Flohmarkt auf dem Volksdorfer Marktplatz begann, ist dank **Siegfried Stockhecke** schon lange die Institution „Volksmarkt". Viel Zeit und Energie setzt der seit 1971 in Volksdorf lebende Antiquar auch für die Organisation der Volksdorfer Zukunftsmeile ein, für die er seit 1999 alljährlich bis zu 40 Initiativen, Vereine und Institutionen gewinnen kann, die viele interessierte Besucher aus dem ganzen Hamburger Nordosten im Volksdorfer Einkaufszentrum über umwelt- und sozialverträgliche Projekte informieren.

Volksdorfer Köpfe: Gutsherr und Skatliebhaber Heinrich von Ohlendorff, Hamburger-Tafel-Initiatorin Annemarie Dose und Volksmarkt-Gründer Siegfried Stockhecke (von oben)

Waltershof

war vor 100 Jahren als Elbinsel noch eine grüne Idylle. Dann dehnte sich der Hafen nach Westen aus, und mit dem Containerumschlag wurde der Stadtteil ab 1968 zu einem Herzstück des Hafens. Der Neue Elbtunnel und die Köhlbrandbrücke sind architektonische Wahrzeichen des fast unbewohnten Stadtteils

Steckbrief

Fläche:
9,267 km²
Einwohner:
10
Verwaltung:
Bezirk Hamburg-Mitte, Ortsamt Finkenwerder
Ortsteil: 138

Das Wappen der Familie Beckhoff lässt an das ländliche Anwesen denken, dessen Namen heute der Stadtteil trägt

Im Jahre 1788 benannte der Pächter des Gutes auf der Elbinsel Rugenbergen seinen Landsitz nach dem Hamburger Juristen und Ratsherrn **Walter Beckhoff** (1693–1765) Waltershof. Später ging der Name auf die von einem gemeinsamen Deich umgebenen Inseln Rugenbergen und Griesenwerder über, aus denen nach Aufschüttungen der Stadtteil entstand. Der **Rugenberger Hafen** und das **Griesenwerder Höft** erinnern an die Inseln.

Aus der Geschichte

Rugenbergen und Griesenwerder bildeten bis zum 14. Jahrhundert Teile der großen Elbinsel **Gorieswerder** (s. Veddel). Eine Reihe von Sturmfluten zerrissen diese in kleinere Inseln. Der Griesenwerder – „Werder“ bezeichnet eine Flussinsel – ist 1344 erstmals genannt. 1416 wurde ein aufgelassener **Kirchhof** auf der Insel erwähnt; dieser Friedhof belegt eine frühere Besiedlung. Noch aus dem 9. oder 10. Jahrhundert stammt eine skandinavische **Bronzefibel**, die 1959 bei Baggerarbeiten entdeckt wurde. Entweder hatte ein Wikinger sie verloren, oder sie war über Handelskontakte zwischen dem entstehenden Hamburg und dessen nordischen Nachbarn an die Elbe gelangt.

Rugenbergen befand sich schon im 15. Jahrhundert in hamburgischem Besitz. 1598 verkaufte die Stadt die Insel an ihren Bürger Johann Tunemann, und 1605 sind die ersten Deiche erwähnt; sie verbanden die beiden Inseln miteinander. Mit dem **Gottorper Vergleich von 1768** ging auch der Griesenwerder aus dem Hoheitsgebiet der holsteinischen Grafen an Hamburg über. Pachtbesitz hamburgischer Bürger war die Insel schon seit 1637 gewesen. 1764 erwarb mit Nicolaus Gerhard Behrens der besagte Pächter das **Landgut Rugenbergen** und benannte es um. Das **Herrenhaus** des Gutes, das an der nordöstlichen Ecke Rugenbergens lag, ließ er 1775 neu aufführen; beim Bau der Elbtunnelzufahrt wurde es 1969 abgebrochen. Einige der Teile sind im

Gegenwart und Zukunft von Waltershof: die Containerlandschaft auf dem Containerterminal Burchardkai

Magazin des Denkmalpflegeamtes in Billwerder eingelagert.

Waltershof hatte lange Zeit nur wenige Einwohner; 1871 wurden 121 gezählt. Die **Vieh- und Milchwirtschaft** sowie die **Reetgewinnung** bildeten den größten Teil ihrer Tätigkeit; Vieh stand während des Sommers auch auf den vor den Deichen liegenden Wiesen. „Die Weidenstrecken, wo ehemals Rinderherden reichliche, saftige Nahrung fanden, die sumpfige, rethbestandene Wildnis, die zahlreichen Wasservögeln willkommenen Unterschlupf bot, und in die der Jäger kaum einzudringen vermochte, das friedliche Bild der baumumstandenen Pachthäuser mit ihren Ställen und Scheunen" – das Ende der vom Hamburger Topografen Wilhelm Melhop geschilderten Idylle war 1911 gekommen, als westlich des Köhlbrands die Arbeiten für die nächste **Hafenerweiterung** begannen. Direkt am Köhlbrand lag eine der großen **Elbbadeanstalten**. Hier vergnügten sich, betreut von der Arbeiterwohlfahrt, in den 1920er und 1930er Jahren Tausende von Kindern.

Bestehen blieben bis in die 1960er Jahre viele Kleingärten. Und nach den Luftangriffen des Zweiten Weltkriegs wurde Waltershof für zwei Jahrzehnte zum dauerhaft bewohnten Stadtteil, mit Behelfsheimen, einer Schule und Läden. Die Sturmflut von 1962 (s. Wilhelmsburg), der Bau des Neuen Elbtunnels und der Beginn des Containerumschlags brachten das Ende für die Kleingärten und den Fortzug aller 4150 Waltershofer.

Zweimal Schumacher

Zwei Bauten von Fritz Schumacher aus der Frühzeit des Hafenbaus auf Waltershof sind noch erhalten. 1913/14 entstand nach seinen Plänen das **Lotsenhaus** am Seemannshöft. Dessen wuchtiger **Uhrenturm** markiert für einlaufende Schiffe bis heute den Beginn des Hafens. Auf dem gegenüberliegenden Ufer des Köhlfleethafens steht am *Jachtweg* die **Speisehalle**, die für die Hafenarbeiter gedacht war. Weil der Bau der Häfen auf Waltershof aber während des Ersten Weltkriegs und in den 1920er Jahren nicht vorankam, diente das Haus bis in die 1960er Jahre vor allem als Seglerheim.

Die ländliche Vergangenheit von Waltershof: der Hof des Herrenhauses von Rugenbergen, Aquarell von Hermann Haase, 1915

Bürgergeschichten

„Ist das alles nicht mehr so wichtig?"

Leben auf Waltershof – das ist nur noch Geschichte. Inge Foerster-Baldenius ist dort aufgewachsen, bevor die Sturmflut von 1962, der Ausbau des Containerhafens und der Bau des Neuen Elbtunnels dem Wohnen ein Ende bereiteten

Leben im Maakenwerder Hafen: mehrere Generationen der Familie von Inge Foerster-Baldenius, mit Hut und Bart ihr Großvater

Der Kabelturm – abgebrochen im Juni 2000

Währt Heimat nur 100 Jahre, von den Großeltern über die Eltern bis zum Kind? Dieser Gedanke kommt mir, wenn ich auf dem Altonaer Balkon stehe und mein Blick über die Elbe schweift, an der Köhlbrandbrücke Halt macht, vor der große Frachtschiffe an Kaianlagen vertäut sind, auf denen sich hochhaushoch Container aus aller Welt stapeln, so bunt zusammengewürfelt wie die Bausteine meiner Kindheit, die ich auf Waltershof verbracht habe.

Opa, der mit dem weißen Bart, der Stauerviz im Hafen war, hatte da schon um 1900 einen Schrebergarten. Auf dem wurden Kaninchen und Hühner gehalten und Obst und Gemüse angebaut. Das war eine Bereicherung für den kargen Küchentisch der kinderreichen Familie. Fahrten mit einer kleinen Jolle, waghalsig durch die Wellen gesteuert, sparten den Groschen für die 1893 bei Blohm und Voss gebauten und zwischen Waltershof und St. Pauli pendelnden Raddampfer „Phönix" und „Delphin". Tante Martha bewirtschaftete die Kindertagesstätte Maakendamm am Köhlbrand, wo Kinder aus Hamburg bei Tagesausflügen badeten. Dort fanden wir nur mit dem, was wir auf dem Leibe trugen, im Zweiten Weltkrieg Unterkunft. Bombentrichter übersäten die Gärten, trotzdem füllten sich die zerstörten Lauben und Hütten schnell mit neuem Leben. Flüchtlinge aus dem Osten fanden dort eine neue Heimat. Wir bekamen auf Bezugsschein für fünf Personen ein 30 m² großes Ley-Haus, ohne Klo und Wasser, aber davor blühte wunderschön ein Apfelbaum. Alle wurden sesshaft. Eine Schule wurde gebaut und eine Holzkirche errichtet, es gab einen Kolonialwarenladen, einen Friseur und die Drogerie, in der ich meine Ausbildung machte. Im alten Herrenhaus der Domäne Waltershof, das beim Bau des Elbtunnels abgerissen wurde, wohnte meine Freundin. Ihre Mutter hatte eine Gemüsebude, ein bescheidener Ausdruck von Wohlstand.

Die Flut von 1962 machte dem bizarren Leben ein Ende, aber ein Kleinod der Baukunst hatte all das überlebt, der um 1910 errichtete Kabelturm am Köhlbrand. Verlassen und leer haben wir ihn viele Jahre später wiederentdeckt, ihn gepachtet, restauriert und zu einem neuen Wahrzeichen gemacht. Er wurde zur einmaligen Stätte für Klassenfeste, Seminare, Polterabende und Silvesterfeiern. Ein willkürlicher Strich auf dem Papier der Planer für den Containerterminal Altenwerder und die damit verbundene Köhlbrandbegradigung haben ihn im Jahr 2000 ausgelöscht. Nach unserem kurzen Kampf für den Erhalt eines einmaligen Hamburger Denkmals obsiegte der Kommerz. Mein Waltershof aber gibt es immer noch.

Containerumschlag ist Akkordarbeit: Ein Van Carrier der HHLA in Aktion auf dem Terminal Burchardkai

Wenn das Wasser das Klärwerk Dradenau wieder verlässt, ist es sauberer als das Elbwasser. Rechts: Die Köhlbrandbrücke verbindet mit ihrem Schwung die Stadtteile Steinwerder und Waltershof

Betrieb rund um die Uhr

Den besten Blick auf den **Container Terminal Burchardkai** (CTB) der städtischen **Hamburger Hafen- und Lagerhaus-Aktiengesellschaft** (HHLA) hat man als Außenstehender vom nördlichen Elbufer, z.B. als Gast der sommers viel besuchten „Strandperle" am Strand von Övelgönne. Von dort ist auch zu beobachten, dass der Containerumschlag rund um die Uhr erfolgt. Der Blick geht über die Elbe auf den **Athabaskakai**: Dieser gehört zum Terminal Burchardkai und ist nach dem hier havarierten Dampfer „Athabaska" benannt. Der CTB bleibt mit umgeschlagenen 2,3 Mio. TEU (Twenty-Feet-Equivalent-Units) im Jahr 2001 auch nach der Inbetriebnahme des neuen Containerterminals Altenwerder umschlagsstärkster Terminal der HHLA. Die zweite große Anlage auf Waltershof betreibt **Eurogate** am Predöhlkai.

Auf der anderen Seite des Parkhafens liegt der **Petroleumhafen**: Zu beiden Seiten des *Tankwegs* lagern in den vielen runden Tanks Mineralöle. Schwerindustriell geht es an der *Dradenaustraße* zu: Hier arbeiten die gewaltigen **Hamburger Stahlwerke**, bei deren Anblick man sich im Ruhrgebiet wähnt. Das Gebiet der ehemaligen Elbinsel **Große Dradenau** entlang der *Dradenaustraße* im Süden des Stadtteils dient als Lager- und Logistikstandort.

Kreativ genutzt wird die ehemalige Speisehalle am *Jachtweg*; hier ist u.a. das **Fotostudio** von Bernd Böhm ansässig. Gelegentlich finden in den Räumen auch Medienevents statt.

Kontrollen und Sicherheit

In welchen der unzähligen Container stecken Drogen oder Waffen? Um die stetig wachsende Zahl der umgeschlagenen Container in puncto Sicherheit in den Griff zu bekommen, hat der Zoll in den vergangenen Jahren Millionenbeträge in den Ausbau des **Zollamtes Waltershof** gesteckt. Seit 1996 durchleuchtet die **Containerprüfanlage** ganze Lkw mit Containern per Röntgenstrahlung; am Monitor werten Spezialisten die Bilder aus. 2001 nahm der Zoll das Computerprogramm „Atlas" in Betrieb, über das Firmen ihre Zollformalitäten online abwickeln können. Eine Beschleunigung der Abfertigung ist vor allem angesichts des neuen Containerterminals Altenwerder notwendig, denn das Zollamt Waltershof hat nun noch mehr zu tun.

Nicht nur für Schmuggler, auch für 90 Prozent der Abwässer Hamburgs ist Waltershof Endstation. Das **Klärwerk**

Schmuggeln ist zwecklos: die 58 m lange Containerprüfanlage des Zollamtes Hamburg-Waltershof

Hafenouvertüre: das Lotsenhaus mit der Hafenlotsenstation am Seemannshöft. Hier arbeitet auch der Schiffsmeldedienst (Bild unten)

Zeitleiste

1344 Griesenwerder erwähnt
15. Jh. Rugenbergen an Hamburg
1768 Griesenwerder an Hamburg
1788 Name „Waltershof" gebildet
1830 Landherrenschaft der Marschlande
ab 1911 Bau der Hafenanlagen
1913 Stadtteil Steinwerder-Waltershof
1938 eigener Stadtteil
1968 erste Containerbrücke
1968–75 Bau Neuer Elbtunnel
1970–74 Bau der Köhlbrandbrücke
2002 vierte Elbtunnelröhre

Treffpunkt für Seeleute: Seemannsclub „Duckdalben"

Dradenau ist die zweite Station im Klärwerksverbund Köhlbrandhöft/Dradenau; durch einen Düker, der in 80 m Tiefe unter dem Köhlbrand hindurchführt, kommen hier jährlich 150 Mio. m^3 vorgereinigte Abwässer an. Nach dem Durchlaufen der Reinigungsstufen strömt das Wasser im Dradenauhafen in die Elbe.

Das **Lotsenhaus** am Seemannshöft ist Sitz mehrerer Einrichtungen, die für Kontrolle und Sicherheit des Schiffsverkehrs im Hafen zuständig sind. Hier hat die **Hafenlotsenbrüderschaft Hamburg** ihren Sitz, und der Wachleiter der Lotsen teilt von hier aus über fünf Telefone gleichzeitig die Dienste der Lotsen ein. Schon lange bevor ein Schiff auf der Elbe in Sicht kommt, ist es im Computer der **Nautischen Zentrale** registriert; die erste Erfassung erfolgt in der Deutschen Bucht durch die Revierzentrale Wilhelmshaven. Die Nautische Zentrale regelt den See-

schiffsverkehr im Hafen und wacht z.B. darüber, dass die Wassertiefen auf der Elbe und im Hafen für die Schiffe ausreichend sind. Als Schnittstelle zwischen Nautischer Zentrale und Wirtschaft dient der **Schiffsmeldedienst**, der u.a. Reedern, Schiffsmaklern und Spediteuren Auskünfte über die Standorte der Schiffe gibt. Am *Waltershofer Damm* ist das **Wasserschutzpolizeikommissariat 1** zu finden. Damit hat der Stadtteil wohl die höchste Polizeidichte Deutschlands: Auf die zehn Einwohner des Stadtteils kommen 100 Polizeiangehörige.

Seemanns Zuflucht

Eine erholsame Insel in der hektischen Geschäftigkeit von Waltershof ist der **Seemannsclub Duckdalben** in der *Zellmannstraße*. Weil der Weg aus dem westlichen Teil des Hafens zum alten Seemannsclub im *Krayenkamp* in der Neustadt zu weit war, als dass die Seeleute aus aller Welt ihn noch zu Fuß erreichen konnten, errichtete die Deutsche Seemannsmission 1986 das gastliche, von einer kleinen Grünanlage umgebene

Haus. Tagsüber mag es ruhig zugehen, aber zum Abend finden sich bis zu 100 Seeleute ein, um im Club die Zeit des Landgangs zu verbringen: Containerschifffahrt bedeutet kurze Liegezeiten. Im Kiosk können sie sich versorgen, Telefonate in die ferne, meist asiatische Heimat werden kostengünstig vermittelt.

Alle Mann an Deck: Erster Polizeihauptkommissar Nils Thomsen (r.), Leiter des Wasserschutzpolizeikommissariats 1, mit seinen Männern an Bord der „Bürgermeister Weichmann". Ohne Zweifel haben sie die schönsten Polizeiuniformen

Verkehr monumental

Verkehrsbauten auf Waltershof sind Bauwerke in großen Maßstäben. Die 1974 mit 600 000 Fußgängern eröffnete **Köhlbrandbrücke** ist fast vier Kilometer lang, die Fahrbahn schwingt sich elegant bis zur Höhe von 58 m hinauf. Als wichtige Querverbindung ermöglicht die vom Architekten Egon Jux entworfene Brücke den Straßenverkehr zwischen dem Hafen östlich des Köhlbrands und der A 7. Die wiederum führt durch den 1975 eingeweihten, 3325 m langen **Neuen Elbtunnel**. Südlich des Tunnels führt die A 7 auf zahlreichen Stahlbetonstelzen über den wenig tragfähigen Marschboden der Elbinsel. Gewaltig war auch **Trude** („Tief runter unter die Elbe"), der Tunnelvortriebsbohrer für den Bau der vierten Tunnelröhre: Mit 2600 t Gewicht bei einem Durchmesser von 14,20 m startete sie im Oktober 1997 auf Waltershof, im März 2000 kam sie in Othmarschen wieder zum Vorschein. Inzwischen ist der Vortriebsschild vor dem Museum der Arbeit in Barmbek-Nord zu bestaunen.

Die Riviera von Waltershof

Alle Waltershofer Kleingärten sind verschwunden? Nein, denn es gibt den **Kleingartenverein 105** am *Jachtweg*, dessen Pächter das Privileg haben, in ihrer Parzelle Hafenflair und Gartenruhe zugleich genießen zu können. Als Promenade für alle anderen bietet sich der Weg am *Bubendeyufer* an, mit dem ungewohnten Blick auf das Othmarscher Elbufer und auf dem Seeweg zu erreichen mit der HADAG-Fährlinie 62. Am Brügger Ufer an der *Antwerpenstraße* haben die **Elb-Segler Vereinigung** und der **Segel-Club Oevelgönne von 1901** ihre Liegeplätze.

Köpfe

Nach vier Jahren Fahrzeit als Kapitän auf Schiffen der Hamburger Reederei OPDR hatte der langjährige Bremer **Matthias Langenscheid** 1994 die Wahl, als Lotse auf der Außenweser oder im Hamburger Hafen tätig zu werden. Weil ihn das Manövrieren der Schiffe im Hafen selbst am meisten reizt, wurde er Mitglied der Hafenlotsenbrüderschaft Hamburg. Mit seinen 60 Kollegen lotst er als Freiberufler die ein- oder abgehenden Schiffe oder verholt sie im Hafen. Sechs Tage lang sind die Lotsen im Einsatz, dann folgt der dreitägige „Freitörn".

Als „Großgerätefahrerin" ist **Diana Mehrkens**, Jahrgang 1975, bei Eurogate tätig: 32 m hoch in der Glaskanzel sitzend, steuert sie eine der zwölf Containerbrücken am Predöhlkai. Nach der Ausbildung im Hotelfach kam sie über die familiäre Vorbelastung – auch ihr Vater ist im Hafen tätig – zu Eurogate, wo sie das praktische und theoretische Wissen erwarb, das der Beruf des Hafenfacharbeiters – in ihrem Fall der Hafenfacharbeiterin – verlangt. Als dann neue Fahrer für Containerbrücken gesucht wurden, absolvierte Diana Mehrkens auch noch die notwendige Zusatzausbildung, denn die Tätigkeit reizte sie im Allgemeinen und als „Frau im Hafen". Ihren Blick kann sie immer nur kurz in Richtung Elbe wenden, denn die sechs Stunden Fahrzeit pro Schicht erfordern ihre volle Konzentration und den beständigen Blick nach unten auf Schiff und Container.

Heimathafen Waltershof: Hafenlotse Matthias Langenscheid auf einem der Lotsenversetzboote. Tätig hoch über Waltershof: Diana Mehrkens

Wandsbek

war einst preußische Stadt und gab Hamburgs bevölkerungsreichstem Bezirk den Namen. Den Stadtteil Wandsbek prägt das dichte Beieinander von Wohnen, Gewerbe und Naherholung – sowie jede Menge Verkehr. Mit der Umgestaltung der „Zentrumsinsel“ soll neue Urbanität an alte Stadtgeschichte anknüpfen

Steckbrief

Fläche:
5,994 km²
Einwohner:
32 206
Verwaltung:
Bezirk Wandsbek, Kerngebiet
Ortsteile:
505–509

Für die Entstehung des Namens „Wantesbeke“ gibt es zwei gängige Erklärungen. Die eine führt ihn auf einen „Wanto“ zurück, der das Dorf an einem Bach („Bek“) gegründet haben soll. Die andere deutet den Namen als Grenzbach (von „Wand“ als Grenze zwischen zwei Gebieten), an dem das Dorf entstanden sei. So oder so, als Heinrich Rantzau seine Residenz **Wandesburg** nannte, war der Ortsname schon lange eingeführt.

Aus der Geschichte

In einer Urkunde vom 10. Oktober 1296 findet das Dorf Wantesbeke seine erste schriftliche Erwähnung zusammen mit zwölf anderen stormarnschen Dörfern. Die kleine Bauernsiedlung lag in der Nähe der heutigen *Schloßstraße*. 1460 wurde der dänische König Landesherr von Schleswig und Holstein, damit begann die rund 400 Jahre dauernde **Verbindung mit Dänemark**. Wandsbek war von nun an unter wechselnden Besitzern Lehnsgut, bis es 1524 adeliges Gut wurde, über das der Besitzer frei verfügen konnte.

Unter Heinrich Rantzau wuchs Wandsbek in der zweiten Hälfte des 16. Jahrhunderts über ein reines Bauerndorf hinaus. Die Wandse wurde gestaut (noch heute der Mühlenteich), und mit der **Nutzung der Wasserkraft** erlebte der Ort eine erste wirtschaftliche Blüte. In seinem Sitz, der **Wandesburg**, hatte Rantzau gut anderthalb Jahre den berühmten dänischen Astronomen Tycho Brahe zu Gast, der vom Turm in den Nachthimmel spähte.

Einen beispiellosen wirtschaftlichen Aufschwung erlebte Wandsbek nach dem Erwerb durch den Kaufmann

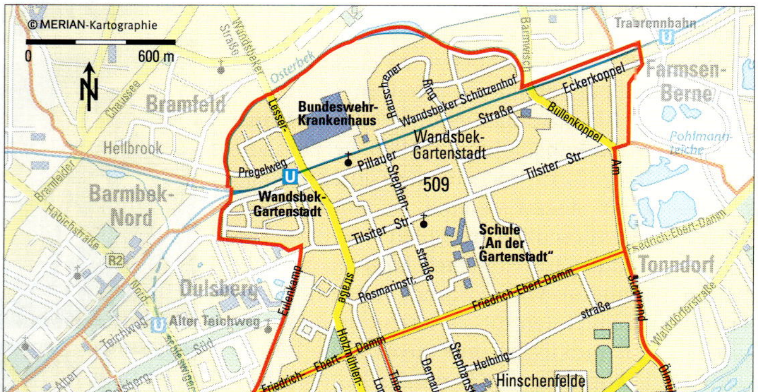

Eine der beiden Sphinxe am Eingang zum Eichtalpark

Die Wandsbeker Marktstraße ist das Einkaufs- und Verkehrszentrum des Stadtteils

Heinrich Carl Schimmelmann 1762. Schimmelmann hatte durch Handels- und Finanzgeschäfte ein beachtliches Vermögen erworben und wurde nicht zuletzt wegen seines kaufmännischen Geschicks zum Finanzminister des völlig verschuldeten Dänemark und später sogar zum Grafen ernannt. Wandsbek entwickelte sich rasch **vom bäuerlichen Gutsdorf zum Fabrikort**. Mühlen, Brauereien, Handwerks- und Gewerbebetriebe bildeten das Rückgrat, die **Kattundruckereien** spielten eine bedeutende Rolle, denn bedruckte Baumwollstoffe waren begehrte Ware und wichtiges Handelsgut. Der Straßenname *Kattunbleiche* erinnert noch heute daran. Anstelle der Wandesburg ließ Schimmelmann ein repräsentatives dreiflügeliges Herrenhaus, wegen seiner prachtvollen Gestaltung später „Schloss“ genannt, errichten. Nur der Turm der alten Wandesburg blieb erhalten.

1771 wurde Matthias Claudius Redakteur der neuen Zeitung **Der Wandsbecker Bothe**, bei der dieser bis 1775 blieb, sie aber auf Dauer nicht gegen die Hamburger Konkurrenz verteidigen konnte. Die Zeitung ging nach Claudius' Weggang ein, der Name aber auf ihn über, und Claudius selbst war von nun an der „Bote“. Auf der Grünfläche der „Zentrumsinsel“ neben dem ZOB erinnert ein Denkmal an den berühmten Wandsbeker.

Dorf, Flecken, Stadt

Schon ab 1804 waren Wandsbek als Fabrikort erweiterte Rechte zuerkannt worden, aber erst mit der 1833 verliehenen **Fleckengerechtigkeit** endete der Dorfstatus. Wandsbek wuchs weiter, wurde infolge des Deutsch-Dänischen Krieges von 1864 preußisch und erhielt 1870 mit über 10 000 Einwohnern **Stadtrechte**.

Nach der Ära Schimmelmanns und seiner Erben zerfiel das Gut Wandsbek in

Die zweite Kirche und ihre Besonderheit: Der Turm, der noch vom Vorgängerbau stammte, stand im Osten des Kirchenschiffes. Die kolorierte Lithografie entstand nach einer Zeichnung von Ad. Hornemann

Die letzte Fahrt der Pferdebahn 1922. Im Hintergrund das Mausoleum und der dritte Kirchbau

Ein alter Mühlstein am Ölmühlenweg. Unter Rantzaus Herrschaft begann die intensive Nutzung der Wasserkraft der Wandse

einen königlichen und einen privaten Teil. Diesen privaten Teil, auf dem sich das Schloss befand, erwarb der Grundstücksspekulant Johann Carstenn. Später wird er dies Gebiet „Marienthal" nennen. Im heutigen Wandsbek ist Carstenn in einer Hinsicht eine wenig beliebte Person der Stadtgeschichte, da er das völlig intakte Schloss 1861 abreißen ließ, um das Areal zu parzellieren und zu verkaufen. Die **Gehölze** im heutigen Marienthal allerdings konnten erhalten werden und sind ein wichtiges Naherholungsgebiet für Wandsbek und Umgebung. 1873 wurde Wandsbek Sitz der Verwaltung des Kreises Stormarn. Durch die Eingemeindung von **Marienthal** 1878 und von **Hinschenfelde** 1900 stieg die Einwohnerzahl auf über 27 000, und Wandsbek konnte zur kreisfreien Stadt erklärt werden. Hinschenfelde war zwar schon seit Mitte des 17. Jahrhunderts teilweise mit Wandsbek verbunden, wurde nun aber Stadtteil. Wegen geeigneter Tonvorkommen waren **Ziegeleien** ein wichtiger Wirtschaftsfaktor, die Nähe zu Hamburg bot gute Absatzmöglichkeiten. Mit der Eingemeindung Wandsbeks nach Hamburg verschwand Hinschenfelde von der politischen Landkarte. Das zuletzt als Hinschenfelde bekannte Gebiet begrüßt heute den Ankommenden wieder mit der weißen Aufschrift auf den roten Stadtteilschildern. Geschichtsbewusste Bürger haben dies 1995 erreicht.

Friedrich Puvogel war von 1873 bis zu seinem Tod 1907 stets wiedergewählter Zweiter Bürgermeister und führte bei Bedarf das Amt des Ersten kommissarisch. Ihm zu Ehren wurde der **Puvogelbrunnen** aufgestellt. Als Verleger, Drucker und Redakteur gab er wieder einen **Wandsbecker Boten** heraus. Im Titel der Zeitung hatte der „Bote" zwar kein „h" mehr, als aber in Preußen 1877 das „c" aus den „-beks" eliminiert wurde, was in Hamburg erst nach dem Zweiten Weltkrieg geschah, behielt Puvogel weiterhin im Titel seiner Zeitung die Schreibweise „Wandsbecker Bote" bei.

So, wie man ihn kannte, soll der 1998 mutwillig umgestoßene Puvogelbrunnen wieder aufgestellt werden

Was übrig blieb

Die Selbstständigkeit Wandsbeks endete schließlich mit dem Groß-Hamburg-Gesetz von 1937/38. Doch schon früher gab es in Wandsbek Überlegungen, mit Hamburg zu „fusionieren". Zu Wandsbek als **Hamburger Stadtteil** gehört heute der ehemalige königliche Teil, also der damalige Fabrikort mit dem „Königsland", und der westliche, größere Teil Hinschenfeldes. Der Osten Hinschenfeldes wurde Tonndorf zugeschlagen, das wie Marienthal 1949/51 eigenständiger Hamburger Stadtteil wurde.

Bezirksamt dicht daneben

Wandsbek ist Namengeber des mit über 400 000 Einwohnern **größten Hamburger Bezirks**. Die Verwaltung für Bezirk und Kerngebiet, das Bezirksamt, aber liegt, wenn auch nur eine Straßenbreite entfernt, schon in Marienthal.

Abendlied und Dreieckshandel

Die zwei berühmtesten Wandsbeker Persönlichkeiten waren der Dichter Matthias Claudius und der Gutsherr Heinrich Carl Graf von Schimmelmann

Heinrich Carl Schimmelmann wurde 1724 als **einfacher Bürgersohn** in Demmin/Vorpommern geboren und starb 1782 als **adliger Millionär** in Kopenhagen. Sein Vermögen gründete auf seinem kaufmännischen Geschick und Gespür für Geldgeschäfte, das ihn zum Leiter des Finanzwesens Dänemarks machte und ihm schließlich den Titel Graf von Lindenborg bescherte. Seine Unternehmungen reichten von Handel mit Meißner Porzellan bis hin zu Geldgeschäften, wie der Pacht der Generalakzise in Sachsen (Steuereinnahmen aus Kaffee, Wein und Tabak). Neben anderen Ländereien kaufte er 1759 das Gut Ahrensburg und drei Jahre darauf das Gut Wandsbek.

Der **atlantische Dreieckshandel**, an dem er als Produzent, Lieferant und Aktionär von Handelskompanien beteiligt war, wurde legendär, wenn auch einige Zeit später als „Menschenhandel" angeprangert. In Wandsbek bedruckte Baumwollstoffe (aus den Kattundruckereien) wurden auf eigenen Schiffen nach Afrika geliefert und gegen Sklaven getauscht, die dann auf die Schimmelmann'schen Plantagen nach Amerika gebracht wurden. Von dort kehrten die Schiffe mit Rohstoffen wie Baumwolle oder Zuckerrohr beladen nach Hamburg zurück. Wandsbek wurde unter Schimmelmann als Fabrikort ausgebaut und schließlich von ihm als seine Alters- und Grabstätte vorgesehen. Als er plante, in Wandsbek eine neue Zeitung herausgeben zu lassen, schlug sein Verleger Matthias Claudius als Redakteur vor. Ob sich Schimmelmann und Claudius je näher kennen gelernt haben, wird bezweifelt.

Der **Wandsbecker Bothe** erschien erstmals am 1. Januar 1771 viermal wöchentlich zum „gewöhnlichen Preis". Doch schon 1775 verschwand die Zeitung wieder vom Markt. Sie galt als geradezu revolutionär und bestach besonders durch die von Claudius literarisch gestaltete letzte Seite. Claudius wurde 1740 in Reinfeld geboren und war 1764 als Privatsekretär in Kopenhagen, wo er Friedrich Gottlieb Klopstock kennen lernte, der ihn nach Hamburg vermittelte. Dort verkehrte er mit literarischen Größen, darunter auch Gotthold Ephraim Lessing. Seine spätere Frau Rebekka, Tochter eines Barmbeker Zimmermanns, traf er als 16-Jährige bei seinem ersten Besuch in Wandsbek, wo er bis auf kurze Unterbrechungen als freischaffender Schriftsteller auch nach der „Bothen-Zeit" blieb. Der lebenslustige Naturfreund hatte zwölf Nachkommen. Er starb 1815 und fand seine letzte Ruhe auf dem Friedhof beim Schimmelmann-Mausoleum. Trotz seines Einflusses auf die deutsche Literatur ist es sein Schicksal, dass sein Name heute recht unbekannt ist, und vielleicht ist den meisten nicht einmal der Titel eines seiner berühmtesten Gedichte geläufig. Aber wenn das „Abendlied", von Johann Abraham Peter Schulz vertont, angestimmt wird, dann können doch fast alle mitsingen: „Der Mond ist aufgegangen…"

Heinrich Carl Graf von Schimmelmann, Gemälde von Johann Georg Ziesenis, und der Dichter Matthias Claudius, Gemälde von Martin Schwemer 1945. Links: der Sarkophag des Grafen im Mausoleum

Eisenkreuze auf den Gräbern von Matthias Claudius und seiner Frau Rebekka

Nordeuropäischer Klassizismus

Die erste Kirche an der heutigen *Robert-Schuman-Brücke* wurde 1634 eingeweiht. Der Nachfolgebau fiel 1898 einem Brand ungeklärter Ursache zum Opfer. Beide hießen Dreifaltigkeitskirche. Danach wurde die neugotische **Christuskirche** erbaut, die während der Bombenangriffe von 1943 in Schutt und Asche fiel. Auf ihrer Ruine wurde sie in den 1950er Jahren nach neuen Plänen wieder errichtet. Der schlichte, frei stehende Turm ist Wahrzeichen Wandsbeks und weithin sichtbar. Von der Straße aus kaum zu sehen, befindet sich gleich hinter der Christuskirche eines der wichtigsten klassizistischen Bauwerke Nordeuropas. Heinrich Carl Graf von Schimmelmann hatte den Bau einer Grabkapelle für sich testamentarisch verfügt. Der Architekt des Wandsbeker Schlosses, Carl Gottlob Horn, errichtete schließlich 1787–91 das **Mausoleum**. Die Entwürfe des berühmten italienischen Architekten Antolini musste er allerdings vereinfachen, da die Erben Schimmelmanns trotz des Millionenvermögens in finanzielle Schwierigkeiten geraten waren. Erst zehn Jahre nach seinem Tod fand Schimmelmann schließlich 1792 die letzte Ruhe in seinem Mausoleum. Es wird allerdings vermutet, dass es sich bei den beiden Sarkophagen um Ziersärge handelt und der Graf und seine Frau unter dem Mausoleum beigesetzt wurden.

Letzte Ruhe in großartiger Architektur: das Schimmelmann-Mausoleum

Der markante Turm der heutigen ev.-luth. Christuskirche wurde in den frühen 1960er Jahren errichtet

In der *Walddörferstraße 103* fällt ein Klinkerbau der besonderen Art ins Auge. Dem für Norddeutschland so typischen roten Material entlockte der Architekt Fritz Höger (Chilehaus, s. Hamburg-Altstadt) beim Bau des Südflügels 1926/27 die expressionistischen Effekte. Was so reich verziert ist, wurde nicht umsonst **schönstes Fabrikgebäude Hamburgs** genannt. Im Inneren befand sich die Produktion der Zigarettenfabrik „Haus Neuerburg". Heute ist es ein Verwaltungssitz der Deutschen Telekom AG.

Seit 2001 steht im Herzen Wandsbeks eine **Skulptur** seines berühmtesten Bürgers. Der „Wandsbecker Bote" Matthias Claudius setzt auf der Zentrumsinsel zum „Ehren- und Freudensprung" über eines seiner zwölf Kinder an. Dazu hat der Bildhauer Bernd Stöcker, der schon das Claudius-Denkmal in Rahlstedt gestaltete, Erkennungsmerkmale des Dichters gesetzt; **Tasche, Hut und Stock** zieren auch das Wandsbeker Wappen seit 1870. Finanziert wurde das Kunstwerk zum großen Teil durch „Kultursponsoring" von kleinen und großen Wandsbeker Firmen und durch Spenden Wandsbeker Bürger.

Stadtteilleben

Die wechselvolle Geschichte Wandsbeks lebendig halten will das **Heimatmuseum** in der *Böhmestraße 20*. Träger sind der **Heimatring Wandsbek e.V.** und der **Bürgerverein Wandsbek von 1848 e.V.**, dessen Mitglieder jeden Dienstag und jeden ersten Sonntag im Monat interessierte Besucher durch die Räume des ehemaligen Morewoodstiftes führen,

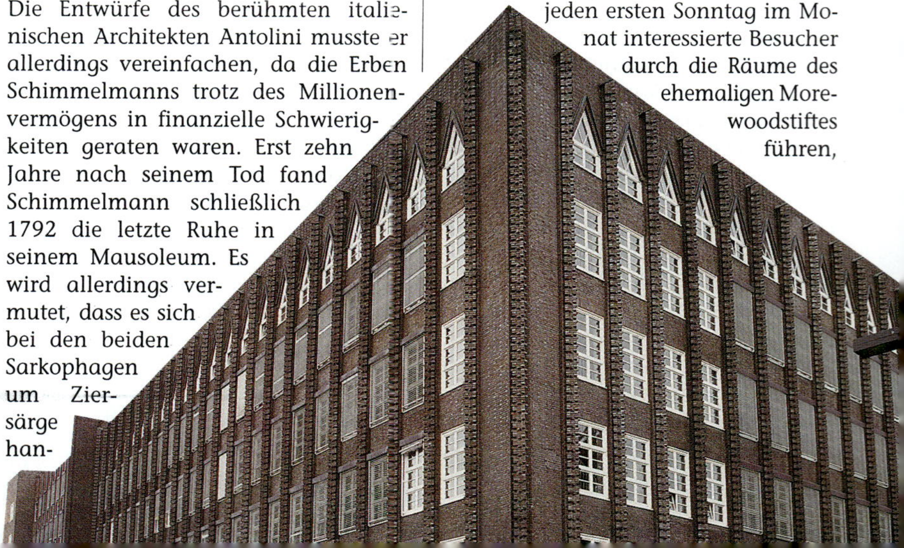

„Haus Neuerburg" an der Walddörferstraße. Fritz Höger gab seinem Stahlskelettbau eine reich verzierte Backsteinfassade

Stadtteil-Profil

	Wandsbek	Bezirk	Hamburg
Bevölkerung gesamt (2000)	32 306	405 173	1 704 929
Unter 18-Jährige in %	12,7	17,1	16,1
65 Jahre und älter in %	20,1	18,8	17,0
Deutsche	27 432	359 918	1 432 325
Ausländer in %	15,1	11,2	16,0
Einwohner je km²	5390	2742	2258
Sozialstruktur			
Sozialhilfeempfänger (2000)	2001	25 017	120 461
Arbeitslose (2001)	1264	14 222	71 963
Eink. je Steuerpfl. in DM (1995)	56 671	70 631	65 579
Wohnen (2001)			
Wohngebäude	3819	68 964	226 061
Ein- und Zweifamilienhäuser in %	13,5	31,4	20,5
Ø Wohnungsgröße in m²	62,1	77,1	71,0
Wohnfläche je Einwohner in m²	35,1	37,0	35,7
Verkehr			
Private Pkw (2001)	12 134	166 212	628 119
Straßenverkehrsunfälle (2000)	373	2255	12 430
Kriminalität			
Straftaten insgesamt (2000)	6950	41 067	284 272

© Statistisches Landesamt

Wahlverhalten

... zur Bürgerschaft 2001 (gesamt)

Wahlbeteiligung	71,0%
SPD	**36,5%**
CDU	**26,2%**
Schill-Partei	**19,4%**
Grüne/GAL	**8,6%**
FDP	**5,1%**
Übrige	**4,2%**

... zur Bürgerschaft 2001 (Stadtteil)

Wahlbeteiligung	69,9%
SPD	**40,6%**
CDU	**25,6%**
Schill-Partei	**20,4%**
Grüne/GAL	**5,4%**
FDP	**4,0%**
Übrige	**4,0%**

Das Schlossmodell im Heimatmuseum

ursprünglich als Altenwohnstift von den Töchtern des Hamburger Kaufmanns Joseph Morewood (1757–1841) errichtet. Es gibt viel zu erzählen, während die Gäste durch das **Claudius-Zimmer** geleitet oder in der **Husaren-Stube** an die Zeit erinnert werden, als Wandsbek Standort eines berittenen Militärregiments war (s. Marienthal). Und wer nicht weiß, warum die Straße, die heute im Westen Marienthal von Wandsbek trennt, „Schloßstraße" heißt: Ein Modell des Schimmelmann'schen Schlosses gibt Aufschluss.

„Damals in Wandsbek" heißt eine Rubrik in der Monatszeitschrift **Wandsbek informativ**, die vom Bürgerverein herausgegeben wird. Helmuth Fricke versucht in Gesprächsrunden mit alteingesessenen Bürgern, Geschichte und Geschichten zu bewahren und zu veröffentlichen. Der Untertitel des Blattes lautet „Der Wandsbecker Bothe", und so ist der Name weiterhin mit dem Stadtteil fest verbunden.

„Leider fangen die Menschen zumeist erst so mit 40 an, sich für die Geschichte ihres Stadtteils zu interessieren", beklagt Rudolf Greiner vom Heimatmuseum, was sich sowohl an den ehrenamtlichen Mitarbeitern als auch an den Besuchern des Museums zeige. Dennoch steht das Telefon zu den Öffnungszeiten nicht still. Anliegen aller Art werden dann zuvorkommend beantwortet, auch schon mal die Frage nach einem berühmten Wandsbeker Dichter mit acht Buchstaben.

Greiner ist ferner Schatzmeister der **Claudius-Gesellschaft**, die rund 100 Mitglieder in aller Welt, von Japan bis Amerika, hat. Das Ar-

Zeitung in Wandsbek damals und heute: „Der Wandsbecker Bothe" von Matthias Claudius und im Untertitel von „Wandsbek informativ"

Bürgergeschichten

„Erinnerungen an Wandsbek“

Ursula Schnack, geb. Höbold, wohnt heute in Reinbek. Bis 1943 lebte sie im großelterlichen Haus, das alljährlich zum Derby ein viel besuchter Treffpunkt war

Drei Generationen: Ursula Schnack erinnert sich noch gut an Wandsbek; ihr Vater Wilhelm Höbold als Husar hoch zu Ross (vorne links)…

Als Angehörige des Jahrgangs 1932, geboren in Wandsbek, reichen meine Erinnerungen etwa ab 1935 bis zum Tage unserer Ausbombung im Juli 1943.

Wir, d.h. meine Großeltern, Eltern, Schwester und ich, bewohnten das großelterliche Haus in Wandsbek, Goethestraße 79. Etwa von 1900 bis 1912 betrieben meine Großeltern, Carl und Elise Höbold, in der Goethestraße 33 gegenüber unserem Wohnhaus eine Gast- und Schankwirtschaft.

Wie sein Vater hatte auch mein Vater bei den Husaren gedient. Mein Großvater bei den Hannoverschen Husaren, mein Vater bei demselben Regiment, mit dem er am Ersten Weltkrieg von 1914 bis 1918 als Kriegsfreiwilliger teilnahm. Die wunderschönen Uniformen, die bei uns zu Hause im Schrank hingen, erregten mein großes Interesse, vor allem, wenn mein Vater sie aus besonderem Anlass, zum Beispiel für eine Parade zu Pferde, anlegte. Bei seiner Beisetzung erwiesen die Wandsbeker Husaren meinem Vater durch eine uniformierte Abordnung mit Fahnenträger die letzte Ehre.

…und ihre Großeltern Elise und Carl auf dem Balkon ihres Wohnhauses an der damaligen Goethestraße

Ein Großereignis kündigte sich für unser Haus alljährlich mit dem Derby in Horn während der letzten Juniwoche an. Ständiger Gast war in diesen Tagen im Hause Höbold der Rennstallbesitzer Pan Horalek. Er stammte aus der Tschechoslowakei und hatte seine Pferde in Berlin-Hoppegarten stehen. Durch seine Anwesenheit in unserem Hause waren wir am Derbygeschehen unmittelbar beteiligt.

Schon lange vorher wurden Vorbereitungen für das Großereignis getroffen. Die Zimmer auf Hochglanz gebracht, Geschirr sortiert und geputzt, die Vorräte an Speisen und Getränken ergänzt und im Garten gejätet und geharkt. War dann Pan Horalek endlich da, kamen Freunde und Bekannte aus Wandsbek und Derbygäste aus Deutschland dazu. Es waren lustige Tage mit fröhlichen Menschen, die wir erlebten. Für uns Kinder war es ein Höhepunkt, wenn wir zur Horner Rennbahn mitgehen durften.

Die schöne Zeit in Wandsbek fand mit der Ausbombung im Juli 1943 ihr Ende. Heute heißt ein Teil der damaligen Goethestraße Rennbahnstraße, und von den alten Häusern ist nicht mehr viel zu sehen. An unser Grundstück erinnert mich im Garten eines der heutigen Mietshäuser nur noch der alte Birnbaum, der alle Wirren überlebt hat.

chiv im **Matthias-Claudius-Gymnasium** wird ständig erweitert und fasst seit 1992 in der Jahresschrift die neuesten Forschungsergebnisse über den „Wandsbecker Boten“ zusammen.

„Schneewittchen und die sieben Zwerge“. Das Weihnachtsmärchen des Kleinen Hoftheaters 1990

Von Komödien und Kinnhaken

Der Verein **Bürgerhaus Wandsbek e.V.** an der *Wandsbeker Allee* bietet Kurse, Veranstaltungen und Beratungen aller Art, von Sprach- oder Malkursen bis zur Mieterberatung. Hier hat auch die Wandsbeker Theaterszene einen Standort gefunden. Seit Mitte der 1980er Jahre führt das **Kleine Hoftheater e.V.** seine Stücke in der Aula der ehemaligen Rudolf-Steiner-Schule auf und gibt Komödien und Krimis hoch- oder plattdeutsch zum Besten. Jedes Jahr in der Adventszeit wird ein Weihnachtsmärchen aufgeführt. Die Bezirksversammlung würdigte die Arbeit des Kleinen Hoftheaters 1998 mit dem **Wandsbeker Kulturpreis**.

Ende des 19. Jahrhunderts wurde Theater in Reisners Tivoli an der *Schloßstraße* gespielt. Das Hotel mit Ball- und Theatersälen war ein Mittelpunkt des kulturellen und gesellschaftlichen Lebens in Wandsbek, wurde aber nach dem Zweiten Weltkrieg nicht wieder aufgebaut. Die „Bretter, die die Welt bedeuten“ sind in Wandsbek auch schon mal die, auf die man geschickt wird, wenn die Fäuste fliegen. Wo sonst so „millionenschwere“ Boxer wie Dariusz Michalczewski und die Brüder Wladimir und Vitali Klitschko ihre Trainingseinheiten absolvieren, wurde im Herbst 2001 der Ring zur Bühne für ein Theaterstück rund ums Boxen umfunktioniert. Das Gym in der *Walddörferstraße 332* ist eigentlich die Trainingshalle des Boxstalls **Universum Box-Promotion**, den Klaus-Peter Kohl 1984 gegründet und in den letzten Jahren zum erfolgreichsten in Europa gemacht hat, auch beim Frauenboxen: Hierbei dürfte Regina Halmich derzeit wohl die bekannteste Vertreterin sein. Der Weltmeistertrainer Fritz Sdunek hat jahrelang gleich um die Ecke der Halle gewohnt, und auch sonst bietet Wandsbek ideale Trainingsbedingungen. Eichtalpark und Wandsegrünzug eignen sich hervorragend für die Laufeinheiten der Wahlwandsbeker Boxer. Sicher trifft man die Brüder Klitschko aber, wenn man sich einfach mal ihr Training im Gym anschaut. Hier geht es im Umgang mit den Zuschauern locker zu, die Nähe zu den Fans ist erwünscht, damit die Boxer auch bei ihrer täglichen Arbeit mit Sandsack, Punchingball und Sparringspartner immer ihr Bestes geben.

UNIVERSUM
BOX-PROMOTION

Von Wandsbek aus die Welt des Boxens erobert: Wladimir (links) und Vitali Klitschko nehmen ihren Trainer Fritz Sdunek in die Mitte

Lichter der Großstadt: UCI Kinowelt Smart City

Clowns und Kinder zur Markteinführung eines neuen Polo bei Willy Tiedtke

Zeitleiste

1296 erste urkundliche Erwähnung

1637 jüdische Gemeinde erhält einen Friedhof

1762 Schimmelmann wird Gutsherr

1771 Claudius wird Redakteur in Wandsbek

Ende 18. Jh. über 1500 Arbeiter in den Kattundruckereien

1861 Carstenn lässt das Schloss abreißen

1870 Wandsbek wird preußische Stadt

1937/38 Eingemeindung nach Hamburg

1988 Eröffnung des Quarree

2001 Umgestaltung des ZOB

Kleiner Flitzer: Die „Elise" von Lotus kommt in Hamburg von Thielert aus Wandsbek

Autos zu verkaufen …

Auch in der Gegenwart ist Wandsbek ein **wichtiger Wirtschaftsstandort** geblieben. Zwar prägen klein- und mittelständische Betriebe das Bild im Bezirk, im Stadtteil gibt es aber auch einige große Arbeitgeber und Gewerbegebiete. Das dichte Nebeneinander von Wohnen und Arbeiten hat hier den Segen der Stadtplaner; wo Probleme entstehen, werden sie nach Möglichkeit gelöst. „Durch den Einsatz eines neuen Sauerstoffwäschers konnten wir die Geruchsbelästigung auf das heute technisch Mögliche reduzieren", sagt Dr. Hans-Georg Kirk, Werksleiter des ältesten noch bestehenden Wandsbeker Industrieunternehmens. Die **Deutschen Hefewerke DHW** an der *Wandsbeker Zollstraße 59* wurden schon 1836 von Johann Peter Hinrich Helbing (die *Helbingstraße* erinnert an ihn) als Kornbrennerei gegründet und beschäftigen heute rund 125 Menschen.

Wer den *Friedrich-Ebert-Damm* entlangfährt, findet eine wahre **Automeile** vor. Vertragshändler von Mercedes, BMW, Peugeot und vielen anderen Automarken präsentieren sich an und um Wandsbeks zweitgrößter Ost-West-Achse nach der B 75. In einem Turm glänzt bunt der Smart, und um die Ecke in der *Helbingstraße 64–66* findet man exklusiv Hamburgs einzigen Lotushändler: **Thielert** veredelt die „Elise" mit 210 PS, getreu dem Firmen-Motto „Die schnellsten Elisen kommen aus Hamburg-Wandsbek." Das Autohaus mit den meisten Filialen in Wandsbek ist **Willy Tiedtke**, Händler von Audi, Volkswagen und VW-Nutzfahrzeugen. Zwischen der *Brauhausstraße* und *Am Stadtrand* trifft man auf sechs der sieben Häuser, in denen rund 270 Menschen arbeiten. Der Enkel des Firmengründers ist heute Geschäftsführer des Unternehmens, das eine enge Bindung zu Wandsbek hat und, nicht alltäglich, als Händler dieser Größe vom Hersteller unabhängig ist. Dementsprechend viel ist zu tun für Dr. Alexander Tiedtke, der mit Blick auf seinen Terminkalender zu sagen pflegt: „Hier kocht der Chef noch selbst."

… und noch viel mehr

Wirtschaftlich vielseitig reicht das Repertoire der in Wandsbek ansässigen Unternehmen weiter über Chemie und Aluminium, Gabelstapler und TV-Talkshow-Produktion bis hin zu zwei ureigenen Hamburger Unternehmen, die heute in Wandsbek ihren Hauptsitz haben: Der **Baumarkt Bahr** ging aus einer Stellmacherwerkstatt hervor (s. Bramfeld), das erste „Seifen-Spezialgeschäft" der Drogeriekette **Budnikowsky** wurde 1912 in Harburg eröffnet. Die Wandsbeker Schokoladentradition lebt im **Nestlé Chocoladenwerk** fort. Zu Beginn des 20. Jahrhunderts stand dafür das Reichardt-Kakao-Werk, auf dessen Gelände sich heute das Gewerbezentrum Christiansen befindet. Bei Nestlé auf dem Areal der ehemaligen Actien-Bier-Brauerei Marienthal in der Straße *Am Neumarkt* arbeiten um die 900 Menschen aus 40 verschiedenen Nationen und stellen so bekannte Produkte wie „Smarties", „Kitkat", „After Eight" und „Choco Crossies" her. Von hier aus werden die Kinder in ganz Deutschland mit

Die Zentrumsinsel in einer Animation. Mit dem dreieckigen Café/Restaurant soll der Platz ein Anziehungspunkt für die Wandsbeker werden

den kleinen bunten Linsen versorgt, die laut Produktwerbung eine pädagogische Note haben: Die Kleinen können mithilfe der Smarties Farben unterscheiden und zählen lernen – hier in Wandsbek sogar endlos, denn im Nestlé Chocoladenwerk werden täglich mehr als 60 Mio. bunte Smarties hergestellt.

Visionen für Wandsbek

Wer durch Eilbek auf der B 75 nach Wandsbek fährt, wird den Übergang zu der ehemaligen preußischen Stadt kaum bemerken. Die Folgen der **verheerenden Kriegsschäden** sind noch heute sichtbar; uneinheitlich hohe Bebauung und viele flache Gebäude der Nachkriegsjahre prägen das Bild. Dem Abhilfe zu schaffen ist sicherlich ein großes Projekt für die Zukunft. „Für die bauliche Entwicklung gibt das im Auftrag des Bezirks erarbeitete **Winking-Gutachten** Leitgedanken und Anregungen", erklärt Karl-Heinz Ulmen, Leiter der Stadtplanungsabteilung des Bezirks. In diesem städtebaulichen Gutachten hat Professor Bernhard Winking auch eine Art Eingangstor mit hohen Türmen rechts und links der Straße an der Ecke *Wandsbeker Marktstraße/Brauhausstraße* vorgeschlagen.

Auch Jörg Gillenberg unterstützt die Initiative des Bezirks. „Die Chance, dass sich bis 2010 in Wandsbek ein urbanes Zentrum entwickelt", ist die Vision des Citymanagers des Vereins **City Wandsbek e.V.** In diesem haben sich verschiedene Interessengruppen – von Karstadt und Quarree bis zu Einzelhändlern und Rechtsanwälten – zusammengeschlossen, um mitzuhelfen, die Attraktivität Wandsbeks zu verbessern und zu sichern. Einen wichtigen Schritt in diese Richtung macht der Bezirk mit der Neugestaltung der **Zentrumsinsel**. Zusätzliche oberirdische Übergänge zum ZOB und zu der in Planung befindlichen Veranstaltungsfläche existieren bereits und sollen dem Inseleindruck entgegenwirken, ein dreieckiger Glasbau für ein Restaurant und ein Beleuchtungskonzept helfen in Zukunft den Platz auch nach Geschäftsschluss zu beleben. Am „Wandsbeker Markt" soll nicht nur um-, sondern wieder mehr ausgestiegen werden. Dazu beitragen könnte auch, auf der Zentrumsinsel wieder Jahrmärkte und Volksfeste zu feiern, wie es bis ins frühe 20. Jahrhundert viermal jährlich Usus war. Seine heutige Bedeutung für den öffentlichen Verkehr unterstreicht der Wandsbek Markt durch die **Umgestaltung des ZOB**. Für die rund 50 000 Busnutzer täglich wurde er vergrößert, zusätzliche Dächer sollen mehr Schutz vor Wind und Wetter bieten; die **Wandsbeker Dauerwelle**, das Zickzack-Dach aus den frühen 1960er Jahren, wird dabei erhalten bleiben.

Viele, viele bunte Smarties: Rund 60 Mio. Schokoperlen werden täglich in Wandsbek produziert

Alles, was das Herz begehrt

Die *Wandsbeker Marktstraße* ist nicht nur für den Stadtteil, sondern auch für den gesamten Bezirk und für viele Hamburger eine wichtige Einkaufsstraße. Ganz großstädtisch quält hier den Kunden die Frage: Einzelhandel oder Warenhaus? Im Herzen gegenüber der „Zentrumsinsel" findet sich seit 1988 das Einkaufszentrum **Quarree** mit knapp 100 Geschäften. Baulich daran angeschlossen ist eines der

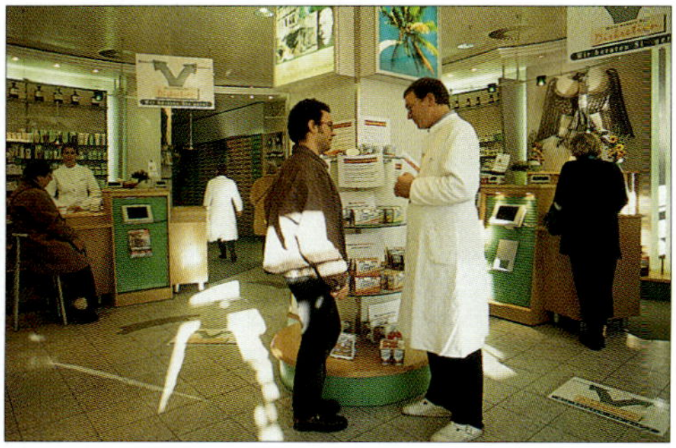

Die Adler Apotheke: Holger Gnekow leitet den Wandsbeker Traditionsbetrieb seit 1983

Freilufteinholen: Frisches Gemüse bekommt man täglich auf dem Wochenmarkt

ältesten Kaufhäuser Deutschlands: **Karstadt** in Wandsbek feierte im Jahr 2001 seinen 100. Geburtstag. Das heutige Gebäude, das im Zweiten Weltkrieg fast unversehrt blieb, wurde 1924 fertig gestellt und bietet auf 20 000 m² Produkte aller Art. Rund 580 Mitarbeiter hat das Warenhaus, und der eine oder andere wird sicherlich mitfeiern, wenn Karstadt, seit nunmehr fünf Jahren, sein Oktoberfest veranstaltet.

In europaweit einmaliger Brückenbauweise befindet sich auf dem Einkaufszentrum Quarree ein Kino für mehr als 1000 Besucher. Darunter liegen die kleinen und großen Geschäfte aller Art, vom Elektronikmarkt bis zum Buchladen, von Bekleidung bis Lebensmittel. Doch auch Tradition hat ihren Platz: Der **Adler Apotheke** an der *Wandsbeker Marktstraße* wurde schon im Jahr 1773 vom Grafen Schimmelmann das Privileg erteilt, „Gewürz- und Apothekenwaren" zu verkaufen. Die historisch gewachsene Verbindung zum Stadtteil und zu seiner Kulturgeschichte wird hier auch im Schaufenster deutlich, in dem statt Arzneimitteln und Medikamenten kleine Ausstellungen zur Wandsbeker Geschichte oder Werke von stadtteilnahen Künstlern zu sehen sind. Holger Gnekow leitet die Apotheke seit 1983 und ist der Urenkel von Ernst Schmidt. Damit ist die „Adler Apotheke" seit über 100 Jahren in Familienbesitz, woraus sich seine Verbundenheit mit dem Stadtteil erklärt. „Und die Lage führt zwangsläufig zu einem sehr großen Interesse an der schnellen Neugestaltung und Belebung der Zentrumsinsel", fügt Gnekow hinzu.

Durchs Quarree zum Quarree

Wer Frisches will, geht auf den **Wochenmarkt** gleich hinter dem Einkaufszentrum. Auf dem Platz inmitten des Straßenzuges, der Namengeber für das Einkaufszentrum ist, bieten die Händler Obst, Gemüse, Blumen und vieles andere zum Verkauf an. Hier allerdings täglich außer sonntags, und nicht nur, wie auf vielen anderen Wochenmärkten der Stadt, zwei- bis dreimal die Woche.

Nicht mehr ganz so frisch sind die Dinge, die man im **Stilbruch** erwerben kann. Das Kaufhaus an der *Helbingstraße 63* verkauft, was andere Menschen nicht mehr haben wollen und zum Sperrmüll geben. Einige ehemalige Langzeitarbeitslose bekommen hier die Chance ei-

Nicht nur zum Einkaufen: Im Stilbruch kann man sich auch einfach mal einen Überblick über den Hamburger Wohngeschmack vergangener Zeiten verschaffen

Unter Glas und mit Riesenauswahl: das Einkaufszentrum Quarree

ner Beschäftigung, kontrollieren und überarbeiten die eingehenden Möbel, kümmern sich um den Verkauf. Die Kunden finden Geschmackvolles und Geschmackloses, wenn sie beim Eintreten von einer Aufschrift aufgefordert werden: „Lassen Sie sich mal von Ihrer Vergangenheit einholen."

Mit Garten oder en bloc

So vielseitig die Einkaufsmöglichkeiten und die Wirtschaftszweige in Wandsbek, so unterschiedlich wohnen die Wandsbeker auch: Die einen leben in großen Geschosswohnungsbauten wie dem **Friedrich-Ebert-Hof** zwischen *Eulenkamp, Walddörferstraße* und *Lengerckestraße* aus den späten 1920er Jahren, die anderen fast dörflich in kleinen Siedlungshäusern, meist zu Doppelhaushälften verbunden, mit Garten. Wer die **Gartenstadt Wandsbek** betritt, dem wird eines sehr bald auffallen: Man ist gerade der Großstadt entflohen und in einer Welt gelandet, in der sich die Nachbarn noch beim Namen, meist Vornamen nennen. Wo man sich trifft, auf der Straße, beim Konditor oder über den Gartenzaun hinweg, grüßt man sich. Wie auf dem Dorf kennt hier fast jeder jeden. Die Gartenstadt entstand als erste auf dem heutigen Hamburger Gebiet ab 1910 mit acht Doppelhäusern am *Goldlackweg*. Ziel war es, nah zur Großstadt Wohnungen „im Grünen" für weniger wohlhabende Menschen zu schaffen. Durch eigene Gärten sollten

Eine Möglichkeit, sich in Wandsbek niederzulassen: ein „Häuschen im Grünen" in der Gartenstadt

die Bewohner einen Teil ihres Lebensmittelbedarfs selbst decken können. In sehr kurzer Bauzeit waren die ersten Wohnungen im November 1910 bezugsfertig. Die Gartenstadt-Idee entstammt dem England des ausgehenden 19. Jahrhunderts. Heute umfasst die Gartenstadt der **Wohnungsbaugenossenschaft Gartenstadt Wandsbek e.G.** zwischen *Lesser-* und *Stephanstraße* rund 550 Wohnungen mit mindestens doppelt so vielen zufriedenen Bewohnern. Nur die Einkaufs-

Urbanes Wohnen auf Etage, hier der Friedrich-Ebert-Hof an der Ecke Walddörferstraße/Eulenkamp

Wandern am idyllischen Wasserlauf. Die Wandse durchfließt den gesamten Stadtteil. Oben rechts: Die fast 400-jährige Geschichte der Juden in Wandsbek bezeugt der jüdische Friedhof an der Kattunbleiche

möglichkeiten lassen etwas zu wünschen übrig; der letzte Supermarkt, der in unmittelbarer Nähe der Gartenstadt lag, hat schon vor einigen Jahren geschlossen.

Komm, wir gehen ins Kino

Nach jahrelangen Diskussionen über das Wo und Wie eines Kinoneubaus in zentraler Stadtteillage eröffnete im Jahr 2000 zur Freude der Filmfreunde in Wandsbek das **CinemaxX** über dem Quarree, das durch seine freitragende Stahlkonstruktion besticht. Damit hat Wandsbek jetzt zwei Multiplex-Kinos. **UCI Kinowelt Smart City** heißt das andere, das gut ein Jahr früher seine Pforten öffnete. Am *Friedrich-Ebert-Damm* gelegen, bietet es in einer Art Glaspalast neun Kinosäle und ist der erste Schritt des für den Bereich geplanten Entertainment-Centers, das die Umgebung der Automeile am *Friedrich-Ebert-Damm* außerhalb der üblichen Geschäftszeiten attraktiver machen soll. Ein Konzept allerdings, das bisher nicht alle Wandsbeker hat überzeugen können.

Nördlich der Wandse findet man die Stadtteilschilder von Hinschenfelde

Bach mit vielen Namen

So wichtig wie die **Wandse** einst mit ihren Mühlen für die wirtschaftliche Entwicklung Wandsbeks war, so vorteilhaft ist der Grünzug, der sie begleitet, heute für die Menschen. Hier finden sie ein nah liegendes Areal für kilometerlange Spaziergänge und Wiesen, um sich bei

schönem Wetter zu sonnen. Naherholung im wahrsten Wortsinn. Die Wandse entspringt westlich des Ortes Siek, doch bei ihrer Benennung gibt es oft Verwirrung. In Rahlstedt wird sie gern Rahlau genannt. Eine Verwechslung mit der Rahlau in Tonndorf, die früher möglicherweise einmal mit der Wandse zusammenhing. Im Wandsbeker Stadtteilgebiet fließt sie als Wandse und in Eilbek, vom Mühlenteich bis *Friedrichsberger Straße*, als Eilbek, danach als Eilbekkanal in den Kuhmühlenteich, bis sie schließlich als Mundsburger Kanal in die Außenalster mündet.

Betritt man den Eichtalpark von der *Ahrensburger Straße*, trifft man am Eingang rechts und links auf zwei Sandsteinsphinxe, die einst die Auffahrt zum **Hamburger Palais** des Grafen Heinrich Carl von Schimmelmann schmückten. Richtung Westen erblickt man dann sehr bald den Kirchturm der ev.-luth. Kreuzkirche. Das Uhrwerk wird noch heute zweimal wöchentlich per Hand aufgezogen, Zifferblätter hat der Kirchturm an der *Kedenburgstraße* aber nur zu drei Seiten. Die Legende sagt: Die Leute sollten auf den östlich gelegenen Feldern arbeiten und nicht ständig nach der Zeit sehen.

Nicht nur der Erholung dient der Wandsegrünzug, auch für die Bildung kann man hier etwas tun: der **Botanische Sondergarten**, ganz im Osten am *Ölmühlenweg*, wurde in den 1920er Jahren als Schulgarten angelegt. Bei zahl-

Das Gedächtnis der Stadt

Moderne Architektur für Hamburgs Archivalien: 1998 bezog das Staatsarchiv der Freien und Hansestadt Hamburg in Wandsbek ein neues Domizil

Das Staatsarchiv der Freien und Hansestadt Hamburg bewahrt die **wertvollsten Unterlagen** von amtlichen Stellen, aber auch von Vereinen, Kirchen oder Privatpersonen auf, dazu kommen Pläne und Karten. Es ist dabei die Kunst der Archivare, die richtige Auswahl zu treffen, denn nur ein sehr kleiner Teil kann archiviert werden. Immer wieder ist neu zu fragen, welche Dokumente spätere Historiker einmal benötigen.

1998 wurde das neue Staatsarchiv an der *Kattunbleiche* eingeweiht und ist damit das einzige **Senatsamt** außerhalb der Innenstadt. Der aus zwei Gebäuden bestehende Komplex des Hamburger Architekten Jan Störmer besticht durch prägnante Gestaltung: Das fensterlose Magazin sei ein Eisblock und das darin in ewiger Kälte ruhende Archivgut im schiffsartigen Verwaltungsteil „aufzutauen", wofür das Feuer symbolisierende Orange stehe.

„Von den 40 Regal-Kilometern sind etwa zwei Drittel gefüllt, jedes Jahr kommen 500 Meter dazu", erklärt Leiter Dr. Udo Schäfer. „Es steht allen Bürgerinnen und Bürgern zur Nutzung offen. Mit einer Wandsbek-Ausstellung Ende 2001 wollten wir ganz besonders die Bewohner des Stadtteils in unser Haus einladen und die Verbundenheit mit dem einst preußischen Gebiet demonstrieren."

Dr. Udo Schäfer zeigt eine mittelalterliche „Bursprake", aus der den Hamburgern einst neue und alte Verordnungen vorgelesen wurden

Der „Eisblock" des Staatsarchivs an der Ecke Kattunbleiche/ Wandsbeker Allee

reichen Führungen und Veranstaltungen rund um Umwelt- und Pflanzenthemen kommen Gartenfreunde und andere Wissbegierige auf ihre Kosten.

Aus fünf mach eins

Durch zwei Fusionen in den Jahren 1994 und 1998 entstand der mit ca. 1900 Mitgliedern heute größte Sportverein im Stadtteil Wandsbek. Der **Turn- und Sportverein Wandsetal Hamburg von 1890** bietet seinen Mitgliedern sportliche Betätigungsmöglichkeiten in rund 20 Abteilungen. Das Gründungsjahr 1890 bezieht sich auf das älteste Fusionsmitglied, die „Hinschenfelder Turnerschaft von 1890". Die anderen waren der „Hinschenfelder Sport-Verein von 1891" und der „Hinschenfelder Fußball-Club von 1932", aus denen der „Hinschenfelder Sportverein von 1890" hervorging. 1998 kam dann noch der „Wandsbeker Fußball-Club von 1910" hinzu. Um eine Identifikation der Hinschenfelder Mitglieder herzustellen, wird der vereinseigene Sportplatz an der *Walddörferstraße* heute **Sportpark Hinschenfelde** genannt. Ganz aktuell und voll im Trend: Der Verein bietet seit 2001 auf dem Sportplatz Friedrichshöh Beachvolleyball an. Hier dürfen auch Nichtmitglieder nach Anmeldung und Terminabsprache im Sand baggern.

TSV WANDSETAL TSV Wandsetal HAMBURG v. 1890

Sport in Wandsbek: Logo des TSV Wandsetal Hamburg von 1890

Im „Auerhahn" an der Walddörferstraße gibt's Live-Musik zum Bier

Schilder weisen den Weg: Michael Pommerening erläutert auf dem Rundgang die Station 20, das Heimatmuseum an der Böhmestraße

Aufforderung zum Tanz und Einladung zum Essen

Reifere Damen und Herren treffen sich mittwochs zum Tanztee im **Hotel Tiefenthal**, das auf eine Tradition seit 1739 zurückblicken kann. Das dazugehörige Restaurant existiert allerdings schon lange nicht mehr. An dessen Stelle bedient heute ein „etwas anderes Restaurant" aus den USA seine Schnellesser. Es gibt aber ausreichend Möglichkeiten, sich in Wandsbek gepflegt bewirten zu lassen. Zum Beispiel im Restaurant **Zum Eichtalpark**, das sich schon in dritter Generation in Familienbesitz befindet und nicht nur durch seine idyllische Lage im Park besticht. Das Gebäude diente früher, als die dazugehörige, 1888 abgebrannte Mühle noch stand, als Stall und Geräteschuppen. Seit 1971 führen Karin und Peter Wagelin das Restaurant, in dem gute deutsche Küche auf dem Speiseplan steht. Besonders zur Grünkohlzeit ist das Restaurant „Zum Eichtalpark" eine bekannte Wandsbeker Größe.

Die Kreuzkirche im Wandsegrünzug an der Kedenburgstraße

Mehr Kneipe, aber auch mit deutscher Küche, ist der **Auerhahn** in der *Walddörferstraße 290*. Zum frisch gezapften Bier gibt es hier jeden Freitag und Sonnabend Live-Musik von Rock bis Oldies. Manfred „Manny" Meins führt die Musik-Kneipe seit 1996. „Die Bands kommen aus ganz Norddeutschland hierher. Eine sogar aus Bulgarien." Jeden ersten Sonntag im Monat ist „Musikertreff", dann spielen Gitarristen und Drummer verschiedener Bands ganz ungezwungen drauflos.

Im **Woody's** in der *Holzmühlenstraße 12* gibt's – passend zu Name und Adresse in großzügigem, hölzernem Interieur – Getränke und Speisen für den kleinen und großen Hunger. Im ersten Stock hat die Kneipe ein echtes Spielzimmer. Hier kann man sich beim Dart, Billard oder Tischfußball vergnügen, um später in der Disco **Sounds** im Keller dann noch die Nacht durchzutanzen.

Laufen und Lernen

Lange Spaziergänge im Grünen sind in Wandsbek kein Problem. Beim **Historischen Rundgang** ist der Wandsegrünzug allerdings nur eine Station von vielen. Entlang **blauer und roter Tafeln** wird die Geschichte Wandsbeks durch Kirchen, Denkmäler und die anderen historisch wichtigen Gebäude sowie die Friedhöfe veranschaulicht. Während die blauen Tafeln des Denkmalschutzamtes den meisten Hamburgern bekannt sein dürften, sind die roten eine „Wandsbeker Erfindung", die zur 700-Jahr-Feier 1996 aufgestellt wurden. Der Bürgerverein war maßgeblich daran beteiligt, und Helmuth Fricke, Michael Pommerening und Georg-Wilhelm Röpke haben begleitend zum Rundgang das Buch „Wandsbek in Wort und Bild“ herausgebracht. „Es gibt viel zu entdecken in Wandsbek“, sagt Michael Pommerening, der selber regelmäßig zahlreiche Wandsbeker und an Wandsbek Interessierte zu den einzelnen Stationen führt. „Mit dem Rundgang wollen wir die eigene Wandsbeker Identität fördern und bewahren.“

Köpfe

Als das Heimatmuseum im Morewoodstift eröffnet wurde, hatte **Ilse Fischer** schon jahrzehntelang alles gesammelt, was mit Wandsbek zu tun hatte. „Die Leidenschaft fürs Aufheben alter Sachen hatte meine Freundin Elyda Riedelsberger geweckt, mit der zusammen ich lange Zeit das Museum geführt habe“, sagt die 1915 geborene Dame, „aber es musste etwas geschehen. Auf meinem Dachboden war einfach kein Platz mehr.“ Der erlösende Anruf kam dann 1979 vom Bezirksamtsleiter Freiherr von Beust, dem Vater des heutigen Bürgermeisters, und am 12. Juli des Jahres konnte endlich wieder ein Heimatmuseum in Wandsbek seine Türen öffnen. Ilse Fischer selbst ist Wandsbekerin aus Leidenschaft und von Geburt an, lebt in ihrem Elternhaus und hat früher in der Eisenwarenhandlung des Vaters gearbeitet, „dort, wo heute Max Bahr an der *Wandsbeker Zollstraße* ist, eben mitten in Wandsbek“.

Georg-Wilhelm Röpke wohnte zwar nicht im Stadtteil Wandsbek, sondern lange Zeit in Sasel und war in Tonndorf Lehrer, sein Wissen über die Geschichte des Stadtteils dürfte aber nicht von vielen überboten werden. Als engagierter Heimatforscher hat er sich einen Namen gemacht und mit zahlreichen Publikationen untermauert, wie sehr ihm Wandsbek am Herzen lag. Veröffentlichungen wie „Zwischen Alster und Wandse“ oder „In Wandsbek zu Hause“ gehören zur Standardlektüre für jeden, der sich mit Wandsbek, als Bezirk oder Stadtteil, und dessen Geschichte beschäftigt. Für seine Arbeit ist Georg-Wilhelm Röpke mehrfach ausgezeichnet worden. 83-jährig starb er Ende 2000 und „hinterlässt in Wandsbek eine schmerzliche Lücke“, wie der damalige Bezirksamtsleiter Klaus Meister bedauerte.

Ernst August Brandt kann man getrost einen „Ureinwohner“ der Gartenstadt nennen. 1927 geboren, wuchs er im selben Haus im *Gartenstadtweg* auf, in dem er heute noch lebt. Den Bewohnern der Gartenstadt ist er bekannt als „Schuster Brandt“, denn bis 1996 führte er im Haus seine Schuhmacherei, die schon seinem Vater gehörte und zum 75-jährigen Jubiläum „die älteste in Wandsbek an gleicher Stelle“ genannt wurde. Die Kreuzung *Gartenstadtweg/Tilsiter Straße* ist der zentrale Platz und wurde früher „kleiner Marktplatz“ genannt, mit acht Geschäften rundherum, vom Kurzwarenladen bis eben zum Schuhmacher. Doch auch in der Idylle der Gartenstadt hinterließ der Krieg seine Spuren. 1942 wurde das Haus ausgebombt, doch schon im folgenden Jahr stand zumindest das Geschäft wieder. „Irgendwie gehörten wir zu den kriegswichtigen Betrieben“, erinnert sich Brandt.

Wer auf der *Wandsbeker Marktstraße* vom kleinen Hunger gepackt wird, kommt am „City Imbiss“ nicht vorbei. Seit 20 Jahren verkauft **Lotti Moritz** Bratwürste vor dem Karstadt-Gebäude. Bis 1998 in einem Anhänger. Auch der Neubau ist ein richtiger Familienbetrieb, Tochter und Schwiegersohn stehen mit hinter der Theke und bringen Thüringer, Krakauer und Schinkenwürstchen an die Frau und den Mann. „Am besten geht aber immer noch die gute, alte Currywurst“, sagt die 74-jährige Lotti Moritz, „und die Wandsbeker sind ein super Publikum.“

Mit Liebe zu Wandsbek: Ilse Fischer; wie man ihn kannte: Georg-Wilhelm Röpke am Mikrofon; Urgestein der Gartenstadt: Ernst August Brandt; immer ein frisch gebratenes Würstchen: Lotti Moritz

Wellingsbüttel

ist mit seinen herrschaftlichen Villen, kleineren Wohnanlagen und viel Grün ein beliebter Wohnstadtteil im Alstertal. Das Torhaus des ehemaligen Kurtzrock'schen Gutshofes beherbergt das Alstertal-Museum und zieht als kulturelles Veranstaltungszentrum Besucher aus dem ganzen Nordosten Hamburgs an

Steckbrief

Fläche:
4,072 km²
Einwohner:
9518
Verwaltung:
Bezirk Wandsbek, Ortsamt Alstertal
Ortsteil:
517

Möglicherweise stand der Eigenname „Walding" Pate für das zwischen 800 und 1000 gegründete Dorf „Wellingsbüttel". Über die Endung „-büttel" heißt es im Hamburgischen Wörterbuch: „Grundwort in Ortsnamen, häufig im Alstergebiet für Ausbauten älterer Dörfer…"

Die Wellingsbütteler Stufe

Zahlreiche Funde aus der Altsteinzeit (20 000–8000 v. Chr.) belegen, dass schon vor mehr als 14 000 Jahren Jäger und Sammler durch das Alstertal zogen und Siedlungsplätze auf den sandigen Hängen anlegten. Aufgrund der Vielzahl der Ausgrabungsfunde von den Wellingsbütteler Alster-Hochufern war für die Siedlungsphase um 12 000 v. Chr. früher die Bezeichnung **Wellingsbütteler Stufe** gebräuchlich. Heute wird sie mit Funden aus anderen Stadtteilen „Hamburger Stufe" genannt. Aus der älteren Bronzezeit stammen die Reste des **Hügelgrabs am Knasterberg**. Als um 1890 der *Wellingsbüttler Weg* angelegt wurde, erkannte niemand die Bedeutung des Erdhügels, und das Grab wurde beschädigt. Sehr gründlich dagegen wurde der **Grabhügel Kriedenberg** auf dem Grundstück *Up de Worth 11* untersucht, den Kinder 1933 beim Spielen entdeckt hatten: Die Ausgrabungen brachten gleich

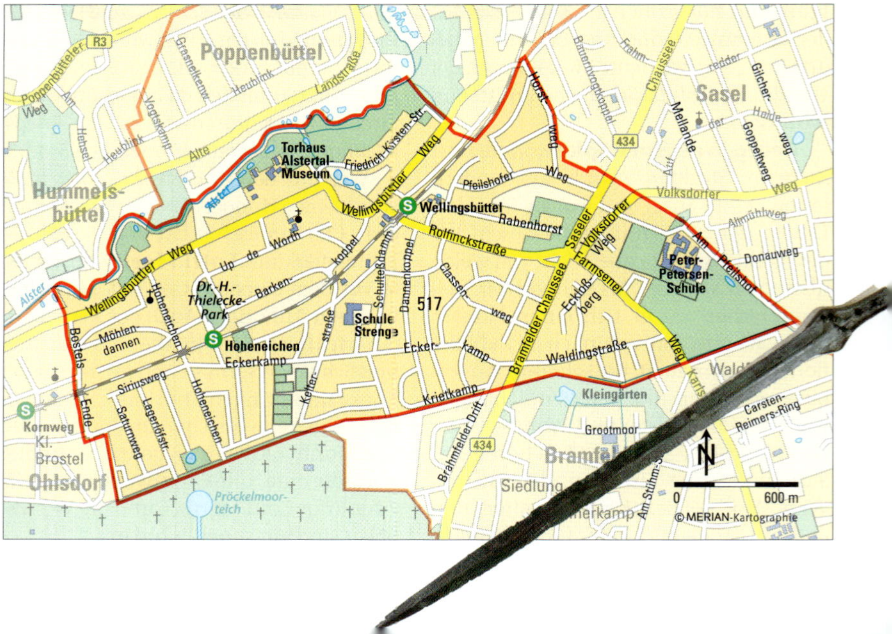

Das berühmte Griffzungenschwert ist heute im Helms-Museum zu finden

Der Mittelaltermarkt auf der Torhauswiese zieht alljährlich viele Besucher nach Wellingsbüttel

drei Bestattungen zutage. Die Grabbeigaben, von denen ein so genanntes Griffzungenschwert für besonderes Aufsehen unter den Wissenschaftlern sorgte, sind im Helms-Museum (s. Harburg) ausgestellt.

Aus der Geschichte

Erste urkundliche Erwähnung fand Wellingsbüttel 1296, als die Einkünfte aus dem Dorf an das **Kloster Harvestehude** übertragen wurden. Im 14. Jahrhundert bestand die Siedlung aus einem Gutshof und drei Bauernstellen. Zunächst gehörte Wellingsbüttel zum Erzbistum Hamburg-Bremen und wechselte dann mehrfach den Besitzer. Der Gutshof kam

Achtung, Baum! Paddeln auf der Alster zählt zu Wellingsbüttels schönsten Freiluft-Aktivitäten

1675 an die **Adelsfamilie von Kurtzrock**, die Mitte des 18. Jahrhunderts Herrenhaus und Torhaus erbauen ließ. Clemens von Kurtzrock verkaufte 1806 seinen Besitz an den dänischen König, der das Gut an den Herzog von Holstein-Beck verlieh.

Die flächenmäßige Besiedlung des Dorfes verdankt Wellingsbüttel dem Hamburger Kaufmann **Otto J. Hübbe**, seit 1892 Besitzer des Gutes. Ihm schien der Betrieb nicht mehr lukrativ genug, und so beteiligte er sich 1910 an der Gründung der **Alsterthal-Terrain-Gesellschaft** (ATAG, s.u.). Das Gutsgelände wurde an Hamburger Bürger verkauft, und die ersten Villen entstanden. Bis 1918 wurde die Vorort-Bahn (heute S 1/S 11) von Ohlsdorf bis Poppenbüttel verlängert, und Wellingsbüttel erhielt mit den Bahnhöfen „Wellingsbüttel" an der Eichenstraße (heute *Rolfinckstraße*) und „Hoheneichen" doppelten Anschluss an das Nahverkehrsnetz. Die gute Verbindung zur Innenstadt lockte immer mehr Bauinteressenten ins Alstertal.

Seit 1895 konnten die Kinder des Dorfes die Schule in der Eichenstraße besuchen. 1934 kam die weiterführende **Schule Strenge** dazu, von deren Name aber nicht auf die Lehrer geschlossen werden sollte! Vielmehr liegt das Gebäude an der Straße *Strenge*, die früher mit „ä" geschrieben wurde und daran erinnert, dass die Ackerstreifen hier schmal wie ein Strang waren. Als Wellingsbüttel 1937/38 nach Hamburg eingemeindet wurde, zählte der Ort über 4000 Einwohner. Viele Flüchtlinge fanden hier nach dem Zweiten Weltkrieg Unterschlupf und blieben, sodass sich die Einwohnerzahl auf über 10 000 erhöhte. Heute ist Wellingsbüttel ein beliebter **Wohnstadtteil**, der einiges zu bieten hat.

Zeitleiste

1296 erste urkundliche Erwähnung

um 1400 im Besitz des Erzbistums Hamburg-Bremen

1675–1806 Wellingsbüttel im Besitz der Kurtzrocks

1750 Bau des Herrenhauses

1757 Bau des Torhauses

1910 Gründung Alsterthal-Terrain-Gesellschaft

1937/38 Eingemeindung nach Hamburg

1957 Herrenhaus unter Denkmalschutz und Museum im Torhaus

1996 700-Jahr-Feier und erster Mittelaltermarkt

Wahlverhalten

... zur Bürgerschaft 2001 (gesamt)

Wahlbeteiligung	71,0%
SPD	**36,5%**
CDU	**26,2%**
Schill-Partei	**19,4%**
Grüne/GAL	**8,6%**
FDP	**5,1%**
Übrige	**4,2%**

... zur Bürgerschaft 2001 (Stadtteil)

Wahlbeteiligung	86,3%
SPD	**26,1%**
CDU	**36,7%**
Schill-Partei	**16,4%**
Grüne/GAL	**7,6%**
FDP	**11,5%**
Übrige	**1,7%**

Stadtteil-Profil

	Wellingsbüttel	Bezirk	Hamburg
Bevölkerung gesamt (2000)	9518	405 173	1 704 929
Unter 18-Jährige in %	14,3	17,1	16,1
65 Jahre und älter in %	21,9	18,8	17,0
Deutsche	8869	359 918	1 432 325
Ausländer in %	6,8	11,2	16,0
Einwohner je km²	2337	2742	2258
Sozialstruktur			
Sozialhilfeempfänger (2000)	76	25 017	120 461
Arbeitslose (2001)	188	14 222	71 963
Eink. je Steuerpfl. in DM (1995)	120 714	70 631	65 579
Wohnen (2001)			
Wohngebäude	2595	68 964	226 061
Ein- und Zweifamilienhäuser in %	56,5	31,4	20,5
Ø Wohnungsgröße in m²	105,1	77,1	71,0
Wohnfläche je Einwohner in m²	50,4	37,0	35,7
Verkehr			
Private Pkw (2001)	4801	166 212	628 119
Straßenverkehrsunfälle (2000)	50	2255	12 430
Kriminalität			
Straftaten insgesamt (2000)	574	41 067	284 272

© Statistisches Landesamt

Museum mit Hochzeitsboden

Kulturelles und architektonisches Zentrum des Stadtteils ist der **Kurtzrock'sche Gutshof**, dessen Herrenhaus 1750 entstand. 1888 erwarb die Witwe des Hamburger Bankiers Wilhelm Behrens das Haus. Sie konnte für den Umbau (1888–90) den Architekten **Martin Haller** gewinnen, unter dessen Leitung damals das Hamburger Rathaus gebaut wurde. Haller behielt die prunkvolle Rokoko-Ausstattung des Ursprungsbaus bei, und noch heute lässt die Stuckdecke im Mittelsaal die ganze Pracht erahnen. 1937 gelangte die Anlage in den Besitz der Stadt Hamburg. Im Zuge der umfangreichen Torhaus-Restaurierung konnte in den späten 1950er Jahren auch das Herrenhaus gerettet werden.

Unter der Regie von Martin Haller bekam das ursprünglich eingeschossige Herrenhaus beim Umbau eine zusätzliche Etage

Das **Torhaus** des Gutes diente ursprünglich als Pferdestall und „Leutehaus“ – als Wohnstätte für Bedienstete. 1957 und 1970 wurden die beiden Torhausflügel auf Initiative des Lichtwark-Ausschusses und des Bürger- und des Alstervereins liebevoll restauriert. In die vormaligen Landarbeiterwohnungen zogen die Schätze des **Alstertal-Museums**. Seit 1985 leitet Ferdinand Ziesche das Museum: „Der kulturelle Höhepunkt in der Geschichte des Alstervereins und des Alstertal-Museums war die einzigartige Dokumentation der Oberalster-Lastschifffahrt im oberen Stockwerk des Alster-Einkaufszentrums.“ Andere Exponate zeigen Haushaltsgegenstände aus früheren Zeiten, wie Kochkiste, Wäschestampfer oder Seifenpresse.

Seit 1999 können Brautpaare die Beamten vom Standesamt Wandsbek bitten, die Trauung im historisch-romantischen Ambiente auf dem ehemaligen Heuboden des Torhauses abzuhalten. Für kirchliche Trauungen nutzen die Wellingsbütteler ihre ev.-luth. **Lutherkirche** in der Straße *Up de Worth*.

Links: Ex-Bürgermeister Henning Voscherau (Zweiter von rechts) in den 1960er Jahren als linker Läufer für den Klipper THC. Rechts: Blütenmeer auf dem Wellingsbütteler Markt

Kultur, Körper und Geist

Die ausgezeichnete Akustik der Lutherkirche wird durch viele Konzerte, von Klassik bis Gospel, immer wieder unter Beweis gestellt. So spielten z.B. beim Neujahrskonzert 2001 die Blechbläser der „Hamburg Brass" vor begeistertem Publikum. Zum regen Gemeindeleben zählen u.a. auch der Bastelkreis „Hobby für den guten Zweck" und ein Literaturkreis.

Um den Erhalt und die Nutzung des Torhauses als Kulturzentrum kümmern sich der **Alsterverein** (s. Poppenbüttel) und der 1921 entstandene **Bürgerverein Wellingsbüttel** gemeinsam: Wo einst die Pferde des Gutshofes ihren Hafer fraßen, finden heute Konzerte, Vorträge und Ausstellungen statt, die der zum Bürgerverein gehörende **Kulturkreis Torhaus** unter Leitung der Bürgervereinsvorsitzenden Vera Stein organisiert. Neben Kultur prägt Sport das Vereinsleben im Stadtteil. Untrennbar mit Wellingsbüttel verbunden ist der **Klipper Tennis- und Hockey-Club**, der 1888 auf der Uhlenhorst entstand, dort noch seine Geschäftsstelle und mehrere Tennisplätze unterhält, aber seit 1920 am *Eckerkamp* trainiert und seine Spiele austrägt. Stolz ist man auf die Vielzahl an Auszeichnungen und Meistertiteln, die vor allem von der 1. Damen-Hockeymannschaft erspielt wurden.

Auch der traditionsreiche **TSC Wellingsbüttel** bietet seinen über 3000 Mitgliedern ein vielfältiges Programm. Es reicht von A–Z, vom Asthma-Sport bis zum Erlernen von Zirkustechniken. Die älteste Bürgerinitiative in Wellingsbüttel ist die 1890 gegründete **Freiwillige Feuerwehr**. Die Feuerwehrleute wissen nicht nur, wie man Brände bekämpft, sondern auch, wie man herrliche Feste feiert. Alle Kinder des Alstertals begleiten mit Begeisterung den alljährlichen Laternenumzug mit Wasserorgel und Feuerwerk am Kuhteich.

Schöner wohnen im Grünen

Große Gärten, Wald- und Grünflächen sind für Wellingsbüttel typisch und lassen die Besiedlung aufgelockert und abwechslungsreich erscheinen. Neben

Herrschaftliche Landhäuser wie das „Haus Hoheneichen" prägen das noble Image des Villenvorortes

repräsentativen Landsitzen und Villen in Alsternähe prägen um 1900 entstandene Wohnhäuser den Ortskern. In den 1930er Jahren – der „ATAG"-Zeit – wurden an der *Barkenkoppel* und am *Pfeilshofer Weg* größere, in der Gegend *Hoheneichen* auch kleinere Einzelheime nach den individuellen Wünschen der Bauherren errichtet. Viele dieser Gebäude sind umgebaut und modernisiert, einige abgerissen und durch Neubauten ersetzt worden. Zahlreiche **moderne Reihen- und Mehrfamilienhäuser** mit Mietwohnungen tragen aber auch dazu bei, dass immer mehr junge Familien nach Wellingsbüttel ziehen.

Arthur Illies, Mitbegründer des Altervereins, schuf auch dessen Signet

Bürgergeschichten

„Ein fürstlicher Fund“

***Mathias Hattendorff* berichtet von einem glücklichen Moment im oft so mühsamen Alltag des forschenden Historikers**

Bei Recherchen im dänischen Reichsarchiv in Kopenhagen stieß ich 1985 in einem Register auf ein Dokument, das, obwohl es offiziell zu den Papieren des Königshauses gehört, bislang unbeachtet und mit einem nüchternen Titel versehen, in Vergessenheit geraten war. Nach Einholung der erforderlichen Genehmigung und einer vorgeschriebenen Wartezeit von einigen Tagen wurde mir das Dokument vorgelegt: Es handelte sich um die prachtvolle, kalligraphisch gestaltete Belehnungsurkunde, mit der im Jahre 1810 der dänische König Friedrich VI. seinem Verwandten, dem Herzog von Holstein-Beck, das holsteinische Gut Wellingsbüttel übertragen hatte. Dass es sich bei dem Herzog um den Ur-Ur-Urgroßvater von Königin Margrethe II. handelte, wussten die Dänen seit dem populären Werk des Publizisten Bo Bramsen (1975). Details zu seinem abenteuerlichen Leben blieben jedoch weiterhin unbekannt.

Mathias Hattendorff mit Dokumenten aus dem alten Gutsarchiv

Der Fund im Reichsarchiv war für mich Ausgangspunkt zu weiteren Nachforschungen. In der folgenden Zeit führte mich der Weg auch in die Schlösser Rosenborg und Amalienborg, wo sich u.a. Porträts des Herzogs befinden. In Kopenhagen war aber nur ein Teil des Nachlasses des Herzogs gelandet. Wo befanden sich möglicherweise andere Überlieferungen? Die Beschäftigung mit den aktuellen Verwandtschaftsverhältnissen der Königin legte die Fährte an die Flensburger Förde: Und dort, auf Schloss Glücksburg, sollte sich das Puzzle vervollkommnen. Dass der Seniorchef des Hauses, Friedrich Ferdinand Prinz zu Schleswig-Holstein (1913–89), nicht nur im Allgemeinen geschichtsinteressiert war, sondern gerade an diesem Vorfahren ein besonderes Interesse zeigte, erwies sich dabei als besonderer Glücksfall. Tatkräftig unterstützte er meine Suche im Familienarchiv. Nach wiederholten Besuchen – unvergesslich die gemeinsamen Lesestunden mit „Hoheit“ aus den Tagebüchern und Briefen des Herzogs – gelang es, die diversen Aufzeichnungen des Herzogs zusammenzuführen und mit der Auswertung zu beginnen.

Der in Vergessenheit geratene Herzog von Holstein-Beck hat Anfang des 19. Jahrhunderts nur wenige Jahre in Wellingsbüttel gelebt. Doch aufgrund der von ihm nachgelassenen Schriften wissen wir von Gut, Dorf und Einwohnern so viel wie aus kaum einer anderen Phase des Ortes. Es ist nicht zuletzt dem finanziellen Engagement des Alstervereins zu verdanken, dass diese Recherchen zu Wellingsbüttel fortgeführt werden. Und im Sommer 2000 habe ich in Berlin einen Briefwechsel des Herzogs von Holstein-Beck mit seiner Geliebten entdeckt.

Wir Frederik der Sechste,
von Gottes Gnaden
König zu Dännemark, Norwegen,
der Wender und Gothen, Herzog zu Schles-
wig, Hollstein, Stormarn und der Dithmarschen
wie auch zu Oldenburg etc. etc.
Thun kund hiemit für Uns Unsere Erben und
Nachfolger in der Regierung daß Wir aus beson-
derer Gunst und Gnade des Herrn Herzogs
Friedrich Carl Ludewig zu Hollstein Beck Durch-
laucht und Liebden und dessen ehelichen männli-
chen Descendenten das Gut Wellingsbüttel in
Hollstein auf sein Ansuchen als ein Lehn verlie-
hen und gegeben haben, wie Wir auch durch diesen
Unseren Brief des Herzogs Friedrich Carl Lu-
dewig Durchlaucht und Liebden und seinen männ-

Lehnsbrief für Wellingsbüttel aus dem Jahr 1810. Rigsarkivet, Kopenhagen. Die Wiedergabe erfolgt mit Genehmigung Ihrer Majestät der Königin von Dänemark

Monopoly im Alstertal

Es war der Hamburger Makler Johann Vincent Wentzel (1865–1919), der als Initiator und Mitbegründer der Alsterthal-Terrain-Gesellschaft (1910/seit 1912 AG) zusammen mit den Großgrundbesitzern Eduard Henneberg (Poppenbüttel), Otto J. Hübbe (Wellingsbüttel) und Konrad Reuter (Sasel) die Besiedlung des Alstertals organisierte und die so genannten „ATAG-Klauseln“ als Rechtsvorschriften aufstellte. Die von der „ATAG“ verkauften Grundstücke waren mindestens 1000 m^2 groß, durften nicht geteilt und nur mit Einzelhäusern bebaut werden: Großzügige Villenvororte sollten entstehen. Durch den bis 1918 fehlenden Bahnanschluss und die wirtschaftlichen Schwierigkeiten der 1920er Jahre begann die Erschließung des Alstertals zunächst nur schleppend, bis es dann in den 1930er Jahren schließlich zu einem wahren Bauboom kam. 1947 wurde die „ATAG“ aufgelöst. Einige ihrer Klauseln gelten aber noch heute und haben dazu beigetragen, dass Wellingsbüttel trotz dichter Bebauung ein ausgesprochen grüner Wohnstadtteil geblieben ist.

Tradition und Wandel

„Ich gehe mal eben einkaufen“, hört man von Wellingsbüttlern immer seltener. Für einen Wocheneinkauf müssen sie ihren Stadtteil verlassen und sind dann auf Auto, Fahrrad, Bus, Bahn oder viel Muskelkraft angewiesen. Abgesehen vom **Wochenmarkt** ist das Einkaufsangebot für Waren des täglichen Bedarfs

Im Traditionslokal „Friedenseiche“ empfängt Vera Sommer ihre Gäste

eher begrenzt. Etwa 40 Läden gibt es, und nur im Ortskern finden sich einige, zumeist alteingesessene Geschäfte wenige Schritte voneinander entfernt. Bei „Juwelier Willer“ oder in der Eisdiele „Katis Eis kalt und heiß“ werden Stammkunden noch mit Namen begrüßt. In den letzten Jahren schließen aber auch traditionsreiche Geschäfte ihre Türen für immer. Nicht nur die Ladenbesitzer sehen diese Entwicklung mit Sorge, auch die Kunden befürchten, dass die Einkaufsmöglichkeiten weiter eingeschränkt werden. Vielleicht bietet die geplante **Umgestaltung des Ortskerns** eine Lösung des Problems: Dabei sollen mehr Parkplätze entstehen und der Marktplatz mit einem großen Supermarkt neu belebt werden.

Wer lieber essen geht als Essen kauft, der findet einige gute Adressen. Im ehemaligen Lindenhof, in dessen Sälen früher die Dorffeste gefeiert wurden, bewirtet heute ein Steakhaus seine Gäste. Eines der ältesten Restaurants in ganz Hamburg ist die **Friedenseiche**, in vierter Generation betrieben von der Familie Hayn. Hier einzukehren ist Wellingsbütteler Gewohnheit, und es heißt nur „zu Hayn gehen“. Immer wieder vereinnahmen die Wellingsbütteler das **Randel** gern für sich, doch das Traditionslokal liegt jenseits der Grenze zu Poppenbüttel. Von dem Randel-Garten gelangt man auf den **Alsterwanderweg**, dessen Wellingsbütteler Abschnitt mit den romantischen Hochufern besonders schön ist.

Köpfe

Die Geschäftsfrau **Ursula Willer** ist Vorsitzende des kleinen, aber engagierten Wellingsbütteler Fördervereins, der sich um Erhalt und Pflege historischer Bauten und die Marktbebauung kümmert. 1996 sorgte sie für das Gelingen der 700-Jahr-Feier. Dazu holte sie erstmals den heute beliebten, jährlich ausgetragenen Mittelaltermarkt auf die Torhauswiese.

Jederzeit engagiert: Ursula Willer.

Ein Star der Wirtschaftswunderzeit schuf unzählige famose Gedichte und kleine Sprachspielereien in Wellingsbüttel: **Heinz Erhardt** (1909–79) begann 1946 seine zweite Karriere in Hamburg. Er arbeitete zunächst beim NWDR, dann in Film und Fernsehen und wurde immer beliebter. Seine vier Kinder blieben dem Metier ihres Vaters treu, drei wohnen unweit des Elternhauses in Wellingsbüttel.

So kannten sie viele Wellingsbütteler: Die Erhardts vor ihrem Haus am Fasanenhain

Wilhelmsburg

ist Hamburgs größter und brückenreichster Stadtteil und zugleich Europas größte Flussinsel. Und er ist besser, als ungezählte Negativ-Schlagzeilen vermuten lassen: ein Hauch von Bullerbü und Bitterfeld, ein bisschen Bethel und auch Bronx – zwischen Neuhof und Bunthäuser Spitze herrscht ein bewegtes Stadtteilleben

Steckbrief

Fläche: 35,256 km²
Einwohner: 46 125
Verwaltung: Bezirk Harburg, Ortsamt Wilhelmsburg
Ortsteile: 712–714

Der Name geht zurück auf Georg Wilhelm, Herzog von Braunschweig-Lüneburg, der ab 1672 die drei Inseln Stillhorn, Georgswerder und Reiherstieg-Rotehaus zusammendeichen ließ.

Aus der Geschichte

Wilhelmsburg ist aus einer Anzahl größerer und kleinerer Elbinseln zusammengewachsen. Sie hatten sich nach dem Ende der letzten Eiszeit durch Sinkstoffe im Fluss gebildet (s. Veddel). 1333 begannen die **Schacken**, ein Lüneburger Burgmannsgeschlecht, dem die südöstlich von Gorrieswerder gelegene Insel Stillhorn gehörte, mit der Neueindeichung. Im 14. Jahrhundert erwarben die **Groten**, ebenfalls ein Lüneburger Burgmannsgeschlecht, den Stillhorn von den Schacken und schlossen die Eindeichung Stillhorns mit dem nördlichen Neuen Feld und dem Schönen Feld 1491. Zu dieser Zeit begannen auch die Eindeichungen im Westen der Insel. 1672 erwarb **Herzog Georg Wilhelm von Braunschweig-Lüneburg** den Groteschen Besitz auf den Elbinseln für seine Tochter Sophie Dorothea. Er ließ die drei Inseln Stillhorn, Georgswerder und Reiherstieg-Rotehaus zusammendeichen und erklärte sie zur **Herrschaft Wilhelmsburg**. Gleichzeitig erreichte er, dass seine mit ihm in nicht standesgemäßer Ehe zusammenlebende Frau Eleonore Desmier d'Olbreuse sowie deren Tochter Sophie Dorothea zu Gräfinnen von Wilhelmsburg erhoben wurden. Zu dieser

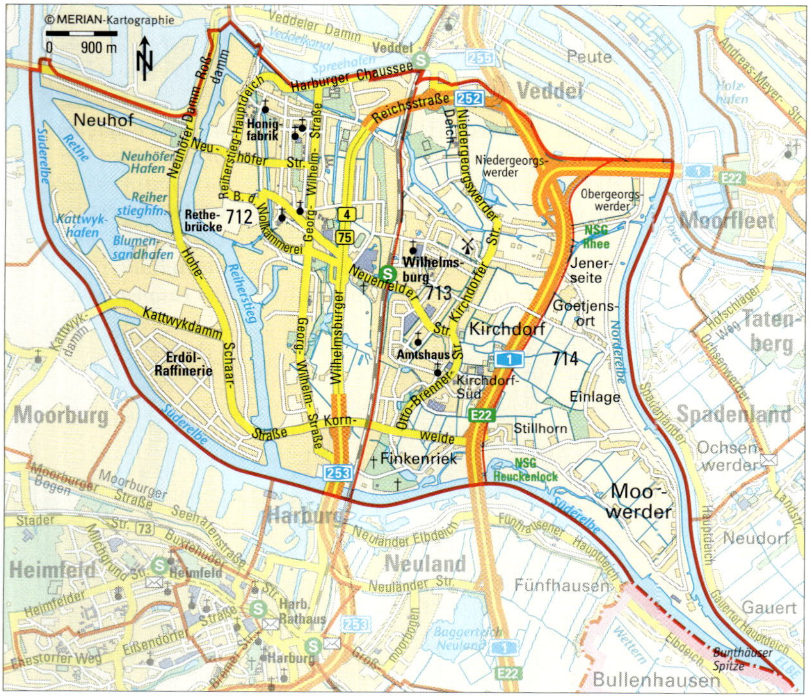

Zeit wurden bereits reger **Holzhandel** und -flößerei betrieben. Seit 1698 gab es am Reiherstieger Holzhafen eine Sägemühle, später kam eine Werft dazu. 1892 entstand der Güterbahnhof, damals einer der größten in Deutschland.

Vom Dorf zum Arbeiterquartier

Bis Mitte des 19. Jahrhunderts war Wilhelmsburg die Insel der **Milchbauern** und **Schiffszimmerer**. Das Land bestand zum überwiegenden Teil aus Viehweiden, und die Bewohner verkauften Milchprodukte und Gemüse auf den Hamburger Märkten. Der Ausbau des Hafens und die Industrialisierung veränderten Ende des 19. Jahrhunderts das Bild der Insel. Große **Terraingesellschaften** verwandelten ehemaliges Bauernland in Baugrundstücke. Straßen, Kanäle und neue Hafenbecken wurden gebaut. Industriebetriebe siedelten sich an, vor allem Massengut verarbeitende Fabriken, chemische und Ölindustrie. 1889 entstand die **Wollkämmerei**, die bis zu 2000 Arbeiter beschäftigte, und 1896 die Weizenmühle von Georg Plange, in der heute noch Weizenmehl der bekannten Marke „Diamant" abgefüllt wird. Arbeitskräfte waren Mangelware, und die Insel wandelte sich zum **Arbeiter- und Einwandererstadtteil**. Die Neuankömmlinge, darunter viele Menschen aus der preußischen Provinz Posen, siedelten sich nördlich des *Vogelhüttendeichs* an. Im Volksmund hieß die Ecke bald **Klein Warschau**. 1907 hatte Wilhelmsburg 22 000 Einwohner, also schon fast die Hälfte der heutigen Bevölkerungszahl. Es gab einige weit bekannte Gasthöfe, die auch viele Hamburger besuchten. Einer der schönsten war **Stübens Volksgarten** am Reiherstiegufer mit Park, Freilichtbühne, Zoo und Schiffsanleger. Im Reichtagswahlkampf 1903 trat **Rosa Luxemburg** im vollen Saal des heutigen „Marmara Dügün Salonu" am *Vogelhüttendeich* auf, um vor allem die vielen Posener – die polnischen Einwanderer mit deutschem Pass – für die Sozialdemokratie zu gewinnen. 1925 wurde Wilhelmsburg kreisfreie Stadt, 1927 erfolgte der Zusammenschluss mit Harburg, und 1937/38 wurde die Insel durch das Groß-Hamburg-Gesetz nach Hamburg eingemeindet. Damals kam auch Moorwerder, das

Viele Wege führten und führen nach Wilhelmsburg: ob mit dem Dampfer zu Stübens Volksgarten, mit dem Fahrrad über die Alte Harburger Elbbrücke oder mit dem Auto über die Mengestraße zum Ortsamt

Mächtiger Pate: Herzog Georg Wilhelm von Braunschweig-Lüneburg nannte die Herrschaft Wilhelmsburg

Wohnen wie im Mittelalter: historischer Dorfkern in Kirchdorf mit Kreuzkirche, Küsterhaus (links) und Museum (rechts)

Zeitleiste

1333 Beginn der Neueindeichung

1672 Herzog Georg Wilhelm gibt der Insel ihren Namen

1813 Napoleon lässt zwischen Harburg und Hamburg eine Holzbrücke errichten

1872 Die Eisenbahnlinie Hannover–Hamburg teilt die Insel

1896 Die Weizenmühle von Georg Plange wird eröffnet

1903 Rosa Luxemburg macht Wahlkampf in Wilhelmsburg

1962 Bei der Sturmflut sterben über 200 Wilhelmsburger

2000 Die Bürgerschaft beschließt eine Zukunftskonferenz

seit 1395 zu Hamburg gehörte und dem Kirchspiel Ochsenwerder auf der anderen Seite der Norderelbe zugeordnet war, zum Stadtteil.

Im Zweiten Weltkrieg war Wilhelmsburg wegen seiner großen Industrie mehrfach Ziel von Bombenangriffen und erlitt starke Zerstörungen. Knapp zwanzig Jahre später, in der Nacht vom 16. auf den 17. Februar 1962, kam es zur Katastrophe, als eine schwere **Sturmflut** auf der Elbinsel tobte und über 200 Menschen ertranken.

Reetgedeckte Bauernhäuser

Den historischen Kern des Stadtteils findet man in Kirchdorf mit der ev.-luth. **Kreuzkirche** und dem Wilhelmsburger Amtshaus. Die Kirche wurde 1614 neu gebaut (ihre Vorgängerin war 1388 gegründet und 1397 geweiht worden). Sehenswert sind u.a. die Holzkanzel, die Empore mit geschnitzten und bemalten Brüstungsfeldern sowie Deckenbilder, die Christi Jugendgeschichte zeigen. Das ehemalige **Amtshaus** an der *Kirchdorfer Straße 163* steht auf den Grundmauern einer Burg, die um 1370 durch die damaligen Besitzer der Insel Stillhorn, die Groten, und noch einmal um 1600 neu errichtet worden war. Seit 1672 wurde die Herrschaft Wilhelmsburg von hier verwaltet. Heute befindet sich im Amtshaus das **Museum der Elbinsel Wilhelmsburg**. Dort kann man viele Fahrzeuge und Geräte aus der Milchwirtschaft wie Milchwagen und -karre mit

Milch- und **Rahmtonnen** betrachten und sich über die Eindeichungsgeschichte, Landwirtschaft und Gemüsebau, den Schiffbau am Reiherstieg und vieles mehr informieren. Auch der 1620 errichtete **Gewölbekeller** kann besichtigt werden. Das Museum ist von Mai–Okt. sonntags von 15–18 Uhr geöffnet. Gruppen können Führungen, gerne auch auf Plattdeutsch, vereinbaren, entweder bei Marta Seeland (Tel.: 754 25 70) oder Ur-

sula Falke (Tel.: 754 37 32/754 94 90).

An der Ecke *Kirchdorfer Straße/Am Deichdenkmal* erinnert ein **Findling** an die 1333 begonnene Neueindeichung Wilhelmsburgs. Hier ragen auch zwei Betonstelen als Denkmal für die Flutkatastrophe vom Februar 1962 empor.

Biegt man dahinter in den *Siedenfelder Weg* und von da in den *Einlagedeich* ein, findet man zwischen Wiesen und wilden Johannisbeerbüschen prächtige alte reetgedeckte **Bauernhäuser**, teilweise aus dem 19. Jahrhundert. Aber auch an *Finkenriek, Stillhorner Weg, Jenerseitedeich, Obergeorgswerder Deich* und den Moorwerder Deichen bekommt man einen Eindruck davon, wie die Menschen früher in der Marsch gelebt haben.

Mitten im Naturschutzgebiet Heuckenlock, am *Finkenrieker Hauptdeich*, liegt die bis vor kurzem gut erhaltene **Wasserburg**, Hamburgs letztes Außendeichs-Bauernhaus. Im Frühjahr 2001 brannte das 200 Jahre alte reetgedeckte „Großkötnerhaus“ ab. Kurz zuvor hatte die Stadt Hamburg das denkmalgeschützte Gebäude dem Naturschutzverband Gesellschaft für ökologische Planung e.V. (GÖP) überlassen. Die GÖP plante, in der Wasserburg u.a. ein **Elbauen-Informationszentrum** einzurichten. Dank einer Finanzspritze der Hamburger Feuerkasse und

Wilhelmsburgs unglückliche Gräfin

Kaum jemand weiß, dass die Großmutter Friedrichs des Großen, Sophie Dorothea von Braunschweig-Lüneburg, auf der Insel lebte

Mit Liebe hat die Hochzeit der Wilhelmsburger Reichsgräfin Sophie Dorothea mit ihrem Vetter Georg Ludwig nichts zu tun. Die 1666 geborene Gräfin von Wilhelmsburg und ihr Vetter fügen sich dem Willen ihrer Väter. Herzog Georg Wilhelm von Braunschweig-Lüneburg und sein Bruder Ernst August haben die Ehe beschlossen, um Länder und Titel in der Familie zu halten. Zum Herrschaftsgebiet von Brautvater Georg Wilhelm gehören die Inseln Stillhorn, Georgswerder und Reiherstieg-Rotehaus. Er hat sie zusammen eindeichen lassen und seiner Tochter zur Hochzeit geschenkt. Aber die junge Herzogin kann sich ihres Titels und Besitzes jedoch nicht lange freuen. Die erzwungene Ehe scheitert. Georg Ludwig ist mehr an seinen zahlreichen Mätressen interessiert als an seiner Gattin. Sophie Dorothea drängt auf Scheidung, die ihr aber nicht gewährt wird, und flieht in die Arme eines anderen Mannes. Die leidenschaftliche Liebesbeziehung zu Phillipp Christoph Graf Königsmark endet tragisch. Das Verhältnis wird nach vier Jahren großer Heimlichkeit entdeckt, der Graf getötet, und Sophie Dorothea wird verbannt. Sie kommt ins Schloss Ahlden, wo sie 32 Jahre bis zu ihrem Tod im Jahre 1726 lebt. Die Geschichte der unglücklichen Gräfin von Wilhelmsburg ist wenig bekannt. Ihre Kinder aus der Verbindung mit Georg Ludwig jedoch werden berühmt: Der Sohn besteigt als Georg II. von England den Königsthron. Die Tochter heiratet Preußens Soldatenkönig Friedrich Wilhelm I. und bringt einen Sohn auf die Welt, der als Friedrich der Große europäische Geschichte schreibt.

Jung, schön, reich und unglücklich verheiratet: Gräfin Sophie Dorothea von Braunschweig-Lüneburg

Auferstehung aus Ruinen: Die vor kurzem abgebrannte Wasserburg, Hamburgs letztes Außendeichs-Bauernhaus, soll wieder aufgebaut werden

der HEW-Umweltstiftung, die einen großen Teil der Kosten übernehmen wollen, sowie der Unterstützung des Beirats für Stadtteilentwicklung (s.u.) soll die Wasserburg wieder aufgebaut werden. Falls genügend Helfer und zusätzliche Sponsoren gefunden werden, kann man sich ab dem Jahr 2003 im Informationszentrum über Europas letzten **Süßwassertide-Auenwald** und weltweit einmalig vorkommende Pflanzenarten wie den Schierlings-Wasserfenchel informieren. Auch ein Naturlehrpfad ist geplant. „Und damit die Besucher nicht nur vor Schautafeln stehen, möchten wir z.B. Schulklassen beim Mähen von Wiesen vermitteln, wie Landschaftspflege funktioniert", erläutert der Diplom-Biologe Torben Piel von der GÖP.

Wenn man in einer nebligen Nacht an den spitzwinkligen Erkern der Häuser an der *Veringstraße 46–56* vorbeigeht, kommt man sich wie in einem **expressionistischen Stummfilm** mit düsteren Schatten vor. Als Wilhelmsburg 1927 mit Harburg vereinigt worden war, hatte die Stadtverwaltung Wilhelmsburg mit dem Bau von städtischen Großwohnanlagen begonnen. Aus dieser Zeit stammen auch die expressionistisch gegliederten Putzbauten an der *Veringstraße* und der Ecke *Mannesallee/Sanitasstraße*. Von dort sind es mit dem Bus etwa fünf Minuten zu dem 1903 errichteten **Rathaus**, in dem heute das Ortsamt Wilhelmsburg seinen Sitz hat. Wie ein überkommenes Relikt vergangener Tage thront der dunkelrote Backsteinbau an der *Wilhelmsburger Reichsstraße*.

Links: Wilhelmsburger Milchmann in historischer Tracht.
Unten: GÖP-Logo

Bürgergeschichten

„Der Schrecken der Kutscher“

***Anke Holtmann** aus Wilhelmsburg erzählt von der engen Freundschaft ihres Großvaters mit dem ehemaligen Wilhelmsburger Bürgermeister Menge*

Lebenslustig, diskussionsfreudig und trinkfest: Schuldirektor Sigismund Strodtmann wurde von seinem Freund, Bürgermeister Menge, im Testament bedacht

Vor einiger Zeit erhielt ich von meiner Tante einen großen Schuhkarton mit alten Fotos und Familiendokumenten. Es waren alte Briefe – einige davon 200 Jahre alt –, Zeugnishefte, Tauf-, Heirats- und Sterbeurkunden darunter. U.a. fand ich ein Testament von Bürgermeister Adolf Menge für meinen Großvater, Dr. Johann Sigismund Strodtmann, aus dem Jahre 1917. Menge und Strodtmann waren enge Freunde. Beide studierten in Jena. Seit dieser Zeit mögen sie gemeinsam nicht nur die politischen Ereignisse der untergehenden Kaiserzeit diskutiert, sondern auch manches Glas guten Rotwein dazu geleert haben. Mein Großvater war ein lebenslustiger Mann, der in Menge einen wichtigen Förderer seiner fortschrittlichen pädagogischen Ideen gefunden hatte. Bevor Menge 1903 nach Wilhelmsburg kam, war er Bürgermeister in Lauenburg a. d. Elbe und in Husum. In beiden Städten war auch mein Großvater als Lehrer an den dortigen Gymnasien tätig. Als es 1907 in Wilhelmsburg die Stelle des Schulleiters für die im Aufbau befindliche Realschule zu besetzen galt, war seine Bewerbung sicher kein Zufall ... Menge und mein Großvater machten regelmäßig gemeinsame Ausflüge. Ihr vereintes Körpervolumen – jeder von ihnen wog über drei Zentner – machte sie bald zum Schrecken der örtlichen Kutscher. In der Straßenbahn nahm jeder einen Sitz ein, der üblicherweise für zwei Personen gedacht war. Die Freundschaft der beiden Herren endete im Ersten Weltkrieg. In seinem Testament vermachte Menge zur Erinnerung an die gemeinsamen Zechtouren meinem Großvater vier große Burgundergläser und seinen im Keller liegenden Burgunderrotwein. Die vier Gläser befinden sich noch heute im Familienbesitz, der Rotwein ist leider abhanden gekommen.

Wilhelmsburgs letzte Müllerin

Johanna Sievers ist fast hundert Jahre alt und war die letzte Müllerin Wilhelmsburgs. Als die Mühle an der *Schönenfelder Straße 99a* 1998 restauriert wurde, gab der Wilhelmsburger **Windmühlenverein von 1992 e.V.** dem 125 Jahre alten Galerieholländer den Namen „Johanna“. Anfang der 1960er Jahre hatten die Sievers die Mühle an die Stadt Hamburg verkauft. Über 30 Jahre wurde die Anlage von der Sprinkenhof AG verwaltet, verschiedene Pächter bauten sie um und entfernten die Maschinen. Anfang der 1990er Jahre initiierte der Verein für Heimatkunde die Projektgruppe Wilhelmsburger Windmühle. Daraus entstand der Windmühlenverein, der unter seinem Ersten Vorsitzenden Carsten Schmidt, u.a. mithilfe einer Zuwendung aus dem Stadtteilentwicklungsfonds der einstigen STEB (s.u.) und vieler Wilhelmsburger Firmen, die z.B. Farben und diverse Baumaterialien spendierten, die Mühle restaurierte.

Von der Margarinefabrik zum Kommunikationszentrum: Seit 1979 wird in der Honigfabrik am Veringkanal eigenverantwortlich gehandelt

Vor langer Zeit wurden hier Schiffe gekapert und Fischer ermordet: Heute kann man vom Leuchtturm an der Bunthäuser Spitze ganz entspannt seine Blicke über Norder- und Süderelbe schweifen lassen

Gekaperte Schiffe, tote Fischer und etliche Staatsverträge wegen Elbregulierungen und Baggertiefen sind die Bilanz des jahrhundertelang währenden Streits um die Schiffbarkeit von Norder- und Süderelbe. Wenn man heute auf dem kleinen grünen **Holzleuchtturm** an der **Bunthäuser Spitze** in Moorwerder steht, wo sich die Elbe in Norder- und Süderelbe teilt, kann man beobachten, wie sich gewaltige Lastkähne gemächlich durch das glitzernde Wasser der Süderelbe schieben. Unvorstellbar, dass hier blutige Kämpfe getobt haben sollen. Auf der Bunthäuser Spitze befindet sich auch die **Stackmeisterei Bunthaus**, die für die Uferbefestigungen der Elbe bis zu den Elbbrücken sorgt, und das Schullandheim **Freiluftschule**, früher „Stadtkolonie Moorwerder", wo einst Tausende Hamburger Kinder Urlaub machten.

Zentrum für alle Altersgruppen

„Wenn das Reiherstiegviertel neben Ottensen liegen würde, könnte es sich zu einem **Szene-Viertel** entwickeln", sagt die Diplom-Ingenieurin Angela Hellenbach vom Büro d*Ing Planung, das im Auftrag der STEB seit 1994 gemeinsam mit Wilhelmsburger Bürgern Wege für die zukünftige Entwicklung des Stadtteils erarbeitet hat. In der *Industriestraße 125–131* wird schon seit 1979 selbst organisiert und eigenverantwortlich gehandelt. Dort am Veringkanal steht die **Honigfabrik**. Der rote Backsteinbau wurde u.a. als Margarinefabrik, Schmelzkäsefabrik und zuletzt als Honigabfüllerei genutzt. Als die Fabrik leer stand, sahen Jugendliche ihre Chance für ein Jugendkulturzentrum für Wilhelmsburg gekommen. Mehrere Initiativen schlossen sich an, und heute ist die Honigfabrik ein Zentrum für alle Altersgruppen. Während im Hinterhof Studenten, die ein Seminar in der Honigfabrik besuchen, grillen, schrauben die Volvo-Freunde in der Autowerkstatt daneben an ihren „Oldies"; gleichzeitig setzt Margret Markert im Dachgeschoss einen Tee auf, um in Ruhe die nächste Ausstellung der **Geschichtswerkstatt** zu planen, die Senioren von der Handwerkerinitiative Miteinander Füreinander überlegen, welche neuen Geräte angeschafft werden müssen, und unten im **Café Hummel** hocken Freaks mit Schlafsäcken, um drei Tage und Nächte in ihren Computerspielwelten zu leben.

125 Jahre • Wilhelmsburger Windmühle •

Bis Anfang der 1990er Jahre konnte man in der Windmühle noch wohnen. Seit der Mühlenverein sie liebevoll sanierte, finden hier auch viele Veranstaltungen wie der Adventsmarkt und der Plattdeutsche Stammtisch statt

Ob Mühlen- oder Brückenfest: Der Wilhelmsburger Männerchor ist immer mit von der Partie, wenn es etwas zu feiern gibt

Im Marmara Dügün Salonu feiern Hochzeitsgesellschaften manchmal bis zum nächsten Morgen

Neben der Honigfabrik kümmern sich rund 200 Vereine und Initiativen vom Verein für Heimatkunde in Wilhelmsburg e.V. über die Indonesienhilfe Susila Dharma – Soziale Dienste e.V. bis zur **Wilhelmsburger Tafel** ums Wohl der Wilhelmsburger.

Integrationsarbeit auf der Insel

Wilhelmsburg hat einen Ausländeranteil von rund 34 Prozent. Seit über dreißig Jahren leben hier Christen und Muslime zusammen, wissen aber eher wenig voneinander. Damit sich das ändert, haben Friederike Raum-Blöcher, Pastorin für **Verständigungsarbeit** an der ev.-luth. St. Raphael-Kirche, und der Imam der Aya Sofia Moschee, Mehmet Nas, im Sommer 2001 die Vortragsreihe „Christentum und Islam" ins Leben ge-

rufen. „Künftig wollen wir auch Besuche in Kirchen und Moscheen anbieten, auf denen z.B. Christen erfahren, warum man eine **Moschee** nur ohne Schuhe betreten darf, und Muslime erleben, was den Christen das Kreuz bedeutet", sagt die Pastorin.

Um die Integration ausländischer Mitbürger bemüht sich auch der **Turn-Club Wilhelmsburg von 1909 e.V.** Seit Herbst 2001 gibt es neben Sportarten wie Tanzen, Trampolin, Prellball, Handball, Taekwondo, Gymnastik und Fußballtennis auch eine türkische Frauen-Fitness-Gruppe. „Die Gruppe steht für Frauen aller Nationalitäten offen. Zusätzlich bieten wir natürlich auch eine **Kinderbetreuung** an", erklärt der Erste Vorsitzende Josef Burbach. Der größte Wilhelmsburger Sportverein mit rund

Wahlverhalten

... zur Bürgerschaft 2001 (gesamt)

Wahlbeteiligung	71,0%
SPD	36,5%
CDU	26,2%
Schill-Partei	19,4%
Grüne/GAL	8,6%
FDP	5,1%
Übrige	4,2%

... zur Bürgerschaft 2001 (Stadtteil)

Wahlbeteiligung	63,2%
SPD	36,2%
CDU	19,1%
Schill-Partei	34,9%
Grüne/GAL	3,4%
FDP	2,1%
Übrige	4,3%

Stadtteil-Profil

	Wilhelmsburg	Bezirk	Hamburg
Bevölkerung gesamt (2000)	46 125	196 263	1 704 929
Unter 18-Jährige in %	22,1	19,2	16,1
65 Jahre und älter in %	14,1	16,9	17,0
Deutsche	30 415	157 260	1 432 325
Ausländer in %	34,1	19,9	16,0
Einwohner je km²	1308	1222	2258
Sozialstruktur			
Sozialhilfeempfänger (2000)	5707	17 127	120 461
Arbeitslose (2001)	3015	10 107	71 963
Eink. je Steuerpfl. in DM (1995)	47 990	56 444	65 579
Wohnen (2001)			
Wohngebäude	4167	27 486	226 061
Ein- und Zweifamilienhäuser in %	14,5	25,3	20,5
ø Wohnungsgröße in m²	66,5	69,9	71,0
Wohnfläche je Einwohner in m²	29,1	32,5	35,7
Verkehr			
Private Pkw (2001)	14 154	70 144	628 119
Straßenverkehrsunfälle (2000)	336	1197	12 430
Kriminalität			
Straftaten insgesamt (2000)	6821	26 879	284 272

1100 Mitgliedern ist der traditionsreiche **Turnverein Jahn v. 1895 e.V.**

An einem Plastiktisch sitzen alte türkische Männer beim Kartenspiel. An den Wänden prangen riesige Fantasy-Landschaften mit Hochzeitskutschen, die von Schimmeln gezogen über einem Flussbett schweben. Das ist der **Marmara Dügün Salonu** am *Vogelhüttendeich 48*. Hier finden türkische Hochzeiten, libanesische Familienfeste und manchmal auch eine afrikanische Beerdigungsfeier statt. Hinter dem Salonu verbirgt sich einer der wenigen noch erhaltenen **Gesellschaftssäle** aus der Zeit um die Wende vom 19. zum 20. Jahrhundert. Damals hieß er Stübens Etablissement, und halb Hamburg amüsierte sich auf rauschenden Bällen. Nach dem Zweiten Weltkrieg fand neben Modenschauen, Boxkämpfen, Faschings- und Abiturfeiern auch eine **Bootstaufe** vom Wilhelmsburger Ruderclub statt. Wie lange Pächter Ibo Gül den Saal noch vermieten kann, ist unklar. Denn das Gebäude soll im Rahmen der Stadtteilsanierung Wohnungen weichen.

Tangos auf der Handharmonika

Das **Bandonion-Orchester Freundschaft-Harmonie von 1929**, eines der letzten noch aktiven Orchester dieser Art im Hamburger Raum, hat auf Stübens Bühne ebenfalls unzählige Auftritte gehabt. Operettenmelodien, Polkas, Shantys und Tangos gehören zum Repertoire. Gespielt wird auf einer Art **Handharmonika**. Heute plagen das Orchester, das mittwochs im Bürgerhaus probt, wie viele andere Vereine auch Nachwuchssorgen.

Ob Mühlen- oder Brückenfest, **Kartoffelfest** am Hotel Le Meridien, historischer Gemüsemarkt am Heimatmuseum, Stadtteilfest auf dem *Stübenplatz* oder Adventsmarkt an der Mühle, der **Wilhelmsburger Männerchor von 1872 e.V.** ist immer mit von der Partie, wenn es auf der Insel und im übrigen Stadtgebiet etwas zu feiern gibt. Vor 130 Jahren wurde er im Kirchdorfer Gasthof Sohre bei einem Grünkohlessen gegründet. Heute proben die 31 aktiven Sänger jeden Donnerstag im Saal der Kreuzkirchengemeinde und gestalten auch Gottesdienste mit. Neben geistlichen Liedern und Gospels singt der Chor Volks- und Seemannslieder.

Virtuosen auf der Handharmonika: Das Orchester Freundschaft-Harmonie ist eines der letzten Bandonion-Orchester im Hamburger Raum. Links: Einmal aussetzen: Mädchen beim Gesellschaftsspiel im Haus der Jugend am Rotenhäuser Damm

Tanztee oder Kinderkino, Computerkurse für Senioren oder Bücherflohmarkt: Rund 100 000 Besucher lockt Geschäftsführer Axel Trappe mit seinem Programm jedes Jahr ins **Bürgerhaus** Wilhelmsburg. Jugendliche können sich auch in den Häusern der Jugend Kirchdorf und Wilhelmsburg sowie im Jugendzentrum Kirchdorf-Süd austoben.

Seit fast 20 Jahren gibt es die **Arbeitsloseninitiative Wilhelmsburg** (AIW). Ursprünglich gegründet, um Werft- und Industriearbeiter zu betreuen, die von den Massenentlassungen der Werften betroffen waren, sind die Arbeitsschwerpunkte der AIW heute die Sozialberatungsstelle, die bei allen Sorgen und Problemen berät, und die Wilhelmsburger Tafel. 30 ehrenamtliche Mitarbeiter sammeln mit einem Kleinbus überschüssige Lebensmittel von Geschäften und geben sie im **Deichhaus** am *Vogelhüttendeich* und in der St. Raphael-Gemeinde an bedürftige Menschen weiter.

Fitness für alle Nationalitäten bietet der Turn-Club Wilhelmsburg

Industrielles Wilhelmsburg: Gelände der Chemiefirma Haltermann GmbH

Rent a street

„Komm mit in die Punica-Oase" ist einer dieser Werbesprüche, die einem wieder einfallen, wenn man an die 1980er Jahre denkt. Was die meisten sicher nicht wissen: Das Orangensaftgetränk aus dem Hause Procter & Gamble wird hauptsächlich in Wilhelmsburg abgefüllt. Bis 1984 hatte Firmengründer Rolf H. Dittmeyer am *Reiherstieg-Hauptdeich* ein Werk, in dem neben „Punica" auch „Valensina" hergestellt wurde. Anschließend verkaufte er das Werk und die Markenrechte an den US-Konzern. Heute hat das Werk rund 180 Angestellte.

Insgesamt gibt es in Wilhelmsburg rund 800 Betriebe, darunter viele Transport- und Logistikunternehmen. Auch nachts taghell erleuchtet ist die **Shell-Raffinerie** auf der Hohen Schaar. Seit 1926 produziert das Chemie-Unternehmen mit eigenem Kai und mittlerweile rund 500 Mitarbeitern Benzin und Heizöl in Wilhelmsburg. Schräg gegenüber der Honigfabrik wirbt die **Tietje & Wittrock GmbH**, die Baustraßen vermietet, mit dem Slogan „Rent a street". Ein paar Schritte weiter blühen vor dem Gebäude der Bootszubehör-Firma **Sunny Side** Sonnenblumen in einem dunkelgrauen Kajütenboot aus Holz.

Unter dem Dach der ehemaligen Lackfabrik Flügge wird heute im privaten Werk- und Handelshof **Puhsthof** im Fitness-Center geschwitzt und in einem Berufsqualifizierungsprojekt gearbeitet. Auch der gelernte Kunstformbauer Felix Hellenkamp hat hier an der *Neuhöfer Straße* sein Atelier. Der Künstler sucht sich sein Material u.a. auf Schrottplätzen und baut daraus fast alles von Stahlmöbeln über Ladeneinrichtungen und Filmdekos bis zu Lampen und Fensterbänken. Noch nicht komplett ausgelastet ist der städtische Gewerbehof **Veringhof** auf dem ehemaligen AGA-Gas- und Merkel-Gelände. Ortsamtsleiterin Heike Severin hofft, „dass im Zuge der Erweiterung des EADS-Werks in Finkenwerder hochwertige Zulieferbetriebe wie z.B. Elektronikfirmen nach Wilhelmsburg kommen". Am Fuß der *Köhlbrandbrücke* steht eine Schiffssektion. Sie ist das Herz des **Fortbildungszentrums** Hafen Hamburg e.V. (FZH). Hier lernen Gabelstaplerfahrer sicher ihre Ladung zu transportieren, während Seeleute Brandübungen im Schiff abhalten. Das FZH wurde 1975 gegründet und bietet Kurse für die gesamte Transportwirtschaft an.

An die Zeiten, als die Wilhelmsburger noch die Hamburger Märkte mit Obst,

Fortbildungszentrum Hafen Hamburg unterhalb der Köhlbrandbrücke

Ländliches Wilhelmsburg: Gemüsefelder am Moorwerder Westerdeich

Gemüse und Milchprodukten belieferten, erinnern nur noch **wenige Gewächshäuser** und Beete im Osten der Insel, wie die von Dirk Beckedorf am *Moorwerder Norderdeich*. Nicht weit davon im *Finkenriek* liegt eine der ältesten und erfolgreichsten deutschen **Traberzuchtstätten**. 1895 wurde der Familienbetrieb gegründet. Heute verkauft Züchter Richard Busch pro Jahr zwischen sechs und zehn Tiere. „Ob ein Traber gut wird, spüre ich meist schon früh", sagt er.

Belebte Ortsmitte

1813 ließ Napoleon in 100 Tagen eine **Holzbrücke** auf Pfählen erbauen. Das war die erste Straßenverbindung quer durch Wilhelmsburg zwischen Norder- und Süderelbe. Nach Kriegsende wurde sie abgerissen. 1828 schrieb Syndicus Karl Sieveking in einem Reisebericht über seine Rückkehr aus Brasilien, der gefährlichste Teil der Reise sei der Übergang über die Elbe über Wilhelmsburg gewesen, den er „theils zu Schiffe, theils auf einem **Bauernwagen** und theils zu Fuße zwischen zwey Schiffern, auf deren lange Stange ich mich stützen mußte, zu bewirken genöthigt war". 23 Jahre danach wurde die *Georg-Wilhelm-Straße* (früher Chaussee) gebaut, die noch heute genauso verläuft.

Die A 1 zerschneidet Wilhelmsburg: Täglich brausen rund 125 000 Kraftfahrzeuge an der Robust-Pappel auf der Höhe der Raststätte Stillhorn vorbei

Naturgeschütztes Wilhelmsburg: Der Lastkahn durchpflügt das Wasser der Süderelbe unweit des Naturschutzgebiets Heuckenlock

1872 entstand die **Eisenbahnlinie** Hannover–Hamburg, die die Insel teilt. Auch der Bau der Autobahn (1935/36) und der *Wilhelmsburger Reichsstraße*, die 1950 fertig war, führten diese Entwicklung fort und verhinderten, dass sich zwischen *Georg-Wilhelm-Straße* und den Bahngleisen ein lebendiges Zentrum entwickeln konnte. Heute diskutieren die Wilhelmsburger viel über die Belebung der Ortsmitte und die geplante **Hafenquerspange**, die die A 252 mit der A 7 verbinden soll. Die neue Trasse soll entlang des Ernst-August-Kanals mit einem Bogen über den Spreehafen und eine zweite Köhlbrandbrücke nach Waltershof führen, falls der Bund zustimmt und auch das für Anfang 2002 geplante Planfeststellungsverfahren bzw. **IGA** und **Olympia** (s.u.) keine Änderungen mehr bringen. Da die Trasse durch den Wilhelmsburger Norden führen soll, fürchten viele Bewohner nicht nur Autolärm und Abgase, sondern auch weitere Einschränkungen in der Lebensqualität: Der von einigen Bewohnern gewünschte **Wohnboothafen** im Spreehafen könnte endgültig auf Eis gelegt werden, und die Sportler vom **Ruder Club v. 1895 e.V.** und der **Motor-Yacht-Club Dove Elbe Wbg. v. 1928 e.V.** können vermutlich nicht länger auf dem Ernst-August-Kanal und der Dove-Elbe trainieren.

Aber es gibt auch kurzfristig positive Entwicklungen in der Wilhelmsburger Verkehrspolitik. So hat der Beirat für Stadtteilentwicklung zusammen mit dem MIT-Büro im Herbst 1999 ein **Lkw-Führungskonzept** entwickelt. Seitdem die Hinweisschilder mit genauen Routenvorgaben für die sieben Gewerbegebiete im Stadtteil stehen, verirren sich immer weniger Lkw in Wohngebiete.

Geschäftiges Treiben auf dem Stübenplatz. Rechts: Vorgartenidylle am Wülfkenweg

„Das Konzept funktioniert, und die Bürger freuen sich, dass sich durch ihr Engagement etwas positiv verändert hat“, so Ortsamtsleiterin Heike Severin.

Wohnen wie in Eppendorf?

Wenn Besucher mit Ursula Falke auf einer ihrer Stadtteilführungen durch den Westteil der Insel schlendern, reibt sich mancher verwundert die Augen: **Stuckverzierte Häuser** mit steinernen Girlanden, gekachelte Hauseingänge und funkelnde Kronleuchter – das gibt es nicht nur in Eppendorf, sondern auch am Wilhelmsburger *Vogelhüttendeich* und an der *Fährstraße*. Denn einige der Häuser im Westen der Insel, die nach der **Flutkatastrophe** 1962 ursprünglich abgerissen werden sollten, wurden saniert. Damals zogen vermehrt Ausländer in das Viertel, da viele alteingesessene Wilhelmsburger nach dem Beschluss des Senats zur Aufgabe des Wohngebiets dort nicht mehr wohnen wollten. Diese bunte Mischung muss sich jetzt zusammenraufen: Toleranz ist gefragt.

Kirchdorf-Süd

Fast 5700 Menschen leben in der Hochhaussiedlung westlich der A 1

Die Altbauten im Reiherstiegviertel sind nur eines von vielen Wilhelmsburger Wohngesichtern. Findet man im Osten der Insel einige alte reetgedeckte Bauernhäuser, dominieren in Kirchdorf **Einfamilien- und Doppelhäuser** mit üppigen Gärten. Steht man in einem dieser Vorgärten, blickt man auf die moccabraunen und dunkelgrünen Hochhausfassaden von **Kirchdorf-Süd**. 5700 Menschen leben hier zwischen der A 1 und der *Otto-Brenner-Straße*. Kirchdorf-Süd ist eines der letzten in Hamburg realisierten Großwohnungsprojekte. Mitte der 1970er Jahre, als der Wilhelmsburger Westen Industriegebiet werden sollte und rund 25 000 Bewohner in den Osten umgesiedelt werden sollten, wurde es nach dem Vorbild der Hochhäuser aus dem **Märkischen Viertel** in Berlin gebaut. Schon kurz nach der Fertigstellung traten

die ersten Probleme auf, teilweise verursacht durch die schwierige soziale Lage vieler Bewohner. Bereits 1985 stellte die Bürgerschaft Mittel für Verbesserungsmaßnahmen bereit. Mittlerweile hat sich auch auf Initiative der Bewohner vieles geändert.

„Kinder brauchen Tiere“: Aus dieser Erkenntnis gründeten 1987 Bewohner den **Kinderbauernhof**. Ziel der Einrichtung ist es, Kindern aus der Hochhaussiedlung über Pflegschaften den Kontakt zu Schweinen, Kühen, Gänsen und anderen Tieren zu ermöglichen.

Seit 1994 gibt es das **Freizeithaus Kirchdorf-Süd**. Es ist Partyhaus, Treffpunkt und Stadtteilzentrum unter einem Dach und steht vor allem Bewohnern der Siedlung und der umliegenden Quartiere offen. Leiterin Barbara Kopf organisiert Veranstaltungen wie Flohmärkte, Tanz- und Gymnastikkurse, **Fußballübertragungen**, Kinderdisco und Stadtteilrund-

Auf dem Kinderbauernhof in Kirchdorf-Süd lernt man auch, wie man Pferde striegelt und einen Stall ausmistet

Wilhelmsburgs längste Nacht

In der Nacht zum 17. Februar 1962 erschütterte die Flutkatastrophe ganz Hamburg. Allein in Wilhelmsburg starben 207 Menschen in den Wassermassen

Bewohner sind mit ein paar Habseligkeiten auf ihr Hausdach geflüchtet, bis sie von einem Boot vor den Wassermassen gerettet werden

Wenn mal wieder ein Soldat pudelnass in der Gaststube stand, habe ich ihm etwas zum Anziehen gegeben. Am Schluss hatte mein Mann keine Klamotten mehr und ich einen Berg schmutzige Soldatenwäsche", erinnert sich Lisa Meyer, ehemalige Zur-Linde-Wirtin, an die Sturmflut im Februar 1962. Der Gasthof Zur Linde an der *Georg-Wilhelm-Straße 269* war damals einer der Stützpunkte des Roten Kreuzes. Evakuierte Wilhelmsburger wärmten sich mit Erbsensuppe auf, bevor sie per Lkw in Notunterkünfte gebracht wurden. Dass es so kommen würde, hatten auch die Meyers am Abend des 16. Februar 1962 nicht geahnt.

In der Nacht peitschte ein Orkan mit teilweise 130 Stundenkilometern über Hamburg und ganz Norddeutschland. Er ließ den Wasserstand der Elbe steigen, bis allein in Hamburg an sechzig Stellen Deiche brachen. Die Flutwelle erreichte im Hamburger Raum eine Höhe von 5,73 m über NN (mittleres Tidehochwasser MTh = 1,70 m über NN). Am schwersten betroffen und teilweise meterhoch unter Wasser standen Wilhelmsburg und Finkenwerder, ferner die hamburgischen Teile des Alten Landes zwischen Cranz und Moorburg sowie Neuland, Billwerder und Moorfleet, während die übrigen Vier- und Marschlande im Wesentlichen verschont blieben. Fast 150 000 Menschen waren tagelang vom Wasser eingeschlossen, 17 000 mussten u.a. von Hubschraubern evakuiert werden. 315 Menschen starben, darunter allein 207 Wilhelmsburger. Am schlimmsten wütete die Flut in den Kleingartenkolonien an der *Harburger Chaussee:* Die meisten Bewohner wurden von dem Deichbruch am Spreehafen im Schlaf überrascht und ertranken, andere flüchteten, nur notdürftig bekleidet, auf die Dächer ihrer Behelfsheime.

In der Fährstraße stand das Wasser in den Geschäften

Wenn man heute nach den Ursachen fragt, reagieren die Inselbewohner empört: „Als 1888 beim Ausbau des Freihafens der Hamburger Teil des 1852 errichteten Deiches an Norderelbe und Reiherstieg beseitigt wurde, baute Hamburg den Ersatzdeich am Spreehafen nicht aus Kleierde, sondern aus dem sandigen, aus dem Hafenbecken gebaggerten Boden. Dieser Wall, der nichts mit einem vorschriftsmäßigen Deich gemein hatte, wurde an mehreren Stellen beim Überströmen in 100 m Breite weggerissen, und eine vier Meter hohe Wasserwelle fiel über die dahinter liegenden Schrebergärten mit den Behelfsheimen her."

In zehn Minuten von der Innenstadt nach Bullerbü: Bauernhaus in Georgswerder

gänge und vermietet die Räume am Wochenende auch für private Feiern. Außerdem nutzen Musik-, Theater- und Selbsthilfegruppen das Freizeithaus. Und seit kurzem wird wieder ein preiswerter Mittagstisch angeboten.

Wenn Bettina Gotfredsen etwas erreichen will, fackelt die Mutter von Tommy nicht lange. So auch im Winter 1994/95. Ihr gefiel nicht, dass es außer **Spielplätzen** keine weiteren Treffpunkte für Mütter mit Kindern gab. „Sobald es draußen kalt wurde, verzog sich jeder in die eigenen vier Wände", erinnert sie sich. Deshalb marschierte sie zur SAGA, die ihr eine Wohnung im Sockelgeschoss mit Terrasse überließ. Seitdem können Kinder in der **Kinderstube** am *Dahlgrünring 1* Mittag essen, spielen und Geburtstage feiern (Mo.–Do., 14–18 Uhr). Drei Mütter kümmern sich intensiv um das Projekt und organisieren auch Ausflüge.

FORUM WILHELMSBURG

Zukunftsplan statt Autobahn: Das Forum protestiert gegen die Hafenquerspange

Demo auf der Köhlbrandbrücke

„Die Streitkultur in Wilhelmsburg ist eine besondere", sagt Harburgs Bezirksamtsleiter Bernhard Hellriegel. Unbequem, engagiert und kritisch sind die Wilhelmsburger, wenn es um die **Zukunft** ihres Stadtteils geht. Da steht schon mal der Top-Manager aus dem Chemiewerk neben dem türkischen Reisebürobesitzer und dem Vorsitzenden vom Verein für Heimatkunde auf der Köhlbrandbrücke, um gegen eine Müllverbrennungsanlage (MVA) auf Neuhof zu demonstrieren. Da streiten sich Umweltschützer und Bauern um die Höhe der Wasserstände in den Wettern. Da kämpft der vom Ortsausschuss eingesetzte **Beirat für Stadtteilentwicklung** – er besteht zur Hälfte aus Vertretern von Institutionen und Bürgern aus den Wilhelmsburger Quartieren – so lange gegen die Fehlbelegungsabgabe, bis der Senat die Abgabe, die Besserverdienende zahlen müssen, die in öffentlich geförderten Wohnungen leben, aussetzt. Und da fordert das **Forum Wilhelmsburg**, eine überparteiliche Initiative politisch engagierter Bürger, die sich aus den Protesten um die MVA entwickelte, u.a. einen Wohnboothafen und eine Fähre zu den Landungsbrücken einzurichten.

„Wenn man Interesse zeigt, kann man überall etwas bewegen", ist Egon Martens vom Stadtteilbeirat überzeugt. Und Ursula Falke vom Forum ergänzt: „Hier muss man ständig aufpassen, dass nicht weitere **Lebensqualität** verloren geht. Als z.B. die AOK-Geschäftsstelle geschlossen werden sollte, haben wir unsere Gartenmöbel dorthin geschleppt und mit einer Strandparty dagegen demonstriert. Schließlich gibt es sogar auf Mallorca eine Filiale."

Durch den Hafen zu den Elbdeichen: Unter diesem Motto stand im Juli 2001 Hamburgs 1. HafenCity Inline Marathon, der die Rollerblader auch durch Wilhelmsburg führte

1963, ein Jahr nach der Sturmflut, beschloss der Senat, das gesamte westliche Wilhelmsburg einschließlich des Reiherstiegviertels als Gewerbefläche bzw. zur **Hafenerweiterung** zu nutzen und die Menschen, die dort lebten, in andere Stadtteile umzusiedeln. Vierzehn Jahre später wurde dieser Beschluss revidiert. Zu spät, denn damals war nicht nur die Bausubstanz, sondern auch das soziale Gefüge längst marode. Anfang der 1970er sorgte die **Giftmülldeponie** Georgswerder für Schlagzeilen. 1993 dann die Bürgerschaftswahlen, bei denen rechtsextremistische Parteien wie die Republikaner und die DVU 16 Prozent der Stimmen kassierten. Als die Wilhelmsburger kurz darauf erfuhren, dass sie eine MVA bekommen sollten, war ihre Geduld erschöpft. „Wir forderten **Stadtteilentwicklung** und sollten wieder Müll bekommen", erinnert sich der Arzt Manuel Humburg, „das war wie Hohngelächter." Kurz darauf besetzten aufgebrachte Wilhelmsburger die *Köhlbrandbrücke*. Die gemeinsamen Anstrengungen überzeugten den Senat: Die MVA kam nicht auf die Elbinsel, sondern nach Altenwerder, und die Politiker entwickelten 1994 gemeinsam mit den Bewohnern ein **Bürgerbeteiligungsverfahren**, das heute noch läuft und vom Büro d*Ing Planung auch mit einem Büro im Stadtteil, dem MIT-Büro, betreut wird. Die STEB stellte 1,5 Mio. Euro für die Aufwertung des Stadtteils zur Verfügung.

Kaum ging es auf der Insel etwas aufwärts, schockierten im Sommer 2000 die tödliche Pitbull-Attacke auf den türkischen Jungen Volkan und einige Gewaltverbrechen den Stadtteil. Im Dezember 2000 beschloss die Bürgerschaft, auch auf massiven Druck der Wilhelmsburger, eine **Zukunftskonferenz** (ZuKo), auf der von Behördenvertretern und Bürgern ein Gesamtkonzept für den Stadtteil entwickelt werden soll. Themen wie **Arbeitslosigkeit**, die Hafenquerspange, das Zusammenleben der unterschiedlichen Nationen, die Bewerbung für die **Olympischen Spiele 2012** und die Internationale Gartenbauausstellung bestimmten die Diskussionen in den verschiedenen ZuKo-Arbeitsgruppen.

B.E.I.R.A.T
FÜR STADTTEILENTWICKLUNG

Weg mit der Fehlbelegungsabgabe: Das forderte der Beirat für Stadtteilentwicklung

Bewohnerin Falke: „Hier muss man ständig aufpassen, dass nicht weitere Lebensqualität verloren geht"

Radtour zum Heuckenlock

Schnell nach der Arbeit noch ein bisschen Sport treiben: Wer sich z.B. an der S-Bahn-Station Wilhelmsburg aufs Fahr-

Europas letzter Tide-Auenwald: Naturschutzgebiet Heuckenlock

Erholung wie im Spreewald: Von der Schulzenbrücke kann man den Blick auf die Wilhelmsburger Dove-Elbe genießen

rad schwingt, ist schon nach zehn Minuten im Grünen. Nach einem Abstecher zum Amtshaus und zu der Kreuzkirche kann man ab dem *Finkenrieker Hauptdeich* Richtung Moorwerder am Naturschutzgebiet **Heuckenlock** vorbeiradeln. Wer mag, macht zu Fuß einen kurzen Abstecher zur 430 Jahre alten **Flatterulme**, deren Stamm einen Umfang von sechs Metern hat. Das Heuckenlock ist mit einer Länge von drei Kilometern das einzige noch großflächig erhaltene Süßwassertide-Auengebiet der Elbe und gilt mit ca. 700 verschiedenen Pflanzenarten als artenreichstes Schutzgebiet im Hamburger Raum. Weiter geht es dann zur **Bunthäuser Spitze**. Dort lädt zwischen

Kunst und Krempel: Im Café Pianola speist man zwischen antiken Möbeln und Musikinstrumenten

Kürbisse und vieles mehr gibt es auf dem Wochenmarkt in Kirchdorf-Süd

Schilf, Wiesen und Weiden der kleine Holzleuchtturm zum Relaxen ein. Die Stille wird nur zeitweise unterbrochen durch einen vorüberfliegenden Graureiher. Hinter der Freiluftschule biegt man am besten in den *Moorwerder Hauptdeich* (später *Kreetsander Hauptdeich*) ein, auf dem auch viele Rollerblader unterwegs sind. Anschließend geht es über den Georgswerder Schleusengraben am zweiten Wilhelmsburger Naturschutzgebiet **Rhee** und später an der Windmühle vorbei durch die *Schönenfelder Straße* zur Wilhelmsburger Dove-Elbe.

Türkische Gemüseläden

In Deutschland gibt es mehrere hundert verschiedene Brotsorten. Aber eine gibt es nur in der Wilhelmsburger Windmühle: das **Wilhelmsburger Mühlenbrot**. Bäckermeister Dirk Cordes von der Insel-Bäckerei am *Siedenfelder Weg 89* hat das kräftige Roggen-Weizen-Mischbrot für den Windmühlenverein kreiert. Es wird aus dem Mehl gebacken, das in kleinen Mengen in der Windmühle Johanna vermahlen oder geschrotet wird. Den Ausruf „Einen **Wilhelmsburger Deichbruch**, bitte“ hört man in Wilhelmsburg oft. Damit beschwören die Inselbewohner allerdings keine Sturmflut, sondern ordern einen Schnaps. Der **Kräuterschnaps**, den der Verein für Heimatkunde für elf Euro verkauft, wird gerne an Freunde und Bekannte verschenkt.

Nur in Wilhelmsburg zu kaufen: Das Mühlenbrot gibt es in der Windmühle. Pro Laib fließen 1,5 Euro in die Kasse des Mühlenvereins

Eine richtige Einkaufsmeile gibt es in Wilhelmsburg nicht. Dafür kann fast jeder vor seiner Haustür die wichtigsten Einkäufe erledigen. Obst, Gemüse, **Fladenbrot** und vieles mehr gibt es z.B. bei den türkischen Gemüseläden im Reiherstiegviertel rund um den *Stübenplatz*. Auf dem **Wochenmarkt** in Kirchdorf-Süd bekommt man alle Waren des täglichen Bedarfs (Do. von 14–18 Uhr). Weitere Märkte finden auf dem *Stübenplatz* und dem *Berta-Kröger-Platz* statt.

Beliebte Treffpunkte

„Bei Enzo ist es fast wie in einem Wohnzimmer“, schwärmt Ursula Falke über die Pizzeria **Da Enzo** am *Vogelhütten-*

deich 76. Inhaber Enzo hat immer einen lockeren Spruch auf den Lippen. Hauptgerichte kosten zwischen 4,50 und 15,50 Euro. Ein paar Schritte weiter kann man es sich in der gleichen Straße im **Café Pianola** zwischen antiken Möbeln, alten Bildern und Musikinstrumenten, die an Decke und Wänden hängen, gemütlich machen. Nach einem Bummel über den Wochenmarkt am *Berta-Kröger-Platz* kann man bei einem Caffé latte vor dem **Eiscafé Venezia** das bunte Treiben beobachten. Weitere beliebte und alteingesessene Treffpunkte sind das **Gasthaus Sohre** gegenüber der Kreuzkirche, der **Gasthof Zur Linde** an der *Georg-Wilhelm-Straße* sowie der **Wilhelmsburger Hof** an der *Kornweide* und der **Kupferkrug** am *Niedergeorgswerder Deich*.

Köpfe

„Obwohl wir mitten im Grünen wohnen, brauchen wir nur 15 Minuten zum Schauspielhaus", sagt **Eleonore Saad**. Zusammen mit **Dörte Arp** lebt die alte Dame in einem Bauernhaus im „Herrgottswinkel". Im Stadtplan sucht man den „Herrgottswinkel" jedoch vergeblich. Denn das fast 500 Jahre alte Saad'sche Bauernhaus steht in einer Kurve am *Stillhorner Weg*. „Wir Wilhelmsburger nennen den Flecken ‚Herrgottswinkel', weil es hier so schön ist", erklärt Dörte Arp. Und weil die beiden Damen auch einen üppig blühenden Garten haben, kann es schon mal passieren, dass eine Busladung japanischer Touristen über den Rasen marschiert, um die Idylle zu fotografieren.

So etwas kennt auch der Arzt **Manuel Humburg**, der am *Moorwerder Osterdeich* zu Hause ist. „Manchmal klingeln Radfahrer und Inliner an der Haustür und fragen, ob das Haus zu vermieten sei", sagt Humburg. Ist es nicht, aber trotzdem plauscht es sich bei den Humburgs nett auf dem kleinen Mäuerchen vor der mit Rosen überrankten Hauswand. Hierhin zieht sich der Mittfünfziger zurück, „um den Kopf von der Arbeit in der Praxis und dem Engagement beim Forum Wilhelmsburg frei zu bekommen".

Niemand kann so schön die Geschichte von Wilhelmsburgs unglücklicher Gräfin Sophie Dorothea erzählen wie **Marta Seeland**. Wenn man an einer ihrer Führungen (gerne auch auf Plattdeutsch) im Museum der Elbinsel Wilhelmsburg teilnimmt, erfährt man aber auch ganz praktische Dinge, z.B., wie man in früheren Zeiten eine Leiche verbarg oder wie Butter hergestellt wird. Damit die plattdeutsche Sprache nicht stirbt, hat die umtriebige Kirchdorferin zusammen mit ihrem Mann Henry auch einen Plattdeutschen Stammtisch ins Leben gerufen. Seit 1999 kann man an jedem ersten Mittwoch im Monat beim Bürgerverein Wilhelmsburg in der Windmühle Platt sprechen, singen, vorlesen oder einfach nur zuhören.

Dass Toiletten richtig teuer sind und was man sonst noch beachten muss, wenn man ein Konzert veranstalten möchte – damit kennt sich **Josephine Loch** hervorragend aus. 1998 organisierte sie als Schulsprecherin der Gesamtschule Kirchdorf im Bürgerhaus Wilhelmsburg ein Konzert unter dem Motto „Rock gegen Gewalt" und bekam dafür den renommierten Bertini-Preis. Momentan studiert die zwanzigjährige Wilhelmsburgerin im englischen Leeds Events-Management, „weil es dieses Fach in Deutschland so nicht gibt und ich nicht wie viele andere BWL studieren wollte". Doch das einjährige, studienbegleitende Praktikum möchte sie zu Hause in Hamburg machen – falls es klappt: bei Konzertveranstalter Jahnke.

Engagiert, unbequem, kritisch und heimatverbunden sind die Wilhelmsburger: Eleonore Saad und Dörte Arp; Marta Seeland; Manuel Humburg; Josephine Loch (von oben nach unten)

Wilstorf

Längst erstreckt sich das einstige Bauerndorf bis nach Harburg, in das es 1888 eingemeindet wurde. Statt alter Höfe prägen nun Wohnhäuser das Ortsbild. Als beliebtes Naherholungsgebiet im süderelbischen Raum lockt der Harburger Stadtpark mit dem Außenmühlenteich zahlreiche Ausflügler nach Wilstorf

Steckbrief

Fläche:
3,482 km²
Einwohner:
15 492
Verwaltung:
Bezirk Harburg, Kerngebiet
Ortsteil:
705

Wilstorfer Schwanensee: Tretbootfahren auf dem Außenmühlenteich

Nach wem oder was der heutige Stadtteil benannt wurde, konnte bisher nicht zweifelsfrei belegt werden. Wie für andere Stadtteile, deren Namenerklärung ähnlich schwierig ist, erwägt man aus Mangel an weiteren plausiblen Herleitungen auch für Wilstorf einen Gründer – vielleicht hieß er „Wido" als Kurzform von „Wildulf" oder „Wildung"– als Namenspatron für das Dorf (=torf).

Aus der Geschichte

Um 1202 fand Wilstorf erste urkundliche Erwähnung: Damals schenkte der Bremer Erzbischof die Wilstorfer Kirche dem Dekanat des Hamburger Domkapitels. Zur Kirche gehört schon im 13. Jahrhundert ein **Wallhof**, also ein befestigter umwallter Hof, der vermutlich Sitz der Ministerialienfamilie „von Wilstorf" war. 1564/65 ließ Harburgs zweiter Herzog Otto II. den „Engelbach" (s. Langenbek) zum Antrieb der Butenmühle aufstauen: Der **Außenmühlenteich** galt etwa 100 Jahre später auch als einer der bedeutendsten Fisch-

teiche des Amtes Harburg. Im 17. Jahrhundert war Wilstorf zu einem großen **Haufendorf** mit zehn Vollhufnern, zwei Halbhufnern und weiteren Kleinbauern angewachsen. Im Zuge der Industrialisierung Harburgs ließ sich 1883 mit der **Jute-Spinnerei und Weberei Hamburg-Harburg AG** auch in Wilstorf ein Industriebetrieb nieder. Für die nötigen Arbeitskräfte wurden schon bald die ersten mehrgeschossigen **Arbeiterwohnungen** errichtet. Die Wohnbebauung verdrängte in der Folgezeit mehr und

Die gelbe St. Franz-Joseph-Kirche an der Winsener Straße besitzt große städtebauliche Präsenz

mehr die landwirtschaftlichen Betriebe. Im Jahr 1888 erfolgte die **Eingemeindung** Wilstorfs nach Harburg, und schließlich gelangte es als Teil der Großstadt Harburg-Wilhelmsburg mit dem **Groß-Hamburg-Gesetz 1937/38** nach Hamburg.

Die Nöldekestraße in Pastell: Sie steht für Wilstorfs Industrialisierung

Architekturvielfalt

Vom Haufendorf mit seinen großen landwirtschaftlichen Höfen ist kaum etwas Bauliches erhalten. Heute geben ganz unterschiedliche Gebäude und Baustile dem Stadtteil sein architektonisches Gesicht: In der *Nöldekestraße* erinnern einige ziegelrote **Werksgebäude** an die Jute-Spinnerei. Wie deren Arbeiter damals wohnten, wird durch die **mehrgeschossigen Putzbauten** z.B. in der *Winsener Straße* und der *Anzengruberstraße* dokumentiert. Viele der Beschäftigten stammten aus Österreich und waren zumeist katholischer Konfession: Seit 1913 können sie die **neobarocke St. Franz-Joseph-Kirche** besuchen, deren massiver Turm weithin sichtbar ist. Als „hochmodernes Wohnhaus" dagegen und gut erhaltenes Beispiel des „Neuen Bauens" fand die 1929/30 errichtete Villa der Gärtnereifamilie Radicke in der nach ihr benannten *Radickestraße* Eingang in Hamburger Architekturführer.

Spiel, Sport und Spannung

Ebenso vielfältig wie das architektonische Bild präsentiert sich auch Wilstorfs Stadtteilleben. Allerdings bemerkt man häufig erst auf den zweiten Blick, wie zahlreich Vereine hier vertreten sind: Viele tragen das Adjektiv „Harburger" im Vereinsnamen und beschreiben damit ihren großen Einzugsbereich. So kommen die aktiven Mitglieder des **Harburger Sport Clubs Borussia Rasensport 1904/1907** auch aus den benachbarten Langenbek oder Marmstorf und natürlich aus Harburg, um Fußball zu spielen, durch Wirbelsäulengymnastik ihr Rückgrat zu stärken oder beim Tischtennis ihre Reakti-

Madonna der St. Franz-Joseph-Kirche

Um die Rosentreppe herum wird genossenschaftlich gewohnt; um den Außenmühlenteich gemeinsam gefeiert

onsfähigkeit zu trainieren. „Ping, pong" hört man ebenfalls, wenn im Alexander-von-Humboldt-Gymnasium die Sportler des **Tischtennis-Vereins Harburg von 1946 e.V.** aktiv werden. Für die größer dimensionierte Variante, mit einem Schläger die gelbe Filzkugel über ein Netz zu befördern, begeben sich die Stadtteilbewohner zum **TC Wilstorf e.V.**, der *An der Rosentreppe* zwei Plätze unterhält. Eine ruhige Hand benötigt, wer im **Wilstorfer Schützenverein** das Ziel treffen will. Und wenn man bei dem Skatclub **Harburger Buben** deren vier auf der Hand hat, wird schon mal ein „Schneider" angesagt. Gespielt wird auch im **Freizeitzentrum Nöldekestraße**: Dabei reicht die Bandbreite vom Brett- oder Rollenspiel bis zu Musikinstrumenten jeder Art, die bei Konzerten profimäßig erklingen und zahlreiche Zuhörer aus dem süderelbischen Raum anziehen. Sogar aus ganz Hamburg kommen die Besucher, um sommers beim **Außenmühlenfest** Jubel, Trubel und ausgelassene Heiterkeit zu erleben. Neben verschiedenen Bühnen, auf denen Live-Acts präsentiert werden, kann man sich beim Bummel rund um den Außenmühlenteich an zahlreichen Ständen stärken. Besser für die sportliche Figur ist es allerdings, wenn man am **Außenmühlenlauf** teilnimmt, der mittlerweile schon zu einem festen Programmbestandteil geworden ist. Unverzichtbar für die Stadtteilaktivitäten sind auch die beiden Kirchengemeinden, die kath. **St.-Franz-Joseph-Gemeinde** und die ev.-luth. **Paul-Gerhardt-Gemeinde** mit ihren vielfältigen Angeboten.

Infoblatt des Vereins Nöldekestraße, Träger des Freizeitzentrums

Der Betrieb rollt

Obwohl sich Ende des 19. Jahrhunderts mit der Industrialisierung Harburgs auch in Wilstorf erste Betriebe niedergelassen hatten, wuchs das Dorf schließlich doch zu einem Wohnstadtteil, in dem größere

Wahlverhalten

... zur Bürgerschaft 2001 (gesamt)

Wahlbeteiligung	71,0%
SPD	**36,5%**
CDU	**26,2%**
Schill-Partei	**19,4%**
Grüne/GAL	**8,6%**
FDP	**5,1%**
Übrige	**4,2%**

... zur Bürgerschaft 2001 (Stadtteil)

Wahlbeteiligung	69,0%
SPD	**39,4%**
CDU	**22,4%**
Schill-Partei	**27,0%**
Grüne/GAL	**4,3%**
FDP	**2,9%**
Übrige	**4,0%**

Stadtteil-Profil

	Wilstorf	Bezirk	Hamburg
Bevölkerung gesamt (2000)	15 492	196 263	1 704 929
Unter 18-Jährige in %	16,0	19,2	16,1
65 Jahre und älter in %	20,5	16,9	17,0
Deutsche	13 360	157 260	1 432 325
Ausländer in %	13,8	19,9	16,0
Einwohner je km²	4449	1222	2258
Sozialstruktur			
Sozialhilfeempfänger (2000)	991	17 127	120 461
Arbeitslose (2001)	693	10 107	71 963
Eink. je Steuerpfl. in DM (1995)	50 422	56 444	65 579
Wohnen (2001)			
Wohngebäude	1965	27 486	226 061
Ein- und Zweifamilienhäuser in %	19,4	25,3	20,5
Ø Wohnungsgröße in m²	65,4	69,9	71,0
Wohnfläche je Einwohner in m²	33,5	32,5	35,7
Verkehr			
Private Pkw (2001)	5796	70 144	628 119
Straßenverkehrsunfälle (2000)	69	1197	12 430
Kriminalität			
Straftaten insgesamt (2000)	1899	26 879	284 272

Wilstorfer Institutionen: Im Kleiderbad Exner wird die Wäsche wieder weiß; das Freizeitzentrum Nöldekestraße ist Treffpunkt für Jung und Alt; in der Konditorei Mathewes locken süße Torten und Gebäck

Industrieansiedlungen heute fehlen. Lediglich Ausläufer des Harburger Phoenix-Viertels liegen als Arbeiterquartier innerhalb der Stadtteilgrenzen. Größter lokaler Arbeitgeber ist mit 300 Mitarbeitern nun der **Busbetriebshof Harburg der Hamburger Hochbahn AG**. Die drei Tochterunternehmen der Hochbahn **Fahrzeugwerkstätten Falkenried**, das Reinigungsteam der **TEREG** und die **Süderelbe Bus GmbH** tragen ebenfalls dazu bei, dass die öffentliche Personennahbeförderung im Großraum Harburg fahrplangerecht klappt. Schon seit 26 Jahren rücken die 15 Mitarbeiter des **Kleiderbads Exner** selbst hartnäckigsten Flecken zu Leibe. Über den ganzen Stadtteil verteilt arbeiten außerdem zahlreiche Handwerksbetriebe. Wer allerdings den *Reeseberg* entlangschlendert, dem mag ein „Nix mit Branchenmix" durch den Kopf schießen: Nur wenige Meter voneinander entfernt haben sich hier eine Hand voll Frisöre niedergelassen.

Wohnwelten

Eigenheimweg heißt ebenso klangvoll wie sprechend eine Wilstorfer Straße und – wie nicht anders zu erwarten – wird sie größtenteils von Einzelhäusern gesäumt. Allerdings ist diese Wohnform nicht die Stadtteil-Regel: Die meisten Wilstorfer wohnen in **mehrgeschossigen Mietshäusern**, von denen die ersten bereits Ende des 19. Jahrhunderts errichtet wurden. Bedingt durch die wachsende Wohnungsnot schlossen sich bereits damals Arbeiter und Angestellte zusammen, um auf genossenschaftlichem Weg für Neubauten zu sorgen.

Seit 1921 können die Mitglieder des **Eisenbahn Bauvereins Harburg** auf preiswerten Wohnraum hoffen. Zu den beeindruckendsten Projekten des Vereins zählt die **Wohnanlage Rosentreppe**, die 1929–36 um einen grünen Freiraum herum entstand. Als letzte große Wohnsiedlung wurde 1960–65 das *Hanhoopsfeld* bebaut, und seither dienen die drei Punkthochhäuser an der *Wasmerstraße* als unübersehbare Orientierung.

Wilstorfs wogende Dächer geben der Jägerstraße ihr charakteristisches Aussehen

Einkaufen und Ausgehen

„Früher gab es noch viel mehr kleine Läden", hört man zwar häufig im Stadtteil, noch gibt es aber zahlreiche Möglichkeiten, „um die Ecke" alles Nötige zu besorgen. Ob Supermarkt oder Bäckerei – über den ganzen Stadtteil verteilen

Hier sagen sich nicht Hase und Igel „Gute Nacht": Die Skulptur von A. Friel steht in der Winsener Straße

Zeitleiste

1202 erste urkundliche Erwähnung
1564/65 Außenmühlenteich
17. Jh. Haufendorf mit zwölf Hufnern
1883 Jute-Spinnerei
1888 Eingemeindung nach Harburg
1921 Eisenbahn Bauverein Harburg
1937/38 Eingemeindung mit Harburg-Wilhelmsburg nach Hamburg
2001 75. Geburtstag des Stadtparks

Bürgergeschichten

„Kindheit im Stadtpark“

***Ernst Georg Kuchenbuch** erinnert sich, wie er gleich nach Verlassen der Kinderkarre im Harburger Stadtpark seine ersten Streifzüge unternahm*

Ernst Georg Kuchenbuch verbindet liebevolle Erinnerungen mit dem Harburger Stadtpark

Schon in Kindheitstagen lernte ich an der Hand meines Vaters oder Großvaters den Stadtpark mit Schulgarten kennen. Aus dem Fotoarchiv meiner Eltern geben heute Kinderaufnahmen Kunde über ehemalige Anlagen, Wege und Bäume, die damals klein waren und für die Plattenkamera den Hintergrund darstellten. Als stattliche Baumriesen erinnern sie mich heutigentags bei meinen Spaziergängen immer wieder an meine Kindheit. Einer meiner Lieblingsplätze mit fünf Jahren war die Einfassung einer Wasserbiotopanlage im Schulgarten, die später dem so genannten „Bärenbassin“ weichen musste. In fast 70 Jahren Parkgeschichte hat sich immer etwas verändert; ich durfte mit dem Wandel groß werden, und es gibt für mich viele schöne Erinnerungen.

Der kleine Knirps Ernst Georg an seinem Lieblingsplatz im Schulgarten

Mit zwölf Jahren begleitete ich noch gern meinen Großvater am Sonntagmorgen durch den Park und schöpfte viel Wissen aus seinen naturkundlichen Weisheiten. Seit der Zeit macht die Vogelwelt auf mich den nachhaltigsten Eindruck. So habe ich es beibehalten, und als Hobbyornithologe setzte ich die geistige Investition meiner Ahnen fort: Ich lernte schon früh mit der Natur umzugehen, lernte etwas über Pflanzen und noch mehr über die Tierwelt. Mein Vater brachte mir das Rudern auf dem Teich bei, und Großvater verriet mir etwas über den Vogelfang. Leider lässt die heutige Artenvielfalt im Gegensatz zu vor 50 Jahren viel zu wünschen übrig. Ich kann mich an große Flüge Erlenzeisige und Fichtenkreuzschnäbel erinnern, an Rebhuhnketten im Schulgarten zur Winterzeit; auch Hase und Fuchs waren vertreten, Gelbspötter, Pirol, Trauerfliegenschnäpper, Waldschwirrvogel, Heuschreckensänger und Wendehals fehlten nicht. Rundum eine Vielfalt, die kaum zu überbieten war. Kaum eine Hamburger Landschaft konnte es mit dem „Harburger Stadtpark mit Schulgarten“ aufnehmen. Alle Park-Kostbarkeiten aufzuzählen wäre müßig. Über Anekdoten und Parkbesonderheiten habe ich in anderen meiner Bücher berichtet: Da ist zum Beispiel der Beethoven-Findling, der mit seinen fast 28 Tonnen 1926/27 im Zuge der Einweihung des zweiten Parkabschnitts mit bescheidenen Berge- und Transportmitteln zum oberen Parkterrain aus der Lüneburger Heide geholt wurde. Auch der Zweite Weltkrieg hat seine Narben hinterlassen, und einige Bombentrichter, die sich mit Grundwasser gefüllt haben, sind noch zu erkennen. Die schönste Zeit für uns Jungen waren die Nachkriegsjahre, in denen der Schulgarten für die Nacht noch abgeschlossen wurde und in denen ein späteres Park-Erweiterungsgelände noch Privatpark war. Solch interessantes Gelände mit seinen großen und einladenden Obstbäumen heimlich durchstöbern zu können war ein einmaliges Erlebnis.

Der Beethoven-Findling auf dem Transport aus der Heide bei einer Pause

sich die zahlreichen Geschäfte, die auch von den Bewohnern der Stadtteilnachbarn viel besucht werden. Und auch für ein kleines Helles oder ein mehrgängiges Abendessen müssen keine langen Wege zurückgelegt werden.

Erholung in Grün und Blau

Obwohl er den Namen der Stadtteilschwester trägt, liegt der **Harburger Stadtpark** mit dem **Außenmühlenteich** doch auf Wilstorfer Gebiet. Als der Teich im 16. Jahrhundert aufgestaut wurde, diente dies wirtschaftlichen Interessen. Zusammen mit seinem Sohn Ferdinand hatte der Gärtnereibesitzer und zugleich „Stadt-Obergärtner" Ferdinand Georg Hölscher die Planung übernommen: 1926 konnte der erste Teil des Parks, ein Jahr später ein zweiter eingeweiht werden. Komplettiert wurde die grüne Oase in den 1930er Jahren durch den **Schul-, Schau- und Pflanzengarten**. So kann man heute in dem eiszeitlich bewegten Gelände nicht nur spazieren gehen, Tretboot fahren und ein Picknick veranstalten, sondern erkunden, was in einem **Germanengarten** wohl angebaut wurde. Wer nach Entspannung im Grünen noch einen sportlichen Sprung ins Blaue wagen möchte, hat es nicht weit: Seit 1996 lockt das Erlebnisbad **MidSommerland** zu familienfreundlichem Freizeitspaß.

Köpfe

Hannelore Kleinschmidt kennt ihren Stadtteil noch aus der Zeit, als einige landwirtschaftliche Höfe zum Dorfbild gehörten. Damals spielte sie am liebsten auf dem Hof ihres Onkels, und die *Paul-Gerhardt-Straße*, in der sie seit 1933 wohnt, war ein Sandweg, der im Volksmund „Jungfernstieg" hieß.

Es mag etwas ungewöhnlich scheinen, dass der Wilstorfer **Mathias Molzahn** in der Freiwilligen Feuerwehr Rönneburg Dienst tut. Aber er befindet sich dort in bester Gesellschaft zahlreicher Stadtteilkollegen, denn Wilstorf besitzt keine eigene Feuerwehrtruppe und wird von der FF Rönneburg mitbetreut. In seiner Freizeit engagiert sich Herr Molzahn im Verein „Hamburger Feuerwehr Historiker e.V." und gewinnt so einen noch weiteren Blick über den eigenen Stadtteilrand.

Vera Möller hat vor allem Stammkunden und weiß deshalb, was gewünscht wird, wenn sie beim Reeseberg-Frisör Mamminga „Wie immer, bitte" hört. Und so kann sie sich statt über die aktuellsten Haartrends beim „Waschen, Schneiden, Legen" mit den Kunden über die neusten Wilstorfer Geschichten austauschen.

Erholung in Wilstorf: der Harburger Stadtpark und das Schwimmbad

Wilstorfer Köpfe: Hannelore Kleinschmidt, Mathias Molzahn und Vera Möller

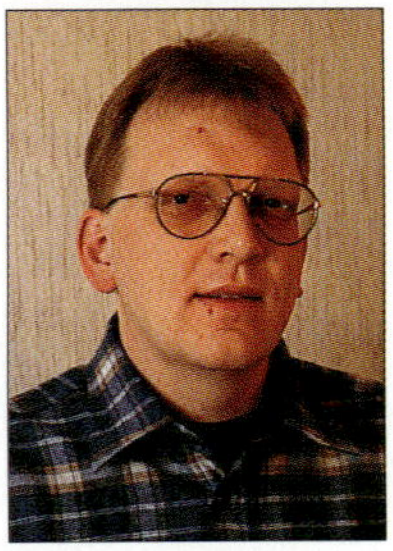

Winterhude

ist ein junger und lebendiger Stadtteil mit vielen Gesichtern. So unterschiedlich er sich zwischen Außenalster, Stadtpark und City Nord mit luxuriösen Villen einer- oder eher kleinen Arbeiterwohnungen andererseits präsentiert, so vielfältig ist das Stadtteilleben. Auch Kunst und Kultur sind in Winterhude breit vertreten

Steckbrief

Fläche:
7,600 km²

Einwohner:
48653

Verwaltung:
Bezirk Hamburg-Nord, Kerngebiet

Ortsteile:
408–413

Die Herkunft des Namens Winterhude ist nicht eindeutig. Das niederdeutsche „Hude" meint einen geschützten Ort. Vielleicht für Vieh, sodass Winterhude ein Weideplatz im Winter war. Oder für die Alsterkähne, die in der kalten Jahreszeit hier sicher vor dem Eis lagern konnten. In Winterhude lag dieser Landeplatz an der Winterhuder Brücke – jetzt die *Hudtwalckerstraße* – über die Alster. Auch ein Herr Winter könnte namengebend gewesen sein.

Steinzeit im Stadtpark

Bereits für die Steinzeit sind menschliche Spuren auf dem heutigen Gebiet von Winterhude nachweisbar. Ein im Stadtpark ausgegrabener **Feuersteindolch** und eine **Keule** zeugen davon. Weitere Funde sind eine Tiefstich-Amphore an der *Bebelallee*, ein klingenartiger Flintabschlag – entdeckt am *Vogelbeeren-/Efeuweg* – sowie u.a. Flintstücke und Feuersteinabschläge am *Hanssensweg*. Steinzeitliche **Grabhügel** an der Alster und auf dem *Heidberg* sind noch auf Flurkarten des 18. Jahrhunderts verzeichnet. Auch aus der Eisenzeit berichten Fundstücke, darunter ein im Stadtpark entdecktes Torfsodenmesser oder eine nahe dem *Lattenkamp* aufgetauchte Lanzenspitze.

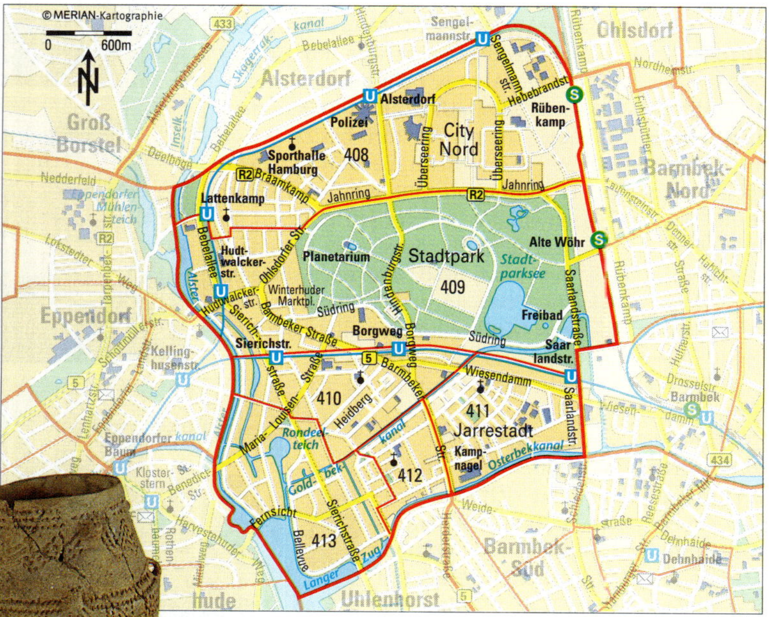

Winterhude 4000–2000 v. Chr.: Diese steinzeitliche Amphore kann heute im Helms-Museum in Harburg besichtigt werden

Aus der Geschichte

Zum ersten Mal schriftlich genannt wurde Winterhude in einer Urkunde aus dem Jahr 1250. In dieser sagten die holsteinischen Grafen Johann und Gerhard von Schauenburg als Besitzer Winterhudes dem Pfarrer des Hamburger St. Georg-Hospitals eine Kornrente von 14 Scheffeln

Winterhudes Wahrzeichen ist der 38 m hohe Wasserturm im Stadtpark, der heute das Planetarium beherbergt

Roggen jährlich zu. Erbracht wurden sie von den damals hier liegenden vier Höfen, die sich im Süden der jetzigen *Barmbeker Straße* zwischen *Dorotheenstraße* und *Winterhuder Marktplatz* befanden. Bis ins 19. Jahrhundert dauerte die Abgabenpflicht. Anfang des 14. Jahrhunderts kamen zwei neue Höfe hinzu, von denen einer geteilt wurde – das **Siebenhufendorf** Winterhude war entstanden.

Am 29. August 1323 verpfändeten die Ritter Marquard und Johannes Stake, die Winterhude als holsteinisches Lehen empfangen hatten, das Dorf an den Hamburger Kaufmann Daniel van der Berge, der die Siedlung am 29. Juni 1347 als „freies Eigentum“ erhielt. Da das Pfand nicht eingelöst werden konnte, folgte zehn Jahre später abermals ein Besitzerwechsel: Von einer Witwe Daniel van der Berges ging das Dorf an den Hamburger Bürger Heino mit dem Bogen. Schon 1365 verkaufte nun Heinos Witwe Margareta die Alstersiedlung an das Nonnenkloster Herwardeshude, von dem es nach der Reformation ans St. Johannis-Kloster (s. Eppendorf) überging. Die Winterhuder Bauern mussten nun fürs Kloster arbeiten. Ein Kloster- und ein Bauernvogt vertraten die Obrigkeit.

Zu einer heftigen Fehde kam es an Ostern 1571: An der Osterbek schlugen die Winterhuder sich mit den Barmbekern – es gab Verletzte und Tote. Grund für den Streit war ein Ringen um die Winterhuder Gemeinweide, die vom Barmbeker Eigner, dem Hospital zum Heiligen Geist, beansprucht wurde.

Andere Phasen der Weltgeschichte hinterließen in Winterhude kaum Spuren. Auch die Fremdherrschaft durch die Franzosen verlief eher ruhig. Winterhude gehörte damals zur 7. Mairie des 8. Kantons (Hamm). Im Jahr 1832 trat das Johannis-Kloster das Dorf an Hamburg ab.

Sierich und Gertig

In den folgenden Jahren prägten zwei Männer die Geschicke des Ortes, deren Namen noch heute im Stadtteil jeder kennt: Sierich und Gertig. 1839 kaufte der Goldschmied **Johann Friedrich Bernhard Sierich** zunächst einen Vollhof an der Ecke *Barmbeker Straße/Winterhuder Marktplatz*, später weitere Ländereien. Das bei dessen Tod 1850 von Sohn Adolph Sierich (1826–89) geerbte Land erweiterte dieser kräftig: 1864 erwarb er die Nachtweide – das Alstervorland an der *Hudtwalckerstraße* –, danach weitere Grundstücke.

Das Luftbild zeigt die Jarrestadt zu Beginn der 1930er Jahre. Im Hintergrund der Wiesendamm

Auch wenn es mal regnet, wissen die Winterhuder zu feiern – zum Beispiel beim Straßenfest rund um den Mühlenkamp, hier in der Gertigstraße

Erfolgreicher Geschäftsmann: Julius Gertig unterhielt die Winterhuder Bevölkerung

Im Osten Winterhudes breitete sich ab 1857 der Lotterie-Collecteur **Julius Gertig** (1831–98) aus, indem er die schon 1830 gegründete Gastwirtschaft „Mühlenkamp" erwarb. „Gertigs Etablissement" konnte von Ruderern und Schlittschuhläufern, ab 1859 auch von den Dampfern der Alsterschifffahrt angesteuert werden. 1887 entstand das Gartenlokal nach einem Brand neu. Bis 1978 blieb das Gebäude stehen, ehe es einem neuen Wohn- und Geschäftshaus weichen musste. Lustig ging es aber nicht nur am *Mühlenkamp*, sondern auch rund um die 1885/86 von Gertig angelegte **Trabrennbahn** zu, deren Mitte ungefähr am heutigen *Schinkelplatz* lag. Sie existierte bis 1901.

Die Erfolgsjahre von Sierich und Gertig waren auch die Boomjahre von Winterhude. Schon in den 1830er Jahren, aber besonders nach dem Großen Brand 1842 und der Aufhebung der Torsperre 1860 wuchs die Einwohnerschaft stark an. Zählte Winterhude 1810 noch 238 Einwohner, waren es 1867 bereits 1331, 1880 knapp 3000 und 1894 sogar 10830. 1864 wurde Winterhude zunächst in das hamburgische Zollgebiet einbezogen, 1871/74 dann Vorort und 1894 Stadtteil. Auch Industrie siedelte sich an. Einer der ersten Betriebe war **Nagel & Kaemp** (später Kampnagel) am Osterbekkanal. Hergestellt wurden Reismühlen, von 1890 bis 1968 dann weltweit eingesetzte Hafenkräne. Auch der erste elektrische Kaikran der Welt entstand hier 1890/91. Während des Zweiten Weltkriegs als Rüstungsbetrieb agierend – auch Zwangsarbeiter waren im Einsatz –, stellte man nach 1945 die Produktion wieder auf den Bau von Kranen um. Mit der neuen Transportform in Containern brach Kampnagels alter Markt zusammen, das Werk wurde verkauft. Bis 1981 gab es in den Hallen noch eine Gabelstapler-Produktion.

Doch trotz der immer zahlreicher werdenden Mietshäuser, Villen, Straßen und Brücken – ab 1912 verkehrt die Hochbahn – bleibt Winterhude grün; 180 ha Grünfläche werden 1914 als **Stadtpark** offiziell als Erholungsraum an die Hamburger übergeben (s.u.). In dieser Zeit löst Winterhude sich von der Jahrhunderte währenden geistlichen Bindung an Eppendorf. Die erste eigene Kirche, die gebaut wurde, ist 1911 die kath. **St. Antoniuskirche** am *Lattenkamp/Alsterdorfer Straße*. Im März 1912 folgte dann die Ein-

Eine von Winterhudes besten Adressen ist der Leinpfad mit seinen schönen Stadthäusern und Villen

weihung der ev.-luth. **Matthäuskirche** am *Krohnskamp*. 1922 trennte sich Winterhude von St. Johannis ab und bildete einen eigenen Pfarrbezirk.

Im 20. Jahrhundert rückte Winterhude zweimal durch große Bauvorhaben ins Blickfeld: In den 1920er Jahren entsteht auf Initiative von Fritz Schumacher der große Reformerwohnbezirk Jarrestadt und ab Mitte der 1960er Jahre das Büroviertel City Nord nördlich des Stadtparks.

Kultur in alten Fabriken

Neben der stadtteilbezogenen Kulturarbeit, wie sie z.B. im Goldbekhaus (s.u.) gemacht wird, ist Winterhude besonders für zwei gesamthamburgische Kulturinstitutionen bekannt, die gegensätzlicher kaum sein könnten: Der Name „Kampnagel" steht dabei für Tanztheater und Theateravantgarde, die „Komödie Winterhuder Fährhaus" für unterhaltendes Boulevardschauspiel.

Die Geschichte von **Kampnagel** ist typisch für den Wandel Winterhudes vom Industriestandort klassischen Typs hin zu modernen Dienstleistungs- und Freizeitschwerpunkten. Nachdem 1981 die Produktion auf dem Gelände von Kampnagel endgültig eingestellt und ein Abriss der Hallen verhindert worden war, nutzte ab 1982 das Deutsche Schauspielhaus (s. St. Georg) das Gelände als Ausweichspielstätte; ein erstes Kulturfestival fand statt. Nachdem das Schauspielhaus Kampnagel 1984 wieder verlassen hatte, beschloss der Senat, die Hallen 1–6 zu erhalten. Sie sind bis heute der Kern der „Kulturfabrik". „Sommertheater-Festival" und „Tanztheater-Festival" sind längst feste Institutionen der **Kampnagel Internationale Kulturfabrik GmbH**. Die alten Hallen sind als Spielstätte hingegen gesichert, seit ihre Renovierung Ende der 1990er durch Verkauf eines Teils des Areals an der *Barmbeker Straße/Jarrestraße* für 2,5 Mio. Euro beendet ist. Hier säumt nun ein moderner Bürokomplex das Gelände, auf dessen 20 000 m² v.a. Firmen der IT-Branche wie PopNet AG oder Systematics AG ansässig sind, das Gelände. Die Kulturfabrik da hinter sieht seit 2001 unter der neuen künstlerischen Leitung von Gordana Vnuk einer spannenden Zukunft entgegen.

Winterhuder Lustspiele

Ähnlich wie Kampnagel hat auch das **Winterhuder Fährhaus** seine eigentliche Bestimmung geändert. 1865 gegründet – der Anleger für die Alsterdampfer lag auf der anderen Straßenseite –, wuchs es nach einigen Umbauten

Von Industrie zu Kultur und moderner Dienstleistung: „K" wie Kampnagel an der Jarrestraße steht für Kunst – links das Tanztheater „In real time" – und Firmen aus der Dotcom-Zeit

um 1900 zum großen „Vergnügungspalast" mit Tanzsaal und Gartencafé. An Wochenenden kamen Ausflügler mit dem Dampfer oder eigenem Ruderboot. Am nahen Winterhuder Kai, dem Anleger für Lastkähne, lag bis 1910 mit C. Jacobs Etablissement die Konkurrenz. In den 1970er Jahren wurde das Fährhaus zum alternativen Musiktreffpunkt für Jugendliche, die den geplanten Abriss des alten Gebäudes verhindern wollten. Doch das historische Haus fiel 1980

Wahlverhalten

… zur Bürgerschaft 2001 (gesamt)

Wahlbeteiligung	71,0%
SPD	36,5%
CDU	26,2%
Schill-Partei	19,4%
Grüne/GAL	8,6%
FDP	5,1%
Übrige	4,2%

… zur Bürgerschaft 2001 (Stadtteil)

Wahlbeteiligung	75,2%
SPD	40,2%
CDU	23,2%
Schill-Partei	12,3%
Grüne/GAL	13,9%
FDP	6,3%
Übrige	4,1%

Stadtteil-Profil

	Winterhude	Bezirk	Hamburg
Bevölkerung gesamt (2000)	48 653	275 802	1 704 929
Unter 18-Jährige in %	11,3	12,3	16,1
65 Jahre und älter in %	14,7	17,8	17,0
Deutsche	41 766	237 560	1 432 325
Ausländer in %	14,2	13,9	16,0
Einwohner je km²	6402	4799	2258
Sozialstruktur			
Sozialhilfeempfänger (2000)	2001	14 042	120 461
Arbeitslose (2001)	1742	10 893	71 963
Eink. je Steuerpfl. in DM (1995)	34 261	65 475	65 579
Wohnen (2001)			
Wohngebäude	3425	29 345	226 061
Ein- und Zweifamilienhäuser in %	2,6	9,9	20,5
Ø Wohnungsgröße in m²	66,2	64,6	71,0
Wohnfläche je Einwohner in m²	40,3	38,2	35,7
Verkehr			
Private Pkw (2001)	17 707	100 186	628 119
Straßenverkehrsunfälle (2000)	386	2159	12 430
Kriminalität			
Straftaten insgesamt (2000)	4891	37 814	284 272

und machte Platz für einen modernen Theaterkomplex, der im Herbst 1988 als **Komödie Winterhuder Fährhaus** seine Pforten öffnete. Das Haus des Berliner Theater-Impresarios Jürgen Wölfer („Theater am Kurfürstendamm") ist der erste Theaterneubau in Hamburg nach 1945. 554 Zuschauer finden im großen, 99 im kleinen Saal Platz. Im angeschlossenen Restaurant „Allegria" wird eine gehobene österreichisch-italienische Küche geboten.

Die Komödie Winterhuder Fährhaus beweist seit 1988 mit ihrem Boulevardtheater den richtigen Sensus beim Publikumsgeschmack

Auf dem Programm des Theaters stehen deutsche und anglo-amerikanische Boulevardstücke fürs Herz: In den sechs jährlichen Produktionen stehen bekannte Schauspieler wie Evelyn Hamann, Herbert Herrmann, Witta Pohl oder Wolfgang Spier auf der Bühne. Lesungen, Konzerte und Kammerspiele ergänzen das Programm. Mit rund 180 000 Besuchern und einer Auslastung von 90 Prozent jährlich führt Intendant Michael Lang eines der beliebtesten Boulevardtheater Deutschlands.

Kaum ein Kino blieb

So breit das Angebot in Sachen Tanz und Theater, so bescheiden sind die Winterhuder, wenn es ums Kino geht. Mit dem nach einigen Jahren Pause wieder eröffneten **Alabama** auf Kampnagel und dem Programmkino **Magazin** am *Efeuweg* gibt es nur noch zwei Lichtspielhäuser im Stadtteil. Das wegen seiner Atmosphäre und moderaten Preise beliebte „Magazin" liegt in einem Wohnhaus aus den 1920er Jahren und war anfangs eine Gemeinschaftsküche mit Speisesaal. Größere Häuser wie die „Alster-Lichtspiele", *Alsterdorfer Straße* oder der „Europa-Palast" an der *Jarrestraße* sind lange geschlossen.

Rund ums Goldbekhaus

Zentrum des Winterhuder Stadtteillebens ist das **goldbekHaus** im *Moorfuhrtweg 9*. Die vom Trägerverein **goldbekHaus e.V.** geleitete soziokulturelle Anlaufstelle für Jung und Alt entstand Anfang der 1970er Jahre mit dem Ziel, die Freizeitsituation zu verbessern. Untergebracht ist das Zentrum im ehemaligen Verwaltungsgebäude der Firma Schülke & Mayr, die auf dem Gelände am Goldbekkanal von 1889–1963 Desinfektionsmittel produzierte. Besonders bekannt wurde „Lysol", das bei der Eindämmung der Cholera-Epidemie 1892 erfolgreich helfen konnte. Mit den chemischen Hinterlassenschaften hatte das „goldbekHaus" lange zu kämpfen. Inzwischen ist der Boden saniert und das alte Verwaltungsgebäude restauriert. Zum Programm der Einrichtung gehören seit 1981 Sport, Tanz, Musik, Kreativ-Workshops sowie Jugend- und Seniorenarbeit. Auf der kleinen „Bühne zum Hof" treten Künstler auf, auch Ateliers für bildende Künstler gibt es. Eine große Fangemeinde hat die monatlich stattfindende „Winterhuder Tanznacht". Auch das angeschlossene **Restaurant-Café Kalenbach** ist vor allem im Sommer mit seinem Biergarten am Goldbekkanal ein beliebter Treffpunkt.

Das Angebot für Jugendliche in Winterhude war lange spärlich und lediglich auf das **Haus der Jugend** an der *Bebelallee* am *Lattenkamp* beschränkt. Seit Anfang 2000 gibt es nun auch einen **Jugendtreff am Kaemmererufer**, der ebenso wie der Mädchentreff *Bachstraße* vom **Jarrestadt-Leben e.V.** als Trägerverein unterstützt wird. Darüber hinaus gibt es einen beliebten Bauspielplatz auf der Poßmoorwiese.

Traditionsreiche Schulen

Die Zeiten, in denen die Winterhuder Kinder in Eppendorf zur Schule gehen mussten, sind längst vorbei. 1886 entstand die Schule am Voßberg zunächst nur für Jungen, ab 1892 mit einem Gebäude auch für Mädchen; beide gehören heute zur **Heinrich-Hertz-Gesamtschule**. Die 1902 eingeweihte Schule an der *Barmbeker Straße 30* ist heute **Staatliche Fremdsprachenschule**. Neben Grundschulen u.a. an *Alsterdorfer Straße* und *Forsmannstraße* ist Winterhude stolz auf zwei besonders traditionsreiche Lehranstalten: Hamburgs älteste höhere Lehranstalt, die **Gelehrtenschule des Johanneums**, zog 1914 vom Domplatz aus der Innenstadt in die

Im „goldbekHaus" schlägt das Herz des Winterhuder Stadtteillebens.

Im „Kalenbach" kann man am Goldbekufer essen und trinken; in den früheren Räumen der Fabrik Schülke & Mayr liegen Gruppen- und Veranstaltungsräume

Seit 1914 liegt die Gelehrtenschule des Johanneums in der Maria-Louisen-Straße. Gut zu erkennen ist die dreiflügelige Anlage um den Innenhof mit einer Arkade zur Straße hin

Maria-Louisen-Straße. Das jetzige Schulgebäude (1912–14) entwarf Fritz Schumacher in Anlehnung an das alte Johanneum als dreiflügelige Anlage mit einer den Hof abschließenden Arkade.

Die **Heinrich-Hertz-Gesamtschule** am *Grasweg* geht auf die 1915–25 errichtete **Lichtwarkschule** zurück. Diese Reformschule war in der Weimarer Zeit weit über die Hamburger Stadtgrenzen hinaus bekannt. Während die anderen Reform- und Versuchsschulen Volksschulen waren (s. Barmbek-Nord), war die Lichtwarkschule einzige Schule des höheren Schulwesens. Sie wurde 1937 von den Nationalsozialisten aufgelöst und nach 1945 nicht wieder belebt. Berühmte Lichtwark-Schüler sind Loki und Helmut Schmidt. Die Orgel in der Schulaula ist ein Entwurf des Autors und Orgelbauers Hans Henny Jahnn.

Unten: Dörflich wirkt die Matthäuskirche am Krohnskamp. Rechts: die Epiphanien-Kirche in der Jarrestadt

Die **Handelsschule für Blinde und Sehbehinderte** in der *Carl-Cohn-Straße* gehört zur **Schule für Blinde und Sehbehinderte Hamburg** am *Borgweg.* Darüber hinaus liegt in Winterhude noch das **Wirtschaftsgymnasium City Nord** am *Tessenowweg,* gleich gegenüber der 1970 gegründeten **Fachhochschule** an der *Hebebrandstraße.* Rund 2500 Studenten studieren hier Architektur, Bauingenieur- und Vermessungswesen.

Eine berufliche Perspektive bieten auch die **Winterhuder Werkstätten für Behinderte** (WWB) am *Südring 28.* Pädagogisch betreut arbeiten hier rund 550 körperlich, geistig oder psychisch Behinderte in Tischlerei, Näherei, Keramikwerkstatt, in der Metallverarbeitung oder Druckerei. Um Integration bemüht ist auch **Leben mit Behinderung Hamburg** am *Südring 36.* Seit über 20 Jahren finden in den Räumen des Vereins Fachveranstaltungen sowie Kulturprogramme und Workshops statt.

Wesentlichen Anteil am Stadtteilleben haben auch die vielen Kirchengemeinden in Winterhude. Zur ältesten Kirche Winterhudes, der 1911 eingeweihten kath. **St. Antoniuskirche** zwischen *Lattenkamp* und *Alsterdorfer Straße* gehören heute 5700 Seelen, die Pfarrei greift aber auch über nach Eppendorf, Groß Borstel und Alsterdorf. Ein Kindergarten und eine Grundschule gehören zu St. Antonius und seit Sommer 2001 auch ein neues Gemeindezentrum. Die nur einige Monate nach St. Antonius eingeweihte ev.-luth. **Matthäuskirche** – im Heimatstil entworfen von Julius Faulwasser – hat etwa 5300 Gemeindemitglieder. In der Jarrestadt gab es zwar schon ab 1938 eine Pfarrstelle, doch erst 1951 erhielt die **Epiphanien-Gemeinde** mit einer Holzkapelle am *Wiesendamm/Neckelmannstraße* ein eigenes Gotteshaus. Bereits 1962 wurde es von einer Backsteinkirche an der *Großheidestraße* abgelöst, blieb aber bis 2001 erhalten. Nun entstehen auf dem Gelände 22 Eigentumswohnungen für Familien. Seit 1962 gibt es auch die **Bodelschwingh-Kirche** in der *Forsmannstraße* mit knapp 2000 Mitgliedern.

Sportlicher Stadtteil

Größter Sportverein in Winterhude ist der **Verein für Leibesübungen Hamburg von 1893 e.V.** (VfL 93). Rund 2000 Mitglieder zählt der Verein, dessen Vereinshaus an der *Barmbeker Straße* liegt. Angeboten wird Breitensport von Gymnastik-, Fitness- und Gesundheitssport bis hin zu diversen Ballspielsportarten, Tanz- und Kanusport. Für Fußball und Badminton bietet der VfL 93 eine gezielte Leistungsförderung. Ein vereinseigener Rasensportplatz im Stadtpark am *Südring* zieht die Fans an. Sonst liegen die Sportstätten über Winterhude, Barmbek und Eppendorf verteilt. Seit Ende 1997 gehört zum Verein auch der **Bewegungskindergarten Spokis e.V.** für kleine Sportler.

Während der **Winterhude-Eppendorfer Turnverein von 1880 e.V.** seine Geschäftsstelle in der *Erikastraße* hat (s. Eppendorf), hat der berühmte **Harvestehuder Tennis- und Hockey-Club** (HTHC), entgegen seinem Namen, seit 1913 den Vereinssitz an der *Barmbeker Straße*. Etwa 1800 Mitglieder zählt der HTHC, der von Tennis über Handball, Leichtathletik, Turnen und Judo viele verschiedene Sportarten anbietet. Für die Bekanntheit des Namens sorgen die Hockey-Spieler, die in der Bundesliga Erfolge erringen.

Mehrere Rudervereine nutzen die lokalen Kanäle als Sportgelände: Der etwa 300 Mitglieder zählende **Hanseat Verein für Wassersport**, gegründet 1916, hat sein Zuhause ebenso wie der **Ruderclub Dresdenia e.V.** und der **Alster-Ruderverein „Hanseat" v. 1925 e.V.** am *Kaemmererufer*.

Mehr als Geselligkeit

Rund 500 Mitglieder hat der **Winterhuder Bürgerverein von 1872 r.V.** Der Verein ist aktiv im Stadtteil und mischt sich auch ins kommunalpolitische Geschehen ein, ob es um City Nord, Stadtpark oder *Sengelmannstraße* geht. „Wir sind kein Geselligkeitsverein", betont der Vorsitzende Jan-Dieter Mohr, der Winterhude als einen Stadtteil im Wandel erlebt: „Ein Generationswechsel deutet sich an, es ziehen viele Jüngere hierher." Höhepunkte im Vereins-Jahr sind der „Winterhuder Ball" und ein Laternenumzug für die Kleinen. Ferner gibt der Verein die Zeitschrift „Der Winterhuder Bürger" heraus – und unterhält als einziger Bürgerverein mit einer Wohnanlage an den *Fiefstücken* ein Altersheim. Die **Freiwillige Feuerwehr Winterhude** hat ihr Quartier am *Wiesendamm*. Von hier aus rücken die zwei Löschfahrzeuge zu Einsätzen im Stadtteil und im benachbarten Barmbek aus. Einmal im Jahr laden die knapp 30 Aktiven alle Interessierten zum sommerlichen Feuerwehrtag ein. Seit Anfang 2001 gibt es auch eine Jugendfeuerwehr.

Modell City Nord

Winterhudes wirtschaftliche Entwicklung der letzten Jahrzehnte ist exemplarisch für den Wandel vom Industrie- zum Dienstleistungs- und Medienzeitalter. Wo einst Schornsteine qualmten und körperlich hart gearbeitet wurde, überwiegen nun Büro- und Computerarbeitsplätze.

Unübersehbares Kennzeichen dieser Entwicklung ist die in den 1960er und 70er Jahren nördlich vom Stadtpark entstandene **Bürostadt City Nord**. Auf einem 1,2 km² großen Areal wuchsen hier innerhalb weniger Jahre zahlreiche Verwaltungsgebäude von nationalen und internationalen Firmen wie der 1949 vom Hamburger

Sport in allen Variationen: Ob Hockey beim HTHC, Rudern bei Hanseat oder Fußball bei VfL 93 – in Winterhude kann jeder Aktive seine Wunschsportart finden.

Der Sommer ist auf dem Wasser am schönsten, eine Tour beginnt zum Beispiel auf dem Osterbekkanal beim Bootsverleih am Kaemmererufer

Wasser marsch! Beim Tag der offenen Tür übt die Feuerwehrjugend am Wiesendamm den Ernstfall

Max Herz gegründete Kaffeeröster **Tchibo**, **Shell** oder **BP** sowie Versicherungen und Behörden in die Höhe. Nach dem Konzept des damaligen Oberbaudirektors Werner Hebebrand wichen sie auf die bis dahin von Kleingärten belegte Fläche aus, weil die Kontorhäuser in der Innenstadt nicht mehr ausreichten und dort keine Hochhäuser gebaut werden sollten. Das Ergebnis ist zeittypisch: Obwohl die Geschosshöhe der Gebäude wegen des nahen Flughafens begrenzt war und 35 Prozent der Baufläche für Grünanlagen frei blieb, wirkt die City Nord mit ihren etwa 20 000 Arbeitsplätzen auch heute noch wie ein reiner Bürostadtteil. Breite Straßen wie *Mexikoring* wirken wie für Autos allein gemacht. Und die wenigen Geschäfte im Einkaufszentrum am *Überseering* nutzen meist nur die Angestellten in ihrer Mittagspause, ebenso wie den kleinen **Wochenmarkt** am *Dakarweg* (Mi). Auch wenn die Verkehrsanbindung durch Busse, vor allem aber auch über die U-Bahn-Stationen „Rübenkamp" und „Alsterdorf" gut ist, verirrt sich nur selten jemand nach Büroschluss hierher.

Architektonisch bedeutend und Zeugen ihrer Zeit sind viele Verwaltungsgebäude in der City Nord, hier das der Post (1977). Rechts: Eine Art Gesamtkunstwerk ist das vom Dänen Arne Jacobsen entworfene HEW-Hochhaus mit einem Restaurant für die Angestellten

oder der in Form eines Benzolrings angelegte langjährige BP-Hauptsitz, wirken auch heute noch innovativ. Weil manch anderes futuristisches Konzept wie die terrassenförmige **Postverwaltung** u.a. hingegen seinen Charme einzubüßen beginnt und Großkonzerne wie die Shell die City Nord gar verlassen haben, wird verstärkt über eine Aufwertung durch Umgestaltung nachgedacht. Manche Großraumbüros sind bereits in kleinere Einheiten zerteilt und statt an eine nun an mehrere Firmen vermietet. Und die zuständigen Stadtplaner denken an eine Aufweichung der Monostruktur, denn tatsächlich dürfen im Kern der City Nord

nur große Hauptverwaltungen als reine Bürolandschaften errichtet werden, aber bislang keine Wohnungen oder Hotels. Zudem sollen die vielen vorhandenen Grünflächen attraktiver gestaltet werden.

Gleich in der Nachbarschaft zur City Nord steht seit Anfang 2000 ein neues Großgebäude mit Hamburg-weiter Bedeutung: Der wegen seiner Strahlenform so genannte Polizeistern an der *Hindenburgstraße 47* beherbergt das neue **Polizeipräsidium**. Das wegen der nahen U-Bahn-Station fälschlicherweise oft „Polizeipräsidium-Alsterdorf" genannte Haus bietet rund 1800 Mitarbeitern Platz. Es steht auf dem Gelände der **Bereitschaftspolizei**, an das jenseits der *Carl-Cohn-Straße* die **Landespolizeischule** sowie der Fachbereich Polizei der FH für Öffentliche Verwaltung mit insgesamt ca. 900 Ausbildungsplätzen anschließen.

Von der City Nord zum Mühlenkamp

Einige der errichteten Bauten, wie das vom Dänen Arne Jacobsen entworfene, schlank-verspiegelte Verwaltungsgebäude der **Hamburgischen Electricitäts-Werke** (HEW) – mit 5000 Mitarbeitern insgesamt ist die HEW AG seit 1969 einer der größten Arbeitgeber Hamburgs –

Eine weitere Konzentration von Arbeitsplätzen in Winterhude findet sich zwischen *Poßmoorweg, Mühlenkamp* und Jarrestadt. Hier sind es besonders die Medien, die für Beschäftigung sorgen. Mit rund 700 Mitarbeitern ist die **Jahreszeiten Verlag GmbH** am *Poßmoorweg* einer der großen Arbeitgeber in Winterhude. Bekannte Zeitschriften wie „Für Sie", „Petra", „Der Feinschmecker", „Selbermachen", „Architektur & Wohnen" oder „Prinz" kommen auflagenstark aus diesem Haus an alle deutschen Kioske; einige werden mit internationalen Ausgaben weltweit vertrieben. Der „Jalag" gehört zur **Ganske Verlagsgruppe** (s. Harvestehude). Ihre Urzelle ist der am *Heidberg* gelegene **Leserkreis Daheim**, Europas größter Lesezirkel.

Auch eines der letzten Winterhuder Traditionsunternehmen ist hier zu Hause: Die Firma **Vollrath Wasmuth** erfand 1904 das beliebte Hausmittel „Amol", das gegen „alle rheumatischen und nervösen Indispositionen" helfen soll. Bis 1980 wurde es noch am *Mühlenkamp* produziert, heute entsteht es in Lizenz. Auch in den alten Verwaltungs- und Produktionsräumen der **Maihak AG** an der *Semperstraße*, die hier feinmechanische Geräte baute, sind jetzt u.a. Medienwerker, Fotografen und die Hauptverwaltung des Kinobetreibers Cinemaxx aktiv.

Wohnen zu jedem Preis

In kaum einem Stadtteil hat Wohnen so viele Gesichter wie in Winterhude, wo von teuren Villen an Alster und Rondeelteich bis zur kleinen Mietwohnung in der Jarrestadt fast alle Wohnhaustypen vertreten sind. *Bellevue, Fernsicht,* aber auch *Leinpfad* und vor allem *Rondeel* stehen für exklusives Wohnen in Villen oder Eigentumswohnungen. Dabei ist der 1865 angelegte Rondeelteich von Land nur für die Anwohner zu erreichen. Zunehmender Beliebtheit bei jüngeren Besserverdienern erfreuen sich die reich verzierten Jugendstil-Wohnhäuser rund um den *Schinkelplatz*, an *Sierich-* und *Dorotheenstraße* – an der auch die **einzigen Hochhäuser** (1960/61) Winterhudes stehen – oder am *Mühlenkamp*. Dass es nicht immer so teuer wie heute war, hier zu wohnen, belegen einige in direkter Nachbarschaft liegende Terrassenhäuser am *Mühlenkamp 8–10* bzw. *12–14*: In den kleinen Wohnungen lebten um 1900 Arbeiter- und Handwerkerfamilien. Auch einige **Bleicherhäuser** aus dem 19. Jahrhundert in der Umgebung der *Ulmenstraße* zeugen davon.

Um dem starken Zuzug gerecht zu werden, entstanden in der ersten Hälfte des letzten Jahrhunderts einige einheitliche Großwohnanlagen, die Winterhude noch heute prägen. Sie stehen überwiegend unter Milieuschutz. Nordwestlich vom Stadtpark wurden um *Braamkamp* und *Efeuweg* 1922–31 zunächst **Stiftsbauten** errichtet, die in den 1930ern durch Wohnblocks erweitert wurden. Auch die Bebauung des Heidbergs zwischen der *Barmbeker Straße, Poßmoorweg* und *Krohnskamp* stammt mit ihrer Klinkerbauweise aus den 1920er und 30er Jahren. Sie gehen ebenso auf Ideen Fritz Schumachers zurück wie die 1927–30 erbaute und weit über Hamburg hinaus bekannte Jarrestadt.

Zeitleiste

vor 1800 v. Chr. erste Siedlungsspuren
1250 erste urkundliche Erwähnung
1323 Winterhude verpfändet
1365 Verkauf an das Kloster Harvestehude
1530 Besitz des Klosters St. Johannis
1839 Adolph Sierich erwirbt den ersten Hof
1874 Winterhude wird Vorort
1875 Nagel und Kaemp bauen eine Fabrik am Osterbekkanal
1894 Stadtteil von Hamburg
1914 Einweihung des Stadtparks, „Gelehrtenschule des Johanneums" zieht in die Maria-Louisen-Straße
1922 Winterhude wird von St. Johannis getrennt und eigener Pfarrbezirk
1927–30 Bau der Jarrestadt
1966 Baubeginn City Nord
1981 „Kampnagel" wird „Kulturfabrik"
2000 Winterhude feiert 750-jähriges Jubiläum

Oben: Am Mühlenkamp wurde „Amol" produziert.
Mitte: der „Polizeistern" an der Hindenburgstraße.
Unten: Zeitschriften aus dem Jahreszeiten Verlag

Bürgergeschichten

„Erfassung ohne Sentiment“

Seit 1983 betreibt Christoph U. Bellin ein Atelier für Gestaltung und Porzellanmalerei am Grasweg. Dies war für den studierten Kunsthistoriker Anlass, den umliegenden Stadtteil immer genauer zu erkunden

Christoph U. Bellin bei der Arbeit am Computer – die vor Ort gemachte Stadtteil-Recherche wird erfasst und ins Internet gestellt

Wann immer ich durch die Straßen der Stadt gehe, entdecke ich Veränderungen. Oft vollziehen sich Neuerungen ganz schnell – wo gestern noch ein altes Haus stand, klafft heute plötzlich eine Baulücke. Das finde ich spannend. Weniger aus lokalhistorischer Sicht, denn meine Leidenschaft gilt vor allem der Gegenwart. Ich gehe ohne Sentiment an solche Neuerungen heran. Was ich versuche, ist eher die Erfassung des Status quo.

Seit Jahren bin ich in Begleitung meiner Kamera unterwegs, oft in Winterhude, aber auch in entfernteren Stadtteilen. Ein gutes Beispiel für den schleichenden Wandel ist die Ulmenstraße, gleich hier um die Ecke. Als eine der ersten „künstlichen Straßen“ in Winterhude angelegt, waren hier allein 20 von etwa 120 Bleichern im Stadtteil zu Hause.

1990 schloss die letzte Wäscherei – und heute erinnert sich kaum noch jemand in den jetzt so begehrten Wohnhäusern an diese Vergangenheit. Erst kürzlich wurde wieder ein Haus abgerissen, was entsteht, weiß zurzeit noch niemand. Dies halte ich mit meiner Digitalkamera fest und versuche diese Aufnahmen alten Fotos gegenüberzustellen, um so auch den Wandel anschaulich zu machen.

Die Präsentation der unterschiedlichen Bilder geschieht nicht in Buchform, denn das wäre mir zu statisch und unflexibel, sondern im Internet. Hier können Ergänzungen und Veränderungen schnell vorgenommen werden – es entsteht ein „lebendes Porträt“.

Angefangen hat alles bescheiden mit der Seite „grasweg.de“, die auch die Geschichte Winterhudes darstellt. Aus dieser Idee ist inzwischen ein übergreifendes Online-Bildarchiv zu Hamburg entstanden. Neben meinen eigenen aktuellen Fotos sammle ich dazu historische Bilder, wo immer ich kann. Viele Postkarten habe ich auf Sammlermärkten gefunden. Es sind aber auch schon ältere Nachbarn gekommen und haben mir ihre Schätze gebracht.

So hat sich mein Hobby längst zu einem Bestand von jetzt fast 300 Einzelseiten mit über 1300 Abbildungen im Internet entwickelt. Ein Ende ist natürlich nicht abzusehen – nicht, solange Hamburg sich weiter so stark verändert wie zurzeit. Also vermutlich nie.

Eine von Bellins Winterhuder Lieblingsstraßen ist die Ulmenstraße mit ihren renovierten Bleicherhäusern

Einst Mittelpunkt des Bauerndorfs, ist der Winterhuder Marktplatz heute Stadtteilzentrum. Die charakteristischen Bauten an der Hudtwalckerstraße 24–30 stammen aus den 1920er Jahren

Die strahlende Villa an der Fernsicht hat natürlich Alsterblick

Weltbekannt: die Jarrestadt

Schon der Name der ursprünglich als sozialer Wohnungsbau entstandenen Siedlung macht deutlich, dass die Jarrestadt ein kleiner Stadtteil für sich ist. Inoffizieller Namensgeber ist die *Jarrestraße* – 1892 nach Bürgermeister Nikolaus Jarre benannt –, nördlich der Fritz Schumacher ein neues Straßennetz für den geplanten Neubau von ursprünglich 1800 Wohnungen festlegte. Den ausgeschriebenen städtebaulichen Wettbewerb gewann Karl Schneider, unter dessen Regie letztlich mit 20 Architekten die 35 von privaten, genossenschaftlichen oder gemeinnützigen Bauherren finanzierten Blocks Gestalt annahmen. Die meist drei- bis viergeschossigen Wohnbauten entstanden in rotem Backstein und mit Flachdächern, ganz im Stil der **Neuen Sachlichkeit**. Die Blockrandbebauung schuf Raum für grüne Innenhöfe, die noch heute von den Mietern gern genutzt werden. Weil die Wohnungen ein Vollbad und Zentralheizung hatten, galten sie als vorbildlich. Viele Bauten erlitten im Zweiten Weltkrieg schwere Schäden; der Wiederaufbau erfolgte nach alten Plänen ab 1949. Heute leben zwischen *Jarrestraße*, *Goldbekufer*, *Glindweg* und *Großheidestraße* in ca. 4500 Wohnungen rund 9000 Menschen. Weil die Mieten hier vergleichsweise günstig sind, ziehen vor allem Neu-Hamburger gerne ein, während für Familien mit Kindern die Wohnungen bald zu klein werden. „Ein Generationswechsel findet statt“, erklärt Ulrike Sparr, die im Stadtteilkultur-Verein **Jarrestadt-Leben e.V.** und im Stadtteilbüro/-archiv aktiv ist und seit über 20 Jahren hier wohnt. Damals traf sie noch viele Ältere, die seit den Anfängen der Jarrestadt hier lebten. „Aber auch die Jüngeren mögen den besonderen Charakter der Jarrestadt.“ Als Autorin fasste Frau Sparr ihr Wissen im Stadtteillexikon „Winterhude von A–Z“ zusammen.

Freizeit aktiv

Als lebhafter Stadtteil ist in Winterhude an Freizeit- und Erholungsmöglichkeiten vor allem im Sommer kein Mangel. Eine ganz besondere Stellung für Freizeitsportler, Kinder und Müßiggänger hat dabei der Stadtpark.

Dass die Jarrestadt nur Backstein wäre, ist ein Vorurteil – ein Blick in die Hinterhöfe zeigt überraschend viel Grün

Adresse

Planetarium
Hindenburgstraße
Öffentliche Sternenvorführungen mit monatlich wechselnden Themen:
So. 16 und 18 Uhr
Mi. 18 Uhr,
Fr. 18 und 20 Uhr
Sonderregelungen an Feiertagen
Telefonische Kartenvorbestellung: 51 49 85-0;
Mo.–Fr.:
8–12 Uhr und 13–16 Uhr.
Die astronomische Ausstellung ist täglich außer Samstag geöffnet von 9.30–15 Uhr, So. 13–18 Uhr, Mi. und Fr. 9.30–20 Uhr

Freizeitoase Stadtpark

Wie beliebt der Hamburger Stadtpark ist, zeigt sich ganz besonders im Sommer: Denn an sonnigen Wochenenden ist es fast unmöglich, hier ein ruhiges Plätzchen zu finden – Wiesen, Bänke und Freibad wimmeln vor Gästen

Weil schon die Parkplatzsuche zur Qual wird, empfiehlt sich ohnehin die Anfahrt mit Bus oder U-Bahn bis „Borgweg“ oder „Saarlandstraße“. Weit über 100 000 Besucher tummeln sich dann spazierend oder joggend auf den Wegen, sonnenbadend oder Fußball spielend auf der 12 ha großen **Festwiese** und den anderen Rasenflächen, gemütlich ausruhend auf den Parkbänken oder einem der weißen Holzsessel. Die Kleinen baden im Planschbecken, die Größeren im **Freibad Stadtparksee**, auf dessen insgesamt 8 ha großer Wasserfläche man auch paddeln und an dessen Ufer man seit 1997 wieder entlanggehen kann. An seinem Südende liegt die **Liebesinsel** mit Bootsverleih und Kiosk.

Im Sommer vergeht kaum ein Tag, an dem auf der Festwiese nicht gegrillt wird. Rechts: Konzert auf der Freilichtbühne. Links: das Café Sommerterrassen am Grasweg

Schon die „Erfinder“ des Stadtparks sahen vor über 100 Jahren die Notwendigkeit, den Städtern einen Freiraum zum Atmen und zur Erholung zu erhalten. Erste Überlegungen, in Winterhude einen Park anzulegen, gab es 1896, nachdem die Stadt ihren Charakter durch den rasanten Bau von Fabriken, Werften und Wohnquartieren immer mehr veränderte. Kunsthallen-Direktor Alfred Lichtwark fragte darum 1897, ob die Hansestadt überhaupt bewohnbar bleiben könne, „wenn nicht ein großer Stadtpark geschaffen wird“. Der „neue Volkspark“ sollte architektonisch klar gegliedert sein und für alle Bevölkerungsschichten Sportmöglichkeiten, Erholungsflächen und Kunst zugänglich machen.

1901 wurde ein Areal nördlich der neu geplanten Winterhuder Wohnquartiere für den Stadtpark ausgewählt. 1903 kaufte der Senat zunächst das heute westlich der *Hindenburgstraße* liegende 37 ha große **Sierichsche Gehölz**, das zuvor Jagdgelände der Familie Sierich war. In den Folgejahren kamen angrenzende Flächen hinzu. Nachdem ein Gestaltungswettbewerb ohne Ergebnis blieb, weil sich die Senatskommission nicht auf einen Sieger einigen konnte, entwickelten 1909/10 Baudirektor Fritz Schumacher und Oberingenieur Fritz Sperber einen neuen Plan. Dessen Grundzüge prägen den Stadtpark noch heute: Vom **Planetarium** an der höchsten Stelle des Geländes über die große Wiese bis zur Stadthalle am südöstlichen Ufer des Stadtparksees verläuft die Hauptachse. Als der 149 ha große Park am 1. Juli 1914 feierlich eröffnet wurde, lagen vier Jahre Bau- und Pflanzarbeiten hinter den Gestaltern. Wege und Straßen waren angelegt, Bäume und Sträucher gepflanzt, Gebäude begonnen. Diese spielten eine wichtige Rolle im „Freiluft-Volkshaus“: allen voran das Großrestaurant **Stadthalle** östlich des Sees. Über 10 000

Ab ins kühlende Nass: Das Planschbecken ist neben dem Freibad Stadtparksee ein viel umschwärmtes Spiel- und Erholungsareal

Menschen fanden hier Platz, große Terrassen erlaubten den Blick auf den See und eine Kaskade gegenüber, die nicht mehr existiert. Die Stadthalle erlitt ebenso wie die so genannte Milchwirtschaft am nördlichen Rand des Parks – am reetgedeckten Haus weideten tatsächlich Kühe – 1943 durch Bombenangriffe schwere Schäden. Dabei wählten die Alliierten ihr Ziel nicht zufällig, denn seit 1940/41 lag im Stadtpark eine der größten Flakstellungen Hamburgs.

Neben dem „Landhaus Walter" ist auch das einstige **Brunnenhaus** an der Ecke *Grasweg/Hindenburgstraße* erhalten. Es war ursprünglich Trinkhalle mit Kurgartenanlage für Mineralwasserausschank (1910/12) und ist heute eine Seniorentagesstätte.

Auch der markante, 38 m hohe **Wasserturm** (1913–15) ist erhalten. Schon 1929 wurde er zum Planetarium umgebaut, dessen rund 10 000 Besucher im Monat zu astronomischen Vorführungen, aber auch zu Konzerten kommen. „Das Planetarium ist ein Fenster ins All", sagt Planetariums-Leiter Thomas W. Kraupe. Andere Publikumsmagneten sind im Sommer die Freilichtbühne (1923/24) an der *Saarlandstraße*, deren Open-Air-Konzerte legendär sind. Nahe dem großen Spielplatz mit seinem ovalen Planschbecken (1919) – ein Kiosk und ein Café bieten Getränke und Kuchen für die Pause – liegen zwei Beach-Volleyball-Plätze. Insgesamt gibt es fünf Spiel- und neun Sportplätze. Darunter auch die **Jahn-Kampfbahn** aus den 1920er Jahren hinter dem Planetarium, die einst 25 000 Zuschauer fassen konnte. Zuschauermagneten waren auch die in den 1930er und 50er Jahren rund um den Stadtpark ausgetragenen **Motorradrennen**. Ihre verloren geglaubte Tradition versucht seit einigen Jahren im Spätsommer das Oldtimerfestival „Moto Revival" publikumswirksam wiederzubeleben.

Dass der Stadtpark heute mit 23 überall verteilten Plastiken über viel „Kunst im öffentlichen Raum" verfügt, geht auf eine Initiative des 1912 gegründeten alten **Stadtparkvereins** zurück – 2001 wurde der neue Stadtparkverein gegründet. So findet man die „Badenden" nahe dem Planschbecken, „Diana mit Hunden" im Garten hinter dem Brunnenhaus und weibliche Muschelkalkfiguren an der Festwiese. Eine Besonderheit ist der **Pinguinbrunnen** bei den Rosengärten: Seit 1991 steht eine Nachschöpfung an der Stelle von August Gauls Original, gestiftet 1924.

Wer zu „Bobby Reich" an der Fernsicht geht, will nicht unbedingt segeln – einen Kaffee trinken, etwas essen und sehen und gesehen werden sind mindestens ebenso wichtig

Einen hohen Freizeitwert haben auch die Gewässer: Alster, Stadtparksee und die Kanäle. Alsterdampfer kreuzen hier, aber noch schöner ist es, selbst mit dem Kanu oder Tretboot die Route zu bestimmen. Zu mieten sind Boote am Osterbekkanal bei der **Bootsvermietung Dornheim** am *Kaemmererufer 25*, am Stadtparksee bei **Hans Pieper**, *Südring 5a*, oder bei **Kübi's Bootshaus** am *Poßmoorweg 46c*. Alle drei bieten die Möglichkeit, vor oder nach dem Wassersport bei Getränk oder Eis mit Blick aufs Wasser zu verschnaufen. An der *Fernsicht* steht bei **Bobby Reich** Geselligkeit im Vordergrund: Wer hier Kaffee oder Bier genießt, will sehen oder gesehen werden – dass man auch Boote für eine Alsterfahrt mieten kann, ist oft eher zweitrangig.

Für Freizeit und Sport steht auch der Name **Alsterdorfer Sporthalle**: Der nüchterne Bau an der *Krochmannstraße* liegt entgegen seinem Namen in Winterhude. Neben Sportveranstaltungen finden auch Konzerte statt. In Ermangelung einer geeigneten Konzerthalle treten hier Weltstars des Rock und Pop auf – doch mit dem Bau „Arena" am Volkspark (s. Bahrenfeld) hat Hamburgs langjähriges Provisorium ein Ende.

Dreimal in der Woche gibt es auf dem Goldbekmarkt Frische zu kaufen – vor allem am Sonnabend ist der Andrang groß

Zwei Einkaufsmeilen

Bedingt durch seine Größe hat Winterhude zwei Einkaufszentren, um die herum viele Geschäfte zu finden sind: *Alsterdorfer Straße* und *Winterhuder Markt* im Norden, *Mühlenkamp* und *Gertigstraße* im Süden. Die Auswahl ist an beiden so groß, dass für eine breite Rundumversorgung niemand den Stadtteil zu verlassen braucht.

Ob Supermarkt, Fahrrad- oder Bettengeschäft, ob Juwelier, Bäcker oder Fleischer, in der *Alsterdorfer Straße* ist das Angebot groß. Und gleich um die Ecke schlägt am *Winterhuder Markt* das Herz des Stadtteils: Hier gibt es vom Autohaus über ein Fotogeschäft, ein Sanitätshaus und einen Elektrohandel oder Blumenläden alles, was das Herz begehrt. Noch immer etwas verloren wirkt die 1990 ge- und 1998 umgebaute **Einkaufsgalerie Forum Winterhude**, in der auch die Bücherhalle mit ihren 36 000 Medien zu Hause ist. Für Leben auf dem Marktplatz sorgt an zwei Tagen der **Wochenmarkt**, auf dem die Winterhuder gern ihr Obst und Gemüse frisch einkaufen (Mi./Sa.). Zudem bietet ein **Ökomarkt** (Fr.) Gesundes aus biologischem Anbau an.

Alles frisch: der Goldbekmarkt

Übertroffen in seiner Beliebtheit wird er jedoch vom Wochenmarkt am *Goldbekufer* (Di./Do./Sa.). Hier geht man nicht nur hin, um sich mit frischem Grün oder Gebackenem einzudecken. Vor allem sonnabends ab 10 Uhr ist der **Goldbekmarkt** auch Treffpunkt, an dem es immer auch ums Klönen geht. Nicht zuletzt die Attraktivität der Stände am Kanalufer sorgt für eine lebhafte Einkaufsaktivität am nahen *Mühlenkamp* und in der *Gertigstraße*. „Hier gibt es eine gewachsene Struktur im Handel, ein breites Angebot", findet auch Stephan Bogel. Der Inhaber des Juwelierladens Köster am *Mühlenkamp* ist Initiator der **Interessengemeinschaft Rund um den Mühlenkamp** (IG), in der sich rund 60 Händler zusammengetan haben. „Wir möchten, dass hier weiterhin viele echte Einzelhändler gutes Auskommen finden, weniger Filialen von Konzernen", wünscht sich Bogel auch für die Zukunft. Die IG will das ihrige dazu tun, z.B. die Vermieter zu moderaten Ladenpreisen anhalten. Auch Straßenfeste werden organisiert, 2001 erstmals auf der *Gertigstraße*, 2002 am *Mühlenkamp*.

Eine echte Kneipeninstitution ist das „Niewöhner" in der Gertigstraße.

Im „Drei Tageszeiten" trifft sich am Mühlenkamp meist jüngeres Publikum

Mit Leib und Seele

Zwischen *Winterhuder Markt*, *Sierich-* und *Jarrestraße* finden sich viele Facetten der internationalen Küche, ob italienisch, mexikanisch oder französisch. Noch umfangreicher als die Küche ist die Kneipen-, Bar- und Café-Szene Winterhudes. In der *Gertigstraße* z.B. liegt mit dem seit 1919 betriebenen Alfred **Niewöhner** nicht nur Hamburgs älteste nicht renovierte Kneipe. Auch das populäre **Köbes** liegt vis-à-vis. Um die Ecke hat sich am *Mühlenkamp* in den letzten Jahren u.a. mit dem **Drei Tageszeiten** oder dem **Caffè 42** eine neue Kaffeehaus-Kultur etabliert. Mehr als 150 Cocktails mischt die **Bar du Nord** in der *Dorotheenstraße*.

Das **Landhaus Walter** an der *Hindenburgstraße* ist ein Überbleibsel der alten Stadtpark-Anlage; an Wochenenden gibt es hier im **Downtown Bluesclub** Live-Musik. Und im Sommer sind im größten Biergarten Hamburgs 500 Plätze frei, oder nicht. Überhaupt treffen sich die Winterhuder im Sommer gern draußen: Am Goldbekkanal ist im **Café Sommerterrassen** am *Südring* Party-Time angesagt. Stimmungsvoll geht es auch im **Café Leinpfad**, *Hudtwalckerstraße/Leinpfad*, zu. Eine echte Winterhuder Spezialität ist in der warmen Jahreszeit das leckere Eis im **Eiscafé** am *Poelchaukamp*.

Köpfe

Ein echtes Kind Winterhudes ist **Rolf Schneemann**. Er kam hier 1934 per Hausgeburt zur Welt. „In der *Gertigstraße* haben wir als Kinder Ball gespielt", erzählt der Maler. Seit 1939 wohnt der Rentner schon im *Mühlenkamp 23*. Beim VfL 93 spielte er lange Jahre Feldhandball.

„Nebelmond" heißt ein Kurzkrimi von **Petra Oelker**, in dessen Mittelpunkt ein 13-jähriger Junge aus Winterhude steht. Seit über zehn Jahren lebt die Krimiautorin Oelker (bekannt v.a. durch ihre historischen „Rosina"-Krimis) schon im *Kuhnsweg*. „Für mich ist Winterhude die schönste Kleinstadt, die ich kenne", gesteht die passionierte Fußgängerin und Radlerin.

In einem Hinterhof in der *Forsmannstraße 10* liegt das kleine „Atelier im Hof" von **Irene Mohr**. Seit 1999 gibt die Grafikdesignerin in der einstigen Werkstatt Kurse für Kinder und Jugendliche: „Zeichnen, Aquarellieren, Ölmalen, Holzschnitte – alle Maltechniken sind dabei", erzählt Irene Mohr. Die oft erstaunlichen Ergebnisse sind z.B. in der „Galerie Vincent", *Jarrestraße,* zu sehen.

Eine „quirlige Gemeinde" habe er, findet **Johannes Pricker** von der kath. St.-Antonius-Gemeinde am *Lattenkamp*. Der agile Pfarrer arbeitet eng mit den Nachbargemeinden zusammen. Auch seine offenen Treffs als Anlaufstelle für die Menschen im Stadtteil finden regen Zuspruch.

Rolf Schneemann, Petra Oelker und Johannes Pricker prägen den Stadtteil auf ihre Weise. Links: Irene Mohr mit Kindern im „Atelier im Hof"

Wohldorf-Ohlstedt

ist Hamburgs nördlichster Stadtteil. Seit Jahrhunderten kommen die Städter gern hierher. Wer es sich leisten konnte, baute ein herrschaftliches Haus und blieb. In den Naturschutzgebieten Duvenstedter Brook und Wohldorfer Wald vergisst man zuweilen, dass diese grünen Refugien noch in einer Weltstadt liegen

Steckbrief

Fläche:
17,323 km²
Einwohner:
4085
Verwaltung:
Bezirk Wandsbek, Ortsamt Walddörfer
Ortsteil:
523

Der Name Wohldorf bedeutet nichts anderes als Walddorf. Für den Namensteil Ohlstedt gibt es dagegen zwei Deutungen: Die eine lautet „alte Stätte", die andere leitet ihn von einer Wohnstätte ab, die nach einem Mann mit Namen „Ol" oder „Ohl" benannt ist. Die Silbe „stedt" verweist auf eine Gründung in sächsischer Zeit.

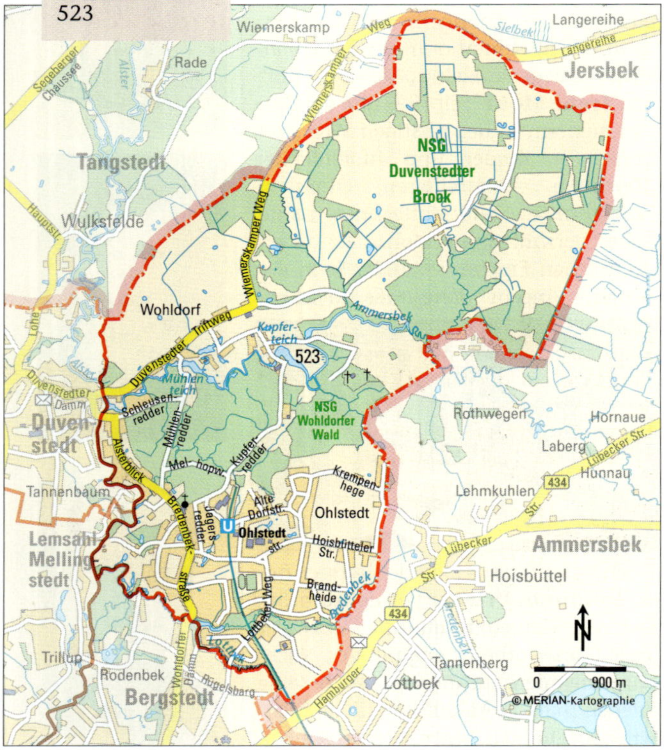

Aus der Geschichte

Wie überall im Norden Hamburgs gibt es auch in Wohldorf-Ohlstedt Belege für eine jungsteinzeitliche Besiedlung, doch die archäologischen Funde geben kein klares Bild aus der Zeit vor dem Beginn schriftlicher Überlieferung. Ähnlich dunkel bleibt es auch im Mittelalter. Der Name Wohldorf belegt, dass es einst ein Dorf dieses Namens gab. Bei dem Dorf lag eine **kleine Burg** der Schauenburger Grafen, die ihren Besitz im Alstertal sichern sollte. Sie stand vermutlich auf der Insel, auf der sich heute das Herrenhaus befindet. 1437 gelangte Hamburg in den Pfandbesitz von Wohldorf, und weil die Besitzer das Pfand nicht auslösten, gewann Hamburg einen Vorposten am Oberlauf der Alster.

Wohldorf wurde zum **Verwaltungsmittelpunkt** der hamburgischen Walddörfer. Dies führte zur häufigen Anwesenheit der Ratsherren, die das Amt des Waldherren innehatten, und seit 1838

Das Wohldorfer Herrenhaus war früher nur über eine Brücke zu erreichen. Heute führt ein Damm zum Eingang. Linke Seite: Autografie um 1885 von W. Heuer, nach einer Zeichnung von O. Speckter, 1840

zum Besuch von Senatoren und ihren Familien zur Erholung in den Sommermonaten. Bis 1914 kehrten auch die Mitglieder der Finanzdeputation zum Abschluss ihrer herbstlichen **Visitationstour**, einer Art behördlicher Kontrollfahrt durch das Landgebiet, im Herrenhaus ein. Das Haus erlebte aber auch ungebetene Gäste, wie z.B. die Einbrecher im Jahr 1900. Sie hinterließen einen Eintrag ins Gästebuch, in dem es hieß, das Haus sei „revidieret und amtlich ausgepfändet worden“. Unterzeichnet: „Vorstand der Langfinger zu Hamburg“.

Neben dem Herrenhaus prägten eine **Korn- und eine Kupfermühle** die Vergangenheit Wohldorfs, denn schon früh wurde das Wasser der Ammersbek genutzt. Die Kornmühle ist schon 1471 erwähnt, eine Messingdrahtmühle wurde 1622 errichtet und später zum Kupferhammer umgebaut. Nach 1800 wurde daraus eine Weberei mit 150 Arbeitern.

Ohlstedt ist als kleines Bauerndorf zuerst 1292 erwähnt. 1463 verkauften die adeligen Besitzer ihr Dorf an Hamburg. Es wurde wie Wohldorf ein hamburgisches „Walddorf“. Erst nach 1900 begann sich Ohlstedt mit dem Aufkauf landwirtschaftlicher Flächen durch Spekulationsgesellschaften zu wandeln. Als **Ausflugsziel** waren Wohldorf und Ohlstedt schon im 19. Jahrhundert beliebt; jetzt aber konnten hier wohlhabende Hamburger auf großzügigen Grundstücken bauen. Die Stadt wollte keine Steuerzahler an das preußische Umland verlieren. Obwohl die meisten Grundstücke in Ohlstedt lagen, priesen die Terraingesellschaften sie mit der Zuschreibung Wohldorf an, denn der Name hatte einen vornehmeren Klang. Auch später noch begannen Ohlstedter ihren Brief mit „Wohldorf, den …“. Die Verlängerung der **Kleinbahn** von Volksdorf bis Wohldorf und die Eröffnung einer Omnibusstrecke vom Hauptbahnhof verkürzten 1907 den Weg nach Hamburg. Aber erst nach 1920 kam es in größerer Zahl zum Bau der Villen, die das Gesicht von Ohlstedt auch heute noch prägen.

1927 erhielt die selbstbewusste hamburgische Vorort-Gemeinde ein eigenes „Rathaus“

Fachwerk und Bauhaus

Bis heute ist zu erkennen, dass Wohldorf-Ohlstedt aus zwei Teilen zusammengewachsen ist. Ohlstedt ist das Dorf, das sich zum Wohnstadtteil gewandelt hat; in Wohldorf ist die lange Entwicklung einer **Kulturlandschaft** bewahrt, das 20. Jahrhundert hat hier, abgesehen vom Bau einiger Wohnhäuser, nicht viel verändert.

Wohldorfer Baudenkmale: Karl Schneiders Bauhausvilla an der Bredenbekstraße, Kupfermühle am Kupferteich

Ohlstedter Baudenkmal: Reetdachkate in der Dorfstraße

Wohldorfs Geschichte lässt sich entlang des *Duvenstedter Triftwegs* und der *Herrenhausallee* verfolgen. Von Westen kommend, passiert man einige Landhäuser aus den Jahrzehnten nach 1900. Am Beginn der *Herrenhausallee* steht die 1864 errichtete Kornmühle. Immer noch wird das Wasser zur Energieerzeugung genutzt, allerdings über Turbinen und nicht mehr über das Mühlrad. Die Restaurants Wohldorfer Mühle und Zum Bäcker ergänzen das Ensemble. Weiter den Mühlenteich entlang steht das zweigeschossige **Herrenhaus**, einst Amtssitz der Waldherren. Der barocke Fachwerkbau stammt von 1712–14.

Nach dem Wohldorfer Hof und einigen Arbeiterhäusern folgt zuletzt die reizvolle Gebäudegruppe am Kupferteich: die in Teilen aus dem 17. Jahrhundert datierende **Kupfermühle**, eine alte Kate und Reste von Arbeiterhäusern („Langer Jammer") aus der Zeit um 1880. In dem neobarocken Landhaus auf dem Hügel hinter dem Kupferhof saß während des Zweiten Weltkrieges die „Funkbetriebsstelle Wohldorf", die den Kontakt mit deutschen Agenten im Ausland hielt. Heute lehrt hier die Verwaltungsakademie der Stadt Hamburg.

Aus der Zeit vor 1914 stammt das Wohnhaus des Architekten Otto Ameis, der viel in den Walddörfern baute. Am *Schleusenredder 21* gelegen, ist es eines der vielen Schmuckstücke von Wohldorf. Das große Fachwerkhaus ist ein Paradebeispiel des **Heimatschutzstils**.

In Ohlstedt ist das Reetdachhaus von 1834 in der Dorfstraße das älteste Gebäude. Bildbestimmend aber sind die vielen Landhäuser und Villen, die nach

1900 entstanden. Vor allem entlang der *Bredenbekstraße* zeigt sich historisch-hanseatischer Wohlstand. Heute so bedeutend wie beim Bau umstritten ist das Haus Nr. 29, ein Werk des Architekten Karl Schneider und eines der schönsten Beispiele der **Bauhaus-Architektur** in Hamburg. Das Flachdach stieß auf den heftigen Widerstand der Nachbarn, die das Haus als zu modern empfanden.

Bei einem anderen Gebäude gab es keinen Streit, denn wie so oft im Hamburg der 1920er Jahre fand die Bauverwaltung unter Fritz Schumacher den Kompromiss zwischen Tradition und Moderne: 1927 entwarf Baurat Völker das **Rathaus** für die wachsende Landgemeinde. Heute sind darin die Freiwillige Feuerwehr Ohlstedt, ein Handwerksbetrieb und eine Arztpraxis untergebracht.

Den Streit um Neubauten, die sich nicht in ihre Umgebung einpassen, gibt es auch heute; Gerd Denker, Architekt und Vorsitzender des Bürgervereins Duvenstedt/Wohldorf-Ohlstedt, spricht von „Grabmälern des unbekannten Architekten". Für Unmut haben vor allem einige Neubauten am *Ohlstedter Platz* gesorgt. Weitere Bausünden soll ein Bebauungsplan verhindern, denn noch gilt der Baustufenplan aus den 1950er Jahren.

Der Wald erschallt

Die beiden **Naturschutzgebiete** (NSG) Duvenstedter Brook und Wohldorfer Wald bilden mit dem außerhalb Hamburgs gelegenen Klein-Hansdorfer Brook und der Hunauniederung den größten NSG-Komplex in Hamburg und Umland. Die Nutzungsgeschichte hat die in der letzten Eiszeit entstandene, ursprünglich ausgedehnte Moorlandschaft sehr verändert.

Der **Duvenstedter Brook** ist mit 780 ha das zweitgrößte NSG Hamburgs. Der Name ist mit dem Nachbarstadtteil Duvenstedt verknüpft, zu dem der Brook früher gehörte. Die Bauern aus Duvenstedt und Lemsahl-Mellingstedt trieben ihr Vieh in die von Bächen durchzogenen Bruchwälder. Seit dem Mittelalter als Allmende gemeinschaftlich genutzt, wurden Ende des 18. Jahrhunderts die landwirtschaftlich besten Flächen unter den Vollbauern aufgeteilt. Von den ursprünglichen Wäldern war schon um 1800 nur noch wenig zu sehen. Kurz vor dem Ersten Weltkrieg drohte die in den Walddörfern florierende **Grundstücksspekulation** auch auf den Brook überzugreifen, aber wegen des Krieges und der folgenden wirtschaftlichen Notzeit unterblieb die Erschließung.

Bereits Mitte der 1930er Jahre kaufte Hamburg den noch holsteinischen Brook, der erst 1937/38 mit dem Groß-Hamburg-Gesetz Staatsgebiet wurde. Das Ringen der Behörden um seine Nutzung entschied Gauleiter Karl Kaufmann: 1939 trat auf sein Geheiß die „Verordnung über das Naturschutzgebiet Duvenstedter Brook" in Kraft. Er selbst hielt sich die Jagdmöglichkeit offen, ließ Rot- und Damwild aussetzen und erzielte hohe Einkünfte mit der Ver-

Eines von zwei Naturschutzgebieten im Stadtteil: der Wohldorfer Wald

Zeitleiste

Wohldorf:
1303 Erwähnung Wohldorfs als befestigter Adelssitz
um 1370 im Besitz Hamburger Bürger
1437 Wohldorf kommt in den Besitz der Stadt Hamburg
17. Jh. Messingdrahtmühle, später Kupfermühle
1798 Beginn der geregelten Forstwirtschaft

Ohlstedt:
1292 erste urkundliche Erwähnung
um 1391 an Hamburger Bürger verpfändet
1407 der Hamburger Bürgermeister Hildemar Lopowe kauft das Dorf
seit 1463 im Besitz des Hamburger Rates

Wohldorf-Ohlstedt:
1830 Eingliederung in die Landherrenschaft der Geestlande
1907 Kleinbahn bis Wohldorf
1948 Kirchengemeinde Wohldorf-Ohlstedt
1969–99 Pacht des Gutes und des Herrenhauses durch Alfred Toepfers Stiftung F.V.S.

Bürgergeschichten

„Abriss und anderes Böse abgewehrt"

***Gerd Denker* erzählt, wie es dem Bürgerverein Duvenstedt-Wohldorf/Ohlstedt und vielen anderen um die Landarbeiterhäuser besorgten Wohldorf-Ohlstedtern gelang, sie 1998 vor dem Abriss zu retten**

Der Architekt Gerd Denker war als Bürgervereinsvorsitzender bei allen Aktionen mit dabei: Links die Verhüllung, rechts die Wiedermontage der Pferdeköpfe durch Dieter Hahn von der Feuerwehr

Viele Bürger und vor allem der Bürgerverein Duvenstedt-Wohldorf/Ohlstedt bemühen sich seit Jahren um den Erhalt der zehn Fachwerkhäuser in Wohldorf. Sie befinden sich im Besitz der Freien und Hansestadt Hamburg. Zunächst einmal galt es, wie immer heutzutage, die Lokalpresse auf den historischen Häuserbestand aufmerksam zu machen. So wurden Politiker aller Parteien, schreibende und sendende Journalisten sowie Behördenvertreter zu einer Tasse Kaffee eingeladen. Am Abend vorher hatten alle Bewohner Transparente gemalt und an den Giebeln der Häuser angebunden. Schon bei dieser Arbeit kam eine richtige Feststimmung auf. Der kommende Tag war sonnig, alle Gäste waren erschienen und feierten ein fröhliches Nachbarschaftsfest – unter den Augen der Öffentlichkeit. Höhepunkt war ein Besuch von Bürgermeister Ortwin Runde. Ein „Runder Tisch" wurde etabliert. Es folgten Verhandlungen mit Politik und Verwaltung. Der Leiter des Liegenschaftsamtes, Herr Jürgen Broede, hatte uns zu einem Gespräch geladen. In seinem Büro hing ein großes Bild des verhüllten Reichstags. Das brachte uns auf den Gedanken, aus einem der Häuser quasi als „Christo-

Verschnitt" ein ähnliches Kunstwerk entstehen zu lassen. Es wurden die Maße genommen, Planen gekauft, Nachbarschaft und Bürgervereinsmitglieder mobilisiert, wieder Transparente gemalt und wieder Kuchen gebacken.

Aber dann kam die Überraschung: Die als humorvolle Persiflage gemeinte Aktion löste bei dem Vorsitzenden der Sprinkenhof AG ein von uns nicht beabsichtigtes Ärgernis aus. Er schrieb mir einen geharnischten Brief und ließ unsere Planen (Wert ca. 500 Euro) beschlagnahmen. Ansonsten fand die Aktion viel Beifall. Nach der Zusicherung der Stadt, dass keinem gekündigt werde, griffen die Bewohner wieder fröhlich zu Pinsel und Farbe. Das Ergebnis kann sich sehen lassen. Ein kleines Highlight war das Wiederanbringen der Pferdeköpfe an zwei Giebeln. Sie sollen, wie in alter Zeit, nicht nur schön sein, sondern vor allem das Böse vom Haus abwehren. Hoffen wir, dass sie ihre Aufgabe erfüllen!

Pferde gehören zum Alltag in Wohldorf-Ohlstedt. Und wenn dann auch noch die Sonne scheint, kann es in Hamburg kaum schöner sein

pachtung landwirtschaftlicher Flächen. Nach 1945 stritt er mit der Stadt um die Pachtrechte, hatte aber keinen Erfolg.

In den späten 70er Jahren begannen Renaturierungsprogramme. Heute leben über 400 Pflanzen- und 180 Vogelarten, Schmetterlinge, Libellen, Amphibien und Säugetiere im wasserreichen Brook. Zu den besonders gehüteten Bewohnern gehört der **Kranich**. Am Himmel kreisen See- und Fischadler, in Wasserläufen leben Fischotter. Im Herbst bietet der Brook ein besonderes Schauspiel: das **Brunftspektakel** der größten Hirsche Norddeutschlands. Zentraler Anlaufpunkt im Brook ist das **Naturschutz-Informationshaus**, das der Naturschutzbund Deutschland (NABU) gemeinsam mit dem Hamburger Naturschutzamt betreut. Ausstellungen und Vorträge informieren über den Brook und seine Flora und Fauna, und zwei Umweltpädagogen des NABU arbeiten hier mit Kinder- und Jugendgruppen.

Der **Wohldorfer Wald** (364 ha) ist Hamburgs ältestes Forstrevier und heute größter Laubmischwald der Stadt. Bereits 1770 erkannte man den Wert als Erholungsgebiet und legte Spazierwege an. Buchen, bis zu 300 Jahre alte Eichen und bewusst liegen gelassenes Totholz bilden neben Tümpeln und Nasswiesen ein Zuhause für Pflanzen und Tiere.

Auf dem **Historisch-Ökologischen Erlebnispfad** kann man zu Fuß oder per Rad Natur und Geschichte des Stadtteils erkunden. Die Ohlstedter Lehrerin Christiane Blömeke hat die Beschilderung eines rund 7 km langen Rundweges initiiert, der von Ohlstedt aus durch den Wald zu den historischen Plätzen in Wohldorf führt. An den Naturerlebnisstationen sollen vor allem Kinder und Jugendliche der Natur begegnen, z.B. beim Blick aus der Erdperspektive oder beim Gang über den Wackelsteg.

Predigt im Grünen

Viel Grün, wenig Verkehr und frische Luft empfangen den Besucher. Fast keine Läden und Geschäfte – die Ruhe ist für manchen schon zu vollkommen. Ein buntes Stadtteilleben vermutet man kaum, aber was hier im Grünen passiert, verrät zumindest zuweilen Gemeinschaftssinn.

Die ev.-luth. Kirchengemeinde Wohldorf-Ohlstedt mit ihrer **Matthias-Claudius-Kirche** und den 2000 Mitgliedern ist ein soziales Zent-

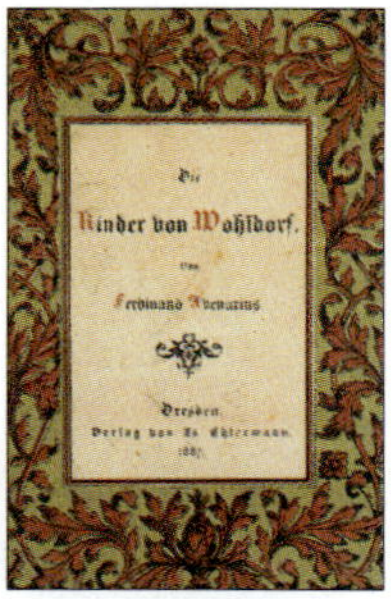

Das Titelblatt der Dichtung vom unglücklich verliebten Spielmann, der sich nach der Legende in der Alsterschleuse das Leben nahm. Links: der verträumte Mühlenteich

rum des Stadtteils. Neben Musik, Erwachsenenbildung und Einer-Welt-Arbeit findet besonders der Basarkreis großen Zulauf. An Himmelfahrt freuen sich zahlreiche Menschen auf den **Freiluft-Gottesdienst** mit dem Posaunenchor und einem anschließenden Grillfest auf den Alsterwiesen am *Haselknick*. Gefeiert wird zusammen mit den Gemeinden der Region, wie Duvenstedt, Lemsahl-Mellingstedt, Bergstedt und Tangstedt.

Obwohl Wohldorf-Ohlstedt längst ein Stadtteil geworden ist, rückt je nach Einsatzort entweder die Ohlstedter oder die Wohldorfer **Freiwillige Feuerwehr** aus. Beide sind seit über 100 Jahren aktiv und veranstalten die beliebten Osterfeuer. Fast so alt wie die Wehren ist der Breitensportverein **Duwo 08**, der sein Gelände an der *Sthamerstraße* hat. Er bildet mit 13 Abteilungen und rund 1500 Mitgliedern einen weiteren Anziehungspunkt für den ganzen Stadtteil.

Gottes Segen: Die Sonne scheint zum Himmelfahrtsgottesdienst auf den Alsterwiesen

Unweit der Kirche liegt die **Freiluftschule**. Fast jeder Hamburger Grundschüler besucht wenigstens einmal eine der vier Hamburger **Freiluftschulen**. Das Gebäude entstand 1884, war später bekannt als vornehmes Lokal „Waldhaus Wohldorf" und bietet heute mehreren Tausend Schulkindern pro Jahr Unterkunft für Tagesausflüge oder Klassenreisen. Ganz im Grünen liegt die **Schule am Walde**. Der sachlich-moderne Klinkerbau, 1930/31 im Stile Fritz Schumachers errichtet, beherbergt heute rund 500 Schüler, eine Grundschule mit einer Integrationsklasse und einen Realschulzweig. „Miteinander Leben" ist die Philosophie der Schule. Sie wird verwirklicht durch eine intensive Zusammenarbeit mit den Eltern und einen engen Bezug der Schüler zu Natur und Umwelt.

Vereint sind vor allem die Wohldorfer im Kampf gegen den Abriss der 1933 für die Arbeiter des Gutes errichteten **Landarbeiterhäuser** an der *Herrenhausallee*. Ihre Bewohner, der Bürgerverein und Parteien setzen sich für ihren Erhalt ein, denn die Häuser fügen sich gut ins Ortsbild ein und sind von kulturhistorischer Bedeutung. Das Baujahr und die historisierende Architektur mit Fachwerk, Steildach und sächsischer Giebelzier trugen

Das Logo des Duwo 08 zeugt von Naturnähe. Rechts: die Landarbeiterhäuser – für ihren Erhalt streiten die Wohldorfer

Stadtteil-Profil

	Wohldorf-Ohlstedt	Bezirk	Hamburg
Bevölkerung gesamt (2000)	4085	405 173	1 704 929
Unter 18-Jährige in %	20,8	17,1	16,1
65 Jahre und älter in %	17,4	18,8	17,0
Deutsche	3909	359 918	1 432 325
Ausländer in %	4,3	11,2	16,0
Einwohner je km²	236	2742	2258
Sozialstruktur			
Sozialhilfeempfänger (2000)	26	25 017	120 461
Arbeitslose (2001)	72	14 222	71 963
Eink. je Steuerpfl. in DM (1995)	112 421	70 631	65 579
Wohnen (2001)			
Wohngebäude	1322	68 964	226 061
Ein- und Zweifamilienhäuser in %	74,8	31,4	20,5
Ø Wohnungsgröße in m²	118,6	77,1	71,0
Wohnfläche je Einwohner in m²	54,4	37,0	35,7
Verkehr			
Private Pkw (2001)	2000	166 212	628 119
Straßenverkehrsunfälle (2000)	11	2255	12 430
Kriminalität			
Straftaten insgesamt (2000)	233	41 067	284 272

© Statistisches Landesamt

Wahlverhalten

… zur Bürgerschaft 2001 (gesamt)

Wahlbeteiligung	71,0%
SPD	36,5%
CDU	26,2%
Schill-Partei	19,4%
Grüne/GAL	8,6%
FDP	5,1%
Übrige	4,2%

… zur Bürgerschaft 2001 (Stadtteil)

Wahlbeteiligung	86,3%
SPD	25,0%
CDU	35,7%
Schill-Partei	14,4%
Grüne/GAL	11,6%
FDP	10,9%
Übrige	2,5%

den Häusern den Vorwurf ein, nationalsozialistische Architektur zu sein; doch war damals der Wunsch nach solch bodenständigen Bauten weit verbreitet und nicht an eine Ideologie gebunden. Die Häuser wurden lange vernachlässigt und sind marode; die hohen Kosten haben bisher eine Sanierung verhindert.

Harmonischer als im Streit um die Häuser klingt es bei der jährlichen **Internationalen Sommerlichen Musikakademie** unter der künstlerischen Leitung von Gründer Prof. Klaus Stoppel. Seit 1986 unterrichten Professoren aus aller Welt bis zu 60 Studenten verschiedener Nationalitäten. Die private Unterbringung im Ort ist inzwischen Tradition, und die Abschlusskonzerte füllen die Matthias-Claudius-Kirche bis auf den letzten Platz.

Mahlen, Meiern, Grasen lassen

Geschäfte gibt es kaum in Wohldorf-Ohlstedt. Das trägt zur Ruhe bei, bedingt aber auch **längere Einkaufswege**. Was man zum täglichen Leben braucht, holt man sich in Duvenstedt oder auf dem Wochenmarkt. Ansonsten prägt Naturnähe die hiesige Wirtschaft: Pferde und Reitställe finden viel Platz.

Der Wohldorfer Hof an der *Herrenhausallee* bewirtschaftet einen Teil des Geländes, das früher zum Gut Wohldorf gehörte. 1994 von der Stadt gepachtet, führen die Familien Cordes und Niemeyer ihren „bäuerlichen Zwei-Familien-Betrieb“ nach Bioland-Richtlinien. 110 ha Ackerland und 100 ha Grünfläche bieten Platz für Pensionspferde, liefern Futtergetreide und Heu für Milchkühe, die im Sommer im Duvenstedter Brook grasen. Die **hofeigene Meierei** vermarktet die Milch direkt: Im „Abonnement“ wird sie bis an die Haustüren

Viel Auswahl auf dem herbstlichen Kunsthandwerkermarkt am Wohldorfer Mühlenteich

Da werden sich die Pferde freuen: Zum Abtransport bereit stehen die Produkte der Wohldorfer Mühle

in den umliegenden Stadtteilen geliefert. Wie die Milch „entsteht", lernen Schulklassen bei der Hofbesichtigung.

Seit 1897 im Besitz der Familie Ströh ist die **Wohldorfer Mühle**. Mit 20 Mitarbeitern liefert sie Futtermittel für Pferde, Stallbedarfsartikel und Biodünger. Christian Ströh und sein Sohn Patrick sind Spezialisten in Sachen Pferdesport, sie versorgen rund 7000 Kunden in Norddeutschland und darüber hinaus.

Seit 1952 in Ohlstedt zu Hause: die „Haselknicker" Helga und Günther Wisén. Nur zwei Jahre weniger dabei ist Elfi Zeiger (rechts)

Villen und Wohnwagen

In Wohldorf-Ohlstedt wohnt man vor allem im Einfamilienhaus, wobei in vielen Fällen Villa der treffendere Begriff ist. Anders als in den Nachbarstadtteilen ist die Wohnverdichtung hier im letzten Jahrzehnt nur langsam vorangeschritten. Die letzte offizielle Karte des Bezirks Wandsbek, erschienen 1994, zeigt auf dass von Seiten der Stadtplanung anderes beabsichtigt war: Im Osten Ohlstedts sind Straßen verzeichnet, wo man vor Ort bis heute nur Koppeln sieht. Der Bebauungsplan liegt auf Eis, die Umsetzung bleibt ungewiss.

Man kann in Ohlstedt auch ganz anders wohnen als in der Villa: Versteckt am Ende des *Haselknicks* liegt ein **Campingplatz**, auf dem einige Dauercamper seit Jahrzehnten das halbe Jahr verbringen – in Wohnwagen und Vorzelten mit allem Komfort. Den Rekord halten Helga und Günther Wisén, die hier seit 1952 „zu Hause" sind. Damals gehörten noch Kühe zu ihren Nachbarn.

Nur wenig älter als der Campingplatz sind die **Norwegerhäuser** am *Ohlsteder Stieg*. Die dunklen Blockhäuser wurden nach dem „Feuersturm" vom Juli 1943 als Wohnhäuser für privilegierte Bombenopfer errichtet. Gauleiter Karl Kaufmann schickte den Architekten Werner Kallmorgen nach Norwegen, wo er 30 Einfamilien- und 10 Doppelblockhäuser kaufte. Ihre Größe und Ausstattung sowie die Lage im Grünen unterschieden sie deutlich von den Behelfsheimen anderer Ausgebombter. Die meisten Häuser wurden in Ohlstedt errichtet, einige in Duvenstedt. Kallmorgen bemühte sich um eine ausgewogene Gruppierung der Häuser, die nach der Fertigstellung von führenden Hamburger NSDAP-Funktionären und von Verwaltungsangehörigen bezogen wurden. 1945 wechselten die Bewohner: Die Häuser, die mit ihren **grasbewachsenen Dächern** wie Vorläufer ökologischen Bauens wirken, wurden bevorzugt ehemaligen KZ-Häftlingen zugewiesen. Heute stehen sie unter Milieuschutz.

Hamburgs Walddörfer

Das heutige Ortsamtsgebiet Walddörfer entspricht nicht dem Bereich der früheren hamburgischen Exklaven in Holstein. Einige von ihnen gingen 1937/38 verloren, andere Stadtteile kamen später per Verwaltungsreform hinzu

Fünf Stadtteile mit viel Grün bilden heute die Hamburger „Walddörfer“. Einige waren schon immer ein Walddorf, andere gingen im Lauf der Zeit verloren, neue kamen hinzu. Der Begriff Walddörfer bezeichnet heute als Verwaltungseinheit ein Ortsamtsgebiet im Bezirk Wandsbek. Dazu gehören die Stadtteile Bergstedt, Duvenstedt, Lemsahl-Mellingstedt, Volksdorf und Wohldorf-Ohlstedt.

Die Geschichte der Walddörfer als Sammelbezeichnung für mehrere Dörfer mit Waldbestand reicht dagegen bis ins Mittelalter zurück. Mit dem Erwerb der holsteinischen Dörfer Wohldorf, Ohlstedt, Volksdorf, Farmsen, Hansdorf (heute Großhansdorf), Schmalenbeck und des halben Hoisbüttel aus der Hand holsteinischer Adliger kam Hamburg im 15. Jahrhundert in den Besitz von Orten, die mit ihren Wäldern von großer Bedeutung waren für die Versorgung der Stadt mit Holz. Von Wohldorf aus ließ sich zudem die für die Stadt lebenswichtige Alster besser kontrollieren. Die Bauern der Walddörfer wurden zudem verpflichtet, ihre Erzeugnisse nur auf den Hamburger Märkten anzubieten. Bis zum Groß-Hamburg-Gesetz von 1937/38 bildeten die Walddörfer hamburgische Exklaven in Holstein.

1449 wurden das erste Mal die „Waldherren“ genannt. Hamburger Ratsherren übten dieses Amt aus. Ihnen unterstanden Forst- und Jagdaufsicht, sie sprachen Recht und hatten polizeiliche Funktionen, regelten die Dienste der Bauern und kontrollierten die Grenzen. Seit 1489 stand ihnen ein Haus in Wohldorf zur Verfügung, in dem sie bei ihrem Aufenthalt in den Walddörfern unterkamen. Erst im Jahr 1830 wurde die Waldherrenschaft aufgelöst. Die Aufsicht über die Walddörfer übte jetzt die Landherrenschaft der Geestlande aus.

Mit dem Bau der Kleinbahn rückten Volksdorf und Wohldorf-Ohlstedt nach 1900 näher an Hamburg heran. Aus Ausflugszielen, die immer noch den Status von Landgemeinden hatten, wurden begehrte Wohnplätze mit großen Grundstücken und prächtigen Landhäusern.

Einschneidend für die Walddörfer war das Groß-Hamburg-Gesetz von 1937/38: Durch den Gebietsaustausch mit Preußen verlor Hamburg Schmalenbeck und Großhansdorf. Die bei der Stadt verbleibenden Walddörfer Volksdorf und Wohldorf-Ohlstedt und die von Preußen an Hamburg abgetretenen Dörfer Bergstedt, Duvenstedt und Lemsahl-Mellingstedt unterstanden verwaltungsmäßig ab 1939 der Hauptdienststelle Walddörfer mit Sitz in Volksdorf; 1943 wurde die Dienststelle zum Ortsamt Walddörfer.

Im Herbst 1900: Hamburger Honoratioren bei ihrer Visitationstour vor dem Wohldorfer Herrenhaus. Mit auf das Bild durften die Förster (in Uniform)

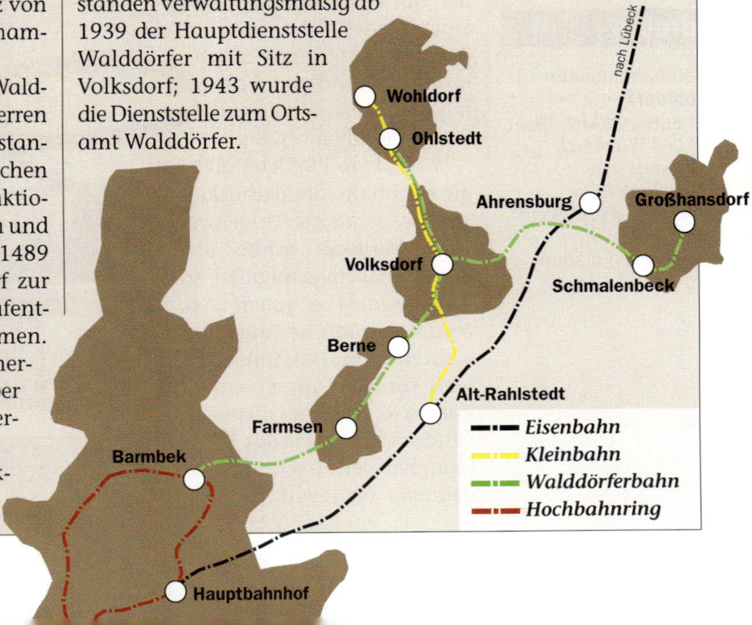

Die Hamburger Exklaven in Holstein bis 1937 und ihre Bahnanbindungen

„Auf Etage“ durch den Wald

Die „Walddörferbahn“ fuhr von 1907 bis 1961 bis nach Wohldorf. An ihre Geschichte erinnert das von einem Verein getragene Kleinbahnmuseum

Im Wohldorfer Bahnhof hat das Kleinbahnmuseum seit 1999 sein Domizil

Noch um 1900 war es eine weite Reise von den Walddörfern in die Stadt. Mit dem Pferdeomnibus benötigte man 1886 rund 2,5 Stunden von Wohldorf bis Barmbek. Ab 1907 fuhr ein Postautobus

Doppelstöckig durchs Grüne: Die Kleinbahn präsentiert sich mit Personal und jungen Fahrgästen. Unten: eine Fahrkartentrommel der Kleinbahn, zu sehen im Alstertalmuseum in Wellingsbüttel

in 70 Minuten von Wohldorf bis zum neuen Hauptbahnhof. Im selben Jahr wurde auch der Verkehr auf der Kleinbahnstrecke von Volksdorf nach Wohldorf aufgenommen, nachdem die Linie von Altrahlstedt bis Volksdorf schon seit 1904 in Betrieb war. In Altrahlstedt hatte die elektrische Kleinbahn Anschluss an die Strecke Lübeck–Hamburg der Lübeck-Büchener Eisenbahn.

Die Kleinbahn war eine Mischung aus Straßenbahn und Eisenbahn. Sie war schnell sehr beliebt, der Betrieb auf der rund 13 Kilometer langen Strecke wurde jedes Jahr erweitert. Die Bahn transportierte auch landwirtschaftliche Produkte in die Stadt und Baumaterialien hinaus.

Wie ältere Pferdebahnen hatte die Kleinbahn doppelstöckige Wagen, so genannte Etagenwagen: Die Oberdecks waren überdacht, aber ringsum offen, sodass die Fahrt bei gutem Wetter und erträglichen Temperaturen ein Vergnügen war. Für die Damen mit langen Röcken und ausladenden Hüten war das Erklimmen der engen Wendeltreppe nicht einfach.

Die Blüte der Kleinbahn währte nur wenige Jahre. 1920 bekam sie mit der Eröffnung der Walddörferbahn (heute U 1) von Barmbek bis Volksdorf übermächtige Konkurrenz. Deren Gleise liefen von Meiendorf bis Volksdorf und ab 1925 bis Ohlstedt parallel zu denen der Kleinbahn. Die neue Strecke verband die Walddörfer direkt mit dem Hamburger Hochbahnnetz.

Die Kleinbahn stellte angesichts der Konkurrenz durch die Walddörferbahn schon 1923 den Personenverkehr auf der Strecke Altrahlstedt–Volksdorf und 1925 auf der Strecke Volksdorf–Ohlstedt ein. 1924 übernahm die Hamburger Hochbahn AG die Kleinbahn und hielt den Güterverkehr noch bis 1934 aufrecht. Am Ende blieb bis 1961 der Personenverkehr zwischen Ohlstedt und Wohldorf.

Die Anstrengungen des 1958 gegründeten Kleinbahn-Vereins Wohldorf, den Betrieb auf dieser Anschlussverbindung aufrechtzuerhalten, hatten keinen Erfolg. Aus der Bahntrasse durch den Wohldorfer Wald wurde ein Wanderweg. Nur die Bahnhofsbauten in Volksdorf und Wohldorf sowie wenige Wagen haben sich erhalten. 1999 konnte der Verein auf dem Wohldorfer Bahnhofsgelände ein Museum eröffnen, das noch weiter ausgebaut werden wird. Eine Ausstellung im Bahnhofsgebäude veranschaulicht schon jetzt die Kleinbahn-Historie.

Adresse

Kleinbahnmuseum Wohldorf
Schleusenredder 10, 22397 Wohldorf
Öffnungszeiten: Juni–September Sonnabend und Sonntag 13–16 Uhr, Oktober–Mai Sonntag 13–16 Uhr

Nach dem Spaziergang durch Duvenstedter Brook oder Wohldorfer Wald lädt die Wohldorfer Mühle zur Stärkung

Von der Mühle zum Wanderer

Zu einer Mühle gehörte meist ein Gasthof. Die Bauern warteten dort, bis das Korn gemahlen war. Um 1863 wurde am *Mühlenredder* ein Wohnhaus für den Müller gebaut, das auch das bis heute existierende Gasthaus beherbergte. Karolina Ströh und Tochter Christina Ströh bewirtschaften seit 1995 die **Wohldorfer Mühle**. Die gehobene Küche und der Blick auf den Mühlenteich ziehen nicht nur Gäste aus der Umgebung an. Daneben liegt das 200 Jahre alte Gasthaus **Zum Bäcker**. Inhaber Wilfried Hinze ist auch Besitzer der Landbäckerei nebenan. „Esst Hinzebrot mit Vollkornschrot" prangte früher auf dem Wagen, mit dem das Brot ausgefahren wurde. Das **Landhaus Ohlstedt** in der *Alten Dorfstraße*, bewirtschaftet von Joscha Weggenmann, ist Hotel und Restaurant zugleich und bietet gutbürgerliche Küche. Das Gebäude von 1784 wurde nach einem Brand 1927 neu errichtet. Eine andere Ohlstedter Institution ist das **Wanderer** ein paar Hausnummern weiter – als Rockkneipe ein Unikum in den Walddörfern.

Köpfe

John Miles Sloman (1788–1866), Sohn des englischen Kapitäns William Sloman, pachtete im Jahr 1830 die Wohldorfer Kupfermühle, um günstiger an das für Schiffsausstattungen viel benötigte Kupfer zu kommen. Das Geschäft rentierte sich aber nicht, sodass er den Betrieb umstellte: Aus Lumpen wurde ein billiger Stoff („Shoddy") hergestellt und nach England verkauft. Der dänische Zoll machte dem Unternehmen aber schon bald einen Strich durch die Rechnung. Sloman starb in Wohldorf und wurde in Hamburg beerdigt. 1929 überführte man seine sterblichen Überreste nach Bergstedt, wo das Grab auf der Nordseite der Kirche bis heute besteht. Sein Sohn Henry Brarens Sloman war der Bauherr des Chilehauses.

In der Tradition hamburgischen Mäzenatentums stand **Alfred Toepfer** (1894–1993). Der Getreide- und Futtermittelkaufmann, der 1931 seine erste Stiftung gründete, wohnte seit 1928 in Ohlstedt. In seinem langen Leben führte er seinen Stiftungen ein großes Vermögen zu, dessen Erträge dem Naturschutz, dem Denkmalschutz und der europäischen Integration dienen. Auch Wohldorf profitierte von Toepfers Idealismus: Er ließ in den 1960er Jahren das Herrenhaus sanieren und das heruntergekommene Gut modernisieren. Seit 1991 war Toepfer Ehrenbürger Hamburgs.

Die „Wilden Hühner" (eine Mädchenbande), „Igraine Ohnefurcht" (eine Rittersttochter) und das „Piratenschwein" kommen aus Wohldorf. Denn hier wohnt auch die Kinderbuchautorin **Cornelia Funke** mit ihrer Familie und zwei Islandpferden. Über 40 Bücher mit ganz unterschiedlichen Geschichten hat sie seit 1988 geschrieben und illustriert. Und oft liest sie ihre spannenden und fantasievollen Werke auch selbst vor: Es werde heute unterschätzt, meint die Autorin, „dass Sprache etwas Klingendes ist".

Drei Köpfe aus Wohldorf und Ohlstedt: die Kaufleute John Miles Sloman und Alfred Toepfer und Kinderbuchautorin Cornelia Funke

Das Hamburger Umland

Vier schleswig-holsteinische Kreise und zwei niedersächsische Landkreise umgrenzen die Hansestadt und stehen in enger Verbindung mit ihr. Von der großen Stadt Norderstedt bis zur weiten Lüneburger Heide, von den Deichen im Land Kehdingen bis zu den Wildschweinen im Sachsenwald präsentieren sich vielfältige Landschaften

Weithin bekannt: das Rosarium der „Rosenstadt" Uetersen. Der Park wurde 1934 angelegt

Die malerische Altstadt von Stade, das auf eine mehr als 1000-jährige Geschichte zurückblicken kann

Der Nordteil der Lüneburger Heide liegt im Landkreis Harburg und ist am besten mit Pferd und Wagen zu erkunden

Der 91 m hohe Kalkberg ist das Erkennungszeichen des Kreises Segeberg und heute vor allem durch die Karl-May-Festspiele bekannt

Das Ahrensburger Schloss im Kreis Stormarn, eines der schönsten Baudenkmale ganz Schleswig-Holsteins

Die Geschichte des ehemaligen Herzogtums und des heutigen Kreises begann mit einer Burg ganz in der Nähe der heutigen Stadt Lauenburg/Elbe

Kreis Pinneberg

weist unter den Hamburg begrenzenden Regionen zwar die höchste Bevölkerungsdichte auf. Aber außerhalb der Städte liegen in den Elbmarschen ausgedehnte landwirtschaftlich genutzte Flächen

Steckbrief

Fläche: 664 km²
Einwohner: 291 662 (2001)
Städte: Barmstedt, Elmshorn, Pinneberg, Quickborn, Schenefeld, Uetersen, Wedel
Amtsfreie Gemeinden: Appen, Halstenbek, Helgoland, Rellingen, Tornesch
Ämter: 7
Gemeinden: 37
Kfz (PI): 205 766 (2001)

Der im Nordwesten Hamburgs gelegene Kreis Pinneberg ist auf vielfältige Weise mit der Hansestadt verbunden. Schon lange bevor seit 1996 das Konzept der Metropolregion diesen engen Verflechtungen Rechnung zu tragen suchte, führten viele Wege nach Hamburg. Der **tief greifende Strukturwandel**, der die Region nach dem Zweiten Weltkrieg formte, vertiefte die Bindungen. Waren es zunächst die Flüchtlinge und die aus Hamburg Evakuierten, die die Einwohnerzahlen vieler Gemeinden rasant emporschnellen ließen, so begann mit dem Wirtschaftswachstum seit Mitte der 50er Jahre auch die Abwanderung aus der Stadt „ins Grüne" bzw. – als Kehrseite der Medaille – das tägliche Pendeln in die Stadt zum Arbeitsplatz. Unter allen schleswig-holsteinischen Kreisen ist Pinneberg heute derjenige mit der **höchsten Bevölkerungsdichte**.

Die ehemalige Drostei in Pinneberg dient heute als Kulturzentrum für Ausstellungen, Vorträge und Konzerte

Der Schwerpunkt der Wirtschaftsentwicklung im Kreis Pinneberg liegt seit der Mitte des 19. Jahrhunderts auf der **Achse Pinneberg–Elmshorn**. Den Ausschlag gab die 1844 in Betrieb genommene Eisenbahnlinie zwischen Altona und Kiel – die erste in Schleswig-Holstein. Für die im Bereich der Strecke liegenden Gemeinden wurde die Bahn zum Schrittmacher der Industrialisierung. Heute bildet die Achse Pinneberg–Elmshorn gleichsam das wirtschaftliche Rückgrat des Kreises.

Aus der Geschichte

Der Kreis Pinneberg ist eine Schöpfung der Preußen. Nachdem die Herzogtümer Schleswig und Holstein 1867 zu einer **preußischen Provinz** gemacht worden waren, erfolgte auch auf unterer Ebene eine entsprechende Neuorganisation. Nach einer Verordnung vom 22. September 1867 entstanden insgesamt 20 Kreise. Den Kern des neuen Kreises Pinneberg bildete die ehemalige Herrschaft Pinneberg, die auch den künftigen Namen gab. Hinzu kamen die Administratur Rantzau, Teile aus dem Besitz des Klosters Uetersen sowie die Marschgüter Haseldorf, Hetlingen, Haselau und Seestermühe. Der Landrat und die Kreisverwaltung erhielten ihren Sitz in Pinneberg.

Die unmittelbare Nähe der Großstädte Altona und Hamburg hatte für den Kreis nicht nur Vorteile. Zahlreiche Gemeinden, die zusehends den Charakter von „Vororten" angenommen hatten, mussten nach und nach an die immer weiter expandierenden Nachbarn abgegeben werden – teils freiwillig, teils aber auch gegen den erklärten Willen des Kreises. Den Anfang machten Bahrenfeld, Övelgönne und Othmarschen, die 1890 nach Altona eingemeindet wurden. 1927 gingen weitere 27 Gemeinden an Altona, darunter Stellingen, Nienstedten und Blankenese. Durch das Groß-Hamburg-Gesetz kam schließlich 1937 auch Lokstedt zu Hamburg. 1970 wurde die Kreis-

grenze ein weiteres Mal verschoben, als die Zusammenlegung von Friedrichsgabe und Garstedt mit den Stormarner Gemeinden Harksheide und Glashütte zur neuen Stadt Norderstedt erfolgte.

Wenn auch umfangreiche Gebiete abgetreten werden mussten – von den ursprünglich 805 km² bei Gründung des Kreises blieben noch 664 km² übrig –, kam doch auch einmal etwas Neues hinzu, und noch dazu etwas Besonderes: Der Kreis Pinneberg kann mit Deutschlands **einziger Hochseeinsel** aufwarten. Seit 1932 gehört das rund 70 km vor der Küste liegende **Helgoland** zum Kreis und wird vom Pinneberger Kreishaus aus verwaltet. Zunächst war der **rote Felsen** – 1890 im Tausch gegen Sansibar von Großbritannien an das Deutsche Reich gekommen – Teil des Kreises Süderdithmarschen und bildete dann 1922–32 einen eigenen Kreis. Nach der Beinahezerstörung nach dem Zweiten Weltkrieg und dem erfolgreichen Wiederaufbau ist die Insel heute wie in alten Zeiten Ziel von jährlich Hunderttausenden Besuchern, die sich auf die mehr oder weniger stürmische Seereise wagen.

Kreisstadt Pinneberg

Die heutige Kreisstadt Pinneberg kann auf eine lange Tradition als **Verwaltungsort** zurückblicken. Ihre Anfänge gehen auf eine Burg zurück, die die Schauenburger Grafen 1472 hier als Amtssitz für ihren obersten Beamten, den sog. Drosten (später Landdrosten), errichteten. 1657 zerstörten schwedische Truppen

Felder und Weiden bestimmen vielerorts das Bild der Landschaft. Rund 65 Prozent der Flächen im Kreis Pinneberg werden landwirtschaftlich genutzt

Frische Luft wird garantiert – die einzigartige Nordseeinsel Helgoland gehört seit 1932 zum Kreis Pinneberg

Wiegen des deutschen Waldes

Drei Viertel aller schleswig-holsteinischen Baumschulen liegen im Kreis Pinneberg. Auch Deutschlands einziges Baumschulmuseum ist hier zu Hause

Manche Schulen brauchen eben Platz. Rund 4200 ha nehmen die Baumschulen im Kreis ein und bilden damit eines der weltweit **größten zusammenhängenden Baumschulgebiete**. Ideale Klima- und Bodenverhältnisse machten das Gebiet um Halstenbek und Rellingen zur „Wiege des deutschen Waldes". Mehr als 400 Betriebe sind im Kreis Pinneberg ansässig. Der Anstoß für diese Entwicklung kam aus Klein Flottbek (s. Nienstedten). 1795 entstand auf dem Voght'schen Mustergut die erste Baumschule. Wirtschaftlich aufwärts ging es seit der Mitte des 19. Jahrhunderts, als die Eisenbahn einen schnellen Transport der Pflanzen in alle Himmelsrichtungen ermöglichte.

Über die Geschichte der Baumschulen können Besucher sich in Deutschlands einzigem **Baumschulmuseum** informieren. Die Ausstellung zeigt historische Gerätschaften und Maschinen und dokumentiert die vielfältigen (Hand-)Arbeiten, die früher in den Baumschulen notwendig waren. Das Museum ist auf dem Gelände einer ehemaligen Baumschule in Pinneberg-Thesdorf *(Halstenbeker Straße 29)* untergebracht und kann dienstags 18–20 Uhr und Mai–Oktober auch sonntags 14–18 Uhr besichtigt werden.

Die zahlreichen Baumschulbetriebe wurden zu einem wichtigen Wirtschaftsfaktor im Kreis Pinneberg

die Anlage. Gut einhundert Jahre später ließ der Landdroste Hans von Ahlefeldt 1765–67 die **Drostei** errichten. Seit 1991 wird das Gebäude als Kulturzentrum des Kreises genutzt.

Die Nähe zu Hamburg machte Pinneberg seit den 1950er Jahren zur **beliebten Wohnstadt**. Verbesserte Verkehrsanbindungen, wie der 1967 erfolgte Anschluss an die Hamburger S-Bahn, verstärkten diesen Trend.

Wirtschaftszentrum Elmshorn

Teppiche (Kibek) und Haferflocken (Kölln) – beides ist bis heute untrennbar mit Elmshorn verbunden. Bis ins Stadtwappen gelangten diese Produkte jedoch nicht, denn hier erinnert ein Segelschiff daran, dass man noch zu Beginn des 19. Jahrhunderts mit der „Flora" ins Eismeer auf Wal- und Robbenfang fuhr. Der verkehrsgünstigen Lage an der **Krückau** und der Nähe eines alten Handelsweges hatte das 1141 erstmals erwähnte Elmshorn seine Gründung verdankt. Der Eisenbahnanschluss eröffnete 1844 den Weg in die Industrialisierung. Mit der Einrichtung der Strecke nach Glückstadt stieg der Ort dann 1845 zum ersten Eisenbahnknotenpunkt Schleswig-Holsteins auf. Lederindustrie und große Mühlenbetriebe bestimmten seit den 1890er Jahren die Entwicklung der Stadt. Der großzügige Ausbau der Hafenanlagen vor dem Ersten Weltkrieg machte Elmshorn zu einem wichtigen **Getreideumschlaghafen** im Deutschen Reich.

Die seit 1986 bestehende Anbindung an die Autobahn Hamburg–Heide beschleunigte die **Ansiedlung neuer Industrie- und Gewerbebetriebe**.

Das wirtschaftliche Herz des Kreises schlägt in Elmshorn, der mit rund 48 000 Einwohnern größten Stadt im südwestlichen Holstein

Rosenstadt Uetersen

Ein im 13. Jahrhundert auf dem Gelände einer Burg des Ritters Heinrich von Barmstede gegründetes Zisterzienserinnenkloster steht am Anfang der Geschichte Uetersens. Nach der Reformation wurde aus dem Kloster ein Damenstift. Das Haus der Priorin und die spätbarocke Backsteinkirche mit ihren eindrucksvollen Deckenmalereien erinnern heute an diese Zeit. Bereits Ende des 19. Jahrhunderts galten Uetersen und Umgebung als ein Zentrum der **Rosenzucht**. Ein bis heute weithin wirksames Markenzeichen schuf sich die Stadt 1934 anlässlich ihrer 700-Jahr-Feier mit dem **Rosarium** – einem idyllischen Park, der rund um den ehemaligen Mühlenteich des Klosters angelegt wurde.

Ochsen, Schiffe und ein Roland

Vierbeiner gehörten lange Zeit zu den wichtigsten Besuchern **Wedels**. Seit Mitte des 15. bis zum Ausgang des 18. Jahrhunderts machten jährlich Tausende von Ochsen hier Station. Sie wurden von Jütland her über den **Ochsenweg** durch Schleswig-Holstein getrieben und bei

Zahlreiche Besucher lassen sich alljährlich von der Blütenpracht des Rosariums in Uetersen verzaubern

Wedel oder Blankenese über die Elbe gesetzt. Heute erinnert noch die steinerne Rolandsfigur als Zeichen des Marktfriedens an die Zeiten, als hier die Viehhändler ihre Verträge besiegelten.

1875 wurde Wedel zur Stadt erhoben. Einen wirtschaftlichen Schub brachte die Eingemeindung des bereits stärker industrialisierten Schulau 1909. Nach dem Zweiten Weltkrieg erfuhr Wedel durch starken Zuzug aus Hamburg und Errichtung zahlreicher neuer Wohnsiedlungen einen starken Wandel. Ein beliebtes Ausflugsziel für alle „See-Süchtigen" ist die Schiffsbegrüßungsanlage **Willkomm Höft** in Schulau, wo seit 1952 alle auf der Elbe vorbeifahrenden Schiffe begrüßt und verabschiedet werden.

Der Schuhleistenkeil (um 3500 v. Chr.) wurde bei Kummerfeld gefunden

Kreis Segeberg

Von vielen Dörfern und betriebsamen Kleinstädten über Industriegemeinden bis zum großstädtisch wirkenden Norderstedt zeigt der nördlich von Hamburg gelegene Kreis seine vielen Gesichter

Der Name Segeberg leitet sich ab von der durch Graf Adolf II. von Schauenburg im Jahre 1134 errichteten „Siegesburg" auf dem weithin sichtbaren „Alberg", dem heutigen **Kalkberg**.

Aus der Geschichte

Um die „Siegesburg" bildete sich die Vogtei Segeberg als Militär- und Verwaltungsbezirk. Ab 1555 kam die Burg auf dem Kalkberg durch den neuen Amtmann Heinrich Rantzau zu neuem Ansehen und Glanz. Rantzau wurde zum Königlichen Statthalter in Schleswig-Holstein mit Sitz in Segeberg ernannt und ließ die Burg zu einem Renaissanceschloss umbauen. Heinrich Rantzau war der profilierteste Vertreter des norddeutschen Humanismus, der durch seine Renaissancebauten auf seinen Gütern, durch seine wissen-

Der 91 m hohe Kalkberg ist das Erkennungszeichen des Kreises. Seine Höhlen, mehr aber noch die Karl-May-Spiele im Freilichttheater machen ihn zum Publikumsmagnet für ganz Norddeutschland

schaftlichen Abhandlungen und Landesbeschreibungen sowie seine politischen und wirtschaftlichen Aktivitäten Ruhm erlangte. Seine **Residenz Segeberg** und sein Stammsitz Breitenburg (bei Itzehoe) waren fast ein halbes Jahrhundert hindurch die zentrale Station des europäischen Nordens für alle Nachrichten über politische Zeitereignisse.

1627 erreichte mit Truppendurchzügen der **30-jährige Krieg** (1618–48) auch Holstein. Die Schweden fielen 1644 ein, zerstörten das Segeberger Schloss, die Stadt blieb weitgehend verschont. Henstedt dagegen brannte bis auf vier Höfe ab. Auch der **Nordische Krieg** (1700–21) berührte das Amt Segeberg. Im ersten Jahr trafen die Armeen Dänemarks und Schwedens bei Segeberg aufeinander.

Für den Westen des Amtes Segeberg war der **Ochsenhandel** auf dem Ochsenweg besonders im 17. Jahrhundert wirtschaftlich bedeutsam. Der Hauptweg führte über Bramstedt, dessen Wichtigkeit der dortige, erstmals 1590 erwähnte **Roland** unterstrich. Verträge, die zu seinen Füßen geschlossen wurden, bedurften nicht der Schriftform. Ein Nebenweg des Ochsenweges ging über Ulzburg, die Harksheide und den Ochsenzoll zum Zollenspieker (s. Kirchwerder).

Im 19. Jahrhundert setzte ein Wirtschaftswachstum ein, zu dem besonders der Bau der beiden „Kunststraßen" Schleswig-Holsteins beitrug: 1832 entstand die **Chaussee Altona–Kiel** (heutige B 4) und 1840 die **Chaussee Altona–Fehmarn** (heutige B 432).

Mit der Bildung der **preußischen Provinz Schleswig-Holstein** 1867 wurde der Kreis Segeberg aus dem bisherigen Amt Segeberg, dem Amt Traventhal, Teilen der Ämter Trittau und Tremsbüttel, Teilen der Herrschaft Breitenburg und des Klosters Itzehoe sowie 15 Gutsbezirken gebildet. Segeberg blieb als Kreisstadt Verwaltungsmittelpunkt. Daneben bestanden die Kirchspielvogteien Segeberg und Bramstedt als untergeordnete staatliche Verwaltungsbezirke.

In preußischer Zeit begannen größere staatliche Maßnahmen zur Wirtschaftsförderung, so das Projekt des **Salzbergwerks** in Segeberg und der Bau der **Eisenbahnlinie** Neumünster–Segeberg–Oldesloe. Weite Heide- und Moorflächen wurden urbar gemacht, Aufforstungen großen Stils veränderten die Landschaft, in Bramstedt und Segeberg erlangten Badebetrieb und Fremdenverkehr wirtschaftliche Bedeutung. 1898 schloss die Altona-Kaltenkirchener Bahn den westlichen Teil des Kreises mit Bramstedt an das Eisenbahnnetz an. Nach dem Ersten Weltkrieg wurde diese Strecke bis nach Neumünster verlängert und heißt seit-

Das Schleswig-Holsteinische Feuerwehrmuseum liegt in Norderstedt

dem **Altona-Kaltenkirchener-Neumünsteraner Bahn** (AKN).

Per Gebietsreform kamen 1932 vom aufgelösten Kreis Bordesholm die Gemeinden Gadeland, Boostedt, Großenaspe und Heidmühlen an Segeberg. 1945 verdoppelte sich im Kreis Segeberg, wie in ganz Schleswig-Holstein, die Bevölkerungszahl durch Flüchtlinge aus dem Osten und ausgebombte Hamburger auf über 112 000 Menschen. Die **Umstrukturierung des Kreises** wurde durch den Ausbau der vorhandenen Straßen und den Neubau der B 404 im Osten und der A 7 im Westen vorangetrieben.

Im Norden des Kreises, in Wahlstedt und Trappenkamp, entstanden dank gezielter öffentlicher Förderung und dem innovativen Unternehmungsgeist von Neubürgern aus ehemaligen Wehrmachtsdepots emporstrebende Industriegemeinden. Eine weitere stürmische Entwicklung vollzog sich im Süden des Kreises, und zwar auf der **Entwicklungsachse Hamburg–Ochsenzoll–Kaltenkirchen**. Dabei sollte sich laut Planung Kaltenkirchen stärker entwickeln als die auf der südlichen Achse gelegenen Orte Henstedt-Ulzburg und Norderstedt. Die tatsächliche Entwicklung erbrachte dagegen für diese beiden Hamburg am nächsten gelegenen Orte das stärkste Wachstum, was dann 1970 zur Gründung der Stadt Norderstedt führte. Damit war die ganze Entwicklungsachse Och-

Steckbrief

Fläche:
1344 km²

Einwohner:
250 467 (2001)

Städte:
Bad Bramstedt, Kaltenkirchen, Norderstedt, Segeberg, Wahlstedt

Amtsfreie Gemeinden:
Boostedt, Ellerau, Henstedt-Ulzburg, Trappenkamp

Ämter: Bad Bramstedt-Land, Bornhöved, Itzstedt, Kaltenkirchen-Land, Kisdorf, Leezen, Rickling, Segeberg-Land, Wensin, Buchholz (Forstgutsbezirk)

Kfz (SE):
215 732 (2001)

Diese Rolandsfigur ist das Wahrzeichen Bad Bramstedts

Norderstedt – fast schon Großstadt

Fast jeder dritte Bewohner des Kreises lebt hier, und mehr als 30 Prozent des Kreishaushalts werden im wertvollen Segeberger „Kreisanhängsel" erwirtschaftet

Rathaus für 73 000 Einwohner. Vor dem 1983 bezogenen Bau zeigt der Brunnen „Regentrude" eine Szene aus der gleichnamige Novelle von Theodor Storm

Die Stadt Norderstedt ist noch jung: Sie wurde 1970 aus den Gemeinden Garstedt und Friedrichsgabe (Kreis Pinneberg) sowie Harksheide und Glashütte (Kreis Stormarn) gebildet und dem Kreis Segeberg zugeordnet. Die agrarisch geprägte Region sollte damit steuerlich gestärkt werden.

In der größten und wirtschaftlich **stärksten Kommune** im Hamburger „Speckgürtel" haben sich ca. 3500 Unternehmen in sieben Norderstedter Gewerbegebieten angesiedelt. Die größten Firmen sind Jungheinrich (Gabelstapler), Ethicon (chirurgische Geräte), Lufthansa und REWE. Insgesamt arbeiten etwa 33 000 Menschen in der Stadt, die so heute mehr Ein- als Auspendler hat.

Zwei Zentren bestimmen das Stadtbild Norderstedts: zum einen das **Herold-Center**, das größte Einkaufszentrum im Hamburger Umland, mit seiner umliegenden städtischen Bebauung; zum anderen der neue Stadtteil **Norderstedt-Mitte** mit Rathaus und anderen städtischen Institutionen. Beide Zentren liegen an der U-Bahn, mit der Hamburgs City in etwa 40 Minuten zu erreichen ist. Nach Norden ist die Bahnverbindung durch die AKN gegeben.

Norderstedt hat einen hohen Wohn- und Freizeitwert. Sämtliche Sportarten können in verschiedenen Vereinen betrieben werden, und 1994 eröffnete das Freizeit- und Spaßbad ARRIBA mit 2500 m^2 Wasserfläche. Auch Kultur und Bildung kommen nicht zu kurz. In der **TRIBÜHNE** am Rathaus mit ihren 700–1000 Plätzen gastieren regelmäßig Tourneetheater, finden Messen und Konzerte statt. Im **Festsaal am Falkenberg** mit seinen 500 Plätzen spielen mehrere Laientheater. Kunstkreis, musischer Jugendkreis, die Musikschule mit über 1200 Schülern und viele Hobby-Künstler schaffen eine vielfältige kulturelle Szene. In der Stadt ist auch das **Schleswig-Holsteinische Feuerwehrmuseum** zu Hause, und in direkter Nachbarschaft liegt das **Stadtmuseum**, das neben der Dauerausstellung zur Stadtgeschichte wechselnde Themen präsentiert.

Die **Volkshochschule Norderstedt** ist die zweitgrößte in Schleswig-Holstein. Ihr Programm reicht von berufsbegleitenden Förderlehrgängen bis zu Kursen für sinnvolle Freizeitgestaltung. Die **Stadtbücherei** (vier Standorte) bietet für jeden etwas, von Büchern über CDs und Videos bis zu einer Graphothek.

senzoll–Kaltenkirchen in der Hand des Kreises Segeberg, was die regionalen Planungen erleichterte.

Wirtschaft im Kreis Segeberg

Von den etwa 15 000 Segeberger Unternehmen ist als gesamt-schleswig-holsteinisches und hamburgisches Einkaufsziel zweifellos **Möbel Kraft** in Bad Segeberg das seit Jahrzehnten prominenteste. Kaum weniger bekannt ist die Wahlstedter Firma **arko** mit ihren ausgesuchten Pralinen-, Schokoladen- und Gebäckspezialitäten, weitere Großbetriebe liegen in Norderstedt. Das Geschäft mit Tourismus und Kurgästen ist in Bad Segeberg und Bad Bramstedt ebenfalls ein wichtiger Wirtschaftsfaktor. So verfügen beide Städte z.B. über große **Reha-Kliniken** und können daher bis zu 250 000 Übernachtungen pro Jahr und Stadt verbuchen.

Unterhaltung, Kultur, Natur

Das bekannteste Freizeitziel im Kreis Segeberg sind die seit 1951 bestehenden **Karl-May-Spiele in Bad Segeberg**. Jedes Jahr finden über 200 000 Menschen den Weg zu Winnetou und Co. Im Ostteil des Kreises bieten verschiedene Seen Gelegenheit zum Baden in landschaftlich schöner Umgebung, wie der Pronstorfer, der Warder, der Mözener, der Segeberger, der Seedorfer, der Neversdorfer und der Itzstedter See oder auch der Ihlsee. Die meisten werden nicht nur zum Schwimmen und Plantschen besucht, sondern sind – wenn auch überwiegend verpachtete – **Angelparadiese**.

Naturfreunde finden im Segeberger Forst viele Wanderwege und mit den **Wildparks** Eekholt und Trappenkamp weitere lohnenswerte Ziele im Kreis. In

Eekholt ist in weitläufigen Gehegen heimisches Wild vom Reh über den Otter bis zum Seeadler zu beobachten, in Trappenkamp steht die heimische Pflanzenwelt stärker im Vordergrund.

Für den kulturell interessierten Besucher bietet der Kreis mit seinen **Gütern** und **Herrenhäusern** Ziele zur Besichtigung wie das Gut Seedorf mit seinem Torhaus aus der Zeit um 1600, das Gut Muggesfelde mit Anlage aus dem 18. Jahrhundert. Das Gut Pronstorf mit Herrenhaus stammt ebenfalls aus dieser Zeit. Wieder im 17. Jahrhundert entstanden Gut und Herrenhaus in Wensin. In der Nachbarschaft des 1751 errichteten Herrenhauses in Borstel liegt in Sülfeld die sehr sehenswerte Kirche aus dem 17. Jahrhundert.

Vor der Götzburger Mühle grasen die Kühe, im Wildpark Eekholt bauen die Störche ihr Nest

Das Herrenhaus Borstel ist heute Sitz eines weltweit bekannten medizinischen Forschungsinstituts

Kreis Stormarn

wird gern als die „grüne Brücke" zwischen Hamburg und Lübeck bezeichnet. Der wirtschaftliche Strukturwandel hat das landschaftlich reizvolle Gesicht des Kreises seit den 1950er Jahren verändert

Neben den mittlerweile sechs Städten prägen Stormarn abwechslungsreiche Kultur- und Naturlandschaften. Immer wieder tauchen prächtige, wie kleine Schlösser anmutende Herrenhäuser als Blickfang zwischen Wäldern auf oder wechseln sich in den Dörfern ab mit alten Kirchen und großen Bauernhöfen. Das Alster- und Billetal bilden wie die **Stormarner Schweiz** mit ihrer anmutigen Seen- und Hügellandschaft Erholungszonen. So ist das heutige Bild des Kreises vielfältig: Historisch gewachsene Städte und bisweilen pittoreske Bauerndörfer, suburbane Hamburg-Randgemeinden und vornehme Wohnviertel im Grünen.

Aus der Geschichte

Ursprünglich war Stormarn der historische Name für die Landschaft zwischen

Steckbrief

Fläche:
766,2 km²
Einwohner:
218 038 (2001)
Städte:
Ahrensburg, Bad Oldesloe, Bargteheide, Glinde, Reinbek, Reinfeld (Holstein)
Amtsangehörige Gemeinden:
44
Ämter:
Braak, Brunsbek, Hoisdorf, Siek, Stapelfeld
Kfz (OD):
154 114 (2001)

Elbe und Trave und bezeichnete einen der drei nordelbischen Sachsenstämme („Sturmarii"). Die früheste Erwähnung Stormarns datiert aus dem späten 11. Jahrhundert, als der Geschichtsschreiber Adam von Bremen das damals viel weiter nach Westen reichende Land schilderte. Im 12. Jahrhundert wurde Stormarn zusammen mit Holstein und Wagrien dem **Grafen Adolf von Schauenburg** zum Lehen gegeben. Der westliche Teil Stormarns zwischen Pinnau und Alster fiel bald an die Pinneberger Linie der Schauenburger. In der frühen Neuzeit gehörte Stormarn teilweise zum königlichen, teilweise zum Gottorper Anteil Schleswig-Holsteins. 1867 wurde es **preußischer Landkreis** mit Wandsbek als Kreisstadt (das 1901 kreisfrei wurde, aber Verwaltungssitz für Stormarn blieb). Die ausgebauten Verkehrswege zwischen Hamburg und Lübeck (Chaussee 1843, Eisenbahn 1865, Autobahn 1937) verbanden Stormarn immer besser mit den beiden benachbarten Zentren. Einen radikalen Einschnitt brachte 1937/38 das **Groß-Hamburg-Gesetz**, das die Einwohnerzahl des Kreises halbierte: Zwölf Stormarner Kommunen, darunter die Großgemeinde Billstedt, fielen an Hamburg, während lediglich Großhansdorf/Schmalenbeck von der Hansestadt an den Kreis gelangte. Nach dem Zweiten Weltkrieg kam Stormarn zum Bundesland Schleswig-Holstein.

Das Kurhaus in Bad Oldesloe vor dem Ersten Weltkrieg auf einer historischen Ansichtskarte. Das heute nicht mehr erhaltene Gebäude war der Mittelpunkt des Badelebens

Schlossstadt Ahrensburg

Ahrensburg ist nicht nur ein direkter Nachbar Hamburgs, sondern mit knapp 30 000 Einwohnern auch die **größte Stadt** im Kreis Stormarn. Bekannt wurde Ahrensburg durch sein weiß leuchtendes „Schloss", das als Rantzau'scher Herrensitz im 16. Jahrhundert entstand und mittlerweile zum Wahrzeichen des Kreises avancierte. Der Kaufmann und Politiker **Heinrich Carl Graf von Schimmelmann**, Besitzer des ehemaligen Gutes Ahrensburg, ließ es in der zweiten Hälfte des 18. Jahrhunderts um-

bauen. Zusammen mit dem Marstall, der Schlosskirche und den „Gottesbuden" (historischen Armen-Behausungen) bildet es bis heute ein stimmungsvolles architektonisches Ensemble. Noch immer ist in Ahrensburg die historische Achsenstruktur mit dem inzwischen verkehrsberuhigten **Rondeel** als Mittelpunkt zu erkennen, von dem vornehme Einkaufs- und Flaniermeilen abzweigen. Das neue urbane Stadtzentrum gruppiert sich seit den späten 1960er Jahren um das **siebengeschossige Rathaus**.

Reinbek – Tor zum Sachsenwald

An der südöstlichen Grenze zu Hamburg liegt die zweitgrößte Stadt Stormarns: Reinbek. Auch das „Tor zum Sachsenwald" beherbergt einen **Schlossbau** aus dem 16. Jahrhundert. Bauherr war Herzog Adolf I., der es als Nebenresidenz im

Prachtvoll erhebt sich die weiße Fassade des Ahrensburger Schlosses aus seiner grünen Umgebung

niederländischen Renaissance-Stil auf dem Gelände des vormals hier gelegenen mittelalterlichen Zisterzienserklosters errichtete. Heute wird das restaurierte, von einem Park umgebene Gebäude als Kulturzentrum genutzt. Ansonsten profitieren Einwohner und Besucher von der landschaftlich schönen, **waldreichen Lage** der Stadt an den Ufern der Bille.

Pittoreskes Bad Oldesloe

Politischer Mittelpunkt Stormarns ist die **Kreisstadt Bad Oldesloe**, die bereits im Mittelalter Stadtrechte erhielt. Erst 1949 zum alleinigen Verwaltungssitz des Kreises erkoren, konnte es damit den bereits verblichenen Ruhm als Badeort aus dem frühen 20. Jahrhundert ein wenig ausgleichen. Von Letzterem kündet heute nur noch das „Bad“ im Stadtnamen (seit 1911) und der Kurpark. Malerisch ist das an der Trave gelegene Heiligengeistviertel mit seinen engen Gassen und alten Häusern. Das Zentrum von Bad Oldesloe bildet der Markt mit dem **historischen Rathaus**, das auf den dänischen Klassizisten C. F. Hansen (s. Nienstedten) zurückgeht und heute eine Bühne für Kulturveranstaltungen bietet.

Klosterstadt Reinfeld

Der ehemalige Kloster- und Kurort Reinfeld ist zwar die kleinste, aber zweitäl-

Blick in die Mühlenstraße: Die Altstadt von Bad Oldesloe ist heute beliebte Fußgängerzone

In Hoisdorf entstand in den 1970er Jahren das Stormarnsche Dorfmuseum. Die Sammlung zeigt Exponate des früheren agrarischen Alltagslebens

teste Stormarner Stadt (Stadtrecht 1927). Einst bestimmten die Mönche das Leben – im späten 12. Jahrhundert wurde ein Zisterzienserkloster begründet, jedoch während der Reformation wieder aufgelassen. Noch heute wird das Stadtbild von jenen Teichen geprägt, die die Zisterziensermönche im Heilsautal anlegten – der mit Abstand größte von ihnen ist der **Herrenteich**. Berühmtester Sohn Reinfelds ist der 1740 geborene Schriftsteller und Publizist Matthias Claudius (s. Wandsbek und Rahlstedt).

Ländliches und Suburbanes

Jüngste Stadt im Kreisgebiet ist Glinde (Stadtrecht seit 1979). Das suburban wirkende Zentrum liegt auf dem Gelände eines ehemaligen Gutshofes, der einst für seine Milchwirtschaft weithin bekannt war – jetzt zeugt hier nur noch das **neubarocke Herrenhaus** vom alten Gut. Die inzwischen restaurierte Glinder Mühle ist heute Schauplatz für Kultur und Geschichte. Das zwischen Ahrensburg und Bad Oldesloe gelegene Bargteheide hat seit 1970 Stadtrecht und kann auf ein „Kleines Theater“ verweisen, das mit seinem preisgekrönten Kino- und Veranstaltungsprogramm weit bekannt ist. Wenn schon nicht „Stadt“, so doch „Großgemeinde“, dient Großhansdorf als vornehmer, waldreicher Wohnort im Grünen vor den Toren Hamburgs zugleich der U-Bahn-Linie 1 als Endstation. Nicht weniger begehrte Wohnquartiere finden sich in den Orten der „Stormarner Schweiz“: Trittau (dessen ehemalige Amtsmühle heute ein Kulturzentrum ist) sowie Großensee und Lütjensee mit ihren gleichnamigen Gewässern sind hier die wichtigsten Gemeinden. Über HVV-Busse mit der Metropole Hamburg verknüpft, bilden sie reizvolle Ziele für Wander-, Rad- und Badeausflüge.

Überhaupt bietet Stormarn viele Möglichkeiten zum Radwandern abseits der Autostraßen, und zuweilen sind stillgelegte Bahntrassen zu neuen Radverbindungsstrecken geworden (wie die der Südstormarnschen Kreisbahn zwischen Trittau und Glinde). Auf diesen und anderen Wegen können auch die vielen kleineren, nicht minder reizvollen Orte entdeckt werden: Grönwohld mit seiner Drahtziehmühle, Grabau mit Herrenhaus, Gutsanlagen und dem See, Eichede mit seinem ländlich-romantischen Ortskern um die Kirche, Hoisdorf mit dem **Stormarnschen Dorfmuseum**. Im lübecknahen Nordstormarn bietet die mittelalterliche Zarpener Kirche mit ihrer gotischen Architektur und Gewölbemalerei ein Glanzlicht sakraler Kunst.

Bronzezeitliche Trachtbestandteile: Hängebecken aus einer Fundstelle bei Bad Oldesloe

Adlige und ihre Herrenhäuser

Neben alten Kirchen gilt es in Stormarn aber vor allem die bedeutsamen Zeugnisse **historischer Adelskultur** zu entdecken. Das Ahrensburger Schloss ist natürlich das berühmteste. Nicht weit entfernt befindet sich ein Kleinod der Gartenkunst: In Jersbek ist der berühmte, unter dem Gutsherrn Bendix von Ahlefeldt angelegte **Barockgarten** aus dem frühen 18. Jahrhundert in seiner Grundstruktur restauriert worden. Den Eingang zum Gutsgelände mit Herrenhaus markiert unübersehbar ein gut erhaltenes historisches Torhaus – gleich nebenan liegt übrigens mit dem **Fasanenhof** eine der sehenswertesten historischen Gaststätten Stormarns. Immer wieder werden die Stormarner Herrenhäuser mit nicht gelinder Übertreibung als „Schlösser“ bezeichnet, wie z.B. jene in Blumendorf (vor den Toren Bad Oldesloes) oder in Grabau. Das Nütschauer Herrenhaus aus dem späten 16. Jahrhundert ist eines der ältesten im Stormarner Raum und wird mittlerweile als Kloster genutzt. Tremsbüttel diente als Hotel und – ebenso wie Schloss Ahrensburg – Schauplatz von Spielfilmen. Als „Dornröschenschloss" gilt das 1894 im Stil der Neorenaissance errichtete Tralauer „Schloss", das sich reizvoll ins Travetal einfügt.

Stormarner Naturoasen

Auf den Schutz von Natur und Landschaft wird in Stormarn besonderer Wert gelegt. Mit der **Hahnheide bei Trittau** verfügt der Kreis über eines der ersten und größten Naturschutzgebiete Schleswig-Holsteins. Dessen 1450 ha umfassende, von Senken durchzogene Fläche bildet den Ostteil der **Stormarner Schweiz** und beherbergt weitläufige Altbestände aus Buchen sowie Mischbestände aus Kiefer, Fichte und Buche. Nach der Hahnheide ist das **Ahrensburger Tunneltal** mit 339 ha das zweitgrößte Naturschutzgebiet in Stormarn (s. Rahlstedt). Beim 24 ha großen, nordwestlich an Bad Oldesloe grenzenden **Brenner Moor** mit seinen Salzquellen, die Lebensraum für Salzpflanzen und eine entsprechend angepasste Tierwelt bieten, handelt es sich um die größte binnenländische Salzstelle von Schleswig-Holstein. In dem ehemaligen Bauerndorf Hoisdorf wurde – wohl einmalig weit und breit – mit den **Hoisdorfer Teichen** eine 30 ha große Fläche inmitten der örtlichen Bebauung als Naturschutzgebiet ausgewiesen. Inzwischen zählt der Kreis Stormarn über 15 Naturschutzgebiete – der nördliche **Herrenteich** in Reinfeld gehört zu den jüngsten. Wer sich naturkundlich informieren möchte, dem sei der Weg ins **Haus der Natur** in Wulfsdorf (bei Ahrensburg) empfohlen.

Der Großensee (hier am „Nordstrand") zählt zu den beliebtesten Ausflugszielen in der „Stormarner Schweiz"

Wirtschaft und Verkehr

Stormarn sei das „Glanzlicht im Norden", so betitelte einmal eine Hamburger Tageszeitung ihren ausführlichen Bericht über die wirtschaftliche Entwicklung. Dies schien in der ersten Zeit nach dem Zweiten Weltkrieg keineswegs selbstverständlich. Der Kreis, in seiner Struktur ohnehin agrarisch geprägt, hatte zuvor im Groß-Hamburg-Gesetz wichtige Industriegemeinden an die übermächtig scheinende Metropole Hamburg abtreten müssen. Ganz Stormarn drohte das Schicksal einer Agrarregion ohne ausreichendes Arbeitsplatzangebot und mit vielen Pendlern – das Schicksal einer strukturarmen **Schlafstube Hamburgs**. Aber die Zuwanderung von Hamburger Betrieben führte für Stormarn seit den späten 1950er Jahren zu einem raschen Strukturwandel, der in Schleswig-Holstein fast beispiellos ist. An vielen Orten entstanden neue Gewerbegebiete – das größte davon in Ahrensburg. Waren es zunächst vor allem Unternehmen des produzierenden Gewerbes, die ihren Weg nach Stormarn fanden, folgten später auch vermehrt Dienstleistungsbetriebe. 1995 gehörten von den neu angesiedelten Firmen schon 51 Prozent zum Bereich Dienstleistung und Handel, 49 Prozent zum Bereich produzierendes Gewerbe und Handwerk. Förderlich für die Entwicklung waren die überaus **günstigen Verkehrsanbindungen**: Autotrassen (A 1, A 24 und die B 404/A 21), Schienenstrecken sowie die Präsenz des HVV-Nahverkehrssystems im hamburgnahen Raum.

Mittelalterliche Kirche im nordstormarnschen Zarpen mit kulturhistorisch wertvoller Innenausstattung

Das sorgfältig restaurierte Schloss Reinbek ist heute ein bekannter Ort für Kulturveranstaltungen

Kreis Herzogtum Lauenburg

Der Kreis mit dem stolzen adligen Zusatz hat eine lange Geschichte als selbstständiges Territorium. Diese Sonderstellung wirkt bis heute nach und verleiht der waldreichen Region ihre ganz eigene Färbung

Steckbrief

Fläche:
1263 km²
Einwohner:
180 013 (2001)
Städte:
Geesthacht, Lauenburg/Elbe, Mölln, Ratzeburg, Schwarzenbek
Amtsfreie Gemeinde:
Wentorf bei Hamburg
Ämter:
11
Gemeinden:
126
Kfz (RZ):
152 262 (2001)

Östlich von Hamburg liegt der Kreis Herzogtum Lauenburg, der mit seiner Seenlandschaft, mit ausgedehnten Waldflächen und historischen Kleinoden von jeher eine Anziehungskraft auf erholungsuchende Großstädter ausübt. Malerische Dörfer und schmucke Kleinstädte prägen das Bild.

Der Name **Lauenburg** stammt von dem slawischen (altpolabischen) Namen „Labo" ab, der als Kern auch in der Flussbezeichnung „Elbe" steckt. Damit wird die mittelalterliche Lage des Kreises als Grenzterritorium zwischen slawischen und deutschen Bevölkerungsgruppen sprachgeschichtlich deutlich. Der Kreis ist von jeher Grenz- und Transitgebiet, das über die Jahrhunderte von unterschiedlichen Strömungen geprägt worden ist

Aus der Geschichte

In den Jahren 1181/82 ließ der waghalsige Krieger Bernhard von Anhalt, Sohn des Markgrafen der Nordmark, Albrecht des Bären, und Begründer des Herrschergeschlechtes der Askanier, auf einer Geländezunge oberhalb der Elbe nahe der Delvenaumündung eine **Burg** errichten. Sie erhielt den Namen Lauenburg. Ihre Gründung kann als der **erste Spatenstich** für den Aufbau des späteren Herzogtums Lauenburg angesehen werden. Zuvor hatte Bernhard in den dramatischen Kämpfen zwischen dem Sachsenherzog Heinrich dem Löwen und Kaiser Friedrich I. („Barbarossa") auf der richtigen Seite gestanden, wofür er 1180 vom Kaiser mit dem **Herzogtum Sachsen** belehnt worden war.

Sein Herzogtum war eines der kleinsten des Heiligen Römischen Reiches Deutscher Nation. Das Kernland – hauptsächlich bestehend aus dem heutigen Kreisgebiet – grenzte im Süden an die Elbe und im Norden an Lübeck. Außerdem gehörten das Amt Bergedorf, die südelbische Marschvogtei Artlenburg, das Amt Neuhaus elbaufwärts, die Vierlande und das Land Hadeln dazu. Wichtigster Nachbar war Lübeck, das 1398 die **Stecknitz-Fahrt** als ersten nordeuropäischen Kanal baute, der die Stadt Lauenburg über die Trave mit Lübeck verband. Mit diesem Wasserweg, der „nassen Salzstraße", monopolisierte die „Königin der Hanse" den **Salztransport** von Lüneburg in den Ostseeraum. Reste

Dies bei Duvensee gefundene Paddel stammt aus der Zeit 5000–4000 v. Chr. (Helms-Museum, Harburg)

Lange Geschichte am Strom: die Stadt Lauenburg/Elbe mit dem Museumsdampfer „Kaiser Wilhelm" davor

Weiter Abendhimmel am Schaalsee

dieser technischen Meisterleistung des Mittelalters sind zwischen Büchen und Lauenburg zu besichtigen.

Nach **Erlöschen des Herrschergeschlechts** der Askanier 1689 ging das Herzogtum an die Welfen und wurde nach 1714 durch Erbgang vom englischen Königshaus übernommen. Nach dem Wiener Kongress 1815 kam das Herzogtum Lauenburg unter die **Oberhoheit der dänischen Krone**.

Bis auf die kleinen Städte Ratzeburg (heute sehenswerte Kreishauptstadt), Mölln und Lauenburg, in denen es Handel und Gewerbe gab, lebten die Menschen überwiegend von Land- und Forstwirtschaft. Politisch bildete die **Übernahme durch Preußen** nach dem Deutsch-Dänischen Krieg 1864 einen wichtigen Einschnitt. Otto von Bismarck, der die Einverleibung des Territoriums persönlich überwachte, vermerkte verwundert über die Rückständigkeit des Landes: Das Herzogtum sei „ein Miniaturbild des Mittelalters". 1876 erfolgte die **Einbindung als Landkreis** in die Provinz Schleswig-Holstein. Als Trostpflaster für die verlorene Selbstständigkeit durfte der Kreis den adligen Zusatz „Herzogtum" behalten.

Erst die „Verkehrsrevolution" des 19. Jahrhunderts schuf die Grundlage für eine **Modernisierung** der Gegend. Neue Straßen, Eisenbahn, Dampfschifffahrt und später der Autoverkehr mobilisierten Menschen und Waren. Insbesondere im südlichen Kreisgebiet förderte die Nähe zu Hamburg Industrieansiedlungen. So entstanden in Lauenburg eine Werft- und eine Zündholzindustrie, in Geesthacht eine ausgedehnte Sprengstofffabrikation und in Schwarzenbek und Büchen Metall verarbeitende Betriebe. Die Bevölkerungszahl verdoppelte sich zwischen 1840 und 1940 auf

Ein Wahrzeichen der Stadt Mölln: Der „Till Eulenspiegel" auf dem historischen Marktplatz ist ein Werk des Bildhauers Karlheinz Goedtke

Der Sachsenwald

Lange war der Sachsenwald ein Zankapfel zwischen Hamburg und dem Herzogtum. Heute erholen sich hier Hansestädter und Lauenburger friedlich gemeinsam

Otto v. Bismarck (1815–98). Seinen Nachkommen gehört der Sachsenwald noch heute

Etwa ein Viertel des Herzogtums ist baumbestanden und der Kreis damit der waldreichste Schleswig-Holsteins. Mit dem Sachsenwald (ca. 6000 ha) beherbergt er auch sein größtes geschlossenes Waldgebiet. Der Name bedeutet so viel wie **Wald des Sachsenherzogs**, also Heinrichs des Löwen und seiner Nachfolger. Im Mittelalter waren das Holz, die Wildbestände und die Bäche, die zahlreiche Mühlen antrieben, lange Zankapfel zwischen Hamburg und den Herzögen. Es kam zu vielen Scharmützeln und Prozessen, auch zu Kuriositäten wie dem „Schweine-Krieg", der durch die Entführung von Bergedorfer Schweinen durch Soldaten des lauenburgischen Herzogs im 16. Jahrhundert ausgelöst wurde. 1871 übereignete Kaiser Wilhelm I. den Sachsenwald dem Fürsten Otto von Bismarck in Anerkennung seiner Verdienste bei der deutschen Einigung. Dieser richtete sich in **Friedrichsruh** ein („Der Alte aus dem Sachsenwalde"). Bis heute in Privatbesitz der Bismarcks, ist der Sachsenwald beliebtes Ausflugsziel mit Attraktionen wie dem „Park der Schmetterlinge" und dem „Bismarck-Museum".

Das Krügersche Haus in Geesthacht, in seinem Kern ein Ackerbürgerhaus aus dem 17. Jahrhundert, beherbergt heute das Museum und Archiv der Stadt Geesthacht

über 70 000 Menschen und stieg nochmals durch Flüchtlinge und Vertriebene nach dem Zweiten Weltkrieg an. Seit der Grenzöffnung und dem Zerfall des Kommunismus im Osten Europas liegt das Herzogtum Lauenburg als Transitgebiet wieder mitten im neuen „europäischen Haus". Seit 1989 zeigt die wirtschaftliche Entwicklung steil nach oben, und die Bevölkerungszahl nimmt spürbar zu.

Geesthacht

Die lauenburgischen Raubritter waren von jeher ein Dorn im Auge der Hanseschwestern Hamburg und Lübeck. Nach mehreren Strafexpeditionen beschlossen sie 1420, den lauenburgischen Herzögen eine endgültige Lektion zu erteilen. Die damals lauenburgische Burg Bergedorf wurde belagert und eingenommen. Im folgenden „Vertrag von Perleberg" erhielten die Verbündeten Bergedorf, die Vierlande und auch das **Elbdorf Geesthacht**. Dessen Zugehörigkeit zu Hamburg dauerte bis 1937. Die Erfindung des Dynamits „auf dem Krümmel" neben Geesthacht durch **Alfred Nobel** im Jahre 1865 gab den Startschuss für eine Entwicklung, die zur Bildung von „Groß-Geesthacht" führte. Nach 1937 erweiterte sich die Stadt um die Gemeinden Düneberg, Krümmel und Grünhof-Tesperhude. Heute ist Geesthacht mit ca. 30 000 Einwohnern die größte Stadt im Kreis und eng mit dem Wirtschaftsraum Hamburg verbunden. Neben dem Museum **Krügersches Haus** ist insbesondere die Museumseisenbahn **Karoline** eine überregionale Attraktion.

Vornehme Sommerfrische

Es gehörte seit je zu den Gepflogenheiten der gut situierten Hambur-

Bronzebüste Alfred Nobels (1833–96), des Erfinders des Dynamits, vor dem Krügerschen Haus

ger Kaufleute, eine Residenz am grünen Rand der Stadt zu unterhalten. Mit dem Aufkommen der Eisenbahn nach 1850 ließ sich der Aktionsradius erheblich erweitern.

Viele richteten sich behaglich ein, so in den **Billetalgemeinden** Wentorf, dem stormarnschen Reinbek, Wohltorf und Aumühle, die in der Zeit zwischen 1870

Der Löwe vor dem Ratzeburger Dom: Wappentier des mächtigen Sachsenherzogs Heinrich des Löwen

und 1914 durch ausgedehnte **Villen-Kolonien** erschlossen wurden. Es entstand eine zusammenhängende Region, die noch heute durch imposante Wohnhäuser, reichen Baumbestand und zumeist große Gärten geprägt wird. So bedeutende Architekten wie Julius Faulwasser, Erich Elingius und Martin Haller und Gartenarchitekten wie Rudolf Jürgens und Leberecht Migge haben während der Aufbauphase hier gewirkt. Reinbek und Wentorf galten in einem Reiseführer aus dem Jahre 1898 als die „vornehmste, schönste, gesundeteste und theuerste Sommerfrische Hamburgs". Heute ist Wentorf ein beliebter Wohnort am Rande Hamburgs, in dem das Schlagwort **Wohnen im Grünen** beherzigt wird.

Von Adligen und Schlössern im Lauenburgischen

Im Mittelalter umfassten die lauenburgischen Güter etwa ein Drittel der gesamten Landesfläche. Die adligen Besitzer bildeten die bestimmende soziale und politische Schicht. Sie waren sowohl Grund- als auch Gerichtsherren über ihre Untertanen. Es gibt noch zahlreiche „Herrenhäuser" im Lauenburgischen, die von der Gutsherrlichkeit der früheren Besitzer Zeugnis ablegen. Am bekanntesten ist sicherlich das **Schloss Wotersen**, zwischen Schwarzenbek und Büchen gelegen und im Fernsehen als „Schloss Guldenburg" zu Ehren gekommen. Alljährlich finden hier Veranstaltungen im Rahmen des **Schleswig-Holsteinischen Musikfestivals** statt. Interessante Herrenhäuser können auch in Gudow, Sitz des „Erblandmarschalls von Bülow", Basthorst, wo heute die Schlagersängerin Vicky Leandros wohnt, oder in Steinhorst besucht werden.

Das grüne Band

Den **Naturpark Lauenburgische Seen** mit einer Größe von etwa 440 km²

Beliebte Filmkulisse und Veranstaltungsort: das spätbarocke Herrenhaus „Schloss Wotersen" aus dem Jahre 1736

rief der Lauenburgische Kreistag 1960 ins Leben. So begann die formelle Geschichte einer Naturregion, die wie keine zweite östlich Hamburgs ihren zahlreichen Besuchern eine Vielfalt an Landschaftsformen sowie Pflanzen- und Tierwelt anbietet.

Besonders beeindruckend sind unter den fast 40 Seen der **Schaalsee** (2400 ha) und der **Ratzeburger See** (1600 ha). Auf der mecklenburgischen Seite ist das „Biosphärenreservat Schaalsee" entstanden, sodass zwischen Elbe und Ostsee ein ausgedehntes **grünes Band** entstanden ist, das Naturschutz und **sanftem Tourismus** gleichermaßen dient.

Landkreis Harburg

Waldreiche Stadtrandgemeinden, lang gestreckte Elbmarschensiedlungen und malerische Heideorte gehören zum Bild des Landkreises, der aber auch ganz andere Entwicklungen kennt

Wenn zwischen den Harburger Bergen und der Elbe auch Postkartenidylle mit pferdegezogenen Heidekutschen nach wie vor gültig ist, so zeigt der Landkreis noch andere Gesichter. Neben den beiden Städten **Winsen (Luhe)** und **Buchholz in der Nordheide** gibt es eine Vielzahl lebendiger und weiter expandierender Großgemeinden wie Stelle, Tostedt und Neu-Wulmstorf.

Aus der Geschichte

Das Gebiet des heutigen Landkreises Harburg gehörte – einschließlich der

Das Naturschutzgebiet Lüneburger Heide lässt sich am bequemsten per Pferdekutsche erkunden

Stadt Harburg – ursprünglich zum Kurfürstentum und späteren Königreich Hannover. Verwaltungstechnisch bestand es aus mehreren Ämtern. 1866 wurde das Königreich von Preußen vereinnahmt und zur **Provinz Hannover** erklärt. Dies läutete auch die Geburt des Landkreises Harburg ein, dessen erste Etappe mit der Einführung der preußischen Kreisordnung 1885 begann. Dabei wurden zunächst zwei kleinere Landkreise (Winsen und Harburg) gebildet, bevor mit der Gebietsreform von 1932 ihre Zusammenlegung zum neuen **Großkreis Harburg** erfolgte – mit Verwaltungssitz in der gleichnamigen Stadt. Aber schon fünf Jahre später verlor diese durch das Groß-Hamburg-Gesetz 1937/38 ihre Selbstständigkeit und kam zu Hamburg. Der übrig gebliebene Landkreis blieb etliche Jahre ohne „Hauptstadt" – nur der Name erinnert seitdem noch an die früheren Bindungen. Als einzig verbliebene Stadt konnte sich Winsen in seiner Ausstrahlungskraft längst nicht mit Harburg messen. Der Zweite Weltkrieg und die Wirren der Nachkriegszeit verhinderten eine rasche Lösung des Problems. Die Kreisverwaltung war nach der Ausbombung des bisherigen Verwaltungsgebäudes in Harburg bereits zu Kriegszeiten nach Winsen verlegt worden. Erst ab 1961 kam der Kreistag, der zuvor an wechselnden Orten getagt hatte, regelmäßig im neu gebauten Kreistagsgebäude in der Luhestadt zusammen.

Blick in die Altstadt mit Fußgängerzone von Winsen (Luhe)

In der Kriegs- und Nachkriegszeit bedeutete ferner der **Zustrom von Hamburger Bombenflüchtlingen** sowie Flüchtlingen und Vertriebenen aus dem Osten einen gravierenden Einschnitt. Beides ließ die Einwohnerzahl des Kreises in die Höhe schnellen. Im Jahr 1949 hatte sich die Bevölkerung im Vergleich zum letzten Vorkriegsstand von 1939 auf 124 397 Menschen nahezu verdoppelt. Das in der Nachkriegszeit fast aus dem Nichts zur Großgemeinde expandierende Neu Wulmstorf ist ebenso Ausdruck dieser Entwicklung wie das rasante Wachstum von Buchholz in der Nordheide. Auch die **Großstadtflucht** veränderte den Landkreis: Vor allem die Kommunen am südlichen Stadtrand von Hamburg bilden beliebte Wohnquartiere für großstadtmüde Hamburger. Sie wurden in zwei großen **Einheitsgemeinden** zusammengefasst: **Seevetal**, dessen Verwaltungssitz im Spielbankort Hittfeld liegt, und das waldreiche, bis in die Harburger Berge reichende **Rosengarten**.

Auf den Wochenmärkten werden die vielfältigen Produkte der heimischen Bauernhöfe angeboten

Steckbrief

Fläche:
1244,51 km²
Einwohner:
234 163 (2001)
Städte:
Buchholz in der Nordheide, Winsen (Luhe)
Einheitsgemeinden:
Neu Wulmstorf, Rosengarten, Seevetal, Stelle
Samtgemeinden mit insgesamt 25 Mitgliedsgemeinden:
Elbmarsch, Hanstedt, Hollenstedt, Jesteburg, Salzhausen, Tostedt
Kfz (WL):
190 724 (2001)

Kreisstadt mit Elbfähre

Die heutige **Kreisstadt Winsen (Luhe)** war einst Sitz des größten Amtes im Königreich Hannover. Stadtrechte hatte Winsen bereits 1293 erhalten, sechs Jahre später wurde das nahe dem Zentrum gelegene Schloss errichtet. Dessen ursprüngliche Gestalt ist heute nicht mehr erkennbar.

Der jetzige **Schlossbau** stammt – ebenso wie der benachbarte, jetzt ein Café und die Stadtbücherei beherbergende Fachwerkbau des Marstalls – aus der Zeit der Herzogin Dorothea um 1600. Architektonische Kleinode bilden darüber hinaus die Marienkirche (Stadtkirche) und mehrere historische Fachwerkhäuser in der reizvollen, zur Fußgängerzone umgestalteten Altstadt. Auch die unweit von ihr gelegenen Luhewiesen locken immer wieder zur Verlängerung der Promenade ins Grüne.

Vielen unbekannt ist, dass Winsen über eine **eigene Elbfähre** verfügt – allerdings nur im eingemeindeten Elbmarschendorf Hoopte, von wo man vom Frühjahr bis zum Herbst in kurzen Zeittakten zum **Zollenspieker Fährhaus** nach Kirchwerder samt Auto übersetzen kann. Verkehr mit historischem Flair bieten auch die sommerlichen **Museums-Eisenbahnfahrten**, die regelmäßig vom Winsener Bahnhof aus starten. Ansonsten hat die Stadt es schwer, sich zwischen Hamburg und Lüneburg zu behaupten. Immerhin ist mit „WL“ das Kfz-Kennzeichen vom Namen der Kreisstadt abgeleitet – bedeutet also nicht, wie böswillige Hamburger Zungen immer wieder behaupten, „Wilder Landmann“.

Der historische Schienenbus „Ameisenbär“ im Bahnhof Döhle (nur Museumsbetrieb)

Das Winsener Schloss liegt in einem kleinen Park unweit der Altstadt

Buchholz per Bahn

Das inmitten von Wald- und Heideflächen gelegene Buchholz ist heute die größte Stadt im Kreisgebiet. Schon um die Jahrhundertwende hatte der Ort an der Trasse Hamburg–Bremen eine überregionale Bedeutung als **Bahnknotenpunkt in der Nordheide**. Rasch wurde er zu einem Zentrum des Ausflugs- und Naherholungsverkehrs. Bereits vor dem Zweiten Weltkrieg errichteten Hamburger reihenweise um den Ort herum ihre Wochenendhäuser. Zunächst als Provisorium gedacht, wurden diese häufig verstreut im Wald gelegenen Häuschen später zu Dauerwohnstätten ausgebaut. Mit dem Zweiten Weltkrieg setzte eine neue Entwicklung ein, da durch den Zustrom von ausgebombten Hamburgern, Flüchtlingen und Vertriebenen die Bevölkerungszahl erneut stark anstieg. Zwischen 1939 und Anfang der 1960er Jahre wuchs der Ort um mehr als das Dreifache auf 10 000 Einwohner und erhielt 1958 Stadtrechte. Inzwischen zählt Buchholz rund 4000 Einwohner mehr als die Kreisstadt Winsen: nämlich über 35 000. Noch immer spielt die Eisenbahn eine wichtige Rolle – nicht zuletzt, weil von hier der **Heide-Express** im täglichen Taktverkehr durch die romantische Heidelandschaft bis nach Schneverdingen und Soltau startet. Eine verkehrstechnische Attraktion en miniature ist die jüngst errichtete Schmalspur-Feldbahn, die vom nahe Buchholz gelegenen „Hof Wörme“ – einer ökologisch ausgerichteten Hofgemeinschaft – an die Trasse der Heidebahn führt.

Land und Leute

Der Landkreis besteht aus vielen weiteren, z.T. sehr unterschiedlichen Orten. Zu

Erlebnismuseum Kiekeberg

Marsch und Geest für Groß und Klein: Das Freilichtmuseum am Kiekeberg zeigt die kulturhistorische Vielfalt des Landkreises Harburg

Der Landkreis Harburg beherbergt eine außergewöhnliche und überregional bekannte Kultur- und Freizeiteinrichtung: das Freilichtmuseum am Kiekeberg. Es liegt in den Harburger Bergen in Ehestorf in der Gemeinde Rosengarten. Jährlich zieht das Museum Scharen von Besuchern aus Hamburg und Umgebung an, vor allem viele Familien. Als kulturgeschichtliches Museum zeigt es die Lebenswelten der Winsener Elbmarsch und der nördlichen Lüneburger Heide – der prägenden Landschaftsteile des Kreises – aus der Zeit seit 1850. Diesem Zweck dienen die zahlreichen **originalgetreu wieder aufgebauten Einzelgebäude** und die bewirtschafteten Nutzflächen auf dem weitläufigen Museumsgelände. Zu sehen sind unter anderem Wagenschauer, Bienenzaun und Honigspeicher, Torfscheune, Schafstall und Fischerhaus, aber auch Windrad, bäuerliche Ziegelei und alte Entwässerungstechnologie aus der Marsch. Das Vieh, das eine so große Rolle im ländlichen Alltag spielte, ist auf dem Kiekeberg ebenfalls zu finden – nicht selten frei herumlaufend. Aber auch die Mitte des 19. Jahrhunderts einsetzende Technisierung von Landwirtschaft und Alltag wird anschaulich präsentiert. Selbst die Freizeit kommt nicht zu kurz, denn auf dem Kiekeberg wurde eine **historische Kegelbahn** aus dem 19. Jahrhundert wieder aufgebaut. Regelmäßig werden **alte Handwerkstechniken** vorgeführt sowie Backtage, Traktorenschauen und historische Jahrmärkte veranstaltet. Daneben betreut das beliebte Freilichtmuseum **mehrere Außenstellen** (Mühlenmuseum Moisburg, Kunststätte Bossard in Lüllau, Feuerwehrmuseum Marxen, Ökologiehof Wennerstorf und die „Rieselwiesen" auf dem Wiedenhof bei Jesteburg).

Das Freilichtmuseum Kiekeberg beherbergt nicht nur verschiedene Tierarten, sondern auch eine Gaststätte mit regionaltypischer Küche

den besonders beliebten Wohngemeinden zählt Jesteburg mit seinem wohlrestaurierten, von **Fachwerkhäusern** geprägten Ortsbild. Ganz in der Nähe liegt Bendestorf, das für seine **Filmstudios** berühmt geworden ist. Lebendige Erholungsorte am Rande der Lüneburger Heide sind Hanstedt und das für seine Rundturmkirche bekannte Salzhausen. Zwischen beiden, bei Nindorf, liegt der rund 50 ha große, landschaftlich abwechslungsreich gestaltete **Wildpark Lüneburger Heide**, dessen Greifvogel-Vorführungen ebenso weithin bekannt sind wie die vielen Spielmöglichkeiten für Kinder. Berühmtester Ort des Landkreises in Sachen Heidetourismus ist das in der Saison von zahllosen Pferdekutschen geprägte Undeloh. Immerhin: Die dortige Magdalenenkapelle bildet eine wahre Stätte der Ruhe im ansonsten betriebsamen Touristendorf. Ebenfalls Ausgangspunkt für **Heidetouren** ist der alte Kirchort Egestorf, dessen St. Stephanuskirche (17. Jahrhundert) mit ihrem hölzernen Glockenturm einen Abstecher wert ist. Unweit von Egestorf und direkt am Naturschutzgebiet Lüneburger Heide liegt der aus dem Fernsehen bekannte Reiterhof Sudermühlen, dessen Gartenwirtschaft ein beliebtes Ziel von Heideausflüglern ist.

Für Paddler und Kanuten bieten Flüsse wie die Seeve und Luhe ideale Be-

Scheibenfibel aus der späten römischen Kaiserzeit – gefunden bei Tangendorf, zu besichtigen im Harburger Helms-Museum

dingungen. Überhaupt wird häufig übersehen, dass das Wasser im Landkreis Harburg fast eine ebenso große Rolle spielt wie Wald und Heide. Hohe Deiche schützen die niedrig gelegenen Elbmarschendörfer wie Over, Fliegenberg, Hoopte, Drage, Marschacht und Tespe vor Überschwemmungen. Hinterm Deich liegen jene mächtigen Bauernhäuser, die – gelegentlich noch immer reetgedeckt und von einem Storchennest bekrönt – vom **Wohlstand der Marschenbauern** zeugen. Wer auf dem Deich spazieren geht, hat nicht nur einen Blick auf den Schiffsverkehr der Elbe, sondern auch

Bis heute sind zahlreiche reetgedeckte Bauernhäuser im Landkreis Harburg zu finden

auf die lang gestreckten Marschenflure mit ihren Obst- und Gemüsekulturen. Im März wird hier in der Elbe übrigens der **Stint** gefangen – dann strömen die Großstädter zu Fisch-Mahlzeiten in die elbnahen Gastwirtschaften.

Ganz unterschiedliche Persönlichkeiten haben zur Geschichte des Kreises beigetragen. Einen „Kunsttempel" in Lüllau (bei Jesteburg) begründete der an der Kunstgewerbeschule in Hamburg lehrende Künstler Johann Michael Bossard (1874–1950). Ursprünglich Bildhauer, arbeitete er auch als Architekt, Maler, Grafiker und Kunsthandwerker. In Lüllau hatte Bossard sein Wohnhaus und Atelier. Inzwischen ist die als Gesamtkunstwerk konzipierte **Bossardsche Kunststätte** der Öffentlichkeit zugänglich. Auf ganz andere Weise wichtig wurde der Egestorfer „Heidepastor" Wilhelm Bode (1860–1927) – nämlich als Gründungsvater des **Vereins Naturschutzpark Lüneburger Heide**. Nachdem Bode 1906 den so genannten Totengrund nahe dem Wilseder Berg erworben hatte, sorgte er mit seinem Verein anschließend dafür, dass die Kulturlandschaft der Heide unter Schutz gestellt wurde.

Die Lüneburger Heide

Die Lüneburger Heide, deren Nordteil sich im Landkreis Harburg befindet, zählt zu den beliebtesten Naherholungsgebieten im Großraum Hamburg. Als **norddeutsche Geestlandschaft** liegt sie zwischen den Urstromtälern von Elbe und Aller. Der einstige Waldbestand wurde früh vernichtet. Als er durch Zwergstrauchheiden mit Wacholder ersetzt wurde, entstand ein **großflächiges Heidekrautgebiet**. Schon vor dem Ersten Weltkrieg wurde ein Teil der Heide zum ersten deutschen Naturschutzpark (heute Naturschutzgebiet) erklärt. Heute ist die typische Heidelandschaft vorwiegend in diesem Naturschutzgebiet anzutreffen. Im nördlichen Teil führt nur eine einzige Straße hindurch – nämlich von **Egestorf über Undeloh nach Handeloh**. Von dort und anderen Orten aus

Schützenvereine haben im Harburger Raum eine lange Tradition – und eine ausgeprägte Festkultur

erkundet man zu Fuß, mit der Pferdekutsche oder – angesichts der sandigen Wege nicht immer ohne Mühen und zwischenzeitliche Schiebestrecken – per Fahrrad die weite Heidelandschaft.

Wirtschaft und Verkehr

Über lange Zeit hinweg verstand sich der Landkreis Harburg in erster Linie als eine Region, in der Landwirtschaft, **Ausflugs- und Fremdenverkehr** die dominierende Rolle spielten. Noch Ende der 1960er Jahre begann ein offizieller Beitrag über Industrie und Handel im Landkreis Harburg mit folgenden Worten: „Der Landkreis Harburg wird in sein Landschaftsbild auch heute noch d

Äcker, Wiesen und Weiden einerseits und die sich bis in den Landkreis Harburg hinein erstreckenden weiten Wald- und Heidegebiete andererseits geprägt…“ Nur die Stadt Winsen konnte auf eine längere gewerblich-industrielle Tradition verweisen.

Der in den 1950er Jahren einsetzende wirtschaftliche Strukturwandel machte sich zunächst im Landkreis Harburg viel weniger bemerkbar als im nördlichen Hamburger Umland. Dies lag vor allem an der ungünstigen verkehrstechnischen Anbindung an die Metropole. Die Elbe bildete lange Zeit – trotz der Eisenbahn- und Straßenbrücken – eine Barriere, die erst durch den 1975 eröffneten Neuen Elbtunnel relativiert wurde. Inzwischen verringerte sich der wirtschaftliche Abstand zum übrigen Umland – so nahm der Raum Harburg bei den Existenzgründungen 1999 eine **Spitzenstellung im Regierungsbezirk Lüneburg** ein.

Der Landkreis ist heute von einem dichten Autobahnnetz durchzogen, das von den Tausenden Berufspendlern, vor allem nach Hamburg, genutzt wird, aber zugleich für eine erhebliche Umweltbelastung sorgt. Daneben sind viele Gemeinden im Taktverkehr der Bahn über die – teilweise schon überlasteten – Hauptstrecken nach Hannover bzw. Bremen mit der Großstadt Hamburg verbunden. Auch das **HVV-Netz** reicht bis weit in den Landkreis hinein.

Im Raum Maschen scheint sich der gesamte Verkehr zu konzentrieren: Am **Maschener Kreuz** treffen drei Autobahnen aufeinander, und gleich nebenan liegt mit dem riesigen **Güterbahnhof Maschen** eine der größten Anlagen ihrer Art in Europa – mit angeschlossener S-Bahn-Station.

Güterbahnhof Maschen – Norddeutschlands Drehscheibe für Eisenbahnfrachtgut

Landkreis Stade

Die Grenzen des Landkreises umfassen keine geschlossene Landschaft, sondern mit dem Alten Land, dem Land Kehdingen und der Stader Geest gleich drei Regionen mit jeweils eigenem Charakter

Der Landkreis Stade ist eine Gegend nicht nur für ausgedehnte Elbspaziergänge. Zwar zieht er sich immerhin auf einer Länge von rund 70 Kilometern an der Elbe entlang, angefangen vom Hamburger Staatsgebiet bis hin zur Mündung der Oste, umfasst aber insgesamt drei unterschiedliche Regionen. Das Alte Land, die Stader Geest und das Land Kehdingen prägen gemeinsam den landschaftlichen und historischen Charakter des Landkreises. [...]r entstand 1932 durch die Zusam[...]gung der bis dahin selbstständigen Kreise Jork, Land Kehdingen und Stade und blieb seither weitgehend unverändert.

Jork und das Alte Land

Mindestens zweimal im Jahr zieht es die Hamburger ins Alte Land: einmal im Frühjahr, um die **Kirsch- und Apfelblüte** zu genießen und es vielleicht schon einmal mit einem Besuch im Kaffeegarten zu versuchen, und dann im Herbst, um sich mit Äpfeln, Apfelsaft oder auch mit einigen Flaschen der

Steckbrief

Fläche:
1266 km^2
Einwohner:
191 690 (2001)
Städte:
Buxtehude, Stade
Gemeinden:
Drochtersen, Jork
Samtgemeinden:
Apensen (3 Mitgliedsgemeinden), Fredenbeck (3), Harsefeld (4), Himmelpforten (5), Horneburg (5), Lühe (6), Nordkehdingen (5), Oldendorf (5)
Kfz (STD):
158 871 (2001)

Ein Blick in Stades gute Stube: ein Straßenzug am Alten Hafen mit dem historischen Schwedenspeicher (rechts)

vielen köstlichen Apfelbrände zu versorgen. Manche aber kommen noch viel häufiger – schließlich wachsen hier auch noch Kirschen, Pflaumen, Birnen und manch andere wohlschmeckende Dinge mehr. Wer das Alte Land besucht, fährt in eine **idyllische Landschaft** mit Obstplantagen, prächtigen Fachwerkhäusern und reich ausgestatteten Kirchen und findet Flussläufe und Brücken, die an Holland denken lassen. Wenig erinnert auf den ersten Blick daran, dass in diesem „Garten" schwer gearbeitet wird und das Land zunächst **mühsam dem Wasser abgerungen** werden musste und noch muss.

Holländische Siedler übernahmen den Deichbau, und ihnen verdankt das Alte Land auch seine holländische „Note". Bremer Erzbischöfe holten die Holländer als Experten für Entwässerung und Urbarmachung seit dem 11. Jahrhundert ins Land. „Meile für Meile" wurde die Marsch eingedeicht. Drei Nebenflüsse der Elbe trennen die als Meile bezeichneten einzelnen Abschnitte. Die **erste Meile**, die zuerst einen Deich erhielt, reicht von der Schwinge bis zur Lühe, die **zweite Meile** bezeichnet das Gebiet zwischen Lühe und Este. Die **dritte Meile** schließlich, die endgültig wohl erst im 15. Jahrhundert eingedeicht wurde, erstreckt sich von der Este bis zur Süderelbe. Über Jahrhunderte bildete das Alte Land eine politische Einheit. Erst 1932 wurde die „dritte Meile" dem Landkreis Ha burg angegliedert, 1937 dann Hamb Mittelpunkt des Alten Landes ist bis te Jork. Erstmals erwähnt 1221, wu später zu einem wichtigen Ver

lungs- und Gerichtsort. Als Zentrum des Obstbaus ist Jork seit langem Sitz entsprechender Einrichtungen. 1897 wurde die **Kreisobstbauschule** gegründet, seit 1935 forscht hier die **Obstbauversuchsanstalt**.

Obstgarten hinter dem Deich

Im Herbst dreht sich im Alten Land alles
n „Boskop" und „Cox", um „Ingrid-
rie" und den „Herbstprinzen". Durch-
ittlich 200 000 Zentner werden jähr-
on Hand gepflückt, fachgerecht
gert und anschließend bundes-
arktet. Dank der guten klima-
raussetzungen – das milde See-
mmt auch den Äpfeln gut –
er, mit einer Größe von
rößte geschlossene Obstanbaugebiet in Nordeuropa. Die Anfänge gehen auf die Mönche des Stader St. Georgklosters zurück, die den Obstanbau im 14. Jahrhundert einführten. Überregionale Bedeutung gewann die Altländer Obstkultur seit dem 17. Jahrhundert. Ein Großteil der Ernte war von jeher für den **Hamburger Markt** bestimmt. Von den zahlreichen kleinen Häfen aus brachte man mit Ewern und Jollen das Obst in die Stadt. Doch nicht nur die Hanseaten ließen es sich schmecken, wie Hermann Allmers 1857 in seinem „Marschenbuch" schrieb: „Altländer Obst sieht man nicht nur in Hamburg und Bremen; man begegnet ihm auch in Amsterdam wie in Kopenhagen, in London wie in Danzig, ja, blonde Schweden in Stockholm und bärtige Russen in Petersburg schmausen Altländer Äpfel." Im 20. Jahrhundert stand die Versorgung des Inlands im Vordergrund. Neue Sorten wurden entwickelt, und moderne Lagerungsmethoden hielten Einzug. Der 1929 gegründete **Obstbauversuchsring** für das Alte Land ist der älteste seiner Art in Deutschland.

Sie sorgen für sicheren Schiffsverkehr auf der Elbe. Das alte Leuchtfeuer von 1903 (links) in Balje wurde durch eine moderne Anlage ersetzt

Stade – historische Altstadt und Industrieansiedlungen

Die malerische Stadt an der **Schwinge** ist mit rund 45 000 Einwohnern heute der größte Ort im Landkreis und Sitz der Kreisverwaltung. Mehr als 1000 Jahre wechselvoller Geschichte liegen hinter ihr. Erstmals erwähnt in einer Chronik im Jahr 994 – Anlass war die Plünderung der Stadt durch die Normannen –, verfügte Stade im 13. Jahrhundert über einen hervorragenden Hafen direkt an der

Holländisches Flair: die Hogendiek-Brücke über die Lühe bei Steinkirchen

Häuser am Fleth, dem alten Binnenhafen in der Altstadt von Buxtehude. Hier herrschte einst lebhafter Schiffsverkehr

Elbe, mit dem die Stadt durchaus in Konkurrenz zu Hamburg treten konnte. Erst die zunehmende Verlandung der Schiffsanlegestellen und eine ungünstige Verlagerung des schiffbaren Elbstromes brachten Stade wieder ins Hintertreffen.

Im 30-jährigen Krieg (1618–48) besetzten und plünderten abwechselnd dänische, kaiserliche und schwedische Truppen die Stadt. In der **Schwedenzeit** 1645–1712 stieg Stade zwar zur Hauptstadt der neu geschaffenen Herzogtümer Bremen und Verden auf und erhielt eine nach modernsten Gesichtspunkten angelegte Befestigung, die schwedische Besatzung lastete jedoch schwer auf den Bewohnern. Ein verheerender Brand vernichtete 1659 große Teile der mittelalterlichen Stadt. Alle Kirchen, das gotische Rathaus und viele Bürgerhäuser gingen verloren. Die danach errichteten Gebäude aus dem 17. und 18. Jahrhundert prägen heute das Bild und die Atmosphäre der Stadt. Zu einem Wahrzeichen Stades wurde der 1692–1705 errichtete **Schwedenspeicher** am Hafen, in dem heute ein sehr sehenswertes Regionalmuseum untergebracht ist. Erinnerungen an die Schwedenzeit bietet auch das südlich von Stade gelegene **Agathenburg**. Bauherr war der schwedische Generalgouverneur Hans Christoph von Königsmarck, der das 1655 fertig gestellte Schloss nach seiner Gattin Agathe von Lehsten benannte. Seit 1991 ist Agathenburg ein Kulturzentrum des Landkreises Stade und wird für Ausstellungen, Konzerte und Lesungen genutzt.

Dass Stade heute über eine der schönsten historischen Innenstädte in ganz Norddeutschland verfügt, verdankt e nicht zuletzt der seit 1973 in Angr genommenen behutsamen **Altst sanierung**. Finanzielle Mittel d waren vorhanden, nachdem si Wirtschaftslage der Stadt verbess te und sie mit dem Kernkraft 2003 abgeschaltet werden wi chemischer Industrie und **hafen in Stade-Bützfle** standort geworden war.

So schön kann es sommers sein – entspanntes Strandleben auf der Elbinsel Krautsand

Alte Stadt Buxtehude

Die Anlage der heutigen Altstadt von Buxtehude geht auf die Stadtgründung des Bremer Erzbischofs Giselbert in den Jahren zwischen 1280 und 1286 zurück. Dieser nannte seine Gründung „Nova Civitas“ (= Neustadt), denn ein „Buxtehude“ gab es schon. Unter diesem Namen bestand seit 1195 ganz in der Nähe das Kloster „Bucstethehude“. Der Ort an der **Este** entwickelte sich, vor allem dank des Hafens, und übernahm alsbald den älteren Namen – aus dem Kloster wurde der Ortsteil „Alt-Kloster“. 1328 erhielt Buxtehude Stadtrecht und erlangte 1368

Knapp eine halbe Stunde dauert die Fahrt über die Elbe zwischen Wischhafen und Glückstadt. Vier Fährschiffe sorgen für eine schnelle Verbindung

die Mitgliedschaft der Hanse. Die Bürger begannen, am europäischen Fernhandel teilzuhaben. Doch 30-jähriger Krieg und Schwedenherrschaft beendeten diese aufstrebende Entwicklung.

Dass in Buxtehude die Tiere hin und wieder interessanten Beschäftigungen nachgehen, weiß man. Dank der Brüder Grimm muss hier also über die sportlich-intellektuellen Aktivitäten von Hase und Igel nichts weiter gesagt werden. Angeblich sollen hier ja auch die „Hunde mit dem Schwanz“ bellen. Seit 1971 jedenfalls sorgt ein weiteres Tier für Aufsehen: der **Buxtehuder Bulle**. Der von dem Buchhändler Winfried Ziemann initiierte Kinderbuchpreis genießt internationales Ansehen und ist ein Schwergewicht: Ganze zwölf Kilo wiegt die Stahlplastik des Bildhauers Reinhard Güthling, die eine aus Kindern und Erwachsenen zusammengesetzte Jury jedes Jahr, zusammen mit einem Geldpreis, für eine besonders gelungene deutschsprachige Jugendbuch-Neuerscheinung vergibt. Zu den Preisträgern der renommierten Auszeichnung gehören u.a. Michael Ende und Jostein Gaarder.

Der „Buxtehuder Bulle“ ist ein international renommierter Kinder- und Jugendbuchpreis

Weites Land Kehdingen

Nördlich von Stade, zwischen **Oste** und **Schwinge**, erstreckt sich das Land Kehdingen mit den Hauptorten Freiburg, Wischhafen und Drochtersen. Die holländischen Siedler, die hier vermutlich im 12. Jahrhundert den Deichbau begannen, kamen in eine amphibische Landschaft mit einzelnen Marschinseln und vielen Prielen. Eine feste Küstenlinie entstand erst allmählich, ständige Anlandungen durch den Elbstrom schufen immer neues Vorland. Die im südlichen Teil von Kehdingen gelegenen Elbinseln wurden auf diese Weise immer stärker mit dem Festland verbunden. Das vor Drochtersen gelegene **Krautsand**, die größte und bekannteste dieser Inseln, ist seit 1620 besiedelt. Nach der letzten großen Sturmflut 1976 wurde die Insel endgültig eingedeicht.

Nur noch wenige Gebäude erinnern heute an die Zeit, als Kehdingen im 19. Jahrhundert Zentrum einer boomenden **Ziegelindustrie** war. In vielen kleinen Ziegeleien entlang der Elbe ließen die Bauern aus dem tonhaltigen Marschboden Ziegel brennen, die dann mit Schiffen vor allem nach Hamburg gelangten. Der große Bedarf an Baumaterial, etwa für den Wiederaufbau nach dem Großen Brand von 1842 oder bei der Errichtung der Speicherstadt im Hamburger Hafen, kurbelte die Produktion immer wieder an. 1881 wurden allein in Kehdingen mehr als 100 Ziegeleien betrieben.

Mit fesselnden Dauer- und Sonderausstellungen informiert das Natureum seit 1990 die Besucher

Wer umfassende Informationen über den Lebensraum der Niederelbe sucht, ist im **Natureum** in der Nähe von Balje an der richtigen Adresse. Das 1990 eröffnete Natur- und Freilichtmuseum an der Mündung der Oste in die Elbe bietet mit seinen Ausstellungen, seinem Biotop und der ökologischen Station einen vielfältigen und unmittelbaren Zugang zur Landschaft und ihrer Geschichte.

Naturlandschaft Hamburg

Geest und Marsch, Düne und Moor, Urstromtal mit Strominseln und steilen Rändern, Mäander und Flussauen in kleineren Tälern wie denen von Alster und Wandse, Bille und Seeve – die Naturlandschaft im Großraum Hamburg ist vielfältig und abwechslungsreich

Die Elbmarsch in Vierlanden, Blick über Ost-Krauel und das auf der Grenze von Kirchwerder und Neuengamme liegende NSG Kiebitzbrack

Das zunächst nur bunt und verwirrend erscheinende Mosaik der einzelnen Teile der Naturlandschaft Hamburgs und seiner Umgebung (s. Karte nächste Doppelseite) ordnet sich zu einem überschaubaren Ganzen, wenn man den zeitlichen Rahmen und die zeitliche Abfolge der landschaftsgestaltenden Prozesse ins Blickfeld rückt. Hierüber gibt es inzwischen recht detaillierte Erkenntnisse, erarbeitet in mehr als hundert Jahren geowissenschaftlicher Forschung, an der auch viele Hamburger Geologen und Geografen beteiligt waren und sind.

Die Fischbeker Heide in Neugraben-Fischbek: Heidekraut und Nadelhölzer wachsen gut auf den meist sandigen Böden

Die flach welligen bis fast ebenen Flächen der **Geest** bilden den ältesten Landschaftsteil des Hamburger Stadtgebiets. Ihre z.T. lehmigen, z.T. sandigen und kiesigen Sedimente stellen **Gletscher- und Schmelzwasserablagerungen** aus der Saale-Eiszeit dar, in der – vor ca. 200 000 Jahren bis vor ca. 130 000 Jahren – skandinavische Inlandeismassen zum vorletzten Mal große Teile Norddeutschlands bedeckten. Diese Altmoränenlandschaft wird in sich durch ein oft gitterförmig angeordnetes Netz von Talzügen gegliedert; die dazwischen liegenden Geestsporne und -inseln trugen die Siedlungskeimzellen Hamburgs und seiner ehemaligen Vororte (z.B. Hamburg-Altstadt, Harvestehude, Eimsbüttel, Eppendorf). In den Tälern hat man vielfach bei Bohrungen unter jüngeren Sedimenten Torfe aus der Eem-Warmzeit (ca. 130 000–120 000 Jahre vor heute) gefunden. Dies lässt den Schluss zu, dass die Täler bereits gegen Ende der Saale-Eiszeit existiert haben müssen und dass sie damals in einen Vorläufer des heutigen Elbe-Urstromtals hin entwässerten.

Die **Gletscherströme** der letzten Eiszeit (Weichsel-Eiszeit, ca. 120 000–18 000 Jahre vor heute) haben die Elbe nicht mehr überschritten; nur der äußerste Nordosten Hamburgs ist von ihren Sedimenten bedeckt. Diese Jungmoränenlandschaft ist geprägt durch ein z.T. lebhaftes, kuppiges Relief und viele kleine schüsselförmige Vertiefungen im Gelände, die als „Toteislöcher" (Sölle) gedeutet werden – Stellen, an denen vom aktiven Gletscher durch Schmelzprozesse abgetrennte Eisblöcke eine Weile liegen blieben, bevor sie endgültig abtauten. Schöne Beispiele dafür finden sich im **Wohldorfer Wald** und im **Duvenstedter Brook** im Stadtteil Wohldorf-Ohlstedt. Unter dem Eis sich bewegende Schmelzwasserströme schürften die **Tunneltäler** bei Meiendorf aus (s. Rahlstedt).

Während dieser Zeit herrschte im Vorland des Eises ein raues, kaltes Klima, es gab höchstens tundrenähnliche Vegetation. Der Boden war das ganze Jahr

Die Naturlandschaften im Großraum Hamburg

Von der Saale-Eiszeit bis zum deichbauenden Menschen – viele Prozesse formten Hamburgs Naturraum

Saale-Eiszeit
- Altmoränenlandschaft mit überwiegend lehmigem z.T. mergeligem oberflächennahem Untergrund
- Altmoränenlandschaft mit überwiegend sandigem oberflächennahem Untergrund

Weichsel-Eiszeit
- Jungmoränenlandschaft mit überwiegend mergeligem Untergrund, meist oberflächlich entkalkt
- Jungmoränenlandschaft mit überwiegend sandigem oberflächlennahem Untergrund

Weichsel-Eiszeit bis Holozän
- Letzteiszeitliche Schmelzwasserbildungen (Sander-, Tal-, Terrassensande u.ä.), z.T. kiesig
- Letzteiszeitliche Beckenfüllungen (Eisstausee-Sedimente), Tone, Schluffe, Feinsande
- Heutige Talsysteme, teilweise letztinterglazial angelegt, Rinnenfüllung aus nacheiszeitlichen humosen Sanden, Lehmen, Nieder- und Hochmoortorfen, z.T. auch letzteiszeitlichen Talsanden
- Letzteiszeitliche Sandlösdecken (Flottsand, Flottlehm), meist schluffige Feinsande
- Letzteiszeitliche bis nacheiszeitliche Flugsanddecken, z.T. Dünen

Holozän
- Hoch- und Sietländer der jungnacheiszeitlichen, gezeitenbeeinflussten Marschen; Klei, in Flussnähe sandig, in Flussferne tonig, oft mit humosen und torfigen Zwischenlagen
- Flussnahe Uferwälle der Hochländer, mehr oder weniger deutlich, relativ hoch und sandig, z.T. auch ehemalige Außendeichsländer
- Niedermoore der jungnacheiszeitlichen Geestrandmoorzone
- Hochmoore der jungnacheiszeitlichen Geestrandmoorzone, größtenteils abgetorft
- Außendeichsländer, Elbinseln, z.T. künstlich verändert
- Künstliche Flächen (Hafenanlagen, aufgespülte Flächen u.ä.)

- Geeststeilränder des Elbtals, letztbis nacheiszeitlich (z.T. älter?)
- Geesthangtälchen, meist trocken
- Geestrandtäler, meist trocken mit getreppten Talhängen
- Tunneltäler
- Talwasserscheiden
- Geschlossene Hohlformen unterschiedlicher Entstehung (Toteislöcher, Pingorelikte, Ausblasungshohlformen)
- Bracks
- Repräsentative Höhenangaben in Meter
- Hauptdeiche
- Sperrwerke u.ä.
- Flughafengelände Hamburg Airport
- Autobahnen
- Landesgrenze Hamburg

Maßstab 1: 100 000

1000 m 0 1 2 3 4 5 km

Kartengrundlage: Topografische Karte 1 : 100 000 Blatt C 2322, C 2326, C 2722, C 2726 (Gewässer)

Entwurf/ Kartografie: Klaus Schipull/Claus Carstens (Universität Hamburg, Institut für Geographie)

Literatur: Klaus Schipull (Hg.): Hamburg. Stadt und Hafen – Umland und Küste, 37 geographische Exkursionen (= Hamburger Geographische Studien, H. 48), Hamburg 1999; vervielfältigt mit Genehmigung des Landesvermessungsamts Schleswig-Holstein und des Niedersächsischen Landesverwaltungsamts – Landesvermessung –

Steilhänge wie hier bei Wittenbergen begrenzen das Urstromtal der Elbe, in dem sich einst die Schmelzwasser am Ende der letzten Eiszeit zu einem breiten Fluss vereinten

über bis in größere Tiefen gefroren; in den kurzen Sommern tauten nur die obersten ein bis zwei Meter auf. Der entstehende Bodenbrei bewegte sich an geneigten Hängen über dem gefrorenen Untergrund hangabwärts. Durch solche Prozesse wurde das Altmoränenrelief weitgehend abgeflacht und eingeebnet.

Das Eis lieferte – verstärkt gegen Ende der Eiszeit – große Mengen an Schmelzwassern, die über die Täler von Alster, Wandse, Glinder Au und Bille zur Elbe abgeführt wurden. Hier entstand als Sammelrinne der Schmelzwasser das acht bis zwölf Kilometer breite Urstrom-

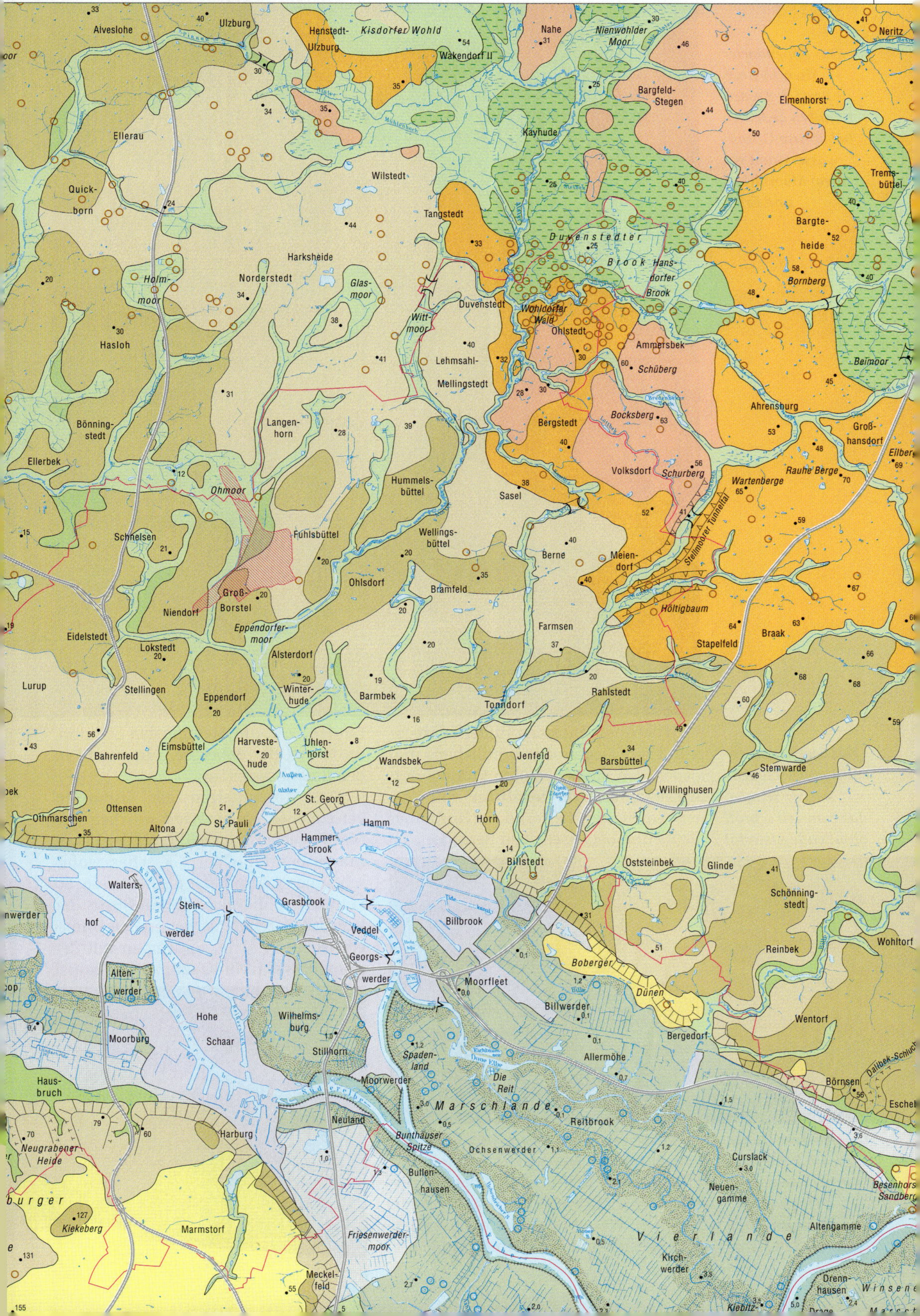
Alveslohe
Ulzburg
Henstedt-Ulzburg
Kisdorfer Wohld
Wakendorf II
Nahe
Nienwohlder Moor
Neritz
Bargfeld-Stegen
Elmenhorst
Ellerau
Kayhude
Wilstedt
Tangstedt
Trems-büttel
Quick-born
Bargte-heide
Bornberg
Harksheide
Norderstedt
Glas-moor
Duvenstedter Brook
Hans-dorfer Brook
Holm-moor
Duvenstedt
Wohldorfer Wald
Ohlstedt
Witt-moor
Hasloh
Lehmsahl-Mellingstedt
Ammersbek
Schüberg
Beimoor
Ahrensburg
Groß-hansdorf
Bönning-stedt
Langen-horn
Bergstedt
Bocksberg
Eilbek
Ellerbek
Volksdorf
Schurberg
Rauhe Berge
Hummels-büttel
Wartenberge
Ohmoor
Sasel
Stellmoorer Tunneltal
Schnelsen
Fuhlsbüttel
Wellings-büttel
Berne
Meien-dorf
Ohlsdorf
Bramfeld
Groß-Borstel
Höltigbaum
Niendorf
Braak
Eppendorfer-moor
Farmsen
Stapelfeld
Eidelstedt
Lokstedt
Alsterdorf
Lurup
Stellingen
Winter-hude
Rahlstedt
Eppendorf
Barmbek
Tonndorf
Bahrenfeld
Eimsbüttel
Harveste-hude
Uhlen-horst
Wandsbek
Jenfeld
Barsbüttel
Stemwarde
Außen-alster
St. Georg
Willinghusen
Othmarschen
Ottensen
Altona
St. Pauli
Hamm
Horn
Hammer-brook
Billstedt
Elbe
Oststeinbek
Glinde
Walters-hof
Stein-werder
Grasbrook
Billbrook
Schönning-stedt
Veddel
Georgs-werder
Reinbek
Wohltorf
Alten-werder
Boberger Dünen
Moorfleet
Billwerder
Hohe Schaar
Wilhelms-burg
Moorburg
Wentorf
Bergedorf
Stillhorn
Spaden-land
Allermöhe
Haus-bruch
Moorwerder
Die Reit
Dalbek-Schlucht
Börnsen
Escheburg
Marschlande
Reitbrook
Neuland
Harburg
Neugrabener Heide
Bunthäuser Spitze
Ochsenwerder
Curslack
Bullen-hausen
Neuen-gamme
Besenhorster Sandberge
Kiekeberg
Marmstorf
Friesenwerder-moor
Vierlande
Altengamme
Kirch-werder
Meckel-feld
Drenn-hausen
Winsener Marsch
Kiebitz

Das Eppendorfer Moor in Groß Borstel: An den Rändern gedeihen bei hohem Grundwasserstand vor allem Moorbirken und Erlen

tal. Die Wassermassen prallten abwechselnd mal gegen den nördlichen, mal gegen den südlichen Rand; dabei entwickelten sich die **Steilufer** von Wittenbergen, am Nordrand der Harburger Berge und beiderseits von Bergedorf.

Von Gletschern abfließende Schmelzwasser schufen das zum Teil schroff abfallende Alstertal

Mit dem Nachlassen der Schmelzwassermengen wurden größere Teile des Elbtalbodens frei, und weil die Vegetation noch nicht wieder eingewandert war, konnten Westwinde Sande auswehen und zu Flugsanddecken und Dünen anhäufen, z.B. am Steilufer bei Schulau, im Gebiet der Boberger Dünen und in den Besenhorster Sandbergen.

Das Abschmelzen der Eismassen verursachte einen Wiederanstieg des Meeresspiegels, der während der Maximalausdehnung der Gletscher wahrscheinlich 120 m tiefer als heute lag. So konnten schließlich die Einflüsse der Nordsee-Gezeiten bis weit in den Unterelbetrichter hinein vordringen mit der Folge, dass sich ein 10–20 m dicker Stapel

Die Boberger Dünen in Lohbrügge entstanden durch Flugsandaufwehungen nach der letzten Eiszeit

aus sandigen und schlickigen Sedimenten als **Marsch** ablagerte. Das Gefälle der Elbe musste mit der Anhäufung dieses Stapels immer geringer werden; der Strom verlagerte und verzweigte sich, das **Stromspaltungsgebiet** mit seinen vielen Inseln („Werdern“) entstand. Bei Hochwasser traten die Flussarme über ihre Ufer; dabei wurde weiterhin Sediment abgelagert: in Flussnähe das meiste und gröbere, eher sandige, in Flussferne weniger und das eher feinere, tonige. So entwickelte sich der für die Marschen charakteristische Gegensatz zwischen **Hoch-** und tieferen **Sietländern**.

Unmittelbar vor den Geesträndern lagen die niedrigsten Teile der Marschen, oft nur knapp über Normalnull. Hier waren die Bedingungen für das Aufwachsen von Nieder- und Hochmooren besonders günstig (Geestrandmoore, z.B. zwischen Moorburg und Neu-Wulmstorf, bei Neuland, bei Boberg). Kleinere Moore konnten sich auch in flachen Niederungsbereichen auf der Geest ausbilden, z.B. das Eppendorfer Moor.

Mit der Einführung des Deichbaus wurden die natürlichen Prozesse in den Marschen weitgehend unterbunden. Oft genug aber brachen die Deiche. Zeugnis dafür sind bis heute erhaltene, tief ausgekolkte Bracks, die später wieder umdeicht wurden. Die Vorgänge bei der großen Sturmflut vom Februar 1962 gaben noch einmal eine Vorstellung von der natürlichen Dynamik, die früher in den Marschen herrschte.

Zeitleiste

vor 200 000 bis 130 000 Jahren: **Saale-Eiszeit.** Ablagerung von Lehmen, Sanden und Kiesen der Geest durch Gletscher und Schmelzwasser

vor 130 000 bis 120 000 Jahren: **Eem-Warmzeit.** Klima etwas wärmer als heute. Bildung von Torfen im Untergrund der Geesttäler

vor 120 000 bis 18 000 Jahren: **Weichsel-Eiszeit.** Entstehung der Jungmoränenlandschaft, des Urstromtals; am Ende erste Aufwehung von Dünen

vor 18 000 bis 5000 Jahren: **Nacheiszeit, älterer Abschnitt.** Fortsetzung der Dünenbildung, Wiederanstieg des Meeresspiegels, Ablagerung der Marschsedimente

vor 5000 bis 1000 Jahren: **Jüngere Nacheiszeit.** Entwicklung des Stromspaltungsgebiets, der Hoch- und Sietländer in den Marschen, Aufwachsen von Nieder- und Hochmooren

vor 1000 Jahren bis heute: Deichbau, Bildung von Bracks nach Deichbrüchen. Hafenbau, künstliche Aufschüttungen

Register

Ortsnamen- und Sachregister. Rote Einträge kennzeichnen Sonderthemen, blaue Quartiere

A

C

D

E

F

G

H

I

J

M

R

S

T

U

V

W

Z

Bildnachweis

Der Verlag dankt allen Fotografen und Leihgebern. Trotz umfangreicher Recherche konnten in wenigen Fällen die Urheber des Bildmaterials nicht ermittelt werden. Es wird gegebenenfalls um Mitteilung an den Verlag gebeten

Foto Dr. Dreyer, Gruppenfoto ▸ *Kirsten Haarmann/Kluyver* **Der Weg zur Weltstadt** ▸ *Erich Andres (LMZ, 4), Behörde für Wirtschaft und Arbeit/Amt für Geoinformation und Vermessung/Strom- und Hafenbau (2), Willi Beutler (LMZ), Denkmalschutzamt Hamburg, Deutsche Luftbild GmbH, Hamburger Feuerkasse Versicherungs AG, Hamburger Hafen- und Lagerhaus-AG, Helms-Museum, Heinz-Joachim Hettchen, Erich Klebe (Michael Zapf), Kluyver (4), LMZ (5), Landeszentrale für politische Bildung, Rainer Mebus, Ilse Möller (3), MHG, Pasdzior (4), Privatsammlungen (2), Thomas Resch, Frank Thamm, StAH (15), 1 Abb. aus: Wölfle, Hamburger Geschichtsatlas, 1926* **Allermöhe** ▸ *Kluyver/Pasdzior, Behörde für Bau und Verkehr/Amt für Stadterneuerung und Bodenordnung, Gerhard Brandes, Herbert Dahm, Otto Garbs, Jörn Höller, Hotel am Deich, Uwe Jensen, Andreas Kalkowski, Karin Muche, Hilde Schwietert* **Alsterdorf** ▸ *Kluyver, Archiv der Evangelischen Stiftung Alsterdorf (2), Behörde für Bau und Verkehr, Christel Kivelip, Axel Nordmeier, Privatsammlung, SUB, Jan Zimmermann (2)* **Altengamme** ▸ *Pasdzior/Kluyver, 1 Abb. aus: Griese, Die Vierlande bei Hamburg, 1906, StAH, Hermann Struß* **Altenwerder** ▸ *Pasdzior/Kluyver, Eberhard Postel (3), SUB, Studio Kramer, Hannover, Sven Thormann* **Altona-Altstadt** ▸ *Pasdzior/Kluyver, Franz Cröpelin, Foto- und Kulturhistorisches Archiv Uwe Ludwig (2), Privatsammlung, Stadtteilarchiv Altona (2)* **Altona-Nord** ▸ *Pasdzior/Kluyver, Ewald Hauck, Holsten-Brauerei AG, Privatsammlung* **Bahrenfeld** ▸ *Pasdzior/Kluyver, Hans-Dieter Adolphsen, Bahrenfelder Bürgerverein, Frauke Büker, Ewald Hauck, Steinway & Sons* **Barmbek-Nord** ▸ *Pasdzior/Kluyver, LMZ, Museum der Arbeit/ Karin Plessing, Schule Tieloh, Juanita Thorwesten, Simone Walper* **Barmbek-Süd** ▸ *Pasdzior/Kluyver, Arbeitsgemeinschaft für das Puppenspiel e.V. (2), Archiv Geschichtswerkstatt Barmbek e.V., LMZ, Lisa Lottig, Metelmann Photographie, StAH* **Bergedorf** ▸ *Pasdzior/Kluyver, Kultur- und Geschichtskontor Bergedorf, Gebr. Glunz GmbH & Co. KG, HAUNI Maschinenbau AG, Familie Illies, Lichtwarkhaus e.V., Museum für Bergedorf und die Vierlande, Semperoper, Dresden, Theater Haus im Park, Michael Zapf (2)* **Bergstedt** ▸ *Kluyver, Joachim Pohlmann (2), SUB* **Billbrook** ▸ *Kluyver, MHG (2), StAH* **Billstedt** ▸ *Kluyver, T.V. Gut Heil Billstedt, Kulturpalast im Wasserwerk, Privatsammlung, Bettina Soltau Kommunikationsbüro, Werner Vogel, Erwin Witt* **Billwerder** ▸ *Kluyver/Pasdzior, Archiv Dorfgemeinschaft Billwerder an der Bille, Christa Müller, Sammlung Hamburger Sparkasse, Ina-Maria Schertel, St. Nikolai-Gemeinde* **Blankenese** ▸ *Kluyver, Archiv Blankeneser Bürger-Verein e.V., Krankenhaus Tabea, LMZ, MHG, Klaus Kallabis, Roger Klindworth, Klaus Schade, Hans-Otto Schümann, Klaus Schümann, SUB, Gesche Tietjens-Janssen, 1 Abb. aus: Pini, Zu Gast im alten Hamburg, 1997* **Borgfelde** ▸ *Pasdzior, Arno Schmidt Stiftung, Bargfeld-Stegen, Bühnenwerk, MHG, Privatsammlung, Loki Schmidt* **Bramfeld** ▸ *Pasdzior/Kluyver, Erika Beit, Bürgerverein Bramfeld, Thomas Juhl, Max Bahr Holzhandlung GmbH & Co. KG, Kai Pauli, Privatsammlung, Grete Rambatz, Stadtteilarchiv Bramfeld (5), Harald Viole, André Wolters, Jan Zimmermann* **Cranz** ▸ *Kluyver, Elfriede Friedrich (2), Jürgen Hoffmann (2)* **Curslack** ▸ *Kluyver/Pasdzior, Herbert Dahm, Christel Eggers, 1 Abb. aus: Griese, Die Vierlande bei Hamburg, 1906, Hamburger Wasserwerke* **Dulsberg** ▸ *Pasdzior, Archiv der Geschichtsgruppe Dulsberg (2)* **Duvenstedt** ▸ *Kluyver, Lilli Adler, Manfred Arlt/NABU, Archiv Hagenbeck, Friedrich Oetinger Verlag, Irmgard Hempel, Margrit und Udo Staginnus* **Eidelstedt** ▸ *Kluyver, Dörte Ayecke, ETSV Altona-Eidelstedt, Käthe Frerking, Christel Kruse* **Eilbek** ▸ *Pasdzior, Fundus Kindertheater, Richard Herrling, Günther Severin, SUB, Jan Zimmermann* **Eimsbüttel** ▸ *Pasdzior/Kluyver, Adda-Eis, Franklin Hollander, Nugent + Lange Projektsteuerung, Walter Reimers, StAH* **Eißendorf** ▸ *Pasdzior, Marine-Kameradschaft Harburg, Privatsammlung, Spielmannszug Turnerschaft Harburg, TSH Sportzentrum* **Eppendorf** ▸ *Kluyver/Pasdzior, Alma Hoppes Lustspielhaus, Kulturhaus Eppendorf, Lisa Lauschke, MHG, StAH, Stadtteilarchiv Eppendorf e.V., Ursula Stahmer, Universitäts-Krankenhaus Eppendorf, Wassersportverein Overfreunde Hamburg e.V.* **Farmsen-Berne** ▸ *Pasdzior/Kluyver, Archiv Bürgerverein Farmsen e.V./Brigitte Friedrich, Archiv „Gartenstadt Hamburg eG", Freundeskreis Pflegeheim Farmsen e.V./Brigitte Friedrich, Jürgen Karsten (2), Peter Rademacher (2), SC Condor* **Finkenwerder** ▸ *Pasdzior, Airbus Deutschland GmbH (4), Finkwarder Danzkring, Finkwarder Speeldeel, Foto- und Kulturhistorisches Archiv Uwe Ludwig, Kulturkreis Finkenwerder, Marianne Menges, Privatsammlung, Sammlung Hamburger Sparkasse, SUB (2), Kurt Wagner (4)* **Francop** ▸ *Pasdzior/Kluyver, August Blohm (2), SUB* **Fuhlsbüttel** ▸ *Kluyver, Foto- und Kulturhistorisches Archiv Uwe Ludwig, Ursel Hartz/Nachlass Hans Hartz, MHG, SUB, Stefan Wagner (4), Ernst Christian Wolters* **Groß Borstel** ▸ *Kluyver, M. Heß/Bezirksamt Hamburg-Nord, Kommunal-Verein von 1889 in Groß Borstel r.V., Christa Witt* **Groß Flottbek** ▸ *Pasdzior/Kluyver, Heinz Augustin* **Gut Moor** ▸ *Kluyver, 1 Abb. aus: Laue/Meyer, Zwischen Elbe, Seeve und Este, 1925, Freiwillige Feuerwehr Moor, Brigitte Heitmann* **Hamburg-Altstadt** ▸ *Kluyver/Pasdzior, F. Laeisz, Otto Lauffer, Ralf Schneider, StAH, Theater in der Speicherstadt* **Hammerbrook** ▸ *Pasdzior, Agentur Bellmann, Gröning + Partner, Landesbetrieb Verkehr, Privatsammlung, StAH, Stiftung Grone-Schule* **Hamm-Mitte** ▸ *Pasdzior, Landesbetrieb Krankenhäuser, StAH, Stadtteilarchiv Hamm (5), Uta Uderstadt* **Hamm-Nord** ▸ *Pasdzior, Privatsammlung, Stadtteilarchiv Hamm (2)* **Hamm-Süd** ▸ *Pasdzior, Jan Peters/Christine Röthig, Stadtteilarchiv Hamm (2)* **Harburg** ▸ *Pasdzior, Helms-Museum, Posaunenchor Harburg, Privatsammlung, Sammlung Pascal Horst Lehne, StAH* **Harvestehude** ▸ *Pasdzior/Kluyver, Archiv Pini, Firma Bethge, Der Club an der Alster, Hoffmann und Campe Verlag GmbH, Hotel-Abtei GmbH, Harald Kirsten, Christa Kujath, Andreas Laible, Meister-Drogerie, Hauptkirche St. Nikolai, Architekten Schweger + Partner, StAH, Ilse Wendt* **Hausbruch** ▸ *Kluyver, Max Michael Holst, Susanne Lindenlaub-Borck, Privatsammlung* **Heimfeld** ▸ *Pasdzior, Foto- und Kulturhistorisches Archiv Uwe Ludwig, Privatsammlung (2)* **Hoheluft-Ost** ▸ *Kluyver, Pasdzior, Sammlung Staisch, SUB, Marie-Luise Werner* **Hoheluft-West** ▸ *Pasdzior/Kluyver, Archiv Aldag, Beiersdorf AG (3), Birdland, Karl Heinrich Koch* **Hohenfelde** ▸ *Pasdzior/Kluyver, Friedr. Jasper Rund- und Gesellschaftsfahrten GmbH, Stephan Pflug, StAH* **Horn** ▸ *Pasdzior, Mira Berkes/Horner Corner, Geschichtswerkstatt Horn, Hamburger Showsternchen, Das Rauhe Haus, Werner Starcken, Tennis- und Hockey-Club von Horn und Hamm e.V., Thyssen Fahrtreppen GmbH, Timotheusgemeide zu Hamburg-Horn, Günter Wobick/Kleingartenverein Horner Marsch e.V.* **Hummelsbüttel** ▸ *Kluyver, Archiv der Christophorusgemeinde, Archiv des Heimatvereins Hummelsbüttel e.V./Peter-Henning Meier (2), Archiv der Schule Poppenbüttler Stieg, Eppendorf AG, Tom Krausz, Walther Teetz* **Iserbrook** ▸ *Kluyver/Pasdzior, Rolf Detjen, Jens-Jürgen Schanze* **Jenfeld** ▸ *Pasdzior, Manfred Dau, Foto- und Kulturhistorisches Archiv Uwe Ludwig, StAH (2), Universität der Bundeswehr Hamburg* **Kirchwerder** ▸ *Kluyver/Pasdzior, Drägerwerk AG (2), Gundolf Eggers, Otto A. Fischer/Förderverein Zollenspieker Fährhaus (2), Erich Kröger (2), Hans-Helmut Poppendieck, Werner Schröder, SUB, Hermann Struß (2), Simone Vollstädt, Haus Warwisch e.V.* **Kleiner Grasbrook** ▸ *Kluyver, K. Heinrich Altstaedt (2), Behörde für Bau und Verkehr/Amt für Stadterneuerung und Bodenordnung, Foto- und Kulturhistorisches Archiv Uwe Ludwig, StAH, SUB (2), Christian Vornbäumen* **Klostertor** ▸ *Kluyver, Behörde für Bau und Verkehr/Amt für Stadterneuerung und Bodenordnung, Bent-*

hem Crouwel Architekten BV bna, Foto- und Kulturhistorisches Archiv Uwe Ludwig, Spengler · Wiescholek **Langenbek** ▸ *Kluyver, Hermann Riege* **Langenhorn** ▸ *Kluyver, Langenhorn Archiv Erwin Möller, Lilly Deutschland GmbH, Maja Rohde, Sammlung Pascal Horst Lehne, Werner Schwentker, Jan Zimmermann (2)* **Lemsahl-Mellingstedt** ▸ *Kluyver, Familie Dalldorf, Jutta Eisenhardt, Anneliese Lammers (3), Marriott Hotel Treudelberg, Carsten Meyer-Tönnesmann, Gerd Müller (2), SUB* **Lohbrügge** ▸ *Kluyver/Pasdzior, Archiv Bärbel Hamester, Bürgerverein Lohbrügge, 3B Scientific GmbH, Reinhard Jahnke, Inge und Rolf Krall, Kultur- und Geschichtskontor Bergedorf, Lola – Stadtteilkultur- und Kommunikationszentrum in Bergedorf/Lohbrügge e.V.* **Lokstedt** ▸ *Pasdzior/Kluyver, Ursula Dietsch, Kamps Nord GmbH & Co. KG, NDR (2), Trudi Pätz, Philips Semiconductors GmbH, Sigrid Siemers* **Lurup** ▸ *Pasdzior/Kluyver, Wolfgang Deppe-Schwittay/Offene Ganztagsschule Vermoor, Freie und Hansestadt Hamburg/Ortsdienststelle Lurup, Montblanc Deutschland GmbH* **Marienthal** ▸ *Pasdzior, Lebenshilfe Hamburg e.V., MHG, Polizei Hamburg, Privatsammlung (2), Sammlung Helmuth Fricke, Sammlung Pascal Horst Lehne, Sammlung Erich Staisch, Jan Zimmermann (2)* **Marmstorf** ▸ *Kluyver, Helms-Museum, Klaus Kleinschmidt, Ilse Meyer* **Moorburg** ▸ *Pasdzior, Rainer Böhrnsen, Sabine Braun, Privatsammlung, Rosemarie Wente* **Moorfleet** ▸ *Pasdzior/ Kluyver, Klaus Busch, Gesangverein Germania, StAH, Simone Vollstädt, Zechbau* **Neuenfelde** ▸ *Kluyver, Michael Bässler, Thomas Drewes (2), Foto- und Kulturhistorisches Archiv Uwe Ludwig, Klaus Quast* **Neuengamme** ▸ *Kluyver/ Pasdzior, Herbert Dahm, KZ-Gedenkstätte Neuengamme, Hans-Otto Lang, MHG, Preussag Energie GmbH, Werner Schröder, StAH, 1 Abb. aus: Verein Hamburger Landprediger, Die Kirchen des hamburgischen Landgebietes, 1929* **Neugraben-Fischbek** ▸ *Kluyver, Gesangverein Sängerlust Scheideholz, Hausbruch-Neugrabener Turnerschaft (2), Gabriele Oertel, Helmut Pieper (2), Simone Walper* **Neuland** ▸ *Kluyver, 1 Abb. aus: Laue/Meyer, Zwischen Elbe, Seeve und Este, 1925* **Neustadt** ▸ *Pasdzior/Kluyver, Engelbert Hellen/Atlas-Bildarchiv, Maike Kollenrott, LMZ, Corinna Lappe-Siefke, Uli Müller, Peter Nürnberg, StAH* **Neuwerk** ▸ *Kluyver, StAH* **Niendorf** ▸ *Pasdzior, Bluebrass Music/Robert Hertwig, Boge Johannsen Architekten BDA, Uwe John, Niendorfer Wochenblatt* **Nienstedten** ▸ *Pasdzior, Barbara Brenner, Foto- und Kulturhistorisches Archiv Uwe Ludwig, StAH* **Ochsenwerder** ▸ *Kluyver/Pasdzior, Peter von Essen, Otto Garbs, StAH, Veer- un Marschlanner Rundümwieser, Simone Vollstädt* **Ohlsdorf** ▸ *Pasdzior/Kluyver, Bibliothek der Hansestadt Lübeck, Förderkreis Ohlsdorfer Friedhof, Heimatverein Klein Borstel (Barbara Hamann, G. Wegner 2), Privatsammlung (2)* **Osdorf** ▸ *Kluyver/Pasdzior, Christoph Schumann, André Trulsen* **Othmarschen** ▸ *Pasdzior/Kluyver, Ernst und Hans Barlach GbR Lizenzverwaltung, Bürgerinitiative „Ohne Dach ist Krach", Hoffmann und Campe Verlag GmbH, Privatsammlung, StAH, Union Deutsche Lebensmittelwerke GmbH* **Ottensen** ▸ *Pasdzior/Kluyver, Altonaer Museum in Hamburg – Norddeutsches Landesmuseum (2), Christians Verlag, Stadtcafé Ottensen (2), WWF Lizenzhaus Köln GmbH* **Poppenbüttel** ▸ *Kluyver, Archiv Torhaus Wellingsbüttel, ECE Projektmanagement GmbH & Co. KG, Hospital zum Heiligen Geist (2), Hille Schröter, Margrit und Udo Staginnus* **Rahlstedt** ▸ *Pasdzior/Kluyver, AMTV/Gunnar von der Geest (3), Archiv Torhaus Wellingsbüttel, Dietrich-Bonhoeffer-Kirche, Hotel-Restaurant Hameister, Tom Krausz, Annemarie Lutz (6), Sammlung Pascal Horst Lehne, Günther Schiemann, Tibetisches Zentrum e.V.* **Reitbrook** ▸ *Pasdzior/Kluyver, Herbert Dahm, Gerd Langeloh, Maribel Rico, Margot Schmahl, StAH* **Rissen** ▸ *Kluyver, Bürgerverein Rissen e.V., Günter Hesse, Peter Kähler, Annelie Lettermann, Wanderfüchse vom Klövensteen e.V., Jürgen Zimmern* **Rönneburg** ▸ *Kluyver, Freiwillige Feuerwehr Rönneburg/Willi Pape, Helms-Museum, 1 Abb. aus: Laue/Meyer, Zwischen Elbe, Seeve und Este, 1925, Sport-Verein Rönneburg/Ruth Kareth* **Rothenburgsort** ▸ *Pasdzior, Architekturbüro KHD.Czerner, Roland Burmeister, Hamburger Wasserwerke (2), Familie Jesse, Privatsammlung, StAH, Hans Zornig* **Rotherbaum** ▸ *Kluyver/Pasdzior, Abaton-Kino/Werner Grassmann, Wolfgang Fischer, Foto- und Kulturhistorisches Archiv Uwe Ludwig, Mikado Verlagsgesellschaft, Sammlung Schäfer, StAH, Stiftung Fontenay, 2 Abb. aus: Vieth, Hier lebten sie miteinander, 1993* **Sasel** ▸ *Kluyver, Archiv Torhaus Wellingsbüttel, Gisela Hinrichs* **Schnelsen** ▸ *Kluyver, Albertinen-Diakoniewerk e.V., Waltraut Brunnemann, Heinrich Otto Leopold, Sammlung Pascal Horst Lehne, Schnelsen-Archiv Wolfgang Burmester (5)* **Sinstorf** ▸ *Kluyver, Freiwillige Feuerwehr Sinstorf, Renate Voigt* **Spadenland** ▸ *Kluyver/Pasdzior, Amt für Wasserwirtschaft, Behörde für Bau und Verkehr, Otto Garbs, MHG* **St. Georg** ▸ *Pasdzior/Kluyver, Erzbistum Hamburg, Kulturladen St. Georg e.V., Privates Gymnasium Brecht, Privatsammlung, StAH, SV Vorwärts St. Georg e.V., 1000 Töpfe Helmut Kertscher GmbH & Co.* **St. Pauli** ▸ *Kluyver/Pasdzior, Linda Backendorf, Foto- und Kulturhistorisches Archiv Uwe Ludwig, HB Verlag, Ostfildern, Privatsammlung, StAH, St. Pauli-Archiv e.V., Carlo Zamboni* **Steilshoop** ▸ *Pasdzior, Behörde für Bau und Verkehr, Günter Boldt, Haus der Jugend Steilshoop (3), Privatsammlung, Angelika Scheer (2), Jan Zimmermann* **Steinwerder** ▸ *Kluyver/Pasdzior, Blohm + Voss GmbH (2), MHG, Conrad Piepenburg, StAH (2), SUB* **Stellingen** ▸ *Pasdzior, Joachim Strümpel, Archiv Hagenbeck (8), Inge Zichel* **Sülldorf** ▸ *Kluyver, Lore Bünger, Bürgerverein Sülldorf-Iserbrook e.V., Antje König/ Theater in Sülldorf* **Tatenberg** ▸ *Pasdzior/ Kluyver, Arbeitsgemeinschaft Geesthachter Eisenbahn e.V., Klaus Busch, StAH, Simone Vollstädt, Dieter Wiedemann* **Tonndorf** ▸ *Pasdzior, Archiv Helmuth Fricke (2), Juliane Bremer (2), Helms-Museum/Klaus Elle, Horst Naruga, NDR/Studio Hamburg (2)* **Uhlenhorst** ▸ *Pasdzior/Kluyver, Foto- und Kulturhistorisches Archiv Uwe Ludwig, Privatsammlung, Sammlung Schumacher, SUB* **Veddel** ▸ *Kluyver, Architekturbüro Martin Förster, Behörde für Bau und Verkehr/Amt für Geoinformation und Vermessung, Ernst Gronau, Hapag-Lloyd AG, Marc Hintke (2), MHG, Norddeutsche Affinerie, Anna Luise Persike, StAH (2), SUB, Georg Westermann Schulbuchverlag GmbH, Braunschweig (2)* **Volksdorf** ▸ *Kluyver, Karin von Behr, Helga Eilmann-Walberg, Privatsammlung (2), Sammlung Pascal Horst Lehne, Kirchengemeinde St. Gabriel/Olaf Schröder, Walddörfer Sportverein* **Waltershof** ▸ *Kluyver/ Pasdzior, Inge Foerster-Baldenius (2), MHG, StAH* **Wandsbek** ▸ *Pasdzior/Kluyver, Helmuth Fricke (3), Kleines Hoftheater/Walter Liebers, Sammlung Pascal Horst Lehne, Ursula Schnack (2), StAH, URBANISTA.DIGITALREALITY* **Wellingsbüttel** ▸ *Kluyver, Erbengemeinschaft Heinz Erhardt, Mathias Hattendorff* **Wilhelmsburg** ▸ *Pasdzior/Kluyver, Gesellschaft für ökologische Planung e.V., Anke Holtmann (2), Nicola Kaczmarek, Rainer Maack, Museum der Elbinsel Wilhelmsburg, StAH (2), SUB, Heinz Wernicke* **Wilstorf** ▸ *Kluyver, FZ Nöldekestraße, Ernst Georg Kuchenbuch (2)* **Winterhude** ▸ *Kluyver/Pasdzior, goldbekHaus, Kampnagel Hamburg, LMZ, Privatsammlung, Rowohlt Verlage GmbH* **Wohldorf-Ohlstedt** ▸ *Kluyver, Alfred Toepfer Stiftung F.V.S., Universität Hamburg, Arbeitsstelle für Hamburgische Geschichte (2), MHG, Hans-Peter Reimann, Sammlung Pascal Horst Lehne, SUB, Ingo Steinhoff (2)* **Das Hamburger Umland** ▸ *Kluyver/Pasdzior, William Boehart, Mölln, Krügersches Haus, Geesthacht, Stadtarchiv Bad Oldesloe, Winfried Ziemann, Buxtehude* **Naturlandschaft Hamburg** ▸ *Kluyver/Pasdzior, Uwe Muuß, Altenholz (mit freundlicher Genehmigung des Karl Wachholtz-Verlages), Klaus Schipull/Claus Carstens* **Vor- und Nachsatzabbildung** ▸ *Ausschnitt aus der Satellitenbildkarte von Hamburg und Umgebung 1:150 000, Freie und Hansestadt Hamburg, Behörde für Bau und Verkehr, Amt für Geoinformation und Vermessung, vervielfältigt mit Genehmigung GV 411-166/2001*

Abkürzungen

Helms-Museum	=	*Hamburger Museum für Archäologie und die Geschichte Harburgs – Helms-Museum*
Kluyver	=	*Urs Kluyver, Hamburg*
LMZ	=	*Landesmedienzentrum Hamburg*
MHG	=	*Museum für Hamburgische Geschichte*
Pasdzior	=	*Michael Pasdzior, Hamburg*
StAH	=	*Staatsarchiv der Freien und Hansestadt Hamburg*
SUB	=	*Staats- und Universitätsbibliothek Hamburg Carl von Ossietzky*

Danksagung

Verlag und Redaktion bedanken sich bei allen unten genannten und den vielen nicht genannten Bürgerinnen und Bürgern sowie den privaten und öffentlichen Vereinen, Institutionen und Firmen, die mit großem Engagement zum Gelingen des Haspa-Stadtteilbuchs beigetragen haben

Brigitte Abramowski, K. Heinrich Altstaedt, Ute Anicker, Hans-Jürgen von Appen, Peter Baader, Pastor Michael Babiel, Rudolf Beczmann, Kurt Behrens, Erika Beit, Grit Berthold, Dr. Ralf Birkelbach, Blankeneser Bürger-Verein e.V., Hartmut Bollenhagen, Gerd von Borstel, Ingo Böttcher, Michael Braun, Carola Braf, Jens Bräutigam, Uwe Bremer, Barbara Brenner, Martha Bruhns, Dieter Buch, Reinhard Buff, Manfred Bundheim, Gertrud Bunsen, Bürgerverein Lohbrügge, Bürgerverein Rahlstedt/Heimatarchiv, Bürgerverein Rissen e.V., Bürgerverein Sülldorf-Iserbrook, Roland Burmeister, Wolfgang Burmester, Klaus Busch, Thomas Buß, Uwe Carstensen, Waltraut Christoph, Günther Dahm, Herbert Dahm, Geerd Dahms, Dr. Claus Dammann, Gerd Denker, Helmut Eddelbüttel, Joachim Eggeling, Christel Eggers, Claus H. Eggers, Gundolf Eggers, Uta Erichsen, Peter von Essen, Ursula Falke, Hartmut Falkenberg, Jürgen Fiedler, Otto A. Fischer, Erika Fleischmann, Inge Foerster-Baldenius, Seemannspfarrer Henrik Fossing, Hans-Dieter Franck, Helga Frank-Wolgast, Käthe Frerking, Helmuth Fricke, Brigitte Friedrich, Otto Garbs, Uwe Gäth, Geschichtswerkstatt Barmbek, Geschichtswerkstatt Dulsberg, Geschichtswerkstatt Wilhelmsburg, Mathias Günther, Klaus Hagedorn, Bärbel Hamester, Ernst Gronau, Hamburger Museum für Archäologie und die Geschichte Harburgs – Helms-Museum, Gudrun Hammer, Uwe Hansen, Hapag-Lloyd AG, Werner Hartler, Mathias Hattendorff, Thomas Hebe, Pastor Dr. Karl-Heinz Heber, Heimatmuseum Wandsbek, Gisela Hinrichs, Gerd Hoffmann, Jürgen Hoffmann, Irmgard Hofmann, Anke Holtmann, Michael Holtmann, Burkhard Holzapfel, Horst-Gerhard Hoppe, Ulrike Hoppe, Robert W. Hugo, Peter Jäger, Katrin Jänke, Uwe Jensen, Michael Joho, Horst Junk, Heinrich Kahl, Alexander Kaiser, Pastor Andreas Kalkowski, Hans-Georg Kalus, Kanusport Harburg, Ruth Kareth, Jürgen Karsten, Heidrun Kempernolte, Susanne Kienzler, Harald Kirsten, Klaus Kleinschmidt, Axel E. Kruschwitz, Ernst Georg Kuchenbuch, Dr. Francine Lammar, Gerhard Lampe, Hans-Otto und Margret Lang, Andreas Lange, Gerd Langeloh, Pascal Horst Lehne (†), Lars Lemke, Hartmut Leschner, Margrit Lorenz, Uwe Ludwig, Annemarie Lutz, Wittfried Malik, Uwe Mann van Velzen, Margret Markert, Egon Martens, Susanne Martens, Karl-Heinz Meier, Peter-Henning Meier, Monika Menze, Michael Merkel, Dr. Carsten Meyer-Tönnesmann, Dietmar Möller, Erwin Möller, Mathias Molzahn, Gudrun Moritz, Henryk Müller, Dr. Claudia Müller-Ebeling, Museum der Arbeit, Museum für Hamburgische Geschichte, Museumsdorf Volksdorf, Horst Naruga, Wolfgang Nein, Hans-Peter Niemann, Annegret Nitsche, Manfred Noster, Jörg Oellerich, Sabine Ornberger, Claudia Olivia Pape, Jan Peters, Jörn Petersen, Werner Pingel, Dr. Joachim Pohlmann, Michael Pommerening, Dr. Eberhard Postel, Hans-Jürgen Preuß, Matthias Raabe, Peter Rademacher, Hakim Raffat, Greta Rambatz, Kerstin Rasmußen, Peter Reichel, Uwe Reiser, Volker Reißmann, Wolfgang Retzlaff (†), Hansjürgen Rhein, Maribel Rico, Harald Richert, Dr. Klaus Richter, Peter Rickers, Hermann Riege, Heidi Rohde, Maja Rohde, Werner Rolffs, Georg-Wilhelm Röpke (†), Irmfrid Rosenow, Ingeborg Rübke, Werner Rüpke, Karl-Heinz Rüprich, Reinhard Saloch, Klaus Schade, Jürgen Schäfer, Jens-Jürgen Schanze, Peter Schattenfroh, Pastor Claus Scheffler, Horst Scherf, Ina-Maria Schertel, Günther Schiedek, Irene Schmidt, Sigrid Schneider, Helmut Schoenfeld, Manfred Schoof, Helmut Schrade, Werner Schröder, Hille Schröter, Peter Schulz, Anneliese Schwieger, Marta u. Henry Seeland, Heike Severin, Peter Sielaff, Ulrike Sparr, Udo Springborn, Staatsarchiv der Freien und Hansestadt Hamburg, Staats- und Universitätsbibliothek Hamburg Carl von Ossietzky, Hamburgensien-Lesesaal, Stadtteilarchiv Hamm, Margrit und Udo Staginnus, Petra Stamm, St. Pauli-Archiv, Werner Starcken, Reinhard Steltzer, Manfred Stempels, Angelika Sterra, Siegfried Stockhecke, Dr. Dietrich Stoltzenberg, Oliver Storm, Friedhelm Strasina, Regina Straßburger, Wolf Strauß, Strom- und Hafenbau, Ilse und Hermann Struß, Walther Teetz, Reinhard Tetzlaff, Dieter Thiele, Manfred Thiele, Hilda Thiemann, Hiltrud Tiedemann, Ute Tietgen, Jürgen Timm, Uta Uderstadt, Karl-Heinz Ulmen, Christoph F. Ulrich, Wolfgang Vacano, Regula Venske, Verein Nöldekestraße, Harald Vieth, Helmut Voigtland, Alf Völckers, Simone Vollstädt, Kurt Wagner, Heinz Waldschläger, Anke Wegener, Michael Weidmann, Rosemarie Wente, Heidi Wiegandt-Stemmer, Dieter Wiedemann, Karin u. Christian Wienberg, Sigrid Wille, Doris Witt, Günter Wolkenhauer (†), Jörg Wolter, Ernst-Christian Wolters, Marlies Wordtmann, Dieter Wulf, Gunnar Wulf, Zentralausschuss Hamburgischer Bürgervereine, Michael Zapf, Inge Zichel, Ruth Zimmer, Jürgen Zimmern, Ferdinand Zische, Hannelore Zuschlag

Impressum

Hamburg von Altona bis Zollenspieker

Das Haspa-Handbuch für alle Stadtteile der Hansestadt

1. Auflage 2002

www.hoffmann-und-campe.de · www.haspa-stadtteilbuch.de

Redaktionsschluss: Februar 2002

Konzept und Redaktionsleitung:
Dr. Daniel Tilgner, Hoffmann und Campe Verlag GmbH, Hamburg
(Stadtteilbuchidee vom Redaktionsbüro Udo Pini, Hamburg)

Art Direction und Produktion:
servicemedia Ralf Schneider, Hamburg

Schutzumschlaggestaltung:
servicemedia Ralf Schneider, Hamburg
Fotos: Urs Kluyver und Michael Pasdzior, Hamburg

Stadtteilkarten und Umlandkarte: iPublish GmbH, München/Kartografie Huber, München

Lithografie: Alphabeta Druckformdienst GmbH, Hamburg

Druck und Bindung: Druckerei Ernst Uhl GmbH & Co., Radolfzell

ISBN 3-455-11333-8